CALCULUS Concepts & Contexts · 4th

James Stewart

대학미분적분학

응용수학부편찬위원회 옮김

KM 경문사

Cengage

Australia • Brazil • Canada • Mexico • Singapore • United Kingdom • United States

Calculus: Concepts and Contexts, Metric International Edition, 4th Edition

James Stewart

Original edition © 2010 Brooks Cole, a part of Cengage Learning.
Calculus: Concepts and Contexts, Metric International Edition, 4th Edition
by James Stewart
ISBN: 9780495560654

This edition is translated by license from Brooks Cole, a part of Cengage Learning, for sale in Korea only.

ISBN-13: 979-11-6073-210-8

Cengage Learning Korea Ltd.
14F YTN Newsquare 76 Sangamsan-ro
Mapo-gu Seoul 03926 Korea
Tel: (82) 1533 7053
Fax: (82) 2 330 7001

Printed in Korea
Print Number: 04 Print Year: 2025

머리말

오늘날 자연과학과 사회과학에서 일어나고 있는 여러 현상들을 체계적이고 논리적인 방법으로 연구 · 고찰하기 위해, 현상들 속에 존재하는 질서와 법칙들을 합리적으로 수식화하여 처리 또는 활용해 나가는 방법들이 필요하다. 미분적분학은 수학 분야의 기초적인 교과과목이면서, 자연과학, 사회과학 및 공학 등의 응용과학 분야의 여러 가지 현상이나 법칙들을 체계적으로 간단명료하게 표현하거나 논리적 설명에 필수적인 도구의 하나로 널리 알려져 있고 또 사용하고 있다. 즉 미적분학의 올바른 학습을 통하여 각 전공 분야의 학습을 효율적이고 성공적으로 수행할 수 있다는 사실을 의미한다.

이 책은 James Stewart의 *Calculus* 제4판을 참고로 편집하였다. 앞의 1장부터 3장까지 수학의 기초개념을 깊이 이해시키기 위하여 내용을 보강하였고, 그 외 부분은 James Stewart의 *Calculus* 제4판에 따라 충실히 편집하였다. 끝으로 이 책을 보면서 용어와 술어 및 문장의 통일에 노력하였다. 내용에 관한 의문점이나 설명이 미흡하다고 생각되는 점을 발견했을 때 편집진에게 문의하면 성실히 답변해줄 것이다.

강의와 연구로 바쁘신 가운데 정성을 다해 이 책을 집필하여 주신 여러 교수님들께 감사드리며, 이 책의 출간을 위해 협조를 아끼지 않으신 도서출판 경문사 여러분께 진심으로 감사드린다.

2013년 2월

편집진 일동

차례

1 집합, 수와 식

2 함수

3 도형, 수열, 행렬, 행렬식

4 극한과 도함수

5 미분법

6 미분의 응용

7 적 분

8 적분의 응용

9 무한수열과 무한급수

10 벡터와 공간기하학

11 벡터함수

12 편도함수

13 다중적분

14 벡터 미적분학

부록

대학미분적분학
(CALCULUS)

1 집합, 수와 식

1.1 집합과 집합의 연산

▷ 집합

우리는 일상생활에서 어떤 대상들의 모임을 취급하고 싶을 때, 그 대상을 명확하게 구분할 수 있는 경우도 구분할 수 없는 경우도 있다. 예를 들어,

"키가 큰 사람들의 모임"

은 키가 큰 사람에 대한 판단기준이 상황이나 판단자에 따라 달라지기 때문에 그 대상을 명확히 할 수 없다. 반면에 6의 양의 약수들의 모임은

"1, 2, 3, 6"

이므로 그 대상이 명확하다.

1 정의 우리의 직관 또는 사고의 대상으로써 서로 명확히 구분할 수 있는 대상들의 모임을 **집합**(set)이라 하고, 집합을 이루고 있는 그 대상 하나 하나를 그 집합의 **원소**(element)라고 한다.

예제 1 다음 예제는 모두 집합이다.

(a) W대학교 재학생의 모임

(b) 알파벳 a, b, c, d의 모임

(c) 자연수의 모임

(d) 0과 1 사이의 실수들의 모임 ■

그리고 집합을 문자로 나타낼 때는 주로 대문자 A, B, C, D, $\cdots$ 등을 사용하고, 집합의 원소를 문자로 나타날 때는 주로 소문자 a, b, c, d, $\cdots$ 등을 사용한다.

2 정의 a가 집합 A의 원소일 때, "a는 집합 A에 **속한다**"라고 말하고 $a \in A$로 나타내며, a가 집합 A의 원소가 아닐 때 "a는 집합 A에 **속하지 않는다**"라고 말하고 $a \notin A$로 나타낸다.

기호를 써서 집합을 나타내는 방법으로 원소나열법과 조건제시법 두 가지가 있다. 예를 들어,

"6의 양의 약수들의 모임"

을 A라 할 때, A에 속하는 원소들을 중괄호 $\{\ \}$ 안에 나열하는 방법과, A에 속하는 원소들이 가지는 성질 $p(x)$를 $\{x \mid p(x)\}$와 같이 제시하는 방법이 있다. 즉, 다음과 같이 나타낼 수 있다.

원소나열법 : $A=\{1, 2, 3, 6\}$ 조건제시법 : $A=\{x \mid x$는 6의 양의 약수$\}$

예제 2 원소나열법과 조건제시법

(a) $A=\{x \mid x$는 6 이하의 양의 짝수$\}=\{2, 4, 6\}$

(b) $B=\{x \mid x$는 6 이하의 양의 홀수$\}=\{1, 3, 5\}$ ■

원소나열법에서 집합의 원소들을 나열할 때, 한 원소를 두 번 이상 나열하지 않으며, 원소들의 순서는 관계가 없다. 예를 들어, $\{1, 2\}$과 $\{2, 1\}$은 같은 집합을 나타낸다.

3 정의 집합 A의 모든 원소가 집합 B의 원소일 때 A는 B의 **부분집합**(subset)이라 말하고, $A \subseteq B$로 나타낸다. 두 집합 A와 B가 같은 원소들을 가지면 A와 B는 **같다**(equal)라 말하고, $A=B$로 나타낸다.

마지막으로, 원소가 하나도 존재하지 않는 집합을 **공집합**(empty set)이라 말하고 기호 $\varnothing$로 나타낸다.

▷ 집합의 연산

4 정의 임의의 집합 A, B에 대하여 A 또는 B에 속하는 모든 원소들로 이루어진 집합을 A와 B의 **합집합**(union)이라 말하고, $A \cup B$로 나타낸다. 즉,

$$A \cup B=\{x \mid x \in A \text{ 또는 } x \in B\}$$

이다.

임의의 집합 A, B에 대하여 A와 B에 동시에 속하는 모든 원소들로 이루어진 집합을 A와 B의 **교집합**(intersection)이라 말하고, $A \cap B$로 나타낸다. 즉,

$$A \cap B=\{x \mid x \in A \text{이고 } x \in B\}$$

이다. 특히, $A \cap B=\varnothing$일 때, A 와 B는 **서로소**(disjoint)라고 말한다.

예제 3 집합 $A=\{1, 2, 3, 4\}$와 $B=\{3, 4, 5, 6\}$에 대하여 다음을 구하여라.

(a) $A \cup B$ (b) $A \cap B$

풀이 (a) $A \cup B$는 A 또는 B에 속하는 모든 원소들로 이루어진 집합이므로,

$$A \cup B=\{1, 2, 3, 4, 5, 6\}$$

이다.

(b) $A \cap B$는 A와 B에 동시에 속하는 모든 원소들로 이루어진 집합이므로,

$$A \cap B=\{3, 4\}$$

이다. ■

5 정의 임의의 집합 A, B에 대하여 A에는 속하지만 B에는 속하지 않는 모든 원소들로 이루어진 집합을 A에 대한 B의 **차집합**(relative complement)이라 말하고, $A-B$로 나타낸다. 즉,

$$A-B=\{x \mid x\in A \text{이고 } x\notin B\}$$

이다.

일반적으로, 우리가 a가 집합 A에 속하지 않는다고 말할 때 a가 속해야 할 범주를 제한하고 $a\notin A$라고 나타낸다. 예를 들어, $A=\{1, 2, 3, 4\}$이고 $a=5$일 때, $5\notin A$이지만, 5는 자연수 전체의 집합 U의 원소이다. 이와 같이 집합 A는 자연수 전체의 집합 U의 부분집합으로 생각할 수 있다. 이러한 집합 U를 집합 A에 대한 **전체집합**(universal set)이라 말한다.

6 정의 임의의 집합 A에 대한 전체집합이 U일 때, U에는 속하지만 A에는 속하지 않는 모든 원소들로 이루어진 집합을 A의 **여집합**(complementary set)이라 말하고, A^c으로 나타낸다. 즉,

$$A^c=\{x \mid x\in U \text{이고 } x\notin A\}=U-A$$

이다.

예제 4 예제 3의 집합 A, B에 대한 전체집합을 $U=\{1, 2, 3, 4, 5, 6, 7, 8, 9, 10\}$라 할 때, 다음을 구하여라.

(a) $A-B$ (b) $B-A$ (c) A^c (d) B^c

풀이 (a) $A-B$는 A에는 속하지만 B에는 속하지 않는 모든 원소들로 이루어진 집합이므로,

$$A-B=\{1, 2\}$$

이다.

(b) 비슷하게, $B-A=\{5, 6\}$임을 알 수 있다.

(c) A^c은 U에는 속하지만 A에는 속하지 않는 모든 원소들로 이루어진 집합이므로,

$$A^c=\{5, 6, 7, 8, 9, 10\}$$

(d) 비슷하게, $B^c=\{1, 2, 7, 8, 9, 10\}$임을 알 수 있다. ■

끝으로, 집합의 연산에 대한 다음 성질들을 증명 없이 소개한다.

7 정리 A, B, C가 전체집합 U의 부분집합일 때, 다음이 성립한다.

(a) $\varnothing\subseteq A$

(b) $A \subseteq B$이고 $B \subseteq C$이면, $A \subseteq C$

(c) $A \cup \varnothing = A$, $A \cap U = A$ (항등법칙)

(d) $A \cup A = A$, $A \cap A = A$ (멱등법칙)

(e) $A \cup B = B \cup A$, $A \cap B = B \cap A$ (교환법칙)

(f) $A \cup (B \cup C) = (A \cup B) \cup C$, (결합법칙)
$A \cap (B \cap C) = (A \cap B) \cap C$

(g) $A \cap (B \cup C) = (A \cap B) \cup (A \cap C)$, (분배법칙)
$A \cup (B \cap C) = (A \cup B) \cap (A \cup C)$

8 정의 A, B, C가 전체집합 U의 부분집합일 때, 다음이 성립한다.

(a) $(A^c)^c = A$

(b) $\varnothing^c = U$, $U^c = \varnothing$

(c) $A \cup A^c = U$, $A \cap A^c = \varnothing$

(d) $(A \cup B)^c = A^c \cap B^c$, $(A \cap B)^c = A^c \cup B^c$ (드모르간의 법칙)

1.1 연습문제

1. 다음 세 집합의 포함관계를 조사하여라.
   $A = \{-1, 0, 1\}$, $B = \{x \mid x^2 = 1\}$,
   $C = \{x \mid -2 \leq x \leq 2,\ x는\ 정수\}$
2. 다음 각 집합의 모든 부분집합들을 열거하여라.
   $A = \{1, 2, 3\}$, $B = \{1, 2, 3, 4\}$
3. 다음 집합을 원소나열법으로 나타내어라.
   $A = \{x \mid x < 3,\ x는\ 자연수\}$
   $B = \{x \mid x^2 \leq 16,\ x는\ 자연수\}$
4. 전체집합 $U = \{x \mid 0 \leq x \leq 9,\ x는\ 정수\}$의 부분집합
   $A = \{0, 2, 4, 6, 8\}$, $B = \{1, 5, 6\}$
   에 대하여 다음 집합을 구하여라.
   (a) $A \cup B$ (b) $A \cap B$
   (c) $A - B$ (d) A^c
   (e) $B \cap A^c$ (f) $A^c \cup B^c$
   (g) $A^c - B^c$ (h) $B^c - A^c$
5. $A = \{1, 2, 3\}$일 때, 집합 $B = \{x \mid x = a + b,\ a \in A,\ b \in A\}$를 원소나열법으로 나타내어라.
6. $A = \{1, 2, 3\}$일 때, 집합 $B = \{x \mid x = ab,\ a \in A,\ b \in A\}$를 원소나열법으로 나타내어라.
7. 집합 $A = \{a, b, c, d\}$의 부분집합 중에 $a \in B$, $b \in B$인 집합 B를 모두 찾아라.
8. 집합 $A = \{1, 2, 3, 4\}$의 부분집합 중에 $1 \in B$, $2 \notin B$인 집합을 모두 찾아라.

1.2 수의 체계

▷ 실수

실수(real number)는

$$23,\ 0,\ -2,\ \frac{1}{3},\ -\frac{4}{3},\ 0.125,\ \sqrt{3},\ \pi,\ \sqrt[3]{-2},\ 0.777,\ \cdots$$

과 같은 기호로 표시된다. **계산수**(counting number) 또는 **자연수**(natural number)들의 집합은 집합 $\{1, 2, 3, 4, \cdots\}$이고 기호 $\mathbb{N}$으로 나타낸다. **정수**(integer)들의 집합은 $\{\cdots, -3, -2, -1, 0, 1, 2, 3, \cdots\}$이고 기호 $\mathbb{Z}$로 나타낸다. **유리수**(rational number)는 두 정수 a, b의 **몫**(quotient) $\frac{a}{b}(b\neq 0)$로 표시될 수 있는 수를 말하고 모든 유리수들의 집합을 $\mathbb{Q}$로 나타낸다. 유리수의 예는 $\frac{2}{5}$, $\frac{4}{3}$, $\frac{0}{5}$과 $-\frac{3}{4}$ 등이다. 임의의 정수 a에 대하여 $\frac{a}{1}=a$이므로, 모든 정수는 역시 유리수다. 즉, $\mathbb{Z}\subseteq\mathbb{Q}$다.

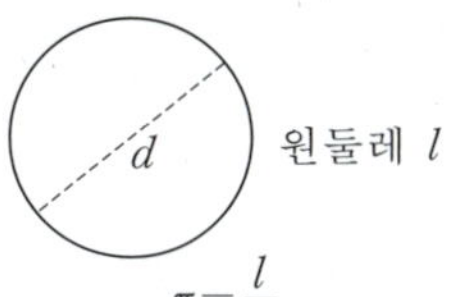

$\pi=\frac{l}{d}$

그림 1

유리수가 아닌 실수를 **무리수**(irrational number)라 하고 모든 무리수들의 집합을 기호 $\mathbb{Q}^c$으로 쓴다. 예를 들어, 무리수의 예는 $\sqrt{3}$과 π(그리스문자 pi)다. 여기서 π는 한 원의 지름에 대한 원둘레의 상수 비율을 말한다(그림 1). 그리고 **실수**(real number)들의 집합은 $\mathbb{R}$로 나타낸다.

실수는 **소수**(decimal)로 나타낼 수 있다. 유리수는 끝이 있거나 또는 반복하는 아라비아 숫자들의 묶음과 함께 끝이 없는 소수 표시를 갖는다. 예를 들어, $\frac{3}{4}=0.75$로 끝이 있고, $\frac{2}{3}=0.666\cdots$로 아라비아숫자 6이 무한히 반복된다. 무리수는 반복하지도 않고 끝이 없는 소수 표시를 갖는다. 예로써, $\sqrt{2}=1.414213\cdots$과 $\pi=3.14159\cdots$다. 그리고 무리수는 일반적으로 **근삿값**(approximation)으로 표시된다. 우리는 기호 $\approx$("근사적으로 같다"고 읽음)를 사용하여 $\sqrt{2}\approx 1.4142$와 $\pi\approx 3.1416$으로 쓴다.

실수 전체의 집합 $\mathbb{R}$은 덧셈과 곱셈에 대하여 다음 성질을 만족시킨다.

(A1) 임의의 $a, b\in\mathbb{R}$에 대하여,
$a+b\in\mathbb{R}$ (실수의 집합은 덧셈에 대하여 닫혀 있다)

(A2) 임의의 $a, b, c\in\mathbb{R}$에 대하여,
$(a+b)+c=a+(b+c)$ (덧셈에 대한 결합법칙)

(A3) 임의의 실수 $a, b\in\mathbb{R}$에 대하여,
$a+b=b+a$ (덧셈에 대한 교환법칙)

(A4) 어떤 원소 $0\in\mathbb{R}$이 존재하여 모든 $a\in\mathbb{R}$에 대하여
$a+0=0+a$ (덧셈에 대한 항등원)

(A5) 각각의 $a\in\mathbb{R}$에 대하여
$a+b=b+a=0$인 $b\in\mathbb{R}$가 단 하나 존재한다. (덧셈에 대한 역원)

(M1) 임의의 $a, b \in \mathbb{R}$에 대하여, (실수의 집합은 곱셈에 대하여 닫혀 있다)
$$ab \in \mathbb{R}$$

(M2) 임의의 $a, b, c \in \mathbb{R}$에 대하여,
$$(ab)c = a(bc)$$ (곱셈에 대한 결합법칙)

(M3) 임의의 실수 $a, b \in \mathbb{R}$에 대하여,
$$ab = ba$$ (곱셈에 대한 교환법칙)

(M4) 어떤 원소 $1 \in \mathbb{R}$이 존재하여 모든 $a \in \mathbb{R}$에 대하여
$$a \cdot 1 = 1 \cdot a = a$$ (곱셈에 대한 항등원)

(M5) 각각의 $a \in \mathbb{R}(a \neq 0)$에 대하여,
$ab = ba = 1$인 $b \in \mathbb{R}$가 단 하나 존재한다. (곱셈에 대한 역원)

(D) 임의의 $a, b, c \in \mathbb{R}$에 대하여,
$$a(b+c) = ab + ac, \ (a+b)c = ac + bc$$ (분배법칙)

▷ 실직선

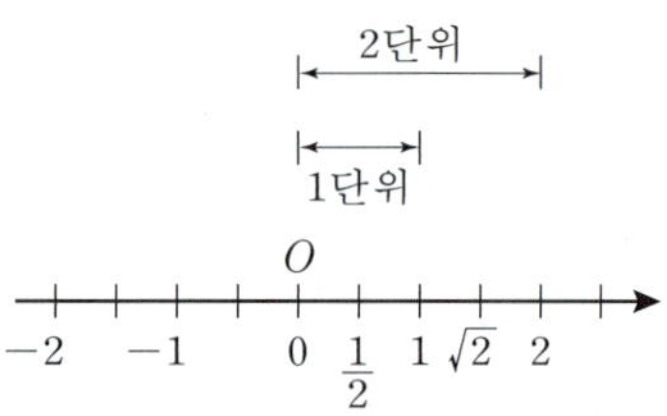

그림 2

실수는 실직선(real number line)이라 부르는 직선 위의 점으로 표시될 수 있다. 실수들과 한 직선 위의 점들 사이에 1대 1대응(one-to-one correspondence)이 있다. 즉, 모든 실수는 이 직선 위의 한 점에 대응하고 이 직선 위의 각 점은 이 점과 결합되는 단 하나의 실수를 갖는다.

이 직선 위의 어느 한 점을 중심으로 잡고, 그것을 O라고 쓴다. 원점(origin)이라 부르는 이 점을 실수 0에 대응시킨다(그림 2). O의 오른쪽으로 1단위의 점을 실수 1에 대응시킨다. 0과 1 사이의 거리는 수직선의 눈금자(scale)를 결정한다. 예로써, 수 2와 결합된 점은 O로부터 1까지 거리의 두 배만큼 멀리 있다. 또한 그림 2는 직선 위의 한 점이 무리수 $\sqrt{2}$에 대응됨을 보여준다. 원점의 왼쪽에 있는 점들은 실수 $-1, -2$ 등에 대응시킨다.

1 정의 직선 위의 점 P와 결합된 실수를 P의 좌표(coordinate)라 말하고, 점들이 좌표들에 할당된 직선을 실직선(real number line)이라고 말한다.

실직선은 다음과 같이 세 종류의 실수로 이루어진다.

(a) 양의 실수(positive real number)들은 원점 O의 오른쪽에 있는 점들의 좌표이다.
(b) 실수 영(zero)은 원점 O의 좌표이다.
(c) 음의 실수(negative real number)들은 원점 O의 왼쪽에 있는 점들의 좌표이다.

▷ 부등식

실직선의 중요한 성질은 임의의 두 수 a와 b에 대하여, a가 b의 왼쪽에 있거나, a가 b

와 같은 위치에 있거나 또는 a가 b의 오른쪽에 있다는 사실이다(그림 3).

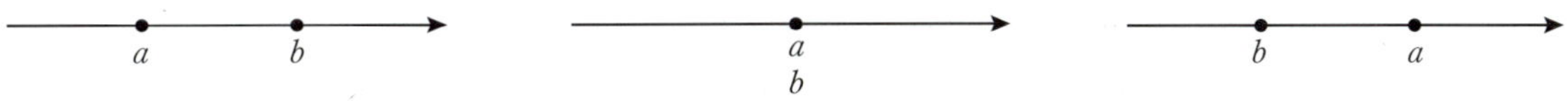

(a) $a < b$ (b) $a = b$ (c) $a > b$

그림 3

2 정의 실수의 대소 관계 임의의 $a, b \in$에 대하여,

(a) a가 b의 왼쪽에 있을 때, "a는 b보다 **작다**"고 말하고, $a<b$로 나타낸다.

(b) a가 b의 오른쪽에 있을 때, "a는 b보다 **크다**"고 말하고, $a>b$로 나타낸다.

(c) a가 b와 같은 위치에 있을 때, "a는 b와 **같다**"고 말하고, $a=b$로 나타낸다.

(d) a가 b보다 작거나 같을 때, $a \leq b$로 나타낸다.

(e) a가 b보다 크거나 같을 때, $a \geq b$로 나타낸다.

특히, $a>0$일 때, "a가 **양이다**"라고 말하고, $a<0$일 때, "a가 **음이다**"라고 말한다.

▷ 절댓값

실수 a의 절댓값은 실직선 위의 0에서 a까지의 거리를 의미한다. 예를 들어 -4는 0에서 4단위이고, 3은 0에서 3단위이다. 절댓값의 더욱 형식적인 정의는 다음과 같이 주어진다.

3 정의 임의의 실수 a에 대하여 a의 **절댓값**(absolute value)은 기호 $|a|$로 나타내고 다음과 같이 정의한다.

$$|a| = \begin{cases} a, & a \geq 0, \\ -a, & a < 0 \end{cases}$$

예제 1 다음 절댓값을 계산하여라.

(a) $|5|=5$ (b) $|0|=0$ (c) $|-9|=9$ ■

예제 2 $x=-4$, $y=2$일 때, 식 $|x+y|$의 값을 구하여라.

풀이 $x+y=(-4)+2=-2$이므로 $|x+y|=|-2|=2$이다. ■

4 정의 실직선 위의 두 점 P, Q의 좌표가 각각 a, b일 때, P와 Q 사이의 **거리**(distance) $d(P, Q)$는 다음과 같이 정의한다.

$$d(P, Q) = |a-b|$$

예제 3 실직선 위에서 거리 구하기 실직선 위의 세 점 P, Q, R의 좌표가 각각 -4, 8, -1일 때, 다음 거리를 구하여라.

(a) P와 Q 사이의 거리 (b) Q와 R 사이의 거리

풀이 (a) $d(\mathrm{P}, \mathrm{Q})=|(-4)-8|=|-12|=12$.

(b) $d(\mathrm{Q}, \mathrm{R})=|8-(-1)|=|9|=9$. ■

▷ 지수

정수 지수는 한 실수의 반복되는 곱을 간단히 나타내기 위하여 사용된다. 실수 a와 양의 정수 n에 대하여, 기호 a^n 은 실수 a를 n번 곱하는 것을 나타낸다.

5

$$a^n=\underbrace{a\cdot a\cdot \cdots \cdot a}_{n\text{개}}.$$

여기서 $a^1=a$로 생각한다. 그러면 $a^2=a\cdot a$, $a^3=a\cdot a\cdot a$와 같이 나타낼 수 있다. 식 a^n 에서, a를 **밑**(base) 그리고 n을 **지수**(exponent 또는 power)라 한다. 우리는 a^n 을 "a를 n제곱한다(a raised to the power n)" 또는 "a의 n제곱(a to the nth power)"이라고 읽는다.

참고 괄호와 지수가 함께 사용될 때 반드시 주의하여 계산해야 한다. 예로써,

$$-3^4=-(3\cdot 3\cdot 3\cdot 3)=-81$$

이고, 반면에

$$(-3)^4=(-3)\cdot(-3)\cdot(-3)\cdot(-3)=81$$

이다. 지수는 수 또는 그 지수 바로 앞에 오는 괄호가 있는 식에만 적용됨을 주의하자.

6 정의

a는 0이 아닌 임의의 실수이고, n은 임의의 양의 정수라 하자. a^0과 a^{-n}은 각각 다음과 같이 정의한다.

$$a^0=1, \qquad a^{-n}=\frac{1}{a^n}$$

지수법칙(law of exponent)이라 부르는 다음 성질들은 a^n 의 정의와 정의 **6**에 의하여 증명될 수 있다.

7 정리 지수법칙 a와 b는 임의의 실수고 m과 n은 임의의 정수라 하자. 그러면 다음이 성립한다.

(a) $a^m a^n=a^{m+n}$

(b) $(a^m)^n=a^{mn}$

(c) $(ab)^n=a^n b^n$

(d) $\dfrac{a^m}{a^n}=a^{m-n}$ (단, $a\neq 0$)

(e) $\left(\dfrac{a}{b}\right)^n=\dfrac{a^n}{b^n}$ (단, $b\neq 0$)

예제 4 $3^{-6}\cdot 3^4$을 간단히 하여라.

풀이 $3^{-6}\cdot 3^4=\frac{1}{3^6}\cdot 3^4=\frac{3^4}{3^6}=\frac{1}{3^2}=\frac{1}{9}$. ■

예제 5 **지수법칙의 사용** 모든 지수가 양이 되도록 각 식을 나타내어라.

(a) $\frac{x^7y^{-2}}{x^2y^4}$, $x\neq 0\ y\neq 0$ (b) $\left(\frac{x^{-5}}{2y^{-2}}\right)^{-2}$, $x\neq 0,\ y\neq 0$

풀이 (a) $\frac{x^7y^{-2}}{x^2y^4}=\frac{x^7}{x^2}\cdot\frac{y^{-2}}{y^4}=x^{7-2}\cdot y^{-2-4}=x^5\cdot y^{-6}=x^5\cdot\frac{1}{y^6}=\frac{x^5}{y^6}$.

(b) $\left(\frac{x^{-5}}{2y^{-2}}\right)^{-2}=\frac{(x^{-5})^{-2}}{(2y^{-2})^{-2}}=\frac{x^{10}}{2^{-2}(y^{-2})^{-2}}=\frac{x^{10}}{\frac{1}{4}y^4}=\frac{4x^{10}}{y^4}$ ■

▷ 제곱근

두 실수 a와 b가 $a^2=b$를 만족할 때, a를 b의 **제곱근**(square root)이라고 말한다. 예를 들어, $3^2=9$이고 $(-3)^2=9$이므로, 두 수 3과 -3은 9의 제곱근이다.

제곱근호(radical sign)라 부르는 기호 $\sqrt{\ }$ 는 음이 아닌 제곱근을 나타내기 위하여 사용하고, 음이 아닌 제곱근을 **주제곱근**(principal square root)이라 말한다. 따라서 $\sqrt{9}=3$이다.

> **8 정의** 음이 아닌 실수 b에 대하여 $a^2=b$를 만족하는 음이 아닌 실수 a를 b의 **주제곱근**이라 말하고, $a=\sqrt{b}$로 나타낸다.

참고 (a) 음수는 (실수 체계에서) 제곱근을 갖지 않는다. 왜냐하면, 임의의 실수의 제곱은 언제나 0보다 크거나 같기 때문이다. 예로 들어, $\sqrt{-4}$는 실수가 아니다. 왜냐하면, 제곱이 -4가 되는 실수는 존재하지 않기 때문이다.

(b) $0^2=0$이므로, 0의 주제곱근은 0이다. 즉, $\sqrt{0}=0$.

(c) 양수의 주제곱근은 양이다.

(d) $c\geq 0$이면, $(\sqrt{c}\,)^2=c$다. 예를 들어, $(\sqrt{2}\,)^2=2$이고 $(\sqrt{5}\,)^2=5$이다.

예제 6 다음 제곱근의 값을 구하여라.

(a) $\sqrt{81}$ (b) $\sqrt{\frac{1}{64}}$ (c) $(\sqrt{2.5}\,)^2$ (d) $\sqrt{(-2)^2}$

풀이 (a) $81=9^2$이므로, $\sqrt{81}=9$이다.

(b) $\frac{1}{64}=\left(\frac{1}{8}\right)^2$ 이므로, $\sqrt{\frac{1}{64}}=\frac{1}{8}$이다.

(c) $\sqrt{2.5}$는 2.5의 주제곱근이므로 $(\sqrt{2.5}\,)^2=2.5$이다.

(d) $(-2)^2=4$이고 $\sqrt{4}$는 2의 주제곱근이므로 $\sqrt{(-2)^2}=\sqrt{4}=2$이다. ■

예제 6 (d)에서와 같이 a^2의 주제곱근은 a의 부호와 관계없이 음이 아닌 실수로 정의되므로, 다음 결과를 얻는다.

9 임의의 실수 a에 대하여, $\sqrt{a^2}=|a|$이다.

예제 7 다음 제곱근의 값을 계산하여라.

(a) $\sqrt{3^2}=|3|=3$ (b) $\sqrt{(-3)^2}=|-3|=3$ (c) $\sqrt{x^2}=|x|$ ■

1.2 연습문제

1. 각 명제를 부등식으로 나타내어라.

(a) x는 양이다. (b) y는 음이다.

(c) x는 2보다 작다. (d) x는 2보다 크거나 같다.

2. $x=3$, $y=-2$일 때, 각 식의 값을 구하여라.

(a) $|x|+|y|$ (b) $\frac{|x|}{x}$

(c) $|2x-3y|$ (d) $||2x|-|3y||$

(3~6) 다음 각 식을 간단히 하여라.

3. $(-5)^2$ 4. 5^{-2}

5. $(3^{-2})^{-1}$ 6. $\sqrt{25}$

(7~14) 다음 각 식을 간단히 하되, 모든 지수가 양이 되도록 나타내어라.

7. $(8x^3)^2$ 8. $(-4x^2)^{-1}$

9. $(x^{-1}y)^3$ 10. $\frac{x^2y^3}{xy^4}$

1.3 문자와 식

우리는 수를 나타내기 위하여 종종 문자를 사용한다. 사용되는 문자가 주어진 수 집합의 임의의 수를 나타내면, 이 문자를 **변수**(variable)라고 말하며, **상수**(constant)란 3 또는 $\sqrt{2}$와 같은 고정된 수이거나 또는 고정된 수를 나타내는 문자를 말한다.

▷ 다항식

숫자와 문자 혹은 문자와 문자의 곱으로만 이루어진 식을 **단항식**(monomial)이라 하고, 몇 개의 단항식의 합으로 나타낸 식을 **다항식**(polynomial)이라고 한다. 정의로부터 단항식 역시 다항식이다.

1 정의 한 변수의 **단항식**(monomial)은 하나의 상수와 한 변수의 음이 아닌 정수의 거듭제곱을 말한다. 그러므로 단항식은

$$ax^k$$

꼴이다. 여기서 a는 상수, x는 변수, $k \geq 0$는 정수다. 이때, 상수 a를 이 단항식의 **계수**(coefficient)라 하고, $a \neq 0$일 때 k를 이 단항식의 **차수**(degree)라 한다.

예제 1 단항식의 예

	단항식	계수	차수	
(a)	$5x^3$	5	3	
(b)	$-\sqrt{2}x^2$	$-\sqrt{2}$	2	
(c)	5	5	0	$5=5\cdot 1=5x^0$이고 $x \neq 0$
(d)	$-7x$	-7	1	$-7x=-7x^1$
(e)	x^4	1	4	$x^4=1\cdot x^4$ ■

같은 지수로 거듭제곱이 된 같은 변수를 갖는 두 단항식을 **동류항**(like term)이라 한다. 예를 들어, $\sqrt{3}x^5$과 $-4x^5$은 동류항이다. 반면에, 두 단항식 $\frac{1}{2}x^3$과 $\frac{1}{2}x^4$은 동류항이 아니다. 우리는 분배법칙을 사용하여 동류항을 더하거나 뺄 수 있다. 예를 들어,

$$2x^3+7x^3=(2+7)x^3=9x^3\text{이고 } 7x^5-3x^5=(7-3)x^5=4x^5$$

와 같이 간단히 나타낼 수 있다.

2 정의 한 변수의 **다항식**(polynomial)은

$$a_nx^n+a_{n-1}x^{n-1}+\cdots+a_1x+a_0$$

꼴의 대수식을 말한다. 여기서, a_n, a_{n-1}, $\cdots$, a_1, a_0는 이 다항식의 **계수**(coefficient)라 부르는 상수, $n \geq 0$는 정수이고, x는 변수이다. $a_n \neq 0$일 때, a_n을 **최고차 계수**(leading coefficient)라 하고, n을 이 다항식의 **차수**(degree)라 한다.

다항식에 있는 각 단항식을 이 다항식의 **항**(term)이라 한다. 모든 계수가 0일 때, 이 다항식을 **영 다항식**(zero polynomial)이라 하고 기호 0으로 쓴다. 영 다항식의 차수는 없다.

정의 2와 같이 다항식은 보통 0이 아닌 최고차항에서 시작하여 점점 차수가 감소하는 항으로 나타내는데, 이것을 **표준꼴**(standard form)이라 말한다.

예제 2 다항식의 예

다항식	계수	차수
$\sqrt{2}x^2-3=\sqrt{2}x^2+0\cdot x+(-3)$	$\sqrt{2}, 0, -3$	2

$2-3x+x^2=1\cdot x^2+(-3)x+2$	$1, -3, 2$	2
$3x+\sqrt{3}=3x^1+\sqrt{3}$	$3, \sqrt{3}$	1
$\dfrac{1}{2}=\dfrac{1}{2}\cdot 1=\dfrac{1}{2}\cdot x^0$	$\dfrac{1}{2}$	0
0	0	차수 없음 ■

우리는 변수를 나타내기 위하여 x를 사용하여 왔지만, y 또는 z와 같은 문자들 역시 사용한다.

$2x^4-3x^2+1$은 x의 4차 다항식이다.

$\sqrt{2}\,y^3-3y^2+y-1$은 y의 3차 다항식이다.

$\dfrac{1}{2}z^5+\pi$는 z의 5차 다항식이다.

$\dfrac{1}{x}$, $\dfrac{2x^2+1}{x+3}$과 같은 대수식은 다항식이 아니다. $\dfrac{1}{x}=x^{-1}$은 음의 정수인 지수를 가지므로, $\dfrac{1}{x}$은 다항식이 아니다. 두 번째 식은 두 다항식의 몫이다.

▷ 다항식의 덧셈과 뺄셈

동류항들을 결합함으로써 다항식들을 더하고 뺀다.

예제 3 다음 두 다항식의 합을 구하여라.

$$5x^3-3x^2+5x-1\text{과 } 3x^4-x^3+2x^2+x.$$

풀이 동류항들을 묶은 후에 그들을 결합한다.

$$\begin{aligned}&(5x^3-3x^2+5x-1)+(3x^4-x^3+2x^2+x)\\&=3x^4+(5x^3-x^3)+(-3x^2+2x^2)+(5x+x)-1\\&=3x^4+4x^3-x^2+6x-1.\end{aligned}$$

■

예제 4 $(5x^4-3x^3+7x^2-2)-(x^4-2x^2-5x+6)$을 구하여라.

풀이 $(5x^4-3x^3+7x^2-2)-(x^4-2x^2-5x+6)$

$=5x^4-3x^3+7x^2-2+(-x^4+2x^2+5x-6)$

두 번째 다항식의 각 항의 부호의 변화를 반드시 확인한다.

$=(5x^4-x^4)+(-3x^3)+(7x^2+2x^2)+5x-8$

↑ 동류항들을 묶는다.

$=4x^4-3x^3+9x^2+5x-8.$

■

▷ 다항식의 곱셈

지수법칙, 교환법칙과 결합법칙을 사용하여 두 다항식을 곱할 수 있다. 예로써

$$(3x^4)\cdot(5x^6)=(3\cdot 5)\cdot(x^4\cdot x^6)=15x^{4+6}=15x^{10}.$$

다항식의 곱은 분배법칙과 지수법칙을 반복하여 사용함으로써 구해진다.

예제 5 **다항식을 곱하기** $(3x+2)(x^2-2x+3)$을 구하여라.

풀이 $(3x+2)(x^2-2x+3)=3x(x^2-2x+3)+2(x^2-2x+3)$

↑ 분배법칙

$=(3x\cdot x^2-3x\cdot(2x)+3x\cdot 3)+(2\cdot x^2-2\cdot(2x)+2\cdot 3)$

↑ 분배법칙

$=(3x^3-6x^2+9x)+(2x^2-4x+6)$

↑ 지수법칙, 교환법칙, 결합법칙

$=3x^3-4x^2+5x+6.$

↑ 동류항들의 결합, 분배법칙 ■

예제 6 $(x-a)(x+a)$꼴의 곱 구하기

$$(x-5)(x+5)=x^2+5x-5x-25=x^2-25.$$ ■

예제 7 $(x\pm a)^2$ 꼴의 곱 구하기

(a) $(x+3)^2=(x+3)(x+3)=x^2+3x+3x+9=x^2+6x+9.$

(b) $(x-5)^2=(x-5)(x-5)=x^2-5x-5x+25=x^2-10x+25.$ ■

예제 8 $(ax+b)(cx+d)$꼴의 곱 구하기

(a) $(x+2)(x+3)=x^2+3x+2x+6=x^2+5x+6.$

(b) $(2x+3)(5x+4)=10x^2+8x+15x+12=10x^2+23x+12.$ ■

예제 9 $(x\pm a)^3$꼴의 곱 구하기

(a) $(x+2)^3=(x+2)(x+2)^2=(x+2)(x^2+4x+4)$

$=(x^3+4x^2+4x)+(2x^2+8x+8)$

$=x^3+6x^2+12x+8.$

(b) $(x-1)^3=(x-1)(x-1)^2=(x-1)(x^2-2x+1)$

$=(x^3-2x^2+x)-(x^2-2x+1)$

$=x^3-3x^2+3x-1.$ ■

예제 10 두 세제곱의 차의 꼴

$(x-1)(x^2+x+1)=x(x^2+x+1)-1(x^2+x+1)$

$=x^3+x^2+x-x^2-x-1$

$=x^3-1.$ ■

예제 11 두 세제곱의 합의 꼴

$(x+2)(x^2-2x+4)=x(x^2-2x+4)+2(x^2-2x+4)$

$=x^3-2x^2+4x+2x^2-4x+8$

$=x^3+8.$ ■

다음은 다항식의 곱에 대한 일반적인 공식으로 위 예제들과 비슷한 방법으로 유도할 수 있다. ■

3 곱셈공식

(a) $(ax+b)(cx+d)=acx^2+(ad+bc)x+bd$.

(b) $(x-a)(x+a)=x^2-a^2$.

(c) $(x+a)^2=x^2+2ax+a^2$, $(x-a)^2=x^2-2ax+a^2$.

(d) $(x+a)^3=x^3+3ax^2+3a^2x+a^3$, $(x-a)^3=x^3-3ax^2+3a^2x-a^3$.

(e) $(x-a)(x^2+ax+a^2)=x^3-a^3$, $(x+a)(x^2-ax+a^2)=x^3+a^3$.

▷ 다항식의 인수분해

하나의 다항식을 두 개 이상의 단항식의 곱의 꼴로 나타내는 것을 이 식을 **인수분해**(factoring)한다고 말한다. 그리고 이때 단항식을 주어진 다항식의 **인수**(factor)라고 말한다. 예를 들어,

$$(x-1)(x-3)=x^2-4x+3$$

이므로 2차 다항식 x^2-4x+3을 인수분해하면 $(x-1)(x-3)$이고, 이때 $x-1$과 $x-3$은 x^2-4x+3의 인수이다. 이와 같이 인수분해는 다항식의 전개과정의 역과정으로 곱셈공식으로부터 얻어진다.

4 인수분해공식

(a) $acx^2+(ad+bc)x+bd=(ax+b)(cx+d)$.

(b) $x^2-a^2=(x-a)(x+a)$.

(c) $x^2+2ax+a^2=(x+a)^2$, $x^2-2ax+a^2=(x-a)^2$.

(d) $x^3+3ax^2+3a^2x+a^3=(x+a)^3$, $x^3-3ax^2+3a^2x-a^3=(x-a)^3$.

(e) $x^3-a^3=(x-a)(x^2+ax+a^2)$, $x^3+a^3=(x+a)(x^2-ax+a^2)$.

예제 12 **두 제곱의 차의 인수분해** x^2-16을 인수분해하여라.

풀이 x^2-16은 두 제곱 x^2과 4^2의 차이다. 그러므로

$$x^2-16=(x-4)(x+4).$$ ■

예제 13 **두 세제곱의 차의 인수분해** x^3-8을 인수분해하여라.

풀이 x^3-8은 두 세제곱 x^3과 2^3의 차이다. 그러므로

$$x^3-8=(x-2)(x^2+2x+4).$$ ■

예제 14 **완전제곱의 인수분해** $25x^2+30x+9$를 인수분해하여라.

풀이 처음 항 $25x^2=(5x)^2$과 셋째 항 $9=3^2$은 완전제곱이다. 가운데 항 $30x$는 $5x$와 3의 두 배이다. 그러므로 $25x^2+30x+9=(5x+3)^2$. ■

예제 15 **3항식의 인수분해** $x^2+7x+10$을 인수분해하여라.

풀이 먼저, 곱이 10이 되는 모든 정수를 구한다. 다음에 이들의 합을 계산한다.

곱이 10인 정수들	1, 10	−1, −10	2, 5	−2, −5
합	11	−11	7	−7

두 정수 2와 5는 곱 10과 가운데 항의 계수 7과 같은 합 7을 갖는다. 따라서

$$x^2+7x+10=(x+2)(x+5).$$ ■

예제 16 **3항식의 인수분해** x^2-x-12를 인수분해하여라.

풀이 먼저, 곱이 −12인 모든 정수를 구한다. 다음에 각각의 합을 계산한다.

곱이 12인 정수들	1, −12	−1, 12	2, −6	−2, 6	3, −4	−3, 4
합	−11	11	−4	4	−1	1

−1은 가운데 항의 계수이므로, $x^2-x-12=(x+3)(x-4)$. ■

예제 17 **묶음에 의한 인수분해** $(x^2+2)x+(x^2+2)\cdot 3$을 인수분해하여라.

풀이 x^2+2가 공통인수이므로 분배법칙을 적용하면

$$(x^2+2)x+(x^2+2)\cdot 3=(x^2+2)(x+3)$$

을 얻는다. ■

예제 18 **묶음에 의한 인수분해** x^3-4x^2+2x-8을 인수분해하여라.

풀이 처음 두 항과 마지막 두 항을 묶는다. 다음에 각 묶음에서 공통인수를 찾는다. 우리는 x^3-4x^2에서 공통인수 x^2과 $2x-8$에서 공통인수 2를 얻는다. 그러면 각 경우의 나머지 인수는 같은 $x-4$다. 이것은 묶음에 의하여 다음과 같이 인수분해가 가능함을 의미한다.

$$\begin{aligned}x^3-4x^2+2x-8&=(x^3-4x^2)+(2x-8)\\&=x^2(x-4)+2(x-4)\\&=(x^2+2)(x-4).\end{aligned}$$ ■

▷ 다항식의 나눗셈

다항식을 단항식으로 나눌 때는, 다음 예와 같이 계산하면 된다.

$$(ax^3+bx)\div x^2=(ax^3+bx)\cdot\frac{1}{x^2}=\frac{ax^3}{x^2}+\frac{bx}{x^2}=ax+\frac{bx}{x^2}$$

즉, $ax^3+bx=ax\cdot x^2+bx$이므로 몫은 ax이고, 나머지는 bx이다.

다항식을 다항식으로 나누는 것은 다음 예제와 같이 계산할 수 있다.

예제 19 $3x^3+5x-9$를 x^2+1로 나누었을 때, 몫과 나머지를 구하여라.

풀이 **단계 1 :** 다항식 x^2+1의 최고차항 x^2으로 $3x^3+5x-9$의 최고차항 $3x^3$을 나누어서 나온 결과, $3x$를 아래와 같이 쓴다.

$$\begin{array}{r|l} & 3x \\ \hline x^2+1 & 3x^3+0\cdot x^2+5x-9 \end{array}$$

단계 2 : x^2+1에 $3x$를 곱하여 아래와 같이 쓴다.

$$\begin{array}{r|l} & 3x \\ \hline x^2+1 & 3x^3+0\cdot x^2+5x-9 \\ & 3x^3+\qquad\quad 3x \\ \hline \end{array}$$

↑ 다음 단계를 더 쉽게 하기 위하여 $3x$항을 $5x$항 밑에 쓴다.

단계 3 : 빼고 난 후에 나머지 항을 아래로 가져온다. 여기서 $0\cdot x^2=0$이므로 표시하지 않는다.

$$\begin{array}{r|l} & 3x \\ \hline x^2+1 & 3x^3+0\cdot x^2+5x-9 \\ & 3x^3+\qquad\quad 3x \quad \leftarrow \text{뺀다.} \\ \hline & \qquad\qquad\quad 2x-9 \end{array}$$

단계 4 : $2x-9$를 x^2+1로 나눌 수 없으므로 몫은 $3x$이고, 나머지는 $2x-9$이다. 다시 말해, $3x^3+5x-9=(x^2+1)\cdot 3x+(2x-9)$이다. ■

참고 1 만약 단계 3의 아래에 나온 다항식을 다시 나눌 수 있다면 단계 1, 2를 더 이상 나눌 수 없을 때까지 반복한다.

1.3 연습문제

(1~2) 다음 식을 계산하여라.

1. $(x+1)+(4x-5)$
2. $(x^2-3x+1)-2(3x^2+x-4)$

(3~6) 다음 식을 전개하여라.

3. $(x-6)(x+4)$
4. $(x-7)^2$
5. $(2x+1)^2$
6. $(2x+1)(x-3)$

(7~8) 다음 식을 인수분해하여라.

7. $x^2-7x+10$
8. $-x^2+2x+15$

(9~10) 다항식 $f(x)$를 $g(x)$로 나눌 때, 몫과 나머지를 구하여라.

9. $f(x)=3x^3+2x^2-x+3$, $g(x)=x-3$
10. $f(x)=x^4-1$, $g(x)=x^2-1$

1.4 유리식과 무리식

두 다항식 A, B(단, $B\neq 0$)에 대하여 $\dfrac{A}{B}$ 꼴의 식을 **유리식**(rational expression)이라 말하고, 유리수와 같은 방법으로 A를 **분자**(numerator), B를 **분모**(denominator)라고 말한다. 그리고 분모가 1차 이상의 다항식인 유리식을 **분수식**(fractional expression)이라고 말한다.

다음은 유리식의 몇 가지 예들이다.

$$\frac{x+1}{x+2},\ \frac{3x^2+x+1}{x^2+1},\ \frac{x+1}{x^2-4},\ \frac{x^2y}{(x-y)^2}$$

▷ 유리식 간단히 하기

유리식은 가능하다면 분모, 분자를 인수분해하고, 또 분모, 분자에 공통인수가 있으면 소거 성질을 이용하여 기약분수식으로 만든다.

1 정리 소거 성질 A, B, C는 임의의 유리식이고 $B\neq 0$, $C\neq 0$이라 하자. 그러면

$$\frac{AC}{BC}=\frac{A}{B}$$

이 성립한다.

예제 1 유리식을 간단하게 하기 $\dfrac{x^2+4x+4}{x^2+3x+2}$를 간단히 하여라.

풀이 먼저 분자와 분모를 인수분해한다. 그러면

$$x^2+4x+4=(x+2)(x+2),$$
$$x^2+3x+2=(x+2)(x+1).$$

$x+2$는 공통인수이므로,

$$\frac{x^2+4x+4}{x^2+3x+2}=\frac{(x+2)(x+2)}{(x+2)(x+1)}=\frac{x+2}{x+1},\ x\neq -2, -1.$$ ■

▷ 유리식의 곱셈과 나눗셈

유리식을 곱하고 나누는 규칙은 유리수를 곱하고 나누는 규칙과 같다.

2 정리 유리식의 곱셈과 나눗셈 $\dfrac{A}{B}$와 $\dfrac{C}{D}$가 임의의 두 유리식이고, $B\neq 0$, $D\neq 0$이라 하자. 그러면 다음이 성립한다.

(a) 유리식의 곱셈

$$\frac{A}{B}\cdot\frac{C}{D}=\frac{AC}{BD}$$

(b) 유리식의 나눗셈

$$\frac{\frac{A}{B}}{\frac{C}{D}}=\frac{A}{B}\cdot\frac{D}{C}=\frac{AD}{BC},\quad C\neq 0.$$

예제 2 유리식의 곱셈과 나눗셈 다음 식을 간단히 한 후, 인수분해된 꼴로 남겨두어라.

(a) $\dfrac{x^2-2x+1}{x^3+x}\cdot\dfrac{4x^2+4}{x^2+x-2}$ (b) $\dfrac{\frac{x+3}{x^2-4}}{\frac{x^2-x-12}{x^3-8}}$

풀이 (a)
$$\begin{aligned}\frac{x^2-2x+1}{x^3+x}\cdot\frac{4x^2+4}{x^2+x-2}&=\frac{(x-1)^2}{x(x^2+1)}\cdot\frac{4(x^2+1)}{(x+2)(x-1)}\\&=\frac{(x-1)^2(4)(x^2+1)}{x(x^2+1)(x+2)(x-1)}\\&=\frac{4(x-1)}{x(x+2)},\ x\neq -2,\ 0,\ 1.\end{aligned}$$

(b)
$$\begin{aligned}\frac{\frac{x+3}{x^2-4}}{\frac{x^2-x-12}{x^3-8}}&=\frac{x+3}{x^2-4}\cdot\frac{x^3-8}{x^2-x-12}\\&=\frac{x+3}{(x-2)(x+2)}\cdot\frac{(x-2)(x^2+2x+4)}{(x-4)(x+3)}\\&=\frac{(x+3)(x-2)(x^2+2x+4)}{(x-2)(x+2)(x-4)(x+3)}\\&=\frac{x^2+2x+4}{(x+2)(x-4)},\ x\neq -3,\ -2,\ 2,\ 4.\end{aligned}$$

■

▷ 유리식의 덧셈과 뺄셈

유리식을 더하고 빼는 규칙은 유리수를 더하고 빼는 규칙과 같다.

3 정리 분모가 같은 두 유리식의 덧셈과 뺄셈 $\dfrac{A}{B}$와 $\dfrac{C}{B}$가 유리식이라 하자. 그러면

$$\frac{A}{B}+\frac{C}{B}=\frac{A+C}{B},\quad \frac{A}{B}-\frac{C}{B}=\frac{A-C}{B},\ B\neq 0$$

예제 3 분모가 같은 두 유리식의 덧셈과 뺄셈 다음 식을 간단히 한 후, 인수분해된 꼴로 남겨두어라.

(a) $\dfrac{x^2-3}{2x+3}+\dfrac{x+1}{2x+3},\ x\neq -\dfrac{3}{2}$ (b) $\dfrac{x}{x-2}-\dfrac{3x+6}{x-2},\ x\neq 2$

풀이 (a) $\frac{x^2-3}{2x+3}+\frac{x+1}{2x+3}=\frac{(x^2-3)+(x+1)}{2x+3}$

$$=\frac{x^2+x-2}{2x+3}$$

$$=\frac{(x+2)(x-1)}{2x+3}$$

(b) $\frac{x}{x-2}-\frac{3x+6}{x-2}=\frac{x-(3x+6)}{x-2}$

$$=\frac{-2x-6}{x-2}=\frac{-2(x+3)}{x-2}$$ ■

더하거나 빼는 두 유리식의 분모가 다르면, 유리수의 덧셈과 뺄셈에 대한 일반적인 공식을 사용할 수 있다. 다음은 분모가 다른 두 유리식의 덧셈과 뺄셈에 관한 공식이다.

4 정리 분모가 다른 두 유리식의 덧셈과 뺄셈

$\frac{A}{B}$와 $\frac{C}{D}$가 $B\neq D$인 두 유리식이라 하자. 여기서 $B\neq 0$, $D\neq 0$이다. 그러면

(a) $\frac{A}{B}+\frac{C}{D}=\frac{A\cdot D}{B\cdot D}+\frac{B\cdot C}{B\cdot D}=\frac{AD+BC}{BD}$

(b) $\frac{A}{B}-\frac{C}{D}=\frac{A\cdot D}{B\cdot D}-\frac{B\cdot C}{B\cdot D}=\frac{AD-BC}{BD}$

예제 4 분모가 다른 두 유리식의 덧셈과 뺄셈 다음 식을 간단히 한 후, 인수분해된 꼴로 남겨두어라.

(a) $\frac{x-3}{x+4}+\frac{x}{x-2}$, $x\neq -4, 2$ (b) $\frac{x^2}{x^2-4}-\frac{1}{x}$, $x\neq -2, 0, 2$

풀이 (a) $\frac{x-3}{x+4}+\frac{x}{x-2}=\frac{x-3}{x+4}\cdot\frac{x-2}{x-2}+\frac{x+4}{x+4}\cdot\frac{x}{x-2}$

$$=\frac{(x-3)(x-2)}{(x+4)(x-2)}+\frac{(x+4)x}{(x+4)(x-2)}$$

$$=\frac{(x-3)(x-2)+(x+4)x}{(x+4)(x-2)}$$

$$=\frac{x^2-5x+6+x^2+4x}{(x+4)(x-2)}$$

$$=\frac{2x^2-x+6}{(x+4)(x-2)}$$

(b) $\frac{x^2}{x^2-4}-\frac{1}{x}=\frac{x^2}{x^2-4}\cdot\frac{x}{x}-\frac{x^2-4}{x^2-4}\cdot\frac{1}{x}$

$$=\frac{x^2x-(x^2-4)\cdot 1}{(x^2-4)x}$$

$$=\frac{x^3-x^2+4}{x(x-2)(x+2)}$$ ■

⊳ 최소공배수(LCM)

두 유리식을 더하거나 뺄 때, 그 분모들에 공통인수가 있다면 정리 4를 이용하는 것보다는 유리수에서 사용하는 최소공배수(LCM: least common multiple method) 방법을 적용하는 것이 좋다. 유리식에서의 LCM은 각 분모를 인수로 갖는 다항식들 중 최저차 다항식들을 의미한다.

> **5 유리식을 더하거나 뺄 때의 LCM 방법**
>
> **단계** 1: 각 유리식의 분모를 인수분해한다.
>
> **단계** 2: 분모의 LCM을 구한다. 실제로, 분모의 LCM은 각 분모에 나타나는 공통인수들 중 최고차의 인수들, 공통이 아닌 인수들과 계수들의 LCM의 곱이다.
>
> **단계** 3: 단계 2에서 구한 LCM을 공통의 분모로 사용해서 각 유리식을 쓴다.
>
> **단계** 4: 단계 3의 유리식을 더하거나 뺀다.

예제 5 최소공배수 구하기 다음 두 다항식의 최소공배수를 구하여라.

$$6x(x-1)(x+1)^3 \text{ 과 } 4(x-1)^2(x+1)$$

풀이 **단계 1:** 각 다항식은 이미 다음과 같이 인수분해되어 있다.

$$6x(x-1)(x+1)^3, \ 4(x-1)^2(x+1).$$

단계 2: 공통인수는 $x-1$과 $x+1$이므로, 각각의 최고차 인수를 택하여 곱한다. 그러면

$$(x-1)^2(x+1)^3$$

을 얻는다. 한편 계수는 6과 4이므로, 이들의 LCM은 12다. 그런데 x는 공통인수가 아니다. 그러므로 LCM은 $12x(x-1)^2(x+1)^3$. ■

실제로 예제 5의 LCM은 인수로써 $6x(x-1)(x+1)^3$과 $4(x-1)^2(x+1)$을 포함하는 최저차 다항식임을 알 수 있다.

예제 6 LCM을 사용하여 유리식을 더하기

다음 유리식을 간단히 하되, 인수분해된 꼴로 나타내어라.

$$\frac{x}{x^2+3x+2}+\frac{2x-3}{x^2-1}, \ x\neq -2, -1, 1$$

풀이 **단계 1:** 각 분모를 인수분해한다.

$$x^2+3x+2=(x+2)(x+1), \ x^2-1=(x-1)(x+1).$$

단계 2: LCM$=(x+2)(x+1)(x-1)$.

단계 3: LCM을 분모로 사용하여 각 유리식을 쓴다.

$$\frac{x}{x^2+3x+2}=\frac{x}{(x+2)(x+1)}$$

$$=\frac{x}{(x+2)(x+1)}\cdot\frac{x-1}{x-1}=\frac{x(x-1)}{(x+2)(x+1)(x-1)}$$

↑ 분모와 분자에 $x-1$을 곱한다.

$$\frac{2x-3}{x^2-1}=\frac{2x-3}{(x-1)(x+1)}$$

$$=\frac{2x-3}{(x-1)(x+1)}\cdot\frac{x+2}{x+2}$$

↑ 분모와 분자에 $x+2$를 곱한다.

$$=\frac{(2x-3)(x+2)}{(x-1)(x+1)(x+2)}$$

단계 4 : 두 유리식을 더한다.

$$\frac{x}{x^2+3x+2}+\frac{2x-3}{x^2-1}=\frac{x(x-1)}{(x+2)(x+1)(x-1)}+\frac{(2x-3)(x+2)}{(x+2)(x+1)(x-1)}$$

$$=\frac{x(x-1)+(2x-3)(x+2)}{(x+2)(x+1)(x-1)}$$

$$=\frac{x^2-x+2x^2+x-6}{(x+2)(x+1)(x-1)}$$

$$=\frac{3x^2-6}{(x+2)(x+1)(x-1)}$$

$$=\frac{3(x^2-2)}{(x+2)(x+1)(x-1)}.$$

■

▷ 주 n제곱근(거듭제곱근)

> **6 정의** 수 a의 **주 n제곱근**(principal nth root of a number a)은 기호 $\sqrt[n]{a}$로 쓰고, 다음과 같이 정의된다.
>
> $$\sqrt[n]{a}=b \iff a=b^n.$$

여기서 $n\geq 2$은 정수이다. 특히,

$n\geq 2$가 짝수면 $a\geq 0$이고 $b\geq 0$이고,

$n\geq 3$이 홀수면 a와 b는 임의의 실수이다.

$a<0$이고 n이 짝수면 $\sqrt[n]{a}$는 정의되지 않음에 유의하자.

a의 주 n제곱근 $\sqrt[n]{a}$를 때때로 **거듭제곱근**(radical), 정수 n을 **지수**(index), a를 **피제곱근수**(radicand)라 말한다. 근호의 지수가 2이면, $\sqrt[2]{a}$를 a의 **제곱근**(square root)이라 하고 지수 2를 생략하고 간단하게 $\sqrt{a}$로 쓴다. 근호의 지수가 3이면, $\sqrt[3]{a}$를 a의 **세제곱근**(cube root)이라 한다.

예제 7 주 n제곱근의 값 구하기

(a) $\sqrt[3]{27}=\sqrt[3]{3^3}=3.$ (b) $\sqrt[3]{-8}=\sqrt[3]{(-2)^3}=-2.$

(c) $\sqrt[4]{\frac{1}{81}}=\sqrt[4]{\left(\frac{1}{3}\right)^4}=\frac{1}{3}.$ (d) $\sqrt[6]{(-3)^6}=|-3|=3.$ ■

예제 7에 있는 수들은 **완전제곱근**(perfect root)들의 예이다. n이 짝수면, 주 n제곱근은 0보다 크거나 같아야만 한다. 따라서 다음의 결과를 얻는다.

> **7 정리　완전제곱수의 주 n제곱근**
>
> $n\geq 2$는 양의 정수이고 a는 임의의 실수라 하자. 그러면
>
> (a) $\sqrt[n]{a^n}=a$　($n\geq 3$은 홀수).
>
> (b) $\sqrt[n]{a^n}=|a|$　($n\geq 2$은 짝수).

> **8 정리　근호의 성질**
>
> $n\geq 2$와 $m\geq 2$은 양의 정수, a와 b는 임의의 실수이고 모든 n제곱근이 정의된다고 가정하자. 그러면
>
> (a) $\sqrt[n]{ab}=\sqrt[n]{a}\,\sqrt[n]{b}.$
>
> (b) $\sqrt[n]{\frac{a}{b}}=\frac{\sqrt[n]{a}}{\sqrt[n]{b}}.$
>
> (c) $\sqrt[n]{a^m}=(\sqrt[n]{a})^m.$

근호와 관련된 문제에서 "간단히 한다"는 것은 인수로 나타나는 임의의 완전제곱근들을 근호에서 없앤다는 것을 의미한다. 근호를 간단하게 하기 위하여 정리 7과 8을 어떻게 이용하는지 몇 가지 예제들을 통해 알아보자.

예제 8 근호를 간단히 하기

(a) $\sqrt{32}=\sqrt{16\cdot 2}=\sqrt{16}\cdot\sqrt{2}=4\sqrt{2}.$

(↓ 16은 완전제곱이다. ↑ 정리 8(a) ↑ 정리 7(b))

(b) $\sqrt[3]{81}=\sqrt[3]{27\cdot 3}=\sqrt[3]{27}\cdot\sqrt[3]{3}=3\sqrt[3]{3}$

(↓ 27은 완전제곱이다. ↑ 정리 8(a) ↑ 정리 7(a))

(c) $\sqrt[3]{-16x^4}=\sqrt[3]{-8\cdot 2\cdot x^3\cdot x}=\sqrt[3]{(-8x^3)(2x)}$

$=\sqrt[3]{(-2x)^3\cdot 2x}=\sqrt[3]{(-2x)^3}\,\sqrt[3]{2x}=-2x\sqrt[3]{2x}.$ ■

분수식의 분모를 유리화할 때에는 분자와 분모에 같은 식을 곱한다.

예제 9 **분모유리화**　각 식의 분모를 유리화하여라.

(a) $\dfrac{6}{\sqrt{3}}=\dfrac{6}{\sqrt{3}}\cdot\dfrac{\sqrt{3}}{\sqrt{3}}=\dfrac{6\sqrt{3}}{(\sqrt{3}\,)^2}=\dfrac{6\sqrt{3}}{3}=2\sqrt{3}.$

(b) $\dfrac{\sqrt{3}}{\sqrt[3]{2}}=\dfrac{\sqrt{3}}{\sqrt[3]{2}}\cdot\dfrac{\sqrt[3]{4}}{\sqrt[3]{4}}=\dfrac{\sqrt{3}\sqrt[3]{4}}{\sqrt[3]{8}}=\dfrac{\sqrt{3}\sqrt[3]{4}}{2}.$

(c) $\dfrac{\sqrt{x}+2}{\sqrt{x}-2}=\dfrac{\sqrt{x}+2}{\sqrt{x}-2}\cdot\dfrac{\sqrt{x}+2}{\sqrt{x}+2}=\dfrac{(\sqrt{x}+2)^2}{(\sqrt{x})^2-2^2}=\dfrac{(\sqrt{x})^2+4\sqrt{x}+4}{x-4}$

$=\dfrac{x+4\sqrt{x}+4}{x-4}.$ ■

예제 10 같은 근호로 결합하여 간단히 하기

(a) $-6\sqrt{12}+2\sqrt{3}=-6\sqrt{4\cdot 3}+2\sqrt{3}=-6\cdot\sqrt{4}\sqrt{3}+2\sqrt{3}$

$=-12\sqrt{3}+2\sqrt{3}=-10\sqrt{3}.$

(b) $\sqrt[3]{8x^4}+2\cdot\sqrt[3]{-x}+5\sqrt[3]{27x}=\sqrt[3]{(2x)^3\cdot x}+2\sqrt[3]{-1\cdot x}+5\sqrt[3]{3^3x}$

$=\sqrt[3]{(2x)^3}\cdot\sqrt[3]{x}+2\cdot\sqrt[3]{-1}\cdot\sqrt[3]{x}+5\cdot\sqrt[3]{3^3}\cdot\sqrt[3]{x}$

$=2x\sqrt[3]{x}-2\sqrt[3]{x}+15\sqrt[3]{x}$

$=(2x+13)\sqrt[3]{x}.$ ■

▷ 유리수 지수

또한 근호는 유리수 지수를 정의하는데 사용된다.

9 정의 유리수 지수

(a) a는 실수, $n\geq 2$는 정수이고 $\sqrt[n]{a}$가 존재한다고 하자. 그러면 $a^{1/n}$은 다음과 같이 정의한다.

$$a^{1/n}=\sqrt[n]{a}.$$

(b) a는 실수, m과 n은 $n\geq 2$인 공통인수가 없는 정수이고 $\sqrt[n]{a}$가 존재한다고 하자. 그러면 $a^{m/n}$은 다음과 같이 정의한다.

$$a^{m/n}=\sqrt[n]{a^m}=(\sqrt[n]{a})^m.$$

예제 11 유리수 지수를 갖는 식 간단히 하기

(a) $9^{1/2}=\sqrt{9}=3.$

(b) $(-8)^{1/3}=\sqrt[3]{-8}=-2.$

(c) $27^{1/2}=\sqrt{27}=3\sqrt{3}.$

(d) $16^{1/3}=\sqrt[3]{16}=2\sqrt[3]{2}.$ ■

예제 12 유리수 지수를 갖는 식 간단히 하기

(a) $27^{2/3}=(\sqrt[3]{27})^2=3^2=9.$

(b) $(-8)^{4/3}=(\sqrt[3]{-8})^4=(-2)^4=16.$

(c) $(81)^{-3/4}=(\sqrt[4]{81})^{-3}=3^{-3}=\dfrac{1}{27}.$ ■

1.2절의 정리 7 지수법칙은 유리수 지수에 대해서도 성립한다.

10 정리 지수법칙 a와 b는 임의의 실수이고 m과 n은 임의의 유리수라 하자. 그러면 다음이 성립한다.

(a) $a^m a^n = a^{m+n}$

(b) $(a^m)^n = a^{mn}$

(c) $(ab)^n = a^n b^n$

(d) $\dfrac{a^m}{a^n} = a^{m-n}$ (단, $a \neq 0$)

(e) $\left(\dfrac{a}{b}\right)^n = \dfrac{a^n}{b^n}$ (단, $b \neq 0$).

참고 지수법칙은 유리수 지수뿐만 아니라 실수 지수에 대해서도 성립한다.

예제 13 유리수 지수를 갖는 식 간단하게 하기 다음 각 식을 간단히 하되 양의 지수만 나타나도록 하여라.

(a) $\left(\dfrac{2x^{1/3}}{y^{2/3}}\right)^{-3}$

(b) $(x^{2/3}y)(x^{-2}y)^{1/2}$

풀이 (a) $\left(\dfrac{2x^{1/3}}{y^{2/3}}\right)^{-3} = \left(\dfrac{y^{2/3}}{2x^{1/3}}\right)^3 = \dfrac{(y^{2/3})^3}{(2x^{1/3})^3} = \dfrac{y^2}{2^3(x^{1/3})^3} = \dfrac{y^2}{8x}$.

(b) $$\begin{aligned}(x^{2/3}y)(x^{-2}y)^{1/2} &= (x^{2/3}y)[(x^{-2})^{1/2}y^{1/2}] \\ &= x^{2/3}yx^{-1}y^{1/2} = (x^{2/3}x^{-1})(yy^{1/2}) \\ &= x^{-1/3}y^{3/2} = \frac{y^{3/2}}{x^{1/3}}.\end{aligned}$$ ■

1.4 연습문제

(1~4) 다음 각 유리식을 간단히 하여라.

1. $\dfrac{x^2-2x}{3x-6}$

2. $\dfrac{y^2-25}{2y^2-8y-10}$

3. $\dfrac{x-x^2}{x^2+x-2}$

4. $\dfrac{x}{x+1} \cdot \dfrac{x^2+4x+3}{x^2+3x}$

(5~7) 다음 각 식을 간단히 하여라.

5. $\dfrac{x+1}{x-3} + \dfrac{2x-10}{x-3}$

6. $\dfrac{4}{x-2} + \dfrac{x}{2-x}$

7. $\dfrac{1}{x^2+x} - \dfrac{x+3}{x^2-1}$

(8~11) 다음 각 식을 간단히 하여라.

8. $\sqrt[3]{-8}$

9. $\sqrt[4]{x^{12}y^8}$

10. $9^{-3/2}$

11. $(x^3y^6)^{1/3}$

(12~13) 다음 각 식의 분모를 유리화하여라.

12. $\dfrac{1}{\sqrt{2}}$

13. $\dfrac{2-\sqrt{5}}{2+\sqrt{5}}$

1.5 방정식과 부등식

▷ 방정식

변수를 포함하는 등식에는 변수의 값에 상관없이 등호가 항상 성립하는 **항등식**(identity)과 특정한 값에 대해서만 등식이 성립하는 **방정식**(equation)이 있다. 예를 들어,

$$x+2=2+x,\ \ x+x=2x$$

은 항등식이고,

$$x+3=4,\ \ x^2-2x=3$$

은 방정식이다.

방정식 $x+3=4$에서 문자 x를 **변수**(variable) 또는 **미지수**(unknown quantity)라 하고, 이와 같이 x를 미지수로 갖는 방정식을 **x에 관한 방정식**이라고 한다. x에 관한 방정식을 만족시키는 x의 값을 그 방정식의 **해**(solution) 또는 **근**(root)이라 말하고, 해 전체의 집합을 그 방정식의 **해집합**(solution set)이라 말한다. 예를 들어, 방정식 $x+3=4$에서의 해는 $x=1$이며, 해집합은 $\{1\}$이다. 그리고 방정식의 해집합을 구하는 것을 그 **방정식을 푼다**(solve an equation)라고 말한다.

1 정의 일차방정식 방정식

$$ax+b=0\ \ (a\neq 0)$$

와 같이 미지수가 하나이고, 미지수 x의 차수가 일차일 때, 이 방정식을 x에 관한 **일차방정식**(linear equation)이라고 한다.

예제 1의 방정식은 x에 관한 일차방정식이다.

예제 1 방정식 $3x-2=7$을 풀어라.

풀이 $3x-2=7$의 양변에 2를 더하면,

$$3x=9$$

가 되며, 이 등식의 양변을 3으로 나누면,

$$x=3$$

이 된다. 그러므로 이 방정식의 해는 $x=3$이다. ■

예제 2 방정식 $|x-1|=2x+4$를 풀어라.

풀이 절댓값이 주어진 방정식으로 $x-1\geq 0$인 경우와 $x-1<0$인 경우로 나누어 풀어야 한다.

경우1 : $x-1\geq 0$일 때, $|x-1|=x-1$이므로, 주어진 방정식은 다음과 같다.

$$x-1=2x+4$$

양변에서 $2x$를 빼고, 1을 더하면,

$$x-1-2x+1=2x+4-2x+1$$
$$-x=5$$

가 되어, $x=-5$이다. 그런데 $x-1\geq 0$이어야 하므로, $x=-5$는 해가 될 수 없다.

경우2 : $x-1<0$일 때, $|x-1|=-x+1$이므로, 주어진 방정식은 다음과 같다.

$$-x+1=2x+4$$

양변에서 $2x$와 1을 빼면,

$$-x+1-2x-1=2x+4-2x-1$$
$$-3x=3$$

가 되어, $x=-1$이다. 이것은 $x-1<0$을 만족하므로, $x=-1$은 해이다. 그러므로 주어진 방정식의 해는 $x=-1$이다. ■

2 정의 이차방정식 방정식

$$ax^2+bx+c=0\ (a\neq 0)$$

에서와 같이 미지수 x의 차수가 이차일 때, x에 관한 **이차방정식**(quadratic equation)이라고 한다.

이차방정식의 해를 구하는 방법에는 '인수분해에 의한 방법'과 '근의 공식에 의한 방법' 두 가지가 있다. 인수분해에 의한 해법은 주어진 이차식을 인수분해하는 방법이다.

예제 3 인수분해에 의한 방법 다음 이차방정식을 풀어라.

(a) $x^2-5x+6=0$ (b) $3x^2-7x+2=0$

풀이 (a) $x^2-5x+6=(x-2)(x-3)$과 같이 인수분해되므로, $x^2-5x+6=0$이 되기 위해서는

$$x-2=0 \quad \text{또는} \quad x-3=0$$

이 되어야 한다. 그러므로 이차방정식의 해는 $x=2, 3$이다.

(b) $3x^2-7x+2=(3x-1)(x-2)$과 같이 인수분해되므로, $3x^2-7x+2=0$이 되기 위해서는

$$3x-1=0 \quad \text{또는} \quad x-2=0$$

이 되어야 한다. 그러므로 이차방정식의 해는 $x=\frac{1}{3}$, 2이다. ■

이제 근의 공식에 의한 방법을 알아보자. 근의 공식은 다음과 같이 주어진 이차식을 완전제곱식으로 변형하는 데에서 얻어진다.

$$ax^2+bx+c=0\ (a\neq0)$$

$a\neq0$이므로 양변을 a로 나누자. 그러면

$$x^2+\frac{b}{a}x+\frac{c}{a}=0$$

을 얻는다. 이 등식의 좌변에 $\left(\frac{b}{2a}\right)^2$을 더하고 빼면,

$$x^2+\frac{b}{a}x+\left(\frac{b}{2a}\right)^2-\left(\frac{b}{2a}\right)^2+\frac{c}{a}=0$$

$$\left(x+\frac{b}{2a}\right)^2=\frac{b^2}{4a^2}-\frac{c}{a}=\frac{b^2-4ac}{4a^2}$$

$$x+\frac{b}{2a}=\pm\sqrt{\frac{b^2-4ac}{4a^2}}$$

을 얻는다. 그러므로

$$x=\frac{-b\pm\sqrt{b^2-4ac}}{2a}$$

이다.

---

3 근의 공식 이차방정식

$$ax^2+bx+c=0\ (a\neq0)$$

의 근의 공식은 다음과 같다.

$$x=\frac{-b\pm\sqrt{b^2-4ac}}{2a}$$

단, $b^2-4ac\geq0$일 때 실수인 해 x를 갖는다.

근의 공식은 이차방정식이 인수분해되지 않거나 인수분해가 힘들 때 이용하는 것이 좋다.

예제 4 근의 공식에 의한 방법 다음 이차방정식을 풀어라.

(a) $x^2-4x+2=0$ (b) $3x^2-x-1=0$

풀이 (a) $a=1$, $b=-4$, $c=2$이므로 근의 공식에 대입하면,

$$x=\frac{4\pm\sqrt{(-4)^2-4\cdot1\cdot2}}{2\cdot1}=\frac{4\pm\sqrt{8}}{2}=\frac{4\pm2\sqrt{2}}{2}=2\pm\sqrt{2}$$

을 얻는다. 그러므로 이차방정식의 해는 $x=2+\sqrt{2}$, $2-\sqrt{2}$이다.

(b) $a=3$, $b=-1$, $c=-1$이므로 근의 공식에 대입하면,

$$x=\frac{1\pm\sqrt{(-1)^2-4\cdot3\cdot(-1)}}{2\cdot3}=\frac{1\pm\sqrt{13}}{6}$$

을 얻는다. 그러므로 이차방정식의 해는 $x=\frac{1+\sqrt{13}}{6}$, $\frac{1-\sqrt{13}}{6}$이다. ■

▷ 유리방정식과 무리방정식

다음 방정식

$$\frac{x+1}{x-1}=0,\ \frac{2}{x-1}=\frac{1}{x+1},\ \frac{x^2-x}{x+1}=4$$

과 같이 분모에 미지수가 있는 분수식으로 이루어진 방정식을 분수방정식(fractional equation)이라고 하며, 일차방정식, 이차방정식과 같이 미지수에 대한 다항식으로 이루어진 방정식을 다항방정식이라고 한다. 이러한 분수방정식과 다항방정식을 통틀어 유리방정식(rational equation)이라고 말한다. 분수방정식은 보통 다항방정식으로 변형한 후 그 해를 구한다. 단, 구한 x의 값들 중에 분모를 0이 되게 하는 값은 제외해야 한다. 이러한 값을 무연근(extraneous root)이라고 한다.

예제 5 다음 분수방정식을 풀어라.

(a) $\frac{1}{x}+\frac{4}{x(x-4)}=1$ (b) $\frac{1}{x}-\frac{1}{x+2}=\frac{1}{x-1}-\frac{1}{x+1}$

풀이 (a) 두 분모 x와 $x-4$의 최소공배수 $x(x-4)$를 양변에 곱한다. 그러면

$$(x-4)+4=x(x-4)$$
$$x=x^2-4x$$

이므로, 정리하면

$$x^2-5x=0,\ x(x-5)=0$$

이 되어, $x=0$ 또는 $x=5$이다. 그런데 $x=0$은 처음에 주어진 분수방정식에서 $\frac{1}{x}$의 분모를 0이 되게 하므로 해가 아니다.
그러므로 이 분수방정식의 해는 $x=5$이다.

(b) 우선 양변을 다음과 같이 각각 통분하자.

$$\frac{(x+2)-x}{x(x+2)}=\frac{(x+1)-(x-1)}{(x-1)(x+1)}$$
$$\frac{2}{x(x+2)}=\frac{2}{(x-1)(x+1)}$$

양변에 분모의 최소공배수 $x(x-1)(x+1)(x+2)$를 곱한다. 그러면

$$2(x-1)(x+1)=2\,x(x+2)$$
$$x^2-1=x^2+2x$$
$$2x=-1$$

이므로, $x=-\frac{1}{2}$이다. 이 값은 주어진 분수방정식의 분모를 0이 되게 하지 않으므로 이 분수방정식의 해이다. ■

다음 방정식

$$\sqrt{2x+2}=3,\ \sqrt{x+1}-\sqrt{x-1}=4$$

과 같이 미지수에 대한 무리식을 포함하는 방정식을 무리방정식(irrational equation)

이라 한다. 무리방정식의 해는 유리방정식에서처럼 다항방정식으로 변형한 후 그 해를 구한다.

예제 6 다음 무리방정식을 풀어라.

(a) $\sqrt{2x+2}=3$ (b) $\sqrt{5x-9}=x-1$

풀이 (a) 양변을 제곱하면

$$2x+2=9,\ 2x=7$$

이므로 $x=\frac{7}{2}$이다. $x=\frac{7}{2}$일 때, (좌변)=(우변)이 성립하므로 이 값은 주어진 방정식의 해이다.

(b) 양변을 제곱하면

$$5x-9=x^2-2x+1,\ x^2-7x+10=0,\ (x-2)(x-5)=0$$

이므로 $x=2$ 또는 $x=5$이다.

$x=2$ 또는 5일 때, (좌변)=(우변)이 성립하므로 이 값은 방정식을 만족한다.

그러므로 주어진 방정식의 해는 $x=2,\ 5$이다. ■

예제 7 다음 무리방정식을 풀어라.

$$\sqrt{x+6}-\sqrt{7-x}=1$$

풀이 양변에 $\sqrt{7-x}$ 를 더하여

$$\sqrt{x+6}=1+\sqrt{7-x}$$

와 같이 변형한 후, 양변을 제곱하자. 그러면

$$x+6=1+(7-x)+2\sqrt{7-x}$$
$$2x-2=2\sqrt{7-x}$$
$$x-1=\sqrt{7-x}$$

이므로, 다시 양변을 제곱하여 정리하자. 그러면

$$x^2-2x+1=7-x,\ x^2-x-6=0,\ (x-3)(x+2)=0$$

따라서 $x=-2$ 또는 $x=3$이다.

$x=-2$일 때, (좌변)$=\sqrt{4}-\sqrt{9}=2-3=-1$이고 (우변)$=1$이므로 이 값은 방정식을 만족하지 않는다.

$x=3$일 때, (좌변)$=\sqrt{9}-\sqrt{4}=3-2=1$이고 (우변)$=1$이므로 이 값은 방정식을 만족한다.

그러므로 $x=3$은 주어진 방정식의 해이다. ■

▷ 부등식

$$x^2-2x\geq 0,\ 4x+2>2x-1$$

와 같이 부등기호 '$<$', '$>$', '$\leq$', '$\geq$' 중의 하나로 분리되면서 적어도 하나의 변수를 포함하는 두 식으로 이루어진 명제를 **부등식**(inequality)이라 한다. 부등식을 만족하는 미지수의 값을 그 부등식의 **해**(solution)라고 하며, 해 전체의 집합을 그 부등식의 **해집합**(solution set)이라고 말한다. 그리고 부등식의 해집합을 구하는 것을 그 **부등식을 푼다**(solve an inequality)라고 말한다.

방정식과 마찬가지로 부등식을 푸는 방법은 $x<2$와 같이 분명한 해를 갖는 부등식이 얻어질 때가지 주어진 부등식을 간단히 하는 것이다. 이 때, 방정식과는 다르게 부등기호의 방향이 바뀌는 단계에 유의하여 풀어야 한다.

4 부등기호를 변화시키지 않는 단계

단계 1: 같은 항을 결합하고 괄호를 없앰으로써 부등식의 양변을 간단히 한다.

$x+2+5>2x+4(x+1)$을 $x+7>6x+4$로 바꾼다.

단계 2: 부등식의 양변에 같은 식을 더하거나 뺀다.

$2x-3<5$를 $(2x-3)+3<5+3$으로 바꾼다.

단계 3: 부등식의 양변에 같은 양의 식을 곱하거나 나눈다.

$3x>9$를 $\dfrac{3x}{3}>\dfrac{9}{3}$로 바꾼다.

5 부등기호의 방향을 반대로 하는 단계

단계 1: 부등식의 양변을 바꾼다.

$2<x$를 $x>2$로 바꾼다.

단계 2: 부등식의 양변에 음의 식을 곱하거나 나눈다.

$-2x>8$을 $\dfrac{-2x}{-2}<\dfrac{8}{-2}$로 바꾼다.

예제 8 다음 부등식을 풀어라.

(a) $4x-8\geq x-2$　　　　(b) $2x+8<3x-7$

풀이 (a) 양변에 8을 더하면

$$4x-8+8\geq x-2+8$$
$$4x\geq x+6$$

을 얻는다. 이제 양변에서 x를 빼자. 그러면

$$4x-x\geq x+6-x$$
$$3x\geq 6$$

이다. 마지막으로 양변을 3으로 나누면

$$\frac{3x}{3} \geq \frac{6}{3}$$

$$x \geq 2$$

가 되므로 주어진 부등식의 해는 $x \geq 2$이다.

(b) 양변에서 8을 빼면

$$2x+8-8<3x-7-8$$

$$2x<3x-15$$

을 얻는다. 이제 양변에서 $3x$를 빼자. 그러면

$$2x-3x<3x-15-3x$$

$$-x<-15$$

이다. 마지막으로 양변에 -1을 곱하면

$$(-x)\cdot(-1)>(-15)\cdot(-1)$$

$$x>15$$

가 되므로 주어진 부등식의 해는 $x>15$이다. ■

두 개 이상의 부등식을 한 묶음으로 하여 나타낸 것을 **연립부등식**(simultaneous inequalities)이라 한다. 연립부등식의 해집합은 각 부등식을 동시에 만족하는 해들의 범위, 즉 각 부등식의 해집합의 교집합을 구하면 된다.

예제 9 다음 연립부등식을 풀어라.

(a) $-5<3x-2<1$

(b) $\begin{cases} 2x+3 \leq 5x-9 \\ 4x-12>x+6 \end{cases}$

풀이 (a) $-5<3x-2<1$은 두 부등식

$$-5<3x-2\text{과 } 3x-2<1$$

을 의미하므로 각 부등식의 해집합을 예제 8과 같은 방법으로 구한다.

$$-5<3x-2,\ 3x-2<1$$

$$-3x<3,\ 3x<3$$

$$x>-1,\ x<1$$

따라서, 이 연립부등식의 해는 $-1<x<1$이다.

(b) $2x+3 \leq 5x-9$를 풀면

$$-3x \leq -12$$

$$x \geq 4$$

이고, $4x-12>x+6$를 풀면

$$3x>18$$

$$x>6$$

이다. 따라서 이 연립부등식의 해는 $x>6$이다. ■

x에 관해 정리했을 때,

$$ax^2+bx+c>0\ (a\neq0),\ ax^2+bx+c<0\ (a\neq0)$$
$$ax^2+bx+c\geq0\ (a\neq0),\ ax^2+bx+c\leq0\ (a\neq0)$$

와 같은 꼴로 나타나는 부등식을 x에 관한 **이차부등식**(quadratic inequality)이라 한다.

6 이차부등식 $ax^2+bx+c>0$, $ax^2+bx+c<0$, $ax^2+bx+c\geq0$, $ax^2+bx+c\leq0$의 해법

(a) $b^2-4ac>0$일 때, 인수분해한다. α, β가 실수이고 $\alpha<\beta$라 하자.

(1) $(x-\alpha)(x-\beta)>0$인 경우, $x<\alpha$ 또는 $x>\beta$

(2) $(x-\alpha)(x-\beta)<0$인 경우, $\alpha<x<\beta$

(3) $(x-\alpha)(x-\beta)\geq0$인 경우, $x\leq\alpha$ 또는 $x\geq\beta$

(4) $(x-\alpha)(x-\beta)\leq0$인 경우, $\alpha\leq x\leq\beta$

인수분해가 되지 않는 경우는 근의 공식을 이용하여 α와 β를 구하고 위와 같이 푼다.

(b) $b^2-4ac=0$일 때, 완전제곱으로 변형한다. α가 실수라 하자.

(1) $(x-\alpha)^2>0$인 경우, 부등식의 해는 $x\neq\alpha$인 모든 실수이다.

(2) $(x-\alpha)^2<0$인 경우, 부등식의 해는 없다.

(3) $(x-\alpha)^2\geq0$인 경우, 부등식의 해는 모든 실수이다.

(4) $(x-\alpha)^2\leq0$인 경우, 부등식의 해는 $x=\alpha$이다.

(c) $b^2-4ac<0$일 때, (b)와 비슷하게 완전제곱으로 변형하여 푼다.

예제 10 다음 이차부등식을 풀어라.

(a) $x^2-3x+2>0$ (b) $x^2<6x+4$

풀이 (a) 인수분해하면

$$(x-1)(x-2)>0$$

이 되므로, 이 부등식의 해는 $x>2$ 또는 $x<1$이다.

(b) 양변에서 $6x+4$를 빼면

$$x^2-6x-4<0$$

이고, 방정식 $x^2-6x-4=0$의 두 근은 $x=3-\sqrt{13}$, $x=3+\sqrt{13}$이므로 주어진 부등식은

$$(x-3+\sqrt{13})(x-3-\sqrt{13})<0$$

와 같이 다시 쓸 수 있다. 그러므로 이 부등식의 해는

$$3-\sqrt{13}<x<3+\sqrt{13}$$

이다. ■

1.5 연습문제

(1~2) 다음 방정식을 풀어라.

1. $x+3=5$

2. $|x-2|=2x+3$

(3~5) 다음 이차방정식을 풀어라.

3. $x^2=25$

4. $x^2-7x+10=0$

5. $x^2-2x-2=0$

(6~7) 다음 분수방정식을 풀어라.

6. $\frac{1}{x-1}-\frac{1}{x}=\frac{1}{2}$

7. $\frac{x}{x-2}-\frac{8}{x+3}=\frac{10}{x^2+x-6}$

(8~9) 다음 무리방정식을 풀어라.

8. $\sqrt{x+1}=x-5$

9. $\sqrt{x+2}-1=\sqrt{3-x}$

(10~12) 다음 부등식을 풀어라.

10. $5x+2>3x+6$

11. $-x^2+5x-4>0$

12. $x^2-7x+12\geq 0$

1.6 로그

두 수 x, y 사이에 $a^y=x$ $(a>0,\ a\neq 1\ ,\ x>0)$인 관계가 성립할 때, $y=\log_a x$으로 나타내며 y는 a를 밑으로 하는 로그(logarithm to the base a)라고 말한다. 그리고 x를 y의 진수(antilogarithm)라고 한다.

1 정의 $a>0$, $a\neq 1$, $x>0$일 때,

$$a^y=x \iff y=\log_a x$$

예제 1 다음 식에서 x, y의 값을 구하여라.

(a) $4=\log_2 x$ (b) $y=\log_3 9$

풀이 (a) 로그의 정의에 의하여 $x=2^4=16$이다.

(b) 로그의 정의에 의하여 $3^y=9=3^2$이므로 $y=2$이다. ■

예제 2 다음 값을 구하여라.

(a) $\log_2 8$ (b) $\log_3 \frac{1}{81}$

풀이 (a) $y=\log_2 8$이라 하자. 그러면 $2^y=8=2^3$이므로 $y=3$이다.

(b) $y=\log_3\frac{1}{81}$이라 하자. 그러면 $3^y=\frac{1}{81}=3^{-4}$이므로 $y=-4$이다. ■

로그의 정의와 지수법칙으로부터 몇 가지 유용한 성질들을 유도할 수 있다.

예제 3 다음을 증명하여라. 단 $a>0$, $a\neq1$이다.

(a) $\log_a 1=0$ (b) $\log_a a=1$

풀이 (a) $y=\log_a 1$이라 하자. 그러면 $a^y=1=a^0$이므로 $y=0$이다. 따라서 $\log_a 1=0$ 이다.

(b) $y=\log_a a$이라 하자. 그러면 $a^y=a=a^1$이므로 $y=1$이다. 따라서 $\log_a a=1$ 이다. ■

2 로그의 법칙 I $a>0$, $a\neq1$일 때,

(a) $\log_a 1=0$ (b) $\log_a a=1$.

예제 3과 비슷하게 다음 성질을 증명할 수 있다.

3 로그의 법칙 II $M>0$, $N>0$, $a>0$, $a\neq1$이고 r은 임의의 실수일 때,

(a) $a^{\log_a M}=M$ (b) $\log_a(M^r)=r\log_a M$

(c) $\log_a(MN)=\log_a M+\log_a N$ (d) $\log_a\left(\frac{M}{N}\right)=\log_a M-\log_a N$

예제 4 로그의 법칙을 이용하여 $\log_2 80-\log_2 5$를 계산하여라.

풀이 $\log_2 80-\log_2 5=\log_2\left(\frac{80}{5}\right)=\log_2 16=\log_2 2^4=4$ ■

▷ 상용로그와 자연로그

밑이 10인 로그를 **상용로그**(common logarithm)라 하는데 이는 계산기가 널리 사용되기 전에 계산을 쉽게 하기 위하여 이용하였다. 보통 상용로그 $\log_{10}x$는 밑 10을 생략하고 $\log x$로 나타낸다.

$$\log_{10}x=\log x$$

로그의 가능한 밑 중에서 미분적분학의 용도에 가장 적합한 것이 있다. 이것은 무리수 e로써 e의 소수점 아래 다섯째 자리까지는 정확하게

$$e\approx2.71828$$

로 나타내는데, e의 정확한 정의는 제5장에서 볼 수 있다. 이러한 수 e를 밑으로 갖는 로그를 **자연로그**(natural logarithm)라고 말한다. 그리고 다음과 같이 나타낸다.

$$\log_e x = \ln x$$

1, 2, 3에서 $a=e$라 두고 $\log_a$를 ln으로 바꾸면 자연로그의 법칙들을 얻을 수 있다. 특히,

$$\textbf{4} \qquad \ln x = y \iff e^y = x$$

$$\textbf{5} \qquad \begin{aligned} \ln(e^x) &= x, \quad x \in \mathbb{R} \\ e^{\ln x} &= x, \quad x > 0 \\ \ln e &= 1 \end{aligned}$$

이 된다.

예제 5 $\ln x = 5$일 때, x의 값을 구하여라.

풀이 4로부터 $\ln x = 5$는 $e^5 = x$를 뜻한다. 그러므로 $x = e^5$이다. ■

예제 6 방정식 $e^{5-3x} = 10$의 해를 구하여라.

풀이 방정식의 양변에 자연로그를 취하고 5를 이용하면

$$\begin{aligned} \ln(e^{5-3x}) &= \ln 10 \\ 5 - 3x &= \ln 10 \\ 3x &= 5 - \ln 10 \\ x &= \frac{1}{3}(5 - \ln 10) \end{aligned}$$

자연로그는 과학용 계산기에서 그 값을 구할 수 있으므로 소수점 아래 넷째 자리까지 근삿값을 계산하면 $x \approx 0.8991$이다. ■

예제 7 **로그법칙 이용하기** $\ln a + \frac{1}{2}\ln b$를 하나의 로그로 표현하여라.

풀이 로그의 법칙 Ⅱ를 사용하면 다음과 같이 하나의 로그로 표현할 수 있다.

$$\begin{aligned} \ln a + \frac{1}{2}\ln b &= \ln a + \ln b^{1/2} \\ &= \ln a + \ln \sqrt{b} \\ &= \ln(a\sqrt{b}) \end{aligned}$$ ■

아래의 공식은 어떠한 밑의 로그라 하더라도 우리가 원하는 수를 밑으로 하는 로그의 항으로 표현 가능하다는 것을 의미한다.

6 밑 변환공식

a, b, c는 모두 양수이고 $a\neq1$, $c\neq1$이라 하자. 그러면

$$\log_a b=\frac{\log_c b}{\log_c a}$$

특히,

$$\log_a b=\frac{\ln b}{\ln a}$$

증명 $y=\log_a b$라고 하자. 그러면 1로부터 $a^y=b$이다. 이 방정식의 양변에 모두 밑이 c인 로그를 취하면 $y\log_c a=\log_c b$를 얻는다. 여기에 $y=\log_a b$를 대입하자. 그러면

$$\log_a b\cdot\log_c a=\log_c b$$

이다. 따라서

$$\log_a b=\frac{\log_c b}{\log_c a}$$

이다. ■

과학용 계산기는 자연로그의 버튼이 있다. 그래서 공식 6은 어떤 밑을 가지는 로그의 계산이라도 가능하도록 해준다.

예제 8 다음 로그의 근삿값을 소수점 아래 넷째 자리까지 정확하게 계산하여라.

(a) $\log_5 89$ (b) $\log_8 5$

풀이 (a) 공식 6에 의하여

$$\log_5 89=\frac{\log 89}{\log 5}\approx\frac{1.94939}{0.69897}\approx2.7889$$

이다.

(b) 공식 6에 의하여

$$\log_8 5\approx\frac{\ln 5}{\ln 8}\approx0.773976$$

이다. ■

1.6 연습문제

(1~4) 다음의 정확한 값을 구하여라.

1. (a) $\log_5 125$ (b) $\log_3\left(\dfrac{1}{27}\right)$

2. (a) $\ln\left(\dfrac{1}{e}\right)$ (b) $\log_{10}\sqrt{10}$

3. (a) $\log_2 6-\log_2 15+\log_2 20$

   (b) $\log_3 100-\log_3 18-\log_3 50$

4. (a) $e^{-2\ln 5}$ (b) $\ln(\ln e^{10})$

(5~7) 다음을 하나의 로그로 표현하여라.

5. $\ln 5+\ln 3$

6. $\ln(a+b)+\ln(a-b)-2\ln c$

7. $\ln(1-x^2)+\dfrac{1}{2}\ln x-\ln(1-x)$

8. 공식 6을 이용하여 각 로그의 근삿값을 소수점 아래 여섯째 자리까지 정확하게 계산하여라.

   (a) $\log_{12} 10$ (b) $\log_2 8.4$

2 함수

2.1 함수

▷ 함수

1 정의 X와 Y는 임의의 집합이라 하자. X에서 Y로의 함수(function from X into Y)는 X의 각 원이 Y의 꼭 하나의 원과 결합하는 관계를 말한다. 이 관계를 **X에서 Y로의 함수**라 하고, 기호로

$$f : \mathrm{X} \to \mathrm{Y} \quad \text{또는} \quad \mathrm{X} \xrightarrow{f} \mathrm{Y}$$

로 나타낸다. 또, 함수 f에 의해 X의 원 x에 Y의 원 y가 대응하는 것을

$$y=f(x)$$

로 나타내고, **y는 x의 함수이다**라고 한다. 이 때, $f(x)$를 x의 **함숫값(상)**이라 한다.

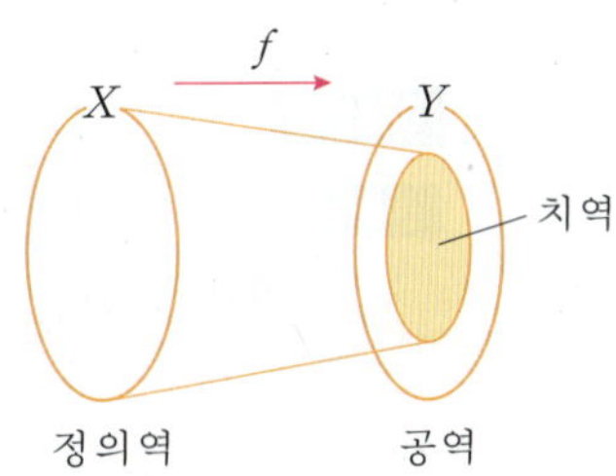

그림 1

여기서, x를 **독립변수**, y를 **종속변수**라고도 한다.

2 정의 함수 $f : X \to Y$에서 X를 f의 **정의역**, Y를 f의 **공역**이라 하고, 집합 $\{f(x) \mid x \in \mathrm{X}\}$를 f의 **치역**이라 하며, $f(X)$로 나타낸다.

이 때, 치역 $f(X)$는 공역 Y의 부분집합이다. 즉, $f(X) \subset Y$.

3 정의

(a) 순서쌍 : 집합 X의 원소 x에 Y의 원소 y를 순서로 하여 만든 쌍 (x, y)를 순서쌍이라 한다.

(b) 곱집합 : 집합 X의 원소를 첫 번째, 집합 Y의 원소를 두 번째로 하는 모든 순서쌍 (x, y)의 집합을 X와 Y의 곱집합이라 하고, $X \times Y$로 나타낸다.

$$X \times Y = \{(x, y) \mid x \in X,\ y \in Y\}$$

(c) 그래프 : 함수 $f: X \longrightarrow Y$가 $y=f(x)$로 정의될 때, 정의역 X의 변수 x와 함숫값 $f(x)$의 순서쌍 $(x, f(x))$의 전체의 집합 $G=\{(x, f(x)) \mid x \in X\}$를 함수 f의 그래프라고 한다.

4 함수의 음함수 꼴

일반적으로, 함수 f가 x와 y의 방정식으로 정의될 때, 우리는 이 함수가 암시적으로(implicitly) 주어진다고 말한다. 이 방정식을 x에 의하여 y를 푸는 것이 가능하면, $y=f(x)$로 쓰고 이 함수는 명백하게(explicitly) 주어진다고 말한다. 예로써,

음함수 꼴(Implicit Form)	양함수 꼴(Explicitly Form)
$3x+y=5$	$y=f(x)=-3x+5$
$x^2-y=6$	$y=f(x)=x^2-6$
$xy=4$	$y=f(x)=\frac{4}{x}$

x와 y의 방정식이 모두 함수 $y=f(x)$를 정의하는 것은 아니다. 주어진 x의 값에 대하여 방정식을 y에 대하여 풀었을 때 두 개 이상의 y의 값이 얻어지면, 이 방정식은 함수를 정의하지 못한다.

예제 1 방정식 $x^2+y^2=4$가 함수인지를 결정하라.

풀이 $x^2+y^2=4$가 함수를 정의하는지를 결정하기 위하여, 이 방정식을 y에 대하여 풀 필요가 있다.

$$x^2+y^2=4$$
$$y^2=4-x^2$$
$$y=\pm\sqrt{4-x^2}$$

-2와 2 사이의 x의 값에 대하여, y의 값이 두 개 생긴다. 예로써, $x=0$이면 $y=\pm\sqrt{4}=\pm2$. 이것은 방정식 $x^2+y^2=4$가 함수가 아니라는 것을 의미한다. ■

▷ 대응에 따른 함수의 종류

5 일대일 함수

함수 $f: X \to Y$에서 X의 서로 다른 원에 Y의 서로 다른 원이 대응하는 함수를 **일대일 함수**라 한다.

> X의 임의의 두 원 x_1, x_2에 대하여
>
> $$x_1 \neq x_2\text{이면 } f(x_1)\neq f(x_2)$$
>
> 일 때, 함수 f를 **일대일 함수**라 한다.

참고 「$x_1\neq x_2$이면 $f(x_1)\neq f(x_2)$」의 대우는 「$f(x_1)=f(x_2)$이면 $x_1=x_2$」이다.

6 일대일 대응

일대일 함수 중에서 치역과 공역이 같은 함수를 특히, **일대일 대응**이라 한다.

> (a) 치역과 공역이 같고,
> (b) X의 임의의 두 원 x_1, x_2에 대하여
>
> $$x_1 \neq x_1 \text{이면} \quad f(x_1) \neq f(x_2)$$
>
> 일 때, 함수 f를 **일대일 대응**이라 한다.

참고 일대일 대응일 때에는 $n(\mathrm{X})=n(\mathrm{Y})$이다.

> **7 정의** 일대일 대응 중에서 정의역과 공역이 같고, X의 각 원 x에 x 자신이 대응하는 함수를 특히 **항등함수**라 한다. 곧, $f(x)=x$일 때를 말한다. 흔히, I로 나타낸다.

> **8 정의** 함수 f의 치역이 하나의 원으로만 이루어진 함수를 상수 함수라 한다. 곧, X의 모든 원 x가 Y의 한 원 c에 대응되는 함수 $f(x)=c$를 **상수함수**라 한다.

합성함수와 역함수

두 함수 $f : \mathrm{X} \to Y$, $g : \mathrm{U} \to \mathrm{V}$가 다음 두 조건을 만족시킬 때, **두 함수는 같다**고 하고, $f=g$로 나타낸다.

9 (a) $\mathrm{X}=\mathrm{U}$ (b) $x \in \mathrm{X}$ 이면 $f(x)=g(x)$

두 함수 $f : \mathrm{X} \to \mathrm{Y}$, $g : \mathrm{Y} \to \mathrm{Z}$가 주어져 있을 때, 아래 그림과 같이 X의 임의의 원 x에 대하여 f에 의해 Y의 원 y가 대응하고, 다시 이 y에 대하여 g에 의해 Z의 원 z를 대응시킬 수 있다.

> $y=f(x)$
> $z=g(y)$
> $\therefore z=g(f(x))$

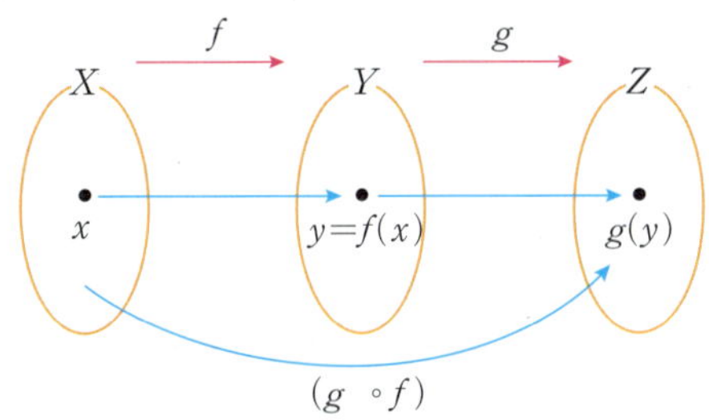

그림 2

이 때, X의 원 x에 대하여 Z의 원 $g(f(x))$를 대응시킴으로써 X를 정의역, Z를 공역으로 하는 새로운 함수를 얻는다.

이 함수를 f와 g의 **합성함수**라 하고, $g \circ f$로 나타낸다.

10

$$g \circ f : x \xrightarrow{f} f(x) \xrightarrow{g} g(f(x))$$
$$(g \circ f)(x) = g(f(x))$$

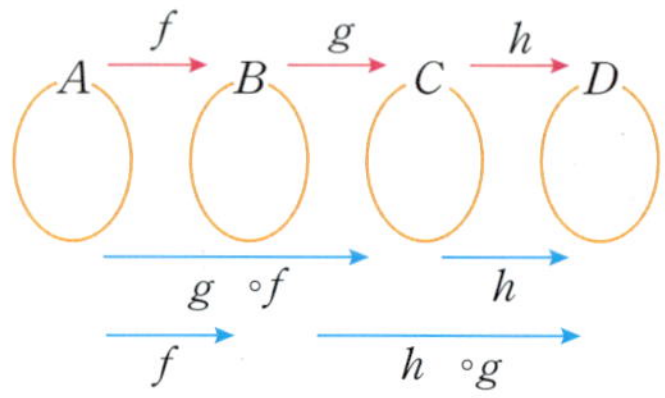

그림 3

11 합성함수의 성질

(a) $g \circ f \neq f \circ g$ (교환법칙 불성립)

(b) $h \circ (g \circ f) = (h \circ g) \circ f$ (결합법칙 성립)

(c) $f \circ \mathrm{I} = \mathrm{I} \circ f = f$ (단, I 는 항등함수)

참고 (2) $f : \mathrm{A} \to \mathrm{B}$, $g : \mathrm{B} \to \mathrm{C}$, $h : \mathrm{C} \to \mathrm{D}$ 일 때, $g \circ f : \mathrm{A} \to \mathrm{C}$이고, $h \circ g : \mathrm{B} \to \mathrm{D}$ 이므로

$$h \circ (g \circ f) = (h \circ g) \circ f : \mathrm{A} \to \mathrm{D}$$

12 정의 f는 정의역 A와 치역 B를 갖는 일대일 함수이다. 그러면 f의 **역함수**(inverse function) f^{-1}는 정의역 B와 치역 A를 가지며 B의 임의의 y에 대하여

$$f^{-1}(y) = x \iff f(x) = y$$

로 정의된다.

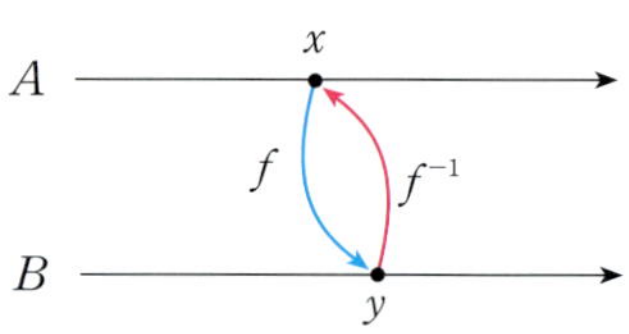

그림 5

이 정의가 말하는 것은 만약 f가 x를 y로 보낸다면, f^{-1}는 y를 다시 x로 보낸다는 것이다(만약 f가 일대일이 아니면, f^{-1}는 유일하게 정의되지 않는다). 그림 5의 화살도표가 나타내는 것은 f^{-1}는 f의 효과를 되돌려 놓는 것이다.

f^{-1}의 정의역 $=$ f의 치역
f^{-1}의 치역 $=$ f의 정의역

에 주목하자. 예를 들어, $f(x) = x^3$의 역함수는 만약 $y = x^3$이면

$$f^{-1}(y) = f^{-1}(x^3) = (x^3)^{1/3} = x$$

이기 때문에 $f^{-1}(x) = x^{1/3}$이다.

주의 f^{-1}의 -1을 지수로 실수하지 말라. 그러므로 $f^{-1}(x)$는 $\dfrac{1}{f(x)}$을 의미하는 것이 아니다. 역수 $1/f(x)$는 $[f(x)]^{-1}$로 표시한다.

예제 2 역함수의 값 계산하기 $f(1) = 5$, $f(3) = 7$, $f(8) = -10$이라면, $f^{-1}(7)$, $f^{-1}(5)$, $f^{-1}(-10)$의 값을 찾아라.

풀이 f^{-1}의 정의로부터

$$f(3)=7\text{이기 때문에 } f^{-1}(7)=3$$
$$f(1)=5\text{이기 때문에 } f^{-1}(5)=1$$
$$f(8)=-10\text{이기 때문에 } f^{-1}(-10)=8$$

이다. 그림 4의 도표는 이 경우에 f^{-1}가 어떻게 f의 효과를 되돌려 놓는지 명확하게 보여준다.

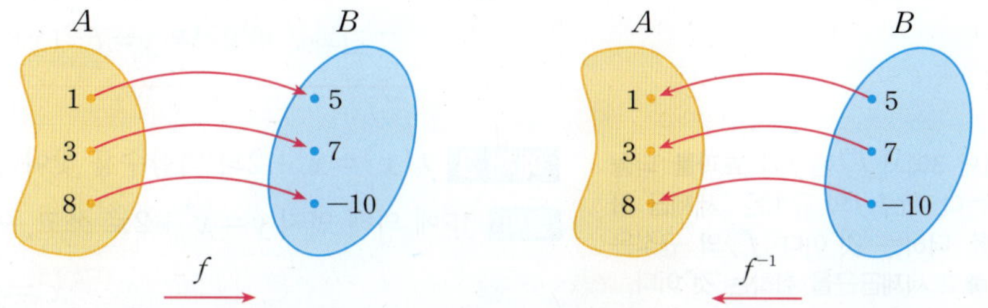

그림 4 역함수는 입력과 출력을 바꾼다.

문자 x를 전통적으로 독립변수로 사용했는데, f보다 f^{-1}에 관심을 집중할 때, 정의 12에서 우리는 보통 x와 y의 역할을 바꾸게 된다. 그리고

13 $$f^{-1}(x)=y \iff f(y)=x$$

로 쓴다. 정의 12에서의 y를 대입하고 **13** 에서의 x를 대입하여 아래와 같은 **소거방정식**을 얻는다.

14 $$\begin{aligned} &f^{-1}(f(x))=x, \quad A\text{의 모든 } x\text{에 대하여} \\ &f(f^{-1}(x))=x, \quad B\text{의 모든 } x\text{에 대하여} \end{aligned}$$

첫 번째 소거방정식은 x부터 시작해서, f를 적용시킨 후 f^{-1}를 적용시켜 처음 시작했던 x로 되돌아 오는 것을 말한다(그림 5의 기계도표를 보라). 그러므로 f^{-1}는 f가 작용된 것을 푸는 것이다. 두 번째 방정식은 f^{-1}가 작용된 것을 f가 푸는 것이다.

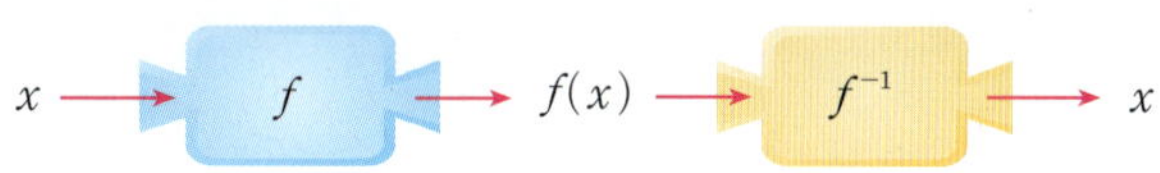

그림 5

예를 들어, $f(x)=x^3$이면 $f^{-1}(x)=x^{1/3}$이고 소거방정식은

$$f^{-1}(f(x))=(x^3)^{1/3}=x$$
$$f(f^{-1}(x))=(x^{1/3})^3=x$$

가 된다. 이들 방정식은 세제곱함수와 세제곱근함수는 연속으로 적용될 때는 서로 소거되는 것을 보여준다.

이제 어떻게 역함수를 계산하는지 보자. 만약 $y=f(x)$란 함수가 있고, 이 방정식을 y에

대한 식으로 x를 표현할 수 있다면, 정의 12에 의해 $x=f^{-1}(y)$를 반드시 가진다. x를 독립변수로 하려면 x와 y를 교환해서 방정식 $y=f^{-1}(x)$를 얻을 수 있다.

15 일대일 함수 f의 역함수 구하기

1단계 $y=f(x)$라고 쓴다.

2단계 이 방정식을 (가능하다면) x를 y의 식으로 푼다.

3단계 f^{-1}를 x의 함수로 표현하기 위해, x와 y를 바꾼다. 그 결과로 방정식은 $y=f^{-1}(x)$가 된다.

● 예제 3에서 f^{-1}는 f의 효과를 되돌려 놓는다. 함수 f의 규칙은 "세제곱 하고 2를 더하는 것"이다. f^{-1}의 규칙은 "2를 빼고 세제곱근을 취하는 것"이다.

예제 3 $f(x)=x^3+2$의 역함수를 찾아라.

풀이 15에 의해 먼저 $y=x^3+2$로 쓰고, 이것을 x에 대하여 푼다.

$$x^3=y-2, \text{ 즉 } x=\sqrt[3]{y-2}$$

마지막으로 x와 y를 바꾼다.

$$y=\sqrt[3]{x-2}$$

그러므로 역함수는 $f^{-1}(x)=\sqrt[3]{x-2}$이다. ■

x와 y를 바꾸는 법칙은 f의 그래프로부터 f^{-1}의 그래프를 얻기 위한 방법을 제공해 준다. $f(a)=b$의 필요충분조건은 $f^{-1}(b)=a$이므로, 점 (a, b)가 f의 그래프 위에 있을 필요충분조건은 점 (b, a)가 f^{-1}의 그래프 위에 있는 것이다. 여기서 점 (b, a)는 점 (a, b)를 직선 $y=x$에 대칭시켜 얻는다(그림 6 참조).

그러므로 그림 7에서 나타낸 것처럼

> f^{-1}의 그래프는 f의 그래프를 직선 $y=x$에 대해 대칭이동시켜 얻는다.

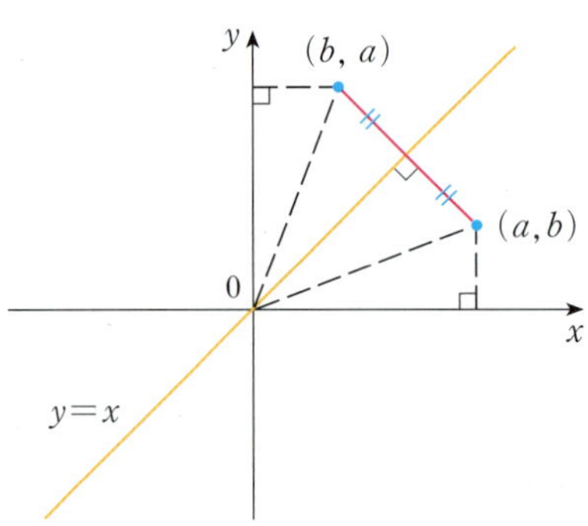

그림 6

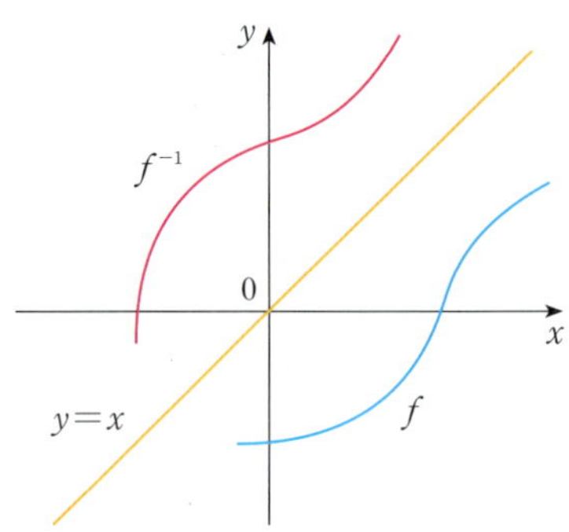

그림 7

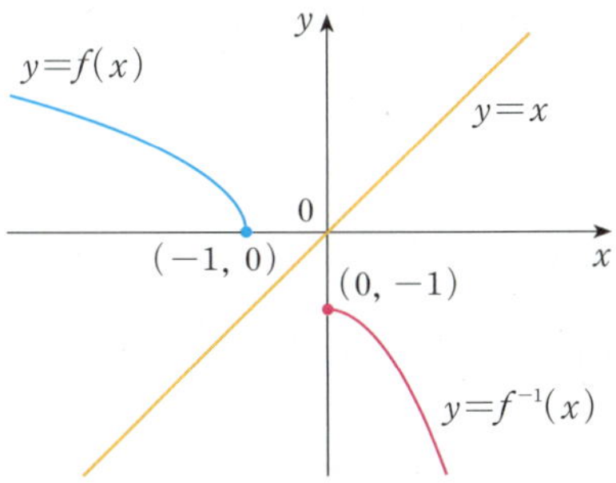

그림 8

예제 4 **함수와 역함수의 그래프 그리기** $f(x)=\sqrt{-1-x}$의 그래프를 그리고 같은 좌표축들을 이용하여 역함수를 그려라.

풀이 먼저 곡선 $y=\sqrt{-1-x}$를 그리고(포물선 $y^2=-1-x$ 또는 $x=-y^2-1$의 상반부) f^{-1}의 그래프를 얻기 위해 직선 $y=x$에 대하여 대칭이동시킨다(그림 8 참조). 이 그래프를 검사할 때 f^{-1}의 표현이 $x\geq 0$에 대하여 $f^{-1}(x)=-x^2-1$임을 주목하자. 그러므로 f^{-1}의 그래프는 포물선 $y=-x^2-1$의 오른쪽 부분이고 그림 8에서 이것이 합리적임을 볼 수 있다. ■

2.1 연습문제

1. 직선 $y=ax$는 $y=x^2-x+1$과는 두 점에서 만나고, $y=x^2+x+1$과는 만나지 않는다. 이 때, a의 값의 범위를 구하여라.
2. $f(x)=\dfrac{|x|}{x}$의 정의역을 구하라.
3. $f(x)=\dfrac{1}{\sqrt{4-9x^2}}$의 정의역을 구하라.
4. $f(x)=3x+5$, $h(x)=3x^2+3x+2$일 때 $h(x)=(f\circ g)(x)$인 함수 g를 구하라.
5. $(g\circ f)(x)=-6x-4$일 때, $(g\circ f)(x)$의 역함수를 구하여라.
6. 집합 $X=\{x\,|\,x\geq a\}$에 대하여 X에서 X로의 함수 $f(x)=x^2-2x-40$의 역함수가 존재할 때, 상수 a의 값을 구하여라.
7. 집합 $X=\{0,\ 1\}$을 정의역으로 하는 두 함수 $f(x)=x^2-3x+5$, $g(x)=ax+b$가 서로 같을 때, 두 상수 a, b의 곱 ab의 값을 구하여라.
8. 집합 $X=\{x\,|\,-1\leq x\leq 1\}$에서 집합 $Y=\{y\,|\,0\leq y\leq 4\}$로의 함수 $f(x)=px+q$가 일대일 대응일 때, pq의 값을 모두 구하여라. (단, p와 q는 상수이다.)
9. 두 함수 $f(x)=ax+b$, $g(x)=x+c$에서 $(g\circ f)(x)=3x-2$, $f(1)=2$가 성립되도록 하는 상수 a, b, c에 대하여 $a-b+c$ 값을 구하여라.
10. 서로 다른 두 함수 $f(x)=ax-b$, $g(x)=bx-a\,(a\neq b)$가 $f\circ g=g\circ f$를 만족할 때, $f(3)+g(3)$의 값을 구하여라.
11. 집합 $A=\{1,\ 2,\ 3\}$에서 A로의 함수 f에 대하여 역함수 f가 존재하고 $f(1)\neq f^{-1}(1)$일 때, $f(2)+f^{-1}(2)$의 값은?
12. $y=2x^2-1\ (x\geq 0,\ y\geq -1)$의 역함수를 구하여라.

2.2 일차함수와 이차함수의 그래프와 성질

▷ 일차함수와 직선 방정식

1차 함수(linear function)란 $f(x)=mx+b$ 꼴의 함수를 말한다. 여기서 m과 b는 실수다. 1차 함수의 정의역은 모든 실수들의 집합이다. 1차 함수의 그래프는 직선(line)이다.

따라서 평면상에서 주어진 조건에 따라 직선의 다양한 형태에 대해서 공부해 보자. 먼저 평면상의 두 점 사이의 기울기를 정의해 보자.

정의 $x_1 \neq x_2$인 경우 임의의 두 점 $A(x_1, y_1)$와 $B(x_2, y_2)$를 잇는 **선분의 기울기**는

$$\frac{y_2 - y_1}{x_2 - x_1} \left(\text{또는 } \frac{y_1 - y_2}{x_1 - x_2} \right)$$

로 정의한다.

또한 $x_1 = x_2$인 경우 선분은 수직인 형태를 이루며 이때에는 기울기를 정의하지 않는다.

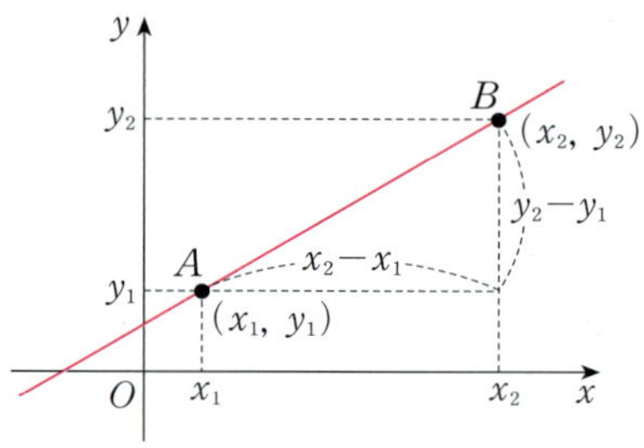

그림 1

(1) 기울기와 y절편이 주어진 경우

직선 L의 기울기가 m이고 y절편이 n으로 주어진다고 가정하자. 직선 L 위의 임의의 점을 (x, y)라 하고 (x, y)가 만족하는 조건을 찾아보자. y절편이 n이면 직선은 점 $(0, n)$을 지난다고 할 수 있고, 이 점과 직선 위의 임의의 점 사이의 기울기는 항상 m이다. 따라서 $m = \frac{y-n}{x-0}$이고, 직선의 방정식은 $y = mx + n$이다.

직선 L이 기울기가 m이고 y절편이 n으로 주어진 경우 직선의 방정식은 $y = mx + n$이다.

예제 1 기울기가 -2이고 y절편이 3인 직선의 방정식을 구하고 그래프를 그려라.

풀이 $y = -2x + 3$이고 그래프는 다음과 같다.

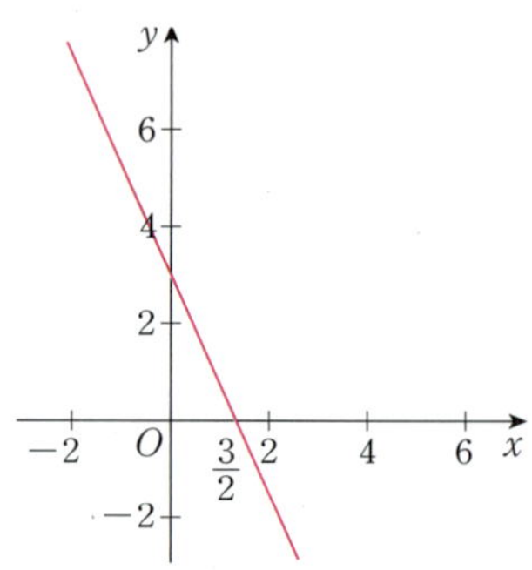

그림 2

(2) 기울기와 직선 위의 한 점이 주어진 경우

직선 L이 기울기가 m이고, 점 (a, b)를 지난다고 할 때, 직선 L 위의 임의의 점 (x, y)라 하고 (x, y)가 만족하는 조건을 찾아보자. 임의의 점 (x, y)와 점 (a, b) 사이의 기울기가 항상 m이므로 다음과 같은 식을 찾을 수 있다. 즉 $\frac{y-b}{x-a}=m$이고, 따라서 직선의 방정식은 $y-b=m(x-a)$이다.

> 직선 L이 기울기가 m이고 직선 위의 한 점 (a, b)가 주어진 경우 직선의 방정식은 $y-b=m(x-a)$이다.

예제 2 기울기가 3이고 한 점 $\mathrm{A}(-1, 2)$를 지나는 직선의 방정식을 구하고 그래프를 그려라.

풀이 조건을 만족하는 직선의 방정식은 $\frac{y-2}{x-(-1)}=3$, 즉 $y=3x+5$이고 그래프는 다음과 같다.

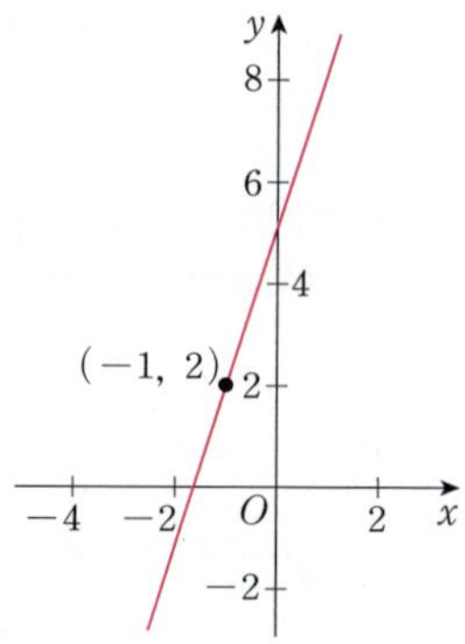

그림 3

■

(3) 직선 위의 서로 다른 두 점이 주어진 경우

직선 L이 서로 다른 두 점 $A(x_1, y_1)$와 $B(x_2, y_2)$를 지난다고 가정하자. 이 경우 먼저 주어진 두 점 사이를 잇는 선분의 기울기는 직선의 기울기와 일치하므로, 직선 L의 기울기는 $\frac{y_2-y_1}{x_2-x_1}$이고, 기울기가 주어지므로 (2)의 경우를 적용하면 $y-y_1=\frac{y_2-y_1}{x_2-x_1}(x-x_1)$을 찾을 수 있다. 단, $x_1=x_2$인 경우는 y축에 평행한 수직인 직선이고, 직선의 방정식은 $x=x_1$ 또는 $x=x_2$로 표현한다.

> 직선 L 위의 서로 다른 두 점 $A(x_1, y_1)$와 $B(x_2, y_2)$가 주어진 경우 직선의 방정식은 $y-y_1=\frac{y_2-y_1}{x_2-x_1}(x-x_1)$이다.

예제 3 두 점 $\mathrm{A}(-3, 2)$와 $\mathrm{B}(5, -1)$을 지나는 직선의 방정식을 구하고 그래프를

그려라.

풀이 두 점 A$(-3, 2)$와 B$(5, -1)$을 잇는 선분의 기울기는 $\frac{-1-2}{5-(-3)}=-\frac{3}{8}$이므로 직선의 방정식은

$$y-2=-\frac{3}{8}(x-(-3)) \text{ 또는 } y-(-1)=-\frac{3}{8}(x-5)$$

이고, 정리하면 하나의 방정식 $3x+8y-7=0$을 얻는다. ■

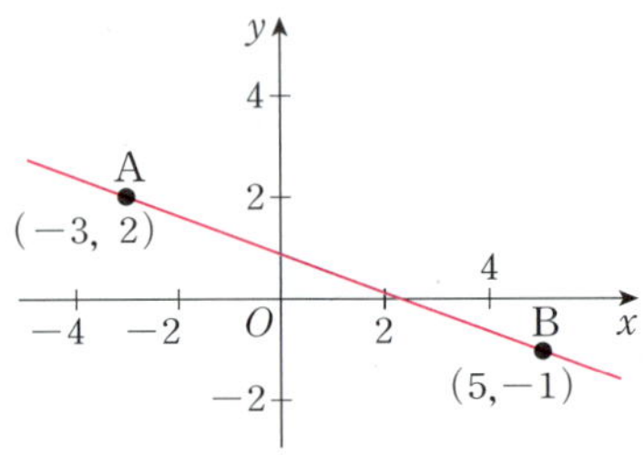

그림 4

위에서 살펴본 직선의 방정식 형태를 기초로 주어진 조건 $f(x, y)=ax+by+c=0$을 만족하는 그래프를 살펴보도록 한다.

Graph$f(x)=\{(x, y)\in\mathbb{R}\times\mathbb{R} \mid ax+by+c=0)\}$

(a) $ab=0$인 경우

다시 말해, $a=0$ 또는 $b=0$인 경우를 말하며, 단 여기서는 $a=0$ 그리고 $b=0$인 경우는 생각하지 않는다.

- $a=0$이면, $b\neq0$이고 $by+c=0$이다. 따라서 $y=-\frac{c}{b}$로서 x축에 평행한 직선이다.
- $b=0$이면, $a\neq0$이고 $ax+c=0$이다. 따라서 $x=-\frac{c}{a}$로서 y축에 평행한 직선이다.

(b) $ab\neq0$인 경우

즉 $a\neq0$이고 $b\neq0$인 경우를 말한다. 주어진 조건을 만족하는 방정식 $ax+by+c=0$

은 $y=-\frac{a}{b}x-\frac{c}{b}$의 형태로 바꿀 수 있고, 따라서 기울기가 $-\frac{a}{b}$이고, y절편이 $-\frac{c}{b}$인 형태의 직선의 그래프를 이룬다.

예를 들어 $2x+3y-4=0$인 경우 $y=-\frac{2}{3}x+\frac{4}{3}$이다.

따라서 주어진 방정식 $f(x, y)=ax+by+c=0$의 형태는 $a\neq0$ 또는 $b\neq0$이면 모두 직선의 그래프를 가지고 좌표평면상의 모든 직선의 형태는 주어진 형태로 표현 가능하므로 **직선의 방정식의 일반형**이라고 한다.

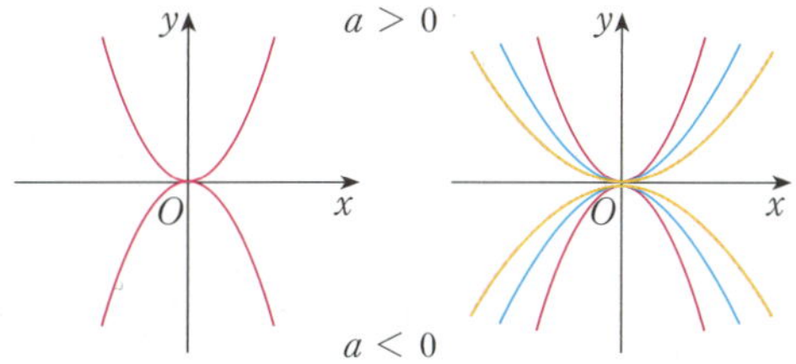

▷ 이차함수

1 이차함수의 그래프

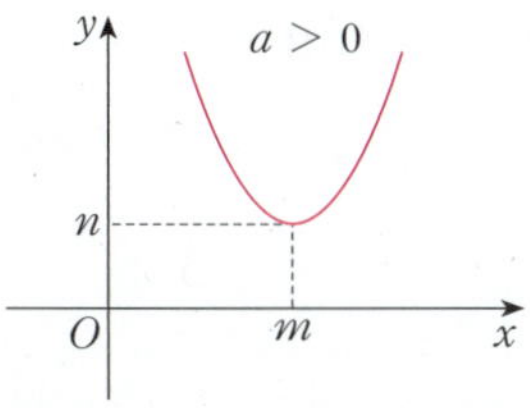

그림 1

(a) $y=ax^2$ $(a\neq 0)$의 그래프

원점을 꼭짓점으로 하고, y축을 대칭축으로 하는 포물선이다.

① $a>0$이면 아래로 볼록한 포물선이고, $a<0$이면 위로 볼록한 포물선이다.

② $|a|$이 클수록 y축 쪽으로 오므라진다. ($|a|$이 클수록 폭이 좁은 포물선이다.)

(b) $y=a(x-m)^2+n$ $(a\neq 0)$의 그래프

$y=ax^2$ 의 그래프를 x축으로 m만큼, y축으로 n만큼 평행이동한 것이다. 따라서, 꼭짓점은 (m, n), 대칭축은 $x=m$

(c) $y=ax^2+bx+c$ $(a\neq 0)$의 그래프

$y=ax^2+bx+c=a\left(x+\frac{b}{2a}\right)^2-\frac{b^2-4ac}{4a}$이므로

꼭짓점은 $\left(-\frac{b}{2a}, -\frac{b^2-4ac}{4a}\right)$, 대칭축은 $x=-\frac{b}{2a}$

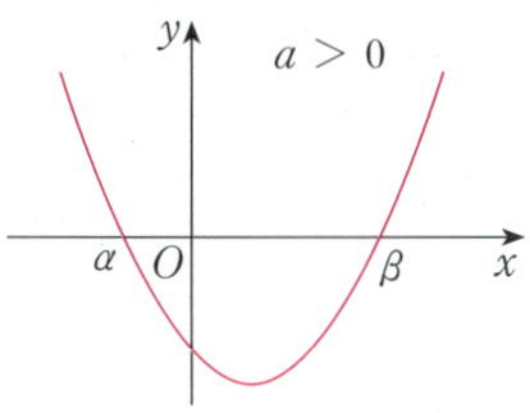

그림 2

(d) $y=a(x-\alpha)(x-\beta)(a\neq 0)$의 그래프

x축과 만나는 점의 x 좌표(x절편)는 $x=\alpha, \beta$, 대칭축은 $x=\frac{\alpha+\beta}{2}$이다.

2 포물선의 방정식 구하기

(a) 꼭짓점 (m, n)이 주어진 경우 $\Rightarrow y=a(x-m)^2+n$을 이용한다.

(b) 세 점이 주어진 경우 $\Rightarrow y=ax^2+bx+c$를 이용한다.

(c) x축과의 교점(x절편)이 주어진 경우 $\Rightarrow y=a(x-\alpha)(x-\beta)$를 이용한다.

▷ 고차함수의 그래프 및 우함수와 기함수

고차함수의 그래프

고차함수 $y=ax^n+bx^{n-1}+\cdots$(n은 자연수)에서 $a>0$이면 오른쪽 끝이 올라가고, $a<0$이면 오른쪽 끝이 내려간다.

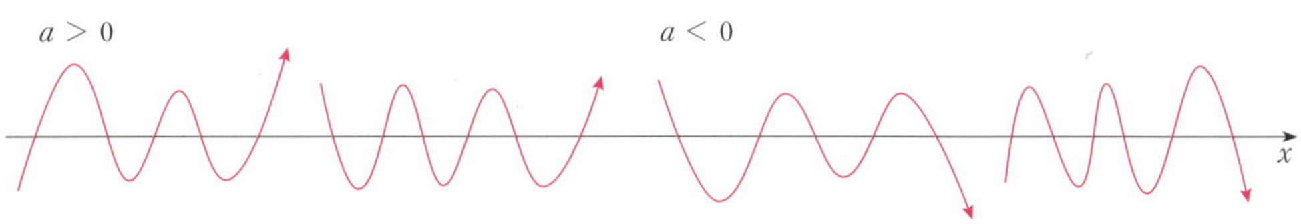

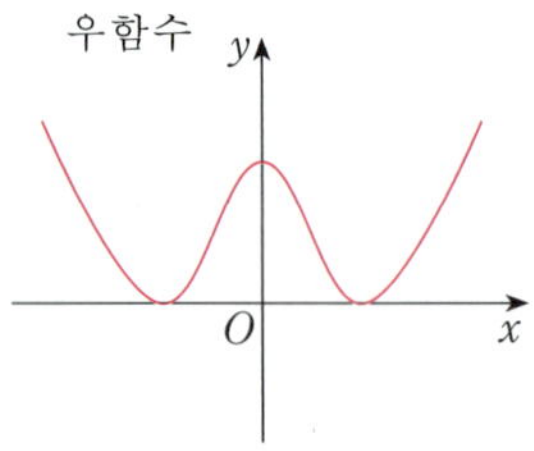

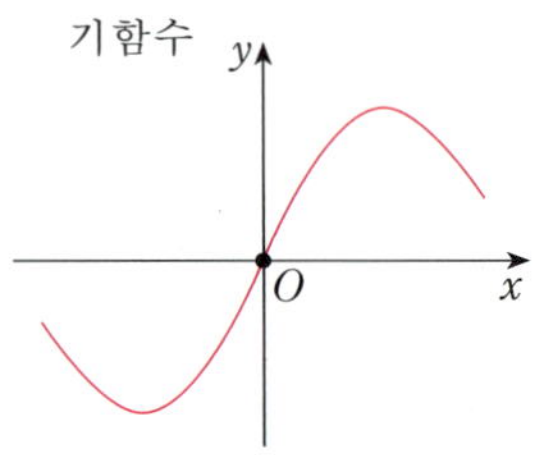

그림 3

우함수와 기함수

(a) 우함수 : $f(-x)=f(x) \Rightarrow f(x)$의 그래프는 y축에 대하여 대칭(다항함수에서는 짝수차로만 되어 있을 때)

(b) 기함수 : $f(-x)=-f(x) \Rightarrow f(x)$의 그래프는 원점에 대하여 대칭(다항함수에서는 홀수차로만 되어 있을 때)

예제 4 우함수 : $y=x^2$, $y=x^4$, $y=3x^4-2x^2-1\cdots$, $y=|x|$, $y=\cos x$

기함수 : $y=x$, $y=x^3$, $y=3x^5-2x^3-4\cdots$, $y=\sin x$, $y=\tan x$

2.2 연습문제

1. $(1, 4)$와 $(2, -1)$을 지나는 직선의 기울기를 구하여라.
2. $(-3, 4)$를 지나고 기울기가 $\frac{1}{2}$인 직선의 방정식을 구하여라.
3. 두 점 $(2, 3)$과 $(-4, 1)$을 지나는 직선의 방정식을 구하여라.
4. x절편이 3이고 기울기가 $\frac{2}{3}$인 직선의 방정식을 구하여라.
5. $(4, 1)$을 지나고 x축에 평행한 직선의 방정식을 구하여라.
6. $\left(-\frac{4}{3}, \frac{1}{2}\right)$을 지나고 y축에 평행한 직선의 방정식을 구하여라.
7. $4x-3y+1=0$의 그래프를 그려라.
8. x절편이 4, y절편이 -1인 직선의 방정식을 구하여라.
9. $(5, 3)$과 $(4, -2)$를 지나는 직선과 평행하고, $(1, -1)$을 지나는 직선의 방정식을 구하여라.
10. $(-2, 5)$와 $(3, 2)$의 중점을 지나고 기울기가 -4인 직선의 방정식을 구하여라.
11. 일차함수 $y=mx+n$과 $y=ax+b$의 그래프가 서로 일치할 조건을 써라.
12. 다음 일차함수 중 x의 값이 증가하면 y의 값도 증가하는 것을 모두 고르면?

    (a) $y=x-5$　(b) $y=-x+1$　(c) $y=-\frac{1}{2}x-3$

    (d) $y=\frac{3}{4}x+\frac{1}{4}$　(e) $y=3x+2$　(f) $y=0.5x-3$
13. 원점을 지나는 두 선 l, m이 일차함수 $y=-\frac{1}{2}x+1$의 그래프와 x축 y축으로 둘러싸인 삼각형의 넓이를 3등분할 때, 두 직선 l, m의 기울기를 각각 구하여라.
14. 일차함수 $y=ax+1$의 그래프는 점 $(3, k)$를 지난다. $-2\le a\le -\frac{2}{3}$일 때 일차함수 $y=-4x+k$의 그래프가 제1사분면을 지나지 않도록 하는 상수 k의 값의 범위를 구하여라.
15. 보기의 일차함수 중 그 그래프가 오른쪽 위로 향하는 것의 개수를 m개 제4분면을 지나는 것의 개수를 n개라고 할 때, $m+n$의 값을 구하여라.

    보기

    (a) $y=-x$　(b) $y=2x$　(c) $y=\frac{1}{2}x-1$

    (d) $y=-\frac{1}{3}x-1$　(e) $y=x+2$　(f) $y=-x-1$

    (g) $y=-2x+1$　(h) $y=-4x-3$
16. 일차함수 $y=-\frac{1}{2}x-3$에서 x의 값이 4만큼 증가할 때, y의 값의 증가량을 구하여라.
17. 일차함수 $y=-5x+3$에 평행하고 점 $(-2, 3)$을 지나는 일차함수의 그래프의 x절편을 구하여라.
18. 일차함수 $y=-\frac{1}{2}x+3$의 그래프와 x축, y축으로 둘러싸인 삼각형의 넓이를 구하여라.
19. 다음 중 함수 $y=(k-3)x+2k-9$에 대하여 $-3<x<1$에서 y의 값이 항상 음이 되도록 하는 상수 k의 값이 될 수 없는 것은?

    (a) 1　(b) 2　(c) 3　(d) 4　(e) 5
20. $|x|\le 2$에서 $y=|x-1|+x$의 최댓값과 최솟값을 구하시오.
21. $|x|\le 2$에서 $y=x-2|x-1|$의 최댓값과 최솟값을 구하시오.

22. 일차함수 $y=-2x+1(-2\leq x\leq 2)$의 그래프를 그리고 치역을 구하시오.

23. 함수 $f(x)=x^2-1$과 $y=-x^2$의 그래프는 두 점에서 만난다. 이때 두 점 사이의 거리는?

24. $y=x^2-3x+4$의 최솟값을 구하고 그 때의 x 값을 구하여라.

25. 이차함수 $y=x^2+bx+c$의 그래프는 점 $(1, -1)$을 지나고, 축의 방정식이 $x=3$이다. 이 때, 상수 b, c의 값을 각각 구하여라.

26. 이차함수 $y=-\frac{1}{3}x^2$의 그래프와 x축에 대하여 대칭인 그래프가 점 $(a-3, 2)$를 지날 때, 모든 상수 a의 값의 곱은?

27. 다음 이차함수의 그래프가 y축과 만나는 점의 y좌표를 구하여라.

(a) $y=x^2-3$

(b) $y=3x^2+2x$

(c) $y=-2x^2+5x-1$

28. 이차함수 $y=ax^2+bx+c$의 꼭짓점의 좌표가 (p, q)이고 $p>0$, $q>0$, $a<0$, $c<0$일 때, 이 이차함수의 그래프가 지나는 사분면을 모두 말하여라.

29. m이 0보다 크거나 같을 때, 이차함수 $y=x^2-6mx+4m$의 그래프의 꼭짓점의 자취의 방정식을 구하여라.

30. 이차함수 $y=\frac{1}{4}x^2$의 그래프를 평행이동시켰더니 꼭짓점의 좌표가 $(3, -2)$가 되었다고 한다. $(4, 4)$는 어떤 점으로 옮겨지는가? 그 점의 좌표를 구하시오.

2.3 이차함수와 판별식

▷ 이차함수의 그래프와 방정식 부등식과의 관계

1 이차함수의 그래프와 방정식 부등식

$f(x)=ax^2+bx+c$에서 $D=b^2-4ac$라 하면

$a>0$ 일 때	$D>0$	$D=0$	$D<0$
이차함수 $y=f(x)$의 그래프	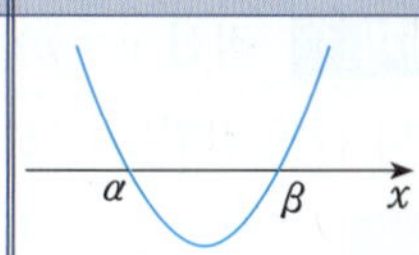	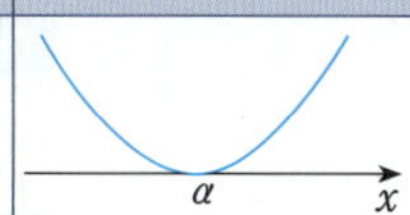	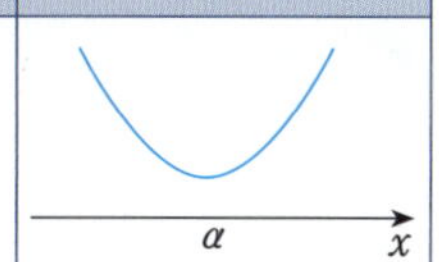
방정식 $f(x)=0$의 해	$x=\alpha,\ \beta$	$x=\alpha$ (중근)	허근
부등식 $f(x)>0$ 의 해	$x<\alpha,\ x>\beta$	$x\neq\alpha$인 실수	모든 실수
부등식 $f(x)<0$ 의 해	$\alpha<x<\beta$	해가 없다	해가 없다

2 방정식의 실근, 부등식의 해와 그래프의 관계

(a) 방정식의 실근

① 방정식 $f(x)=0$의 실근

$\Leftrightarrow$ 함수 $y=f(x)$의 그래프가 x축과 만나는 점의 x좌표

② 방정식 $f(x)=g(x)$의 실근

$\Leftrightarrow$ 두 함수 $y=f(x)$와 $y=g(x)$의 그래프의 교점의 x좌표

(b) 부등식의 해

① 부등식 $f(x)>0$의 해

⟺ 함수 $y=f(x)$의 그래프가 x축보다 위에 있는 x의 범위

② 부등식 $f(x)>g(x)$의 해

⟺ 함수 $y=f(x)$의 그래프가 $y=g(x)$의 그래프보다 위에 있는 x의 범위

3 항상 성립하는 이차부등식 (절대부등식)

(a) 모든 실수 x 에 대하여 $ax^2+bx+c>0$가 성립할 조건

$$a>0,\ D=b^2-4ac<0$$

(b) 모든 실수 x 에 대하여 $ax^2+bx+c\leq 0$가 성립할 조건

$$a<0,\ D=b^2-4ac\leq 0$$

▷ 포물선과 직선의 위치 관계

1 포물선과 직선의 위치 관계

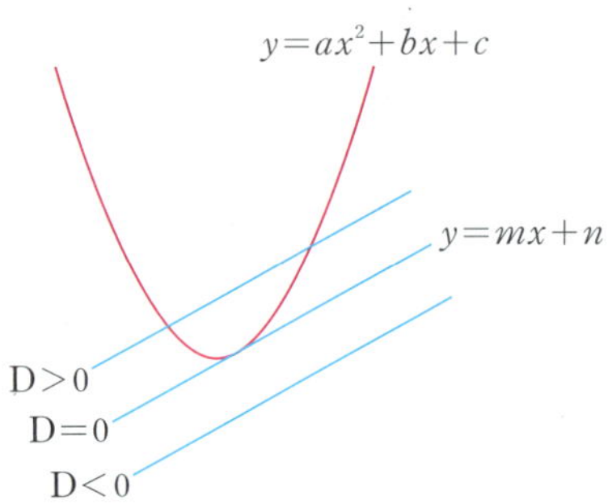

그림 1

포물선 $y=ax^2+bx+c$ …①과

직선 $y=mx+n$ …② 에서

①, ②를 연립하면 (y 를 소거하면)

$$ax^2+bx+c=mx+n\text{, 곧}$$

$$ax^2+(b-m)x+(c-n)=0 \quad \cdots ③$$

③의 판별식을 D라 하면

(1) $D>0$ ⟺ ③은 서로 다른 두 실근 ⟺ ①, ②는 두 점에서 만난다.

(2) $D=0$ ⟺ ③은 중근 ⟺ ①, ②는 접한다.

(3) $D<0$ ⟺ ③은 서로 다른 두 허근 ⟺ ①, ②는 만나지 않는다.

예제 1 직선 $y=mx-2$와 포물선 $y=2x^2-3x$ 가 서로 다른 두 점에서 만날 때, 상수 m의 값의 범위를 구하여라.

풀이 직선과 포물선을 연립하면 $2x^2-3x=mx-2$, $2x^2-(m+3)x+2=0$

$D=(m+3)^2-16>0$, $m^2+6m-7>0$, $(m-1)(m+7)>0$

$\therefore m>1,\ m<-7$ ■

2.3 연습문제

1. 두 곡선 $y=ax^2+bx+8$, $y=2x^2-3x+2$의 두 교점을 연결하는 직선이 $y=-x+6$일 때, $a+b$의 값은?

2. 이차함수 $y=x^2-4x+R$의 그래프가 x축과 서로 다른 두 점에서 만나도록 하는 실수 R의 값의 범위를 구하여라.

3. 모든 실수 x에 대하여 부등식 $x^2+3x>3^a(x-1)$이 성립하도록 하는 실수 a의 값의 범위는?

4. 다음 세 개의 포물선 중 하나만이 x축과 공유점을 가질 때, 상수 a의 값의 범위를 구하여라.

$y=x^2-2ax+4$, $y=x^2-2ax-3a$,
$y=x^2-2(a-1)x+2a^2-6a+4$

5. 포물선 $y=ax^2+bx+c$의 꼭짓점은 $(2, 16)$이다 x축을 잘라 내는 선분의 길이가 8이라 한다. 이때 abc의 값은?

6. 이차방정식 $x^2-ax+4=0$이 허근을 가질 때 실수 a의 값의 범위를 구하여라. 또 이때 한 허근의 세제곱이 실수일 때 a의 값을 구하여라.

7. $0<x<1$인 모든 x에 대하여 항상 $x^2-3\le(a-1)x$가 성립할 때, 실수 a의 값의 범위를 구하여라.

8. 두 개의 부등식 $x^2-4x+3<0$, $x^2-6x+8<0$을 동시에 만족시키는 모든 실수 x에 대하여 항상 $2x^2-9x+a<0$일 때, 실수 a의 값의 범위를 구하여라.

2.4 유리함수와 무리함수

▷ 유리함수

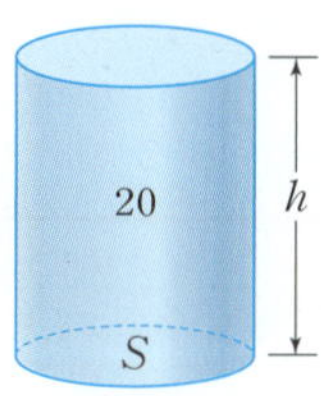

그림 1

밑넓이가 S, 높이가 h인 부피가 20인 원기둥이 있다. 이 때, S와 h의 관계식을 만들어라, 또 $h=f(S)$라고 할 때, $f(S)$는 어떤 식인가?

> 함수 $y=f(x)$에서 $f(x)$가 x에 대한 분수식일 때, 이 함수를 분수함수라고 한다. 또 $f(x)$가 x에 대한 유리식일 때, 이 함수를 유리함수라고 한다. 따라서 유리함수에는 분수함수와 다항함수(분수함수가 아닌 유리함수)가 있다. 분수함수에서 정의역이 특별히 주어지지 않을 때는 분모를 0으로 하지 않는 실수 전체의 집합을 정의역으로 한다.

$y=\dfrac{3}{x+2}$, $y=\dfrac{3}{2x+5}$ 등은 유리함수이며 특히 분수함수이다. 또 이들의 정의역은 다음과 같다.

$$\{x\,|\,x\ne-2\text{인 모든 실수}\},\ \{x\,|\,x\ne-\frac{5}{2}\text{인 모든 실수}\}$$

분수함수 $y=\dfrac{ax+b}{cx+d}$의 그래프에 앞서 $y=\dfrac{k}{x}\,(k\ne0)$의 그래프에 대해서 알아보자.

예제 1 $y=\dfrac{1}{x}$의 그래프를 그려라.

풀이 위 물음에서 $y=\dfrac{1}{x}$에 대한 x와 y의 대응표를 만들면 다음과 같다.

x	⋯	-3	⋯	-2	⋯	-1	⋯	1	⋯
y	⋯	$-\frac{1}{3}$	⋯	$-\frac{1}{2}$	⋯	-1	⋯	1	⋯

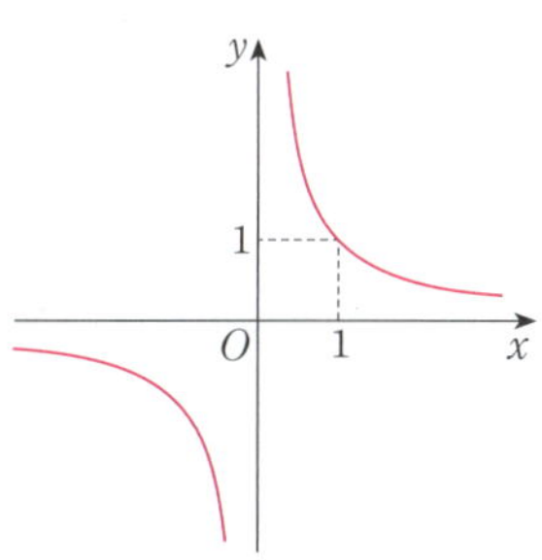

그림 2

위의 표에 의하여 그래프를 그리면 오른쪽 그래프에서 알 수 있듯이 함수의 그래프는 원점에서 대칭이고 정의역과 치역은 0 아닌 실수 전체 집합이다.

또 $y=\dfrac{1}{x}$의 그래프는 원점에서 멀어 질수록 점점 x축, y축에 가까워진다. 이와 같이 곡선이 어떤 직선에 한없이 가까워질 때, 이 직선을 곡선의 점근선이라고 한다. 따라서 함수 $y=\dfrac{k}{x}\,(k\neq0)$의 점근선은 x축, y축이며, 이 때 그래프를 쌍곡선이라고 한다. 특히 점근선이 수직인 쌍곡선을 직각 쌍곡선이라고 한다. ■

함수 $y=\dfrac{k}{x}\,(k\neq0)$에 대하여 여러 가지 k값에 따라 그래프를 그려보면 다음과 같다.

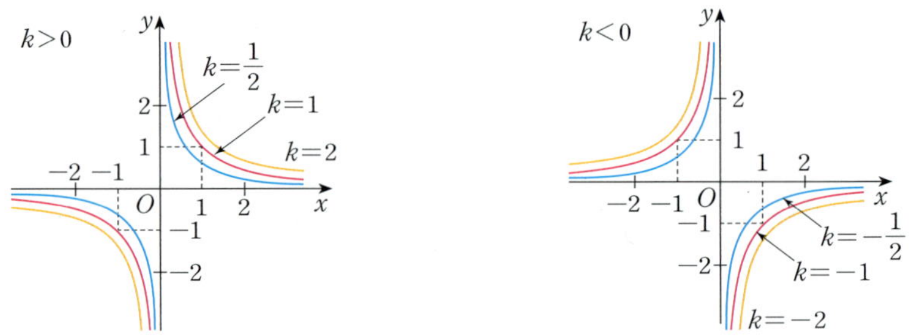

그림 3

이상을 정리하면 다음과 같다.

> $y=\dfrac{k}{x}\,(k\neq0)$의 그래프
>
> (a) 정의역, 치역 모두 $R-\{0\}$이다.
>
> (b) 원점에 대하여 대칭인 그래프이다.
>
> (c) 점근선이 x축, y축인 직각 쌍곡선이다.
>
> (d) $k>0$이면 그래프가 1, 3사분면에 있고 $k<0$이면 그래프가 2, 4사분면에 있다.

분수함수 $y=\dfrac{ax+b}{cx+d}$를 $y=\dfrac{k}{x-p}+q\,(k\neq0)$의 꼴로 변형하여 그래프를 그려보자.

$y=\dfrac{3x-8}{x+3}$를 $y=\dfrac{k}{x-p}+q$의 그래프를 x축으로 -3만큼, y축으로 3만큼 평행이동한 것이다.

일반적으로 함수 $y=\dfrac{ax+b}{cx+d}\,(ad-bc\neq0,\ c\neq0)$를 $y=\dfrac{k}{x-p}+q$의 꼴로 변형할 수 있으며, 다음과 같은 성질이 있다.

> $y=\dfrac{k}{x-p}+q$의 그래프
>
> 함수 $y=\dfrac{k}{x-p}+q$의 그래프는 함수 $y=\dfrac{k}{x}$의 그래프를 x축 방향으로 p만큼, y축 방향으로 q만큼 평행이동한 것이다. 이 때, 점근선은 두 직선 $x=p$, $y=q$이다.

함수 $y=\dfrac{ax+b}{cx+d}$ …① 에서 $ad-bc\neq0$, $c\neq0$인 부분에 대해서 살펴보자.

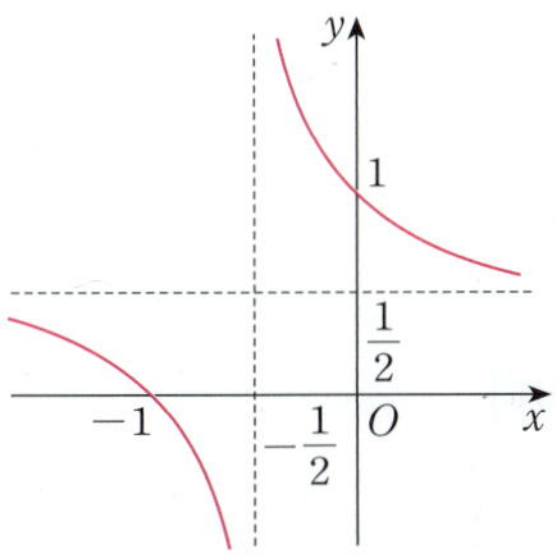

그림 4

(a) $c=0$, $d\neq 0$이면 ①은 $y=\frac{a}{d}x+\frac{b}{d}$가 되어 일차함수가 된다.

(b) $c\neq 0$, $ad-bc=0$이면 ①은 $y=\frac{a}{c}-\frac{ad-bc}{c(cx+d)}=\frac{a}{c}$이므로 상수함수가 된다.

따라서 ①이 분수함수가 될 조건은 $ad-bc\neq 0$, $c\neq 0$이어야 한다.

예제 2 함수 $y=\frac{x+1}{2x+1}$의 정의역과 치역을 구하고 그 그래프를 그려라.

풀이 $y=\frac{x+1}{2x+1}$을 변형하면 $y=\frac{1}{2}+\frac{\frac{1}{2}}{2x+1}=\frac{1}{4\left(x+\frac{1}{2}\right)}+\frac{1}{2}$이므로, $y=\frac{1}{4x}$의 그래프를 x축 방향으로 $-\frac{1}{2}$, y축 방향으로 $\frac{1}{2}$만큼 평행이동시킨 것이다.

따라서 구하는 그래프는 다음과 같고,

$$\text{정의역}=\left\{x \,\middle|\, x\neq -\frac{1}{2}\text{ 인 모든 실수}\right\},$$

$$\text{치역}=\left\{y \,\middle|\, y\neq \frac{1}{2}\text{ 인 모든 실수}\right\}\text{이다.}$$

■

▷ 유리함수의 그래프

(1) $y=\frac{k}{x}$ $(k\neq 0)$의 그래프

(a) 원점에 관하여 대칭인 직각쌍곡선이다.

(b) 점근선은 x 축($y=0$)과 y 축($x=0$)이다.

(c) $k>0$이면 제1, 제3 사분면에 존재하고, $k<0$이면 제2, 제4 사분면에 존재한다.

(d) $|k|$가 클수록 곡선은 원점에서 멀어진다.

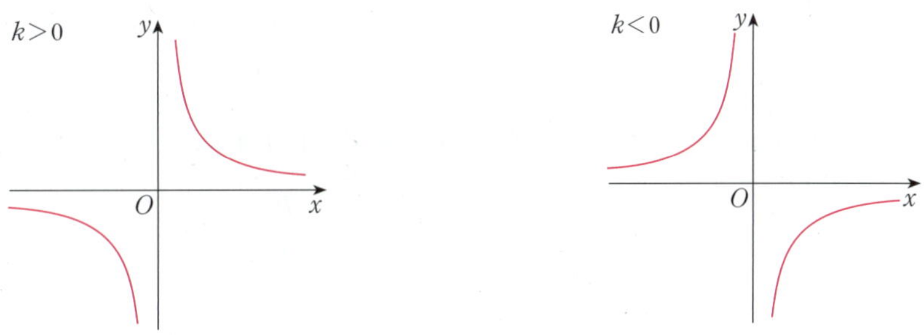

그림 5

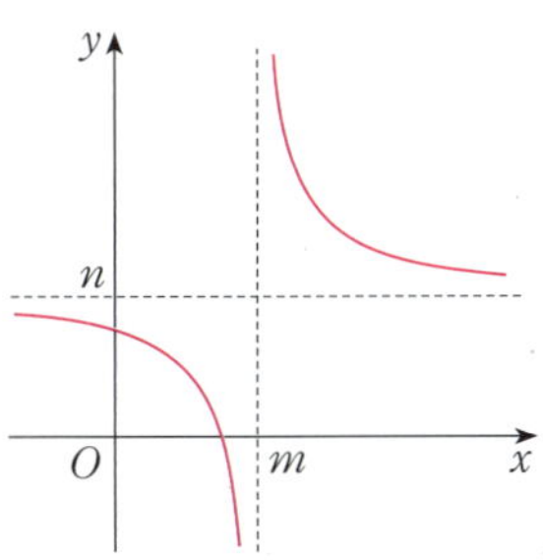

그림 6

예제 3 $y=\frac{1}{x}$는 제1, 3 사분면에, $y=-\frac{1}{x}$는 제2, 4 사분면에 그려지는 직각쌍곡선이다.

(2) $y=\frac{k}{x-m}+n$ $(k\neq 0)$의 그래프

$y=\frac{k}{x}$의 그래프를 x 축의 방향으로 m만큼, y축 방향으로 n만큼 평행이동한 것이다. 따라서,

(a) 점$(m,\ n)$에 관하여 대칭인 직각쌍곡선이다.

(b) 점근선은 $x=m,\ \ y=n$이다.

예제 4 $y=\dfrac{1}{x-3}+2$의 그래프는 $y=\dfrac{1}{x}$의 그래프를 x축 방향으로 3만큼, y축 방향으로 2 만큼 평행이동한 것이다. 따라서, 점근선은 $x=3,\ \ y=2$이다.

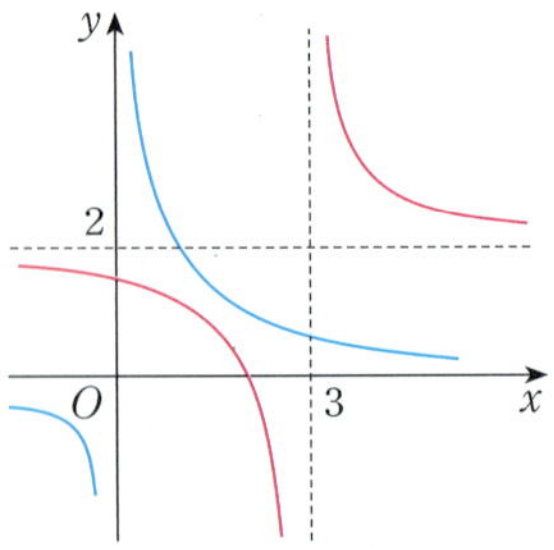

그림 7

예제 5 $y=\dfrac{3x+7}{x+1}$ 의 그래프를 그리고, 점근선의 방정식을 구하여라.

풀이 $y=\dfrac{3x+7}{x+1}=\dfrac{3(x+1)+4}{x+1}=\dfrac{4}{x+1}+3$ 이므로 이것의 그래프는 $y=\dfrac{4}{x}$의 그래프를 x축 방향으로 -1만큼, y축 방향으로 3만큼 평행이동한 것이다.

따라서, 점근선의 방정식은 $x=-1,\ \ y=3$ 이다.

(위와 같이 변형하지 않고, 바로 점근선을 구하면 $x=-1,\ \ y=3$임을 알 수 있다.) ■

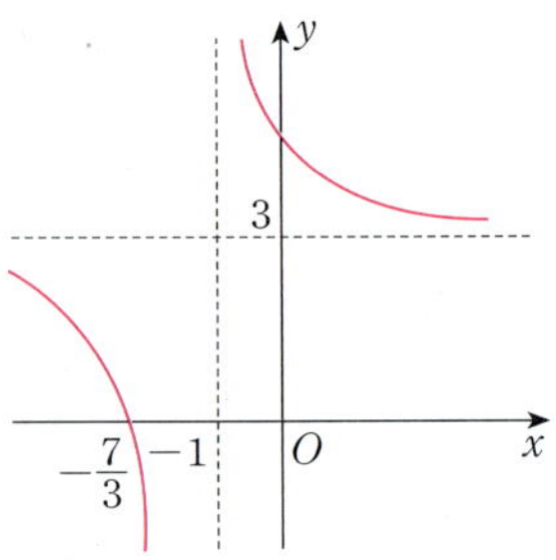

그림 8

예제 6 $xy+2x-3y-4=0$ 의 그래프를 그리고, 점근선의 방정식을 구하여라.

풀이 $xy+2x-3y-4=0$에서

$(x-3)\,y=-2x+4\ \ (x\neq 3)$

$$y=\frac{-2x+4}{x-3}=\frac{-2(x-3)-2}{x-3}=\frac{2}{x-3}-2$$

따라서, $y=-\dfrac{2}{x}$의 그래프를 x축 방향으로 3만큼, y축 방향으로-2 만큼 평행이동한 것이다. 따라서, 점근선의 방정식은 $x=3,\ \ y=-2$이다. ■

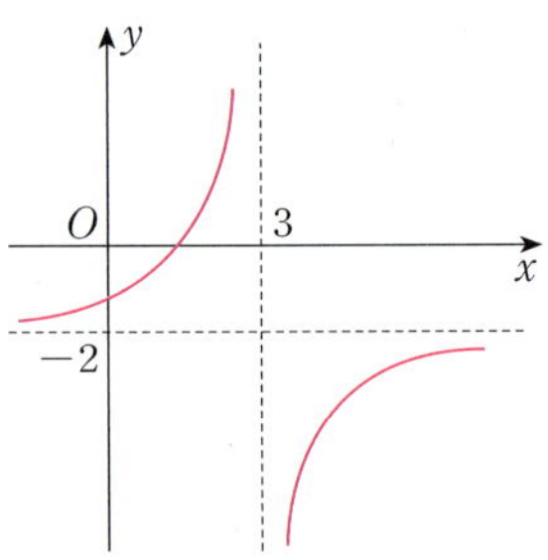

그림 9

(4) $y=k'x+\dfrac{k}{x}$의 그래프

$y_1=k'x$와 $y_2=\dfrac{k}{x}$의 두 **그래프를 합성**한 것이다.

예제 7 $y=x+\dfrac{1}{x}$의 그래프를 그리고, 점근선의 방정식을 구하여라.

풀이 $y_1=x,\ y_2=\dfrac{1}{x}$로 놓으면 $y=y_1+y_2$.

따라서 직선 $y_1=x$와 곡선 $y_2=\dfrac{1}{x}$을 각각 그린 다음 두 그래프의 y좌표의 합을 y좌표로 하는 곡선을 그리면 오른쪽과 같은 곡선이 얻어진다. 이와 같이 하는 것을 **그래프를 합성한다**고 한다.

따라서, 점근선의 방정식은 $x=0$ (y축), $\ y=x$이다. (점근선을 빨리 구하면 분모를 0 으로 하는 x의 값에서 $x=0$, 분수를 무시한 식에서 $y=x$이다.)

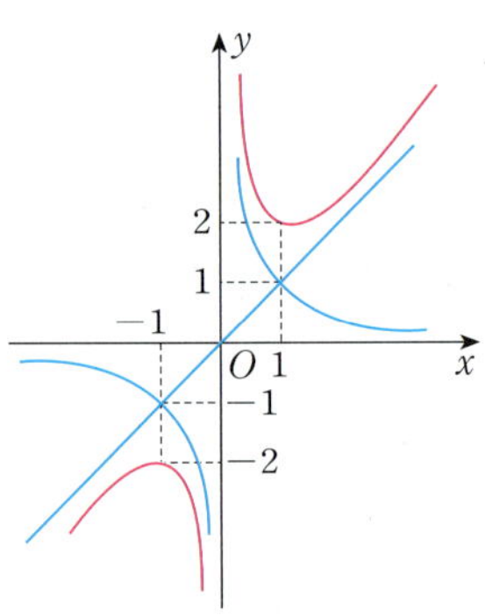

그림 10

한편, $y=x+\dfrac{1}{x}$에서 $yx=x^2+1$ $\therefore x^2-yx+1=0$

이 x의 이차방정식에서 x는 실수이므로 $D=y^2-4\geq 0$ $\therefore y\leq -2,\ y\geq 2$

따라서, 이 함수의 치역은 $\{y\,|\,y\leq -2,\ y\geq 2\}$이다. ■

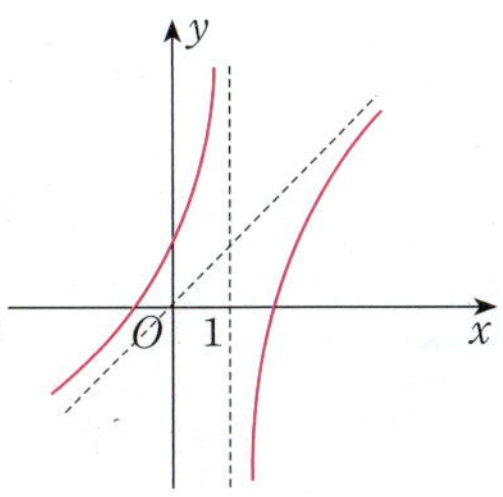

그림 11

예제 8 $y=\dfrac{x^2-x-2}{x-1}$의 그래프를 그리고, 점근선의 방정식을 구하여라.

풀이 $y=\dfrac{x^2-x-2}{x-1}=\dfrac{x(x-1)-2}{x-1}=x-\dfrac{2}{x-1}$에서 $y_1=x$, $y_2=-\dfrac{2}{x-1}$로 놓으면 $y=y_1+y_2$. 따라서 y_1, y_2의 그래프를 그리고, 이 두 그래프를 합성하면 그림 11과 같다. 점근선의 방정식은 $x=1$, $y=x$ ■

▷ 무리함수

가로, 세로의 길이가 각각 $3y$, y이고 넓이가 x인 직사각형이 있다. 이 때, x와 y 사이의 관계식을 만들어라. 또 $y=f(x)$로 나타낼 때, $f(x)$는 어떤 식인가?

> 함수 $y=f(x)$에서 $f(x)$가 x에 대한 무리식일 때, 이 함수를 무리함수라고 한다. 이를테면 $y=\sqrt{x+1}$, $y=\sqrt{x^2+1}$ 등은 무리함수이다.
> 무리함수의 정의역이 특별히 주어지지 않을 때는 근호안이 0 이상인 실수 범위를 정의역으로 한다.

무리함수 $y=\sqrt{ax}$의 그래프에 대해서 알아보자.

$a\neq 0$일 때, 무리함수 $y=\sqrt{ax}$는 이차함수 $y=\dfrac{x^2}{a}(x\geq 0)$의 역함수이다. 따라서 함수 $y=\sqrt{ax}$의 그래프는 함수 $y=\dfrac{x^2}{a}(x\geq 0)$의 그래프를 $y=x$에 대하여 대칭이동한 것이다. 그래프를 그려보면 다음과 같다.

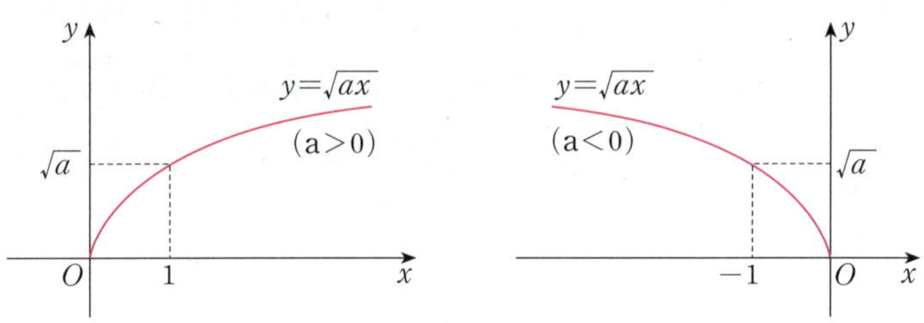

그림 12

그러면 $y=\sqrt{2x+4}+1$의 그래프를 그려보자.

$y=\sqrt{2x+4}+1=\sqrt{2(x+2)}+1$이므로 함수 $y=\sqrt{2x+4}+1$의 그래프는 $y=\sqrt{2x}$의 그래프를 x축 방향으로 -2, y축 방향으로 1만큼 평행이동한 것이다.

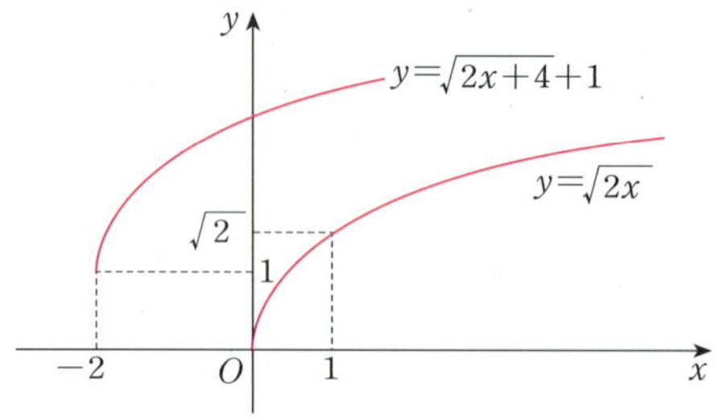

그림 13

일반적으로 무리함수 $y=\sqrt{ax+b}+c$ (단, $a\neq0$)를

$$y=\sqrt{ax+b}+c=\sqrt{a\left\{x-\left(-\frac{b}{a}\right)\right\}}+c \qquad \cdots①$$

의 꼴로 변형할 수 있다. ①에서 $-\dfrac{b}{a}=p$, $c=q$라 하면 다음과 같다.

$$y=\sqrt{a(x-p)}+q \qquad \cdots②$$

따라서 무리함수 ②의 정의역은 $a>0$이면, $\{x\,|\,x\geq p\}$, $a<0$이면, $\{x\,|\,x\leq p\}$이다.

$y=\sqrt{a(x-p)}+q$의 그래프

무리함수 $y=\sqrt{a(x-p)}+q$의 그래프는 $y=\sqrt{ax}$의 그래프를 x축 방향으로 p, y축 방향으로 q만큼 평행이동한 것이다.

예제 9 함수 $y=\sqrt{3x-6}+3$의 정의역과 치역을 구하고 그래프를 그려보면 다음과 같다. 먼저

$$\text{정의역}=\{x\,|\,3x-6\geq0\}=\{x\,|\,x\geq2\},\ \text{치역}=\{y\,|\,y\geq3\}.$$

한편 $y=\sqrt{3x-6}+3=\sqrt{3(x-2)}+3$이므로 $y=\sqrt{3x}$의 그래프를 x축 방향으로 2만큼, y축 방향으로 3만큼 평행이동한 것이다. 따라서 그래프를 그리면 오른쪽과 같다.

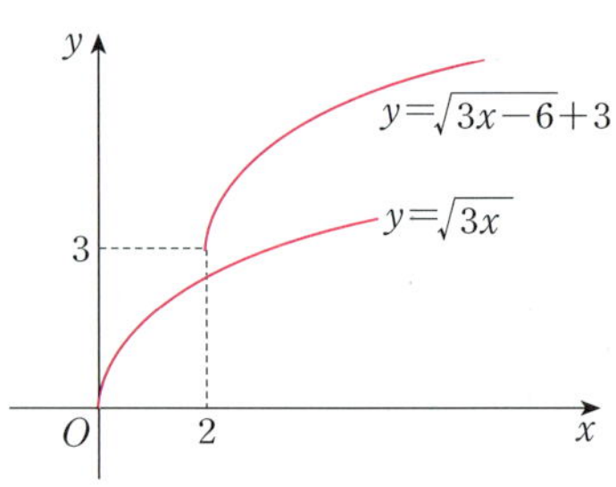

그림 14

⊳ 무리함수의 그래프

(1) $y=\sqrt{ax}$, $\quad y=-\sqrt{ax}$의 그래프

(a) $y=\sqrt{ax}$의 그래프는 포물선의 윗부분이다.

$a>0$이면 제1사분면, $a<0$이면 제2사분면

(b) $y=-\sqrt{ax}$의 그래프는 포물선의 아래 부분이다.

$a>0$이면 제4사분면, $a<0$이면 제3사분면

참고 $y=\pm\sqrt{x} \iff y^2=x$(포물선), $y=\pm\sqrt{-x} \iff y^2=-x$(포물선)

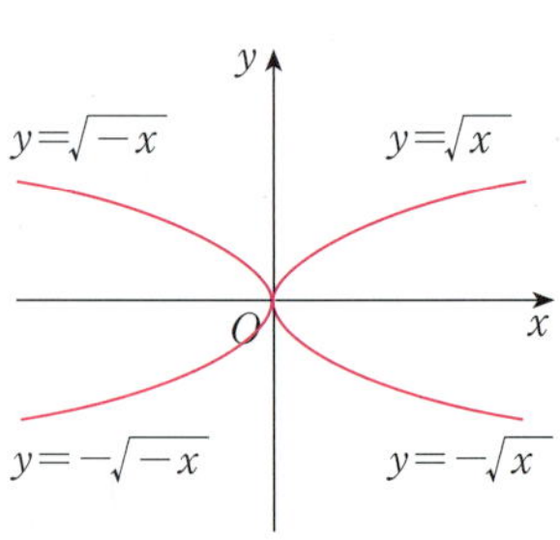

그림 15

(2) $y=a\sqrt{x-m}+n$의 그래프

$y=a\sqrt{x-m}+n$의 그래프는 $y=a\sqrt{x}$의 그래프를 x축의 방향으로 m만큼, y축의 방향으로 n만큼 평행이동한 것이다.

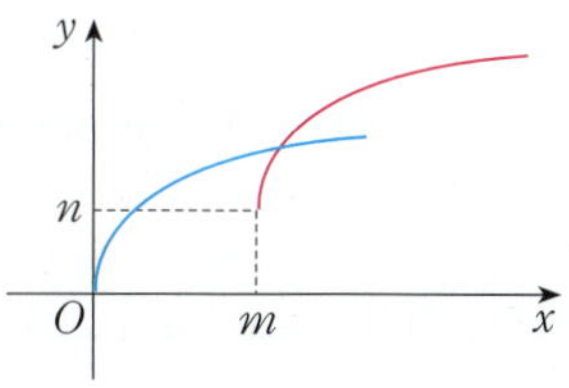

그림 16

(3) $y=\sqrt{r^2-x^2}$ 또는 $y=-\sqrt{r^2-x^2}$ 의 그래프

$y=\sqrt{r^2-x^2}$ 와 $y=-\sqrt{r^2-x^2}$의 양변을 제곱하면 $y^2=r^2-x^2$ 이므로 $x^2+y^2=r^2$이 되어 원이 된다.

(a) $y=\sqrt{r^2-x^2}\geq 0$이므로 이것의 그래프는 원 $x^2+y^2=r^2$ 의 윗부분(반원)이고,

(b) $y=-\sqrt{r^2-x^2}\leq 0$ 이므로 이것의 그래프는 원 $x^2+y^2=r^2$ 의 아래부분(반원)이다.

예제 10 다음 각 식의 그래프를 그려라.

(a) $y=\sqrt{4-x^2}$ (b) $y=2-\sqrt{4x-x^2}$

풀이 (a) 양변을 제곱하면

$y^2=4-x^2$ $\quad\therefore x^2+y^2=4$

$y=\sqrt{4-x^2}\geq 0$이므로 이것의 그래프는 원 $x^2+y^2=4$의 위쪽 반원이다.

(b) $y=2-\sqrt{4x-x^2}$ 에서 $y-2=-\sqrt{4x-x^2}$.

양변을 제곱하면 $(y-2)^2=4x-x^2$

$\therefore (x-2)^2+(y-2)^2=4$

$y-2=-\sqrt{4x-x^2}\leq 0$에서 $y\leq 2$.

따라서, 구하는 그래프는 중심이 $(2,\ 2)$이고, 반지름이 2인 원의 아래쪽 반원이다.

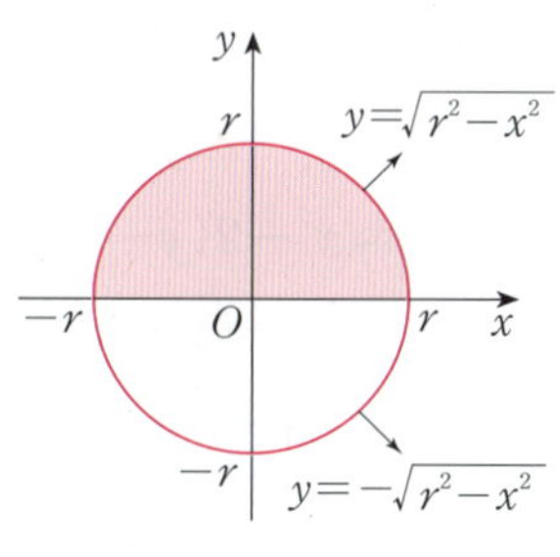

그림 17

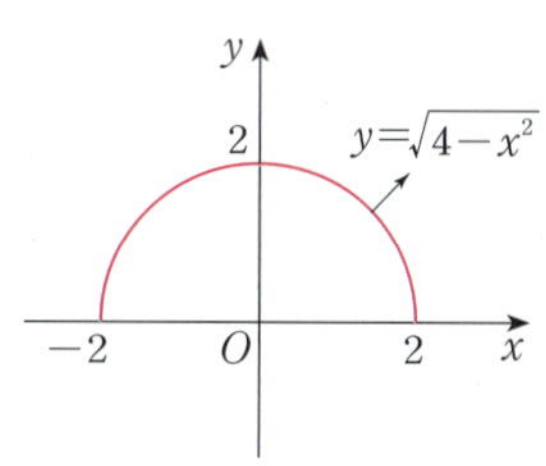

그림 18

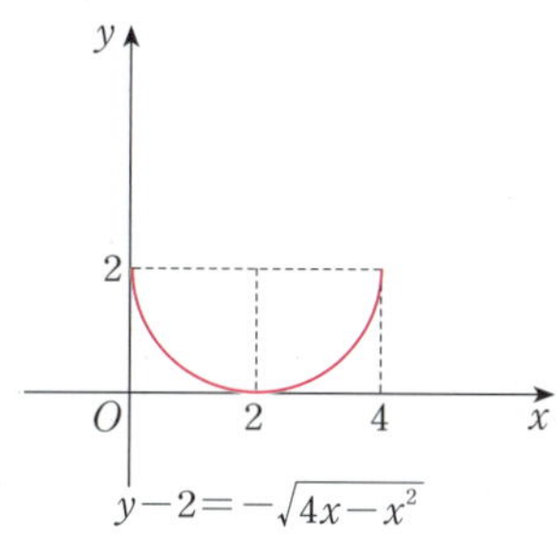

그림 19

2.4 연습문제

1. 무리함수 $y=\sqrt{-2x+6}+3$의 역함수를 $y=f^{-1}(x)$라고 할 때 $y=f^{-1}(x)$의 정의역과 치역을 구하여라.

2. 유리함수 $y=\dfrac{3x+4}{x-1}$의 그래프의 점근선의 교점을 A, $\dfrac{3x+4}{x-1}$의 그래프의 점근선과 $y=mx+m-2$의 그래프의 교점을 B, C라 하자. 삼각형 ABC의 넓이 S의 최솟값을 구하여라. (단, $m<0$)

3. 분수함수 $y=\frac{ax+2}{x+2}$의 그래프가 직선 $y=x$에 대하여 대칭할 때, 상수 a의 값을 구하여라.
4. 정의역 $\{x\mid -1\le x\le 2\}$인 함수 $y=2x^2-4x+5$의 최댓값과 최솟값을 구하여라.
5. 함수 $f(x)=ax+5$에 대하여 $f(f(x))=x$일 때 상수 a의 값은?
6. 두 함수 $y=\sqrt{2x+1}$, $y=x+k$의 그래프가 서로 다른 두 점에서 만날 때 실수 k값의 범위는?
7. 분수함수 $y=\frac{4}{x}$의 그래프가 직선 $y=ax$에 대하여 대칭일 때 상수 a의 값을 모두 구하여라.
8. 함수 $y=\frac{1}{x-2}+1$의 점근선과 정의역, 치역을 구하여라.
9. 함수 $y=\sqrt{x+1}-1$의 정의역과 치역을 구하여라.
10. $y=\frac{8}{x}$의 그래프 위를 움직이는 점 P에 대해 원점 0에서 점 P까지 거리의 최솟값을 구하여라.
11. 분수함수 $y=\frac{2x-3}{x-1}$의 그래프와 직선 $y=x+a$의 그래프가 만나지 않을 때, 정수 a의 최댓값을 구하여라.

2.5 최대 · 최소

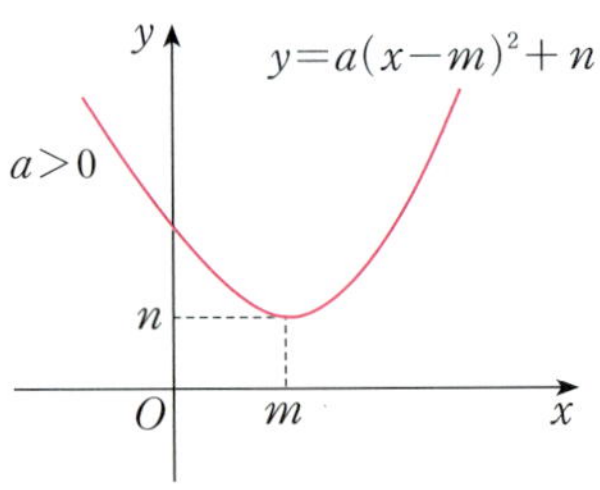

그림 1

1 이차함수의 최대 · 최소 이차함수 $y=a(x-m)^2+n$에서

(a) $a>0$이면 y는 $x=m$일 때 최솟값 n을 갖는다.

(b) $a<0$ 이면 y는 $x=m$일 때 최댓값 n을 갖는다.

예제 1 x, y가 실수일 때, $f(x, y)=x^2-2xy+2y^2+2x-4y+3$의 최솟값을 구하여라.

풀이 x에 대한 이차함수로 보고, 완전제곱꼴로 변형한다.

$$\begin{aligned} f(x, y)&=x^2-2xy+2y^2+2x-4y+3 \\ &=x^2-2(y-1)\,x+2y^2-4y+3 \\ &=\{x-(y-1)\}^2-(y-1)^2+2y^2-4y+3 \\ &=(x-y+1)^2+y^2-2y+2 \\ &=(x-y+1)^2+(y-1)^2+1 \end{aligned}$$

x, y는 실수이므로 $(x-y+1)^2\ge 0$, $(y-1)^2\ge 0$.

따라서, $x-y+1=0$, $y-1=0$일 때 최솟값 1을 갖는다. ■

2 제한 변역이 있을 때의 이차함수의 최대 최소

이차함수 $y=ax^2+bx+c=a(x-m)^2+n$에서 범위의 제한이 있을 때에는 먼저 대칭축을 구한 다음, 그래프의 개형을 그려서(그래프를 정확하게 그릴 필요까지는 없다) 범위가 대칭축을 전후하여 어디부터 어디까지인지를 보고 최대, 최소를 가리고 최댓값과 최솟값을 구한다.

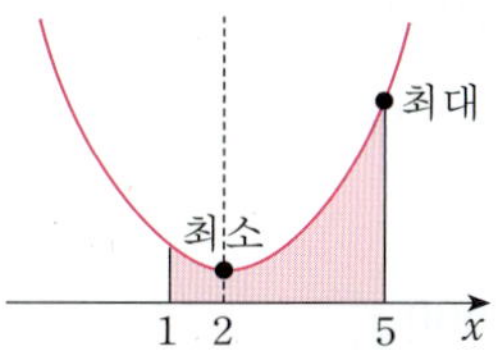

그림 2

예제 2 $1 \le x \le 5$일 때, $y=x^2-4x+3$의 최댓값과 최솟값을 구하여라.

풀이 $y=x^2-4x+3=(x-2)^2-1$에서 대칭축은 $x=2$.

$1\le x\le 5$ 이므로 오른쪽 그림과 같은 개형에서 $x=2$일 때 최소이고, 최솟값은 -1.

$x=5$일 때 최대이고, 최댓값은 8이다. ■

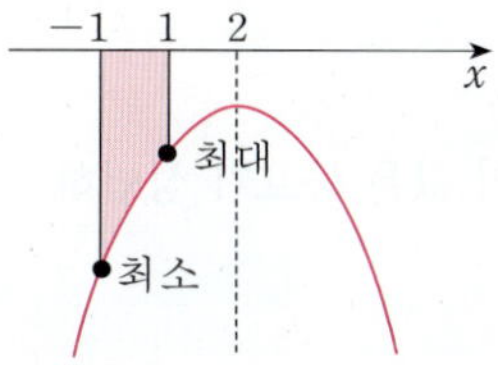

그림 3

예제 3 x, y가 실수이고 $x^2+2y^2=1$일 때, $4x+2y^2$의 최댓값, 최솟값을 구하여라.

풀이 $$x^2+2y^2=1\text{에서 } 2y^2=1-x^2 \qquad \cdots①$$

이것을 $4x+2y^2$에 대입하면

$$4x+2y^2=4x+(1-x^2)=-(x-2)^2+5 \qquad \cdots②$$

그런데 ①에서 y는 실수이므로 $2y^2=1-x^2\ge 0$

$$\therefore -1\le x\le 1$$

이 범위에서 ②의 최댓값은 $4(x=1$일 때$)$, 최솟값은 $-4(x=-1$일 때$)$이다.

그리고 변역이 ①에 숨어 있음을 주의한다. ■

> **3 판별식을 이용하는 최대 · 최소**
>
> 분수함수 $y=\dfrac{g(x)}{f(x)}$ 꼴의 최대 · 최소
>
> (a) 양변에 $f(x)$를 곱하여 x에 대한 정방정식으로 변형한다.
>
> (b) 이 정방정식이 x에 대한 이차방정식일 때에는 $D\ge 0$을 써서 y의 범위를 구한다.

예제 4 함수 $y=\dfrac{x^2-x+1}{x^2+x+1}$의 최대, 최솟값을 구하여라.

풀이 $y=\dfrac{x^2-x+1}{x^2+x+1}$에서 양변에 x^2+x+1을 곱하면 $(x^2+x+1)y=x^2-x+1$

이것을 x에 관하여 정리하면 $(y-1)x^2+(y+1)x+y-1=0$ $\cdots①$

(a) $y-1=0$일 때, 곧 $y=1$ 일 때 $x=0$ (실수)이므로 $y=1$ $\cdots②$

(b) $y-1\ne 0$일 때 ①식은 x에 대한 이차방정식이고, x가 실수(실근)이므로

$D=(y+1)^2-4(y-1)^2\ge 0$, $3y^2-10y+3\le 0$

$\therefore \dfrac{1}{3}\le y\le 3 \quad (y\ne 1)$ $\cdots③$

②와 ③으로부터 $\dfrac{1}{3}\le y\le 3$ 따라서, 최댓값은 3, 최솟값은 $\dfrac{1}{3}$이다. ■

> **4 산술평균과 기하평균을 이용한 최대 최소**
>
> $a>0$, $b>0$, $c>0$일 때, (산술평균)$\ge$(기하평균) $[A\ge G]$
>
> (a) $\dfrac{a+b}{2}\ge\sqrt{ab}$ $(a+b\ge 2\sqrt{ab})$ (등호는 $a=b$일 때 성립)
>
> (b) $\dfrac{a+b+c}{3}\ge\sqrt[3]{abc}$ $(a+b+c\ge 3\sqrt[3]{abc})$ (등호는 $a=b=c$일 때)

예제 5 (a) $x>0$, $y>0$ 이고, $x+y=100$일 때, xy의 최댓값을 구하여라.

(b) $x>0$, $y>0$이고, $xy=9$일 때, $x+y$의 최솟값을 구하여라.

풀이 (a) $x+y \geq 2\sqrt{xy}$ 에서 $x+y=100$이므로 $100 \geq 2\sqrt{xy}$

$$\sqrt{xy} \leq 50 \qquad \therefore\ xy \leq 2500$$

따라서, xy의 최댓값은 2500 이다.

(이 때의 x, y의 값은 등호가 성립하는 경우이므로 $x=y=50$이다.)

(b) $x+y \geq 2\sqrt{xy}$에서 $xy=9$이므로 $x+y \geq 2\sqrt{9}$

$$\therefore\ x+y \geq 6$$

따라서, $x+y$의 최솟값은 6 이다. (이 때의 x, y의 값은 등호가 성립하는 경우이므로 $x=y=3$이다.) ■

예제 6 $x>0$, $y>0$일 때, 다음 물음에 답하여라.

(a) $(2x+y)\left(\frac{8}{x}+\frac{1}{y}\right)$의 최솟값을 구하여라.

(b) $2x+\frac{y}{x}+\frac{4}{y}$의 최솟값을 구하여라.

풀이 (a) $(2x+y)\left(\frac{8}{x}+\frac{1}{y}\right)=17+\frac{2x}{y}+\frac{8y}{x} \geq 17+2\sqrt{\frac{2x}{y}\times\frac{8y}{x}}$

$$=17+8=25$$

$$\therefore\ (2x+y)\left(\frac{8}{x}+\frac{1}{y}\right) \geq 25$$

따라서, 구하는 최솟값은 25이다.

(b) $2x+\frac{y}{x}+\frac{4}{y} \geq 3\sqrt[3]{2x\times\frac{y}{x}\times\frac{4}{y}}=3\sqrt[3]{8}=6$

$$\therefore\ 2x+\frac{y}{x}+\frac{4}{y} \geq 6$$

따라서, 구하는 최솟값은 6이다. ■

예제 7 $x>0$일 때, $y=x+\frac{1}{x}$의 최솟값을 구하여라.

풀이 $y=x+\frac{1}{x} \geq 2\sqrt{x\cdot\frac{1}{x}}=2$에서 y의 최솟값은 2 이다. ■

2.5 연습문제

1. x, y가 실수일 때, $f(x, y)=x^2+2y^2-2x+4y+3$의 최솟값을 구하여라.

2. x, y, z가 실수일 때 $f(x, y, z)=x^2+y^2+z^2-2x-4y-6z+15$의 최솟값을 구하여라.

3. 다음 x에 관한 이차함수는 $x=2$에서 최댓값 n을 가지고, 또 $x=0$일 때, y의 값이 4라 한다. 이때 a, b, n의 값을 구하여라.
$y=ax^2+bx+a^2$ $(a\neq 0)$

4. $y=x^2-2x-3$ $(0\leq x\leq 4)$의 최댓값 및 최솟값을 구하여라.

5. $y=|x^2-4|\,(-1\leq x\leq 3)$의 최댓값 및 최솟값을 구하여라.

6. $y=-x^2+2x+8\,(2\leq x<4)$의 최댓값 및 최솟값을 구하여라.

7. $x\geq a$일 때, $y=x^2-4x+5$의 최솟값을 구하여라.

8. x, y가 실수이고, $x^2+y^2=4$일 때, $4x+y^2$의 최댓값과 최솟값을 구하여라.

2.6 삼각함수의 정의

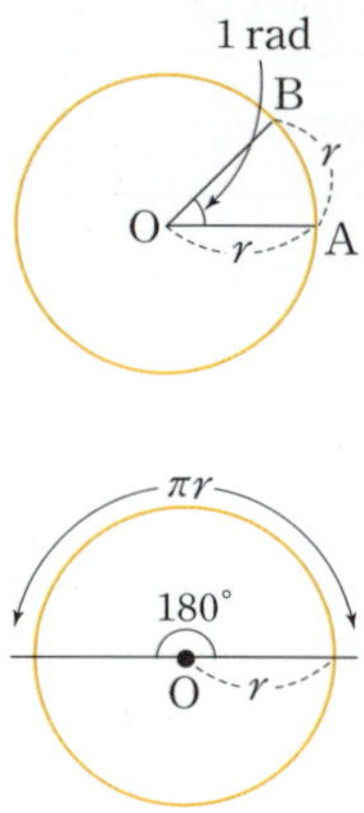

그림 1

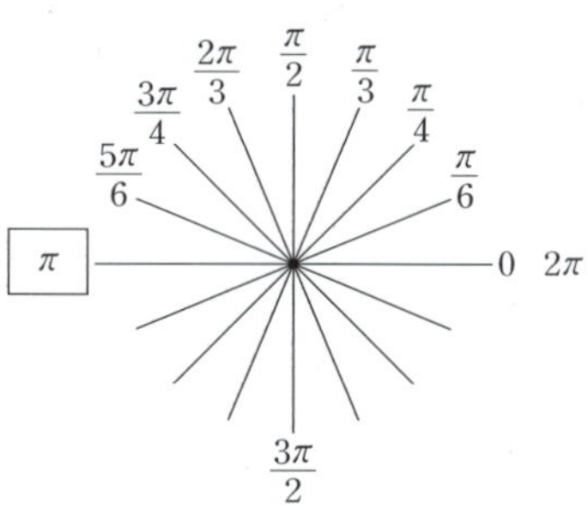

그림 2

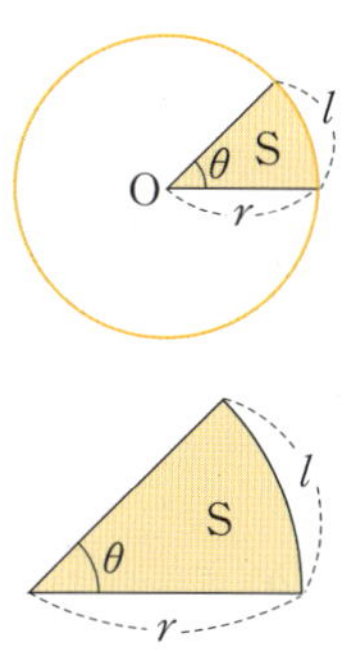

그림 3

▷ 호도법

1 호도법과 60분법과의 관계

(a) 1 rad(라디안)의 정의

반지름의 길이 r 과 호 AB의 길이가 같을 때, ∠AOB의 크기를 **1호도**(radian)라 하고, 이것을 단위로 한 각의 측정법을 **호도법**이라 한다.

(b) π rad$=180^\circ$

(원둘레의 반은 πr이므로 $180^\circ=\pi$ rad)

$1\text{ rad}=\dfrac{180^\circ}{\pi}$, $1^\circ=\dfrac{\pi}{180^\circ}\text{rad}$, $2\pi\text{rad}=360^\circ$

(원둘레는 $2\pi r$이므로 $360^\circ=2\pi\text{rad}$)

2 각도와 라디안의 환산표

각도	30	45	60	90	120	135	150	180
rad	$\frac{\pi}{6}$	$\frac{\pi}{4}$	$\frac{\pi}{3}$	$\frac{\pi}{2}$	$\frac{2}{3}\pi$	$\frac{3}{4}\pi$	$\frac{5}{6}\pi$	π

210	225	240	270	300	315	330	360
$\frac{7}{6}\pi$	$\frac{5}{4}\pi$	$\frac{4}{3}\pi$	$\frac{3}{2}\pi$	$\frac{5}{3}\pi$	$\frac{7}{4}\pi$	$\frac{11}{6}\pi$	2π

3 부채꼴의 호의 길이와 넓이

반지름의 길이 r 인 원에서 중심각 θ(rad)인 부채꼴의 호의 길이를 l, 그 넓이를 S라 하면

(a)호의 길이 : $l=r\theta$

(b) 넓 이 : $S=\dfrac{1}{2}r^2\theta=\dfrac{1}{2}rl$

▷ 일반각의 정의

4 일반각의 표시

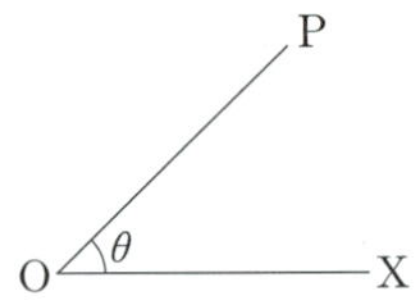

그림 4

동경 OP가 시초선 OX와 이루는 최소의 양의 각을 α°라 하면, 일반각 θ는

$$\theta = 360^\circ n + \alpha^\circ \quad (\text{단, } n\text{은 정수})$$

또는 라디안으로 나타내면

$$\theta = 2n\pi + \alpha$$

5 동서남북 위치의 일반각

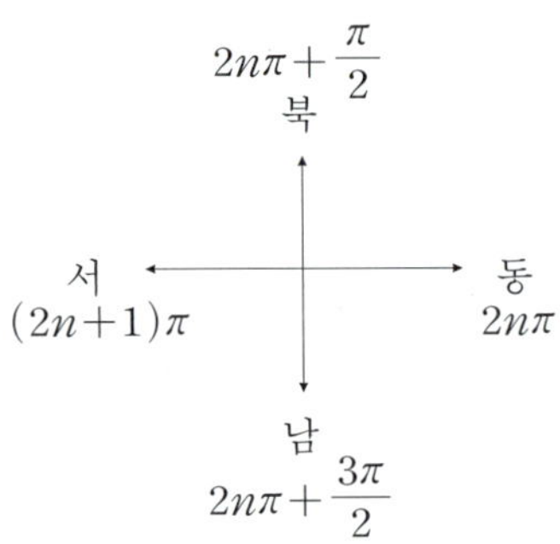

동경	일반각	특징	동경	일반각	특징
동	$2n\pi$	짝수π	서	$(2n+1)\pi$	홀수π
남	$2n\pi+\frac{3}{2}\pi$		북	$2n\pi+\frac{\pi}{2}$	
동서	$n\pi$	정수π	남북	$n\pi+\frac{\pi}{2}$	
동서남북 $\frac{n\pi}{2}$ (n 은 정수)					

6 사분면의 일반각

(a) 제1 사분면의 각 : $2n\pi < \theta < 2n\pi + \frac{\pi}{2}$ (n은 정수)

(b) 제2 사분면의 각 : $2n\pi + \frac{\pi}{2} < \theta < 2n\pi + \pi$

(c) 제3 사분면의 각 : $2n\pi + \pi < \theta < 2n\pi + \frac{3\pi}{2}$ 또는 $2n\pi - \pi < \theta < 2n\pi - \frac{\pi}{2}$

(d) 제4 사분면의 각 : $2n\pi + \frac{3\pi}{2} < \theta < 2n\pi + 2\pi$ 또는 $2n\pi - \frac{\pi}{2} < \theta < 2n\pi$

▷ 일반각의 삼각함수

7 일반각의 삼각함수

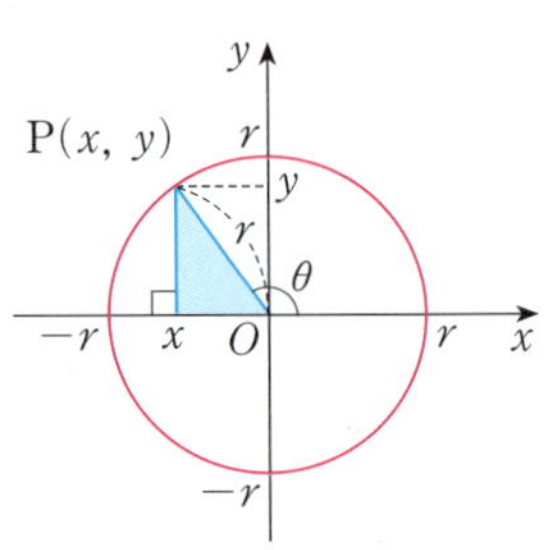

그림 5

오른쪽 그림에서 동경 OP 가 x축 양의 방향과 이루는 각을 θ라고 할 때, θ에 대한 삼각함수를 다음과 같이 정의한다.

$$\sin\theta = \frac{y}{r},\ \cos\theta = \frac{x}{r},\ \tan\theta = \frac{y}{x}$$

$$\operatorname{cosec}\theta = \frac{r}{y},\ \sec\theta = \frac{r}{x},\ \cot\theta = \frac{x}{y}$$

8 역수의 삼각함수

$$\operatorname{cosec}\theta = \frac{1}{\sin\theta},\ \sec\theta = \frac{1}{\cos\theta},\ \cot\theta = \frac{1}{\tan\theta}$$

참고 $\operatorname{cosec}\theta$를 $\csc\theta$로 나타내기도 한다.

9 삼각함수의 값의 부호

$\overline{\mathrm{OP}}=r$ 은 항상 양의 값으로 하며, x, y의 부호는 좌표의 부호를 따른다.

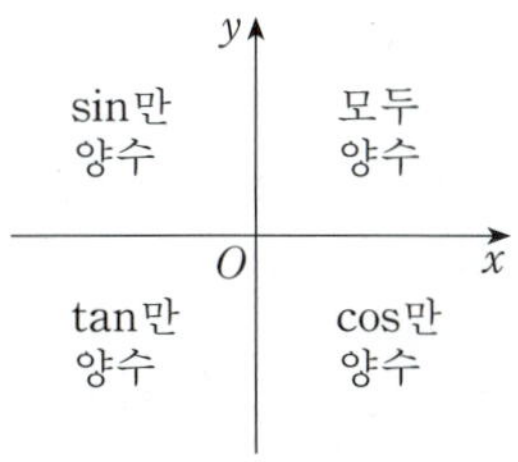

	제 1사분면	제 2사분면	제 3사분면	제 4사분면
$\sin\theta$, $\mathrm{cosec}\theta$	+	+	−	−
$\cos\theta$, $\sec\theta$	+	−	−	+
$\tan\theta$, $\cot\theta$	+	−	+	−

참고 삼각함수의 값이 양수인 것만 나타낸 것은 왼쪽 그림과 같다.

10 특수각의 삼각함수의 값

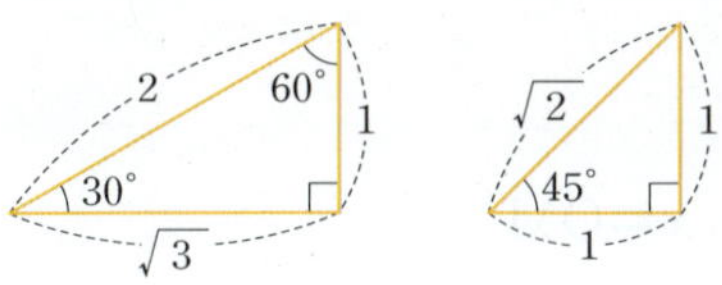

그림 6

값	0°	30°	45°	60°	90°
$\sin\theta$	0	$\frac{1}{2}$	$\frac{\sqrt{2}}{2}$	$\frac{\sqrt{3}}{2}$	1
$\cos\theta$	1	$\frac{\sqrt{3}}{2}$	$\frac{\sqrt{2}}{2}$	$\frac{1}{2}$	0
$\tan\theta$	0	$\frac{1}{\sqrt{3}}$	1	$\sqrt{3}$	

▷ 삼각함수의 기본 공식

11 삼각함수 사이의 상호 관계

(a) 상호 관계 $\tan\theta=\dfrac{\sin\theta}{\cos\theta}$, $\cot\theta=\dfrac{\cos\theta}{\sin\theta}$

(b) 제곱 관계 $\sin^2\theta+\cos^2\theta=1$, $1+\tan^2\theta=\sec^2\theta$, $1+\cot^2\theta=\mathrm{cosec}^2\theta$

참고 $\sin^2\theta=1-\cos^2\theta$, $\sec^2\theta-\tan^2\theta=1$, $\mathrm{cosec}^2\theta-\cot^2\theta=1$

12 완전제곱 공식

$$(\sin\theta+\cos\theta)^2=1+2\sin\theta\cos\theta$$

$$(\sin\theta-\cos\theta)^2=1-2\sin\theta\cos\theta$$

13 $90^\circ n\pm\theta$의 삼각함수의 공식

(a) 주기 공식

$\sin(360^\circ n+\theta)=\sin\theta$, $\cos(360^\circ n+\theta)=\cos\theta$

$\tan(180^\circ n+\theta)=\tan\theta$ (단, n 은 정수)

(b) 음각 공식

$\sin(-\theta)=-\sin\theta$, $\cos(-\theta)=\cos\theta$, $\tan(-\theta)=-\tan\theta$

(c) 보각 공식

$\sin(180^\circ-\theta)=\sin\theta$, $\cos(180^\circ-\theta)=-\cos\theta$, $\tan(180^\circ-\theta)=-\tan\theta$

(d) 여각 공식

$\sin(90° - \theta) = \cos\theta$, $\cos(90° - \theta) = \sin\theta$, $\tan(90° - \theta) = \cot\theta$

▷ 삼각함수의 그래프

14 $y=\sin x$, $y=\cos x$, $y=\tan x$의 그래프

(a) $y=\sin x$의 그래프 : 아래 그림(단위원)에서 $\sin x = \overline{\mathrm{MP}}$

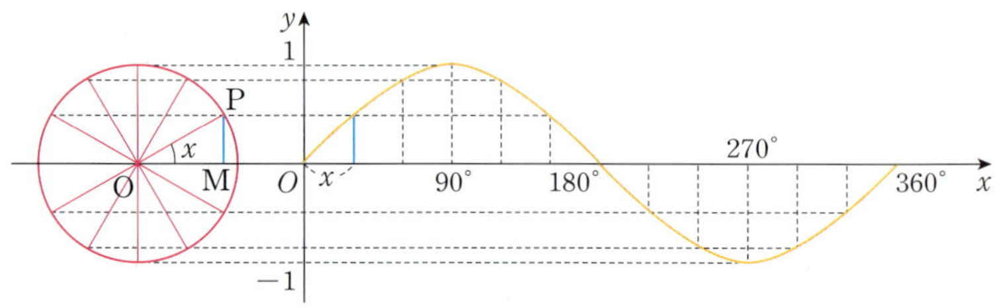

그림 7

(b) $y=\cos x$의 그래프 : 아래 그림(단위원)에서 $\cos x = \overline{\mathrm{OM}}$

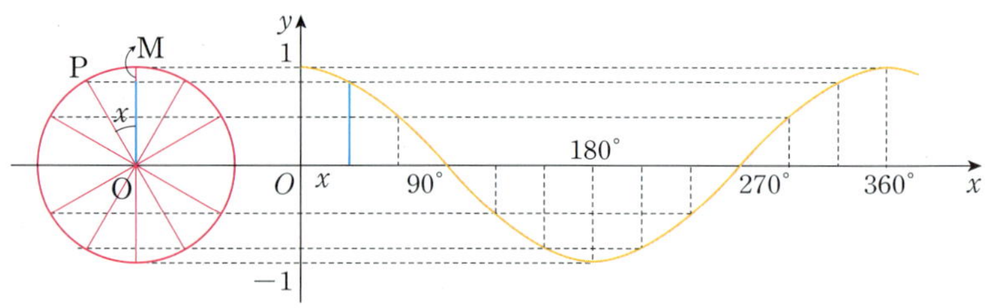

그림 8

(c) $y=\tan x$의 그래프 : 아래 그림(단위원)에서 $\tan x = \overline{\mathrm{BT}}$

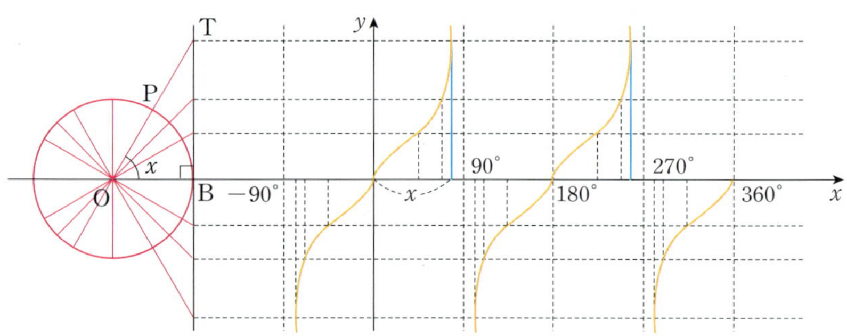

그림 9

15 $y=\sin x$, $y=\cos x$, $y=\tan x$의 성질

	$y=\sin x$	$y=\cos x$	$y=\tan x$
정의역	$\{x \mid x$는 실수$\}$	$\{x \mid x$는 실수$\}$	$\{x \mid x$는 실수, $x \neq 180° n + 90°\}$
치역(최대, 최소)	$\{y \mid -1 \leq y \leq 1\}$	$\{y \mid -1 \leq y \leq 1\}$	$\{y \mid y$는 실수$\}$
주기	$360°(2\pi)$	$360°(2\pi)$	$180°(\pi)$
대칭성 (우함수, 기함수)	원점에 대칭 (기함수)	y축에 대칭 (우함수)	원점에 대칭 (기함수)

16 함수 $y=a\sin b(x-c)+d$, $y=a\cos b(x-c)+d$의 그래프의 성질

$y=a\sin b(x-c)+d$ $(a>0,\ b>0)$의 그래프는 $y=\sin x$의 그래프를
(a) y축의 방향으로 a배 확대 또는 a배로 축소하고,
(b) x축의 방향으로 b배 확대 또는 b배로 축소하고,
(c) x축의 방향으로 c만큼 평행이동하고,
(d) y축의 방향으로 d만큼 평행이동한 것이다.

$y=a\sin b(x-c)+d$ $(a>0, b>0)$의 주기와 최대, 최소
(a) 주기 : $\dfrac{2\pi}{b}$ (b) 최댓값 : $a+d$ (c) 최솟값 : $-a+d$

예제 1 다음 함수의 그래프를 그리고, 최댓값과 최솟값 및 주기를 구하여라.
(a) $y=2\sin x$ (b) $y=\sin 2x$

풀이 (a) $y=\sin x$ 의 그래프를 y축의 방향으로 2배로 확대한 것이다.
따라서, 최댓값은 2, 최솟값은 -2, 주기는 2π이다.
(b) $y=\sin x$의 그래프를 x축의 방향으로 $\dfrac{1}{2}$배 축소한 것이다.
따라서, 최댓값은 1 , 최솟값은 -1 , 주기는 π이다.

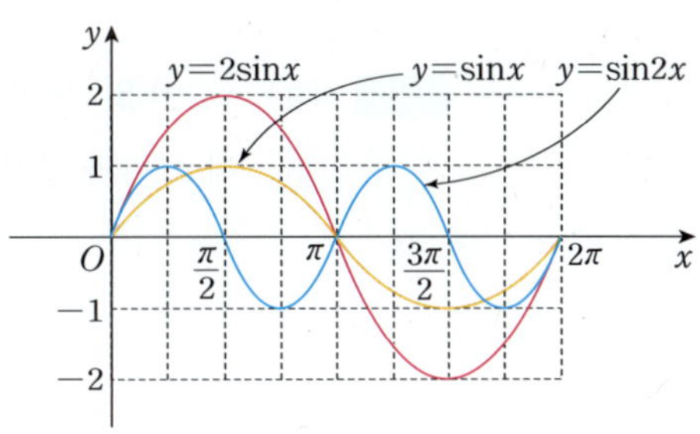

그림 10

예제 2 다음 함수의 그래프를 그리고, 최댓값과 최솟값 및 주기를 구하여라.
(a) $y=2\sin 3x$ (b) $y=\dfrac{1}{2}\cos(3x-135^\circ)$ (c) $y=2\tan\dfrac{x}{3}$

풀이 (a) $y=\sin x$의 그래프를 y축 방향으로 2배 확대, x축 방향으로 $\dfrac{1}{3}$배로 축소한 것이다.
주기는 $\dfrac{360^\circ}{3}=120^\circ\left(=\dfrac{2\pi}{3}\right)$이고, 최댓값은 2, 최솟값은 -2.

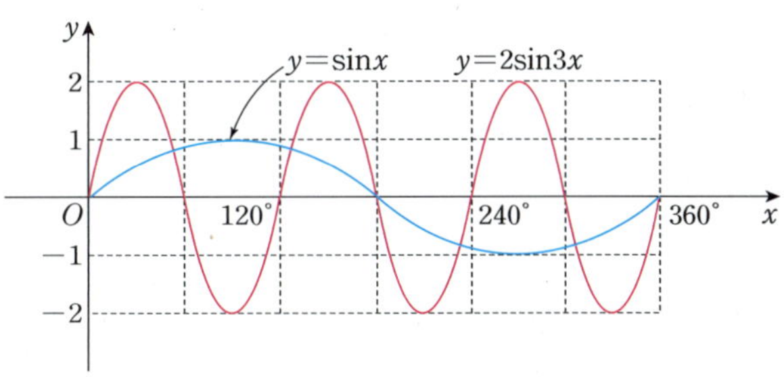

그림 11

(b) $y=\dfrac{1}{2}\cos(3x-135^\circ)=\dfrac{1}{2}\cos 3(x-45^\circ)$이므로 이 그래프는 $y=\cos x$의 그래프를 y축 방향으로 $\dfrac{1}{2}$배, x축 방향으로 $\dfrac{1}{3}$배 축소한 $y=\dfrac{1}{2}\cos 3x$의 그래프를 x축의 방향으로 45°만큼 평행이동한 것이다. 주기는 $\dfrac{360^\circ}{3}=120^\circ$이고, 최댓값은 $\dfrac{1}{2}$, 최솟값은 $-\dfrac{1}{2}$.

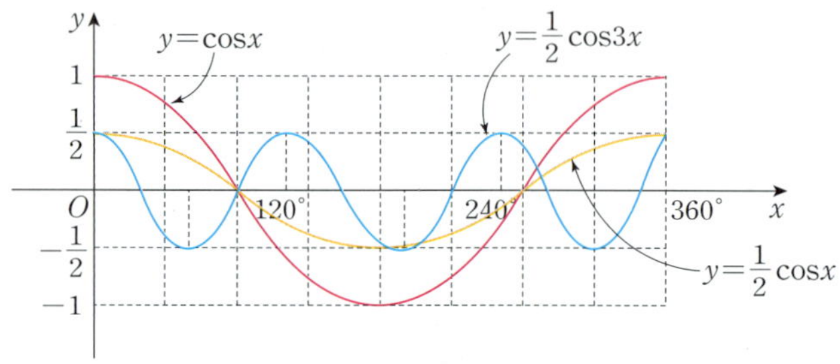

그림 12

(c) $y=\tan x$의 그래프를 y축 방향으로 2배, x축 방향으로 3배 확대한 것이다. 주기는 $\dfrac{180^\circ}{1/3}=540^\circ(=3\pi)$이고, 최댓값과 최솟값은 없다. ■

예제 3 다음 함수의 그래프를 그려라.

(a) $y=\sin|x|$ (b) $y=\cos x+|\sin x|$

풀이 (a) $x\geq 0$ 일 때 $y=\sin x$, $x<0$ 일 때 $y=\sin(-x)=-\sin x$ 그래프는 아래 그림과 같고, 주기는 없다.

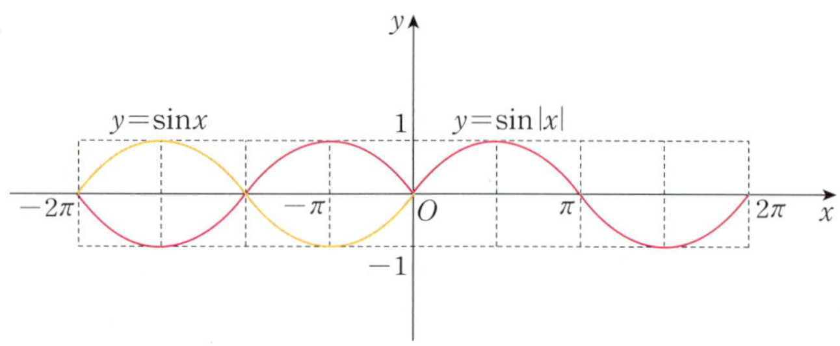

그림 13

(b) $y_1=\cos x$, $y_2=|\sin x|$로 놓고, y_1, y_2의 그래프를 그린 다음, 두 그래프를 합성하여 그린다.

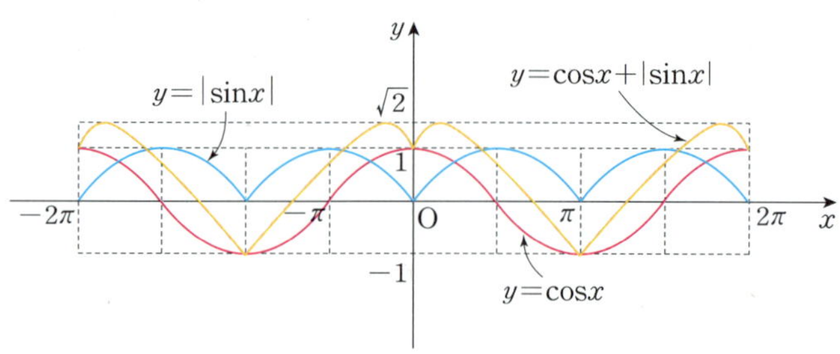

그림 14

■

⊳ 삼각방정식

17 삼각방정식의 특수해와 일반해

삼각방정식을 만족하는 해 중에서 각의 제한이 있을 경우의 해를 **특수해**라 하고, 각의 제한이 없는 경우의 해를 **일반해**라고 한다.

예제 4 다음 방정식을 풀어라. (단, $0 \leq x \leq 2\pi$)

(a) $\sin x = \frac{1}{2}$ (b) $\cos x = -\frac{1}{\sqrt{2}}$ (c) $\tan x = 1$

풀이 (a) $y = \sin x$의 그래프를 그려서 $\sin x = \frac{1}{2}$인 x의 값을 $0 \leq x \leq 2\pi$ 에서 구하면 $x = \frac{\pi}{6}$, $\frac{5}{6}\pi$ 또는 그림과 같이 **사분면**을 그려서 $\sin x = \frac{1}{2}$인 x의 값을 찾아도 된다.

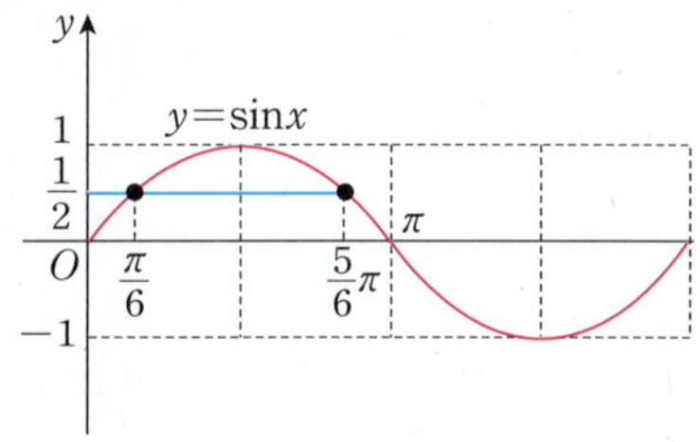

그림 15

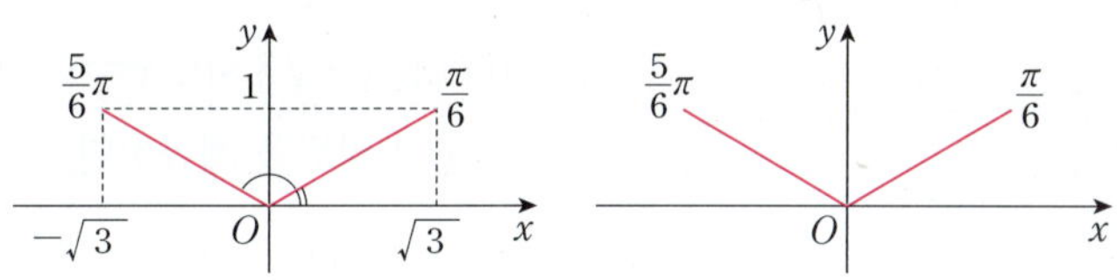

그림 16

(b) $y = \cos x$의 그래프를 그려서

$\cos x = -\frac{1}{\sqrt{2}}$인 x의 값을 $0 \leq x \leq 2\pi$에서 구하면 $x = \frac{3}{4}\pi$, $\frac{5}{4}\pi$ 또는 **사분면을 그려서** $\cos x = -\frac{1}{\sqrt{2}}$ 인 x의 값을 찾아도 된다.

(c) **사분면에서** $\tan x = 1$ 인 x 의 값을 $0 \leq x \leq 2\pi$에서 찾으면 $x = \frac{\pi}{4}$, $\frac{5}{4}\pi$

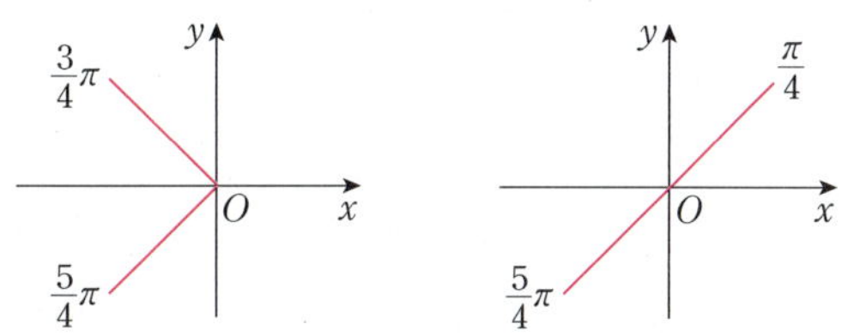

그림 17

18 삼각방정식의 해법

(a) 한 종류의 삼각함수로 통일시킨다.

(b) 인수분해하여 $\sin x=a$, $\cos x=a$, $\tan x=a$의 꼴로 푼다.

(c) 주어진 범위에서 x를 구한다. (즉, 특수해를 찾는다.)

예제 5 다음 방정식을 풀어라. (단, $0\le x\le 2\pi$)

(a) $2\sin^2 x+\cos x=1$ (b) $\cos x+\sqrt{3}\sin x=-1$

풀이 (a) $2\sin^2 x+\cos x=1$에서 $2(1-\cos^2 x)+\cos x-1=0$

$2\cos^2 x-\cos x-1=0$

$(2\cos x+1)(\cos x-1)=0$

$\cos x=-\dfrac{1}{2},\ 1 \quad \therefore x=\dfrac{2}{3}\pi,\ \dfrac{4}{3}\pi$ 또는 $0,\ 2\pi$

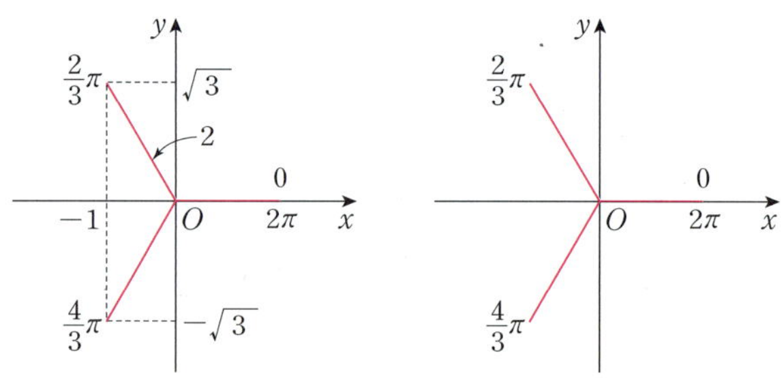

그림 18

(b) $\cos x+\sqrt{3}\sin x=-1$에서 $\cos x+1=-\sqrt{3}\sin x$ …①

①의 양변을 제곱하면

$$(\cos x+1)^2=(-\sqrt{3}\sin x)^2$$

$$\cos^2 x+2\cos x+1=3\sin^2 x,$$

$$\cos^2 x+2\cos x+1=3(1-\cos^2 x)$$

$$2\cos^2 x+\cos x-1=0,\ (2\cos x-1)(\cos x+1)=0$$

$$\cos x=\frac{1}{2},\ -1$$

$$x=\frac{\pi}{3},\ \frac{5\pi}{3},\ \pi$$ ■

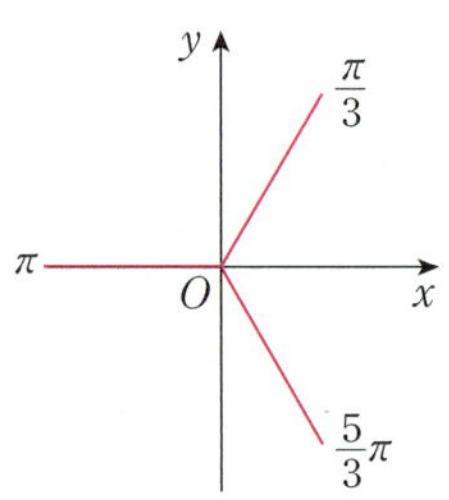

그림 19

그러나 $x=\dfrac{\pi}{3}$는 무연근이므로 $x=\dfrac{5}{3}\pi,\ \pi$이다.

19 삼각방정식의 일반해

특수해를 α라 하고, n 을 임의의 정수라 할 때,

(a) $\sin x=a$ $(|a|\le 1)$의 일반해는 $\Rightarrow x=n\pi+(-1)^n\alpha$

(b) $\cos x=a(|a|\le 1)$의 일반해는 $\Rightarrow x=2n\pi\pm\alpha$

(c) $\tan x=a$ 의 일반해는 $\Rightarrow x=n\pi+\alpha$

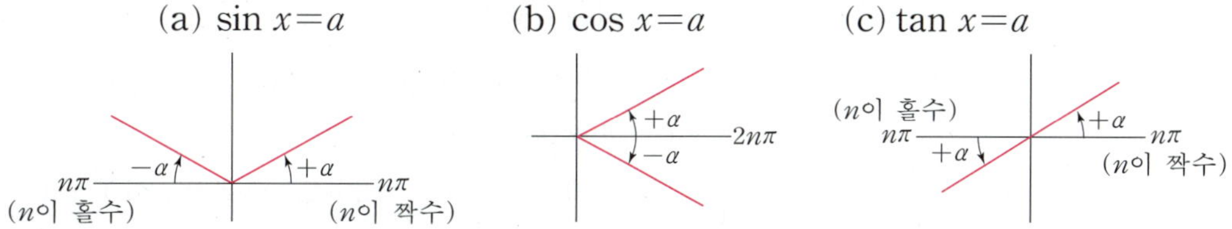

그림 20

$x=n\pi+(-1)^n\alpha$ $\quad$ $x=2n\pi\pm\alpha$ $\quad$ $x=n\pi+\alpha$

예제 6 (a) $\sin x=\frac{1}{2}$의 일반해는 $x=n\pi+(-1)^n\frac{\pi}{6}$ (n은 정수)

$\sin x=-\frac{\sqrt{3}}{2}$의 일반해는 $x=n\pi-(-1)^n\frac{\pi}{3}$ (n은 정수)

(b) $\cos x=-\frac{1}{2}$의 일반해는 $x=2n\pi\pm\frac{2}{3}\pi$ (n은 정수)

(c) $\tan x=\sqrt{3}$의 일반해는 $x=n\pi+\frac{\pi}{3}$ (n은 정수)

$\tan x=-1$의 일반해는 $x=n\pi-\frac{\pi}{4}$ (n은 정수)

삼각부등식

20 삼각부등식의 해법

삼각방정식과 해법은 같으나 삼각방정식은 주로 그래프나 사분면을 그려서 해당하는 각을 찾으면 되지만, **삼각부등식**은 범위를 구해야 하기 때문에 반드시 **그래프를 그려서 해당하는 범위를 구하는 것이 편리하면서도 정확하다.**

예제 7 다음 부등식을 풀어라. (단, $0^\circ\le x\le 360^\circ$)

(a) $\sin x\ge -\frac{1}{\sqrt{2}}$ $\quad$ (b) $\cos x<\frac{1}{2}$ $\quad$ (c) $\tan x\ge -1$

풀이 (a) $y=\sin x$의 그래프를 그려서 이것이 직선 $y=-\frac{1}{\sqrt{2}}$보다 위에 있는 (x축과 만나는 점도 포함) x의 범위를 구한다.

$\therefore 0^\circ\le x\le 225^\circ,\ 315^\circ\le x\le 360^\circ$

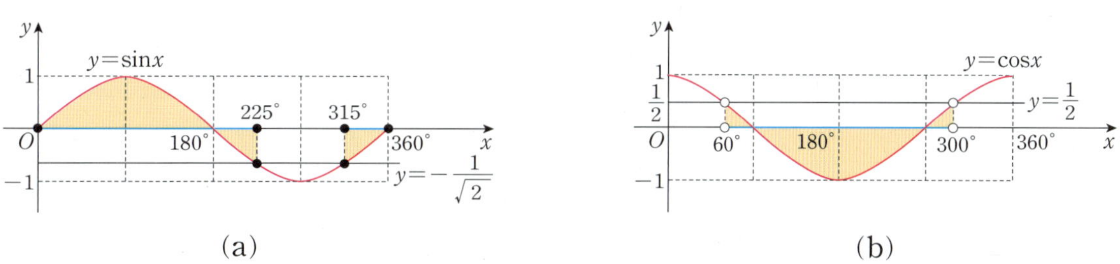

그림 21

(b) $y=\cos x$의 그래프를 그려서 이것이 직선 $y=\frac{1}{2}$보다 아래에 있는 x의 범

위를 구한다.

$\therefore 60^\circ < x < 300^\circ$

(c) 같은 방법으로 구한다.

$\therefore 0^\circ \le x < 90^\circ,\ 135^\circ \le x < 270^\circ,\ 315^\circ \le x \le 360^\circ$ ■

예제 8 다음 부등식을 풀어라. (단, $0^\circ \le x \le 360^\circ$)

(a) $\sin x > \cos x$

(b) $2\log \sin x - \log \cos x + \log 2 \ge \log 3$

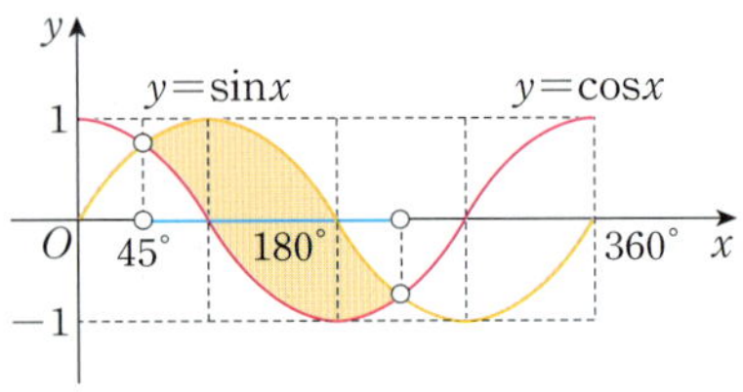

그림 22 (a)

풀이 (a) $y=\sin x$와 $y=\cos x$의 그래프를 각각 그려서 $y=\sin x$의 그래프가 $y=\cos x$의 그래프보다 위에 있는 x의 범위를 구하면 $45^\circ < x < 225^\circ$

(b) $2\log\sin x - \log\cos x + \log 2 \ge \log 3$ 에서 진수는 양수이어야 하므로

$\sin x > 0,\ \cos x > 0 \qquad \therefore 0^\circ < x < 90^\circ$

$\log\sin^2 x + \log 2 \ge \log\cos x + \log 3$

$\log 2\sin^2 x \ge \log 3\cos x$

$2\sin^2 x \ge 3\cos x$

$2(1-\cos^2 x) \ge 3\cos x$

$(2\cos x - 1)(\cos x + 2) \le 0$

$\cos x + 2 > 0$이므로 $\cos x \le \dfrac{1}{2} \quad \therefore 60^\circ \le x < 90^\circ$ ■

▷ 삼각함수의 응용

21 사인(sine)법칙

삼각형 ABC의 세 각의 크기 A, B, C와 세 변의 길이 a, b, c 및 외접원의 반지름 R 사이에는 다음과 같은 관계가 성립한다.

$$\frac{a}{\sin A} = \frac{b}{\sin B} = \frac{c}{\sin C} = 2R$$

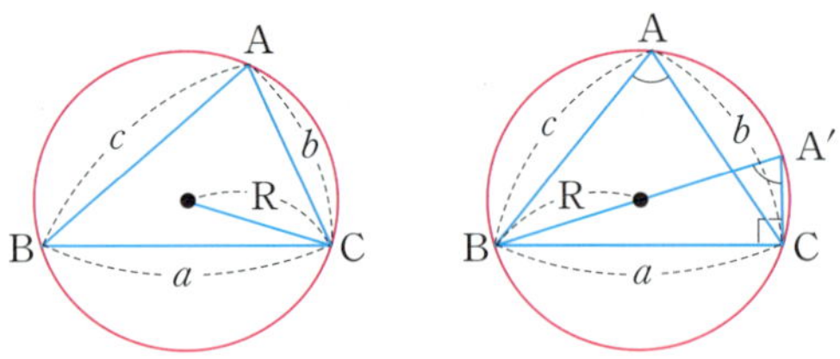

그림 23

참고 사인법칙의 활용

(a) $a=2\mathrm{R}\sin\mathrm{A},\ b=2\mathrm{R}\sin\mathrm{B},\ c=2\mathrm{R}\sin\mathrm{C}$ ☜ 각을 변으로

(b) $\sin\mathrm{A}=\dfrac{a}{2\mathrm{R}},\ \sin\mathrm{B}=\dfrac{b}{2\mathrm{R}},\ \sin\mathrm{C}=\dfrac{c}{2\mathrm{R}}$ ☜ 변을 각으로

(c) $a:b:c=\sin\mathrm{A}:\sin\mathrm{B}:\sin\mathrm{C}$ ☜ 변의 비를 각의 비로

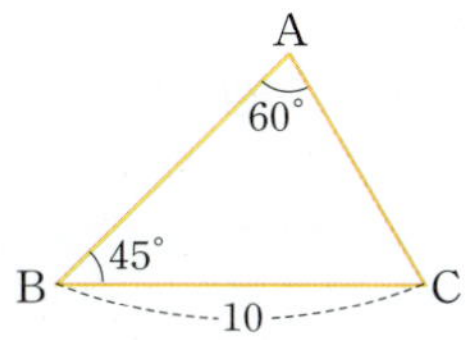

그림 24

예제 9 $\Delta\mathrm{ABC}$에서 $\mathrm{A}=60^\circ,\ \mathrm{B}=45^\circ,\ a=10$일 때, b를 구하여라.

풀이 $\dfrac{a}{\sin\mathrm{A}}=\dfrac{b}{\sin\mathrm{B}}$이므로 $\dfrac{10}{\sin60^\circ}=\dfrac{b}{\sin45^\circ}$

$\therefore b=\dfrac{10\sin45^\circ}{\sin60^\circ}=\dfrac{10\sqrt{6}}{3}$

예제 10 $a\sin^2\mathrm{A}=b\sin^2\mathrm{B}$를 만족하는 $\Delta\mathrm{ABC}$는 어떤 삼각형인가?

풀이 사인법칙에 의하여 $\sin\mathrm{A},\ \sin\mathrm{B}$를 변의 식으로 바꾸면

$$a\left(\frac{a}{2\mathrm{R}}\right)^2=b\left(\frac{b}{2\mathrm{R}}\right)^2 \qquad \therefore a=b$$

따라서, $\Delta\mathrm{ABC}$는 $a=b$인 이등변삼각형이다. ■

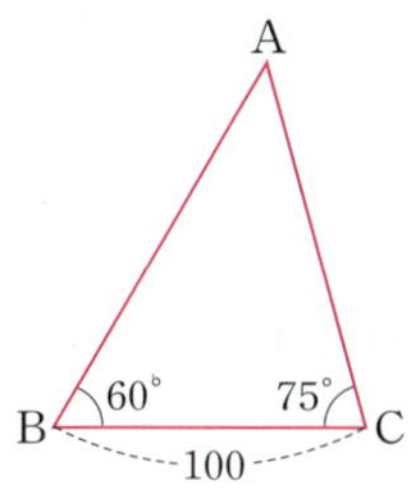

그림 25 (a)

예제 11 다음 삼각형 ABC를 풀어라.

(a) $a=100,\ \mathrm{B}=60^\circ,\ \mathrm{C}=75^\circ$ (b) $b=15,\ c=15\sqrt{3},\ \mathrm{B}=30^\circ$

풀이 (a) $\mathrm{A}=180^\circ-(\mathrm{B}+\mathrm{C})=180^\circ-(60^\circ+75^\circ)=45^\circ$

$\dfrac{b}{\sin60^\circ}=\dfrac{100}{\sin45^\circ}$에서 $b=\dfrac{100\sin60^\circ}{\sin45^\circ}=50\sqrt{6}$

$\dfrac{c}{\sin75^\circ}=\dfrac{50\sqrt{6}}{\sin60^\circ}$에서 $c=\dfrac{50\sqrt{6}\sin75^\circ}{\sin60^\circ}=50(\sqrt{3}+1)$

참고 $\sin75^\circ=\dfrac{\sqrt{6}+\sqrt{2}}{4}$

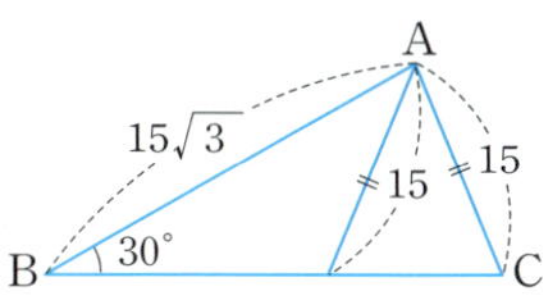

그림 26 (b)

(b) $\dfrac{15}{\sin30^\circ}=\dfrac{15\sqrt{3}}{\sin\mathrm{C}}$에서 $\sin\mathrm{C}=\sqrt{3}\sin30^\circ=\dfrac{\sqrt{3}}{2}$

$\therefore \mathrm{C}=60^\circ$ 또는 120°

$\mathrm{C}=60^\circ$인 경우 $\mathrm{A}=90^\circ \quad \therefore a=30$

$\mathrm{C}=120^\circ$인 경우 $\mathrm{A}=30^\circ \quad \therefore a=15$

이 경우에는 삼각형이 한 가지로 결정되지 않는다. ■

22 제일 코사인법칙

$a=b\cos\mathrm{C}+c\cos\mathrm{B}$

$b=c\cos\mathrm{A}+a\cos\mathrm{C}$

$c=a\cos\mathrm{B}+b\cos\mathrm{A}$

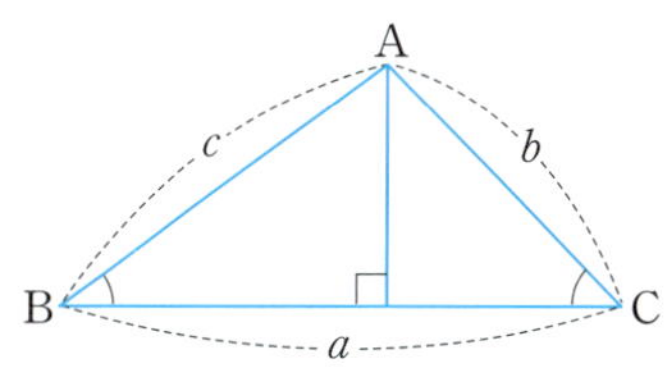

그림 27

23 제이 코사인법칙

$a^2=b^2+c^2-2\,bc\cos A$

$b^2=c^2+a^2-2\,ca\cos B$

$c^2=a^2+b^2-2\,ab\cos C$

$\cos A=\dfrac{b^2+c^2-a^2}{2bc}$, $\cos B=\dfrac{c^2+a^2-b^2}{2ca}$,

$\cos C=\dfrac{a^2+b^2-c^2}{2ab}$

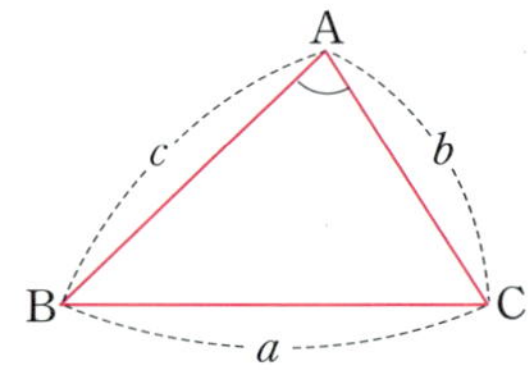

그림 28

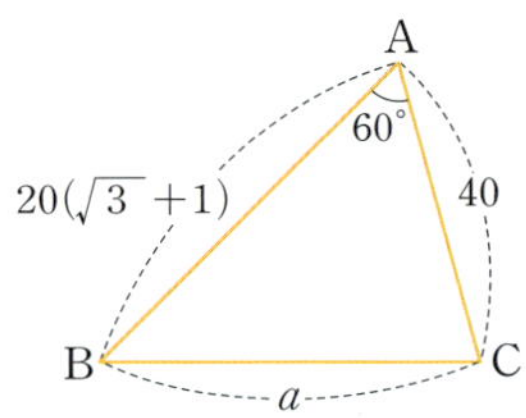

그림 29

예제 12 다음 삼각형을 풀어라.

(a) $b=40$, $c=20(\sqrt{3}+1)$, $A=60°$ (b) $a=\sqrt{6}$, $b=2\sqrt{3}$, $c=3+\sqrt{3}$

풀이 (a) 제이 코사인법칙으로부터

$$a^2=b^2+c^2-2bc\cos A$$

$$=40^2+\{20(\sqrt{3}+1)\}^2-2\cdot40\cdot20(\sqrt{3}+1)\cos 60°$$

$$=2400$$

$a>0$이므로 $a=\sqrt{2400}=20\sqrt{6}$

또, 사인법칙으로부터

$$\frac{40}{\sin B}=\frac{20\sqrt{6}}{\sin 60°}$$

$$\therefore \sin B=\frac{40\sin 60°}{20\sqrt{6}}=\frac{1}{\sqrt{2}}$$

여기서, $B=45°$ 또는 $135°$가 되나 $B=45°$만이 적합하다.

$$\therefore C=180°-(A+B)=180°-(60°+45°)=75°$$

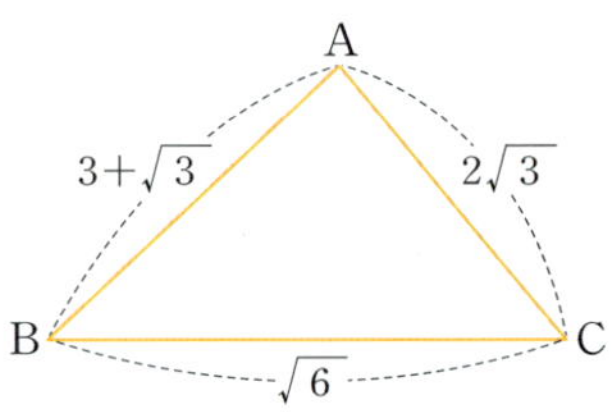

그림 30

(b) 제이 코사인법칙으로부터

$$\cos A=\frac{(2\sqrt{3})^2+(3+\sqrt{3})^2-(\sqrt{6})^2}{2\cdot2\sqrt{3}\cdot(3+\sqrt{3})}=\frac{\sqrt{3}}{2}$$

$$\therefore A=30°$$

$$\cos B=\frac{(\sqrt{6})^2+(3+\sqrt{3})^2-(2\sqrt{3})^2}{2\cdot\sqrt{6}\cdot(3+\sqrt{3})}=\frac{\sqrt{2}}{2}$$

$$\therefore B=45°$$

$$\therefore C=180°-(A+B)=180°-(30°+45°)=105°$$ ■

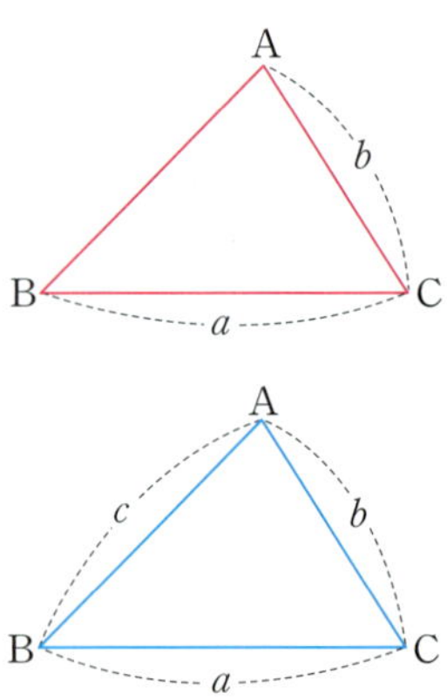

그림 31

24 삼각형의 넓이

(a) 두 변과 사잇각이 주어질 때, 삼각형 ABC의 넓이 S는

$$S=\frac{1}{2}ab\sin C=\frac{1}{2}bc\sin A=\frac{1}{2}ca\sin B$$

(b) 세 변의 길이가 주어질 때, 삼각형 ABC의 넓이 S는

$$S=\sqrt{s(s-a)(s-b)(s-c)}\ (\text{단, } 2s=a+b+c)$$

이 공식을 **헤론(Heron)의 공식**이라고 한다.

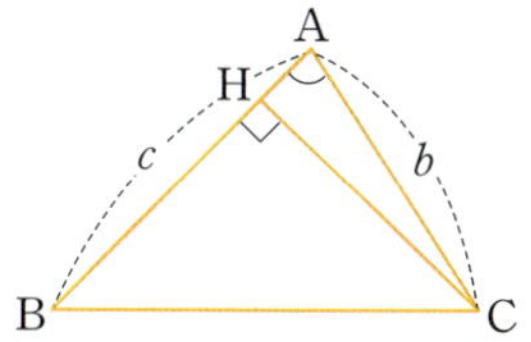

그림 32

(a) 오른쪽 그림과 같이 삼각형 ABC에서 두 변의 길이 b, c와 사잇각 A가 주어졌을 때, 꼭짓점 C에서 변 AB에 수선 CH를 내리면 삼각형 ABC의 넓이 S는

$$S=\frac{1}{2}\overline{AB}\cdot\overline{CH}=\frac{1}{2}c\cdot b\sin A=\frac{1}{2}bc\sin A$$

가령, 두 변의 길이가 4, 6 이고 사잇각이 30°인 삼각형의 넓이 S는

$$S=\frac{1}{2}\cdot 4\cdot 6\cdot \sin 30^\circ=6$$

이다.

참고 삼각형의 세 꼭짓점의 좌표가 주어질 때의 삼각형의 넓이 공식

$$S=\frac{1}{2}\left|\begin{matrix} x_1 & x_2 & x_3 & x_1 \\ y_1 & y_2 & y_3 & y_1 \end{matrix}\right|$$
$$=\frac{1}{2}\left|(x_1y_2+x_2y_3+x_3y_1)-(x_2y_1+x_3y_2+x_1y_3)\right|$$

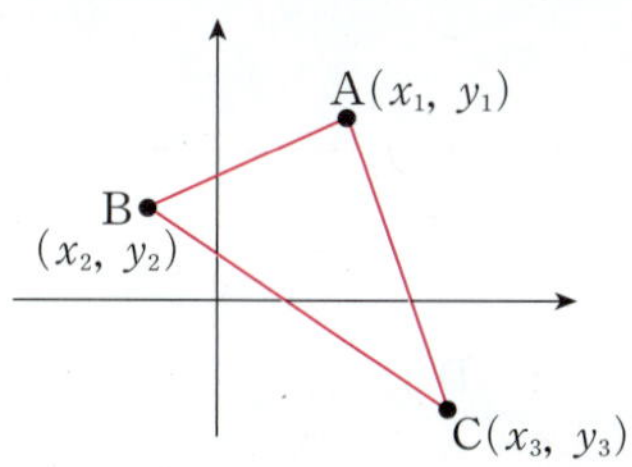

그림 33

예제 13 세 꼭짓점의 좌표가 A(1, 2), B(3, −4), C(5, 6)인 삼각형 ABC의 넓이 S는

$$S=\frac{1}{2}\left|\begin{matrix} 1 & 3 & 5 & 1 \\ 2 & -4 & 6 & 2 \end{matrix}\right|$$
$$=\frac{1}{2}\left|\{1\cdot(-4)+3\cdot 6+5\cdot 2\}-\{3\cdot 2+5\cdot(-4)+1\cdot 6\}\right|$$
$$=\frac{1}{2}\left|24-(-8)\right|=16$$

참고 넓이를 이용한 외접원과 내접원의 반지름 공식

> 삼각형 ABC의 넓이를 S, 외접원의 반지름을 R, **내접원의 반지름**을 r이라 하면
>
> (a) $S=\frac{abc}{4R}$에서 $R=\frac{abc}{4S}$
>
> (b) $S=r\,s$에서 $r=\frac{S}{s}$ (단, $2s=a+b+c$)

(a) 삼각형의 넓이 $S=\frac{1}{2}bc\sin A$에서 $\sin A=\frac{a}{2R}$ 를 대입하면

$$S=\frac{1}{2}bc\sin A=\frac{1}{2}bc\cdot\frac{a}{2R}=\frac{abc}{4R}$$
$$\therefore R=\frac{abc}{4S}$$

(b) 오른쪽 그림에서 삼각형 ABC의 내심을 O라 하면

$$\triangle ABC=\triangle AOB+\triangle BOC+\triangle COA$$
$$\therefore S=\frac{1}{2}cr+\frac{1}{2}ar+\frac{1}{2}br=\frac{(a+b+c)r}{2}=rs$$
$$\therefore r=\frac{S}{s}$$

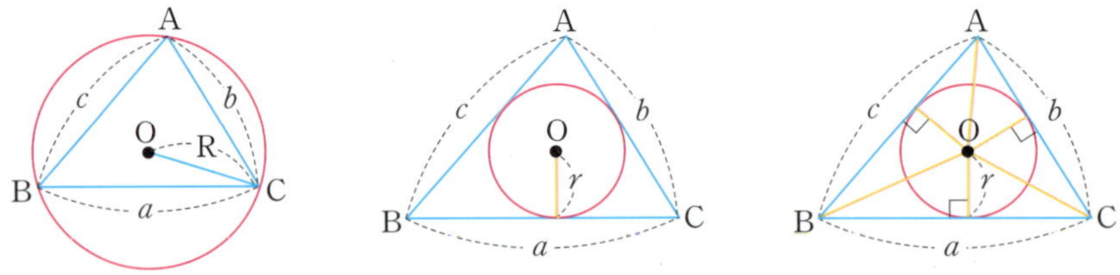

그림 34

> **25 사각형의 넓이 공식**
>
> (a) 평행사변형의 넓이
>
> 이웃한 두 변의 길이가 각각 a, b이고, 어느 한 각이 θ인 평행사변형의 넓이 S는
>
> $$\mathrm{S}=ab\sin\theta$$
>
> (b) 두 대각선의 길이가 각각 p, q이고, 대각선이 이루는 각이 θ인 **사각형**의 넓이 S는
>
> $$\mathrm{S}=\frac{1}{2}pq\sin\theta$$

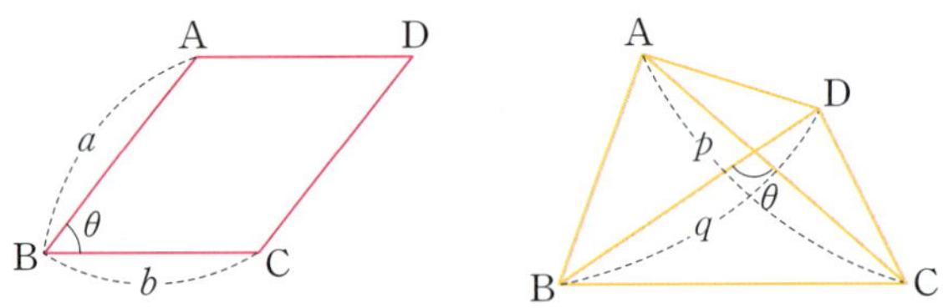

그림 35

2.6 연습문제

1. $\left(2+2\sin\frac{\pi}{3}\right)\left(2-\tan\frac{\pi}{3}\right)$의 값은?

2. 다음 중 θ가 제3사분면의 각인 것은?

   (a) $\sin\theta<0$, $\cos\theta>0$

   (b) $\sin\theta>0$, $\tan\theta>0$

   (c) $\sin\theta<0$, $\tan\theta<0$

   (d) $\cos\theta<0$, $\tan\theta>0$

   (e) $\cos\theta>0$, $\tan\theta<0$

3. $270^\circ<\theta<360^\circ$일 때,

   $|\sin\theta+\cos\theta+\tan\theta+\sqrt{\sin^2\theta}+\sqrt[3]{\cos^3\theta}+\sqrt[4]{\tan^4\theta}|$

   을 간단히 하면?

4. 다음 각 등식을 증명하여라.

   (a) $\cos^4x-\sin^4x=\cos^2x-\sin^2x=1-2\sin^2x$

   (b) $\left(1+\tan\theta+\frac{1}{\cos\theta}\right)\left(1+\cot\theta-\frac{1}{\sin\theta}\right)=2$

5. $\sin\theta=-\frac{3}{5}$ $(270^\circ<\theta<360^\circ)$일 때 $\cos\theta$, $\tan\theta$의 값을 구하여라.

6. $\sin\theta-\cos\theta=\frac{1}{2}$일 때, 다음 각 값을 구하여라.

   (a) $\sin\theta\cos\theta$　　(b) $\tan\theta+\cot\theta$

   (c) $\sin\theta+\cos\theta$　　(d) $\sin^3\theta-\cos^3\theta$

7. $\sin\theta\cos\theta=\frac{1}{4}$일 때, 다음 각 값을 구하여라.

   (a) $\sin\theta+\cos\theta$　　(b) $\sin\theta-\cos\theta$

   (c) $\tan\theta+\cot\theta$

8. $\sin\theta+\cos\theta=0$일 때, $\sin^3\theta$, $\cos^3\theta$을 두 근으로 하는 x의 이차방정식을 구하여라.

9. 이차방정식 $x^2-(\tan\theta+\cot\theta)x+1=0$의 한 근이 $2+\sqrt{3}$일 때, $\sin\theta\cos\theta$의 값을 구하여라.

10. 다음 각 식을 간단히 하여라.

(a) $\sin^2\theta+\sin^2(90°+\theta)+\sin^2(90°-\theta)+\sin^2(180°-\theta)$

(b) $\dfrac{\sin(180°+\theta)\tan^2(180°-\theta)}{\cos(270°+\theta)}-\dfrac{\sin(270°-\theta)}{\sin(90°+\theta)\cos^2\theta}$

11. 다음 각 값을 구하여라.

(a) $\cos120°$ (b) $\sin225°$

(c) $\tan300°$ (d) $\sin\dfrac{7}{6}\pi+\tan\left(-\dfrac{19}{4}\pi\right)$

(e) $\dfrac{\cos750°}{\sin420°+\sin225°}-\dfrac{\sin1125°}{\cos330°-\cos135°}$

12. 다음 각 식의 값을 구하여라.

(a) $\cos160°-\cos110°+\sin70°-\sin20°$

(b) $\cot10°+\tan190°+\tan100°+\tan350°$

(c) $\sin^2 27°+\sin^2 63°$

(d) $\tan25°\tan65°$

13. 다음 각 함수의 그래프를 그리고, 최댓값, 최솟값 및 그 주기를 구하여라.

(a) $y=\sin(2x-120°)$ (b) $y=3\cos 2x$

(c) $y=\tan3x+1$

14. 다음 각 함수의 최댓값, 최솟값 및 주기를 구하여라.

(a) $y=\dfrac{1}{3}\sin(x+60°)$

(b) $y=-\sqrt{2}\cos(2x-30°)$

(c) $y=\tan\dfrac{1}{3}x$

15. 다음 방정식을 풀어라. 단, $0°\leq x\leq 360°$이다.

(a) $2\sin^2 x+3\cos x=0$

(b) $\sin^4 x=1+\cos^2 x$

(c) $\tan^2 x+(\sqrt{3}+1)\tan x+\sqrt{3}=0$

16. 다음 부등식을 풀어라. 단, $0°\leq x\leq 360°$이다.

(a) $\sin x>\cos x$ (b) $2\sin^2 x-3\cos x\geq 0$

(c) $\sin x\leq\cos x$ (d) $\cos^2 x>1-\sin x$

17. ΔABC에서 다음 물음에 답하여라.

(a) $\sin A+\sin B>\sin C$임을 증명하여라.

(b) a, b, c 사이에 $2b=a+c$인 관계가 있을 때 $\sin A$, $\sin B$, $\sin C$ 사이의 관계식을 구하여라.

(c) A:B:C=3:4:5일 때, $a:b:c$를 구하여라.

단, $\sin75°=\dfrac{\sqrt{6}+\sqrt{2}}{4}$이다.

18. ΔABC에서 다음 등식이 성립함을 보여라.

$a(\sin B-\sin C)+b(\sin C-\sin A)+c(\sin A-\sin B)=0$

19. 다음 조건을 만족시키는 ΔABC의 꼴은 무엇인가?

(a) $\cos^2 B+\cos^2 C-\cos^2 A=1$

(b) $a\sin^2 A=b\sin^2 B$

20. 다음 ΔABC 를 풀어라.

(a) $A=30°$, $a=3$, $c=6$

(b) $B=120°$, $b=2\sqrt{3}$, $c=2$

(c) $B=30°$, $b=\sqrt{3}$, $c=3$

21. 다음 ΔABC를 풀어라.

(a) $A=45°$, $b=2$, $c=\sqrt{6}+\sqrt{2}$

(b) $a=\sqrt{6}$, $b=2$, $c=\sqrt{3}+1$

22. 다음 등식을 만족시키는 ΔABC의 꼴을 말하여라.

(a) $a\cos A=b\cos B$

(b) $2\sin A\cdot\cos B=\sin C$

(c) $\sin^2 A\cdot\tan B=\sin^2 B\cdot\tan A$

23. 사각형 ABCD에서 $\overline{AB}=5$, $\overline{BC}=8$, $\overline{CD}=3$, $\overline{DA}=3$, $\angle c=60°$일 때, 각 A의 크기를 구하여라.

24. 두 대각선의 길이가 a, b이며, 두 대각선이 이루는 각이 θ인 사각형이 있다.

(a) 사각형의 넓이 S를 a, b, θ를 써서 나타내어라.

(b) $a+b=4$일 때, S의 최댓값 및 그 때의 a, b, θ의 값을 구하여라.

25. 등변 사다리꼴에 있어서 그 대각선이 이루는 각이 120°, 넓이가 $\sqrt{3}$일 때, 대각선의 길이를 구하여라.

2.7 지수함수

함수 $f(x)=2^x$은 변수 x가 지수이기 때문에 지수함수라고 불린다. 이것은 변수가 밑인 거듭제곱 함수 $g(x)=x^2$과 혼돈하면 안 된다.

일반적으로, **지수함수**(exponential function)는 $f(x)=a^x$의 형태이며 이때 a는 양의 상수이다. 이 의미를 다시 한번 되새기자.

만약 $x=n$, (n은 양의 정수)이면

$$a^n = \underbrace{a \cdot a \cdot \cdots \cdot a}_{n\text{개}}$$

이다. 만약 $x=0$이면 $a^0=1$이고 $x=-n$, n이 양의 정수이면,

$$a^{-n}=\frac{1}{a^n}$$

이다. 또 x가 유리수로서, $x=p/q$, p와 q는 정수이고 $q>0$이면

$$a^x=a^{p/q}=\sqrt[q]{a^p}=(\sqrt[q]{a})^p$$

그러나 만약 x가 무리수라면 a^x의 의미는 무엇인가? 예를 들어, $2^{\sqrt{3}}$ 또는 5^{π}의 의미는 무엇인가?

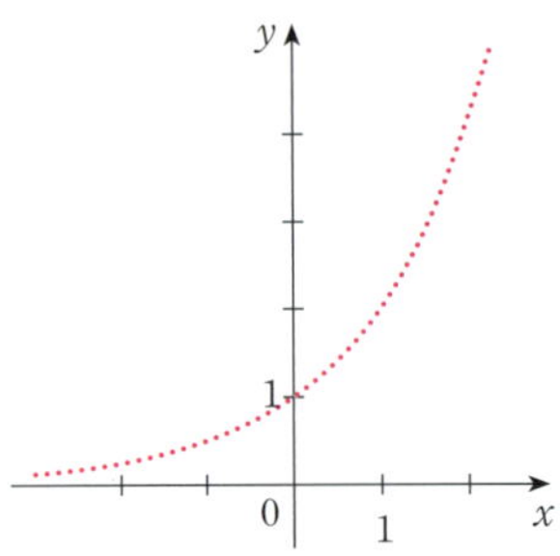

그림 1
x가 유리수일 때 $y=2^x$의 표현

이 질문의 답에 도움을 주기 위해, 먼저 x가 유리수인 함수 $y=2^x$의 그래프를 보자. 그림 1에 이 그래프가 표현되어 있다. $y=2^x$의 정의역을 유리수와 무리수 모두 포함하도록 확대시키고 싶다.

그림 1에는 x의 무리수값에 대응되는 그래프는 비어 있다. $x\in\mathbb{R}$일 때 $f(x)=2^x$이 정의되어 빈 곳이 채워지면 f는 증가함수이다. 특히, 무리수 $\sqrt{3}$은 $1.7<\sqrt{3}<1.8$을 만족하므로

● 이 사실의 증명은 J. Marsden과 A. Weinstein의 《Calculus Unlimited》 (Menlo Park, CA. Benjamin/Cumimings, 1981)에 있다.

$$2^{1.7}<2^{\sqrt{3}}<2^{1.8}$$

이고, 1.7과 1.8이 유리수이기 때문에 $2^{1.7}$과 $2^{1.8}$이 무엇을 의미하는지는 알고 있다. 유사하게, 만약 $\sqrt{3}$의 좀 더 좋은 근삿값을 쓴다면, $2^{\sqrt{3}}$의 좀 더 좋은 근삿값을 얻을 수 있을 것이다.

$$\begin{array}{ccc}
1.73<\sqrt{3}<1.74 & \Rightarrow & 2^{1.73}<2^{\sqrt{3}}<2^{1.74} \\
1.732<\sqrt{3}<1.733 & \Rightarrow & 2^{1.732}<2^{\sqrt{3}}<2^{1.733} \\
1.7320<\sqrt{3}<1.7321 & \Rightarrow & 2^{1.7320}<2^{\sqrt{3}}<2^{1.7321} \\
1.73205<\sqrt{3}<1.73206 & \Rightarrow & 2^{1.73205}<2^{\sqrt{3}}<2^{1.73206} \\
\vdots \quad \vdots & & \vdots \quad \vdots
\end{array}$$

따라서

$$2^{1.7},\ 2^{1.73},\ 2^{1.732},\ 2^{1.7320},\ 2^{1.73205},\ \cdots$$

보다는 크고

$$2^{1.8},\ 2^{1.74},\ 2^{1.733},\ 2^{1.7321},\ 2^{1.73206},\ \cdots$$

보다는 작은 단 하나의 수가 존재함을 보여야 한다. 이 수를 $2^{\sqrt{3}}$으로 정의한다. 이상의 근삿값 과정을 사용하여 소수점 아래 여섯째 자리까지 정확하게 계산할 수 있다.

$$2^{\sqrt{3}} \approx 3.321997$$

유사하게, x가 어떤 무리수 일지라도 2^x(또는 $a>0$일 때 a^x)을 정의할 수 있다. 그림 2는 $x \in \mathbb{R}$일 때 함수 $f(x)=2^x$의 완성된 그래프로서 그림 1의 빈곳에 모두 채워진 것을 보이고 있다.

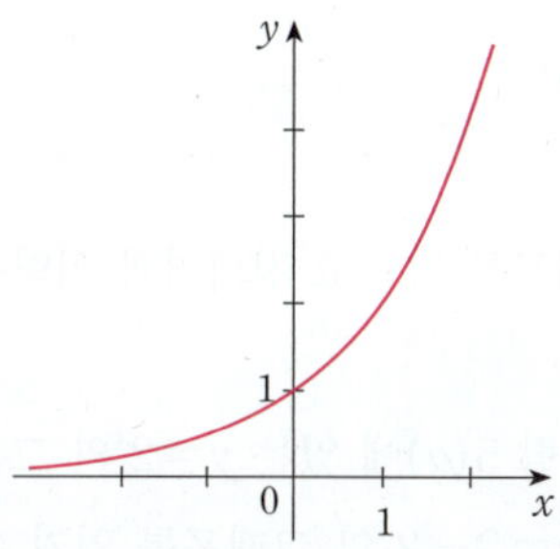

그림 2
$y=2^x$, x는 실수

● 만약 $0<a<1$이면 x가 커질 때 a^x은 0에 접근하고, 만약 $a>1$이면 x가 음수축을 따라 감소할 때 a^x은 0에 접근한다. 두 경우 모두 x축이 수평 점근선이다. 이것은 4.5절에서 다룰 것이다.

그림 3에서는 밑 a의 여러 가지 값에 대한 함수족 $y=a^x$의 몇 가지 경우의 그래프를 보여주고 있다. $a \neq 0$일 때 $a^0=1$이기 때문에 모든 그래프가 같은 점 $(0, 1)$을 지난다. 또한 밑 a가 커질수록 지수함수는 더 급격하게 커진다($x>0$일 때).

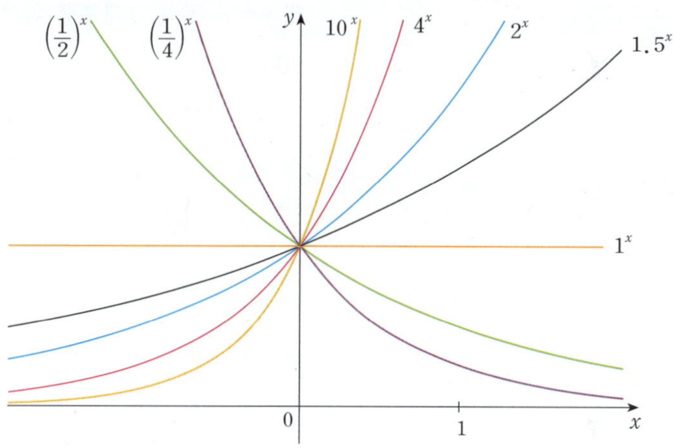

그림 3

그림 3에서 기본적으로 세 종류의 지수함수 $y=a^x$의 그래프를 볼 수 있을 것이다. 만약 $0<a<1$이면 지수함수는 감소한다. 만약 $a=1$이면 상수이다. 그리고 만약 $a>1$이면 증가한다. 이 세 가지 경우는 그림 4에서 보이고 있다. 만약 $a \neq 1$인 경우를 관찰해보면, 지수함수 $y=a^x$의 정의역은 $\mathbb{R}$이고 치역은 $(0, \infty)$이다. 또한 $(1/a)^x=1/a^x=a^{-x}$이므로, $y=(1/a)^x$의 그래프는 $y=a^x$의 그래프를 y축에 대하여 대칭시킨 것이다.

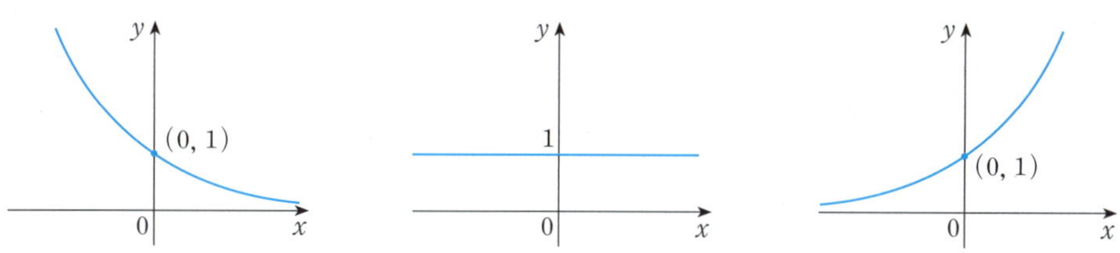

(a) $y=a^x$, $0<a<1$　　(b) $y=1^x$　　(c) $y=a^x$, $a>1$

그림 4

지수함수가 중요한 이유는 다음과 같은 성질을 갖기 때문이다. 만약 x와 y가 유리수라면, 이 법칙들은 잘 알려져 있다. 임의의 실수 x와 y에 대해서도 성립하는 것도 증명할 수 있지만 생략하도록 하자.

지수법칙 a와 b가 양수이고, x와 y가 임의의 실수라면,

1. $a^{x+y}=a^x a^y$
2. $a^{x-y}=\dfrac{a^x}{a^y}$
3. $(a^x)^y=a^{xy}$
4. $(ab)^x=a^x b^x$

예제 1 지수함수의 대칭과 이동 함수 $y=3-2^x$의 그래프를 그리고 정의역과 치역을 결정하여라.

풀이 먼저 그림 5(b)의 $y=-2^x$의 그래프를 얻기 위해 그림 5(a)에 있는 $y=2^x$의 그래프를 x축에 대하여 반사시킨다. 그후 그림 5(c)의 $y=3-2^x$의 그래프를 얻기 위해 $y=-2^x$의 그래프를 위로 3칸 이동시킨다. 정의역은 $\mathbb{R}$이고 치역은 $(-\infty, 3)$이다.

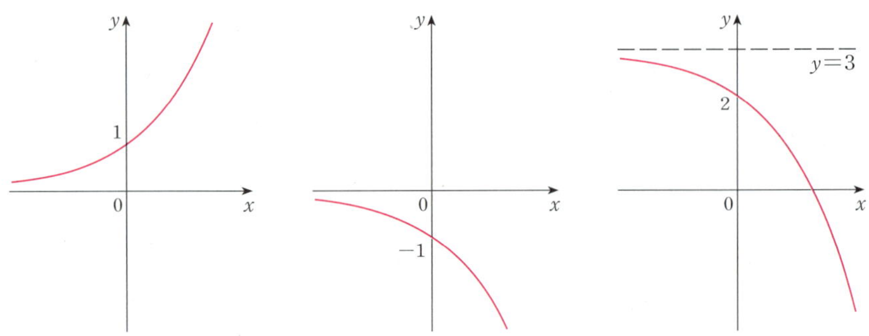

(a) $y=2^x$ (b) $y=-2^x$ (c) $y=3-2^x$

그림 5

예제 2 지수함수와 제곱함수 그래프용 도구를 사용하여 지수함수 $f(x)=2^x$와 제곱함수 $g(x)=x^2$을 비교하여라. x가 커질 때 어느 함수가 더 빠르게 증가하는가?

풀이 그림 6은 직사각형 화면 $[-2, 6]\times[0, 40]$에서 두 함수를 그린 것이다. 그래프가 3번 교차하는 것을 볼 수 있다. 하지만 $x>4$이면, $f(x)=2^x$의 그래프가 $g(x)=x^2$의 그래프보다 항상 위에 위치하게 된다. 그림 7은 좀 더 거시적인 것으로서 x의 큰 값에 대해, 지수함수 $y=2^x$이 제곱함수 $y=x^2$보다 매우 빠르게 증가하는 것을 보이고 있다.

● 예제 2는 $y=2^x$이 $y=x^2$보다 빠르게 증가하는 것을 보이고 있다. $f(x)=2^x$이 얼마나 빠르게 증가하는가를 보이기 위해, 다음과 같은 실험을 생각해 보자. 1000분의 1인치 두께인 종이부터 시작해서 50번을 반씩 접었다. 종이를 반으로 접을 때마다 두께는 두배가 된다. 그러므로 종이의 두께의 결과는 2^{50}/10mm인치가 된다. 얼마나 두꺼운가? 1억 킬로미터 더 된다는 것이 밝혀져 있다.

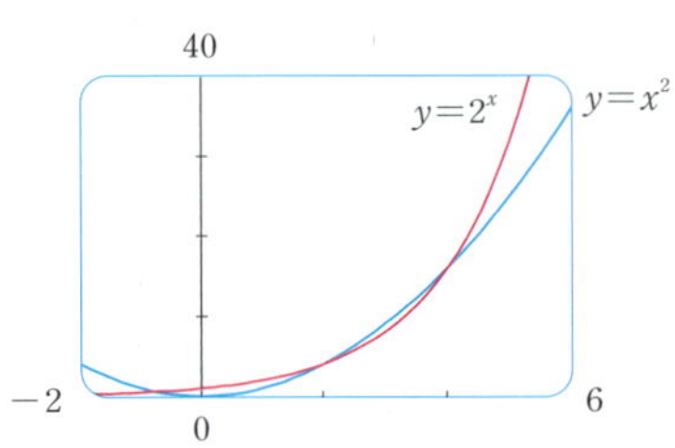

그림 6

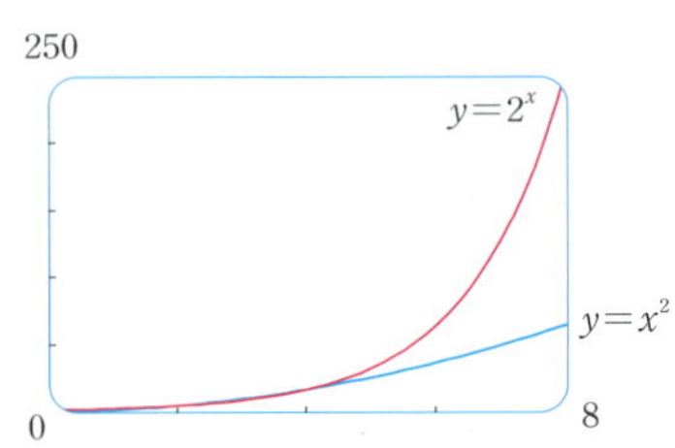

그림 7

▷ 자연지수함수

지수함수의 모든 가능한 밑 중에서도, 미분적분학의 용도에 가장 적합한 것이 있다. 밑 a의 선택은 $y=a^x$가 y축을 지날 때의 성질에 영향을 준다. 그림 8과 9는 점 (0, 1)에서의 $y=2^x$과 $y=3^x$의 그래프의 접선을 보이고 있다(4.6절에서 접선을 상세히 정의할 것이다. 여기에서는 한 점에서의 지수함수의 접선을 그래프와 오직 한 점에서 닿는 선으로 생각하자). 만약 이 접선들의 기울기를 측정한다면, $y=2^x$일 때 $m\approx0.7$ 그리고 $y=3^x$일 때 $m\approx1.1$이다.

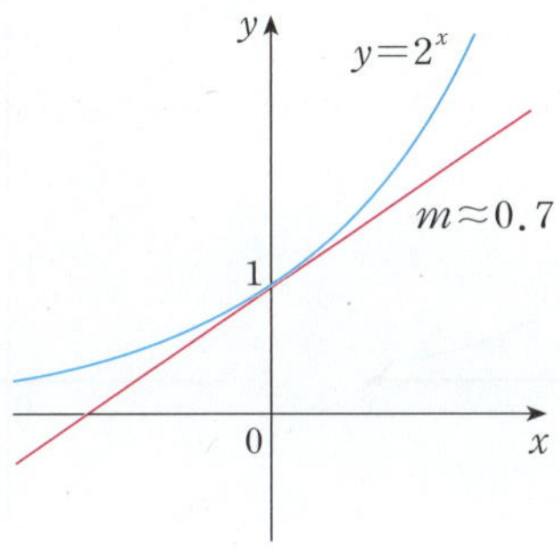

그림 8

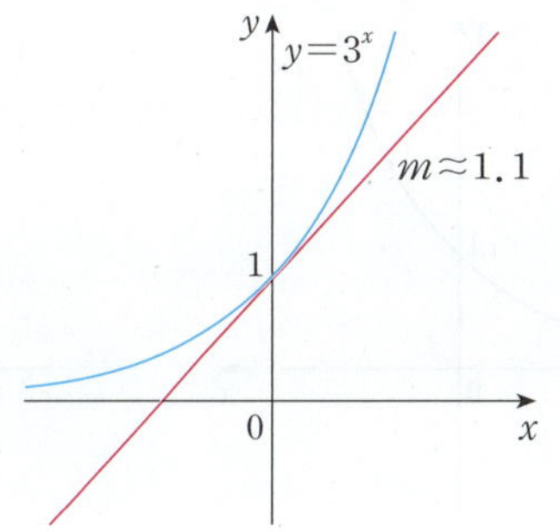

그림 9

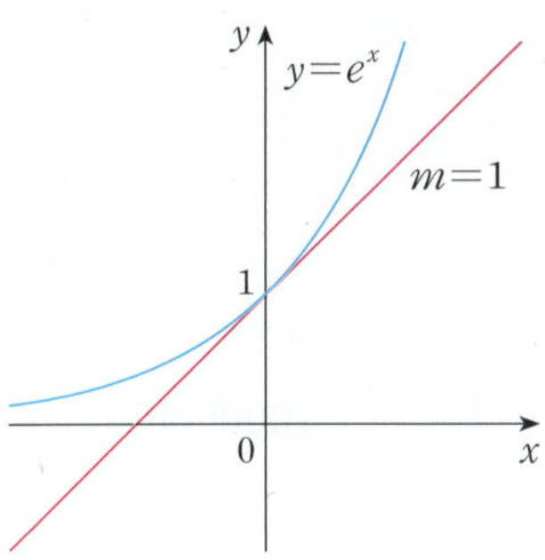

그림 10
y축을 지날 때 기울기 1을 가지는 자연지수함수

제5장에서 보게 되겠지만, 만약 점 (0, 1)에서 $y=a^x$의 접선의 기울기가 꼭 1이 되도록 a를 선택한다면 몇 개의 미분적분학의 공식은 아주 간단하게 된다는 것이 밝혀졌다(그림 10 참조). 사실, 그러한 수가 있으며 그것을 문자 e로 나타낸다. (이 기호는 1727년에 스위스의 수학자 오일러에 의해 선택된 것인데, 그 이유는 아마 단어 지수(exponential)의 첫 자이기 때문일 것이다.) 그림 8과 9에서 보았을 때, 수 e가 2와 3 사이에 위치하고 $y=e^x$의 그래프가 $y=2^x$과 $y=3^x$의 그래프 사이에 위치함을 알 수 있다(그림 11 참조). 제5장에서 e의 값이 소수점 아래 다섯째 자리까지는 정확하게

$$e\approx2.71828$$

인 것을 보게 될 것이다. 함수 $f(x)=e^x$를 **자연지수함수**(natural exponential function)라 한다.

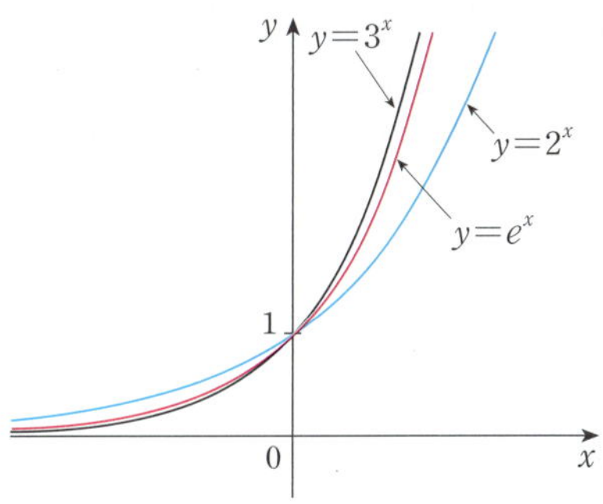

그림 11

예제 3 자연지수함수의 변환 함수 $y=\frac{1}{2}e^{-x}-1$의 그래프를 그리고 정의역과 치역을 구하여라.

풀이 그림 12(b)의 $y=e^{-x}$의 그래프를 얻기 위해 그림 10과 12(a)의 $y=e^{x}$의 그래프를 y축에 대해 반사를 시킨다(y축을 지날 때의 기울기는 -1이다). 그런 후 그림 12(c)의 $y=\frac{1}{2}e^{-x}$의 그래프를 얻기 위해 2배만큼 그래프를 수직으로 압축한다. 마지막으로 그림 12(d)의 원하는 그래프를 얻기 위해 그래프를 아래로 한 칸 이동시킨다. 정의역은 $\mathbb{R}$이고 치역은 $(-1, \infty)$이다.

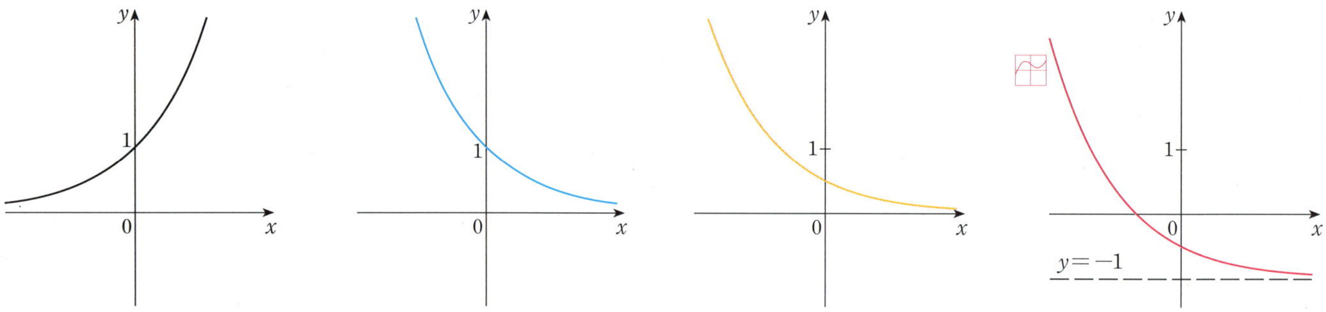

(a) $y=e^{x}$ (b) $y=e^{-x}$ (c) $y=\frac{1}{2}e^{-x}$ (d) $y=\frac{1}{2}e^{-x}-1$

그림 12

$y=e^{x}$의 그래프의 높이가 백만을 넘기 위해서는 얼마나 오른쪽으로 가야 할까? 다음 예제는 이 함수의 급격한 증가를 나타낸다.

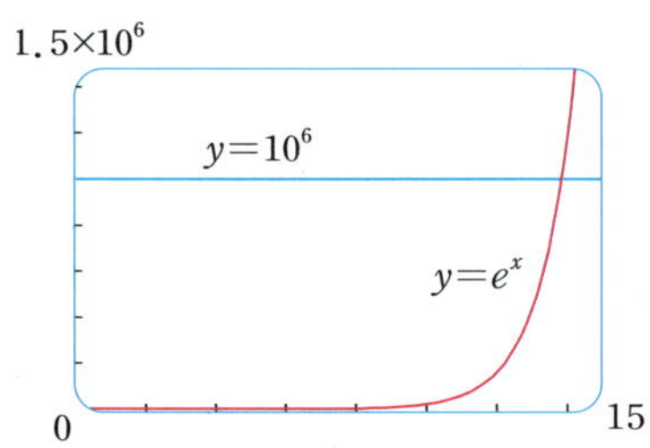

그림 13

예제 4 지수함수의 급격한 증가 그래프용 기구를 이용하여 $e^{x}>1000000$을 만족하는 x의 값을 구하여라.

풀이 그림 13에서 함수 $y=e^{x}$과 수평선 $y=1000000$의 그래프를 그린다. 이 곡선들은 $x\approx13.8$에서 교차함을 볼 수 있다. 그러므로 $x>13.8$일 때 $e^{x}>10^{6}$이다. x가 14일 때 지수함수의 값이 이미 백만을 넘는다는 것은 놀랄 만한 일이다.

2.7 연습문제

1. (a) 밑 $a>0$일 때 지수함수를 정의하는 방정식을 적어라.
   (b) 이 함수의 정의역은?
   (c) 만약 $a\neq1$이면, 이 함수의 치역은?
   (d) 각 경우에 따른 지수함수의 그래프의 일반형을 그려라.
   (i) $a>1$ (ii) $a=1$ (iii) $0<a<1$
2. (a) e를 어떻게 정의했는가?
   (b) e의 근삿값은?
   (c) 자연지수함수는 무엇인가?

(3~6) 주어진 함수의 그래프를 같은 표시창 위에 그려라. 이 그래프들의 관계는 무엇인가?

3. $y=2^{x}$, $y=e^{x}$, $y=5^{x}$, $y=20^{x}$
4. $y=e^{x}$, $y=e^{-x}$, $y=8^{x}$, $y=8^{-x}$
5. $y=3^{x}$, $y=10^{x}$, $y=\left(\frac{1}{3}\right)^{x}$, $y=\left(\frac{1}{10}\right)^{x}$

6. $y=0.9^x$, $y=0.6^x$, $y=0.3^x$, $y=0.1^x$

(7~12) 각 함수의 그래프의 개형을 그려라. 계산기는 사용하지 말고 그림 3과 그림 13에 주어진 그래프를 이용하여라.

7. $y=10^{x+2}$

8. $y=(0.5)^x-2$

9. $y=-2^{-x}$

10. $y=e^{|x|}$

11. $y=1-\frac{1}{2}e^{-x}$

12. $y=2(1-e^x)$

13. $y=e^x$의 그래프에서 시작해서, 아래의 결과를 얻는 그래프의 방정식을 구하여라.

(a) 2칸 아래로 이동 (b) 2칸 오른쪽으로 이동

(c) x축에 대한 반사 (d) y축에 대한 반사

(e) x축에 대한 반사 다음에 y축에 대한 반사

14. $y=e^x$의 그래프에서 시작해서, 아래의 결과를 얻는 그래프의 방정식을 구하여라.

(a) 직선 $y=4$에 대한 반사 (b) 직선 $x=2$에 대한 반사

(15~16) 함수의 정의역을 구하여라.

15. (a) $f(x)=\dfrac{1-e^{x^2}}{1-e^{1-x^2}}$ (b) $f(x)=\dfrac{1+x}{e^{\cos x}}$

16. (a) $g(t)=\sin(e^{-t})$ (b) $g(t)=\sqrt{1-2^t}$

(17~18) 다음 그래프가 나타내는 지수함수 $f(x)=Ca^x$을 구하여라.

17.

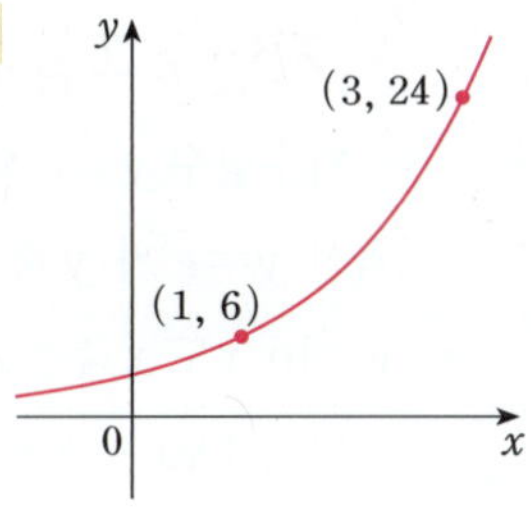

18.

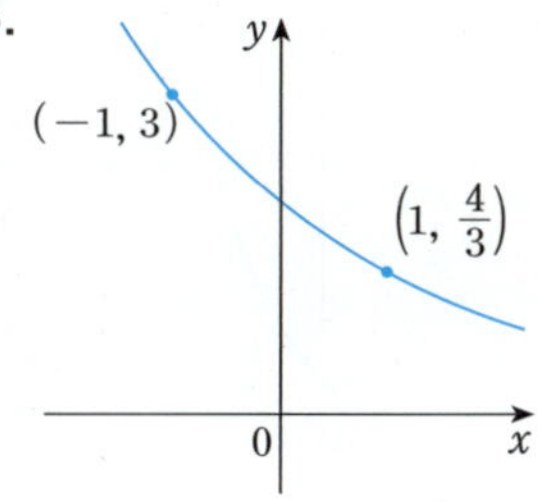

2.8 로그함수

▷ 로그함수

$a>0$이고 $a\neq 1$이면 지수함수 $f(x)=a^x$은 증가하거나 감소하는 일대일 함수이다. 지수함수의 역함수를 $\log_a$로 나타내고 **밑 a를 가지는 로그함수**(logarithmic function)라 한다. 역함수의 공식을 이용하면,

$$f^{-1}(x)=y \iff f(y)=x$$

이다. 그러면

1 $$\log_a x=y \iff a^y=x$$

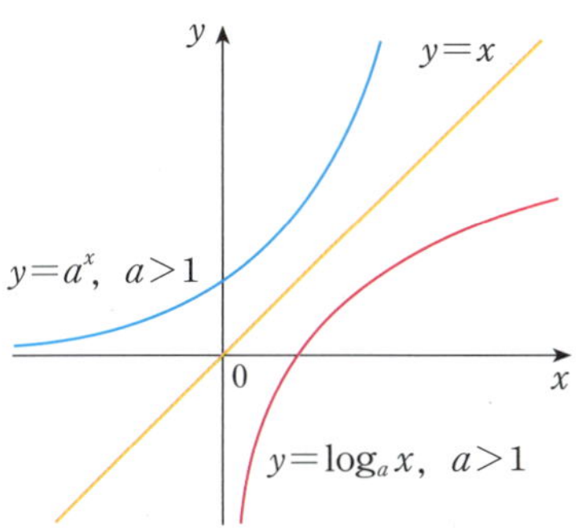

그림 1

이다. 따라서 $x>0$이면, $\log_a x$은 밑 a에 몇 제곱을 해서 x가 되는가 하는 함수이다. 예를 들어, $10^{-3}=0.001$이므로 $\log_{10}0.001=-3$이다.

2.1절의 소거방정식 **14**를 $f(x)=a^x$과 $f^{-1}(x)=\log_a x$에 적용하면

2 $$\log_a(a^x)=x, \quad \text{모든 } x\in\mathbb{R}\text{에 대하여}$$
$$a^{\log_a x}=x, \quad \text{모든 } x>0\text{에 대하여}$$

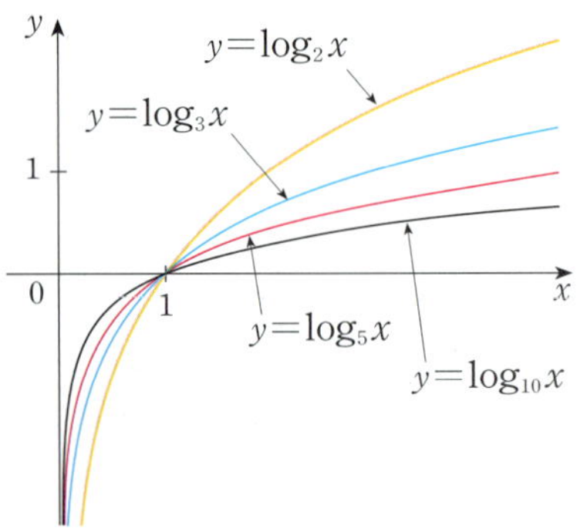

그림 2

이 된다. 로그함수 $\log_a$는 정의역 $(0, \infty)$와 치역 $\mathbb{R}$을 가진다. 그래프는 직선 $y=x$에 대하여 $y=a^x$의 그래프를 대칭이동시킨 것이다.

그림 1은 $a>1$인 경우이다(중요한 로그함수들은 $a>1$이다). $y=a^x$은 $x>0$에 대해 아주 급격하게 증가하는 함수라는 사실에서 $y=\log_a x$이 $x>1$에 대해 아주 천천히 증가하는 함수라는 사실을 알 수 있다.

그림 2는 밑 a의 다양한 값에 대한 $y=\log_a x$의 그래프를 보이고 있다. $\log_a 1=0$이므로 모든 로그함수의 그래프는 점 $(1, 0)$을 지난다.

아래 로그함수의 성질들은 2.7절에 주어진 지수함수의 성질로부터 쉽게 알 수 있다.

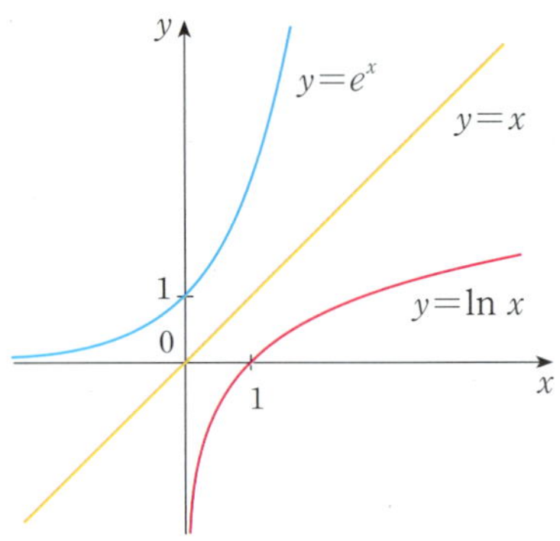

그림 3

$y=\ln x$의 그래프는 $y=e^x$의 그래프를 $y=x$에 대칭이동시킨 것이다.

▷ 자연로그함수의 그래프

지수함수 $y=e^x$의 그래프와 이것의 역함수인 자연로그함수의 그래프가 그림 3에 있다. 곡선 $y=e^x$가 y축 위를 기울기 1을 가지고서 지나므로, 대칭이동시켜서 얻어지는 곡선 $y=\ln x$도 x축을 기울기 1을 가지고서 지나게 된다.

밑이 1보다 큰 모든 로그함수의 공통점은 $(0, \infty)$에서 정의된 증가함수이며 y축이 수직 점근선이라는 것이다(이것은 $\ln x$의 값이 x가 0에 접근할 때 절댓값이 아주 큰 음수가 된다는 것이다).

예제 1 **자연로그함수의 이동** 함수 $y=\ln(x-2)-1$의 그래프를 그려라.

풀이 그림 3에 주어진 $y=\ln x$의 그래프에서 시작한다. $y=\ln(x-2)$의 그래프를 얻기 위해 두 칸 오른쪽으로 이동한다. 그리고 $y=\ln(x-2)-1$의 그래프를 얻기 위해 한 칸 아래로 이동한다(그림 4를 보라).

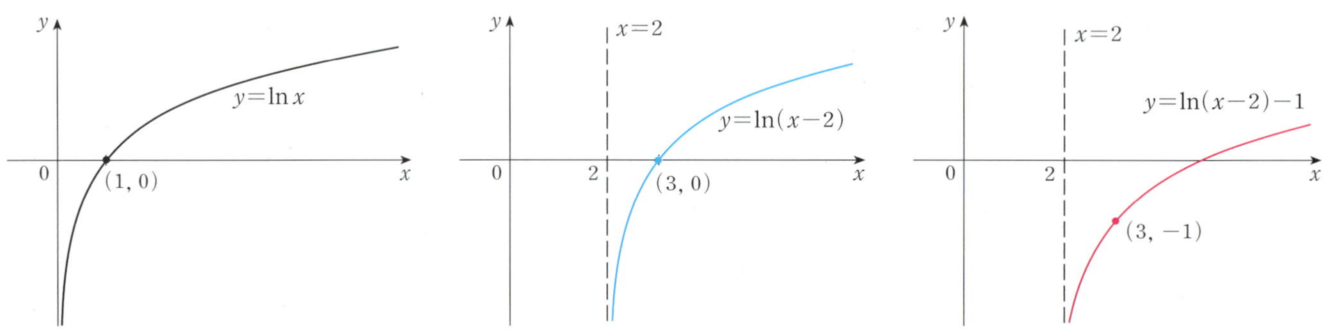

그림 4

■

비록 $\ln x$가 증가함수이지만 $x>1$일 때 매우 천천히 증가한다. 사실, $\ln x$는 어떤 x의 양의 거듭제곱보다도 천천히 증가한다. 이 사실을 보여주기 위해, 아래의 표에 함수 $y=\ln x$와 $y=x^{1/2}=\sqrt{x}$의 근삿값들을 비교하고 그림 5와 6에서 그래프들을 그렸다. 초기에는 $y=\sqrt{x}$와 $y=\ln x$의 그래프가 비교가능할 정도의 비율로 증가하지만, 결국에는 제곱근함수가 로그함수보다 아주 위에 있게 된다.

x	1	2	5	10	50	100	500	1000	10000	100000
$\ln x$	0	0.69	1.61	2.30	3.91	4.6	6.2	6.9	9.2	11.5
$\sqrt{x}$	1	1.41	2.24	3.1	7.07	10.0	22.4	31.6	100	316
$\dfrac{\ln x}{\sqrt{x}}$	0	0.49	0.72	0.73	0.55	0.46	0.28	0.22	0.09	0.04

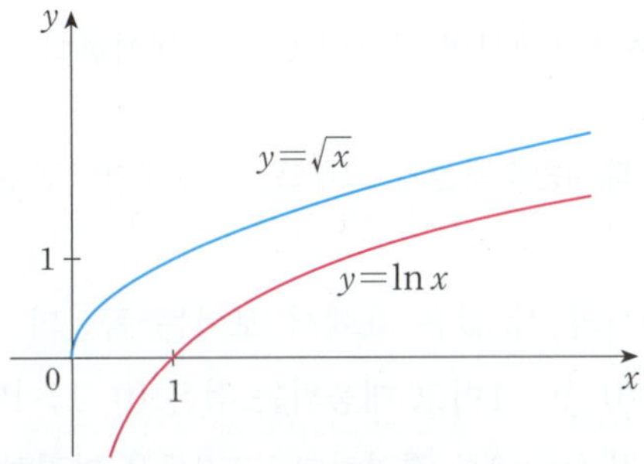

그림 5

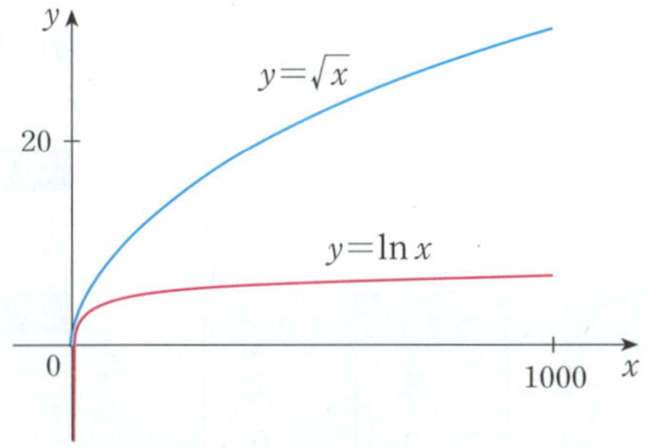

그림 6

2.8 연습문제

(1~2) 각 함수의 그래프 개형을 그려라. 계산기는 사용하지 말라. 그림 12와 13에 주어진 그래프를 이용하여라.

1. (a) $y=\log_{10}(x+5)$ (b) $y=-\ln x$
2. (a) $y=\ln(-x)$ (b) $y=\ln|x|$

(3~6) 다음의 방정식을 x에 대하여 풀어라.

3. (a) $e^{7-4x}=6$ (b) $\ln(3x-10)=2$
4. (a) $\ln(x^2-1)=3$ (b) $e^{2x}-3e^x+2=0$
5. (a) $2^{x-5}=3$ (b) $\ln x+\ln(x-1)=1$
6. (a) $\ln(\ln x)=1$ (b) $e^{ax}=Ce^{bx}$, $a\neq b$일 때.

(7~8) 다음의 부등식을 x에 대하여 풀어라.

7. (a) $e^x<10$ (b) $\ln x>-1$
8. (a) $2<\ln x<9$ (b) $e^{2-3x}>4$

2.9 매개변수곡선

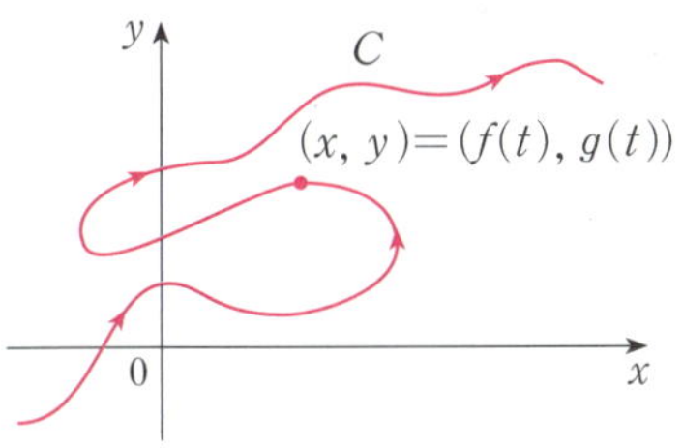

그림 1

그림 1에서 보이는 것처럼 곡선 C를 따라서 한 입자가 움직인다고 상상하자. 곡선 C는 수직선 검사에 의하면 함수가 아니기 때문에 $y=f(x)$ 형태의 방정식으로 C를 표현하기는 불가능하다. 그러나 입자의 x좌표와 y좌표가 시간의 함수이고, $x=f(t)$ 그리고 $y=g(t)$로 쓸 수 있다. 이러한 방정식의 쌍은 종종 곡선을 표현하는 편리한 방법으로서 아래와 같은 정의를 도입하게 한다.

x와 y모두 방정식[**매개변수방정식**(parametric equation)으로 부른다]

$$x=f(t) \quad y=g(t)$$

에 의한 세 번째 변수 t[**매개변수**(parameter)라고 부른다]의 함수로 주어져 있다. 각 t의 값은 좌표평면에 찍을 수 있는 점 (x, y)를 결정한다. t가 변할 때, 점 $(x, y)=(f(t), g(t))$도 변하며, **매개변수곡선**이라고 불리는 곡선 C의 경로를 따른다. 매개변수 t가 꼭 시간 t를 나타낼 필요는 없으며 매개변수로서 t 대신에 다른 문자를 사용할 수도 있다. 그러나 매개변수곡선의 많은 응용에서 t는 시간을 나타내며, 그러므로 $(x, y)=(f(t), g(t))$를 시간 t에서의 입자의 위치로 해석한다.

예제 1 매개변수곡선의 그래프 매개변수방정식 $x=t^2-2t$, $y=t+1$로 정의된 곡선을 그려라.

t	x	y
-2	8	-1
-1	3	0
0	0	1
1	-1	2
2	0	3
3	3	4
4	8	5

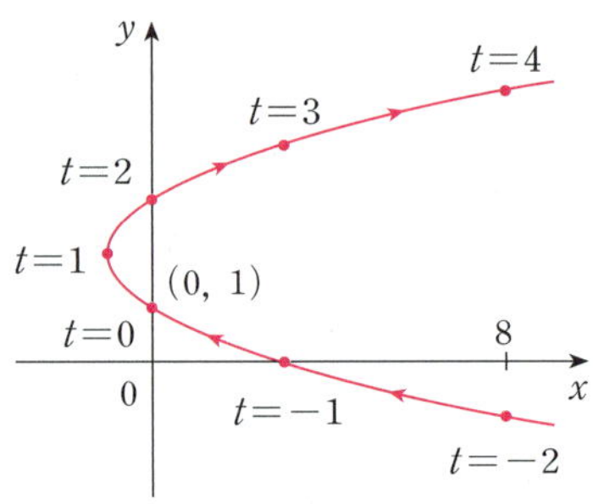

그림 2

풀이 t에서의 각 값은 표에서 보이는 곡선의 점들을 나타낸다. 예를 들어, $t=0$이면 $x=0$, $y=1$이고 대응되는 점은 $(0, 1)$이다. 그림 2에서 매개변수의 몇 개의 값들은 점 (x, y)를 결정하고, 그것들을 연결하여 곡선을 그린다. 입자의 위치가 t가 증가할 때 화살표의 방향의 곡선을 따라서 움직이는 매개변수방정식에 의해 주어진다. 곡선 위에 표시되는 연속적인 점들은 일정한 시간 간격에 의해 나타나지만 그 거리가 항상 같지는 않다. 그 이유는 시간이 지남에 따라 입자의 속도가 늦어지다가 빨라지기 때문이다. 이것은 그림 2에서 나타나는데, 입자에 의해 추적되는 경로가 포물선의 형태를 가진다. 이것은 매개변수 t를 아래와 같은 방법으로 제거함으로써 확인할 수 있다.

두 번째 방정식에서 $t=y-1$을 얻을 수 있고 이것을 첫 번째 방정식에 대입하면

$$x=t^2-2t=(y-1)^2-2(y-1)=y^2-4y+3$$

이고, 매개변수방정식으로 주어진 곡선의 표현은 포물선 $x=y^2-4y+3$이다. ■

예제 1에서 매개변수 t에 대한 제한은 없다. 그래서 t를 임의의 실수라고도 가정할 수 있다. 그러나 가끔 t가 유한구간에 위치하도록 제한할 수도 있다. 예를 들어, 그림 3에서 보이는 매개변수곡선

$$x=t^2-2t, \quad y=t+1, \quad 0\le t\le 4$$

는 예제 1의 포물선의 일부분으로서 점 $(0, 1)$에서 시작해서 점 $(8, 5)$에서 끝난다. 화살표는 t가 0에서 4까지 증가할 때 방향을 가리킨다.

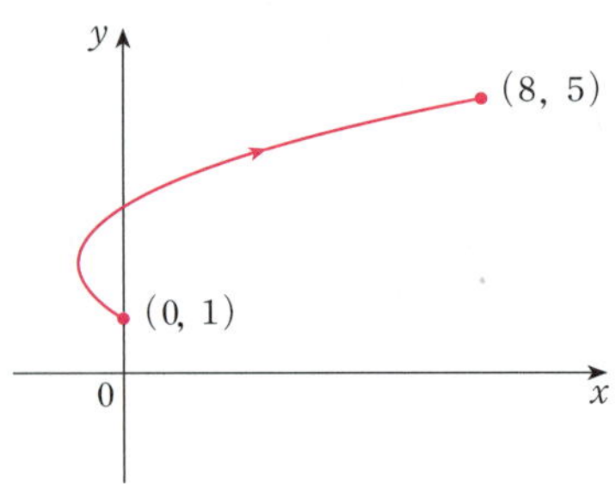

그림 3

일반적으로, 매개변수방정식

$$x=f(t), \quad y=g(t), \quad a\le t\le b$$

인 곡선은 **시점** $(f(a), g(a))$와 **종점** $(f(b), g(b))$를 가진다.

예제 2 매개변수곡선 그리기 매개변수방정식 $x=\cos t$, $y=\sin t$, $0\le t\le 2\pi$에 의해 나타나는 곡선은 어떤 것인가?

풀이 점들을 구하여 연결하면 원이다. t를 소거함으로써 이 사실을 확인하자.

$$x^2+y^2=\cos^2 t+\sin^2 t=1$$

이므로, 점 (x, y)는 단위 원 $x^2+y^2=1$ 위를 움직인다. 이 예제에서 매개변수 t는 그림 4에서 보이고 있는 각(라디안)으로 해석할 수 있다. t가 0에서 2π까지 증가할 때, 점$(x, y)=(\cos t, \sin t)$는 점 $(1, 0)$부터 시작해서 시계반대방향으로 원을 따라서 한 바퀴 움직인다. ■

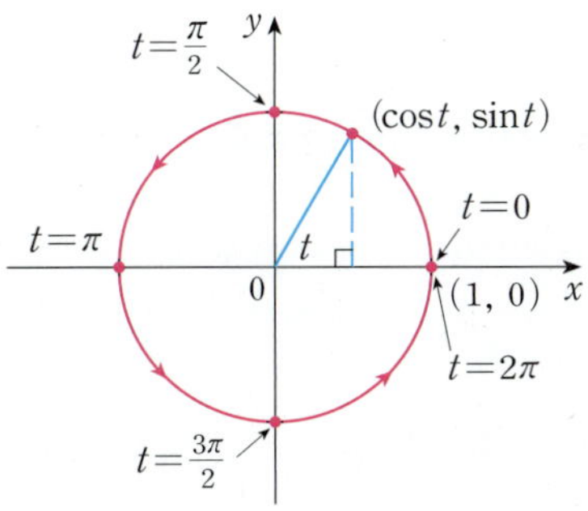

그림 4

예제 3 매개변수방정식 $x=\sin 2t$, $y=\cos 2t$, $0\le t\le 2\pi$가 나타내는 곡선은 무엇인가?

풀이

$$x^2+y^2=\sin^2 2t+\cos^2 2t=1$$

이므로 매개변수방정식은 단위 원 $x^2+y^2=1$을 나타낸다. 그러나 t가 0에서부터 2π까지 증가할 때, 점 $(x, y)=(\sin 2t, \cos 2t)$는 $(0, 1)$에서 출발해서 그림 5가 가리키는 것처럼 시계방향으로 원 주위를 두 번 움직이게 된다. ■

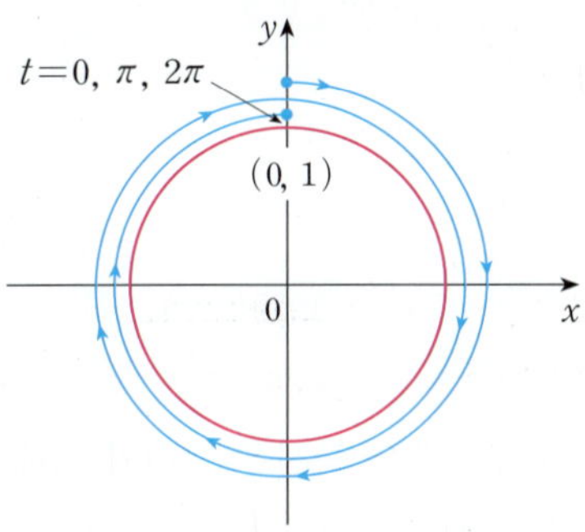

그림 5

예제 2와 예제 3은 같은 곡선을 나타낼 수 있는 다른 매개변수방정식들을 보여주고 있다. 그러므로 점들의 집합인 곡선과 특별한 방법으로 점들이 경로를 따라 움직이는 매개변수곡선은 구별해야 한다.

예제 4 중심이 (h, k)이고 반지름이 r인 원의 매개변수방정식을 구하여라.

풀이 예제 2의 단위 원의 방정식에서 x, y에 r을 곱하면 $x=r\cos t$, $y=r\sin t$이다. 이 방정식은 중심이 원점이고 반지름은 r인 반시계방향의 원을 나타낸다. 이제 x축으로 h만큼 평행이동시키고 y축으로 k만큼 평행이동시키면, 중심이 (h, k)이고 반지름이 r인 원의 매개변수방정식은 다음과 같다.

$$x=h+r\cos t,\quad y=k+r\sin t,\quad 0\le t\le 2\pi$$ ■

예제 5 매개변수방정식 $x=\sin t$, $y=\sin^2 t$의 곡선을 그려라.

풀이 $y=(\sin t)^2=x^2$을 살펴보면, 점 (x, y)는 포물선 $y=x^2$ 위를 움직인다. 그러나 $-1\le\sin t\le 1$이므로 $-1\le x\le 1$임에 주목하면, 매개변수방정식은 포물선에서 $-1\le x\le 1$에 해당되는 부분만을 나타내고 있다. $\sin t$는 주기함수이므로, 점 $(x, y)=(\sin t, \sin^2 t)$은 점 $(-1, 1)$에서부터 $(1, 1)$까지 포물선을 따라서 앞뒤로 무한하게 움직인다(그림 7 참조). ■

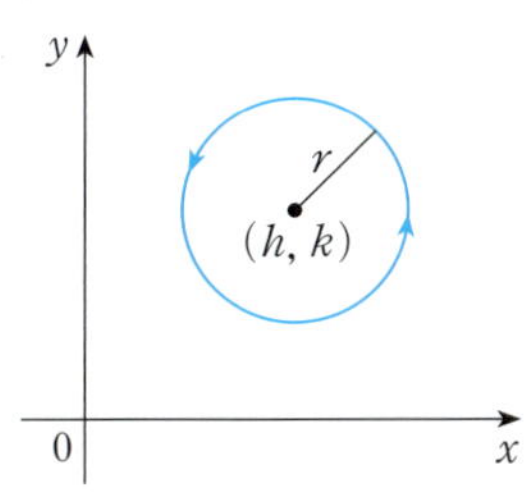

그림 6

$x=r\cos t$, $y=r\sin t$

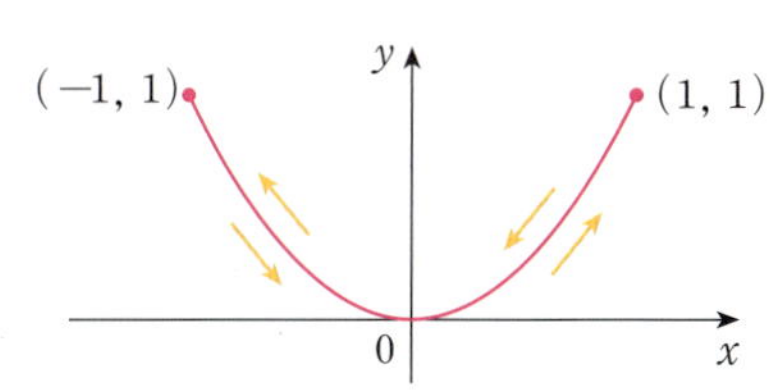

그림 7

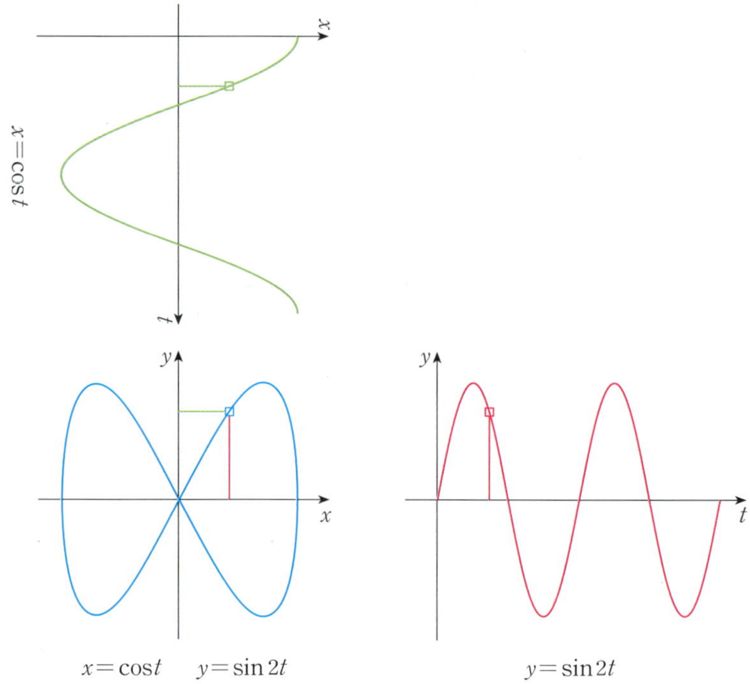

그림 8

TEC 모듈 1.7A는 매개변수곡선 $x=f(t)$, $y=g(t)$를 따르는 움직임과 t의 함수인 f와 g의 그래프를 따르는 움직임 사이의 관계를 동영상으로 보여준다. TRIG를 누르면 매개변수곡선족 $x=a\cos bt$ $y=c\sin dt$를 제공한다. 만약 $a=b=c=d=1$을 선택하고 START를 누르면, $x=\cos t$와 $y=\sin t$의 그래프가 어떻게 예제 2의 원과 관련되는지 볼 수 있을 것이다. 만약 $a=b=c=1$, $d=2$를 선택하면 그림 8과 같은 그래프를 볼 수 있을 것이다. PAUSE와 STEP을 반복적으로 누르면 색부호로부터 $x=\cos t$, $y=\sin 2t$의 그래프를 따른 움직임이 Lissajous형태라고 불리는 매개변수곡선과 어떻게 대응되는지 볼 수 있을 것이다.

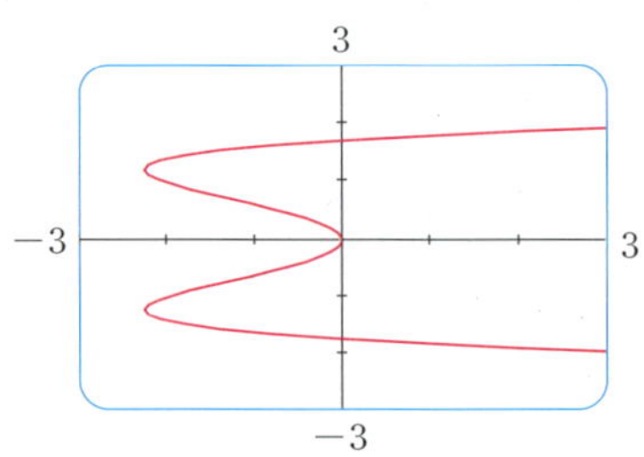

그림 9

▷ 그래프용 도구

대부분의 그래프용 계산기와 컴퓨터의 그래프 그리는 프로그램은 곡선을 그리기 위해 매개변수방정식으로 정의된 것을 사용한다. 사실, 매개변수의 값이 증가할 때 대응되는 점들이 순서대로 찍히므로 그래프용 계산기에 의해 매개변수곡선이 그려지는 것을 볼 수 있도록 하고 있다.

예제 6 ***y*의 함수 그래프 그리기** 그래프용 도구를 이용하여 곡선 $x=y^4-3y^2$의 그래프를 그려라.

풀이 매개변수를 $t=y$로 둔다면, 방정식

$$x=t^4-3t^2, \qquad y=t$$

를 얻는다. 이 매개변수방정식을 이용하면 그림 9에서 얻은 곡선을 그릴 수 있다. 주어진 y에 대한 방정식 $(x=y^4-3y^2)$을 x의 4개의 함수로 생각하고 그의 그래프들을 각각 그린다면, 아마도 방정식을 풀 수는 있을 것이다. 하지만 매개변수방정식은 훨씬 쉽다. ■

일반적으로 $x=g(y)$ 형태의 방정식의 그래프를 그리려면, 매개변수방정식 $x=g(t)$, $y=t$를 사용할 수 있다. 또한, 방정식 $y=f(x)$를 갖는 곡선도(아주 익숙한 함수의 그래프이다.)

$$x=t, \quad y=f(t)$$

의 매개변수방정식을 갖는 곡선으로 간주할 수 있다는 것이다.

그래프용 도구들은 특히 복잡한 곡선을 그릴 때 유용하다. 예를 들어, 그림 10, 11, 12에서 보이는 곡선들은 손으로 그려내기는 실제로 불가능하다. 매개변수곡선의 가장 중요한 쓰임 중의 하나는 디자인의 컴퓨터 보조(CAD)이다.

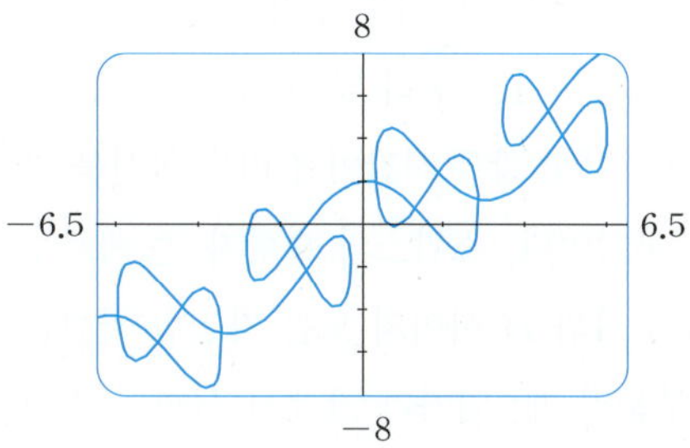

그림 10

$x=t+2\sin 2t,\ y=t+2\cos 5t$

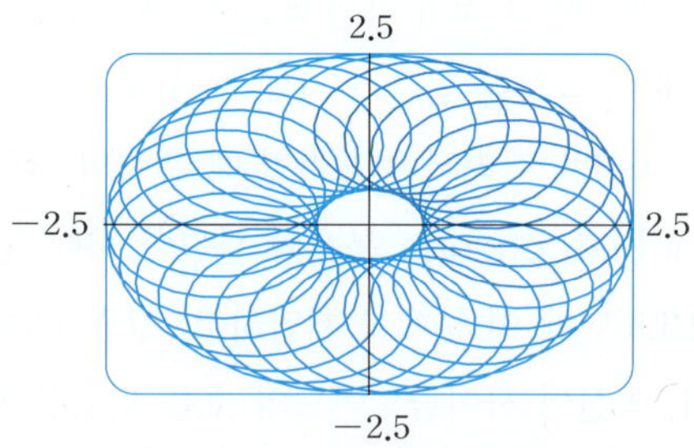

그림 11

$x=\cos t-\cos 80t\sin t,\ y=2\sin t-\sin 80t$

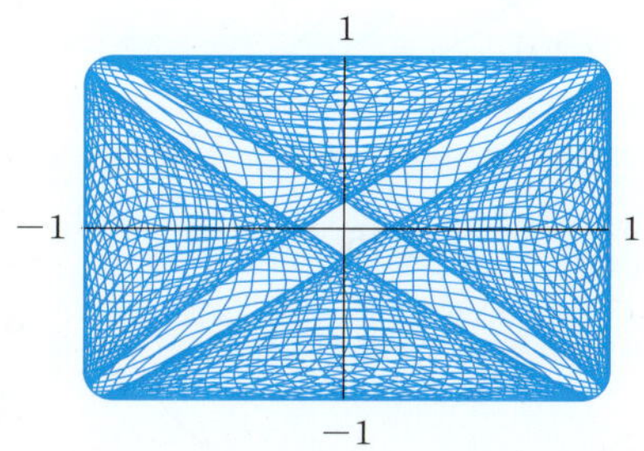

그림 12

▷ 사이클로이드

TEC 모듈 1.7B에서 보이는 동영상은 원이 움직일 때 어떻게 사이클로이드가 형성되는가를 보여준다.

예제 7 **사이클로이드의 매개변수방정식 유도하기** 원이 직선 위를 구를 때 원주 위의 한 점 P의 자취에 의해 생기는 곡선을 **사이클로이드**(cycloid)라고 부른다(그림 13 참조). 원의 반지름이 r이고 x축 위를 구르며 한 점 P의 위치가 원점이라면, 사이클로이드의 매개변수방정식을 구하여라.

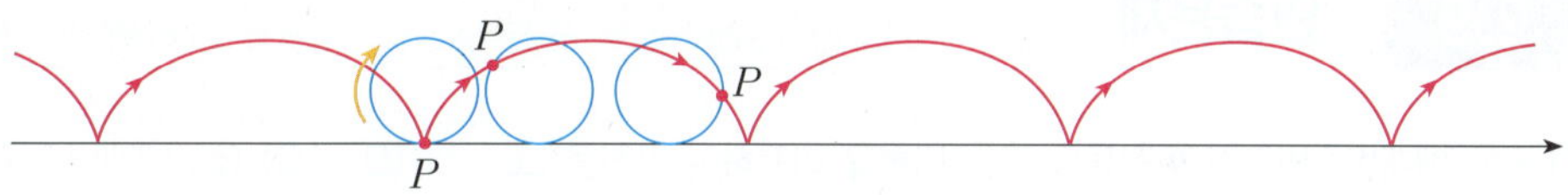

그림 13

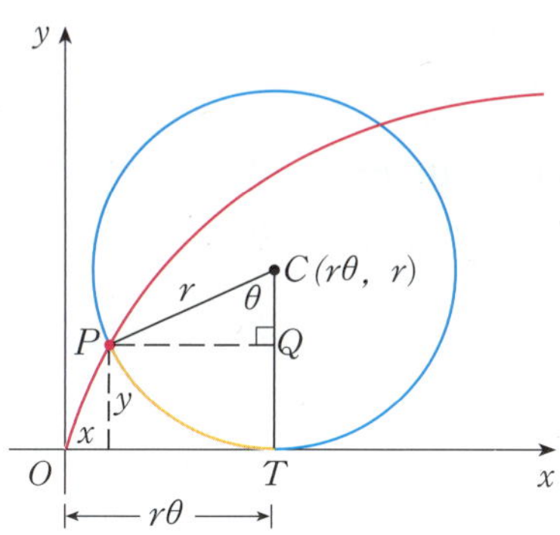

그림 14

풀이 매개변수로서 원의 회전각 θ를 선택한다. (P가 원점에 있을 때 $\theta=0$이다.) 원이 θ 라디안 만큼 회전했다고 생각하자. 원이 직선과 접하고 있기 때문에 그림 14에서 볼 수 있는 것처럼 원점으로부터 굴러간 거리는

$$|OT|=\text{호 } PT=r\theta$$

이다. 그러므로 원의 중심은 $C(r\theta,\ r)$이다. P의 좌표를 $(x,\ y)$라고 하자. 그러면 그림 14로부터

$$x=|OT|-|PQ|=r\theta-r\sin\theta=r(\theta-\sin\theta)$$

$$x=|TC|-|QC|=r-r\cos\theta=r(1-\cos\theta)$$

임을 볼 수 있다. 그러므로 사이클로이드의 매개변수방정식은

1 $$x=r(\theta-\sin\theta),\quad y=r(1-\cos\theta),\quad \theta\in\mathbb{R}$$

이다. 사이클로이드의 한 호는 원의 1회전에 의해 생긴다. 그래서 $0\le\theta\le 2\pi$이다. 방정식 **1**은 $0<\theta<\frac{\pi}{2}$일 때를 묘사한 그림 14로부터 나왔지만, 이 방정식은 다른 θ의 값에 대해서 도 유효하다고 볼 수 있다(연습문제 37 참조).

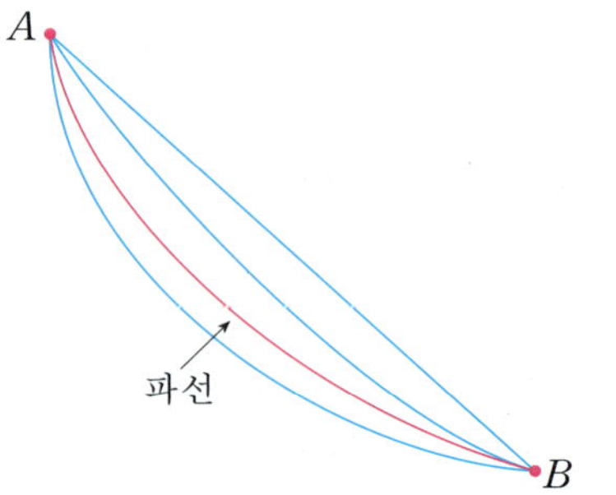

그림 15

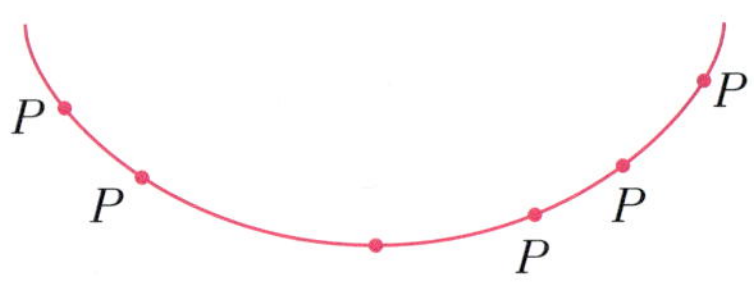

그림 16

방정식 1에서 매개변수 θ를 소거하는 것도 가능하지만, 그 결과를 나타내는 x와 y의 직교방정식은 아주 복잡하고 매개변수방정식 만큼 편리하지 못하다. ■

사이클로이드를 연구한 최초의 사람 중의 하나는 갈릴레오이다. 그는 교량을 사이클로이드 형태로 만들 것을 제안했으며, 사이클로이드의 한 호 밑의 넓이를 구하려고 노력했었다. 후에 이 곡선은 입자가 A에서 A 바로 밑에 있지 않는, A보다 더 낮은 위치에 있는 B점까지 곡선을 따라서 미끄러질 때(중력의 영향하에서) 가장 짧은 시간이 걸리는 곡선을 찾는 brachistochrone 문제와 관련이 되어 많이 연구되었다. 스위스의 수학자 존 베르누이는 1696년에 이 문제를 제안하고, 그림 15에서처럼 A와 B 사이의 모든 가능한 곡선들 중에서, 곡선이 사이클로이드의 호를 뒤집은 형태 부분일 때, 입자가 A에서 B까지 미끄러질 때 최단시간이 걸리는 것을 보였다.

네델란드의 물리학자 호이겐스는 뒤집어진 사이클로이드의 어느 곳에 입자가 위치하든지 상관없이 바닥까지 도달하는 시간은 같다는(그림 16 참조) tautochrone 문제의 해답 또한 사이클로이드라는 것을 보였다. 호이겐스는 시계추는 파선의 호를 따라서 흔들려야 한다(그가 발명한)고 제안했는데, 흔들리는 호의 폭이 넓거나 좁거나와는 상관없이, 추가 완벽한 진동을 하는데 항상 같은 시간이 걸리기 때문이다.

2.9 연습문제

(1~4) 매개변수방정식의 점들을 찍는 방법을 이용하여 곡선을 그려라. t가 증가할 때 곡선의 진행경로를 화살표의 방향으로 표시하여라.

1. $x=1+\sqrt{t},\ \ y=t^2-4t,\ \ 0\le t\le 5$
2. $x=2\cos t,\ \ y=t-\cos t,\ \ 0\le t\le 2\pi$
3. $x=5\sin t,\ \ y=t^2,\ \ -\pi\le t\le \pi$
4. $x=e^{-t}+t,\ \ y=e^{t}-t,\ \ -2\le t\le 2$

(5~8) (a) 매개변수방정식의 점들을 도면에 찍는 방법으로 곡선을 그려라. t가 증가할 때 곡선의 진행방향을 화살표로서 표시하여라.

(b) 매개변수를 소거하여 곡선의 직교 방정식을 구하여라.

5. $x=3t-5,\ \ y=2t+1$
6. $x=1+3t,\ \ y=2-t^2$
7. $x=\sqrt{t},\ \ y=1-t$
8. $x=t^2,\ \ y=t^3$

(9~16) (a) 매개변수를 소거하여 곡선의 직교방정식을 구하여라.

(b) 곡선을 그리고 매개변수가 증가할 때 곡선이 진행되는 방향을 화살표로 나타내어라.

9. $x=\sin\frac{1}{2}\theta,\ \ y=\cos\frac{1}{2}\theta,\ \ -\pi\le\theta\le\pi$
10. $x=\frac{1}{2}\cos\theta,\ \ y=2\sin\theta,\ \ 0\le\theta\le\pi$
11. $x=\sin t,\ \ y=\csc t,\ \ 0<t<\pi/2$
12. $x=\tan^2\theta,\ \ y=\sec\theta,\ \ -\pi/2<\theta<\pi/2$
13. $x=e^{2t},\ \ y=t+1$
14. $x=e^{t}-1,\ \ y=e^{2t}$
15. $x=\sin\theta,\ \ y=\cos 2\theta$
16. $x=\ln t,\ \ y=\sqrt{t},\ \ t\le 1$

(17~20) 주어진 구간에서 t가 변할 때 (x, y)의 움직임을 묘사하여라.

17. $x=\cos\pi t,\ \ y=\sin\pi t,\ \ 1\le t\le 2$
18. $x=2+\cos t,\ \ y=3+\sin t,\ \ 0\le t\le 2\pi$

19. $x=5\sin t$, $y=2\cos t$, $-\pi \le t \le 5\pi$

20. $x=\sin t$, $y=\cos^2 t$, $-2\pi \le t \le 2\pi$

21. f의 치역이 $[1, 4]$이고 g의 치역이 $[2, 3]$일 때 매개변수방정식 $x=f(t)$, $y=g(t)$에 의해 주어진 곡선을 생각하자. 곡선에 대해 어떻게 말하겠는가?

22. I ~IV까지의 매개변수 곡선과 (a)~(d)까지의 매개변수방정식 $x=f(t)$, $y=g(t)$의 그래프를 일치시켜라. 선택의 이유는?

(a) I

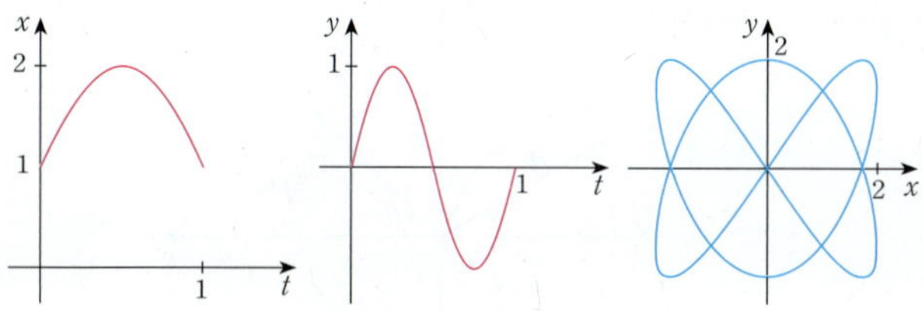

(b) II

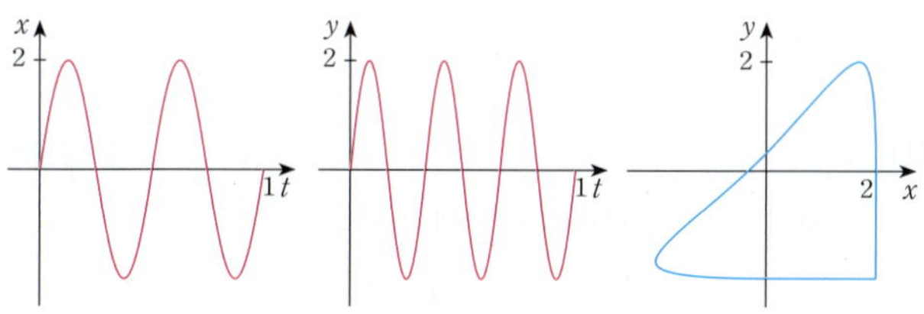

(c) III

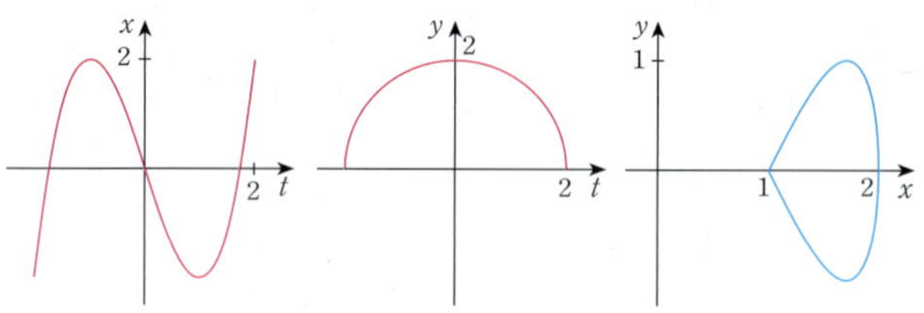

(d) IV

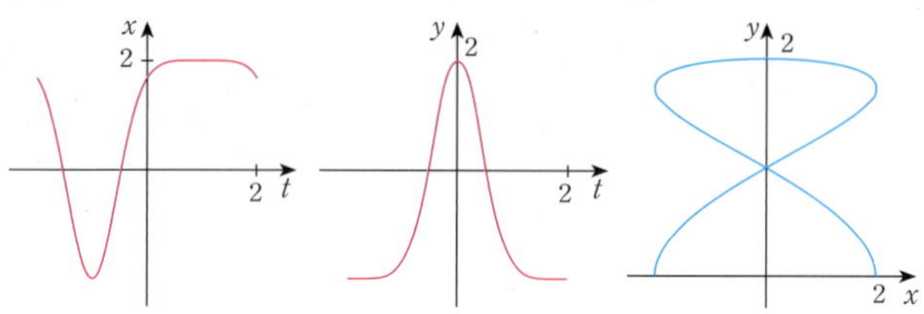

(23~25) $x=f(t)$와 $y=g(t)$의 그래프를 이용하여 매개변수곡선 $x=f(t)$, $y=g(t)$를 그려라. t가 증가할 때 곡선이 진행하는 방향을 화살표로 나타내어라.

23.

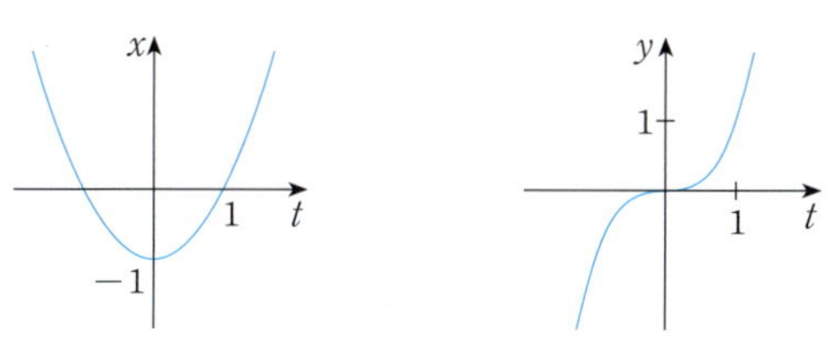

24.

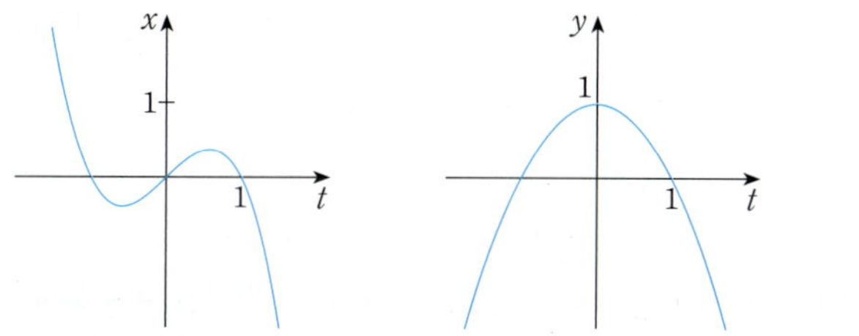

25.

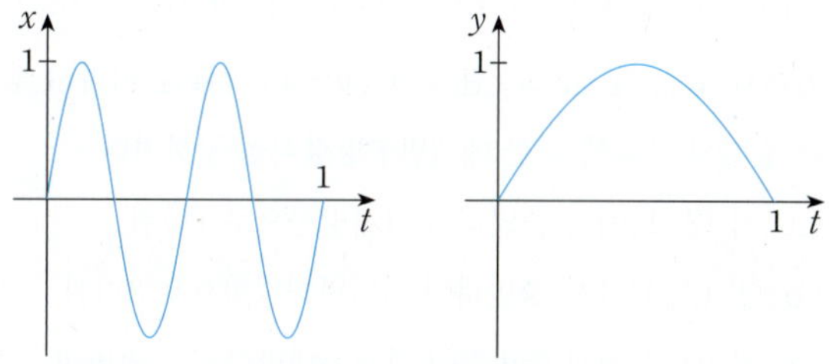

26. 매개변수방정식과 일치하는 그래프를 I~IV 중에서 찾고 이유를 설명하여라(그래핑 도구를 이용하지 말 것).

(a) $x=t^4-t+1$, $y=t^2$ (b) $x=t^2-2t$, $y=\sqrt{t}$

(c) $x=\sin 2t$, $y=\sin(t+\sin 2t)$

(d) $x=\cos 5t$, $y=\sin 2t$

(e) $x=t+\sin 4t$, $y=t^2=\cos 3t$

(f) $x=\dfrac{\sin 2t}{4+t^2}$, $y=\dfrac{\cos 2t}{4+t^2}$

I II III

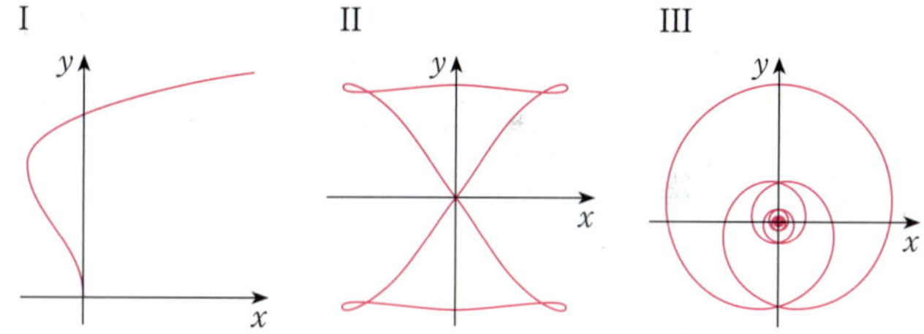

IV V VI

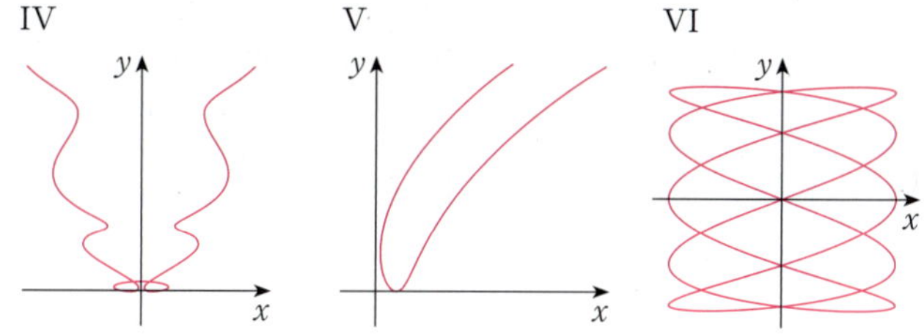

27. 곡선 $x=y-2\sin \pi y$의 그래프를 그려라.

28. 곡선 $y=x^3-4x$와 $x=y^3-4y$의 그래프를 그리고 그 교점을 소수점 아래 첫째 자리까지 정확히 구하여라.

29. (a) $0\le t\le 1$일 때의 매개변수방정식

$$x=x_1+(x_2-x_1)t, \quad y=y_1+(y_2-y_1)t$$

이 점 $P_1(x_1, y_1)$과 $P_2(x_2, y_2)$를 연결하는 선분을 나타낸 것임을 보여라.

(b) $(-2, 7)$부터 $(3, -1)$까지의 선분을 표현하는 매개변수 방정식을 구하여라.

30. 그래프용 도구와 연습문제 29(a)의 결과를 이용하여 세 점 $A(1, 1)$, $B(4, 2)$, $C(1, 5)$를 가지는 삼각형을 그려라.

31. 아래와 같은 방법으로 원 $x^2+(y-1)^2=4$를 따라서 움직이는 입자의 경로에 대한 매개변수방정식을 구하여라.

(a) 점 $(2, 1)$에서 출발하여 시계방향으로 1바퀴

(b) 점 $(2, 1)$에서 출발하여 시계반대방향으로 3바퀴

(c) 점 $(0, 3)$에서 출발하여 시계반대방향으로 반바퀴

32. (a) 타원 $x^2/a^2+y^2/b^2=1$의 매개변수방정식을 구하여라 (예제 2의 원의 방정식을 변형하여라).

(b) 매개변수방정식을 이용하여 $a=3$이고 $b=1, 2, 4, 8$일 때 타원의 그래프를 그려라.

(c) b가 변할 때 타원의 형태는 어떻게 변하는가?

(33~34) 그래핑 계산기나 컴퓨터를 사용하여 다음 그림을 그려라.

33.

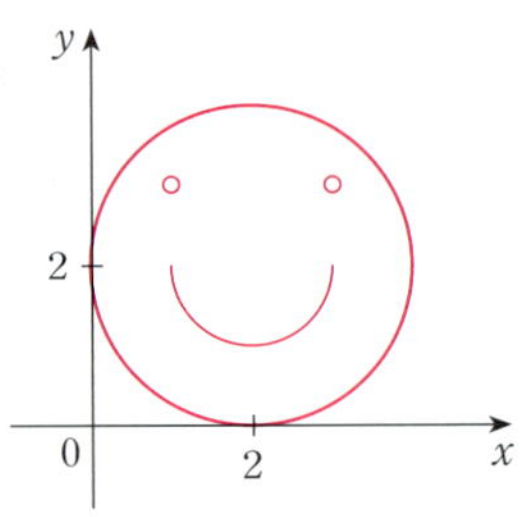

34.

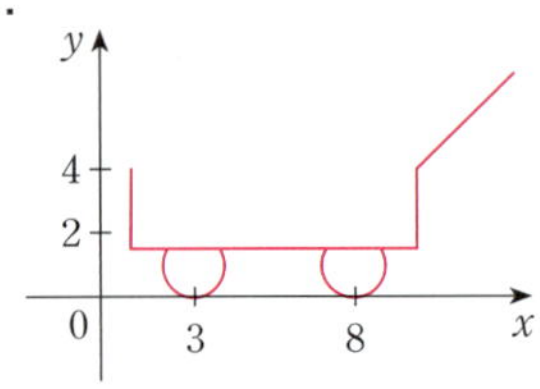

(35~36) 매개변수방정식으로 표현된 곡선을 비교하라. 어떻게 다른지 설명하라.

35. (a) $x=t^3$, $y=t^2$ (b) $x=t^6$, $y=t^4$

(c) $x=e^{-3t}$, $y=e^{-2t}$

36. (a) $x=t$, $y=t^{-2}$ (b) $x=\cos t$, $y=\sec^2 t$

(c) $x=e^t$, $y=e^{-2t}$

37. $\frac{\pi}{2}<\theta<\pi$인 경우 방정식 **1**을 유도하여라.

38. P를 반지름 r인 원의 중심으로부터의 거리가 d인 점이라 하자. 원이 직선 위를 구를 때 점 P가 이루는 경로의 곡선을 **트로코이드**라 부른다(자전거 바퀴살 위의 한 점의 움직임을 생각해보라). 사이클로이드는 $d=r$인 트로코이드의 특수한 경우이다. 사이클로이드와 같은 매개변수 θ를 사용하고 직선을 x축, $\theta=0$을 P가 가장 낮은 위치에 왔을 때라고 가정하면 트로코이드의 매개변수방정식이

$$x=r\theta-d\sin\theta, \quad y=r-d\cos\theta$$

임을 보여라. $d<r$일 경우와 $d>r$일 경우의 트로코이드를 그려라.

39. a와 b가 고정된 수라고 하자. 각 θ를 매개변수로 하여, 그림에서 보이는 것처럼 결정된 점 P의 매개변수방정식을 구하여라. 그 후 매개변수를 소거하고 곡선을 확인하여라.

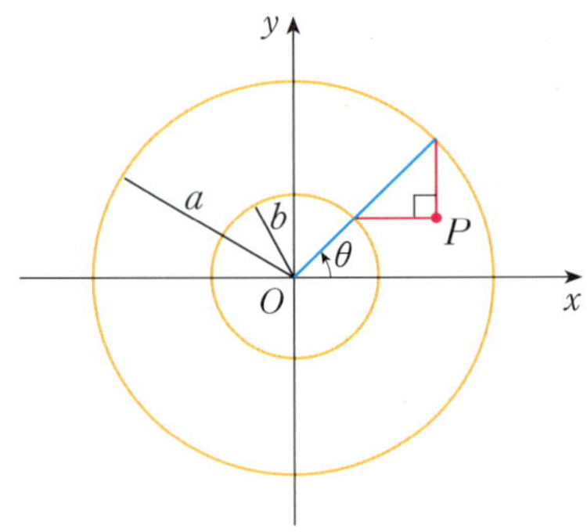

40. **마리아 아그네시의 마녀**라고 불리는 곡선은 그림에서처럼 결정된 모든 점 P로써 이루어져 있다.

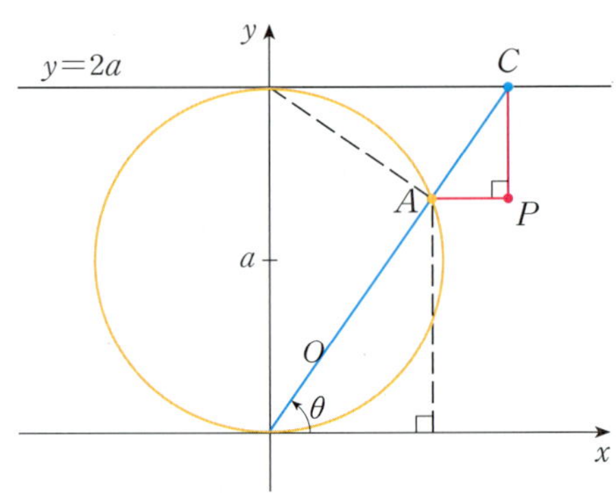

이 곡선의 매개변수방정식이

$$x=2a\cot\theta, \quad y=2a\sin^2\theta$$

으로 쓰임을 보여라. 곡선을 그려라.

41. 어떤 한 입자의 시간 t에서 위치가

$$x_1=3\sin t, \quad y_1=2\cos t, \quad 0\le t\le 2\pi$$

로 주어져 있고, 다른 한 입자의 위치가

$$x_2=-3+\cos t, \quad y_2=1+\sin t, \quad 0\le t\le 2\pi$$

로 주어져 있다고 생각하자.

(a) 두 입자의 경로를 그려라. 몇 개의 교점이 있는가?

(b) 이들 교점 중에서 충돌점이 있는가? 달리 말해서, 같은 시

간에 입자가 같은 장소에 위치하는가? 그렇다면 충돌점을 찾아라.

(c) 만약 두 번째 입자의 경로가

$$x_2=3\cos t,\quad y_2=1+\sin t,\quad 0\leq t\leq 2\pi$$

로 주어진다면 어떤 일이 발생하는지 설명하여라.

42. 만약 추진로켓이 처음속도 v_0m/s로, 수평선 위를 α의 각도로 발사되었을 때, 공기저항은 무시할 만하다고 가정하다면, t초 후의 위치는 g를 중력가속도(9.8m/s^2)이라고 할 때 매개변수방정식

$$x=(v_0\cos\alpha)t,\quad y=(v_0\sin\alpha)t-\frac{1}{2}gt^2$$

으로 주어진다.

(a) 만약 추진로켓이 $\alpha=30^\circ$, $v_0=500$m/s로 발사되었다면, 언제 바닥에 떨어지는가? 땅에 닿았을 때 발사대로부터 얼마나 떨어져 있는가? 로켓이 도달하는 최대 높이는?

(b) 그래프용 도구를 사용하여 (a)의 답을 검사하여라. 그 후 몇 개의 각 α의 값에 따른 추진기의 경로를 땅에 닿을 때까지의 그래프를 그려라. 그리고 결과를 종합하여라.

(c) 매개변수를 소거하여 경로가 포물선임을 보여라.

43. 매개변수방정식 $x=t^2$, $y=t^3-ct$에 의해 정의된 곡선족을 조사하여라. c가 증가할 때 곡선의 형태는 어떻게 변하는가? 이 곡선족의 몇몇 무리를 그래프로 나타내어라.

44. **제비꼬리의 대재앙곡선**은 매개변수방정식 $x=2ct-4t^3$, $y=-ct^2+3t^4$으로 정의되어 있다. 몇 개의 이 곡선을 그려라. 곡선들이 공통적으로 갖는 형태는 무엇인가? c가 증가할 때 그것들은 어떻게 변화하는가?

45. 방정식 $x=a\sin nt$, $y=b\cos t$의 곡선을 Lissajous 그림이라고 부른다. a, b와 n이 변할 때 이 곡선이 어떻게 변하는지 조사하여라(n을 양의 정수로 하여라).

46. 매개변수방정식 $x=\cos t$, $y=\sin t-\sin ct$로 정의된 곡선족을 조사하여라. c가 양의 정수이며 점점 커질 때 곡선은 어떻게 되는가? c가 분수일 때는 어떻게 되는지 조사하여라.

3 도형, 수열, 행렬, 행렬식

3.1 두 점 사이의 관계

▷ 두 점 사이의 거리

n차원 공간에서 한 점을 A라 하면 $A=(a_1, a_2, \cdots, a_n)$으로 나타낸다. 그리고 각각의 a_i가 실수이면, n차원 실 공간이라 하고 $\mathbb{R}^n$으로 표현한다. 예를 들면, $\mathbb{R}^1$에서 한 점은 $A=(a_1)$, $\mathbb{R}^2$에서 $A=(a_1, a_2)$, $\mathbb{R}^3$에서 $A=(a_1, a_2, a_3)$이고, 좌표 안의 각각의 원소는 모두 실수로 가정하자.

실수 공간상에서 두 점 사이의 거리를 계산해 보자.

1 정의 1차원 실 공간 $\mathbb{R}^1$상의 두 점을 $A=(a_1)$, $B=(b_1)$이라 하면, **두 점 사이의 거리** $\overline{AB}=|b_1-a_1|$이다.

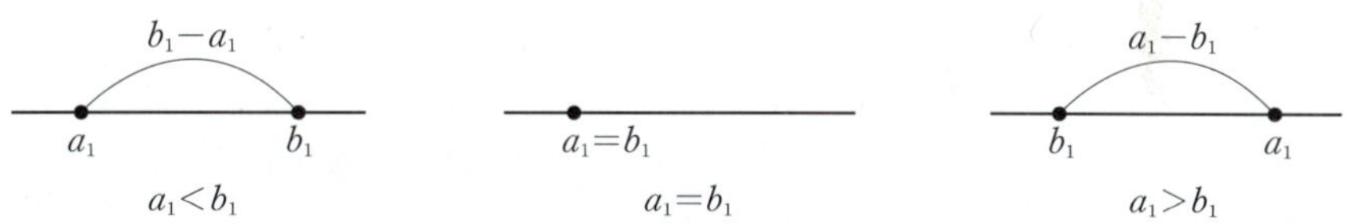

그림 1

2 정의 2차원 실 공간 $\mathbb{R}^2$에서 두 점 $A=(a_1, a_2)$, $B=(b_1, b_2)$라고 하자. 1차원 공간상의 두 점 사이의 거리와 피타고라스 정리를 활용하면, **두 점 사이의 거리** $\overline{AB}=\sqrt{(b_1-a_1)^2+(b_2-a_2)^2}$이다.

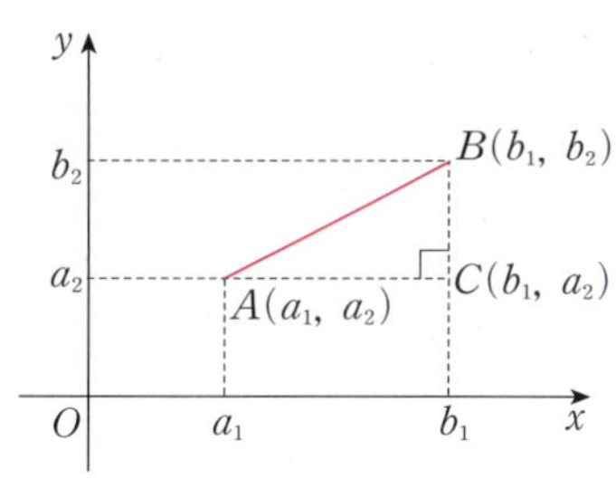

그림 2

마찬가지로, 3차원 실 공간에서 두 점 사이의 거리는 다음과 같다.

3 정의 3차원 실공간 $\mathbb{R}^3$상의 두 점 $A=(a_1, a_2, a_3)$와 $B=(b_1, b_2, b_3)$라 하면, **두 점 사이의 거리** $\overline{AB}=\sqrt{(b_1-a_1)^2+(b_2-a_2)^2+(b_3-a_3)^2}$이다.

예제 1 $\mathbb{R}^2$상의 두 점 $A=(2, -3)$, $B=(-1, 5)$ 사이의 거리를 구하여라.

풀이 $\overline{AB}=\sqrt{(-1-2)^2+(5-(-3))^2}=\sqrt{73}$이다.

> **4 정의** n차원 실공간 $\mathbb{R}^n$에서 두 점을 $A=(a_1, a_2, \cdots, a_n)$, $B=(b_1, b_2, \cdots, b_n)$이라 놓으면, **두 점 사이의 거리** $\overline{AB}=\sqrt{(b_1-a_1)^2+(b_2-a_2)^2+\cdots+(b_n-a_n)^2}$ 이다.

n차원 실 공간 $\mathbb{R}^n$상의 두 점 A, B에 대하여 여러 가지 형태의 분점을 찾을 수 있는데 그 중에서 몇 가지 형태를 살펴보도록 하자.

⊳ 내분점

두 양의 실수 m, n에 대하여, $\mathbb{R}^1$상의 두 점 $A(x_1)$, $B(x_2)$를 $m:n$로 내분하는 점을 찾아보자.

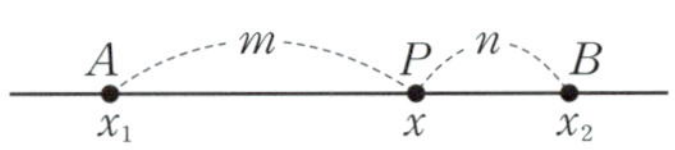

그림 3

> **5 정의** 내분하는 점을 $P(x)$라고 하자.
>
> (a) $x_1 \leq x_2$이면 $x-x_1 : x_2-x=m : n$이고, 따라서 $m(x_2-x)=(x-x_1)n$,
>
> 즉 $x=\dfrac{mx_2+nx_1}{m+n}$이다.
>
> (b) $x_1 > x_2$이면 $x_1-x : x-x_2=m : n$이고, 따라서 $m(x-x_2)=(x_1-x)n$,
>
> 즉 $x=\dfrac{mx_2+nx_1}{m+n}$이다.
>
> 따라서 두 경우 모두 **내분점** $P(x)=\left(\dfrac{mx_2+nx_1}{m+n}\right)$이다.

이를 이용하여 $\mathbb{R}^2$상의 두 점 $A=(x_1, y_1)$와 $B=(x_2, y_2)$를 잇는 선분을 $m : n$로 내분하는 점은 어떻게 표현하는지 알아보자.

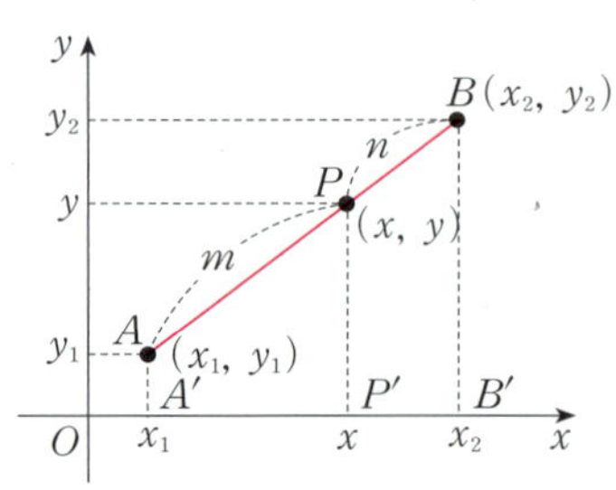

그림 4

위의 그림을 살펴보면, 내분점 (x, y)는 다음과 같은 형태를 갖는다.

6 정의 내분하는 점을 $P(x)$라고 하자.

$$\text{내분점 } P(x)=\left(\frac{nx_1+mx_2}{m+n},\ \frac{ny_1+my_2}{m+n}\right)$$

같은 방법으로, n차원 실공간 $\mathbb{R}^n$상의 두 점 $A=(a_1, a_2, \cdots, a_n)$, $B=(b_1, b_2, \cdots, b_n)$에 대하여 A와 B를 잇는 선분을 $m:n$로 내분하는 점을 다음과 같이 정의할 수 있다.

7 정의 내분하는 점을 $P(x)$라고 하자.

$$\text{내분점 } P(x)=\left(\frac{na_1+mb_1}{m+n},\ \frac{na_2+mb_2}{m+n},\ \cdots,\ \frac{na_n+mb_n}{m+n}\right)$$

예제 2 (a) 두 점 $A=(2, 3)$과 $B=(5, 4)$에 대하여 2:3으로 내분하는 점을 구하여라.
(b) 위의 두 점 사이를 1 : 1로 내분하는 점인 중점을 구하여라.

풀이 (a) 두 점 $A=(2, 3)$과 $B=(5, 4)$에 대하여 2 : 3으로 내분하는 점을 (x, y)라 하면,

$$x=\frac{3\cdot2+2\cdot5}{2+3}=\frac{16}{5},\ y=\frac{3\cdot3+2\cdot4}{2+3}=\frac{17}{5}$$

이다.

(b) 또한 두 점의 중점은 두 점을 1 : 1로 내분하는 점이므로,

$$x=\frac{2+5}{2}=\frac{7}{2},\ y=\frac{3+4}{2}=\frac{7}{2}$$

이다. ■

위의 예제에서 정의한 중점은 두 점 사이를 1 : 1로 내분하는 점으로서 다음과 같이 정의 할 수 있다.

8 정의 n차원 공간 $\mathbb{R}^n$상의 두 점 $A=(a_1, a_2, \cdots, a_n)$, $B=(b_1, b_2, \cdots, b_n)$에 대하여 A와 B를 잇는 선분의 **중점**은 $\left(\frac{a_1+b_1}{2},\ \frac{a_2+b_2}{2},\ \cdots,\ \frac{a_n+b_n}{2}\right)$이다.

예제 3 $\mathbb{R}^2$상에서 세 점 $A(x_1, y_1)$, $B(x_2, y_2)$, $C(x_3, y_3)$로 이루어진 삼각형의 무게 중심을 구하여라.

풀이 삼각형의 무게중심을 $G(x, y)$라 하자. 두 점 B와 C를 잇는 선분의 중점을 M이라 하면, 점 A와 M을 잇는 선분을 2:1로 내분한 점이 주어진 삼각형의 무게중심이다. 먼저, 선분 BC의 중점 M은 $\left(\frac{x_2+x_3}{2},\ \frac{y_2+y_3}{2}\right)$이고, 따라서 $\overline{AM}$을 2 : 1로 내분하는 점 $G(x, y)$는

$$x=\frac{2\cdot\frac{(x_2+x_3)}{2}+x_1}{2+1}=\frac{x_1+x_2+x_3}{3},\ y=\frac{2\cdot\frac{(y_2+y_3)}{2}+y_1}{2+1}=\frac{y_1+y_2+y_3}{3}$$

이다. ■

▷ 외분점

두 양의 실수 $m, n(m\neq n)$에 대하여, 먼저 $\mathbb{R}^1$상의 두 점 $A(x_1)$, $B(x_2)$를 $m:n$로 외분하는 점을 찾아보자. 외분하는 점을 $C(x)$라 하면, 선분 AB의 연장선 위에 점 C가 존재한다. $x_1<x_2$라 가정하자.

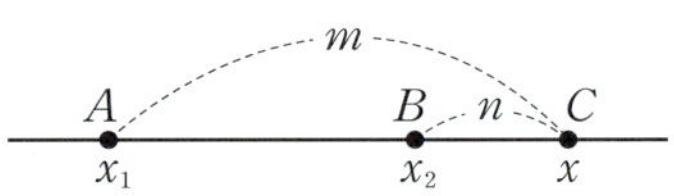

그림 5

9 정의 외분하는 점을 $C(x)$라고 하자.

(a) $m>n$이면 $x-x_1:x-x_2=m:n$이고, 따라서 $m(x-x_2)=(x-x_1)n$,

즉 $x=\dfrac{mx_2-nx_1}{m-n}$이다.

(b) $m<n$이면, $x_1-x:x_2-x=m:n$이고, 따라서 $m(x_2-x)=(x_1-x)n$,

즉 $x=\dfrac{mx_2-nx_1}{m-n}$이다.

따라서 두 점 $A(x_1)$, $B(x_2)$를 $m:n$로 **외분점** $C(x)=\left(\dfrac{mx_2-nx_1}{m-n}\right)$이다.

이를 이용하여 $\mathbb{R}^2$상의 두 점 $A=(x_1, y_1)$와 $B=(x_2,\ y_2)$에 대하여 두 점을 잇는 선분을 $m:n$로 외분하는 점 $C=(x, y)$도 각 좌표별로 외분하는 값을 찾는다.

10 정의 외분하는 점을 $C(x)$라고 하자.

외분점 $C(x)=\left(\dfrac{mx_2-nx_1}{m-n}, \dfrac{my_2-ny_1}{m-n}\right)$이다.

따라서 n차원 실공간 $\mathbb{R}^n$상에서 외분점을 다음과 같이 정의할 수 있다.

n차원 실공간 $\mathbb{R}^n$상의 두 점 $A=(a_1, a_2, \cdots, a_n)$, $B=(b_1, b_2, \cdots, b_n)$에 대하여 A와 B를 잇는 선분을 두 양의 실수 m, n $(m\neq n)$에 대하여, $m:n$로 외분하는 점은 다음과 같다.

11 정의 외분하는 점을 $C(x)$라고 하자.

외분점 $C(x)=\left(\dfrac{mb_1-na_1}{m-n}, \dfrac{mb_2-na_2}{m-n}, \cdots, \dfrac{mb_n-na_n}{m-n}\right)$이다.

예제 4 $\mathbb{R}^2$ 공간상의 두 점 $A(2, 5)$, $B(-1, 3)$을 3:2로 외분하는 점 C와 2:3으로 외분하는 점 D를 구하여라.

풀이 먼저, 두 점 $A(2, 5)$, $B(-1, 3)$을 $3:2$로 외분하는 점 $C=(x, y)$를 구해 보면,

$$x=\frac{3\cdot(-1)-2\cdot 2}{3-2}=-7,\ y=\frac{3\cdot 3-2\cdot 5}{3-2}=-1\text{이다.}$$

또한 두 점을 2:3으로 외분하는 점 $D=(x, y)$를 구해 보면

$$x=\frac{2\cdot(-1)-3\cdot 2}{2-3}=8,\ y=\frac{2\cdot 3-3\cdot 5}{2-3}=9\text{이다.}$$

■

3.1 연습문제

1. 주어진 두 점 사이의 거리를 구하여라.
   (a) $(2, -1)$, $(-4, -5)$ (b) $(2, 1, 1)$, $(4, -3, -1)$
2. 주어진 두 점 사이의 중점을 구하여라.
   (a) $(4, -3)$, $(2, 1)$ (b) $(3, 1, 2)$, $(-2, 7, 1)$
3. 두 점 $A(-3)$, $B(9)$에 대하여 선분 AB를 $3:1$로 내분하는 점을 구하여라.
4. 두 점 $A(2)$, $B(6)$에 대하여 선분 AB를 $3:1$로 외분하는 점을 구하여라.
5. 두 점 $A(-7)$, $B(3)$에 대하여 선분 AB의 중점을 구하여라.
6. 두 점 $A(-3, 4)$와 $B(2, 2)$를 $1:6$으로 내분하는 점과 $6:1$로 내분하는 점을 순서대로 구하여라.
7. 두 점 $A(5, 1, -2)$와 $B(2, 1, 2)$를 $5:2$로 외분하는 점과 $2:5$로 외분하는 점을 순서대로 구하여라.
8. 점 $(3, 4)$와 점 (x, y)가 $(2, -1)$에 대하여 대칭이 되도록 (x, y)를 구하여라.
9. 세 점 $(1, 5)$, $(-4, 7)$, $(-1, -3)$을 꼭짓점으로 하는 삼각형의 무게중심의 좌표를 구하여라.
10. 세 점 $(2, 5, 2)$, $(-1, -1, 3)$, $(1, 0, 1)$로 이루어진 삼각형의 무게중심을 구하여라.

3.2 직선 사이의 위치관계와 직선과 한 점 사이의 거리

▷ 두 직선의 위치관계

주어진 임의의 두 개의 직선은 좌표평면에서 어떤 위치관계를 가질 수 있는지, 구체적으로 주어진 직선의 방정식에서 어떤 조건을 살펴보면 두 직선의 위치관계를 파악할 수 있는지에 대해 알아보자.

먼저 두 개의 직선의 위치관계는 만난다, 일치한다 또는 평행하다로 나누어 생각할 수 있다. 이러한 관계는 이차원 (x, y) 좌표평면에서의 관계이며 만약 삼차원 공간에서의 위치관계를 논한다면 '꼬인 위치에 있다' 라는 것도 포함시켜야 한다.

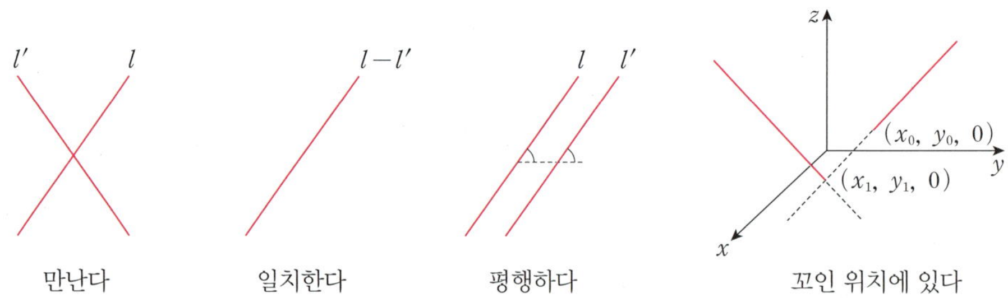

그림 1

그렇다면 평면상의 두 개의 직선 $y=mx+n$과 $y=m'x+n'$이 주어진다면, 어떤 조건에 따라 위치관계를 결정할 수 있는지 생각해보자.

(a) 두 직선의 기울기가 일치한다면 평행하다. 즉, $m=m'$이면 두 직선은 평행하다.
예를 들어 $y=3x+2$와 $y=3x-1$은 평행임을 확인할 수 있다. (그림 2)
더불어 y절편이 $n=n'$이면 두 직선은 일치한다.

(b) 두 직선의 기울기가 같지 않으면, 즉 $m\neq m'$이면 두 직선은 만나게 된다.
예를 들어 $y=3x-4$와 $y=-2x+1$은 만난다. 만나는 점을 확인하기 위해 두 직선의 방정식을 연립하여 풀면 $3x-4=-2x+1$이고, 따라서 $x=1,\ y=-1$인 점에서 만난다. (그림 3)

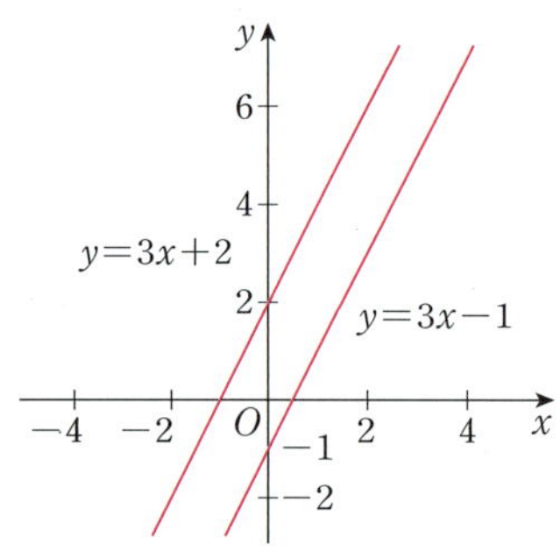

그림 2

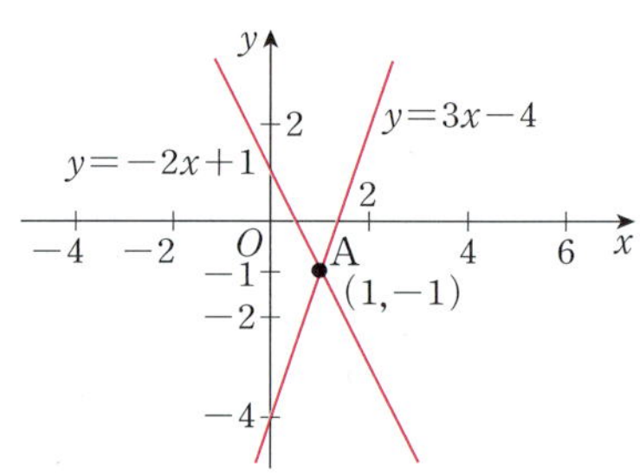

그림 3

예제 1 두 직선 $y=2x+1$과 $y=-\frac{1}{2}x+3$은 서로 어떠한 위치관계에 있는지 설명하고 그래프를 그려라.

풀이 두 직선의 기울기가 2, $-\frac{1}{2}$로 서로 다르므로 두 직선은 만난다. 만나는 점을 구해 보면 $x=\frac{4}{5}$, $y=\frac{13}{5}$이다. 또한 두 개의 직선은 서로 수직의 관계를 이룬다.

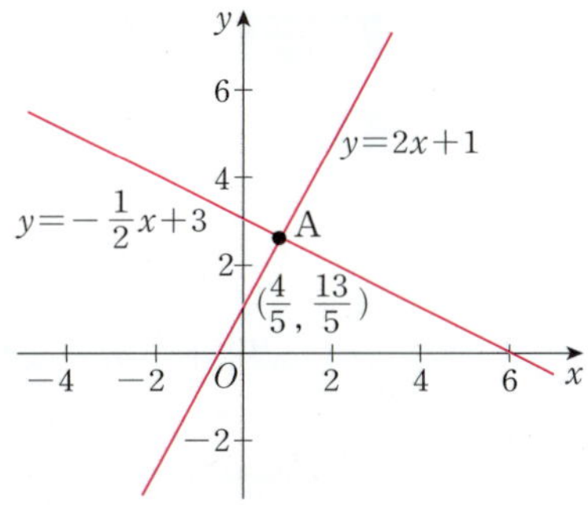

그림 4

이제 두 직선이 만나는 경우, 어떤 조건으로부터 두 직선이 수직으로 만나는지를 판단할 수 있는지 살펴보자.

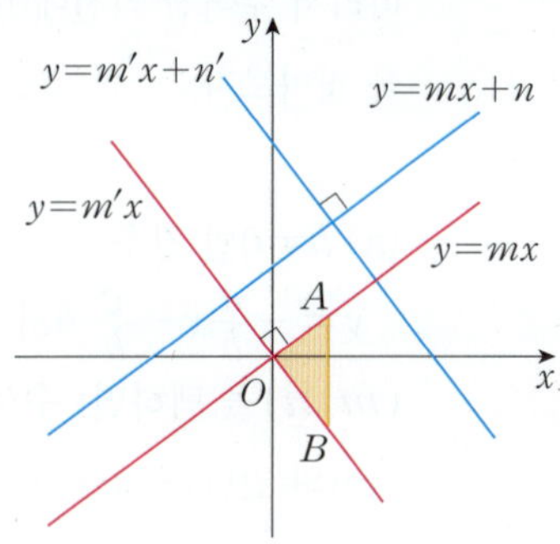

그림 5

임의의 두 직선 $y=mx+n$과 $y=m'x+n'$이 서로 수직으로 만난다면, 각각의 직선은 $y=mx$와 $y=m'x$와 평행하다. 따라서 주어진 두 직선의 수직관계에 대한 조건은 $y=mx$와 $y=m'x$에서 살펴보도록 하자.

$y=mx$는 $(0, 0)$과 $(1, m)$을 지나고 $y=m'x$는 $(0, 0)$과 $(1, m')$을 지난다. 따라서 세 점 $O(0, 0)$, $A(1, m)$, 그리고 $B(1, m')$로 이루어진 직각삼각형을 구할 수 있고, 피타고라스 정리를 적용하면 다음과 같은 관계식을 얻을 수 있다.

$$\overline{OA}^2+\overline{OB}^2=\overline{AB}^2$$

즉, $1+m^2+1+(m')^2=(m'-m)^2$

따라서 이를 정리하면 $mm'=-1$이다.

1 평면상의 두 직선 $y=mx+n$, $y=m'x+n'$의 위치관계

(a) $m=m'$이면 두 직선은 평행하고, 더불어 $n=n'$이면 일치한다.

(b) $m\neq m'$이면 두 직선은 한 점에서 만나고, 특히 $mm'=-1$이면 수직으로 만나다.

예제 2 점 $(2, -1)$을 지나고 $3x+2y-1=0$에 수직인 직선의 방정식을 구하여라.

풀이 $3x+2y-1=0$, 즉 $y=-\frac{3}{2}x+\frac{1}{2}$에 수직인 직선의 기울기를 m이라 하면,

$-\frac{2}{3}\cdot m=-1$이다.

따라서 $m=\frac{2}{3}$이고 $(2, -1)$을 지나는 직선의 방정식은 $y+1=\frac{2}{3}(x-2)$이다.

■

▷ 점과 직선 사이의 거리

평면상의 주어진 한 점과 직선 사이의 거리에 대해서 알아보자.

$ax+by+c=0$의 형태로 주어진 직선과 한 점 (m, n)이 있다고 가정하자. 둘 사이의 거리를 구하기 위해 최단거리를 그려보면, 한 점에서 주어진 직선에 수선을 그으면 된다. 따라서 주어진 직선에 대한 수직인 직선을 찾을 수 있는데(그림 6 참조) 이 직선의 방정식을 찾아보자.

(a) $b\neq0$인 경우

$y=-\frac{a}{b}x-\frac{c}{b}$에서 기울기가 $-\frac{a}{b}$이므로 수직인 직선의 기울기는 $\frac{b}{a}$이고 한 점으로 (m, n)을 택하면, 수선의 연장 직선은 $y-n=\frac{b}{a}(x-m)$이다. 이 직선과 주어진 직선 사이의 만나는 점을 구해 보자.

$$\left(\frac{b}{a}+\frac{a}{b}\right)x=-\frac{c}{b}+\frac{bm}{a}-n,$$

즉

$$x=-\frac{ac+abn-b^2m}{a^2+b^2}\text{이고,}\quad y=\frac{a^2n-abm-bc}{a^2+b^2}$$

이다. 여기서 (m, n)과 $\left(-\frac{ac+abn-b^2m}{a^2+b^2}, \frac{a^2n-abm-bc}{a^2+b^2}\right)$ 사이의 거리 d를 구해 보면,

$$d=\sqrt{\frac{(a^2m+ac+abn)^2+(b^2n+abm+bc)}{(a^2+b^2)^2}}$$
$$=\sqrt{\frac{(a^2+b^2)(am+bn+c)^2}{(a^2+b^2)^2}}=\frac{|am+bn+c|}{\sqrt{a^2+b^2}}$$

이다.

(b) $b=0$인 경우

$x=-\frac{c}{a}$와 (m, n) 사이의 거리를 구해 보면, $d=|m+\frac{c}{a}|$로써 (a)에서 구한 식에 대입해도 같은 결과가 나옴을 확인할 수 있다. 따라서 주어진 공식을 찾을 수 있다.

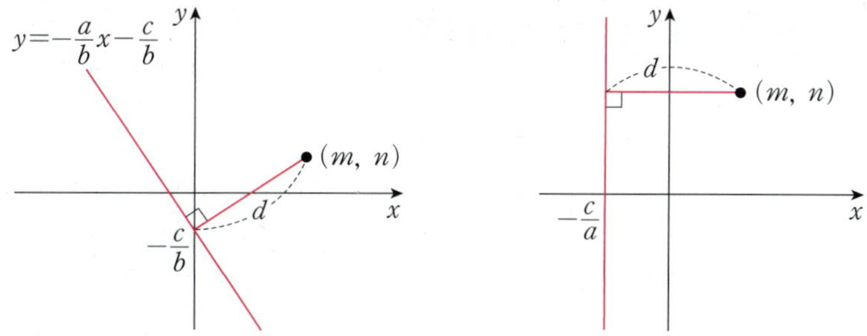

그림 6

> **2** 평면상의 주어진 한 점 (m, n)과 직선 $ax+by+c=0$ 사이의 거리 d는 다음과 같다.
>
> $$d=\frac{|am+bn+c|}{\sqrt{a^2+b^2}}$$

예제 3 $y=3x-4$와 한 점 $(-2, 1)$ 사이의 거리를 구하여라.

풀이 주어진 직선 $y=3x-4$를 $3x-y-4=0$의 형태로 고친 후, 한 점 $(-2, 1)$과의 거리를 구한다. 거리 $d=\frac{|3\cdot(-2)+(-1)\cdot 1-4|}{\sqrt{3^2+(-1)^2}}=\frac{11}{\sqrt{10}}$이다. ■

3.2 연습문제

1. 주어진 두 직선이 평행인지, 일치하는지 혹은 한 점에서 만나는지를 판단하여라.
   (a) $3x+4y-1=0$, $y=-\frac{3}{4}x$
   (b) $y=\frac{1}{2}x+4$, $x-2y+8=0$
2. 주어진 두 직선의 위치관계를 구하여라.
   (a) $5x+2y+1=0$, $x-3y+2=0$
   (b) $-5x+2y=0$, $2x+5y+3=0$
3. 한 점 $(1, 1)$을 지나고 $3x+2y-6=0$에 수직인 직선의 방정식을 구하여라.
4. 한 점 $(4, 1)$과 직선 $y=\frac{4}{3}x-1$ 사이의 거리를 구하여라.
5. y절편이 $-\frac{1}{2}$이고, $4x+3y=1$에 평행한 직선의 방정식을 구하여라.
6. 두 직선 $2x-4y-5=0$과 $-x+2y+1=0$의 위치관계를 구하여라. 그리고 구할 수 있다면 두 직선 사이의 거리를 구하여라.
7. $x=-1$과 점 $(4, 3)$ 사이의 거리를 구하여라.
8. 세 점 $(1, 2)$, $(-2, 5)$, (a, b)가 한 직선 위에 있을 조건을 만족하는 a와 b의 관계식을 구하여라.
9. 두 점 $(6, 1)$, $(-3, 2)$를 잇는 선분의 수직이등분선을 구하여라.
10. $(0, 2)$를 지나고 $(3, 2)$에서의 거리가 $\frac{2}{3}$인 직선의 방정식을 구하여라.

3.3 원, 타원, 쌍곡선의 방정식

이 절에서는 주로 $ax^2+by^2+cx+dy+e=0$ $(a, b>0)$의 형태로 주어진 식의 그래프를 공부한다. 먼저 좌표평면상에서 한 점을 중심으로 일정한 거리를 가진 점들의 자취를 생각해 본다.

▷ 원의 방정식

좌표평면상의 한 점을 (a, b)라 하고, 일정한 거리를 $r(>0)$이라고 하자. 임의의 점 (x, y)에 대하여 점 (a, b)와의 거리를 구하면 $\sqrt{(x-a)^2+(y-b)^2}$이고 두 점 사이의 거리를 $r(>0)$로 고정하면 주어진 식을 만족해야 한다.

$$\sqrt{(x-a)^2+(y-b)^2}=r$$

즉,

$$(x-a)^2+(y-b)^2=r^2$$

이고, 이러한 형태의 식은 다음과 같은 그래프를 가진다.

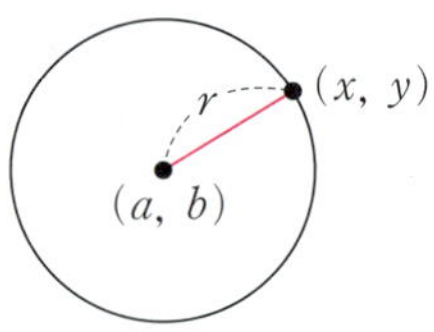

그림 1

따라서 주어진 방정식 $(x-a)^2+(y-b)^2=r^2$을 원의 방정식의 표준형이라고 한다.

1 정의　원의 방정식

중심이 (a, b)이고 반지름의 길이가 $r(>0)$인 원의 방정식은

$$(x-a)^2+(y-b)^2=r^2$$

이다.

예제 1 좌표평면상의 한 점 $(0, 0)$에서 일정한 길이 $\sqrt{3}$을 가진 점들의 자취의 방정식을 구하여라.

풀이 좌표평면상의 임의의 점을 (x, y)라 하면, 원점까지의 거리는 $\sqrt{(x-0)^2+(y-0)^2}$이고 항상 거리가 $\sqrt{3}$이어야 하므로 다음과 같은 식을 찾을 수 있다.

$$\sqrt{(x-0)^2+(y-0)^2}=\sqrt{3},\ \text{즉}\ x^2+y^2=3$$

즉, 좌표평면상의 한 점 $(0, 0)$에서 일정한 길이 $\sqrt{3}$을 가진 점들의 자취는 중심이 원점이고 반지름이 $\sqrt{3}$인 원의 방정식이다. ■

또한 $(x-a)^2+(y-b)^2=r^2$을 전개하면, $x^2+y^2+Ax+By+C=0$의 형태가 나오고 이를 원의 방정식의 일반형이라고 한다. 단, $A^2+B^2>4C$의 조건을 만족하는 경우로 제한된다.

예제 2 원 $x^2+y^2-4x+6y+1=0$과 중심이 일치하고 한 점 $(1, 3)$을 지나는 원의 방정식을 구하여라.

풀이 $x^2+y^2-4x+6y+1=0$은 $(x-2)^2+(y+3)^2=12$이므로, 원의 중심은 $(2, -3)$이다. 따라서 구하려는 원의 형태는 $(x-2)^2+(y+3)^2=r^2$이고, 이 원이 $(1, 3)$을 지나므로 대입해 보면, $r=\sqrt{37}$이다.

따라서 구하는 형태는 $(x-2)^2+(y+3)^2=37$인 원이다. ■

▷ 타원의 방정식

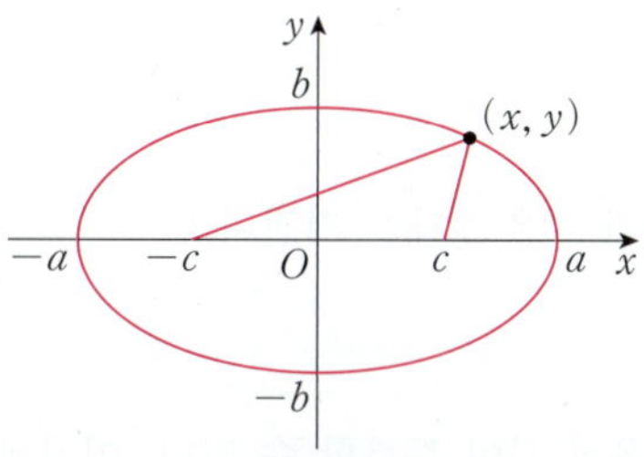

그림 2

각 점 $(-c, 0)$, $(c, 0)$에 대한 거리의 합이 $2a$인 점 (x, y)의 자취의 방정식을 구해 보자(단, $a>c>0$). 즉 $(x, y)=P$라 놓고, $A(-c, 0)$, $B(c, 0)$라고 하면, $\overline{PA}+\overline{PB}=2a$를 만족하는 방정식과 같다.

즉

$$\sqrt{(x+c)^2+y^2}+\sqrt{(x-c)^2+y^2}=2a$$

이다.

이 식을 $\sqrt{(x-c)^2+y^2}=2a-\sqrt{(x+c)^2+y^2}$으로 이항하고, 양변을 제곱해서 정리하면 $x^2-2cx+c^2+y^2=4a^2-4a\sqrt{(x+c)^2+y^2}+x^2+2cx+c^2+y^2$이고, 다시 정리하면

$$(a^2-c^2)x^2+a^2y^2=a^2(a^2-c^2)$$

이다. 여기서 $a>c$이므로 $b^2=a^2-c^2(b>0)$으로 놓고 양변을 a^2b^2으로 나누어 정리하면 다음과 같은 식을 찾을 수 있고, 이러한 성질을 만족하는 자취의 방정식을 **타원의 방정식**이라고 한다.

> **2 정의 타원의 방정식**
>
> 두 정점$(-c, 0)$, $(c, 0)$에 대한 거리의 합이 $2a(a>c>0)$인 **타원의 방정식**은
>
> $$\frac{x^2}{a^2}+\frac{y^2}{b^2}=1 \ (a>b>0,\ c^2=a^2-b^2)$$
>
> 이다. 또한 $(\pm c, 0)$을 **타원의 초점**이라고 정의한다.

다시 이 타원의 방정식의 a와 b의 값을 살펴보면,

- $y=0$이면, $x=\pm a=\pm\dfrac{\text{거리의 합}}{2}$이고,
- $x=0$이면, $y=\pm b=\sqrt{\left(\dfrac{\text{거리의 합}}{2}\right)^2-(\text{초점의 } x\text{값})^2}$ 을 만족한다.

또한 초점 c의 값은 다음 관계식을 만족한다. 즉 $c^2=a^2-b^2$이고, $a>b>0$이다.

예제 3 각 점 $(\pm 2, 0)$으로부터 거리의 합이 항상 6인 점 (x, y)의 자취의 방정식을 구하여라.

풀이 방법 1: 두 점 $A(-2, 0)$, $B(2, 0)$을 잇는 동점 $P(x, y)$는 $\overline{PA}+\overline{PB}=6$의 조건

을 만족시켜야 하므로, 이 조건식을 전개하면 $\frac{x^2}{9}+\frac{y^2}{5}=1$의 식을 구할 수 있다.

방법 2: 이러한 조건을 만족하는 그래프는 타원이고 $\frac{x^2}{a^2}+\frac{y^2}{b^2}=1$인데 거리의 합이 6이고 초점이$(\pm 2, 0)$이므로 $2a=6$이고, $c=2$를 만족한다. 또한 $c^2=a^2-b^2$이므로 $b=\sqrt{5}$이다. 따라서 방정식은 $\frac{x^2}{9}+\frac{y^2}{5}=1$이다. ■

⊳ $\text{Graph}(f)=\left\{(x, y)\in\mathbb{R}\times\mathbb{R} \mid \frac{x^2}{a^2}+\frac{y^2}{b^2}=1\right\}$

지금까지 살펴본 원의 기본형과 타원의 기본형은 다음과 같은 형태를 가진다.

$$\frac{x^2}{a^2}+\frac{y^2}{b^2}=1$$

주어진 형태의 그래프를 조건에 따라 나누어 보면 다음과 같이 분류할 수 있다. 여기서 $a>0$이고 $b>0$으로 제한한다.

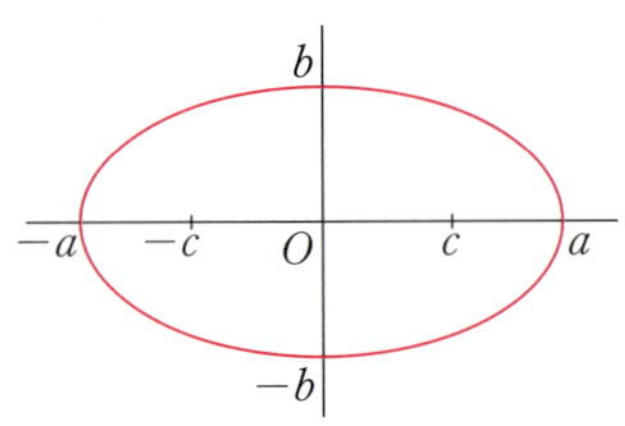	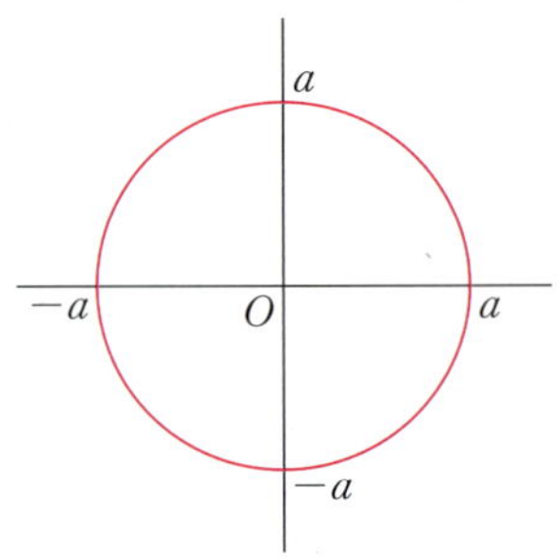	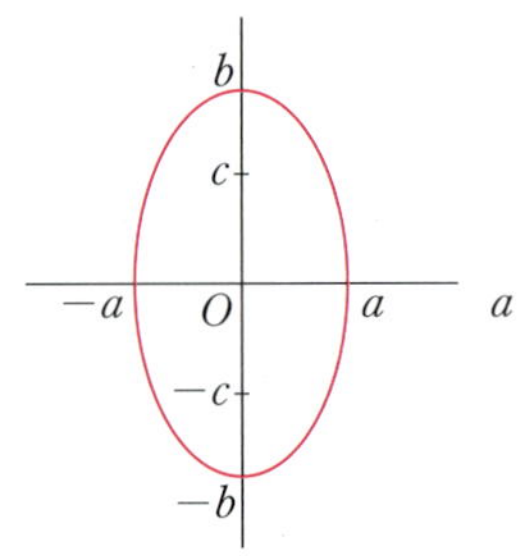
$a>b>0$, $c^2=a^2-b^2$, $c>0$, 초점 $(\pm c, 0)$인 타원	$a=b>0$, 중심$(0, 0)$인 원	$b>a>0$, $c^2=b^2-a^2$, $c>0$, 초점 $(0, \pm c)$인 타원

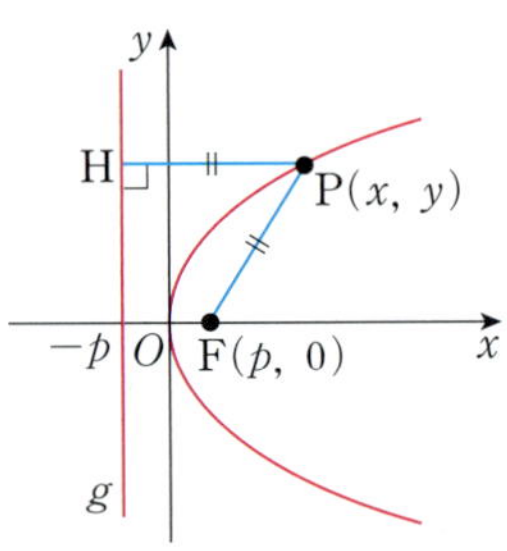

그림 3

⊳ 포물선의 방정식

평면 위에서 한 정점과 이 점을 지나지 않는 한 정직선에 이르는 거리가 같은 점의 자취를 포물선이라 한다. 그림 3에서 $\overline{PF}=\overline{PH}$이 성립하는 자취이다.

즉

$$\sqrt{(x-p)^2+y^2}=|x+p|$$

양변을 제곱하여 정리하면 $y^2=4px$이다.

이 때 정점을 **포물선의 초점**, 정직선을 **포물선의 준선**이라 한다.

또, 포물선의 초점을 지나고 준선에 수직인 직선을 포물선의 축, 포물선과 축의 교점을 **포물선의 꼭짓점**이라 한다.

3 정의　포물선의 방정식

(a) 점 $(p, 0)$을 초점, $x=-p$를 준선으로 하는 **포물선의 방정식**은

$$y^2=4px \quad (p \neq 0)$$

이다. 또한, 초점 $(p, 0)$, 준선의 방정식 $x=-p$, 꼭짓점 $(0, 0)$이다.

(b) 점 $(0, p)$을 초점, $y=-p$를 준선으로 하는 **포물선의 방정식**은

$$x^2=4py \quad (p \neq 0)$$

이다. 또한, 초점 $(0, p)$, 준선의 방정식 $y=-p$, 꼭짓점 $(0, 0)$이다.

예제 4 다음 조건을 만족시키는 포물선의 방정식을 구하여라.

(a) 초점 $(2, 0)$, 준선 $x=-2$　　(b) 초점 $(0, 3)$, 준선 $y=-3$

풀이 (a) $y^2=4px$에서 $p=2$이므로 $y^2=4 \cdot 2x$, 즉 $y^2=8x$이다.

(b) $x^2=4py$에서 $p=3$이므로 $x^2=4 \cdot 3y$, 즉 $x^2=12y$이다. ■

▷ 쌍곡선의 방정식

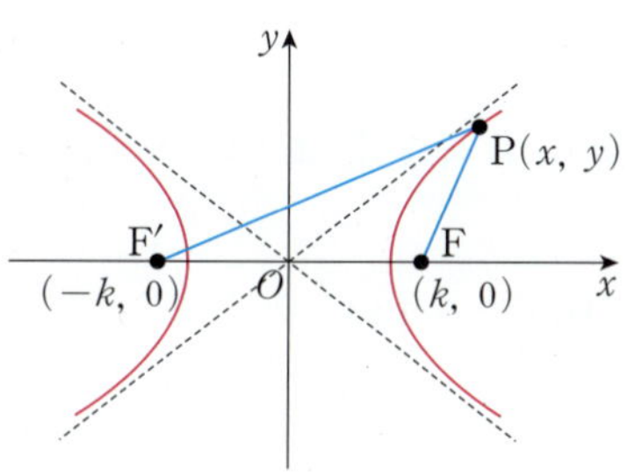

그림 4

평면 위의 두 정점에서의 거리의 차가 일정한 점의 자취를 쌍곡선이라 하고, 이 때 이 두 정점을 쌍곡선의 초점이라 한다. 그림 4에서 $PF \sim PF'=$(일정)일 때, 점 P의 자취가 쌍곡선이고 F, F'가 그 초점이다.

즉 $\overline{PF} \sim \overline{PF'}=2a$이므로 $\sqrt{(x+k)^2+y^2}-\sqrt{(x-k)^2+y^2}=\pm 2a$

$$\sqrt{(x+k)^2+y^2}=\sqrt{(x-k)^2+y^2} \pm 2a$$

양변을 제곱하여 정리하면 $(k^2-a^2)x^2-a^2y^2=a^2(k^2-a^2)$

여기서 $k^2-a^2=b^2(b>0)$으로 놓으면 $b^2x^2-a^2y^2=a^2b^2$

양변을 $a^2b^2(ab \neq 0)$으로 나누면 쌍곡선의 방정식을 얻을 수 있다.

4 정의　쌍곡선의 방정식

(a) 두 정점 $F(k, 0)$, $F'(-k, 0)$에서의 거리의 차가 $2a(k>a>0)$인 **쌍곡선의 방정식**은

$$\frac{x^2}{a^2}-\frac{y^2}{b^2}=1 \ (k^2=a^2+b^2)$$

이다. 이때 초점 $F(k, 0)$, $F'(-k, 0)$이다.

(b) 두 정점 $F(0, k)$, $F'(0, -k)$에서의 거리의 차가 $2b(k>b>0)$인 **쌍곡선의 방정식**은

$$\frac{x^2}{a^2}-\frac{y^2}{b^2}=-1 \ (k^2=a^2+b^2)$$

이다. 이 때 초점 $F(0, k)$, $F'(0, -k)$이다.

⊳ 쌍곡선의 점근선

쌍곡선 $\frac{x^2}{a^2}-\frac{y^2}{b^2}=1$, $\frac{x^2}{a^2}-\frac{y^2}{b^2}=-1$의 점근선은 모두 다음과 같다.

$$\frac{x^2}{a^2}-\frac{y^2}{b^2}=0,\ \text{즉 } y=\pm\frac{b}{a}x$$

예제 5 두 점 $F(5, 0)$, $F'(-5, 0)$에서의 거리의 차가 8인 점의 자취의 방정식을 구하여라.

풀이 조건을 만족시키는 임의의 점을 $P(x, y)$라 하면

$$\overline{PF}\sim\overline{PF'}=8 \qquad \therefore \sqrt{(x-5)^2+y^2}-\sqrt{(x+5)^2+y^2}=\pm 8$$

$$\therefore \sqrt{(x-5)^2+y^2}=\sqrt{(x+5)^2+y^2}\pm 8$$

양변을 제곱하여 정리하면 $4\sqrt{(x+5)^2+y^2}=\pm(5x+16)$

다시 양변을 제곱하여 정리하면 $9x^2-16y^2=144$

양변을 144로 나누면 $\frac{x^2}{4^2}-\frac{y^2}{3^2}=1$이다. ■

예제 6 다음 방정식으로 나타나는 쌍곡선의 주축의 길이 및 꼭짓점, 초점의 좌표를 각각 구하여라.

(a) $9x^2-16y^2=144$ (b) $9x^2-16y^2=-144$

풀이 먼저 조건식의 양변을 144로 나누어 표준형으로 고친다.

(a) $\frac{x^2}{4^2}-\frac{y^2}{3^2}=1$에서 $a=4, b=3$인 경우이므로

$$k=\sqrt{a^2+b^2}=\sqrt{4^2+3^2}=5$$

따라서

주축의 길이 $2a=2\times 4=8$, 꼭짓점 $(4, 0)$, $(-4, 0)$, 초점 $(5, 0)$, $(-5, 0)$이다.

(b) $\frac{x^2}{4^2}-\frac{y^2}{3^2}=-1$에서 $a=4$, $b=3$인 경우이므로

$$k=\sqrt{a^2+b^2}=\sqrt{4^2+3^2}=5$$

따라서

주축의 길이 $2b=2\times 3=6$, 꼭짓점 $(0, 3)$, $(0, -3)$, 초점 $(0, 5)$, $(0, -5)$이다. ■

3.3 연습문제

1. 점 $(-2, 5)$를 중심으로 일정한 거리 3을 갖는 평면 위의 점 (x, y)의 자취의 방정식을 구하여라.
2. 다음 주어진 원의 방정식의 중심과 반지름을 구하여라.
   (a) $x^2+4x+y^2+3y-8=0$
   (b) $4x^2+4y^2-x-y=16$
3. 중심이 y축에 있고, 두 점 $A(-1, 2)$, $B(3, 4)$를 지나는 원의 방정식을 구하여라.
4. 이차방정식 $x^2+y^2+2ax-4ay+6a^2-a-6=0$이 원을 나타내는 방정식이 되도록 실수 a의 범위를 정하여라.
5. 두 점 $(4, 2)$와 $(-5, 1)$을 지름의 양 끝으로 하는 원의 방정식을 구하여라.
6. 한 점 $(2, 5)$를 지나고 중심이 $(3, 0)$인 원의 방정식을 구하여라.
7. $x^2+6x+y^2=10$과 중심이 같고 $(4, -2)$를 지나는 원의 방정식을 구하여라.
8. 세 점 $\left(\frac{1}{2}, 0\right)$, $(-1, 1)$, $(0, 2)$를 지나는 원의 방정식을 구하여라.
9. 각 점 $(0, \pm3)$으로부터 거리의 합이 8인 (x, y)의 자취의 방정식을 구하고, 그림을 그려라.
10. $9x^2+4y^2-72=0$과 $4x^2+9y^2-72=0$의 그래프를 각각 그리고 초점을 구하여라.

3.4 도형의 평행이동

이 장에서는 이미 배운 도형의 방정식을 평행이동시켰을 때 기존의 식을 활용해서 자취를 구하는 방법을 공부하고자 한다. 이와 관련된 내용은 함수에서 다시 한 번 언급될 것이다.

좌표평면상의 점 $P(x, y)$에 대하여 x축으로 m만큼, y축으로 n만큼 이동시킨 점을 $Q(x', y')$라 하면 $(x+m, y+n)$, 즉 $x'=x+m$, $y'=y+n$의 관계식을 얻을 수 있다. 이러한 점의 이동을 **평행이동**이라고 한다.

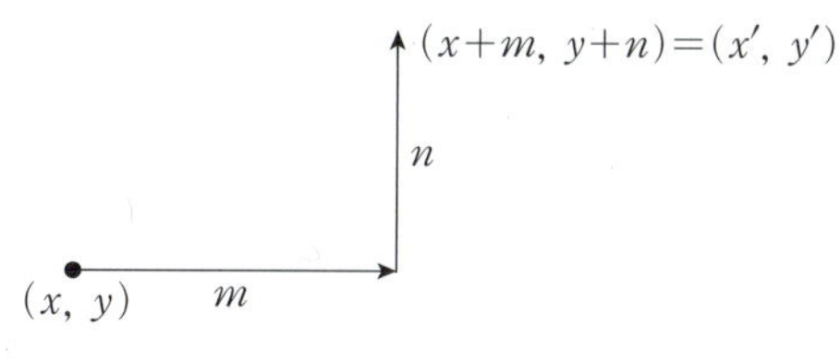

그림 1

예제 1 $P(2, 3)$를 x축으로 -1만큼, y축으로 2만큼 이동한 점의 좌표를 구하여라.

풀이 $x=2$는 x축으로 -1만큼 이동하면 $x'=2+(-1)=1$이고 $y=3$은 y축으로 2만큼 이동하면 $y'=3+2=5$이다. 따라서 평행이동한 점의 좌표는 $(1, 5)$이다. ■

이번에는 도형의 평행이동에 대해 살펴보자.

좌표평면 $\mathbb{R}\times\mathbb{R}$상의 부분집합 $\mathrm{Graph}(f)=\{(x, y)\mid f(x, y)=0\}$으로 이루어진 점들이 하나의 그래프를 이룰 때 각각의 원소(점)들을 평행이동한다면 새롭게 구해진 점(x', y')들은 과연 $f(x, y)=0$의 조건을 여전히 만족할 것인가? 답은 '아니다' 이다. 그렇다면 평행이동에 의해 얻어진 그래프의 점들이 만족하는 조건은 어떤 형태를 이룰 것인가? 과연 기존의 조건 $f(x, y)=0$에서 구할 수 있는 것인가에 대해 생각해 보고자 한다.

$\mathrm{Graph}(f)=\{(x, y)\mid f(x, y)=0\}$상의 각각의 점을 x축으로 m만큼, y축으로 n만큼 이동할 때 이 과정을 도형의 평행이동이라 하는데 이렇게 이동한 도형은 그 형태나 크기가 전혀 변하지 않는다. 따라서 이렇게 이동한 각각의 점을 (x', y')이라 하면, 이 점들 사이는 여전히 일정한 관계를 유지하는데, 이를 $g(x', y')=0$이라 놓자.

임의의 점 $(a, b)\in\mathrm{Graph}(f)$를 x축으로 m만큼, y축으로 n만큼 평행이동한다고 가정하자. 이동한 점은 주어진 조건 $(a+m, b+n)\in\mathrm{Graph}(g)$를 만족하고, $g(x', y')=0$이므로

$$\begin{cases} x'=a+m \\ y'=b+n \end{cases} \text{ 즉 } \begin{cases} a=x'-m \\ b=y'-n \end{cases}$$

의 관계식을 찾을 수 있다. 그리고 (x', y')의 관계식은 다음과 같이 두 가지 형태로 표현할 수 있는데

$$g(x', y')=0, \text{ 즉 } f(x'-m, y'-n)=0$$

이다. 왜냐하면 $f(a, b)=0$의 조건을 만족하기 때문이다.

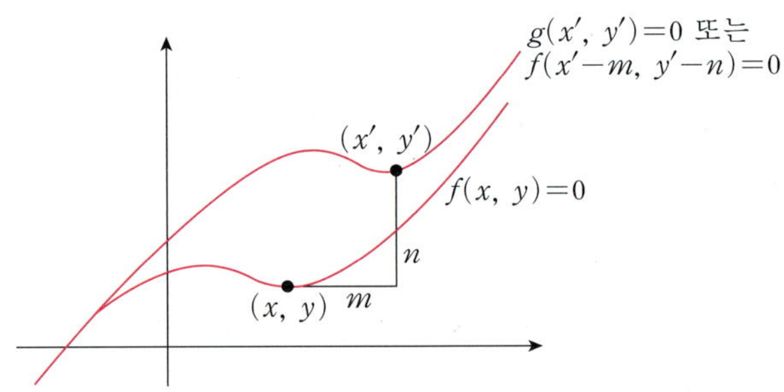

그림 2

따라서 $f(x, y)=0$상의 각각의 점 (x, y)를 x축으로 m만큼, y축으로 n만큼 평행이동 하면 새로운 점 (x', y')과 식 $f(x'-m, y'-n)=0$을 구할 수 있다. 그런데 x', y'은 좌표평면상의 점을 표현하는 기호에 불과하므로 간단히 x, y로 대체하고 새로운 식을 $f(x-m, y-n)=0$이라고 놓아도 된다. 다만 기존의 식 $f(x, y)=0$을 만족하는 점 (x, y)와 같은 값을 대입해서는 안 된다는 점만 구별하면 된다.

1 정의 도형의 평행이동

$f(x, y)=0$상의 각각의 점 (x, y)를 x축으로 m만큼, y축으로 n만큼 평행이동한 도형의 방정식은 $f(x-m, y-n)=0$이다.

예제 2 주어진 직선의 방정식 $y=x-5$의 각각의 점을 x축으로 2만큼, y축으로 3만큼 이동한 식을 구하여라.

풀이 방법 1: 도형의 평행이동 활용

$y=x-5$상의 모든 점이 x축으로 2만큼, y축으로 3만큼 이동하므로, $(y-3)=(x-2)-5$로 변환시키면 된다.

방법 2: 직선의 방정식 활용

$y=x-5$를 평행이동해도 직선의 형태를 유지하고 기울기도 일치한다. 따라서 이동한 직선의 방정식을 $y=mx+n$이라고 하면, $m=1$이다. 또한, $y=x-5$상의 한 점은 $(5, 0)$이므로 이를 x축으로 2만큼, y축으로 3만큼 이동하면, 주어진 점은 $(5+2, 0+3)$을 구할 수 있다. 따라서 $y=mx+n$은 $(7, 3)$을 지나므로 $3=7+n$이다. 따라서 평행이동한 식은 $y=x-4$인 직선이다. ■

예제 3 원점을 지나고 반지름이 $\sqrt{3}$인 원의 방정식을 x축으로 1만큼, y축으로 2만큼 이동시킨 도형의 식을 구하여라.

풀이 원점을 지나고 반지름이 $\sqrt{3}$인 원의 방정식을 x축으로 1만큼, y축으로 2만큼 이동시키면 원의 형태나 크기는 변하지 않는다. 따라서 원의 중심이 원점 $(0, 0)$에서 $(0+1, 0+2)$로 바뀌고 반지름은 여전히 $\sqrt{3}$이므로 따라서 주어진 원의 방정식은 $(x-1)^2+(y-2)^2=3$이다. 이 식은 도형의 평행이동을 활용해서 $x^2+y^2=(\sqrt{3})^2$에 x를 $x-1$, $y-2$로 변환해서 구한 식과 일치함을 알 수 있다. ■

예제 4 초점이 $(\pm1, 0)$이고 거리의 합이 6인 타원의 방정식을 x축으로 -2만큼 y축으로 3만큼 이동시킨 자취의 방정식을 구하여라.

풀이 초점이 $(\pm1, 0)$이고 거리의 합이 6이므로 타원의 방정식은 $\frac{x^2}{9}+\frac{y^2}{8}=1$이다.

따라서 x축으로-2만큼 y축으로 3만큼 평행이동하면 $\frac{(x+2)^2}{9}+\frac{(y-3)^2}{8}=1$이다. ■

3.4 연습문제

1. 점 $(0, 2)$를 x축으로 4만큼 y축으로 -1만큼 이동한 점의 좌표를 구하여라.
2. 직선의 방정식 $3x-5y+1=0$을 x축으로 -2만큼 y축으로 3만큼 이동한 자취의 방정식을 구하여라.
3. 점 $(5, 6)$은 평행이동 $f:(x, y) \to (x-3, y+1)$에 의하여 어떤 점으로 옮겨지는지 구하여라.
4. 직선 $y=3x+4$를 x축의 방향으로 1만큼, y축 방향으로 -2만큼 평행이동한 식을 구하여라.
5. 직선 $4x+y-1=0$을 평행이동하면 직선 위의 점 $(1, -3)$이 $(2, 1)$로 이동한다. 평행이동 방법을 설명하고, 이동한 직선의 방정식을 구하여라.
6. 중심이 $\left(-\frac{3}{4}, 2\right)$이고 반지름이 1인 원을 x축으로 a만큼 y축으로 b만큼 평행이동해서 중심을 원점으로 이동할 때, $a+b$의 값을 구하고, 이동된 원의 방정식을 구하여라.
7. 타원 $4x^2+9y^2=36$을 x축으로 3만큼 y축으로 2만큼 이동시킨 자취의 방정식을 구하고, 그래프를 그린 후 초점을 표시하여라.
8. $f:(x, y) \to (x-1, y-3)$에 의하여 주어진 방정식을 평행이동 시킨 자취의 방정식을 구하고 그래프를 그려라.
   (a) $3x-9y=2$
   (b) $x^2+4x+y^2+2y+4=0$
   (c) $x^2+8y^2=16$
9. 평행이동 $f:(x, y) \to (x+2, y-1)$에 의하여 직선의 방정식이 $4x+3y-1=0$으로 이동한다. 옮겨지기 전의 방정식을 구하여라.
10. 원의 방정식 $x^2+y^2=4$가 $x=3$을 기준으로 대칭이동한 식을 구하여라. 먼저 평행이동의 방법을 설명하고, 자취의 방정식을 구하여라.

3.5 등차수열과 등비수열

▷ 수열의 뜻

홀수를 1부터 크기순으로 늘어놓으면 다음과 같다.

$$1, 3, 5, 7, \cdots, 2n-1, \cdots$$

이와 같이 어떤 규칙에 따라 늘어놓은 수의 열을 **수열**이라고 한다. 수열을 이루고 있는 각 수를 그 수열의 **항**이라 하고, 앞에서부터 차례로

첫째항, 둘째항, $\cdots$, n째항 또는 제1항, 제2항, $\cdots$, 제n항

이라 하고

$$a_1, a_2, a_3, \cdots, a_n, \cdots$$

과 같이 나타낸다.

수열 $1, 3, 5, 7, \cdots, 2n-1, \cdots$ 에서 첫째항부터 제 10항까지만 택하면

$$1, 3, 5, 7, 9, 11, 13, 17, 19, 21$$

과 같이 항의 개수가 유한개인 수열을 생각할 수 있다.

이와 같이 항의 개수가 유한개인 수열을 **유한수열**이라 하고, 무한히 많은 항으로 이루어진 수열을 **무한수열**이라고 한다. 유한수열에서 항의 개수를 항수, 마지막 항을 끝항이라고 한다.

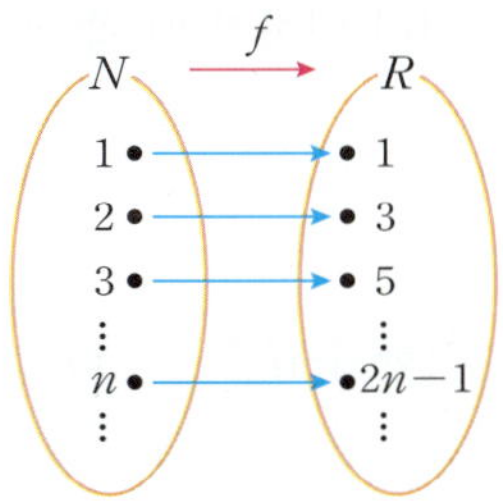

그림 1

그런데 앞의 수열은 대응 규칙 $f(n)=2n-1$에 따라 자연수 전체의 집합 N의 각 원소를 실수 전체의 집합 R의 어떤 원소에 대응시키는 함수라고 생각할 수 있으며, 이 함수의 그래프는 그림 1과 같다.

따라서 수열을 다음과 같이 정의할 수 있다.

1 정의 수열

자연수 전체의 집합 N을 정의역, 실수 전체의 집합 R를 공역으로 하는 함수, 즉

$$f : N \to R$$

를 수열이라고 한다. 이 때, $f(1)=a_1, f(2)=a_2, f(3)=a_3, \cdots, f(n)=a_n, \cdots$이다.

수열에서 제n항 a_n을 그 수열의 **일반항**이라고 한다.

예를 들어, 앞의 홀수의 수열 1, 3, 5, 7, ⋯에서 일반항은 $a_n=2n-1$이다.

또, 일반항이 a_n인 수열을 간단히

$$\{a_n\}$$

으로 나타낸다.

일반항이 $a_n=4n-3$인 수열의 첫째항부터 제5항까지를 구하면

$$a_1=4\times1-3=1 \qquad a_2=4\times2-3=5 \qquad a_3=4\times3-3=9$$
$$a_4=4\times4-3=13 \qquad a_5=4\times5-3=17$$

따라서 일반항이 $a_n=4n-3$인 수열의 첫째항부터 제5항까지를 차례로 나열하면 1, 5, 9, 13, 17이다.

예제 1 수열 9, 99, 999, 9999 ⋯ 의 일반항 a_n을 구하여라.

풀이 $a_1=9=10-1$

$a_2=99=100-1=10^2-1$

$a_3=999=1000-1=10^3-1$

$a_4=9999=10000-1=10^4-1$

⋮

따라서 일반항은

$a_n=10^n-1$ ■

▷ 등차수열

수열

$$1, 3, 5, 7, 9, \cdots$$

는 1을 첫째항으로 시작하여 차례로 일정한 수 2를 더하여 얻은 수열이다.

일반적으로, 첫째항 a_1에 차례로 일정한 수 d를 더하여 각 항이 얻어질 때 즉, 모든 항에 대하여

$$a_{n+1}=a_n+d,\quad a_{n+1}-a_n=d\ \ (n=1, 2, 3, \cdots)$$

인 관계가 성립할 때, 이 수열을 **등차수열**이라 하고, 더하는 일정한 수 d를 **공차**라고 한다.

예제 2 다음 수열의 첫째항과 공차를 구하여라.

$$2, 7, 12, 17, \cdots$$

풀이 첫째항이 2이고, 공차가 5인 등차수열이다. ■

등차 수열의 일반항

첫째항이 a, 공차가 d인 등차수열 $\{a_n\}$의 각 항은 다음과 같다.

$a_1=a$

$a_2=a_1+d=a+d$

$a_3=a_2+d=(a+d)+d=a+2d$

$a_4=a_3+d=(a+2d)+d=a+3d$

$\cdots$

따라서 일반항 a_n은

$$a_n=a+(n-1)d$$

이상을 정리하면 다음과 같다.

2 정의 등차수열의 일반항

첫째항이 a, 공차가 d인 등차수열의 일반항 a_n은

$$a_n=a+(n-1)d\ \ (n=1, 2, 3, \cdots)$$

예제 3 첫째항이 3, 공차가 -2인 등차수열 $\{a_n\}$의 일반항을 구하여라.

풀이

$$a_n=3+(n-1)(-2)=-2n+5$$ ■

예제 4 첫째항이 -2, 제 11항이 58인 등차수열의 공차와 일반항을 구하여라.

풀이 공차를 d, 일반항을 a_n이라고 하면

$$a_{11}=-2+(11-1)d=58\quad \therefore d=6$$

$$\therefore a_n=-2+(n-1)\times 6=6n-8$$ ■

예제 5 첫째항이 15, 공차가 -4인 등차수열에서 처음으로 음수가 되는 항은 몇째 항인가?

풀이 일반항 a_n을 구하면

$$a_n=15+(n-1)(-4)$$

이 때, $a_n<0$인 n을 구하면

$$a_n=15+(n-1)(-4)<0$$
$$n>\frac{19}{4}=4.75$$
$$\therefore n\geq 5$$

따라서 처음으로 음수가 되는 항은 제5항이다. ■

예제 6 일반항 a_n이 $3n-1$로 주어진 수열은 등차수열임을 보여라.

풀이 등차수열임을 보이기 위해 각 항에서 바로 앞의 항을 뺀 차가 항상 일정한 수임을 보이면 된다.

모든 자연수 n에 대하여 $a_n=3n-1$, $a_{n+1}=3(n+1)-1=3n+2$이므로

$$a_{n+1}-a_n=3n+2-(3n-1)=3$$

따라서 주어진 수열은 첫째항이 2, 공차가 3인 등차수열이다. ■

3 등차중항

세 수 a, b, c가 이 순서로 등차수열을 이룰 때, b를 a와 c의 **등차중항**이라고 한다. 이 때 $b-a=c-b$이므로

$$b=\frac{a+c}{2}$$

이다.

예제 7 5와 9의 등차중앙을 구하여라.

풀이 $\frac{5+9}{2}=7$이다. ■

등차수열에서 첫째항부터 제n항까지의 합을 구하는 공식을 구해 보자.

첫째항이 a, 공차가 d인 등차수열의 처음 n개 항의 합을 S_n이라 하고, 끝항을 l이라고 하면

$$S_n=a+(a+d)+(a+2d)+\cdots+(l-2d)+(l-d)+l \qquad \cdots ①$$

①의 식에서 우변의 항을 역순으로 놓으면

$$S_n=l+(l-d)+(l-2d)+\cdots+(a+2d)+(a+d)+a \qquad \cdots ②$$

이다.

①, ②를 같은 변끼리 더하면

$$2S_n=(a+l)+(a+l)+(a+l)+\cdots+(a+l)+(a+l)$$
$$=n(a+l)$$
$$\therefore S_n=\frac{n(a+l)}{2}$$

여기서 l은 제n항이므로 $l=a+(n-1)d$

이것을 위의 식에 대입하면

$$S_n=\frac{n\{2a+(n-1)d\}}{2}$$

이상을 정리하면 다음과 같다.

4 등차수열의 합

등차수열의 첫째항부터 제 n항까지의 합 S_n은

(a) 첫째항이 a, 제n항이 l일 때, $S_n=\dfrac{n(a+l)}{2}$

(b) 첫째항이 a, 공차가 d일 때, $S_n=\dfrac{n\{2a+(n-1)d\}}{2}$

예제 8 다음 물음에 답하여라.

(a) 첫째항이 11, 끝항이 -14이고 항수가 6인 등차수열의 합 S_6을 구하여라.

(b) 첫째항이 3, 공차가 4인 등차수열의 처음 7항의 합 S_7을 구하여라.

풀이 (a) 등차수열의 합의 공식에서 $a=11$, $n=6$, $l=-14$이므로

$$S_6=\frac{6(11-14)}{2}=-9$$

(b) 등차수열의 합의 공식에서 $a=3$, $n=4$, $l=7$이므로

$$S_7=\frac{7\{2\cdot 3+(7-1)\cdot 4\}}{2}=105$$

등비수열

수열 1, 2, 4, 8, 16, ⋯ 은 첫째항부터 일정한 수 2를 곱하여 얻어진 수열이다.

일반적으로, 첫째항 a_1에 일정한 수 r를 거듭 곱하여 각 항이 얻어질 때, 즉 모든 항에 대하여

$$a_{n+1}=ra_n,\ \frac{a_{n+1}}{a_n}=r\ (n=1, 2, 3, \cdots)$$

인 관계가 성립할 때, 이 수열을 **등비수열**이라 하고, 곱하는 일정한 수 r를 **공비**라고 한다.

수열 2, 6, 18, 54, ⋯ 는 첫째항이 2이고, 공비가 3인 등비수열이다.

등비수열의 일반항

첫째항이 a이고, 공비가 r인 등비수열 a_n의 각 항은

$$a_1=a$$
$$a_2=a_1r=ar$$
$$a_3=a_2r=(ar)r=ar^2$$
$$a_4=a_3r=(ar^2)r=ar^3$$
$$\vdots$$

따라서 일반항 a_n은 $a_n=ar^{n-1}$이다.

이상을 정리하면 다음과 같다.

5 정의 등비수열의 일반항

첫째항이 a이고, 공비가 r인 등비수열의 일반항 a_n은

$$a_n=ar^{n-1}(n=1, 2, 3, \cdots)$$

예제 9 각 항이 실수이고, 제2항이 -8, 제5항이 64인 등비수열의 일반항을 구하여라.

풀이 첫째항을 a, 공비를 r인 일반항을 a_n이라고 하면

$$a_2=ar=-8 \qquad \cdots ①$$

$$a_5=ar^4=64 \qquad \cdots ②$$

②÷①에서 $r^3=-8$

r는 실수이므로 $r=-2$

따라서 ①로부터 $a=4$

$$\therefore a_n=4(-2)^{n-1}=(-2)^2(-2)^{n-1}$$
$$=(-2)^{n+1}$$

■

등비수열의 합

첫째항이 a, 공비가 r인 등비수열의 제n항까지의 합을 S_n이라고 하면

$$S_n=a+ar+ar^2+\cdots+ar^{n-1} \qquad \cdots ①$$

양변에 r을 곱하면

$$rS_n=ar+ar^2+\cdots+ar^{n-1}+ar^n \qquad \cdots ②$$

①에서 ②를 변끼리 빼면

$$\begin{array}{rl} S_n= & a+ar+ar^2+\cdots+ar^{n-1} \\ -)\ rS_n= & \quad\ \ ar+ar^2+\cdots+ar^{n-1}+ar^n \\ \hline (1-r)S_n= & a \qquad\qquad\qquad\qquad\quad -ar^n \end{array}$$

따라서 $r\neq1$일 때에는 $S_n=\dfrac{a(1-r^n)}{1-r}=\dfrac{a(r^n-1)}{r-1}$

$r=1$일 때에는 ①에서 $S_n=a+a+a+\cdots+a=na$

이상을 정리하면 다음과 같다.

6 등비수열의 합

첫째항이 a이고, 공비가 r인 등비수열의 첫째항부터 제n항까지의 합 S_n은

(a) $r\neq1$일 때에는 $S_n=\dfrac{a(1-r^n)}{1-r}=\dfrac{a(r^n-1)}{r-1}$

(b) $r=1$일 때에는 ①에서 $S_n=na$

예제 10 등비수열 2, 6, 18, 54, …의 첫째항부터 제10항까지의 합 S_{10}을 구하여라.

풀이 첫째항이 2, 공비가 3이므로

$$S_{10}=\frac{2\times(3^{10}-1)}{3-1}=3^{10}-1$$

▷ 합의 기호 $\sum$

수열 $\{a_n\}$의 첫째항부터 제n항까지의 합 $a_1+a_2+a_3+\cdots+a_n$을 기호 $\sum$를 사용하여 다음과 같이 나타낸다.

$$a_1+a_2+a_3+\cdots+a_n=\sum_{k=1}^{n}a_k$$

여기서 $\sum_{k=1}^{n}a_k$는 수열의 일반항 a_k의 k에 $1, 2, 3, \cdots, n$을 차례로 대입하여 얻은 항 a_1, a_2, a_3, $\cdots$, a_n의 합을 뜻한다. 따라서 k 대신에 다른 문자, 예를 들면 i 또는 j를 써서 표현해도 된다. 즉, $\sum_{k=1}^{n}a_k=\sum_{i=1}^{n}a_i=\sum_{j=1}^{n}a_j$ 이다.

예제 11 $1+2+3+\cdots+10=\sum_{k=1}^{10}k$, $\sum_{k=1}^{10}2^k=2+2^2+2^3+\cdots+2^{10}$이다.

7 $\sum$의 기본성질

(a) $\sum_{k=1}^{n}(a_k\pm b_k)=\sum_{k=1}^{n}a_k\pm\sum_{k=1}^{n}b_k$(복호동순)

(b) $\sum_{k=1}^{n}ca_k=c\sum_{k=1}^{n}a_k$ (단, c는 상수)

(c) $\sum_{k=1}^{n}c=nc$ (단, c는 상수)

8 자연수의 거듭제곱의 합

(a) $1+2+3+\cdots+n=\sum_{i=1}^{n}i=\frac{n(n+1)}{2}$

(b) $1^2+2^2+3^2+\cdots+n^2=\sum_{i=1}^{n}i^2=\frac{n(n+1)(2n+1)}{6}$

(c) $1^3+2^3+3^3+\cdots+n^3=\sum_{i=1}^{n}i^3=\left\{\frac{n(n+1)}{2}\right\}^2$

예제 12 수열 $1\cdot2$, $2\cdot3$, $3\cdot4$, $\cdots$, $n(n+1)$의 합을 구하여라.

풀이

$$\begin{aligned}&1\cdot2+2\cdot3+3\cdot4+\cdots+n(n+1)\\&=\sum_{i=1}^{n}i(i+1)\\&=\sum_{i=1}^{n}i^2+\sum_{i=1}^{n}i\\&=\frac{n(n+1)(2n+1)}{6}+\frac{n(n+1)}{2}\\&=\frac{n(n+1)(n+2)}{3}\end{aligned}$$

3.5 연습문제

1. 다음 수열의 항을 첫째항부터 제5항까지 나열하여라.

   (a) $\{n^2-n\}$ (b) $\left\{(-1)^n \frac{1}{n}\right\}$

2. 다음 수열의 일반항 a_n을 구하여라.

   (a) $1, -2, 3, -4, \cdots$ (b) $1\times2, 2\times3, 3\times4, \cdots$

3. 다음 등차수열의 일반항을 구하여라.

   (a) 첫째항 11, 공차 -3 (b) $1, 5, 9, 13, \cdots$

4. 공차가 -3, 제15항이 11인 등차수열의 첫째항과 일반항을 구하여라.

5. 100 이하의 자연수 중에서 2와 3으로 동시에 나누어떨어지는 수의 총합을 구하여라.

6. 다음 등비수열의 일반항을 구하여라.

   (a) 첫째항 2, 공비 $\sqrt{2}$ (b) $-27, 9, -3, 1, \cdots$

7. 각 항이 실수이고 제3항이 5, 제6항이 40인 등비수열의 공비와 일반항을 구하여라.

8. 수열 0.9, 0.99, 0.999, ⋯ 의 처음 n개의 항의 합을 구하여라.

9. 다음 합을 구하여라.

   (a) $\sum_{k=1}^{20} k^2$ (b) $11^3+12^3+13^3+\cdots+20^3$

10. 합 $1\cdot1^2+4\cdot3^2+7\cdot5^2+\cdots+(3n-2)\cdot(2n-1)^2$를 구하여라.

3.6 행렬과 그 연산

▷ 행렬과 그 연산

다음 표는 어느 학교 농구부가 이웃 학교의 농구부와 가진 경기에서 우수한 기량을 보인 선수 2명의 기록을 제시한 것이다.

구간 \ 개인성적	득점	리바운드	어시스트
갑	14	10	5
을	28	2	7

위의 표에서 선수들의 기록만을 뽑아 괄호로 묶어서 나타내면

$$\begin{pmatrix} 14 & 10 & 5 \\ 28 & 2 & 7 \end{pmatrix}$$

과 같다.

이와 같은 상황을 다음과 같이 정의할 수 있다.

1 정의 수 또는 문자를 직사각형 모양으로 배열하여 괄호로 묶은 것을 **행렬**이라고 한다. 그리고 행렬을 이루는 각각의 수 또는 문자를 그 행렬의 **성분**이라고 한다. 행렬에서 성분의 가로줄을 **행**이라 하고, 위에서부터 아래로 제1행, 제2행, …이라고 한다. 또, 행렬에서 성분의 세로줄을 **열**이라 하고, 왼쪽에서부터 차례로 제1열, 제2열, …이라고 한다.

1열 2열 3열

1행 ➡ 2행 ➡ $\begin{pmatrix} 14 & 10 & 5 \\ 28 & 2 & 7 \end{pmatrix}$

한편, 행이 m개, 열이 n개인 행렬을 **$m \times n$ 행렬**이라 하고 한다. 특히, 행의 개수와 열의 개수가 같은 행렬을 정사각행렬이라 하고, **$n \times n$ 행렬**을 n차 **정사각행렬**이라고 한다.

행의 개수 → $m \times n$ 행렬 ← 열의 개수

행렬을 한 문자를 사용하여 나타낼 때에는 알파벳의 대문자 $A, B, C, \cdots$를 써서 나타낸다. 또, 행렬의 성분은 소문자를 사용하여 나타내는데 행렬 A의 제 i행과 제 j열이 만나는 위치에 있는 성분을 A의 (i, j)성분이라고 하고, a_{ij}로 나타낸다.

제 j열, 제 i행: $\begin{pmatrix} a_{11} & \cdots & a_{1j} & \cdots \\ \vdots & & \vdots & \\ a_{i1} & \cdots & a_{ij} & \cdots \\ \vdots & & \vdots & \end{pmatrix}$

예를 들어, 행렬 A가 2×3행렬인 경우는 $A = \begin{pmatrix} a_{11} & a_{12} & a_{13} \\ a_{21} & a_{22} & a_{23} \end{pmatrix}$과 같이 나타낸다.

두 행렬 A, B에서 행의 개수와 열의 개수가 각각 같을 때, A와 B는 같은 꼴이라고 한다. 또, 두 행렬 A, B가 같은 꼴이고, 대응하는 성분이 모두 같으면 두 행렬은 같다고 하고 $A = B$로 나타낸다.

예를 들어, 같은 꼴인 두 행렬

$$A = \begin{pmatrix} a_{11} & a_{12} \\ a_{21} & a_{22} \end{pmatrix}, \quad B = \begin{pmatrix} b_{11} & b_{12} \\ b_{21} & b_{22} \end{pmatrix}$$

에 대하여 $A = B$이면 $a_{11} = b_{11}$, $a_{12} = b_{12}$, $a_{21} = b_{21}$, $a_{22} = b_{22}$이다.

예제 1 등식 $\begin{pmatrix} x+4 & 2 \\ 3 & y-1 \end{pmatrix} = \begin{pmatrix} 2y & 2 \\ 3 & x \end{pmatrix}$를 만족하는 x, y의 값을 구하여라.

풀이 행렬이 같으면 대응하는 성분이 모두 같아야 하므로

$$x+4 = 2y, \quad y-1 = x$$

이것을 연립하여 풀면 $x = 2$, $y = 3$이 된다. ■

▷ 행렬의 덧셈과 뺄셈

일반적으로, 두 행렬 A와 B가 같은 꼴일 때, A와 B의 대응하는 성분의 합을 각 성분

으로 하는 행렬을 A와 B의 합이라 하고, 기호로

$$A+B$$

로 나타낸다. 두 행렬 A, B가 2×2행렬일 때, $A+B$는 다음과 같다.

2 정의 행렬의 덧셈

$A=\begin{pmatrix} a_{11} & a_{12} \\ a_{21} & a_{22} \end{pmatrix}$, $B=\begin{pmatrix} b_{11} & b_{12} \\ b_{21} & b_{22} \end{pmatrix}$일 때,

$$A=\begin{pmatrix} a_{11}+b_{11} & a_{12}+b_{12} \\ a_{21}+b_{21} & a_{22}+b_{22} \end{pmatrix}$$

예제 2 행렬 A, B가 각각 $A=\begin{pmatrix} 3 & -1 \\ -4 & 0 \end{pmatrix}$, $B=\begin{pmatrix} 0 & 2 \\ 3 & 2 \end{pmatrix}$일 때, $A+B$를 구하여라.

풀이 $A+B=\begin{pmatrix} 3 & -1 \\ -4 & 0 \end{pmatrix}+\begin{pmatrix} 0 & 2 \\ 3 & 2 \end{pmatrix}=\begin{pmatrix} 3 & 1 \\ -1 & 2 \end{pmatrix}$이다. ■

행렬의 덧셈에서는 다음과 같이 교환법칙과 결합법칙이 성립한다.

3 정의 행렬의 성질 1

같은 꼴의 행렬 A, B, C에 대하여

(a) $A+B=B+A$ (교환법칙)

(b) $(A+B)+C=A+(B+C)$ (결합법칙)

성분이 모두 0인 행렬을 영행렬이라 하고 기호 O로 나타낸다. 예를 들어,

$$\begin{pmatrix} 0 & 0 \end{pmatrix}, \begin{pmatrix} 0 \\ 0 \end{pmatrix}, \begin{pmatrix} 0 & 0 \\ 0 & 0 \end{pmatrix}, \begin{pmatrix} 0 & 0 & 0 \\ 0 & 0 & 0 \end{pmatrix}, \cdots$$

은 각각 1×2, 2×1, 2×2, 2×3행렬인 영행렬이다.

영행렬은 행렬의 각 꼴에 대하여 하나씩 있으나, 혼동될 염려가 없을 때에는 문자 O로 나타낸다. 행렬 A와 영행렬 O가 같은 꼴일 때,

$$A+O=O+A=A$$

이므로, 영행렬은 행렬의 덧셈에 대한 항등원이다.

행렬 A의 모든 성분의 부호를 바꾸어서 얻은 행렬을 $-A$로 나타내며, 일반적으로

$$A+(-A)=(-A)+A=0$$

예를 들어, $A=\begin{pmatrix} 3 & -1 \\ 0 & 2 \end{pmatrix}$일 때, $-A=\begin{pmatrix} -3 & 1 \\ 0 & -2 \end{pmatrix}$이므로

$$A+(-A)=\begin{pmatrix} 3 & -1 \\ 0 & 2 \end{pmatrix}+\begin{pmatrix} -3 & 1 \\ 0 & 2 \end{pmatrix}=\begin{pmatrix} 0 & 0 \\ 0 & 0 \end{pmatrix}=O$$

같은 꼴의 행렬 A, B에 대하여 $A+(-B)$를 $A-B$로 나타내고, 이를 A에서 B를 뺀 차라고 한다.

▷ 행렬의 뺄셈

두 행렬 A, B가 2×2행렬일 때, $A-B$는 다음과 같다.

4 정의 행렬의 뺄셈

$A=\begin{pmatrix} a_{11} & a_{12} \\ a_{21} & a_{22} \end{pmatrix}$, $B=\begin{pmatrix} b_{11} & b_{12} \\ b_{21} & b_{22} \end{pmatrix}$일 때,

$$A-B=\begin{pmatrix} a_{11}-b_{11} & a_{12}-b_{12} \\ a_{21}-b_{21} & a_{22}-b_{22} \end{pmatrix}$$

예제 3 행렬 A, B가 각각 $A=\begin{pmatrix} 2 & 0 \\ -1 & 4 \end{pmatrix}$, $B=\begin{pmatrix} -1 & 3 \\ 2 & -2 \end{pmatrix}$일 때, $A-B$를 구하여라.

풀이 $A-B=\begin{pmatrix} 2 & 0 \\ -1 & 4 \end{pmatrix}-\begin{pmatrix} -1 & 3 \\ 2 & -2 \end{pmatrix}=\begin{pmatrix} 3 & -3 \\ -3 & 6 \end{pmatrix}$이다. ■

▷ 행렬의 실수배

일반적으로 행렬 A와 각 성분에 일정한 수 k를 곱한 수를 성분으로 하는 행렬을 행렬 A의 k배라 하고, 이것을

$$kA$$

와 같이 나타낸다.

행렬 A가 2×2행렬일 때, kA는 다음과 같다.

5 정의 행렬의 실수배

$A=\begin{pmatrix} a_{11} & a_{12} \\ a_{21} & a_{22} \end{pmatrix}$이고, k가 실수일 때,

$$kA=k\begin{pmatrix} a_{11} & a_{12} \\ a_{21} & a_{22} \end{pmatrix}=\begin{pmatrix} ka_{11} & ka_{12} \\ ka_{21} & ka_{22} \end{pmatrix}$$

행렬의 실수배에 대한 정의로부터, 임의의 행렬 A에 대하여 다음이 성립함을 알 수 있다.

(a) $1A=A$

(b) $(-1)A=-A$

(c) $0A=O$

(d) $kO=O$ (단, k는 실수)

행렬의 덧셈과 실수배에 대하여 다음 성질이 성립한다.

6 정의 행렬의 성질 2

같은 꼴의 행렬 A, B와 임의의 실수 k, l에 대하여

(a) $(kl)A=k(lA)$ (결합법칙)

(b) $(k+l)A=kA+lA$, $k(A+B)=kA+kB$ (분배법칙)

예제 4 $A=\begin{pmatrix} 2 & -1 \\ 3 & 0 \end{pmatrix}$, $B=\begin{pmatrix} -3 & 2 \\ 1 & 3 \end{pmatrix}$일 때, $3(A+2B)-2B+5A$를 계산하여라.

풀이

$$\begin{aligned}(\text{준식})&=3A+6B-2B+5A=8A+4B\\&=8\begin{pmatrix} 2 & -1 \\ 3 & 0 \end{pmatrix}+4\begin{pmatrix} -3 & 2 \\ 1 & 3 \end{pmatrix}\\&=\begin{pmatrix} 16 & -8 \\ 24 & 0 \end{pmatrix}+\begin{pmatrix} -12 & 8 \\ 4 & 12 \end{pmatrix}=\begin{pmatrix} 4 & 0 \\ 28 & 12 \end{pmatrix}\end{aligned}$$ ■

예제 5 $A=\begin{pmatrix} 3 & 0 \\ -1 & 4 \end{pmatrix}$, $B=\begin{pmatrix} 11 & -2 \\ 3 & 16 \end{pmatrix}$일 때, $3A+2X=B$를 만족하는 행렬 X를 구하여라.

풀이 $3A+2X=B$에서 $2X=B-3A$이므로

$$\begin{aligned}X&=\frac{1}{2}B-\frac{3}{2}A=\frac{1}{2}\begin{pmatrix} 11 & -2 \\ 3 & 16 \end{pmatrix}-\frac{3}{2}\begin{pmatrix} 3 & 0 \\ -1 & 4 \end{pmatrix}\\&=\begin{bmatrix} \frac{11}{2} & -1 \\ \frac{3}{2} & 8 \end{bmatrix}-\begin{bmatrix} \frac{9}{2} & 0 \\ -\frac{3}{2} & 6 \end{bmatrix}\\&=\begin{pmatrix} 1 & -1 \\ 3 & 2 \end{pmatrix}\end{aligned}$$ ■

▷ 행렬의 곱셈

행렬 A와 B의 곱을 AB로 나타내며, 행렬 AB의 (i, j)성분은 행렬 A의 i행과 행렬 B의 j열의 성분을 차례로 곱하여 합한 것이다.

일반적으로, 2×2행렬 A, B의 곱셈을 다음과 같이 정의한다.

7 정의 행렬의 곱셈

$A=\begin{pmatrix} a_{11} & a_{12} \\ a_{21} & a_{22} \end{pmatrix}$, $B=\begin{pmatrix} b_{11} & b_{12} \\ b_{21} & b_{22} \end{pmatrix}$일 때,

$$AB=\begin{pmatrix} a_{11}b_{11}+a_{12}b_{21} & a_{11}b_{12}+a_{12}b_{22} \\ a_{21}b_{11}+a_{22}b_{21} & a_{21}b_{12}+a_{22}b_{22} \end{pmatrix}$$

위의 곱셈의 정의에서 알 수 있듯이, 두 행렬 A, B의 곱 AB는 A의 열의 개수와 B의

행의 개수가 같을 때에만 정의되며, A가 $m\times n$행렬이고 B가 $n\times l$행렬이면 AB는 $m\times l$행렬이 된다.

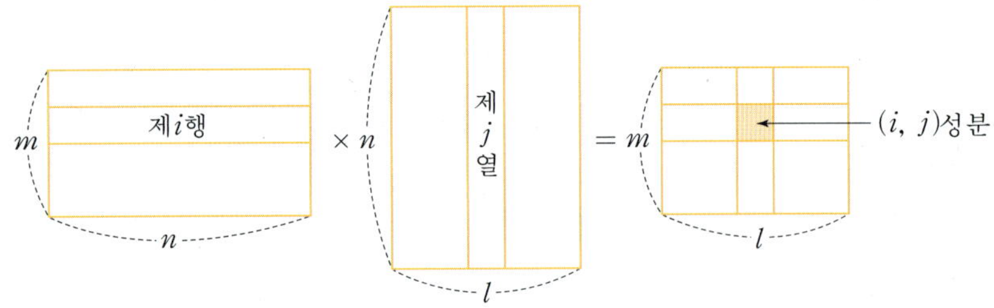

그림 1

예제 6 다음 행렬의 곱셈을 하여라.

(a) $\begin{pmatrix} 2 & 1 \\ 0 & 3 \end{pmatrix}\begin{pmatrix} 1 & -1 \\ -2 & 3 \end{pmatrix}$ (b) $\begin{pmatrix} 2 \\ 3 \end{pmatrix}(1\ \ 4)$

풀이 (a) (준식)$=\begin{pmatrix} 2\times 1+1\times(-2) & 2\times(-1)+1\times 3 \\ 0\times 1+3\times(-2) & 0\times(-1)+3\times 3 \end{pmatrix}$

$=\begin{pmatrix} 0 & 1 \\ -6 & 9 \end{pmatrix}$

(b) (준식)$=\begin{pmatrix} 2\times 1 & 2\times 4 \\ 3\times 1 & 3\times 4 \end{pmatrix}=\begin{pmatrix} 2 & 8 \\ 3 & 12 \end{pmatrix}$ ■

A가 정사각행렬일 때,

$$AA=A^2,\ A^2A=A^3,\ A^3A=A^4,\ \cdots$$

과 같이 나타낸다.

예제 7 $A=\begin{pmatrix} 1 & 0 \\ -1 & 2 \end{pmatrix}$일 때, A^2, A^3을 구하여라.

풀이

$$A^2=\begin{pmatrix} 1 & 0 \\ -1 & 2 \end{pmatrix}\begin{pmatrix} 1 & 0 \\ -1 & 2 \end{pmatrix}=\begin{pmatrix} 1 & 0 \\ -3 & 4 \end{pmatrix}$$

$$A^3=A^2A=\begin{pmatrix} 1 & 0 \\ -3 & 4 \end{pmatrix}\begin{pmatrix} 1 & 0 \\ -1 & 2 \end{pmatrix}=\begin{pmatrix} 1 & 0 \\ -7 & 8 \end{pmatrix}$$ ■

행렬의 곱셈에서는 다음과 같이 결합법칙과 분배법칙이 성립한다.

8 행렬의 곱셈의 성질

곱과 합이 정의되는 세 행렬 A, B, C에 대하여

(a) $(AB)C=A(BC)$ (결합법칙)

(b) $A(B+C)=AB+AC$, $(A+B)C=AC+BC$ (분배법칙)

(c) $k(AB)=(kA)B=A(kB)$ (단, k는 실수)

예제 8 $A=\begin{pmatrix} -2 & 1 \\ 3 & -1 \end{pmatrix}$, $B=\begin{pmatrix} 1 & 3 \\ -4 & 2 \end{pmatrix}$, $C=\begin{pmatrix} 2 & -1 \\ 3 & 1 \end{pmatrix}$에 대하여 다음 등식이 성립함을 보여라.

(a) $(AB)C=A(BC)$

(b) $A(B+C)=AB+AC$

풀이 (a) $AB=\begin{pmatrix} -6 & -4 \\ 7 & 7 \end{pmatrix}$, $BC=\begin{pmatrix} 11 & 2 \\ -2 & 6 \end{pmatrix}$이므로

$$(AB)C=\begin{pmatrix} -6 & -4 \\ 7 & 7 \end{pmatrix}\begin{pmatrix} 2 & -1 \\ 3 & 1 \end{pmatrix}=\begin{pmatrix} -24 & 2 \\ 35 & 0 \end{pmatrix}$$

$$A(BC)=\begin{pmatrix} -2 & 1 \\ 3 & -1 \end{pmatrix}\begin{pmatrix} 11 & 2 \\ -2 & 6 \end{pmatrix}=\begin{pmatrix} -24 & 2 \\ 35 & 0 \end{pmatrix}$$

$\therefore (AB)C=A(BC)$

(b) $B+C=\begin{pmatrix} 3 & 2 \\ -1 & 3 \end{pmatrix}$이므로

$$A(B+C)=\begin{pmatrix} -2 & 1 \\ 3 & -1 \end{pmatrix}\begin{pmatrix} 3 & 2 \\ -1 & 3 \end{pmatrix}=\begin{pmatrix} -7 & -1 \\ 10 & 3 \end{pmatrix}$$

$$AB+AC=\begin{pmatrix} -6 & -4 \\ 7 & 7 \end{pmatrix}+\begin{pmatrix} -1 & 3 \\ 3 & -4 \end{pmatrix}=\begin{pmatrix} -7 & -1 \\ 10 & 3 \end{pmatrix}$$

$\therefore A(B+C)=AB+AC$ ■

일반적으로 행렬의 곱셈에서는 교환법칙이 성립하지 않는다.

$A=\begin{pmatrix} 3 & 2 \\ 1 & -4 \end{pmatrix}$, $B=\begin{pmatrix} -1 & 3 \\ 2 & 4 \end{pmatrix}$일 때,

$$AB=\begin{pmatrix} 1 & 17 \\ -9 & -13 \end{pmatrix},\ BA=\begin{pmatrix} 0 & -14 \\ 10 & -12 \end{pmatrix}$$

즉, $AB\neq BA$이다.

한편, $A=\begin{pmatrix} 2 & -3 \\ 4 & 1 \end{pmatrix}$, $B=\begin{pmatrix} 1 \\ -2 \end{pmatrix}$일 때, AB는 정의되지만 BA는 정의되지 않는다.

예제 9 A, B가 이차정사각행렬일 때, 다음 식을 전개하여라.

(a) $(A+B)^2$ (b) $(A+B)(A-B)$

풀이 (a) $(A+B)^2=(A+B)(A+B)$

$$=A(A+B)+B(A+B)$$

$$=A^2+AB+BA+B^2$$

(b) $(A+B)(A-B)=A(A-B)+B(A-B)$

$$=A^2-AB+BA-B^2$$ ■

세 행렬 A, B, C에 대하여 $AB=AC$, $A\neq O$이지만 $B\neq C$인 경우가 있다.

$A=\begin{pmatrix} -2 & -4 \\ 1 & 2 \end{pmatrix}$, $B=\begin{pmatrix} 3 & 4 \\ 7 & -1 \end{pmatrix}$, $C=\begin{pmatrix} 5 & -2 \\ 6 & 2 \end{pmatrix}$에 대하여

$$AB=\begin{pmatrix} -2 & -4 \\ 1 & 2 \end{pmatrix}\begin{pmatrix} 3 & 4 \\ 7 & -1 \end{pmatrix}=\begin{pmatrix} -34 & -4 \\ 17 & 2 \end{pmatrix}$$

$$AC=\begin{pmatrix} -2 & -4 \\ 1 & 2 \end{pmatrix}\begin{pmatrix} 5 & -2 \\ 6 & 2 \end{pmatrix}=\begin{pmatrix} -34 & -4 \\ 17 & 2 \end{pmatrix}$$

즉, $AB=AC$이지만 $B\neq C$ 이다.

정사각행렬 A, B에 대하여 $A\neq O$, $B\neq O$이면서 $AB=O$인 경우가 있다. 즉, 행렬에서는 $AB=O$이지만 A와 B가 모두 영행렬이 아닌 경우가 있다.

$A=\begin{pmatrix} 1 & 2 \\ 3 & 6 \end{pmatrix}$, $B=\begin{pmatrix} -2 & 2 \\ 1 & -1 \end{pmatrix}$일 때, $A\neq O$, $B\neq O$이지만

$$AB=\begin{pmatrix} 1 & 2 \\ 3 & 6 \end{pmatrix}\begin{pmatrix} -2 & 2 \\ 1 & -1 \end{pmatrix}=\begin{pmatrix} 0 & 0 \\ 0 & 0 \end{pmatrix}$$

임을 알 수 있다.

임의의 n차 정사각행렬 A에 대하여

$$AE=EA=A$$

가 성립하는 n차 정사각행렬 E를 n차 단위행렬이라고 한다.

실제로

$$\begin{pmatrix} 1 & 0 \\ 0 & 1 \end{pmatrix}, \begin{bmatrix} 1 & 0 & 0 \\ 0 & 1 & 0 \\ 0 & 0 & 1 \end{bmatrix} \cdots$$

은 각각 2차, 3차의 단위행렬이며, 기호 E로 나타낸다. n차 단위행렬은 n차 정사각행렬의 집합에서 곱셈에 대한 항등원이다.

3.6 연습문제

1. 다음 행렬의 합을 구하여라.

(a) $\begin{pmatrix} -3 \\ 2 \end{pmatrix}+\begin{pmatrix} 0 \\ -5 \end{pmatrix}$ (b) $\begin{pmatrix} -2 & 0 & 1 \\ 4 & 5 & 2 \end{pmatrix}+\begin{pmatrix} 1 & 5 & -3 \\ 2 & 0 & 3 \end{pmatrix}$

2. $A=\begin{pmatrix} -2 & 7 \\ 3 & 5 \end{pmatrix}$, $B=\begin{pmatrix} 0 & 4 \\ -2 & 6 \end{pmatrix}$, $C=\begin{pmatrix} 2 & -4 \\ 8 & 1 \end{pmatrix}$일 때, 다음을 구하여라.

(a) $A-B$ (b) $A-(B-C)$

(c) $O-A$ (d) $-(-B)$

3. $A=\begin{pmatrix} 5 & -1 \\ 3 & 0 \end{pmatrix}$일 때, $3A$, $-\frac{1}{2}A$를 구하여라.

4. $A=\begin{pmatrix} 2 & 1 \\ 3 & 4 \end{pmatrix}$, $B=\begin{pmatrix} -1 & 5 \\ 2 & 3 \end{pmatrix}$일 때, 행렬$\begin{pmatrix} 1 & 17 \\ 12 & 17 \end{pmatrix}$을 실수 x, y를 써서 $xA+yB$의 꼴로 나타내어라.

5. 다음 행렬의 곱셈을 구하여라.

(a) $(5\ \ 3)\begin{pmatrix} 2 \\ -1 \end{pmatrix}$ (b) $\begin{bmatrix} 1 \\ 3 \\ 4 \end{bmatrix}(2\ \ 4\ \ 6)$

6. 다음 등식이 성립하도록 x, y의 값을 정하여라.

$\begin{pmatrix} -2 & 1 \\ 4 & -2 \end{pmatrix}\begin{pmatrix} 1 & x \\ y & -2 \end{pmatrix}=\begin{pmatrix} 0 & 0 \\ 0 & 0 \end{pmatrix}$

7. $A=\begin{pmatrix} 1 & 1 \\ -1 & 0 \end{pmatrix}$일 때, $A+A^2+A^3+A^4+A^5$를 구하여라.

8. $A=\begin{pmatrix} 1 & -2 \\ 2 & 3 \end{pmatrix}$일 때, A^2, A^3을 구하여라.

9. n차의 정사각행렬 A, B에 대하여

$$(A-B)^2=A^2-2AB+B^2$$

이 성립하는 것은 어느 경우인가?

10. $A=\begin{pmatrix} 2 & 1 \\ 4 & 2 \end{pmatrix}$일 때, $AX=O$가 되는 영행렬이 아닌 이차정사각행렬 X를 하나 구하여라.

3.7 행렬식

⊳ 2차 행렬식

1 정의 2차 행렬식

2차 정방행렬 $A=\begin{pmatrix} a & b \\ c & d \end{pmatrix}$에서 $ad-bc$를 A의 **행렬식**이라 하고, det A 또는 $|A|$로 표시한다. 즉

$$\det A=|A|=\begin{vmatrix} a & b \\ c & d \end{vmatrix}=ad-bc.$$

예제 1 $\begin{vmatrix} 2 & -3 \\ 4 & -2 \end{vmatrix}=2(-2)-(-3)4=8.$ ■

2원 1차 연립방정식

$$a_{11}x+a_{12}y=b_1$$
$$a_{21}x+a_{22}y=b_2$$

의 해를 구하면 $a_{11}a_{22}-a_{21}a_{12}\neq 0$일 때

$$x=\frac{b_1a_{22}-b_2a_{12}}{a_{11}a_{22}-a_{21}a_{12}},\quad y=\frac{a_{11}b_2-a_{21}b_1}{a_{11}a_{22}-a_{21}a_{12}}$$

이 된다. 이것을 행렬식 기호를 사용하면

$$x=\frac{\begin{vmatrix} b_1 & a_{12} \\ b_2 & a_{22} \end{vmatrix}}{\begin{vmatrix} a_{11} & a_{12} \\ a_{21} & a_{22} \end{vmatrix}},\quad y=\frac{\begin{vmatrix} a_{11} & b_1 \\ a_{21} & b_2 \end{vmatrix}}{\begin{vmatrix} a_{11} & a_{12} \\ a_{21} & a_{22} \end{vmatrix}}\quad \text{단, } \begin{vmatrix} a_{11} & a_{12} \\ a_{21} & a_{22} \end{vmatrix}\neq 0$$

이 식을 2원 1차 연립방정식의 **Cramer의 공식**이라 하고, 여기서 분모는 계수행렬의 행렬식이며 흔히 Δ로 표시한다. 그리고 분자는 x와 y의 해에 대하여 x와 y의 계수자리에 상수항을 대입한 행렬의 행렬식이다.

예제 2 연립방정식 $\begin{cases} x=y+1 \\ 2x+3y-12=0 \end{cases}$의 해를 구하여라.

풀이 방정식의 모양을

$$\begin{cases} x-y=1 \\ 2x+3y=12 \end{cases}$$

로 바꾸면

$$\Delta=\begin{vmatrix} 1 & -1 \\ 2 & 3 \end{vmatrix}=1\times3-(-1)\times2=5.$$

따라서

$$x=\frac{\begin{vmatrix} 1 & -1 \\ 12 & 3 \end{vmatrix}}{5}=\frac{15}{5}=3, \quad y=\frac{\begin{vmatrix} 1 & 1 \\ 2 & 12 \end{vmatrix}}{5}=\frac{10}{5}=2.$$ ■

▷ 3차 행렬식

3차 정방행렬 $A=(a_{ij})$ $(i=1, 2, 3; j=1, 2, 3)$, 즉

$$A=\begin{pmatrix} a_{11} & a_{12} & a_{13} \\ a_{21} & a_{22} & a_{23} \\ a_{31} & a_{32} & a_{33} \end{pmatrix}$$

에서 a_{ij}가 들어 있는 행과 열을 제외한 성분들의 행렬식(2차 행렬식)을 a_{ij}의 **소행렬식**(minor matrix)이라 한다. 예를 들면 a_{11}의 소행렬식은 $\begin{vmatrix} a_{22} & a_{23} \\ a_{32} & a_{33} \end{vmatrix}$이고, a_{22}의 소행렬식은 $\begin{vmatrix} a_{11} & a_{13} \\ a_{31} & a_{33} \end{vmatrix}$이다. 이제 a_{ij}의 소행렬식을 A_{ij}라 할 때 3차 정방행렬 A의 행렬식의 정의는 다음과 같다.

> **2 정의 3차 행렬식**
>
> 3차 정방행렬
>
> $$A=\begin{pmatrix} a_{11} & a_{12} & a_{13} \\ a_{21} & a_{22} & a_{23} \\ a_{31} & a_{32} & a_{33} \end{pmatrix}$$
>
> 의 행렬식 $|A|$는
>
> $$|A|=a_{11}A_{11}-a_{12}A_{12}+a_{13}A_{13}$$
>
> 임을 말한다.
>
> $(-1)^{i+j}A_{ij}$를 a_{ij}의 **여인수**(cofactor)라 하고, 위 $|A|$의 정의는 제1행에 관한 여인수전개라 한다.

예제 3 $A=\begin{pmatrix} a_{11} & a_{12} & a_{13} \\ a_{21} & a_{22} & a_{23} \\ a_{31} & a_{32} & a_{33} \end{pmatrix}$의 행렬식 $|A|$는

$$|A|=a_{11}a_{22}a_{33}+a_{12}a_{23}a_{31}+a_{13}a_{21}a_{32}-a_{13}a_{22}a_{31}-a_{12}a_{21}a_{33}-a_{11}a_{23}a_{32}$$

임을 보여라.

풀이
$$\begin{aligned}|A|&=a_{11}A_{11}-a_{12}A_{12}+a_{13}A_{13}\\&=a_{11}\begin{vmatrix}a_{22}&a_{23}\\a_{32}&a_{33}\end{vmatrix}-a_{12}\begin{vmatrix}a_{21}&a_{23}\\a_{31}&a_{33}\end{vmatrix}+a_{13}\begin{vmatrix}a_{21}&a_{22}\\a_{31}&a_{32}\end{vmatrix}\\&=a_{11}(a_{22}a_{33}-a_{23}a_{32})-a_{12}(a_{21}a_{33}-a_{23}a_{31})+a_{13}(a_{21}a_{32}-a_{22}a_{31})\\&=a_{11}a_{22}a_{33}+a_{12}a_{23}a_{31}+a_{13}a_{21}a_{32}-a_{13}a_{22}a_{31}-a_{12}a_{21}a_{33}-a_{11}a_{23}a_{32}\end{aligned}$$

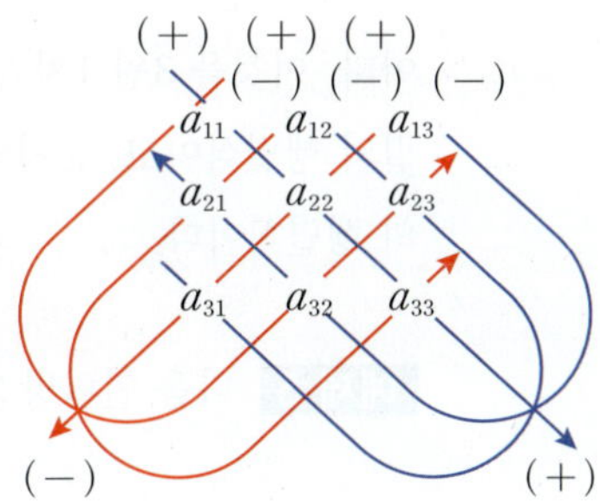

■

예제 4 다음 행렬식을 계산하여라.

$$\begin{vmatrix}2&-1&3\\1&2&3\\3&-2&1\end{vmatrix}$$

풀이

$$\begin{vmatrix}2&-1&3\\1&2&3\\3&-2&1\end{vmatrix}=2\times2\times1+(-1)\times3\times3+3\times(-2)\times1$$

$$-3\times2\times3-(-1)\times1\times1-2\times(-2)\times3=-16$$ ■

이제 3원 1차 연립방정식의 해를 행렬식을 이용하여 푸는 방법을 조사해 보자. 다음 3원 1차 연립방정식

$$\begin{aligned}a_{11}x+a_{12}y+a_{13}z&=b_1\\a_{21}x+a_{22}y+a_{23}z&=b_2\\a_{31}x+a_{32}y+a_{33}z&=b_3\end{aligned}$$

을 풀면

$$x=\frac{b_1a_{22}a_{33}+b_2a_{32}a_{13}+b_3a_{12}a_{23}-b_3a_{22}a_{13}-b_2a_{12}a_{33}-b_1a_{32}a_{13}}{a_{11}a_{22}a_{33}+a_{12}a_{23}a_{31}+a_{13}a_{21}a_{32}-a_{13}a_{22}a_{31}-a_{12}a_{21}a_{33}-a_{11}a_{23}a_{32}}$$

$$y=\frac{a_{11}b_2a_{33}+a_{21}b_3a_{13}+a_{31}b_1b_{23}-a_{31}b_2a_{13}-a_{21}b_1a_{33}-a_{11}b_3a_{23}}{a_{11}a_{22}a_{33}+a_{12}a_{23}a_{31}+a_{13}a_{21}a_{32}-a_{13}a_{22}a_{31}-a_{12}a_{21}a_{33}-a_{11}a_{23}a_{32}}$$

$$z=\frac{a_{11}a_{22}b_3+a_{21}a_{32}b_1+a_{31}a_{12}b_2-a_{31}a_{22}b_1-a_{21}a_{12}b_3-a_{11}a_{32}b_2}{a_{11}a_{22}a_{33}+a_{12}a_{23}a_{31}+a_{13}a_{21}a_{32}-a_{13}a_{22}a_{31}-a_{12}a_{21}a_{33}-a_{11}a_{23}a_{32}}$$

이다. 이것을 3차 행렬식을 이용하여 나타내면 다음과 같이 쓸 수 있다.

$$\varDelta=\begin{vmatrix} a_{11} & a_{12} & a_{13} \\ a_{21} & a_{22} & a_{23} \\ a_{31} & a_{32} & a_{33} \end{vmatrix} \neq 0$$

이라고 하면 연립방정식의 해는

$$x=\frac{\begin{vmatrix} b_1 & a_{12} & a_{13} \\ b_2 & a_{22} & a_{23} \\ b_3 & a_{32} & a_{33} \end{vmatrix}}{\varDelta},\quad y=\frac{\begin{vmatrix} a_{11} & b_1 & a_{13} \\ a_{21} & b_2 & a_{23} \\ a_{31} & b_3 & a_{33} \end{vmatrix}}{\varDelta},\quad z=\frac{\begin{vmatrix} a_{11} & a_{12} & b_1 \\ a_{21} & a_{22} & b_2 \\ a_{31} & a_{32} & b_3 \end{vmatrix}}{\varDelta}$$

이다. 이것을 3원 1차 연립방정식의 **Cramer의 공식**이라 한다. 여기서 분모 $\varDelta$는 계수행렬의 행렬식이고, 분자의 행렬식은 분모 $\varDelta$의 x, y, z자리에 각각 상수항을 대입시킨 행렬의 행렬식이다.

예제 5 다음 연립방정식을 풀어라.

$$\begin{aligned} x+y+z&=4 \\ 2x-y-2z&=-1 \\ x-2y-z&=1 \end{aligned}$$

풀이

$$\varDelta=\begin{vmatrix} 1 & 1 & 1 \\ 2 & -1 & -2 \\ 1 & -2 & -1 \end{vmatrix}=-6$$

$$x=\frac{\begin{vmatrix} 4 & 1 & 1 \\ -1 & -1 & -2 \\ 1 & -2 & -1 \end{vmatrix}}{-6}=\frac{-12}{-6}=2$$

$$y=\frac{\begin{vmatrix} 1 & 4 & 1 \\ 2 & -1 & -2 \\ 1 & 1 & -1 \end{vmatrix}}{-6}=\frac{6}{-6}=-1$$

$$z=\frac{\begin{vmatrix} 1 & 1 & 4 \\ 2 & -1 & -1 \\ 1 & -2 & 1 \end{vmatrix}}{-6}=\frac{-18}{-6}=3$$

동차 3원 1차 연립방정식

$$\begin{aligned} a_{11}x+a_{12}y+a_{13}z&=0 \\ a_{21}x+a_{22}y+a_{23}z&=0 \\ a_{31}x+a_{32}y+a_{33}z&=0 \end{aligned}$$

에서 $\varDelta\neq0$이면 Cramer의 공식에 의하여 해는 $x=y=z=0$이고, 이것 이외의 해는 없다. 따라서 이 명제의 대우명제인 다음 정리가 성립한다.

동차 3원 1차 연립방정식

$$a_{11}x+a_{12}y+a_{13}z=0$$
$$a_{21}x+a_{22}y+a_{23}z=0$$
$$a_{31}x+a_{32}y+a_{33}z=0$$

이 $x=y=z=0$이외의 해를 갖는다면 계수행렬의 행렬식은 0이다. 즉

$$\Delta=\begin{vmatrix} a_{11} & a_{12} & a_{13} \\ a_{21} & a_{22} & a_{23} \\ a_{31} & a_{32} & a_{33} \end{vmatrix}=0.$$

예제 6 세 직선 $a_1x+b_1y=c_1$, $a_2x+b_2y=c_2$, $a_3x+b_3y=c_3$가 한 점을 지나면

$$\begin{vmatrix} a_1 & b_1 & c_1 \\ a_2 & b_2 & c_2 \\ a_3 & b_3 & c_3 \end{vmatrix}=0$$

임을 보여라.

풀이 세 직선이 한 점을 지나므로, 그 점을 $(p,\ q)$라 하고 세 직선의 식에 대입하면

$$a_1p+b_1q-c_1=0$$
$$a_2p+b_2q-c_2=0$$
$$a_3p+b_3q-c_3=0$$

이 된다. 결국 동차 연립방정식

$$a_1x+b_1y+c_1z=0$$
$$a_2x+b_2y+c_2z=0$$
$$a_3x+b_3y+c_3z=0$$

이 $x=y=z=0$ 이외에 $x=p$, $y=q$, $z=-1$의 해를 갖는다. 따라서 계수행렬의 행렬식은 0이다. ■

예제 7 다음 방정식이 $x=0$, $y=0$, $z=0$ 이외의 해를 갖도록 a값을 구하여라.

$$\begin{cases} ax+y+z=0 \\ x+ay+z=0 \\ x+y+az=0 \end{cases}$$

풀이 정의 **2**에 의하여

$$\begin{vmatrix} a & 1 & 1 \\ 1 & a & 1 \\ 1 & 1 & a \end{vmatrix}=0$$

이 되어야 한다.

$$\begin{vmatrix} a & 1 & 1 \\ 1 & a & 1 \\ 1 & 1 & a \end{vmatrix}=a^3+1+1-a-a-a=(a-1)^2(a+2)=0$$

$\therefore a=1,\ -2$ ■

▷ 행렬식의 성질

3차 행렬식에서 성립하는 성질들을 생각해 보자. 다음의 성질들은 일반적으로 n차 행렬식에서도 성립한다.

(a) 행과 열을 서로 바꾸어 놓아도 행렬식의 값은 변하지 않는다. 즉

$$\begin{vmatrix} a & b & c \\ d & e & f \\ g & h & k \end{vmatrix} = \begin{vmatrix} a & d & g \\ b & e & h \\ c & f & k \end{vmatrix}$$

(b) 두 행(또는 두 열)을 서로 바꾸면 행렬식의 값은 부호만 바뀐다.

$$\begin{vmatrix} d & e & f \\ a & b & c \\ g & h & k \end{vmatrix} = -\begin{vmatrix} a & b & c \\ d & e & f \\ g & h & k \end{vmatrix}$$

(c) 두 행(또는 두 열)이 서로 같으면 행렬식의 값은 0이다. 예를 들면

$$\begin{vmatrix} a & b & c \\ a & b & c \\ d & e & f \end{vmatrix} = 0$$

(d) 한 행(또는 한 열)을 제외하고 나머지 다른 행(또는 열)이 같은 두 행렬식의 합은 한 행렬식으로 만들 수 있다. 즉

$$\begin{vmatrix} a & b & c \\ d & e & f \\ g & h & k \end{vmatrix} + \begin{vmatrix} a' & b & c \\ d' & e & f \\ g' & h & k \end{vmatrix} = \begin{vmatrix} a+a' & b & c \\ d+d' & e & f \\ g+g' & h & k \end{vmatrix}$$

(e) 한 행(또는 열)의 공통인수는 행렬식의 밖으로 꺼낼 수 있다. 예를 들면

$$\begin{vmatrix} a & b & c \\ d & e & f \\ pg & ph & pk \end{vmatrix} = p\begin{vmatrix} a & b & c \\ d & e & f \\ g & h & k \end{vmatrix}$$

이것으로부터 한 행(또는 열)이 전부 0이면 그 행렬식의 값은 0임을 알 수 있다.

(f) p가 임의의 수일 때 어떤 행(또는 열)에 다른 행(또는 열)의 p배를 더하여도 그 값은 변하지 않는다. 예를 들면

$$\begin{vmatrix} a+pb & b & c \\ d+pe & e & f \\ g+ph & h & k \end{vmatrix} = \begin{vmatrix} a & b & c \\ d & e & f \\ g & h & k \end{vmatrix}$$

예제 8 행렬식의 성질을 이용하여 다음 행렬식의 값을 구하여라.

$$\begin{vmatrix} 3 & 2 & 4 \\ 2 & 2 & 3 \\ 3 & 3 & 1 \end{vmatrix}$$

풀이 제1열에서 제2열을 뺀 것을 제1열로 하면

$$\begin{vmatrix} 3 & 2 & 4 \\ 2 & 2 & 3 \\ 3 & 3 & 1 \end{vmatrix} = \begin{vmatrix} 1 & 2 & 4 \\ 0 & 2 & 3 \\ 0 & 3 & 1 \end{vmatrix} = 1 \times \begin{vmatrix} 2 & 3 \\ 3 & 1 \end{vmatrix} - 0\begin{vmatrix} 2 & 4 \\ 3 & 1 \end{vmatrix} + 0\begin{vmatrix} 2 & 4 \\ 2 & 3 \end{vmatrix} = \begin{vmatrix} 2 & 3 \\ 3 & 1 \end{vmatrix} = 2-9 = -7$$ ■

▷ n차 행렬식

$$A = \begin{bmatrix} a_{11} & a_{12} & a_{13} & a_{14} \\ a_{21} & a_{22} & a_{23} & a_{24} \\ a_{31} & a_{32} & a_{33} & a_{34} \\ a_{41} & a_{42} & a_{43} & a_{44} \end{bmatrix}$$

일 때

$$|A| = a_{11}A_{11} - a_{12}A_{12} + a_{13}A_{13} - a_{14}A_{14} = \sum_{j=1}^{4}(-1)^{1+j}a_{1j}A_{1j}$$

로 정의할 수 있다. 이것은 제1행에 관한 여인수전개이고 마찬가지로 i행에 관하여 여인수전개를 하면

$$|A| = \sum_{j=1}^{4}(-1)^{i+j}a_{ij}A_{ij}$$

이고, 제j열에 관하여 전개하면

$$|A| = \sum_{i=1}^{4}(-1)^{i+j}a_{ij}A_{ij}$$

로 정의된다. 이러한 방법을 확장하여 n차 행렬식은 $n-1$차 행렬식을 이용하여 다음과 같이 정의한다.

3 정의 n차 행렬식

n차 행렬식은

$$A = \begin{bmatrix} a_{11} & a_{12} & \cdots & a_{1n} \\ a_{21} & a_{22} & \cdots & a_{2n} \\ \cdots & \cdots & \cdots & \cdots \\ a_{n1} & a_{n2} & \cdots & a_{nn} \end{bmatrix}$$

의 행렬 $|A|$는 다음과 같이 정의한다.

$$|A| = \sum_{i=1}^{n}(-1)^{i+j}a_{ij}A_{ij} \quad (j=1,\ 2,\ \cdots,\ n)$$

$$= \sum_{j=1}^{n}(-1)^{i+j}a_{ij}A_{ij} \quad (i=1,\ 2,\ \cdots,\ n)$$

여기서 $(-1)^{i+j}A_{ij}$를 여인수(cofactor)라 한다.

결국 부호는 $i+j$가 홀수이면 $-$, 짝수이면 $+$가 된다. 그리고 전개시킬 때에는 가능한 0이 많이 들어 있는 행을 기준으로 전개시키는 것이 좋다.

▷ 수반행렬과 역행렬

3차 정방행렬

$$A=\begin{pmatrix} a_{11} & a_{12} & a_{13} \\ a_{21} & a_{22} & a_{23} \\ a_{31} & a_{32} & a_{33} \end{pmatrix}$$

가 정칙행렬이라 하자. A의 행렬식을 제 1행에 관하여 여인수전개시키면

$$\begin{vmatrix} a_{11} & a_{12} & a_{13} \\ a_{21} & a_{22} & a_{23} \\ a_{31} & a_{32} & a_{33} \end{vmatrix}=a_{11}A_{11}-a_{12}A_{12}+a_{13}A_{13}=|A| \qquad \cdots\cdots(1)$$

로 표시된다. 이 식의 양변에

$$a_{11}=a_{21},\ a_{12}=a_{22},\ a_{13}=a_{23}$$

를 대입하면 좌변은 제 1행과 제 2행이 일치하므로 0이 된다. 따라서

$$a_{21}A_{11}-a_{22}A_{12}+a_{23}A_{13}=0 \qquad \cdots\cdots(2)$$

마찬가지로

$$a_{31}A_{11}-a_{32}A_{12}+A_{33}A_{13}=0 \qquad \cdots\cdots(3)$$

또 A의 행렬식을 제 2행에 관하여 여인수전개시키고 위와 똑같이 생각하면

$$-a_{21}A_{21}+a_{22}A_{22}-a_{23}A_{23}=|A| \qquad \cdots\cdots(4)$$

$$-a_{11}A_{21}+a_{12}A_{22}-a_{13}A_{23}=0 \qquad \cdots\cdots(5)$$

$$-a_{31}A_{21}+a_{32}A_{22}-a_{33}A_{23}=0 \qquad \cdots\cdots(6)$$

또 A의 행렬식을 제 3행에 관하여 여인수전개시키고 위와 똑같이 생각하면

$$a_{31}A_{31}-a_{32}A_{32}+a_{33}A_{33}=|A| \qquad \cdots\cdots(7)$$

$$a_{11}A_{31}-a_{12}A_{32}+a_{13}A_{33}=0 \qquad \cdots\cdots(8)$$

$$a_{21}A_{31}-a_{22}A_{32}+a_{23}A_{33}=0 \qquad \cdots\cdots(9)$$

위의 (1)~(9)를 행렬을 이용하여 표시하면

$$\begin{pmatrix} a_{11} & a_{12} & a_{13} \\ a_{21} & a_{22} & a_{23} \\ a_{31} & a_{32} & a_{33} \end{pmatrix}\begin{pmatrix} A_{11} & -A_{21} & A_{31} \\ -A_{12} & A_{22} & -A_{32} \\ A_{13} & -A_{23} & A_{33} \end{pmatrix}=\begin{pmatrix} |A| & 0 & 0 \\ 0 & |A| & 0 \\ 0 & 0 & |A| \end{pmatrix}=|A|\begin{pmatrix} 1 & 0 & 0 \\ 0 & 1 & 0 \\ 0 & 0 & 1 \end{pmatrix}$$

$$\therefore \frac{1}{|A|}\begin{pmatrix} a_{11} & a_{12} & a_{13} \\ a_{21} & a_{22} & a_{23} \\ a_{31} & a_{32} & a_{33} \end{pmatrix}\begin{pmatrix} A_{11} & -A_{21} & A_{31} \\ -A_{12} & A_{22} & -A_{32} \\ A_{13} & -A_{23} & A_{33} \end{pmatrix}=E$$

위의 결과로부터

$$A=\begin{bmatrix} a_{11} & a_{12} & a_{13} \\ a_{21} & a_{22} & a_{23} \\ a_{31} & a_{32} & a_{33} \end{bmatrix}$$

의 역행렬 A^{-1}은

$$A^{-1}=\frac{1}{|A|}\begin{bmatrix} A_{11} & -A_{21} & A_{31} \\ -A_{12} & A_{22} & -A_{32} \\ A_{13} & -A_{23} & A_{33} \end{bmatrix}$$

임을 알 수 있다. 이것은 일반적으로 n차 정방행렬에 대해서도 마찬가지이다. 즉

$$A=\begin{bmatrix} a_{11} & a_{12} & \cdots & a_{1n} \\ a_{21} & a_{22} & \cdots & a_{2n} \\ \cdots & \cdots & \cdots & \cdots \\ a_{n1} & a_{n2} & \cdots & a_{nn} \end{bmatrix}$$

의 역행렬 A^{-1}

$$A^{-1}=\frac{1}{|A|}\begin{bmatrix} A_{11} & -A_{21} & \cdots & (-1)^{n+1}A_{n1} \\ -A_{12} & A_{22} & \cdots & (-1)^{n+2}A_{n2} \\ \vdots & \vdots & & \vdots \\ (-1)^{n+1}A_{1n} & (-1)^{n+2}A_{2n} & \cdots & (-1)^{n+n}A_{nn} \end{bmatrix} \qquad \vdots$$

여기서 행렬 $|A|A^{-1}$을 **수반행렬**(classical adjoint matrix)이라 하고, A의 각 성분을 여인수로 대치한 다음 행과 열을 바꾸어 준 행렬이 된다. 기호로는 $adj\ A$로 표시한다.

예제 9 $A=\begin{bmatrix} 2 & 3 & -4 \\ 0 & -4 & 2 \\ 1 & -1 & +5 \end{bmatrix}$ 의 A^{-1}을 구하면

$$A^{-1}=\frac{1}{|A|}(adjA)=-\frac{1}{46}\begin{bmatrix} -18 & -11 & -10 \\ 2 & 14 & -4 \\ 4 & 5 & -8 \end{bmatrix}$$

$$=\begin{bmatrix} \frac{9}{23} & \frac{11}{46} & \frac{5}{23} \\ -\frac{1}{23} & -\frac{7}{23} & \frac{2}{23} \\ -\frac{2}{23} & -\frac{5}{46} & \frac{4}{23} \end{bmatrix}$$

■

▷ 1차 연립방정식의 응용

n개의 미지수 $x_1, x_2, \cdots, x_n$에 관하여 연립일차방정식

$$a_{11}x_1+a_{12}x_2+\cdots+a_{1n}x_n=b_1$$
$$a_{21}x_1+a_{22}x_2+\cdots+a_{2n}x_n=b_2 \qquad \cdots(1)$$

$$\cdots\cdots\cdots\cdots\cdots\cdots\cdots\cdots\cdots\cdots\cdots\cdots$$

$$a_{n1}x_1+a_{n2}x_2+\cdots+a_{nn}x_x=b_n$$

의 해법에 대해서 알아보기로 하자.

$$A=\begin{bmatrix} a_{11} & a_{12} & \cdots & a_{1n} \\ a_{21} & a_{22} & \cdots & a_{2n} \\ \cdots & \cdots & \cdots & \cdots \\ a_{n1} & a_{n2} & \cdots & a_{nn} \end{bmatrix},\quad X=\begin{bmatrix} x_1 \\ x_2 \\ \cdots \\ x_n \end{bmatrix},\quad B=\begin{bmatrix} b_1 \\ b_2 \\ \cdots \\ b_n \end{bmatrix}$$

이라 놓으면 (1)은

$$AX=B \qquad \cdots(2)$$

로 쓸 수 있다. 만일 $|A|\neq 0$이면 A의 역행렬 A^{-1}가 존재하므로 (2)의 양변에 A^{-1}를 곱하면 $X=A^{-1}B$를 얻는다. 따라서 해가 존재한다면 $A^{-1}B$가 아니면 안 된다. 역으로 $X=A^{-1}B$를 (2)에 대입하면 $A(A^{-1}B)=(AA^{-1})B=EB=B$, 따라서 $X=A^{-1}B$는 해이다.

즉 $|A|\neq 0$일 때 $AX=B$는 단 하나의 해 $X=A^{-1}B$를 갖는다.

$$X=A^{-1}B=\frac{1}{|A|}\begin{bmatrix} A_{11} & -A_{21} & \cdots & (-1)^{1+n}A_{n1} \\ -A_{12} & A_{22} & \cdots & (-1)^{n+2}A_{n2} \\ \cdots & \cdots & \cdots & \cdots \\ (-1)^{1+n}A_{1n} & (-1)^{2+n}A_{2n} & \cdots & (-1)^{n+n}A_{nn} \end{bmatrix}\begin{bmatrix} b_1 \\ b_2 \\ \cdots \\ b_n \end{bmatrix}$$

양변의 j성분을 택하면

$$x_j=\frac{1}{|A|}(b_1A_{1j}+b_2A_{2j}+\cdots+b_nA_{nj})$$

$$=\frac{1}{|A|}\begin{vmatrix} a_{11} & \cdots & b_1 & \cdots & a_{1n} \\ a_{21} & \cdots & b_2 & \cdots & a_{2n} \\ \cdots & \cdots & \cdots & \cdots & \cdots \\ a_{n1} & \cdots & b_n & \cdots & a_{nn} \end{vmatrix} \quad (1\leq j\leq n)$$

이 식을 **Cramer의 공식**이라 한다.

3.7 연습문제

1. 다음 연립방정식을 행렬식을 이용하여 풀어라.

(a) $\begin{cases} x-y=1 \\ x+y=3 \end{cases}$　(b) $\begin{cases} 2x+3y=1 \\ 3x+2y=4 \end{cases}$

(c) $\begin{cases} 3x-2y=3 \\ x+3y=12 \end{cases}$　(d) $\begin{cases} ax-by=a^2 \\ bx-ay=ab \end{cases}$ $(a\neq 0)$

2. $ad-bc=0$이면 연립방정식 $\begin{cases} ax+by=0 \\ cx+dy=0 \end{cases}$은 $\begin{cases} x=0 \\ y=0 \end{cases}$ 이외의 해가 수없이 많음을 보여라.

3. 행렬 $A=\begin{bmatrix} 1 & 2 & 1 \\ 3 & 1 & 2 \\ -1 & 4 & 5 \end{bmatrix}$에 대하여 $A_{ij}=(i=1, 2, 3;\ j=1, 2, 3)$을 구하여라.

4. 위 행렬에 대하여 제1행에 관한 전개로 $|A|$를 구하고, 또 다른 행이나 열에 관한 전개로 $|A|$를 구하고 그 결과를 확인하여라.

5. 다음을 x의 다항식으로 나타내어라.

(a) $\begin{vmatrix} x & 2-x \\ 3 & x \end{vmatrix}$　(b) $\begin{vmatrix} 1-x & -3x \\ 1 & 1+x \end{vmatrix}$

(c) $\begin{vmatrix} 1-x & 1 & 2 \\ 2 & 2-x & 5 \\ 0 & 3 & -1-x \end{vmatrix}$

6. Cramer의 공식을 이용하여 다음 연립방정식을 풀어라.

(a) $\begin{cases} x-y+z=2 \\ 3x+2y-z=4 \\ 2x-3y+3z=5 \end{cases}$　(b) $\begin{cases} 2x-y+3z=-3 \\ x+3y+4z=3 \\ 3x-2y-z=0 \end{cases}$

(c) $\begin{cases} x+2y-3z=0 \\ 2x+3y-z=2 \\ x-y+z=1 \end{cases}$　(d) $\begin{cases} 2x-3y+3z=0 \\ x+3y-5z=0 \\ 9x+y-2z=0 \end{cases}$

7. 다음 행렬식의 값을 구하여라.

(a) $\begin{vmatrix} 1 & 1 & -1 & 1 \\ 1 & 0 & -1 & 1 \\ 0 & 1 & 1 & -1 \\ 2 & 0 & -1 & -3 \end{vmatrix}$　(b) $\begin{vmatrix} 2 & 0 & -3 & 1 \\ -1 & 3 & -1 & 1 \\ 0 & -1 & 5 & 3 \\ 5 & 2 & 2 & 4 \end{vmatrix}$

8. 다음 각 A에 대하여 $|A|$를 구하여라.

(a) $A=\begin{bmatrix} 2 & 3 & -4 & 5 \\ 0 & -1 & 5 & 3 \\ 0 & 0 & 2 & 4 \\ 0 & 0 & 0 & 6 \end{bmatrix}$

(b) $A=\begin{bmatrix} 4 & 0 & 0 & 0 & 0 \\ 1 & 1 & 0 & 0 & 0 \\ 3 & 2 & 3 & 0 & 0 \\ 3 & -3 & 2 & 2 & 0 \\ 6 & -5 & 2 & 5 & 1 \end{bmatrix}$

(a)과 같은 행렬을 **상삼각행렬**(上三角行列, upper triangular matrix)

(b)와 같은 행렬을 **하삼각행렬**(下三角行列, lower triangular matrix)

9. $A=\begin{bmatrix} 1 & 2 & 3 \\ 2 & 3 & 4 \\ 1 & 5 & 7 \end{bmatrix}$에 대하여 다음을 구하여라.

(a) $|A|$　(b) $adj\ A$

(c) $A\cdot(adj\ A)=|A|E$　(d) A^{-1}

10. $A=\begin{pmatrix} a & b \\ c & d \end{pmatrix}$에 대하여 다음을 밝혀라.

(a) $adj\ A$　(b) $adj(adj\ A)=A$

4 극한과 도함수

극한과 그 성질을 조사하는 것이 미분적분학에 대한 연구의 시작이라고 할 수 있다. 접선과 속도를 구할 때 이용되는 특별한 형태의 극한이 미분법과 도함수에서 중심개념을 이루게 된다. 도함수가 어떻게 여러 상황에서의 변화율로 해석되고, 도함수를 통해 어떻게 원래의 함수에 대한 정보를 얻을 수 있는지 살펴 보겠다.

4.1 접선과 속도 문제

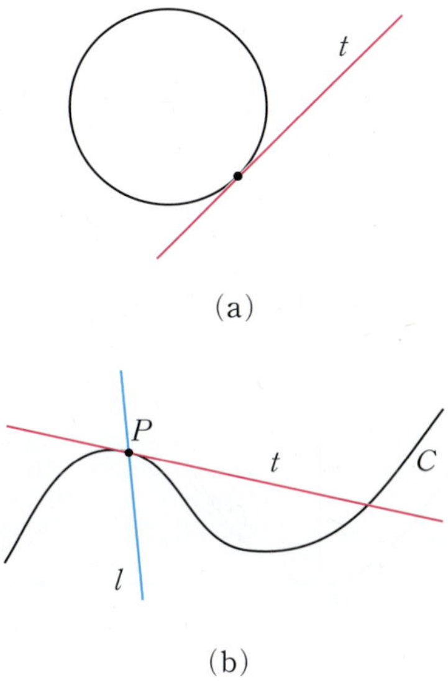

(a)
(b)

그림 1

이 절에서는 곡선의 접선 또는 물체의 속도를 구하려고 할 때 극한이 어떤 식으로 나타나는지 알아보자.

⊳ 접선 문제

접선(tangent)이라는 말은 "접촉"을 의미하는 라틴어 tangens에서 유래된다. 따라서 어떤 곡선의 접선은 그 곡선에 접해 있는 직선을 말한다. 즉, 접선은 접점에서 그 곡선과 같은 방향을 가져야 한다. 이 개념을 어떻게 더 명확히 할 수 있을까?

원에 대해서 유클리드(Euclid)는 그림 1(a)와 같이 그 원과 오직 한 점에서 만나는 직선을 접선이라고 했다. 그러나 그림 1(b)와 같이 좀더 복잡한 곡선 C에 대해서는 이 정의가 적합하지 않다는 것을 알 수 있다. 곡선 C 상의 점 P를 지나는 두 직선 l과 t 중에서 l은 이 곡선과 한 점에서 만나지만 접선으로 볼 수 없고, 반면 t는 접선처럼 보이지만 두 점에서 만난다.

이 문제를 분명히 하기 위해 다음 예제에서 포물선 $y=x^2$의 접선 t를 구해 보자.

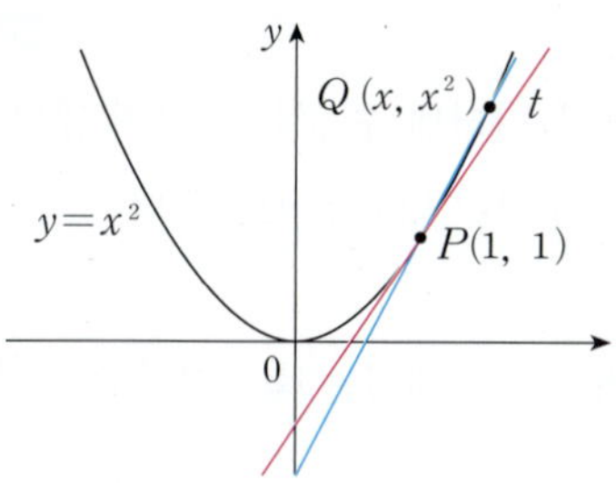

그림 2

예제 1 포물선 $y=x^2$의 점 $P(1,\ 1)$에서의 접선의 방정식을 구하여라.

풀이 구하는 접선의 기울기를 m이라 하자. 그림 2와 같이 포물선 상에서 점 P에 가까운 점 $Q(x,\ x^2)$를 잡으면 할선 PQ의 기울기 m_{PQ}는 m의 근삿값이 된다. [**할선**(secant line)은 라틴어로 절단을 의미하는 'secans'에서 유래되었는데, 곡선을 두 곳 이상에서 만나는 직선이다.] $x \neq 1$이면 $Q \neq P$이고, 이때

$$m_{PQ}=\frac{x^2-1}{x-1}$$

이다. 예를 들어, $Q(1.5,\ 2.25)$이면

$$m_{PQ}=\frac{2.25-1}{1.5-1}=\frac{1.25}{0.5}=2.5$$

이다. 왼쪽의 표는 1에 가까운 x의 값들에 대한 m_{PQ}의 값을 나타낸 것이다. Q가 P에 가까울수록 x는 1에 가까워지고, m_{PQ}는 2에 가까워짐을 알 수 있다. 이것은 접선 t의 기울기가 $m=2$라는 것을 암시하고 있다. 접선의 기울기는 할선들의 기울기의 극한이라 말하고 이것을

x	m_{PQ}
2	3
1.5	2.5
1.1	2.1
1.01	2.01
1.001	2.001

x	m_{PQ}
0	1
0.5	1.5
0.9	1.9
0.99	1.99
0.999	1.999

$$\lim_{Q\to P} m_{PQ}=m, \quad \lim_{x\to 1}\frac{x^2-1}{x-1}=2$$

로 나타낸다. 이 접선의 기울기가 2라고 한다면, 점 $(1,\ 1)$을 지나는 접선의 방정식은 $y-1=2(x-1)$, 즉 $y=2x-1$이다. 그림 3은 예제에서 Q가 포물선을 따라서 P에 접근할 때 대응하는 할선들이 P를 중심으로 회전하면서 접선 t에 접근하는 과정을 보여준다.

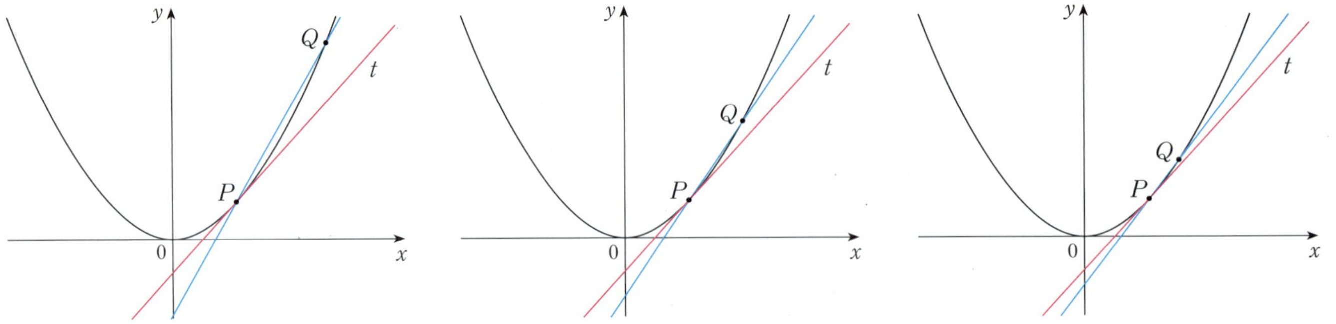

Q가 오른쪽에서 P에 접근한다.

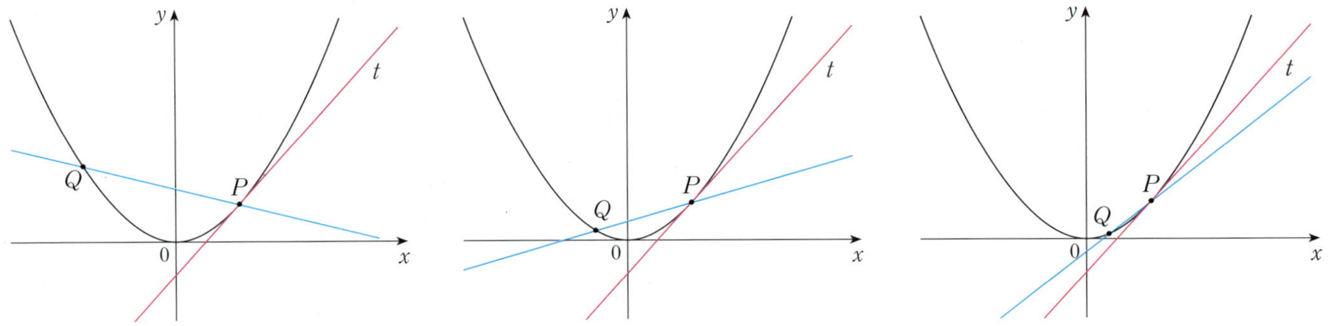

Q가 왼쪽에서 P에 접근한다.

그림 3

TEC Visual 2.1에서 몇 개의 다른 함수들에 대한 그림 3의 과정을 볼 수 있다.

과학에서 실험 데이터로 얻어진 함수들은 식으로 명확하게 나타낼 수 없는 경우가 많다. 다음 예제는 이러한 함수의 그래프에서 접선의 기울기를 추정하는 방법을 보여준다.

t	Q
0.00	100.00
0.02	81.87
0.04	67.03
0.06	54.88
0.08	44.93
0.10	36.76

예제 2 실험 데이터로부터 접선의 기울기 추정하기 카메라 플래시는 축전기에 충전된 전하를 플래시를 켰을 때 순간적으로 방출함으로써 작동된다. 왼쪽 표는 플래시를 켠 후 t초 뒤에 축전기에 남아있는 전하 Q(마이크로쿨롱)를 나타낸 것이다. 데이터를 이용하여 이 함수의 그래프를 그리고 $t=0.04$일 때 접선의 기울기를 추정하여 보아라. [참고 : 여기서 접선의 기울기는 축전기에서 플래시 전구로 흐르는 전류(마이크로암페어)를 나타낸다.]

풀이 그림 4는 주어진 데이터를 이용하여 함수의 그래프에 근사한 곡선을 그린 것이다.

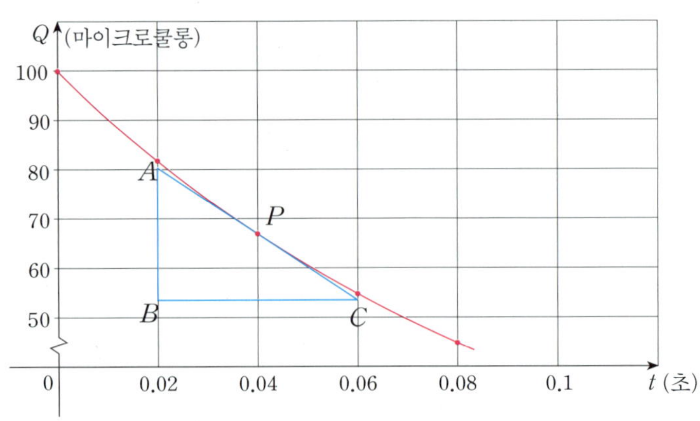

그림 4

R	m_{PR}
(0.00, 100.00)	−824.25
(0.02, 81.87)	−742.00
(0.06, 54.88)	−607.50
(0.08, 44.93)	−552.50
(0.10, 36.76)	−504.50

● 예제 2의 해는 물리학적으로 0.04초 후 축전기에서 플래시 전구에 흐르는 전류가 약 −670마이크로암페어가 된다는 의미이다.

그래프 위의 두 점 $P(0.04,\ 67.03)$과 $R(0.00,\ 100.00)$을 지나는 할선 PR의 기울기는

$$m_{PR}=\frac{100.00-67.03}{0.00-0.04}=-824.25$$

이다. 왼쪽 표는 다른 할선의 기울기를 같은 방법으로 계산한 결과이다. 이 표에서 $t=0.04$에서의 접선의 기울기는 -742와 -607.5 사이의 값으로 볼 수 있고, 평균을 잡으면

$$\frac{1}{2}(-742-607.5)=-674.75$$

이다. 따라서 접선의 기울기는 -675로 추정할 수 있다. 다른 방법으로, P에서 근사 접선을 그어 그림 4와 같은 직각삼각형 ABC를 잡으면 접선 AC의 기울기는

$$-\frac{|AB|}{|BC|}\approx-\frac{80.4-53.6}{0.06-0.02}=-670$$

로 추정된다. ■

▷ 속도 문제

시내를 달리는 차의 속도계를 보면 바늘이 오랫동안 멈춰서 있지 않음을 알 수 있다. 즉 차의 속도가 일정치 않다. 그런데 속도계를 본다는 것은 차가 매순간 정해진 속도를 갖고 있다는 것을 상정하는 것이다. 그러면 "순간적인" 속도는 어떻게 정의되는가? 낙하하는 공을 통해 조사해 보자.

토론토에 있는 CN 타워는 32년간 세계에서 가장 높은 건물이었다.

예제 3 토론토에 있는 지상 450m 높이의 CN 타워 전망대에서 공을 떨어트릴 때 5초 후의 공의 속도를 구하여라.

풀이 4세기 전 갈릴레오(Galileo)는 실험을 통해 자유낙하된 물체의 떨어진 거리는 경과된 시간의 제곱에 비례함을 밝혀냈다(공기저항은 무시). t초 후 떨어진 거리를 $s(t)$미터라고 하면, 갈릴레오 법칙은 식

$$s(t)=4.9t^2$$

으로 표현된다. 5초 후 속도를 구하기 위해서는 5초 후 시점 부근의 짧은 시간 구간을 잡는 것이 필요하다. $t=5$에서 $t=5.1$까지 $\frac{1}{10}$초 사이의 평균 낙하속도를 구해 보면

$$\begin{aligned}\text{평균 속도}&=\frac{\text{움직인 거리}}{\text{경과한 시간}}\\&=\frac{s(5.1)-s(5)}{0.1}\\&=\frac{4.9(5.1)^2-4.9(5)^2}{0.1}=49.49\text{m/s}\end{aligned}$$

이다. 다음 표는 시간구간을 더욱 짧게 했을 때 같은 방법으로 평균속도를 계산해

놓은 것이다.

시간구간	평균속도(m/s)
$5 \le t \le 6$	53.9
$5 \le t \le 5.1$	49.49
$5 \le t \le 5.05$	49.245
$5 \le t \le 5.01$	49.049
$5 \le t \le 5.001$	49.0049

표에서 시간구간이 짧을수록 평균속도가 49m/s에 가까워짐을 알 수 있다. $t=5$일 때의 순간속도(instantaneous velocity)는 $t=5$로부터의 시간구간을 더욱 더 줄여 나갔을 때 평균속도의 극한으로 정의된다. 따라서 5초 후의 (순간)속도는

$$v = 49\text{m/s}$$

이다. ■

문제를 풀 때 쓰인 과정은 앞에서 접선을 구할 때 사용했던 방법과 매우 유사하다. 사실 접선 문제와 속도 구하기 문제는 밀접한 관련이 있다. 그림 5와 같이 공의 거리함수의 그래프 상에 두 점 $P(a, 4.9a^2)$와 $Q(a+h, 4.9(a+h)^2)$를 잡았을 때 할선 PQ의 기울기

$$m_{PQ} = \frac{4.9(a+h)^2 - 4.9a^2}{(a+h) - a}$$

은 시간구간 $[a, a+h]$에서의 평균속도와 같다. 그러므로 $t=a$일 때의 속도(h가 0에 접근할 때 평균속도의 극한)는 점 P에서의 접선의 기울기(할선의 기울기의 극한)와 같게 된다.

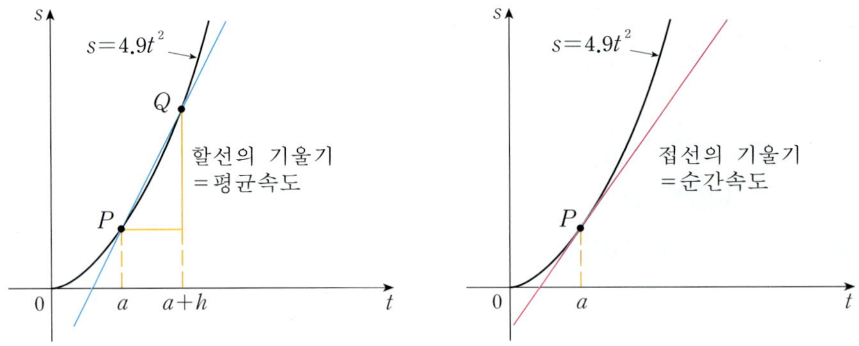

그림 5

예제 1과 3에서 알 수 있듯이 접선과 속도문제를 해결하기 위해서는 극한을 구해야 한다. 다음 네 개의 절에서 극한계산을 하는 방법을 공부한 후 4.6절에서 다시 접선과 속도를 구하는 문제들을 다룰 것이다.

4.1 연습문제

1. 탱크에 1000리터의 물이 들어 있다. 30분이면 탱크 밑으로 물이 다 새어나간다고 할 때, t분 후 탱크에 남아있는 물의 양 V가 표에 주어져 있다.

t(분)	5	10	15	20	25	30
V(리터)	694	444	250	111	28	0

(a) $P(15,\ 250)$가 V의 그래프상의 점이고 Q가 $t=5$, 10, 20, 25, 30일 때의 그래프상의 각 점일 때 할선 PQ의 기울기를 각각 구하여라.

(b) 두 할선의 기울기를 평균해서 점 P에서의 접선의 기울기를 추정하여라.

(c) 함수의 그래프를 이용하여 점 P에서의 접선의 기울기를 추정하여라(이 기울기는 15분 후 탱크에서 물이 흘러나오는 속도이다).

2. 심장모니터는 수술 후 t분간의 심장박동수를 집계하여 환자의 심장상태를 측정하는 데 이용된다. 아래 표가 그래프로 그려졌을 때 접선의 기울기는 분당 심장박동비를 나타낸다.

t(분)	36	38	40	42	44
심장박동수	2530	2661	2806	2948	3080

모니터는 할선의 기울기를 계산해서 이 값을 추정한다. 표와 아래 주어진 t에서 할선의 기울기를 각각 구하여 42분 후 환자의 박동비를 추정하여라.

(a) $t=36$과 $t=42$ (b) $t=38$과 $t=42$

(c) $t=40$과 $t=42$ (d) $t=42$와 $t=44$

결론은 무엇인가?

3. 곡선 $y=\dfrac{x}{1+x}$ 위의 점 $P\left(1,\ \dfrac{1}{2}\right)$에 대해서

(a) 점 $Q\left(x,\ \dfrac{x}{1+x}\right)$의 x의 값이 다음과 같을 때 계산기를 사용하여 할선 PQ의 기울기를 소수 여섯째 자리까지 구하여라.

(i) 0.5 (ii) 0.9 (iii) 0.99 (iv) 0.999

(v) 1.5 (vi) 1.1 (vii) 1.01 (viii) 1.001

(b) (a)의 결과를 이용하여 점 $P\left(1,\ \dfrac{1}{2}\right)$에서 접선의 기울기를 추정하여라.

(c) (b)의 결과를 이용하여 점 $P\left(1,\ \dfrac{1}{2}\right)$에서 접선의 방정식을 구하여라.

4. 곡선 $y=\cos \pi x$ 위의 점 $P(0.5,\ 0)$에 대해서

(a) 점 $Q(x,\ \cos \pi x)$의 x의 값이 다음과 같을 때 계산기를 사용하여 할선 PQ의 기울기를 소수 여섯째 자리까지 구하여라.

(i) 0 (ii) 0.4 (iii) 0.49 (iv) 0.499

(v) 1 (vi) 0.6 (vii) 0.51 (viii) 0.501

(b) (a)의 결과를 이용하여 점 $P(0.5,\ 0)$에서 접선의 기울기를 추정하여라.

(c) (b)의 결과를 이용하여 점 $P(0.5,\ 0)$에서 접선의 방정식을 구하여라.

(d) 곡선, 두 개의 할선과 접선을 그려보아라.

5. 10m/s의 속도로 공중에 던진 공의 t초 후의 높이가 $y=10t-4.9t^2$(단위: 미터)이라 할 때

(a) $t=1.5$로부터 경과된 시간이 다음과 같을 때 평균속도를 각각 구하여라.

(i) 0.5초 (ii) 0.1초 (iii) 0.05초 (iv) 0.01초

(b) $t=1.5$에서 순간속도를 구하여라.

6. 화성에서 10m/s의 속도로 위로 던진 바위의 t초 후의 높이가 $h=10t-1.86t^2$(단위: 미터)이라 할 때

(a) 다음과 같이 주어진 시간구간에서의 평균속도를 구하여라.

(i) $[1,\ 2]$ (ii) $[1,\ 1.5]$ (iii) $[1,\ 1.1]$

(iv) $[1,\ 1.01]$ (v) $[1,\ 1.001]$

(b) 1초 후의 순간속도를 구하여라.

7. 표는 자전거(탄 사람)의 위치를 나타낸 것이다.

t(초)	0	1	2	3	4	5
s(미터)	0	1.4	5.1	10.7	17.7	25.8

(a) 다음과 같이 주어진 시간대에서 평균속도를 구하여라.

(i) $[1,\ 3]$ (ii) $[2,\ 3]$

(iii) $[3,\ 5]$ (iv) $[3,\ 4]$

(b) t의 함수 s의 그래프를 이용하여 $t=3$일 때의 순간속도를 추정하여라.

8. 직선을 따라 왕복 운동을 하는 입자의 변위(단위: cm)는 운동방정식 $s=2\sin \pi t+3\cos \pi t$ (t : 초)로 주어진다.

(a) 다음과 같이 주어진 시간대에서 평균속도를 구하여라.

(i) [1, 2]　　(ii) [1, 1.1]

(iii) [1, 1.01]　　(iv) [1, 1.001]

(b) $t=1$일 때 입자의 순간속도를 추정하여라.

9. 곡선 $y=\sin\left(\dfrac{10\pi}{x}\right)$ 상의 점 $P(1, 0)$에 대해서

(a) 점 $Q\left(x, \sin\dfrac{10\pi}{x}\right)$의 x의 값이 다음과 같을 때 할선 PQ의 기울기를 소수 넷째 자리까지 구하여라.

$x=2, 1.5, 1.4, 1.3, 1.2, 1.1, 0.5, 0.6, 0.7, 0.8, 0.9$

이 기울기들은 어떤 극한에 접근하는 것처럼 보이는가?

(b) 곡선의 그래프를 이용하여 (a)의 할선의 기울기들이 왜 점 P에서의 접선의 기울기와 가깝지 않은지 설명하여라.

(c) 적당한 할선들을 선택하여 점 P에서의 접선의 기울기를 추정하여라.

4.2 함수의 극한

앞 절에서는 접선이나 속도를 구할 때 극한이 어떤 역할을 하는지 살펴보았다. 이 절에서는 일반적인 함수의 극한과 그것을 계산하는 방법에 대해서 알아보자.

함수

$$f(x)=x^2-x+2$$

에 대하여 $x=2$ 근방에서 함수 f의 변화를 조사해 보자. 아래 표는 2에 가까운 x의 값들에 대한 $f(x)$의 값을 나타낸 것이다.

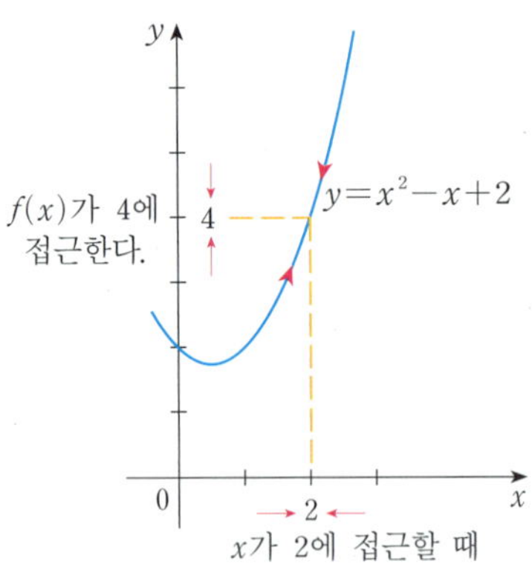

그림 1

x	$f(x)$	x	$f(x)$
1.0	2.000000	3.0	8.000000
1.5	2.750000	2.5	5.750000
1.8	3.440000	2.2	4.640000
1.9	3.710000	2.1	4.310000
1.95	3.852500	2.05	4.152500
1.99	3.970100	2.01	4.030100
1.995	3.985025	2.005	4.015025
1.999	3.997001	2.001	4.003001

표와 그림 1의 f의 그래프(포물선)로부터 x가 2에 가까워질수록(어느 쪽으로든) $f(x)$는 4에 가까워짐을 알 수 있다. 실제로 x를 2에 충분히 가깝게 잡으면 $f(x)$의 값을 원하는 만큼 4에 가깝게 잡을 수 있을 것으로 보인다. 이것을 "x가 2에 접근할 때 함수 $f(x)=x^2-x+2$의 극한은 4이다."라고 말하고

$$\lim_{x\to 2}(x^2-x+2)=4$$

로 나타낸다. 극한의 일반적인 정의는 다음과 같다.

1 정의 (a의 어느 쪽이든) a에 충분히 가까운 x를 잡으면 (a는 아님) L에 (원하는 만큼) 얼마든지 가까운 $f(x)$의 값을 얻을 수 있을 때

$$\lim_{x \to a} f(x) = L$$

로 나타내고, "x가 a에 접근할 때 $f(x)$의 **극한**(limit)은 L이다"라고 말한다.

위의 정의는 x가(a의 어느 쪽이든) a에 접근할 때(단 $x \neq a$) $f(x)$의 값은 점점 더 L에 가까워진다는 것을 의미하고 있다. 또 $\lim_{x \to a} f(x) = L$은

$$x \to a\text{일 때 } f(x) \to L$$

로 나타내기도 하고 "x가 a에 접근할 때 $f(x)$는 L에 접근한다."라고 읽는다.

극한을 정의할 때 $x=a$를 제외시키는 것은 x를 a에 접근시킬 때 $x=a$를 고려하지 않겠다는 의도이다. 실제로 $f(x)$는 $x=a$에서 정의될 필요가 없고, a의 근방에서 f가 어떻게 정의되어 있느냐가 관심일 뿐이다.

그림 2의 (c)에서는 $f(a)$가 정의되지 않았고, (b)에서는 $f(a) \neq L$이지만 모두 $\lim_{x \to a} f(x) = L$이다.

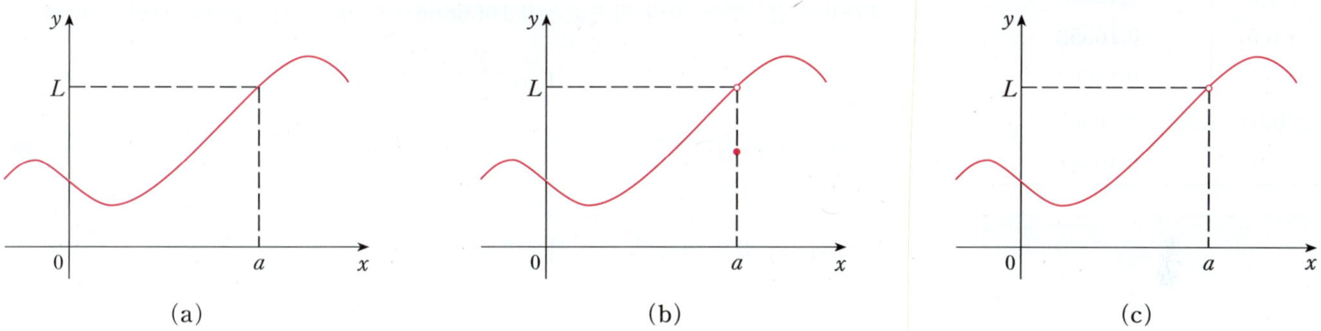

그림 2 세 경우 모두 $\lim_{x \to a} f(x) = L$이다.

$x<1$	$f(x)$
0.5	0.666667
0.9	0.526316
0.99	0.502513
0.999	0.500250
0.9999	0.500025

예제 1 **수치 계산으로 극한 추측하기** $\lim_{x \to 1} \dfrac{x-1}{x^2-1}$의 값을 추측해 보아라.

풀이 함수 $f(x) = \dfrac{x-1}{x^2-1}$은 $x=1$에서 정의되지 않지만 극한의 정의에서 x는 1에 접근할 뿐 1이 아니므로 걱정할 것이 없다. 왼쪽 표는 x가 1에 접근할 때 $f(x)$의 값을 소수 여섯째 자리까지 계산해 놓은 것이다. 이 표를 근거로

$$\lim_{x \to 1} \frac{x-1}{x^2-1} = 0.5$$

라고 추측할 수 있다. ■

그림 3은 예제 1의 함수 f의 그래프이다. $x=1$일 때 f의 값을 2로 주어 함수 g를 다음과 같이 정의해 보자.

$x>1$	$f(x)$
1.5	0.400000
1.1	0.476190
1.01	0.497512
1.001	0.499750
1.0001	0.499975

$$g(x)=\begin{cases}\dfrac{x-1}{x^2-1}, & x\neq 1\\ 2, & x=1\end{cases}$$

그림 4와 같이 x가 1에 접근할 때 함수 g의 극한은 f의 극한과 같게 된다.

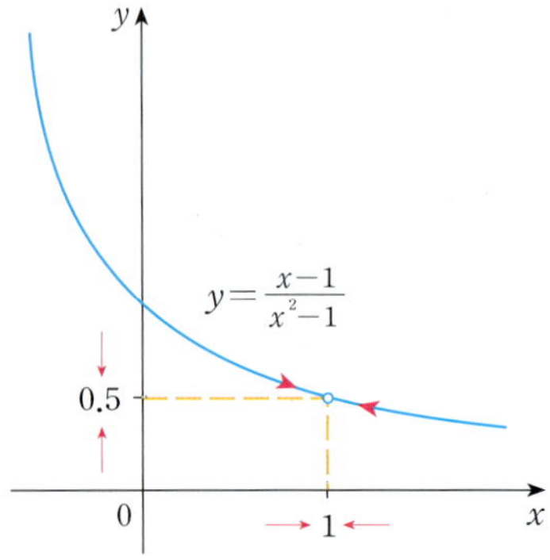

그림 3

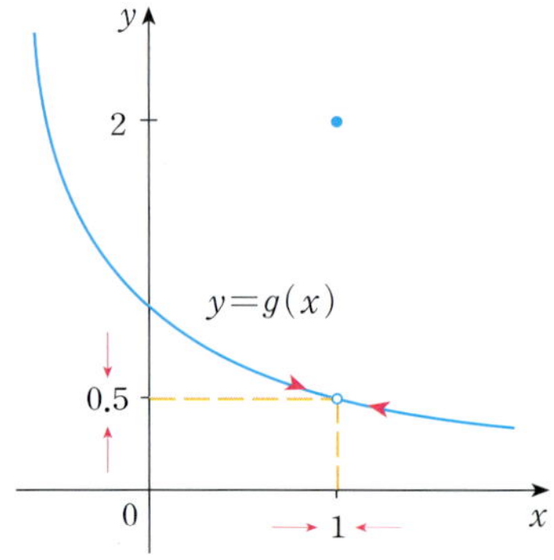

그림 4

t	$\dfrac{\sqrt{t^2+9}-3}{t^2}$
±1.0	0.16228
±0.5	0.16553
±0.1	0.16662
±0.05	0.16666
±0.01	0.16667

예제 2 $\lim_{t\to 0}\dfrac{\sqrt{t^2+9}-3}{t^2}$ 을 추정하여라.

풀이 왼쪽 표는 0의 근방에서 t의 값들에 대한 함숫값을 구한 것이다.

t가 0에 접근함에 따라 함숫값은 0.1666666⋯에 접근하는 것처럼 보인다. 따라서

$$\lim_{t\to 0}\frac{\sqrt{t^2+9}-3}{t^2}=\frac{1}{6}$$

로 추정할 수 있다. ■

t	$\dfrac{\sqrt{t^2+9}-3}{t^2}$
±0.0005	0.16800
±0.0001	0.20000
±0.00005	0.00000
±0.00001	0.00000

예제 2에서 t의 값을 더욱더 작게 잡으면 어떻게 될까? 옆의 표는 계산기를 사용하여 계산된 수치들인데 여기서 특이한 결과를 발견하게 된다. 즉 t를 충분히 작게 하였더니 함숫값이 0이 되었다. 그렇다면 이 문제의 해답은 0일까? 그렇지 않다. 다음 절에서 알게 되지만 이 문제의 정답은 $\frac{1}{6}$이다. 잘못은 계산기가 틀린 값을 주었기 때문이다. t가 아주 작을 때 계산기는 $\sqrt{t^2+9}$의 값을 3.000⋯으로 계산하기 때문에, 분자 $\sqrt{t^2+9}$의 값이 3으로 계산된다. 이 때문에 극한이 0으로 잘못 추정될 수 있다.

이와 같은 잘못은 함수

$$f(t)=\frac{\sqrt{t^2+9}-3}{t^2}$$

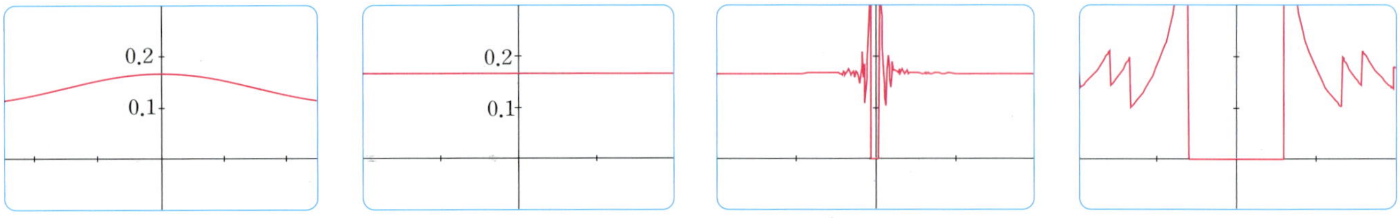

(a) $[-5,\ 5]\times[-0.1,\ 0.3]$ (b) $[-0.1,\ 0.1]\times[-0.1,\ 0.3]$ (c) $[-10^{-6},\ 10^{-6}]\times[-0.1,\ 0.3]$ (d) $[-10^{-7},\ 10^{-7}]\times[-0.1,\ 0.3]$

그림 5

의 그래프를 그래프 계산기나 컴퓨터로 그릴 때도 나타날 수가 있다. 그림 5의 (a)와 (b)는 자취모드를 이용한 f의 정확한 그래프이고, 이때 극한은 $\frac{1}{6}$로 추정된다. 그러나 (c)나 (d)와 같이 너무 지나치게 확대하면 뺄셈에 문제가 생겨 부적합한 그래프가 그려지게 된다.

x	$\frac{\sin x}{x}$
± 1.0	0.84147098
± 0.5	0.95885108
± 0.4	0.97354586
± 0.3	0.98506736
± 0.2	0.99334665
± 0.1	0.99833417
± 0.05	0.99958339
± 0.01	0.99998333
± 0.005	0.99999583
± 0.001	0.99999983

예제 3 $\lim_{x\to 0}\frac{\sin x}{x}$를 추측하여라.

풀이 함수 $f(x)=\frac{\sin x}{x}$는 $x=0$에서 정의되지 않는다. 계산기를 사용하여($x\in\mathbb{R}$이며 x는 라디안) 함숫값을 소수 여덟째 자리까지 구하면 왼쪽 표와 같다. 표와 그림 6에서

$$\lim_{x\to 0}\frac{\sin x}{x}=1$$

임을 추측할 수 있다. 5.4절에서 이 추측이 옳다는 것이 기하학적으로 증명된다.

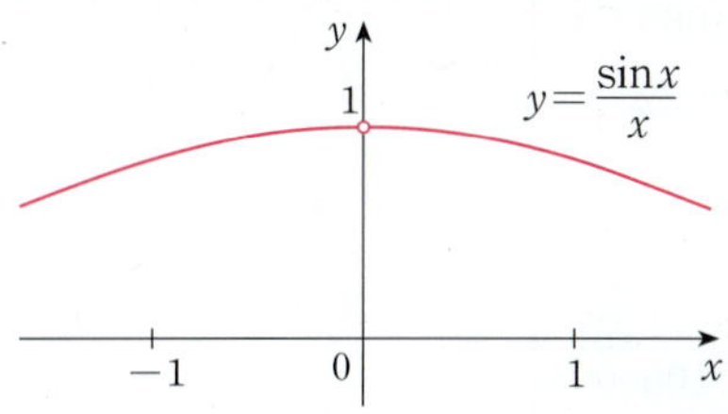

그림 6

● **컴퓨터 대수체계**
컴퓨터 대수체계(CAS)는 극한을 계산하는 명령을 한다. CAS는 예제 2, 4, 5에서 입증된 함점들을 피하기 위해 수치실험을 통해 극한을 구하지 않고 무한급수 계산과 같은 좀더 정교한 기술을 이용한다. 이 절의 예제에 들어있는 극한을 계산하고 이 장의 연습문제들의 답을 조사할 때 CAS에 접속하여 극한명령을 이용해 보아라.

예제 4 **진동하는 함수** $\lim_{x\to 0}\sin\frac{\pi}{x}$를 구하여라.

풀이 함수 $f(x)=\sin\frac{\pi}{x}$는 $x=0$에서 정의되지 않는다. 몇 개의 작은 x값들에 대해

$$f(1)=\sin \pi=0 \qquad f\left(\frac{1}{2}\right)=\sin 2\pi=0$$
$$f\left(\frac{1}{3}\right)=\sin 3\pi=0 \qquad f\left(\frac{1}{4}\right)=\sin 4\pi=0$$
$$f(0.1)=\sin 10\pi=0 \qquad f(0.01)=\sin 100\pi=0$$

이고, 마찬가지로 $f(0.001)=f(0.0001)=0$이다. 따라서

$$\lim_{x\to 0}\sin\frac{\pi}{x}=0$$

이라고 추측하기 쉽다. 그러나 이 추측은 잘못이다. 임의의 정수 n에 대해서 $f\left(\frac{1}{n}\right)=\sin n\pi=0$이지만 0에 접근하는 x의 무수히 많은 값들에 대해서 $f(x)=1$이 된다. 그림 7은 f의 그래프이다.
그래프에서 y축 근방의 절선 부분은 x가 0에 접근함에 따라 $\sin\frac{\pi}{x}$의 값이 한없이 1과 -1 사이에서 진동하고 있음을 나타낸 것이다.(그래프 계산기를 사용하여 원점 근방을 몇 배로 확대하여 보아라. 어떻게 보이는가?) x가 0에 접근함에 따라 $f(x)$의 값은 어느 특정한 수에 접근하지 않으므로 $\lim_{x\to 0}\sin\frac{\pi}{x}$는 존재하지 않는다.

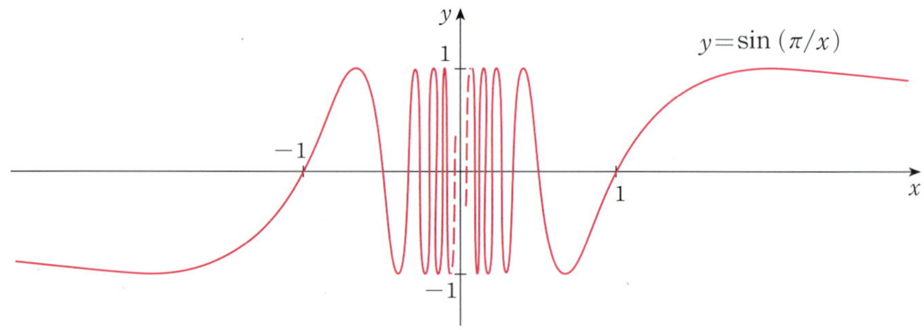

그림 7

x	$x^3+\dfrac{\cos 5x}{10000}$
1	1.000028
0.5	0.124920
0.1	0.001088
0.05	0.000222
0.01	0.000101

x	$x^3+\dfrac{\cos 5x}{10000}$
0.005	0.00010009
0.001	0.00010000

예제 5 $\lim_{x\to 0}\left(x^3+\dfrac{\cos 5x}{10000}\right)$를 구하여라.

풀이 함숫값을 구하여 표를 만든다.

표를 보면

$$\lim_{x\to 0}\left(x^3+\frac{\cos 5x}{10000}\right)=0$$

으로 추측된다. 그러나 x의 값을 더욱 작게 하여 함숫값을 계산해 보면 왼쪽 표를 얻게 된다. 이 표에서는

$$\lim_{x\to 0}\left(x^3+\frac{\cos 5x}{10000}\right)=0.0001=\frac{1}{10000}$$

로 추측된다. 실제로는 뒤에 $\lim_{x\to 0}\cos 5x=1$임을 알게 되어 이 극한의 정답은 0.0001임을 알 수 있다. ■

⊘ 예제 4와 5는 극한값을 추측하는 데 함정이 있음을 보여 주었다. 부적절한 x의 값을 이용했을 때 잘못된 극한을 추측하기 쉽지만 언제 계산을 멈춰야 하는지 판단하기가 어렵다. 그리고 예제 2 다음의 논의에 나와 있듯이 계산기와 컴퓨터가 잘못된 값을 주는 경우도 있다. 그러나 다음 절에서 극한을 정확하게 계산하는 방법을 배우게 된다.

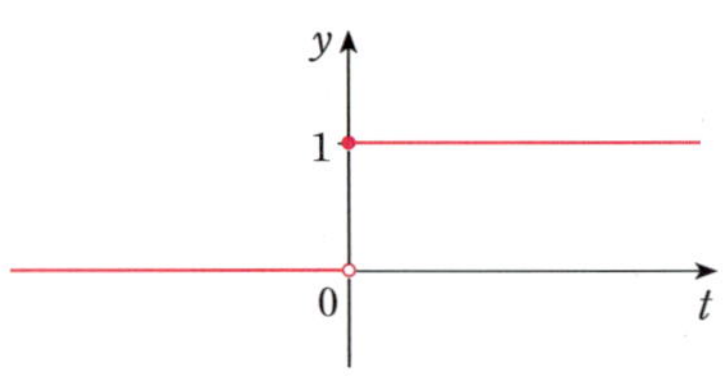

그림 8 헤비사이드 함수

예제 6 **극한이 존재하지 않는 경우** 헤비사이드 함수 H는

$$H(t)=\begin{cases}0, & t<0\\ 1, & t\geq 0\end{cases}$$

로 정의된다. (이 함수는 전기 기술자 Oliver Heaviside(1850~1925)의 이름에서 유래되었고, 이 함수는 시간 $t=0$에서 스위치를 올렸을 때의 전류를 나타낸다.) 이 함수의 그래프는 그림 8과 같다.

t가 왼쪽에서 0에 접근할 때 $H(t)$는 0에 접근하고, t가 오른쪽에서 0에 접근할 때 $H(t)$는 1에 접근한다. 따라서 t가 0에 접근할 때 $H(t)$는 하나의 값에 접근하지 않으므로 $\lim_{t\to 0}H(t)$의 값은 존재하지 않는다. ■

▷ 한쪽 극한(one - sided limit)

예제 6에서 t가 왼쪽에서 0에 접근할 때 $H(t)$는 0에 접근하고, t가 오른쪽에서 0에 접근할 때 $H(t)$는 1에 접근하였다. 이 경우 기호는

$$\lim_{t \to 0^-} H(t) = 0 \quad \text{그리고} \quad \lim_{t \to 0^+} H(t) = 1$$

과 같이 나타낸다. 기호 "$t \to 0^-$"은 t가 0보다 작고, "$t \to 0^+$"은 t가 0보다 큰 상태에서 0에 가까이 간다는 것을 나타낸다.

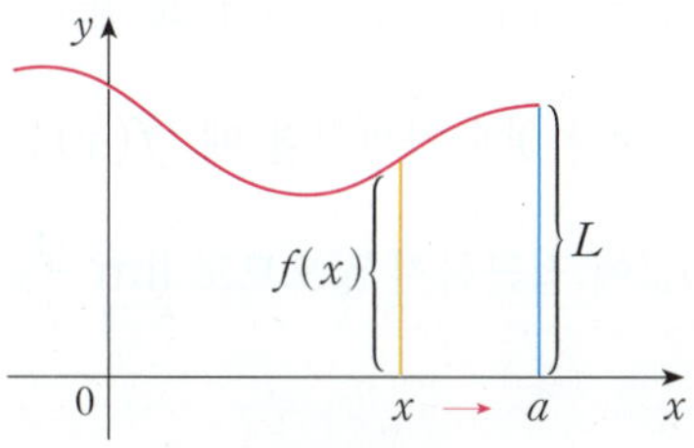

(a) $\lim_{x \to a^-} f(x) = L$

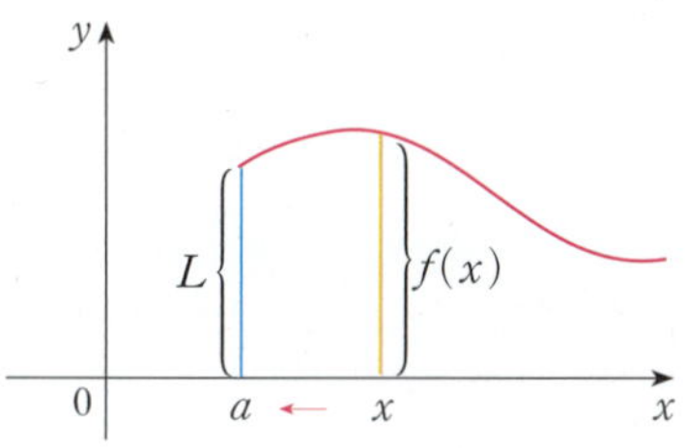

(b) $\lim_{x \to a^+} f(x) = L$

그림 9

> **2 정의** a보다 작으면서 a에 충분히 가깝도록 x를 잡으면 $f(x)$의 값이 원하는 만큼 얼마든지 L에 가까워질 때, L을 **x가 a에 접근할 때 $f(x)$의 좌극한**(left-hand limit)(또는 x가 왼쪽에서 a에 접근할 때 $f(x)$의 극한)이라고 말하고
>
> $$\lim_{x \to a^-} f(x) = L$$
>
> 로 나타낸다.

정의 **2**가 정의 **1**과 다른 점은 x가 a보다 작아야 한다는 점뿐이다. x가 a보다 클 때도 마찬가지로 "**x가 a에 접근할 때 $f(x)$의 우극한**(right-hand limit)"을 정의할 수 있고 이를

$$\lim_{x \to a^+} f(x) = L$$

로 나타낸다. 따라서 "$x \to a^+$"는 $x > a$인 경우만 생각한다는 것을 의미한다. 이들 정의는 그림 9에 설명되어 있다.

한쪽 극한의 정의와 정의 **1**을 비교하면 다음 성질을 얻게 된다.

> **3** $\lim_{x \to a} f(x) = L$이기 위한 필요충분조건은 $\lim_{x \to a^-} f(x) = L$과 $\lim_{x \to a^+} f(x) = L$인 것이다.

예제 7 그래프에서 한쪽 극한 구하기 그림 10과 같은 함수 g의 그래프를 이용하여 다음 극한(존재하면)을 구하여라.

(a) $\lim_{x \to 2^-} g(x)$ (b) $\lim_{x \to 2^+} g(x)$ (c) $\lim_{x \to 2} g(x)$

(d) $\lim_{x \to 5^-} g(x)$ (e) $\lim_{x \to 5^+} g(x)$ (f) $\lim_{x \to 5} g(x)$

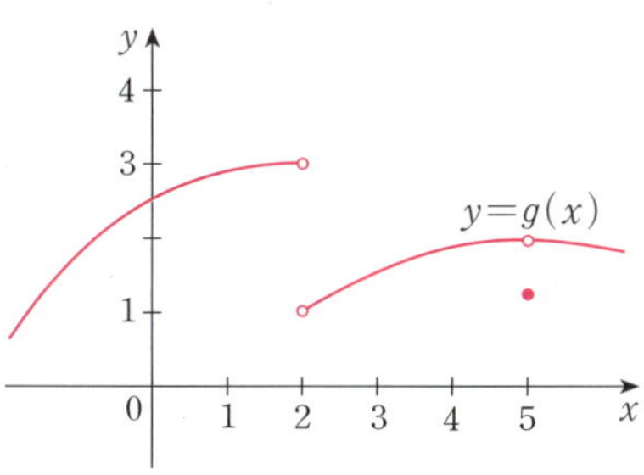

그림 10

풀이 그래프에서 x가 왼쪽에서 2에 접근할 때 $g(x)$의 값은 3에 접근하지만, x가 오른쪽에서 2에 접근할 때 $g(x)$는 1에 접근한다. 따라서

(a) $\lim_{x \to 2^-} g(x) = 3$이고 (b) $\lim_{x \to 2^+} g(x) = 1$

(c) 좌극한과 우극한이 다르므로 $\lim_{x \to 2} g(x)$는 존재하지 않는다. 한편 그래프에서

(d) $\lim_{x \to 5^-} g(x) = 2$이고 (e) $\lim_{x \to 5^+} g(x) = 2$

(f) 좌극한과 우극한이 같으므로 성질 3에 의해

$$\lim_{x \to 5} g(x) = 2$$

그러나 $g(5) \neq 2$이다.

x	$\frac{1}{x^2}$
±1	1
±0.5	4
±0.2	25
±0.1	100
±0.05	400
±0.01	10000
±0.001	1000000

예제 8 $\lim_{x \to 0} \frac{1}{x^2}$이 존재하면 구하여라.

풀이 x가 0에 가깝게 되면, x^2도 0에 가깝게 되므로 $\frac{1}{x^2}$은 아주 커지게 된다(표 참조). 실제로 그림 11에서 함수 $f(x) = \frac{1}{x^2}$의 그래프는 x가 0에 가까워질 때 $f(x)$는 한없이 커지게 된다. 따라서 $f(x)$는 어떤 일정한 값에 접근하지 않으므로 $\lim_{x \to 0} \frac{1}{x^2}$은 존재하지 않는다.

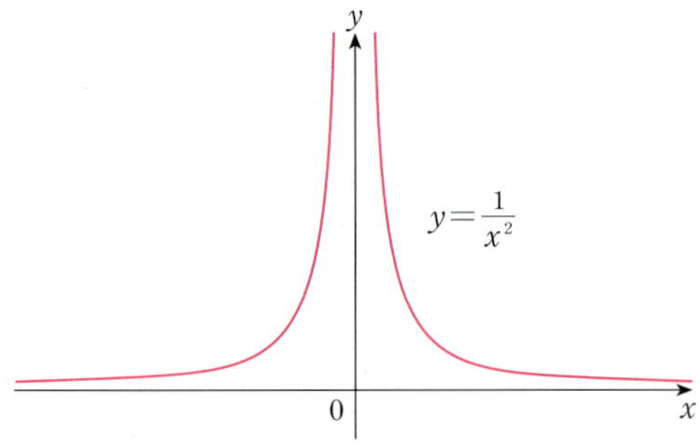

그림 11

이 절의 앞부분에서 함수 $f(x) = x^2 - x + 2$에 대하여 수치계산과 그래프를 그려

$$\lim_{x \to 2} (x^2 - x + 2) = 4$$

가 됨을 보였다. 정의 1에 의해 2에 충분히 가까운 x를 택하면 원하는 만큼 4에 가까운 $f(x)$의 값을 얻을 수 있다는 의미이다. 다음 예제에서 그래프를 이용하여 어떻게 충분히 가까운 값을 얻을 수 있는지 알아보자.

예제 9 $f(x) = x^2 - x + 2$일 때 $f(x)$와 4의 차가 0.1보다 작게 하려면 x를 어떻게 잡으면 되겠는가?

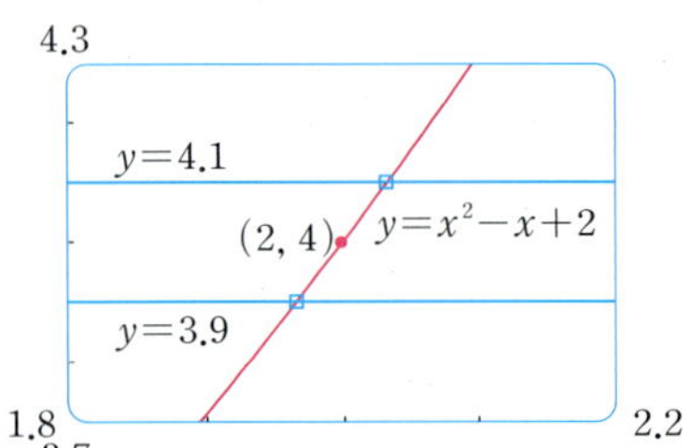

그림 12

풀이 $f(x)$와 4의 차가 0.1보다 작으면

$$3.9 < x^2 - x + 2 < 4.1$$

이어야 한다. 따라서 곡선 $y = x^2 - x + 2$가 수평인 두 직선 $y = 3.9$와 $y = 4.1$ 사이에 있기 위한 x의 값을 얻으면 된다. 그림 12와 같이 점 (2, 4) 근방의 곡선을 그리고 커서를 이용하여 직선 $y = 3.9$와 곡선의 교점의 x좌표를 추정하면 약 1.966이 된다. 마찬가지로 직선 $y = 4.1$과 곡선의 교점의 x좌표는 약 2.033이 된다. 반올림

하면

$$1.97 < x < 2.03 \text{일 때 } 3.9 < x^2 - x + 2 < 4.1$$

이다. 그러므로 2와의 차가 0.03보다 작게 x를 잡으면 $f(x)$는 4와의 차가 0.1보다 작게 된다. ■

4.2 연습문제

1. $\lim_{x \to 2} f(x) = 5$의 의미를 말로 설명하여라. $f(2) = 3$일 때도 이 명제가 참이 되는 것이 가능한가? 설명하여라.

2. $\lim_{x \to 1^-} f(x) = 3$과 $\lim_{x \to 1^+} f(x) = 7$의 의미를 설명하여라. 이때 $\lim_{x \to 1} f(x)$가 존재하는 것이 가능한가? 설명하여라.

3. 주어진 함수의 그래프를 이용하여 다음 값을 조사하여라. 값이 존재하지 않으면 그 이유를 설명하여라.

(a) $\lim_{x \to 1^-} f(x)$ (b) $\lim_{x \to 1^+} f(x)$
(c) $\lim_{x \to 1} f(x)$ (d) $\lim_{x \to 5} f(x)$
(e) $f(5)$

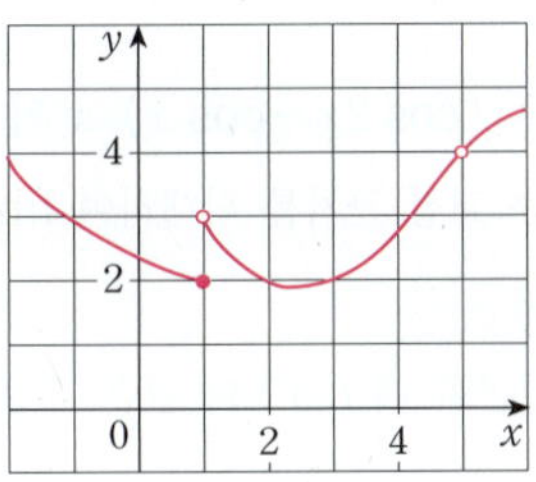

4. 주어진 함수 f의 그래프를 이용하여 다음 값을 조사하여라. 존재하지 않으면 그 이유를 설명하여라.

(a) $\lim_{x \to 0} f(x)$ (b) $\lim_{x \to 3^-} f(x)$
(c) $\lim_{x \to 3^+} f(x)$ (d) $\lim_{x \to 3} f(x)$
(e) $f(3)$

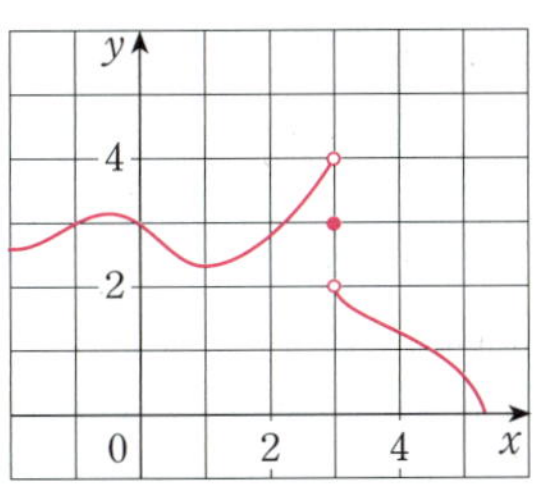

5. 주어진 함수 g의 그래프를 이용하여 다음 값을 조사하여라. 존재하지 않으면 그 이유를 설명하여라.

(a) $\lim_{t \to 0^-} g(t)$ (b) $\lim_{t \to 0^+} g(t)$ (c) $\lim_{t \to 0} g(t)$
(d) $\lim_{t \to 2^-} g(t)$ (e) $\lim_{t \to 2^+} g(t)$ (f) $\lim_{t \to 2} g(t)$
(g) $g(2)$ (h) $\lim_{t \to 4} g(t)$

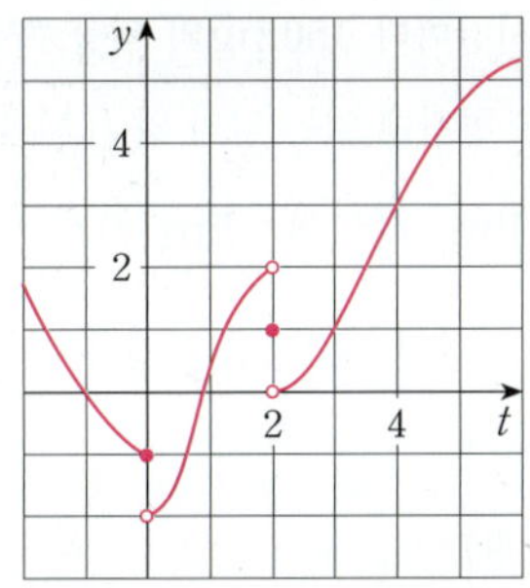

6. 주어진 함수 h의 그래프를 이용하여 다음 값을 조사하여라. 존재하지 않으면 그 이유를 설명하여라.

(a) $\lim_{x \to -3^-} h(x)$ (b) $\lim_{x \to -3^+} h(x)$ (c) $\lim_{x \to -3} h(x)$
(d) $h(-3)$ (e) $\lim_{x \to 0^-} h(x)$ (f) $\lim_{x \to 0^+} h(x)$
(g) $\lim_{x \to 0} h(x)$ (h) $h(0)$ (i) $\lim_{x \to 2} h(x)$
(j) $h(2)$ (k) $\lim_{x \to 5^+} h(x)$ (l) $\lim_{x \to 5^-} h(x)$

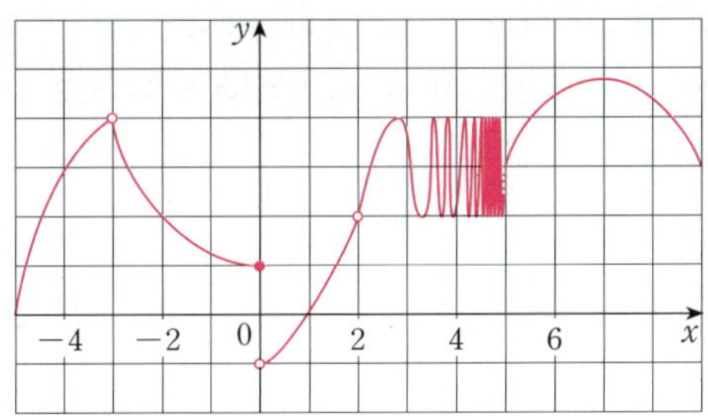

(7~8) 다음 함수의 그래프를 그리고 $\lim_{x \to a} f(x)$가 존재하는 a값을 구하여라.

7. $f(x) = \begin{cases} 1 + x, & x < -1 \\ x^2, & -1 \le x < 1 \\ 2 - x, & x \ge 1 \end{cases}$

8. $f(x)=\begin{cases} 1+\sin x, & x<0 \\ \cos x, & 0\le x\le \pi \\ \sin x, & x>\pi \end{cases}$

(9~11) 함수 f의 그래프를 이용하여 다음 극한이 존재하면 구하고, 존재하지 않으면 그 이유를 설명하여라.

(a) $\lim_{x\to 0^-} f(x)$ (b) $\lim_{x\to 0^+} f(x)$ (c) $\lim_{x\to 0} f(x)$

9. $f(x)=\dfrac{1}{1+e^{1/x}}$

10. $f(x)=\dfrac{x^2+x}{\sqrt{x^3+x^2}}$

11. $f(x)=\dfrac{\sqrt{2-2\cos 2x}}{x}$

12. 어떤 환자가 4시간마다 150mg의 약물주사를 맞고 있다. 그래프는 t시간 후 혈관에 있는 약의 양 $f(t)$를 나타낸 것이다.

$$\lim_{x\to 12^-} f(t) \text{와 } \lim_{x\to 12^+} f(t)$$

를 구하고 한쪽 극한의 중요성을 설명하여라.

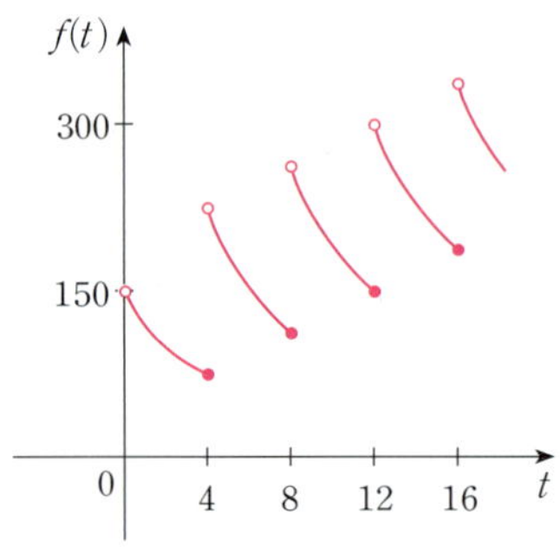

(13~16) 주어진 조건들을 모두 만족하는 함수 f의 예를 들고, 그 그래프를 그려라.

13. $\lim_{x\to 1^-} f(x)=2$, $\lim_{x\to 1^+} f(x)=-2$, $f(1)=2$

14. $\lim_{x\to 0^-} f(x)=1$, $\lim_{x\to 0^+} f(x)=-1$, $\lim_{x\to 2^-} f(x)=0$
$\lim_{x\to 2^+} f(x)=1$, $f(2)=1$, $f(0)$는 정의되지 않는다.

15. $\lim_{x\to 3^+} f(x)=4$, $\lim_{x\to 3^-} f(x)=2$, $\lim_{x\to -2} f(x)=2$,
$f(3)=3$, $f(-2)=1$

16. $\lim_{x\to 0^-} f(x)=2$, $\lim_{x\to 0^+} f(x)=0$, $\lim_{x\to 4^-} f(x)=3$,
$\lim_{x\to 4^+} f(x)=0$, $f(0)=2$, $f(4)=1$

(17~20) 주어진 x의 값에 대한 함숫값을 구하여라(소수 여섯째 자리까지). 이 결과를 이용하여 극한값을 추정하여라. 존재하지 않으면 그 이유를 설명하여라.

17. $\lim_{x\to 2}\dfrac{x^2-2x}{x^2-x-2}$
$x=2.5,\ 2.1,\ 2.05,\ 2.01,\ 2.005,\ 2.001,\ 1.9,\ 1.95,\ 1.99,\ 1.995,\ 1.999$

18. $\lim_{x\to -1}\dfrac{x^2-2x}{x^2-x-2}$
$x=0,\ -0.5,\ -0.9,\ -0.95,\ -0.99,\ -0.999,\ -2,\ -1.5,\ -1.1,\ -1.01,\ -1.001$

19. $\lim_{t\to 0}\dfrac{e^{5t}-1}{t}$
$t=\pm 0.5,\ \pm 0.1,\ \pm 0.01,\ \pm 0.001,\ \pm 0.0001$

20. $\lim_{h\to 0}\dfrac{(2+h)^5-32}{h}$
$h=\pm 0.5,\ \pm 0.1,\ \pm 0.01,\ \pm 0.001,\ \pm 0.0001$

(21~24) 극한값을 추정하기 위해 그 근방의 함숫값에 대한 표를 구하고, 그래프를 그려 확인하여라.

21. $\lim_{x\to 0}\dfrac{\sqrt{x+4}-2}{x}$ 22. $\lim_{x\to 0}\dfrac{\tan 3x}{\tan 5x}$

23. $\lim_{x\to 1}\dfrac{x^6-1}{x^{10}-1}$ 24. $\lim_{x\to 0}\dfrac{9^x-5^x}{x}$

25. (a) 함수 $f(x)=(\cos 2x-\cos x)/x^2$의 그래프를 그리고 y축과 만나는 교점 근처를 확대하여 $\lim_{x\to 0} f(x)$의 값을 추정하여라.
(b) x가 0에 접근할 때 $f(x)$의 값을 계산하여 (a)의 결과를 확인하여라.

26. (a) 함수 $f(x)=\dfrac{\sin x}{\sin \pi x}$의 그래프를 그려서 $\lim_{x\to 0}\dfrac{\sin x}{\sin \pi x}$의 값을 추정하여라. 소수 둘째 자리까지 계산하여라.
(b) x가 0에 접근할 때 $f(x)$의 값을 계산하여 (a)의 결과를 확인하여라.

27. (a) $\lim_{x\to 0}(1+x)^{\frac{1}{x}}$의 극한값을 소수 다섯째 자리까지 추정해 보아라. 눈에 익은 수인가?
(b) 함수 $y=(1+x)^{\frac{1}{x}}$의 그래프를 그려서 (a)의 결과를 설명하여라.

28. 지수함수 $y=2^x$의 그래프상의 점 $(0,\ 1)$을 지나는 접선의 기울기는 $\lim_{x\to 0}\dfrac{2^x-1}{x}$이다. 기울기를 소수 셋째 자리까지 추정하여라.

29. (a) $x=1,\ 0.8,\ 0.6,\ 0.4,\ 0.2,\ 0.1,\ 0.05$일 때 함수

$f(x)=x^2-\dfrac{2^x}{1000}$의 값을 구하여

$$\lim_{x\to 0}\left(x^2-\frac{2^x}{1000}\right)$$

의 값을 추측하여라.

(b) $x=0.04$, 0.02, 0.01, 0.005, 0.003, 0.001일 때 $f(x)$의 값을 구하여 극한값을 추측하여라.

30. (a) $x=1$, 0.5, 0.1, 0.05, 0.01, 0.005일 때

$h(x)=\dfrac{\tan x-x}{x^3}$의 값을 구하여라.

(b) $\displaystyle\lim_{x\to 0}\frac{\tan x-x}{x^3}$의 값을 추측하여라.

(c) $h(x)$의 값이 결국 0이 될 때까지 x의 값을 더욱 작게 하여 $h(x)$의 값을 계산하여라. (b)에서 추측한 극한이 아직도 정당하다고 믿는가? 결국 0의 값을 얻은 이유를 설명하여라.(6.5절에서 정확한 극한을 구하는 방법이 나온다.)

(d) 직사각형 화면 $[-1,\ 1]\times[0,\ 1]$에 h의 그래프를 그려라. 그래프가 y축을 지나는 부분을 확대하여 x가 0에 접근할 때 $h(x)$의 극한을 추정하여라. h의 그래프가 일그러질 때까지 계속 확대하여 (c)의 결과와 비교하여라.

31. x^3-3x+4와 6과의 거리가 0.2보다 작으려면 x는 2에 얼마나 가까이 있어야 되는지 그래프를 이용하여 구하여라. 또 x^3-3x+4와 6과의 거리가 0.1보다 작으려면 어떻게 되어야 하는가?

32. (a) 수치계산과 그래프를 이용하여

$$\lim_{x\to 1}\frac{x^3-1}{\sqrt{x}-1}$$

을 추측하여라.

(b) (a)에서 얻은 극한에서 거리가 0.5 이내에 있기 위해서는 x는 1에 얼마나 가까워야 할까?

4.3 극한법칙을 이용한 극한 계산

4.2절에서는 계산기와 그래프를 이용하여 극한값을 추측하였다. 그러나 이 방법은 정확한 해답을 얻는 데 한계가 있었다. 이 절에서는 극한법칙이라고 부르는 극한에 관한 다음 성질들을 이용하여 극한을 계산해 보자.

극한법칙 두 극한 $\lim_{x\to a} f(x)$와 $\lim_{x\to a} g(x)$가 존재한다고 하자. 그러면

1. $\displaystyle\lim_{x\to a}[f(x)+g(x)]=\lim_{x\to a} f(x)+\lim_{x\to a} g(x)$

2. $\displaystyle\lim_{x\to a}[f(x)-g(x)]=\lim_{x\to a} f(x)-\lim_{x\to a} g(x)$

3. $\displaystyle\lim_{x\to a}[cf(x)]=c\lim_{x\to a} f(x)$ (단, c는 상수)

4. $\displaystyle\lim_{x\to a}[f(x)g(x)]=\lim_{x\to a} f(x)\lim_{x\to a} g(x)$

5. $\displaystyle\lim_{x\to a}\frac{f(x)}{g(x)}=\frac{\lim_{x\to a} f(x)}{\lim_{x\to a} g(x)}$ (단, $\lim_{x\to a} g(x)\neq 0$)

이 다섯 법칙들은 다음과 같은 말로 나타낼 수 있다.

합의 법칙 1. 합의 극한은 극한의 합과 같다.

차의 법칙 2. 차의 극한은 극한의 차와 같다.

상수배 법칙 3. 함수의 상수배의 극한은 극한의 상수배와 같다.

곱의 법칙 4. 곱의 극한은 극한의 곱과 같다.

몫의 법칙 5. 몫의 극한은 극한의 몫과 같다.(단, 분모의 극한은 0이 아님)

이 법칙들은 모두 참임을 어렵지 않게 확인할 수 있다. 예를 들어, $f(x)$가 L에 가까워지고 $g(x)$가 M에 가까워지면 $f(x)+g(x)$는 $L+M$에 가까워간다고 합리적으로 판단할 수 있다. 이것은 법칙 1이 참이라고 믿을 직관적 토대가 된다. 이 법칙들은 모두 극한의 정확한 정의에 의해 증명된다.

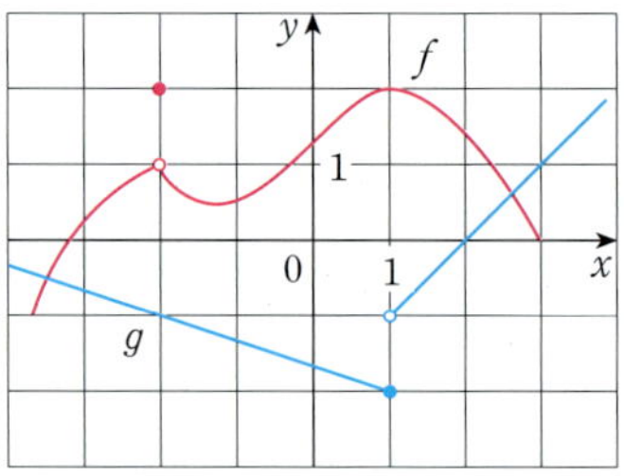

그림 1

예제 1 극한법칙과 그림 1의 그래프를 이용하여 다음 극한이 존재하면 구하여라.

(a) $\lim_{x\to-2}[f(x)+5g(x)]$ (b) $\lim_{x\to1}[f(x)g(x)]$ (c) $\lim_{x\to2}\dfrac{f(x)}{g(x)}$

풀이 (a) f와 g의 그래프에서

$$\lim_{x\to-2}f(x)=1 \text{ 이고 } \lim_{x\to-2}g(x)=-1$$

따라서

$$\begin{aligned}\lim_{x\to-2}[f(x)+5g(x)]&=\lim_{x\to-2}f(x)+\lim_{x\to-2}[5g(x)] &&(\text{법칙 }1)\\&=\lim_{x\to-2}f(x)+5\lim_{x\to-2}g(x) &&(\text{법칙 }3)\\&=1+5(-1)=-4\end{aligned}$$

(b) $\lim_{x\to1}f(x)=2$이지만 $\lim_{x\to1}g(x)$는 좌극한과 우극한이 다르므로 극한이 존재하지 않는다.

$$\lim_{x\to1^-}g(x)=-2 \qquad \lim_{x\to1^+}g(x)=-1$$

따라서 법칙 4를 이용할 수 없다. 그러나 한쪽 극한을 구하는 데 법칙 4를 이용할 수 있다.

$$\lim_{x\to1^-}[f(x)\cdot g(x)]=2\cdot(-2)=-4$$
$$\lim_{x\to1^+}[f(x)\cdot g(x)]=2\cdot(-1)=-2$$

좌극한과 우극한이 같지 않으므로, $\lim_{x\to1}f(x)g(x)$는 존재하지 않는다.

(c) 그래프에서

$$\lim_{x\to2}f(x)\approx1.4\text{이고} \quad \lim_{x\to2}g(x)=0$$

따라서 분모의 극한이 0이므로 법칙 5를 이용할 수 없고, 주어진 극한은 분자는 0이 아닌 수에 접근하지만 분모가 0에 접근하므로 존재하지 않는다. ■

$g(x)=f(x)$일 때 곱의 법칙을 반복하여 적용하면 다음 법칙을 얻게 된다.

거듭제곱의 법칙 6. $\lim_{x\to a}[f(x)]^n=[\lim_{x\to a}f(x)]^n$ (n은 양의 정수)

다음 두 법칙은 앞의 법칙들을 응용할 때 필요하다.

7. $\lim_{x \to a} c = c$　　　　8. $\lim_{x \to a} x = a$

이 극한들은 직관적으로 명백하다($y=c$와 $y=x$의 그래프를 그려서 조사해 보아라).
법칙 6에 $f(x)=x$라 놓고 법칙 8을 사용하면 다음 법칙을 얻게 된다.

9. $\lim_{x \to a} x^n = a^n$ (n은 양의 정수)

근호가 있을 때도 비슷한 법칙이 성립한다.

10. n이 양의 정수일 때
$\lim_{x \to a} \sqrt[n]{x} = \sqrt[n]{a}$ (단, n이 짝수이면 $a>0$)

일반적으로는 다음과 같다.

근호법칙

11. n이 양의 정수일 때
$\lim_{x \to a} \sqrt[n]{f(x)} = \sqrt[n]{\lim_{x \to a} f(x)}$ (단, n이 짝수이면 $\lim_{x \to a} f(x) > 0$)

예제 2 다음 극한들을 구하고 각 단계마다 근거를 제시해 보아라.

(a) $\lim_{x \to 5} (2x^2 - 3x + 4)$　　　(b) $\lim_{x \to -2} \dfrac{x^3 + 2x^2 - 1}{5 - 3x}$

풀이 (a)
$$\begin{aligned}\lim_{x \to 5} (2x^2-3x+4) &= \lim_{x \to 5} (2x^2) - \lim_{x \to 5} (3x) + \lim_{x \to 5} 4 && \text{(법칙 2와 1)}\\ &= 2\lim_{x \to 5} x^2 - 3\lim_{x \to 5} x + \lim_{x \to 5} 4 && \text{(법칙 3)}\\ &= 2(5^2) - 3(5) + 4 && \text{(법칙 9, 8, 7)}\\ &= 39\end{aligned}$$

(b) 분자, 분모의 극한이 존재하고 분모의 극한이 0이 아닌지 확인하고, 법칙 5를 이용한다.

$$\begin{aligned}\lim_{x \to -2} \frac{x^3+2x^2-1}{5-3x} &= \frac{\lim_{x \to -2} (x^3+2x^2-1)}{\lim_{x \to -2} (5-3x)} && \text{(법칙 5)}\\ &= \frac{\lim_{x \to -2} x^3 + 2\lim_{x \to -2} x^2 - \lim_{x \to -2} 1}{\lim_{x \to -2} 5 - 3\lim_{x \to -2} x} && \text{(법칙 1, 2, 3)}\\ &= \frac{(-2)^3+2(-2)^2-1}{5-3(-2)} && \text{(법칙 9, 8, 7)}\\ &= -\frac{1}{11}\end{aligned}$$

■

뉴턴과 극한

아이작 뉴턴(Isaac Newton)은 갈릴레오가 사망한 해인 1642년 크리스마스에 태어났다. 1661년 케임브리지 대학에 입학하기 전까지 뉴턴은 수학에 대해 많이 알지 못했으나, 입학 후 유클리드와 데카르트의 책을 읽고 Isaac Barrow의 강의를 들으면서 수학을 빠르게 배웠다. 전염병 때문에 1665~1666년 대학이 문을 닫자 뉴턴은 고향으로 돌아와 그동안 공부한 내용을 재검토하였다. 이 두 해 동안 그는 네 가지 중요한 발견을 하는 놀라운 성과를 거두었다; (1) 이항정리와 함수의 무한급수표시 (2) 미분과 적분에 관한 연구 (3) 운동법칙과 만유인력법칙 (4) 빛과 색에 관한 실험.

뉴턴은 논쟁과 비평을 두려워하여 그가 발견한 내용을 발표하는 데 주저해오다 천문학자 Halley의 주선으로 1687년에 《수학 원리(Principia Mathematica)》를 출간하였다. 역사상 가장 위대한 과학논문인 이 저서에서 뉴턴은 미분적분학에 대한 이론을 창시하였고 이를 이용하여 역학, 유체역학, 파동, 행성과 혜성의 운동을 설명하였다.

미분적분학의 시작은 Eudoxus와 Archimedes 같은 고대 그리스학자들에 의한 면적과 체적계산에서 비롯되었으나 극한에 대한 그들의 견해는 구분구적법수준에 머물러 그 개념을 명확하게 공식화시키지 못했다. 미분적분학연구에서 뉴턴 직전의 선구자였던 Cavalieri나 Fermat 그리고 Barrow와 같은 수학자들도 실제로 극한을 이용하지 못했다. 극한을 명확하게 논의한 것은 뉴턴이 처음이었고 그는 극한의 핵심개념을 "어떤 주어진 차보다 더욱 가까이 접근하는 것"이라고 말했다. 뉴턴은 극한이야말로 미분적분학의 기본개념이라고 했고, 후에 Cauchy와 같은 수학자들이 극한에 대한 그의 개념을 분명히 하고 이를 더욱 발전시켰다.

참고 $f(x)=2x^2-3x+4$일 때 $f(5)=39$이다. 즉 예제 2(a)의 극한은 x 대신 5를 대입하여 구해도 된다. 마찬가지로 (b)의 극한도 직접 대입해서 구할 수 있다. 예제 2의 함수들은 각각 다항식과 유리함수이고 이 함수들에 대해서는 극한법칙에 의한 극한과 직접 대입하여 구한 값이 같게 된다(연습문제 43, 44). 이것을 정리하면 다음과 같다.

직접대입성질 f가 다항식이거나 유리함수이고 a가 f의 정의역 안에 있으면

$$\lim_{x\to a} f(x)=f(a)$$

직접대입성질을 갖고 있는 함수를 a에서 연속이라고 하고 4.4절에서 공부하게 된다. 그러나 다음 예제에서 보는 바와 같이 모든 극한을 직접대입에 의해 구할 수 있는 것은 아니다.

예제 3 **직접대입으로 구할 수 없는 경우** $\displaystyle\lim_{x\to 1}\frac{x^2-1}{x-1}$을 구하여라.

풀이 $f(x)=\dfrac{x^2-1}{x-1}$이라 하자. $f(1)$이 정의되지 않기 때문에 $x=1$을 대입해서 극한을 구할 수는 없다. 분모가 0이므로 몫의 법칙을 적용할 수도 없다. 그러나 대수적 계산으로

$$\frac{x^2-1}{x-1}=\frac{(x-1)(x+1)}{x-1}$$

이 되어 분자와 분모는 공통인수 $x-1$을 갖는다.

x가 1에 접근할 때는 $x\neq 1$, 즉 $x-1\neq 0$이므로 약분하여 $\dfrac{x^2-1}{x-1}=x+1$이 된다. 따라서

$$\begin{aligned}\lim_{x\to 1}\frac{x^2-1}{x-1}&=\lim_{x\to 1}\frac{(x-1)(x+1)}{x-1}\\&=\lim_{x\to 1}(x+1)\\&=1+1=2\end{aligned}$$

이 예제의 극한은 4.1절에서 점 (1, 1)에서의 포물선 $y=x^2$에 대한 접선의 기울기를 구할 때 나왔다. ■

참고 예제 3에서 함수 $f(x)=\dfrac{x^2-1}{x-1}$ 대신 더 간단한 함수 $g(x)=x+1$을 이용하여 극한을 구하였다. 이것은 $x\neq 1$일 때 $f(x)=g(x)$인데, 극한은 x가 1에 접근할 때만 생각하는 것이고 x가 1은 아니기 때문이다. 이것을 일반적으로 정리하면 다음과 같다.

> $x=a$를 제외한 모든 x에서 $f(x)=g(x)$이면 $\lim\limits_{x\to a} f(x)=\lim\limits_{x\to a} g(x)$이다(만일 극한이 존재하면).

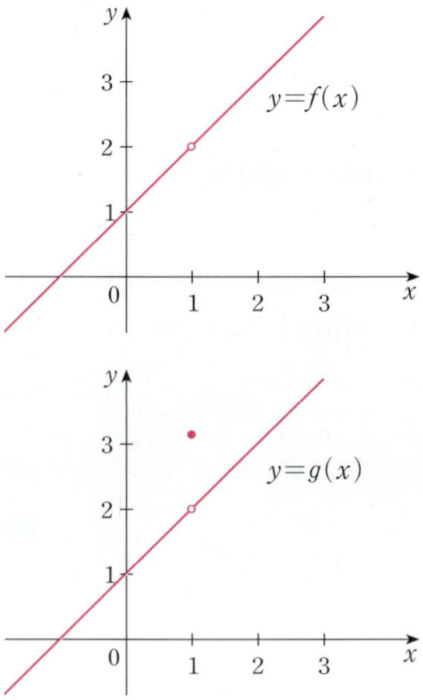

그림 2
예제 3과 4의 함수 f와 g의 그래프

예제 4 $g(x)=\begin{cases} x+1, & x\neq 1 \\ \pi, & x=1 \end{cases}$ 일 때 $\lim\limits_{x\to 1} g(x)$를 구하여라.

풀이 g는 $x=1$에서 정의되어 있고 $g(1)=\pi$이다. 그러나 x가 1에 접근할 때 극한값은 1에서의 함숫값과 무관하다. $x\neq 1$일 때 $g(x)=x+1$이므로

$$\lim_{x\to 1} g(x)=\lim_{x\to 1}(x+1)=2$$

■

예제 3과 4의 함숫값들은 $x=1$ 이외의 모든 값에서 같으므로, x가 1에 접근할 때 그들의 극한은 같게 된다.

예제 5 **간단히 하여 극한 구하기** $\lim\limits_{h\to 0}\dfrac{(3+h)^2-9}{h}$를 구하여라.

풀이 $F(h)=\dfrac{(3+h)^2-9}{h}$라 놓으면 예제 3과 같이 $F(0)$가 정의되지 않으므로 $F(h)$에 $h=0$을 대입하여 극한을 구할 수는 없다. 대수적으로 $F(h)$를 간단히 하면(h가 0으로 접근할 때 $h\neq 0$임을 기억하자)

$$F(h)=\frac{(9+6h+h^2)-9}{h}=\frac{6h+h^2}{h}=6+h$$

따라서

$$\lim_{h\to 0}\frac{(3+h)^2-9}{h}=\lim_{h\to 0}(6+h)=6$$

■

예제 6 **유리화하여 극한 구하기** $\lim\limits_{t\to 0}\dfrac{\sqrt{t^2+9}-3}{t^2}$을 구하여라.

풀이 분모의 극한이 0이므로 몫의 법칙을 적용할 수 없다. 대수적 방법으로 분자를 유리화하면

$$\begin{aligned}\lim_{t\to 0}\frac{\sqrt{t^2+9}-3}{t^2}&=\lim_{t\to 0}\frac{\sqrt{t^2+9}-3}{t^2}\cdot\frac{\sqrt{t^2+9}+3}{\sqrt{t^2+9}+3}\\&=\lim_{t\to 0}\frac{(t^2+9)-9}{t^2(\sqrt{t^2+9}+3)}=\lim_{t\to 0}\frac{t^2}{t^2(\sqrt{t^2+9}+3)}\\&=\lim_{t\to 0}\frac{1}{\sqrt{t^2+9}+3}=\frac{1}{\sqrt{\lim\limits_{t\to 0}(t^2+9)}+3}=\frac{1}{3+3}=\frac{1}{6}\end{aligned}$$

이 계산결과는 4.2절의 예제 2에서 추측한 값과 일치한다. ■

극한을 구할 때 좌 · 우극한을 먼저 구해보는 것이 좋은 방법이다. 다음 정리는 4.2절에서 발견했던 성질이다. 극한이 존재하기 위한 필요충분조건은 좌 · 우극한이 모두 존재하

고 그것이 같게 되는 것이다.

> **1 정리** $\lim_{x \to a} f(x) = L$이기 위한 필요충분조건은 $\lim_{x \to a^-} f(x) = L = \lim_{x \to a^+} f(x)$

극한법칙은 한쪽 극한에 대해서도 성립한다.

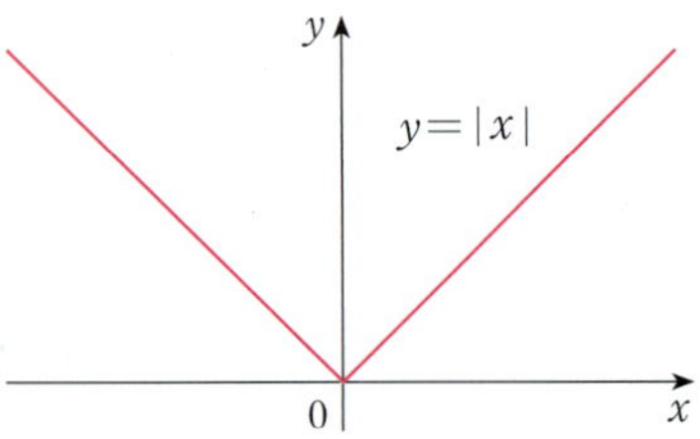

그림 3

예제 7 **좌 · 우극한을 계산하여 극한 구하기** $\lim_{x \to 0} |x| = 0$임을 보여라.

풀이 $|x| = \begin{cases} x, & x \geq 0 \\ -x, & x < 0 \end{cases}$이므로

$$\lim_{x \to 0^+} |x| = \lim_{x \to 0^+} x = 0\text{이고} \quad \lim_{x \to 0^-} |x| = \lim_{x \to 0^-} (-x) = 0$$

따라서 정리 1에 의해

$$\lim_{x \to 0} |x| = 0$$

이다. ■

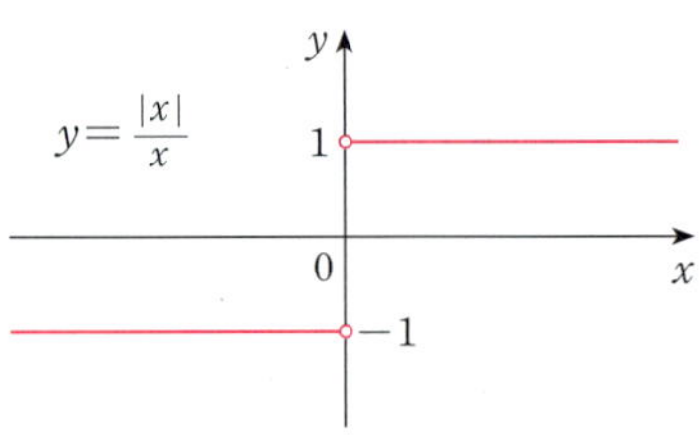

그림 4

예제 8 $\lim_{x \to 0} \frac{|x|}{x}$는 존재하지 않음을 증명하여라.

풀이 $\lim_{x \to 0^+} \frac{|x|}{x} = \lim_{x \to 0^+} \frac{x}{x} = \lim_{x \to 0^+} 1 = 1$, $\lim_{x \to 0^-} \frac{|x|}{x} = \lim_{x \to 0^-} \frac{-x}{x} = \lim_{x \to 0^-} (-1) = -1$

따라서 정리 1에 의해, $\lim_{x \to 0} \frac{|x|}{x}$는 존재하지 않는다. 이것은 $f(x)$의 그래프인 그림 4를 보면 더욱 분명해진다. ■

● $[\![x]\!]$ 다른 기호로 $[x]$ 또는 $\lfloor x \rfloor$로 나타내기도 한다.

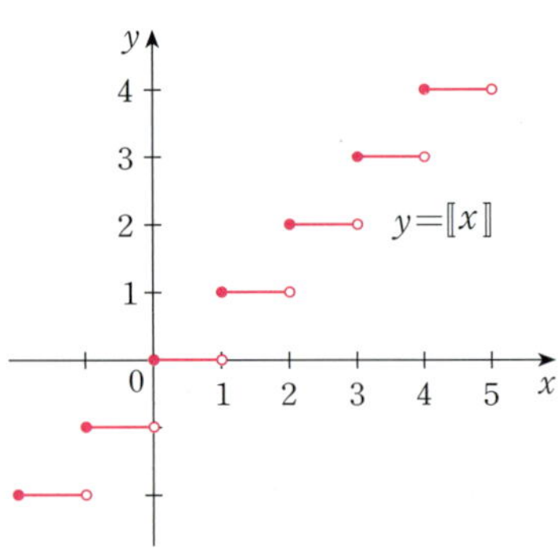

그림 5 최대정수함수

예제 9 $[\![x]\!]$를 x보다 작거나 같은 가장 큰 정수라고 정의할 때 $[\![x]\!]$를 최대정수함수(greatest integer function)라고 한다. (예를 들면 $[\![4]\!]=4$, $[\![4.8]\!]=4$, $[\![\pi]\!]=3$, $[\![\sqrt{2}]\!]=1$, $[\![-\frac{1}{2}]\!]=-1$) $\lim_{x \to 3} [\![x]\!]$는 존재하지 않음을 보여라.

풀이 최대정수함수의 그래프는 그림 5와 같다. $3 \leq x < 4$일 때 $[\![x]\!]=3$이므로

$$\lim_{x \to 3^+} [\![x]\!] = \lim_{x \to 3^+} 3 = 3$$

$2 \leq x < 3$일 때 $[\![x]\!]=2$이므로

$$\lim_{x \to 3^-} [\![x]\!] = \lim_{x \to 3^-} 2 = 2$$

따라서 정리 1에 의해, $\lim_{x \to 3} [\![x]\!]$는 존재하지 않는다. ■

다음 두 정리는 또 다른 극한의 정리들이다.

> **2 정리** x가 a의 근방에서 (a는 제외) $f(x) \leq g(x)$이고 x가 a에 접근할 때 f와 g의 극한이 모두 존재하면
>
> $$\lim_{x \to a} f(x) \leq \lim_{x \to a} g(x)$$

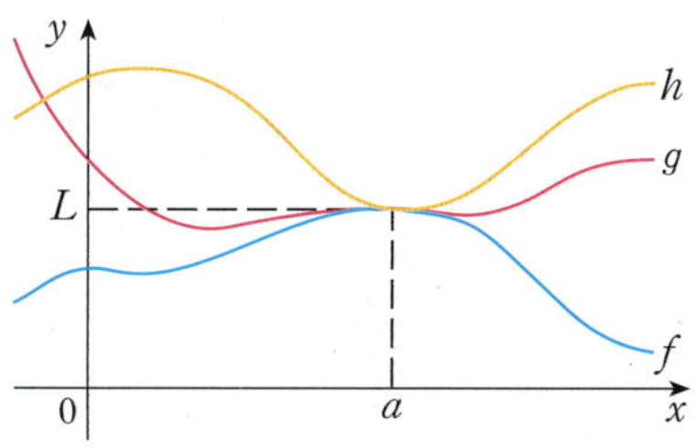

그림 6

3 조임정리 x가 a의 근방에서 (a는 제외) $f(x) \le g(x) \le h(x)$이고

$$\lim_{x \to a} f(x) = \lim_{x \to a} h(x) = L$$

이면

$$\lim_{x \to a} g(x) = L$$

그림 6은 샌드위치 정리 또는 압축정리라고도 불리는 조임(squeeze)정리를 나타내고 있다. $g(x)$가 a의 근방에서 $f(x)$와 $h(x)$ 사이에 끼어 있고, a에서 f와 h의 극한이 다 같이 L이면 g도 a에서 같은 극한 L을 갖게 된다는 것을 보여준다.

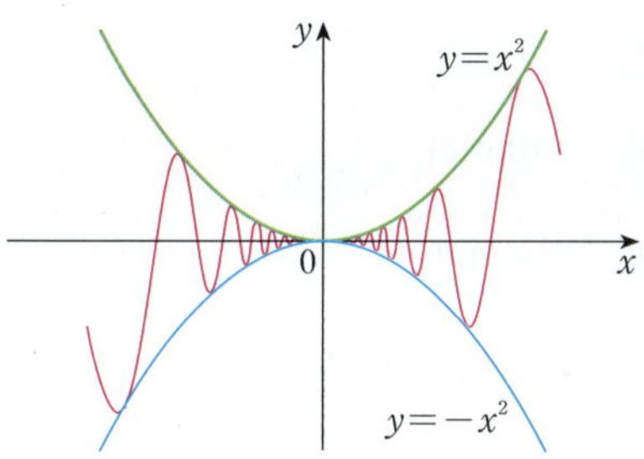

그림 7
$y = x^2 \sin\left(\frac{1}{x}\right)$

예제 10 조임정리의 응용 $\lim_{x \to 0} x^2 \sin \frac{1}{x} = 0$임을 보여라.

풀이 $\lim_{x \to 0} \sin \frac{1}{x}$은 존재하지 않으므로(4.2절 예제 4 참조)

$$\lim_{x \to 0} x^2 \sin \frac{1}{x} = \lim_{x \to 0} x^2 \cdot \lim_{x \to 0} \sin \frac{1}{x}$$

은 성립하지 않는다. 그러나 $-1 \le \sin \frac{1}{x} \le 1$이므로, 그림 7과 같이

$$-x^2 \le x^2 \sin \frac{1}{x} \le x^2$$

그런데 $\lim_{x \to 0} x^2 = 0$이고 $\lim_{x \to 0} (-x^2) = 0$이다. $f(x) = -x^2$, $g(x) = x^2 \sin \frac{1}{x}$, $h(x) = x^2$라 놓으면 조임정리에 의해

$$\lim_{x \to 0} x^2 \sin \frac{1}{x} = 0$$

■

4.3 연습문제

1. $\lim_{x \to 2} f(x) = 4$, $\lim_{x \to 2} g(x) = -2$, $\lim_{x \to 2} h(x) = 0$일 때 다음 극한들을 구하여라. 존재하지 않으면 그 이유를 설명하여라.
   (a) $\lim_{x \to 2} [f(x) + 5g(x)]$ (b) $\lim_{x \to 2} [g(x)]^3$
   (c) $\lim_{x \to 2} \sqrt{f(x)}$ (d) $\lim_{x \to 2} \frac{3f(x)}{g(x)}$
   (e) $\lim_{x \to 2} \frac{g(x)}{h(x)}$ (f) $\lim_{x \to 2} \frac{g(x)h(x)}{f(x)}$

2. 다음 f와 g의 그래프를 이용하여 다음 극한들을 구하여라. 존재하지 않으면 그 이유를 설명하여라.
   (a) $\lim_{x \to 2} [f(x) + g(x)]$ (b) $\lim_{x \to 1} [f(x) + g(x)]$
   (c) $\lim_{x \to 0} [f(x)g(x)]$ (d) $\lim_{x \to -1} \frac{f(x)}{g(x)}$
   (e) $\lim_{x \to 2} x^3 f(x)$ (f) $\lim_{x \to 1} \sqrt{3 + f(x)}$

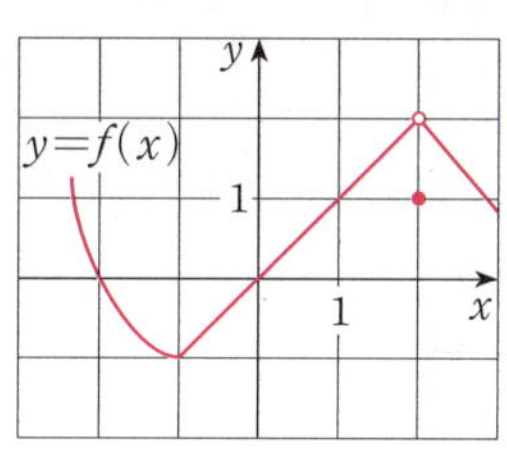

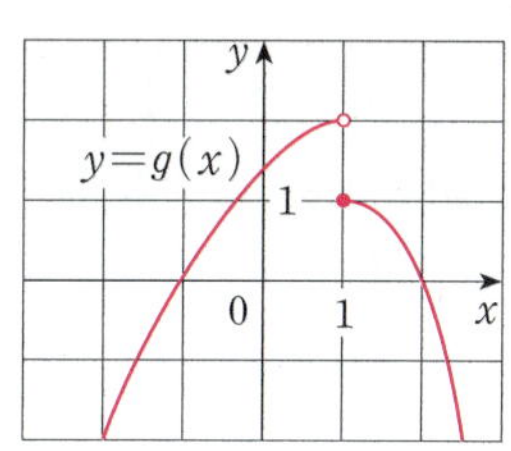

(3~7) 다음 극한을 구하고 각 단계마다 어떤 극한법칙이 쓰였는지 설명하여라.

3. $\lim_{x \to 4} (5x^2 - 2x + 3)$
4. $\lim_{t \to -1} (t^2 + 1)^3 (t + 3)^5$
5. $\lim_{x \to 8} (1 + \sqrt[3]{x})(2 - 6x^2 + x^3)$
6. $\lim_{u \to -2} \sqrt{u^4 + 3u + 6}$
7. $\lim_{x \to 2} \sqrt{\frac{2x^2 + 1}{3x - 2}}$

8. (a) 다음 등식은 무엇이 잘못되었는가?

$$\frac{x^2+x-6}{x-2}=x+3$$

(b) (a)의 관점에서

$$\lim_{x\to 2}\frac{x^2+x-6}{x-2}=\lim_{x\to 2}(x+3)$$

은 왜 옳은지 설명하여라.

(9~24) 다음 극한이 존재하면 구하여라.

9. $\lim_{x\to 2}\frac{x^2+x-6}{x-2}$

10. $\lim_{x\to -4}\frac{x^2+5x+4}{x^2+3x-4}$

11. $\lim_{x\to 2}\frac{x^2-x+6}{x-2}$

12. $\lim_{x\to -1}\frac{2x^2+3x+1}{x^2-2x-3}$

13. $\lim_{t\to -3}\frac{t^2-9}{2t^2+7t+3}$

14. $\lim_{x\to -1}\frac{x^2-4x}{x^2-3x-4}$

15. $\lim_{h\to 0}\frac{(4+h)^2-16}{h}$

16. $\lim_{h\to 0}\frac{(2+h)^3-8}{h}$

17. $\lim_{x\to -2}\frac{x+2}{x^3+8}$

18. $\lim_{h\to 0}\frac{\sqrt{1+h}-1}{h}$

19. $\lim_{x\to -4}\frac{\frac{1}{4}+\frac{1}{x}}{4+x}$

20. $\lim_{x\to -1}\frac{x^2+2x+1}{x^4-1}$

21. $\lim_{x\to 16}\frac{4-\sqrt{x}}{16x-x^2}$

22. $\lim_{t\to 0}\left(\frac{1}{t}-\frac{1}{t^2+t}\right)$

23. $\lim_{t\to 0}\left(\frac{1}{t\sqrt{1+t}}-\frac{1}{t}\right)$

24. $\lim_{x\to -4}\frac{\sqrt{x^2+9}-5}{x+4}$

25. (a) $f(x)=\frac{x}{\sqrt{1+3x}-1}$의 그래프를 그려서

$$\lim_{x\to 0}\frac{x}{\sqrt{1+3x}-1}$$

를 추정하여라.

(b) x가 0에 가까울 때 $f(x)$의 값을 표로 만들어 극한을 추측하여라.

(c) 극한법칙을 이용하여, 추측한 값이 정확한지 밝혀라.

26. (a) $f(x)=\frac{\sqrt{3+x}-\sqrt{3}}{x}$의 그래프를 이용하여 $\lim_{x\to 0}f(x)$의 값을 소수 둘째 자리까지 추정하여라.

(b) $f(x)$의 값을 표로 만들어 (a)의 극한을 소수 넷째 자리까지 추정하여라.

(c) 극한법칙을 이용하여 정확한 극한값을 구하여라.

27. 조임정리를 이용하여 $\lim_{x\to 0}x^2\cos 20\pi x=0$임을 보여라. 같은 표시창 위에 $f(x)=-x^2$, $g(x)=x^2\cos 20\pi x$, $h(x)=x^2$의 그래프를 나타내어 설명하여라.

28. 조임정리를 이용하여

$$\lim_{x\to 0}\sqrt{x^3+x^2}\sin\frac{\pi}{x}=0$$

임을 밝히고, 조임정리의 함수 f, g, h를 정하여 같은 표시창 위에 이들의 그래프를 그려서 설명하여라.

29. $x\geq 0$에 대하여 $4x-9\leq f(x)\leq x^2-4x+7$일 때, $\lim_{x\to 4}f(x)$를 구하여라.

30. 모든 x에 대하여 $2x\leq g(x)\leq x^4-x^2+2$일 때, $\lim_{x\to 1}g(x)$를 구하여라.

31. $\lim_{x\to 0}x^4\cos\frac{2}{x}=0$임을 증명하여라.

32. $\lim_{x\to 0^+}\sqrt{x}\,e^{\sin\frac{\pi}{x}}=0$임을 증명하여라.

(33~36) 다음 극한을 구하여라. 존재하지 않으면 그 이유를 설명하여라.

33. $\lim_{x\to 3}(2x+|x-3|)$

34. $\lim_{x\to -6}\frac{2x+12}{|x+6|}$

35. $\lim_{x\to 0^-}\left(\frac{1}{x}-\frac{1}{|x|}\right)$

36. $\lim_{x\to -2}\frac{2-|x|}{2+x}$

37. $$g(x)=\begin{cases} x, & x<1 \\ 3, & x=1 \\ 2-x^2, & 1<x\leq 2 \\ x-3, & x>2 \end{cases}$$ 일 때

(a) 다음 값이 존재하면 그 값을 구하여라.

(i) $\lim_{x\to 1^-}g(x)$ (ii) $\lim_{x\to 1}g(x)$ (iii) $g(1)$

(iv) $\lim_{x\to 2^-}g(x)$ (v) $\lim_{x\to 2^+}g(x)$ (vi) $\lim_{x\to 2}g(x)$

(b) g의 그래프를 그려라.

38. $F(x)=\frac{x^2-1}{|x-1|}$이라 하자.

(a) (i) $\lim_{x\to 1^+}F(x)$ (ii) $\lim_{x\to 1^-}F(x)$를 구하여라.

(b) $\lim_{x\to 1}F(x)$는 존재하는가?

(c) F의 그래프를 그려라.

39. (a) 기호 $[\![\ ]\!]$이 최대정수함수를 나타낼 때 다음 극한을 구하여라.

(i) $\lim_{x\to -2^+}[\![x]\!]$ (ii) $\lim_{x\to -2}[\![x]\!]$ (iii) $\lim_{x\to -2.4}[\![x]\!]$

(b) n이 정수일 때 다음을 구하여라.

(i) $\lim_{x \to n^-} [\![x]\!]$ (ii) $\lim_{x \to n^+} [\![x]\!]$

(c) a가 어떤 값일 때 $\lim_{x \to a} [\![x]\!]$가 존재하는가?

40. $f(x) = [\![\cos x]\!]$, $-\pi \le x \le \pi$라 하자.

(a) f의 그래프를 그려라.

(b) 다음 극한이 존재하면 구하여라.

(i) $\lim_{x \to 0} f(x)$ (ii) $\lim_{x \to (\frac{\pi}{2})^-} f(x)$

(iii) $\lim_{x \to (\frac{\pi}{2})^+} f(x)$ (iv) $\lim_{x \to (\frac{\pi}{2})} f(x)$

(c) a가 어떤 값일 때 $\lim_{x \to a} f(x)$가 존재하는가?

41. $f(x) = [\![x]\!] + [\![-x]\!]$일 때 $\lim_{x \to 2} f(x)$는 존재하지만 $f(2)$와 같지 않음을 보여라.

42. 상대성이론에서 Lorentz 수축공식

$$L = L_0 \sqrt{1 - v^2/c^2}$$

은 L_0가 정지상태의 물체의 길이, c가 빛의 속력일 때 물체의 길이 L을(관측자에 관한) 속도 v의 함수로 나타낸 것이다. $\lim_{v \to c^-} L$을 구하고 그 결과를 해석해 보아라. 좌극한은 왜 필요한가?

43. p가 다항식이면 $\lim_{x \to a} p(x) = p(a)$임을 보여라.

44. r이 유리함수이면 문제 43을 이용하여 r의 정의역상의 모든 a에 대해서 $\lim_{x \to a} r(x) = r(a)$임을 보여라.

45. $\lim_{x \to 1} \dfrac{f(x) - 8}{x - 1} = 10$일 때 $\lim_{x \to 1} f(x)$를 구하여라.

46. $\lim_{x \to 0} \dfrac{f(x)}{x^2} = 5$일 때 다음을 구하여라.

(a) $\lim_{x \to 0} f(x)$ (b) $\lim_{x \to 0} \dfrac{f(x)}{x}$

47. $\lim_{x \to a} f(x)$와 $\lim_{x \to a} g(x)$가 존재하지 않아도 $\lim_{x \to a} [f(x) + g(x)]$가 존재할 수 있다는 것을 예를 들어 설명하여라.

48. $\lim_{x \to a} f(x)$와 $\lim_{x \to a} g(x)$가 존재하지 않아도 $\lim_{x \to a} [f(x)g(x)]$가 존재할 수 있다는 것을 예를 들어 설명하여라.

49. $\lim_{x \to -2} \dfrac{3x^2 + ax + a + 3}{x^2 + x - 2}$이 존재하도록 하는 a가 있는가? 있으면 a와 이 극한값을 구하여라.

50. 그림에는 방정식 $(x-1)^2 + y^2 = 1$의 그래프인 원 C_1과 원점을 중심으로 반지름이 r인 줄어드는 원 C_2가 있다. 점 P의 좌표가 $(0, r)$, 점 Q가 두 원의 위쪽 교점, R이 직선 PQ와 x축과의 교점이라 할 때 C_2가 줄어들어 $r \to 0^+$이면 R의 위치는 어떻게 되겠는가?

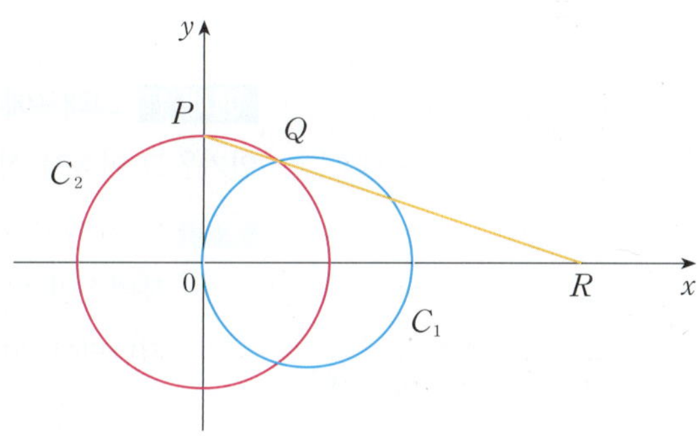

4.4 연속성

4.3절에서 x가 a에 접근할 때 함수의 극한은 경우에 따라 a에서의 함숫값을 계산해서 구할 수 있었다. 이러한 성질을 갖는 함수들을 a에서 연속이라고 부른다. 연속의 수학적 정의는 일상용어로 쓰고 있는 연속이라는 말의 의미와 밀접한 관련을 갖고 있다(연속적인 과정은 중단이나 갑작스런 변화 없이 점진적으로 이어나가는 것을 의미한다).

1 정의 함수 f가 다음 조건을 만족하면 f는 a에서 **연속**(continuous)이라고 한다.

$$\lim_{x \to a} f(x) = f(a)$$

● 그림 1과 같이 f가 연속이면 곡선 위의 점 $(x,\ f(x))$는 곡선을 따라 점 $(a,\ f(a))$에 접근한다. 곡선이 끊어져 있지 않다.

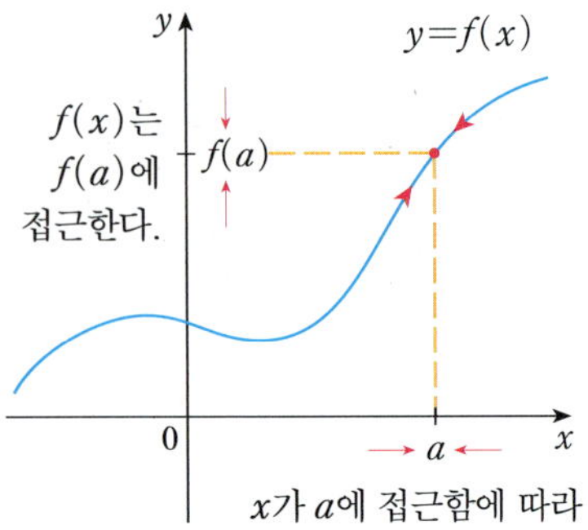

그림 1

f가 a에서 연속이 아닐 때 f는 a에서 불연속이다 또는 f는 a에서 불연속(discontinuity)성을 가진다고 말한다. 정의 1은 함축적으로 다음 세 가지 조건을 포함하고 있다.

1. $f(a)$가 정의된다(즉 a는 f의 정의역 안에 있다).
2. $\lim_{x \to a} f(x)$가 존재한다.
3. $\lim_{x \to a} f(x) = f(a)$

정의 1은 x가 a에 접근할 때 $f(x)$가 $f(a)$에 접근하면 f는 a에서 연속이라는 말과 같다. 따라서 연속함수 f는 x가 작게 변하면 $f(x)$도 작게 변하는 성질을 갖고 있다. 실제는 x를 충분히 작게 변화시키면 $f(x)$도 원하는 만큼 작게 변화시킬 수 있다.

물리적 현상은 보통 연속적인 변화를 한다. 예를 들어, 차의 변위나 속도는 사람의 키처럼 시간에 따라 연속적으로 변한다. 그러나 전류와 같은 상황에서는 불연속적인 성질이 나타나기도 한다(4.2절 예제 6의 헤비사이드 함수는 $\lim_{t \to 0} H(t)$가 존재하지 않기 때문에 0에서 불연속이다).

기하학적으로 어느 구간의 모든 점에서 연속인 함수는 그래프가 그 구간 어디에서도 끊어져 있지 않다는 것을 뜻한다. 즉, 종이에서 연필을 떼지 않고 그래프를 그릴 수 있다.

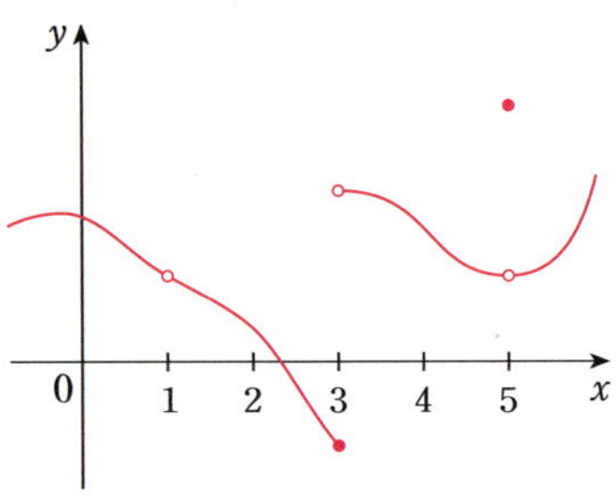

그림 2

예제 1 그래프에서 불연속 그림 2는 함수 f의 그래프이다. 어느 곳에서 f는 불연속인가? 그 이유를 설명하여라.

풀이 $x=1$에서 그래프가 떨어져 있으므로 여기서 f는 불연속으로 생각된다. f가 1에서 불연속인 이유는 $f(1)$이 정의되어 있지 않기 때문이다. 또 $x=3$에서도 그래프는 절단되어 있다. 3에서 f가 불연속인 이유는 $f(3)$은 정의되어 있지만 $\lim_{x \to 3} f(x)$가 존재하지 않기 때문이다. $a=5$에서 어떠한가? $f(5)$와 $\lim_{x \to 5} f(x)$는 존재하지만

$$\lim_{x \to 5} f(x) \neq f(5)$$

이므로 5에서 f는 불연속이다. ■

함수가 식으로 주어졌을 때 불연속점을 찾는 방법을 알아보자.

예제 2 식으로 주어진 함수의 불연속 다음 함수들은 각각 어디에서 불연속인가?

(a) $f(x) = \dfrac{x^2 - x - 2}{x - 2}$

(b) $f(x) = \begin{cases} \dfrac{1}{x^2}, & x \neq 0 \\ 1, & x = 0 \end{cases}$

(c) $f(x) = \begin{cases} \dfrac{x^2 - x - 2}{x - 2}, & x \neq 2 \\ 1, & x = 2 \end{cases}$

(d) $f(x) = [\![x]\!]$

풀이 (a) $f(2)$가 정의되지 않으므로 2에서 불연속이다.

(b) $f(0)=1$로 정의되지만 $\lim_{x \to 0} f(x) = \lim_{x \to 0} \dfrac{1}{x^2}$이 존재하지 않는다(4.2절 예제

8 참조). 따라서 f는 0에서 불연속이다.

(c) $f(2)=1$이고

$$\lim_{x\to2} f(x)=\lim_{x\to2}\frac{x^2-x-2}{x-2}=\lim_{x\to2}\frac{(x-2)(x+1)}{x-2}=\lim_{x\to2}(x+1)=3$$

으로 존재하지만

$$\lim_{x\to2} f(x)\neq f(2)$$

따라서 f는 2에서 불연속이다.

(d) 최대정수함수 $f(x)=[\![x]\!]$는 n이 정수일 때 $\lim_{x\to n}[\![x]\!]$가 존재하지 않으므로 f는 모든 정수에서 불연속이다(4.3절 예제 9와 연습문제 39 참조). ■

그림 3은 예제 2의 함수들의 그래프이다. 각 그래프마다 구멍이나, 단절 또는 비약이 생겨 종이 위에서 연필을 떼지 않고는 그래프를 그릴 수가 없다. (a)와 (c) 같은 불연속은 2에서만 f를 다시 정의하면 불연속성을 제거할 수 있기 때문에 없앨 수 있다(removable)고 한다(함수 $g(x)=x+1$은 연속이다). (b)와 같은 불연속은 무한불연속(infinite discontinuity)이라 하고 (d)와 같은 불연속은 한 값에서 다른 값으로 "비약"하므로 비약불연속(jump disconuity)이라고 한다.

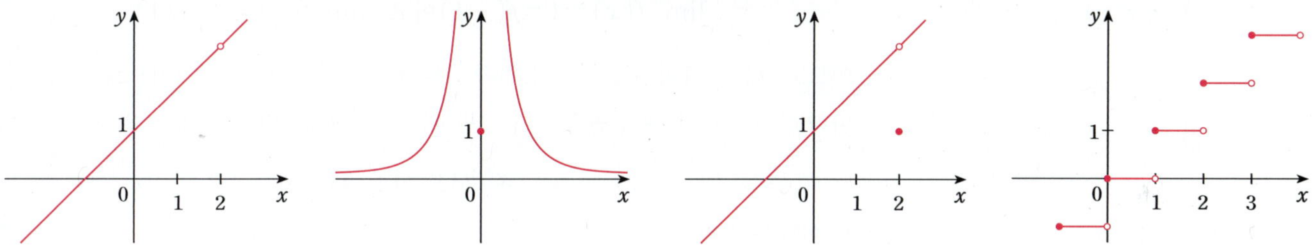

(a) $f(x)=\dfrac{x^2-x-2}{x-2}$ (b) $f(x)=\begin{cases}\dfrac{1}{x^2}, & x\neq0\\ 1, & x=0\end{cases}$ (c) $f(x)=\begin{cases}\dfrac{x^2-x-2}{x-2}, & x\neq2\\ 1, & x=2\end{cases}$ (d) $f(x)=[\![x]\!]$

그림 3 예제 2의 함수들의 그래프

2 정의 $$\lim_{x\to a^+} f(x)=f(a)$$

일 때 f는 a의 오른쪽에서 연속이라 하고

$$\lim_{x\to a^-} f(x)=f(a)$$

일 때 f는 a의 왼쪽에서 연속이라고 한다.

예제 3 그림 3(d)의 함수 $f(x)=[\![x]\!]$는 임의의 정수 n에서

$\lim_{x\to n^+} f(x)=\lim_{x\to n^+}[\![x]\!]=n=f(n)$이지만

$$\lim_{x\to n^-} f(x)=\lim_{x\to n^-}[\![x]\!]=n-1\neq f(n)$$

이므로 f는 n의 오른쪽에서 연속이고 왼쪽에서는 불연속이다. ■

3 정의 함수 f가 어떤 구간의 모든 점에서 연속일 때 f는 그 **구간에서 연속**이라고 한다(f가 구간의 어느 한쪽 끝에서만 정의되어 있을 때 그 끝점에서 연속이라는 말은 그 점의 오른쪽 또는 왼쪽에서 연속임을 의미한다).

예제 4 정의에 의한 연속 함수 $f(x)=1-\sqrt{1-x^2}$은 구간 $[-1,\ 1]$에서 연속임을 보여라.

풀이 $-1<a<1$이면 극한법칙을 이용하여

$$\begin{aligned}\lim_{x\to a} f(x) &= \lim_{x\to a}\left(1-\sqrt{1-x^2}\right)\\ &= 1-\lim_{x\to a}\sqrt{1-x^2} && \text{(법칙 2, 7)}\\ &= 1-\sqrt{\lim_{x\to a}(1-x^2)} && \text{(법칙 11)}\\ &= 1-\sqrt{1-a^2} && \text{(법칙 2, 7, 9)}\\ &= f(a)\end{aligned}$$

따라서 정의 1에 의해 f는 $a(-1<a<1)$에서 연속이다. 마찬가지 계산으로

$$\lim_{x\to -1^+} f(x)=1=f(-1)\text{이고}\quad \lim_{x\to 1^-} f(x)=1=f(1)$$

이므로 f는 -1의 오른쪽에서 연속, 1의 왼쪽에서 연속이다. 그러므로 정의 3에 따라 f는 $[-1,\ 1]$에서 연속이다. 그림 4는 f의 그래프인데, 이것은 원

$$x^2+(y-1)^2=1$$

의 아래쪽 반원이다. ■

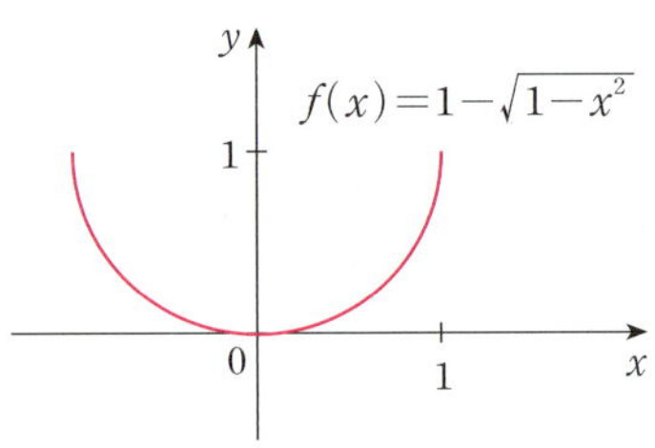

그림 4

함수의 연속성을 밝힐 때 예제 4처럼 정의 1, 2, 3을 이용하지 않고, 다음 정리를 이용하면 복잡한 함수의 연속성을 간단한 함수의 연속을 이용하여 보일 수 있다.

4 정리 f와 g가 a에서 연속이고 c가 상수일 때 다음 함수들 역시 a에서 연속이다.

1. $f+g$　　2. $f-g$　　3. cf
4. fg　　5. $\dfrac{f}{g}$ (단, $g(a)\neq 0$)

증명 이 정리의 다섯 함수들은 각각 4.3절의 대응하는 극한법칙을 이용하여 증명된다. 예를 들면, 1의 증명은 f와 g가 a에서 연속이므로

$$\lim_{x\to a} f(x)=f(a)\text{이고}\quad \lim_{x\to a} g(x)=g(a)$$

따라서

$$\begin{aligned}\lim_{x\to a}(f+g)(x) &= \lim_{x\to a}[f(x)+g(x)] \\ &= \lim_{x\to a} f(x)+\lim_{x\to a} g(x) \qquad \text{(법칙 1)} \\ &= f(a)+g(a) \\ &= (f+g)(a)\end{aligned}$$

그러므로 $f+g$는 a에서 연속이다. ■

정리 4와 정의 3으로부터 f와 g가 어떤 구간에서 연속이면 함수 $f+g$, $f-g$, cf, fg, f/g ($g\neq 0$)도 그 구간에서 연속임을 알 수 있다. 다음 정리는 직접대입성질로 4.3절에서 언급하였다.

> **5 정리** (a) 다항식은 모든 곳, 즉 $\mathbb{R}=(-\infty, \infty)$에서 연속이다.
> (b) 유리함수는 정의역에서 연속이다.

증명

(a) 다항식 P는 c_0, c_1, $\cdots$, c_n이 상수일 때

$$P(x)=c_nx^n+c_{n-1}x^{n-1}+\cdots+c_1x+c_0$$

로 표현된다. 그런데

$$\lim_{x\to a} c_0=c_0 \qquad \text{(법칙 7)}$$

이고

$$\lim_{x\to a} x^m=a^m, \ m=1,\ 2,\ \cdots,\ n \qquad \text{(법칙 9)}$$

이다. 따라서 함수 $f(x)=x^m$은 연속이고 정리 4의 3에 의해 함수 $g(x)=cx^m$도 연속이다. P는 $g(x)$꼴의 함수들과 상수함수의 합이므로 정리 4의 1에 의해 P는 연속이다.

(b) 유리함수 f는 P와 Q가 다항식일 때

$$f(x)=\frac{P(x)}{Q(x)}$$

꼴의 함수이다. f의 정의역은 $D=\{x\in\mathbb{R} \mid Q(x)\neq 0\}$이다. 따라서 (a)의 결과와 정리 4의 5에 의해 f는 D의 모든 점에서 연속이다. ■

정리 5의 구체적인 예를 들어보자. 반지름이 r인 구의 부피는 $V(r)=\frac{4}{3}\pi r^3$이므로 V는 r에 따라 연속적으로 변하는 하나의 다항식이다. 마찬가지로 20m/s의 속도로 공중에 수직으로 공을 던졌을 때 t초 후의 공의 높이가 $h=20t-4.9t^2$미터라 하면 h는 t의 다항식이고 따라서 t에 관한 연속함수이다.

함수가 연속이면 다음 예제와 같이 쉽게 극한을 계산할 수 있다. 4.3절의 예제 2(b)와 비교해 보아라.

예제 5 **연속함수의 극한 구하기** $\lim_{x\to -2}\dfrac{x^3+2x^2-1}{5-3x}$ 을 구하여라.

풀이 함수 $f(x)=\dfrac{x^3+2x^2-1}{5-3x}$ 은 유리함수이므로 정리 5에 의해 정의역 $\left\{x \mid x\neq \dfrac{5}{3}\right\}$에서 연속이다. 따라서

$$\lim_{x\to -2}\frac{x^3+2x^2-1}{5-3x}=\lim_{x\to -2}f(x)=f(-2)$$
$$=\frac{(-2)^3+2(-2)^2-1}{5-3(-2)}=-\frac{1}{11}$$ ■

대부분의 기본적인 함수들은 정의역의 모든 점에서 연속이다. 예를 들어, 근호가 들어 있는 함수들도 극한법칙 10에 의해 연속이다.

사인과 코사인함수는 그래프(2.6절 그림 7과 8)의 모양으로 보아 연속임을 짐작할 수 있다. $\sin\theta$와 $\cos\theta$의 정의로부터 그림 5에 있는 점 P의 좌표는 $(\cos\theta,\ \sin\theta)$이다. $\theta\to 0$일 때 P는 점 $(1,\ 0)$에 접근하므로 $\cos\theta\to 1$이고 $\sin\theta\to 0$이 된다. 따라서

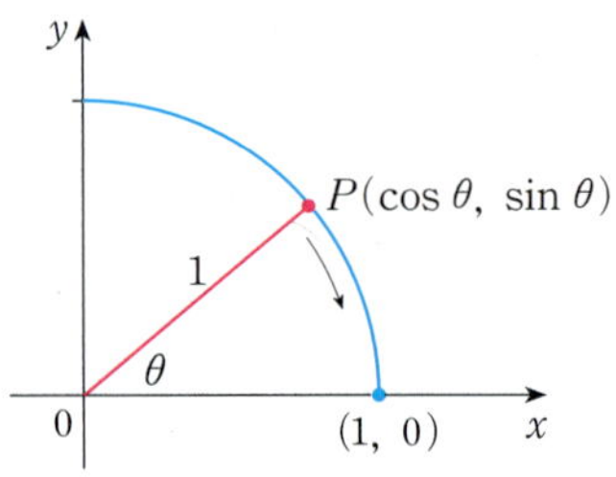

그림 5

6 $$\lim_{\theta\to 0}\cos\theta=1 \qquad \lim_{\theta\to 0}\sin\theta=0$$

이다. $\cos 0=1$이고 $\sin 0=0$이므로 6의 성질에 의해 사인함수와 코사인함수는 0에서 연속임을 알 수 있다. 그리고 사인과 코사인에 관한 덧셈 공식들을 활용하면 이들 함수가 모든 점에서 연속임을 확인할 수 있다(연습문제 49와 50 참조).

● 6의 극한을 입증하는 다른 방법은 5.3절에서 증명되는 부등식 $\sin\theta<\theta$ $(\theta>0)$을 가지고 조임정리를 이용하는 것이다.

정리 4의 5에 의해

$$\tan x=\frac{\sin x}{\cos x}$$

는 $\cos x=0$인 점을 제외한 모든 x에서 연속임을 알 수 있다. $y=\tan x$는 x가 $\dfrac{\pi}{2}$의 홀수배, 즉 $x=\pm\dfrac{\pi}{2},\ \pm\dfrac{3\pi}{2},\ \pm\dfrac{5\pi}{2},\ \cdots$ 에서 불연속이다. (그림 6 참조)

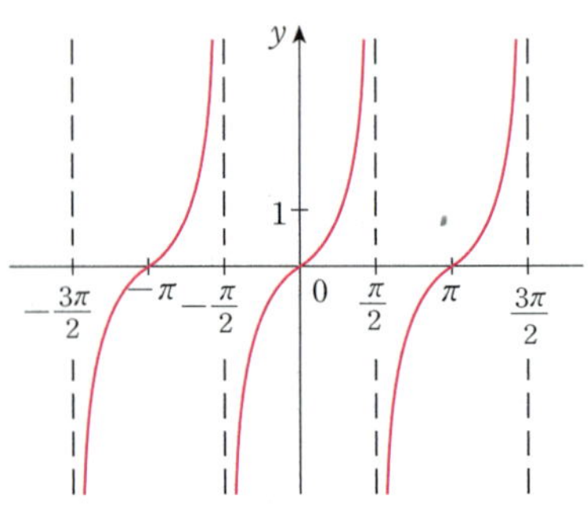

그림 6
$y=\tan x$

2.7절에서 x가 유리수일 때 $y=a^x$의 그래프의 구멍을 메우는 방법으로 지수함수 $y=a^x$을 정의하였다. 즉, $y=a^x$의 정의는 이 함수를 $\mathbb{R}$에서 연속이 되도록 하는 것이다. 연속인 일대일 함수의 역함수도 연속이다(f^{-1}의 그래프는 f의 그래프를 직선 $y=x$에 대칭시켜 얻어진다. 따라서 f의 그래프가 끊어져 있지 않으면 f^{-1}의 그래프도 끊어져 있지 않다). 따라서 함수 $y=\log_a x$는 $(0,\ \infty)$에서 연속이다. 왜냐하면 $y=a^x$의 역함수이기 때문이다.

7 정리 다음 함수들은 정의역의 모든 점에서 연속이다.

다항식	유리함수	근호함수
삼각함수	지수함수	로그함수

예제 6 **구간에서 연속** 함수 $f(x)=\dfrac{\ln x+e^x}{x^2-1}$은 어디에서 연속인가?

풀이 정리 7에서 함수 $y=\ln x$는 $x>0$에서 연속이고 $y=e^x$은 $\mathbb{R}$에서 연속이다. 따라서 정리 4의 1에 의해 $y=\ln x+e^x$은 $(0, \infty)$에서 연속이다. 분모 $y=x^2-1$은 다항식이므로 모든 곳에서 연속이다. 정리 4의 5에 의해 f는 $x^2-1=0$을 만족하는 점을 제외한 모든 양수에서 연속이다. 그러므로 f는 구간 $(0, 1)$과 $(1, \infty)$에서 연속이다. ■

예제 7 $\displaystyle\lim_{x\to\pi}\frac{\sin x}{2+\cos x}$를 구하여라.

풀이 정리 7에서 $y=\sin x$는 연속이고, 분모의 함수 $y=2+\cos x$는 두 연속함수의 합이므로 연속이다. 모든 x에 대하여 $\cos x\geq -1$이므로 $2+\cos x>0$이다. 따라서

$$f(x)=\frac{\sin x}{2+\cos x}$$

는 모든 곳에서 연속이다. 그러므로 연속함수의 정의에 의해

$$\lim_{x\to\pi}\frac{\sin x}{2+\cos x}=\lim_{x\to\pi}f(x)=f(\pi)=\frac{\sin\pi}{2+\cos\pi}=\frac{0}{2-1}=0$$ ■

두 연속함수 f와 g를 결합한 합성함수 $f\circ g$도 역시 연속임을 다음 정리에서 알 수 있다.

● 이 정리는 함수가 연속이고 극한이 존재할 때 극한기호는 함수기호 속으로 옮겨질 수 있음을 보여준다. 즉 이 두 기호의 순서를 바꿀 수 있다.

8 정리 f가 b에서 연속이고 $\displaystyle\lim_{x\to a}g(x)=b$이면 $\displaystyle\lim_{x\to a}f(g(x))=f(b)$이다.

즉
$$\lim_{x\to a}f(g(x))=f\left(\lim_{x\to a}g(x)\right)$$

직관적으로 판단해도 x가 a에 가까워지면 $g(x)$는 b에 가깝게 되고, f가 b에서 연속이므로 $g(x)$가 b에 가까워지면 $f(g(x))$는 $f(b)$에 가깝게 된다.

9 정리 g가 a에서 연속이고 f가 $g(a)$에서 연속이면 $(f\circ g)(x)=f(g(x))$로 주어진 합성함수 $f\circ g$는 a에서 연속이다.

이 정리는 흔히 "연속함수의 합성함수는 연속함수이다"라고 말한다.

증명 g가 a에서 연속이므로 $\displaystyle\lim_{x\to a}g(x)=g(a)$이다.
f는 $b=g(a)$에서 연속이므로 정리 8에 의해

$$\lim_{x\to a}f(g(x))=f(g(a))$$

따라서 합성함수 $f\circ g$는 a에서 연속이다. ■

예제 8 다음 함수들은 어디에서 연속인가?

(a) $h(x)=\sin(x^2)$ (b) $F(x)=\ln(1+\cos x)$

풀이 (a) $g(x)=x^2$이고 $f(x)=\sin x$일 때 $h(x)=f(g(x))$가 된다. g는 $\mathbb{R}$에서 연속이고 f도 모든 곳에서 연속이므로 정리 9에 의해 $h=f\circ g$는 $\mathbb{R}$에서 연속이다.

(b) 정리 7에 의해 $f(x)=\ln x$는 연속이고 $g(x)=1+\cos x$도 연속이다. 따라서 정리 9에 의해 $F(x)=f(g(x))$는 정의된 곳에서 연속이다. 그런데 $\ln(1+\cos x)$는 $1+\cos x>0$일 때만 정의되므로 $\cos x=-1$인 곳, 즉 $x=\pm\pi,\ \pm3\pi,\ \cdots$에서는 정의되지 않는다. 그러므로 F는 x가 π의 홀수배일 때 불연속이고 이 값들 사이의 구간에서 연속이다(그림 7 참조). ■

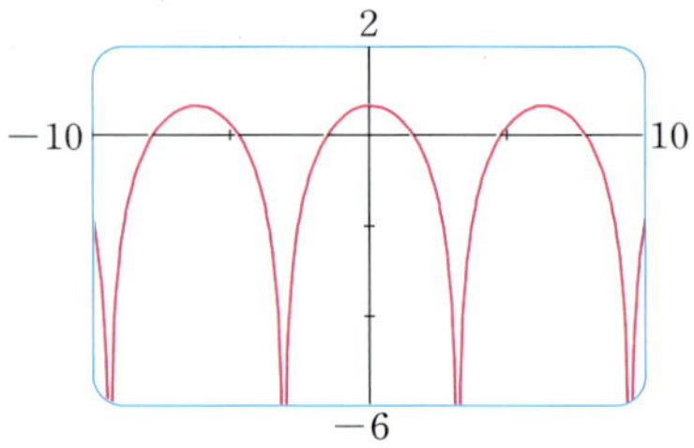

그림 7 $y=\ln(1+\cos x)$

다음 정리는 연속함수의 중요한 성질이고, 증명은 고등미분적분학 책에 나온다.

> **10 중간값 정리** (The intermediate value theorem)
> f가 폐구간 $[a,\ b]$에서 연속이고 N이 $f(a)$와 $f(b)$ 사이의 어떤 값일 때(단, $f(a)\neq f(b)$) $f(c)=N$인 c가 개구간 $(a,\ b)$에 존재한다.

중간값 정리는 함수 f가 $[a,\ b]$에서 연속일 때, f는 함숫값 $f(a)$와 $f(b)$ 사이의 모든 중간값을 갖는다는 것을 의미한다. 그림 8은 N을 한 곳 [그림 (a)] 또는 여러 곳 [그림 (b)]에서 얻을 수 있음을 보여준다.

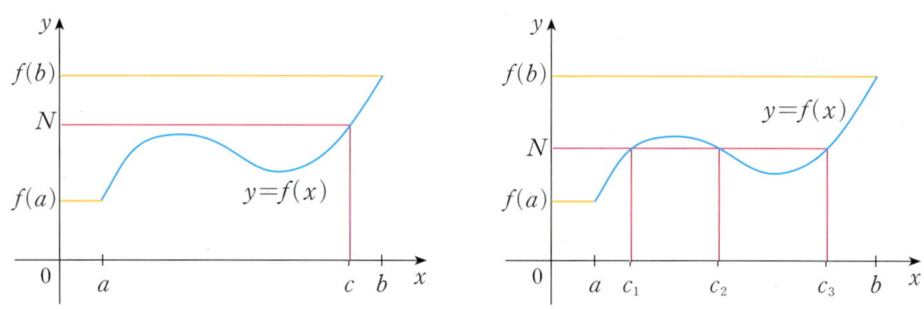

그림 8 (a) (b)

그래프에 구멍이나 끊어짐이 없는 함수를 연속함수로 생각하면 중간값 정리가 사실이라는 것을 쉽게 믿게 된다. 기하학적으로 말하면 그림 9와 같이 어떤 수평인 직선 $y=N$이 $y=f(a)$와 $y=f(b)$ 사이에 있으면 f의 그래프는 그 직선을 뛰어넘을 수가 없다. 즉 직선 $y=N$은 f의 그래프와 적어도 한 번은 만나게 된다.

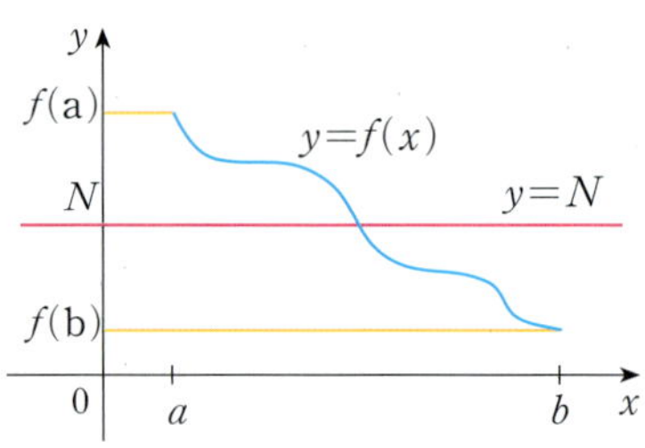

그림 9

정리 10에서는 함수 f가 연속이라는 조건이 중요하다. 중간값 정리는 불연속인 함수들에 대해서는 일반적으로 성립하지 않는다(연습문제 38 참조). 중간값 정리는 다음과 같이 방정식의 근을 찾을 때도 유용하다.

예제 9 중간값 정리를 이용하여 근의 존재성 보이기 방정식 $4x^3-6x^2+3x-2=0$의 근이 1과 2 사이에 존재함을 보여라.

풀이 $f(x)=4x^3-6x^2+3x-2$라 하자. 그리고 $f(c)=0$인 c가 1과 2 사이에 있음을 보이자. 정리 **10**에서 $a=1$, $b=2$ 그리고 $N=0$이라 놓으면

$$f(1)=4-6+3-2=-1<0$$

$$f(2)=32-24+6-2=12>0$$

이므로 $f(1)<0<f(2)$이다. 즉 $N=0$은 $f(1)$과 $f(2)$ 사이 값이다. 또 f는 연속함수이므로 중간값 정리에 의해 $f(c)=0$인 c가 1과 2 사이에 존재한다. 이것은 방정식 $4x^3-6x^2+3x-2=0$이 구간 $(1,\ 2)$ 내에 적어도 하나의 근 c를 갖는다는 것을 의미한다. 실제로, 중간값 정리를 다시 이용하면 좀더 정확한 근의 위치를 찾을 수 있다.

$$f(1.2)=-0.128<0\text{이고 } f(1.3)=0.548>0$$

이므로 근은 1.2와 1.3 사이에 있다. 계산기를 사용하여 계산해 보면

$$f(1.22)=-0.007008<0\text{이고 } f(1.23)=0.056068>0$$

이므로 근은 구간 $(1.22,\ 1.23)$ 내에 있게 된다. ■

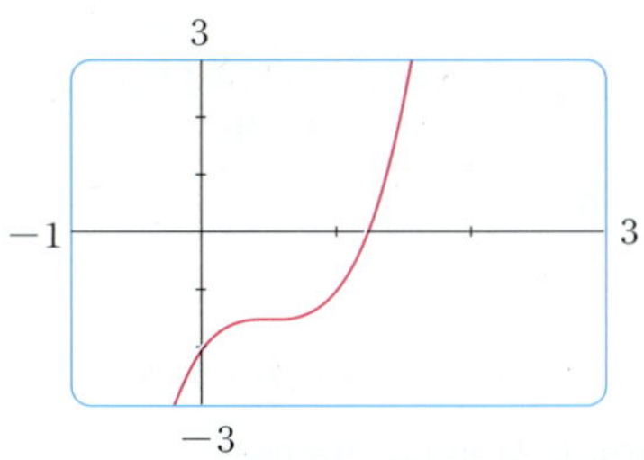

그림 10

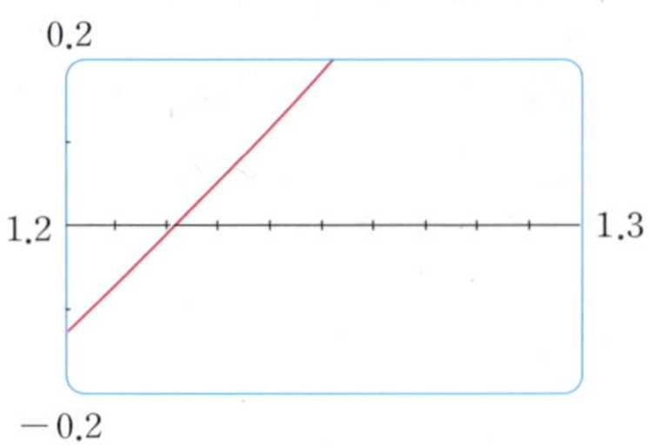

그림 11

그림 10은 직사각형 $[-1,\ 3]\times[-3,\ 3]$ 내에 그려진 f의 그래프이고 곡선이 1과 2 사이를 지나는 것을 볼 수 있다. 그림 11은 이를 더욱 확대하여 직사각형 화면 $[1.2,\ 1.3]\times[-0.2,\ 0.2]$ 내에서 살펴본 것이다.

실제로 중간값 정리는 그래프 도구들과 같은 작동방식으로 작용한다. 컴퓨터는 그래프 상에 유한개의 점을 계산하고, 이 점들을 포함하는 화소들을 켠다. 컴퓨터는 함수가 연속이고 그 함수는 이웃한 두 점 사이의 모든 중간값들을 갖는다고 가정한다. 그래서 컴퓨터는 중간 화소들을 켬으로써 화소들을 연결해 간다.

4.4 연습문제

1. 함수 f가 4에서 연속임을 식으로 표현하여라.
2. f가 $(-\infty,\ \infty)$에서 연속이면 f의 그래프에 대하여 어떤 이야기를 할 수 있는가?
3. (a) 다음 f의 그래프에서 f가 불연속인 점을 찾고 그 이유를 설명하여라.

   (b) (a)에서 구한 점들에 대해, f가 오른쪽에서 연속인가 또는 왼쪽에서 연속인가? 아니면 어느 쪽도 아닌가? 결정하여라.

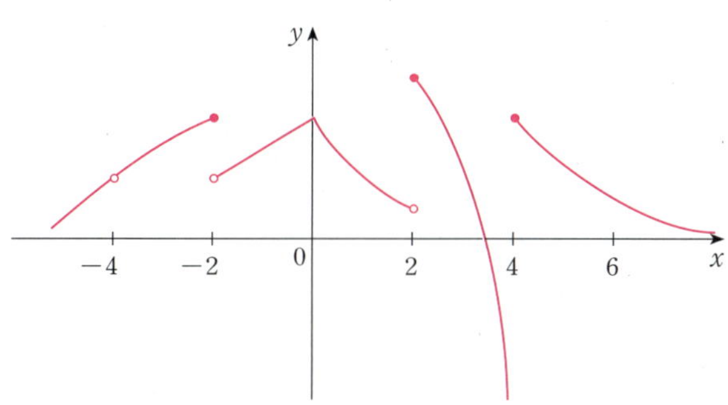

4. 아래 g의 그래프에서 g가 연속인 구간을 찾아라.

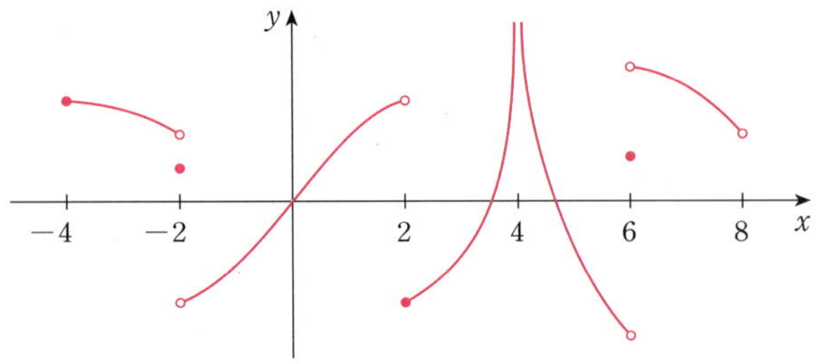

(5~8) 다음에서 설명하는 불연속점을 제외하고는 연속인 함수 f의 그래프를 그려라.

5. 2에서 불연속이지만 오른쪽에서는 연속

6. -1과 4에서 불연속이지만, -1에서는 왼쪽 연속, 4에서는 오른쪽 연속

7. 3에서 제거 가능한 불연속, 5에서 도약 불연속

8. -2에서 왼쪽 연속도 아니고 오른쪽 연속도 아니며, 2에서는 왼쪽으로만 연속

9. 주차요금이 처음 한 시간 내에는 3달러, 그 이후로는 매시간당 (1시간이 안되더라도) 2달러, 그리고 하루 최대 10달러로 정해진 주차장이 있다.

(a) 이 주차장의 주차료를 주차시간의 함수로 볼 때 이 함수의 그래프를 그려라.

(b) 이 함수의 불연속점과 주차하는 사람들의 관심사항을 논의하여라.

10. 다음 함수가 연속 또는 불연속인 이유를 설명하여라.

(a) 시간의 함수로서 특정한 장소의 온도

(b) 파리 시에서 서쪽으로 떨어진 거리의 함수로서 특정한 시각의 온도

(c) 파리 시에서 서쪽으로 떨어진 거리의 함수로서 해발높이

(d) 운행거리의 함수로서 택시 승차요금

(e) 시간의 함수로서 방안에 있는 전등회로의 전류

11. f와 g가 $f(3)=5$이고 $\lim_{x\to 3}[2f(x)-g(x)]=4$인 연속함수일 때 $g(3)$을 구하여라.

(12~13) 연속의 정의와 극한의 성질을 이용하여 함수 f가 주어진 값 a에서 연속임을 보여라.

12. $f(x)=x^2+\sqrt{7-x}$, $a=4$

13. $f(x)=(x+2x^3)^4$, $a=-1$

14. 연속의 정의와 극한의 성질을 이용하여 함수 $g(x)=2\sqrt{3-x}$가 구간 $(-\infty,\ 3]$에서 연속임을 보여라.

(15~18) 아래 함수들이 주어진 값 a에서 불연속인 이유를 설명하고, 그래프를 그려라.

15. $f(x)=\begin{cases} e^x, & x<0 \\ x^2, & x\ge 0 \end{cases}$ $\quad a=0$

16. $f(x)=\begin{cases} \dfrac{x^2-x}{x^2-1}, & x\ne 1 \\ 1, & x=1 \end{cases}$ $\quad a=1$

17. $f(x)=\begin{cases} \cos x, & x<0 \\ 0, & x=0 \\ 1-x^2, & x>0 \end{cases}$ $\quad a=0$

18. $f(x)=\begin{cases} \dfrac{2x^2-5x-3}{x-3}, & x\ne 3 \\ 6, & x=3 \end{cases}$ $\quad a=3$

(19~24) 정리 4, 5, 7, 9를 이용하여 다음 함수들이 정의역의 모든 점에서 연속임을 설명하여라. 정의역을 말하여라.

19. $G(x)=\dfrac{x^4+17}{6x^2+x-1}$

20. $G(x)=\sqrt[3]{x}(1+x^3)$

21. $L(t)=e^{-5t}\cos 2\pi t$

22. $F(x)=\sin^{-1}(x^2-1)$

23. $G(t)=\ln(t^4-1)$

24. $F(x)=\sin(\cos(\sin x))$

(25~26) 다음 함수가 불연속인 점을 찾고, 그래프를 그려라.

25. $y=\dfrac{1}{1+e^{\frac{1}{x}}}$

26. $y=\ln(\tan^2 x)$

(27~30) 연속성을 이용하여 다음 극한을 구하여라.

27. $\lim_{x\to 4}\dfrac{5+\sqrt{x}}{\sqrt{5+x}}$

28. $\lim_{x\to\pi}\sin(x+\sin x)$

29. $\lim_{x\to 1}e^{x^2-x}$

28. $\lim_{x\to 2}(x^3-3x+1)^{-3}$

(31~32) 모든 실수에 대하여 f가 연속임을 보여라.

31. $f(x)=\begin{cases} x^2, & x<1 \\ \sqrt{x}, & x\ge 1 \end{cases}$

32. $f(x)=\begin{cases} \sin x, & x<\dfrac{\pi}{4} \\ \cos x, & x\ge\dfrac{\pi}{4} \end{cases}$

33. 함수 $f(x)=\begin{cases} x+2, & x<0 \\ e^x, & 0\le x\le 1 \\ 2-x, & x>1 \end{cases}$

가 불연속인 점을 구하여라. f는 이 점들 중 어느 점에서 오른쪽이나 왼쪽에서 연속인가? 어느 경우도 아닌 곳은? f의 그래프를 그려라.

34. 지구의 중심에서 거리가 r만큼 떨어진 단위질량에 미치는 지구의 중력은

$$F(r)=\begin{cases} \dfrac{GMr}{R^3}, & r<R \\ \dfrac{GM}{r^2}, & r\geq R \end{cases}$$

이다. 여기서 M은 지구의 질량, R은 지구의 반지름, G는 중력상수이다. F는 r의 연속함수인가?

35. 상수 c가 어떤 값을 가질 때 함수 f는 $(-\infty, \infty)$에서 연속인가?

$$f(x)=\begin{cases} cx^2+2x, & x<2 \\ x^3-cx, & x\geq 2 \end{cases}$$

36. 다음 f가 실수전체에서 연속이 되도록 a와 b의 값을 구하여라.

$$f(x)=\begin{cases} \dfrac{x^2-4}{x-2}, & x<2 \\ ax^2-bx+3, & 2\leq x<3 \\ 2x-a+b, & x\geq 3 \end{cases}$$

37. 다음 함수 중 a에서 제거 가능한 불연속점을 갖는 것은 어느 것인가? 불연속점이 제거 가능한 경우, $x\neq a$일 때는 f와 같고 a에서 연속인 함수 g를 구하여라.

(a) $f(x)=\dfrac{x^4-1}{x-1}$, $a=1$

(b) $f(x)=\dfrac{x^3-x^2-2x}{x-2}$, $a=2$

(c) $f(x)=[\![\sin x]\!]$, $a=\pi$

38. 함수 f는 0.25를 제외한 $[0, 1]$에서 연속이고 $f(0)=1$, $f(1)=3$이라 하자. $N=2$일 때 f가 중간값 정리의 결과를 만족하지 않는 경우와 만족하는 경우의 그래프를 예시하여라.

39. $f(x)=x^2+10\sin x$일 때 $f(c)=1000$을 만족하는 c가 존재함을 보여라.

40. f가 $[1, 5]$에서 연속이고 방정식 $f(x)=6$의 근이 $x=1$과 $x=4$뿐이라 하자. $f(2)=8$일 때 $f(3)>6$인 이유를 설명하여라.

(41~44) 중간값 정리를 이용하여 주어진 구간에 방정식의 근이 존재함을 보여라.

41. $x^4+x-3=0$, $(1, 2)$

42. $\sqrt[3]{x}=1-x$, $(0, 1)$

43. $e^x=3-2x$, $(0, 1)$

44. $\sin x=x^2-x$, $(1, 2)$

(45~46) (a) 아래 방정식들은 적어도 하나의 실근을 가짐을 증명하여라.

(b) 계산기를 이용하여 한 근을 포함하고 있고 길이가 0.01인 구간을 찾아라.

45. $\cos x=x^3$

46. $\ln x=3-2x$

(47~48) (a) 아래 방정식들은 적어도 하나의 실근을 가짐을 증명하여라.

(b) 그래프 도구를 사용해서 근을 소수 셋째 자리까지 구하여라.

47. $100e^{-\frac{x}{100}}=0.01x^2$

48. $\sqrt{x-5}=\dfrac{1}{x+3}$

49. 사인함수가 연속이라는 것을 증명하기 위해서는 모든 실수 a에 대해 $\lim_{x\to a}\sin x=\sin a$임을 보여야 한다. $h=x-a$라 놓으면 $x=a+h$이고 $x\to a \Leftrightarrow h\to 0$이므로

$$\lim_{h\to 0}\sin(a+h)=\sin a$$

이다. 식 6을 이용하여 이 명제가 참임을 보여라.

50. 코사인함수가 연속함수임을 증명하여라.

51. 자기 자신의 세제곱보다 1이 더 큰 수가 존재하는가?

52. a와 b가 양수일 때 $\dfrac{a}{x^3+2x^2-1}+\dfrac{b}{x^3+x-2}=0$은 구간 $(-1, 1)$에서 적어도 하나의 해를 가짐을 보여라.

53. 다음 함수는 $(-\infty, \infty)$에서 연속임을 보여라.

$$f(x)=\begin{cases} x^4\sin(1/x), & x\neq 0 \\ 0, & x=0 \end{cases}$$

54. (a) 절댓값 함수 $F(x)=|x|$는 모든 곳에서 연속임을 보여라.

(b) f가 어떤 구간에서 연속이면 $|f|$도 그 구간에서 연속임을 증명하여라.

(c) (b)의 명제의 역은 참인가? 즉 $|f|$가 연속이면 f도 연속인가? 그렇다면 이를 증명하고 아니면 반례를 들어라.

55. 어느 티벳승려는 정해진 길을 따라 오전 7시에 수도원을 출발하여 오후 7시에 산 정상에 도착하였다. 다음날 아침 그는 7시에 정상을 떠나서 왔던 길을 되돌아 오후 7시에 수도원에 도착하려고 한다. 중간값 정리를 이용하여 이 승려가 이틀간 같은 시각에 지나게 되는 지점이 있음을 보여라.

4.5 무한대를 포함하는 극한

이 절에서는 함수의 전체적인 변화를 조사하고, 특히 함수의 그래프가 수직 또는 수평 점근선에 접근하는지 알아보자.

▷ 무한극한

4.2절 예제 8에서 $\lim_{x \to 0} \frac{1}{x^2}$은 존재하지 않음을 알았다. 왜냐하면 표와 그림 1과 같이 0에 충분히 가까운 x를 잡으면 $\frac{1}{x^2}$의 값은 얼마든지 크게 할 수 있기 때문이다. 따라서 $f(x)$의 값은 어떤 수에 접근하지 않고 $\lim_{x \to 0} \frac{1}{x^2}$은 존재하지 않는다.

x	$\frac{1}{x^2}$
± 1	1
± 0.5	4
± 0.2	25
± 0.1	100
± 0.05	400
± 0.01	10000
± 0.001	1000000

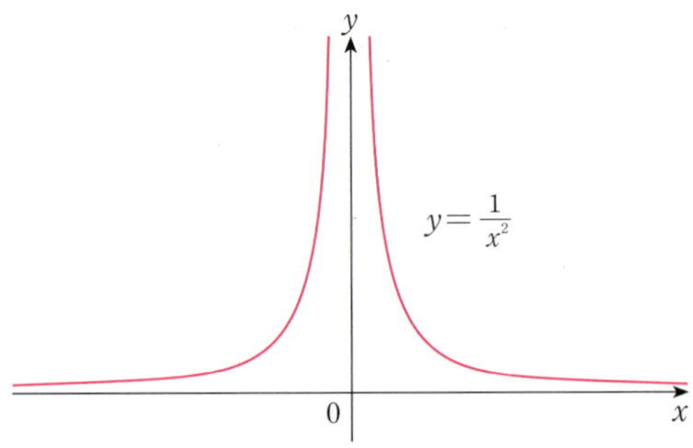

그림 1

이와 같은 상태를

$$\lim_{x \to 0} \frac{1}{x^2} = \infty$$

로 나타낸다.

⊘ 이것이 ∞를 수로 인정한다는 것을 의미하지는 않는다. 또 극한이 존재한다는 것을 의미하지도 않는다. 다만 극한이 존재하지 않는 특수한 상황을 나타낼 뿐이다.

일반적으로 x가 a에 접근할 때 $f(x)$의 값이 점점 더 크게(또는 제한 없이 증가)되는 것을 기호로

$$\lim_{x \to a} f(x) = \infty$$

로 나타낸다.

1 정의 $$\lim_{x \to a} f(x) = \infty$$

은 x를 a에 충분히 가깝게 잡을 때 $(x \neq a)$, $f(x)$의 값은 원하는 만큼 얼마든지 커진다는 것을 의미한다.

$\lim_{x \to a} f(x) = \infty$은

$$x \to a \text{일 때 } f(x) \to \infty$$

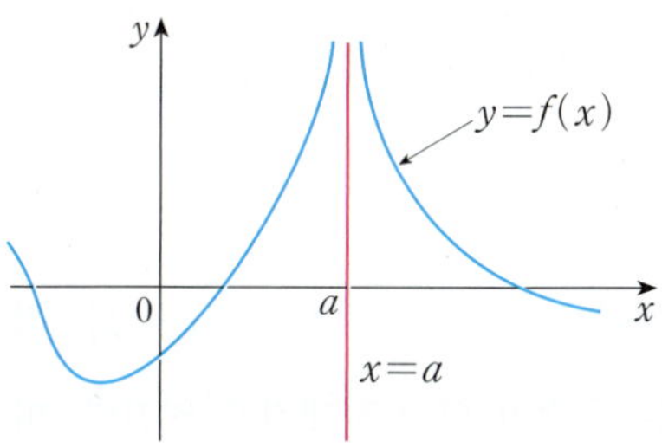

그림 2 $\lim_{x\to a} f(x)=\infty$

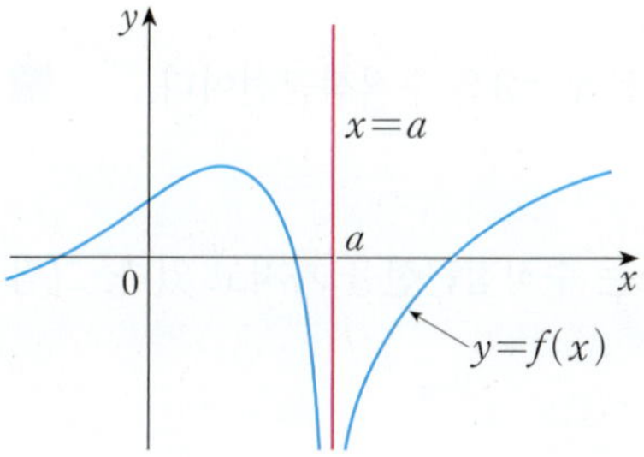

그림 3 $\lim_{x\to a} f(x)=-\infty$

로 나타내기도 한다. 또 $\lim_{x\to a} f(x)=\infty$은

"x가 a에 접근할 때 $f(x)$의 극한은 무한대이다."

"x가 a에 접근할 때 $f(x)$는 무한히 커진다."

"x가 a에 접근할 때 $f(x)$는 한없이 증가한다."

등으로 읽는다. 이 정의는 그림 2에 그래프로 예시되어 있다. 마찬가지로 그림 3에서 보는 바와 같이

$$\lim_{x\to a} f(x)=-\infty$$

은 x가 a에 충분히 가까우면 $(x\neq a)$, $f(x)$의 값은 음수로 절댓값이 무한 커진다는 것을 의미한다. 또 $\lim_{x\to a} f(x)=-\infty$는 "$x$가 a에 접근할 때 $f(x)$의 극한은 음의 무한대이다" 또는 "x가 a에 접근할 때 $f(x)$는 한없이 감소한다"라고 읽는다. 예를 들면,

$$\lim_{x\to 0}\left(-\frac{1}{x^2}\right)=-\infty$$

이다. 한쪽 무한 극한에 대해서도 비슷한 정의를 할 수 있다.

$$\lim_{x\to a^-} f(x)=\infty \qquad \lim_{x\to a^+} f(x)=\infty$$

$$\lim_{x\to a^-} f(x)=-\infty \qquad \lim_{x\to a^+} f(x)=-\infty$$

그림 4에는 이들 네 경우의 그래프가 그려져 있다.

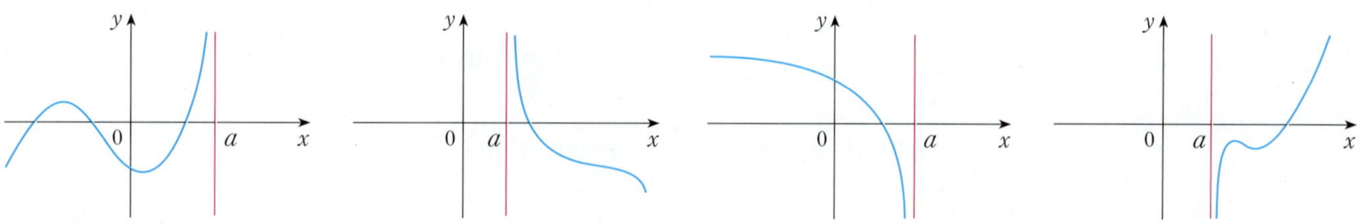

(a) $\lim_{x\to a^-} f(x)=\infty$ (b) $\lim_{x\to a^+} f(x)=\infty$ (c) $\lim_{x\to a^-} f(x)=-\infty$ (d) $\lim_{x\to a^+} f(x)=-\infty$

그림 4

2 정의 다음 명제들 중 적어도 하나가 참이면 직선 $x=a$를 곡선 $y=f(x)$의 **수직 점근선**(vertical asymptote)이라고 한다.

$$\lim_{x\to a} f(x)=\infty \qquad \lim_{x\to a^-} f(x)=\infty \qquad \lim_{x\to a^+} f(x)=\infty$$

$$\lim_{x\to a} f(x)=-\infty \qquad \lim_{x\to a^-} f(x)=-\infty \qquad \lim_{x\to a^+} f(x)=-\infty$$

예를 들면, $\lim_{x\to 0}\frac{1}{x^2}=\infty$이므로 y축은 곡선 $y=\frac{1}{x^2}$의 수직점근선이 된다. 그림 4의 네 경우에서 직선 $x=a$는 곡선의 수직점근선이다.

예제 1 **한쪽 무한 극한 구하기** $\lim_{x\to 3^+}\frac{2x}{x-3}$와 $\lim_{x\to 3^-}\frac{2x}{x-3}$를 구하여라.

풀이 x가 3보다 큰 쪽에서 3에 가까워질 때, 분모 $x-3$은 작은 양수가 되고, $2x$는 6에

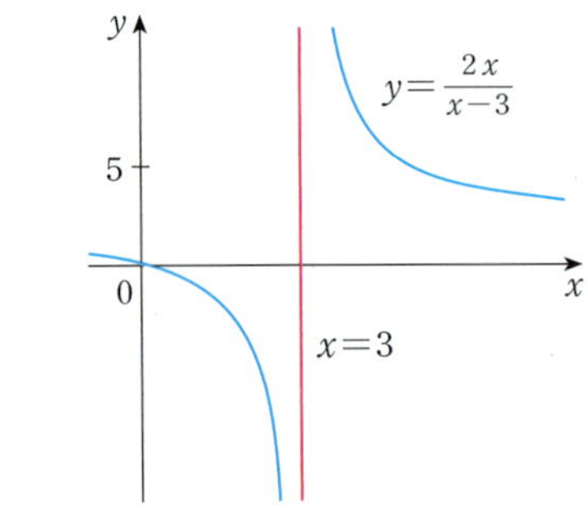

그림 5

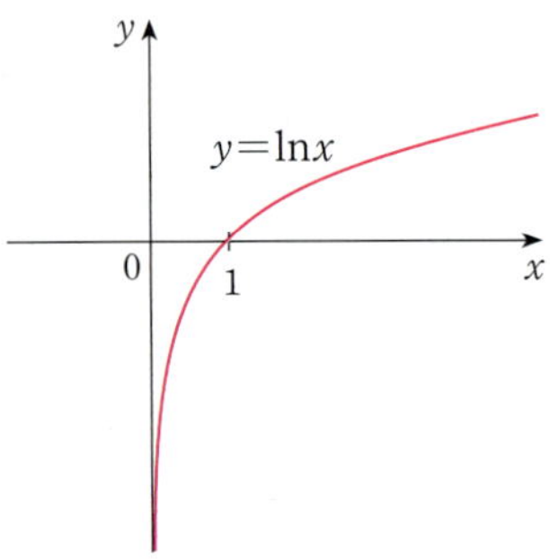

그림 6

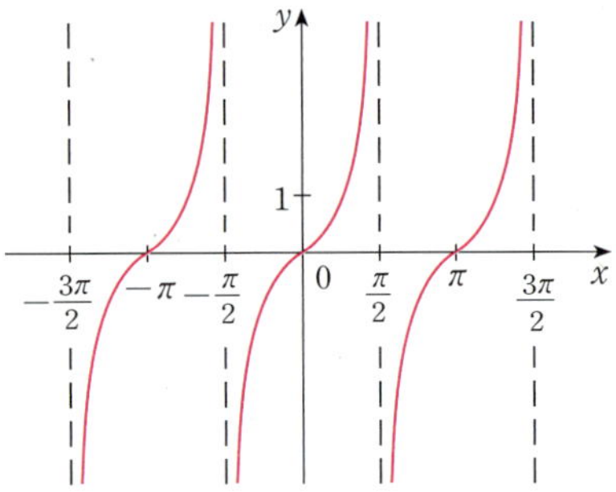

그림 7

● 예제 2에 대한 문제풀이 전략은 보조수단 도입이다. 여기서 보조수단은 새로운 변수 t이다.

가까워진다. 따라서 $\frac{2x}{x-3}$는 큰 양수가 된다. 그러므로 직관적으로

$$\lim_{x\to 3^+}\frac{2x}{x-3}=\infty$$

임을 알 수 있다. 마찬가지로 x가 3보다 작은 쪽에서 3에 가까워질 때, $x-3$은 작은 음수, $2x$는 6에 가까운 양수이므로 $\frac{2x}{x-3}$는 음수가 되고 절댓값은 커진다. 따라서

$$\lim_{x\to 3^-}\frac{2x}{x-3}=-\infty$$

가 된다. 그림 5는 $y=\frac{2x}{x-3}$의 그래프이고 직선 $x=3$은 수직점근선이다. ■

잘 알고 있는 함수 $y=\tan x$와 $y=\ln x$의 그래프는 수직점근선을 가지고 있다. 그림 6에서

3 $$\boxed{\lim_{x\to 0^+}\ln x=-\infty}$$

이고, 따라서 직선 $x=0$(y축)은 수직점근선이다. 실제로 $a>1$이면 $y=\log_a x$의 그래프는 y축을 수직점근선으로 갖는다.

그림 7은

$$\lim_{x\to(\frac{\pi}{2})^-}\tan x=\infty$$

임을 보여주고, 직선 $x=\frac{\pi}{2}$는 수직점근선이다.

실제로는 n이 정수일 때 직선 $x=(2n+1)\frac{\pi}{2}$는 모두 $y=\tan x$의 수직점근선들이다.

예제 2 $\lim_{x\to 0}\ln(\tan^2 x)$를 구하여라.

풀이 $t=\tan^2 x$라 놓으면 $t\geq 0$이고, $x\to 0$일 때 $t=\tan^2 x\to\tan^2 0=0$이므로 식 **3**에 의해

$$\lim_{x\to 0}\ln(\tan^2 x)=\lim_{t\to 0^+}\ln t=-\infty$$ ■

▷ 무한대에서의 극한

여기서는 x가 임의로 커짐에 따라(양 또는 음으로) 함숫값 $f(x)$가 어떻게 되는지 알아보자. 먼저 x가 커짐에 따라 함수

$$f(x)=\frac{x^2-1}{x^2+1}$$

의 값이 어떻게 변하는지 조사해 보자. 다음 표는 함숫값을 소수 여섯째 자리까지 계산해 놓은 것이고, 그림 8은 컴퓨터에 의해 f의 그래프를 그린 것이다.

x	$f(x)$
0	-1
± 1	0
± 2	0.600000
± 3	0.800000
± 4	0.882353
± 5	0.923077
± 10	0.980198
± 50	0.999200
± 100	0.999800
± 1000	0.999998

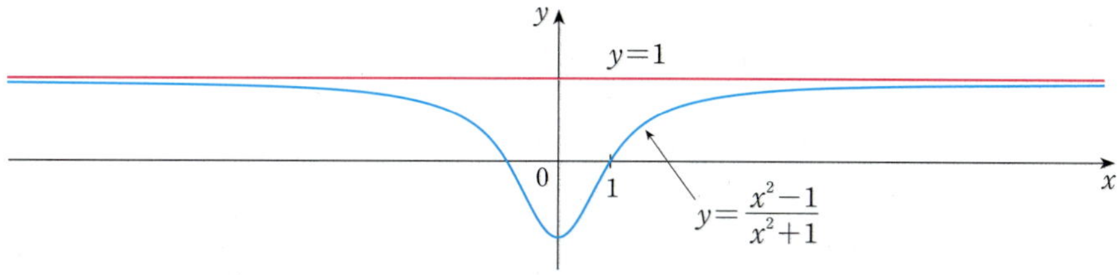

그림 8

x가 점점 커짐에 따라 $f(x)$의 값은 점점 1에 가까워진다. 실제로 x를 충분히 크게 잡을 때 $f(x)$의 값은 원하는 만큼 1에 가깝게 할 수 있다. 이러한 상태를 기호로는

$$\lim_{x\to\infty} \frac{x^2-1}{x^2+1} = 1$$

로 나타낸다. 일반적으로 x가 점점 커질 때 $f(x)$의 값이 L에 접근하는 것을

$$\lim_{x\to\infty} f(x) = L$$

로 표현한다.

4 정의 함수 f가 구간 (a, ∞)에서 정의된다고 하자.

$$\lim_{x\to\infty} f(x) = L$$

은 x를 충분히 크게 잡았을 때 $f(x)$의 값을 원하는 만큼 L에 가깝게 할 수 있음을 의미한다.

$\lim_{x\to\infty} f(x) = L$은

$$x \to \infty\text{일 때 } f(x) \to L$$

로 나타내기도 한다. 또 $\lim_{x\to\infty} f(x) = L$은

"x가 무한대로 커질 때 $f(x)$의 극한은 L이다."
"x가 무한히 커질 때 $f(x)$의 극한은 L이다."
"x가 한없이 증가할 때 $f(x)$의 극한은 L이다."

등으로 읽는다.

정의 4의 기하학적 의미가 그림 9에 나타나 있다. 직선 $y=L$ [**수평점근선**(horizontal asymptote)이라고 부른다]에 여러 형태로 접근하는 f의 그래프가 있다.

그림 8을 다시 살펴보면 x가 $-\infty$로 가까이 갈 때도 $f(x)$의 값이 1에 가까워짐을 알 수 있다. x가 음으로 한없이 감소하면 $f(x)$를 원하는 만큼 1에 가까이 할 수 있다. 이것을

$$\lim_{x\to-\infty} \frac{x^2-1}{x^2+1} = 1$$

로 나타낸다.

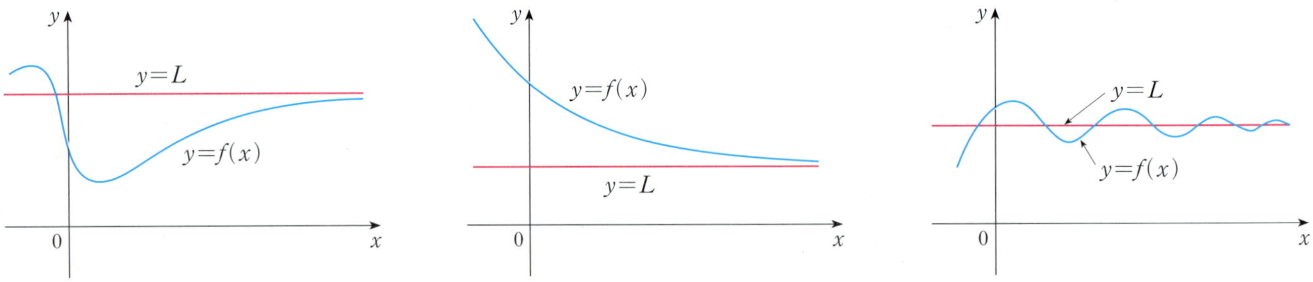

그림 9 $\lim_{x\to\infty} f(x)=L$을 나타내는 예들

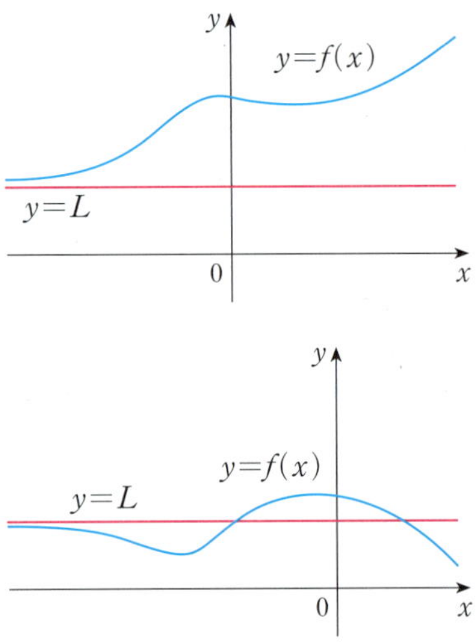

그림 10 $\lim_{x\to-\infty} f(x)=L$

일반적으로 그림 10과 같이

$$\lim_{x\to-\infty} f(x)=L$$

은 x를 음으로 절댓값을 충분히 크게 하면 $f(x)$의 값을 L에 임의로 가까이 할 수 있다는 것을 의미한다. $-\infty$는 수를 나타내는 것이 아니고, $\lim_{x\to-\infty} f(x)=L$은 흔히

"x가 음의 무한대로 접근하면 $f(x)$의 극한은 L이다."

라고 읽는다.

그림 10에서 그래프의 왼쪽으로 가면 그래프는 직선 $y=L$에 접근함을 알 수 있다.

> **5 정의** $\lim_{x\to\infty} f(x)=L$ 또는 $\lim_{x\to-\infty} f(x)=L$
>
> 일 때 직선 $y=L$을 곡선 $y=f(x)$의 **수평점근선**(horizontal asymptote)이라고 한다.

예를 들면, 그림 8에서

$$\lim_{x\to\infty} \frac{x^2-1}{x^2+1}=1$$

이므로 직선 $y=1$은 곡선 $y=\dfrac{x^2-1}{x^2+1}$의 수평점근선이다. 그림 11의 곡선 $y=f(x)$는 $y=-1$과 $y=2$가 수평점근선이다. 왜냐하면

$$\lim_{x\to\infty} f(x)=-1,\ \lim_{x\to-\infty} f(x)=2$$

이기 때문이다.

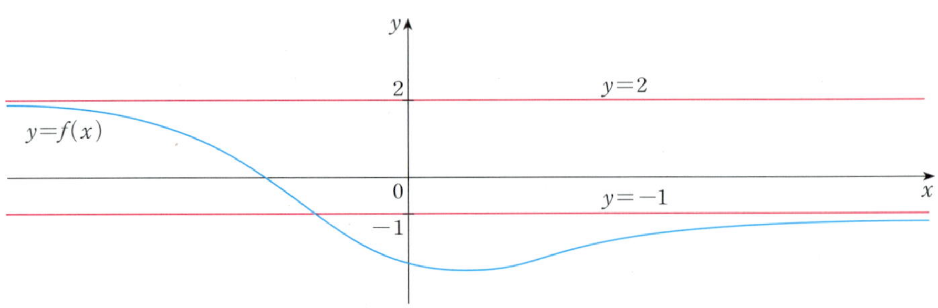

그림 11

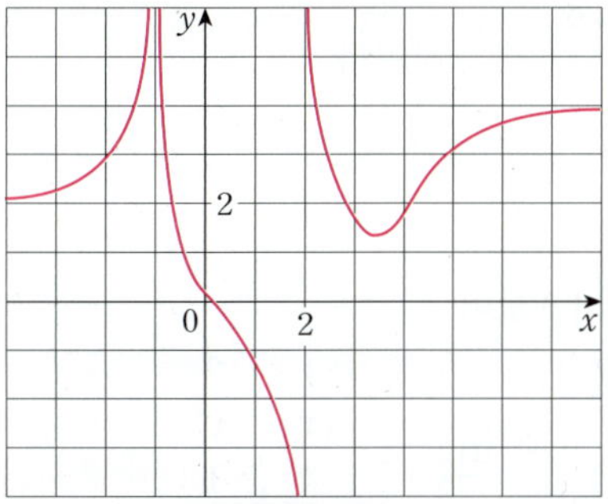

그림 12

예제 3 **그래프에서 무한 극한과 점근선** 그림 12를 보고 함수 f에 대한 무한 극한, 무한대에서의 극한과 점근선을 구하여라.

풀이 $x \to -1$(양쪽에서)일 때 $f(x)$의 값은 임의로 커지므로

$$\lim_{x \to -1} f(x) = \infty$$

이다. $f(x)$는 x가 왼쪽에서 2에 접근할 때는 음으로, x가 오른쪽에서 2에 접근할 때는 양으로 커지므로

$$\lim_{x \to 2^-} f(x) = -\infty \text{이고} \quad \lim_{x \to 2^+} f(x) = \infty$$

따라서 두 직선 $x=-1$과 $x=2$는 수직점근선이다. x가 크게 될 때 $f(x)$는 4에 접근하고, x가 음의 값으로 감소할 때 $f(x)$는 2에 접근하므로

$$\lim_{x \to \infty} f(x) = 4, \qquad \lim_{x \to -\infty} f(x) = 2$$

따라서 두 직선 $y=4$와 $y=2$는 수평점근선이다. ■

예제 4 $\lim_{x \to \infty} \dfrac{1}{x}$과 $\lim_{x \to -\infty} \dfrac{1}{x}$을 구하여라.

풀이 x가 커지면 $\dfrac{1}{x}$은 작아진다. 예를 들어

$$\frac{1}{100} = 0.01, \qquad \frac{1}{10000} = 0.0001, \qquad \frac{1}{1000000} = 0.000001$$

실제로 x를 충분히 크게 잡으면 $\dfrac{1}{x}$을 원하는 만큼 0에 가깝게 할 수 있다. 그러므로 정의 **4**에 의해

$$\lim_{x \to \infty} \frac{1}{x} = 0$$

마찬가지 이유로 x가 음수로 크게 감소할 때 $\dfrac{1}{x}$은 음수로 절댓값이 아주 작게 된다. 따라서

$$\lim_{x \to -\infty} \frac{1}{x} = 0$$

그러므로 직선 $y=0$ (x축)은 곡선 $y=\dfrac{1}{x}$ (직각쌍곡선)의 수평점근선이다(그림 13 참조). ■

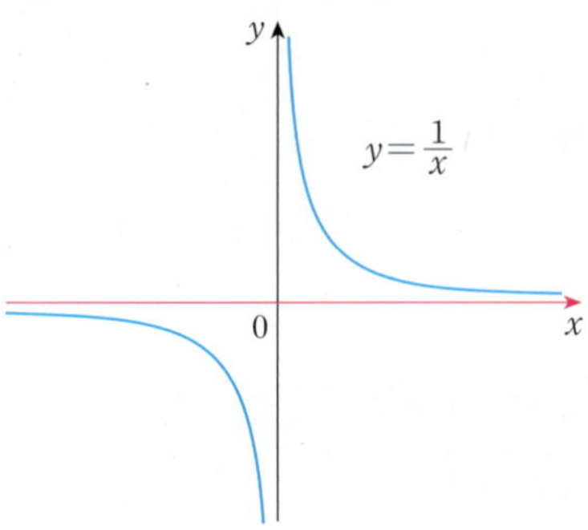

그림 13

$\lim_{x \to \infty} \dfrac{1}{x} = 0, \ \lim_{x \to -\infty} \dfrac{1}{x} = 0$

4.3절의 대부분의 극한법칙들은 무한대에서의 극한에 대해서도 성립한다. 법칙 9와 10을 제외한 법칙들은 "$x \to a$" 대신 "$x \to \infty$" 또는 "$x \to -\infty$"로 바꾸어도 성립됨을 증명할 수 있다. 특히 법칙 6과 예제 4의 결과를 이용하면 극한계산에서 중요한 다음 성질을 얻는다.

> **6** n이 양의 정수이면 다음이 성립한다.
>
> $$\lim_{x \to \infty} \frac{1}{x^n} = 0 \qquad \lim_{x \to -\infty} \frac{1}{x^n} = 0$$

예제 5 **분모와 분자가 커지는 함수** $\displaystyle\lim_{x\to\infty}\frac{3x^2-x-2}{5x^2+4x+1}$를 구하여라.

풀이 유리함수에 대하여 무한대에서의 극한을 계산하기 위해 먼저 분모의 최고차 항으로 분모분자를 나눈다($x\to\infty$이므로 $x\neq0$).

이 경우 x의 최고차 항은 x^2이고, 또 극한법칙을 이용하면

$$\lim_{x\to\infty}\frac{3x^2-x-2}{5x^2+4x+1}=\lim_{x\to\infty}\frac{\dfrac{3x^2-x-2}{x^2}}{\dfrac{5x^2+4x+1}{x^2}}=\lim_{x\to\infty}\frac{3-\dfrac{1}{x}-\dfrac{2}{x^2}}{5+\dfrac{4}{x}+\dfrac{1}{x^2}}$$

$$=\frac{\displaystyle\lim_{x\to\infty}\left(3-\frac{1}{x}-\frac{2}{x^2}\right)}{\displaystyle\lim_{x\to\infty}\left(5+\frac{4}{x}+\frac{1}{x^2}\right)}$$

$$=\frac{\displaystyle\lim_{x\to\infty}3-\lim_{x\to\infty}\frac{1}{x}-2\lim_{x\to\infty}\frac{1}{x^2}}{\displaystyle\lim_{x\to\infty}5+4\lim_{x\to\infty}\frac{1}{x}+\lim_{x\to\infty}\frac{1}{x^2}}$$

$$=\frac{3-0-0}{5+0+0}=\frac{3}{5} \qquad \text{(6에 의해)}$$

마찬가지 계산으로 $x\to-\infty$일 때도 극한이 역시 $\frac{3}{5}$임을 확인할 수 있다. 그림 14에서 주어진 유리함수의 그래프는 수평점근선 $y=\frac{3}{5}$에 접근하고 있고 극한계산 결과와 같다는 것을 알 수 있다. ■

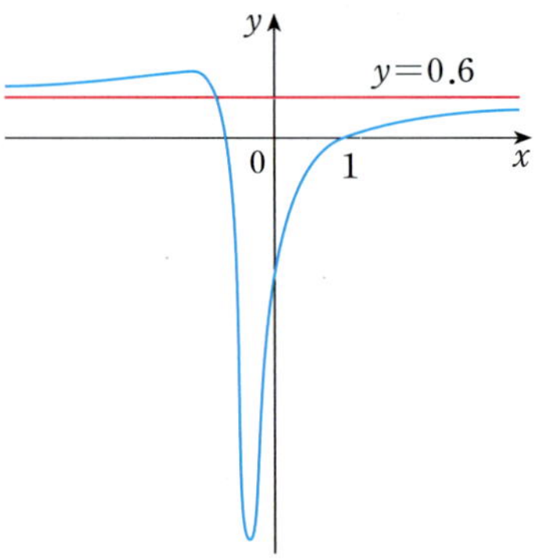

그림 14

$y=\dfrac{3x^2-x-2}{5x^2+4x+1}$

예제 6 **커지는 함수의 차** $\displaystyle\lim_{x\to\infty}(\sqrt{x^2+1}-x)$를 구하여라.

풀이 x가 커질 때 $\sqrt{x^2+1}$과 x가 모두 커지므로 그 차이가 어떻게 될지는 알 수 없다. 따라서 먼저 식을 정리하자. 켤레근호식을 이용하면

$$\lim_{x\to\infty}(\sqrt{x^2+1}-x)=\lim_{x\to\infty}(\sqrt{x^2+1}-x)\frac{\sqrt{x^2+1}+x}{\sqrt{x^2+1}+x}$$

$$=\lim_{x\to\infty}\frac{(x^2+1)-x^2}{\sqrt{x^2+1}+x}=\lim_{x\to\infty}\frac{1}{\sqrt{x^2+1}+x}$$

이 된다. 마지막 식의 분모는 $x\to\infty$일 때 아주 커지므로

$$\lim_{x\to\infty}(\sqrt{x^2+1}-x)=\lim_{x\to\infty}\frac{1}{\sqrt{x^2+1}+x}=0$$

임을 알 수 있다. 그림 15는 이 결과를 보여준다. ■

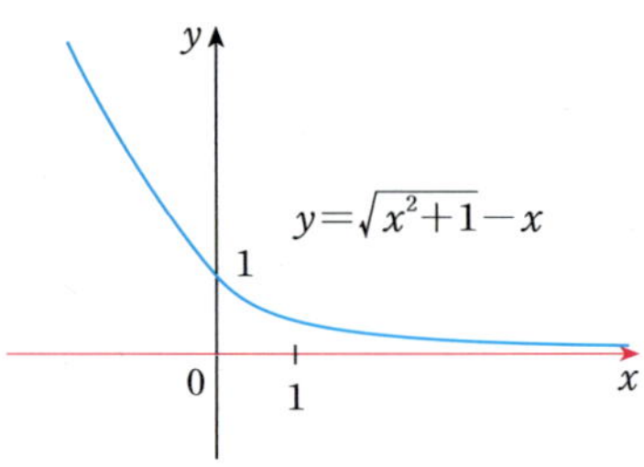

그림 15

자연지수함수 $y=e^x$의 그래프에서 직선 $y=0$ (x축)은 수평점근선이 된다($a>1$일 때 $y=a^x$의 그래프에 대해서도 같다). 그림 16의 그래프나 함숫값 표를 통해서

7 $$\lim_{x \to -\infty} e^x = 0$$

임을 알 수 있다. e^x의 값은 매우 빠르게 0에 접근한다.

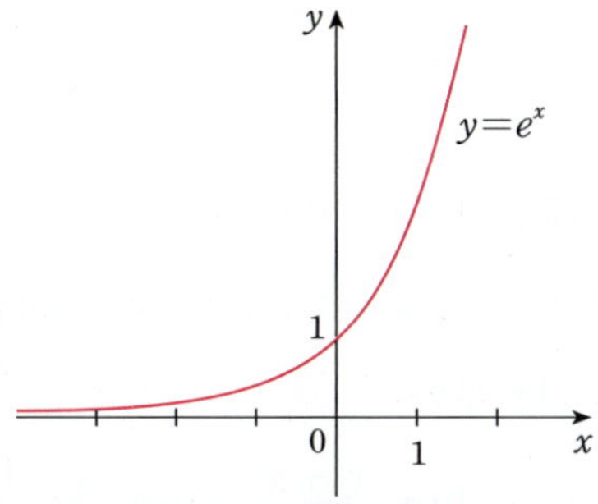

그림 16

x	e^x
0	1.00000
−1	0.36788
−2	0.13534
−3	0.04979
−5	0.00674
−8	0.00034
−10	0.00005

예제 7 $\lim_{x \to 0^-} e^{\frac{1}{x}}$를 구하여라.

풀이 $t = \frac{1}{x}$로 놓으면 예제 4로부터 $x \to 0^-$일 때 $t \to -\infty$이다. 따라서 식 **7**에 의해

$$\lim_{x \to 0^-} e^{\frac{1}{x}} = \lim_{t \to -\infty} e^t = 0$$ ■

예제 8 $\lim_{x \to \infty} \sin x$를 구하여라.

풀이 x가 증가하면서 $\sin x$의 값은 1과 −1 사이를 무수히 진동한다. 따라서 $\lim_{x \to \infty} \sin x$는 존재하지 않는다. ■

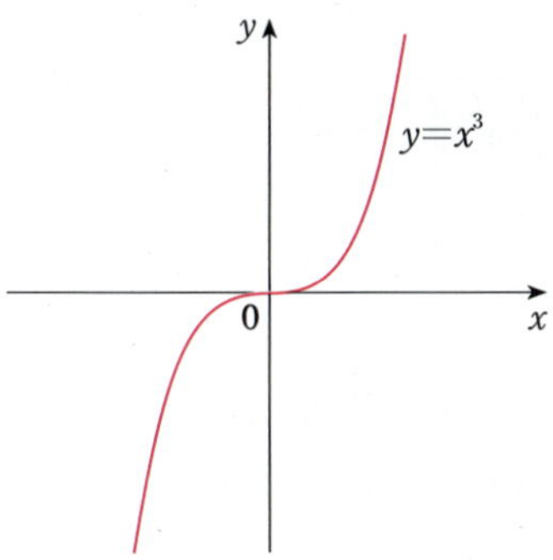

그림 17

▷ 무한대에서의 무한극한

$$\lim_{x \to \infty} f(x) = \infty$$

은 x가 무한히 커짐에 따라 $f(x)$의 값도 무한히 커진다는 것을 나타낸다. 마찬가지로 다음 식들에 대해서도 유사한 의미를 줄 수 있다.

$$\lim_{x \to -\infty} f(x) = \infty \qquad \lim_{x \to \infty} f(x) = -\infty \qquad \lim_{x \to -\infty} f(x) = -\infty$$

그림 16과 17에서

$$\lim_{x \to \infty} e^x = \infty \qquad \lim_{x \to \infty} x^3 = \infty \qquad \lim_{x \to -\infty} x^3 = -\infty$$

임을 알게 되고, 그림 18에서 x가 커짐에 따라 $y = e^x$가 $y = x^3$보다 더욱 빠르게 커진다는 것을 알 수 있다.

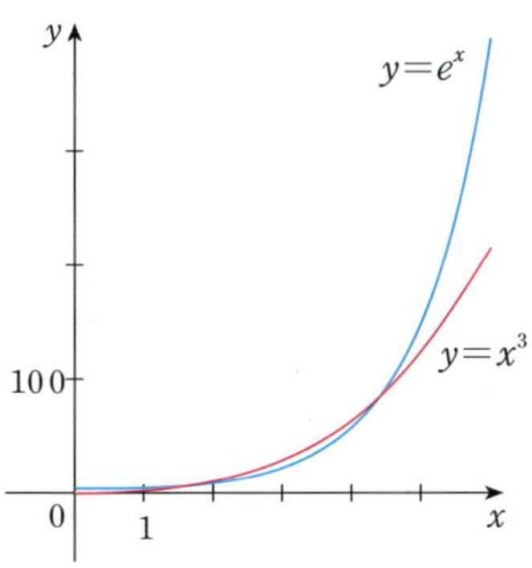

그림 18

예제 9 **무한대에서 무한 극한 구하기** $\lim_{x \to \infty} (x^2 - x)$를 구하여라.

⊘ **풀이** 계산을 다음과 같이 잘못하기 쉽다.

$$\lim_{x \to \infty} (x^2 - x) = \lim_{x \to \infty} x^2 - \lim_{x \to \infty} x = \infty - \infty$$

∞은 수가 아니므로 무한 극한은 극한법칙에 적용할 수 없다($\infty-\infty$은 정의될 수 없다). 그러나 x와 $x-1$은 무한히 큰 값을 갖게 되므로

$$\lim_{x\to\infty}(x^2-x)=\lim_{x\to\infty}x(x-1)=\infty$$

라고 할 수 있다. ■

예제 10 $\lim_{x\to\infty}\frac{x^2+x}{3-x}$를 구하여라.

풀이 x(분모에 나타나는 x의 최고차)로 분모, 분자를 나누면 $x\to\infty$일 때 $x+1\to\infty$, $\frac{3}{x}-1\to-1$이므로

$$\lim_{x\to\infty}\frac{x^2+x}{3-x}=\lim_{x\to\infty}\frac{x+1}{\frac{3}{x}-1}=-\infty$$ ■

4.5 연습문제

1. 다음 식들의 의미를 말로 설명하여라.
   (a) $\lim_{x\to2}f(x)=\infty$ (b) $\lim_{x\to1^+}f(x)=-\infty$
   (c) $\lim_{x\to\infty}f(x)=5$ (d) $\lim_{x\to-\infty}f(x)=3$

2. (a) $y=f(x)$의 그래프는 수직점근선을 지날 수 있는가? 수평점근선에 대해서는 어떠한가? 그래프로 예시하여라.
   (b) $y=f(x)$의 그래프는 얼마나 많은 수평점근선을 가질 수 있는가? 그래프를 그려 가능성을 조사하여라.

3. 함수 f의 그래프가 아래와 같을 때 다음을 구하여라.

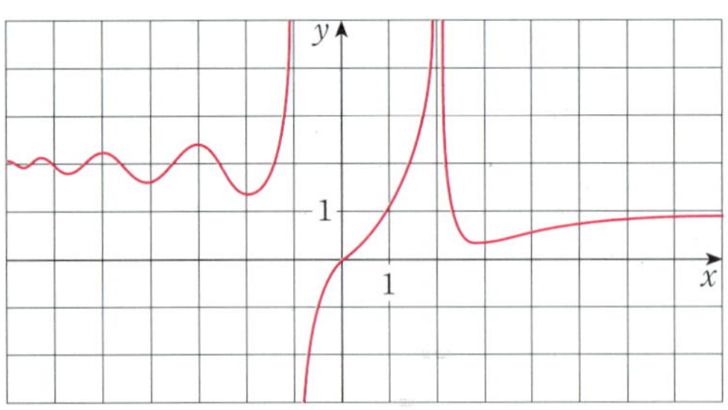

   (a) $\lim_{x\to2}f(x)$ (b) $\lim_{x\to-1^-}f(x)$
   (c) $\lim_{x\to-1^+}f(x)$ (d) $\lim_{x\to\infty}f(x)$
   (e) $\lim_{x\to-\infty}f(x)$ (f) 점근선의 방정식

4. 함수 g의 그래프가 아래와 같을 때 다음을 구하여라.
   (a) $\lim_{x\to\infty}g(x)$ (b) $\lim_{x\to-\infty}g(x)$
   (c) $\lim_{x\to3}g(x)$ (d) $\lim_{x\to0}g(x)$
   (e) $\lim_{x\to-2^+}g(x)$ (f) 점근선의 방정식

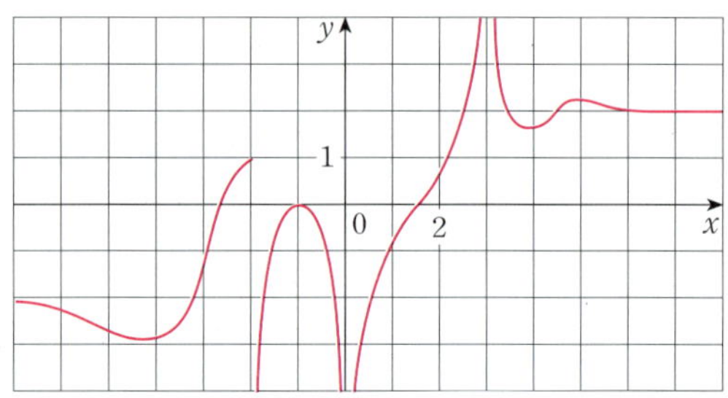

(5~10) 다음 조건을 모두 만족하는 함수 f의 개형을 그려라.

5. $f(0)=0$, $f(1)=1$, $\lim_{x\to\infty}f(x)=0$, f는 기함수

6. $\lim_{x\to0^+}f(x)=\infty$, $\lim_{x\to0^-}f(x)=-\infty$, $\lim_{x\to\infty}f(x)=1$, $\lim_{x\to-\infty}f(x)=1$

7. $\lim_{x\to2}f(x)=-\infty$, $\lim_{x\to\infty}f(x)=\infty$, $\lim_{x\to-\infty}f(x)=0$
   $\lim_{x\to0^+}f(x)=\infty$, $\lim_{x\to0^-}f(x)=-\infty$

8. $\lim_{x\to3^+}f(x)=-\infty$, $\lim_{x\to3^-}f(x)=\infty$, $\lim_{x\to\infty}f(x)=\infty$, f는 기함수

9. $f(0)=3$, $\lim_{x\to0^-}f(x)=4$, $\lim_{x\to0^+}f(x)=2$
   $\lim_{x\to-\infty}f(x)=-\infty$, $\lim_{x\to4^-}f(x)=-\infty$, $\lim_{x\to4^+}f(x)=\infty$,
   $\lim_{x\to\infty}f(x)=3$

10. $\lim_{x\to3}f(x)=-\infty$, $\lim_{x\to\infty}f(x)=2$, $f(0)=0$, f는 우함수

11. $x=0, 1, 2, 3, 4, 5, 6, 7, 8, 9, 10, 20, 50, 100$에 대해 $f(x)=\dfrac{x^2}{2^x}$의 값을 구하여

$$\lim_{x\to\infty}\frac{x^2}{2^x}$$

의 값을 추측하여라. f의 그래프를 이용하여 추측결과를 확인하여라.

12. $\displaystyle\lim_{x\to1^-}\frac{1}{x^3-1}$과 $\displaystyle\lim_{x\to1^+}\frac{1}{x^3-1}$을 다음과 같은 방법으로 구하여라.

(a) 왼쪽, 오른쪽에서 1에 접근하는 x의 값들에 대응하는 $f(x)=\dfrac{1}{x^3-1}$의 값을 이용하여 구하여라.

(b) 예제 1과 같은 방법으로 구하여라.

(c) f의 그래프를 그려서 구하여라.

13. 그래프를 이용하여 곡선

$$y=\frac{x^3}{x^3-2x+1}$$

의 수직과 수평점근선을 모두 추정하여라.

14. (a) $f(x)=\left(1-\dfrac{2}{x}\right)^x$의 그래프를 이용하여 $\displaystyle\lim_{x\to\infty}f(x)$의 값을 소수 둘째 자리까지 추정하여라.

(b) $f(x)$의 함숫값 표를 이용하여 이 극한을 소수 넷째 자리까지 추정하여라.

(15~37) 다음 극한을 구하여라.

15. $\displaystyle\lim_{x\to1}\frac{2-x}{(x-1)^2}$

16. $\displaystyle\lim_{x\to-3^-}\frac{x+2}{x+3}$

17. $\displaystyle\lim_{x\to2^+}e^{3/(2-x)}$

18. $\displaystyle\lim_{x\to5^+}\ln(x-5)$

19. $\displaystyle\lim_{x\to(-\pi/2)^-}\sec x$

20. $\displaystyle\lim_{x\to2^-}\frac{x^2-2x}{x^2-4x+4}$

21. $\displaystyle\lim_{x\to2\pi^-}x\csc x$

22. $\displaystyle\lim_{x\to\infty}\frac{3x+5}{x-4}$

23. $\displaystyle\lim_{x\to\infty}\frac{x^3+5x}{2x^3-x^2+4}$

24. $\displaystyle\lim_{t\to-\infty}\frac{t^2+2}{t^3+t^2-1}$

25. $\displaystyle\lim_{u\to\infty}\frac{4u^4+5}{(u^2-2)(2u^2-1)}$

26. $\displaystyle\lim_{x\to\infty}\frac{x+2}{\sqrt{9x^2+1}}$

27. $\displaystyle\lim_{x\to\infty}(\sqrt{9x^2+x}-3x)$

28. $\displaystyle\lim_{x\to\infty}(\sqrt{x^2+ax}-\sqrt{x^2+bx})$

29. $\displaystyle\lim_{x\to\infty}e^{-x^2}$

30. $\displaystyle\lim_{x\to\infty}\sqrt{x^2+1}$

31. $\displaystyle\lim_{x\to\infty}\cos x$

32. $\displaystyle\lim_{x\to\infty}\frac{\sin^2 x}{x^2}$

33. $\displaystyle\lim_{x\to\infty}(e^{-2x}\cos x)$

34. $\displaystyle\lim_{x\to\infty}\frac{e^{3x}-e^{-3x}}{e^{3x}+e^{-3x}}$

35. $\displaystyle\lim_{x\to-\infty}(x^4+x^5)$

36. $\displaystyle\lim_{x\to(-\pi/2)^+}e^{\tan x}$

37. $\displaystyle\lim_{x\to\infty}\frac{x+x^3+x^5}{1-x^2+x^4}$

38. (a) 함수 $f(x)=\dfrac{\sqrt{2x^2+1}}{3x-5}$의 그래프를 그려라.

몇 개의 수평, 수직점근선이 있는가? 그래프를 이용하여 $\displaystyle\lim_{x\to\infty}\frac{\sqrt{2x^2+1}}{3x-5}$과 $\displaystyle\lim_{x\to-\infty}\frac{\sqrt{2x^2+1}}{3x-5}$을 추정하여라.

(b) $f(x)$의 값들을 계산하여 (a)의 극한을 추정하여라.

(c) (a)의 정확한 극한값을 계산하여라. 두 극한이 같은가 다른가?

(39~42) 아래 곡선의 수평, 수직점근선을 구하여라. 그래프 도구가 있으면 곡선의 그래프를 그려서 점근선을 추정하여라.

39. $y=\dfrac{2x^2+x-1}{x^2+x-2}$

40. $y=\dfrac{x^2+1}{2x^2-3x-2}$

41. $y=\dfrac{x^3-x}{x^2-6x+5}$

42. $y=\dfrac{2e^x}{e^x-5}$

43. (a) 함수 $f(x)=\sqrt{x^2+x+1}+x$의 그래프를 그려서 $\displaystyle\lim_{x\to-\infty}(\sqrt{x^2+x+1}+x)$의 값을 추정하여라.

(b) $f(x)$의 값을 표로 만들어 극한값을 추측하여라.

(c) 추측이 옳음을 증명하여라.

44. (a) $f(x)=\sqrt{3x^2+8x+6}-\sqrt{3x^2+3x+1}$의 그래프를 이용하여 $\displaystyle\lim_{x\to\infty}f(x)$의 값을 소수 첫째 자리까지 추정하여라.

(b) $f(x)$의 값을 표로 만들어 극한을 소수 넷째 자리까지 추정하여라.

(c) 정확한 극한값을 구하여라.

45. $-10\le x\le10$에서 f의 그래프를 그리고, 함수

$$f(x)=\frac{3x^3+500x^2}{x^3+500x^2+100x+2000}$$

의 수평점근선을 추정하여라. 또, 극한을 구하여 점근선의 방정식을 구하여라. 일치하지 않음을 어떻게 설명할 수 있는가?

46. (a) 계산기를 이용하여 함수 $f(x)=e^x+\ln|x-4|$, $0\le x\le5$의 그래프를 그려라. 계산기가 그린 그래프가 정확하다고 생각하는가?

(b) 좀더 정확한 그래프를 얻으려면 어떻게 해야 하는가?

47. 다음 조건들을 만족하는 함수 f의 식을 구하여라.

$\displaystyle\lim_{x\to\pm\infty}f(x)=0,\ \lim_{x\to0}f(x)=-\infty,\ f(2)=0$

$\lim_{x\to3^-} f(x)=\infty,\ \lim_{x\to3^+} f(x)=-\infty$

48. 수직점근선 $x=1$과 $x=3$, 수평점근선 $y=1$을 갖는 함수를 구해 식으로 나타내어라.

49. 함수 f는 이차함수들의 비로 나타나고 $x=4$에서 수직점근선을 가지며 x절편은 $x=1$ 하나뿐이라 하자. 또 f는 $x=-1$에서 제거 가능한 불연속점을 갖고 $\lim_{x\to-1} f(x)=2$라 할 때 다음을 구하여라.

(a) $f(0)$ (b) $\lim_{x\to\infty} f(x)$

50. 함수의 끝 반응이란 $x\to\infty$ 또는 $x\to-\infty$일 때 함숫값이 나타내는 형태를 말한다.

(a) 함수 $P(x)=3x^5-5x^3+2x$와 $Q(x)=3x^5$의 끝 반응을 $[-2,\ 2]\times[-2,\ 2]$와 $[-10,\ 10]\times[-10000,\ 10000]$에서 두 함수의 그래프를 그려서 비교하여라.

(b) $x\to\infty$일 때 두 함수의 비가 1에 접근하면 두 함수는 같은 끝 반응을 보인다고 한다. P와 Q의 끝 반응이 같음을 보여라.

51. P와 Q가 다항식일 때 다음 각 경우에

$$\lim_{x\to\infty}\frac{P(x)}{Q(x)}$$

를 구하여라.

(a) P의 차수가 Q의 차수보다 작다.

(b) P의 차수가 Q의 차수보다 크다.

52. 다음 다섯 경우에서 곡선 $y=x^n$(n : 정수)의 개형을 그려라.

(i) $n=0$ (ii) $n>0,\ n$: 홀수

(iii) $n>0,\ n$: 짝수 (iv) $n<0,\ n$: 홀수

(v) $n<0,\ n$: 짝수

각 개형을 이용하여 다음 극한을 구하여라.

(a) $\lim_{x\to0^+} x^n$ (b) $\lim_{x\to0^-} x^n$

(c) $\lim_{x\to\infty} x^n$ (d) $\lim_{x\to-\infty} x^n$

53. $x>1$에서

$$\frac{10e^x-21}{2e^x}<f(x)<\frac{5\sqrt{x}}{\sqrt{x-1}}$$

일 때 $\lim_{x\to\infty} f(x)$를 구하여라.

54. 상대성이론에서 속도가 v인 입자의 질량은

$$m=\frac{m_0}{\sqrt{1-v^2/c^2}}$$

이다. 여기서 m_0는 정지상태의 입자의 질량, c는 빛의 속도이다. $v\to c^-$이면 질량은 어떻게 되는가?

55. (a) 순수한 물 5000L가 들어있는 탱크가 있다. 1리터당 30g의 소금이 들어있는 소금물을 25L/분의 비율로 탱크에 넣고 있다. t분 후의 소금의 농도(리터당 g)는

$$C(t)=\frac{30t}{200+t}$$

임을 보여라.

(b) $t\to\infty$일 때 농도는 어떻게 되겠는가?

56. (a) $\lim_{x\to\infty}\frac{4x^2-5x}{2x^2+1}=2$임을 보여라.

(b) (a)의 함수와 $y=1.9$의 그래프를 같은 표시창에 그려서

$$x>N\text{이면 }\frac{4x^2-5x}{2x^2+1}>1.9$$

를 항상 만족하는 N을 구하여라. 1.9 대신 1.99이면 N은 어떻게 달라지는가?

57. (a) $\lim_{x\to\infty} e^{-\frac{x}{10}}=0$임을 보여라.

(b) $y=e^{-\frac{x}{10}}$와 $y=0.1$의 그래프를 같은 표시창에 나타내어, x가 얼마일 때 $e^{-\frac{x}{10}}<0.1$이 되는지 조사하여라.

(c) 그래프 도구를 사용하지 않고 (b)를 해결할 수 있는가?

4.6 미분계수와 변화율

접선의 기울기를 구하는 문제와 물체의 속도를 구하는 문제는 모두 같은 유형의 극한을 포함하고 있음을 4.1절에서 공부하였다. 이 특별한 극한을 미분계수라고 하는데, 과학이나 공학에서 변화율로 해석될 수 있음을 공부할 것이다.

▷ 접선

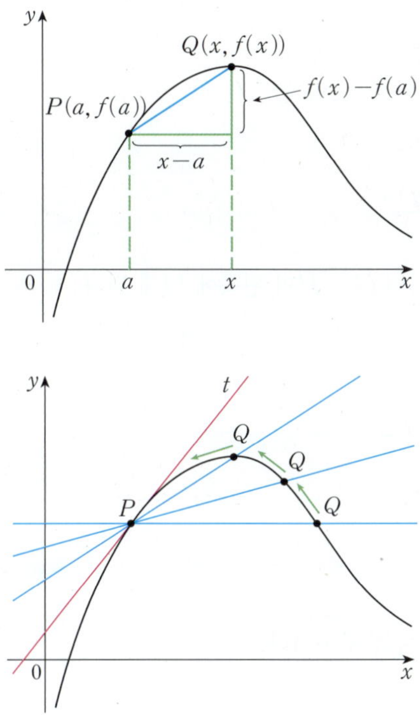

그림 1

곡선 C가 $y=f(x)$의 그래프일 때 점 $P(a,\ f(a))$에서 C의 접선을 구하기 위해 먼저 인접한 점 $Q(x,\ f(x))(x\neq a)$를 잡으면 할선 PQ의 기울기는

$$m_{PQ}=\frac{f(x)-f(a)}{x-a}$$

이다. x를 a에 접근시켜 Q가 곡선 C를 따라 P에 접근하도록 한다. 이때 m_{PQ}가 일정한 수 m에 접근하면, P를 지나 기울기 m인 직선을 접선 t라고 정의한다(접선이란 Q가 P에 접근할 때 할선 PQ의 극한위치라는 말과 같다. 그림 1 참조).

> **1 정의** 점 $P(a,\ f(a))$에서 곡선 $y=f(x)$의 **접선**(tangent line)은
>
> $$m=\lim_{x\to a}\frac{f(x)-f(a)}{x-a}$$
>
> 가 존재할 때 P를 지나 기울기가 m인 직선이다.

다음 예제는 4.1절의 예제 1에서 추측한 것을 정확히 입증하고 있다.

예제 1 접선의 방정식 구하기 점 $P(1,\ 1)$에서 포물선 $y=x^2$의 접선의 방정식을 구하여라.

풀이 $a=1$이고 $f(x)=x^2$라 하면 정의 1로부터 기울기 m은

$$\begin{aligned} m&=\lim_{x\to 1}\frac{f(x)-f(1)}{x-1}=\lim_{x\to 1}\frac{x^2-1}{x-1}\\ &=\lim_{x\to 1}\frac{(x-1)(x+1)}{x-1}\\ &=\lim_{x\to 1}(x+1)=1+1=2 \end{aligned}$$

점-기울기형의 직선의 방정식의 공식을 이용하면 점 $(1,\ 1)$에서 접선의 방정식은

$$y-1=2(x-1)\ \text{즉}\ y=2x-1$$

■

● 점 $(x_1,\ y_1)$을 지나 기울기 m인 점-기울기형의 직선의 방정식은
$y-y_1=m(x-x_1)$

한 점에서 곡선에 대한 접선의 기울기를 그 점에서 **곡선의 기울기**(slope of the curve)라고 말하기도 한다. 그 근거는 주어진 점 부근을 확대해보면 곡선은 마치 직선처럼 보이기 때문이다. 그림 2는 예제 1의 곡선 $y=x^2$의 일부로 이 과정을 잘 보여주고 있

다. 확대하면 할수록 포물선은 점점 더 직선처럼 보여 곡선과 접선을 거의 구별할 수 없게 된다.

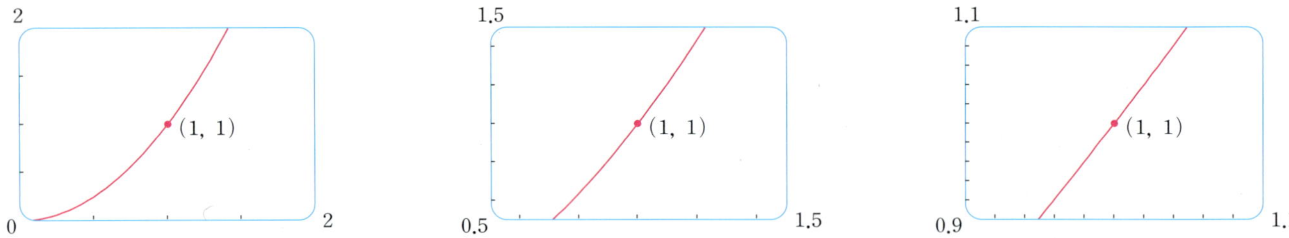

그림 2 포물선 $y=x^2$상의 점 (1, 1) 근방을 확대한 것이다.

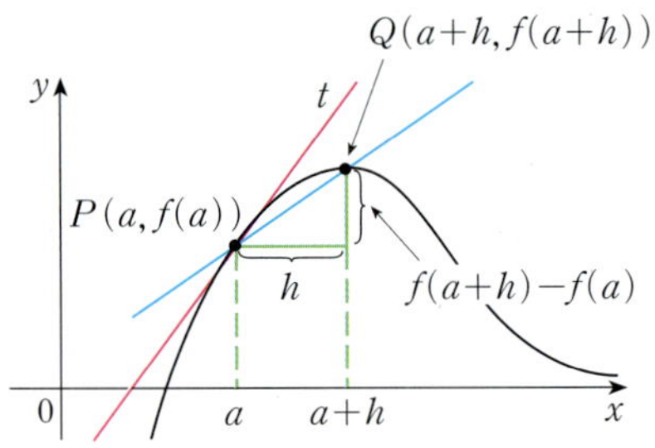

그림 3

접선의 기울기를 구하는 또 다른 편리한 식이 있다. $h=x-a$라 놓으면 $x=a+h$ 이고 따라서 할선 PQ의 기울기는

$$m_{PQ}=\frac{f(a+h)-f(a)}{h}$$

이다(그림 3에서 $h>0$이면 Q는 P의 오른쪽에, $h<0$이면 Q는 P의 왼쪽에 있게 된다).

x가 a에 접근할 때 h는 0에 접근하므로 ($h=x-a$이므로) 정의 **1**의 접선의 기울기는

2
$$m=\lim_{h\to 0}\frac{f(a+h)-f(a)}{h}$$

가 된다.

예제 2 점 (3, 1)에서 쌍곡선 $y=\frac{3}{x}$의 접선의 방정식을 구하여라.

풀이 $f(x)=\frac{3}{x}$이라 놓으면 점 (3, 1)에서 접선의 기울기는

$$m=\lim_{h\to 0}\frac{f(3+h)-f(3)}{h}$$

$$=\lim_{h\to 0}\frac{\frac{3}{3+h}-1}{h}=\lim_{h\to 0}\frac{\frac{3-(3+h)}{3+h}}{h}$$

$$=\lim_{h\to 0}\frac{-h}{h(3+h)}=\lim_{h\to 0}\frac{-1}{3+h}=-\frac{1}{3}$$

따라서 점 (3, 1)에서 접선의 방정식은

$$y-1=-\frac{1}{3}(x-3) \quad \text{즉} \quad x+3y-6=0$$

이다. 그림 4는 쌍곡선 $f(x)=\frac{3}{x}$과 접선의 그래프이다. ■

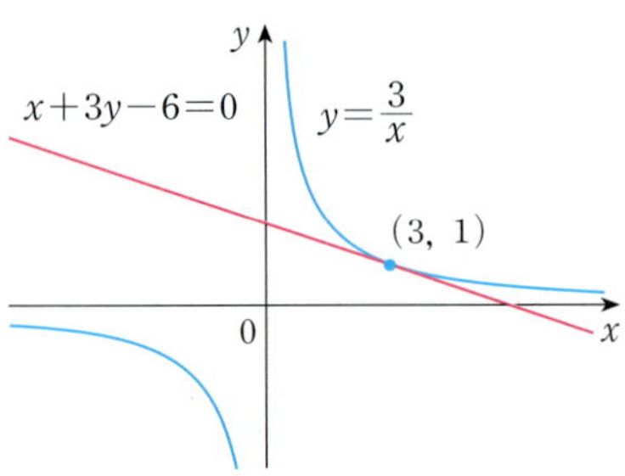

그림 4

▷ 속도

4.1절에서 CN 타워에서 떨어트린 공의 운동을 조사하면서 속도를 점점 짧은 시간구간에서의 평균속도의 극한으로 정의했다.

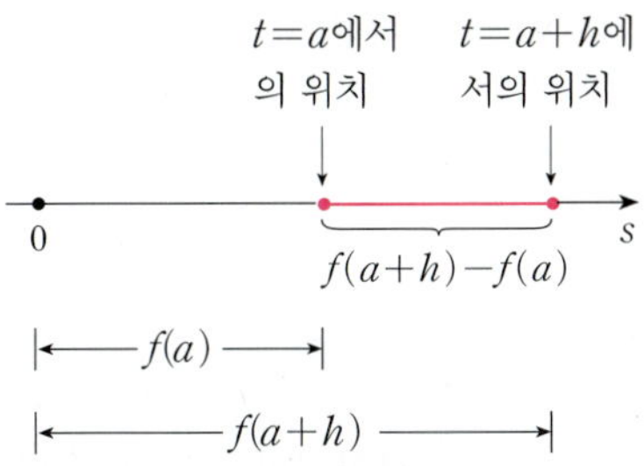

그림 5

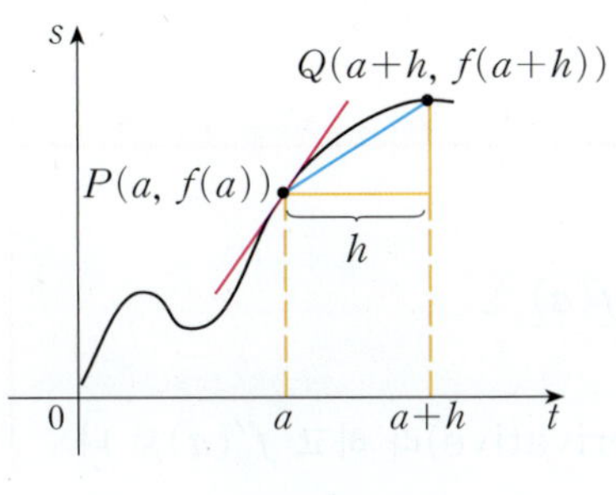

그림 6

$$m_{PQ}=\frac{f(a+h)-f(a)}{h}$$
$=$평균속도

● 4.1절에서 t초 후의 낙하거리는 $4.9t^2$

일반적으로, 어떤 물체가 운동방정식 $s=f(t)$에 따라 직선상을 움직인다고 하자. 여기서 s는 시간 t에서 물체가 원점으로부터 떨어진 변위(방향이 있는 거리)이다. 운동을 나타내는 함수 f를 물체의 **위치함수**(position function)라고 한다. $t=a$에서 $t=a+h$ 사이의 시간구간에서 위치의 변화는 $f(a+h)-f(a)$이다(그림 5 참조). 이 시간구간에서의 평균속도는 그림 6에서 할선 PQ의 기울기와 같은

$$\text{평균속도}=\frac{\text{변위}}{\text{시간}}=\frac{f(a+h)-f(a)}{h}$$

이다.

이제 더 짧은 시간구간 $[a,\ a+h]$에서 평균속도를 계산해 보자. 즉, h를 0으로 접근시키자. 낙하하는 공의 예에서와 같이 h를 0에 접근시킬 때, 즉 평균속도의 극한을 $t=a$에서의 **속도**(velocity) (또는 순간속도) $v(a)$라고 정의한다.

3
$$v(a)=\lim_{h\to 0}\frac{f(a+h)-f(a)}{h}$$

이것은 $t=a$에서의 속도가 P에서의 접선의 기울기와 같다는 것을 의미한다(식 **2**와 **3**을 비교해 보아라).

예제 3 떨어지는 물체의 속도 공을 지상에서 450m 높이의 CN 타워 전망대에서 떨어트릴 때

(a) 5초 후의 공의 속도는 얼마인가?

(b) 땅에 떨어질 때의 공의 속도는?

풀이 $t=5$일 때의 속도와 공이 땅에 떨어질 때의 속도를 구해야 하므로, 일반적으로 $t=a$일 때의 속도를 구하자. 운동방정식 $s=f(t)=4.9t^2$이므로

$$\begin{aligned}v(a)&=\lim_{h\to 0}\frac{f(a+h)-f(a)}{h}=\lim_{h\to 0}\frac{4.9(a+h)^2-4.9a^2}{h}\\&=\lim_{h\to 0}\frac{4.9(a^2+2ah+h^2-a^2)}{h}=\lim_{h\to 0}\frac{4.9(2ah+h^2)}{h}\\&=\lim_{h\to 0}4.9(2a+h)=9.8a\end{aligned}$$

(a) 5초 후의 속도는 $v(5)=9.8(5)=49\text{m/s}$

(b) 전망대의 높이가 450m이므로, t_1초 후에 땅에 떨어진다면 $s(t_1)=450$, 즉 $4.9t_1^2=450$이다. t_1을 구하면

$$t_1^2=\frac{450}{4.9}\text{이고 } t_1=\sqrt{\frac{450}{4.9}}\approx 9.6\text{s}$$

따라서 땅에 떨어질 때의 공의 속도는

$$v(t_1)=9.8t_1=9.8\sqrt{\frac{450}{4.9}}\approx 94\text{m/s}$$ ■

▷ 미분계수

접선의 기울기를 계산할 때나(식 2) 물체의 속도를 계산할 때(식 3)의 극한은 같은 모양이다. 실제로,

$$\lim_{h\to 0}\frac{f(a+h)-f(a)}{h}$$

와 같은 극한은 화학에서 반응비율이나, 경제학에서 한계비용처럼 과학이나 공학에서 변화율을 계산할 때 자주 나타난다. 이러한 유형의 극한은 폭넓게 나타나므로 특별한 명칭과 기호를 붙인다.

4 정의 극한

$$f'(a)=\lim_{h\to 0}\frac{f(a+h)-f(a)}{h}$$

가 존재할 때 이 극한을 **a에서 함수 f의 미분계수**(derivative)라 하고 $f'(a)$로 나타낸다.

● $f'(a)$는 "f 프라임(prime) a"라고 읽는다.

$x=a+h$라 놓으면 $h=x-a$이고, $h\to 0$일 필요충분조건은 $x\to a$이다. 따라서 미분계수의 정의는 접선의 기울기를 나타내는 다음 식과 동치가 된다.

5 $$f'(a)=\lim_{x\to a}\frac{f(x)-f(a)}{x-a}$$

예제 4 일반적인 수 a에서 미분계수 구하기 a에서 함수 $f(x)=x^2-8x+9$의 미분계수를 구하여라.

풀이 정의 4에서

$$\begin{aligned}f'(a)&=\lim_{h\to 0}\frac{f(a+h)-f(a)}{h}\\&=\lim_{h\to 0}\frac{[(a+h)^2-8(a+h)+9]-[a^2-8a+9]}{h}\\&=\lim_{h\to 0}\frac{a^2+2ah+h^2-8a-8h+9-a^2+8a-9}{h}\\&=\lim_{h\to 0}\frac{2ah+h^2-8h}{h}=\lim_{h\to 0}(2a+h-8)\\&=2a-8\end{aligned}$$

■

$P(a, f(a))$에서 곡선 $y=f(x)$의 접선은 점 P를 지나 1 또는 식 2의 기울기 m을 갖는 직선이라고 정의했다. 정의 4에 의해 기울기 m이 a에서의 미분계수 $f'(a)$와 같으므로 다음과 같이 말할 수 있다.

점 $(a,\ f(a))$에서 곡선 $y=f(x)$의 접선은 점 $(a,\ f(a))$를 지나고 기울기가 a에서 f의 미분계수 $f'(a)$인 직선이다.

그러므로 점 $(a,\ f(a))$에서 곡선 $y=f(x)$의 접선의 방정식은

$$y-f(a)=f'(a)(x-a)$$

가 된다.

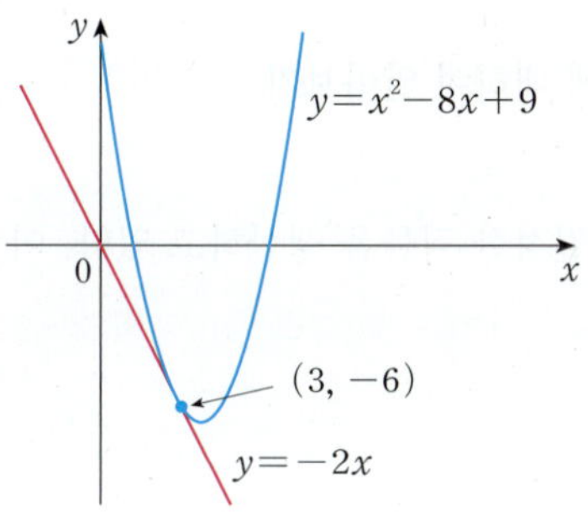

그림 7

예제 5 점 $(3,\ -6)$에서 포물선 $y=x^2-8x+9$의 접선의 방정식을 구하여라.

풀이 예제 4에서 a에서 $f(x)=x^2-8x+9$의 미분계수는 $f'(a)=2a-8$이었다. 따라서 점 $(3,\ -6)$에서 접선의 기울기는 $f'(3)=2(3)-8=-2$이다. 그러므로 그림 7과 같은 접선의 방정식은

$$y-(-6)=(-2)(x-3) \text{ 즉 } y=-2x$$ ■

▷ 변화율

y가 다른 양 x에 종속되는 양이라 하자. 그러면 y는 x의 함수가 되고 $y=f(x)$라고 쓴다. x가 x_1에서 x_2로 변할 때 x의 변화량(x의 증분(increment))은

$$\Delta x=x_2-x_1$$

이고 이에 대응하는 y의 변화량은

$$\Delta y=f(x_2)-f(x_1)$$

이다. 이때

$$\frac{\Delta y}{\Delta x}=\frac{f(x_2)-f(x_1)}{x_2-x_1}$$

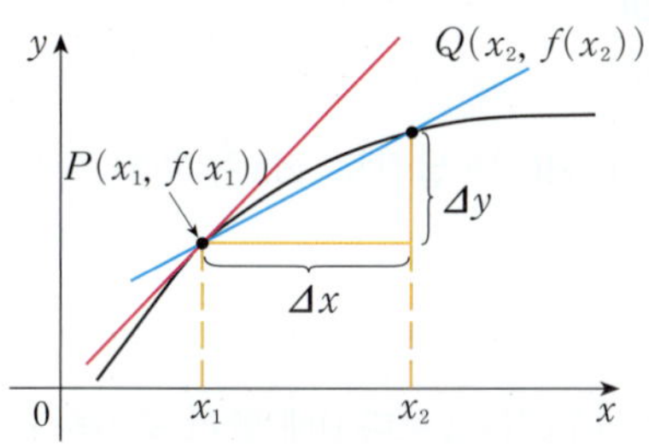

그림 8
평균변화율$=m_{PQ}$
순간변화율$=P$에서 접선의 기울기

을 구간 $[x_1,\ x_2]$에서의 **x에 관한 y의 평균변화율**이라 하고, 그림 8의 할선 PQ의 기울기로 해석될 수 있다.

속도에서와 같이 x_2를 x_1에 접근시킬 때, 즉 Δx를 0에 접근시킬 때 점점 더 작은 구간에서의 평균변화율을 생각해 보자. 이때 평균변화율의 극한을 $x=x_1$에서 **x에 관한 y의 (순간)변화율**이라 하고, 이는 $P(x_1,\ f(x_1))$에서 곡선 $y=f(x)$의 접선의 기울기로 해석될 수 있다.

6 **순간변화율**$=\displaystyle\lim_{\Delta x\to 0}\frac{\Delta y}{\Delta x}=\lim_{x_2\to x_1}\frac{f(x_2)-f(x_1)}{x_2-x_1}$

이 극한은 미분계수 $f'(x_1)$과 같다.

미분계수 $f'(a)$의 의미는 곡선 $y=f(x)$의 $x=a$일 때 접선의 기울기이다. 미분계수의 또다른 의미는 다음과 같다.

미분계수 $f'(a)$는 $x=a$일 때 x에 관한 $y=f(x)$의 순간변화율이다.

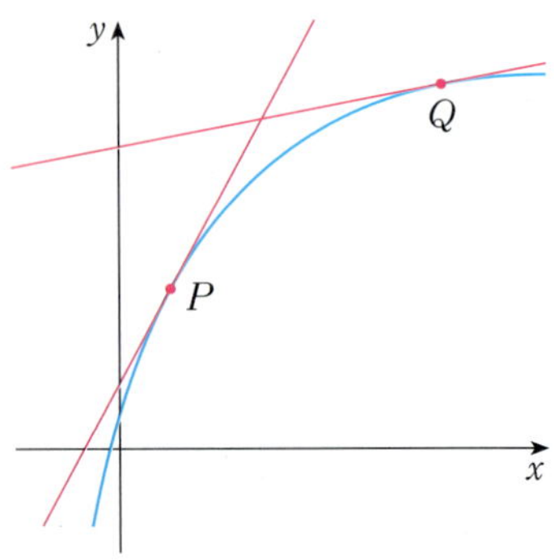

그림 9
y값은 P에서는 빠르게, Q에서는 천천히 변한다.

미분계수의 첫 번째 의미와 비교하면 함수의 순간변화율은 곡선의 접선의 기울기가 된다. 미분계수가 크면(그림 9의 점 P에서와 같이 곡선이 가파르면) y값이 빠르게 변하고, 미분계수가 작으면(점 Q에서 같이) 곡선은 평평해지고 y값은 천천히 변한다.

특히 $s=f(t)$가 직선상을 움직이는 입자의 위치함수일 때 $f'(a)$는 시간 t에 대한 변위 s의 변화율이다. 달리 말하면 $f'(a)$는 $t=a$에서의 입자의 속도이다(4.6절 참조). 입자의 속력은 속도의 절댓값, 즉 $|f'(a)|$를 의미한다.

다음 예제에서는 말로 설명된 함수의 미분계수의 의미에 대하여 알아보자.

예제 6 **비용함수의 미분계수** 어느 제조업체는 폭이 일정한 직물을 생산하고 있다. 이 직물 x미터의 생산비는 $C=f(x)$달러이다.

(a) 미분계수 $f'(x)$의 의미는 무엇인가? 단위는?

(b) 구체적으로 $f'(1000)=9$는 무엇을 의미하는가?

(c) $f'(50)$과 $f'(500)$은 어느 것이 큰가? $f'(5000)$에 대해서는 어떤가?

풀이 (a) 미분계수 $f'(x)$는 x에 관한 C의 순간변화율이다. 즉 $f'(x)$는 생산된 미터에 관한 생산비의 변화율이다(경제학에서는 이 변화율을 한계비용이라고 한다. 이 개념은 5.8절과 6.6절에서 더 자세히 설명된다).

$$f'(x)=\lim_{\Delta x\to 0}\frac{\Delta C}{\Delta x}$$

이므로 $f'(x)$의 단위는 $\dfrac{\Delta C}{\Delta x}$의 단위와 같다. ΔC는 달러로, Δx는 미터로 측정되므로 $f'(x)$의 단위는 미터당 달러가 된다.

● 여기서는 비용함수가 순조롭게 변하고 있다고 가정한다. 즉 $C(x)$는 $x=1000$ 근방에서 급격히 진동하지 않는다고 하자.

(b) $f'(1000)=9$는 직물 1000미터를 생산했을 때 이에 대한 생산비의 증가율이 9달러/미터 라는 것을 의미한다($x=1000$일 때 C는 x보다 9배 빨리 증가하고 있다). $\Delta x=1$은 $x=1000$에 비해 작은 값이므로

$$f'(1000)\approx\frac{\Delta C}{\Delta x}=\frac{\Delta C}{1}=\Delta C$$

이고, 이것은 1000번째 미터(또는 1001번째)를 생산하는 데 드는 비용은 약 9달러라는 의미이다.

(c) 생산비의 미터당 증가율은 규모의 경제학이론(제조업자는 고정생산비용을 더욱 효율적으로 사용한다)에 의해 $x=50$일 때보다 $x=500$일 때 더 낮아진다고 할 수 있다(500번째 미터의 생산비가 50번째 미터의 생산비보다 적다). 그래서

$$f'(50)>f'(500)$$

그러나 생산이 확대됨에 따라 그에 따른 거대 규모 운영에는 고비용이 따르고 비효율적이 된다. 결국 비용의 증가율이 다시 높아지게 되어

$$f'(5000) > f'(500)$$ ■

이 될 수 있다.

다음 예제에서는 국가 부채의 시간에 대한 변화율을 추정해 보자. 여기에서는 함수가 수식으로 주어져 있지 않고 표로 주어져 있다.

t	$D(t)$
1994	414.0
1996	469.5
1998	467.3
2000	456.4
2002	442.3

예제 7 **표로 주어진 함수의 미분계수** $D(t)$는 시간 t에서 캐나다의 총 부채를 나타낸다고 하자. 표는 1994년부터 2002년 사이 매년 중간시점에서 조사된 부채(단위: 십억달러)의 근삿값을 나타낸 것이다. $D'(1998)$의 값을 해석해서 추정하여라.

풀이 미분계수 $D'(1998)$은 $t=1998$일 때 t에 관한 D의 변화율, 즉 1998년의 국채증가율을 의미한다. 식 **3**에 의해

$$D'(1998) = \lim_{t \to 1998} \frac{D(t) - D(1998)}{t - 1998}$$

이다. 평균변화율을 계산하여 표로 만들면 왼쪽과 같다.

t	$\dfrac{D(t)-D(1998)}{t-1998}$
1994	13.3
1996	-1.1
2000	-5.5
2002	-6.3

● 평균변화율 $\Delta D/\Delta t$의 단위는 ΔD의 단위 나누기 Δt의 단위이다. 즉, 10억달러/년이다. 순간변화율은 평균변화율의 극한이므로 단위는 같다.

이 표에서 $D'(1998)$은 -1.1과 -5.5(단위: 십억달러/년) 사이에 있다고 판단된다(여기서 1998년과 2002년 사이의 국채가 특별히 불규칙하게 변하지 않았다고 가정한다). 따라서 1998년의 국채증가율은 두 수의 평균, 즉

$$D'(1998) \approx -3.3 \text{십억달러/년}$$

으로 추정된다. 음의 부호는 부채가 감소함을 의미한다. 또다른 방법은 부채를 그래프로 나타내고 $t=1998$일 때 접선의 기울기를 추정하는 것이다. ■

4.6 연습문제

1. $y=f(x)$는 곡선의 방정식이다.
   (a) 두 점 $P(3, f(3))$과 $Q(x, f(x))$를 지나는 할선의 기울기를 식으로 나타내어라.
   (b) 점 P에서 접선의 기울기를 나타내는 식을 써라.

2. 직사각형 화면 $[-1, 1]\times[0, 2]$, $[-0.5, 0.5]\times[0.5, 1.5]$, $[-0.1, 0.1]\times[0.9, 1.1]$ 내의 곡선 $y=e^x$의 그래프를 조사하여라. 점 $(0, 1)$ 근방을 확대하면 곡선은 어떻게 보이는가?

3. (a) 점 $(1, 3)$에서 포물선 $y=4x-x^2$의 접선의 기울기를 아래 방법으로 구하여라.
   (i) 정의 **1**을 이용
   (ii) 식 **2**를 이용
   (b) (a)의 접선의 방정식을 구하여라.
   (c) 포물선과 접선의 그래프를 그려라. 또 포물선과 접선을 구별할 수 없을 때까지 점 $(1, 3)$ 근방을 확대하여라.

4. (a) 점 $(1, 0)$에서 곡선 $y=x-x^3$의 접선의 기울기를 아래 방법으로 구하여라.
   (i) 정의 **1**을 이용
   (ii) 식 **2**를 이용
   (b) (a)의 접선의 방정식을 구하여라.
   (c) 점 $(1, 0)$ 근방을 계속 확대하여 곡선과 접선이 일치하게 보이도록 하여라.

(5~8) 아래 주어진 점에서 곡선의 접선방정식을 구하여라.

5. $y=4x-3x^2$, $(2, -4)$
6. $y=x^3-3x+1$, $(2, 3)$
7. $y=\sqrt{x}$, $(1, 1)$
8. $y=\dfrac{2x+1}{x+2}$, $(1, 1)$

9. (a) $x=a$에서 곡선 $y=3+4x^2-2x^3$의 접선의 기울기를 구하여라.
   (b) 두 점 $(1, 5)$와 $(2, 3)$에서 접선의 방정식을 각각 구하여라.
   (c) 같은 표시창에 곡선과 두 접선을 나타내어라.

10. (a) $x=a$에서 곡선 $y=\dfrac{1}{\sqrt{x}}$의 접선의 기울기를 구하여라.
   (b) 두 점 $(1,\ 1)$과 $\left(4,\ \dfrac{1}{2}\right)$에서 접선의 방정식을 각각 구하여라.
   (c) 같은 표시창에 곡선과 두 접선을 나타내어라.

11. (a) 위치함수의 그래프가 다음과 같이 주어져 있을 때 입자는 수평선을 따라 오른쪽으로 움직이기 시작한다. 입자는 언제 오른쪽으로 움직이는가, 왼쪽으로 움직이는가, 그대로인가?
   (b) 속도 함수의 그래프를 그려라.

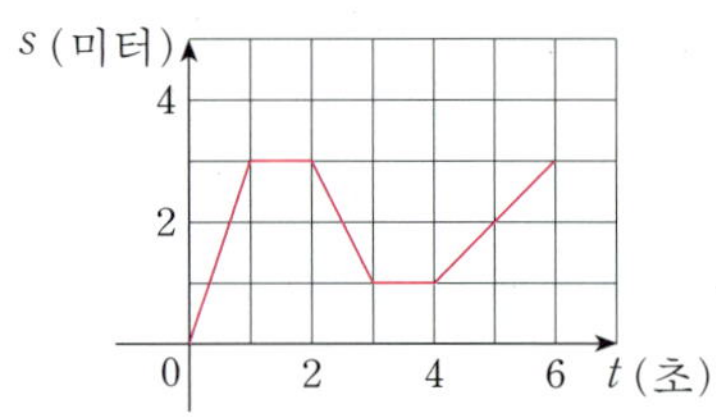

12. 100m 달리기하는 두 선수 A, B의 위치함수의 그래프이다.

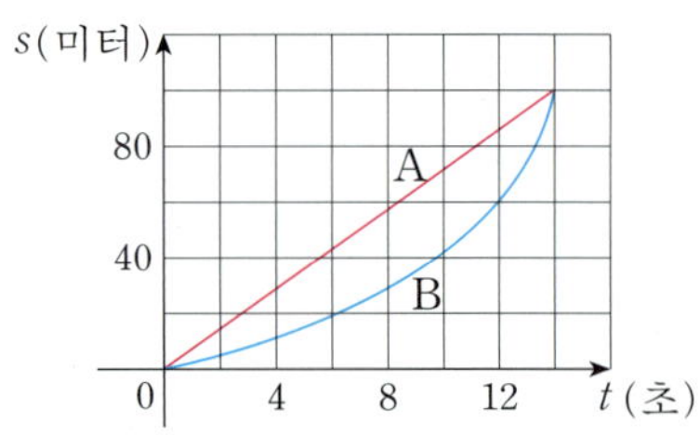

   (a) 두 선수가 어떻게 달리는지 비교하여 설명하여라.
   (b) 두 선수 사이의 거리차가 가장 클 때가 언제인가?
   (c) 같은 속도를 가질 때가 언제인가?

13. 공을 10m/s의 속도로 공중에 던졌을 때 t초 후의 높이(미터)가 $y=10t-4.9t^2$이 되었다. $t=2$일 때 속도를 구하여라.

14. 화성에서 10m/s의 속도로 돌을 던져 올렸을 때 t초 후의 높이(m)가 $H=10t-1.86t^2$으로 주어졌다.
   (a) 1초 후의 돌의 속도를 구하여라.
   (b) $t=a$일 때 돌의 속도를 구하여라.
   (c) 돌은 언제 표면에 다시 떨어질까?
   (d) 표면에 떨어질 때 돌의 속도는?

15. t는 시간(초), s는 변위(m)를 나타낼 때 직선 위를 움직이는 어떤 입자의 위치 방정식은 $s=1/t^2$이다. $t=a$, $t=1$, $t=2$, $t=3$일 때 입자의 속도를 각각 구하여라.

16. t는 시간(초), s는 변위(m)를 나타낼 때 직선 위를 움직이는 어떤 입자의 위치 방정식은 $s=t^2-8t+18$이다.
   (a) 다음 시간구간에서 평균속도를 구하여라.
      (i) $[3,\ 4]$ (ii) $[3.5,\ 4]$
      (iii) $[4,\ 5]$ (iv) $[4,\ 4.5]$
   (b) $t=4$일 때 순간속도를 구하여라.
   (c) t의 함수 S의 그래프를 그려서 기울기가 (a)의 평균속도와 같은 할선들과, 기울기가 (b)의 순간속도와 같은 접선을 나타내어라.

17. 그래프와 같은 함수 g에 대해 다음을 커지는 순서로 배열하고 그 이유를 설명하여라.

$0 \quad g'(-2) \quad g'(0) \quad g'(2) \quad g'(4)$

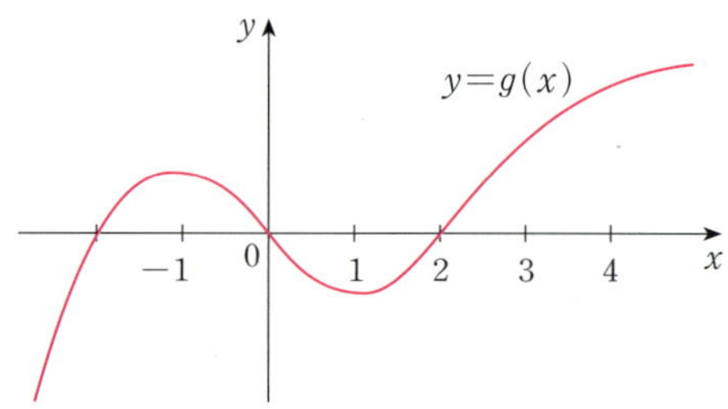

18. $g(5)=-3$, $g'(5)=4$일 때 $x=5$에서 $y=g(x)$의 그래프에 접하는 직선의 방정식을 구하여라.

19. $a=2$에서 곡선 $y=f(x)$의 접선의 방정식이 $y=4x-5$일 때 $f(2)$와 $f'(2)$를 구하여라.

20. 점 $(4,\ 3)$에서 $y=f(x)$의 접선이 점 $(0,\ 2)$를 지날 때 $f(4)$와 $f'(4)$를 구하여라.

21. $f(0)=0$, $f'(0)=3$, $f'(1)=0$, $f'(2)=-1$을 만족하는 함수 f의 개형을 그려라.

22. 다음 조건을 만족하는 함수 g의 그래프를 그려라.
$g(0)=g(2)=g(4)=0$, $g'(1)=g'(3)=0$,
$g'(0)=g'(4)=1$, $g'(2)=-1$,
$\lim_{x\to\infty} g(x)=\infty$이고 $\lim_{x\to-\infty} g(x)=-\infty$.

23. $f(x)=3x^2-x^3$에서 $f'(1)$을 구하고 점 $(1,\ 2)$에서 곡선 $y=3x^2-x^3$의 접선의 방정식을 구하여라.

24. $g(x)=x^4-2$에서 $g'(1)$을 구하고 점 $(1,\ -1)$에서 곡선 $y=x^4-2$의 접선의 방정식을 구하여라.

25. (a) $F(x)=\dfrac{5x}{1+x^2}$에서 $F'(2)$를 구하고 점 $(2, 2)$에서 곡선 $y=\dfrac{5x}{1+x^2}$의 접선의 방정식을 구하여라.

(b) (a)의 곡선과 접선의 그래프를 같은 표시창 위에 나타내어라.

26. (a) $G=4x^2-x^3$에서 $G'(a)$를 구하고 점 $(2, 8)$과 $(3, 9)$에서 곡선 $y=4x^2-x^3$의 접선의 방정식을 구하여라.

(b) (a)의 곡선과 접선의 그래프를 같은 표시창 위에 나타내어라.

(27~32) $f'(a)$를 구하여라.

27. $f(x)=3x^2-4x+1$

28. $f(t)=2t^3+t$

29. $f(t)=\dfrac{2t+1}{t+3}$

30. $f(x)=x^{-2}$

31. $f(x)=\sqrt{1-2x}$

32. $f(x)=\dfrac{4}{\sqrt{1-x}}$

(33~38) 아래 극한은 a에서 함수 f의 도함수를 나타낸 것이다. f와 a를 각각 구하여라.

33. $\lim\limits_{h\to 0}\dfrac{(1+h)^{10}-1}{h}$

34. $\lim\limits_{h\to 0}\dfrac{\sqrt[4]{16+h}-2}{h}$

35. $\lim\limits_{x\to 5}\dfrac{2^x-32}{x-5}$

36. $\lim\limits_{x\to \frac{\pi}{4}}\dfrac{\tan x-1}{x-\frac{\pi}{4}}$

37. $\lim\limits_{h\to 0}\dfrac{\cos(\pi+h)+1}{h}$

38. $\lim\limits_{t\to 1}\dfrac{t^4+t-2}{t-1}$

(39~40) 운동방정식 $s=f(t)$에 따라 어떤 입자가 직선상을 움직이고 있다(단, s는 m, t는 초). $t=5$일 때 속도와 속력을 구하여라.

39. $f(t)=100+50t-4.9t^2$

40. $f(t)=t^{-1}-t$

41. 따끈한 캔 소다를 차가운 냉장고에 넣었다. 시간의 함수인 소다의 온도를 그래프로 나타내어라. 온도의 초기 변화율은 한 시간 후의 변화율보다 클까 작을까?

42. 구운 칠면조를 온도가 85°C인 오븐에서 꺼내 실내온도가 24°C인 식탁에 올려놓았다. 아래 그래프는 칠면조의 온도가 내려가 결국 실내온도와 같게 되는 과정을 나타낸 것이다. 접선의 기울기를 조사하여 한시간 후의 온도의 변화율을 추정하여라.

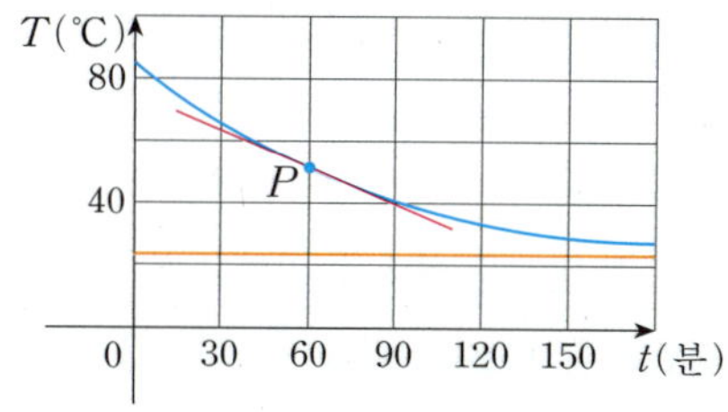

43. 휴대전화기를 사용하는 유럽인구의 추정 비율 P를 나타낸 표이다(매년 중간시점에서 조사).

연도	1998	1999	2000	2001	2002	2003
P	28	39	55	68	77	83

(a) 휴대전화 사용자의 평균증가율을 구하여라.(단위 표시)

(i) 2000~2002

(ii) 2000~2001

(iii) 1999~2000

(b) 두 평균증가율의 평균을 잡아 2000년의 순간증가율을 추정하여라(단위 표시).

(c) 접선의 기울기를 측정해서 2000년의 순간증가율을 추정하여라.

44. 표는 어느 인기있는 커피전문점의 체인점 수 N을 나타낸 것이다.(매년 6월 30일 조사)

연도	2003	2004	2005	2006	2007
N	7,225	8,569	10,241	12,440	15,011

(a) 다음 기간의 평균증가율을 구하여라(단위 표시).

(i) 2005~2007

(ii) 2005~2006

(iii) 2004~2005

(b) 두 평균변화율의 평균을 잡아 2005년의 순간증가율을 추정하여라(단위 표시).

(c) 접선의 기울기를 측정해서 2005년의 순간증가율을 추정하여라.

45. 어떤 상품의 x개의 생산가(달러)는

$$C(x)=5000+10x+0.05x^2$$

이라 한다.

(a) 다음과 같이 생산량이 변할 때 C의 평균변화율을 구하여라.

(i) $x=100$에서 $x=105$

(ii) $x=100$에서 $x=101$

(b) $x=100$일 때 x에 관한 C의 순간변화율을 구하여라(이것을 한계비용이라 하고 5.8절에서 다시 설명된다).

46. 어떤 원통형 탱크에 물 100000갤런이 들어있고, 한 시간에 탱크 밑으로 물을 모두 빼낼 수 있다고 할 때, Torricelli 법칙에 의해 t분 후 탱크에 남아있는 물의 양 V는

$$V(t)=100000\left(1-\frac{t}{60}\right)^2,\ 0\le t\le 60$$

이 된다. t분 후 탱크로부터 흘러나오는 물의 비율 (t에 관한 v의 순간변화율)을 구하여라. 단위는 무엇인가? $t=0$, 10, 20, 30, 40, 50, 60분에서 물의 유출비율과 탱크에 남아있는 물의 양을 각각 구하여라. 어느 때 유출률이 가장 크고, 작은가?

47. 어떤 금광에서 금 x킬로그램의 생산비용이 $C=f(x)$달러라고 할 때

(a) 미분계수 $f'(x)$의 의미는 무엇인가? 단위는?

(b) $f'(50)=36$은 무엇을 의미하는가?

(c) 짧은 기간에서 $f'(x)$는 증가할까, 감소할까? 긴 기간에서는 어떤가? 설명하여라.

48. 어떤 연구소의 실험결과 t시간 후의 박테리아 수가 $n=f(t)$로 나타났다.

(a) 미분계수 $f'(5)$는 무엇을 의미하는가? 단위는?

(b) 박테리아에 대해 무제한의 공간과 영양이 주어졌을 때 $f'(5)$와 $f'(10)$ 중에서 어느 것이 더 클까? 영양공급이 제한되면 앞의 결론에 영향을 줄까? 설명하여라.

49. $T(t)$를 2004년 8월 21일 정오부터 t시간 후의 서울의 온도(섭씨)라고 하자. 표는 매 두 시간마다 기록한 온도를 나타낸 것이다. $T'(6)$은 무엇을 의미하는가? 그 값을 추정하여라.

t	0	2	4	6	8	10
T	34.4	35.6	38.3	32.8	26.1	22.8

50. 어느 커피회사가 킬로그램당 p달러로 팔고 있는 분말커피의 양(킬로그램)은 $Q=f(p)$이다.

(a) $f'(8)$은 무엇을 의미하는가? 단위는?

(b) $f'(8)$은 양수인가 음수인가? 설명하여라.

4.7 함수로서의 도함수

앞 절에서는, 정해진 수 a에서 f의 미분계수

1 $$f'(a)=\lim_{h\to 0}\frac{f(a+h)-f(a)}{h}$$

를 고려하였다. 여기서는 관점을 바꾸어 수 a를 변화시켜 보자. 식 **1**의 a를 변수 x로 바꾸면

2 $$f'(x)=\lim_{h\to 0}\frac{f(x+h)-f(x)}{h}$$

가 된다. 이 극한이 존재하는 x에 대해 이를 $f'(x)$로 표시하고 **f의 도함수**(derivative)라고 부른다. x에 $f'(x)$를 대응시키는 f'은 식 **2**와 같이 정의된 새로운 함수로 볼 수 있다. x에서 f'의 값, 즉 $f'(x)$는 기하학적으로 점 $(x,\ f(x))$에서 f의 그래프에 접하는 접선의 기울기로 해석될 수 있다.

함수 f'은 식 **2**의 극한계산에 의해 f로부터 '유도' 되었기 때문에 f의 도함수라고 부른다. f'의 정의역은 집합 $\{x|f'(x)$가 존재한다$\}$이고 이것은 f의 정의역보다 작을 수도 있다.

예제 1 **그래프로 주어진 함수의 도함수** 그림 1에 주어진 함수 f의 그래프를 보고 도함수 f'의 그래프의 개형을 그려보아라.

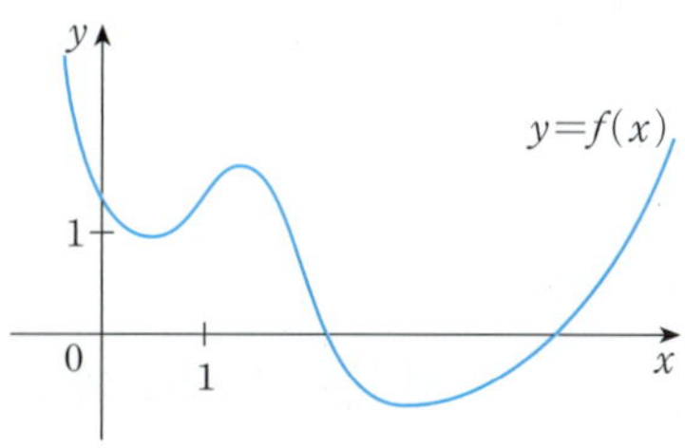

그림 1

풀이 임의의 점 $(x,\ f(x))$에서 접선을 그려서 그 기울기를 추정하는 방법으로 x에서 도함수 f'의 값을 추정할 수 있다. 예를 들면, $x=5$일 때 그림 2(a)의 점 P에서 접선을 그려 그 기울기를 추정하면 약 $\frac{3}{2}$이 되므로 $f'(5)\approx 1.5$이다. 이것으로 f'의 그래프상의 점 $P'(5,\ 1.5)$를 얻게 된다. 몇 개의 점들에 대해 이 과정을 반복하면 f'의 그래프를 그림 2(b)와 같이 추정할 수 있다. 점 A, B, C에서의 접선은 모두 수평하므로 이곳에서의 도함수는 모두 0이고, f'의 그래프는 점 A', B', C'에서 x축을 지난다. A와 B 사이에서 접선의 기울기는 양이므로 $f'(x)$는 이곳에서 양이고, B와 C 사이에서는 접선의 기울기가 음이므로 $f'(x)$는 이곳에서 음이 된다.

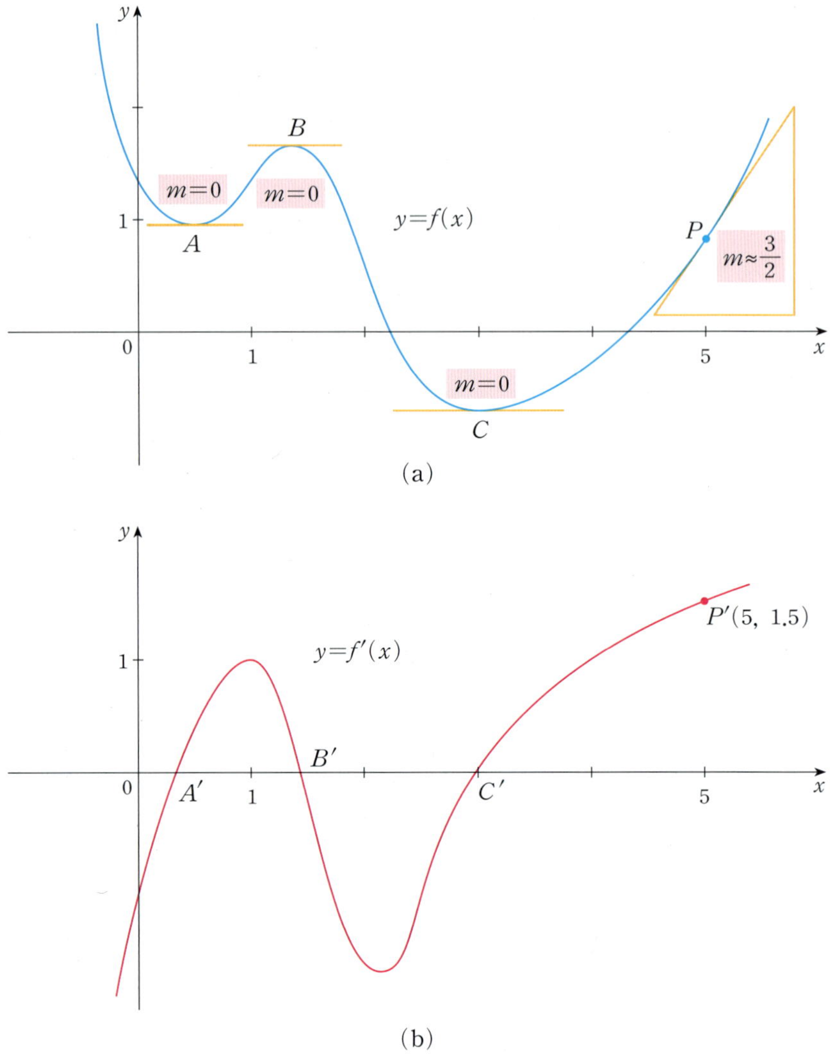

그림 2

t	$B(t)$
1980	9,847
1982	9,856
1984	9,855
1986	9,862
1988	9,884
1990	9,969
1992	10,046
1994	10,122
1996	10,179
1998	10,217
2000	10,264
2002	10,312
2004	10,348
2006	10,379

함수가 함숫값들의 표로 정의되었을 때는 다음 예제와 같은 방법으로 도함수의 근삿값을 구할 수 있다.

예제 2 표로 주어진 함수의 도함수 $B(t)$를 시간 t에서 벨기에의 인구라 하자. 왼쪽 표는 1980년에서 2006년까지 매년 중간시점에서 인구(1000단위)를 조사한 것이다. 이 함수의 도함수 값을 구하여 표로 나타내어 보아라.

풀이 조사기간 사이에 인구가 크게 변동이 없었다고 가정하자. 1988년 중기의 인구증가율 $B'(1988)$의 근삿값부터 구해 보자.

$$B'(1988)=\lim_{h\to 0}\frac{B(1988+h)-B(1988)}{h}$$

이므로 h가 작을 때는

$$B'(1988) \approx \frac{B(1988+h)-B(1988)}{h}$$

t	$B'(t)$
1980	4.50
1982	2.00
1984	1.50
1986	7.25
1988	26.75
1990	40.50
1992	38.25
1994	33.25
1996	28.50
1998	22.25
2000	23.75
2002	21.00
2004	11.50
2006	5.00

$h=2$일 때

$$B'(1988) \approx \frac{B(1990)-B(1988)}{2} = \frac{9969-9884}{2} = 42.5$$

(이 값은 1988년과 1990년 사이의 평균증가율이다) $h=-2$일 때

$$B'(1988) \approx \frac{B(1986)-B(1988)}{-2} = \frac{9862-9884}{-2} = 11$$

(1986년과 1988년 사이의 평균증가율). 이 두 평균증가율의 평균을 잡으면 좀더 정확한 근삿값을 얻게 된다.

$$B'(1988) \approx \frac{1}{2}(42.5+11) = 26.75$$

이것은 1988년에 인구는 대략 연 26,750명의 비율로 증가하였음을 나타낸다. (끝점을 제외하고) 다른 값들에 대해서도 같은 방법으로 계산하면 왼쪽 표와 같이 도함수에 대한 근삿값을 구할 수 있다. ■

● 그림 3은 예제 2를 인구함수 $B(t)$와 그 도함수 $B'(t)$의 그래프를 나타낸 것이다. 인구증가율은 1990년까지 증가하고 그 이후 감소한다.

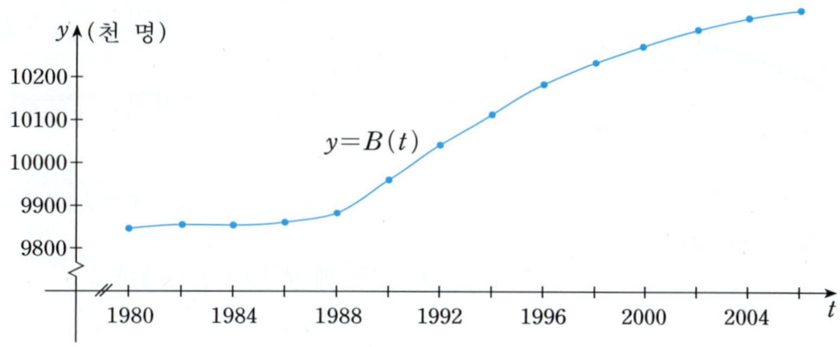

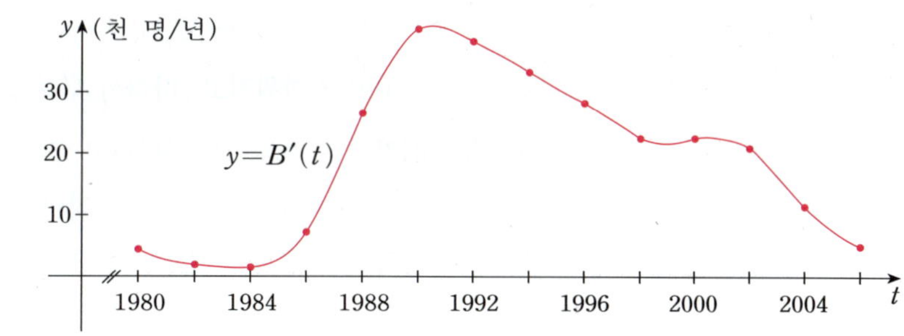

그림 3

예제 3 **식으로 주어진 함수의 도함수** (a) $f(x)=x^3-x$일 때 $f'(x)$를 구하여라.
(b) f와 f'의 그래프를 같은 표시창 위에서 비교하여라.

풀이 (a) 식 **2**를 이용하여 도함수를 계산할 때 h가 변수이고 x는 잠시 상수로 보아야 한다.

$$f'(x) = \lim_{h\to 0}\frac{f(x+h)-f(x)}{h} = \lim_{h\to 0}\frac{[(x+h)^3-(x+h)]-[x^3-x]}{h}$$

$$=\lim_{h\to 0}\frac{x^3+3x^2h+3xh^2+h^3-x-h-x^3+x}{h}$$

$$=\lim_{h\to 0}\frac{3x^2h+3xh^2+h^3-h}{h}$$

$$=\lim_{h\to 0}(3x^2+3xh+h^2-1)=3x^2-1$$

(b) 그림 4는 f와 f'의 그래프이다. f가 수평접선을 가질 때 $f'(x)=0$이고 접선이 양의 기울기를 가질 때 $f'(x)$는 양수이다. 따라서 이 그래프들은 (a)의 결과를 보여준다. ■

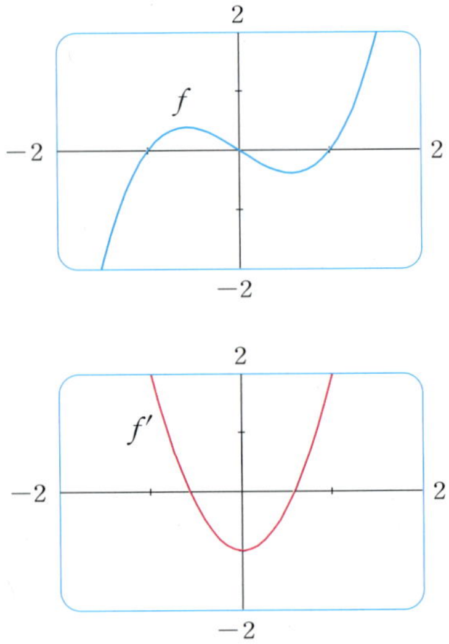

그림 4

예제 4 $f(x)=\sqrt{x}$일 때 f의 도함수를 구하고 f'의 정의역을 말하여라.

● 여기서 분자의 유리화를 사용했다.

풀이

$$f'(x)=\lim_{h\to 0}\frac{f(x+h)-f(x)}{h}$$

$$=\lim_{h\to 0}\frac{\sqrt{x+h}-\sqrt{x}}{h}$$

$$=\lim_{h\to 0}\left(\frac{\sqrt{x+h}-\sqrt{x}}{h}\cdot\frac{\sqrt{x+h}+\sqrt{x}}{\sqrt{x+h}+\sqrt{x}}\right)$$

$$=\lim_{h\to 0}\frac{(x+h)-x}{h(\sqrt{x+h}+\sqrt{x})}$$

$$=\lim_{h\to 0}\frac{1}{\sqrt{x+h}+\sqrt{x}}$$

$$=\frac{1}{\sqrt{x}+\sqrt{x}}=\frac{1}{2\sqrt{x}}$$

$x>0$일 때 $f'(x)$가 존재하고 f'의 정의역은 $(0,\infty)$이다. 이 정의역은 f의 정의역 $[0,\infty)$보다 작음을 알 수 있다. ■

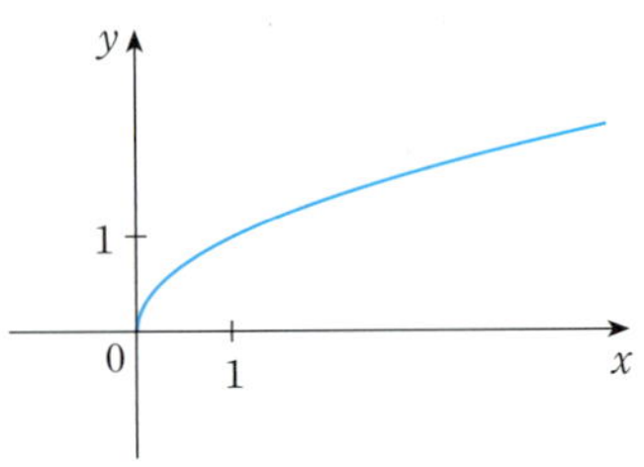

(a) $f(x)=\sqrt{x}$

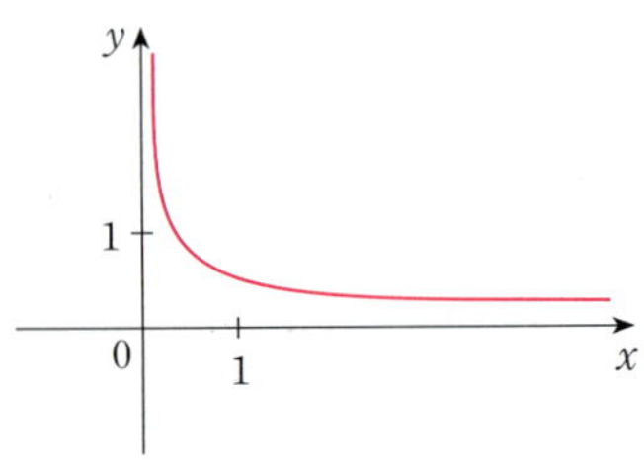

(b) $f'(x)=\dfrac{1}{2\sqrt{x}}$

그림 5

예제 4의 결과는 그림 5의 f와 f'의 그래프를 살펴보면 잘 알 수 있다. x가 0에 가까울 때 $\sqrt{x}$도 0에 가까워지고, 따라서 $f'=\dfrac{1}{2\sqrt{x}}$은 매우 크게 되어 그림 5(a)의 (0, 0) 근방에서의 접선은 가파르게 나타나고, 그림 5(b)에서 0 바로 오른쪽의 $f'(x)$값들은 크다. x가 매우 커지면 $f'(x)$는 아주 작아지고, f의 그래프에서 매우 큰 값에서의 접선은 수평에 가까워지고 f'의 그래프는 수평점근선을 갖게 된다.

예제 5 $f(x)=\dfrac{1-x}{2+x}$일 때 f'을 구하여라.

● $\dfrac{\dfrac{a}{b}-\dfrac{c}{d}}{e}=\dfrac{ad-bc}{bd}\cdot\dfrac{1}{e}$

풀이

$$f'(x)=\lim_{h\to 0}\frac{f(x+h)-f(x)}{h}=\lim_{h\to 0}\frac{\dfrac{1-(x+h)}{2+(x+h)}-\dfrac{1-x}{2+x}}{h}$$

$$=\lim_{h\to 0}\frac{(1-x-h)(2+x)-(1-x)(2+x+h)}{h(2+x+h)(2+x)}$$

$$=\lim_{h\to 0}\frac{(2-x-2h-x^2-xh)-(2-x+h-x^2-xh)}{h(2+x+h)(2+x)}$$

$$=\lim_{h\to 0}\frac{-3h}{h(2+x+h)(2+x)}$$

$$=\lim_{h\to 0}\frac{-3}{(2+x+h)(2+x)}=-\frac{3}{(2+x)^2}$$ ■

▷ 여러 가지 표기법

$y=f(x)$에서 독립변수가 x, 종속변수가 y이면 도함수의 표기법은 다음과 같다.

$$f'(x)=y'=\frac{dy}{dx}=\frac{df}{dx}=\frac{d}{dx}f(x)=Df(x)=D_x f(x)$$

기호 D와 $\frac{d}{dx}$는 도함수를 계산하는 과정인 미분연산을 나타내므로 이를 **미분연산자**(differential operator)라고 부른다.

라이프니츠(Leibniz)가 사용하기 시작한 기호 $\frac{dy}{dx}$는 비가 아니라 $f'(x)$와 같은 기호로 본다. 그러나 이 기호는 증분기호와 연계해서 사용할 때 매우 효과적이고 함축적인 의미를 가지게 된다. 4.6절 식 6은

$$\frac{dy}{dx}=\lim_{\Delta x\to 0}\frac{\Delta y}{\Delta x}$$

로 나타낼 수 있다. 라이프니츠의 표기법으로 a에서의 도함수 $\frac{dy}{dx}$의 값은

$$\left.\frac{dy}{dx}\right|_{x=a} \quad \text{또는} \quad \left.\frac{dy}{dx}\right]_{x=a}$$

로 표기하고, $f'(a)$와 같은 의미를 갖는다.

● 라이프니츠(Gottfried Wilhelm Leibniz)는 1646년 독일 Leipzig에서 태어나 그곳 대학에서 법학, 산학, 철학, 수학을 공부하고, 17세에 학사학위를 받고 20세에 법학박사가 되었다. 라이프니츠는 외교관이 되어 일생의 대부분을 외교사절로 유럽의 각 수도를 여행하면서 보냈다. 특히 그는 프랑스의 독일에 대한 군사위협을 막고, 가톨릭교회와 개신교회를 화해시키는 데 노력하였다. 수학에 대한 그의 진지한 연구는 파리에 외교사절로 가 있는 동안인 1672년부터 시작되었다. 그 곳에서 계산기계를 만들었고, 당대의 수학과 과학의 발전에 대하여 그에게 관심을 갖게 한 호이헨스를 만났다. 라이프니츠는 논리적 추론을 간편히 하기 위한 기호논리학과 표기체계를 개발하려고 노력했다. 특히 1684년에 출판된 미분적분학에 관한 그의 논문에서 오늘날 사용하고 있는 도함수의 표기법과 도함수를 구하는 법칙들을 정립하였다. 그러나 1690년대에는 뉴턴과 라이프니츠의 후계자들 사이에 제기된, 미분적분학을 누가 먼저 발견했는가라는 우선권 논쟁에 휘말리게 되었다. 라이프니츠는 영국왕립협회로부터 표절시비로 제소까지 당했다. 결국은 두 사람 모두 독자적으로 미분적분학을 발견했다는 것이 진실로 인정되었다. 뉴턴은 먼저 미분적분학을 발견하였으나 비판의 두려움 때문에 그 성과를 즉시 출판하지 못했고 1684년 라이프니츠가 미분적분학에 관한 연구결과를 최초로 출판하게 되었다.

> **3 정의** $f'(a)$가 존재할 때 함수 f는 **a에서 미분가능**(differentiable)이라고 한다. f가 구간 (a, b)[또는 (a, ∞), $(-\infty, a)$, $(-\infty, \infty)$] 위의 모든 점에서 미분가능이면 f는 그 구간에서 미분가능이라고 한다.

예제 6 함수 $f(x)=|x|$는 어디에서 미분가능인가?

풀이 $x>0$일 때 $|x|=x$이고, $x+h>0$인 충분히 작은 h를 잡으면 $|x+h|=x+h$이다. 따라서 $x>0$이면

$$f'(x)=\lim_{h\to 0}\frac{|x+h|-|x|}{h}$$

$$=\lim_{h\to 0}\frac{(x+h)-x}{h}=\lim_{h\to 0}\frac{h}{h}=\lim_{h\to 0}1=1$$

이므로 f는 $x>0$에서 미분가능이다.

마찬가지로, $x<0$일 때 $|x|=-x$이고, $x+h<0$인 충분히 작은 h를 잡으면 $|x+h|=-(x+h)$이다. 따라서 $x<0$이면

$$f'(x)=\lim_{h\to 0}\frac{|x+h|-|x|}{h}$$
$$=\lim_{h\to 0}\frac{-(x+h)-(-x)}{h}=\lim_{h\to 0}\frac{-h}{h}=\lim_{h\to 0}(-1)=-1$$

이므로 f는 $x<0$에서 미분가능이다.

$x=0$일 때는

$$f'(0)=\lim_{h\to 0}\frac{f(0+h)-f(0)}{h}=\lim_{h\to 0}\frac{|0+h|-|0|}{h}\quad \text{(존재한다면)}$$

이다. 그런데

$$\lim_{h\to 0^+}\frac{|0+h|-|0|}{h}=\lim_{h\to 0^+}\frac{|h|}{h}=\lim_{h\to 0^+}\frac{h}{h}=\lim_{h\to 0^+}1=1$$

이고

$$\lim_{h\to 0^-}\frac{|0+h|-|0|}{h}=\lim_{h\to 0^-}\frac{|h|}{h}=\lim_{h\to 0^-}\frac{-h}{h}=\lim_{h\to 0^-}(-1)=-1$$

이므로 $f'(0)$는 존재하지 않는다. 그러므로 f는 0을 제외한 모든 x에 대해 미분가능이다. 따라서

$$f'(x)=\begin{cases}1, & x>0\\ -1, & x<0\end{cases}$$

이고, 그래프는 그림 6(b)과 같다. $f'(0)$이 존재하지 않는다는 것은 기하학적으로 곡선이 (0, 0)에서 접선을 갖지 못한다는 것을 의미한다(그림 6(a) 참조). ■

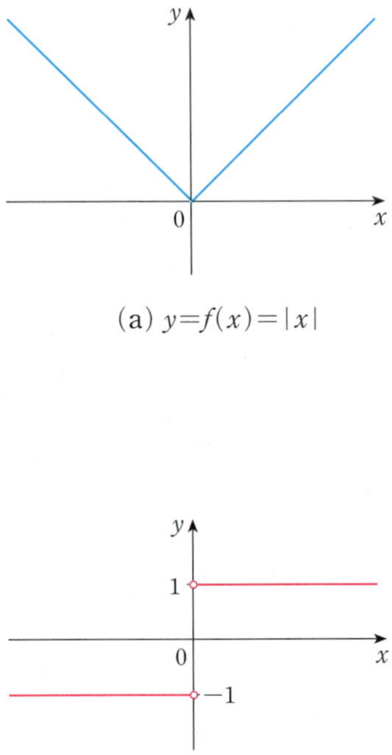

(a) $y=f(x)=|x|$

(b) $y=f'(x)$

그림 6

연속성과 미분가능성은 모두 함수에 관한 중요한 성질들이다. 다음 정리는 이들 성질 간의 관계를 보여준다.

4 정리 f가 a에서 미분가능이면 f는 a에서 연속이다.

증명 f가 a에서 연속이라는 것을 증명하기 위해서는 $\lim_{x\to a}f(x)=f(a)$임을 보이면 된다. f가 a에서 미분가능이므로

$$f'(a)=\lim_{x\to a}\frac{f(x)-f(a)}{x-a}$$

가 존재한다.(4.6절의 식 5 참조) 그런데 $x\neq a$일 때

$$f(x)-f(a)=\frac{f(x)-f(a)}{x-a}(x-a)$$

따라서 곱셈법칙을 이용하면

$$\lim_{x\to a}[f(x)-f(a)]=\lim_{x\to a}\frac{f(x)-f(a)}{x-a}(x-a)$$
$$=\lim_{x\to a}\frac{f(x)-f(a)}{x-a}\cdot\lim_{x\to a}(x-a)$$

$$=f'(a)\cdot 0=0$$

이다. 따라서

$$\begin{aligned}\lim_{x\to a}f(x)&=\lim_{x\to a}[f(a)+(f(x)-f(a))]\\&=\lim_{x\to a}f(a)+\lim_{x\to a}[f(x)-f(a)]\\&=f(a)+0=f(a)\end{aligned}$$

이므로 f는 a에서 연속이다. ■

참고 정리 4의 역은 성립하지 않는다. 즉 연속이지만 미분가능이 아닌 함수가 존재한다. 예를 들면, 함수 $f(x)=|x|$는

$$\lim_{x\to 0}f(x)=\lim_{x\to 0}|x|=0=f(0)$$

(4.3절 예제 7 참조) 이므로 0에서 연속이지만 예제 6에서 본 바와 같이 f는 0에서 미분가능이 아니다.

함수는 어느 때 미분가능이 아닌가?

예제 6에서 함수 $y=|x|$는 0에서 미분가능이 아니었고, 그림 6(a)를 보면 $x=0$에서 이 그래프가 갑자기 방향을 바꾸는 것을 볼 수 있다. 일반적으로 함수의 그래프가 첨점을 갖거나 꼬여 있을 때 f의 그래프는 그 점에서 접선을 갖지 못하고 f는 그 점에서 미분가능이 아니다($f'(a)$를 계산해 보면 좌극한과 우극한이 같지 않음을 알게 된다).

정리 4는 어떤 함수가 도함수를 갖지 않는다는 것을 밝히는 또 다른 방법을 보여준다. 즉 f가 a에서 연속이 아니면 f는 a에서 미분가능이 아니다. 그래서 어떤 불연속점에서도 (예를 들어 비약불연속) f는 미분가능이 아니다.

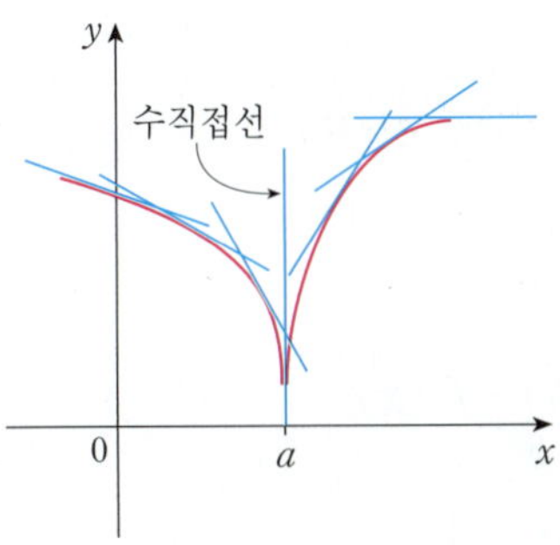

그림 7

미분가능이 아닐 세 번째 가능성은 $x=a$에서 **수직접선**(vertical tangent line)을 갖는 경우이다. 즉, f가 a에서 연속이고

$$\lim_{x\to a}|f'(x)|=\infty$$

일 때 f는 a에서 미분가능이 아니다. 이것은 $x\to a$일 때 접선이 점점 더 가파르게 된다는 것을 의미한다. 그림 7은 세 번째 가능성을 예시하고 있고 그림 8은 미분가능이 아닌 세 가지 경우를 보여주고 있다(그림 8(c)는 수직접선의 또 다른 예이다).

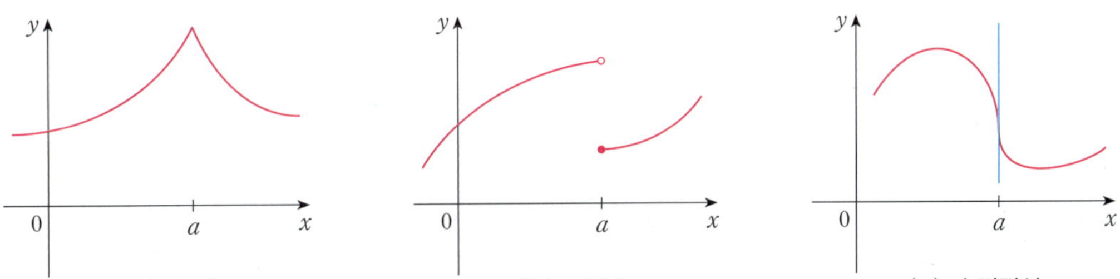

그림 8
f가 a에서 미분가능이 아닌 세 가지 경우

그래프 계산기와 컴퓨터는 미분가능성을 조사하는 또 다른 기능을 갖고 있다. f가 a에서

미분가능이면, 점 $(a, f(a))$ 근방을 확대했을 때 그래프는 점점 직선처럼 보이게 된다(그림 9는 4.6절의 그림 2에서 본 것과 유사하다). 그러나 그림 7과 8(a)처럼 어떻게 확대하든지 첨점을 제거할 수 없는 경우도 있다(그림 10 참조).

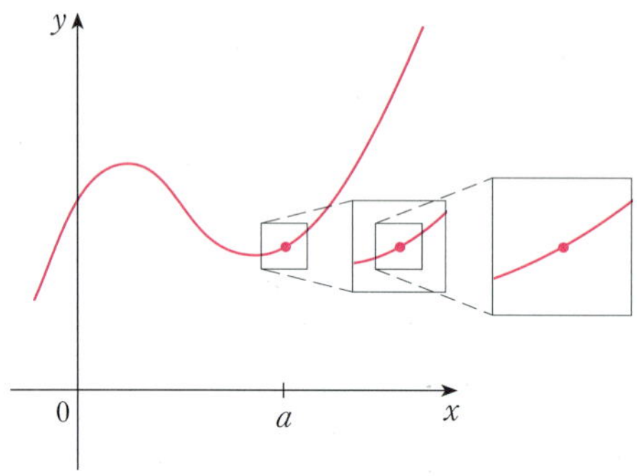

그림 9
f는 a에서 미분가능

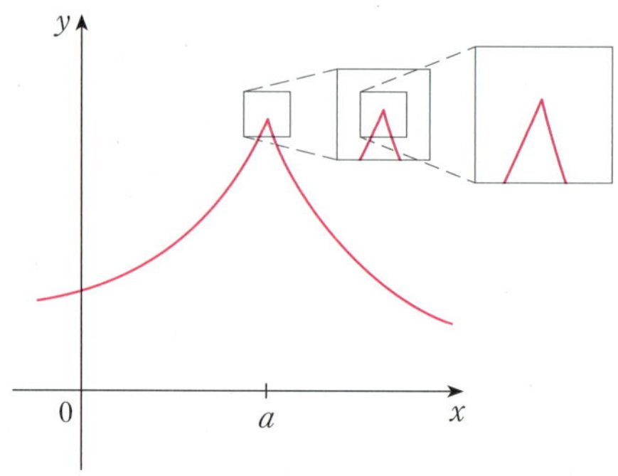

그림 10
f는 a에서 미분불가능

▷ 고계도함수

f가 미분가능함수일 때 그 도함수 f'은 역시 함수이고, 따라서 f'도 자신의 도함수(기호로는 $(f')'=f''$)를 가질 가능성이 있다. f''은 f의 도함수의 도함수이므로 f의 **2계도함수**(second derivative)라고 한다. 라이프니츠의 표기법을 쓰면 $y=f(x)$의 2계도함수는

$$\frac{d}{dx}\left(\frac{dy}{dx}\right)=\frac{d^2y}{dx^2}$$

로 나타낸다.

예제 7 $f(x)=x^3-x$일 때 $f''(x)$를 구하고 그 의미를 해석해 보아라.

풀이 예제 3에서 $f'(x)=3x^2-1$이었다. 따라서 2계도함수는

$$\begin{aligned} f''(x)=(f')'(x)&=\lim_{h\to 0}\frac{f'(x+h)-f'(x)}{h} \\ &=\lim_{h\to 0}\frac{[3(x+h)^2-1]-[3x^2-1]}{h} \\ &=\lim_{h\to 0}\frac{3x^2+6xh+3h^2-1-3x^2+1}{h} \\ &=\lim_{h\to 0}(6x+3h)=6x \end{aligned}$$

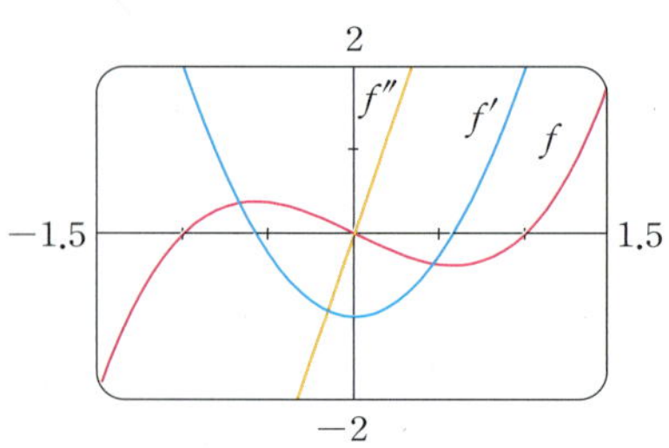

그림 11

f, f'과 f''의 그래프는 그림 11과 같다. $f''(x)$는 점 $(x, f'(x))$에서 곡선 $y=f'(x)$의 기울기로 해석할 수 있다. 즉 $f''(x)$는 원래의 곡선 $y=f(x)$의 기울기의 변화율이다. 그림 11에서 $f''(x)$는 $y=f'(x)$가 음의 기울기를 가질 때 음수가 되고, 양의 기울기를 가질 때 양수가 된다. ■

일반적으로 2계도함수는 변화율의 변화율이라고 말할 수 있다. 2계도함수의 가장 익숙

한 예로는 가속도(acceleration)를 들 수 있다. $s=s(t)$가 직선 위를 움직이는 어떤 물체의 위치함수라고 할 때 이 함수의 1계도함수

$$v(t)=s'(t)=\frac{ds}{dt}$$

는 물체의 속도를 나타낸다는 것을 알고 있다. 시간에 관한 속도의 순간변화율을 물체의 가속도 $a(t)$라고 한다. 따라서 가속도함수는 속도함수의 도함수이고 위치함수의 2계도함수가 된다.

$$a(t)=v'(t)=s''(t)$$

라이프니츠의 표기법으로는

$$a=\frac{dv}{dt}=\frac{d^2s}{dt^2}$$

와 같이 나타낸다.

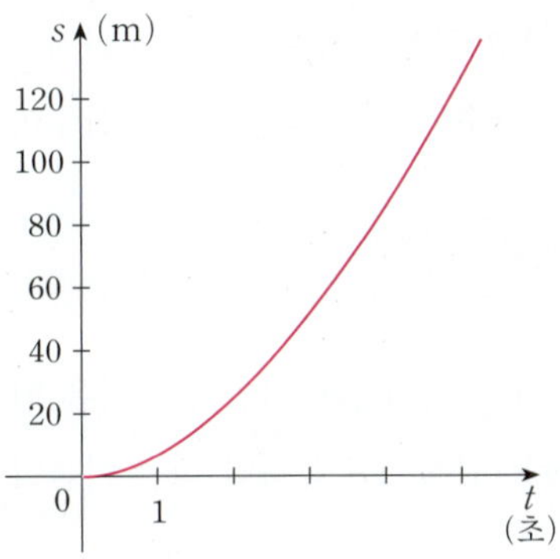

그림 1 2 차의 위치함수

● 가속도의 단위는 m/s^2이다

예제 8 속도와 가속도 정지상태에서 차가 출발하여 그림 12와 같이 움직일 때 ($s=f(t)$, t는 초) 이 그래프를 이용하여 차의 속도와 가속도의 그래프를 그려 보아라. 2초 후의 차의 가속도는 얼마인가?

풀이 $t=0, 1, 2, 3, 4, 5$에서 $s=f(t)$의 그래프의 기울기를 측정하고 예제 1의 방법을 이용하여 그림 13과 같은 속도함수 $v=f'(t)$의 그래프를 그린다. $t=2$일 때 가속도 $a=f''(2)$는 $t=2$에서 f'의 그래프의 접선의 기울기와 같고 이 접선의 기울기를 추정하면

$$a(2)=f''(2)=v'(2)\approx\frac{27}{3}=9\text{m/s}^2$$

이다. 같은 방법으로 하여 그림 14와 같은 가속도 함수의 그래프를 그릴수 있다.

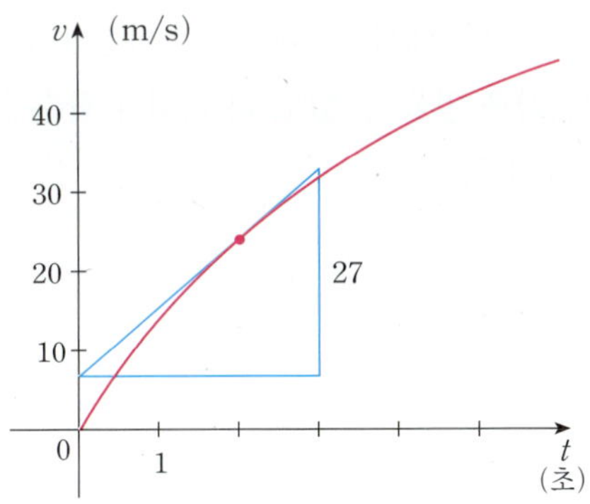

그림 1 3 속도함수

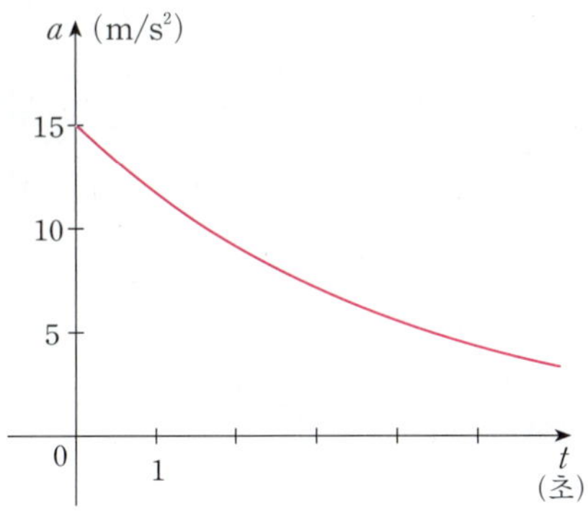

그림 1 4 가속도함수

3계도함수 f'''은 2계도함수의 도함수이다. 즉 $f'''=(f'')'$이다. 따라서 $f'''(x)$는 곡선 $y=f''(x)$의 기울기 또는 변화율로 해석할 수 있다. $y=f(x)$일 때 3계도함수는

$$y'''=f'''(x)=\frac{d}{dx}\left(\frac{d^2y}{dx^2}\right)=\frac{d^3y}{dx^3}$$

로 나타낸다. 계속해서 4계도함수 f''''은 $f^{(4)}$로 표기하고, 일반적으로 f의 n계도함수는 $f^{(n)}$으로 표기하고 f를 n번 미분하여 얻어진다. $y=f(x)$일 때 n계도함수는

$$y^{(n)}=f^{(n)}(x)=\frac{d^ny}{dx^n}$$

로 나타낸다.

예제 9 $f(x)=x^3-x$일 때 $f'''(x)$와 $f^{(4)}(x)$를 구하여라.

풀이 예제 7에서 $f''(x)=6x$이었고 $f''(x)$의 그래프는 기울기가 6인 직선이다. $f'''(x)$는 $f''(x)$의 기울기이므로 모든 x에 대해

$$f'''(x)=6$$

따라서 f'''은 상수함수이고 그 그래프는 수평인 직선이 된다. 그러므로 모든 x에 대해

$$f^{(4)}(x)=0$$

■

$s=s(t)$가 직선상을 움직이는 어떤 물체의 위치함수라고 할때 3계도함수를 물리적으로 해석해 보자. $s'''=(s'')'=a'$이므로 위치함수의 3계도함수는 가속도 함수의 도함수이고, 이를 **저크**(jerk)라고 부르고

$$j=\frac{da}{dt}=\frac{d^3s}{dt^3}$$

로 표기한다. 따라서 저크는 가속도의 변화율이다. 큰 저크는 차의 돌발적인 움직임을 일으키는 가속도의 순간적인 큰 변화를 의미하기 때문에 jerk(갑작스런 움직임)라는 이름이 사용되었다.

따라서 2계와 3계도함수는 가속도와 저크를 이용하여 물체의 운동을 분석하는 데 활용되고 있음을 알게 되었다. 4.8절에서는 f''이 f의 그래프의 모양을 결정하는 데 이용됨을 알게 된다. 제9장에서는 2계도함수 이상의 고계도함수를 이용하여 일차근사식보다 더 정밀한 근사식을 얻을 수 있고 더 나아가 함수를 무한급수의 합으로 나타낼수 있다는 것을 알게 될 것이다.

4.7 연습문제

(1~2) 주어진 그래프를 이용하여 각 도함수의 값을 추정하여라. 그리고 f'의 그래프의 개형을 그려라.

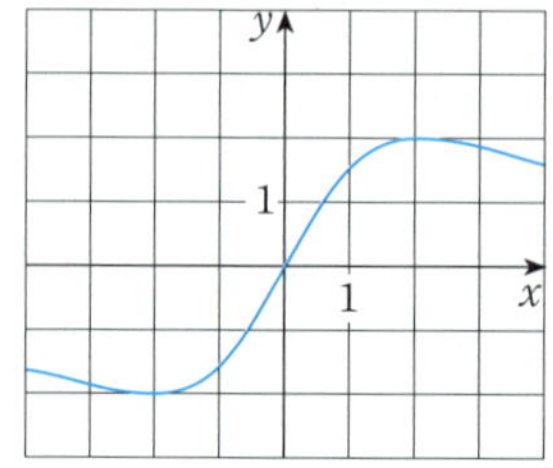

1. (a) $f'(-3)$ (b) $f'(-2)$

(c) $f'(-1)$ (d) $f'(0)$

(e) $f'(1)$ (f) $f'(2)$

(g) $f'(3)$

2. (a) $f'(0)$ (b) $f'(1)$
(c) $f'(2)$ (d) $f'(3)$
(e) $f'(4)$ (f) $f'(5)$
(g) $f'(6)$ (h) $f'(7)$

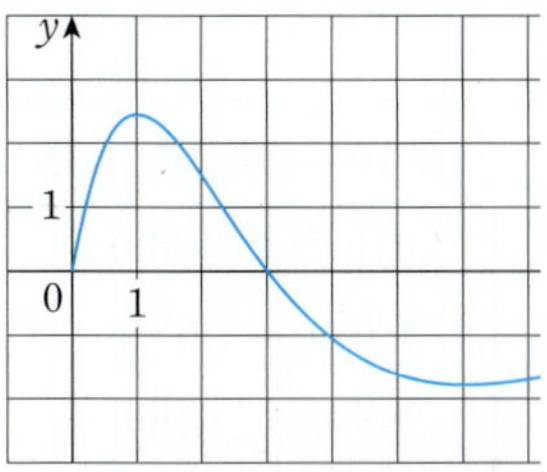

3. (a)~(d)의 함수의 그래프와 I~IV의 도함수의 그래프를 보고 관계있는 것끼리 짝지어 보아라. 그 이유를 설명하여라.

(a)
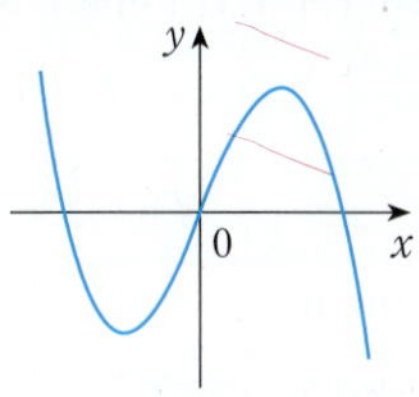
(b)
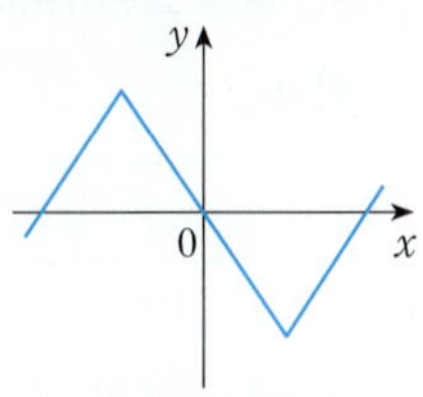
(c)
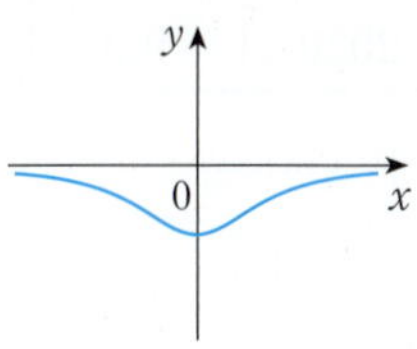
(d)
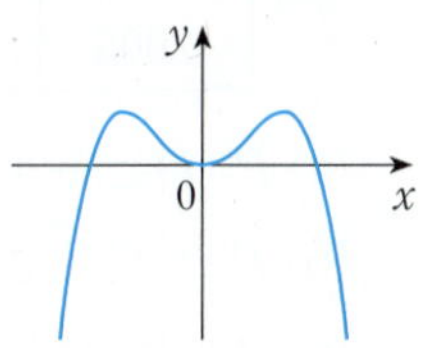
I
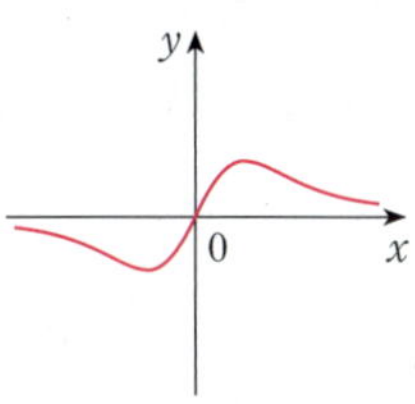
II
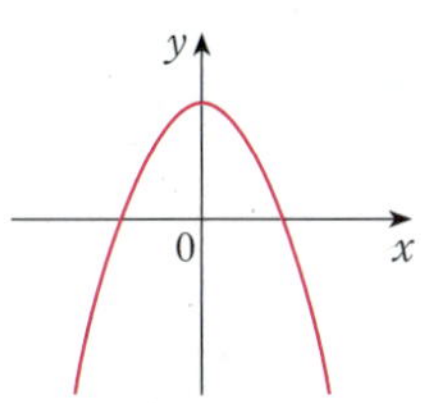
III
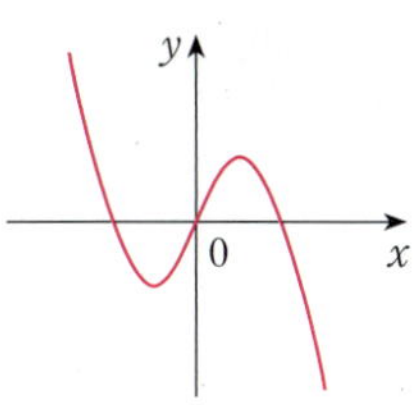
IV
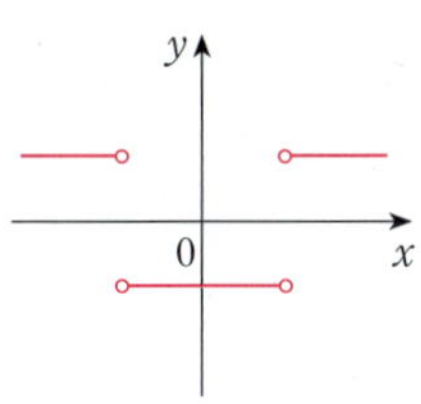

(4~11) 주어진 함수 f의 그래프를 따라 그리거나 복사하여라(x축과 y축의 단위는 같다). 그리고 예제 1과 같은 방법으로 각 f의 그래프 아래에 f'의 그래프를 그려라.

4.
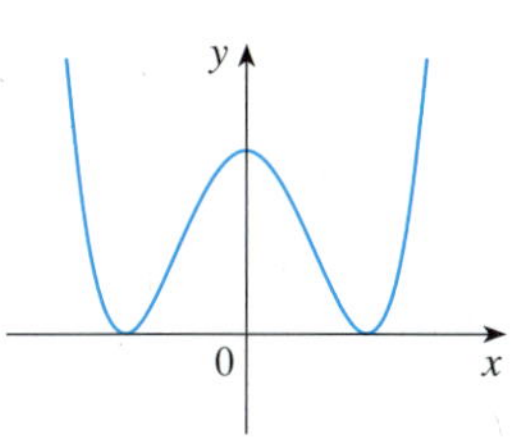
5.
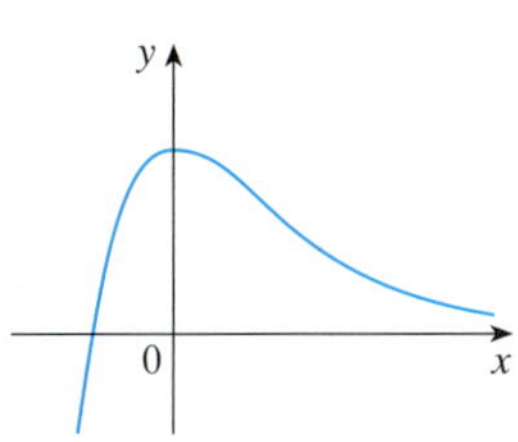
6.
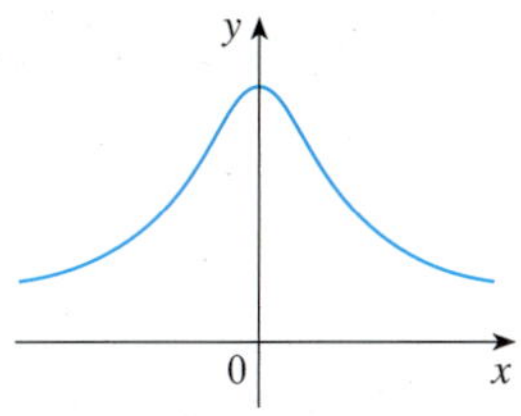
7.
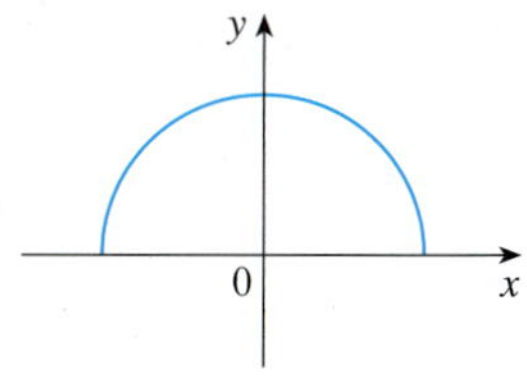
8.
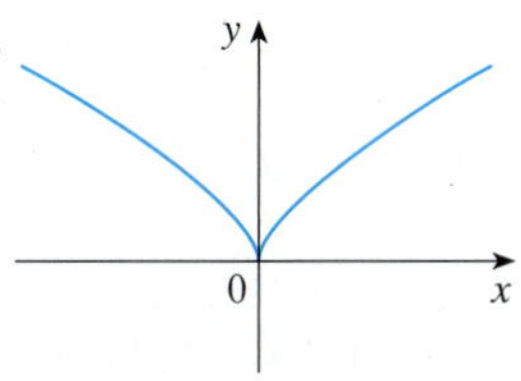
9.
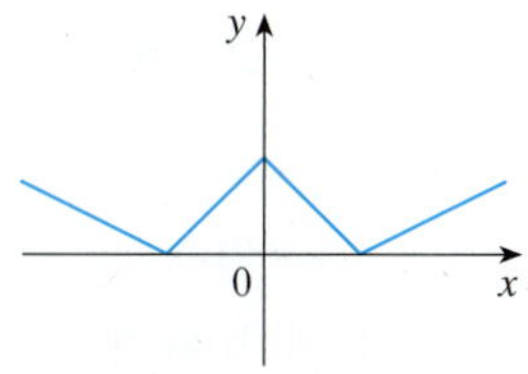
10.
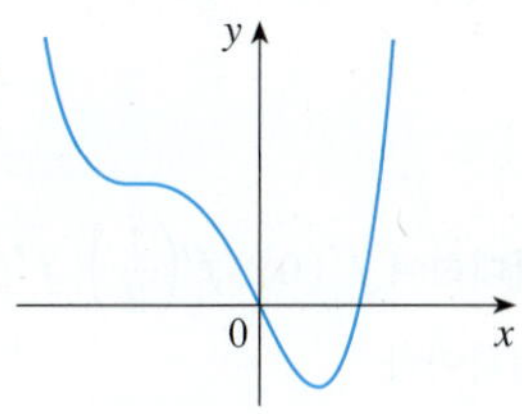
11.
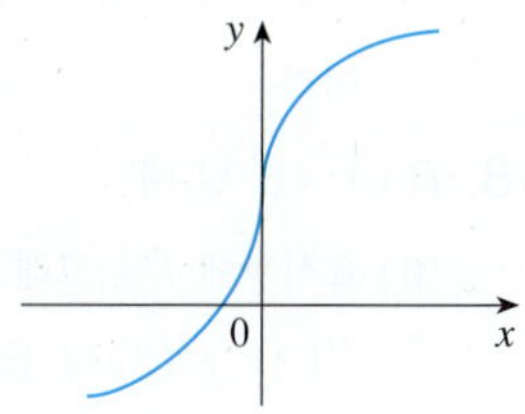

12. 실험실에서 효모균의 수 $P(t)$의 그래프가 아래와 같을 때 예제 1과 같은 방법으로 도함수 $P'(t)$의 그래프를 그려라. P'의 그래프는 균의 수에 대해 어떤 의미를 갖는가?

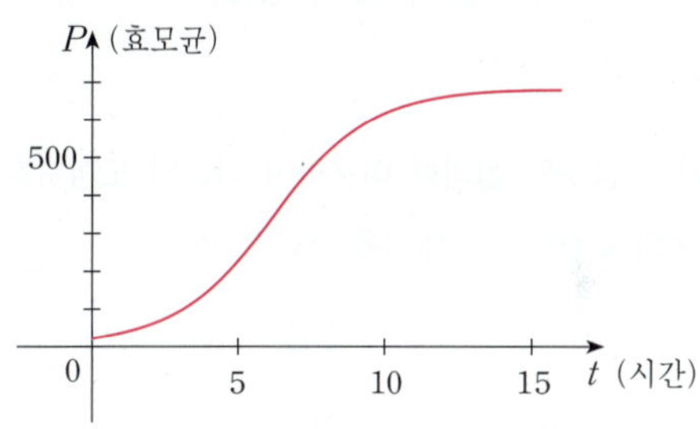

13. 그래프는 20세기 후반 일본남자들의 초혼 평균나이 $M(t)$의 변화를 나타낸 것이다. 도함수 $M'(t)$의 그래프를 그려라. 어느 기간 동안 도함수는 음수가 되었나?

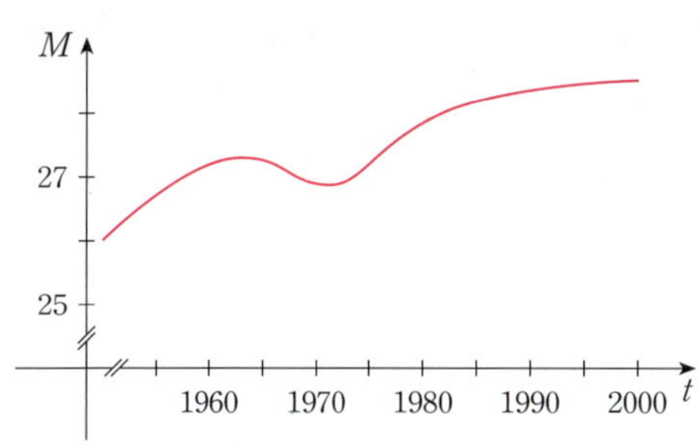

(14~16) 아래 f의 그래프를 자세히 그려서 연습문제 4~11과 같은 방법으로 f'의 그래프를 그려라. 이 그래프를 가지고 $f'(x)$의 식을 추측할 수 있는가?

14. $f(x)=\sin x$

15. $f(x)=e^x$

16. $f(x)=\ln x$

17. $f(x)=x^2$ 일 때

(a) 표시창에 f의 그래프를 확대하여 $f'(0)$, $f'\left(\frac{1}{2}\right)$, $f'(1)$, $f'(2)$의 값을 추정하여라.

(b) 대칭선을 이용하여 $f'\left(-\frac{1}{2}\right)$, $f'(-1)$, $f'(-2)$의 값을 추정하여라.

(c) (a)와 (b)의 결과를 이용하여 $f'(x)$의 식을 추측하여라.

(d) 도함수의 정의를 이용하여 (c)의 추측이 정확한지 확인하여라.

18. $f(x)=x^3$ 일 때

(a) 표시창에 f의 그래프를 확대하여 $f'(0)$, $f'\left(\frac{1}{2}\right)$, $f'(1)$, $f'(2)$, $f'(3)$의 값을 추정하여라.

(b) 대칭성을 이용하여 $f'\left(-\frac{1}{2}\right)$, $f'(-1)$, $f'(-2)$, $f'(-3)$의 값을 추정하여라.

(c) (a)와 (b)의 값을 이용하여 f'의 그래프를 그려라.

(d) $f'(x)$의 식을 추측하여라.

(e) 도함수의 정의를 이용하여 (d)의 추측이 정확한지 확인하여라.

(19~29) 도함수의 정의를 이용하여 다음의 도함수를 구하여라. 또 함수와 도함수의 정의역을 각각 말하여라.

19. $f(x)=\frac{1}{2}x-\frac{1}{3}$

20. $f(x)=mx+b$

21. $f(t)=5t-9t^2$

22. $f(x)=1.5x^2-x+3.7$

23. $f(x)=x^3-3x+5$

24. $f(x)=x+\sqrt{x}$

25. $g(x)=\sqrt{1+2x}$

26. $f(x)=\frac{3+x}{1-3x}$

27. $G(t)=\frac{4t}{t+1}$

28. $g(t)=\frac{1}{\sqrt{t}}$

29. $f(x)=x^4$

(30~32) (a) 도함수의 정의를 이용하여 f'을 구하여라.

(b) f와 f'의 그래프를 비교하여 (a)에서 구한 답이 맞는지 검토하여라.

30. $f(x)=x+1/x$

31. $f(x)=x^4+2x$

32. $f(t)=t^2-\sqrt{t}$

33. 실직률 $U(t)$는 시간에 따라 변한다. 호주 노동통계국에서 발표한 표는 1995년부터 2004년 사이 노동자 실직률(%)을 조사한 것이다.

(a) $U'(t)$는 무엇을 의미하는가? 단위는?

(b) $U'(t)$의 추정된 값을 표로 만들어라.

t	$U(t)$	t	$U(t)$
1995	8.1	2000	6.2
1996	8.0	2001	6.9
1997	8.2	2002	6.5
1998	7.9	2003	6.2
1999	6.7	2004	5.6

34. 필리핀의 시간 t에 관한 60세 이상의 인구비율을 $P(t)$라 하자. 다음 표는 1995년부터 2020까지의 인구비율을 나타낸 것이다.

t	$P(t)$	t	$P(t)$
1995	5.2	2010	6.7
2000	5.5	2015	7.7
2005	6.1	2020	8.9

(a) $P'(t)$는 무엇을 의미하는가? 단위는?

(b) $P'(t)$의 추정된 값을 표로 만들어라.

(c) P와 $P'(t)$그래프를 그려라.

(35~38) 주어진 f의 그래프를 보고 어느 곳에서 미분가능이 아닌지 조사하고, 그 이유를 설명하여라.

35.

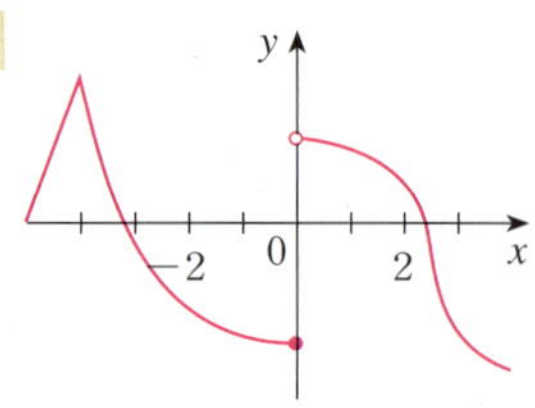

36.

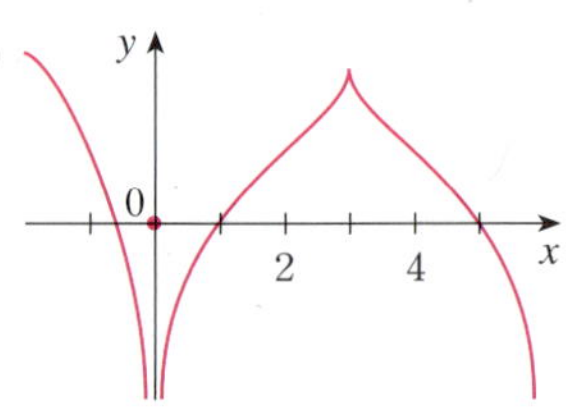

37.

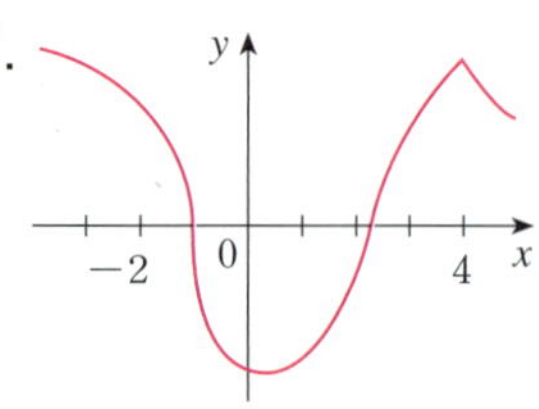

38.

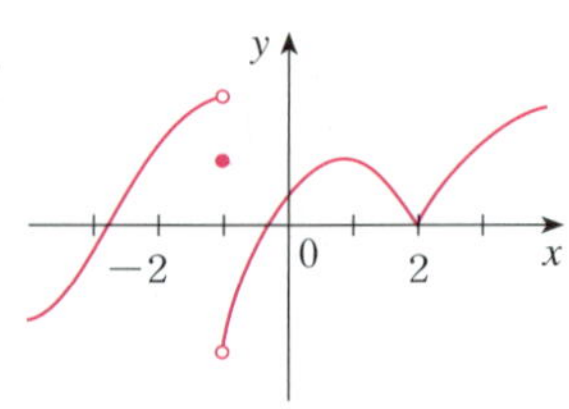

39. 함수 $f(x)=x+\sqrt{|x|}$의 그래프를 그려라. 점 $(-1, 0)$ 근방과 원점 근방을 확대하여 보아라. 이 두 점 근방에서 f의 그래프는 어떻게 다른가? f의 미분가능성을 말하여라.

40. 함수 $g(x)=(x^2-1)^{\frac{2}{3}}$의 그래프상의 세 점 $(1,\ 0)$, $(0,\ 1)$, $(-1,\ 0)$ 근방을 확대하여 보아라. 어떤 차이를 보이는가? g의 미분가능성을 조사하여라.

41. 그림은 f, f', f''의 그래프를 보여준다. 어떤 곡선들인지 구별해 보고 그 이유를 설명하여라.

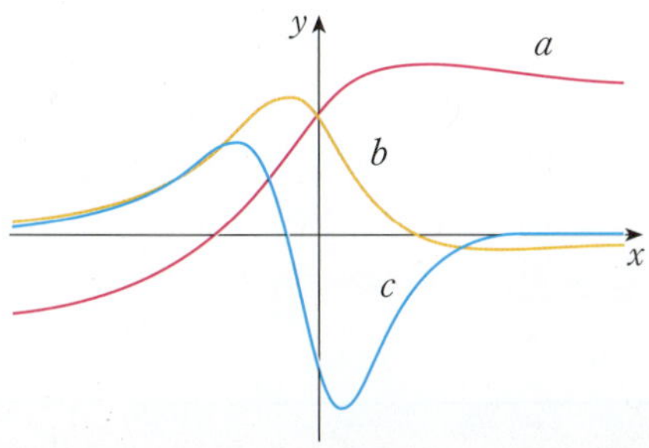

42. 그림은 f, f', f'', f'''의 그래프들이다. 어떤 곡선들인지 구별해 보고 그 이유를 설명하여라.

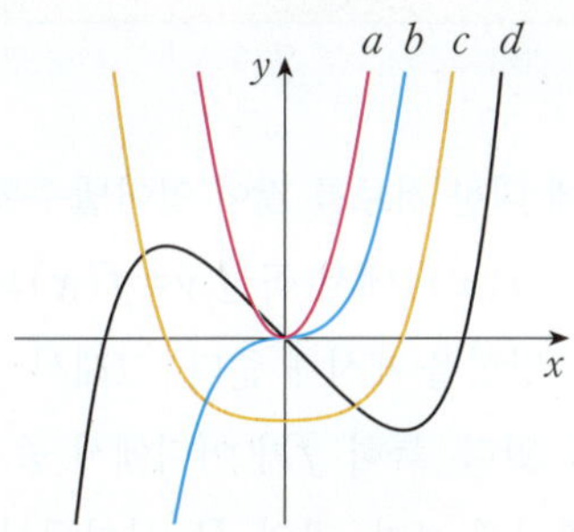

43. 그림에 세 함수의 그래프가 있다. 어떤 자동차의 위치함수, 속도와 가속도함수를 각각 나타낸 것이다. 어느 곡선이 어떤 함수의 그래프인지 구별하고 그 이유를 설명하여라.

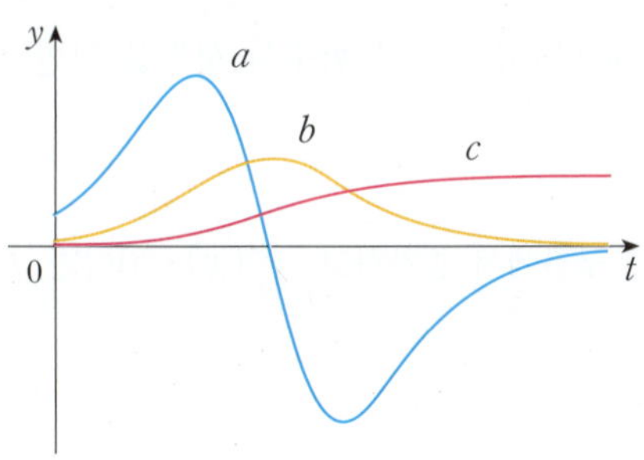

44. 그림에 네 함수의 그래프가 있다. 어떤 자동차의 위치함수, 속도와 가속도 그리고 저크 함수를 각각 나타낸 것이다. 이 곡선들을 구별하고 그 이유를 설명하여라.

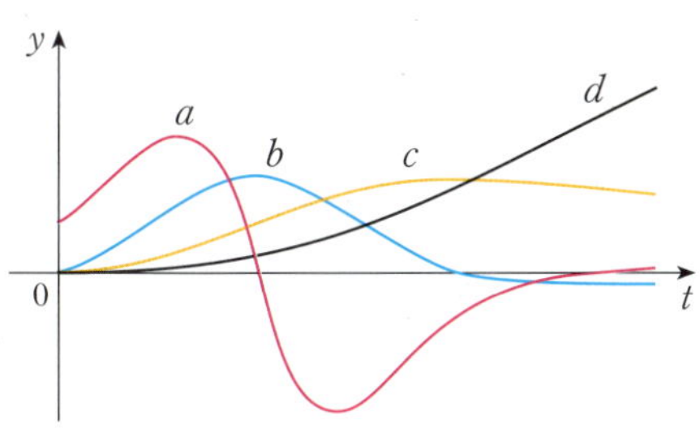

(45~46) 도함수의 정의를 이용하여 $f'(x)$와 $f''(x)$를 구하여라. 같은 표시창에 f, f', f'' 그래프를 나타내어 답이 정확한지 조사하여라.

45. $f(x)=3x^2+2x+1$ 46. $f(x)=x^3-3x$

47. $f(x)=2x^2-x^3$일 때 $f'(x), f''(x), f'''(x), f^{(4)}(x)$를 구하여라. 같은 표시창에 f, f', f'', f'''의 그래프를 그려서 이 도함수들의 기하학적 해석과 일치하는지 조사하여라.

48. (a) 어떤 자동차의 위치함수가 그려져 있다(s는 미터, t는 초). 이 그래프를 이용하여 차의 속도와 가속도의 그래프를 그려 보아라. $t=10$일 때 가속도는 얼마인가?

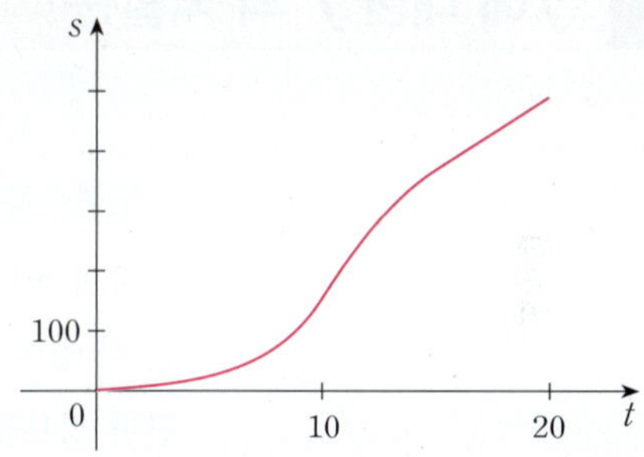

(b) (a)의 가속도 곡선을 이용하여 $t=10$일 때 저크를 추정하여라. 단위는?

49. $f(x)=\sqrt[3]{x}$라 하자.

(a) $a\neq0$일 때 4.6절 식 **5**를 이용하여 $f'(a)$를 구하여라.

(b) $f'(0)$은 존재하지 않음을 보여라.

(c) $y=\sqrt[3]{x}$는 $(0,\ 0)$에서 수직접선을 가짐을 보여라.

50. (a) $g(x)=x^{\frac{2}{3}}$일 때 $g'(0)$은 존재하지 않음을 보여라.

(b) $a\neq0$일 때 $g'(a)$를 구하여라.

(c) $y=x^{\frac{2}{3}}$은 $(0,\ 0)$에서 수직접선을 가짐을 보여라.

(d) $y=x^{\frac{2}{3}}$의 그래프를 그려서 (c)를 예시하여라.

51. 함수 $f(x)=|x-6|$은 6에서 미분가능이 아님을 보여라. f'의 식을 구하고 그 그래프를 그려라.

52. 최대정수함수 $f(x)=[\![x]\!]$는 어느 곳에서 미분가능이 아닌가? f'의 식을 구하고 그 그래프를 그려라.

53. 함수 f는 정의역의 모든 x에 대하여 $f(-x)=f(x)$일 때 우함수, $f(-x)=-f(x)$일 때 기함수라고 한다. 다음을 증명하여라.

(a) 우함수의 도함수는 기함수이다.

(b) 기함수의 도함수는 우함수이다.

54. 더운 물이 나오는 수도꼭지를 틀었을 때 물의 온도 T는 물이 얼마 동안 흘러나왔느냐에 따라 결정된다.

(a) 수도꼭지를 틀었을 때부터 걸린 시간 t의 함수로서 T의 가능성 있는 그래프를 그려라.

(b) t에 관한 T의 변화율은 t가 증가할 때 어떻게 되는지 말하여라.

(c) T의 도함수의 그래프를 그려라.

55. 점 $(1, 1)$에서 포물선 $y=x^2$의 접선을 ℓ이라 하자. 직선 ℓ과 x축의 양의 방향과 이루는 각 ϕ를 ℓ의 경사각이라 할 때 ϕ를 가능한 한 정확히 구하여라.

4.8 f에 대한 f'의 역할은?

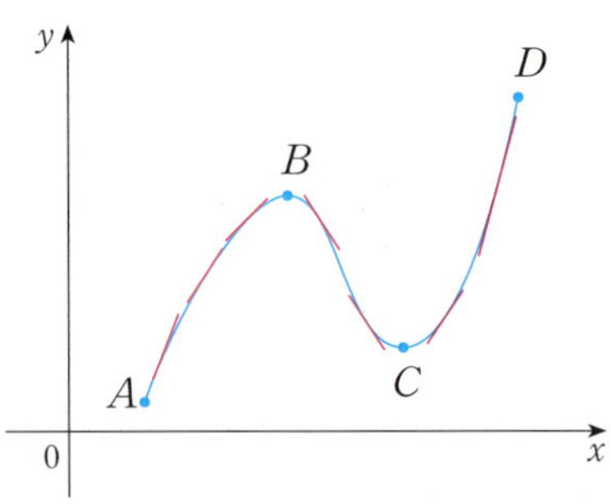

그림 1

도함수를 이용하여 함수 f에 대한 정보를 많이 얻어낼수록 미분적분학의 응용력은 더욱 커지게 된다. $f'(x)$는 점 $(x, f(x))$에서 곡선 $y=f(x)$의 기울기를 나타내므로 $f'(x)$는 각 점에서 곡선이 진행하는 방향을 제시해 준다. 그래서 $f'(x)$에 관한 정보는 $f(x)$에 관한 정보를 제공한다고 할 수 있다. 특히 f가 어디에서 증가하고 감소하는가를 f의 도함수를 가지고 그림 1을 통해 확인해 보자. A와 B 사이에서 그리고 C와 D 사이에서 접선은 양의 기울기를 가지므로 $f'(x)>0$이다. B와 C 사이에서는 접선은 음의 기울기를 가지므로 $f'(x)<0$이다. 따라서 $f'(x)$가 양이면 f는 증가하고 $f'(x)$가 음이면 f는 감소하게 된다.

제6장에서 알게 되지만 그림 1의 그래프에서 살펴본 함수의 성질을 일반적으로 다음과 같이 말할 수 있다.

> 어떤 구간에서 $f'(x)>0$이면 f는 그 구간에서 증가하고, $f'(x)<0$이면 f는 그 구간에서 감소한다.

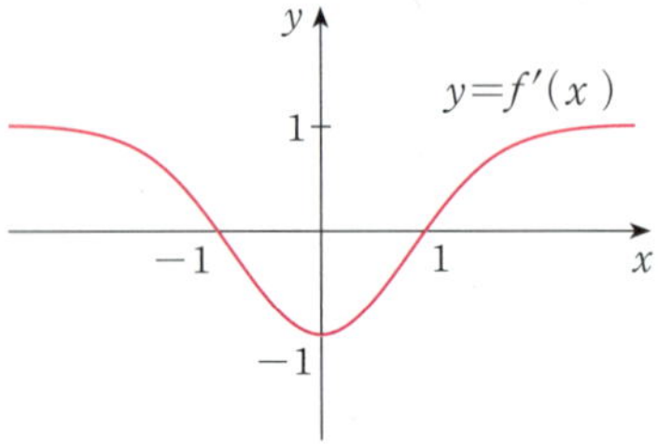

그림 2

예제 1 **f'의 그래프를 알 때 f의 모양은?**

(a) 어떤 함수의 도함수 f'의 그래프가 그림 2와 같을 때 f는 어떤 함수인가?

(b) $f(0)=0$일 때 f의 가능한 그래프의 개형을 그려 보아라.

풀이 (a) 그림 2로부터 $-1<x<1$일 때 $f'(x)<0$이므로 f는 구간 $(-1, 1)$에서 감소한다. 마찬가지로 $x<-1$과 $x>1$일 때 $f'(x)>0$이므로 f는 구간 $(-\infty, 1)$과 $(1, \infty)$에서 증가한다. 또 $f'(-1)=0$이고 $f'(1)=0$이므로 f의 그래프는 $x=\pm1$에서 수평접선을 갖는다.

(b) (a)의 결과와 그래프가 원점을 지난다는 사실로부터 f의 그래프는 그림 3과 같은 모양으로 그려지게 된다. $f'(0)=-1$이므로 곡선 $y=f(x)$는 원점을

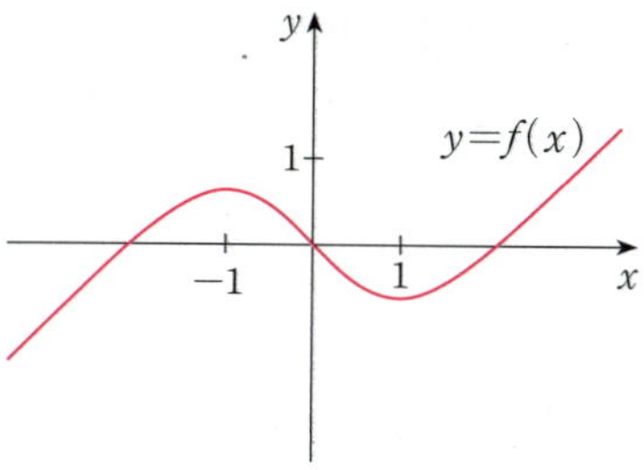

그림 3

지날 때 기울기가 -1이다. 또 $x \to \pm\infty$일 때 $f'(x) \to 1$이므로(그림 2 참조) x가 커질 때(양 또는 음으로) 곡선 $y=f(x)$의 기울기는 1에 접근한다. 따라서 f의 그래프는 $x \to \pm\infty$ 일 때 그림 3과 같이 점점 더 곧게 펴진다. ■

예제 1의 함수 f는 $x=-1$ 근방에서 $f(-1)$의 값이 $f(x)$보다 크거나 같으므로 f는 -1에서 **극댓값**(local maximum)을 갖는다고 한다. $f'(x)$는 -1의 왼쪽에서 양수, -1의 오른쪽에서 음수임을 주목하자. 마찬가지로 f는 $f'(x)$가 음에서 양으로 바뀌는 1에서 **극솟값**(local minimum)을 갖는다. 제6장에서는 이러한 관찰결과를 발전시켜 함수의 최적값을 구하는 일반적인 방법을 다루게 될 것이다.

▷ f에 대한 f''의 역할은?

$f''(x)$의 부호는 f의 그래프 모양에 어떤 영향을 주는지 살펴보자. $f''=(f')'$이므로 f''이 양이면 f'은 증가함수가 된다. 이것은 곡선 $y=f(x)$의 접선의 기울기가 왼쪽에서 오른쪽으로 가면서 증가한다는 것을 뜻한다. 그림 4의 그래프는 이러한 상황을 보여주고 있다. 이 곡선의 기울기는 x가 증가함에 따라 점점 커지고 있고, 그 결과 곡선은 위쪽으로 휘어진다. 이러한 곡선은 **위로 오목**(concave upward)이라고 말한다. 한편 $f''(x)$가 음이면 f'은 감소하고 따라서 f의 기울기는 왼쪽에서 오른쪽으로 가면서 감소하여 그림 5와 같이 곡선은 아래쪽으로 휘어진다. 이 곡선을 **아래로 오목**(concave downward)이라고 말한다(오목성에 관해서는 6.3절에서 더 자세히 언급된다).

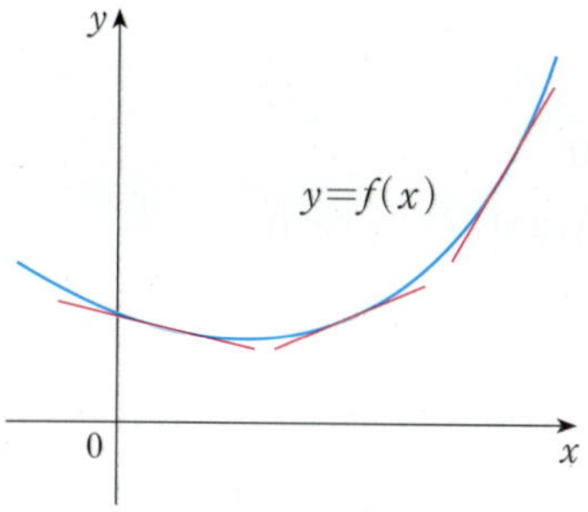

그림 4
$f''(x)>0$이므로 기울기는 증가하고 f는 위로 오목이다

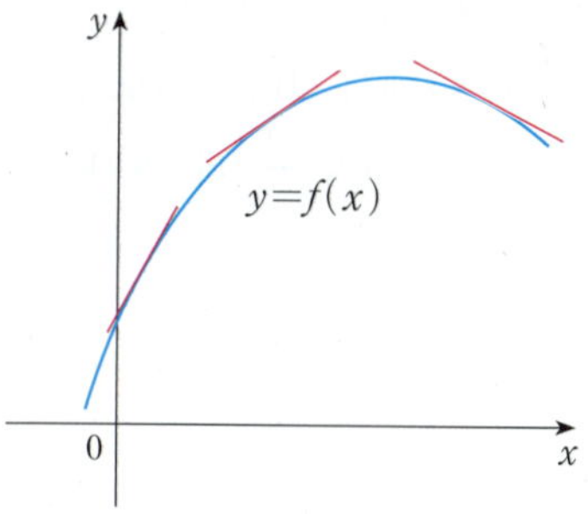

그림 5
$f''(x)<0$이므로 기울기는 감소하고 f는 아래로 오목이다

> 어떤 구간에서 $f''(x)>0$이면 f는 그 구간에서 위로 오목이고, $f''(x)<0$이면 f는 그 구간에서 아래로 오목이다.

예제 2 그림 6은 어느 양봉장에서 꿀벌 수 P의 증가상태를 조사한 것이다. 시간에 따라 꿀벌 수의 증가율은 어떻게 변하는가? 증가율이 가장 높을 때는? 어떤 구간에서 P는 위로 오목, 아래로 오목인가?

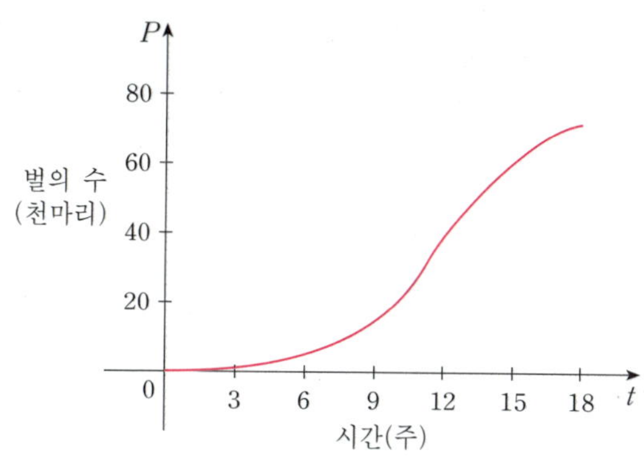

그림 6

풀이 t가 증가함에 따라 곡선의 기울기를 살펴보면 처음에는 꿀벌의 증가율이 매우 작다가 $t=12$(주)쯤에서 최대가 될 때까지 점점 커진다. 이후 꿀벌 수가 안정되면서 증

가율은 감소한다. 마릿수가 최대 약 75000(수용력이라고 말한다)에 이르면 증가율 $P'(t)$는 0에 접근한다. 곡선은 구간 $(0,\ 12)$에서 위로 오목, $(12,\ 18)$에서 아래로 오목이 된다. ■

예제 2에서 P곡선은 대략 점 $(12,\ 38000)$을 경계로 위로 오목에서 아래로 오목으로 바뀐다. 이 점을 곡선의 **변곡점**(inflection point)이라고 한다. 변곡점의 중요성은 마릿수의 증가율이 이 점에서 최댓값을 갖기 때문이다. 일반적으로 변곡점은 곡선의 오목방향이 바뀌는 점이다.

예제 3 **f'과 f''을 알 때 f의 그래프 그리기** 다음 조건을 만족하는 함수 f의 그래프를 그려 보아라.

(i) $(-\infty,\ 1)$에서 $f'(x)>0$, $(1,\ \infty)$에서 $f'(x)<0$

(ii) $(-\infty,\ -2)$와 $(2,\ \infty)$에서 $f''(x)>0$, $(-2,\ 2)$에서 $f''(x)<0$

(iii) $\lim_{x\to-\infty} f(x)=-2$, $\lim_{x\to\infty} f(x)=0$

풀이 조건 (i)은 f가 $(-\infty,\ 1)$에서 증가하고 $(1,\ \infty)$에서 감소한다는 뜻과 같다. 조건 (ii)는 f가 $(-\infty,\ -2)$와 $(2,\ \infty)$에서 위로 오목, $(-2,\ 2)$에서 아래로 오목이라는 말이다. 그리고 조건 (iii)에서 f의 그래프는 두 개의 수평점근선 $y=-2$와 $y=0$을 갖는다는 것을 알 수 있다.

먼저 수평점근선 $y=-2$를 점선으로 표시한다(그림 7 참조). f의 그래프가 먼 왼쪽에서 이 점근선에 접근하도록 그리고 점차 증가시켜 $x=1$에서 최대가 되도록 한다. 이후 점차 감소시켜 $x\to\infty$일 때 x축에 접근하도록 한다. $x=-2$와 2일 때 곡선은 변곡점을 갖고 $x<-2$와 $x>2$에서 위로 오목해지고 -2와 2 사이에서 아래로 오목해진다. ■

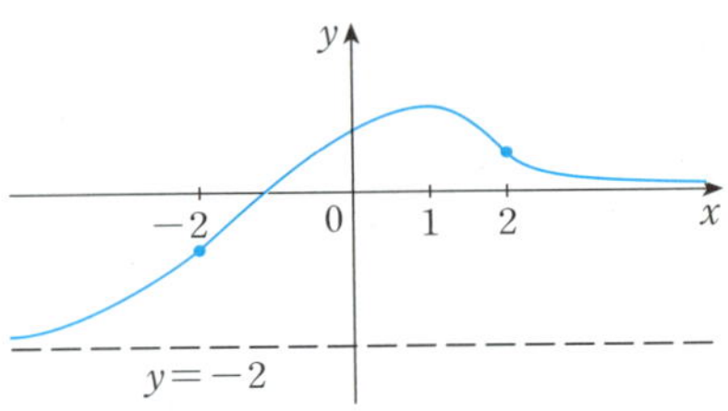

그림 7

▷ 역도함수

수학과 그 응용분야의 많은 문제들을 다룰 때 주어진 함수 f에 대해 도함수가 f가 되는 함수 F를 구할 필요가 생긴다. 이러한 함수 F가 존재할 때 이를 f의 **역도함수**(antiderivative)라고 한다. 즉 f의 역도함수는 $F'=f$인 함수 F를 말한다(예제 1에서 f'의 역도함수 f의 그래프를 그려 보았다).

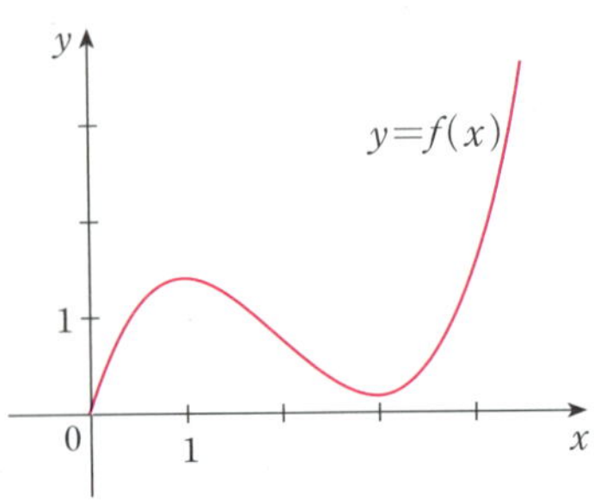

그림 8

예제 4 **역도함수 그리기** F를 그림 8에 그려진 함수 f의 역도함수라 하자.

(a) F는 어디에서 증가하고 감소하는가?

(b) F는 어디에서 위로 오목이고 아래로 오목인가?

(c) F는 x의 어떤 값에서 변곡점을 갖는가?

(d) $F(0)=1$일 때 F의 그래프를 그려 보아라.

(e) f의 역도함수는 얼마나 많은가?

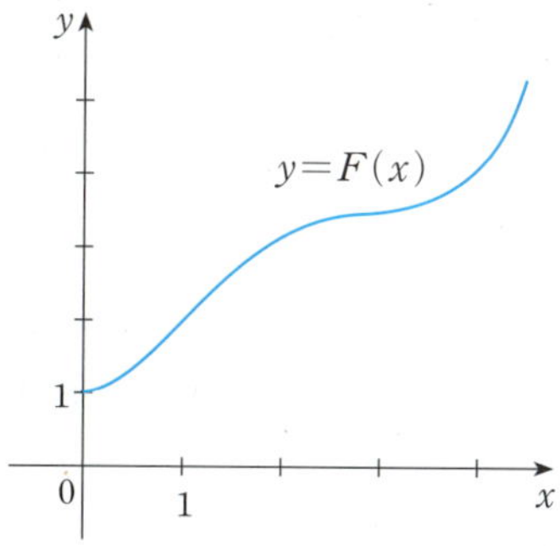

그림 9
f의 역도함수

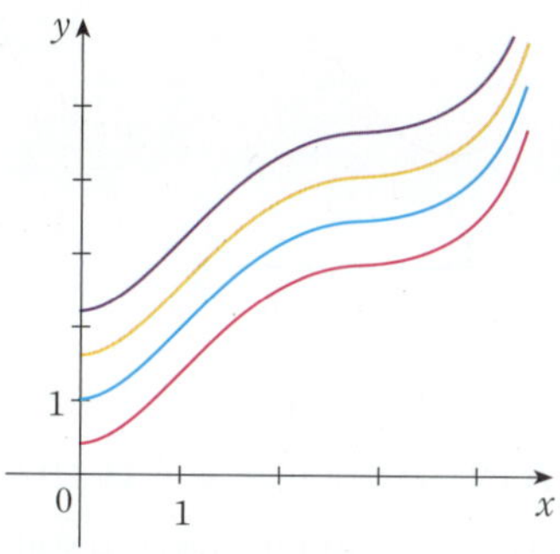

그림 10
f의 역도함수들

풀이 (a) 그림 8에서 모든 $x>0$에 대해 $f(x)>0$이다. F는 f의 역도함수이므로 $F'(x)=f(x)$이고 따라서 $x>0$ 일 때 $F'(x)>0$이다. 이것은 F가 $(0, \infty)$에서 증가함을 의미한다.

(b) F는 $F''(x)>0$ 일 때 위로 오목이다. 그런데 $F''(x)=f'(x)$이므로 $f'(x)>0$일 때, 즉 f가 증가할 때 F는 위로 오목이다. 그림 8에서 $0<x<1$과 $x>3$일 때 f는 증가하므로 F는 $(0, 1)$과 $(3, \infty)$에서 위로 오목이다. $F''(x)=f'(x)<0$ 일 때, 즉 f가 감소할 때 F는 아래로 오목이다. 따라서 F는 $(1, 3)$에서 아래로 오목이 된다.

(c) F는 오목의 방향이 바뀔 때 변곡점을 갖는다. (b)에서 $x=1$일 때 F는 위로 오목에서 아래로 오목으로 바뀌므로 F는 $x=1$에서 변곡점을 갖는다. 또 F는 $x=3$일 때 아래로 오목에서 위로 오목으로 바뀌므로 $x=3$에서 다른 변곡점을 갖는다.

(d) (a), (b), (c)의 결과를 이용하여 F의 그래프를 그린다. $F'(x)=f(x)$이므로 곡선 $y=F(x)$의 기울기는 $y=f(x)$의 높이와 같다(4.7절 예제 1의 역과정이 된다). $f(0)=0$이므로 주어진 점 $(0, 1)$에서 기울기가 0인 F의 그래프는 계속 증가하면서 $x=1$까지 위로 오목, $x=3$까지는 아래로 오목, $x>3$에서 다시 위로 오목이 된다(그림 9 참조). $f(3)\approx 0.2$이므로 곡선 $y=F(x)$는 두 번째 변곡점에서 기울기가 완만하고 $x>3$일 때 기울기는 점점 가파르게 된다.

(e) 그림 9의 f의 역도함수 F는 $F(0)=1$을 만족하므로 점 $(0, 1)$에서 그래프가 시작된다. 그러나 y축 상의 다른 점에서 출발하는 많은 역도함수가 있다. 사실 f는 무한히 많은 역도함수를 가진다. 이들의 그래프는 그림 10과 같이 F의 그래프를 위아래로 이동시켜 얻어진다. ■

4.8 연습문제

(1~4) 함수 f의 도함수 f'의 그래프가 주어져 있다.

(a) f는 어디에서 증가, 감소하는가?

(b) f는 x의 어떤 값에서 극대, 극솟값을 갖는가?

(c) $f(0)=0$일 때 가능한 f의 그래프를 그려라.

1.

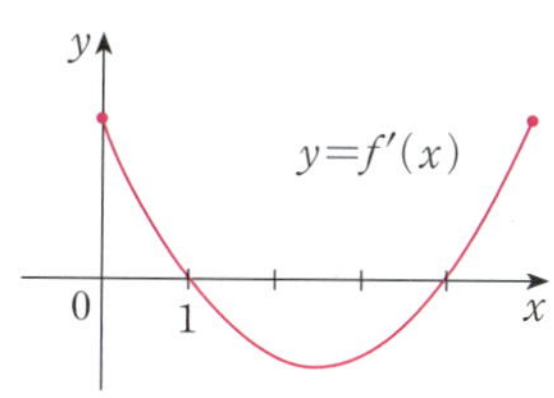

2.

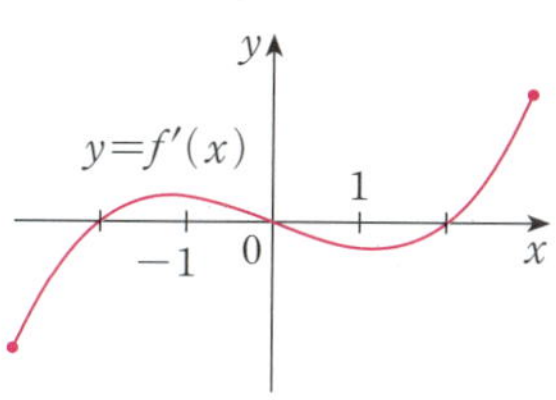

3.

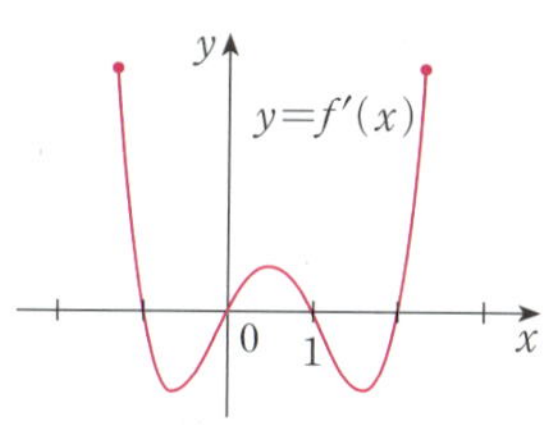

4.

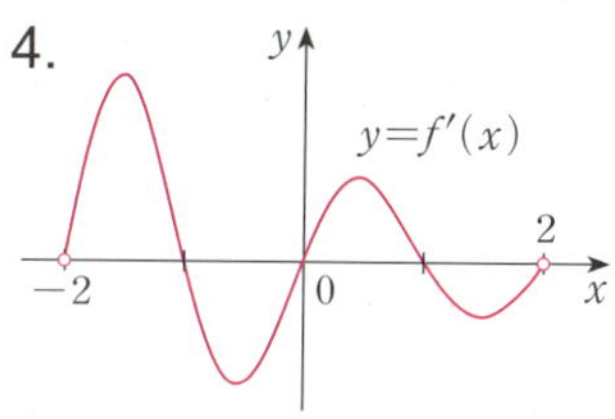

5. 주어진 f의 그래프를 이용하여 도함수 f'이 증가, 감소하는 구간을 추정하여라.

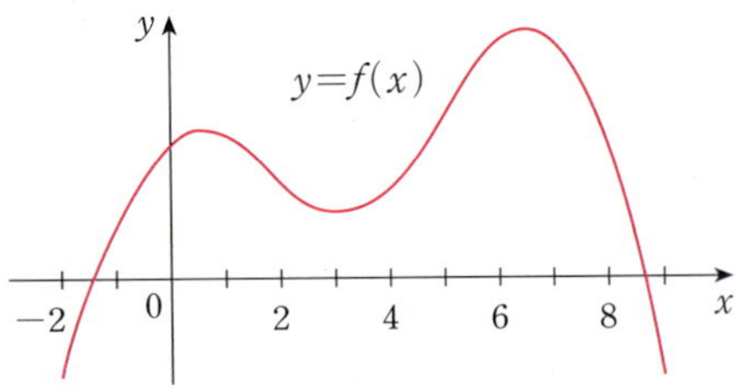

(6~7) 함수 f와 도함수 f'의 그래프가 아래와 같을 때 $f'(-1)$과 $f''(1)$ 중 어느 것이 더 큰가?

6.

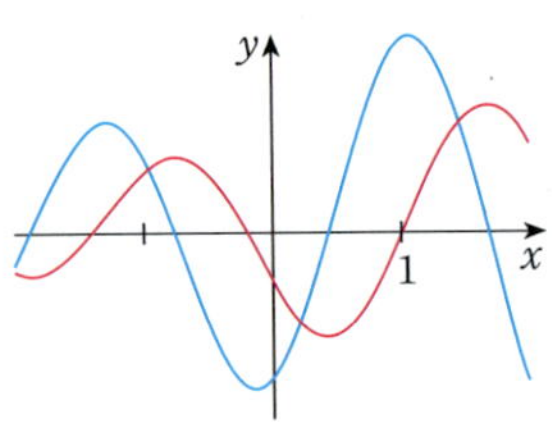

7.

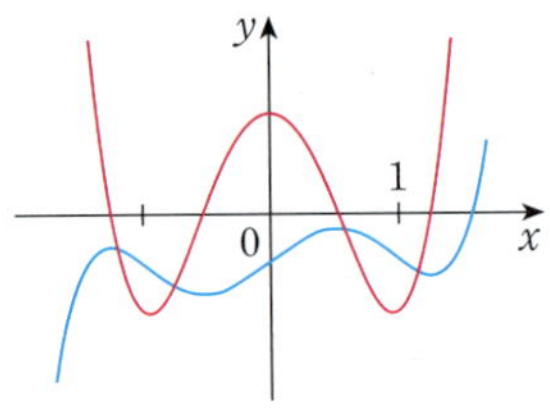

8. (a) 기울기가 항상 양이면서 증가 상태인 곡선을 그려라.

(b) 기울기가 항상 양이면서 감소 상태인 곡선을 그려라.

(c) (a) 또는 (b)의 성질을 갖는 곡선의 방정식의 예를 들어라.

9. 대통령은 국가 재정적자는 증가하고 있으나 증가율은 감소하고 있다고 발표했다. 이 성명을 함수와 도함수를 가지고 해석하여라.

10. 새로운 실험 환경에서 시간의 함수인 효소 세포 수의 그래프가 주어져 있다.

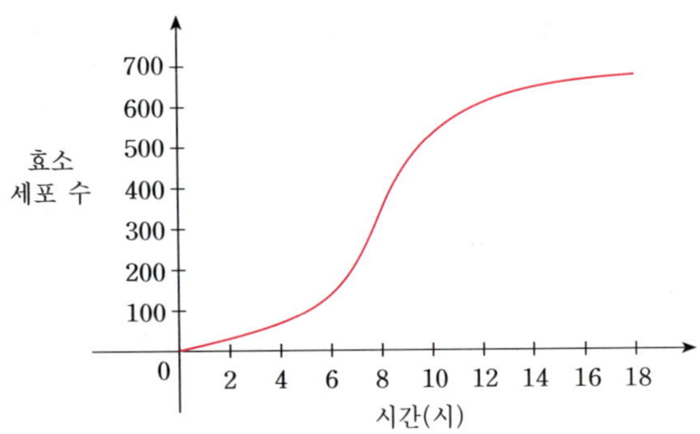

(a) 세포 수의 증가율이 어떻게 변하는지 기술하여라.

(b) 증가율은 어느 때 가장 높은가?

(c) 그래프는 어느 구간에서 위로 오목, 아래로 오목인가?

(d) 변곡점의 좌표를 추정하여라.

11. 표는 온타리오의 펠레섬에서 서식하는 고리목 꿩의 밀도(에이커당 꿩의 수)를 나타낸 것이다.

(a) 꿩의 수의 변화율은 어떻게 변하는지 기술하여라.

(b) 변곡점을 추정하여라. 이 점의 중요성은 무엇인가?

t	1927	1930	1932	1934	1936	1938	1940
$P(t)$	0.1	0.6	2.5	4.6	4.8	3.5	3.0

12. 수평인 직선상을 움직이는 입자가 있다. 위치함수(시간의 함수로 정점에서 오른쪽으로 떨어진 거리)의 그래프가 그려져 있다.

(a) 입자는 언제 오른쪽으로 움직이며, 언제 왼쪽으로 움직이는가?

(b) 입자는 언제 양의 가속도를 가지며, 언제 음의 가속도를 가지는가?

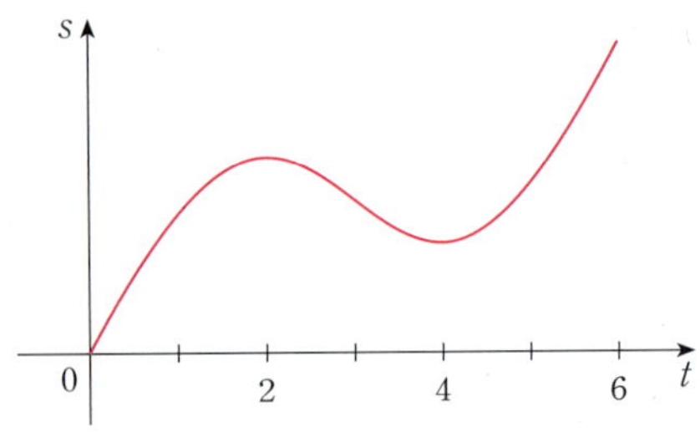

13. $K(t)$는 t시간 동안 시험준비를 한 지식의 양이라고 하자. $K(8)-K(7)$과 $K(3)-K(2)$ 가운데 어느 쪽이 더 크다고 생각하는가? K의 그래프는 위로 오목인가 아래로 오목인가? 그 이유는?

14. 커피를 일정한 비율(시간당 용량)로 그림과 같은 컵에 붓고 있다. 시간의 함수로서 컵에 들어 있는 커피의 깊이를 그래프로 대강 나타내어라. 오목이란 표현으로 그래프의 모양을 설명하여라. 변곡점의 중요성은 무엇인가?

(15~16) 연속함수 f의 도함수 f'의 그래프가 주어져 있다.

(a) f는 어떤 구간에서 증가, 감소하는가?

(b) f는 x가 어떤 값일 때 극대, 극솟값을 가지는가?

(c) f는 어떤 구간에서 위로 오목, 아래로 오목인가?

(d) 변곡점의 x좌표를 구하여라.

(e) $f(0)=0$일 때 f의 그래프를 그려라.

15.

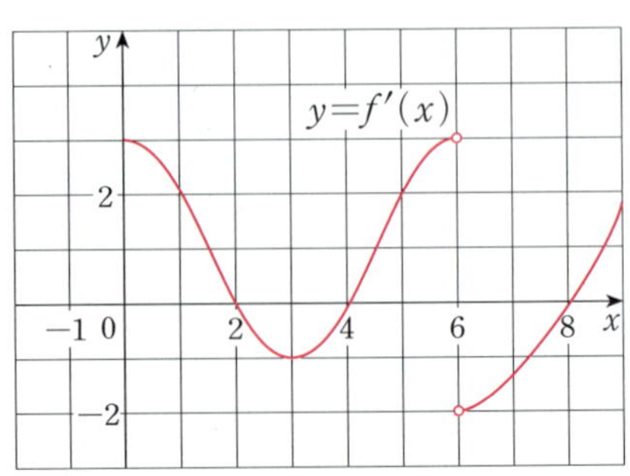

16. 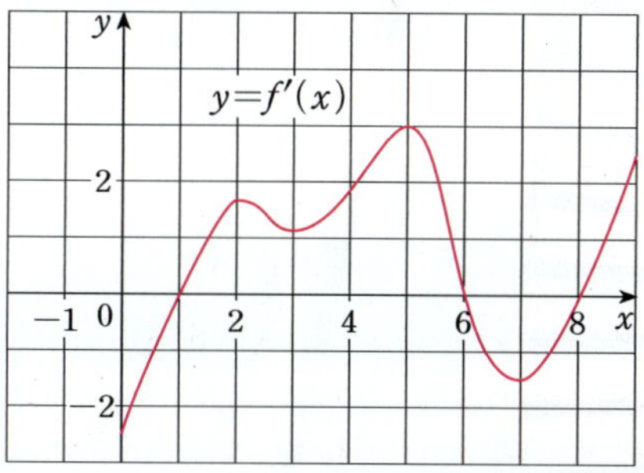

17. 1계, 2계도함수가 항상 음인 함수의 그래프를 그려라.

18. 1계도함수가 항상 음이고 2계도함수는 항상 양인 함수의 그래프를 그려라.

(19~24) 주어진 조건을 모두 만족하는 함수의 그래프를 그려라.

19. $f'(0)=f'(4)=0$이고 $x<0$일 때 $f'(x)>0$,
$0<x<4$ 또는 $x>4$일 때 $f'(x)<0$,
$2<x<4$일 때 $f''(x)>0$,
$x<2$ 또는 $x>4$일 때 $f''(x)<0$

20. $x\neq1$인 모든 x에 대하여, $f'(x)>0$, 수직점근선 $x=1$,
$x<1$ 또는 $x>3$일 때 $f''(x)>0$,
$1<x<3$일 때 $f''(x)<0$

21. $f'(0)=f'(2)=f'(4)=0$,
$x<0$ 또는 $2<x<4$일 때 $f'(x)>0$,
$0<x<2$ 또는 $x>4$일 때 $f'(x)<0$,
$1<x<3$일 때 $f''(x)>0$이고 $x<1$ 또는 $x>3$일 때 $f''(x)<0$

22. $f'(1)=f'(-1)=0$, $|x|<1$일 때 $f'(x)<0$,
$1<|x|<2$일 때 $f'(x)>0$,
$2<|x|$일 때 $f'(x)=-1$,
$-2<x<0$일 때 $f''(x)<0$, 변곡점 $(0,\ 1)$

23. $|x|<2$일 때 $f'(x)>0$,
$|x|>2$일 때 $f'(x)<0$,
$f'(-2)=0$, $\lim_{x\to2}|f'(x)|=\infty$,
$x\neq2$에서 $f''(x)>0$

24. $|x|<2$일 때 $f'(x)>0$, $|x|>2$일 때 $f'(x)<0$,
$f'(2)=0$, $\lim_{x\to\infty}f(x)=1$,
$f(-x)=-f(x)$,
$0<x<3$일 때 $f''(x)<0$, $x>3$일 때 $f''(x)>0$

25. $f'(x)=xe^{-x^2}$일 때
(a) f는 어느 구간에서 증가, 감소하는가?
(b) f는 최댓값을 갖는가? 최솟값을 갖는가?

26. $f'(x)=e^{-x^2}$일 때 f는 어떤 함수인가?

27. $f(x)=x^3-x$라 하자. 4.7절 예제 3과 7에서
$f'(x)=3x^2-1$이고 $f''(x)=6x$이었다.
(a) f는 어느 구간에서 증가, 감소하는가?
(b) f는 어느 구간에서 위로 오목, 아래로 오목인가?
(c) f의 변곡점은?

28. $f(x)=x^4-2x^2$ 일 때
(a) 도함수의 정의를 이용하여 $f'(x)$와 $f''(x)$를 구하여라.
(b) f는 어느 구간에서 증가, 감소하는가?
(c) f는 어느 구간에서 위로 오목, 아래로 오목인가?

(29~30) f의 그래프가 주어져 있다. 어느 것이 f의 역도함수의 그래프인가? 그 이유는?

29. 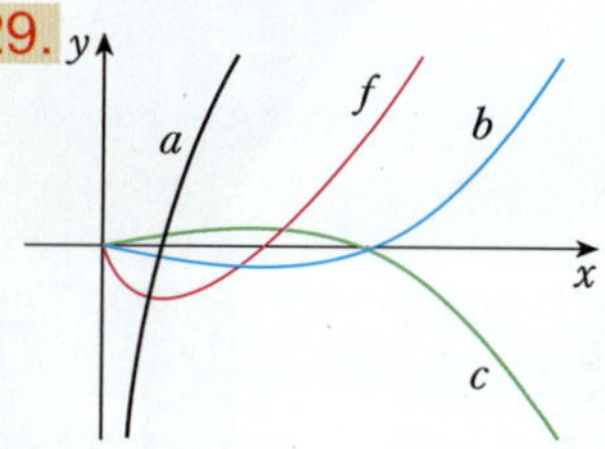

30. 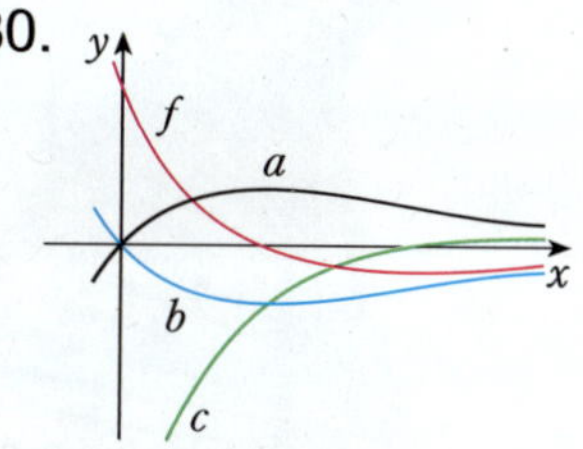

31. 주어진 함수의 그래프를 보고 $F(0)=1$인 역도함수 F의 개형을 그려라.

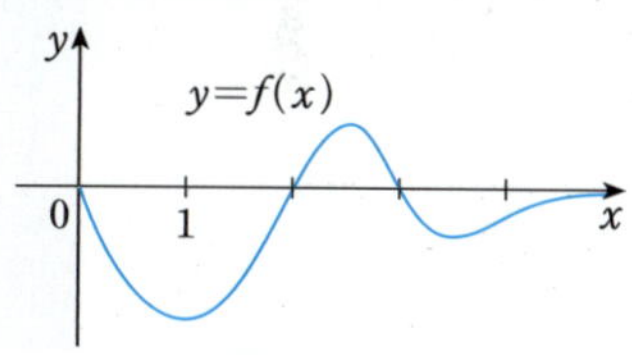

32. 어떤 입자의 속도함수의 그래프가 그림과 같을 때 위치함수의 개형을 그려라.

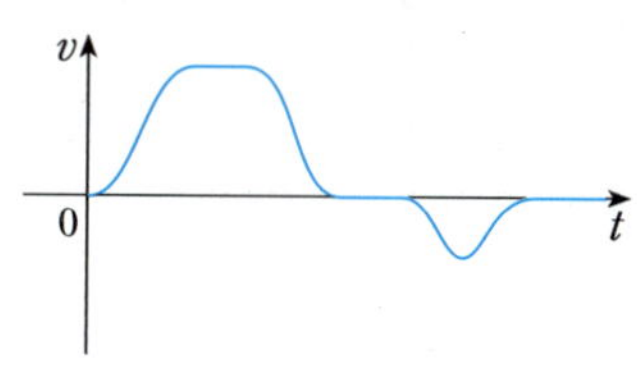

(33~34) 다음 함수의 그래프를 그리고, 그것을 이용하여 원점을 지나는 역도함수의 개형을 그려라.

33. $f(x)=\dfrac{\sin x}{1+x^2}$, $\quad -2\pi\leq x\leq2\pi$

34. $f(x)=\sqrt{x^4-2x^2+2}-2$, $\quad -3\leq x\leq3$

5 미분법

우리는 도함수를 기울기와 변화율로서 설명하는 방법을 배웠다. 함수의 값들이 표로서 주어진 경우 도함수를 계산하는 방법을 배웠다. 함수의 그래프가 주어진 경우 도함수의 그래프를 그리는 방법도 배웠다. 함수가 식으로 주어진 경우 미분의 정의를 이용하여 도함수를 계산하였다. 도함수를 정의에 의해서만 구하면, 그러한 계산은 지루할 것이므로 이 장에서는 정의에 의해서 직접 구하지 않고 도함수를 구하는 미분법을 공부할 것이다.

미분법을 사용하여 다항식, 유리함수, 대수함수, 지수함수, 로그함수, 삼각함수와 역삼각함수들의 도함수를 더욱 간단하게 구할 것이다.

그리고 미분법을 사용하여 변화율과 연관된 문제, 매개곡선의 접선과 연관된 문제, 함수의 근사에 관계된 문제를 해결할 것이다.

5.1 다항함수와 지수함수의 도함수

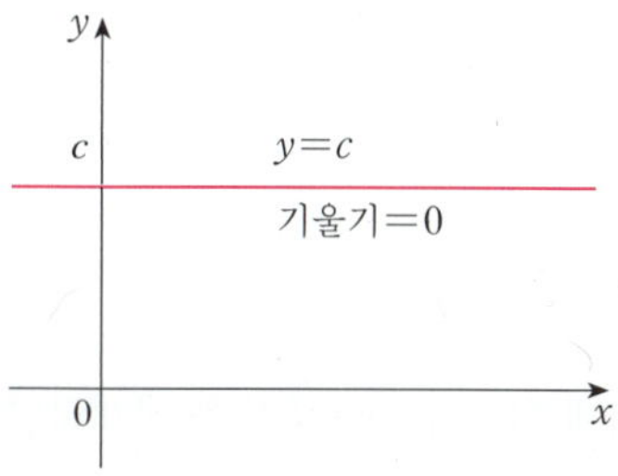

그림 1
$f(x)=c$의 그래프는 직선 $y=c$이고, 따라서 $f'(x)=0$이다.

이 절에서는 상수함수, 거듭제곱함수, 다항함수와 지수함수 등을 미분하는 방법을 배운다.

모든 함수 중에서 가장 간단한 상수함수 $f(x)=c$부터 시작하자. 이 함수의 그래프는 기울기가 0인 수평선 $y=c$이다. 따라서 $f'(x)=0$이어야만 한다(그림 1 참조). 도함수의 정의를 이용한 증명 역시 간단하다.

$$f'(x)=\lim_{h\to 0}\frac{f(x+h)-f(x)}{h}=\lim_{h\to 0}\frac{c-c}{h}$$
$$=\lim_{h\to 0}0=0$$

라이프니츠(Leibniz) 기호를 사용하면 다음과 같다.

상수함수의 도함수 $\quad \dfrac{d}{dx}(c)=0$

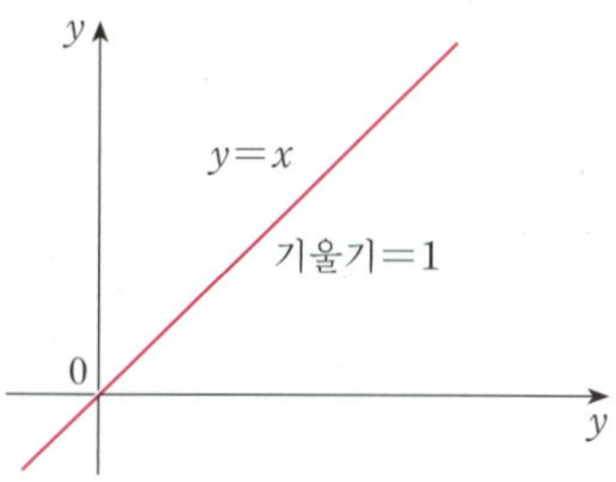

그림 2
$f(x)=x$의 그래프는 직선 $y=x$이고, 따라서 $f'(x)=1$이다.

▷ 거듭제곱함수

n이 양의 정수일 때, 함수 $f(x)=x^n$을 살펴보자. 만약 $n=1$이면, $f(x)=x$의 그래프는 직선 $y=x$이고, 이것의 기울기는 1이다(그림 2 참조). 따라서

1 $$\frac{d}{dx}(x)=1$$

(도함수의 정의를 이용하여 식 **1**을 증명할 수 있다.) $n=2$와 $n=3$인 경우는 앞에서 이미 살펴보았다. 실제로, 4.7절(연습문제 17과 18)에서

2 $$\frac{d}{dx}(x^2)=2x \qquad \frac{d}{dx}(x^3)=3x^2$$

임을 알았다. $n=4$인 경우 $f(x)=x^4$의 도함수를 다음과 같이 구한다.

$$f'(x)=\lim_{h\to 0}\frac{f(x+h)-f(x)}{h}=\lim_{h\to 0}\frac{(x+h)^4-x^4}{h}$$
$$=\lim_{h\to 0}\frac{x^4+4x^3h+6x^2h^2+4xh^3+h^4-x^4}{h}$$
$$=\lim_{h\to 0}\frac{4x^3h+6x^2h^2+4xh^3+h^4}{h}$$
$$=\lim_{h\to 0}(4x^3+6x^2h+4xh^2+h^3)=4x^3$$

따라서

3 $$\frac{d}{dx}(x^4)=4x^3$$

식 **1**, **2**, **3**을 비교하면 어떤 규칙을 얻을 수 있다. 즉, n이 양의 정수일 때, $\dfrac{d}{dx}(x^n)=nx^{n-1}$ 임을 추측할 수 있다. 이것은 실제로 참이다.

거듭제곱 공식 n이 양의 정수라 하면,

$$\frac{d}{dx}(x^n)=nx^{n-1}$$

증명 $f(x)=x^n$이면

$$f'(x)=\lim_{h\to 0}\frac{f(x+h)-f(x)}{h}=\lim_{h\to 0}\frac{(x+h)^n-x^n}{h}$$

x^4의 도함수를 구할 때 $(x+h)^4$을 전개해야 한다. 이항정리에 의하여 $(x+h)^n$을 전개하면

$$f'(x)=\lim_{h\to 0}\frac{\left[x^n+nx^{n-1}h+\frac{n(n-1)}{2}x^{n-2}h^2+\cdots+nxh^{n-1}+h^n\right]-x^n}{h}$$

$$=\lim_{h\to 0}\frac{nx^{n-1}h+\frac{n(n-1)}{2}x^{n-2}h^2+\cdots+nxh^{n-1}+h^n}{h}$$

$$=\lim_{h\to 0}\left[nx^{n-1}+\frac{n(n-1)}{2}x^{n-2}h+\cdots+nxh^{n-2}+h^{n-1}\right]$$

$$=nx^{n-1}$$

이것은 첫 번째 항만 제외하고 모든 항이 인수 h를 갖고 있어서 0으로 접근하기 때문이다. ■

예제 1에서 여러 가지 기호를 사용하여 거듭제곱 공식을 살펴보자.

예제 1 **거듭제곱 공식의 적용**

(a) $f(x)=x^6$이면, $f'(x)=6x^5$

(b) $y=x^{1000}$이면, $y'=1000x^{999}$

(c) $y=t^4$이면, $\frac{dy}{dt}=4t^3$

(d) $\frac{d}{dr}(r^3)=3r^2$ ■

거듭제곱함수에서 n이 음의 정수인 경우에 대해서 알아보자. 연습문제 59에서 도함수의 정의를 이용하여

$$\frac{d}{dx}\left(\frac{1}{x}\right)=-\frac{1}{x^2}$$

임을 증명할 것이다. 이 식은

$$\frac{d}{dx}(x^{-1})=(-1)x^{-2}$$

와 같이 나타낼 수 있다. 따라서 $n=-1$인 경우에도 거듭제곱 공식이 성립한다. 다음 절(연습문제 60(c))에서 모든 음의 정수에 대해서도 거듭제곱 공식이 성립하는 것을 보일 것이다.

지수가 분수인 경우는 어떠한지 살펴보자. 4.7절의 예제 4에서

$$\frac{d}{dx}\sqrt{x}=\frac{1}{2\sqrt{x}}$$

임을 알았다. 이 식은 다음과 같이 쓸 수 있다.

$$\frac{d}{dx}(x^{1/2})=\frac{1}{2}x^{-1/2}$$

이것으로부터 $n=\frac{1}{2}$일 때도 거듭제곱 공식이 성립함을 알 수 있다. 5.7절에서 모든 실수 n에 대해서 거듭제곱 공식이 성립함을 보일 것이다.

거듭제곱 공식(일반적인 형태) n이 임의의 실수라 하면

$$\frac{d}{dx}(x^n)=nx^{n-1}$$

● 그림 3은 예제 2(b)함수 y와 그의 도함수 y'을 나타낸다. y는 0에서 미분가능하지 않음을 알 수 있다(y'은 0에서 정의되지 않는다). y가 증가할 때 y'은 양이고, y가 감소할 때 y'은 음임을 알 수 있다.

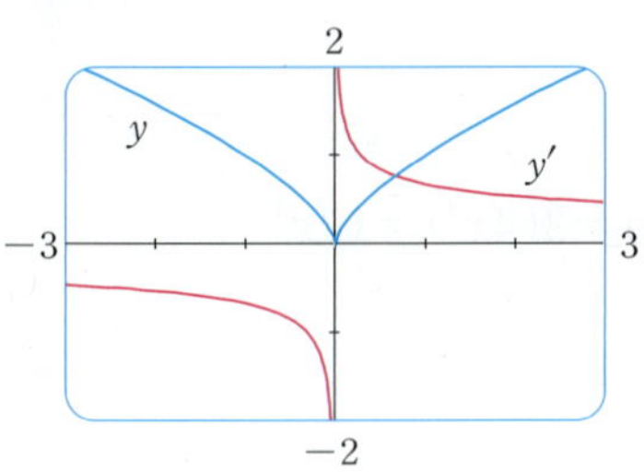

그림 3 $y=\sqrt[3]{x^2}$

예제 2 **음의 지수와 분수지수에 대한 거듭제곱 공식** 다음을 미분하여라.

(a) $f(x)=\frac{1}{x^2}$ (b) $y=\sqrt[3]{x^2}$

풀이 각각의 함수를 x의 거듭제곱 형태로 나타낸다.

(a) $f(x)=x^{-2}$이므로, $n=-2$이고 거듭제곱 공식을 이용한다

$$f'(x)=\frac{d}{dx}(x^{-2})=-2x^{-2-1}=-2x^{-3}=-\frac{2}{x^3}$$

(b) $$\frac{dy}{dx}=\frac{d}{dx}\sqrt[3]{x^2}=\frac{d}{dx}(x^{2/3})=\frac{2}{3}x^{(2/3)-1}=\frac{2}{3}x^{-1/3}$$ ■

점 P에서 곡선 c의 **법선**(normal line)은 점 P에서 접선에 수직되면서 점 P를 지나는 직선이다(광학에서는 광전과 렌즈의 법선 사이의 각이 필요하다).

예제 3 곡선 $y=x\sqrt{x}$ 위의 점 (1, 1)에서 접선과 법선의 방정식을 구하여라. 곡선과 접선, 법선의 그래프를 그려서 설명하여라.

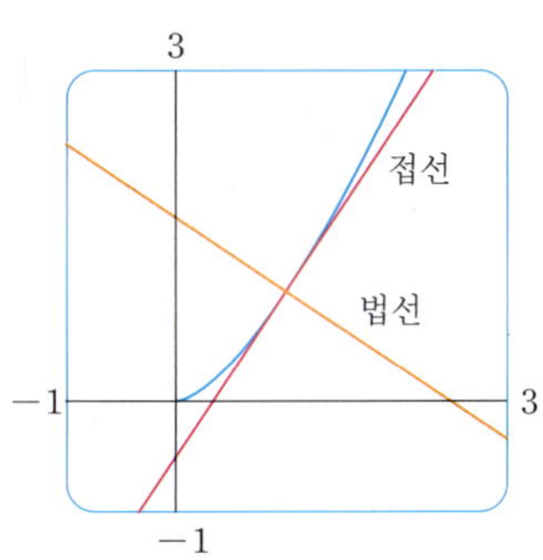

그림 4 $y=x\sqrt{x}$

풀이 $f(x)=x\sqrt{x}=xx^{1/2}=x^{3/2}$ 의 미분은

$$f'(x)=\frac{3}{2}x^{(3/2)-1}=\frac{3}{2}x^{1/2}=\frac{3}{2}\sqrt{x}$$

이다. 따라서 (1, 1)에서 접선의 기울기는 $f'(1)=\frac{3}{2}$이다. 따라서 접선의 방정식은

$$y-1=\frac{3}{2}(x-1),\ 즉\ y=\frac{3}{2}x-\frac{1}{2}$$

이다. 법선은 접선에 수직이므로 그 기울기는 $-\frac{2}{3}$이다. 따라서 법선의 방정식은

$$y-1=-\frac{2}{3}(x-1),\ 즉\ y=-\frac{2}{3}x+\frac{5}{3}$$

이다. 접선과 법선의 방정식은 그림 4에 주어져 있다. ■

▷ 구 도함수로부터 새 도함수 구하기

새 함수가 구 함수들을 더하고, 빼고, 상수를 곱해서 형성되면, 그것들의 도함수는 구 함수들의 도함수에 의해서 계산될 수 있다. 특히, 다음 공식은 함수와 상수곱의 도함수는 함수의 도함수에 상수를 곱한 것과 같음을 말해준다.

상수배의 공식 c를 상수라 하고 f를 미분가능한 함수라 하면

$$\frac{d}{dx}[cf(x)]=c\frac{d}{dx}f(x)$$

● 상수배의 공식에 대한 기하학적 설명

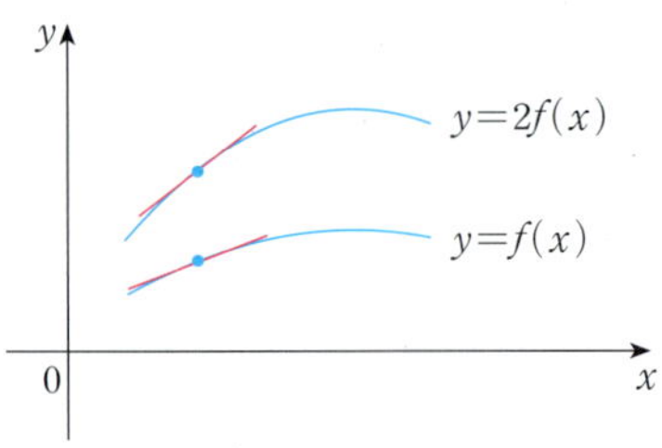

$c=2$를 곱함으로써 그래프는 2배만큼 수직으로 확대된다. 모든 상승은 2배가 되었지만 x축의 움직임은 전과 같다. 따라서 기울기도 2배가 된다.

증명 $g(x)=cf(x)$라 하면

$$\begin{aligned} g'(x)&=\lim_{h\to 0}\frac{g(x+h)-g(x)}{h}=\lim_{h\to 0}\frac{cf(x+h)-cf(x)}{h}\\ &=\lim_{h\to 0}c\left[\frac{f(x+h)-f(x)}{h}\right]\\ &=c\lim_{h\to 0}\frac{f(x+h)-f(x)}{h} \qquad \text{(극한법칙 3)}\\ &=cf'(x)\end{aligned}$$

를 얻는다. ■

예제 4 상수배의 공식 (a) $\frac{d}{dx}(3x^4)=3\frac{d}{dx}(x^4)=3(4x^3)=12x^3$

(b) $\frac{d}{dx}(-x)=\frac{d}{dx}[(-1)x]=(-1)\frac{d}{dx}(x)=-1(1)=-1$ ■

다음 법칙은, 함수들의 합의 도함수는 도함수들의 합과 같음을 말해준다.

● 합의 공식
$(f+g)'=f'+g'$

합의 공식 f와 g가 모두 미분가능하면

$$\frac{d}{dx}[f(x)+g(x)]=\frac{d}{dx}f(x)+\frac{d}{dx}g(x)$$

증명 $F(x)=f(x)+g(x)$라 하면

$$\begin{aligned} F'(x)&=\lim_{h\to 0}\frac{F(x+h)-F(x)}{h}\\ &=\lim_{h\to 0}\frac{[f(x+h)+g(x+h)]-[f(x)+g(x)]}{h}\\ &=\lim_{h\to 0}\left[\frac{f(x+h)-f(x)}{h}+\frac{g(x+h)-g(x)}{h}\right]\end{aligned}$$

$$=\lim_{h\to 0}\frac{f(x+h)-f(x)}{h}+\lim_{h\to 0}\frac{g(x+h)-g(x)}{h} \qquad \text{(극한의 공식 1)}$$

$$=f'(x)+g'(x)$$

합의 공식은 여러 개의 함수들의 합으로 확장할 수 있다. 예를 들어, 이 정리를 두 번 반복하여 적용하면

$$(f+g+h)'=[(f+g)+h]'=(f+g)'+h'=f'+g'+h'$$

$f-g$를 $f+(-1)g$로 쓰고, 합의 공식과 상수배 공식을 적용하면 다음 식을 얻는다.

> **차의 공식** f와 g가 모두 미분가능하면
>
> $$\frac{d}{dx}[f(x)-g(x)]=\frac{d}{dx}f(x)-\frac{d}{dx}g(x)$$

이 세 공식을 거듭제곱 공식과 결합하여 임의의 다항함수를 미분하는 데 쓸 수 있다. 다음 예들을 살펴보자.

예제 5 **다항함수의 미분**

$$\frac{d}{dx}(x^8+12x^5-4x^4+10x^3-6x+5)$$

$$=\frac{d}{dx}(x^8)+12\frac{d}{dx}(x^5)-4\frac{d}{dx}(x^4)+10\frac{d}{dx}(x^3)-6\frac{d}{dx}(x)+\frac{d}{dx}(5)$$

$$=8x^7+12(5x^4)-4(4x^3)+10(3x^2)-6(1)+0$$

$$=8x^7+60x^4-16x^3+30x^2-6$$

예제 6 곡선 $y=x^4-6x^2+4$ 위에서 접선이 수평이 되는 점을 구하여라.

풀이 수평접선은 도함수가 0일 때 나타난다.

$$\frac{dy}{dx}=\frac{d}{dx}(x^4)-6\frac{d}{dx}(x^2)+\frac{d}{dx}(4)$$

$$=4x^3-12x+0=4x(x^2-3)$$

따라서 $x=0$ 또는 $x^2-3=0$, 즉 $x=\pm\sqrt{3}$이면, $\frac{dy}{dx}=0$이다. 따라서 $x=0$, $\sqrt{3}$, $-\sqrt{3}$일 때 주어진 곡선은 수평접선을 갖는다. 대응하는 점들은 $(0,\ 4)$, $(\sqrt{3},\ -5)$, $(-\sqrt{3},\ -5)$이다(그림 5 참조).

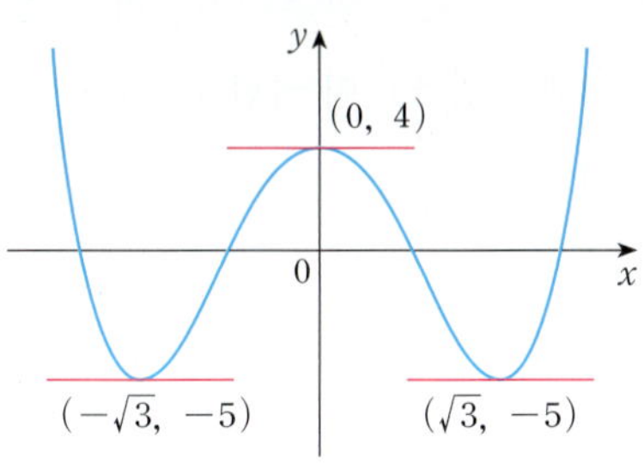

그림 5
곡선 $y=x^4-6x^2+4$와 이것의 수평접선

예제 7 어떤 입자의 운동방정식 $s=2t^3-5t^2+3t+4$이다. 여기서 s의 단위는 cm이고 t의 단위는 초이다. 시간에 대한 함수로서 가속도를 구하여라. 2초 후에 가속도는 얼마인가?

풀이 속도와 가속도는

$$v(t)=\frac{ds}{dt}=6t^2-10t+3$$

$$a(t)=\frac{dv}{dt}=12t-10$$

이다. 2초 후의 가속도 $a(2)=14\text{cm/s}^2$이다. ■

지수함수

도함수의 정의를 이용하여 지수함수 $f(x)=a^x$의 도함수를 계산하자.

$$f'(x)=\lim_{h\to 0}\frac{f(x+h)-f(x)}{h}=\lim_{h\to 0}\frac{a^{x+h}-a^x}{h}$$

$$=\lim_{h\to 0}\frac{a^xa^h-a^x}{h}=\lim_{h\to 0}\frac{a^x(a^h-1)}{h}$$

인수 a^x는 h와 무관하므로 극한 앞으로 옮길 수 있다.

$$f'(x)=a^x\lim_{h\to 0}\frac{a^h-1}{h}$$

극한은 $x=0$에서 f의 도함수의 값이다. 즉,

$$\lim_{h\to 0}\frac{a^h-1}{h}=f'(0)$$

그러므로 지수함수 $f(x)=a^x$는 $x=0$에서 미분가능하면, 모든 점에서 미분가능함을 알 수 있고

4 $$f'(x)=f'(0)a^x$$

이 방정식은 지수함수의 변화율은 그 함수 자신에 비례한다는 것을 말해준다(기울기는 높이에 비례한다).

h	$\frac{2^h-1}{h}$	$\frac{3^h-1}{h}$
0.1	0.7177	1.1612
0.01	0.6956	1.1047
0.001	0.6934	1.0992
0.0001	0.6932	1.0987

$a=2$, $a=3$인 경우에 $f'(0)$이 존재함을 왼쪽 표에서 수치적으로 알 수 있다(값은 소수점 아래 넷째 자리까지 유효하며 $a=2$인 경우, 4.7절 예제 3 참조). 이 극한은

$$a=2\text{일 때, } f'(0)=\lim_{h\to 0}\frac{2^h-1}{h}\approx 0.69$$

$$a=3\text{일 때, } f'(0)=\lim_{h\to 0}\frac{3^h-1}{h}\approx 1.10$$

임을 알 수 있다. 사실 극한이 존재함을 증명할 수 있고, 소수점 이하 여섯째 자리까지 정확한 값은

$$\frac{d}{dt}(2^x)\bigg|_{x=0}\approx 0.693147,\qquad \frac{d}{dt}(3^x)\bigg|_{x=0}\approx 1.098612$$

이다. 따라서 식 **4**에 의하여 다음과 같다.

5 $$\frac{d}{dx}(2^x)\approx(0.69)2^x,\qquad \frac{d}{dx}(3^x)\approx(1.10)3^x$$

식 **4**의 밑수 a가 취할 수 있는 선택 가능한 것 중에서 가장 간단한 미분식은 $f'(0)=1$일 때이다. $a=2$와 $a=3$에 대한 $f'(0)$의 측정값에 의하면 $f'(0)=1$이 되는 수 a가 2와 3 사이에 있음을 알 수 있다. 이 수를 문자 e로 표시한다.

● 연습문제 1에서 e는 2.7과 2.8 사이의 수임을 볼 것이다. 소수 다섯째 자리까지 정확한 값은

$$e \approx 2.71828$$

임을 나중에 보일 수 있다.

수 e의 정의 e는 $\lim_{h \to 0} \frac{e^h - 1}{h} = 1$인 수이다.

기하학적으로, $y=a^x$의 모든 가능한 지수함수 중에서, $f(x)=e^x$는 $(0,\ 1)$에서의 접선의 기울기 $f'(0)$이 정확히 1인 함수이다(그림 6과 7 참조).

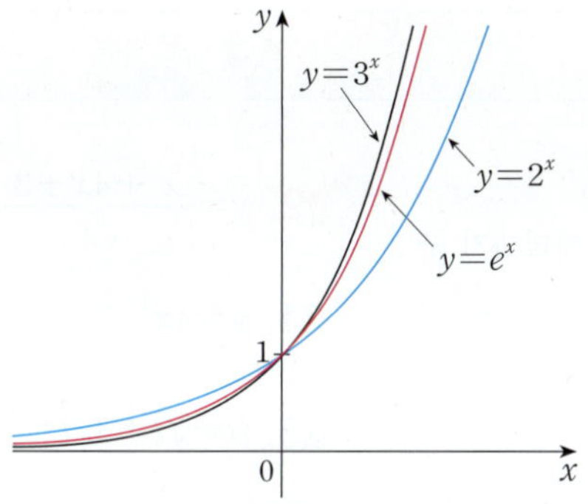

그림 6

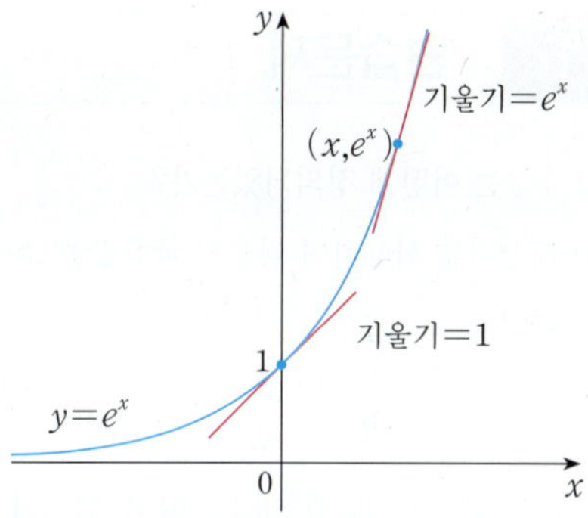

그림 7

$a=e$로 두면, 식 **4**에서 $f'(0)=1$이므로 다음의 중요한 미분공식이 된다.

자연지수함수의 도함수 $\frac{d}{dx}(e^x)=e^x$

즉, 지수함수 $f(x)=e^x$는 그 자신이 도함수이다. 이러한 사실의 기하학적인 의미는 $y=e^x$에 대한 접선의 기울기가 그 점의 y좌표와 같다는 것이다(그림 7 참조).

예제 8 $f(x)=e^x-x$일 때, f'과 f''을 구하여라. f와 f'의 그래프를 비교하여라.

풀이 차의 공식을 이용하면

$$f'(x)=\frac{d}{dx}(e^x-x)=\frac{d}{dx}(e^x)-\frac{d}{dx}(x)=e^x-1$$

4.7절에서 2계도함수는 f'의 도함수이므로

$$f''(x)=\frac{d}{dx}(e^x-1)=\frac{d}{dx}(e^x)-\frac{d}{dx}(1)=e^x$$

f와 f'의 그래프는 그림 8에 있다. f는 $x=0$일 때 수평접선을 갖는다. $x>0$일 때 $f'(x)$는 양수이고 f는 증가한다. 또 $x<0$일 때 $f'(x)$는 음수이고 f는 감소한다. ■

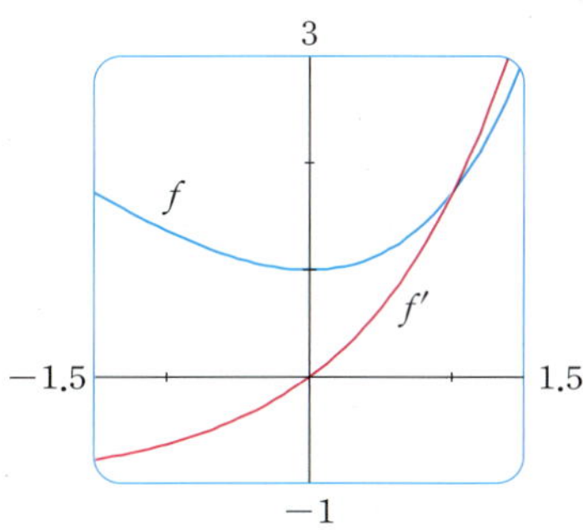

그림 8

예제 9 어느 점에서 곡선 $y=e^x$의 접선이 직선 $y=2x$에 평행한가?

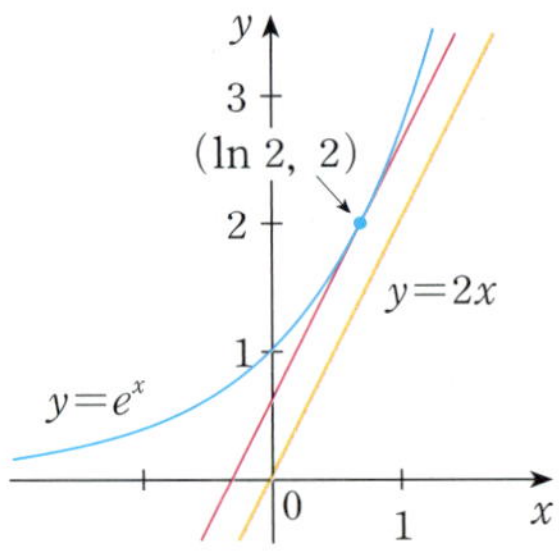

그림 9

풀이 $y=e^x$이므로, $y'=e^x$이다. 구하고자 하는 점의 x성분을 a라고 하자. 그러면 그 점에서 접선의 기울기는 e^a이다. 기울기가 같으면, 즉 2이면 접선은 직선 $y=2x$에 평행하게 될 것이다. 기울기를 같게 두면,

$$e^a=2 \qquad a=\ln 2$$

이다. 따라서 구하고자 하는 점은 $(a,\ e^a)=(\ln 2,\ 2)$이다(그림 9 참조). ■

5.1 연습문제

1. (a) 수 e는 어떻게 정의되었는가?
   (b) 계산기를 사용하여 다음의 극한값을 소수 둘째 자리까지 구하여라.
   $$\lim_{h\to 0}\frac{2.7^h-1}{h} \text{ 과 } \lim_{h\to 0}\frac{2.8^h-1}{h}$$
   e에 대해서 어떠한 사실을 알 수 있는가?
2. (a) 함수 $f(x)=e^x$의 그래프를 손으로 그리고 특히 그래프가 y축을 통과하는 점에 주의하여라. 어떠한 사실로부터 그 그래프를 그릴 수 있었는가?
   (b) $f(x)=e^x$와 $g(x)=x^e$는 어떠한 형태인가? f와 g의 도함수를 비교하여라.
   (c) x가 커질 때 (b)의 두 함수 중 어떤 함수가 더 빨리 커지는가?

(3~26) 함수를 미분하여라.

3. $f(x)=186.5$
4. $f(x)=\sqrt{30}$
5. $f(x)=5x-1$
6. $F(x)=-4x^{10}$
7. $f(x)=x^3-4x+6$
8. $f(t)=\frac{1}{2}t^6-3t^4+t$
9. $f(t)=\frac{1}{4}(t^4+8)$
10. $h(x)=(x-2)(2x+3)$
11. $A(s)=-\frac{12}{s^5}$
12. $B(y)=cy^{-6}$
13. $y=x^{-2/5}$
14. $h(t)=\sqrt[4]{t}-4e^t$
15. $y=3e^x+\frac{4}{\sqrt[3]{x}}$
16. $y=\sqrt{x}\,(x-1)$
17. $F(x)=\left(\frac{1}{2}x\right)^5$
18. $y=\frac{x^2-2\sqrt{x}}{x}$
19. $y=\frac{x^2+4x+3}{\sqrt{x}}$
20. $g(u)=\sqrt{2}u+\sqrt{3u}$
21. $y=4\pi^2$
22. $y=ae^v+\frac{b}{v}+\frac{c}{v^2}$
23. $u=\sqrt[5]{t}+4\sqrt{t^5}$
24. $v=\left(\sqrt{x}+\frac{1}{\sqrt[3]{x}}\right)^2$
25. $z=\frac{A}{y^{10}}+Be^y$
26. $y=e^{x+1}+1$

(27~28) 주어진 점에서 곡선의 접선의 방정식을 구하여라.

27. $y=\sqrt[4]{x},\quad (1,\ 1)$
28. $y=x^4+2x^2-x,\quad (1,\ 2)$

(29~30) 주어진 점에서 곡선의 접선과 법선의 방정식을 구하여라.

29. $y=x^4+2e^x,\quad (0,\ 2)$
30. $y=(1+2x)^2,\quad (1,\ 9)$

(31~32) 주어진 점에서 곡선의 접선의 방정식을 구하여라. 동일 평면상에서 곡선과 접선의 그래프를 그려서 설명하여라.

31. $y=3x^2-x^3,\quad (1,\ 2)$
32. $y=x-\sqrt{x},\quad (1,\ 0)$

(33~36) $f'(x)$를 구하여라. f와 f'의 그래프를 비교하고 이것을 이용하여 왜 타당한가를 설명하여라.

23. $f(x)=e^x-5x$
34. $f(x)=3x^5-20x^3+50x$
35. $f(x)=3x^{15}-5x^3+3$
36. $f(x)=x+\frac{1}{x}$

(37~38) f의 그래프를 접근확대하여 $f'(a)$의 값을 추정하여라. 미분하여 $f'(a)$의 정확한 값을 구하고, 추정한 값과 비교하여라.

37. $f(x)=3x^2-x^3$, $a=1$ 38. $f(x)=\dfrac{1}{\sqrt{x}}$, $a=4$

39. (a) 그래픽 계산기나 컴퓨터를 이용하여 함수 $f(x)=x^4-3x^3-6x^2+7x+30$을 직사각형 화면 $[-3,\ 5]\times[-10,\ 50]$에서 그려라.

(b) (a)의 그래프를 이용하여 기울기를 계산하고, 손으로 f'의 그래프를 그려라(4.7절의 예제 1 참조).

(c) $f'(x)$를 계산하고, 이 식을 이용하여 그래픽 도구를 써서 f'의 그래프를 그려라. (b)에서의 그림과 비교하여라.

40. (a) 그래픽 계산기나 컴퓨터를 이용하여 함수 $g(x)=e^x-3x^2$을 직사각형 화면 $[-1,\ 4]\times[-8,\ 8]$에서 그려라.

(b) (a)의 그래프를 이용하여 기울기를 계산하고, 손으로 g'의 그래프를 그려라(4.7절의 예제 1 참조).

(c) $g'(x)$를 계산하고, 이 식을 이용하여 그래픽 도구를 써서 g'을 그려라. (b)에서의 그림과 비교하여라.

(41~42) 주어진 함수의 1계도함수와 2계도함수를 구하여라.

41. $f(x)=10x^{10}+5x^5-x$ 42. $G(r)=\sqrt{r}+\sqrt[3]{r}$

(43~44) 주어진 함수의 1계도함수와 2계도함수를 구하여라. f, f', f''의 그래프를 비교하여 구한 답이 타당한지를 알아보아라.

43. $f(x)=2x-5x^{3/4}$ 44. $f(x)=e^x-x^3$

45. 한 입자의 운동방정식이 $s=t^3-3t$이다. 여기서 s의 단위는 m이고 t는 초이다.

(a) 속도와 가속도를 t의 함수로서 구하여라.

(b) 2초 후의 가속도를 구하여라.

(c) 속도가 0일 때 가속도를 구하여라.

46. 한 입자의 운동방정식이 $s=t^4-2t^3-t^2-t$이다. 여기서 s의 단위는 m이고 t는 초이다.

(a) 속도와 가속도를 t의 함수로서 구하여라.

(b) 1초 후의 가속도를 구하여라.

(c) 동일 평면상에 위치, 속도, 가속도 함수의 그래프를 동일 평면상에 그려라.

47. 함수 $f(x)=5x-e^x$는 어떤 구간에서 증가하는가?

48. 함수 $f(x)=x^3-4x^2+5x$는 어떤 구간에서 위로 오목한가?

49. 곡선 $y=2x^3-3x^2-12x+1$ 위에서 수평접선을 갖는 점을 구하여라.

50. $f(x)=x^3+3x^2+x+3$의 그래프는 x의 어떤 값에서 수평접선을 갖는가?

51. 곡선 $y=6x^3+5x-3$은 기울기가 4인 접선을 갖지 않음을 보여라.

52. 곡선 $y=x\sqrt{x}$에 대하여 직선 $y=1+3x$와 평행한 접선의 방정식을 구하여라.

53. 곡선 $y=1+x^3$에 접하고 직선 $12x-y=1$에 평행한 두 개의 접선의 방정식을 구하여라.

54. 곡선 $y=1+2e^x-3x$ 상에서 접선이 직선 $3x-y=5$에 평행한 점을 구하여라. 곡선과 두 직선을 그려서 설명하여라.

55. 포물선 $y=x^2-5x+4$에 대하여 직선 $x-3y=5$에 평행한 법선의 방정식을 구하여라.

56. 포물선 $y=x-x^2$ 상의 점 $(1,\ 0)$에서의 법선이 곡선과 두 번째로 만나는 점은 어디인가? 그래프를 그려서 설명하여라.

57. 점 $(0,\ -4)$를 지나고, 포물선 $y=x^2$에 접하는 2개의 직선을 그림을 그려서 보이고, 이 두 접선이 포물선과 만나는 점의 좌표를 구하여라.

58. (a) 포물선 $y=x^2+x$에 접하고 $(2,\ -3)$을 지나는 두 개의 접선의 방정식을 구하여라.

(b) 포물선에 접하고 $(2,\ 7)$을 지나는 직선은 없음을 보이고 그림을 그려서 설명하여라.

59. 도함수의 정의를 이용하여 $f(x)=\dfrac{1}{x}$이면 $f'(x)=-\dfrac{1}{x^2}$임을 보여라(이것은 $n=-1$일 때 거듭제곱 공식을 증명한 것이다).

60. 주어진 함수에 대해서 처음 몇 개의 도함수를 계산한 후 규칙을 찾아서 n계도함수를 구하여라.

(a) $f(x)=x^n$ (b) $f(x)=\dfrac{1}{x}$

61. $P(2)=5$, $P'(2)=3$이고 $P''(2)=2$인 이차다항식 P를 구하여라.

62. 방정식 $y''+y'-2y=x^2$은 미지의 함수 y와 그의 도함수 y'과 y''을 포함하고 있으므로 **미분방정식**이라고 한다. 함수 $y=Ax^2+Bx+C$가 이 방정식을 만족할 때 상수 A, B와 C를 구하여라.

63. (a) 4.8절에서 f의 역도함수 F는 $F'=f$라고 정의하였다. $f(x)=x^2$의 역도함수에 대해서 추측을 해 보아라. 그 후

그것을 미분하여 답을 확인하여라. f의 원시함수는 몇 개인가?

(b) $f(x)=x^3$과 $f(x)=x^4$의 역도함수를 구하여라.

(c) $f(x)=x^n$, $n\neq-1$의 역도함수를 구하여라. 미분하여 확인하여라.

64. 연습문제 63(c)의 결과를 이용하여 각 함수의 역도함수를 구하여라.

(a) $f(x)=\sqrt{x}$ (b) $f(x)=e^x+8x^3$

65. 점 (1, 1)에서 접선의 방정식이 $y=3x-2$인 포물선 $y=ax^2+bx$를 구하여라.

66. 곡선 $y=x^4+ax^3+bx^2+cx+d$가 $x=0$일 때 접선 $y=2x+1$을 갖고, $x=1$일 때 접선 $y=2-3x$를 갖는다고 하자. a, b, c, d의 값을 구하여라.

67. 점 $(-2,\ 6)$과 $(2,\ 0)$에서 수평접선을 갖는 3차함수 $y=ax^3+bx^2+cx+d$를 구하여라.

68. 직선 $y=\frac{3}{2}x+6$이 곡선 $y=c\sqrt{x}$의 접선일 때 c를 구하여라.

69. $x=2$일 때 포물선 $y=ax^2$의 접선이 $2x+y=b$가 되는 a와 b의 값을 구하여라.

70. 한 점 P에서 쌍곡선 $xy=c$에 접선이 그려져 있다.

(a) 이 접선과 좌표축에 의해 잘린 선의 중점이 P임을 보여라.

(b) P가 쌍곡선의 어디에 위치하든지간에 접선과 좌표축으로 이루어진 삼각형의 넓이는 항상 일정함을 보여라.

71. $\lim_{x\to1}\frac{x^{1000}-1}{x-1}$을 계산하여라.

72. 서로 수직인 두 직선이 y축에서 만나서 두 직선 모두 포물선 $y=x^2$의 접선인 그림을 그려라. 이 직선들의 교점을 구하여라.

73. $c>\frac{1}{2}$일 때 점 $(0, c)$를 지나고 포물선 $y=x^2$에 법선인 직선이 몇 개인가? $c\leq\frac{1}{2}$일 때는 몇 개인가?

74. 포물선 $y=x^2$과 $y=x^2-2x+2$의 그래프를 그려라. 두 곡선 모두에 접하는 직선이 있는가? 있다면 구하고 없다면 그 이유를 설명하여라.

5.2 곱셈 법칙과 나눗셈의 공식

새 함수가 구 함수들을 곱하거나 나누어서 만들어지면 이 절에서 소개되는 공식들을 이용하여 미분할 수 있다.

▷ 곱셈 법칙

⊘ 합과 차의 공식과 유사하게 곱의 도함수는, 라이프니츠가 3세기 전에 한 것과 같이, 도함수의 곱이라고 추측할 수도 있다. 그러나 이러한 추측은 다음 예제를 살펴보면 잘못된 것임을 알 수 있다. $f(x)=x$이고 $g(x)=x^2$이라고 하자. 거듭제곱 공식을 이용하면 $f'(x)=1$이고 $g'(x)=2x$이다. 그런데 $(fg)(x)=x^3$이므로, $(fg)'(x)=3x^2$이다. 따라서 $(fg)'\neq f'g'$이다. 이와 같은 라이프니츠의 처음의 실패 이후에, 곧 그에 의하여 정확한 공식이 얻어졌으며, 이것을 곱셈 법칙이라 한다.

곱셈 법칙을 서술하기 전에 그 원리를 살펴보자. 먼저 $u=f(x)$, $v=g(x)$라 두고 모두 양이고 미분가능한 함수라고 가정하자. 그러면 uv를 사각형의 넓이라고 생각할 수 있다(그림 1 참조). x의 값이 Δx 만큼 변하면 대응하는 u와 v의 변화량은

$$\Delta u = f(x+\Delta x) - f(x) \qquad \Delta v = g(x+\Delta x) - g(x)$$

이고 곱 $(u+\Delta u)(v+\Delta v)$은 그림 1에서 큰 사각형의 넓이로 생각할 수 있다(Δu와 Δv가 양이라고 가정하자).

사각형 넓이의 변화량은

1
$$\Delta(uv) = (u+\Delta u)(v+\Delta v) - uv = u\Delta v + v\Delta u + \Delta u \Delta v$$
$$= \text{색칠된 세 영역의 합}$$

이다. 양변을 Δx로 나누면

$$\frac{\Delta(uv)}{\Delta x} = u\frac{\Delta v}{\Delta x} + v\frac{\Delta u}{\Delta x} + \Delta u \frac{\Delta v}{\Delta x}$$

이다. $\Delta x \to 0$라 두면, uv의 도함수를 구할 수 있다.

$$\frac{d}{dx}(uv) = \lim_{\Delta x \to 0} \frac{\Delta(uv)}{\Delta x} = \lim_{\Delta x \to 0}\left(u\frac{\Delta v}{\Delta x} + v\frac{\Delta u}{\Delta x} + \Delta u \frac{\Delta v}{\Delta x}\right)$$
$$= u\lim_{\Delta x \to 0}\frac{\Delta v}{\Delta x} + v\lim_{\Delta x \to 0}\frac{\Delta u}{\Delta x} + \left(\lim_{\Delta x \to 0}\Delta u\right)\left(\lim_{\Delta x \to 0}\frac{\Delta v}{\Delta x}\right)$$
$$= u\frac{dv}{dx} + v\frac{du}{dx} + 0 \cdot \frac{dv}{dx}$$

2
$$\frac{d}{dx}(uv) = u\frac{dv}{dx} + v\frac{du}{dx}$$

(f가 미분가능이므로 연속이다. 따라서 $\Delta u \to 0$이면 $\Delta x \to 0$이다.)

여기서 모든 값들이 양이라고 가정하였지만(기하학적 해석을 위해서), 식 **1**은 모든 값에 대해서 성립함을 알 수 있다(위의 식은 u, v, Δu, Δv가 양 또는 음에 대해서 모두 성립한다). 따라서 모든 미분가능한 함수 u와 v에 대해서 곱셈 법칙으로 알려져 있는 식 **2**를 증명하였다.

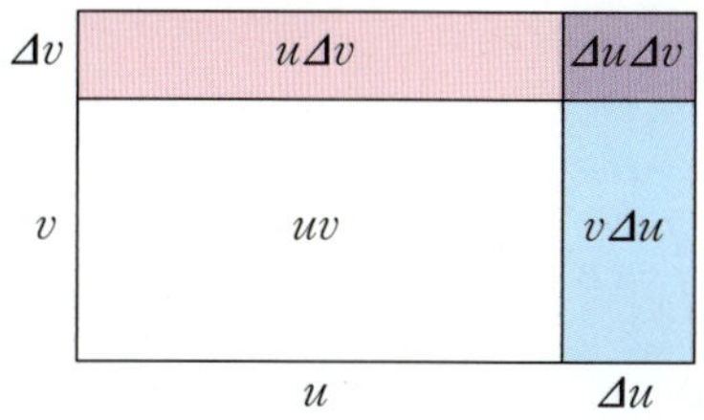

그림 1
곱셈 법칙의 기하학적 의미

● 라이프니츠 기호를 사용하면 미분 공식은 다음과 같이 쓸 수 있다.
$$\frac{dy}{dx} = \lim_{\Delta x \to 0}\frac{\Delta y}{\Delta x}$$

● 프라임 기호로 나타내면
$$(fg)' = fg' + f'g$$

> **곱셈 법칙** f와 g가 모두 미분가능하면
> $$\frac{d}{dx}[f(x)g(x)] = f(x)\frac{d}{dx}[g(x)] + g(x)\frac{d}{dx}[f(x)]$$

다시 말해서, 두 함수의 곱의 도함수는 앞의 함수에 뒤의 함수의 도함수를 곱하고, 뒤의 함수에 앞의 함수의 도함수를 곱하여 이들을 더한 것과 같음을 말해준다.

예제 1 곱셈 법칙 이용

(a) $f(x) = xe^x$일 때 $f'(x)$를 구하여라.

(b) n계도함수, $f^{(n)}(x)$를 구하여라.

풀이 (a) 곱셈 법칙에 의하여

$$f'(x) = \frac{d}{dx}(xe^x) = x\frac{d}{dx}(e^x) + e^x\frac{d}{dx}(x)$$

그림 2는 예제 1의 함수 f와 그의 도함수 f'의 그래프를 보여준다. f가 증가할 때 $f'(x)$는 양이고, f가 감소할 때 f'가 음임을 알 수 있다.

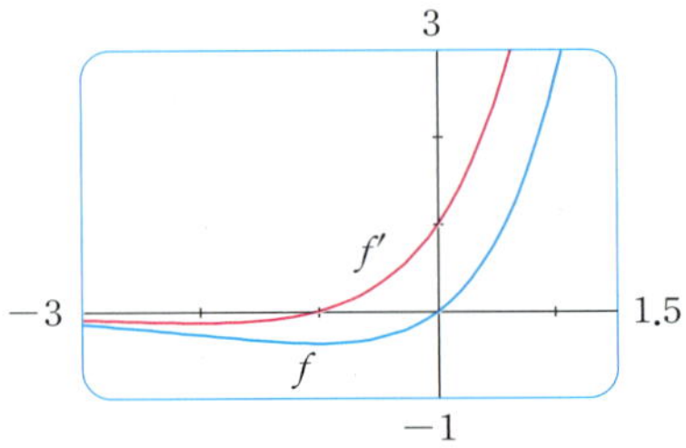

그림 2

$$=xe^x+e^x\cdot 1=(x+1)e^x$$

(b) 곱셈 법칙을 다시 적용하면

$$f''(x)=\frac{d}{dx}[(x+1)e^x]=(x+1)\frac{d}{dx}(e^x)+e^x\frac{d}{dx}(x+1)$$
$$=(x+1)e^x+e^x\cdot 1=(x+2)e^x$$

곱셈 법칙을 계속해서 적용하면

$$f'''(x)=(x+3)e^x \qquad f^{(4)}(x)=(x+4)e^x$$

이다. 미분을 할 때마다 e^x가 더해짐을 알 수 있다. 즉

$$f^{(n)}(x)=(x+n)e^x$$

이다. ■

예제 2에서 a, b는 상수이다. 수학에서는 관습적으로 영어 알파벳에서 앞에 있는 것들은 상수를 나타내고 뒤에 있는 것들은 변수를 나타낸다.

예제 2 임의의 상수를 갖는 함수의 미분 함수 $f(t)=\sqrt{t}\,(a+bt)$를 미분하여라.

풀이1 곱셈 법칙을 사용하면

$$f'(t)=\sqrt{t}\,\frac{d}{dt}(a+bt)+(a+bt)\frac{d}{dt}\sqrt{t}$$
$$=\sqrt{t}\cdot b+(a+bt)\cdot\frac{1}{2}t^{-1/2}$$
$$=b\sqrt{t}+\frac{(a+bt)}{2\sqrt{t}}=\frac{a+3bt}{2\sqrt{t}}$$

풀이2 먼저 지수법칙을 사용하여 $f(t)$를 다시 쓰면, 곱셈 법칙을 사용하지 않고 바로 구할 수 있다.

$$f(t)=a\sqrt{t}+bt\sqrt{t}=at^{1/2}+bt^{3/2}$$
$$f'(t)=\frac{1}{2}at^{-1/2}+\frac{3}{2}bt^{1/2}$$

이것은 풀이 1에서의 답과 같음을 알 수 있다. ■

예제 2는 곱셈 법칙을 사용하는 것보다 함수들의 곱을 간단하게 만드는 것이 가끔씩 더 편리한 것을 보여준다. 그러나 예제 1에서는 곱셈 법칙이 유일하게 가능한 방법이다.

예제 3 $f(x)=\sqrt{x}g(x)$, $g(4)=2$, $g'(4)=3$일 때 $f'(4)$를 구하여라.

풀이 곱셈 법칙을 적용하면

$$f'(x)=\frac{d}{dx}[\sqrt{x}\,g(x)]=\sqrt{x}\,\frac{d}{dx}[g(x)]+g(x)\frac{d}{dx}[\sqrt{x}\,]$$
$$=\sqrt{x}\,g'(x)+g(x)\cdot\frac{1}{2}x^{-1/2}$$
$$=\sqrt{x}\,g'(x)+\frac{g(x)}{2\sqrt{x}}$$

따라서 $$f'(4)=\sqrt{4}\,g'(4)+\frac{g(4)}{2\sqrt{4}}=2\cdot3+\frac{2}{2\cdot2}=6.5$$

이다. ■

예제 4 곱셈 법칙에서 각 항의 의미 해석하기 어떤 전화국에서 다음 달에 설치할 주택지의 전화선 수를 계산하려고 한다. 1월 초에 전화국은 100000명의 전화가입자가 있고 각각의 가입자는 평균 1.2대의 전화선을 가지고 있다. 전화국은 전화가입자가 매달 1000명의 비율로 증가하고 있다고 평가했다. 기존의 가입자를 대상으로 투표한 결과 1월 말에는 각각 평균 0.01대의 새 전화선을 설치하려는 것을 알게 되었다. 1월 초 전화선의 증가 비율을 이용하여 1월 한 달 동안 새롭게 설치해야 할 전화선 수를 계산하여라.

풀이 $s(t)$를 시간 t에서 전화가입자 수 $n(t)$를 각 가입자에 대한 전화선 수라고 하자. 여기서 t는 달로 계산되고 $t=0$은 1월 초를 나타낸다. 따라서 총 전화선 수는

$$L(t)=s(t)n(t)$$

이고 $L'(0)$을 구하고자 한다. 곱셈 법칙에 의해서

$$L'(t)=\frac{d}{dt}[s(t)n(t)]=s(t)\frac{d}{dt}n(t)+n(t)\frac{d}{dt}s(t)$$

주어진 조건에서 $s(0)=100000$이고 $n(0)=1.2$이다. 전화국은 대략 증가율이 $s'(0)\approx1000$이고 $n'(0)\approx0.01$이라고 알고 있다. 따라서

$$\begin{aligned}L'(0)&=s(0)n'(0)+n(0)s'(0)\\&\approx100000\cdot0.01+1.2\cdot1000=2200\end{aligned}$$

전화국은 1월에 대략 2200개의 새 전화선을 설치할 필요가 있을 것이다. 곱셈 법칙에서 두 개의 항이 서로 다른 원인에 의해서 나타남을 주의하라. L'에 대한 첫 번째 영향은 기존 가입자(100000) 수에 그들이 새로운 전화선을 가입하는 비율(다달이 가입자당 대략 0.01)을 곱한 것이다. 두 번째 영향을 가입자당 평균 전화선 수(월초에 1.2)에 가입자의 증가비율(다달이 1000)을 곱한 것이다. ■

▷ 나눗셈의 공식

미분가능한 두 함수 $u=f(x)$, $v=g(x)$의 나눗셈을 미분하는 공식을, 곱셈 법칙에서의 같은 방법으로 구해보자.

x, u, v가 Δx, Δu, Δv만큼 변화하면 $\frac{u}{v}$는

$$\begin{aligned}\Delta\left(\frac{u}{v}\right)&=\frac{u+\Delta u}{v+\Delta v}-\frac{u}{v}=\frac{(u+\Delta u)v-u(v+\Delta v)}{v(v+\Delta v)}\\&=\frac{v\Delta u-u\Delta v}{v(v+\Delta v)}\end{aligned}$$

따라서 $$\frac{d}{dx}\left(\frac{u}{v}\right)=\lim_{\Delta x\to 0}\frac{\Delta(u/v)}{\Delta x}=\lim_{\Delta x\to 0}\frac{v\dfrac{\Delta u}{\Delta x}-u\dfrac{\Delta v}{\Delta x}}{v(v+\Delta v)}$$

이다. $\Delta x\to 0$, $\Delta v\to 0$이고 g가 미분가능하기 때문에 g는 연속이다. 그러므로 극한법칙을 사용하면

$$\frac{d}{dx}\left(\frac{u}{v}\right)=\frac{v\displaystyle\lim_{\Delta x\to 0}\frac{\Delta u}{\Delta x}-u\lim_{\Delta x\to 0}\frac{\Delta v}{\Delta x}}{v\displaystyle\lim_{\Delta x\to 0}(v+\Delta v)}=\frac{v\dfrac{du}{dx}-u\dfrac{dv}{dx}}{v^2}$$

● $\left(\dfrac{f}{g}\right)'=\dfrac{gf'-fg'}{g^2}$

나눗셈의 공식 f와 g가 모두 미분가능하면

$$\frac{d}{dx}\left[\frac{f(x)}{g(x)}\right]=\frac{g(x)\dfrac{d}{dx}[f(x)]-f(x)\dfrac{d}{dx}[g(x)]}{[g(x)]^2}$$

다시 말해서, 나눗셈의 도함수는 분자의 도함수를 분모에 곱하고 분모의 도함수를 분자에 곱해서 빼고, 그 결과를 분모의 제곱으로 나눈 것과 같다.

나눗셈의 공식과 다른 미분공식들을 이용해서 다음 예제들에서 볼 수 있는 것과 같이 임의의 유리함수의 도함수를 계산할 수 있게 한다.

● 예제 5의 해가 그럴 듯하다는 것을 검토하기 위해서 그래픽 도구를 이용할 수 있다. 그림 3은 예제 5의 함수와 그것의 도함수의 그래프를 보여준다. y가 빠르게 커질 때, y'은 크다는 것을 유의하여라. 그리고 y가 느리게 움직이면, y'은 0에 가깝다.

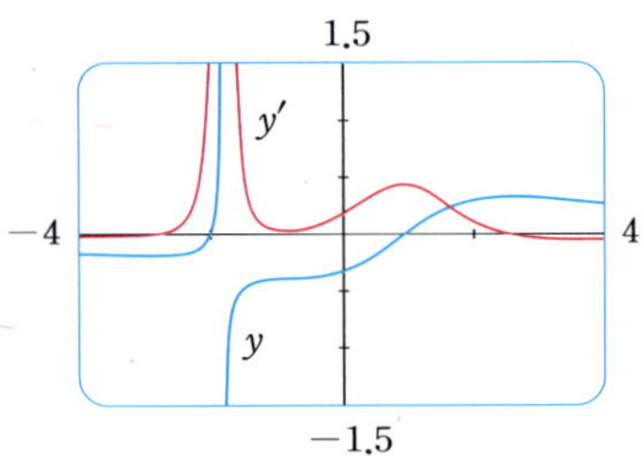

그림 3

예제 5 나눗셈의 공식 이용하기 $y=\dfrac{x^2+x-2}{x^3+6}$ 라 하면

$$\begin{aligned}y'&=\frac{(x^3+6)\dfrac{d}{dx}(x^2+x-2)-(x^2+x-2)\dfrac{d}{dx}(x^3+6)}{(x^3+6)^2}\\&=\frac{(x^3+6)(2x+1)-(x^2+x-2)(3x^2)}{(x^3+6)^2}\\&=\frac{(2x^4+x^3+12x+6)-(3x^4+3x^3-6x^2)}{(x^3+6)^2}\\&=\frac{-x^4-2x^3+6x^2+12x+6}{(x^3+6)^2}\end{aligned}$$ ■

예제 6 곡선 $y=e^x/(1+x^2)$ 위의 점 $(1,\ e/2)$에서 접선의 방정식을 구하여라.

풀이 나눗셈의 공식에 의해서

$$\begin{aligned}\frac{dy}{dx}&=\frac{(1+x^2)\dfrac{d}{dx}(e^x)-e^x\dfrac{d}{dx}(1+x^2)}{(1+x^2)^2}\\&=\frac{(1+x^2)e^x-e^x(2x)}{(1+x^2)^2}=\frac{e^x(1-x)^2}{(1+x^2)^2}\end{aligned}$$

따라서 $(1,\ e/2)$에서 접선의 기울기는

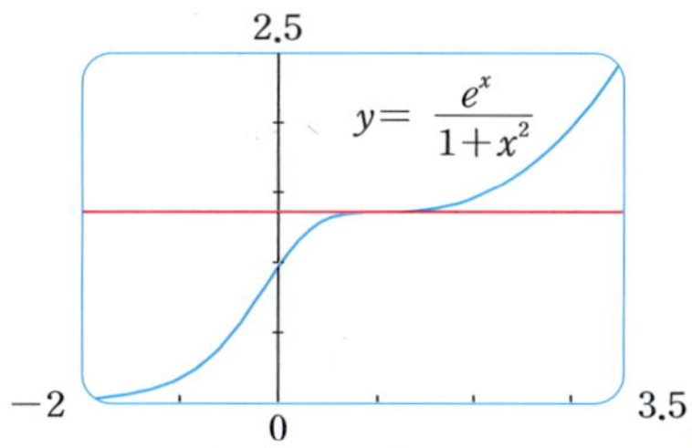

그림 4

$$\left.\frac{dy}{dx}\right|_{x=1}=0$$

$(1,\ e/2)$에서 접선은 수평선이고 그 식은 $y=e/2$이다(그림 4 참조. 함수는 증가하고 $(1,\ e/2)$에서 그 접선을 가로지름을 알 수 있다). ■

참고 분수 형태로 주어졌다고 항상 나눗셈의 공식을 사용하지 마라. 어떤 경우는 몫의 형태를 다시 쓰는 것이 더 쉽다. 예를 들어, 나눗셈의 공식을 사용해서 함수

$$F(x)=\frac{3x^2+2\sqrt{x}}{x}$$

를 미분할 수 있지만, 미분하기 전에 나눗셈을 먼저 하여 함수를

$$F(x)=3x+2x^{-1/2}$$

으로 고쳐 쓰는 것이 더 쉽다.

다음은 미분공식을 요약한 표이다.

$\frac{d}{dx}(c)=0$	$\frac{d}{dx}(x^n)=nx^{n-1}$	$\frac{d}{dx}(e^x)=e^x$
$(cf)'=cf'$	$(f+g)'=f'+g'$	$(f-g)'=f'-g'$
$(fg)'=fg'+gf'$	$\left(\frac{f}{g}\right)'=\frac{gf'-fg'}{g^2}$	

5.2 연습문제

1. $y=(1+2x^2)(x-x^2)$의 도함수를 두 가지 방법으로 구하여라(곱셈 법칙을 이용하는 방법과 곱셈을 먼저 수행한 후 구하는 방법). 두 답이 일치하는가?

2. 함수

$$F(x)=\frac{x^4-5x^3+\sqrt{x}}{x^2}$$

의 도함수를 두 가지 방법으로 구하여라(나눗셈의 공식을 이용하는 방법과 먼저 간단하게 정리한 후 구하는 방법). 두 답이 일치함을 보여라. 어떠한 방법이 편리한가?

(3~24) 다음을 미분하여라.

3. $f(x)=(x^3+2x)e^x$
4. $g(x)=\sqrt{x}\,e^x$
5. $y=\frac{e^x}{x^2}$
6. $y=\frac{e^x}{1+x}$
7. $h(x)=\frac{x+2}{x-1}$
8. $f(u)=\frac{1-u^2}{1+u^2}$
9. $F(y)=\left(\frac{1}{y^2}-\frac{3}{y^4}\right)(y+5y^3)$
10. $R(t)=(t+e^t)(3-\sqrt{t})$
11. $y=\frac{x^3}{1-x^2}$
12. $y=\frac{x+1}{x^3+x-2}$
13. $y=\frac{t^2}{3t^2-2t+1}$
14. $y=\frac{t^3+t}{t^4-2}$
15. $y=(r^2-2r)e^r$
16. $y=\frac{1}{s+ke^s}$
17. $y=\frac{v^3-2v\sqrt{v}}{v}$
18. $z=w^{3/2}(w+ce^w)$
19. $f(t)=\frac{2t}{2+\sqrt{t}}$
20. $g(t)=\frac{t-\sqrt{t}}{t^{1/3}}$

21. $f(x)=\dfrac{A}{B+Ce^x}$ 22. $f(x)=\dfrac{1-xe^x}{x+e^x}$

23. $f(x)=\dfrac{x}{x+\dfrac{c}{x}}$ 24. $f(x)=\dfrac{ax+b}{cx+d}$

(25~28) $f'(x)$와 $f''(x)$를 구하여라.

25. $f(x)=x^4e^x$ 26. $f(x)=x^{5/2}e^x$

27. $f(x)=\dfrac{x^2}{1+2x}$ 28. $f(x)=\dfrac{x}{x^2-1}$

(29~30) 주어진 점에서 접선의 방정식을 구하여라.

29. $y=\dfrac{2x}{x+1}$, $(1,\ 1)$ 30. $y=\dfrac{e^x}{x}$, $(1,\ e)$

(31~32) 주어진 점에서 접선과 법선의 방정식을 구하여라.

31. $y=2xe^x$, $(0,\ 0)$ 32. $y=\dfrac{\sqrt{x}}{x+1}$, $(4,\ 0.4)$

33. (a) 곡선 $y=\dfrac{1}{1+x^2}$은 Maria Agnesi의 마녀라 불린다. 점 $\left(-1,\ \dfrac{1}{2}\right)$에서 이 곡선의 접선의 방정식을 구하여라.

(b) 곡선의 그래프와 접선을 동일평면상에 그려서 (a)를 설명하여라.

34. (a) 곡선 $y=\dfrac{x}{1+x^2}$는 serpentine이라 불린다. 점 $(3,\ 0.3)$에서 이 곡선의 접선의 방정식을 구하여라.

(b) 곡선의 그래프와 접선을 동일평면상에 그려서 (a)를 설명하여라.

35. (a) $f(x)=(x^3-x)e^x$일 때 $f'(x)$를 구하여라.

(b) f와 f'의 그래프를 비교하여 (a)에서 구한 답이 타당한지를 알아보아라.

36. (a) $f(x)=e^x/(2x^2+x+1)$일 때 $f'(x)$를 구하여라.

(b) f와 f'의 그래프를 비교하여 (a)에서 구한 답이 타당한지를 알아보아라.

37. (a) $f(x)=(x^2-1)/(x^2+1)$일 때, $f'(x)$와 $f''(x)$를 구하여라.

(b) f, f'과 f''의 그래프를 비교하여 (a)에서 구한 답이 타당한지를 알아보아라.

38. (a) $f(x)=(x^2-1)e^x$일 때, $f'(x)$와 $f''(x)$를 구하여라.

(b) f, f'과 f''의 그래프를 비교하며 (a)에서 구한 답이 타당한지를 알아보아라.

39. $f(x)=\dfrac{x^2}{1+x}$일 때, $f''(1)$을 구하여라.

40. $g(x)=\dfrac{x}{e^x}$일 때, $g^{(n)}(x)$를 구하여라.

41. $f(5)=1$, $f'(5)=6$, $g(5)=-3$이고 $g'(5)=2$라고 가정하자. 다음을 구하여라.

(a) $(fg)'(5)$ (b) $\left(\dfrac{f}{g}\right)'(5)$

(c) $\left(\dfrac{g}{f}\right)'(5)$

42. $f(2)=-3$, $g(2)=4$, $f'(2)=-2$이고 $g'(2)=7$일 때 $h'(2)$를 구하여라.

(a) $h(x)=5f(x)-4g(x)$ (b) $h(x)=f(x)g(x)$

(c) $h(x)=\dfrac{f(x)}{g(x)}$ (d) $h(x)=\dfrac{g(x)}{1+f(x)}$

43. $f(x)=e^xg(x)$이고 $g(0)=2$, $g'(0)=5$일 때 $f'(0)$을 구하여라.

44. $h(2)=4$이고 $h'(2)=-3$일 때 $\dfrac{d}{dx}\left(\dfrac{h(x)}{x}\right)\Big|_{x=2}$를 구하여라.

45. f와 g가 아래와 같은 그래프를 갖는 함수이고 $u(x)=f(x)g(x)$이고 $v(x)=\dfrac{f(x)}{g(x)}$라고 하자.

(a) $u'(1)$을 구하여라. (b) $v'(5)$를 구하여라.

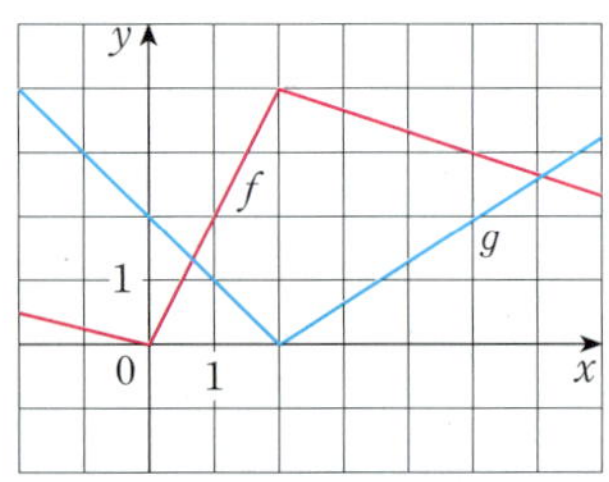

46. F와 G의 그래프가 다음과 같을 때, $P(x)=F(x)G(x)$, $Q(x)=\dfrac{F(x)}{G(x)}$이다.

(a) $P(2)$를 구하여라. (b) $Q'(7)$을 구하여라.

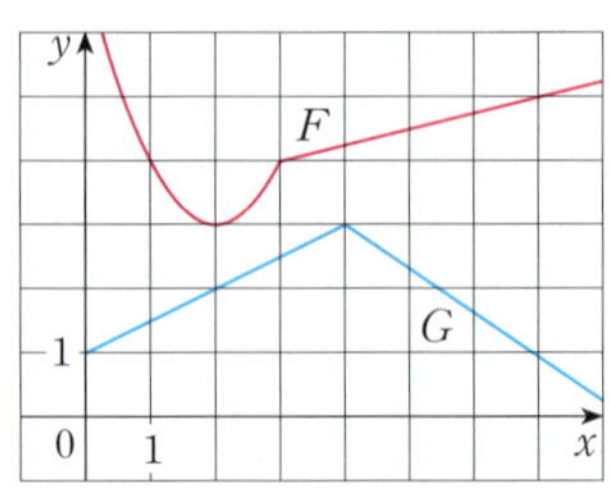

47. g가 미분가능한 함수일 때, 다음 함수들의 도함수를 구하여라.

(a) $y=xg(x)$ (b) $y=\dfrac{x}{g(x)}$ (c) $y=\dfrac{g(x)}{x}$

48. f가 미분가능한 함수일 때, 다음 함수들의 도함수를 구하여라.

(a) $y=x^2f(x)$ (b) $y=\dfrac{f(x)}{x^2}$

(c) $y=\dfrac{x^2}{f(x)}$ (d) $y=\dfrac{1+xf(x)}{\sqrt{x}}$

49. 이 문제는 버지니아 Richmond -Petersburg 지역에서 총 개인 수입 증가율을 계산하려고 한다. 1999년에 이 지역의 인구는 961400명이었고, 인구가 1년에 약 9200명씩 증가하였다. 평균 연수입은 회계연도에 30593달러이었고, 이 평균은 1년에 1400달러씩 증가하였다(이 증가는 전국 평균보다 1225달러를 웃도는 것이다). 곱셈 법칙과 이 정보를 이용하여 1999년 이 지역에서 총 개인 수입이 증가한 율을 계산하여라. 곱셈 법칙에서 각 항의 의미를 설명하여라.

50. 한 제조업자는 넓이가 일정한 직물을 생산하고 있다. 판매한 직물의 양 q(단위는 미터)는 판매가격 p(파운드/미터)의 함수이다. 따라서 $q=f(p)$로 쓸 수 있다. 그러므로 판매가격이 p일 때 총수입은 $R(p)=pf(p)$이다.

(a) $f(20)=10000$과 $f'(20)=-350$은 무엇을 의미하는가?

(b) (a)의 값을 가정하고 $R'(20)$을 계산하고 그 의미를 설명하여라.

51. 함수 $f(x)=x^3e^x$가 증가하는 구간을 구하여라.

52. 함수 $f(x)=x^2e^x$가 아래로 오목한 구간을 구하여라.

53. 곡선 $y=\dfrac{x}{x+1}$에 대해서 점 (1, 2)를 지나는 접선은 몇 개인가? 어떤 점에서 접선이 곡선과 만나는가?

54. 직선 $x-2y=2$에 평행인 곡선 $y=\dfrac{x-1}{x+1}$의 접선의 방정식을 구하여라.

55. $R(x)$가 다음과 같을 때 $R'(0)$을 구하여라.

$$R(x)=\frac{x-3x^3+5x^5}{1+3x^3+6x^6+9x^9}$$

[도움말] $R'(x)$를 구하기 전에 $R(x)$의 분자를 $f(x)$, 분모를 $g(x)$라 하고 $f(0)$, $f'(0)$, $g(0)$, $g'(0)$을 이용하여 $R'(0)$을 구하여라.

56. 연습문제 55번의 방법을 이용하여

$$Q(x)=\frac{1+x+x^2+xe^x}{1-x+x^2-xe^x}$$

일 때 $Q'(0)$을 구하여라.

57. (a) f, g와 h가 미분가능할 때, 곱셈 법칙을 두 번 이용하여 $(fgh)'=f'gh+fg'h+fgh'$임을 보여라.

(b) (a)에서 $f=g=h$라 두고 $\dfrac{d}{dx}[f(x)]^3=3[f(x)]^2f'(x)$임을 보여라.

(c) (b)를 이용하여 $y=e^{3x}$을 미분하여라.

58. (a) $F(x)=f(x)g(x)$이고 f와 g가 모든 계수의 도함수를 가질 때, $F''=f''g+2f'g'+fg''$임을 보여라.

(b) F'''과 $F^{(4)}$을 구하여라.

(c) $F^{(n)}$에 대한 식을 추측하여 보아라.

59. $f(x)=x^2e^x$일 때 처음 5개의 도함수들을 구하여라. 이 식들에서 규칙이 있는가? $f^{(n)}(x)$에 대한 식을 추측하여 보고, 이것을 수학적 귀납법을 이용하여 증명하여라.

60. (a) 도함수의 정의를 이용하여, **역수법칙**을 증명하여라. g가 미분가능하면

$$\frac{d}{dx}\left(\frac{1}{g(x)}\right)=-\frac{g'(x)}{[g(x)]^2}$$

이다.

(b) 역수법칙을 이용하여 연습문제 16에 있는 함수를 미분하여라.

(c) 역수법칙을 이용하여 모든 양의 정수 n에 대하여 거듭제곱 공식이 음의 정수에 대해서도 성립함을 증명하여라.

$$\frac{d}{dx}(x^{-n})=-nx^{-n-1}$$

5.3 삼각함수의 도함수

이 절을 시작하기에 앞서 삼각함수를 복습해야 한다. 특히, 모든 실수 x에 대하여

$$f(x)=\sin x$$

로 정의되는 함수를 다룰 경우, $\sin x$는 라디안으로 주어지는 각 x에 대한 sine을 나타내는 것으로 한다. 다른 삼각함수들 cos, tan, csc, sec, cot에 대하여도 동일하게 다룬다. 4.4절에서 모든 삼각함수들은 그들의 정의역상의 모든 점에서 연속임을 알았다.

함수 $f(x)=\sin x$의 그래프를 그리고, f'의 그래프를 그리기 위해 $f'(x)$를 사인곡선에 대한 접선의 기울기로 해석한다(4.7절 연습문제 14 참조). 그러면 f'의 그래프는 코사인곡선과 똑같이 생겼다는 것을 알 수 있다(그림 1 참조).

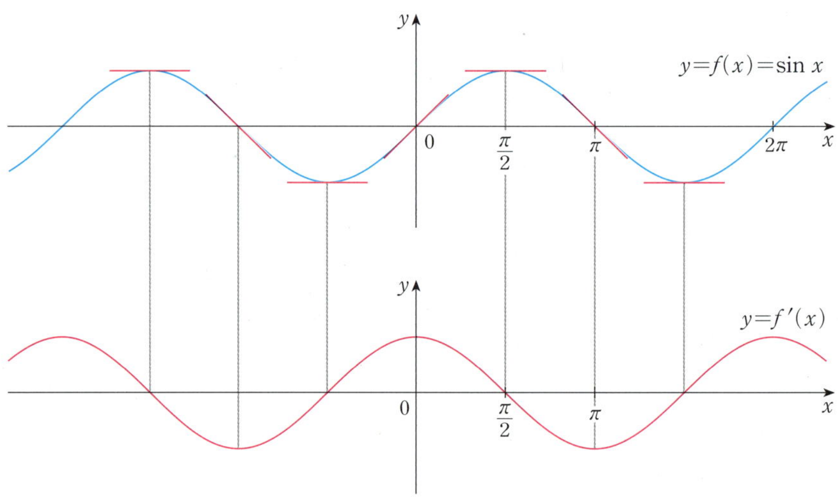

그림 1

이제 $f(x)=\sin x$이면 $f'(x)=\cos x$라는 추측을 확인해 보자. 도함수의 정의에 의해

$$\begin{aligned}
f'(x)&=\lim_{h\to 0}\frac{f(x+h)-f(x)}{h}\\
&=\lim_{h\to 0}\frac{\sin(x+h)-\sin x}{h}\\
&=\lim_{h\to 0}\frac{\sin x\cos h+\cos x\ \sin h-\sin x}{h}\\
&=\lim_{h\to 0}\left[\frac{\sin x\cos h-\sin x}{h}+\frac{\cos x\sin h}{h}\right]\\
&=\lim_{h\to 0}\left[\sin x\left(\frac{\cos h-1}{h}\right)+\cos x\left(\frac{\sin h}{h}\right)\right]
\end{aligned}$$

1 $$=\lim_{h\to 0}\sin x\cdot\lim_{h\to 0}\frac{\cos h-1}{h}+\lim_{h\to 0}\cos x\cdot\lim_{h\to 0}\frac{\sin h}{h}$$

이 네 극한 중 두 개는 계산하기 쉽다. $h\to 0$일 때의 극한을 계산할 때는 x를 상수로 생각하기 때문에

$$\lim_{h\to 0}\sin x=\sin x\text{이고 }\lim_{h\to 0}\cos x=\cos x$$

를 얻는다. $\dfrac{\sin h}{h}$의 극한은 그렇게 단순하지 않다. 수치적이고 그래프적인 증거에 기초해서 4.2절 예제 3에서

2
$$\lim_{\theta\to 0}\frac{\sin\theta}{\theta}=1$$

임을 추측하였다. 이제 기하학적 논의를 이용해서 식 **2**를 증명하여 보자.

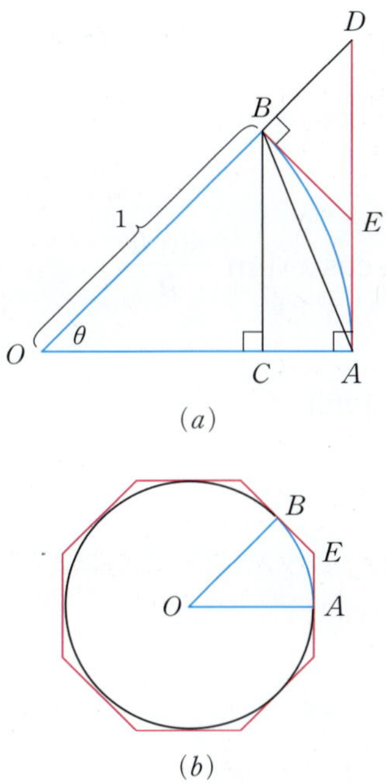

그림 2

먼저 $0<\theta<\dfrac{\pi}{2}$라고 하자. 그림 2(a)의 중심 O, 중심각이 θ, 반지름이 1인 부채꼴을 생각하자. BC는 OA에 직교하도록 그려졌다. 라디안의 정의에 의해, 호 $AB=\theta$이고 $|BC|=|OB|\sin\theta=\sin\theta$이다. 그림으로부터

$$|BC|<|AB|<\text{호 }AB$$

임을 알 수 있다. 따라서

$$\sin\theta<\theta,\quad \frac{\sin\theta}{\theta}<1$$

이다. A와 B에서의 접선이 E에서 만난다고 하자. 그러면 그림 2(b)에서 원주의 길이는 외접다각형의 길이보다 작음을 알 수 있고, 호 $AB<|AE|+|EB|$이다. 따라서

$$\begin{aligned}\theta=\text{호 }AB&<|AE|+|EB|<|AE|+|ED|\\&=|AD|=|OA|\tan\theta\\&=\tan\theta\end{aligned}$$

이고

$$\theta<\frac{\sin\theta}{\cos\theta}$$

이므로

$$\cos\theta<\frac{\sin\theta}{\theta}<1$$

이다. $\lim_{\theta\to 0}1=1$이고 $\lim_{\theta\to 0}\cos\theta=1$이므로 조임정리에 의하여

$$\lim_{\theta\to 0^+}\frac{\sin\theta}{\theta}=1$$

이 성립한다. 그러나 함수 $\dfrac{\sin\theta}{\theta}$가 우함수이므로 좌극한과 우극한은 같아야 한다. 따라서

$$\lim_{\theta\to 0}\frac{\sin\theta}{\theta}=1$$

이고 식 **2**가 증명되었다.

식 **1**의 나머지 극한의 값은 다음과 같이 구할 수 있다.

● 우리가 알고 있는 극한을 이용할 수 있는 함수의 형태로 변환하기 위해서 분자와 분모에 $\cos\theta+1$을 곱한다.

$$\lim_{\theta\to 0}\frac{\cos\theta-1}{\theta}=\lim_{\theta\to 0}\left[\frac{\cos\theta-1}{\theta}\cdot\frac{\cos\theta+1}{\cos\theta+1}\right]=\lim_{\theta\to 0}\frac{\cos^2\theta-1}{\theta(\cos\theta+1)}$$
$$=\lim_{\theta\to 0}\frac{-\sin^2\theta}{\theta(\cos\theta+1)}=\lim_{\theta\to 0}\left(\frac{-\sin\theta}{\theta}\cdot\frac{\sin\theta}{\cos\theta+1}\right)$$
$$=-\lim_{\theta\to 0}\frac{\sin\theta}{\theta}\cdot\lim_{\theta\to 0}\frac{\sin\theta}{\cos\theta+1}$$
$$=-1\cdot\left(\frac{0}{1+1}\right)=0 \qquad \text{(식 2에 의해서)}$$

3
$$\lim_{\theta\to 0}\frac{\cos\theta-1}{\theta}=0$$

극한 2와 3을 1에 대입하면

$$f'(x)=\lim_{h\to 0}\sin x\cdot\lim_{h\to 0}\frac{\cos h-1}{h}+\lim_{h\to 0}\cos x\cdot\lim_{h\to 0}\frac{\sin h}{h}$$
$$=(\sin x)\cdot 0+(\cos x)\cdot 1=\cos x$$

를 얻는다. 이로서 사인함수의 도함수에 대한 공식을 증명하였다.

4
$$\frac{d}{dx}(\sin x)=\cos x$$

● 그림 3은 예제 1의 함수와 그것의 도함수의 그래프를 보여준다. y가 수평 접선을 가질 때 $y'=0$임을 알 수 있다.

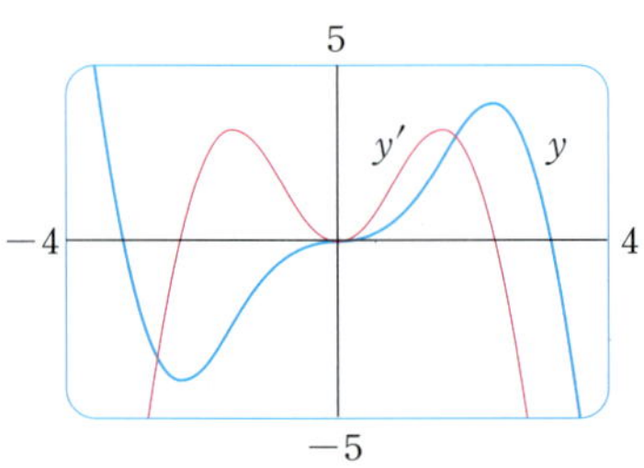

그림 3

예제 1 $y=x^2\sin x$를 미분하여라.

풀이 곱셈 법칙과 공식 4를 적용하면

$$\frac{dy}{dx}=x^2\frac{d}{dx}(\sin x)+\sin x\frac{d}{dx}(x^2)$$
$$=x^2\cos x+2x\sin x$$

를 얻는다. ■

공식 4의 증명과 같은 방법으로 다음(연습문제 18)을 증명할 수 있다.

5
$$\frac{d}{dx}(\cos x)=-\sin x$$

탄젠트함수도 도함수의 정의를 이용하여 미분할 수 있으나, 나눗셈의 공식과 공식 4와 5를 이용하면 더 쉽게 미분할 수 있다.

$$\frac{d}{dx}(\tan x)=\frac{d}{dx}\left(\frac{\sin x}{\cos x}\right)$$
$$=\frac{\cos x\dfrac{d}{dx}(\sin x)-\sin x\dfrac{d}{dx}(\cos x)}{\cos^2 x}$$
$$=\frac{\cos x\cdot\cos x-\sin x(-\sin x)}{\cos^2 x}$$

$$=\frac{\cos^2 x+\sin^2 x}{\cos^2 x}$$

$$=\frac{1}{\cos^2 x}=\sec^2 x$$

6 $$\frac{d}{dx}(\tan x)=\sec^2 x$$

나머지 삼각함수들 csc, sec, cot에 대한 도함수 역시 나눗셈의 공식을 이용하여 쉽게 구할 수 있다(연습문제 15~17 참조). 삼각함수에 대한 미분공식을 종합하면 다음 표와 같다.

● 이 표를 기억할 때 co가 앞에 있는 함수들, 즉 cosine, cosecant, 그리고 cotangent는 도함수가 '−' 부호를 갖고 있음을 알면 도움이 된다.

삼각함수의 도함수

$$\frac{d}{dx}(\sin x)=\cos x \qquad \frac{d}{dx}(\csc x)=-\csc x\ \cot x$$

$$\frac{d}{dx}(\cos x)=-\sin x \qquad \frac{d}{dx}(\sec x)=\sec x\ \tan x$$

$$\frac{d}{dx}(\tan x)=\sec^2 x \qquad \frac{d}{dx}(\cot x)=-\csc^2 x$$

예제 2 $f(x)=\dfrac{\sec x}{1+\tan x}$를 미분하여라. f는 어떤 점에서 수평접선을 갖는가?

풀이 나눗셈의 공식에 의해서

$$f'(x)=\frac{(1+\tan x)\dfrac{d}{dx}(\sec x)-\sec x\dfrac{d}{dx}(1+\tan x)}{(1+\tan x)^2}$$

$$=\frac{(1+\tan x)\sec x\ \tan x-\sec x\cdot\sec^2 x}{(1+\tan x)^2}$$

$$=\frac{\sec x\,(\tan x+\tan^2 x-\sec^2 x)}{(1+\tan x)^2}$$

$$=\frac{\sec x(\tan x-1)}{(1+\tan x)^2}$$

이다. 답을 간단하게 하기 위해서 등식 $\tan^2 x+1=\sec^2 x$를 이용했다. $\sec x$는 0이 되지 않으므로 $\tan x=1$일 때 $f'(x)=0$임을 알 수 있고, 이것은 n이 정수이고 $x=n\pi+\dfrac{\pi}{4}$일 때 성립한다(그림 4 참조). ■

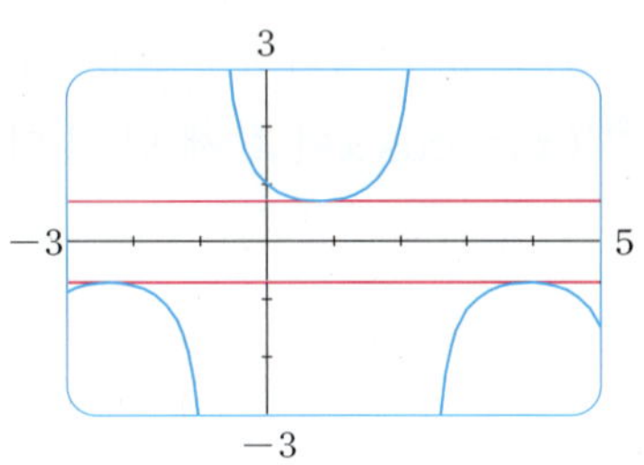

그림 4
예제 2의 수평접선

삼각함수는 때때로 실제 현상을 모형화하는 데 사용된다. 특히, 진동, 파동, 탄력운동과 주기적인 방법으로 변하는 양들은 삼각함수를 이용하여 나타낼 수 있다. 다음 예제에서 간단한 조화진동운동의 예를 살펴보자.

예제 3 **용수철의 운동 분석** 수직 용수철의 끝에 있는 물체가 정지위치에서 4cm 잡

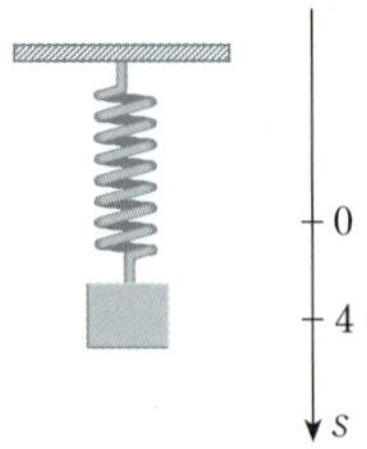

그림 5

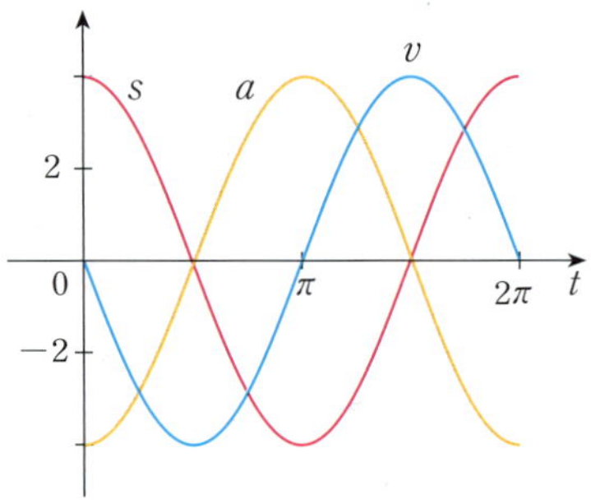

그림 6

아 당겨지고 시각 $t=0$일 때 놓아졌다(그림 5를 참조하고 아래 방향이 양의 방향이다). 시각 t에서의 위치는

$$s=f(t)=4\cos t$$

이다. 시각 t에서의 속도와 가속도를 구하고, 이것을 이용하여 물체의 운동을 분석하여라.

풀이 속도와 가속도는

$$v=\frac{ds}{dt}=\frac{d}{dt}(4\cos t)=4\frac{d}{dt}(\cos t)=-4\sin t$$
$$a=\frac{dv}{dt}=\frac{d}{dt}(-4\sin t)=-4\frac{d}{dt}(\sin t)=-4\cos t$$

이다. 물체는 가장 낮은 위치($s=4$cm)로부터 가장 높은 위치($s=-4$cm)까지 진동한다. 진동의 주기는 2π이고 이것은 $\cos t$의 주기이다.

속도는 $|v|=4|\sin t|$이고, 이것은 $|\sin t|=1$, 즉 $\cos t=0$일 때 최대이다. 따라서 물체는 평형위치($s=0$)를 지날 때 가장 빨리 움직인다. 속도는 $\sin t=0$, 즉 그것의 최고점과 최저점에서 0이다. $s=0$일 때 가속도 $a=-4\cos t=0$이다. 그리고 최고점과 최저점에서 가장 큰 값을 갖는다(그림 6 참조). ■

● 규칙을 찾아라.

예제 4 규칙을 찾아서 고계도함수 구하기 $\cos x$의 27계도함수를 구하여라.

풀이 $f(x)=\cos x$의 처음 몇 개의 도함수는 다음과 같다.

$$f'(x)=-\sin x$$
$$f''(x)=-\cos x$$
$$f'''(x)=\sin x$$
$$f^{(4)}(x)=\cos x$$
$$f^{(5)}(x)=-\sin x$$

연속하는 도함수들이 길이 4인 주기로서 나타남을 알 수 있다. 특히 n이 4의 배수일때 $f^{(n)}(x)=\cos x$임을 알 수 있다. 따라서 $f^{(24)}(x)=\cos x$이고, 세 번 더 미분하면

$$f^{(27)}(x)=\sin x$$

이다. ■

5.3 연습문제

(1~14) 다음 식을 미분하여라.

1. $f(x)=x-3\sin x$
2. $y=2\csc x+5\cos x$
3. $f(x)=\sin x+\frac{1}{2}\cot x$
4. $f(x)=x\sin x$
5. $y=\sec\theta\tan\theta$
6. $g(\theta)=e^{\theta}(\tan\theta-\theta)$
7. $y=c\cos t+t^2\sin t$
8. $f(t)=\dfrac{\cot t}{e^t}$
9. $y=\dfrac{x}{2-\tan x}$
10. $y=\dfrac{\sin x}{1+\cos x}$
11. $f(\theta)=\dfrac{\sec\theta}{1+\sec\theta}$
12. $y=\dfrac{1-\sec x}{\tan x}$

13. $y=xe^x \csc x$ 14. $y=x^2 \sin x \tan x$

15. $\dfrac{d}{dx}(\csc x)=-\csc x \cot x$임을 증명하여라.

16. $\dfrac{d}{dx}(\sec x)=\sec x \tan x$임을 증명하여라.

17. $\dfrac{d}{dx}(\cot x)=-\csc^2 x$임을 증명하여라.

18. 미분공식을 이용하여 $f(x)=\cos x$일 때 $f'(x)=-\sin x$임을 증명하여라.

(19~22) 주어진 점에서 곡선의 접선의 방정식을 구하여라.

19. $y=\tan x,\ \left(\dfrac{\pi}{4},\ 1\right)$ 20. $y=e^x \cos x,\ (0,\ 1)$

21. $y=x+\cos x,\ (0,\ 1)$ 22. $y=\dfrac{1}{\sin x+\cos x}\ (0,\ 1)$

23. (a) 점 $(\pi/2,\ \pi)$에서 곡선 $y=2x \sin x$의 접선의 방정식을 구하여라.

(b) 곡선과 그것의 접선을 한 평면에 그려서 (a)를 설명하여라.

24. (a) 점 $(\pi/3,\ \pi+3)$에서 곡선 $y=3x+6 \cos x$의 접선의 방정식을 구하여라.

(b) 곡선과 그것의 접선을 한 평면에 그려서 (a)를 설명하여라.

25. (a) $f(x)=\sec x-x$일 때 $f'(x)$를 구하여라.

(b) $|x|<\pi/2$인 구간에서 f와 f'의 그래프를 그림으로써 (a)에 대한 여러분의 답이 합당하다는 것을 확인하여라.

26. (a) $f(x)=e^x \cos x$일 때 $f'(x)$와 $f''(x)$를 구하여라.

(b) $f,\ f'$과 f''의 그래프를 그려서 (a)에 대한 답이 합당하다는 것을 확인하여라.

27. $H(\theta)=\theta \sin \theta$일 때 $H'(\theta)$와 $H''(\theta)$를 구하여라.

28. $f(x)=\sec x$일 때 $f''\left(\dfrac{\pi}{4}\right)$를 구하여라.

29. (a) 나눗셈의 공식을 이용하여 함수

$$f(x)=\frac{\tan x-1}{\sec x}$$

을 미분하여라.

(b) $f(x)$를 $\sin x$와 $\cos x$를 이용하여 나타내고, 그것을 미분하여라.

(c) (a), (b)에서 구한 답이 서로 같음을 보여라.

30. $f\left(\dfrac{\pi}{3}\right)=4,\ f'\left(\dfrac{\pi}{3}\right)=-2$이고, $g(x)=f(x)\sin x$, $h(x)=\dfrac{\cos x}{f(x)}$일 때, 다음을 구하여라.

(a) $g'\left(\dfrac{\pi}{3}\right)$ (b) $h'\left(\dfrac{\pi}{3}\right)$

(31~32) f의 그래프가 수평접선을 갖는 x를 구하여라.

31. $f(x)=x+2 \sin x$ 32. $f(x)=e^x \cos x$

33. $f(x)=x-2 \sin x,\ 0 \le x \le 2\pi$라고 하자. f가 증가하는 구간을 구하여라.

34. $f(x)=2x-\tan x,\ 0 \le x \le 2\pi$라고 하자. f가 아래로 오목한 구간을 구하여라.

35. 용수철에 달려 있는 물체가 매끄러운 수평면(그림 참조)에서 수평으로 진동한다. 운동방정식은 $x(t)=8 \sin t$이다. 여기서 t의 단위는 초이고 x의 단위는 cm이다.

(a) 시간 t에서의 속도와 가속도를 구하여라.

(b) 시간 $t=\dfrac{2\pi}{3}$에서 물체의 위치, 속도, 가속도를 구하여라. 이 시각에 물체는 어느 방향으로 움직이는가? 물체는 가속되고 있는가? 또는 감속되고 있는가?

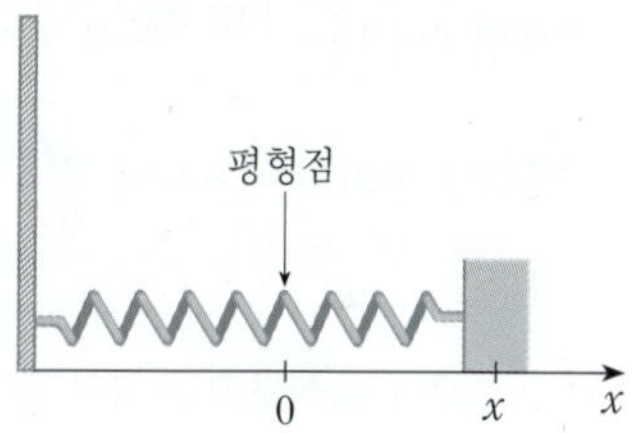

36. 탄성이 있는 줄에 고리가 매달려 있고 줄의 끝에 추가 달려 있다. 추를 아래로 당긴 후 놓으면 추는 수직으로 진동한다. 이 운동방정식은 $s=2 \cos t+3 \sin t,\ t \ge 0$이다. 여기서 s의 단위는 cm이고 t의 단위는 초이다(아래로의 방향을 양의 방향으로 생각하자).

(a) 시각 t에서 속도와 가속도를 구하여라.

(b) 속도함수와 가속도 함수의 그래프를 그려라.

(c) 추가 처음으로 평형점을 통과하는 시간을 구하여라.

(d) 평형점에서 추는 얼마나 멀리 움직이는가?

(e) 언제 속도가 최고가 되는가? 추는 언제 가속이 되는가?

37. 6m짜리 사다리가 수직벽에 기대어 있다. θ를 사다리의 꼭대기와 벽이 이루는 각이라고 하고, x를 사다리의 아래 끝에서 벽까지의 거리라 하자. 만약 사다리의 아래 끝이 벽으로부터 미끄러진다면, $\theta=\dfrac{\pi}{3}$일 때 x의 θ에 대한 순간변화율을 구하여라.

38. 질량 m인 물체가 물체에 달린 끈을 따라 가해지는 힘에 의해 수평면을 따라 끌려가고 있다. 만약 끈이 평면과 각 θ를 이룬다면 힘의 크기는

$$F=\frac{\mu mg}{\mu\sin\theta+\cos\theta}$$

이고, 여기서 μ는 마찰계수라고 불리는 상수이다.

(a) θ에 대한 F의 변화율을 구하여라.

(b) 이 변화율이 언제 0이 되는가?

(c) $m=20\text{kg}$, $g=9.8\text{m/s}^2$이고 $\mu=0.6$일 때 θ의 함수로 써 F의 그래프를 그리고, 이것을 이용하여 $\dfrac{dF}{d\theta}=0$이 되는 θ의 값을 표시하여라. 답이 (b)의 답과 일치하는가?

(39~40) 처음 몇 개의 도함수를 구하고 규칙을 관찰하여 다음 도함수를 구하여라.

39. $\dfrac{d^{99}}{dx^{99}}(\sin x)$　　　40. $\dfrac{d^{35}}{dx^{35}}(x\sin x)$

41. 함수 $y=A\sin x+B\cos x$가 미분방정식 $y''+y'-2y=\sin x$를 만족하는 상수 A, B를 구하여라.

42. (a) $\theta=5x$를 대입하여 $\lim_{x\to0}\dfrac{\sin 5x}{x}$를 계산하여라.

(b) (a)와 도함수의 정의를 이용하여 $\dfrac{d}{dx}(\sin 5x)$를 구하여라.

(43~45) 공식 2와 삼각항등식을 이용하여 극한을 구하여라.

43. $\lim_{t\to0}\dfrac{\tan 6t}{\sin 2t}$　　　44. $\lim_{x\to0}\dfrac{\sin 3x\sin 5x}{x^2}$

45. $\lim_{\theta\to0}\dfrac{\sin\theta}{\theta+\tan\theta}$

46. (a) $\lim_{x\to\infty}x\sin\dfrac{1}{x}$을 계산하여라.

(b) $\lim_{x\to0}x\sin\dfrac{1}{x}$을 계산하여라.

(c) $y=x\sin\left(\dfrac{1}{x}\right)$의 그래프를 그려서 (a)와 (b)를 설명하여라.

47. 삼각함수에 관한 다음 항등식을 미분하여 새로운 항등식을 구하여라.

(a) $\tan x=\dfrac{\sin x}{\cos x}$　　　(b) $\sec x=\dfrac{1}{\cos x}$

(c) $\sin x+\cos x=\dfrac{1+\cot x}{\csc x}$

48. 그림과 같이 지름이 PQ인 반원이 이등변삼각형 PQR 위에 놓여서 아이스크림콘 모양의 영역을 만든다. $A(\theta)$가 반원의 넓이고, $B(\theta)$가 삼각형의 넓이일 때

$$\lim_{\theta\to0^+}\frac{A(\theta)}{B(\theta)}$$

를 구하여라.

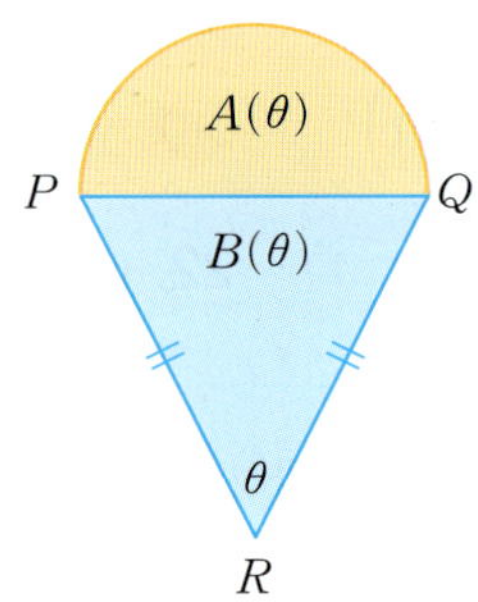

49. 그림은 중심각 θ에 대응하는 길이가 s인 원호와 길이가 d인 현을 나타낸다.

$$\lim_{\theta\to0^+}\frac{s}{d}$$

를 구하여라.

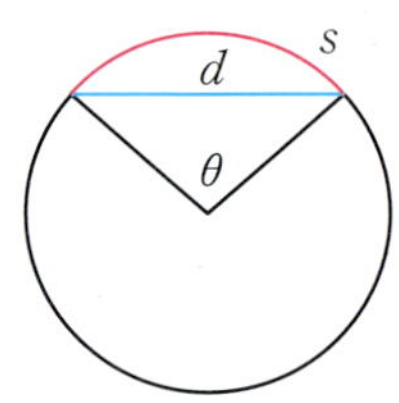

50. $f(x)=\dfrac{x}{\sqrt{1-\cos 2x}}$라 하자.

(a) f의 그래프를 그려라. 0에서 어떤 형태의 불연속인가?

(b) 0에서 f의 좌극한과 우극한을 구하여라. 이것으로부터 (a)의 답을 확신할 수 있는가?

5.4 연쇄법칙

함수 $F(x)=\sqrt{x^2+1}$ 을 미분한다고 가정하자. 앞 절에서 배운 미분공식으로는 $F'(x)$ 를 구할 수가 없다.

$y=f(u)=\sqrt{u}$ 라 하고 $u=g(x)=x^2+1$이라 두면 $y=F(x)=f(g(x))$, 즉 $F(x)=f\circ g$의 합성함수임을 알 수 있다. f와 g를 미분하는 것은 이미 배워 알고 있으므로 f와 g의 미분을 이용하여 그들의 합성함수 F를 미분하는 방법을 알아보도록 하자.

● 합성함수의 복습을 위해서 2.1절을 보아라.

합성함수 $f\circ g$의 도함수는 f와 g의 도함수들의 곱으로 나타난다. 이것을 연쇄법칙이라 부른다.

● 그레고리
연쇄법칙을 처음 만든 사람은 스코틀랜드의 수학자 그레고리(J. Gregory, 1638~1675)이다. 그는 처음으로 반사망원경을 만들기도 했다. 그레고리는 뉴턴과 비슷한 시기에 미적분학의 기본 개념을 발견했다. St. Andrews 대학의 첫번째 수학교수가 되었으며, 나중에 에딘버러 대학의 교수가 되었고, 일년 후 36세의 나이로 죽었다.

연쇄법칙 f와 g가 미분가능 함수이고 $F=f\circ g$를 $F(x)=f(g(x))$로 정의되는 합성함수라 하자. 그러면 F는 미분가능 함수이고

$$F'(x)=f'(g(x))g'(x)$$

이다. 라이프니츠 표기법으로 나타내면 $y=f(u)$, $u=g(x)$가 미분가능 함수라면

$$\frac{dy}{dx}=\frac{dy}{du}\frac{du}{dx}$$

이다.

증명에 대한 설명 x의 변화량 Δx에 대응하는 u의 변화량을 Δu라고 하자. 즉, $\Delta u=g(x+\Delta x)-g(x)$이고 $\Delta y=f(u+\Delta u)-f(u)$이다. 따라서

$$\frac{dy}{dx}=\lim_{\Delta x\to 0}\frac{\Delta y}{\Delta x}$$

1 $$=\lim_{\Delta x\to 0}\frac{\Delta y}{\Delta u}\cdot\frac{\Delta u}{\Delta x}$$

$$=\lim_{\Delta x\to 0}\frac{\Delta y}{\Delta u}\cdot\lim_{\Delta x\to 0}\frac{\Delta u}{\Delta x}$$

$$=\lim_{\Delta u\to 0}\frac{\Delta y}{\Delta u}\cdot\lim_{\Delta x\to 0}\frac{\Delta u}{\Delta x}$$

(g가 연속이므로 $\Delta x\to 0$ 이면 $\Delta u\to 0$이다)

$$=\frac{dy}{du}\frac{du}{dx}$$

라 쓸 수 있다. 이와 같은 추론에서 있을 수 있는 한 가지 결함은 식 1에서 $\Delta u=0$ ($\Delta x\neq 0$인 경우조차도)이 일어날 수 있다는 것이고, 물론 이때 0으로 나눌 수는 없다. 그럼에도 불구하고 식 1의 추론은 적어도 연쇄법칙이 옳다는 것을 암시하여 준다. 연쇄법칙의 완전한 증명은 이 절의 끝에 있다. ▣

연쇄법칙을 프라임 기호로 사용하여 나타내면

2 $$(f \circ g)'(x) = f'(g(x))g'(x)$$

로 나타낼 수 있고 라이프니츠 표기법을 사용하면 $y=f(u)$, $u=g(x)$일 때

3 $$\frac{dy}{dx} = \frac{dy}{du}\frac{du}{dx}$$

이다. 만일 $\frac{dy}{du}$와 $\frac{du}{dx}$가 비라면, du를 약분할 수 있기 때문에 식 **3**은 기억하기 쉽다. 그러나 du는 아직 정의되지 않았고, 실제로 $\frac{dy}{dx}$는 비의 값으로 생각할 수 없음을 유의해야 한다.

예제 1 **연쇄법칙의 이용** $F(x)=\sqrt{x^2+1}$을 미분하여라.

풀이1 방정식 **2**를 사용하면

$F(x)=(f \circ g)(x)=f(g(x))$, $f(u)=\sqrt{u}$, $g(x)=x^2+1$에서

$$f'(u)=\frac{1}{2}u^{-1/2}=\frac{1}{2\sqrt{u}}, \quad g'(x)=2x$$

이므로

$$F'(x)=f'(g(x))g'(x)=\frac{1}{2\sqrt{x^2+1}} \cdot 2x=\frac{x}{\sqrt{x^2+1}}$$

풀이2 방정식 **3**을 사용하면

$u=x^2+1$, $y=\sqrt{u}$라 두면

$$F'(x)=\frac{dy}{du}\frac{du}{dx}=\frac{1}{2\sqrt{u}}(2x)$$
$$=\frac{1}{2\sqrt{x^2+1}}(2x)=\frac{x}{\sqrt{x^2+1}}$$ ■

식 **3**을 적용하는 방법에서, y를 x의 함수로 생각할 때 $\frac{dy}{dx}$를 x에 대한 y의 도함수라 부른다. 반면 y를 u의 함수라 할 때, $\frac{dy}{du}$는 u에 대한 y의 도함수이다. 예를 들어, 예제 1에서 y는 x의 함수($y=\sqrt{x^2+1}$)이고, 또한 u의 함수($y=\sqrt{u}$)이다. 이 경우 $\frac{dy}{dx}=F'(x)=\frac{x}{\sqrt{x^2+1}}$이고, $\frac{dy}{du}=f'(u)=\frac{1}{2\sqrt{u}}$이다.

참고 연쇄법칙은 바깥쪽에서 안쪽으로 미분한다. 공식 **2**에서 보듯이 바깥쪽 함수 f를 먼저 미분하고 안쪽 함수 g를 미분하여 곱한다.

$$\frac{d}{dx}\underbrace{f}_{\text{바깥함수}}\underbrace{(g(x))}_{\text{안쪽함수에서 계산됨}} = \underbrace{f'}_{\text{바깥함수의 미분}}\underbrace{(g(x))}_{\text{안쪽함수에서 계산됨}} \cdot \underbrace{g'(x)}_{\text{안쪽함수의 미분}}$$

예제 2 (a) $y=\sin(x^2)$과 (b) $y=\sin^2 x$을 각각 미분하여라.

풀이 (a) $y=\sin(x^2)$의 바깥함수는 사인함수이고 안쪽함수는 x^2이다. 연쇄법칙을 사용하면 다음과 같다.

$$\frac{dy}{dx}=\frac{d}{dx}\underbrace{\sin}_{\text{바깥함수}}\underbrace{(x^2)}_{\text{안쪽함수}}=\underbrace{\cos}_{\text{바깥함수의 미분}}\underbrace{(x^2)}_{\text{안쪽함수}}\cdot\underbrace{2x}_{\text{안쪽함수의 미분}}$$

$$=2x\cos(x^2)$$

(b) $\sin^2 x=(\sin x)^2$이므로 바깥함수가 제곱함수이고 안쪽함수가 사인함수이다.

$$\frac{dy}{dx}=\frac{d}{dx}\underbrace{(\sin x)^2}_{\text{바깥함수}}=\underbrace{2}_{\text{바깥함수의 미분}}\cdot\underbrace{(\sin x)}_{\text{안쪽함수}}\cdot\underbrace{\cos x}_{\text{안쪽함수의 미분}}$$

이고, 답은 $2\sin x\cos x$ 또는 $\sin 2x$이다. ■

예제 2의 (a)에서 연쇄법칙과 사인함수 미분법이 같이 사용되었다. 일반적으로, $y=\sin u$이고 u가 미분가능한 x의 함수라면 연쇄법칙에 의하여

$$\frac{dy}{dx}=\frac{dy}{du}\frac{du}{dx}=\cos u\frac{du}{dx}$$

이다. 그러므로

$$\frac{d}{dx}(\sin u)=\cos u\frac{du}{dx}$$

유사하게 모든 삼각함수 미분법은 연쇄법칙과 결합될 수 있다.

바깥함수 f가 제곱함수인 경우의 연쇄법칙을 살펴보자. $y=[g(x)]^n$ 이라 하면 $y=f(u)=u^n$, $u=g(x)$라 생각할 수 있다. 연쇄법칙과 제곱함수 미분법을 사용하면

$$\frac{dy}{dx}=\frac{dy}{du}\frac{du}{dx}=nu^{n-1}\frac{du}{dx}=n[g(x)]^{n-1}g'(x)$$

이다.

4 연쇄법칙과 결합된 제곱함수 미분법 n이 임의의 실수이고 $u=g(x)$가 미분가능 함수라면

$$\frac{d}{dx}(u^n)=nu^{n-1}\frac{du}{dx}$$

이다. 다시 말하면

$$\frac{d}{dx}[g(x)]^n=n[g(x)]^{n-1}\cdot g'(x)$$

이다.

예제 1의 도함수는 미분공식 4에서 $n=\frac{1}{2}$로 택하면 구할 수 있다.

예제 3 **연쇄법칙과 제곱법칙 이용하기** $y=(x^3-1)^{100}$을 미분하여라.

풀이 $u=g(x)=x^3-1$, $n=100$으로 두면 **4**에 의하여

$$\frac{dy}{dx}=\frac{d}{dx}(x^3-1)^{100}=100(x^3-1)^{99}\frac{d}{dx}(x^3-1)$$
$$=100(x^3-1)^{99}\cdot 3x^2=300x^2(x^3-1)^{99}$$ ■

예제 4 $f(x)=\dfrac{1}{\sqrt[3]{x^2+x+1}}$을 미분하여라.

풀이 $f(x)=(x^2+x+1)^{-1/3}$이므로

$$f'(x)=-\frac{1}{3}(x^2+x+1)^{-4/3}\frac{d}{dx}(x^2+x+1)$$
$$=-\frac{1}{3}(x^2+x+1)^{-4/3}(2x+1)$$ ■

예제 5 $g(t)=\left(\dfrac{t-2}{2t+1}\right)^9$을 미분하여라.

풀이 제곱함수 미분법, 연쇄법칙 그리고 유리함수(또는 나눗셈)의 미분공식을 사용하면

$$g'(t)=9\left(\frac{t-2}{2t+1}\right)^8\frac{d}{dt}\left(\frac{t-2}{2t+1}\right)$$
$$=9\left(\frac{t-2}{2t+1}\right)^8\frac{(2t+1)\cdot 1-2(t-2)}{(2t+1)^2}=\frac{45(t-2)^8}{(2t+1)^{10}}$$ ■

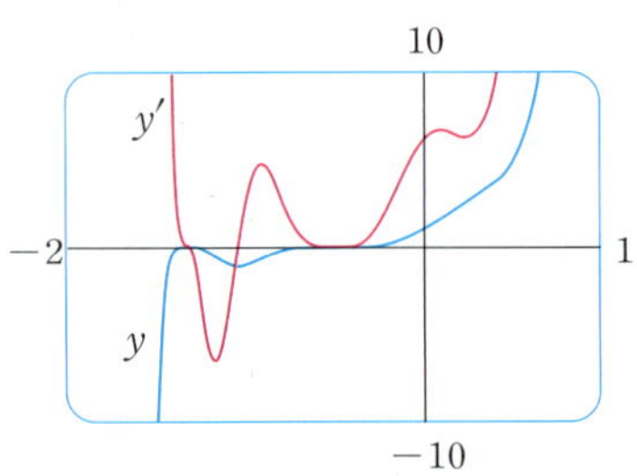

그림 1
예제 6의 함수 y와 y'의 그래프가 그림에 주어져 있다. y가 빠르게 증가할 때 y'은 크고, y가 수평접선을 가질 때 $y'=0$임을 유의하여라. 따라서 구한 답은 합당하다.

예제 6 **곱셈 법칙과 연쇄법칙 이용하기** $y=(2x+1)^5(x^3-x+1)^4$을 미분하여라.

풀이 연쇄법칙, 곱에 대한 미분법을 사용하여

$$\frac{dy}{dx}=(2x+1)^5\frac{d}{dx}(x^3-x+1)^4+(x^3-x+1)^4\frac{d}{dx}(2x+1)^5$$
$$=(2x+1)^5\cdot 4(x^3-x+1)^3\frac{d}{dx}(x^3-x+1)$$
$$+(x^3-x+1)^4\cdot 5(2x+1)^4\frac{d}{dx}(2x+1)$$
$$=4(2x+1)^5(x^3-x+1)^3(3x^2-1)+5(x^3-x+1)^4(2x+1)^4\cdot 2$$
$$=2(2x+1)^4(x^3-x+1)^3(17x^3+6x^2-9x+3)$$ ■

예제 7 $y=e^{\sin x}$을 미분하여라.

풀이 연쇄법칙에 의하여

$$\frac{dy}{dx}=\frac{d}{dx}(e^{\sin x})=e^{\sin x}\frac{d}{dx}(\sin x)=e^{\sin x}\cos x$$ ■

일반지수함수를 미분할 때도 연쇄법칙을 사용할 수 있다. 2.8절에서 보았듯이 $a=e^{\ln a}$이므로 $a^x=(e^{(\ln a)})^x=e^{(\ln a)x}$ 이고, 여기에 연쇄법칙을 적용시키면

$$\frac{d}{dx}(a^x)=\frac{d}{dx}(e^{(\ln a)x})=e^{(\ln a)x}\frac{d}{dx}(\ln a)x$$
$$=e^{(\ln a)x}\cdot\ln a=a^x\ln a$$

이다. 따라서 다음의 미분법을 얻는다.

● 공식 5(x가 지수)와 제곱법칙(x가 밑) $\frac{d}{dx}(x^n)=nx^{n-1}$을 혼돈하지 마라.

5 $$\frac{d}{dx}(a^x)=a^x\ln a$$

특히 $a=2$라면

6 $$\frac{d}{dx}(2^x)=2^x\ln 2$$

이다. 5.1절에서 다음을 얻었다.

$$\frac{d}{dx}(2^x)\approx(0.69)2^x$$

이것은 $\ln 2\approx 0.693147$이므로 **6**과 일치한다.

연쇄법칙은 두 개 함수의 합성뿐만 아니라 더 많은 함수의 합성에도 같은 방법으로 적용할 수 있다. $y=f(u)$, $u=g(x)$, $x=h(t)$이고 f, g, h가 미분가능 함수라 하자. y를 t로 미분하기 위해서는 연쇄법칙을 두 번 적용시키면 된다.

$$\frac{dy}{dt}=\frac{dy}{dx}\frac{dx}{dt}=\frac{dy}{du}\frac{du}{dx}\frac{dx}{dt}$$

예제 8 **연쇄법칙 두 번 적용하기** $f(x)=\sin(\cos(\tan x))$를 미분하여라.

풀이
$$f'(x)=\cos(\cos(\tan x))\frac{d}{dx}\cos(\tan x)$$
$$=\cos(\cos(\tan x))[-\sin(\tan x)]\frac{d}{dx}(\tan x)$$
$$=-\cos(\cos(\tan x))\sin(\tan x)\sec^2 x$$
■

예제 9 $y=e^{\sec 3\theta}$을 미분하여라.

풀이 바깥함수는 자연지수함수이고 중간함수는 secant함수이며 안쪽함수는 3θ이므로

$$\frac{dy}{d\theta}=e^{\sec 3\theta}\frac{d}{d\theta}(\sec 3\theta)$$
$$=e^{\sec 3\theta}\sec 3\theta\tan 3\theta\frac{d}{d\theta}(3\theta)$$
$$=3e^{\sec 3\theta}\sec 3\theta\tan 3\theta$$
■

⊳ 매개변수곡선의 접선

2.9절에서 $x=f(t)$, $y=g(t)$인 매개변수방정식을 배웠다. 연쇄법칙을 이용하여 이러한 곡선의 접선을 구해 보자. f와 g가 미분가능 함수라 할 때, y가 x에 대하여 미분가능한 점에서 접선을 구하자. 연쇄법칙에 의하면

$$\frac{dy}{dt}=\frac{dy}{dx}\cdot\frac{dx}{dt}$$

이다. 만약 $\frac{dx}{dt}\neq 0$이면

7 $$\frac{dy}{dx}=\frac{\frac{dy}{dt}}{\frac{dx}{dt}}\quad\left(\frac{dx}{dt}\neq 0\text{일 때}\right)$$

식 **7**은 매개변수 t를 소거하지 않고 $\frac{dy}{dx}$를 구할 수 있음을 보여주고 있다. $\frac{dy}{dt}=0$ $\left(\frac{dx}{dt}\neq 0\text{일 때}\right)$일 때 수평접선을 가지고 만약 $\frac{dx}{dt}=0$ $\left(\frac{dy}{dt}\neq 0\text{일 때}\right)$일 때 수직접선을 가짐을 알 수 있다.

예제 10 매개변수방정식 $x=2\sin 2t$, $y=2\sin t$ 위의 한 점 $(\sqrt{3},\ 1)$에서의 접선의 방정식을 구하여라. 그리고 곡선의 수평접선과 수직접선은 어디서 생기는지 구하여라.

풀이 접선의 기울기는

$$\frac{dy}{dx}=\frac{\frac{dy}{dt}}{\frac{dx}{dt}}=\frac{\frac{d}{dt}(2\sin t)}{\frac{d}{dt}(2\sin 2t)}$$

$$=\frac{2\cos t}{2(\cos 2t)(2)}=\frac{\cos t}{2\cos 2t}$$

점 $(\sqrt{3},\ 1)$은 매개변수 $t=\frac{\pi}{6}$에 대응되므로 $(\sqrt{3},\ 1)$에서의 접선의 기울기는

$$\left.\frac{dy}{dx}\right|_{t=\pi/6}=\frac{\cos(\pi/6)}{2\cos(\pi/3)}=\frac{\sqrt{3}/2}{2\left(\frac{1}{2}\right)}=\frac{\sqrt{3}}{2}$$

따라서 접선의 방정식은

$$y-1=\frac{\sqrt{3}}{2}(x-\sqrt{3}),\ \text{즉}\ y=\frac{\sqrt{3}}{2}x-\frac{1}{2}$$

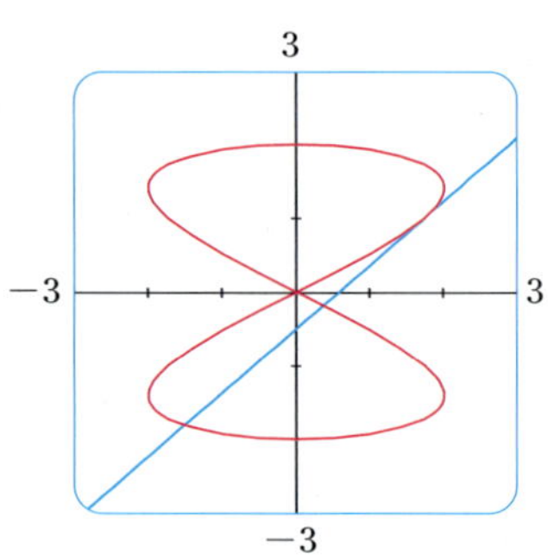

그림 2

그림 2는 곡선과 곡선의 접선을 보여주고 있다. $\frac{dy}{dt}=0$일 때 접선이 수평하므로 $\cos t=0$ (그리고 $\cos 2t\neq 0$)일 때이다. 따라서 $t=\frac{\pi}{2}$ 또는 $\frac{3}{2}\pi$일 때이므로 곡선은 $(0,\ 2)$와 $(0,\ -2)$에서 수평접선을 가지며 그림 2에서도 추측할 수 있다. 수직접선은 $\frac{dx}{dt}=2\cos 2t=0$ (그리고 $\cos t\neq 0$)일 때이므로 $t=\frac{\pi}{4},\ \frac{3\pi}{4},\ \frac{5\pi}{4},\ \frac{7\pi}{4}$일 때이다. 여기에 대응되는 곡선 위의 4개의 점은 $(\pm 2,\ \pm\sqrt{2})$이고 그림 2에서 추측할 수 있다. ■

▷ 연쇄법칙 증명

$y=f(x)$이고 x가 a에서 $a+\Delta x$로 변환할 때 y의 변화량을 $\Delta y=f(a+\Delta x)-f(a)$라 정의하자. 도함수의 정의에 의하여

$$\lim_{\Delta x\to 0}\frac{\Delta y}{\Delta x}=f'(a)$$

이다. 따라서 ε을 $\frac{\Delta y}{\Delta x}$와 도함수와의 오차라고 하면

$$\lim_{\Delta x\to 0}\varepsilon=\lim_{\Delta x\to 0}\left(\frac{\Delta y}{\Delta x}-f'(a)\right)=f'(a)-f'(a)=0$$

이다. 그러나 $\varepsilon=\frac{\Delta y}{\Delta x}-f'(a)$이므로 $\Delta y=f'(a)\Delta x+\varepsilon\,\Delta x$이다. 그러므로 미분가능 함수 f에 대하여

8 $\quad \Delta y=f'(a)\Delta x+\varepsilon\,\Delta x$ 여기서 $\Delta x\to 0$일 때 $\varepsilon\to 0$이다.

미분가능 함수의 이런 성질은 연쇄법칙을 증명하는 데 필요하다.

연쇄법칙의 증명 $u=g(x)$는 a에서 미분가능하다고 하고 $y=f(u)$는 $b=g(a)$에서 미분가능하다고 하자. Δx를 x의 증분이라 하고 Δu, Δy를 u와 y의 대응되는 증분이라 하자. 방정식 **8**을 사용하면

9 $$\Delta u=g'(a)\Delta x+\varepsilon_1\,\Delta x=[g'(a)+\varepsilon_1]\,\Delta x$$

이다. 여기서 $\Delta x\to 0$일 때 $\varepsilon_1\to 0$이다. 같은 방법으로

10 $$\Delta y=f'(b)\Delta u+\varepsilon_2\,\Delta u=[f'(b)+\varepsilon_2]\,\Delta u$$

이다. 여기서 $\Delta u\to 0$일 때 $\varepsilon_2\to 0$이다. 식 **9**를 식 **10**에 대입하면

$$\Delta y=[f'(b)+\varepsilon_2][g'(a)+\varepsilon_1]\,\Delta x$$

이고, 따라서

$$\frac{\Delta y}{\Delta x}=[f'(b)+\varepsilon_2][g'(a)+\varepsilon_1]$$

이다. 식 **9**에 의하면 $\Delta x\to 0$이면 $\Delta u\to 0$이다. 따라서 $\Delta x\to 0$이면 $\varepsilon_1\to 0$이고 $\varepsilon_2\to 0$이다. 그러므로

$$\begin{aligned}\frac{dy}{dx}&=\lim_{\Delta x\to 0}\frac{\Delta y}{\Delta x}=\lim_{\Delta x\to 0}[f'(b)+\varepsilon_2][g'(a)+\varepsilon_1]\\&=f'(b)g'(a)=f'(g(a))g'(a)\end{aligned}$$

이것으로 연쇄법칙은 증명되었다. ■

5.4 연습문제

(1~6) 주어진 합성함수를 $f(g(x))$형태로 나타내어라(안쪽함수를 $u=g(x)$, 바깥함수를 $y=f(u)$로 하여 나타내어라). 그리고 $\dfrac{dy}{dx}$를 구하여라.

1. $y=\sin 4x$
2. $y=\sqrt{4+3x}$
3. $y=(1-x^2)^{10}$
4. $y=\tan(\sin x)$
5. $y=e^{\sqrt{x}}$
6. $y=\sqrt{2-e^x}$

(7~36) 주어진 함수의 도함수를 구하여라.

7. $F(x)=(x^4+3x^2-2)^5$
8. $F(x)=(4x-x^2)^{100}$
9. $F(x)=\sqrt{1-2x}$
10. $f(x)=(1+x^4)^{2/3}$
11. $f(z)=\dfrac{1}{z^2+1}$
12. $f(t)=\sqrt[3]{1+\tan t}$
13. $y=\cos(a^3+x^3)$
14. $y=a^3+\cos^3 x$
15. $h(t)=t^3-3^t$
16. $y=3\cot(n\theta)$
17. $y=xe^{-kx}$
18. $y=e^{-2t}\cos 4t$
19. $y=(2x-5)^4(8x^2-5)^{-3}$
20. $h(t)=(t^4-1)^3(t^3+1)^4$
21. $y=e^{x\cos x}$
22. $y=10^{1-x^2}$
23. $y=\left(\dfrac{x^2+1}{x^2-1}\right)^3$
24. $G(y)=\left(\dfrac{y^2}{y+1}\right)^5$
25. $y=\sec^2 x+\tan^2 x$
26. $y=\dfrac{e^u-e^{-u}}{e^u+e^{-u}}$
27. $y=\dfrac{r}{\sqrt{r^2+1}}$
28. $y=e^{k\tan\sqrt{x}}$
29. $y=\sin(\tan 2x)$
30. $f(t)=\sqrt{\dfrac{t}{t^2+4}}$
31. $y=2^{\sin\pi x}$
32. $y=\sin(\sin(\sin x))$
33. $y=\cot^2(\sin\theta)$
34. $y=\sqrt{x+\sqrt{x+\sqrt{x}}}$
35. $y=\cos\sqrt{\sin(\tan\pi x)}$
36. $y=2^{3^{x^2}}$

(37~40) y'과 y''을 구하여라.

37. $y=\cos(x^2)$
38. $y=\cos^2 x$
39. $y=e^{\alpha x}\sin\beta x$
40. $y=e^{e^x}$

(41~44) 주어진 점에서의 곡선의 접선방정식을 구하여라.

41. $y=\dfrac{8}{\sqrt{4+3x}}$, $(4,\ 2)$
42. $y=\sqrt{1+x^3}$, $(2,\ 3)$
43. $y=\sin(\sin x)$, $(\pi,\ 0)$
44. $y=\sin x+\sin^2 x$, $(0,\ 0)$

45. (a) 점 $(0,\ 1)$에서 $y=\dfrac{2}{1+e^{-x}}$의 접선방정식을 구하여라.
    (b) 곡선의 그래프를 그리고 접선을 그 위에 그려라.
46. (a) $y=\dfrac{|x|}{\sqrt{2-x^2}}$를 총알-코 곡선이라 부른다. 점 $(1,\ 1)$에서 이 곡선의 접선방정식을 구하여라.
    (b) 그래프를 그리고 접선방정식도 그 위에 나타내어라.
47. (a) $f(x)=x\sqrt{2-x^2}$일 때 $f'(x)$를 구하여라.
    (b) f와 f'의 그래프를 비교 분석하여라.
48. $0\le x\le\pi$에서 함수 $f(x)=\sin(x+\sin 2x)$는 진동수 변조 합성의 응용에서 나타난다.
    (a) f의 그래프를 그리고 f'의 그래프의 개형을 그려라.
    (b) $f'(x)$를 계산하여 그 그래프를 그리고, (a)의 그림과 비교분석하여라.
49. 함수 $f(x)=2\sin x+\sin^2 x$의 그래프에서 수평접선을 갖는 점을 구하여라.
50. 곡선 $y=\sin 2x-2\sin x$에서 수평접선을 갖는 점의 x좌표를 구하여라.
51. $F(x)=f(g(x))$이고 $f(-2)=8$, $f'(-2)=4$, $f'(5)=3$, $g(5)=-2$, $g'(5)=6$일 때, $F'(5)$를 구하여라.
52. $h(x)=\sqrt{4+3f(x)}$이고 $f(1)=7$, $f'(1)=-4$일 때, $h'(1)$을 구하여라.
53. f, g, f', g'의 값이 다음 표에 주어져 있다.

x	$f(x)$	$g(x)$	$f'(x)$	$g'(x)$
1	3	2	4	6
2	1	8	5	7
3	7	2	7	9

    (a) $h(x)=f(g(x))$일 때 $h'(1)$을 구하여라.
    (b) $H(x)=g(f(x))$일 때 $H'(1)$을 구하여라.
54. f와 g는 연습문제 53과 같이 주어졌다고 하자.
    (a) $F(x)=f(f(x))$일 때 $F'(2)$를 구하여라.
    (b) $G(x)=g(g(x))$일 때 $G'(3)$을 구하여라.
55. f와 g의 그래프가 다음과 같이 주어져 있다. $u(x)=f(g(x))$, $v(x)=g(f(x))$이고 $w(x)=g(g(x))$라 하자.

다음의 도함수가 존재하면 각각 구하고 존재하지 않으면 이유를 설명하여라.

(a) $u'(1)$ (b) $v'(1)$ (c) $w'(1)$

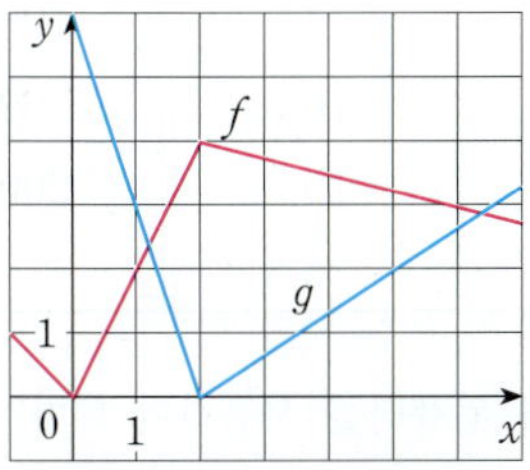

56. f의 그래프가 다음과 같이 주어져 있다. $h(x)=f(f(x))$이고 $g(x)=f(x^2)$이라 하자. f의 그래프를 이용하여 다음 도함수 값을 구하여라.

(a) $h'(2)$ (b) $g'(2)$

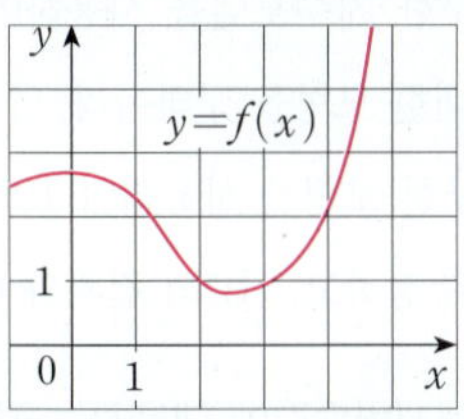

57. $h(x)=f(g(x))$일 때 다음 표를 이용하여 $h'(0.5)$를 구하여라.

x	0	0.1	0.2	0.3	0.4	0.5	0.6
$f(x)$	12.6	14.8	18.4	23.0	25.9	27.5	29.1
$g(x)$	0.58	0.40	0.37	0.26	0.17	0.10	0.05

58. $g(x)=f(f(x))$일 때 다음 표를 이용하여 $g'(1)$을 구하여라.

x	0.0	0.5	1.0	1.5	2.0	2.5
$f(x)$	1.7	1.8	2.0	2.4	3.1	4.4

59. f가 $\mathbb{R}$에서 미분가능하고 α는 실수라 하자. $F(x)=f(x^\alpha)$이고 $G(x)=[f(x)]^\alpha$ 라면 다음을 구하여라.

(a) $F'(x)$ (b) $G'(x)$

60. f가 $\mathbb{R}$에서 미분가능하고 $F(x)=f(x^\alpha)$, $G(x)=[f(x)]^\alpha$라면 다음을 구하여라.

(a) $F'(x)$ (b) $G'(x)$

61. $r(x)=f(g(h(x))$라고 한다. $h(1)=2$, $g(2)=3$, $h'(1)=4$, $g'(2)=5$, $f'(3)=6$일 때, $r'(1)$의 값을 구하여라.

62. $g(x)$는 2번 미분가능한 함수이고 $f(x)=xg(x^2)$일 때, g, g', g''을 이용하여 f''을 구하여라.

63. $F(x)=f(3f(4f(x)))$이고 $f(0)=0$, $f'(0)=2$일 때 $F'(0)$을 구하여라.

64. $F(x)=f(xf(xf(x)))$이고 $f(1)=2$, $f(2)=3$, $f'(1)=4$, $f'(2)=5$, $f'(3)=6$일 때 $F'(1)$을 구하여라.

65. 함수 $y=e^{2x}(A\cos 3x+B\sin 3x)$는 미분방정식 $y''-4y'+13y=0$을 만족함을 보여라.

66. $y=e^{rx}$가 $y''-4y'+y=0$을 만족하는 r의 값을 구하여라.

67. $y=\cos 2x$의 50번째 도함수를 구하여라.

68. $f(x)=xe^{-x}$의 1000번째 도함수를 구하여라.

69. 흔들리는 끈 위의 입자의 움직임이 다음 방정식으로 주어졌다고 하자.

$$s(t)=10+\frac{1}{4}\sin(10\pi t)$$

여기서 s는 cm로 측정되고 t는 초로 나타내어진다. t초 후의 입자의 속도를 구하여라.

70. 입자의 움직임이 다음 방정식으로 주어졌다고 하자.

$$s=A\cos(\omega t+\delta)$$

(이것을 단순 조화운동이라고 한다.)

(a) t시간에서의 입자의 속도를 구하여라.

(b) 언제 속도가 0일까?

71. Cepheid 별은 밝기가 변하는 별이다. 가장 잘 보이는 그러한 별은 Delta Cephei이다. Delta Cephei의 밝기의 변화는 최고 5.4일을 주기로 변하고 있다. 이 별의 평균밝기는 4.0이고 밝기의 변화율은 ± 0.35이다. 이런 데이터를 통하여 Delta Cephei의 밝기는 다음 방정식으로 나타낼 수 있다.

$$B(t)=4.0+0.35\sin(2\pi t/5.4)$$

(a) t일 후의 밝기의 변화를 구하여라.

(b) 하루 지난 후의 증가율을 소수 둘째 자리까지 정확하게 구하여라.

72. 눈덩이가 녹아 부피가 표면적에 비례하게 줄어든다고 가정하자. 눈덩이의 부피가 반으로 줄어드는 데 3시간이 걸린다면 눈덩이가 완전히 녹으려면 얼마나 걸릴까?

73. 어떤 끈 위에서의 한 점의 운동방정식이 다음과 같이 주어졌다고 하자.

$$s(t)=2e^{-1.5t}\sin 2\pi t$$

여기서 s는 cm로 t는 초로 측정된다. t초 후의 속도를 구하고 $0\le t\le 2$에 대한 위치와 속도 그래프를 그려라.

74. 어떤 환경에서 소문은 다음 방정식에 따라 퍼져나간다고 하자.

$$p(t)=\frac{1}{1+ae^{-kt}}$$

여기서 $p(t)$는 시간 t에서 소문을 알고 있는 사람 수이고 a와 k는 양수이다.

(a) $\lim_{t\to\infty} p(t)$를 구하여라.

(b) 소문이 퍼져나가는 율을 구하여라.

(c) t를 시간으로 측정하고 $a=10$, $k=0.5$일 때 p의 그래프를 그려라. 그래프를 이용하여 소문을 들은 사람들이 80%가 되려면 얼마의 시간이 필요한지도 구하여라.

75. 끈 위에서 움직이는 물체가 다음을 만족함을 보여라.

$$a(t)=v(t)\frac{dv}{ds}$$

여기서 $s(t)$는 변위이고, $v(t)$는 속도, $a(t)$는 가속도이다. 또한 $\frac{dv}{dt}$와 $\frac{dv}{ds}$의 의미의 차이를 설명하여라.

76. 구형의 풍선에 공기를 주입시키고 있다. 풍선의 부피를 $V(t)$, 반지름은 $r(t)$라 하자.

(a) $\frac{dV}{dr}$, $\frac{dV}{dt}$가 나타내는 것은 무엇인가?

(b) $\frac{dV}{dt}$를 $\frac{dr}{dt}$로 나타내어라.

77. 카메라의 플래시는 충전기에 충전시킴으로써 작동되고 플래시를 끌 때 갑자기 방출된다. 다음 데이터는 충전기에 남아 있는 충전량을 나타내는 것이다(마이크로쿨롱(μC)으로 측정되었고 t는 초로 측정되었다).

t	0.00	0.02	0.04	0.06	0.08	0.10
Q	100.00	81.87	67.03	54.88	44.93	36.76

(a) 계산기나 컴퓨터를 사용하여 충전에 대한 지수모델을 구하여라.

(b) 충전기에서 플래시 벨브로 흐르는 전류를 $Q'(t)$로 나타낸다. (a)를 사용하여 $t=0.04$초일 때의 전류를 구하여라. 4.1절의 예제 2의 결과와 비교하여라.

78. 다음 표는 20세기의 멕시코의 인구(단위 100만 명)를 나타내고 있다.

연도	인구	연도	인구
1900	13.6	1960	34.9
1910	15.2	1970	48.2
1920	14.3	1980	66.8
1930	16.6	1990	81.2
1940	19.7	2000	97.5
1950	25.8		

(a) 계산기나 컴퓨터를 사용하여 데이터의 지수모델을 구하라. 데이터를 점으로 표시하고 지수모델의 그래프를 그려라. 어느 정도 맞나?

(b) 만나는 선의 평균기울기에 의하여 1950년과 1960년의 인구성장률을 구하여라.

(c) (a)에서 구한 지수모델을 사용하여 20세기 멕시코 인구 증가율에 대한 모형을 구하여라.

(d) (c)에서 구한 모형을 사용하여 1950년과 1960년의 인구 증가율을 추정하고, (b)의 결과와 비교분석하여라.

(79~81) 주어진 매개변수값에 대응하는 점에서 곡선의 접선의 방정식을 구하여라.

79. $x=t^4+1$, $y=t^3+t$; $t=-1$

80. $x=\cos\theta+\sin 2\theta$, $y=\sin\theta+\cos 2\theta$; $\theta=0$

81. $x=e^{\sqrt{t}}$, $y=t-t^2$; $t=1$

(82~83) 접선이 수평이거나 수직인 점을 구하여라.

82. $x=2t^3+3t^2-12t$, $y=2t^3+3t^2+1$

83. $x=10-t^2$, $y=t^3-12t$

84. 매개변수방정식 $x=\sin t$, $y=\sin(t+\sin t)$가 원점에서 두 개의 접선을 가짐을 보이고 접선방정식을 구하여라. 곡선과 접선을 그림으로 나타내고 설명하여라.

85. 곡선 C는 다음의 매개변수방정식으로 나타나 있다.

$$x=t^2,\ y=t^3-3t$$

(a) 점 (3, 0)에서 C는 두 개의 접선을 가짐을 보이고 접선 방정식도 구하여라.

(b) 수평접선 또는 수직접선을 갖는 점을 구하여라.

(c) C의 그래프와 접선을 그래프로 나타내고 설명하여라.

86. 사이클로이드 $x=r(\theta-\sin\theta)$, $y=r(1-\cos\theta)$는 2.9절의 예제 7에서 이미 배웠다.

(a) $\theta=\pi/3$일 때 사이클로이드의 접선방정식을 구하여라.

(b) 수평접선 또는 수직접선이 어떤 점 위에서 존재하는지 구하여라.

(c) 사이클로이드의 그래프를 구하고 $r=1$인 경우에 접선을 구하여라.

CAS **87.** 컴퓨터 대수체계(CAS)는 함수를 미분하라는 명령어를 가지고 있다. 하지만 답의 형태가 적당하지 않아 좀더 간단하게 표현할 필요가 있다.

(a) 컴퓨터 대수체계(CAS)를 사용하여 예제 5에서의 도함수를 구하여라. 그리고 예제 5에서 얻은 결과와 비교하여라.

(b) 컴퓨터 대수체계(CAS)를 사용하여 예제 6에서의 도함수를 구하자. 간단히 하라는 명령을 주었을 때 어떤 현상이 일어나는가?

CAS **88.** (a) 컴퓨터 대수체계(CAS)를 사용하여

$$f(x)=\sqrt{\frac{x^4-x+1}{x^4+x+1}}$$

을 미분하고 그 결과를 간단히 하여라.

(b) f의 그래프는 어디에서 수평접선을 가지는가?

(c) f와 f'의 그래프를 같은 면에 그리고 (b)의 결과를 그래프로 확인하여라.

89. (a) n이 양의 정수일 때 다음을 증명하여라.

$$\frac{d}{dx}(\sin^n x\cos nx)=n\sin^{n-1}x\cos(n+1)x$$

(b) $y=\cos^n x\cos nx$의 도함수를 (a)의 형태로 구하여라.

90. 곡선 $x=3t^2+1$, $y=2t^3+1$에 접하고 점 (4, 3)을 지나는 직선의 방정식을 구하여라.

91. 연쇄법칙을 사용하여

$$\frac{d}{d\theta}(\sin\theta)=\frac{\pi}{180}\cos\theta$$

임을 보여라. 여기서 θ는 도(degree)로 측정되었다(이것은 삼각함수를 취급할 때 라디안을 항상 사용하는 것이 편리함을 보여준다. 만약 도(degree)를 사용하면 미분공식은 복잡해진다).

92. (a) $|x|=\sqrt{x^2}$을 생각하고 연쇄법칙을 사용하여 다음을 증명하여라.

$$\frac{d}{dx}|x|=\frac{x}{|x|}$$

(b) $f(x)=|\sin x|$일 때 $f'(x)$를 구하고 f와 f'의 그래프를 그려라. f는 어디에서 미분불가능인가?

(c) $g(x)=\sin|x|$일 때 $g'(x)$를 구하고 g와 g'의 그래프를 그려라. g는 어디에서 미분불가능인가?

93. $y=f(u)$, $u=g(x)$이고 f와 g가 두 번 미분가능 함수일 때 다음을 증명하여라.

$$\frac{d^2y}{dx^2}=\frac{d^2y}{du^2}\left(\frac{du}{dx}\right)^2+\frac{dy}{du}\frac{d^2u}{dx^2}$$

5.5 음함수 미분법

지금까지 만난 함수들은 한 변수가 다른 변수로 나타나 있었다. 예를 들면

$$y=\sqrt{x^3+1} \quad 또는 \quad y=x\sin x$$

일반적으로 $y=f(x)$ 등과 같이 하나의 변수가 다른 한 변수로 명료하게 나타내어졌다. 그러나 어떤 함수들은 x, y의 관계식으로 정의되어지기도 한다. 예를 들면

1 $$x^2+y^2=25$$

또는

2 $$x^3+y^3=6xy$$

어떤 경우에는 이것을 y에 관하여 풀 수 있다. 예를 들면, 식 **1**은 $y=\pm\sqrt{25-x^2}$으로 나타낼 수 있는데 식 **1**은 두 개의 함수를 결정한다. 즉 $f(x)=\sqrt{25-x^2}$, $g(x)=-\sqrt{25-x^2}$이다. f와 g의 그래프는 원 $x^2+y^2=25$의 상반구와 하반구이다(그림 1 참고).

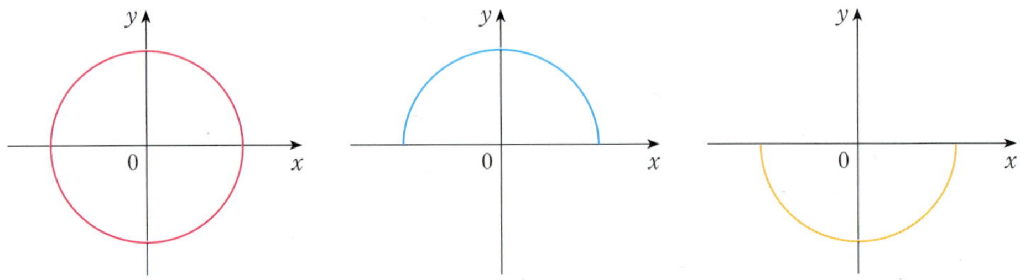

(a) $x^2+y^2=25$ (b) $f(x)=\sqrt{25-x^2}$ (c) $g(x)=-\sqrt{25-x^2}$

그림 1

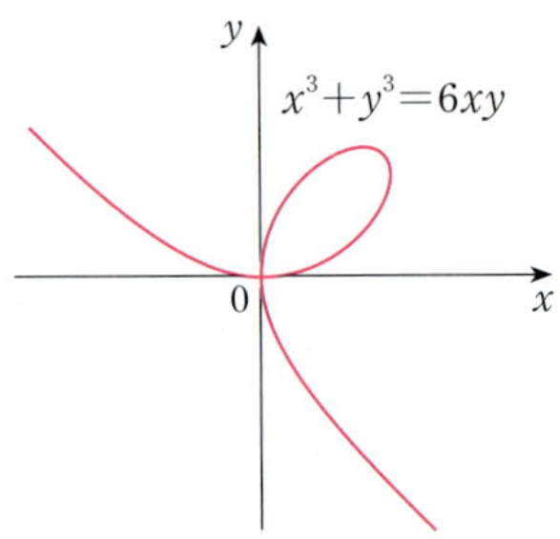

그림 2 데카르트의 엽선

방정식 **2**는 y에 대해 풀기가 쉽지 않다(풀 수는 있을지라도 대단히 복잡하다). 그럼에도 불구하고, 식 **2**는 그림 2에서와 같은 **데카르트의 엽선**(folium of Descartes)이라고 부르는 곡선의 방정식을 나타내는데 y를 x의 함수 몇 개로 나타낼 수 있다. 그러한 함수들의 그래프 3개는 그림 3에서 보여주고 있다.

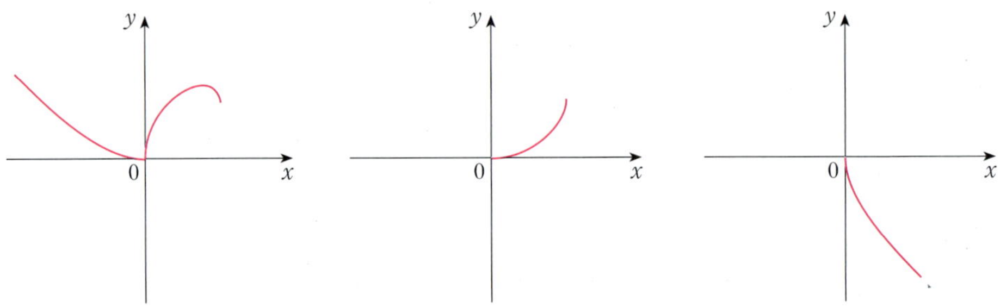

그림 3 데카르트의 엽선에 의해 정의된 세 가지 함수 그래프

f가 방정식 **2**에 의해 정의된 음함수라 하는 것은

$$x^3+[f(x)]^3=6xf(x)$$

가 f의 정의역에 있는 모든 x에 관하여 성립됨을 뜻한다.

다행히 y의 도함수를 구하기 위해 y를 x의 함수로 풀어야 할 필요는 없다. 대신 음함수 미분법을 사용할 수 있다. 음함수 미분법은 방정식의 양변을 x에 관하여 미분하고 y'에 대하여 푸는 것이다.

예제 1 음함수 미분법으로 접선 구하기

(a) $x^2+y^2=25$에서 $\dfrac{dy}{dx}$를 구하여라.

(b) 점 $(3, 4)$에서 원 $x^2+y^2=25$의 접선방정식을 구하여라.

풀이1 (a) 방정식 $x^2+y^2=25$의 양변을 x에 대하여 미분하면

$$\frac{d}{dx}(x^2+y^2)=\frac{d}{dx}(25)$$

$$\frac{d}{dx}(x^2)+\frac{d}{dx}(y^2)=0$$

y는 x에 관한 함수이므로 연쇄법칙을 사용하면

$$\frac{d}{dx}(y^2)=\frac{d}{dy}(y^2)\frac{dy}{dx}=2y\frac{dy}{dx}$$

따라서

$$2x+2y\frac{dy}{dx}=0$$

이 방정식을 $\frac{dy}{dx}$에 대하여 풀면

$$\frac{dy}{dx}=-\frac{x}{y}$$

(b) 점 $(3, 4)$에서 접선의 기울기는 $\frac{dy}{dx}=-\frac{3}{4}$이므로 접선의 방정식은

$$y-4=-\frac{3}{4}(x-3), \quad \text{즉 } 3x+4y=25$$

풀이2 (b) $x^2+y^2=25$를 풀면 $y=\pm\sqrt{25-x^2}$이다. 점 $(3, 4)$는 상반구 $y=\sqrt{25-x^2}$ 위에 있으므로 $f(x)=\sqrt{25-x^2}$을 생각하자. 연쇄법칙을 사용하여 f를 미분하면

$$f'(x)=\frac{1}{2}(25-x^2)^{-1/2}\frac{d}{dx}(25-x^2)$$

$$=\frac{1}{2}(25-x^2)^{-1/2}(-2x)=-\frac{x}{\sqrt{25-x^2}}$$

그러므로

$$f'(3)=-\frac{3}{\sqrt{25-3^2}}=-\frac{3}{4}$$

따라서 접선의 방정식은 $3x+4y=25$이다. ■

● 예제 1에서 보듯이 y에 대해 풀 수 있다 하더라도 음함수 미분법을 사용하는 것이 더 쉽다.

참고 1 $\frac{dy}{dx}=-\frac{x}{y}$는 도함수를 x와 y의 함수로 나타낸 것이다. 주어진 방정식에 의해 y가 어떻게 주어지더라도 상관없다. 예를 들면, $y=f(x)=\sqrt{25-x^2}$인 경우에

$$\frac{dy}{dx}=-\frac{x}{y}=-\frac{x}{\sqrt{25-x^2}}$$

이고, $y=g(x)=-\sqrt{25-x^2}$인 경우에는

$$\frac{dy}{dx}=-\frac{x}{y}=-\frac{x}{-\sqrt{25-x^2}}=\frac{x}{\sqrt{25-x^2}}$$

예제 2 (a) $x^3+y^3=6xy$에서 y'을 구하여라.

(b) 점 $(3, 3)$에서 $x^3+y^3=6xy$의 접선방정식을 구하여라.

(c) 제1사분면에서 수평접선을 갖는 점은 어디인가?

풀이 (a) $x^3+y^3=6xy$ 양변을 x에 대하여 미분한다. 이때 y가 x의 함수임을 생각하고 y^3에 연쇄법칙을 적용시키고 $6xy$에 곱셈 미분법을 사용하면

$$3x^2+3y^2y'=6y+6xy'$$

간단히 하면,

$$x^2+y^2y'=2y+2xy'$$

이다. y'에 대하여 풀면

$$y^2y'-2xy'=2y-x^2$$

이므로

$$(y^2-2x)y'=2y-x^2$$

이다. 따라서

$$y'=\frac{2y-x^2}{y^2-2x}$$

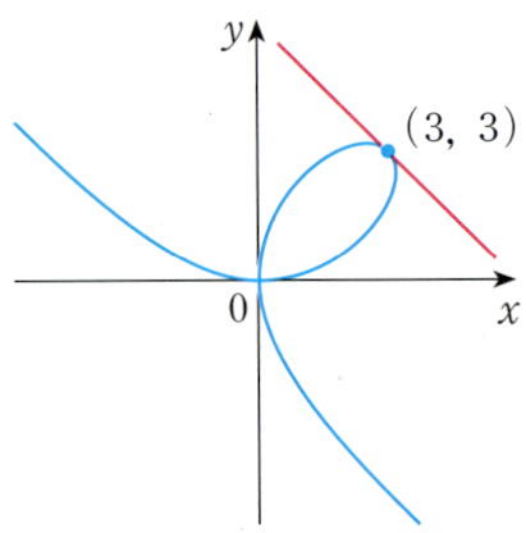

그림 4

(b) $x=y=3$일 때 $y'=\dfrac{2\cdot 3-3^2}{3^2-2\cdot 3}=-1$이다. 그림 4에서도 알 수 있듯이 이것은 $(3, 3)$에서의 접선의 기울기이다. 그러므로 점 $(3, 3)$에서 접선방정식은

$$y-3=-1(x-3),\text{ 즉 } x+y=6$$

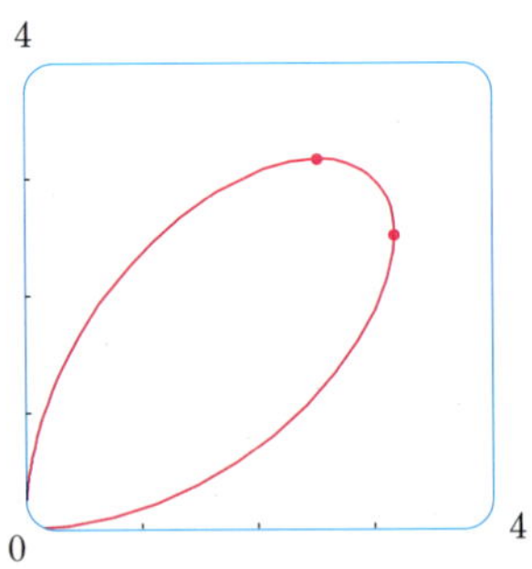

그림 5

(c) $y'=0$이면 수평접선이다. (a)에 의하여 $2y-x^2=0$이면 $y'=0$ $(y^2-2x\neq 0$ 일 때)이다. $y=\frac{1}{2}x^2$을 방정식에 대입하면

$$x^3+\left(\frac{1}{2}x^2\right)^3=6x\left(\frac{1}{2}x^2\right)$$

이므로 간단히 하면 $x^6=16x^3$이다. 제1사분면에서 $x\neq 0$이므로 $x^3=16$이고 $x=16^{1/3}=2^{4/3}$이면 $y=\frac{1}{2}(2^{8/3})=2^{5/3}$이다. 따라서 $(2^{4/3}, 2^{5/3})$에서 수평접선을 가진다. 그림 5에서 짐작할 수 있다. ■

참고 2 2차방정식과 같이 3차방정식의 세 개의 근을 구하는 공식이 있다. 그러나 아주 복잡하다. $x^3+y^3=6xy$를 x에 대하여 풀기 위하여는 이런 공식을 사용하거나 CAS를 사용하여 다음을 얻는다.

$$y=f(x)=\sqrt[3]{-\frac{1}{2}x^3+\sqrt{\frac{1}{4}x^6-8x^3}}+\sqrt[3]{-\frac{1}{2}x^3-\sqrt{\frac{1}{4}x^6-8x^3}}$$

그리고

$$y=\frac{1}{2}\left[-f(x)\pm\sqrt{-3}\left(\sqrt[3]{-\frac{1}{2}x^3+\sqrt{\frac{1}{4}x^6-8x^3}}-\sqrt[3]{-\frac{1}{2}x^3-\sqrt{\frac{1}{4}x^6-8x^3}}\right)\right]$$

● 노르웨이 수학자 Niels Abel은 1824년에 오차방정식의 일반 해는 존재하지 않음을 증명하였다. 그 후에 프랑스 수학자 Evariste Galois는 $n>4$에 대하여 계수에 대한 대수 연산을 통하여 n차방정식의 일반해를 구하는 것은 불가능함을 증명하였다.

(이것들은 그림 3에서 보여준 세 개의 함수이다.) 음함수 미분법은 이처럼 복잡한 과정을 생각할 수 있게 한다. 더욱이

$$y^5+3x^2y^2+5x^4=12$$

와 같이 도저히 y에 대해 풀 수 없는 경우에도 음함수 미분법으로 y'을 쉽게 구할 수 있다.

예제 3 $\sin(x+y)=y^2\cos x$에서 y'을 구하여라.

풀이 음함수 미분법에 의하여

$$\cos(x+y)\cdot(1+y')=2yy'\cos x+y^2(-\sin x)$$

(좌변에 연쇄법칙을 우변에 곱에 대한 미분법과 연쇄법칙을 적용시켰다.)
y'에 대하여 풀면

$$\cos(x+y)+y^2\sin x=(2y\cos x)y'-\cos(x+y)\cdot y'$$

따라서

$$y'=\frac{y^2\sin x+\cos(x+y)}{2y\cos x-\cos(x+y)}$$

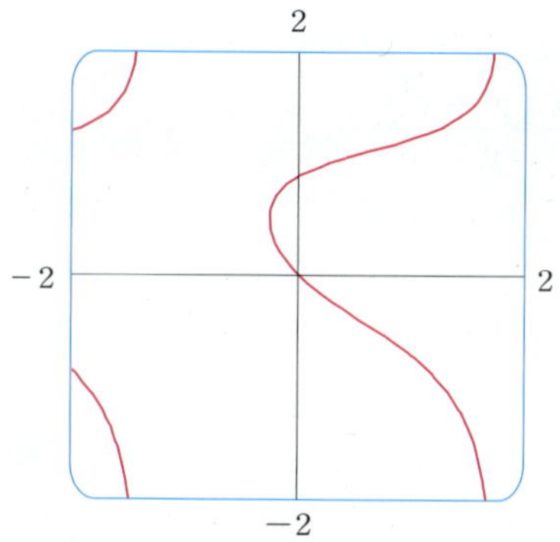

그림 6

그림 6은 컴퓨터 대수체계(CAS)의 음함수 그래프 명령어로 그린 그래프인데 $\sin(x+y)=y^2\cos x$의 부분을 보여주고 있다. $x=y=0$일 때 $y'=-1$임을 알 수 있고 그림 6에서도 원점에서 접선의 기울기가 -1에 가까움을 알 수 있다. ■

그림 7, 8, 9는 컴퓨터에서 음함수 그래프를 그린 것이다. 연습문제 37~38에서 이런 특별한 형태의 함수에 대하여 좀더 살펴볼 것이다.

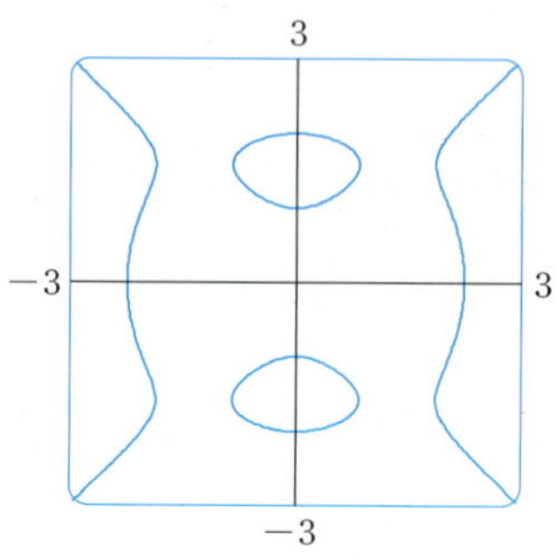

그림 7
$(y^2-1)(y^2-4)=x^2(x^2-4)$

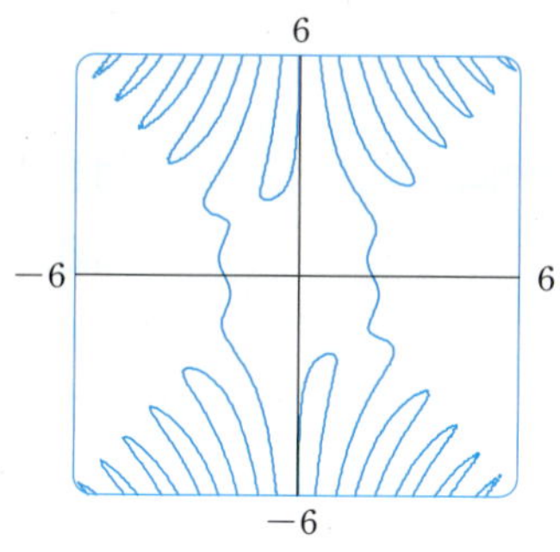

그림 8
$(y^2-1)\sin(xy)=x^2-4$

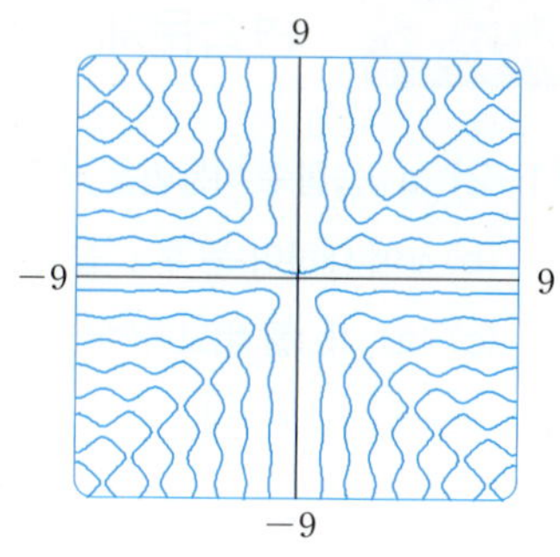

그림 9
$y\sin 3x=x\cos 3y$

예제 4 **음함수 미분법으로 2계도함수 구하기** $x^4+y^4=16$에서 y''을 구하여라

풀이 양변을 x에 관하여 음함수 미분하면

$$4x^3+4y^3y'=0$$

● 그림 10은 $x^4+y^4=16$의 그래프이다. 이것은 원 $x^2+y^2=4$를 좀더 펼쳐서 평평하게 만든 것이다. 왼쪽에서는 경사가 급하지만 곧 아주 평평해진다. 이것은 다음 식으로부터도 알 수 있다.

$$y'=-\frac{x^3}{y^3}=-\left(\frac{x}{y}\right)^3$$

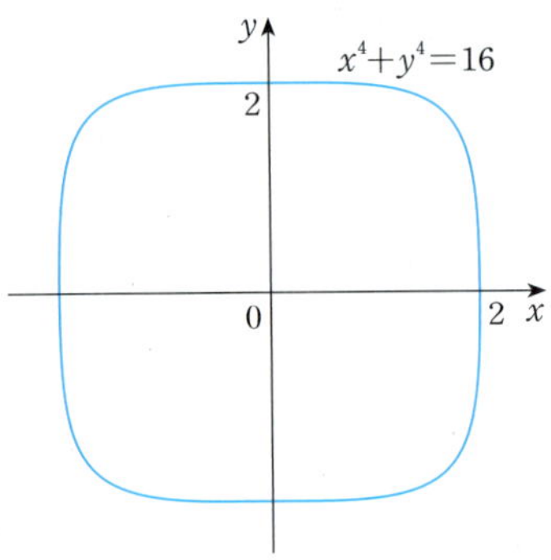

그림 10

y'에 대하여 풀면

$$y'=-\frac{x^3}{y^3} \quad \boxed{3}$$

y''을 구하기 위하여 y'을 나눗셈의 공식을 이용하여 미분하면

$$y''=\frac{d}{dx}\left(-\frac{x^3}{y^3}\right)=-\frac{y^3(d/dx)(x^3)-x^3(d/dx)(y^3)}{(y^3)^2}$$

$$=-\frac{y^3\cdot 3x^2-x^3(3y^2y')}{y^6}$$

이다. 식 3을 이 식에 대입하면

$$y''=-\frac{3x^2y^3-3x^3y^2\left(-\frac{x^3}{y^3}\right)}{y^6}$$

$$=-\frac{3(x^2y^4+x^6)}{y^7}=-\frac{3x^2(y^4+x^4)}{y^7}$$

그런데 $x^4+y^4=16$이므로 간단히 하면

$$y''=-\frac{3x^2(16)}{y^7}=-48\frac{x^2}{y^7}$$

이다. ■

5.5 연습문제

(1~2) (a) 음함수 미분법을 사용하여 y'을 구하여라.

(b) y에 대하여 푼 후 y'을 구하여라.

(c) (a), (b)를 비교하여라.

1. $xy+2x+3x^2=4$
2. $\cos x+\sqrt{y}=5$

(3~16) 음함수 미분법을 사용하여 $\dfrac{dy}{dx}$를 구하여라.

3. $x^3+y^3=1$
4. $2\sqrt{x}+\sqrt{y}=3$
5. $x^3+x^2y+4y^2=6$
6. $x^2-2xy+y^3=c$
7. $x^4(x+y)=y^2(3x-y)$
8. $y^5+x^2y^3=1+ye^{x^2}$
9. $x^2y^2+x\sin y=4$
10. $1+x=\sin(xy^2)$
11. $4\cos x\sin y=1$
12. $y\sin(x^2)=x\sin(y^2)$
13. $e^{\frac{x}{y}}=x-y$
14. $\tan(x-y)=\dfrac{y}{1+x^2}$
15. $e^y\cos x=1+\sin(xy)$
16. $\sin x+\cos y=\sin x\cos y$

17. $f(x)+x^2[f(x)]^3=10$, $f(1)=2$일 때, $f'(1)$을 구하여라.
18. $g(x)+x\sin g(x)=x^2$일 때, $g'(0)$을 구하여라.

(19~20) y를 독립변수, x를 종속변수로 생각하고 음함수 미분법을 이용하여 $\dfrac{dx}{dy}$를 구하여라.

19. $x^4y^2-x^3y+2xy^3=0$
20. $y\sec x=x\tan y$

(21~28) 음함수 미분법을 사용하여 주어진 점에서 곡선의 접선의 방정식을 구하여라.

21. $y\sin 2x=x\cos 2y$, $(\pi/2,\ \pi/4)$

22. $\sin(x+y)=2x-2y$, (π, π)

23. $x^2+xy+y^2=3$, $(1, 1)$ (타원)

24. $x^2+2xy-y^2+x=2$, $(1, 2)$ (쌍곡선)

25. $x^2+y^2=(2x^2+2y^2-x)^2$

$(0, \frac{1}{2})$

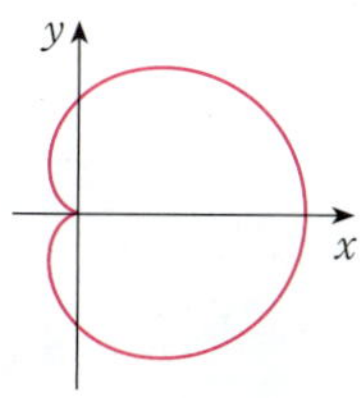

26. $x^{2/3}+y^{2/3}=4$

$(-3\sqrt{3}, 1)$

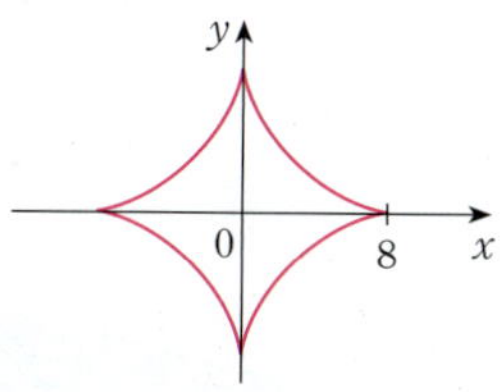

27. $2(x^2+y^2)^2=25(x^2-y^2)$

$(3, 1)$

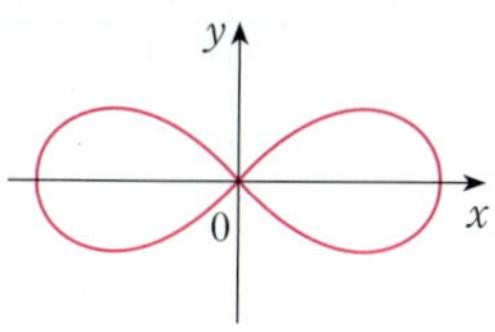

28. $y^2(y^2-4)=x^2(x^2-5)$

$(0, -2)$

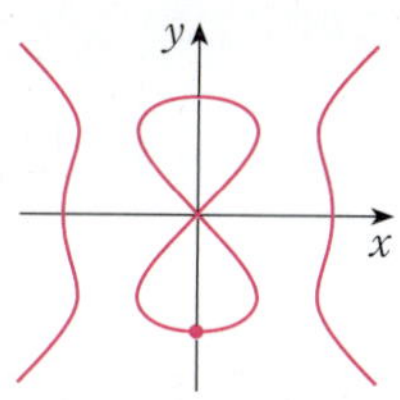

29. (a) $y^2=5x^4-x^2$의 점 $(1, 2)$에서의 접선방정식을 구하여라.

(b) 곡선과 접선을 그래프로 나타내고 (a)를 설명하여라.

30. (a) $y^2=x^3+3x^2$의 점 $(1, -2)$에서의 접선방정식을 구하여라.

(b) 어느 점에서 수평접선을 가지는가?

(c) 곡선과 접선을 그래프로 나타내고 (a), (b)를 설명하여라.

(31~34) 음함수 미분법으로 y''을 구하여라.

31. $9x^2+y^2=9$

32. $\sqrt{x}+\sqrt{y}=1$

33. $x^3+y^3=1$

34. $x^4+y^4=a^4$

35. $xy=e^y=e$에서 $x=0$일 때 y''을 구하여라.

36. $x^2+xy+y^3=1$에서 $x=1$일 때 y'''을 구하여라.

CAS 37. (a) $y(y^2-1)(y-2)=x(x-1)(x-2)$의 그래프를 그려라(CAS 사용). 얼마나 많은 점에서 수평접선을 가지는가? 이런 점들의 x좌표를 추측하여라.

(b) $(0, 1)$과 $(0, 2)$에서의 접선방정식을 구하여라.

(c) (a)에서의 x좌표를 정확하게 구하여라.

(d) (a)의 방정식을 수정하여 더 가상적인 곡선을 만들어라.

CAS 38. (a) $2y^3+y^2-y^5=x^4-2x^3+x^2$의 그래프를 그려라(CAS 사용).

(b) 얼마나 많은 점에서 수평접선이 존재하는가? 이런 점들의 x좌표를 구하여라.

39. 연습문제 27의 곡선은 어느 점에서 수평접선을 가지는가?

40. 음함수 미분법을 사용하여 타원 $\frac{x^2}{a^2}+\frac{y^2}{b^2}=1$의 점 (x_0, y_0)에서의 접선방정식이 $\frac{x_0x}{a^2}+\frac{y_0y}{b^2}=1$임을 보여라.

(41~44) 두 곡선이 서로 수직이다는 말은 교점에서의 접선이 서로 수직이라는 뜻이다. 다음 두 곡선은 서로 직교 부피임을 보여라. 즉, 한 곡선족의 모든 곡선은 다른 곡선족의 모든 곡선과 서로 수직임을 보여라.

41. $x^2+y^2=r^2$, $ax+by=0$

42. $x^2+y^2=ax$, $x^2+y^2=by$

43. $y=cx^2$, $x^2+2y^2=k$

44. $y=ax^3$, $x^2+3y^2=b$

45. 타원 $x^2/a^2+y^2/b^2=1$과 쌍곡선 $x^2/A^2-y^2/B^2=1$은 $A^2<a^2$이고 $a^2-b^2=A^2+B^2$이면 직교 부피임을 보여라(따라서 타원과 쌍곡선의 초점은 같다).

46. $y=(x+c)^{-1}$과 $y=a(x+k)^{1/3}$이 직교 부피가 되기 위한 a 값을 구하여라.

47. (a) n몰의 기체에 대한 van der Waals 공식은

$$\left(P+\frac{n^2a}{V^2}\right)(V-nb)=nRT$$

이다. 여기서 P는 압력, V는 부피, T는 기체의 온도이다. 상수 R은 기체 상수이고 a와 b는 기체의 특성을 나타내는 양의 상수이다. T가 상수일 때 음함수 미분법을 이용하여 dV/dP를 구하여라.

CAS (b) $V=10$L이고 $P=2.5$atm일 때 1몰의 이산화탄소의 압력에 대한 부피의 변화율을 구하여라.

$a=3.592L^2$-atm/mole^2, $b=0.04267$L/mole이다.

48. (a) $x^2+xy+y^2+1=0$일 때 음함수 미분법을 이용하여 y'을 구하여라.

(b) (a)의 곡선을 그려라.

(c) (b)를 참고하여 (a)에서 구한 y'에 대하여 설명하여라.

49. 음함수 미분법을 사용하여 중심이 O인 원의 한 점 P에서의 접선방정식은 반지름 OP에 수직함을 보여라.

50. $\sqrt{x}+\sqrt{y}=\sqrt{c}$의 접선방정식의 x절편과 y절편의 합이 c임을 보여라.

51. $x^2-xy+y^2=3$은 회전된 타원이다. 즉 이 타원의 축은 좌표축과 평행하지 않다. 이 타원의 축과 만나는 점을 구하고, 그 점들에서의 접선의 방정식들은 평행함을 보여라.

52. (a) 타원 $x^2-xy+y^2=3$의 점 $(-1, 1)$에서의 법선방정식은 어디에서 타원과 두 번 만날까?

(b) 타원과 법선을 그려 (a)를 설명하여라.

53. $x^2y^2+xy=2$의 접선방정식의 기울기가 -1인 점을 모두 찾아라.

54. 타원 $x^2+4y^2=36$의 접선이 점 $(12, 3)$을 지나는 접선방정식을 모두 구하여라.

55. 차수가 0인 Bessel 함수 $y=J(x)$는 미분방정식 $xy''+y'+xy=0$을 만족시키고 $J(0)=1$이다.

(a) $J'(0)$을 구하여라.

(b) 음함수 미분법을 사용하여 $J''(0)$을 구하여라.

56. 다음 그림은 램프가 y축의 오른쪽으로 3만큼 떨어져 있고 그림자는 $x^2+4y^2\le5$의 타원 영역에 의해 만들어졌음을 보여준다. 만약 점 $(-5, 0)$이 그림자의 한 변 위에 있다면 램프는 x축의 위쪽으로부터 얼마나 떨어져 있는가?

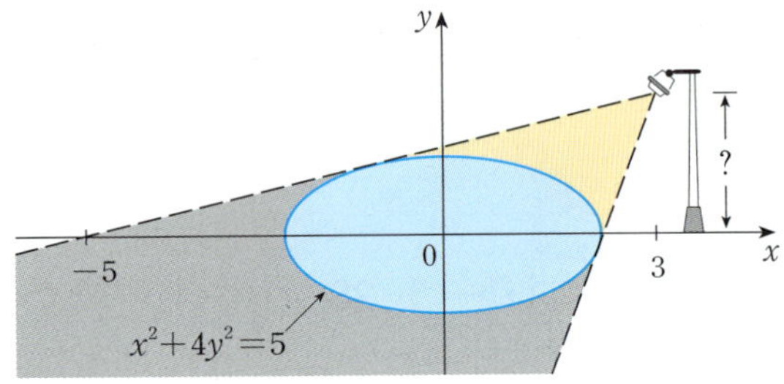

5.6 역삼각함수와 도함수

2.1절에서 역함수를 갖는 함수만 일대일 함수임을 공부하였다. 삼각함수는 일대일 함수가 아니므로 역함수를 갖지 않는다. 그러나 정의역을 제한하면 삼각함수도 일대일 함수가 되고 이렇게 제한된 삼각함수의 역함수는 미적분학에서 중요한 역할을 한다.

그림 1에서 사인함수 $y=\sin x$는 일대일 함수가 아니다.

하지만 $y=\sin x$, $-\frac{\pi}{2}\le x\le\frac{\pi}{2}$는 일대일 함수이다(그림 2 참조). 제한된 사인함수의 역함수는 존재하고 $\sin^{-1}$ 또는 arcsin이라 나타내고, **역사인함수**(inverse sine function) 또는 아크사인(arcsine)함수라 부른다.

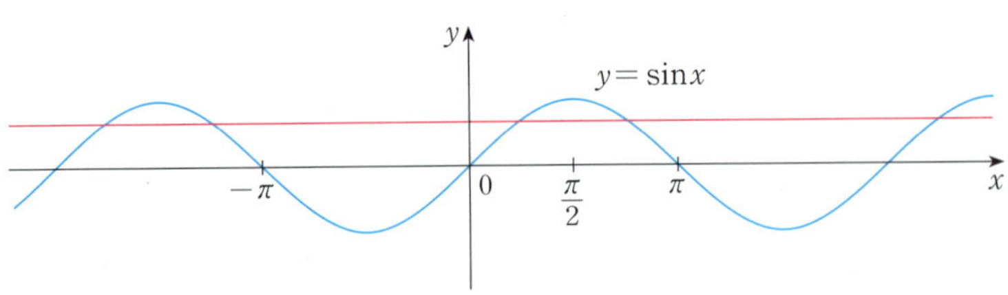

그림 1

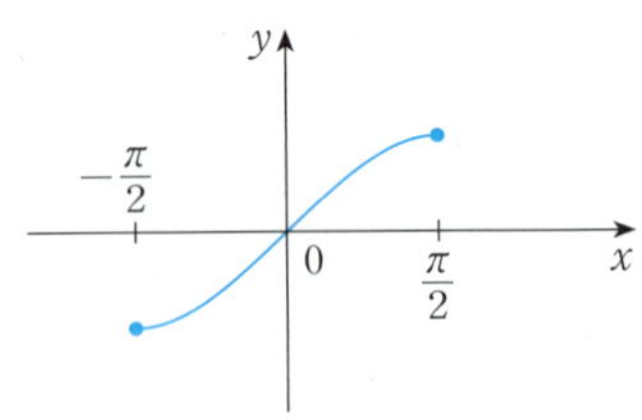

그림 2
$y=\sin x$, $-\frac{\pi}{2}\le x\le\frac{\pi}{2}$

역함수의 정의는

$$f^{-1}(x)=y \iff f(y)=x$$

이므로

⊘ $\sin^{-1}x \neq \dfrac{1}{\sin x}$

$$\sin^{-1}x=y \iff \sin y=x,\quad -\frac{\pi}{2}\le y\le\frac{\pi}{2}$$

이다. 따라서 $-1\le x\le 1$이면 $\sin^{-1}x$는 $-\frac{\pi}{2}$와 $\frac{\pi}{2}$ 사이의 값으로 사인값이 x가 되는 수이다.

예제 1 (a) $\sin^{-1}\left(\frac{1}{2}\right)$ (b) $\tan\left(\arcsin\frac{1}{3}\right)$을 구하여라.

풀이 (a) $\sin\left(\frac{\pi}{6}\right)=\frac{1}{2}$이고 $\frac{\pi}{6}$는 $-\frac{\pi}{2}$와 $\frac{\pi}{2}$ 사이의 값이므로

$$\sin^{-1}\left(\frac{1}{2}\right)=\frac{\pi}{6}$$

(b) $\theta=\arcsin\frac{1}{3}$이라 하면 $\sin\theta=\frac{1}{3}$이다. 그림 3과 같이 한 각이 θ인 직각삼각형을 그리면 피타고라스 정리에 의하여 밑면은 $\sqrt{9-1}=2\sqrt{2}$이다. 따라서

$$\tan\left(\arcsin\frac{1}{3}\right)=\tan\theta=\frac{1}{2\sqrt{2}}$$ ■

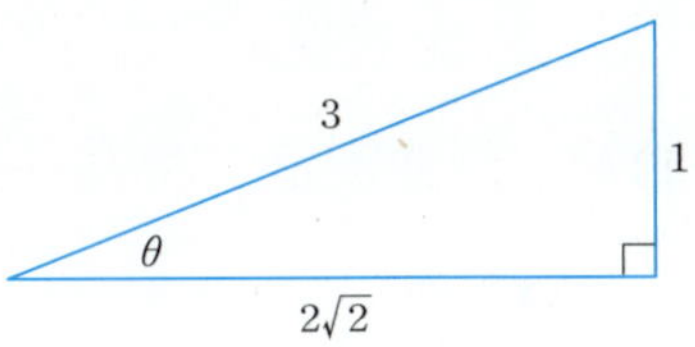

그림 3

역함수의 상쇄법칙에 의하여 다음을 얻는다.

$$\sin^{-1}(\sin x)=x,\quad -\frac{\pi}{2}\le x\le\frac{\pi}{2}$$
$$\sin(\sin^{-1}x)=x,\quad -1\le x\le 1$$

역사인함수 $\sin^{-1}$의 정의역은 $[-1, 1]$이고 치역은 $\left[-\frac{\pi}{2}, \frac{\pi}{2}\right]$이며, 그래프는 제한된 사인함수(그림 2)의 그래프를 직선 $y=x$에 대하여 대칭이동하면 그림 4와 같다. 사인함수가 연속이므로 역사인함수 또한 연속이다.

음함수 미분법을 이용하여 역사인함수의 도함수를 구할 수 있다(미분가능성은 그림 4의 그래프를 보면 알 수 있다).

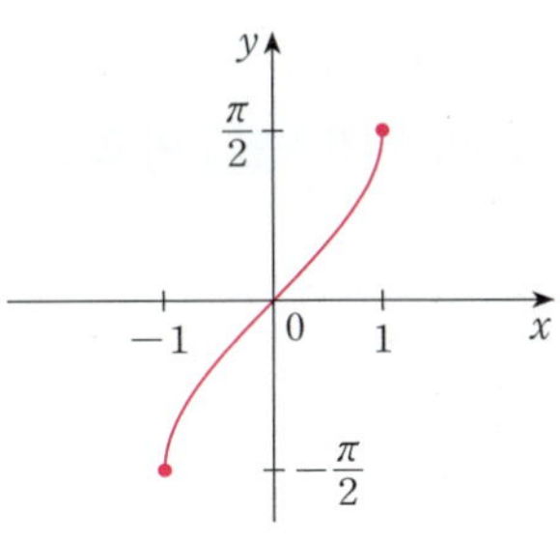

그림 4 $y=\sin^{-1}x=\arcsin x$

$y=\sin^{-1}x$라 하면 $\sin y=x$, $-\frac{\pi}{2}\le y\le\frac{\pi}{2}$이다. $\sin y=x$의 양변을 x로 미분하면

$$\cos y\frac{dy}{dx}=1$$

이므로

$$\frac{dy}{dx}=\frac{1}{\cos y}$$

이다. $-\frac{\pi}{2}\le y\le\frac{\pi}{2}$이므로 $\cos y\ge 0$이고, 따라서

$$\cos y=\sqrt{1-\sin^2 y}=\sqrt{1-x^2}$$

이다. 따라서

● 같은 방법으로 다른 역함수의 미분 공식을 구할 수 있다. 연습문제 41번을 보아라.

$$\frac{dy}{dx}=\frac{1}{\cos y}=\frac{1}{\sqrt{1-x^2}}$$

이다. 즉,

1 $$\frac{d}{dx}(\sin^{-1} x)=\frac{1}{\sqrt{1-x^2}}, \quad -1<x<1$$

예제 2 $f(x)=\sin^{-1}(x^2-1)$일 때 다음을 구하여라.

(a) f의 정의역 (b) $f'(x)$ (c) f'의 정의역

풀이 (a) 역사인함수의 정의역은 $[-1, 1]$이므로 f의 정의역은

$$\{x \mid -1\le x^2-1\le 1\}=\{x \mid 0\le x^2\le 2\}$$
$$=\{x \mid |x|\le\sqrt{2}\}=[-\sqrt{2}, \sqrt{2}]$$

(b) 공식 1과 연쇄법칙에 의하여

$$f'(x)=\frac{1}{\sqrt{1-(x^2-1)^2}}\frac{d}{dx}(x^2-1)$$
$$=\frac{1}{\sqrt{1-(x^4-2x^2+1)}}2x=\frac{2x}{\sqrt{2x^2-x^4}}$$

(c) f'의 정의역은

$$\{x \mid -1<x^2-1<1\}=\{x \mid 0<x^2<2\}$$
$$=\{x \mid 0<|x|<\sqrt{2}\}=(-\sqrt{2}, 0)\cup(0, \sqrt{2})$$ ■

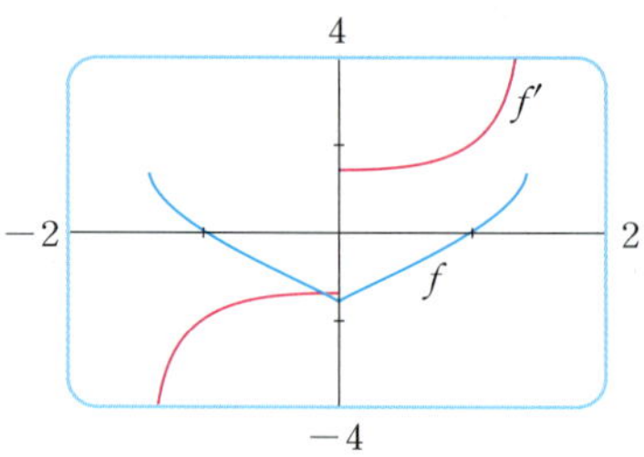

그림 5

예제 2의 함수 f의 그래프와 도함수는 그림 5에 있다. f는 0에서 미분가능하지 않은데 이것은 f'의 그래프가 $x=0$에서 점프한다는 사실과 일치한다.

역코사인함수(inverse cosine function)도 비슷한 방법으로 정의할 수 있다. 제한된 코사인함수 $y=\cos x$, $0\le x\le\pi$는 일대일 함수이므로(그림 6 참조) 역함수 $\cos^{-1}$ 또는 arccos을 갖는다. 즉,

$$\cos^{-1} x=y \iff \cos y=x, \quad 0\le y\le\pi$$

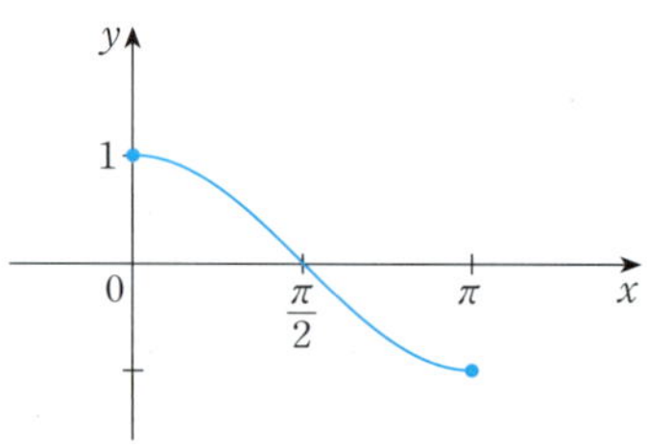

그림 6 $y=\cos x$, $0\le x\le\pi$

역코사인함수 $\cos^{-1}$의 정의역은 $[-1, 1]$이고 치역은 $[0, \pi]$이며 연속함수이고 그래프는 그림 7과 같다. 또 도함수는 다음과 같다.

2 $$\frac{d}{dx}(\cos^{-1} x)=-\frac{1}{\sqrt{1-x^2}}, \quad -1<x<1$$

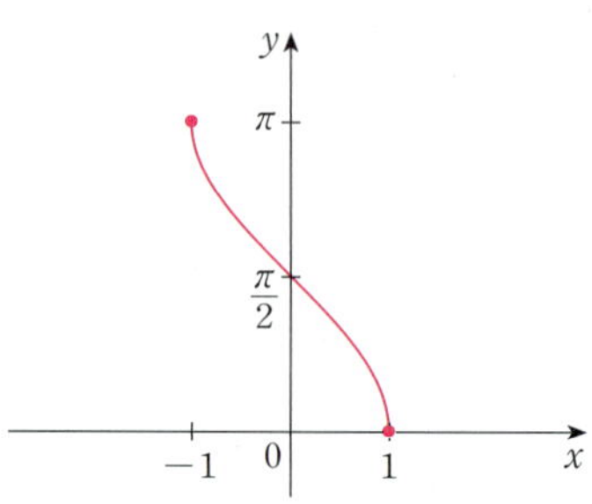

그림 7 $y=\cos^{-1} x=\arccos x$

공식 2는 공식 1과 같은 방법으로 보일 수 있는데 5.6절 연습문제 15에서 해보기 바란다.

탄젠트함수는 구간 $\left(-\frac{\pi}{2}, \frac{\pi}{2}\right)$로 제한하면 일대일 함수가 된다. 따라서 **역탄젠트함수**(inverse tangent function)는 그림 8과 같이 $f(x)=\tan x$, $-\frac{\pi}{2}<x<\frac{\pi}{2}$의 역함수이며 $\tan^{-1}$ 또는 arctan로 나타낸다. 즉,

$$\tan^{-1}x=y \iff \tan y=x, \quad -\frac{\pi}{2}<y<\frac{\pi}{2}$$

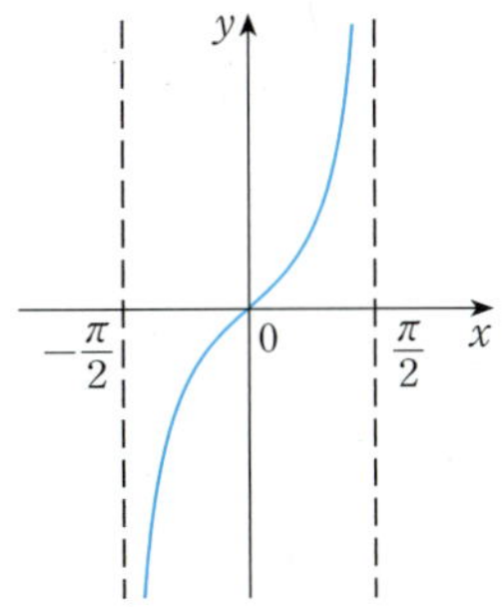

그림 8 $y=\tan x,\ -\frac{\pi}{2}<x<\frac{\pi}{2}$

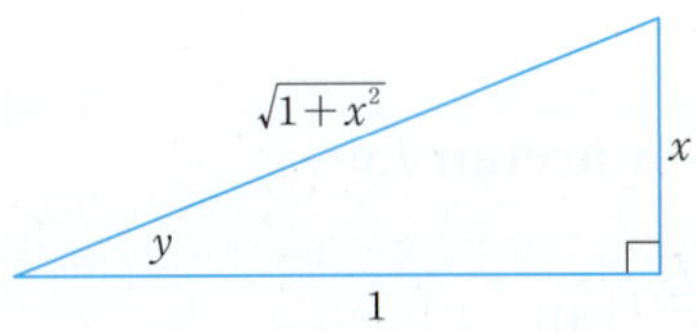

그림 9

예제 3 $\cos(\tan^{-1}x)$를 간단히 하여라.

풀이1 $y=\tan^{-1}x$라 하면 $\tan y=x,\ -\frac{\pi}{2}<y<\frac{\pi}{2}$이다. $\tan y$는 알고 있으므로 $\sec y$를 구하기는 쉽다.

$$\sec^2 y=1+\tan^2 y=1+x^2$$

이므로

$$\sec y=\sqrt{1+x^2}\quad \left(-\frac{\pi}{2}<y<\frac{\pi}{2}\text{에서 }\sec y>0\right)$$

이다. 따라서

$$\cos(\tan^{-1}x)=\cos y=\frac{1}{\sec y}=\frac{1}{\sqrt{1+x^2}}$$

풀이2 풀이1에서와 같이 삼각항등식을 이용하기보다는 그림을 이용하는 것이 더 쉽다. $y=\tan^{-1}x$이면 $\tan y=x$이므로 그림 9($y>0$일 경우)로부터

$$\cos(\tan^{-1}x)=\cos y=\frac{1}{\sqrt{1+x^2}}$$

이다. ■

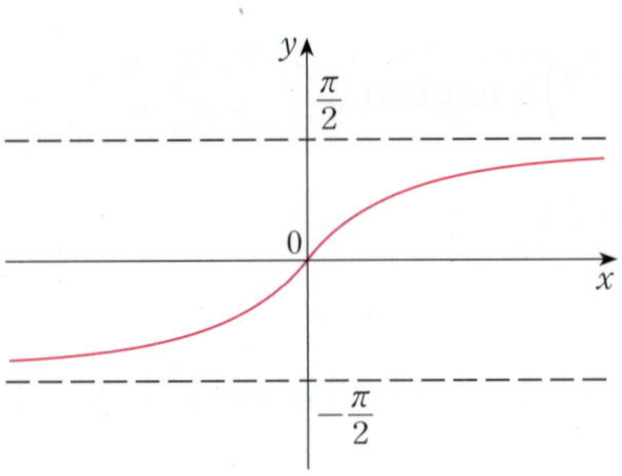

그림 10
$y=\tan^{-1}x=\arctan x$

역탄젠트함수 $\tan^{-1}x=\arctan x$의 정의역은 $\mathbb{R}$이고 치역은 $\left(-\frac{\pi}{2},\frac{\pi}{2}\right)$이며 그래프는 그림 10과 같다.

$$\lim_{x\to(\pi/2)^-}\tan x=\infty,\qquad \lim_{x\to-(\pi/2)^+}\tan x=-\infty$$

이므로 직선 $x=\pm\frac{\pi}{2}$는 탄젠트함수 그래프의 수직점근선이다. $\tan^{-1}$의 그래프는 제한된 탄젠트함수의 그래프를 직선 $y=x$에 대칭이동시켜 얻어지므로 직선 $y=\frac{\pi}{2}$와 $y=-\frac{\pi}{2}$는 $\tan^{-1}$의 그래프의 수평점근선이다. 이 사실을 극한으로 표현하면 다음과 같다.

3
$$\lim_{x\to\infty}\tan^{-1}x=\frac{\pi}{2},\qquad \lim_{x\to-\infty}\tan^{-1}x=-\frac{\pi}{2}$$

예제 4 $\lim_{x\to2^+}\arctan\left(\frac{1}{x-2}\right)$을 구하여라.

풀이 $t=\frac{1}{x-2}$이라 하면 $x\to2^+$일 때 $t\to\infty$이다. 따라서 식 **3**에 의하여

$$\lim_{x\to2^+}\arctan\left(\frac{1}{x-2}\right)=\lim_{t\to\infty}\arctan t=\frac{\pi}{2}$$

이다. ■

역탄젠트함수의 도함수도 역사인함수의 도함수와 비슷한 방법으로 구할 수 있다. $y=\tan^{-1}x$라 하면 $\tan y=x$이다. 양변을 x로 음함수 미분하면

$$\sec^2 y \frac{dy}{dx} = 1$$

이고

$$\frac{dy}{dx} = \frac{1}{\sec^2 y} = \frac{1}{1+\tan^2 y} = \frac{1}{1+x^2}$$

이다. 따라서

4

$$\frac{d}{dx}(\tan^{-1} x) = \frac{1}{1+x^2}$$

예제 5 다음을 미분하여라.

(a) $y = \dfrac{1}{\tan^{-1} x}$ (b) $f(x) = x \arctan \sqrt{x}$

● $\arctan x$와 $\tan^{-1} x$는 같은 표현이다.

풀이 (a) $$\frac{dy}{dx} = \frac{d}{dx}(\tan^{-1} x)^{-1} = -(\tan^{-1} x)^{-2} \frac{d}{dx}(\tan^{-1} x)$$

$$= -\frac{1}{(\tan^{-1} x)^2(1+x^2)}$$

(b) 곱의 법칙과 연쇄법칙을 이용하면

$$f'(x) = x \frac{1}{1+(\sqrt{x})^2}\left(\frac{1}{2}x^{-1/2}\right) + \arctan \sqrt{x}$$

$$= \frac{\sqrt{x}}{2(1+x)} + \arctan \sqrt{x}$$ ■

자주 사용되는 역삼각함수는 위에서 공부한 세 가지이다. 나머지 역삼각함수의 미분공식도 비슷한 방법으로 구할 수 있다.

5.6 연습문제

(1~8) 다음 표현의 정확한 값을 구하여라.

1. (a) $\sin^{-1}(0.5)$ (b) $\arctan(-1)$
2. (a) $\tan^{-1}\sqrt{3}$ (b) $\arcsin 1$
3. (a) $\arctan 1$ (b) $\sin^{-1}\left(\dfrac{1}{\sqrt{2}}\right)$
4. (a) $\tan^{-1}\left(\tan \dfrac{3\pi}{4}\right)$ (b) $\cos\left(\arcsin \dfrac{1}{2}\right)$
5. $\tan\left(\sin^{-1}\left(\dfrac{2}{3}\right)\right)$
6. $\csc\left(\arccos \dfrac{3}{5}\right)$
7. $\sin(2\tan^{-1}\sqrt{2})$
8. $\cos(\tan^{-1} 2 + \tan^{-1} 3)$

9. $\cos(\sin^{-1} x) = \sqrt{1-x^2}$임을 증명하여라.

(10~12) 다음 표현을 간단히 하여라.

10. $\tan(\sin^{-1} x)$
11. $\sin(\tan^{-1} x)$
12. $\cos(2\tan^{-1} x)$

(13~14) 다음 두 함수를 같은 화면에 그려라. 두 함수의 그래프는 어떤 관계가 있는가?

13. $y = \sin x,\ -\dfrac{\pi}{2} \le x \le \dfrac{\pi}{2}$; $y = \sin^{-1} x$; $y = x$
14. $y = \tan x,\ -\dfrac{\pi}{2} < x < \dfrac{\pi}{2}$; $y = \tan^{-1} x$; $y = x$

15. 공식 1과 같은 방법으로 공식 2를 증명하여라.

16. (a) $\sin^{-1} x + \cos^{-1} x = \pi/2$임을 증명하여라.

(b) (a)를 이용하여 공식 2를 증명하여라.

(17~29) 도함수를 구하고 가능한 간단히 나타내어라.

17. $y = \tan^{-1}\sqrt{x}$

18. $y = \sqrt{\tan^{-1} x}$

19. $y = \sin^{-1}(2x+1)$

20. $F(\theta) = \arcsin\sqrt{\sin\theta}$

21. $G(x) = \sqrt{1-x^2}\arccos x$

22. $f(x) = x\ln(\arctan x)$

23. $y = \cos^{-1}(e^{2x})$

24. $y = \tan^{-1}(x - \sqrt{1+x^2})$

25. $y = \arctan(\cos\theta)$

26. $y = \cos^{-1}(\sin^{-1} t)$

27. $y = x\sin^{-1}x + \sqrt{1-x^2}$

28. $y = \arctan\sqrt{\dfrac{1-x}{1+x}}$

29. $y = \arccos\left(\dfrac{b + a\cos x}{a + b\cos x}\right)$, $0 \le x \le \pi$, $a > b > 0$

(30~31) 도함수를 구하여라. 함수와 도함수의 정의역을 구하여라.

30. $f(x) = \arcsin(e^x)$

31. $g(x) = \cos^{-1}(3-2x)$

32. $\tan^{-1}(xy) = 1 + x^2y$에서 y'을 구하여라.

33. $g(x) = x\sin^{-1}\left(\dfrac{x}{4}\right) + \sqrt{16-x^2}$에서 $g'(2)$를 구하여라.

34. 곡선 $y = 3\arctan\left(\dfrac{x}{2}\right)$ 위의 점 $(1, \pi)$에서 접선의 방정식을 구하여라.

(35~36) $f'(x)$를 구하여라. f와 f'의 그래프를 비교하여 구한 답이 맞는지 검토하여라.

35. $f(x) = \sqrt{1-x^2}\arcsin x$

36. $f(x) = \arctan(x^2 - x)$

(37~40) 극한을 구하여라.

37. $\lim\limits_{x \to -1^+} \sin^{-1} x$

38. $\lim\limits_{x \to \infty} \arccos\left(\dfrac{1+x^2}{1+2x^2}\right)$

39. $\lim\limits_{x \to \infty} \arctan(e^x)$

40. $\lim\limits_{x \to 0^+} \tan^{-1}(\ln x)$

41. (a) f가 일대일이고 미분가능한 함수이며 역함수 $f^{-1}(x)$가 미분가능하다고 하자. 음함수 미분법을 이용하여 분모가 0이 아니면

$$(f^{-1})'(x) = \frac{1}{f'(f^{-1}(x))}$$

임을 보여라.

(b) $f(4) = 5$이고 $f'(4) = \dfrac{2}{3}$일 때 $(f^{-1})'(5)$를 구하여라.

42. (a) $f(x) = 2x + \cos x$는 일대일 함수임을 보여라.

(b) $f^{-1}(1)$을 구하여라.

(c) 연습문제 41 (a)의 공식을 이용하여 $(f^{-1})'(1)$을 구하여라.

43. 연습문제 41 (a)의 공식을 이용하여 다음을 증명하여라.

(a) 공식 1 (b) 공식 4

44. (a) $f(x) = \sin(\sin^{-1} x)$의 그래프를 그려라.

(b) $g(x) = \sin^{-1}(\sin x)$, $x \in \mathbb{R}$의 그래프를 그려라.

(c) $g'(x) = \dfrac{\cos x}{|\cos x|}$임을 보여라.

(d) $h(x) = \cos^{-1}(\sin x)$, $x \in \mathbb{R}$의 그래프를 그리고 도함수를 구하여라.

5.7 로그함수의 도함수

이 절에서는 음함수 미분법을 사용하여 로그함수 $y = \log_a x$, 특히 자연로그함수 $y = \ln x$의 도함수를 구해보자(로그함수는 미분가능 함수임을 보일 수 있다. 이것은 로그함수의 그래프 2.8절의 그림 1로부터 쉽게 이해할 수 있다).

1
$$\frac{d}{dx}(\log_a x) = \frac{1}{x\ln a}$$

증명 $y=\log_a x$라 두자. 그러면

$$a^y=x$$

x에 관하여 음함수 미분법을 사용하면 공식 3, 4, 5에 의해

$$a^y(\ln a)\frac{dy}{dx}=1$$

● 공식 3, 4, 5에 의해 $\frac{d}{dx}(a^x)=a^x\ln a$

이다. 따라서

$$\frac{dy}{dx}=\frac{1}{a^y\ln a}=\frac{1}{x\ln a}$$ ■

공식 1에서 $a=e$라 두면 $\ln a=\ln e=1$이므로 자연로그함수 $\ln x$의 도함수는 다음과 같다.

2 $$\frac{d}{dx}(\ln x)=\frac{1}{x}$$

예제 1 $y=\ln(x^3+1)$을 미분하여라.

풀이 연쇄법칙을 사용하자. $u=x^3+1$이라 두면 $y=\ln u$이므로

$$\frac{dy}{dx}=\frac{dy}{du}\frac{du}{dx}=\frac{1}{u}\frac{du}{dx}=\frac{1}{x^3+1}(3x^2)=\frac{3x^2}{x^3+1}$$ ■

일반적으로 예제 1에서처럼 연쇄법칙과 식 **2**를 결합하면

3 $$\frac{d}{dx}(\ln u)=\frac{1}{u}\frac{du}{dx} \quad \text{또는} \quad \frac{d}{dx}[\ln g(x)]=\frac{g'(x)}{g(x)}$$

예제 2 $\frac{d}{dx}\ln(\sin x)$를 구하여라.

풀이 **3**을 사용하면

$$\frac{d}{dx}\ln(\sin x)=\frac{1}{\sin x}\frac{d}{dx}(\sin x)=\frac{\cos x}{\sin x}=\cot x$$ ■

예제 3 $f(x)=\sqrt{\ln x}$ 를 미분하여라.

풀이 연쇄법칙을 사용하면

$$f'(x)=\frac{1}{2}(\ln x)^{-1/2}\frac{d}{dx}(\ln x)=\frac{1}{2\sqrt{\ln x}}\cdot\frac{1}{x}=\frac{1}{2x\sqrt{\ln x}}$$ ■

예제 4 **상용로그의 미분** $f(x)=\log_{10}(2+\sin x)$를 미분하여라.

풀이 식 **1**을 사용하자($a=10$).

$$f'(x)=\frac{d}{dx}\log_{10}(2+\sin x)=\frac{1}{(2+\sin x)\ln 10}\frac{d}{dx}(2+\sin x)$$

$$=\frac{\cos x}{(2+\sin x)\ln 10}$$ ■

● 그림 1은 예제 5의 함수 f와 f의 도함수 f'을 보여준다. 이것은 우리의 계산을 눈으로 체크할 수 있다. f가 급히 감소할 때 f'은 큰 음수이다.

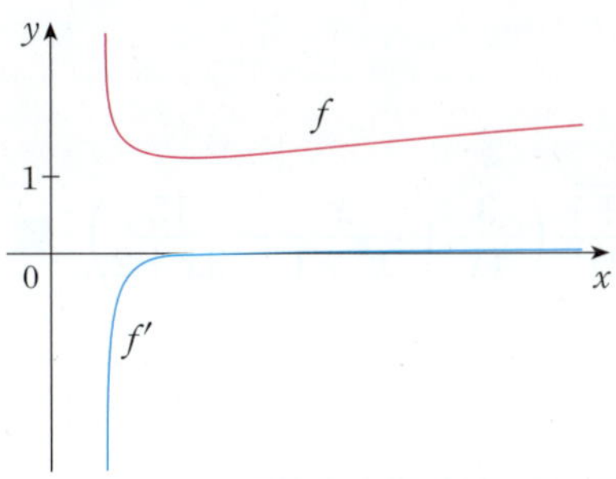

그림 1

예제 5 **간단히 한 후 미분** $\frac{d}{dx}\ln\frac{x+1}{\sqrt{x-2}}$을 구하여라.

풀이1 $$\frac{d}{dx}\ln\frac{x+1}{\sqrt{x-2}}=\frac{1}{\frac{x+1}{\sqrt{x-2}}}\frac{d}{dx}\left(\frac{x+1}{\sqrt{x-2}}\right)$$

$$=\frac{\sqrt{x-2}}{x+1}\cdot\frac{\sqrt{x-2}\cdot 1-(x+1)\left(\frac{1}{2}\right)(x-2)^{-1/2}}{x-2}$$

$$=\frac{x-2-\left(\frac{1}{2}\right)(x+1)}{(x+1)(x-2)}=\frac{x-5}{2(x+1)(x-2)}$$

풀이2 먼저 로그함수의 성질을 사용한 후 미분하자.

$$\frac{d}{dx}\ln\frac{x+1}{\sqrt{x-2}}=\frac{d}{dx}\left[\ln(x+1)-\frac{1}{2}\ln(x-2)\right]$$

$$=\frac{1}{x+1}-\frac{1}{2}\left(\frac{1}{x-2}\right)$$

이것을 통분하면 풀이1과 같은 결과임을 알 수 있다. ■

● 그림 2는 예제 6의 함수 $f(x)=\ln|x|$와 $f'(x)=\frac{1}{x}$을 보여준다. x가 작을 때 $y=\ln|x|$의 그래프는 가파르고 $f'(x)$는 큰 값을 가진다(음수 또는 양수).

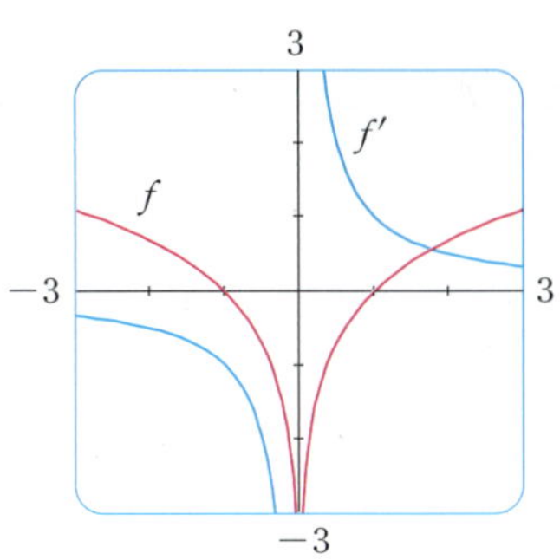

그림 2

예제 6 $f(x)=\ln|x|$일 때 $f'(x)$를 구하여라.

풀이 $$f(x)=\begin{cases}\ln x, & x>0\\ \ln(-x), & x<0\end{cases}$$ 이므로

$$f'(x)=\begin{cases}\frac{1}{x}, & x>0\\ \frac{-1}{-x}=\frac{1}{x}, & x<0\end{cases}$$

따라서 $x\neq 0$인 모든 x에 대해 $f'(x)=\frac{1}{x}$이다. ■

예제 6의 결과로부터 다음 미분공식을 얻는다.

4 $$\frac{d}{dx}\ln|x|=\frac{1}{x}$$

⊳ 대수미분법

곱셈, 나눗셈, 거듭제곱으로 된 복잡한 함수의 도함수는 로그를 취함으로써 간단히 구할

수 있다. 다음 예제에서 사용되는 방법을 대수미분법이라 부른다.

예제 7 **대수미분법** $y=\dfrac{x^{3/4}\sqrt{x^2+1}}{(3x+2)^5}$ 을 미분하여라.

풀이 양변에 로그를 취하고 로그함수 성질을 사용하면

$$\ln y=\frac{3}{4}\ln x+\frac{1}{2}\ln(x^2+1)-5\ln(3x+2)$$

이것을 x에 대하여 음함수 미분법을 사용하면

$$\frac{1}{y}\frac{dy}{dx}=\frac{3}{4}\cdot\frac{1}{x}+\frac{1}{2}\frac{2x}{x^2+1}-5\cdot\frac{3}{3x+2}$$

$\dfrac{dy}{dx}$에 대하여 풀면

● 만약 예제 7에서 대수미분법을 사용하지 않았다면 곱과 나눗셈의 미분법을 사용했어야 했다. 그때의 계산과정은 무척 지루했을 것이다.

$$\frac{dy}{dx}=y\left(\frac{3}{4x}+\frac{x}{x^2+1}-\frac{15}{3x+2}\right)=\frac{x^{3/4}\sqrt{x^2+1}}{(3x+2)^5}\left(\frac{3}{4x}+\frac{x}{x^2+1}-\frac{15}{3x+2}\right)$$ ■

대수미분법의 단계

1. $y=f(x)$의 양변에 로그를 취하고 로그함수 성질을 사용하여 간단히 한다.
2. x에 대하여 음함수 미분한다.
3. y'에 대하여 푼다.

만약 $f(x)<0$이면 $\ln f(x)$는 정의되지 않는다. 그러나 $|y|=|f(x)|$로 하여 식 **4**를 적용시키면 된다. 5.1절에서 약속했던 것처럼 이러한 과정을 일반적인 제곱법칙을 증명함으로써 설명할 수 있다.

제곱법칙 만약 n의 임의의 실수이고 $f(x)=x^n$이면

$$f'(x)=nx^{n-1}$$

● 만약 $x=0$이면 n인 경우 도함수의 정의에 의해 $f'(0)=0$을 직접 보일 수 있다.

증명 $y=x^n$ 이라 두고 대수미분법을 사용하자.

$$\ln|y|=\ln|x|^n=n\ln|x|,\quad x\neq0$$

따라서

$$\frac{y'}{y}=\frac{n}{x}$$

그러므로

$$y'=y\cdot\frac{n}{x}=n\frac{x^n}{x}=nx^{n-1}$$ ■

주의 제곱법칙과 지수함수 미분은 구별해야 한다. 제곱법칙 $(x^n)'=nx^{n-1}$의 밑은 변수이고 지수가 상수이지만 지수함수 미분 $(a^x)'=a^x \ln a$는 밑이 상수이고 지수가 변수이다. 일반적으로 지수 함수와 밑에 대하여 다음 4가지 경우가 있다.

1. $\dfrac{d}{dx}(a^b)=0 \qquad (a,\ b\text{는 상수})$
2. $\dfrac{d}{dx}[f(x)]^b=b[f(x)]^{b-1}\cdot f'(x)$
3. $\dfrac{d}{dx}[a^{g(x)}]=a^{g(x)}(\ln a)g'(x)$
4. $\dfrac{d}{dx}[f(x)]^{g(x)}$을 구하려면 대수미분법을 사용한다.

그림 3은 예제 8의 $f(x)$와 그 도함수를 보여주고 있다.

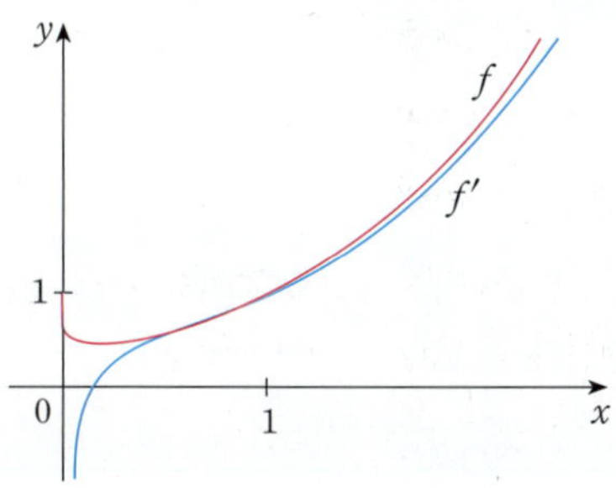

그림 3

예제 8 **밑과 지수가 모두 x를 포함하는 경우** $y=x^{\sqrt{x}}$을 미분하여라.

풀이1 대수미분법을 사용하면

$$\ln y=\sqrt{x}\ln x$$

$$\frac{y'}{y}=\sqrt{x}\cdot\frac{1}{x}+(\ln x)\frac{1}{2\sqrt{x}}$$

$$y'=y\left(\frac{1}{\sqrt{x}}+\frac{\ln x}{2\sqrt{x}}\right)=x^{\sqrt{x}}\left(\frac{2+\ln x}{2\sqrt{x}}\right)$$

풀이2 다른 방법으로 $x^{\sqrt{x}}=(e^{\ln x})^{\sqrt{x}}$로 생각한다.

$$\frac{d}{dx}(x^{\sqrt{x}})=\frac{d}{dx}(e^{\sqrt{x}\ln x})=e^{\sqrt{x}\ln x}\frac{d}{dx}(\sqrt{x}\ \ln x)$$

$$=x^{\sqrt{x}}\left(\frac{2+\ln x}{2\sqrt{x}}\right)$$

■

⊳ 극한값 e

$f(x)=\ln x$이면 $f'(x)=\dfrac{1}{x}$ 임을 알았다. 그러므로 $f'(1)=1$이다. 이 사실을 이용하여 e를 극한값으로 표현해 보자.

극한의 정의에 의하여

$$f'(1)=\lim_{h\to 0}\frac{f(1+h)-f(1)}{h}=\lim_{x\to 0}\frac{f(1+x)-f(1)}{x}$$

$$=\lim_{x\to 0}\frac{\ln(1+x)-\ln 1}{x}=\lim_{x\to 0}\frac{1}{x}\ln(1+x)$$

$$=\lim_{x\to 0}\ln(1+x)^{1/x}$$

$f'(1)=1$이므로 $\lim\limits_{x\to 0}\ln(1+x)^{1/x}=1$이고, 따라서

$$e=e^1=e^{\lim_{x\to 0}\ln(1+x)^{1/x}}=\lim_{x\to 0}e^{\ln(1+x)^{1/x}}=\lim_{x\to 0}(1+x)^{1/x}$$

5
$$e=\lim_{x\to 0}(1+x)^{1/x}$$

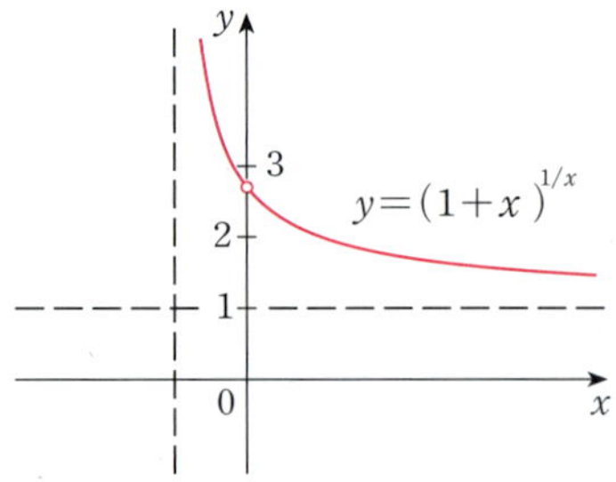

그림 4

x	$(1+x)^{1/x}$
0.1	2.59374246
0.01	2.70481383
0.001	2.71692393
0.0001	2.71814593
0.00001	2.71826824
0.000001	2.71828047
0.0000001	2.71828169
0.00000001	2.71828181

그림 4에서 $y=(1+x)^{1/x}$의 그래프와 x의 작은 값에 대한 함숫값 표에 의해 식 **5**를 설명할 수 있다. 소수 일곱째 자리까지 정확하게 구하면

$$e \approx 2.7182818$$

식 **5**에 $n=\frac{1}{x}$이라 두면 $x \to 0^+$일 때 $n \to \infty$이므로 e를 다음과 같이 표현할 수 있다.

6 $$e=\lim_{n\to\infty}\left(1+\frac{1}{n}\right)^n$$

5.7 연습문제

1. 자연로그함수 $y=\ln x$가 일반로그함수 $y=\log_a x$보다 훨씬 편리하게 사용되는 이유를 설명하여라.

(2~20) 다음을 미분하여라.

2. $f(x)=\ln(x^2+10)$
3. $f(\theta)=\ln(\cos\theta)$
4. $f(x)=\cos(\ln x)$
5. $f(x)=\log_2(1-3x)$
6. $f(x)=\log_5(xe^x)$
7. $f(x)=\sqrt[5]{\ln x}$
8. $f(x)=\ln\sqrt[5]{x}$
9. $f(x)=\sin x\ln(5x)$
10. $f(t)=\dfrac{1+\ln t}{1-\ln t}$
11. $F(t)=\ln\dfrac{(2t+1)^3}{(3t-1)^4}$
12. $h(x)=\ln(x+\sqrt{x^2-1})$
13. $g(x)=\ln(x\sqrt{x^2-1})$
14. $F(y)=y\ln(1+e^y)$
15. $y=\ln|2-x-5x^2|$
16. $H(z)=\ln\sqrt{\dfrac{a^2-z^2}{a^2+z^2}}$
17. $y=\ln(e^{-x}+xe^{-x})$
18. $y=[\ln(1+e^x)]^2$
19. $y=2x\log_{10}\sqrt{x}$
20. $y=\log_2(e^{-x}\cos\pi x)$

(21~22) y'과 y''을 구하여라.

21. $y=x^2\ln(2x)$
22. $y=\dfrac{\ln x}{x^2}$

(23~24) f를 미분하고 f의 정의역을 구하여라.

23. $f(x)=\dfrac{x}{1-\ln(x-1)}$
24. $f(x)=\ln\ln\ln x$

(25~27) 다음 곡선의 주어진 점에서의 접선의 방정식을 구하여라.

25. $y=\ln(x^2-3x+1)$, $(3,\ 0)$
26. $y=\ln(x^3-7)$, $(2,\ 0)$
27. $y=\ln(xe^{x^2})$, $(1,\ 1)$

28. 점 $(1,\ 0)$과 점 $(e,\ \frac{1}{e})$에서 $y=\dfrac{\ln x}{x}$의 접선방정식을 구하여라. 그리고 접선을 그래프로 나타내어라.
29. (a) $f(x)=x\ln x$가 감소하는 구간을 구하여라.
    (b) f가 위로 오목한 구간을 구하여라.
30. $f(x)=\sin x+\ln x$일 때 $f'(x)$를 구하여라. f와 f'의 그래프를 그려라.

31. $f(x)=cx+\ln(\cos x)$에 대하여 $f'\left(\frac{\pi}{4}\right)=6$이 되도록 c값을 구하여라.

32. $f(x)=\log_a(3x^2-2)$에 대하여 $f'(1)=3$이 되도록 a값을 구하여라.

(33~42) 대수미분법을 사용하여 다음 함수의 도함수를 구하여라.

33. $y=(2x+1)^5(x^4-3)^6$

34. $y=\sqrt{x}\,e^{x^2}(x^2+1)^{10}$

35. $y=\dfrac{\sin^2 x\tan^4 x}{(x^2+1)^2}$

36. $y=\sqrt[4]{\dfrac{x^2+1}{x^2-1}}$

37. $y=x^x$

38. $y=x^{\cos x}$

39. $y=(\cos x)^x$

40. $y=\sqrt{x}^{\,x}$

41. $y=(\tan x)^{\frac{1}{x}}$

42. $y=(\sin x)^{\ln x}$

43. $y=\ln(x^2+y^2)$일 때 y'을 구하여라.

44. $x^y=y^x$일 때 y'을 구하여라.

45. $f(x)=\ln(x-1)$일 때 $f^{(n)}(x)$를 구하여라.

46. $\dfrac{d^9}{dx^9}(x^8\ln x)$를 구하여라.

47. 도함수 정의를 사용하여 다음을 증명하여라.

$$\lim_{x\to 0}\frac{\ln(1+x)}{x}=1$$

48. $x>0$인 모든 x에 대하여 다음을 증명하여라.

$$\lim_{n\to\infty}\left(1+\frac{x}{n}\right)^n=e^x$$

5.8 자연과학과 사회과학에서의 변화율

$y=f(x)$에 대해서 도함수 $\dfrac{dy}{dx}$는 x에 대한 y의 변화율을 나타낸다. 본 절에서는 이 개념을 물리학, 화학, 생물학, 경제학 및 다른 과학 등에 응용해 본다.

4.6절에서 다룬 변화율에 대한 기본개념을 다시 생각하여 보자. x가 x_1에서 x_2까지 변할 때, x에 대한 변화량은

$$\Delta x=x_2-x_1$$

이고, 이에 대한 y의 변화량은

$$\Delta y=f(x_2)-f(x_1)$$

이다. 이 차의 몫

$$\frac{\Delta y}{\Delta x}=\frac{f(x_2)-f(x_1)}{x_2-x_1}$$

은 구간 $[x_1,\ x_2]$에서 x에 대한 y의 평균변화율이고, 그림 1에서 할선 PQ의 기울기로 설명될 수 있다. $\Delta x\to 0$일 때의 그 극한은 미분계수 $f'(x_1)$이고, 이것은 x에 대한 y의 순간변화율, 또는 $P(x_1,\ f(x_1))$에서 접선의 기울기로 설명될 수 있다. 이것을 라이프니츠 기호로 나타내면

$$\frac{dy}{dx}=\lim_{\Delta x\to 0}\frac{\Delta y}{\Delta x}$$

이다.

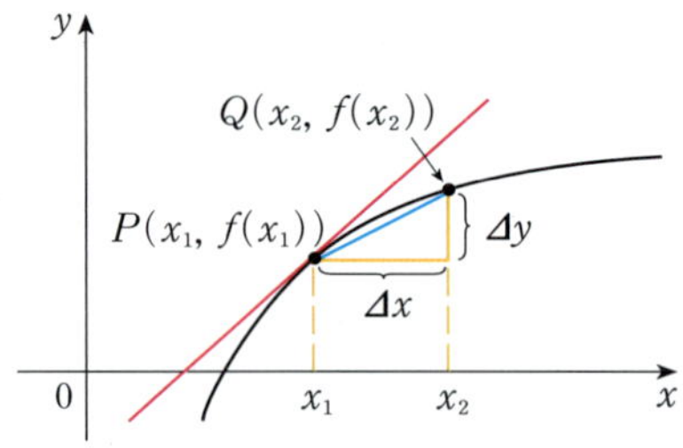

그림 1

함수 $y=f(x)$가 과학의 한 분야에서 특별한 의미를 갖는다면, 이것의 도함수도 변화율로서 특별한 의미를 갖게 된다(4.6절에서 논의했듯이, $\dfrac{dy}{dx}$에 대한 단위는 y에 관한 단위를 x에 관한 단위로서 나눈 것이다). 이제 자연과학과 사회과학에서 이것의 의미를 몇 가지 살펴보자.

▷ 물리학

직선 위를 움직이는 어떤 물체의 위치함수가 $s=f(t)$일 때, $\dfrac{\Delta s}{\Delta t}$는 Δt 시간에 대한 평균속도를 나타내고, $v=\dfrac{ds}{dt}$는 순간속도(시간에 대한 변위의 변화율)를 나타낸다. 또한 시간에 대한 속도의 순간변화율은 가속도를 나타내고, $a(t)=v'(t)=s''(t)$이다. 이것은 4.6절과 4.7절에서 살펴본 바 있으나, 이제는 미분공식을 알고 있으므로 속도 문제를 좀더 쉽게 해결할 수 있다.

예제 1 **입자의 운동 분석** 물체의 위치가 다음 식으로 주어져 있다. 여기서 t와 s의 단위는 각각 초와 미터이다.

$$s=f(t)=t^3-6t^2+9t$$

(a) 시각 t에서의 속도를 구하여라.

(b) 2초 후의 속도는 얼마인가, 4초 후의 속도는 얼마인가?

(c) 물체가 멈출 때는 언제인가?

(d) 물체가 앞으로(즉, 양의 방향) 움직이는 시각을 구하여라.

(e) 물체의 운동을 나타내는 그림을 그려라.

(f) 처음 5초 동안 물체가 움직인 전체 거리를 구하여라.

(g) 시각 t에서의 가속도와 4초 후의 가속도를 구하여라.

(h) $0 \leq t \leq 5$일 때 위치함수, 속도함수, 가속도 함수의 그래프를 그려라.

(i) 물체가 가속될 때는 언제인가? 물체의 속도가 감속될 때는 언제인가?

풀이 (a) 속도함수는 위치함수의 도함수이므로

$$s=f(t)=t^3-6t^2+9t$$

$$v(t)=\frac{ds}{dt}=3t^2-12t+9$$

(b) 2초 후의 속도는 $t=2$일 때의 순간속도를 의미하므로

$$v(2)=\left.\frac{ds}{dt}\right|_{t=0}=3(2)^2-12(2)+9=-3\text{m/s}$$

4초 후의 속도는

$$v(4)=3(4)^2-12(4)+9=9\text{m/s}$$

(c) 물체는 $v(t)=0$일 때 멈추고, 따라서

$$3t^2-12t+9=3(t^2-4t+3)=3(t-1)(t-3)=0$$

이다. 이것은 $t=1$ 또는 $t=3$일 때 성립한다. 그러므로 물체는 1초 후와 3초 후에 멈춘다.

(d) $v(t)>0$일 때 물체는 양의 방향으로 움직이므로

$$3t^2-12t+9=3(t-1)(t-3)>0$$

이다. 이 부등식은 두 인자가 모두 양수이거나($t>3$) 또는 모두 음수일 때 ($t<1$) 성립한다. 그러므로 물체가 양의 방향으로 움직이는 시간은 $t<1$과 $t>3$이다. $1<t<3$일 때 물체는 뒤로(음의 방향) 움직인다.

(e) (d)에서의 사실을 이용하면 어떤 선(s축)을 따라서 물체가 앞과 뒤로 움직이는 그림은 그림 2와 같다.

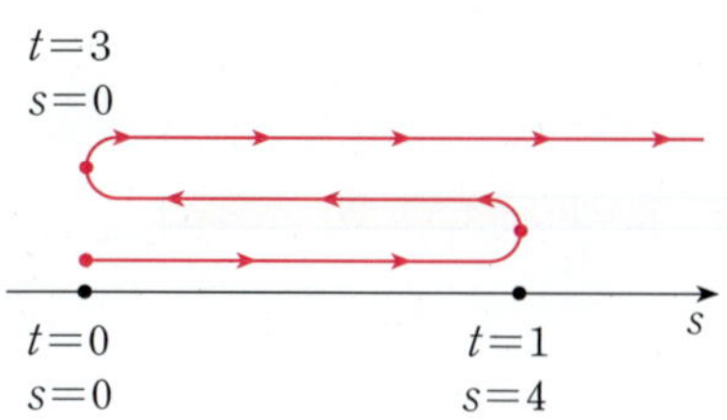

그림 2

(f) (d)와 (e)에서 배운 것에 의해서 시간 [0, 1], [1, 3], [3, 5] 각각에서 이동한 거리를 계산해야 한다. 처음 1초 동안 이동한 거리는

$$|f(1)-f(0)|=|4-0|=4\text{m}$$

$t=1$에서 $t=3$ 사이에 이동한 거리는

$$|f(3)-f(1)|=|0-4|=4\text{m}$$

$t=3$에서 $t=5$ 사이에 이동한 거리는

$$|f(5)-f(3)|=|20-0|=20\text{m}$$

전체 이동한 거리는 $4+4+20=28$m이다.

(g) 가속도는 속도함수의 도함수이다.

$$a(t)=\frac{d^2s}{dt^2}=\frac{dv}{dt}=6t-12$$

$$a(4)=6(4)-12=12\text{m/s}^2$$

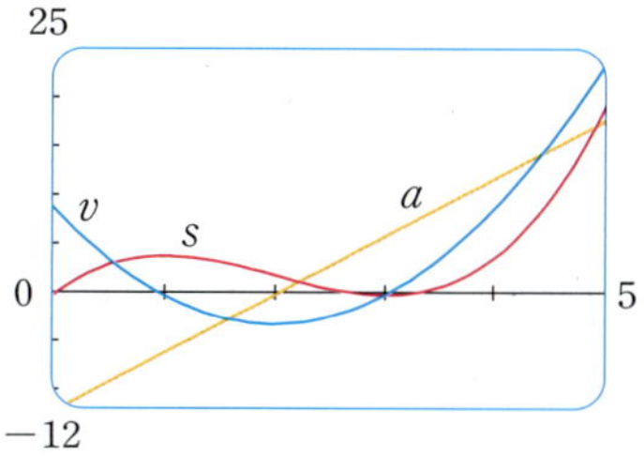

그림 3

(h) 그림 3은 s, v와 a의 그래프를 나타낸다.

(i) 물체는 속도가 양이고 증가(v와 a가 동시에 양)할 때 가속되고 속도가 음이고 감소(v와 a가 동시에 음)할 때 감속된다. 다시 말해서, 물체는 속도와 가속도가 같은 부호를 가질 때 가속된다(물체는 동일한 방향으로 밀릴 때 움직인다). 그

림 3에서 이러한 현상은 $1<t<2$일 때와 $t>3$일 때 일어남을 알 수 있다. 물체는 v와 a가 반대 부호를 가질 때 감속된다. 다시 말해서 $0\le t<1$ 또는 $2<t<3$일 때이다. 그림 4는 물체의 움직임을 요약하고 있다.

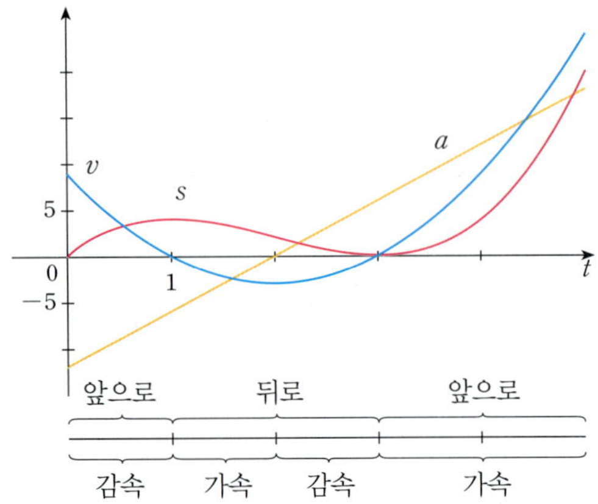

그림 4

예제 2 **선형밀도** 전기줄이 균일한 경우에, 이 전기줄의 밀도는 일정하며 단위길이당 질량 $(\rho=m/l)$으로 정의된다. 여기에서 단위는 미터당 kg으로 측정된다. 전기줄이 균일하지 않으나 그림 5에서 보는 바와 같이 왼쪽 끝에서 한 점 x까지의 질량이 $m=f(x)$로 주어진다고 가정하자.

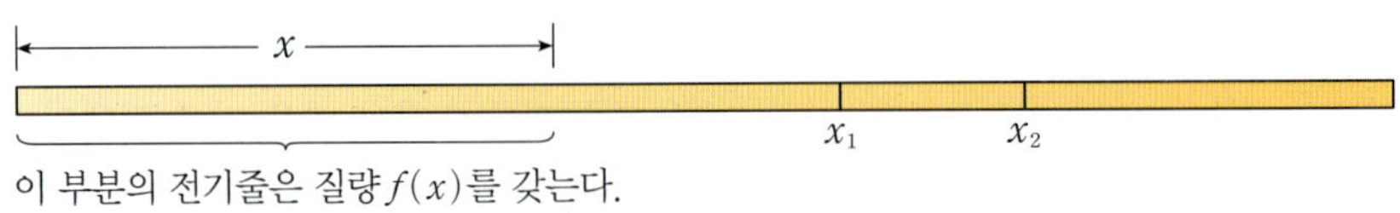

그림 5

$x=x_1$과 $x=x_2$ 사이에 놓여 있는 부분의 질량은 $\Delta m=f(x_2)-f(x_1)$이므로 이 부분의 평균밀도는 다음과 같다.

$$\text{평균밀도}=\frac{\Delta m}{\Delta x}=\frac{f(x_2)-f(x_1)}{x_2-x_1}$$

이제 $\Delta x\to 0$(즉 $x_2\to x_1$)일 때, 점점 작아지는 구간에서 평균밀도를 계산한다. x_1에서 **선형밀도**(linear density) ρ는 $\Delta x\to 0$일 때의 평균밀도의 극한이다. 즉 선형밀도는 길이에 대한 질량의 변화율이고, 이를 기호로 나타내면

$$\rho=\lim_{\Delta x\to 0}\frac{\Delta m}{\Delta x}=\frac{dm}{dx}$$

따라서 전기줄의 선형밀도는 길이에 대한 질량의 도함수이다.

예를 들어, $m=f(x)=\sqrt{x}$, 여기서 x의 단위는 미터, m의 단위는 kg일 때 $1\le x\le 1.2$에서 전기줄의 평균밀도는

$$\frac{\Delta m}{\Delta x}=\frac{f(1.2)-f(1)}{1.2-1}=\frac{\sqrt{1.2}-1}{0.2}\approx 0.48\text{kg/m}$$

이고 $x=1$에서의 밀도는

$$\rho=\frac{dm}{dx}\bigg|_{x=1}=\frac{1}{2\sqrt{x}}\bigg|_{x=1}=0.50\text{kg/m}$$

이다. ■

예제 3 **전류는 전하의 도함수** 전하가 흐를 때는 항상 전류가 존재한다. 그림 6은 색칠된 평면을 통과하는 전하의 움직임과 전선의 일부를 나타낸다. 만일 ΔQ를 Δt 시간 동안 이 표면을 지나는 전하량이라고 하면, 이 시간 동안 평균전류는 다음과 같이 정의된다.

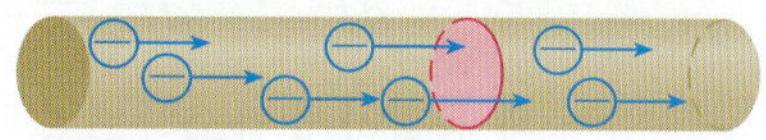

그림 6

$$\text{평균전류}=\frac{\Delta Q}{\Delta t}=\frac{Q_2-Q_1}{t_2-t_1}$$

여기서 점점 더 축소되는 시간 구간에서 평균전류의 극한을 취하면, 주어진 시각 t_1에서의 전류 I를 얻을 수 있다.

$$I=\lim_{\Delta t\to 0}\frac{\Delta Q}{\Delta t}=\frac{dQ}{dt}$$

따라서 전류는 전하가 어떤 표면을 흐르는 변화율이다. 이것은 단위시간에 대한 전하량의 단위로 측정된다(종종 쿨롱/초 또는 암페어라고 부른다). ■

속도, 밀도, 전류만이 물리학에서 중요한 변화율은 아니다. 힘(행하여진 일의 변화율), 열전도율, 온도변화율(위치에 대한 온도변화율), 그리고 핵물리학에서 방사성 물질의 붕괴율 등에도 변화율이 응용된다.

▷ 화학

예제 4 **반응률** 화학반응을 1개 이상의 초기 물질(반응물질)로부터 1개 이상의 다른 물질(생성물)을 형성한다. 예를 들어, 화학반응식

$$2H_2+O_2 \longrightarrow 2H_2O$$

는 2개의 수소분자와 1개의 산소분자가 2개의 물분자를 형성함을 나타낸다. A와 B는 반응물질이고 C는 생성물일 때, 반응식

$$A+B \longrightarrow C$$

를 생각하자. 반응물질 A의 농도는 리터당 분자 수(6.022×10^{23})이고, 이것은 [A]로 나타낸다. 화학반응이 이루어지는 동안 농도는 변하게 되고, 따라서 [A], [B], [C]는 모두 시간 t의 함수이다. 시간 구간 $t_1\le t\le t_2$에서 생성물 C의 평균반응률은

$$\frac{\Delta[C]}{\Delta t}=\frac{[C](t_2)-[C](t_1)}{t_2-t_1}$$

이다. 그러나 화학자들은 시간 구간 Δt가 0에 가까워짐에 따른 평균반응률의 극한을 취하여 얻어지는 순간반응률에 더욱 관심을 갖는다.

$$\text{반응률} = \lim_{\Delta t \to 0} \frac{\Delta[\mathrm{C}]}{\Delta t} = \frac{d[\mathrm{C}]}{dt}$$

화학 반응이 진행됨에 따라 생성물의 농도는 증가하므로 도함수 $d[\mathrm{C}]$는 양수가 될 것이고, 따라서 C의 화학반응률은 양수이다. 그러나 반응물질들의 농도는 화학반응이 계속됨에 따라 감소하게 되고, 따라서 A와 B의 반응률을 양수로 만들기 위하여는 이들의 도함수 $\frac{d[\mathrm{A}]}{dt}$와 $\frac{d[\mathrm{B}]}{dt}$ 앞에 '−' 부호를 붙여야 한다. [A]와 [B]는 [C]가 증가하는 비율과 동일하게 감소하므로

$$\text{반응률} = \frac{d[\mathrm{C}]}{dt} = -\frac{d[\mathrm{A}]}{dt} = -\frac{d[\mathrm{B}]}{dt}$$

이다. 좀더 일반적인 형태로 살펴본다면, 반응식

$$a\mathrm{A} + b\mathrm{B} \longrightarrow c\mathrm{C} + d\mathrm{D}$$

에 대하여

$$-\frac{1}{a}\frac{d[\mathrm{A}]}{dt} = -\frac{1}{b}\frac{d[\mathrm{B}]}{dt} = \frac{1}{c}\frac{d[\mathrm{C}]}{dt} = \frac{1}{d}\frac{d[\mathrm{D}]}{dt}$$

이다. 반응률은 데이터나 그래프를 이용하여 얻을 수도 있다. 하지만 어떤 경우에는 농도의 정확한 수식을 구할 수 있을 때도 있는데, 이때에는 반응률을 계산으로 구할 수 있다(연습문제 22). ■

예제 5 **압축률** 열역학에서 많은 관심분야 중의 하나가 압축률(compressibility)이다. 주어진 물체가 일정한 온도를 유지한다면, 그것의 부피 V는 압력 P에 의존한다. 따라서 압력에 관한 부피의 변화율 $\frac{dV}{dP}$를 생각할 수 있다. P가 증가할 때 V는 감소하므로 $\frac{dV}{dP}<0$이다. **압축률**은 이 도함수를 부피 V로 나누고, '−' 부호를 첨부하여 정의된다.

$$\text{등온의 압축률} = \beta = -\frac{1}{V}\frac{dV}{dP}$$

그러므로 β는 단위 부피에 대하여 온도가 일정할 때, 압력이 증가함에 따라 물질의 부피가 얼마나 빨리 감소하는가를 나타낸다.

예를 들어, 25°C에서 표본공기의 부피 $V(\mathrm{m}^3)$는 압력 P(kilopascal)에 대하여

$$V = \frac{5.3}{P}$$

인 관계가 성립한다. $P=50$ kPa일 때, P에 대한 V의 변화율은

$$\left.\frac{dV}{dP}\right|_{P=50}=-\left.\frac{5.3}{P^2}\right|_{P=50}$$

$$=-\frac{5.3}{2500}=-0.00212\ \mathrm{m^3/kPa}$$

이 압력에서 압축률은

$$\beta=-\frac{1}{V}\left.\frac{dV}{dP}\right|_{P=50}=\frac{0.00212}{\frac{5.3}{50}}=0.02\ (\mathrm{m^3/kPa})/\mathrm{m^3}$$

이다. ■

▷ 생물학

예제 6 **개체수 증가율** $n=f(t)$를 시각 t에서 동물이나 식물 군락 내에 있는 개체수라고 하자. 시간 $t=t_1$과 $t=t_2$ 사이에 개체군의 크기의 변화는 $\Delta n=f(t_2)-f(t_1)$이다. 따라서 시간 $t_1\le t\le t_2$ 동안에 평균 성장률은

$$\text{평균 성장률}=\frac{\Delta n}{\Delta t}=\frac{f(t_2)-f(t_1)}{t_2-t_1}$$

이다. **순간 성장률**은 평균 성장률로부터 Δt를 0으로 접근시킴으로써 얻어진다.

$$\text{성장률}=\lim_{\Delta t\to 0}\frac{\Delta n}{\Delta t}=\frac{dn}{dt}$$

엄밀히 말하면, 개체군의 함수 $n=f(t)$의 그래프는 개체들의 생사가 발생할 때마다 불연속적인 계단함수이고, 따라서 미분가능하지 않기 때문에, 위의 성장률에 대한 식은 별로 정확하지 않다. 그렇지만 대단위 동식물의 개체군에 대하여 그림 7과 같이 매끄러운 근사곡선으로 그래프를 대치할 수 있다.

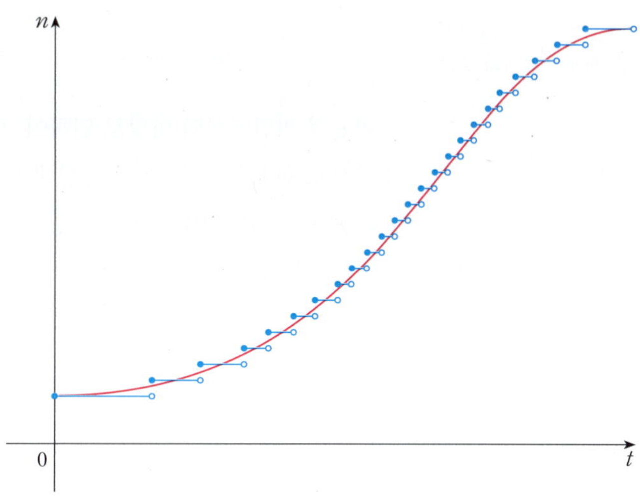

그림 7
성장함수를 근사시킨 매끄러운 곡선

좀더 구체적인 예로, 동일한 종류의 자양을 환경 내에 있는 박테리아 개체군을 생각하자. 일정한 시간 구간마다 개체군을 표본추출하여 보니 매시간 집단이 두 배씩 증식되는 것이 확인되었다고 하자. 처음 개체수가 n_0이고, t의 단위가 시간이면

$$f(1)=2f(0)=2n_0$$
$$f(2)=2f(1)=2^2n_0$$
$$f(3)=2f(2)=2^3n_0$$

이고, 일반적으로

$$f(t)=2^t n_0$$

이다. 따라서 개체수의 함수 $n=n_0 2^t$이다.

5.4절에서 지수함수의 도함수에 대해서 알아보았듯이

$$\frac{d}{dx}(a^x)=a^x \ln a$$

이다. 따라서 시간 t에서 박테리아 개체군의 증가율은

$$\frac{dn}{dt}=\frac{d}{dt}(n_0 2^t)=n_0 2^t \ln 2$$

이다. 예를 들어서, 처음의 개체수 $n_0=100$이라고 가정하자. 이때 4시간 후의 증가율은

$$\left.\frac{dn}{dt}\right|_{t=4}=100\cdot 2^4 \ln 2=1600 \ln 2\approx 1109$$

이다. 이것은 4시간 후에 박테리아 개체군이 시간당 1109 박테리아가 증가하고 있음을 나타낸다. ■

예제 7 **혈액의 흐름** 정맥이나 동맥과 같은 혈관을 지나는 혈액의 흐름을 생각할 때, 그림 8에서와 같이 혈관의 모양을 반지름 R, 길이 l인 원통의 관으로 생각할 수 있다.

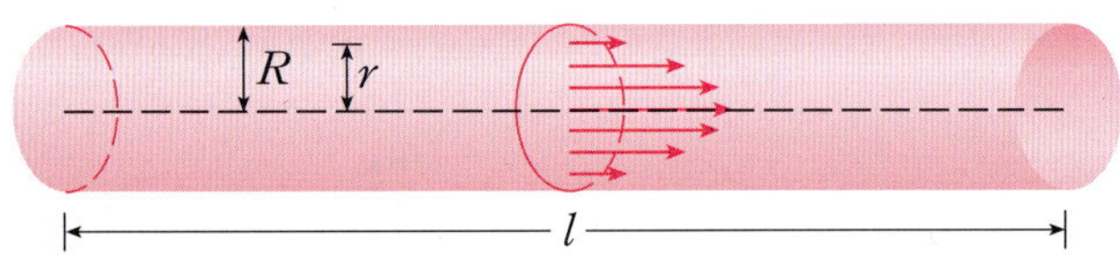

그림 8
동맥에서 혈액의 흐름

혈관의 벽면에서의 마찰로 인하여, 혈액의 속도 v는 혈관의 중심축에서 가장 빠르고, 중심축으로부터의 거리 r이 증가함에 따라서 벽면에서 속도 v가 0이 되도록 감소하게 된다. v와 r의 관계는 1840년에 프랑스의 내과의사 장-루이-마리 푸아죄유(Jean-Louis-Marie Paseuille)에 의하여 발견된 모세관법칙에 의하여 주어진다. η를 혈액의 점성, P는 혈관의 양끝에서의 압력차라고 하면, 혈액의 속도 v는

1 $$v=\frac{P}{4\eta l}(R^2-r^2)$$

이다. 만일 P와 l이 일정하면 v는 정의역이 $[0, R]$인 r의 함수이다.

● 좀더 세부적인 내용은 W.Nichals와 M.O'rourke의 저서 《McDonald's Blood Flow in Artenes: Theoretic, Expenmental, and Clinical Prinuples, 5th ed.》 (New York: Oxford Universrty Press, 2005) 참조

$r=r_1$으로부터 $r=r_2$로 움직이면 속도의 평균변화율은

$$\frac{\Delta v}{\Delta r}=\frac{v(r_2)-v(r_1)}{r_2-r_1}$$

이고, $\Delta r \to 0$일 때, r에 대한 속도의 순간변화율은

$$\text{속도변화율}=\lim_{\Delta r\to 0}\frac{\Delta v}{\Delta r}=\frac{dv}{dr}$$

이다. 식 1을 이용하면

$$\frac{dv}{dr}=\frac{P}{4\eta l}(0-2r)=-\frac{Pr}{2\eta l}$$

을 얻는다. 사람의 작은 동맥 중 하나에서 $\eta=0.027$, $R=0.008\text{cm}$, $l=2\text{cm}$ 그리고 $P=4000\text{dynes/cm}^2$를 취할 수 있으므로

$$v=\frac{4000}{4(0.027)2}(0.000064-r^2)$$
$$\approx 1.85\times 10^4(6.4\times 10^{-5}-r^2)$$

이다. $r=0.002\text{cm}$에서 혈액은 속도

$$v(0.002)\approx 1.85\times 10^4(64\times 10^{-6}-4\times 10^{-6})$$
$$=1.11\text{cm/s}$$

로 흐르고 이 점에서 속도의 변화율은

$$\left.\frac{dv}{dr}\right|_{r=0.002}=-\frac{4000(0.002)}{2(0.027)2}\approx -74(\text{cm/s})/\text{cm}$$

이다. 이 결과가 무엇을 의미하는지를 알기 위해, 단위를 cm에서 μm(1cm$=10000\mu$m)로 바꾸자. 그러면 동맥의 반지름은 80μm이다. 중심축에서의 속도는 11850μm/s인데, 이는 거리 $r=20\mu$m에서 11110μm/s로 감소한다. $\frac{dv}{dr}=-74(\mu\text{m/s})/\mu\text{m}$이라는 것은 $r=20\mu$m일 때, 중심으로부터 1 μm 멀어질 때 약 74μm/s의 비율로 속도가 감소한다는 것을 의미한다. ■

▷ 경제학

예제 8 **한계비용** 한 회사가 어떤 상품 x개를 생산할 때 소요되는 총 경비를 $C(x)$라고 하자. 함수 C를 원가함수라고 한다. 만일 생산된 상품의 개수가 x_1에서 x_2로 증가되면 추가적인 경비는 $\Delta C=C(x_2)-C(x_1)$이고, 비용의 평균변화율은

$$\frac{\Delta C}{\Delta x}=\frac{C(x_2)-C(x_1)}{x_2-x_1}=\frac{C(x_1+\Delta x)-C(x_1)}{\Delta x}$$

이다. $\Delta x\to 0$일 때, 이 비율의 극한, 즉 생산된 상품에 대한 비용의 순간변화율을 경제학자들은 한계비용이라고 한다.

$$\text{한계비용}=\lim_{\Delta x\to 0}\frac{\Delta C}{\Delta x}=\frac{dC}{dx}$$

(x는 항상 정수이므로 Δx가 0에 접근한다는 것 자체로는 아무런 의미가 없다. 그러나 예제 6에서와 같이 $C(x)$를 매끄럽게 근사시킨 곡선으로 항상 대치할 수 있다.)

$\Delta x=1$로 잡고 n을 충분히 크게(따라서 Δx는 n에 비해서 작다) 잡으면

$$C'(n)\approx C(n+1)-C(n)$$

이므로, 일용품 n개를 생산하는 데 소요되는 한계비용은 일용품 1개를 더($(n+1)$번째 일용품) 생산하는 비용과 같다.

총 원가함수를 종종 다항식

$$C(x)=a+bx+cx^2+dx^3$$

으로 나타낸다. a는 간접비용(임대료, 난방비, 유지비)이고, 다른 항은 원자재 또는 노동비 등을 나타낸다(원자재 비용은 x에 비례하고, 노동비는 근무 외 수당 및 대단위 작업에 의한 능률의 저하로 인하여 x의 최고차수에 부분적으로 의존한다). 예를 들어, 어떤 회사가 x개의 일용품을 생산하는 데 소요되는 비용(달러)을

$$C(x)=10000+5x+0.01x^2$$

으로 추정해 왔다고 하자. 그러면 한계 비용함수는

$$C'(x)=5+0.02x$$

이다. 500개의 생산수준에서 한계비용은

$$C'(500)=5+0.02(500)=15\text{달러/개}$$

이고, 이것은 500개의 생산수준에서 501번째의 일용품을 생산할 때 소요되는 예상 비용의 증가율을 나타낸다.

501번째 일용품을 생산하는 실제 비용은

$$\begin{aligned} C(501)-C(500) &= [10000+5(501)+0.01(501)^2] \\ &\quad -[10000+5(500)+0.01(500)^2] \\ &= 15.01\text{달러} \end{aligned}$$

이므로 $C'(500)\approx C(501)-C(500)$이다. ■

경제학자들은 한계수요, 한계소득, 한계이익을 연구하는데, 이들은 수요함수, 소득함수, 이익함수의 도함수이다. 이와 같은 개념들은 함수의 최대, 최소를 구하는 방법을 살펴본 후에 제6장에서 다룰 것이다.

▷ 다른 과학 분야

모든 과학 분야에서 변화율이 다루어진다. 지질학자들은 용해된 상태로 시작한 바위가 주위에 있는 바위로의 열의 전도에 의하여 냉각하는 비율을 알고자 하는 데 흥미를 갖는다. 어떤 기술자는 댐 안팎으로 흐르는 물의 비율을 알고자 한다. 그리고 어떤 도시의 지리학자는 도시 중심부로부터 도시의 반지름이 늘어남에 따른 도시 내의 인구밀도에 대한 변화율에 흥미를 갖는다. 기상학자들은 높이에 대한 대기압의 변화율에 관심을 갖기도 한다.

심리학에서 학습이론에 관심을 갖는 사람들은 학습곡선이라는 것을 연구하는데, 이것은 훈련시간 t의 함수로써 어떤 기술을 학습하는 사람의 성취도 $P(t)$에 대한 그래프이다. 특히 관심을 갖는 것은 시간의 흐름에 따른 성취의 향상비율 $\dfrac{dP}{dt}$이다.

사회학에서는 유언비어(또는 새 제도, 일시적 유행, 패션) 등의 확산을 분석하는 데 미분학을 사용한다. 만약 $p(t)$가 시각 t에 유언비어를 알고 있는 사람 수라고 하면, 도함수 $\dfrac{dp}{dt}$는 유언비어의 확산율을 나타낸다(5.5절 연습문제 74 참조).

▷ 요약

물리학에서 속도, 밀도, 전류, 힘 그리고 온도변화율 등등, 화학에서 반응률과 압축률, 생물학에서 군락의 성장률, 혈액의 속도변화율, 경제학에서 한계비용, 한계이익, 지질학에서 열전도율, 심리학에서 성취 증진율, 사회학에서 유언비어에 대한 전파율 등등은 하나의 단순한 수학적 개념인 도함수의 특별한 경우들이다. 이것은 수학이 가진 위력의 한 부분이 추상성에 있다는 사실을 보여주고 있다. 단 하나의 단순한 추상적 수학적 개념(예를 들어, 도함수)이 여러 과학 분야에서 서로 다른 의미를 가질 수 있다는 것이다. 수학적 개념에 대한 여러 가지 성질들이 개발되면 그것들은 다른 과학의 모든 분야에 변형되어 적용될 수 있게 된다. 이것은 별개의 각 분야에서 특수한 개념들에 대한 성질들을 각각 개발하는 것보다 훨씬 효과적이다. 프랑스의 수학자 조셉 푸리에(Joseph Fourier, 1768~ 1830)는 이 사실에 대하여 수학은 가능한 한 여러 가지의 현상들을 비교하여 보고, 그들 사이에 존재하는 숨겨진 유사성들을 발견한다고 말했다.

5.8 연습문제

(1~4) 물체가 운동방정식 $s=f(t)$, $t\geq 0$는 다음과 같다고 하자. 여기서 t의 단위는 초이고, s의 단위는 미터이다.

(a) 시각 t에서의 속도를 구하여라.

(b) 3초 후의 속도는 얼마인가?

(c) 물체가 멈출 때는 언제인가?

(d) 물체가 양의 방향으로 움직일 때는 언제인가?

(e) 처음 8초 동안 움직인 전체 거리를 구하여라.

(f) 그림 2와 같이 물체의 운동을 설명하는 그림을 그려라.

(g) 시각 t와 3초 후의 가속도를 구하여라.

(h) $0\leq t\leq 8$일 때 위치, 속도와 가속도 함수의 그래프를 그려라.

(i) 물체는 언제 가속을 하는가? 언제 감속을 하는가?

1. $f(t)=t^3-12t^2+36t$ 2. $f(t)=0.01t^4-0.04t^3$

3. $f(t)=\cos(\pi t/4)$, $t\leq 10$ 4. $f(t)=te^{-t/2}$

5. 다음은 t(초)에 관한 두 분자의 속도함수를 나타내는 그래프이다. 각각의 분자는 언제 속도가 증가하고 감소하는지 설명하여라.

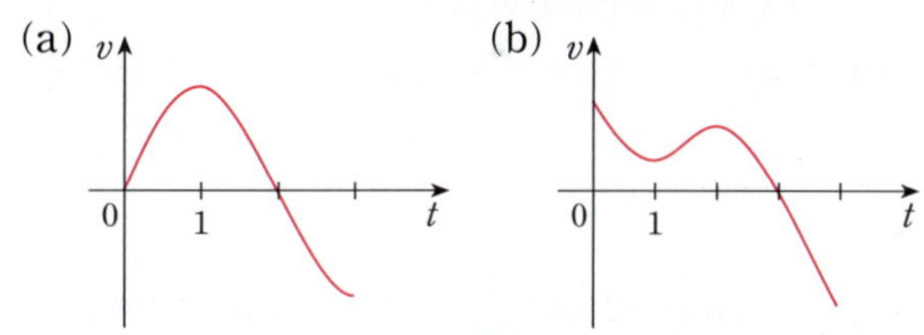

6. 다음은 t(초)에 관한 두 분자의 위치함수를 나타내는 그래프이다. 각각의 분자는 언제 속도가 증가하고 감소하는지 설명하여라.

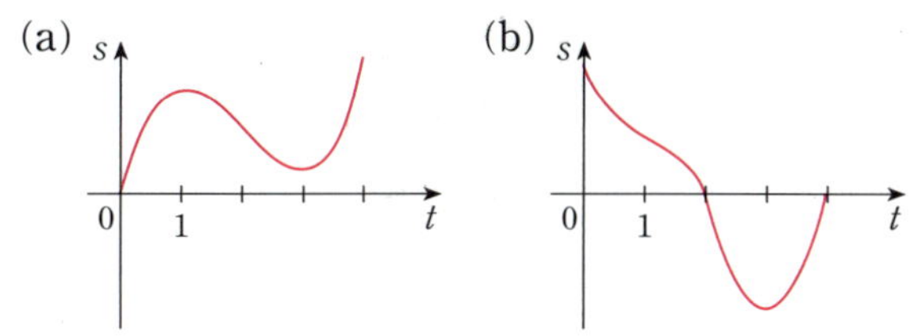

7. 물체의 위치함수를 $s=t^3-4.5t^2-7t$, $t\geq 0$라고 하자.

(a) 이 물체가 5m/s의 속도에 도달하는 시간을 구하여라.

(b) 가속도는 언제 0이 되는가? 이 시간 t의 의미는 무엇인가?

8. 5m/s의 속도로 공을 경사진 면으로 굴릴 때, t초 후의 공이 움직인 거리는 $s=5t+3t^2$이다.

(a) 2초 후의 공의 속도를 구하여라.

(b) 몇 초 후의 속도가 35m/s인가?

9. 달 표면에서 10m/s의 속도로 돌을 수직으로 위로 던졌을 때, t초 후의 공의 높이는 $h=10t-0.83t^2$이다.

(a) 3초 후의 돌의 속도는 얼마인가?

(b) 25m 되는 높이에 올라갔을 때의 공의 속도를 구하여라.

10. 공을 24.5m/s의 속도로 수직으로 위로 던졌을 때, t초 후의 공의 높이는 $s=24.5t-4.9t^2$이다.

(a) 공이 도달할 수 있는 최고 높이는 얼마인가?

(b) 공이 올라갈 때 땅에서부터 29.4m 되는 높이에 있을 때의 공의 속도를 구하여라.

11. (a) 회사에서 정사각형의 실리콘판으로부터 컴퓨터 칩을 만든다. 판의 변의 길이를 15mm에 가깝게 유지하고자 할 때, 변의 길이 x가 변할 때 판의 넓이 $A(x)$가 어떻게 변하는지 알고자 한다. $A'(15)$를 구하고 이 상황에서 이것의 의미를 설명하여라.

(b) 변의 길이에 대한 정사각형의 면적의 변화율은 정사각형 둘레의 $\frac{1}{2}$이 됨을 증명하여라. 이것은 한 변의 길이가 x인 정사각형에서 Δx만큼 증가한 그림을 그려서 참임을 기하학적으로 설명하여라. ΔA가 작을 때 넓이의 변화를 어떻게 근사시킬 수 있는가?

12. (a) 염화나트륨 결정체는 물과 염화나트륨 액이 서서히 증발할 수 있도록 하면 정육면체의 모양에서 쉽게 키울 수 있다. 한 변의 길이가 x인 정육면체의 부피가 V일 때, $x=3$ mm에서의 $\frac{dV}{dx}$를 구하고 이 값의 의미를 설명하여라.

(b) 한 변의 길이에 대한 정육면체의 부피의 변화율은 그것의 표면적의 $\frac{1}{2}$과 같음을 보여라. 연습문제 11(b)와 같이 이 사실이 참임을 기하학적으로 설명하여라.

13. (a) 반지름이 r인 원이 있다. r이 다음과 같이 변할 때, 반지름 r에 대한 넓이의 평균변화율을 구하여라.

(i) 2~3 (ii) 2~2.5 (iii) 2~2.1

(b) $r=2$일 때 순간변화율을 구하여라.

(c) 반지름(임의의 r에서)에 대한 원의 면적의 변화율은 이 원의 둘레와 같음을 보여라. 반지름이 Δr만큼 증가하는 원을 그려서 이것이 참임을 기하학적으로 증명하여라. Δr이 작을 때 면적 ΔA의 변화를 어떻게 근사시킬 수 있는가?

14. 돌이 호수에 떨어지면 60cm/s의 속도로 바깥쪽을 향하는 원형의 잔물결이 친다. 원 내부의 면적이 (a) 1초 후, (b) 3초 후, (c) 5초 후에 증가하는 비율을 구하여라. 어떠한 결론을 내릴 수 있는가?

15. 구형의 풍선이 부풀려지고 있다. 반지름 r이 다음과 같을 때, r에 대한 표면적($S=4\pi r^2$)의 증가율을 구하여라.

(a) 20cm (b) 40cm (c) 60cm

어떤 결론을 내릴 수 있는가?

16. (a) 늘어나는 구 모양의 풍선 체적 $V=\frac{4}{3}\pi r^3$이다. 여기서 r의 단위는 μm이다($1\mu m=10^{-6}m$). 다음과 같이 r이 변할 때, 체적 V의 평균변화율를 구하여라.

(i) 5~8μm (ii) 5~6μm (iii) 5~5.1μm

(b) $r=5\mu$m일 때 r에 대한 V의 순간변화율을 구하여라.

(c) 구의 반경에 대한 체적의 변화율은 그것의 표면적과 같음을 보여라. 이 사실이 참임을 기하학적으로 설명하여라. 연습문제 13(c)에서와 같이 논의하여라.

17. 금속 막대기의 왼쪽 끝에서 오른쪽 방향으로 x만큼 떨어진 점 사이의 무게는 $3x^2$ kg이다. x가 (a) 1m, (b) 2m, (c) 3m일 때 선형밀도(예제 2 참조)를 구하여라. 밀도가 최고인 지점은 어디인가? 최저인 지점은 어디인가?

18. 5000리터의 물이 들어 있는 탱크에서 40분 동안 탱크 밑바닥에서 물을 뺀다면 Torricelli 법칙에 의하여 t분 후 탱크 안에 남아 있는 물의 체적

$$V=5000\left(1-\frac{t}{40}\right)^2, \qquad 0\le t\le 40$$

이다. (a) 5분 후, (b) 10분 후, (c) 20분 후, (d) 40분 후에 탱크에서 물이 빠져 나오는 비율을 구하여라. 물은 언제 가장 빨리 빠져나오는가? 언제 가장 느리게 빠져 나오는가? 결론을 요약하여라.

19. 전선 속 한 점을 시간 t(단위는 초) 동안 통과하는 전하량 Q(쿨롱)는 $Q(t)=t^3-2t^2+6t+2$로 주어져 있다. (a) $t=0.5$초, (b) $t=1$초 일 때, 전류를 구하여라. (예제 3 참조. 전류의 단위는 암페어이다. (1A=1 C/s)) 전류는 언제 가장 낮은가?

20. 중력에 의한 뉴턴의 법칙은 질량 M인 물체 위에서 질량 m인 물체에 의하여 미치는 힘의 크기

$$F=\frac{GmM}{r^2}$$

이다. 여기서 G는 중력 상수이고, r은 두 물체 사이의 거리이다.

(a) 만일 두 물체가 움직인다면 $\frac{dF}{dr}$를 구하고 이것의 의미를 설명하여라. '$-$' 부호는 무엇을 나타내는가?

(b) 지구가 어떤 물체를 $r=20000$km일 때 2N/km의 비율로 감소하는 힘으로 끈다고 가정하자. $r=10000$km일 때 이 힘은 어느 정도 빨리 변하는가?

21. Boyle의 법칙은 일정한 온도에서 기체가 압력을 받는다면, 압력과 부피의 곱은 일정함을 나타낸다. ($PV=C$)

(a) 압력에 대한 부피의 변화율을 구하여라.

(b) 어떤 기체가 낮은 압력 상태에서 용기 속에 들어있고, 10분 동안 일정한 온도에서 일정하게 압축되어 있다고 가정하자. 10분이 시작될 때 혹은 10분이 끝날 때 중 언제 부피가 더욱 빨리 감소하는가? 이유를 설명하여라.

(c) 등온에서 압축률이(예제 5 참조) $\beta=\frac{1}{P}$임을 증명하여라.

22. 예제 4에서 생성률 C의 1분자는 반응물 A의 1분자와 반응물 B의 1분자로 형성되고, A와 B의 초기농도는 동일한 [A]=[B]=a몰/L이라고 하자.

$$[\mathrm{C}]=a^2kt/(akt+1) \quad (k\text{는 상수})$$

(a) 시각 t에서 반응률을 구하여라.

(b) $x=[\mathrm{C}]$이면

$$\frac{dx}{dt}=k(a-x)^2$$

임을 보여라.

(c) $t\to\infty$일 때 농도는 어떻게 되는가?

(d) $t\to\infty$일 때 반응률은 어떻게 되는가?

(e) 실제상황에서 (c)와 (d)의 결과는 무엇을 의미하는가?

23. 예제 6에서 매 시간 두 배로 늘어나는 박테리아 개체 수에 대하여 알아보았다. 또 다른 박테리아는 매 시간 세 배로 늘어나고, 처음에 400마리라고 하자. t시간 후 박테리아의 개체 수 n을 나타내는 식을 구하고 2.5시간 후 박테리아 개체수의 증가율을 구하여라.

24. 실험실에서 효모의 수는 처음에는 빨리 증가하지만 결국에는 일정수준을 유지한다. 개체 수를 함수로 나타내면 다음과 같다.

$$n=f(t)=\frac{a}{1+be^{-0.7t}}$$

여기서 t는 시간이다. $t=0$일 때 개체 수는 20이고 12cell/h의 비율로 증가한다. a와 b의 값을 구하여라. 이 모델에 따르면 시간이 지나면 효모 개체 수에 어떤 일이 생기는가?

25. 다음 표는 20세기의 세계 인구를 나타낸다.

연도	인구(백만)	연도	인구(백만)
1900	1650	1960	3040
1910	1750	1970	3710
1920	1860	1980	4450
1930	2070	1990	5280
1940	2300	2000	6080
1950	2560		

(a) 1920년과 1980년의 인구증가율을 두 할선의 기울기의 평균을 구하여라.

(b) 그래픽 계산기나 컴퓨터를 이용하여 위의 정보를 모델화하는 삼차함수(삼차다항식)를 구하여라(1.2절 참조).

(c) (b)의 모델을 이용하여 20세기의 인구증가율에 대한 모델을 구하여라.

(d) (c)를 이용하여 1920년과 1980년의 증가율을 계산하여라. 이것을 (a)에서 구한 것과 비교하여라.

(e) 1985년의 증가율을 계산하여라.

26. 다음표는 20세기 후반에 일본여성들의 초혼 평균연령을 나타낸다.

t	$A(t)$	t	$A(t)$
1950	23.0	1980	25.2
1955	23.8	1985	25.5
1960	24.4	1990	25.9
1965	24.5	1995	26.3
1970	24.2	2000	27.0
1975	24.7		

(a) 그래픽 계산기나 컴퓨터를 이용하여 위의 정보를 4차 다항식으로 모델화하여라.

(b) (a)를 이용하여 $A'(t)$의 모델을 구하여라.

(c) 1990년에 여성의 결혼연령의 변화율을 구하여라.

(d) 데이터의 값과 A와 A'에 대한 모델을 그래프로 그려라.

27. 예제 7의 모세관 법칙을 생각하자. 반지름이 0.01cm, 길이가 3cm이고 압력차가 3000dynes/cm^2, 점성 $\eta=0.027$인 혈관을 생각하자.

(a) 혈관의 중심 $r=0$, 반경 $r=0.005$cm 그리고 혈관벽 $r=R=0.01$cm에서의 혈액의 속도를 구하여라.

(b) $r=0$, $r=0.005$와 $r=0.01$일 때 속도 변화율을 구하여라.

(c) 어디에서 속도가 가장 빠른가? 어디에서 속도가 가장 많이 변하는가?

28. 진동하는 바이올린 현의 진동수는

$$f=\frac{1}{2L}\sqrt{\frac{T}{\rho}}$$

이다. 여기서 L은 현의 길이이고, T는 현의 장력이고 ρ는 현의 선밀도이다[Donald Hall사의 *Musical Acoustics*, 제3판의 11장을 참조. (Pacific Grove, CA, 2002)].

(a) (i) 길이(T와 ρ는 일정), (ii) 장력(L과 ρ는 일정) 그리고 (iii) 선형밀도(L과 T는 일정)에 대한 진동수의 변화율을 구하여라.

(b) 음색(음이 어느 정도 높고 낮는가의 정도)은 진동수 f에 의하여 결정된다(진동수가 높으면 음의 높이도 높다). (a)에서의 도함수의 부호를 이용하여 음의 높이에 어떠한 변화가 있는지 결정하여라.

(i) 현 위에다 한 손가락을 올려 현의 실제 길이보다 짧은 부분이 진동할 때

(ii) 줄 졸이개를 조여서 장력이 증가되었을 때

(iii) 다른 현으로 교체하여 선밀도가 증가되었을 때

29. 진바지를 x벌 생산하는데 드는 비용은 달러로

$$C(x)=1200+12x-0.1x^2+0.0005x^3$$

이다.

(a) 한계 비용 함수를 구하여라.

(b) $C'(200)$을 구하고 이것의 의미를 설명하여라. 무엇을 예측할 수 있는가?

(c) $C'(200)$과 201번째 진바지를 생산할 때 드는 비용과 비교하여라.

30. 어떤 상품을 생산하는데 드는 비용은

$$C(x)=339+25x-0.09x^2+0.0004x^3$$

이다.

(a) $C'(100)$을 구하고 그 의미를 설명하여라.

(b) $C'(100)$과 101째 상품을 생산할 때 드는 비용을 비교하여라.

31. x가 공장에서 일하고 있는 사원들의 수일 때, $p(x)$를 총생산가라고 하면, 공장에서의 노동력의 평균생산성은

$$A(x)=\frac{p(x)}{x}$$

이다.

(a) $A'(x)$를 구하여라. $A'(x)>0$일 때, 회사가 사원을 더 고용하고자 하는 이유는 무엇인가?

(b) $p'(x)$가 평균생산성보다 클 때, $A'(x)>0$임을 보여라.

32. R을 강도 x의 어떤 자극에 대한 동체의 반응이라고 할 때, 민감도 S는 x에 대한 반응의 변화율로 표시된다. 특수한 예를 들면, 광원의 밝기가 증가할 때, 눈은 동공의 면적 R을 감소시키는 반응을 한다. 실험에 의하여

$$R=\frac{40+24x^{0.4}}{1+4x^{0.4}}$$

가 x에 대한 R의 의존도를 나타내는 식으로 사용된다. 여기서 R의 단위는 m^2이고 x는 밝기의 적당한 단위이다.

(a) 민감도를 구하여라.

(b) R과 S를 x의 함수로서 그래프를 그려서 (a)를 설명하라. 낮은 수준의 밝기에서 R과 S의 값에 관해서 설명하여라. 여러분이 예상했던 결과와 비교하여라.

33. 절대온도 T(켈빈), 압력 P(기압), 부피가 V(리터)인 이상가스에 대한 가스법칙은 $PV=nRT$이다. 여기서, n은 가스의 몰의 수이고, $R=0.0821$은 가스 상수이다. 어떤 순간에, $P=8.0$atm이고, 0.10atm/분의 비율로 압력이 증가하고, $V=10$L이며 0.15L/분의 비율로 부피가 감소한다고 가정하자. 만약 $n=10$몰이면 이 순간의 시간에 대한 T의 변화율을 구하여라.

34. 한 양식장에서 한 어류군을 양어지에 넣어 정기적으로 수확하고 있다. 어류군의 변화율에 대한 모델은 방정식

$$\frac{dP}{dt}=r_0\left(1-\frac{P(t)}{P_c}\right)P(t)-\beta P(t)$$

로 주어진다. 여기서 r_0는 물고기의 출생비율이고, P_c는 양어지가 유지할 수 있는 최대 물고기의 수이고(수용량이라고 부른다), β는 수확하는 물고기군의 %이다.

(a) 안정된 물고기군에서 $\frac{dP}{dt}$의 값은 무엇인가?

(b) 양어지가 10000마리의 물고기를 수용할 수 있고, 출생비율은 5%이고 수확율은 4%일 때 안정된 물고기군의 수를 구하여라.

(c) 만약에 β가 5%로 증가되면 어떠한 현상이 발생하는가?

35. 생태계의 연구에서 약육강식 모형이 종들 사이의 상호관계를 연구하는데 사용된다. 북부 캐나다에서의 툰드라 늑대의 수 $W(t)$, 순록의 수 $C(t)$를 생각하자. 상호관계는 방정식

$$\frac{dC}{dt}=aC-bCW \qquad \frac{dW}{dt}=-cW+dCW$$

로 주어진다.

(a) $\frac{dC}{dt}$와 $\frac{dW}{dt}$가 어떤 값일 때 개체수가 안정되는가?

(b) '순록이 사라진다'는 사실은 수학적으로는 어떻게 표현되는가?

(c) $a=0.05$, $b=0.001$, $c=0.05$이고 $d=0.0001$이라고 가정하자. 안정된 수를 유도하는 수의 쌍(C, W)를 모두 구하여라. 이 모델에 따르면, 이 종들이 공동으로 사는 것이 가능한가? 또는 한 종 또는 두 종 모두가 사라지게 될 것인가?

5.9 선형근사와 미분

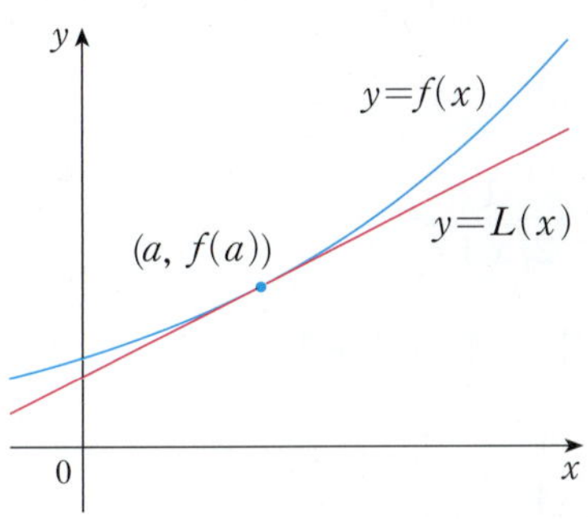

그림 1

함수의 a값에서 $f(a)$, $f'(a)$ 등을 알면 근방의 $f(b)$값을 알 수 있겠는가? 이절에서는 함수의 근삿값을 구하는 방법에 대해 토의할 것이다.

점 $(a, f(a))$에서 $y=f(x)$의 접선방정식은

$$y=f(a)+f'(a)(x-a)$$

이다. 따라서 근삿값

1 $$f(x)\approx f(a)+f'(a)(x-a)$$

를 **선형근사**(linear approximation) 또는 **접선근사**(tangent line approximation)라 하고 함수

2 $$L(x)=f(a)+f'(a)(x-a)$$

를 a에서 f의 **선형화**(linearization)라 한다. 선형근사 $f(x)\approx L(x)$는 x가 a에 가까이 갈 때 좋은 근삿값이다(그림 1 참조).

예제 1 **선형근사로 예측하기** 10℃의 칠면조를 165℃의 오븐에 넣었다. 한 시간 뒤에 칠면조의 온도는 34℃를 가리켰고 두 시간 뒤에는 54℃를 가리켰다. 세 시간 뒤의 칠면조의 온도를 예측하여라.

풀이 $T(t)$가 t시간 후 칠면조의 온도라고 하면 $T(0)=10$, $T(1)=34$, $T(2)=54$이다. $a=2$일 때 일차근사식을 만들기 위해서는 $T'(2)$를 추정해야 한다.

$$T'(2)=\lim_{t\to 2}\frac{T(t)-T(2)}{t-2}$$

이므로 $t=1$에서의 값을 이용하여 $T'(2)$의 근삿값을 구할 수 있다.

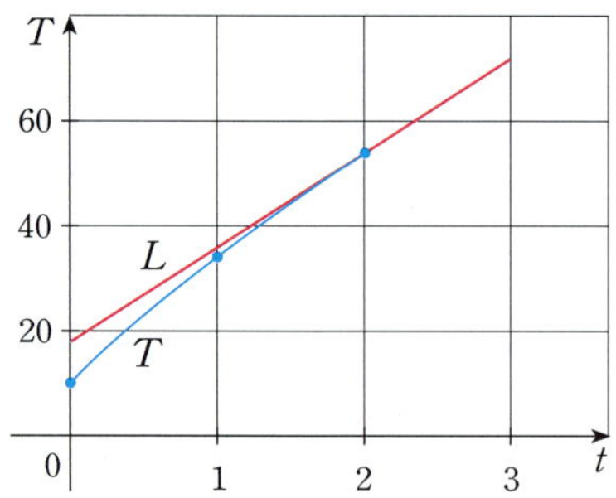

그림 2

$$T'(2) \approx \frac{T(1)-T(2)}{1-2} = \frac{34-54}{-1} = 20$$

이 값은 $t=1$과 $t=2$ 사이의 평균변화율로 순간변화율 $T'(2)$를 근사적으로 계산한 것이다. 이 추정값을 가지고 세 시간 후의 온도의 일차근삿값을 구하면

$$\begin{aligned} T(3) &\approx T(2)+T'(2)(3-2) \\ &\approx 54+20\cdot 1=74 \end{aligned}$$

그러므로 세 시간 후의 예상온도는 74℃이다. 그림 2와 같이 주어진 데이터를 가지고 그림을 그리면 좀 더 정확한 $T'(2)$를 추정할 수 있다. $t=2$에서 접선의 기울기 $T'(2)$를 추정하면

$$T'(2) \approx 18$$

따라서 일차 근삿값은

$$T(3) \approx T(2)+T'(2)\cdot 1 \approx 54+18=72$$

이고, 온도의 개선된 추정값은 72℃이다. 온도 곡선은 접선의 아래쪽에 있으므로 세 시간 후의 실제온도는 72℃보다 다소 낮아져 71℃ 가까이 될 것으로 보인다. ■

예제 2 $a=1$에서 $f(x)=\sqrt{x+3}$의 선형화를 구하고 이를 이용하여 $\sqrt{3.98}$과 $\sqrt{4.05}$의 근삿값을 구하여라.

풀이 $f(x)=(x+3)^{1/2}$의 도함수는

$$f'(x)=\frac{1}{2}(x+3)^{-\frac{1}{2}}=\frac{1}{2\sqrt{x+3}}$$

이므로 $f(1)=2$이고 $f'(1)=\frac{1}{4}$이다. 이것을 식 **2**에 대입하면

$$L(x)=f(1)+f'(1)(x-1)=2+\frac{1}{4}(x-1)=\frac{7}{4}+\frac{x}{4}$$

식 **1**에 의하면

$$\sqrt{x+3} \approx \frac{7}{4}+\frac{x}{4}$$

이다. 특히

$$\sqrt{3.98} \approx \frac{7}{4}+\frac{0.98}{4}=1.995\text{이고 } \sqrt{4.05} \approx \frac{7}{4}+\frac{1.05}{4}=2.0125$$

이다. ■

예제 2에서의 선형근사는 그림 3에 나타나 있다. 보다시피 x가 1에 가까이 갈 때 접선은 주어진 함수의 좋은 근삿값이다. 물론 계산기로 $\sqrt{3.98}$과 $\sqrt{4.05}$의 근삿값을 얻을 수 있다. 하지만 선형근사는 전영역에서 근삿값을 나타내어 주고 있다. 예제 2에서 얻은 근삿값이 얼마나 좋은 근삿값인지 알아보자.

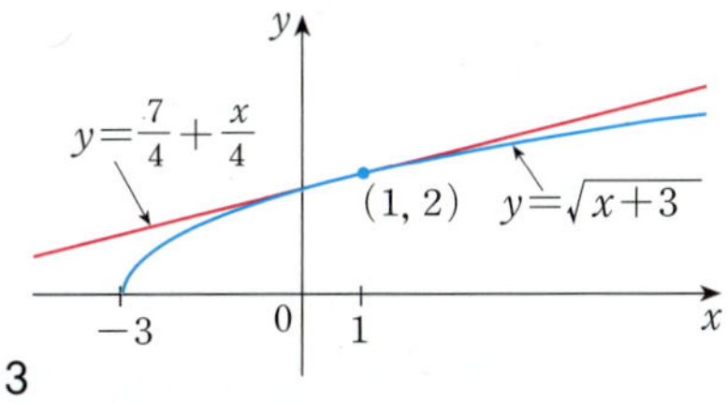

그림 3

	x	$L(x)$	실제값
$\sqrt{3.9}$	0.9	1.975	1.97484176 ⋯
$\sqrt{3.98}$	0.98	1.995	1.99499373 ⋯
$\sqrt{4}$	1	2	2.00000000 ⋯
$\sqrt{4.05}$	1.05	2.0125	2.01246117 ⋯
$\sqrt{4.1}$	1.1	2.025	2.02484567 ⋯
$\sqrt{5}$	2	2.25	2.23606797 ⋯
$\sqrt{6}$	3	2.5	2.44948974 ⋯

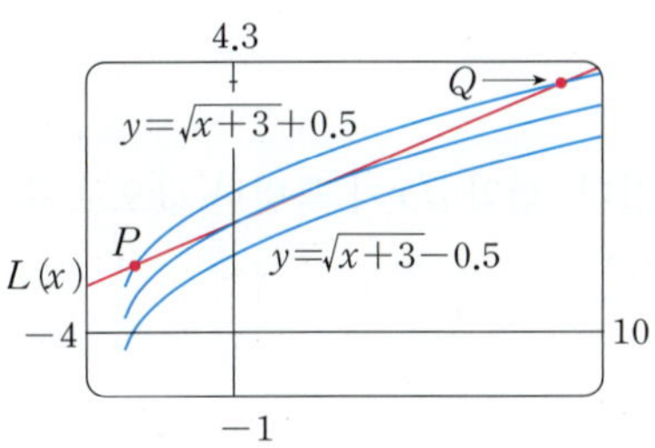

그림 4

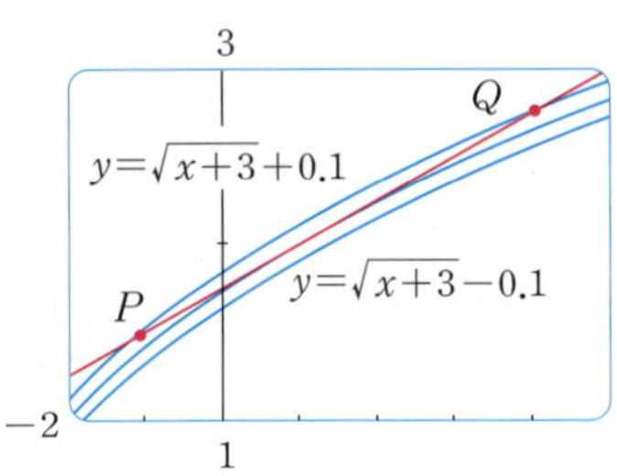

그림 5

예제 3 선형근사의 정확도 $\sqrt{x+3}\approx\frac{7}{4}+\frac{x}{4}$인 선형근사는 x의 어떤값에서 오차가 0.5 이내에 있는가? 또한 오차가 0.1 이내에 있으려면?

풀이 오차가 0.5 이내에 있으려면 다음을 만족해야 한다.

$$\left|\sqrt{x+3}-\left(\frac{7}{4}+\frac{x}{4}\right)\right|<0.5$$

이것을 풀면

$$\sqrt{x+3}-0.5<\frac{7}{4}+\frac{x}{4}<\sqrt{x+3}+0.5$$

이다. 즉, 선형근사가 $y=\sqrt{x+3}$ 곡선의 위쪽으로 0.5, 아래쪽으로 0.5 안에 놓여야 함을 의미한다. 그림 3은 접선 $y=\frac{7+x}{4}$가 위쪽 곡선 $y=\sqrt{x+3}+0.5$와 P와 Q에서 만나고 있음을 보여준다. 점 P와 Q의 x좌표는 각각 약 -2.66과 8.66이다. 그러므로 그래프로부터

$$\sqrt{x+3}\approx\frac{7}{4}+\frac{x}{4}$$

근삿값이 0.5 이내에 있으려면 $-2.6<x<8.6$이어야 한다. 유사하게 그림 4로부터 근삿값이 0.1 이내의 정확도를 가지려면 $-1.1<x<3.9$이어야 한다. ■

⊳ 물리학으로의 응용

근사선형은 종종 물리학에서 사용되어진다. 방정식의 결과를 분석할 때 물리학자들은 가끔씩 방정식 대신에 선형근사를 대체시킴으로써 함수를 간단히 한다. 예를 들면, 추의 주기에 대한 공식을 이끌어 낼 때 접선가속도에 대해서 $a_T=-g\sin\theta$로 나타내는데 $\sin\theta$를 θ로 대체시키곤 한다. 왜냐하면 θ가 굉장히 크다는 조건만 없으면 $\sin\theta$는 θ에

아주 가깝기 때문이다(Physics: Calculus, 2d, by Eugene Hecht, p. 457 참조). $a=0$에서 $f(x)=\sin x$의 선형화가 $L(x)=x$이고 따라서 0에서 선형근사는 $\sin x \approx x$임을 보여줄 수 있다(연습문제 34 참조).

그래서 추의 주기공식을 얻을 때 sine함수의 선형근사를 사용한다. 또 다른 예로는 광학이론을 들 수 있다. 광축에 작은 각도로 도달하는 방사선은 paraxial 방사선이라 부른다. 여기에서 $\sin\theta$와 $\cos\theta$는 그들의 선형화로 대체된다. 다시 말하면

$$\sin\theta \approx \theta \quad \text{그리고} \quad \cos\theta \approx 1$$

이 사용되어진다.(θ가 0으로 가까이 갈 때) 이러한 근삿값으로 계산되어진 결과는 렌즈를 디자인하는 기본적인 도구가 되었다.

9.9절에서 선형근사의 여러 가지 응용을 알 수 있을 것이다.

▷ 미분

선형근사는 미분과 밀접한 관계가 있다. f가 미분가능함수라 하자. $y=f(x)$라 할 때 미분 dx는 독립변수이다. 즉 dx는 어떤 실수값이다. **미분**(differential) dy는 다음과 같이 dx로 나타낸다.

● $dx \neq 0$이면 식 3의 양변을 dx로 나누어 다음을 얻는다.

$$\frac{dy}{dx}=f'(x)$$

앞에서도 이런 식을 얻었지만 여기서의 좌변은 미분의 비이다.

3 $$dy=f'(x)dx$$

그러므로 dy는 종속변수이다. 이것은 x와 dx에 의존한다. 만약 dx가 특별한 값으로 주어지고 x를 f의 정의역 안에 어떤 특별한 값으로 택하면 그때 dy값도 거기에 따라 결정된다.

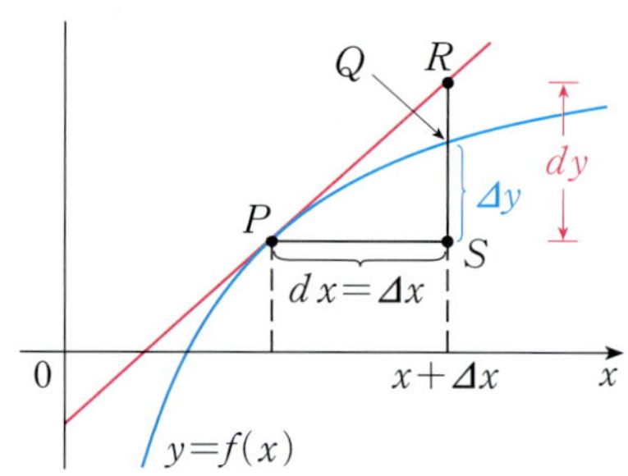

그림 6

미분의 기하학 의미는 그림 6에 나타나 있다. $P(x, f(x))$와 $Q(x+\Delta x, f(x+\Delta x))$를 f의 그래프 위의 점이라 하고 $dx=\Delta x$라 두자. 그때 y의 변화값은 $\Delta y=f(x+\Delta x)-f(x)$이다. 접선 PR의 기울기는 $f'(x)$이므로 S와 R의 거리는 $f'(x)dx=dy$이다. 그러므로 dy는 접선의 변화값이고 반면 Δy는 x가 dx만큼 변할 때 곡선 $y=f(x)$의 변화값이다. 그림 5에서 알 수 있듯이 Δx가 작을수록 $\Delta y \approx dy$이다.

만약 $dx=x-a$라 두면 $x=a+dx$이므로 선형근사를 미분으로 표현하면

$$f(a+dx) \approx f(a)+dy$$

예를 들면, 예제 2의 $f(x)=\sqrt{x+3}$인 경우

$$dy=f'(x)dx=\frac{1}{2\sqrt{x+3}}dx$$

이다. 만약 $a=1$이고 $dx=\Delta x=0.05$이면

$$dy=\frac{0.05}{2\sqrt{1+3}}=0.0125$$

이고

$$\sqrt{4.05}=f(1.05)\approx f(1)+dy=2.0125$$

이다. 예제 2에서 얻은 답과 같다.

다음 예제는 근삿값으로 인해 일어나는 오차를 평가하는 데 어떻게 미분을 사용하는지를 보여준다.

예제 4 구의 반지름을 측정하면 21cm인데 이것은 0.05cm의 오차가 있을 수 있다고 가정하자. 구의 부피를 구할 때 생길 수 있는 최대오차를 구하여라.

풀이 구의 반지름을 r이라 하면 구의 부피는 $V=\frac{4}{3}\pi r^3$이다. r에 생기는 오차는 $dr=\Delta r$로 표현하면 V에 생기는 오차는 ΔV이고 이것을 미분으로 근사하면

$$dV=4\pi r^2 dr$$

이다. $r=21$이고 $dr=0.05$이므로

$$dV=4\pi(21)^2(0.05)\approx 277$$

부피에 생길 수 있는 최대 오차는 277cm^{3}이다. ■

참고 비록 예제 4에서 생겨나는 오차가 다소 크지만 오차의 더 좋은 형태는 **상대오차**(relative error)에 의해 주어진다. 이것은 그 오차를 전체 부피로 나누어 얻는다.

$$\frac{\Delta V}{V}\approx\frac{dV}{V}=\frac{4\pi r^2 dr}{\frac{4}{3}\pi r^3}=3\frac{dr}{r}$$

그러므로 부피에 있어서 상대오차는 반지름에 의해 생기는 상대 오차의 3배이다. 예제 4에서 반지름에 생기는 상대오차는 $\frac{dr}{r}=\frac{0.05}{21}\approx 0.0024$이므로 부피의 상대오차는 약 0.007이다. 또한 **백분비 오차**(percentage error)로 표현하면 반지름의 경우는 0.24%이고 부피의 경우 0.7%이다.

5.9 연습문제

1. 예제 1에서 칠면조의 온도가 85℃가 되었을 때 오븐에서 꺼내어 실내온도가 24℃인 식탁에 올려 놓았다. 10분 후 칠면조의 온도는 78℃가 되었고 20분 뒤에는 72℃가 되었다. 일차근사식을 이용하여 반시간 후 칠면조의 온도를 예상해 보아라. 예상 온도는 초과 추정값인가 부족 추정값인가? 그 이유는?

2. 높이 h가 증가함에 따라 기압 P는 감소한다. 15℃에서 해수면에서의 기압은 101.3 킬로파스칼(kPa)이고 $h=1$km에서는 87.1kPa, $h=2$km에서는 74.9kPa이다. 일차근사식을 이용하여 해발 3km에서의 기압을 추정하여라.

3. 그래프는 호주의 과거와 미래 계획된 65세 이상의 인구점유율

(%)을 나타낸 것이다. 일차근사식을 이용하여 2040년과 2050년의 65세 이상 인구의 비율을 예측해 보아라. 이 예측은 너무 높은가 낮은가? 그 이유는?

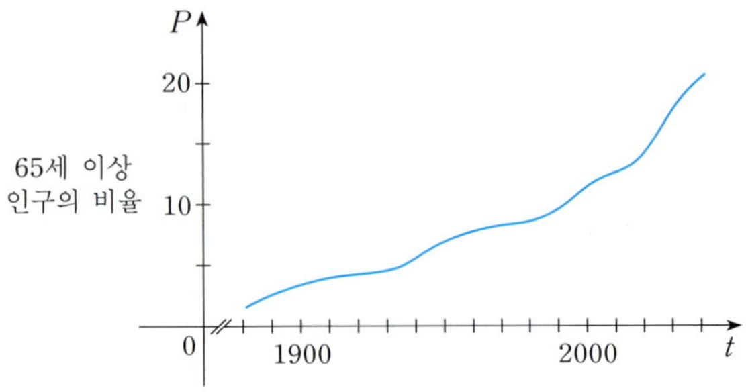

4. 표는 매년 6월 30일에 조사된 네팔의 인구(백만)를 보여준다. 일차 근사식을 이용하여 1989년 중기의 인구를 추정하여라. 다른 일차 근사식을 이용하여 2010년의 인구를 예상하여라.

t	1985	1990	1995	2000	2005
$N(t)$	17.04	19.33	21.91	24.70	27.68

(5~8) a에서 주어진 함수의 선형화 $L(x)$를 구하여라.

5. $f(x)=x^4+3x^2,\ a=-1$

6. $f(x)=\ln x,\ a=1$

7. $f(x)=\cos x,\ a=\dfrac{\pi}{2}$

8. $f(x)=x^{\frac{3}{4}},\ a=16$

9. $a=0$에서 $f(x)=\sqrt{1-x}$ 의 선형근사를 구하고 이것을 이용하여 $\sqrt{0.9}$와 $\sqrt{0.99}$를 구하여라. 또한 f와 접선의 그래프를 그려라.

10. $a=0$에서 $g(x)=\sqrt[3]{1+x}$ 의 선형근사를 구하고 이것을 이용하여 $\sqrt[3]{0.95}$와 $\sqrt[3]{1.1}$을 구하여라. 또한 g와 접선의 그래프를 그려라.

(11~14) $a=0$에서 선형근사를 구하고 오차가 0.1보다 작게 되기 위한 x값을 구하여라.

11. $\sqrt[3]{1-x}\approx 1-\dfrac{1}{3}x$

12. $\tan x\approx x$

13. $\dfrac{1}{(1+2x)^4}\approx 1-8x$

14. $e^x\approx 1+x$

(15~18) 선형근사를 이용하여 주어진 수의 값을 추정하여라.

15. $(2.001)^5$

16. $e^{-0.015}$

17. $(8.06)^{\frac{2}{3}}$

18. $\dfrac{1}{1002}$

(19~21) 다음 근사치가 적당한 이유를 설명하여라.

19. $\sec 0.08\approx 1$

20. $(1.01)^6\approx 1.06$

21. $\ln 1.05\approx 0.05$

22. $f(x)=(x-1)^2$, $g(x)=e^{-2x}$, $h(x)=1+\ln(1-2x)$라 하자.

(a) $a=0$에서 f, g, h의 선형화 $L(x)$을 구하여라.

(b) f, g, h의 그래프를 그려라. 그리고 그들의 선형근사를 구하여라. 어느 함수가 가장 좋은 선형근사를 가지는가? 가장 나쁜 선형근사는?

(23~24) 다음 함수의 미분을 구하여라.

23. (a) $y=\dfrac{u+1}{u-1}$ (b) $y=(1+r^3)^{-2}$

24. (a) $y=e^{\tan \pi t}$ (b) $y=\sqrt{1+\ln z}$

25. $y=e^{x/10}$라 하자.

(a) 미분 dy를 구하여라.

(b) $x=0$이고 $dx=0.1$이면 dy와 Δy는 얼마인가?

26. $y=\sqrt{x}$라 하자.

(a) 미분 dy를 구하여라.

(b) $x=1$이고 $dx=\Delta x=1$이면 dy와 Δy는?

(c) dx, dy, Δy를 그림 6처럼 그려 설명하여라.

27. 입방체의 길이는 30cm인데 0.1cm의 오차가 있을 수 있다. 미분을 이용하여 다음의 최대오차, 상대오차를 구하여라.

(a) 입방체의 부피

(b) 입방체의 표면적

28. 원반의 반지름은 24cm인데 최대 오차 0.2cm이다.

(a) 미분을 이용하여 원반의 면적에 대한 최대오차를 구하여라.

(b) 상대오차는? 백분비 오차는?

29. 구의 원주는 84cm인데 최대오차 0.5cm이다.

(a) 미분을 이용하여 곡면의 면적에 대한 최대오차를 구하여라. 상대오차는 얼마인가?

(b) 미분을 이용하여 부피에 대한 최대오차를 구하여라. 상대오차는 얼마인가?

30. 지름이 50m인 반구에 0.05cm의 두께로 페인트를 칠할 때 필요한 페인트의 양을 미분을 이용하여 구하여라.

31. (a) 미분을 이용하여 높이가 h, 안쪽 반지름이 r, 두께가 Δr인 얇은 원통의 부피의 근삿값을 구하여라.

(b) (a)에서 사용한 식의 오차는 얼마인가?

32. 직각삼각형의 한 변의 길이는 20cm이고 마주보는 각을 측정하였더니 30°인데 오차는 ±1°라 하자.

(a) 빗변의 길이를 계산할 때의 오차를 미분을 이용하여 구하여라.

(b) 백분오차는 얼마인가?

33. 피가 혈관에 흐르는 속도(주어진 점에서의 시간당 피의 양)는 혈관의 반지름 R의 네제곱에 비례한다.

$$F = kR^4$$

(이것은 Poiseuille의 법칙이다. 8.7절에서 그 이유를 알아볼 것이다.) 부분적으로 막힌 동맥은 해부플래스티(angioplasty)라 불리는 수술에 의해 팽창될 수 있는데, 이것은 밸룬 끝에 달린 도뇨관(catheter)의 동맥을 넓히고 피의 흐름을 정상적으로 하기 위하여 동맥 안에서 팽창되어지는 것이다. F의 상대적인 변화는 R의 상대적인 변화의 4배임을 보여라. 반지름이 5% 증가한다면 피의 흐름은 어떤 영향을 받을까?

34. 길이 L인 추의 주기가 $T = 2\pi\sqrt{L/g}$이라 하자. 추의 접선 가속도가 $a_T = -g\sin\theta$라 하자. θ가 작은 값에 대해 $\sin\theta$와 θ는 아주 가까운 값이다.

(a) 0에서 sine의 선형근사가 $\sin x \approx x$ 임을 보여라.

(b) $\sin x$와 x의 오차가 2% 이내가 되려면 x의 값은?

35. 함수 f에 대하여 알고 있는 것은 $f(1) = 5$와 그림과 같은 f'의 그래프 뿐이라고 하자.

(a) 일차근사식을 이용하여 $f(0.9)$와 $f(1.1)$을 추정하여라.

(b) (a)의 추정값들은 너무 큰가 작은가? 설명하여라.

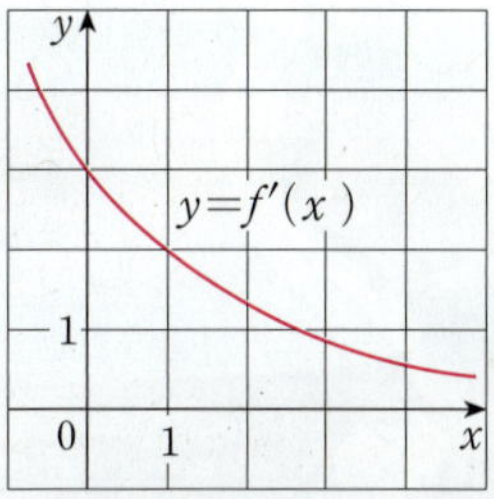

36. $g(2) = -4$이고 $g'(x) = \sqrt{x^2+5}$인 함수 g에 대하여

(a) 일차근사식을 이용하여 $g(1.95)$와 $g(2.05)$를 추정하여라.

(b) (a)에서의 추정값은 너무 큰가 작은가? 설명하여라.

6 미분의 응용

이미 도함수의 응용에 대해 몇 가지 알아보았지만, 여기서는 더욱 심도 있는 미분의 응용을 소개하려고 한다. 함수들의 여러 모임의 성질을 어떻게 해석할 것인가, 관련된 비율문제를 어떻게 풀 것인가, 어떤 양의 최댓값이나 최솟값을 어떻게 구할 것인가에 대하여 보여준다. 특별히, 통조림통의 최적의 모양을 조사하고 하늘에 있는 무지개의 위치에 대해서도 설명할 것이다.

6.1 변화율

풍선에 공기를 불어넣는 경우에 부피와 풍선의 반지름은 모두 증가하며, 그 증가율은 서로 연관이 있다. 그러나 풍선의 반지름의 증가율을 구하는 것보다 부피의 증가율을 바로 구하는 것이 더 쉽다.

연관된 비율문제에서 아이디어는 하나의 양의 변화율을 보다 쉽게 계산될 수 있는 다른 양의 변화율의 항으로 계산하는 것이다. 계산 절차는 두 양에 대한 한 방정식을 구한 다음에, 양변을 시간에 대해 미분하기 위하여 연쇄법칙을 사용한다.

예제 1 **풍선 불기** $100\text{cm}^3/s$의 비율로 부피가 증가하도록 구면 모양의 풍선에 공기를 불어넣고 있다고 하자. 지름이 50cm일 때, 풍선의 반지름은 얼마나 빨리 증가하는가?

풀이 이 예제에서 주어진 정보

공기 부피의 증가율 $100\text{cm}^3/s$

와 알지 못하는

지름이 50cm일 때 반지름의 증가율?

의 관계식을 구하는 것으로부터 시작해 보자.

이러한 양들을 수학적으로 나타내기 위하여, 다음과 같은 기호를 생각하자.

풍선의 부피를 V, 반지름을 r이라 하자.

기억해야 할 주요한 일은 변화율이 도함수라는 것이다. 이 문제에서 부피와 반지름은 시간 t에 대한 함수이다. 시간에 대한 부피의 증가율은 도함수 dV/dt이고, 반지름의 증가율은 dr/dt이다. 그러므로 주어진 정보와 알지 못하는 양은 다음과 같이 다시 나타낼 수 있다.

$$\frac{dV}{dt}=100\text{cm}^3/s\text{이고,}\quad r=25\text{cm일 때}\quad \frac{dr}{dt}=?$$

dV/dt와 dr/dt를 연결하기 위하여, 구의 부피에 대한 다음 공식을 생각하자.

$$V=\frac{4}{3}\pi r^3$$

주어진 정보를 이용하기 위하여 이 방정식의 각 변을 t로 미분한다. 오른쪽을 미분하려면 미분에 대한 다음의 연쇄율을 사용해야 한다.

$$\frac{dV}{dt}=\frac{dV}{dr}\frac{dr}{dt}=4\pi r^2\frac{dr}{dt}$$

● $\frac{dV}{dt}$는 상수이지만 $\frac{dr}{dt}$는 상수가 아니다.

이제, 다음의 알지 못하는 양을 풀어보자.

$$\frac{dr}{dt}=\frac{1}{4\pi r^2}\frac{dV}{dt}$$

이 방정식에 $r=25$와 $dV/dt=100$을 대입하면

$$\frac{dr}{dt}=\frac{1}{4\pi(25)^2}100=\frac{1}{25\pi}$$

을 얻을 수 있으므로, 풍선의 반지름은 $1/(25\pi)\text{cm}/s \approx 0.0127\text{cm}/s$의 비율로 증가한다. ■

예제 2 미끄러지는 사다리 문제 수직인 벽에 5m 길이의 사다리가 세워져 있다. 사다리의 밑바닥은 벽으로부터 1m/s 비율로 멀어진다고 하자. 사다리의 밑바닥이 벽으로부터 3m일 때, 사다리의 꼭대기는 벽으로부터 얼마의 속도로 미끄러져 내리겠는가?

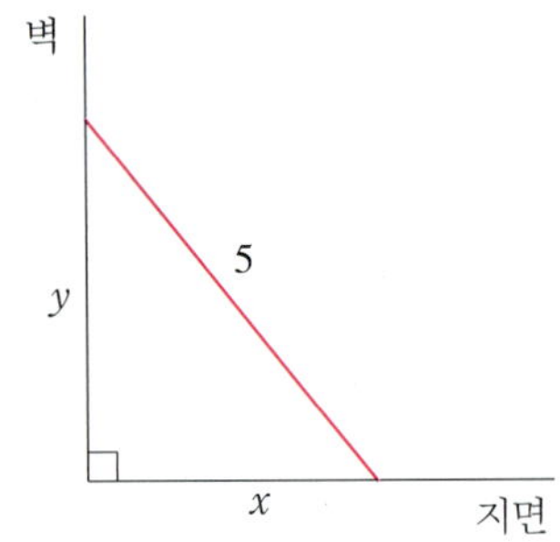

그림 1

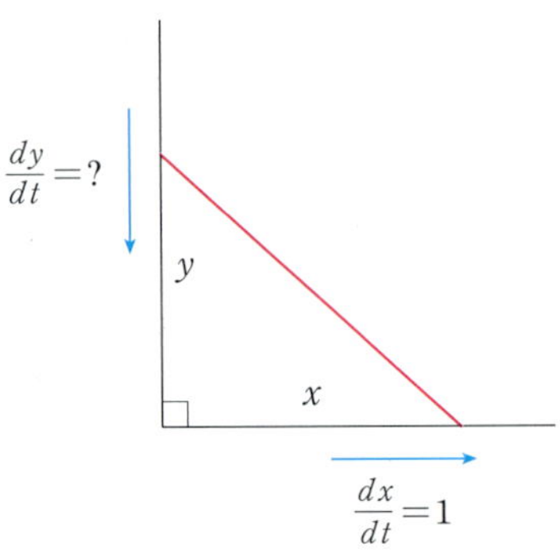

그림 2

풀이 먼저 그림 1에서와 같이 도형을 그리고 부호를 붙여보자. x m는 사다리 밑바닥으로부터 벽까지의 거리, y m는 사다리의 꼭대기에서 지면까지의 거리라 하자. 이때, x와 y는 둘 다 시간 t의 함수이다.

$dx/dt=1\text{m/s}$이고 $x=3\text{m}$일 때, dy/dt를 구하여야 한다(그림 2 참조). 이 문제에서, x와 y의 관계는 피타고라스 정리에 의해 다음과 같이 주어진다.

$$x^2+y^2=25$$

연쇄법칙을 사용하여 양변을 t 에 관하여 미분하면

$$2x\frac{dx}{dt}+2y\frac{dy}{dt}=0$$

이고, 이 방정식을 우리가 구하려는 비율로 나타내면 다음과 같다.

$$\frac{dy}{dt}=-\frac{x}{y}\frac{dx}{dt}$$

$x=3$이면 피타고라스 정리에 의해 $y=4$이므로 이들과 $dx/dt=1$을 대입하면, 다음을 얻는다.

$$\frac{dy}{dt}=-\frac{3}{4}(1)=-\frac{3}{4}\text{ m/s}$$

dy/dt가 음이라는 것은 사다리의 꼭대기로부터 지면까지의 거리가 $\frac{3}{4}$ m/s의 비율로 감소한다는 의미이다. 다시 말하면, 사다리의 꼭대기는 벽을 따라 $\frac{3}{4}$ m/s의 비율로 미끄러져 내린다. ■

예제 3 물탱크 채우기 한 물탱크가 바닥 반지름이 2m이고 높이가 4m인 원뿔을 뒤집어 놓은 모양을 하고 있다. $2\text{m}^3/\text{min}$의 비율로 물탱크에 물을 넣는다면 물의 깊이가 3m일 때, 물의 높이가 올라가는 비율을 구하여라.

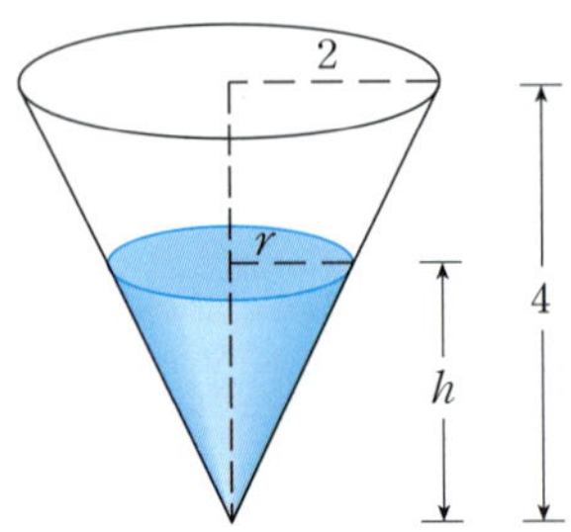

그림 3

풀이 그림 3에서와 같이 원뿔을 그리고 부호를 붙여보자. V, r 및 h를 각각 시간 t분에서 물의 부피, 곡면의 반지름 및 물의 높이라고 하자.

$dV/dt=2\text{m}^3/\text{min}$이고 h가 3m일 때, dh/dt를 구하면 된다. V와 h는 방정식

$$V=\frac{1}{3}\pi r^2 h$$

로 관련지어져 있지만, V를 h에 대한 함수만으로 표현하는 것이 유용하다. 그림 3에서 닮은 삼각형을 이용하면, 다음을 알 수 있다.

$$\frac{r}{h}=\frac{2}{4},\quad r=\frac{h}{2}$$

이를 이용하여 r을 소거하면, 다음과 같이 V를 나타낼 수 있다.

$$V=\frac{1}{3}\pi\left(\frac{h}{2}\right)^2 h=\frac{\pi}{12}h^3$$

t에 관하여 양변을 미분하면

$$\frac{dV}{dt}=\frac{\pi}{4}h^2\frac{dh}{dt}$$

에서

$$\frac{dh}{dt}=\frac{4}{\pi h^2}\frac{dV}{dt}$$

이므로 $h=3\text{m}$와 $dV/dt=2\text{m}^3/\text{min}$을 대입하면, 다음을 얻는다.

$$\frac{dh}{dt}=\frac{4}{\pi(3)^2}\cdot 2=\frac{8}{9\pi}\approx 0.28\text{m/min}$$ ■

문제풀이 전략

예제 1~3에서의 경험에 비추어 다음의 문제해결 원리를 상기하여 비율에 관한 문제에 적용하는 것은 아주 유용하다.

1. 문제를 주의 깊게 읽어라.
2. 가능하면 그림을 그려라.
3. 기호를 도입하라. 시간에 대한 함수들의 모든 양에 기호를 지정하라.
4. 도함수의 항으로 주어진 정보와 구하고자 하는 비율을 나타내어라.
5. 문제의 다양한 양들과 관련 있는 방정식들을 구하여라. 필요하다면, 변수 중의 하나를 소거하기 위하여 그 상황에 적당한 기하학을 이용하여라.
6. 주어진 방정식의 양변을 t에 관하여 미분하기 위하여 연쇄법칙을 사용하여라.
7. 결과로 생긴 방정식에 주어진 정보를 적용하고 구하고자 하는 비율에 대해서 풀어라.

⊘ 경고: 흔히 하는 실수는 (시간에 따라 변하는 양인) 숫자를 너무 일찍 대입하는 것이다. 숫자는 미분한 다음에 대입해야 한다(6단계 다음에 7단계). 예를 들면, 예제 3의 마지막 단계에서 $h=3$을 대입하기 전에는 변수 h를 이용하였다 ($h=3$을미리 대입하면 $\frac{dV}{dt}=0$이 되어 이것은 옳지 않다).

다음 예제들은 위의 전략을 이용한 실례들이다.

예제 4 자동차 A는 90km/h의 속도로 서쪽 방향으로 움직이고 있으며, 자동차 B는 100km/h의 속도로 북쪽으로 움직이고 있다. 그리고 두 자동차는 도로의 교차점을 향해 나아가고 있다고 하자. 교차점으로부터 A는 60m, B는 80m의 위치에 있을 때, 두 자동차가 서로 접근하는 비율을 구하여라.

풀이 두 도로의 교차점을 C이라 하고, 그림 4를 그려보자. 주어진 t에 대하여 자동차 A로부터 C까지의 거리를 x, 자동차 B로부터 C까지의 거리를 y라 하고, 두 자동차

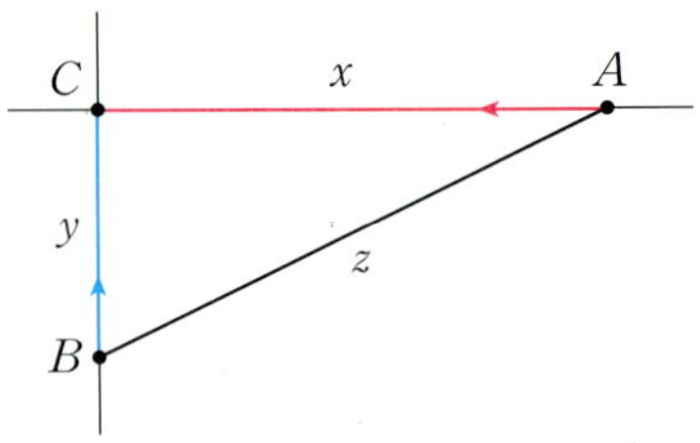

그림 4

의 거리는 z라 하자. 여기서 x, y, z는 킬로미터로 측정되었다.

$dx/dt = -90\text{km/h}$이고 $dy/dt = -100\text{km/h}$임이 주어져 있다. x, y가 감소하기 때문에 두 도함수는 음수이다. 여기서 우리는 dz/dt를 구하여야 한다. x, y, z와 연관된 방정식은 피타고라스 정리에 의하여 다음과 같이 주어진다.

$$z^2 = x^2 + y^2$$

t에 관하여 양변을 미분하면

$$2z\frac{dz}{dt} = 2x\frac{dx}{dt} + 2y\frac{dy}{dt}$$

$$\frac{dz}{dt} = \frac{1}{z}\left(x\frac{dx}{dt} + y\frac{dy}{dt}\right)$$

를 얻는다. $x = 0.06\text{km}$이고 $y = 0.08\text{km}$이면, 피타고라스 정리에 의해 $z = 0.1\text{km}$이므로 다음을 얻는다.

$$\frac{dz}{dt} = \frac{1}{0.1}[0.06(-90) + 0.08(-100)] = -134$$

따라서 두 자동차는 134km/h의 비율로 서로 접근하고 있음을 알 수 있다. ■

예제 5 한 사람이 곧은 도로를 따라 1.5m/s의 속력으로 걸어가고 있다. 이 길로부터 6m 떨어진 지면에 위치하고 있는 탐조등이 그 사람에게 초점을 맞추어 움직이고 있다고 하자. 그 사람이 도로에서 탐조등까지 가장 가까운 점으로부터 8m 위치에 있을 때, 탐조등이 회전하는 비율은 얼마인가?

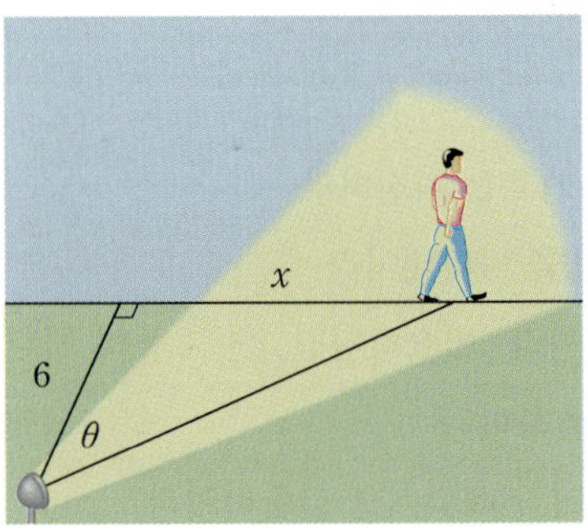

그림 5

풀이 그림 5에서 보는 바와 같이, 도로에서 탐조등까지 가장 가까운 점으로부터의 거리를 x, 탐조등의 광선과 도로에 수직인 직선과의 사잇각을 θ라 하자.

$dx/dt = 1.5\text{m/s}$임을 알고서 $x = 8$일 때, $d\theta/dt$를 계산해 보자. 그림 5로부터 x와 θ에 관한 다음의 방정식을 얻을 수 있다.

$$\frac{x}{6} = \tan\theta, \quad x = 6\tan\theta$$

t에 관하여 양변을 미분하면

$$\frac{dx}{dt} = 6\sec^2\theta\frac{d\theta}{dt}$$

이므로, 다음을 구한다.

$$\frac{d\theta}{dt} = \frac{1}{6}\cos^2\theta\ \frac{dx}{dt} = \frac{1}{6}\cos^2\theta \cdot (1.5) = \frac{1}{4}\cos^2\theta$$

$x = 8$일 때, 광선의 길이는 10이므로 $\cos\theta = \frac{3}{5}$이 되어

$$\frac{d\theta}{dt} = \frac{1}{4}\left(\frac{3}{5}\right)^2 = \frac{9}{100} = 0.09$$

이다. 따라서 탐조등은 0.09 rad/s의 비율로 회전하고 있다. ■

6.1 연습문제

1. 한 변의 길이가 x인 정육면체의 부피를 V라 하고, 정육면체는 시간이 지남에 따라 팽창한다고 하자. 이 때, dV/dt를 dx/dt의 항으로 나타내어라.

2. (a) 반지름이 r인 원의 넓이를 A라 하고 주어진 원은 시간이 지남에 따라 팽창하고 있다면, dA/dt를 dr/dt의 항으로 나타내어라.
   (b) 파열된 탱크에서 흘러내린 기름이 원 모양으로 퍼진다고 하자. 만약 흘러내린 기름의 반지름이 상수 비율 1 m/s로 증가한다면, 반지름이 30m인 경우에 기름 자국의 넓이는 얼마나 빨리 증가하는가?

3. 정사각형의 각 변이 6cm/s의 비율로 증가한다. 정사각형의 넓이가 16cm^2일 때 정사각형의 넓이는 얼마의 비율로 증가하는가?

4. 직사각형의 가로는 8cm/s의 비율로, 세로는 3cm/s의 비율로 각각 증가한다. 직사각형의 가로는 20cm, 세로는 10cm일 때, 직사각형의 넓이는 얼마나 빨리 증가하는가?

5. 반지름이 5m인 원기둥 모양의 탱크에 물이 $3\text{m}^3/\text{min}$의 속도로 채워지고 있다. 수면의 상승 속도를 구하여라.

6. 구의 반지름이 4mm/s의 속도로 커지고 있다. 지름이 80mm일 때 부피의 증가 속도를 구하여라.

7. $y=\sqrt{2x+1}$이고 x, y는 t의 함수라 하자.
   (a) $\dfrac{dx}{dt}=3$이고 $x=4$일 때 $\dfrac{dy}{dt}$를 구하여라.
   (b) $\dfrac{dy}{dt}=5$이고 $x=12$일 때 $\dfrac{dx}{dt}$를 구하여라.

8. $x^2+y^2=25$이고 $\dfrac{dy}{dt}=6$라 하자. $y=4$일 때, $\dfrac{dx}{dt}$를 구하여라.

9. $z^2=x^2+y^2$이고 $\dfrac{dx}{dt}=2$, $\dfrac{dy}{dt}=3$이라 하자. $x=5$이고 $y=12$일 때, $\dfrac{dz}{dt}$를 구하여라.

10. 한 입자가 곡선 $y=\sqrt{1+x^3}$ 위를 움직인다고 하자. 입자가 점 (2, 3)에 도달했을 때, y좌표가 4cm/s의 비율로 증가한다면 그 점에서 x좌표는 그 순간에 어떻게 변화하겠는가?

(11~14)

(a) 문제에서 주어진 양은 무엇인가?
(b) 알지 못하는 것은 무엇인가?
(c) 시간에 대한 상황을 그림으로 그려라.
(d) 주어진 양들에 대한 방정식을 구하여라.
(e) 문제 풀이를 마무리하여라.

11. 눈덩이의 겉넓이가 $1\text{cm}^2/\text{min}$의 비율로 녹고 있다고 한다. 눈덩이의 지름이 10cm일 때, 그 반지름이 감소하는 비율을 구하여라.

12. 정오에 배 A는 배 B의 150km 서쪽에 위치하였다가 배 A는 35km/h의 속도로 동쪽으로, 배 B의 25km/h의 속도로 북쪽으로 항해하고 있다고 한다. 오후 4시에 두 배 사이의 거리는 얼마나 빨리 변하고 있는가?

13. 비행기 한 대가 고도 2km 상공에서 800km/h의 속력으로 레이더기지 위를 수평으로 지나가고 있다고 하자. 기지로부터 비행기가 3km 떨어져 있을 때, 비행기로부터 기지까지의 거리가 증가하는 비율을 구하여라.

14. 가로등이 6m 높이의 기둥꼭대기에 달려있다. 키가 2m인 사람이 기둥으로부터 곧은 도로를 따라 1.5m/s의 속력으로 멀어져 간다고 하자. 그 사람이 기둥에서 10m 거리에 있을 때, 그 사람의 그림자 끝이 움직이는 비율은 어떠한가?

---

15. 자동차 두 대가 같은 점에서 출발하고 있다. 한 대는 30km/h의 속력으로 남쪽을 향하여, 다른 한 대는 72km/h의 속력으로 서쪽을 향해 여행을 한다고 하자. 두 시간이 경과한 후에 두 자동차 사이의 거리에 대한 비율을 구하여라.

16. 지면 위의 스포트라이트가 12m 떨어진 벽을 비추고 있다. 키가 2m인 한 사람이 스포트라이트로부터 건물을 향해 1.6m/s의 속력으로 걸어가고 있다고 하자. 그 사람이 건물에서 4m 거리에 있을 때, 건물에 비치는 그림자의 길이는 얼마나 빨리 감소하는지 구하여라.

17. 한 남자가 점 P로부터 1.2m/s의 속력으로 북쪽을 향해 걸어가고 있다. 한 여자는 5분 후에 P의 동쪽에서 200m떨어진 점에서 출발하여 1.6m/s의 속력으로 남쪽으로 걸어 가고 있다고 하자. 여자가 출발한 15분 후에 두 사람은 어떤 비율로 떨어져서 움직이고 있는가?

18. 야구장의 내야는 한 변이 90ft인 정사각형이다. 한 타자가 야구공을 치고 제1루를 향하여 24ft/s의 속력으로 달린다고 하자.
   (a) 그 사람이 제1루의 도중에 있을 때, 제2루에서의 거리는 어떤 비율로 감소하는가?

(b) 동일한 순간에 제3루에서의 거리는 어떤 비율로 증가하는가?

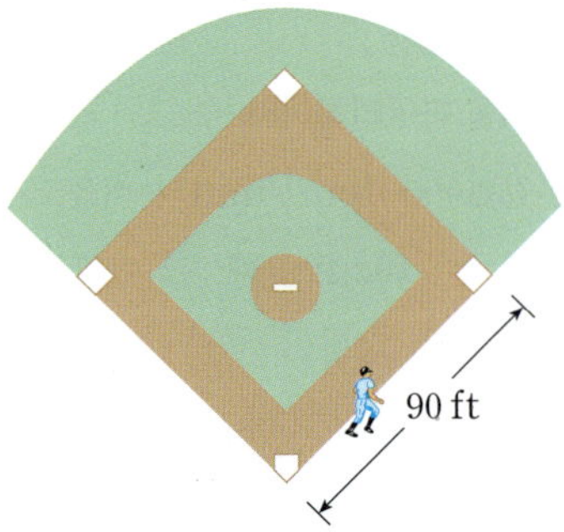

19. 삼각형의 넓이가 $2\text{cm}^2/\text{min}$의 비율로 증가하는 동안 삼각형의 높이는 $1\text{cm}/\text{min}$의 비율로 증가하고 있다. 삼각형의 높이가 10cm이고 넓이가 100cm^2일 때, 삼각형의 밑변은 어떤 비율로 변하는가?

20. 보트의 뱃머리를 밧줄로 묶고 보트의 뱃머리보다 1m 높이에 있는 선창에 도르래를 매달아 보트를 선창으로 끌어당기고 있다. 만약 $1\text{m}/\text{s}$의 비율로 밧줄을 당긴다면, 보트가 선창으로부터 8m 위치에 있을 때, 보트는 선창에 얼마나 빨리 접근하는가?

21. 정오에 배 A는 배 B의 10km 서쪽에 위치하였다가 배 A는 $35\text{km}/\text{h}$의 속도로 동쪽으로, 배 B의 $25\text{km}/\text{h}$의 속도로 북쪽으로 항해하고 있다고 한다. 오후 4시에 두 배 사이의 거리는 얼마나 빨리 변하고 있는가?

22. 한 입자가 곡선 $y=\sqrt{x}$ 위를 움직인다고 하자. 입자가 점 (4, 2)에 도달했을 때, x좌표는 $3\text{cm}/\text{s}$의 비율로 증가하고 있다. 그 순간에 입자로부터 중심까지 거리는 얼마나 빨리 변화하겠는가?

23. 수직인 벽에 기대 있는 사다리의 윗부분이 $0.15\text{m}/\text{s}$의 속력으로 아래로 내려가고 있다. 사다리의 아래 부분이 벽으로부터 3m 떨어져 있을 때 아래 부분은 $0.2\text{m}/\text{s}$의 속력으로 벽으로부터 멀어지고 있다. 사다리의 길이를 구하여라.

24. 예제 2에서 사다리의 아래 부분이 벽으로부터 3m 떨어진 순간 사다리와 바닥 사이의 각도의 변화율을 구하여라.

25. 손수레 A와 B는 도르래 P를 지나는 20m 길이의 밧줄로 연결되어 있다. 점 Q는 P 바로 아래 4m 거리의 마루바닥 위에 있으면서 두 손수레의 사이에 있다. 손수레 A는 점 Q로부터 $0.5\text{m}/\text{s}$의 속력으로 멀어지고 있다. 손수레 A가 점 Q로부터 3m 거리에 있을 순간에 손수레 B는 Q를 향해서 얼마나 빨리 움직이는가?

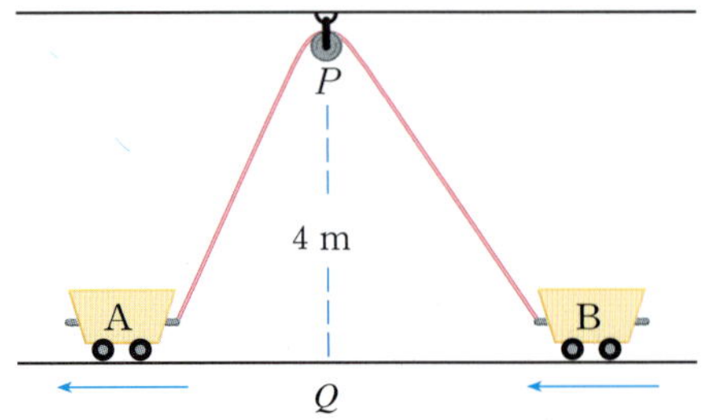

26. 거꾸로 한 원뿔형 물탱크에서 $10000\text{cm}^3/\text{min}$의 비율로 물이 흘러나오고 있으며, 동시에 일정한 비율로 물탱크에 물이 들어가고 있다고 하자. 물탱크의 높이는 6m이고 꼭대기의 직경은 4m이다. 물의 높이가 2m일 때 수평면이 $20\text{cm}/\text{min}$의 비율로 올라간다면, 물탱크로 들어가는 물의 비율을 구하여라.

27. 홈통의 길이는 6m이고, 그 홈통의 끝은, 꼭대기 너비는 1m이고 높이가 50cm인 이등변삼각형 모양을 하고 있다. 만약 홈통에 $1.2\text{m}^3/\text{min}$의 비율로 물이 채워지고 있다면, 물의 깊이가 30cm일 때 수평면은 얼마나 빨리 올라가는가?

28. 수영장의 너비는 5m, 길이는 10m, 가장자리의 깊이는 1m이고 가장 깊은 곳의 깊이는 3m이다. 절단면은 다음 그림에서 보는 바와 같다. 수영장이 $0.1\text{m}^3/\text{min}$의 비율로 물이 채워지고 있다면, 가장 깊은 곳의 깊이가 1m일 때 수평면은 얼마나 빨리 올라가는가?

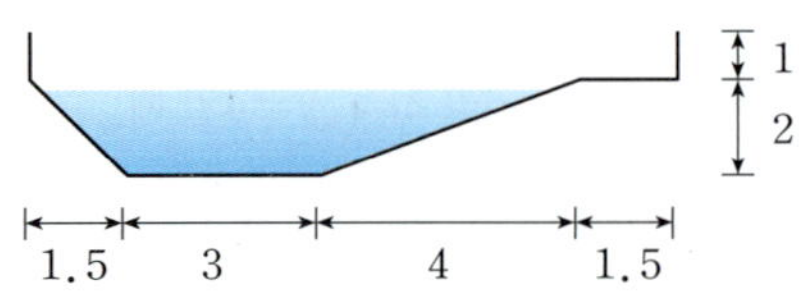

29. 자갈이 컨베이어 벨트로부터 $3\text{m}^3/\text{min}$의 비율로 쏟아지고 있으며, 이것으로 밑바닥의 직경과 높이가 같은 원뿔 모양의 말뚝을 만들고 있다. 말뚝의 높이가 3m일 때 말뚝의 높이는 얼마나 빨리 올라가는가?

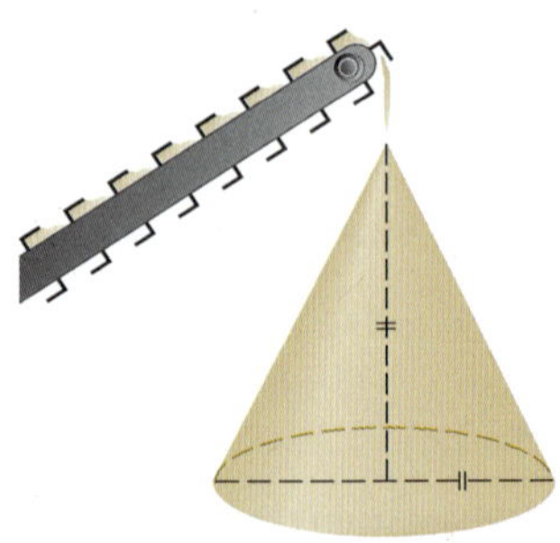

30. 지면에서 50m 높이에 있는 연이 $2\text{m}/\text{s}$의 속력으로 수평으로

움직이고 있다. 연줄의 길이가 100m일 때 연줄과 지평선 사이의 각의 변화율은 얼마인가?

31. 삼각형의 두 변의 길이가 4m, 5m이고, 두 변 사이의 각은 0.06rad/s의 비율로 증가하고 있다. 두 변 사이의 각이 $\pi/3$일 때, 삼각형의 면적이 증가하는 비율을 구하여라.

32. 삼각형의 두 변의 길이는 12m와 15m이다. 두 변 사이의 각은 2°/min의 비율로 증가하고 있다. 두 변 사이의 각이 60°일 때, 제3의 변의 길이가 증가하는 비율을 구하여라.

33. Boyle의 법칙은 일정 온도에서 가스 시료가 압착되었을 때, 압력 P와 부피 V에 대하여 방정식 $PV=C$(C는 상수)가 성립함을 말해준다. 어떤 순간에 부피는 600cm^3, 압력은 150kPa이며 20kPa/min의 비율로 압력이 증가하고 있다고 가정하자. 이 순간이 부피의 증가율을 구하여라.

34. 공기가 단열적으로(열을 얻거나 잃지 않고) 팽창할 때, 그 압력 P와 부피 V의 관계는 방정식 $PV^{1.4}=C$ (C는 상수)로 나타낼 수 있다. 어떤 순간에 부피는 400cm^3, 압력은 80kPa이며 10kPa/min의 비율로 압력이 감소하고 있다고 하자. 이 순간 부피의 증가율을 구하여라.

35. 저항 R_1과 R_2로 저항기가 그림에서와 같이 병렬로 연결되어 있다면, 전체 저항 R은 옴(Ω)을 단위로 다음과 같이 주어진다.

$$\frac{1}{R}=\frac{1}{R_1}+\frac{1}{R_2}$$

만약 R_1과 R_2가 각각 0.3Ω/s와 0.2Ω/s의 비율로 증가하고 있다면, $R_1=80\Omega$이고 $R_2=100\Omega$일 때 R은 얼마나 빨리 변하는가?

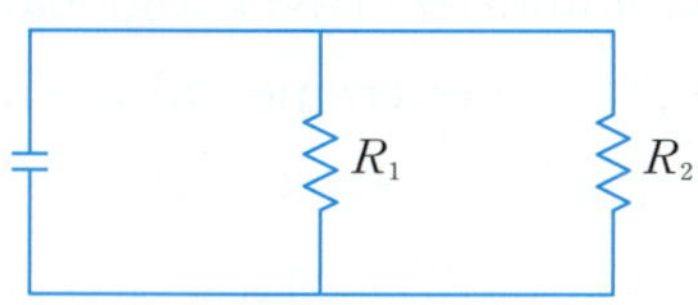

36. 물고기 머리의 무게 B는 몸체의 무게 W의 지수함수 $B=0.007W^{2/3}$으로 표현된다. 여기서, B와 W는 그램으로 나타낸 것이다. 몸의 길이 L(cm)의 함수로서 몸체의 무게 W에 대한 모형은 $W=0.12L^{2.53}$이다. 천만 년이 지나, 어떤 종의 물고기의 평균 길이가 일정한 비율로 15cm에서 20cm로 진화되었다면, 이 물고기의 평균 길이가 18cm일 때 이 물고기의 머리는 얼마나 빨리 자라는가?

37. 텔레비전 카메라가 로켓 발사대 바닥으로부터 1200m 높이에 위치하고 있다. 시야에서 로켓을 지키기 위하여 카메라의 올려본 각을 적당한 비율로 변화시켜야 한다. 카메라의 초점을 맞추는 기계장치는 로켓을 올릴 때 카메라로부터 증가하는 거리를 계산하여 구해야 한다. 로켓은 수직으로 올리며 900m 올렸을 때, 그 속도는 200m/s라고 가정하자.

(a) 그 순간에 텔레비전 카메라로부터 로켓까지의 거리는 얼마나 빨리 변하는가?

(b) 텔레비전 카메라가 항상 로켓에 표적을 맞추고 있다면, 그 순간에 카메라의 고도는 얼마나 빨리 변하는가?

38. 등대는 곧은 해안선에 있는 가장 가까운 위치 P로부터 3km 떨어진 조그만 섬에 자리 잡고 있고, 불빛은 1분에 4번 회전한다. 불빛의 광선은 P로부터 거리가 1km일 때, 해안선을 따라 얼마나 빨리 움직이는가?

39. 비행기가 지상에 있는 위치추적 망원경의 바로 위 5km 상공에서 수평으로 지나가고 있다. 쳐다보는 각이 $\frac{\pi}{3}$이고, 이 각은 $\frac{\pi}{6}$rad/min의 비율로 감소하고 있다. 비행기의 속력을 구하여라.

40. 지름이 10m인 놀이공원의 관람차가 2분에 1회의 비율로 회전하고 있다. 의자의 높이가 지상으로부터 16m인 순간 의자가 상승하는 속도를 구하여라.

41. 300km/h의 일정한 속도로 비행하고 있는 한 비행기가 고도가 1km인 레이더 기지 위를 30°의 각도로 상승하면서 지나가고 있다. 1초 후 비행기로부터 레이더 기지까지의 거리는 얼마의 비율로 증가하는가?

42. 두 사람이 같은 위치에서 출발한다. 한 사람은 4km/h의 속력으로 동쪽을 향해 걸어가고, 다른 사람은 2km/h의 속력으로 북동쪽을 향해 걸어간다고 하자. 15분 후, 두 사람 사이의 거리는 어떻게 변하는가?

43. 한 주자가 7m/s의 일정한 속력으로 반지름이 100m인 원형 트랙 주위를 달린다. 주자의 친구는 트랙의 중심에서 200m 떨어진 거리에 서있다. 두 친구 사이의 거리가 200m일 때, 이들 사이의 거리는 얼마나 빨리 변하는가?

44. 한 시계에서 분침의 길이는 8mm, 시침의 길이는 4mm이다. 1시에 분침의 끝과 시침의 끝 사이의 거리는 얼마나 빨리 변하는가?

6.2 최댓값과 최솟값

미적분학에서 가장 중요한 응용의 하나는 어떤 일을 수행함에 있어서 최선의 방법을 발견하기 위한 **최적화 문제**(optimization problem)이다. 이 장에서는 우리가 풀 수 있는 최적화 문제에 대한 예제를 소개할 것이다.

- 통조림통의 제조가격을 최소로 하는 모양은 무엇인가?
- 우주왕복선의 최대 가속도는 얼마인가? (이것은 가속도의 영향에 견뎌야하는 우주비행사에게 중요한 질문이다.)
- 기침을 하는 동안에 가장 빨리 공기를 내뿜는 수축된 기관의 반경은 얼마인가?
- 심장박동에 의해서 소비되는 에너지를 최소화하기 위한 혈관들의 가지의 각은 얼마인가?

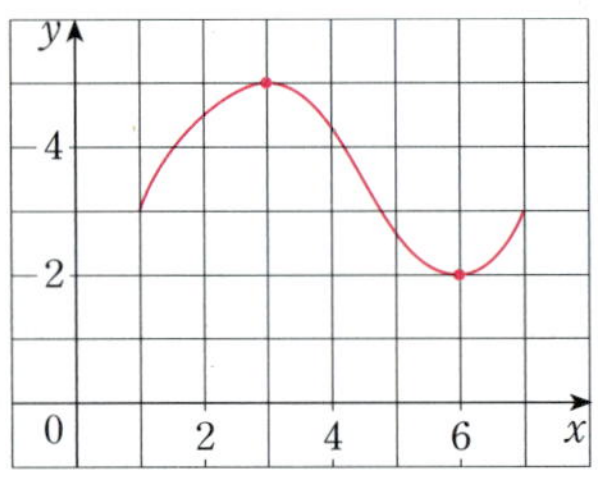

그림 1

이러한 문제들은 함수의 최댓값과 최솟값을 구하는 것으로 정리할 수 있다. 먼저, 최댓값과 최솟값의 의미가 무엇인지를 정확히 설명해 보자.

그림 1에 있는 함수 f의 그래프에서 가장 높은 점은 $(3, 5)$이다. 즉, f의 가장 큰 값은 $f(3)=5$이다. 마찬가지로 가장 작은 값은 $f(6)=2$이다. 이때 $f(3)=5$를 f의 최댓값이라 하고 $f(6)=2$를 f의 최솟값이라 한다. 일반적인 정의는 다음과 같다.

> **1 정의** c가 함수 f의 정의역 D에 있는 값이라 하자. 이때 다음과 같이 정의한다.
> - D의 모든 x에 대하여 $f(c) \geq f(x)$일 때 $f(c)$를 D에서 f의 **최댓값**(absolute maximum)
> - D의 모든 x에 대하여 $f(c) \leq f(x)$일 때 $f(c)$를 D에서 f의 **최솟값**(absolute minimum)

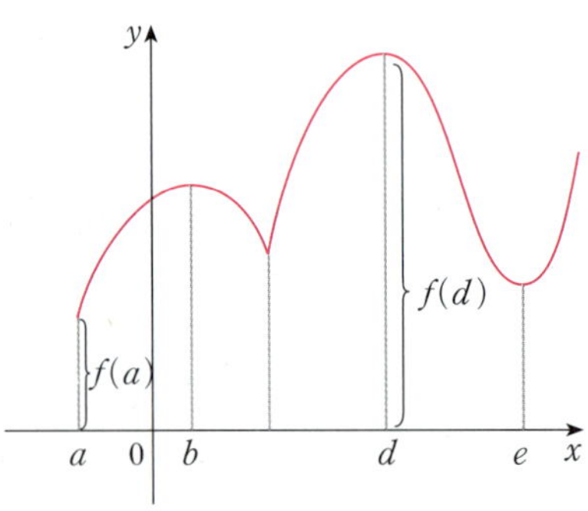

그림 2
최솟값 $f(a)$, 최댓값 $f(d)$,
극솟값 $f(c)$, $f(e)$, 극댓값 $f(b)$, $f(d)$

최댓값과 최솟값을 대역최댓값(global maximum)과 대역최솟값(global minimum)으로 부르기도 한다. f의 최댓값과 최솟값을 f의 **극값**(extreme value)이라 한다.

그림 2에서 f는 d에서 최댓값을 갖고 a에서 최솟값을 갖는다. 그림 2에서 b 근처의 x만 생각하면 [예를 들어, 구간 (a, c)에서만 생각하면], $f(b)$는 가장 큰 값이 되는데 이것을 f의 극댓값이라 한다. 마찬가지로 c 근처의 x에 대해서는 [예를 들어, 구간 (b, d)에서], $f(c) \leq f(x)$이므로 $f(c)$를 극솟값이라 한다. f는 e에서도 극솟값을 갖는다. 일반적인 정의는 다음과 같다.

> **2 정의** $f(c)$가
> - c 근처의 x에 대하여 $f(c) \geq f(x)$이면 **극댓값**(local maximum)
> - c 근처의 x에 대하여 $f(c) \leq f(x)$이면 **극솟값**(local minimum)
>
> 이라 한다.

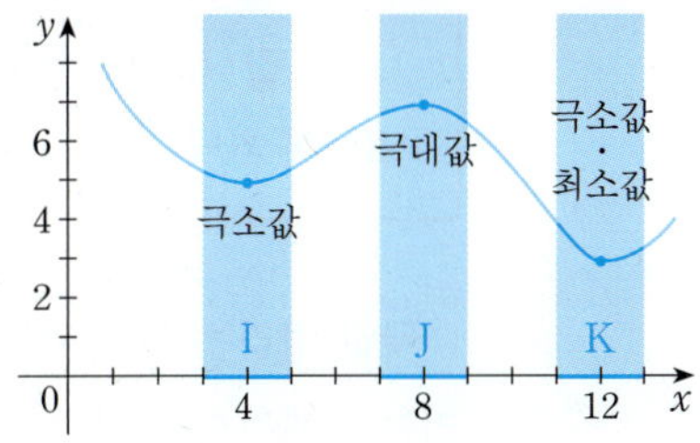

그림 3

정의 **2**에서 c 근처라는 말은 c를 포함하는 개구간을 의미한다. 예를 들어, 그림 3에서 $f(4)=5$는 극솟값이다. 왜냐하면 구간 I에서 f의 가장 작은 값이기 때문이다. 그러나 12 근처에서(예를 들면, 구간 K) 더 작은 값을 가지므로 $f(4)=5$가 최솟값은 아니다. $f(12)=3$이 극솟값이고 최솟값이다. 마찬가지로 $f(8)=7$은 극댓값이지만 최댓값은 아니다.

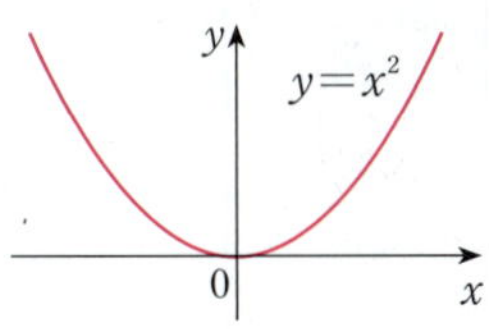

그림 4
최솟값 : 0, 최댓값 : 없음

예제 1 **극값이 무한히 많은 함수** 함수 $f(x)=\cos x$는 무한 번 최댓값과 극댓값 1을 갖는다. 왜냐하면, 모든 정수 n에 대하여 $\cos 2n\pi=1$이고, 모든 x에 대하여 $-1\leq \cos x\leq 1$이기 때문이다. 반면에 n이 정수일 때, $\cos(2n+1)\pi=-1$이므로 이는 f의 최솟값이다. ■

예제 2 **최솟값은 있지만 최댓값은 없는 함수** 만약 $f(x)=x^2$이면, 모든 x에 대하여 $f(x)\geq f(0)$이므로 $f(0)=0$은 f의 극솟값이면서 최솟값이다. 이는 원점이 포물선 $f(x)=x^2$에서 가장 낮은 점이라는 사실에 기인한다(그림 4 참조). 그러나 포물선에는 가장 높은 점은 없으므로 이 함수는 최댓값은 갖지 않는다. ■

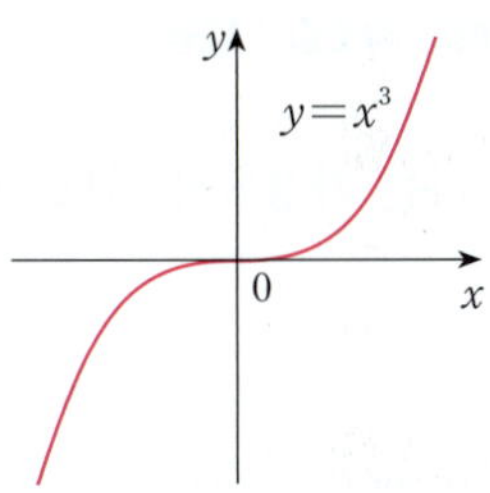

그림 5
최솟값, 최댓값 : 없음

예제 3 **최댓값과 최솟값이 없는 함수** 함수 $f(x)=x^3$의 그래프(그림 5)에서 우리는 이 함수가 최댓값과 최솟값을 갖지 않음을 알 수 있다. 실제로 극댓값과 극솟값 어느 것도 갖지 않는다. ■

예제 4 **끝점에서 최댓값을 갖는 경우** 함수

$$f(x)=3x^4-16x^3+18x^2, \quad -1\leq x\leq 4$$

의 그래프는 그림 6에서 보는 바와 같다. 그림으로부터 $f(1)=5$는 주어진 함수의 극댓값이고, $f(-1)=37$은 최댓값임을 알 수 있다. 이 최댓값은 끝점에서 일어나므로 극댓값은 아니다. 또한, $f(0)=0$는 극솟값이고, $f(3)=-27$은 극솟값이면서 최솟값이다. f는 $x=4$에서는 극댓값과 최댓값을 갖지 않음을 주목하라. ■

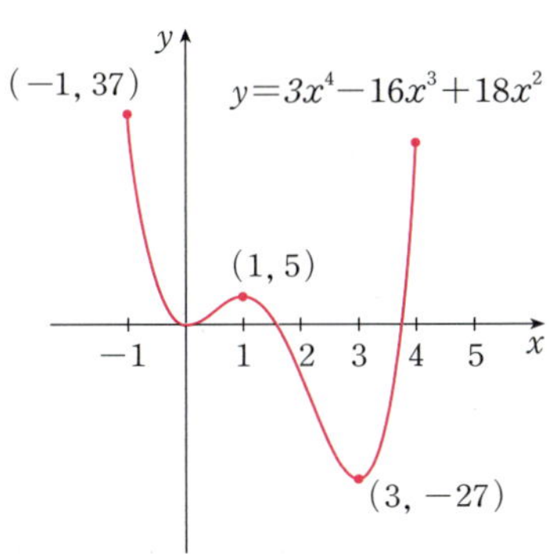

그림 6

우리는 어떤 함수는 극값을 가지며, 반면에 어떤 함수는 극값을 갖지 않음을 살펴보았다. 다음 정리는 함수가 극값을 가질 조건을 나타내고 있다.

> **3 극값 정리** 함수 f가 닫힌 구간 $[a, b]$에서 연속이면, f는 $[a, b]$ 내의 어떤 수 c와 d에서 최댓값 $f(c)$와 최솟값 $f(d)$를 갖는다.

극값 정리는 그림 7에서 실례로 설명된다. 극값을 한 곳 이상에서 가질 수 있다. 극값 정리는 직관적으로 아주 그럴듯하지만, 그 증명은 어려우므로 생략한다.

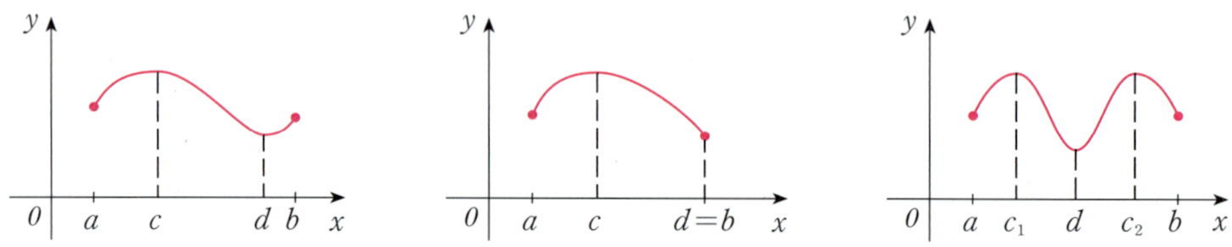

그림 7

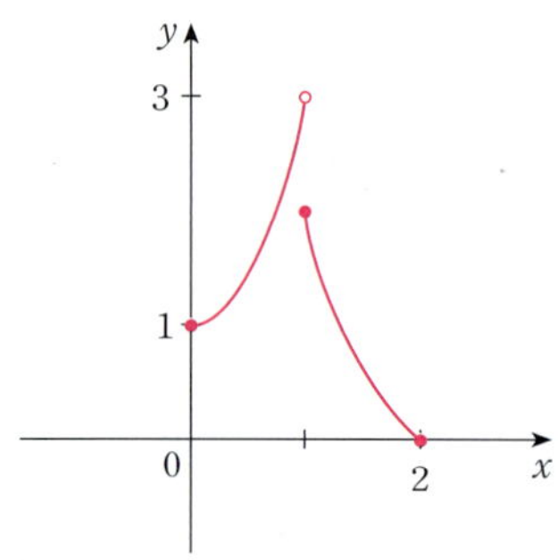

그림 8
최댓값 : 없음, 최솟값 : $f(2)=0$

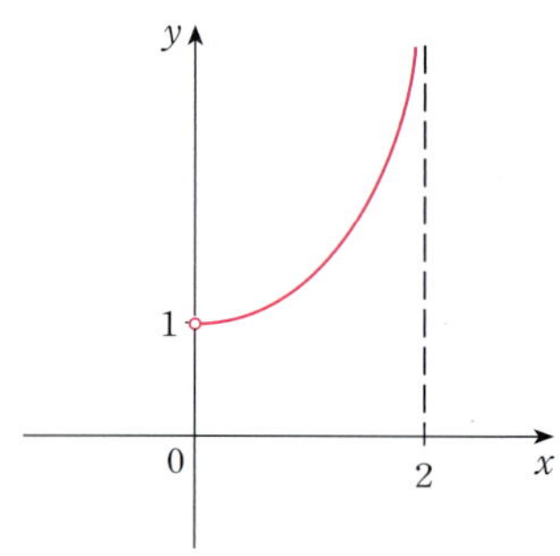

그림 9
최댓값, 최솟값 : 없음

그림 8과 그림 9은 극값 정리에서의 연속성과 닫힌 구간이라는 가정에서 어느 하나가 생략된 경우에 극값을 갖지 않는 함수를 보여주고 있다.

그림 8에서 그래프의 함수 f는 닫힌 구간 $[0, 2]$에서 정의되었지만, 최댓값은 갖지 않는다(f의 치역은 $[0, 3)$임에 주목하라. 이 함수는 3에 아주 가까운 값은 가지나, 실제로 3의 값을 가질 수는 없다). 주어진 함수가 연속이 아니므로 이는 극값 정리에 모순되지는 않는다(그럼에도 불구하고, 불연속함수도 최댓값과 최솟값을 가질 수 있다. 연습문제 13(b) 참조).

그림 9에서 보여주는 함수 g는 열린 구간 $(0, 2)$에서 연속이지만, 최솟값과 최댓값을 갖지 않는다(g의 치역은 $(1, \infty)$이므로 이 함수는 임의의 큰 값을 갖는다). 구간 $(0, 2)$가 닫혀있지 않으므로 이는 극값 정리에 모순되지는 않는다.

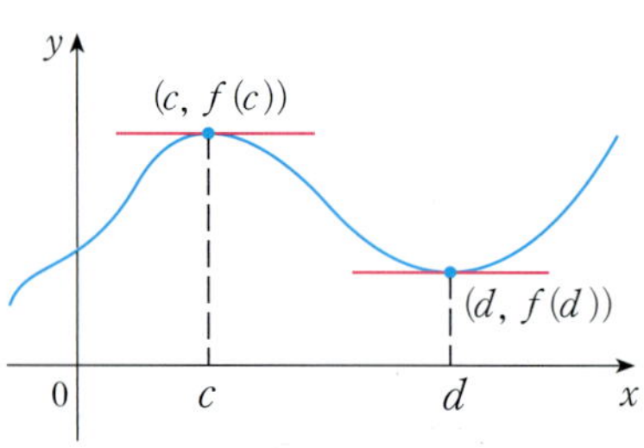

그림 10

극값 정리는 닫힌 구간에 정의된 연속함수는 항상 최댓값과 최솟값을 가진다고 말하고 있지만, 이러한 극값을 어떻게 구하는가를 말해주지는 않는다. 이제부터는 극값을 구해보기로 하자.

그림 10은 c에서 극댓값을 d에서 극솟값을 가지는 함수 f의 그래프를 보여주고 있다. 극댓값과 극솟값을 갖는 점에서의 접선은 수평으로 나타나므로 그 기울기는 0이다. 우리는 도함수가 접선의 기울기임을 알고 있으므로, $f'(c)=0$이고 $f'(d)=0$가 성립한다.

다음의 정리는 이것이 미분가능한 함수에 있어서 항상 성립함을 말해준다.

● **페르마**
페르마 정리는 프랑스의 법률가이고 취미로 수학을 연구하였던 페르마(Fermat, 1601~1665)의 이름에서 유래된 것이다. 수학에는 아마추어였지만 해석기하를 발견한 사람 중의 하나이다(또 다른 사람은 데카르트이다). 곡선의 접선과 최댓값, 최솟값을 구하는 그의 방법(극한과 미분이 발견되기 이전) 덕분에 뉴턴에 앞서서 미적분학 이론을 만들어간 사람이다.

> **4 페르마 정리** 함수 f가 c에서 극댓값이나 극솟값을 가지고 $f'(c)$가 존재하면, $f'(c)=0$이다.

페르마 정리는 직관적으로 참이 됨을 알 수 있다. 페르마 정리가 매우 유용하지만 너무 많은 것을 기대할 수는 없다. $f(x)=x^3$에서 $f'(x)=3x^3$이므로 $f'(0)=0$이다. 하지만 그림 11에서 보는 바와 같이 f는 0에서 극댓값이나 극솟값을 갖지 않는다. $f'(0)=0$이라는 사실은 단순히 곡선 $f(x)=x^3$이 점 $(0, 0)$에서 수평인 접선을 가진다는 의미이다. 점 $(0, 0)$에서 극댓값이나 극솟값을 가지는 대신에 주어진 곡선은 그 점에서 수평인 접선을 가로지르고 있다.

⊘ 따라서 **$f'(c)=0$이더라도 f가 c에서 극댓값이나 극솟값을 가질 필요는 없다.** 다시 말하면, 일반적으로 페르마 정리의 역은 성립하지 않는다.

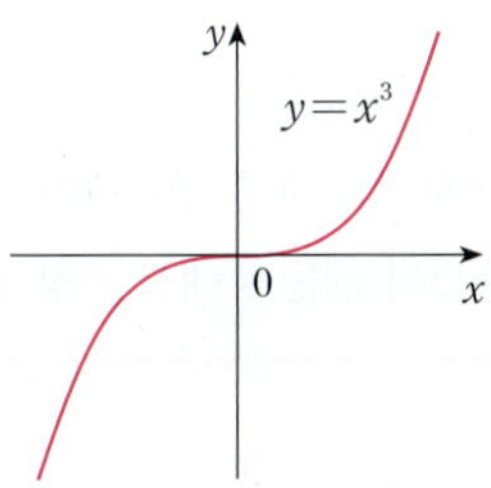

그림 11
$f(x)=x^3$이면 $f'(0)=0$이지만
f는 최댓값과 최솟값을 갖지 않는다.

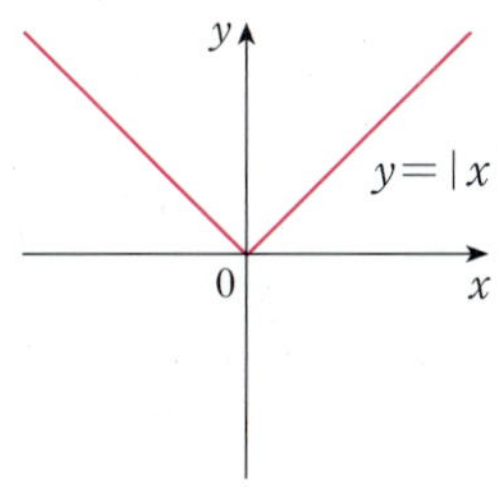

그림 12
$f(x)=|x|$이면 $f(0)=0$이 최솟값이지만
$f'(0)$은 존재하지 않는다.

$f'(c)$는 존재하지 않더라도 극값이 될 수 있다. 예를 들어, 함수 $f(x)=|x|$는 0에서 f의 극솟값 및 최솟값을 가진다(그림 12 참조). 그러나 4.7절의 예제 6에서 본 바와 같이 $f'(c)$가 존재하지 않으므로, $f'(x)=0$를 만족하는 x값을 구할 수 없다.

페르마 정리는 극값을 찾으려면 $f'(c)=0$이거나 $f'(c)$가 존재하지 않는 수 c에서의 f의 값을 조사함으로써 출발해야 함을 암시하고 있다. 그러한 수에 대해서는 다음 정의에서 특별한 이름을 붙여준다.

> **5 정의** 함수 f에서 $f'(c)=0$이거나 $f'(c)$가 존재하지 않는 f의 정의역에 속하는 수 c를 함수 f의 **임계점**(critical number)이라 한다.

● 그림 13은 예제 5의 함수 f의 그래프이다. $x=1.5$에서 수평접선을 갖고 $x=0$에서 수직접선을 가지므로 예제의 풀이가 맞다는 것을 알 수 있다.

예제 5 함수 $f(x)=x^{3/5}(4-x)$의 임계점을 구하여라.

풀이 곱셈 법칙을 이용하여 $f(x)$를 미분하면 다음과 같다.

$$f'(x)=\frac{3}{5}x^{-2/5}(4-x)+x^{3/5}(-1)=\frac{3(4-x)}{5x^{2/5}}-x^{3/5}$$

$$=\frac{3(4-x)-5x}{5x^{2/5}}=\frac{12-8x}{5x^{2/5}}$$

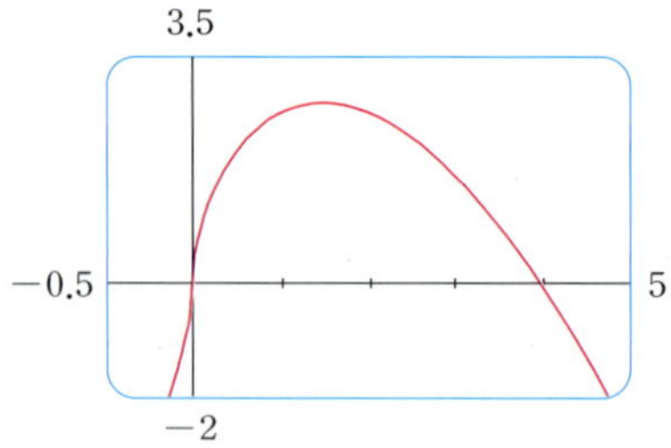

그림 13

(처음에 $f(x)=4x^{3/5}-x^{8/5}$으로 두어도 같은 결과를 얻는다.)

그러므로 $12-8x=0$, 즉 $x=\frac{3}{2}$이면 $f'(x)=0$이고, $x=0$이면 $f'(x)$는 존재하지 않는다. 따라서 임계점은 $\frac{3}{2}$과 0이다. ■

페르마 정리는 임계점을 이용하여 다음과 같이 다시 쓸 수 있다.

> **6** 만약 함수 f가 c에서 극댓값이나 극솟값을 가지면, c는 임계점이다.

닫힌 구간에서 연속함수의 최댓값과 최솟값은 극댓값 또는 극솟값(이 경우 **6**에 의하여 임계점이다)이거나 구간의 끝점에서 일어날 수 있다. 따라서 다음의 3단계 절차를 사용한다.

> **닫힌 구간 방법** 닫힌 구간 $[a, b]$에 정의된 연속함수 f의 최댓값과 최솟값을 구하기 위하여
>
> 1. (a, b)에서 f의 임계점에서 f의 값을 구하여라.
> 2. 구간의 끝점에서 f의 값을 구하여라.
> 3. 단계 1과 단계 2의 값들 중에서 가장 큰 값이 최댓값이고, 가장 작은 값이 최솟값이다.

● 계산기나 컴퓨터를 이용하여 최댓값과 최솟값을 추정할 수는 있지만, 예제 6에서 보듯이 정확한 값을 구하려면 미적분학을 이용해야 한다.

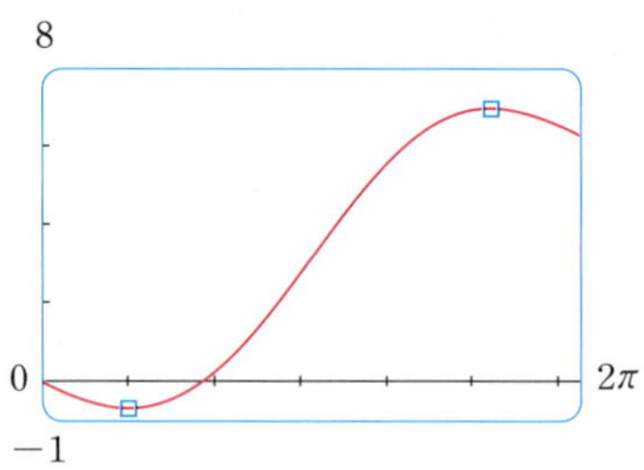

그림 14

예제 6 닫힌 구간에서 극값 구하기

(a) 함수 $f(x)=x-2\sin x$, $0\le x\le 2\pi$의 최댓값과 최솟값을 추정하기 위하여, 그래핑 장치를 사용하여라.

(b) 최댓값과 최솟값을 정확히 계산하여라.

풀이 (a) 그림 14는 직사각형 화면 $[0, 2\pi]\times[-1, 8]$에서 함수 f의 그래프를 보여준다. 커서를 최댓점 가까이로 움직이면, 최대점의 근방에서 y좌표는 아주 많이 변하지는 않는다. $x\approx 5.2$일 때, 최댓값은 약 6.97이다. 마찬가지로 커서를 최솟점 가까이 움직여 보면 $x\approx 1.0$일 때, 최솟값이 약 -0.68임을 알 수 있다. 최댓점과 최솟점을 향하여 줌을 사용하면, 보다 정확한 추정치를 얻을 수 있다.

(b) 함수 $f(x)=x-2\sin x$는 닫힌 구간 $[0, 2\pi]$에서 연속이다. $f'(x)=1-2\cos x$이므로 $\cos x=\frac{1}{2}$, 즉 $x=\frac{\pi}{3}$이거나 $\frac{5\pi}{3}$일 때, $f'(x)=0$가 된다. 이러한 임계점에서 f의 값은 다음과 같다.

$$f\left(\frac{\pi}{3}\right)=\frac{\pi}{3}-2\sin\frac{\pi}{3}=\frac{\pi}{3}-\sqrt{3}\approx -0.684853$$

$$f\left(\frac{5\pi}{3}\right)=\frac{5\pi}{3}-2\sin\frac{5\pi}{3}=\frac{5\pi}{3}+\sqrt{3}\approx 6.968039$$

그리고 주어진 구간의 끝점에서 f의 함숫값은

$$f(0)=0,\quad f(2\pi)=2\pi\approx 6.28$$

이므로 이 4개의 수를 비교하여 닫힌 구간 방법을 사용하면, 최솟값은 $f\left(\frac{\pi}{3}\right)=\frac{\pi}{3}-\sqrt{3}$이고, 최댓값은 $f\left(\frac{5\pi}{3}\right)=\frac{5\pi}{3}+\sqrt{3}$임을 알 수 있다. ■

예제 7 허블 우주망원경은 1990년 4월 24일 우주왕복선 디스커버리호에 의해서 전개되었다. 이 임무를 수행하는 동안, 즉 $t=0$에서 발진하여 $t=126$초에 무거운 로켓추진장치가 이탈할 때까지 이 우주왕복선의 속도에 대한 모형은 다음과 같다.

$$v(t)=0.0003968t^3-0.02752t^2+7.196t-0.9397 \text{ (m/s)}$$

이를 이용하여 추진장치의 발진에서부터 이탈에 이르기까지 이 왕복선의 가속도의 최댓값과 최솟값을 어림잡아 구하여라.

풀이 주어진 속도 함수가 아닌 가속도 함수의 극값을 구하는 문제이므로, 먼저 가속도 함수를 구하기 위하여 속도 함수를 미분하는 것이 필요하다.

$$a(t)=v'(t)=\frac{d}{dt}(0.0003968t^3-0.02752t^2+7.196t-0.9397)$$
$$=0.0011904t^2-0.05504t+7.196$$

구간 $0\le t\le 126$에서 연속함수 a에 닫힌 구간 방법을 적용해 보자. 함수 a의 도함수는

$$a'(t)=0.0023808t-0.05504$$

이므로, 임계수는 $a'(t)=0$일 때 한해서 다음과 같이 구해진다.

$$t_1=\frac{0.05504}{0.0023808}\approx 23.12$$

임계수와 구간의 끝점에서 $a(t)$의 값을 계산하면

$$a(0)=7.196,\quad a(t_1)\approx 6.56,\quad a(126)\approx 19.16$$

이므로, 최대 가속도는 약 19.16m/s^2이고 최소 가속도는 약 6.56m/s^2이다. ■

6.2 연습문제

1. 최댓값과 극솟값의 차이점을 설명하여라.
2. f가 닫힌 구간 $[a, b]$에서 정의된 연속함수라 하자.
   (a) f의 최댓값과 최솟값의 존재를 보장하는 정리는 무엇인가?
   (b) 최댓값과 최솟값을 구하기 위하여 무슨 단계를 취해야 하는가?

(3~4) 수 a, b, c, d, e, r, s, t의 각각에 대하여 다음 그래프에서 최댓값이나 최솟값, 극댓값이나 극솟값, 극댓값과 극솟값을 모두 갖지 않는 함수는 어느 것인지 말하여라.

3.
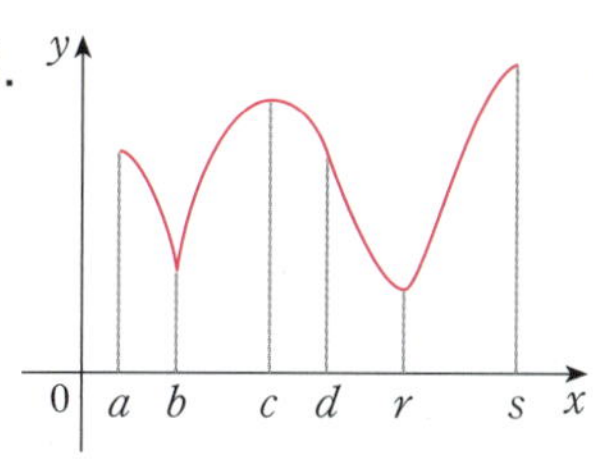

4.
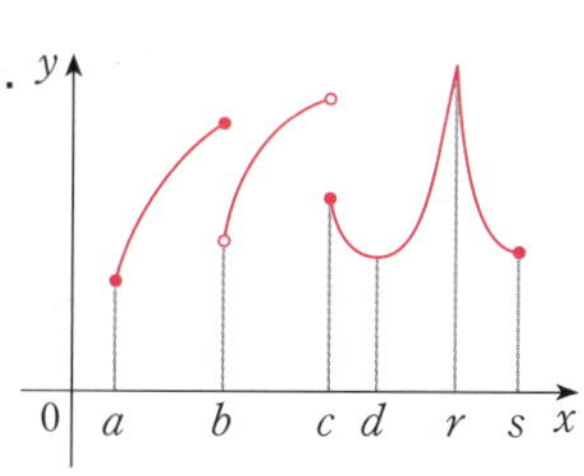

(5~6) 그래프를 사용하여 주어진 함수의 최댓값과 최솟값, 극댓값과 극솟값을 구하여라.

5. 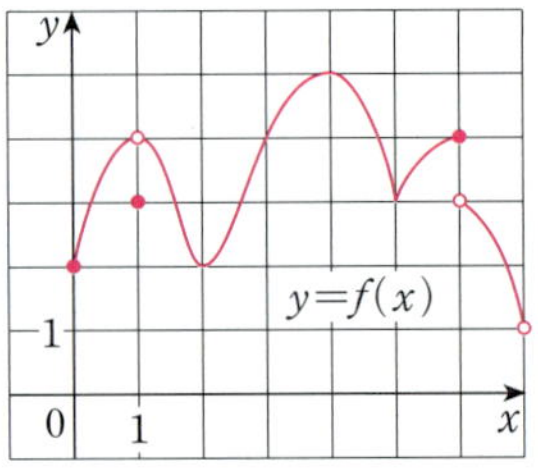

6. 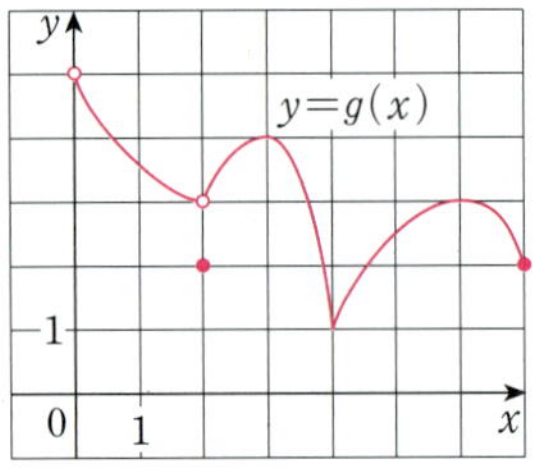

(7~10) 구간 $[1, 5]$에서 연속이고 주어진 성질들을 가지는 함수 f의 그래프를 그려라.

7. 3에서 최댓값, 2에서 최솟값을 가진다. 4에서 극솟값을 가진다.

8. 5에서 최댓값을 가지고, 1에서 최솟값을 갖는다. 2에서 극댓값, 4에서 극솟값을 갖는다.

9. 5에서 최댓값, 2에서 최솟값을 갖는다. 3에서 극댓값을 가지고, 2와 4에서 극솟값을 갖는다.

10. 2와 4는 임계점이지만, f는 극댓값이나 극솟값을 가지지 않는다.

11. (a) 2에서 극댓값을 가지고, 2에서 미분가능한 함수의 그래프를 그려라.
(b) 2에서 극댓값을 가지고, 2에서 연속이지만 미분가능하지 않는 함수의 그래프를 그려라.
(c) 2에서 극댓값을 가지고, 2에서 연속이 아닌 함수의 그래프를 그려라.

12. (a) 구간 $[-1, 2]$에서 최댓값은 가지지만, 극댓값은 가지지 않는 함수의 그래프를 그려라.
(b) 구간 $[-1, 2]$에서 극댓값은 가지지만, 최댓값은 가지지 않는 함수의 그래프를 그려라.

13. (a) 구간 $[-1, 2]$에서 최댓값은 가지지만, 최솟값은 가지지 않는 함수의 그래프를 그려라.
(b) 구간 $[-1, 2]$에서 최댓값과 최솟값을 가지면서 불연속인 함수의 그래프를 그려라.

14. (a) 두 개의 극댓값과 하나의 극솟값을 가지지만, 최솟값을 가지지 않는 함수의 그래프를 그려라.
(b) 세 개의 극솟값, 두 개의 극댓값과 7개의 임계점을 가지는 함수의 그래프를 그려라.

(15~22) 다음 함수 f의 그래프를 그려서 f의 최댓값과 최솟값, 극댓값과 극솟값을 구하여라.

15. $f(x)=\frac{1}{2}(3x-1),\ x\leq 3$
16. $f(x)=2-\frac{1}{3}x,\ x\geq -2$
17. $f(x)=x^2,\ 0<x<2$
18. $f(x)=e^x$
19. $f(\theta)=\ln x,\ 0<x\leq 2$
20. $f(\theta)=\cos t,\ -\frac{3\pi}{2}\leq t\leq \frac{3\pi}{2}$
21. $f(x)=1-\sqrt{x}$
22. $f(x)=\begin{cases} 4-x^2, & -2\leq x<0 \\ 2x-1, & 0\leq x<2 \end{cases}$

(23~36) 다음 함수의 임계점을 구하여라.

23. $f(x)=5x^2+4x$
24. $f(x)=x^3+x^2-x$
25. $f(x)=x^3+3x^2-24x$
26. $f(x)=x^3+x^2+x$
27. $s(t)=3t^4+4t^3-6t^2$
28. $g(t)=|3t-4|$
29. $g(y)=\frac{y-1}{y^2-y+1}$
30. $h(p)=\frac{p-1}{p^2+4}$
31. $h(t)=t^{3/4}-2t^{1/4}$
32. $g(x)=x^{1/3}-x^{-2/3}$
33. $F(x)=x^{4/5}(x-4)^2$
34. $g(\theta)=4\theta-\tan\theta$
35. $f(\theta)=2\cos\theta+\sin^2\theta$
36. $h(t)=3t-\arcsin t$
37. $f(x)=x^2e^{-3x}$
38. $f(x)=x^{-2}\ln x$

(39~40) 함수 f의 도함수가 다음과 같을 때 f의 임계점의 개수를 구하여라.

39. $f'(x)=5e^{-0.1|x|}\sin x-1$
40. $f'(x)=\frac{100\cos^2 x}{10+x^2}-1$

(41~54) 주어진 구간에서 다음 함수의 최댓값과 최솟값을 구하여라.

41. $f(x)=3x^2-12x+5,\ [0, 3]$
42. $f(x)=x^3-3x+1,\ [0, 3]$
43. $f(x)=2x^3-3x^2-12x+1,\ [-2, 3]$
44. $f(x)=x^3-6x^2+9x+2,\ [-1, 4]$
45. $f(x)=x^4-2x^2+3,\ [-2, 3]$
46. $f(x)=(x^2-1)^3,\ [-1, 2]$
47. $f(t)=t\sqrt{4-t^2},\ [-1, 2]$
48. $f(x)=\frac{x^2-4}{x^2+4},\ [-4, 4]$
49. $f(x)=xe^{-x^2/8},\ [-1, 4]$
50. $f(x)=x-\ln x,\ \left[\frac{1}{2}, 2\right]$

51. $f(x)=\ln(x^2+x+1)$, $[-1, 1]$

52. $f(x)=x-2\tan^{-1}x$, $[0, 4]$

53. $f(x)=2\cos t+\sin 2t$, $\left[0, \frac{\pi}{2}\right]$

54. $f(t)=t+\cot\left(\frac{t}{2}\right)$, $\left[\frac{\pi}{4}, \frac{7\pi}{4}\right]$

55. a와 b가 양수일 때, 다음 함수 $f(x)=x^a(1-x)^b$, $0\le x\le 1$의 최댓값을 구하여라.

56. 그래프를 사용하여 다음 함수 $f(x)=|x^3-3x^2+2|$의 임계점을 소수 첫째 자리까지 구하여라.

(57~60) (a) 그래프를 사용하여 주어진 함수의 최댓값과 최솟값을 소수 둘째 자리까지 구하여라.

(b) 직접 계산하여 최댓값과 최솟값을 구하여라.

57. $f(x)=x^5-x^3+2$, $-1\le x\le 1$

58. $f(x)=e^{x^3-x}$, $-1\le x\le 0$

59. $f(x)=x\sqrt{x-x^2}$

60. $f(x)=x-2\cos x$, $-2\le x\le 0$

61. 0℃와 30℃ 사이에서 온도가 T인 물 1kg의 부피 $V\text{cm}^3$는 다음과 같이 근사적으로 나타난다고 하자 .

$$V=999.87-0.06426T+0.0085043T^2-0.0000679T^3$$

이때, 최대 밀도를 갖는 물의 온도를 구하여라.

62. 질량이 m인 한 물체가 물체에 매달은 밧줄을 따라 작동하는 힘에 의하여 수직면으로 끌어당겨지고 있다. 밧줄과 평면이 이루는 각이 θ이면, 힘의 크기는 다음과 같이 주어진다고 한다.

$$F=\frac{\mu mg}{\mu\sin\theta+\cos\theta}$$

단, μ는 마찰계수(coefficient of friction)라고 불리는 양의 상수이며, $0\le\theta\le\pi/2$이다. 이 경우에 $\tan\theta=\mu$일 때, F가 최소화됨을 보여라.

63. 1993년과 2003년 사이의 미국의 흰 설탕 가격에 대한 모형은 다음과 같은 함수로 나타난다고 한다.

$$S(t)=-0.00003237t^5+0.0009037t^4-0.008956t^3+0.03629t^2-0.04458t+0.4074$$

단, 여기서 t는 1993년 8월부터의 연수를 나타내며, 1993년부터 2003년까지의 기간에 설탕값이 제일 싸거나 제일 비싼 시기를 추정하여라.

64. 1992년 5월 7일 우주선 에데브(Endeavour)가 인텔셋 통신위성에 새로운 발전기인 페리기 킥 모터(perigee kick motor)를 장착하는 STS-49의 임무를 띠고 발사되었다. 다음의 표는 이륙하는 시점에서 로켓부스트의 분리하는 시점까지의 속도에 대한 자료이다.

사건	시간(초)	속도(m/s)
발사	0	0
롤 매뉴브의 시작	10	56.4
롤 매뉴브의 완료	15	97.2
89%로 추진력 변화	20	136.2
67%로 추진력 변화	32	226.2
104%로 추진력 변화	59	403.9
최대 압력	62	440.4
로켓부스트의 분리	125	1265.2

(a) 계산기나 컴퓨터를 활용하여 구간 $t\in[0, 125]$에서 우주선의 속도를 모형화하는 3차 다항식을 구하고 그래프를 그려라.

(b) 우주선의 가속도에 대한 모형을 구하고 처음에서 125초 동안에 가속도의 최댓값과 최솟값을 구하여라.

65. 호흡기에 이물질이 들어오면 기침이 나고 격막을 밀어 올려 허파의 압력을 증가시킨다. 이 현상은 호흡기의 수축을 동반하고 밖으로 나가는 공기의 통로를 좁게 만든다. 고정된 시간 안에 밖으로 탈출해야 할 공기의 양이 주어지면 좁은 통로를 통과하기 위해서는 속도가 빨라져야만 한다. 공기의 속도가 빠를수록 이물질에 작용하는 힘이 크다. X선 촬영을 통하여 기침을 하는 동안 호흡기 통로의 반지름은 정상일 때의 $\frac{2}{3}$로 수축됨을 알고 있다. 기침에 대한 수학적 모형에 따르면 공기의 속도와 호흡기의 반지름사이에는 다음 관계식이 성립한다.

$$v(r)=k(r_0-r)r^2 \qquad \frac{1}{2}r_0\le r\le r_0$$

단, k는 상수이고 r_0는 정상인 때의 호흡기의 반지름이다. 여기에서 r에 관해 제한을 한 것은 질식을 방지하기 위한 것이다.

(a) 구간 $[\frac{1}{2}r_0, r_0]$에서 속도가 최대가 되는 r을 구하고 임상실험결과와 비교하여라.

(b) 위의 구간 내에서 속도 v의 최댓값을 구하여라.

(c) 구간 $[0, r_0]$에서 속도 v의 그래프를 그려라.

66. 3차 함수는 차원이 3인 다항식이다.

즉 $f(x)=ax^3+bx^2+cx+d$, $a\neq 0$ 형태의 함수이다.

(a) 3차 함수는 한 개나 두 개의 임계점을 갖거나 임계점을 갖지 않음을 증명하여라. 세 가지 경우를 예를 들어 설명하여라.

(b) 3차 함수는 몇 개의 극값을 가질 수 있는가?

6.3 도함수와 곡선의 모양

4.8절에서 우리는 1계도함수 $f'(x)$와 2계도함수 $f''(x)$의 부호가 f의 그래프 모양에 어떤 영향을 주는지를 알아보았다. 여기서는 그래프의 모양을 설명하기 위하여 제5장에서의 미분공식과 함께 1계도함수와 2계도함수를 사용하는 이유를 살펴봄으로써 그 사실들을 다시 생각해보려고 한다. 현재의 목적을 위해서는 물론, 미분적분학의 다른 기초적 결과의 일부가 성립하는 이유를 설명하는데 유용한 평균값 정리에 대해 알아보자.

● 라그랑주와 평균값 정리
라그랑주(J.L. Lagrange, 1736~1813)가 평균값 정리를 처음으로 만들었는데, 그는 프랑스인 아버지와 이탈리아인 어머니 사이에서 태어났다. 어려서는 신동으로 알려졌고 19세에 대학교수가 되었다. 라그랑주는 수론, 함수론, 방정식 이론, 천체역학 등에서 큰 업적을 남겼다. 특히 미적분학을 응용하여 태양계의 안정성을 분석하는데 이용하였다. 프레데릭 대왕의 초청을 받아 베를린 아카데미에서 가우스의 뒤를 이었으며, 프레데릭 대왕이 죽자 루이 14세의 초청으로 파리로 가서 에꼴 폴리테크니크의 교수가 되었다. 그는 친절하고 조용한 사람이었으며 오로지 과학을 위해 살았던 사람이었다.

평균값 정리 함수 f가 닫힌 구간 $[a, b]$에서 연속이고 (a, b)에서 미분가능하면, 다음을 만족하는 a와 b 사이의 수 c가 존재한다.

1 $$f'(c)=\frac{f(b)-f(a)}{b-a}$$

혹은, 동치로

2 $$f(b)-f(a)=f'(c)(b-a)$$

이 정리를 기하학적으로 이해함으로써 합당함을 알 수 있다. 그림 1과 그림 2는 두 미분가능함수의 그래프 위의 점 $A(a, f(a))$와 $B(b, f(b))$를 나타내고 있다.

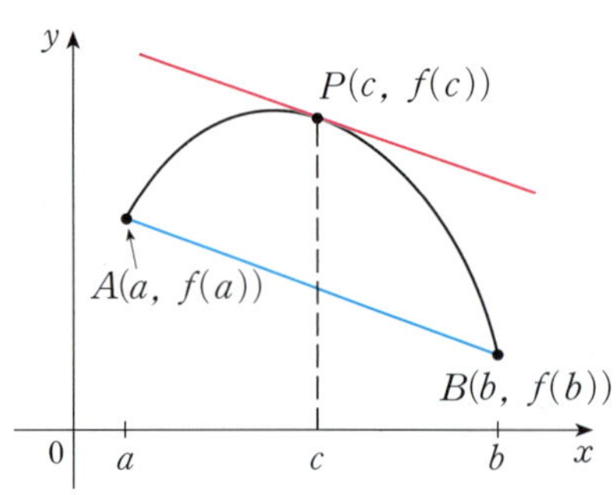

그림 1

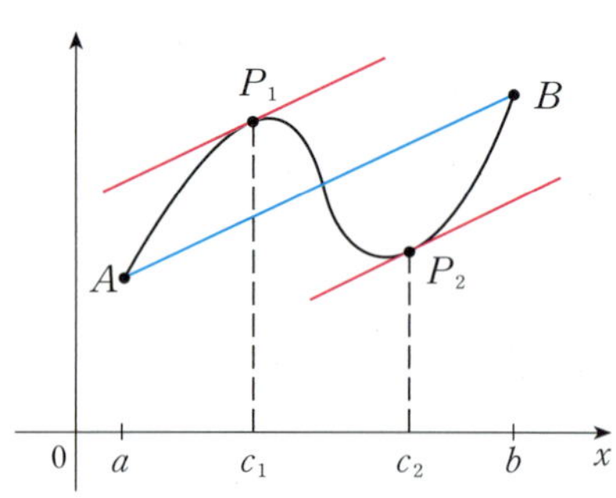

그림 2

할선(secant line) AB의 기울기 m_{AB}는

$$m_{AB}=\frac{f(b)-f(a)}{b-a}$$

로 나타낼 수 있으며, 이는 방정식 1의 오른쪽과 같다. 한편, $f'(c)$는 점 $(c, f(c))$에서의 접선의 기울기이므로, 방정식 1에 의해 주어진 형태의 평균값 정리는 접선의 기울기와 할선 AB의 기울기가 같은 점 $P(c, f(c))$가 그래프 위에 적어도 하나는 존재함을 의미한다. 다시 말하면, 접선이 할선 AB와 평행한 점 P가 존재한다는 것이다. 이러한 점으로 그림 1에서는 한 점 P가 있고, 그림 2에서는 두 점 P_1과 P_2가 있음은 당연하게 보인다. 우리의 직관은 평균값 정리가 참임을 말해주므로, 미분적분학에 대한 우리 논의의 출발점으로 평균값 정리를 받아들이기로 하자(미분적분학이 제1정리로부터 발전되었을 때, 평균값 정리는 실수계를 정의하는 공리들의 결론으로서 증명된다).

예제 1 **평균값 정리와 속도** 한 물체가 위치함수 $s=f(t)$로 직선 위를 움직이고 있다면, $t=a$와 $t=b$ 사이의 평균속도는

$$\frac{f(b)-f(a)}{b-a}$$

이고, $t=c$에서의 속도는 $f'(c)$이다. 따라서 평균값 정리(방정식 1)는 a와 b 사이의 시간 $t=c$에서의 순간속도 $f'(c)$가 평균속도와 같음을 말해준다. 예를 들어, 자동차로 두 시간 동안 180km를 여행하였다면, 속도계는 적어도 한 번은 90km/h을 가리켜야만 한다. ■

평균값 정리의 주요한 의미는 도함수에 대한 정보로부터 함수에 대한 정보를 얻을 수 있도록 한다는 것이다. 이 원리를 직접적으로 사용하여 증가함수와 감소함수에 관련된 기초적인 사실을 증명해 보고자 한다(다른 사용에 대해서는 연습문제 63번과 64번을 보라).

▷ 증가함수와 감소함수

4.8절에서는 양의 도함수를 갖는 함수는 증가함을 그래프로서 관찰하였다. 이제, 우리는 평균값 정리로부터 이 사실을 밝혀보자.

증가/감소 판정법(I/D판정법)

(a) 구간에서 $f'(c)>0$이면, f는 주어진 구간에서 증가함수이다.

(b) 구간에서 $f'(c)<0$이면, f는 주어진 구간에서 감소함수이다.

증명

(a) $x_1<x_2$를 만족하는 구간에 속하는 두 수 x_1과 x_2를 생각하자. $f(x_1)<f(x_2)$를 증명하여야 한다. f는 구간 $[x_1, x_2]$에서 미분가능하다. 따라서 평균값 정리에 의하면, 다음을 만족하는 x_1과 x_2 사이의 수 c가 존재한다.

3 $$f(x_2)-f(x_1)=f'(c)(x_2-x_1)$$

한편, $x_2-x_1>0$이고 가정에 의해 $f'(c)>0$이다. 따라서 위 방정식의 오른쪽은 양수이므로 다음이 성립한다.

$$f(x_2)-f(x_1)>0 \quad \text{또는} \quad f(x_1)<f(x_2)$$

이는 f가 증가함을 보여준다.

(b)도 같은 방법으로 증명할 수 있다. ▣

예제 2 함수 $f(x)=3x^4-4x^3-12x^2+5$에서 증가하는 범위와 감소하는 범위를 구하여라.

풀이 함수 $f(x)$의 도함수를 구하면 다음과 같다.

$$f'(x)=12x^3-12x^2-24x=12x(x-2)(x+1)$$

I/D판정법을 사용하기 위하여 $f'(x)>0$인 범위와 $f'(x)<0$인 범위를 알아야 한다. 이는 $f'(x)$의 세 인수 $12x$, $x-2$와 $x+1$의 부호에 의존한다. 실수를 임계수 -1, 0, 2를 끝점으로 하는 구간으로 나누어, 아래 표에서와 같이 정리해 보자.

구 간	$12x$	$x-2$	$x+1$	$f'(x)$	f
$x<-1$	$-$	$-$	$-$	$-$	$(-\infty, -1)$에서 감소
$-1<x<0$	$-$	$-$	$+$	$+$	$(-1, 0)$에서 증가
$0<x<2$	$+$	$-$	$+$	$-$	$(0, 2)$에서 감소
$x>2$	$+$	$+$	$+$	$+$	$(2, \infty)$에서 증가

표에서 $+$부호는 주어진 표현이 양수임을 나타내고, $-$부호는 음수임을 나타낸다. 표의 마지막 열은 I/D판정법에 따른 결론을 보여주고 있다. 예를 들어, $0<x<2$에서 $f'(x)<0$이므로, f는 $(0, 2)$에서 감소한다(닫힌 구간 $[0, 2]$에서 f가 감소한다고 말해도 좋다). 그림 3에 있는 f의 그래프는 표의 내용을 확인시켜준다. ■

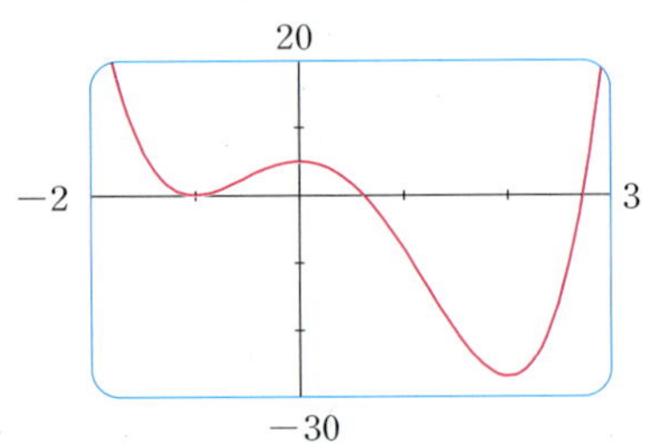

그림 3

f가 c에서 극댓값이나 극솟값을 가지면 c는 임계수(페르마 정리에 의해)이지만, 임계수에서 반드시 극댓값이나 극솟값을 가지는 것은 아님을 6.2절에서 공부하였다. 그러므로 우리는 함수 f가 임계수에서 극댓값 또는 극솟값을 가지는지 아닌지를 알 수 있는 판정법을 필요로 한다.

그림 3에서부터 f가 $(-1, 0)$에서 증가하고 $(0, 2)$에서 감소하므로, 또는 도함수 용어로 $-1<x<0$에서 $f'(x)>0$이고 $(0, 2)$에서 $f'(x)<0$이므로, $f(0)=5$는 f의 극댓

값임을 알 수 있다. 다시 말하면, $f'(x)$의 부호는 0에서 양수로부터 음수로 바뀐다. 이러한 관찰은 다음 판정법의 근거가 된다.

1계도함수 판정법 c를 연속함수 f의 한 임계점이라 하자.

(a) c에서 f'의 부호가 양수로부터 음수로 바뀌면, f는 c에서 극댓값을 가진다.

(b) c에서 f'의 부호가 음수로부터 양수로 바뀌면, f는 c에서 극솟값을 가진다.

(c) c에서 f'의 부호가 바뀌지 않으면(c의 양쪽에서 f'의 부호가 모두 양수이거나 모두 음수인 경우), f는 c에서 극댓값이나 극솟값을 가지지 않는다.

1계도함수 판정법은 I/D판정법으로부터 얻을 수 있다. 예로서, (a)에서는 c에서 $f'(x)$의 부호가 양수로부터 음수로 바뀌면, f는 c의 왼쪽에서 증가하고 c의 오른쪽에서 감소한다. 따라서 f는 c에서 극댓값을 가진다.

그림 4에서와 같은 시각화도형으로 1계도함수 판정법을 쉽게 기억할 수 있다.

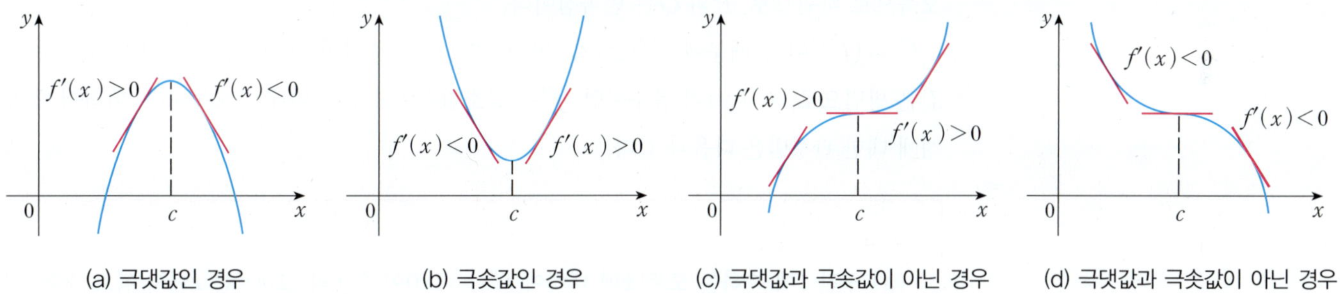

그림 4

예제 3 예제 2에서의 함수 f의 극댓값과 극솟값을 구하여라.

풀이 예제 2의 풀이에 있는 표에 따르면, -1에서 $f'(x)$의 부호가 음수로부터 양수로 바뀌므로 1계도함수 판정법에 의하여 $f(-1)=0$은 극솟값이다. 같은 방법으로 2에서도 $f'(x)$의 부호가 음수에서 양수로 바뀌므로 $f(2)=-27$도 역시 극솟값이다. 앞에서 언급한 바와 같이 0에서는 $f'(x)$의 부호가 양수에서 음수로 바뀌므로 $f(0)=5$는 극댓값이다. ■

▷ 오목성

4.8절로부터 오목성에 대한 정의를 기억해 보자.

구간 I에 정의된 함수 f에 대하여, f'이 I에서 증가하면 함수 f(또는 그래프)는 **위로 오목**(concave upward)하다고 정의하고, f'이 I에서 감소하면 **아래로 오목**(concave downward)하다고 한다.

그림 5에서 보는 바와 같이 구간 (a, b)에서는 왼쪽에서 오른쪽으로 움직이면 접선의 기울기는 증가한다. 즉, $f'(x)$가 증가하므로 f는 구간 (a, b)에서 위로 오목(줄여서 CU라

고 함)하다(이는 구간 (a, b)에서 f의 그래프가 모두 접선의 위쪽에 놓여 있다고 하는 것과 동치임을 증명할 수 있다). 같은 방법으로, 구간 (b, c)에서는 왼쪽에서 오른쪽으로 움직이면 접선의 기울기는 감소하고, f는 구간 (b, c)에서 아래로 오목 (CD)하다.

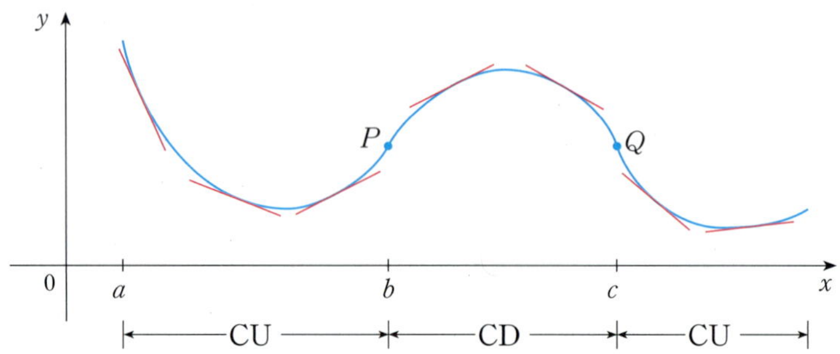

그림 5

곡선에서 오목의 방향이 바뀌는 점을 **변곡점**(inflection point)이라 한다. 그림 5의 곡선은 점 P에서 위로 오목에서 아래로 오목으로 바뀌고 Q에서는 아래로 오목에서 위로 오목으로 바뀌므로, P와 Q는 변곡점이다.

$f''=(f')'$이기 때문에 $f''(x)$가 양수이면, f'는 증가함수이므로 f는 위로 오목하다. 같은 방법으로, $f''(x)$가 음수이면, f'는 감소함수이고 f는 아래로 오목하다. 따라서 오목성에 대한 판정법은 다음과 같다.

> **오목성 판정법**
> (a) 구간 I에 속하는 모든 x에 대하여 $f''(x)>0$이면, f의 그래프는 I에서 위로 오목하다.
> (b) 구간 I에 속하는 모든 x에 대하여 $f''(x)<0$이면, f의 그래프는 I에서 아래로 오목하다.

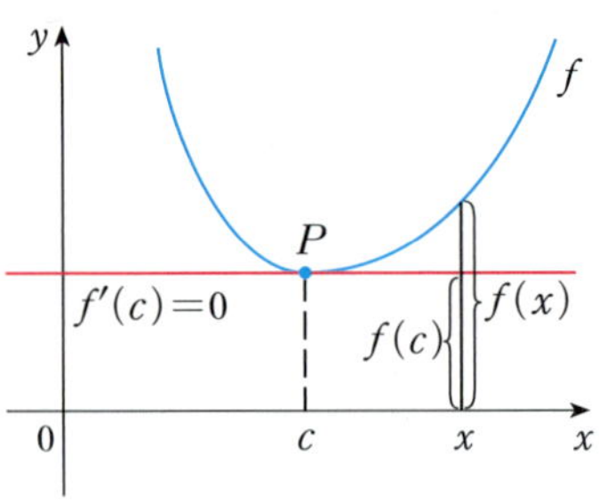

그림 6
$f''(c)>0$, f는 **위로 오목하다**

오목성 판정법에 따르면, 2계도함수의 부호가 바뀌는 점에서 변곡점이 있다. 오목성 판정법으로부터 다음의 극댓값과 극솟값을 구하는 판정법을 얻는다.

> **2계도함수 판정법** f''가 c의 근방에서 연속이라 하자.
> (a) $f'(c)=0$이고 $f''(c)>0$이면, f는 c에서 극솟값을 가진다.
> (b) $f'(c)=0$이고 $f''(c)<0$이면, f는 c에서 극댓값을 가진다.

예를 들어, (a)는 c의 근방에서 $f''(x)>0$이므로 성립하고 따라서 f는 c의 근방에서 위로 오목하다. 이는 f의 그래프가 c에서 수평접선의 위에 놓여 있음을 뜻하므로 f는 c에서 극솟값을 가진다(그림 6 참조).

예제 4 **도함수를 이용하여 곡선 그리기** 곡선 $y=x^4-4x^3$에서 오목성, 변곡점, 극댓값과 극솟값에 대하여 설명하여라. 또한 이를 사용하여 그래프의 개형을 그려라.

풀이 $f(x)=x^4-4x^3$이라 두고, 미분하여 다음을 얻는다.

$$f'(x)=4x^3-12x^2=4x^2(x-3)$$
$$f''(x)=12x^2-24x=12x(x-2)$$

임계점을 구하기 위하여 $f'(x)=0$라 두면, $x=0$와 $x=3$을 얻는다. 2계도함수 판정법을 사용하기 위하여 이러한 임계수에서 f''를 구하면 다음과 같다.

$$f''(0)=0,\ f''(3)=36>0$$

따라서 $f'(3)=0$이고 $f''(3)>0$이므로, $f(3)=-27$은 극솟값이다. 한편으로 $f''(0)=0$이므로, 임계점 0에 대해서는 2계도함수 판정법으로 알 수 없다. 그러나 $x<0$와 $0<x<3$의 범위에서 $f'(x)<0$이므로, 1계도함수 판정에 의해 0에서 극댓값이나 극솟값을 갖지 않음을 알 수 있다.

한편 $x=0$과 2에서 $f''(x)=0$이므로, 이 점들이 구간의 끝점이 되도록 수직선을 구간으로 나누어 다음 표를 만들어보자.

구 간	$f''(x)=12x(x-2)$	오목성
$(-\infty, 0)$	$+$	위로 오목
$(0, 2)$	$-$	아래로 오목
$(2, \infty)$	$+$	위로 오목

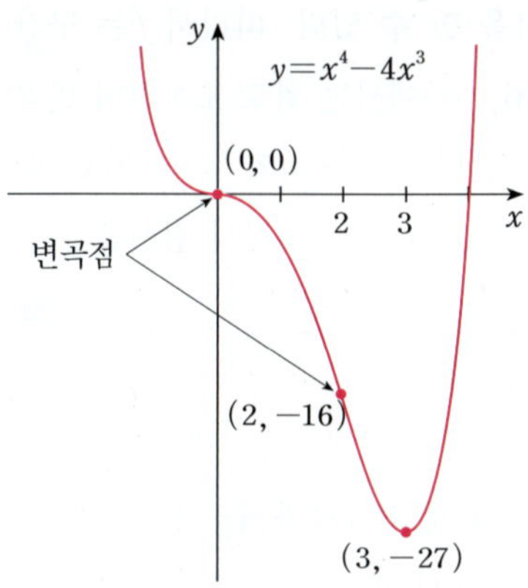

그림 7

점 (0, 0)에서 곡선은 위로 오목에서 아래로 오목으로 변하므로 (0, 0)은 변곡점이다. 아울러 점 (2, −16)에서는 곡선이 아래로 오목에서 위로 오목으로 변하므로 (2, −16)도 역시 변곡점이다. 극솟값, 오목성에 대한 구간과 변곡점들을 사용하여 곡선의 개형을 그려보면, 그림 7과 같다. ■

참고 $f''(c)=0$인 점 c에서 2계도함수 판정법은 극댓값이나 극솟값에 대한 결론을 주지 못한다. 다시 말하자면, 그러한 점에서 극댓값 또는 극솟값을 가지거나 아니면 극댓값이나 극솟값을 갖지 않을 수도 있다(예제 4에서와 같이). 이 판정법은 $f''(c)$가 존재하지 않는 경우에도 극댓값이나 극솟값에 대한 정보를 주지 못한다. 이 경우에는 1계도함수 판정법을 사용하여야 한다. 실제로, 두 가지 판정법을 모두 사용하는 경우는 1계도함수 판정법을 사용하는 것이 더욱 쉽다.

예제 5 함수 $f(x)=x^{2/3}(6-x)^{1/3}$의 그래프의 개형을 그려라.

풀이 주어진 함수 $f(x)$의 1계도함수, 2계도함수를 계산하면 다음과 같다.

$$f'(x)=\frac{4-x}{x^{1/3}(6-x)^{2/3}},\quad f''(x)=\frac{-8}{x^{4/3}(6-x)^{5/3}}$$

따라서 $x=4$일 때 $f'(x)=0$이고, $x=0$과 $x=6$에서 $f'(x)$가 존재하지 않으므로 임계수는 0, 4, 6이다.

구 간	$4-x$	$x^{1/3}$	$(6-x)^{2/3}$	$f'(x)$	f
$x<0$	+	−	+	−	$(-\infty, 0)$에서 감소
$0<x<4$	+	+	+	+	$(0, 4)$에서 증가
$4<x<6$	−	+	+	−	$(4, 6)$에서 감소
$x>6$	−	+	+	−	$(6, \infty)$에서 감소

극값을 구하기 위하여 1계도함수 판정법을 사용하려고 한다. 0에서 f'는 음에서 양으로 부호가 바뀌므로 $f(0)=0$은 극솟값이다. 한편 4에서는 f'가 양에서 음으로 부호가 바뀌므로 $f(4)=2^{5/3}$은 극댓값이 된다. 6에서는 f'의 부호가 바뀌지 않으므로, 극댓값이나 극솟값을 가지지 않는다(2계도함수 판정법은 4에서는 사용할 수 있지만, 0과 6에서는 f''가 존재하지 않으므로 사용할 수 없다).

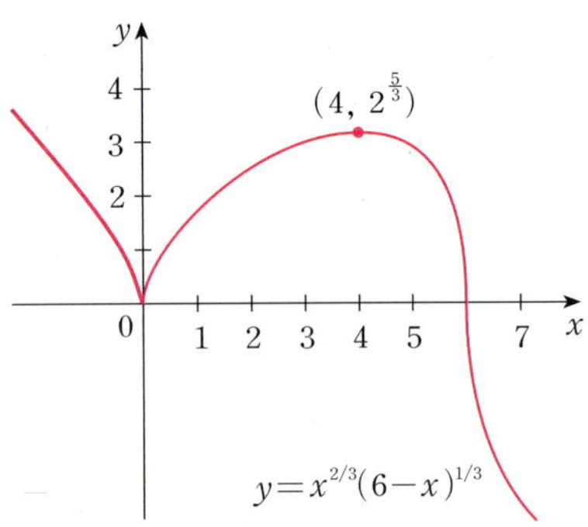

그림 8

$f''(x)$의 표현과 모든 x에 대하여 $x^{4/3}\geq 0$임을 주목한다면, $x<0$와 $0<x<6$에서 $f''(x)<0$이고, $x>6$에서는 $f''(x)>0$임을 알 수 있다. 따라서 f는 구간 $(-\infty, 0)$과 $(0, 6)$에서 아래로 오목하고, 구간 $(6, \infty)$에서는 위로 오목하며 변곡점은 $(6, 0)$뿐이다. 그래프는 그림 8에서와 같다. $x\to 0$와 $x\to 6$일 때 $|f'(x)|\to\infty$이므로 주어진 곡선은 점 $(0, 0)$과 $(6, 0)$에서 수직인 접선을 가짐을 알 수 있다. ■

예제 6 함수 $f(x)=e^{1/x}$의 1계, 2계도함수와 점근선을 이용하여 그래프의 개형을 그려라.

풀이 먼저, 함수 f의 정의역은 $\{x \mid x\neq 0\}$이므로 $x\to 0$일 때 좌극한과 우극한을 구하여 수직점근선을 구해보자. $x\to 0^+$이면, $t=\dfrac{1}{x}\to\infty$이므로

$$\lim_{x\to 0^+} e^{1/x}=\lim_{t\to\infty} e^t=\infty$$

이다. 따라서 $x=0$는 수직점근선이다. $x\to 0^-$인 경우에는 $t=\dfrac{1}{x}\to -\infty$이므로 다음이 성립한다.

$$\lim_{x\to 0^-} e^{1/x}=\lim_{t\to -\infty} e^t=0$$

$x\to\pm\infty$일 때, $\dfrac{1}{x}\to 0$이므로

$$\lim_{x\to\pm\infty} e^{1/x}=e^0=1$$

이다. 따라서 $y=1$는 수평점근선이다.

이제는 도함수를 계산하여보자. 연쇄법칙에 따라 $f'(x)$를 구하면 다음과 같다.

$$f'(x)=-\frac{e^{1/x}}{x^2}$$

한편 $x\neq 0$인 모든 x에 대하여 $e^{1/x}>0$이고 $x^2>0$이므로, $x\neq 0$인 모든 x에 대하여 $f'(x)<0$이다. 따라서 f는 $(-\infty, 0)$와 $(0, \infty)$에서 감소한다. 그리고 임계점을 갖지 않으며, 따라서 극댓값과 극솟값도 없다. 2계도함수계도함수를 구해보면 다음과 같다.

$$f''(x) = -\frac{x^2 e^{1/x}(-1/x^2) - e^{1/x}(2x)}{x^4} = \frac{e^{1/x}(2x+1)}{x^4}$$

$e^{1/x} > 0$이고 $x^4 > 0$이므로, $x > -\frac{1}{2}$ $(x \neq 0)$이면 $f''(x) > 0$이고, $x < -\frac{1}{2}$이면 $f''(x) < 0$이다. 따라서 주어진 곡선은 $(-\infty, -\frac{1}{2})$에서 아래로 오목하고, $(-\frac{1}{2}, 0)$과 $(0, \infty)$에서는 위로 오목하고 변곡점은 $(-\frac{1}{2}, e^{-2})$이다.

그림 9(a)는 f의 개형을 그리기 위하여 수평점근선 $y=1$을 점선으로 표시하고, 이 점근선 근방의 곡선을 스케치한 것이다. 이는 극한값에 관한 정보와 f가 $(-\infty, 0)$와 $(0, \infty)$에서 감소한다는 사실을 이용한다. 그리고 $f(0)$는 존재하지 않으나, $x \to 0^-$일 때 $f(x) \to 0$인 것도 고려하였다. 그림 9(b)는 오목과 변곡점에 관한 정보를 활용하여 함수의 개형을 그린 것이며, 그림 9(c)는 이를 확인하기 위하여 그래핑 장치로 그린 그래프이다.

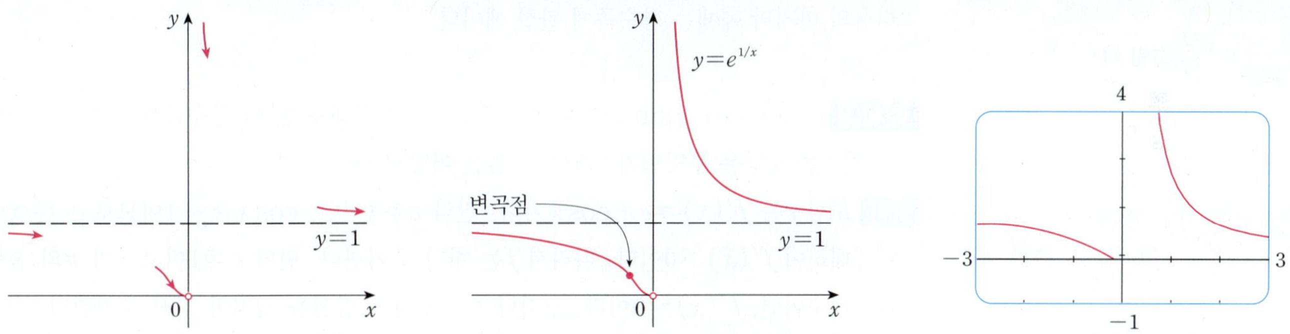

(a) 초기스케치 (b) 그래프의 개형 (c) 그래픽 장치로 그린 그래프

그림 9

예제 7 **꿀벌의 개체수가 가장 빨리 증가하는 때** 한 양봉장에서는 꿀벌이 $t=0$일 때 50마리로 시작하여 증가하고 있으며, 꿀벌의 개체수는 다음 함수에 의해 모형화되어 있다고 가정하자.

$$P(t) = \frac{75200}{1 + 1503e^{-0.5932t}}$$

여기서, t는 주를 나타내는 시간이며 $0 \leq t \leq 25$이다. 이때, 그래프를 사용하여 꿀벌 모집단이 가장 빨리 증가하는 시간을 추정하여라. 또한, 도함수를 사용하여 더욱 정확한 시간을 구하여라.

풀이 개체수 곡선 $y=P(t)$가 가장 가파른 접선을 가질 때, 개체수가 가장 빨리 증가한다. 그림 10에서의 P의 그래프로부터 $t \approx 12$일 때, 접선이 가장 가파름을 추정할 수 있다. 따라서 꿀벌의 개체수는 약 12주 후에 가장 빨리 증가한다.

더욱 정확한 시간을 구하기 위하여 벌꿀 개체수의 증가율인 도함수 $P'(t)$를 계산하여 보자.

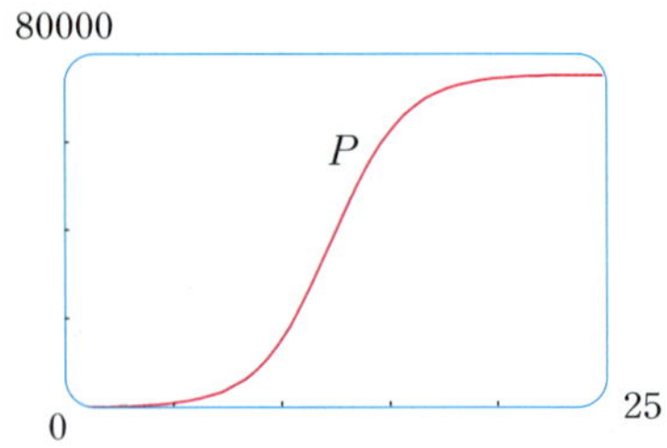

그림 10

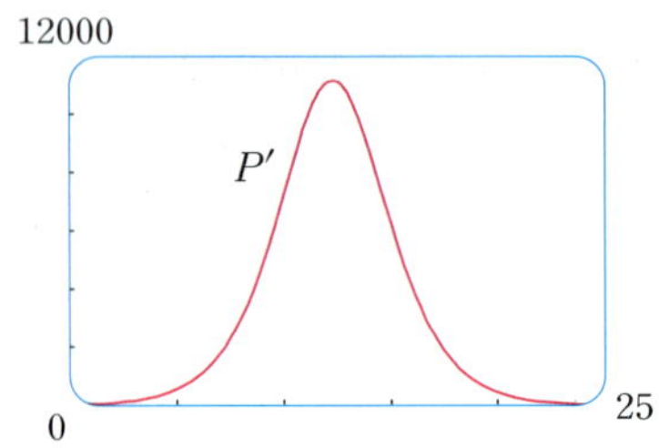

그림 11

$$P'(t) = -\frac{67046785.92e^{-0.5932t}}{(1+1503e^{-0.5932t})^2}$$

그림 11의 P'의 그래프에서 P'는 $t \approx 12.3$에서 극댓값을 가짐을 알 수 있다. 더욱 정확한 값을 구하기 위하여 f'가 증가에서 감소로 바뀌는 점에서 극댓값을 가짐을 이용하자. 이는 f가 위로 오목에서 아래로 오목으로 바뀌는 점에서 생긴다. 즉, f는 변곡점을 갖는다. 따라서 2계도함수를 알아야 하며, 2계도함수 $P''(t)$를 구해보면 다음과 같다.

$$P''(t) \approx \frac{119555093144e^{-1.1864t}}{(1+1503e^{-0.5932t})^3} - \frac{39772153e^{-0.5932t}}{(1+1503e^{-0.5932t})^2}$$

양에서 음으로 바뀌는 점을 구하기 위해 방정식 $P''(t)=0$를 풀면, $t \approx 12.3318$을 얻는다. ■

다음의 마지막 예제는 함수족에 관한 예이다.

예제 8 $f(x)=cx+\sin x$로 주어진 함수족을 생각해보자. 이 함수족의 원소들이 공통으로 가지는 모양은 무엇인가? 또한, 그들은 어떻게 다른가?

풀이 도함수는 $f'(x)=c+\cos x$이다. 만약 $c>1$이면, $\cos x \geq -1$이므로 모든 x에 대하여 $f'(x)>0$이다. 따라서 f는 항상 증가한다. 만약 $c=1$이고 x가 π의 홀수 배수이면, $f'(x)=0$이다. 그러나 f는 수평인 접선을 가지며 역시 증가한다. 같은 방법으로, $c \leq -1$이면 f는 항상 감소한다. 만약 $-1<c<1$이면, 방정식 $c+\cos x=0$는 무한히 많은 해 $[x=2n\pi \pm \cos^{-1}(-c)]$와 무한히 많은 극값을 가진다.

2계도함수는 $f''(x)=-\sin x$이므로 $0<x<\pi$이면 $f''(x)$는 음수이고, 일반적으로 임의의 정수 n에 대하여 $2n\pi<x<(2n+1)\pi$이면 $f''(x)$는 음수이다. 따라서 함수족에 속하는 모든 원소는 $(0,\ \pi)$, $(2\pi,\ 3\pi)$, $\cdots$ 에서 아래로 오목하고 $(\pi,\ 2\pi)$, $(3\pi,\ 4\pi)$, $\cdots$ 에서 위로 오목하다. 그림 12는 함수족에 속하는 여러 원소들을 그래프로 그린 것이다.

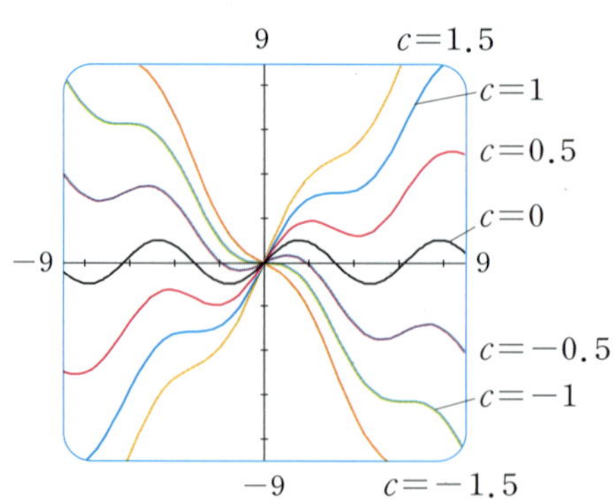

그림 12 ■

6.3 연습문제

1. 구간 $[0,\ 8]$에서 평균값 정리의 결론을 만족하는 c의 값을 구하기 위하여, f의 그래프를 사용하여라.

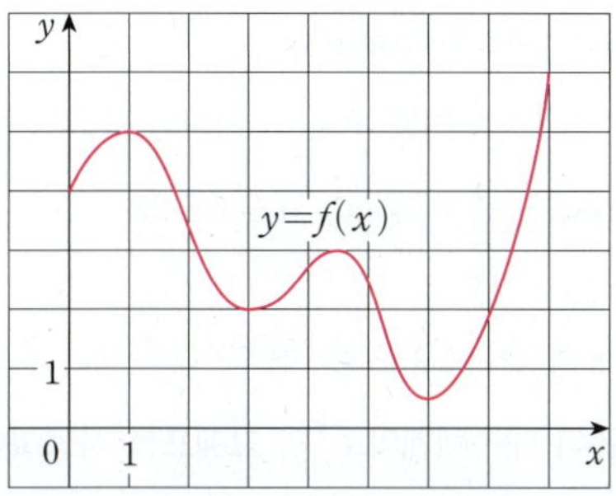

2. f의 그래프로부터 다음 물음에 답하여라.
   (a) f가 위로 오목인 개구간
   (b) f가 아래로 오목인 큰 개구간
   (c) 변곡점의 좌표

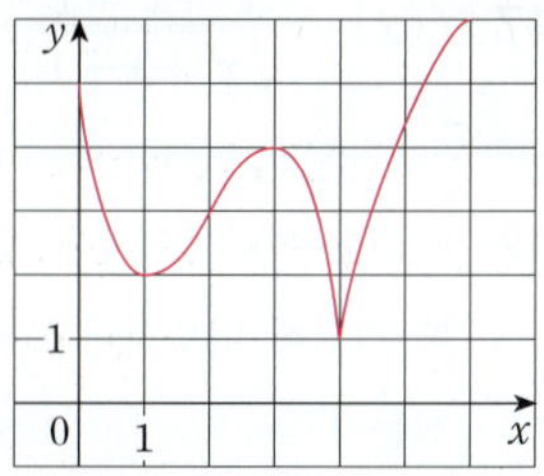

3. 함수 f에 대한 식이 주어져 있다고 가정하자.
   (a) f가 증가 또는 감소는 어떻게 결정하는가?
   (b) f가 그래프가 위로 오목 또는 아래로 오목은 어떻게 결정하는가?
   (c) 변곡점은 어떻게 알아내는가?

4. (a) 1계도함수 판정법을 설명하여라.
   (b) 2계도함수 판정법을 설명하여라. 그리고 어떤 조건아래에서 그것은 결론을 얻지 못하는가? 2계도함수 판정법을 적용하지 못하는 경우에는 무엇을 하는가?

5. 다음 경우에 변곡점의 x좌표를 말하고, 그 이유를 설명하여라.
   (a) 곡선이 f의 그래프일 때
   (b) 곡선이 f'의 그래프일 때
   (c) 곡선이 f''의 그래프일 때

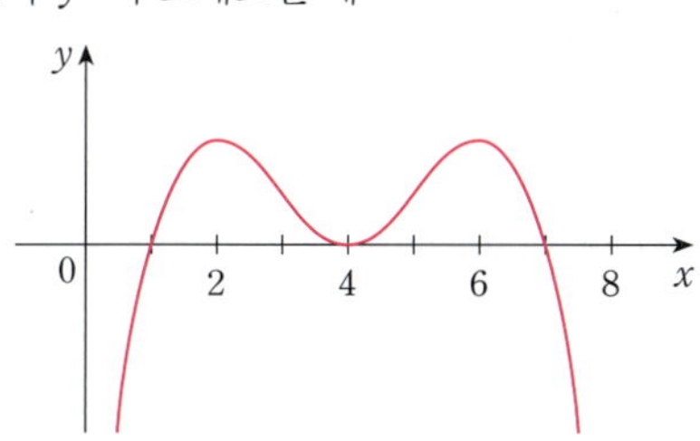

6. 함수 f의 1계도함수 f'의 그래프가 다음과 같이 주어졌다고 하자.
   (a) f가 증가하는 구간을 설명하여라.
   (b) f가 극댓값이나 극솟값을 가지는 x의 값을 구하여라.
   (c) f가 위로 오목하거나 아래로 오목한 구간을 설명하여라.
   (d) f의 변곡점의 x좌표를 구하여라.

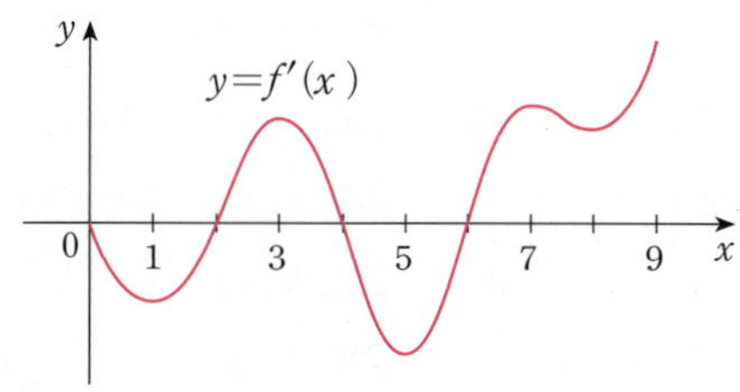

(7~16)
(a) f가 증가 또는 감소하는 구간을 구하여라.
(b) f의 극댓값과 극솟값을 구하여라.
(c) 오목에 대한 구간과 변곡점을 구하여라.

7. $f(x)=2x^3+3x^2-36x$

8. $f(x)=4x^3+3x^2-6x+1$

9. $f(x)=x^4-2x^2+3$

10. $f(x)=\dfrac{x^2}{x+3}$

11. $f(x)=\sin x+\cos x,\quad 0\le x\le 2\pi$

12. $f(x)=\cos^2 x-2\sin x,\quad 0\le x\le 2\pi$

13. $f(x)=x^2-x-\ln x$

14. $f(x)=\dfrac{x^2}{x^2+3}$

15. $f(x)=\dfrac{(\ln x)}{\sqrt{x}}$

16. $f(x)=\cos^2 x-2\sin x,\ 0\le x\le 2\pi$

(17~18) 1계도함수, 2계도함수 판정법을 사용하여 다음 함수의 극댓값과 극솟값을 구하여라.

17. $f(x)=x+\sqrt{1-x}$

18. $f(x)=\dfrac{x}{x^2+4}$

19. f''가 구간 $(-\infty,\ \infty)$에서 연속이라고 가정하자.
   (a) $f'(2)=0$이고 $f''(2)=-5$일 때, f에 관하여 무엇을 말할 수 있는가?
   (b) $f'(6)=0$이고 $f''(6)=0$일 때, f에 관하여 무엇을 말할 수 있는가?

20. (a) $f(x)=x^4(x-1)^3$의 임계점을 구하여라.
   (b) 이러한 임계점에서 f에 대한 2계도함수 판정법은 무엇을 의미하는지 설명하여라.
   (c) 1계도함수 판정법은 무엇을 의미하는지 설명하여라.

(21~32)

(a) 증가하거나 감소하는 구간을 구하여라.

(b) 극댓값과 극솟값을 구하여라.

(c) 오목에 대한 구간과 변곡점을 구하여라.

(d) (a)~(c)로부터 그래프의 개형을 그려라. 만약 그래핑 장치가 있다면, 그것을 이용하여 확인해보아라.

21. $f(x)=2x^3-3x^2-12x$ 22. $f(x)=2+3x-x^3$

23. $f(x)=2+2x^2-x^4$ 24. $g(x)=200+8x^3+x^4$

25. $h(x)=3x^5-5x^3+3$ 26. $h(x)=x^5-2x^3+x$

27. $A(x)=x\sqrt{x+3}$ 28. $B(x)=3x^{2/3}-x$

29. $C(x)=x^{1/3}(x+4)$ 30. $f(x)=\ln(x^4+27)$

31. $f(\theta)=2\cos\theta+\cos^2\theta,\quad 0\le\theta\le 2\pi$

32. $f(t)=t+\cos t,\quad -2\pi\le t\le 2\pi$

(33~40)

(a) 수직점근선과 수평점근선을 구하여라.

(b) 증가 또는 감소하는 구간을 구하여라.

(c) 극댓값과 극솟값을 구하여라.

(d) 오목에 대한 구간과 변곡점을 구하여라.

(e) (a)~(d)로부터 그래프의 개형을 그려라.

33. $f(x)=\dfrac{x^2}{x^2-1}$ 34. $f(x)=\dfrac{x^2}{(x-2)^2}$

35. $f(x)=\sqrt{x^2+1}-x$

36. $f(x)=x\tan x,\ -\dfrac{\pi}{2}\le x\le\dfrac{\pi}{2}$

37. $f(x)=\ln(1-\ln x)$ 38. $f(x)=\dfrac{e^x}{1+e^x}$

39. $f(x)=e^{-1/(x+1)}$ 40. $f(x)=e^{\arctan x}$

41. f의 도함수 $f'(x)=(x+1)^2(x-3)^5(x-6)^4$라 하자. 어떤 구간에서 f가 증가하는가?

42. 곡선 $y=x^3-3a^2x+2a^3$ (a는 양의 상수)를 그리기 위하여 이 절의 방법을 이용하여라. 이러한 곡선족들의 공통점은 무엇인가? 그리고 그들은 서로 각각 어떻게 다른가?

(43~44)

(a) f의 그래프를 이용하여, 극댓값과 극솟값을 추정하여라. 그리고 정확한 값을 구하여라.

(b) f가 가장 빨리 증가하는 점 x를 추정하여라. 그리고 정확한 값을 구하여라.

43. $f(x)=\dfrac{x+1}{\sqrt{x^2+1}}$ 44. $f(x)=x^2e^{-x}$

(45~46)

(a) f의 그래프를 이용하여, 오목에 대한 구간과 변곡점의 좌표를 어림셈으로 구하여라.

(b) f''의 그래프를 이용하여, 더 정확한 값을 구하여라.

45. $f(x)=\cos x+\dfrac{1}{2}\cos 2x,\ \ 0\le x\le 2\pi$

46. $f(x)=x^3(x-2)^4$

CAS (47~48) 컴퓨터 대수체계와 f''의 그래프를 사용하여, 오목에 대한 구간을 소수 첫째 자리까지 추정하여라.

47. $f(x)=\dfrac{x^4-x^3+1}{\sqrt{x^2+x+1}}$ 48. $f(x)=\dfrac{x^2\tan^{-1}x}{1+x^3}$

49. $f(t)$는 여러분이 살고 있는 곳의 시각 t일 때의 온도이고 $t=3$ 때 적당히 따뜻하다고 하자. 다음 경우에 온도는 어떻게 느끼겠는가?

(a) $f'(3)=2,\quad f''(3)=4$

(b) $f'(3)=2,\quad f''(3)=-4$

(c) $f'(3)=-2,\quad f''(3)=4$

(d) $f'(3)=-2,\quad f''(3)=-4$

50. $f(3)=2,\ f'(3)=\dfrac{1}{2}$이고 모든 x에 대하여 $f'(x)>0$, $f''(x)<0$이라 하자.

(a) f의 그래프를 그려라.

(b) $f(x)=0$의 근은 몇 개인가? 그 이유는?

(c) $f'(2)=\dfrac{1}{3}$일 수 있는가? 그 이유는?

(51~52) 다음에서 $\dfrac{dy}{dx}$와 $\dfrac{d^2y}{dx^2}$을 구하여라. 또 다음 매개곡선이 위로 오목한 t를 구하여라.

51. $x=t^3-12t,\quad y=t^2-1$

52. $x=\cos 2t,\quad y=\cos t,\quad 0<t<\pi$

53. 상대성 이론에서 입자의 질량은

$$m=\frac{m_0}{\sqrt{1-v^2/c^2}}$$

이다. 여기서 m_0는 정지상태의 입자의 질량, m은 관찰자의 입장에서 속도가 v일 때의 질량이고 c는 빛의 속도이다. m을

v의 함수로 생각하고 그래프를 그려라.

54. 상대성 이론에서 입자의 에너지는

$$E=\sqrt{m_0^2c^4+h^2c^2/\lambda^2}$$

이다. 여기서 m_0는 정지상태의 입자의 질량, x는 파동의 길이, h는 플랑크 상수이다. E를 λ의 함수로 생각하고 그래프를 그려라. 그래프로부터 알 수 있는 에너지에 관한 정보는 무엇인가?

55. 다음 그림에서와 같이 길이가 L인 빔을 콘크리트 벽 속으로 끼어 넣고 있다. 만약 일정한 부하 W가 빔의 길이를 따라 균등하게 분배된다면, 그 빔은 다음 굴절곡선(deflection curve)의 모양을 가진다고 한다.

$$y=-\frac{W}{24EI}x^4+\frac{WL}{12EI}x^3-\frac{WL^2}{24EI}x^2$$

단, E와 I는 양의 상수로서 E는 탄성에 대한 Young의 법(modulus)을, I는 빔 단면의 관성모멘트를 나타낸다. 이때, 굴절곡선 그래프의 개형을 그려라.

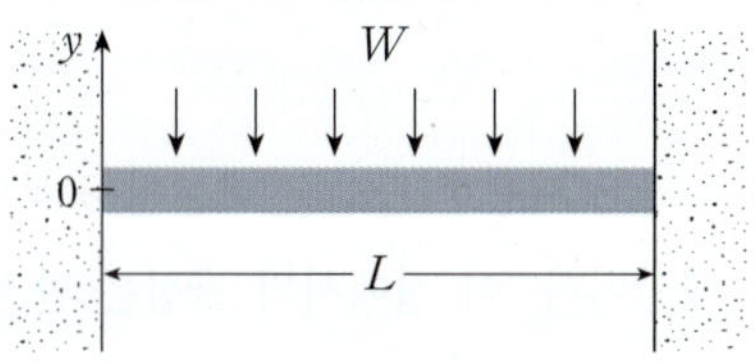

56. 쿨롱 법칙에 의하면, 두 개의 하전입자 사이에서 끌어당기는 힘은 두 전하의 곱에 정비례하고 그들 사이의 거리의 제곱에 반비례한다. 다음 그림에서 보는 바와 같이 좌표 직선 위의 0과 2자리에 전하가 1인 물체와 놓여 있고, 그들 사이에 위치하는 x에 전하가 -1인 물체가 놓여 있다고 하자. 그때, 중앙에 있는 물체의 움직임은 쿨롱 법칙에 따라 다음의 그물 힘 함수(net force function)로 표현된다.

$$F(x)=-\frac{k}{x^2}+\frac{k}{(x-2)^2},\quad 0<x<2$$

단, k는 양의 상수이다. 이때, 그물 힘 함수의 그래프의 개형을 그려보아라. 그래프는 힘에 대하여 무엇을 의미하는가?

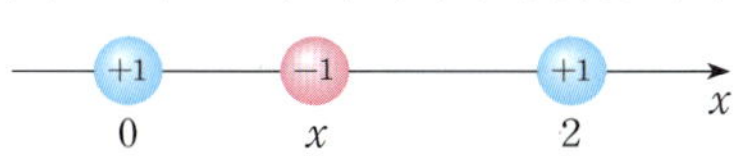

57. 약물 반응곡선은 약물을 투여한 후 혈액 속에서 반응하는 정도를 나타낸다. 반응함수는 $D(t)=At^pe^{-kt}$이다. 특정한 약물에 대하여 $A=0.01$, $p=4$, $k=0.07$이고 t의 단위가 분일 때 변곡점에 해당하는 시간을 구하고 이것이 왜 중요한지 설명하여라.

58. 정규밀도함수(normal density function)라고 부르는 다음의 종 모양 곡선족(family of bell-shaped curves)은 확률과 통계에서 자주 등장한다.

$$y=\frac{1}{\sigma\sqrt{2\pi}}e^{-(x-\mu)^2/(2\sigma^2)}$$

여기서, 상수 μ는 평균이며, 양의 상수 σ는 표준편차이다. 이를 간단히 표현하기 위하여 인수 $1/(\sigma\sqrt{2\pi})$를 없애고 $\mu=0$라 두어, 다음 함수를 생각해보자.

$$f(x)=e^{-x^2/(2\sigma^2)}$$

(a) f의 점근선, 극댓값과 변곡점을 구하여라.

(b) 곡선의 모양에서 σ의 역할은 무엇인지 말하여라.

(c) 주어진 함수족에서 같은 화면에 있는 4개의 원소를 그래핑 장치로 설명하여라.

59. -2에서 극댓값 3, 1에서 극솟값 0을 가지는 3차함수 $f(x)=ax^3+bx^2+cx+d$를 구하여라.

60. 함수 $f(x)=axe^{bx^2}$은 극댓값 $f(2)=1$을 가진다고 한다. 이때, 상수 a와 b를 구하여라.

61. $0<x<\frac{\pi}{2}$에서 $\tan x>x$임을 증명하여라.

(도움말 : $f(x)=\tan x-x$가 구간$\left(0, \frac{\pi}{2}\right)$에서 증가함을 보인다.)

62. (a) $x\geq 0$에서 $e^x\geq 1+x$임을 증명하여라.

(b) $x\geq 0$에서 $e^x\geq 1+x+\frac{1}{2}x^2$임을 추론하여라.

(c) 수학적 귀납법을 이용하여, 임의의 $x\geq 0$와 양의 정수 n에 대해서 다음의 부등식이 성립함을 보여라

$$e^x\geq 1+x+\frac{x^2}{2!}+\frac{x^3}{3!}+\cdots+\frac{x^n}{n!}$$

63. $f(0)=-3$이고 모든 x에 대하여 $f'(x)\leq 5$이 성립한다고 하자. 이 부등식 조건은 f의 증가율을 제한하며, 또한 $f(5)$가 취할 수 있는 값에도 제한을 강요한다. $f(4)$가 최대로 취할 수 있는 값은 얼마나 되는지 평균값 정리를 이용하여 구하여라.

64. 모든 x에 대하여 $3\leq f'(x)\leq 5$이 성립하면, $18\leq f(8)-f(2)\leq 30$임을 증명하여라.

65. 두 주자가 같은 시간에 출발하여 무승부로 시합을 마쳤다고 가정하자. 이때, 그들은 경기 도중 언젠가는 같은 속도를 가짐을 증명하여라. (도움말 : g와 h를 두 주자의 위치함수라 두고 $f(t)=g(t)-h(t)$를 생각하여라.)

66. 한 자동차가 오후 2시에 50km/h의 속도로 달리다가, 10분이

지난 2시 10분에는 65km/h의 속도로 달리고 있다고 가정하자. 이때, 오후 2시와 2시 10분 사이에 가속도가 정확히 90km/h^2이 되는 시간이 있음을 보여라.

67. 곡선 $y=(1+x)/(1+x^2)$의 변곡점은 3개이고 모두 한 직선 위에 있음을 보여라.

68. 곡선 $y=e^{-x}$와 $y=-e^{-x}$는 곡선 $y=e^{-x}\sin x$의 변곡점에서 만남을 보여라.

69. 3차함수는 항상 단 하나의 변곡점을 가짐을 증명하여라. 만약 함수의 그래프가 세 개의 x축과의 교점 x_1, x_2, x_3를 가지면, 변곡점의 x좌표는 $(x_1+x_2+x_3)/3$임을 보여라.

70. 다항식 $P(x)=x^4+cx^3+x^2$이 두 개의 변곡점과 하나의 변곡점을 가질 c의 값을 각각 구하여라. 또한, 변곡점을 갖지 않을 c의 값도 구하여라. c가 감소하면 그래프는 어떻게 바뀌는가?

71. (a) 함수 $f(x)=x^3+ax^2+bx$가 $x=\dfrac{1}{\sqrt{3}}$에서 극솟값 $-\dfrac{2}{9}\sqrt{3}$을 가질 때 a와 b를 구하여라.

(b) (a)의 곡선의 접선 중에서 기울기가 가장 작은 것을 구하여라.

72. 함수 $f(x)=cx+\dfrac{1}{x^2+3}$이 $(-\infty,\ \infty)$에서 증가하도록 c를 구하여라.

6.4 미분과 계산기를 이용하여 그래프 그리기

앞 절에서 그래프의 개형을 그리기 위해 우리가 사용한 방법은 미분법 공부의 정점이라고 할 수 있으며, 그래프는 우리의 마지막 대상이다. 이 절에서의 관점은 완전히 다르다. 먼저, 그래핑 계산기나 컴퓨터를 사용하여 그래프를 그린 후, 그것을 세분한다. 곡선에 대한 모든 주요한 모양을 확실히 알 수 있도록 미분법을 사용하며, 너무 복잡하여 해결하기 힘든 곡선에 대해서는 그래핑 장치를 사용할 것이다. 이 절에서는 미분과 계산기 사이의 상호작용에 대해 다룬다.

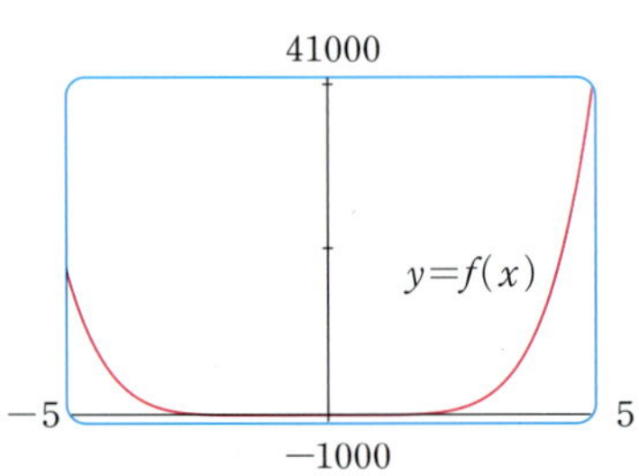

그림 1

예제 1 다항식 $f(x)=2x^6+3x^5+3x^3-2x^2$의 그래프를 그려라. f'와 f''의 그래프를 사용하여 극값을 가지는 점과 오목에 대한 구간을 추정하여라.

풀이 정의역의 범위를 지정해주면, 대부분의 그래핑 기계장치는 함숫값을 계산하여 알맞은 치역을 제시하여 준다. 그림 1은 $-5\le x\le 5$ 구간에서 그래핑 장치로 그린 것이다. 이 직사각형 화면은 주어진 함수의 점근선의 움직임은 $y=2x^6$에서와 같음을 보여주기에는 유용하지만, 더 세세한 내용은 나타나 있지 않다. 그림 2는 정의역을 $[-3,\ 2]$, 공역을 $[-50,\ 100]$로 하여 나타낸 것이다. 이 그래프로부터 커서를 사용하여 $x\approx-1.62$일 때, 약 -15.33의 절대극솟값을 가짐을 알 수 있으며, f는 $(-\infty,\ -1.62)$에서 감소하고, $(-1.62,\ \infty)$에서는 증가한다. 또한, 원점에서는 수평접선을 가지며, $x=0$일 때와 -2와 -1 사이의 어떤 점에서 변곡점을 가짐을 알 수 있다. 이제부터는 미분을 통하여 이러한 생각들을 확인해보자. $f(x)$의 1계, 2계 도함수를 구하면 다음과 같다.

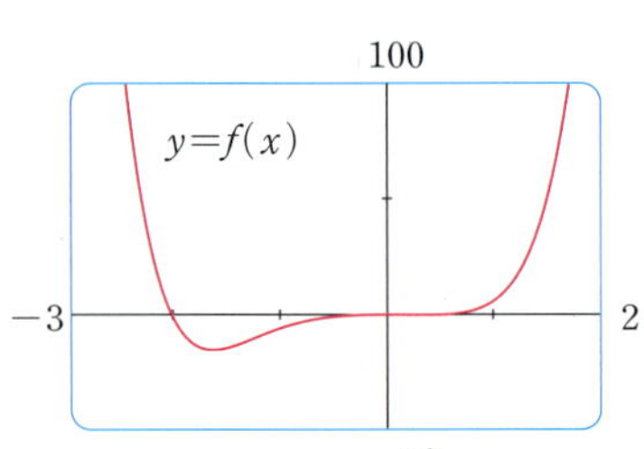

그림 2

$$f'(x)=12x^5+15x^4+9x^2-4x, \quad f''(x)=60x^4+60x^3+18x-4$$

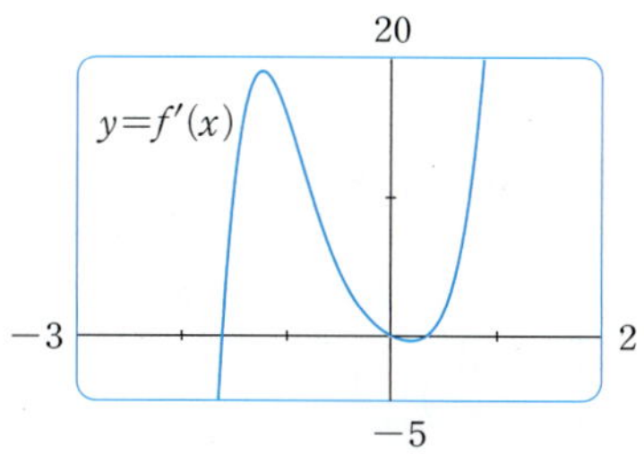

그림 3

그림 3에서와 같이 $x\approx-1.62$에서 $f'(x)$는 음에서 양으로 바뀌므로, 1계도함수 판정법에 의해서 극솟값을 가짐을 확인할 수 있다. 그리고 $x=0$에서 양에서 음으로 $x\approx0.35$에서는 음에서 양으로 부호가 바뀜을 주목하라. 이는 f가 $x=0$에서는 극댓값을 $x\approx0.35$에서는 극솟값을 가짐을 의미한다. 그러함에도 이들은 그림 2에는 나타나 있지 않다. 실제로 그림 4에서와 같이 원점을 향하여 화면을 서서히 확대해보면, 그림 2에서 누락된 것($x=0$에서의 극댓값 0과 $x\approx0.35$에서의 극솟값 약 -0.1 등)을 알 수 있다.

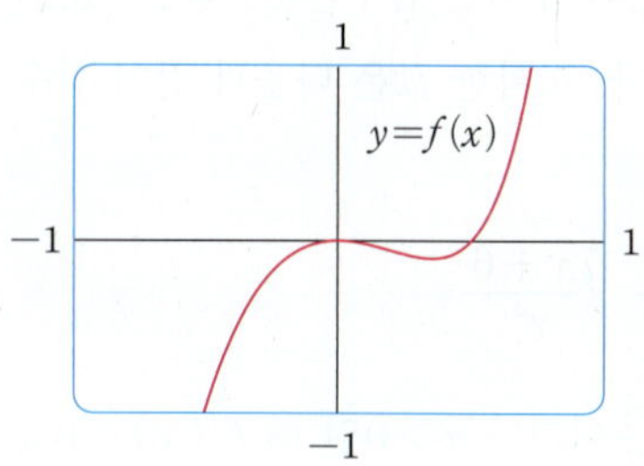

그림 4

오목과 변곡점에 대해서는 어떠한가? 그림 2와 그림 4로부터 x가 -1의 왼쪽 가까이와 0의 오른쪽 가까이에 변곡점이 있음을 알 수 있으나, f의 그래프로부터 변곡점을 결정하는 것은 쉽지 않다. 따라서 그림 5에서와 같이 2계도함수의 그래프가 필요하며, f''의 부호는 $x\approx-1.23$에서 양에서 음으로, $x\approx0.19$에서는 음에서 양으로 바뀐다. 따라서 소수 둘째 자리에서 계산한다면, f는 구간 $(-\infty, -1.23)$과 $(0.19, \infty)$에서는 위로 오목하고 구간 $(-1.23, 0.19)$에서는 아래로 오목하다. 변곡점은 $(-1.23, -10.18)$, $(0.19, -0.05)$이다.

이 예제에서 하나의 그래프로는 주어진 다항식의 모든 주요한 모양을 나타낼 수 없음을 알 수 있었다. 그림 2와 그림 4를 동시에 사용하였을 때, 더욱 정확한 그림을 제공해 준다. ■

예제 2 다음 함수의 모든 주요한 모양이 직사각형 화면에 나타나도록 그래프를 그려라. 그리고 극값과 오목에 대한 구간을 추정하여라. 또한, 미분을 이용하여 정확한 값을 구하여라.

$$f(x)=\frac{x^2+7x+3}{x^2}$$

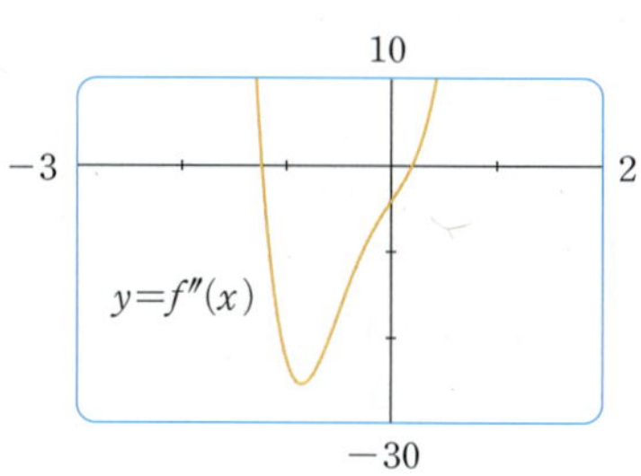

그림 5

풀이 그림 6은 자동 척도에 의해 컴퓨터로 그린 것이다. 어떤 그래핑 계산기는 그림 7에서와 같이 직사각형 화면의 크기를 $[-10, 10]\times[-10, 10]$로 사용한다.

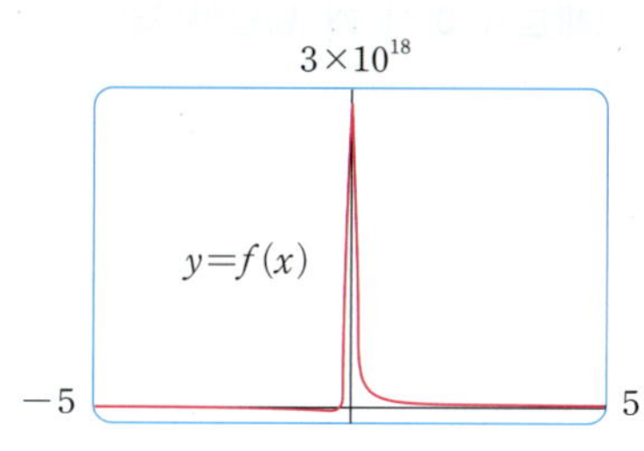

그림 6

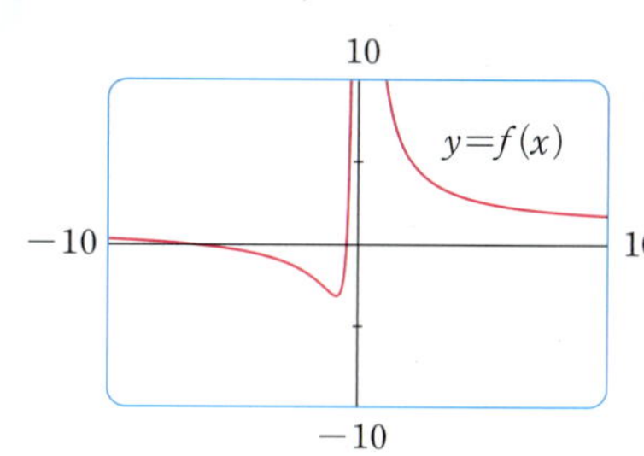

그림 7

y축은 수직점근선으로 보이는데, 실제로 다음 식에서 y축이 수직점근선임을 확인할 수 있다.

$$\lim_{x\to0}\frac{x^2+7x+3}{x^2}=\infty$$

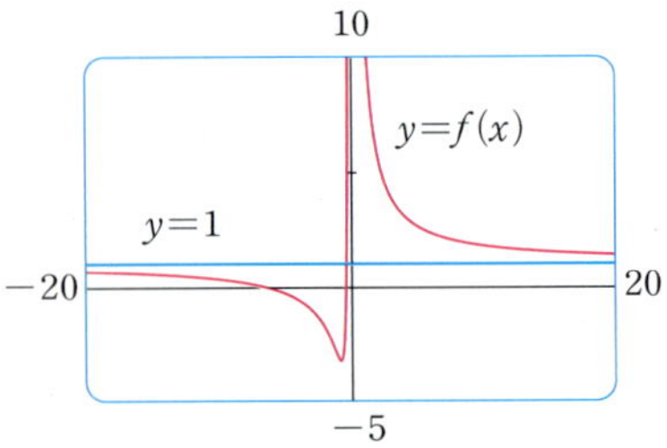

그림 8

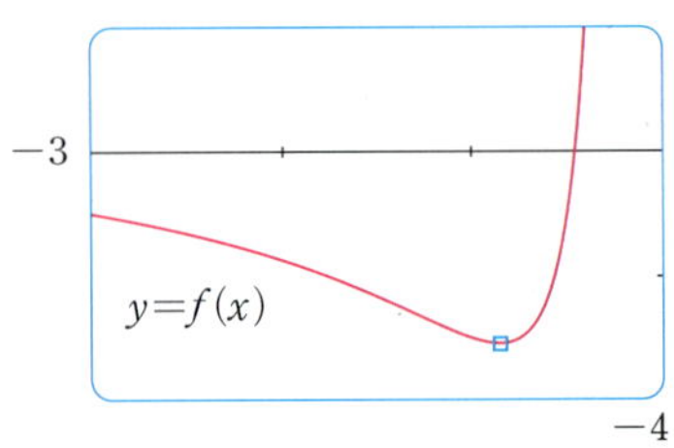

그림 9

그림 7은 x절편(약 -0.5와 -6.5)을 측정하도록 한다. 정확한 값은 방정식 $x^2+7x+3=0$에서 구할 수 있으며, 그 값은 $x=(-7\pm\sqrt{37})/2$이다. 수평점근선을 알아보기 위하여 그림 8에서와 같이 직사각형 화면을 $[-20, 20]\times[-5, 10]$으로 바꾸어 보자. 이때, $y=1$이 수평점근선임을 알 수 있는데, 다음 식으로부터 이를 쉽게 확인해 볼 수 있다.

$$\lim_{x\to\pm\infty}\frac{x^2+7x+3}{x^2}=\lim_{x\to\pm\infty}\left(1+\frac{7}{x}+\frac{3}{x^2}\right)=1$$

극솟값을 구하기 위하여 그림 9는 직사각형 화면을 $[-3, 0]\times[-4, 2]$로 축소한 것이다. 커서는 $x\approx-0.9$일 때 최솟값이 약 -3.1임과 주어진 함수는 $(-\infty, -0.9)$에서 감소하고, $(-0.9, 0)$에서 증가함을 보여준다. 정확한 값은 다음과 같이 함수의 미분을 이용하여 구할 수 있다.

$$f'(x)=-\frac{7}{x^2}-\frac{6}{x^3}=-\frac{7x+6}{x^3}$$

이는 $-\frac{6}{7}<x<0$일 때 $f'(x)>0$이고, $x<-\frac{6}{7}$이거나 $x>0$일 때 $f'(x)<0$임을 보여준다. 따라서 정확한 극솟값을 계산하면 $f\left(-\frac{6}{7}\right)=-\frac{37}{12}\approx-3.08$이다.

또한, 그림 9는 $x=-1$과 $x=-2$ 사이에서 변곡점이 있음을 보여주고 있다. 변곡점은 2계도함수의 그래프를 사용하여 더 정확하게 계산할 수 있었지만, 이 경우에는 그래프 없이도 다음과 같이 정확한 값을 쉽게 구할 수 있다.

$$f''(x)=\frac{14}{x^3}+\frac{18}{x^4}=\frac{2(7x+9)}{x^4}$$

에서 $x>-\frac{9}{7}$ $(x\neq0)$일 때, $f''(x)>0$임을 알 수 있다. 그러므로 $\left(-\frac{9}{7}, 0\right)$와 $(0, \infty)$에서 f는 위로 오목하고 $\left(-\infty, -\frac{9}{7}\right)$에서는 아래로 오목하다. 그리고 변곡점은 $\left(-\frac{9}{7}, -\frac{71}{27}\right)$이다. ■

예제 3 **그래프가 여러 개 필요한 경우** 함수 $f(x)=\dfrac{x^2(x+1)^3}{(x-2)^2(x-4)^4}$의 그래프를 그려라.

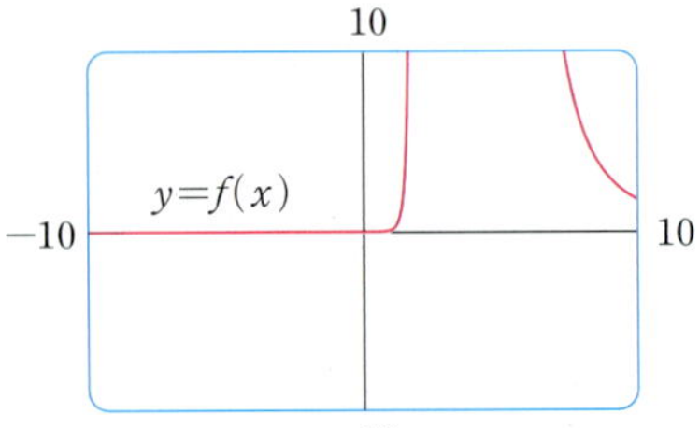

그림 10

풀이 먼저, 직사각형 화면 $[-10, 10]\times[-10, 10]$에서 f를 그려봄으로써 시작해보자. 그림 10에서 더욱 상세히 보기 위하여 화면을 확대하고, 더 큰 그림을 보기 위하여 화면을 축소하여야 한다는 생각을 가지게 된다. 분모에 있는 인수 $(x-2)^2$과 $(x-4)^4$으로 인하여 $x=2$와 $x=4$는 수직점근선이 될 것으로 예상된다. 실제로

$$\lim_{x\to2}\frac{x^2(x+1)^3}{(x-2)^2(x-4)^4}=\infty,\quad \lim_{x\to4}\frac{x^2(x+1)^3}{(x-2)^2(x-4)^4}=\infty$$

수평점근선을 구하기 위하여 분자와 분모를 x^6으로 나누면 다음을 얻는다.

$$\frac{x^2(x+1)^3}{(x-2)^2(x-4)^4}=\frac{\dfrac{x^2}{x^3}\cdot\dfrac{(x+1)^3}{x^3}}{\dfrac{(x-2)^2}{x^2}\cdot\dfrac{(x-4)^4}{x^4}}=\frac{\dfrac{1}{x}\left(1+\dfrac{1}{x}\right)^3}{\left(1-\dfrac{2}{x}\right)^2\left(1-\dfrac{4}{x}\right)^4}$$

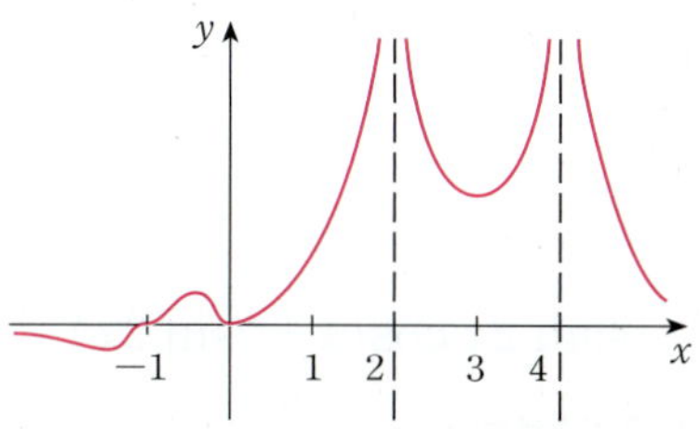

그림 11

이로부터 $x \to \pm\infty$일 때 $f(x) \to 0$임을 알 수 있으므로, x축은 수평점근선이다.

x절편 근방의 그래프에 대한 관찰은 아주 유용하다. 한편 x^2은 양이므로, 0에서 $f(x)$는 부호가 바뀌지 않는다. 따라서 0에서 x축을 가로지르지 않는다. 인수 $(x+1)^3$으로 인해 그래프는 -1에서 x축을 가로지르며 수평접선을 가진다. 도함수를 사용하지 않고 이러한 모든 정보를 통해 곡선의 그래프는 그림 11에서와 같이 나타남을 알 수 있다.

구하려는 것을 얻기 위해 화면을 여러 번 확대하여 그림 12와 13을, 화면을 여러 번 축소하여 그림 14를 얻을 수 있다.

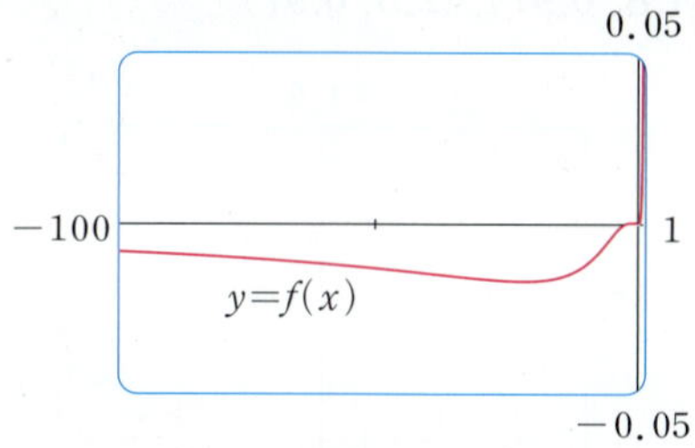

그림 12

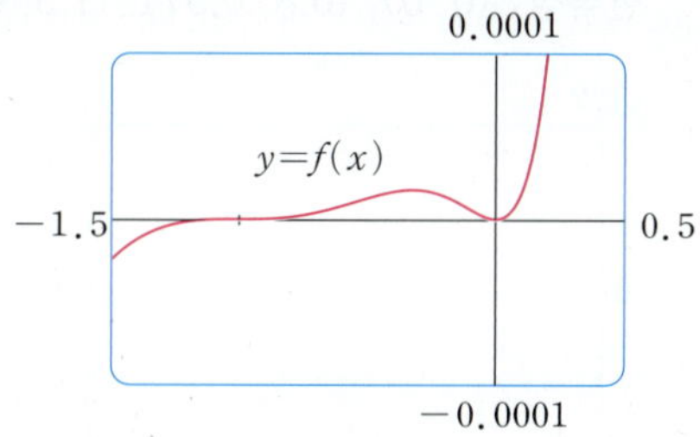

그림 13

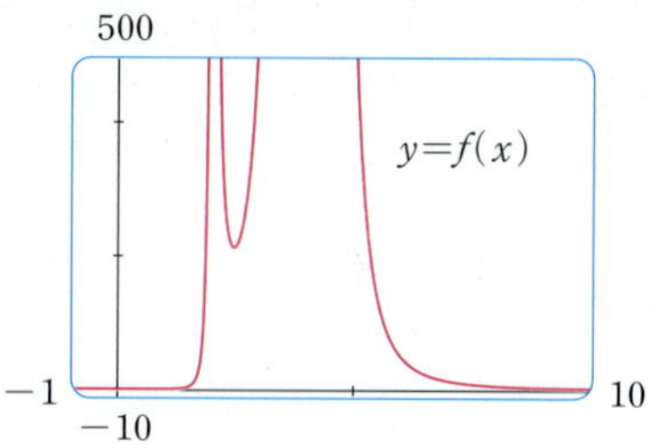

그림 14

이 그래프들로부터 $f(x)$의 최솟값은 $x \approx -20$일 때, 약 -0.02임을 알 수 있다. 또한, $x \approx -0.3$일 때 극댓값 약 0.00002를, $x \approx 2.5$일 때 극솟값 약 211을 갖는다. 그리고 이 그래프들은 -35, -5와 -1의 근방에서 세 개, -1과 0 사이에서 두 개의 변곡점을 가짐을 보이고 있다. 변곡점들을 엄밀하게 구하기 위해서는 f''의 그래프가 필요하지만, 손으로 f''를 구하는 것은 비이성적인 일이다. 이 특별한 함수에 대해서 세 개의 그림 12, 13과 14는 유용한 모든 정보를 알려주는데 필요한 것임을 보았다. 하나의 그래프로서 주어진 함수의 이러한 모양을 전부 나타내는 유일한 방법은 손으로 그리는 것이다. 과장과 찌그러짐에도 불구하고 그림 11은 함수의 필요한 성질을 종합적으로 나타내고 있다. ■

예제 4 함수 $f(x)=\sin(x+\sin 2x)$의 그래프를 그려라. $0 \le x \le \pi$에서 극값, 증가 또는 감소구간과 변곡점을 모두 구하여라.

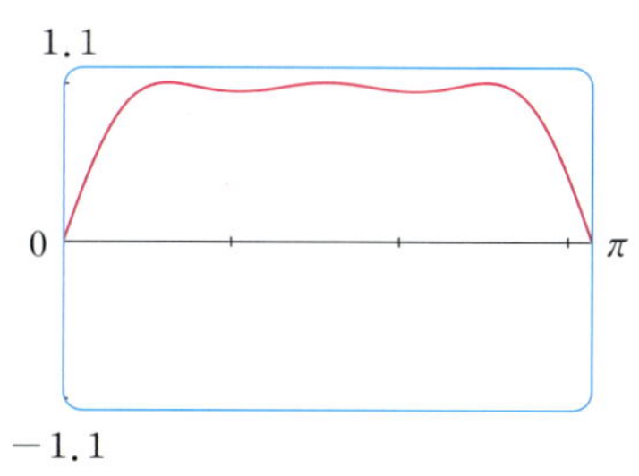

그림 15

풀이 f는 주기가 2π인 주기함수이다. 그리고 기함수이며, 모든 x에 대하여 $|f(x)| \le 1$이 성립한다. 따라서 이 함수에 대한 직사각형 화면은 문제되지 않으며, $[0, \pi] \times [-1.1, 1.1]$로 시작해보자. 그림 15는 세 개의 극댓값과 두 개의 극솟값을 보이고 있다. 이를 확인하고 더욱 정확하게 위치를 알기 위하여 $f(x)$의 도함수 $f'(x)$를 구하면 다음과 같다.

$$f'(x)=\cos(x+\sin 2x)\cdot(1+2\cos 2x)$$

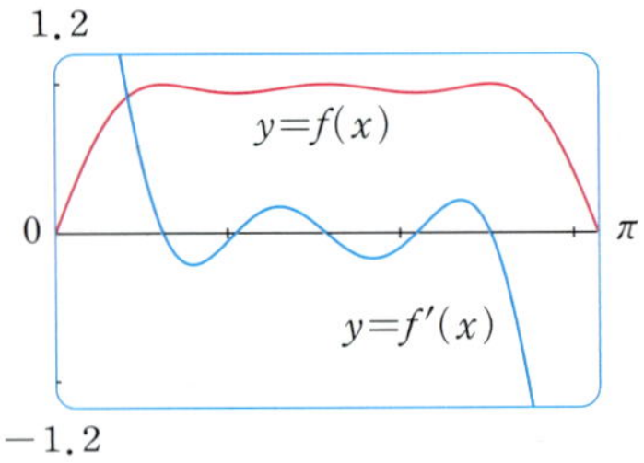

그림 16

그리고 그림 16에 $f(x)$와 $f'(x)$를 그려보자. 직사각형 화면을 확대(zoom-in)하고 1계도함수 판정법을 사용하여 다음을 구할 수 있다.

증가구간: $(0, 0.6)$, $(1.0, 1.6)$, $(2.1, 2.5)$

감소구간: $(0.6, 1.0)$, $(1.6, 2.1)$, $(2.5, \pi)$

극댓값: $f(0.6)\approx 1$, $f(1.6)\approx 1$, $f(1.5)\approx 1$

극솟값: $f(1.0)\approx 0.94$, $f(2.1)\approx 0.94$

2계도함수는 다음과 같다.

$$f''(x)=-(1+2\cos 2x)^2\sin(x+\sin 2x)-4\sin 2x\cos(x+2\sin 2x)$$

그림 17에서와 같이 f와 f''를 그려서 다음 근삿값을 구한다.

위로 오목한 구간: $(0.8, 1.3)$, $(1.8, 2.3)$

아래로 오목한 구간: $(0, 0.8)$, $(1.3, 1.8)$, $(2.3, \pi)$

변곡점: $(0, 0)$, $(0.8, 0.97)$, $(1.3, 0.97)$, $(1.8, 0.97)$, $(2.3, 0.97)$

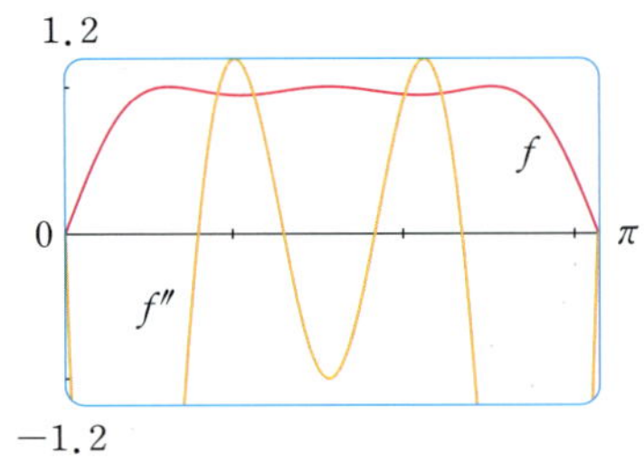

그림 17

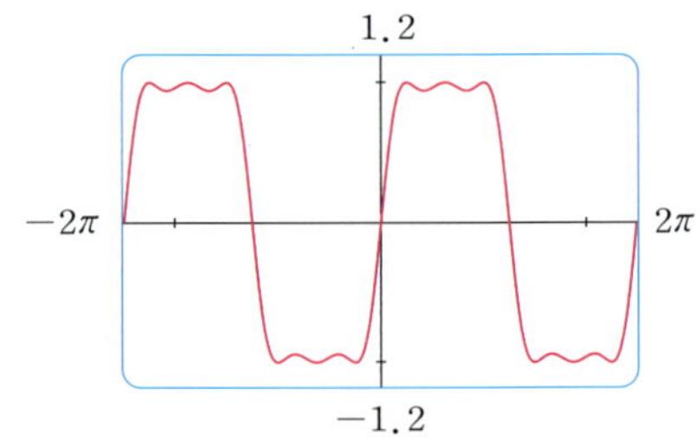

그림 18

그림 15가 $0\le x\le\pi$에서 f를 정확하게 나타낸 것과 같이, 그림 18은 $-2\pi\le x\le 2\pi$에서 확장된 그래프를 정확하게 그린 것이다. ■

예제 5 곡선족 그리기 c가 변할 때, 함수 $f(x)=1/(x^2+2x+c)$는 어떻게 변하는지 말하여라.

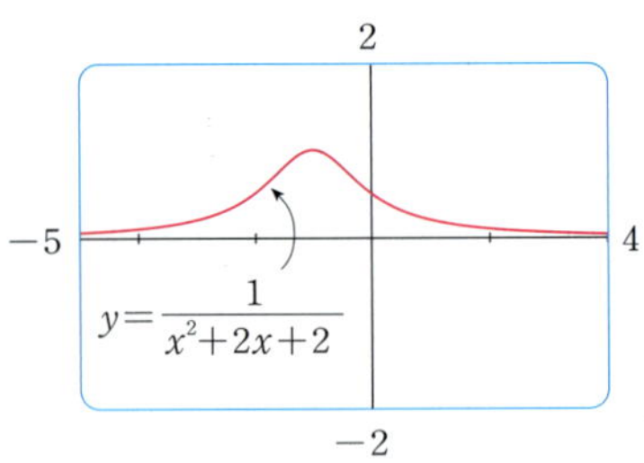

그림 19 $c=2$

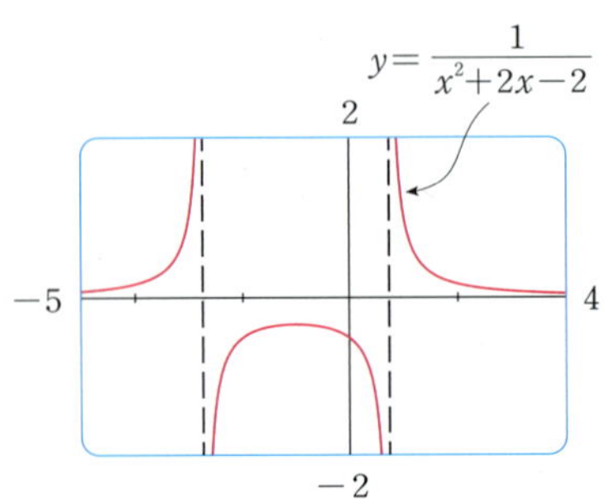

그림 20 $c=-2$

풀이 그림 19와 20은 각각 $c=2$와 $c=-2$인 경우의 그래프로서 아주 다른 두 곡선을 보여준다. 더 많은 그래프를 그리기 전에, 이 함수족이 공통으로 갖는 성질에 대해 알아보자. 임의의 c에 대하여

$$\lim_{x\to\pm\infty}\frac{1}{x^2+2x+c}=0$$

이므로, 함수족은 모두 x축을 수평점근선으로 가진다. 수직점근선은 $x^2+2x+c=0$일 때, 생긴다. 이 이차방정식을 풀면 $x=-1\pm\sqrt{1-c}$이다. $c>1$이면 그림 19에서와 같이 수직점근선을 갖지 않는다. $c=1$이면

$$\lim_{x\to-1}\frac{1}{x^2+2x+1}=\lim_{x\to-1}\frac{1}{(x+1)^2}=\infty$$

이므로, 그래프는 단 하나의 수직점근선 $x=-1$을 가진다. 그리고 $c<1$이면 그림 20에서와 같이 두 개의 수직점근선 $x=-1+\sqrt{1-c}$와 $x=-1-\sqrt{1-c}$를 갖는다.

이제 $f(x)$의 도함수를 계산하면 다음과 같다.

$$f'(x) = -\frac{2x+2}{(x^2+2x+c)^2}$$

$c \neq 1$이고 $x=-1$이면 $f'(x)=0$, $x<-1$이면 $f'(x)>0$이고, $x>-1$이면 $f'(x)<0$임을 알 수 있다. $c \geq 1$인 경우, f는 $(-\infty, -1)$에서 증가하고 $(-1, \infty)$에서는 감소한다. 그리고 $c>1$이면, 최댓값 $f(-1)=1/(c-1)$을 갖는다. $c<1$인 경우는 $f(-1)=1/(c-1)$은 극댓값이며, 증가와 감소구간은 수직점근선에서 구해진다. 그림 21은 함수족의 5가지 경우를 직사각형 화면 $[-5, 4] \times [-2, 2]$로 그린 것이다. 우리가 예측한 바와 같이 $c=1$은 두 개의 수직점근선으로부터 하나로, 그리고 수직점근선이 없는 곳으로 변화가 일어나는 값이다.

1에서부터 c가 증가할 때 극대점이 점점 낮아짐을 알 수 있는데, 이는 $c \to \infty$일 때 $1/(c-1) \to 0$에서 설명된다. 1에서 c가 감소할 때는 두 수직점근선은 그들 사이의 거리가 $2\sqrt{1-c}$로서 점점 더 넓게 분리되며, $c \to -\infty$일 때 아주 멀어진다. 그리고 $c \to -\infty$일 때 $1/(c-1) \to 0$이므로 극대점은 x축에 접근한다.

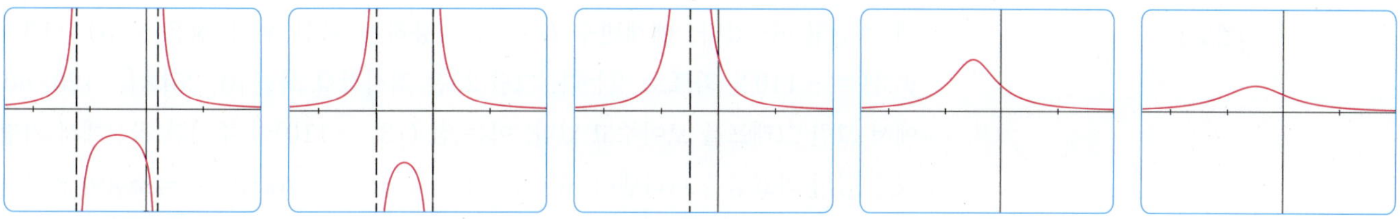

$c=-1$ $c=0$ $c=1$ $c=2$ $c=3$

그림 21 함수족 $f(x)=1/(x^2+2x+c)$

$c \leq 1$이면 변곡점은 존재하지 않는다. $c>1$인 경우에 $f''(x)$를 구해보자.

$$f''(x) = \frac{2(3x^2+6x+4-c)}{(x^2+2x+c)^3}$$

변곡점은 $x=-1 \pm \sqrt{3(c-1)}/3$에서 일어난다. 따라서 변곡점은 c가 증가할 때 더욱 펼쳐지게 되며, 이는 그림 21의 마지막 두 그림으로부터 그럴듯하게 보인다. ■

2.9절에서 우리는 매개변수곡선을 그리기 위하여 그래핑 장치를 사용하였으며, 5.4절에서는 매개변수곡선의 접선에 대해 알아보았다. 마지막 예로서 매개변수구간이나 직사각형 화면이 곡선의 모든 주요한 모양을 나타냄을 확실하게 하기 위하여 미분을 사용하고자 한다.

예제 6 다음 매개변수방정식에서 곡선의 주요한 모양이 나타나도록 직사각형 화면에 그려라. 그리고 곡선상의 흥미 있는 점들의 좌표를 구하여라.

$$x(t)=t^2+t+1, \quad y(t)=3t^4-8t^3-18t^2+25$$

풀이 그림 22는 직사각형 화면 $[0, 4] \times [-20, 60]$에서 이 곡선의 그래프를 보이고 있다. 곡선의 교점인 점 P를 향하여 확대(zoom-in)하여, P의 좌표(1.50, 22.25)

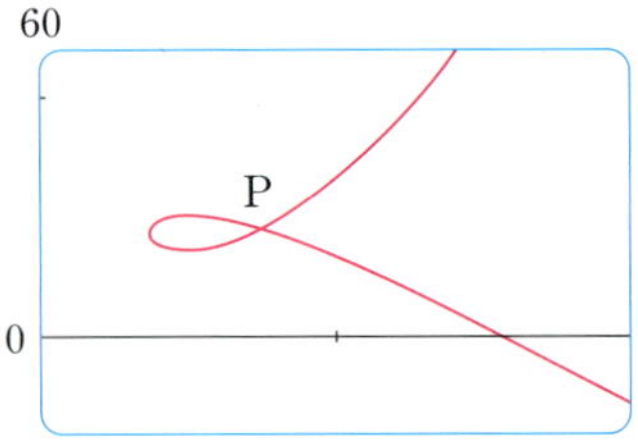

그림 22

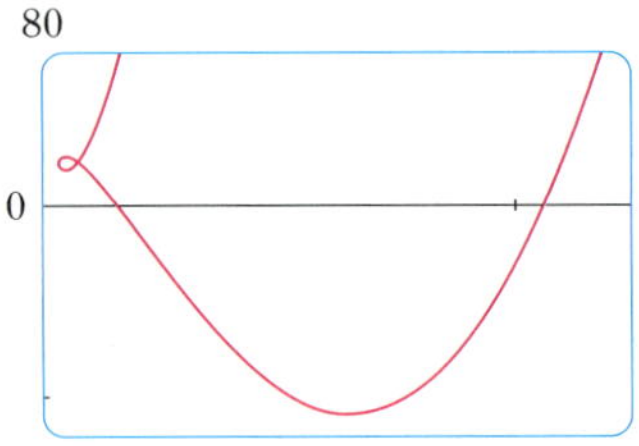

그림 23

를 구할 수 있다. 고리모양(loop)에서 가장 높은 점의 좌표는 (1, 25), 가장 낮은 점의 좌표는 (1, 18)이고 가장 왼쪽에 있는 점의 좌표는 (0.75, 21.7)이다. 주어진 곡선의 흥미 있는 모든 모양을 확인하기 위하여 우리는 미분을 사용할 필요가 있다.

매개변수방정식의 미분법으로부터 다음을 알 수 있다.

$$\frac{dy}{dx}=\frac{dy/dt}{dx/dt}=\frac{12t^3-24t^2-36t}{2t+1}$$

수직접선은 $dx/dt=2t+1=0$일 때, 즉 $t=-\frac{1}{2}$에서 일어난다. 그러므로 되돌림의 가장 왼쪽에 있는 점의 정확한 좌표는 $x\left(-\frac{1}{2}\right)=0.75$와 $y\left(-\frac{1}{2}\right)=21.6875$이다. 또한

$$\frac{dy}{dt}=12t(t^2-2t-3)=12t(t+1)(t-3)$$

이므로, 수평접선은 $t=0$, -1과 3에서 일어난다. 되돌림의 바닥에 있는 점은 $t=-1$에 대응하며, 실제로 그 점의 좌표는 $x(-1)=1$과 $y(-1)=18$이다. 비슷한 방법으로 되돌림의 정상에 있는 점의 좌표 $x(0)=1$과 $y(0)=25$도 정확하게 계산할 수 있다. 매개변수 $t=3$에 대응하는 곡선 위의 점은 $x(3)=13$과 $y(3)=-110$을 좌표로 갖는다. 그림 23은 직사각형 화면 $[0, 25]\times[-120, 80]$에서 그린 그래프를 보여주고 있다. 이는 점 $(13, -110)$이 주어진 곡선에서 가장 낮은 점의 좌표임을 나타낸다. 우리는 더 이상 숨겨진 극대점이나 극소점이 없음을 확신할 수 있다. ■

6.4 연습문제

(1~8) 다음 곡선의 모든 주요한 모양을 나타나도록 그래프를 그려라. 특히, 증가 또는 감소구간과 극값, 오목에 대한 구간과 변곡점을 계산하기 위하여 f'와 f''의 그래프를 사용해야 한다.

1. $f(x)=4x^4-7x^2+4x+6$
2. $f(x)=8x^5+45x^4+80x^3+90x^2+200x$
3. $f(x)=x^6-10x^5-400x^4+2500x^3$
4. $f(x)=\dfrac{x^2-1}{40x^3+x+1}$
5. $f(x)=\dfrac{x}{x^3-x^2-4x+1}$
6. $f(x)=\tan x+5\cos x$
7. $f(x)=x^2-4x+7\cos x,\quad -4\le x\le 4$
8. $f(x)=\dfrac{e^x}{x^2-9}$

(9~10) 다음 곡선의 모든 주요한 모양을 나타나도록 그래프를 그려라. 증가 또는 감소구간, 오목에 대한 구간을 구하고, 이들의 정확한 값을 구하기 위해 미분을 사용하여라.

9. $f(x)=1+\dfrac{1}{x}+\dfrac{8}{x^2}+\dfrac{1}{x^3}$
10. $f(x)=\dfrac{1}{x^8}-\dfrac{2\times10^8}{x^4}$

(11~12) 도함수는 사용하지 않고 점근선과 절편을 사용하여 손으로 다음 함수의 그래프를 그려라. 이를 이용하여 곡선의 주요한 모양을 나타내도록 그래픽 장치로 그래프를 그려라. 또한, 이 그래프를 이용하여 극값을 구하여라.

11. $f(x)=\dfrac{(x+4)(x-3)^2}{x^4(x-1)}$
12. $f(x)=\dfrac{(2x+3)^2(x-2)^5}{x^3(x-5)^2}$

CAS 13. 예제 3에서 취급한 함수 f에 대하여, f'를 계산하기 위하여 컴

퓨터를 사용하고 예제에서 구한 모든 극값을 확인하기 위하여 그래프를 그려라. 또한, f''를 구하고 오목에 대한 구간과 변곡점을 계산하기 위하여 이를 이용하여라.

CAS 14. f가 연습문제 12의 함수일 때, f'와 f''를 구하여라. 이를 이용하여 f의 증가 또는 감소, 오목에 대한 구간을 구하여라.

CAS (15~19) 컴퓨터를 이용하여 다음 함수 f의 그래프를 그리고 f'와 f''를 구하여라. 이들 도함수의 그래프를 사용하여 f의 증가 또는 감소구간과 극값, 오목에 대한 구간 및 변곡점을 계산하여라.

15. $f(x)=\dfrac{\sqrt{x}}{x^2+x+1}$

16. $f(x)=\dfrac{x^{2/3}}{1+x+x^4}$

17. $f(x)=\sqrt{x+5\sin x},\quad x\le 20$

18. $f(x)=(x^2-1)e^{\arctan x}$

19. $f(x)=\dfrac{1-e^{1/x}}{1+e^{1/x}}$

20. $f(x)=e^x+\ln|x-4|$의 그래프가 이 함수의 특성을 모두 나타내도록 직사각형창을 여러 가지로 그려라.

21. 예제 4에서 우리는 FM합성에서 나타나는 함수족 $f(x)=\sin(x+\sin cx)$의 한 원소에 대해 생각하였다. 여기서, 우리는 $c=3$인 경우를 생각한다. 직사각형 화면을 $[0,\ \pi]\times[-1.2,\ 1.2]$로 하여 시작해보자. 몇 개의 극대점이 보이는가? 그래프는 그냥 눈에 보이는 것보다 더 많은 극대점과 극소점이 있다. 숨겨진 극대점과 극소점을 구하기 위하여 f'의 그래프를 아주 조심스럽게 조사할 필요가 있다. 실제로 동시에 f''의 그래프를 살펴보는 것도 도움을 준다. 모든 극댓값, 극솟값과 변곡점을 구하여라. 그리고 직사각형 화면을 $[-2\pi,\ 2\pi]\times[-1.2,\ 1.2]$로 f의 그래프를 그리고 대칭에 대해 설명하여라.

22. 다음 곡선에서 가장 왼쪽에 있는 점의 좌표를 그래프를 사용하여 구하여라. 또한, 미분을 사용하여 정확한 좌표를 구하여라.

$$x=t^4-t^2,\quad y=t+\ln t$$

(23~24) 다음 곡선의 모든 주요한 모양이 직사각형 화면에 나타내도록 그래프를 그려보아라. 그리고 수직접선과 수평접선을 가지는 점을 구하여라.

23. $x=t^4-2t^3-2t^2,\quad y=t^3-t$

24. $x=t^4+4t^3-8t^2,\quad y=2t^2-t$

25. 매개변수방정식 $x=t^3-ct$, $y=t^2$에 의해서 주어진 곡선족에 대하여 조사해보자. 특히, 고리모양(loop)이 존재하기 위한 c의 값을 정하고 곡선의 교점을 구하여라. c가 증가하면 되돌림은 어떻게 변하는가? 고리모양의 가장 왼쪽과 가장 오른쪽에 있는 점의 좌표를 구하여라.

26. $f(t)=C(e^{-at}-e^{-bt})$로 이루어진 함수족은 $t=0$에서 혈액으로 주사된 약품의 농도에 대한 모형으로 사용된다. 여기서 a, b, C는 양수이며 $b>a$이다. 이 함수족에 속하는 여러 함수의 그래프를 그려보아라. 그들은 공통으로 무엇을 가지는가? 고정된 C와 a의 값에 대하여, b가 증가할 때 기하학적으로 어떻게 변하는지 알아보아라. 그리고 미분을 사용하여 알아본 결과를 증명하여라.

(27~33) 다음 함수족에서 c가 변할 때, f는 어떻게 변하는지 설명하여라. 이를 위하여 함수족에 속하는 여러 함수의 그래프를 그려보아라. 특히, c가 움직일 때 극대점, 극소점과 변곡점은 어떻게 변하는지 조사하여라. 곡선의 기본적인 모양이 바뀌는 c의 값을 구하여라.

27. $f(x)=x^4+cx^2$

28. $f(x)=x^3+cx$

29. $f(x)=e^x+ce^{-x}$

30. $f(x)=\ln(x^2+c)$

31. $f(x)=\dfrac{cx}{1+c^2x^2}$

32. $f(x)=\dfrac{1}{(1-x^2)^2+cx^2}$

33. $f(x)=cx+\sin x$

34. 방정식 $f(x)=x^4+cx^2+x$에 의해서 주어진 곡선족에 대해 조사해보자. 변곡점의 수가 바뀌는 c의 값을 구하는 것에서부터 시작해보자. 곡선의 가능한 여러 모양을 알아보기 위해 곡선족에 속하는 여러 곡선들의 그래프를 그려보아라. 임계점이 변하는 다른 c의 값을 구하여라. 기하학적으로 찾도록 노력해보아라. 그리고 알아낸 값을 증명하여라.

35. (a) 방정식 $f(x)=cx^4-2x^2+1$에 의해서 주어진 다항식족에 대해 조사해보자. 주어진 곡선이 극소점을 가지는 c의 값을 구하여라.

(b) 주어진 다항식족에 속하는 모든 곡선의 극대점과 극소점은 포물선 $y=1-x^2$ 위에 놓여 있음을 보여라. 이 포물선과 다항식족에 속하는 여러 곡선들을 그려라.

36. (a) 방정식 $f(x)=2x^3+cx^2+2x$에 의해서 주어진 곡선족에 대해 조사해보자. 주어진 곡선이 극대점과 극소점을 가지는 c의 값을 구하여라.

(b) 주어진 다항식족에 속하는 모든 곡선의 극대점과 극소점은 곡선 $y=x-x^3$ 위에 놓여 있음을 보여라. 이 곡선과 다항식족에 속하는 여러 곡선들을 그려라.

6.5 부정형과 로피탈의 법칙

함수 $F(x)=\dfrac{\ln x}{x-1}$의 행동을 분석해보자. F는 $x=1$에서 정의되지는 않지만 F가 1의 가까이에서 어떻게 행동하는지를 알 필요가 있다. 특히, 극한값

1 $$\lim_{x\to 1}\frac{\ln x}{x-1}$$

을 알고 싶다. 이 극한값을 계산함에 있어서 4.3절에 있는 분모의 극한값이 0이 되기 때문에 극한값의 법칙 5를 적용할 수 없다. 사실, **1**에 있는 극한값은 존재하지만, 분자와 분모가 0으로 수렴하고 $\dfrac{0}{0}$은 정의되지 않았기 때문에 극한값이 분명하지 않다.

일반적으로 $x\to a$일 때 $f(x)\to 0$이고 $g(x)\to 0$인 극한값

$$\lim_{x\to a}\frac{f(x)}{g(x)}$$

는 존재할 수도 있고 존재하지 않을 수도 있으며 이러한 형태의 극한을 **$\dfrac{0}{0}$ 형태의 부정형**이라고 부른다. 제4장에서 이러한 형태의 극한의 문제를 보았다. 유리함수에 대해서 공통 인수를 약분한다.

$$\lim_{x\to 1}\frac{x^2-x}{x^2-1}=\lim_{x\to 1}\frac{x(x-1)}{(x+1)(x-1)}=\lim_{x\to 1}\frac{x}{(x+1)}=\frac{1}{2}$$

극한값 $$\lim_{x\to 0}\frac{\sin x}{x}=1$$

을 보이기 위하여 기하적 논법을 사용했다. 그러나 이러한 방법들은 **1**과 같은 극한에 대해서는 적합하지 못하다. 그래서 이 절에서 부정형 형태의 극한값을 구하기 위하여 로피탈(L'Hospital)의 법칙이라고 알려진 체계적인 방법을 소개하고자 한다.

극한값이 분명하지 않은 또 다른 경우는, $x\to\infty$일 때 생기며 극한

2 $$\lim_{x\to\infty}\frac{\ln x}{x-1}$$

을 구할 필요가 있다. $x\to\infty$일 때 분자와 분모가 커지기 때문에 이 극한을 어떻게 구할 것인지가 분명하지 않다. 분자와 분모 사이에 투쟁이 있다. 분자가 이기면 극한은 ∞가 되고 분모가 이기면 답은 0이 될 것이다. 혹은 타협이 이루어 질 수도 있다. 이 경우에 답은 어떤

유한 양수가 될 수도 있다. 일반적으로 $x \to a$일 때 $f(x) \to \infty$ (혹은 $-\infty$)이고 $g(x) \to \infty$ (혹은 $-\infty$)인 극한값

$$\lim_{x \to a} \frac{f(x)}{g(x)}$$

는 존재할 수도 있고 존재하지 않을 수도 있으며 이러한 형태의 극한을 $\frac{\infty}{\infty}$ **형태의 부정형**이라고 부른다. 4.5절에서 유리함수를 포함해서 어떤 함수들에 대해서는 분모의 최고차항으로 분자와 분모를 나눔으로서 이러한 형태의 극한을 구할 수 있음을 보았다. 예를 들어

$$\lim_{x \to \infty} \frac{x^2-1}{2x^2+1} = \lim_{x \to \infty} \frac{1-\dfrac{1}{x^2}}{2+\dfrac{1}{x^2}} = \frac{1-0}{2+0} = \frac{1}{2}$$

● 로피탈의 법칙은 프랑스 귀족 로피탈(Marquis de l'Hospital, 1661~1704)의 이름을 따서 지어졌다. 그러나 그것은 스위스 수학자 베르누이(John Bernoulli, 1667~1748)가 발견했다. Marquis가 자기 법칙을 사용한 예에 대하여는 연습문제 61을 보아라.

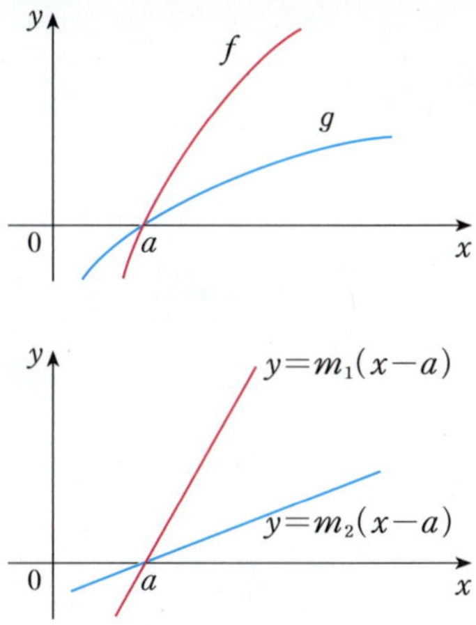

그림 1

이러한 방법은 **2**와 같은 극한에 대해서는 적합하지 않다. 그러나 로피탈의 법칙은 이러한 부정형의 모양에 대해서 적용할 수 있다.

> **로피탈의 법칙** f와 g가 미분가능하고 $x=a$의 근방(가능한 한 a를 제외한) 에서 $g'(x) \neq 0$라고 가정하자.
>
> $$\lim_{x \to a} f(x) = 0 \text{과 } \lim_{x \to a} g(x) = 0$$
> $$\text{또는 } \lim_{x \to a} f(x) = \pm\infty \text{와 } \lim_{x \to a} g(x) = \pm\infty$$
>
> 라 가정하자(즉, $\frac{0}{0}$과 $\frac{\infty}{\infty}$ 형태의 부정형을 갖는다고 하자). 그러면
>
> $$\lim_{x \to a} \frac{f(x)}{g(x)} = \lim_{x \to a} \frac{f'(x)}{g'(x)}$$
>
> 가 성립한다(단, 오른쪽편의 극한값이 존재할 때 (또는 ∞이거나 $-\infty$일 때)).

● 그림 1은 로피탈의 법칙이 눈으로 봐도 왜 참인가를 암시한다. 첫 번째 그래프는 2차 미분가능한 함수 f와 g를 보여준다. 각각은 $x \to a$일 때 0으로 수렴한다. 점 $(a, 0)$를 향해 확대한다면 그래프는 거의 선형적으로 보일 것이다. 그러나 함수들이 실제로 선형적이라면 두 번째 그래프에서 비율이

$$\frac{m_1(x-a)}{m_2(x-a)} = \frac{m_1}{m_2}$$

가 되는데 그것은 도함수들의 비율이다. 이것은

$$\lim_{x \to a} \frac{f(x)}{g(x)} = \lim_{x \to a} \frac{f'(x)}{g'(x)}$$

임을 암시한다.

참고 1 로피탈의 법칙은 주어진 조건을 만족하는 함수들의 몫의 극한이 그들의 도함수들의 몫의 극한과 같다는 것을 말한다. 로피탈의 법칙을 사용하기 전에 f와 g의 극한들에 관한 조건들을 살피는 것이 특히 중요하다.

참고 2 로피탈의 법칙은 $x \to a$ 대신에 $x \to a^+$, $x \to a^-$, $x \to \infty$, $x \to -\infty$의 어느 하나로 바꾸어 놓아도 성립한다.

참고 3 $f(a)=g(a)=0$이고 f'과 g'이 연속이며 $g'(a) \neq 0$인 특별한 경우에 로피탈의 법칙이 성립함을 보이는 것은 쉽다. 사실, 도함수의 정의의 대체 형태를 이용해서

$$\lim_{x \to a} \frac{f'(x)}{g'(x)} = \frac{f'(a)}{g'(a)} = \frac{\displaystyle\lim_{x \to a} \frac{f(x)-f(a)}{x-a}}{\displaystyle\lim_{x \to a} \frac{g(x)-g(a)}{x-a}}$$

$$= \lim_{x \to a} \frac{\dfrac{f(x)-f(a)}{x-a}}{\dfrac{g(x)-g(a)}{x-a}} = \lim_{x \to a} \frac{f(x)-f(a)}{g(x)-g(a)} = \lim_{x \to a} \frac{f(x)}{g(x)}$$

이다. 더 일반적인 형태의 로피탈의 법칙은 훨씬 어렵다.

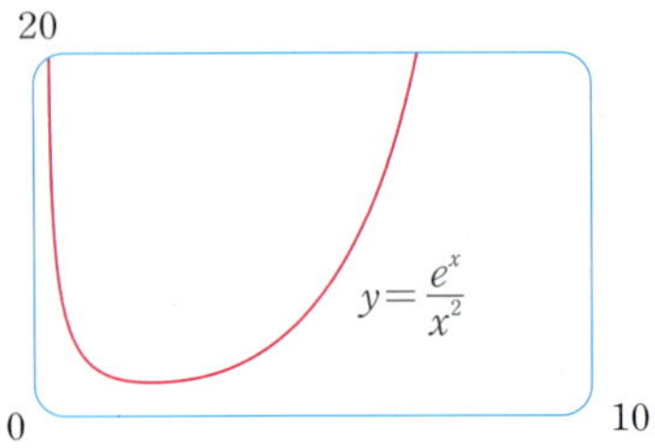

그림 2

예제 1 **부정형 $\frac{0}{0}$ 꼴** $\lim_{x\to 1}\frac{\ln x}{x-1}$를 구하여라.

풀이 $\lim_{x\to 1}\ln x=\ln 1=0$와 $\lim_{x\to 1}(x-1)=0$이기 때문에 다음과 같다.

$$\lim_{x\to 1}\frac{\ln x}{x-1}=\lim_{x\to 1}\frac{\frac{d}{dx}\ln x}{\frac{d}{dx}(x-1)}=\lim_{x\to 1}\frac{\frac{1}{x}}{1}=\lim_{x\to 1}\frac{1}{x}=1$$ ■

● 예제 2의 함수의 그래프가 그림 2에 있다. 지수함수가 멱함수보다 좀더 빨리 커져간다는 것은 이미 주목했다. 그래서 예제 2의 결과는 기대하지 못한 것이다. 또한 연습문제 63을 보아라.

예제 2 **부정형 $\frac{\infty}{\infty}$ 꼴** $\lim_{x\to\infty}\frac{e^x}{x^2}$을 구하여라.

풀이 $\lim_{x\to\infty}e^x=\infty$이고 $\lim_{x\to\infty}x^2=\infty$이므로, 로피탈의 법칙에 의하여

$$\lim_{x\to\infty}\frac{e^x}{x^2}=\lim_{x\to\infty}\frac{\frac{d}{dx}(e^x)}{\frac{d}{dx}(x^2)}=\lim_{x\to\infty}\frac{e^x}{2x}$$

가 성립한다. $x\to\infty$일 때 $e^x\to\infty$이고 $2x\to\infty$이므로, 위 식의 오른쪽편의 극한은 또한 부정형이다. 그러나 두 번 로피탈의 법칙을 적용하면 다음과 같다.

$$\lim_{x\to\infty}\frac{e^x}{x^2}=\lim_{x\to\infty}\frac{e^x}{2x}=\lim_{x\to\infty}\frac{e^x}{2}=\infty$$ ■

● 예제 3의 함수의 그래프가 그림 3에 있다. 로그의 완만한 성장을 이미 논했다. 그래서 $x\to\infty$일 때 0으로 수렴하는 것이 놀랍지 않다. 또한 연습문제 64를 보아라.

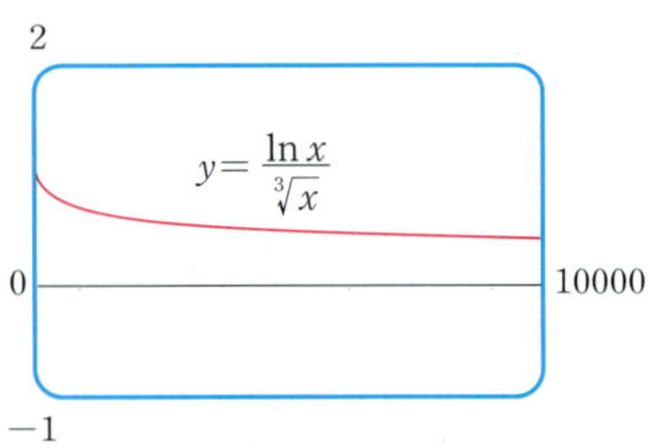

그림 3

예제 3 $\lim_{x\to\infty}\frac{\ln x}{\sqrt[3]{x}}$를 구하여라.

풀이 $x\to\infty$일 때 $\ln x\to\infty$이고 $\sqrt[3]{x}\to\infty$이므로 로피탈의 법칙에 의하여

$$\lim_{x\to\infty}\frac{\ln x}{\sqrt[3]{x}}=\lim_{x\to\infty}\frac{\frac{1}{x}}{\frac{1}{3}x^{-2/3}}$$

이다. 오른쪽은 $\frac{0}{0}$ 형태이다. 그러나 예제 2에서 했던 것처럼 로피탈의 법칙을 두 번 적용할 필요가 없다.

$$\lim_{x\to\infty}\frac{\ln x}{\sqrt[3]{x}}=\lim_{x\to\infty}\frac{\frac{1}{x}}{\frac{1}{3}x^{-2/3}}=\lim_{x\to\infty}\frac{3}{\sqrt[3]{x}}=0$$ ■

예제 4 **로피탈의 법칙 세 번 이용하기** $\lim_{x\to 0}\frac{\tan x-x}{x^3}$를 구하여라.

풀이 $x\to 0$일 때 $\tan x-x\to 0$이고 $x^3\to 0$이므로

● 그림 4의 그래프는 예제의 결과를 눈으로 확신케 한다. 그러나 너무 멀리 확대하면 부정확한 그래프를 얻게 된다. 왜냐하면 x가 작아지면 $\tan x$는 x에 가까이 가기 때문이다. 4.2절에 있는 연습문제 30(d)를 보라.

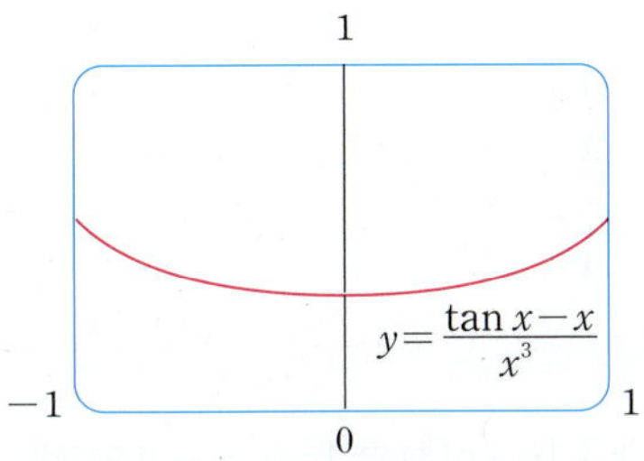

그림 4

$$\lim_{x\to 0}\frac{\tan x - x}{x^3}=\lim_{x\to 0}\frac{\sec^2 x-1}{3x^2}$$

오른쪽이 $\frac{0}{0}$ 형태이므로

$$\lim_{x\to 0}\frac{\sec^2 x-1}{3x^2}=\lim_{x\to 0}\frac{2\sec^2 x\tan x}{6x}$$

이고, $\lim_{x\to 0}\sec^2 x=1$이기 때문에

$$\lim_{x\to 0}\frac{2\sec^2 x\tan x}{6x}=\frac{1}{3}\lim_{x\to 0}\sec^2 x\cdot\lim_{x\to 0}\frac{\tan x}{x}=\frac{1}{3}\lim_{x\to 0}\frac{\tan x}{x}$$

이다. 또 한 번 로피탈의 법칙을 적용하면 다음과 같다.

$$\lim_{x\to 0}\frac{\tan x - x}{x^3}=\lim_{x\to 0}\frac{\sec^2 x-1}{3x^2}=\lim_{x\to 0}\frac{2\sec^2 x\tan x}{6x}$$
$$=\frac{1}{3}\lim_{x\to 0}\frac{\tan x}{x}=\frac{1}{3}\lim_{x\to 0}\frac{\sec^2 x}{1}=\frac{1}{3}$$ ■

예제 5 $\lim_{x\to\pi^-}\frac{\sin x}{1-\cos x}$를 구하여라.

풀이 로피탈의 법칙을 적용한다면

$$\lim_{x\to\pi^-}\frac{\sin x}{1-\cos x}=\lim_{x\to\pi^-}\frac{\cos x}{\sin x}=-\infty$$

이다. 그러나 이것은 잘못이다. 왜냐하면 $x\to\pi^-$일 때 $\sin x\to 0$이지만 분자는 $1-\cos x\to 2$이므로 로피탈의 법칙을 적용하지 못한다. 함수가 연속이고 분모가 π에서 0이 아니므로 다음과 같이 극한을 구하기가 쉽다.

$$\lim_{x\to\pi^-}\frac{\sin x}{1-\cos x}=\frac{\sin\pi}{1-\cos\pi}=\frac{0}{1-(-1)}=0$$ ■

예제 5는 생각없이 로피탈의 법칙을 적용하면 잘못된 결과를 얻을 수 있다는 것을 보여준다.

▷ 부정형의 곱들

$\lim_{x\to a}f(x)=0$이고 $\lim_{x\to a}g(x)=\infty$ (또는 $-\infty$)이면, $\lim_{x\to a}f(x)g(x)$의 값은 분명치 않을 것이다. 그것은 f와 g 사이의 경쟁이 있기 때문이다. f가 이기면 답은 0이 될 것이고 g가 이기면 ∞ (또는 $-\infty$)가 될 것이다. 혹은 타협이 이루어지면 답은 0이 아닌 유한 값이 될 것이다. 극한의 이러한 형태를 **$0\cdot\infty$ 형태의 부정형**이라고 부른다. 곱 fg을 분수로 나타냄으로써 다룰 수 있다.

$$fg=\frac{f}{1/g}\quad\text{또는}\quad fg=\frac{g}{1/f}$$

주어진 극한을 $\frac{0}{0}$ 또는 $\frac{\infty}{\infty}$ 형태의 부정형으로 바꿈으로써 로피탈의 법칙을 적용할 수 있다.

예제 6 $\lim_{x \to 0^+} x \ln x$를 구하여라(곡선 $y = x \ln x$를 그리기 위하여 도함수로부터 얻은 정보와 이 극한의 지식을 이용하여라).

풀이 $x \to 0^+$일 때 $x \to 0$이고 $\ln x \to -\infty$이므로 주어진 극한은 부정형이다.

$x = \dfrac{1}{\frac{1}{x}}$이고 $x \to 0^+$일 때 $\dfrac{1}{x} \to \infty$이므로 로피탈의 법칙에 의하여

$$\lim_{x \to 0^+} x \ln x = \lim_{x \to 0^+} \frac{\ln x}{\frac{1}{x}} = \lim_{x \to 0^+} \frac{\frac{1}{x}}{\frac{-1}{x^2}}$$

$$= \lim_{x \to 0^+} (-x) = 0$$

이다. $f(x) = x \ln x$라면 $f'(x) = x \cdot \dfrac{1}{x} + \ln x = 1 + \ln x$이므로 $\ln x = -1$일 때 $f'(x) = 0$이다. 즉 $x = e^{-1}$이다. 사실 $x > e^{-1}$일 때 $f'(x) > 0$이고 $x < e^{-1}$일 때 $f'(x) < 0$이므로 f는 구간 $\left(\dfrac{1}{e}, \infty\right)$에서 증가이고 $\left(0, \dfrac{1}{e}\right)$에서는 감소함수이다. 그러므로 $f(1/e) = -1/e$는 극솟값(사실은 최솟값)이다. 또한, $f''(x) = 1/x > 0$이므로 f는 $(0, \infty)$에서 위로 오목이다. 이 정보와 $\lim_{x \to 0^+} f(x) = 0$을 이용하여 그림 5의 그래프를 그릴 수 있다. ■

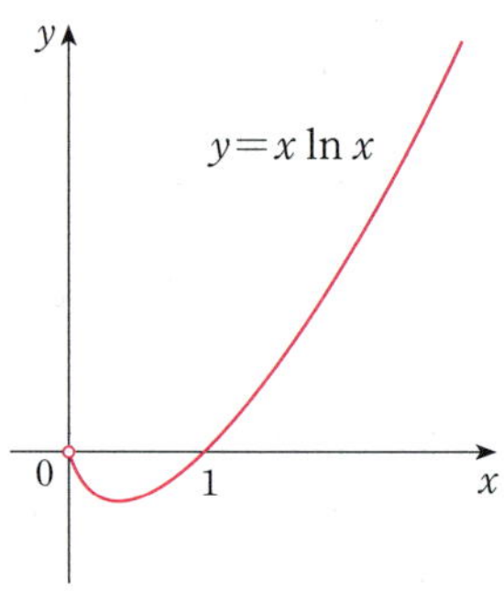

그림 5

참고 예제 6을 해결함에 있어서 다른 가능한 선택은

$$\lim_{x \to 0^+} x \ln x = \lim_{x \to 0^+} \frac{x}{1/\ln x}$$

로 표현하는 것이다. 이것은 $\dfrac{0}{0}$형태의 부정형이지만 로피탈의 법칙을 이용하면 먼저 했던 것보다 좀 더 복잡한 표현이 된다. 일반적으로 부정형의 곱을 다시 쓸 때는 좀 더 단순한 극한이 되도록 선택을 하도록 노력한다.

▷ 부정형의 차

$\lim_{x \to a} f(x) = \infty$이고 $\lim_{x \to a} g(x) = \infty$일 때, 극한

$$\lim_{x \to a} [f(x) - g(x)]$$

을 $\infty - \infty$형태의 부정형이라 부른다. 또다시 f와 g 사이에 경쟁이 있다. 답이 (f가 이기면) ∞ 혹은 (g가 이기면) $-\infty$ 또는 그들이 타협하면 유한 확정값이 될까? 결과를 얻기 위하여 차를 분수형태로 바꾸려 노력한다. 그래서 $\dfrac{0}{0}$ 혹은 $\dfrac{\infty}{\infty}$ 형태의 부정형을 얻는다.

예제 7 **부정형 $\infty - \infty$ 꼴** $\lim_{x \to (\pi/2)^-} (\sec x - \tan x)$를 구하여라.

풀이 $x \to \left(\dfrac{\pi}{2}\right)^-$일 때 $\sec x \to \infty$이고 $\tan x \to \infty$이므로 극한은 부정형이다. 따라서

$$\lim_{x \to (\pi/2)^-} (\sec x - \tan x) = \lim_{x \to (\pi/2)^-} \left(\frac{1}{\cos x} - \frac{\sin x}{\cos x} \right)$$

$$= \lim_{x \to (\pi/2)^-} \frac{1-\sin x}{\cos x} = \lim_{x \to (\pi/2)^-} \frac{-\cos x}{-\sin x} = 0$$ ■

▷ 부정형의 지수

● 0^0, ∞^0, 1^∞ 꼴은 부정형이지만 0^∞ 꼴은 부정형이 아니다(연습문제 72).

$\lim_{x \to a} [f(x)]^{g(x)}$로부터 여러 가지의 부정형이 생긴다

1. $\lim_{x \to a} f(x) = 0$ 과 $\lim_{x \to a} g(x) = 0$ 0^0형태
2. $\lim_{x \to a} f(x) = \infty$와 $\lim_{x \to a} g(x) = 0$ ∞^0형태
3. $\lim_{x \to a} f(x) = 1$ 과 $\lim_{x \to a} g(x) = \pm\infty$ 1^∞형태

이러한 세 가지 경우의 각각은 자연로그를 취함으로써 다음과 같이 나타낼 수 있다.

$$y = [f(x)]^{g(x)}\text{라 하면 } \ln y = g(x)\ln f(x) \to [f(x)]^{g(x)} = e^{g(x)\ln f(x)}$$

혹은 함수를 지수함수로 나타내면

$$[f(x)]^{g(x)} = e^{g(x)\ln f(x)}$$

두 가지의 어떤 방법이든지 부정형의 곱 $g(x)\ln f(x)$로 나타냈다. 이것은 $0 \cdot \infty$ 형태이다.

예제 8 **부정형 1^∞ 꼴** $\lim_{x \to 0^+} (1+\sin 4x)^{\cot x}$을 구하여라.

풀이 $x \to 0^+$일 때 $1+\sin 4x \to 1$이고 $\cot x \to \infty$이므로 주어진 극한은 부정형이다.

$$y = (1+\sin 4x)^{\cot x}$$

라 하자. 그러면

$$\ln y = \ln[(1+\sin 4x)^{\cot x}] = \cot x \ln(1+\sin 4x)$$

이고 로피탈의 법칙에 의하여

$$\lim_{x \to 0^+} \ln y = \lim_{x \to 0^+} \frac{\ln(1+\sin 4x)}{\tan x} = \lim_{x \to 0^+} \frac{\dfrac{4\cos 4x}{1+\sin 4x}}{\sec^2 x} = 4$$

이다. 지금까지 $\ln y$의 극한을 구하였다. 그러나 우리가 원하는 것은 y의 극한이다. 이것을 구하기 위하여 $y = e^{\ln y}$라는 사실을 이용한다.

$$\lim_{x \to 0^+} (1+\sin 4x)^{\cot x} = \lim_{x \to 0^+} y = \lim_{x \to 0^+} e^{\ln y} = e^4$$ ■

● $x > 0$인 함수 $y = x^x$의 그래프가 그림 6에 있다. 0^0이 정의되지는 않지만 함수의 값들은 $x \to 0^+$이면 1로 수렴한다. 이것은 예제의 9의 결과를 확신케 한다.

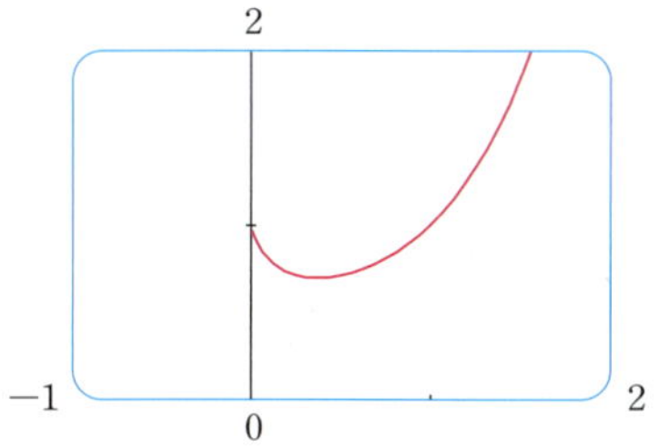

그림 6

예제 9 **부정형 0^0 꼴** $\lim_{x \to 0^+} x^x$를 구하여라.

풀이 $x > 0$일 때 $0^x > 0$이고 $x \neq 0$일 때 $x^0 = 1$이므로 이 극한은 부정형이다. 함수를 지수함수로 표현함으로서 예제 8과 같이 할 것이다.

$$x^x = (e^{\ln x})^x = e^{x \ln x}$$

예제 6에서 $\lim_{x \to 0^+} x \ln x = 0$을 얻기 위하여 로피탈의 법칙을 사용했다. 그러므로

$$\lim_{x \to 0^+} x^x = \lim_{x \to 0^+} e^{x \ln x} = e^0 = 1$$

이다. ■

6.5 연습문제

(1~4)

$\lim_{x\to a} f(x)=0 \qquad \lim_{x\to a} g(x)=0 \qquad \lim_{x\to a} h(x)=1$

$\lim_{x\to a} p(x)=\infty \qquad \lim_{x\to a} q(x)=\infty$

라 주어질 때 다음 중 어떤 것이 부정형인가? 부정형이 아닌 것들에 대해서는 가능하다면 극한을 구하여라.

1. (a) $\lim_{x\to a}\dfrac{f(x)}{g(x)}$ (b) $\lim_{x\to a}\dfrac{f(x)}{p(x)}$
(c) $\lim_{x\to a}\dfrac{h(x)}{p(x)}$ (d) $\lim_{x\to a}\dfrac{p(x)}{f(x)}$
(e) $\lim_{x\to a}\dfrac{p(x)}{q(x)}$

2. (a) $\lim_{x\to a}[f(x)p(x)]$ (b) $\lim_{x\to a}[h(x)p(x)]$
(c) $\lim_{x\to a}[p(x)q(x)]$

3. (a) $\lim_{x\to a}[f(x)-p(x)]$ (b) $\lim_{x\to a}[p(x)-q(x)]$
(c) $\lim_{x\to a}[p(x)+q(x)]$

4. (a) $\lim_{x\to a}[f(x)]^{g(x)}$ (b) $\lim_{x\to a}[f(x)]^{p(x)}$ (c) $\lim_{x\to a}[h(x)]^{p(x)}$
(d) $\lim_{x\to a}[p(x)]^{f(x)}$ (e) $\lim_{x\to a}[p(x)]^{q(x)}$ (f) $\lim_{x\to a}\sqrt[q(x)]{p(x)}$

(5~46) 극한을 구하라. 가능하다면 로피탈의 법칙을 사용하여라. 좀 더 좋은 방법이 있다면 그것을 사용하여라. 로피탈의 법칙을 적용할 수 없다면 그 이유를 설명하여라.

5. $\lim_{x\to -1}\dfrac{x^2-1}{x+1}$

6. $\lim_{x\to 1}\dfrac{x^a-1}{x^b-1}$

7. $\lim_{x\to(\pi/2)^+}\dfrac{\cos x}{1-\sin x}$

8. $\lim_{x\to 0}\dfrac{x+\tan x}{\sin x}$

9. $\lim_{t\to 0}\dfrac{e^t-1}{t^3}$

10. $\lim_{t\to 0}\dfrac{e^{3t}-1}{t}$

11. $\lim_{x\to\infty}\dfrac{\ln x}{\sqrt{x}}$

12. $\lim_{\theta\to\pi/2}\dfrac{1-\sin\theta}{\csc\theta}$

13. $\lim_{x\to 0^+}\dfrac{\ln x}{x}$

14. $\lim_{x\to\infty}\dfrac{(\ln x)^2}{x}$

15. $\lim_{x\to 0}\dfrac{\sqrt{1+2x}-\sqrt{1-4x}}{x}$

16. $\lim_{x\to 1}\dfrac{\ln x}{\sin \pi x}$

17. $\lim_{t\to 0}\dfrac{5^t-3^t}{t}$

18. $\lim_{u\to\infty}\dfrac{e^{u/10}}{u^3}$

19. $\lim_{x\to 0}\dfrac{e^x-1-x}{x^2}$

20. $\lim_{x\to 0}\dfrac{\cos mx-\cos nx}{x^2}$

21. $\lim_{x\to 1}\dfrac{1-x+\ln x}{1+\cos\pi x}$

22. $\lim_{x\to 0}\dfrac{x}{\tan^{-1}(4x)}$

23. $\lim_{x\to 1}\dfrac{x^a-ax+a-1}{(x-1)^2}$

24. $\lim_{x\to 0}\dfrac{e^x-e^{-x}-2x}{x-\sin x}$

25. $\lim_{x\to 0}\dfrac{\cos x-1+\frac{1}{2}x^2}{x^4}$

26. $\lim_{x\to a^+}\dfrac{\cos x\ln(x-a)}{\ln(e^x-e^a)}$

27. $\lim_{x\to\infty} x\sin\dfrac{\pi}{x}$

28. $\lim_{x\to-\infty} x^2e^x$

29. $\lim_{x\to\infty} e^{-x}\ln x$

30. $\lim_{x\to(\pi/2)^-}\sec 7x\cos 3x$

31. $\lim_{x\to\infty} x^3e^{-x^2}$

32. $\lim_{x\to\infty} x\tan\left(\dfrac{1}{x}\right)$

33. $\lim_{x\to 1}\left(\dfrac{x}{x-1}-\dfrac{1}{\ln x}\right)$

34. $\lim_{x\to 0}(\csc x-\cot x)$

35. $\lim_{x\to\infty}(\sqrt{x^2+x}-x)$

36. $\lim_{x\to 0}\left(\cot x-\dfrac{1}{x}\right)$

37. $\lim_{x\to\infty}(x-\ln x)$

38. $\lim_{x\to\infty}(xe^{1/x}-x)$

39. $\lim_{x\to 0^+} x^{x^2}$

40. $\lim_{x\to 0^+}(\tan 2x)^x$

41. $\lim_{x\to 0}(1-2x)^{1/x}$

42. $\lim_{x\to\infty}\left(1+\dfrac{a}{x}\right)^{bx}$

43. $\lim_{x\to\infty} x^{1/x}$

44. $\lim_{x\to\infty} x^{(\ln 2)/(1+\ln x)}$

45. $\lim_{x\to 0^+}(4x+1)^{\cot x}$

46. $\lim_{x\to 1}(2-x)^{\tan(\pi x/2)}$

(47~48) 그래프를 이용하여 극한 값을 구하여라. 그런 후에 정확한 값을 구하기 위하여 로피탈의 법칙을 이용하여라.

47. $\lim_{x\to\infty}\left(1+\dfrac{2}{x}\right)^x$

48. $\lim_{x\to 0}\dfrac{5^x-4^x}{3^x-2^x}$

(49~50) $\dfrac{f(x)}{g(x)}$와 $\dfrac{f'(x)}{g'(x)}$이 $x\to 0$일 때 똑같은 극한값을 갖는다는 것을 알기 위하여 그래프를 $x=0$의 근방에서 그림으로써 로피탈의 법칙을 설명하여라.

49. $f(x)=e^x-1,\ g(x)=x^3+4x$

50. $f(x)=2x\sin x,\ g(x)=\sec x-1$

(51~54) 로피탈의 법칙을 사용하여 f의 근삿값을 구하여라. f'과 f''로부터 얻은 정보를 사용하여 f의 그래프를 그려라. 그래핑 도구로 결과를 확인하여라.

51. $f(x)=xe^{-x}$

52. $f(x)=e^x/x$

53. $f(x)=(\ln x)/x$

54. $f(x)=xe^{-x^2}$

(55~56) (a) 함수를 그려라.

(b) $x\to 0$일 때 움직임을 설명하기 위하여 로피탈의 법칙을 사

용하여라.

(c) 최솟값과 오목한 구간을 구하라. 그리고 정확한 값을 구하여라.

55. $f(x)=x^2 \ln x$　　56. $f(x)=xe^{1/x}$

CAS (57~58) (a) 함수의 그래프를 그려라.

(b) $x \to 0^+$일 때 혹은 $x \to \infty$일 때 극한을 구함으로써 그래프의 형태를 설명하여라.

(c) 최댓값과 최솟값을 구하고 미분을 이용하여 정확한 값을 구하여라.

(d) f''의 그래프를 이용하여 변곡점의 x좌표를 구하여라.

57. $f(x)=x^{1/x}$　　58. $f(x)=(\sin x)^{\sin x}$

59. c가 실수일 때 $f(x)=xe^{-cx}$로 주어진 곡선족을 조사하라. $x \to \pm\infty$일 때 극한을 구함으로써 시작하라. 기본 형태가 변할 때 c의 추이 값을 확인하여라. c가 변할 때 최댓값 혹은 최솟값 그리고 변곡점은 어디에서 생기는가?

60. n이 양의 정수일 때 $f(x)=x^n e^{-x}$의 곡선족을 조사하라. 곡선들이 공통적으로 어떤 형태인가? 서로 어떻게 다른가? 특히, 최댓값과 최솟값 그리고 n이 커질 때 변곡점은 어디에서 생기는가? 여러개의 그래프를 그림으로써 설명하여라.

61. 극한 $\displaystyle\lim_{x\to\infty}\frac{x}{\sqrt{x^2+1}}$에 로피탈의 법칙을 적용하면 어떻게 되는가? 다른 방법으로 극한을 구하여라.

62. 곡선족 $f(x)=e^x-cx$를 생각해 보자. $x \to \pm\infty$일 때의 극한을 구하고 f가 최솟값을 갖도록 c값을 구하여라. c가 증가하면 최솟점은 어떻게 되는가?

63. n이 양의 정수일 때 $\displaystyle\lim_{x\to\infty}\frac{e^x}{x^n}=\infty$를 증명하여라. 지수함수가 x의 어떤 제곱보다도 더 빨리 ∞에 간다는 것을 보여준다.

64. $p>0$일 때 $\displaystyle\lim_{x\to\infty}\frac{\ln x}{x^p}=0$을 증명하여라. 이것은 로그함수가 x의 어떤 제곱보다도 ∞에 천천히 간다는 것을 보여준다.

65. 원금 A_0가 연이율 $\dfrac{r}{n}$로 투자된다면 t년 후의 투자된 값은

$$A=A_0\left(1+\frac{r}{n}\right)^{nt}$$

이다. 만일 $n \to \infty$이면 이자의 연속복리라 부른다. 이자가 연속적으로 복리가 된다면 n년 후의 돈은 $A=A_0e^{rt}$이 된다는 것을 로피탈의 법칙을 이용하여 보여라.

66. 중량 m의 어떤 물건이 정지상태에 있다가 떨어질 때 공기의 저항을 고려하면 t초 후의 속도 v에 대한 모델이

$$v=\frac{mg}{c}\left(1-e^{-ct/m}\right)$$

이다. 여기서 g는 중력 가속도이고 c는 상수이다.

(a) $\displaystyle\lim_{t\to\infty} v$를 구하라. 이 극한의 의미가 무엇인가?

(b) 고정된 t에 대하여 $\displaystyle\lim_{c\to 0^+} v$를 구하기 위하여 로피탈의 법칙을 이용하라. 진공 속에서 떨어지는 물건의 속도에 대하여 어떤 결론을 얻을 수 있을까?

67. 전기장 E가 액체 혹은 기체절연체에서 작용할 때, 단위 부피당 순수 상극자 모멘트 P는 다음과 같다.

$$P(E)=\frac{e^E+e^{-E}}{e^E-e^{-E}}-\frac{1}{E}$$

$\displaystyle\lim_{E\to 0^+} P(E)=0$임을 보여라.

68. 반지름이 r인 금속 케이블이 절연체에 의하여 싸여 있다. 케이블의 중심으로부터 절연체의 바깥쪽까지의 거리가 R이다. 케이블 안에 전기의 충격 속도 v는 다음과 같다.

$$v=-c\left(\frac{r}{R}\right)^2\ln\left(\frac{r}{R}\right)$$

단, c는 양의 상수이다. 다음의 극한들을 구하고, 구한 답의 의미를 해석하여라.

(a) $\displaystyle\lim_{R\to r^+} v$　　(b) $\displaystyle\lim_{r\to 0^+} v$

69. 로피탈의 법칙은 1596년에 Marquis de l'Hospital에 의해서 출판된 Analyse des Infiniment Pettis라는 책에 최초로 수록되었다. 이것이 최초의 미적분한 책이며 이 책에서 자기의 법칙을 사용해서 $a>0$이며 $n \to a$일 때 함수 $y=\dfrac{\sqrt{2a^3x-x^4}-a\sqrt[3]{aax}}{a-\sqrt[4]{ax^3}}$의 극한을 구했다(그 당시에는 a^2 대신에 aa로 썼다). 이 문제를 풀어라.

70. 다음 그림의 중심각이 θ인 원의 한 부채꼴이다. $A(\theta)$를 현 PR과 호 PR에 의해서 생긴 부분의 넓이라 하자. $B(\theta)$를 삼각형 PQR의 넓이라 하자. $\displaystyle\lim_{\theta\to 0^+} A(\theta)/B(\theta)$을 구하여라.

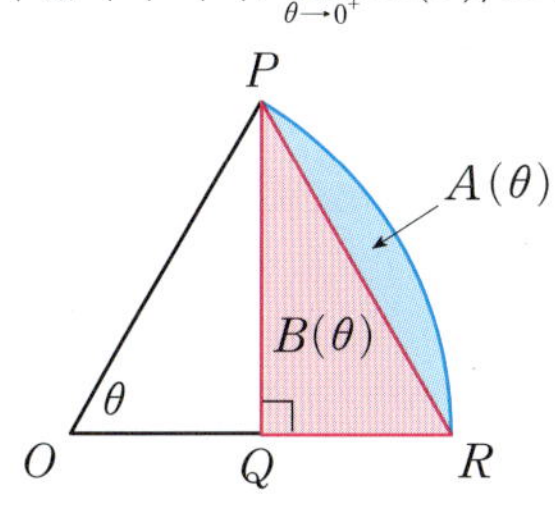

71. $\displaystyle\lim_{x\to\infty}\left[x-x^2\ln\left(\frac{1+x}{x}\right)\right]$를 구하여라.

72. f가 양수함수라 하자. $\lim_{x \to a} f(x) = 0$이고 $\lim_{x \to a} g(x) = \infty$이면 $\lim_{x \to a} [f(x)]^{g(x)} = 0$임을 보여라. 즉, 0^{∞}꼴은 부정형이 아니다.

73. f'은 연속이고, $f(2)=0$, $f'(2)=7$일 때 다음의 값을 구하여라.

$$\lim_{x \to 0} \frac{f(2+3x)+f(2+5x)}{x}$$

74. a와 b의 어떤 값에서 다음의 식이 참인가?

$$\lim_{x \to 0} \left(\frac{\sin 2x}{x^3} + a + \frac{b}{x^2} \right) = 0$$

75. f'가 연속일 때, 로피탈의 법칙을 이용하여

$$\lim_{h \to 0} \frac{f(x+h)-f(x-h)}{2h} = f'(x)$$

을 보여라. 그림을 이용하여 방정식의 의미를 설명하여라.

76. $f(x) = \begin{cases} |x|^x, & x \neq 0 \\ 1, & x = 0 \end{cases}$ 라 하자.

(a) f가 0에서 연속임을 보여라.

(b) f가 0에서 미분가능한지를 그래프를 이용해서 f의 그래프 위의 점 (0, 1)을 향해 여러번 접근함으로서 조사하여라.

(c) f가 0에서 미분불가능임을 보여라. (b)에서 그래프를 보고 이 사실을 어떻게 설명할 수 있는가?

6.6 최적화 문제

극한값을 구하기 위한 이 장에서 배운 방법들은 실 생활의 많은 영역에서 실질적으로 응용이 된다. 사업하는 사람은 비용을 최소화하고 이윤을 최대화하기를 바란다. 여행객들은 교통비를 최소화하기를 바란다. 광학에서 페르마의 원리는 빛이 최소의 시간이 걸리는 길을 따른다는 것을 설명한다. 이 절과 다음 절에서 넓이, 부피 그리고 이윤을 최대화하는 문제와 거리, 시간 그리고 비용을 최소화하는 문제를 다룬다.

그러한 실질적인 문제를 해결함에 있어서 최대의 도전은 말로 된 문제를 최대화 혹은 최소화해야 하는 함수를 만듦으로 해서 수학적 최적화 문제로 바꾸는 것이다.

최적화 문제 풀기의 단계

1. **문제를 이해하기** 첫 단계는 문제를 분명히 이해할때 까지 조심스럽게 문제를 읽는 것이다. 스스로에게 질문하라: 모르는 것이 무엇인가? 주어진 것이 무엇인가? 주어진 조건이 무엇인가?
2. **그림 그리기** 대부분의 문제에서 그림을 그리는 것이 유용하며 그림에서 주어진 것들과 요구된 것들을 확인하여라.
3. **기호 소개** 최대화 혹은 최소화할 양을 기호로 표시해라(여기에서는 그것을 Q라 하자). 또한 다른 알려지지 않은 양들에 대해서 기호들 ($a, b, c, \cdots, x, y$)를 선택하고 이러한 기호들을 그림에 나타내라. 연상케하는 기호들을 첫 문자들로 사용하는 것이 도움이 될 것이다. 예를 들어, 넓이는 A, 높이는 h, 시간은 t이다.

4. 단계 3으로부터 Q를 다른 기호들에 관해 나타내어라.

5. Q가 4단계에서 일변수 이상의 많은 변수들의 함수로서 표현된다면, 이 변수들간의 관계(방정식의 형태에서)를 찾기 위한 주어진 정보를 사용하여라. 그런 후에 이러한 방정식들을 Q에 대한 표현에서 변수들 중의 하나로 줄이는데 사용하여라. 그러면, Q는 일변수에 관한 함수로 표현될 것이다. 이를테면 $Q=f(x)$. 이 함수의 정의역을 써라.

6. f의 최댓값과 최솟값을 구하기 위하여 6.2절과 6.3절에 있는 방법을 사용하여라. 특히, f의 정의역이 폐구간이면 6.2절에 있는 닫힌 구간 방법이 사용될 수 있다.

- 문제를 이해하라.
- 유추: 특별한 경우를 시도하라.
- 그림을 그려라.

예제 1 **최대 넓이** 농부가 1200m의 울타리의 재료를 갖고 있으며 한쪽 면이 똑바른 강인 직사각형의 영역을 울타리를 치기를 원한다. 강을 따라서는 울타리를 칠 필요가 없다. 어떻게 하면 넓이가 가장 큰 영역이 되는가?

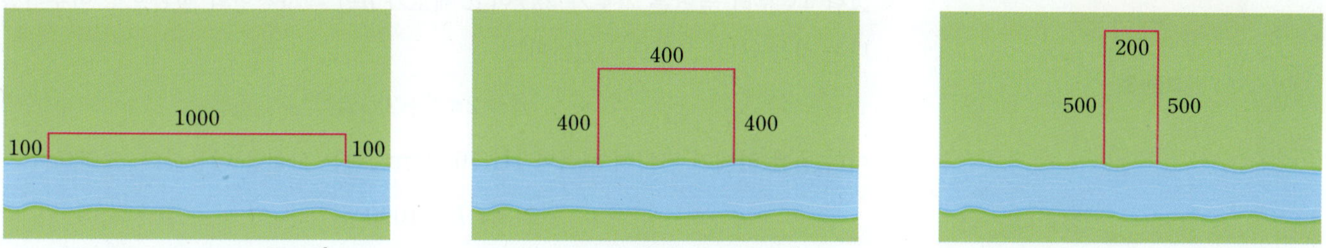

넓이$=100\cdot 1000=100000\text{m}^2$ 넓이$=400\cdot 400=160000\text{m}^2$ 넓이$=500\cdot 200=100000\text{m}^2$

그림 1

풀이 그림 1은 1200m로 만들 수 있는 세가지 가능한 방법을 소개한다. 얇고 넓은 영역 혹은 깊고, 좁은 영역을 만들려 하면 상대적으로 작은 영역이 된다는 것을 알게 된다. 최대의 영역이 되기 위한 중간 형태가 있다는 것 같다는 느낌이 든다.

그림 2는 일반적인 경우의 예를 든다. 사각형의 넓이 A가 최대가 되기를 원한다. x와 y가 사각형의 깊이와 폭이라 하자. 그러면 A를 x와 y에 관해 표현한다.

$$A=xy$$

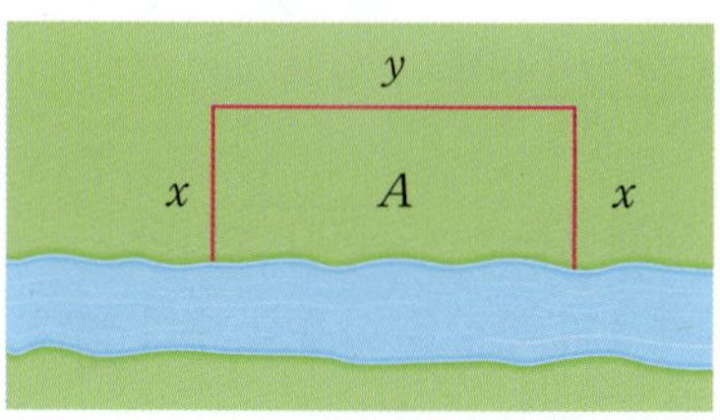

그림 2

A를 한 변수의 함수로 표현하기를 원한다. 그래서 x에 관해 y를 나타낸다. 이렇게 하기 위해서 울타리의 길이가 1200m라는 주어진 정보를 이용한다. 그러므로

$$2x+y=1200$$

이 방정식으로부터 $y=1200-2x$를 얻으며 따라서

$$A=x(1200-2x)=1200x-2x^2$$

이다. $x\geq 0$이며 $x\leq 600$이다(그렇지 않으면 $A<0$이다). 그래서 우리가 원하는 함수는

$$A(x)=1200x-2x^2,\quad 0\leq x\leq 600$$

이다. 도함수는 $A'(x)=1200-4x$이며 임계점을 구하기 위해 방정식

$$1200-4x=0$$

을 풀면 $x=300$을 얻는다. A의 최댓값은 임계점이나 구간의 끝점에서 얻어진다. $A(0)=0$, $A(300)=180000$이고 $A(600)=0$이므로 닫힌 구간 방법을 이용하면 최댓값으로 $A(300)=180000$을 얻는다(한편, 모든 x에 대하여 $A''(x)=-4<0$이므로 A는 항상 아래로 오목하며 $x=300$에서 극댓값이 최댓값이 된다는 것을 알 수 있었다). 그러므로 직사각형의 영역은 깊이가 300m이고 폭이 600m가 되어야 한다. ■

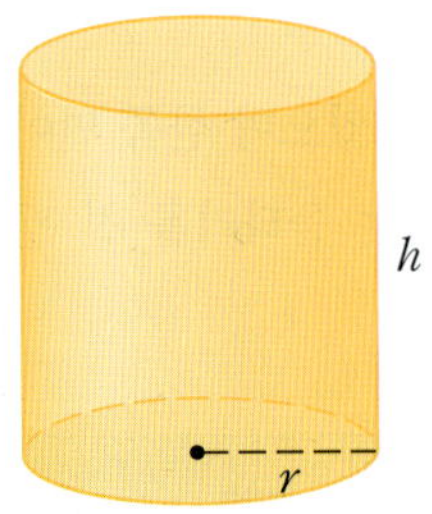

그림 3

예제 2 **최소비용** 원통이 기름 1L를 담을 수 있다. 그 통을 만드는데 필요한 철판의 비용의 최솟값을 구하여라.

풀이 그림 3에서 반지름이 r이고 높이가 h(단위는 둘 다 cm)인 그림을 그려라. 철의 비용을 최소화하기 위하여 원통(윗면, 아랫면 그리고 옆면)의 겉넓이를 최소화한다. 그림 4로부터 옆면은 가로가 $2\pi r$이고 세로가 h인 직사각형의 철판으로 이루어졌다는 것을 안다. 그러므로 겉넓이는

$$A=2\pi r^2+2\pi rh$$

이다. h를 없애기 위하여 체적이 1L(1000cm^3)라는 사실을 이용한다. 그러므로

$$\pi r^2 h=1000$$

이다. 이로부터 $h=1000/(\pi r^2)$이다. A에 대한 표현으로 이것으로 바꾸면

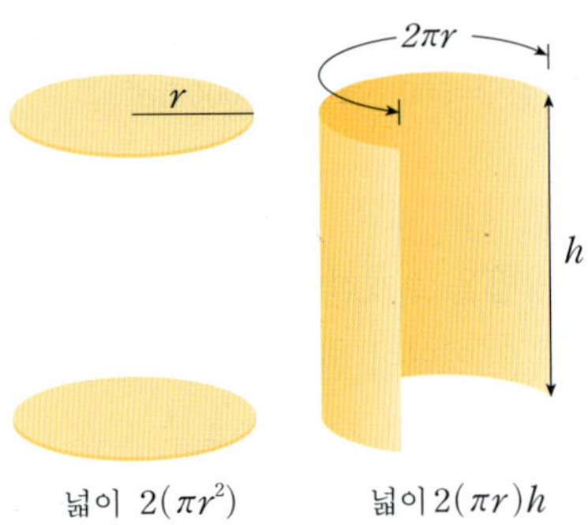

그림 4

$$A=2\pi r^2+2\pi r\left(\frac{1000}{\pi r^2}\right)=2\pi r^2+\frac{2000}{r}$$

이다. 그러므로 우리가 최소화하기 원하는 함수는

$$A(r)=2\pi r^2+\frac{2000}{r}, \qquad r>0$$

이다. 임계점을 얻기 위하여 미분한다.

$$A'(r)=4\pi r-\frac{2000}{r^2}=\frac{4(\pi r^3-500)}{r^2}$$

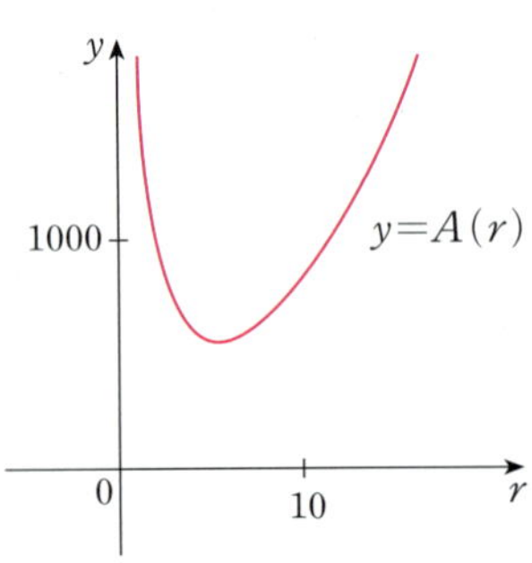

그림 5

그러면 $\pi r^3=500$일 때 $A'(r)=0$이므로 유일한 임계값은 $r=\sqrt[3]{500/\pi}$이다. A의 정의역은 $(0, \infty)$이므로 끝점에 관해서는 예제 1의 주장을 사용할 수가 없다. 그러나 $r<\sqrt[3]{500/\pi}$일 때 $A'(r)<0$이고 $r>\sqrt[3]{500/\pi}$일 때 $A'(r)>0$이므로 임계값의 왼쪽에서 모든 r에 대하여 감소하고 오른쪽에서 모든 r에 대하여 증가한다는 것을 알 수 있다. 그러므로 $r=\sqrt[3]{500/\pi}$에서 최솟값을 갖는다(한편, $r\to 0^+$일 때 $A(r)\to\infty$이고 $r\to\infty$일 때 $A(r)\to\infty$이므로 $A(r)$의 최솟값은 존재해야 하고 그것은 임계점에서 생긴다. 그림 5를 보라).

$r=\sqrt[3]{500/\pi}$에 대응하는 h의 값은

$$h=\frac{1000}{\pi r^2}=\frac{1000}{\pi(500/\pi)^{2/3}}=2\sqrt[3]{\frac{500}{\pi}}=2r$$

이다. 그러므로 원통의 비용을 최소화하기 위하여 반지름은 $\sqrt[3]{500/\pi}$ cm가 되어야

하고 높이는 반지름의 두 배, 즉 지름과 같아져야 한다. ■

참고 1 최솟값을 판정하기 위하여 예제 2에서 사용된 주장은 1계도함수 판정법(극댓값과 극솟값에만 적용된다)의 변형이다.

최댓값, 최솟값에 대한 1계도함수 판정법 c를 한 구간 위에서 정의된 연속 함수 f의 임계수라 하자.

(a) 만일 $x<c$일 때 $f'(x)>0$이고 $x>c$일 때 $f'(x)<0$이면, $f(c)$는 f의 최댓값이다.

(b) 만일 $x<c$일 때 $f'(x)<0$이고 $x>c$일 때 $f'(x)>0$이면, $f(c)$는 f의 최솟값이다.

TEC 모듈 6.6은 물리적 상황의 애니메이션을 포함해서 6개의 최적화 문제를 취하게 한다.

참고 2 최적화 문제 해결에 또 다른 방법은 음함수 미분법을 사용하는 것이다. 그 방법을 설명하기 위하여 다시 예제 2를 보자. 같은 방정식을 가지고 시작하자.

$$A=2\pi r^2+2\pi rh, \quad \pi r^2 h=1000$$

h를 없애는 대신에 r에 관해 미분하자.

$$A'=4\pi r+2\pi h+2\pi rh', \quad 2\pi rh+\pi r^2 h'=0$$

최솟값은 한 임계점에서 생긴다. 그러므로 $A'=0$로 놓으면 방정식

$$2r+h+rh'=0, \quad 2h+rh'=0$$

을 얻으며 $2r-h=0$, 즉 $h=2r$이다.

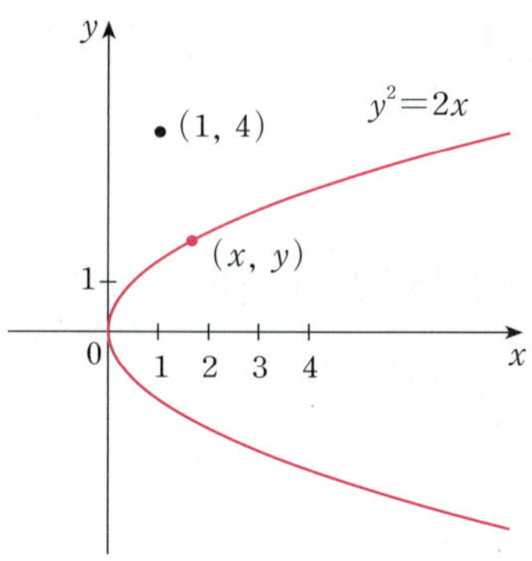

그림 6

예제 3 점 $(1, 4)$에 가장 가까운 포물선 $y^2=2x$의 점을 구하여라.

풀이 두 점 $(1, 4)$와 (x, y) 사이의 거리는

$$d=\sqrt{(x-1)^2+(y-4)^2}$$

이다(그림 6 참조). (x, y)가 포물선 위에 있다면 $x=\frac{y^2}{2}$이고, 따라서

$$d=\sqrt{\left(\frac{1}{2}y^2-1\right)^2+(y-4)^2}$$

이 된다(한편, $y=\sqrt{2x}$라 하면 d는 x만의 함수가 된다). d를 최소화하는 대신에, d^2을 최소화하자.

$$d^2=f(y)=\left(\frac{1}{2}y^2-1\right)^2+(y-4)^2$$

(d의 최솟값이 d^2의 최솟값과 똑같은 점에서 생긴다는 확신을 가져야 한다. 그러나 d^2이 다루기 더 쉽다.) 미분하면

$$f'(y)=2\left(\frac{1}{2}y^2-1\right)y+2(y-4)=y^3-8$$

을 얻으며 그래서 $y=2$일 때 $f'(y)=0$이다. $y<2$일 때 $f'(y)<0$이고 $y>2$일 때 $f'(y)>0$이므로 1계도함수 판정법에 의해서 최솟값은 $y=2$일 때 얻어진다(혹은

문제의 기하학적 성질 때문에 최소거리가 되는 점은 존재한다고 말할 수 있다). x의 대응하는 값은 $x=\frac{y^2}{2}=2$이다. 그러므로 $(1, 4)$에 가장 가까운 $y^2=2x$의 점은 $(2, 2)$이다. ■

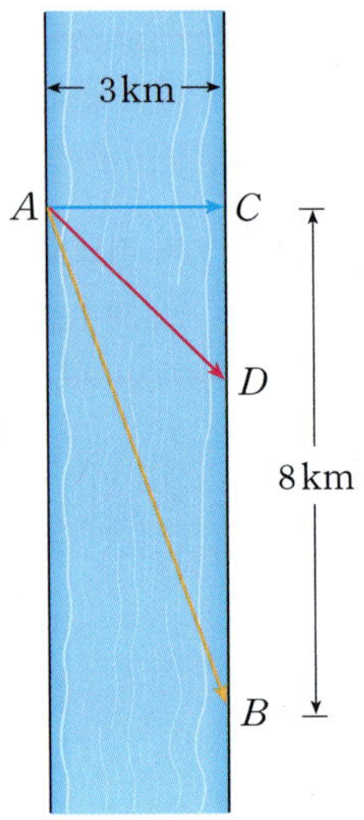

그림 7

예제 4 **최소시간** 한 사람이 폭이 3km인 곧은 강 둑의 점 A로부터 배를 띄워서 8km 떨어진 반대편 둑의 점 B에 가능한 빨리 도착하기를 원한다(그림 7 참조). 그는 보트를 점 C로 저어가서 점 B로 갈 수도 있고, 점 B로 직접 갈 수도 있으며 혹은 C와 B 사이의 점 D로 갔다가 B로 갈 수도 있을 것이다. 만일 시속 6km/h로 노를 젓고 시속 8km/h로 달려 간다면 점 B에 도달하기 위하여 어디에 상륙해야 하는가?(물의 속도는 사람이 노를 젓는 속도와 비교하여 무시한다고 가정하자.)

풀이 C에서 D까지의 거리를 x라 하면 뛰는 거리는 $|DB|=8-x$이고 피타고라스 정리에 의하여 노젓는 거리는 $|AD|=\sqrt{x^2+9}$이 된다. 방정식

$$\text{시간}=\frac{\text{거리}}{\text{비율}}$$

을 사용한다. 그러면 노젓는 시간은 $\sqrt{x^2+9}/6$이고 달리는 시간은 $(8-x)/8$이므로 총 걸리는 시간 T는 x의 함수로서

$$T(x)=\frac{\sqrt{x^2+9}}{6}+\frac{8-x}{8}$$

이 된다. T의 정의역은 $[0, 8]$이다. 만일 $x=0$이면 그는 C까지 노를 젓고 $x=8$이면 그는 B까지 직접 노를 젓는다. T의 도함수는

$$T'(x)=\frac{x}{6\sqrt{x^2+9}}-\frac{1}{8}$$

이다. 그러므로 $x\geq 0$을 이용해서

$$\begin{aligned} T'(x)=0 &\iff \frac{x}{6\sqrt{x^2+9}}=\frac{1}{8} \iff 4x=3\sqrt{x^2+9} \\ &\iff 16x^2=9(x^2+9) \iff 7x^2=81 \\ &\iff x=\frac{9}{\sqrt{7}} \end{aligned}$$

을 얻는다. 유일한 임계점은 $x=9/\sqrt{7}$이다. 최솟값이 이 임계점에서 생기는지 아니면 정의역 $[0, 8]$의 끝점에서 생기는지를 알기 위하여, 세 점 모두에서 T의 값을 조사한다.

$$T(0)=1.5 \qquad T\left(\frac{9}{\sqrt{7}}\right)=1+\frac{\sqrt{7}}{8}\approx 1.33 \qquad T(8)=\frac{\sqrt{73}}{6}\approx 1.42\text{이다.}$$

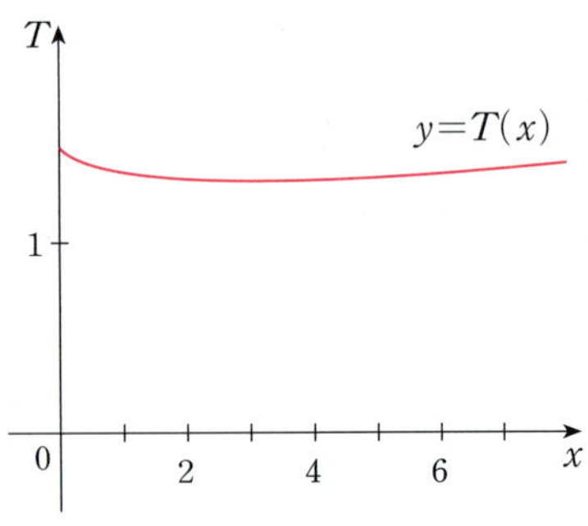

그림 8

이러한 T의 값들중 최솟값은 $x=9/\sqrt{7}$일 때이므로 T의 최솟값은 여기에서 생긴다. 그림 8은 이 계산을 T의 그래프를 보여줌으로써 설명한다. 그러므로 그 사람은 $9/\sqrt{7}$km($\approx$3.4km)지점에 보트를 대고 똑바로 달려가면 된다. ■

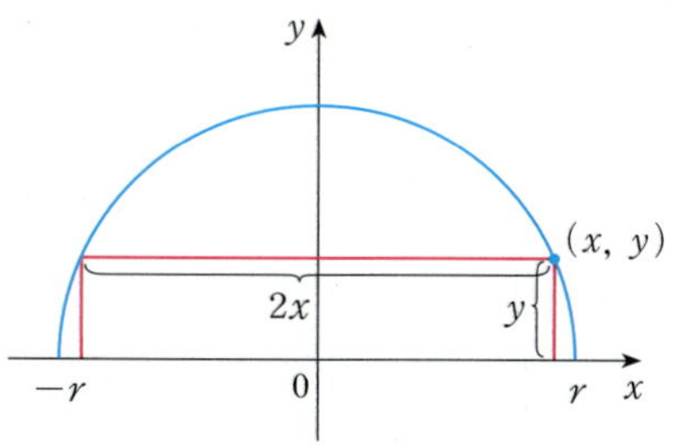

그림 9

예제 5 반지름이 r인 반원에 내접하는 최대의 사각형의 넓이를 구하여라.

풀이1 반원을 중심이 0인 원 $x^2+y^2=r^2$의 윗부분으로 하자. 그러면 내접된다는 것은 그림 9에서 보듯이 직사각형이 반원 위에 두 점을 가지고 x축 위에서 두 점을 갖는다는 것을 뜻한다. (x, y)를 1사분면에 있는 점이라 하자. 그러면 사각형은 가로가 $2x$이고 세로가 y이므로 넓이는

$$A=2xy$$

이 된다. y를 없애기 위하여 (x, y)가 원 $x^2+y^2=r^2$ 위에 있다는 사실을 이용하면 $y=\sqrt{r^2-x^2}$가 된다. 그러므로

$$A=2x\sqrt{r^2-x^2}$$

이다. 이 함수의 정의역은 $0\le x\le r$이다. 그것의 도함수는

$$A'=2\sqrt{r^2-x^2}-\frac{2x^2}{\sqrt{r^2-x^2}}=\frac{2(r^2-2x^2)}{\sqrt{r^2-x^2}}$$

$2x^2=r^2$일 때 0이 된다. 즉 $x=\frac{r}{\sqrt{2}}$ ($x\ge 0$이므로)가 된다. $A(0)=0$이고 $A(r)=0$이므로 이 x값은 A의 최댓값이 되게 한다. 그러므로 내접 사각형의 최대의 넓이는

$$A\left(\frac{r}{\sqrt{2}}\right)=2\frac{r}{\sqrt{2}}\sqrt{r^2-\frac{r^2}{2}}=r^2$$

이다.

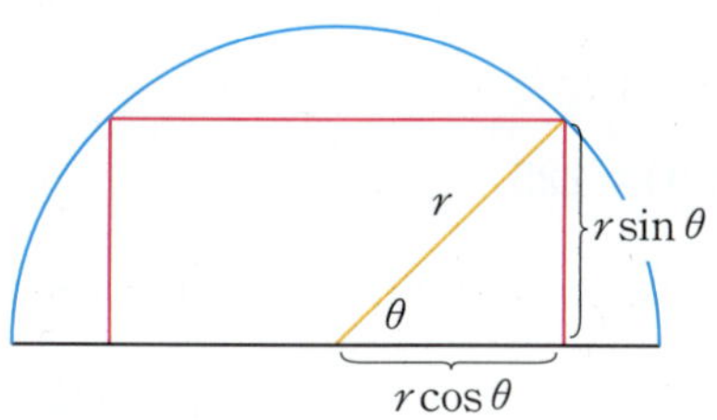

그림 10

풀이2 각을 변수로 사용한다면 더 단순한 해가 가능하다. θ를 그림 10에 있는 각이라 하자. 그러면 사각형의 넓이는

$$A(\theta)=(2r\cos\theta)(r\sin\theta)=r^2(2\sin\theta\cos\theta)=r^2\sin 2\theta$$

가 된다. $\sin 2\theta$의 최댓값은 1이고 그것은 $2\theta=\pi/2$일 때 생긴다. 그러므로 $A(\theta)$는 최댓값 r^2을 가지며 $\theta=\pi/4$일 때 생긴다.

이렇게 삼각함수를 이용하면 미분을 포함하지 않는다. 사실 전혀 미분을 사용할 필요가 없었다. ■

▷ 경영학과 경제학에서의 응용

5.8절에서 한계비용에 대하여 공부하였다. 비용함수 $C(x)$가 어떤 물건 x개를 생산하는데 드는 비용을 나타내면 한계비용은 C의 x에 대한 변화율이다. 즉, 한계비용함수는 비용함수의 도함수 $C'(x)$이다.

$p(x)$가 x개의 물건을 팔 때 회사가 책정하는 물건 하나당 가격이라 하자. p는 가격함수라 부르는데 x의 함수로 감소할 것이라 생각할 수 있다. x개의 물건이 팔리고 물건 하나당 가격이 $p(x)$이면 총수입은

$$R(x)=xp(x)$$

이고 R은 수입함수라 한다. 도함수 R'은 한계수입함수라 하며 팔린 물건의 개수에 대한

수입의 변화율을 나타낸다. x개의 물건이 팔리면 이익은

$$P(x)=R(x)-C(x)$$

이고 P는 이익함수라 한다. 한계이익함수는 P'이다. 연습문제 43~48에서 한계비용, 한계수입, 한계이익함수를 이용하여 비용을 최소화하고 수입과 이익을 최대화하는 문제를 해결해 보자.

예제 6 **최대수입** 어느 가게에서 일주일 동안 200개의 DVD 레코더를 개당 350달러에 팔았다. 시장 조사에 의하면 개당 10달러만큼씩 싸게 해줄 때마다 매주 20개씩 더 팔린다고 한다. 어떤 한 주에 싸게 해주었더니 200개 이상이 팔렸다고 한다. 가격함수와 수입함수를 구하여라. 수입을 최대로 하려면 환불을 얼마나 해주면 될까?

풀이 일주일 동안 팔린 DVD 레코더의 개수를 x라 하면 일주일 동안 늘어난 판매 대수는 $x-200$이다. 판매량이 20개 늘면 가격은 10달러 감소하므로, 추가로 판매되는 물건 당 감소하는 가격은 $\frac{1}{20}\times 10$이고 따라서 가격함수는

$$p(x)=350-\frac{10}{20}(x-200)=450-\frac{1}{2}x$$

이다. 또 수입함수는

$$R(x)=xp(x)=450x-\frac{1}{2}x^2$$

이다. $R'(x)=450-x$이므로 $x=450$일 때 $R'(x)=0$이다. 1계도함수 판정법에 의하여 이때 최댓값을 갖는다. 가격은

$$p(450)=450-\frac{1}{2}(450)=225$$

이고 환불가격은 $350-225=125$이다. 따라서 수입을 최대화하기 위해서는 125달러씩 환불해주겠다고 해야 한다. ■

6.6 연습문제

1. 다음 문제를 생각해 보자. 합이 23이고 곱이 최대가 되는 두 수를 구하여라.

첫 번째	두 번째	성과
1	22	22
2	21	42
3	20	60
⋮	⋮	⋮

(a) 다음과 같이 처음 두 열의 수들의 합이 23이 되도록 표를 만들어라. 만든 표에 기초해서 문제의 답을 추정하여라.

(b) 미분학을 사용하여 이 문제를 풀고 (a)에서의 답과 비교하여라.

2. 차가 100이고 곱이 최소가 되는 두 수를 구하여라.
3. 곱이 100이고 합이 최소가 되는 두 양수를 구하여라.
4. 두 양수의 합이 16일 때 두 수의 제곱의 합의 최솟값을 구하여라.
5. 둘레가 100m이고 넓이가 가능한 한 커지는 사각형을 구하여라.
6. 넓이가 1000m^2이고 둘레가 가능한 한 작아지는 사각형을 구하

여라.

7. 농장의 수확량 Y는 흙속의 질소 N의 함수로 다음과 같이 주어진다.

$$Y=\frac{kN}{1+N^2}$$

여기서 k는 양의 상수이다. 질소가 어느 정도일 때 수확량이 최대로 되는가?

8. 어떤 식물성 플랑크톤에서 광합성이 일어나는 비율은 다음 함수로 주어진다.

$$P=\frac{100I}{I^2+I+4}$$

여기서 I는 빛의 세기이다. P가 최대가 되기 위한 빛의 세기를 구하여라.

9. 300 m의 울타리 칠 재료를 갖고 있는 한 농부가 한 직사각형의 영역을 울타리를 치고, 다시 그 사각형을 네 등분할 때 네 등분한 사각형들의 총 넓이가 최대가 되는 경우는?
   (a) 그 상황을 설명하는 얕고 넓은 사각형, 그리고 깊고 좁은 사각형 등의 여러 개의 그림을 그려라. 그것들의 총 넓이를 구하라. 최대 넓이가 있는가? 그렇다면 추정하여라.
   (b) 일반적인 상황을 설명하는 그림을 그려라. 기호를 소개하고 그 기호들을 그림에 표시하여라.
   (c) 총 넓이에 대한 식을 써라.
   (d) 변수들의 관계를 갖는 방정식을 만들기 위하여 주어진 정보를 사용하여라.
   (e) 일변수함수로서 총면적을 만들기 위하여 (d)를 이용하여라.
   (f) 문제 풀이를 마치고 (a)에서 추정한 답과 비교하여라.

10. 3 m 폭을 갖는 정사각형 모양의 판지를 가지고 윗 부분이 없는 상자를 만든다. 그 상자의 부피의 최댓값을 구하여라.
   (a) 밑 부분이 큰 높이가 작은 상자 그리고 밑부분이 작은 높이가 큰 상자 등 이 상황을 설명하는 여러 개의 그림을 그려라. 그러한 여러 개의 상자들의 부피를 구하라. 최대가 되는 상자가 있는가? 있다면 추정하여라.
   (b) 일반적인 상황을 설명하는 그림을 그려라. 기호를 소개하고 그 기호들을 그림에 표시하여라.
   (c) 부피에 대한 식을 써라.
   (d) 변수들의 관계를 갖는 방정식을 만들기 위하여 주어진 정보를 사용하여라.
   (e) 일변수함수로서 총면적을 만들기 위하여 (d)를 이용하여라.
   (f) 문제 풀이를 마치고 (a)에서 추정한 답과 비교하여라.

11. 1200cm^{2}의 재료를 가지고 밑면이 정사각형이고 윗면이 없는 상자를 만들 때, 상자의 부피가 최대가 되는 값을 구하여라.

12. 밑면이 정사각형이고 윗면이 없는 상자의 부피가 32000cm^{3}이 되게 하고자 한다. 사용되는 재료가 최소가 되도록 하려 한다. 어떠한 상자인가?

13. (a) 모든 주어진 넓이의 직사각형 중에서 둘레가 최소가 되는 것은 정사각형임을 보여라.
   (b) 주어진 둘레를 갖는 모든 직사각형들 중에서 넓이가 최대가 되는 것은 정사각형임을 보여라.

14. 윗 부분이 없는 직육면체 모양의 저장 창고의 부피가 10m^{3}이다. 밑면의 가로가 세로의 두 배이다. 밑면에 대한 재료비용이 평방미터당 10달러가 든다. 옆면에 대한 재료비용이 평방미터당 6달러가 된다. 비용이 가장 작게 드는 창고를 만드는데 드는 비용을 구하여라.

15. 점 $(1, 0)$에서 가장 먼 타원 $4x^2+y^2=4$ 상의 점들을 구하여라.

16. 점 $(1, 1)$에서 가장 가까운 곡선 $y=\tan x$ 상의 점의 좌표들을 소수점 둘째 자리까지 정확하게 구하여라.

17. 직사각형의 한 면이 정삼각형의 밑변에 있는 길이가 L인 정삼각형에 내접한 넓이가 최대가 되는 직사각형을 구하여라.

18. 밑변이 x축 위에 있고 밑변의 양 끝점도 x축 위에 있으며 다른 두 점은 포물선 $y=8-x^2$ 위에 있는 직사각형의 넓이가 최대가 되는 경우를 구하여라.

19. 곧은 원통이 반지름이 r인 구에 내접되어 있다. 그 원통의 겉넓이가 최대가 되는 값을 구하여라.

20. 타원 $x^2/a^2+y^2/b^2=1$에 내접한 직사각형 넓이의 최댓값을 구하여라.

21. 반지름이 r인 원에 내접하고 넓이가 최대인 이등변삼각형을 구하여라.

22. 윗 뚜껑이 없는 원기둥 모양의 캔의 부피가 Vcm^{3}이다. 필요한 철판의 비용을 최소화 하기 위한 규격을 구하여라.

23. 노르만 창은 반원 위에 얹혀 있는 모양이다(그러므로 반원의 지름이 직사각형의 폭과 같다. 창문의 둘레가 10m일 때, 빛의 최대량이 들어올 수 있는 창문의 형태를 구하여라.

24. 높이가 h이고 밑면의 반지름이 r인 원뿔에 곧은 원통이 내접되어 있다. 그 원통의 부피의 최댓값을 구하여라.

25. 10m 길이의 전선이 둘로 잘라졌다. 하나는 정사각형으로 만들어지고 또 다른 하나는 정삼각형으로 만들어졌다. 총 넓이가 (a)

최댓값 (b) 최솟값이 되도록 하려면 어떻게 자르면 되는가?

26. 높이가 2m인 울타리가 건물로부터 1m 떨어진 거리에 있는 건물에 평행하게 쳐져 있다. 울타리가 쳐져 있는 땅으로부터 건물의 벽까지 다다르기 위한 최소의 사다리의 길이는 얼마인가?

27. 원뿔 모양의 마시는 컵이 반지름이 R인 종이의 원형조각으로부터 일부분을 잘라내고 CA와 CB를 붙여서 만들어져 있다. 그 컵 용량의 최댓값을 구하여라.

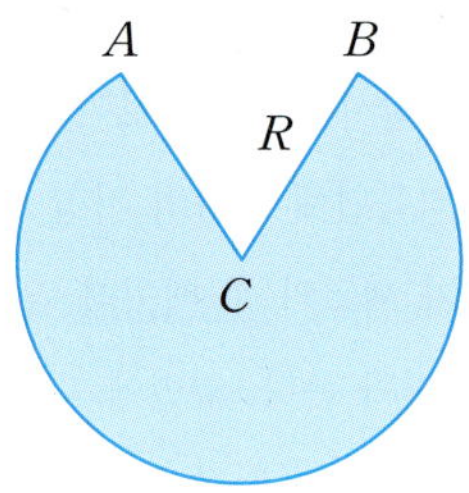

28. 물 27cm^{3}의 양을 담을 수 있는 원뿔 모양의 마시는 컵을 종이로 만들려고 한다. 최소한의 종이를 사용하려면 컵의 높이와 반지름은 얼마로 하여야 하는가?

29. 높이가 h인 작은 원뿔의 정점이 큰 원뿔의 밑면의 중심에 있도록, 높이가 H인 더 큰 원뿔 안에 놓여 있다. $h=\frac{1}{3}H$일 때 안의 원뿔이 최대의 부피를 가짐을 보여라.

30. 그래프는 차의 속도 v의 함수로 (시간당 리터로 측량된) 차의 연료 소모량을 나타낸다. 아주 천천히 달리면 비효율적이어서 초기 c는 속도가 증가될 때까지 감소한다. 그러나 높은 속도에서는 연료의 소모가 증가한다. $c(v)$는 $v \approx 48$km/h일 때 최소가 됨을 알 수 있다. 그러나 연료소모의 효율성에 대해 최소가 되어야 하는 것은 시간당 연료의 소모가 아니고 킬로미터당 연료의 소모량이다. 이 소모량을 G라 부르자. 그래프를 사용해서 G가 최솟값을 갖는 속도를 추정하여라.

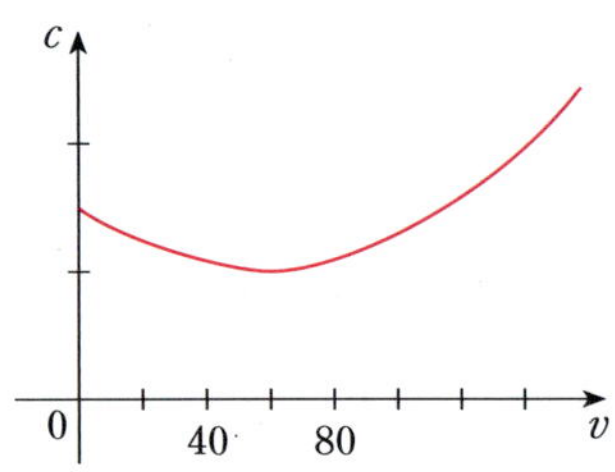

31. R 옴의 저항기가 안의 저항 r 옴을 갖는 E 볼트의 배터리에 연결되어 있을 때, 바깥 저항기에 있어서 전압은 다음과 같다.

$$P=\frac{E^2R}{(R+r)^2}$$

E와 r은 고정되어 있고, R은 변할 때, 전압의 최댓값을 구하여라.

32. 물속에서 속도 v로 움직이는 물고기의 단위 시간당 에너지 소모가 v^3에 비례한다. 이동하는 물고기는 고정된 거리를 움직이는데 드는 총 에너지를 최소화하려 한다고 생각된다. 물고기가 속도가 $u(u<v)$인 물을 거슬러 움직인다면 거리 L을 움직이는데 요구되는 시간은 $\frac{L}{v-u}$이고 그 거리를 움직이는데 필요한 에너지는

$$E(v)=av^3 \cdot \frac{L}{v-u}$$

이다. 여기서 a는 비례상수이다.

(a) E를 최소화하는 v의 값을 결정하여라.

(b) E의 그래프를 그려라.

(참고 : 이 결과는 실험적으로 증명되었다. 이동하는 물고기가 물의 속도보다 50% 더 큰 속도의 물을 거슬러 움직인다.)

33. 벌집에서 각 셀은 한 끝이 열려 있고 다른 한 끝에는 삼면각으로 되어 있는 결정체이다. 벌들은 주어진 부피에 대해 겉넓이를 최소화하는 식의 셀을 만들려 해서 셀 구성에 있어서 밀랍의 최소량을 사용한다고 생각된다. 이러한 셀들의 조사에 의해서 꼭대기의 각의 크기가 놀랍게도 일치한다는 알려졌다. 셀의 기하에 기초해서 겉넓이 S는

$$S=6sh-\frac{3}{2}s^2\cot\theta+(3s^2\sqrt{3}/2)\csc\theta$$

이다. 단, s는 육각형의 한 변의 길이이고 h는 높이인데 모두 일치한다.

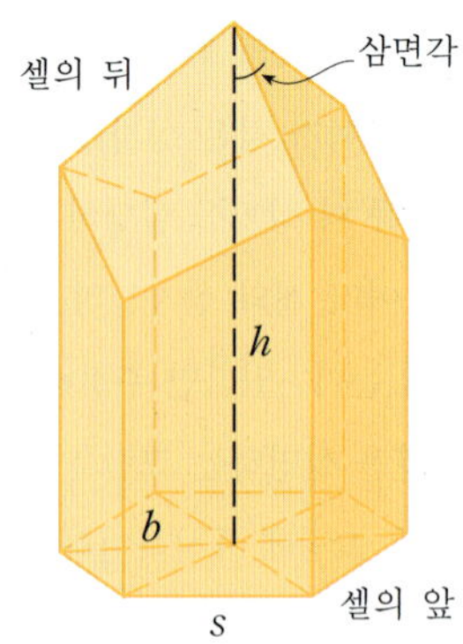

(a) $dS/d\theta$를 구하여라.

(b) 벌들이 좋아하는 각은 얼마인가?

(c) (s와 h에 관해서) 셀의 최소의 겉넓이를 구하여라.

(참고 : 벌들에게서 각 θ의 실제적인 측정이 이루어졌는데 이러한 각들의 크기는 계산된 값과 2° 이상 차이가 거의 나지 않는다.)

34. 보트가 오후 2시에 부두를 떠나서 20km/h의 속도로 정남으로 여행한다. 다른 보트는 15km/h의 속도로 정동으로 향해서 오후 3시에 같은 부두에 도착한다. 두 보트가 함께 가장 가까이 있을 때는 몇시인가?

35. 석유 정제공장은 직선길이가 2km인 강의 북쪽 강둑에 있다. 공장으로부터 6km 떨어진 강 남쪽에 있는 저장탱크까지 송유관을 설치하려 한다. 관을 설치하는 비용은 강 북쪽의 P지점까지 땅 위로 설치할 때는 400,000달러/km이고, 강 밑을 지나 탱크까지 설치할 때는 800,000달러/km이다. 송유관 설치 비용을 최소화하기 위해서는 P의 위치는 어디가 되어야 하는가?

36. 연습문제 35번의 석유 정제공장이 강의 북쪽 1km 위치에 있다고 가정하자. 그러면 P의 위치는 어디가 되어야 하는가?

37. 광원에 의한 사물의 비춤은 광원의 강도에 정비례하고 광원으로부터의 거리의 제곱에 반비례한다. 두 광원 중 하나가 4m 떨어져 있는 나머지의 세 배의 강도를 갖는다면 사물이 최소의 빛을 받기 위해서는 광원들 사이의 어느 곳에 위치해야 하는가?

38. 반지름 3km인 원형의 호수가의 한 점 A에 있는 한 여성이 원점을 중심으로 반대편 C에 도달하기를 원한다. 그녀는 6km/h로 걸을 수 있으며 3km/h로 보트를 저을 수 있다. 그녀가 어떻게 진행해야 할까?

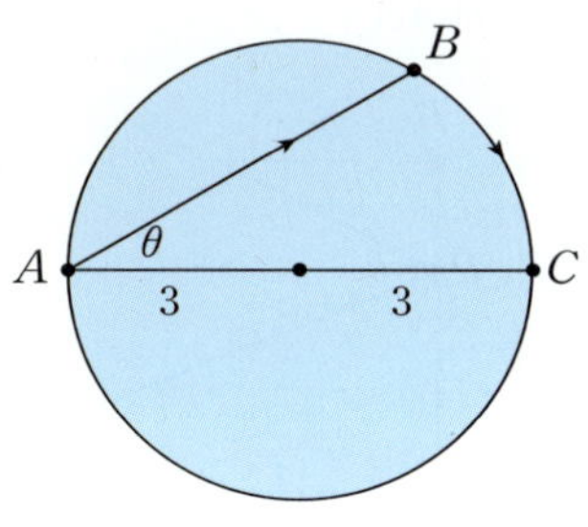

39. 점 (3, 5)를 지나는 직선이 제 1사분면과 만나서 생기는 면적이 최소가 되도록 하는 직선의 방정식을 구하여라.

40. 곡선 $y=1+40x^3-3x^5$상의 어떤 점들에서 접선들이 가장 큰 기울기를 갖는가?

41. 곡선 $y=\dfrac{3}{x}$의 접선에서 제1사분면에 있는 선분의 길이의 최솟값을 구하여라.

42. 포물선 $y=4-x^2$의 접선을 빗변으로 하고 제1사분면의 x축과 y축을 두 변으로 하는 삼각형의 넓이의 최솟값을 구하여라.

43. (a) 어떤 상품을 x개 생산하는데 드는 비용이 $C(x)$라면 평균비용은 $c(x)=C(x)/x$이다. 평균비용이 최소일 때 한계비용은 평균비용과 같음을 보여라.

(b) $C(x)=16{,}000+200x+4x^{3/2}$달러일 때 다음을 구하여라. (i) 1000개를 생산할 때의 비용, 평균비용, 한계비용 (ii) 평균비용을 최소화 할 때의 상품의 개수 (iii) 평균비용의 최솟값

44. (a) 이익 $P(x)$가 최대이면 한계수입은 한계비용과 같음을 보여라.

(b) 비용함수가 $C(x)=16{,}000+500x-1.6x^2+0.004x^3$이고 가격함수가 $p(x)=1700-7x$일 때, 이익을 최대로 하기 위한 상품의 개수를 구하여라.

45. 한 야구팀이 55,000관객을 수용하는 경기장에서 경기를 한다. 평균입장료를 10달러로 하면 27,000명이 입장한다. 입장료를 8달러로 낮추면, 평균입장객이 33,000명으로 올라간다.

(a) 선형이라는 가정하에서 수요함수를 구하여라.

(b) 소득을 최대로 하기 위하여 입장료를 얼마로 하면 좋은가?

46. 여름동안 테리는 해변가에서 목걸이를 만들어 판다. 지난 여름 그는 목걸이를 10달러씩 팔았고 매일 평균 20개씩 팔았다. 그가 가격을 1달러 올리면 매일 두 개씩 덜 팔린다는 것을 알았다.

(a) 선형이라는 가정하에서 수요함수를 구하여라.

(b) 목걸이 재료가 6달러라면 최대의 이윤을 올리기 위하여 몇 달러에 팔아야 하는가?

47. 생산자가 한 주에 450달러씩 1000대의 TV를 팔고 있다. 시장조사에 의하면 구매자들에 10달러씩 할인을 하면 TV의 판매 개수가 주마다 100개씩 증가한다.

(a) 수요함수를 구하여라.

(b) 회사가 소득을 최대로 하기위하여 구매자들에 할인을 얼마나 해야 하는가?

(c) 한 주의 비용함수가 $C(x)=68000+150x$이면 이윤을 최대로 하기 위하여 할인의 크기를 얼마로 해야 하는가?

48. 100단위의 복합 아파트의 관리자는 경험으로 세를 달마다 800달러씩으로 하면 된다고 알고 있다. 시장 조사에 의하여 평균적으로 세를 10달러 올리면 방이 하나씩 남는다. 관리자는 소득을 최대로 하기 위하여 세를 얼마를 받아야 하는가?

49. a와 b는 양의 수이다. 점 (a, b)를 지나고 제1사분면에 의하여 잘려지는 가장 작은 직선의 길이를 구하여라.

CAS 50. 연의 뼈대는 6개의 나무 조각으로 이루어져 있다. 4개의 외부의 조각들은 그림과 같이 되어 있다. 연의 넓이를 최대화하기 위하여 가운데 두 조각들의 길이를 얼마로 하면 좋겠는가?

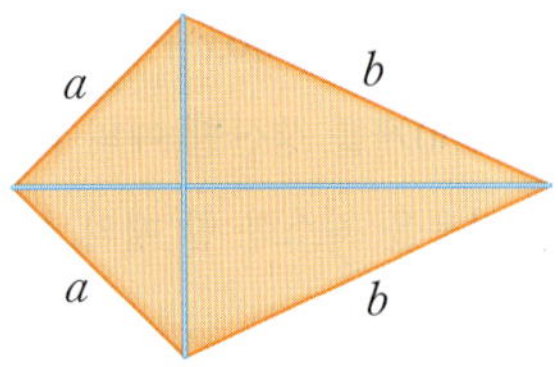

51. v_1을 공기에서의 빛의 속도라 하고 v_2를 물에서의 빛의 속도라 하자. Fermat의 원리에 따라서 광선은 시간을 최소화하면서 공기에서 점 A로부터 물속에서 B로 ACB를 따라 나아간다.

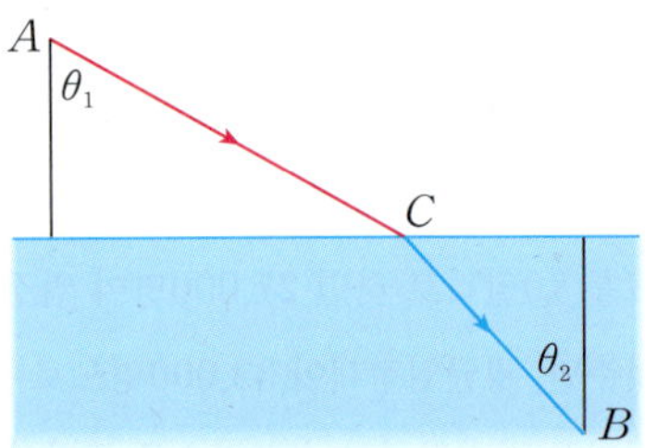

$$\frac{\sin\theta_1}{\sin\theta_2} = \frac{v_1}{v_2}$$

을 보여라. 단, θ_1(입사각) 과 θ_2(반사각)은 그림과 같다. 이 방정식은 Snell의 법칙으로 알려져 있다. 두 개의 수직 기둥 PQ와 ST가 그림과 같이 끈 PRS로 안전하게 연결되어 있다. $\theta_1 = \theta_2$일 때 끈의 길이가 최소가 됨을 보여라.

52. 두 개의 수직막대 PQ와 ST가 그림에서 보듯이 줄 PRS에 의해 단단히 매어져 있다. $Q_1 = Q_2$일 때 줄의 길이가 최소가 됨을 보여라.

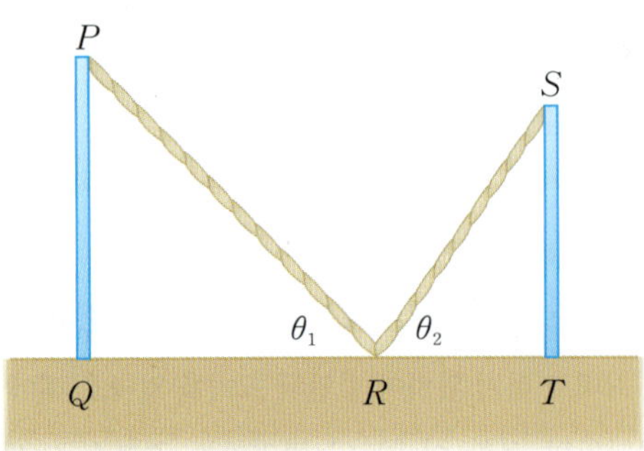

53. 20cm 폭과 30cm 길이의 종이 조각의 왼쪽 윗부분이 그림과 같이 접혀 있다. 그림에서 y의 길이가 최소가 되기 위해서는 어떻게 접어야 하는가? 다시 말해서 y를 최소화하기 위하여 x를 얼마로 해야 하는가?

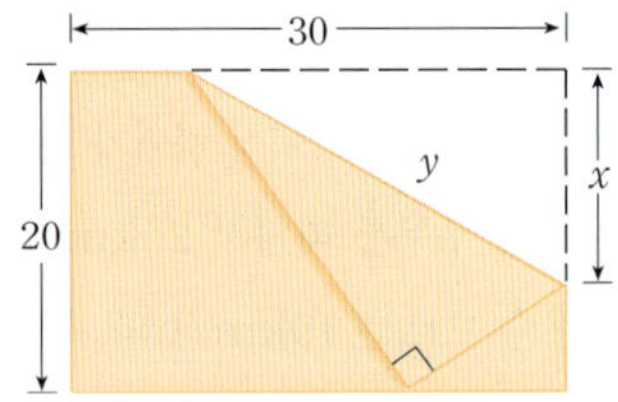

54. 강철 파이프가 3m 넓이의 홀을 따라 옮겨지고 있다. 홀의 끝에는 오른쪽으로 2m 넓이의 더 좁은 홀이 있다. 구석을 수평적으로 옮길 수 있는 가장 긴 파이프의 길이는 얼마인가?

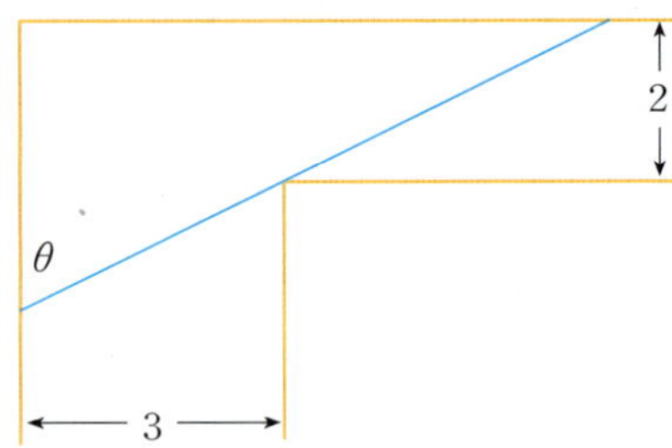

55. 가로가 L, 세로가 W인 직사각형에 외접하는 직사각형의 넓이의 최댓값을 구하여라.

56. 폭이 30cm인 철판으로 그림과 같이 빗물받이를 만들려고 한다. 물의 양이 최대가 되게 하려면 θ를 얼마로 하면 되겠는가?

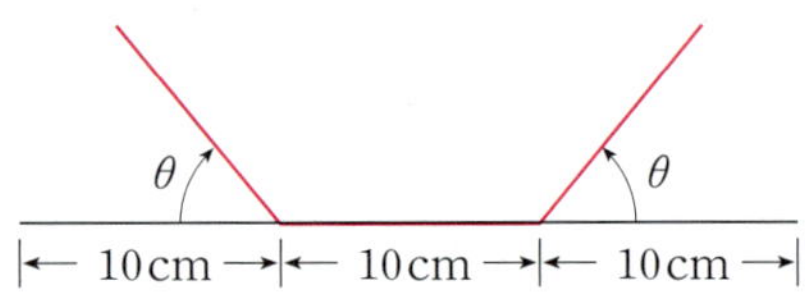

57. 그림과 같이 각 θ를 최대가 되도록 하기 위한 선분 $\overline{AB}$ 위의 점 P의 위치를 구하여라.

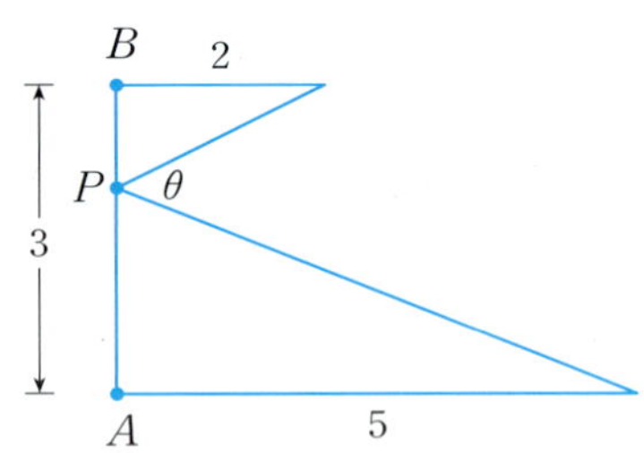

58. 화랑에서 높이가 h인 그림 하나가(그림과 같이) 보는 사람의 눈높이보다 d인 위치에 걸려 있다. 그림을 가장 잘 보기 위한 보는 사람의 위치는 벽으로부터 얼마나 떨어져야 하는가? (다시 말해서, 그림이 눈에 들어오는 각 θ를 최대로 하려면 어느 위치에서 보아야 하는가?)

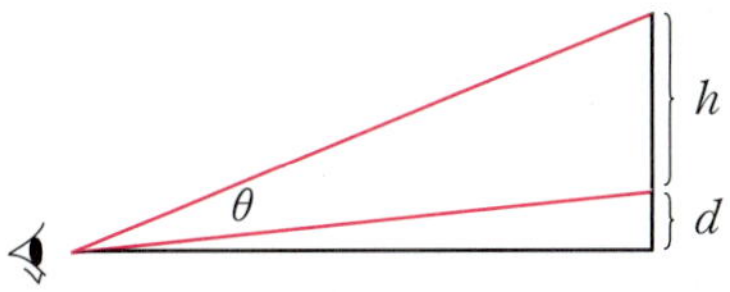

59. 조류학자들이 새들의 일부가 밤시간 동안에 물의 널따란 수역을 날아가는 것을 피하는 경향이 있다는 것을 알았다. 일반적으로 공기는 육지에서 일어나서 낮 동안은 물 위에 떨어지기 때문에 육지보다 물 위를 나는 것이 더 많은 에너지가 요구된다고 믿는다. 곧은 해안선 위의 섬으로부터 가장 가까운 점 B로부터 5km 떨어진 섬으로부터 이러한 경향을 갖는 새 한마리를 풀어 놓았다. 이 새가 해안선의 점 C까지 날아가고 다시 보금자리 D까지 날아간다. 새들은 본능적으로 에너지를 최소화하는 길을 선택한다고 가정한다. 점 B와 점 D 사이의 거리는 13km이다.

(a) 일반적으로 육지보다 물 위를 나는데 힘이 1.4배 든다면 새가 보금자리로 돌아가는데 드는 힘을 최소화하기 위한 점 C의 위치는 어느 곳인가?

(b) W와 L을 각각 물과 육지를 나는데 드는 킬로미터당 (단위 joul) 에너지라 하자. W/L의 값이 크다는 것은 새의 비행에 관해 어떤 의미가 있는가? 값이 작다는 것은 어떤 의미가 있는가? 힘을 최소화하기 위한 비 W/L을 결정하여라.

(c) 새가 보금자리 D로 직접 날아가기 위한 W/L의 값은 얼마인가? 새가 B로 갔다가 해안선을 따라 D로 가기 위한 W/L의 값은 얼마인가?

(d) 조류학자들이 새들의 어떤 종류가 B로부터 4km 떨어진 해안에 도착한다는 것을 관찰한다면 새가 육지보다 물 위를 나는데 몇 배의 더 많은 에너지가 필요한가?

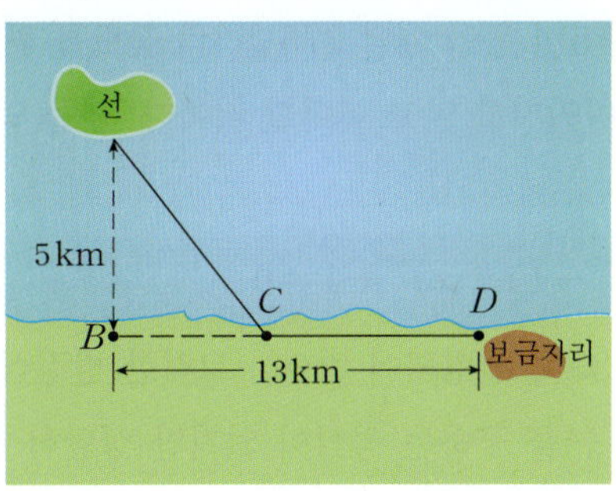

60. 혈관시스템은 심장으로부터 기관으로 그리고 되돌려서 기관으로부터 심장으로 피를 나르는 혈관들(동맥, 소동맥, 모세혈관 그리고 정맥들)로 이루어져 있다. 이 시스템은 심장에 의해서 피를 펌프질하는데 드는 에너지를 최소화해야 한다. 특히, 이 에너지는 피의 저항이 낮아질 때 줄어든다. Poiseuille의 법칙중의 하나가 피의 저항 R이

$$R=C\frac{L}{r^4}$$

이다. 여기서 L은 혈관의 길이이고, r은 반경이며 C는 피의 점성에 의해서 결정된 양의 상수이다(Poiseuille는 이 법칙을 실험적으로 확립했지만 그것은 식 8.7절의 **2**로부터도 얻어진다). 그림은 반지름 r_2의 작은 혈관으로 각 θ로 갈라지는 반지름 r_1의 주 혈관을 보여준다.

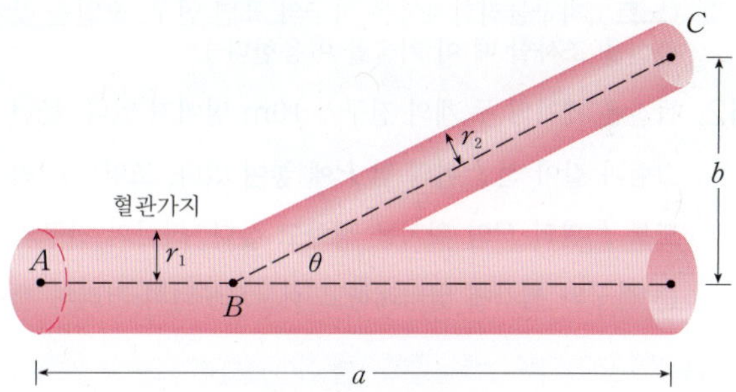

(a) 경로 ABC를 따르는 피의 저항이

$$R=C\left(\frac{a-b\cot\theta}{r_1^4}+\frac{b\csc\theta}{r_2^4}\right)$$

임을 Poiseuille의 법칙을 이용하여 보여라. 여기서 a와 b는 그림에서 보여진 거리이다.

(b) 저항이

$$\cos\theta=\frac{r_2^4}{r_1^4}$$

일 때 최소임을 증명하여라.

(c) 작은 혈관의 반지름이 큰 혈관의 반지름의 $\frac{2}{3}$일 때 최적의 각을 구하여라.

61. 바위의 상층에서의 소리속도 c_1과 하층에서의 속도 c_2 그리고 상층의 두께 h는 하층에서의 소리의 속도가 상층에서의 속도보다 더 크면 진동탐구에 의해 결정된다. 다이나마이트가 점 P에서 폭발하여 전달된 신호가 P에서의 거리가 D인 점 Q에 기록된다. Q에 도착하는 첫 번째 신호가 표면을 따라 T_1초의 시간이 걸려 표면을 따라 들려온다. 다음 신호는 T_2초 걸려 P에서부터 R까지, 아래 층에서 R에서부터 S까지 그리고 Q까지 들려온다. 세 번째 신호는 RS의 중간지점 O에서 아래층

에 반사되어 T_3초 후에 Q에 도달한다.

(a) T_1, T_2, T_3를 D, h, c_1, c_2, θ에 관해서 나타내어라.

(b) $\sin\theta = \dfrac{c_1}{c_2}$일 때 T_2가 최소가 됨을 보여라.

(c) $D=1\text{km}$, $T_1=0.26\text{s}$, $T_2=0.32\text{s}$, $T_3=0.34\text{s}$라고 가정하자. c_1, c_2, h를 구하여라.

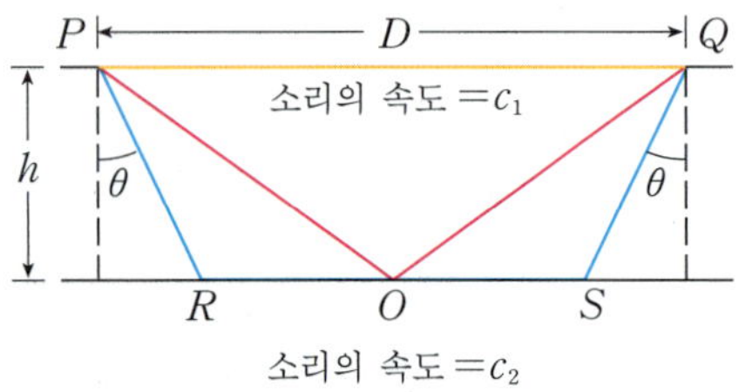

(노트 : 지구물리학자들은 지구의 표면 연구, 오일을 찾거나 단층선을 조사할 때 이 기술을 이용한다.)

62. 똑같은 세기의 두 개의 전구가 10m 떨어져 있다. 물건 하나가 그림과 같이 선 l 위의 점 P에 놓여 있다. 조명도를 최소화 하도록 l 위의 P의 위치를 정하고 싶다. 하나의 전구의 조명도는 전구의 세기에 정비례하고 전구로부터의 거리의 제곱에 반비례한다는 사실을 이용할 필요가 있다.

(a) 점 P에서 강도 $I(x)$에 대한 식을 구하여라.

(b) $d=5\text{m}$일 때, $x=5\text{m}$ 즉 p가 l의 정중앙에 위치할 때 강도가 최소가 됨을 보이기 위하여 $I(x)$와 $I'(x)$의 그래프를 이용하여라.

(c) $d=10\text{m}$일 때, 강도(아마 놀랍게도)가 중간점에서 최소가 되지 않음을 보여라.

(d) $d=5\text{m}$와 $d=10\text{m}$ 사이의 어느 곳인가에 밝기가 최소가 되는 점이 갑자기 변하는 d의 변화값이 있다. 그래픽 방법을 이용하여 d의 값을 추정하라. 그리고 d의 정확한 값을 구하여라.

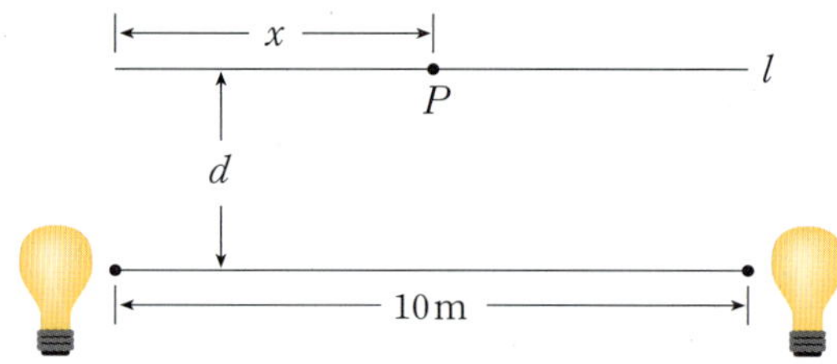

6.7 뉴턴의 방법

자동차 판매자가 18000달러에 팔거나 5년 동안 매달 375달러씩 갚도록 한다고 하자. 여러분은 판매자가 요구하는 이자율이 얼마인지를 알고 싶어할 것이다. 답을 얻기 위하여 방정식

$$48x(1+x)^{60}-(1+x)^{60}+1=0 \qquad \boxed{1}$$

을 풀어야 한다(자세한 것은 연습문제 33에 설명되어 있다). 그러한 방정식을 어떻게 풀 것인가? 3차와 4차 방정식에 대해서는 근을 구하는 공식이 있지만 상당히 복잡하다. f가 5차 또는 그 이상의 다항식이라면, 그러한 공식은 없다. 마찬가지로 $\cos x = x$와 같은 초월함수 방정식의 정확한 해를 구할 수 있는 공식은 없다.

방정식의 왼쪽을 그림으로써 방정식 $\boxed{1}$의 근사해를 구할 수 있다. 그래프 도구를 사용

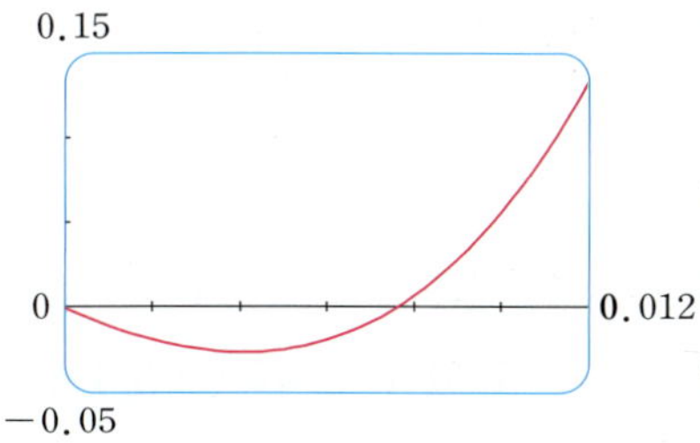

그림 1

하고 화면을 조절함으로써 그림 1의 그림을 얻는다.

의미가 없는 해인 $x=0$을 포함해서 다른 해가 0.007과 0.008 사이에 있다는 것을 안다. 그림을 확대함으로써 근이 근사적으로 0.0076이라는 것을 안다. 좀 더 정확한 해가 필요하다면 반복적으로 확대할 수 있지만 귀찮은 일이다. 빠른 대안은 계산기를 이용한 수치 근찾기나 컴퓨터 대수체계를 이용하는 것이다. 그렇게 하면 소수점 이하 아홉째 자리 까지 정확한 근 0.007628603을 얻는다. 그러한 수치적 근찾기는 어떻게 하는가? 다양한 방법들이 있지만 대부분이 뉴턴의 방법을 이용하며 Newton-Raphson 방법이라 부른다. 이 방법을 어떻게 쓰는지 설명하고 계산기나 컴퓨터 내에서는 어떻게 작동하는지를 부분적으로 보일 것이고 선형근사 아이디어의 응용으로서 부분적으로 보일 것이다.

● 당신의 계산기상의 수치 근찾기나 컴퓨터를 이용해서 방정식 **1**을 풀도록 하라. 몇몇 기계들은 그것을 푸는데 가능하지 않을 수도 있다. 다른 것들은 성공적이지만 찾기 위해 출발점을 언급하도록 요구할 것이다.

뉴턴의 방법의 이면의 기하학은 그림 2에서 보여진다. 여기서 찾고자 하는 근을 r이라고 했다. 추측함으로 혹은 f의 그래프를 대충 그려서 혹은 f의 컴퓨터로 생성된 그래프로부터 얻어진 첫 번째 근사해 x_1을 가지고 시작한다. 점 $(x_1, f(x_1))$에서 곡선 $y=f(x)$에 그은 접선 L을 생각하고 L과 x축과의 만나는 점 x_2를 찾아라. 뉴턴의 방법 뒤에 숨어 있는 아이디어는 접선이 곡선에 가까이에 있고 x_2가 곡선과 x축과 만나는 점과(즉, 우리가 찾고 있는 근 r) 가까이에 있다는 것이다. 접선이 직선이므로 그것과 x축과의 만나는 점을 쉽게 찾을 수 있다.

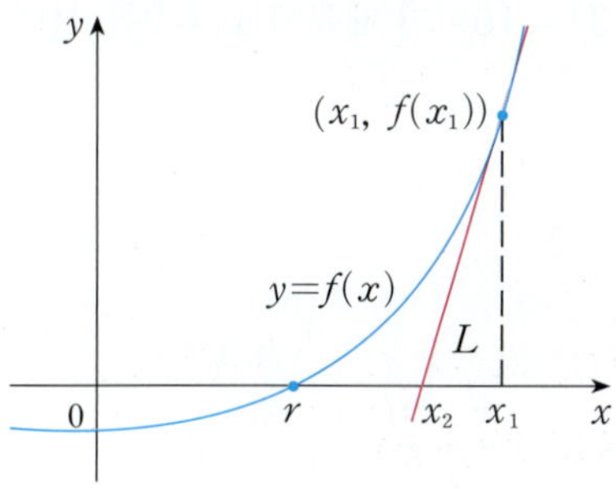

그림 2

x_2에 대한 공식을 얻기 위하여 L의 기울기가 $f'(x)$라는 것을 이용해서 방정식이

$$y-f(x_1)=f'(x_1)(x-x_1)$$

라는 사실을 이용한다. L과 x축과의 만나는 점이 x_2이므로 $y=0$라 두면

$$0-f(x_1)=f'(x_1)(x_2-x_1)$$

을 얻는다. 만약, $f'(x_1)\neq 0$라면, x_2에 대해 방정식을 풀 수 있다.

$$x_2=x_1-\frac{f(x_1)}{f'(x_1)}$$

x_2를 r에 대한 두 번째 근사해로 사용한다. 다음으로 x_1을 x_2로 바꾸고 $(x_2, f(x_2))$에서의 접선을 이용해서 이 절차를 반복한다. 그러면 세 번째 근사해를 얻는다.

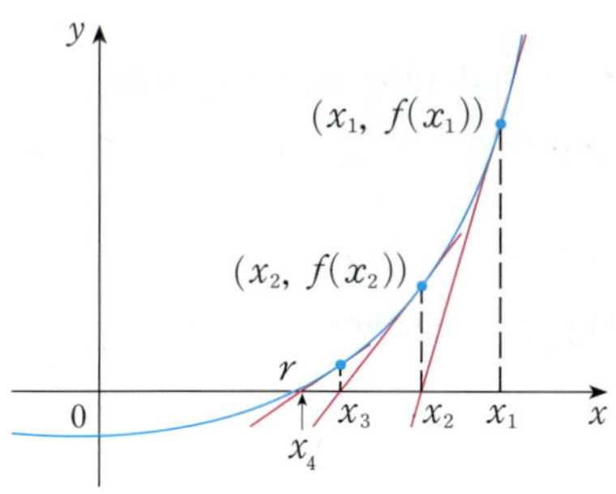

그림 3

$$x_3=x_2-\frac{f(x_2)}{f'(x_2)}$$

이 절차를 반복함으로서 그림 3에서처럼 근사해들의 수열 $x_1, x_2, x_3, x_4, \cdots$을 얻는다. 일반적으로 n번째 근사해가 x_n이고 $f'(x_n)\neq 0$라면 다음 근사해는

2
$$x_{n+1}=x_n-\frac{f(x_n)}{f'(x_n)}$$

● 수열에 대한 좀더 깊은 논의는 9.1절에서 시작한다.

으로 주어진다. n이 커져서 x_n들이 점점 더 r로 가까이 간다면 우리는 수열이 r로 수렴한다고 하고

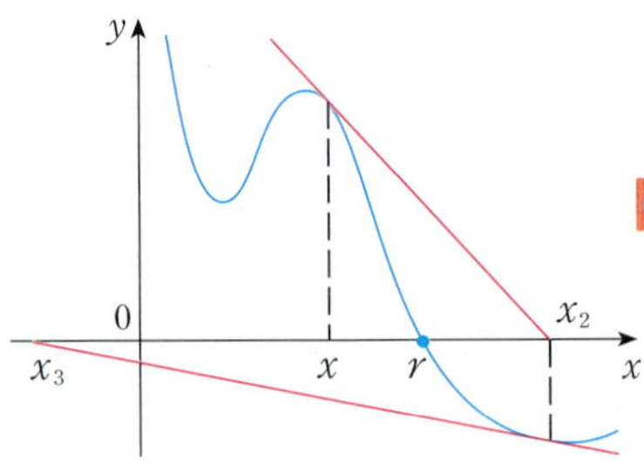

그림 4

$$\lim_{n\to\infty} x_n = r$$

라 쓴다.

⊘ 연속되는 근사해들이 그림 3에서 예시된 형태의 함수들에 대해서는 요구되는 근에 수렴하지만 어떤 상황에서는 그 수열이 수렴하지 않을 수도 있다. 예를 들어 그림 4에서 보여진 상황을 생각해 보자. x_3가 x_1보다 더 나쁜 해라는 것을 알 수 있다. 근사해(그림 4에서 x_3와 같이)가 f의 정의역 밖에 있을 수도 있다. 그러면 뉴턴의 방법은 실패하고 더 좋은 초기 근사해 x_1이 선택되어야 한다. 뉴턴의 방법에 대한 또다른 특별한 예들에 대해서는 연습문제 25~27을 보라.

예제 1 $x_1=2$로 시작해서 방정식 $x^3-2x-5=0$의 근의 세 번째 근사해 x_3를 구하여라.

풀이 뉴턴의 방법을

$$f(x)=x^3-2x-5\text{와} \quad f'(x)=3x^2-2$$

에 적용한다. $f(1)=-6$, $f(2)=-1$이고, $f(3)=16$이기 때문에 $x_1=2$를 선택하자. 방정식 **2**는

$$x_{n+1}=x_n-\frac{x_n^3-2x_n-5}{3x_n^2-2}$$

이 된다. $n=1$이면

$$x_2=x_1-\frac{x_1^3-2x_1-5}{3x_1^2-2}=2-\frac{2^3-2(2)-5}{3(2)^2-2}=2.1$$

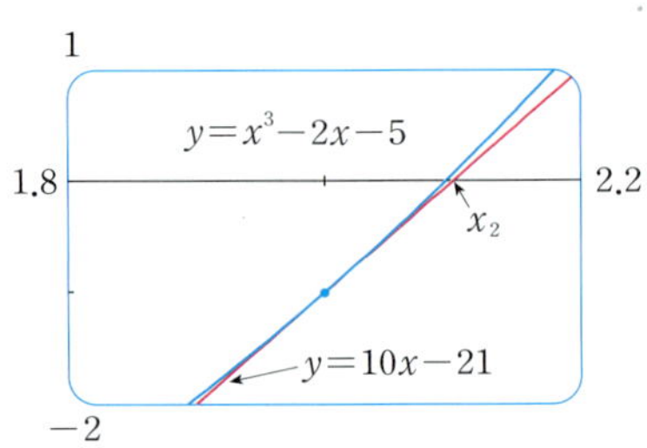

그림 5

이 되고 $n=2$이면

$$x_3=x_2-\frac{x_2^3-2x_2-5}{3x_2^2-2}$$
$$=2.1-\frac{(2.1)^3-2(2.1)-5}{3(2.1)^2-2}\approx 2.0946$$

을 얻는다. 이 세 번째 근사해 $x_3\approx 2.0946$는 소수점 이하 넷째 자리까지 정확하다. ■

뉴턴의 방법을 이용해서 예를 들어 소수점 이하 여덟째 자리까지 정확하게 얻기를 원한다고 하자. 언제 멈춰야 하는지를 어떻게 알 수 있느냐? 일반적으로 사용되는 법칙은 연속적인 근삿값 x_n과 x_{n+1}이 소수점 이하 여덟째 자리에서 일치하면 멈출 수 있다(뉴턴의 방법에 대한 정확성에 관한 내용은 9.8절 연습문제 33에 있다). n에서 $n+1$까지 가는 과정이 모든 n에 대하여 같다는 것을 주의하라(그것은 반복과정이라 부른다). 이것은 뉴턴의 방법이 특히 프로그램할 수 있는 계산기나 컴퓨터를 사용하는 것에 편리하다.

예제 2 뉴턴의 방법을 이용하여 $\sqrt[6]{2}$의 근삿값을 소수점 이하 여덟째 자리까지 구하여라.

풀이 $\sqrt[6]{2}$을 찾는 것은 방정식

$$x^6-2=0$$

의 양의 근을 찾는 것과 같다는 것을 우선 알자. 그래서 $f(x)=x^6-2$라 하자. 그러면 $f'(x)=6x^5$이고 공식 **2**(뉴턴의 방법)에 의해서

$$x_{n+1}=x_n-\frac{x_n^6-2}{6x_n^5}$$

이 된다. 초기값으로 $x_1=1$이라 두면

$$x_2\approx1.16666667$$
$$x_3\approx1.12644368$$
$$x_4\approx1.12249707$$
$$x_5\approx1.12246205$$
$$x_6\approx1.12246205$$

이 된다. x_5와 x_6이 소수점 이하 여덟째 자리까지 같으므로

$\sqrt[6]{2}\approx1.12246205$이다. ■

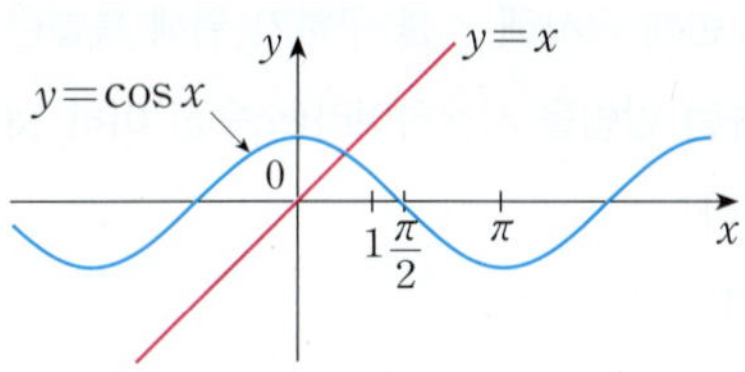

그림 6

예제 3 방정식 $\cos x=x$의 근을 소수점 이하 여섯째 자리까지 정확하게 구하여라.

풀이 방정식을 우선 표준형으로 다시 쓰자.

$$\cos x-x=0$$

$f(x)=\cos x-x$라 두면 $f'(x)=-\sin x-1$이고 공식 **2**에 의하여

$$x_{n+1}=x_n-\frac{\cos x_n-x_n}{-\sin x_n-1}=x_n+\frac{\cos x_n-x_n}{\sin x_n+1}$$

이 된다. x_1에 대한 적절한 값을 추측하기 위하여 그림 6에서 $y=\cos x$와 $y=x$의 그래프를 그려라. 그것들은 x좌표가 1보다 다소 적은 점에서 만난다. 그러므로 첫 번째 근삿값으로 $x_1=1$을 택하자. 라디안 모드로 계산기를 놓는 것을 기억하면

$$x_2\approx0.75036387$$
$$x_3\approx0.73911289$$
$$x_4\approx0.73908513$$
$$x_5\approx0.73908513$$

을 얻는다. x_4와 x_5가 소수점 이하 여섯(사실상 여덟)째 자리까지 일치하므로 방정식의 근은 정확하게 0.739085이다. ■

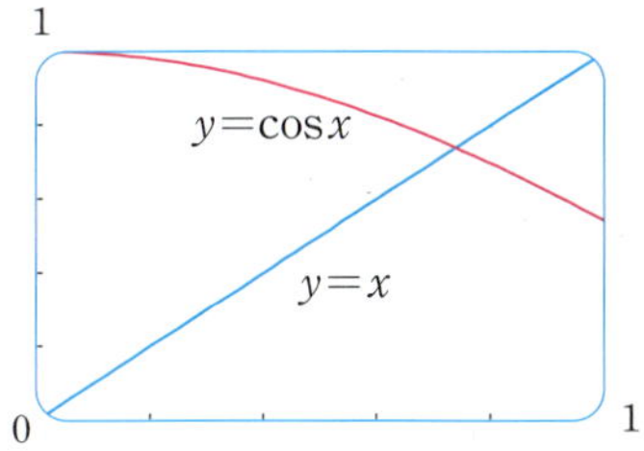

그림 7

예제 3에서 뉴턴 방법에 대한 출발 근삿값을 구하기 위하여 그림 6에서 대충 그린 그림을 사용하는 대신에 계산기나 컴퓨터가 제공하는 좀 더 정확한 그래프를 사용할 수 있었을 것이다. 그림 7은 초기 근삿값으로 $x_1=0.75$을 사용한다고 가정한다. 그러면 뉴턴 방법에 의하면

$$x_2 \approx 0.73911114$$
$$x_3 \approx 0.73908513$$
$$x_4 \approx 0.73908513$$

이고 한 단계 덜 하고도 전과 똑같은 답을 얻는다.

그래프 도구가 이용 가능하다면 뉴턴의 방법이 더 불편하다고 느낄지도 모른다. 1.4절에서 한 것처럼 반복해서 확대해서 근을 찾는 것이 더 쉽겠는가? 단지 소수점 이하 한 자리나 두 자리까지만 구한다면 뉴턴의 방법은 부적합하고 그래프 도구로 충분하다. 그러나 여섯 혹은 여덟째 자리까지 요구된다면 반복되는 확대는 귀찮게 된다. 컴퓨터와 뉴턴의 방법을 이어서 사용하는 것(그래프 도구로 출발해서 뉴턴 방법으로 마치는 것)이 더 빠르고 더 효과적이다.

6.7 연습문제

1. 다음은 함수 f의 그래프이다. 뉴턴의 방법을 이용하여 방정식 $f(x)=0$의 근 r의 근삿값을 구하자. 초기 근삿값 $x_1=1$이다.
   (a) x_2와 x_3를 찾기 위하여 사용된 접선을 그려라. 그리고 x_2와 x_3의 수치값을 추정하여라.
   (b) $x_1=5$가 더 좋은 초기 근삿값인가? 그 이유를 설명하여라.

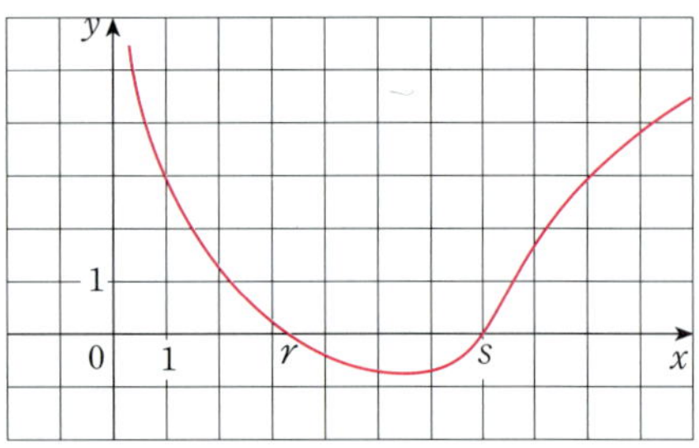

2. 연습문제 1(a)의 지시를 따르되 근 s를 구하기 위하여 초기 근삿값으로 $x_1=9$를 사용하여라.

3. $y=5x-4$를 $y=f(x)$의 $x=3$에서의 접선이라 하자. 방정식 $f(x)=0$의 근을 정하는데 뉴턴 방법이 사용되고 초기 근삿값이 $x_1=3$일 때, 두 번째 근삿값 x_2를 구하여라.

4. 각 초기값에 대해 그래프가 그림과 같을 때 뉴턴의 방법이 사용된다면 어떤 일이 생기는지를 그래프를 이용해서 결정하여라.

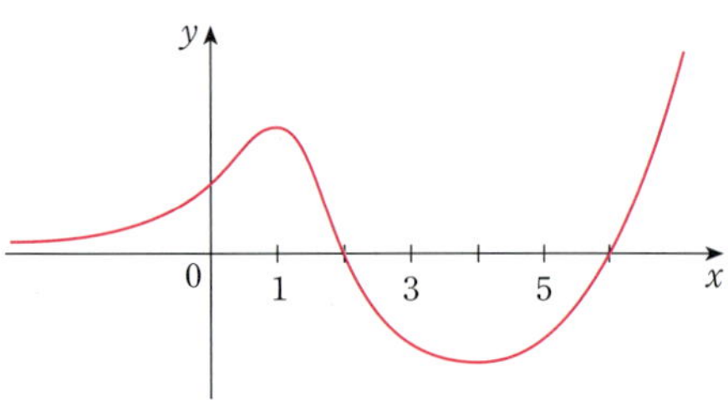

(a) $x_1=0$ (b) $x_1=1$ (c) $x_1=3$
(d) $x_1=4$ (e) $x_1=5$

(5~8) 주어진 방정식을 세 번째 근사해 x_3를 구하기 위해 특별한 초기 근삿값을 x_1으로 뉴턴 방법을 사용하여라(소수점 이하 넷째 자리까지 답을 구하여라).

5. $x^3+2x-4=0, \quad x_1=1$

6. $\frac{1}{3}x^3+\frac{1}{2}x^2+3=0, \quad x_1=-3$

7. $x^5-x-1=0, \quad x_1=1$

8. $x^5+2=0, \quad x_1=-1$

9. 방정식 $x^3+x+3=0$의 두번째 근사해 x_2를 구하기 위하여 초기 근삿값 $x_1=-1$의 가지고 뉴턴 방법을 사용하여라. 주어진 함수와 점 $(-1, 1)$에서의 접선을 그려 봄으로써 뉴턴 방법이 어떻게 작용하는지 설명하여라.

10. 방정식 $x^4-x-1=0$의 두번째 근사해 x_2를 구하기 위하여 초기 근삿값 $x_1=1$을 가지고 뉴턴 방법을 사용하여라. 주어진 함수와 점 $(1, -1)$에서의 접선을 그려 봄으로써 뉴턴 방법이 어떻게 작용하는지 설명하여라.

(11~12) 주어진 수를 소수점 이하 여덟째 자리까지의 근삿값을 구하기 위하여 뉴턴 방법을 이용하여라.

11. $\sqrt[5]{20}$ 12. $\sqrt[100]{100}$

(13~16) 뉴턴 방법을 이용하여 근을 소수점 이하 여섯째 자리까지 정확하게 구하여라.

13. $x^4=1+x$

14. $e^x=3-2x$

15. $\tan^{-1}x=1-x$

16. $\sqrt{x+3}=x^2$

(17~22) 뉴턴 방법을 이용하여 근을 소수점 이하 여덟째 자리까지 정확하게 구하여라. 초기값을 구하기 위하여 그래프를 그려서 시작하여라.

17. $x^6-x^5-6x^4-x^2+x+10=0$

18. $x^2(4-x^2)=\dfrac{4}{x^2+1}$

19. $\sqrt{x^2-x+1}=2\sin\pi x$

20. $\cos(x^2+1)=x^3$

21. $4e^{-x^2}\sin x=x^2-x+1$

22. $\tan x=\sqrt{9-x^2}$

23. (a) 다음 제곱근 알고리즘(고대 바빌로니아들에 의해서 $\sqrt{a}$을 구하기 위하여 사용된)을 유도하기 위하여 방정식 $x^2-a=0$에 뉴턴 방법을 적용하여라.

$$x_{n+1}=\frac{1}{2}\left(x_n+\frac{a}{x_n}\right)$$

(b) $\sqrt{1000}$의 근삿값을 소수점 이하 여섯째 자리까지 정확하게 구하기 위하여 (a)를 이용하여라.

24. (a) 다음 역수 알고리즘을 유도하기 위하여 방정식 $1/x-a=0$에 뉴턴 방법을 적용하여라: $x_{n+1}=2x_n-ax_n^2$

(이 알고리즘은 실제로 나누기를 하지 않고 컴퓨터가 역수를 찾을 수 있게 한다.)

(b) 1/1.6984를 소수점 이하 여섯째 자리까지 정확하게 구하기 위하여 (a)를 이용하여라.

25. 뉴턴의 방법은 초기값으로 $x_1=1$로 택한다면 방정식 $x^3-3x+6=0$의 근을 구하는 데는 적용되지 못함을 설명하여라.

26. (a) 초기값을 $x_1=1$로 할 때 방정식 $x^3-x=1$의 근을 소수점 이하 여섯째 자리까지 정확하게 구하기 위하여 뉴턴의 방법을 이용하여라.

(b) 초기값으로 $x_1=0.6$를 이용하여 (a)의 방정식을 풀어라.

(c) 초기값 $x_1=0.57$를 이용하여 (a)의 방정식을 풀어라. (이 부분에 대해 당신은 제한적으로 프로그램할 계산기를 필요로 한다.)

(d) 뉴턴 방법이 초기값에 왜 그렇게 민감한지를 설명하기 위하여 $f(x)=x^3-x-1$의 그래프와 $x_1=1, 0.6, 0.57$에서의 접선을 그려라.

27. 초기값 $x_1\neq 0$을 어떻게 잡더라도 방정식 $\sqrt[3]{x}=0$에 뉴턴의 방법을 적용할 수 없음을 그림으로 설명하여라.

28. 함수 $f(x)=x^2+\sin x$의 절대 최솟값을 소수점 이하 여섯 째 자리까지 정확하게 구하기 위하여 뉴턴의 방법을 이용하여라.

29. 곡선 $y=e^{\cos x}$, $0\leq x\leq\pi$의 변곡점의 좌표를 소수점 이하 여섯째 자리까지 구하기 위하여 뉴턴의 방법을 이용하여라.

30. 곡선 $y=-\sin x$과 원점을 지나는 접선들 가운데는 최대의 기울기를 갖는 것이 있다. 기울기를 소수점 이하 여섯째 자리까지 구하기 위하여 뉴턴의 방법을 이용하여라.

31. 뉴턴의 방법을 이용하여 포물선 $y=(x-1)^2$ 위의 점 중에서 원점에 가장 가까운 점의 좌표를 소수점 이하 여섯째 자리까지 정확하게 구하여라.

32. 그림에서 현의 길이는 4cm이고 호의 길이는 5cm이다. 라디안으로 중심각을 소수점 이하 넷째 자리까지 정확하게 구하여라. 그리고 가장 가까운 각도로 대답하여라.

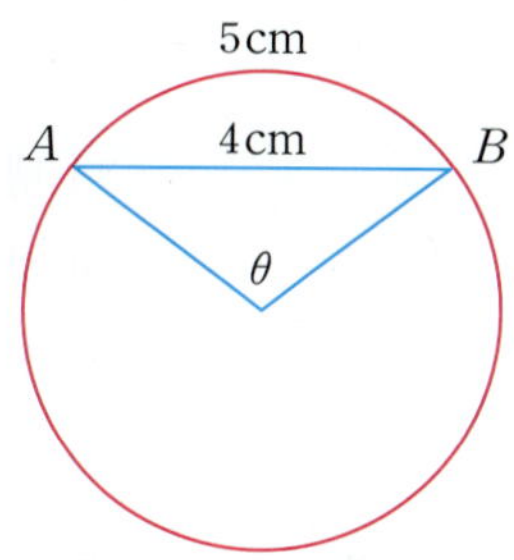

33. 자동차 판매원이 새차를 18000달러에 판다. 그는 또한 같은 자동차를 할부로 375달러씩 5년을 갚도록 한다. 월 이자는 얼마인가? 이 문제를 풀기 위하여 이자율 i로 크기 R의 n번 똑같이 지불하는 것의 현재 값 A에 대한 공식은 다음과 같다.

$$A=\frac{R}{i}[1-(1+i)^{-n}]$$

i를 x로 바꾸어서

$$48x(1+x)^{60}-(1+x)^{60}+1=0$$

임을 보여라. 뉴턴의 방법을 이용하여 이 방정식을 풀어라.

34. 그림은 태양이 원점에 있고 점 (1, 0)에 지구가 있다는 것을 보여준다(여기서 단위는 천문학 단위: $1\text{AU}\approx 1.496\times 10^8$km라 불리는 지구에서 태양 사이의 거리이다). 위성이 지구와 태양의 중력을 포함해서 위성 위에서 작용하는 힘이 서로 균형을 이루기 때문에 태양에 관해 지구의 움직임의 평면에서 5개의 위치 L_1, L_2, L_3, L_4, L_5가 있다. 이러한 위치를 해방점들이라 부른다(태양 연구 위성이 이 해방점들 가운데 한 곳에 위치

해 있다). m_1이 태양의 질량이고 m_2가 지구의 질령이고 $r=m_2/(m_1+m_2)$라면 L_1의 x좌표는 5차 방정식

$$p(x)=x^5-(2+r)x^4+(1+2r)x^3-(1-r)x^2 +2(1-r)x+r-1=0$$

의 유일한 근이고 L_2의 x좌표는 방정식 $p(x)-2rx^2=0$의 근이다. $r\approx 3.04042\times 10^{-6}$을 이용해서 해방점 (a) L_1과 (b) L_2을 구하여라.

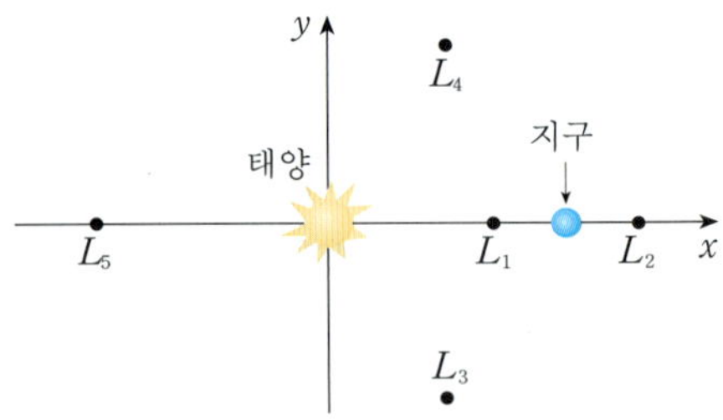

6.8 역도함수

미립자의 속도를 아는 물리학자는 주어진 시간에 그것의 위치를 알고 싶어할 것이다. 물이 탱크로부터 새는 변화율을 측정할 수 있는 기술자는 어떤 시간 동안 새는 양을 알고 싶어 한다. 박테리아 개체수가 증가하는 율을 아는 생물학자는 개체수의 크기가 미래의 어떤 시간에 얼마나 되는가를 알기를 원한다. 각 경우에 있어서 문제는 그것의 도함수가 알려진 함수 f인 함수 F를 구하는 것이다. 그러한 함수 F가 존재한다면 그것을 f의 **역도함수**라 부른다.

> **정의** 구간 I의 모든 x에 대하여 $F'(x)=f(x)$이라면 함수 F를 구간 I 위에서 f의 **역도함수**(antiderivative)라 부른다.

4.8절에서 역도함수의 개념을 소개했고 f의 그래프가 주어질 때 f의 역도함수의 그래프를 어떻게 그리는가에 대해 배웠다. 미분공식을 알고 있기 때문에 역도함수에 대한 양함수 표현을 찾을 위치에 있다. 예를 들어, $f(x)=x^2$라 하자. 제곱법칙을 알고 있다면 역도함수를 찾는 것은 어렵지 않다. $F(x)=\frac{1}{3}x^3$라면 $F'(x)=x^2=f(x)$이다. 그러나 함수 $G(x)=\frac{1}{3}x^3+100$ 또한 $G'(x)=x^2$을 만족한다. 그러므로 F와 G 모두 f의 역도함수이다. C가 상수일 때 $H(x)=\frac{1}{3}x^3+C$형태의 함수는 f의 역도함수이다. 다음 정리는 f가 또다른 형태의 역도함수를 갖지 않는다는 것을 말한다. 정리 1의 증명은 평균값 정리를 이용하여 연습문제 55에 있다.

> **1 정리** F가 구간 I 위에서 f의 역도함수라면 I 위에서 가장 일반적인 f의 역도함수는 $F(x)+C$이다. 여기서 C는 임의의 상수이다.

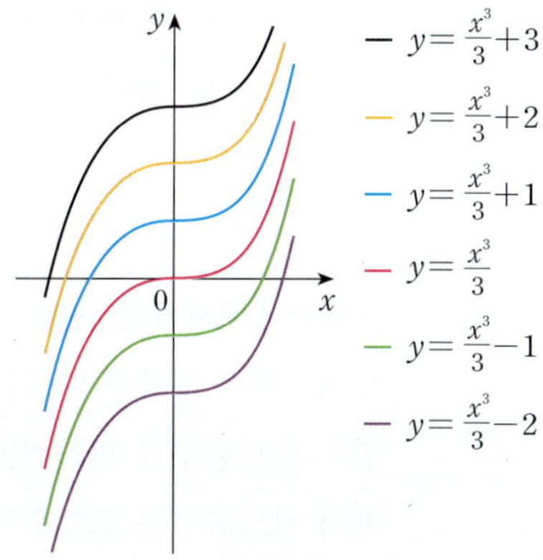

그림 1
$f(x)=x^2$의 역도함수족의 원소들

$f(x)=x^2$로 되돌아 가서, f의 일반적인 역도함수는 $\frac{x^3}{3}+C$이다. 상수 C에 특별한 값을 줌으로써 그래프가 서로가 수직으로 움직이는 함수족을 얻는다(그림 1 참조). 이것은 각 곡선이 주어진 x의 값에서 같은 기울기를 가져야만 하기 때문에 의미가 있다.

예제 1 다음 함수들의 가장 일반적인 역도함수를 구하여라.

(a) $f(x)=\sin x$ (b) $f(x)=\frac{1}{x}$ (c) $f(x)=x^n,\ n\neq-1$

풀이 (a) $F(x)=-\cos x$이면 $F'(x)=\sin x$이므로 $\sin x$의 한 역도함수는 $-\cos x$이다. 정리 1에 의하여 가장 일반적인 역도함수는 $G(x)=-\cos x+C$이다.

(b) 5.7절로부터 $\frac{d}{dx}(\ln x)=\frac{1}{x}$이다. 그러면 구간 $(0, \infty)$ 위에서 $\frac{1}{x}$의 역도함수는 $\ln x+C$이다. 또한 모든 $x\neq0$에 대하여

$$\frac{d}{dx}(\ln|x|)=\frac{1}{x}$$

임을 배웠다. 그래서 정리 1은 $f(x)=\frac{1}{x}$의 일반적인 역도함수는 0을 포함하지 않는 어떤 구간에서도 $\ln|x|+C$임을 말해 준다. 특히 이것은 구간들 $(-\infty, 0)$과 $(0, \infty)$ 위에서도 성립한다. 그래서 f의 일반적인 역도함수는

$$F(x)=\begin{cases} \ln x+C_1, & x>0 \\ \ln(-x)+C_2, & x<0 \end{cases}$$

이다.

(c) x^n의 역도함수를 구하기 위하여 제곱법칙을 이용한다. $n\neq-1$이라면

$$\frac{d}{dx}\left(\frac{x^{n+1}}{n+1}\right)=\frac{(n+1)x^n}{n+1}=x^n$$

이다. 그러므로 $f(x)=x^n$의 일반적인 역도함수는

$$F(x)=\frac{x^{n+1}}{n+1}+C$$

이다. 이것은 $f(x)=x^n$이 구간 위에서 정의되기 때문이 $n \geq 0$에 대해 성립한다. n이 음(그러나 $n \neq -1$)이라면, 그것은 0을 포함하지 않는 구간 위에서 성립한다. ■

예제 1에서처럼, 왼쪽에서 오른쪽으로 읽을 때 모든 미분공식은 역도함수 공식을 준다. 도표 2에서 특별한 역도함수를 열거한다. 테이블에 있는 각각의 공식은 오른쪽 열에 있는 함수의 도함수가 왼쪽 열에 나타나기 때문에 사실이다. 특히 첫 번째 공식은 함수의 상수배의 역도함수는 도함수의 상수배임을 말해준다. 두 번째 공식은 합의 역도함수는 역도함수들의 합임을 말해준다($F'=f$, $G'=g$를 사용한다).

● 표 2에서 특별한 것들로부터 가장 일반적인 역도함수를 구하기 위하여 예제 1에서처럼 상수(혹은 상수들)을 추가해야만 한다.

2 표 2 역도함수 공식의 표

함수	특별한 역도함수	함수	특별한 역도함수
$cf(x)$	$cF(x)$	$\sin x$	$-\cos x$
$f(x)+g(x)$	$F(x)+G(x)$	$\sec^2 x$	$\tan x$
$x^n \ (n \neq -1)$	$\dfrac{x^{n+1}}{n+1}$	$\sec x \tan x$	$\sec x$
$\dfrac{1}{x}$	$\ln\lvert x\rvert$	$\dfrac{1}{\sqrt{1-x^2}}$	$\sin^{-1} x$
e^x	e^x	$\dfrac{1}{1+x^2}$	$\tan^{-1} x$
$\cos x$	$\sin x$		

예제 2 도함수가 주어졌을 때 원래 함수 구하기 $g'(x)=4\sin x+\dfrac{2x^5-\sqrt{x}}{x}$ 인 함수 g를 구하여라.

풀이 주어진 함수를 다음과 같이 다시 쓴다.

$$g'(x)=4\sin x+\frac{2x^5}{x}-\frac{\sqrt{x}}{x}=4\sin x+2x^4-\frac{1}{\sqrt{x}}$$

따라서

$$g'(x)=4\sin x+2x^4-x^{-\frac{1}{2}}$$

의 역도함수를 구하면 된다. 정리 1과 함께 표 2의 공식을 이용함으로써

$$g(x)=4(-\cos x)+2\frac{x^5}{5}-\frac{x^{1/2}}{\frac{1}{2}}+C$$

$$=-4\cos x+\frac{2}{5}x^5-2\sqrt{x}+C$$

을 얻는다. ■

도함수를 이용하여 원래 함수를 찾고자 할 때 예제 2와 같은 상황을 자주 볼 수 있다. 함

수의 도함수를 포함하는 방정식을 **미분방정식**(differential equation)이라 부른다. 미분방정식의 일반적인 해는 예제 2에서처럼 임의의 상수(혹은 상수들)를 포함한다. 그러나 상수를 결정하기 위해 주어진 약간의 여분의 조건이 있어서 해를 유일하게 결정할 것이다.

● 그림 2는 예제 3에서 f'의 그래프와 그것의 역도함수 f의 그래프를 보여준다. $f'(x)>0$임을 그래서 f가 항상 증가임을 주목하라. 또한 f'가 최댓값과 최솟값을 가질 때, f는 변곡점을 갖는 것으로 보인다. 그래서 그래프는 계산을 확인하는데 도움이 된다.

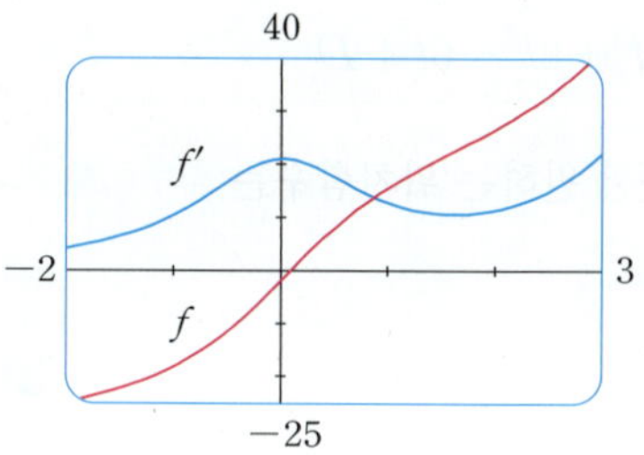

그림 2

예제 3 $f'(x)=e^x+20(1+x^2)^{-1}$이고 $f(0)=-2$일 때, f를 구하여라.

풀이 $f'(x)=e^x+\dfrac{20}{1+x^2}$의 일반적인 역도함수는

$$f(x)=e^x+20\tan^{-1}x+C$$

이다. C를 결정하기 위하여 $f(0)=-2$를 이용한다.

$$f(0)=e^0+20\tan^{-1}0+C=-2$$

그러므로 $C=-2-1=-3$이고 특이해는

$$f(x)=e^x+20\tan^{-1}x-3$$

이다. ■

예제 4 **2계도함수가 주어졌을 때 원래 함수 구하기** $f''(x)=12x^2+6x-4$, $f(0)=4$이고 $f(1)=1$일 때 f를 구하여라.

풀이 $f''(x)=12x^2+6x-4$의 일반적인 역도함수는

$$f'(x)=12\frac{x^3}{3}+6\frac{x^2}{2}-4x+C=4x^3+3x^2-4x+C$$

이다. 한 번 더 역도함수 규칙을 이용해서

$$f(x)=4\frac{x^4}{4}+3\frac{x^3}{3}-4\frac{x^2}{2}+Cx+D=x^4+x^3-2x^2+Cx+D$$

을 얻는다. C와 D를 결정하기 위하여 $f(0)=4$이고 $f(1)=1$라는 조건을 이용한다. $f(0)=0+D=4$이기 때문에 $D=4$이다.

$$f(1)=1+1-2+C+4=1$$

이기 때문에 $C=-3$이다. 그러므로 요구되는 함수는

$$f(x)=x^4+x^3-2x^2-3x+4$$

이다. ■

▷ 직선 움직임

역도함수는 직선에서 물체의 움직임을 분석하는데 특히 유용하다. 물체의 위치함수 $s=f(t)$를 갖는다면 속도 함수는 $v(t)=s'(t)$이다. 이것은 위치함수가 속도 함수의 역도함수라는 것을 의미한다. 마찬가지로, 가속도 함수는 $a(t)=v'(t)$이다. 그래서 속도 함수는 가속도 함수의 역도함수이다. 가속도와 초기값 $s(0)$와 $v(0)$가 주어지면 위치함수는 역도함수를 두 번 구함으로써 얻을 수 있다.

예제 5 **가속도를 알 때 위치 구하기** 미립자가 직선으로 움직이고 가속도가 $a(t)=6t+4$로 주어져 있다. 초기속도는 $v(0)=-6\text{cm/s}$이고 초기위치는 $s(0)=9\text{cm}$이다. 위치함수 $s(t)$를 구하여라.

● 그림 3은 예제 6에서 공의 위치함수를 보여준다. 그래프는 우리가 내린 결론들을 확신케 한다. 볼은 1.5초 후에 최고의 높이에 도달하고 7.1초 후에 땅에 떨어진다.

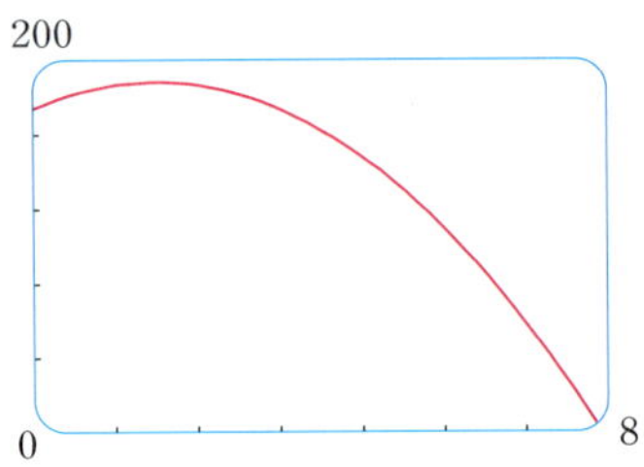

그림 3

풀이 $v'(t)=a(t)=6t+4$이므로 역도함수를 구하면

$$v(t)=6\frac{t^2}{2}+4t+C=3t^2+4t+C$$

이다. $v(0)=C$이다. 그러나 $v(0)=-6$이므로 $C=-6$이고

$$v(t)=3t^2+4t-6$$

이다. $v(t)=s'(t)$이므로 s는 v의 역도함수이다.

$$s(t)=3\frac{t^3}{3}+4\frac{t^2}{2}-6t+D=t^3+2t^2-6t+D$$

$s(0)=D$이다. $s(0)=9$이므로 $D=9$이고 따라서 원하는 위치함수는

$$s(t)=t^3+2t^2-6t+9$$

이다. ■

지구표면 가까이에 있는 물체는 아래로 향하는 가속도를 만드는 중력 g의 영향을 받는다. 지구 가까이에서의 움직임에 대해서 g는 상수이고 그 값은 대략 9.8m/s^2(또는 $32\ \text{ft/s}^2$)으로 가정한다.

예제 6 지상으로부터 140m 높이의 절벽 끝에서 15m/s의 속력으로 공을 던져 올린다. t초 후에 지상으로부터의 높이를 구하여라. 언제 최고 높이에 도달하는가? 지상에는 언제 떨어지는가?

풀이 위쪽으로 향하는 것을 양의 방향으로 선택하자. 시간 t에서 지상 위로의 거리는 $s(t)$이고 속도 $v(t)$는 감소한다. 그러므로 가속도는 음이되어야 하고

$$a(t)=\frac{dv}{dt}=-9.8$$

이다. 역도함수로

$$v(t)=-9.8t+C$$

를 얻는다. C를 결정하기 위하여 $v(0)=15$라는 주어진 정보를 이용한다. 그러면 $15=0+C$이고 그래서

$$v(t)=-9.8t+15$$

이 된다. 최고 높이는 $v(t)=0$일 때, 즉 $\frac{15}{9.8}\approx1.53$초 후이다. $s'(t)=v(t)$이므로 다시 역도함수를 구하면

$$s(t)=-4.9t^2+15t+D$$

를 얻는다. $s(0)=140$을 이용하면 $140=0+D$이고 따라서

$$s(t)=-4.9t^2+15t+140$$

이다. $s(t)$에 대한 식은 공이 지상에 떨어질 때까지 유효하다. 이것은 $s(t)=0$, 즉

$$-4.9t^2+15t+140=0$$

일 때 생긴다. 이 방정식을 풀기 위해 근의 공식을 이용하면

$$t=\frac{15\pm\sqrt{2969}}{9.8}$$

을 얻는다. − 부호를 갖는 해는 제거한다. 왜냐하면 그것은 t를 음이 되게 하기 때문이다. 그러므로 공은 $(15+\sqrt{2969})/9.8\approx 7.1$초 후에 지상에 떨어진다. ■

6.8 연습문제

(1~16) 함수의 가장 일반적인 역도함수를 구하여라(미분으로 답을 확인하여라).

1. $f(x)=\frac{1}{2}+\frac{3}{4}x^2-\frac{4}{5}x^3$
2. $f(x)=8x^9-3x^6+12x^3$
3. $f(x)=(x+1)(2x-1)$
4. $f(x)=x(2-x)^2$
5. $f(x)=5x^{1/4}-7x^{3/4}$
6. $f(x)=2x+3x^{1.7}$
7. $f(x)=6\sqrt{x}-\sqrt[6]{x}$
8. $f(x)=\sqrt[4]{x^3}+\sqrt[3]{x^4}$
9. $f(x)=\frac{10}{x^9}$
10. $g(x)=\frac{5-4x^3+2x^6}{x^6}$
11. $f(u)=\frac{u^4+3\sqrt{u}}{u^2}$
12. $f(x)=3e^x+7\sec^2 x$
13. $g(\theta)=\cos\theta-5\sin\theta$
14. $f(x)=2\sqrt{x}+6\cos x$
15. $f(x)=\frac{x^5-x^3+2x}{x^4}$
16. $f(x)=\frac{2+x^2}{1+x^2}$

(17~18) 주어진 조건을 만족하는 f의 역도함수 F를 구하여라. f와 F의 그래프를 비교함으로써 답을 확인하여라.

17. $f(x)=5x^4-2x^5$, $F(0)=4$
18. $f(x)=4-3(1+x^2)^{-1}$, $F(1)=0$

(19~36) f를 구하여라.

19. $f''(x)=6x+12x^2$
20. $f''(x)=2+x^3+x^6$
21. $f''(x)=\frac{2}{3}x^{2/3}$
22. $f''(x)=6x+\sin x$
23. $f'(x)=1-6x$, $f(0)=8$
24. $f'(x)=8x^3+12x+3$, $f(1)=6$
25. $f'(x)=\sqrt{x}\,(6+5x)$, $f(1)=10$
26. $f'(x)=2x-3/x^4$, $x>0$, $f(1)=3$
27. $f'(t)=2\cos t+\sec^2 t$, $-\pi/2<t<\pi/2$, $f\left(\frac{\pi}{3}\right)=4$
28. $f'(x)=4/\sqrt{1-x^2}$, $f\left(\frac{1}{2}\right)=1$
29. $f''(x)=-2+12x-12x^2$, $f(0)=4$, $f'(0)=12$
30. $f''(x)=8x^3+5$, $f(1)=0$, $f'(1)=8$
31. $f''(\theta)=\sin\theta+\cos\theta$, $f(0)=3$, $f'(0)=4$
32. $f''(t)=3/\sqrt{t}$, $f(4)=20$, $f'(4)=7$
33. $f''(x)=2-12x$, $f(0)=9$, $f(2)=15$
34. $f''(t)=2e^t+3\sin t$, $f(0)=0$, $f(\pi)=0$
35. $f''(x)=2+\cos x$, $f(0)=-1$, $f\left(\frac{\pi}{2}\right)=0$
36. $f'''(x)=\cos x$, $f(0)=1$, $f'(0)=2$, $f''(0)=3$

37. 점 $(1, 6)$을 지나는 f의 그래프와 $(x, f(x))$에서 접선의 기울기가 $2x+1$일 때 $f(2)$를 구하여라.

38. $f'(x)=x^3$이고 $x+y=0$이 f의 접선이 되는 f를 구하여라.

39. f'의 그래프가 그림에서와 같다. f가 연속이고 $f(0)=-1$일 때 f의 그래프를 구하여라.

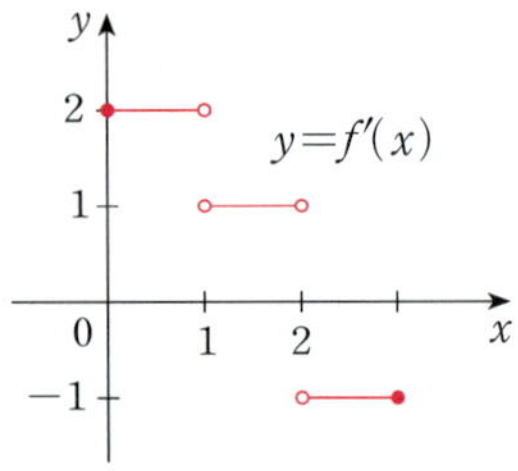

40. (a) 그래핑 도구를 이용하여 $f(x)=e^x-2x$를 그려라.
 (b) (a)의 그래프를 가지고 $F(0)=1$인 역도함수 F의 개략적인 그래프를 그려라.
 (c) 이 절의 법칙들을 이용하여 $F(x)$를 구하여라.
 (d) (c)의 식을 이용하여 F의 그래프를 그려라. (b)에서 그린 그래프와 비교하여라.

41. 미립자가 속도 함수가 $v(t)=\sin t-\cos t$인 직선 위를 따라 움직이고 초기위치는 $s(0)=0$m이다. 위치함수 $s(t)$를 구하여라.

42. 미립자가 가속도 함수가 $a(t)=5+4t-2t^2$인 움직임을 한다. 초기속도는 $v(0)=3$m/s이고 초기위치는 $s(0)=10$m이다. t초 후의 위치를 구하여라.

43. 돌 하나가 땅에서 450m인 CN 탑의 상 갑판에서 떨어진다.
 (a) 시간 t에서 땅으로부터의 돌의 거리를 구하여라.
 (b) 돌이 땅에 도달하는데 시간이 얼마나 걸리는가?
 (c) 돌이 땅에 닿을 때의 속도는 얼마인가?
 (d) 돌이 5m/s의 속도로 아래로 떨어진다면 땅에 도달하는 데 걸리는 시간은 얼마인가?

44. 가속도 a, 초기속도 v_0 그리고 초기위치 s_0인 직선 상에서의 움직임에 대해 t초 후의 위치가 $s=\frac{1}{2}at^2+v_0t+s_0$임을 보여라.

45. 물건 하나가 땅에서부터 s_0위치에서 초당 v_0의 초기속도로 위로 쏘아 올려진다. $[v(t)]^2=v_0^{\,2}-19.6[s(t)-s_0]$임을 보여라.

46. 두 개의 공이 예제 6에서 절벽의 끝에서 위로 던져진다. 처음 것을 15m/s로 그리고 두 번째 것은 8m/s로 나중에 던져진다. 공이 언제 서로 지나치겠는가?

47. x품목을 생산하는데 필요한 한계 비용(품목당 달러로)이 $1.92-0.002x$라고 한다. 하나의 품목을 생산하는 비용이 562달러라면 100개의 품목을 생산하는 데 드는 비용은 얼마인가?

48. 길이 1m의 막대기의 선형밀도가 cm당 그램의 단위로 $\rho(x)=\dfrac{1}{\sqrt{x}}$로 주어진다. x는 막대기의 한 끝으로부터 cm로 잰 것이다. 막대기의 무게를 구하여라.

49. 돌멩이가 절벽에서 굴러 40m/s로 땅을 친다. 절벽의 높이는 얼마인가?

50. 브레이크가 완벽할 때 차가 80km/h로 움직이고 7m/s^{2}로 감속한다. 차가 멈추는 데 걸리는 거리는 얼마인가?

51. 5초 동안 차가 50km/h에서 80km/h로 속도를 올리려면 얼마나 가속해야 하는가?

52. 차가 멈출 때 5m/s^{2}로 감속하여 브레이크를 밟았는데 미끄럼 자국이 60m가 되었다. 브레이크를 밟기 전 차는 얼마의 속도로 달리고 있었는가?

53. 운전자가 전방 80m에서의 사고를 보고, 브레이크를 밟았을 때, 차는 100km/h의 속도로 달리고 있었다. 사고더미를 피하기 위하여 차가 멈추기 위해서는 얼마의 속도로 감속하여야 하는가?

54. 질량이 m인 다이버가 길이가 L이고, 선형밀도가 ρ인 다이빙 널판지의 끝에 서 있을 때, 널판지는 곡선 $y=f(x)$의 모양을 갖게 된다. 단,

$$EIy''=mg(L-x)^2+\frac{1}{2}\rho g(L-x)^2$$

E와 I는 널판지의 재료에 의존하는 양의 상수이고, $g(<0)$는 중력으로 인한 가속도이다.
 (a) 곡선의 모양의 표현을 구하여라.
 (b) 널판지 끝에서 수평면까지의 거리를 측정하기 위하여 $f(L)$을 이용하여라.

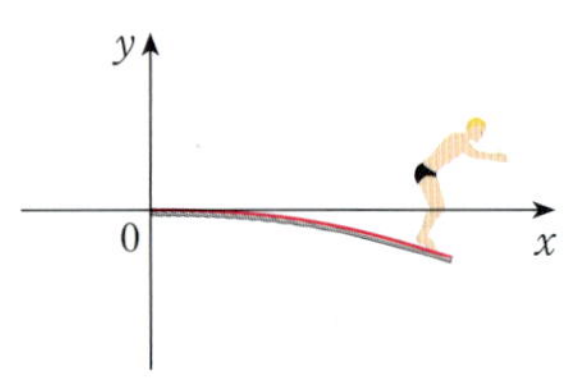

55. 정리 **1**을 증명하기 위해, F와 G를 I 위에서 f의 두 역도함수라 하고 $H=G-F$라 하자.
 (a) $x_1<x_2$인 구간 I에 있는 두 수 x_1과 x_2에 대하여 구간 $[x_1, x_2]$에 평균값 정리를 적용하여 $H(x_1)=H(x_2)$임을 보여라. H가 상수함수인 이유는?
 (b) (a)로부터 정리 **1**을 유도하여라.

56. 빗방울은 떨어질 때 커지기 때문에 표면적이 커지고 그러므로

떨어지는 저항력이 커진다. 빗방울이 10m/s의 초기속도로 그리고 가속도

$$a=\begin{cases} 9-0.9t, & 0\le t\le 10 \\ 0 & , t>10 \end{cases}$$

로 아래로 떨어진다. 빗방울이 땅으로부터 500m 높이에서 떨어진다면 시간이 얼마나 걸리는가?

57. 초고속 총알열차가 1.2m/s^2으로 가속하고 감속한다. 그것의 최고 순항속도는 145km/h이다.

(a) 정지상태에서 가속하여 순항속도에 이르러 그 속도로 15분 동안 달린다면 기차가 움직인 최대의 거리는 얼마인가?

(b) 기차가 정지상태에서 출발하여 완전히 멈추는데 15분이 걸린다고 가정하자. 기차가 이 조건하에서 움직이는 최대의 거리는 얼마인가?

(c) 기차가 72km 떨어진 연이은 두 개의 역을 지나는데 걸리는 최소의 시간을 구하여라.

(d) 한 역에서 다음 역으로 이동하는데 37.5분 걸렸다. 역사이의 거리는 얼마인가?

58. 모형 로켓이 정지상태에서 수직으로 쏘아 올려진다. 연료가 다 소모되고 자유낙하는 몸체가 되는 처음 3초 동안 가속도가 $a(t)=18t$이다. 14초 후에 낙하산이 펴지고 속도가 5초 내에 -5.5m/s로 줄어든다. 로켓은 그런 식으로 뜬다.

(a) 위치함수와 속도함수 v(t시간 동안)를 구하라. s와 v의 그래프를 그려라.

(b) 로켓이 최고의 높이에 도달하는 시간과 그때의 높이는 얼마인가?

(c) 로켓이 착륙하는 시간은 언제인가?

7 적 분

제4장에서 우리는 접선과 속도 문제를 이용하여 미분학의 핵심개념인 도함수를 소개하였다. 동일한 방법으로 이 장에서도 넓이와 거리 계산문제를 다루는 것부터 시작하며, 이들을 이용하여 적분학의 기본개념인 정적분의 개념을 명확하게 설명하고자 한다. 제8장에서 부피, 곡선의 길이, 인구예측, 심장의 혈액배출량, 저수지 제방의 지지력, 일, 소비자 잉여금 그리고 야구 등의 많은 다른 사항에 관련된 문제를 해결하기 위하여 적분을 이용하는 방법들을 학습할 것이다.

적분학과 미분학 사이에는 연관성이 있다. 미적분학의 기본정리는 적분과 미분 사이의 관계를 맺어주며, 이 장에서 미적분학의 기본정리가 많은 문제를 아주 간단하게 해결할 수 있음을 살펴볼 것이다.

7.1 넓이와 거리

이 절에서 곡선 아래의 넓이 또는 자동차가 주행한 거리를 계산하는 것이 동일한 특수한 형태의 극한으로 결론지어진다는 것을 알게 될 것이다.

▷ 넓이 문제

a부터 b까지의 곡선 $y=f(x)$의 아래에 놓여 있는 영역 S의 넓이를 계산하자. 그림 1의 영역 S가 연속 함수 f의 그래프(여기에서 $f(x)\geq 0$이다), 수직선 $x=a$와 $x=b$ 그리고 x축에 의하여 유계되었다.

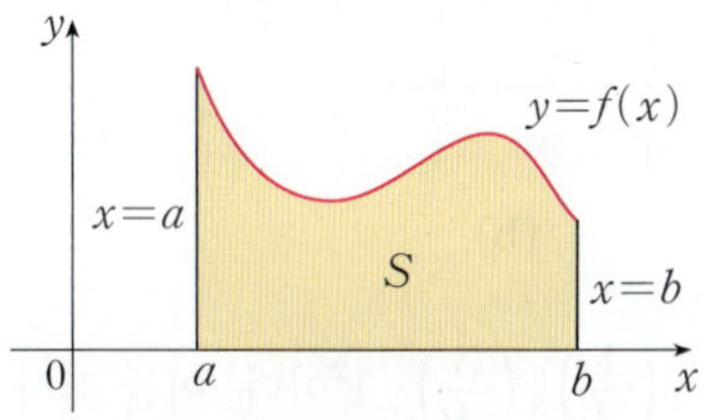

그림 1

$S=\{(x,\ y)\,|\,a\leq x\leq b,\ 0\leq y\leq f(x)\}$

넓이라는 단어의 의미는 무엇인가? 이 질문은 직선으로 된 변을 갖는 영역들에 대해서는 대답하기 쉽다. 직사각형에 대해서는 넓이는 가로와 세로의 곱이다. 삼각형의 넓이는 밑변과 높이의 곱의 절반이다. 다각형의 넓이는 다각형을 삼각형들로 분할하고(그림 2 참조) 이 삼각형들의 넓이를 더함으로써 구해진다.

그러나 곡선으로 된 변을 갖는 영역의 넓이를 구하는 것은 쉽지 않다. 그러나 넓이 문제의 부분에서는 이러한 직관적인 개념을 넓이에 대한 정확한 정의를 내림으로써 정확하게 확립하고자 한다.

접선을 정의함에 있어서 먼저 접선의 기울기를 선분들의 기울기의 극한으로 근사시켰음을 상기하자. 넓이에 대해서도 비슷한 방법을 적용한다. 먼저 영역 S를 직사각형들로 근사화시킨 다음에 이들 직사각형들의 수를 증가시켜서 직사각형들의 넓이의 극한을 택한다. 이러한 과정을 다음 예에서 설명한다.

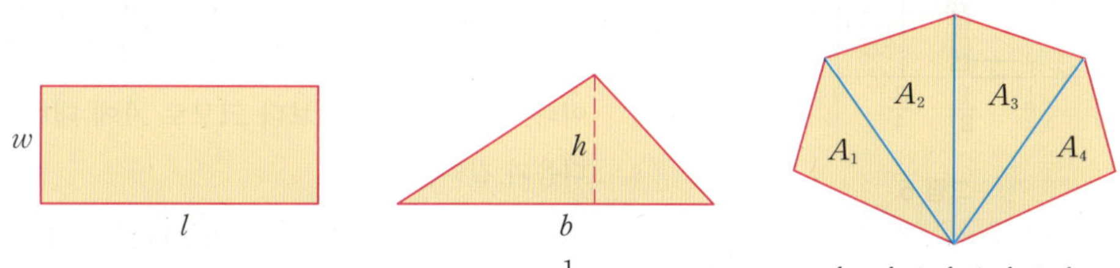

$A=lw$ $\quad A=\frac{1}{2}bh$ $\quad A=A_1+A_2+A_3+A_4$

그림 2

예제 1 **넓이 추정하기** 직사각형들을 이용하여 0에서부터 1까지의 포물선 $y=x^2$의 아래의(그림 3에서 영역 S) 넓이를 추정하여라.

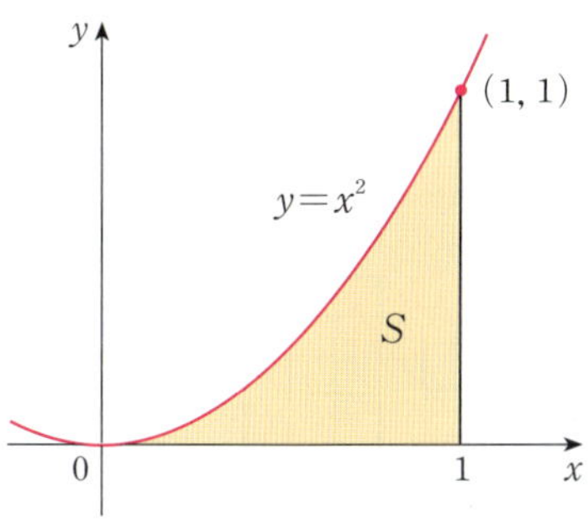

그림 3

풀이 영역 S는 한 변의 길이가 1인 정사각형 안에 포함되기 때문에 S의 넓이는 0과 1 사이의 어떤 값을 갖는다. 그러나 그것보다 더 정확한 값을 구할 수 있다. S를 그림 4(a)와 같이 수직선 $x=\frac{1}{4}$, $x=\frac{1}{2}$, $x=\frac{3}{4}$을 그려서 네 개의 좁고 긴 직사각형의 조각으로 나누자. 밑변이 좁고 긴 직사각형의 조각의 밑변과 같고, 높이는 이 조각의 오른쪽 변의 길이와 같은 직사각형(그림 4(b) 참조)에 의하여 이 영역을 각각의 좁고 긴 직사각형의 조각들로 근사시킬 수 있다. 바꾸어 말하면, 직사각형들의 높이는 부분구간들 $\left[0, \frac{1}{4}\right]$, $\left[\frac{1}{4}, \frac{1}{2}\right]$, $\left[\frac{1}{2}, \frac{3}{4}\right]$, $\left[\frac{3}{4}, 1\right]$의 오른쪽 끝점에서 함수 $f(x)=x^2$의 값이다.

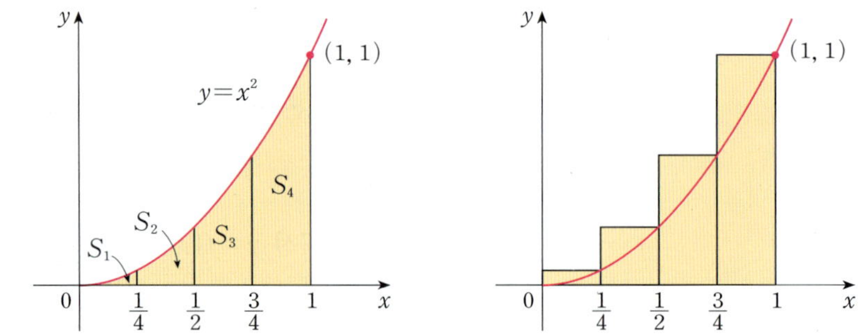

(a) (b)

그림 4

각각의 직사각형들의 폭은 $\frac{1}{4}$이고 높이는 $\left(\frac{1}{4}\right)^2$, $\left(\frac{1}{2}\right)^2$, $\left(\frac{3}{4}\right)^2$, 1^2이다. 이들 직사각형들의 넓이의 총합을 R_4로 놓으면

$$R_4=\frac{1}{4}\cdot\left(\frac{1}{4}\right)^2+\frac{1}{4}\cdot\left(\frac{1}{2}\right)^2+\frac{1}{4}\cdot\left(\frac{3}{4}\right)^2+\frac{1}{4}\cdot 1^2=\frac{15}{32}=0.46875$$

이다. 그림 4(b)로부터 S의 넓이 A는 R_4보다 작음을 알 수 있으므로

$$A<0.46875$$

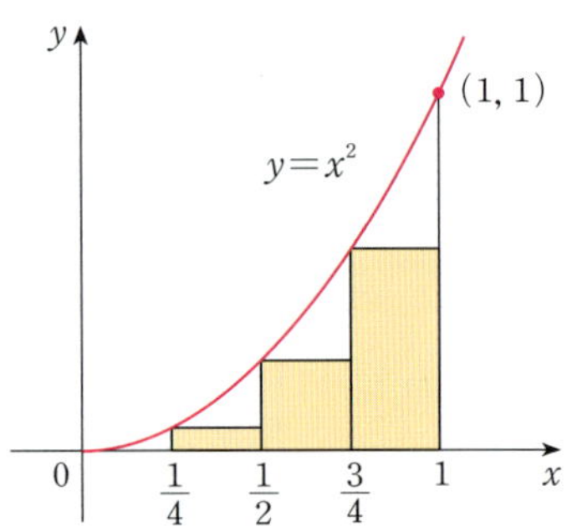

그림 5

이다. 그림 4(b)와 같은 외접하는 직사각형들을 사용하는 대신에 그림 5와 같은 내접하는 직사각형들을 이용할 수 있으며 이 직사각형들의 높이는 부분구간들의 왼쪽 끝점에서의 함수 f의 값들이다(맨 왼쪽의 직사각형은 그 높이가 0이므로 없어졌다). 이 직사각형들의 넓이의 총합 L_4는

$$L_4=\frac{1}{4}\cdot 0^2+\frac{1}{4}\cdot\left(\frac{1}{4}\right)^2+\frac{1}{4}\cdot\left(\frac{1}{2}\right)^2+\frac{1}{4}\cdot\left(\frac{3}{4}\right)^2=\frac{7}{32}=0.21875$$

이다. S의 넓이는 L_4보다 크므로 A에 대한 보다 작은 추정값과 보다 큰 추정값은 다음과 같다.

$$0.21875<A<0.46875$$

사각형의 숫자를 더 많게 하면서 이러한 과정을 반복할 수 있다. 그림 6에서는 영역 S를 동일한 폭을 갖는 8개의 직사각형으로 분할하였을 때 어떠한 일이 일어나는가를 보여주고 있다.

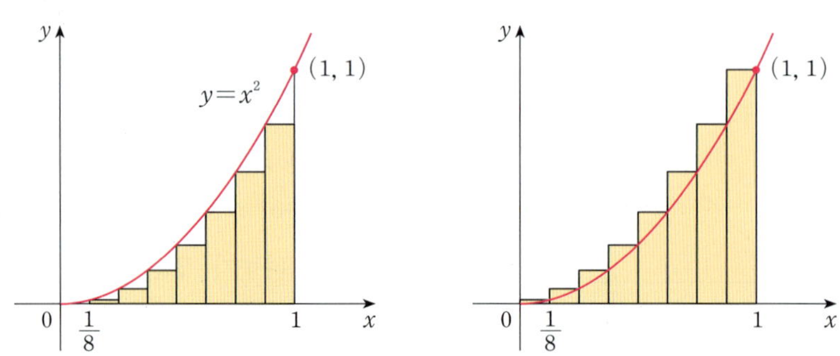

(a) 왼쪽 끝점 이용하기 (b) 오른쪽 끝점 이용하기

그림 6
S를 8개의 직사각형들로 근접하기

내접하는 직사각형들의 넓이의 총합(L_8)과 외접하는 직사각형들의 넓이의 총합(R_8)을 계산함으로써 A에 대한 보다 적합한 작은 추정값과 큰 추정값을 다음과 같이 얻는다.

$$0.2734375 < A < 0.3984375$$

그러므로 S의 넓이의 정확한 값은 0.2734375와 0.3984375 사이에 있는 어떤 수가 된다고 말하는 것이 이 문제의 가능한 해답이 된다.

직사각형의 숫자를 증가시킴으로써 더욱더 적합한 추정값을 얻을 수 있다. 왼쪽에 있는 표에서는 n개의 직사각형들의 높이를 부분구간들의 왼쪽 끝점에서 구한 직사각형들(L_n)과 오른쪽 끝점에서 구한 직사각형들(R_n)을 사용하여 얻은 유사한 계산의 결과를 보여주고 있다. 특히 50개의 직사각형을 이용함으로써 그 넓이가 0.3234와 0.3434 사이에 놓여 있음을 알 수 있다. 1000개의 직사각형을 사용함으로써 그 넓이가 더 좁은 간격의 구간에 놓여 있음을 알 수 있다. 즉, A는 0.3328335와 0.3338335 사이에 있다. 이들 값의 평균값을 취함으로써 $A \approx 0.3333335$임을 얻으며 이것은 더욱더 적합한 추정값이 된다. ■

n	L_n	R_n
10	0.2850000	0.3850000
20	0.3087500	0.3587500
30	0.3168519	0.3501852
50	0.3234000	0.3434000
100	0.3283500	0.3383500
1000	0.3328335	0.3338335

왼쪽 표에 있는 값들로부터 n이 증가할 때 R_n이 $\frac{1}{3}$로 접근하는 것처럼 보이는 것을 알 수 있다.

예제 2 예제 1에서의 영역 S에 대하여 외접하는 근사 직사각형들이 넓이의 총합이 $\frac{1}{3}$로 접근함을 보여라. 즉,

$$\lim_{n\to\infty} R_n = \frac{1}{3}$$

풀이 R_n은 그림 7에서의 n개의 직사각형들의 넓이의 총합이다. 각각의 직사각형은 폭이 $\frac{1}{n}$이고 높이는 점 $\frac{1}{n}, \frac{2}{n}, \frac{3}{n}, \ldots, \frac{n}{n}=1$에서의 함수 $f(x)=x^2$의 값을 갖는다. 즉, 높이는 $\left(\frac{1}{n}\right)^2, \left(\frac{2}{n}\right)^2, \left(\frac{3}{n}\right)^2, \ldots, \left(\frac{n}{n}\right)^2$이다.

그러므로 다음과 같다.

$$\begin{aligned} R_n &= \frac{1}{n}\left(\frac{1}{n}\right)^2 + \frac{1}{n}\left(\frac{2}{n}\right)^2 + \frac{1}{n}\left(\frac{3}{n}\right)^2 + \cdots + \frac{1}{n}\left(\frac{n}{n}\right)^2 \\ &= \frac{1}{n}\cdot\frac{1}{n^2}(1^2+2^2+3^2+\cdots+n^2) \\ &= \frac{1}{n^3}(1^2+2^2+3^2+\cdots+n^2) \end{aligned}$$

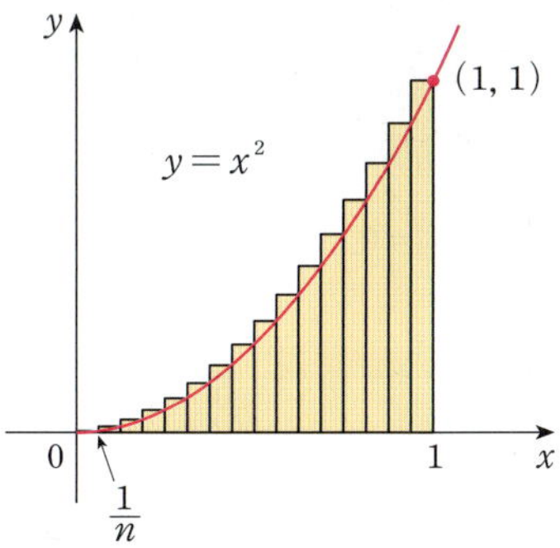

그림 7

이제, 처음 n개의 양의 정수들의 제곱의 합에 대한 공식이 필요하다.

1 $$1^2+2^2+3^2+\cdots+n^2 = \frac{n(n+1)(2n+1)}{6}$$

우리는 이 공식을 이미 알고 있다. 공식 **1**을 위의 수식 R_n에 대입함으로써

$$R_n=\frac{1}{n^3}\cdot\frac{n(n+1)(2n+1)}{6}=\frac{(n+1)(2n+1)}{6n^2}$$

을 얻는다. 따라서

$$\begin{aligned}\lim_{n\to\infty}R_n&=\lim_{n\to\infty}\frac{(n+1)(2n+1)}{6n^2}\\&=\lim_{n\to\infty}\frac{1}{6}\left(\frac{n+1}{n}\right)\left(\frac{2n+1}{n}\right)\\&=\lim_{n\to\infty}\frac{1}{6}\left(1+\frac{1}{n}\right)\left(2+\frac{1}{n}\right)\\&=\frac{1}{6}\cdot1\cdot2=\frac{1}{3}\end{aligned}$$

여기에서 우리는 수열 $\{R_n\}$의 극한을 계산하고 있다. 수열은 제9장에서 자세히 학습하게 될 것이다. 이 극한들은 무한대에서의 극한과 같은 방법으로 계산된다(4.5절 참조). 특히 $\lim_{n\to\infty}\frac{1}{n}=0$ 임을 알고 있다. $\lim_{n\to\infty}R_n=\frac{1}{3}$이라고 나타내는 것은 n을 충분히 크게 하면 R_n을 $\frac{1}{3}$에 얼마든지 가깝게 할 수 있다는 뜻이다. 내접하는 근사 직사각형들의 합도 $\frac{1}{3}$로 접근함을 보일 수 있다. 즉,

$$\lim_{n\to\infty}L_n=\frac{1}{3}$$

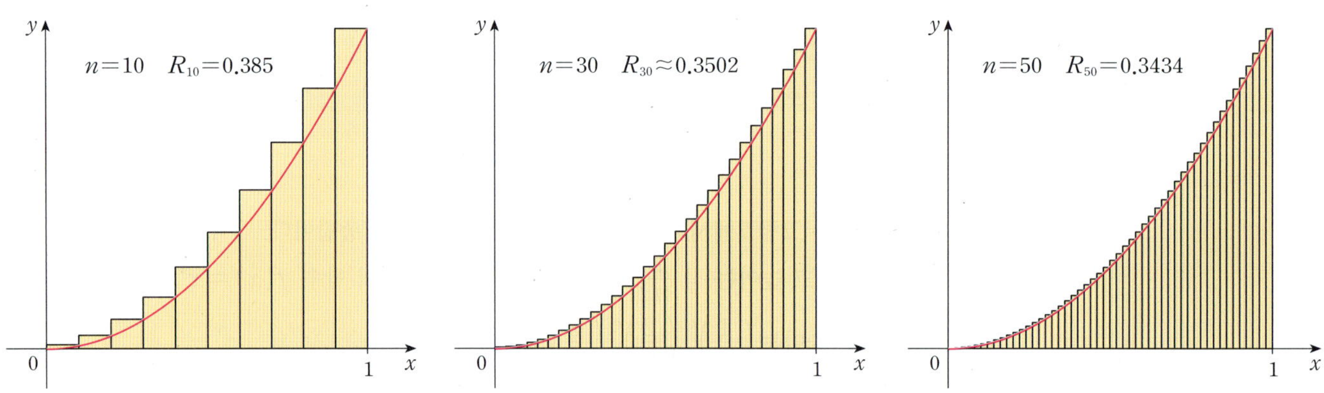

그림 8

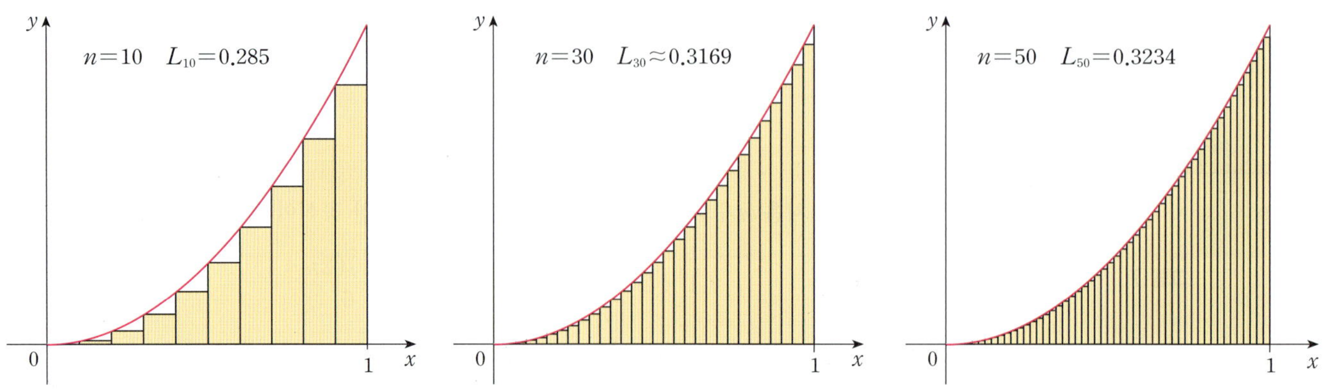

그림 9

그림 8과 9로부터 n을 증가시킬 때 L_n과 R_n은 더욱더 적합한 S의 넓이의 근삿값이 됨을 알 수 있다. 그러므로 넓이 A는 근사 직사각형들의 넓이의 총합에 대한 극한으로 정의된다. 즉

$$A = \lim_{n \to \infty} R_n = \lim_{n \to \infty} L_n = \frac{1}{3}$$

예제 1과 2의 아이디어를 그림 1의 일반적인 영역 S에 적용해 보자. 그림 10과 같이 S를 동일한 폭을 갖는 n개의 영역으로 나누자.

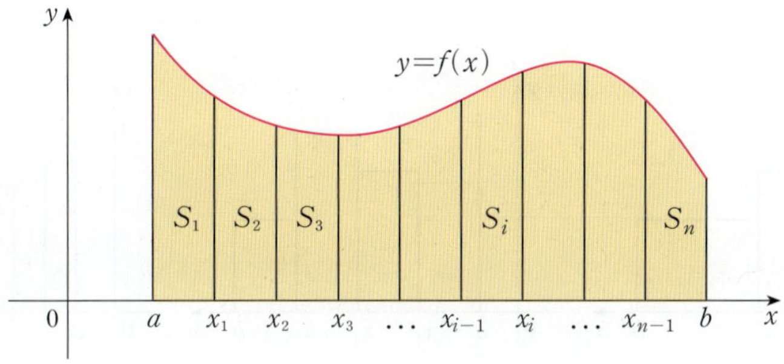

그림 10

구간 $[a, b]$의 폭은 $b-a$이므로 n개의 직사각형의 폭은 각각

$$\Delta x = \frac{b-a}{n}$$

이다. 이 직사각형들은 구간 $[a, b]$를 n개의 부분구간들

$$[x_0, x_1], [x_1, x_2], \cdots, [x_{n-1}, x_n]$$

으로 분할하며, 여기에서 $x_0 = a$이고 $x_n = b$이다. 부분구간들의 오른쪽 끝점들은

$$x_1 = a + \Delta x, \ x_2 = a + 2\Delta x, \ x_3 = a + 3\Delta x, \ \cdots$$

이다.

i번째 곡선 아래의 영역 S_i를 폭 Δx, 높이 $f(x_i)$인 직사각형으로 근사시키자. 여기에서 $f(x_i)$는 오른쪽 끝점 x_i에서의 함수 f의 값이다(그림 11 참조). 그러면 i번째 직사각형의 넓이는 $f(x_i)\Delta x$이다. S의 넓이로서 직관적으로 생각하는 바는 이 직사각형들의 넓이의 합으로 근사시키는 것이다. 그것은

$$R_n = f(x_1)\Delta x + f(x_2)\Delta x + \cdots + f(x_n)\Delta x$$

이다.

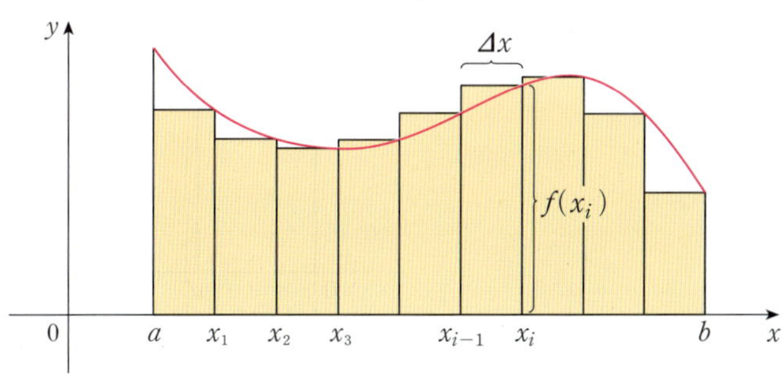

그림 11

그림 12에서는 $n=2, 4, 8, 12$인 경우에 대한 근사 계산을 보여주고 있다.

이러한 근삿값들은 직사각형 개수가 증가할 때, 즉 $n\to\infty$일 때 점점 더 정확하게 된다. 그러므로 영역 S의 넓이 A를 다음과 같이 정의한다.

2 정의 연속함수 f의 그래프 아래에 놓여 있는 영역 S의 넓이 A는 근사 직사각형들의 넓이의 합의 극한이다.

$$A=\lim_{n\to\infty} R_n=\lim_{n\to\infty}[f(x_1)\Delta x+f(x_2)\Delta x+\cdots+f(x_n)\Delta x]$$

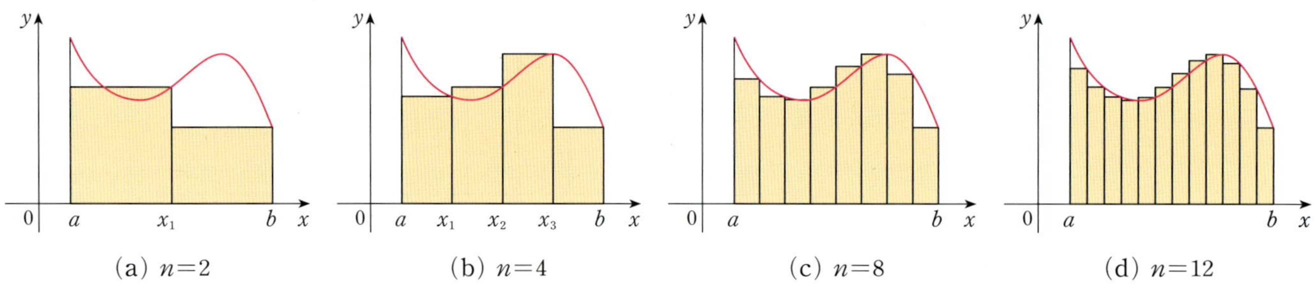

그림 12

정의 2에서의 극한은 언제나 존재함을 증명할 수 있다. 그 이유는 함수 f가 연속함수이기 때문이다. 또한 부분구간들의 왼쪽 끝점을 사용한 경우에도 동일한 값을 얻을 수 있음을 밝힐 수 있다.

3 $$A=\lim_{n\to\infty} L_n=\lim_{n\to\infty}[f(x_0)\Delta x+f(x_1)\Delta x+\cdots+f(x_{n-1})\Delta x]$$

실제로 부분구간들의 왼쪽 끝점들이나 오른쪽 끝점들을 사용하는 대신에 i번째 직사각형들의 높이를 i번째 부분구간 $[x_{i-1}, x_i]$ 내에 있는 임의의 점 x_i^*에서의 f의 값으로 택할 수 있다. 우리는 그 점들 $x_1^*, x_2^*, \ldots, x_n^*$을 **표본점**(sample points)이라 한다. 그림 13에서는 표본점들이 부분구간들의 끝점들이 아닌 경우에 근사 직사각형들을 보여주고 있다. 그러므로 영역 S의 넓이에 대한 보다 일반적인 표현은 다음과 같다.

4 $$A=\lim_{n\to\infty}[f(x_1^*)\Delta x+f(x_2^*)\Delta x+\cdots+f(x_n^*)\Delta x]$$

시그마 기호를 사용하여 많은 항들의 총합을 더욱 간결하게 표기한다. 예를 들면

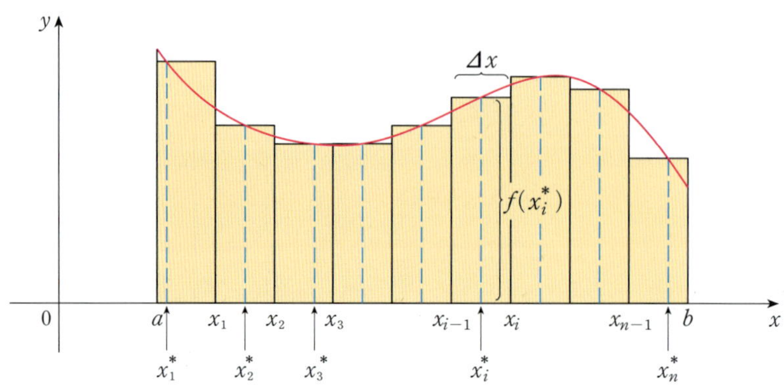

그림 13

$i=n$일 때 마침

더함 ⟶ $\sum_{i=m}^{n} f(x_i)\Delta x$

$i=m$부터 시작

$$\sum_{i=1}^{n} f(x_i)\Delta x = f(x_1)\Delta x + f(x_2)\Delta x + \cdots + f(x_n)\Delta x$$

이다. 그러므로 방정식 **2**, **3**, **4**에서의 넓이에 대한 표현식들은 다음과 같이 표기할 수 있다.

$$A = \lim_{n\to\infty} \sum_{i=1}^{n} f(x_i)\Delta x$$

$$A = \lim_{n\to\infty} \sum_{i=1}^{n} f(x_{i-1})\Delta x$$

$$A = \lim_{n\to\infty} \sum_{i=1}^{n} f(x_i^*)\Delta x$$

또한 공식 **1**을 다음과 같이 다시 표기할 수 있다.

$$\sum_{i=1}^{n} i^2 = \frac{n(n+1)(2n+1)}{6}$$

예제 3 **극한으로 표현된 넓이** 두 직선 $x=0$과 $x=2$ 사이에 있고, $f(x)=e^{-x}$의 그래프 아래에 놓여 있는 영역의 넓이를 A라 하자.

(a) 오른쪽 끝점들을 사용하여 A에 대한 표현식을 극한으로 나타내어라. 그 극한은 계산하지 말아라.

(b) 표본점들을 이등분점들로 택하고 네 개의 부분구간들과 열 개의 부분구간들을 사용한 넓이를 추정하여라.

풀이 (a) $a=0$과 $b=2$이므로 한 부분구간의 폭은

$$\Delta x = \frac{2-0}{n} = \frac{2}{n}$$

이다. 따라서 $x_1=\frac{2}{n}$, $x_2=\frac{4}{n}$, $x_3=\frac{6}{n}$, $x_i=\frac{2i}{n}$이며 $x_n=\frac{2n}{n}$이다. 근사 직사각형들의 넓이의 총합은

$$\begin{aligned} R_n &= f(x_1)\Delta x + f(x_2)\Delta x + \cdots + f(x_n)\Delta x \\ &= e^{-x_1}\Delta x + e^{-x_2}\Delta x + \cdots + e^{-x_n}\Delta x \\ &= e^{-2/n}\left(\frac{2}{n}\right) + e^{-4/n}\left(\frac{2}{n}\right) + \cdots + e^{-2n/n}\left(\frac{2}{n}\right) \end{aligned}$$

이다. 정의 **2**에 의하여 넓이는

$$A = \lim_{n\to\infty} R_n = \lim_{n\to\infty} \frac{2}{n}\left(e^{-2/n} + e^{-4/n} + e^{-6/n} + \cdots + e^{-2n/n}\right)$$

이다. 시그마 기호를 사용하면

$$A = \lim_{n\to\infty} \frac{2}{n} \sum_{i=1}^{n} e^{-2i/n}$$

로 표기된다. 이 극한을 직접 계산하기는 매우 곤란하지만 계산기를 이용하여 계산할 수 있다(연습문제 26 참조). 7.3절에서 또 다른 방법을 사용하여 넓이 A를 더 쉽게 계산할 수 있다.

(b) 동일한 폭을 갖는 $\Delta x=0.5$의 $n=4$인 경우의 부분구간들은 $[0, 0.5]$, $[0.5, 1]$, $[1, 1.5]$, $[1.5, 2]$이다. 이 부분구간들의 이등분점들은

$$x_1^*=0.25,\ x_2^*=0.75,\ x_3^*=1.25,\ x_4^*=1.75$$

이며, 네 개의 근사 직사각형들(그림 14 참조)의 넓이의 총합은

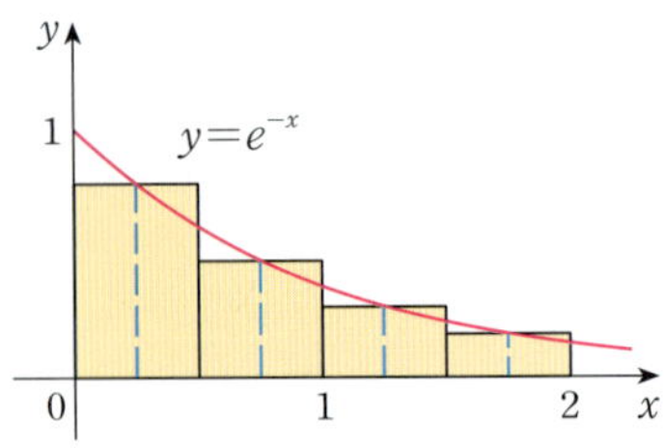

그림 14

$$\begin{aligned} M_4 &= \sum_{i=1}^{4} f(x_i^*)\Delta x \\ &= f(0.25)\Delta x + f(0.75)\Delta x + f(1.25)\Delta x + f(1.75)\Delta x \\ &= e^{-0.25}(0.5) + e^{-0.75}(0.5) + e^{-1.25}(0.5) + e^{-1.75}(0.5) \\ &= \frac{1}{2}(e^{-0.25}+e^{-0.75}+e^{-1.25}+e^{-1.75}) \\ &\approx 0.8557 \end{aligned}$$

이다. 그러므로 넓이의 추정값은

$$A \approx 0.8557$$

이다. $n=10$인 경우의 부분구간들은 $[0, 0.2]$, $[0.2, 0.4]$, $\cdots$, $[1.8, 2]$이고, 이등분점들은 $x_1^*=0.1$, $x_2^*=0.3$, $x_3^*=0.5$, $\cdots$, $x_{10}^*=1.9$이다. 따라서

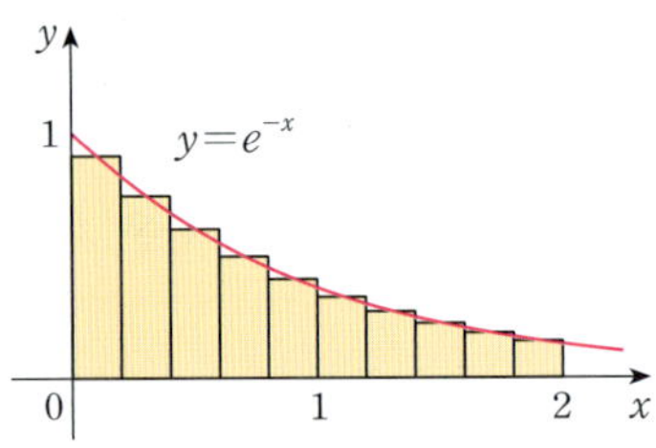

그림 15

$$\begin{aligned} A \approx M_{10} &= f(0.1)\Delta x + f(0.3)\Delta x + f(0.5)\Delta x + \cdots + f(1.9)\Delta x \\ &= 0.2(e^{-0.1}+e^{-0.3}+e^{-0.5}+\cdots+e^{-1.9}) \approx 0.8632 \end{aligned}$$

그림 15의 추정값은 $n=4$인 경우의 추정값보다 더 적합하게 된다. ■

⊳ 거리 문제

이제 거리문제를 생각해 보자. 물체의 속도가 알려졌을 경우에 어떤 시구간 동안에 그 물체가 이동한 거리를 구하자(어떤 의미에서는 이 문제는 4.1절에서 논의하였던 속도 문제에 대한 역 문제이다). 만일 물체의 속도가 일정하다면, 거리 문제는 다음의 공식에 의하여 쉽게 해결된다.

$$\text{거리}=\text{속도}\times\text{시간}$$

그러나 만일 속도가 변화한다면 이동한 거리를 계산하는 것은 쉽지 않다. 다음 예제에서 이 문제를 고찰하자.

예제 4 거리 추정하기 자동차의 주행 기록계가 파손되었다고 가정하고, 자동차가 30초 동안 주행한 거리를 추정하고자 한다. 우리는 매 5초마다 속도계를 읽었더니 다음의 표와 같았다.

시간(s)	0	5	10	15	20	25	30
속도(km/h)	27	34	38	46	51	50	45

시간과 속도의 단위가 일치되어야 하므로 속도의 단위를 초당 미터로 전환하여야 한다. $\left(1\ \text{km/h}=\frac{1000}{3600}\ \text{m/s}\right)$

시간(s)	0	5	10	15	20	25	30
속도(m/s)	7.5	9.4	10.6	12.8	14.2	13.9	12.5

처음 5초 동안 속도는 급격히 변하지 않았기 때문에 속도가 이 시구간 동안에는 일정한 것으로 가정하고 주행한 거리를 추정할 수 있다. 만일 이 시구간 동안에 속도를 초기 속도(7.5m/s)로 택한다면, 처음 5초 동안에 주행한 근사거리는 다음과 같다.

$$7.5\text{m/s}\times 5\text{s}=37.5\text{m}$$

같은 방법으로 두 번째 시구간 동안에 속도는 거의 일정하므로 이 일정한 값을 $t=5$s일 때 속도로 택한다. 그러므로 $t=5$s에서 $t=10$s까지의 주행한 거리의 추정값은

$$9.4\text{m/s}\times 5\text{s}=47\text{m}$$

이다. 만일 다른 시구간에 대한 유사한 추정값들을 더한다면, 주행한 총 거리에 대한 추정값은 다음과 같다.

$$(7.5\times 5)+(9.4\times 5)+(10.6\times 5)+(12.8\times 5)+(14.2\times 5)+(13.9\times 5)=342\text{m}$$

우리가 가정했던 일정한 속도로서 시작점에서의 속도 대신에 각 시구간의 끝점에서의 속도를 마찬가지로 이용할 수 있다. 그러면 추정값은

$$(9.4\times 5)+(10.6\times 5)+(12.8\times 5)+(14.2\times 5)+(13.9\times 5)+(12.5\times 5)=367\text{m}$$

이다. 만일 더 정확한 추정값을 얻기를 원한다면 매 2초마다 또는 매 1초마다에 측정한 속도를 택할 수 있다. ■

아마 예제 4에서의 계산을 통하여 우리는 넓이를 추정하기 위하여 앞에서 이용하였던 합들을 기억할 것이다. 그림 16에서 자동차의 속도함수의 그래프를 그리고, 직사각형들의 높이가 각 시구간에 대한 초기 속도로 갖는 직사각형들을 그린다면, 양자간에 유사성이 설명되어진다. 첫 번째 직사각형의 넓이는 $7.5\times 5=37.5$이며 이것은 또한 처음 5초 동안에 주행한 거리에 대한 추정값이 된다. 실제로 각각의 직사각형의 넓이는 높이가 속도이고 폭이 시구간을 나타내므로 주행한 거리로서 해석될 수 있다. 그림 16에서의 직사각형들의 넓이의 총합은 $L_6=342$이며 이것은 주행한 총 거리에 대한 최초의 추정값이다.

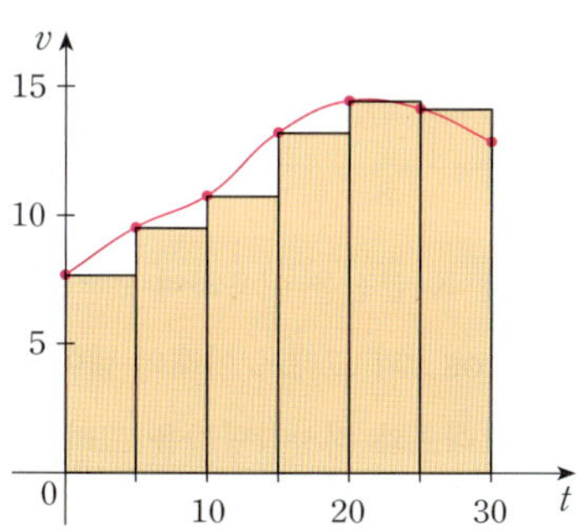

그림 16

일반적으로 한 물체가 속도 $v=f(t)$로 운동한다고 가정하자. 여기에서 $a\le t\le b$이고 $f(t)\ge 0$이다(그러므로 그 물체는 항상 양의 방향으로 운동한다). 우리는 속도가 각 부분구간에서 거의 일정하도록 시각 $t_0(=a)$, t_1, t_2, $\cdots$, $t_n(=b)$에서 속도값을 택한다. 만일 이 시각들이 같은 간격으로 배열되었다면, 두 이웃한 시각들 사이의 시구간은 $\Delta t=\dfrac{b-a}{n}$가 된다. 처음 시구간 동안에서의 속도는 거의 $f(t_0)$이고, 따라서 주행한 거리는 거의 $f(t_0)\Delta t$이다. 같은 방법으로 두 번째 시구간에서의 주행한 거리는 대략 $f(t_1)\Delta t$이며 시구간 $[a, b]$에서의 주행한 총 거리는 대략

$$f(t_0)\Delta t+f(t_1)\Delta t+\cdots+f(t_{n-1})\Delta t=\sum_{i=1}^{n} f(t_{i-1})\Delta t$$

이다. 만일 왼쪽 끝점들 대신에 오른쪽 끝점들에서의 속도를 사용한다면 주행한 총 거리에

대한 추정값은

$$f(t_1)\Delta t+f(t_2)\Delta t+\cdots+f(t_n)\Delta t=\sum_{i=1}^{n} f(t_i)\Delta t$$

가 된다. 우리가 속도를 더욱더 자주 측정하면 할수록 우리의 추정값들은 더욱더 정확해진다. 그러므로 주행한 정확한 거리 d는 위의 추정값들의 극한이라는 것이 더욱더 설득력 있게 보인다.

5 $$d=\lim_{n\to\infty}\sum_{i=1}^{n} f(t_{i-1})\Delta t=\lim_{n\to\infty}\sum_{i=1}^{n} f(t_i)\Delta t$$

이것이 실제로 참이다라는 사실이 7.3절에서 밝혀질 것이다.

식 **5**는 식 **2**와 **3**에서의 넓이에 대한 표현식과 동일하므로 주행한 거리는 속도함수의 그래프 아래의 넓이와 동일함을 알 수 있다. 변하는 힘에 의하여 행하여진 일이나 심장의 혈액배출량과 같은 자연과학과 사회과학 분야에서 일어나는 흥미로운 또 다른 양들도 한 곡선 아래의 넓이로 해석되어질 수 있음을 제8장에서 밝힐 것이다. 그러므로 이 장에서 넓이를 계산할 때 그것은 다양한 실제적인 방법들로 해석되어질 수 있음을 기억하기 바란다.

7.1 연습문제

1. (a) 주어진 f의 그래프로부터 함숫값들을 추정함으로써 네 개의 직사각형들을 이용하여, $x=0$으로부터 $x=8$까지 f의 그래프 아래의 넓이에 대한 아래 추정값과 위 추정값을 구하여라.

(b) (a)에서 여덟 개의 직사각형을 이용하여 새로운 추정값들을 구하여라.

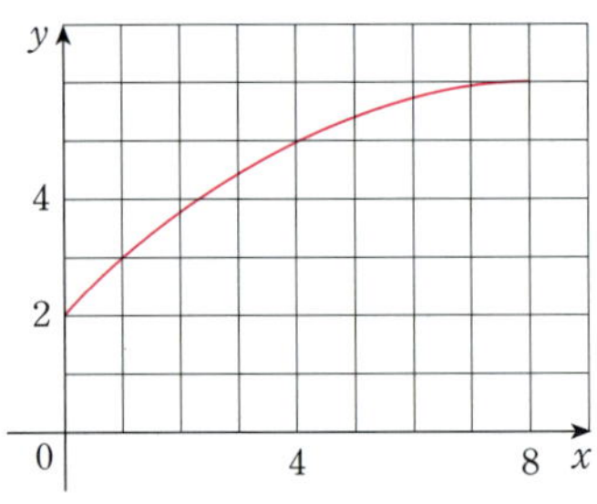

2. (a) 6개의 직사각형들을 이용하여, $x=0$으로부터 $x=12$까지 f의 그래프 아래의 넓이에 대한 각 형태의 추정값을 구하여라.

(i) L_6 (표본점들은 왼쪽 끝점들이다)

(ii) R_6 (표본점들은 오른쪽 끝점들이다)

(iii) M_6 (표본점들은 중점들이다)

(b) L_6은 넓이의 정확한 값의 과소 추정값인가 또는 과대 추정값인가?

(c) R_6은 넓이의 정확한 값의 과소 추정값인가 또는 과대 추정값인가?

(d) L_6, R_6, M_6 중 어느 것이 최적의 추정값인가?

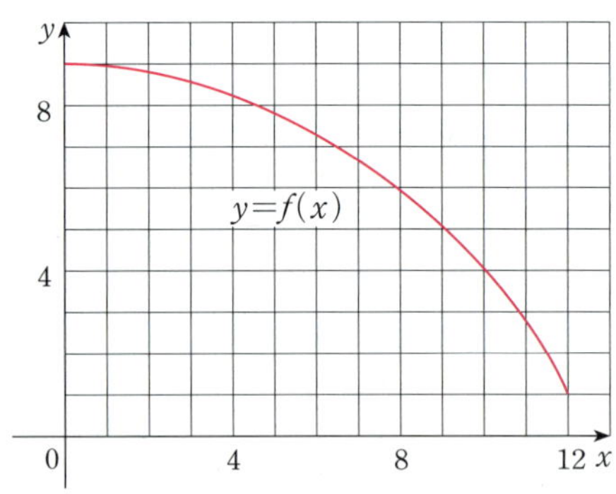

3. (a) 네 개의 근사 직사각형과 오른쪽 끝점을 이용하여 $x=0$으로부터 $x=\frac{\pi}{2}$까지 $f(x)=\cos x$의 그래프 아래의 넓이를 추정하여라. 또한, 함수의 그래프와 직사각형들을 그려라. 추정값이 과소 추정값인가 또는 과대 추정값인가?

(b) 왼쪽 끝점을 이용하여 (a)를 해결하여라.

4. (a) 5개의 근사 직사각형과 오른쪽 끝점을 이용하여 $x=0$으로

부터 $x=4$까지 $f(x)=\sqrt{x}$의 그래프 아래의 넓이를 추정하여라. 또한, 함수의 그래프와 직사각형들을 그려라. 추정값이 과소 추정값인가 또는 과대 추정값인가?

(b) 왼쪽 끝점을 이용하여 (a)를 해결하여라.

5. (a) 세 개의 직사각형과 오른쪽 끝점을 이용하여 $x=-1$으로부터 $x=2$까지 $f(x)=1+x^2$의 그래프 아래의 넓이를 추정하여라. 여섯 개의 직사각형을 이용함으로써 추정값을 개선하여라. 곡선과 근사직사각형들을 그려라.

(b) 왼쪽 끝점을 이용하여 (a)를 해결하여라.

(c) 중점을 이용하여 (a)를 해결하여라.

(d) (a), (b), (c)에서의 대충의 그림으로부터 어느 것이 최적의 추정값이 되도록 하는가?

6. (a) 함수 $f(x)=x-2\ln x$, $1\le x\le 5$를 그려라.

(b) 네 개의 근사직사각형들을 사용하여 다음 표본점을 택하여 f의 그래프 아래의 넓이를 추정하여라.

(i) 오른쪽 끝점　　　(ii) 중점

각 경우에 곡선과 직사각형을 그려라.

(c) 8개의 직사각형을 사용하여 (b)에서의 추정값을 구하여라.

(7~8) 프로그램을 작성할 수 있는 계산기(또는 컴퓨터)를 가지고 근사 직사각형들의 넓이의 합에 대한 수식을 매우 큰 n값에 대해서도 계산하는 것은 가능하다(TI 위에서는 Is> 명령을 사용하고, Casio 위에서는 Isz 명령을 사용하고, HP 또는 BASIC 위에서는 FOR-NEXT 문을 사용하여라). $n=10$, 30, 50, 100에 대하여 균등한 부분 구간들과 오른쪽 끝점들을 사용함으로써 근사 직사각형들과 오른쪽 끝점들을 사용함으로써 근사 직사각형들의 넓이의 합을 계산하여라. 다음에 정확한 넓이의 값을 추측하여라.

7. $x=0$으로부터 $x=1$까지의 $y=x^4$ 아래의 영역

8. $x=0$으로부터 $x=\dfrac{\pi}{2}$까지의 $y=\cos x$ 아래의 영역

CAS **9.** 만일 x_i^*가 왼쪽 끝점 또는 오른쪽 끝점이면, 어떤 컴퓨터 대수체계는 근사 직사각형들을 그리고 그들의 넓이의 합을 계산할 수 있는 명령들을 가지고 있다(예를 들면, Maple에서는 왼쪽 상자, 오른쪽 상자, 왼쪽 합 그리고 오른쪽 합을 사용하여라).

(a) 만일 $f(x)=1/(x^2+1)$, $0\le x\le 1$이면, $n=10$, 30, 50에 대하여 왼쪽 합과 오른쪽 합을 구하여라.

(b) (a)에서 직사각형들을 그려서 설명하여라.

(c) f 아래의 정확한 넓이는 0.780과 0.791 사이에 놓여 있음을 보여라.

CAS **10.** (a) 만일 $f(x)=\ln x$, $1\le x\le 4$이면 연습문제 9와 같은 경우를 이용하여 $n=10$, 30, 50에 대하여 왼쪽 합과 오른쪽 합을 구하여라.

(b) (a)에서 직사각형을 그려서 설명하여라.

(c) f 아래의 정확한 넓이는 2.50과 2.59 사이에 놓여 있음을 보여라.

11. 경주자의 속도는 달리기를 하는 처음 3초 동안에 계속 증가하였다. 0.5초 간격으로 그녀의 속도는 다음의 표로 주어졌다. 3초 동안에 그녀가 경주하였던 거리에 대한 아래 추정값과 위 추정값을 구하여라.

$t(s)$	0	0.5	1.0	1.5	2.0	2.5	3.0
v(m/s)	0	1.9	3.3	4.5	5.5	5.9	6.2

12. 오토바이의 속도를 12초 간격으로 잰 결과가 아래 표에 주어졌다.

(a) 각 시각구간의 시작점에서의 속도를 이용하여 60초 동안 오토바이가 주행한 거리를 추정하여라.

(b) 각 시각구간의 끝점에서의 속도를 이용하여 다른 추정치를 구하여라.

(c) (a)와 (b)에서의 추정값이 위 추정값과 아래 추정값을 나타내는가? 그 이유를 설명하여라.

$t(s)$	0	12	24	36	48	60
v(m/s)	9.1	8.5	7.6	6.7	7.3	8.2

13. 탱크에서 오일이 시간당 $r(t)$리터의 비율로 샌다. 시간이 지나면서 그 비율은 점점 감소했으며 2시간 간격으로 잰 결과가 아래 표에 있다. 샌 오일의 전체 양에 대한 아래 추정 값과 위 추정값을 구하여라.

$t(h)$	0	2	4	6	8	10
$r(t)$(L/h)	8.7	7.6	6.8	6.2	5.7	5.3

14. 속도 데이터로부터 거리를 추정할 때 일정한 간격이 아닌 시간 t_0, t_1, t_2, t_3, $\cdots$를 이용하는 것이 필요하다. 시간 간격 $\Delta t_i=t_i-t_{i-1}$을 이용하여 거리를 추정할 수 있다. 예를 들면 1992년 5월 7일에 우주 왕복선 엔데버호가 인텔샛 통신 위성에 새로운 근지점에 킥 모터를 설치하기 위한 미션 STS-49로 발사되었다. 나사에서 제공하는 표는 고체 로켓 부스터의 발

사와 투하 사이의 왕복선에 대한 속도 데이터를 나타낸다.

Event	시간(s)	속도(m/s)
Launch	0	0
Begin roll maneuver	10	56
End roll maneuver	15	97
Throttle to 89%	20	136
Throttle to 67%	32	226
Throttle to 104%	59	404
Maximum dynamic pressure	62	440
Solid rocket booster separation	125	1265

이 데이터를 이용하여 발사 후 62초에 우주 왕복선 엔데버호의 지구 표면 위의 고도를 추정하여라.

15. 제동을 건 자동차의 속도 그래프는 다음과 같다. 이것을 이용하여 제동장치가 작동되는 동안에 자동차가 주행한 거리를 추정하여라.

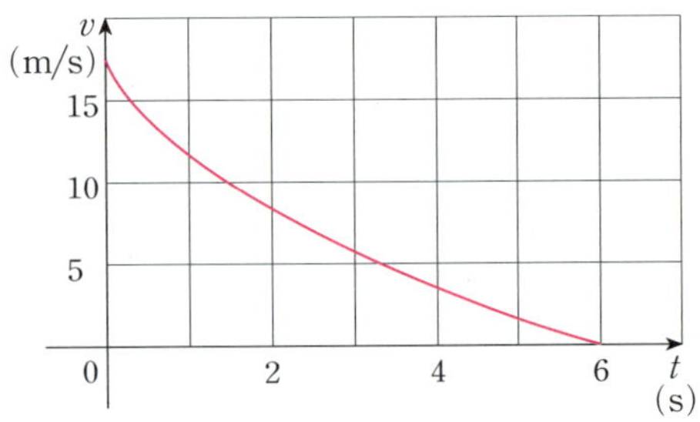

16. 정지상태의 자동차가 30초 동안 120km/h의 속도로 가속한 속도 그래프는 다음과 같다. 이 기간 동안에 자동차가 주행한 거리를 추정하여라.

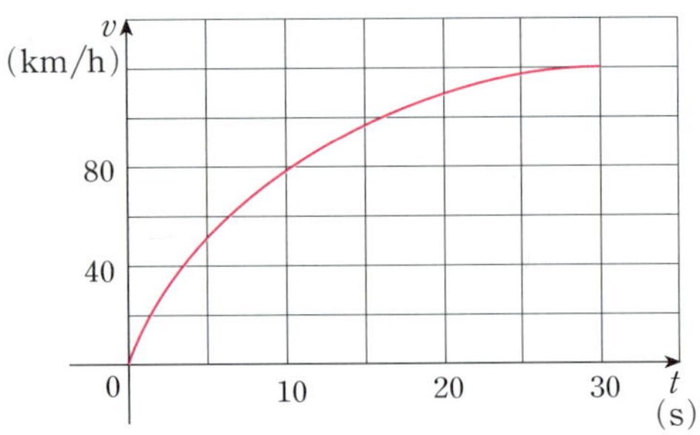

(17~19) 정의 2를 이용하여 f의 그래프 아래의 넓이에 대한 수식을 극한으로서 나타내어라.

17. $f(x)=\dfrac{2x}{x^2+1}$, $1\leq x\leq 3$

18. $f(x)=x^2+\sqrt{1+2x}$, $4\leq x\leq 7$

19. $f(x)=x\cos x$, $0\leq x\leq \dfrac{\pi}{2}$

(20~21) 넓이가 다음 극한과 같은 영역을 구하여라.

20. $\displaystyle\lim_{n\to\infty}\sum_{i=1}^{n}\frac{2}{n}\left(5+\frac{2i}{n}\right)^{10}$

21. $\displaystyle\lim_{n\to\infty}\sum_{i=1}^{n}\frac{\pi}{4n}\tan\frac{i\pi}{4n}$

22. (a) 정의 2를 이용하여 0으로부터 1까지 곡선 $y=x^3$ 아래의 넓이를 극한으로서 나타내어라.

(b) 다음 n의 세제곱의 합에 대한 방정식을 사용하여 (a)에서 극한을 계산하여라.

$$1^3+2^3+3^3+\cdots+n^3=\left[\frac{n(n+1)}{2}\right]^2$$

23. 구간 $[a, b]$에서 연속이고 증가하는 함수 f 아래 부분의 넓이를 A라 하고, A를 n개의 부분구간으로 나누어 왼쪽 끝점과 오른쪽 끝점을 이용하여 근사시킨 값을 각각 L_n, R_n이라 하자.

(a) A, L_n, R_n의 관계를 구하여라.

(b) $R_n-L_n=\dfrac{b-a}{n}[f(b)-f(a)]$임을 보여라.

(c) $R_n-A<\dfrac{b-a}{n}[f(b)-f(a)]$임을 보여라.

24. 곡선 $y=e^x$, $1\leq x\leq 3$, 아래의 넓이가 A라 하면 연습문제 23을 이용하여 $R_n-A<0.0001$이 되는 n을 구하여라.

CAS 25. (a) 0으로부터 2까지 곡선 $y=x^5$ 아래의 넓이를 극한으로서 나타내어라.

(b) 컴퓨터 대수체계를 이용하여 (a)에서의 수식의 합을 구하여라.

(c) (a)의 극한을 계산하여라.

CAS 26. 컴퓨터 대수체계를 이용하여 0으로부터 2까지 $y=e^{-x}$의 그래프 아래의 영역의 넓이를 정확히 구하여라. 예제 3(a)의 합과 극한을 계산하여라. 예제 3(b)에서 얻은 추정값과 비교하여라.

CAS 27. $x=0$으로부터 $x=b$까지 곡선 $y=\cos x$ 아래의 정확한 넓이를 구하여라. 여기에서 $0\leq b\leq \frac{\pi}{2}$이다. (컴퓨터 대수체계를 이용하여 합과 극한을 계산하여라). 만일 $b=\frac{\pi}{2}$이면 넓이는 얼마인가?

28. (a) 반지름 r인 원에 내접한 동일한 변 n다각형의 넓이를 A_n이라 하자. 중심각이 $\dfrac{2\pi}{n}$인 합동 삼각형 n으로 다각형을 나누면, $A_n=\dfrac{1}{2}nr^2\sin\left(\dfrac{2\pi}{n}\right)$임을 보여라.

(b) $\displaystyle\lim_{n\to\infty}A_n=\pi r^2$임을 보여라. (도움말 : 5.3절의 방정식 2를 이용하여라.)

7.2 정적분

7.1절에서 넓이를 계산할 때 다음 형태의 극한이 발생한다는 사실을 알아보았다.

1 $$\lim_{n\to\infty}\sum_{i=1}^{n} f(x_i^*)\Delta x=\lim_{n\to\infty}[f(x_1^*)\Delta x+f(x_2^*)\Delta x+\cdots+f(x_n^*)\Delta x]$$

또한 한 물체가 주행한 거리를 계산할 경우에도 이러한 현상이 발생한다는 사실을 알아보았다. 함수 f가 양의 값을 갖는 함수가 아닐지라도 광범위하고 다양한 현상들에서 이러한 형태의 극한이 발생한다는 사실이 밝혀질 것이다. 제8장에서 수식 **1**의 극한이 곡선의 길이, 입체의 부피, 질량 중심, 수압에 의한 힘, 그리고 일 및 다른 양들을 구하는 문제에서 발생한다는 것을 학습할 것이다. 그러므로 이런 형태의 극한에 특별한 명칭과 기호를 부여한다.

2 정적분의 정의 함수 f가 구간 $[a, b]$ 위에서 정의된 연속함수일 때, 구간 $[a, b]$ 동일한 폭 $\Delta x=\dfrac{b-a}{n}$를 갖는 n개의 부분구간들로 분할하자. 이들 부분구간들의 끝점들을 $x_0(=a)$, x_1, x_2, $\cdots$, $x_n(=b)$로 놓자. 이 부분구간들에서 표본점 x_i^*가 i번째 부분구간에 속하도록 표본점들 x_1^*, x_2^*, $\cdots$, x_n^*를 선택하자. 다음 극한이 존재하면 **a로부터 b까지의 f의 정적분**(definite integral)이라 한다.

$$\int_a^b f(x)dx=\lim_{n\to\infty}\sum_{i=1}^{n} f(x_i^*)\Delta x$$

이 값이 존재하면 f는 $[a, b]$에서 **적분가능**(integrable)하다고 한다.

참고 1 기호 $\int$는 라이프니츠(Leibniz)에 의하여 도입되었으며 **적분기호**라고 한다. 이 기호는 S를 늘려 놓은 형태이며 적분은 합의 극한이기 때문에 이와 같이 선택되었다. 기호 $\int_a^b f(x)dx$에서 $f(x)$를 **피적분함수**, a와 b를 **적분의 한계**라 한다. 즉, a는 **하한**, b는 **상한**이라 한다. 기호 dx는 그 자체로 의미를 갖고 있지 않으며 $\int_a^b f(x)dx$가 전체로서 한 기호를 의미한다. dx는 독립변수가 x라는 것을 나타낸다.적분을 계산하는 과정을 **적분법**이라 한다.

참고 2 정적분 $\int_a^b f(x)dx$는 수이다. 이것은 x에 의존하지 않는다. 실제로 x 대신에 임의의 다른 문자를 사용하여도 적분값은 변하지 않는다.

$$\int_a^b f(x)dx=\int_a^b f(t)dt=\int_a^b f(r)dr$$

참고 3 정의 **2**에 있는 합

$$\sum_{i=1}^{n} f(x_i^*)\Delta x$$

● 리만(Bernhard Riemann)은 전설적인 가우스의 지도 아래 괴팅겐(Gottingen) 대학에서 박사학위를 받았고 거기에 계속 남아 가르쳤다. 다른 수학자를 잘 칭찬하지 않는 가우스도 리만을 "창조적이고 활동적이고 진정한 수학적 생각을 가지고 있고 풍부한 독창성을 가지고 있다"고 말했을 정도이다. 우리가 사용하는 적분의 정의 **2**가 리만에 기인한다. 그는 또한 복소함수론, 수리물리학, 정수론, 기하학의 기초에 중요한 역할을 했다. 리만의 공간과 기하학의 넓은 개념은 50년 후에 아인슈타인의 상대성 이론에 큰 역할을 한 것으로 알려졌다. 리만의 건강은 인생 줄곧 좋지 않아 39세의 나이에 결핵으로 사망하 였다.

를 독일 수학자 리만(B. Riemann, 1826~1866)의 이름을 따서 **리만 합**이라 한다. 따라서 정의 **2**는 적분가능 함수의 정적분을 리만 합을 이용하여 원하는 만큼 근사시킬 수 있다는 의미이다. 만일 함수 f가 양수 값을 갖는다면 리만 합은 근사 직사각형들의 넓이의 총합으로서 해석된다(그림 1 참조). 정의 **2**를 7.1절의 넓이의 정의와 비교함으로써 정적분 $\int_a^b f(x)dx$는 a로부터 b까지의 곡선 $y=f(x)$ 아래의 넓이로서 해석될 수 있음을 알 수 있다(그림 2 참조).

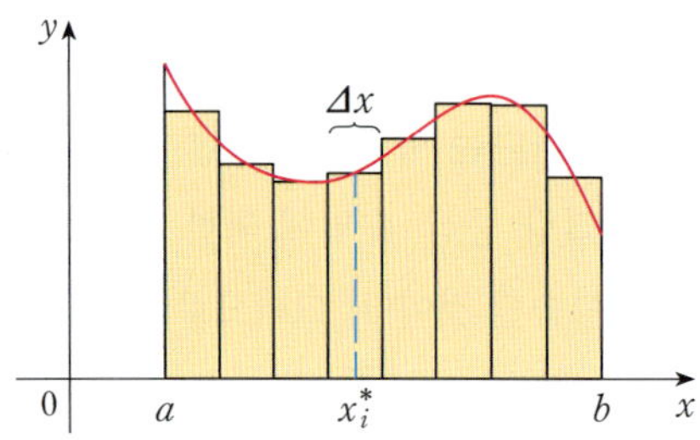

그림 1

$f(x)\geq 0$이면 리만 합 $\sum f(x_i^*)\Delta x$는 직사각형들의 넓이의 합이다.

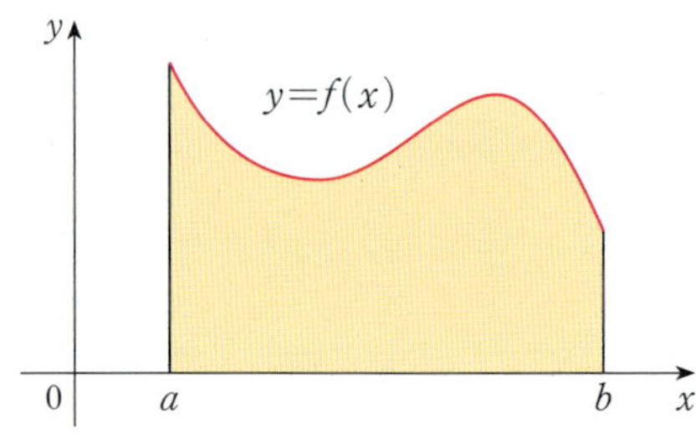

그림 2

$f(x)\geq 0$이면 적분 $\int_a^b f(x)dx$는 a로부터 b까지의 곡선 $y=f(x)$ 아래의 넓이이다.

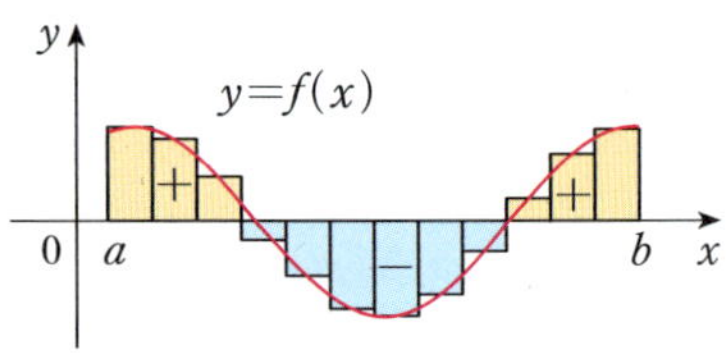

그림 3

$\Sigma f(x_i^*)\Delta x$는 순넓이의 근삿값이다.

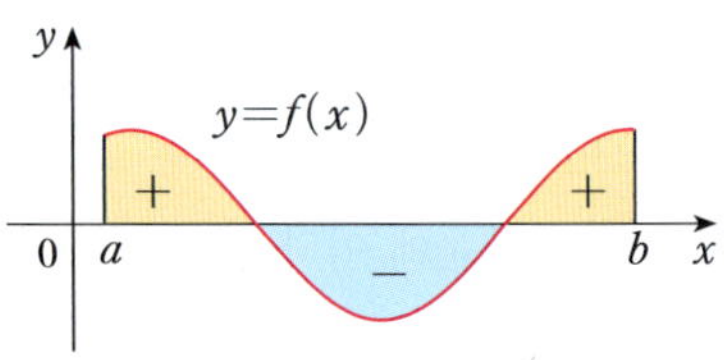

그림 4

$\int_a^b f(x)dx$는 순넓이이다.

만일 함수 f가 그림 3에서와 같이 양과 음의 값을 모두 갖는다면, 리만 합은 x축의 위쪽에 놓여 있는 직사각형들의 넓이와 x축의 아래쪽에 놓여 있는 직사각형들의 넓이의 음수값을 합한 것이다(금색의 직사각형들의 넓이에서 청색의 직사각형들의 넓이를 뺀 것이다). 우리가 이러한 리만 합들의 극한을 택할 때 그림 4에서와 같이 설명되어지는 상황을 얻게 된다. 정적분은 **순 넓이**(net area)로서 해석될 수 있다. 즉, 넓이들의 차

$$\int_a^b f(x)dx = A_1 - A_2$$

이다. 여기에서 A_1은 x축의 위쪽과 f의 그래프의 아래에 있는 영역의 넓이며, A_2는 x축의 아래와 f의 그래프의 위쪽에 있는 영역의 넓이이다.

참고 4 구간 $[a, b]$를 동일한 폭을 갖는 부분구간들로 분할함으로써 $\int_a^b f(x)dx$를 정의하였지만 동일한 폭을 갖지 않는 부분구간들로 분할하여 작업하는 것이 편리할 경우도 있다. 예를 들어, 7.1절의 연습문제 14에서 NASA의 속도 데이터는 동일하지 않은 시간 구간에서 주어졌지만 그것을 이용하여 이동 거리를 추정할 수 있었다.

만일 부분구간들의 폭이 $\Delta x_1, \Delta x_2, \cdots, \Delta x_n$이라 한다면, 극한을 취하는 과정에서 모든 폭들이 0으로 접근하는 것을 보장해야만 한다. 만일 가장 큰 폭, max Δx_i를 0으로 접근시킨다면 이 문제는 해결된다. 그러므로 이와 같은 경우에 정적분의 정의는 다음과 같이 된다.

$$\int_a^b f(x)dx = \lim_{\max \Delta x_i \to 0} \sum_{i=1}^{n} f(x_i^*)\Delta x_i$$

참고 5 앞에서 적분가능 함수의 정적분을 정의하였는데 모든 함수가 적분가능한 것은 아니다(연습문제 53~56). 다음 정리는 우리가 다루는 대부분의 함수가 적분가능하다는 것을 보여주는데 증명은 생략한다.

> **3 정리** f가 $[a, b]$에서 연속이거나 유한개의 도약 불연속점이 있으면, f는 $[a, b]$에서 적분가능하다. 즉, 정적분 $\int_a^b f(x)dx$가 존재한다.

f가 $[a, b]$에서 적분가능하면 정의 2의 극한이 존재하고, 표본점 x_i^*를 어떻게 택하더라도 극한값이 같다. 계산을 간단히 하기 위하여 흔히 오른쪽 끝점을 표본점으로 택한다. 그러면 $x_i^* = x_i$이고 정의를 다음과 같이 간단히 쓸 수 있다.

> **4 정리** f가 $[a, b]$에서 적분가능하면
>
> $$\int_a^b f(x)dx = \lim_{n\to\infty} \sum_{i=1}^{n} f(x_i)\Delta x$$
>
> 이다. 여기서 $\Delta x = \dfrac{b-a}{n}$이고 $x_i = a + i\Delta x$이다.

예제 1 리만 합의 극한을 적분으로 표현하기 다음 극한을 구간 $[0, \pi]$ 위에서 적분으로 표현하여라.

$$\lim_{n\to\infty} \sum_{i=1}^{n} (x_i^3 + x_i \sin x_i)\Delta x$$

풀이 주어진 극한을 정리 4의 극한과 비교하면, $f(x) = x^3 + x \sin x$일 경우 두 극한은 일치함을 알 수 있다. $a=0$이고 $b=\pi$이므로 정리 4에 의하여

$$\lim_{n\to\infty} \sum_{i=1}^{n} (x_i^3 + x_i \sin x_i)\Delta x = \int_0^\pi (x^3 + x \sin x)dx$$

이다. ■

나중에 정적분을 물리적인 상황에 적용할 때, 예제 1에서와 같이 합의 극한을 적분으로 이해하는 것은 중요한 일이다. 라이프니츠(Leibniz)가 적분 기호를 선택하였을 때 극한 과정을 생각나게 하는 기호로 선택하였다. 일반적으로

$$\lim_{n\to\infty} \sum_{i=1}^{n} f(x_i^*)\Delta x = \int_a^b f(x)dx$$

와 같이 표현할 때, $\lim\sum$는 $\int$로, x_i^*는 x로, Δx는 dx로 바꾸어 놓았다.

▷ 적분 계산

정적분의 정의를 사용하여 적분을 계산할 경우에 합을 계산하는 방법을 알 필요가 있다. 다음 세 가지 공식들은 양의 정수들의 거듭제곱들의 합에 대한 공식이다. 공식 5는 대수

학 과정에서 여러분과 친숙하였을 것이다. 공식 6과 7은 7.1절에서 논의되었다.

5 $$\sum_{i=1}^{n} i = \frac{n(n+1)}{2}$$

6 $$\sum_{i=1}^{n} i^2 = \frac{n(n+1)(2n+1)}{6}$$

7 $$\sum_{i=1}^{n} i^3 = \left[\frac{n(n+1)}{2}\right]^2$$

다음의 공식들은 시그마 기호를 사용하는데 간단한 규칙들이다.

● 공식 8~11은 양변을 풀어 써서 증명할 수 있다. 공식 9의 좌변은

$$ca_1 + ca_2 + \cdots + ca_n$$

이고 우변은

$$c(a_1 + a_2 + \cdots + a_n)$$

이므로 성립한다.

8 $$\sum_{i=1}^{n} c = nc$$

9 $$\sum_{i=1}^{n} ca_i = c\sum_{i=1}^{n} a_i$$

10 $$\sum_{i=1}^{n} (a_i + b_i) = \sum_{i=1}^{n} a_i + \sum_{i=1}^{n} b_i$$

11 $$\sum_{i=1}^{n} (a_i - b_i) = \sum_{i=1}^{n} a_i - \sum_{i=1}^{n} b_i$$

예제 2 **리만 합의 극한으로 적분 계산하기** (a) $a=0$, $b=3$이고, $n=6$이며 표본점들을 오른쪽 끝점들로 택하여 $f(x)=x^3-6x$에 대한 리만 합을 계산하여라.

(b) $\int_0^3 (x^3-6x)\,dx$를 계산하여라.

풀이 (a) $n=6$일 때 부분구간의 폭은

$$\Delta x = \frac{b-a}{n} = \frac{3-0}{6} = \frac{1}{2}$$

이고, 오른쪽 끝점들은 $x_1=0.5$, $x_2=1.0$, $x_3=1.5$, $x_4=2.0$, $x_5=2.5$, $x_6=3.0$이다. 따라서 리만 합은

$$\begin{aligned} R_6 &= \sum_{i=1}^{6} f(x_i)\Delta x \\ &= f(0.5)\Delta x + f(1.0)\Delta x + f(1.5)\Delta x + f(2.0)\Delta x + f(2.5)\Delta x + f(3.0)\Delta x \\ &= \frac{1}{2}(-2.875 - 5 - 5.625 - 4 + 0.625 + 9) \\ &= -3.9375 \end{aligned}$$

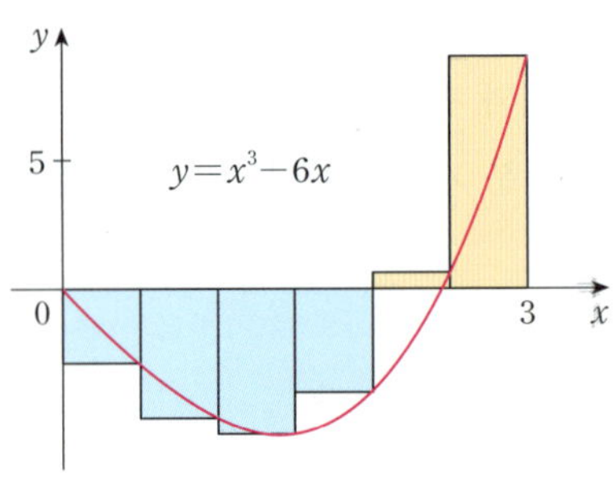

그림 5

이다. 함수 f는 양수값을 갖는 함수가 아니며 리만 합은 직사각형들의 넓이 합을 나타내지 않음을 주목하여라. 그러나 그것은 금색의 직사각형들(x축의 위쪽에 있는)의 넓이의 합에서 청색의 직사각형들(x축의 아래쪽에 있는)의 넓이의 합을 뺀 것을 나타내고 있다(그림 5 참조).

(b) n개의 부분구간을 다룰 경우에 부분구간의 폭은

$$\Delta x = \frac{b-a}{n} = \frac{3}{n}$$

이다. 따라서 $x_0=0$, $x_1=\frac{3}{n}$, $x_2=\frac{6}{n}$, $x_3=\frac{9}{n}$이고 일반적으로 $x_i=\frac{3i}{n}$이다.

● n은(i와 다른) 상수이다. 그래서 $\frac{3}{n}$을 $\sum$ 기호 앞으로 움직일 수 있다.

오른쪽 끝점들을 이용하기 때문에 정리 4를 이용할 수 있다.

$$\int_0^3 (x^3-6x)\,dx = \lim_{n\to\infty}\sum_{i=1}^{n} f(x_i)\Delta x = \lim_{n\to\infty}\sum_{i=1}^{n} f\left(\frac{3i}{n}\right)\frac{3}{n}$$

$$= \lim_{n\to\infty}\frac{3}{n}\sum_{i=1}^{n}\left[\left(\frac{3i}{n}\right)^3 - 6\left(\frac{3i}{n}\right)\right] \qquad \left(c=\frac{3}{n}\text{일 때 공식 } 9\right)$$

$$= \lim_{n\to\infty}\frac{3}{n}\sum_{i=1}^{n}\left[\frac{27i^3}{n^3} - \frac{18}{n}i\right]$$

$$= \lim_{n\to\infty}\left[\frac{81}{n^4}\sum_{i=1}^{n} i^3 - \frac{54}{n^2}\sum_{i=1}^{n} i\right] \qquad (\text{공식 } 9\text{와 } 11)$$

$$= \lim_{n\to\infty}\left\{\frac{81}{n^4}\left[\frac{n(n+1)}{2}\right]^2 - \frac{54}{n^2}\,\frac{n(n+1)}{2}\right\} \qquad (\text{공식 } 7\text{과 } 5)$$

$$= \lim_{n\to\infty}\left[\frac{81}{4}\left(1+\frac{1}{n}\right)^2 - 27\left(1+\frac{1}{n}\right)\right]$$

$$= \frac{81}{4} - 27 = -\frac{27}{4} = -6.75$$

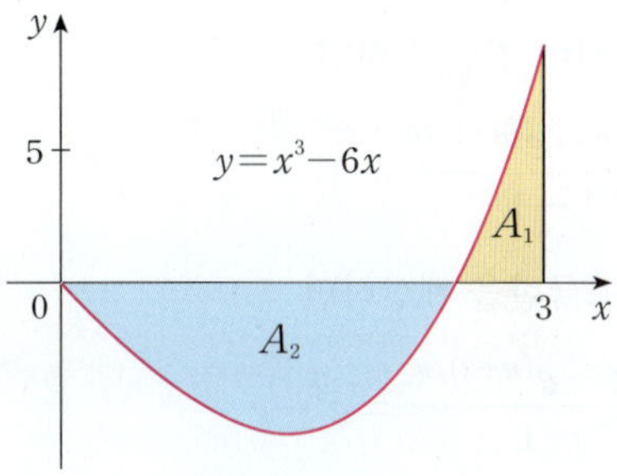

그림 6

$\int_0^3 (x^3-6x)\,dx = A_1 - A_2 = -6.75$

이 적분은 넓이로 해석될 수 없다. 왜냐하면 함수 f가 양수값과 음수값을 모두 취하기 때문이다. 그러나 A_1과 A_2가 그림 6에서 보여주는 것과 같을 경우에 이 적분은 넓이 A_1과 A_2의 차로서 해석될 수 있다.

그림 7에서는 $n=40$인 경우에 오른쪽 끝점들에서 함숫값들을 이용한 리만 합에서 양수 항과 음수 항들을 보여줌으로써 리만 합의 계산을 설명하고 있다. 표에서의 수 값들은 리만 합들이 $n\to\infty$일 때 정확한 적분값, -6.75로 접근함을 보여주고 있다.

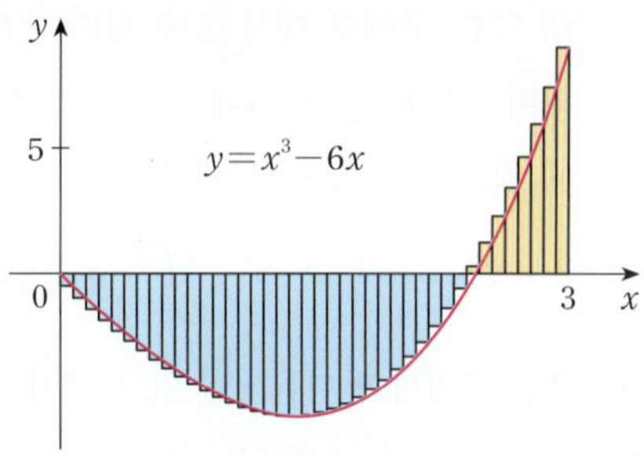

그림 7 $R_{40} \approx -6.3998$

n	R_n
40	-6.3998
100	-6.6130
500	-6.7229
1000	-6.7365
5000	-6.7473

■

예제 2의 적분을 계산하는 더 간단한 방법은 7.3절에서 주어질 것이다.

예제 3 (a) $\int_1^3 e^x\,dx$를 합들의 극한으로서 표현하여라.

(b) 컴퓨터 대수체계를 이용하여 표현식을 계산하여라.

풀이 (a) $f(x)=e^x$, $a=1$, $b=3$이고 $\Delta x = \frac{b-a}{n} = \frac{2}{n}$이다.

따라서 $x_0=1$, $x_1=1+\frac{2}{n}$, $x_2=1+\frac{4}{n}$, $x_3=1+\frac{6}{n}$이며

$$x_i = 1 + \frac{2i}{n}$$

이다. 정리 4에 의하여

$$\int_1^3 e^x dx = \lim_{n\to\infty} \sum_{i=1}^{n} f(x_i)\Delta x = \lim_{n\to\infty} \sum_{i=1}^{n} f\left(1+\frac{2i}{n}\right)\frac{2}{n}$$
$$= \lim_{n\to\infty} \frac{2}{n} \sum_{i=1}^{n} e^{1+2i/n}$$

을 얻는다.

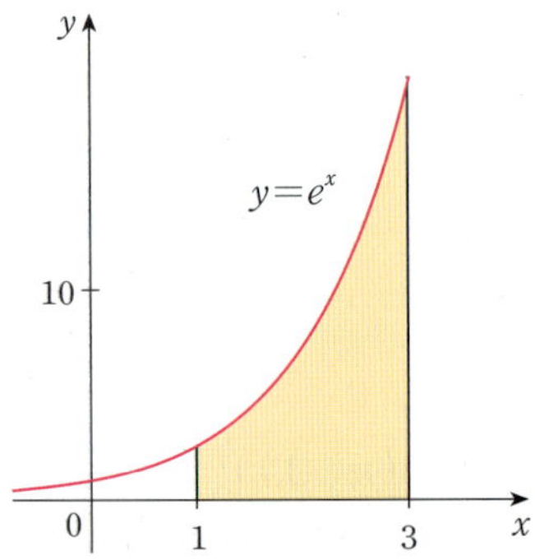

그림 8

● 이 합은 기하급수이기 때문에 컴퓨터는 이 합을 나타내는 명백한 표현을 찾을 수 있다. 극한은 로피탈 정리를 이용해서 구할 수 있다.

(b) 만일 컴퓨터 대수체계를 이용하여 합을 계산하여 간단히 하면

$$\sum_{i=1}^{n} e^{1+2i/n} = \frac{e^{(3n+2)/n} - e^{(n+2)/n}}{e^{2/n} - 1}$$

을 얻는다. 이제 컴퓨터 대수체계를 이용하여 극한을 계산하면

$$\int_1^3 e^x dx = \lim_{n\to\infty} \frac{2}{n} \cdot \frac{e^{(3n+2)/n} - e^{(n+2)/n}}{e^{2/n} - 1} = e^3 - e$$

이다. 다음 절에서 적분을 계산하는 더욱더 쉬운 방법을 배울 것이다. ■

예제 4 그림을 이용하여 적분 계산하기 다음의 적분을 각각 넓이로 해석하여 계산하여라.

(a) $\int_0^1 \sqrt{1-x^2}\,dx$ (b) $\int_0^3 (x-1)\,dx$

풀이 (a) $f(x) = \sqrt{1-x^2} \geq 0$이므로 이 적분은 0에서 1까지의 곡선 $y = \sqrt{1-x^2}$의 아래 있는 넓이로 해석할 수 있다. 그러나 $y^2 = 1 - x^2$이므로 $x^2 + y^2 = 1$로 표현되며, 이것은 f의 그래프가 그림 9에서와 같이 반지름 1인 원의 $\frac{1}{4}$(제1사분면에 있는) 부분임을 보여준다. 그러므로 다음과 같다.

$$\int_0^1 \sqrt{1-x^2}\,dx = \frac{1}{4}\pi(1)^2 = \frac{\pi}{4}$$

(7.7절에서 반지름 r인 원의 넓이가 πr^2임을 증명할 것이다.)

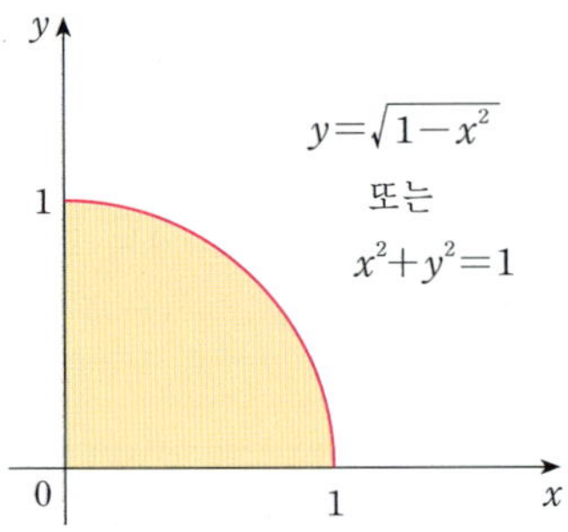

그림 9

(b) $y = x - 1$인 그래프는 그림 10에서와 같이 기울기 1인 직선이다. 우리는 이 적분을 두 개의 삼각형들의 넓이의 차로 계산하면 다음과 같다.

$$\int_0^3 (x-1)\,dx = A_1 - A_2 = \frac{1}{2}(2\cdot 2) - \frac{1}{2}(1\cdot 1) = 1.5$$ ■

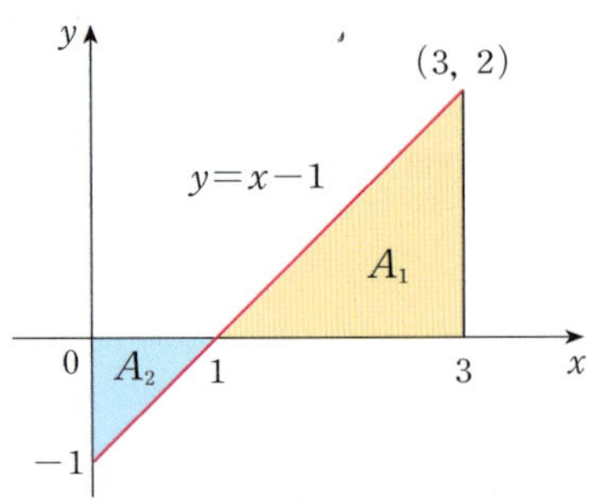

그림 10

▷ 중점 공식

우리는 가끔 표본점 x_i^*를 i번째 부분구간의 오른쪽 끝점을 선택한다. 왜냐하면 그것이 극한을 계산하기가 편리하기 때문이다. 그러나 만일 적분의 근삿값을 찾는 것이 목적이라면 x_i^*를 부분구간의 중점으로 선택하는 것이 보다 더 좋으며, 이것을 $\bar{x}_i$로 표기한다. 임의의 리만 합은 적분의 근삿값이지만 중점을 이용한다면 다음과 같은 근사 계산 법칙을 얻는다.

중점 공식 $\Delta x=\dfrac{b-a}{n}$이고

$$\bar{x}_i=\frac{1}{2}(x_{i-1}+x_i)=[x_{i-1},\ x_i]\text{의 중점}$$

이라 하면 다음이 성립한다.

$$\int_a^b f(x)dx\approx\sum_{i=1}^{n}f(\bar{x}_i)\Delta x=\Delta x[f(\bar{x}_1)+\cdots+f(\bar{x}_n)]$$

예제 5 중점 공식으로 적분 계산하기 $n=5$일 경우에 중점 공식을 이용하여 $\displaystyle\int_1^2\frac{1}{x}dx$의 근삿값을 구하여라.

풀이 다섯 개의 부분구간들의 끝점들은 1, 1.2, 1.4, 1.6, 1.8, 2.0이므로 중점들은 1.1, 1.3, 1.5, 1.7, 1.9이다. 부분구간들이 폭은 $\Delta x=\dfrac{2-1}{5}=\dfrac{1}{5}$이므로 중점 공식에 의하여

$$\begin{aligned}\int_1^2\frac{1}{x}dx&\approx\Delta x[f(1.1)+f(1.3)+f(1.5)+f(1.7)+f(1.9)]\\&=\frac{1}{5}\left(\frac{1}{1.1}+\frac{1}{1.3}+\frac{1}{1.5}+\frac{1}{1.7}+\frac{1}{1.9}\right)\\&\approx0.691908\end{aligned}$$

이다. $1\le x\le2$인 x에 대하여 $f(x)=\dfrac{1}{x}>0$이므로 적분은 넓이를 나타내며 중점 법칙에 의하여 얻어진 근삿값은 그림 11의 직사각형들의 넓이의 합이다. ■

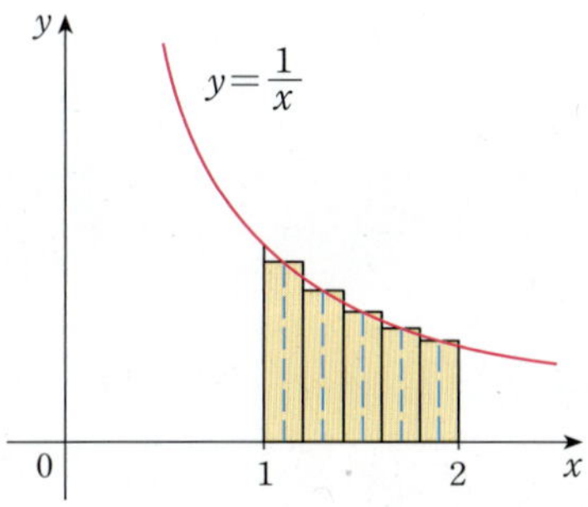

그림 11

아직까지는 예제 5에서의 근삿값이 얼마나 정확한지를 모르지만 7.9절에서 중점 공식을 사용함으로서 생기는 오차를 추정하는 방법을 배울 것이다. 그때에 우리는 정적분을 근사 계산하기 위한 다른 방법을 논의할 것이다.

만일 예제 2의 적분에 중점 공식을 적용한다면, 그림 12와 같은 그림을 얻을 것이다.

근삿값 $M_{40}\approx-6.7563$은 그림 7에서 보여준 오른쪽 끝점을 이용한 근삿값 $R_{40}=-6.3998$보다 참값 -6.75에 더 가깝다.

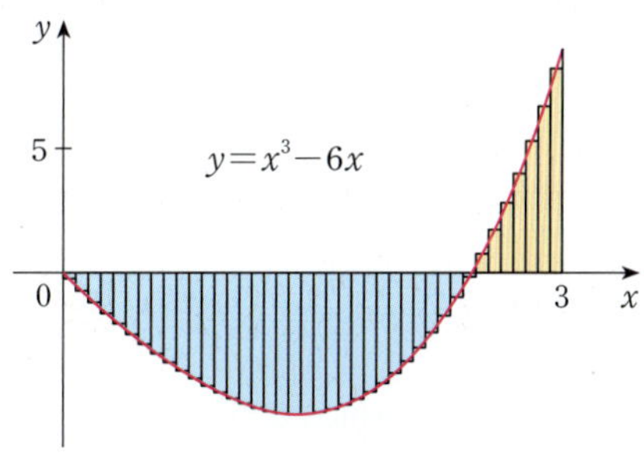

그림 12

$M_{40}\approx-6.7563$

⊳ 정적분의 성질

정적분 $\int_a^b f(x)dx$를 정의할 때, $a<b$임을 함축적으로 가정하였다. 그러나 $a>b$일 경우에도 리만 합의 극한으로서 그 정의는 의미가 있다. 만일 a와 b를 서로 바꾼다면 Δx는 $\dfrac{b-a}{n}$에서 $\dfrac{a-b}{n}$로 바뀐다. 그러므로

$$\int_b^a f(x)dx = -\int_a^b f(x)dx$$

만일 $a=b$이면 $\Delta x=0$이며, 따라서

$$\int_a^a f(x)dx = 0$$

이제 적분을 계산하는 데 필요한 적분의 몇 가지의 기본적인 성질들을 전개할 것이다. 함수 f와 g는 연속함수라고 가정하자.

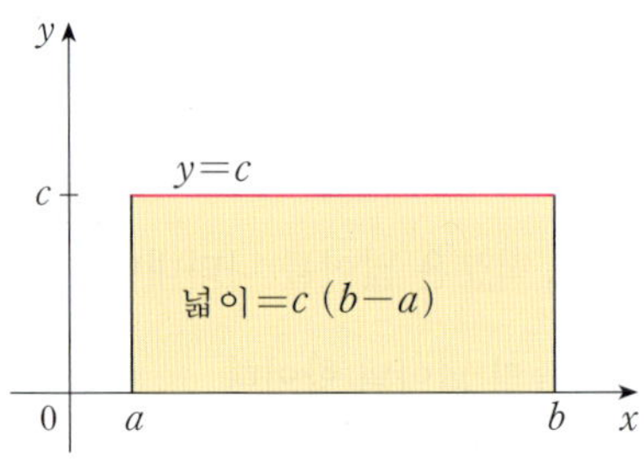

그림 13
$\int_a^b c\,dx = c(b-a)$

적분의 성질

1. $\int_a^b c\,dx = c(b-a)$, c는 임의의 상수
2. $\int_a^b [f(x)+g(x)]\,dx = \int_a^b f(x)dx + \int_a^b g(x)dx$
3. $\int_a^b cf(x)dx = c\int_a^b f(x)dx$, c는 임의의 상수
4. $\int_a^b [f(x)-g(x)]\,dx = \int_a^b f(x)dx - \int_a^b g(x)dx$

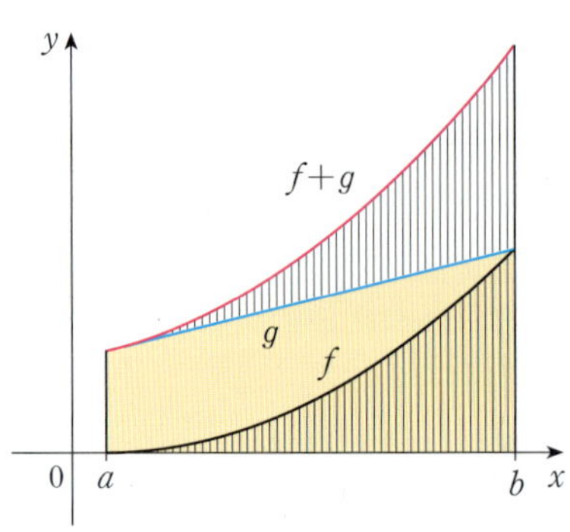

그림 14
$\int_a^b [f(x)+g(x)]dx = \int_a^b f(x)dx + \int_a^b g(x)dx$

성질 1은 상수함수 $f(x)=c$의 적분이 구간의 길이의 상수배한 것임을 나타내고 있다. 만일 $c>0$이고 $a<b$이라면, $c(b-a)$가 그림 13에 있는 색칠된 직사각형의 넓이이기 때문에 이 사실은 예상되는 것이다.

성질 2는 합의 적분이 적분의 합임을 나타내고 있다. 양수 값을 갖는 함수들에 대하여 $f+g$ 아래의 넓이는 f 아래의 넓이에 g 아래의 넓이를 합한 것임을 나타내고 있다. 그림 14는 왜 이 사실이 참인가를 이해할 수 있도록 도움을 준다. 즉, 함수들의 그래프를 어떻게 더할 것인가를 고려할 때 그림 14에서 대응되는 수직선분들이 같은 높이를 갖도록 하면 된다.

일반적으로, 성질 2는 정리 4와 합의 극한은 극한들의 합이라는 사실로부터 다음과 같이 얻어진다.

$$\begin{aligned}\int_a^b [f(x)+g(x)]dx &= \lim_{n\to\infty}\sum_{i=1}^{n}[f(x_i)+g(x_i)]\Delta x \\ &= \lim_{n\to\infty}\left[\sum_{i=1}^{n} f(x_i)\Delta x + \sum_{i=1}^{n} g(x_i)\Delta x\right] \\ &= \lim_{n\to\infty}\sum_{i=1}^{n} f(x_i)\Delta x + \lim_{n\to\infty}\sum_{i=1}^{n} g(x_i)\Delta x \\ &= \int_a^b f(x)dx + \int_a^b g(x)dx\end{aligned}$$

● 성질 3은 함수에 양수 c를 곱하는 것은 c배 만큼 수직적으로 늘어나거나 줄어드는 것이라고 알고 있기 때문에 직관적으로 당연한 것 같다. 각각의 근사 사각형을 c배 만큼 늘어나거나 줄어들게 하기 때문에 넓이에 c를 곱한 결과를 가져온다.

유사한 방법으로 성질 3을 증명할 수 있으며, 그것은 함수에 상수배한 것의 적분은 그 함수의 적분에 상수배한 것과 같음을 나타내고 있다. 다시 말하면, 상수(단지 상수만)는 적분기호 앞으로 나올 수 있다. $f-g=f+(-g)$로 표기하고 성질 2와 $c=-1$인 경우의 성질 3을 이용함으로써 성질 4를 증명할 수 있다.

예제 6 적분의 성질을 이용하여 $\int_0^1 (4+3x^2)dx$를 계산하여라.

풀이 적분의 성질 2와 3을 이용하면

$$\int_0^1 (4+3x^2)dx = \int_0^1 4dx + \int_0^1 3x^2 dx$$

를 얻는다. 적분의 성질 1에 의하여

$$\int_0^1 4dx = 4(1-0) = 4$$

이고, 7.1절에 있는 예제 2에서

$$\int_0^1 x^2 dx = \frac{1}{3}$$

임을 얻었다. 따라서 다음과 같다.

$$\int_0^1 (4+3x^2)dx = \int_0^1 4dx + 3\int_0^1 x^2 dx = 4 + 3\cdot\frac{1}{3} = 5$$ ■

다음의 성질은 이웃한 구간들 위에서 동일한 함수의 적분들을 결합하는 방법을 보여주고 있다.

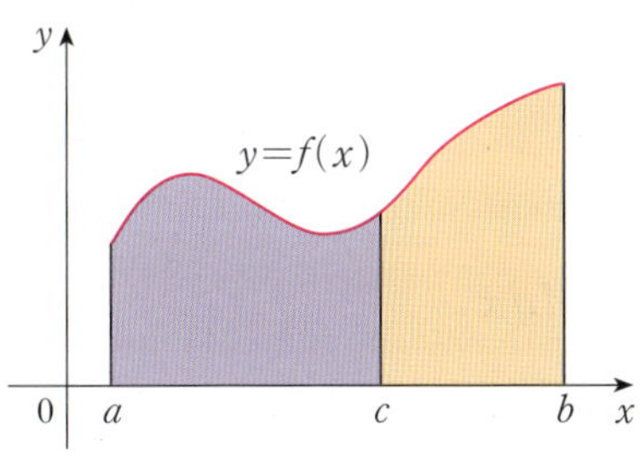

그림 15

5. $$\int_a^c f(x)dx + \int_c^b f(x)dx = \int_a^b f(x)dx$$

일반적으로 이것을 증명하는 것은 쉽지 않지만, $f(x)\geq 0$이고 $a<c<b$인 경우에 성질 5는 그림 15에서와 같이 기하학적인 해석으로 밝혀질 수 있다. a로부터 c까지 $y=f(x)$의 아래의 넓이에 c로부터 b까지의 넓이를 더한 것은 a로부터 b까지의 넓이와 같다.

예제 7 $\int_0^{10} f(x)dx=17$과 $\int_0^8 f(x)dx=12$일 때, $\int_8^{10} f(x)dx$를 구하여라.

풀이 성질 5에 의하여

$$\int_0^8 f(x)dx+\int_8^{10} f(x)dx=\int_0^{10} f(x)dx$$

이고, 따라서

$$\int_8^{10} f(x)dx=\int_0^{10} f(x)dx-\int_0^8 f(x)dx=17-12=5$$

이다. ■

$a<b$, $a=b$이거나 $a>b$인 어느 경우에도 성질 1~5는 참임을 주목하여라. 함수들의 크기와 적분들의 크기를 비교하는 다음의 성질들은 $a\le b$인 경우에만 참이다.

적분의 비교 성질

6. $a\le x\le b$인 x에 대하여 $f(x)\ge 0$이면, $\int_a^b f(x)dx\ge 0$이다.
7. $a\le x\le b$인 x에 대하여 $f(x)\ge g(x)$이면, $\int_a^b f(x)dx\ge \int_a^b g(x)dx$이다.
8. $a\le x\le b$인 x에 대하여 $m\le f(x)\le M$이면, 다음 부등식이 성립한다.

$$m(b-a)\le \int_a^b f(x)dx\le M(b-a)$$

만일 $f(x)\ge 0$이면, $\int_a^b f(x)dx$는 f의 그래프 아래 넓이를 나타낸다. 그러므로 성질 6의 기하학적인 해석은 넓이란 양수임을 의미한다. 그러나 이 성질은 적분의 정의로부터 증명될 수 있다. 성질 7은 더 큰 함수는 더 큰 적분을 갖는다는 것을 나타낸다. 이 성질은 $f-g\ge 0$이기 때문에 성질 6으로부터 얻어진다.

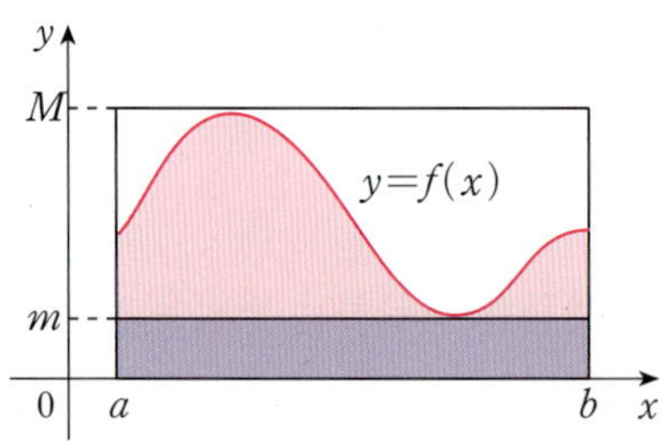

그림 16

$f(x)\ge 0$인 경우에 성질 8은 그림 16에 의하여 설명된다. 만일 f가 연속함수이면, 구간 $[a, b]$ 위에서 f의 최솟값과 최댓값을 각각 m, M으로 선택할 수 있다. 이 경우에 성질 8은 f의 그래프 아래의 넓이는 높이 m인 직사각형의 넓이보다는 크고 높이 M인 직사각형의 넓이보다는 작음을 나타내고 있다.

성질 8의 증명 $m\le f(x)\le M$이므로 성질 7에 의하여

$$\int_a^b m\,dx\le \int_a^b f(x)dx\le \int_a^b M\,dx$$

이다. 성질 1을 이용하여 위 식의 좌변과 우변의 적분을 계산하면

$$m(b-a)\le \int_a^b f(x)dx\le M(b-a)$$

임을 얻는다. ■

중점 공식을 사용하면 계산이 복잡해진다. 그 대신 적분의 근삿값만을 얻는 일이라면 성질 8은 유용하다.

예제 8 성질 8을 이용하여 $\int_0^1 e^{-x^2}dx$의 값을 추정하여라.

풀이 $f(x)=e^{-x^2}$은 감소함수이므로, 구간 $[0,\ 1]$ 위에서 그 최댓값은 $M=f(0)=1$이며 그 최솟값은 $m=f(1)=e^{-1}$이다. 따라서 성질 8에 의하여

$$e^{-1}(1-0)\le\int_0^1 e^{-x^2}dx\le 1(1-0)$$

또는

$$e^{-1}\le\int_0^1 e^{-x^2}dx\le 1$$

이다. $e^{-1}\approx 0.3679$이므로

$$0.367\le\int_0^1 e^{-x^2}dx\le 1$$

을 얻는다. ■

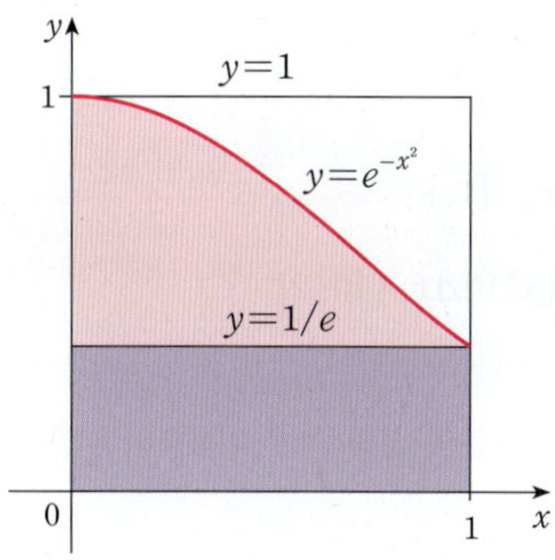

그림 17

예제 8의 결과는 그림 17에서 설명되고 있다. 적분은 아래 직사각형의 넓이보다 크고, 큰 직사각형의 넓이보다 작다.

7.2 연습문제

1. 함수 $f(x)=2-x^2$, $0\le x\le 2$에 대하여, 4개의 부분구간들을 택하고, 표본점들을 오른쪽 끝점들로 선택하여 리만 합을 계산하여라.

2. $f(x)=\ln x-1$, $1\le x\le 4$에 대하여, $n=6$로 택하고 표본점들을 부분구간들의 왼쪽 끝점들로 선택하여 리만 합을 계산하여라.

3. $f(x)=\sqrt{x}-2$, $1\le x\le 6$에 대하여, $n=5$로 택하고 표본점들을 부분구간들의 중점들로 선택하여 소수점 아래 여섯째 자리까지 정확하게 리만 합을 계산하여라.

4. (a) $f(x)=x-2\sin 2x$, $0\le x\le 3$에 대하여, 6개의 구간을 택하고, 표본점들은 부분구간들의 오른쪽 끝점을 선택하여 리만 합을 구하여라.
   (b) 표본점을 중점으로하여 (a)를 반복하여라.

5. 함수 f의 그래프가 다음과 같을 때 네 개의 부분구간들을 이용하여 다음의 각 경우에 대하여 정적분 $\int_0^8 f(x)dx$를 계산하여라.
   (a) 표본점들의 오른쪽 끝점일 경우
   (b) 표본점들의 왼쪽 끝점일 경우
   (c) 표본점들의 중점일 경우

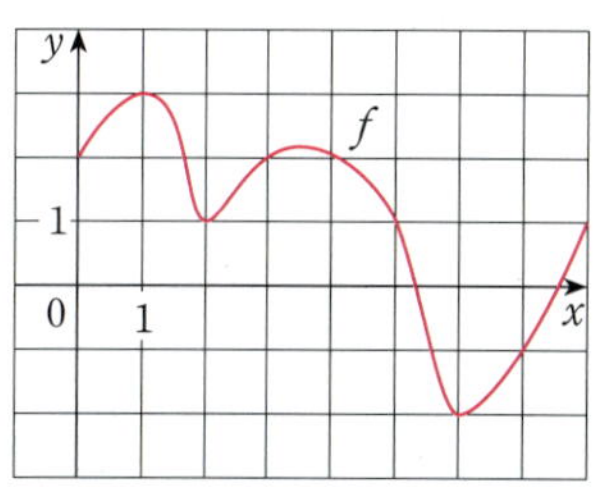

6. 함수 g의 그래프가 다음과 같을 때 6개의 부분구간들을 이용하여 다음의 각 경우에 대하여 정적분 $\int_{-3}^3 g(x)dx$를 계산하여라.

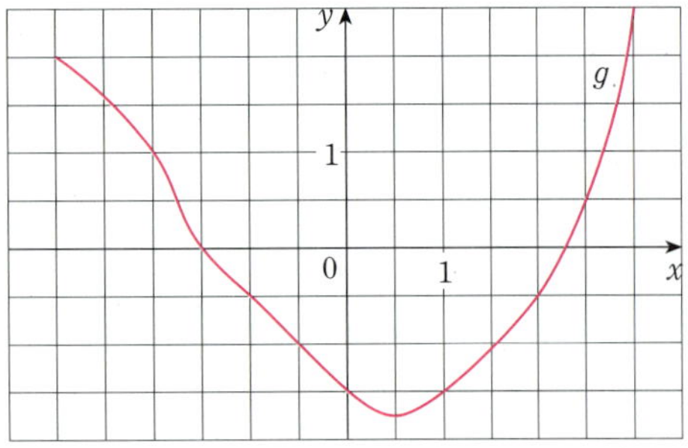

(a) 오른쪽 끝점 (b) 왼쪽 끝점 (c) 중점

7. 증가함수 f의 값들이 다음의 표와 같이 주어졌다. 이 표를 이용하여 정적분 $\int_{10}^{30} f(x)dx$에 대한 하추정값(lower estimate)과 상추정값(upper estimate)을 구하여라.

x	10	14	18	22	26	30
$f(x)$	-12	-6	-2	1	3	8

8. 아래의 표는 실험으로 얻어진 함수의 값들이다. 3개의 부분구간들을 이용하여 (a) 오른쪽 끝점 (b) 왼쪽 끝점 (c) 중점에 대하여 $\int_3^9 f(x)dx$를 계산하여라. 만약 감소함수라면 적분의 정확한 값보다 추정값이 작은가 큰가?

x	3	4	5	6	7	8	9
$f(x)$	-3.4	-2.1	-0.6	0.3	0.9	1.4	1.8

(9~12) 주어진 n개의 값에 대하여 중점 공식을 사용하여 정적분의 근삿값을 구하여라. 소수점 아래 넷째 자리에서 반올림하여라.

9. $\int_2^{10} \sqrt{x^3+1}\,dx,\ n=4$　　10. $\int_0^{\pi/2} \cos^4 x\,dx,\ n=4$

11. $\int_0^1 \sin(x^2)dx,\ n=5$　　12. $\int_1^5 x^2e^{-x}dx,\ n=4$

CAS 13. 중점 공식을 이용한 근사계산과 이에 대응하는 직사각형들을 그릴 수 있는 CAS(컴퓨터 대수체계)를 가지고 있다면 (Maple에서의 중간합 명령과 중간상자 명령을 사용하여라), 연습문제 11의 답을 검증하고 그래프를 가지고 설명하여라. 또 $n=10$과 $n=20$인 경우에도 위의 과정을 반복하여라.

14. 프로그램 가능한 계산기나 컴퓨터(7.1절 연습문제 7번 설명을 보아라)로, $n=100$으로 구간 $[0,\ 1]$ 위에서 함수 $f(x)=\sin(x^2)$에 대한 왼쪽과 오른쪽의 리만 합을 계산하여라. 다음을 증명하고 그 이유를 설명하여라.

$$0.306<\int_0^1 \sin(x^2)dx<0.315$$

15. 계산기나 컴퓨터를 이용하여, $n=5,\ 10,\ 50,\ 100$으로 적분 $\int_0^{\pi} \sin x\,dx$에 대한 오른쪽 리만 합 R_n의 값을 표로 나타내어라.

16. 계산기나 컴퓨터를 이용하여 $n=5,\ 10,\ 50,\ 100$으로 적분 $\int_0^2 e^{-x^2}dx$에 대한 왼쪽과 오른쪽 리만 합 L_n과 R_n의 값을 표로 나타내어라.

(17~20) 주어진 구간 위에서 극한을 정적분으로 나타내어라.

17. $\lim_{n\to\infty} \sum_{i=1}^{n} x_i \ln(1+x_i^2)\Delta x,\quad [2,\ 6]$

18. $\lim_{n\to\infty} \sum_{i=1}^{n} \dfrac{\cos x_i}{x_i}\Delta x,\quad [\pi,\ 2\pi]$

19. $\lim_{n\to\infty} \sum_{i=1}^{n} \sqrt{2x_i^*+(x_i^*)^2}\Delta x,\quad [1, 8]$

20. $\lim_{n\to\infty} \sum_{i=1}^{n} [4-3(x_i^*)^2+6(x_i^*)^5]\Delta x,\quad [0, 2]$

(21~25) 정리 4로 주어진 정적분의 정의 식을 이용하여 다음의 적분을 계산하여라.

21. $\int_{-1}^{5} (1+3x)dx$　　22. $\int_1^4 (x^2+2x-5)dx$

23. $\int_0^2 (2-x^2)dx$　　24. $\int_0^5 (1+2x^3)dx$

25. $\int_1^2 x^3\,dx$

26. (a) $n=8$과 오른쪽 끝점들로 리만 합을 이용하여 적분 $\int_0^4 (x^2-3x)dx$의 근사계산을 하여라.
(b) 그림 3처럼 그림을 그려 (a)의 근사를 설명하여라.
(c) 방정식 3을 이용하여 $\int_0^4 (x^2-3x)dx$를 계산하여라.
(d) (c)에 있는 적분을 넓이의 차이로 설명하고 그림 4에 있는 도형으로 설명하여라.

(27~28) 정적분을 리만 합의 극한으로 나타내어라(극한은 계산하지 말 것).

27. $\int_2^6 \dfrac{x}{1+x^5}dx$　　28. $\int_1^{10} (x-4\ln x)dx$

CAS (29~30) 정적분합의 극한으로 나타내어라. 그리고 컴퓨터 대수체계를 이용하여 합과 극한을 모두 계산하여라.

29. $\int_0^{\pi} \sin 5x\,dx$　　30. $\int_2^{10} x^6\,dx$

31. f의 그래프가 아래와 같을 때 다음 적분을 넓이로 설명함으로

써 그것을 계산하여라.

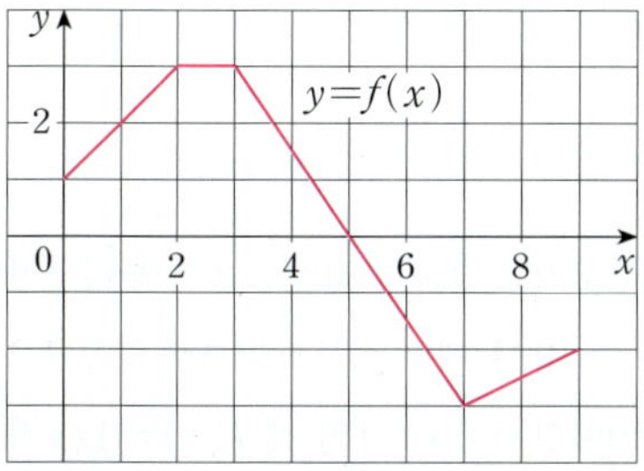

(a) $\int_0^2 f(x)dx$ (b) $\int_0^5 f(x)dx$

(c) $\int_5^7 f(x)dx$ (d) $\int_0^9 f(x)dx$

32. g의 그래프가 두 직선과 반원으로 이루어져 있다. 각 적분을 계산하여라.

(a) $\int_0^2 g(x)dx$ (b) $\int_2^6 g(x)dx$

(c) $\int_0^7 g(x)dx$

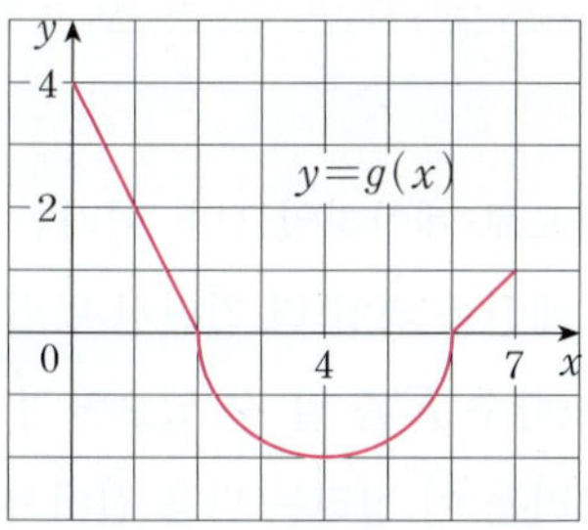

(33~38) 다음의 적분을 넓이로 해석하여 계산하여라.

33. $\int_0^3 \left(\frac{1}{2}x-1\right)dx$ 34. $\int_{-2}^{2} \sqrt{4-x^2}\,dx$

35. $\int_{-3}^{0} (1+\sqrt{9-x^2})dx$ 36. $\int_{-1}^{3} (3-2x)dx$

37. $\int_{-1}^{2} |x|dx$ 38. $\int_0^{10} |x-5|\,dx$

39. $\int_{\pi}^{\pi} \sin^2 x \cos^4 x\,dx$를 계산하여라.

40. $\int_0^1 3x\sqrt{x^2+4}\,dx=5\sqrt{5}-8$일 때 $\int_1^0 3u\sqrt{u^2+4}\,du$를 구하여라.

41. 다음을 $\int_a^b f(x)dx$와 같은 하나의 적분으로 표현하여라.

$$\int_{-2}^{2} f(x)dx+\int_2^5 f(x)dx-\int_{-2}^{-1} f(x)dx$$

42. $\int_1^5 f(x)dx=12$이고 $\int_4^5 f(x)dx=3.6$일 때, $\int_1^4 f(x)dx$를 구하여라.

43. $\int_0^9 f(x)dx=37$이고 $\int_0^9 g(x)dx=16$일 때, $\int_0^9 [2f(x)+3g(x)]dx$를 구하여라.

44. $f(x)=\begin{cases} 3, & x<3 \\ x, & x\geq 3 \end{cases}$ 일 때 $\int_0^5 f(x)dx$를 구하여라.

45. 예제 3을 이용하여 $\int_1^3 e^{x+2}dx$를 계산하여라.

46. 적분의 성질들과 예제 3을 이용하여 $\int_1^3 (2e^x-1)dx$를 계산하여라.

47. 함수 f의 그래프가 아래와 같을 때 다음 값을 작은 것부터 크기 순으로 나열하고 그 이유를 설명하여라.

(a) $\int_0^8 f(x)dx$ (b) $\int_0^3 f(x)dx$

(c) $\int_3^8 f(x)dx$ (d) $\int_4^8 f(x)dx$

(e) $f'(1)$

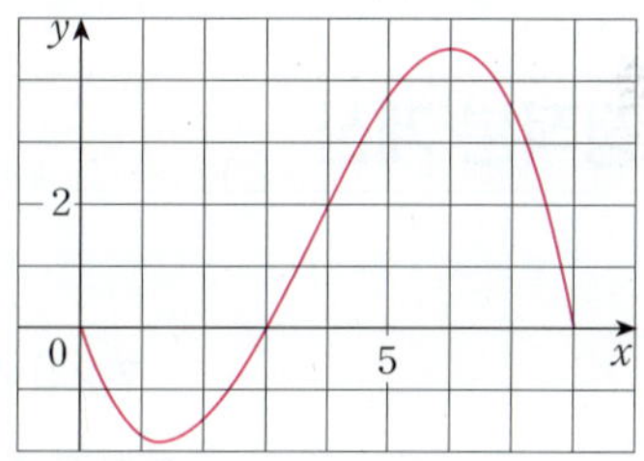

48. 함수 f의 그래프가 아래와 같고 $F(x)=\int_c^x f(x)dx$일 때 다음 중 가장 큰 값은 어느 것인가?

(a) $F(0)$ (b) $F(1)$

(c) $F(2)$ (d) $F(3)$

(e) $F(4)$

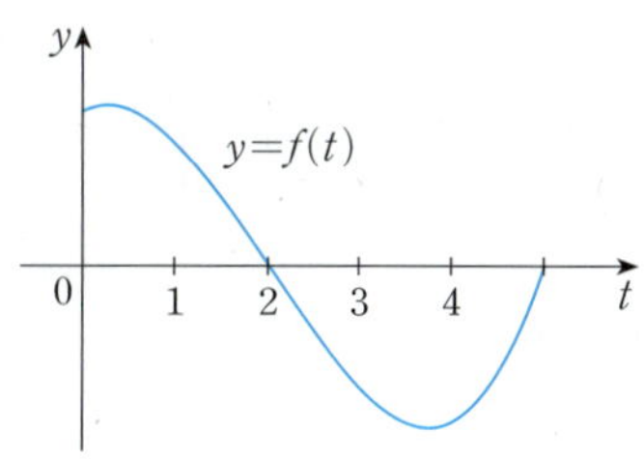

49. 함수 f와 x축으로 둘러싸인 영역 A, B, C의 넓이는 모두 3일 때 다음을 구하여라.

$$\int_{-4}^{2} [f(x)+2x+5]dx$$

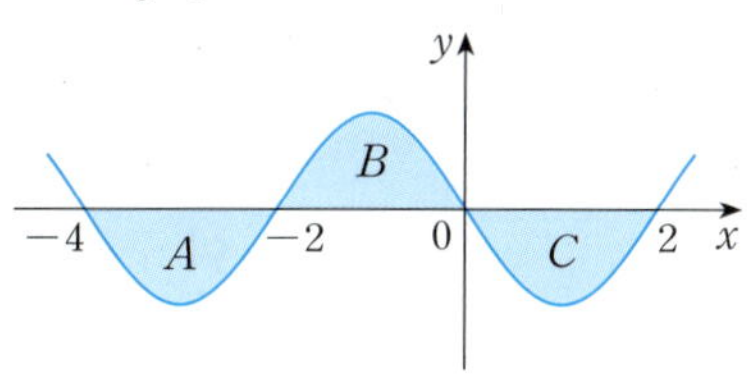

50. f가 최솟값 m과 최댓값 M을 갖는다고 가정하자. $\int_0^2 f(x)dx$ 에 있어야하는 두 값은 무엇인가? 사용한 성질은 무엇인가?

51. 적분의 성질들을 이용하여 다음을 증명하여라.

$$0 \le \int_1^3 \ln x\, dx \le 2\ln 3$$

52. 적분의 성질 8을 이용하여 다음의 적분의 값을 추정하여라.

$$\int_0^2 \frac{1}{1+x^2}\, dx$$

(53~54) 다음 극한을 정적분으로 표현하여라.

53. $\lim_{n\to\infty} \sum_{i=1}^{n} \frac{i^4}{n^5}$ [도움말: $f(x)=x^4$]

54. $\lim_{n\to\infty} \frac{1}{n}\sum_{i=1}^{n} \frac{1}{1+(i/n)^2}$

55. x가 유리수이면 $f(x)=0$이고 x가 무리수이면 $f(x)=1$이라 하자. f는 $[0, 1]$에서 적분가능하지 않음을 보여라.

56. $f(0)=0$이고 $0<x<1$일 때 $f(x)=1/x$라 하자. f는 $[0, 1]$에서 적분가능하지 않음을 보여라. [도움말 : 리만 합에서 첫째 항 $f(x_1^*)\Delta x$가 임의의 큰 값이 될 수 있음을 보여라.]

7.3 정적분 계산

7.2절에서 우리는 적분을 리만 합의 극한으로 계산하였으며, 이러한 과정이 때로는 지루하고 힘들다는 것을 알았다. 뉴턴은 적분 계산을 위한 더 간단한 방법을 개발했고 몇 년 후 라이프니츠도 개발했다. 그들은 f의 역도함수 F를 알 수 있으면 $\int_a^b f(x)dx$를 계산할 수 있다는 것을 알아냈다. 계산정리라 불리는 이 정리는 다음 절에서 배우게 될 미적분학의 기본정리 중 하나이다.

계산정리 f가 구간 $[a, b]$ 위에서 연속함수이면

$$\int_a^b f(x)dx = F(b) - F(a)$$

이다. 여기에서 F는 임의의 f의 역도함수, 즉 $F'=f$를 만족하는 함수이다.

계산정리는 만약 f의 한 역도함수 F를 안다면, 구간 $[a, b]$의 양 끝점들에서 F의 값들을 뺌으로서 정적분 $\int_a^b f(x)dx$를 간단하게 계산할 수 있음을 말하고 있다. $a\le x\le b$인 모든 x에 대하여 $f(x)$의 모든 값들을 내포하고 있는 복잡한 과정에 의하여 정의되는 정적분 $\int_a^b f(x)dx$는 단지 두 점 a와 b에서 $F(x)$의 값을 알면 구해질 수 있다는 사실은 매우 놀라운 일이다.

예를 들면, 6.8절에서 $f(x)=x^2$의 역도함수는 $F(x)=\frac{1}{3}x^3$이다. 계산정리를 이용하여 구하려는 넓이 A를 계산하면 다음과 같다.

$$\int_0^1 x^2 dx = F(1) - F(0) = \frac{1}{3}\cdot 1^3 - \frac{1}{3}\cdot 0^3 = \frac{1}{3}$$

이 계산을 7.1절의 예제 2의 계산과 비교한다면, 계산정리가 더욱 간편한 방법임을 알 것이다.

계산정리는 처음 보기에는 놀라운 것이지만 이 정리를 물리적인 용어들로 설명한다면 그 정리는 그럴 듯하게 들린다. 만일 $v(t)$가 한 물체의 속도이고 $s(t)$가 시각 t에서 그 물체의 위치를 나타낸다면, $v(t)=s'(t)$이고, 따라서 s는 v의 역도함수이다. 7.1절에서 언제나 양의 방향으로 운동하는 물체를 생각하였고, 속도 곡선 아래의 넓이는 주행한 거리와 같음을 추측하였다. 수식으로 표현하면

$$\int_a^b v(t)dt=s(b)-s(a)$$

이다. 이러한 정황으로 볼 때 이것은 정확히 계산정리가 나타내고 있는 바이다.

계산정리의 증명 구간 $[a, b]$를 끝점들 $x_0(=a), x_1, x_2, \cdots, x_n(=b)$와 폭 $\Delta x=(b-a)/n$를 갖는 n개의 부분구간들로 분할하자. F는 f의 역도함수라 하자. $F(b)-F(a)$를 다음과 같이 표현할 수 있다.

$$\begin{aligned} F(b)-F(a)&=F(x_n)-F(x_0)\\ &=F(x_n)-F(x_{n-1})+F(x_{n-1})-F(x_{n-2})+\cdots+F(x_2)-F(x_1)\\ &\quad+F(x_1)-F(x_0)\\ &=\sum_{i=1}^{n}[F(x_i)-F(x_{i-1})] \end{aligned}$$

● 평균값 정리는 6.3절에서 논의되었다.

F는 연속이므로 각 부분구간 $[x_{i-1}, x_i]$에서 평균값 정리를 적용할 수 있다. 그러면 x_{i-1}과 x_i 사이에 x_i^*가 존재하면

$$F(x_i)-F(x_{i-1})=F'(x_i^*)(x_i-x_{i-1})=f(x_i^*)\Delta x$$

이다. 그러므로

$$F(b)-F(a)=\sum_{i=1}^{n}f(x_i^*)\Delta x$$

이다. 양변에 극한을 취하여 $n\to\infty$하면, 왼쪽 변은 상수이고 오른쪽 변은 함수 f의 리만 합이다. 따라서

$$F(b)-F(a)=\lim_{n\to\infty}\sum_{i=1}^{n}f(x_i^*)\Delta x=\int_a^b f(x)dx$$

이다. ▣

다음과 같은 기호를 사용한다.

$$F(x)\Big]_a^b=F(b)-F(a)$$

따라서 계산정리에 있는 공식은 다음과 같이 나타낼 수 있다.

$$\int_a^b f(x)dx=F(x)\Big]_a^b$$

여기에서 $F'=f$이다. 우변을 $F(x)|_a^b$ 또는 $[F(x)]_a^b$라 나타내기도 한다.

● 계산정리를 이용할 때 f의 특정한 역도함수 F를 이용한다. 가장 일반적인 역도함수 (e^x+c)를 사용할 필요는 없다.

예제 1 **계산정리 이용하기** $\int_1^3 e^x\,dx$를 계산하여라.

풀이 $f(x)=e^x$의 역도함수는 $F(x)=e^x$이다. 계산정리를 이용하면

$$\int_1^3 e^x\,dx=e^x\Big]_1^3=e^3-e$$

이다. ■

예제 1을 7.2절의 예제 3의 계산과 비교한다면, 계산정리가 더욱 간편한 방법임을 알 수 있을 것이다.

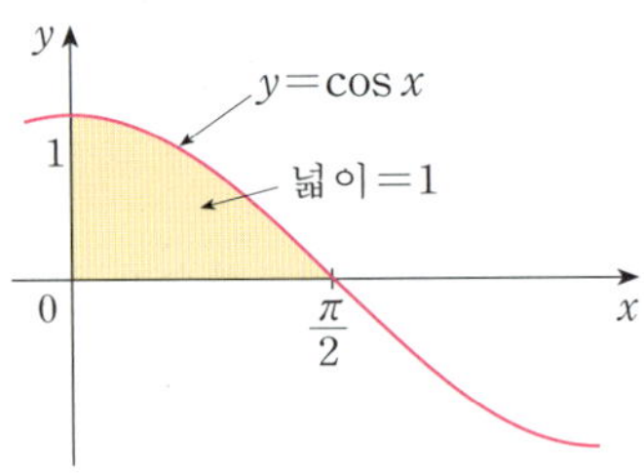

그림 1

예제 2 0부터 b까지 코사인 함수의 곡선 아래의 넓이를 구하여라. 여기에서 $0\le b\le \frac{\pi}{2}$이다.

풀이 $f(x)=\cos x$의 역도함수는 $F(x)=\sin x$이므로,

$$A=\int_0^b \cos x\,dx=\sin x]_0^b=\sin b-\sin 0=\sin b$$

이다. 특히 $b=\frac{\pi}{2}$로 택하면, 0부터 $\frac{\pi}{2}$까지 코사인 함수의 곡선 아래의 넓이 A는 $\sin\frac{\pi}{2}=1$임을 밝힐 수 있다(그림 1 참조). ■

프랑스의 수학자 로베르발(Gilles de Roberval)이 1635년 처음으로 sine함수와 cosine함수의 곡선들 아래의 넓이를 계산하였을 때, 이 문제는 아주 정교한 기술을 요구하는 매우 매력있는 문제였다. 계산정리를 이용하지 않는다면, 복잡한 삼각항등식들(또는 7.1절에 있는 연습문제 21에서와 같이 컴퓨터 대수체계)을 사용하여 어려운 합의 극한을 계산해야만 했을 것이다. 1635년에 극한을 계산하는 기법이 발명되지 않았기 때문에 로베르발에게는 이것은 매우 힘든 일이었다. 그러나 1660년대와 1670년대에 계산정리가 베로우에 의하여 발견되고 뉴턴과 라이프니츠에 의하여 개발되었을 때, 이러한 문제들은 예제 2에서 볼 수 있듯이 매우 쉬운 것이 되었다.

▷ 부정적분

우리는 역도함수들을 쉽게 다룰 수 있는 편리한 기호법이 필요하다. 역도함수들과 적분들 사이에 계산정리에 의하여 주어진 관계 때문에 기호 $\int f(x)dx$는 f의 한 역도함수로서 전통적으로 사용되고 있으며, 이것을 **부정적분**(indefinite integral)이라 한다. 따라서

$$\int f(x)dx=F(x)\text{는 } F'(x)=f(x)\text{을 의미한다.}$$

⊘ 정적분과 부정적분의 차이를 잘 알아야 한다. 정적분 $\int_a^b f(x)dx$는 하나의 수인 반면,

부정적분 $\int f(x)dx$는 하나의 함수(또는 함수들의 모임)이다. 이것들 사이의 관계는 계산정리에 의하여 주어진다. 만일 함수 f가 구간 $[a, b]$ 위에서 연속이면

$$\int_a^b f(x)dx = \int f(x)dx\Big]_a^b$$

이다. 6.8절로부터 F는 구간 I 위에서 f의 역도함수임을 상기하여라. 그러면 I 위에서 f의 일반적인 역도함수는 $F(x)+C$이며, 여기서 C는 임의의 상수이다.

예를 들면, $(d/dx)\ln|x| = 1/x$이므로

$$\int \frac{1}{x}dx = \ln|x| + C$$

와 같이 표기한다. 그러면 부정적분 $\int f(x)dx$는 f의 특별한 역도함수나 역도함수의 전체 모임으로 간주할 수 있다.

계산정리를 잘 활용하려면 함수들의 역도함수를 많이 알고 있어야 한다. 따라서 6.8절에 있는 역도함수 공식들의 표를 몇 개의 다른 공식과 함께 다시 서술하겠다. 아래 공식은 우변의 함수를 미분하여 피적분함수를 얻음으로서 검증할 수 있다. 예를 들면,

$$\frac{d}{dx}(\tan x + C) = \sec^2 x\text{이므로 }\int \sec^2 x\, dx = \tan x + C$$

이다.

● 일반적인 부정적분 공식이 주어질 때 그것은 한 구간에서만 유효하다.

1 부정적분의 표

$$\int [f(x)+g(x)]dx = \int f(x)dx + \int g(x)dx, \quad \int cf(x)dx = c\int f(x)dx$$

$$\int x^n dx = \frac{x^{n+1}}{n+1} + C \quad (n \neq -1), \qquad \int \frac{1}{x}dx = \ln|x| + C$$

$$\int e^x dx = e^x + C, \qquad \int a^x dx = \frac{a^x}{\ln a} + C$$

$$\int \sin x\, dx = -\cos x + C, \qquad \int \cos x\, dx = \sin x + C$$

$$\int \sec^2 x\, dx = \tan x + C, \qquad \int \csc^2 x\, dx = -\cot x + C$$

$$\int \sec x \tan x\, dx = \sec x + C, \qquad \int \csc x \cot x\, dx = -\csc x + C$$

$$\int \frac{1}{x^2+1}dx = \tan^{-1}x + C, \qquad \int \frac{1}{\sqrt{1-x^2}}dx = \sin^{-1}x + C$$

● 예제 3에 있는 부정적분은 그림 2에 몇 개의 C값들에 대해 그림 그려져 있다. C의 값은 y절편이다.

예제 3 부정적분 $\int (10x^4 - 2\sec^2 x)dx$를 구하여라.

풀이 표 1과 적분의 성질에 의하여

$$\begin{aligned}\int (10x^4 - 2\sec^2 x)dx &= 10\int x^4\, dx - 2\int \sec^2 x\, dx \\ &= 10\frac{x^5}{5} - 2\tan x + C\end{aligned}$$

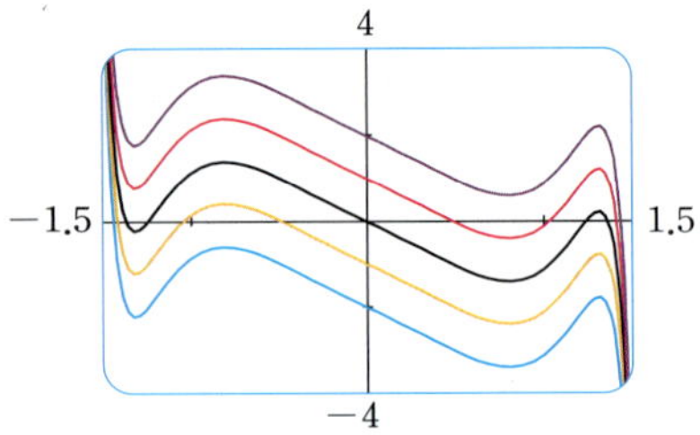

그림 2

$$=2x^5-2\tan x+C$$

이다. 이 답을 미분함으로써 이것을 검증할 수 있다. ■

예제 4 $\int_0^3 (x^3-6x)\,dx$를 계산하여라.

풀이 계산정리와 표 1을 이용함으로써

$$\int_0^3 (x^3-6x)\,dx = \frac{x^4}{4}-6\frac{x^2}{2}\Big]_0^3$$
$$=\left(\frac{1}{4}\cdot 3^4-3\cdot 3^2\right)-\left(\frac{1}{4}\cdot 0^4-3\cdot 0^2\right)$$
$$=\frac{81}{4}-27-0+0=-6.75$$

이다. 이 계산을 7.2절에 있는 예제 2(b)와 비교하여라. ■

예제 5 $\int_0^2 \left(2x^3-6x+\frac{3}{x^2+1}\right)dx$를 구하고 그 결과를 넓이로 해석하여라.

풀이 계산정리에 의하여

$$\int_0^2 \left(2x^3-6x+\frac{3}{x^2+1}\right)dx = 2\frac{x^4}{4}-6\frac{x^2}{2}+3\tan^{-1}x\Big]_0^2$$
$$=\frac{1}{2}x^4-3x^2+3\tan^{-1}x\Big]_0^2$$
$$=\frac{1}{2}(2^4)-3(2^2)+3\tan^{-1}2-0$$
$$=-4+3\tan^{-1}2$$

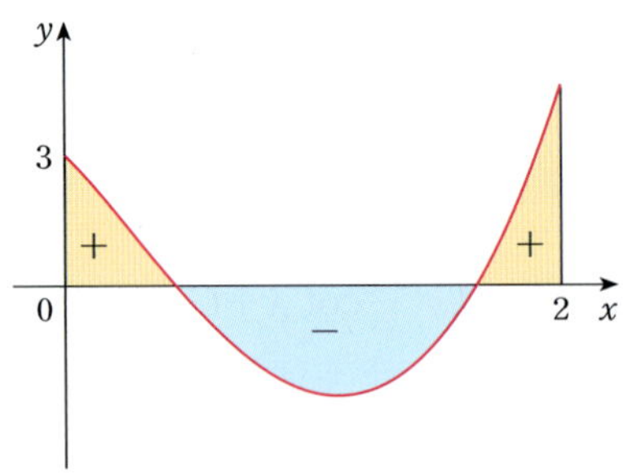

그림 3

임을 얻는다. 이것은 적분의 정확한 값이다. 만일 소수의 근삿값을 요구한다면, $\tan^{-1}2$의 근삿값을 구하기 위하여 계산기를 이용하여

$$\int_0^2 \left(2x^3-6x+\frac{3}{x^2+1}\right)dx \approx -0.67855$$

를 얻는다. 그림 3은 피적분함수의 그래프를 나타낸다. 7.2절로부터 적분값은 플러스 부호인 넓이에서 마이너스 부호인 넓이를 뺀 값으로 해석될 수 있다. ■

예제 6 **간단히 하고 적분하기** $\int_1^9 \frac{2t^2+t^2\sqrt{t}-1}{t^2}dt$를 계산하여라.

풀이 먼저 나눗셈을 하여 피적분함수를 간단한 형태로 표기하자. 그러면

$$\int_1^9 \frac{2t^2+t^2\sqrt{t}-1}{t^2}dt = \int_1^9 (2+t^{\frac{1}{2}}-t^{-2})\,dt$$
$$=2t+\frac{t^{\frac{3}{2}}}{\frac{3}{2}}-\frac{t^{-1}}{-1}\Big]_1^9 = 2t+\frac{2}{3}t^{\frac{3}{2}}+\frac{1}{t}\Big]_1^9$$
$$=\left\{2\cdot 9+\frac{2}{3}(9)^{\frac{3}{2}}+\frac{1}{9}\right\}-\left(2\cdot 1+\frac{2}{3}\cdot 1^{\frac{3}{2}}+\frac{1}{1}\right)$$

$$=18+18+\frac{1}{9}-2-\frac{2}{3}-1=32\frac{4}{9}$$

이다. ■

▷ 응용

계산정리는 만일 f가 구간 $[a, b]$ 위에서 연속함수이면

$$\int_a^b f(x)dx=F(b)-F(a)$$

임을 의미한다. 여기에서 F는 f의 임의의 역도함수이다. 이것은 $F'=f$임을 의미한다. 그러므로 위의 방정식은 다음과 같이 다시 표기할 수 있다.

$$\int_a^b F'(x)dx=F(b)-F(a)$$

$F'(x)$는 x에 관한 $y=F(x)$의 변화율이고, $F(b)-F(a)$는 x가 a부터 b까지 변화할 때 y의 변화량임을 알고 있다. 따라서 계산정리를 다음과 같이 바꾸어서 표현할 수 있다.

순변화정리 변화율의 적분은 순변화량이다. 즉,

$$\int_a^b F'(x)dx=F(b)-F(a)$$

이 원리는 우리가 5.8절에서 논의하였던 자연과학과 사회과학에 있어서의 변화율들의 모든 것에 적용될 수 있다. 이러한 아이디어에 대한 몇 가지의 예는 다음과 같다.

- $V(t)$가 시각 t에서 한 저수조 내에 있는 물의 부피라 하면, 도함수 $V'(t)$는 시각 t에서 물이 저수조 안으로 흘러 들어오는 비율이다. 따라서

$$\int_{t_1}^{t_2} V'(t)dt=V(t_2)-V(t_1)$$

  은 시각 t_1과 t_2 사이에 저수조 안의 물의 양의 변화량이다.

- $[C](t)$가 시각 t에서 화학 반응에 의한 생산물의 농도라면, 반응률은 도함수 $\frac{d[C]}{dt}$이다. 따라서

$$\int_{t_1}^{t_2} \frac{d[C]}{dt}dt=[C](t_2)-[C](t_1)$$

  은 시각 t_1으로부터 t_2까지의 C의 농도의 변화량이다.

- 막대의 왼쪽 끝점으로부터 한 점 x까지의 질량이 $m(x)$라면, 그 선밀도는 $\rho(x)=m'(x)$이다. 따라서

$$\int_a^b \rho(x)dx=m(b)-m(a)$$

  는 $x=a$와 $x=b$ 사이에 놓여 있는 막대부분의 질량이다.

■ 인구 성장률이 $\dfrac{dn}{dt}$이면

$$\int_{t_1}^{t_2} \frac{dn}{dt}dt = n(t_2) - n(t_1)$$

은 t_1으로부터 t_2까지의 시구간 동안에 인구의 순변화량이다. 인구는 출생에 의해서 증가하고 죽음에 의하여 감소한다. 순변화량은 출생과 죽음을 모두 계산한 것이다.

■ $C(x)$가 생활필수품 x개의 생산비용이면, 한계비용은 $C'(x)$이다. 따라서

$$\int_{x_1}^{x_2} C'(t)dt = C(x_2) - C(x_1)$$

은 생산량이 x_1개로부터 x_2개로 증가될 때 생산비용의 증가량이다.

■ 위치함수가 $s(t)$인 한 물체가 직선운동을 한다면, 그 물체의 속도는 $v(t)=s'(t)$이다. 따라서

2 $$\int_{t_1}^{t_2} v(t)dt = s(t_2) - s(t_1)$$

은 시각 t_1으로부터 t_2까지 물체 위치의 변화량 또는 변위이다. 7.1절에서 물체가 양의 방향으로 운동하는 경우에 이 사실이 참이라는 것을 추측하였으며, 이제 우리는 그것이 언제나 참이라는 것을 증명하였다.

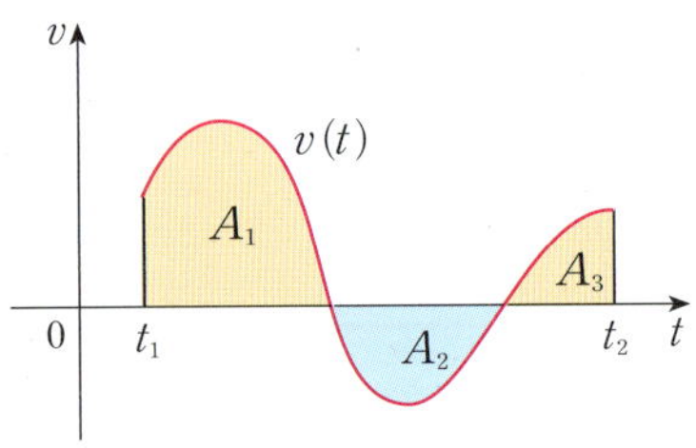

그림 4

변위 $= \int_{t_1}^{t_2} v(t)dt = A_1 - A_2 + A_3$

거리 $= \int_{t_1}^{t_2} |v(t)|dt = A_1 + A_2 + A_3$

■ 시구간 동안에 물체 이동거리를 계산하려면, $v(t) \geq 0$ (물체가 오른쪽으로 이동)일 경우와 $v(t) \leq 0$ (물체가 왼쪽으로 이동)일 경우의 시구간을 고려해야만 한다. 이 두 가지 경우에 물체가 이동한 거리는 $|v(t)|$, 속력을 적분함으로써 계산된다. 그러므로

3 $$\int_{t_1}^{t_2} |v(t)|dt = \text{물체가 이동한 총거리}$$

이다. 그림 4는 변위와 물체 이동거리가 한 속도 곡선 아래의 넓이들의 항으로 어떻게 해석될 수 있는지를 보여주고 있다.

■ 물체의 가속도는 $a(t)=v'(t)$이다. 따라서

$$\int_{t_1}^{t_2} a(t)dt = v(t_2) - v(t_1)$$

은 시각 t_1으로부터 t_2까지의 속도의 변화량이다.

예제 7 변위와 이동거리 한 질점이 시각 t에서 속도 $v(t)=t^2-t-6$(속도는 매 초당 미터로 측정된다)으로 직선운동을 하고 있다.

(a) 시간 $1 \leq t \leq 4$ 동안 이 질점의 변위를 구하여라.

(b) 시간 $1 \leq t \leq 4$ 동안 이동한 거리를 구하여라.

풀이 (a) 공식 **2**에 의하여 변위는

$$s(4)-s(1) = \int_1^4 v(t)dt = \int_1^4 (t^2-t-6)dt$$
$$= \left[\frac{t^3}{3} - \frac{t^2}{2} - 6t\right]_1^4 = -\frac{9}{2}$$

이다. 이것은 질점이 왼쪽으로 4.5m 이동하였음을 의미한다.

● $v(t)$의 절댓값을 적분하기 위하여 7.2절의 적분의 성질 5를 이용한다. 적분을 두 부분으로 나누는데 한 부분은 $v(t)\le 0$, 다른 한 부분은 $v(t)\ge 0$.

(b) $v(t)=t^2-t-6=(t-3)(t+2)$이므로 구간 $[1, 3]$에서 $v(t)\le 0$이고, 구간 $[3, 4]$에서 $v(t)\ge 0$이다. 따라서 공식 3으로부터 이동거리는

$$\begin{aligned}\int_1^4 |v(t)|\,dt &= \int_1^3 [-v(t)]dt+\int_3^4 v(t)dt\\ &= \int_1^3 (-t^2+t+6)dt+\int_3^4 (t^2-t-6)dt\\ &= \left[-\frac{t^3}{3}+\frac{t^2}{2}+6t\right]_1^3+\left[\frac{t^3}{3}-\frac{t^2}{2}-6t\right]_3^4\\ &= \frac{61}{6}\approx 10.17\text{m}\end{aligned}$$

이다. ■

예제 8 **전력을 적분하여 에너지 구하기** 그림 5는 2004년 12월 9일에 캐나다 온타리오지방의 전력소비량을 보여주고 있다(P는 메가와트 단위로, t는 자정부터 측정한 시간 단위로 되어 있다). 이 날에 사용된 에너지의 양을 추정하였다.

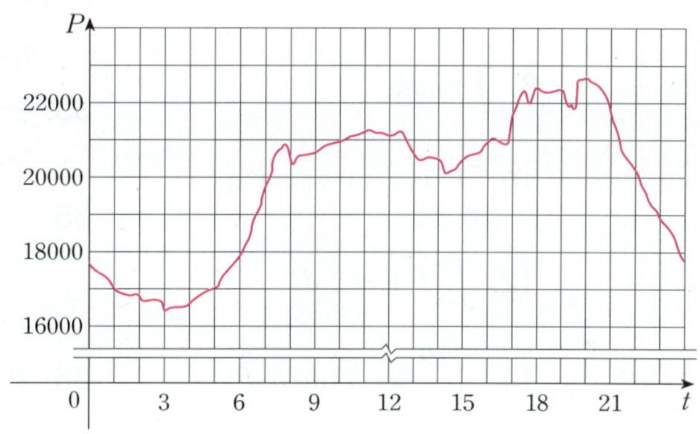

그림 5

풀이 전력은 에너지의 변화율이다. 즉, $P(t)=E'(t)$이다. 따라서 순수 변화정리에 의하여

$$\int_0^{24} P(t)dt=\int_0^{24} E'(t)dt=E(24)-E(0)$$

는 그날에 사용된 총 에너지의 양이다. 12개월 부분구간들과 $\Delta t=2$로 갖는 중점 공식을 이용하여 적분의 근삿값을 구하면 다음과 같다.

$$\begin{aligned}\int_0^{24} P(t)dt &\approx [P(1)+P(3)+P(5)+\dots+P(21)+P(23)]\Delta t\\ &\approx (16900+16400+17000+19800+20700+21200+20500\\ &\quad +20500+21700+22300+21700+18900)(2)\\ &= 475200\end{aligned}$$

따라서 사용된 에너지는 근사적으로 4.75×10^5 메가와트-시간이다. ■

예제 8에서 에너지에 대하여 어떤 단위를 사용하는지를 알았는가? 적분 $\int_0^{24} P(t)\,dt$는 $P(t_i^*)\Delta t$들의 합의 극한으로서 정의된다. 이제 $P(t_i^*)$는 단위 메가와트로 측정되며, Δt는 단위 시간으로 측정된다. 따라서 그들의 곱은 단위 메가와트-시간으로 측정된다. 극한에 대하여 서로 마찬가지이다. 일반적으로, $\int_a^b f(x)\,dx$의 단위는 $f(x)$의 단위와 x의 단위의 곱이다.

7.3 연습문제

(1~30) 적분을 계산하여라.

1. $\int_{-1}^{3} x^5 dx$

2. $\int_{1}^{3} (1+2x-4x^3)dx$

3. $\int_{0}^{2} (6x^2-4x+5)dx$

4. $\int_{-2}^{0} (u^5-u^3+u^2)du$

5. $\int_{0}^{1} x^{4/5}\,dx$

6. $\int_{1}^{8} \sqrt[3]{x}\,dx$

7. $\int_{-1}^{0} (2x-e^x)dx$

8. $\int_{-5}^{5} e\,dx$

9. $\int_{1}^{2} (1+2y)^2\,dy$

10. $\int_{0}^{2} (y-1)(2y+1)dy$

11. $\int_{1}^{9} \frac{x-1}{\sqrt{x}}\,dx$

12. $\int_{-1}^{1} t(1-t)^2\,dt$

13. $\int_{0}^{1} x(\sqrt[3]{x}+\sqrt[4]{x})dx$

14. $\int_{0}^{\pi/4} \sec\theta\tan\theta\,d\theta$

15. $\int_{0}^{\frac{\pi}{4}} \sec^2 t\,dt$

16. $\int_{1}^{18} \sqrt{\frac{3}{z}}\,dz$

17. $\int_{1}^{9} \frac{1}{2x}\,dx$

18. $\int_{0}^{5} (2e^x+4\cos x)dx$

19. $\int_{\frac{1}{2}}^{\frac{\sqrt{3}}{2}} \frac{6}{\sqrt{1-t^2}}dt$

20. $\int_{0}^{1} 10^x dx$

21. $\int_{-1}^{1} e^{u+1}\,du$

22. $\int_{0}^{1} \frac{4}{t^2+1}\,dt$

23. $\int_{1}^{2} \frac{v^3+3v^6}{v^4}\,dv$

24. $\int_{0}^{\frac{\pi}{3}} \frac{\sin\theta+\sin\theta\tan^2\theta}{\sec^2\theta}\,d\theta$

25. $\int_{0}^{\frac{\pi}{4}} \frac{1+\cos^2\theta}{\cos^2\theta}\,d\theta$

26. $\int_{1}^{2} \frac{(x-1)^3}{x^2}\,dx$

27. $\int_{0}^{1/\sqrt{3}} \frac{t^2-1}{t^4-1}\,dt$

28. $\int_{0}^{2} |2x-1|\,dx$

29. $\int_{-1}^{2} (x-2|x|)dx$

30. $\int_{0}^{\frac{3\pi}{2}} |\sin x|\,dx$

(31~32) 방정식에서 잘못된 것이 무엇인가?

31. $\int_{-1}^{3} \frac{1}{x^2}\,dx = \left.\frac{x^{-1}}{-1}\right]_{-1}^{3} = -\frac{4}{3}$

32. $\int_{0}^{\pi} \sec^2 x\,dx = \tan x\Big]_0^{\pi} = 0$

(33~34) 그래프를 이용하여 주어진 곡선 아래에 있는 영역의 넓이를 추정하여라. 그리고 정확한 넓이를 구하여라.

33. $y=\sin x,\ 0\le x\le\pi$

34. $y=\sec^2 x,\ 0\le x\le\pi/3$

35. 그래프를 이용하여 곡선 $y=1-2x-5x^4$의 x절편들을 추정하여라. 다음에 이 정보를 이용하여 이 곡선의 아래와 x축의 위에 놓여 있는 영역의 넓이를 추정하여라.

36. 연습문제 35번의 방법을 곡선 $y=(x^2+1)^{-1}-x^4$에 적용하여라.

(37~38) 정적분을 계산하고, 그것을 넓이들의 차로서 설명하여라. 또, 그림으로서 설명하여라.

37. $\int_{-1}^{2} x^3 dx$

38. $\int_{-\pi/2}^{2\pi} \cos x\,dx$

(39~40) 미분을 하여 다음 공식을 검증하여라.

39. $\int \cos^3 x\,dx = \sin x - \frac{1}{3}\sin^3 x + C$

40. $\int x\cos x\,dx = x\sin x + \cos x + C$

(41~42) 일반적인 부정적분을 구하여라. 동일한 좌표평면 위에서 이 곡선족에 속하는 여러 가지 곡선들의 그래프를 그려서 설명하여라.

41. $\int\left(\cos x+\frac{1}{2}x\right)dx$ 42. $\int(e^x-2x^2)dx$

(43~48) 일반적인 부정적분을 구하여라.

43. $\int(1-t)(2+t^2)dt$ 44. $\int v(v^2+2)^2\,dv$

45. $\int(1+\tan^2\alpha)d\alpha$ 46. $\int\sec t(\sec t+\tan t)dt$

47. $\int\frac{\sin x}{1-\sin^2 x}dx$ 48. $\int\frac{\sin 2x}{\sin x}dx$

---

49. y축의 오른쪽이고 포물선 $x=2y-y^2$의 왼쪽에 놓여 있는 영역의 넓이는 적분 $\int_0^2(2y-y^2)dy$로 주어진다(머리를 시계 방향으로 돌리고, 그 영역을 $y=0$부터 $y=2$까지 곡선 $x=2y-y^2$의 아래에 놓여 있는 것과 같이 생각하여라). 그 영역의 넓이를 구하여라.

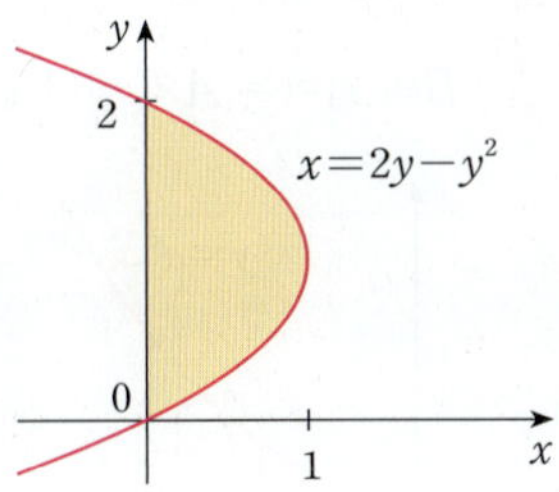

50. 그늘진 영역의 경계는 y축, 선 $y=1$, 그리고 곡선 $y=\sqrt[4]{x}$이다. y의 함수로 x를 쓰고 y에 관하여 적분하여 이 영역의 넓이를 구하여라.

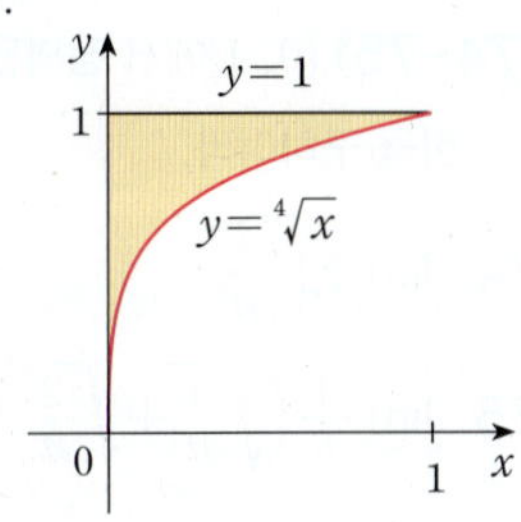

51. $w'(t)$가 연당 킬로그램이라는 단위로 된 한 아이의 성장률이면, $\int_5^{10}w'(t)dt$는 무엇을 의미하는가?

52. 전선에 흐르는 전류는 전하의 도함수로 정의하면 $I(t)=Q'(t)$이다(5.8절의 예제 3을 보아라). $\int_a^b I(t)dt$는 무엇을 의미하는가?

53. 기름이 기름통으로부터 시각 t에서 매 분당 $r(t)$ 갤론으로 흘러나온다면, $\int_0^{120}r(t)dt$는 무엇을 의미하는가?

54. 꿀벌의 수가 100마리에서 시작하여 매 주 $n'(t)$의 비율로 증가한다. $100+\int_0^{15}n'(t)dt$는 무엇을 의미하는가?

55. 6.6절에서 한계수입함수 $R'(x)$를 수입함수 $R(x)$의 도함수로 정의하였다. 여기에서 x는 판매된 수량이다. $\int_{1000}^{5000}R'(x)dx$는 무엇을 의미하는가?

56. $f(x)$가 길의 시작부터 x마일의 거리에서 길의 경사라면, $\int_3^5 f(x)dx$는 무엇을 의미하는가?

57. x는 미터로 측정된 것이고 $f(x)$는 뉴턴으로 측정된 것이라면, $\int_0^{100}f(x)dx$의 단위는 무엇인가?

58. x의 단위는 미터이고 $a(x)$의 단위는 km/m라면 da/dx의 단위는 무엇인가? $\int_2^8 a(x)dx$의 단위는 무엇인가?

(59~60) 속도 함수는 선을 따라 이동하는 질점을 나타낸다. 주어진 시간 구간 동안 질점이 이동한 (a) 변위와 (b) 거리를 구하여라.

59. $v(t)=3t-5,\ 0\le t\le 3$

60. $v(t)=t^2-2t-8,\ 1\le t\le 6$

(61~62) 직선운동을 하는 입자의 속도함수(단위는 m/s)가 다음과 같이 주어졌다. (a) 변위를 구하고, (b) 주어진 시구간 동안에 이동한 거리를 구하여라.

61. $a(t)=t+4,\ v(0)=5,\ 0\le t\le 10$

62. $a(t)=2t+3,\ v(0)=-4,\ 0\le t\le 3$

---

63. 길이 4m인 막대의 선밀도가 $\rho(x)=9+2\sqrt{x}$ (kg/m)로 주어졌다. 여기에서 x는 막대의 한 끝점으로부터 잰 길이(m)이다. 막대의 총 질량을 구하여라.

64. 저장 탱크의 바닥에서 물이 분당 $r(t)=200-4t\,(0\le t\le 50)$ 리터의 비율로 샌다. 처음 10분 동안 탱크에서 새는 물의 양을 구하여라.

65. 한 자동차의 속도를 매 십초마다 측정하여 나타낸 표이다. 중점 공식을 이용하여 그 자동차가 주행한 거리를 추정하여라.

t(s)	v(km/h)	t(s)	v(km/h)
0	0	60	90
10	61	70	85
20	83	80	80
30	93	90	75
40	88	100	72
50	82		

66. 화산에서 고체 물질들이 대기로 뿜어 나와 $r(t)$로 분출되는 것을 표로 나타내었다. 시간 t는 초로 측정하였고 $r(t)$의 단위는 초당 톤이다.

t	0	1	2	3	4	5	6
$r(t)$	2	10	24	36	46	54	60

(a) 6초 후에 분출된 물질의 양 $Q(6)$에 대한 상한값과 하한값을 추정하여라.

(b) 중점 공식을 이용하여 $Q(6)$을 추정하여라.

67. 어떤 옷감을 x미터 제조하는 데 한계비용은 $C'(x)=3-0.01x+0.000006x^2$ (매 미터당 달러)이다. 만일 생산량이 2000미터부터 4000미터까지 증가된다면 비용의 증가량을 구하여라.

68. 물이 저장탱크로 들어오고 나간다. 탱크 안에 있는 물의 부피가 하루에 $r(t)$리터로 변화하는 그래프가 아래 그림에 있다. 탱크 안에 있는 물의 양이 $t=0$에서 25000L일 때 중점 공식을 사용하여 4일 후의 물의 양을 추정하여라.

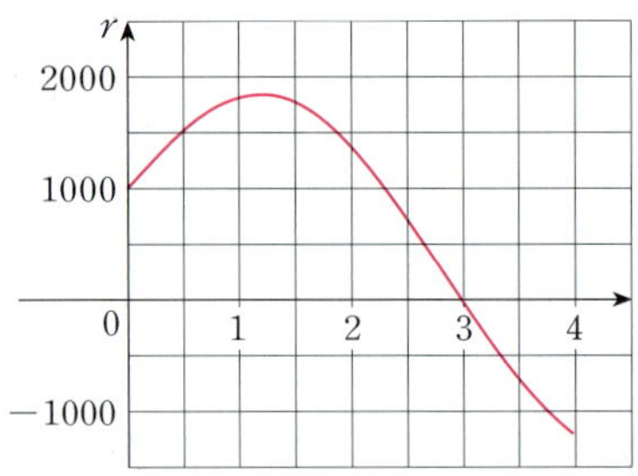

69. 1992년 5월 7일에 우주 왕복선 엔데버호가 인텔샛 통신 위성에 새로운 근지점에 킥 모터를 설치하기 위한 미션 STS-49로 발사되었다. 나사에서 제공하는 표는 고체 로켓 부스터의 발사와 투하 사이의 왕복선에 대한 속도 데이터를 나타낸다.

(a) 계산기나 컴퓨터를 이용하여 3차 다항식으로 이 데이터 모형을 그려라.

(b) (a)를 이용하여 발사 후 125초에 엔데버호가 도달한 고도를 추정하여라.

Event	시간(s)	속도(m/s)
Launch	0	0
Begin roll maneuver	10	56.4
End roll maneuver	15	97.2
Throttle to 89%	20	136.2
Throttle to 67%	32	226.2
Throttle to 104%	59	403.9
Maximum dynamic pressure	62	440.4
Solid rocket booster separation	125	1265.2

70. (a) $x \geq 0$일 때 $1 \leq \sqrt{1+x^3} \leq 1+x^3$임을 보여라.

(b) $1 \leq \int_0^1 \sqrt{1+x^3}\,dx \leq 1.25$임을 보여라.

71. (a) $0 \leq x \leq 1$일 때 $\cos(x^2) \geq \cos x$임을 보여라.

(b) $\int_0^{\pi/6} \cos(x^2)\,dx \geq \frac{1}{2}$임을 보여라.

72. h는 $h(1)=-2$, $h'(1)=2$, $h''(1)=3$, $h(2)=6$, $h'(2)=5$, $h''(2)=13$인 함수이고, h''는 연속이라 가정하자. $\int_1^2 h''(u)\,du$를 계산하여라.

73. B의 넓이는 A의 넓이에 3배이다. a로 b를 표현하여라.

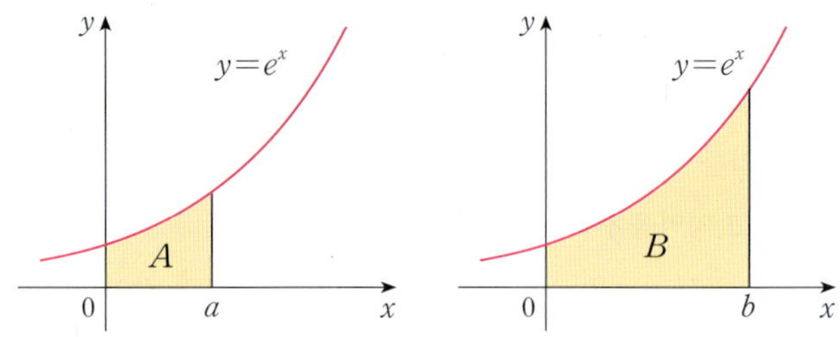

(74~75) [0, 1]에서 정의된 함수의 리만 합으로 생각하여 다음 극한을 구하여라.

74. $\lim_{n\to\infty} \sum_{i=1}^{n} \frac{i^3}{n^4}$

75. $\lim_{n\to\infty} \frac{1}{n}\left(\sqrt{\frac{1}{n}}+\sqrt{\frac{2}{n}}+\sqrt{\frac{3}{n}}+\cdots+\sqrt{\frac{n}{n}}\right)$

7.4 미분적분학의 기본정리

미적분학의 기본정리(The Fundamental Theorem of Calculus)는 미분적분학의 두 분야, 미분학과 적분학 사이의 연관성을 확립하고 있기 때문에 이 명칭은 적절한 것이다. 미분학은 접선 문제로부터 탄생하였으며, 적분학은 겉으로는 관련이 없어 보이는 문제인 넓이 문제로부터 탄생하였다. 케임브리지 대학교의 뉴턴(Newton)의 스승인 아이작 배로(Isaac Barrow, 1630~1677)는 이 두 가지 문제들이 실제로 밀접하게 관련되어 있음을 발견하였다. 실제로 그는 미분법과 적분법이 서로 역 과정임을 깨달았다. 미적분학의 기본정리는 도함수와 적분 사이의 명백한 역관계가 있음을 보여주고 있다. 뉴턴과 라이프니츠(Leibniz)는 이러한 관계를 개발하였고 그것을 사용하여 미분적분학을 체계적인 수학적 방법으로 발전시켰다. 특별히, 그들은 미적분학의 기본정리를 이용하여 7.1절과 2절에서 행하였던 것과 같이 합의 극한으로서 넓이와 적분을 계산하지 않고, 매우 쉽게 넓이와 적분을 계산할 수 있음을 알았다.

기본정리의 첫 번째 부분은 다음과 같이 정의된 함수에 관한 것이다.

1
$$g(x)=\int_a^x f(t)dt,\ a\le x\le b$$

여기서 f는 $[a,\ b]$에서 정의된 연속함수이다. g는 적분에서 변하는 상한으로서 나타난 x에만 의존한다. 만일 x가 고정된 수라면, 적분 $\int_a^x f(t)dt$는 수이다. 만일 x를 변하게 한다면, 수 $\int_a^x f(t)dt$ 또한 변할 것이며, $g(x)$로 표현되는 x의 함수를 정의한다.

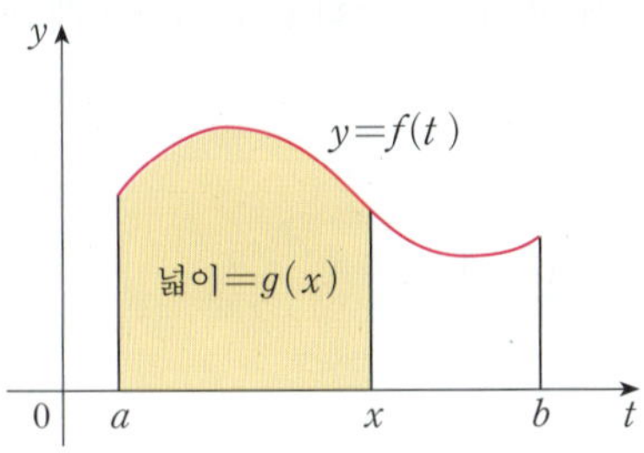

그림 1

왜 이 사실이 일반적으로 참인가를 알기 위하여, $f(x)\ge 0$인 임의의 연속함수 f를 생각하자. 그러면 $g(x)=\int_a^x f(t)dt$는 a로부터 x까지의 f의 그래프 아래에 있는 영역의 넓이로서 이해될 수 있다. 여기에서 x는 a로부터 b까지의 변화하는 양이다(g를 넓이 함수로서 생각하라. 그림 1 참조).

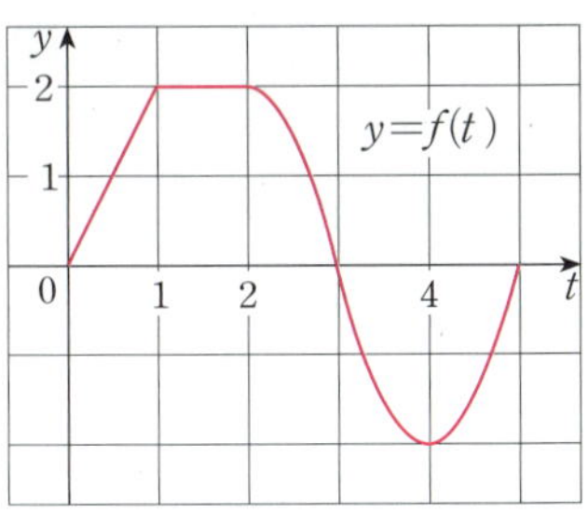

그림 2

예제 1 **적분으로 정의된 함수** f는 그림 2에서 보이는 그래프를 갖는 함수이고, $g(x)=\int_0^x f(t)dt$이다. $g(0)$, $g(1)$, $g(2)$, $g(3)$, $g(4)$, $g(5)$를 구하여라.

풀이 먼저 $g(0)=\int_0^0 f(t)dt=0$이다. 그림 3으로부터 $g(1)$은 삼각형의 넓이임을 알 수 있다.

$$g(1)=\int_0^1 f(t)dt=\frac{1}{2}(1\cdot 2)=1$$

$g(2)$는 직사각형의 넓이에 $g(1)$을 더해 구하면

$$g(2)=\int_0^2 f(t)dt=\int_0^1 f(t)dt+\int_1^2 f(t)dt=1+(1\cdot 2)=3$$

이다. 2로부터 3까지의 f 아래의 넓이가 약 1.3으로 추정하면

$$g(3)=g(2)+\int_2^3 f(t)dt\approx 3+1.3=4.3$$

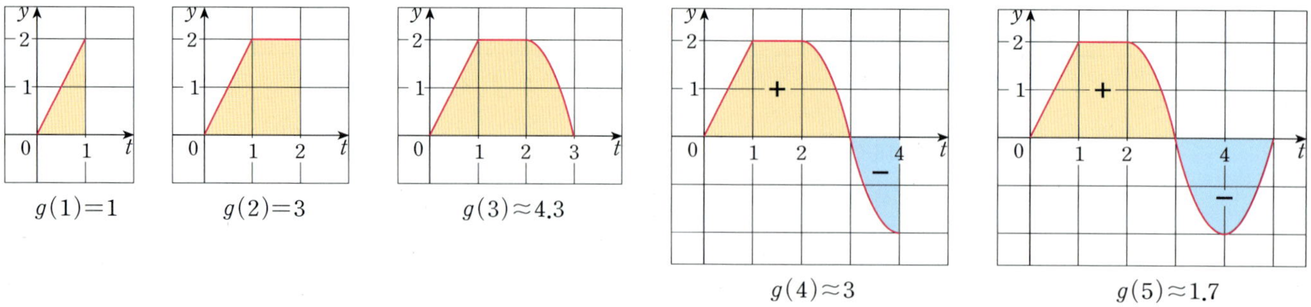

그림 3

이다. $t>3$이면, $f(t)$는 음수이고 넓이에서 빼면

$$g(4)=g(3)+\int_3^4 f(t)dt \approx 4.3+(-1.3)=3.0$$

$$g(5)=g(4)+\int_4^5 f(t)dt \approx 3+(-1.3)=1.7$$

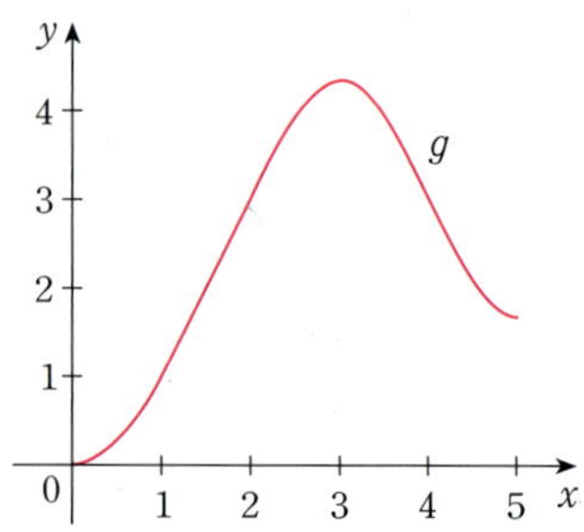

그림 4 $g(x)=\int_a^x f(t)dt$

그림 4에서 g의 그래프를 그려 사용하면, $t<3$에서 $f(t)$가 양수이기 때문에 넓이를 더하고, $x=3$까지 g는 증가하며, 최댓값을 갖는다. $x>3$이면, $f(t)$가 음수이기 때문에 g는 감소한다. ■

예제 2 $g(x)=\int_a^x f(t)dt$이고, $a=1$, $f(t)=t^2$일 때, $g(x)$를 구하고 $g'(x)$를 계산하여라.

풀이 계산정리를 사용하여 $g(x)$를 구하면

$$g(x)=\int_1^x t^2\,dt=\frac{t^3}{3}\Big]_1^x=\frac{x^3-1}{3}$$

이다. 그러면

$$g'(x)=\frac{d}{dx}\left(\frac{1}{3}x^3-\frac{1}{3}\right)=x^2$$

이다. ■

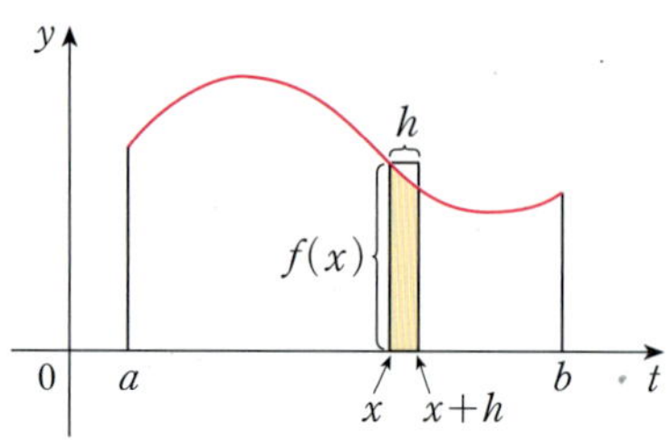

그림 5

예제 2에서 $g'(x)=x^2$, 즉 $g'=f$임을 주목하여라. 바꾸어 말하면, 만일 g가 방정식 1 에 의하여 f의 적분으로 정의된다면, g는 f의 역도함수이다. 도함수의 정의에 의하여 $g'(x)$를 계산하기 위하여, $h>0$인 h에 대하여 $g(x+h)-g(x)$는 넓이차로서 얻어지며 이것은 x로부터 $x+h$까지의 f의 그래프 아래에 있는 영역의 넓이(그림 5에 있는 황금색의 부분)이다.

작은 h에 대하여 이 넓이는 높이가 $f(x)$이고 폭이 h인 직사각형의 넓이와 근사적으로 같음을 그림으로부터 알 수 있다.

$$g(x+h)-g(x)\approx hf(x)$$

따라서

$$\frac{g(x+h)-g(x)}{h} \approx f(x)$$

그러므로 직관적으로

$$g'(x)=\lim_{h\to 0}\frac{g(x+h)-g(x)}{h}=f(x)$$

임을 기대한다. 함수 f가 반드시 양수 값을 갖지 않을 경우에도 이것이 참이라는 사실은 미분적분학의 기본정리 **1**에서 보여주고 있다.

미분적분학의 기본정리 1 함수 f가 구간 $[a, b]$ 위에서 연속이면,

$$g(x)=\int_a^x f(t)dt,\ a\le x\le b$$

에 의하여 정의된 함수 g는 구간 $[a, b]$ 위에서 연속이고 구간 (a, b) 위에서 미분가능하며, $g'(x)=f(x)$이다.

도함수에 대한 라이프니츠의 기호를 사용하여, 함수 f가 연속일 경우에 이 정리를 다음과 같이 표기할 수 있다.

$$\frac{d}{dx}\int_a^x f(t)dt=f(x)$$

다시 말하면, 만일 우리가 먼저 f를 적분한 다음에 그 결과를 미분한다면, 본래의 함수 f를 다시 얻는다는 사실을 의미하고 있다.

f의 역도함수 F가 존재한다고 가정하면 기본정리는 쉽게 증명된다. 계산정리에 의해, a와 b 사이에 있는 임의의 x에 대해,

$$\int_a^x f(t)dt=F(x)-F(a)$$

이다. 그러므로

$$\frac{d}{dx}\int_a^x f(t)dt=\frac{d}{dx}[F(x)-F(a)]=F'(x)=f(x)$$

이라 할 수 있다. 이 절의 끝에 역도함수가 존재한다는 가정 없이 이것을 증명할 것이다.

예제 3 **적분을 미분하기** 함수 $g(x)=\int_0^x \sqrt{1+t^2}dt$의 도함수를 구하여라.

풀이 $f(t)=\sqrt{1+t^2}$ 는 연속함수이므로 미분적분학의 기본정리 **1**에 의하여

$$g'(x)=\sqrt{1+x^2}$$

이다. ■

예제 4 **물리학에서의 함수** 공식 $g(x)=\int_a^x f(t)dt$는 한 함수를 정의하는 데 생소한 방법 같이 보이지만, 물리학, 화학, 통계학 분야에서는 이러한 함수들을 많이 다룬다. 예를

들면, **프레넬 함수**

$$S(x)=\int_0^x \sin\frac{\pi t^2}{2}\,dt$$

는 프랑스의 물리학자 어거스틴 프레넬(Augustin Fresnel, 1788～1827)의 이름을 따라서 명칭이 주어진 것이며, 그는 광학분야의 연구업적으로 유명하다. 이 함수는 광파의 회절에 관한 프레넬 이론에 처음으로 등장하였으나 최근에는 고속도로의 설계에 적용되어 왔다.

기본정리 1은 우리에게 프레넬 함수를 미분하는 방법을 보여주고 있다.

$$S'(x)=\sin\frac{\pi x^2}{2}$$

이것은 우리가 S를 해석하기 위하여 미분학의 모든 방법들을 적용할 수 있음을 의미한다(연습문제 27 참조).

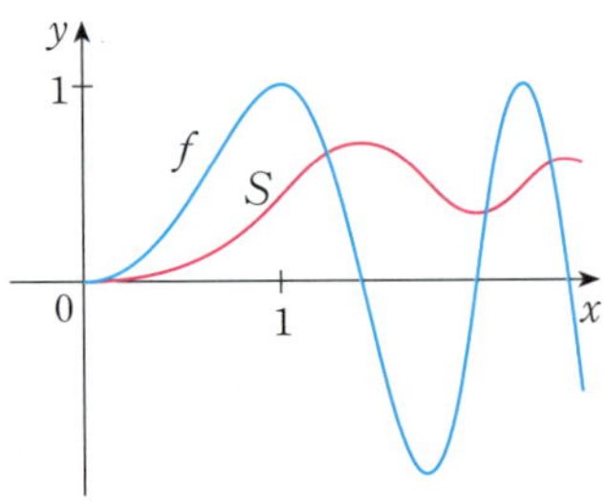

그림 6

$f(x)=\sin\frac{\pi x^2}{2}$

$S(x)=\int_0^x \sin\frac{\pi t^2}{2}\,dt$

그림 6에서는 $f(x)=\sin\frac{\pi x^2}{2}$과 프레넬 함수 $S(x)=\int_0^x f(t)\,dt$의 그래프들을 보여주고 있다. 컴퓨터를 사용하여 x의 많은 값들에서 이 적분의 값을 계산함으로써 S의 그래프를 그린다. $S(x)$는 0으로부터 x ($x\approx 1.4$일 때 $S(x)$는 넓이들의 차로 표시된)까지의 f의 그래프 아래에 있는 영역의 넓이와 같이 실제로 보여진다. 그림 7는 S의 그래프의 보다 더 큰 부분을 나타내고 있다.

만일 그림 6에 있는 S의 그래프의 도함수가 무엇과 같이 보여지는가를 생각한다면, $S'(x)=f(x)$가 성립한다는 사실이 합리적인 것 같다(예를 들면, $f(x)>0$일 경우에 S는 증가하고, $f(x)<0$일 경우에는 S는 감소한다). 그러므로 이 사실은 미분적분학의 기본정리 1에 대한 시각적인 확인을 주고 있다. ■

예제 5 **연쇄법칙과 기본정리의 이용** $\frac{d}{dx}\int_1^{x^4}\sec t\,dt$를 계산하여라.

풀이 미분적분학의 기본정리 1과 연쇄 법칙을 결합하여 이용하여야 하며, $u=x^4$으로 놓자. 그러면

$$\begin{aligned}\frac{d}{dx}\int_1^{x^4}\sec t\,dt &= \frac{d}{dx}\int_1^{u}\sec t\,dt\\ &= \frac{d}{du}\left[\int_1^{u}\sec t\,dt\right]\frac{du}{dx} && \text{(연쇄법칙에 의해)}\\ &= \sec u\,\frac{du}{dx} && \text{(미분적분학 기본정리 1에 의해)}\\ &= \sec(x^4)\cdot 4x^3\end{aligned}$$

■

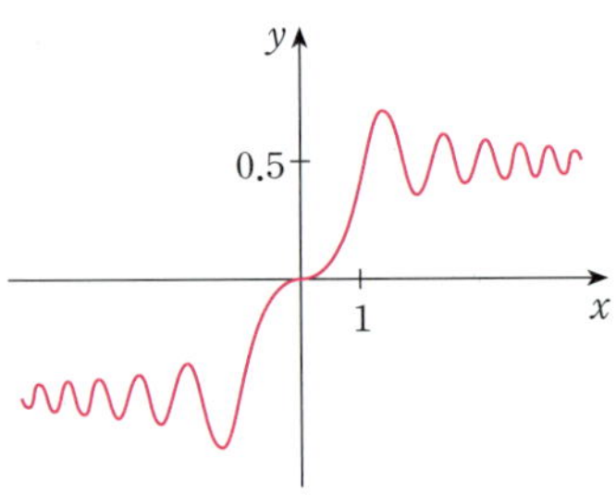

그림 7 프레넬 함수

$S(x)=\int_0^x \sin\frac{\pi t^2}{2}\,dt$

⊳ 역과정으로서 미분법과 적분법

우리는 두 가지의 기본정리들을 하나로 결합시킴으로써 이 절을 끝내겠다. 기본정리 1은 미분법과 적분법관계이기 때문에 중요하다. 7.3절의 계산정리도 미분과 적분의 관계이므로, 기본정리 2라 말할 수 있다.

미분적분학의 기본정리 f가 구간 $[a, b]$에서 연속이라고 하자.

1. $g(x)=\int_a^x f(t)dt$이면 $g'(x)=f(x)$이다.
2. $\int_a^b f(x)dx=F(b)-F(a)$, 여기에서 F는 f의 임의의 역도함수이다. 즉, $F'=f$ 이다.

기본정리 1을 다음과 같이 다시 표현할 수 있다.

$$\frac{d}{dx}\int_a^x f(t)dt=f(x)$$

이것은 만일 f를 적분한 다음 그 결과를 미분한다면, 다시 본래의 함수 f로 되돌아감을 의미한다. $F'(x)=f(x)$이므로, 기본정리 2는 다음과 같이 표현될 수 있다.

$$\int_a^b F'(x)dx=F(b)-F(a)$$

이 공식은 만일 함수 F를 먼저 미분한 다음에 그 결과를 적분한다면, 본래의 함수 F, 그러나 $F(b)-F(a)$의 형태를 얻게 된다는 사실을 보여주고 있다. 미분적분학의 기본정리의 두 가지 형태들을 하나로 결합시킴으로써, 기본정리의 두 부분들은 미분법과 적분법이 역과정임을 보여주고 있다. 기본정리의 두 부분들 중에 하나는 다른 부분이 행하였던 과정을 반대로 행하는 것이다.

미분적분학의 기본정리는 미분적분학에서의 가장 중요한 정리로서 인간의 위대한 업적 중의 하나로서 평가 받는다. 에우독서스(Eudoxus)와 아르키메데스(Archimedes)의 시대로부터 갈릴레오(Galileo)와 페르마(Fermat)의 시대까지 이 정리가 발견되기 전에는 넓이, 부피, 곡선의 길이를 구하는 문제들은 너무나 힘들어서 단지 천재만이 문제해결에 도전할 수 있었다. 그러나 지금은 뉴턴과 라이프니츠가 기본정리를 창안해냈던 체계적인 방법으로 잘 준비가 되었기에 우리는 모두 다 이러한 매력있는 문제에 쉽게 접근할 수 있다는 사실을 앞으로 여러 장에서 볼 수 있게 될 것이다.

▷ 미분적분학의 기본정리 1 증명

f의 역도함수가 존재한다는 가정 없이 기본정리 1을 증명한다. $g(x)=\int_a^x f(t)dt$라 하자. x와 $x+h$가 구간 (a, b) 안에 있다면,

$$\begin{aligned} g(x+h)-g(x)&=\int_a^{x+h} f(t)dt-\int_a^x f(t)dt \\ &=\left(\int_a^x f(t)dt+\int_x^{x+h} f(t)dt\right)-\int_a^x f(t)dt \\ &=\int_x^{x+h} f(t)dt \end{aligned}$$

이며, 따라서 $h\neq0$인 h에 대하여

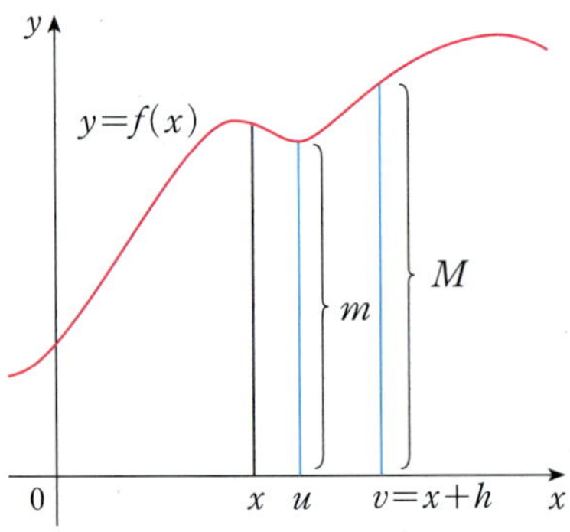

그림 8

2 $$\frac{g(x+h)-g(x)}{h}=\frac{1}{h}\int_x^{x+h} f(t)dt$$

이다. 이제 $h>0$임을 가정하자. f는 $[x,\ x+h]$ 위에서 연속이므로 극값정리(Extreme Value Theorem)에 의하여 $f(u)=m$과 $f(v)=M$을 만족하는 구간 $[x, x+h]$ 내에 점 u와 v가 존재한다. 여기에서 m과 M은 구간 $[x, x+h]$ 위에서 f의 최솟값과 최댓값이다(그림 8 참조). 적분의 성질 8에 의하여

$$mh\le\int_x^{x+h} f(t)dt\le Mh$$

즉,
$$f(u)h\le\int_x^{x+h} f(t)dt\le f(v)h$$

를 얻는다. $h>0$이므로 위의 부등식을 h로 나누면

$$f(u)\le\frac{1}{h}\int_x^{x+h} f(t)dt\le f(v)$$

를 얻는다. 이제 방정식 **2**를 이용하여 위의 부등식의 중앙부분을 대치하면

3 $$f(u)\le\frac{g(x+h)-g(x)}{h}\le f(v)$$

를 얻는다. $h<0$인 경우에도 유사한 방법으로 부등식 **3**을 증명할 수 있다. 이제 $h\to0$로 하자. 그러면 u와 v가 x와 $x+h$ 사이에 놓여 있으므로, $u\to x$이고 $v\to x$이다. 그러므로 f가 x에서 연속이므로

$$\lim_{h\to0} f(u)=\lim_{u\to x} f(u)=f(x)\text{이고 }\lim_{h\to0} f(v)=\lim_{v\to x} f(v)=f(x)$$

이다. **3**과 조임 정리(Squeeze Theorem)에 의하여

4 $$g'(x)=\lim_{h\to0}\frac{g(x+h)-g(x)}{h}=f(x)$$

임을 밝힐 수 있다. 만일 $x=a$ 또는 b이면 식 **4**는 한 방향 극한으로서 해석될 수 있다. 따라서 정리 4.7.4(한 방향 극한에 대해 수정된)에 의하여 g는 $[a, b]$에서 연속이다. ■

7.4 연습문제

1. "미분법과 적분법은 서로 역과정이다."라는 명제는 무엇을 의미하는 것인지를 정확하게 설명하여라.

2. $g(x)=\int_0^x f(t)dt$로 놓자. 여기에서 f는 아래의 그래프를 갖는 함수이다.

   (a) $x=0, 1, 2, 3, 4, 5, 6$에 대한 g를 계산하여라.

   (b) $g(7)$을 추정하여라.

   (c) g는 어느 곳에서 최댓값을 갖는가? 어느 곳에서 최솟값을 갖는가?

   (d) g의 그래프의 개형을 그려라.

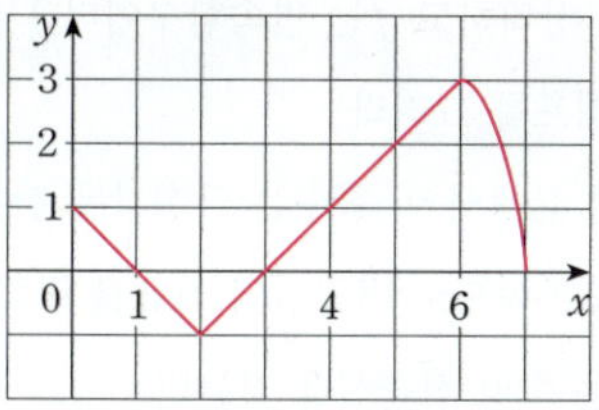

3. $g(x)=\int_0^x f(t)dt$로 놓자. 여기에서 f는 아래의 그래프를 갖는 함수이다.

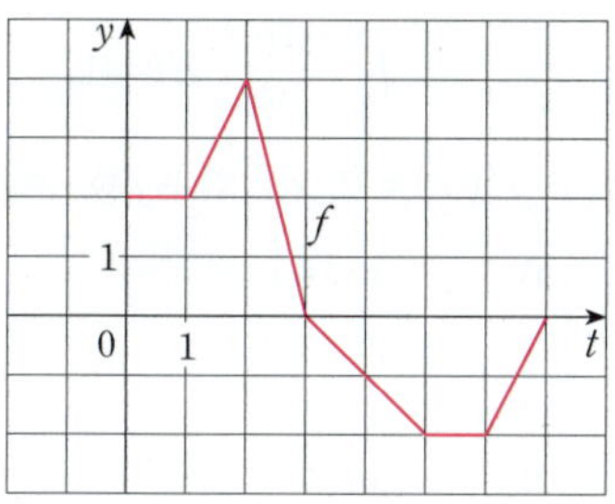

   (a) $g(0)$, $g(1)$, $g(2)$, $g(3)$, $g(6)$을 계산하여라.

   (b) 어느 구간 위에서 g는 증가하는가?

   (c) g는 어느 곳에서 최댓값을 갖는가?

   (d) g의 그래프의 개형을 그려라.

4. $g(x)=\int_0^x f(t)dt$로 놓자. 여기에서 f는 아래의 그래프를 갖는 함수이다.

   (a) $g(0)$과 $g(6)$을 계산하여라.

   (b) $x=1, 2, 3, 4, 5$일 때 $g(x)$를 추정하여라.

   (c) g가 증가하는 구간은 어디인가?

   (d) g는 어느 곳에서 최댓값을 갖는가?

   (e) g의 그래프의 개형을 그려라.

   (f) (e)에서 그래프를 이용하여 $g'(x)$의 그래프를 그리고 f의 그래프와 비교하여라.

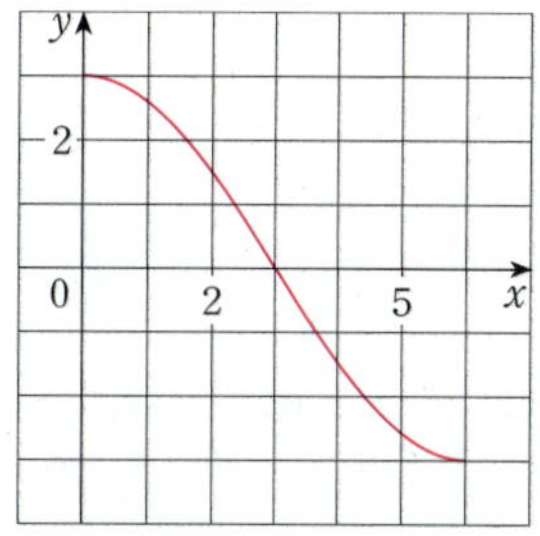

(5~6) $g(x)$에 의하여 표현되는 넓이를 그려라. 다음에 $g'(x)$를 다음의 두 가지 방법으로 구하여라.

(a) 기본정리 1을 사용하여라.

(b) 기본정리 2를 사용하여 적분을 계산한 다음에 그것을 미분하여 $g(x)$를 구하여라.

5. $g(x)=\int_0^x (1+t^2)dt$ 6. $g(x)=\int_0^x (1+\sqrt{t})dt$

(7~18) 미분적분학의 기본정리 1을 이용하여 주어진 함수들의 도함수를 구하여라.

7. $g(x)=\int_0^x \sqrt{1+2t}\, dt$ 8. $g(x)=\int_1^x \ln t\, dt$

9. $g(y)=\int_2^y t^2\sin t\, dt$ 10. $g(r)=\int_0^r \sqrt{x^2+4}\, dx$

11. $F(x)=\int_x^\pi \sqrt{1+\sec t}\, dt$

$\left[\text{도움말} : \int_x^\pi \sqrt{1+\sec t}\, dt=-\int_\pi^x \sqrt{1+\sec t}\, dt\right]$

12. $G(x)=\int_x^1 \cos\sqrt{t}\, dt$

13. $h(x)=\int_2^{1/x} \arctan t\, dt$ 14. $h(x)=\int_0^{x^2} \sqrt{1+r^3}dr$

15. $y=\int_0^{\tan x} \sqrt{t+\sqrt{t}}\, dt$ 16. $y=\int_{e^x}^0 \sin^3 t\, dt$

17. $g(x)=\int_{2x}^{3x} \frac{u^2-1}{u^2+1} du$

$\left[\text{도움말} : \int_{2x}^{3x} f(u)du=\int_{2x}^0 f(u)du+\int_0^{3x} f(u)du\right]$

18. $y=\int_{\sin x}^{\cos x} (1+v^2)^{10}\, dv$

(19~20) $g(x)=\int_0^x f(t)dt$로 놓자. 여기에서 f의 그래프는 다음과 같이 주어졌다.

(a) x의 어떤 값에서 함수 g는 극댓값 및 극솟값을 갖는가?

(b) 함수 g는 어느 곳에서 최댓값을 갖는가?

(c) 어느 구간 위에서 함수 g는 아래로 오목한가?

(d) 함수 g의 그래프의 개형을 그려라.

19.

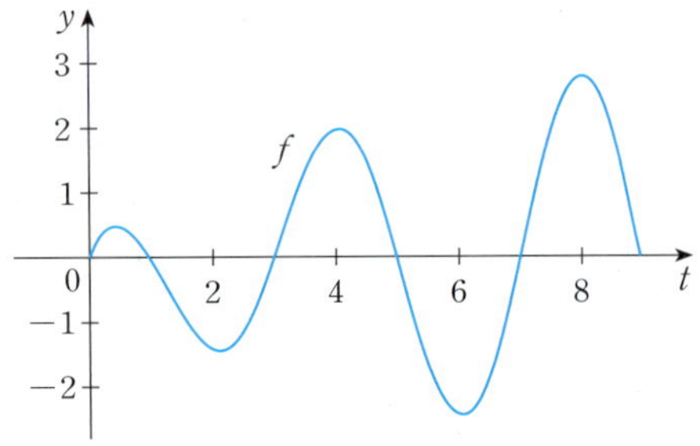

20.

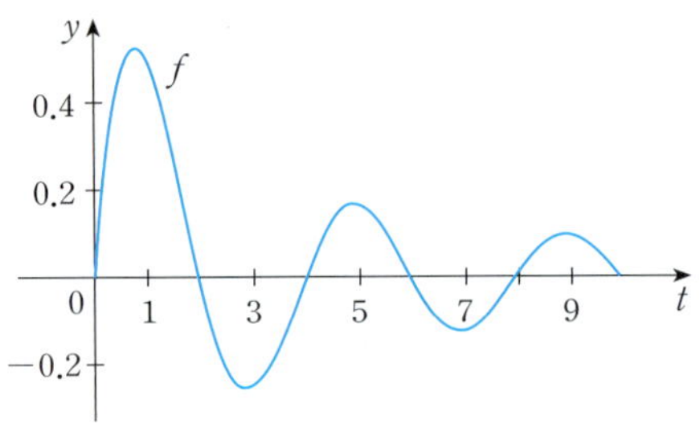

21. $f(x)=\int_0^x (1-t^2)e^{t^2}dt$가 증가하는 구간을 구하여라.

22. $f(x)=\int_0^{\sin x} \sqrt{1+t^2}\,dt$이고 $g(y)=\int_3^y f(x)dx$일 때 $g''(\frac{\pi}{6})$을 구하여라.

23. 곡선 $y=\int_0^x \frac{t^2}{t^2+t+2}dt$가 아래로 오목한 구간을 구하여라.

24. 매개방정식 $x=\int_0^t \sqrt{1+u^3}\,du$, $y=1+2t-t^3$으로 주어진 곡선 위의 점 $(0, 1)$에서 접선의 기울기를 구하여라.

25. $f(1)=12$이고 f'는 연속이다. $\int_1^4 f'(x)dx=17$이라면 $f(4)$의 값은 무엇인가?

26. **에러함수**

$$\text{erf}(x)=\frac{2}{\sqrt{\pi}}\int_0^x e^{-t^2}dt$$

는 확률론, 통계학 및 공학에서 사용된다.

(a) $\int_a^b e^{-t^2}dt=\frac{1}{2}\sqrt{\pi}\,(\text{erf}(b)-\text{erf}(a))$임을 보여라.

(b) 함수 $y=e^{x^2}\text{erf}(x)$는 미분방정식 $y'=2xy+2/\sqrt{\pi}$를 만족함을 보여라.

27. 예제 4에서 프레넬 함수를 정의하였다. 그리고 그림 6과 7에서 그것의 그래프를 주었다.

(a) x의 어떤 값에서 이 함수는 극솟값을 갖는가?

(b) 어느 구간 위에서 이 함수는 위로 오목하겠는가?

(c) 그래프를 이용하여 다음 방정식의 해를 소수점 아래 첫째 자리까지 정확하게 구하여라.

$$\int_0^x \sin\frac{\pi t^2}{2}\,dt=0.2$$

28. **sine 적분 함수** $\text{Si}(x)=\int_0^x \frac{\sin t}{t}dt$는 전자 공학에서 중요하다. ($f(t)=(\sin t)/t$는 $t=0$일 때 정의되지 않지만 우리는 $t\to 0$일 때 극한값이 1이라는 것을 안다. 그래서 $f(0)=1$로 정의하고 f는 연속함수이다.)

(a) Si의 그래프를 그려라.

(b) x의 어떤 값에서 이 함수는 극솟값을 갖는가?

(c) 원점의 오른쪽으로 변곡점의 좌표를 구하여라.

(d) 이 함수는 수평 점근선을 갖는가?

(e) 다음 방정식의 해를 소수점 아래 첫째 자리까지 정확하게 구하여라.

$$\int_0^x \frac{\sin t}{t}dt=1$$

29. $f(1)=0$이고 $f'(x)=2^x/x$로 함수 f를 구하여라.

30.
$$f(x)=\begin{cases} 0, & x<0 \\ x, & 0\le x\le 1 \\ 2-x, & 1<x\le 2 \\ 0, & x>2 \end{cases}$$

이고 $g(x)=\int_0^x f(t)dt$라 하자.

(a) $f(x)$와 유사하게 $g(x)$에 대한 표현을 구하여라.

(b) f와 g의 그래프를 그려라.

(c) f는 어느 곳에서 미분 가능한가? g는 어느 곳에서 미분 가능한가?

31. $x\ge 0$인 모든 x에 대하여

$$6+\int_a^x \frac{f(t)}{t^2}dt=2\sqrt{x}$$

를 만족하는 함수 f와 수 a를 구하여라.

7.5 치환법

● 미분은 5.9절에서 정의하였다. $u=f(x)$이면, $du=f'(x)dx$이다.

기본정리 때문에 역도함수를 구할 수 있다는 사실은 중요한 것이다. 그러나 역도함수를 찾는 공식으로 다음과 같은 적분을 계산하는 방법을 알 수는 없다.

1
$$\int 2x\sqrt{1+x^2}\,dx$$

이 적분을 계산하기 위하여 별도로 어떤 것을 소개하는 문제해결의 전략을 이용한다. 여기서 '별도의 어떤 것' 이라 함은 새로운 변수이다. 우리는 변수 x를 새로운 변수 u로 바꾼다. u를 **1**에서 근호기호 안에 있는 양, 즉 $u=1+x^2$이라고 가정하자. 그러면 u의 미분은 $du=2x\,dx$이다. 만일 한 적분기호 안에 있는 dx가 미분으로서 해석된다면, 미분 $2x\,dx$는 **1** 안에 있으며 따라서 형식적으로 다음과 같이 표기할 수 있다.

2
$$\begin{aligned}\int 2x\sqrt{1+x^2}\,dx &= \int \sqrt{1+x^2}\,2x\,dx \\ &= \int \sqrt{u}\,du = \frac{2}{3}u^{\frac{3}{2}}+C \\ &= \frac{2}{3}(x^2+1)^{\frac{3}{2}}+C\end{aligned}$$

연쇄법칙을 이용하여 방정식 **2**의 마지막 함수를 미분함으로써 정확한 해답을 얻었는지를 검증할 수 있다.

$$\frac{d}{dx}\left[\frac{2}{3}(x^2+1)^{\frac{3}{2}}+C\right]=\frac{2}{3}\cdot\frac{3}{2}(x^2+1)^{\frac{1}{2}}\cdot 2x=2x\sqrt{x^2+1}$$

일반적으로, 적분을 $\int f(g(x))g'(x)dx$ 형태로 표기할 수 있을 때는 언제나 이 방법을 이용할 수 있다. 만일 $F'=f$이면

3
$$\int F'(g(x))g'(x)dx=F(g(x))+C$$

이다. 왜냐하면, 연쇄법칙에 의하여

$$\frac{d}{dx}[F(g(x))]=F'(g(x))g'(x)$$

이 성립하기 때문이다.

'변수변환' 이나 '치환' $u=g(x)$를 이용한다면, 공식 **3**으로부터

$$\int F'(g(x))g'(x)dx=F(g(x))+C=F(u)+C=\int F'(u)du$$

임을 얻는다. 또한 $F'=f$로 표기함으로써

$$\int f(g(x))g'(x)dx=\int f(u)du$$

임을 얻는다. 그러므로 우리는 다음의 법칙을 증명하였다.

4 치환법칙 $u=g(x)$가 미분가능한 함수이고, 치역이 구간 I이며 f가 I 위에서 연속함수이면 다음이 성립한다.

$$\int f(g(x))g'(x)dx=\int f(u)du$$

적분법에 대한 치환법칙은 미분법에 대한 연쇄법칙을 이용하여 증명되었음을 주목하여라. 또한 만일 $u=g(x)$이면, $du=g'(x)dx$이며, 따라서 치환법칙을 기억하는 방법은 4에서 dx와 du를 미분으로서 생각하는 것임을 주목하여라.

이와 같이, 치환 법칙은 다음과 같이 표현된다: **적분기호 다음에 dx와 du는 마치 미분인 것처럼 취급할 수 있다.**

예제 1 치환법칙 이용 $\int x^3\cos(x^4+2)dx$를 구하여라.

풀이 치환식 $u=x^4+2$로 놓자. 왜냐하면 u의 미분은 $du=4x^3dx$이며, 이것은 상수인 수 4를 제쳐놓으면 적분기호 안에 있기 때문이다. 따라서 $x^3dx=\frac{du}{4}$와 치환법칙을 이용하여

$$\begin{aligned}\int x^3\cos(x^4+2)dx&=\int \cos u\cdot\frac{1}{4}\,du=\frac{1}{4}\int \cos u\,du\\&=\frac{1}{4}\sin u+C\\&=\frac{1}{4}\sin(x^4+2)+C\end{aligned}$$

● 미분해서 답을 확인한다.

를 얻는다. 마지막 단계에서 최초의 변수 x로 되돌려 놓아야 한다. ■

치환법칙에 내재된 의도는 복잡한 적분을 좀 더 간단한 적분으로 바꾸고자 하는 것이다. 이것은 최초의 변수 x를 x의 함수인 새로운 변수 u로 바꾸어 줌으로써 가능하다. 이와 같이, 예제 1에서 적분 $\int x^3\cos(x^4+2)dx$를 더 간단한 적분 $\frac{1}{4}\int \cos u\,du$로 바꾸었다.

치환법칙을 사용함에 있어서 중요한 것은 적합한 치환식을 생각하는 것이다. u를 피적분함수 안에 있는 어떤 함수로서 그것의 미분이 또한 피적분함수 안에 있는 것(상수 인수는 제외하고)으로 선택하여야만 한다. 이것은 예제 1에서의 경우이다. 만일 그것이 가능하지 않다면, u를 피적분함수의 어떤 복잡한 부분(합성함수인 경우 안쪽의 함수)으로 선택하도록 하여라. 올바른 치환식을 찾는다는 것은 다소 기술적인 문제이다. 잘못된 치환식을 생각하는 것도 늘 있는 일이다. 만일 처음으로 생각한 치환식으로 해결이 잘 되지 않으면, 다른 치환식을 시도하여 보아라.

예제 2 두 가지 가능한 치환 $\int\sqrt{2x+1}\,dx$를 계산하여라.

풀이1 $u=2x+1$로 놓자. 그러면 $du=2\,dx$이므로, $dx=\frac{du}{2}$이다. 따라서 치환법칙에 의하여

$$\begin{aligned}\int\sqrt{2x+1}\,dx&=\int\sqrt{u}\,\frac{du}{2}=\frac{1}{2}\int u^{\frac{1}{2}}du\\&=\frac{1}{2}\cdot\frac{u^{\frac{3}{2}}}{\frac{3}{2}}+C=\frac{1}{3}u^{\frac{3}{2}}+C\\&=\frac{1}{3}(2x+1)^{\frac{3}{2}}+C\end{aligned}$$

임을 얻는다.

풀이2 다른 치환식 $u=\sqrt{2x+1}$이 가능하다. 그러면 $du=\dfrac{dx}{\sqrt{2x+1}}$이며, 따라서 $dx=\sqrt{2x+1}\,du=udu$이다(또는 $u^2=2x+1$이므로 $2u\,du=2dx$이다). 그러므로 다음과 같다.

$$\begin{aligned}\int\sqrt{2x+1}\,dx&=\int u\cdot u\,du=\int u^2du\\&=\frac{u^3}{3}+C=\frac{1}{3}(2x+1)^{\frac{3}{2}}+C\end{aligned}$$ ■

예제 3 $\displaystyle\int\frac{x}{\sqrt{1-4x^2}}dx$를 구하여라.

풀이 $u=1-4x^2$으로 놓자. 그러면 $du=-8x\,dx$이며, 따라서 $x\,dx=-\frac{1}{8}du$이다. 그러므로

$$\begin{aligned}\int\frac{x}{\sqrt{1-4x^2}}dx&=-\frac{1}{8}\int\frac{du}{\sqrt{u}}=-\frac{1}{8}\int u^{-\frac{1}{2}}du\\&=-\frac{1}{8}(2\sqrt{u})+C=-\frac{1}{4}\sqrt{1-4x^2}+C\end{aligned}$$

이다. ■

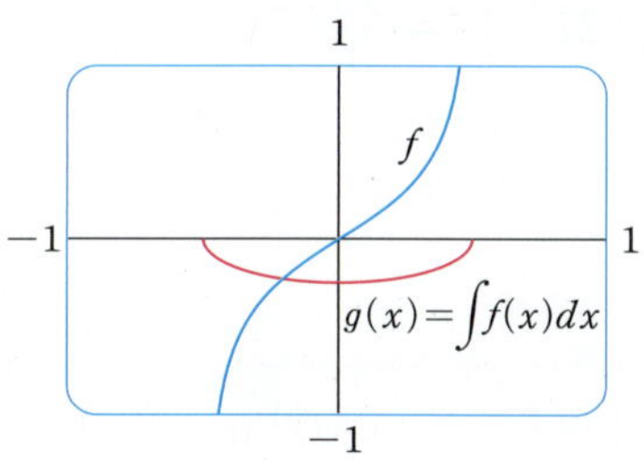

그림 1

$f(x)=\dfrac{x}{\sqrt{1-4x^2}}$

$g(x)=\int f(x)dx=-\frac{1}{4}\sqrt{1-4x^2}$

예제 3의 해답을 미분을 함으로써 검증할 수 있지만, 대신에 그래프를 이용하여 그것을 검증하여 보자. 그림 1에서 컴퓨터를 이용하여 피적분함수 $f(x)=\dfrac{x}{\sqrt{1-4x^2}}$와 그의 부정적분 $g(x)=-\frac{1}{4}\sqrt{1-4x^2}$ ($C=0$인 경우를 선택함)의 그래프를 그렸다. $f(x)$가 음수일 경우 $g(x)$는 감소하고, $f(x)$가 양수일 경우 $g(x)$는 증가한다. 또, $f(x)=0$일 경우 $g(x)$는 최솟값을 가진다. 그러므로 그래프에 의한 증거로부터 g가 f의 역도함수라는 사실은 합리적이다.

예제 4 $\int e^{5x}dx$를 계산하여라.

풀이 $u=5x$로 놓자. 그러면 $du=5\,dx$이며, $dx=\frac{1}{5}\,du$이다. 그러므로

$$\int e^{5x}dx=\frac{1}{5}\int e^u\,du=\frac{1}{5}e^u+C=\frac{1}{5}e^{5x}+C$$

이다. ■

예제 5 $\int \tan x\,dx$를 구하여라.

풀이 먼저 tan를 sin과 cos의 형태로 쓰면

$$\int \tan x\,dx=\int \frac{\sin x}{\cos x}\,dx$$

$u=\cos x$로 치환하면, $du=-\sin x\,dx$와 $\sin x dx=-du$이다. 그러므로

$$\int \tan x\,dx=\int \frac{\sin x}{\cos x}\,dx=-\int \frac{1}{u}\,du$$
$$=-\ln|u|+C=-\ln|\cos x|+C$$

이다. ■

$-\ln|\cos x|=\ln(|\cos x|^{-1})=\ln(1/|\cos x|)=\ln|\sec x|$이므로, 예제 5의 결과는 다음과 같이 쓸 수도 있다.

$$\int \tan x\,dx=\ln|\sec x|+C$$

⊳ 정적분

정적분을 치환법에 의하여 계산할 경우에 두 가지 방법이 가능하다. 한 방법은 먼저 부정적분을 계산한 후에 기본정리를 이용하는 것이다. 예를 들면, 예제 2의 결과를 이용하여

$$\int_0^4 \sqrt{2x+1}\,dx=\int \sqrt{2x+1}\,dx\Big]_0^4=\frac{1}{3}(2x+1)^{\frac{3}{2}}\Big]_0^4$$
$$=\frac{1}{3}(9)^{\frac{3}{2}}-\frac{1}{3}(1)^{\frac{3}{2}}=\frac{1}{3}(27-1)=\frac{26}{3}$$

임을 얻는다. 또 다른 방법은 변수가 바뀌었을 때 적분한계를 바꾸는 것이며, 이것은 통상적으로 바람직한 방법이다.

5 정적분에 대한 치환법칙 g'이 구간 $[a, b]$ 위에서 연속함수이고, f가 $u=g(x)$의 치역 위에서 연속함수이면

$$\int_a^b f(g(x))g'(x)dx=\int_{g(a)}^{g(b)} f(u)du$$

이다.

증명 F를 f의 역도함수라고 하자. 그러면 3에 의하여 $F(g(x))$는 $f(g(x))g'(x)$의 역도함수이며, 따라서 기본정리 2에 의하여

$$\int_a^b f(g(x))g'(x)dx=F(g(x))\Big]_a^b=F(g(b))-F(g(a))$$

이다. 또 기본정리 2를 한번 더 적용하여

$$\int_{g(a)}^{g(b)} f(u)du = F(u)\Big]_{g(a)}^{g(b)} = F(g(b)) - F(g(a))$$

를 얻는다.

● 예제 6의 기하학적 해석은 그림 2에 있다. 치환 $u=2x+1$은 구간 $[0, 4]$를 2배 늘리고 오른쪽으로 1만큼 평행이동 시킨다. 치환법칙은 두 넓이가 같다는 것을 알려준다.

예제 6 **정적분에서 치환** 5를 이용하여 $\int_0^4 \sqrt{2x+1}\,dx$를 계산하여라.

풀이 예제 2의 풀이 1에서의 치환법을 이용함으로써 $u=2x+1$과 $dx=\frac{du}{2}$를 얻는다. 새로운 적분한계를 찾으면

$x=0$일 경우에 $u=1$이고, $x=4$일 경우에 $u=9$

이다. 따라서

$$\begin{aligned}\int_0^4 \sqrt{2x+1}\,dx &= \int_1^9 \frac{1}{2}\sqrt{u}\,du \\ &= \frac{1}{2}\cdot\frac{2}{3}u^{\frac{3}{2}}\Big]_1^9 \\ &= \frac{1}{3}\left(9^{\frac{3}{2}} - 1^{\frac{3}{2}}\right) = \frac{26}{3}\end{aligned}$$

5를 사용할 경우에 적분을 한 후에 최초의 변수 x로 바꾸지 않았다. 단순히 u의 적당한 값들 사이에서 u에 관한 함수식을 계산한다.

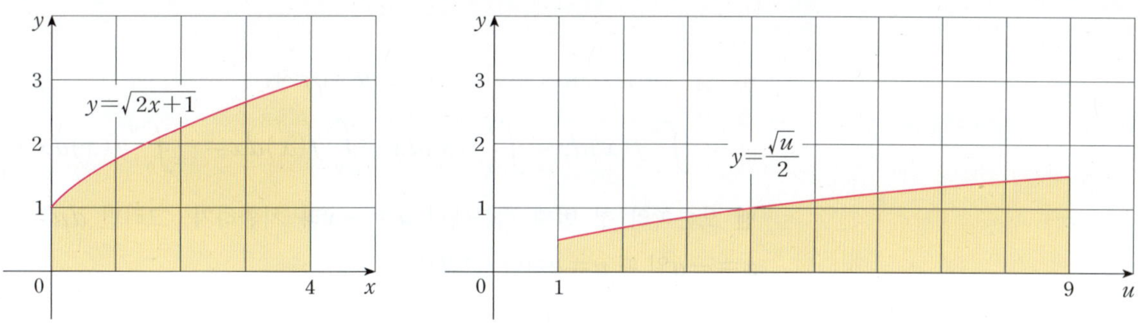

그림 2

예제 7 $\int_1^2 \frac{dx}{(3-5x)^2}$를 계산하여라.

풀이 $u=3-5x$로 놓자. 그러면 $du=-5\,dx$이므로 $dx=-\frac{du}{5}$이다. $x=1$일 때 $u=-2$이고, $x=2$일 때 $u=-7$이다. 그러므로

$$\begin{aligned}\int_1^2 \frac{dx}{(3-5x)^2} &= -\frac{1}{5}\int_{-2}^{-7} \frac{du}{u^2} \\ &= -\frac{1}{5}\cdot\left[-\frac{1}{u}\right]_{-2}^{-7} = \frac{1}{5u}\Big]_{-2}^{-7} \\ &= \frac{1}{5}\left(-\frac{1}{7}+\frac{1}{2}\right) \\ &= \frac{1}{14}\end{aligned}$$

이다.

● 예제 8에서 함수 $f(x)=\frac{\ln x}{x}$는 $x>1$에서 양수이기 때문에 적분은 그림 3에 있는 색칠한 부분의 넓이를 나타낸다.

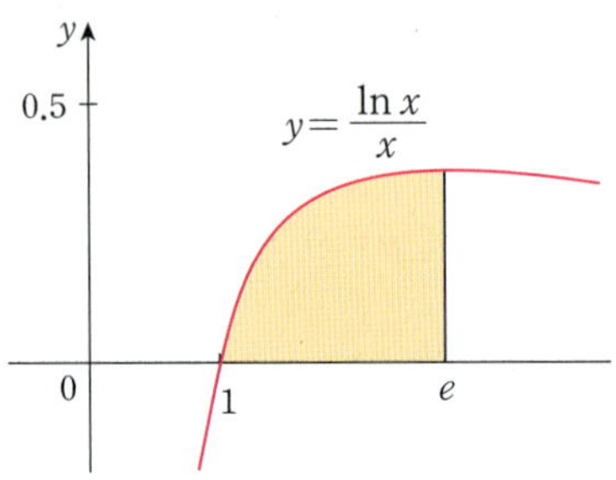

그림 3

예제 8 $\int_1^e \frac{\ln x}{x}\,dx$를 계산하여라.

풀이 미분 $du=\frac{dx}{x}$가 적분식에 나타나므로 $u=\ln x$로 놓자. $x=1$일 때, $u=\ln 1=0$이고; $x=e$일 때, $u=\ln e=1$이다. 그러므로

$$\int_1^e \frac{\ln x}{x}\,dx=\int_0^1 u\,du=\frac{u^2}{2}\bigg]_0^1=\frac{1}{2}$$

이다. ■

▷ 대칭성

다음 정리는 정적분에 대한 치환법칙 5를 사용하여 대칭성을 갖고 있는 함수들의 적분 계산을 쉽게 한다.

6 대칭함수의 적분 f가 구간 $[-a, a]$ 위에서 연속함수라고 가정하자.

(a) 만일 f가 우함수 $[f(-x)=f(x)]$이면, $\int_{-a}^a f(x)dx=2\int_0^a f(x)dx$

(b) 만일 f가 기함수 $[f(-x)=-f(x)]$이면, $\int_{-a}^a f(x)dx=0$

증명 적분을 다음과 같이 두 부분으로 나누자.

7 $$\int_{-a}^a f(x)dx=\int_{-a}^0 f(x)dx+\int_0^a f(x)dx=-\int_0^{-a} f(x)dx+\int_0^a f(x)dx$$

맨 오른쪽의 첫 번째 적분에서 $u=-x$라 치환하자. 그러면 $du=-dx$이고, 따라서 $x=-a$일 때 $u=a$이다. 그러므로

$$-\int_0^{-a} f(x)dx=-\int_0^a f(-u)(-du)=\int_0^a f(-u)du$$

이고, 따라서 방정식 7은 다음과 같이 변형된다.

8 $$\int_{-a}^a f(x)dx=\int_0^a f(-u)du+\int_0^a f(x)dx$$

(a) 만일 f가 우함수이면, $f(-u)=f(u)$이며 따라서 방정식 8로부터

$$\int_{-a}^a f(x)dx=\int_0^a f(u)du+\int_0^a f(x)dx=2\int_0^a f(x)dx$$

를 얻는다.

(b) 만일 f가 기함수이면, $f(-u)=-f(u)$이며, 따라서 방정식 8로부터

$$\int_{-a}^a f(x)dx=-\int_0^a f(u)du+\int_0^a f(x)dx=0$$

을 얻는다. ■

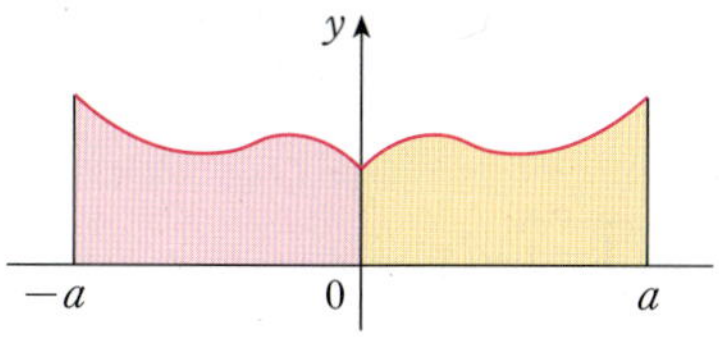

(a) 우함수

$$\int_{-a}^{a} f(x)dx = 2\int_{0}^{a} f(x)dx$$

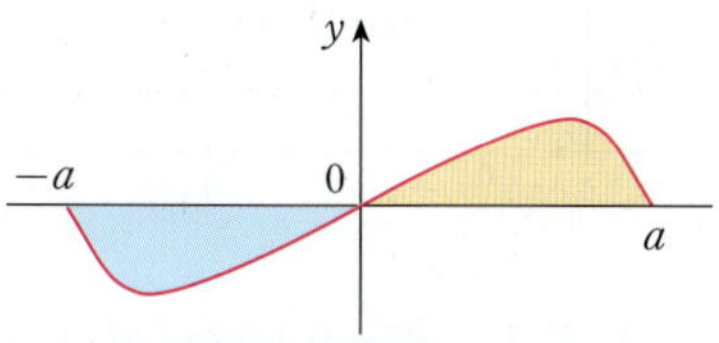

(b) 기함수

$$\int_{-a}^{a} f(x)dx = 0$$

그림 4

정리 6은 그림 4에 의하여 설명된다. f가 양수 값을 가지며 우함수인 경우에 $-a$로부터 a까지 $y=f(x)$ 아래의 넓이는 대칭성 때문에 0으로부터 a까지 $y=f(x)$ 아래의 넓이의 두 배임을 (a)는 말해준다. $\int_a^b f(x)dx$는 x축 위와 $y=f(x)$ 아래의 넓이로부터 x축의 아래와 그 곡선의 위의 넓이를 뺀 것임을 상기하여라. 따라서 (b)에서 넓이들은 서로 상쇄되기 때문에 적분값은 0이 됨을 말해준다.

예제 9 **우함수의 적분** $f(x)=x^6+1$은 $f(-x)=f(x)$를 만족하므로 우함수이다. 따라서

$$\int_{-2}^{2}(x^6+1)dx = 2\int_{0}^{2}(x^6+1)dx$$
$$= 2\left[\frac{1}{7}x^7 + x\right]_0^2 = 2\left(\frac{128}{7}+2\right) = \frac{284}{7}$$

이다. ■

예제 10 **기함수의 적분** $f(x)=\dfrac{\tan x}{1+x^2+x^4}$는 $f(-x)=-f(x)$를 만족하므로 기함수이다. 따라서

$$\int_{-1}^{1}\frac{\tan x}{1+x^2+x^4}dx = 0$$

이다. ■

7.5 연습문제

(1~6) 주어진 치환식을 이용하여 적분을 계산하여라.

1. $\int \cos 3x\, dx,\ u=3x$
2. $\int x(4+x^2)^{10}dx,\ u=4+x^2$
3. $\int x^2\sqrt{x^3+1}\, dx,\ u=x^3+1$
4. $\int \frac{\sin\sqrt{x}}{\sqrt{x}}dx,\ u=\sqrt{x}$
5. $\int \frac{4}{(1+2x)^3}dx,\ u=1+2x$
6. $\int \frac{\sec^2(1/x)}{x^2}dx,\ u=\frac{1}{x}$

(7~36) 부정적분을 계산하여라.

7. $\int x\sin(x^2)dx$
8. $\int x^2(x^3+5)^9 dx$
9. $\int (3x-2)^{20}\, dx$
10. $\int (3t+2)^{2.4}\, dt$
11. $\int \sin \pi t\, dt$
12. $\int e^x\cos(e^x)dx$
13. $\int \frac{(\ln x)^2}{x}\, dx$
14. $\int \frac{x}{(x^2+1)^2}\, dx$
15. $\int \frac{dx}{5-3x}$
16. $\int y^2(4-y^3)^{2/3}\, dy$
17. $\int \frac{a+bx^2}{\sqrt{3ax+bx^3}}\, dx$
18. $\int \frac{z^2}{z^3+1}\, dz$
19. $\int e^x\sqrt{1+e^x}\, dx$
20. $\int \sec 2\theta \tan 2\theta\, d\theta$
21. $\int \frac{\cos x}{\sin^2 x}\, dx$
22. $\int \frac{\tan^{-1} x}{1+x^2}\, dx$
23. $\int (x^2+1)(x^3+3x)^4\, dx$
24. $\int \frac{\sin(\ln x)}{x}\, dx$
25. $\int \sqrt{\cot x}\, \csc^2 x\, dx$
26. $\int \frac{\cos(\pi/x)}{x^2}\, dx$

27. $\displaystyle\int \frac{dx}{\sqrt{1-x^2}\sin^{-1}x}$

28. $\displaystyle\int \frac{dt}{\cos^2 t\sqrt{1+\tan t}}$

29. $\displaystyle\int \sec^3 x \tan x\, dx$

30. $\displaystyle\int x^2\sqrt{2+x}\, dx$

31. $\displaystyle\int x(2x+5)^8\, dx$

32. $\displaystyle\int \frac{e^x}{e^x+1}\, dx$

33. $\displaystyle\int \frac{\sin 2x}{1+\cos^2 x}\, dx$

34. $\displaystyle\int \frac{\sin x}{1+\cos^2 x}\, dx$

35. $\displaystyle\int \frac{1+x}{1+x^2}\, dx$

36. $\displaystyle\int \frac{x}{1+x^4}\, dx$

(37~40) 부정적분을 계산하여라. 피적분함수와 그의 역도함수($C=0$으로 택하여라)의 그래프를 그려서 답이 합리적인지를 설명하고 검증하여라.

37. $\displaystyle\int x(x^2-1)^3\, dx$

38. $\displaystyle\int \tan^2\theta \sec^2\theta\, d\theta$

39. $\displaystyle\int e^{\cos x}\sin x\, dx$

40. $\displaystyle\int \sin x \cos^4 x\, dx$

(41~57) 다음 정적분을 구하여라.

41. $\displaystyle\int_0^1 \cos\left(\frac{\pi t}{2}\right) dt$

42. $\displaystyle\int_0^1 (3t-1)^{50} dt$

43. $\displaystyle\int_0^1 \sqrt[3]{1+7x}\, dx$

44. $\displaystyle\int_0^{\sqrt{\pi}} x\cos(x^2) dx$

45. $\displaystyle\int_0^1 x^2(1+2x^3)^5 dx$

46. $\displaystyle\int_{1/6}^{1/2} \csc \pi t \cot \pi t\, dt$

47. $\displaystyle\int_1^4 \frac{e^{\sqrt{x}}}{\sqrt{x}}\, dx$

48. $\displaystyle\int_0^{\pi/2} \cos x \sin(\sin x) dx$

49. $\displaystyle\int_{-\pi/4}^{\pi/4} (x^3+x^4\tan x) dx$

50. $\displaystyle\int_{-\pi/2}^{\pi/2} \frac{x^2\sin x}{1+x^6}\, dx$

51. $\displaystyle\int_1^2 x\sqrt{x-1}\, dx$

52. $\displaystyle\int_0^a x\sqrt{a^2-x^2}\, dx$

53. $\displaystyle\int_0^1 \frac{e^z+1}{e^z+z}\, dz$

54. $\displaystyle\int_0^{1/2} \frac{\sin^{-1}x}{\sqrt{1-x^2}}\, dx$

55. $\displaystyle\int_e^{e^4} \frac{dx}{x\sqrt{\ln x}}$

56. $\displaystyle\int_0^{T/2} \sin(2\pi t/T-\alpha)$

57. $\displaystyle\int_0^1 \frac{dx}{(1+\sqrt{x})^4}$

58. $f(x)=\sin\sqrt[3]{x}$는 우함수임을 보이고, 이를 이용하여 $\displaystyle 0\le\int_{-2}^{3}\sin\sqrt[3]{x}\, dx \le 1$임을 보여라.

59. 다음의 적분을 두 개의 적분의 합으로 표기하고 그들 중 하나를 넓이로 표현함으로써 그 적분을 계산하여라.

$$\int_{-2}^{2}(x+3)\sqrt{4-x^2}\, dx$$

60. 다음의 적분을 치환법과 넓이로 표현함으로써 그 적분을 계산하여라.

$$\int_0^1 x\sqrt{1-x^4}\, dx$$

61. 다음 넓이는 똑같은가? 왜 그런가?

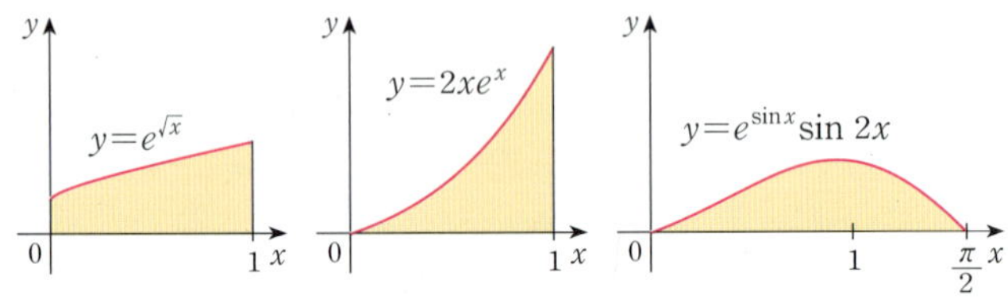

62. 사람의 기초 신진대사율 모델은 $R(t)=85-0.18\cos(\pi t/12)$ (kcal/h)이다. 여기서 t는 오전 5시부터 잰 시간이다. 이 사람의 24시간 동안 전체 기초 신진대사 $\displaystyle\int_0^{24} R(t)dt$를 구하여라.

63. 기름저장 탱크가 $t=0$일 때 파열되어 기름이 분당 $r(t)=100e^{-0.01t}$의 비율로 새고 있다. 한 시간 동안 얼마만큼의 기름이 유출되겠는가?

64. 박테리아의 수가 400개에서 시간당 함수

$$r(t)=(450.268)e^{1.12567t}$$

로 증가한다. 박테리아는 3시간 후에 얼마나 많아지는가?

65. 숨쉬기는 주기적이며 숨을 들어마시기 시작부터 숨을 내쉬는 끝까지의 완전한 호흡의 주기는 대략 5초가 걸린다. 공기가 폐 속으로 흘러들어 가는 최대비율은 대략 0.5L/s이다. 이 사실을 폐 속으로 공기가 흘러들어 가는 모형설계를 하기 위하여 함수 $f(t)=\dfrac{1}{2}\sin\dfrac{2\pi t}{5}$를 자주 사용하여 온 이유를 어느 정도 설명하고 있다. 이 모형을 이용하여 시각 t에서 폐 속으로 들어간 공기의 부피를 구하여라.

66. 앨라배마주 기계 회사는 새로운 계산기 제조를 위한 생산라인을 설치했다. t주 후에 이 계산기의 생산율은

$$\frac{dx}{dt}=5000\left(1-\frac{100}{(t+10)^2}\right) \text{ 계산기의 수/주}$$

이다. 3주에 시작으로부터 4주 마지막까지 생산된 계산기의 수를 구하여라.

67. f가 연속함수이고 $\displaystyle\int_0^4 f(x)dx=10$일 때, $\displaystyle\int_0^2 f(2x)dx$를 구하여라.

68. f가 연속함수이고 $\displaystyle\int_0^9 f(x)dx=4$일 때, $\displaystyle\int_0^3 xf(x^2)dx$를 구하여라.

69. 함수 f가 실직선 $\mathbb{R}$ 위에서 연속이라고 가정하자.

$$\int_a^b f(-x)dx = \int_{-b}^{-a} f(x)dx$$

임을 증명하여라. $f(x) \geq 0$, $0 < a < b$인 경우에 도형을 그려서 넓이들의 상등으로서 이 방정식을 기하학적으로 설명하여라.

70. 함수 f가 실직선 $\mathbb{R}$ 위에서 연속이라고 가정하자.

$$\int_a^b f(x+c)dx = \int_{a+c}^{b+c} f(x)dx$$

임을 증명하여라. $f(x) \geq 0$인 경우에 도형을 그려서 넓이들의 상등으로서 이 방정식을 기하학적으로 설명하여라.

71. a와 b가 양수일 때 다음을 증명하여라.

$$\int_0^1 x^a(1-x)^b dx = \int_0^1 x^b(1-x)^a dx$$

72. (a) f가 연속함수일 때 다음을 증명하여라.

$$\int_0^{\pi/2} f(\cos x)dx = \int_0^{\pi/2} f(\sin x)dx$$

(b) (a)를 이용하여 $\int_0^{\pi/2} \cos^2 x\, dx$와 $\int_0^{\pi/2} \sin^2 x\, dx$를 구하여라.

7.6 부분적분법

모든 미분법에는 그에 대응되는 적분법이 있다. 가령, 적분의 치환법칙은 미분법의 연쇄법칙과 대응된다. 미분법에서 곱셈법칙에 대응되는 규칙을 적분에서는 **부분적분법**이라 한다.

f와 g가 미분가능한 함수라면, 두 함수의 곱셈 법칙은

$$\frac{d}{dx}[f(x)g(x)] = f'(x)g(x) + f(x)g'(x)$$

이며, 이 식을 부정적분으로 나타내면

$$\int [f'(x)g(x) + f(x)g'(x)]\,dx = f(x)g(x)$$

또는

$$\int f'(x)g(x)dx + \int f(x)g'(x)dx = f(x)g(x)$$

가 된다. 이 식을 다시 쓰면,

1 $$\int f(x)g'(x)dx = f(x)g(x) - \int f'(x)g(x)dx$$

가 된다. 식 **1**을 **부분적분공식**이라 하고, 다음과 같이 기억하면 쉬울 것이다. $u=f(x)$, $v=g(x)$이고, $du=f'(x)dx$, $dv=g'(x)dx$이므로 치환법칙에 의하여 다음과 같다.

2 $$\int u\,dv = uv - \int v\,du$$

예제 1 **부분적분법** $\int x \sin x\, dx$를 구하여라.

풀이1 식 **1**을 사용한 풀이

$f(x)=x$와 $g'(x)=\sin x$로 놓으면, $f'(x)=1$과 $g(x)=-\cos x$가 된다(함수 g의 경우 g'의 역도함수 중 아무거나 택할 수 있다). 식 **1**을 사용하면,

$$\begin{aligned}\int x \sin x\, dx &= f(x)g(x)-\int f'(x)g(x)dx\\ &= x(-\cos x)-\int(-\cos x)dx\\ &= -x\cos x+\int \cos x\, dx\\ &= -x\cos x+\sin x+C\end{aligned}$$

얻어진 결과를 미분하여 답을 확인하는 것이 좋다. 위 결과를 미분하면 $x\sin x$가 됨을 알 수 있다.

풀이2 식 **2**를 사용한 풀이

$$u=x,\ dv=\sin x\, dx$$

라 하면

$$du=dx,\ v=-\cos x$$

이다. 따라서

$$\begin{aligned}\int x \sin x\, dx &= \int \overbrace{x}^{u}\ \overbrace{\sin x\, dx}^{dv} = \overbrace{x}^{u}\overbrace{(-\cos x)}^{v}-\int \overbrace{(-\cos x)}^{v}\overbrace{dx}^{du}\\ &= -x\cos x+\int \cos x\, dx\\ &= -x\cos x+\sin x+C\end{aligned}$$

■

참고 부분적분을 쓰는 목적은 시작하는 적분식보다 간편한 적분형태를 얻고자 함이다. 예제 1에서는 적분 $\int x\sin x\, dx$에서 시작하여 $\int \cos x\, dx$라는 적분을 얻었다. 만약 $u=\sin x$, $dv=x\, dx$라 선택하면 $du=\cos x\, dx$, $v=\frac{x^2}{2}$이고 부분적분은 다음과 같은 형태로 바뀔 것이다.

$$\int x\sin x\, dx=(\sin x)\frac{x^2}{2}-\frac{1}{2}\int x^2\cos x\, dx$$

그러나 $\int x^2\cos x\, dx$는 적분 $\int x\sin x\, dx$보다 훨씬 어렵다. 일반적으로, u와 dv를 결정할 때 $dv=g'(x)dx$가 쉽게 적분되어 v를 얻을 수 있기만 하면 미분하여 더 간단한 식으로 되든지, 아니면 적어도 더 복잡한 식으로는 되지 않도록 $u=f(x)$를 선택한다.

예제 2 $\int \ln x\, dx$를 구하여라.

풀이 $u=\ln x$, $dv=dx$라고 놓으면 $du=\frac{1}{x}dx$, $v=x$가 된다. 부분적분법에 의하여

● 보통 $\int 1dx$를 $\int dx$로 쓴다.

● 미분해서 답을 확인하여라.

$$\begin{aligned}\int \ln x\,dx &= x\ln x-\int x\frac{dx}{x}\\ &= x\ln x-\int dx\\ &= x\ln x-x+C\end{aligned}$$

이 예제에서는 $f(x)=\ln x$의 도함수가 f보다 간단하기 때문에 부분적분법이 효과적이다. ■

예제 3 **부분적분을 두 번 하는 경우** $\int t^2e^t\,dt$를 구하여라.

풀이 $u=t^2$, $dv=e^t\,dt$라 놓으면, $du=2t\,dt$, $v=e^t$가 된다. 부분적분하면

3
$$\int t^2e^t\,dt=t^2e^t-2\int te^t\,dt$$

이다. 위에서 얻어진 적분식은 원래의 적분식보다 더 간단하나 아직 적분식이 풀어진 것은 아니다. 따라서 다시 부분적분법을 사용하여, $u=t$, $dv=e^t\,dt$로 놓고 풀면

$$\begin{aligned}\int te^t\,dt &= te^t-\int e^t\,dt\\ &= te^t-e^t+C\end{aligned}$$

방정식 3에 대입하면,

$$\begin{aligned}\int t^2e^t\,dt &= t^2e^t-2\int te^t\,dt\\ &= t^2e^t-2(te^t-e^t+C)\\ &= t^2e^t-2te^t+2e^t+C_1\end{aligned}$$

을 얻고, 여기서 $C_1=-2C$이다. ■

예제 4 $\int e^x\sin x\,dx$를 구하여라.

풀이 $u=e^x$, $dv=\sin x\,dx$로 놓으면, $du=e^xdx$, $v=-\cos x$이다. 따라서 부분적분법을 사용하면,

4
$$\int e^x\sin x\,dx=-e^x\cos x+\int e^x\cos x\,dx$$

이다. $\int e^x\cos x\,dx$가 원래의 식과 같은 형태가 되게 하기 위하여 다시 한 번 부분적분법을 적용한다. 즉, $u=e^x$, $dv=\cos x\,dx$로 놓으면, $du=e^xdx$, $v=\sin x$가 되고 부분적분법을 다시 사용하면,

5
$$\int e^x\cos x\,dx=e^x\sin x-\int e^x\sin x\,dx$$

가 된다. 식 5를 식 4에 대입하면

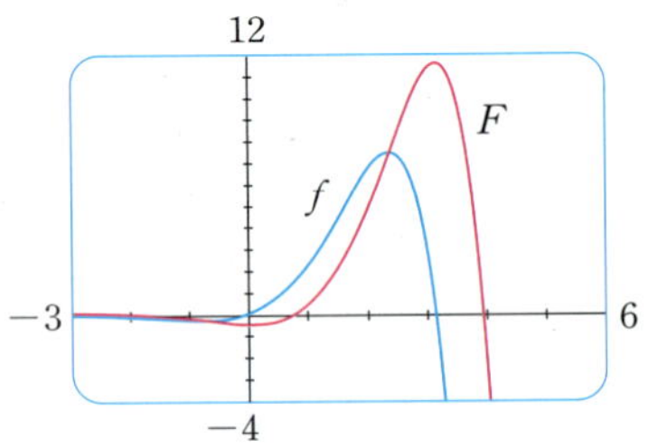

그림 1

● 그림 1은 예제 4에 있는 그래프 $f(x)=e^x \sin x$와 $F(x)=\frac{1}{2}e^x(\sin x-\cos x)$를 나타낸다. F가 최댓값이나 최솟값을 가질 때 $f(x)=0$이 된다는 것을 쉽게 알 수 있다.

$$\int e^x \sin x\,dx=-e^x\cos x+e^x\sin x-\int e^x \sin x\,dx$$

이다. $\int e^x \sin x\,dx$는 원래의 식과 같으므로 적분에 관한 방정식으로 간주하여 풀면

$$2\int e^x \sin x\,dx=-e^x\cos x+e^x\sin x$$

이다. 양변을 2로 나누고, 적분상수를 더하면

$$\int e^x \sin x\,dx=\frac{1}{2}e^x(\sin x-\cos x)+C$$

이다. ■

부분적분공식에 미적분학의 기본정리(The Fundamental Theorem of Calculus) 두 번째 부분을 결합하면 정적분을 계산할 수 있다. f'과 g'을 연속함수로 가정하고 a와 b 사이에서 공식 **1**의 양변을 계산하여 기본정리를 사용하면,

6 $$\int_a^b f(x)g'(x)\,dx=f(x)g(x)\Big]_a^b-\int_a^b f'(x)g(x)\,dx$$

가 된다.

예제 5 정적분에서 부분적분 $\int_0^1 \tan^{-1}x\,dx$를 계산하여라.

풀이 $u=\tan^{-1}x$, $dv=dx$라 놓으면,

$$du=\frac{dx}{1+x^2},\quad v=x$$

가 된다. 공식 **6**에 대하여

$$\begin{aligned}\int_0^1 \tan^{-1}x\,dx&=x\tan^{-1}x\Big]_0^1-\int_0^1\frac{x}{1+x^2}\,dx\\&=1\cdot\tan^{-1}1-0\cdot\tan^{-1}0-\int_0^1\frac{x}{1+x^2}\,dx\\&=\frac{\pi}{4}-\int_0^1\frac{x}{1+x^2}\,dx\end{aligned}$$

가 된다. 위의 적분값을 구하기 위하여 $t=1+x^2$으로 치환한다(이 예제에서 u는 다른 의미를 갖고 있기 때문이다). 그러면 $dt=2x\,dx$, 즉 $x\,dx=\frac{dt}{2}$ 이다. $x=0$일 때 $t=1$이고, $x=1$일 때 $t=2$이므로

$$\begin{aligned}\int_0^1\frac{x}{1+x^2}\,dx&=\frac{1}{2}\int_1^2\frac{dt}{t}=\frac{1}{2}\ln|t|\Big]_1^2\\&=\frac{1}{2}(\ln 2-\ln 1)=\frac{1}{2}\ln 2\end{aligned}$$

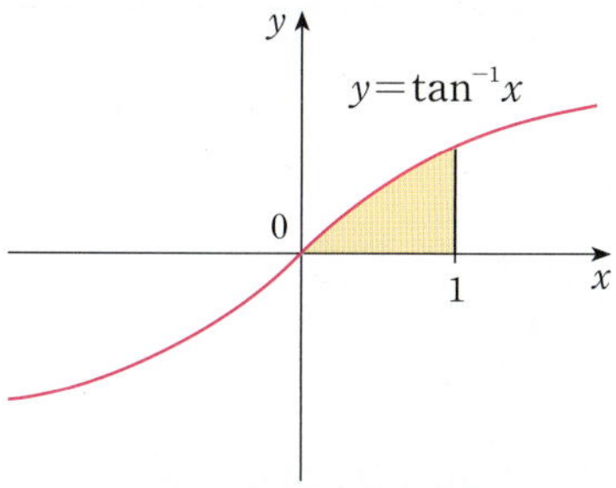

그림 2

● $x\geq 0$에서 $\tan^{-1}x\geq 0$이기 때문에 예제 5에 있는 적분은 그림 2에 있는 영역의 면적이다.

그러므로

$$\int_0^1 \tan^{-1}x\,dx=\frac{\pi}{4}-\int_0^1\frac{x}{1+x^2}\,dx=\frac{\pi}{4}-\frac{\ln 2}{2}$$

이다. ■

예제 6 점화공식

7 $$\int \sin^n x\,dx=-\frac{1}{n}\cos x\sin^{n-1}x+\frac{n-1}{n}\int \sin^{n-2}x\,dx$$

를 증명하여라(단, $n\geq 2$인 정수이다).

풀이 $u=\sin^{n-1}x$, $dv=\sin x\,dx$라 놓으면,

$$du=(n-1)\sin^{n-2}x\cos x\,dx,\quad v=-\cos x$$

이다. 부분적분법에 의하여

$$\int \sin^n x\,dx=-\cos x\sin^{n-1}x+(n-1)\int \sin^{n-2}x\cos^2 x\,dx$$

가 된다. $\cos^2 x=1-\sin^2 x$이기 때문에

$$\int \sin^n x\,dx=-\cos x\sin^{n-1}x+(n-1)\int \sin^{n-2}x\,dx-(n-1)\int \sin^n x\,dx$$

임을 알 수 있다. 예제 4에서와 같이 우변의 마지막 항을 좌변으로 넘겨서, 원하는 적분을 구한다. 따라서

$$n\int \sin^n x\,dx=-\cos x\sin^{n-1}x+(n-1)\int \sin^{n-2}x\,dx$$

즉

$$\int \sin^n x\,dx=-\frac{1}{n}\cos x\sin^{n-1}x+\frac{n-1}{n}\int \sin^{n-2}x\,dx$$

이다. ■

● 식 7을 점화공식이라 한다. 왜냐하면 지수 n이 $n-1$과 $n-2$로 줄어들기 때문이다.

점화공식 7은 그 식을 반복적으로 사용해서 $\int \sin x\,dx$ (n이 홀수일 경우), 혹은 $\int (\sin x)^0 dx=\int dx$ (n이 짝수일 경우)로 $\int \sin^n x\,dx$를 표현할 수 있기 때문에 유용하다.

7.6 연습문제

(1~2) u와 dv를 이용한 부분적분법을 적용하여 적분을 계산하여라.

1. $\int x \ln x\, dx$; $u=\ln x$, $dv=x\,dx$

2. $\int \theta \cos\theta\, d\theta$; $u=\theta$, $dv=\cos\theta\, d\theta$

(3~24) 다음 적분을 계산하여라.

3. $\int x\cos 5x\, dx$

4. $\int xe^{-x}\, dx$

5. $\int re^{r/2}\, dr$

6. $\int t\sin 2t\, dt$

7. $\int x^2 \sin \pi x\, dx$

8. $\int x^2 \cos mx\, dx$

9. $\int \ln(2x+1)dx$

10. $\int p^5 \ln p\, dp$

11. $\int \arctan 4t\, dt$

12. $\int \sin^{-1}x\, dx$

13. $\int e^{2\theta}\sin 3\theta\, d\theta$

14. $\int e^{-\theta}\cos 2\theta\, d\theta$

15. $\int_0^\pi t\sin 3t\, dt$

16. $\int_0^1 (x^2+1)e^{-x}dx$

17. $\int_1^2 \frac{\ln x}{x^2}\, dx$

18. $\int_4^9 \frac{\ln y}{\sqrt{y}}\, dy$

19. $\int_0^1 \frac{y}{e^{2y}}\, dy$

20. $\int_1^{\sqrt{3}} \arctan\left(\frac{1}{x}\right)dx$

21. $\int_0^{1/2} \cos^{-1}x\, dx$

22. $\int_0^1 \frac{r^3}{\sqrt{4+r^2}}\, dr$

23. $\int_1^2 (\ln x)^2 dx$

24. $\int_0^t e^s \sin(t-s)ds$

(25~30) 치환을 한 다음 부분적분법을 이용하여 다음 계산을 하여라.

25. $\int \cos\sqrt{x}\, dx$

26. $\int t^3 e^{-t^2}\, dt$

27. $\int_{\sqrt{\frac{\pi}{2}}}^{\sqrt{\pi}} \theta^3 \cos(\theta^2)d\theta$

28. $\int_0^\pi e^{\cos t}\sin 2t\, dt$

29. $\int x\ln(1+x)dx$

30. $\int \sin(\ln x)dx$

(31~34) 다음 적분을 계산하고 역도함수와 적분함수($C=0$으로 택하여라)의 그래프를 그려 확인하여라.

31. $\int xe^{-2x}\, dx$

32. $\int x^{3/2}\ln x\, dx$

33. $\int x^3\sqrt{1+x^2}\, dx$

34. $\int x^2 \sin 2x\, dx$

35. (a) 예제 6의 점화식을 이용하여

$$\int \sin^2 x\, dx = \frac{x}{2} - \frac{\sin 2x}{4} + C$$

임을 보여라.

(b) (a)와 점화식을 이용하여 $\int \sin^4 x\, dx$를 계산하여라.

36. 점화식을 증명하여라.

$$\int \cos^n x\, dx = \frac{1}{n}\cos^{n-1}x\sin x + \frac{n-1}{n}\int \cos^{n-2}x\, dx$$

(b) (a)를 이용하여 $\int \cos^2 x\, dx$를 계산하여라.

(c) (a)와 (b)를 이용하여 $\int \cos^4 x\, dx$를 계산하여라.

37. (a) 예제 6의 점화식을 이용하여

$$\int_0^{\frac{\pi}{2}} \sin^n x\, dx = \frac{n-1}{n}\int_0^{\frac{\pi}{2}} \sin^{n-2}x\, dx$$

임을 보여라(n은 $n\geq 2$인 정수).

(b) (a)를 이용하여 $\int_0^{\frac{\pi}{2}} \sin^3 x\, dx$, $\int_0^{\frac{\pi}{2}} \sin^5 x\, dx$를 구하여라.

(c) (a)를 이용하여 $\sin x$의 홀수 제곱승일 때,

$$\int_0^{\frac{\pi}{2}} \sin^{2n+1}x\, dx = \frac{2\cdot 4\cdot 6\cdot\cdots\cdot 2n}{3\cdot 5\cdot 7\cdot\cdots\cdot(2n+1)}$$

임을 보여라.

38. 다음을 증명하여라.

$$\int_0^{\pi/2} \sin^{2n} x\, dx = \frac{1\cdot 3\cdot 5\cdot\cdots\cdot(2n-1)}{2\cdot 4\cdot 6\cdot\cdots\cdot 2n}\ \frac{\pi}{2}$$

(39~40) 부분적분법을 이용하여 점화식들을 증명하여라.

39. $\int (\ln x)^n dx = x(\ln x)^n - n\int (\ln x)^{n-1}dx$

40. $\int x^n e^x\, dx = x^n e^x - n\int x^{n-1}e^x dx$

41. 연습문제 39를 이용하여 $\int (\ln x)^3 dx$를 구하여라.

42. 연습문제 40을 이용하여 $\int x^4 e^x dx$를 구하여라.

43. 직선을 따라 움직이는 질점이 t초 후 초당 속도 $v(t)=t^2e^{-t}$미터를 가진다. 첫 t초 동안 얼마나 움직이는가?

44. 로켓은 내장 연료의 연소에 의해 가속하며, 그것의 질량은 시간에 따라 감소한다. 발사한 로켓의 초기 질량을 m이라 하고, 연료는 r 비율로 소비되고, 배출 가스는 v_e 속도로 일정하게 배출된다. 시간 t에 대한 로켓의 속도의 모형은

$$v(t) = -gt - v_e \ln\frac{m-rt}{m}$$

으로 나타낸다. 여기서 g는 중력에 의한 가속이고 t는 매우 크지 않다. 만약 $g=9.8\text{m/s}^2$, $m=30000\text{kg}$, $r=160\text{kg/s}$, 그리고 $v_e=3000\text{m/s}$라면, 발사 1분 후에 로켓의 고도를 구하여라.

45. $f(1)=2$, $f(4)=7$, $f'(1)=5$, $f'(4)=3$이고 f''가 연속이라 하자. 이때 $\int_1^4 xf''(x)dx$의 값을 구하여라.

46. (a) 부분적분법을 이용하여

$$\int f(x)dx=xf(x)-\int xf'(x)dx$$

임을 보여라.

(b) f와 g가 역함수들이고 f'이 연속함수일 때

$$\int_a^b f(x)dx=bf(b)-af(a)-\int_{f(a)}^{f(b)} g(y)dy$$

임을 보여라. (도움말 : (a)와 치환 $y=f(x)$를 이용)

(c) f와 g가 양의 함수이고 $b>a>0$인 경우에 (b)부분의 기하학적 해석을 나타내는 도형을 그려라.

(d) (b)부분을 이용하여 $\int_1^e \ln x\, dx$를 계산하여라.

47. $f(0)=g(0)=0$이고 f''와 g''가 연속일 때,

$$\int_0^a f(x)g''(x)dx$$
$$=f(a)g'(a)-f'(a)g(a)+\int_0^a f''(x)g(x)dx$$

임을 보여라.

48. $I_n=\int_0^{\pi/2} \sin^n x\, dx$라 놓자.

(a) $I_{2n+2}\le I_{2n+1}\le I_{2n}$임을 보여라.

(b) 연습문제 38을 이용하여

$$\frac{I_{2n+2}}{I_{2n}}=\frac{2n+1}{2n+2}$$

임을 보여라.

(c) (a)와 (b)를 이용하여

$$\frac{2n+1}{2n+2}\le\frac{I_{2n+1}}{I_{2n}}\le 1$$

임을 보이고, $\lim_{n\to\infty} I_{2n+1}/I_{2n}=1$임을 추정하여라.

(d) (c)와 연습문제 37과 38을 이용하여

$$\lim_{n\to\infty}\frac{2}{1}\cdot\frac{2}{3}\cdot\frac{4}{3}\cdot\frac{4}{5}\cdot\frac{6}{5}\cdot\frac{6}{7}\cdot\cdots\cdot\frac{2n}{2n-1}\cdot\frac{2n}{2n+1}=\frac{\pi}{2}$$

임을 보여라. 이 식을 무한곱으로 쓰면

$$\frac{\pi}{2}=\frac{2}{1}\cdot\frac{2}{3}\cdot\frac{4}{3}\cdot\frac{4}{5}\cdot\frac{6}{5}\cdot\frac{6}{7}\cdot\cdots$$

이고 *Wallis* 곱이라 부른다.

(e) 다음과 같이 직사각형을 조립하자. 1의 사각형으로 시작하여 번갈아가며 옆이나 주어진 직사각형의 위에 1의 직사각형을 붙인다(그림을 보아라). 직사각형의 높이에 대한 넓이의 비율의 극한을 구하여라.

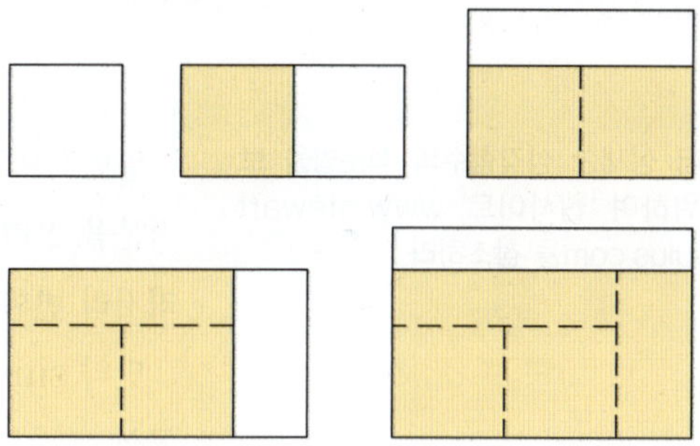

7.7 여러가지 적분법

7.5절과 7.6절에서 적분법의 기본 법칙인 치환법과 부분적분법을 배웠다. 이 절에서는 삼각함수와 유리함수와 같은 특수한 함수들의 적분법을 배운다.

▷ 삼각함수의 적분

삼각항등식을 이용하여 삼각함수의 어떤 결합형을 적분한다.

예제 1 **cos x의 홀수 제곱의 적분** $\int \cos^3 x\,dx$를 계산하여라.

풀이 항등식 $\sin^2 x+\cos^2 x=1$을 이용하면

$$\cos^3 x=\cos^2 x\cdot\cos x=(1-\sin^2 x)\cos x$$

이다. $u=\sin x$로 치환하면, $du=\cos x\,dx$이고 따라서

$$\begin{aligned}\int \cos^3 x\,dx&=\int \cos^2 x\cdot\cos x\,dx=\int(1-\sin^2 x)\cos x\,dx\\&=\int(1-u^2)du=u-\frac{1}{3}u^3+C\\&=\sin x-\frac{1}{3}\sin^3 x+C\end{aligned}$$

■

● 더 상세한 삼각함수의 적분법을 보기 위하여 웹사이트 www.stewartcalculus.com을 참조하라.

일반적으로, sine이나 cosine만 가지고 있다면 sine과 cosine의 거듭제곱을 포함한 적분을 쓰려고 시도한다. 항등식 $\sin^2 x+\cos^2 x=1$는 sine과 cosine의 짝수 제곱을 이리저리 변환할 수 있다.

만약 sine이나 cosine의 짝수 제곱인 경우이고 이 방법이 잘 되지 않을 경우에는 반각공식

$$\sin^2 x=\frac{1}{2}(1-\cos 2x),\ \cos^2 x=\frac{1}{2}(1+\cos 2x)$$

를 사용한다.

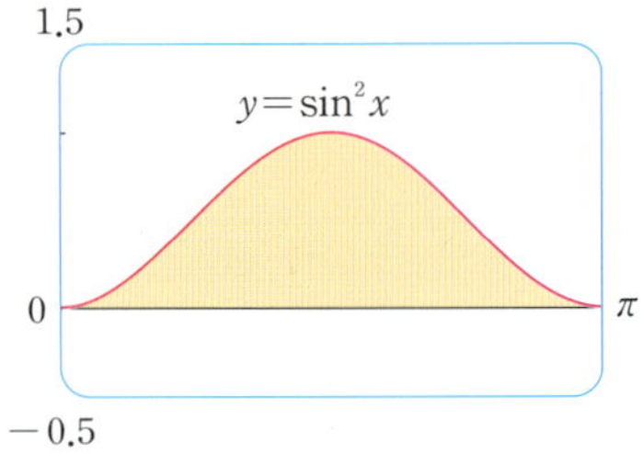

그림 1

● 예제 2는 그림 1에 있는 영역의 면적이 $\pi/2$임을 나타낸다.

예제 2 **sin x의 짝수 제곱의 적분** $\int_0^{\pi}\sin^2 x\,dx$를 계산하여라.

풀이 $\sin^2 x=1-\cos^2 x$를 이용하면 적분의 계산이 더 간단해지지는 않는다. 그러나 $\sin^2 x$에 대한 반각공식을 이용하면 다음을 얻는다.

$$\begin{aligned}\int_0^{\pi}\sin^2 x\,dx&=\frac{1}{2}\int_0^{\pi}(1-\cos 2x)dx=\left[\frac{1}{2}\left(x-\frac{1}{2}\sin 2x\right)\right]_0^{\pi}\\&=\frac{1}{2}\left(\pi-\frac{1}{2}\sin 2\pi\right)-\frac{1}{2}\left(0-\frac{1}{2}\sin 0\right)=\frac{1}{2}\pi\end{aligned}$$

$\cos 2x$를 적분할 때 $u=2x$로 치환함을 주의하여라. 위의 적분을 계산하는 또 다른 방법은 7.6절의 연습문제 35에 주어져 있다. ■

$\sec^2 x = 1 + \tan^2 x$를 이용하여 $\tan x$와 $\sec x$의 거듭제곱 적분도 유사한 방법으로 구할 수 있다(연습문제 7～10 참고).

▷ 삼각치환

실제 문제에서는 $\sqrt{a^2-x^2}$, $\sqrt{a^2+x^2}$ 또는 $\sqrt{x^2-a^2}$ 형태를 포함한 적분을 해야 할 경우가 많이 있다. 때로는 삼각치환을 하면 제곱근 기호가 없어져서 적분을 할 수 있다.

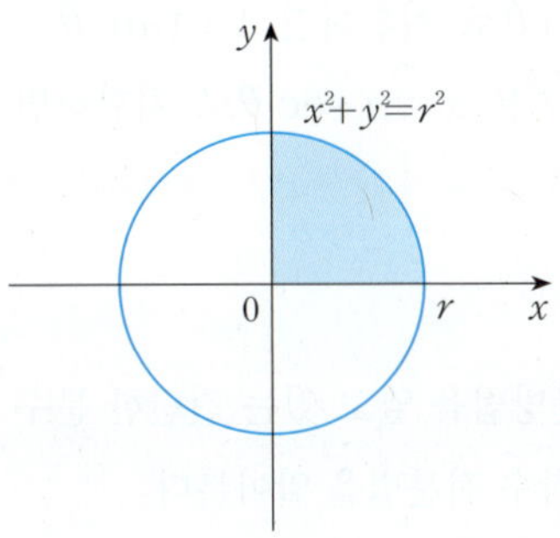

그림 2

예제 3 반지름이 r인 원의 넓이는 πr^2임을 증명하여라.

풀이 결과는 이미 알고 있는 사실이지만 적분을 이용하여 증명할 수 있다. 편의상 원의 중심이 원점이라 하면 $x^2+y^2=r^2$이다. y에 대하여 풀면

$$y = \pm\sqrt{r^2-x^2}$$

이다. 원은 두 축에 대하여 대칭이므로 제1사분면의 영역의 넓이를 구하여 4배하자(그림 2). 원의 제1사분면의 방정식은

$$y = \sqrt{r^2-x^2}, \qquad 0 \le x \le r$$

이므로

$$\frac{1}{4}A = \int_0^r \sqrt{r^2-x^2}\,dx$$

이다. r^2-x^2이 완전제곱이 되도록 치환하면 적분이 간단해진다.

$$r^2 - r^2\sin^2\theta = r^2(1-\sin^2\theta) = r^2\cos^2\theta$$

이므로

$$x = r\sin\theta$$

라 치환하자. $0 \le x \le r$이므로 θ의 범위는 $0 \le \theta \le \pi/2$이다. $dx = r\cos\theta\,d\theta$이므로

$$\sqrt{r^2-x^2} = \sqrt{r^2-r^2\sin^2\theta} = \sqrt{r^2\cos^2\theta} = r\cos\theta$$

이다. 따라서

$$\int_0^r \sqrt{r^2-x^2}\,dx = \int_0^{\pi/2} (r\cos\theta)r\cos\theta\,d\theta = r^2\int_0^{\pi/2}\cos^2\theta\,d\theta$$

이다. 이 적분은 예제 2의 적분과 비슷하다.

$$\cos^2\theta = \frac{1}{2}(1+\cos 2\theta)$$

이므로

$$\frac{1}{4}A = r^2\int_0^{\pi/2}\cos^2\theta d\theta = \frac{1}{2}r^2\int_0^{\pi/2}(1+\cos 2\theta)d\theta$$

$$= \frac{1}{2}r^2\left[\theta + \frac{1}{2}\sin 2\theta\right]_0^{\pi/2} = \frac{1}{2}r^2\left(\frac{\pi}{2}+0-0\right)$$

● 이 치환은 이제까지의 치환과는 조금 다르다. 여기서는 변수 x가 새로운 변수 θ의 함수이다. 그러나 $x = r\sin\theta$라 치환하는 것은 $\theta = \sin^{-1}(x/r)$이라 치환하는 것과 같다.

$$=\frac{1}{4}\pi r^2$$

따라서 $A=\pi r^2$이다. ■

예제 3에 의하면 피적분함수가 $\sqrt{a^2-x^2}$을 포함하고 있으면 $x=a\sin\theta$로 치환하면 된다. 그러나 항상 그런 것은 아니다. 예를 들어, $\int x\sqrt{a^2-x^2}\,dx$를 계산할 때는 $u=a^2-x^2$이라 치환하면 $du=-2x\,dx$이므로 더 간단하다.

적분이 $\sqrt{a^2+x^2}$ 형태를 포함하고 있을 때는 $x=a\tan\theta$로 치환하면 $1+\tan^2\theta=\sec^2\theta$에 의하여 제곱근이 없어진다. 마찬가지로 $\sqrt{x^2-a^2}$은 $x=a\sec\theta$로 치환하면 된다.

▷ 부분분수에 의한 유리함수의 적분

이 절에서는 임의의 유리함수(다항식들의 비)를 이미 적분방법을 알고 있는 간단한 분수식들의 합(이들을 부분분수라 한다)으로 나타냄으로써 유리함수 적분법을 알아본다.

예제 4 $\int \frac{5x-4}{2x^2+x-1}\,dx$를 구하여라.

풀이 분모는 일차 인수의 곱으로 인수분해할 수 있다.

$$\frac{5x-4}{2x^2+x-1}=\frac{5x-4}{(x+1)(2x-1)}$$

이와 같은 경우, 분자는 분모의 차수보다 낮은 차수를 가지며 부분분수 분해의 합으로 나타낸 유리함수를 쓰면

$$\frac{5x-4}{(x+1)(2x-1)}=\frac{A}{(x+1)}+\frac{B}{(2x-1)}$$

A와 B는 상수이다. A와 B의 값을 결정하기 위해 $(x+1)(2x-1)$을 이 식의 양변에 곱하면,

$$5x-4=A(2x-1)+B(x+1)$$

또는

$$5x-4=(2A+B)x+(-A+B)$$

를 얻는다. x의 계수와 상수의 계수가 같아야 하므로 $2A+B=5$이고 $-A+B=-4$이다. A와 B의 일차식을 풀면, $A=3$이고 $B=-1$이다. 그러면

$$\frac{5x-4}{(x+1)(2x-1)}=\frac{3}{(x+1)}-\frac{1}{(2x-1)}$$

● 우변에 있는 분수를 통분하면 이 식이 맞는지 알 수 있다.

부분분수 분해 결과를 사용하면 적분이 쉬워진다. 그러면

$$\int\frac{5x-4}{2x^2+x-1}\,dx=\int\left(\frac{3}{x+1}-\frac{1}{2x-1}\right)dx$$

$$=3\ln|x+1|-\frac{1}{2}\ln|2x-1|+C$$ ■

참고 1 분자의 차수가 분모의 차수와 같거나 크면 먼저 나눗셈한다. 예를 들면

$$\frac{2x^3-11x^2-2x+2}{2x^2+x-1}=x-6+\frac{5x-4}{(x+1)(2x-1)}$$

참고 2 분모가 두 개 이상의 일차 인수를 가지면, 각 인수에 대응하는 조건이 필요하다. 예를 들면

$$\frac{x+6}{x(x-3)(4x+5)}=\frac{A}{x}+\frac{B}{x-3}+\frac{C}{4x+5}$$

여기서 A, B, C는 A, B, C에 관한 3개의 연립방정식을 풀면 값이 결정된다.

● 우변을 미분하면 공식 1을 보일 수 있다.

참고 3 만약 일차 인수가 반복된다면, 부분분수 분해에서 추가 항들을 포함할 필요가 있다. 예를 들면

$$\frac{x}{(x+2)^2(x-1)}=\frac{A}{x+2}+\frac{B}{(x+2)^2}+\frac{C}{x-1}$$

참고 4 기약 이차 인수 $ax^2+bx+c\,(b^2-4ac<0)$를 가지면, 대응하는 부분분수는

$$\frac{Ax+B}{ax^2+bx+c}$$

같은 형의 항을 더 가지게 된다. 여기서 A, B는 결정되어야 할 상수이다. 주어진 항은 완전제곱꼴로 변형하는 공식

1
$$\int\frac{dx}{x^2+a^2}=\frac{1}{a}\tan^{-1}\left(\frac{x}{a}\right)+C$$

를 사용하여 적분할 수 있다.

예제 5 $\displaystyle\int\frac{2x^2-x+4}{x^3+4x}\,dx$를 계산하여라.

풀이 $x^3+4x=x(x^2+4)$는 더 이상 인수분해되지 않으므로

$$\frac{2x^2-x+4}{x(x^2+4)}=\frac{A}{x}+\frac{Bx+C}{x^2+4}$$

라고 쓴다. $x(x^2+4)$를 곱하면

$$\begin{aligned}2x^2-x+4&=A(x^2+4)+(Bx+C)x\\&=(A+B)x^2+Cx+4A\end{aligned}$$

가 된다. 계수를 같게 놓으면

$$A+B=2,\quad C=-1,\quad 4A=4$$

를 얻는다. 따라서 $A=1, B=1, C=-1$이고

$$\int\frac{2x^2-x+4}{x^3+4x}\,dx=\int\left[\frac{1}{x}+\frac{x-1}{x^2+4}\right]dx$$

이다. 둘째 항을 적분하기 위하여 두 개의 부분으로 분리한다.

$$\int \frac{x-1}{x^2+4}\,dx = \int \frac{x}{x^2+4}\,dx - \int \frac{1}{x^2+4}\,dx$$

이들 적분 중 첫째 적분에서 $u=x^2+4$로 치환하면 $du=2x\,dx$이다. $a=2$로 놓으면 공식 **1**에 의하여 둘째 적분을 계산할 수 있다.

● C는 이미 사용하였기 때문에 여기에 적분상수 K를 사용한다.

$$\int \frac{2x^2-x+4}{x(x^2+4)}\,dx = \int \frac{1}{x}\,dx + \int \frac{x}{x^2+4}\,dx - \int \frac{1}{x^2+4}\,dx$$

$$= \ln|x| + \frac{1}{2}\ln(x^2+4) - \frac{1}{2}\tan^{-1}\frac{x}{2} + K$$ ■

7.7 연습문제

(1~6) 다음 적분을 구하여라.

1. $\int \sin^3 x \cos^2 x\,dx$
2. $\int_0^{\pi/2} \cos^5 x\,dx$
3. $\int_{\frac{\pi}{2}}^{\frac{3\pi}{4}} \sin^5 x \cos^3 x\,dx$
4. $\int \sin^3(mx)\,dx$
5. $\int_0^{2\pi} \cos^2(6\theta)\,d\theta$
6. $\int_0^{\pi/2} \sin^2 x \cos^2 x\,dx$

(7~8) $u=\sec x$로 치환하여 다음 적분을 구하여라.

7. $\int \tan^3 x \sec x\,dx$
8. $\int \tan^5 x \sec^3 x\,dx$

(9~10) $u=\tan x$로 치환하여 다음 적분을 구하여라.

9. $\int_0^{\pi/4} \tan^2 x \sec^4 x\,dx$
10. $\int \tan^4 x \sec^6 x\,dx$

11. $x=3\sin\theta$, $-\pi/2 \le \theta \le \pi/2$로 치환하고, $\cot^2\theta = \csc^2\theta - 1$을 이용하여 $\int \frac{\sqrt{9-x^2}}{x^2}\,dx$를 계산하여라.

12. $x=\sec\theta$로 치환하여 $\int \frac{\sqrt{x^2-1}}{x^4}\,dx$를 계산하여라.

    여기서 $0 \le \theta < \pi/2$ 또는 $\pi \le \theta < 3\pi/2$이다.

13. $x=2\tan\theta\ (-\pi/2 < \theta < \pi/2)$를 이용하여 $\int \frac{1}{x^2\sqrt{x^2+4}}\,dx$를 계산하여라.

14. (a) $\int \sec^3\theta\,d\theta = \frac{1}{2}(\sec\theta\tan\theta + \ln|\sec\theta + \tan\theta|) + C$를 미분법으로 증명하여라.

    (b) $\int_0^1 \sqrt{x^2+1}\,dx$를 계산하여라.

(15~18) 다음 적분을 구하여라.

15. $\int_{\sqrt{2}}^{2} \frac{1}{t^3\sqrt{t^2-1}}\,dt$
16. $\int_0^{2\sqrt{3}} \frac{x^3}{\sqrt{16-x^2}}\,dt$
17. $\int \frac{dx}{x^2\sqrt{4-x^2}}$
18. $\int \frac{x^3}{\sqrt{x^2+1}}\,dx$

(19~20) 함수를 부분분수 분해의 형태로 나타내어라. 계수의 값은 결정하지 말아라.

19. (a) $\frac{2x}{(x+3)(3x+1)}$ (b) $\frac{1}{x^3+2x^2+x}$
20. (a) $\frac{x}{x^2+x-2}$ (b) $\frac{x^2}{x^2+x+2}$

(21~28) 다음 적분을 구하여라.

21. $\int \frac{x-9}{(x+5)(x-2)}\,dx$
22. $\int_0^1 \frac{x-1}{x^2+3x+2}\,dx$
23. $\int_2^3 \frac{1}{x^2-1}\,dx$
24. $\int \frac{x^2+2x-1}{x^3-x}\,dx$
25. $\int \frac{10}{(x-1)(x^2+9)}\,dx$
26. $\int \frac{2x^2+5}{(x^2+1)(x^2+4)}\,dx$
27. $\int \frac{x^3+x^2+2x+1}{(x^2+1)(x^2+2)}\,dx$
28. $\int \frac{x^2-x+6}{x^3+3x}\,dx$

(29~32) 적분을 계산하여라.

29. $\int \frac{x}{x-6}\,dx$
30. $\int \frac{r^2}{r+4}\,dr$
31. $\int \frac{x^3+4}{x^2+4}\,dx$
32. $\int_0^1 \frac{x^3-4x-10}{x^2-x-6}\,dx$

(33~34) 치환을 하여 피적분함수를 유리함수로 나타낸 다음 적분을 계산하여라.

33. $\int_9^{16} \frac{\sqrt{x}}{x-4} dx$

34. $\int \frac{dx}{2\sqrt{x+3}+x}$

35. 이차방정식 x^2+x+1의 완전제곱과 치환을 이용하여 $\int \frac{dx}{x^2+x+1}$를 계산하여라.

36. 이차방정식 $3-2x-x^2$의 완전제곱과 삼각 치환을 이용하여 $\int \frac{x}{\sqrt{3-2x-x^2}}$를 계산하여라.

7.8 적분표와 CAS의 이용

이 절에서는 초등함수 형태의 역도함수를 갖는 함수를 적분할 때 적분표와 대수적 계산이 가능한 컴퓨터(CAS)를 어떻게 이용할 것인지에 대해 설명한다.

적분표

● 적분표는 책 뒤에 공식란에 있다.

적분을 직접 계산하기 어렵거나 대수적 계산이 가능한 컴퓨터의 사용이 여의치 않을 때 부정적분표는 대단히 유용하다. 이 책의 끝에 약 120개의 적분공식이 있다. 더 확장되어진 적분표는 '*CRC Standard Mathematical Tables and Formulae*'나 수백 페이지에 달하는 적분들이 포함된 'Gradshteyn and Ryzhik's Table of Integrals, Series and Products, 6e(San Diego: Academic Press, 2000)'에 실려 있다. 그러나 적분들이 적분표에 표현된 형태로만 나타나지는 않는다. 일반적으로, 주어진 적분을 적분표에 있는 형태로 바꾸기 위해서는 치환이나 대수적 변형을 이용할 필요가 있다.

예제 1 적분표를 이용하여 $\int_0^2 \frac{x^2+12}{x^2+4} dx$를 계산하여라.

풀이 주어진 적분과 유사한 형태는 적분표에서 공식 17

$$\int \frac{du}{a^2+u^2} = \frac{1}{a}\tan^{-1}\frac{u}{a} + C$$

이다. 나눗셈하면

$$\frac{x^2+12}{x^2+4} = 1 + \frac{8}{x^2+4}$$

을 얻는다. $a=2$인 공식 17을 사용하면

$$\int_0^2 \frac{x^2+12}{x^2+4} dx = \int_0^2 \left(1 + \frac{8}{x^2+4}\right) dx$$

$$=x+8\cdot\frac{1}{2}\tan^{-1}\frac{x}{2}\Big]_0^2$$

$$=2+4\tan^{-1}1=2+\pi$$

이다. ■

예제 2 적분표를 이용하여 $\int\frac{x^2}{\sqrt{5-4x^2}}dx$를 구하여라.

풀이 적분표의 '$\sqrt{a^2-u^2}$을 포함하는 형태' 라고 쓰여진 부분에서 찾으면 문제의 식과 가장 가까운 식이 공식 34임을 알 수 있다. 즉,

$$\int\frac{u^2}{\sqrt{a^2-u^2}}du=-\frac{u}{2}\sqrt{a^2-u^2}+\frac{a^2}{2}\sin^{-1}\left(\frac{u}{a}\right)+C$$

이 식은 문제와 정확히 일치하지 않는다. 따라서 $u=2x$로 치환한다.

$$\int\frac{x^2}{\sqrt{5-4x^2}}dx=\int\frac{\left(\frac{u}{2}\right)^2}{\sqrt{5-u^2}}\frac{du}{2}=\frac{1}{8}\int\frac{u^2}{\sqrt{5-u^2}}du$$

그러므로, 공식 34에서 $a^2=5$ $(a=\sqrt{5})$로 생각하면

$$\int\frac{x^2}{\sqrt{5-4x^2}}dx=\frac{1}{8}\int\frac{u^2}{\sqrt{5-u^2}}du=\frac{1}{8}\left[-\frac{u}{2}\sqrt{5-u^2}+\frac{5}{2}\sin^{-1}\frac{u}{\sqrt{5}}\right]+C$$

$$=-\frac{x}{8}\sqrt{5-4x^2}+\frac{5}{16}\sin^{-1}\left(\frac{2x}{\sqrt{5}}\right)+C$$

■

예제 3 적분표를 이용하여 $\int x^3\sin x\,dx$를 구하여라.

풀이 삼각함수 형태라고 쓰인 부분을 찾아서 $n=3$인 점화공식 84를 사용한다.

$$\int x^3\sin x\,dx=-x^3\cos x+3\int x^2\cos x\,dx$$

또는 공식 $85(n=2)$와 82를 사용하면, 아래와 같은 식을 얻을 수 있다.

$$\int x^2\cos x\,dx=x^2\sin x-2\int x\sin x\,dx$$

$$=x^2\sin x-2(\sin x-x\cos x)+K$$

$$\int x^3\sin x\,dx=-x^3\cos x+3x^2\sin x$$

$$+6x\cos x-6\sin x+C\quad(C=3K)$$

■

예제 4 적분표를 이용하여 $\int x\sqrt{x^2+2x+4}\,dx$를 구하여라.

풀이 적분표에는 $\sqrt{a^2+x^2}$, $\sqrt{a^2-x^2}$과 $\sqrt{x^2-a^2}$의 형태는 있지만 $\sqrt{ax^2+bx+c}$의 형태는 없기 때문에 우선 완전제곱의 형태로 고친다.

$$x^2+2x+4=(x+1)^2+3$$

그리고, $u=x+1(x=u-1)$로 치환한다.

$$\int x\sqrt{x^2+2x+4}\,dx=\int(u-1)\sqrt{u^2+3}\,du$$

$$=\int u\sqrt{u^2+3}\,du-\int\sqrt{u^2+3}\,du$$

우변의 첫 번째 적분은 $t=u^2+3$으로 치환해서 얻어진다. 즉

$$\int u\sqrt{u^2+3}\,du=\frac{1}{2}\int\sqrt{t}\,dt=\frac{1}{2}\cdot\frac{2}{3}t^{\frac{3}{2}}=\frac{1}{3}(u^2+3)^{\frac{3}{2}}$$

85. $\int u^n\cos u\,du$
$=u^n\sin u-u\int u^{n-1}\sin u\,du$

두 번째 적분의 경우, $a=\sqrt{3}$인 공식 21을 사용하면 된다. 즉

$$\int\sqrt{u^2+3}\,du=\frac{u}{2}\sqrt{u^2+3}+\frac{3}{2}\ln(u+\sqrt{u^2+3})$$

따라서

$$\int x\sqrt{x^2+2x+4}\,dx$$

$$=\frac{1}{3}(x^2+2x+4)^{\frac{3}{2}}-\frac{x+1}{2}\sqrt{x^2+2x+4}-\frac{3}{2}\ln(x+1+\sqrt{x^2+2x+4})+C$$

이다. ■

▷ 컴퓨터 대수체계

적분표를 사용한다는 것은 표에 있는 형태의 피적분함수와 주어진 형태의 피적분함수를 연결시켜 주는 것임을 알 수 있다. 컴퓨터는 이런 연결에 대단히 실용적이다. 우리가 적분표에 맞추어 치환법을 사용한 것처럼 컴퓨터 대수체계(CAS, computer algebra systems)도 주어진 적분을 자신이 저장하고 있는 공식에 나타나 있는 것으로 변형시키는 치환을 실행할 수 있다. 따라서 CAS가 적분을 잘한다는 것이 놀라운 일이 아니다. 그렇다고 우리가 손으로 직접하는 적분이 구시대적인 것은 아니다. 왜냐하면 직접 계산하는 것이 기계가 답하는 것보다 훨씬 유용한 경우도 있다는 것을 앞으로 부정적분의 경우에서 보게 될 것이다.

예를 들어, 비교적 간단한 $y=\dfrac{1}{3x-2}$을 적분하도록 기계에게 명령한다면 어떤 일이 생기는지 살펴보자. $u=3x-2$로 치환하여 직접 계산하면 다음과 같이 쉽게 결과를 얻을 수 있다.

$$\int\frac{1}{3x-2}dx=\frac{1}{3}\ln|3x-2|+C$$

반면에 Derive, Mathematica 그리고 Maple과 같은 컴퓨터 시스템은 아래와 같은 답을 줄 것이다.

$$\frac{1}{3}\ln(3x-2)$$

첫째로 알 수 있는 것은 컴퓨터가 적분상수를 생략했다는 것이다. 다시 말하면, 컴퓨터는 가장 일반적인 것이 아닌 특수한 역도함수를 답하는 것이다. 그러므로 기계로 계산을 할 때는 우리가 적분상수를 더해 주어야 한다. 둘째로 절댓값이 생략되어 있음을 알 수 있다. 만약 x의 값이 $\frac{2}{3}$보다 크거나 같으면 문제가 없을 것이다. 그러나 x의 값이 $\frac{2}{3}$보다 작은 값이라면 절댓값을 붙여 주어야 함을 알 수 있다.

예제 5 컴퓨터를 이용하여 $\int x\sqrt{x^2+2x+4}\,dx$를 계산하여라.

풀이 Maple은 다음과 같은 답을 준다.

$$\frac{1}{3}(x^2+2x+4)^{\frac{3}{2}}-\frac{1}{4}(2x+2)\sqrt{x^2+2x+4}-\frac{3}{2}\operatorname{arcsinh}\frac{\sqrt{3}}{3}(1+x)$$

위 식이 예제 4에서 얻었던 식과 같음을 기억하여라. 왜냐하면 세 번째 항을 다음과 같이 바꿀수 있다. 여기서 $-\frac{3}{2}\ln\left(\frac{1}{\sqrt{x}}\right)$는 적분상수에 포함됨을 유의하여라.

Mathematica가 얻은 적분결과는 다음과 같다.

$$\left(\frac{5}{6}+\frac{x}{6}+\frac{x^2}{3}\right)\sqrt{x^2+2x+4}-\frac{3}{2}\operatorname{arcsinh}\left(\frac{1+x}{\sqrt{3}}\right)$$

위 식의 첫 번째 항은 예제 4에서의 앞의 두 항과 같다. 마지막 항은 아래 공식 때문에 같은 식이다.

$$\operatorname{arcsinh} x=\ln(x+\sqrt{x^2+1})$$

Derive의 답은 아래와 같다.

$$\frac{1}{6}\sqrt{x^2+2x+4}\,(2x^2+x+5)-\frac{3}{2}\ln(\sqrt{x^2+2x+4}+x+1)$$ ■

예제 6 CAS를 이용하여 $\int x(x^2+5)^8dx$를 적분하여라.

풀이 Maple과 Mathematica의 답은 같다.

$$\frac{1}{18}x^{18}+\frac{5}{2}x^{16}+50x^{14}+\frac{1750}{3}x^{12}+4375x^{10}+21875x^8+\frac{218750}{3}x^6$$
$$+156250x^4+\frac{390625}{2}x^2$$

위 식은 이항정리를 이용하여 $(x^2+5)^8$을 전개시켜 적분하였음이 분명하다. 직접 풀면, $u=x^2+5$로 치환하여

$$\int x(x^2+5)^8dx=\frac{1}{18}(x^2+5)^9+C$$

를 얻을 수 있다. 우리가 얻은 적분값이 더 유용한 형태임을 알 수 있다. ■

예제 7 CAS를 이용하여 $\int \sin^5x\cos^2x\,dx$를 계산하여라.

풀이 Derive와 Maple의 답은 아래와 같다.

$$-\frac{1}{7}\sin^4 x\cos^3 x-\frac{4}{35}\sin^2 x\cos^3 x-\frac{8}{105}\cos^3 x$$

반면에 Mathematica의 답은 아래와 같다.

$$-\frac{5}{64}\cos x-\frac{1}{192}\cos 3x+\frac{3}{320}\cos 5x-\frac{1}{448}\cos 7x$$

위의 세 가지 식이 모두 같다는 삼각함수 공식이 있을까? 만약 의심이 간다면 Derive, Maple, Mathematica에게 삼각함수 공식을 이용하여 자신이 계산한 식을 간단히 하라는 명령어를 주면

$$\int \sin^5 x\cos^2 x\,dx=-\frac{1}{3}\cos^3 x+\frac{2}{5}\cos^5 x-\frac{1}{7}\cos^7 x$$

를 얻을 수 있다. ■

▷ 모든 연속함수들은 적분할 수 있는가?

다음의 질문을 생각해 보자. 적분에 대한 우리의 기법으로 모든 연속함수의 적분을 발견할 수 있을까? 특히 $\int e^{x^2}dx$를 계산하는 데 사용할 수 있는가? 적어도 우리가 잘 알고 있는 함수로 나타낼 수 있는가 할 때 그 대답은 부정적이다. 이 책에서 다루는 함수들은 초등함수(elementary function)라고 한다. 이것들은 다항식, 유리함수, 거듭제곱함수 (x^a), 지수함수(a^x), 로그함수, 삼각함수와 역삼각함수, 쌍곡선함수와 역쌍곡선함수 그리고 이들로부터 덧셈, 뺄셈, 곱셈, 나눗셈, 합성의 다섯 가지 연산에 의하여 얻어지는 함수들이다. 예컨대, 함수

$$f(x)=\sqrt{\frac{x^2-1}{x^3+2x-1}}+\ln(\cos x)-xe^{\sin 2x}$$

는 초등함수이다.

f가 초등함수이면 f'도 초등함수이지만 $\int f(x)\,dx$는 초등함수일 필요가 없다. $f(x)=e^{x^2}$을 생각해보자. f가 연속이므로 그 적분이 존재하고

$$F(x)=\int_0^x e^{t^2}dt$$

로 함수 F를 정의하면 미분적분학의 기본정리의 부분 1로부터

$$F'(x)=e^{x^2}$$

임을 안다. 따라서 $f(x)=e^{x^2}$은 부정적분 F를 가지지만 F는 초등함수가 아님이 판명되었다. 이것은 아무리 노력하여도 우리가 알고 있는 함수로는 적분 $\int e^{x^2}dx$를 계산하는 데 결코 성공하지 못한다는 사실을 의미한다(그러나 9장에서 무한급수로써 $\int e^{x^2}dx$를 나타내는 방법을 알게 될 것이다).

다음 적분들도 마찬가지이다.

$$\int \frac{e^x}{x}dx \qquad \int \sin(x^2)\,dx \qquad \int \cos(e^x)\,dx$$

$$\int \sqrt{x^3+1}\,dx \qquad \int \frac{1}{\ln x}dx \qquad \int \frac{\sin x}{x}dx$$

사실 많은 초등함수들은 초등함수로 된 역도함수를 갖지 않는다.

7.8 연습문제

(1~22) 적분표를 이용하여 적분을 계산하여라.

1. $\int \frac{x^3-x^2+x-1}{x^2+9}dx$ 2. $\int e^{2\theta}\sin 3\theta\, d\theta$

3. $\int \sec^3(\pi x)dx$ 4. $\int_2^3 \frac{1}{x^2\sqrt{4x^2-7}}dx$

5. $\int e^{2x}\arctan(e^x)dx$ 6. $\int \frac{\sqrt{2y^2-3}}{y^2}dy$

7. $\int_0^\pi x^3\sin x\,dx$ 8. $\int \frac{dx}{2x^3-3x^2}$

9. $\int \frac{\tan^3(1/z)}{z^2}$ 10. $\int \sin^{-1}\sqrt{x}\,dx$

11. $\int y\sqrt{6+4y-4y^2}\,dy$ 12. $\int x\sin(x^2)\cos(3x^2)dx$

13. $\int \sin^2 x\cos x\ln(\sin x)dx$

14. $\int \frac{\sin 2\theta}{\sqrt{5-\sin\theta}}$ 15. $\int \frac{e^x}{3-e^{2x}}dx$

16. $\int_0^2 x^3\sqrt{4x^2-x^4}\,dx$ 17. $\int \frac{x^4dx}{\sqrt{x^{10}-2}}$

18. $\int_0^1 x^4e^{-x}dx$ 19. $\int \frac{\sqrt{4+(\ln x)^2}}{x}dx$

20. $\int \frac{\sec^2\theta\tan^2\theta}{\sqrt{9-\tan^2\theta}}d\theta$ 21. $\int \sqrt{e^{2x}-1}\,dx$

22. $\int e^t\sin(\alpha t-3)dt$

23. 적분표에 있는 공식 53을 (a) 미분법에 의해서 (b) 치환 $t=a+bu$를 이용해서 증명하여라.

24. 공식 31을 (a) 미분법에 의해서 (b) 치환 $u=a\sin\theta$를 이용해서 증명하여라.

CAS (25~32) 컴퓨터 대수체계를 이용하여 다음 계산을 하여라. 적분표를 사용한 계산과도 비교하여라. 만약 답이 같지 않다면, 실제로 그것들이 같음을 증명하여라.

25. $\int \sec^4 x\,dx$ 26. $\int x^2(1+x^3)^4dx$

27. $\int x^2\sqrt{x^2+4}\,dx$ 28. $\int \frac{dx}{e^x(3e^x+2)}$

29. $\int x\sqrt{1+2x}\,dx$ 30. $\int \sin^4 x\,dx$

31. $\int \tan^5 x\,dx$ 32. $\int \frac{1}{\sqrt{1+\sqrt[3]{x}}}dx$

CAS 33. (a) $f(x)=\frac{1}{x\sqrt{1-x^2}}$일 때 적분표를 이용하여 $F(x)=\int f(x)dx$를 구하여라. f와 F의 정의역을 구하여라.

(b) CAS를 이용하여 $F(x)$를 구하여라. F의 정의역을 구하여라. 여기서 구한 F의 정의역과 (a)에서 구한 정의역의 차이는 무엇인가?

CAS 34. 컴퓨터 대수체계를 이용하여

$$\int (1+\ln x)\sqrt{1+(x\ln x)^2}\,dx$$를 계산하여라.

7.9 적분의 근사계산

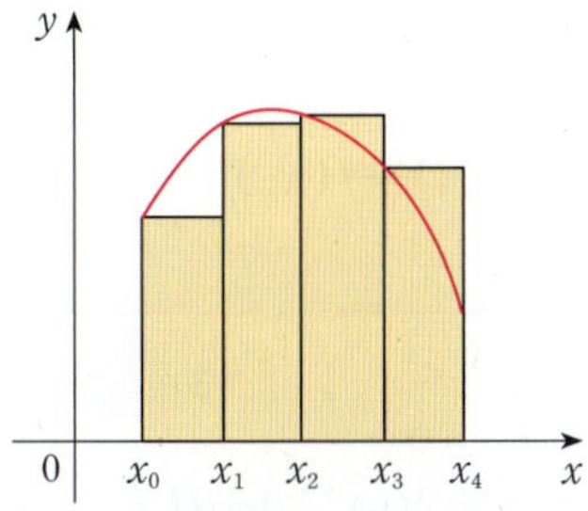

(a) 왼쪽 끝점 근삿값

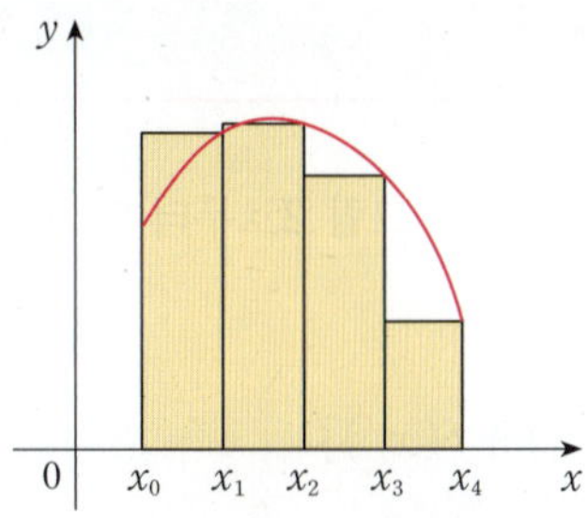

(b) 오른쪽 끝점 근삿값

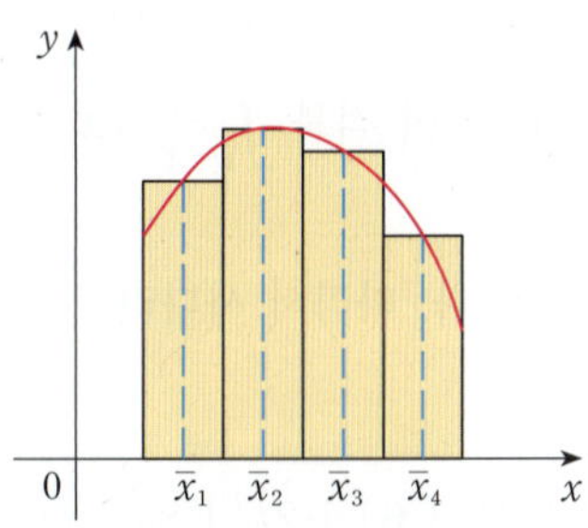

(c) 중간점 근삿값

그림 1

정적분의 정확한 값을 구하지 못하는 두 가지 경우가 있다. 첫 번째 경우는 '미분적분학의 기본정리'를 이용하여 $\int_a^b f(x)dx$를 구하기 위하여 f의 역도함수를 알아내야 한다는 사실에서 생겨난다. 역도함수를 구한다는 것이 때때로 어렵고 심지어 불가능할 경우도 있다. 예를 들면, 아래 적분들의 피적분함수의 정확한 역도함수를 구하는 것은 불가능하다.

$$\int_0^1 e^{x^2}dx, \quad \int_{-1}^1 \sqrt{1+x^3}\,dx$$

두 번째 경우는 함수가 기계적인 수치나 수집된 자료를 통한 과학적 실험으로부터 나온 것이다. 함수에 대한 식이 없을 수 있다(예제 5 참조). 두 가지 경우 모두 정적분의 근삿값을 구할 필요가 있다. 우리는 그러한 방법 하나를 알고 있다. 정적분이 리만 합들의 극한으로 정의된 것을 생각하여 본다면 리만 합은 그러한 적분의 근삿값으로서 이용될 수 있다.

특히, 구간 $[a, b]$를 길이가 $\Delta x = \dfrac{b-a}{n}$인 n개의 부분구간으로 이루어진 분할을 정한다. x_i^*가 그러한 분할의 i번째 부분구간 안에 있는 임의의 점일 때,

$$\int_a^b f(x)dx \approx \sum_{i=1}^{n} f(x_i^*)\Delta x$$

임을 알 수 있다. x_i^*가 그 구간의 왼쪽 끝점일 때 $x_i^* = x_{i-1}$이고,

1 $$\int_a^b f(x)dx \approx L_n = \sum_{i=1}^{n} f(x_{i-1})\Delta x$$

라고 쓸 수 있다. $f(x) \geq 0$이면, 그 적분은 넓이를 나타내고 식 **1**은 그림 1(a)에서 보여진 직사각형들에 의한 이 넓이의 근삿값을 나타낸다. x_i^*를 부분구간의 오른쪽 끝점이라 하면 $x_i^* = x_i$이고

2 $$\int_a^b f(x)dx \approx R_n = \sum_{i=1}^{n} f(x_i)\Delta x$$

라고 쓸 수 있다. (그림 1(b) 참조) 식 **1**과 식 **2**에 의하여 정의된 적분값 L_n과 R_n은 각각 **왼쪽 끝점 근삿값**, **오른쪽 끝점 근삿값**이라 부른다.

7.2 절에서 점 x_i^*가 부분구간 $[x_{i-1}, x_i]$의 중간점 $\bar{x}_i$로 정하여진 경우 역시 생각해보았다. 그림 1(c)는 L_n 혹은 R_n보다 더 좋은 형태인 중간점 근삿값을 보여준다.

중점 공식

$$\int_a^b f(x)dx \approx M_n = \Delta x\,[f(\bar{x}_1) + f(\bar{x}_2) + \cdots + f(\bar{x}_n)]$$

단, $\Delta x = \dfrac{b-a}{n}$이고 $\bar{x}_i = \dfrac{1}{2}(x_{i-1} + x_i)$, 즉 $[x_{i-1}, x_i]$의 중간점이다.

또 다른 근삿값은 식 1과 2의 근삿값을 평균함으로써 얻어지는데, 이것을 사다리꼴 공식이라 한다.

$$\int_a^b f(x)dx \approx \frac{1}{2}\left[\sum_{i=1}^{n} f(x_{i-1})\Delta x + \sum_{i=1}^{n} f(x_i)\Delta x\right] = \frac{\Delta x}{2}\left[\sum_{i=1}^{n}(f(x_{i-1})+f(x_i))\right]$$

$$= \frac{\Delta x}{2}[(f(x_0)+f(x_1))+(f(x_1)+f(x_2))+\cdots+(f(x_{n-1})+f(x_n))]$$

$$= \frac{\Delta x}{2}[f(x_0)+2f(x_1)+2f(x_2)+\cdots+2f(x_{n-1})+f(x_n)]$$

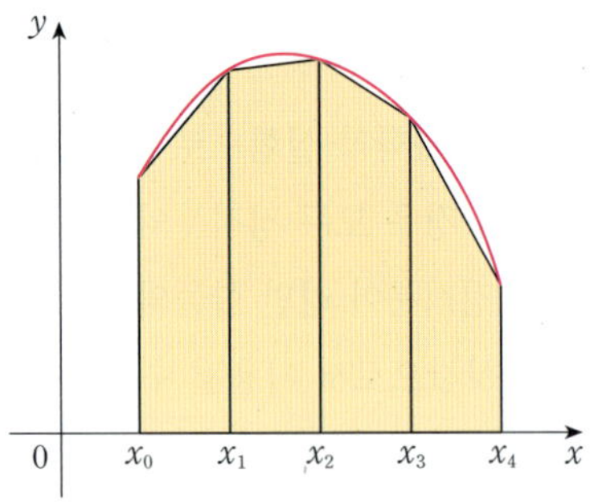

그림 2 사다리꼴 근삿값

사다리꼴 공식

$$\int_a^b f(x)dx \approx T_n = \frac{\Delta x}{2}[f(x_0)+2f(x_1)+2f(x_2)+\cdots+2f(x_{n-1})+f(x_n)]$$

단, $\Delta x = \dfrac{b-a}{n}$이고 $x_i = a + i\Delta x$이다.

사다리꼴 공식이라 부르는 이유는 $f(x) \geq 0$인 경우를 나타내는 그림 2로부터 알 수 있다. i번째 부분구간 위에 놓여 있는 사다리꼴의 넓이는

$$\Delta x\left(\frac{f(x_{i-1})+f(x_i)}{2}\right) = \frac{\Delta x}{2}[f(x_{i-1})+f(x_i)]$$

이고, 이러한 사다리꼴들의 넓이를 더하면 사다리꼴 공식의 우변을 얻는다.

예제 1 (a) 사다리꼴 공식과 (b) $n=5$인 중점 공식을 사용하여 적분 $\int_1^2 \frac{1}{x}dx$의 근삿값을 구하여라.

풀이 (a) $n=5$, $a=1$이고, $b=2$일 때 $\Delta x = \dfrac{2-1}{5} = 0.2$이다. 따라서 사다리꼴 공식을 이용하면

$$\int_1^2 \frac{1}{x}dx \approx T_5 = \frac{0.2}{2}[f(1)+2f(1.2)+2f(1.4)+2f(1.6)+2f(1.8)+f(2)]$$

$$= 0.1\left(\frac{1}{1}+\frac{2}{1.2}+\frac{2}{1.4}+\frac{2}{1.6}+\frac{2}{1.8}+\frac{1}{2}\right)$$

$$\approx 0.695635$$

이 근삿값은 그림 3에 설명되어 있다.

(b) 5개 구간들의 중간점들은 1.1, 1.3, 1.5, 1.7, 1.9이므로 중점 공식을 이용하면

$$\int_1^2 \frac{1}{x}dx \approx \Delta x[f(1.1)+f(1.3)+f(1.5)+f(1.7)+f(1.9)]$$

$$= \frac{1}{5}\left(\frac{1}{1.1}+\frac{1}{1.3}+\frac{1}{1.5}+\frac{1}{1.7}+\frac{1}{1.9}\right)$$

$$\approx 0.691908$$

이 근삿값은 그림 4에 설명되어 있다. ■

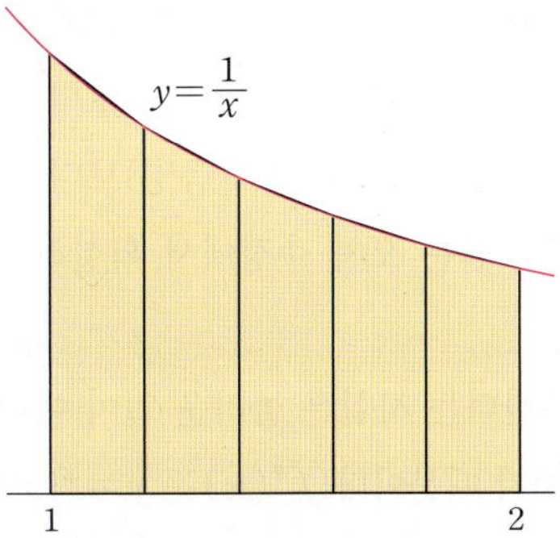

그림 3

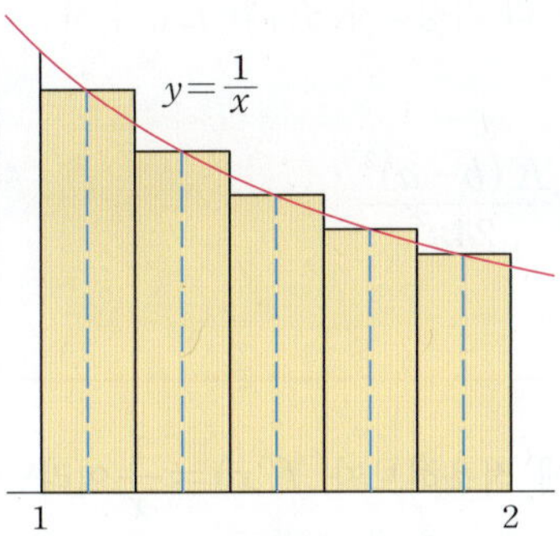

그림 4

● $\int_a^b f(x)dx=$근삿값$+$오차

예제 1에서는 사다리꼴 공식과 중점 공식들의 정확도를 알 수 있도록 하기 위하여 의도적으로 명확하게 계산되는 적분을 택하였다. 미분적분학의 기본정리에 의하여

$$\int_1^2 \frac{1}{x}dx=\ln x\Big]_1^2=\ln 2=0.693147\cdots$$

이다. 근삿값을 사용하는 데서 오는 **오차**는 정확한 값이 되도록 근삿값에 더해질 필요가 있는 양으로 정의된다. 예제 1에서의 수치들로부터 $n=5$인 경우의 사다리꼴 공식과 중점 공식의 오차들은 각각

$$E_T\approx-0.002488\text{과 } E_M\approx 0.0012399$$

이다. 일반적으로

$$E_T=\int_a^b f(x)dx-T_n\text{과 } E_M=\int_a^b f(x)dx-M_n$$

임을 알 수 있다.

아래의 표는 $n=5$, 10, 20인 경우에 사다리꼴 공식과 중점 공식의 근삿값뿐만 아니라 왼쪽과 오른쪽 끝점 근삿값들에 대하여 예제 1에서의 것들과 유사한 계산 결과들을 보여준다.

n	L_n	R_n	T_n	M_n
5	0.745635	0.645635	0.695635	0.691908
10	0.718771	0.668771	0.693771	0.692835
20	0.705803	0.680803	0.693303	0.693069

n	E_L	E_R	E_T	E_M
5	-0.052488	0.047512	-0.002488	0.001239
10	-0.025624	0.024376	-0.000624	0.000312
20	-0.012656	0.012344	-0.000156	0.000078

이러한 표로부터 몇 가지를 관찰할 수 있다.

1. 대부분의 방법들에 있어서 n의 값이 증가할수록 더욱 정확한 근삿값을 얻을 수 있다. (그러나 n이 아주 큰 경우에 많은 산술적인 연산들이 있어서 누적된 사사오입의 (accumulated round-off)오차를 주의하여야 한다.)
2. 왼쪽과 오른쪽 끝점 근삿값에서의 오차는 부호가 서로 다르고 n의 값이 2배로 늘어날 때 2배 정도 줄어든다.
3. 사다리꼴 공식과 중점 공식은 끝점 근삿값보다 더 정확하다.
4. 사다리꼴 공식과 중점 공식에서의 오차는 부호가 서로 다르고 n의 값이 2배로 늘어날 때 약 4배 정도 줄어든다.
5. 중점 공식에서 오차의 크기는 사다리꼴 공식에서 오차의 크기의 반에 해당한다.

그림 5는 중점 공식이 사다리꼴 공식보다 더 정확한 이유를 보여준다. 중점 공식에서 대

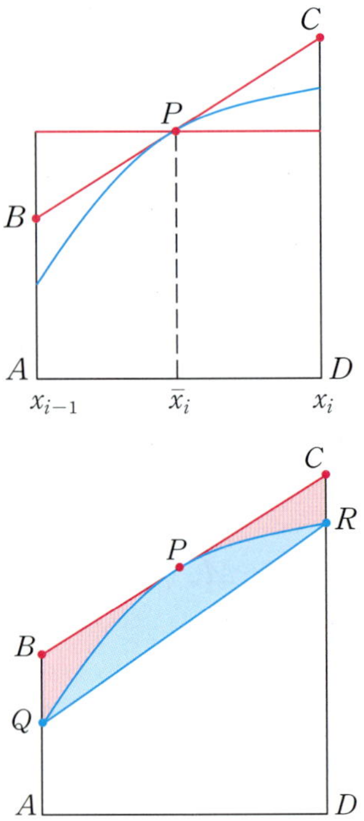

그림 5

표적인 사각형의 넓이는 윗변이 점 P에서의 곡선의 접선이 되는 사다리꼴 $ABCD$와 같다. 이 사다리꼴의 넓이는 사다리꼴 공식에서 이용되는 사다리꼴 $AQRD$의 넓이보다 곡선의 아래 넓이에 더 가깝다[중간점 오차(적색 음영)는 사다리꼴 오차(청색 음영)보다 더 작다]. 이러한 관찰들은 수치해석의 책에서 증명된 아래와 같은 오차 추정에서 확실하게 입증된다.

그림 5를 보면 오차추정이 그 2계도함수의 크기에 의존한다는 사실은 놀라운 일이 아니다. 왜냐하면 $f''(x)$는 그 그래프의 굽은 정도를 측정해 주기 때문이다($f''(x)$는 $y=f(x)$의 기울기가 얼마나 빨리 변하는가를 측정해준다는 것을 상기하여라).

> **3 오차한계** $a \le x \le b$인 x에 대하여, $|f''(x)| \le K$라 가정하자. E_T와 E_M이 사다리꼴 공식과 중점 공식에서의 오차라면
>
> $$|E_T| \le \frac{K(b-a)^3}{12n^2} \text{이고 } |E_M| \le \frac{K(b-a)^3}{24n^2}$$
>
> 이다.

이 오차 추정을 예제 1에서의 사다리꼴 공식 근삿값에 적용해보자. $f(x)=\dfrac{1}{x}$이라면 $f'(x)=-\dfrac{1}{x^2}$이고 $f''(x)=\dfrac{2}{x^3}$이다. $1 \le x \le 2$이기 때문에 $\dfrac{1}{x} \le 1$이고

$$|f''(x)| = \left|\frac{2}{x^3}\right| \le \frac{2}{1^3} = 2$$

이다. 그러므로 오차 추정 식 3에서 $K=2$, $a=1$, $b=2$ 그리고 $n=5$라 하면

$$|E_T| \le \frac{2(2-1)^3}{12(5)^2} = \frac{1}{150} \approx 0.006667$$

임을 알 수 있다. 이 오차 추정 0.006667과 약 0.002488의 실제 오차를 비교할 때, 실제 오차는 식 3에서 주어진 오차의 상한보다 실질적으로 작음을 알 수 있다.

예제 2 $\displaystyle\int_1^2 \frac{1}{x}\,dx$에 대한 사다리꼴 공식과 중점 공식 근삿값이 0.0001 이내로 정확하려면 어느 정도로 큰 n을 택해야 하는가?

풀이 앞의 계산에서 $1 \le x \le 2$인 x에 대하여 $|f''(x)| \le 2$라는 것을 보았다. 따라서, 식 3에서 $K=2$, $a=1$, $b=2$라고 택할 수 있다. 0.0001이내로 정확하다는 것은 오차의 크기가 0.0001보다 더 작아야 함을 뜻한다. 따라서

$$\frac{2(1)^3}{12n^2} < 0.0001$$

이 되는 n을 택하여야 한다. n에 관한 부등식을 풀면

$$n^2 > \frac{2}{12(0.0001)}$$

이거나

● n에 대해 더 작은 값에서도 충분히 가능하다. 그러나 41이 오차 한계 공식이 0.0001의 정확성을 보장할 수 있는 최솟값이다.

$$n > \frac{1}{\sqrt{0.0006}} \approx 40.8$$

임을 알 수 있다. 그러므로, $n=41$로 잡으면 기대하던 정확성을 보장받을 것이다.

중점 공식으로 같은 정도의 정확도를 얻으려면 n을 다음과 같이 선택해야 한다. 즉,

$$\frac{2(1)^3}{24n^2} < 0.0001$$

그러면

$$n > \frac{1}{\sqrt{0.0012}} \approx 29$$

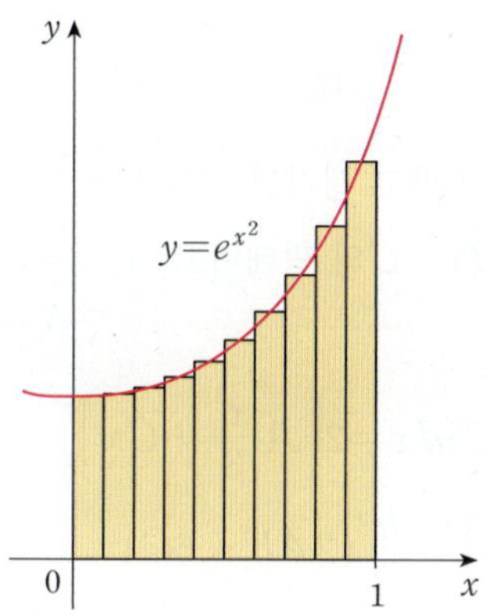

그림 6

● 오차 평가는 오차에 대한 상한이다. 이것은 이론적으로 최악의 상황이다. 실제 오차는 약 0.0023 정도 된다.

예제 3 **중점 공식을 이용할 때의 오차 추정**

(a) $n=10$인 중점 공식을 이용하여 적분 $\int_0^1 e^{x^2}dx$의 근삿값을 구하여라.

(b) 이 근삿값에 관한 오차의 상한을 구하여라.

풀이 (a) $a=0$, $b=1$ 그리고 $n=10$이므로 중점 공식에 의하여

$$\begin{aligned}\int_0^1 e^{x^2}dx &\approx \Delta x\,[f(0.05)+f(0.15)+\cdots+f(0.85)+f(0.95)]\\ &=0.1\,(e^{0.0025}+e^{0.0225}+e^{0.0625}+e^{0.1225}+e^{0.2025}+e^{0.3025}\\ &\quad +e^{0.4225}+e^{0.5625}+e^{0.7225}+e^{0.9025})\\ &\approx 1.460393\end{aligned}$$

그림 6은 위의 근삿값을 나타낸다.

(b) $f(x)=e^{x^2}$이므로 $f'(x)=2xe^{x^2}$이고, $f''(x)=(2+4x^2)e^{x^2}$이다. 또한 $0\le x\le 1$에서 $x^2\le 1$이므로

$$0\le f''(x)=(2+4x^2)e^{x^2}\le 6e$$

식 **3**에서 $K=6e$, $a=0$, $b=1$, $n=10$으로 택할 때 오차의 상한은

$$\frac{6e(1)^3}{24(10)^2}=\frac{e}{400}\approx 0.007$$

이 된다.

▷ 심프슨 공식

적분의 근사계산의 또 다른 공식은 곡선의 근사식으로 선분을 사용하는 대신 포물선을 이용함으로써 얻을 수 있다. 앞에서와 같이 구간 $[a, b]$를 똑같은 길이 $h=\Delta x=\dfrac{b-a}{n}$를 갖는 n개의 부분구간으로 분할한다. 그러나 이번에는 n이 짝수라고 가정한다. 각 연속적인 구간들의 쌍 위에서 그림 7에 나타나 있는 것처럼 곡선 $y=f(x)\ge 0$를 포물선에 근사접근시킨다. $y_i=f(x_i)$라면 점 $P_i(x_i, y_i)$는 x_i 위쪽에 있는 곡선 위의 점이다. 대표적인 포물선은 연속적인 세 점 P_i, P_{i+1}과 P_{i+2}를 지난다.

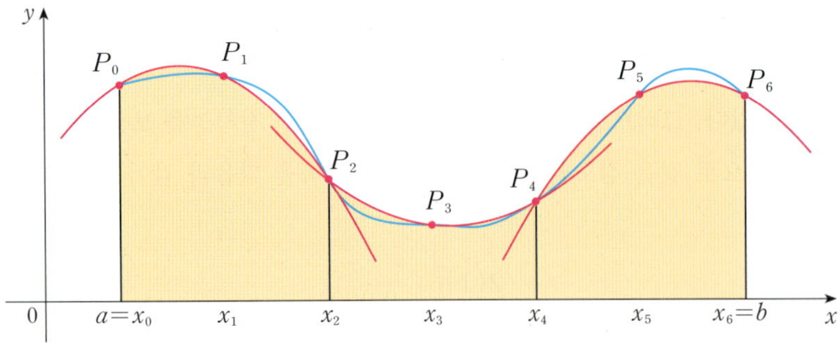

그림 7

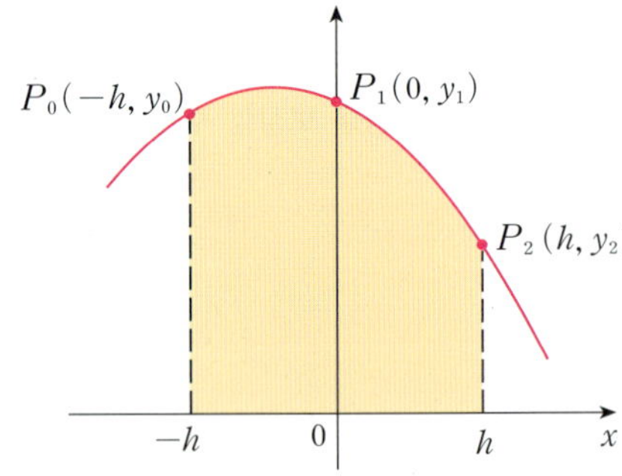

그림 8

계산을 단순화하기 위하여 우선 $x_0=-h$, $x_1=0$, $x_2=h$라고 생각한다(그림 8 참조). 점 P_0, P_1, P_2를 지나는 포물선의 방정식은 $y=Ax^2+Bx+C$의 형태이고, $x=-h$에서 $x=h$에 이르는 포물선의 아래 넓이는

$$\int_{-h}^{h}(Ax^2+Bx+C)dx=2\int_{0}^{h}(Ax^2+C)dx=2\left[A\frac{x^3}{3}+Cx\right]_0^h$$
$$=2\left(A\frac{h^3}{3}+Ch\right)=\frac{h}{3}(2Ah^2+6C)$$

이다. 그러나 포물선은 $P_0(-h,\ y_0)$, $P_1(0,\ y_1)$, $P_2(h,\ y_2)$를 지나기 때문에

$$y_0=A(-h)^2+B(-h)+C=Ah^2-Bh+C$$
$$y_1=C$$
$$y_2=Ah^2+Bh+C$$

가 되고

$$y_0+4y_1+y_2=2Ah^2+6C$$

가 된다. 따라서 포물선 아래의 넓이는

$$\frac{h}{3}(y_0+4y_1+y_2)$$

로 다시 쓸 수 있다.

마찬가지로 P_2, P_3, P_4를 지나는 포물선의 $x=x_2$에서 $x=x_4$에 이르는 넓이는

$$\frac{h}{3}(y_2+4y_3+y_4)$$

이다. 이러한 방법으로 포물선의 아래 넓이를 계산하여 그 결과들을 더하면

$$\int_a^b f(x)dx\approx\frac{h}{3}(y_0+4y_1+y_2)+\frac{h}{3}(y_2+4y_3+y_4)+\cdots$$
$$+\frac{h}{3}(y_{n-2}+4y_{n-1}+y_n)$$
$$=\frac{h}{3}(y_0+4y_1+2y_2+4y_3+2y_4+\cdots+2y_{n-2}+4y_{n-1}+y_n)$$

을 얻을 수 있다. 여기에서는 $f(x)\geq 0$인 경우만 다루었으나, 영국의 수학자 심프슨(1710~1761)이 만든 **심프슨 공식**은 어떠한 연속함수에도 잘 적용된다. 계수들의 형태가

1, 4, 2, 4, 2, 4, 2, ⋯, 4, 2, 4, 1인 사실에 유의하자.

● 토마스 심프슨은 독학으로 수학을 공부한 직공이었으며 18세기에 영국에서 가장 유명한 수학자가 되었다. 우리가 심프슨 공식이라 부르는 것은 실제로 17세기에 카발리에리와 그레고리에 의해 발견되었으나 심프슨이 자신의 가장 유명한 미적분학 교재에 소개해 대중화시켰다.

심프슨 공식

$$\int_a^b f(x)dx \approx S_n = \frac{\Delta x}{3}[f(x_0)+4f(x_1)+2f(x_2)+4f(x_3)+\cdots+2f(x_{n-2})+4f(x_{n-1})+f(x_n)]$$

단, n은 짝수이고 $\Delta x = \dfrac{b-a}{n}$ 이다.

예제 4 $n=10$인 심프슨 공식을 이용하여, $\int_1^2 \frac{1}{x}dx$의 근삿값을 구하여라.

풀이 $f(x)=\dfrac{1}{x}$, $n=10$, $\Delta x=0.1$이라 놓으면

$$\begin{aligned}\int_1^2 \frac{1}{x}dx &\approx S_{10}\\ &= \frac{\Delta x}{3}[f(1)+4f(1.1)+2f(1.2)+4f(1.3)+\cdots+2f(1.8)+4f(1.9)+f(2)]\\ &= \frac{0.1}{3}\left(\frac{1}{1}+\frac{4}{1.1}+\frac{2}{1.2}+\frac{4}{1.3}+\frac{2}{1.4}+\frac{4}{1.5}+\frac{2}{1.6}+\frac{4}{1.7}+\frac{2}{1.8}+\frac{4}{1.9}+\frac{1}{2}\right)\\ &\approx 0.693150\end{aligned}$$

■

예제 4에서 심프슨 공식($S_{10}\approx 0.693150$)은 사다리꼴 공식($T_{10}\approx 0.693771$) 혹은 중점 공식($M_{10}\approx 0.692835$)보다 실제 적분값($\ln 2 \approx 0.693147\cdots$)에 더욱 좋은 근삿값을 제시해 준다.

심프슨 공식의 근삿값은 사다리꼴 공식과 중점 공식의 근삿값들의 가중 평균(weighted average)임이 밝혀졌다(연습문제 42 참조). 즉

$$S_{2n}=\frac{1}{3}T_n+\frac{2}{3}M_n$$

(E_T와 E_M은 부호가 반대이고, $|E_M|$은 $|E_T|$의 크기의 약 반이다.)

미적분학의 많은 응용에서는 y가 x의 함수로서 명확한 식이 없을지라도 적분을 계산할 필요가 있는 경우들이 있다. 함수는 도표로 또는 수집된 자료들의 표로도 주어질 수 있다. 그 값들이 빠르게 변하지 않는다면 사다리꼴 혹은 심프슨 공식을 사용해서 x에 관한 y의 적분 $\int_a^b y\,dx$의 근삿값을 구할 수 있다.

예제 5 그림 9는 1998년 2월 10일에 미국으로부터 스위스 학술 연구 네트워크인 SWITCH로의 데이터 전송량을 보여준다. $D(t)$는 초당 메가비트(Mb/s)로 측정된 데이터 처리량이다. 심프슨 공식을 이용하여 이날 자정부터 정오까지 SWITCH로 전송된

데이터의 전체 양을 추정하여라.

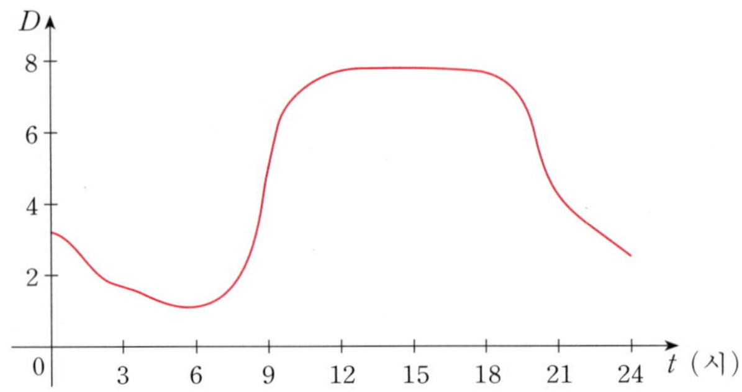

그림 9

풀이 $D(t)$는 초당 메가비트로 측정되었다. 시간으로부터 초로 t에 대한 단위를 변환한다. 만약 $A(t)$가 시간 t에 의해 전송된 데이터의 양이라 하면(여기서 t는 초로 측정되었다), $A'(t)=D(t)$이다. 그래서 순변화 정리(7.3절)에 의해, 정오 ($t=12\times 60^2=43200$)때까지 전송된 데이터의 전체양은

$$A(43200)=\int_0^{43200} D(t)\,dt$$

이다. 그래프로부터 시간대별 구간에서 $D(t)$의 값을 추정하고 표를 완성한다.

t(시간)	t(초)	$D(t)$	t(시간)	t(초)	$D(t)$
0	0	3.2	7	25200	1.3
1	3600	2.7	8	28800	2.8
2	7200	1.9	9	32400	5.7
3	10800	1.7	10	36000	7.1
4	14400	1.3	11	39600	7.7
5	18000	1.0	12	43200	7.9
6	21600	1.1			

그러면 $n=12$와 $\Delta t=3600$으로 심프슨 공식을 이용하여 적분을 추정하면

$$\begin{aligned}\int_0^{43200} A(t)\,dt &\approx \frac{\Delta t}{3}[D(0)+4D(3600)+2D(7200)+\cdots\\ &\quad +4D(39600)+D(43200)]\\ &\approx \frac{3600}{3}[3.2+4(2.7)+2(1.9)+4(1.7)+2(1.3)+4(1.0)\\ &\quad +2(1.1)+4(1.3)+2(2.8)+4(5.7)+2(7.1)+4(7.7)+7.9]\\ &=143880\end{aligned}$$

이다. 그러므로 정오까지 전송된 데이터의 전체양은 약 144000메가비트 또는 144 기가비트이다. ■

n	M_n	S_n
4	0.69121989	0.69315453
8	0.69266055	0.69314765
16	0.69302521	0.69314721

n	E_M	E_S
4	0.00192729	−0.00000735
8	0.00048663	−0.00000047
16	0.00012197	−0.00000003

옆의 표는 심프슨의 공식과 중점 공식을 이용하여 $\int_1^2 (\frac{1}{x})dx$를 계산한 것이다. 두 번째 표에 의하면 심프슨 공식의 오차 E_S는 n이 2배로 커질 때 약 16배 정도 줄어든다는 사

실을 보여준다(연습문제 25와 26에서 또다른 적분에 대하여 검토해 볼 것이다). 그 사실은 심프슨 공식에 대한 아래의 오차 추정식의 분모에 n^4이 나타나는 것과 일치한다. 그것은 사다리꼴 공식과 중점 공식에 대한 **3**에서 주어진 추정식과 유사하지만 심프슨 공식의 경우는 f의 4계도함수를 이용한다.

> **4 심프슨 공식의 오차한계** $a \le x \le b$인 x에 대하여, $|f^{(4)}(x)| \le K$라 하자. 심프슨 공식을 사용할 때 일어날 오차를 E_s라 하면
>
> $$|E_s| \le \frac{K(b-a)^5}{180n^4}$$
>
> 이다.

예제 6 $\int_1^2 \frac{1}{x}\,dx$에 관한 심프슨 공식의 근삿값이 0.0001 이내로 정확하도록 하려면 얼마나 큰 n을 택하여야 하는가?

풀이 $f(x)=\frac{1}{x}$이라면, $f^{(4)}(x)=\frac{24}{x^5}$이다. $x \ge 1$이기 때문에 $\frac{1}{x} \le 1$이고

$|f^{(4)}(x)| = \left|\frac{24}{x^5}\right| \le 24$이다. 그러므로 **4**에서 $K=24$로 택할 수 있다. 오차가 0.0001보다 작도록 하려면 n을 $\frac{24(1)^5}{180n^4} < 0.0001$이 되도록 택해야 한다. 즉,

$$n^4 > \frac{24}{180(0.0001)}$$

또는

$$n > \frac{1}{\sqrt[4]{0.00075}} \approx 6.04$$

이다. 그러므로 $n=8$(n: 짝수)이면 된다(이 사실과 예제 2에서 사다리꼴 공식에서의 $n=41$과 중점 공식에서의 $n=29$를 비교하여라). ■

● 그림 10은 예제 7의 계산을 나타낸다. 포물곡선은 $y=e^{x^2}$의 그래프와 실제적으로 구분할 수 없을 정도로 매우 가깝다.

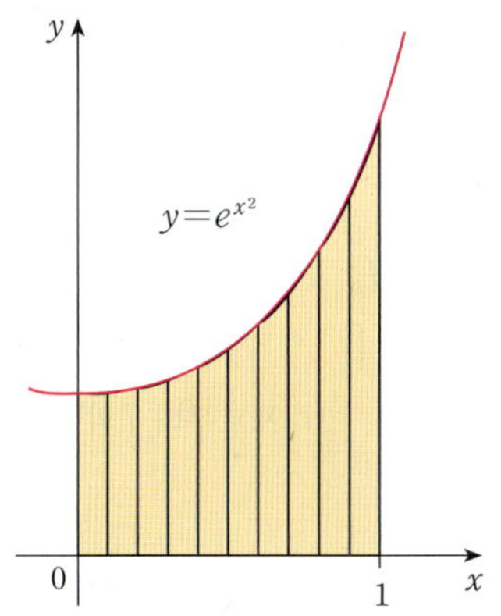

그림 10

예제 7 심프슨의 공식에서 오차 추정하기 $n=10$인 경우 심프슨 공식을 이용하여

(a) 적분 $\int_0^1 e^{x^2}\,dx$의 근삿값을 구하여라.

(b) 위의 근삿값의 오차를 측정하여라.

풀이 (a) $n=10$이라면, $\Delta x=0.1$이고 심프슨 공식을 사용하면

$$\begin{aligned}\int_0^1 e^{x^2}\,dx &\approx \frac{\Delta x}{3}[f(0)+4f(0.1)+2f(0.2)+\cdots+2f(0.8)+4f(0.9)+f(1)] \\ &= \frac{0.1}{3}\Big[e^0+4e^{0.01}+2e^{0.04}+4e^{0.09}+2e^{0.16}+4e^{0.25}+2e^{0.36} \\ &\qquad +4e^{0.49}+2e^{0.64}+4e^{0.81}+e^1\Big] \\ &\approx 1.462681\end{aligned}$$

(b) $f(x)=e^{x^2}$의 4계도함수는

$$f^{(4)}(x)=(12+48x^2+16x^4)e^{x^2}$$

이고, $0 \le x \le 1$이기 때문에

$$0 \le f^{(4)}(x) \le (12+48+16)e^1 = 76e$$

그러므로 4에서 $K=76e$, $a=0$, $b=1$, $n=10$이라 놓으면, 오차는 기껏해야

$$\frac{76e(1)^5}{180(10)^4} \approx 0.000115$$

임을 알 수 있다(예제 3과 비교하여라). 따라서 소수점 아래 셋째 자리까지 정확하게

$$\int_0^1 e^{x^2} \approx 1.463$$

을 얻는다.

7.9 연습문제

1. f가 아래 그래프의 함수라 하자. $I=\int_0^4 f(x)dx$라 놓고

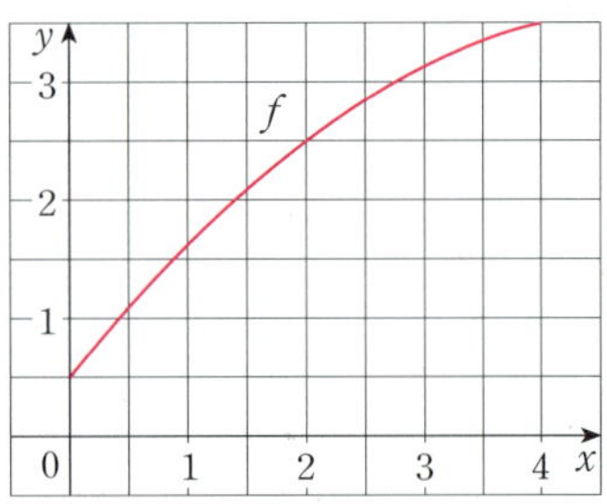

(a) 그래프를 이용하여 L_2, R_2, M_2의 값을 구하여라.

(b) 위의 값들이 I의 실제값에 얼마나 근사하는가?

(c) 그래프를 이용하여 T_2를 찾고, I의 값과 비교하여라.

(d) 임의의 n에 대하여 L_n, R_n, M_n, T_n, I의 값을 순서대로 나열하여라.

2. 왼쪽, 오른쪽, 사다리, 중점 공식 근삿값은 $\int_0^2 f(x)dx$를 추정하는데 사용된다. 여기에서 f는 아래 그래프의 함수이다. 추정값이 0.7811, 0.8675, 0.8632, 0.9540이고 부분구간의 수는 각각 경우가 사용된다.

(a) 추정하여 얻는 법칙은 어느 것인가?

(b) $\int_0^2 f(x)dx$의 참값이 두 근삿값 사이에 존재하는가?

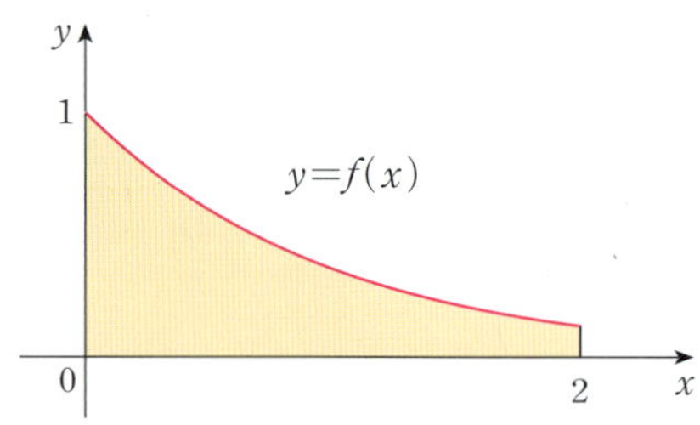

3. 각각 $n=4$인 (a) 사다리꼴 공식과 (b) 중점 공식을 사용하여 $\int_0^1 \cos(x^2)dx$를 구하여라. 피적분함수의 그래프에서 결과가 참값보다 작은지 또는 큰지를 결정하여라. 적분의 참값에 대하여 결론으로 무엇을 말할 수 있는가?

4. 직사각형 화면 $[0, 1]\times[0, 0.5]$에서 $f(x)=\sin(x^2/2)$의 그래프를 그리고 $I=\int_0^1 f(x)dx$를 구하여라.

(a) 그래프를 이용하여 실제값 I에 근사하는 L_2, R_2, M_2, 그리고 T_2의 값을 구하여라.

(b) 임의의 n에 대하여 L_n, R_n, M_n, T_n, I의 값을 순서대로 나열하여라.

(c) L_5, R_5, M_5, T_5를 계산하여라. 그래프로부터 I의 최적의 추정값을 나타내어라.

(5~6) (a) 중점 공식과 (b) 심프슨 공식을 이용하여 주어진 n에서의 적분을 각각 근사적으로 구하여라(소수점 아래 여섯째 자리

까지 구하여라).

5. $\int_0^2 \frac{x}{1+x^2}\,dx,\ n=10$ 6. $\int_0^{\pi} x\cos x\,dx,\ n=4$

(7~16) (a) 사다리꼴 공식, (b) 중점 공식, (c) 심프슨 공식을 이용하여 주어진 n에서 아래 적분들의 근삿값을 구하여라(소수점 아래 여섯째 자리까지).

7. $\int_0^2 \sqrt[4]{1+x^2}\,dx,\ n=8$ 8. $\int_0^{1/2} \sin(x^2)\,dx,\ n=4$

9. $\int_1^2 \frac{\ln x}{1+x}\,dx,\ n=10$ 10. $\int_0^3 \frac{dt}{1+t^2+t^4},\ n=6$

11. $\int_0^{1/2} \sin(e^{t/2})\,dt,\ n=8$ 12. $\int_0^4 \sqrt{1+\sqrt{x}}\,dx,\ n=8$

13. $\int_0^4 e^{\sqrt{t}}\sin t\,dt,\ n=8$ 14. $\int_0^4 \cos\sqrt{x}\,dx,\ n=10$

15. $\int_0^3 \frac{1}{1+y^5}\,dy,\ n=6$ 16. $\int_4^6 \ln(x^3+2)\,dx,\ n=10$

17. (a) 적분 $\int_0^1 \cos(x^2)\,dx$에서 T_8과 M_8을 근사적으로 구하여라.
(b) (a)에서의 오차들을 추정하여라.
(c) (a)에 있는 적분에 대해 근삿값 T_n과 M_n이 0.0001이내의 정확성을 가지려면 n을 얼마나 크게 선택해야 하는가?

18. (a) 적분 $\int_1^2 e^{1/x}\,dx$에서 T_{10}과 M_{10}을 근사적으로 구하여라.
(b) (a)에서의 오차들을 추정하여라.
(c) (a)의 적분과 근삿값 T_n, M_n과의 오차가 각각 0.0001 이내이려면 얼마나 큰 n을 골라야 하는가?

19. (a) $\int_0^{\pi} \sin x\,dx$에 대한 근삿값 T_{10}, M_{10}과 S_{10}을 구하고, 각각에 해당하는 오차 E_T, E_M와 E_S를 계산하여라.
(b) 식 3과 4에서 주어진 오차 추정과 (a)에서 구한 실제 오차들을 비교하여라.
(c) (a)의 적분과 근삿값 T_n, M_n, S_n과의 오차가 각각 0.00001 이내이려면 얼마나 큰 n을 골라야 하는가?

20. $\int_0^1 e^{x^2}dx$에 대한 심프슨 공식 근삿값이 0.00001 내에 정확하려면 n은 얼마나 커야 하는가?

21. 오차를 추정할 때의 문제점은 4계도함수를 계산할 때 대단히 어렵고 $|f^{(4)}x|$에 대한 상한 K를 직접 계산하여 얻기가 어렵다는 데 있다. 그러나 CAS를 이용하면 $f^{(4)}$나 그래프를 얻는 데 전혀 문제가 되지 않는다. 그러므로 K의 값을 기계적으로 쉽게 계산할 수 있다. $f(x)=e^{\cos x}$로 주어질 때 $I=\int_0^{2\pi} f(x)\,dx$의 근삿값을 구해 보자.
(a) 그래프를 이용하여 $|f''(x)|$의 상한을 구하여라.
(b) M_{10}을 이용하여 I를 추정하여라.
(c) (a)를 이용하여 (b)의 오차를 추정하여라.
(d) CAS를 이용하여 I를 추정하여라.
(e) (c)에서의 오차와 실제 오차를 비교하여라.
(f) 그래프를 이용하여 $|f^{(4)}x|$의 상한을 구하여라.
(g) S_{10}을 이용하여 I를 추정하여라.
(h) (f)를 이용하여 (g)의 오차를 비교하여라.
(i) (h)의 값과 실제 오차를 비교하여라.
(j) S_n을 사용할 때 오차가 0.0001보다 작으려면 얼마나 큰 것을 잡아야 할까?

22. 적분 $\int_{-1}^1 \sqrt{4-x^3}\,dx$를 연습문제 21을 반복하여 구하여라.

(23~24) $n=5,\ 10,\ 20$에서 근삿값 L_n, R_n, T_n, M_n을 구하고 이에 대응하는 E_L, E_R, E_T, E_M을 반올림하여 소수점 아래 여섯째 자리까지 구하여라. 계산을 다한 후에 어떠한 결론을 내릴 수 있나 알아보아라.

23. $\int_0^1 xe^x\,dx$ 24. $\int_1^2 \frac{1}{x^2}\,dx$

(25~26) $n=6,\ 12$에서 근삿값 T_n, M_n, S_n을 구하고 이에 대응하는 ET, E_M, E_M, 소수점 아래 여섯째 자리까지 반올림하여 구하여라. 어떠한 결론을 내릴 수 있는가? n이 두 배가 되었을 때 에러가 어떻게 변하는지 알아보아라.

25. $\int_0^2 x^4\,dx$ 26. $\int_1^4 \frac{1}{\sqrt{x}}\,dx$

27. $n=6$일 때 각각 (a) 사다리꼴 공식, (b) 중점 공식, (c) 심프슨 공식을 이용하여 다음 그래프에서 곡선의 아래 넓이를 추정하여라.

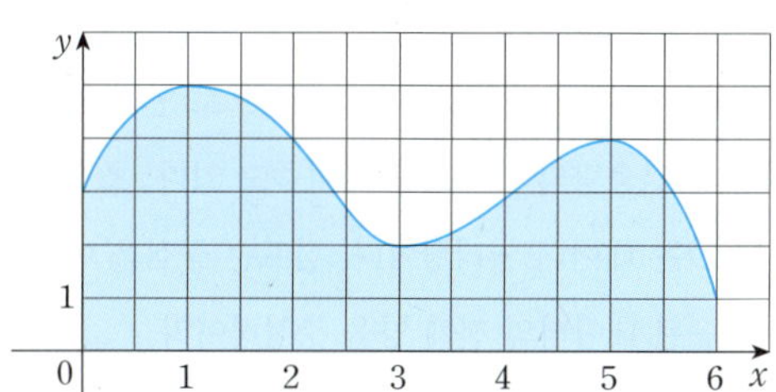

28. 레이더 총은 진행의 첫 5초 동안 경주자의 속도를 기록하였다

(표를 보라). 심프슨 공식을 이용하여 5초 동안 경주자 거리를 추정하여라.

t(s)	v(m/s)	t(s)	v(m/s)
0	0	3.0	10.51
0.5	4.67	3.5	10.67
1.0	7.34	4.0	10.76
1.5	8.86	4.5	10.81
2.0	9.73	5.0	10.81
2.5	10.22		

29. m/s^2에서 측정된 차의 가속도 $a(t)$의 그래프가 보여주고 있다. 심프슨 공식을 이용하여 6초 시간 구간 동안 차의 속도 증가를 추정하여라.

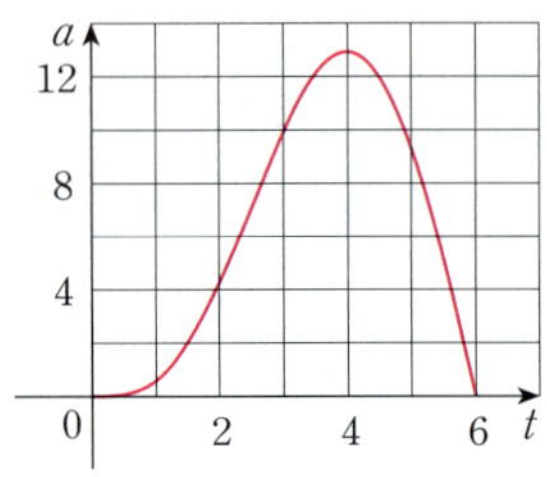

30. 물이 시간당 $r(t)$리터의 비율로 탱크에서 샌다. 여기서 r의 그래프를 보여주고 있다. 심프슨 공식을 이용하여 처음 6시간 동안 새어나온 물의 전체 양을 추정하여라.

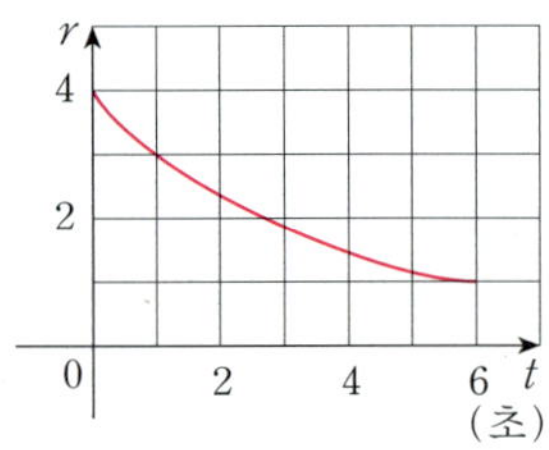

31. 다음 표는 2004년 12월 10일 밤 12시부터 아침 6시까지 온타리오 지방에서 메가와트로 전력소비량을 보여주고 있다. 심프슨 공식을 이용하여 기간 동안 이용된 에너지를 추정하여라(전력은 에너지의 도함수임을 이용하여라).

t	P	t	P
0 : 00	17,888	3 : 30	16,835
0 : 30	17,398	4 : 00	17,065
1 : 00	17,110	4 : 30	17,264
1 : 30	16,881	5 : 00	17,577
2 : 00	16,823	5 : 30	17,992
2 : 30	16,950	6 : 00	18,216
3 : 00	16,833		

32. 밤 12시부터 8시까지 T1데이터 라인으로 인터넷 서비스 제공자에 의한 전송량의 그래프를 보여주고 있다. 초당 메가비트로 측정된 D는 데이터 처리량이다. 심프슨 공식을 이용하여 기간 동안 전송된 데이터의 전체 양을 추정하여라.

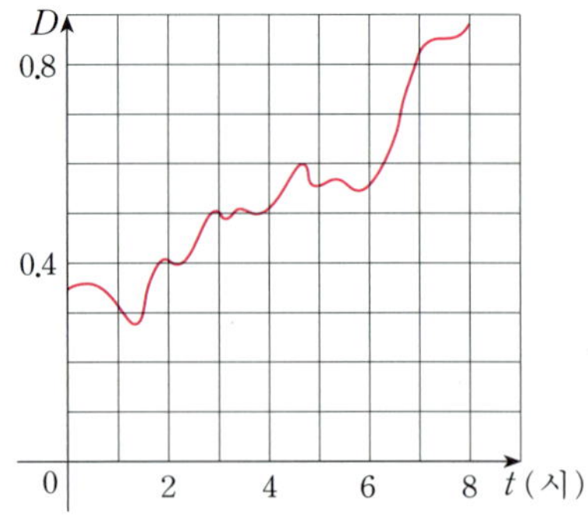

33. (a) 중점 공식을 이용하여 적분 $\int_0^{3.2} f(x)dx$의 값의 추정값에 대한 데이터를 나타낸다.

x	$f(x)$	x	$f(x)$
0.0	6.8	2.0	7.6
0.4	6.5	2.4	8.4
0.8	6.5	2.8	8.8
1.2	6.3	3.2	9.0
1.6	6.9		

(b) 모든 x에 대해 $-4 \le f''(x) \le 1$에 있다면, (a)에 근삿값에 오차를 추정하여라.

CAS 34. 그림은 수직선에서 최대각 θ_0를 나타내는 길이 L인 진자를 보여주고 있다. 뉴턴 제2법칙을 이용하여 기간 T가

$$T = 4\sqrt{\frac{L}{g}} \int_0^{\pi/2} \frac{dx}{\sqrt{1-k^2 \sin^2 x}}$$

에 의해 나타내어지는 것을 보여라. 여기서 $k=\sin\left(\frac{1}{2}\theta_0\right)$과 g는 중력으로 인한 가속도이다. 만약 $L=1$m이고 $\theta_0=42°$라면, $n=10$에서 심프슨 공식을 이용하여 기간을 구하여라.

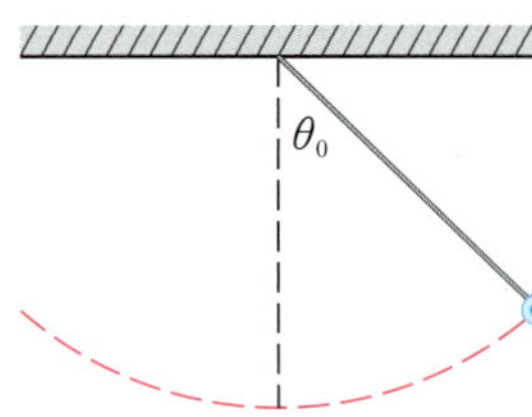

35. 각 θ는 N틈으로 회절격자를 통해 이동한 파장 길이 λ에 의한 빛의 농도는 $I(\theta)=N^2\sin^2 k/k^2$에 의해 주어진다. 여기서 $k=(\pi Nd\sin\theta)/\lambda$이고 d는 인접한 틈의 거리이다. 파장 길이 $\lambda=632.8\times10^{-9}$m로 헬륨-네온 레이저는 10^{-4}떨어진 공간의 10000 틈으로 회절격자를 통해, $-10^{-6}<\theta<10^{-6}$에 의해 주어진 빛의 좁은 밴드로 방사한다. $n=10$에서 중점 공식을 이용하여 격자로부터 만들어진

$\int_{-10^{-6}}^{10^{-6}} I(\theta)d\theta$의 전체 빛 농도를 추정하여라.

36. $n=2$에서 오른쪽 끝점 근삿값이 심프슨 공식보다 더 정확한 $[0, 2]$에서 정의된 연속함수의 그래프의 개형을 그려라.

37. $n=2$에서 사다리꼴 법칙이 중점 공식보다 더 정확한 $[0, 2]$에서 정의된 연속함수의 그래프의 개형을 그려라.

38. $n=10$에서 사다리꼴 법칙을 이용하여 $\int_0^{20}\cos(\pi x)dx$의 근삿값을 구하여라. 결과와 정확한 값을 비교하여라. 모순을 설명할 수 있는가?

39. f가 양의 함수이고 $a\le x\le b$인 x에 대하여 $f''(x)<0$일 때

$$T_n<\int_a^b f(x)dx<M_n$$

임을 보여라.

40. f가 3차이거나 그 보다 낮은 차수의 방정식이면 심프슨 공식을 이용하여 $\int_a^b f(x)dx$의 값을 정확히 구하여라.

41. $\frac{1}{2}(T_n+M_n)=T_{2n}$임을 보여라.

42. $\frac{1}{3}T_n+\frac{2}{3}M_n=S_{2n}$임을 보여라.

7.10 이상적분

정적분 $\int_a^b f(x)dx$를 정의할 때 유한구간 $[a, b]$에서 정의된 함수 f를 다루었다. 그리고 f가 무한개의 불연속점을 갖지 않는다고 가정했다(7.2절 참조). 이 절에서는 정적분의 개념을 구간이 무한하거나 f가 구간 $[a, b]$에서 무한개의 불연속을 갖는 경우까지 확장한다. 이러한 경우의 적분을 **이상적분**이라 한다. 이 아이디어의 가장 중요한 응용가운데 하나는 확률 분포인데 이것은 8.8절에서 공부할 것이다.

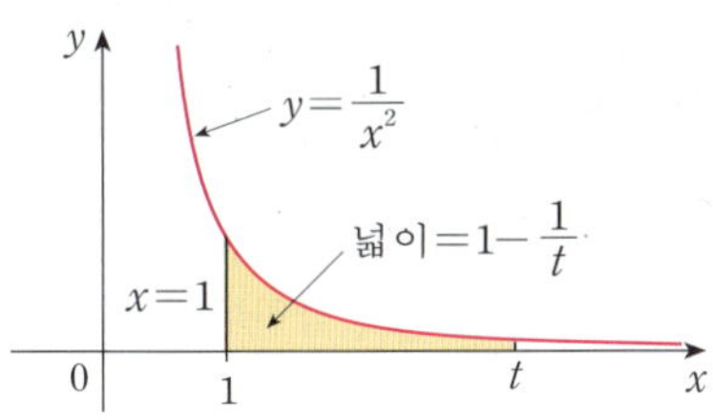

그림 1

⊳ 형태 1 : 무한구간

곡선 $y=\frac{1}{x^2}$ 아래와 x축 위 그리고 직선 $x=1$의 오른쪽에 해당하는 무한한 영역 S를 생각하자. S의 영역이 무한하기 때문에 넓이도 무한이라고 생각할 수 있다. 그러나 더 자세히 관찰해 보자. S의 직선 $x=t$ 왼쪽에 있는 부분의 넓이는

$$A(t)=\int_1^t \frac{1}{x^2}dx=-\frac{1}{x}\Big]_1^t=1-\frac{1}{t}$$

이므로 t가 얼마나 크든지 상관없이 $A(t)<1$이고, 따라서

$$\lim_{t\to\infty} A(t)=\lim_{t\to\infty}\left(1-\frac{1}{t}\right)=1$$

임을 알 수 있다.

빗금친 부분의 넓이는 $t\to\infty$일 때 1로 접근한다(그림 2 참조). 이 무한영역의 넓이 S는 1과 같다고 말하고, 다음과 같이 쓴다.

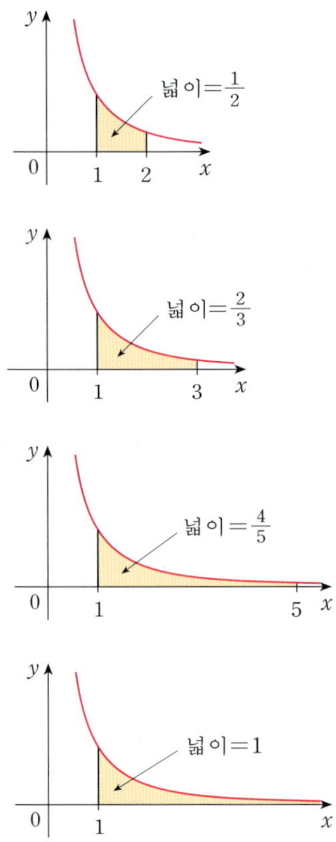

그림 2

$$\int_1^{\infty}\frac{1}{x^2}dx=\lim_{t\to\infty}\int_1^t\frac{1}{x^2}dx=1$$

이 예에서와 같이 유한구간에 대한 적분들의 극한으로써 무한구간에 대한 f(양의 함수가 아닐지라도)의 적분을 정의할 수 있다.

1 형태 1의 이상적분 정의

(a) $t\geq a$인 모든 t에 대하여 $\int_a^t f(x)dx$가 존재하고, 또 $t\to\infty$일 때 이 극한이 존재한다면(유한한 값으로)

$$\int_a^{\infty}f(x)dx=\lim_{t\to\infty}\int_a^t f(x)dx$$

(b) $t\leq b$인 모든 t에 대하여 $\int_t^b f(x)dx$가 존재하고, 또 $t\to-\infty$일 때 이 극한이 존재한다면(유한한 값으로)

$$\int_{-\infty}^b f(x)dx=\lim_{t\to-\infty}\int_t^b f(x)dx$$

(a)와 (b)에서 그 극한이 존재할 때 이상적분은 **수렴**(convergent)한다고 하고, 그 극한이 존재하지 않으면 **발산**(divergent)한다고 한다.

(c) 적분 $\int_a^{\infty}f(x)dx$와 적분 $\int_{-\infty}^a f(x)dx$가 모두 수렴한다면

$$\int_{-\infty}^{\infty}f(x)dx=\int_{-\infty}^a f(x)dx+\int_a^{\infty}f(x)dx$$

라고 정의한다.

정의 1에서 나타난 이상적분들은 f가 양의 함수일 때, 넓이로 이해될 수 있다. 예를 들어, (a)의 경우 $f(x)\geq 0$이고, 적분 $\int_a^{\infty}f(x)dx$가 수렴한다면, 그림 3에서 $S=\{(x, y)\mid x\geq a,\ 0\leq y\leq f(x)\}$의 넓이는

$$A(S)=\int_a^{\infty}f(x)dx$$

로 정의할 수 있다.

이것은 t가 무한으로 커질 때 a에서 t까지 f의 그래프의 아래 넓이의 극한이기 때문에 타당하다.

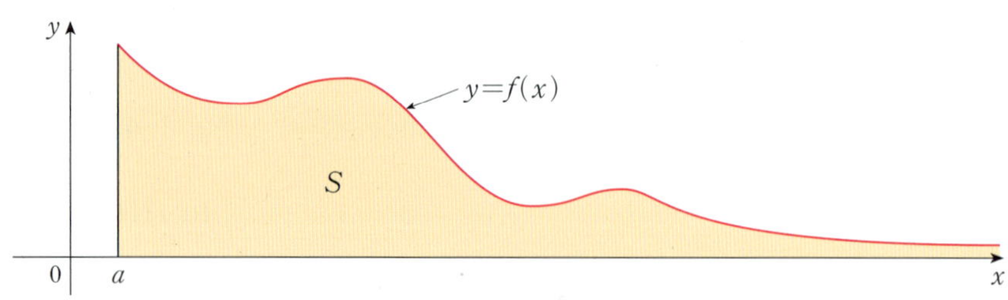

그림 3

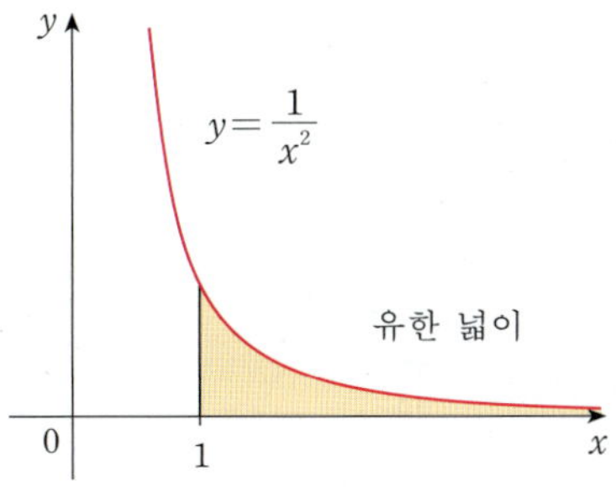

그림 4 $\int_1^\infty \frac{1}{x^2}dx$는 수렴

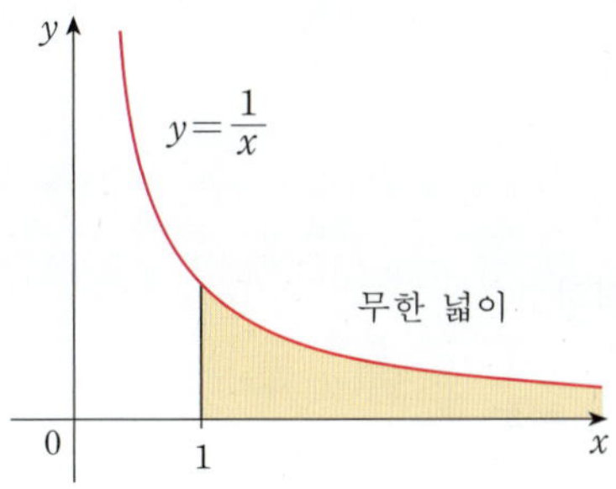

그림 5 $\int_1^\infty \frac{1}{x}dx$는 발산

예제 1 $\int_1^\infty \frac{1}{x}\,dx$가 수렴하는지 발산하는지 결정하여라.

풀이 정의 **1**의 (a)에 의하여

$$\int_1^\infty \frac{1}{x}\,dx=\lim_{t\to\infty}\int_1^t \frac{1}{x}\,dx=\lim_{t\to\infty}\ln|x|\Big]_1^t$$
$$=\lim_{t\to\infty}(\ln t-\ln 1)=\lim_{t\to\infty}\ln t=\infty$$

가 된다. 이 극한은 유한한 값으로 존재하지 않으므로 이상적분 $\int_1^\infty \frac{1}{x}\,dx$는 발산한다. ■

이 절의 첫부분에서의 예와 예제 1을 비교하면 다음을 알 수 있다.

$$\int_1^\infty \frac{1}{x^2}dx:\text{ 수렴},\quad \int_1^\infty \frac{1}{x}\,dx:\text{ 발산}$$

기하학적으로 이것은 $x>0$인 x에 대하여 곡선 $y=\frac{1}{x^2}$과 곡선 $y=\frac{1}{x}$은 매우 유사하지만 $x=1$의 오른쪽과 $y=\frac{1}{x^2}$의 아래쪽의 넓이는 유한하고 $y=\frac{1}{x}$에서의 넓이는 무한하다. $\frac{1}{x^2}$과 $\frac{1}{x}$ 모두 x가 무한히 커짐에 따라 0으로 접근하지만 $\frac{1}{x^2}$이 $\frac{1}{x}$보다 빠르게 0에 접근한다는 사실을 알 수 있다.

예제 2 **이상적분에서 로피탈의 법칙 이용하기** $\int_{-\infty}^0 xe^x dx$의 값을 구하여라.

풀이 정의 **1**의 (b)를 이용하면 $\int_{-\infty}^0 xe^x dx=\lim_{t\to-\infty}\int_t^0 xe^x dx$임을 알 수 있다.

$u=x,\ dv=e^x dx,\ du=dx,\ v=e^x$로 놓고 부분적분하면

$$\int_t^0 xe^x dx=xe^x\Big]_t^0-\int_t^0 e^x dx$$
$$=-te^t-1+e^t$$

이 된다. $t\to-\infty$에 따라 $e^t\to 0$임을 알 수 있다. 로피탈 정리에 의하여

$$\lim_{t\to-\infty}te^t=\lim_{t\to-\infty}\frac{t}{e^{-t}}=\lim_{t\to-\infty}\frac{1}{-e^{-t}}$$
$$=\lim_{t\to-\infty}(-e^t)=0$$

이 된다. 따라서

$$\int_{-\infty}^0 xe^x dx=\lim_{t\to-\infty}(-te^t-1+e^t)=-0-1+0=-1$$

이다. ■

예제 3 $\int_{-\infty}^\infty \frac{1}{1+x^2}dx$의 값을 구하여라.

풀이 정의 **1**의 (c)에서 $a=0$으로 보는 것이 편리하다. 즉,

$$\int_{-\infty}^{\infty}\frac{1}{1+x^2}dx=\int_{-\infty}^{0}\frac{1}{1+x^2}dx+\int_{0}^{\infty}\frac{1}{1+x^2}dx$$

가 된다. 우변의 적분들을 나누어서 계산하여야 한다.

$$\int_{0}^{\infty}\frac{1}{1+x^2}dx=\lim_{t\to\infty}\int_{0}^{t}\frac{1}{1+x^2}dx=\lim_{t\to\infty}\tan^{-1}x\Big]_0^t$$

$$=\lim_{t\to\infty}(\tan^{-1}t-\tan^{-1}0)=\lim_{t\to\infty}\tan^{-1}t=\frac{\pi}{2}$$

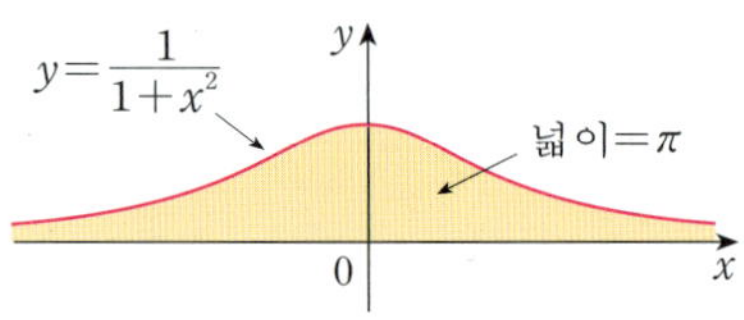

그림 6

$$\int_{-\infty}^{0}\frac{1}{1+x^2}dx=\lim_{t\to-\infty}\int_{t}^{0}\frac{dx}{1+x^2}=\lim_{t\to-\infty}\tan^{-1}x\Big]_t^0$$

$$=\lim_{t\to-\infty}(\tan^{-1}0-\tan^{-1}t)$$

$$=0-\left(-\frac{\pi}{2}\right)=\frac{\pi}{2}$$

두 적분 모두 수렴하기 때문에 주어진 적분은 수렴하고

$$\int_{-\infty}^{\infty}\frac{dx}{1+x^2}=\frac{\pi}{2}+\frac{\pi}{2}=\pi$$

이다. $\frac{1}{1+x^2}>0$이기 때문에 주어진 이상적분은 곡선 $y=\frac{1}{1+x^2}$의 아래와 x축 윗부분의 영역의 넓이로서 이해될 수 있다. ■

예제 4 이상적분 $\int_{1}^{\infty}\frac{1}{x^p}dx$가 수렴하기 위한 p의 값을 구하여라.

풀이 예제 1에서 $p=1$일 때 그 적분이 발산한다는 사실을 알고 있기 때문에 $p\neq1$이라고 가정하자.

$$\int_{1}^{\infty}\frac{1}{x^p}dx=\lim_{t\to\infty}\int_{1}^{t}\frac{1}{x^p}dx=\lim_{t\to\infty}\frac{x^{-p+1}}{-p+1}\Big]_{x=1}^{x=t}=\lim_{t\to\infty}\frac{1}{1-p}\left[\frac{1}{t^{p-1}}-1\right]$$

$p>1$이면, $p-1>0$이고 따라서 $t\to\infty$일 때 $t^{p-1}\to\infty$이고 $\frac{1}{t^{p-1}}\to0$이다. 따라서

$$p>1\text{이면, }\int_{1}^{\infty}\frac{1}{x^p}dx=\frac{1}{p-1}$$

그러나 $p<1$이면, $p-1<0$이고 $t\to\infty$일 때, $\frac{1}{t^{p-1}}=t^{1-p}\to\infty$

이다. 그러므로 그 적분은 발산한다. ■

앞으로의 도움을 위하여 요약하자.

2 $p>1$이면 $\int_{1}^{\infty}\frac{1}{x^p}dx$는 수렴하고, $p\leq1$이면 $\int_{1}^{\infty}\frac{1}{x^p}dx$는 발산한다.

▷ 형태 2 : 불연속함수의 적분

유한 구간 f가 $[a, b)$에서 양의 값을 갖는 연속함수이지만 b에서 수직점근선을 갖는다고 가정하자. 또 S가 f의 그래프 아래쪽과 a와 b 사이의 x축 위쪽에 있는 유계가 아닌 영역이라 하자(형태 1의 적분에서는 적분영역이 수평으로 무한히 뻗어 나갔었다. 여기서는 영역이 수직으로 무한하다). a와 t 사이의 S의 부분영역의 넓이(그림 7의 색칠 부분)는

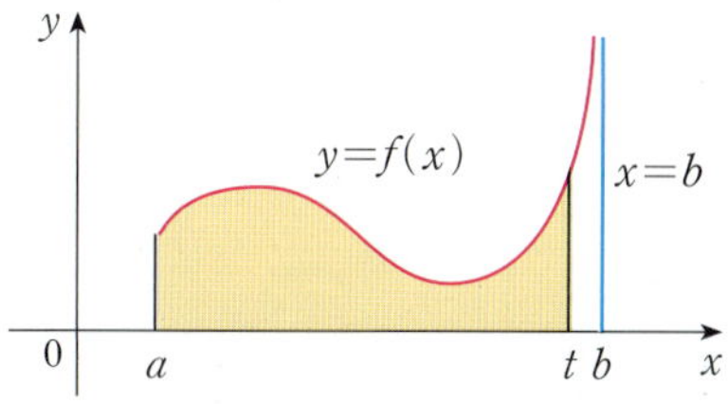

그림 7

$$A(t)=\int_a^t f(x)dx$$

이다. 만약 $t \to b^-$일 때 $A(t)$의 값이 유한한 값 A에 접근하면 영역 S의 넓이는 A라 하고 다음과 같이 쓴다.

$$\int_a^b f(x)dx=\lim_{t\to b^-}\int_a^t f(x)dx$$

이 식을 이용하여 f가 양의 값을 갖지 않는 경우에도 형태 2의 이상적분을 정의할 수 있다. 이 경우 b에서 f가 어떤 종류의 불연속값을 갖더라도 상관없다.

● 정의 3에서의 (b)와 (c)가 그림 8, 9에서 각각 설명되어 있다. 여기서 $f(x)\geq 0$이고 f는 a와 c에서 각각 수직점근선을 갖는 경우이다.

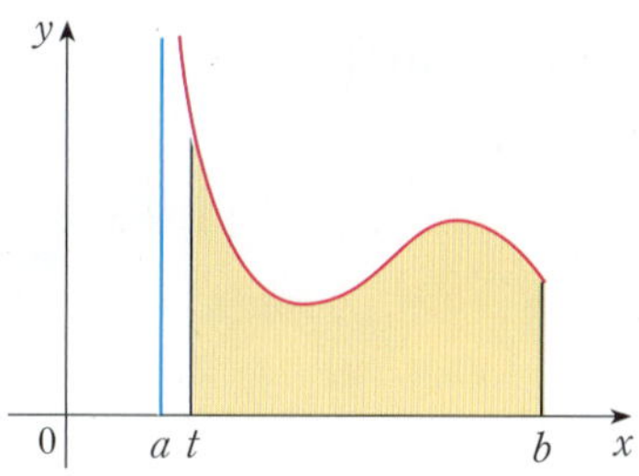

그림 8

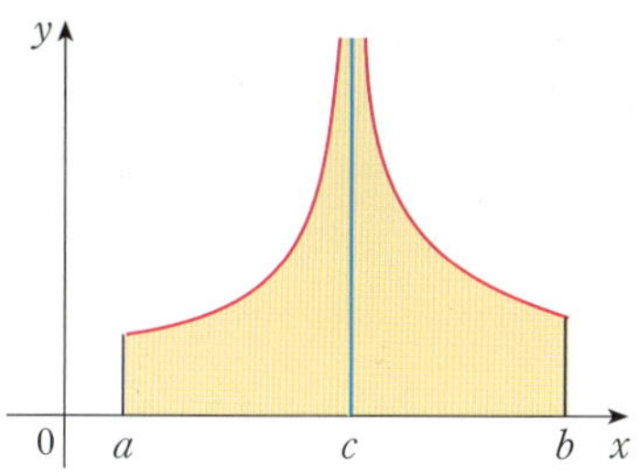

그림 9

3 형태 2의 이상적분 정의

(a) 구간 $[a, b)$에서 f가 연속이고 b에서 불연속이라면, 아래 극한이 존재할 때(유한한 값으로)

$$\int_a^b f(x)dx=\lim_{t\to b^-}\int_a^t f(x)dx$$

이다.

(b) 구간 $(a, b]$에서 f가 연속이고 a에서 불연속이라면, 아래 극한이 존재할 때(유한한 값으로)

$$\int_a^b f(x)dx=\lim_{t\to a^+}\int_t^b f(x)dx$$

이다.

극한이 존재할 때 (a)와 (b)에서의 이상적분은 **수렴**(convergent)한다고 하고, 극한이 존재하지 않을 때 **발산**(divergent)한다고 한다.

(c) $a<c<b$인 c에 대하여 f가 c에서 불연속이고 $\int_a^c f(x)dx$와 $\int_c^b f(x)dx$가 모두 수렴한다면,

$$\int_a^b f(x)dx=\int_a^c f(x)dx+\int_c^b f(x)dx$$

로 정의한다.

예제 5 **수직점근선을 갖는 함수의 적분** $\int_2^5 \frac{1}{\sqrt{x-2}}dx$를 구하여라.

풀이 우선 $f(x)=\frac{1}{\sqrt{x-2}}$이 $x=2$에서 수직점근선을 갖기 때문에 이상적분임을 알 수

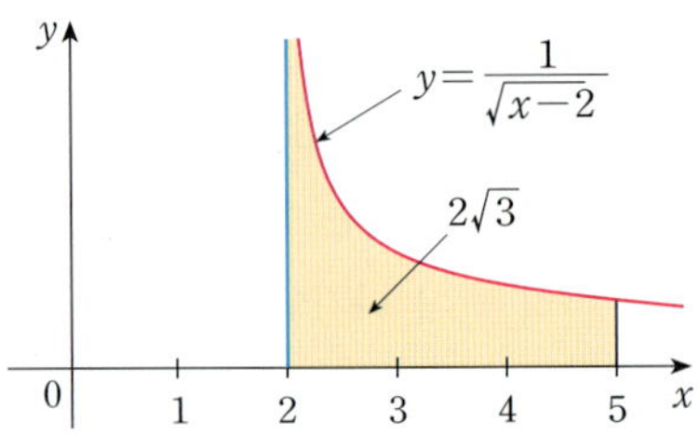

그림 10

있다. 구간 [2, 5]의 왼쪽 끝점에서 무한불연속이기 때문에 정의 **3**의 (b) 부분을 이용한다. 즉,

$$\begin{aligned}\int_2^5 \frac{1}{\sqrt{x-2}}\,dx &= \lim_{t\to 2^+}\int_t^5 \frac{dx}{\sqrt{x-2}} \\ &= \lim_{t\to 2^+} 2\sqrt{x-2}\,\Big]_t^5 \\ &= \lim_{t\to 2^+} 2(\sqrt{3}-\sqrt{t-2}\,) \\ &= 2\sqrt{3}\end{aligned}$$

따라서 주어진 이상적분은 수렴하고 피적분함수가 양의 함수이기 때문에 그림 10의 음영 영역의 넓이로 이해할 수 있다. ■

예제 6 $\int_0^{\frac{\pi}{2}} \sec x\, dx$의 수렴여부를 판정하여라.

풀이 $\lim_{t\to(\frac{\pi}{2})^-} \sec x=\infty$이기 때문에 주어진 적분은 이상적분이다. 정의 **3**의 (a)를 사용하면, $t\to\left(\frac{\pi}{2}\right)^-$에 따라서 $\sec t\to\infty$이고, $\tan t\to\infty$이기 때문에

$$\begin{aligned}\int_0^{\frac{\pi}{2}} \sec x\, dx &= \lim_{t\to(\frac{\pi}{2})^-}\int_0^t \sec x\, dx \\ &= \lim_{t\to(\frac{\pi}{2})^-} \ln|\sec x+\tan x|\Big]_0^t \\ &= \lim_{t\to(\frac{\pi}{2})^-} [\ln(\sec t+\tan t)-\ln 1] \\ &= \infty\end{aligned}$$

이다. 따라서 주어진 이상적분은 발산한다. ■

예제 7 $\int_0^3 \frac{dx}{x-1}$의 수렴여부를 판정하여라.

풀이 직선 $x=1$이 피적분함수의 수직점근선이다. 구간 [0, 3]의 중간에 수직점근선이 있기 때문에 $c=1$로 하는 정의 **3**의 (c) 부분을 이용한다.

$$\int_0^3 \frac{dx}{x-1} = \int_0^1 \frac{dx}{x-1} + \int_1^3 \frac{dx}{x-1}$$

이고

$$\begin{aligned}\int_0^1 \frac{dx}{x-1} &= \lim_{t\to 1^-}\int_0^t \frac{dx}{x-1} = \lim_{t\to 1^-} \ln|x-1|\Big]_0^t \\ &= \lim_{t\to 1^-} (\ln|t-1|-\ln|-1|) \\ &= \lim_{t\to 1^-} \ln(1-t) = -\infty \qquad (t\to 1^- \text{ 일 때 } 1-t\to 0^+ \text{ 이므로})\end{aligned}$$

이다. 따라서 $\int_0^1 \frac{dx}{x-1}$가 발산한다. 이것은 $\int_0^3 \frac{dx}{x-1}$가 발산함을 의미한다 ($\int_1^3 \frac{dx}{x-1}$는 계산할 필요가 없다). ■

주의 점근선 $x=1$을 알지 못해서 이상적분이라고 생각하지 못하면, 아래와 같은 잘못된 계산을 할 수 있다.

$$\int_0^3 \frac{dx}{x-1} = \ln|x-1|]_0^3 = \ln 2 - \ln 1 = \ln 2$$

이 적분은 이상적분이고 극한의 개념으로 계산되어야 하기 때문에 위의 계산은 틀린 것이다.

이제부터는 $\int_a^b f(x)dx$를 풀 때마다 구간 $[a, b]$ 위에서 함수 f의 값을 보고, 이 적분이 이상적분인지 통상적인 정적분인지를 결정해야 한다.

예제 8 이상적분에서 로피탈의 법칙 이용하기 $\int_0^1 \ln x\, dx$를 구하여라.

풀이 $\lim_{x\to 0^+} \ln x = -\infty$이기 때문에 함수 $f(x)=\ln x$는 $x=0$에서 수직점근선을 갖는다. 따라서, 주어진 적분은 이상적분이고

$$\int_0^1 \ln x\, dx = \lim_{t\to 0^+} \int_t^1 \ln x\, dx$$

이다. 이제 $u=\ln x$, $dv=dx$, $du=\dfrac{dx}{x}$, $v=x$로 놓고 부분적분하면

$$\begin{aligned}\int_t^1 \ln x\, dx &= x \ln x]_t^1 - \int_t^1 dx \\ &= 1 \ln 1 - t \ln t - (1-\mathrm{t}) \\ &= -t \ln t - 1 + t\end{aligned}$$

이다. 첫 번째 항의 극한을 구하기 위하여 로피탈 정리를 사용한다.

$$\lim_{t\to 0^+} t \ln t = \lim_{t\to 0^+} \frac{\ln t}{\dfrac{1}{t}} = \lim_{t\to 0^+} \frac{\dfrac{1}{t}}{-\dfrac{1}{t^2}} = \lim_{t\to 0^+}(-t) = 0$$

그러므로,

$$\begin{aligned}\int_0^1 \ln x\, dx &= \lim_{t\to 0^+}(-t \ln t - 1 + t) \\ &= -0 - 1 + 0 = -1\end{aligned}$$

이 된다. 그림 11은 이 결과의 기하학적 해석을 보여준다. 곡선 $y=\ln x$의 위와 x축 아래 음영 부분의 넓이가 1임을 뜻한다. ■

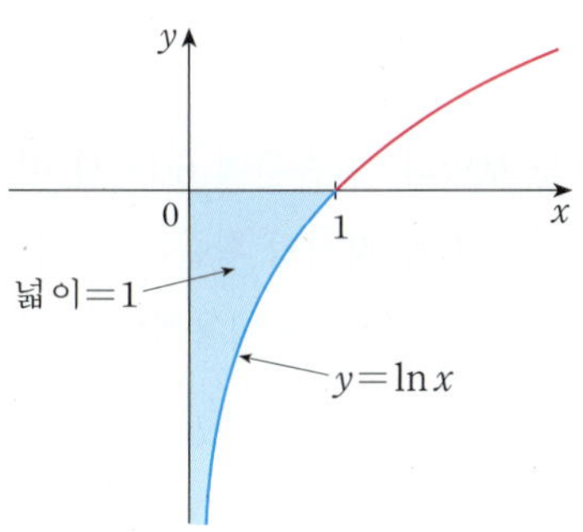

그림 11

▷ 이상적분의 비교판정법

때로는 이상적분의 정확한 값을 계산하는 것이 불가능하고 그것의 수렴여부가 중요한 경우가 있다. 이러한 경우 아래의 정리는 유용하다. 형태 1에 해당하는 적분을 다루더라도 유사한 정리가 형태 2의 적분에서도 성립한다.

비교 정리 f와 g가 $x \geq a$인 x에 대하여 $f(x) \geq g(x) \geq 0$을 만족하는 연속함수라 하자. 이때

(a) $\int_a^\infty f(x)\,dx$가 수렴하면, $\int_a^\infty g(x)\,dx$도 수렴한다.

(b) $\int_a^\infty g(x)\,dx$가 발산하면, $\int_a^\infty f(x)\,dx$도 발산한다.

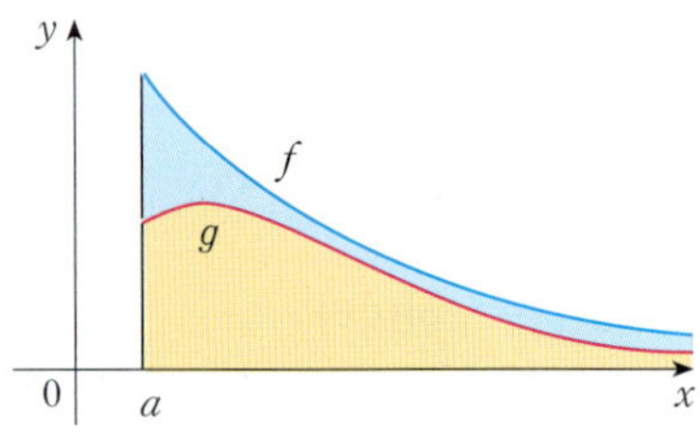

그림 12

비교 정리의 증명은 생략하지만 그림 12는 이 사실이 참임을 보여준다. 위의 곡선 $y=f(x)$ 아래의 넓이가 유한이라면, 아래 곡선 $y=g(x)$ 아래의 넓이 역시 유한하다. 그리고, $y=g(x)$ 아래의 넓이가 무한이면, $y=f(x)$ 아래의 넓이도 무한이다.

예제 9 $\int_0^\infty e^{-x^2}\,dx$가 수렴함을 보여라.

풀이 e^{-x^2}의 역도함수가 초등함수가 아니기 때문에 적분값을 직접 구할 수는 없다.

$$\int_0^\infty e^{-x^2}\,dx = \int_0^1 e^{-x^2}\,dx + \int_1^\infty e^{-x^2}\,dx$$

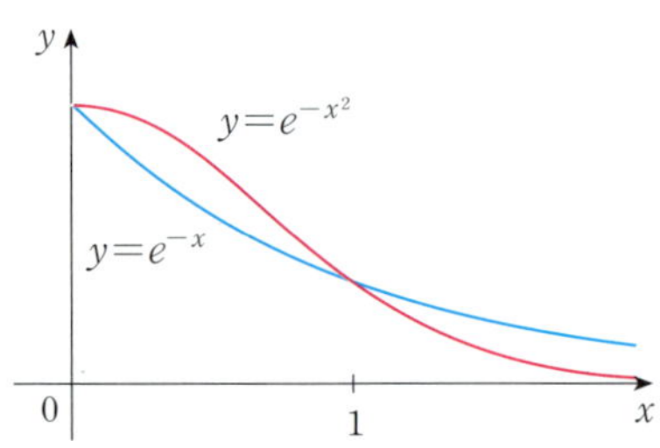

그림 13

라고 쓰면, 첫 번째 적분은 보통의 유한적분이다. 두 번째 적분에서 $x \geq 1$에 대하여 $x^2 \geq x$이다. 또한 $-x^2 \leq -x$이므로 $e^{-x^2} \leq e^{-x}$이다(그림 13 참조). e^{-x}의 적분은 구하기 쉽다. 즉,

$$\int_1^\infty e^{-x}\,dx = \lim_{t\to\infty}\int_1^t e^{-x}\,dx = \lim_{t\to\infty}(e^{-1}-e^{-t}) = e^{-1}$$

이다. 그러므로 비교 정리에서 $f(x)=e^{-x}$, $g(x)=e^{-x^2}$이라 하면 $\int_1^\infty e^{-x^2}\,dx$가 수렴함을 알 수 있다. 그러므로 $\int_0^\infty e^{-x^2}\,dx$가 수렴한다는 사실을 얻는다. ■

표 1

t	$\int_0^t e^{-x^2}\,dx$
1	0.7468241328
2	0.8820813908
3	0.8862073483
4	0.8862269118
5	0.8862269255
6	0.8862269255

예제 9에서 실제값을 구하지 않고 $\int_0^\infty e^{-x^2}\,dx$가 수렴함을 보았다. 연습문제 60에서 이 값이 대략 0.8862임을 보이는 방법을 설명할 것이다. 8.8절에서 볼 것처럼 확률론에서는 이상적분의 정확한 값을 구하는 것이 중요하다. 다변수 미적분학의 방법을 이용하면 정확한 값이 $\frac{\sqrt{\pi}}{2}$임을 보일 수 있다. 표 1은 t가 커질 때 컴퓨터로 계산된 $\int_0^t e^{-x^2}\,dx$의 값이 어떻게 $\frac{\sqrt{\pi}}{2}$에 접근하는가를 보여줌으로써 이상적분의 정의를 설명하여 준다.

예제 10 간단한 함수와 비교하기 적분 $\int_1^\infty \frac{1+e^{-x}}{x}\,dx$는 비교 정리에 의하여 발산한다. 왜냐하면,

$$\frac{1+e^{-x}}{x} > \frac{1}{x}$$

표 2

t	$\int_1^t \frac{1+e^{-x}}{x}dx$
2	0.8636306042
5	1.8276735512
10	2.5219648704
100	4.8245541204
1000	7.1271392134
10000	9.4297243064

이고 $\int_1^\infty \frac{1}{x}dx$가 예제 1에 의하여 발산하기 때문이다(혹은 $p=1$인 식 2에 의하여).

표 2는 예제 10의 적분이 발산함을 보여준다. 그 값들이 어느 확정값에 접근하지 않음을 주목하여라.

7.10 연습문제

1. 다음 적분이 왜 이상적분인지 설명하여라.
   (a) $\int_1^\infty x^4 e^{-x^4}dx$ (b) $\int_0^{\frac{\pi}{2}} \sec x\, dx$
   (c) $\int_0^2 \frac{dx}{x^2-5x+6}$ (d) $\int_{-\infty}^0 \frac{1}{x^2+5}dx$

2. 다음 적분이 왜 이상적분인지 설명하여라.
   (a) $\int_1^2 \frac{1}{2x-1}dx$ (b) $\int_0^1 \frac{1}{2x-1}dx$
   (c) $\int_{-\infty}^\infty \frac{\sin x}{1+x^2}dx$ (d) $\int_1^2 \ln(x-1)dx$

3. $x=1$에서 $x=t$까지 곡선 $y=\frac{1}{x^3}$ 아래의 넓이를 구하여라. 또 $t=10,\ 100,\ 1000$에 대하여 계산하여라. 그리고 $x\geq1$일 때 곡선 아래의 전체 넓이를 구하여라.

4. (a) $[0,\ 10]\times[0,\ 1]$과 $[0,\ 100]\times[0,\ 1]$의 직사각형에서 함수 $f(x)=\frac{1}{x^{1.1}}$과 $g(x)=\frac{1}{x^{0.9}}$의 그래프를 그려라.
   (b) $x=1$부터 $x=t$까지 f와 g의 그래프 아래의 넓이를 구하고, $t=10,\ 100,\ 10^4,\ 10^6,\ 10^{10},\ 10^{20}$에 대하여 계산하여라.
   (c) $x\geq1$에 대하여 각 곡선의 아래 전체 넓이를 구하여라.

(5~34) 다음 각 적분의 수렴, 발산 여부를 결정하여라. 수렴한다면 그 값을 구하여라.

5. $\int_1^\infty \frac{1}{(3x+1)^2}dx$
6. $\int_{-\infty}^0 \frac{1}{2x-5}dx$
7. $\int_{-\infty}^{-1} \frac{1}{\sqrt{2-w}}dw$
8. $\int_0^\infty \frac{x}{(x^2+2)^2}dx$
9. $\int_4^\infty e^{-y/2}dy$
10. $\int_{-\infty}^{-1} e^{-2t}dt$
11. $\int_{2\pi}^\infty \sin\theta\, d\theta$
12. $\int_{-\infty}^\infty (2-v^4)dv$
13. $\int_{-\infty}^\infty xe^{-x^2}dx$
14. $\int_1^\infty \frac{e^{-\sqrt{x}}}{\sqrt{x}}dx$
15. $\int_1^\infty \frac{x+1}{x^2+2x}dx$
16. $\int_{-\infty}^\infty \cos\pi t\, dt$
17. $\int_0^\infty se^{-5s}ds$
18. $\int_{-\infty}^6 re^{r/3}dr$
19. $\int_1^\infty \frac{\ln x}{x}dx$
20. $\int_{-\infty}^\infty x^3e^{-x^4}dx$
21. $\int_{-\infty}^\infty \frac{x^2}{9+x^6}dx$
22. $\int_1^\infty \frac{\ln x}{x^3}dx$
23. $\int_e^\infty \frac{1}{x(\ln x)^3}dx$
24. $\int_0^\infty \frac{e^x}{e^{2x}+3}dx$
25. $\int_0^1 \frac{3}{x^5}dx$
26. $\int_2^3 \frac{1}{\sqrt{3-x}}dx$
27. $\int_{-2}^{14} \frac{dx}{\sqrt[4]{x+2}}$
28. $\int_6^8 \frac{4}{(x-6)^3}dx$
29. $\int_0^{33}(x-1)^{-1/5}dx$
30. $\int_0^1 \frac{1}{4y-1}dy$
31. $\int_{-1}^1 \frac{e^x}{e^x-1}dx$
32. $\int_{\pi/2}^\pi \csc x\, dx$
33. $\int_0^2 z^2\ln z\, dz$
34. $\int_0^1 \frac{\ln x}{\sqrt{x}}dx$

(35~40) 아래 영역을 그리고 넓이를 구하여라(유한값인 경우).

35. $S=\{(x,y)\mid x\leq1,\ 0\leq y\leq e^x\}$
36. $S=\{(x,y)\mid x\geq-2,\ 0\leq y\leq e^{-x/2}\}$
37. $S=\{(x,y)\mid 0\leq y\leq 2/(x^2+9)\}$
38. $S=\{(x,y)\mid x\geq0,\ 0\leq y\leq xe^{-x}\}$
39. $S=\{(x,y)\mid 0\leq x<\pi/2,\ 0\leq y\leq \sec^2 x\}$
40. $S=\{(x,y)\mid -2<x\leq0,\ 0\leq y\leq 1/\sqrt{x+2}\}$

41. (a) $g(x)=\dfrac{\sin^2 x}{x^2}$일 때 계산기를 이용하여 $t=2,\ 5,\ 10,\ 100,\ 1000,\ 10000$에 대한 $\int_1^{\infty} g(x)dx$의 근삿값의 표를 만들어라.

(b) $f(x)=\dfrac{1}{x^2}$과 비교하여 $\int_1^{\infty} g(x)dx$가 수렴하는 것을 보여라.

(c) $1\le x\le 10$에서 동일한 스크린 위에서 그려진 f와 g를 이용하여 (b)를 설명하여라. $\int_1^{\infty} g(x)dx$가 왜 발산하는지 그래프를 이용하여 직관적으로 설명하여라.

42. (a) $g(x)=\dfrac{1}{\sqrt{x}-1}$일 때, 계산기나 컴퓨터를 이용하여 $t=5,\ 10,\ 100,\ 1000,\ 10000$에 대한 $\int_2^{t} g(x)dx$의 근삿값의 사값의 표를 만들어라. $\int_2^{\infty} g(x)dx$는 수렴하는가 발산하는가?

(b) $f(x)=\dfrac{1}{\sqrt{x}}$에 대한 비교 정리를 이용하여 $\int_2^{\infty} g(x)dx$가 발산함을 보여라.

(c) $2\le x\le 20$에 대한 동일한 스크린 위에서 그려진 f와 g에 의해 (b)를 설명하여라. $\int_2^{\infty} g(x)dx$가 왜 발산하는지 그래프를 이용하여 직관적으로 설명하여라.

(43~48) 비교 정리를 이용하여 각 적분이 수렴하는지 발산하는지를 판정하여라.

43. $\displaystyle\int_0^{\infty} \frac{x}{x^3+1}dx$

44. $\displaystyle\int_1^{\infty} \frac{2+e^{-x}}{x}dx$

45. $\displaystyle\int_1^{\infty} \frac{x+1}{\sqrt{x^4-x}}dx$

46. $\displaystyle\int_0^{\infty} \frac{\arctan x}{2+e^x}dx$

47. $\displaystyle\int_0^{1} \frac{\sec^2 x}{x\sqrt{x}}dx$

48. $\displaystyle\int_0^{\pi} \frac{\sin^2 x}{\sqrt{x}}dx$

49. 적분

$$\int_0^{\infty} \frac{1}{\sqrt{x}(1+x)}dx$$

는 두 가지 이유에서 이상적분이다. 즉, 구간 $[0,\ \infty)$가 무한구간이고 피적분함수가 0 근방에서 무한이다. 이 적분을 다음과 같은 형태 1과 형태 2의 이상적분의 합으로 표시하고 그 값을 구하여라.

$$\int_0^{\infty} \frac{1}{\sqrt{x}(1+x)}dx=\int_0^{1} \frac{1}{\sqrt{x}(1+x)}dx+\int_1^{\infty} \frac{1}{\sqrt{x}(1+x)}dx$$

(50~51) 다음 적분이 수렴하기 위한 p의 값을 구하고, 적분을 계산하여라.

50. $\displaystyle\int_e^{\infty} \frac{1}{x(\ln x)^p}dx$

51. $\displaystyle\int_0^{1} \frac{1}{x^p}dx$

52. (a) $n=0,\ 1,\ 2,\ 3$에 대해 적분 $\int_0^{\infty} x^n e^{-x}dx$를 계산하여라.

(b) n이 양의 정수일 때 $\int_0^{\infty} x^n e^{-x}dx$의 값을 추측하여라.

(c) 수학적 귀납법을 이용하여 추측값을 증명하여라.

53. (a) $\int_{-\infty}^{\infty} x\,dx$가 발산함을 증명하여라.

(b) $\lim_{t\to\infty}\int_{-t}^{t} x\,dx=0$임을 보여라.

위의 사실은

$$\int_{-\infty}^{\infty} f(x)dx=\lim_{t\to\infty}\int_{-t}^{t} f(x)dx$$

가 성립하지 않음을 보여준다.

54. $\int_{-\infty}^{\infty} f(x)dx$는 수렴하고, a와 b가 실수라면,

$$\int_{-\infty}^{a} f(x)dx+\int_a^{\infty} f(x)dx=\int_{-\infty}^{b} f(x)dx+\int_b^{\infty} f(x)dx$$

임을 보여라.

55. 백열전구의 제조사는 약 700시간 지속되는 전구를 생산하기를 원하지만, 어떤 전구들은 다른 것보다 더 빨리 끊어진다. $F(t)$는 t시간 전에 끊어지는 전구의 비율이다. $F(t)$는 항상 0과 1 사이에 있다.

(a) F의 그래프를 그려라.

(b) 미분 계수 $r(t)=F'(t)$의 의미는 무엇인가?

(c) $\int_0^{\infty} r(t)dt$의 값은 무엇인가?

56. 가스 분자의 평균 속도가

$$\bar{v}=\frac{4}{\sqrt{\pi}}\left(\frac{M}{2RT}\right)^{\frac{3}{2}}\int_0^{\infty} v^3 e^{-Mv^2/(2RT)}dv$$

이고, 여기서 M은 가스의 분자 무게이고, R은 가스의 계수, T는 가스 온도, 그리고 v는 분자 속도이다. 그러면

$$\bar{v}=\sqrt{\frac{8RT}{\pi M}}$$

임을 보여라.

57 $\displaystyle\int_a^{\infty} \frac{1}{x^2+1}dx<0.001$이면 가장 작은 수 a를 결정하여라.

58. $\int_0^{4} e^{-x^2}dx$와 $\int_4^{\infty} e^{-x^2}dx$의 합으로서 $\int_0^{\infty} e^{-x^2}dx$의 값을 추정하여라. $n=8$일 때 심프슨 공식을 이용하여 처음 적분의 근사값을 구하여라. 또 두번째 적분은 $\int_4^{\infty} e^{-4x}dx$보다 작고

0.0000001 미만임을 보여라.

59. $\int_0^\infty x^2 e^{-x^2} dx = \frac{1}{2}\int_0^\infty e^{-x^2} dx$임을 보여라.

60. $\int_0^\infty e^{-x^2} dx = \int_0^1 \sqrt{-\ln y}\, dy$임을 보여라.

61. 아래 적분이 수렴하는 상수 C의 값을 구하여라.

$$\int_0^\infty \left(\frac{1}{\sqrt{x^2+4}} - \frac{C}{x+2}\right) dx$$

결정된 C의 값에 대한 적분을 계산하여라.

62. 아래 적분이 수렴하는 상수 C의 값을 구하여라.

$$\int_0^\infty \left(\frac{x}{x^2+1} - \frac{C}{3x+1}\right) dx$$

결정된 C의 값에 대한 적분을 계산하여라.

63. f가 $[0, \infty)$에서 연속이고 $\lim_{x\to\infty} f(x) = 1$이라 하자. 이때 $\int_0^\infty f(x)dx$가 수렴할 수 있는가?

64. $a > -1$이고 $b > a+1$이면 적분 $\int_0^\infty \frac{x^a}{1+x^b} dx$는 수렴함을 보여라.

8 적분의 응용

이 장에서는 정적분을 이용하여 곡선으로 둘러싸인 넓이, 입체의 부피, 곡선의 길이, 함수의 평균값 그리고 다양한 힘으로 한 일, 평면의 무게중심, 댐에 가해지는 힘 등과 더불어 생물학, 경제학, 통계학에 있어서 흥미로운 양을 계산함으로써 정적분의 응용에 관하여 설명하고자 한다. 공통된 주제는 앞으로 다루게 될 일반적인 방법으로서 곡선 아래 영역의 넓이를 구하는 데 사용했던 방법과 유사하다. 하나의 양 Q를 수 많은 작은 부분으로 쪼갠다. 그 다음에 각각의 작은 부분을 $f(x_i^*)\Delta x$ 형태의 양으로 어림잡아서 Q를 리만 합으로 근사시킨다. 그 다음에 극한을 취해서 Q를 적분으로 표현한다. 마지막으로 이 적분을 미적분학의 기본정리 또는 심프슨 공식을 이용하여 계산한다.

8.1 넓 이

제7장에서 함수의 그래프의 아래 있는 영역의 넓이를 정의하고 계산하였다. 이 절에서는 적분을 이용하여 더 일반적인 영역의 넓이를 구하고자 한다. 먼저 두 함수의 그래프로 둘러싸인 영역의 넓이에 대하여 알아보고, 매개변수 곡선에 의하여 둘러싸인 영역의 넓이도 구하여보자.

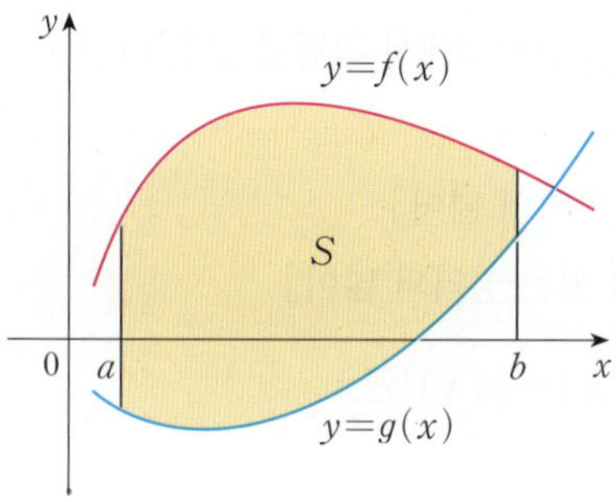

그림 1
$S=\{(x, y)\,|\,a \le x \le b,\ g(x) \le y \le f(x)\}$

▷ 곡선 사이의 넓이

두 곡선 $y=f(x)$, $y=g(x)$와 두 수직선 $x=a$, $x=b$로 둘러싸인 영역 S를 생각하자. 여기에서 함수 f와 g는 폐구간 $[a, b]$ 위의 연속함수이고, 모든 x에 대하여 $f(x) \ge g(x)$를 만족한다고 하자(그림 1 참조).

7.1절에서 곡선 아래 영역의 넓이를 구할 때와 같이, S를 같은 폭을 갖는 n개의 조각으로 나누고, i번째 조각을 밑변 Δx와 높이 $f(x_i^*)-g(x_i^*)$인 직사각형으로 근사시킨다(그림 2 참조. 모든 표본점들을 오른쪽 끝점으로 취할 수도 있다. 이 경우에 $x_i^*=x_i$이다).

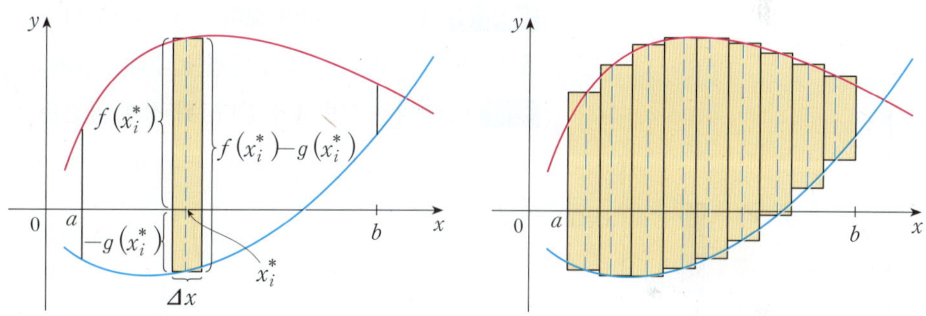

(a) 대표직사각형 (b) 근사직사각형

그림 2

그러므로 리만 합

$$\sum_{i=1}^{n} [f(x_i^*)-g(x_i^*)]\Delta x$$

는 직관적으로 S의 넓이에 대한 근삿값이다.

이러한 근삿값은 $n \to \infty$일 때 더욱더 구하고자 하는 값에 근접하게 된다. 그러므로 S의 넓이 A는 이러한 근사직사각형들의 넓이의 합에 대한 극한값으로 정의한다.

1 $$A=\lim_{n\to\infty}\sum_{i=1}^{n} [f(x_i^*)-g(x_i^*)]\Delta x$$

식 **1**에서 극한은 $f-g$의 정적분이다. 따라서 넓이에 대하여 다음 공식을 얻는다.

> **2** 폐구간 $[a, b]$의 모든 x에 대하여 f와 g가 연속이고, $f(x) \geq g(x)$일 때, 곡선 f, g와 직선 $x=a$, $x=b$로 둘러싸인 영역의 넓이 A는 다음과 같다.
>
> $$A=\int_a^b [f(x)-g(x)]\,dx$$

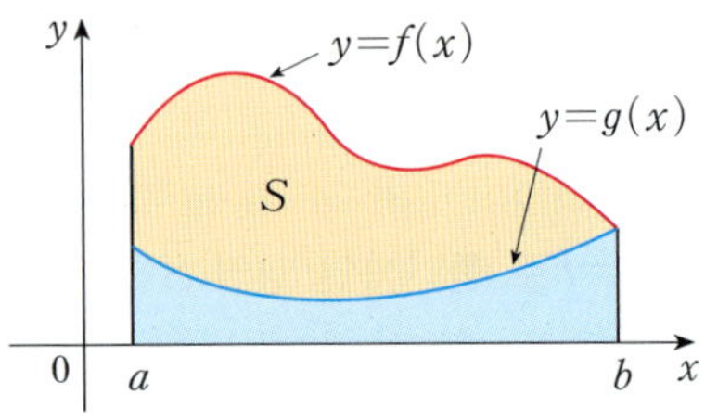

그림 3

$A=\int_a^b f(x)dx-\int_a^b g(x)dx$

$g(x)=0$인 특수한 경우에 S는 f의 그래프의 아래와 x축 위에 있는 영역이며, 넓이에 대한 일반적인 정의 **1**은 앞에서의 정의(정의 7.1.2)와 같게 된다.

두 함수 f와 g가 모두 양인 경우, 식 **2**가 참인 이유를 그림 3에서 확인할 수 있다. 즉

$$\begin{aligned} A &= [y=f(x)\text{의 아래와 } x\text{축의 위에 있는 영역의 넓이}] \\ &\quad -[y=g(x)\text{의 아래와 } x\text{축의 위에 있는 영역의 넓이}] \\ &= \int_a^b f(x)dx-\int_a^b g(x)dx=\int_a^b [f(x)-g(x)]\,dx \end{aligned}$$

예제 1 **두 곡선 사이의 넓이** $y=e^x$에 의하여 위로 유계이고 $y=x$에 의하여 아래로 유계이며, $x=0$과 $x=1$의 양변에 대하여 유계인 영역의 넓이를 구하여라.

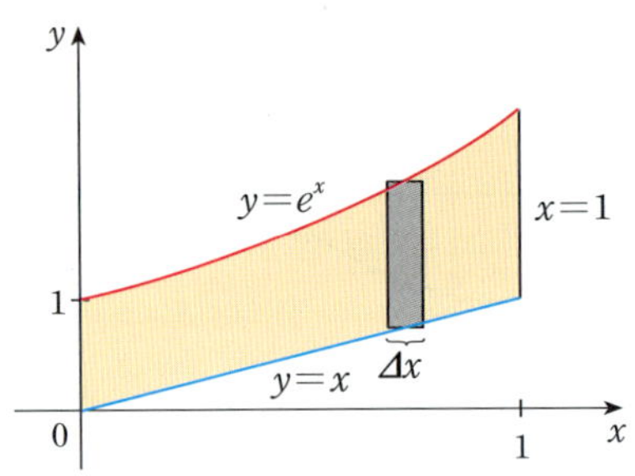

그림 4

풀이 이 영역은 그림 4와 같다. 위 경계 곡선은 $y=e^x$이고, 아래 경계 곡선은 $y=x$이다. 따라서 $f(x)=e^x$, $g(x)=x$, $a=0$ 및 $b=1$과 함께 넓이 공식 **2**를 이용한다.

$$\begin{aligned} A &= \int_0^1 (e^x-x)\,dx=e^x-\frac{1}{2}x^2\Big]_0^1 \\ &= e-\frac{1}{2}-1=e-1.5 \end{aligned}$$

■

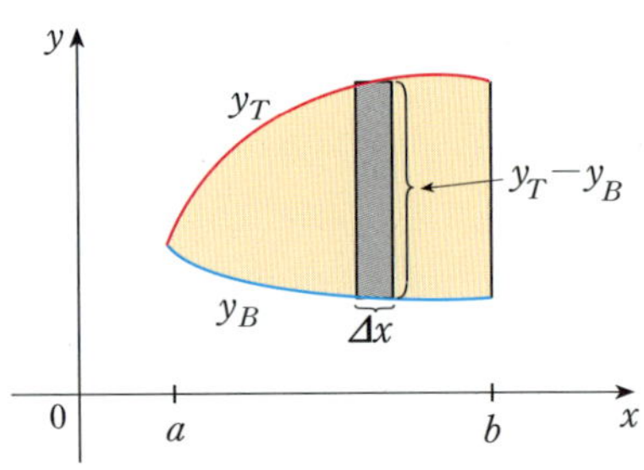

그림 5

그림 4는 식 **1**의 넓이를 정의하는 과정을 되새기는 측면에서 폭 Δx인 대표 근사 직사각형을 그렸다. 일반적으로 넓이를 구하기 위한 적분식을 세울 때, 그림 5에서와 같이 영역을 그려서 위 곡선 y_T, 아래 곡선 y_B 및 대표 근사직사각형을 확인해 보는 것이 도움이 된다. 이때, 대표 근사 직사각형의 넓이는 $(y_T-y_B)\Delta x$이고, 식

$$A=\lim_{n\to\infty}\sum_{i=1}^{n} (y_T-y_B)\Delta x=\int_a^b (y_T-y_B)dx$$

는 모든 대표 근사 직사각형의 넓이를 합하는 과정(극한의 의미에서)을 요약하고 있다.

그림 5에서는 왼쪽 경계가 한 점으로 축소된 반면에, 그림 3에서는 오른쪽 경계가 한 점으로 축소된 것을 유의해야 한다. 다음 예제에서는 양쪽 경계가 한 점으로 축소된다. 따라서 풀이 과정의 첫 단계는 a와 b를 구하는 것이다.

예제 2 포물선 $y=x^2$과 $y=2x-x^2$으로 둘러싸인 영역의 넓이를 구하여라.

풀이 먼저 두 포물선의 교점을 구하기 위하여 포물선의 방정식을 연립으로 푼다.

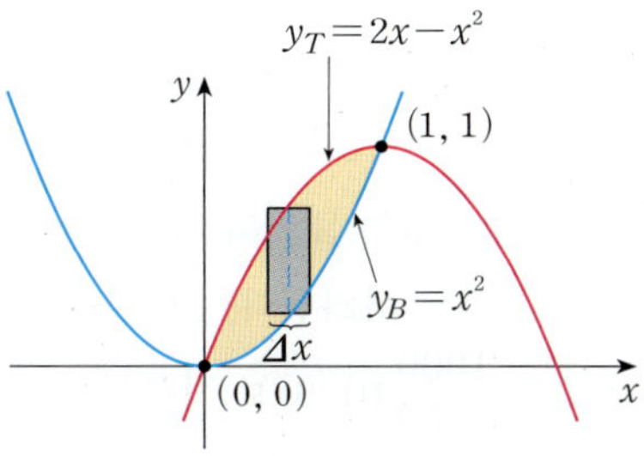

그림 6

$x^2=2x-x^2$ 또는 $2x^2=2x$에서 $2x(x-1)=0$이므로 $x=0$ 또는 1이다. 교점은 (0, 0)과 (1, 1)이다. 그림 6에서와 같이 위와 아래의 경계식은 $y_T=2x-x^2$, $y_B=x^2$이다. 대표 직사각형의 넓이는 $(y_T-y_B)\Delta x=(2x-x^2-x^2)\Delta x$이다. 그리고 이 영역은 $x=0$과 $x=1$ 사이에 둘러싸여 있다. 따라서 총 넓이는

$$A=\int_0^1 (2x-2x^2)dx=2\int_0^1 (x-x^2)dx$$
$$=2\left[\frac{x^2}{2}-\frac{x^3}{3}\right]_0^1=2\left(\frac{1}{2}-\frac{1}{3}\right)=\frac{1}{3}$$

이다. ■

때때로 두 곡선의 교점의 좌표를 정확하게 구하는 일이 어렵거나 불가능하다. 다음 예제에서처럼 그래프를 그릴 수 있는 계산기나 컴퓨터를 이용해서 그래프를 그려서 교점의 좌표의 근삿값을 구하고, 앞에서와 같은 방법으로 풀 수 있다.

예제 3 곡선 $y=\dfrac{x}{\sqrt{x^2+1}}$와 $y=x^4-x$로 둘러싸인 영역의 근사 넓이를 구하여라.

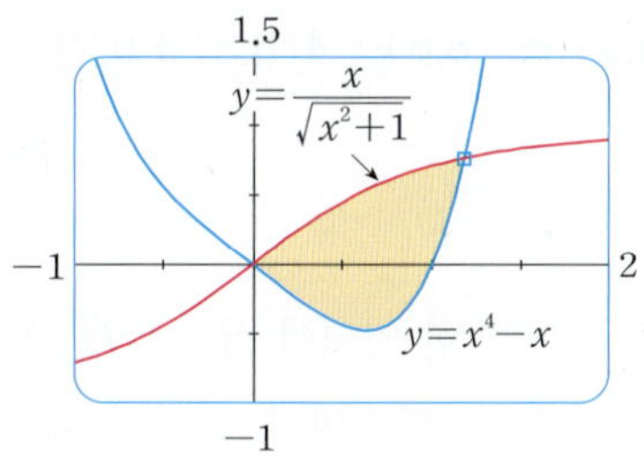

그림 7

풀이 정확한 교점의 좌표를 구하려면 방정식

$$\frac{x}{\sqrt{x^2+1}}=x^4-x$$

를 풀어야만 한다. 위 방정식의 정확한 해를 구하는 것은 매우 어려운 듯 보인다(사실은 불가능하다). 따라서 그림 7에서처럼 두 곡선의 그래프를 그리기 위하여 계산기나 컴퓨터를 이용한다. 교점 중의 한 좌표는 원점이고, 또 다른 교점의 x좌표는 약 1.18임을 알 수 있다(좀더 정확한 교점을 구할 때는 계산기나 컴퓨터에 있는 뉴턴의 방법이나 루트파인더(rootfinder)를 이용한다). 그러므로 두 곡선 사이의 넓이에 대한 근삿값은

$$A\approx\int_0^{1.18}\left[\frac{x}{\sqrt{x^2+1}}-(x^4-x)\right]dx$$

이다. 첫째 항을 적분하기 위하여 $u=x^2+1$로 치환하면 $du=2x\,dx$가 되고 $x=1.18$일 때 $u\approx 2.39$이다. 따라서

$$A\approx\frac{1}{2}\int_1^{2.39}\frac{du}{\sqrt{u}}-\int_0^{1.18}(x^4-x)\,dx$$
$$=\sqrt{u}\,\Big]_1^{2.39}-\left[\frac{x^5}{5}-\frac{x^2}{2}\right]_0^{1.18}$$
$$=\sqrt{2.39}-1-\frac{(1.18)^5}{5}+\frac{(1.18)^2}{2}$$
$$\approx 0.785$$
■

예제 4 **속도 곡선 사이의 넓이의 의미** 그림 8은 같은 길을 따라 동시에 출발하여 움직

이는 두 자동차 A와 B의 속도 곡선을 보여주고 있다. 두 곡선 사이의 넓이는 무엇을 나타내는가? 심프슨 공식을 이용하여 넓이를 구하여라.

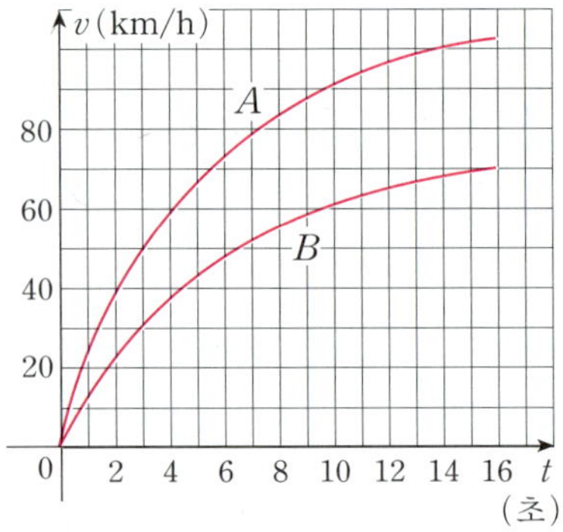

그림 8

풀이 7.3절에서 속도 곡선 A 아래에 있는 넓이는 처음 16초 동안 자동차 A가 주행한 거리를 나타낸다는 것을 알 수 있다. 유사하게, 곡선 B 아래에 있는 넓이는 같은 시간 동안 자동차 B가 주행한 거리이다. 따라서 두 곡선 아래에 있는 넓이의 차인, 두 곡선 사이의 넓이는 16초 후에 자동차가 주행한 거리의 차를 나타낸다. 그래프에서 속도를 읽고 이러한 속도를 단위 초당 미터($1\text{ km/h}=\frac{1000}{3600}\text{ m/s}$)로 전환시켜 다음과 같은 표를 얻는다.

t	0	2	4	6	8	10	12	14	16
v_A	0	10.4	16.5	20.4	23.2	25.6	27.1	28.0	29.0
v_B	0	6.4	10.4	13.4	15.5	17.1	18.3	19.2	19.8
v_A-v_B	0	4.0	6.1	7.0	7.7	8.5	8.8	8.8	9.2

$n=8$인 심프슨 공식을 이용하면 $\Delta t=2$이고, 16초 후에 두 자동차가 주행한 거리의 차는 다음과 같이 계산할 수 있다.

$$\int_0^{16}(v_A-v_B)\,dt$$
$$\approx\frac{2}{3}[0+4(4)+2(6.1)+4(7)+2(7.7)+4(8.5)+2(8.8)+4(8.8)+9.2]$$
$$\approx 112\text{m}$$

어떤 영역은 x를 y의 함수라 하면 쉽게 처리할 수 있다. 만약 한 영역이 식 $x=f(y)$, $x=g(y)$, $y=c$ 및 $y=d$인 곡선으로 둘러 싸여 있으며, f와 g는 연속이면 그 영역 넓이는 다음과 같다(그림 9 참조).

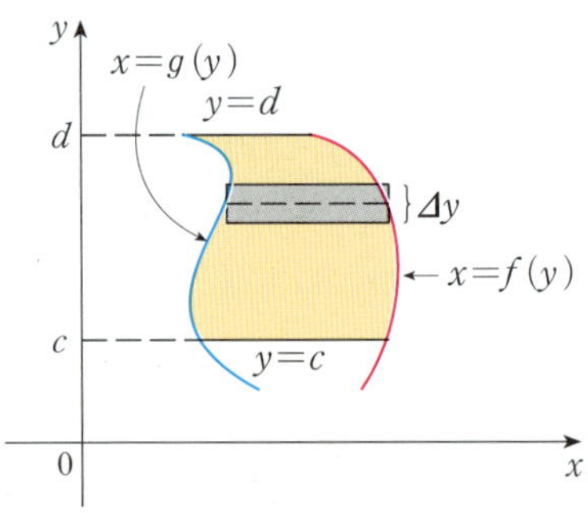

그림 9

$$A=\int_c^d[f(y)-g(y)]\,dy$$

이때 그림 10에 나타나 있는 것처럼 만약 오른쪽 경계에 대하여 x_R, 왼쪽 경계에 대하여 x_L이라고 표시하면 다음과 같은 식을 얻는다.

$$A=\int_c^d(x_R-x_L)\,dy$$

여기에서 대표 근사 직사각형의 치수는 x_R-x_L과 Δy이다.

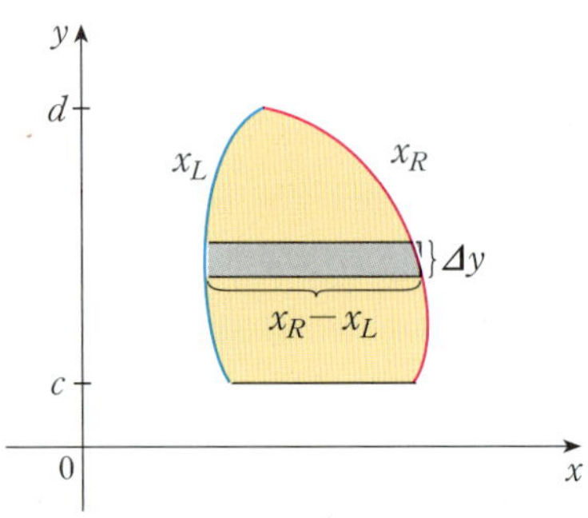

그림 10

예제 5 **y로 적분하는 것이 더 쉬운 경우** 직선 $y=x-1$과 포물선 $y^2=2x+6$으로 둘러싸인 영역의 넓이를 구하여라.

풀이 두 식을 연립으로 풀면, 교점의 좌표 $(-1, -2)$와 $(5, 4)$를 얻는다. x에 대하여 포물선 식을 풀고 그림 11로부터 왼쪽과 오른쪽 경계 곡선은

$$x_L=\frac{1}{2}y^2-3,\qquad x_R=y+1$$

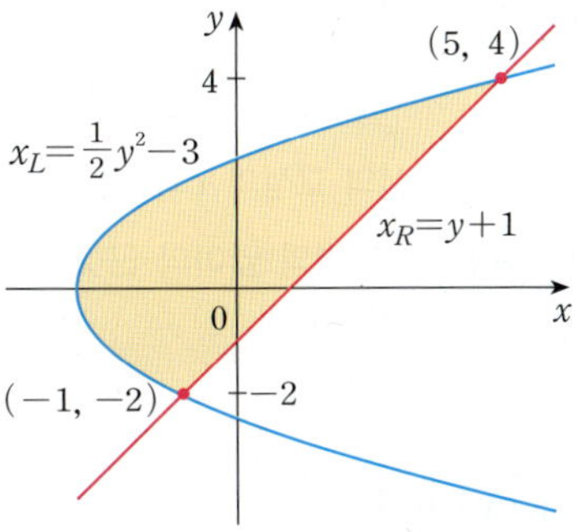

그림 11

임을 안다. 적당한 y값들, 즉 $y=-2$와 $y=4$ 사이에서 적분을 해야 한다.

$$\begin{aligned} A &= \int_{-2}^{4} (x_R - x_L)\,dy \\ &= \int_{-2}^{4} \left[(y+1) - \left(\frac{1}{2}y^2 - 3\right) \right] dy \\ &= \int_{-2}^{4} \left(-\frac{1}{2}y^2 + y + 4 \right) dy \\ &= -\frac{1}{2}\left(\frac{y^3}{3}\right) + \frac{y^2}{2} + 4y \Big]_{-2}^{4} \\ &= -\frac{1}{6}(64) + 8 + 16 - \left(\frac{4}{3} + 2 - 8\right) = 18 \end{aligned}$$

■

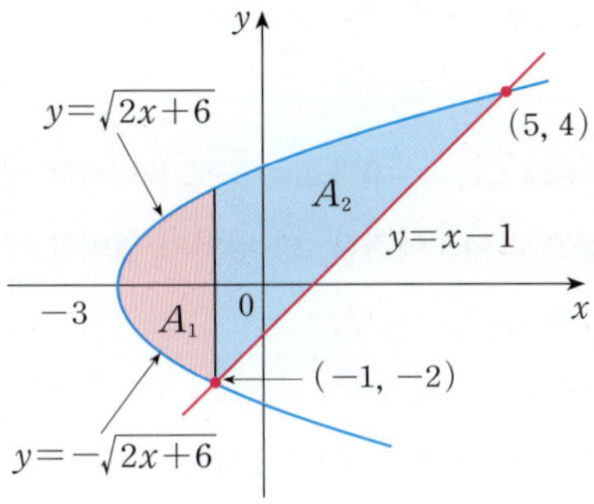

그림 12

예제 5에서의 넓이는 y 대신에 x에 대하여 적분을 함으로써 구할 수도 있으나 계산이 훨씬 더 복잡하다. 이것은 영역을 두 개로 나누고 그림 12에서 A_1과 A_2로 표시된 넓이를 계산한다는 것을 의미하므로, 예제 5에서 이용했던 방법이 훨씬 쉽다.

매개변수 곡선에 둘러싸인 넓이

$F(x)\geq 0$일 때 a에서 b까지 곡선 $y=F(x)$ 아래 영역의 넓이는 다음과 같다.

$$A=\int_a^b F(x)\,dx$$

● t에 대한 적분의 극한은 주로 치환적분에서 발견된다. $x=a$일 때 t는 α 혹은 β가 된다. $x=b$일 때 t는 나머지 값이 된다.

만일 곡선이 매개변수 방정식 $x=f(t)$, $y=g(t)$, $\alpha\leq t\leq\beta$로 주어졌다면 정적분의 치환공식을 사용하여 영역의 넓이를 다음과 같이 계산할 수 있다.

$$A=\int_a^b y\,dx=\int_\alpha^\beta g(t)f'(t)\,dt \quad \left[\text{또는 } \int_\beta^\alpha g(t)f'(t)\,dt\right]$$

예제 6 다음 식으로 주어지는 사이클로이드의 한 아치 아래의 넓이를 구하여라(그림 13 참조).

$$x=r(\theta-\sin\theta) \qquad y=r(1-\cos\theta)$$

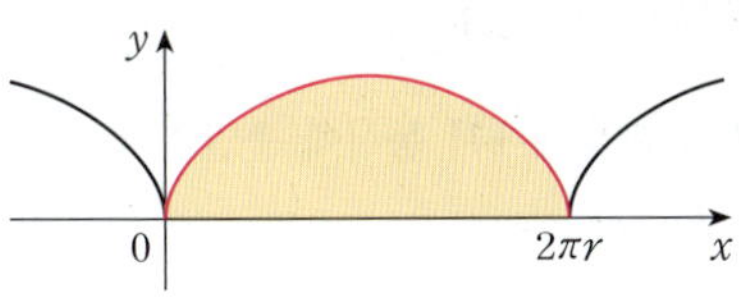

그림 13

풀이 사이클로이드의 한 아치는 $0\leq\theta\leq 2\pi$로 주어진다. $y=r(1-\cos\theta)$로 치환하면, $dx=r(1-\cos\theta)\,d\theta$이다. 따라서

$$\begin{aligned} A &= \int_0^{2\pi r} y\,dx = \int_0^{2\pi} r(1-\cos\theta)r(1-\cos\theta)\,d\theta \\ &= r^2\int_0^{2\pi} (1-\cos\theta)^2\,d\theta = r^2\int_0^{2\pi} (1-2\cos\theta+\cos^2\theta)\,d\theta \\ &= r^2\int_0^{2\pi} \left[1-2\cos\theta+\frac{1}{2}(1+\cos 2\theta)\right] d\theta \\ &= r^2\left[\frac{3}{2}\theta-2\sin\theta+\frac{1}{4}\sin 2\theta\right]_0^{2\pi} \\ &= r^2\left(\frac{3}{2}\cdot 2\pi\right)=3\pi r^2 \end{aligned}$$

■

● 예제 6의 결과는 사이클로이드 한 아치 아래의 넓이가 사이클로이드를 생성시키는 원의 넓이의 세 배임을 보여준다. 갈릴레이는 이 결과를 예측하였으나, 프랑스 수학자 로베르발과 이탈리아 수학자 토리첼리가 최초로 증명하였다.

8.1 연습문제

(1~4) 색칠한 영역의 넓이를 구하여라.

1.
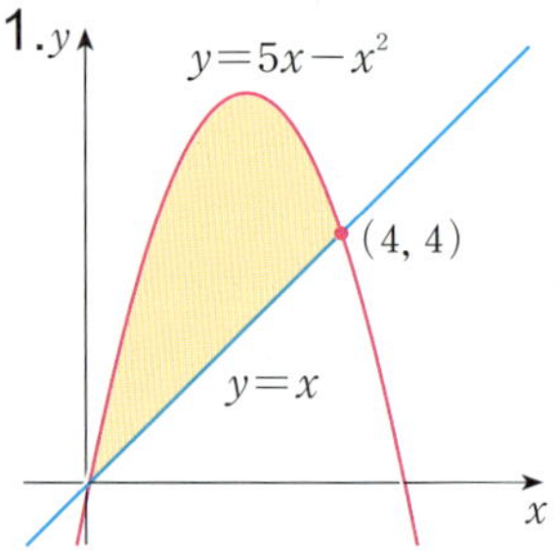

2.
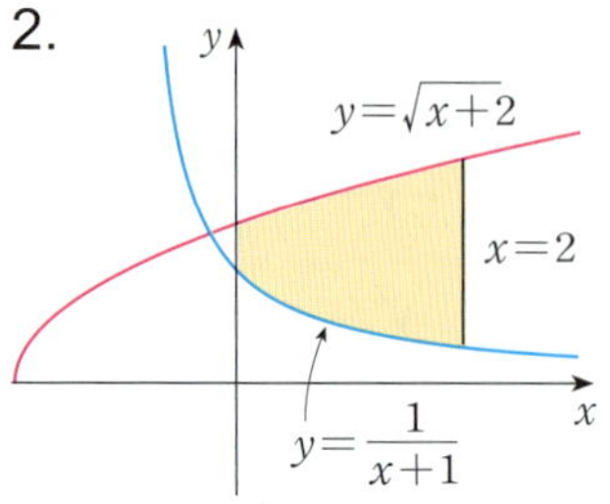

3.
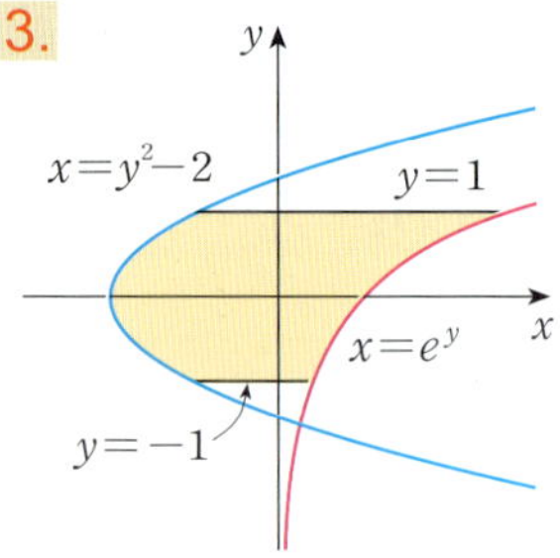

4.
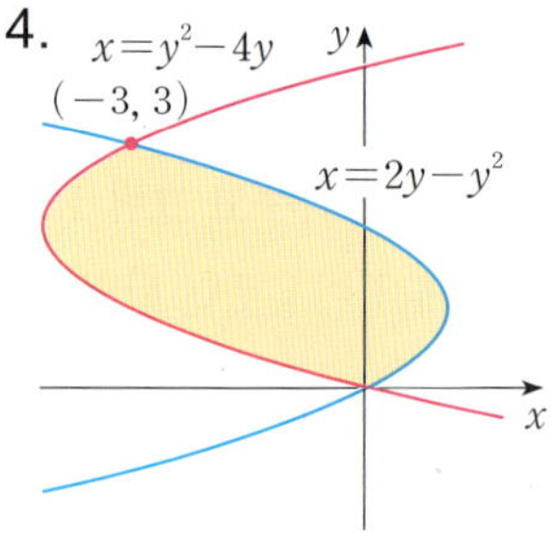

(5~12) 주어진 곡선으로 둘러싸인 영역을 그림으로 표시하고, x 또는 y에 대하여 적분할 수 있는지 결정하여라. 대표 근사 직사각형을 그리고, 높이와 폭을 표시한 후에 영역의 넓이를 구하여라.

5. $y=x+1,\ y=9-x^2,\ x=-1,\ x=2$

6. $y=\sin x,\ y=e^x,\ x=0,\ x=\dfrac{\pi}{2}$

7. $y=x,\ y=x^2$

8. $y=x^2-2x,\ y=x+4$

9. $x=1-y^2,\ x=y^2-1$

10. $4x+y^2=12,\ x=y$

11. $x=2y^2,\ x=4+y^2$

12. $y=\sin x,\ y=\dfrac{2x}{\pi},\ x\geq 0$

(13~18) 다음 곡선으로 둘러싸인 영역을 그리고 넓이를 구하여라.

13. $y=12-x^2,\ y=x^2-6$

14. $y=x^2,\ y=4x-x^2$

15. $y=e^x,\ y=xe^x,\ x=0$

16. $y=\cos x,\ y=2-\cos x,\ 0\leq x\leq 2\pi$

17. $y=\dfrac{1}{x},\ y=x,\ y=\dfrac{1}{4}x,\ x>0$

18. $y=3x^2,\ y=8x^2,\ 4x+y=4,\ x\geq 0$

(19~22) 그래프를 이용하여 주어진 곡선의 교점의 x좌표의 근삿값을 구하고 곡선에 의하여 둘러싸인 영역의 넓이의 근삿값을 구하여라.

19. $y=x\sin(x^2),\ y=x^4$

20. $y=\dfrac{x}{(x^2+1)^2},\ y=x^5-x,\ x\geq 0$

21. $y=x^2\ln x,\ y=\sqrt{x-1}$

22. $y=x\cos x,\ y=x^{10}$

23. 곡선 $y=\cos x$와 $y=\sin 2x$, $x=0$과 $x=\dfrac{\pi}{2}$로 둘러싸인 영역을 그려보면 두 부분으로 나누어진다. 이 영역의 넓이를 구하여라.

24. $0\leq x\leq \pi$에서 곡선 $y=\cos x$와 $y=1-\cos x$로 둘러싸인 영역은 두 부분으로 나누어진다. 이 영역의 넓이를 구하여라.

25. 영수와 철수의 경주용 자동차가 출발선에서 동시에 출발한다. 아래 표는 경주의 초반 10초 동안 각각의 자동차 속도(시간당 킬로미터)를 보여주고 있다. 심프슨 공식을 이용하여 초반 10초 동안 철수가 영수의 주행거리보다 얼마나 더 많이 주행하였는가를 계산하여라.

t	v_C	v_K	t	v_C	v_K
0	0	0	6	110	128
1	32	35	7	120	138
2	51	59	8	130	150
3	74	83	9	138	157
4	86	98	10	144	163
5	99	114			

26. 두 대의 자동차 A, B가 정지상태에서 동시에 출발하여 가속한다. 다음 그림은 두 자동차의 속도함수에 대한 그래프를 나타낸다.

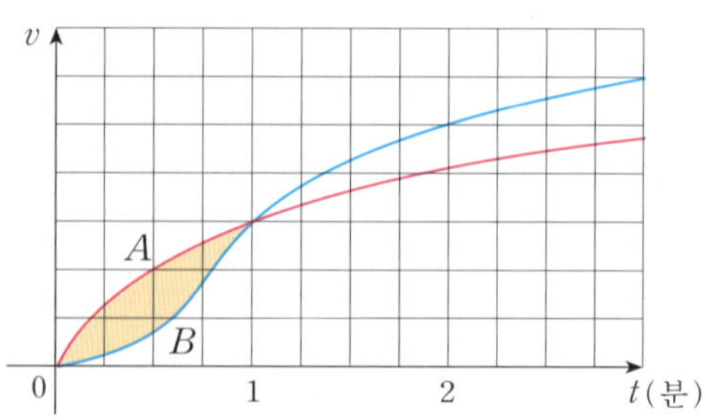

(a) 1분 후에 어떤 차가 앞서는가? 설명하여라.

(b) 색칠한 영역의 넓이가 무엇을 의미하는가?

(c) 2분 후에 어떤 차가 앞서는가? 설명하여라.

(d) 두 대의 자동차가 다시 만나는 시간을 계산하여라.

27. 콩팥 모양의 수영장 너비(단위: 미터)가 그림과 같이 주어져 있다(2미터 간격으로 추정하였음). 심프슨 공식을 사용하여 수영장의 넓이를 추정하여라.

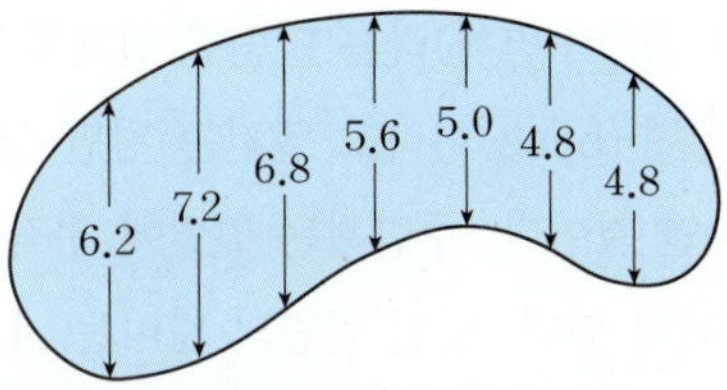

28. 다음과 같은 비행기 날개의 단면도가 있다. 날개의 높이는 cm 단위로 20cm간격으로 측정하였고 그 값은 5.8, 20.3, 26.7, 29.0, 27.6, 27.3, 23.8, 20.5, 15.1, 8.7, 2.8이다. 심프슨 공식을 이용하여 비행기 날개의 단면의 면적을 추정하여라.

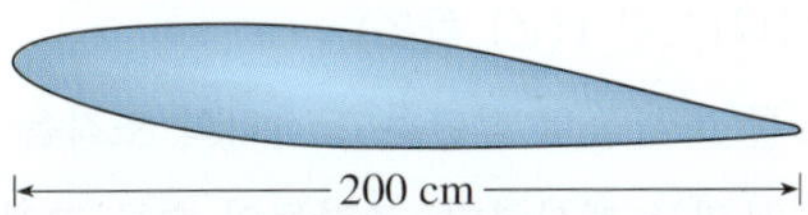

29. 연간 출생률 $b(t)=2200e^{0.024t}$, 연간 사망률 $d(t)=1460e^{0.018t}$로 주어졌을 때 $0\le t\le 10$에서 두 곡선 사이의 면적을 구하여라. 그 의미는?

30. 다음 그림은 한계수익함수 R'과 한계비용함수 C'의 그래프이다. (6.6절 참조, $R(x)$와 $C(x)$는 상품 x 단위에 대한 수익함수와 비용함수를 나타내며 단위는 천 달러) 색칠한 영역의 넓이는 무엇을 의미하는가? 중점 공식을 이용하여 넓이를 추정하여라.

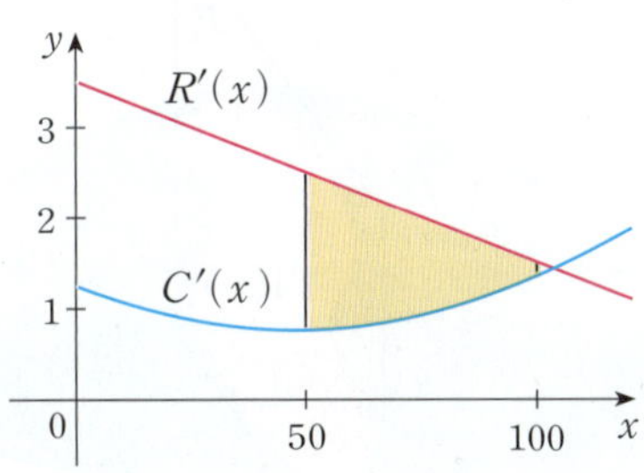

31. 그림과 같이 반지름이 각각 r, R인 두 원으로 둘러싸인 초승달과 같은 영역의 넓이를 구하여라.

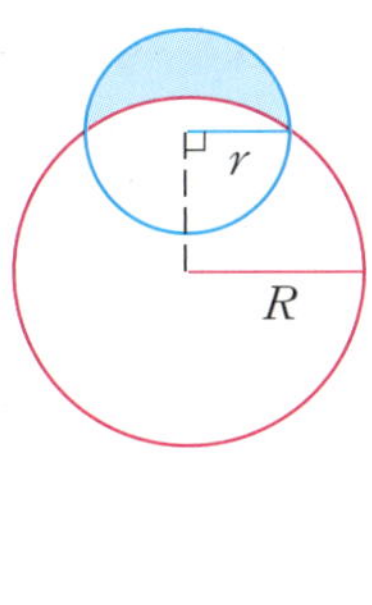

32. xy평면에서 다음 부등식에 의하여 정의된 영역을 표시하고 넓이를 구하여라.

$$x-2y^2\ge 0,\ 1-x-|y|\ge 0$$

33. 타원의 매개변수방정식 $x=a\cos\theta$, $y=b\sin\theta$, $0\le\theta\le 2\pi$를 이용하여 타원 내부의 넓이를 구하여라.

34. 곡선 $x=t^2-2t$, $y=\sqrt{t}$와 y축으로 둘러싸인 영역의 넓이를 구하여라.

35. x축과 곡선 $x=1+e^t$, $y=t-t^2$ 둘러싸인 영역의 넓이를 구하여라.

CAS **36.** 성망형 $x=a\cos^3\theta$, $y=a\sin^3\theta$의 그래프를 그리고 내부의 넓이를 적분으로 나타내고, 컴퓨터 대수체계를 이용하여 적분값을 계산하여라.

37. 매개변수방정식 $x=t^2$, $y=t^3-3t$에 의해 형성된 영역의 넓이를 구하여라.

38. 곡선 $x=t^3-12t$, $y=3t^2+2t+5$에 의해 둘러싸인 영역의 넓이를 구하여라.

39. 포물선 $y=x^2-c^2$과 $y=c^2-x^2$으로 둘러싸인 영역의 넓이가 576일 때 c의 값을 구하여라.

40. 포물선 $y=x^2$과 포물선 위 점 $(1, 1)$에서의 접선과 x축으로 둘러싸인 영역의 넓이를 구하여라.

41. 곡선 $y=x^2$과 $y=4$로 둘러싸인 영역을 $y=b$가 이등분할 때 b의 값을 구하여라.

42. (a) 곡선 $y=\dfrac{1}{x^2}$과 $1\le x\le 4$로 둘러싸인 영역을 $x=a$가 이등분할 때 a의 값을 구하여라.

(b) (a)에서 $y=b$가 이등분할 때 b의 값을 구하여라.

43. 0에서 t까지 양의 연속함수 f의 아래 영역의 넓이가 $A(t)=t^3$, $t>0$일 때, 함수 f를 구하여라.

44. $0<c<\dfrac{\pi}{2}$일 때 $y=\cos x$, $y=\cos(x-c)$, $x=0$으로 둘러싸인 영역과 $y=\cos(x-c)$, $x=\pi$, $y=0$으로 둘러싸인 영역의 넓이가 서로 같게 만드는 c의 값을 구하여라.

45. $y=mx$와 $y=x/(x^2+1)$로 둘러싸인 영역이 생성될 때 m의 값을 구하고 그 때 영역의 넓이를 구하여라.

8.2 부 피

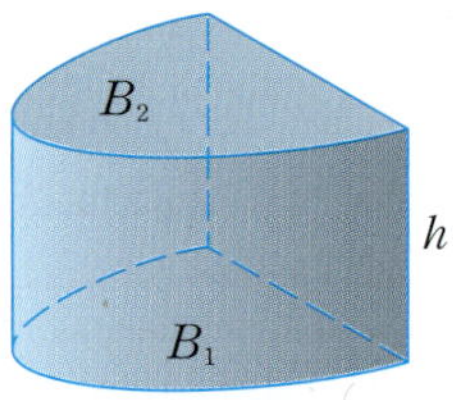

(a) 주면체 $V=Ah$

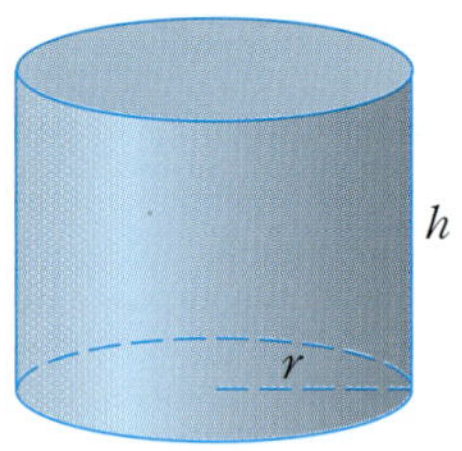

(b) 원기둥 $V=\pi r^2 h$

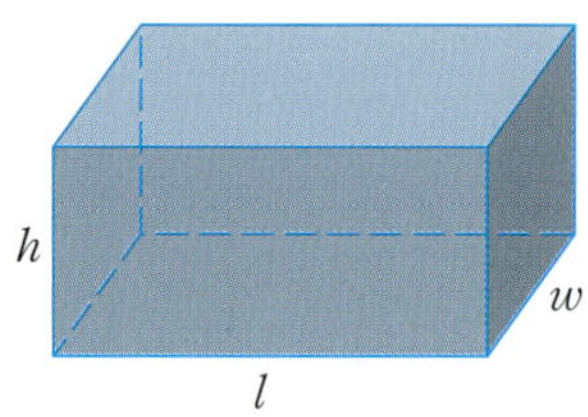

(c) 직사각형 상자 $V=lwh$

그림 1

입체도형의 부피를 구하는 경우에도 넓이를 구할 때와 같은 형태의 문제에 접하게 된다. 부피가 무엇을 의미하는가에 대한 직관적인 개념을 가지고는 있지만 부피에 대한 정확한 정의를 얻기 위해서는 미적분학을 이용하여 이러한 개념을 분명히 해야만 한다.

우리는 **주면체**(cylinder) (좀더 정확히 직각주면체)라는 단순한 입체를 가지고 시작할 것이다. 그림 1(a)에서 보듯이 주면체란 **밑변**(base)이라고 일컫는 평면 영역 B_1 그리고 B_1과 평행이고 합동인 영역 B_2로 둘러싸인 것이다. 주면체는 밑변에 수직이고 B_1과 B_2를 이어주는 선분 위의 모든 점들로 구성되어 있다. 만일 밑변의 넓이는 A이고 주면체의 높이(B_1부터 B_2까지의 거리)가 h라면, 이 주면체의 부피 V는 다음과 같이 정의된다.

$$V=Ah$$

특히 밑변이 반지름 r인 원이면, 주면체는 원기둥이며 그 부피는 $V=\pi r^2 h$이다(그림 1(b) 참조). 만일 밑면이 세로 l, 가로 w인 직사각형이면 주면체를 직사각형 상자(또는 직육면체)라 하고 그 부피는 $V=lwh$이다(그림 1(c) 참조).

주면체가 아닌 입체 S에 대하여 이 S를 조각들로 절단하고 각각의 조각을 주면체로 근사시킨다. 주면체의 부피를 합하여 S의 부피를 계산한다. 조각들의 수를 크게 증가시키는 극한 과정을 통하여 완전한 S의 부피를 구한다.

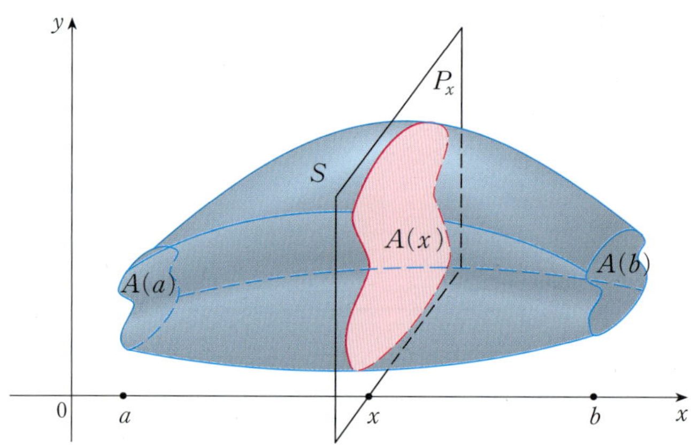

그림 2

입체 S와 하나의 평면이 만나는 부분은 S의 **절단면**(cross-section)이라고 하는 평면 영역이다. x축에 수직이며 $a \le x \le b$에 있는 임의의 점 x를 지나는 평면 P_x에 있는 S의 절단면의 넓이를 $A(x)$라고 하자(그림 2 참조). (S를 점 x를 지나면서 칼로 절단한다고 생각하고 이 얇은 조각의 넓이를 계산한다고 하자.) 절단면의 넓이 $A(x)$는 x가 a로부터 b까지 증가함에 따라 변할 것이다.

입체 S를 얇은 조각으로 자르는 데(빵을 얇게 자른 조각을 생각하여라), 평면 P_{x_1}, P_{x_2}, $\cdots$를 이용하여 S를 같은 폭 Δx를 갖는 n개의 '평판' (slab)으로 나누자. 만일 표본점 x_i^*를 폐구간 $[x_{i-1}, x_i]$에서 택하면, i번째 평판 S_i(평판 $P_{x_{i-1}}$과 P_{x_i} 사이에 놓인 S의 부분)

는 밑면의 넓이가 $A(x_i^*)$이고 높이가 Δx인 주면체로 근사시킬 수 있다(그림 3 참조).

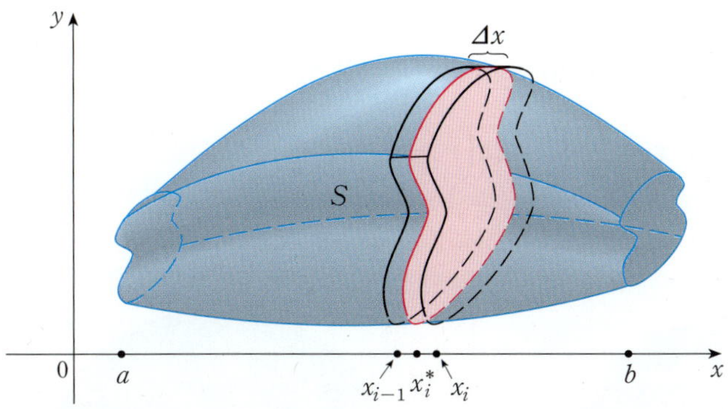

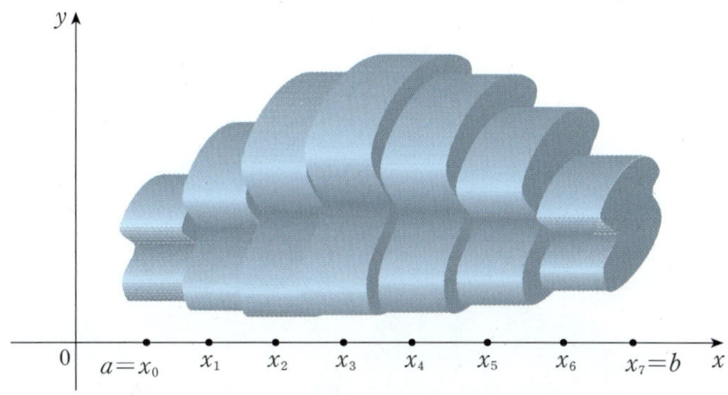

그림 3

이 주면체의 부피는 $A(x_i^*)\Delta x$이며, 이것은 i번째 평판 S_i의 부피에 대한 근삿값이 된다. 즉, S_i의 근사 부피는 $V(S_i)\approx A(x_i^*)\Delta x$이다. 이러한 평판들의 부피를 모두 합하여 총부피의 근삿값을 얻는다.

$$V\approx\sum_{i=1}^{n}A(x_i^*)\Delta x$$

이 근삿값은 $n\to\infty$일 때(얇은 조각이 점점 얇게 된다고 생각하라) 더욱 더 구하고자 하는 값에 근접하게 된다. 그러므로 부피를 $n\to\infty$일 때 이러한 합들의 극한값으로 정의한다. 그러나 리만 합의 극한이 정적분임을 알고 있으므로 다음 정의를 얻는다.

부피의 정의 S를 $x=a$와 $x=b$ 사이에 놓인 입체도형이라 하자. x를 지나고 x축에 수직인 평면 P_x에 있는 S의 절단면의 넓이가 $A(x)$라면, S의 **부피**는

$$V=\lim_{n\to\infty}\sum_{i=1}^{n}A(x_i^*)\Delta x=\int_a^b A(x)\,dx$$

이다. 단, 여기에서 A는 연속함수이다.

부피 공식 $V=\int_a^b A(x)dx$를 이용할 때 $A(x)$는 점 x를 지나면서 x축에 수직으로 얇게 잘라낸 임의의 절단면의 넓이이다. 원기둥에서는 절단면의 넓이가 상수이다. 즉 모든 x에 대하여 $A(x)=A$이다. 따라서 $V=\int_a^b A\,dx=A(b-a)$이므로 부피공식 $V=Ah$와 일치한다.

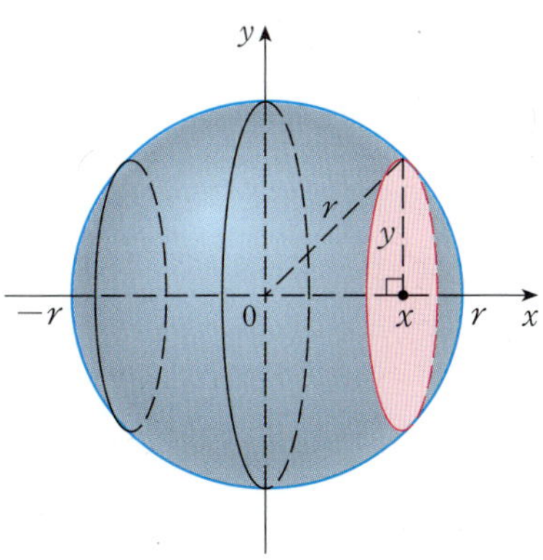

그림 4

예제 1 반지름이 r인 구의 부피는 $V=\frac{4}{3}\pi r^3$임을 증명하여라.

풀이 구의 중심이 원점이 되게 잡으면 평면 P_x에 의하여 잘려진 구의 절단면은 반지름이 $y=\sqrt{r^2-x^2}$ (피타고라스의 정리에 의하여)인 원이 된다(그림 4 참조). 따라서 절단면의 넓이는 $A(x)=\pi y^2=\pi(r^2-x^2)$이다. 부피의 정의에서 $a=-r$, $b=r$로 놓고 이 정의를 이용하면, 다음을 얻는다.

$$V=\int_{-r}^{r} A(x)dx=\int_{-r}^{r} \pi(r^2-x^2)dx$$

$$=2\pi\int_0^r (r^2-x^2)dx \qquad \text{(피적분 함수는 우함수)}$$

$$=2\pi\left[r^2x-\frac{x^3}{3}\right]_0^r=2\pi\left(r^3-\frac{r^3}{3}\right)$$

$$=\frac{4}{3}\pi r^3$$

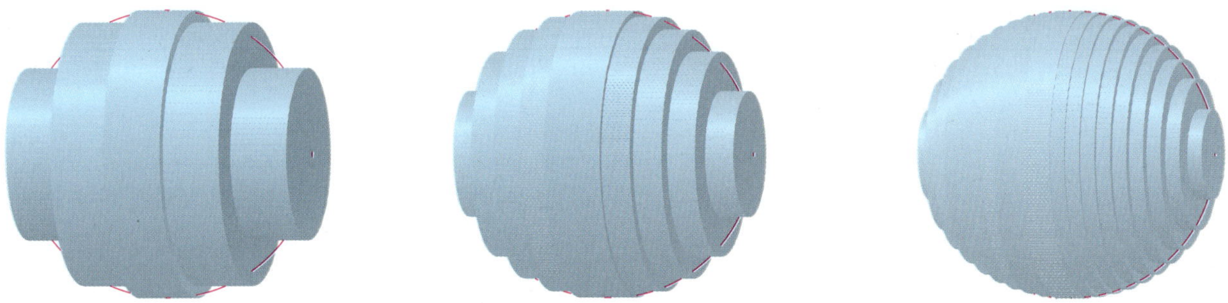

(a) 5개의 원판, $V\approx 4.2726$ (b) 10개의 원판, $V\approx 4.2097$ (c) 20개의 원판, $V\approx 4.1940$

그림 5 반지름이 1인 구의 부피 근사

그림 5는 입체도형이 반지름 $r=1$인 구일 때 부피의 정의를 묘사하고 있다. 예제 1의 결과로부터 구의 부피가 $\frac{4}{3}\pi\approx 4.18879$라는 것을 알 수 있다. 여기에서 평판은 원기둥(원판)이고 그림 5의 세 부분은 리만 합의 기하학적인 해석이다.

$$\sum_{i=1}^{n} A(\bar{x}_i)\Delta x=\sum_{i=1}^{n} \pi(1^2-\bar{x}_i^2)\Delta x$$

이때 표본점 x_i^*는 중간점 $\bar{x}_i$이고 $n=5,\ 10,\ 20$이다. 근사주면체의 수를 늘릴 때 이에 대응하는 리만 합은 실제 부피에 더욱 근접하게 된다.

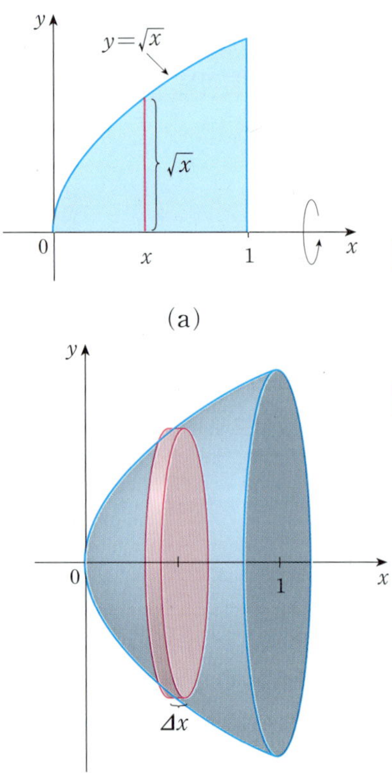

그림 6

예제 2 디스크 방법 곡선 $y=\sqrt{x}$와 직선 $x=1,\ y=0$으로 둘러싸인 영역을 x축 둘레로 회전시켰을 때 생기는 회전체의 부피를 구하여라. 부피의 정의를 대표적인 근사주면체의 그림으로 설명하여라.

풀이 영역은 그림 6(a)에 그려져 있다. x축에 대하여 회전하면 그림 6(b)에 보여진 입체도형을 얻는다. x점을 지나 얇은 조각으로 자르면 반지름 $\sqrt{x}$인 원판이고, 절단면의 넓이는 $A(x)=\pi(\sqrt{x})^2=\pi x$이고 근사주면체(두께가 Δx인 원판)의 부피는 $A(x)\Delta x=\pi x\Delta x$이다. $x=0$과 $x=1$ 사이의 입체도형의 부피는

$$V=\int_0^1 A(x)dx=\int_0^1 \pi x\,dx=\pi\frac{x^2}{2}\Big]_0^1=\frac{\pi}{2}$$

이다.

예제 3 y축 둘레로 회전 곡선 $y=x^3$과 직선 $y=8,\ x=0$으로 둘러싸인 영역을 y축 둘레로 회전시켰을 때 생기는 입체의 부피를 구하여라.

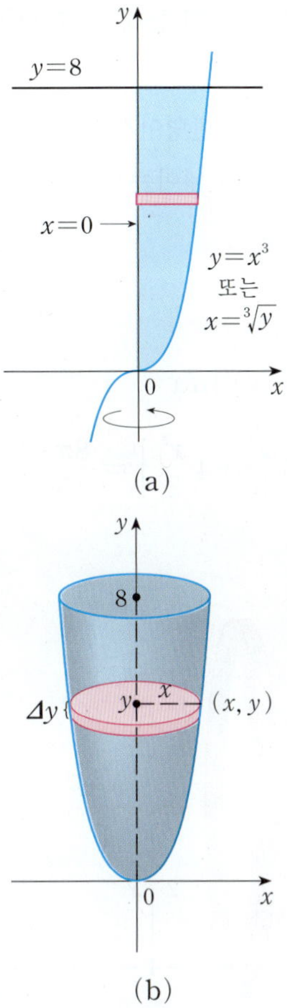

그림 7

풀이 그림 7(a)는 그 영역을 나타내고 입체도형은 그림 7(b)에 나타나 있다. 회전축이 y축이기 때문에 y축에 수직인 입체도형을 얇게 잘라 내서 y에 관해 적분하다는 것이 당연하다. 만일 높이 y에서 얇게 잘라 내면 반지름이 $x=\sqrt[3]{y}$인 원판을 얻는다. 따라서 y를 지나는 절단면의 넓이는

$$A(y)=\pi x^2=\pi(\sqrt[3]{y})^2=\pi y^{2/3}$$

이고, 그림 7(b)에 그려진 근사주면체의 부피는

$$A(y)\Delta y=\pi y^{2/3}\,\Delta y$$

이다. 입체도형이 $y=0$과 $y=8$ 사이에 있으므로 이 입체도형의 부피는

$$V=\int_0^8 A(y)dy=\int_0^8 \pi y^{2/3}dy$$
$$=\pi\left[\frac{3}{5}y^{5/3}\right]_0^8=\frac{96\pi}{5}$$

이다. ■

예제 4 환형방법 곡선 $y=x$와 $y=x^2$으로 둘러싸인 영역 $\mathcal{R}$을 x축 둘레로 회전시켰을 때 생기는 입체의 부피를 구하여라.

풀이 곡선 $y=x$와 $y=x^2$은 점 $(0, 0)$과 점 $(1, 1)$에서 만난다. 곡선 사이의 영역, 회전체, 그리고 x축에 수직인 절단면이 그림 8에 표시되어 있다. 평면 P_x에 놓여 있는 절단면은 안쪽 반지름이 x^2, 바깥쪽 반지름이 x인 환형(고리 모양)이다. 따라서 절단면의 넓이는 바깥쪽 원의 넓이로부터 안쪽 원의 넓이를 뺌으로써 구할 수 있다.

$$A(x)=\pi x^2-\pi(x^2)^2=\pi(x^2-x^4)$$

따라서 다음을 얻는다.

$$V=\int_0^1 A(x)dx=\int_0^1 \pi(x^2-x^4)dx$$
$$=\pi\left[\frac{x^3}{3}-\frac{x^5}{5}\right]_0^1=\frac{2\pi}{15}$$

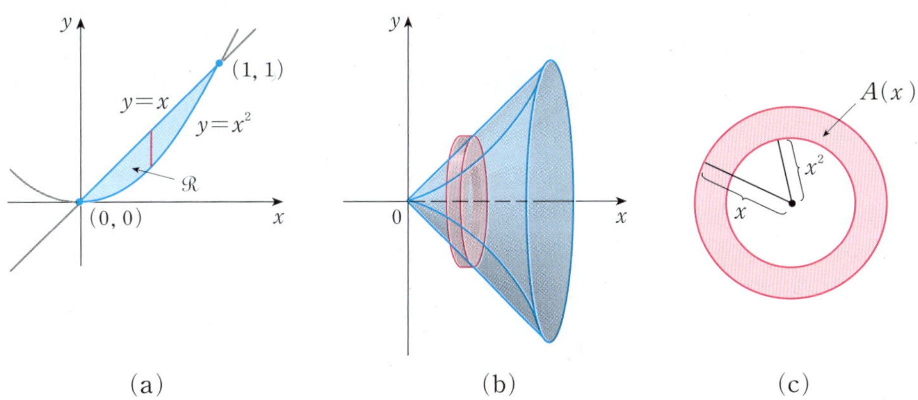

그림 8 ■

예제 5 **수평직선 둘레로 회전** 예제 4에서의 영역을 직선 $y=2$의 둘레로 회전시켰을 때 생기는 입체의 부피를 구하여라.

풀이 입체도형과 한 절단면이 그림 9에 표시되어 있다. 절단면은 환형이지만, 이 경우에 안쪽 반지름은 $2-x$, 바깥쪽 반지름은 $2-x^2$이다. 절단면의 넓이는

$$A(x)=\pi(2-x^2)^2-\pi(2-x)^2$$

이고 따라서 S의 부피는 다음과 같다.

$$V=\int_0^1 A(x)dx=\pi\int_0^1[(2-x^2)^2-(2-x)^2]dx$$

$$=\pi\int_0^1(x^4-5x^2+4x)dx=\pi\left[\frac{x^5}{5}-5\frac{x^3}{3}+4\frac{x^2}{2}\right]_0^1=\frac{8\pi}{15}$$

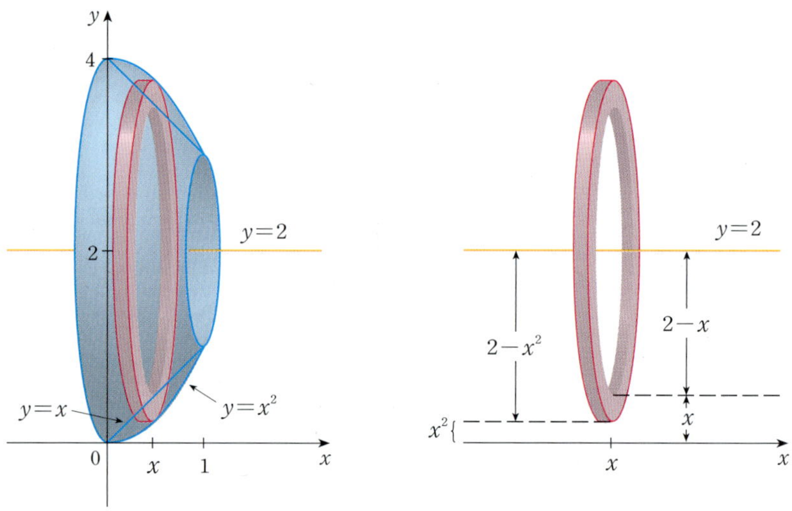

그림 9

예제 1~5에서의 모든 입체도형은 한 직선에 대하여 한 영역을 회전시켜 얻었기 때문에 그것을 **회전체**(solid of revolution)라고 한다. 일반적으로 회전체의 부피는 기본적으로 정의된 식

$$V=\int_a^b A(x)dx \quad 또는\ V=\int_c^d A(y)dy$$

로부터 계산되고, 다음 방법 중의 하나로 절단면의 넓이 $A(x)$ 또는 $A(y)$로 구한다.

- 절단면이 원판이면(예제 1~3 참조) 그 원판의 반지름을 x 또는 y의 식으로 구한 다음에

$$A=\pi(반지름)^2$$

  을 이용한다.

- 절단면이 환형이면(예제 4, 5 참조) 환형의 안쪽 반지름 r_{in}과 바깥쪽 반지름 r_{out}을 그림을 그려서 구하고 (그림 8, 9, 10 참조) 바깥쪽 원판의 넓이에서 안쪽 원판의 넓이를 빼서 환형의 넓이를 계산한다.

$$A=\pi(\text{바깥쪽 반지름})^2-\pi(\text{안쪽 반지름})^2$$

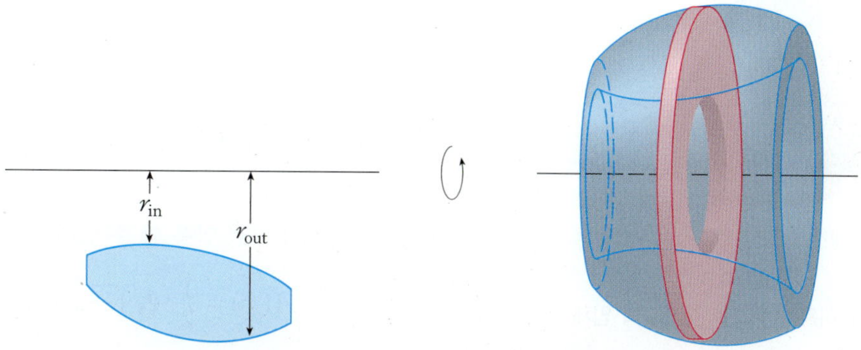

그림 10

다음 예제는 이러한 과정을 더욱 자세히 설명해 주고 있다.

예제 6 수직선 둘레로 회전 예제 4에서의 영역을 직선 $x=-1$에 대하여 회전시켰을 때 생기는 입체의 부피를 구하여라.

풀이 그림 11은 수평절단면이다. 절단면은 환형이고, 안쪽 반지름은 $1+y$이고 바깥쪽 반지름은 $1+\sqrt{y}$이다. 따라서 절단면의 넓이는

$$\begin{aligned} A(y)&=\pi(\text{바깥쪽 반지름})^2-\pi(\text{안쪽 반지름})^2 \\ &=\pi(1+\sqrt{y})^2-\pi(1+y)^2 \end{aligned}$$

이며, 입체의 부피는

$$\begin{aligned} V&=\int_0^1 A(y)dy \\ &=\pi\int_0^1 [(1+\sqrt{y})^2-(1+y)^2]\,dy \\ &=\pi\int_0^1 (2\sqrt{y}-y-y^2)dy \\ &=\pi\left[\frac{4y^{3/2}}{3}-\frac{y^2}{2}-\frac{y^3}{3}\right]_0^1=\frac{\pi}{2} \end{aligned}$$

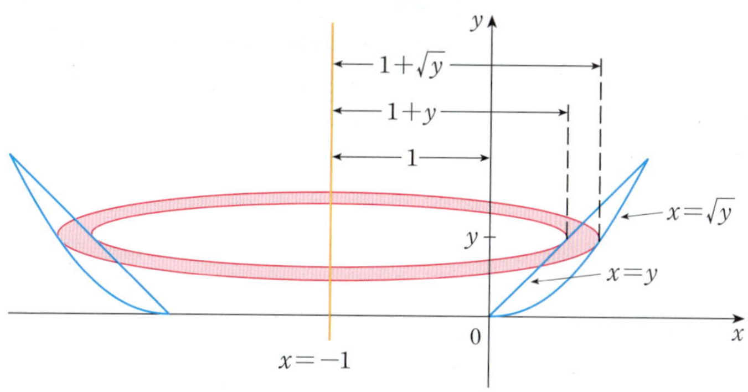

그림 11

■

지금부터 회전체가 아닌 두 가지의 입체도형의 부피를 구할 것이다.

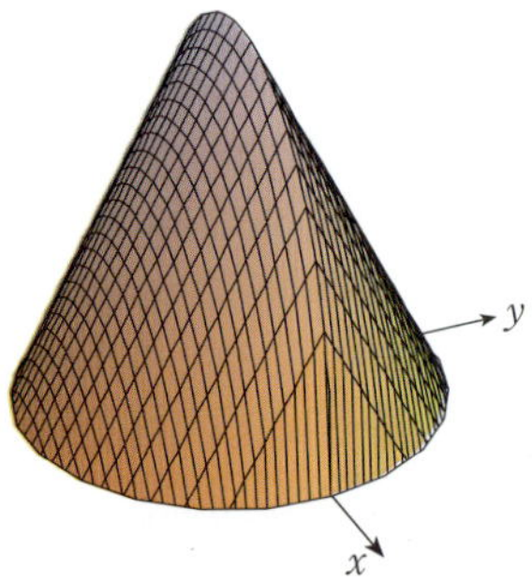

그림 12
컴퓨터를 이용하여 그린 예제 7의 입체 도형

예제 7 **삼각형 절단면** 그림 12는 밑면의 반지름이 1인 입체도형을 보여주고 있다. 밑변에 수직인 평행한 절단면은 정삼각형이다. 입체의 부피를 구하여라.

풀이 원의 방정식을 $x^2+y^2=1$로 놓자. 입체도형과 그것의 밑변, 그리고 원점으로부터 x만큼 떨어진 거리에 있는 대표 절단면은 그림 13에 나타나 있다.

점 B는 원 위에 있기 때문에, $y=\sqrt{1-x^2}$이며, 따라서 삼각형 ABC의 밑변의 길이는 $|AB|=2\sqrt{1-x^2}$이다. 삼각형이 정삼각형이므로, 그림 13(c)으로부터 높이가 $\sqrt{3}y=\sqrt{3}\sqrt{1-x^2}$임을 알 수 있다. 따라서 절단면의 넓이는

$$A(x)=\frac{1}{2}\cdot 2\sqrt{1-x^2}\cdot\sqrt{3}\sqrt{1-x^2}=\sqrt{3}\,(1-x^2)$$

이며, 입체의 부피는

$$V=\int_{-1}^{1} A(x)dx=\int_{-1}^{1}\sqrt{3}(1-x^2)dx$$
$$=2\int_{0}^{1}\sqrt{3}(1-x^2)dx=2\sqrt{3}\left[x-\frac{x^3}{3}\right]_0^1=\frac{4\sqrt{3}}{3}$$

이다. ■

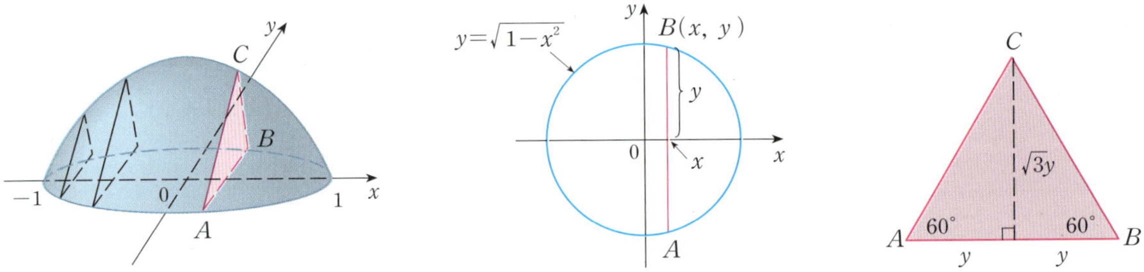

(a) 입체 (b) 입체의 밑변 (c) 입체의 절단면

그림 13

예제 8 한 변의 길이가 L인 정사각형을 밑변으로 하고 높이가 h인 각뿔의 부피를 구하여라.

풀이 그림 14에서와 같이 각뿔의 꼭짓점을 원점 O로 놓고 x축을 중심축으로 한다. 점 x를 지나면서 x축에 수직인 임의의 평면 P_x가 각뿔과 만나서 이루어진 정사각형의 한 변의 길이를 s라고 하자. 그림 15에 있는 닮은 삼각형들로부터 s를 x로 다음과 같이 표현할 수 있다.

$$\frac{x}{h}=\frac{\frac{s}{2}}{\frac{L}{2}}=\frac{s}{L}$$

따라서 $s=\dfrac{Lx}{h}$이다(또 다른 방법은 직선 OP가 기울기 $\dfrac{L}{2h}$을 가지므로 그 식은 $y=\dfrac{Lx}{2h}$가 된다는 것을 이용하면 된다). 그러므로 절단면의 넓이는 다음과 같다.

$$A(x)=s^2=\frac{L^2}{h^2}x^2$$

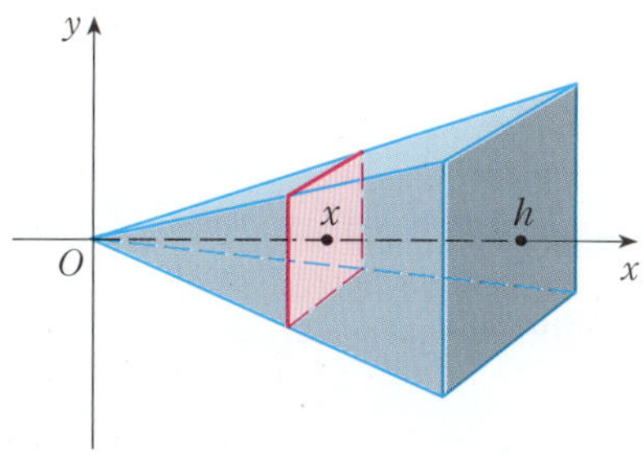

그림 14

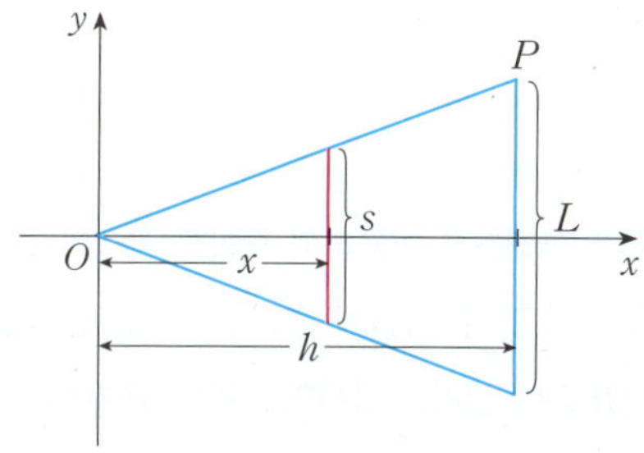

그림 15

따라서 $x=0$과 $x=h$ 사이에 놓인 각뿔의 부피는

$$V=\int_0^h A(x)dx=\int_0^h \frac{L^2}{h^2}x^2\,dx=\frac{L^2}{h^2}\frac{x^3}{3}\Big]_0^h=\frac{L^2h}{3}$$

이다. ■

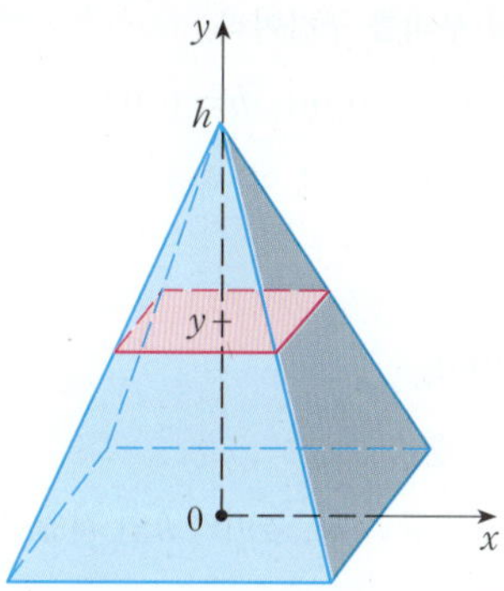

그림 16

참고 예제 8에서와 같이 각뿔의 꼭짓점을 반드시 원점에 놓을 필요는 없다. 단지 식을 간단히 만들기 위하여 그렇게 하였을 뿐이다. 만일 그 대신에 그림 16에서와 같이 밑면의 중심을 원점에 놓고, y축 양의 방향에 꼭짓점이 놓여 있다면 다음과 같은 식을 얻을 수 있다.

$$V=\int_0^h \frac{L^2}{h^2}(h-y)^2dy=\frac{L^2h}{3}$$

8.2 연습문제

(1~12) 주어진 곡선으로 둘러싸인 영역을 주어진 축의 둘레로 회전시킬 때 생기는 입체의 부피를 구하여라. 또 영역, 입체를 그리고 단면을 표시하여라.

1. $y=\frac{1}{x}$, $x=1$, $x=2$, $y=0$; x축에 대하여 회전
2. $y=1-x^2$, $y=0$; x축에 대하여 회전
3. $x=2\sqrt{y}$, $x=0$, $y=9$; y축에 대하여 회전
4. $x=\ln x$, $y=1$, $y=2$, $x=0$; y축에 대하여 회전
5. $y=x^3$, $y=x$, $x\geq 0$; x축에 대하여 회전
6. $y=\frac{1}{4}x^2$, $y=5-x^2$; x축에 대하여 회전
7. $y^2=x$, $x=2y$; y축에 대하여 회전
8. $y=x^{2/3}$, $x=1$, $y=0$; y축에 대하여 회전
9. $y=x$, $y=\sqrt{x}$; $y=1$에 대하여 회전
10. $y=e^{-x}$, $y=1$, $x=2$; $y=2$에 대하여 회전
11. $y=1+\sec x$, $y=3$; $y=1$에 대하여 회전
12. $y=x$, $y=\sqrt{x}$; $x=2$에 대하여 회전

(13~18) 다음 곡선으로 둘러싸인 영역을 주어진 직선 둘레로 회전시킬 때 생기는 입체의 부피를 구하여라.

13. $y=x+1$, $y=0$, $x=0$, $x=2$; x축에 대하여 회전
14. $x=2y-y^2$, $x=0$; y축에 대하여 회전
15. $x-y=1$, $y=x^2-4x+3$; $y=3$에 대하여 회전
16. $x=y^2$, $x=1$; $x=1$에 대하여 회전
17. $y=x^3$, $y=\sqrt{x}$; $x=1$에 대하여 회전
18. $y=x^3$, $y=\sqrt{x}$; $y=1$에 대하여 회전

(19~20) 주어진 곡선으로 둘러싸인 영역을 주어진 축의 둘레로

회전시킬 때 생기는 입체의 부피를 구하는 적분식을 세워라(적분계산은 하지 마시오).

19. $y=\tan^3 x$, $y=1$, $x=0$; $y=1$에 대하여

20. $y=(x-2)^4$, $8x-y=16$; $x=10$에 대하여

(21~22) 그래프를 이용하여 주어진 곡선의 교점의 x좌표의 근삿값을 구하고, 두 곡선에 의해 둘러싸인 영역을 x축에 대하여 회전시켰을 때 생기는 입체의 부피를 구하여라.

21. $y=x^2$, $y=\ln(x+1)$ 22. $y=3\sin(x^2)$, $y=e^{x/2}+e^{-2x}$

CAS (23~24) 컴퓨터 대수체계를 이용하여 주어진 곡선으로 둘러싸인 영역을 주어진 축의 둘레로 회전시킬 때 생기는 입체의 부피를 정확하게 구하여라.

23. $y=\sin^2 x$, $y=0$, $0\le x\le \pi$; $y=-1$에 대하여

24. $y=x$, $y=xe^{1-x/2}$; $y=3$에 대하여

(25~26) 다음 각 정적분들은 입체의 부피를 나타낸다. 입체에 대하여 설명하여라.

25. (a) $\pi\int_0^{\pi/2}\cos^2 x\,dx$ (b) $\pi\int_0^1 (y^4-y^8)dy$

26. (a) $\pi\int_2^5 y\,dy$ (b) $\pi\int_0^{\pi/2}[(1+\cos x)^2-1^2]\,dx$

27. 수술을 통해서 얻는 인간의 장기에 관한 정보와는 달리, 컴퓨터 단층촬영(CAT scan)은 장기의 등분된 절단면의 형상을 보여줌으로써 장기에 관한 정보를 제공한다. 컴퓨터 단층촬영이 인간의 간을 1.5cm의 간격으로 절단면을 보여준다고 가정하자. 간의 길이는 15cm이고 절단면의 넓이는 cm^2의 단위로 나타낼 때 0, 18, 58, 79, 94, 106, 117, 128, 63, 39, 0이다. 간의 부피를 중점 공식을 이용하여 계산하여라.

28. 10m 길이의 통나무를 1m 간격으로 잘랐을 때 절단면 A(x는 통나무 끝으로부터의 거리)의 값은 다음 표와 같다. $n=5$인 중점 공식을 사용하여 통나무의 부피를 구하여라.

x(m)	$A(\text{m}^2)$	x(m)	$A(\text{m}^2)$
0	0.68	6	0.53
1	0.65	7	0.55
2	0.64	8	0.52
3	0.61	9	0.50
4	0.58	10	0.48
5	0.59		

29. (a) 다음 그림의 영역을 x축을 중심으로 회전시켰을 때 $n=8$인 심프슨 공식을 이용하여 입체의 부피를 구하여라.

(b) 그림의 영역을 y축을 중심으로 회전시켰을 때 부피를 추정하여라. $n=4$인 심프슨 공식을 이용하여라.

CAS 30. (a) 달걀의 모양에 대한 모형은 다음의 함수 $f(x)$로 생성된 영역을 x축에 대하여 회전시켜서 얻을 수 있다.

$$f(x)=(ax^3+bx^2+cx+d)\sqrt{1-x^2}$$

CAS를 써서 이 달걀의 부피를 구하여라.

(b) 붉은 목 물새의 경우 $a=-0.06$, $b=0.04$, $c=1$, $d=0.54$이다. f의 그래프를 그리고 이 새알의 부피를 구하여라.

(31~43) 입체 S의 부피를 구하여라.

31. 반지름 r이고 높이가 h인 직원뿔

32. 윗면 반지름이 r이고, 밑면 반지름이 R, 높이가 h인 직원뿔대

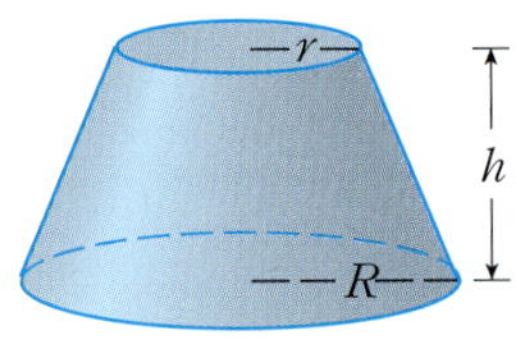

33. 높이 h를 반지름이 r인 구의 윗부분

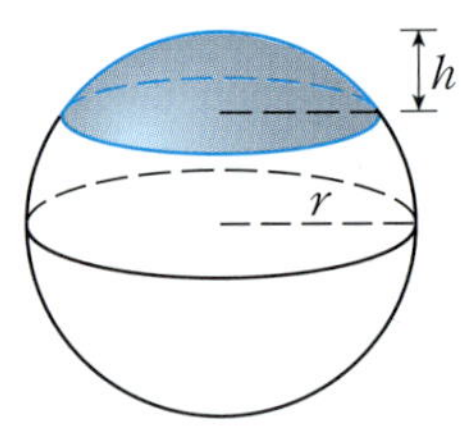

34. 윗면이 한 변의 길이가 a, 아랫면의 한 변의 길이가 b이고 높이가 h인 정사각뿔대

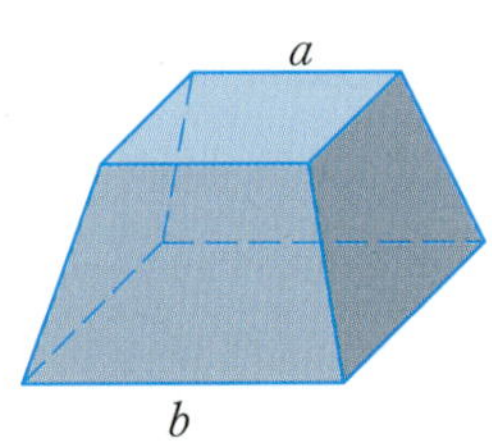

35. 밑변에 가로와 세로의 길이가 각각 b, $2b$인 직사각형이고 높

이가 h인 사각뿔(피라미드)

36. 밑변의 길이가 a이고 높이가 h인 정삼각뿔

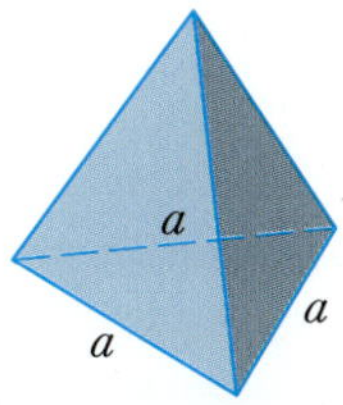

37. 삼면이 서로 수직이고 서로 수직인 세 모서리의 길이가 각각 3, 4, 5cm인 사면체

38. 입체 S의 밑변은 반지름이 r인 원이고 밑변 수직인 평행절단면은 정사각형이다.

39. 입체 S의 밑면은 경계곡선 $9x^2+4y^2=36$으로 주어진 타원이다. x축에 수직인 절단면은 밑면에 빗변을 갖는 직각이등변삼각형이다.

40. 입체 S의 밑면은 꼭짓점이 $(0, 0)$, $(1, 0)$, $(0, 1)$인 삼각형이며, y축에 수직인 절단면은 정삼각형이다.

41. 40번과 같은 밑면을 갖는 입체 S에서 x축에 수직인 절단면은 정사각형이다.

42. 입체 S의 밑면은 포물선 $y=1-x^2$과 x축으로 둘러싸인 영역이며, y축에 수직인 절단면은 정사각형이다.

43. 42번과 같은 밑면을 갖는 입체 S에서 x축에 수직인 절단면은 밑변의 길이와 같은 높이를 갖는 이등변삼각형이다.

---

44. 입체 S의 밑면은 반지름이 r인 원이며, 밑면에 수직인 절단면은 밑변의 길이와 같지 않은 높이 h를 가진 이등변삼각형이다.
    (a) S의 부피에 관한 적분식을 구하여라.
    (b) 영역에 대한 적분을 사용하여 S의 부피를 구하여라.

45. (a) 다음 그림과 같이 반지름이 r, R인 원환체(torus, 도넛 형태의 입체)의 부피를 구하는 적분식을 구하여라.
    (b) 적분식을 넓이로 해석하여 원환체의 부피를 구하여라.

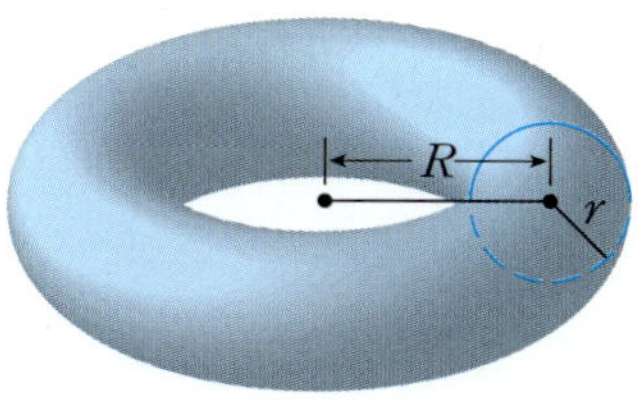

46. 반지름이 4인 원기둥을 지름을 따라 30°의 각도로 잘라 쐐기를 만들었을 때 부피를 구하여라.

47. (a) 카발리에리(Cavalieri)의 원리는 서로 평행한 평면들에 의한 두 입체 S_1과 S_2의 절단면의 넓이가 서로 같다면, S_1과 S_2의 부피가 서로 같다는 것이다. 이 원리를 증명하여라.
    (b) 카발리에리의 원리를 이용하여 그림과 같이 기울어진 주면체를 부피를 구하여라.

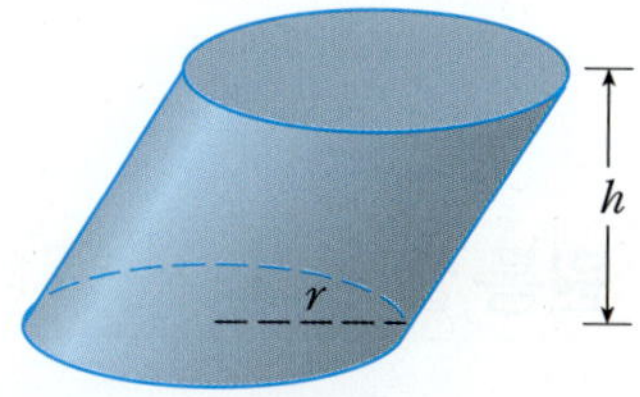

48. 반지름이 r인 두 개의 원기둥을 축을 중심으로 직각으로 교차시켰을 때, 공통부분의 부피를 구하여라.

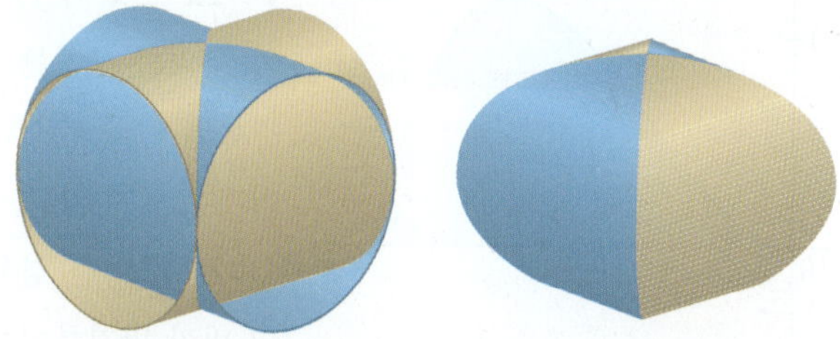

49. 반지름이 r인 두 구의 중심이 각각 다른 구의 표면 위에 놓여 있을 때 두 구가 공유하고 있는 입체의 부피를 구하여라.

50. 지름이 30cm인 반구모양의 용기속에 지름이 10cm인 공을 넣고 물을 $h$cm 깊이로 채웠을 때, 용기 속의 물의 부피를 구하여라.

51. 반지름이 R인 원기둥에 반지름이 r인 구멍을 원기둥의 축과 직각으로 뚫었을 때 잘려나온 입체의 부피를 구하는 적분식을 구하여라(단, $R>r$이고 계산은 하지 말 것).

52. 반지름이 R인 구에 반지름이 r인 구멍을 구의 중심을 통하여 뚫었을 때 구에 남아 있는 부분의 부피를 구하여라.

53. 케플러나 뉴턴 같은 수학자들은 와인통의 부피를 알아내는 문제에 흥미를 가졌다. 그들은 종종 와인통의 옆면을 포물선으로 근사시켰다.
    (a) 높이가 h이고 최대 반지름이 R인 와인통은 다음과 같은 포물선을 x축에 대하여 회전시켜서 근사시켰다.

$$y=R-cx^2,\ -\frac{h}{2}\le x\le\frac{h}{2}$$

    (단, c는 양의 상수)
    와인통의 양 끝에서의 반지름 $r=R-d$, $\left(d=\dfrac{ch^2}{4}\right)$임

을 보여라.

(b) 그 와인통의 부피 $V=\frac{1}{3}\pi h\left(2R^2+L^2-\frac{2}{5}d^2\right)$임을 보여라.

54. 영역 $\mathcal{R}$의 넓이는 A이고 x축보다 위쪽에 있다. $\mathcal{R}$을 x축의 둘레로 회전했을 때 부피가 V_1이고, $\mathcal{R}$을 직선 $y=-k$ (k는 양수) 둘레로 회전했을 때 부피가 V_2라 한다. V_2를 V_1, k, A의 함수로 나타내어라.

8.3 원통 쉘 방법

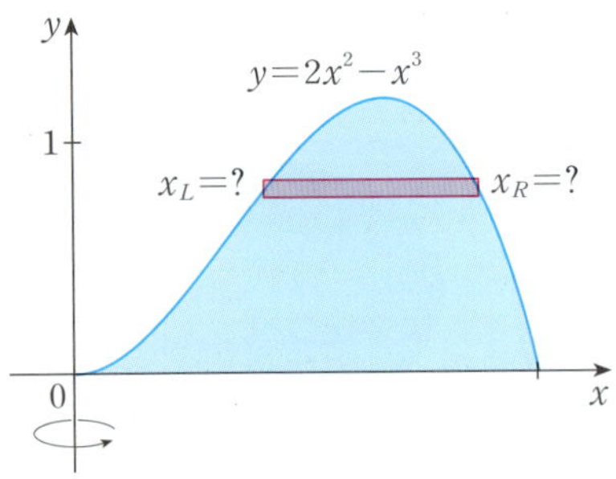

그림 1

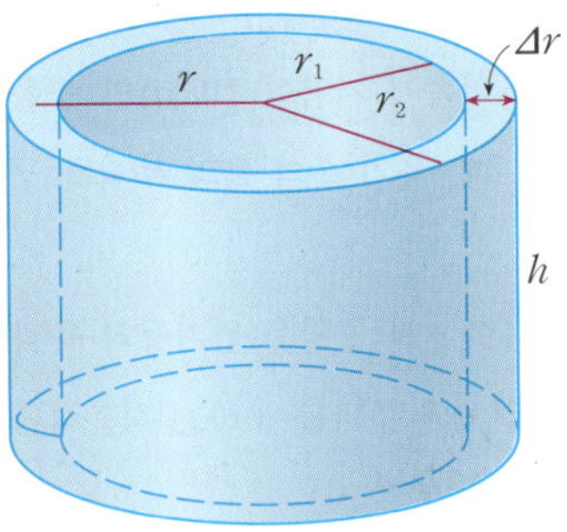

그림 2

부피 문제 중 어떤 것은 앞 절의 방법으로는 구하기 어려운 것이 있다. 예를 들어, $y=2x^2-x^3$과 $y=0$로 둘러싸인 영역을(그림 1) y축의 둘레로 회전시킬 때 생기는 입체의 부피를 구하는 문제를 생각해보자. y축에 수직으로 자르면 원통이 생긴다. 하지만 이 원통의 안쪽 반지름과 바깥 반지름을 구하려면 3차 방정식 $y=2x^2-x^3$을 풀어야 하는데 이것은 쉽지 않다.

다행히 이런 경우에 적용할 수 있는 원통 쉘 방법이 있다. 그림 2는 안쪽 반지름이 r_1이고 바깥 반지름이 r_2이며 높이가 h인 원통 쉘을 보여준다. 이것의 부피 V는 바깥 원기둥의 부피 V_2에서 안쪽 원기둥의 부피 V_1을 빼면 다음과 같다.

$$\begin{aligned} V &= V_2-V_1 \\ &= \pi r_2^2 h-\pi r_1^2 h=\pi(r_2^2-r_1^2)h \\ &= \pi(r_2+r_1)(r_2-r_1)h \\ &= 2\pi\frac{r_2+r_1}{2}h(r_2-r_1) \end{aligned}$$

$\Delta r=r_2-r_1$ (쉘의 두께)이고 $r=\frac{1}{2}(r_2+r_1)$ (쉘의 반지름의 평균)이라 하면 원통 쉘의 부피는 다음과 같다.

1 $$V=2\pi rh\Delta r$$

이 식은 다음과 같이 기억하면 편리하다.

$$V=[\text{원통의 둘레}][\text{높이}][\text{두께}]$$

$y=f(x)$, $(f(x)\geq 0)$, $y=0$과 $b>a\geq 0$일 때 $x=a$, $x=b$로 둘러싸인 영역(그림 3)을 y축 둘레로 회전시킬 때 생기는 입체를 S라 하자.

구간 $[a, b]$를 폭이 Δx인 n개의 소구간 $[x_{i-1}, x_i]$로 나누고 i번째 소구간의 중점을 $\bar{x}_i$라 하자. 밑면이 $[x_{i-1}, x_i]$이고 높이가 $f(\bar{x}_i)$인 직사각형을 y축 둘레로 회전시키면 평균 반지름이 $\bar{x}_i$이고 높이가 $f(\bar{x}_i)$이며 두께가 Δx인 원통 쉘(그림 4)이 생긴다. 따라서 공식 1에 의하여 부피는

$$V_i = (2\pi \bar{x}_i)[f(\bar{x}_i)]\Delta x$$

이다.

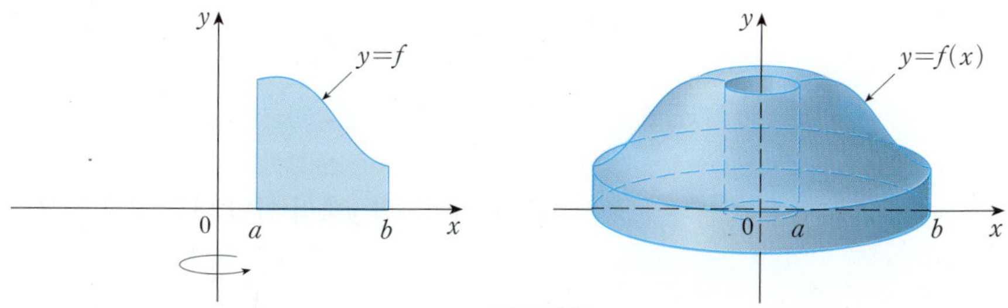

그림 3

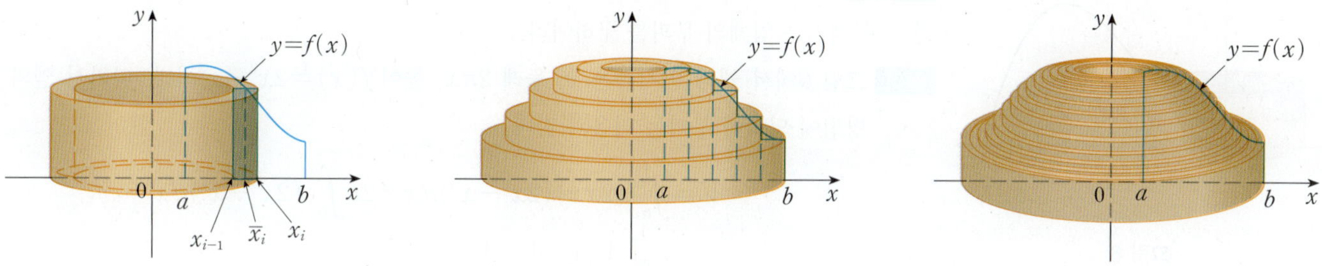

그림 4

따라서 S의 부피 V의 근삿값은 이러한 원통 쉘들의 부피를 합하면 다음과 같이 얻을 수 있다.

$$V \approx \sum_{i=1}^{n} V_i = \sum_{i=1}^{n} 2\pi \bar{x}_i f(\bar{x}_i)\Delta x$$

이 근삿값은 $n \to \infty$이면 좀더 정확해진다. 따라서 적분의 정의에 의하여

$$\lim_{n\to\infty} \sum_{i=1}^{n} 2\pi \bar{x}_i f(\bar{x}_i)\Delta x = \int_a^b 2\pi x f(x)\,dx$$

이다. 따라서 다음 정리를 얻는다.

2 그림 3에서처럼 구간 $[a, b]$에서 곡선 $y=f(x)$ 아래의 영역을 y축 둘레로 회전시켜 얻은 입체의 부피는 다음과 같다.

$$V = \int_a^b 2\pi x f(x)\,dx, \quad 0 \le a < b$$

공식 **2**를 기억하는 가장 좋은 방법은 반지름이 r, 둘레가 $2\pi x$, 높이가 $f(x)$이고 두께가 Δx 또는 dx인 원통 쉘을 그림 5에서처럼 평평하게 펼쳐서 다음과 같이 기억하는 것이다.

$$\int_a^b \underbrace{(2\pi x)}_{\text{둘레}}\underbrace{[f(x)]}_{\text{높이}}\underbrace{dx}_{\text{두께}}$$

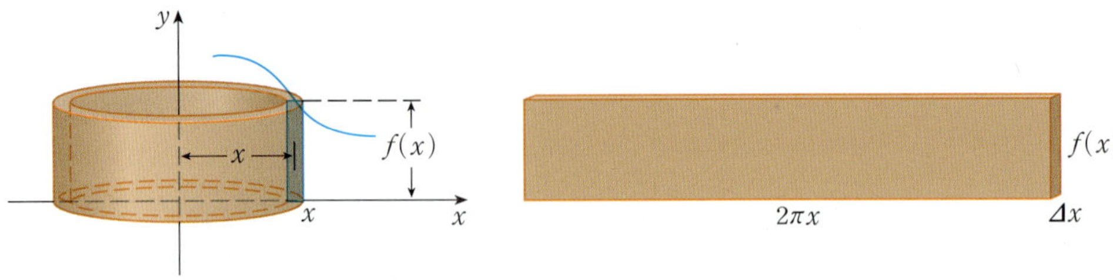

그림 5

이렇게 기억하면 y축이 아닌 다른 직선 둘레로 회전시켰을 때에도 쉽게 적용할 수 있다.

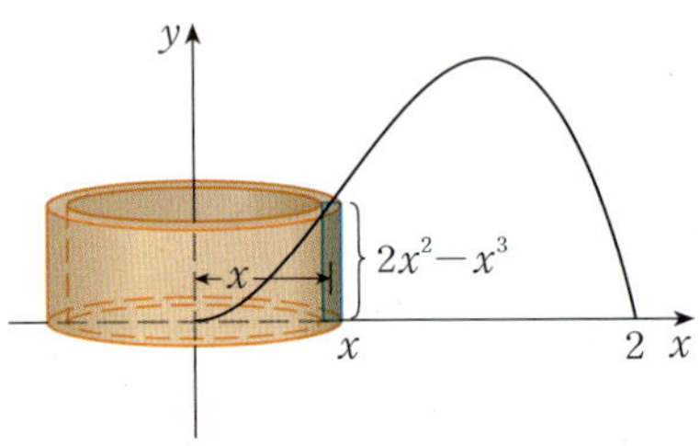

그림 6

예제 1 원통 쉘 방법 $y=2x^2-x^3$과 $y=0$으로 둘러싸인 영역을 y축 둘레로 회전시켰을 때 생기는 입체의 부피를 구하여라.

풀이 그림 6에서 쉘의 반지름은 x, 둘레 $2\pi x$, 높이 $f(x)=2x^2-x^3$이다. 따라서 쉘의 방법에 의하여 부피는 다음과 같다.

$$\begin{aligned} V &= \int_0^2 (2\pi x)(2x^2-x^3)\,dx = 2\pi\int_0^2 (2x^3-x^4)\,dx \\ &= 2\pi\left[\frac{1}{2}x^4-\frac{1}{5}x^5\right]_0^2 \\ &= 2\pi\left(8-\frac{32}{5}\right)=\frac{16}{5}\pi \end{aligned}$$

● 그림 7은 예제 1의 입체를 컴퓨터로 그린 것이다.

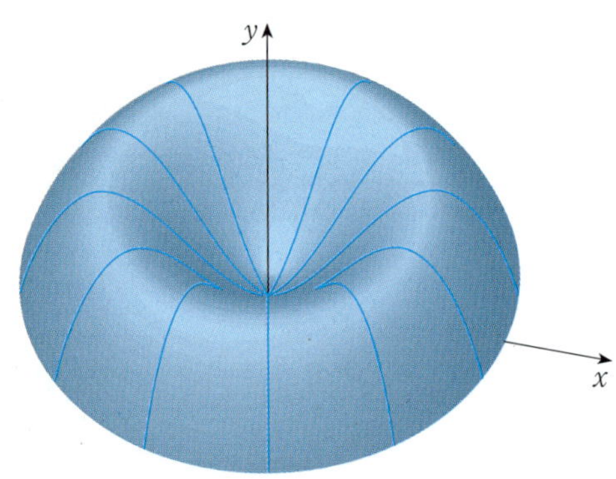

그림 7

참고 예제 1의 풀이와 이 절 제일 앞에서의 설명을 비교해보면 원통 쉘의 방법이 환형 방법보다 쉽다는 것을 알 수 있다. 극댓값의 좌표를 구할 필요도 없고 곡선의 방정식을 x에 대하여 풀 필요도 없다. 그러나 또 다른 예제에서는 앞 절에서의 방법이 더 쉬울 수도 있다.

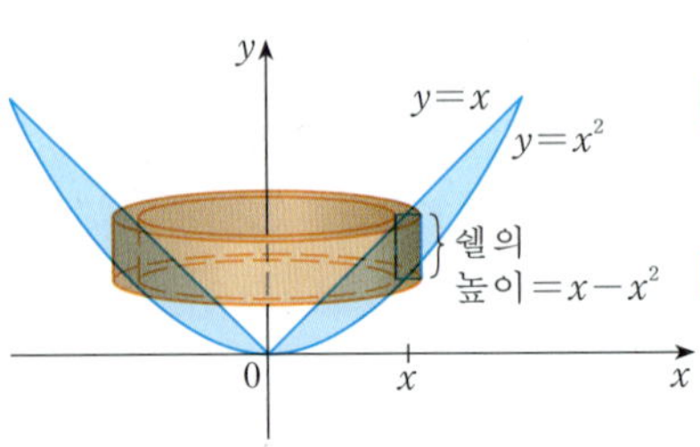

그림 8

예제 2 $y=x$와 $y=x^2$로 둘러싸인 영역을 y축 둘레로 회전시켰을 때 생기는 입체의 부피를 구하여라.

풀이 영역과 쉘의 모양은 그림 8에 있다. 쉘의 반지름은 x, 둘레는 $2\pi x$, 높이는 $x-x^2$이므로 부피는 다음과 같다.

$$V=\int_0^1 (2\pi x)(x-x^2)\,dx = 2\pi\int_0^1 (x^2-x^3)\,dx$$

$$=2\pi\left[\frac{x^3}{3}-\frac{x^4}{4}\right]_0^1$$

$$=\frac{\pi}{6}$$

■

다음 예제에서 보듯이 원통 쉘 방법은 x축 둘레로 회전할 때도 적용할 수 있다. 쉘의 반지름과 높이를 알 수 있도록 그림만 잘 그리면 된다.

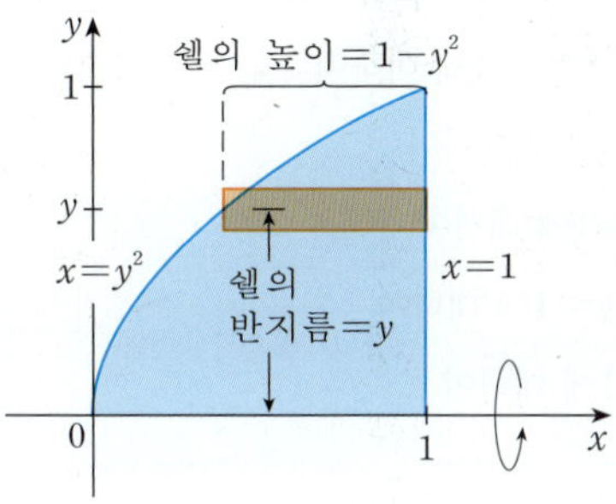

그림 9

예제 3 원통 쉘 방법으로 x축 둘레로 회전한 부피 구하기 원통 쉘 방법을 이용하여 구간 $[0, 1]$에서 곡선 $y=\sqrt{x}$ 아래의 영역을 x축 둘레로 회전시킨 입체의 부피를 구하여라.

풀이 8.2절의 예제 2에서 디스크 방법으로 풀었던 문제이다. 쉘 방법을 적용하기 위해 곡선 $y=\sqrt{x}$를 그림 9에서와 같이 $x=y^2$으로 바꿔 쓰자. x축 둘레로 회전시키면 쉘의 반지름은 y, 둘레는 $2\pi y$, 높이는 $1-y^2$이다. 따라서 부피는

$$V=\int_0^1 (2\pi y)(1-y^2)dy$$

$$=2\pi\int_0^1 (y-y^3)dy$$

$$=2\pi\left[\frac{y^3}{2}-\frac{y^4}{4}\right]_0^1=\frac{\pi}{2}$$

이다. 이 문제의 경우에는 디스크 방법이 더 간단하다. ■

예제 4 수직 축 둘레로 회전 $y=x-x^2$과 $y=0$으로 둘러싸인 영역을 직선 $x=2$ 둘레로 회전시켰을 때 생기는 입체의 부피를 구하여라.

풀이

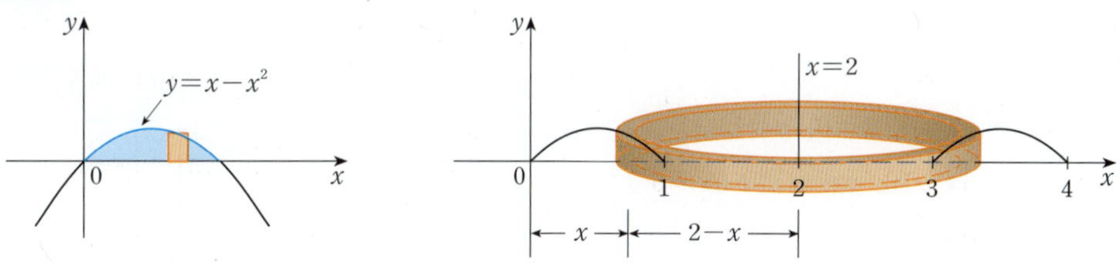

그림 10

그림 10에서 주어진 영역과 직선 $x=2$ 둘레로 회전시켰을 때의 원통 쉘을 볼 수 있다. 반지름은 $2-x$, 둘레는 $2\pi(2-x)$이고 높이는 $x-x^2$이므로 입체의 부피는 다음과 같다.

$$V=\int_0^1 2\pi(2-x)(x-x^2)dx$$

$$=2\pi\int_0^1 (x^3-3x^2+2x)dx$$

$$=2\pi\left[\frac{x^4}{4}-x^3+x^2\right]_0^1=\frac{\pi}{2}$$

■

8.3 연습문제

1. 아래 그림의 영역을 y축 둘레로 회전시켰을 때 생기는 입체를 S라 하자. 얇게 잘라서 디스크 방법으로 S의 부피 V를 구하는 것이 왜 불편한지 설명하여라. 원통 쉘 그림을 그려라. 둘레와 높이는 얼마인가? 쉘의 방법으로 V를 구하여라.

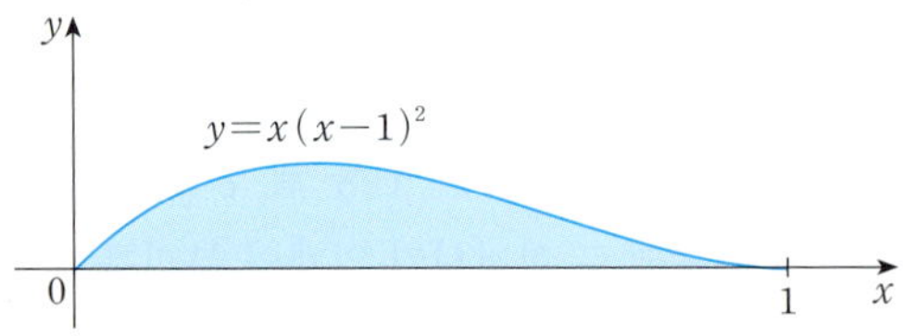

2. 아래 그림의 영역을 y축 둘레로 회전시켰을 때 생기는 입체를 S라 하자. 원통 쉘 그림을 그리고 둘레와 높이를 구하여라. 쉘을 이용하여 S의 부피를 구하여라. 이 방법이 디스크의 방법보다 좋다고 생각하는가? 그 이유를 설명하여라.

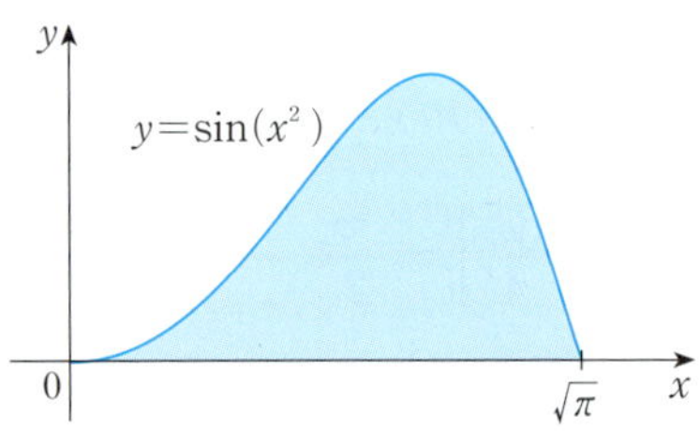

(3~7) 다음 곡선으로 둘러싸인 영역을 y축 둘레로 회전시켰을 때 생기는 입체의 부피를 원통 쉘 방법을 이용하여 구하여라. 영역과 쉘의 그림을 그려라.

3. $y=\dfrac{1}{x}$, $y=0$, $x=1$, $x=2$
4. $y=x^2$, $y=0$, $x=1$
5. $y=e^{-x^2}$, $y=0$, $x=0$, $x=1$
6. $y=x^2-6x+10$, $y=-x^2+6x-6$
7. $y^2=x$, $x=2y$

8. $y=\sqrt{x}$와 $y=x^2$으로 둘러싸인 영역을 y축 둘레로 회전시켰을 때 생기는 입체의 부피를 V라 하자. V를 디스크 방법과 원통 쉘 방법으로 구하여라. 각 경우에 그림을 그리고 방법을 설명하여라.

(9~12) 다음 곡선으로 둘러싸인 영역을 x축 둘레로 회전시켰을 때 생기는 입체의 부피를 원통 쉘 방법으로 구하여라.

9. $x=1+y^2$, $x=0$, $y=1$, $y=2$
10. $x=\sqrt{y}$, $x=0$, $y=1$
11. $x=1+(y-2)^2$, $x=2$
12. $x+y=3$, $x=4-(y-1)^2$

(13~18) 다음 곡선으로 둘러싸인 영역을 주어진 직선 둘레로 회전시켰을 때 생기는 입체의 부피를 원통 쉘 방법으로 구하여라.

13. $y=x^2$, $y=0$, $x=1$, $x=2$; $x=1$에 대하여
14. $y=\sqrt{x}$, $y=0$, $x=1$; $x=-1$에 대하여
15. $y=4x-x^2$, $y=3$; $x=1$에 대하여
16. $y=x^2$, $y=2-x^2$; $x=1$에 대하여
17. $y=x^3$, $y=0$, $x=1$; $y=1$에 대하여
18. $y=x^2$, $x=y^2$; $y=-1$에 대하여

(19~20) 다음 곡선으로 둘러싸인 영역을 주어진 직선 둘레로 회전시켰을 때 생기는 입체의 부피를 구하는 적분식을 구하고 계산은 하지 말라.

19. $x=\sqrt{\sin y}$, $0\le y\le \pi$, $x=0$; $y=4$에 대하여
20. $y=e^{-x^2}$, $y=0$, $x=0$, $x=4$; $x=5$에 대하여

21. $n=10$일 때 심프슨 공식을 이용하여 곡선 $y=\sqrt{1+x^3}$, $0\le x\le 1$ 아래의 영역을 y축 둘레로 회전시켜 생긴 입체의 부피를 구하여라.

22. 다음 그림의 영역을 y축 둘레로 회전시켜 생긴 입체의 부피를 $n=10$일 때 심프슨 공식을 이용하여 구하여라.

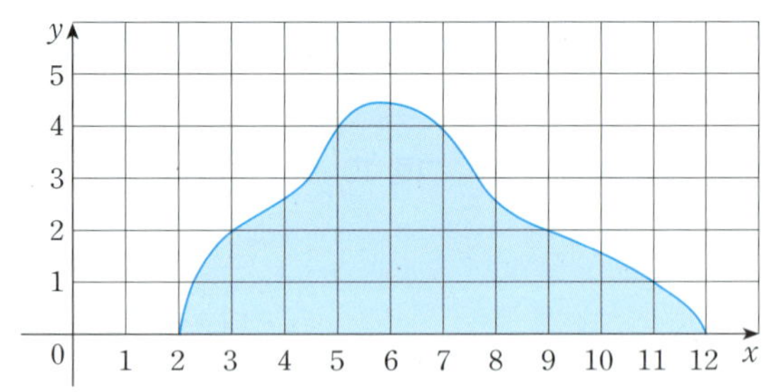

(23~24) 다음 적분은 어떤 입체의 부피를 나타낸다. 어떤 입체인지 설명하여라.

23. (a) $\displaystyle\int_0^3 2\pi x^5\,dx$

(b) $\displaystyle\int_0^1 2\pi(3-y)(1-y^2)dy$

24. (a) $2\pi \int_0^2 \frac{y}{1+y^2}\,dy$

(b) $\int_0^{\pi/4} 2\pi(\pi-x)(\cos x-\sin x)dx$

(25~26) 그래프를 이용하여 다음 곡선의 교점의 x좌표를 추정하여라. 이 값과 계산기를 이용하여 다음 곡선으로 둘러싸인 영역을 y축 둘레로 회전시켜 생긴 입체의 부피를 구하여라.

25. $y=e^x$, $y=\sqrt{x}+1$

26. $y=x^3-x+1$, $y=-x^4+4x-1$

CAS (27~28) 컴퓨터를 이용하여 다음 곡선으로 둘러싸인 영역을 주어진 직선 둘레로 회전시켜 생긴 입체의 부피를 구하여라.

27. $y=\sin^2 x$, $y=\sin^4 x$, $0\le x\le \pi$; $x=\frac{\pi}{2}$에 대하여 회전

28. $y=x^3 \sin x$, $y=0$, $0\le x\le \pi$; $x=-1$에 대하여 회전

(29~33) 다음 곡선으로 둘러싸인 영역을 주어진 직선 둘레로 회전시켜 생긴 입체의 부피를 어느 방법으로든 구하여라.

29. $y=-x^2+6x-8$, $y=0$; y축에 대하여 회전

30. $y=-x^2+6x-8$, $y=0$; x축에 대하여 회전

31. $x^2+(y-1)^2=1$; y축에 대하여 회전

32. $x=(y-3)^2$, $x=4$; $y=1$에 대하여 회전

33. $y=5$, $y=x+\left(\frac{4}{x}\right)$; $x=-1$에 대하여 회전

34. $(0, 0)$, $(1, 0)$, $(1, 2)$를 꼭짓점으로 하는 삼각형을 T라 하자. T를 직선 $x=a$ $(a>1)$ 둘레로 회전시켜 생긴 입체의 부피를 V라 하자. a를 V로 표현하여라.

(35~37) 원통 쉘 방법으로 다음 입체의 부피를 구하여라.

35. 반지름 r인 구

36. 8.2절 연습문제 45의 토러스

37. 높이가 h이고 밑면의 반지름이 r인 수직원뿔

38. 지름이 각기 다른 두 개의 나무공에 다른 지름을 갖는 원기둥 모양으로 구멍을 뚫어 그림과 같이 높이 h를 갖는 수건걸이를 만들었다.

(a) 어느 것의 나무 부피가 클지 추측하여라.

(b) 추측이 맞는지 알아보기 위해 반지름이 R인 구의 중심을 통하여 반지름이 r인 구멍을 뚫었을 때 생기는 수건걸이의 부피를 원환면을 이용한 방법을 써서 구하여라. 또 답을 h로 표현하여라.

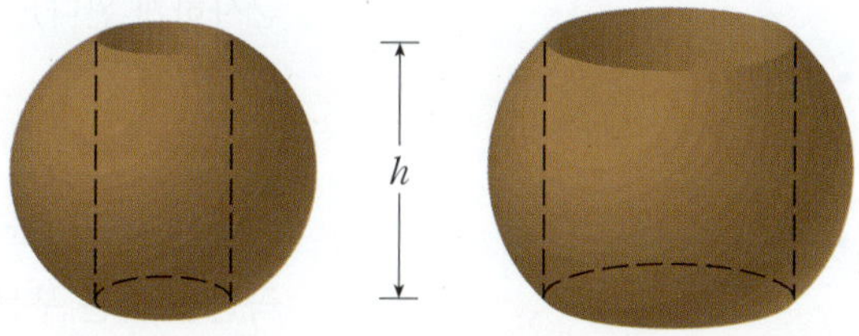

8.4 곡선의 길이

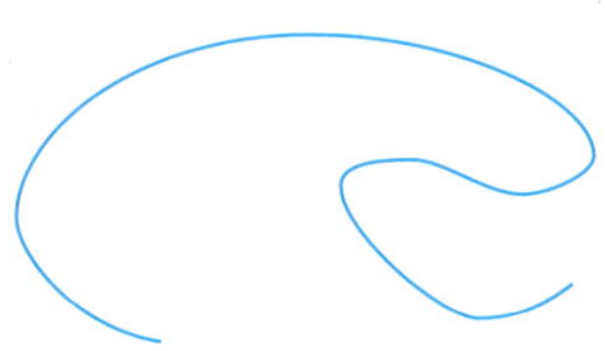

그림 1

곡선의 길이란 무엇을 의미하는가? 그림 1에 있는 곡선에 한 가닥 실을 맞추어 자로 그 실의 길이를 재면 된다고 생각할지 모르겠지만 만약 복잡한 곡선이 주어지면 아주 정확하게 재는 것이 어려울 것이다. 넓이와 부피의 개념을 정의할 때 전개했던 방식과 똑같이 한 곡선의 길이를 정확히 정의할 필요가 있다.

곡선이 다각형으로 주어지면, 다각형을 이루는 선분들의 길이를 직접 다 더함으로써 주어진 곡선의 길이를 쉽게 구할 수 있다(각 선분의 끝점간에 거리를 구하는 데 두 점간에

거리공식을 사용할 수 있다). 곡선에 한 다각형을 접근시킨 후에 그 다각형의 선분의 개수를 늘려 나가는 것으로 극한을 취함으로써 곡선의 길이를 일반적으로 정의하려고 한다. 이런 과정은 원의 경우에 더 적합한데 원둘레가 내접하는 다각형의 길이의 극한인 셈이다(그림 2 참조).

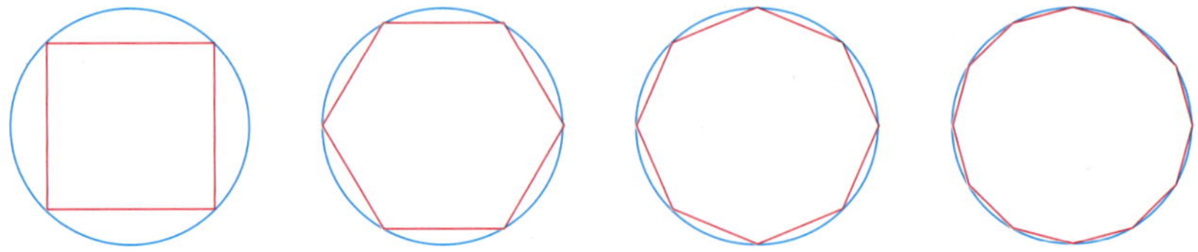

그림 2

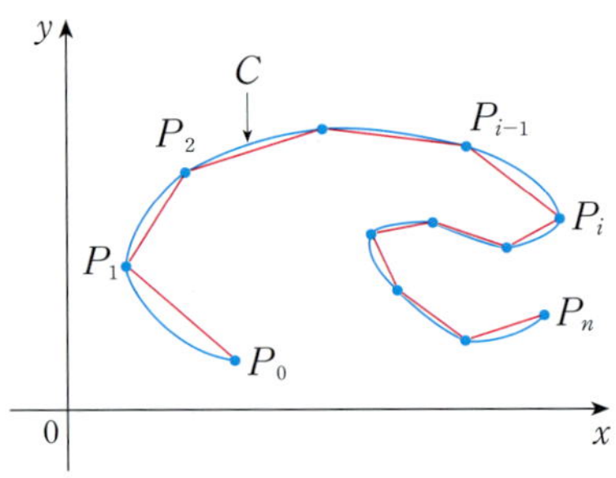

그림 3

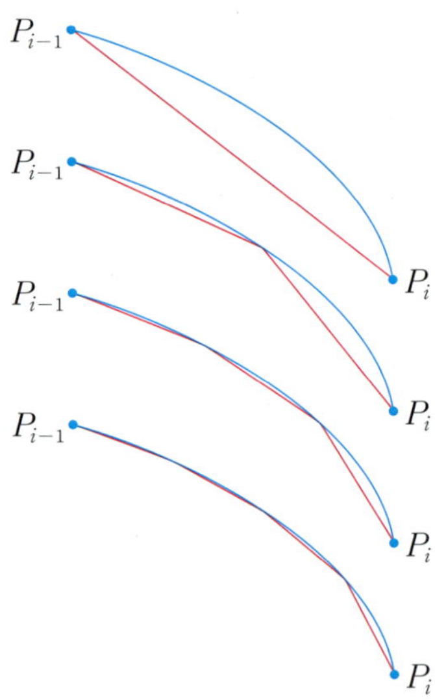

그림 4

이제 매개변수방정식 $x=f(t)$, $y=g(t)(a\le t\le b)$로 표시된 곡선 C가 부드러운 곡선 즉, $f'(t)$와 $g'(t)$가 연속이고 $a<t<b$에서 동시에 0은 아니라고 가정하자(이는 곡선 C의 방향이 갑자기 바뀌지는 않는다는 것을 의미한다). 폐구간 $[a, b]$를 각각의 구간을 Δt로 n등분하자. 이제 $t_0, t_1, t_2, \cdots, t_n$을 이 부분구간들의 경계점이라고 하면 $x_i=f(t_i)$와 $y_i=g(t_i)$는 곡선 C 위의 점 $P_i(x_i, y_i)$의 좌표이며, $P_0, P_1, \cdots, P_n$을 잇는 다각형은 C에 근접하게 된다(그림 3 참조). n의 값이 커짐에 따라 다각형의 길이는 곡선 C의 길이 L에 근사하게 된다(그림 4와 같이 P_{i-1}과 P_i 사이의 호가 늘어 Δt의 값이 줄어 곡선에 근사하게 된다). 따라서 곡선 C의 길이는 이런 내접하는 다각형들의 극한으로 정의한다.

$$L=\lim_{n\to\infty}\sum_{i=1}^{n}|P_{i-1}P_i|$$

곡선의 길이를 정의하는 절차가 넓이나 부피를 정의하는 데 사용된 절차와 똑같다. 즉, 곡선을 작은 부분으로 많이 나누어서 그 작은 부분들의 길이를 다 더하여 $n\to\infty$인 극한을 취하였다.

$\Delta x_i=x_i-x_{i-1}$이고 $\Delta y_i=y_i-y_{i-1}$이라 하면 i번째 부분의 길이는 $|P_{i-1}P_i|=\sqrt{(\Delta x_i)^2+(\Delta y_i)^2}$이다. 미분의 정의로부터 $f'(t_i)\approx\dfrac{\Delta x_i}{\Delta t}$이므로 Δt가 매우 작다면 (임의의 표본점 t_i^* 대신 t_i를 사용하자)

$$\Delta x_i\approx f'(t_i)\Delta t,\qquad \Delta y_i\approx g'(t_i)\Delta t$$

그리고

$$\begin{aligned}|P_{i-1}P_i|&=\sqrt{(\Delta x_i)^2+(\Delta y_i)^2}\\&\approx\sqrt{[f'(t_i)\Delta t]^2+[g'(t_i)\Delta t]^2}\\&=\sqrt{[f'(t_i)]^2+[g'(t_i)]^2}\,\Delta t\end{aligned}$$

그러므로

$$L\approx\sum_{i=1}^{n}\sqrt{[f'(t_i)]^2+[g'(t_i)]^2}\,\Delta t$$

이것은 함수 $\sqrt{[f'(t)]^2+[g'(t)]^2}$의 리만 합이므로 다음과 같이 쓸 수 있다.

$$L=\int_a^b\sqrt{[f'(t)]^2+[g'(t)]^2}\,dt$$

이다.

> **1 곡선의 길이 공식** 매개변수방정식 $x=f(t)$, $y=g(t)$, $a\le t\le b$로 표시되는 부드러운 곡선의 길이는
>
> $$L=\int_a^b\sqrt{\left(\frac{dx}{dt}\right)^2+\left(\frac{dy}{dt}\right)^2}\,dt$$

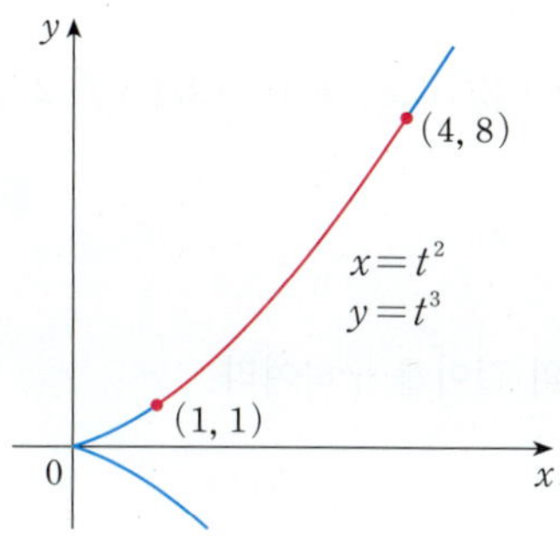

그림 5

● 예제 1의 답을 점검하면 그림 5로부터 (1, 1)에서 (4, 8)까지의 거리

$$\sqrt{58}\approx 7.615733$$

보다 약간 더 길어야만 된다는 것을 알 수 있다. 실제로 예제 1의 계산에 의해

$$L=\frac{80\sqrt{10}-13\sqrt{13}}{27}\approx 7.633705$$

인데 이는 확실히 선분의 길이보다 조금 더 길다.

예제 1 매개방정식 곡선의 길이 두 점 (1, 1), (4, 8) 사이의 $x=t^2$, $y=t^3$로 표현되는 곡선의 길이를 구하여라(그림 5 참조).

풀이 식 1로부터 곡선의 길이는

$$L=\int_1^2\sqrt{\left(\frac{dx}{dt}\right)^2+\left(\frac{dy}{dt}\right)^2}\,dt=\int_1^2\sqrt{(2t)^2+(3t^2)^2}\,dt$$

$$=\int_1^2\sqrt{4t^2+9t^4}\,dt=\int_1^2 t\sqrt{4+9t^2}\,dt$$

이제 $u=4+9t^2$이라 놓으면 $du=18t\,dt$이고 $t=1$일 때 $u=13$, $t=2$일 때 $u=40$이다. 따라서

$$L=\frac{1}{18}\int_{13}^{40}\sqrt{u}\,du=\frac{1}{18}\cdot\frac{2}{3}u^{3/2}\Big]_{13}^{40}$$

$$=\frac{1}{27}[40^{3/2}-13^{3/2}]=\frac{1}{27}(80\sqrt{10}-13\sqrt{13})$$ ■

만일 곡선의 방정식이 $y=f(x)$, $a\le x\le b$로 주어져 있다면 x를 매개변수 취급하면 매개변수방정식은 $x=x$, $y=f(x)$이며, 식 1은 다음과 같다.

2
$$L=\int_a^b\sqrt{1+\left(\frac{dy}{dx}\right)^2}\,dx$$

같은 방법으로 곡선의 방정식이 $x=f(y)$, $a\le y\le b$로 주어져 있다면 y를 매개변수로 취급하며 곡선의 길이는 다음과 같다.

3
$$L=\int_a^b\sqrt{\left(\frac{dx}{dy}\right)^2+1}\,dy$$

곡선의 길이에 대한 계산은 식 1, 2, 3에 나타난 제곱근 때문에 적분이 매우 어렵거나 불가능한 경우가 있다. 따라서 다음 예제와 같이 근사법을 이용하여 호의 길이를 구하기도 한다.

예제 2 심프슨 공식으로 곡선의 길이 추정 점 (1, 1)에서 $\left(2, \frac{1}{2}\right)$까지 쌍곡선 $xy=1$의 곡선의 길이를 추정하여라.

풀이 $y=\dfrac{1}{x}$, $\dfrac{dy}{dx}=-\dfrac{1}{x^2}$이므로 식 **2**에 의하여 호의 길이는

$$L=\int_1^2\sqrt{1+\left(\frac{dy}{dx}\right)^2}\,dx=\int_1^2\sqrt{1+\frac{1}{x^4}}\,dx$$

이다. 이 적분값을 정확하게 구하기는 매우 어렵다. 따라서 $a=1$, $b=2$, $n=10$, $\Delta x=0.1$, $f(x)=\sqrt{1+1/x^4}$으로 놓고 심프슨 공식을 이용하면(7.9절 참조)

$$\begin{aligned}L&=\int_1^2\sqrt{1+\frac{1}{x^4}}\,dx\\&\approx\frac{\Delta x}{3}[f(1)+4f(1.1)+2f(1.2)+4f(1.3)+\cdots+2f(1.8)+4f(1.9)+f(2)]\\&\approx 1.1321\end{aligned}$$

■

예제 3 점 (0, 0)에서 (1, 1)까지 포물선 $y^2=x$의 곡선의 길이를 구하여라.

풀이 $x=y^2$, $\dfrac{dx}{dy}=2y$이므로 식 **3**으로부터

$$L=\int_0^1\sqrt{\left(\frac{dx}{dy}\right)^2+1}\,dy=\int_0^1\sqrt{4y^2+1}\,dy$$

적분표 또는 컴퓨터 대수체계를 이용하여

$$L=\frac{\sqrt{5}}{2}+\frac{\ln(\sqrt{5}+2)}{4}$$

를 구할 수 있다($u=2y$라 놓은 후 식 21 사용).

■

● 그림 6은 예제 3에서 계산된 호의 길이를 갖는 포물선과 더불어 $n=1$일 때와 $n=2$일 때의 선분을 갖는 근사다각형이다. $n=1$에 대하여 근사길이 $L_1=\sqrt{2}$(정사각형의 대각선 길이)이다. 옆의 표는 [0, 1]을 균일하게 n등분하여 얻는 근삿값 L_n을 보여주고 있다. 다각형의 변의 개수를 2배할 때마다 정확한 길이

$$L=\frac{\sqrt{5}}{2}+\frac{\ln(\sqrt{5}+2)}{2}\approx 1.478943$$

에 더 가까운 값을 얻는다는 것을 주목하여라.

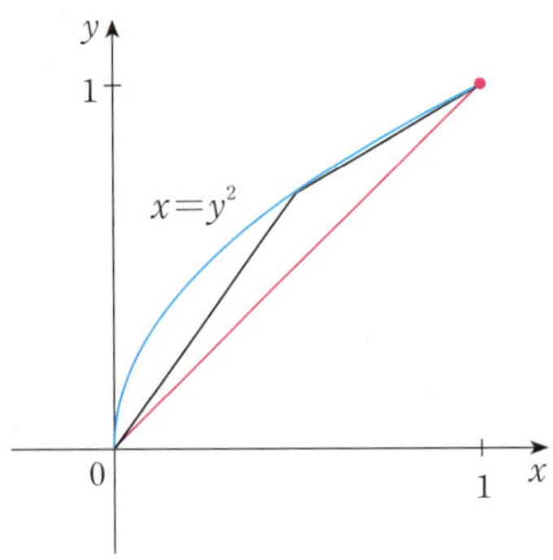

그림 6

n	L_n
1	1.414
2	1.445
4	1.464
8	1.472
16	1.476
32	1.478
64	1.479

예제 4 사이클로이드 $x=r(\theta-\sin\theta)$, $y=r(1-\cos\theta)$의 한 호의 길이를 구하여라.

풀이 2.9절의 예제 7로부터 한 호를 매개변수 θ로 구간 $0\le\theta\le 2\pi$에서 표시된다.

$$\frac{dx}{d\theta}=r(1-\cos\theta),\quad \frac{dy}{d\theta}=r\sin\theta$$

이므로

$$L=\int_0^{2\pi}\sqrt{\left(\frac{dx}{d\theta}\right)^2+\left(\frac{dy}{d\theta}\right)^2}\,d\theta=\int_0^{2\pi}\sqrt{r^2(1-\cos\theta)^2+r^2\sin^2\theta}\,d\theta$$

● 예제 4의 결과는 사이클로이드 한 아치의 길이가 사이클로이드를 생성시키는 원의 반지름의 8배임을 보여준다(그림 7 참조). 이는 후에 런던에 있는 성바오로성당을 건축한 크리스토퍼 웬(Chistopher Wren)이 1658년 최초로 증명하였다.

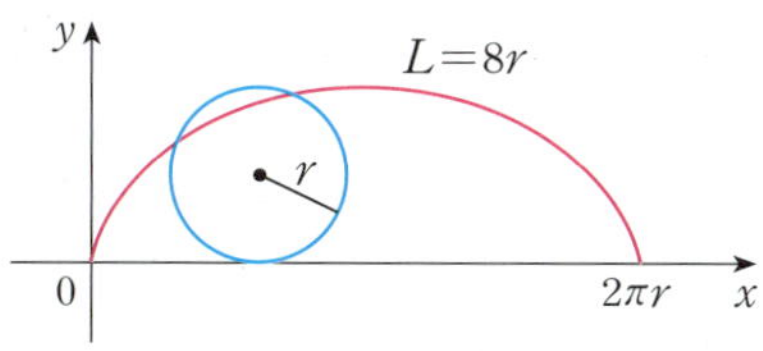

그림 7

$$=\int_0^{2\pi}\sqrt{r^2(1-2\cos\theta+\cos^2\theta+\sin^2\theta)}\,d\theta=r\int_0^{2\pi}\sqrt{2(1-\cos\theta)}\,d\theta$$

이다. 이 적분값은 삼각함수를 이용하여 구할 수 있다. 그러나 여기서는 컴퓨터 대수체계를 이용하여 다음과 같다.

$$L=r\int_0^{2\pi}\sqrt{2(1-\cos\theta)}\,d\theta=8r$$

8.4 연습문제

1. 곡선의 길이 공식 2를 사용하여 곡선 $y=2-3x\ (-2\le x\le 1)$의 길이를 구하여라. 주어진 곡선이 직선이라는 것을 알고 거리 공식에 의하여 그 길이를 계산해 봄으로써 이미 구한 답을 검증해 보아라.

2. (a) 2.9절의 예제 2에서 단위원의 매개변수 방정식이 $x=\cos t$, $y=\sin t$, $0\le t\le 2\pi$임을 알았다.
이 방정식을 이용하여 단위원의 원의 둘레를 구하여라.
(b) 2.9절의 예제 3에서 주어진 $x=\sin 2t$, $y=\cos 2t$, $0\le t\le 2\pi$ 역시 단위원을 나타낸다. 공식 1에 의한 적분값을 구하여라. 값의 차이를 설명하라.

(3~6) 다음 곡선의 길이를 적분으로 나타내고 계산기를 이용하여 소숫점 넷째 자리까지 정확하게 구하여라.

3. $y=\cos x,\ 0\le x\le 2\pi$
4. $x=\ln t,\ y=\sqrt{t+1},\ 1\le t\le 5$
5. $x=t+\cos t,\ y=t-\sin t,\ 0\le t\le 2\pi$
6. $x=t\cos t,\ y=t\sin t,\ 0\le t\le 2\pi$

(7~12) 곡선의 길이를 구하여라.

7. $x=1+3t^2,\ y=4+2t^3,\ 0\le t\le 1$
8. $y^2=4(x+4)^3,\ 0\le x\le 2,\ y>0$
9. $x=y^{3/2},\ 0\le y\le 1$
10. $y=\sqrt{x-x^2}+\sin^{-1}(\sqrt{x})$
11. $y=\frac{1}{4}x^2-\frac{1}{2}\ln x,\ 1\le x\le 2$
12. $x=a(\cos\theta+\theta\sin\theta),\ y=a(\sin\theta-\theta\cos\theta),$
$0\le\theta\le\pi$

(13~16) 다음 곡선을 그리고, 길이를 구하여라.

13. $x=e^t-t,\ y=4e^{t/2},\ -8\le t\le 3$
14. $y=\frac{x^2}{2}-\frac{\ln x}{4},\ 2\le x\le 4$
15. $x=e^t\cos t,\ y=e^t\sin t,\ 0\le t\le\pi$
16. $x=e^t+e^{-t},\ y=5-2t,\ 0\le t\le 3$

(17~19) 심프슨 공식을 써서 $n=10$일 때 다음 곡선의 길이를 추정하여라. 계산기로 계산한 적분값과 비교해 보아라.

17. $y=xe^{-x},\ 0\le x\le 5$
18. $x=y+\sqrt{y},\ 1\le y\le 2$
19. $x=\ln t,\ y=e^{-t},\ 1\le t\le 2$

20. 다음 곡선의 길이를 구하여라.
$x=3t-t^3,\ y=3t^2$

21. (a) 곡선 $y=x\sqrt[3]{4-x},\ 0\le x\le 4$의 그래프를 그려라.
(b) $n=1, 2, 4$ 변을 갖는 내접다각형의 길이를 구하여라(주어진 구간을 균일하게 부분구간으로 나누어서 계산하여라). 그림 6에서처럼 이 다각형들의 그림을 이용하여 설명하여라.
(c) 주어진 곡선의 길이를 적분으로 표시하여라.
(d) 계산기(또는 CAS)로 정적분 값을 구할 수 있으면, 곡선의 길이를 소수점 아래 넷째 자리까지 구하여라. 만약에 구할 수 없다면, 심프슨 공식을 사용하여라. 부분 (b)에서 나온 근삿값들과 비교해 보아라.

22. $y=x+\sin x,\ 0\le x\le 2\pi$에서 연습문제 21번을 반복하여라.

CAS (23~26) CAS나 적분표를 이용하여 다음 곡선의 정확한 곡선의 길이를 구하여라.

23. $x=t^3,\ y=t^4,\ 0\le t\le 1$

24. $y^2=4x,\ 0\le y\le 2$

25. $y=\ln(\cos x),\ 0\le x\le \pi/4$

26. $y=\ln x,\ 1\le x\le \sqrt{3}$

---

27. 고도 180m에서 15m/s의 속도로 날고 있는 매가 실수로 떨어뜨린 먹이가 땅에 닿을 때까지 다음과 같은 방정식으로 포물선 궤도를 그렸다.

$$y=180-\frac{x^2}{45}$$

y는 땅에서부터 높이이고 x는 미터 단위로 측정한 수평거리이다. 먹이를 처음 떨어뜨린 순간부터 닿을 때까지 먹이가 이동한 거리를 계산하여라.

28. 정서쪽으로부터 바람이 불어와 연이 날리고 있다. $x=0$에서 $x=25$m까지 지상으로부터의 높이가

$$y=50-0.1(x-15)^2$$

이다. 이 연이 날린 거리를 구하여라.

29. 금속을 구부려서 지붕 재료를 만드는 사람이 그림에서처럼 평평한 금속판을 처리함으로써 폭이 60cm이고 두께가 4cm인 네모꼴의 판을 생산하기를 원한다. 지붕 재료의 측면은 사인곡선 모양이다. 사인곡선의 방정식이 $y=2\sin\dfrac{\pi x}{15}$ 임을 증명하고 폭이 60cm인 판을 만드는 평평한 금속판의 폭 w의 값을 구하여라(계산기나 CAS로 정적분의 값을 계산할 수 있다면 그렇게 하고, 그렇게 할 수 없다면 심프슨 공식을 사용하여라).

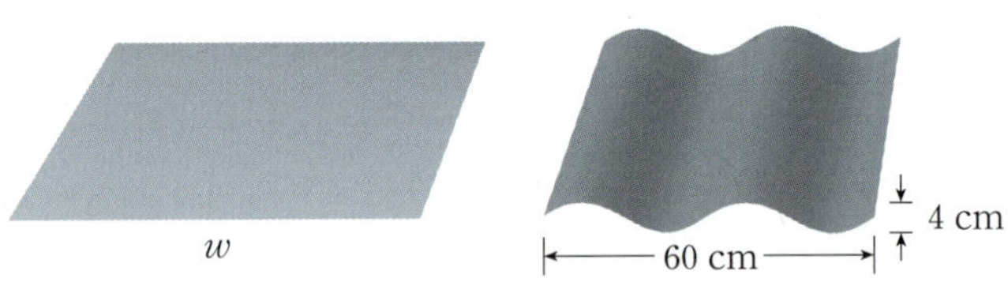

30. 성망형(astroid) $x=a\cos^3\theta,\ y=a\sin^3\theta,\ a>0$의 전체 길이를 구하여라.

31. 타원 $x=a\sin\theta,\ y=b\cos\theta,\ a>b>0$의 전체 길이가

$$L=4a\int_0^{\frac{\pi}{2}}\sqrt{1-e^2\sin^2\theta}\,d\theta$$

임을 보여라. 여기서, e는 타원의 이심률이다. $\left(e=\dfrac{c}{a},\ c=\sqrt{a^2-b^2}\right)$

32. **볼록원**(fat circles)이라 불리는 $x^n+y^n=1,\ n=4,\ 6,\ 8,\ \cdots$의 그래프를 $n=2,\ 4,\ 6,\ 8,\ 10$일 때 각각 그려 보아라. $n=2k$일 때 볼록원의 길이에 대한 적분식을 완성하고 적분값을 계산하지 말고 $\lim_{k\to\infty} L_{2k}$의 값을 구하여라.

CAS **33.** (a) 바깥수레바퀴(epitrochoid)

$$x=11\cos t-4\cos\left(\frac{11t}{2}\right),$$
$$y=11\sin t-4\sin\left(\frac{11t}{2}\right)$$

의 그래프를 그리고 곡선전체를 그리기 위한 매개변수의 범위를 구하여라.

(b) CAS를 써서 이 곡선의 길이를 추정하여라.

CAS **34.** **콜루의 나선**(Cornu's spiral)

$$x=C(t)=\int_0^t \cos(\pi u^2/2)\,du,$$
$$y=S(t)=\int_0^t \sin(\pi u^2/2)\,du$$

여기서 $C,\ S$는 7.4절에서 소개된 빛의 간섭함수(Fresnel function)이다.

(a) 곡선의 그래프를 그려라. $t\to\infty,\ t\to-\infty$일 때 어떻게 되는가?

(b) 원점에서 매개변수값 t에 이르기까지 콜루의 나선 길이를 구하여라.

8.5 함수의 평균값

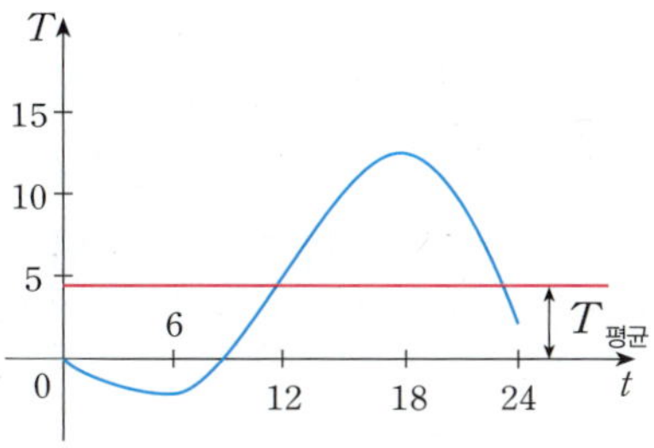

그림 1

유한 개의 수 $y_1, y_2, \cdots, y_n$에 대한 평균은 다음과 같이 간단하게 구할 수 있다.

$$y_{평균}=\frac{y_1+y_2+\cdots+y_n}{n}$$

하지만 무한히 많은 횟수로 기온을 측정할 수 있다면, 하루 평균기온은 어떻게 계산해야 할까? 그림 1은 기온 함수 $T(t)$의 그래프와 평균기온 $T_{평균}$에 대한 추정값을 보여준다. 단, 여기서 t의 단위는 시간이고 T의 단위는 °C이다.

일반적으로, 어떤 함수 $y=f(x)$, $a\le x\le b$의 평균값을 계산해보자. 먼저 구간 $[a, b]$를 $\Delta x=(b-a)/n$의 길이를 가진 n개의 부분구간으로 나눈다. 그 다음, 각 부분구간에서 하나씩, n개의 점 $x_1^*, \cdots, x_n^*$을 선택하고, $f(x_1^*), \cdots, f(x_n^*)$의 평균을 다음과 같이 계산한다.

$$\frac{f(x_1^*)+\cdots+f(x_n^*)}{n}$$

(예를 들어, 만약 f가 기온 함수이고 $n=24$라면, 매 시간마다 기온을 측정하고 그것들의 평균을 구한다는 말이다.) $\Delta x=(b-a)/n$이므로 $n=(b-a)/\Delta x$이고 평균값은 다음과 같이 고쳐서 표현할 수 있다.

$$\frac{f(x_1^*)+\dots+f(x_n^*)}{\dfrac{b-a}{\Delta x}}=\frac{1}{b-a}[f(x_1^*)\Delta x+\cdots+f(x_n^*)\Delta x]$$

$$=\frac{1}{b-a}\sum_{i=1}^{n}f(x_i^*)\Delta x$$

여기서 n이 커지면, 많은 개수의 그리고 가까운 간격의 값들에 대한 평균을 계산할 수 있다(예를 들어, 기온 측정을 매 분 혹은 매 초마다 하면 된다). 그 극한값은 정적분의 정의에 의해 다음과 같이 된다.

$$\lim_{n\to\infty}\frac{1}{b-a}\sum_{i=1}^{n}f(x_i^*)\Delta x=\frac{1}{b-a}\int_a^b f(x)\,dx$$

● 양의 값을 가지는 함수에 대해서, 이 정의를 다음과 같은 것으로 간주할 수 있다.

$$\frac{넓이}{폭}=평균높이$$

따라서 구간 $[a, b]$에서 **f의 평균값**을 다음과 같이 정의한다.

$$f_{평균}=\frac{1}{b-a}\int_a^b f(x)\,dx$$

예제 1 구간 $[-1, 2]$에서 함수 $f(x)=1+x^2$의 평균값을 구하라.

풀이 $a=-1$, $b=2$이므로

$$f_{평균}=\frac{1}{b-a}\int_a^b f(x)\,dx=\frac{1}{2-(-1)}\int_{-1}^{2}(1+x^2)\,dx$$

$$=\frac{1}{3}\left[x+\frac{x^3}{3}\right]_{-1}^{2}=2$$

$T(t)$가 시각 t에서의 기온이라면, 그 평균 기온과 같은 기온을 가지게 되는 특정한 순간이 있을지 궁금할 수 있다. 그림 1의 기온함수에 대해서, 그런 순간이 두 번(정오 직전과 자정 직전) 있음을 알 수 있다. 일반적으로, 그 점에서 f의 함숫값이 그 함수의 평균값과 정확히 같아지는 점 c가 존재할까, 즉 $f(c)=f_{\text{평균}}$인 c가 존재할까? 다음의 정리는 연속함수에 대해 그것이 참임을 말해준다.

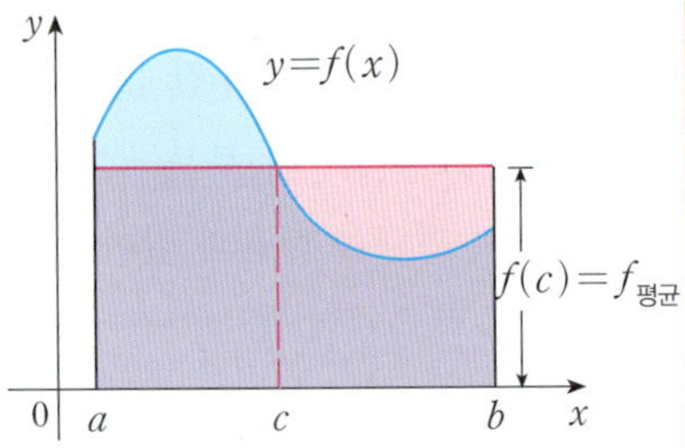

그림 2

적분의 평균값 정리 f가 $[a, b]$에서 연속이면, $[a, b]$ 안의 어떤 c에 대해 다음을 만족한다.

$$f(c)=f_{\text{평균}}=\frac{1}{b-a}\int_a^b f(x)dx$$

즉,
$$\int_a^b f(x)dx=f(c)(b-a)$$

적분의 평균값 정리는 미분에 대한 평균값 정리 및 미분적분학의 기본정리의 결과이다. 연습문제 21에 그 증명이 개괄되어 있다.

● 2차원 산에 대해, 적당한 높이에서 그 산의 꼭대기를 잘라서 계곡을 메움으로써 산 정상을 완전히 평평하게 만들 수 있다.

적분의 평균값 정리에 대한 기하학적인 해석은 다음과 같다. 양의 값을 가지는 함수 f에 대해, 밑변이 $[a, b]$이고 높이가 $f(c)$인 직사각형의 넓이와, 구간 $[a, b]$에 대한 f의 그래프 아래 영역의 넓이가 일치하게 되는 c가 존재한다(그림 2와 그 설명을 참조하라).

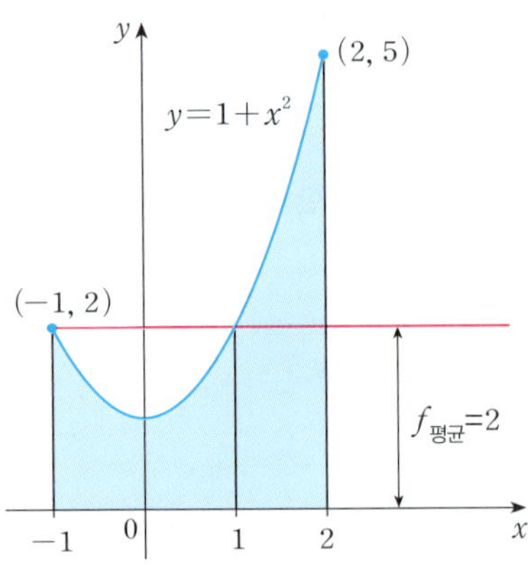

그림 3

예제 2 **적분의 평균값 정리의 c값 찾기** $f(x)=1+x^2$는 구간 $[-1, 2]$에서 연속이기 때문에, 적분의 평균값 정리에 의해 $[-1, 2]$ 안의 어떤 c에 대해 다음이 성립한다.

$$\int_{-1}^{2}(1+x^2)dx=f(c)[2-(-1)]$$

이 특별한 경우에 c를 확정적으로 구할 수 있다. 예제 1로부터 $f_{\text{평균}}=2$임을 알고, $f(c)=f_{\text{평균}}=2$임을 알 수 있다. 따라서 $1+c^2=2$, 즉 $c^2=1$이다. 이 경우에는 이렇게 구간 $[-1, 2]$ 안의 두 개의 수 $c=\pm1$이 적분의 평균값 정리에 나오는 식을 만족한다. ■

그림 3에서 예제 1과 2의 상황을 나타내었다.

예제 3 시간 구간 $[t_1, t_2]$에서의 어떤 자동차의 평균속도는 여행하는 동안의 속도의 평균과 같음을 보여라.

풀이 $s(t)$가 시각 t에서 그 차의 변위라고 하자. 정의에 의해 구간 $[t_1, t_2]$에서 그 차의 평균속도는 다음과 같다.

$$\frac{\Delta s}{\Delta t}=\frac{s(t_2)-s(t_1)}{t_2-t_1}$$

한편, 그 구간에서 속도함수의 평균값은

$$v_{평균}=\frac{1}{t_2-t_1}\int_{t_1}^{t_2} v(t)dt=\frac{1}{t_2-t_1}\int_{t_1}^{t_2} s'(t)dt$$

$$=\frac{1}{t_2-t_1}[s(t_2)-s(t_1)] \quad (총\ 변화량\ 정리)$$

$$=\frac{s(t_2)-s(t_1)}{t_2-t_1}=평균\ 속도$$

8.5 연습문제

(1~6) 주어진 구간에서 다음 함수의 평균값을 구하여라.

1. $g(x)=\cos x,\ \left[0,\ \frac{\pi}{2}\right]$
2. $g(x)=\sqrt{x},\ [1,\ 4]$
3. $f(t)=te^{-t^2},\ [0,\ 5]$
4. $f(h)=\sec^2\left(\frac{\theta}{2}\right),\ \left[0,\ \frac{\pi}{2}\right]$
5. $h(x)=\cos^4 x \sin x,\ [0,\ \pi]$
6. $h(u)=(3-2u)^{-1},\ [-1,\ 1]$

(7~10) (a) 주어진 구간에서 f의 평균값을 구하여라.

(b) $f_{평균}=f(c)$인 c를 구하여라.

(c) f의 그래프와 그 넓이가 f 아래 영역의 넓이와 같은 직사각형을 그려라.

7. $f(x)=(x-3)^2,\ [2, 5]$
8. $f(x)=\ln x,\ [1, 3]$
9. $f(x)=2\sin x-\sin 2x,\ [0, \pi]$
10. $f(x)=\dfrac{2x}{(1+x^2)^2},\ [0, 2]$

11. f가 연속이고 $\int_1^3 f(x)dx=8$이라고 할 때, 구간 $[1, 3]$ 위에서 f의 함숫값이 최소한 한 번은 4가 됨을 보여라.
12. 구간 $[0, b]$에서 $f(x)=2+6x-3x^2$의 평균값이 3이 되는 b의 값을 구하여라.
13. 다음의 표는 연속함수의 몇 가지 값들이다. 중점 공식을 이용하여 $[20, 50]$에서의 f의 평균값을 추정하여라.

x	20	25	30	35	40	45	50
$f(x)$	42	38	31	29	35	48	60

14. 다음은 가속 중인 자동차의 속도 그래프이다.

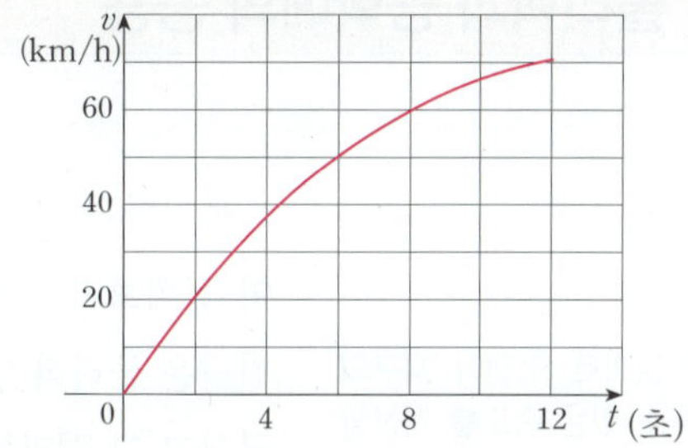

(a) 처음 12초 동안의 평균 속도를 추정하여라.

(b) 순간속도가 평균속도와 같아지는 순간은 언제인가?

15. 어떤 도시에서 오전 9시 이후 t시간이 지난 후의 기온(℃)은 다음 함수로 모형화된다.

$$T(t)=20+6\sin\frac{\pi t}{12}$$

오전 9시부터 오후 9시까지의 평균기온을 구하여라.

16. 20℃의 방에 95℃의 커피 한잔이 있다. 뉴턴의 냉각법칙에 의하면 t분 후의 커피의 온도 $T(t)=20+75e^{-\frac{t}{50}}$로 주어진다. 처음 30분 동안의 커피의 평균온도를 구하여라.
17. 8m 길이의 막대의 선형밀도는 $12/\sqrt{x+1}$ (kg/m)이다. 여기서 x는 막대의 한쪽 끝으로부터 측정한 미터 단위의 길이다. 막대의 평균 밀도를 구하여라.
18. 정지상태에서 출발하여 자유낙하하는 물체의 변위는 $s=(1/2)gt^2$에 의해 주어진다. T시간 후의 속도를 v_T라고 하자. 이 속도의 t에 대한 평균은 $v_{평균}=(1/2)v_T$이고, s에 대한 평균은 $v_{평균}=(2/3)v_T$임을 보여라.
19. 7.5절 연습문제 65의 결과를 이용하여, 한 호흡주기 동안 폐에 들어 있는 공기의 평균 부피를 구하여라.

20. 반지름 R이고 길이 l인 혈관 안에서, 혈관의 중심축으로부터 거리 r인 지점을 흘러가는 피의 속도 v는

$$v(r)=\frac{P}{4\eta l}(R^2-r^2)$$

이다. 단, 여기서 P는 혈관 양 끝의 압력차이고 η는 혈액의 점도이다(5.3절의 예제 7을 참조하라). 구간 $0\le r\le R$에 걸친 (r에 대한) 평균속도를 구하라. 또, 평균속도를 최고 속도와 비교하여라.

21. 함수 $F(x)=\int_a^x f(t)dt$에 대해 미분에 대한 평균값 정리(6.3절 참조)를 적용하여, 적분의 평균값 정리를 증명하여라.

22. $f_{평균}[a,\ b]$가 구간 $[a,\ b]$에서 f의 평균값을 나타낸다고 하고 $a<c<b$라고 할 때, 다음을 보여라.

$$f_{평균}[a,\ b]=\frac{c-a}{b-a}f_{평균}[a,\ c]+\frac{b-c}{b-a}f_{평균}[c,\ b]$$

8.6 물리학과 공학에의 응용

● 일을 계산한 결과로 로켓이 지구의 중력장을 탈출할 수 있는 속도를 계산할 수 있게 된다(연습문제 28번 참조).

물리학과 공학에서의 적분 이론의 많은 응용 중에 일, 수압에 의한 힘, 질량중심에 대하여 살펴보자. 앞에서 살펴본 기하학에서의 응용(넓이, 부피, 길이)과 마찬가지로, 우리의 전략은 물리적 양을 많은 개수의 작은 부분으로 쪼개어 각각의 작은 부분에 대한 근사량을 구하고 그 결과를 합한 후 극한을 취하여 그 결과로서의 적분값을 계산하는 것이다.

▷ 일

일(work)이란 용어는 일상생활의 언어에서 어떤 과제를 수행하는 데 필요한 노력의 총합이란 뜻으로 사용된다. 물리학에서 **일**(work)은 **힘**(force)이라는 전문적인 개념에 의해서 정의된다. 직관적으로, 힘이란 어떤 물체를 밀거나 당기는 것을 묘사하는 것이라고 생각할 수 있다. 예를 들어, 테이블을 가로질러 책을 미는 것 혹은 공을 아래로 당기는 지구의 중력과 같은 것이다. 일반적으로, 어떤 물체가 위치 함수 $s(t)$를 따라 직선 경로로 움직인다면, 그 물체에 (경로와 같은 방향으로) 작용하는 **힘** F는 뉴턴의 운동의 제2법칙에 의해 질량과 가속도의 곱으로 정의된다.

1 $$F=m\frac{d^2s}{dt^2}$$

국제단위계에서 질량은 킬로그램(kg)으로 위치 변화는 미터(m)로 시간은 초(s)로 측정하며, 힘은 뉴턴($\mathrm{N=kg\cdot m/s^2}$)으로 측정한다. 따라서 1kg의 질량에 작용하는 1N의 힘은 $\mathrm{1m/s^2}$의 가속도를 만든다. 미국 단위계에서는 기본 단위를 단위 힘으로 선택 했는데, 그것이 파운드이다.

가속도가 상수인 경우에는 힘 F 또한 상수이고 한 일은 힘 F와 물체가 움직인 거리 d의 곱으로 정의된다.

2 $$W=Fd \qquad (\text{일}=\text{힘}\times\text{거리})$$

F의 단위가 뉴턴이고, d의 단위가 미터라면 W의 단위는 뉴턴-미터인데, 이것을 줄(J)이라고 한다. 만약 F의 단위가 파운드이고, d의 단위가 피트라면 W의 단위는 피트-파운드(ft - lb)가 되는데, 이것은 약 1.36J이다.

예를 들어, 1.2kg의 책을 마루에서 들어올려서 0.7m 높이의 책상 위에 올렸다고 하자. 이때 발휘한 힘은 중력이 발휘한 힘과 크기가 같고 방향이 반대이다. 따라서 식 **1**에 의해

$$F = mg = (1.2)(9.8) = 11.76\text{N}$$

이고 한 일은 식 **2**에 의해

$$W = Fd = (11.76)(0.7) \approx 8.2\text{J}$$

또 20lb의 물건을 지면에서 6ft 들어올린다면, 힘은 $F = 20\text{lb}$이고, 따라서 한 일은

$$W = Fd = 20 \cdot 6 = 120(\text{ft}-\text{lb})$$

여기서 g를 곱하지 않았는데, 주어진 것이 질량이 아니라 **무게**(힘의 종류)이기 때문이다.

식 **2**는 힘이 상수인 경우에 한하여 일을 정의한다. 그런데 힘이 변수인 경우는 어떤 일이 일어날까? 어떤 물체가 x축을 따라 양의 방향으로 $x=a$에서 $x=b$까지 움직이고, a와 b 사이의 각각의 점 x에서 힘 $f(x)$가 그 물체에 작용한다고 하자. 단 f는 연속함수라 하자. 구간 $[a, b]$를 폭이 Δx로 일정한 n개의 부분구간으로 나눈다. 부분구간들의 끝점들을 $x_0, x_1, \cdots, x_n$이라고 하자. i번째 부분구간 $[x_{i-1}, x_i]$에서 임의의 점 x_i^*를 선택한다. 그러면 그 점에서의 힘은 $f(x_i^*)$이다. 만약 n이 크다면, Δx는 작을 것이다. f가 연속이기 때문에 f의 값은 구간 $[x_{i-1}, x_i]$에 걸쳐 그리 많이 변하지 않는다. 다른 말로 f는 그 구간에서 거의 상수이고 따라서 그 조각을 x_{i-1}에서 x_i로 옮기는데 한 일 W_i는 식 **2**에 의해 근사적으로 $W_i \approx f(x_i^*)\Delta x$이다. 따라서 일의 총합을 근사적으로 다음과 같이 얻는다.

3 $$W \approx \sum_{i=1}^{n} f(x_i^*)\Delta x$$

근사는 n을 크게 잡을수록 더욱 좋아질 것임을 알 수 있다. 따라서 **물체를 a에서 b로 이동시키는 데 필요한 일**을 이 양의 $n \to \infty$일 때의 극한값으로 정의한다. 식 **3**의 우변은 리만 합이기 때문에, 그 극한을 정적분으로 간주할 수 있고, 따라서 다음과 같이 쓸 수 있다.

4 $$W = \lim_{n \to \infty} \sum_{i=1}^{n} f(x_i^*)\Delta x = \int_a^b f(x)\,dx$$

예제 1 **변수 힘이 한 일** 어떤 물체가 원점으로부터 거리 x인 지점에 위치해 있을 때, x^2+2x 뉴턴의 힘이 작용한다. 물체가 $x=1$로부터 $x=3$까지 이동하는 데 필요한 일은 얼마인가?

풀이 $$W = \int_1^3 (x^2+2x)\,dx = \frac{x^3}{3} + x^2 \Big]_1^3 = \frac{50}{3}$$

이므로 필요한 일은 $16\frac{2}{3}$(J)이다. ■

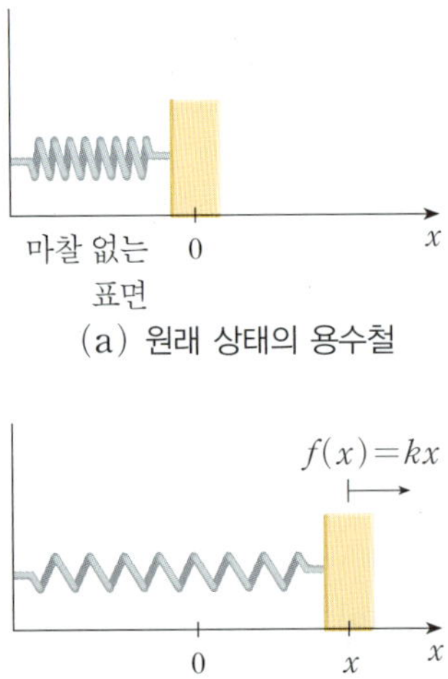

(a) 원래 상태의 용수철

(b) 늘어난 상태의 용수철

그림 1 후크의 법칙

다음 예에서 물리학에서 얻은 법칙을 이용한다. **후크의 법칙**은 용수철을 그 원래 상태에서의 길이보다 x 단위만큼 늘어난 상태를 유지하게 하는 힘이 x에 비례한다는 것이다.

$$f(x)=kx$$

여기서 k는 양의 상수이다(**용수철 상수**라고 한다). 후크의 법칙은 x가 너무 크지 않다면 성립한다(그림 1 참조).

예제 2 용수철을 늘이는데 필요한 일 어떤 용수철을 원래 길이인 10cm에서, 15cm의 길이로 늘어난 상태를 유지하는데 40N의 힘이 필요하다. 이 용수철을 15cm에서 18cm로 늘이는 데 필요한 일은 얼마인가?

풀이 후크의 법칙에 의하면, 용수철을 원래의 길이보다 x 미터만큼 늘어난 채로 유지하는 데 필요한 힘은 $f(x)=kx$이다. 용수철이 10cm에서 15cm로 늘어났을 때, 늘어난 길이는 5cm=0.05m이다. 이는 $f(0.05)=40$임을 의미한다. 따라서

$$0.05k=40 \qquad k=\frac{40}{0.05}=800$$

따라서 $f(x)=800x$이고 용수철을 15cm에서 18cm로 당기는 데 필요한 일은 다음과 같다.

$$W=\int_{0.05}^{0.08} 800\,x\,dx=800\frac{x^2}{2}\Big]_{0.05}^{0.08}$$
$$=400[(0.08)^2-(0.05)^2]=1.56(\text{J})$$ ■

예제 3 밧줄을 당기는데 필요한 일 무게가 200 lb이고 길이가 100ft인 굵은 밧줄이 높은 빌딩에 매달려 있다. 이 밧줄을 빌딩 위로 모두 끌어 올리는데 필요한 일은 얼마인가?

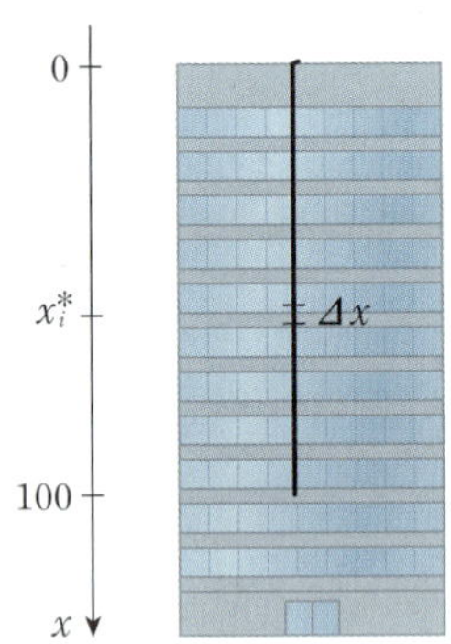

그림 2

풀이 빌딩의 꼭대기를 원점으로 두고 x축을 아래쪽으로 주자(그림 2). 밧줄을 길이가 Δx인 작은 부분으로 나누자. x_i^*를 i번째 부분의 한 점이라고 하면 i번째 부분의 모든 점들은 대략 x_i^*만큼 들어올려야 한다. 이 밧줄은 피트당 2파운드의 무게를 가지므로 i번째 부분의 무게는 $2\Delta x$이다. 따라서 i번째 부분에 가해진 일은

$$\underbrace{(2\Delta x)}_{\text{힘}}\underbrace{x_i^*}_{\text{거리}}=2x_i^*\Delta x$$

이다. 일의 총량은 이러한 근삿값들을 모두 더하고 무한개의 부분으로 나누면(따라서 $\Delta x\to 0$) 얻을 수 있다.

$$W=\lim_{n\to\infty}\sum_{i=1}^{n}2x_i^*\Delta x=\int_0^{100}2x\,dx=x^2\Big]_0^{100}=10000\text{ft-lb}$$ ■

예제 4 탱크를 비우는데 필요한 일 뒤집어진 원뿔 모양의 물탱크가 있는데, 높이는 10m이고 밑면의 반지름은 4m이다. 지금 8m 높이까지 물이 차 있다. 모든 물을 꼭대기까지 끌어 올려서 물탱크를 비우는 데 필요한 일의 양을 구하여라(물의 밀도는 1000kg/m^{3}이다).

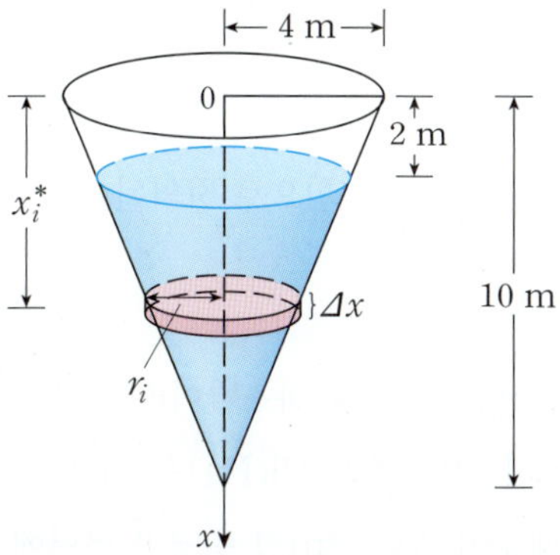

그림 3

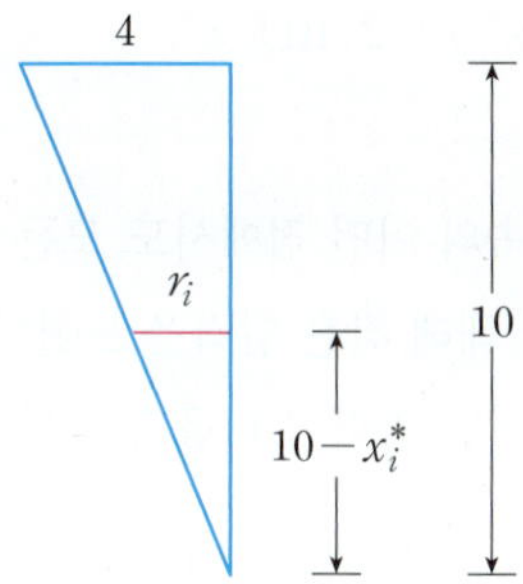

그림 4

풀이 그림 3에서처럼 수직인 좌표축을 도입하여 물의 깊이를 물탱크의 꼭대기로부터 측정하도록 하자. 물은 깊이 2m에서 깊이 10m까지 걸쳐 있고, 따라서 구간 [2, 10]을 끝점이 x_0, x_1, $\cdots$, x_n인 n개의 부분구간으로 나누고 x_i^*를 i번째 부분구간에서 선택한다. 그러면 물은 n개의 층으로 나뉜다. i번째 층은 반지름이 r_i이고 높이가 Δx인 원기둥으로 근사된다. 이제 그림 4를 이용하여 닮은 삼각형으로부터 r_i를 다음과 같이 계산할 수 있다.

$$\frac{r_i}{10-x_i^*}=\frac{4}{10}, \qquad r_i=\frac{2}{5}(10-x_i^*)$$

따라서 i번째 층의 물의 부피에 대한 근사는

$$V_i \approx \pi r_i^2 \Delta x=\frac{4\pi}{25}(10-x_i^*)^2\Delta x$$

이다. 또, 그 질량은

$$\begin{aligned} m_i &= (\text{밀도})\times(\text{부피}) \\ &\approx 1000\cdot\frac{4\pi}{25}(10-x_i^*)^2\Delta x=160\pi(10-x_i^*)^2\Delta x \end{aligned}$$

이다. 이 층을 들어올리는데 필요한 힘은 중력을 극복해야 하고, 따라서

$$\begin{aligned} F_i &= m_i g \approx (9.8)160\pi(10-x_i^*)^2\Delta x \\ &\approx 1568\pi(10-x_i^*)^2\Delta x \end{aligned}$$

이다. 이 층에 있는 각각의 입자들은 근사적으로 x_i^*만큼의 거리를 이동해야 한다. 이 층을 꼭대기까지 들어올리는 데 필요한 일 W_i는 근사적으로 힘 F_i와 거리 x_i^*의 곱이다.

$$W_i=F_i x_i^* \approx 1568\pi x_i^*(10-x_i^*)^2\Delta x$$

물탱크 전체를 비우는 데 필요한 일의 총합을 계산하기 위해, n개의 층 각각에 대한 일을 모두 합하여 $n\to\infty$일 때의 극한값을 취한다.

$$\begin{aligned} W &= \lim_{n\to\infty}\sum_{i=1}^{n}1568\pi x_i^*(10-x_i^*)^2\Delta x=\int_2^{10}1568\pi x(10-x)^2\,dx \\ &= 1568\pi\int_2^{10}(100x-20x^2+x^3)\,dx=1568\pi\left[50x^2-\frac{20x^3}{3}+\frac{x^4}{4}\right]_2^{10} \\ &= 1568\pi\left(\frac{2048}{3}\right)\approx 3.4\times10^6\,(\mathrm{J}) \end{aligned}$$

▷ 수압과 힘

깊은 바다에 들어가는 잠수부는 더 깊이 들어갈수록 물의 압력이 증가한다는 사실을 체험한다. 이것은 위의 물의 무게가 증가하기 때문이다.

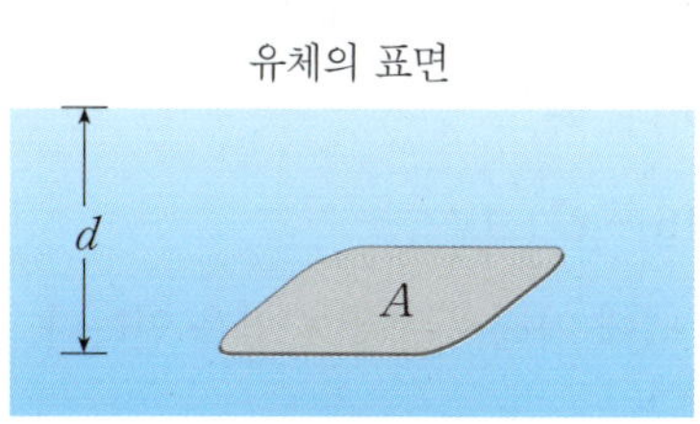

그림 5

넓이가 A 제곱미터인 얇은 판이 밀도가 입방미터당 ρ 킬로그램인 유체 속에 잠겨 있는데, 표면에서의 깊이가 d인 위치에 수평으로 놓여 있다고 하자(그림 5). 이 판의 바로 위에 있는 유체의 부피는 $V=Ad$이다. 따라서 질량은 $m=\rho V=\rho Ad$이다. 따라서 유체

에 의해 이 판 위에 작용하는 힘은

$$F = mg = \rho g A d$$

인데, 여기서 g는 중력가속도이다. 이 판 위의 압력 P는 단위 넓이당 힘으로 정의된다.

$$P = \frac{F}{A} = \rho g d$$

● 미국의 관습 단위계를 사용할 때 $P = \rho g d = \delta d$라고 쓴다. 여기서 $\delta = \rho g$는 무게밀도이다(질량의 밀도 ρ에 대한 상대적인 개념). 예를 들어, 물의 무게밀도는 $\delta = 62.5(\mathrm{lb/ft^3})$이다.

압력을 측정하기 위한 국제표준단위는 제곱미터 당 뉴턴인데, 이를 파스칼이라고 부른다(약어로 $1\mathrm{N/m^2} = 1\mathrm{Pa}$). 이것은 작은 단위이기 때문에, 킬로파스칼(kPa)을 자주 사용한다. 예를 들어, 물의 밀도는 $\rho = 1000\mathrm{kg/m^3}$이기 때문에 깊이 2m인 수영장 바닥에 가해지는 압력은

$$\begin{aligned} P &= \rho g d = 1000(\mathrm{kg/m^3}) \times 9.8(\mathrm{m/s^2}) \times 2(\mathrm{m}) \\ &= 19600(\mathrm{Pa}) = 19.6(\mathrm{kPa}) \end{aligned}$$

유체 압력의 중요한 원리 중 하나는, 실험으로 확인한 유체 속의 어떤 점에서도 모든 방향에서 압력이 같다는 사실이다(잠수부는 코와 양쪽 귀 모두에 대해 같은 압력을 느낀다). 결국, 어떤 밀도 ρ인 유체 속 깊이 d인 곳에서는 어느 방향에서건 압력이 다음과 같이 주어진다.

5 $$P = \rho g d = \delta d$$

이 사실은 유체 속의 수직 판이나 벽 혹은 댐에 대한 수압을 결정하는 것을 돕는다. 이 문제는 간단한 것이 아니다. 압력은 상수가 아니라 깊이가 증가할수록 증가하기 때문이다.

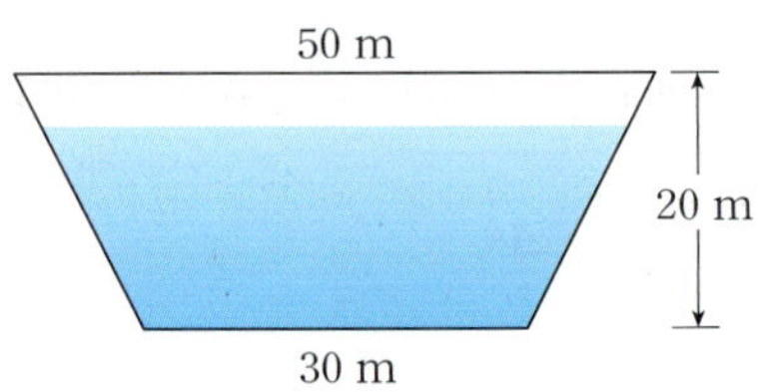

그림 6

예제 5 **수압과 댐** 어떤 댐이 그림 6과 같이 사다리꼴 모양이다. 높이는 20m이고 폭은 꼭대기에서 50m, 바닥에서 30m이다. 물 높이가 댐 꼭대기에서부터 4m일 때 수압에 의해 댐에게 가해지는 힘을 계산하라.

풀이 수직 방향으로 x축을 잡되, 그림 7(a)처럼 원점을 물의 표면에 오도록 한다. 물의 깊이는 16m이다. 따라서 구간 [0, 16]을 동일한 길이이고 x_i^*들을 끝점으로 가지는 부분구간들로 나누고, $x_i^* \in [x_{i-1}, x_i]$를 선택한다. 댐의 i번째 수평 띠는 높이가 Δx이고 폭이 w_i인 직사각형으로 근사된다. 그림 7(b)의 닮은 삼각형들로부터

$$\frac{a}{16 - x_i^*} = \frac{10}{20}, \quad 즉 \quad a = \frac{16 - x_i^*}{2} = 8 - \frac{x_i^*}{2}$$

이고, 따라서 $w_i = 2(15 + a) = 2(15 + 8 - \frac{1}{2}x_i^*) = 46 - x_i^*$이다. 만약 A_i가 i번째 띠의 넓이라면, $A_i \approx w_i \Delta x = (46 - x_i^*)\Delta x$이다. 만약 Δx가 작다면, i번째 띠에 가해지는 압력은 거의 상수이므로, 식 **5**를 적용하여 $P_i \approx 1000 g x_i^*$이다. i번째 띠에 작용하는 정수압 F_i는 압력과 넓이의 곱이다. 즉,

$$F_i = P_i A_i \approx 1000 g x_i^* (46 - x_i^*) \Delta x$$

이다. 이 힘을 더하고 $n \to \infty$로의 극한을 취하여 댐에 가해지는 총 수압을 얻는다.

$$F = \lim_{n \to \infty} \sum_{i=1}^{n} 1000 g x_i^* (46 - x_i^*) \Delta x$$

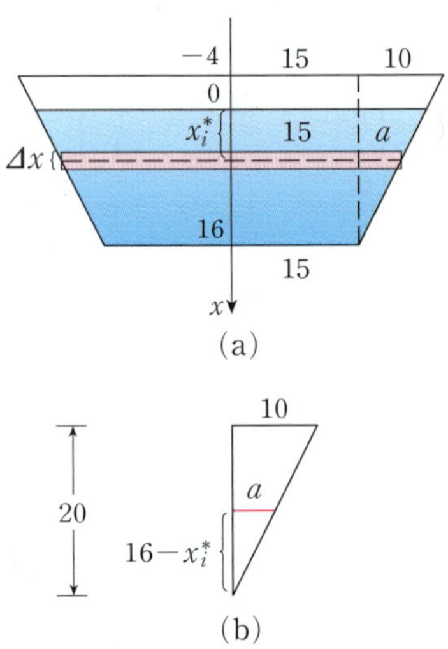

그림 7

$$=\int_0^{16} 1000gx(46-x)\,dx$$
$$=1000(9.8)\int_0^{16}(46x-x^2)\,dx$$
$$=9800\left[23x^2-\frac{x^3}{3}\right]_0^{16}$$
$$\approx 4.43\times 10^7\,(\mathrm{N})$$

▷ 모멘트와 질량중심

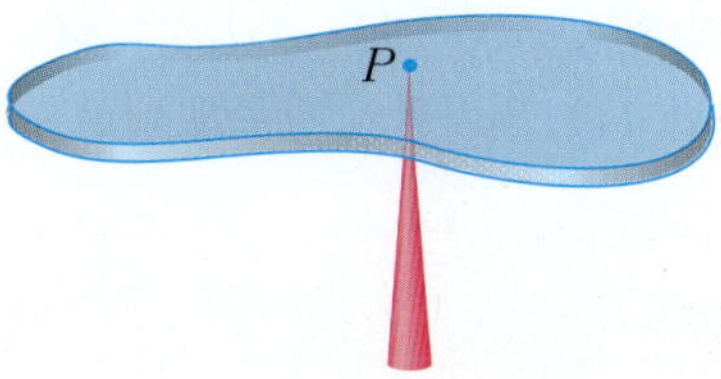

그림 8

여기서 우리의 목표는 주어진 임의의 모양의 얇은 판이 수평으로 균형을 찾게 하는 점 P를 찾는 것이다(그림 8 참조). 이 점을 **질량중심**(혹은 중력의 중심)이라고 한다.

먼저 그림 9에 묘사된 단순한 상황을 생각해보자. 이 그림에서 두 개의 질량 m_1과 m_2는 질량을 무시할 수 있는 막대기에 고정되어 있으며 서로 받침점에 대해 맞은편 위치에 있다. 받침점으로부터의 거리를 각각 d_1, d_2라고 하자. 이 막대가

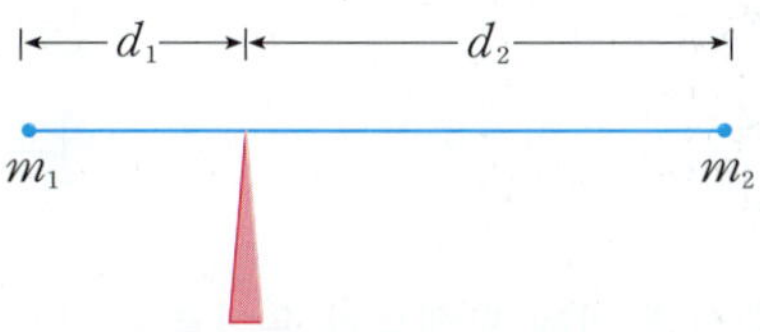

받침대

그림 9

6 $$m_1d_1=m_2d_2$$

이면 균형을 찾는다. 이것은 지레의 원리라고 불리는, 아르키메데스가 발견한 실험적인 사실이다(시소를 탈 때 가벼운 사람이 무거운 사람과 균형을 맞추기 위해 중심에서 더 멀리 앉는 것을 상기해보라).

이제 x축 위에 놓여있는 막대를 생각해보자. 막대에 m_1이 x_1에, m_2가 x_2에 달려 있으며, 그 때의 질량중심을 $\bar{x}$라고 하자. 그림 8과 9를 비교하면, $d_1=\bar{x}-x_1$, $d_2=x_2-\bar{x}$임을 얻는다. 이제, 식 **6**에 의해

$$m_1(\bar{x}-x_1)=m_2(x_2-\bar{x})$$
$$m_1\bar{x}+m_2\bar{x}=m_1x_1+m_2x_2$$

7 $$\bar{x}=\frac{m_1x_1+m_2x_2}{m_1+m_2}$$

여기서 m_1x_1과 m_2x_2는 질량 m_1과 m_2의 (원점에 대한) **모멘트**라고 불린다. 그리고 식 **7**에서 질량중심 $\bar{x}$은 각 질량들의 모멘트의 합을 전체 질량 $m=m_1+m_2$로 나누어서 얻을 수 있음을 알 수 있다.

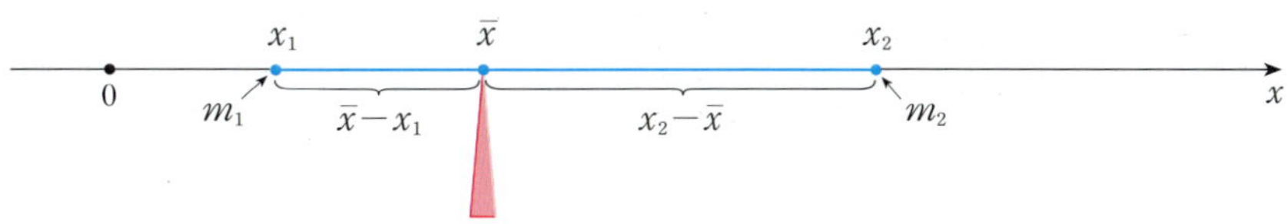

그림 10

일반적으로, 질량이 각각 $m_1, m_2, \cdots, m_n$이고 위치가 x축 상의 좌표 $x_1, x_2, \cdots, x_n$인 n개의 입자로 이루어진 체계를 고려하면, 그 체계의 질량중심의 위치는

8 $$\bar{x}=\frac{\sum_{i=1}^{n} m_ix_i}{\sum_{i=1}^{n} m_i}=\frac{\sum_{i=1}^{n} m_ix_i}{m}$$

(여기서 $m=\sum m_i$는 이 체계의 질량 총합)임을 앞에서와 비슷한 방법을 통해 보일 수 있다. 여기서 개개의 모멘트들의 합

$$M=\sum_{i=1}^{n} m_i x_i$$

은 **원점에 대한 이 체계의 모멘트**라고 불린다. 이제 식 **8**은 $m\bar{x}=M$이라고 고쳐 쓸 수 있는데, 이것은 만약 질량 전체가 질량중심 $\bar{x}$에 집중되어 있는 것으로 간주한다면 그것의 모멘트는 그 체계의 모멘트와 같음을 말해준다.

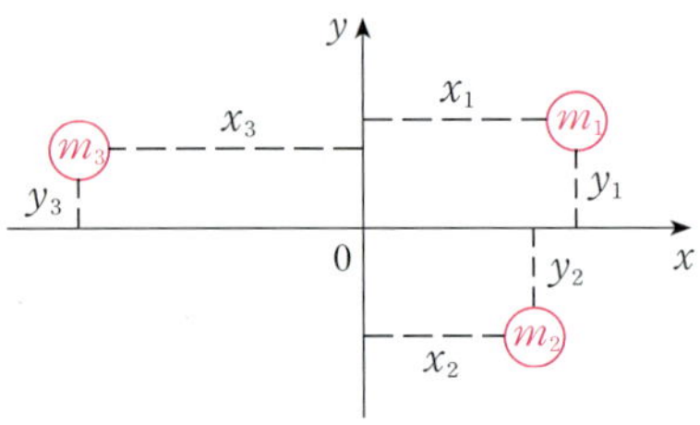

그림 11

이제 각각의 질량이 $m_1, m_2, \cdots, m_n$이며 xy평면상의 점 $(x_1, y_1), (x_2, y_2), \cdots, (x_n, y_n)$에 위치한 n개의 입자를 가진 체계를 고려해보자(그림 11). 일차원의 경우에 대한 유추에 의해 **y축에 대한 이 체계의 모멘트**를

9 $$M_y=\sum_{i=1}^{n} m_i x_i$$

와 같이, 그리고 **x축에 대한 이 체계의 모멘트**를

10 $$M_x=\sum_{i=1}^{n} m_i y_i$$

와 같이 정의한다. 그러면 M_y는 그 체계가 y축을 기준으로 회전하려는 경향을 그리고 M_x는 x축을 기준으로 회전하려는 경향을 측정한다.

일차원의 경우처럼 질량중심의 좌표 $(\bar{x}, \bar{y})$는 다음 식에 의해 모멘트의 용어로 주어진다. 여기서 $m=\sum m_i$은 질량 총합이다.

11 $$\bar{x}=\frac{M_y}{m} \qquad \bar{y}=\frac{M_x}{m}$$

$m\bar{x}=M_y$이고 $m\bar{y}=M_x$이기 때문에, 질량중심 $(\bar{x}, \bar{y})$는 질량 m인 하나의 입자가 그 체계와 같은 모멘트를 가지도록 하는 점이다.

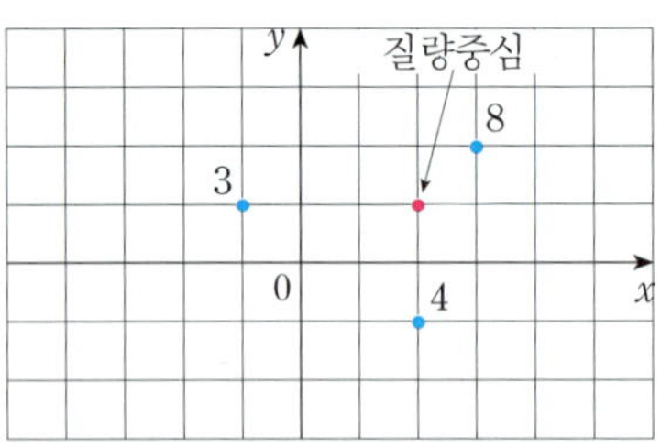

그림 12

예제 6 점 $(-1, 1)$, $(2, -1)$, $(3, 2)$에서 질량 3, 4, 8을 가지는 물체들의 체계에 대해 모멘트와 질량중심을 찾아라.

풀이 식 **9**, **10**을 이용해 모멘트를 계산한다.

$$M_y=3(-1)+4(2)+8(3)=29$$
$$M_x=3(1)+4(-1)+8(2)=15$$

$m=3+4+8=15$이기 때문에, 식 **11**을 이용하여

$$\bar{x}=\frac{M_y}{m}=\frac{29}{15}, \qquad \bar{y}=\frac{M_x}{m}=\frac{15}{15}=1$$

을 얻는다. 질량중심은 $\left(1\frac{14}{15}, 1\right)$(그림 12를 보라). ■

다음으로 일정한 밀도 ρ를 가지고, 평면상의 영역 $\mathcal{R}$을 차지하고 있는 납작한 판을 고려한다. 이 판의 질량중심을 찾으려고 하는데, 그것은 $\mathcal{R}$의 **무게중심**(centroid)이라고 불린

다. 우선, 다음의 물리 법칙을 받아들인다. $\mathcal{R}$이 어떤 직선 l에 대해 대칭이면 중심은 l 위에 있다($\mathcal{R}$이 l에 대해 반사된다 하더라도 원래의 모양과 일치하므로 그 중심의 위치는 고정된 채 움직이지 않을 것이다. 한편 고정된 점은 반드시 직선 l 위에 있어야 한다). 이것은 **대칭의 원리**라 불리는 것이다. 따라서 직사각형의 무게중심은 그것의 중심이다. 모멘트는 어떤 영역의 질량 총합이 질량중심에 있다고 가정할 때 그 모멘트는 변하지 않고 유지되도록 정의되어야 한다. 또한, 두 개의 겹치지 않는 영역에 대한 모멘트는 각각의 영역의 모멘트의 합이 되어야 한다.

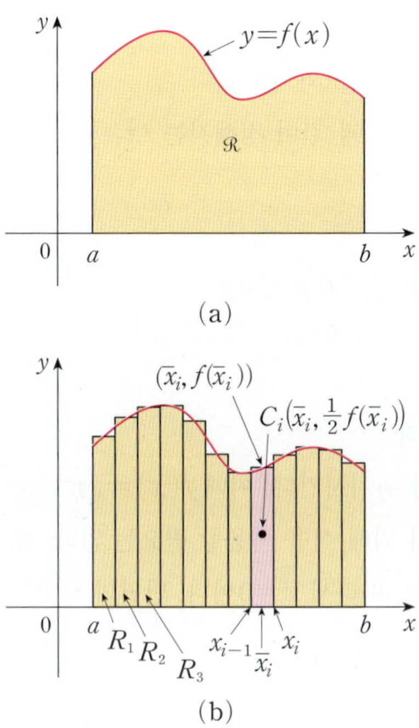

그림 13

영역 $\mathcal{R}$이 그림 13(a)와 같은 모양이라고 하자. 즉, $\mathcal{R}$은 직선 $x=a$, $x=b$, x축, f의 그래프로 둘러싸여 있다. 이때 f는 연속함수로 가정한다. 구간 $[a, b]$를 폭이 Δx로 일정한 n개의 부분구간으로 나눈다. 그 부분구간들의 끝점을 x_0, x_1, $\cdots$, x_n이라고 하자. 점 x_i^*를 i번째 부분구간의 중점 $\overline{x}_i$로 선택한다. 즉, $\overline{x}_i=(x_{i-1}+x_i)/2$로 한다. 그러므로 $\mathcal{R}$에 대한 다각형으로의 근사가 결정된다(그림 13(b)). i번째의 근사하는 다각형 R_i의 무게중심은 중심 $C_i(\overline{x}_i, \ \frac{1}{2}f(\overline{x}_i))$이다. 넓이는 $f(\overline{x}_i)\Delta x$이며 따라서 질량은 $\rho f(\overline{x}_i)\Delta x$이다. R_i의 y축에 대한 모멘트는 질량과 C_i로부터 y축까지의 거리의 곱이다. 그러므로

$$M_y(R_i)=[\rho f(\overline{x}_i)\Delta x]\,\overline{x}_i=\rho\overline{x}_i f(\overline{x}_i)\Delta x$$

이다. 모멘트들을 더하여, $\mathcal{R}$에 대한 다각형 근사의 모멘트를 얻고, $n\to\infty$일 때의 극한을 취하여 y축에 대한 $\mathcal{R}$ 자체의 모멘트를 얻는다.

$$M_y=\lim_{n\to\infty}\sum_{i=1}^{n}\rho\overline{x}_i f(\overline{x}_i)\Delta x=\rho\int_a^b xf(x)\,dx$$

비슷한 방법으로 x축에 대한 R_i의 모멘트를 질량과 C_i로부터 x축까지의 거리의 곱으로 계산한다.

$$M_x(R_i)=[\rho f(\overline{x}_i)\Delta x]\frac{1}{2}f(\overline{x}_i)=\rho\cdot\frac{1}{2}[f(\overline{x}_i)]^2\Delta x$$

다시 이 모멘트를 더하고 극한을 취해 x축에 대한 $\mathcal{R}$의 모멘트를 구한다.

$$M_x=\lim_{n\to\infty}\sum_{i=1}^{n}\rho\cdot\frac{1}{2}[f(\overline{x}_i)]^2\Delta x=\rho\int_a^b\frac{1}{2}[f(x)]^2\,dx$$

입자들의 체계에서처럼, 판의 질량중심은 $m\overline{x}=M_y$이고 $m\overline{y}=M_x$인 것으로 정의한다. 하지만 판의 질량은 밀도와 넓이의 곱이다. 그러므로

$$m=\rho A=\rho\int_a^b f(x)\,dx$$

이고 따라서

$$\overline{x}=\frac{M_y}{m}=\frac{\rho\int_a^b xf(x)\,dx}{\rho\int_a^b f(x)\,dx}=\frac{\int_a^b xf(x)\,dx}{\int_a^b f(x)\,dx}$$

$$\bar{y}=\frac{M_x}{m}=\frac{\rho\int_a^b \frac{1}{2}[f(x)]^2dx}{\rho\int_a^b f(x)dx}=\frac{\int_a^b \frac{1}{2}[f(x)]^2dx}{\int_a^b f(x)dx}$$

이다. 여기서 ρ이 소거됨에 주목하라. 질량중심의 위치는 밀도와 무관하다.

요약하자면, 판의 질량중심(혹은 $\mathcal{R}$의 무게중심)은 다음과 같이 정해지는 $(\bar{x}, \bar{y})$에 위치한다.

12

$$\bar{x}=\frac{1}{A}\int_a^b xf(x)dx \qquad \bar{y}=\frac{1}{A}\int_a^b \frac{1}{2}[f(x)]^2\,dx$$

예제 7 반지름 r인 반원모양 판의 질량중심을 구하라.

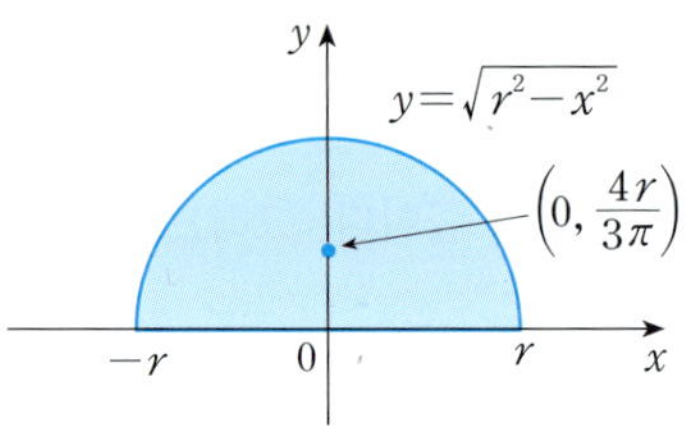

그림 14

풀이 식 **12**를 이용하기 위해 반원을 그림 14와 같이 위치시킨다. 이때 $f(x)=\sqrt{r^2-x^2}$ 그리고 $a=-r$, $b=r$이다. 여기서 $\bar{x}$를 구하기 위해 식을 사용할 필요는 없다. 대칭원리에 의해 질량중심은 y축 위에 있어야 하고, 따라서 $\bar{x}=0$이다. 반원의 넓이는 $A=\pi r^2/2$이므로

$$\begin{aligned}\bar{y}&=\frac{1}{A}\int_{-r}^{r}\frac{1}{2}[f(x)]^2\,dx\\&=\frac{1}{\pi r^2/2}\cdot\frac{1}{2}\int_{-r}^{r}\sqrt{(r^2-x^2)}^2\,dx\\&=\frac{2}{\pi r^2}\int_0^r(r^2-x^2)dx=\frac{2}{\pi r^2}\left[r^2x-\frac{x^3}{3}\right]_0^r\\&=\frac{2}{\pi r^2}\,\frac{2r^3}{3}=\frac{4r}{3\pi}\end{aligned}$$

이다. 그러므로 질량중심은 $(0, 4r/(3\pi))$에 위치한다. ■

8.6 연습문제

1. 어떤 물체가 원점에서 x미터 떨어진 점에서 $10/(1+x)^2$ 뉴턴의 힘에 의해 x축을 따라 움직인다. 이 입자가 원점에서 9m 거리까지 움직일 때 필요한 일의 양을 구하여라.

2. 원점에서 x미터 떨어진 곳에 위치한 입자에 $\cos(\pi x/3)$뉴턴의 힘이 작용한다. 이 입자가 $x=1$에서 $x=2$까지 움직일 때 필요한 일의 양은 얼마인가? $x=1$에서 $x=1.5$까지 움직일 때 필요한 일의 양과 $x=1.5$에서 $x=2$까지 움직일 때 필요한 일의 양을 고려하여, 답을 설명하여라.

3. 다음의 그래프를 보고 물체를 8m 움직이는 데 필요한 일을 구하여라.

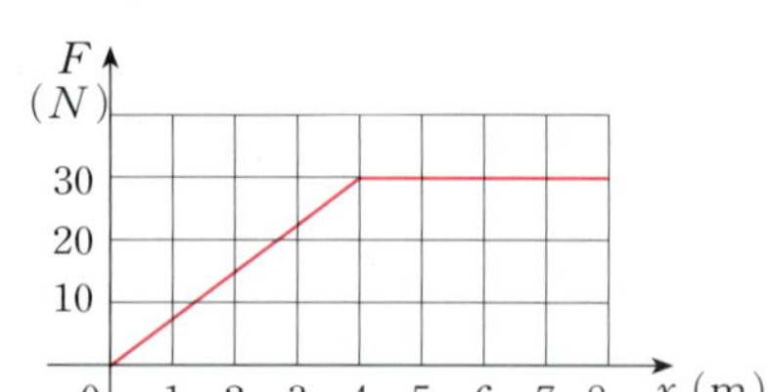

4. 다음의 표는 x가 m 단위로 측정된 힘의 함수 $f(x)$를 보여준다. ($f(x)$의 단위는 뉴턴) 심프슨 공식을 이용하여 물체를 18m 이동시키는데 필요한 일을 구하여라.

x	0	3	6	9	12	15	18
$f(x)$	9.8	9.1	8.5	8.0	7.7	7.5	7.4

5. 용수철을 원래 길이에서 4인치를 더 잡아당긴 상태를 유지하는데 10(lb)의 힘이 필요하다고 한다. 그렇다면, 원래 길이에서 6인치를 더 잡아당길 때, 필요한 일의 양은 얼마인가?

6. 원래 길이가 20cm인 용수철이 있다. 용수철을 30cm로 잡아당긴 상태를 유지하는 데 필요한 힘이 25N이라면, 20cm에서 25cm로 잡아당길 때, 필요한 일의 양은 얼마인가?

7. 원래 길이가 30cm인 용수철을 42cm로 잡아당길 때 2J의 힘이 필요하다고 한다.
   (a) 이 용수철을 35cm에서 40cm까지 잡아당길 때 필요한 일의 양은 얼마인가?
   (b) 이 용수철을 잡아당긴 채로 있을 때 30N의 힘을 준다면, 원래 길이에서 얼마나 더 늘어나 있겠는가?

8. 용수철을 자연스러운 상태에서 1ft 늘이는데 12 lb-ft의 일이 필요하다면 자연스러운 상태에서 9in 늘이는데 필요한 일을 구하여라.

9. 용수철의 길이가 20cm이다. 이 용수철을 20cm에서 30cm으로 늘이는데 필요한 일 W_1과 30cm에서 40cm으로 늘이는데 필요한 일 W_2를 비교하여라. W_2와 W_1의 관계를 구하여라.

10. 용수철을 10cm에서 12cm로 잡아당기는 데 6J이 필요하고, 12cm에서 14cm로 잡아당기는 데 10J이 더 필요하다고 한다. 이 용수철의 원래 길이는 얼마이겠는가?

(11~18) 필요한 일의 양에 대한 근삿값을 리만 합을 이용해서 어떻게 구할지를 보여라. 그 다음, 일의 양을 적분을 이용하여 표시하고 그 값을 계산하여라.

11. 50ft 길이에 0.5lb/ft 무게의 줄이 120ft 높이의 빌딩 모서리에 걸려 있다.
   (a) 빌딩의 꼭대기까지 이 줄을 잡아당길 때 한 일을 구하여라.
   (b) 빌딩의 꼭대기까지 이 줄의 반을 잡아당길 때 한 일을 구하여라.

12. 길이가 10m이고 무게가 80kg인 체인의 한쪽 끝을 6m 들어올리는 데 필요한 일을 구하여라.

13. 갱도의 500ft 깊이에 있는 800lb의 석탄을 무게가 2lb/ft인 케이블을 이용해서 끌어올리려 한다. 이때 필요한 일을 구하여라.

14. 두레박의 무게는 4lb이고, 무시해도 되는 무게를 가진 줄을 이용해서 80ft 깊이의 우물 속의 물을 길으려 한다. 두레박에 40lb의 물을 담고, 2ft/s의 속도로 끌어올리는데, 이때 0.2 lb/s의 물이 두레박의 구멍을 통해 새어나간다고 한다. 우물 꼭대기로 두레박을 끌어 올렸을 때까지 한 일을 구하여라.

15. 물이 새는 10kg의 두레박이 m당 0.8kg인 밧줄에 매달려서 12m 높이로 들어올려졌다. 처음에 두레박에는 36kg의 물이 있었고 두레박이 12m 높이로 들어올려 졌을 때 물은 모두 흘러내렸다. 물이 일정한 비율로 새어 나갔다고 했을 때 한 일은?

16. 길이가 10ft이고 무게가 25lb인 체인이 천장에 매달려 있다. 체인의 아래끝 부분을 천장까지 들어올릴 때 한 일을 구하여라.

17. 길이 2m, 폭 1m, 깊이 1m인 유리 수조에 물로 가득 차 있다. 수조에 담긴 물의 절반을 퍼낼 때 필요한 일을 구하여라(물의 밀도가 1000kg/m^{3}인 사실을 이용하여라).

18. 지름이 10m인 어떤 원형 수영장의 옆면의 높이가 1.5m라고 한다. 물이 1.2m 깊이만큼 차있다. 수영장의 모든 물을 가장자리 밖으로 퍼 올릴 때 필요한 일은 얼마인가?

(19~22) 탱크가 물로 가득 차 있다. 물을 모두 빼내기 위해 필요한 일을 구하여라. 21번과 22번에서는 물의 무게가 62.5 lb/ft^{3}임을 이용하여라.

19.
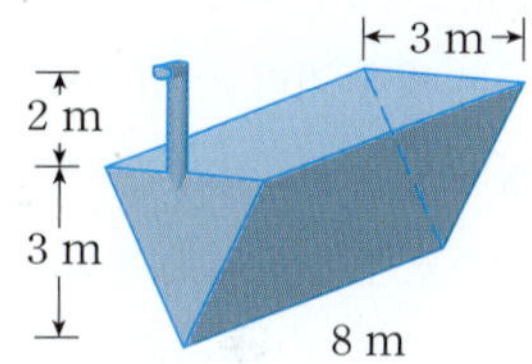

20.
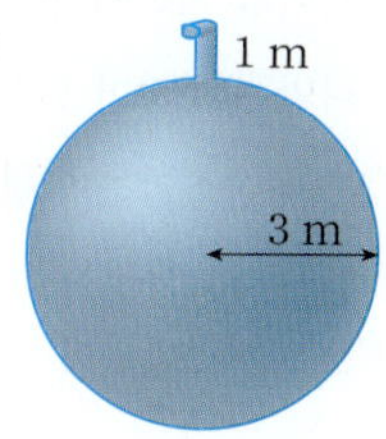

21.
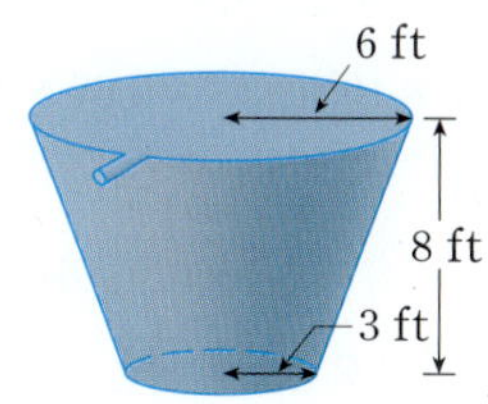

22.
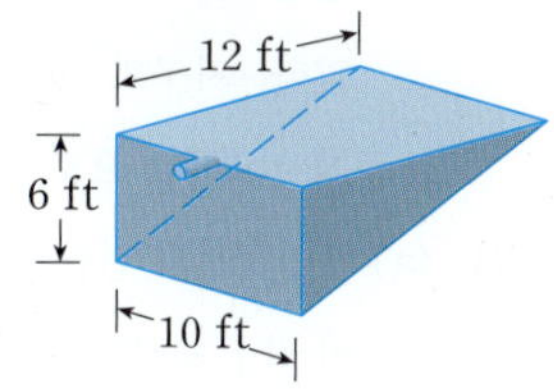

23. 19번의 탱크가 4.7×10^5J의 물을 퍼낸 후 펌프가 고장 났다고 하자. 탱크에 남아 있는 물의 깊이를 구하여라.

24. 20번에서 밀도가 900 kg/m^{3}인 기름으로 탱크가 절반만큼 차 있다고 하고 풀어라.

25. 반지름이 r인 실린더 안에서 가스가 팽창할 때, 주어진 시간의 압력은 부피의 함수로 나타난다. ($P=P(V)$) 피스톤에 작용하는 가스의 압력(그림 참조)은 넓이와 압력의 곱으로 나타난다. $F=\pi r^2P$. 부피가 V_1에서 V_2로 팽창할 때, 가스에 의한

일의 양이

$$W=\int_{V_1}^{V_2} P\,dV$$

임을 보여라.

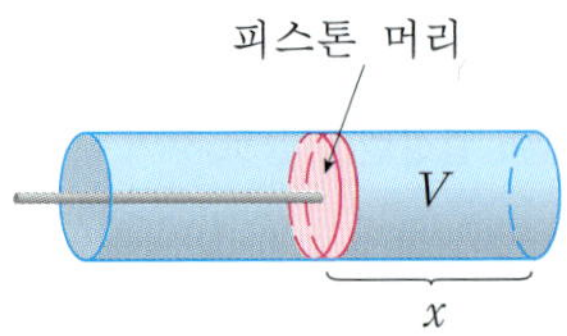

26. 증기기관에서 압력이 P이고 부피가 V인 증기는 방정식 $PV^{1.4}=k$를 만족한다고 한다. 여기서 k는 어떤 상수이다(이것은 단열팽창에서 참이다. 단열팽창은 실린더와 그것의 외부와의 열의 교환이 없는 팽창이다). 연습문제 19번을 이용하여, 증기가 압력 160lb/in^2, 부피 100in^3에서 시작하여, 800in^3까지 확장하는 한 주기 동안 엔진에 의한 일의 양을 계산하여라.

27. (a) 뉴턴의 만유인력의 법칙은 각각 질량 m_1, m_2인 두 물체가 서로를

$$F=G\frac{m_1m_2}{r^2}$$

의 힘으로 끌어당긴다는 것을 말한다. 여기서 r은 두 물체 사이의 거리이며, G는 만유인력상수이다. 두 물체 중 하나가 고정되어 있을 때, 다른 것을 거리 $r=a$에서 $r=b$까지 움직이는데 필요한 일의 양을 구하여라.

(b) 1000 kg짜리 위성을 수직으로 1000km 상공의 궤도까지 쏘아 올릴 때 필요한 일의 양을 계산하여라. 지구의 질량은 5.98×10^{24} kg이며, 중심에 집중되어 있다고 할 수 있다. 지구의 반지름은 6.37×10^6m, $G=6.67\times10^{-11}$ $\text{N}\cdot\text{m}^2/\text{kg}^2$으로 두기로 한다.

28. (a) 부정적분과 연습문제 21번을 이용하여 1000 kg짜리 위성이 지구 중력장을 벗어나기 위해 필요한 일의 양을 구하여라.

(b) 질량 m인 위성이 반지름 R, 질량 M인 행성의 중력장을 벗어나기 위해 필요한 탈출속도 v_0를 구하여라(처음의 운동에너지 $\frac{1}{2}mv_0^2$가 필요한 일의 양을 제공한다는 사실을 이용하여라).

29. 길이가 5ft, 폭이 2ft, 깊이가 3ft인 수족관이 물로 가득 차 있을 때 다음을 구하여라. (a) 수족관 밑바닥의 수압 (b) 밑바닥에 가해지는 힘 (c) 한쪽 끝 면에 가해지는 힘

30. 길이가 8m, 폭이 4m, 높이가 2m인 탱크에 밀도가 820 kg/m^3인 석유가 1.5m의 깊이로 담겨 있을 때 다음을 구하여라. (a) 탱크 밑바닥의 수압 (b) 밑바닥에 가해지는 힘 (c) 한쪽 끝 면에 가해지는 힘

(31~36) 물을 담고 있는 수조의 끝면은 수직으로 서 있고 다음에 제시된 모양을 하고 있다. 리만 합을 이용하여 수조의 끝에 가해지는 수압을 근사시키는 방법을 설명하라. 그리고 그 힘을 적분의 형태로 나타낸 뒤 그 값을 계산하여라.

31.

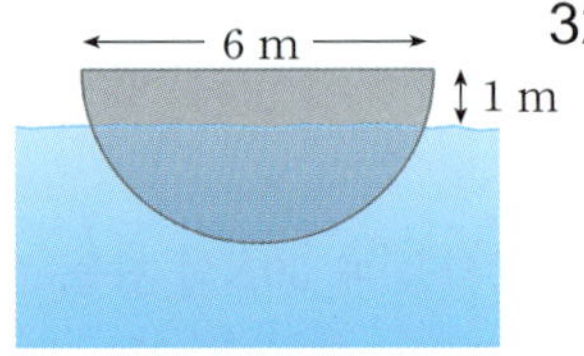

32.

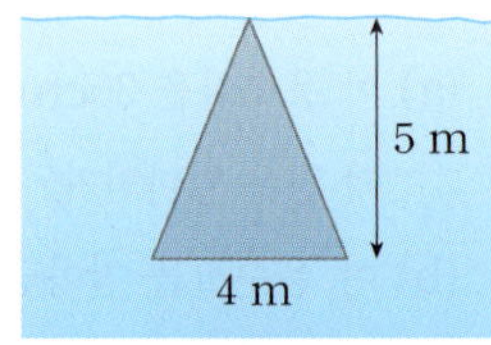

33.

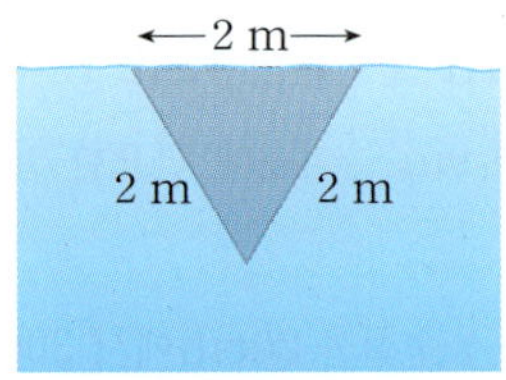

34.

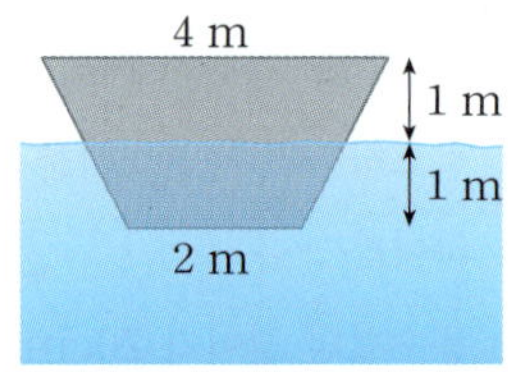

35.

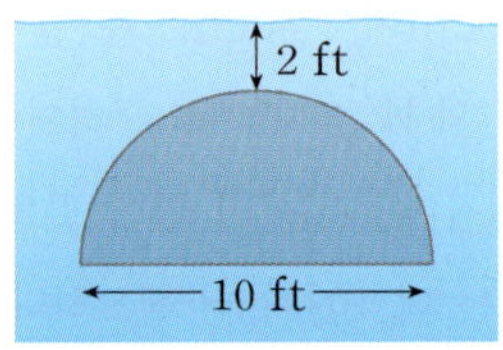

36.

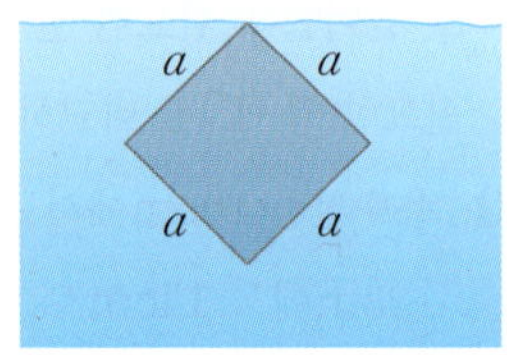

37. 물통에 840 kg/m^3의 밀도를 갖는 액체가 채워져 있다. 물통의 끝면들은 한 변의 길이가 8m이고 꼭짓점이 물통의 아랫부분인 이등변삼각형으로 이루어져 있다. 물통의 한 면에 가해지는 힘을 구하여라.

38. 큰 수조가 양 끝면이 곡선 $y=x^2/2$과 $y=12$ (단위는 피트)로 둘러싸인 영역의 모양이 되도록 설계되었다. 이 수조에 가솔린이 8피트 채워져 있다고 할 때, 수조의 한 쪽 끝면이 받는(정역학적) 압력을 구하여라(가솔린의 밀도가 42.0lb/ft^3임을 이용하여라).

39. 어떤 수영장이 폭 10m, 길이 20m인데 그 밑바닥에 경사가 있다. 얕은 곳은 깊이가 1m, 깊은 곳은 깊이가 3m이다. 수영장에 물이 가득 차 있을 때, 다음의 정수압을 구하여라.

(a) 얕은 끝면 (b) 깊은 끝면

(c) 한 쪽 옆면 (d) 수영장의 밑바닥

40. 수직인 댐에 다음 그림과 같은 반원 모양의 문이 있다. 문에 대한 정수압을 구하여라.

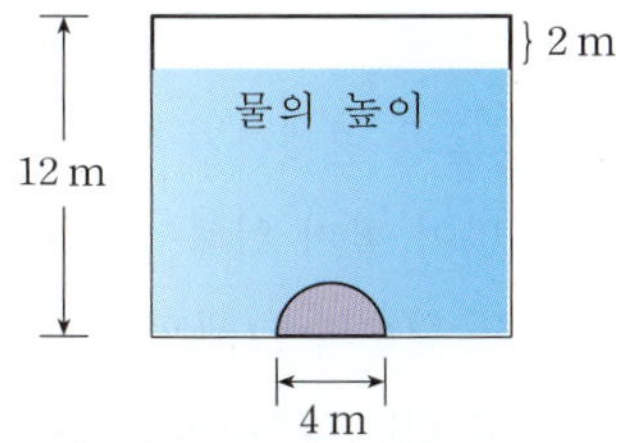

41. 불규칙한 모양의 접시가 물속으로 수직으로 가라앉고 있다. 다음의 표는 각각의 깊이에서의 접시의 폭을 측정한 것이다. 심프슨 공식을 이용하여 접시에 가해지는 물의 힘을 추정하여라.

깊이 (m)	2.0	2.5	3.0	3.5	4.0	4.5	5.0
접시의 폭 (m)	0	0.8	1.7	2.4	2.9	3.3	3.6

42. 입자 m_i들이 다음 그림과 같이 x축에 있다. 원점에 대한 이 체계의 모멘트 M을 구하고, 평균값 $\overline{x}$를 구하여라.

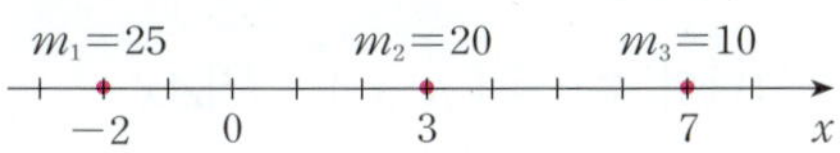

(43~44) 질량 m_i가 점 P_i에 위치해 있다. 모멘트 M_x, M_y 그리고 그 체계의 질량중심을 구하여라.

43. $m_1=6,\ m_2=5,\ m_3=10$;
$P_1(1, 5),\ P_2(3, -2),\ P_3(-2, 1)$

44. $m_1=6,\ m_2=5,\ m_3=1,\ m_4=4$;
$P_1(1, -2),\ P_2(3, 4),\ P_3(-3, -7),\ P_4(6, -1)$

(45~48) 다음 곡선으로 둘러싸인 영역을 그리고 무게중심의 위치를 시각적으로 추정하여라. 그 다음 무게중심의 정확한 좌표를 구하여라.

45. $y=4-x^2,\ y=0$

46. $3x+2y=6,\ y=0,\ x=0$

47. $y=e^x,\ y=0,\ x=0,\ x=1$

48. $y=1/x,\ y=0,\ x=1,\ x=2$

(49~50) 모멘트 M_x와 M_y를 구하고, 주어진 밀도와 모양을 가진 얇은 판의 질량중심을 구하여라.

49. $\rho=10$

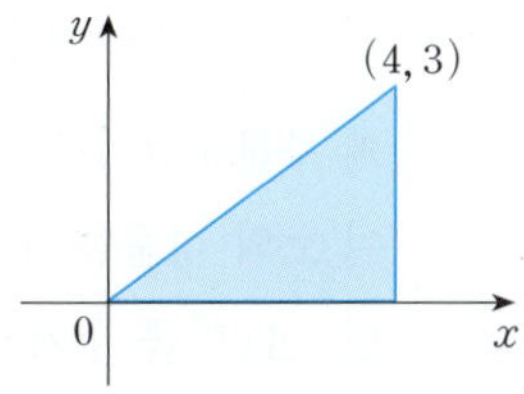

50. $\rho=2$

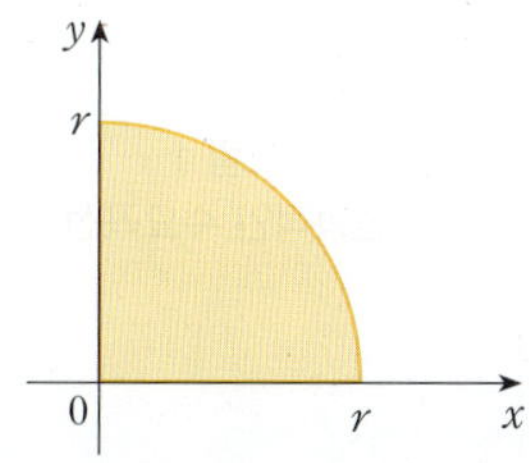

51. (a) $\mathcal{R}$은 $a \le x \le b$에 대해 $f(x) \ge g(x)$인 두 개의 곡선 $y=f(x)$와 $y=g(x)$ 사이에 놓인 영역이라고 하자. 식 12을 유도한 것과 같은 종류의 추론을 이용하여, $\mathcal{R}$의 무게중심 $(\overline{x}, \overline{y})$이

$$\overline{x}=\frac{1}{A}\int_a^b x[f(x)-g(x)]\,dx$$
$$\overline{y}=\frac{1}{A}\int_a^b \frac{1}{2}\{[f(x)]^2-[g(x)]^2\}\,dx$$

와 같이 결정됨을 보여라.

(b) $y=x$와 $y=x^2$으로 둘러싸인 포물선 영역의 무게중심을 구하여라.

52. $\mathcal{R}$을 $0 \le x \le 1$에 대해 곡선 $y=x^m$과 $y=x^n$ 사이에 놓인 영역이라고 하자. 여기서 m과 n은 $0 \le n < m$인 정수이다.

(a) 영역 $\mathcal{R}$을 그려라.

(b) $\mathcal{R}$의 무게중심의 좌표를 구하여라.

(c) 무게중심이 $\mathcal{R}$ 밖에 놓이도록 m과 n을 구하여라.

8.7 경제학과 생물학에서의 응용

이 절에서는 경제학과 생물학의 몇 가지 주제(소비자잉여, 혈류, 심박출량)에 대한 적분 이론의 응용을 살펴볼 것이다.

⊳ 소비자 잉여

6.6절에서 수요 함수 $p(x)$는 공장이 단위의 상품을 판매하기 위해 매겨야 하는 가격을 나타내는 것이었음을 상기하라. 일반적으로, 더 많이 팔기 위해서는 가격이 낮춰야 한다. 따라서 수요 함수는 감소함수이다. 전형적인 수요 함수의 그래프는 **수요곡선**이라 불리는데, 그림 1에서 볼 수 있다. X가 상품의 개수라고 하면, $P=p(X)$는 현재의 판매 가격이다.

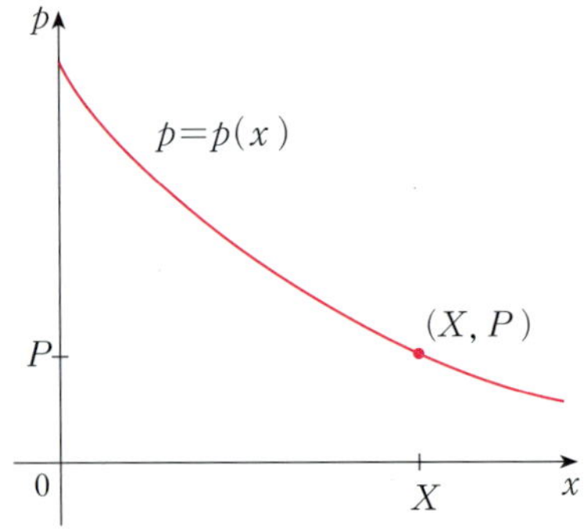

그림 1
전형적인 수요곡선

구간 $[0, X]$를 각각의 길이가 $\Delta x=X/n$인 n개의 부분구간으로 나누고 $x_i^*=x_i$를 i번째 부분구간의 오른쪽 끝점이라고 하자(그림 2). 만약, 처음의 x_{i-1}가 팔렸는데, 모두 합하여 x_i의 상품을 구할 수 있었다고 하고, 단위당 가격은 $p(x_i)$원으로 정해져 있었다고 하면, Δx만큼 추가로 팔 수 있었다(하지만 더 이상은 아니다). 그 상품에 $p(x_i)$원을 지불했을 소비자는 그 상품에 높은 가치를 부여했다. 소비자는 생각하는 상품의 가치에 해당하는 금액만큼 그 상품의 구입에 사용했었을 것이다. 따라서 소비자는 겨우 P 원에 상품을 구입함으로써, 다음의 금액만큼 절약한 셈이다.

$$(\text{단위당 절약한 금액})(\text{단위 수}) = [\,p(x_i)-P]\Delta x$$

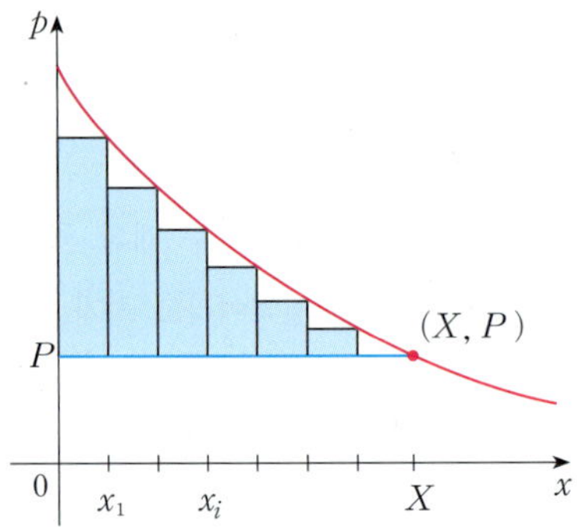

그림 2

각각의 부분구간에 대해, 구입의사가 있는 소비자의 비슷한 그룹들을 고려하고 절약한 금액들을 합하여, 다음과 같은 총 절약 금액을 얻는다.

$$\sum_{i=1}^{n}[\,p(x_i)-P]\Delta x$$

(이것은 그림 2에서 직사각형들의 넓이 합에 해당한다.) 만약 $n\to\infty$를 취한다면, 리만 합은 적분값

$$\boxed{1} \qquad \int_0^X [\,p(x)-P]\Delta x$$

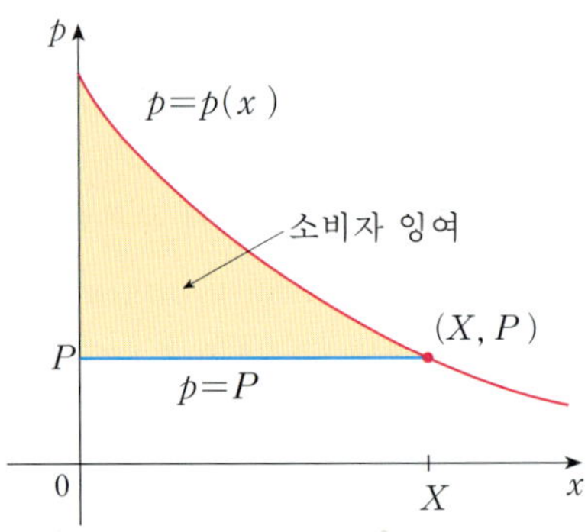

그림 3

에 수렴하는데, 이것을 경제학자들은 그 상품에 대한 **소비자 잉여**(consumer surplus)라고 부른다. 소비자 잉여는 소비자들이 그 상품의 수요가 X일 때에 대응하는 가격 P에 그 상품을 구입함으로써 절약한 돈을 나타낸다. 그림 3은 소비자 잉여에 대한 해석을 보여주는데, 소비자 잉여는 수요곡선 아래와 직선 $p=P$ 위에 위치한 영역의 넓이이다.

예제 1 **소비자 잉여** 어떤 상품의 수요는 $p=1200-0.2x-0.0001x^2$이다(단, 단위는 달러). 판매량이 500일 때 소비자 잉여를 구하라.

풀이 상품의 개수는 $x=500$이므로 대응하는 가격은

$$P=1200-(0.2)(500)-(0.0001)(500)^2=1075$$

이다. 따라서 정의 $\boxed{1}$로부터 소비자 잉여는 다음과 같다.

$$\begin{aligned}\int_0^{500}[\,p(x)-P]\,dx &= \int_0^{500}(1200-0.2x-0.0001x^2-1075)\,dx \\ &= \int_0^{500}(125-0.2x-0.0001x^2)\,dx\end{aligned}$$

$$=125x-0.1x^2-(0.0001)\left(\frac{x^3}{3}\right)\Big]_0^{500}$$

$$=(125)(500)-(0.1)(500)^2-\frac{(0.0001)(500)^3}{3}$$

$$=33333.33(\text{달러})$$

▷ 혈 류

5.8절의 예제 7에서 층류의 법칙을 논의했다.

$$v(r)=\frac{P}{4\eta l}=(R^2-r^2)$$

이 공식으로 반지름이 R, 길이가 l인 혈관을 따라 흐르며, 중심축으로부터 거리가 r인 위치에서의 혈액의 속도 v를 알 수 있다. 여기서 P는 혈관의 양 끝에서의 압력차이고 η는 혈액의 점도이다. 이제, 혈류 속도 혹은 플럭스(시간당 부피)를 계산하기 위해서 더 작고, 일정한 간격의 반지름 r_1, r_2, …를 고려한다. 안쪽 반지름이 r_{i-1}이고 바깥쪽 반지름이 r_i인 고리의 넓이에 대한 근삿값은

$$2\pi r_i \Delta r \quad (\text{여기서 } \Delta r=r_i-r_{i-1})$$

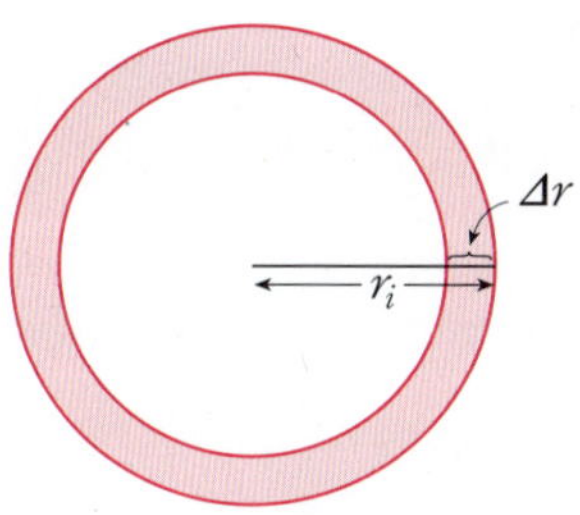

그림 4

이다(그림 4 참조). 만약 Δr이 작다면, 속도는 이 고리 전체에서 거의 상수이므로 $v(r_i)$로 근사시킬 수 있다. 따라서 단위시간에 고리를 가로질러 흐르는 혈액의 부피는 근사적으로

$$(2\pi r_i \Delta r)v(r_i)=2\pi r_i v(r_i)\Delta r$$

이고 단면을 가로질러 흐르는 혈액의 부피 총합은 약

$$\sum_{i=1}^{n} 2\pi r_i v(r_i)\Delta r$$

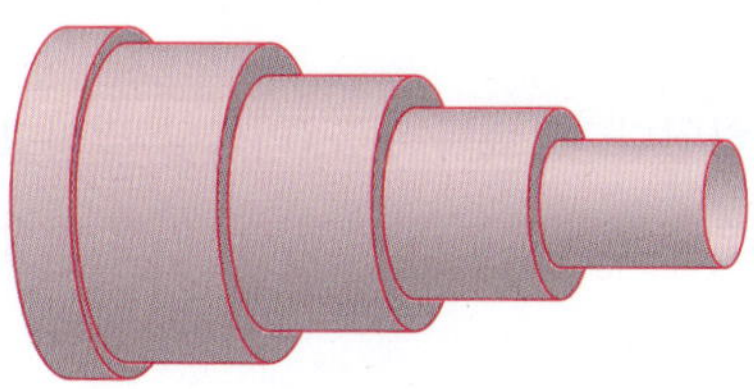
그림 5

이다. 이 근사는 그림 5에 묘사되어 있다. 속도가(따라서 단위시간당 부피가) 혈관 중심으로 갈수록 증가함에 주목하라. 이 근사는 이 증가할수록 더욱 정확해진다. 극한을 취하면 플럭스(혹은 배출량)의 정확한 값을 얻게 된다. 그것은 단위시간에 단면을 지나가는 혈액의 부피이다.

$$F=\lim_{n\to\infty}\sum_{i=1}^{n} 2\pi r_i v(r_i)\Delta r=\int_0^R 2\pi r v(r)\,dr$$

$$=\int_0^R 2\pi r\frac{P}{4\eta l}(R^2-r^2)\,dr$$

$$=\frac{\pi P}{2\eta l}\int_0^R (R^2 r-r^3)\,dr=\frac{\pi P}{2\eta l}\left[R^2\frac{r^2}{2}-\frac{r^4}{4}\right]_{r=0}^{r=R}$$

$$=\frac{\pi P}{2\eta l}\left[\frac{R^4}{2}-\frac{R^4}{4}\right]=\frac{\pi P R^4}{8\eta l}$$

그러므로

2
$$F=\frac{\pi P R^4}{8\eta l}$$

이고, 이 식은 **푸아죄유(Poiseuille)의 법칙**이라고 한다. 이것은 플럭스가 혈관 반지름의

네제곱에 비례한다는 것이다.

▷ 심박출량

그림 6은 사람의 심혈관계를 보여준다. 피는 정맥으로 돌아와서, 우심방으로 들어가고 폐동맥을 거쳐 폐로 들어가서 산소와 결합한다. 그리고 폐정맥을 거쳐 좌심방으로 들어가서 대동맥을 통해 나머지 몸 전체로 전달된다. 심장의 **심박출량**(cardiac output)은 단위 시간에 심장으로부터 뿜어져 나오는 피의 부피이다. 즉, 대동맥으로 들어가는 유율(rate of flow)이다.

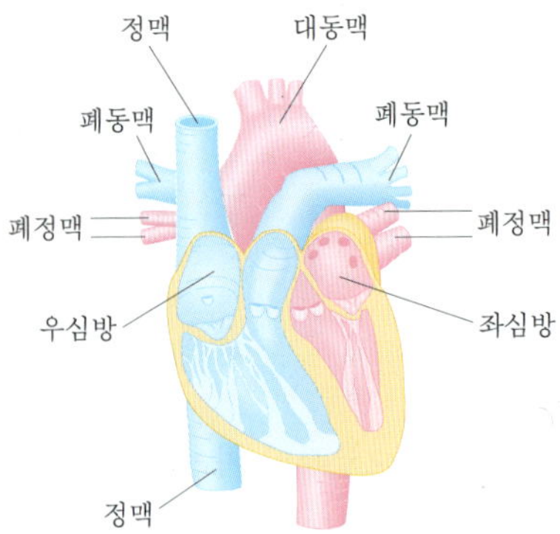

그림 6

염료희석법(dye dilution method)은 심박출량을 측정하기 위해 사용한다. 염료를 우심방으로 주입하면 심장을 거쳐 대동맥으로 들어간다. 대동맥으로 삽입된 탐침이 심장을 떠나는 염료의 농도를, 시간 구간 $[0, T]$에 걸쳐 염색약이 없어질 때까지 일정한 시간 간격을 두고 측정한다. $c(t)$를 시각 t일 때의 염료의 농도라고 하고 $[0, T]$를 균일한 길이 Δt를 가진 부분구간으로 분할하면, $t=t_{i-1}$에서 $t=t_i$까지의 부분구간동안 측정지점을 흘러 지나간 염료의 양은 (농도)(부피)$=c(t_i)(F\Delta t)$이다. 여기서 F는 우리가 결정하려는 유율이다.

$$\sum_{i=1}^{n} c(t_i)F\Delta t = F\sum_{i=1}^{n} c(t_i)\Delta t$$

이고, 여기서 $n \to \infty$로 둠으로써 염료의 양이

$$A = F\int_0^T c(t)\,dt$$

임을 알게 된다. 따라서 심박출량은 다음과 같이 주어진다.

3 $$F = \frac{A}{\int_0^T c(t)\,dt}$$

예제 2 **심박출량** 5mg의 염료를 우심방에 주입하였다. 염료의 농도(리터당 밀리그램)를 대동맥에서 1초 간격으로 측정하였다. 그 결과는 표에서 보는 바와 같다. 이때 심박출량을 추정하라.

t	$c(t)$	t	$c(t)$
0	0	6	6.1
1	0.4	7	4.0
2	2.8	8	2.3
3	6.5	9	1.1
4	9.8	10	0
5	8.9		

풀이 여기서 $A=5$, $\Delta t=1$, $T=10$이다. 심프슨 공식을 사용해 농도의 적분을 근사시키면

$$\begin{aligned}\int_0^{10} c(t)\,dt &\approx \frac{1}{3}[0+4(0.4)+2(2.8)+4(6.5)+2(9.8)+4(8.9)\\ &\quad +2(6.1)+4(4.0)+2(2.3)+4(1.1)+0]\\ &\approx 41.87\end{aligned}$$

이다. 따라서 식 **3**에 의해 구하는 심박출량은 다음과 같다.

$$F = \frac{A}{\int_0^{10} c(t)\,dt} \approx \frac{5}{41.87}$$

$\approx 0.12(\mathrm{L/s}) = 7.2(\mathrm{L/min})$ ■

8.7 연습문제

1. 한계비용 함수 $C'(x)$는 비용함수의 미분으로 정의하였다(5.3절과 6.7절 참조). 상품 x 단위를 생산할 때의 한계비용이 $C'(x) = 5 - 0.008x + 0.000009x^2$ (단위: 달러)이고, 고정 초기 비용은 $C(0) = 20000$달러이다. 총 변화량 정리를 사용하여 처음 2000개의 생산비용을 산출하여라.

2. x개를 팔 때 얻는 한계 수익은 $12 - 0.0004x$라 한다. 처음 1000개를 팔 때의 수익이 12400달러이면, 처음 5000개를 팔 때 얻는 수익은 얼마인가?

3. 어떤 상품 x 단위를 생산할 때의 한계비용이 $74 + 1.1x - 0.002x^2 + 0.00004x^3$ (단위: 달러)이라고 한다. 생산량을 1200개에서 1600개로 늘릴 때 비용증가분을 구하여라.

4. 어떤 상품의 수요함수가 $p = 20 - 0.05x$이다. 판매량이 300일 때 소비자 잉여를 구하여라. 수요곡선을 그리고 소비자 잉여 영역을 명시하여 설명하여라.

5. 수요곡선은 $p = 450/(x+8)$로 구할 수 있다. 판매가격이 10달러일 때 소비자 잉여를 구하여라.

6. 상품의 **공급함수** $p_s(x)$는 판매가격과 공급자가 그 가격에 만들 제품의 수량과의 관계를 나타낸다. 가격이 높으면 제조자들이 많이 만들려고 하기 때문에 p_s는 x에 관한 증가함수가 된다. X를 최근에 생산된 제품의 양이라고 하자. 어떤 제조자는 더 싼 판매가격에 상품을 만들어서 팔면서 최저가격보다 많이 받는다. 이 과잉을 **생산자 잉여**라고 부른다. 소비자 잉여와 비슷한 방법으로 초과분은 다음과 같은 적분으로 표시된다.

$$\int_0^X [P - p_s(x)]\,dx$$

판매 수준이 $X = 10$이고, 공급함수가 $p_s(x) = 3 + 0.01x^2$일 때, 생산자 잉여를 구하여라. 공급곡선을 그리고, 생산자 잉여의 영역을 가리킴으로써 설명하여라.

7. 공급곡선이 $p = 200 + 0.2x^{3/2}$로 주어졌다. 판매가격이 400달러일 때 생산자 잉여를 구하여라.

8. 정해진 상품에 대해 자유경쟁 상황일 때 생산된 수량과 개당 가격은 수요곡선과 공급곡선의 교점의 좌표에 의해 결정된다. 주어진 수요곡선 $p = 50 - \frac{x}{20}$와 공급곡선 $p = 20 + \frac{x}{10}$에 대해 소비자 잉여와 생산자 잉여를 구하라. 수요곡선과 공급곡선을 그리고 각 잉여를 영역으로 가리킴으로써 설명하여라.

9. 어떤 회사가 자사의 제품에 대한 수요곡선을(달러로) 다음과 같이 모델링했다.

$$p = \frac{800000e}{x + 20000}$$

그래프를 이용하여 판매가격이 16달러일 때의 판매량을 추정하여라. 이 판매량에서의 소비자 잉여를(근사적으로) 구하여라.

10. 어떤 영화관이 한 사람당 7.50달러씩 받는데 보통의 주말 저녁에 약 400장의 표를 판다고 한다. 고객들에 대해 설문조사를 한 후 영화관은 가격을 50센트씩 낮출 때마다 매일 밤 35명씩 관람객이 증가할 것이라 추정하였다. 수요함수를 구하고 영화표가 6.00달러일 때 소비자 잉여를 구하여라.

11. 시간 t일 때 회사가 가진 자본금의 양이 $f(t)$라고 하면 그 미분 $f'(t)$는 순투자 유동(net investment flow)이라고 한다. 순투자 유동이 1년에 $\sqrt{t}$ 백만 달러라고 가정하자(t의 단위는 년이다). 4번째 해부터 8번째 해까지에 걸친 자본금의 증가(자본형성)를 구하여라.

12. 어느 회사의 이익을 함수로 나타내면 $f(t) = 9000\sqrt{1+2t}$이라 하자. 여기서 t의 단위는 (년)이고 $f(t)$의 단위는 (달러/년)이다. 처음 4년간의 총 이익을 구하여라.

13. 파레토(Pareto)의 수입법칙에 따르면 수입이 $x = a$에서 $x = b$ 사이인 사람의 수는 $N = \int_a^b Ax^{-k}dx$이다. 여기서 $A > 0$와 $k > 1$는 상수이다. 사람들의 평균 수입은

$$\bar{x} = \frac{1}{N}\int_a^b Ax^{-k}dx$$

이다. $\bar{x}$를 구하여라.

14. 덥고 습한 여름은 호수 근처 휴양지 모기의 폭발적인 개체증가의 원인이 된다. 모기의 수는 주당 약 $2200 + 10e^{0.8t}$ (t의 단위는 주이다) 마리의 비율로 증가한다. 여름의 다섯 번째 주부터 아홉 번째 주까지에 걸쳐 증가하는 모기의 개체 수는 얼마인가?

15. 푸아죄유의 법칙을 사용하여, $\eta = 0.027$, $R = 0.008\text{cm}$, $l = 2\text{cm}$, $P = 4000\text{dynes/cm}^2$일 때 소동맥의 유율을 구하여라.

16. 고혈압은 동맥 수축의 결과이다. 정상적인 유율(플럭스)을 유지하기 위해 심장은 강하게 펌프질을 하고 그래서 혈압은 상승한다. R_0와 P_0가 각각 동맥의 반지름과 압력의 정상치라 하고, 수축되었을 때의 해당 값은 각각 R과 P라고 하자. 이제 푸아죄유의 법칙을 사용하여 플럭스가 상수로 유지되기 위해서는 P와 R이 다음의 방정식을 만족하는 관계임을 보여라.

$$\frac{P}{P_0} = \left(\frac{R_0}{R}\right)^4$$

동맥의 반지름이 이전의 $\frac{3}{4}$으로 줄어든다면, 압력은 세 배 이상이 됨을 확인하라.

17. 심박출량을 측정하기 위해 6mg의 염료를 이용한 염료희석법을 사용한다. 염료의 농도(mg/L)는 $c(t) = 20te^{-0.6t}$, $0 \le t \le 10$로 모델화되는데, 여기서 t의 단위는 초이다. 이때 심박출량을 구하여라.

18. 8mg을 주입한 뒤, 2초 간격으로 염료의 농도를 확인한 결과가 다음 표와 같다. 심프슨 공식을 사용하여 심박출량을 추정하여라.

t	$c(t)$	t	$c(t)$
0	0	12	3.9
2	2.4	14	2.3
4	5.1	16	1.6
6	7.8	18	0.7
8	7.6	20	0
10	5.4		

19. 다음 그래프는 7mg의 염료를 심장에 주입한 후 농도곡선 $c(t)$의 그래프이다. 심프슨 공식을 이용하여 심박출량을 추정하여라.

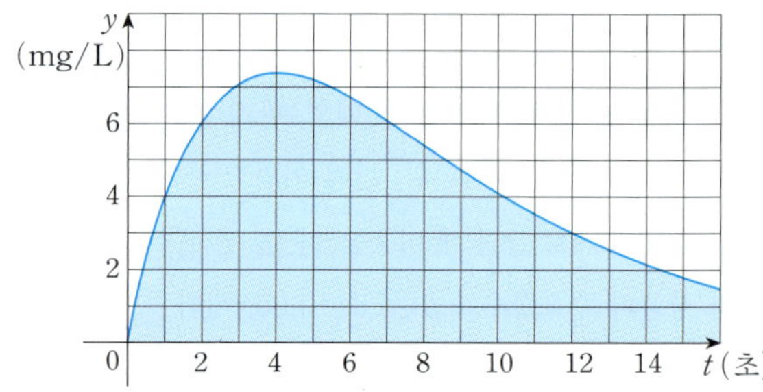

8.8 확 률

미적분학은 임의의 행동을 분석하는 역할을 담당한다. 어떤 연령대에서 임의로 선택된 어떤 사람의 콜레스테롤 수치, 혹은 임의로 선택된 성인 여성의 키, 혹은 어떤 특정한 종류의 건전지 중 임의로 선택된 것의 수명을 고려하는 경우가 있다. 이런 양들은 **연속확률변수**(continuous random variables)라고 하는데 그 이유는 그것들이 그 값에 가장 가까운 정수로 측정되고 기록될지라도 실제로는 실직선상의 어떤 구간 전체에 걸쳐 값을 가질 수 있기 때문이다. 콜레스테롤 수치가 250보다 클 확률, 혹은 성인 여성의 키가 160센티미터에서 170센티미터 사이일 확률, 혹은 이번에 산 배터리의 수명이 100에서 200시간일 확률을 알고 싶다고 하자. X가 특정한 종류의 배터리의 수명이라고 하면 열거한 것 중 마지막 것에 대한 확률을 다음과 같이 표기할 수 있다.

$$P(100 \le X \le 200)$$

확률에 대한 빈도 해석에 의하면 이 수는 장기간에 걸쳐 조사한 특정한 종류의 모든 배터리 중에서 수명이 100에서 200시간 사이의 것이 차지하는 비율이다. 이것이 비율을 나타내기 때문에 그 확률은 당연히 0과 1 사이의 값을 가지게 된다.

모든 연속확률변수 X는 **확률밀도함수**(probability density function) f를 가진다. 이것은 X가 a에서 b 사이에 있을 확률을 f를 a에서 b까지 적분하여 얻을 수 있다는 것을 의미한다.

1 $$P(a \le X \le b) = \int_a^b f(x)\,dx$$

예를 들어, 그림 1은 미국 성인 여성의 키를 인치로 나타낸 값으로 정의된 확률변수 X에 대한 확률밀도함수 f의 어떤 가능한 경우에 대한 그래프를 보여준다(미국 건강 관리국의 자료에 의함). 이 모집단에서 임의로 선택된 어떤 여성의 키가 60에서 70인치 사이일 확률은 60에서 70 사이에서 f의 그래프 아래 영역이 차지하는 넓이와 같다.

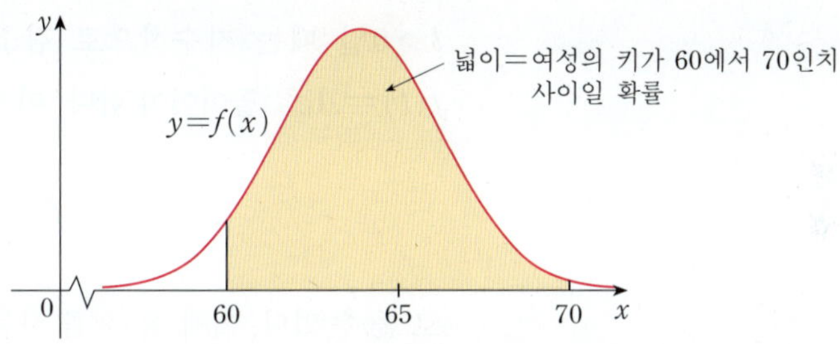

그림 1

일반적으로 확률변수 X에 대한 확률밀도함수 f는 모든 X에 대해 $f(x) \ge 0$이라는 조건을 만족한다. 확률은 0과 1 사이의 값으로 측정되기 때문이다. 따라서

2 $$\int_{-\infty}^{\infty} f(x)\,dx = 1$$

예제 1 $0 \le x \le 10$에 대해서 $f(x) = 0.006x(10-x)$이고, 다른 x에 대해서는 $f(x)=0$이라고 하자.

(a) f는 확률밀도함수임을 보여라. (b) $P(4 \le X \le 8)$를 계산하라.

풀이 (a) $0 \le x \le 10$에 대해 $f(x) = 0.006x(10-x)$이고 그외의 x에 대해서 $f(x)=0$이다. 따라서 모든 x에 대해 $f(x) \ge 0$이다. 또한 식 **2**가 만족하는지 확인해야 한다.

$$\int_{-\infty}^{\infty} f(x)\,dx = \int_0^{10} 0.006x(10-x)\,dx = 0.006\int_0^{10} (10x - x^2)\,dx$$
$$= 0.006\left[5x^2 - \frac{1}{3}x^3\right]_0^{10} = 0.006\left(500 - \frac{1000}{3}\right) = 1$$

이다. 따라서 f는 확률밀도함수이다.

(b) X가 4와 8 사이에 있을 확률은 다음과 같다.

$$P(4 \le X \le 8) = \int_4^8 f(x)\,dx = 0.006\int_4^8 (10x - x^2)\,dx$$

$$=0.006\left[5x^2-\frac{1}{3}x^3\right]_4^8=0.544$$ ■

예제 2 **기다리는 시간에 대한 확률밀도함수** 기다리는 시간이나 기계가 고장나는데 걸리는 시간은 종종 지수적으로 감소하는 확률밀도함수를 통해 모델링될 수 있다. 그러한 함수의 정확한 형태를 찾아라.

풀이 어떤 사람한테 전화를 걸 때 그 사람이 받을 때까지 걸리는 시간과 같은 확률변수를 생각해 보기로 하자. 이제 x 대신에 시간을 분 단위로 나타내는 변수 t를 사용하면 좋을 것이다. 만약 f가 확률밀도함수이고, 시각 $t=0$일 때 전화를 했다고 하자. 그러면 정의 1로부터 $\int_0^2 f(t)dt$는 직원이 처음 2분 안에 전화를 받을 확률을 나타내며, $\int_4^5 f(t)dt$는 4분에서 5분 사이에 전화를 받을 확률을 나타낸다.

$t<0$일 때 $f(t)=0$임은 명백하다(전화를 걸기 전에 상대방이 받을 수는 없다). $t>0$일 때는 지수적으로 감소하는 함수를 사용하라고 했으므로 그 함수는 $f(t)=Ae^{-ct}$ 꼴이어야 한다. 여기서 A와 c는 양의 상수이다. 그래서 결국

$$f(t)=\begin{cases}0, & t<0\text{일 때}\\ Ae^{-ct}, & t\geq 0\text{일 때}\end{cases}$$

로 둘 수 있다. 이제 식 2를 사용해 A의 값을 결정한다.

$$\begin{aligned}1&=\int_{-\infty}^{\infty}f(t)dt=\int_{-\infty}^{0}f(t)dt+\int_0^{\infty}f(t)dt\\&=\int_0^{\infty}Ae^{-ct}dt=\lim_{x\to\infty}\int_0^x Ae^{-ct}dt\\&=\lim_{x\to\infty}\left[-\frac{A}{c}e^{-ct}\right]_0^x=\lim_{x\to\infty}\frac{A}{c}(1-e^{-cx})=\frac{A}{c}\end{aligned}$$

그러므로 $\frac{A}{c}=1$이며 따라서 $A=c$이다. 따라서 모든 지수적인 확률밀도함수는 다음의 꼴이어야 한다.

$$f(t)=\begin{cases}0, & t<0\text{일 때}\\ ce^{-ct}, & t\geq 0\text{일 때}\end{cases}$$

그림 2는 그 전형적인 그래프이다. ■

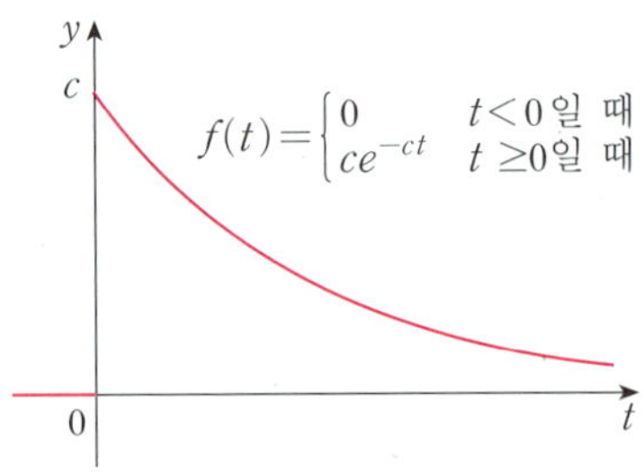

그림 2 지수적인 확률밀도함수

평균값

어떤 회사에 전화를 걸고 받기를 기다린다고 하자. 이때 평균적으로 얼마나 기다려야 하는지 알고 싶다고 하자. $f(t)$를 이에 대응하는 확률밀도함수라고 하고(여기서 t는 분 단위라고 하자), 이 회사에 N명의 사람들이 전화를 걸었다고 하자. 대부분의 경우는 그 중 아무도 한 시간 이상 기다릴 필요가 없으므로 구간 $0\leq t\leq 60$으로 제한하기로 한다. 이 구간을 Δt의 길이를 가진 n개의 구간으로 분할하고, 구간들의 끝점들을 $0, t_1, t_2, \cdots$라고 하자(Δt를 1분 동안 지속되는, 또는 30초, 10초, 1초 동안 지속되는 것으로 생각하자). t_{i-1}에서 t_i까지의 구간에서 전화 받을 확률은 t_{i-1}에서 t_i까지의 곡선 $y=f(t)$아래의 넓이인데

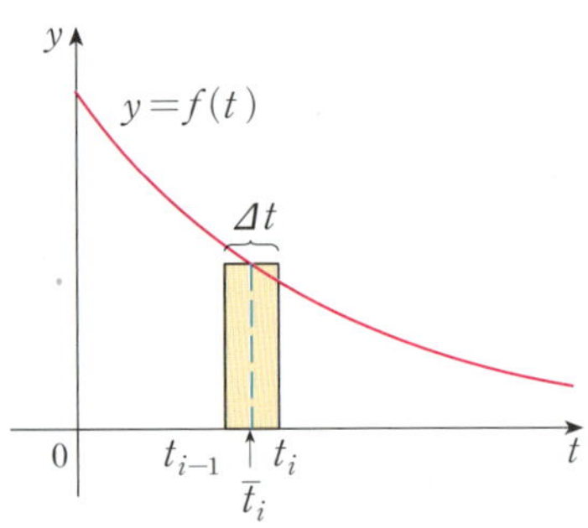

그림 3

근사적으로 $f(\bar{t}_i)\Delta t$와 같다(이것은 그림 3의 원래 영역을 근사하는 직사각형의 넓이와 같다. $\bar{t}_i$는 그 구간의 중점이다).

t_{i-1}에서 t_i까지의 구간에서 전화 받을 비율은 $f(\bar{t}_i)\Delta t$이기 때문에 N명이 전화를 할 때 그 구간 동안 전화 받을 사람은 근사적으로 $Nf(\bar{t}_i)\Delta t$명이라고 기대할 수 있고 해당하는 사람 각각이 기다린 시간은 약 $\bar{t}_i$이다. 따라서 기다린 시간의 총합은 이 수들의 곱이므로 근사적으로 $\bar{t}_i[Nf(\bar{t}_i)\Delta t]$이다. 모든 구간에 대한 값을 더함으로써 모든 사람이 기다린 시간 총합의 근사적인 값을 얻는다.

$$\sum_{i=1}^{n} N\bar{t}_i f(\bar{t}_i)\Delta t$$

만약 이 수를 전화한 사람의 수 N으로 나눈다면 기다리는 시간에 대한 근사적인 **평균**을 얻을 수 있다.

$$\sum_{i=1}^{n} \bar{t}_i f(\bar{t}_i)\Delta t$$

이 값을 함수 $tf(t)$에 대한 리만 합이라고 볼 수 있다. 시간 구간의 길이를 짧게 함으로써(즉, $\Delta t \to 0$ 그리고 $n \to \infty$로) 이 리만 합은 적분값

$$\int_0^{60} tf(t)\,dt$$

에 접근한다. 이 적분값은 기다리는 시간의 평균이라 한다.

● 평균은 전통적으로 그리스 문자 μ로 나타낸다.

일반적으로, 어떤 확률밀도함수의 **평균**(mean) f는

$$\mu = \int_{-\infty}^{\infty} x f(x)\,dx$$

와 같이 정의한다. 평균은 확률변수 X를 오랫동안 조사한 평균값으로 해석할 수 있다. 또한 확률밀도함수의 집중상태를 말해주는 값이라 할 수 있다.

평균의 표현은 우리가 앞에서 본 어떤 적분과 닮았다. 만약 $\mathcal{R}$이 f의 그래프 아래에 있는 영역이라면, 식 8.6.12로부터 $\mathcal{R}$의 무게중심의 x좌표가

$$\bar{x} = \frac{\int_{-\infty}^{\infty} xf(x)\,dx}{\int_{-\infty}^{\infty} f(x)\,dx} = \int_{-\infty}^{\infty} xf(x)\,dx = \mu$$

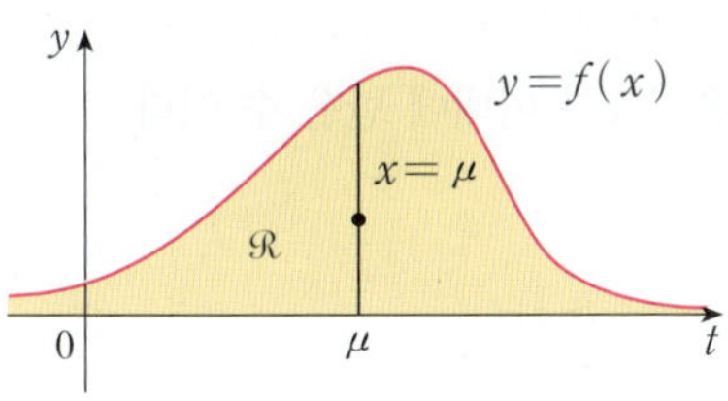

그림 4 $\mathcal{R}$은 직선 $x=\mu$ 위의 한 점에서 평형을 찾는다.

임을 안다(식 **2** 참조). 따라서 $\mathcal{R}$ 모양의 얇은 판은 직선 $x=\mu$ 위의 점에서 평형을 찾는다(그림 4 참조).

예제 3 예제 2에서의 지수적인 분포상태에 대해 평균을 찾아라.

$$f(t) = \begin{cases} 0, & t<0\text{일 때} \\ ce^{-ct}, & t\geq 0\text{일 때} \end{cases}$$

풀이 평균의 정의에 의해

$$\mu=\int_{-\infty}^{\infty} tf(t)dt=\int_{0}^{\infty} tce^{-ct}dt$$

이다. 이 적분값을 계산하기 위해 $\mu=t$로, $dv=ce^{-ct}$라 하고 부분적분법을 쓴다.

$$\int_{0}^{\infty} tce^{-ct}dt=\lim_{x\to\infty}\int_{0}^{x} tce^{-ct}dt=\lim_{x\to\infty}\left(-te^{-ct}\Big]_{0}^{x}+\int_{0}^{\infty} e^{-ct}dt\right)$$

$$=\lim_{x\to\infty}\left(-xe^{-cx}+\frac{1}{c}-\frac{e^{-cx}}{c}\right)=\frac{1}{c}$$

이제 $\mu=\frac{1}{c}$이므로 확률밀도함수를 다음과 같이 다시 쓸 수 있다.

$$f(t)=\begin{cases}0, & t<0\text{일 때}\\ \mu^{-1}e^{-t/\mu}, & t\geq 0\text{일 때}\end{cases}$$ ■

예제 4 어떤 회사에 고객이 전화를 했을 때 회사의 대표가 전화를 받을 때까지 기다리는 평균 시간이 5분이라고 가정하자.

(a) 처음의 1분 이내에 전화를 받을 확률을 구하라.

(b) 5분 이상 기다릴 확률을 구하라.

풀이 (a) 지수적인 분포의 평균이 $\mu=5$분이라 했으므로 예제 3의 결과에 의해 확률밀도함수는

$$f(t)=\begin{cases}0, & t<0\text{일 때}\\ 0.2e^{-t/5}, & t\geq 0\text{일 때}\end{cases}$$

● 처음 항의 극한값이 0임은 로피탈의 정리에 의해 얻어진다.

따라서 5분 이내에 전화를 받을 확률은

$$P(0\leq T\leq 1)=\int_{0}^{1} f(t)dt=\int_{0}^{1} 0.2e^{\frac{-t}{5}}dt$$

$$=0.2(-5)e^{\frac{-t}{5}}\Big]_{0}^{1}$$

$$=1-e^{-1/5}\approx 0.1813$$

이다. 즉, 따라서 고객의 전화 중 18%를 처음의 1분 이내에 받을 수 있다.

(b) 고객이 5분 이상 기다릴 확률은

$$P(T>5)=\int_{5}^{\infty} f(t)dt=\int_{5}^{\infty} 0.2e^{-t/5}dt$$

$$=\lim_{x\to\infty}\int_{5}^{x} 0.2e^{-t/5}dt=\lim_{x\to\infty}(e^{-1}-e^{-x/5})$$

$$=\frac{1}{e}\approx 0.368$$

이다. 즉, 약 37%의 고객이 5분 이상 기다려야 사장과 통화할 수 있다. ■

예제 4(b)의 결과를 주목하라. 기다리는 평균 시간이 5분이라고 하더라도 전화 건 사람 중 단지 37%만이 5분 이상 기다린다. 그 이유는 어떤 사람은 훨씬 오래 기다려야 하고(예컨대, 10분이나 15분씩) 이것은 평균을 끌어올리기 때문이다.

확률밀도함수의 집중도를 나타내는 다른 측도는 중앙값이다. 이것은 전화 건 사람의 절반이 m분 이하로 기다리고, 다른 사람은 m보다 오래 기다리게 될 때의 m값이다. 일반적으로 확률밀도함수의 **중앙값**(median)은 다음을 만족하는 m값이다.

$$\int_m^\infty f(x)\,dx = \frac{1}{2}$$

이것은 그래프 f 아래 넓이의 절반이 m 오른쪽에 있다는 말이다. 연습문제 9에서 예제 4에서 묘사된 응답을 기다리는 시간의 중앙값이 근사적으로 3.5분임을 보이게 될 것이다.

▷ 정규분포

많은 중요한 현상—적성 검사의 점수, 동질의 모집단에서의 몸무게와 키, 특정한 지역의 연중 강우량은 **정규분포**(normal distribution)에 의해 모델링된다. 이것은 그 확률변수 X에 대한 확률밀도함수가 다음 꼴의 함수라는 뜻이다.

3 $$f(x) = \frac{1}{\sigma\sqrt{2\pi}} e^{-(x-\mu)^2/(2\sigma^2)}$$

● 표준편차는 그리스 소문자 σ로 나타낸다.

이 함수의 평균값이 μ임은 쉽게 보일 수 있다. 양의 상수 σ는 **표준편차**(standard deviation)라고 불린다. 이는 X의 값들이 얼마나 펼쳐져 있는지를 말해주는 값이다. 그림 5에 보이는 종 모양의 그래프에서 σ값이 작으면 X값은 평균값 근처에 몰려있고, 반면 그 값이 크면 X값은 더 펼쳐져 있음을 보게 된다. 통계학자들은 자료들로부터 μ와 σ를 추정하는 방법을 알 수 있다.

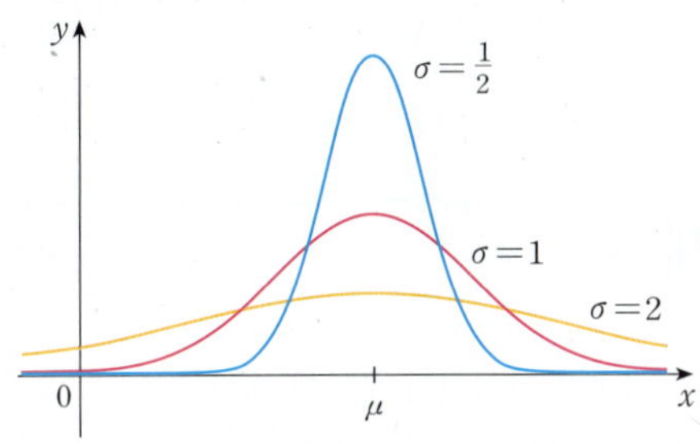

그림 5 정규분포

여기서 $1/(\sigma\sqrt{2\pi})$는 f를 확률밀도함수로 만들어주기 위해 필요한 값이다. 사실 다변수 미적분학의 방법을 이용하여

$$\int_{-\infty}^{\infty} \frac{1}{\sigma\sqrt{2\pi}} e^{-(x-\mu)^2/(2\sigma^2)}\,dx = 1$$

임을 증명할 수 있다.

예제 5 지능지수(IQ) 점수 평균이 100이고 표준편차가 15인 정규분포를 이룬다(그림 6은 이 경우의 확률밀도함수를 보여준다).

(a) IQ 점수가 85에서 115 사이인 사람은 전체의 몇 퍼센트인가?

(b) IQ 점수가 140보다 높은 사람은 전체의 몇 퍼센트인가?

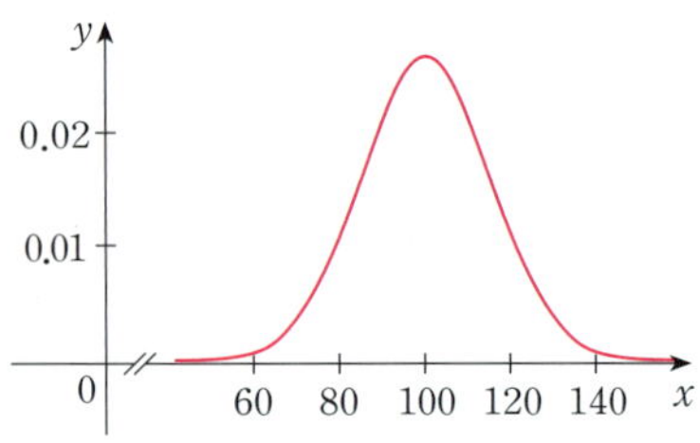

그림 6 IQ 점수의 분포

풀이 (a) IQ 점수는 정규분포를 이루기 때문에 $\mu=100$이고, $\sigma=15$일 때의 식 **3**에 주어진 확률밀도함수를 사용한다.

$$P(85\le X\le 115)=\int_{85}^{115}\frac{1}{15\sqrt{2\pi}}e^{-(x-100)^2/(2\cdot 15^2)}dx$$

7.8절에서 함수 $y=e^{-x^2}$은 초등함수로 표현되는 부정적분을 가지지 않음을 보았다. 따라서 그 적분값을 정확히 구할 수는 없다. 하지만 컴퓨터나 계산기(혹은 중점 공식이나 심프슨 공식)를 통한 수치해석적인 방법을 사용하여 그 적분값을 추정할 수는 있다. 이렇게 하여

$$P(85\le X\le 115)\approx 0.68$$

임을 알게 된다. 따라서 68%의 사람들은 85에서 115 사이의 IQ를 가진다. 즉, 평균에서부터 표준편차 범위 내에 있다.

(b) 임의로 선택된 사람의 IQ가 140보다 높을 확률은

$$P(X>140)=\int_{140}^{\infty}\frac{1}{15\sqrt{2\pi}}e^{-(x-100)^2/450}dx$$

이 적분은 이상적분이므로 140에서 200까지의 값으로 근사시킬 수 있다(IQ가 200 넘는 사람은 극히 드물다). 그러면

$$P(X>140)\approx\int_{140}^{200}\frac{1}{15\sqrt{2\pi}}e^{-(x-100)^2/450}dx\approx 0.0038$$

따라서 0.4%의 사람이 140보다 높은 IQ를 가진다. ■

8.8 연습문제

1. 어떤 업체의 최고 품질의 자동차 타이어의 수명에 대한 확률밀도함수를 $f(x)$라고 하자. x의 단위가 킬로미터일 때 다음 적분의 의미를 설명하여라.

(a) $\int_{30000}^{40000}f(x)dx$ (b) $\int_{25000}^{\infty}f(x)dx$

2. $f(t)$를 아침에 차를 몰고 학교까지 가는 데 걸리는 시간에 대한 확률밀도함수라고 하자. t의 단위가 분일 때 다음 확률을 적분으로 표현하여라.

(a) 학교에 15분 이내로 도착할 확률

(b) 학교까지 가는 데 30분 이상 걸릴 확률

3. $f(x)=\begin{cases}\frac{3}{64}x\sqrt{16-x^2}, & 0\le x\le 4\\ 0, & x<0,\ x>4\end{cases}$ 이다.

(a) f가 확률밀도함수임을 보여라.

(b) $P(x<2)$를 구하여라.

4. $x\ge 0$일 때 $f(x)=xe^{-x}$이고 $x<0$일 때 $f(x)=0$이라 하자.

(a) f는 확률밀도함수임을 보여라.

(b) $P(1\le X\le 2)$를 구하여라.

5. $f(x)=\dfrac{c}{(1+x^2)}$이라 하자.

(a) c가 얼마일 때 $f(x)$는 확률밀도함수가 되는가?

(b) (a)에서 구한 c값에 대하여 $P(-1<X<1)$를 구하여라.

6. $f(x)=\begin{cases}kx^2(1-x), & 0\le x\le 1\\ 0, & x<0,\ x>1\end{cases}$

(a) f가 확률밀도함수가 되기 위한 k의 값은?

(b) 이러한 k값에 대하여 $P\left(x\ge\frac{1}{2}\right)$을 구하여라.

(c) 평균값을 구하여라.

7. 보드게임의 회전판은 0에서 10까지의 실수를 임의적으로 가리킨다. 눈금이 어떤 주어진 구간에 놓이게 될 확률이 구간의 길이

가 같으면 일정하다는 의미에서 회전판은 공평하다고 하자.

(a) 다음 함수가 회전판의 값에 대한 확률밀도함수임을 설명하여라.

$$f(x)=\begin{cases} 0.1, & 0\le x\le 10 \\ 0\ , & x<0 \text{ 또는 } x>10 \end{cases}$$

(b) 직관에 따르면 평균이 얼마일 것 같은가? 그 추측이 맞는지 적분값을 계산하여 검토해보라.

8. (a) 다음의 그림을 그 그래프로 가지는 함수가 확률밀도함수인 것을 설명하여라.

(b) 다음 그래프를 이용하여 다음의 확률을 계산하여라.

(i) $P(X<3)$ (ii) $P(3\le X\le 8)$

(c) 평균을 계산하여라.

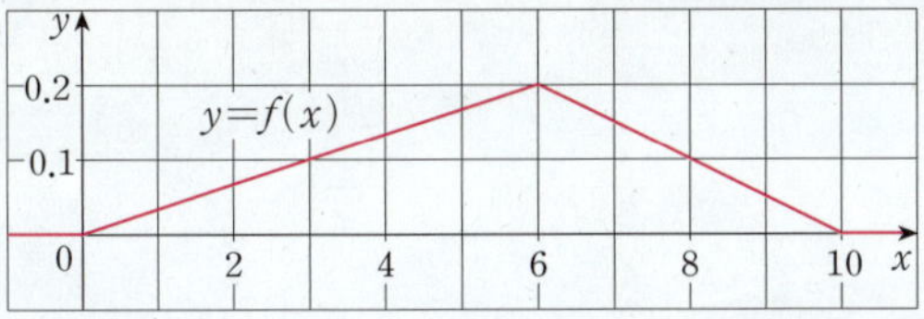

9. 예제 4에서 응답을 기다리는 시간의 중앙값이 약 3.5분임을 보여라.

10. (a) 어떤 종류의 전구의 평균 수명이 1000시간이라고 하자. 전구가 수명이 다할 때까지의 시간을 평균이 $\mu=1000$인 지수적인 확률밀도함수로 모델링하는 것은 합리적일 것이다. 이 모델을 이용하여 다음 확률을 구하여라.

(i) 200시간 이내에 수명이 다할 확률

(ii) 800시간 이상 불이 들어올 확률

(b) 이 전구들의 수명에 대한 중앙값은 얼마인가?

11. 패스트푸드점 관리인은 고객들이 음식을 기다리는 데 걸리는 시간이 평균 2.5분이라고 결론지었다.

(a) 고객이 4분 이상 기다리게 될 확률을 구하여라.

(b) 고객이 2분 이내에 음식을 받게 될 확률을 구하여라.

(c) 이 관리인은 몇 분 내로 음식을 받지 못한 고객에게는 공짜 햄버거를 주겠다고 광고하려고 한다. 하지만 공짜 햄버거를 제공하는 경우를 고객 중 2% 이내로 하려고 한다. 광고 문구를 어떻게 만들어야 할까?

12. 미국건강조사국에 의하면 미국 성인 남자의 키는 평균 69.0인치이고 표준편차가 2.8인치인 정규분포를 따른다고 한다.

(a) 임의로 선택한 성인남자의 키가 65인치에서 73인치 사이일 확률은 얼마인가?

(b) 성인 남자 키가 6피트 이상일 경우는 몇 %인가?

13. 애리조나 대학의 "쓰레기 프로젝트"에 의하면 한 가정에서 일주일에 버려지는 종이의 양은 평균이 4.3kg이고 표준편차가 1.9kg인 정규분포를 따른다고 한다. 몇 퍼센트의 가정이 주당 5kg 이상의 종이를 버리는가?

14. 겉 포장지에는 시리얼이 500g 이상 들어 있다고 적혀 있다. 시리얼을 기계로 담는데 그 무게가 표준편차가 12g인 정규분포를 이룬다.

(a) 목표로 하는 무게가 500g이라면 기계가 상자에 480g보다 적게 담을 확률은 얼마인가?

(b) 전체의 시리얼 상자 중 적혀 있는 무게인 500g보다 적은 시리얼이 담긴 상자의 비율은 5% 이하여야 한다는 규칙이 있다고 하자. 기계의 목표 무게를 얼마로 잡아야 하겠는가?

15. 제한속도가 100km/h인 고속도로에서 자동차의 속도는 평균이 112km/h이고 표준편차가 8km/h인 분포를 따른다.

(a) 임의로 선택한 자동차가 규정속도를 준수할 확률을 구하여라.

(b) 속력이 112km/h를 넘는 운전자에게 범칙금이 부과된다면 몇 퍼센트의 운전자가 이에 해당되는가?

16. 정규분포 확률변수의 확률밀도함수의 변곡점은 $x=\mu\pm\sigma$임을 보여라.

17. 임의의 정규분포에 대해 확률변수가 평균 기준으로 표준편차의 2배 범위 사이에 놓일 확률을 구하여라.

18. 확률밀도함수 f와 평균 μ를 가지는 어떤 확률변수에 대한 표준편차는 다음과 같이 정의된다.

$$\sigma=\left[\int_{-\infty}^{\infty}(x-\mu)^2 f(x)\,dx\right]^{1/2}$$

평균 μ를 가지는 지수적인 확률밀도함수의 표준편차를 구하여라.

9 무한수열과 무한급수

3.5절에서 수열의 합을 생각하였다. 이것을 확장하여 무한수열의 합, 즉 무한급수를 나타낼 수 있다. 미적분학에서 이들의 중요성은 함수를 무한급수의 합으로 표현한 뉴턴의 생각에서 유래한다. 예를 들어, 도형의 넓이를 구하기 위해서 뉴턴은 함수를 무한급수로 표현한 다음 그 각각의 항을 적분하는 방법을 사용하였다. 9.7절에서, e^{-x^2} 과 같은 함수를 적분하기 위해서 뉴턴의 방법을 사용할 것이다(이전에는 이 함수를 적분할 수 없었음을 상기하자). 수리물리학과 화학에서 등장하는 베셀 함수와 같은 다양한 함수가 무한급수의 합으로 정의된다. 그러므로 무한수열과 무한급수의 수렴성에 대한 기본 개념을 확실하게 알아 두어야 한다.

물리학자들은 무한급수를 다른 방법으로 사용하기도 하는데, 이 내용은 9.8절에서 살펴볼 것이다. 광학, 특수상대성 이론, 전자기학과 같은 다양한 분야의 연구에서, 물리학자들은 주어진 함수를 우선 무한급수로 바꾸어놓고 그 급수의 처음 몇 개 항을 가지고 원래 함수가 갖는 현상을 분석하는 데 사용한다.

9.1 수 열

수열은 일정한 순서로 써 놓은 수들의 나열이라고 생각할 수 있다.

$$a_1,\ a_2,\ a_3,\ a_4,\ \cdots,\ a_n,\ \cdots$$

여기서 수 a_1은 첫째 항, a_2는 둘째 항, 그리고 일반적으로 a_n은 n번째 항이라고 부른다. 우리는 무한수열만을 다룰 것이다. 그러므로 각각의 항, a_n에 대해서, 그 다음 항 a_{n+1}이 존재한다.

모든 양의 정수 n에 대응하여 어떤 수 a_n이 존재하므로 수열은 양의 정수 전체집합을 정의역으로 가지는 함수라고 간주할 수 있다. 그러나 우리는 수 n에서의 함숫값을 $f(n)$으로 나타내는 대신에 a_n으로 나타낼 것이다.

메모 수열 $\{a_1, a_2, a_3, \cdots\}$을 다음 기호로 나타내기도 한다.

$$\{a_n\} \quad \text{또는} \quad \{a_n\}_{n=1}^{\infty}$$

예제 1 **수열의 표현** 수열은 n번째 항의 공식을 제시하여 정의할 수도 있다. 어떤 수열을 표현하는 세 가지 방법을 아래에 제시하였다. 첫째 방법은 앞의 기호를 사용한 것이고, 둘째 방법은 일반항을, 셋째 방법은 수열의 항들을 나열하는 방법이다. 여기서 n이 반드시 1에서 시작하는 것이 아님에 유의하자.

(a) $\left\{\dfrac{n}{n+1}\right\}_{n=1}^{\infty}$, $\quad a_n=\dfrac{n}{n+1}$, $\quad \left\{\dfrac{1}{2}, \dfrac{2}{3}, \dfrac{3}{4}, \dfrac{4}{5}, \cdots, \dfrac{n}{n+1}, \cdots\right\}$

(b) $\left\{\dfrac{(-1)^n\ (n+1)}{3^n}\right\}_{n=1}^{\infty}$, $\quad a_n=\dfrac{(-1)^n\ (n+1)}{3^n}$, $\quad \left\{-\dfrac{2}{3}, \dfrac{3}{9}, -\dfrac{4}{27}, \dfrac{5}{81}, \cdots, \dfrac{(-1)^n\ (n+1)}{3^n}, \cdots\right\}$

(c) $\{\sqrt{n-3}\}_{n=3}^{\infty}$, $\quad a_n=\sqrt{n-3},\ n\geq 3$, $\quad \{0,\ 1,\ \sqrt{2},\ \sqrt{3},\ \cdots,\ \sqrt{n-3},\ \cdots\}$

(d) $\left\{\cos\dfrac{n\pi}{6}\right\}_{n=0}^{\infty}$, $\quad a_n=\cos\dfrac{n\pi}{6}, n\geq 0$, $\quad \left\{1, \dfrac{\sqrt{3}}{2}, \dfrac{1}{2}, 0, \cdots, \cos\dfrac{n\pi}{6}, \cdots\right\}$ ■

예제 2 수열

$$\left\{\frac{3}{5}, -\frac{4}{25}, \frac{5}{125}, -\frac{6}{625}, \frac{7}{3125}, \cdots\right\}$$

의 처음의 몇 항은 규칙이 계속된다고 할 때 수열의 일반항 a_n을 구하여라.

풀이 $a_1=\dfrac{3}{5}$, $a_2=-\dfrac{4}{25}$, $a_3=\dfrac{5}{125}$, $a_4=-\dfrac{6}{625}$, $a_5=\dfrac{7}{3125}$이 주어져 있다. 분자는 3에서 시작하여 1씩 증가한다. 두번째 항의 분자는 4, 세번째 항의 분자는 5, 일반적으로 n번째 항의 분자는 $n+2$이다. 분모는 5의 멱수들이므로 a_n의 분모는 5^n이다. 항의 부호들이 양수와 음수로 교대하므로 -1의 멱수를 곱해야 한다. 예제 1 (b)에서 $(-1)^n$은 수열의 항이 음수에서 시작했음을 의미한다. 여기서는 수열의 항이 양수에서 시작하므로 $(-1)^{n-1}$ 또는 $(-1)^{n+1}$을 곱해야 한다.

따라서

$$a_n=(-1)^{n-1}\frac{n+2}{5^n}$$

이다. ■

예제 3 다음 수열들은 간단한 수식으로 정의할 수 없다.

(a) 수열 $\{p_n\}$, 여기서 p_n은 n년 1월 1일의 세계 인구이다.

(b) a_n은 수 e의 소수점 아래 n번째 자리의 숫자라고 하면, $\{a_n\}$은 잘 정의된(well-defined) 수열이다. 이 수열의 처음 몇 항은 다음과 같다.

$$\{7, 1, 8, 2, 8, 1, 8, 2, 8, 4, 5, \cdots\}$$

(c) **피보나치 수열** $\{f_n\}$은 $f_1=1,\ f_2=1,\ f_n=f_{n-1}+f_{n-2},\ n\geq 3$와 같이 점화식으로 정의된다. 이 수열의 각 항은 바로 앞의 두 항을 더한 것이다. 이 수열의 처음 몇 항은 다음과 같다.

$$\{1, 1, 2, 3, 5, 8, 13, 21, \cdots\}$$

이 수열은 13세기 이탈리아의 수학자 피보나치가 토끼의 번식에 관한 문제를 푸는 과정에서 발견했다(연습문제 47 참조). ■

위의 예제 1의 (a)에 나오는 수열 $a_n=n/(n+1)$은 그림 1과 같이 수직선에 각각의 항을 점을 찍어서 나타내거나, 그림 2와 같이 그 그래프를 점을 찍어서 나타낼 수 있다. 수열은 정의역이 양의 정수의 집합이고, 그 그래프는 고립점 좌표들로 구성된다.

$$(1, a_1) \qquad (2, a_2) \qquad (3, a_3)$$
$$\cdots \qquad (n, a_n) \qquad \cdots$$

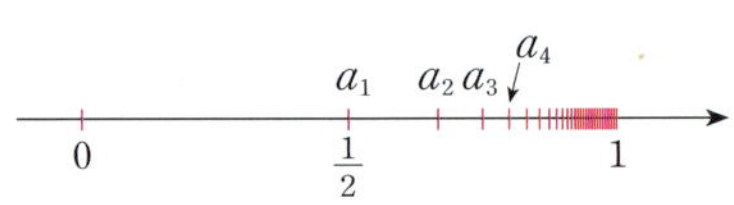

그림 1

그림 1 또는 그림 2를 보면 n이 점점 커질 수록 수열 $a_n=n/(n+1)$은 1에 가까이 접근함을 알 수 있다. 사실 n을 충분히 크게 잡으면 1과의 차

$$1-\frac{n}{n+1}=\frac{1}{n+1}$$

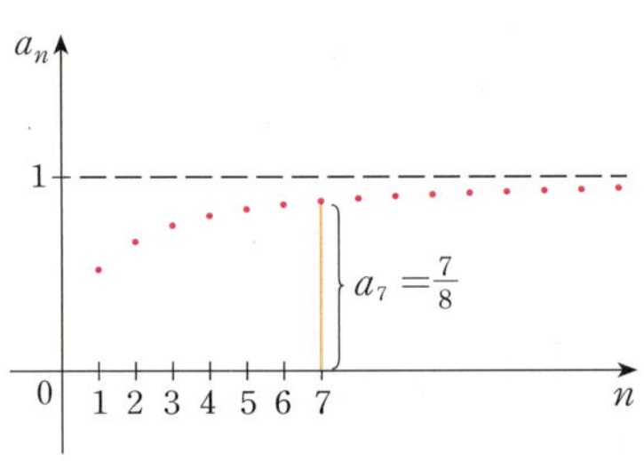

그림 2

이 얼마든지 작아지도록 만들 수 있다. 이 사실을 다음 기호로 나타낸다.

$$\lim_{n\to\infty} a_n=\lim_{n\to\infty}\frac{n}{n+1}=1$$

일반적으로 기호

$$\lim_{n\to\infty} a_n=L$$

이 뜻하는 것은 n이 매우 커질수록 수열 $\{a_n\}$이 L에 한없이 가까이 간다는 것이다. 수열의 극한에 대한 다음 정의는 4.5절에서 제시한 함수의 무한대에서의 정의와 유사하다.

1 정의 수열 $\{a_n\}$이 있어서, n을 충분히 크게 잡음으로써 항 a_n이 어떤 고정된 값 L에 얼마든지 가까이 가도록 만들 수 있다면 수열 $\{a_n\}$은 극한값을 가진다고 말하며 다음 기호로 나타낸다.

$$\lim_{n\to\infty} a_n = L \quad \text{또는} \quad a_n \to L \ (\text{단, } n \to \infty)$$

만약 $\lim_{n\to\infty} a_n$이 존재하면, 이 수열은 **수렴**한다고 하며, 그렇지 않으면 이 수열은 **발산**한다고 한다.

그림 3은 극한값 L을 가지는 두 수열의 그래프로서, 이 그림을 보면 정의 1의 의미를 알 수 있다.

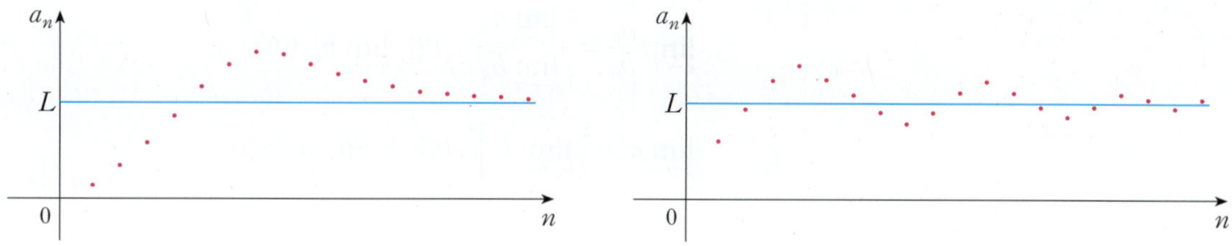

그림 3 $\lim_{n\to\infty} a_n = L$인 두 수열의 그래프

정의 1을 4.5절 정의 4와 비교해보면, $\lim_{n\to\infty} a_n = L$과 $\lim_{x\to\infty} f(x) = L$의 유일한 차이는 n이 정수라는 것이다. 그러므로 다음 정리가 성립하며, 이것을 그래프로 그려 예시해 놓은 것이 그림 4이다.

2 정리 만약 $\lim_{x\to\infty} f(x) = L$이고, 정수 n에 대하여 $f(n) = a_n$이면, $\lim_{n\to\infty} a_n = L$이다.

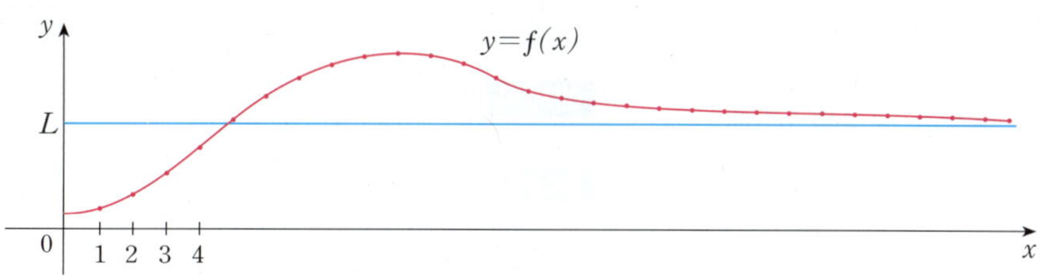

그림 4

$r>0$이면 $\lim_{x\to\infty}(1/x^r) = 0$임을 4.5절에서 배웠다. 그러므로 다음이 성립한다.

3 $$r>0\text{이면} \quad \lim_{n\to\infty} \frac{1}{n^r} = 0$$

만약 n이 커질 때 a_n이 한없이 커지면, 다음 기호로 나타낸다.

$$\lim_{n\to\infty} a_n = \infty$$

이 경우 수열 $\{a_n\}$은 발산한다. 특히 위의 경우 수열 $\{a_n\}$은 ∞로 발산한다고 한다.

4.3절에서 제시한 극한법칙은 수열의 극한에 대해서도 성립하며, 증명 방법도 유사하다.

수렴하는 수열의 극한법칙

만약 $\{a_n\}$과 $\{b_n\}$은 수렴하는 수열이고, c는 상수라고 하자. 그러면

$$\lim_{n\to\infty}(a_n+b_n)=\lim_{n\to\infty}a_n+\lim_{n\to\infty}b_n$$

$$\lim_{n\to\infty}(a_n-b_n)=\lim_{n\to\infty}a_n-\lim_{n\to\infty}b_n$$

$$\lim_{n\to\infty}ca_n=c\lim_{n\to\infty}a_n, \quad \lim_{n\to\infty}c=c$$

$$\lim_{n\to\infty}(a_nb_n)=\lim_{n\to\infty}a_n\cdot\lim_{n\to\infty}b_n$$

$$\lim_{n\to\infty}\frac{a_n}{b_n}=\frac{\lim_{n\to\infty}a_n}{\lim_{n\to\infty}b_n} \quad (\text{단, } \lim_{n\to\infty}b_n\neq 0)$$

$$\lim_{n\to\infty}a_n^p=\left[\lim_{n\to\infty}a_n\right]^p \quad (\text{단, } p>0,\ a_n>0)$$

조임정리도 다음과 같이 수열에 적용된다(그림 5 참조).

수열의 조임정리

어떤 n_0보다 큰 모든 n에 대하여 $a_n\le b_n\le c_n$이고 $\lim_{n\to\infty}a_n=\lim_{n\to\infty}c_n=L$이면, $\lim_{n\to\infty}b_n=L$이다.

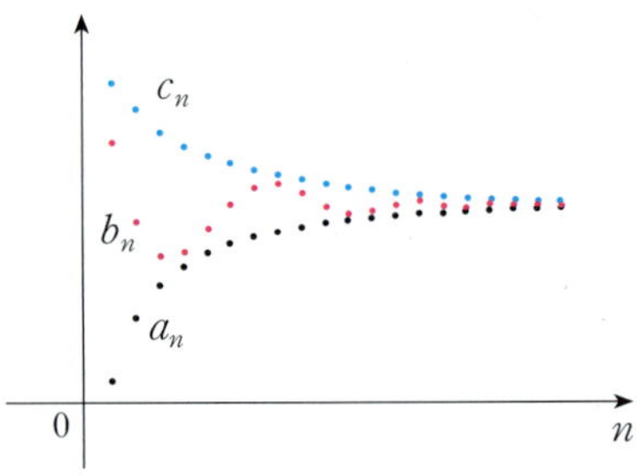

그림 5
수열 $\{b_n\}$은 수열 $\{a_n\}$과 수열 $\{c_n\}$ 사이에 끼어 수렴한다.

다음 정리도 수열의 극한에 대한 유용한 정보이다. 이 정리는 부등식 $-|a_n|\le a_n\le|a_n|$에 조임정리를 적용하여 얻을 수 있다.

4 정리 만약 $\lim_{n\to\infty}|a_n|=0$이면 $\lim_{n\to\infty}a_n=0$이다.

예제 4 $\lim_{n\to\infty}\dfrac{n}{n+1}$을 구하여라.

풀이 4.5절에서 사용한 방법과 사실상 같은 방법으로 구할 수 있다. 분모에 나오는 n의 최고차항으로 분자와 분모를 나눈 다음, 극한법칙을 적용한다.

$$\lim_{n\to\infty}\frac{n}{n+1}=\lim_{n\to\infty}\frac{1}{1+\frac{1}{n}}=\frac{\lim_{n\to\infty}1}{\lim_{n\to\infty}1+\lim_{n\to\infty}\frac{1}{n}}=\frac{1}{1+0}=1$$

식 3에서 $r=1$인 경우를 이용하였다. ■

● 그림 1, 그림 2를 보고 추측했던 것이 옳음을 알 수 있다.

예제 5 관계된 함수에 로피탈 법칙 적용하기 $\lim_{n\to\infty}\dfrac{\ln n}{n}$을 구하라.

풀이 $n\to\infty$일 때 분자와 분모가 둘 다 무한대로 감을 주목하자. 그러나 여기에 로피탈

법칙을 바로 적용할 수는 없다. 왜냐하면 로피탈 법칙은 실변수 함수에만 적용할 수 있기 때문이다. 그러므로 이 수열과 관계가 있는 함수 $f(x)=(\ln x)/x$에 로피탈 법칙을 적용하면

$$\lim_{x\to\infty}\frac{\ln x}{x}=\lim_{x\to\infty}\frac{1/x}{1}=0$$

그러므로 이제 정리 **2**에 의하여 다음을 얻는다.

$$\lim_{n\to\infty}\frac{\ln n}{n}=0$$

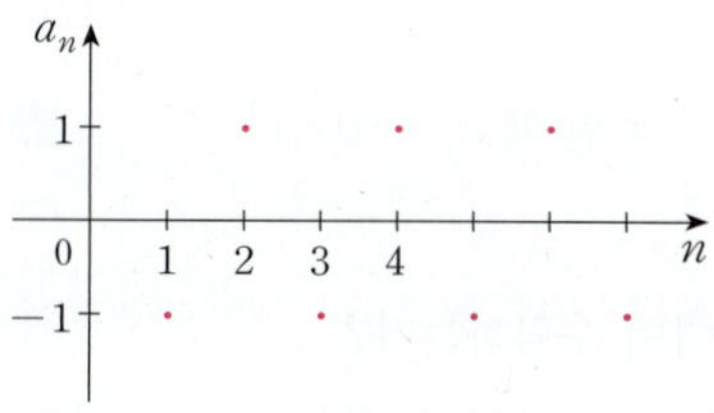

그림 6

예제 6 수열 $a_n=(-1)^n$의 수렴 또는 발산을 판단하여라.

풀이 이 수열의 항들을 나열해보면 $\{-1, 1, -1, 1, -1, 1, -1, \cdots\}$와 같다. 이 수열의 그래프를 그린 것이 그림 6이다. 이 수열의 항들은 끝없이 계속 1과 -1을 번갈아 가지며 진동하므로, 어떠한 값에도 가까이 갈 수 없다. 그러므로 $\lim_{n\to\infty}(-1)^n$은 존재하지 않는다. 즉, 수열 $\{(-1)^n\}$은 발산한다.

● 예제 7의 수열의 그래프가 그림 7이며, 이 그래프는 답을 뒷받침해 준다.

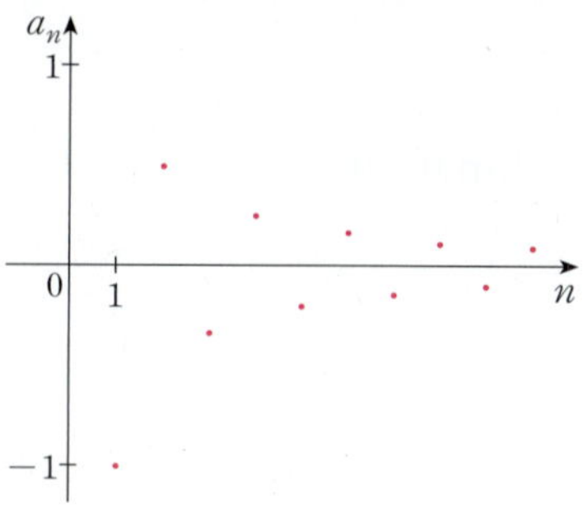

그림 7

예제 7 $\lim_{n\to\infty}\frac{(-1)^n}{n}$이 존재하면 구하여라.

풀이

$$\lim_{n\to\infty}\left|\frac{(-1)^n}{n}\right|=\lim_{n\to\infty}\frac{1}{n}=0$$

그러므로 정리 **4**에 의하여

$$\lim_{n\to\infty}\frac{(-1)^n}{n}=0$$

다음의 정리는 연속함수를 수렴하는 수열에 적용하면, 연속함수 역시 수렴한다. 증명은 생략하기로 한다.

> **5 정리** $\lim_{n\to\infty}a_n=L$이고 함수 f가 L에서 연속이면 $\lim_{n\to\infty}f(a_n)=f(L)$이다.

예제 8 $\lim_{n\to\infty}\sin\left(\frac{\pi}{n}\right)$를 구하여라.

풀이 sin 함수는 0에서 연속이므로, 정리 **5**에 의하여 다음과 같다.

$$\lim_{n\to\infty}\sin\left(\frac{\pi}{n}\right)=\sin\left(\lim_{n\to\infty}\left(\frac{\pi}{n}\right)\right)=\sin 0=0$$

예제 9 수열 $a_n=\frac{n!}{n^n}$의 수렴 여부를 판단하여라(단, $n!=1\cdot2\cdot3\cdot\cdots\cdot n$).

풀이 $n\to\infty$일 때 분자와 분모가 둘 다 무한대로 간다. 그러나 이 경우는 대응하는 함수가 없으므로(x가 정수가 아니면 $x!$은 정의되지 않는다), 로피탈 법칙을 사용할 수 없다. 몇 개 항을 나열한 다음 n이 커짐에 따라서 a_n이 어떻게 되는지 예측해보자.

● **수열의 그래프 그리기**
대부분의 컴퓨터 수학 프로그램에는 수열을 다루는 특별한 명령들이 따로 있어서 수열의 그래프를 바로 그릴 수 있다. 그래픽 계산기의 경우는 매개변수방정식을 사용하여 수열의 그래프를 그릴 수 있다. 예를 들어 예제 9의 수열의 경우, 다음 매개변수방정식을 사용하고

$$x=t, \qquad y=\frac{t!}{t^t}$$

$t=1$에서 시작하여 t가 1씩 증가하도록 하여 그래프를 점점이 찍는 방식으로 그릴 수 있다. 그 결과가 그림 8이다.

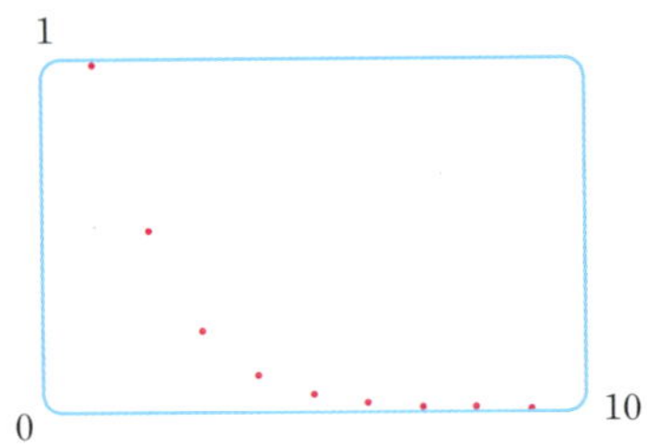

그림 8

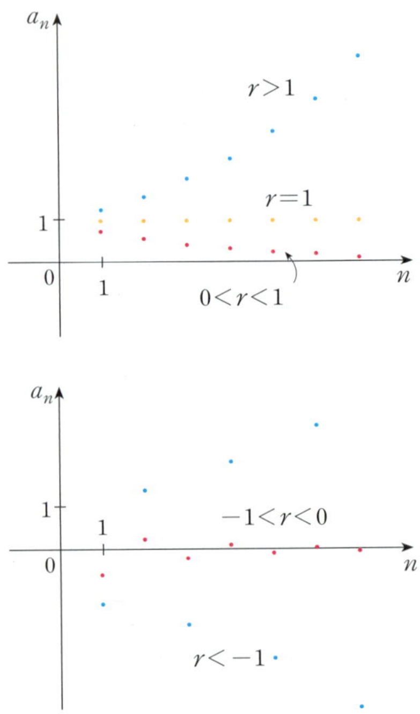

그림 9 수열 $a_n=r^n$

$$a_1=1, \qquad a_2=\frac{1\cdot 2}{2\cdot 2}, \qquad a_3=\frac{1\cdot 2\cdot 3}{3\cdot 3\cdot 3}$$

6 $$a_n=\frac{1\cdot 2\cdot 3\cdot\cdots\cdot n}{n\cdot n\cdot n\cdot\cdots\cdot n}$$

이렇게 적어 놓은 것과 그림 8의 그래프를 보면, 항이 점점 감소해 0으로 가까이 감을 추측할 수 있다. 이것을 증명해보자. 식 6로부터

$$a_n=\frac{1}{n}\left(\frac{2\cdot 3\cdot\cdots\cdot n}{n\cdot n\cdot\cdots\cdot n}\right)$$

괄호 안의 식은 분모가 분자보다 크거나 같으므로 1을 넘지 못함에 유의하라.

그러므로 $$0<a_n\le\frac{1}{n}$$

$n\to\infty$일 때 $\frac{1}{n}\to 0$이므로 조임정리에 의해 $n\to\infty$일 때 $a_n\to 0$이다. ■

예제 10 기하급수의 극한 r이 어떤 값일 때 수열 $\{r^n\}$이 수렴하는가?

풀이 2.7절에 나오는 지수함수의 그래프와 4.5절로부터 $a>1$이면 $\lim_{x\to\infty}a^x=\infty$이고, $0<a<1$이면 $\lim_{x\to\infty}a^x=0$임을 알 수 있다. 그러므로 $a=r$이라 놓고 정리 2를 적용하면

$$\lim_{n\to\infty}r^n=\begin{cases}\infty, & r>1\text{일 때}\\ 0, & 0<r<1\text{일 때}\end{cases}$$

이다. $r=1$인 경우와 $r=0$인 경우는

$$\lim_{n\to\infty}1^n=\lim_{n\to\infty}1=1, \quad \lim_{n\to\infty}0^n=\lim_{n\to\infty}0=0$$

이다. 만약 $-1<r<0$이면, $0<|r|<1$이므로

$$\lim_{n\to\infty}|r^n|=\lim_{n\to\infty}|r|^n=0$$

따라서 정리 4에 의해 $\lim_{n\to\infty}r^n=0$이다. 만약 $r\le -1$이면, 예제 6과 같은 비슷한 이유로 수열 $\{r^n\}$은 발산한다. r의 여러 값들에 따른 그래프를 그려 놓은 것이 그림 9이다($r=-1$인 경우는 그림 6에 나온다). ■

예제 10의 결과를 요약하면 다음과 같다.

> 7 수열 $\{r^n\}$은 $-1<r\le 1$인 경우 수렴하고, 그 이외의 값에 대해서는 발산한다. 즉,
>
> $$\lim_{n\to\infty}r^n=\begin{cases}0, & -1<r<1\text{일 때}\\ 1, & r=1\text{일 때}\end{cases}$$

> **정의** $n\ge 1$인 모든 n에 대하여 $a_n<a_{n+1}$이면, 수열 $\{a_n\}$은 **증가수열**이라고 한다. $n\ge 1$인 모든 n에 대하여 $a_n>a_{n+1}$이면 수열 $\{a_n\}$은 **감소수열**이라고 한다. 수열 $\{a_n\}$이 증가수열이거나 감소수열이면, **단조수열**이라고 한다.

예제 11 수열 $\left\{\dfrac{3}{n+5}\right\}$은 감소수열이다. 왜냐 하면 $n\geq 1$인 모든 n에 대하여

$$\frac{3}{n+5}>\frac{3}{(n+1)+5}=\frac{3}{n+6}$$

이기 때문이다(오른쪽 변의 분모가 더 크기 때문에 더 작다.). ■

예제 12 수열 $a_n=\dfrac{n}{n^2+1}$은 감소수열임을 보여라.

풀이1 $a_{n+1}<a_n$임을 보여야 한다. 즉,

$$\frac{n+1}{(n+1)^2+1}<\frac{n}{n^2+1}$$

이 부등식은 상대 분모를 곱해서 얻은 다음 부등식과 동치이다.

$$\begin{aligned}\frac{n+1}{(n+1)^2+1}<\frac{n}{n^2+1} &\Leftrightarrow (n+1)(n^2+1)<n\{(n+1)^2+1\}\\ &\Leftrightarrow n^3+n^2+n+1<n^3+2n^2+2n\\ &\Leftrightarrow 1<n^2+n\end{aligned}$$

그런데 $n\geq 1$이므로 부등식 $n^2+n>1$이 성립한다. 그러므로 $a_{n+1}<a_n$이며, 따라서 $\{a_n\}$은 감소수열이다.

풀이2 함수 $f(x)=\dfrac{x}{x^2+1}$를 생각하자. $x^2>1$일 때

$$f'(x)=\frac{x^2+1-2x^2}{(x^2+1)^2}=\frac{1-x^2}{(x^2+1)^2}<0$$

이다. 따라서 구간 $(1, \infty)$에서 f는 감소함수이며 $f(n)>f(n+1)$이다. 그러므로 $\{a_n\}$은 감소수열이다. ■

> **정의** 어떤 실수 M이 있어서, $n\geq 1$인 모든 n에 대하여 $a_n\leq M$이 성립하면, 수열 $\{a_n\}$은 **위로 유계**라고 한다. 어떤 실수 m이 있어서, $n\geq 1$인 모든 n에 대하여 $m\leq a_n$이 성립하면, 수열 $\{a_n\}$은 **아래로 유계**라고 한다. 위로 유계이면서 동시에 아래로 유계이면, 수열 $\{a_n\}$은 **유계 수열**이라고 한다.

예를 들어 수열 $a_n=n$은 아래로 유계이지만($a_n>0$), 위로 유계는 아니다. 수열 $a_n=n/(n+1)$은 모든 n에 대하여 $0<a_n<1$이므로 유계 수열이다.

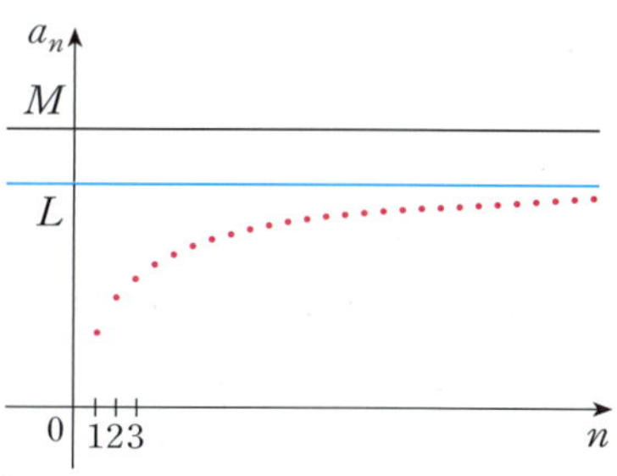

그림 10

유계인 수열이 반드시 수렴하는 것은 아니다. 예제 6에 나오는 수열 $a_n=(-1)^n$은 $-1\leq a_n\leq 1$이지만 발산한다. 그리고 단조수열이 반드시 수렴하는 것은 아니다 ($a_n=n\to\infty$). 그러나 유계이면서 동시에 단조인 수열은 반드시 수렴한다. 이것이 정리 8 내용인데, 증명은 제시하지 않았다. 그러나 그림 10을 보면, 이것이 사실임을 직관적으로 알 수 있다. 만약 수열 $\{a_n\}$이 증가하고, 모든 n에 대하여 $a_n\leq M$이면, 항들은 한

쪽에 몰리게 되며, 어떤 수 L에 점점 더 가까이 가게 된다.

8 정리 단조수열 정리

유계이며 단조인 모든 수열은 수렴한다.

예제 13 점화식으로 정의된 수열의 극한 점화식으로 정의된 다음 수열의 수렴 여부를 조사하여라.

$$a_1=2, \qquad a_{n+1}=\frac{1}{2}(a_n+6), \qquad n=1, 2, 3, \cdots$$

● 점화식으로 주어진 수열을 다룰 때 흔히 수학적 귀납법을 사용한다.

풀이 이 수열의 처음 몇 항을 계산해 보면

$$a_1=2, \qquad a_2=\frac{1}{2}(2+6)=4, \qquad a_3=\frac{1}{2}(4+6)=5,$$

$$a_4=\frac{1}{2}(5+6)=5.5, \qquad a_5=5.75, \qquad a_6=5.875,$$

$$a_7=5.9375, \qquad a_8=5.96875, \qquad a_9=5.984375$$

이것을 보면, 이 수열은 증가하며 6에 점점 가까이 감을 추측할 수 있다. 수학적 귀납법을 사용해서 $n\geq 1$인 모든 n에 대하여 $a_{n+1}>a_n$임을 보일 것이다. $n=1$일 때 이 부등식은 성립한다. 왜냐하면 $a_2=4>a_1$이기 때문이다. 이제 이 부등식이 $n=k$일 때 성립한다고 가정하자. 즉,

$$a_{k+1}>a_k$$

$$a_{k+1}+6>a_k+6$$

$$\frac{1}{2}(a_{k+1}+6)>\frac{1}{2}(a_k+6)$$

따라서 $$a_{k+2}>a_{k+1}$$

이다. $n=k+1$일 때 $a_{n+1}>a_n$임을 증명한 것이다. 그러므로 모든 n에 대해서 이 부등식이 성립한다.

이제 모든 n에 대하여 $a_n<6$임을 보임으로써, $\{a_n\}$이 유계임을 증명할 것이다. (이 수열은 증가하므로, 아래로 유계임은 이미 알고 있다. 모든 n에 대하여 $a_n\geq a_1=2$이다.) $a_1<6$이므로 이 부등식은 $n=1$에 대하여 성립한다. $n=k$에 대하여 이 부등식이 성립한다고 가정하자. 즉,

$$a_k<6$$

$$a_k+6<12$$

$$\frac{1}{2}(a_k+6)<\frac{1}{2}(12)=6$$

따라서 $$a_{k+1}<6$$

이다. 그러므로 수학적 귀납법에 따라서, 모든 n에 대하여 $a_n<6$이 성립한다.

수열 $\{a_n\}$은 증가하며 유계이므로, 단조수열 정리에 의해서 이 수열은 수렴한다. 이제 극한값 $L=\lim_{n\to\infty} a_n$이 존재함을 알았으므로 주어진 점화식으로부터

$$\lim_{n\to\infty} a_{n+1}=\lim_{n\to\infty}\frac{1}{2}(a_n+6)=\frac{1}{2}\left(\lim_{n\to\infty} a_n+6\right)=\frac{1}{2}(L+6)$$

이다. 그런데 $a_n \to L$이므로, $a_{n+1}\to L$이다($n\to\infty$일 때 $n+1\to\infty$이기 때문이다). 그러므로 다음이 성립한다.

$$L=\frac{1}{2}(L+6)$$

이 방정식을 L에 대해서 풀면 예상대로 $L=6$을 얻게 된다. ■

9.1 연습문제

1. (a) 수열이란 무엇인가?
   (b) $\lim_{n\to\infty} a_n=8$이 뜻하는 것은?
   (c) $\lim_{n\to\infty} a_n=\infty$가 뜻하는 것은?
2. (a) 수렴하는 수열이란 무엇인가? 예를 두 개 제시하여라.
   (b) 발산하는 수열이란 무엇인가? 예를 두 개 제시하여라.
3. 다음 식으로 정의된 수열의 처음 여섯 개의 항들을 적어라.

$$a_n=\frac{n}{2n+1}$$

이 수열은 극한값을 가지는 것 같은가? 만약 그렇다면 구하여라.

4. 수열 $\{\cos(n\pi/3)\}$의 처음 여덟 개의 항들을 적어라. 이 수열은 극한값을 갖겠는가? 만약 그렇다면 구하여라. 만약 그렇지 않다면, 그 이유를 설명하여라.

(5~10) 제시해 놓은 처음 몇몇 항들의 규칙이 계속된다고 가정하고, 다음 수열의 일반항 a_n의 공식을 구하여라.

5. $\left\{1, \frac{1}{3}, \frac{1}{5}, \frac{1}{7}, \frac{1}{9}, \cdots\right\}$
6. $\left\{1, \frac{1}{3}, \frac{1}{9}, \frac{1}{27}, \frac{1}{81}, \cdots\right\}$
7. $\{2, 7, 12, 17, \cdots\}$
8. $\left\{-\frac{1}{4}, \frac{2}{9}, -\frac{3}{16}, \frac{4}{25}, \cdots\right\}$
9. $\left\{1, -\frac{2}{3}, \frac{4}{9}, -\frac{8}{27}, \cdots\right\}$
10. $\{5, 1, 5, 1, 5, 1, \cdots\}$

(11~34) 다음 수열의 수렴, 발산을 판단하여라. 만약 수렴하면 그 극한값을 구하여라.

11. $a_n=\dfrac{3+5n^2}{n+n^2}$
12. $a_n=\dfrac{n+1}{3n-1}$
13. $a_n=\dfrac{2^n}{3^{n+1}}$
14. $a_n=\dfrac{n^3}{n+1}$
15. $a_n=e^{1/n}$
16. $a_n=\dfrac{3^{n+2}}{5^n}$
17. $a_n=\tan\left(\dfrac{2n\pi}{1+8n}\right)$
18. $a_n=\dfrac{n+1}{9n+1}$
19. $a_n=\dfrac{(-1)^{n-1}n}{n^2+1}$
20. $a_n=\sqrt{\dfrac{(-1)^n n^3}{n^3+2n^2+1}}$
21. $\left\{\dfrac{e^n+e^{-n}}{e^{2n}-1}\right\}$
22. $a_n=\cos(2/n)$
23. $\{n^2e^{-n}\}$
24. $\{\arctan 2n\}$
25. $a_n=\dfrac{\cos^2 n}{2^n}$
26. $\{n\cos n\pi\}$
27. $a_n=\left(1+\dfrac{2}{n}\right)^n$
28. $a_n=\sqrt[n]{2^{1+3n}}$
29. $\left\{\dfrac{(2n-1)!}{(2n+1)!}\right\}$
30. $a_n=\dfrac{\sin 2n}{1+\sqrt{n}}$
31. $\{0, 1, 0, 0, 1, 0, 0, 0, 1, \cdots\}$
32. $a_n=\dfrac{(\ln n)^2}{n}$
33. $a_n=\ln(2n^2+1)-\ln(n^2+1)$
34. $a_n=\dfrac{(-3)^n}{n!}$

(35~40) 수열의 그래프를 사용하여 다음 수열의 수렴, 발산을 판단하여라. 수열이 수렴하는 것 같으면 그래프로부터 극한값을 추측하고, 그것을 증명하여라.

35. $a_n=1+(-2/e)^n$
36. $a_n=\sqrt{n}\sin(\pi/\sqrt{n})$
37. $a_n=\sqrt{\dfrac{3+2n^2}{8n^2+n}}$
38. $a_n=\sqrt[n]{3^n+5^n}$
39. $a_n=\dfrac{n^2\cos n}{1+n^2}$
40. $a_n=\dfrac{1\cdot3\cdot5\cdot\cdots\cdot(2n-1)}{(2n)^n}$

41. 1000달러의 돈을 연리 6%로 복리로 이자가 붙는 계좌에 예금하였다. 그러면 n년 후 예금 총액은 $a_n=1000(1.06)^n$ 달러가 된다.

(a) 수열 $\{a_n\}$의 처음 다섯 개 항을 구하여라.

(b) 이 수열은 수렴하는가, 아니면 발산하는가? 설명하여라.

42. 월 복리인 연 3%의 이율인 계좌에 매월 말 100달러씩 예금한다고 하면, n개월 후 이자 총액은

$I=100\left(1+\dfrac{1.0025^n-1}{0.0025}-n\right)$가 된다.

(a) 수열의 처음 여섯 개 항을 구하여라.

(b) 2년 뒤에 받게 되는 이자는 얼마인가?

43. 한 양식업자가 그의 양식장에 5,000마리의 메기를 키우고 있다. 메기의 수는 매월 8%씩 증가하고, 양식업자는 매월 300마리씩 잡는다.

(a) n개월 후 메기의 개체수 P_n이 다음의 점화식으로 표현됨을 보여라.

$$P_n=1.08P_{n-1}-300,\ P_0=5000$$

(b) 6개월 후 양식장에 있는 메기는 몇 마리인가?

44. $a_1=11$일 때 다음과 같이 정의한 수열의 처음 40개 항을 구하여라.

$$a_{n+1}=\begin{cases}\frac{1}{2}a_n, & a_n\text{이 짝수인 경우}\\ 3a_n+1, & a_n\text{이 홀수인 경우}\end{cases}$$

그리고 $a_1=25$인 경우도 이렇게 해보아라. 이러한 종류의 수열에 대해서 가능한 추측을 제시해보아라.

45. (a) 다음과 같이 정의한 수열이 수렴하는지, 발산하는지 판단하여라.

$$a_1=1,\quad a_{n+1}=4-a_n,\quad n\geq 1$$

(b) 만약 처음 항이 $a_1=2$이면 어떻게 되는가?

46. (a) 만약 $\lim_{n\to\infty}a_n=L$이면, $\lim_{n\to\infty}a_{n+1}$의 값은 어떻게 되는가?

(b) 수열 $\{a_n\}$이 다음과 같이 정의되었다.

$$a_1=1,\quad a_{n+1}=\frac{1}{(1+a_n)},\quad n\geq 1$$

이 수열의 처음 열 개의 항을 소수점 아래 다섯째 자리까지 정확하게 구하여라. 이 수열은 수렴하는 것 같은가? 만약 그렇다면, 그 극한값을 소수점 아래 셋째 자리까지 예상해보아라.

(c) (b)의 수열이 극한값을 가진다고 가정하고, (a)를 이용하여 그 정확한 값을 구하여라. (b)에서 구한 값과 비교해보아라.

47. (a) 피보나치는 다음과 같은 문제를 제기하였다. 토끼가 죽지 않고 영원히 산다고 하고 한 쌍의 토끼는 매달 한 쌍의 새끼를 낳으며 한 쌍의 새끼는 2개월이 지나면 성숙하여 한 쌍의 새끼를 낳기 시작한다. 갓 태어난 한 쌍의 새끼 토끼를 가지고 시작하면, n개월 후 토끼는 몇 쌍이 되는가? 이 문제의 해답 f_n은 예제 2(c)에서 정의한 수열 $\{f_n\}$임을 보여라.

(b) $a_n=f_{n+1}/f_n$이라 하면, $a_{n-1}=1+1/a_{n-2}$임을 보여라. 수열 $\{a_n\}$이 수렴한다고 가정하고, 극한값을 구하여라.

48. 다음 수열의 극한값을 구하여라.

$$\left\{\sqrt{2},\ \sqrt{2\sqrt{2}},\ \sqrt{2\sqrt{2\sqrt{2}}},\ \ldots\right\}$$

(49~52) 다음 수열이 증가하는지, 감소하는지, 단조수열인지 아닌지 밝혀라.

49. $a_n=\dfrac{1}{2n+3}$

50. $a_n=\dfrac{2n-3}{3n+4}$

51. $a_n=n(-1)^n$

52. $a_n=n+\dfrac{1}{n}$

53. $\{a_n\}$이 감소수열이며, 모든 항들이 5와 8 사이에 있다고 하자. 이 수열이 극한값을 가지는 이유를 설명하여라. 그 극한값에 대해서 무엇을 알 수 있는가?

54. 수열 $\{a_n\}$이 $a_1=\sqrt{2}$, $a_{n+1}=\sqrt{2+a_n}$으로 정의되었다.

(a) 수학적 귀납법이나 또는 다른 적당한 방법으로, 수열 $\{a_n\}$이 증가하며, 3에 의해서 위로 유계임을 보여라. 단조수열 정리를 사용하여 $\lim_{n\to\infty}a_n$이 존재함을 보여라.

(b) $\lim_{n\to\infty}a_n$을 구하여라.

55. $a_1=1$, $a_{n+1}=3-1/a_n$로 정의한 수열은 증가수열이며, 모든 n에 대하여 $a_n<3$임을 보여라. 수열 $\{a_n\}$이 수렴함을 보이고, 그 극한값을 구하여라.

56. 다음과 같이 정의한 수열이 있다.

$$a_1=2,\quad a_{n+1}=\frac{1}{3-a_n}$$

이 수열은 $0<a_n\leq 2$이고 감소함을 보여라. 또, 이 수열이 수렴함을 보이고 그 극한값을 구하여라.

57. $\lim_{n\to\infty}(0.8)^n=0$임을 알고 있다(7에서 $r=0.8$).

$(0.8)^n<0.000001$이 되려면 n이 얼마나 커야 하는지, 로그

를 사용하여 구하여라.

58. (a) 연속인 함수 f에 대하여, $a_1=a$, $a_2=f(a)$, $a_3=f(a_2)$ $=f(f(a))$, $\cdots$, $a_{n+1}=f(a_n)$으로 정의하였다. 만약 $\lim_{n\to\infty} a_n=L$이면, $f(L)=L$임을 보여라.

(b) $f(x)=\cos x$, $a=1$이라 잡고, L의 값을 소수점 아래 다섯째 자리까지 구해서, (a)를 예시해 보여라.

59. 자연상태에서 물고기의 개체수는 공식

$$p_{n+1}=\frac{bp_n}{a+p_n}$$

으로 모형화된다. 단, p_n은 n년 후의 물고기의 개체수이고, a와 b는 물고기의 종류와 환경에 의해 결정되는 양의 상수이다. 초기의 물고기의 개체수 p_0에 대해 $p_0>0$을 가정하자.

(a) 만약 $\{p_n\}$이 수렴한다면, 극한값은 0 또는 $b-a$임을 보여라.

(b) $p_{n+1}<\dfrac{b}{a}p_n$임을 보여라.

(c) (b)를 이용하여 만약 $a<b$이면 $\lim_{n\to 0} p_n=0$임을 보여라. 즉, 물고기는 멸종한다.

(d) $a<b$임을 가정하자. 만약 $p_0<b-a$이면 $\{p_n\}$이 증가하고 $0<p_n<b-a$임을 보여라. 만약 $p_0>b-a$이면 $\{p_n\}$은 감소하고 $p_n>b-a$임을 보여라.

만약 $a<b$이면 $\lim_{n\to\infty} p_n=b-a$임을 추론하여라.

60. 어떤 수열이 다음 점화식으로 정의되었다.

$$a_1=1, \qquad a_{n+1}=1+\frac{1}{1+a_n}$$

수열 $\{a_n\}$의 처음 여덟 개 항을 구하여라. 홀수 번 항들과 짝수 번 항들이 각각 어떻게 되는가? 홀수 번 항들과 짝수 번 항들을 따로 나누어서, 수열 $\{a_n\}$이 수렴하고, 그 극한값이 다음과 같음을 추론하여라.

$$\lim_{n\to\infty} a_n=\sqrt{2}$$

이에 따라서 다음 **연분수 전개**가 성립한다.

$$\sqrt{2}=1+\cfrac{1}{2+\cfrac{1}{2+\cdots}}$$

응용과제 로지스틱 수열

생태학에서 인구 증가의 모델로서, 다음의 **로지스틱 차분방정식**으로 정의되는 수열이 있다.

$$p_{n+1}=kp_n(1-p_n)$$

여기서 p_n은 어느 한 종의 n세대의 개체수의 크기를 나타낸다. 계산의 편의를 위해서, p_n은 가능한 최대 개체수로 나눈 수를 사용한다. 그러므로 $0\le p_n\le 1$이다. 이러한 이산 모델은—연속인 함수 대신에 수열을 사용하며—곤충과 같이 번식과 죽음이 주기적으로 일어나는 종의 개체수의 모델로서 유용하다.

생태학자가 어떤 종의 시간에 따른 개체수에 흥미를 가지고 연구하면서 다음 질문들을 제기한다. 개체수는 어떤 극한값을 가져서 안정될 것인가? 계속 주기적으로 바뀔 것인가? 아니면 불규칙하게 바뀔 것인가?

$0<p_0<1$의 범위에서 처음 개체수 p_0를 제시하였을 때, 이 수열의 처음 n개 항을 계산하는 프로그램을 짜라. 이 프로그램을 사용하여 다음을 구하여라.

1. $p_0=\dfrac{1}{2}$로 하고, $1<k<3$의 범위에서 k의 값을 두 개를 잡아서, 수열의 처음 20개 또는 30개 항을 계산하여라. 이들은 수렴하는 것 같은가? 0과 1 사이에서 다른 p_0를 잡아서, 이 과정을 되풀이해 보라. 극한값은 p_0에 따라서 달라지는가? 극한값은 k에 따라서 달라지는가?

2. k의 값을 3과 3.4 사이에서 잡고, 수열의 항을 계산하고 점으로 나타내 보라. 항들의 움직임이 어떻게 됨을 알 수 있는가?
3. k의 값을 3.4와 3.5 사이에서 잡아서 해보라. 항들은 어떻게 되는가?
4. k의 값을 3.6과 4 사이에서 잡고, 적어도 100개 항들을 계산하여 점으로 나타내고 항들의 움직임에 대해서 설명해보라. p_0를 0.001만큼 바꾸면 어떻게 되는가? 이러한 움직임을 혼돈(chaos)이라고 부르며, 어떤 조건 하에 곤충들의 개체수가 이렇게 된다.

9.2 급 수

● Shigeru Kondo와 그의 연구팀에 의하여 π에 대해 소숫점 1,241,100,000,000 자리까지 계산되었다.

하나의 수를 무한 소수로 표현한다는 것은 무엇을 의미하는가? 예를 들어 다음 표현은 무엇을 의미하는가?

$$\pi = 3.14159\ 26535\ 89793\ 23846\ 26433\ 83279\ 50288\ \cdots$$

소수 기호의 숨겨진 규약은 임의 수는 무한 합으로서 표현될 수 있다는 것이다. 위의 식은 다음과 같이 표현할 수 있다.

$$\pi = 3 + \frac{1}{10} + \frac{4}{10^2} + \frac{1}{10^3} + \frac{5}{10^4} + \frac{9}{10^5} + \frac{2}{10^6} + \frac{6}{10^7} + \frac{5}{10^8} + \cdots$$

여기서, $(\cdots)$은 끊임없이 계속 더하고 있음을 의미하며, 더 많은 항들을 더 할수록 π의 참값에 더 근사적인 값을 얻을 것이다.

일반적으로, 무한수열 $\{a_n\}_{n=1}^{\infty}$의 모든 항들을 더하면, 다음 형태의 표현을 얻게 된다.

1 $$a_1 + a_2 + a_3 + \cdots + a_n + \cdots$$

이것을 **무한급수** 또는 간단하게 **급수**라고 부른다. 이것을 다음 기호로 나타낸다.

$$\sum_{n=1}^{\infty} a_n \quad \text{또는} \quad \sum a_n$$

그런데 무한히 많은 항들의 합은 의미가 있는 개념인가?

다음 급수의 합은 유한한 값이 될 수 없다.

$$1 + 2 + 3 + 4 + 5 + \cdots + n + \cdots$$

왜냐하면, 항들을 차례차례 더해 나가면 그 합이 다음과 같이 되기 때문이다.

$$1,\ 3,\ 6,\ 10,\ 15,\ 21,\ \cdots$$

그러므로 n번 항까지 더한 합은 $n(n+1)/2$이며, 이 값은 n이 증가함에 따라서 매우 커진다. 그러나 다음 급수의 항들을 더하면

n	n개 항의 합
1	0.50000000
2	0.75000000
3	0.87500000
4	0.93750000
5	0.96875000
6	0.98437500
7	0.99218750
10	0.99902344
15	0.99996948
20	0.99999905
25	0.99999997

$$\frac{1}{2}+\frac{1}{4}+\frac{1}{8}+\frac{1}{16}+\frac{1}{32}+\frac{1}{64}+\cdots+\frac{1}{2^n}+\cdots$$

그 부분합은 $\frac{1}{2}, \frac{3}{4}, \frac{7}{8}, \frac{15}{16}, \frac{31}{32}, \frac{63}{64}, \cdots, 1-\frac{1}{2^n}, \cdots$이 된다. 옆의 표에 나오듯이 항을 많이 더하면 더할수록 이 부분합은 점점 더 1에 가까이 간다. 사실, 이 급수의 항들을 충분히 많이 더하면, 그 부분합이 1에 원하는 만큼 얼마든지 가까이 가도록 만들 수 있다. 그러므로 이 급수의 합이 1이라 말하고 다음과 같이 적는 것이 타당해 보인다.

$$\sum_{n=1}^{\infty}\frac{1}{2^n}=\frac{1}{2}+\frac{1}{4}+\frac{1}{8}+\frac{1}{16}+\cdots+\frac{1}{2^n}+\cdots=1$$

우리는 이와 비슷한 개념을 사용하여서, 일반적인 급수 **1**이 합을 가지는지 여부를 결정할 것이다. 다음의 **부분합**을 고려하자.

$$s_1=a_1$$
$$s_2=a_1+a_2$$
$$s_3=a_1+a_2+a_3$$
$$s_4=a_1+a_2+a_3+a_4$$

그리고 일반적으로

$$s_n=a_1+a_2+a_3+\cdots+a_n=\sum_{i=1}^{n}a_i$$

이 부분합들은 어떤 새로운 수열 $\{s_n\}$을 형성하며 이것이 수렴하는 경우도 있고, 발산하는 경우도 있다. 만약 $\lim_{n\to\infty} s_n=s$가(유한한 수로서) 존재하면, 이 값을 무한급수 $\sum a_n$의 합이라 부른다.

2 정의 급수 $\sum_{n=1}^{\infty}a_n=a_1+a_2+a_3+\cdots$에 대하여 그 n번째 부분합 s_n은 다음과 같이 정의한다.

$$s_n=\sum_{i=1}^{n}a_i=a_1+a_2+\cdots+a_n$$

만약 수열 $\{s_n\}$이 수렴하고 그 극한값 $\lim_{n\to\infty}s_n=s$가 실수로서 존재하면, 급수 $\sum a_n$이 **수렴**한다고 말하고 다음과 같이 쓴다.

$$a_1+a_2+\cdots+a_n+\cdots=s \quad \text{또는} \quad \sum_{n=1}^{\infty}a_n=s$$

수 s를 이 급수의 **합**이라 부른다. 만약 수열 $\{s_n\}$이 발산하면, 이 급수는 **발산**한다고 말한다.

그러므로 급수의 합은 그 부분합의 수열의 극한이다. 그러므로 $\sum_{n=1}^{\infty}a_n=s$라 쓴 것의 의미는 이 급수의 항들을 충분히 많이 더하면 수 s에 원하는 만큼 얼마든지 가까이 가게 된다는 뜻이다. 그러므로 다음이 성립함을 주목하기 바란다.

$$\sum_{n=1}^{\infty}a_n=\lim_{n\to\infty}\sum_{i=1}^{n}a_i$$

● 그림 1은 예제 1의 결과를 기하학적으로 증명해준다. 삼각형을 이 그림처럼 만들고, 이 급수의 합을 s라 하면, 닮은꼴 삼각형들의 비례식에 의해서

$\frac{s}{a}=\frac{a}{a-ar}$ 그러므로 $s=\frac{a}{1-r}$

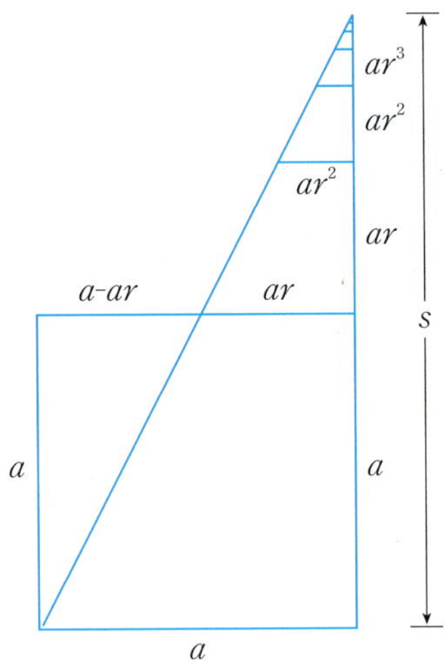

그림 1

예제 1 무한급수의 중요한 예로서 **기하급수**가 있다.

$$a+ar+ar^2+ar^3+\cdots+ar^{n-1}+\cdots=\sum_{n=1}^{\infty} ar^{n-1}, \quad a\neq 0$$

각각의 항은 바로 앞의 항에 공비 r을 곱한 것이다($a=\frac{1}{2}$, $r=\frac{1}{2}$인 특별한 경우는 이미 다루었다).

만약 $r=1$이면, $s_n=a+a+\cdots+a=na\to\pm\infty$이다. $\lim_{n\to\infty} s_n$이 존재하지 않으므로 기하급수는 이 경우에 발산한다.

만약 $r\neq 1$이면, 다음이 성립한다.

$$s_n=a+ar+ar^2+\cdots+ar^{n-1}$$
$$rs_n=\quad ar+ar^2+\cdots+ar^{n-1}+ar^n$$

위 식에서 아래 식을 빼면, 다음을 얻게 된다.

$$s_n-rs_n=a-ar^n$$

3
$$s_n=\frac{a(1-r^n)}{1-r}$$

만약 $-1<r<1$이면, 9.1절 **7**에서 $n\to\infty$일 때 $r^n\to 0$임을 배웠다. 그러므로

$$\lim_{n\to\infty} s_n=\lim_{n\to\infty}\frac{a(1-r^n)}{1-r}$$
$$=\frac{a}{1-r}-\frac{a}{1-r}\lim_{n\to\infty} r^n=\frac{a}{1-r}$$

그러므로 $|r|<1$인 경우 기하급수는 수렴하며, 그 합은 $a/(1-r)$이다.

만약 $r\leq -1$ 또는 $r>1$이면, 9.1절 **7**에서 수열 $\{r^n\}$이 발산함을 배웠다. 그러므로 이러한 경우에 기하급수는 발산한다. ■

예제 1의 결과를 요약하면 다음과 같다.

4 다음 기하급수 $\sum_{n=1}^{\infty} ar^{n-1}=a+ar+ar^2+\cdots$은 $|r|<1$인 경우 수렴하며, 그 합은 다음과 같다.

$$\sum_{n=1}^{\infty} ar^{n-1}=\frac{a}{1-r}, \quad |r|<1$$

만약 $|r|\geq 1$이면, 기하급수는 발산한다.

● 수렴하는 기하급수의 합은 $\frac{\text{처음 항}}{1-\text{공비}}$

예제 2 다음 기하급수의 합을 구하여라.

$$5-\frac{10}{3}+\frac{20}{9}-\frac{40}{27}+\cdots$$

풀이 첫째 항은 $a=5$이며, 공비는 $r=-\frac{2}{3}$이다. $|r|=\frac{2}{3}<1$이므로 위의 정의에 의해

서 기하급수는 수렴하고 그 합은 다음과 같다.

$$5-\frac{10}{3}+\frac{20}{9}-\frac{40}{27}+\cdots=\frac{5}{1-\left(-\frac{2}{3}\right)}=\frac{5}{\frac{5}{3}}=3$$ ■

● 예제 2에서 급수의 합이 3이라는 말은 도대체 무엇을 뜻하는가? 물론, 글자 그대로 한없이 많은 항들을 하나하나 더할 수는 없는 노릇이다. 그러나 정의 2에 따르면, 전체의 합은 부분합의 수열의 극한값이다. 그러므로 충분히 많은 항들의 합을 잡으면, 3이라는 수에 우리가 원하는 만큼 얼마든지 가까이 갈 수 있다. 이 표는 부분합 s_n의 처음 열 개를 제시한 것이며 그림 2의 그래프를 보면 부분합의 수열은 3으로 가까이 감을 알 수 있다.

n	s_n
1	5.000000
2	1.666667
3	3.888889
4	2.407407
5	3.395062
6	2.736626
7	3.175583
8	2.882945
9	3.078037
10	2.947975

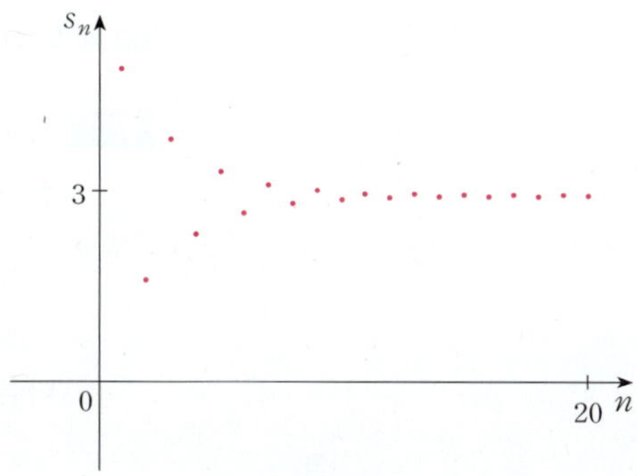

그림 2

예제 3 급수 $\sum_{n=1}^{\infty} 2^{2n}3^{1-n}$ 은 수렴하는가, 발산하는가?

● a와 r을 확인하는 다른 방법은 처음 항들 몇 개를 적어 보는 것이다.

$$4+\frac{16}{3}+\frac{64}{9}+\cdots$$

풀이 급수의 n번째 항을 ar^{n-1}의 꼴로 고쳐 쓰면

$$\sum_{n=1}^{\infty} 2^{2n}3^{1-n}=\sum_{n=1}^{\infty}\frac{4^n}{3^{n-1}}=\sum_{n=1}^{\infty}4\left(\frac{4}{3}\right)^{n-1}$$

이다. 이 급수는 기하급수이며, $a=4$, $r=\frac{4}{3}$임을 알 수 있다. $r>1$이므로 4에 의해 이 급수는 발산한다. ■

예제 4 **순환소수의 분수화** 순환소수 $2.3\overline{17}=2.3171717\cdots$을 분수로 나타내어라.

풀이
$$2.3171717\cdots=2.3+\frac{17}{10^3}+\frac{17}{10^5}+\frac{17}{10^7}+\cdots$$

둘째 항부터 살펴보면, $a=17/10^3$, $r=1/10^2$인 기하급수이다. 그러므로

$$2.3\overline{17}=2.3+\frac{\frac{17}{10^3}}{1-\frac{1}{10^2}}=2.3+\frac{\frac{17}{1000}}{\frac{99}{100}}$$

$$=\frac{23}{10}+\frac{17}{990}=\frac{1147}{495}$$ ■

예제 5 **변수항을 갖는 급수** $|x|<1$일 때, 급수 $\sum_{n=0}^{\infty}x^n$의 합을 구하여라.

풀이 이 급수는 $n=0$에서 시작함에 유의하자. 첫째 항은 $x^0=1$이다(급수를 다룰 때, 편의상 $x^0=1$이라 한다. $x=0$인 경우에도 마찬가지이다). 그러므로

$$\sum_{n=0}^{\infty}x^n=1+x+x^2+x^3+x^4+\cdots$$

이것은 $a=1$, $r=x$인 기하급수이다. 그런데 $|r|=|x|<1$이므로 4에 의해서 이 급수는 수렴하며, 그 합은 다음과 같다.

5 $$\sum_{n=0}^{\infty} x^n = \frac{1}{1-x}$$ ■

예제 6 상쇄되는 합 급수 $\sum_{n=1}^{\infty} \frac{1}{n(n+1)}$은 수렴함을 보이고, 그 합을 구하여라.

풀이 이것은 기하급수가 아니다. 그러므로 급수의 수렴의 정의로 돌아가서 부분합을 계산하자.

$$s_n = \sum_{i=1}^{n} \frac{1}{i(i+1)} = \frac{1}{1\cdot 2} + \frac{1}{2\cdot 3} + \frac{1}{3\cdot 4} + \cdots + \frac{1}{n(n+1)}$$

다음과 같이 부분분수로 분해하는 방법을 쓰자(7.7절 참조).

$$\frac{1}{i(i+1)} = \frac{1}{i} - \frac{1}{i+1}$$

그러면 부분합이 다음과 같음을 알 수 있다.

$$\begin{aligned} s_n &= \sum_{i=1}^{n} \frac{1}{i(i+1)} = \sum_{i=1}^{n} \left(\frac{1}{i} - \frac{1}{i+1}\right) \\ &= \left(1 - \frac{1}{2}\right) + \left(\frac{1}{2} - \frac{1}{3}\right) + \left(\frac{1}{3} - \frac{1}{4}\right) + \cdots + \left(\frac{1}{n} - \frac{1}{n+1}\right) \\ &= 1 - \frac{1}{n+1} \end{aligned}$$

그러므로 $$\lim_{n\to\infty} s_n = \lim_{n\to\infty} \left(1 - \frac{1}{n+1}\right) = 1 - 0 = 1$$

그러므로 이 급수는 수렴하며, 그 합은 다음과 같다.

$$\sum_{n=1}^{\infty} \frac{1}{n(n+1)} = 1$$ ■

● 항들이 서로 상쇄되어 없어짐을 주목하자. 이것은 상쇄되어 없어지는 합의 예이다. 가운데 있는 것들은 모두 상쇄되어 없어지기 때문에, 두 개의 항만 남게 된다.

● 예제 6에 나오는 항 $a_n = 1/[n(n+1)]$의 수열과 부분합 $\{s_n\}$의 수열을 그래프로 그린 것이 그림 3이다. $a_n \to 0$이고 $s_n \to 1$임을 주목하자. 연습문제 56, 57에서 예제 6의 두 가지 기하학적 의미를 보게 될 것이다.

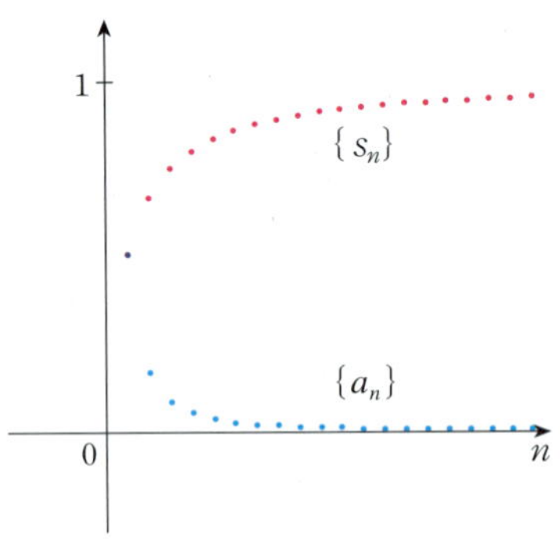

그림 3

예제 7 다음을 **조화급수**라 부른다. 이것은 발산함을 보여라.

$$\sum_{n=1}^{\infty} \frac{1}{n} = 1 + \frac{1}{2} + \frac{1}{3} + \frac{1}{4} + \cdots$$

풀이 조화급수의 경우는 부분합 $s_2, s_4, s_8, s_{16}, s_{32}, \cdots$이 한없이 커짐을 보이면 된다.

$$\begin{aligned} s_2 &= 1 + \frac{1}{2} \\ s_4 &= 1 + \frac{1}{2} + \left(\frac{1}{3} + \frac{1}{4}\right) > 1 + \frac{1}{2} + \left(\frac{1}{4} + \frac{1}{4}\right) = 1 + \frac{2}{2} \\ s_8 &= 1 + \frac{1}{2} + \left(\frac{1}{3} + \frac{1}{4}\right) + \left(\frac{1}{5} + \frac{1}{6} + \frac{1}{7} + \frac{1}{8}\right) \\ &> 1 + \frac{1}{2} + \left(\frac{1}{4} + \frac{1}{4}\right) + \left(\frac{1}{8} + \frac{1}{8} + \frac{1}{8} + \frac{1}{8}\right) \\ &= 1 + \frac{1}{2} + \frac{1}{2} + \frac{1}{2} = 1 + \frac{3}{2} \end{aligned}$$

$$
\begin{aligned}
s_{16} &= 1+\frac{1}{2}+\left(\frac{1}{3}+\frac{1}{4}\right)+\left(\frac{1}{5}+\cdots+\frac{1}{8}\right)+\left(\frac{1}{9}+\cdots+\frac{1}{16}\right) \\
&> 1+\frac{1}{2}+\left(\frac{1}{4}+\frac{1}{4}\right)+\left(\frac{1}{8}+\cdots+\frac{1}{8}\right)+\left(\frac{1}{16}+\cdots+\frac{1}{16}\right) \\
&= 1+\frac{1}{2}+\frac{1}{2}+\frac{1}{2}+\frac{1}{2}=1+\frac{4}{2}
\end{aligned}
$$

마찬가지로 $s_{32}>1+\frac{5}{2}$, $s_{64}>1+\frac{6}{2}$이다. 그러므로 다음 부등식이 성립한다.

$$s_{2^n}>1+\frac{n}{2}$$

● 조화급수가 발산함을 보이는 예제 7의 방법은 프랑스 수학자 오렘(Nicole Oresme, 1323~1382)이 발견하였다.

이것을 보면, $n\to\infty$일 때 $s_{2^n}\to\infty$이며, 따라서 $\{s_n\}$은 발산한다. 그러므로 조화급수는 발산한다. ■

6 정리 만약 급수 $\sum_{n=1}^{\infty} a_n$이 수렴하면, $\lim_{n\to\infty} a_n=0$이다.

증명 $s_n=a_1+a_2+\cdots+a_n$이라 하면 $a_n=s_n-s_{n-1}$이다. 그런데 급수 $\sum a_n$이 수렴한다고 했으므로, 수열 $\{s_n\}$이 수렴한다. $\lim_{n\to\infty} s_n=s$라 하자. 그런데 $n\to\infty$일 때 $n-1\to\infty$이므로 $\lim_{n\to\infty} s_{n-1}=s$이다. 그러므로 다음과 같다.

$$\lim_{n\to\infty} a_n=\lim_{n\to\infty}(s_n-s_{n-1})=\lim_{n\to\infty} s_n-\lim_{n\to\infty} s_{n-1}=s-s=0$$ ■

참고 1 급수 $\sum a_n$이 있을 때, 이것과 관련하여 두 개의 수열을 생각할 수 있다. 하나는 그 부분합의 수열 $\{s_n\}$이고, 다른 하나는 그 항들의 수열 $\{a_n\}$이다. 만약 급수 $\sum a_n$이 수렴하면, 부분합의 수열 $\{s_n\}$의 극한은 s(급수의 합)이고, 정리 6에 의해서 항들의 수열 $\{a_n\}$의 극한은 0이다.

⊘ **참고 2** 일반적으로 정리 6의 역은 성립하지 않는다. 즉, $\lim_{n\to\infty} a_n=0$이라 하더라도 급수 $\sum a_n$이 수렴하지 않을 수 있다. 조화급수 $\sum \frac{1}{n}$의 경우, $n\to\infty$일 때 $a_n=\frac{1}{n}\to 0$이지만, 예제 7에서 보았듯이 $\sum \frac{1}{n}$은 발산한다.

7 발산판정법 만약 $\lim_{n\to\infty} a_n$이 존재하지 않거나 또는 $\lim_{n\to\infty} a_n\neq 0$이면, 급수 $\sum_{n=1}^{\infty} a_n$은 발산한다.

발산판정법은 정리 6의 대우명제로 정리 6으로부터 나온다. 만약 급수가 발산하지 않으면, 그 급수는 수렴하며 $\lim_{n\to\infty} a_n=0$이기 때문이다.

예제 8 **발산판정법의 사용** 급수 $\sum_{n=1}^{\infty} \frac{n^2}{5n^2+4}$은 발산함을 보여라.

풀이 $\lim_{n\to\infty} a_n = \lim_{n\to\infty} \frac{n^2}{5n^2+4} = \lim_{n\to\infty} \frac{1}{5+4/n^2} = \frac{1}{5} \neq 0$

그러므로 발산판정법에 의해서, 이 급수는 발산한다. ■

참고 3 만약 $\lim_{n\to\infty} a_n \neq 0$이면, 급수 $\sum a_n$은 발산한다. 만약 $\lim_{n\to\infty} a_n = 0$이면 급수 $\sum a_n$의 수렴, 발산 여부에 대해서 아직 어떤 결론을 내릴 수 없다. 참고 2를 다시 한 번 보기 바란다. $\lim_{n\to\infty} a_n = 0$일 때, 급수 $\sum a_n$은 수렴하는 경우도 있고 발산하는 경우도 있다.

8 정리 급수 $\sum a_n$과 $\sum b_n$이 수렴한다고 하자. 그러면 급수 $\sum ca_n$ (여기서 c는 상수), $\sum(a_n+b_n)$, $\sum(a_n-b_n)$은 수렴하며, 그 합은 다음을 만족한다.

(i) $\sum_{n=1}^{\infty} ca_n = c\sum_{n=1}^{\infty} a_n$

(ii) $\sum_{n=1}^{\infty}(a_n+b_n) = \sum_{n=1}^{\infty} a_n + \sum_{n=1}^{\infty} b_n$

(iii) $\sum_{n=1}^{\infty}(a_n-b_n) = \sum_{n=1}^{\infty} a_n - \sum_{n=1}^{\infty} b_n$

증명 수렴하는 급수의 위의 성질은, 9.1절에 나오는 수렴하는 수열에 대한 대응하는 극한법칙으로부터 나온다. 예를 들어, 정리 **8** (ii)는 다음과 같이 증명한다.

$$s_n = \sum_{i=1}^{n} a_i \qquad s = \sum_{n=1}^{\infty} a_n, \qquad t_n = \sum_{i=1}^{n} b_i \qquad t = \sum_{n=1}^{\infty} b_n$$

이라 하자. 급수 $\sum(a_n+b_n)$의 n번 부분합은 다음과 같다.

$$u_n = \sum_{i=1}^{n} (a_i+b_i)$$

7.2절 **10**를 이용하면

$$\begin{aligned}\lim_{n\to\infty} u_n &= \lim_{n\to\infty} \sum_{i=1}^{n} (a_i+b_i) = \lim_{n\to\infty}\left(\sum_{i=1}^{n} a_i + \sum_{i=1}^{n} b_i\right) \\ &= \lim_{n\to\infty} \sum_{i=1}^{n} a_i + \lim_{n\to\infty} \sum_{i=1}^{n} b_i = \lim_{n\to\infty} s_n + \lim_{n\to\infty} t_n = s+t\end{aligned}$$

그러므로 $\sum(a_n+b_n)$은 수렴하며 그 합은 다음과 같다.

$$\sum_{n=1}^{\infty} (a_n+b_n) = s+t = \sum_{n=1}^{\infty} a_n + \sum_{n=1}^{\infty} b_n$$ ■

예제 9 급수 $\sum_{n=1}^{\infty}\left(\frac{3}{n(n+1)} + \frac{1}{2^n}\right)$의 합을 구하여라.

풀이 급수 $\sum \frac{1}{2^n}$은 $a=\frac{1}{2}$, $r=\frac{1}{2}$인 기하급수이다. 그러므로

$$\sum_{n=1}^{\infty} \frac{1}{2^n} = \frac{\frac{1}{2}}{1-\frac{1}{2}} = 1$$

이다. 예제 6에서 다음 결과를 얻었다.

$$\sum_{n=1}^{\infty} \frac{1}{n(n+1)} = 1$$

그러므로 정리 **8**에 의해서 주어진 급수는 수렴하며

$$\sum_{n=1}^{\infty}\left(\frac{3}{n(n+1)}+\frac{1}{2^n}\right)=3\sum_{n=1}^{\infty}\frac{1}{n(n+1)}+\sum_{n=1}^{\infty}\frac{1}{2^n}=3\cdot 1+1=4$$ ■

참고 4 유한한 개수의 항들은 급수의 수렴, 발산 여부에 영향을 끼치지 않는다. 예를 들어, 다음 급수가 수렴함을 보였다고 하자.

$$\sum_{n=4}^{\infty}\frac{n}{n^3+1}$$

그러면

$$\sum_{n=1}^{\infty}\frac{n}{n^3+1}=\frac{1}{2}+\frac{2}{9}+\frac{3}{28}+\sum_{n=4}^{\infty}\frac{n}{n^3+1}$$

이므로 1항부터의 급수 $\sum_{n=1}^{\infty} n/(n^3+1)$은 수렴한다. 마찬가지로, 만약 급수 $\sum_{n=N+1}^{\infty} a_n$이 수렴하면 전체 급수

$$\sum_{n=1}^{\infty} a_n=\sum_{n=1}^{N} a_n+\sum_{n=N+1}^{\infty} a_n$$

도 수렴한다.

9.2 연습문제

1. (a) 수열과 급수의 차이는 무엇인가?
   (b) 수렴하는 급수란 무엇인가? 발산하는 급수란 무엇인가?
2. $\sum_{n=1}^{\infty} a_n=5$가 뜻하는 것이 무엇인지 설명하여라.

(3~8) 다음 급수의 부분합을 적어도 열 개 구하여라. 항들의 수열과 부분합의 수열의 그래프를 같은 좌표평면에 그려라. 급수가 수렴하겠는가, 아니면 발산하겠는가? 만약 수렴하면 그 합을 구하고, 발산하면 그 이유를 설명하여라.

3. $\sum_{n=1}^{\infty}\frac{12}{(-5)^n}$
4. $\sum_{n=1}^{\infty}\cos n$
5. $\sum_{n=1}^{\infty}\frac{n}{\sqrt{n^2+4}}$
6. $\sum_{n=1}^{\infty}\frac{7^{n+1}}{10^n}$
7. $\sum_{n=1}^{\infty}\left(\frac{1}{\sqrt{n}}-\frac{1}{\sqrt{n+1}}\right)$
8. $\sum_{n=2}^{\infty}\frac{1}{n(n+2)}$

9. $a_n=\frac{2n}{3n+1}$이다.
   (a) 수열 $\{a_n\}$의 수렴 여부를 판단하여라.
   (b) 급수 $\sum_{n=1}^{\infty} a_n$의 수렴 여부를 판단하여라.
10. (a) 다음의 차이를 설명하여라.
    $$\sum_{i=1}^{n} a_i\text{와}\quad \sum_{j=1}^{n} a_j$$
    (b) 다음의 차이를 설명하여라.
    $$\sum_{i=1}^{n} a_i\text{와}\quad \sum_{i=1}^{n} a_j$$

(11~18) 다음 기하급수가 수렴하는지, 아니면 발산하는지 판정하여라. 만약 수렴하면, 그 합을 구하여라.

11. $3-4+\frac{16}{3}-\frac{64}{9}+\cdots$
12. $4+3+\frac{9}{4}+\frac{27}{16}+\cdots$
13. $10-2+0.4-0.08+\cdots$
14. $1+0.4+0.16+0.064+\cdots$

15. $\sum_{n=1}^{\infty} 5\left(\frac{2}{3}\right)^{n-1}$

16. $\sum_{n=1}^{\infty} \frac{(-6)^{n-1}}{5^{n-1}}$

17. $\sum_{n=0}^{\infty} \frac{\pi^n}{3^{n+1}}$

18. $\sum_{n=0}^{\infty} \frac{1}{(\sqrt{2})^n}$

(19~30) 다음 급수가 수렴하는지 아니면 발산하는지 판정하여라. 만약 수렴하면, 그 합을 구하여라.

19. $\sum_{n=1}^{\infty} \frac{n-1}{3n-1}$

20. $\sum_{n=1}^{\infty} \frac{(n+1)^2}{n(n+2)}$

21. $\sum_{k=2}^{\infty} \frac{k^2}{k^2-1}$

22. $\sum_{n=1}^{\infty} \frac{1}{\cos n}$

23. $\sum_{n=1}^{\infty} \frac{1+2^n}{3^n}$

24. $\sum_{n=1}^{\infty} \frac{1+3^n}{2^n}$

25. $\sum_{n=1}^{\infty} \sqrt[n]{2}$

26. $\sum_{k=1}^{\infty} (\cos 1)^k$

27. $\sum_{n=1}^{\infty} \arctan n$

28. $\sum_{n=1}^{\infty} [(0.8)^{n-1}-(0.3)^n]$

29. $\sum_{n=1}^{\infty} \left(\frac{1}{e^n}+\frac{1}{n(n+1)}\right)$

30. $\sum_{n=1}^{\infty} \left(\frac{3}{5^n}+\frac{2}{n}\right)$

(31~34) 다음 급수가 예제 6의 방법처럼 부분분수로 분해하여 S_n을 표현하고, 수렴하는지 아니면 발산하는지 판정하여라. 만약 수렴하면, 그 합을 구하여라.

31. $\sum_{n=2}^{\infty} \frac{2}{n^2-1}$

32. $\sum_{n=1}^{\infty} \frac{2}{n^2+4n+3}$

33. $\sum_{n=1}^{\infty} \frac{3}{n(n+3)}$

34. $\sum_{n=1}^{\infty} \ln \frac{n}{n+1}$

35. $x=0.99999\cdots$라 하자.

(a) $x<1$인가 아니면 $x=1$인가?

(b) x의 값을 구하기 위하여 기하급수를 합하여라.

(c) 수 1을 갖는 소수 표현은 몇 가지가 있는가?

(d) 어떤 수들이 1개 이상의 소수로 표현될 수 있는가?

(36~40) 다음 순환소수를 분수로 나타내어라.

36. $0.\overline{73}=0.73737373\cdots$

37. $0.\overline{2}=0.2222\cdots$

38. $6.2\overline{54}=6.2545454\cdots$

39. $1.53\overline{42}$

40. $7.\overline{12345}$

(41~43) 다음 급수가 수렴하게 되는 x의 값을 구하여라. 이러한 x에 대해서, 급수의 합을 구하여라.

41. $\sum_{n=1}^{\infty} \frac{x^n}{3^n}$

42. $\sum_{n=0}^{\infty} \frac{(x+3)^n}{2^n}$

43. $\sum_{n=0}^{\infty} \frac{\cos^n x}{2^n}$

44. 우리는 조화급수가 발산하고 수열의 항이 0으로 수렴함을 관찰하였다. 급수

$$\sum_{n=1}^{\infty} \ln\left(1+\frac{1}{n}\right)$$

이 위와 같은 성질을 갖고 있음을 보여라.

CAS (45~46) CAS의 부분분수 명령을 사용하여 부분합의 간단한 표현을 구하고, 이 표현을 사용하여 급수의 합을 구하여라. CAS를 사용하여 이 급수의 합을 구하고, 답을 확인하여라.

45. $\sum_{n=1}^{\infty} \frac{3n^2+3n+1}{(n^2+n)^3}$

46. $\sum_{n=2}^{\infty} \frac{1}{n^3-n}$

47. 급수 $\sum_{n=1}^{\infty} a_n$의 n번째 부분합이 다음과 같다.

$$s_n=\frac{n-1}{n+1}$$

a_n과 $\sum_{n=1}^{\infty} a_n$을 구하여라.

48. 급수 $\sum_{n=1}^{\infty} a_n$의 n번 부분합이 $s_n=3-n2^{-n}$이다. a_n과 $\sum_{n=1}^{\infty} a_n$을 구하여라.

49. 환자는 매 8시간 마다 100mg 1개의 약을 복용하도록 처방 받았다. 8시간 후에는 약의 5%가 체내에 남는다고 한다.

(a) 3개의 약을 복용한 후 체내에 남아 있는 약의 양은 얼마인가?

(b) n개의 약을 복용한 후 체내에 남아 있는 약의 양은 얼마인가?

(c) 계속 지속된다면 결국은 어떻게 되겠는가?

50. Medfly(Mediterranean fruit fly)라 불리는 농작물 해충을 통제하기 위하여, N개의 불임시술된 수컷 해충을 매일 일반적인 개체군에 풀어 놓는다. 주어진 날에 생존하는 이들 불임시술된 해충의 생존비율이 s라고 하면, k일 동안 살아있는 개체수는 Ns^k마리이다.

(a) n일 이후에 얼마나 많은 불임시술된 해충이 있겠는가? 계속 지속된다면 결국 어떻게 되겠는가?

(b) $s=0.9$이고 주어진 지역에서 medfly를 통제하기 위하여 불임시술된 수컷이 10,000마리 필요하다고 하면, 매일 얼마의 양을 풀어 놓아야 하는가?

51. 상품이나 서비스에 돈을 쓰면, 돈을 받은 사람이 또 그 돈의 일부분을 쓰게 된다. 이렇게 두 번째 쓴 돈을 받은 사람은 또 그 돈의 일부분을 쓰고, 이 과정은 계속된다. 경제학자들은 이러한

연쇄반응을 **곱셈효과**라 부른다. 어떤 고립되어 있는 사회에서, 정부가 D달러의 돈을 써서 이 과정이 시작되었다. 쓴 돈을 받은 사람은 그 받은 돈의 $100c\%$를 쓰고, $100s\%$를 저축한다고 하자. 이때 c를 한계 소비 성향(marginal propensity to consume), s를 한계 저축 성향(marginal propensity to save)이라 부른다. 그리고 $c+s=1$이다.

(a) n번의 과정을 거치는 동안 일어난 전체 소비를 S_n이라 하자. S_n의 식을 구하여라.

(b) $\lim_{n\to\infty} S_n = kD$임을 보여라. 여기서 $k=1/s$. 수 k를 승수(곱하는 수, multiplier)라 부른다. 한계 소비 성향이 80%라면, 승수는 얼마인가?

(**참고** : 정부는 적자 예산을 합리화하는 데 이 이론을 사용한다. 은행들은 예금액에 비해 더 많은 돈을 융자해 주는 것을 합리화하는 데 이 이론을 사용한다.)

52. 어떤 공이 있는데, 높이 h에서 단단한 바닥으로 떨어뜨리면 높이 rh만큼 튀어오르는 성질이 있다. 여기서 $0<r<1$이다. 이 공을 처음 높이 H미터에서 떨어뜨렸다고 하자.

(a) 공이 계속 되튄다고 가정하고, 공이 움직이는 전체 거리를 구하여라.

(b) 공이 움직이는 전체 시간을 계산하여라.

(c) 공이 속도 v로 바닥을 때리면 속도 $-kv$로 되튄다고 가정하자. 여기서 $0<k<1$이다. 공이 멈추기까지 걸리는 시간은?

53. $\sum_{n=2}^{\infty}(1+c)^{-n}=2$이다. c의 값은 얼마인가?

54. 다음을 만족하는 c를 구하여라.

$$\sum_{n=0}^{\infty} e^{nc}=10$$

55. 예제 7에서, 조화급수는 발산함을 보였다. 임의의 $x>0$에 대하여, $e^x>1+x$임(연습문제 6.3절 62번 참조)을 이용한 다른 방법을 제안한다. 조화급수에서 n번째항까지의 부분합 S_n에 대하여, $e^{S_n}>n+1$임을 보여라. 왜 이것이 조화급수가 발산함을 의미하는가?

56. 0, 1, 2, 3, 4, ⋯에 대해 곡선 $y=x^n$, $0\le x\le 1$의 그래프를 한 좌표평면에 그려라. 차례차례 나오는 곡선 사이 도형의 넓이를 계산해서, 예제 6에서 보인 아래 식을 기하학적으로 증명하여라.

$$\sum_{n=1}^{\infty}\frac{1}{n(n+1)}=1$$

57. 그림에 나오는 두 개의 원 C와 D는 반지름이 1이며, 점 P에서 서로 접하고 있고, 공통인 접선 T를 가진다. 원 C_1은 C, D, T에 접한다. 원 C_2는 C, D, C_1에 접한다. 원 C_3은 C, D, C_2에 접한다. 이 과정을 끝없이 반복하면 원의 수열 $\{C_n\}$을 얻는다. 원 C_n의 지름의 길이를 구하고 예제 6을 기하학적으로 증명하여라.

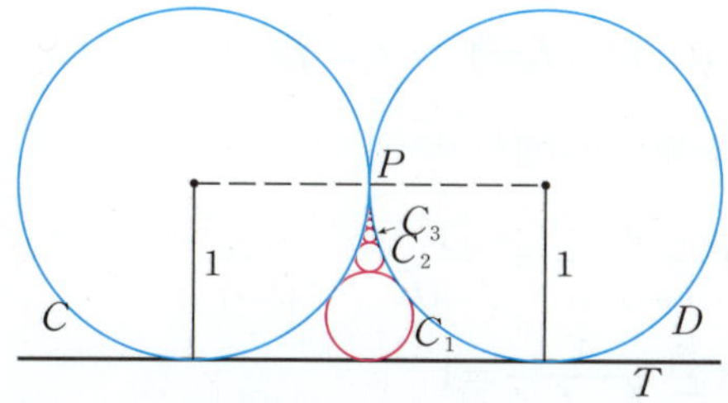

58. $\triangle ABC$는 직각삼각형이며, $\angle A=\theta$, $|AC|=b$이다. AB에 수직이 되도록 CD를 긋고, BC에 수직이 되도록 DE를 긋고, AB에 수직이 되도록 EF를 긋고, 이러한 과정을 끝없이 계속하여라. 이렇게 그은 수직선들의 총 길이

$$|CD|+|DE|+|EF|+|FG|+\cdots$$

를 b와 θ의 식으로서 표현하여라.

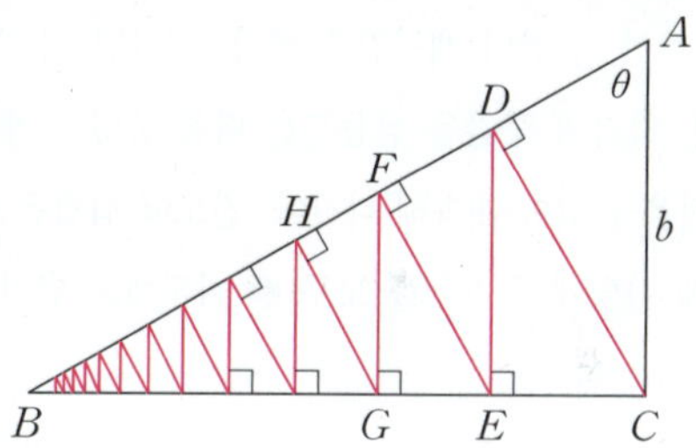

59. 다음 식에서 틀린 부분을 찾아라.

$$\begin{aligned}0&=0+0+0+\cdots\\&=(1-1)+(1-1)+(1-1)+\cdots\\&=1-1+1-1+1-1+\cdots\\&=1+(-1+1)+(-1+1)+(-1+1)+\cdots\\&=1+0+0+0+\cdots=1\end{aligned}$$

(귀도 발두스는 이 식이 신이 존재함을 증명한다고 생각했다. 왜냐하면 "무에서 유를 창조"하였기 때문이다.)

60. 급수 $\sum_{n=1}^{\infty}a_n\,(a_n\ne 0)$이 수렴한다고 하자. 그리고 급수 $\sum_{n=1}^{\infty}1/a_n$은 발산함을 보여라.

61. $\sum a_n$은 수렴하며, $\sum b_n$은 발산한다고 하자. 그러면 급수 $\sum(a_n+b_n)$은 발산함을 보여라(도움말 : 모순이 생김을 이용).

62. $\sum a_n$과 $\sum b_n$이 둘 다 발산한다고 하자. 그러면 급수 $\sum (a_n+b_n)$은 반드시 발산하는가?

63. 급수 $\sum a_n$은 양의 항을 갖고, 그 부분합 S_n은 모두 n에 대하여 $S_n \le 1000$을 만족한다고 하자. 이때 $\sum a_n$이 수렴해야만 하는 이유를 설명하여라.

64. 9.1절에서 피보나치 수열을 다음 점화식으로 정의하였다.

$$f_1=1, \quad f_2=1, \quad f_n=f_{n-1}+f_{n-2} \quad (n\ge 3)$$

다음 식이 성립함을 보여라.

(a) $\dfrac{1}{f_{n-1}f_{n+1}}=\dfrac{1}{f_{n-1}f_n}-\dfrac{1}{f_nf_{n+1}}$

(b) $\displaystyle\sum_{n=2}^{\infty}\frac{1}{f_{n-1}f_{n+1}}=1$

(c) $\displaystyle\sum_{n=2}^{\infty}\frac{f_n}{f_{n-1}f_{n+1}}=2$

65. **칸토어 집합**은 독일의 수학자 칸토어(Georg Cantor, 1845~1918)의 이름을 붙인 것이며 다음과 같이 만든다. 폐구간 $[0, 1]$을 가지고 시작하며 여기서 개구간 $\left(\frac{1}{3}, \frac{2}{3}\right)$를 뺀다. 그러면 두 개의 구간 $\left[0, \frac{1}{3}\right], \left[\frac{2}{3}, 1\right]$이 남는다. 이 각각의 구간을 삼등분해서, 중앙의 개구간을 뺀다. 그러면 네 개의 폐구간이 남는데, 각각의 구간을 삼등분한 다음 중앙의 개구간을 뺀다. 이 과정을 끝없이 계속해 나간다. 칸토어 집합은 구간 $[0, 1]$의 수 중에 이렇게 구간들을 모두 뺀 이후에도 남아 있는 수들의 집합이다.

(a) 빼버리는 구간들의 총 길이는 1임을 보여라. 그렇지만, 칸토어 집합은 한없이 많은 수들을 포함하고 있다. 칸토어 집합에 속하는 수를 몇 개 제시하여라.

(b) **시에르핀스키 카펫**은 칸토어 집합을 2차원에서 잡은 것이라고 할 수 있다. 변의 길이가 1인 정사각형의 가운데 1/9을 제거한다. 그러면 남게 되는 8개의 작은 정사각형들 각각에서, 가운데 1/9을 제거한다. 이 과정을 끝없이 계속한다(다음 그림은 처음 세 단계의 결과를 보여준다). 이렇게 제거된 정사각형들의 총 넓이가 1임을 보여라. 그러므로 시에르핀스키 카펫의 넓이는 0이다.

66. (a) 수열 $\{a_n\}$은 점화식 $a_n=\frac{1}{2}(a_{n-1}+a_{n-2})$, $n\ge 3$으로 정의되었다. 여기서 a_1, a_2는 어떠한 실수도 될 수 있다. a_1, a_2에 여러 가지 값을 넣고, 전자계산기로 계산해서 수열의 극한을 추측하여라.

(b) $a_{n+1}-a_n$을 a_2-a_1과 급수의 합으로서 표현함으로써 $\lim_{n\to\infty} a_n$을 a_1, a_2의 식으로 구하여라.

67. 다음 급수를 고려하자.

$$\sum_{n=1}^{\infty}\frac{n}{(n+1)!}$$

(a) 부분합 s_1, s_2, s_3, s_4를 구하여라. 분모가 어떻게 되는가? 나열한 부분합을 이용하여 s_n의 공식을 추측하여라.

(b) 수학적 귀납법을 사용하여 그 공식이 옳음을 보여라.

(c) 주어진 급수가 수렴함을 보이고, 그 합을 구하여라.

68. 다음 그림을 보면, 정삼각형의 세 꼭짓점을 향하여 무한히 많은 원들이 끝없이 계속 있으며 각각의 원은 이웃한 원들과 정삼각형의 변들에 접하고 있다. 정삼각형의 변의 길이가 1이라 하고, 원의 총 넓이를 구하여라.

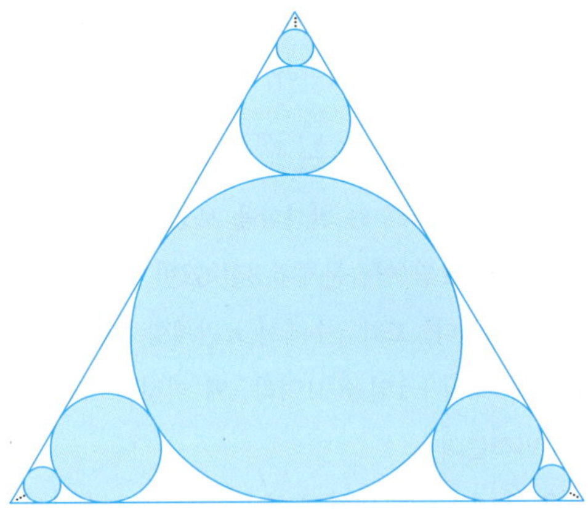

9.3 적분판정법과 비교판정법; 합의 추정

일반적으로 급수의 합을 정확하게 구하는 것은 어려운 일이다. 기하급수와 급수 $\sum 1/[n(n+1)]$의 경우는 합을 정확하게 구할 수 있었다. 왜냐하면 이들의 경우 n번 부분합 s_n의 간단한 공식을 구할 수 있기 때문이다. 그러나 대부분의 경우 $\lim_{n\to\infty} s_n$을 계산하는 것은 그리 간단하지가 않다. 그렇기 때문에, 이 절과 다음 절에서는 급수의 합을 구체적으로 구하지 않으면서 그 급수의 수렴, 발산 여부만을 판단할 수 있게 하는 판정법을 공부할 것이다. 그렇지만 경우에 따라서 그 판정법이 합의 범위를 제시해 주기도 한다.

이 절에서 항이 모두 양수인 급수만을 다룰 것이다. 그러므로 부분합은 증가한다. 단조수열 정리에 따라서 이러한 급수가 수렴하는지, 아니면 발산하는지 판단하려면 그 부분합이 유계인지 아닌지를 판단해야 한다.

▷ 적분판정법

n	$s_n=\sum_{i=1}^{n}\frac{1}{i^2}$
5	1.4636
10	1.5498
50	1.6251
100	1.6350
500	1.6429
1000	1.6439
5000	1.6447

각각의 항이 자연수의 제곱의 역수인 급수를 연구해보자.

$$\sum_{n=1}^{\infty}\frac{1}{n^2}=\frac{1}{1^2}+\frac{1}{2^2}+\frac{1}{3^2}+\frac{1}{4^2}+\frac{1}{5^2}+\cdots$$

처음 n개 항들의 합 s_n을 나타내는 간단한 공식은 없다. 그렇지만 옆의 표를 보면, $n\to\infty$일 때 부분합의 수열은 1.64 근처의 어떤 수로 수렴하는 것처럼 보인다.

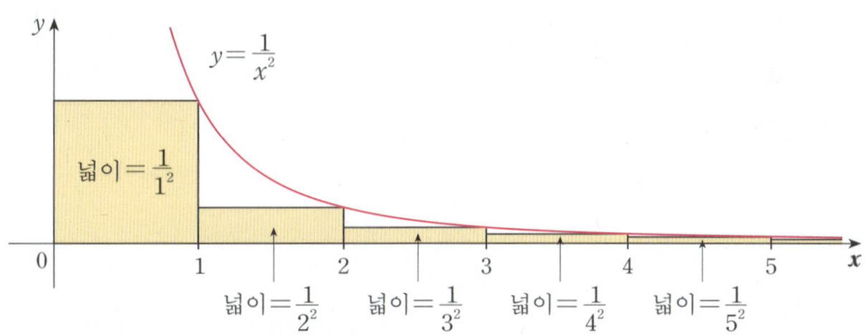

그림 1

이것을 기하학적으로 확인하여 보자. 그림 1은 곡선 $y=1/x^2$과 그 곡선 아래에 놓여 있는 직사각형들을 보여준다. 각각의 직사각형의 밑변은 길이가 1인 구간이다. 각각의 직사각형의 높이는 그 구간 오른쪽 끝점에서 함수 $y=1/x^2$의 값과 같다. 그러므로 이 직사각형들의 넓이를 모두 더하면

$$\frac{1}{1^2}+\frac{1}{2^2}+\frac{1}{3^2}+\frac{1}{4^2}+\frac{1}{5^2}+\cdots=\sum_{n=1}^{\infty}\frac{1}{n^2}$$

맨 처음 직사각형을 제외하고 생각하면 남은 모든 직사각형들의 넓이의 합은 구간 $x\ge 1$에서 곡선 $y=1/x^2$의 아랫부분의 넓이보다 더 작다. 이 곡선의 아랫부분의 넓이는 적분

$\int_1^\infty (1/x^2)dx$이다. 7.10절에서 이 이상적분은 수렴하며 그 값은 1임을 배웠다. 그러므로 이 그림에 따르면 모든 부분합은 다음 값보다 더 작다.

$$\frac{1}{1^2}+\int_1^\infty \frac{1}{x^2}\,dx=2$$

그러므로 부분합은 위로 유계이며 따라서 이 급수는 수렴한다. 이 급수의 합(부분합의 극한)은 2보다 작다(이 급수의 합의 정확한 값은 $\pi^2/6$이다. 이 사실은 스위스의 수학자 오일러(Leonhard Euler, 1707~1783)가 발견하였다. 이것의 증명은 매우 어려우니, 이 책에서 다루지는 않겠다).

$$\sum_{n=1}^\infty \frac{1}{n^2}=\frac{1}{1^2}+\frac{1}{2^2}+\frac{1}{3^2}+\frac{1}{4^2}+\cdots<2$$

이제 다음 급수를 살펴보자.

$$\sum_{n=1}^\infty \frac{1}{\sqrt{n}}=\frac{1}{\sqrt{1}}+\frac{1}{\sqrt{2}}+\frac{1}{\sqrt{3}}+\frac{1}{\sqrt{4}}+\frac{1}{\sqrt{5}}+\cdots$$

n	$s_n=\sum_{i=1}^{n}\frac{1}{\sqrt{i}}$
5	3.2317
10	5.0210
50	12.7524
100	18.5896
500	43.2834
1000	61.8010
5000	139.9681

옆의 표에 나오는 s_n의 값들을 보면, 부분합이 어떠한 유한한 수로도 가까이 가는 것 같지 않다. 그러므로 이 급수는 발산한다고 추측할 수 있다. 이것도 그림을 이용하여 확인할 수 있다. 그림 2에 곡선 $y=1/\sqrt{x}$가 나온다. 그런데 이 경우는 직사각형의 윗변으로 곡선의 위에 놓여 있는 선분을 사용해야 한다.

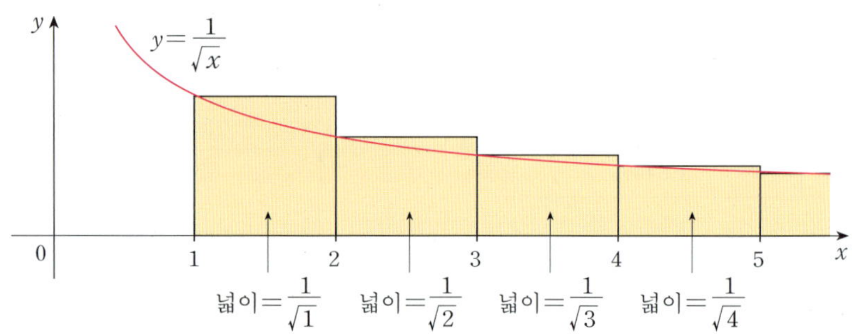

그림 2

각각의 직사각형의 밑변은 길이 1인 구간이다. 각각의 직사각형의 높이는 그 구간 왼쪽 끝점에서 함수 $y=1/\sqrt{x}$의 값과 같다. 그러므로 이 직사각형들의 넓이를 모두 더하면

$$\frac{1}{\sqrt{1}}+\frac{1}{\sqrt{2}}+\frac{1}{\sqrt{3}}+\frac{1}{\sqrt{4}}+\frac{1}{\sqrt{5}}+\cdots=\sum_{n=1}^\infty \frac{1}{\sqrt{n}}$$

모든 직사각형들의 넓이의 합은 구간 $x\geq 1$에서 곡선 $y=1/\sqrt{x}$의 아랫부분의 넓이보다 더 크다. 이 곡선의 아랫부분의 넓이는 적분 $\int_1^\infty (1/\sqrt{x})dx$이다. 그런데 7.10절에서 이 이상적분은 발산함을 배웠다. 바꿔 말하면 이 곡선 아랫부분의 넓이는 한없이 크므로 이 급수의 합은 무한대가 되어야 한다. 즉, 이 급수는 발산한다.

이 두 급수에 적용한 것과 같은 기하학적 추론을 사용하여서 다음 판정법을 증명할 수 있다.

적분판정법 함수 f는 구간 $[1, \infty)$에서 연속이고 양수이며 감소한다고 하자. 이때 $a_n = f(n)$이라 하자. 그러면 급수 $\sum_{n=1}^{\infty} a_n$이 수렴할 필요충분조건은 이상적분 $\int_1^{\infty} f(x)\,dx$가 수렴하는 것이다. 바꾸어 말하면

(a) 만약 $\int_1^{\infty} f(x)\,dx$가 수렴하면, $\sum_{n=1}^{\infty} a_n$은 수렴한다.

(b) 만약 $\int_1^{\infty} f(x)\,dx$가 발산하면, $\sum_{n=1}^{\infty} a_n$은 발산한다.

참고 적분판정법을 적용할 때, 급수와 적분이 꼭 $n=1$에서 시작할 필요는 없다. 예를 들어 급수 $\sum_{n=4}^{\infty} 1/(n-3)^2$의 수렴, 발산을 판정하기 위해서 적분 $\int_4^{\infty} 1/(x-3)^2\,dx$를 사용하면 된다. 그리고 함수 f가 모든 곳에서 감소할 필요는 없다. 그렇지만 중요한 조건으로, 결국에 f는 감소해야 한다. 바꿔 말하면, 어떤 수 N보다 더 큰 모든 x에 대해서 감소함수이어야 한다. 그래서 $\sum_{n=N}^{\infty} a_n$이 수렴함을 증명하면, 9.2절 참고 4에 따라서 $\sum_{n=1}^{\infty} a_n$은 수렴한다.

예제 1 **적분판정법의 사용** 급수 $\sum_{n=1}^{\infty} \frac{\ln n}{n}$의 수렴, 발산을 판단하여라.

풀이 함수 $f(x) = \frac{\ln x}{x}$는 구간 $x>1$에서 양수이며 연속이다. 왜냐하면 로그함수가 연속이기 때문이다. 그렇지만 함수 f가 증가하는지, 감소하는지 여부는 언뜻 보아 알 수 없다. 그러므로 미분을 계산해보자.

$$f'(x) = \frac{x(1/x) - \ln x}{x^2} = \frac{1-\ln x}{x^2}$$

그러므로 $\ln x > 1$이면, 즉 $x > e$이면 $f'(x) < 0$이다. 그러므로 함수 f는 구간 $x > e$에서 감소하며 따라서 적분판정법을 적용할 수 있다.

$$\int_1^{\infty} \frac{\ln x}{x}\,dx = \lim_{t\to\infty} \int_1^t \frac{\ln x}{x}\,dx = \lim_{t\to\infty} \frac{(\ln x)^2}{2}\bigg]_1^t$$
$$= \lim_{t\to\infty} \frac{(\ln t)^2}{2} = \infty$$

이 특이적분은 발산한다. 그러므로 적분판정법에 따라서, 급수 $\sum (\ln n)/n$은 발산한다. ■

예제 2 **p급수의 수렴** p가 어떤 값일 때 급수 $\sum_{n=1}^{\infty} \frac{1}{n^p}$이 수렴하는가?

풀이 $p<0$이면, $\lim_{n\to\infty}(1/n^p) = \infty$이고 $p=0$이면, $\lim_{n\to\infty}(1/n^p) = 1$이다. 이 두 경우는 $\lim_{n\to\infty}(1/n^p) \neq 0$이므로 발산판정법(9.2절 [7])에 따라서 주어진 급수는 발산한다.

$p>0$인 경우, 구간 $[1, \infty)$에서 함수 $f(x) = 1/x^p$은 연속이고 양수이며 감소함이 명백하다. 제7장에서 다음을 배웠다(7.10절 [2]).

$$\int_1^{\infty} \frac{1}{x^p}\,dx \text{는 } p>1\text{이면 수렴하고, } p\le 1\text{이면 발산한다.}$$

그러므로 적분판정법에 따라서 급수 $\sum 1/n^p$은 $p>1$이면 수렴하고 $0<p\le 1$이면 발산한다($p=1$이면, 이것은 조화급수이며 9.2절 예제 7에서 다루었다). ■

예제 2의 급수를 **p급수**라 부른다. 이것은 이 장의 여러 부분에서 중요하게 쓰이니 예제 2의 결과를 요약해서, 후에 참고하도록 하겠다.

> **1** p급수 $\sum_{n=1}^{\infty} \frac{1}{n^p}$은 $p>1$이면 수렴하고, $p\le 1$이면 발산한다.

예를 들어, 급수

$$\sum_{n=1}^{\infty} \frac{1}{n^3} = \frac{1}{1^3}+\frac{1}{2^3}+\frac{1}{3^3}+\frac{1}{4^3}+\cdots$$

은 수렴한다. 왜냐하면 이것은 p급수이며, $p=3>1$이기 때문이다. 그러나 급수

$$\sum_{n=1}^{\infty} \frac{1}{n^{1/3}} = \sum_{n=1}^{\infty} \frac{1}{\sqrt[3]{n}} = 1+\frac{1}{\sqrt[3]{2}}+\frac{1}{\sqrt[3]{3}}+\frac{1}{\sqrt[3]{4}}+\cdots$$

은 발산한다. 왜냐하면 이것은 p급수이며, $p=\frac{1}{3}<1$이기 때문이다.

▷ 비교판정법

비교 판정법의 아이디어는 수렴과 발산을 알고 있는 급수를 주어진 급수와 비교하여 수렴 및 발산을 판정하는 것이다.

다음 급수를 보자.

2 $$\sum_{n=1}^{\infty} \frac{1}{2^n+1}$$

이것은 기하급수 $\sum_{n=1}^{\infty} \frac{1}{2^n}$과 흡사한데 이 기하급수는 $a=\frac{1}{2}$, $r=\frac{1}{2}$이므로 수렴한다. **2**의 급수가 수렴하는 급수와 매우 유사하므로 급수도 수렴하다고 추측할 수 있다. 실제로 이것은 수렴한다. 다음 부등식을 보자.

$$\frac{1}{2^n+1} < \frac{1}{2^n}$$

그러므로 **2**의 주어진 급수는 기하급수보다 항들이 더 작으며 따라서 모든 부분합들이 기하급수의 합인 1보다 더 작다. 그러므로 부분합의 수열이 유계인 증가수열이며, 따라서 수렴한다. 그리고 이 급수의 합은 기하급수의 합보다 더 작음을 알 수 있다.

$$\sum_{n=1}^{\infty} \frac{1}{2^n+1} < 1$$

마찬가지로 추론하여서 다음의 비교판정법을 증명할 수 있다. 이것은 모든 항들이 양수

인 급수에만 적용된다. 앞부분은 수렴함이 알려진 급수와 비교하여 항들이 더 작은 급수가 있으면, 그 급수도 수렴함을 말해준다. 뒷부분은 발산함이 알려진 급수와 비교하여 항들이 더 큰 급수가 있으면, 그 급수도 발산함을 말해준다.

비교판정법 급수 $\sum a_n$과 $\sum b_n$의 모든 항들이 양수라고 하자.

(a) 만약 $\sum b_n$이 수렴하고, 모든 n에 대해서 $a_n \le b_n$이면, $\sum a_n$도 수렴한다.

(b) 만약 $\sum b_n$이 발산하고, 모든 n에 대해서 $a_n \ge b_n$이면, $\sum a_n$도 발산한다.

● 비교판정법을 적용할 때 기준이 되는 급수

비교판정법을 사용하려면, 비교할 기준이 되는 어떤 급수 $\sum b_n$을 알고 있어야 한다. 대개의 경우 p급수($\sum 1/n^p$은 $p>1$이면 수렴하고 $p\le 1$이면 발산, 1 참조) 또는 기하급수($\sum ar^{n-1}$은 $|r|<1$이면 수렴하고 $|r|\ge 1$이면 발산, 9.2절 4 참조)를 이용한다.

예제 3 **비교판정법의 사용** 급수 $\sum_{n=1}^{\infty} \frac{5}{2n^2+4n+3}$의 수렴, 발산을 판단하여라.

풀이 n이 매우 크면, 분모는 $2n^2$항이 지배하게 된다. 그러므로 주어진 급수를 급수 $\sum 5/(2n^2)$와 비교해보자. 다음 부등식이 성립한다.

$$\frac{5}{2n^2+4n+3} < \frac{5}{2n^2}$$

왜냐하면 왼쪽의 분모가 더 크기 때문이다(왼쪽이 a_n이고 오른쪽이 b_n이다).

$$\sum_{n=1}^{\infty} \frac{5}{2n^2} = \frac{5}{2}\sum_{n=1}^{\infty} \frac{1}{n^2}$$

이 수렴함을 알고 있다(p급수인데, $p=2>1$). 그러므로 비교판정법 (a)에 따라서

$$\sum_{n=1}^{\infty} \frac{5}{2n^2+4n+3}$$

는 수렴한다. ■

비교판정법에서는 모든 n에 대하여 $a_n \le b_n$ 또는 $a_n \ge b_n$이라는 조건을 제시했지만 사실 어떤 고정된 정수 N이 있어서 모든 $n \ge N$에 대하여 이 조건이 성립하면 된다. 왜냐하면 유한한 개수의 항은 급수의 수렴, 발산에 영향을 끼치지 않기 때문이다. 다음 예제가 그 예이다.

예제 4 급수 $\sum_{n=1}^{\infty} \frac{\ln n}{n}$의 수렴, 발산을 판단하여라.

풀이 예제 1에서 적분판정법으로 이 급수를 판정하였다. 그렇지만 이것을 조화급수와 비교하여 판정할 수도 있다. $n\ge 3$이면 $\ln n>1$임에 유의하자. 그러므로

$$\frac{\ln n}{n} > \frac{1}{n} \quad , \ n\ge 3$$

$\sum 1/n$이 발산함을 알고 있다(p급수이며, $p=1$). 그러므로 비교판정법에 의해서, 주어진 급수는 발산한다. ■

참고 비교판정법을 적용할 때, 판정하려 하는 급수의 항들이 수렴함을 알고 있는 급수의 항들보다 더 작거나, 아니면 발산함을 알고 있는 급수의 항들보다 더 커야 한다. 만약 판정하려 하는 급수의 항들이 수렴함을 알고 있는 급수의 항들보다 더 크거나 발산함을 알고 있는 급수의 항들보다 더 작으면, 비교판정법을 적용할 수 없다. 예를 들어 다음 급수를 보자.

$$\sum_{n=1}^{\infty} \frac{1}{2^n-1}$$

다음 부등식

$$\frac{1}{2^n-1} > \frac{1}{2^n}$$

이 성립하지만, 비교판정법에서는 이 부등식이 전혀 쓸모가 없다. 왜냐하면 $\sum b_n = \sum \left(\frac{1}{2}\right)^n$이 수렴하며, $a_n > b_n$이기 때문이다. 그렇기는 하지만, 급수 $\sum \frac{1}{2^n-1}$은 수렴할 것 같다. 왜냐하면 수렴하는 기하급수 $\sum \left(\frac{1}{2}\right)^n$과 매우 가깝기 때문이다. 이러한 경우에 다음 판정법을 적용할 수 있다.

극한 비교판정법 급수 $\sum a_n$과 $\sum b_n$의 모든 항들이 양수라고 하자. 만약

$$\lim_{n\to\infty} \frac{a_n}{b_n} = c$$

이고 c가 유한한 수이며 $c>0$이면, 두 급수는 동시에 수렴하거나 발산한다.

극한 비교판정법을 증명하지는 않겠다. 그렇지만 매우 큰 n에 대해서 $a_n \approx cb_n$이므로 위의 결론을 이해할 수 있다.

예제 5 극한 비교판정법 사용 급수 $\sum_{n=1}^{\infty} \frac{1}{2^n-1}$의 수렴, 발산을 판단하여라.

풀이 다음과 같이 놓고, 극한 비교판정법을 사용하자.

$$a_n = \frac{1}{2^n-1} \qquad b_n = \frac{1}{2^n}$$

그러면 다음을 얻게 된다.

$$\lim_{n\to\infty} \frac{a_n}{b_n} = \lim_{n\to\infty} \frac{2^n}{2^n-1} = \lim_{n\to\infty} \frac{1}{1-1/2^n} = 1 > 0$$

이 극한이 존재하고, $\sum 1/2^n$은 수렴하는 기하급수이므로, 극한 비교판정법에 따라서 주어진 급수는 수렴한다. ■

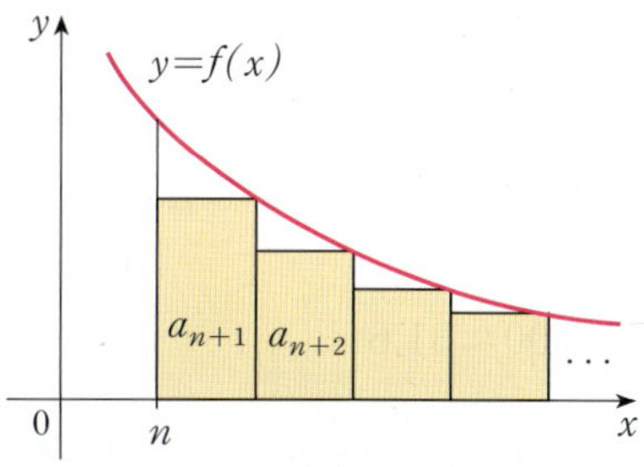

그림 3

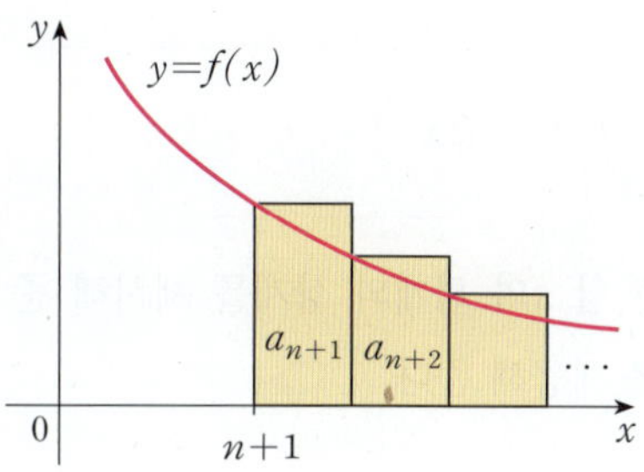

그림 4

▷ 급수의 합 추정

적분판정법을 사용하여 급수 $\sum a_n$이 수렴함을 보인 다음, 이제 급수의 합 s가 대략 얼마인지 알고 싶다고 하자. 물론, 부분합 s_n이 s의 근삿값이라고 할 수 있다. 왜냐하면 $\lim\limits_{n\to\infty} s_n = s$이기 때문이다. 그렇지만 이 근삿값이 과연 얼마나 정확한가? 이것을 알려면, **나머지** $R_n = s - s_n = a_{n+1} + a_{n+2} + a_{n+3} + \cdots$의 크기를 추측할 수 있어야 한다. 나머지 R_n은 전체 급수의 합의 근삿값으로 n번째 부분합 s_n을 사용할 때의 오차이다.

적분판정법에서와 같은 기호, 개념을 사용하자. 그림 3에서 구간 $x > n$에서 곡선 $y = f(x)$의 아랫부분의 넓이를 직사각형들의 넓이와 비교해보면

$$R_n = a_{n+1} + a_{n+2} + \cdots \le \int_n^\infty f(x)\,dx$$

이와 마찬가지로, 그림 4로부터

$$R_n = a_{n+1} + a_{n+2} + \cdots \ge \int_{n+1}^\infty f(x)\,dx$$

그러므로 오차의 범위는 다음과 같이 된다.

> **3 적분판정법의 오차의 범위** 적분판정법에 따라서 $\sum a_n$이 수렴한다고 하자. 이때 $R_n = s - s_n$이라 하면
>
> $$\int_{n+1}^\infty f(x)\,dx \le R_n \le \int_n^\infty f(x)\,dx$$

예제 6 급수의 합 추정

(a) 처음 열 개 항의 합을 사용해서, 급수 $\sum 1/n^3$의 합의 근삿값을 구하여라. 이 근삿값의 오차의 범위를 구하여라.

(b) 오차가 0.0005 이내가 되게 하려면, 얼마나 많은 항을 더해야 하는가?

풀이 (a)와 (b) 모두, 적분 $\int_n^\infty f(x)\,dx$를 알아야 한다. 함수 $f(x) = 1/x^3$에 대한 적분은

$$\int_n^\infty \frac{1}{x^3}\,dx = \lim_{t\to\infty}\left[-\frac{1}{2x^2}\right]_n^t = \lim_{t\to\infty}\left(-\frac{1}{2t^2} + \frac{1}{2n^2}\right) = \frac{1}{2n^2}$$

(a) 10번째 부분합을 급수의 합의 근삿값으로 하면,

$$\sum_{n=1}^\infty \frac{1}{n^3} \approx s_{10} = \frac{1}{1^3} + \frac{1}{2^3} + \frac{1}{3^3} + \cdots + \frac{1}{10^3} \approx 1.1975$$

3에 나오는 오차의 범위에 따라서

$$R_{10} \le \int_{10}^\infty \frac{1}{x^3}\,dx = \frac{1}{2(10)^2} = \frac{1}{200}$$

그러므로 오차는 기껏해야 0.005이다.

(b) 오차가 0.0005 이내가 되게 하려면, $R_n \le 0.0005$가 되게 하는 n을 구해야 한다. 그런데

$$R_n \le \int_n^\infty \frac{1}{x^3}\,dx = \frac{1}{2n^2}$$

이므로, $\frac{1}{2n^2} < 0.0005$를 만족하면 된다. 이 부등식을 풀면, 다음을 얻게 된다.

$$n^2 > \frac{1}{0.001} = 1000 \quad \text{또는} \quad n > \sqrt{1000} \approx 31.6$$

그러므로 오차가 0.0005 이내가 되려면, 32개의 항을 더해야 한다. ■

3의 부등식의 각각의 변에 s_n을 더하면

4

$$s_n + \int_{n+1}^\infty f(x)\,dx \le s \le s_n + \int_n^\infty f(x)\,dx$$

왜냐하면 $s_n + R_n = s$이기 때문이다. 4의 부등식은 합 s의 하계와 상계를 제시해 준다. 부분합 s_n에 비해서, 이것들이 더욱 정확한 근삿값을 제공해 준다.

예제 7 향상된 추정 4를 이용하고, $n=10$인 급수 $\sum_{n=1}^\infty \frac{1}{n^3}$의 합의 근삿값을 제시하여라.

풀이 4의 부등식은 다음과 같이 된다.

$$s_{10} + \int_{11}^\infty \frac{1}{x^3}\,dx \le s \le s_{10} + \int_{10}^\infty \frac{1}{x^3}\,dx$$

예제 6으로부터 다음을 알고 있다.

$$\int_n^\infty \frac{1}{x^3}\,dx = \frac{1}{2n^2}$$

그러므로

$$s_{10} + \frac{1}{2(11)^2} \le s \le s_{10} + \frac{1}{2(10)^2}$$

$s_{10} \approx 1.197532$임을 이용하면, $1.201664 \le s \le 1.202532$이다. 그러므로 이 구간의 중간값을 잡아서 s에 대한 근삿값으로 사용하면, 오차는 기껏해야 이 구간의 길이의 절반이다. 그러므로

$$\sum_{n=1}^\infty \frac{1}{n^3} \approx 1.2021 \ (\text{오차는} < 0.0005)$$ ■

예제 7을 예제 6과 비교해보면, s의 근삿값으로 s_n을 사용한 것에 비해서 4는 훨씬 더 정확한 근삿값을 제공해 줌을 알 수 있다. 오차가 0.0005 이내가 되도록 하기 위해서 예제 6에서는 32개의 항을 사용해야 했지만, 예제 7에서는 10개의 항만 사용하면 된다.

만약 비교판정법을 이용하여, 급수 $\sum b_n$과 비교하여 급수 $\sum a_n$이 수렴함을 보였다면, 합 $\sum a_n$의 근삿값을 다음과 같이 구할 수 있다.

예제 8 처음 100개 항의 합을 구하여, 급수 $\sum 1/(n^3+1)$의 근삿값을 제시하여라. 이 근삿값의 오차의 범위를 구하여라.

풀이 $1/(n^3+1)<1/n^3$이므로 비교판정법에 의해서 주어진 급수는 수렴한다. 비교한 급수 $\sum 1/n^3$의 나머지 T_n은 예제 6에서 한계를 구하였다. 거기에서 다음과 같이 됨을 보았다.

$$T_n \leq \int_n^\infty \frac{1}{x^3}\,dx = \frac{1}{2n^2}$$

그러므로 주어진 급수의 나머지 R_n은 다음을 만족한다.

$$R_n \leq T_n \leq \frac{1}{2n^2}$$

$n=100$이면

$$R_{100} \leq \frac{1}{2(100)^2} = 0.00005$$

전자계산기나 컴퓨터를 사용하여 계산하면

$$\sum_{n=1}^\infty \frac{1}{n^3+1} \approx \sum_{n=1}^{100} \frac{1}{n^3+1} \approx 0.6864538$$

오차는 0.00005 이내이다. ■

9.3 연습문제

1. 그림을 그려서 다음을 보여라.

$$\sum_{n=2}^\infty \frac{1}{n^{1.3}} < \int_1^\infty \frac{1}{x^{1.3}}\,dx$$

이 급수에 대해서 어떤 결론을 내릴 수 있는가?

2. 구간 $x \geq 1$에서 함수 f는 연속이고 양수이며 감소하고 $a_n=f(n)$이라 하자. 그림을 그려서 다음 세 양들의 크기 관계를 밝혀라.

$$\int_1^6 f(x)\,dx, \quad \sum_{i=1}^5 a_i, \quad \sum_{i=2}^6 a_i$$

3. 급수 $\sum a_n$과 $\sum b_n$의 항들이 모두 양수이고, $\sum b_n$이 수렴함을 알고 있다.
   (a) 모든 n에 대하여 $a_n>b_n$이면, $\sum a_n$에 대해서 무엇을 말할 수 있는가? 그 이유는?
   (b) 모든 n에 대하여 $a_n<b_n$이면, $\sum a_n$에 대해서 무엇을 말할 수 있는가? 그 이유는?

4. 급수 $\sum a_n$과 $\sum b_n$의 항들이 모두 양수이고, $\sum b_n$이 발산함을 알고 있다.
   (a) 모든 n에 대하여 $a_n>b_n$이면, $\sum a_n$에 대해서 무엇을 말할 수 있는가? 그 이유는?
   (b) 모든 n에 대하여 $a_n<b_n$이면, $\sum a_n$에 대해서 무엇을 말할 수 있는가? 그 이유는?

5. 다음 두 급수를 구별하자.

$$\sum_{n=1}^\infty n^b, \quad \sum_{n=1}^\infty b^n$$

첫째 급수를 무슨 급수라고 부르는가? 둘째 급수는 무슨 급수라 부르는가? b가 어떤 값일 때 첫째 급수가 수렴하는가? b가 어떤 값일 때 둘째 급수가 수렴하는가?

(6~8) 적분판정법을 사용하여 다음 급수의 수렴, 발산을 판정하여라.

6. $\displaystyle\sum_{n=1}^\infty \frac{1}{\sqrt[4]{n}}$ 7. $\displaystyle\sum_{n=1}^\infty \frac{1}{n^4}$ 8. $\displaystyle\sum_{n=1}^\infty \frac{1}{n^2+1}$

(9~10) 비교판정법을 사용하여 다음 급수의 수렴, 발산을 판정하

여라.

9. $\sum_{n=1}^{\infty} \frac{n}{2n^3+1}$

10. $\sum_{n=1}^{\infty} \frac{n^3}{n^4-1}$

(11~30) 다음 급수의 수렴, 발산을 판정하여라.

11. $\sum_{n=1}^{\infty} \frac{2}{n^{0.85}}$

12. $\sum_{n=1}^{\infty} (n^{-1.4}+3n^{-1.2})$

13. $1+\frac{1}{8}+\frac{1}{27}+\frac{1}{64}+\frac{1}{125}+\cdots$

14. $1+\frac{1}{2\sqrt{2}}+\frac{1}{3\sqrt{3}}+\frac{1}{4\sqrt{4}}+\frac{1}{5\sqrt{5}}+\cdots$

15. $\sum_{n=1}^{\infty} ne^{-n}$

16. $\sum_{n=1}^{\infty} \frac{n^2}{n^3+1}$

17. $\sum_{n=2}^{\infty} \frac{1}{n \ln n}$

18. $\sum_{n=1}^{\infty} \frac{1}{n^2+9}$

19. $\sum_{n=1}^{\infty} \frac{\cos^2 n}{n^2+1}$

20. $\sum_{n=1}^{\infty} \frac{n^2-1}{3n^4+1}$

21. $\sum_{n=1}^{\infty} \frac{n-1}{n4^n}$

22. $\sum_{n=1}^{\infty} \frac{4+3^n}{2^n}$

23. $1+\frac{1}{3}+\frac{1}{5}+\frac{1}{7}+\frac{1}{9}+\cdots$

24. $\frac{1}{5}+\frac{1}{8}+\frac{1}{11}+\frac{1}{14}+\frac{1}{17}+\cdots$

25. $\sum_{n=1}^{\infty} \frac{1+4^n}{1+3^n}$

26. $\sum_{n=1}^{\infty} \frac{1}{\sqrt{n^3+1}}$

27. $\sum_{n=1}^{\infty} \frac{2+(-1)^n}{n\sqrt{n}}$

28. $\sum_{n=0}^{\infty} \frac{1+\sin n}{10^n}$

29. $\sum_{n=1}^{\infty} \sin\left(\frac{1}{n}\right)$

30. $\sum_{n=1}^{\infty} \frac{n^2-5n}{n^3+n+1}$

31. p가 어떤 값일 때 다음 급수가 수렴하는가?

$$\sum_{n=2}^{\infty} \frac{1}{n(\ln\ n)^p}$$

32. (a) 급수 $\sum_{n=1}^{\infty} 1/n^4$의 부분합 s_{10}을 구하여라. 급수의 합의 근삿값으로 s_{10}을 사용할 때, 오차의 범위를 구하여라.

(b) $n=10$으로 4를 사용하여 좀더 나은 근삿값을 제시하여라.

(c) s_n이 합의 0.00001 이내가 되는 n을 구하여라.

33. (a) 급수 $\sum_{n=1}^{\infty} 1/n^2$의 처음 10개 항을 더한 값으로, 합의 근삿값을 제시하여라. 이 근삿값은 어느 정도로 정확한가?

(b) $n=10$으로 4를 사용하여 좀더 나은 근삿값을 제시하여라.

(c) 근사식 $s \approx s_n$의 오차가 0.001 이내가 되도록 하는 n을 구하여라.

34. 급수 $\sum_{n=1}^{\infty} 1/n^5$의 합을 소수 셋째 자리까지 정확하게 구하여라.

35. $\sum_{n=1}^{\infty} \frac{1}{(2n+1)^6}$의 값을 소수 다섯째 자리까지 정확하게 측정하여라.

36. 급수 $\sum_{n=2}^{\infty} 1/[n(\ln n)^2]$의 합을 0.01이내로 정확하게 구하려면, 항들을 몇 개 더해야 하는가?

(37~38) 처음 10개 항을 더한 값으로 다음 급수의 합의 근삿값을 제시하여라. 오차의 범위는?

37. $\sum_{n=1}^{\infty} \frac{1}{\sqrt{n^4+1}}$

38. $\sum_{n=1}^{\infty} \frac{\sin^2 n}{n^3}$

39. (a) $y=\frac{1}{x}$의 그래프를 사용하여서 조화급수의 부분합을 s_n이라 하면, 다음이 성립함을 보여라.

$$s_n \le 1+\ln n$$

(b) 조화급수는 매우 느리게 발산한다. (a)의 결과를 이용해서 처음 백만 개의 항의 합이 15보다 작고, 처음 십억 개의 항의 합이 22보다 작음을 보여라.

40. 급수 $\sum_{n=1}^{\infty} n^{-1.001}$의 합을 소수점 아래 여덟째 자리까지 정확하게 구하려면, 10^{11301}개 이상의 항을 더해야 함을 보여라.

41. 어떤 수를 소수로 표기하여 $0.d_1d_2d_3\cdots$(여기서 d_i는 0, 1, 2, …, 9 중의 하나)으로 나타낸 것의 의미는

$$0.d_1d_2d_3d_4\cdots=\frac{d_1}{10}+\frac{d_2}{10^2}+\frac{d_3}{10^2}+\frac{d_4}{10^4}+\cdots$$

이 급수는 항상 수렴함을 보여라.

42. 급수 $\sum_{n=1}^{\infty} b^{\ln n}$이 수렴하게 되는 모든 양수 b를 구하여라.

43. 급수 $\sum a_n$이 수렴하며, 항들이 모두 양수라고 하자. 그러면 $\sum \sin(a_n)$도 수렴하는가?

44. 만약 $a_n>0$이고 $\sum a_n$이 수렴하면, $\sum \ln(1+a_n)$도 수렴함을 보여라.

45. $a_n>0$이고 $\lim_{n\to\infty} na_n \ne 0$이면 $\sum a_n$이 발산함을 보여라.

46. 다음의 급수가 발산하는 c의 값을 구하여라.

$$\sum_{n=1}^{\infty}\left(\frac{c}{n}-\frac{1}{n+1}\right)$$

9.4 기타 수렴 판정법

지금까지 다룬 판정법들은 항이 모두 양수인 급수에만 적용할 수 있다. 항이 모두 양수는 아닌 급수의 수렴, 발산을 판정하는 방법을 이 절에서 배울 것이다.

▷ 교대급수

교대급수란 그 항이 양수, 음수가 교대로(번갈아) 나오는 급수를 말한다. 두 가지 예를 소개하겠다.

$$1-\frac{1}{2}+\frac{1}{3}-\frac{1}{4}+\frac{1}{5}-\frac{1}{6}+\cdots=\sum_{n=1}^{\infty}(-1)^{n-1}\frac{1}{n}$$

$$-\frac{1}{2}+\frac{2}{3}-\frac{3}{4}+\frac{4}{5}-\frac{5}{6}+\frac{6}{7}-\cdots=\sum_{n=1}^{\infty}(-1)^{n}\frac{n}{n+1}$$

이 예를 보면 알 수 있듯이, 교대급수의 n번째 항은 다음 형태로 나타낼 수 있다.

$$a_n=(-1)^{n-1}b_n \quad \text{또는} \quad a_n=(-1)^n b_n$$

여기서 b_n은 양수이다(사실, $b_n=|a_n|$).

다음 판정법에 나오듯이, 교대급수의 항들의 절댓값이 점점 작아져 0으로 가까이 가면, 그 급수는 수렴한다.

교대급수 판정법 교대급수

$$\sum_{n=1}^{\infty}(-1)^{n-1}b_n=b_1-b_2+b_3-b_4+b_5-b_6+\cdots, \quad b_n>0$$

이 다음 두 조건을 만족한다고 하자.

(a) 모든 n에 대하여 $b_{n+1}\le b_n$

(b) $\lim_{n\to\infty} b_n=0$

그러면 이 교대급수는 수렴한다.

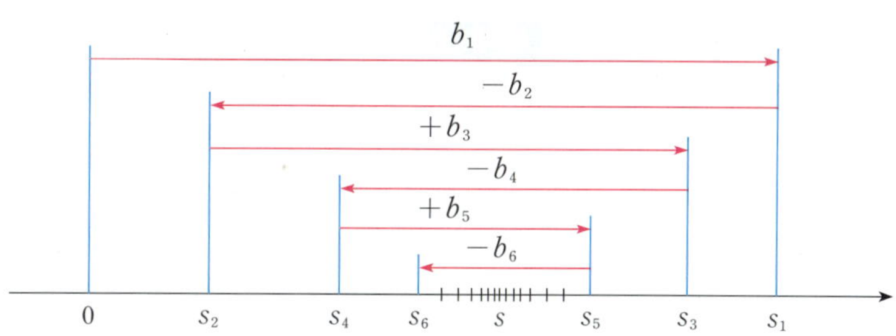

그림 1

이 판정법을 엄밀하게 증명하지는 않겠다. 그렇지만 그림 1을 보면, 이것이 수렴하게 되는 이유를 알 수 있다. 우선 $s_1=b_1$을 수직선에 찍는다. s_2를 구하려면 b_2를 빼야 하므로 s_2는 s_1의 왼쪽에 놓인다. 그 다음에 s_3을 구하려면 b_3을 더해야 하므로 s_3은 s_2의 오른쪽에 놓인다. 그런데 $b_3 \le b_2$이므로, s_3은 s_1의 왼쪽에 놓인다. 이런 식으로 계속되므로 부분합은 계속 왼쪽, 오른쪽으로 진동한다. 그런데 $b_n \to 0$이므로 그 움직이는 폭은 점점 더 작아진다. 짝수 번째 부분합 $s_2, s_4, s_6, \cdots$은 증가하며, 홀수 번째 부분합 $s_1, s_3, s_5, \cdots$는 감소한다. 그렇기 때문에, 이 두 부분합의 수열은 그 중간의 어떤 수 s를 향해서 점점 더 가까이 가게 되며 그것이 바로 급수의 합이다.

● 예제 1의 수열 $a_n=(-1)^{n-1}/n$과 그 부분합 s_n의 그래프를 그려 놓은 것이 그림 2이다. s_n의 값들은 어떤 극한값을 사이에 두고 위, 아래로 계속 오르내리는데, 그 극한값은 0.7 정도 될 것 같아 보인다. 사실, 이 급수의 합은 정확하게 $\ln 2 \approx 0.693$임을 증명할 수 있다.

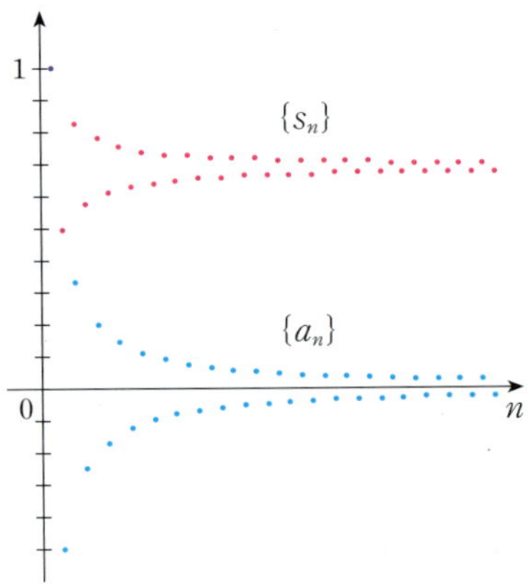

그림 2

예제 1 교대급수 판정법 사용 교대조화급수

$$1-\frac{1}{2}+\frac{1}{3}-\frac{1}{4}+\cdots=\sum_{n=1}^{\infty}\frac{(-1)^{n-1}}{n}$$

은 다음 조건을 만족한다.

(a) $b_{n+1}<b_n \left(\text{왜냐하면 } \dfrac{1}{n+1}<\dfrac{1}{n}\right)$

(b) $\lim\limits_{n\to\infty} b_n=\lim\limits_{n\to\infty}\dfrac{1}{n}=0$

그러므로 교대급수 판정법에 의해서 이 급수는 수렴한다. ■

예제 2 교대급수 판정법이 적용되지 않는 경우 급수 $\sum_{n=1}^{\infty}\dfrac{(-1)^n 3n}{4n-1}$은 교대급수이다. 그러나

$$\lim_{n\to\infty} b_n=\lim_{n\to\infty}\frac{3n}{4n-1}=\lim_{n\to\infty}\frac{3}{4-\frac{1}{n}}=\frac{3}{4}$$

이다. 그러므로 조건 (b)를 만족하지 않는다. 이 급수의 n번째 항의 극한을 살펴보면

$$\lim_{n\to\infty} a_n=\lim_{n\to\infty}\frac{(-1)^n 3n}{4n-1}$$

이므로 이 극한은 존재하지 않는다. 그러므로 발산판정법에 의해서 이 급수는 발산한다. ■

예제 3 급수 $\sum_{n=1}^{\infty}(-1)^{n+1}\dfrac{n^2}{n^3+1}$의 수렴, 발산을 판단하여라.

풀이 주어진 급수는 교대급수이다. 그러므로 교대급수 판정법 조건 (a), (b)를 만족하는지 확인해보자.

이것은 예제 1과 달리 $b_n=n^2/(n^3+1)$이 증감 여부가 명확하지 않다. 그렇지만 이와 관련된 함수 $f(x)=x^2/(x^3+1)$을 고려해보면

$$f'(x)=\frac{x(2-x^3)}{(x^3+1)^2}$$

x가 양수인 경우만을 고려하고 있으므로 만약 $2-x^3<0$이면, 즉 $x>\sqrt[3]{2}$이면 $f'(x)<0$임을 알 수 있다. 그러므로 함수 f는 구간 $(\sqrt[3]{2}, \infty)$에서 감소한다. 그렇

● 교대급수 판정법 조건 (a)를 만족함을 보이기 위해서 미분을 계산하는 대신에 9.1절 예제 12 풀이 1의 방법을 사용하여 $b_{n+1}<b_n$을 보일 수도 있다.

기 때문에, $n\geq 2$이면 $f(n+1)<f(n)$, 즉 $b_{n+1}<b_n$이다(부등식 $b_2<b_1$이 성립함을 직접 계산하여 보일 수 있다. 그러나 결국 수열 $\{b_n\}$은 감소하기만 하면 된다). 조건 (b)를 만족함은 쉽게 확인할 수 있다.

$$\lim_{n\to\infty} b_n=\lim_{n\to\infty}\frac{n^2}{n^3+1}=\lim_{n\to\infty}\frac{\frac{1}{n}}{1-\frac{1}{n^3}}=0$$

그러므로 교대급수 판정법에 의해서, 주어진 급수는 수렴한다. ■

전체합 s의 근삿값으로 부분합 s_n을 사용하면, 이때 오차는 나머지 $R_n=s-s_n$이다. 다음 정리에 나오듯이 교대급수 판정법의 요구 조건을 만족하는 급수의 경우, 이 오차는 b_{n+1}보다 더 작다. 즉, 이 오차는 무시해 버리는 항 중의 첫번째 항의 절댓값보다 더 작다.

교대급수 오차정리 교대급수의 합을 $s=\sum(-1)^{n-1}b_n$라 하고, 이 급수가 다음 조건을 만족한다고 하자.

$$\text{(a) } b_{n+1}\leq b_n \qquad \text{(b) } \lim_{n\to\infty} b_n=0$$

그러면 $$|R_n|=|s-s_n|\leq b_{n+1}$$

그림 1을 보면, 이것이 성립함을 알 수 있다. $s-s_4<b_5$, $|s-s_5|<b_6$ 등임을 주목하기 바란다.

예제 4 교대급수 오차정리 사용 급수 $\sum_{n=0}^{\infty}\frac{(-1)^n}{n!}$의 합을 소수점 셋째 자리까지 정확하게 구하여라($0!=1$로 정의한다).

풀이 이 급수는 교대급수 판정법의 요구 조건을 만족함을 확인해보자.

(a) $b_{n+1}=\frac{1}{(n+1)!}=\frac{1}{n!(n+1)}<\frac{1}{n!}=b_n$

(b) $0<\frac{1}{n!}<\frac{1}{n}\to 0$ 그러므로 $n\to\infty$일 때 $b_n=\frac{1}{n!}\to 0$

그러므로 이 급수는 수렴한다. 원하는 만큼 정확한 근삿값을 구하기 위해서, 얼마나 많은 항을 더해야 하는지 감을 잡기 위해 급수의 앞부분의 항들을 적어보자.

$$\begin{aligned} s&=\frac{1}{0!}-\frac{1}{1!}+\frac{1}{2!}-\frac{1}{3!}+\frac{1}{4!}-\frac{1}{5!}+\frac{1}{6!}-\frac{1}{7!}+\cdots \\ &=1-1+\frac{1}{2}-\frac{1}{6}+\frac{1}{24}-\frac{1}{120}+\frac{1}{720}-\frac{1}{5040}+\cdots \end{aligned}$$

여기서 $$b_7=\frac{1}{5040}<\frac{1}{5000}=0.0002$$

그러므로 $$s_6=1-1+\frac{1}{2}-\frac{1}{6}+\frac{1}{24}-\frac{1}{120}+\frac{1}{720}\approx 0.368056$$

이고 교대급수 오차정리에 따라서 다음이 성립한다.

$$|s-s_6| \le b_7 < 0.0002$$

오차가 0.0002보다 더 작으면 소수 셋째 자리에 영향을 끼치지 않는다. 그러므로 다음 근사식 $s \approx 0.368$은 소수점 셋째 자리까지 정확하다. ■

● 9.7절에서 모든 x에 대해
$$e^x = \sum_{n=0}^{\infty} x^n/n!$$
임을 보일 것이다. 그러므로 이 예제에서 얻은 값은 수 e^{-1}의 근삿값이다.

참고 오차가 (s의 근삿값으로 s_n을 사용할 때) 무시해 버리는 항 중의 첫째보다 더 작다는 법칙은, 교대급수 판정법의 요구 조건을 만족하는 교대급수에만 적용된다. 다른 종류의 급수에는 이 법칙을 적용할 수 없다.

▷ 절대수렴

급수 $\sum a_n$이 주어졌을 때, 그에 대응하여 다음 급수를 고려하자.

$$\sum_{n=1}^{\infty} |a_n| = |a_1| + |a_2| + |a_3| + \cdots$$

이것은 원래 급수의 항의 절댓값을 항으로서 잡은 것이다.

● 항이 모두 양수인 급수에 대한 판정법, 항의 부호가 교대로 나오는 급수에 대한 판정법은 있는데 항의 부호가 불규칙하게 바뀌는 급수는 어떻게 판정할 수 있을까? 예제 7을 보면, 절대수렴의 개념이 이 경우에 도움이 됨을 알 수 있다.

정의 만약 절댓값들의 급수 $\sum |a_n|$이 수렴하면, 급수 $\sum a_n$은 **절대수렴**한다고 말한다.

만약 급수 $\sum a_n$의 모든 항들이 양수이면, $|a_n| = a_n$이므로 이 경우 절대수렴은 수렴과 같다.

예제 5 절대수렴 여부 결정 급수

$$\sum_{n=1}^{\infty} \frac{(-1)^{n-1}}{n^2} = 1 - \frac{1}{2^2} + \frac{1}{3^2} - \frac{1}{4^2} + \cdots$$

은 절대수렴한다. 왜냐하면

$$\sum_{n=1}^{\infty} \left| \frac{(-1)^{n-1}}{n^2} \right| = \sum_{n=1}^{\infty} \frac{1}{n^2} = 1 + \frac{1}{2^2} + \frac{1}{3^2} + \frac{1}{4^2} + \cdots$$

이 수렴하는 p급수이기 때문이다($p=2$). ■

예제 6 수렴하지만 절대수렴하지 않는 급수 교대조화급수

$$\sum_{n=1}^{\infty} \frac{(-1)^{n-1}}{n} = 1 - \frac{1}{2} + \frac{1}{3} - \frac{1}{4} + \cdots$$

은 수렴함을 배웠다(예제 1 참조). 그러나 이것은 절대수렴하지 않는다. 왜냐하면 절댓값의 급수를 잡으면

$$\sum_{n=1}^{\infty} \left| \frac{(-1)^{n-1}}{n} \right| = \sum_{n=1}^{\infty} \frac{1}{n} = 1 + \frac{1}{2} + \frac{1}{3} + \frac{1}{4} + \cdots$$

그러므로 조화급수가 되며($p=1$인 p급수), 이것은 발산하기 때문이다. ■

예제 6을 보면 알 수 있듯이 급수가 수렴하지만, 절대수렴은 하지 않을 수 있다. 그러나 다음 정리에서 보듯이, 절대수렴하면 반드시 수렴한다.

1 정리 급수 $\sum a_n$이 절대수렴하면, 이 급수는 수렴한다.

정리 1을 증명해보자. 부등식 $0 \le a_n + |a_n| \le 2|a_n|$이 성립한다. 왜냐하면 $|a_n|$은 a_n 또는 $-a_n$이기 때문이다. 만약 $\sum a_n$이 절대수렴하면, $\sum |a_n|$은 수렴한다. 그러므로 $\sum 2|a_n|$이 수렴한다. 그러므로 비교판정법에 의해서, $\sum (a_n + |a_n|)$이 수렴한다. 그러므로 $\sum a_n = \sum (a_n + |a_n|) - \sum |a_n|$은 수렴하는 두 급수의 차이며, 따라서 수렴한다.

예제 7 다음 급수의 수렴, 발산을 판단하여라.

$$\sum_{n=1}^{\infty} \frac{\cos n}{n^2} = \frac{\cos 1}{1^2} + \frac{\cos 2}{2^2} + \frac{\cos 3}{3^2} + \cdots$$

풀이 이 급수의 항들은 양수가 되었다가, 음수가 되었다가 하지만, 교대로 그렇게 되지는 않는다(처음 항은 양수, 그 다음 세 개는 음수, 그 다음 세 개는 양수이며, 부호가 불규칙하게 바뀐다). 절댓값의 급수에 비교판정법을 적용하자.

$$\sum_{n=1}^{\infty} \left| \frac{\cos n}{n^2} \right| = \sum_{n=1}^{\infty} \frac{|\cos n|}{n^2}$$

모든 n에 대해 $|\cos n| \le 1$이니 다음 부등식이 성립한다.

$$\frac{|\cos n|}{n^2} \le \frac{1}{n^2}$$

우리는 $\sum 1/n^2$이 수렴함을 알고 있다($p=2$인 p급수). 그러므로 비교판정법에 따라서, $\sum |\cos n/n^2|$은 수렴하므로 주어진 급수 $\sum (\cos n)/n^2$은 절대수렴하고 정리 1에 따라서 수렴한다. ■

● 예제 7의 수열 a_n과 그 부분합 s_n의 그래프를 그려 놓은 것이 그림 3이다. 이 급수의 항들은 양수가 되었다, 음수가 되었다 하지만, 교대로 그렇게 되는 것은 아님을 주목하자.

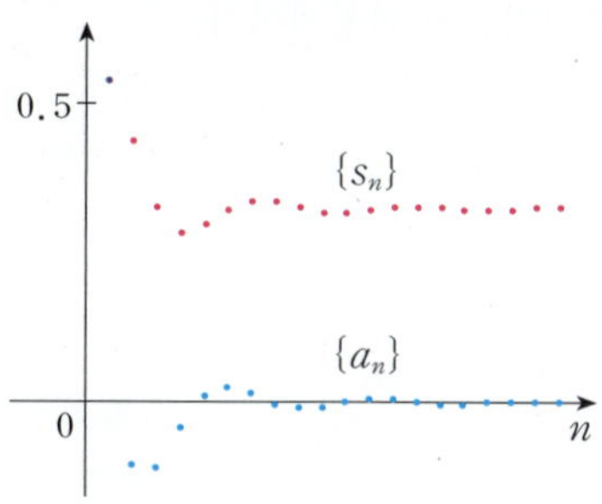

그림 3

▷ 비판정법

주어진 급수가 절대수렴 여부를 판단할 때, 다음 판정법이 매우 유용하다.

비판정법

(a) $\displaystyle\lim_{n\to\infty} \left| \frac{a_{n+1}}{a_n} \right| = L < 1$이면, 급수 $\displaystyle\sum_{n=1}^{\infty} a_n$은 절대수렴한다(따라서 수렴한다).

(b) $\displaystyle\lim_{n\to\infty} \left| \frac{a_{n+1}}{a_n} \right| = L > 1$ 또는 $\displaystyle\lim_{n\to\infty} \left| \frac{a_{n+1}}{a_n} \right| = \infty$이면, 급수 $\displaystyle\sum_{n=1}^{\infty} a_n$은 발산한다.

(c) $\displaystyle\lim_{n\to\infty} \left| \frac{a_{n+1}}{a_n} \right| = 1$이면 비판정법으로 결론을 이끌어 낼 수 없다. 즉, $\displaystyle\sum_{n=1}^{\infty} a_n$의 수렴 또는 발산에 대한 어떤 결론도 내릴 수 없다.

주어진 급수를 기하급수와 비교하는 방법으로 비판정법을 증명할 수 있다. 기하급수가 등장하게 됨도 예상할 수 있다. 왜냐하면 기하급수의 경우 이웃한 항 사이의 비 r이 상수이며, $|r|<1$이면 수렴하기 때문이다. 비판정법의 (a)에서 이웃한 항 사이의 비는 상수는 아니지만, $|a_{n+1}/a_n| \to L$이다. 그러므로 n이 매우 크면, $|a_{n+1}/a_n|$은 거의 상수가 되며 따라서 $L<1$이면 이 급수는 수렴한다.

참고 만약 $\lim_{n\to\infty}|a_{n+1}/a_n|=1$이면 비판정법은 수렴, 발산에 대한 결론을 제시하지 못한다. 예를 들어, 급수 $\sum 1/n^2$은 수렴하는데

$$\left|\frac{a_{n+1}}{a_n}\right| = \frac{\dfrac{1}{(n+1)^2}}{\dfrac{1}{n^2}} = \frac{n^2}{(n+1)^2} = \frac{1}{\left(1+\dfrac{1}{n}\right)^2} \to 1, \quad n\to\infty\text{일 때}$$

한편 급수 $\sum 1/n$은 발산하는데

$$\left|\frac{a_{n+1}}{a_n}\right| = \frac{\dfrac{1}{n+1}}{\dfrac{1}{n}} = \frac{n}{n+1} = \frac{1}{1+\dfrac{1}{n}} \to 1, \quad n\to\infty\text{일 때}$$

그러므로 $\lim_{n\to\infty}|a_{n+1}/a_n|=1$일 때, 급수 $\sum a_n$은 발산하는 경우도 있고 수렴하는 경우도 있다. 이 경우 비판정법을 적용할 수 없으며, 다른 판정법을 사용해야 한다.

예제 8 **비판정법 사용** 급수 $\sum_{n=1}^{\infty}(-1)^n\dfrac{n^3}{3^n}$이 절대수렴하는지 판정하여라.

풀이 $a_n=(-1)^n n^3/3^n$에 대해서 비판정법을 적용하면

$$\left|\frac{a_{n+1}}{a_n}\right| = \left|\frac{\dfrac{(-1)^{n+1}(n+1)^3}{3^{n+1}}}{\dfrac{(-1)^n n^3}{3^n}}\right| = \frac{(n+1)^3}{3^{n+1}}\cdot\frac{3^n}{n^3}$$

$$=\frac{1}{3}\left(\frac{n+1}{n}\right)^3 = \frac{1}{3}\left(1+\frac{1}{n}\right)^3 \to \frac{1}{3}<1$$

그러므로 비판정법에 따라서 주어진 급수는 절대수렴한다. 그러므로 수렴한다. ■

● 계승(factorial) 또는 기타 곱(상수의 n제곱 포함)이 들어 있는 급수는 비판정법을 사용하는 것이 적합할 때가 많다.

예제 9 급수 $\sum_{n=1}^{\infty}\dfrac{n^n}{n!}$의 수렴, 발산을 판정하여라.

풀이 모든 항 $a_n=\dfrac{n^n}{n!}$이 양수이므로 절댓값 기호는 필요없다(5.7절 6 참조).

$$\frac{a_{n+1}}{a_n} = \frac{(n+1)^{n+1}}{(n+1)!}\cdot\frac{n!}{n^n} = \frac{(n+1)(n+1)^n}{(n+1)n!}\cdot\frac{n!}{n^n}$$

$$=\left(\frac{n+1}{n}\right)^n = \left(1+\frac{1}{n}\right)^n \to e \quad n\to\infty\text{일 때}$$

그런데 $e>1$이므로, 비판정법에 따라서 주어진 급수는 발산한다. ■

참고 예제 9에서 비판정법을 사용하였지만, 발산판정법을 사용하여 보일 수도 있다.

$$a_n=\frac{n^n}{n!}=\frac{n\cdot n\cdot n\cdot\cdots\cdot n}{1\cdot 2\cdot 3\cdot\cdots\cdot n}\geq n$$

이므로, $n\to\infty$일 때 a_n은 0으로 가까이 가지 않는다. 그러므로 발산판정법에 따라서 주어진 급수는 발산한다.

9.4 연습문제

1. (a) 교대급수란 무엇인가?
(b) 교대급수는 어떤 조건을 만족하면 수렴하는가?
(c) (b)에서의 조건을 만족하여 수렴하는 경우, n번째 항 이후의 나머지에 대해서 무엇을 말할 수 있는가?

2. 다음 각각의 경우, 급수 $\sum a_n$에 대해서 무엇을 알 수 있는가?

(a) $\lim_{n\to\infty}\left|\frac{a_{n+1}}{a_n}\right|=8$ (b) $\lim_{n\to\infty}\left|\frac{a_{n+1}}{a_n}\right|=0.8$

(c) $\lim_{n\to\infty}\left|\frac{a_{n+1}}{a_n}\right|=1$

(3~10) 다음 급수의 수렴, 발산을 판단하여라.

3. $\frac{4}{7}-\frac{4}{8}+\frac{4}{9}-\frac{4}{10}+\frac{4}{11}-\cdots$

4. $-\frac{1}{3}+\frac{2}{4}-\frac{3}{5}+\frac{4}{6}-\frac{5}{7}+\cdots$

5. $\sum_{n=1}^{\infty}\frac{(-1)^{n-1}}{\sqrt{n}}$

6. $\sum_{n=1}^{\infty}\frac{(-1)^{n-1}}{\ln(n+4)}$

7. $\sum_{n=1}^{\infty}(-1)^n\frac{3n-1}{2n+1}$

8. $\sum_{n=1}^{\infty}(-1)^n\cdot\frac{n}{\sqrt{n^3+2}}$

9. $\sum_{n=1}^{\infty}(-1)^{n+1}\frac{n}{n^2+9}$

10. $\sum_{n=1}^{\infty}(-1)^n\cdot\cos\left(\frac{\pi}{n}\right)$

11. 교대급수 $\sum_{n=1}^{\infty}(-1)^{n-1}/n$의 50번째 부분합 s_{50}은 전체 합과 비교해 더 큰가, 아니면 더 작은가? 설명하여라.

12. 다음 급수의 처음 10개 부분합을 계산하여라.

$$\sum_{n=1}^{\infty}\frac{(-1)^{n-1}}{n^3}$$

항의 수열과 부분합의 수열의 그래프를 같은 좌표평면에 그려라. 전체 합의 근삿값으로 열 번째 부분합을 사용하면, 오차의 한계는 얼마인가?

13. p가 어떤 값일 때 다음 급수가 수렴하는가?

$$\sum_{n=1}^{\infty}\frac{(-1)^{n-1}}{n^p}$$

(14~16) 다음 급수가 수렴함을 보여라. 요구하는 만큼 정확하게 합을 구하려면, 항들을 몇 개 더해야 하는가?

14. $\sum_{n=1}^{\infty}\frac{(-1)^n}{n\cdot 5^n}$ ($|$오차$|<0.0001$)

15. $\sum_{n=1}^{\infty}\frac{(-1)^{n+1}}{n^6}$ ($|$오차$|<0.00005$)

16. $\sum_{n=1}^{\infty}(-1)^{n-1}ne^{-n}$ ($|$오차$|<0.01$)

(17~18) 항들의 수열과 부분합의 수열의 그래프를 같은 좌표평면에 그려라. 그래프를 이용하여 급수의 합을 대략 추측해보아라. 그 다음에 교대급수 오차정리를 이용하여 급수의 합을 소수점 넷째 자리까지 정확하게 구하여라.

17. $\sum_{n=1}^{\infty}\frac{(-0.8)^n}{n!}$

18. $\sum_{n=1}^{\infty}(-1)^{n-1}\frac{n}{8^n}$

(19~20) 다음 급수의 합을 소수점 넷째 자리까지 만큼 정확하게 구하여라.

19. $\sum_{n=1}^{\infty}\frac{(-1)^{n-1}n^2}{10^n}$

20. $\sum_{n=1}^{\infty}\frac{(-1)^n}{3^n n!}$

(21~34) 다음 급수가 절대수렴하는지 판정하여라.

21. $\sum_{n=1}^{\infty}\frac{(-3)^n}{n^3}$

22. $\sum_{n=1}^{\infty}\frac{n!}{100^n}$

23. $\sum_{n=0}^{\infty} \frac{(-10)^n}{n!}$

24. $\sum_{n=1}^{\infty} (-1)^{n-1} \frac{\sqrt{n}}{n+1}$

25. $\sum_{k=1}^{\infty} k\left(\frac{2}{3}\right)^k$

26. $\sum_{n=1}^{\infty} \frac{n^2}{2^n}$

27. $\sum_{n=1}^{\infty} \frac{(-1)^{n-1}}{\sqrt{n}}$

28. $\sum_{n=1}^{\infty} (-1)^{n-1} \frac{2^n}{n^4}$

29. $\sum_{n=1}^{\infty} \frac{10^n}{(n+1)4^{2n+1}}$

30. $\sum_{n=1}^{\infty} \frac{\sin 4n}{4^n}$

31. $\sum_{n=1}^{\infty} \frac{(-1)^n \cdot \arctan n}{n^2}$

32. $\sum_{n=1}^{\infty} \frac{(-2)^n \cdot n!}{(2n)!}$

33. $1-\frac{1\cdot 3}{3!}+\frac{1\cdot 3\cdot 5}{5!}-\frac{1\cdot 3\cdot 5\cdot 7}{7!}+\cdots$
$+\frac{(-1)^{n-1}1\cdot 3\cdot 5\cdot \cdots \cdot (2n-1)}{(2n-1)!}+\cdots$

34. $\frac{2}{5}+\frac{2\cdot 6}{5\cdot 8}+\frac{2\cdot 6\cdot 10}{5\cdot 8\cdot 11}+\frac{2\cdot 6\cdot 10\cdot 14}{5\cdot 8\cdot 11\cdot 14}+\cdots$

35. 급수의 항을 다음 점화식으로 정의하였다.

$$a_1=2, \qquad a_{n+1}=\frac{5n+1}{4n+3}a_n$$

급수 $\sum a_n$의 수렴, 발산을 판정하여라.

36. 급수 $\sum a_n$의 항을 다음 점화식으로 정의하였다.

$$a_1=1, \qquad a_{n+1}=\frac{2+\cos n}{\sqrt{n}}a_n$$

급수 $\sum a_n$의 수렴, 발산을 판정하여라.

37. 다음 급수 중에 비판정법으로 결론을 내릴 수 없는 것은?(즉, 비판정법으로는 수렴, 발산을 판정할 수 없음)

(a) $\sum_{n=1}^{\infty} \frac{1}{n^3}$ (b) $\sum_{n=1}^{\infty} \frac{n}{2^n}$

(c) $\sum_{n=1}^{\infty} \frac{(-3)^{n-1}}{\sqrt{n}}$ (d) $\sum_{n=1}^{\infty} \frac{\sqrt{n}}{1+n^2}$

(38~39) $\lim_{n\to\infty} \sqrt[n]{|a_n|}=L$라 하자.

근 판정법(Root Test)은 다음과 같다.

(i) $L<1$이면, $\sum a_n$는 절대수렴하고,

(ii) $L>1$(또는 $L=\infty$)이면, $\sum a_n$은 발산하고,

(iii) $L=1$이면 근판정법은 결정하지 못한다.

(비판정법과 마찬가지로, 근판정법도 기하급수의 비교에 의하여 증명할 수 있다.) 다음의 주어진 급수가 절대 수렴하는지 결정하여라.

38. $\sum_{n=2}^{\infty} \left(\frac{-2n}{n+1}\right)^{5n}$

39. $\sum_{n=1}^{\infty} \left(\frac{n^2+1}{2n^2+1}\right)^n$

40. k가 어떤 양의 정수일 때 다음 급수가 수렴하는가?

$$\sum_{n=1}^{\infty} \frac{(n!)^2}{(kn)!}$$

41. (a) 모든 x에 대해 $\sum_{n=0}^{\infty} x^n/n!$은 수렴함을 보여라.

(b) 모든 x에 대해 $\lim_{n\to\infty} x^n/n!=0$임을 추론하여라.

42. 1910년경 인도의 수학자 스리니바사 라마누잔은 공식

$$\frac{1}{\pi}=\frac{2\sqrt{2}}{9801}\sum_{n=0}^{\infty} \frac{(4n)!(1103+26390n)}{(n)!^4\, 396^{4n}}$$

을 발견하였다.

1985년 윌리암 고스퍼는 이 공식을 사용하여 π의 처음 1억 7천 자리수를 계산하였다.

(a) 급수가 수렴함을 보여라.

(b) 급수가 첫째항까지만 사용하면 π의 소수점 아래 몇 자리까지 정확한가? 급수의 둘째항까지 사용하면 어떻게 되는가?

9.5 멱급수

다음 형태의 급수를 멱급수라 부른다.

$$\boxed{1} \qquad \sum_{n=0}^{\infty} c_n x^n = c_0 + c_1 x + c_2 x^2 + c_3 x^3 + \cdots$$

여기서 x는 변수이며, c_n들은 상수로서 이 멱급수의 계수라 부른다. 각각의 고정된 x값에

대해, **1**은 보통의 평범한 급수가 되므로 수렴, 발산을 판단할 수 있다. 멱급수는 어떤 x값들에 대해서는 수렴하고, 다른 어떤 x값에 대해서는 발산한다. 멱급수의 합을 함수라 정의하면

$$f(x)=c_0+c_1x+c_2x^2+\cdots+c_nx^n+\cdots$$

이 함수의 정의역은 멱급수가 수렴하게 되는 모든 x의 집합이다. f는 다항식과 비슷하게 생겼음에 유의하자. 다항식과 다른 점은, f가 무수히 많은 항을 가지고 있다는 것이다. 예를 들어 모든 n에 대해 계수가 $c_n=1$이라면, 멱급수는 다음과 같이 기하급수가 된다.

$$\sum_{n=0}^{\infty} x^n=1+x+x^2+\cdots+x^n+\cdots$$

이것은 $-1<x<1$일 때 수렴한다. 이 급수는 $|x|\geq 1$일 때 발산한다(9.2절 **5** 참조).

좀더 일반적으로 다음 형태의 급수

2 $$\sum_{n=0}^{\infty} c_n(x-a)^n=c_0+c_1(x-a)+c_2(x-a)^2+\cdots$$

를 **$(x-a)$의 멱급수**, 또는 **a를 중심으로 한 멱급수**, 또는 **a에서의 멱급수**라 부른다. 식 **1**, **2**에서 $n=0$에 대응하는 항에서는 $(x-a)^0=1$로 정의함에 유의하자. $x=a$인 경우에도 이렇게 정의한다. 그리고 $x=a$인 경우, $n\geq 1$인 항은 모두 0이다. 그러므로 **2**의 급수는 $x=a$인 경우 항상 수렴한다.

● 다음 사실을 주목하자.
$(n+1)!$
$=(n+1)n(n-1)\cdot\cdots\cdot 3\cdot 2\cdot 1$
$=(n+1)n!$

예제 1 중심점에서만 수렴하는 멱급수 x가 어떤 값일 때 급수 $\sum_{n=0}^{\infty} n!x^n$이 수렴하는가?

풀이 비판정법을 사용하자. 급수의 n번째 항을 a_n으로 나타내자. 즉, $a_n=n!x^n$ $(x\neq 0$인 경우)

$$\lim_{n\to\infty}\left|\frac{a_{n+1}}{a_n}\right|=\lim_{n\to\infty}\left|\frac{(n+1)!x^{n+1}}{n!x^n}\right|=\lim_{n\to\infty}(n+1)|x|=\infty$$

비판정법에 따라서 이 급수는 $x\neq 0$일 때 발산한다. 그러므로 주어진 급수는 $x=0$일 때에만 수렴한다. ■

예제 2 멱급수의 수렴을 결정하기 위해 비판정법 이용 x가 어떤 값일 때 급수 $\sum_{n=1}^{\infty}\frac{(x-3)^n}{n}$이 수렴하는가?

풀이 $a_n=(x-3)^n/n$이라 하자. 그러면

$$\left|\frac{a_{n+1}}{a_n}\right|=\left|\frac{(x-3)^{n+1}}{n+1}\cdot\frac{n}{(x-3)^n}\right|$$

$$=\frac{1}{1+\frac{1}{n}}|x-3| \to |x-3|,\quad n\to\infty\text{일 때}$$

그러므로 비판정법에 따라서 주어진 급수는 $|x-3|<1$일 때 절대수렴하고(그러므로 수렴한다), $|x-3|>1$일 때 발산한다. 그런데

$$|x-3|<1 \Leftrightarrow -1<x-3<1 \Leftrightarrow 2<x<4$$

그러므로 주어진 급수는 $2<x<4$일 때 수렴하고, $x<2$ 또는 $x>4$일 때 발산한다. $|x-3|=1$일 때, 비판정법은 결론을 제공하지 못한다. 그러므로 $x=2$, $x=4$인 경우는 따로 다루어야 한다.

$x=4$를 주어진 급수에 넣으면, 주어진 급수는 $\sum 1/n$이 된다. 이것은 조화급수이며, 발산한다. $x=2$라 놓으면 급수는 $\sum(-1)^n/n$이 되며 이것은 교대급수 판정법에 따라서 수렴한다. 그러므로 주어진 멱급수는 $2\le x<4$일 때 수렴한다. ■

National Film Board of Canada

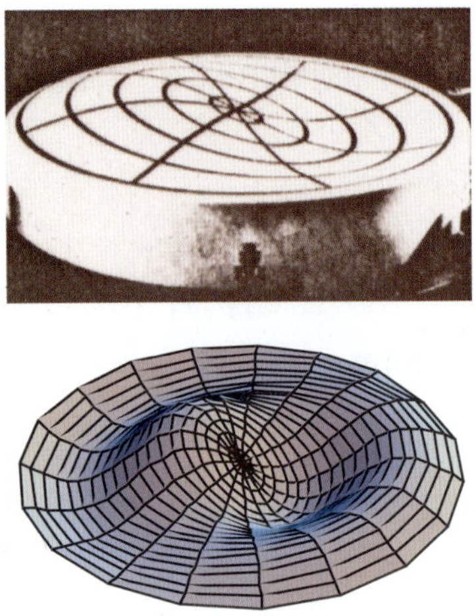

● 베셀 함수와 코사인 함수를 이용하여 컴퓨터로 만든 모델이 진동하는 고무 막의 사진과 매우 흡사함을 주목하기 바란다.

뒤에 가서 살펴보겠지만, 수학, 물리학, 화학에서 여러 가지 매우 중요한 함수들을 나타내는 데 멱급수를 사용한다. 예를 들어, 다음 예제에 나오는 멱급수의 합은 **베셀 함수**이다. 이것은 독일의 천문학자 베셀(Friedrich Bessel, 1784~1846)의 이름을 딴 것이며 연습문제 29에 또 다른 베셀 함수가 나온다. 이 함수들은 행성 운행에 관한 케플러 방정식을 베셀이 풀면서 처음 생겨났다. 그 이후, 이 함수들은 여러 가지 다른 물리학적 상황들에 적용되었다. 원판에서의 온도 분포, 진동하는 북의 막 등이 적용된 예이다.

예제 3 **모든 x에 대하여 수렴하는 멱급수** 다음은 0계 베셀 함수의 정의이다. 그 정의역을 구하여라.

$$J_0(x)=\sum_{n=0}^{\infty}\frac{(-1)^n x^{2n}}{2^{2n}(n!)^2}$$

풀이 $a_n=(-1)^n x^{2n}/[2^{2n}(n!)^2]$이라 하자. 그러면

$$\begin{aligned}\left|\frac{a_{n+1}}{a_n}\right| &= \left|\frac{(-1)^{n+1}x^{2(n+1)}}{2^{2(n+1)}[(n+1)!]^2}\cdot\frac{2^{2n}(n!)^2}{(-1)^n x^{2n}}\right| \\ &= \frac{x^{2n+2}}{2^{2n+2}(n+1)^2(n!)^2}\cdot\frac{2^{2n}(n!)^2}{x^{2n}} \\ &= \frac{x^2}{4(n+1)^2} \to 0<1 \quad (\text{모든 } x\text{에 대해서})\end{aligned}$$

그러므로 비판정법에 따라서 주어진 급수는 모든 x에 대해서 수렴한다. 바꿔 말하면, 베셀 함수 J_0의 정의역은 실수 전체 $(-\infty, \infty)=\mathbb{R}$이다. ■

급수의 합은 그 부분합의 수열의 극한과 같음을 상기하자. 그러므로 예제 3에서 급수의 합으로 베셀 함수를 정의하였을 때, 모든 x에 대해서

$$J_0(x)=\lim_{n\to\infty}s_n(x) \quad \text{여기서} \quad s_n(x)=\sum_{i=0}^{n}\frac{(-1)^i x^{2i}}{2^{2i}(i!)^2}$$

처음 몇 개의 부분합을 구해보면

$$s_0(x)=1, \quad s_1(x)=1-\frac{x^2}{4}, \quad s_2(x)=1-\frac{x^2}{4}+\frac{x^4}{64}$$

$$s_3(x)=1-\frac{x^2}{4}+\frac{x^4}{64}-\frac{x^6}{2304},$$

$$s_4(x)=1-\frac{x^2}{4}+\frac{x^4}{64}-\frac{x^6}{2304}+\frac{x^8}{147456}$$

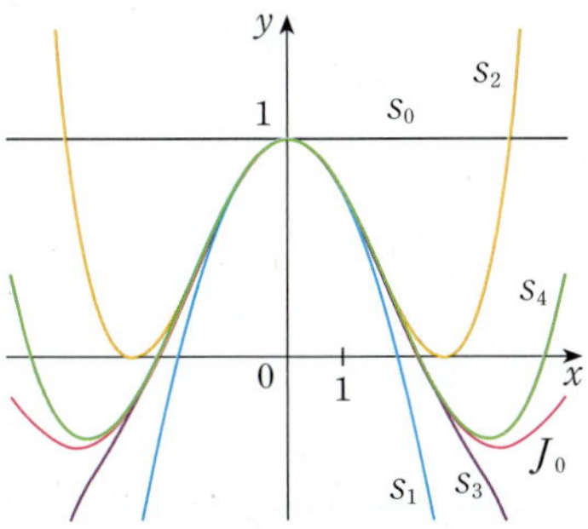

그림 1
베셀 함수 J_0의 부분합

이 부분합은 다항식인데, 그 그래프를 그림 1에 그려 놓았다. 이것들은 모두 베셀 함수 J_0의 근사식이다. 그림 1을 보면 알 수 있듯이, 항이 더 많으면 많을수록 더욱 정확한 근사식이 된다. 베셀 함수의 그래프를 좀더 큰 구간에서 그려 놓은 것이 그림 2이다.

지금까지 다룬 멱급수에서, 그 급수가 수렴하는 x들의 집합은 항상 어떤 구간이었다(기하급수와 예제 2의 급수에서는 유한한 구간, 예제 3에서는 무한히 큰 구간 $(-\infty, \infty)$, 예제 1에서는 쪼그라든 구간 $[0, 0]=\{0\}$). 다음 정리에 나오듯이, 이것은 일반적으로 성립하는 사실이다. 증명은 생략하겠다.

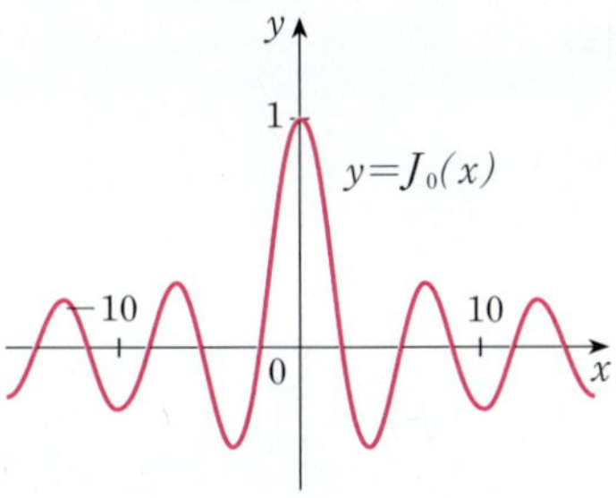

그림 2

3 정리 멱급수 $\sum_{n=0}^{\infty} c_n(x-a)^n$은 다음 세 가지 경우만 가능하다.

(i) 이 급수는 $x=a$에서만 수렴한다.

(ii) 이 급수는 모든 x에서 수렴한다.

(iii) 어떤 양수 R이 있어서, 이 급수는 $|x-a|<R$이면 수렴하고, $|x-a|>R$이면 발산한다.

(iii)의 경우, 양수 R을 이 멱급수의 **수렴 반지름(반경)**이라 부른다. 그리고 편의상 (i)의 경우 수렴 반지름이 $R=0$, (ii)의 경우 수렴 반지름이 $R=\infty$라 한다. 멱급수의 **수렴 구간**은 그 급수가 수렴하는 모든 x의 집합인 구간을 말한다. (i)의 경우 수렴 구간은 한 개의 점 a만이 있다. (ii)의 경우 수렴 구간은 실수 전체 $(-\infty, \infty)$이다. (iii)의 경우 부등식 $|x-a|<R$을 다시 쓰면, $a-R<x<a+R$이다. 그런데 x가 양 끝점인 경우, 즉 $x=a\pm R$인 경우, 여러 가지 상황이 있을 수 있다. 그 멱급수는 양 끝점에서 수렴할 수도 있고 한 끝점에서 수렴하고 다른 한 끝점에서 발산할 수도 있고 양 끝점에서 발산할 수도 있다. 그러므로 (iii)의 경우, 수렴 구간은 다음 네 가지 형태 중의 하나가 된다.

$$(a-R, a+R),\ (a-R, a+R],$$

$$[a-R, a+R),\ [a-R, a+R]$$

이 상황을 그림으로 나타내면 그림 3과 같다.

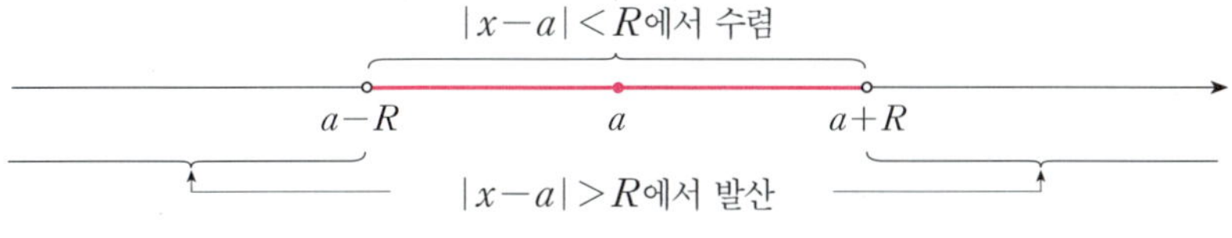

그림 3

이 절에서 이미 다룬 예제의 멱급수의 수렴 반지름과 수렴 구간을 요약하면 다음과 같다.

	급수	수렴 반지름	수렴 구간
기하급수	$\sum_{n=0}^{\infty} x^n$	$R=1$	$(-1, 1)$
예제 1	$\sum_{n=0}^{\infty} n!x^n$	$R=0$	$\{0\}$
예제 2	$\sum_{n=1}^{\infty} \frac{(x-3)^n}{n}$	$R=1$	$[2, 4)$
예제 3	$\sum_{n=0}^{\infty} \frac{(-1)^n x^{2n}}{2^{2n}(n!)^2}$	$R=\infty$	$(-\infty, \infty)$

대부분의 경우, 비판정법을 사용하여 수렴 반지름 R을 구할 수 있다. 그러나 x가 수렴 구간의 끝점일 때, 비판정법은 항상 실패로 끝난다. 그러므로 끝점은 다른 판정법을 사용하여 판단해야 한다.

예제 4 다음 급수의 수렴 반지름과 수렴 구간을 구하여라.

$$\sum_{n=0}^{\infty} \frac{(-3)^n x^n}{\sqrt{n+1}}$$

풀이 $a_n=(-3)^n x^n/\sqrt{n+1}$이라 하자. 그러면

$$\left|\frac{a_{n+1}}{a_n}\right| = \left|\frac{(-3)^{n+1}x^{n+1}}{\sqrt{n+2}} \cdot \frac{\sqrt{n+1}}{(-3)^n x^n}\right| = \left|-3x\sqrt{\frac{n+1}{n+2}}\right|$$

$$=3\sqrt{\frac{1+(1/n)}{1+(2/n)}}\,|x| \to 3|x| \quad n\to\infty \text{일 때}$$

비판정법에 따라서 주어진 급수는 $3|x|<1$일 때 수렴하고, $3|x|>1$일 때 발산한다. 즉, $|x|<\frac{1}{3}$일 때 수렴하고, $|x|>\frac{1}{3}$일 때 발산한다. 그러므로 수렴 반지름은 $R=\frac{1}{3}$이다.

이 급수가 구간 $\left(-\frac{1}{3}, \frac{1}{3}\right)$에서 수렴함을 알았다. 그렇지만 이 구간의 양 끝점에서 수렴 여부는 따로 확인해보아야 한다. $x=-\frac{1}{3}$이라 놓으면 이 급수는

$$\sum_{n=0}^{\infty} \frac{(-3)^n\left(-\frac{1}{3}\right)^n}{\sqrt{n+1}} = \sum_{n=0}^{\infty} \frac{1}{\sqrt{n+1}}$$

$$= \frac{1}{\sqrt{1}}+\frac{1}{\sqrt{2}}+\frac{1}{\sqrt{3}}+\frac{1}{\sqrt{4}}+\cdots$$

이것은 발산한다(적분판정법을 사용하거나, 또는 p급수이며 $p=\frac{1}{2}<1$임을 주목). $x=\frac{1}{3}$이라 놓으면 이 급수는

$$\sum_{n=0}^{\infty} \frac{(-3)^n\left(\frac{1}{3}\right)^n}{\sqrt{n+1}} = \sum_{n=0}^{\infty} \frac{(-1)^n}{\sqrt{n+1}}$$

이것은 교대급수 판정법에 따라서 수렴한다. 그러므로 주어진 급수는 $-\frac{1}{3}<x\le\frac{1}{3}$일 때 수렴한다. 즉, 수렴 구간은 $\left(-\frac{1}{3}, \frac{1}{3}\right]$이다. ■

예제 5 다음 급수의 수렴 반지름과 수렴 구간을 구하여라.

$$\sum_{n=0}^{\infty}\frac{n(x+2)^n}{3^{n+1}}$$

풀이 $a_n=n(x+2)^n/3^{n+1}$이라 하자. 그러면

$$\left|\frac{a_{n+1}}{a_n}\right|=\left|\frac{(n+1)(x+2)^{n+1}}{3^{n+2}}\cdot\frac{3^{n+1}}{n(x+2)^n}\right|$$

$$=\left(1+\frac{1}{n}\right)\frac{|x+2|}{3}\to\frac{|x+2|}{3}\quad n\to\infty\text{일 때}$$

비판정법을 사용하면, 주어진 급수는 $|x+2|/3<1$일 때 수렴하고 $|x+2|/3>1$일 때 발산함을 알 수 있다. 즉, $|x+2|<3$일 때 수렴하고, $|x+2|>3$일 때 발산한다. 그러므로 수렴 반지름은 $R=3$이다.

부등식 $|x+2|<3$을 다시 쓰면, $-5<x<1$이다. 그러므로 양 끝점 -5, 1을 따로 조사해야 한다. $x=-5$이면, 이 급수는

$$\sum_{n=0}^{\infty}\frac{n(-3)^n}{3^{n+1}}=\frac{1}{3}\sum_{n=0}^{\infty}(-1)^n n$$

이것은 발산판정법에 따라서 발산한다($(-1)^n n$은 0으로 가까이 가지 않는다). $x=1$이면, 이 급수는

$$\sum_{n=0}^{\infty}\frac{n(3)^n}{3^{n+1}}=\frac{1}{3}\sum_{n=0}^{\infty}n$$

이것도 발산판정법에 따라서 발산한다. 그러므로 주어진 급수는 $-5<x<1$일 때에만 수렴한다. 즉, 수렴 구간은 $(-5, 1)$이다. ■

9.5 연습문제

1. 멱급수란 무엇인가?
2. (a) 멱급수의 수렴 반지름은 무엇인가? 어떻게 구하는가?
   (b) 멱급수의 수렴 구간은 무엇인가? 어떻게 구하는가?

(3~24) 다음 멱급수의 수렴 반지름과 수렴 구간을 구하여라.

3. $\sum_{n=1}^{\infty}\frac{x^n}{\sqrt{n}}$
4. $\sum_{n=0}^{\infty}\frac{(-1)^n x^n}{n+1}$
5. $\sum_{n=1}^{\infty}\frac{(-1)^{n-1}x^n}{n^3}$
6. $\sum_{n=1}^{\infty}\sqrt{n}x^n$
7. $\sum_{n=1}^{\infty}\frac{x^n}{n!}$
8. $\sum_{n=1}^{\infty}\frac{x^n}{n3^n}$
9. $\sum_{n=1}^{\infty}(-1)^n\frac{n^2x^n}{2^n}$
10. $\sum_{n=0}^{\infty}\frac{n^2x^n}{10^n}$
11. $\sum_{n=1}^{\infty}\frac{(-2)^n x^n}{\sqrt[4]{n}}$
12. $\sum_{n=1}^{\infty}\frac{(2n)!}{2^n}x^n$
13. $\sum_{n=0}^{\infty}\frac{(x-2)^n}{n^2+1}$
14. $\sum_{n=1}^{\infty}\frac{(-2)^n}{\sqrt{n}}(x+3)^n$
15. $\sum_{n=1}^{\infty}\frac{3^n(x+4)^n}{\sqrt{n}}$
16. $\sum_{n=1}^{\infty}\frac{n}{4^n}(x+1)^n$
17. $\sum_{n=1}^{\infty}\frac{(4x+1)^n}{n^2}$
18. $\sum_{n=1}^{\infty}\frac{n(x-4)^n}{n^3+1}$
19. $\sum_{n=1}^{\infty}n!(2x-1)^n$
20. $\sum_{n=1}^{\infty}\frac{(3x-2)^n}{n3^n}$
21. $\sum_{n=1}^{\infty}\frac{n}{b^n}(x-a)^n$, $b>0$
22. $\sum_{n=2}^{\infty}\frac{x^{2n}}{n(\ln n)^2}$
23. $\sum_{n=1}^{\infty}\frac{x^n}{1\cdot3\cdot5\cdot\cdots\cdot(2n-1)}$
24. $\sum_{n=1}^{\infty}\frac{n^2x^n}{2\cdot4\cdot6\cdot\cdots\cdot(2n)}$

25. $\sum_{n=0}^{\infty}c_n4^n$이 수렴한다고 하자. 그러면 다음 급수가 수렴하는가?

(a) $\sum_{n=0}^{\infty} c_n(-2)^n$ (b) $\sum_{n=0}^{\infty} c_n(-4)^n$

26. 멱급수 $\sum_{n=0}^{\infty} c_n x^n$이 $x=-4$일 때 수렴하고 $x=6$일 때 발산한다고 하자. 그러면 다음 급수의 수렴, 발산 여부를 판단하여라.

(a) $\sum_{n=0}^{\infty} c_n$ (b) $\sum_{n=0}^{\infty} c_n 8^n$

(c) $\sum_{n=0}^{\infty} c_n(-3)^n$ (d) $\sum_{n=0}^{\infty} (-1)^n c_n 9^n$

27. k는 양의 정수이다. 다음 멱급수의 수렴 반지름을 구하여라.

$$\sum_{n=0}^{\infty} \frac{(n!)^k}{(kn)!} x^n$$

28. 급수 $\sum_{n=0}^{\infty} x^n$의 처음 몇 개 부분합 $s_n(x)$와 급수의 합 $f(x)=1/(1-x)$의 그래프를 같은 좌표평면에 그려라. 이 부분합은 어떤 구간에서 $f(x)$로 수렴하겠는가?

29. 1계 베셀 함수 J_1은 다음과 같이 정의한다.

$$J_1(x)=\sum_{n=0}^{\infty} \frac{(-1)^n x^{2n+1}}{n!(n+1)!2^{2n+1}}$$

(a) 그 정의역을 구하여라.

(b) 처음 몇 개의 부분합을 같은 좌표평면에 그려라.

CAS (c) 만약 CAS에 베셀 함수가 들어있다면, (b)에서 그린 부분합의 그래프와 같은 좌표평면에 J_1의 그래프를 그리고, 부분합이 J_1에 얼마나 가까운지 확인해 보아라.

30. 함수 A를 다음과 같이 정의하였다.

$$A(x)=1+\frac{x^3}{2\cdot 3}+\frac{x^6}{2\cdot 3\cdot 5\cdot 6}+\frac{x^9}{2\cdot 3\cdot 5\cdot 6\cdot 8\cdot 9}+\cdots$$

영국의 수학자이자 천문학자인 에어리(George Airy, 1801~1892)의 이름을 따서, 이 함수를 에어리 함수라 부른다.

(a) 에어리 함수의 정의구역을 구하여라.

(b) 처음 몇 개의 부분합 $s_n(x)$의 그래프를 같은 화면에다 그려라.

CAS (c) 만약 CAS에 에어리 함수가 들어있다면, (b)에서 그린 부분합의 그래프와 같은 좌표평면에 $A(x)$의 그래프를 그리고, 부분합들이 $A(x)$에 얼마나 가까운지 확인해 보아라.

31. 함수 f를 다음과 같이 정의하였다.

$$f(x)=1+2x+x^2+2x^3+x^4+\cdots$$

즉, 모든 $n\geq 0$에 대하여 그 계수가 $c_{2n}=1$, $c_{2n+1}=2$이다. 이 멱급수의 수렴 구간을 구하고, 함수 $f(x)$의 구체적인 공식을 구하여라.

32. $f(x)=\sum_{n=0}^{\infty} c_n x^n$이고, 여기서 모든 $n\geq 0$에 대하여 그 계수들이 $c_{n+4}=c_n$을 만족한다. 이 멱급수의 수렴 구간을 구하고, 함수 $f(x)$의 구체적인 공식을 구하여라.

33. 멱급수 $\sum c_n x^n$의 수렴 반지름이 2이고, 멱급수 $\sum d_n x^n$의 수렴 반지름이 3이다. 그렇다면 멱급수 $\sum (c_n+d_n)x^n$의 수렴 반지름은 얼마인가? 그 이유는?

34. 멱급수 $\sum c_n x^n$의 수렴 반지름이 R이다. 그렇다면 멱급수 $\sum c_n x^{2n}$의 수렴 반지름은 얼마인가?

35. 수렴구간이 $[0, \infty]$인 멱급수를 찾는 것은 가능한가? 설명하여라.

36. 실수 p, q $(p<q)$에 대하여, 수렴구간이 다음과 같은 멱급수를 구하여라.

(a) (p, q) (b) $(p, q]$ (c) $[p, q)$ (d) $[p, q]$

9.6 함수의 멱급수 표현

이 절에서는 기하급수를 잘 조작하거나 또는 미분, 적분함으로써 함수를 멱급수로 표현하는 방법을 공부하겠다. 독자는 아마도 왜 우리가 잘 알고 있는 함수를 무한급수로 나타내려 하는지 궁금할 것이다. 그러나 이러한 방법이 적분하기 어려운 함수를 적분할 때, 미분방정식을 풀 때, 또는 함수를 다항함수로 근사시킬 때 등의 경우에 매우 유용하다는 것을 차차 알게 될 것이다(과학자들은 간단히 표현하기 위해서 이와 같은 작업을 하고, 컴퓨터 공학자들은 함수를 계산기 또는 컴퓨터에 표현하기 위해서 한다).

우선 앞에서 이미 공부했던 다음의 식을 살펴보자.

● 식 [1]의 기하학적 표현이 그림 1에 나타나 있다. 급수의 합은 수열의 부분합의 극한이기 때문에, n번째 부분합 $s_n(x)=1+x+x^2+\cdots+x^n$ 일 때, $\dfrac{1}{1-x}=\lim_{n\to\infty} s_n(x)$ 임을 알 수 있다. n이 증가함에 따라 $s_n(x)$는 $-1<x<1$에서 $f(x)$에 더 근사함을 알 수 있다.

[1] $$\frac{1}{1-x}=1+x+x^2+x^3+\cdots=\sum_{n=0}^{\infty} x^n, \quad |x|<1$$

이 식을 9.2절의 예제 5에서 처음 접했었는데, 거기에서 $a=1$, $r=x$인 경우의 기하급수로부터 얻었다. 그러나 여기에서의 우리의 관점은 좀 다르다. 위의 식 [1]을, 함수 $f(x)=1/(1-x)$을 멱급수로 나타낸 것으로 간주하겠다.

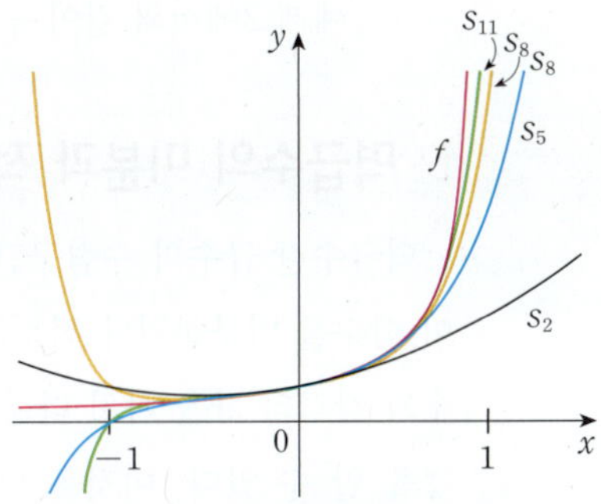

그림 1
$f(x)=\dfrac{1}{1-x}$과 부분합

예제 1 **기존급수로부터 새로운 멱급수 찾기** 함수 $1/(1+x^2)$을 멱급수로 나타내고, 수렴구간을 구하여라.

풀이 [1]에서 x 대신에 $-x^2$을 대입하면 다음 식을 얻는다.

$$\frac{1}{1+x^2}=\frac{1}{1-(-x^2)}=\sum_{n=0}^{\infty}(-x^2)^n$$
$$=\sum_{n=0}^{\infty}(-1)^n x^{2n}=1-x^2+x^4-x^6+x^8-\cdots$$

이 식은 기하급수이므로 $|-x^2|<1$, 즉 $x^2<1$, $|x|<1$일 때 수렴한다. 따라서 수렴구간은 $(-1, 1)$이다(물론 비판정법을 이용해서 수렴반경을 구할 수 있으나, 여기에서는 그렇게까지 할 필요는 없다). ■

예제 2 함수 $1/(x+2)$의 멱급수 표현을 구하여라.

풀이 주어진 함수를 위의 [1]의 형태에 맞추기 위해서는 다음과 같이 하면 된다.

$$\frac{1}{2+x}=\frac{1}{2\left(1+\frac{x}{2}\right)}=\frac{1}{2\left[1-\left(-\frac{x}{2}\right)\right]}=\frac{1}{2}\sum_{n=0}^{\infty}\left(-\frac{x}{2}\right)^n=\sum_{n=0}^{\infty}\frac{(-1)^n}{2^{n+1}}x^n$$

이 급수는 $|-x/2|<1$, 즉 $|x|<2$에서 수렴한다. 따라서 수렴구간은 $(-2, 2)$이다. ■

예제 3 함수 $x^3/(x+2)$의 멱급수 표현을 구하여라.

풀이 이 함수는 바로 예제 2에서 다룬 함수에 x^3을 곱한 것이기 때문에, 예제 2에서 구한 급수에 단순히 x^3을 곱하기만 하면 된다.

● x^3은 n에 영향을 받지 않기 때문에 시그마 안으로 들어가는 것은 타당하다. [$c=x^3$이라 하고 정리 9.2.8 (i)을 이용하여라.]

$$\frac{x^3}{x+2}=x^3\cdot\frac{1}{x+2}=x^3\sum_{n=0}^{\infty}\frac{(-1)^n}{2^{n+1}}x^n=\sum_{n=0}^{\infty}\frac{(-1)^n}{2^{n+1}}x^{n+3}$$
$$=\frac{1}{2}x^3-\frac{1}{4}x^4+\frac{1}{8}x^5-\frac{1}{16}x^6+\cdots$$

이 급수를 다른 방법으로 표현하면 다음과 같다.

$$\frac{x^3}{x+2}=\sum_{n=3}^{\infty}\frac{(-1)^{n-1}}{2^{n-2}}x^n$$

예제 2에서와 같이 수렴 구간은 $(-2, 2)$이다. ■

▷ 멱급수의 미분과 적분

멱급수란 급수의 수렴구간을 정의역으로 하는 함수 $f(x)=\sum_{n=0}^{\infty}c_n(x-a)^n$이다. 우리는 이 함수를 미분하거나 적분하려고 하는데, 다음 정리(증명하지 않을 것임)에 의하여 멱급수의 각각의 항을 마치 다항함수의 미분, 적분할 때와 마찬가지로 미분, 적분할 수 있다는 것을 알 수 있다. 이것을 **항별 미분 적분**(term-by-term differentiation and integration)이라고 한다.

2 정리 멱급수 $\sum c_n(x-a)^n$의 수렴 반지름이 $R>0$ 이면, 함수

$$f(x)=c_0+c_1(x-a)+c_2(x-a)^2+\cdots=\sum_{n=0}^{\infty}c_n(x-a)^n$$

는 구간 $(a-R, a+R)$에서 미분 및 적분가능하고(따라서 연속) 다음과 같이 된다.

(i) $f'(x)=c_1+2c_2(x-a)+3c_3(x-a)^2+\cdots=\sum_{n=1}^{\infty}nc_n(x-a)^{n-1}$

(ii) $\int f(x)dx=C+c_0(x-a)+c_1\frac{(x-a)^2}{2}+c_2\frac{(x-a)^3}{3}+\cdots$

$$=C+\sum_{n=0}^{\infty}c_n\frac{(x-a)^{n+1}}{n+1}$$

식 (i)과 (ii)의 멱급수의 수렴 반지름은 모두 R 이다.

● (ii)에서 $C=C_1+ac_0$라 하면 $\int c_0\,dx=c_0x+C_1$을 $c_0(x-a)+C$로 쓸 수 있고, 급수의 모든 항들은 같은 형태로 표현된다.

참고 1 위의 정리 **2**의 수식 (i)과 (ii)는 다음과 같이 다시 표현할 수 있다.

(iii) $\frac{d}{dx}\left[\sum_{n=0}^{\infty}c_n(x-a)^n\right]=\sum_{n=0}^{\infty}\frac{d}{dx}[c_n(x-a)^n]$

(iv) $\int\left[\sum_{n=0}^{\infty}c_n(x-a)^n\right]dx=\sum_{n=0}^{\infty}\int c_n(x-a)^n\,dx$

유한합의 경우에 합의 미분은 각각의 미분의 합이고, 합의 적분은 각각의 적분의 합이라는 것을 알고 있다. 식 (iii)과 (iv)에서 알 수 있는 것은 멱급수의 경우에 무한

합의 경우에도 성립한다는 것이다(다른 형태의 함수의 합의 경우에는 상황이 단순하지 않다. 연습문제 36 참조).

참고 2 정리 **2**에서 멱급수를 미분하거나 적분하더라도 수렴 반지름은 변함없다는 것을 알 수 있지만, 그렇다고 해서 수렴 구간이 동일하다는 것은 아니다. 처음의 급수가 수렴반경의 끝점에서 수렴하더라도 미분한 급수가 그 점에서 발산하는 경우가 있다(연습문제 37 참조).

참고 3 멱급수를 항별로 미분하는 아이디어는 미분방정식을 푸는 데에 있어서 매우 강력한 방법이다. 이 방법에 대해서는 9.10절에서 논의할 것이다.

예제 4 **멱급수 미분** 9.5절의 예제 3에서 다음의 베셀 함수가 모든 x에서 정의된다는 것을 보았다.

$$J_0(x)=\sum_{n=0}^{\infty}\frac{(-1)^n x^{2n}}{2^{2n}(n!)^2}$$

따라서 정리 **2**에 의하여, J_0는 모든 x에서 미분가능하고, 그것의 미분은 항별 미분에 의하여 다음과 같음을 알 수 있다.

$$J'_0(x)=\sum_{n=0}^{\infty}\frac{d}{dx}\frac{(-1)^n x^{2n}}{2^{2n}(n!)^2}=\sum_{n=1}^{\infty}\frac{(-1)^n 2nx^{2n-1}}{2^{2n}(n!)^2}$$ ■

예제 5 식 **1**을 미분해서 $1/(1-x)^2$을 멱급수로 나타내어라. 수렴 반지름은 어떻게 되는가?

풀이 $\dfrac{1}{1-x}=1+x+x^2+x^3+\cdots=\sum_{n=0}^{\infty}x^n$ 의 양변을 미분하면

$$\frac{1}{(1-x)^2}=1+2x+3x^2+\cdots=\sum_{n=1}^{\infty}nx^{n-1}$$

를 얻는다. 위 식에서 n 대신에 $n+1$을 대입하면 다음과 같이 표현할 수 있다.

$$\frac{1}{(1-x)^2}=\sum_{n=0}^{\infty}(n+1)x^n$$

정리 **2**에 의하여, 미분된 급수의 수렴반지름은 원래급수의 수렴반지름과 같으므로 $R=1$이다. ■

예제 6 **적분을 이용한 새 멱급수 찾기** 함수 $\ln(1+x)$의 멱급수 표현을 구하고 수렴반지름을 구하라.

풀이 미분하면 $\dfrac{1}{1+x}$이다. 식 **1**로부터

$$\frac{1}{1+x}=\frac{1}{1-(-x)}=1-x+x^2-x^3+\cdots,\quad |x|<1$$

양변을 적분하면,

$$\ln(1+x)=\int\frac{1}{1+x}dx=\int(1-x+x^2-x^3+\cdots)dx$$
$$=x-\frac{x^2}{2}+\frac{x^3}{3}-\frac{x^4}{4}+\cdots+C$$
$$=\sum_{n=1}^{\infty}(-1)^{n-1}\frac{x^n}{n}+C,\qquad |x|<1$$

상수 C의 값을 구하기 위하여, 위 식에 $x=0$을 대입하면 $\ln(1+x)=C$를 얻는다. 따라서 $C=0$이다. 그러므로

$$\ln(1+x)=x-\frac{x^2}{2}+\frac{x^3}{3}-\frac{x^4}{4}+\cdots=\sum_{n=1}^{\infty}(-1)^{n-1}\frac{x^n}{n},\qquad |x|<1$$

수렴 반지름은 원래의 급수와 동일하게 $R=1$이다. ■

● 예제 7에서 만들어진 $\tan^{-1}x$에 대한 멱급수는 뉴턴의 발견의 몇가지를 예견한 스코틀랜드의 수학자 James Gregory(1636~1675)의 이름을 따라 그레고리 급수라 불린다. 그레고리 급수는 $-1<x<1$일 때 유효하다는 것은 이미 알고 있다. 그러나 $x=\pm1$일 때에도 유효하다는 것이(증명하기는 쉽지 않더라도) 판명되었다. $x=1$일 때 급수는 $\frac{\pi}{4}=1-\frac{1}{3}+\frac{1}{5}-\frac{1}{7}+\cdots$임에 주목하라. 이 결과는 π값에 대한 라이프니츠 공식으로 잘 알려져 있다.

예제 7 함수 $f(x)=\tan^{-1}x$의 멱급수 표현을 구하라.

풀이 $f'(x)=1/(1+x^2)$이므로 $1/(1+x^2)$를 적분하면 $\tan^{-1}x$가 된다. 그리고 예제 1에서 구한 $1/(1+x^2)$의 멱급수 표현을 이용하면 적분하면 $\tan^{-1}x$의 멱급수 표현을 다음과 같이 구할 수 있다.

$$\tan^{-1}x=\int\frac{1}{1+x^2}dx=\int(1-x^2+x^4-x^6+\cdots)dx$$
$$=C+x-\frac{x^3}{3}+\frac{x^5}{5}-\frac{x^7}{7}+\cdots$$

상수 C의 값을 구하기 위하여 $x=0$을 대입하면 $C=\tan^{-1}0=0$가 된다. 따라서 다음을 얻는다.

$$\tan^{-1}x=x-\frac{x^3}{3}+\frac{x^5}{5}-\frac{x^7}{7}+\cdots=\sum_{n=0}^{\infty}(-1)^n\frac{x^{2n+1}}{2n+1}$$

함수 $1/(1+x^2)$의 수렴 반지름은 1이므로 $\tan^{-1}x$의 수렴 반지름도 역시 1이다. ■

● 이 예제는 멱급수 표현이 유용한 한 단편을 보여준다. $1/(1+x^7)$을 직접 적분하는 것은 매우 어렵다. 서로 다른 컴퓨터 대수체계에서도 다른 형태의 결과를 주며, 그 결과들은 한결같이 매우 복잡하다.(CAS가 있다면 직접 시도해 보아라.) 예제 8(a)에 있는 무한 급수는 CAS가 제시하는 유한결과보다 실제로 다루기가 훨씬 편하다.

예제 8 (a) $\int[1/(1+x^7)]dx$를 멱급수로 나타내어라.

(b) (a)를 이용하여 $\int_0^{0.5}[1/(1+x^7)]dx$의 값을 오차가 10^{-7} 이내가 되도록 구하라.

풀이 (a) 우선 피적분함수 $1/(1+x^7)$을 멱급수로 나타내자. 예제 1에서와 같이 식 **1** 에서 x 대신에 $-x^7$을 대입하면 다음을 얻는다.

$$\frac{1}{1+x^7}=\frac{1}{1-(-x^7)}=\sum_{n=0}^{\infty}(-x^7)^n$$
$$=\sum_{n=0}^{\infty}(-1)^n x^{7n}=1-x^7+x^{14}-\cdots$$

이제 위 식을 항별적분하면 다음을 얻는다.

$$\int\frac{1}{1+x^7}dx=\int\sum_{n=0}^{\infty}(-1)^n x^{7n}dx=C+\sum_{n=0}^{\infty}(-1)^n\frac{x^{7n+1}}{7n+1}$$

$$=C+x-\frac{x^8}{8}+\frac{x^{15}}{15}-\frac{x^{22}}{22}+\cdots$$

이 급수는 $|-x^7|<1$, 즉 $|x|<1$에서 수렴한다.

(b) 부정적분을 어떤 것을 사용하든지 상수 C는 상쇄되어 관계없으므로 위의 (a)의 부정적분에서 적분상수 $C=0$을 사용하여 계산하도록 하자.

$$\int_0^{0.5}\frac{1}{1+x^7}dx=\left[x-\frac{x^8}{8}+\frac{x^{15}}{15}-\frac{x^{22}}{22}+\cdots\right]_0^{1/2}$$

$$=\frac{1}{2}-\frac{1}{8\cdot 2^8}+\frac{1}{15\cdot 2^{15}}-\frac{1}{22\cdot 2^{22}}+\cdots+\frac{(-1)^n}{(7n+1)2^{7n+1}}+\cdots$$

위의 무한급수는 정적분의 정확한 값이다. 그러나 이 급수가 교대급수이므로 **교대급수오차정리**(alternating series estimation theorem)를 이용하여 근삿값을 구할 수 있다. 이 급수의 합을 $n=3$일 때까지만 더한다면, 그때의 오차는 $n=4$일 때 항의 값보다는 작아진다.

$$\frac{1}{29\cdot 2^{29}}\approx 6.4\times 10^{-11}$$

따라서 다음을 얻는다.

$$\int_0^{0.5}\frac{1}{1+x^7}dx\approx\frac{1}{2}-\frac{1}{8\cdot 2^8}+\frac{1}{15\cdot 2^{15}}-\frac{1}{22\cdot 2^{22}}\approx 0.49951374$$ ■

9.6 연습문제

1. 멱급수 $\sum_{n=0}^{\infty}c_nx^n$의 수렴 반지름이 10이면, 멱급수 $\sum_{n=1}^{\infty}nc_nx^{n-1}$의 수렴 반지름은 얼마인가? 그 이유는?

2. 급수 $\sum_{n=0}^{\infty}b_nx^n$가 $|x|<2$에서 수렴한다고 하자. 이때 다음 급수에 대해서는 무엇을 말할 수 있는가? 그 이유는?

$$\sum_{n=0}^{\infty}\frac{b_n}{n+1}x^{n+1}$$

(3~10) 다음 함수의 멱급수 표현을 구하고 수렴 반지름을 구하라.

3. $f(x)=\frac{1}{1+x}$
4. $f(x)=\frac{x}{1-x}$
5. $f(x)=\frac{1}{1-x^3}$
6. $f(x)=\frac{1}{x+10}$
7. $f(x)=\frac{x}{9+x^2}$
8. $f(x)=\frac{x}{2x^2+1}$
9. $f(x)=\frac{1+x}{1-x}$
10. $f(x)=\frac{x^2}{a^3-x^3}$

11. (a) 미분을 이용하여 다음 함수의 멱급수 표현을 구하여라.

$$f(x)=\frac{1}{(1+x)^2}$$

수렴 반지름은 얼마인가?

(b) 위의 (a)를 이용하여 다음 함수의 멱급수 표현을 구하여라.

$$f(x)=\frac{1}{(1+x)^3}$$

(c) 위의 (b)를 이용하여 다음 함수의 멱급수 표현을 구하여라.

$$f(x)=\frac{x^2}{(1+x)^3}$$

12. (a) 방정식 1을 이용하여 함수 $f(x)=\ln(1-x)$의 멱급수 표현을 구하고 수렴 반지름을 구하여라.

(b) (a)를 사용하여, 함수 $f(x)=x\ln(1-x)$의 멱급수를 구하여라.

(c) (a)의 결과에서 $x=\frac{1}{2}$로 할 때, ln2를 무한급수로 나타내어라.

(13~18) 다음 함수의 멱급수 표현을 구하고 수렴 반지름을 구하여라.

13. $f(x)=\ln(5-x)$ 14. $f(x)=x^2\tan^{-1}(x^3)$

15. $f(x)=\dfrac{x}{(1+4x)^2}$ 16. $f(x)=\left(\dfrac{x}{2-x}\right)^3$

17. $f(x)=\dfrac{1+x}{(1-x)^2}$ 18. $f(x)=\dfrac{x^2+x}{(1-x)^3}$

(19~22) 다음 함수 f의 멱급수 표현을 구하고, 함수 f의 그래프와 n의 여러 가지 값에 대한 부분합 $s_n(x)$의 그래프를 한 좌표평면에 그려라. n의 값이 증가할 때에 어떤 현상이 나타나는가?

19. $f(x)=\dfrac{x}{x^2+16}$ 20. $f(x)=\ln(x^2+4)$

21. $f(x)=\ln\left(\dfrac{1+x}{1-x}\right)$ 22. $f(x)=\tan^{-1}(2x)$

(23~26) 다음 부정적분을 멱급수를 이용하여 구하여라.

23. $\displaystyle\int\frac{t}{1-t^8}dt$ 24. $\displaystyle\int\frac{\ln(1-t)}{t}dt$

25. $\displaystyle\int\frac{x-\tan^{-1}x}{x^3}dx$ 26. $\displaystyle\int\tan^{-1}(x^2)dx$

(27~30) 멱급수를 이용하여 다음 정적분의 값을 소수점 이하 여섯째 자리까지 구하여라.

27. $\displaystyle\int_0^{0.2}\frac{1}{1+x^5}dx$ 28. $\displaystyle\int_0^{0.4}\ln(1+x^4)dx$

29. $\displaystyle\int_0^{0.1}x\arctan(3x)dx$ 30. $\displaystyle\int_0^{0.3}\frac{x^2}{1+x^4}dx$

31. 예제 7의 결과를 이용하여, arctan 0.2의 값을 소수점 이하 다섯째 자리까지 구하여라.

32. 함수 $f(x)=\displaystyle\sum_{n=0}^{\infty}\frac{(-1)^n x^{2n}}{(2n)!}$가 미분방정식

$$f''(x)+f(x)=0$$

의 해임을 보여라.

33. (a) 함수 J_0(예제 4의 0차 베셀 함수)가 다음 미분방정식을 만족함을 보여라.

$$x^2J_0''(x)+xJ_0'(x)+x^2J_0(x)=0$$

(b) 정적분 $\int_0^1 J_0(x)dx$의 값을 소수점 이하 셋째 자리까지 구하여라.

34. 1차 베셀 함수는 다음과 같이 정의된다.

$$J_1(x)=\sum_{n=0}^{\infty}\frac{(-1)^n x^{2n+1}}{n!(n+1)!2^{2n+1}}$$

(a) 함수 J_1이 다음 미분방정식을 만족함을 보여라.

$$x^2J_1''(x)+xJ_1'(x)+(x^2-1)J_1(x)=0$$

(b) $J_0'(x)=-J_1(x)$임을 보여라.

35. (a) 함수 $f(x)=\displaystyle\sum_{n=0}^{\infty}\frac{x^n}{n!}$이 미분방정식

$$f'(x)=f(x)$$

의 해임을 보여라.

(b) $f(x)=e^x$임을 보여라.

36. $f_n(x)=(\sin nx)/n^2$라 하자. 급수 $\sum f_n(x)$는 모든 실수 x에서 수렴함을 보여라. 그리고 도함수의 급수 $\sum f_n'(x)$는 $x=2n\pi$(단, n은 정수)에서 발산함을 보여라. 급수 $\sum f_n''(x)$는 x의 어떤 값에서 수렴하는가?

37. $f(x)=\displaystyle\sum_{n=1}^{\infty}\frac{x^n}{n^2}$라 하자. f, f', f''의 수렴 구간을 각각 구하여라.

38. (a) 기하급수 $\sum_{n=0}^{\infty}x^n$로부터 시작해서 다음 급수의 합을 구하여라.

$$\sum_{n=1}^{\infty}nx^{n-1},\qquad |x|<1$$

(b) 다음 급수의 합을 각각 구하여라.

(i) $\displaystyle\sum_{n=1}^{\infty}nx^n,\quad |x|<1$ (ii) $\displaystyle\sum_{n=1}^{\infty}\frac{n}{2^n}$

(c) 다음 급수의 합을 각각 구하여라.

(i) $\displaystyle\sum_{n=2}^{\infty}n(n-1)x^n,\quad |x|<1$

(ii) $\displaystyle\sum_{n=2}^{\infty}\frac{n^2-n}{2^n}$ (iii) $\displaystyle\sum_{n=1}^{\infty}\frac{n^2}{2^n}$

39. 함수 $\tan^{-1}x$의 멱급수를 이용하여 π의 무한급수표현

$$\pi=2\sqrt{3}\sum_{n=0}^{\infty}\frac{(-1)^n}{(2n+1)3^n}$$

을 증명하여라.

40. (a) 완전제곱하여 등식

$$\int_0^{\frac{1}{2}}\frac{dx}{x^2-x+1}=\frac{\pi}{3\sqrt{3}}$$

을 증명하여라.

(b) x^3+1을 인수분해하여 (a)의 적분의 표현을 바꾸어라. 함수 $\dfrac{1}{x^3+1}$을 급수로 표현하고 이것을 이용하여 π에 대한 공식 $\pi=\dfrac{3\sqrt{3}}{4}\displaystyle\sum_{n=0}^{\infty}\frac{(-1)^n}{8^n}\left(\frac{2}{3n+1}+\frac{1}{3n+2}\right)$을 증명하여라.

9.7 테일러 급수와 매클로린 급수

앞 절에서 어떤 제한된 형태의 함수를 멱급수로 표현하는 방법에 대하여 공부하였다. 이 절에서는 "어떤 함수가 멱급수 표현이 가능한가?" 그리고 "멱급수 표현을 어떻게 구하는가?"라는 좀더 일반적인 문제에 대하여 살펴보도록 하자.

우선 함수 f를 다음과 같이 멱급수로 표현되는 함수라 하자.

1 $$f(x)=c_0+c_1(x-a)+c_2(x-a)^2+c_3(x-a)^3+c_4(x-a)^4+\cdots,\ |x-a|<R$$

위의 식에서 계수 c_n의 값을 f를 이용하여 나타내도록 해보자. 우선 위의 식 **1**에서 $x=a$를 대입하면 첫 번째 항 이후는 모두 0이므로 $f(a)=c_0$을 얻는다. 9.6절의 정리 **2**를 이용하여 식 **1**을 항별 미분하면 다음을 얻는다.

2 $$f'(x)=c_1+2c_2(x-a)+3c_3(x-a)^2+4c_4(x-a)^3+\cdots,\ |x-a|<R$$

식 **2**에서 $x=a$를 대입하면 $f'(a)=c_1$을 얻는다. 이제 식 **2**의 양변을 미분하면 다음을 얻는다.

3 $$f''(x)=2c_2+2\cdot 3c_3(x-a)+3\cdot 4c_4(x-a)^2+\cdots,\ |x-a|<R$$

또 식 **3**에서 $x=a$를 대입하면 $f''(a)=2c_2$을 얻는다. 위와 같은 과정을 한번 더 시행해보자. 식 **3**을 미분하면 다음을 얻는다.

4 $$f'''(x)=2\cdot 3c_3+2\cdot 3\cdot 4c_4(x-a)+3\cdot 4\cdot 5c_5(x-a)^2+\cdots,\ |x-a|<R$$

식 **4**에서 $x=a$를 대입하면 $f'''(a)=2\cdot 3c_3=3!c_3$을 얻는다. 지금까지의 계산을 통하여 하나의 규칙을 찾을 수 있다. 미분한 후 $x=a$를 대입하는 것을 계속하면

$$f^{(n)}(a)=2\cdot 3\cdot 4\cdot\cdots\cdot nc_n=n!c_n$$

을 얻게 된다. 이 식을 n번째 계수 c_n에 대하여 풀면 다음을 얻는다.

$$c_n=\frac{f^{(n)}(a)}{n!}$$

$0!=1$, $f^{(0)}=f$ 라고 한다면, 위 식은 $n=0$일 때에도 성립한다. 따라서 다음 정리를 얻는다.

> **5 정리** 함수 f가 a에서 멱급수 표현(전개)을 갖는다면, 즉
>
> $$f(x)=\sum_{n=0}^{\infty} c_n(x-a)^n,\quad |x-a|<R$$
>
> 이면 그 계수는 다음과 같다.
>
> $$c_n=\frac{f^{(n)}(a)}{n!}$$

위의 식에서 c_n의 값을 급수에 다시 대입함으로써, 만일 함수 f가 a에서 멱급수 표현을 갖는다면 다음과 같은 형태임을 알 수 있다.

6 $$f(x)=\sum_{n=0}^{\infty}\frac{f^{(n)}(a)}{n!}(x-a)^n$$
$$=f(a)+\frac{f'(a)}{1!}(x-a)+\frac{f''(a)}{2!}(x-a)^2+\frac{f'''(a)}{3!}(x-a)^3+\cdots$$

● 테일러 급수는 영국 수학자 테일러(1685~1731) 그리고 매클로린 급수는 스코틀란드 수학자 매클로린(1698~1746)을 기려 이름 붙인 것이다. 그러나 특정함수를 멱급수로 표현하는 방법은 뉴턴 이전에도 쓰였다.

식 **6**에서의 급수를 **함수 f의 a에서의 테일러 급수**라고 한다. 특히 $a=0$이면 테일러 급수는 다음과 같이 된다.

7 $$f(x)=\sum_{n=0}^{\infty}\frac{f^{(n)}(0)}{n!}x^n=f(0)+\frac{f'(0)}{1!}x+\frac{f''(0)}{2!}x^2+\cdots$$

이 경우는 자주 나타나므로 특별히 **매클로린 급수**라고 한다.

참고 함수 f가 a에서 멱급수로 표현된다면 함수 f는 테일러 급수와 같다는 것을 보았다. 그러나 테일러 급수와 같지 않은 함수도 있다. 그러한 함수의 예가 연습문제 68에 주어져 있다.

예제 1 지수함수의 매클로린 급수 함수 $f(x)=e^x$의 매클로린 급수를 구하고 수렴 반지름을 구하여라.

풀이 $f(x)=e^x$이면 $f^{(n)}(x)=e^x$이고, 따라서 모든 n에 대하여 $f^{(n)}(0)=e^0=1$이다. 그러므로 0에서의 테일러 급수(즉 매클로린 급수)는 다음과 같다.

$$\sum_{n=0}^{\infty}\frac{f^{(n)}(0)}{n!}x^n=\sum_{n=0}^{\infty}\frac{x^n}{n!}=1+\frac{x}{1!}+\frac{x^2}{2!}+\frac{x^3}{3!}+\cdots$$

수렴 반지름을 구하기 위하여 $a_n=x^n/n!$라 하자. 그러면

$$\left|\frac{a_{n+1}}{a_n}\right|=\left|\frac{x^{n+1}}{(n+1)!}\cdot\frac{n!}{x^n}\right|=\frac{|x|}{n+1}\to 0<1$$

이므로, 비판정법에 의하여 이 급수는 모든 x에서 수렴한다. 따라서 수렴 반지름 $R=\infty$이다. ■

정리 **5**와 예제 1에서 우리가 이끌어 낼 수 있는 결론은 만일 e^x가 0에서 멱급수 전개가 가능하다면 다음과 같다는 것이다.

$$e^x=\sum_{n=0}^{\infty}\frac{x^n}{n!}$$

그렇다면 e^x가 멱급수 표현이 가능하다는 것을 어떻게 알 수 있는가?

좀더 일반적인 다음 질문을 생각해보자. 어떤 조건하에서 주어진 함수가 그 함수의 테일

러 급수와 같을 것인가? 다른 말로 하면, 함수 f가 모든 차수의 도함수를 가질 때 다음 등식이 언제 성립하는가?

$$f(x)=\sum_{n=0}^{\infty}\frac{f^{(n)}(a)}{n!}(x-a)^n$$

다른 모든 수렴하는 급수와 마찬가지로, 이것은 함수 $f(x)$가 부분합으로 이루어진 수열의 극한이라는 것을 의미한다. 테일러 급수의 경우에는, 부분합은 다음과 같다.

$$\begin{aligned}T_n(x)&=\sum_{i=0}^{n}\frac{f^{(i)}(a)}{i!}(x-a)^i\\&=f(a)+\frac{f'(a)}{1!}(x-a)+\frac{f''(a)}{2!}(x-a)^2+\cdots+\frac{f^{(n)}(a)}{n!}(x-a)^n\end{aligned}$$

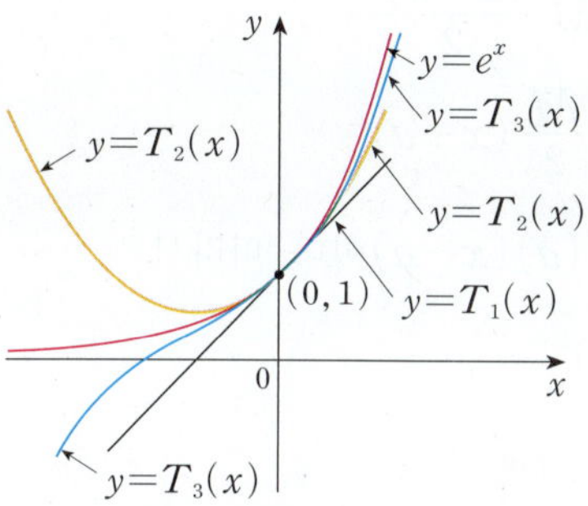

그림 1

n이 증가함에 따라 $T_n(x)$가 e^x에 수렴함을 보여준다.

위 식에서 T_n은 n차 다항식이고, 이것을 함수 **f의 a에서의 n차 테일러 다항식**이라 부른다. 예를 들면 지수함수 $f(x)=e^x$의 경우, 예제 1의 결과에 의하여 점 0에서 $n=1, 2, 3$일 때의 테일러 다항식은 다음과 같다.

$$T_1(x)=1+x,\quad T_2(x)=1+x+\frac{x^2}{2!},\quad T_3(x)=1+x+\frac{x^2}{2!}+\frac{x^3}{3!}$$

지수함수와 위의 테일러 다항식의 그래프가 그림 1에 주어져 있다.

일반적으로

$$f(x)=\lim_{n\to\infty}T_n(x)$$

이면 $f(x)$는 테일러 급수의 합이다. 이때 $R_n(x)=f(x)-T_n(x)$로 놓으면 $f(x)=T_n(x)+R_n(x)$가 된다. 따라서 $R_n(x)$를 테일러 급수의 **나머지**(remainder)라고 부른다. 만일 $\lim_{n\to\infty}R_n(x)=0$을 보일 수 있다면, 다음을 얻게 된다.

$$\lim_{n\to\infty}T_n(x)=\lim_{n\to\infty}[f(x)-R_n(x)]=f(x)-\lim_{n\to\infty}R_n(x)=f(x)$$

따라서 다음 정리를 얻게 된다.

8 정리 함수 $f(x)$가 $f(x)=T_n(x)+R_n(x)$이고, $T_n(x)$는 a에서 함수 f의 n차 테일러 다항식이고, $|x-a|<R$에서

$$\lim_{n\to\infty}R_n(x)=0$$

이면 f는 구간 $|x-a|<R$에서 테일러 급수의 합과 같다.

구체적인 함수 f에 대하여 $\lim_{n\to\infty}R_n(x)=0$을 보일 때에 보통 다음의 사실을 이용한다.

9 테일러 부등식 $|x-a|\le d$에서 $|f^{(n+1)}(x)|\le M$이면, 테일러 급수의 나머지 $R_n(x)$는 다음 부등식을 만족한다.

$$|R_n(x)|\le\frac{M}{(n+1)!}|x-a|^{n+1}$$

$n=1$일 때 성립하는 것을 보기 위하여, $|f''(x)|\le M$라고 가정하자.
특히 $f''(x)\le M$이므로 $a\le x\le a+d$에서 다음을 얻는다.

$$\int_a^x f''(t)\,dt \le \int_a^x M\,dt$$

f''의 부정적분은 f'이므로 미분적분학의 기본정리 2에 의하여 다음을 얻는다.

$$f'(x)-f'(a)\le M(x-a) \quad \text{또는} \quad f'(x)\le f'(a)+M(x-a)$$

따라서 다음과 같이 된다.

$$\int_a^x f'(t)\,dt \le \int_a^x [f'(a)+M(t-a)]\,dt$$

$$f(x)-f(a)\le f'(a)(x-a)+M\frac{(x-a)^2}{2}$$

$$f(x)-f(a)-f'(a)(x-a)\le \frac{M}{2}(x-a)^2$$

그런데 $R_1(x)=f(x)-T_1(x)=f(x)-f(a)-f'(a)(x-a)$이다. 따라서

$$R_1(x)\le \frac{M}{2}(x-a)^2$$

가 된다. 비슷한 방법으로 하면, $f''(x)\ge -M$이므로

$$R_1(x)\ge -\frac{M}{2}(x-a)^2$$

을 얻게 된다. 따라서

$$|R_1(x)|\le \frac{M}{2}|x-a|^2$$

가 된다. 비록 위에서 $x>a$라고 가정했지만, 비슷한 방법으로 하면 위의 부등식이 $x<a$에서도 마찬가지로 성립함을 알 수 있다.

따라서 테일러 부등식이 $n=1$인 경우에 성립한다는 것이 증명되었다. 비슷한 방법으로 $n+1$회 적분하면 임의의 n에 대해서도 증명할 수 있다($n=2$일 경우 연습문제 67 참조).

참고 9.8절에서 테일러 부등식을 이용하여 함수를 근사시키는 것을 조사할 것이다. 정리 8과 연관지어서 이것을 바로 이용할 수 있다.

정리 8과 9를 적용할 때에 다음 사실을 이용하는 것이 매우 도움이 된다.

10 모든 실수 x에 대하여 $\lim_{n\to\infty}\frac{x^n}{n!}=0$이다.

예제 1로부터 급수 $\sum x^n/n!$가 모든 실수 x에 대하여 수렴하고 따라서 n차 항이 0으로 수렴하므로 위 식이 성립함을 알 수 있다.

예제 2 함수 e^x가 매클로린 급수의 합과 같음을 보여라.

풀이 $f(x)=e^x$라 놓으면 모든 n에 대하여 $f^{(n+1)}(x)=e^x$이다. 임의의 양수 d에 대하여 $|x|\le d$이면 $|f^{(n+1)}(x)|=e^x\le e^d$이다. 따라서 테일러 부등식에 의하여 $a=0$, $M=e^d$일 때,

$$|R_n(x)|\le \frac{e^d}{(n+1)!}|x|^{n+1}$$

이다. 모든 n에 대해서도 같은 상수 $M=e^d$를 적용하면 된다는 것에 주의하기 바란다. 또한 식 **10**에 의하여 다음을 얻는다.

$$\lim_{n\to\infty}\frac{e^d}{(n+1)!}|x|^{n+1}=e^d\lim_{n\to\infty}\frac{|x|^{n+1}}{(n+1)!}=0$$

샌드위치(squeeze) 정리에 의하여 $\lim_{n\to\infty}|R_n(x)|=0$임을 알 수 있고, 따라서 모든 실수 x에 대하여 $\lim_{n\to\infty}R_n(x)=0$이다. 그러므로 정리 **8**에 의하여 e^x는 매클로린 급수의 합과 같고, 다시 말하면 다음과 같다.

11 모든 실수 x에 대하여 $e^x=\sum_{n=0}^{\infty}\frac{x^n}{n!}$이다. ■

● 1748년 오일러는 소수점 아래 23째 자리까지 정확한 e의 값을 계산하기 위해 식 **12**을 사용하였다. 1999년에는 구르동(Xavier Gourdon)이 식 **12**을 사용하여 e의 값을 소수점 아래 백만 이상의 자리까지 정확한 값을 계산하였다. 그는 계산 속도를 빠르게 하는 특별한 기술을 그의 홈페이지에 소개하고 있다. http://xavier.gourdon.free.fr

특히 식 **11**에서 $x=1$로 놓으면 e를 다음과 같이 무한급수의 합으로 표현하는 것을 얻게 된다.

12 $$e=\sum_{n=0}^{\infty}\frac{1}{n!}=1+\frac{1}{1!}+\frac{1}{2!}+\frac{1}{3!}+\cdots$$

예제 3 함수 $f(x)=e^x$의 $a=2$에서의 테일러 급수를 구하여라.

풀이 $f^{(n)}(2)=e^2$이므로 식 **6**의 테일러 급수의 정의에서 $a=2$를 대입하면 다음을 얻을 수 있다.

$$\sum_{n=0}^{\infty}\frac{f^{(n)}(2)}{n!}(x-2)^n=\sum_{n=0}^{\infty}\frac{e^2}{n!}(x-2)^n$$

예제 1에서와 같이 수렴반경 $R=\infty$임을 알 수 있다. 또한 예제 2에서와 같이 $\lim_{n\to\infty}R_n(x)=0$임을 보일 수 있으므로 모든 x에 대하여

13 $$e^x=\sum_{n=0}^{\infty}\frac{e^2}{n!}(x-2)^n \text{ 이다.}$$ ■

우리는 함수 e^x의 멱급수 전개를 식 **11**의 매클로린 급수와 식 **13**의 테일러 급수 두 가지를 알고 있다. 0 근방에서의 x값에 관심이 있을 경우에는 전자가 더 좋고, 2 근방에서의 x값에 관심이 있을 경우에는 후자가 더 좋다.

예제 4 함수 $\sin x$의 매클로린 급수를 구하고, 이 급수가 모든 x에 대하여 성립함을 보

여라.

풀이 함수 $f(x)=\sin x$의 매클로린 급수를 구하기 위하여 필요한 계산값을 나열하면 다음과 같이 된다.

$$\begin{aligned} f(x)&=\sin x, & f(0)&=0 \\ f'(x)&=\cos x, & f'(0)&=1 \\ f''(x)&=-\sin x, & f''(0)&=0 \\ f'''(x)&=-\cos x, & f'''(0)&=-1 \\ f^{(4)}(x)&=\sin x, & f^{(4)}(0)&=0 \end{aligned}$$

● 그림 2는 $\sin x$와 테일러(또는 매클로린) 다항식의 그래프를 보여준다.

$T_1(x)=x$

$T_3(x)=x-\dfrac{x^3}{3!}$

$T_5(x)=x-\dfrac{x^3}{3!}+\dfrac{x^5}{5!}$

n이 증가함에 따라 $T_n(x)$는 $\sin x$에 더 근사하는 것에 주목하라.

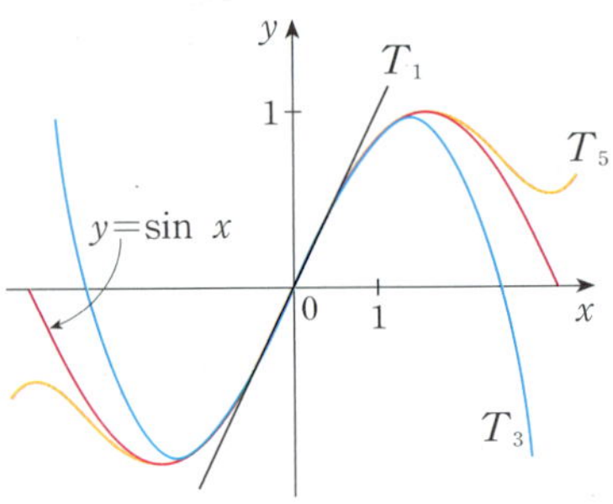

그림 2

주어진 함수의 도함수가 주기가 4로 반복되므로, 매클로린 급수를 다음과 같이 쓸 수 있다.

$$f(0)+\frac{f'(0)}{1!}x+\frac{f''(0)}{2!}x^2+\frac{f'''(0)}{3!}x^3+\cdots$$
$$=x-\frac{x^3}{3!}+\frac{x^5}{5!}-\frac{x^7}{7!}+\cdots=\sum_{n=0}^{\infty}(-1)^n\frac{x^{2n+1}}{(2n+1)!}$$

또한 $f^{(n+1)}(x)$가 $\pm\sin x$ 또는 $\pm\cos x$이므로 모든 x에 대하여 $|f^{(n+1)}(x)|\le 1$이다. 따라서 테일러 부등식에서 $M=1$로 잡으면 다음을 얻는다.

14 $$|R_n(x)|\le\frac{M}{(n+1)!}|x^{n+1}|=\frac{|x|^{n+1}}{(n+1)!}$$

식 **10**에 의하여 위 부등식의 우변은 $n\to\infty$일 때 0에 가까이 간다. 따라서 샌드위치 정리에 의하여 $|R_n(x)|\to 0$이다. 그러므로 $n\to\infty$일 때 $R_n(x)\to 0$이고, 정리 **8**에 의하여 $\sin x$는 매클로린 급수의 합과 같다. ■

예제 4의 결과를 앞으로 참고하기 위하여 다음과 같이 정리해 두자.

15 $$\boxed{\sin x=x-\frac{x^3}{3!}+\frac{x^5}{5!}-\frac{x^7}{7!}+\cdots=\sum_{n=0}^{\infty}(-1)^n\frac{x^{2n+1}}{(2n+1)!}}$$

예제 5 미분을 이용하여 매클로린 급수 구하기 함수 $\cos x$의 매클로린 급수를 구하여라.

풀이 예제 4에서와 같이 직접 구할 수도 있지만, 식 **15**에서 주어진 $\sin x$의 매클로린 급수를 미분하면 더 쉽게 구할 수 있다.

● 예제 2, 4, 5에서 찾은 e^x, $\sin x$, $\cos x$의 매클로린 급수는 뉴턴이 다른 방법을 이용하여 먼저 발견하였다. 0에서의 모든 도함수값을 알고 있다면 위의 각각의 함수에 대한 모든 것을 알 수 있기 때문에 우리가 찾은 매클로린 급수식은 매우 중요하다.

$$\cos x=\frac{d}{dx}(\sin x)=\frac{d}{dx}\left(x-\frac{x^3}{3!}+\frac{x^5}{5!}-\frac{x^7}{7!}+\cdots\right)$$
$$=1-\frac{3x^2}{3!}+\frac{5x^4}{5!}-\frac{7x^6}{7!}+\cdots=1-\frac{x^2}{2!}+\frac{x^4}{4!}-\frac{x^6}{6!}+\cdots$$

$\sin x$의 매클로린 급수가 모든 x에서 수렴하므로 9.6절의 **2**에 의하여 $\sin x$를 미분한 함수 $\cos x$도 모든 x에서 수렴한다. 따라서 다음을 얻는다.

16 $$\cos x = 1 - \frac{x^2}{2!} + \frac{x^4}{4!} - \frac{x^6}{6!} + \cdots = \sum_{n=0}^{\infty} (-1)^n \frac{x^{2n}}{(2n)!}$$ ■

예제 6 **매클로린 급수를 구하는 쉬운 방법** 함수 $f(x) = x \cos x$의 매클로린 급수를 구하여라.

풀이 주어진 함수의 도함수를 계산한 후 식 **7**에 대입하는 대신에, $\cos x$의 급수(식 **16**)에 x를 곱하는 것이 훨씬 쉽다.

$$x \cos x = x \sum_{n=0}^{\infty} (-1)^n \frac{x^{2n}}{(2n)!} = \sum_{n=0}^{\infty} (-1)^n \frac{x^{2n+1}}{(2n)!}$$ ■

● 예제 4에서 매클로린 급수와 예제 7에서 테일러 급수의 $\sin x$에 대한 두 가지 멱급수 표현을 알고 있다. x가 0 근처에서의 값을 찾기 위해서는 매클로린 급수를, x가 $\frac{\pi}{3}$ 근처에서의 값을 찾기 위해서는 테일러 급수를 이용하는 것이 바람직하다. 그림 3에서 테일러 다항식 T_3는 $\frac{\pi}{3}$ 근처에서 $\sin x$의 좋은 근사이나 0 근처에서는 그렇지 못하다. 그림 2에서 매클로린 다항식 T_3와 비교해 보아라.

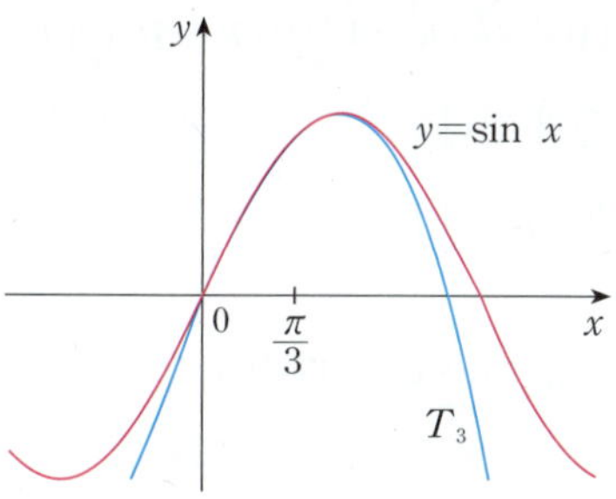

그림 3

정리 **5**에 의하여 어떠한 멱급수 표현식 $f(x) = \sum c_n(x-a)^n$이라도 $c_n = f^{(n)}(a)/n!$이므로, 예제 5와 6 그리고 9.6절에서 간접적인 방법에 의해 구한 멱급수는 주어진 함수의 테일러 또는 매클로린 급수이다. 다시 말해서, 계수는 유일하게 결정된다.

예제 7 함수 $f(x) = \sin x$를 $\pi/3$를 중심으로 테일러 급수의 합으로 나타내어라.

풀이 주어진 함수의 테일러 급수를 구하기 위하여 필요한 계산값을 나열하면 다음과 같다.

$$\begin{aligned} f(x) &= \sin x, & f\left(\frac{\pi}{3}\right) &= \frac{\sqrt{3}}{2} \\ f'(x) &= \cos x, & f'\left(\frac{\pi}{3}\right) &= \frac{1}{2} \\ f''(x) &= -\sin x, & f''\left(\frac{\pi}{3}\right) &= -\frac{\sqrt{3}}{2} \\ f'''(x) &= -\cos x, & f'''\left(\frac{\pi}{3}\right) &= -\frac{1}{2} \end{aligned}$$

위 식에서 도함수와 그 값이 반복해서 나타남을 알 수 있다. 따라서 $\pi/3$에서의 테일러 급수는 다음과 같다.

$$f\left(\frac{\pi}{3}\right) + \frac{f'\left(\frac{\pi}{3}\right)}{1!}\left(x-\frac{\pi}{3}\right) + \frac{f''\left(\frac{\pi}{3}\right)}{2!}\left(x-\frac{\pi}{3}\right)^2 + \frac{f'''\left(\frac{\pi}{3}\right)}{3!}\left(x-\frac{\pi}{3}\right)^3 + \cdots$$
$$= \frac{\sqrt{3}}{2} + \frac{1}{2\cdot 1!}\left(x-\frac{\pi}{3}\right) - \frac{\sqrt{3}}{2\cdot 2!}\left(x-\frac{\pi}{3}\right)^2 - \frac{1}{2\cdot 3!}\left(x-\frac{\pi}{3}\right)^3 + \cdots$$

위의 급수가 모든 x에서 $\sin x$를 나타낸다는 것의 증명은 예제 4와 같은 방법으로 하면 된다(식 **14**에서 x 대신에 $x-\pi/3$를 대입하면 된다). $\sqrt{3}$을 포함하는 항을 따로 모은 후 합의 기호를 이용하여 위 급수를 다시 정리하면 다음과 같이 된다.

$$\sin x = \sum_{n=0}^{\infty} \frac{(-1)^n \sqrt{3}}{2(2n)!}\left(x-\frac{\pi}{3}\right)^{2n} + \sum_{n=0}^{\infty} \frac{(-1)^n}{2(2n+1)!}\left(x-\frac{\pi}{3}\right)^{2n+1}$$ ■

앞으로 참고하기 위하여 이제까지 구한 몇 가지 중요한 매클로린 급수를 모아 표로 정리하면 다음과 같이 된다.

표 1

중요한 매클로린 급수와 수렴 구간

$\dfrac{1}{1-x}=\sum_{n=0}^{\infty} x^n=1+x+x^2+x^3+\cdots$	$R=1$
$e^x=\sum_{n=0}^{\infty}\dfrac{x^n}{n!}=1+\dfrac{x}{1!}+\dfrac{x^2}{2!}+\dfrac{x^3}{3!}+\cdots$	$R=\infty$
$\sin x=\sum_{n=0}^{\infty}(-1)^n\dfrac{x^{2n+1}}{(2n+1)!}=x-\dfrac{x^3}{3!}+\dfrac{x^5}{5!}-\dfrac{x^7}{7!}+\cdots$	$R=\infty$
$\cos x=\sum_{n=0}^{\infty}(-1)^n\dfrac{x^{2n}}{(2n)!}=1-\dfrac{x^2}{2!}+\dfrac{x^4}{4!}-\dfrac{x^6}{6!}+\cdots$	$R=\infty$
$\tan^{-1}x=\sum_{n=0}^{\infty}(-1)^n\dfrac{x^{2n+1}}{2n+1}=x-\dfrac{x^3}{3}+\dfrac{x^5}{5}-\dfrac{x^7}{7}+\cdots$	$R=1$
$\ln(1+x)=\sum_{n=1}^{\infty}(-1)^{n-1}\dfrac{x^n}{n}=x-\dfrac{x^2}{2}+\dfrac{x^3}{3}-\dfrac{x^4}{4}+\cdots$	$R=1$
$(1+x)^k=\sum_{n=0}^{\infty}\binom{k}{n}x^n=1+kx+\dfrac{k(k-1)}{2!}x^2+\dfrac{k(k-1)(k-2)}{3!}x^3+\cdots$	$R=1$

예제 8 함수 $f(x)=(1+x)^k$의 매클로린 급수를 구하자. 여기서 k는 임의의 실수이다.

풀이

$$
\begin{aligned}
f(x) &= (1+x)^k & f(0)&=1\\
f'(x) &= k(1+x)^{k-1} & f'(0)&=k\\
f''(x) &= k(k-1)(1+x)^{k-2} & f''(0)&=k(k-1)\\
f'''(x) &= k(k-1)(k-2)(1+x)^{k-3} & f'''(0)&=k(k-1)(k-2)\\
&\ \vdots & &\ \vdots\\
f^{(n)}(x)&=k(k-1)\cdots(k-n+1)(1+x)^{k-n} & f^{(n)}(0)&=k(k-1)\cdots(k-n+1)
\end{aligned}
$$

따라서 $f(x)=(1+x)^k$의 매클로린 급수는 다음과 같다.

$$\sum_{n=0}^{\infty}\frac{f^{(n)}(0)}{n!}x^n=\sum_{n=0}^{\infty}\frac{k(k-1)\cdots(k-n+1)}{n!}x^n$$

이 급수를 **이항급수**라고 부른다. 이때 n번째 항을 a_n이라 하면 다음과 같다.

$$
\begin{aligned}
&\left|\frac{a_{n+1}}{a_n}\right|\\
&=\left|\frac{k(k-1)\cdots(k-n+1)(k-n)x^{n+1}}{(n+1)!}\cdot\frac{n!}{k(k-1)\cdots(k-n+1)x^n}\right|\\
&=\frac{|k-n|}{n+1}|x|=\frac{\left|1-\dfrac{k}{n}\right|}{1+\dfrac{1}{n}}|x|\to|x|,\ n\to\infty
\end{aligned}
$$

따라서 비판정법에 의하여 이항급수는 $|x|<1$이면 수렴하고 $|x|>1$이면 발산한다. ■

이항계수의 전통적인 기호는 다음과 같다.

$$\binom{k}{0}=1,\quad \binom{k}{n}=\frac{k(k-1)(k-2)\cdots(k-n+1)}{n!},\quad n=1,2,\cdots,k$$

다음 정리는 함수 $(1+x)^k$가 그 함수의 매클로린 급수와 같다는 것을 의미한다. 이것을 나머지 $R_n(x)$가 0으로 가까이 감을 보임으로써 증명하는 것도 가능하지만, 매우 힘들다는 것을 알게 될 것이다. 연습문제 69에 주어진 증명의 대략적인 방법을 따라서 하는 것이 훨씬 쉬울 것이다.

17 이항급수 임의의 실수 k와 $|x|<1$에 대하여

$$(1+x)^k=1+kx+\frac{k(k-1)}{2!}x^2+\frac{k(k-1)(k-2)}{3!}x^3+\cdots=\sum_{n=0}^{\infty}\binom{k}{n}x^n$$

이다. 단, $\binom{k}{n}=\dfrac{k(k-1)\cdots(k-n+1)}{n!}$, $n\geq 1$이고 $\binom{k}{0}=1$이다.

비록 이항급수가 $|x|<1$에서 항상 수렴하지만 이 급수가 끝점 ± 1에서 수렴하느냐는 문제는 k 값에 따라 달라진다. $-1<k\leq 0$이면 이 급수는 1에서 수렴하지만, $k\geq 0$이면 양 끝점에서 수렴하게 된다. k가 양의 정수이고 $n>k$이면 이항계수 $\binom{k}{n}$은 항 $(k-k)$를 포함하게 되므로, $n>k$이면 $\binom{k}{n}=0$이다. 따라서 k가 양의 정수일 경우에 이항급수는 유한급수가 되고, 보통의 이항정리로 간단하게 된다.

이미 공부한 바와 같이 이항급수는 단지 매클로린 급수의 특별한 경우이다. 이것을 잘 기억해두기 바란다.

예제 9 함수 $f(x)=\dfrac{1}{\sqrt{4-x}}$의 매클로린 급수를 구하고 수렴 반지름을 구하여라.

풀이 함수 $f(x)$가 주어진 형태는 $(1+x)^k$ 꼴이 아니다. 따라서 다음과 같이 변형해야 한다.

$$\frac{1}{\sqrt{4-x}}=\frac{1}{\sqrt{4\left(1-\dfrac{x}{4}\right)}}=\frac{1}{2\sqrt{1-\dfrac{x}{4}}}=\frac{1}{2}\left(1-\frac{x}{4}\right)^{-1/2}$$

이제 $k=-\frac{1}{2}$인 이항급수에 x 대신에 $-x/4$를 대입하면, 다음을 얻는다.

$$\begin{aligned}\frac{1}{\sqrt{4-x}}&=\frac{1}{2}\left(1-\frac{x}{4}\right)^{-1/2}=\frac{1}{2}\sum_{n=0}^{\infty}\binom{-\frac{1}{2}}{n}\left(-\frac{x}{4}\right)^n\\&=\frac{1}{2}\left[1+\left(-\frac{1}{2}\right)\left(-\frac{x}{4}\right)+\frac{\left(-\frac{1}{2}\right)\left(-\frac{3}{2}\right)}{2!}\left(-\frac{x}{4}\right)^2+\frac{\left(-\frac{1}{2}\right)\left(-\frac{3}{2}\right)\left(-\frac{5}{2}\right)}{3!}\left(-\frac{x}{4}\right)^3\right.\\&\qquad\left.+\cdots+\frac{\left(-\frac{1}{2}\right)\left(-\frac{3}{2}\right)\left(-\frac{5}{2}\right)\cdots\left(-\frac{1}{2}-n+1\right)}{n!}\left(-\frac{x}{4}\right)^n+\cdots\right]\\&=\frac{1}{2}\left[1+\frac{1}{8}x+\frac{1\cdot 3}{2!8^2}x^2+\frac{1\cdot 3\cdot 5}{3!8^3}x^3+\cdots+\frac{1\cdot 3\cdot 5\cdot\cdots\cdot(2n-1)}{n!8^n}x^n+\cdots\right]\end{aligned}$$

17로부터 이 급수는 $|-x/4|<1$, 즉 $|x|<4$에서 수렴함을 알 수 있다. 따라서 수렴 반지름은 $R=4$이다. ■

예제 10 다음 급수의 합을 구하여라.

$$\frac{1}{1\cdot 2}-\frac{1}{2\cdot 2^2}+\frac{1}{3\cdot 2^3}-\frac{1}{4\cdot 2^4}+\cdots$$

풀이 합기호를 이용하여, 주어진 급수를 다음과 같이 표현할 수 있다.

$$\sum_{n=1}^{\infty}(-1)^{n-1}\frac{1}{n\cdot 2^n}=\sum_{n=1}^{\infty}(-1)^{n-1}\frac{\left(\frac{1}{2}\right)^n}{n}$$

표 1로부터 위 급수는 $x=1/2$일 때의 함수 $\ln(1+x)$의 구성과 일치함을 알 수 있다. 그러므로

$$\sum_{n=1}^{\infty}(-1)^{n-1}\frac{1}{n\cdot 2^n}=\ln\left(1+\frac{1}{2}\right)=\ln\frac{3}{2}$$ ■

테일러 급수가 중요한 이유 중의 하나는 우리가 전에는 다룰 수 없었던 적분을 할 수 있게 해준다는 것이다. 이 장의 서론에서 언급한 바와 같이 뉴턴은 함수의 적분을 구할 때, 우선 주어진 함수를 멱급수로 표현한 후 그 급수를 항별 적분하는 방법을 종종 사용하였다. 함수 $f(x)=e^{-x^2}$은 지금까지 공부한 적분 기법으로는 그 부정적분을 구할 수 없다. 왜냐하면 그 함수의 부정적분이 초등함수가 아니기 때문이다(7.8절을 보아라). 다음 예제에서 뉴턴이 적분하기 위해서 사용한 방법을 적용해보자.

예제 11 **급수를 이용한 적분계산** (a) $\int e^{-x^2}dx$를 멱급수로 나타내어라.
(b) $\int_0^1 e^{-x^2}dx$의 값을 오차의 한계가 0.001이 되도록 구하여라.

풀이 (a) 우선 함수 $f(x)=e^{-x^2}$의 매클로린 급수를 구하자. 직접적인 방법으로 구할 수도 있지만 표에서 주어진 e^x의 매클로린 급수에서 x 대신에 $-x^2$을 대입함으로써 구할 수 있다. 따라서 모든 x에 대하여

$$e^{-x^2}=\sum_{n=0}^{\infty}\frac{(-x^2)^n}{n!}=\sum_{n=0}^{\infty}(-1)^n\frac{x^{2n}}{n!}=1-\frac{x^2}{1!}+\frac{x^4}{2!}-\frac{x^6}{3!}+\cdots$$

이다. 이제 항별적분을 하면 다음을 얻는다.

$$\int e^{-x^2}dx=\int\left(1-\frac{x^2}{1!}+\frac{x^4}{2!}-\frac{x^6}{3!}+\cdots+(-1)^n\frac{x^{2n}}{n!}+\cdots\right)dx$$
$$=C+x-\frac{x^3}{3\cdot 1!}+\frac{x^5}{5\cdot 2!}-\frac{x^7}{7\cdot 3!}+\cdots+(-1)^n\frac{x^{2n+1}}{(2n+1)n!}+\cdots$$

e^{-x^2}의 처음의 급수가 모든 x에 대하여 수렴하므로, 위의 급수도 모든 x에서 수렴한다.

(b) Evaluation 정리에 의하여 다음을 얻는다.

● (a)에서의 원시함수에서 $C=0$으로 택할 수 있다.

$$\int_0^1 e^{-x^2}dx=\left[x-\frac{x^3}{3\cdot 1!}+\frac{x^5}{5\cdot 2!}-\frac{x^7}{7\cdot 3!}+\frac{x^9}{9\cdot 4!}-\cdots\right]_0^1$$
$$=1-\frac{1}{3}+\frac{1}{10}-\frac{1}{42}+\frac{1}{216}-\cdots$$
$$\approx 1-\frac{1}{3}+\frac{1}{10}-\frac{1}{42}+\frac{1}{216}\approx 0.7475$$

교대급수 추정정리(alternating series estimation theorem)에 의하여 다음을 얻는다. 또한 교대급수 추정정리에 의하여 위 근삿값의 오차는 다음의 값보다 작게 된다.

$$\frac{1}{11\cdot 5!}=\frac{1}{1320}<0.001$$ ■

테일러 급수의 응용으로서 다음 예제를 들 수 있다. 극한값을 로피탈의 정리를 이용하여 구할 수도 있지만, 급수를 이용해서 구할 수도 있다.

예제 12 급수를 이용한 극한 계산 극한값 $\lim_{x\to 0}\frac{e^x-1-x}{x^2}$를 구하여라.

● 몇몇 컴퓨터 대수체계에서는 극한을 이와 같은 방법으로 계산한다.

풀이 e^x의 매클로린 급수를 이용하면, 멱급수는 연속함수이므로 다음을 얻는다.

$$\lim_{x\to 0}\frac{e^x-1-x}{x^2}=\lim_{x\to 0}\frac{\left(1+\frac{x}{1!}+\frac{x^2}{2!}+\frac{x^3}{3!}+\cdots\right)-1-x}{x^2}$$
$$=\lim_{x\to 0}\frac{\frac{x^2}{2!}+\frac{x^3}{3!}+\frac{x^4}{4!}+\cdots}{x^2}$$
$$=\lim_{x\to 0}\left(\frac{1}{2}+\frac{x}{3!}+\frac{x^2}{4!}+\frac{x^3}{5!}+\cdots\right)$$
$$=\frac{1}{2}$$ ■

▷ 멱급수의 곱셈과 나눗셈

멱급수를 더하거나 뺄 때에, 멱급수는 마치 다항식처럼 계산된다(9.2절 정리 8이 그렇게 됨을 보여준다). 사실 다음 예제에서 알 수 있듯이, 멱급수는 다항식에서와 같이 곱하거나 나눌 수 있다. 다항식의 곱 또는 나눗셈을 한 결과의 처음 몇 개의 항만을 구할 것이다. 왜냐하면 뒤 부분의 항을 계산하는 것은 매우 지루한 일이고 처음의 몇 개의 항이 가장 중요하기 때문이다.

예제 13 곱과 나눗셈에 의한 매클로린 급수 찾기 함수 (a) $e^x\sin x$와 (b) $\tan x$의 매클로린 급수에서 처음 세 개의 영이 아닌 항을 구하여라.

풀이 (a) 표 1에서 주어진 e^x와 $\sin x$의 매클로린 급수를 이용하면 다음을 얻는다.

$$e^x\sin x=\left(1+\frac{x}{1!}+\frac{x^2}{2!}+\frac{x^3}{3!}+\cdots\right)\left(x-\frac{x^3}{3!}+\cdots\right)$$

두 항을 곱하고, 다항식에서와 같이 동류항을 정리하면 다음과 같다.

$$\begin{array}{rl}
 & 1+x+\frac{1}{2}x^2+\frac{1}{6}x^3+\cdots \\
\times & x \qquad -\frac{1}{6}x^3+\cdots \\
\hline
 & x+\ x^2+\frac{1}{2}x^3+\frac{1}{6}x^4+\cdots \\
+ & -\frac{1}{6}x^3-\frac{1}{6}x^4-\cdots \\
\hline
 & x+\ x^2+\frac{1}{3}x^3+\cdots
\end{array}$$

따라서 $e^x\sin x=x+x^2+\frac{1}{3}x^3+\cdots$가 된다.

(b) 표 1에서 주어진 매클로린 급수를 이용하면 다음을 얻는다.

$$\tan x=\frac{\sin x}{\cos x}=\frac{x-\dfrac{x^3}{3!}+\dfrac{x^5}{5!}-\cdots}{1-\dfrac{x^2}{2!}+\dfrac{x^4}{4!}-\cdots}$$

다항식에서의 나눗셈과 같은 방법으로 계산하면 다음과 같이 된다.

$$\begin{array}{r|l}
 & x+\frac{1}{3}x^3+\frac{2}{15}x^5+\cdots \\
\hline
1-\frac{1}{2}x^2+\frac{1}{24}x^4-\cdots & x-\frac{1}{6}x^3+\frac{1}{120}x^5-\cdots \\
 & x-\frac{1}{2}x^3+\frac{1}{24}x^5-\cdots \\
\cline{2-2}
 & \quad\ \frac{1}{3}x^3-\frac{1}{30}x^5+\cdots \\
 & \quad\ \frac{1}{3}x^3-\frac{1}{6}x^5+\cdots \\
\cline{2-2}
 & \qquad\qquad \frac{2}{15}x^5+\cdots
\end{array}$$

따라서 $\tan x=x+\frac{1}{3}x^3+\frac{2}{15}x^5+\cdots$가 된다. ■

위의 예제 13에서 사용한 형식적인 조작이 적합함을 보이려 하지는 않았지만 위의 조작은 적합하다. 두 급수 $f(x)=\sum c_n x^n$과 $g(x)=\sum b_n x^n$가 모두 $|x|<R$에서 수렴하고 두 급수의 곱을 마치 다항식에서처럼 계산하면, 곱한 결과로 얻어지는 급수도 역시 $|x|<R$에서 수렴하며 그 급수는 $f(x)g(x)$를 나타낸다는 정리가 있다. 나눗셈의 경우에는 $b_0\neq 0$이라는 조건이 필요하며 나눗셈한 결과로 얻어지는 급수도 충분히 작은 $|x|$에서 수렴한다.

9.7 연습문제

1. 모든 x에 대하여 $f(x)=\sum_{n=0}^{\infty} b_n(x-5)^n$일 때, b_8에 대한 식을 구하여라.

2. (a) 함수 f의 그래프가 아래 그림과 같을 때, 급수
$1.6-0.8(x-1)+0.4(x-1)^2-0.1(x-1)^3+\cdots$

가 함수 f의 1에서의 테일러 급수가 될 수 없는 이유를 설명하여라.

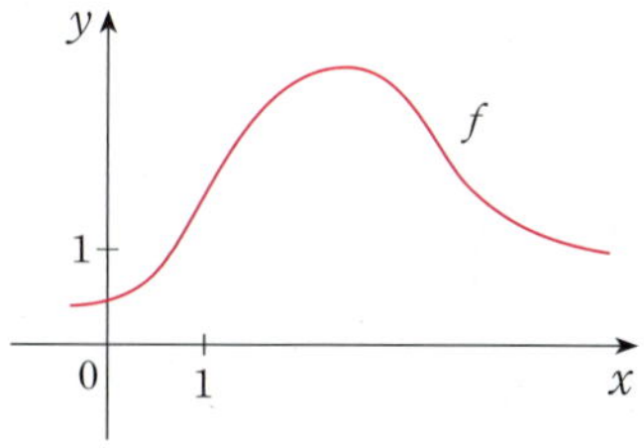

(b) 다음 급수가 함수 f의 2에서 테일러 급수가 될 수 없는 이유를 설명하여라.

$$2.8+0.5(x-2)+1.5(x-2)^2-0.1(x-2)^3+\cdots$$

3. $f^{(n)}(0)=(n+1)!$, $n=0, 1, 2, \cdots$ 일 때 f의 매클로린 급수를 구하고, 수렴반경도 구하여라.

4. $f^{(n)}(4)=\dfrac{(-1)^n n!}{3^n(n+1)}$일 때 함수 f를 4를 중심으로 하는 테일러 급수를 구하여라.

(5~10) 매클로린 급수의 정의를 이용하여 다음 함수 $f(x)$의 매클로린 급수를 구하여라(함수 f는 멱급수 전개 가능하다고 가정하고, $R_n(x)\to 0$임을 보이지는 말아라). 또한 그 급수의 수렴반지름을 구하여라.

5. $f(x)=(1-x)^{-2}$
6. $f(x)=\ln(1+x)$
7. $f(x)=\sin \pi x$
8. $f(x)=\cos 3x$
9. $f(x)=e^{5x}$
10. $f(x)=xe^x$

(11~18) 다음 함수의 테일러 급수를 주어진 점에서 구하여라(함수 f는 멱급수 전개 가능하다고 가정하고, $R_n(x)\to 0$임을 보이지는 말아라).

11. $f(x)=1+x+x^2$, $a=2$
12. $f(x)=x^3$, $a=-1$
13. $f(x)=e^x$, $a=3$
14. $f(x)=1/x$, $a=-3$
15. $f(x)=\cos x$, $a=\pi$
16. $f(x)=\sin x$, $a=\pi/2$
17. $f(x)=\dfrac{1}{\sqrt{x}}$, $a=9$
18. $f(x)=x^{-2}$, $a=1$

19. 위의 연습문제 7에서 구한 급수가 모든 x에 대해 $\sin \pi x$를 나타냄을 보여라.

20. 위의 연습문제 16에서 구한 급수가 모든 x에 대해 $\sin x$를 나타냄을 보여라.

(21~24) 이항급수를 이용하여 다음 함수를 멱급수 전개하여라.

21. $\sqrt{1+x}$
22. $\dfrac{1}{(1+x)^4}$
23. $\dfrac{1}{(2+x)^3}$
24. $(1-x)^{2/3}$

(25~34) 이 절에서 구한 매클로린 급수를 이용하여 다음 함수의 매클로린 급수를 구하여라.

25. $f(x)=\sin \pi x$
26. $f(x)=\cos(\pi x/2)$
27. $f(x)=e^x+e^{2x}$
28. $f(x)=e^x+2e^{-x}$
29. $f(x)=x\cos\left(\frac{1}{2}x^2\right)$
30. $f(x)=x^2\ln(1+x^3)$
31. $f(x)=\dfrac{x}{\sqrt{4+x^2}}$
32. $f(x)=\dfrac{x^2}{\sqrt{2+x}}$
33. $f(x)=\sin^2 x$,
(도움말 : $\sin^2 x=\frac{1}{2}(1-\cos 2x)$를 이용하여라).
34. $f(x)=\begin{cases} \dfrac{x-\sin x}{x^3}, & x\neq 0\text{일 때} \\ \dfrac{1}{6}, & x=0\text{일 때} \end{cases}$

(35~38) 다음 함수의 매클로린 급수를(어떤 방법으로든지) 구하고 수렴 반지름을 구하여라. 함수 f와 몇 개의 테일러 다항식의 그래프를 한 좌표평면에 그려라. 함수 f와 테일러 다항식 사이에 어떤 관계가 있는가?

35. $f(x)=\cos(x^2)$
36. $f(x)=e^{-x^2}+\cos x$
37. $f(x)=xe^{-x}$
38. $f(x)=\ln(1+x^2)$

39. 함수 e^x의 매클로린 급수를 이용하여 $e^{-0.2}$의 값을 소수점 이하 다섯째 자리까지 정확하게 구하여라.

40. 함수 $\sin x$의 매클로린 급수를 이용하여 $\sin 3°$의 값을 소수점 이하 다섯째 자리까지 정확하게 구하여라.

41. (a) 이항급수를 이용하여 함수 $1/\sqrt{1-x^2}$의 멱급수 전개를 구하여라.
(b) 위의 (a)를 이용하여 함수 $\sin^{-1}x$의 매클로린 급수를 구하여라.

42. (a) 이항급수를 이용하여 함수 $1/\sqrt[4]{1+x}$의 멱급수 전개를 구하여라.
(b) 위의 (a)를 이용하여 $1/\sqrt[4]{1.1}$의 값을 소수점 이하 넷째 자리까지 구하여라.

(43~46) 다음 부정적분을 무한급수로 나타내어라.

43. $\int x\cos(x^3)dx$

44. $\int \frac{e^x-1}{x}dx$

45. $\int \frac{\cos x-1}{x}dx$

46. $\int \arctan(x^2)\,dx$

(47~50) 급수를 이용하여 다음 정적분의 근삿값을 주어진 조건에 맞게 구하여라.

47. $\int_0^1 x\cos(x^3)dx$ (소수점 셋째 자리)

48. $\int_0^{0.5}[\tan^{-1}(x^3)+\sin(x^3)]\,dx$ (소수점 다섯째 자리)

49. $\int_0^{0.1}\frac{dx}{\sqrt{1+x^3}}$ ($|$오차$|<10^{-8}$)

50. $\int_0^{0.5}x^2e^{-x^2}dx$ ($|$오차$|<0.001$)

(51~53) 급수를 이용하여 다음 극한을 구하여라.

51. $\lim_{x\to 0}\frac{x-\ln(1+x)}{x^2}$

52. $\lim_{x\to 0}\frac{1-\cos x}{1+x-e^x}$

53. $\lim_{x\to 0}\frac{\sin x-x+\frac{1}{6}x^3}{x^5}$

54. 예제 13(b)의 급수를 이용하여 다음 극한을 구하여라.

$$\lim_{x\to 0}\frac{\tan x-x}{x^3}$$

위의 극한값을 6.5절 예제 4에서는 로피탈의 정리를 세 번 적용해서 구하였다. 어떤 방법이 더 좋은가?

(55~58) 멱급수의 곱셈과 나눗셈을 이용하여 다음 함수의 매클로린 급수의 처음 세 개의 0이 아닌 항을 구하여라.

55. $y=e^{-x^2}\cos x$

56. $y=\sec x$

57. $y=\frac{x}{\sin x}$

58. $y=e^x\ln(1-x)$

(59~66) 다음 급수의 합을 구하여라.

59. $y=\sum_{n=0}^{\infty}(-1)^n\frac{x^{4n}}{n!}$

60. $\sum_{n=0}^{\infty}\frac{(-1)^n\pi^{2n}}{6^{2n}(2n)!}$

61. $\sum_{n=0}^{\infty}(-1)^{n-1}\frac{3^n}{n5^n}$

62. $\sum_{n=0}^{\infty}\frac{3^n}{5^n n!}$

63. $\sum_{n=0}^{\infty}\frac{(-1)^n\pi^{2n+1}}{4^{2n+1}(2n+1)!}$

64. $1-\ln 2+\frac{(\ln 2)^2}{2!}-\frac{(\ln 2)^3}{3!}+\cdots$

65. $3+\frac{9}{2!}+\frac{27}{3!}+\frac{81}{4!}+\cdots$

66. $\frac{1}{1\cdot 2}-\frac{1}{3\cdot 2^3}+\frac{1}{5\cdot 2^5}-\frac{1}{7\cdot 2^7}+\cdots$

67. $n=2$일 때의 테일러 부등식을 보여라. 즉, $|x-a|\le d$에 대하여 $|f'''(x)|\le M$이면 $|R_2(x)|\le\frac{M}{6}|x-a|^3$임을 보여라.

68. (a) 다음과 같이 정의된 함수 $f(x)$는 매클로린 급수와 같지 않음을 보여라.

$$f(x)=\begin{cases}e^{-1/x^2}, & x\ne 0\text{일 때}\\ 0, & x=0\text{일 때}\end{cases}$$

(b) 위의 (a)의 그래프를 그리고 원점 근방에서의 함수의 그래프의 움직임을 설명하여라.

69. 다음 단계를 밟아 17를 증명하여라.

(a) 함수 $g(x)=\sum_{n=0}^{\infty}\binom{k}{n}x^n$라 놓자. 이 급수를 미분하여 다음을 보여라.

$$g'(x)=\frac{kg(x)}{1+x},\qquad -1<x<1$$

(b) 함수 $h(x)=(1+x)^{-k}g(x)$라 놓고, $h'(x)=0$임을 보여라.

(c) $g(x)=(1+x)^k$임을 보여라.

70. 8.4절 연습문제 31에서 타원 $x=a\sin\theta$, $y=b\cos\theta$, $a>b>0$의 길이는

$$L=4a\int_0^{\frac{\pi}{2}}\sqrt{1-e^2\sin^2\theta}\,d\theta$$

(단, $e=\frac{\sqrt{a^2-b^2}}{a}$은 타원의 이심률)

임을 증명하였다. 피적분함수를 이항급수로 전개하고 7.6절 연습문제 38의 결과를 사용하여 L을 e^6의 항까지의 급수로 나타내어라.

응용과제 혼돈하기 쉬운 극한

이 프로젝트에서 함수

$$f(x)=\frac{\sin(\tan x)-\tan(\sin x)}{\arcsin(\arctan x)-\arctan(\arcsin x)}$$

를 다룬다.

1. CAS를 사용하여 $x=1$, 0.1, 0.001, 0.0001에 대한 함숫값을 계산하여라. $x\to 0$일 때 함수 f가 극한값을 가질 것으로 생각되는가?
2. CAS를 사용하여 $x=0$ 근방에서 함수 f의 그래프를 그려라. $x\to 0$일 때 함수 f가 극한값을 가질 것으로 생각되는가?
3. 로피탈의 법칙을 사용하여 극한값 $\lim_{x\to 0} f(x)$를 구하도록 시도해보라. 이때 분자분모의 미분을 구함에 있어서 CAS를 사용하라. 무엇을 발견했는가? 로피탈의 법칙을 몇 번이나 적용해야 되는가?
4. CAS를 사용하여 $\lim_{x\to 0} f(x)$의 값을 구하고 분자분모의 테일러 급수의 가능한 많은 항들을 구하여라.(Maple에서 taylor 명령어나 Mathematica에서 Series 명령어를 사용하여라.)
5. CAS의 극한 명령어를 사용하여 $\lim_{x\to 0} f(x)$를 직접 구하여라.(대부분의 CAS에서는 위의 4의 방법으로 극한값을 계산한다.)
6. 위의 4와 5의 답을 비교하여 1과 2에서 구한 결과를 설명하여라.

9.8 테일러 다항식의 응용

이 장에서 우리는 두 종류의 테일러 다항식에 대한 응용을 다룬다.

첫째 우리는 함수를 다항함수로 어떻게 근사시키는지 살펴보도록 하자. 컴퓨터 공학자들은 다항함수가 가장 간단한 함수이므로 다항함수를 좋아한다. 물리학자와 공학자들은 상대성이론, 광학, 흑체의 방사 이론, 전기 쌍극자이론, 파도의 속도, 사막을 가로질러 고속도로를 건설하는 등의 각종 영역에 이들을 응용한다.

함수 $f(x)$가 다음과 같이 a에서의 테일러 급수의 합과 같다고 가정하자.

$$f(x)=\sum_{n=0}^{\infty}\frac{f^{(n)}(a)}{n!}(x-a)^n$$

9.7절에서 이 급수의 n부분합을 기호로 $T_n(x)$로 나타내고, a에서 f의 n차 테일러 다

항식이라 부르기로 했다. 따라서 다음과 같다.

$$T_n(x)=\sum_{i=0}^{n}\frac{f^{(i)}(a)}{i!}(x-a)^i$$
$$=f(a)+\frac{f'(a)}{1!}(x-a)+\frac{f''(a)}{2!}(x-a)^2+\cdots+\frac{f^{(n)}(a)}{n!}(x-a)^n$$

함수 f가 테일러 급수의 합이므로, $n\to\infty$일 때 $T_n(x)\to f(x)$이고, 따라서 T_n을 함수 f의 근사식으로 사용할 수 있다. 즉, $f(x)\approx T_n(x)$이다.

함수 f의 일차 테일러 다항식

$$T_1(x)=f(a)+f'(a)(x-a)$$

는 5.9절에서 논의했던 함수 f를 a에서 선형화(linearization)한 것과 같다는 것을 주의하기 바란다. 또한 T_1과 그 도함수의 a에서의 값은 f와 그 도함수 f'의 a에서의 값과 같다는 것도 주의하기 바란다. 일반적으로 T_n의 도함수의 a에서의 값은 f의 도함수의 a에서의 값과 n차까지 같음을 보일 수 있다.

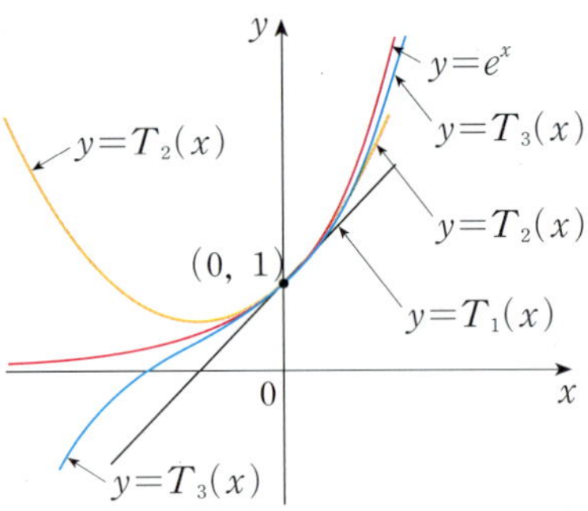

그림 1

x	$x=0.2$	$x=3.0$
$T_2(x)$	1.220000	8.500000
$T_4(x)$	1.221400	16.375000
$T_6(x)$	1.221403	19.412500
$T_8(x)$	1.221403	20.009152
$T_{10}(x)$	1.221403	20.079665
e^x	1.221403	20.085537

이런 아이디어를 설명하기 위해서 함수 e^x와 몇 개의 테일러 다항식의 그래프(그림 1)를 다시 살펴보도록 하자. T_1의 그래프는 함수 $y=e^x$의 점 (0, 1)에서의 접선이다. 이 접선은 e^x의 (0, 1) 근방에서의 최적 선형근사이다. T_2의 그래프는 포물선 $y=1+x+x^2/2$이다. 그리고 T_3의 그래프는 삼차방정식 $y=1+x+x^2/2+x^3/6$이고, 이것은 T_2보다 e^x에 더욱 근접해 있다. 다음 테일러 다항식 T_4는 더 좋은 근사식이 되고, 차수가 높아질수록 더 좋게 된다.

표를 보면 테일러 다항식 $T_n(x)$가 함수 $y=e^x$로 근사한다는 것을 수치로 알 수 있다. $x=0.2$일 때에는 매우 빨리 수렴함을 알 수 있지만, $x=3$일 때에는 약간 천천히 수렴함을 알 수 있다. 사실 x가 0에서 멀면 멀수록 $T_n(x)$는 e^x로 점점 더 천천히 수렴하게 된다.

테일러 다항식 $T_n(x)$를 함수 f에 근사시킬 때 다음과 같은 질문을 해야 한다. 그렇게 근사 시킨 것이 얼마나 좋은 것인가? 원하는 만큼의 정확도를 얻기 위해서 n의 값을 얼마나 크게 잡아야 하는가? 이와 같은 질문에 답하기 위해서는 다음과 같은 잉여항의 절댓값을 잘 살펴보아야 한다.

$$|R_n(x)|=|f(x)-T_n(x)|$$

오차의 크기를 추정하는 방법으로는 다음의 세 가지 방법이 가능하다.

1. 함수의 그래프를 그릴 수 있는 장치가 있는 경우, 그 장치를 이용하여 $|R_n(x)|$의 그래프를 그려서 오차를 추정할 수 있다.
2. 급수가 교대급수인 경우, 교대급수 추정정리를 이용하면 된다.
3. 테일러 부등식(9.7절의 정리 **9**)을 이용한다. 이 부등식은 모든 경우에 적용 가능한 것으로서, $|f^{(n+1)}(x)|\le M$이면 다음과 같이 된다.

$$|R_n(x)|\le\frac{M}{(n+1)!}|x-a|^{n+1}$$

예제 1 이차함수에 의한 근호함수의 근사

(a) 함수 $f(x)=\sqrt[3]{x}$를 $a=8$에서 2차 테일러 다항식으로 근사시켜라.

(b) 위의 근사식이 $7\le x\le 9$에서 얼마나 정확한가?

풀이 (a)

$$\begin{aligned} f(x) &= \sqrt[3]{x}=x^{1/3} & f(8) &= 2 \\ f'(x) &= \frac{1}{3}x^{-2/3} & f'(8) &= \frac{1}{12} \\ f''(x) &= -\frac{2}{9}x^{-5/3} & f''(8) &= -\frac{1}{144} \\ f'''(x) &= \frac{10}{27}x^{-8/3} \end{aligned}$$

따라서 2차 테일러 다항식은 다음과 같다.

$$\begin{aligned} T_2(x) &= f(8)+\frac{f'(8)}{1!}(x-8)+\frac{f''(8)}{2!}(x-8)^2 \\ &= 2+\frac{1}{12}(x-8)-\frac{1}{288}(x-8)^2 \end{aligned}$$

그러므로 구하는 근사식은 다음과 같이 된다.

$$\sqrt[3]{x}\approx T_2(x)=2+\frac{1}{12}(x-8)-\frac{1}{288}(x-8)^2$$

(b) $x<8$에서는 테일러 급수가 교대급수가 아니므로 이 예제에서는 교대급수 추정 정리를 사용할 수 없다. 그러나 다음과 같이 테일러 부등식을 $n=2$, $a=8$일 때에 사용할 수 있다.

$$|R_2(x)|\le\frac{M}{3!}|x-8|^3$$

단, $|f'''(x)|\le M$이다. $x\ge 7$이므로 $x^{8/3}\ge 7^{8/3}$이고 따라서

$$f'''(x)=\frac{10}{27}\cdot\frac{1}{x^{8/3}}\le\frac{10}{27}\cdot\frac{1}{7^{8/3}}<0.0021$$

이다. 그러므로 $M=0.0021$로 잡을 수 있다. 또한 $7\le x\le 9$이므로 $-1\le x-8\le 1$가 되고, 결국 $|x-8|\le 1$이 된다. 그러므로 테일러 부등식에 의하여 다음을 얻는다.

$$|R_2(x)|\le\frac{0.0021}{3!}\cdot 1^3=\frac{0.0021}{6}<0.0004$$

따라서 $7\le x\le 9$이면, 위의 (a)의 근사식은 오차가 0.0004 이내이다. ■

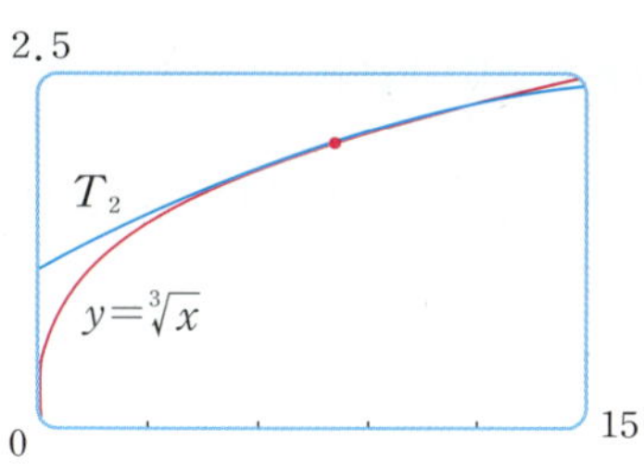

그림 2

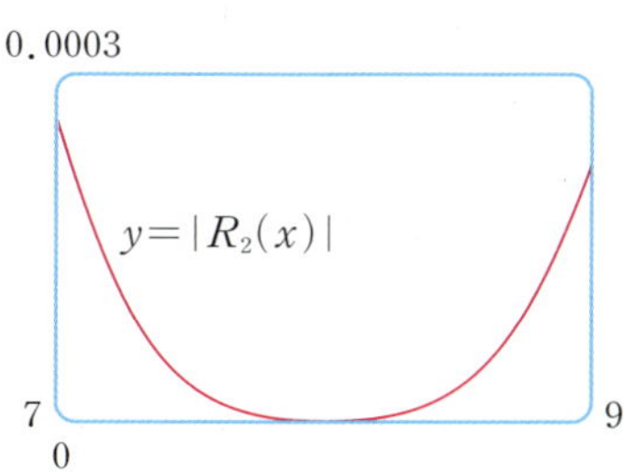

그림 3

이제 그래프를 그려 예제 1의 계산을 확인해보자. 그림 2에서 x의 값이 8에 가까울 때 두 그래프 $y=\sqrt[3]{x}$와 $y=T_2(x)$가 서로 매우 가깝게 있다는 것을 알 수 있다. 그림 3에서 다음 식에서 계산된 $|R_2(x)|$의 그래프가 주어져 있다.

$$|R_2(x)|=|\sqrt[3]{x}-T_2(x)|$$

이 그래프로부터 $7\le x\le 9$일 때 $|R_2(x)|<0.0003$임을 알 수 있다. 따라서 이 경우에는 그래프를 이용한 방법으로 구한 오차 추정이 테일러 부등식으로부터 구한 오차추정보

다 약간 더 좋다는 것을 알 수 있다.

예제 2 **5차 테일러 다항식에 의한 $\sin x$의 근사**

(a) $-0.3 \le x \le 0.3$일 때, 다음 근사식을 이용할 경우의 가능한 최대 오차는 얼마인가? 이 근사식을 이용하여 $\sin 12°$의 근삿값을 소수점 이하 여섯째 자리까지 구하여라.

$$\sin\ x \approx x - \frac{x^3}{3!} - \frac{x^5}{5!}$$

(b) 이 근삿값이 0.00005 이내에서 정확한 값이 되게 하는 x의 범위를 구하여라.

풀이 (a) 다음 매클로린 급수가 0이 아닌 모든 x의 값에 대하여 교대급수가 되고, $|x|<1$이므로 매클로린 급수의 항이 갈수록 작아진다.

$$\sin x = x - \frac{x^3}{3!} + \frac{x^5}{5!} - \frac{x^7}{7!} + \cdots$$

따라서 교대급수 추정정리를 이용할 수 있다. $\sin x$를 매클로린 급수의 처음 세 개의 항으로 근사시켰을 때 오차의 최대값은 다음과 같다.

$$\left|\frac{x^7}{7!}\right| = \frac{|x|^7}{5040}$$

$-0.3 \le x \le 0.3$이면, $|x| \le 0.3$이므로 오차는 다음 값보다 작다.

$$\frac{(0.3)^7}{5040} \approx 4.3 \times 10^{-8}$$

$\sin 12°$의 값을 구하기 위해서, 먼저 다음과 같이 라디안의 값으로 바꾸어야 한다.

$$\sin 12° = \sin\left(\frac{12\pi}{180}\right) = \sin\left(\frac{\pi}{15}\right)$$

$$\approx \frac{\pi}{15} - \left(\frac{\pi}{15}\right)^3 \frac{1}{3!} + \left(\frac{\pi}{15}\right)^5 \frac{1}{5!}$$

$$\approx 0.20791169$$

따라서 소수점 이하 여섯째 자리까지의 근삿값은 0.207912이다.

(b) $\dfrac{|x|^7}{5040} < 0.00005$이면 오차는 0.00005보다 작아진다. 이 부등식을 x에 대하여 풀면 다음을 얻는다.

$$|x|^7 < 0.252 \text{ 또는 } |x| < (0.252)^{1/7} \approx 0.821$$

따라서 $|x| < 0.82$이면 구한 근삿값의 오차의 한계는 0.00005이다. ■

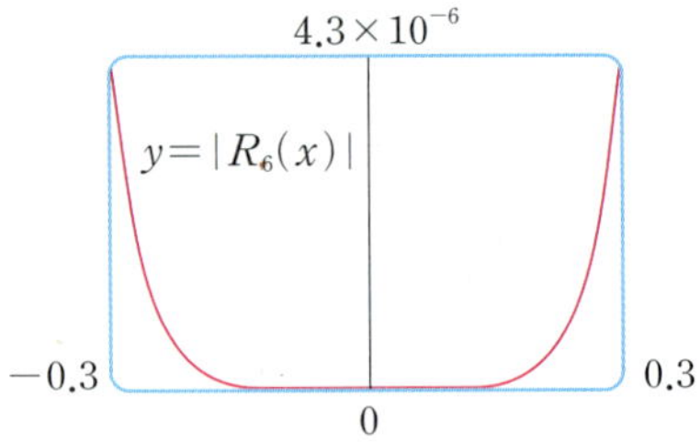

그림 4

예제 2를 테일러 부등식을 이용하여 풀면 어떻게 되겠는가? $f^{(7)}(x) = -\cos x$이므로, $|f^{(7)}(x)| \le 1$이다. 따라서

$$|R_6(x)| \le \frac{1}{7!}|x|^7$$

이다. 그러므로 교대급수 추정정리를 이용하여 구한 추정값과 같은 값을 얻게 된다.

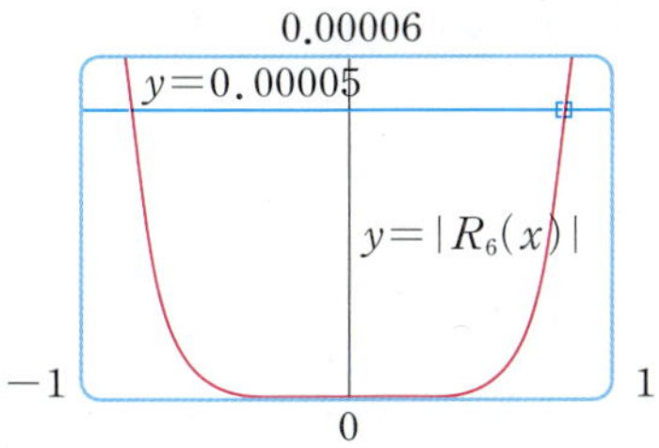

그림 5

그렇다면 그래프 방법으로 하면 어떻게 되겠는가? 그림 4에서 다음을 알 수 있다.

$$|R_6(x)|=\left|\sin x-\left(x-\frac{1}{6}x^3+\frac{1}{120}x^5\right)\right|$$

그러므로 $|x|\le 0.3$이면 $|R_6(x)|<4.3\times 10^{-8}$임을 알 수 있다. 이것은 예제 2에서 얻은 추정값과 같은 값이다. (b)에서는 $|R_6(x)|<0.00005$가 필요하므로 두 개의 그래프 $y=|R_6(x)|$와 $y=0.00005$가 필요하고, 그것이 그림 5에 있다. 그림 5에서 그래프의 오른쪽 교차점에 커서를 놓으면, $|x|<0.82$이면 주어진 부등식을 만족함을 알 수 있다. 이것은 예제 2의 풀이에서 구한 추정값과 같다.

예제 2에서 $\sin 12^\circ$ 대신에 $\sin 72^\circ$의 근삿값을 구하는 것이었다고 하면, ($a=0$ 대신에) $a=\frac{\pi}{3}$에서의 테일러 다항식을 이용하는 것이 더 현명할 것이다. 왜냐하면 $\frac{\pi}{3}$에 가까운 x의 값에서는 그것이 더 좋은 근삿값을 주기 때문이다. 또한 72°가 60°(즉, $\frac{\pi}{3}$)에 더 가깝고, $\sin x$의 도함수를 $\frac{\pi}{3}$에서 계산하는 것이 쉽다.

그림 6에서 다음 테일러 다항식이 사인곡선에 근사하는 것을 볼 수 있다.

$$T_1(x)=x \qquad T_3(x)=x-\frac{x^3}{3!}$$

$$T_5(x)=x-\frac{x^3}{3!}+\frac{x^5}{5!} \qquad T_7(x)=x-\frac{x^3}{3!}+\frac{x^5}{5!}-\frac{x^7}{7!}$$

n의 값이 커질수록, 더 큰 구간에서 $T_n(x)$가 $\sin x$에 더 좋은 근삿값이 됨을 알 수 있다(그림 6 참조).

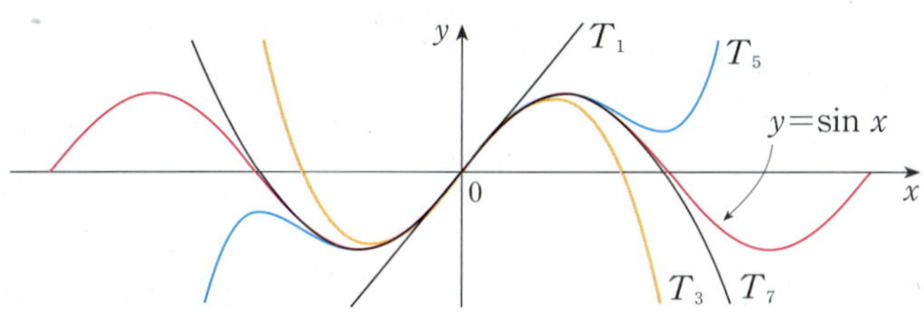

그림 6

예제 1과 2에서 사용한 형태의 계산 방식은 계산기나 컴퓨터에서도 나타난다. 예를 들어, 계산기에서 sin 또는 e^x키를 누르거나 컴퓨터 프로그램에서 삼각함수나 지수함수, 또는 베셀 함수를 이용하면 대부분 다항식 근사법으로 계산된다. 그 경우에 사용하는 다항식은 종종 테일러 다항식을 수정한 것이고 그렇게 함으로써 구간 전체에 걸쳐서 오차가 고르게 할 수 있다.

▷ 물리학에서의 응용

테일러 다항식은 물리학에도 자주 이용된다. 어떤 식의 본질을 꿰뚫어 보기 위한 방법으로, 물리학자들은 종종 주어진 식의 테일러 다항식에서 처음 두 세 개의 항만을 고려함으로써 식을 간단하게 만든다. 달리 말하면 물리학자들은 테일러 다항식을 함수의 근사 다항식으로 이용한다는 것이다. 이와 같은 아이디어를 특수상대성이론에 적용하는 한 가지 방법을 다음 예에서 볼 수 있다.

예제 3 테일러를 이용한 아인슈타인과 뉴턴의 비교 아인슈타인의 특수상대성 이론에서 속도가 v인 물체의 질량은 다음과 같다.

$$m=\frac{m_0}{\sqrt{1-v^2/c^2}}$$

이때, m_0는 정지상태의 물체 질량이고, c는 빛의 속력이다. 물체의 운동에너지는 총에너지와 정지상태의 에너지의 차이므로 다음과 같다.

$$K=mc^2-m_0c^2$$

(a) 속도 v가 c에 비하여 매우 작다면, 위의 K에 대한 식은 고전 뉴턴역학에서의 $K=\frac{1}{2}m_0v^2$과 일치함을 보여라.

(b) 테일러 부등식을 이용하여 $|v|\le 100(\text{m/s})$일 때 K에 대한 위의 두 식의 차이를 추정하여라.

● 그림 7에서의 위의 곡선은 특수상대성이론에서 속도가 v인 물체의 운동에너지 K에 대한 그래프이다. 아래 곡선은 고전 뉴턴역학에서 사용된 함수 K를 보여준다. v가 빛의 속도보다 매우 작을 때 두 곡선은 거의 일치한다.

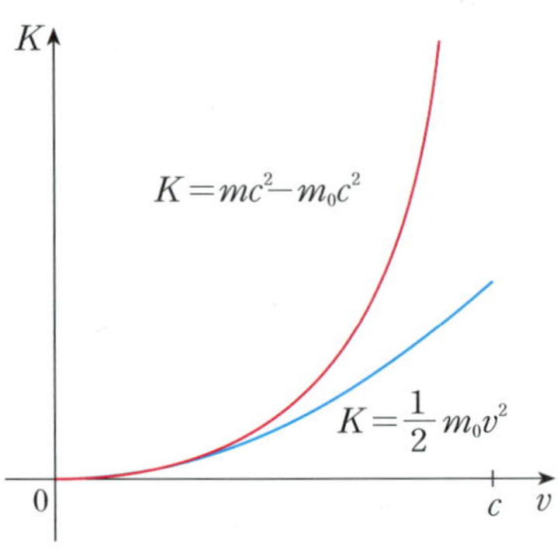

그림 7

풀이 (a) K와 m에 대하여 주어진 식을 이용하면 다음을 얻는다.

$$K=mc^2-m_0c^2=\frac{m_0c^2}{\sqrt{1-v^2/c^2}}-m_0c^2=m_0c^2\left[\left(1-\frac{v^2}{c^2}\right)^{-1/2}-1\right]$$

$x=-v^2/c^2$로 놓으면, $(1+x)^{-1/2}$의 매클로린 급수는 $k=-\frac{1}{2}$인 이항급수를 이용하면 가장 쉽게 계산할 수 있다($v<c$ 이므로 $|x|<1$ 이다). 따라서 다음을 얻는다.

$$\begin{aligned}(1+x)^{-\frac{1}{2}}&=1-\frac{1}{2}x+\frac{\left(-\frac{1}{2}\right)\left(-\frac{3}{2}\right)}{2!}x^2+\frac{\left(-\frac{1}{2}\right)\left(-\frac{3}{2}\right)\left(-\frac{5}{2}\right)}{3!}x^3+\cdots\\&=1-\frac{1}{2}x+\frac{3}{8}x^2-\frac{5}{16}x^3+\cdots\end{aligned}$$

그리고

$$\begin{aligned}K&=m_0c^2\left[\left(1+\frac{1}{2}\frac{v^2}{c^2}+\frac{3}{8}\frac{v^4}{c^4}+\frac{5}{16}\frac{v^6}{c^6}+\cdots\right)-1\right]\\&=m_0c^2\left(\frac{1}{2}\frac{v^2}{c^2}+\frac{3}{8}\frac{v^4}{c^4}+\frac{5}{16}\frac{v^6}{c^6}+\cdots\right)\end{aligned}$$

만일 v가 c에 비하여 매우 작다면, 첫 번째 항 이후의 항은 첫 번째 항에 비하여 매우 작다. 따라서 그 항들을 제외하면 다음을 얻는다.

$$K\approx m_0c^2\left(\frac{1}{2}\frac{v^2}{c^2}\right)=\frac{1}{2}m_0v^2$$

(b) $x=-v^2/c^2$, $f(x)=m_0c^2[(1+x)^{-1/2}-1]$이고 상수 M을 $|f''(x)|\le M$이라 하면, 테일러 부등식을 이용하여 다음과 같다.

$$|R_1(x)| \le \frac{M}{2!}x^2$$

$f''(x) = \frac{3}{4}m_0c^2(1+x)^{-5/2}$이고 $|v| \le 100(\mathrm{m/s})$이므로 다음을 얻는다.

$$|f''(x)| = \frac{3m_0c^2}{4(1-v^2/c^2)^{5/2}} \le \frac{3m_0c^2}{4(1-100^2/c^2)^{5/2}} \ (=M)$$

따라서 $c = 3\times10^8(\mathrm{m/s})$이므로

$$|R_1(x)| \le \frac{1}{2}\cdot\frac{3m_0c^2}{4(1-100^2/c^2)^{5/2}}\cdot\frac{100^4}{c^4} < (4.17\times10^{-10})m_0$$

이 된다. 그러므로 $|v| \le 100(\mathrm{m/s})$일 때, 운동에너지를 뉴턴 식을 이용하였을 때의 오차는 $(4.2\times10^{-10})m_0$를 넘지 않는다. ■

물리학에 응용되는 것 중의 하나가 광학이다. 그림 8은 헥트(Eugene Hecht)의 저서 《광학(Optics), 4판》(San Francisco, 2002)의 153쪽에서 따온 것이다. 이 그림은 점 S에서의 파동이 중심이 C이고 반지름이 R인 구면에서 만나는 것을 그린 것이다.

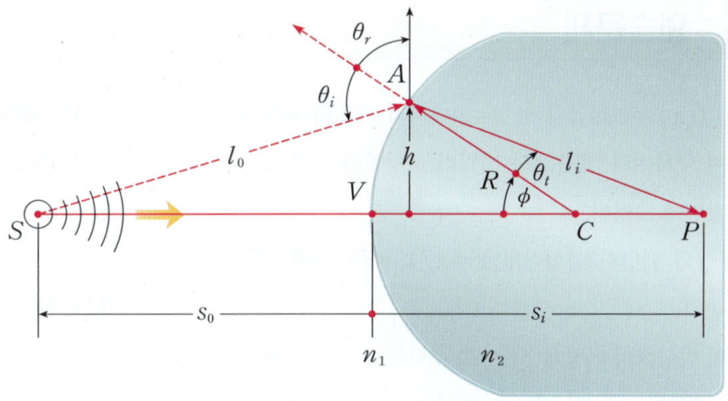

그림 8 구 표면에서의 굴절

빛이 이동하는 경로는 시간이 가장 짧게 걸리는 경로라고 하는 페르마(Fermat)의 원리를 이용하여, 헥트는 다음 식을 유도하였다.

1
$$\frac{n_1}{l_0} + \frac{n_2}{l_i} = \frac{1}{R}\left(\frac{n_2s_i}{l_i} - \frac{n_1s_0}{l_0}\right)$$

● 다음 항등식을 이용한다.
$\cos(\pi-\phi) = -\cos\phi$

단, n_1과 n_2는 굴절률이고 l_0, l_1, s_0, s_1은 그림 8에서 나타내는 거리이다. 삼각형 ACS와 ACP에 코사인법칙을 적용하면 다음을 얻는다.

2
$$l_0 = \sqrt{R^2 + (s_0+R)^2 - 2R(s_0+R)\cos\phi}$$
$$l_i = \sqrt{R^2 + (s_i-R)^2 + 2R(s_i-R)\cos\phi}$$

식 **1**은 다루기가 힘들므로 가우스는 1841년에 이 식을 ϕ가 작은 값일 때 $\cos\phi \approx 1$에 선형근사를 이용하여 간단히 하였다(이것은 1차 테일러 다항식을 이용하는 것과 같다). 그러면 식 **1**은 다음과 같이 간단하게 된다(연습문제 28(a)).

3
$$\frac{n_1}{s_0} + \frac{n_2}{s_i} = \frac{n_2-n_1}{R}$$

이 결과로 얻어진 광학이론은 **가우스의 광학**(Gaussian optics) 또는 **1차 광학**(first-order optics)으로 알려져 있고, 렌즈를 설계하는 데에 이용되는 기본적 이론이 되었다.

cos ϕ를 3차 테일러 다항식으로 근사시키면 더 정확한 이론을 얻게 된다(2차 테일러다항식으로 근사시켜도 마찬가지이다). 이것은 ϕ가 그렇게 작지 않은 경우, 즉 빛이 곡면과 만나는 점이 축으로부터의 거리 h가 큰 경우에 이용된다. 연습문제 28(b)는 다음의 더욱 정확한 식을 얻는 문제이다.

$$\boxed{4} \qquad \frac{n_1}{s_0}+\frac{n_2}{s_i}=\frac{n_2-n_1}{R}+h^2\left[\frac{n_1}{2s_0}\left(\frac{1}{s_0}+\frac{1}{R}\right)^2+\frac{n_2}{2s_i}\left(\frac{1}{R}-\frac{1}{s_i}\right)^2\right]$$

이 결과 얻어진 광학이론은 **삼차 광학**(third-order optics)이라 한다.

테일러 다항식을 물리에 이용하는 다른 예들은 연습문제 29～32에서 볼 수 있다.

9.8 연습문제

1. (a) 함수 $f(x)=\cos x$의 점 $a=0$에서의 테일러 다항식을 6차까지 구하여라. 함수 f와 테일러 다항식의 그래프를 같은 좌표평면에 그려라.
   (b) 함수 f와 테일러 다항식의 $x=\pi/4,\ \pi/2,\ \pi$에서의 값을 구하여라.
   (c) 테일러 다항식이 어떻게 $f(x)$로 수렴하는지 설명하여라.

2. (a) 함수 $f(x)=1/x$의 점 $a=1$에서의 테일러 다항식을 3차까지 구하여라. 함수 f와 테일러 다항식의 그래프를 같은 좌표평면에 그려라.
   (b) 함수 f와 테일러 다항식 $x=0.9,\ 1.3$에서의 값을 구하여라.
   (c) 테일러 다항식이 어떻게 $f(x)$로 수렴하는지 설명하여라.

(3~8) 점 a에서의 함수 f의 테일러 다항식 $T_n(x)$를 구하여라. 함수 f와 T_n의 그래프를 같은 좌표평면에 그려라.

3. $f(x)=\dfrac{1}{x}$, $a=2$
4. $f(x)=x+e^{-x}$, $a=0$
5. $f(x)=\cos x$, $a=\dfrac{\pi}{2}$
6. $f(x)=\dfrac{\ln x}{x}$, $a=1$, $n=3$
7. $f(x)=xe^{-2x}$, $a=0$, $n=3$
8. $f(x)=\tan^{-1}x$, $a=1$

CAS **(9~10)** 컴퓨터 프로그램을 이용하여 다음에 주어진 $n=2,\ 3,\ 4,\ 5$의 값에 대한 점 $a=0$에서의 테일러 다항식 T_n을 구하여라. T_n과 함수 f의 그래프를 같은 좌표평면에 그려라.

9. $f(x)=\cot x$, $a=\pi/4$
10. $f(x)=\sqrt[3]{1+x^2}$, $a=0$

(11~18) (a) 함수 f를 점 a에서의 n차 테일러 다항식으로 근사시켜라.
(b) x가 주어진 구간에 놓여 있을 때, 근사식 $f(x)\approx T_n(x)$의 정확도를 테일러 부등식을 이용하여 추정하여라.
(c) $|R_n(x)|$의 그래프를 그리고, 위의 (b)에서의 결과를 확인하여라.

11. $f(x)=\sqrt{x}$, $a=4$, $n=2$, $4\le x\le 4.2$
12. $f(x)=x^{-2}$, $a=1$, $n=2$, $0.9\le x\le 1.1$
13. $f(x)=x^{2/3}$, $a=1$, $n=3$, $0.8\le x\le 1.2$
14. $f(x)=\sin x$, $a=\dfrac{\pi}{6}$, $n=4$, $0\le x\le \dfrac{\pi}{3}$
15. $f(x)=e^{x^2}$, $a=0$, $n=3$, $0\le x\le 0.1$
16. $f(x)=\ln(1+2x)$, $a=1$, $n=3$, $0.5\le x\le 1.5$
17. $f(x)=x\sin x$, $a=0$, $n=4$, $-1\le x\le 1$
18. $f(x)=x\ln x$, $a=1$, $n=3$, $0.5\le x\le 1.5$

19. 연습문제 3을 이용하여 sin 35°의 값을 소수점 이하 다섯째 자리까지 정확히 구하여라.

20. 연습문제 14를 이용하여 $\cos 69°$의 값을 소수점 이하 다섯째 자리까지 정확히 구하여라.

21. $e^{0.1}$의 값을 0.00001까지 정확히 구하기 위해서 e^x의 매클로린 급수에서 몇 개의 항을 사용해야 하는가를 테일러 부등식을 이용하여 구하여라.

22. $\ln 1.4$의 값을 0.001까지 정확히 구하기 위하여 $\ln(1+x)$의 매클로린 급수에서 몇 개의 항을 사용하여야 하는가?

(23~25) 다음의 주어진 근삿값의 오차가 주어진 값 이내가 되기 위한 x의 범위를 교대급수 추정정리 또는 테일러 부등식을 이용하여 구하여라. 그리고 구한 답을 그래프를 이용하여 확인하여라.

23. $\sin x \approx x - \dfrac{x^3}{6}$, $(|\text{오차}| < 0.01)$

24. $\cos x \approx 1 - \dfrac{x^2}{2} + \dfrac{x^4}{24}$, $(|\text{오차}| < 0.005)$

25. $\arctan x \approx x - \dfrac{x^3}{3} + \dfrac{x^5}{5}$, $(|\text{오차}| < 0.05)$

26. $f^{(n)}(4) = \dfrac{(-1)^n n!}{3^n(n+1)}$임을 알고, 함수 f의 중심 4에서의 테일러 급수가 모든 x에 대해서 $f(x)$에 수렴한다고 하자. 5차 테일러 다항식을 $f(5)$로 근사시킬 때 오차는 0.0002 이내임을 보여라.

27. 움직이는 자동차의 주어진 순간의 속도가 20m/s, 가속도가 2m/s^{2}이었다. 2차 테일러 다항식을 이용하여 다음 1초 동안 자동차가 움직인 거리를 추정하여라. 이 다항식을 이용하여 다음 1분 동안 이동한 거리를 거리를 추정하는 데에 이용하는 것이 타당한가?

28. (a) 식 3의 $\cos\phi$를 1차 테일러 다항식으로 근사시킴으로써, 가우스의 광학에 대한 식 2을 식 1로부터 유도하여라.
(b) 식 2에서 $\cos\phi$를 3차 테일러 다항식으로 대치시키면, 식 1은 3차 광학에 대한 식 4가 됨을 보여라.
(도움말 : l_0^{-1}과 l_i^{-1}의 이항급수의 처음 두 항을 이용하여라. 또한 $\phi \approx \sin\phi$임을 이용하여라.)

29. 전기쌍극자(dipole)는 같은 크기의 서로 다른 전하를 갖는 두 개의 전자로 이루어져 있다. 전하량이 각각 q와 $-q$이고 서로 d만큼 떨어져 있다면, 아래 그림의 점 P에서의 전기장 E는 다음과 같다.

$$E = \frac{q}{D^2} - \frac{q}{(D+d)^2}$$

위의 E에 대한 식을 d/D의 멱급수로 전개함으로써, 점 P가 전기쌍극자로부터 멀리 떨어져 있을 경우에 E는 근사적으로 $1/D^3$에 비례함을 보여라.

30. 도선의 비저항(resistivity) ρ는 전도율의 역수이고, 단위는 옴-미터(Ω-m)이다. 주어진 금속의 비저항은 다음 식과 같이 온도에 따라 달라진다.

$$\rho(t) = \rho_{20} e^{\alpha(t-20)}$$

(단, 온도 t의 단위는 ℃) 여러 가지 금속에 따른 α의 값(온도계수라고 부른다)과 ρ_{20}(20℃일 때의 비저항)의 표가 있다. 매우 낮은 온도인 경우를 제외하면 비저항은 온도에 따라 거의 선형으로 변하고, 따라서 $t=20$에서는 보통 $\rho(t)$를 1차 또는 2차 테일러 다항식으로 근사시킨다.
(a) 선형 또는 2차 근사식을 구하여라.
(b) 표에 의하면 구리의 경우에는 $\alpha = 0.0039$/℃이고 $\rho_{20} = 1.7 \times 10^{-8}$Ω-m이다. $-250℃ \le t \le 1000℃$에서의 구리의 비저항과 선형, 2차 근사식의 그래프를 그려라.
(c) 선형근사식과 지수식의 값이 1% 범위에서 일치하는 t의 값을 구하여라.

31. 사막을 가로지르는 고속도로 건설계획에서 측량기사가 고도(elevation)차이를 측량할 때 지구의 곡률을 보정해야만 한다.
(a) 지구의 반지름을 R, 고속도로의 길이를 L이라 할 때, 보정(correction)의 관계식은

$$C = R\sec(L/R) - R$$

임을 보여라.
(b) 테일러 다항식을 이용하여

$$C \approx \frac{L^2}{2R} - \frac{5L^4}{24R^3}$$

임을 보여라.
(c) 고속도로의 길이가 100km일 때 (a)와 (b)의 공식에 대한 결과를 비교하여라(지구의 반지름은 6370km이다).

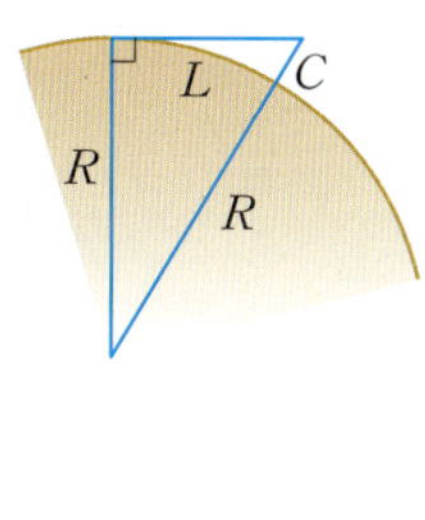

32. 길이 L이고 최대운동각이 θ_0인 단진자의 주기는

$$T=4\sqrt{\frac{L}{g}}\int_0^{\frac{\pi}{2}}\frac{dx}{\sqrt{1-k^2\sin^2 x}}$$

이다. 여기서, $k=\sin\left(\frac{1}{2}\theta_0\right)$이고 g는 중력가속도이다(7.9절 연습문제 34에서 심프슨 공식을 사용한 적분근사법을 다루었다).

(a) 피적분 함수를 이항급수로 전개하고 7.6절의 연습문제 38의 결과를 이용하여

$$T=2\pi\sqrt{\frac{L}{g}}\left[1+\frac{1^2}{2^2}k^2+\frac{1^2 3^2}{2^2 4^2}k^4+\frac{1^2 3^2 5^2}{2^2 4^2 6^2}k^6+\cdots\right]$$

임을 보여라. θ_0가 작을 때, 급수에서 첫째 항만 사용할 때 얻어지는 근사식 $T\approx 2\pi\sqrt{L/g}$이 종종 사용된다. 보다 나은 근사식은 둘째항까지 사용할 때 얻어지는 근사식

$$T\approx 2\pi\sqrt{\frac{L}{g}}\left(1+\frac{1}{4}k^2\right)$$

이다.

(b) 급수에서 첫째항을 제외한 모든 항에 $\frac{1}{4}$이 포함되어 있음을 관찰하자. 이 사실을 이용하여 이항급수와 기하급수에 대한 부등식

$$2\pi\sqrt{\frac{L}{g}}\left(1+\frac{1}{4}k^2\right)\le T\le 2\pi\sqrt{\frac{L}{g}}\frac{4-3k^2}{4-4k^2}$$

을 증명하여라.

(c) (b)의 부등식을 이용하여 $L=1$미터, $\theta_0=10°$일 때 단진자의 주기를 예측하여라. $T\approx 2\pi\sqrt{L/g}$를 사용한 예측치와 비교하여라. $\theta_0=42°$이면 어떻게 되는가?

33. 6.7절에서 방정식 $f(x)=0$의 근 r의 근삿값을 구하는 뉴턴의 방법을 살펴보았고, 초기 근삿값 x_1으로부터 다음과 같이 근삿값을 계속적으로 구할 수 있다.

$$x_{n+1}=x_n-\frac{f(x_n)}{f'(x_n)}$$

$n=1$, $a=x_n$, $x=r$일 때의 테일러 부등식을 이용하여 r, x_n, x_{n+1}을 포함하는 구간 I에서 $f''(x)$가 존재하고 모든 $x\in I$에 대하여 $|f''(x)|\le M$, $|f'(x)|\ge K$이면

$$|x_{n+1}-r|\le\frac{M}{2K}|x_n-r|^2$$

임을 보여라(이 식은 x_n이 d자리까지 정확하면, x_{n+1}은 대략 $2d$자리까지 정확하다는 것을 의미한다. 더 정확히 말하면 n번째에서의 정확도가 최대한 10^{-m}이면, $n+1$번째에서의 오차는 최대한 $(M/2K)10^{-2m}$이다).

응용과제 | 별에서의 복사

모든 물체는 가열되면 복사선을 복사하게 된다. 흑체(blackbody)는 모든 복사선을 흡수하는 계이다. 예를들어 matte black surface 또는 (용광로와 같이)벽에 작은 구멍이 있는 큰 공동은 흑체이며, 흑체복사를 한다. 태양으로부터의 복사조차도 흑체복사에 가깝다.

19세기 후반에 제안된 레일리-진스(Rayleigh-Jeans) 법칙은 파장 λ인 흑체복사의 에너지밀도를 다음과 같이 나타낸다.

$$f(\lambda)=\frac{8\pi kT}{\lambda^4}$$

단, λ의 단위는 미터이고 온도 T의 단위는 절대온도 K이고, k는 볼츠만 상수이다. 레일리-진스 법칙은 긴 파장에 대한 실험값과 일치하지만, 짧은 파장에 대해서는 철저하게 불일치한다(이 법칙에 따르면 $\lambda\to 0^+$일 때 $f(\lambda)\to\infty$이지만, 실험에 의하면 $f(\lambda)\to 0$이다). 이것을 자외선파탄(ultraviolet catastrophe)이라 부른다.

1900년에 막스 플랑크(Max Planck)는 흑체에 대한(지금은 플랑크의 법칙이라고 부르는) 개선된 모델을 제시하였다.

$$f(\lambda)=\frac{8\pi hc\lambda^{-5}}{e^{hc/(\lambda kT)}-1}$$

여기서, λ의 단위는 m이고 온도 T의 단위는 절대온도 K이고

h=플랑크 상수$=6.6262\times10^{-34}\mathrm{J\cdot s}$

c=빛의 속도$=2.997925\times10^{-8}\mathrm{m/s}$

k=볼츠만 상수$=1.3807\times10^{-23}\mathrm{J/K}$

이다.

1. 로피탈의 법칙을 이용하여 플랑크의 법칙에 대한 다음 식을 보여라.

$$\lim_{\lambda\to0^+}f(\lambda)=0 \qquad \lim_{\lambda\to\infty}f(\lambda)=0$$

따라서 짧은 파장의 경우에 이 법칙은 흑체복사에 대해서 레일리-진스 법칙보다 더 좋은 모델이 된다.

2. 테일러 다항식을 이용하여 긴 파장의 경우에 플랑크의 법칙이 근사적으로 레일리-진스 법칙과 같은 값을 준다는 것을 보여라.

3. 각각의 법칙에 의하여 주어진 함수 f의 그래프를 같은 좌표평면에 그리고, 유사점과 차이점을 각각 논하여라. (태양의 온도) $T=5700\mathrm{K}$인 경우에 계산해보아라(단위 미터를 마이크로미터로 바꿀 때에는 $1\mu\mathrm{m}=10^{-6}\mathrm{m}$를 이용하면 된다).

4. 문제 3에서의 그래프를 이용하여 플랑크의 법칙에서 $f(\lambda)$가 최대값을 갖는 λ의 값을 추정하여라.

5. T의 값이 변함에 따라 f의 그래프가 어떻게 변하는지 조사하여라(플랑크의 법칙을 이용하여라). 특히 베텔게우스($T=3400\mathrm{K}$), 프로키온($T=6400\mathrm{K}$), 시리우스($T=9200\mathrm{K}$) 별과 태양의 경우에 f의 그래프를 그려라. 총 복사량(곡선 아래부분의 넓이)이 T에 따라 어떻게 변하는가? 그래프를 이용하여 시리우스가 왜 파란별로 알려져 있고, 베텔게우스가 왜 빨간별로 알려져 있는지 이유를 설명하여라.

10 벡터와 공간기하학

이 장에서는 3차원 공간에 대한 벡터와 좌표계를 소개한다. 이것은 이변수함수를 공부하기 위한 준비로 이변수함수의 그래프가 공간상의 곡면이기 때문이다. 벡터는 공간에서 움직이는 물체의 속도와 가속도를 간단하게 기술하는 것과 공간에서 직선과 평면을 특히 간단하게 표현하는 데 이용된다.

10.1 3차원 좌표계

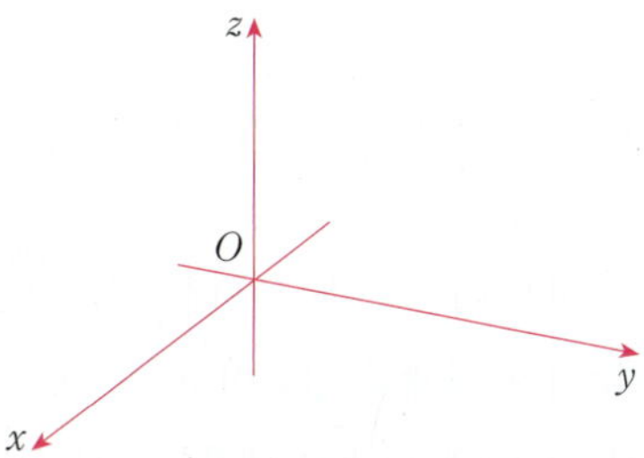

그림 1 좌표축

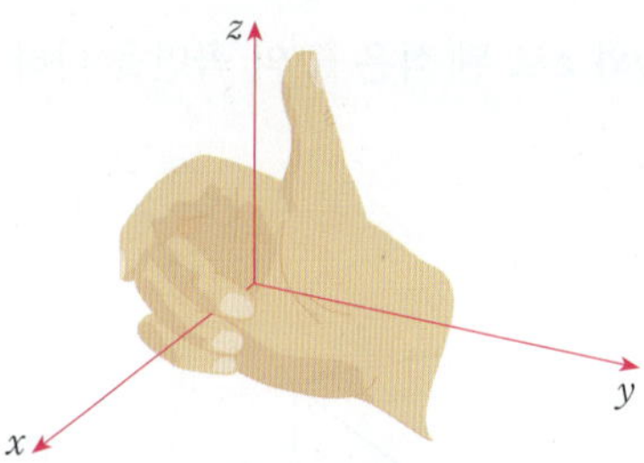

그림 2 오른손 법칙

평면에서 한 점의 위치를 나타내기 위해서는 두 수가 필요하다. 평면에서 임의의 점은 a가 x좌표, b가 y좌표일 때, 실수의 순서쌍 (a, b)로 표현할 수 있다. 이런 이유로 평면을 2차원이라 부른다. 공간에서 한 점의 위치를 나타내기 위해서는 세 수가 필요하다. 공간에서 임의의 점은 세 실수의 순서쌍 (a, b, c)으로 나타내어진다. 공간에서 점을 표현하기 위하여 먼저 고정된 점 O(원점)을 정하고 x축, y축, z축으로 명칭을 붙여 **좌표축**이라 부르고 O에서 서로 수직으로 만나는 세 방향의 직선을 택한다. 보통 x축과 y축은 수평으로, z축은 수직으로 생각하고 그림 1과 같이 축들의 방향을 그린다. z축의 방향은 그림 2에서 보여주는 것과 같이 **오른손 법칙**에 의해 결정된다. 오른손의 손가락들을 z축을 중심으로 양의 x축에서 양의 y축으로 90° 반시계방향으로 회전시킬 때 엄지손가락은 z축의 양의 방향을 가리킨다.

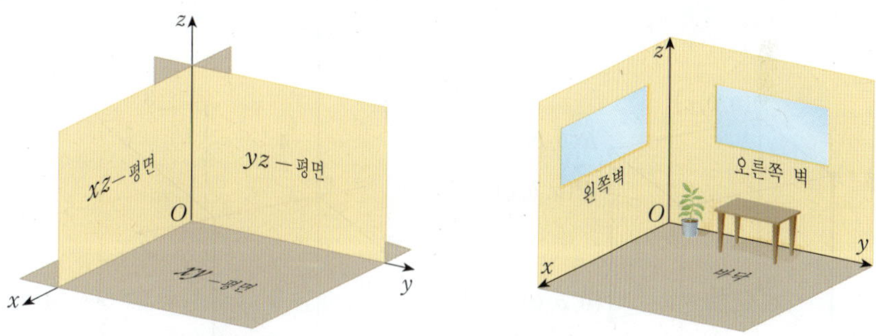

(a) 좌표평면 (b)

그림 3

세 좌표축들은 그림 3(a)에서 보는 것과 같이 세 **좌표평면**을 결정한다.

xy-평면은 x축과 y축을, yz-평면은 y축과 z축을, xz-평면은 x축과 z축을 포함하는 평면이다. 이들 세 좌표평면은 **팔분공간**(octants)이라 부르는 8개의 부분으로 공간을 나눈다. 앞에 나타나 있는 **제1팔분공간**은 양의 축들에 의하여 결정된다. 많은 사람들이 3차원 입체형상을 평면에 나타내 보이는 것을 어렵게 생각하고 있으므로 여러분은 다음과 같이 하면 도움이 된다(그림 3(b) 참조). 어느 한 방의 아래쪽 모서리를 보고, 그 모서리를 원점으로 생각하자. 왼쪽 벽이 xz-평면, 오른쪽 벽이 yz-평면 그리고 바닥이 xy-평면이다. x축은 바닥과 왼쪽벽이 만나는 곳을 따라 나오고, y축은 바닥과 오른쪽 벽이 만나는 곳을 따라 나온다. z축은 두 벽이 만나는 곳을 따라 바닥에서 천장쪽으로 올라간다. 여러분은 제1팔분공간에 위치하고 있고, 이제 다른 7개의 팔분공간에 공통의 모서리 점 O에 의하여 연결되는 7개의 다른 방들(같은 층에 3개, 아래 층에 4개)이 위치해 있음을 상상할 수 있을 것이다. 이제 P가 공간의 임의의 점이면 yz-평면에서 P까지의(방이 정해진) 거리를 a, xz-평면에서 P까지의 거리를 b, 그리고 xy-평면에서 P까지의 거리를 c라 하자. 점 P를 세 실수의 순서쌍 (a, b, c)로 나타내고, a, b와 c를 P의 **좌표**들이라 부른다. a는 x

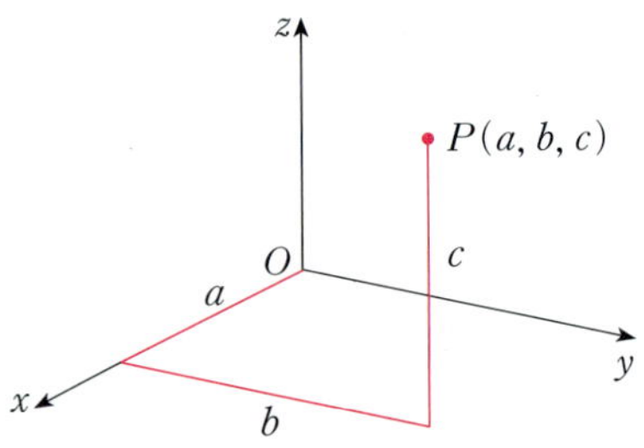

그림 4

좌표, b는 y좌표 그리고 c는 z좌표이다. 그러므로 점 (a, b, c)의 위치를 결정하기 위하여 그림 4에서처럼 원점 O에서 출발하여 x축을 따라 a만큼 이동한 뒤, y축에 평행하게 b만큼, 그리고 다음으로 z축과 평행하게 c만큼 이동한다. 점 $P(a, b, c)$는 그림 5에서와 같이 직육면체를 결정한다. 점 P에서 xy-평면에 수직선을 내리면 좌표가 $(a, b, 0)$인 점 Q를 얻게 되는데, 이 점을 xy-평면 위의 P의 **사영**이라 부른다. 마찬가지로 $R(0, b, c)$와 $S(a, 0, c)$는 각각 yz-평면과 xz-평면 위의 P의 사영들이다. 수를 대입한 예로써, 점 $(-4, 3, -5)$와 $(3, -2, -6)$이 그림 6에 표시되어 있다. 카테이션 곱 $\mathbb{R}\times\mathbb{R}\times\mathbb{R}=\{(x, y, z)\,|\,x, y, z\in\mathbb{R}\}$은 세 실수의 순서쌍 전체의 집합이고, $\mathbb{R}^3$으로 나타낸다. 이것은 공간의 점들과 $\mathbb{R}^3$의 순서쌍 (a, b, c)들 사이에 일대일 대응관계를 준 것으로 **삼차원 직교좌표**라 부른다. 좌표상으로 제1팔분공간은 좌표들이 모두 양수인 점들의 집합으로 나타내어질 수 있음에 주목하라. 2차원 해석기하학에서 x와 y를 포함하는 식의 그래프는 $\mathbb{R}^2$의 곡선이다. 3차원 해석기하학에서 x, y와 z로 된 식은 $\mathbb{R}^3$의 곡면을 나타낸다.

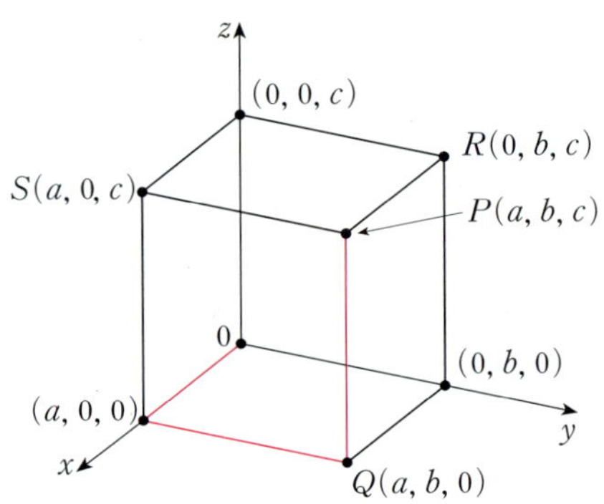

그림 5

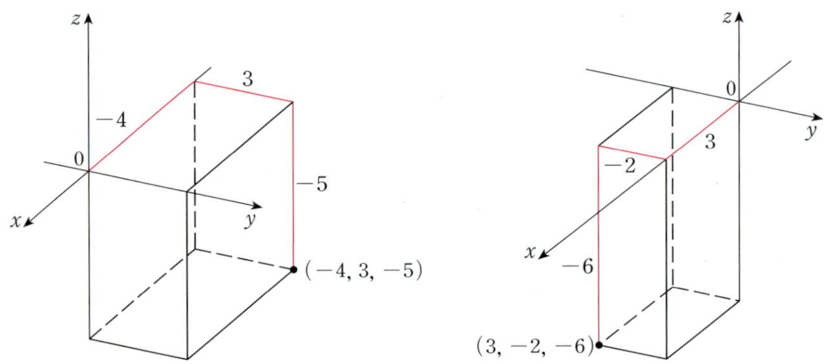

그림 6

예제 1 방정식의 도식화 아래 식은 $\mathbb{R}^3$에서 어떤 곡면을 나타내는가?

(a) $z=3$ (b) $y=5$

풀이 (a) 식 $z=3$은 $\mathbb{R}^3$에서 z좌표가 3인 모든 점들의 집합 $\{(x, y, z)\,|\,z=3\}$을 나타낸다. 이것은 그림 7(a)와 같이 xy-평면과 평행이면서 3만큼 xy-평면 위쪽에 있는 수평면이다.

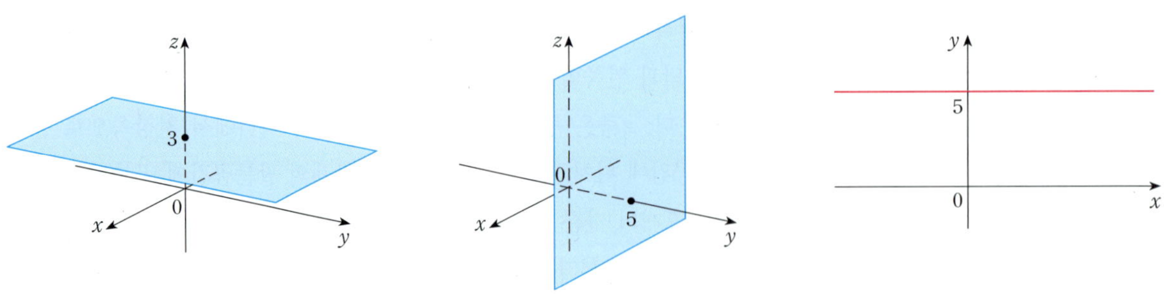

(a) $\mathbb{R}^3$의 평면, $z=3$　(b) $\mathbb{R}^3$의 평면, $y=5$　(c) $\mathbb{R}^2$의 평면, $y=5$

그림 7

(b) 식 $y=5$는 $\mathbb{R}^3$에서 y좌표가 5인 모든 점들의 집합을 나타낸다. 이것은 그림 7(b)와 같이 xz-평면과 평행이면서 5만큼 yz-평면 오른쪽에 있는 수직면이다. ■

참고 하나의 식이 주어지면, 그 전후관계로부터 그것이 $\mathbb{R}^2$의 곡선 또는 $\mathbb{R}^3$의 곡면 중 어느 것을 나타내는가를 알 수 있어야 한다. 예제 1에서 $y=5$는 $\mathbb{R}^3$에서의 평면을 나타내고 있으나, 2차원 해석기하를 다루는 경우에는 $y=5$는 물론 $\mathbb{R}^2$에서의 직선을 나타내는 것이다. 그림 7(b)와 (c)를 참조하여라.

일반적으로, k가 상수이면 $x=k$는 yz-평면에 평행인 평면을 나타내고, $y=k$는 xz-평면에 평행인 평면이며, $z=k$는 xy-평면에 평행인 평면이다. 그림 5에서 직육면체의 면들은 세 좌표평면 $x=0$(yz-평면), $y=0$(xz-평면), $z=0$(xy-평면)와 평면 $x=a$, $y=b$ 그리고 $z=c$로 이루어져 있다.

예제 2 **식에 의해 표현된 영역의 설명**

(a) 식 $x^2+y^2=1$과 $z=3$을 만족하는 점 (x, y, z)들의 집합은?

(b) 식 $x^2+y^2=1$은 $\mathbb{R}^3$에서 어떤 곡면인가?

풀이 (a) $z=3$은 예제 1(a)로부터 $z=3$의 수평면의 점들의 집합이다. $x^2+y^2=1$은 반경이 1이고 중심이 z-축에 있는 원기둥의 점들의 집합이다. 그러므로 그림 8과 같다.

(b) z에 대한 제한 없이 주어진 $x^2+y^2=1$는 점(x, y, z)가 모든 수평면 $z=k$에 있는 원에 놓여 있음을 알 수 있다. 그래서 $\mathbb{R}^3$에서 곡면 $x^2+y^2=1$는 모든 수평원들 $x^2+y^2=1$, $z=k$으로 구성되어 있다. 그러므로 z-축을 축으로 갖는 원기둥이다(그림 9 참조). ■

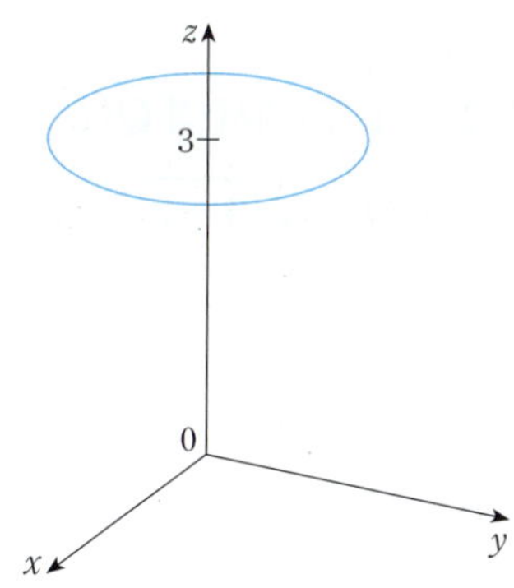

원 $x^2+y^2=1$, $z=3$

그림 8

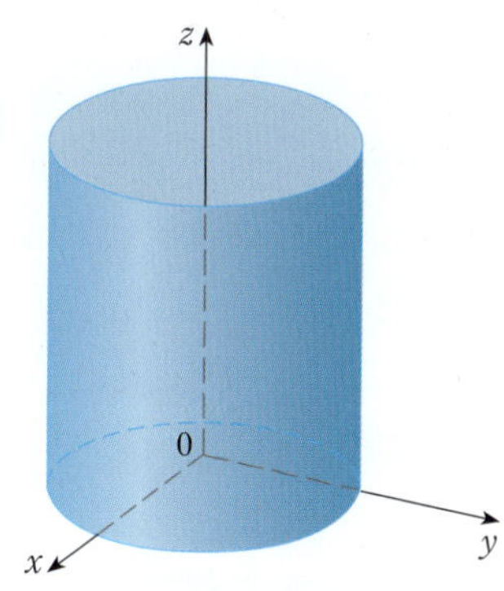

원기둥 $x^2+y^2=1$

그림 9

예제 3 식 $y=x$로 나타나는 $\mathbb{R}^3$의 곡면(surface)을 설명하고, 그 개형을 그려라.

풀이 주어진 식은 $\mathbb{R}^3$에서 x좌표와 y좌표가 같은 모든 점들의 집합 $\{(x, x, z)\,|\,x\in\mathbb{R}, z\in\mathbb{R}\}$을 나타낸다. 이것은 xy-평면 $z=0$과 $y=x$에서 만나는 수직면이다. 이 평

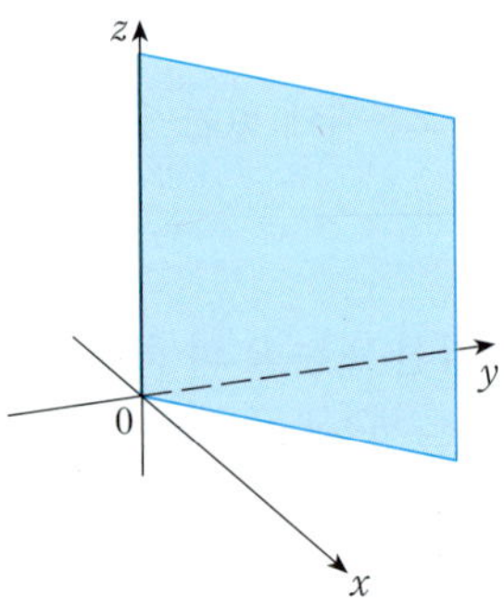

그림 10 평면 $y=x$

면에서 제1팔분공간에 놓인 부분을 그린 것이 그림 10이다. ■

평면에서 두 점 사이에 거리를 구하는 공식은 다음의 3차원 공식으로 쉽게 확장된다.

3차원 거리공식 두 점 $P_1(x_1, y_1, z_1)$과 $P_2(x_2, y_2, z_2)$ 사이의 거리 $|P_1P_2|$는

$$|P_1P_2|=\sqrt{(x_2-x_1)^2+(y_2-y_1)^2+(z_2-z_1)^2}$$

이다.

이 공식이 성립함을 보이기 위하여 그림 11에서와 같이 P_1과 P_2가 대각의 위치에 있고 각 면이 좌표평면에 평행이 되는 직육면체를 생각하자.

$A(x_2, y_1, z_1)$과 $B(x_2, y_2, z_1)$을 그림에 나타난 꼭짓점이라 하면

$$|P_1A|=|x_2-x_1|,\quad |AB|=|y_2-y_1|,\quad |BP_2|=|z_2-z_1|$$

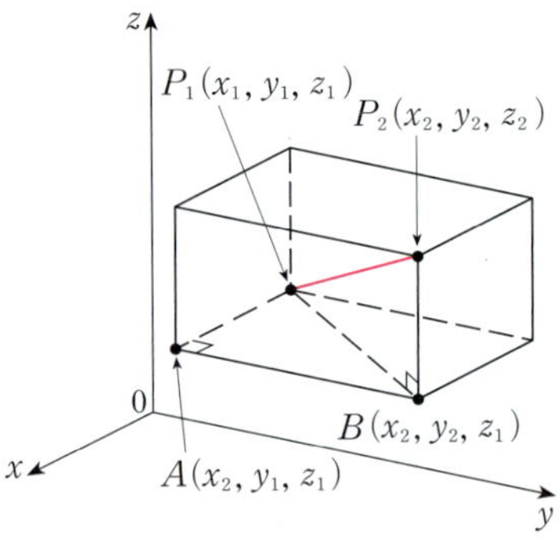

그림 11

이다. 삼각형 P_1BP_2와 P_1AB는 모두 직각삼각형이므로 피타고라스의 정리를 각각 적용하면

$$|P_1P_2|^2=|P_1B|^2+|BP_2|^2 \text{ 과 } |P_1B|^2=|P_1A|^2+|AB|^2$$

이고, 두 식으로부터 다음을 얻는다.

$$\begin{aligned}|P_1P_2|^2&=|P_1A|^2+|AB|^2+|BP_2|^2\\&=|x_2-x_1|^2+|y_2-y_1|^2+|z_2-z_1|^2\\&=(x_2-x_1)^2+(y_2-y_1)^2+(z_2-z_1)^2\end{aligned}$$

따라서

$$|P_1P_2|=\sqrt{(x_2-x_1)^2+(y_2-y_1)^2+(z_2-z_1)^2}$$

예제 4 점 $P(2, -1, 7)$에서 점 $Q(1, -3, 5)$까지의 거리는

$$|PQ|=\sqrt{(1-2)^2+(-3+1)^2+(5-7)^2}=\sqrt{1+4+4}=3$$

이다. ■

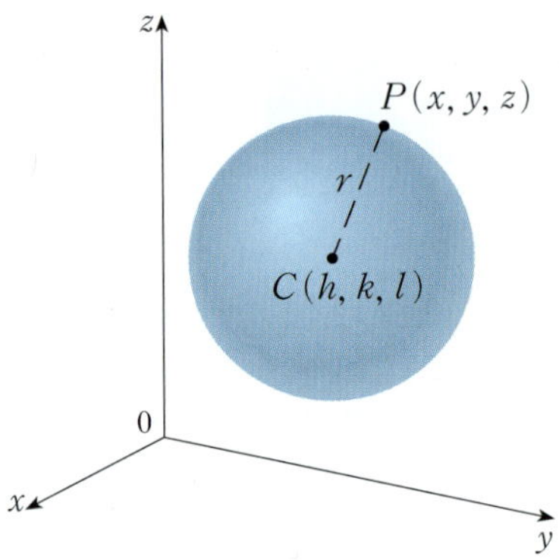

그림 12

예제 5 반경이 r이고 중심이 $C(h, k, l)$인 구의 식을 구하여라.

풀이 정의에 의하면, 구는 C로부터 거리가 r인 모든 점 $P(x, y, z)$의 집합이다(그림 12 참조). 따라서 P가 구 위에 있을 필요충분조건은 $|PC|=r$이다. 양변을 제곱하면

$$|PC|^2=r^2 \text{ 또는 } (x-h)^2+(y-k)^2+(z-l)^2=r^2$$

을 얻는다. ■

예제 5의 결과는 암기해 둘 필요가 있다.

> **구의 식** 중심이 $C(h, k, l)$이고 반경이 r인 구의 식은
> $$(x-h)^2+(y-k)^2+(z-l)^2=r^2$$
> 이다. 특히 중심이 원점 O 인 구의 식은 $x^2+y^2+z^2=r^2$이다.

예제 6 **구의 중심과 반지름 구하기** $x^2+y^2+z^2+4x-6y+2z+6=0$이 구의 방정식임을 보이고, 그 중심과 반지름을 구하여라.

풀이 주어진 식을 완전제곱꼴로 바꾸면 구의 식의 형태로 고쳐 쓸 수 있다.

$$(x^2+4x+4)+(y^2-6y+9)+(z^2+2z+1)=-6+4+9+1$$
$$(x+2)^2+(y-3)^2+(z+1)^2=8$$

이 식을 표준형과 비교하면, 이 식은 중심이 $(-2, 3, -1)$이고 반경이 $\sqrt{8}=2\sqrt{2}$인 구의 식임을 알 수 있다. ■

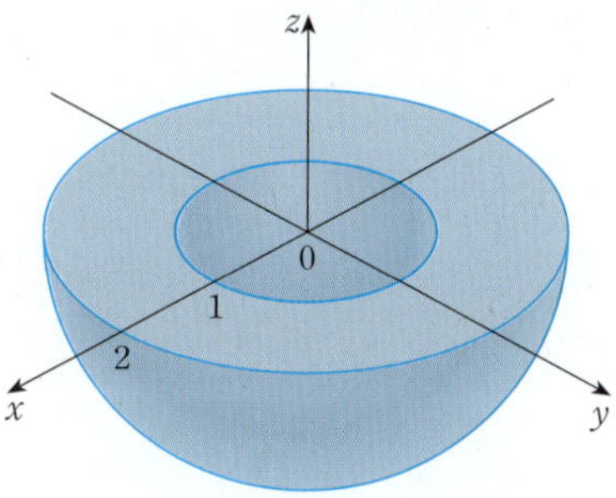

그림 13

예제 7 다음 부등식은 $\mathbb{R}^3$에서 어떤 영역을 나타내는가?

$$1\le x^2+y^2+z^2\le 4 \quad , \quad z\le 0$$

풀이 부등식 $1\le x^2+y^2+z^2\le 4$는 $1\le\sqrt{x^2+y^2+z^2}\le 2$으로 고쳐 쓸 수 있으며 이것은 원점으로부터 거리가 최소 1이고 최대 2인 점 $P(x, y, z)$를 나타낸다. 그러나 또한 $z\le 0$이므로 xy-평면 아래(경계를 포함)에 놓여있는 점들이다. 그러므로 주어진 부등식은 xy-평면 아래(경계 포함)와 구 $x^2+y^2+z^2=1$과 $x^2+y^2+z^2=4$ 사이(경계 포함)에 있는 영역을 나타낸다. 이것을 그린 것이 그림 13이다. ■

10.1 연습문제

1. 만약 당신이 원점에서 출발하여 x축의 양의 방향으로 4만큼 움직이고, 아래로 3만큼 내려갔다고 하자. 당신 위치의 좌표는 무엇인가?

2. 좌표축상에 점 $(0, 5, 2)$, $(4, 0, -1)$, $(2, 4, 6)$, $(1, -1, 2)$를 나타내어라.

3. 점 $P(6, 2, 3)$, $Q(-5, -1, 4)$, $R(0, 3, 8)$ 중에 xz-평면에 가장 가까운 점은 어느 것인가? yz-평면에 놓여 있는 점은 어느 것인가?

4. 점 $(2, 3, 5)$의 xy-평면, yz-평면, xz-평면 위로의 사영은 무엇인가? 원점과 $(2, 3, 5)$가 대각의 위치에 있고 각 면이 좌표평면에 평행이 되는 직육면체를 그려라. 직육면체의 모든 꼭짓점을 좌표로 나타내어라. 직육면체의 대각선의 길이를 구하여라.

5. 식 $x+y=2$로 나타나는 $\mathbb{R}^3$의 곡면을 설명하고, 대강 그려라.

6. (a) 식 $x=4$는 $\mathbb{R}^2$에서 무엇을 나타내는가? $\mathbb{R}^3$에서는 무엇을 나타내는가? 개형을 그려라.
   (b) 식 $y=3$은 $\mathbb{R}^3$에서 무엇을 나타내는가? $z=5$는 무엇을 나타내는가? 식 $y=3$, $z=5$의 쌍은 무엇을 나타내는가? 다시 말해, $y=3$과 $z=5$를 동시에 만족하는 점들의 집합을 설명하라. 개형을 그려라.

7. $\triangle PQR$의 변의 길이를 구하여라. 직각삼각형인가? 이등변삼각형인가?
   (a) $P(3, -2, -3)$, $Q(7, 0, 1)$, $R(1, 2, 1)$
   (b) $P(2, -1, 0)$, $Q(4, 1, 1)$, $R(4, -5, 4)$

8. 점 $(3, 7, -5)$로부터 다음의 주어진 것까지 거리를 구하여라.
   (a) xy-평면 (b) yz-평면 (c) xz-평면
   (d) x축 (e) y축 (f) z축
9. 직선상에 놓여 있는 점들인지를 결정하여라.
   (a) $A(2, 4, 2)$, $B(3, 7, -2)$, $C(1, 3, 3)$
   (b) $D(0, -5, 5)$, $E(1, -2, 4)$, $F(3, 4, 2)$
10. 중심이 $(2, -6, 4)$이고 반경이 5인 구의 방정식을 구하여라. 각 좌표평면과 교차함을 설명하여라.
11. 중심이 $(3, 8, 1)$이고 점 $(4, 3, -1)$을 지나는 구의 방정식을 구하여라.
12. 중심이 $(1, 2, 3)$이고 원점을 지나는 구의 방정식을 구하여라.

(13~16) 식이 구를 나타냄을 보이고, 중심과 반경을 구하여라.

13. $x^2+y^2+z^2-6x+4y-2z=11$
14. $x^2+y^2+z^2+8x-6y+2z+17=0$
15. $2x^2+2y^2+2z^2=8x-24y+1$
16. $3x^2+3y^2+3z^2=10+6y+12z$

17. (a) $P_1(x_1, y_1, z_1)$으로부터 $P_2(x_2, y_2, z_2)$까지 선분의 중점이
$$\left(\frac{x_1+x_2}{2}, \frac{y_1+y_2}{2}, \frac{z_1+z_2}{2}\right)$$
임을 증명하여라.
   (b) 꼭짓점이 $A(1, 2, 3)$, $B(-2, 0, 5)$, $C(4, 1, 5)$인 삼각형의 중선의 길이를 구하여라.
18. 직경의 한 끝점이 $(2, 1, 4)$와 $(4, 3, 10)$인 구의 방정식을 구하여라.
19. 중심이 $(2, -3, 6)$이고 (a) xy-평면 (b) yz-평면 (c) xz-평면과 닿는 구의 방정식을 구하여라.
20. 중심이 $(5, 4, 9)$이고 제1팔분공간에 포함되는 가장 큰 구의 방정식을 구하여라.

(21~32) 식과 부등식으로 나타낸 $\mathbb{R}^3$의 영역을 설명하여라.

21. $y=-4$
22. $x=10$
23. $x>3$
24. $y\geq 0$
25. $0\leq z\leq 6$
26. $z^2=1$
27. $x^2+y^2=4$, $z=-1$
28. $y^2+z^2=16$
29. $x^2+y^2+z^2\leq 3$
30. $x=z$
31. $x^2+z^2\leq 9$
32. $x^2+y^2+z^2>2z$

(33~36) 영역을 나타내기 위한 부등식을 써라.

33. yz-평면과 수직면 $x=5$ 사이의 공간
34. 평면 $z=8$ 아래와 중심이 원점이고 반경이 2인 xy-평면상의 원 위에 있는 입체 원기둥
35. 원점을 중심으로 반지름이 r과 R인 구 사이(경계를 포함하지 않음)의 모든 점들로 이루어진 영역($r<R$)
36. 원점이 중심으로 반지름이 2인 구의 입체 상반구

37. 그림은 공간상의 직선 L_1과 xy-평면 위에 L_1의 사영인 두 번째 직선 L_2를 나타내고 있다(다시 말해, L_2 상의 점들은 L_1 상의 점들의 바로 아래 혹은 위에 있다).
   (a) 직선 L_1 위의 점 P의 좌표를 구하여라.
   (b) 직선 L_1이 xy-평면, yz-평면, xz-평면과 만나는 점 A, B, C를 각각 그림 위에 표시하여라.

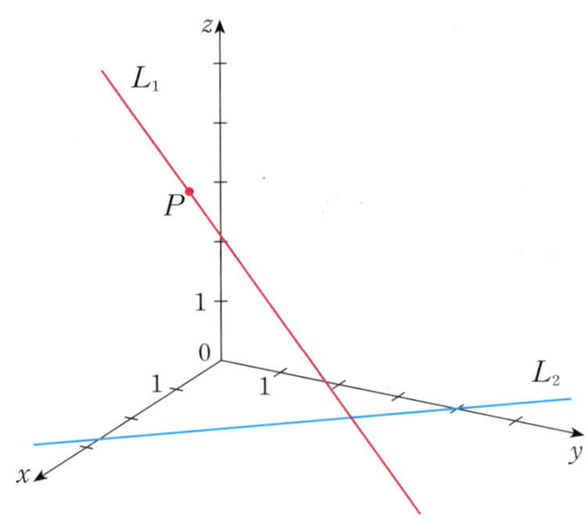

38. P로부터 $A(-1, 5, 3)$까지 거리가 P로부터 $B(6, 2, -2)$까지 거리의 두 배가 되는 점 P를 생각하자. 모든 그러한 점들의 집합이 구임을 보이고, 중심과 반지름을 구하여라.
39. 점 $A(-1, 5, 3)$과 $B(6, 2, -2)$로부터 같은 거리에 있는 점들의 집합으로 된 방정식을 구하여라. 이 방정식을 집합으로 설명하여라.
40. 구 $x^2+y^2+z^2+4x-2y+4z+5=0$과 $x^2+y^2+z^2=4$의 내부에 동시에 포함되는 입체의 부피를 구하여라.
41. 두 개의 구 $x^2+y^2+z^2=4$와
$x^2+y^2+z^2=4x+4y+4z-11$ 사이의 거리를 구하여라.
42. 다음의 조건들을 만족하는 입체를 그리고 설명하여라.
z-축에 평행한 빛에 의한 그림자는 원판이고, y-축에 평행한 빛에 의한 그림자는 정사각형이고, x-축에 평행한 빛에 의한 그림자는 이등변삼각형이다.

10.2 벡터

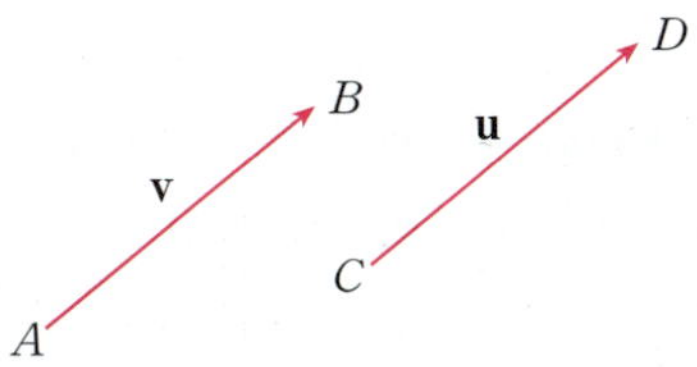

그림 1

벡터라는 용어는 과학자들에 의하여(변위, 속도, 힘과 같이) 크기와 방향을 가진 양을 가리키는데 이용된다. 벡터는 흔히 화살표나 유향선분으로 나타낸다. 화살표의 길이는 벡터의 크기를 나타내고, 화살표는 벡터의 방향을 가리킨다. 벡터는 굵은 글자($\mathbf{v}$) 혹은 문자 위에 화살표를 써서$(\vec{v})$ 나타낸다. 예를 들어, 점 A에서 점 B로 움직이는 질점을 가정하자. 그림 1에서 대응되는 **변위벡터** $\mathbf{v}$는 **시작점** A(꼬리)와 **종점** B(끝)을 갖고 이것을 $\mathbf{v}=\overrightarrow{AB}$라 쓴다. 벡터 $\mathbf{u}=\overrightarrow{CD}$는 $\mathbf{v}$와 같은 길이와 방향을 갖지만 다른 위치에 있다는 것을 지적해 둔다. $\mathbf{u}$와 $\mathbf{v}$는 **동치**(혹은 **같다**)라고 말하고 $\mathbf{u}=\mathbf{v}$로 쓴다. 영벡터는 $\mathbf{0}$으로 나타내고, 길이가 $\mathbf{0}$이다. **영벡터**는 특정한 방향을 가지지 않는 유일한 벡터이다.

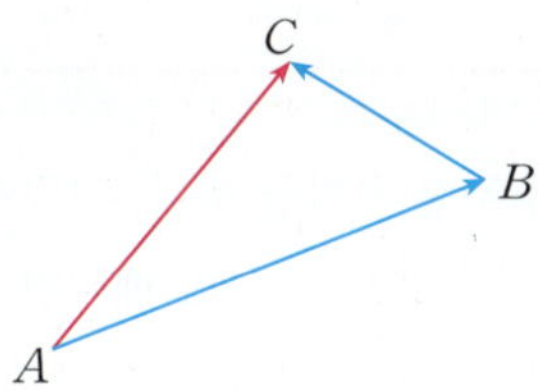

그림 2

⊳ 결합벡터

질점이 A로부터 B로 움직이면, 그것의 변위벡터는 $\overrightarrow{AB}$이다. 그 다음 질점이 방향을 바꾸어 그림 2에서처럼 변위벡터가 $\overrightarrow{BC}$인 B로부터 C로 움직인다. 이들 변위의 결합 효과는 A로부터 C로 움직인 것이다. 결과적인 변위벡터 $\overrightarrow{AC}$를 $\overrightarrow{AB}$와 $\overrightarrow{BC}$의 합이라 하고, $\overrightarrow{AC}=\overrightarrow{AB}+\overrightarrow{BC}$라 쓴다. 일반적으로 벡터 $\mathbf{u}$와 $\mathbf{v}$가 같이 출발하면 $\mathbf{u}$의 끝에 $\mathbf{v}$의 시점을 일치시켜서 다음과 같이 $\mathbf{u}$와 $\mathbf{v}$의 합을 정의한다.

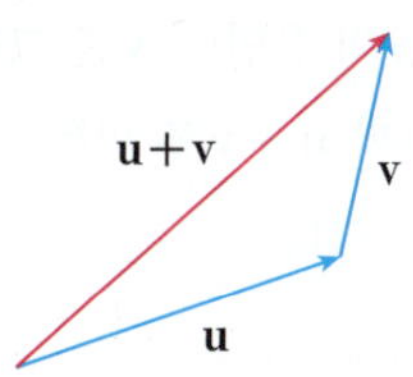

그림 3 삼각형 법칙

> **벡터합의 정의** 만약 $\mathbf{u}$와 $\mathbf{v}$가 $\mathbf{v}$의 시점이 $\mathbf{u}$의 종점에 위치한 벡터이면 **합** $\mathbf{u}+\mathbf{v}$는 $\mathbf{u}$의 시점으로부터 $\mathbf{v}$의 종점으로의 벡터이다.

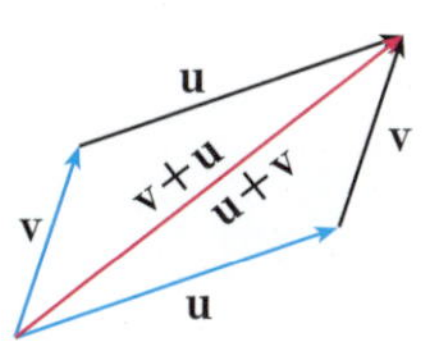

그림 4 평행사변형 법칙

벡터합의 정의는 그림 3에서 보여주고 있다. 이 정의가 때때로 **삼각형 법칙**이라 불리는 이유를 알 수 있다. 그림 4에서는 그림 3에서처럼 벡터 $\mathbf{u}$와 $\mathbf{v}$가 같이 출발하고 $\mathbf{u}$의 시점과 같은 $\mathbf{v}$를 복사하여 그린다. 평행사변형을 완성하면, $\mathbf{u}+\mathbf{v}=\mathbf{v}+\mathbf{u}$임을 알 수 있다. 이것은 합을 구하는 또 다른 방법이다. 만약 $\mathbf{u}$와 $\mathbf{v}$가 같은 점에서 출발하면 $\mathbf{u}+\mathbf{v}$는 $\mathbf{u}$와 $\mathbf{v}$를 변으로 갖는 평행사변형의 대각선이다(이것을 **평행사변형 법칙**이라 한다).

예제 1 그림 5에 있는 벡터 $\mathbf{a}$와 $\mathbf{b}$의 합을 그려라.

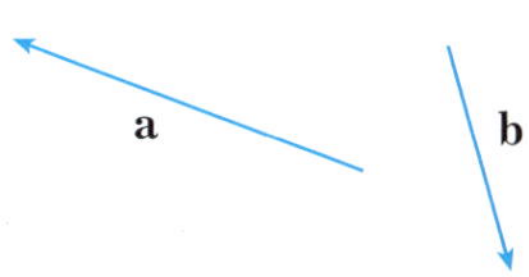

그림 5

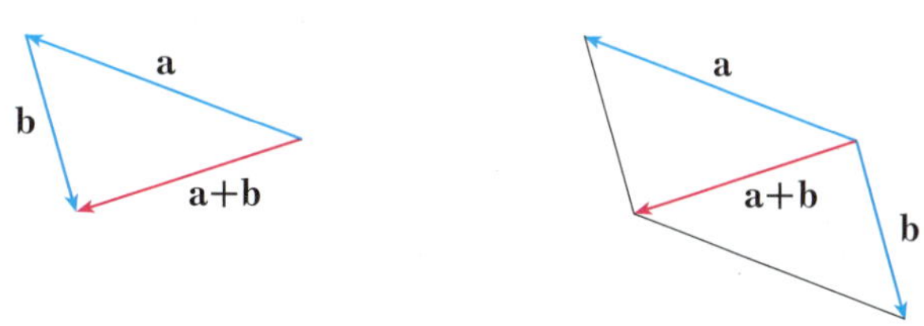

(a) (b)

그림 6

풀이 먼저 $\mathbf{a}$의 끝에 같은 길이와 방향을 갖는 $\mathbf{b}$의 사본을 조심스럽게 그려서 $\mathbf{b}$의 꼬리가 놓이게 옮긴다. 그다음 $\mathbf{a}$의 시점에서 출발하여 복사된 $\mathbf{b}$의 종점에서 끝나는 벡터 $\mathbf{a}+\mathbf{b}$(그림 6(a) 참조)를 그린다. 선택적으로, $\mathbf{b}$를 $\mathbf{a}$가 출발하는 곳에서 출발하도록 놓아 그림 6(b)에서처럼 평행사변형 법칙에 의해 $\mathbf{a}+\mathbf{b}$를 만든다. ■

실수 c를 벡터에 곱할 수 있다(이 책에서는 실수 c를 벡터와 구분하여 **스칼라**라 부른다). 예를 들어, $2\mathbf{v}$는 방향이 같으나 길이가 두 배가 되는 $\mathbf{v}+\mathbf{v}$와 같은 벡터가 되고자 한다. 일반적으로 다음과 같이 스칼라를 벡터에 곱한다.

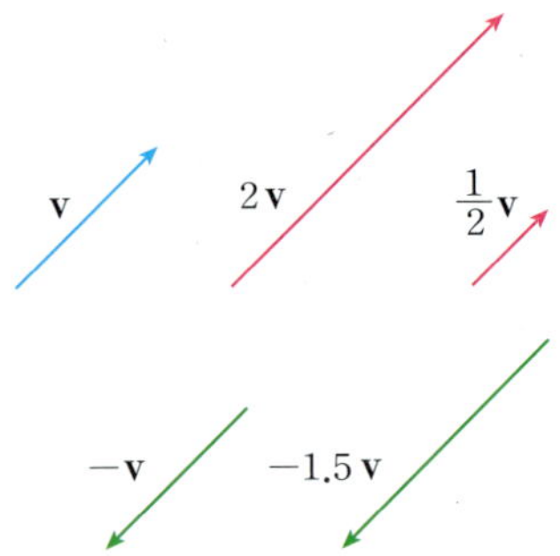

그림 7 v의 스칼라배

스칼라곱의 정의 c가 스칼라이고 $\mathbf{v}$가 벡터이면 **스칼라곱** $c\mathbf{v}$는 길이가 $\mathbf{v}$의 $|c|$배이고, 방향은 만약 $c>0$이면 같은 방향이고 $c<0$이면 반대방향이다. 만약 $c=0$이거나 $\mathbf{v}=\mathbf{0}$이면 $c\mathbf{v}=\mathbf{0}$이다.

이 정의는 그림 7에서 보여주고 있다. 여기서 실수가 크기 조정 역할을 한다. 그것이 실수가 스칼라라 불리는 이유이다. 영 아닌 두 벡터의 하나가 다른 것에 스칼라 배이면 **평행**임을 주목하라. 특히, $-\mathbf{v}=(-1)\mathbf{v}$는 길이는 같으나 반대방향에 위치한다. 이것을 $\mathbf{v}$의 **음**이라 부른다.

두 벡터의 차 $\mathbf{u}-\mathbf{v}$는 $\mathbf{u}-\mathbf{v}=\mathbf{u}+(-\mathbf{v})$를 의미함으로 먼저, $\mathbf{v}$의 음인 $-\mathbf{v}$를 그리고 다음 그림 8(a)에서처럼 평행사변형 법칙에 의하여 $\mathbf{u}$를 더함으로써 $\mathbf{u}-\mathbf{v}$를 만들 수 있다. 그림 8(b)에서처럼 삼각형 법칙을 이용하여 $\mathbf{u}-\mathbf{v}$를 만들 수도 있다.

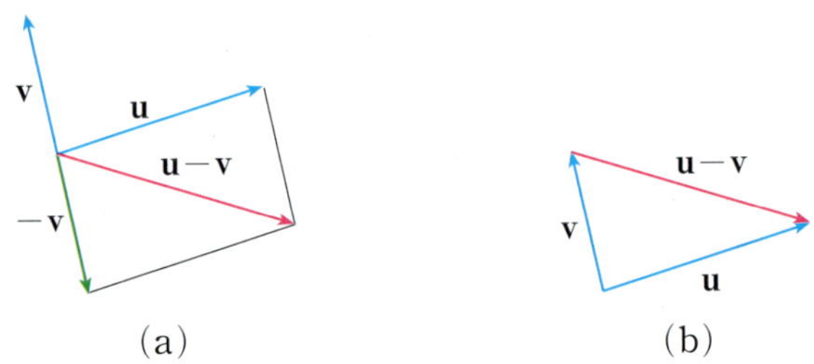

그림 8 u−v 그리기

예제 2 $\mathbf{a}$와 $\mathbf{b}$가 그림 9와 같다. $\mathbf{a}-2\mathbf{b}$를 그려라.

풀이 먼저 $\mathbf{b}$의 반대방향으로 길이가 두 배가 되게 위치한 벡터 $-2\mathbf{b}$를 그린다. $\mathbf{a}$의 끝에 그 벡터의 꼬리가 놓이게 하고 그림 10에서와 같이 $\mathbf{a}+(-2\mathbf{b})$를 그리기 위하여 삼각형 법칙을 사용한다.

그림 9

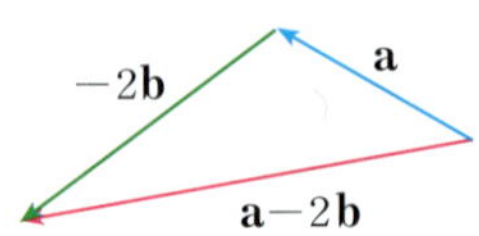

그림 10 ■

⊳ 성분

어떤 목적을 위해서는 좌표계를 소개하고 벡터를 대수적으로 취급하는 것이 최선이다. 만약 직교좌표계의 원점에 벡터 $\mathbf{a}$의 시점이 놓여 있으면 $\mathbf{a}$의 종점은 좌표계가 2차 혹은 3차원인지에 따라 (a_1, a_2) 혹은 (a_1, a_2, a_3) 형태의 좌표를 갖는다(그림 11 참조). 이런 좌표를 $\mathbf{a}$의 **성분**이라 부르고 $\mathbf{a}=\langle a_1, a_2\rangle$ 혹은 $\mathbf{a}=\langle a_1, a_2, a_3\rangle$라 쓴다.

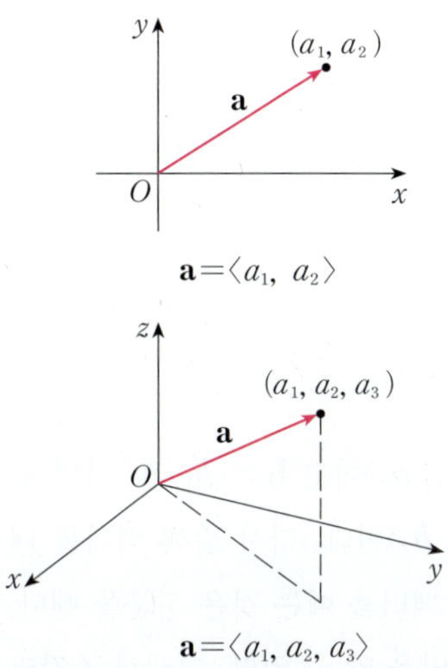

그림 11

평면의 점을 표시하는 순서쌍 (a_1, a_2)와 혼동되지 않도록 벡터를 표시하는 순서쌍은 표현 $\langle a_1, a_2\rangle$을 사용한다. 예를 들어, 그림 12에서 보여준 벡터들은 종점이 $P(3, 2)$인 벡터 $\overrightarrow{OP}=\langle 3, 2\rangle$에 모두 동치이다. 공통인 것은 종점이 시점으로부터 오른쪽으로 3만큼 그리고 위쪽으로 2만큼 옮겨져 이른다. 대수적 벡터 $\mathbf{a}=\langle 3, 2\rangle$의 **표현**을 모두 이러한 기하학적인 벡터로 생각할 수 있다. 원점으로부터 점 $P(3, 2)$까지 특별한 표현 $\overrightarrow{OP}$는 점 P의 **위치벡터**라 부른다.

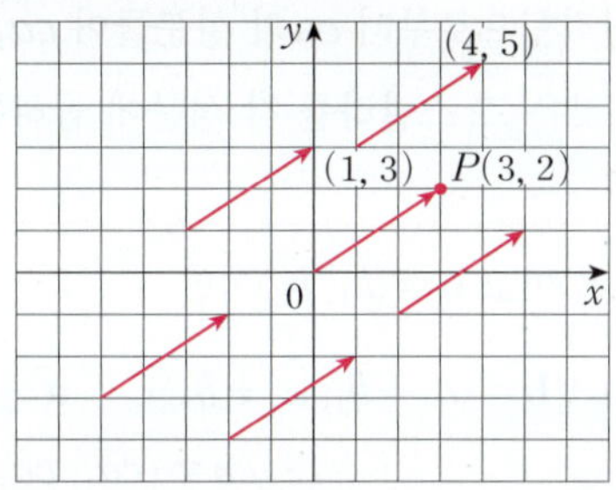

그림 12 벡터 $\mathbf{a}=\langle 3, 2\rangle$의 표현

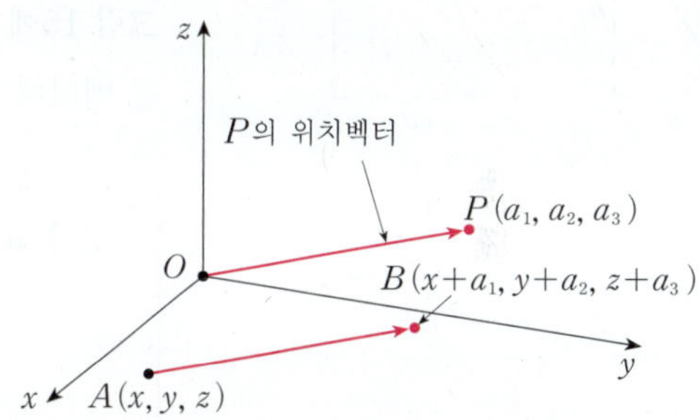

그림 13 $\mathbf{a}=\langle a_1, a_2, a_3\rangle$의 표현

3차원에서 벡터 $\mathbf{a}=\overrightarrow{OP}=\langle a_1, a_2, a_3\rangle$는 점 $P(a_1, a_2, a_3)$의 **위치벡터**이다(그림 13을 보라). 시점이 $A(x_1, y_1, z_1)$이고 종점이 $B(x_2, y_2, z_2)$인 $\mathbf{a}$의 임의의 다른 표현 $\overrightarrow{AB}$를 생각하자. 그러면 $x_1+a_1=x_2$, $y_1+a_2=y_2$이고 $z_1+a_3=z_2$이여서 $a_1=x_2-x_1$, $a_2=y_2-y_1$이고 $a_3=z_2-z_1$이다. 그러므로 다음과 같은 결과를 얻는다.

> **1** 점 $A(x_1, y_1, z_1)$과 $B(x_2, y_2, z_2)$가 주어지면, 표현 $\overrightarrow{AB}$인 벡터 $\mathbf{a}$는
> $$\mathbf{a}=\langle x_2-x_1, y_2-y_1, z_2-z_1\rangle$$

예제 3 **한 점으로부터 다른 점으로의 변위벡터의 표현** 시점이 $A(2, -3, 4)$이고 종점이 $B(-2, 1, 1)$인 방향 성분으로 표현되는 벡터를 구하여라.

풀이 **1**에 의해, $\overrightarrow{AB}$에 대응되는 벡터는

$$\mathbf{a}=\langle -2-2,\ 1-(-3),\ 1-4\rangle=\langle -4,\ 4,\ -3\rangle$$

이다. ■

벡터 $\mathbf{v}$의 **크기** 또는 **길이**는 $\mathbf{v}$의 임의의 표현의 길이로 정하고 기호 $|\mathbf{v}|$ 또는 $\|\mathbf{v}\|$로 나타낸다. 선분 OP의 길이를 구하는 거리공식을 이용하면 다음 식을 얻는다.

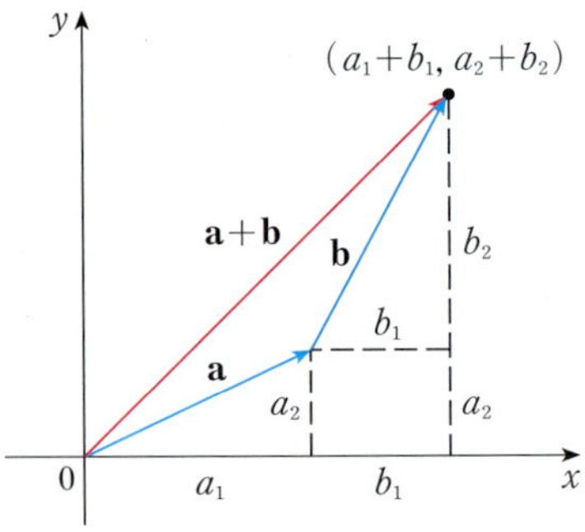

그림 14

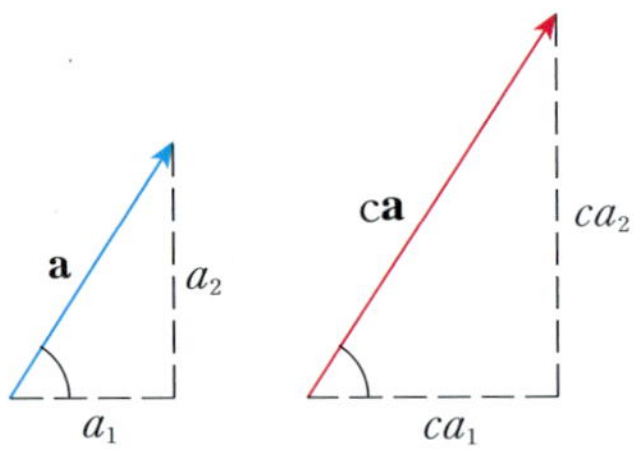

그림 15

> 2차원 벡터 $\mathbf{a}=\langle a_1, a_2\rangle$의 길이는
>
> $$|\mathbf{a}|=\sqrt{a_1^2+a_2^2}$$
>
> 이고, 3차원 벡터 $\mathbf{a}=\langle a_1, a_2, a_3\rangle$의 길이는
>
> $$|\mathbf{a}|=\sqrt{a_1^2+a_2^2+a_3^2}$$
>
> 이다.

벡터를 대수적으로 어떻게 더하는가? 그림 14는 $\mathbf{a}=\langle a_1, a_2\rangle$이고 $\mathbf{b}=\langle b_1, b_2\rangle$이면 합은 최소한 성분들이 양수인 경우에 $\mathbf{a}+\mathbf{b}=\langle a_1+b_1, a_2+b_2\rangle$이다. 다시 말해 벡터를 대수적으로 더하는 것은 그들 성분을 더하는 것이다. 똑같이 벡터를 빼는 것은 성분을 뺀다. 그림 15에 같은 삼각형으로부터 $c\mathbf{a}$의 성분들이 ca_1과 ca_2임을 알 수 있다. 그래서 스칼라를 벡터에 곱하는 것은 그 스칼라를 각 성분에 곱하는 것이다.

> 만약 $\mathbf{a}=\langle a_1, a_2\rangle$이고 $\mathbf{b}=\langle b_1, b_2\rangle$이면
>
> $$\mathbf{a}+\mathbf{b}=\langle a_1+b_1, a_2+b_2\rangle \qquad \mathbf{a}-\mathbf{b}=\langle a_1-b_1, a_2-b_2\rangle$$
> $$c\mathbf{a}=\langle ca_1, ca_2\rangle$$
>
> 마찬가지로, 3차원 벡터에 대하여
>
> $$\langle a_1, a_2, a_3\rangle+\langle b_1, b_2, b_3\rangle=\langle a_1+b_1, a_2+b_2, a_3+b_3\rangle$$
> $$\langle a_1, a_2, a_3\rangle-\langle b_1, b_2, b_3\rangle=\langle a_1-b_1, a_2-b_2, a_3-b_3\rangle$$
> $$c\langle a_1, a_2, a_3\rangle=\langle ca_1, ca_2, ca_3\rangle$$

예제 4 **벡터연산** $\mathbf{a}=\langle 4, 0, 3\rangle$, $\mathbf{b}=\langle -2, 1, 5\rangle$일 때, $|\mathbf{a}|$와 벡터 $\mathbf{a}+\mathbf{b}$, $\mathbf{a}-\mathbf{b}$, $3\mathbf{b}$ 그리고 $2\mathbf{a}+5\mathbf{b}$를 구하여라.

풀이

$$|\mathbf{a}|=\sqrt{4^2+0^2+3^2}=\sqrt{25}=5$$

$$\begin{aligned}\mathbf{a}+\mathbf{b}&=\langle 4, 0, 3\rangle+\langle -2, 1, 5\rangle\\&=\langle 4-2, 0+1, 3+5\rangle=\langle 2, 1, 8\rangle\\\mathbf{a}-\mathbf{b}&=\langle 4, 0, 3\rangle-\langle -2, 1, 5\rangle\\&=\langle 4-(-2), 0-1, 3-5\rangle=\langle 6, -1, -2\rangle\\3\mathbf{b}&=3\langle -2, 1, 5\rangle=\langle 3(-2), 3(1), 3(5)\rangle=\langle -6, 3, 15\rangle\\2\mathbf{a}+5\mathbf{b}&=2\langle 4, 0, 3\rangle+5\langle -2, 1, 5\rangle\\&=\langle 8, 0, 6\rangle+\langle -10, 5, 25\rangle=\langle -2, 5, 31\rangle\end{aligned}$$

■

2차원 벡터 전체의 집합을 V_2, 3차원 벡터 전체의 집합을 V_3로 나타낸다. 보다 일반적으로, 모든 n차원 벡터 전체의 집합 V_n을 생각할 필요가 있다. n차원 벡터는 n순서쌍

$$\mathbf{a} = \langle a_1, a_2, \cdots, a_n \rangle$$

을 말하며 여기에서 $a_1, a_2, \cdots, a_n$은 실수들로서 $\mathbf{a}$의 성분이라 부른다. n차원 벡터의 합과 스칼라 곱은 $n=2$ 또는 3인 경우와 마찬가지로 성분들의 항들로 정의된다.

● n차원 벡터들은 어떤 체계화된 방법으로 다양한 양을 표시하는데 사용되곤 한다. 예를 들어 6차원 벡터

$$\mathbf{p} = \langle p_1, p_2, p_3, p_4, p_5, p_6 \rangle$$

의 성분은 특별한 곱을 만들기 위해 요구되는 여섯 개 다른 요소로된 값들을 나타낼 수도 있다. 4차원 벡터 $\langle x, y, z, t \rangle$는 처음 3개 성분이 공간의 위치를 지정하고 네 번째는 시간을 표현하는 상대성 이론에 사용된다.

벡터의 성질 $\mathbf{a}$, $\mathbf{b}$, $\mathbf{c}$가 벡터이고, c, d가 스칼라일 때

1. $\mathbf{a}+\mathbf{b}=\mathbf{b}+\mathbf{a}$	2. $\mathbf{a}+(\mathbf{b}+\mathbf{c})=(\mathbf{a}+\mathbf{b})+\mathbf{c}$
3. $\mathbf{a}+\mathbf{0}=\mathbf{a}$	4. $\mathbf{a}+(-\mathbf{a})=\mathbf{0}$
5. $c(\mathbf{a}+\mathbf{b})=c\mathbf{a}+c\mathbf{b}$	6. $(c+d)\mathbf{a}=c\mathbf{a}+d\mathbf{a}$
7. $(cd)\mathbf{a}=c(d\mathbf{a})$	8. $1\mathbf{a}=\mathbf{a}$

이들 벡터의 여덟 가지 성질은 이미 기하학적 혹은 대수적으로 증명할 수 있다. 예를 들어 성질 1은 그림 4(평행사변형 법칙과 같다)로부터 알 수 있거나 $n=2$인 경우는 다음과 같다.

$$\mathbf{a}+\mathbf{b} = \langle a_1, a_2 \rangle + \langle b_1, b_2 \rangle = \langle a_1+b_1, a_2+b_2 \rangle$$
$$= \langle b_1+a_2, b_2+a_2 \rangle = \langle b_1, b_2 \rangle + \langle a_1, a_2 \rangle = \mathbf{b}+\mathbf{a}$$

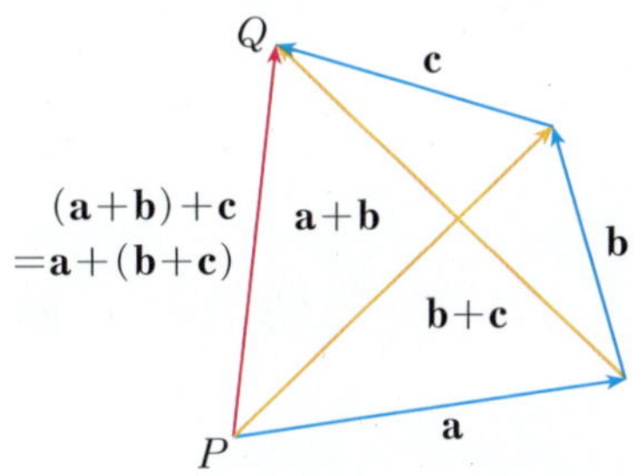

그림 16

성질 2(결합법칙)가 참인 이유를 그림 16과 몇 번의 삼각형 법칙을 적용함으로써 알 수 있다. 벡터 $\overrightarrow{PQ}$는 먼저 $\mathbf{a}+\mathbf{b}$를 만들고 $\mathbf{c}$(벡터)를 더하거나 벡터 $\mathbf{b}+\mathbf{c}$에 $\mathbf{a}$를 더함으로써 얻을 수 있다.

V_3에서 다음 세개의 벡터들은 특별한 역할을 한다.

$$\mathbf{i} = \langle 1, 0, 0 \rangle \qquad \mathbf{j} = \langle 0, 1, 0 \rangle \qquad \mathbf{k} = \langle 0, 0, 1 \rangle$$

이라 하자.

그러면 $\mathbf{i}$, $\mathbf{j}$ 그리고 $\mathbf{k}$는 x, y 그리고 z-축의 양의 방향을 가리키고 길이가 1인 벡터들이다. 마찬가지로 2차원에서는 $\mathbf{i}=\langle 1, 0 \rangle$, $\mathbf{j}=\langle 0, 1 \rangle$로 정한다(그림 17 참조).

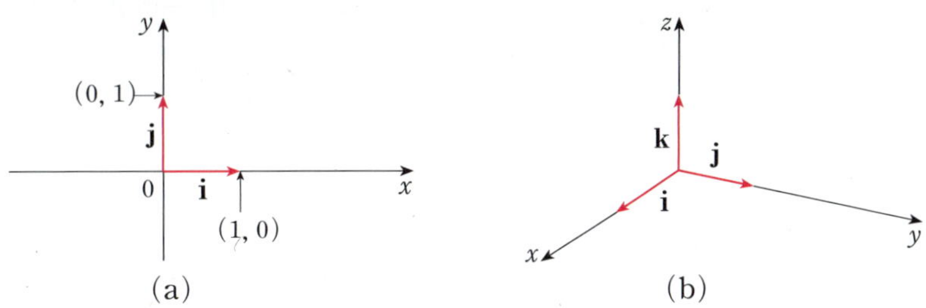

그림 17 V_2와 V_3의 표준기저벡터

$\mathbf{a} = \langle a_1, a_2, a_3 \rangle$이면

$$\mathbf{a} = \langle a_1, a_2, a_3 \rangle = \langle a_1, 0, 0 \rangle + \langle 0, a_2, 0 \rangle + \langle 0, 0, a_3 \rangle$$
$$= a_1\langle 1, 0, 0 \rangle + a_2\langle 0, 1, 0 \rangle + a_3\langle 0, 0, 1 \rangle$$

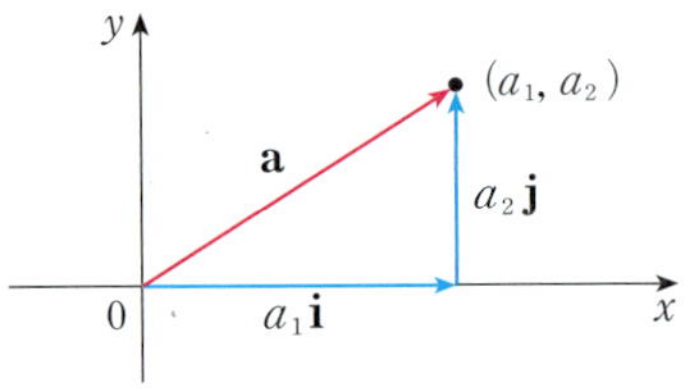

(a) $\mathbf{a}=a_1\mathbf{i}+a_2\mathbf{j}$

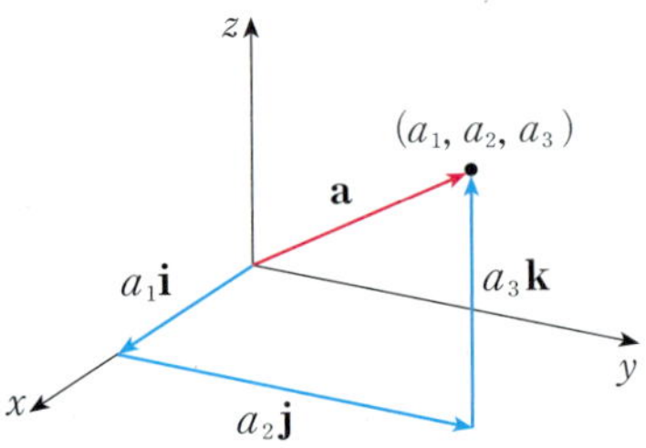

(b) $\mathbf{a}=a_1\mathbf{i}+a_2\mathbf{j}+a_3\mathbf{k}$

그림 18

2 $$\mathbf{a}=a_1\mathbf{i}+a_2\mathbf{j}+a_3\mathbf{k}$$

로 쓸 수 있다.

그러므로 V_3의 임의의 벡터는 **표준기저벡터** $\mathbf{i}$, $\mathbf{j}$, $\mathbf{k}$의 항으로 나타낼 수 있다. 예를 들면

$$\langle 1, -2, 6\rangle=\mathbf{i}-2\mathbf{j}+6\mathbf{k}$$

마찬가지로 2차원에서는

3 $$\mathbf{a}=\langle a_1, a_2\rangle=a_1\mathbf{i}+a_2\mathbf{j}$$

와 같이 쓸 수 있다.

식 **3**과 **2**의 기하학적 의미를 그림 18에서 알아보고 그림 17과 비교하여 보아라.

예제 5 $\mathbf{a}=\mathbf{i}+2\mathbf{j}-3\mathbf{k}$, $\mathbf{b}=4\mathbf{i}+7\mathbf{k}$일 때, 벡터 $2\mathbf{a}+3\mathbf{b}$를 $\mathbf{i}$, $\mathbf{j}$, $\mathbf{k}$의 항으로 나타내어라.

풀이 벡터의 성질 1, 2, 5, 6, 7을 이용하면

$$\begin{aligned}2\mathbf{a}+3\mathbf{b}&=2(\mathbf{i}+2\mathbf{j}-3\mathbf{k})+3(4\mathbf{i}+7\mathbf{k})\\&=2\mathbf{i}+4\mathbf{j}-6\mathbf{k}+12\mathbf{i}+21\mathbf{k}\\&=14\mathbf{i}+4\mathbf{j}+15\mathbf{k}\end{aligned}$$

를 얻는다. ■

단위벡터는 길이가 1인 벡터이다. 예를 들면 $\mathbf{i}$, $\mathbf{j}$, $\mathbf{k}$는 모두 단위벡터이다. 일반적으로 $\mathbf{a}\neq\mathbf{0}$이면 $\mathbf{a}$와 같은 방향을 가지는 단위벡터는

4 $$\mathbf{u}=\frac{1}{|\mathbf{a}|}\mathbf{a}=\frac{\mathbf{a}}{|\mathbf{a}|}$$

이다. 이것을 확인하기 위하여 $c=1/|\mathbf{a}|$라 두면, $\mathbf{u}=c\mathbf{a}$이고, c가 양수이므로 $\mathbf{u}$는 $\mathbf{a}$와 같은 방향을 가진다. 또

$$|\mathbf{u}|=|c\mathbf{a}|=|c|\,|\mathbf{a}|=\frac{1}{|\mathbf{a}|}|\mathbf{a}|=1$$

예제 6 벡터 $2\mathbf{i}-\mathbf{j}-2\mathbf{k}$와 같은 방향을 가지는 단위벡터를 구하여라.

풀이 주어진 벡터의 길이는

$$|2\mathbf{i}-\mathbf{j}-2\mathbf{k}|=\sqrt{2^2+(-1)^2+(-2)^2}=\sqrt{9}=3$$

이므로 식 **4**에 의하여 같은 방향을 가지는 단위벡터는

$$\frac{1}{3}(2\mathbf{i}-\mathbf{j}-2\mathbf{k})=\frac{2}{3}\mathbf{i}-\frac{1}{3}\mathbf{j}-\frac{2}{3}\mathbf{k}$$

이다. ■

▷ 응용

벡터는 물리학과 공학의 여러 방면에 유용하다. 제11장에서 공간에 움직이는 물체의 속도와 가속도를 어떻게 묘사하는지를 알게 될 것이다.

힘은 크기(파운드 혹은 뉴턴으로 측정된다)와 방향 모두를 가지고 있기 때문에 벡터로 나타내어진다. 하나의 물체에 여러힘이 작용한다면 이 물체에 영향을 주는 합성력은 이들 힘의 벡터합이다.

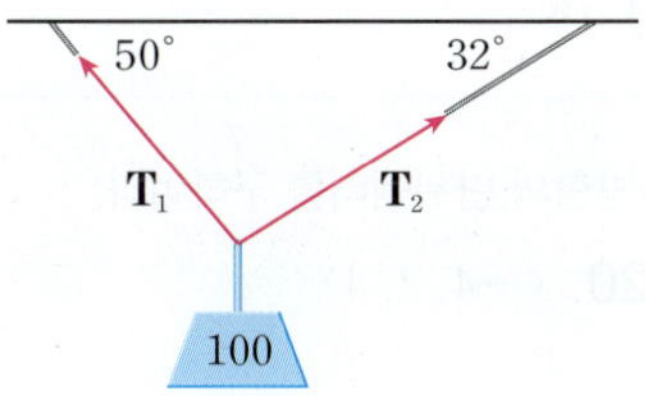

그림 19

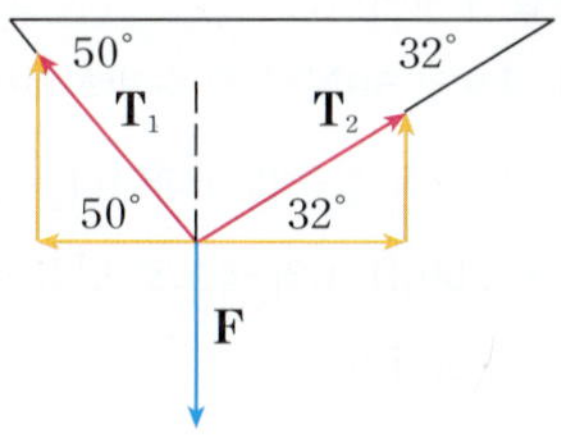

그림 20

예제 7 무게가 100kg인 짐이 그림 19에서와 같이 두 개의 줄에 매달려 있을 때 두 줄에 걸리는 장력 $\mathbf{T}_1$, $\mathbf{T}_2$와 그 크기를 구하여라.

풀이 먼저 $\mathbf{T}_1$과 $\mathbf{T}_2$를 그들의 수평 및 수직성분으로 나타내자. 그림 20에서

5 $\mathbf{T}_1 = -|\mathbf{T}_1|\cos 50°\mathbf{i} + |\mathbf{T}_1|\sin 50°\mathbf{j}$

6 $\mathbf{T}_2 = |\mathbf{T}_2|\cos 32°\mathbf{i} + |\mathbf{T}_2|\sin 32°\mathbf{j}$

임을 알 수 있다. 이 짐에 작용하는 중력의 힘은 $\mathbf{F} = -100(9.8)\mathbf{j} = -980\mathbf{j}$이다. 장력의 합성 $\mathbf{T}_1 + \mathbf{T}_2$는 $\mathbf{F}$와 균형을 이루고 있으므로

$$\mathbf{T}_1 + \mathbf{T}_2 = -\mathbf{F} = 980\mathbf{j}$$

이다. 따라서

$$(-|\mathbf{T}_1|\cos 50° + |\mathbf{T}_2|\cos 32°)\mathbf{i} + (|\mathbf{T}_1|\sin 50° + |\mathbf{T}_2|\sin 32°)\mathbf{j} = 980\mathbf{j}$$

성분끼리 식을 세우면

$$-|\mathbf{T}_1|\cos 50° + |\mathbf{T}_2|\cos 32° = 0$$
$$|\mathbf{T}_1|\sin 50° + |\mathbf{T}_2|\sin 32° = 980$$

을 얻는다. 첫 번째 식을 $|\mathbf{T}_2|$에 관하여 푼 뒤, 두 번째 식에 대입하면

$$|\mathbf{T}_1|\sin 50° + \frac{|\mathbf{T}_1|\cos 50°}{\cos 32°}\sin 32° = 980$$

을 얻는다. 그래서 각 장력의 크기는

$$|\mathbf{T}_1| = \frac{980}{\sin 50° + \tan 32° \cos 50°} \approx 839 \text{ N}$$
$$|\mathbf{T}_2| = \frac{|\mathbf{T}_1|\cos 50°}{\cos 32°} \approx 636 \text{ N}$$

이 값들을 5와 6에 대입하면 장력 벡터는

$$\mathbf{T}_1 \approx -539\mathbf{i} + 643\mathbf{j} \qquad \mathbf{T}_2 \approx 539\mathbf{i} + 337\mathbf{j}$$

를 얻는다. ■

10.2 연습문제

1. 다음 양은 벡터인가 스칼라인가? 설명하여라.
   (a) 극장표 값 (b) 강의 흐름
   (c) 휴스톤에서 달라스까지 초기 비행 경로
   (d) 세계의 인구
2. 점 (4, 7)과 벡터 $\langle 4, 7\rangle$ 사이에 관계는 무엇인가? 대강 그려라.
3. 보여진 평행사변형에서 동치인 벡터를 모두 적어라.

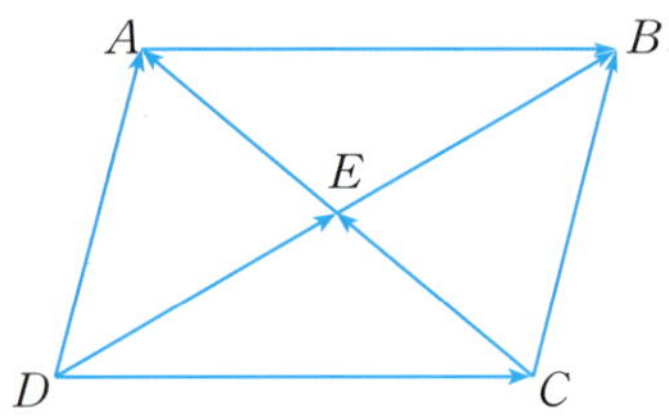

4. 벡터들의 각 조합을 한 벡터로 써라.
   (a) $\overrightarrow{PQ}+\overrightarrow{QR}$
   (b) $\overrightarrow{RP}+\overrightarrow{PS}$
   (c) $\overrightarrow{QS}-\overrightarrow{PS}$
   (d) $\overrightarrow{RS}+\overrightarrow{SP}+\overrightarrow{PQ}$

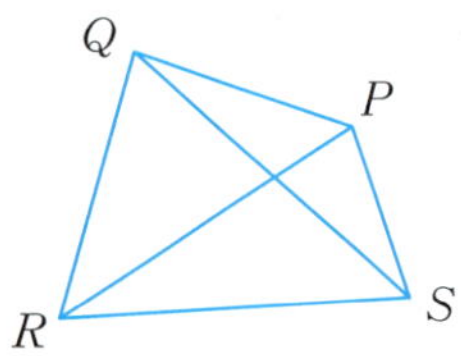

5. 그림에 있는 벡터를 복사하여 다음 벡터가 그려지는데 사용하여라.
   (a) $\mathbf{u}+\mathbf{v}$ (b) $\mathbf{u}-\mathbf{v}$
   (c) $\mathbf{v}+\mathbf{w}$ (d) $\mathbf{w}+\mathbf{v}+\mathbf{u}$

6. 그림에 있는 벡터를 복사하여 다음 벡터들을 그리는데 사용하여라.
   (a) $\mathbf{a}+\mathbf{b}$ (b) $\mathbf{a}-\mathbf{b}$
   (c) $\frac{1}{2}\mathbf{a}$ (d) $-3\mathbf{b}$
   (e) $\mathbf{a}+2\mathbf{b}$ (f) $2\mathbf{b}-\mathbf{a}$

(7~10) 선분 $\overrightarrow{AB}$ 방향으로 주어진 표현을 갖는 벡터 $\mathbf{a}$를 구하여라. $\overrightarrow{AB}$를 그리고 원점에서 출발하는 동치인 벡터를 그려라.

7. $A(-1, 3)$, $B(2, 2)$
8. $A(2, 1)$, $B(0, 6)$
9. $A(0, 3, 1)$, $B(2, 3, -1)$
10. $A(4, 0, -2)$, $B(4, 2, 1)$

(11~14) 주어진 벡터의 합을 구하고 기하학적으로 나타내어라.

11. $\langle -1, 4\rangle$, $\langle 6, -2\rangle$
12. $\langle -2, -1\rangle$, $\langle 5, 7\rangle$
13. $\langle 0, 1, 2\rangle$, $\langle 0, 0, -3\rangle$
14. $\langle -1, 0, 2\rangle$, $\langle 0, 4, 0\rangle$

(15~18) $\mathbf{a}+\mathbf{b}$, $2\mathbf{a}+3\mathbf{b}$, $|\mathbf{a}|$, $|\mathbf{a}-\mathbf{b}|$를 구하여라.

15. $\mathbf{a}=\langle 5, -12\rangle$, $\mathbf{b}=\langle -3, -6\rangle$
16. $\mathbf{a}=4\mathbf{i}+\mathbf{j}$, $\mathbf{b}=\mathbf{i}-2\mathbf{j}$
17. $\mathbf{a}=\mathbf{i}+2\mathbf{j}-3\mathbf{k}$, $\mathbf{b}=-2\mathbf{i}-\mathbf{j}+5\mathbf{k}$
18. $\mathbf{a}=2\mathbf{i}-4\mathbf{j}+4\mathbf{k}$, $\mathbf{b}=2\mathbf{j}-\mathbf{k}$

(19~21) 주어진 벡터와 같은 방향의 단위벡터를 구하여라.

19. $-3\mathbf{i}+7\mathbf{j}$
20. $\langle -4, 2, 4\rangle$
21. $8\mathbf{i}-\mathbf{j}+4\mathbf{k}$

22. $\langle -2, 4, 2\rangle$와 방향은 같으나 길이가 6인 벡터를 구하여라.
23. $\mathbf{v}$가 1사분면에 놓이고 x-축의 양의 방향과 $\frac{\pi}{3}$인 각을 이루고 $|\mathbf{v}|=4$일 때, 성분형태로 $\mathbf{v}$를 구하여라.
24. 한 어린이가 평면에서 38°의 각으로 50N의 힘을 발휘하여 눈 위에 썰매를 끈다면 힘의 수평과 수직 성분을 구하여라.
25. 쿼터백이 풋볼을 40°C의 경사로 60 ft/s의 속도로 던졌다. 속도벡터의 수평 및 수직 성분을 구하여라.

(26~27) 합성력의 크기와 x-축의 양의 방향과 이루는 각도를 구하여라.

26.

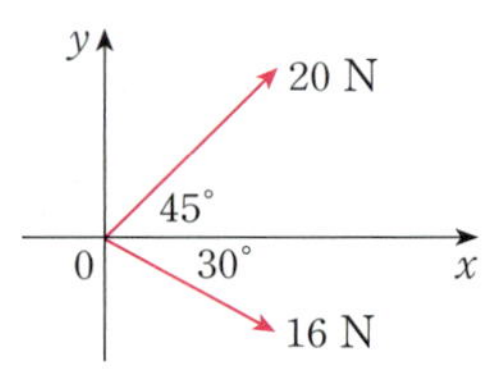

27.

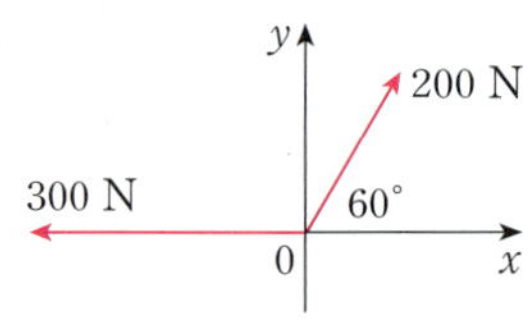

28. 속도 벡터의 크기를 **속력**이라 부른다. 만약 바람이 50km/h의 속력으로 N45°W로 분다고 하자(이것은 바람이 북쪽에서 45° 서쪽으로 부는 방향을 의미한다). 조종사가 250km/h의 대기속력(공기 중에서 속력)으로 N60°E 방향으로 비행기를 조종한다. 비행기의 실제 코스 혹은 진로는 속도벡터의 합력의 방향이다. 비행기의 지상속력은 합력의 크기이다. 비행기의 지상속력과 진진행을 구하여라.

※true course(track, 경로) : 지리적 북극으로부터 측정된 항공기의 방향 경로

29. 한 여자가 5km/h로 배의 갑판 위에서 서쪽으로 걷고 있다. 배는 35km/h의 속력으로 북쪽으로 움직인다. 물의 표면에 관하여 여자의 방향과 속력을 구하여라.

30. 길이가 3m와 5m인 끈이 시내 광장에 매달려 있는 휴일 장식을 고정시키고 있다. 장식의 무게가 5kg이다. 끈은 수평과 52°와 40°의 각으로 다른 높이에 고정되었다.

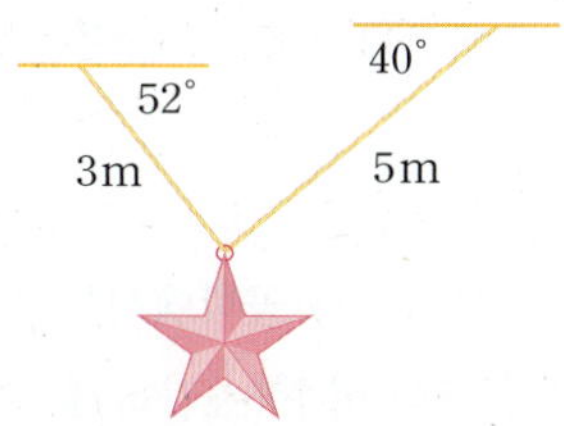

각 끈의 장력과 각 장력의 크기를 구하여라.

31. 8m 떨어진 두 장대 사이에 빨래줄이 매여져 있다. 줄은 아주 팽팽하고 처지지 않는다. 무게가 0.8kg인 젖은 셔츠를 줄의 중앙에 매달 때, 중앙이 8cm가 처졌다. 빨래줄의 각 절반의 장력을 구하여라.

32. 사슬의 양 끝에서 장력 $\mathbf{T}$는 크기가 25N이다. 사슬의 무게는 얼마인가?

33. 점 (2, 4)에서 포물선 $y=x^2$의 접선과 평행한 단위벡터를 구하여라.

34. (a) 점 $(\pi/6,\ 1)$에서 곡선 $y=2\sin x$의 접선과 평행한 단위벡터를 구하여라.

(b) 접선에 수직인 단위벡터를 구하여라.

(c) 곡선 $y=2\sin x$와 (a)와 (b)에서 구한 벡터들(점$(\pi/6,\ 1)$에서 출발)을 그려라.

35. (a) 벡터 $\mathbf{a}=\langle 3,\ 2\rangle$, $\mathbf{b}=\langle 2,\ -1\rangle$과 $\mathbf{c}=\langle 7,\ 1\rangle$을 그려라.

(b) 수 s와 t가 있어서 $\mathbf{c}=s\mathbf{a}+t\mathbf{b}$의 대강을 그려서 보여라.

(c) s와 t의 값을 측정하기 위하여 그림을 이용하여라.

(d) s와 t의 정확한 값을 구하여라.

36. $\mathbf{a}$와 $\mathbf{b}$가 평행하지 않은 영 아닌 벡터이고 $\mathbf{c}$는 $\mathbf{a}$와 $\mathbf{b}$에 의해 결정된 평면에 있는 임의의 벡터라고 가정하자. $\mathbf{c}$가 적당한 수 s와 t에 대하여 $\mathbf{c}=s\mathbf{a}+t\mathbf{b}$와 같이 쓸 수 있음을 보이기 위하여 기하학적으로 설명하여라.

37. $\mathbf{a}$는 원점에서 출발하는 제1팔문공간에 있는 3차원 단위벡터이고 양의 x, y-축과 각각 60°와 72°의 각을 이루고 있다. $\mathbf{a}$를 성분의 항으로 표시하여라.

38. 벡터 $\mathbf{a}$가 x, y, z-축과 각각 α, β, γ의 각을 이루고 있다고 가정하자. $\mathbf{a}$의 성분을 구하고

$$\cos^2\alpha+\cos^2\beta+\cos^2\gamma=1$$

임을 보여라(수 $\cos\alpha$, $\cos\beta$, $\cos\gamma$를 $\mathbf{a}$의 방향 여현(direction cosines)이라 부른다).

39. 만약 $\mathbf{r}=\langle x,\ y,\ z\rangle$이고 $\mathbf{r}_0=\langle x_0,\ y_0,\ z_0\rangle$이면 $|\mathbf{r}-\mathbf{r}_0|=1$이 되는 모든 점 $(x,\ y,\ z)$들로 된 집합을 설명하여라.

40. 만약 $\mathbf{r}=\langle x,\ y\rangle$, $\mathbf{r}_1=\langle x_1,\ y_1\rangle$이고 $\mathbf{r}_2=\langle x_2,\ y_2\rangle$이면, $k>|\mathbf{r}_1-\mathbf{r}_2|$일 때 $|\mathbf{r}-\mathbf{r}_1|+|\mathbf{r}-\mathbf{r}_2|=k$가 되는 모든 점 $(x,\ y)$들로 된 집합을 설명하여라.

41. 그림 16은 벡터의 성질 2에 대한 기하학적 증거이다. $n=2$인 경우에 대하여 이 사실에 대한 대수적 증명을 하기 위하여 성분을 이용하여라.

42. $n=3$인 경우에 대하여 벡터의 성질 5를 대수적으로 증명하여라.

43. 삼각형의 두 변의 중점을 연결한 선분이 세 번째 변과 평행하고 길이는 반임을 증명하는데 벡터를 이용하여라.

44. 세 좌표 평면이 모두 거울로 되어 있고 벡터 $\mathbf{a}=\langle a_1,\ a_2,\ a_3\rangle$에 의해서 주어진 광선이 그림에서 보여진 것처럼 평면과 먼저 부딪혔다고 하자. 반사된 광선의 방향이 $\mathbf{b}=\langle a_1,\ -a_2,\ a_3\rangle$로 주어짐을 보이기 위해 입사각과 반사각이 같다는 사실을 이용하여라. 모두 서로 수직인 세 개의 거울에 의하여 반사된 후 최종 광선이 초기 광선과 평행하다는 것을 유도하여라(미국 우주과학자들은 지구로부터 달까지의 정확한 거리를 계산하기 위하여 레이저 빔과 달 위에 코너반사경의 배열과 함께 이 원리를 이용하였다).

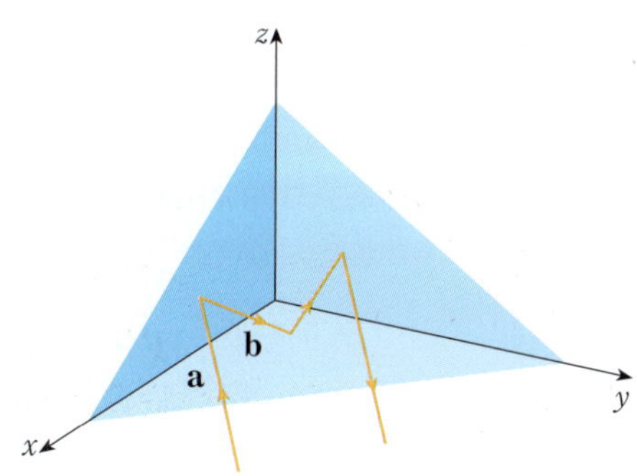

10.3 내적(점적)

지금까지 벡터의 합, 벡터의 스칼라 배를 공부하였다. 이제 두 벡터를 곱하였을 때 그 곱이 유용한 양이 되도록 하는 것이 가능할까 하는 의문이 생긴다. 그 같은 곱의 하나는 이 절에서 생각해 볼 내적이다. 다른 하나는 다음 절에서 설명하게 될 벡터곱이다.

▷ 일과 내적

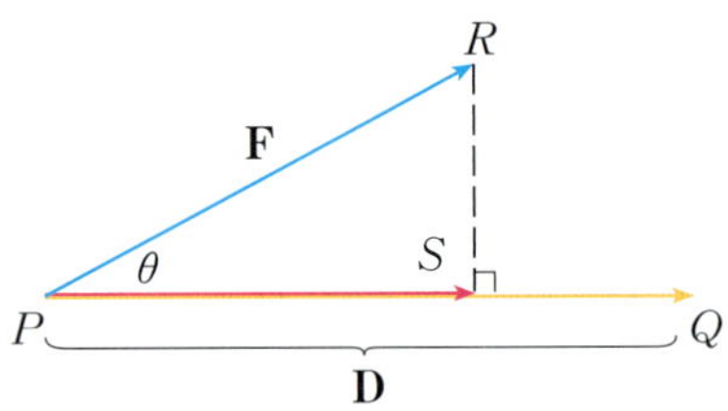

그림 1

두 벡터를 결합할 필요가 있는 물리학과 공학에서는 한 예로 힘에 의해서 행한 일을 계산하는 경우가 있다. 8.5절에서 일정한 힘 F(스칼라)로 거리 d만큼 물체를 이동시켰을 때 한 일을 $W=Fd$로 정의하였다. 그러나 이것은 힘이 물체가 움직인 방향으로 작용했을 때에만 적용된다. 그러나 그림 1에서와 같이 일정한 힘이 어떤 다른 방향을 가리키는 벡터 $\mathbf{F}=\overrightarrow{PR}$인 경우를 가정해 보자. 힘이 물체를 P에서 Q로 이동시킨다면 **변위벡터**는 $\mathbf{D}=\overrightarrow{PQ}$이다. 그래서 여기서 힘 $\mathbf{F}$와 변위 $\mathbf{D}$인 두 벡터가 생긴다. $\mathbf{F}$에 의한 일은 변위의 크기 $|\mathbf{D}|$에 움직이는 방향으로 작용한 힘의 크기인 그림 1로부터

$$|\overrightarrow{PS}|=|\mathbf{F}|\cos\theta$$

를 곱하여 정의된다. 그래서 $\mathbf{F}$가 한 일은

$$W=|\mathbf{D}|(|\mathbf{F}|\cos\theta)=|\mathbf{F}||\mathbf{D}|\cos\theta \quad \boxed{1}$$

로 정의된다.

일은 방향이 없는 스칼라양 임을 주목하라. 그러나 값은 힘과 변위벡터 사이의 각에 의존한다. 힘 혹은 변위를 나타내지 않은 경우라도 두 벡터의 점적을 정의하는데 식 [1]의 표현을 사용한다.

> **정의** 영벡터가 아닌 두 벡터 $\mathbf{a}$와 $\mathbf{b}$의 **내적(점적)**은 수
>
> $$\mathbf{a}\cdot\mathbf{b}=|\mathbf{a}||\mathbf{b}|\cos\theta$$
>
> 이다. 여기서 θ는 $\mathbf{a}$와 $\mathbf{b}$ 사이의 각으로 $0\le\theta\le\pi$이다(그래서 θ는 같은 출발점을 갖도록 벡터를 그릴 때 벡터 사이에 더 작은 각이다). $\mathbf{a}$ 혹은 $\mathbf{b}$가 $\mathbf{0}$이면 $\mathbf{a}\cdot\mathbf{b}=0$으로 정의한다.

이 곱은 $\mathrm{a}\cdot\mathrm{b}$로 표현할 때 점이 있기 때문에 **점적**이라고도 부른다. $\mathbf{a}\cdot\mathbf{b}$의 계산 결과는 벡터가 아니다. 이것은 실수인 스칼라이다. 이러한 이유에서 점적은 때때로 **스칼라적**이라고 부른다. 변위 $\mathbf{D}=\overrightarrow{PQ}$를 움직인 물체에 힘 $\mathbf{F}$에 의한 일을 찾는 예에서 $\mathbf{F}\cdot\mathbf{D}=|\mathbf{F}||\mathbf{D}|\cos\theta$로 계산함으로 $\mathbf{F}$와 $\mathbf{D}$의 사잇각이 $\frac{\pi}{2}$ 혹은 더 커지는 것은 있을 수 없다. 왜냐하면 P로부터 Q로 움직임이 생길 수 없기 때문이다.

그러나 $\mathbf{a}\cdot\mathbf{b}$의 일반적인 정의에 그러한 제한을 두지 않고, Q는 0에서 π까지의 임의의 각을 허용한다.

예제 1 **길이와 사잇각을 이용한 점적 계산** 벡터 $\mathbf{a}$와 $\mathbf{b}$는 길이가 4와 6이고, 사잇각이 $\pi/3$일 때, $\mathbf{a}\cdot\mathbf{b}$를 구하여라.

풀이 정의에 의해

$$\mathbf{a}\cdot\mathbf{b}=|\mathbf{a}||\mathbf{b}|\cos\left(\frac{\pi}{3}\right)=4\cdot6\cdot\frac{1}{2}=12$$ ■

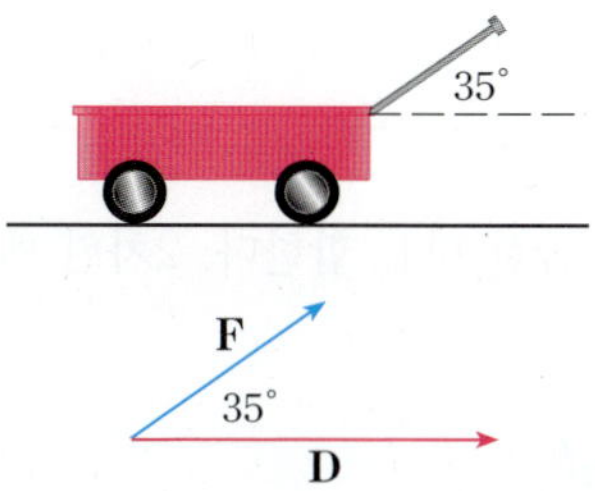

그림 2

예제 2 어떤 수레를 수평선을 따라 일정한 70N의 힘으로 100m를 이동하였다. 수레의 손잡이와 수평선의 각도는 35°이다. 한 일을 구하여라.

풀이 그림 2에서 묘사한 것처럼 $\mathbf{F}$와 $\mathbf{D}$가 힘과 변위벡터일 때 한 일은

$$W=\mathbf{F}\cdot\mathbf{D}=|\mathbf{F}||\mathbf{D}|\cos 35^\circ$$
$$W=(70)(100)\cos 35^\circ\approx5734\ \mathrm{N\cdot m}=5734\ \mathrm{J}$$ ■

영 벡터가 아닌 두 벡터 $\mathbf{a}$와 $\mathbf{b}$ 사이의 각이 $\theta=\frac{\pi}{2}$일 때, **수직** 또는 **직교**라고 말한다. 영 벡터는 모든 벡터에 수직인 것으로 생각한다. 그러므로

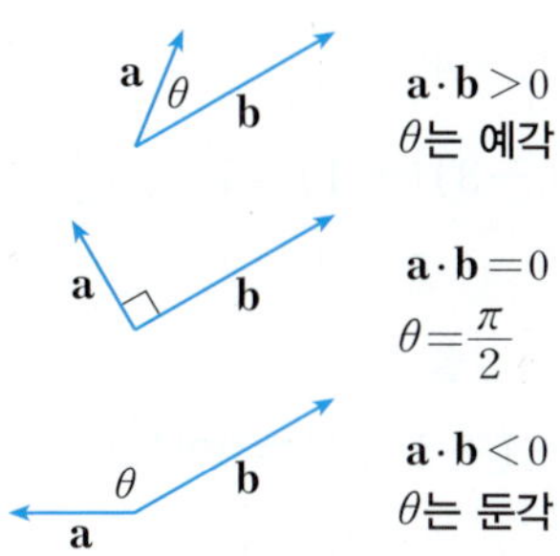

그림 3

2	두 벡터 $\mathbf{a}$와 $\mathbf{b}$가 직교한다. $\iff$ $\mathbf{a}\cdot\mathbf{b}=0$

$0\le\theta<\pi/2$이면 $\cos\theta>0$이고 $\pi/2<\theta\le\pi$이면 $\cos\theta<0$이기 때문에 $\mathbf{a}\cdot\mathbf{b}$는 $\theta<\pi/2$에 대하여 양이고 $\theta>\pi/2$에 대하여 음임을 안다. $\mathbf{a}\cdot\mathbf{b}$는 $\mathbf{a}$와 $\mathbf{b}$가 같은 방향을 가리키는 정도를 측정하는 것으로 생각할 수 있다. 점적 $\mathbf{a}\cdot\mathbf{b}$는 $\mathbf{a}$와 $\mathbf{b}$가 대개 같은 방향을 가리키면 양이고, 수직일 때 0, 일반적으로 반대방향일 때 음이다(그림 3 참조). $\mathbf{a}$와 $\mathbf{b}$가 정확히 같은 방향인 극단적인 경우에 $\theta=0$이고 그래서 $\cos\theta=1$ 그리고

$$\mathbf{a}\cdot\mathbf{b}=|\mathbf{a}||\mathbf{b}|$$

이다. $\mathbf{a}$와 $\mathbf{b}$가 정확히 반대 방향이면 $\theta=\pi$이고 그래서 $\cos\theta=-1$이고 $\mathbf{a}\cdot\mathbf{b}=-|\mathbf{a}||\mathbf{b}|$이다.

▷ 성분형으로의 내적

성분형으로 된 두 벡터

$$\mathbf{a}=\langle a_1, a_2, a_3\rangle,\ \mathbf{b}=\langle b_1, b_2, b_3\rangle$$

가 주어졌다고 가정하자. 이들 성분들의 항으로 된 $\mathbf{a}\cdot\mathbf{b}$의 쉬운 표현을 구하고 싶다. 그림 4에 있는 삼각형에 cosine 법칙을 적용하면

$$|\mathbf{a}-\mathbf{b}|^2=|\mathbf{a}|^2+|\mathbf{b}|^2-2|\mathbf{a}||\mathbf{b}|\cos\theta=|\mathbf{a}|^2+|\mathbf{b}|^2-2\mathbf{a}\cdot\mathbf{b}$$

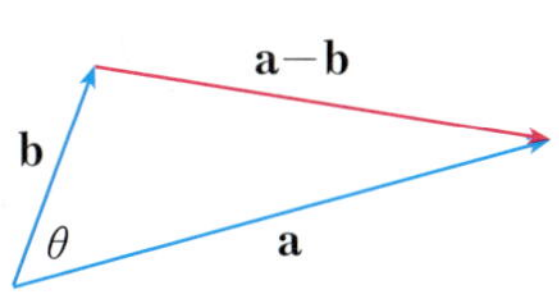

그림 4

를 얻는다. 내적에 대해서 풀면

$$\begin{aligned}\mathbf{a}\cdot\mathbf{b}&=\frac{1}{2}\left(|\mathbf{a}|^2+|\mathbf{b}|^2-|\mathbf{a}-\mathbf{b}|^2\right)\\&=\frac{1}{2}\left[a_1^2+a_2^2+a_3^2+b_1^2+b_2^2+b_3^2-(a_1-b_1)^2-(a_2-b_2)^2-(a_3-b_3)^2\right]\end{aligned}$$

$$=a_1b_1+a_2b_2+a_3b_3$$

을 얻는다.

$\mathbf{a}=\langle a_1, a_2, a_3\rangle$와 $\mathbf{b}=\langle b_1, b_2, b_3\rangle$의 내적은

$$\mathbf{a}\cdot\mathbf{b}=a_1b_1+a_2b_2+a_3b_3$$

이다.

그러므로 $\mathbf{a}$와 $\mathbf{b}$의 점적을 구하는 것은 대응되는 성분을 곱한 다음 합한다. 2차원 벡터의 내적은 같은 형태로 구한다.

$$\langle a_1, a_2\rangle\cdot\langle b_1, b_2\rangle=a_1b_1+a_2b_2$$

예제 3 **성분에 의한 점적 계산**

$$\langle 2, 4\rangle\cdot\langle 3, -1\rangle=2(3)+4(-1)=2$$

$$\langle -1, 7, 4\rangle\cdot\left\langle 6, 2, -\frac{1}{2}\right\rangle=(-1)(6)+7(2)+4\left(-\frac{1}{2}\right)=6$$

$$(\mathbf{i}+2\mathbf{j}-3\mathbf{k})\cdot(2\mathbf{j}-\mathbf{k})=1(0)+2(2)+(-3)(-1)=7$$

■

예제 4 **수직성 판단** $2\mathbf{i}+2\mathbf{j}-\mathbf{k}$가 $5\mathbf{i}-4\mathbf{j}+2\mathbf{k}$에 수직임을 보여라.

풀이 $(2\mathbf{i}+2\mathbf{j}-\mathbf{k})\cdot(5\mathbf{i}-4\mathbf{j}+2\mathbf{k})=2(5)+2(-4)+(-1)(2)=0$이므로 이 벡터들은 2에 의해서 수직이다. ■

예제 5 벡터 $\mathbf{a}=\langle 2, 2, -1\rangle$과 $\mathbf{b}=\langle 5, -3, 2\rangle$의 사잇각을 구하여라.

풀이 θ를 구하는 각이라 하자.

$$|\mathbf{a}|=\sqrt{2^2+2^2+(-1)^2}=3,$$

$$|\mathbf{b}|=\sqrt{5^2+(-3)^2+2^2}=\sqrt{38}$$

이고 $\mathbf{a}\cdot\mathbf{b}=2(5)+2(-3)+(-1)(2)=2$이므로, 내적의 정의로부터

$$\cos\theta=\frac{\mathbf{a}\cdot\mathbf{b}}{|\mathbf{a}||\mathbf{b}|}=\frac{2}{3\sqrt{38}}$$

따라서 $\mathbf{a}$와 $\mathbf{b}$ 사이의 각은

$$\theta=\cos^{-1}\left(\frac{2}{3\sqrt{38}}\right)\approx 1.46\ (\text{또는 } 84^\circ)$$

■

예제 6 벡터 $\mathbf{F}=3\mathbf{i}+4\mathbf{j}+5\mathbf{k}$로 주어진 힘이 물체를 점 $P(2, 1, 0)$에서 $Q(4, 6, 2)$로 이동시켰을 때 한 일을 구하여라.

풀이 변위벡터는 $\mathbf{D}=\overrightarrow{PQ}=\langle 2, 5, 2\rangle$이므로 한 일은

$$W = \mathbf{F} \cdot \mathbf{D} = \langle 3, 4, 5 \rangle \cdot \langle 2, 5, 2 \rangle$$
$$= 6 + 20 + 10 = 36$$

이다. 길이의 단위가 미터이고, 힘의 크기가 뉴턴으로 측정된 것이라 하면 한 일은 36J이다. ■

내적은 실수의 곱에서 성립되는 많은 법칙을 따른다. 이들은 다음 정리에 기술한다.

내적의 성질 $\mathbf{a}$, $\mathbf{b}$, $\mathbf{c}$가 V_3의 벡터이고, c가 스칼라이면

1. $\mathbf{a} \cdot \mathbf{a} = |\mathbf{a}|^2$
2. $\mathbf{a} \cdot \mathbf{b} = \mathbf{b} \cdot \mathbf{a}$
3. $\mathbf{a} \cdot (\mathbf{b} + \mathbf{c}) = \mathbf{a} \cdot \mathbf{b} + \mathbf{a} \cdot \mathbf{c}$
4. $(c\mathbf{a}) \cdot \mathbf{b} = c(\mathbf{a} \cdot \mathbf{b}) = \mathbf{a} \cdot (c\mathbf{b})$
5. $\mathbf{0} \cdot \mathbf{a} = 0$

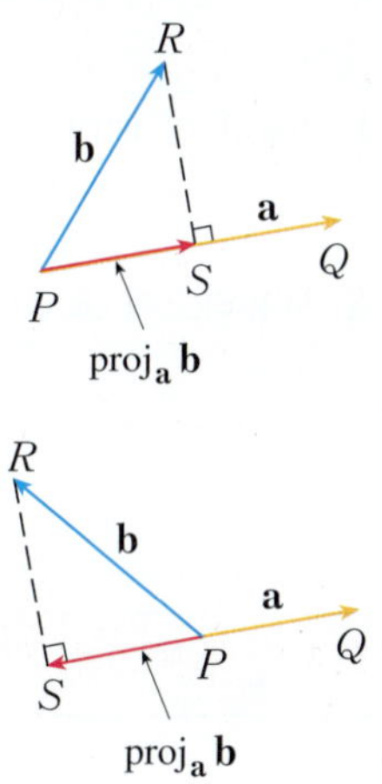

그림 5 벡터사영

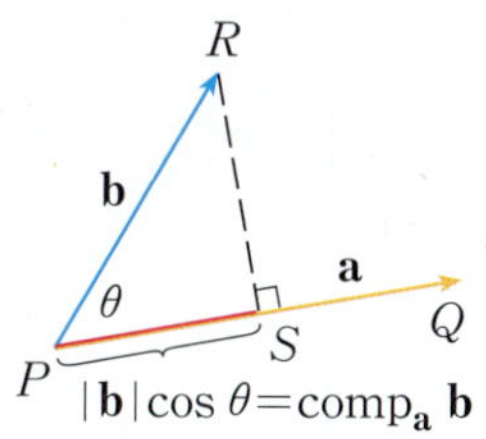

그림 6 스칼라 사영

성질 1, 2와 5는 점적의 정의의 결과이다. 성질 3은 성분을 사용하여 증명하면

$$\begin{aligned}
\mathbf{a} \cdot (\mathbf{b} + \mathbf{c}) &= \langle a_1, a_2, a_3 \rangle \cdot \langle b_1 + c_1, b_2 + c_2, b_3 + c_3 \rangle \\
&= a_1(b_1 + c_1) + a_2(b_2 + c_2) + a_3(b_3 + c_3) \\
&= a_1b_1 + a_1c_1 + a_2b_2 + a_2c_2 + a_3b_3 + a_3c_3 \\
&= (a_1b_1 + a_2b_2 + a_3b_3) + (a_1c_1 + a_2c_2 + a_3c_3) \\
&= \mathbf{a} \cdot \mathbf{b} + \mathbf{a} \cdot \mathbf{c}
\end{aligned}$$

성질 4의 증명은 연습문제 47로 남겨둔다.

▷ 사영

그림 5는 같은 시작점 P를 갖는 두 벡터 $\mathbf{a}$와 $\mathbf{b}$의 표현 $\overrightarrow{PQ}$와 $\overrightarrow{PR}$을 보여주고 있다. S를 R로부터 $\overrightarrow{PQ}$를 포함하는 직선에 내린 수선의 발이라 할 때, 표현이 $\overrightarrow{PS}$인 벡터를 $\mathbf{a}$ 위로의 $\mathbf{b}$의 **벡터사영**이라 부르고 $\text{proj}_{\mathbf{a}} \mathbf{b}$라고 나타낸다(이것을 $\mathbf{b}$의 그림자로서 생각할 수 있다). $\mathbf{a}$ 위로의 $\mathbf{b}$의 **스칼라 사영**(또는 $\mathbf{a}$방향의 $\mathbf{b}$의 성분)은 θ가 $\mathbf{a}$와 $\mathbf{b}$의 사잇각일 때 $|\mathbf{b}| \cos \theta$로 벡터 사영의 크기가 되게 정의한다(그림 6 참조). 이것을 $\text{comp}_{\mathbf{a}} \mathbf{b}$로 나타낸다. $\pi/2 < \theta \le \pi$일 때에는 음수가 됨을 확인하여라(처음에 변위 방향으로 힘 $\mathbf{F}$의 성분 $\text{comp}_{\mathbf{D}} \mathbf{F}$를 사용하였음을 주목하여라).

$$\mathbf{a} \cdot \mathbf{b} = |\mathbf{a}||\mathbf{b}| \cos \theta = |\mathbf{a}|(|\mathbf{b}| \cos \theta)$$

는 $\mathbf{a}$와 $\mathbf{b}$의 내적이 $\mathbf{a}$의 길이에 $\mathbf{a}$ 위로의 $\mathbf{b}$의 스칼라 사영을 곱한 것으로 설명될 수 있음을 보여주고 있다.

$$|\mathbf{b}| \cos \theta = \frac{\mathbf{a} \cdot \mathbf{b}}{|\mathbf{a}|} = \frac{\mathbf{a}}{|\mathbf{a}|} \cdot \mathbf{b}$$

이므로 $\mathbf{a}$ 방향의 $\mathbf{b}$의 성분은 $\mathbf{a}$와 방향이 같은 단위벡터와 $\mathbf{b}$와의 점적을 취하여 계산할 수 있다. 요약하면,

> $\mathbf{a}$ 위로의 $\mathbf{b}$의 스칼라 사영 : $\text{comp}_\mathbf{a}\mathbf{b}=\dfrac{\mathbf{a}\cdot\mathbf{b}}{|\mathbf{a}|}$
>
> $\mathbf{a}$ 위로의 $\mathbf{b}$의 벡터 사영 : $\text{proj}_\mathbf{a}\mathbf{b}=\left(\dfrac{\mathbf{a}\cdot\mathbf{b}}{|\mathbf{a}|}\right)\dfrac{\mathbf{a}}{|\mathbf{a}|}=\dfrac{\mathbf{a}\cdot\mathbf{b}}{|\mathbf{a}|^2}\mathbf{a}$

예제 7 $\mathbf{a}=\langle -2, 3, 1\rangle$ 위로의 $\mathbf{b}=\langle 1, 1, 2\rangle$의 스칼라 사영과 벡터 사영을 구하려라.

풀이 $|\mathbf{a}|=\sqrt{(-2)^2+3^2+1^2}=\sqrt{14}$이므로 $\mathbf{a}$ 위로의 $\mathbf{b}$의 스칼라 사영은

$$\text{comp}_\mathbf{a}\,\mathbf{b}=\frac{\mathbf{a}\cdot\mathbf{b}}{|\mathbf{a}|}=\frac{(-2)(1)+3(1)+1(2)}{\sqrt{14}}=\frac{3}{\sqrt{14}}$$

이다. 벡터사영은 이 스칼라사영을 $\mathbf{a}$ 방향의 단위벡터에 곱한 것이다.

$$\text{proj}_\mathbf{a}\,\mathbf{b}=\frac{3}{\sqrt{14}}\frac{\mathbf{a}}{|\mathbf{a}|}=\frac{3}{14}\mathbf{a}=\left\langle -\frac{3}{7}, \frac{9}{14}, \frac{3}{14}\right\rangle$$ ■

이 절의 처음에 물리학에서 사영의 이용 예를 보았다. 정의된 일에서 힘 벡터의 스칼라 사영을 이용하였다. 사영의 다른 예는 3차원 기하에서 발생한다.

연습문제 41에서 점에서 직선까지 거리를 구하는 것은 사영을 사용하도록 요구하고 있고, 10.5절에서 평면까지 거리를 구하는데도 사영을 사용한다.

10.3 연습문제

1. 다음 표현들 중 의미있는 것은? 의미없는 것은? 설명하여라.
   (a) $(\mathbf{a}\cdot\mathbf{b})\cdot\mathbf{c}$ (b) $(\mathbf{a}\cdot\mathbf{b})\mathbf{c}$
   (c) $|\mathbf{a}|(\mathbf{b}\cdot\mathbf{c})$ (d) $\mathbf{a}\cdot(\mathbf{b}+\mathbf{c})$
   (e) $\mathbf{a}\cdot\mathbf{b}+\mathbf{c}$ (f) $|\mathbf{a}|\cdot(\mathbf{b}+\mathbf{c})$

(2~10) $\mathbf{a}\cdot\mathbf{b}$를 구하여라.

2. $|\mathbf{a}|=3$, $|\mathbf{b}|=\sqrt{6}$, $\mathbf{a}$와 $\mathbf{b}$의 사잇각은 $45°$이다.
3. $|\mathbf{a}|=6$과 $|\mathbf{b}|=5$, $\mathbf{a}$와 $\mathbf{b}$의 사잇각은 $2\pi/3$이다.
4. $\mathbf{a}=\langle -2, 3\rangle$, $\mathbf{b}=\langle 0.7, 1.2\rangle$
5. $\mathbf{a}=\left\langle -2, \frac{1}{3}\right\rangle$, $\mathbf{b}=\langle -5, 12\rangle$
6. $\mathbf{a}=\langle 6, -2, 3\rangle$, $\mathbf{b}=\langle 2, 5, -1\rangle$
7. $\mathbf{a}=\left\langle 4, 1, \frac{1}{4}\right\rangle$, $\mathbf{b}=\langle 6, -3, -8\rangle$
8. $\mathbf{a}=\langle s, 2s, 3s\rangle$, $\mathbf{b}=\langle t, -t, 5t\rangle$
9. $\mathbf{a}=\mathbf{i}-2\mathbf{j}+3\mathbf{k}$, $\mathbf{b}=5\mathbf{i}+9\mathbf{k}$
10. $\mathbf{a}=3\mathbf{i}+2\mathbf{j}-\mathbf{k}$, $\mathbf{b}=4\mathbf{i}+5\mathbf{k}$

(11~12) $\mathbf{u}$가 단위벡터일 때, $\mathbf{u}\cdot\mathbf{v}$와 $\mathbf{u}\cdot\mathbf{w}$를 구하여라.

11.

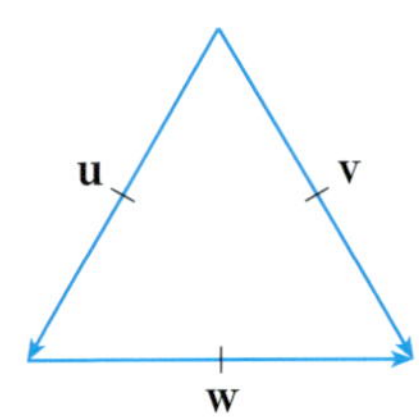

12.

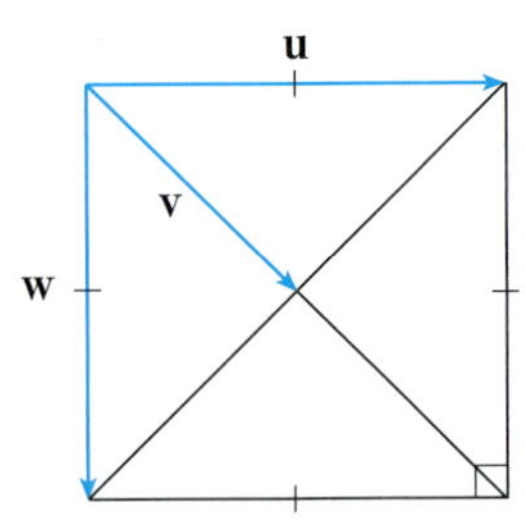

13. (a) $\mathbf{i}\cdot\mathbf{j}=\mathbf{j}\cdot\mathbf{k}=\mathbf{k}\cdot\mathbf{i}=0$임을 보여라.
    (b) $\mathbf{i}\cdot\mathbf{i}=\mathbf{j}\cdot\mathbf{j}=\mathbf{k}\cdot\mathbf{k}=1$임을 보여라.
14. 한 거리의 상인이 한 낮에 a개 햄버거, b개 핫도그, c개 음료수를 팔았다. 그는 햄버거 하나에 2달러, 핫도그 하나에 1.5달러, 음료수 하나에 1달러를 받는다. $\mathbf{A}=\langle a, b, c\rangle$이고 $\mathbf{P}=\langle 2, 1.5, 1\rangle$일 때 점적 $\mathbf{A}\cdot\mathbf{P}$의 의미는 무엇인가?

(15~18) 벡터 사잇각을 구하여라(먼저 정확한 표현을 구하고 가

장 가까운 근사각을 구하여라).

15. $\mathbf{a}=\langle -8, 6\rangle$, $\mathbf{b}=\langle \sqrt{7}, 3\rangle$

16. $\mathbf{a}=\langle \sqrt{3}, 1\rangle$, $\mathbf{b}=\langle 0, 5\rangle$

17. $\mathbf{a}=\mathbf{j}+\mathbf{k}$, $\mathbf{b}=\mathbf{i}+2\mathbf{j}-3\mathbf{k}$

18. $\mathbf{a}=\mathbf{i}+2\mathbf{j}-2\mathbf{k}$, $\mathbf{b}=4\mathbf{i}-3\mathbf{k}$

(19~20) 주어진 세 정점으로 이루어진 삼각형의 세 각도(근접한 각도로 보정하여라)를 구하여라.

19. $A(1, 0)$, $B(3, 6)$, $C(-1, 4)$

20. $D(0, 1, 1)$, $E(-2, 4, 3)$, $F(1, 2, -1)$

(21~22) 주어진 벡터들이 직교, 평행, 혹은 둘 다 아닌지를 결정하여라.

21. (a) $\mathbf{a}=\langle -5, 3, 7\rangle$, $\mathbf{b}=\langle 6, -8, 2\rangle$
(b) $\mathbf{a}=\langle 4, 6\rangle$, $\mathbf{b}=\langle -3, 2\rangle$
(c) $\mathbf{a}=-\mathbf{i}+2\mathbf{j}+5\mathbf{k}$, $\mathbf{b}=3\mathbf{i}+4\mathbf{j}-\mathbf{k}$
(d) $\mathbf{a}=2\mathbf{i}+6\mathbf{j}-4\mathbf{k}$, $\mathbf{b}=-3\mathbf{i}-9\mathbf{j}+6\mathbf{k}$

22. (a) $\mathbf{u}=\langle -3, 9, 6\rangle$, $\mathbf{v}=\langle 4, -12, -8\rangle$
(b) $\mathbf{u}=\mathbf{i}-\mathbf{j}+2\mathbf{k}$, $\mathbf{v}=2\mathbf{i}-\mathbf{j}+\mathbf{k}$
(c) $\mathbf{u}=\langle a, b, c\rangle$, $\mathbf{v}=\langle -b, a, 0\rangle$

23. 벡터를 이용하여 꼭짓점 $P(1, -3, -2)$, $Q(2, 0, -4)$, $R(6, -2, -5)$를 갖는 삼각형이 직각삼각형인지를 결정하여라.

24. 어떤 b의 값에 대하여 벡터 $\langle -6, b, 2\rangle$와 $\langle b, b^2, b\rangle$가 직교하는가?

25. $\mathbf{i}+\mathbf{j}$와 $\mathbf{i}+\mathbf{k}$ 둘 다에 직교하는 단위벡터를 구하여라.

26. $v=\langle 3, 4\rangle$와 $60°$의 각을 이루는 두 단위벡터를 구하여라.

(27~28) 두 직선이 이루는 각도(예각)을 구하여라.

27. $2x-y=3$, $3x+y=7$

28. $x+2y=7$, $5x-y=2$

(29~32) $\mathbf{a}$ 위로의 $\mathbf{b}$의 스칼라와 벡터 사영을 구하여라.

29. $\mathbf{a}=\langle 3, -4\rangle$, $\mathbf{b}=\langle 5, 0\rangle$

30. $\mathbf{a}=\langle 1, 2\rangle$, $\mathbf{b}=\langle -4, 1\rangle$

31. $\mathbf{a}=2\mathbf{i}-\mathbf{j}+4\mathbf{k}$, $\mathbf{b}=\mathbf{j}+\frac{1}{2}\mathbf{k}$

32. $\mathbf{a}=\mathbf{i}+\mathbf{j}+\mathbf{k}$, $\mathbf{b}=\mathbf{i}-\mathbf{j}+\mathbf{k}$

33. 벡터 $\text{orth}_{\mathbf{a}}\mathbf{b}=\mathbf{b}-\text{proj}_{\mathbf{a}}\mathbf{b}$가 $\mathbf{a}$에 직교함을 보여라(이것을 $\mathbf{b}$의 직교사영이라고 부른다).

34. 연습문제 30에 있는 벡터에 대하여 $\text{orth}_{\mathbf{a}}\mathbf{b}$를 구하고 벡터 $\mathbf{a}$, $\mathbf{b}$, $\text{proj}_{\mathbf{a}}\mathbf{b}$, $\text{orth}_{\mathbf{a}}\mathbf{b}$를 그림으로 나타내어라.

35. $\mathbf{a}=\langle 3, 0, -1\rangle$일 때 $\text{comp}_{\mathbf{a}}\mathbf{b}=2$가 되는 벡터 $\mathbf{b}$를 구하여라.

36. $\mathbf{a}$와 $\mathbf{b}$가 영 아닌 벡터라고 가정하자.
(a) 어떤 상황에서 $\text{comp}_{\mathbf{a}}\mathbf{b}=\text{comp}_{\mathbf{b}}\mathbf{a}$인가?
(b) 어떤 상황에서 $\text{proj}_{\mathbf{a}}\mathbf{b}=\text{proj}_{\mathbf{b}}\mathbf{a}$인가?

37. 벡터 표현이 $\mathbf{F}=8\mathbf{i}-6\mathbf{j}+9\mathbf{k}$인 일정한 힘이 점 $(0, 10, 8)$으로부터 점 $(6, 12, 20)$까지 직선을 따라 어떤 물체를 움직인다. 거리가 미터로 측정되고 힘의 크기가 뉴턴으로 측정될 때 한 일을 구하여라.

38. 견인트럭이 멈춘 차를 길을 따라 끌고 있다. 체인이 길과 30°의 각도를 유지하고 있고, 체인의 장력은 1500N이다. 차를 1Km 움직였을 때, 트럭이 한 일은 얼마인가?

39. 한 여자가 평면 위로 20° 경사진 경사로 위로 4m 밀어 올릴 때 상자에 수평힘 140N을 가한다. 상자에 한 일을 구하여라.

40. 100N의 힘을 북서쪽 50° 방향으로 작용하여 어떤 물체를 서쪽으로 5m 움직일 때 한 일을 구하여라.

41. 점 $P_1(x_1, y_1)$으로부터 직선 $ax+by+c=0$까지 거리가

$$\frac{|ax_1+by_1+c|}{\sqrt{a^2+b^2}}$$

임을 보이기 위하여 스칼라 사영을 사용하여라.
점 $(-2, 3)$에서 직선 $3x-4y+5=0$까지의 거리를 구하는데 이 공식을 사용하여라.

42. $\mathbf{r}=\langle x, y, z\rangle$, $\mathbf{a}=\langle a_1, a_2, a_3\rangle$, $\mathbf{b}=\langle b_1, b_2, b_3\rangle$일 때 벡터 식 $(\mathbf{r}-\mathbf{a})\cdot(\mathbf{r}-\mathbf{b})=0$이 구를 표현함을 보이고 중심과 반경을 구하여라.

43. 정육면체의 대각선과 모서리 중에서 하나와의 사잇각을 구하여라.

44. 정육면체의 대각선과 면들 중에서 하나의 대각선과 사잇각을 구하여라.

45. 메탄 CH_4의 문자는 정사면체 꼭짓점에 4개의 수소 원자와 무게 중심에 탄소원자를 갖는 구조이다. 결속각은 H−C−H 결합에 의해 형성되는 각으로 산소원자 두 개에 탄소원자를 연결한 직선들 사이의 각이다. 결속각이 약 109.5임을 보여라. (도움말 : 그림에 보여진 것처럼 사면체의 꼭짓점들이 점 $(1, 0, 0)$, $(0, 1, 0)$, $(0, 0, 1)$, $(1, 1, 1)$이 되게 잡아라. 그러면 무게중심은 $\left(\frac{1}{2}, \frac{1}{2}, \frac{1}{2}\right)$이다.)

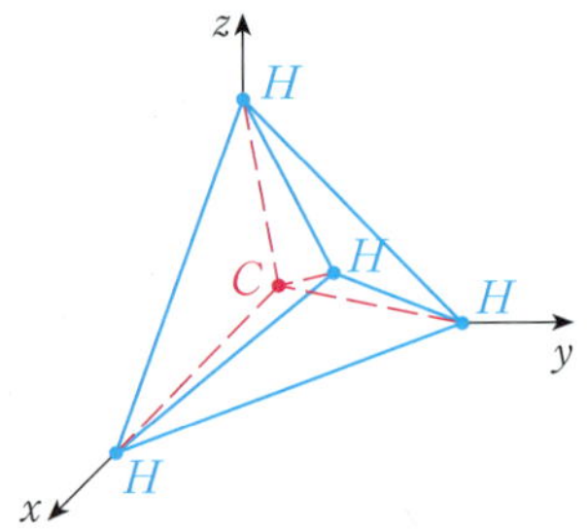

46. **a**, **b**, **c**가 영 아닌 벡터일 때 $\mathbf{c} = |\mathbf{a}|\mathbf{b} + |\mathbf{b}|\mathbf{a}$이면 **c**가 **a**와 **b** 사잇각을 이등분함을 보여라.

47. 내적의 성질 4를 증명하여라. 내적의 정의($c>0$, $c=0$, $c<0$인 경우를 분리하여 고려)나 성분을 사용하여라.

48. 사변형의 모든 변이 길이가 같고 마주보는 변이 평행하다고 가정하자. 대각선이 수직함을 보이는데 벡터를 이용하여라.

49. 코시-슈바르츠 부등식을 증명하여라.

$$|\mathbf{a}\cdot\mathbf{b}| \le |\mathbf{a}||\mathbf{b}|$$

50. 벡터에 대한 삼각부등식은

$$|\mathbf{a}+\mathbf{b}| \le |\mathbf{a}| + |\mathbf{b}|$$

이다.

(a) 삼각부등식의 기하학적인 의미를 주어라.

(b) 삼각부등식을 증명하는데 연습문제 41로부터 코시-슈바르츠 부등식을 이용하여라.
(도움말 : $|\mathbf{a}+\mathbf{b}|^2 = (\mathbf{a}+\mathbf{b})\cdot(\mathbf{a}+\mathbf{b})$와 점적의 성질 3을 이용하여라.)

51. 평행사변형 법칙은

$$|\mathbf{a}+\mathbf{b}|^2 + |\mathbf{a}-\mathbf{b}|^2 = 2|\mathbf{a}|^2 + 2|\mathbf{b}|^2$$

으로 나타낸다.

(a) 평행사변형 법칙의 기하학적인 의미를 주어라.

(b) 평행사변형 법칙을 증명하여라(연습문제 44에 있는 도움말을 참조하라).

52. 만일 $\mathbf{u}+\mathbf{v}$와 $\mathbf{u}-\mathbf{v}$가 수직하다면, **u**와 **v**는 길이가 같음을 보여라.

10.4 벡터곱(외적)

두 벡터 **a**와 **b**의 곱(cross product) $\mathbf{a}\times\mathbf{b}$는 점적과는 다르게 벡터이다. 이같은 이유로 그것을 **벡터곱**(vector product, 외적)이라고 부르기도 한다. $\mathbf{a}\times\mathbf{b}$는 **a**와 **b** 둘 다에 수직하기 때문에 기하에서 유용함을 알게 될 것이다. 그러나 물리학과 공학에서 발생하는 상황을 살펴봄으로써 이 곱을 소개한다.

▷ 회전력과 벡터곱

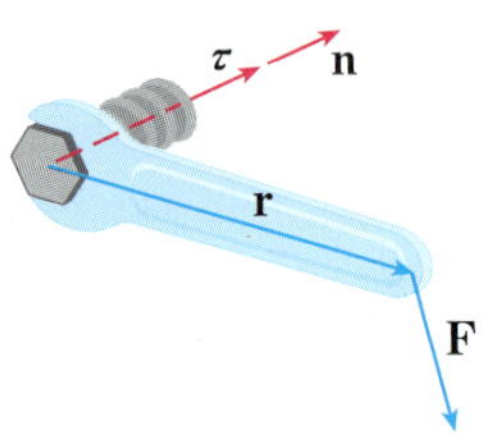

그림 1

그림 1에서처럼 렌치에 힘을 가해 볼트를 조일 때, 회전력(torque)이라 불리는 회전효과가 생긴다. 회전력의 크기는 두 가지에 의존한다.

- 볼트의 축으로부터 힘이 작용하는 점까지 거리, 위치벡터 **r**의 거리는 $|\mathbf{r}|$이다.
- **r**에 수직한 방향으로 힘 **F**의 스칼라 성분, 이것이 회전을 유발시키는 성분이고 그림 2로부터 θ가 벡터 **r**과 **F**의 사잇각일 때 $|\mathbf{F}|\sin\theta$ 임을 보여준다.

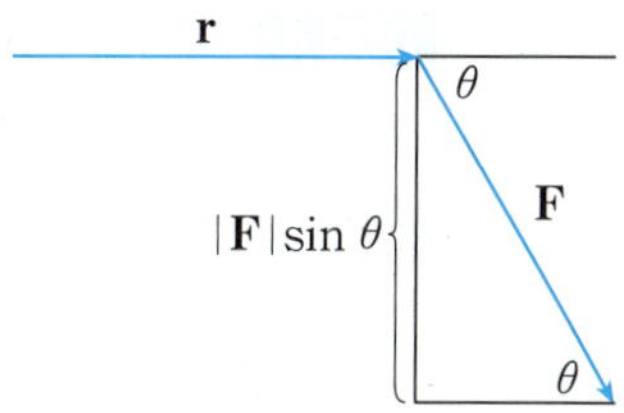

그림 2

회전력 벡터의 크기는 이 둘의 곱이 되게 정의한다.

$$|\boldsymbol{\tau}| = |\mathbf{r}||\mathbf{F}|\sin\theta$$

방향은 회전축을 따라 간다. $\mathbf{n}$이 오른쪽으로 조이게 된 볼트가 움직이는 방향을 향하는 단위벡터(그림 1을 보라)라면, 회전력(torque)은 벡터

1 $$\boldsymbol{\tau} = (|\mathbf{r}||\mathbf{F}|\sin\theta)\mathbf{n}$$

이 되게 정의한다.

$\boldsymbol{\tau} = \mathbf{r} \times \mathbf{F}$로 이 회전력벡터를 나타내고 $\mathbf{r}$과 $\mathbf{F}$의 곱 혹은 벡터곱이라 부른다. 식 **1**에서의 표현 형태는 유체흐름, 행성운동 그리고 물리학과 공학의 다른 분야들의 연구에서 자주 발생하며, 우리는 3차원 벡터 $\mathbf{a}$와 $\mathbf{b}$의 임의의 쌍의 벡터곱을 정의하고 학습한다.

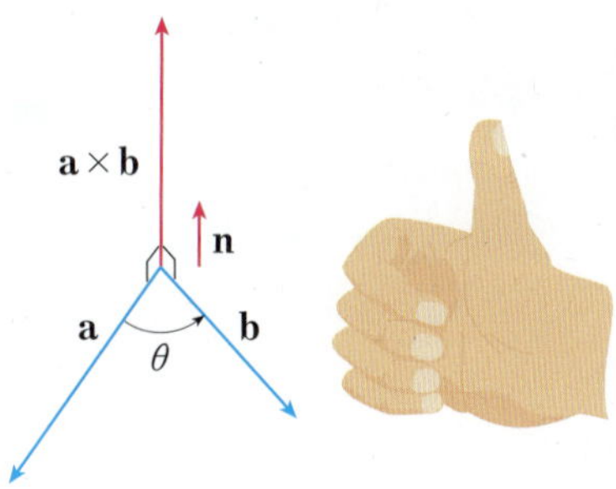

그림 3
오른손 법칙은 $\mathbf{a} \times \mathbf{b}$의 방향을 제시한다.

정의 $\mathbf{a}$와 $\mathbf{b}$가 영 아닌 3차원 벡터일때, $\mathbf{a}$와 $\mathbf{b}$의 벡터곱은 $\theta(0 \le \theta \le \pi)$가 $\mathbf{a}$와 $\mathbf{b}$의 사잇각이면, 벡터

$$\mathbf{a} \times \mathbf{b} = (|\mathbf{a}||\mathbf{b}|\sin\theta)\mathbf{n}$$

이고, $\mathbf{n}$은 $\mathbf{a}$와 $\mathbf{b}$ 둘 다에 수직인 단위벡터이고, 방향은 오른손 법칙에 의해 주어진다. 오른손의 손가락을 $\mathbf{a}$와 $\mathbf{b}$로 각 θ을 회전시킬 때 엄지손가락은 $\mathbf{n}$의 방향을 가리킨다.(그림 3 참조)

$\mathbf{a}$와 $\mathbf{b}$중 하나가 $\mathbf{0}$이면 $\mathbf{a} \times \mathbf{b}$가 $\mathbf{0}$이 되게 정의한다.

$\mathbf{a} \times \mathbf{b}$가 $\mathbf{n}$의 스칼라 배이기 때문에 $\mathbf{n}$과 같은 방향을 갖고, 그래서

> $\mathbf{a} \times \mathbf{b}$는 $\mathbf{a}$와 $\mathbf{b}$ 둘 다에 직교한다.

두 개의 영 아닌 벡터 $\mathbf{a}$와 $\mathbf{b}$가 평행일 필요충분조건은 사잇각이 0 혹은 π임을 주목하라. 각 경우에 $\sin\theta = 0$이고 그래서 $\mathbf{a} \times \mathbf{b} = \mathbf{0}$이다. 이것을 회전력으로 이해해보면 손잡이 방향으로 렌치를 당기거나 밀면(그래서 $\mathbf{F}$와 $\mathbf{r}$이 평행하다) 회전력은 생기지 않는다.

● 특히, 임의의 벡터 $\mathbf{a}$는 그 자체에 평행하므로

$$\mathbf{a} \times \mathbf{a} = \mathbf{0}$$

> 영 아닌 두 벡터 $\mathbf{a}$와 $\mathbf{b}$가 평행할 필요충분조건은 $\mathbf{a} \times \mathbf{b} = \mathbf{0}$이다.

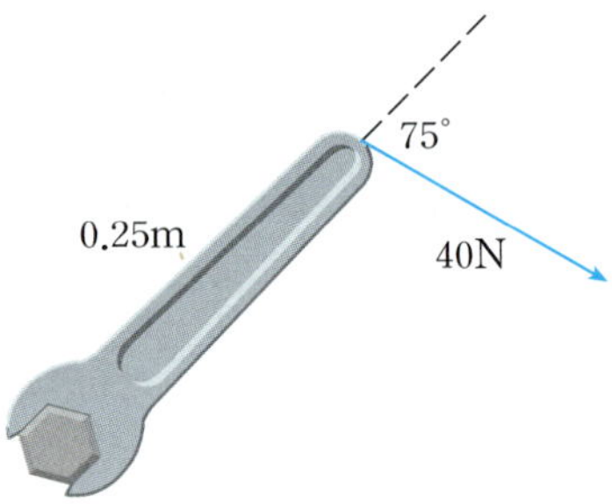

그림 4

예제 1 나사가 그림 4에서 보인 것과 같이 0.25m 렌치에 가해진 40N의 힘에 의하여 조여지고 있다. 볼트의 중심에 대한 회전력의 크기를 구하여라.

풀이 회전력 벡터의 크기는

$$|\boldsymbol{\tau}| = |\mathbf{r} \times \mathbf{F}| = |\mathbf{r}||\mathbf{F}|\sin 75^\circ |\mathbf{n}| = (0.25)(40)\sin 75^\circ$$
$$= 10 \sin 75^\circ \approx 9.66\text{N}\cdot\text{m}$$

나사가 오른 나사이면, $\mathbf{n}$을 지면의 뒤쪽을 향하는 방향의 단위벡터라 할 때 회전력 벡터 자체는

$$\boldsymbol{\tau} = |\boldsymbol{\tau}|\mathbf{n} \approx 9.66\mathbf{n}$$

이다. ■

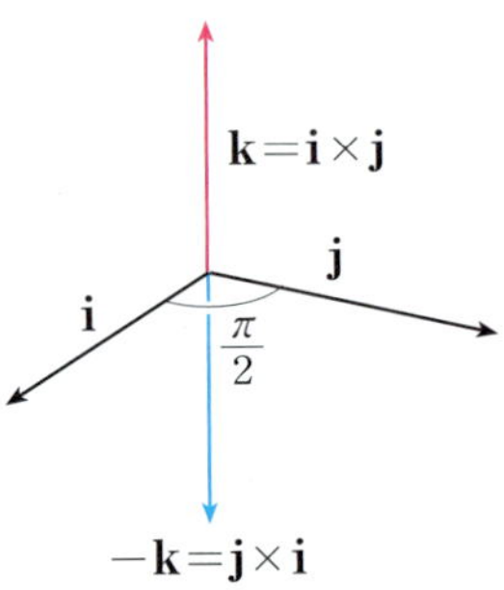

그림 5

예제 2 **표준기저벡터들의 벡터곱** $\mathbf{i} \times \mathbf{j}$와 $\mathbf{j} \times \mathbf{i}$를 구하여라.

풀이 표준기저벡터 $\mathbf{i}$와 $\mathbf{j}$는 모두 길이가 1이고 사잇각이 $\pi/2$이다.

오른쪽 법칙에 의하여 $\mathbf{i}$와 $\mathbf{j}$에 수직인 단위벡터는 $\mathbf{n} = \mathbf{k}$이다(그림 5 참조). 그래서

$$\mathbf{i} \times \mathbf{j} = (|\mathbf{i}||\mathbf{j}|\sin(\pi/2))\mathbf{k} = \mathbf{k}$$

그러나 벡터 $\mathbf{j}$와 $\mathbf{i}$(순서대로)에 오른손 법칙을 적용하면 $\mathbf{n}$인 아래쪽을 가리키고 그래서 $\mathbf{n} = -\mathbf{k}$이다. 그러므로

$$\mathbf{j} \times \mathbf{i} = -\mathbf{k}$$ ■

예제 2로부터

$$\mathbf{i} \times \mathbf{j} \neq \mathbf{j} \times \mathbf{i}$$

임을 안다. 그래서 벡터곱은 교환법칙이 성립하지 않는다.

같은 이유로

$$\mathbf{j} \times \mathbf{k} = \mathbf{i} \qquad \mathbf{k} \times \mathbf{j} = -\mathbf{i}$$
$$\mathbf{k} \times \mathbf{i} = \mathbf{j} \qquad \mathbf{i} \times \mathbf{k} = -\mathbf{j}$$

임을 보여준다.

일반적으로 오른손 법칙은

⊘ $$\mathbf{b} \times \mathbf{a} = -\mathbf{a} \times \mathbf{b}$$

임을 보여준다.

벡터곱에 대해 성립하지 않는 다른 대수법칙은 곱셈에 대한 결합법칙이다.

일반적으로

⊘ $$(\mathbf{a} \times \mathbf{b}) \times \mathbf{c} \neq \mathbf{a} \times (\mathbf{b} \times \mathbf{c})$$

이다. 예를 들어, $\mathbf{a} = \mathbf{i}$, $\mathbf{b} = \mathbf{i}$이고 $\mathbf{c} = \mathbf{j}$이면

$$(\mathbf{i} \times \mathbf{i}) \times \mathbf{j} = \mathbf{0} \times \mathbf{j} = \mathbf{0}$$

인 반면에

$$\mathbf{i}\times(\mathbf{i}\times\mathbf{j})=\mathbf{i}\times\mathbf{k}=-\mathbf{j}$$

이다. 그러나 벡터곱에는 몇 가지 유용한 대수법칙이 성립한다.

> **벡터곱의 성질** $\mathbf{a}$, $\mathbf{b}$와 $\mathbf{c}$가 벡터이고 c가 스칼라이면
> 1. $\mathbf{a}\times\mathbf{b}=-\mathbf{b}\times\mathbf{a}$
> 2. $(c\mathbf{a})\times\mathbf{b}=c(\mathbf{a}\times\mathbf{b})=\mathbf{a}\times(c\mathbf{b})$
> 3. $\mathbf{a}\times(\mathbf{b}+\mathbf{c})=\mathbf{a}\times\mathbf{b}+\mathbf{a}\times\mathbf{c}$
> 4. $(\mathbf{a}+\mathbf{b})\times\mathbf{c}=\mathbf{a}\times\mathbf{c}+\mathbf{b}\times\mathbf{c}$

성질 2는 세 표현의 각각에 벡터곱의 정의를 적용하여 증명된다.

성질 3과 4(벡터 배분법칙)는 증명하는데 어려움이 있어 여기서는 하지 않는다(연습문제 41 참조).

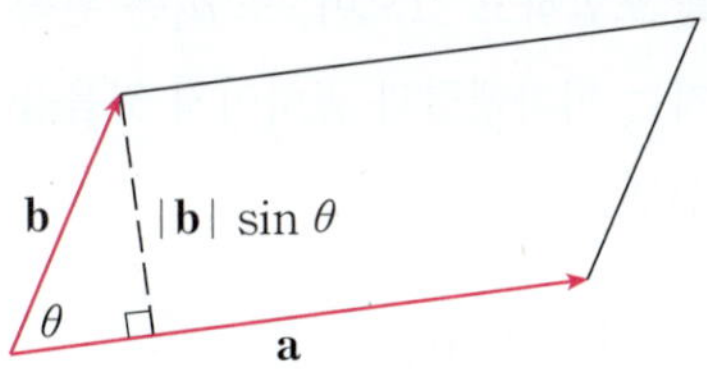

그림 6

벡터곱의 길이의 기하학적 해석은 그림 6을 살펴보면 알 수 있다. $\mathbf{a}$와 $\mathbf{b}$가 같은 시작점을 가지는 유향선분을 나타낸다면, 이들은 밑변 $|\mathbf{a}|$, 높이 $|\mathbf{b}|\sin\theta$ 그리고 넓이

$$A=|\mathbf{a}|(|\mathbf{b}|\sin\theta)=|\mathbf{a}\times\mathbf{b}|$$

를 가지는 평행사변형을 결정한다.

> 벡터곱 $\mathbf{a}\times\mathbf{b}$의 길이는 $\mathbf{a}$와 $\mathbf{b}$에 의하여 결정되는 평행사변형의 넓이와 같다.

▷ 성분형으로의 벡터곱

$\mathbf{a}$와 $\mathbf{b}$가 성분형태로 주어지면

$$\mathbf{a}=a_1\mathbf{i}+a_2\mathbf{j}+a_3\mathbf{k} \qquad \mathbf{b}=b_1\mathbf{i}+b_2\mathbf{j}+b_3\mathbf{k}$$

예제 2의 결과와 벡터 배분법칙을 사용하여 성분형태로 $\mathbf{a}\times\mathbf{b}$를 표현할 수 있다.

$$\begin{aligned}
\mathbf{a}\times\mathbf{b}&=(a_1\mathbf{i}+a_2\mathbf{j}+a_3\mathbf{k})\times(b_1\mathbf{i}+b_2\mathbf{j}+b_3\mathbf{k})\\
&=a_1b_1\mathbf{i}\times\mathbf{i}+a_1b_2\mathbf{i}\times\mathbf{j}+a_1b_3\mathbf{i}\times\mathbf{k}\\
&\quad+a_2b_1\mathbf{j}\times\mathbf{i}+a_2b_2\mathbf{j}\times\mathbf{j}+a_2b_3\mathbf{j}\times\mathbf{k}\\
&\quad+a_3b_1\mathbf{k}\times\mathbf{i}+a_3b_2\mathbf{k}\times\mathbf{j}+a_3b_3\mathbf{k}\times\mathbf{k}\\
&=a_1b_2\mathbf{k}+a_1b_3(-\mathbf{j})+a_2b_1(-\mathbf{k})+a_2b_3\mathbf{i}+a_3b_1\mathbf{j}+a_3b_2(-\mathbf{i})\\
&=(a_2b_3-a_3b_2)\mathbf{i}+(a_3b_1-a_1b_3)\mathbf{j}+(a_1b_2-a_2b_1)\mathbf{k}
\end{aligned}$$

> **2** $\mathbf{a}=\langle a_1, a_2, a_3\rangle$이고 $\mathbf{b}=\langle b_1, b_2, b_3\rangle$일 때
>
> $$\mathbf{a}\times\mathbf{b}=\langle a_2b_3-a_3b_2,\ a_3b_1-a_1b_3,\ a_1b_2-a_2b_1\rangle$$

$\mathbf{a}\times\mathbf{b}$에 대한 표현을 쉽게 기억할 수 있도록 하기 위하여, 행렬식의 표현법을 이용한다.

이차 행렬식은

$$\begin{vmatrix} a & b \\ c & d \end{vmatrix} = ad - bc$$

로 정의된다. 예를 들면,

$$\begin{vmatrix} 2 & 1 \\ -6 & 4 \end{vmatrix} = 2(4) - 1(-6) = 14$$

삼차 행렬식은 이차행렬식의 항으로 다음과 같이 정의할 수 있다.

3
$$\begin{vmatrix} a_1 & a_2 & a_3 \\ b_1 & b_2 & b_3 \\ c_1 & c_2 & c_3 \end{vmatrix} = a_1\begin{vmatrix} b_2 & b_3 \\ c_2 & c_3 \end{vmatrix} - a_2\begin{vmatrix} b_1 & b_3 \\ c_1 & c_3 \end{vmatrix} + a_3\begin{vmatrix} b_1 & b_2 \\ c_1 & c_2 \end{vmatrix}$$

식 **3**의 우변의 각 항은 행렬식의 첫 번째 행의 수 a_1을 포함하고 있으며, 또 a_1은 왼쪽 행렬식에서 a_1이 들어있는 행과 열을 제거함으로써 얻어지는 이차행렬과 곱하여져 있음을 알 수 있다. 또 두 번째 항의 $-$부호를 유의하여라. 예를 들면,

$$\begin{vmatrix} 1 & 2 & -1 \\ 3 & 0 & 1 \\ -5 & 4 & 2 \end{vmatrix} = 1\begin{vmatrix} 0 & 1 \\ 4 & 2 \end{vmatrix} - 2\begin{vmatrix} 3 & 1 \\ -5 & 2 \end{vmatrix} + (-1)\begin{vmatrix} 3 & 0 \\ -5 & 4 \end{vmatrix}$$

$$= 1(0-4) - 2(6+5) + (-1)(12-0) = -38$$

식 **2**의 $\mathbf{a} \times \mathbf{b}$를 이차행렬식과 표준기저벡터 $\mathbf{i}$, $\mathbf{j}$, $\mathbf{k}$를 이용하여 다시 쓰면 $\mathbf{a} = a_1\mathbf{i} + a_2\mathbf{j} + a_3\mathbf{k}$와 $\mathbf{b} = b_1\mathbf{i} + b_2\mathbf{j} + b_3\mathbf{k}$의 벡터곱은

4
$$\mathbf{a} \times \mathbf{b} = \begin{vmatrix} a_2 & a_3 \\ b_2 & b_3 \end{vmatrix}\mathbf{i} - \begin{vmatrix} a_1 & a_3 \\ b_1 & b_3 \end{vmatrix}\mathbf{j} + \begin{vmatrix} a_1 & a_2 \\ b_1 & b_2 \end{vmatrix}\mathbf{k}$$

가 됨을 안다.

식 **3**과 **4** 사이의 유사성에 따라, 흔히

5
$$\mathbf{a} \times \mathbf{b} = \begin{vmatrix} \mathbf{i} & \mathbf{j} & \mathbf{k} \\ a_1 & a_2 & a_3 \\ b_1 & b_2 & b_3 \end{vmatrix}$$

로 쓴다.

식 **5**에서 기호 행렬식의 첫 번째 행이 벡터로 이루어져 있지만, 이것은 식 **3**의 규칙을 이용하는 보통의 행렬식으로 생각하여 전개하면 식 **4**를 얻는다. 식 **5**의 기호 공식이 아마도 벡터곱을 기억하고 계산하는 데 가장 쉬운 방법이다.

예제 3 **성분형에서의 벡터곱** $\mathbf{a}=\langle 1, 3, 4\rangle$, $\mathbf{b}=\langle 2, 7, -5\rangle$이면

$$\mathbf{a}\times\mathbf{b}=\begin{vmatrix}\mathbf{i} & \mathbf{j} & \mathbf{k}\\ 1 & 3 & 4\\ 2 & 7 & -5\end{vmatrix}$$

$$=\begin{vmatrix}3 & 4\\ 7 & -5\end{vmatrix}\mathbf{i}-\begin{vmatrix}1 & 4\\ 2 & -5\end{vmatrix}\mathbf{j}+\begin{vmatrix}1 & 3\\ 2 & 7\end{vmatrix}\mathbf{k}$$

$$=(-15-28)\mathbf{i}-(-5-8)\mathbf{j}+(7-6)\mathbf{k}=-43\mathbf{i}+13\mathbf{j}+\mathbf{k}$$ ■

예제 4 점 $P(1, 4, 6)$, $Q(-2, 5, -1)$, $R(1, -1, 1)$을 지나는 평면에 수직인 벡터를 구하여라.

풀이 벡터 $\overrightarrow{PQ}\times\overrightarrow{PR}$은 $\overrightarrow{PQ}$와 $\overrightarrow{PR}$ 모두에 수직이므로 P, Q와 R을 지나는 평면에 수직이다. 10.2절의 [1]로부터

$$\overrightarrow{PQ}=(-2-1)\mathbf{i}+(5-4)\mathbf{j}+(-1-6)\mathbf{k}=-3\mathbf{i}+\mathbf{j}-7\mathbf{k}$$
$$\overrightarrow{PR}=(1-1)\mathbf{i}+(-1-4)\mathbf{j}+(1-6)\mathbf{k}=-5\mathbf{j}-5\mathbf{k}$$

임을 안다. 이 벡터의 벡터곱을 계산하면

$$\overrightarrow{PQ}\times\overrightarrow{PR}=\begin{vmatrix}\mathbf{i} & \mathbf{j} & \mathbf{k}\\ -3 & 1 & -7\\ 0 & -5 & -5\end{vmatrix}$$
$$=(-5-35)\mathbf{i}-(15-0)\mathbf{j}+(15-0)\mathbf{k}=-40\mathbf{i}-15\mathbf{j}+15\mathbf{k}$$

그래서 벡터 $\langle -40, -15, 15\rangle$는 주어진 평면에 수직이다. $\langle -8, -3, 3\rangle$과 같은 이 벡터의 임의의 영 아닌 스칼라 배도 또한 주어진 평면에 수직이다. ■

예제 5 꼭짓점이 $P(1, 4, 6)$, $Q(-2, 5, -1)$과 $R(1, -1, 1)$인 삼각형의 넓이를 구하여라.

풀이 예제 4에서 $\overrightarrow{PQ}\times\overrightarrow{PR}=\langle -40, -15, 15\rangle$임을 계산하였다.

PQ와 PR을 이웃하는 변으로 하는 평행사변형의 넓이는 벡터곱의 길이이다.

$$|\overrightarrow{PQ}\times\overrightarrow{PR}|=\sqrt{(-40)^2+(-15)^2+15^2}=5\sqrt{82}$$

삼각형 PQR이 넓이 A는 이 평행사변형의 넓이의 반이다. 즉 $\frac{5}{2}\sqrt{82}$이다. ■

▷ 삼중적

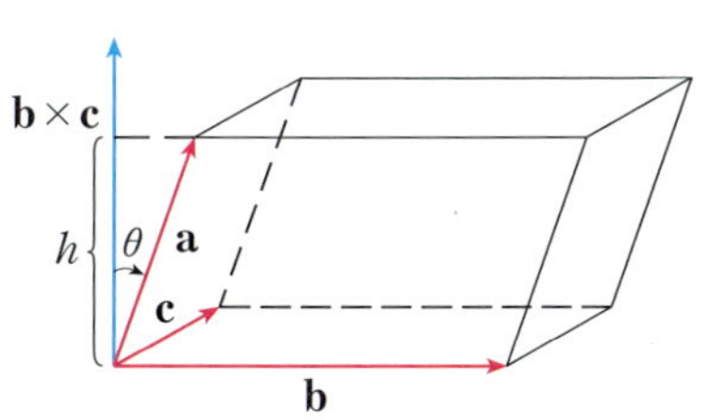

그림 7

곱 $\mathbf{a}\cdot(\mathbf{b}\times\mathbf{c})$는 벡터 $\mathbf{a}$, $\mathbf{b}$와 $\mathbf{c}$의 **스칼라 삼중적**이라 부른다. 스칼라 삼중적의 기하학적 의미는 벡터 $\mathbf{a}$, $\mathbf{b}$와 $\mathbf{c}$에 의하여 결정되는 평행육면체를 생각함으로써 알 수 있다(그림 7을 보라). 평행사변형의 밑변의 넓이는 $A=|\mathbf{b}\times\mathbf{c}|$이다. θ를 $\mathbf{a}$와 $\mathbf{b}\times\mathbf{c}$ 사이의 각이라 하면 평행육면체의 높이는 $h=|\mathbf{a}||\cos\theta|$이다($\theta>\frac{\pi}{2}$인 경우에는 $\cos\theta$ 대신에 $|\cos\theta|$를 이용해야 한다). 그러므로 평행육면체의 부피는

$$V = Ah = |\mathbf{b}\times\mathbf{c}||\mathbf{a}||\cos\theta| = |\mathbf{a}\cdot(\mathbf{b}\times\mathbf{c})|$$

이다. 그러므로 다음이 증명되었다.

> 벡터 **a**, **b**와 **c**에 의하여 결정되는 평행육면체의 부피는 이들의 스칼라 삼중적의 크기이다.
>
> $$V = |\mathbf{a}\cdot(\mathbf{b}\times\mathbf{c})|$$

b와 **c**에 의하여 결정되는 평행사변형인 밑면을 갖는 평행육면체를 생각하는 대신 **a**와 **b**에 의하여 결정되는 평행사변형인 밑면을 갖는 것에 대하여 생각할 수 있다.

이런 방법으로

$$\mathbf{a}\cdot(\mathbf{b}\times\mathbf{c}) = \mathbf{c}\cdot(\mathbf{a}\times\mathbf{b})$$

임을 안다. 그러나 점적은 교환법칙이 성립한다. 그래서

6 $$\mathbf{a}\cdot(\mathbf{b}\times\mathbf{c}) = (\mathbf{a}\times\mathbf{b})\cdot\mathbf{c}$$

로 쓸 수 있다. **a**, **b**, **c**가 성분형태로 주어지면 다음과 같다.

$$\mathbf{a} = a_1\mathbf{i}+a_2\mathbf{j}+a_3\mathbf{k} \qquad \mathbf{b} = b_1\mathbf{i}+b_2\mathbf{j}+b_3\mathbf{k} \qquad \mathbf{c} = c_1\mathbf{i}+c_2\mathbf{j}+c_3\mathbf{k}$$

$$\mathbf{a}\cdot(\mathbf{b}\times\mathbf{c}) = \mathbf{a}\cdot\left[\begin{vmatrix} b_2 & b_3 \\ c_2 & c_3 \end{vmatrix}\mathbf{i} - \begin{vmatrix} b_1 & b_3 \\ c_1 & c_3 \end{vmatrix}\mathbf{j} + \begin{vmatrix} b_1 & b_2 \\ c_1 & c_2 \end{vmatrix}\mathbf{k}\right]$$

$$= a_1\begin{vmatrix} b_2 & b_3 \\ c_2 & c_3 \end{vmatrix} - a_2\begin{vmatrix} b_1 & b_3 \\ c_1 & c_3 \end{vmatrix} + a_3\begin{vmatrix} b_1 & b_2 \\ c_1 & c_2 \end{vmatrix}$$

이것은 행이 이들 벡터의 성분이 되는 행렬식으로써 **a**, **b**, **c**의 스칼라 삼중적을 쓸 수 있음을 보여준다.

7 $$\mathbf{a}\cdot(\mathbf{b}\times\mathbf{c}) = \begin{vmatrix} a_1 & a_2 & a_3 \\ b_1 & b_2 & b_3 \\ c_1 & c_2 & c_3 \end{vmatrix}$$

예제 6 같은 평면 위의 벡터들 스칼라 삼중적을 이용하여 벡터 $\mathbf{a} = \langle 1, 4, -7\rangle$, $\mathbf{b} = \langle 2, -1, 4\rangle$와 $\mathbf{c} = \langle 0, -9, 18\rangle$이 같은 평면 위에 놓임을 보여라.

풀이 이들의 스칼라 삼중적을 계산하기 위하여 식 **7**을 이용한다.

$$\mathbf{a}\cdot(\mathbf{b}\times\mathbf{c}) = \begin{vmatrix} 1 & 4 & -7 \\ 2 & -1 & 4 \\ 0 & -9 & 18 \end{vmatrix}$$

$$=1\begin{vmatrix} -1 & 4 \\ -9 & 18 \end{vmatrix} -4\begin{vmatrix} 2 & 4 \\ 0 & 18 \end{vmatrix} -7\begin{vmatrix} 2 & -1 \\ 0 & -9 \end{vmatrix}$$

$$=1(18)-4(36)-7(-18)=0$$

그러므로 $\mathbf{a}$, $\mathbf{b}$와 $\mathbf{c}$에 의하여 결정되는 평행육면체의 부피는 0이다. 이것은 $\mathbf{a}$, $\mathbf{b}$와 $\mathbf{c}$가 같은 평면 위에 놓여 있음을 의미한다. ■

곱 $\mathbf{a}\times(\mathbf{b}\times\mathbf{c})$는 $\mathbf{a}$, $\mathbf{b}$와 $\mathbf{c}$의 **벡터 삼중적**이라 부른다.

벡터 삼중적에 관한 다음 식의 증명은 연습문제 36으로 남겨둔다.

8 $$\mathbf{a}\times(\mathbf{b}\times\mathbf{c})=(\mathbf{a}\cdot\mathbf{c})\mathbf{b}-(\mathbf{a}\cdot\mathbf{b})\mathbf{c}$$

식 **8**은 제11장에서 행성운동의 캐플러의 제1법칙을 유도하는 데 사용할 것이다.

10.4 연습문제

1. 각 표현이 의미있는지를 기술하여라. 의미가 없다면 이유를 설명하여라. 의미가 있다면 벡터인지 스칼라인지 기술하여라.

(a) $\mathbf{a}\cdot(\mathbf{b}\times\mathbf{c})$　　(b) $\mathbf{a}\times(\mathbf{b}\cdot\mathbf{c})$

(c) $\mathbf{a}\times(\mathbf{b}\times\mathbf{c})$　　(d) $(\mathbf{a}\cdot\mathbf{b})\times\mathbf{c}$

(e) $(\mathbf{a}\cdot\mathbf{b})\times(\mathbf{c}\cdot\mathbf{d})$　　(f) $(\mathbf{a}\times\mathbf{b})\cdot(\mathbf{c}\times\mathbf{d})$

(2~3) $|\mathbf{u}\times\mathbf{v}|$를 구하고 $\mathbf{u}\times\mathbf{v}$가 면의 안쪽 방향 혹은 바깥쪽 방향인지를 결정하여라.

2.

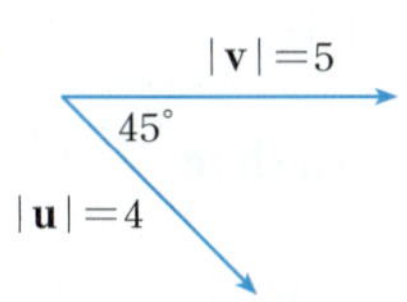

3.

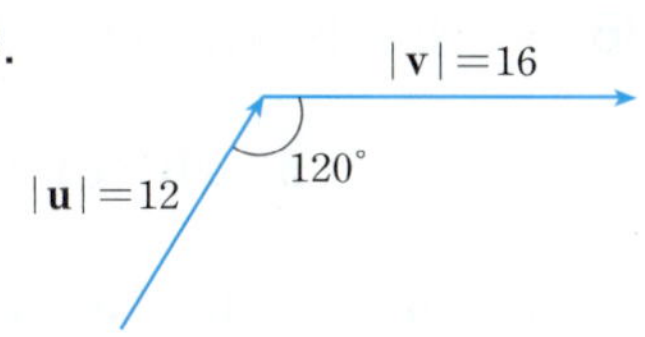

4. 그림은 xy-평면에 벡터 $\mathbf{a}$와 $\mathbf{k}$ 방향의 벡터 $\mathbf{b}$를 보여주고 있다.

(a) $|\mathbf{a}\times\mathbf{b}|$를 구하여라.

(b) $\mathbf{a}\times\mathbf{b}$의 성분이 양, 음 혹은 0인지를 결정하기 위하여 오른손 법칙을 사용하여라.

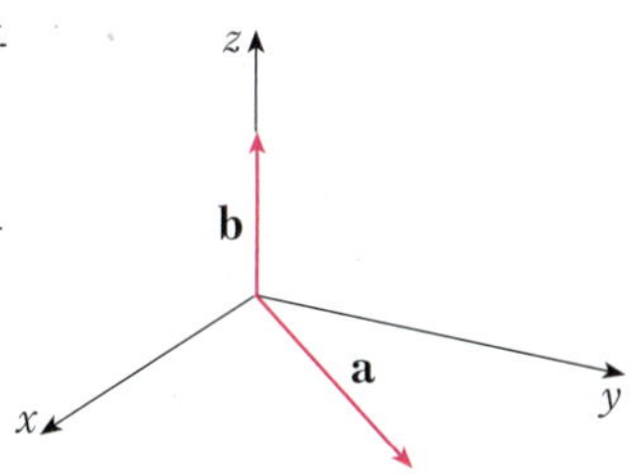

5. 자전거 페달을 그림과 같이 60N의 힘으로 밟는다. 페달의 축이 18cm 길이이다. P에 관한 회전력의 크기를 구하여라.

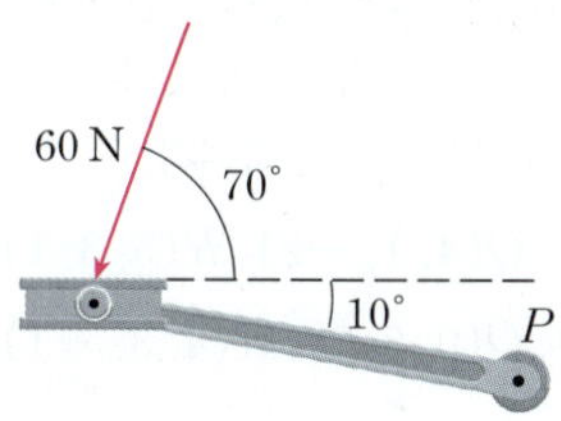

6. 240N의 힘이 그림과 같이 작용하면 P에 관한 회전력의 크기를 구하여라.

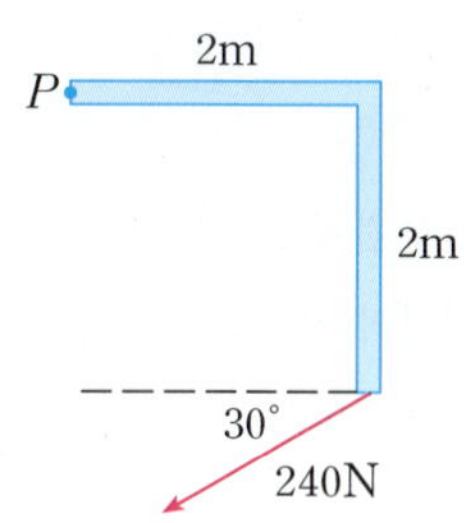

(7~13) 벡터곱 $\mathbf{a}\times\mathbf{b}$를 구하고 $\mathbf{a}$와 $\mathbf{b}$ 모두에 직교함을 증명하여라.

7. $\mathbf{a}=\langle 1, -1, 0\rangle$, $\mathbf{b}=\langle 3, 2, 1\rangle$

8. $\mathbf{a}=\langle -3, 2, 2\rangle$, $\mathbf{b}=\langle 6, 3, 1\rangle$

9. $\mathbf{a}=\mathbf{i}+3\mathbf{j}-2\mathbf{k}$, $\mathbf{b}=-\mathbf{i}+5\mathbf{k}$

10. $\mathbf{a}=\mathbf{j}+7\mathbf{k}$, $\mathbf{b}=2\mathbf{i}-\mathbf{j}+4\mathbf{k}$

11. $\mathbf{a}=\mathbf{i}-\mathbf{j}-\mathbf{k}$, $\mathbf{b}=\frac{1}{2}\mathbf{i}+\mathbf{j}+\frac{1}{2}\mathbf{k}$

12. $\mathbf{a}=\mathbf{i}+e^t\mathbf{j}+e^{-t}\mathbf{k}$, $\mathbf{b}=2\mathbf{i}+e^t\mathbf{j}-e^{-t}\mathbf{k}$

13. $\mathbf{a}=\langle t, t^2, t^3\rangle$, $\mathbf{b}=\langle 1, 2t, 3t^2\rangle$

14. $\mathbf{a}=\mathbf{i}-2\mathbf{k}$이고 $\mathbf{b}=\mathbf{j}+\mathbf{k}$ 일때 $\mathbf{a}\times\mathbf{b}$를 구하여라. 원점에서 출발하는 벡터로서 $\mathbf{a}$, $\mathbf{b}$와 $\mathbf{a}\times\mathbf{b}$를 그려라.

(15~18) 행렬식이 아닌 벡터곱의 성질을 이용하여 구하여라.

15. $(\mathbf{i}\times\mathbf{j})\times\mathbf{k}$

16. $\mathbf{k}\times(\mathbf{i}-2\mathbf{j})$

17. $(\mathbf{j}-\mathbf{k})\times(\mathbf{k}-\mathbf{i})$

18. $(\mathbf{i}+\mathbf{j})\times(\mathbf{i}-\mathbf{j})$

19. $\langle 1, -1, 1\rangle$ 과 $\langle 0, 4, 4\rangle$에 모두 직교하는 두 단위벡터를 구하여라.

20. $\mathbf{i}+\mathbf{j}+\mathbf{k}$와 $2\mathbf{i}+\mathbf{k}$ 모두에 직교하는 두 단위벡터를 구하여라.

21. 꼭짓점이 $A(-2, 1)$, $B(0, 4)$, $C(4, 2)$, $D(2, -1)$인 평행사변형의 넓이를 구하여라.

22. 꼭짓점이 $K(1, 2, 3)$, $L(1, 3, 6)$, $M(3, 8, 6)$, $N(3, 7, 3)$인 평행사변형의 넓이를 구하여라.

(23~24) (a) 점 P, Q와 R을 지나는 평면에 직교하는 벡터를 구하여라.

(b) 삼각형 PQR의 넓이를 구하여라.

23. $P(0, -2, 0)$, $Q(4, 1, -2)$, $R(5, 3, 1)$

24. $P(-1, 3, 1)$, $Q(0, 5, 2)$, $R(4, 3, -1)$

25. 30cm 길이의 렌치가 양의 y축을 따라 놓여 있고 원점에서 나사를 잡고 있다. 힘이 렌치의 끝에서 $\langle 0, 3, -4\rangle$ 방향으로 작용한다. 나사에 100N의 회전력이 요구될 때 힘의 크기를 구하여라.

26. $\mathbf{v}=5\mathbf{j}$이고 $\mathbf{u}$가 원점에서 출발하는 길이가 3인 벡터라 하자. 벡터 $\mathbf{u}\times\mathbf{v}$의 길이의 최댓값과 최솟값을 구하여라. 어느 방향을 $\mathbf{u}\times\mathbf{v}$가 가리키는가?

(27~28) 벡터 $\mathbf{a}$, $\mathbf{b}$, $\mathbf{c}$에 의해서 결정되는 평행육면체의 부피를 구하여라.

27. $\mathbf{a}=\langle 6, 3, -1\rangle$, $\mathbf{b}=\langle 0, 1, 2\rangle$, $\mathbf{c}=\langle 4, -2, 5\rangle$

28. $\mathbf{a}=\mathbf{i}+\mathbf{j}-\mathbf{k}$, $\mathbf{b}=\mathbf{i}-\mathbf{j}+\mathbf{k}$, $\mathbf{c}=-\mathbf{i}+\mathbf{j}+\mathbf{k}$

(29~30) PQ, PR, PS를 인접한 변으로 갖는 평행육면체의 부피를 구하여라.

29. $P(2, 0, -1)$, $Q(4, 1, 0)$, $R(3, -1, 1)$, $S(2, -2, 2)$

30. $P(3, 0, 1)$, $Q(-1, 2, 5)$, $R(5, 1, -1)$, $S(0, 4, 2)$

31. 벡터 $\mathbf{u}=\mathbf{i}+5\mathbf{j}-2\mathbf{k}$, $\mathbf{v}=3\mathbf{i}-\mathbf{j}$와 $\mathbf{w}=5\mathbf{i}+9\mathbf{j}-4\mathbf{k}$가 같은 평면에 있음을 증명하기 위하여 스칼라 삼중적을 이용하여라.

32. 점 $A(1, 3, 2)$, $B(3, -1, 6)$, $C(5, 2, 0)$, $D(3, 6, -4)$이 같은 평면에 놓여 있는지를 결정하기 위하여 스칼라 삼중적을 이용하여라.

33. (a) P를 점 Q와 R을 지나는 직선 L 위에 있지 않는 점이라 하자. $\mathbf{a}=\overrightarrow{QR}$이고 $\mathbf{b}=\overrightarrow{QP}$일 때 점 P로부터 직선 L까지 거리가

$$d=\frac{|\mathbf{a}\times\mathbf{b}|}{|\mathbf{a}|}$$

임을 보여라.

(b) 점 $P(1, 1, 1)$로부터 $Q(0, 6, 8)$과 $R(-1, 4, 7)$을 지나는 직선까지 거리를 구하는데 (a)의 공식을 이용하여라.

34. (a) P를 점 Q, R과 S가 지나는 평면에 있지 않은 점이라 하자. $\mathbf{a}=\overrightarrow{QR}$, $\mathbf{b}=\overrightarrow{QS}$, $\mathbf{c}=\overrightarrow{QP}$일 때, P로부터 평면까지 거리 d는

$$d=\frac{|\mathbf{a}\cdot(\mathbf{b}\times\mathbf{c})|}{|\mathbf{a}\times\mathbf{b}|}$$

(b) 점 $P(2, 1, 4)$로부터 점 $Q(1, 0, 0)$, $R(0, 2, 0)$, $S(0, 0, 3)$을 지나는 평면까지 거리를 구하는데 (a)에 공식을 이용하여라.

35. $(\mathbf{a}-\mathbf{b})\times(\mathbf{a}+\mathbf{b})=2(\mathbf{a}\times\mathbf{b})$임을 증명하여라.

36. 벡터 삼중적에 대한 다음 공식을 증명하여라.

$$\mathbf{a}\times(\mathbf{b}\times\mathbf{c})=(\mathbf{a}\cdot\mathbf{c})\mathbf{b}-(\mathbf{a}\cdot\mathbf{b})\mathbf{c}$$

37. $\mathbf{a}\times(\mathbf{b}\times\mathbf{c})+\mathbf{b}\times(\mathbf{c}\times\mathbf{a})+\mathbf{c}\times(\mathbf{a}\times\mathbf{b})=\mathbf{0}$을 증명하는데 연습문제 36을 이용하여라.

38. $(\mathbf{a}\times\mathbf{b})\cdot(\mathbf{c}\times\mathbf{d})=\begin{vmatrix}\mathbf{a}\cdot\mathbf{c} & \mathbf{b}\cdot\mathbf{c}\\ \mathbf{a}\cdot\mathbf{d} & \mathbf{b}\cdot\mathbf{d}\end{vmatrix}$을 증명하여라.

39. $\mathbf{a}\neq\mathbf{0}$라 가정하자.

(a) $\mathbf{a}\cdot\mathbf{b}=\mathbf{a}\cdot\mathbf{c}$일 때 $\mathbf{b}=\mathbf{c}$가 성립하는가?

(b) $\mathbf{a}\times\mathbf{b}=\mathbf{a}\times\mathbf{c}$일 때 $\mathbf{b}=\mathbf{c}$가 성립하는가?

(c) $\mathbf{a}\cdot\mathbf{b}=\mathbf{a}\cdot\mathbf{c}$이고 $\mathbf{a}\times\mathbf{b}=\mathbf{a}\times\mathbf{c}$일 때, $\mathbf{b}=\mathbf{c}$가 성립하는가?

40. (a) $\mathbf{u}$가 단위벡터이고, $\mathbf{a}$는 $\mathbf{u}$에 수직인 벡터일 때,

$\mathbf{u}\times(\mathbf{u}\times\mathbf{a})=-\mathbf{a}$임을 보여라.

(b) $\mathbf{u}$가 단위벡터이고, $\mathbf{v}$가 임의의 V_3 내의 임의의 벡터일 때, $\mathbf{u}\times(\mathbf{u}\times(\mathbf{u}\times(\mathbf{u}\times\mathbf{v})))=-\mathbf{u}\times(\mathbf{u}\times\mathbf{v})$임을 보여라.

41. (a) 만일 V_3의 임의의 벡터 $\mathbf{r}$에 대하여 $\mathbf{u}\cdot\mathbf{r}=\mathbf{v}\cdot\mathbf{r}$이면, $\mathbf{u}=\mathbf{v}\cdot\mathbf{d}$임을 보여라.

(b) V_3의 임의의 벡터 $\mathbf{r}$에 대하여 $[\mathbf{a}\times(\mathbf{b}+\mathbf{c})]\cdot\mathbf{r}=[\mathbf{a}\times\mathbf{b}+\mathbf{a}\times\mathbf{c}]\cdot\mathbf{r}$임을 보이고 이를 이용하여 벡터곱의 성질 3 $\mathbf{a}\times(\mathbf{b}+\mathbf{c})=\mathbf{a}\times\mathbf{b}+\mathbf{a}\times\mathbf{c}$을 증명하여라.

42. $\mathbf{v}_1$, $\mathbf{v}_2$와 $\mathbf{v}_3$가 동일평면에 놓인 벡터가 아닐 때,

$$\mathbf{k}_1=\frac{\mathbf{v}_2\times\mathbf{v}_3}{\mathbf{v}_1\cdot(\mathbf{v}_2\times\mathbf{v}_3)}$$

$$\mathbf{k}_2=\frac{\mathbf{v}_3\times\mathbf{v}_1}{\mathbf{v}_1\cdot(\mathbf{v}_2\times\mathbf{v}_3)}$$

$$\mathbf{k}_3=\frac{\mathbf{v}_1\times\mathbf{v}_2}{\mathbf{v}_1\cdot(\mathbf{v}_2\times\mathbf{v}_3)}$$

라 하자(이 벡터들은 결정학 연구에서 생긴다. 각 n_i가 정수일 때, $n_1\mathbf{v}_1+n_2\mathbf{v}_2+n_3\mathbf{v}_3$형의 벡터들은 수정의 격자를 이룬다. $\mathbf{k}_1$, $\mathbf{k}_2$, $\mathbf{k}_3$의 항으로 유사하게 표기된 벡터들은 상반 격자를 이룬다).

(a) $i\neq j$ 일 때 $\mathbf{k}_i$가 $\mathbf{v}_j$에 수직함을 보여라.

(b) $i=1, 2, 3$에 대하여 $\mathbf{k}_i\cdot\mathbf{v}_i=1$임을 보여라.

(c) $\mathbf{k}_1\cdot(\mathbf{k}_2\times\mathbf{k}_3)=\dfrac{1}{\mathbf{v}_1\cdot(\mathbf{v}_2\times\mathbf{v}_3)}$ 임을 보여라.

응용과제 | 사면체의 기하학

사면체는 그림에서 보여진 것처럼 4개의 꼭짓점 P, Q, R과 S 그리고 4개의 삼각형 면으로 된 입체이다.

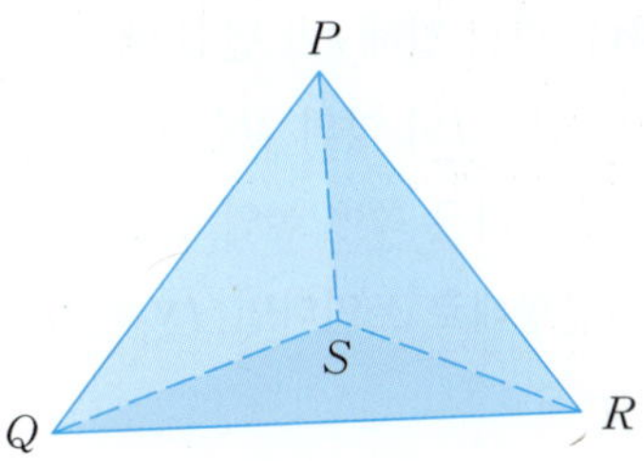

1. $\mathbf{v}_1$, $\mathbf{v}_2$, $\mathbf{v}_3$와 $\mathbf{v}_4$가 각각 꼭짓점 P, Q, R과 S 맞은편 면의 넓이와 같은 길이를 갖고, 각 면에 바깥쪽을 향하는 수직인 벡터라 하자.

$$\mathbf{v}_1+\mathbf{v}_2+\mathbf{v}_3+\mathbf{v}_4=0$$

임을 보여라.

2. 사면체의 부피 V는 한 꼭짓점으로부터 맞은편 면까지의 거리에 $\frac{1}{3}$을 그 면의 넓이에 곱한 것이다.

(a) 꼭짓점 P, Q, R, S의 좌표의 항으로 사면체 부피에 대한 공식을 구하여라.

(b) 꼭짓점이 $P(1, 1, 1)$, $Q(1, 2, 3)$, $R(1, 1, 2)$, $S(3, -1, 2)$인 사면체의 부피를 구하여라.

3. 그림에서 사면체가 세 직각 꼭짓점 S를 갖는다고 가정하자. (이것은 S에서 세 각이 직각임을 의미한다.) S에서 만나는 세 면의 넓이를 A, B, C라 하고 D를 반대면 PQR의 넓이라 하자. 문제 1의 결과을 이용하거나 다른 방법으로

$$D^2=A^2+B^2+C^2$$

임을 보여라(이것은 피타고라스 정리의 삼차원 변형이다).

10.5 직선과 평면의 방정식

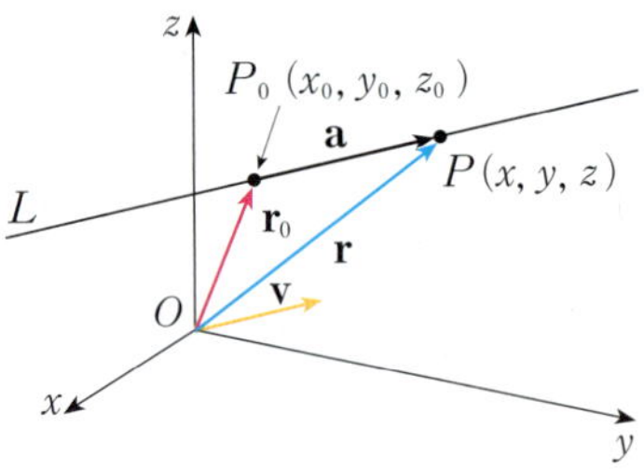

그림 1

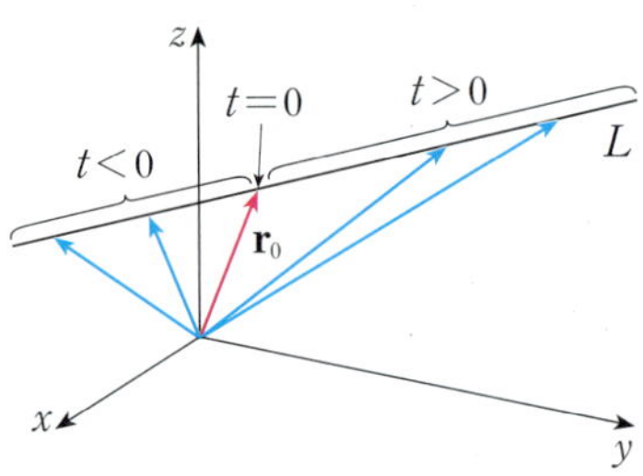

그림 2

xy-평면 내의 직선은 직선 위의 한 점과 직선의 방향(기울기 또는 경사각)이 주어지면 결정된다. 직선의 식은 점-기울기 형을 사용하여 쓸 수 있다. 마찬가지로, 삼차원 공간의 직선 L은 L 위의 한 점 $P_0(x_0, y_0, z_0)$와 L의 방향을 알 때 결정된다. 삼차원에서 직선의 방향은 벡터에 의하여 편리하게 기술되므로 $\mathbf{v}$를 L과 평행인 벡터라 하자. $P(x, y, z)$를 L 위의 임의의 점이라 하고, $\mathbf{r}_0$와 $\mathbf{r}$를 P_0와 P의 위치벡터(즉, $\mathbf{r}_0$와 $\mathbf{r}$는 $\overrightarrow{OP_0}$와 $\overrightarrow{OP}$를 표현으로 갖는다)라 하자. 그림 1에서와 같이 $\mathbf{a}$를 $\overrightarrow{P_0P}$를 표현으로 갖는 벡터라 하면, 벡터의 합에 대한 삼각형 법칙으로부터 $\mathbf{r}=\mathbf{r}_0+\mathbf{a}$를 얻는다. 그런데 $\mathbf{a}$와 $\mathbf{v}$가 평행이므로 $\mathbf{a}=t\mathbf{v}$를 만족하는 스칼라 t가 존재한다. 따라서 L의 **벡터방정식**은

1 $$\mathbf{r}=\mathbf{r}_0+t\mathbf{v}$$

이다. **매개변수** t의 값은 L 위의 점의 위치벡터 $\mathbf{r}$를 지정한다. 다시 말해 t가 변할 때 직선은 벡터 $\mathbf{r}$의 끝을 따라 그려진다. 그림 2에서 나타내는 바와 같이 t의 양의 값은 P_0의 한 쪽에 놓인 L 상의 점들에 대응된다. 반면에 t의 음의 값은 P_0의 다른 쪽에 놓인 점들에 대응된다. L의 방향을 주는 벡터 $\mathbf{v}$가 $\mathbf{v}=\langle a, b, c\rangle$와 같이 성분형태로 쓰인다면, $t\mathbf{v}=\langle ta, tb, tc\rangle$를 얻는다.

또한 $\mathbf{r}=\langle x, y, z\rangle$와 $\mathbf{r}_0=\langle x_0, y_0, z_0\rangle$로 쓸 수 있으므로 **1**의 벡터방정식은

$$\langle x, y, z\rangle=\langle x_0+ta, y_0+tb, z_0+tc\rangle$$

가 된다.

두 벡터가 같을 필요충분조건은 대응하는 성분들이 같은 것이다. 그러므로 $t\in\mathbb{R}$일 때 세 방정식

2 $$x=x_0+at \qquad y=y_0+bt \qquad z=z_0+ct$$

를 얻는다. 이들 방정식을 점 $P_0(x_0, y_0, z_0)$를 지나고, 벡터 $\mathbf{v}=\langle a, b, c\rangle$에 평행인 직선 L의 **매개방정식**이라 부른다.

매개변수 t의 각 값은 L의 점 (x, y, z)를 정해준다.

예제 1 **주어진 방향의 직선의 방정식** (a) 점 $(5, 1, 3)$을 지나고 벡터 $\mathbf{i}+4\mathbf{j}-2\mathbf{k}$에 평행인 직선의 벡터방정식과 매개방정식을 구하여라.

(b) 직선 위의 다른 두 점을 구하여라.

● 그림 3은 예제 1에서 직선 L을 보여주며 주어진 점과 그 직선의 방향을 가리키는 벡터와의 관계를 보여주고 있다.

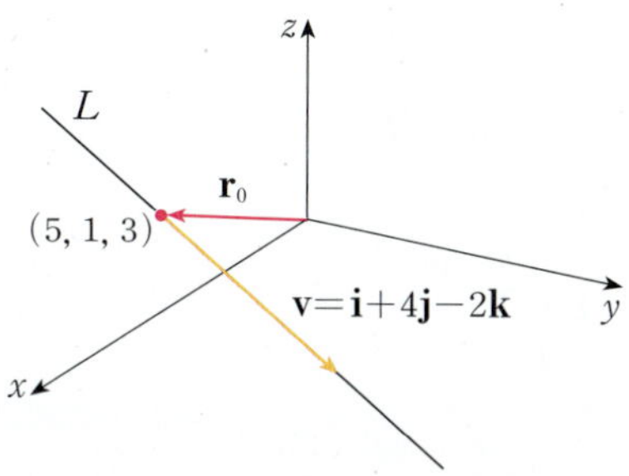

그림 3

풀이 (a) $\mathbf{r}_0=\langle 5, 1, 3\rangle=5\mathbf{i}+\mathbf{j}+3\mathbf{k}$이고, $\mathbf{v}=\mathbf{i}+4\mathbf{j}-2\mathbf{k}$이므로 벡터방정식 **1**은

$$\mathbf{r}=(5\mathbf{i}+\mathbf{j}+3\mathbf{k})+t(\mathbf{i}+4\mathbf{j}-2\mathbf{k})$$
$$\mathbf{r}=(5+t)\mathbf{i}+(1+4t)\mathbf{j}+(3-2t)\mathbf{k}$$

이다. 매개방정식은

$$x=5+t,\quad y=1+4t,\quad z=3-2t$$

이다.

(b) 매개변수의 값을 $t=1$로 택하면 $x=6$, $y=5$, $z=1$이므로 $(6, 5, 1)$이 직선 위의 한 점이다. 마찬가지로 $t=-1$로부터 점 $(4, -3, 5)$를 얻는다. ■

직선의 벡터방정식과 매개방정식은 유일한 것은 아니다. 점이나 매개변수를 바꾸거나 평행인 다른 벡터를 택하면 방정식을 달라진다. 예를 들어 예제 1에서 점 $(5, 1, 3)$ 대신에 점 $(6, 5, 1)$을 택하면 직선의 매개방정식은

$$x=6+t,\quad y=5+4t,\quad z=1-2t$$

가 된다. 또는 점 $(5, 1, 3)$은 그대로 두고 평행벡터를 $2\mathbf{i}+8\mathbf{j}-4\mathbf{k}$로 고르면 매개방정식은

$$x=5+2t,\quad y=1+8t,\quad z=3-4t$$

가 된다. 일반적으로 벡터 $\mathbf{v}=\langle a, b, c\rangle$가 직선 L의 방향을 기술하는데 이용될 때 수 a, b, c를 L의 **방향수**라 부른다. $\mathbf{v}$와 평행인 벡터는 어느 것이나 이용될 수 있으므로 a, b, c와 비례하는 임의의 세 수도 L의 방향수로 이용될 수 있음을 알 수 있다.

직선 L을 기술하는 다른 방법은 식 **2**로부터 매개변수 t를 소개하는 것이다. a, b, c 중 어느 것도 0이 아니면, 각 방정식을 t에 관하여 풀 수 있으므로 그 결과를 같게 놓으면

3
$$\frac{x-x_0}{a}=\frac{y-y_0}{b}=\frac{z-z_0}{c}$$

를 얻는다. 이 방정식을 L의 **대칭방정식**이라 부른다. 방정식 **3**의 분모에 나타난 수 a, b, c가 L의 방향수(즉, L과 평행인 벡터의 성분)임을 주목하여라. a, b, c 중 어느 하나가 0인 경우에도 역시 t를 소거할 수 있다. 만약 $a=0$일 때 L의 방정식은

$$x=x_0,\qquad \frac{y-y_0}{b}=\frac{z-z_0}{c}$$

와 같이 쓸 수 있다. 이것은 L이 수직평면 $x=x_0$ 위에 놓여 있음을 의미한다.

예제 2 **두 점을 지나는 직선의 방정식** (a) 점 $A(2, 4, -3)$과 $B(3, -1, 1)$을 지나는 직선의 매개방정식과 대칭방정식을 구하여라.

(b) 이 직선은 어느 점에서 xy-평면과 만나는가?

● 그림 4에서는 예제 2의 직선 L과 이 직선이 xy-평면과 만나는 점을 보여 주고 있다.

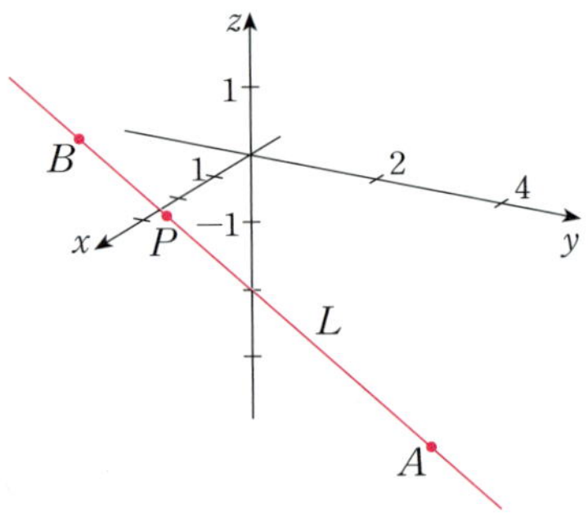

그림 4

풀이 (a) 직선에 평행인 벡터가 바로 주어져 있지는 않지만, 표현 $\overrightarrow{AB}$를 가지는 벡터 $\mathbf{v}$가 직선과 평행임을 알 수 있고

$$\mathbf{v}=\langle 3-2,\ -1-4,\ 1-(-3)\rangle=\langle 1,\ -5,\ 4\rangle$$

이다. 따라서 방향수는 $a=1$, $b=-5$, $c=4$이다. 점 $(2,\ 4,\ -3)$을 P_0로 두면, 매개방정식 **2**는

$$x=2+t,\quad y=4-5t,\quad z=-3+4t$$

이고, 대칭방정식 **3**은

$$\frac{x-2}{1}=\frac{y-4}{-5}=\frac{z+3}{4}$$

임을 알 수 있다.

(b) 직선은 $z=0$일 때 xy-평면과 만난다. 따라서 대칭방정식에서 $z=0$이라 놓으면

$$\frac{x-2}{1}=\frac{y-4}{-5}=\frac{3}{4}$$

을 얻는다. 이로부터 $x=\frac{11}{4}$, $y=\frac{1}{4}$이 얻어지므로 주어진 직선은 점 $\left(\frac{11}{4},\ \frac{1}{4},\ 0\right)$에서 xy-평면과 만난다. ■

일반적으로 예제 2의 과정은 점 $P_0(x_0,\ y_0,\ z_0)$와 $P_1(x_1,\ y_1,\ z_1)$을 지나는 직선의 방향수는 x_1-x_0, y_1-y_0, z_1-z_0이고, 따라서 L의 대칭방정식은

$$\frac{x-x_0}{x_1-x_0}=\frac{y-y_0}{y_1-y_0}=\frac{z-z_0}{z_1-z_0}$$

이다.

때로는 직선 전체가 아닌 단지 선분만을 나타내는 방정식이 필요하다. 예를 들면 예제 2에 있는 선분 AB를 어떻게 표현할까? 예제 2(a)의 매개방정식에서 $t=0$을 대입하면 점 $(2,\ 4,\ -3)$을 얻고, $t=1$을 대입하면 점 $(3,\ -1,\ 1)$을 얻는다. 따라서 선분 AB는 매개방정식

$$x=2+t,\quad y=4-5t,\quad z=-3+4t,\quad 0\le t\le 1$$

또는 벡터방정식

$$\mathbf{r}(t)=\langle 2+t,\ 4-5t,\ -3+4t\rangle,\quad 0\le t\le 1$$

로 표현된다. 일반적으로 벡터 $\mathbf{v}$의 방향으로 벡터 $\mathbf{r}_0$를 지나는 직선의 벡터방정식은 $\mathbf{r}=\mathbf{r}_0+t\mathbf{v}$임을 방정식 **1**로부터 알 수 있다. 만일 이 직선이 $\mathbf{r}_1$도 지난다면 $\mathbf{v}=\mathbf{r}_1-\mathbf{r}_0$로 택할 수 있으므로 벡터방정식은 다음과 같이 표현된다.

$$\mathbf{r}=\mathbf{r}_0+t(\mathbf{r}_1-\mathbf{r}_0)=(1-t)\mathbf{r}_0+t\mathbf{r}_1$$

$\mathbf{r}_0$에서 $\mathbf{r}_1$까지의 선분은 매개구간 $0\le t\le 1$을 주면 된다.

4 $\mathbf{r}_0$에서 $\mathbf{r}_1$까지의 선분을 나타내는 벡터방정식은 다음과 같다.

$$\mathbf{r}(t)=(1-t)\mathbf{r}_0+t\mathbf{r}_1,\ \ 0\le t\le 1$$

● 예제 3의 직선 L_1과 L_2는 그림 5와 같인 꼬인 직선이다.

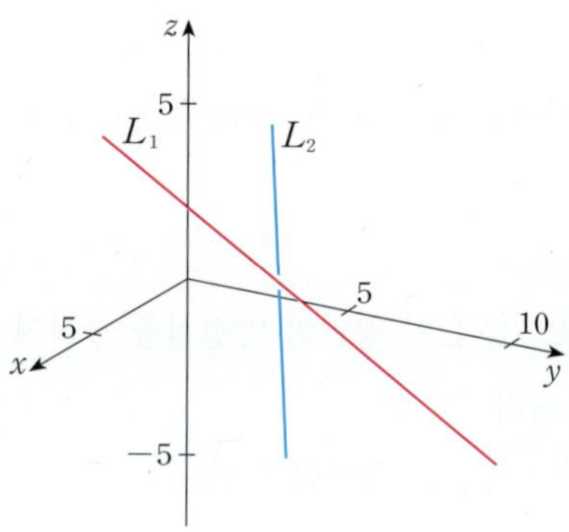

그림 5

예제 3 매개방정식이

$$x=1+t \qquad y=-2+3t \qquad z=4-t$$
$$x=2s \qquad y=3+s \qquad z=-3+4s$$

인 직선 L_1과 L_2는 서로 **꼬인 직선**(skew lines), 즉 두 직선은 만나지도, 평행하지 않는(그러므로 같은 평면에 있지 않다) 직선들임을 보여라.

풀이 두 직선은 대응되는 벡터 $\langle 1, 3, -1\rangle$과 $\langle 2, 1, 4\rangle$가 평행하지 않기 때문에 평행이 아니다(그들의 성분들이 비례하지 않는다). L_1과 L_2가 교점을 가진다면 t와 s의 값이 존재하여

$$1+t=2s$$
$$-2+3t=3+s$$
$$4-t=-3+4s$$

를 만족해야 한다. 그러나 위의 첫째와 둘째 방정식을 풀면 $t=\frac{11}{5}$과 $s=\frac{8}{5}$을 얻게 된다. 이 값들은 셋째 방정식을 만족하지 않는다. 그러므로 세 방정식을 만족하는 t와 s의 값은 없다. 즉 L_1과 L_2는 만나지 않는다. 그래서 L_1과 L_2는 서로 꼬인 직선들이다. ■

▷ 평면

공간에서 직선은 점과 방향에 의하여 결정되지만, 공간에서 평면은 표현하기가 좀 더 어렵다. 평면에 평행한 한 벡터는 평면의 방향을 나타내기에 충분하지 않지만, 평면에 수직한 벡터는 평면의 방향을 완전히 결정한다. 따라서 공간에서 평면은 평면 위의 한 점 $P_0(x_0, y_0, z_0)$와 이 평면에 직교하는 벡터 $\mathbf{n}$에 의하여 결정된다. 이 같은 직교벡터 $\mathbf{n}$을 법선벡터라 부른다. $P(x, y, z)$를 평면 위의 임의의 점이라 하고 $\mathbf{r}_0$와 $\mathbf{r}$를 P_0와 P의 위치벡터라 하자. 그러면 벡터 $\mathbf{r}-\mathbf{r}_0$는 $\overrightarrow{P_0P}$로 표현된다(그림 6 참조). 법선벡터 $\mathbf{n}$은 주어진 평면 위의 모든 벡터와 직교한다. 특히 $\mathbf{n}$은 $\mathbf{r}-\mathbf{r}_0$와 직교하므로

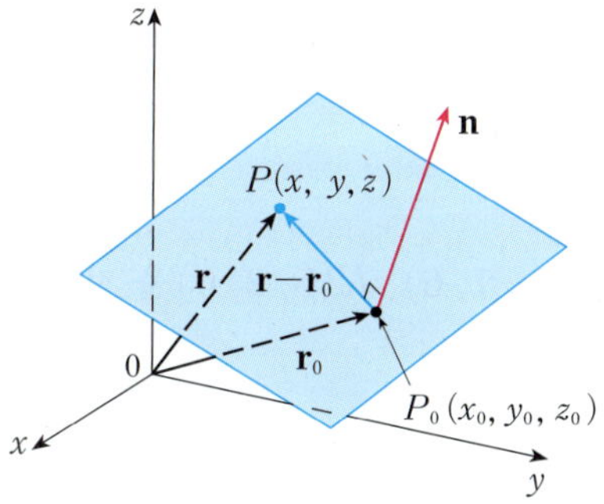

그림 6

5 $$\mathbf{n}\cdot(\mathbf{r}-\mathbf{r}_0)=0$$

을 얻게 되는데, 이것은

6 $$\mathbf{n}\cdot\mathbf{r}=\mathbf{n}\cdot\mathbf{r}_0$$

와 같이 다시 쓸 수 있다. 방정식 5 또는 6을 **평면의 벡터방정식**이라 부른다.

평면에 대한 스칼라 방정식을 얻기 위하여 $\mathbf{n}=\langle a, b, c\rangle$, $\mathbf{r}=\langle x, y, z\rangle$ $\mathbf{r}_0=\langle x_0, y_0, z_0\rangle$라 쓰면 벡터방정식 5는

$$\langle a, b, c\rangle \cdot \langle x-x_0, y-y_0, z-z_0\rangle=0$$

또는

7
$$a(x-x_0)+b(y-y_0)+c(z-z_0)=0$$

이 된다. 방정식 7은 $P_0(x_0, y_0, z_0)$을 지나고, 법선벡터가 $\mathbf{n}=\langle a, b, c\rangle$인 **평면의 스칼라방정식**이다.

예제 4 점 $(2, 4, -1)$을 지나고 법선벡터가 $\mathbf{n}=\langle 2, 3, 4\rangle$인 평면의 방정식을 구하여라. 이 평면이 좌표축과 만나는 점을 구하고 개형을 그려라.

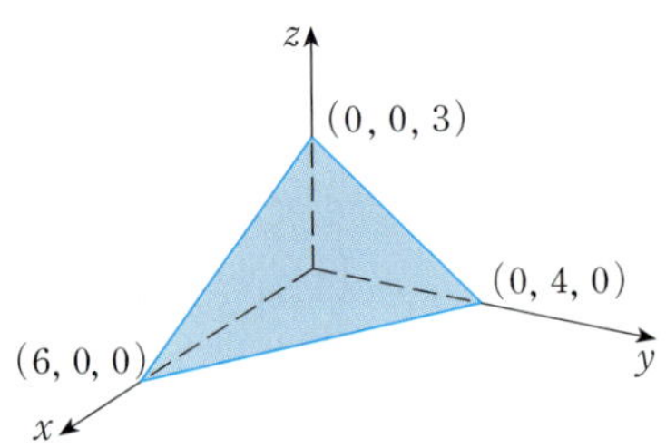

그림 7

풀이 방정식 7에서 $a=2$, $b=3$, $c=4$, $x_0=2$, $y_0=4$, $z_0=-1$이라 두면 평면의 방정식은

$$2(x-2)+3(y-4)+4(z+1)=0$$

또는

$$2x+3y+4z=12$$

임을 안다. x축과 만나는 교점을 구하기 위하여 이 방정식에서 $y=z=0$이라 두면 $x=6$을 얻는다. 마찬가지로 y축과 만나는 교점은 4, z축과 만나는 교점은 3이다. 이것으로 이 평면의 제1팔분공간에 놓여 있는 부분을 그릴 수 있다(그림 7 참조). ■

예제 4에서 한 것과 같이, 방정식 7의 항을 묶으면 평면의 방정식은 $d=-(ax_0+by_0+cz_0)$일 때

8
$$ax+by+cz+d=0$$

와 같이 고쳐 쓸 수 있다. 방정식 8을 x, y, z에 관한 **선형방정식**이라 부른다. 역으로 a, b, c가 모두는 0이 아닐 때, 선형방정식 8은 법선벡터가 $\langle a, b, c\rangle$인 평면을 나타낸다(연습문제 63 참조).

예제 5 세 점을 지나는 평면 점 $P(1, 3, 2)$, $Q(3, -1, 6)$, $R(5, 2, 0)$을 지나는 평면의 방정식을 구하여라.

풀이 $\overrightarrow{PQ}$와 $\overrightarrow{PR}$에 대응되는 벡터 $\mathbf{a}$와 $\mathbf{b}$는

$$\mathbf{a}=\langle 2, -4, 4\rangle, \qquad \mathbf{b}=\langle 4, -1, -2\rangle$$

● 그림 8은 $\triangle PQR$로 둘러싸인 예제 5의 평면의 일부이다.

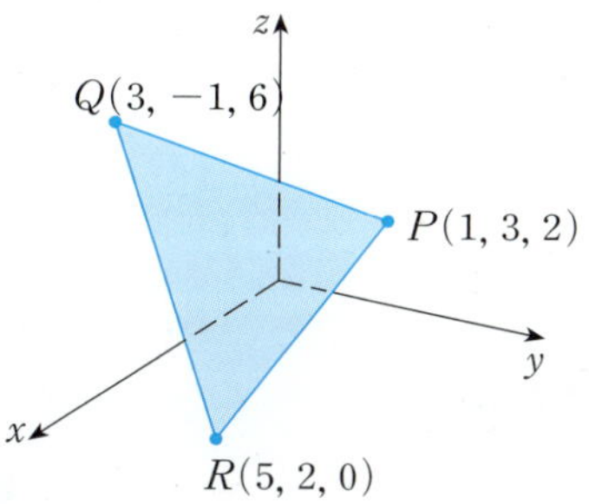

그림 8

이다. $\mathbf{a}$와 $\mathbf{b}$는 모두 구하는 평면에 놓여 있기 때문에 벡터곱 $\mathbf{a}\times\mathbf{b}$는 구하려는 평면과 직교하고, 이것을 법선벡터로 택할 수 있다. 따라서

$$\mathbf{n}=\mathbf{a}\times\mathbf{b}=\begin{vmatrix}\mathbf{i} & \mathbf{j} & \mathbf{k}\\ 2 & -4 & 4\\ 4 & -1 & -2\end{vmatrix}=12\,\mathbf{i}+20\,\mathbf{j}+14\,\mathbf{k}$$

이고 점 $P(1, 3, 2)$와 법선벡터 $\mathbf{n}$에 대한 평면의 방정식은

$$12(x-1)+20(y-3)+14(z-2)=0$$

또는

$$6x+10y+7z=50$$

이다. ■

예제 6 매개방정식 $x=2+3t$, $y=-4t$, $z=5+t$로 주어지는 직선이 평면 $4x+5y-2z=18$과 만나는 점을 구하여라.

풀이 매개방정식에서 x, y, z에 대한 표현을 평면의 방정식에 대입하면

$$4(2+3t)+5(-4t)-2(5+t)=18$$

이것을 간단히 하면 $-10t=20$이므로 $t=-2$이다. 따라서 만나는 점은 매개변수의 값이 $t=-2$일 때 생긴다. $x=2+3(-2)=-4$, $y=-4(-2)=8$, $z=5-2=3$이므로 만나는 점은 $(-4, 8, 3)$이다. ■

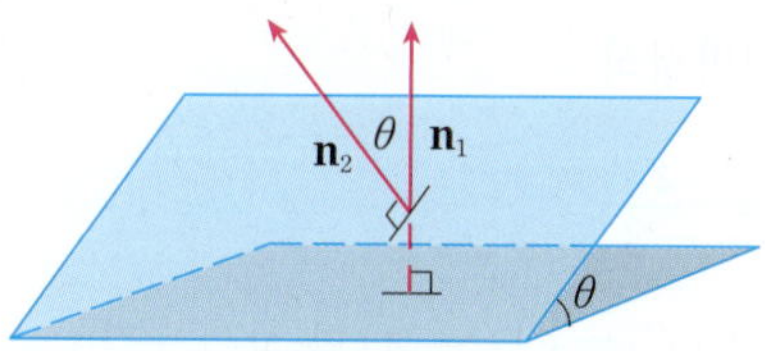

그림 9

두 평면은 두 법선벡터가 평행일 때 **평행**이다. 예를 들면 평면 $x+2y-3z=4$와 $2x+4y-6z=3$은 그 법선벡터가 $\mathbf{n}_1=\langle 1, 2, -3\rangle$과 $\mathbf{n}_2=\langle 2, 4, -6\rangle$으로서 $\mathbf{n}_2=2\mathbf{n}_1$이므로 평행이다. 두 평면이 평행이 아니면, 한 직선에서 만나고, 두 평면 사이의 각은 법선벡터 사이의 예각으로 정의한다(그림 9에 있는 각 θ를 보라).

● 그림 10은 예제 7의 평면들과 이들의 교선을 보여준다.

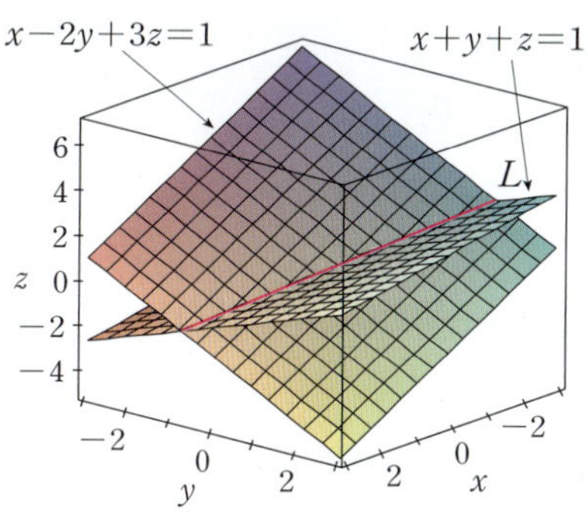

그림 10

예제 7 평면의 사잇각; 평면들의 교선 (a) 평면 $x+y+z=1$과 $x-2y+3z=1$ 사이의 각을 구하여라.

(b) 이들 두 평면의 교선 L에 대한 대칭방정식을 구하여라.

풀이 (a) 이들 평면의 법선벡터는

$$\mathbf{n}_1=\langle 1, 1, 1\rangle \qquad \mathbf{n}_2=\langle 1, -2, 3\rangle$$

이고 평면 사이의 각을 θ라 하면

$$\cos\theta=\frac{\mathbf{n}_1\cdot\mathbf{n}_2}{|\mathbf{n}_1||\mathbf{n}_2|}=\frac{1(1)+1(-2)+1(3)}{\sqrt{1+1+1}\,\sqrt{1+4+9}}=\frac{2}{\sqrt{42}}$$

$$\theta=\cos^{-1}\left(\frac{2}{\sqrt{42}}\right)\approx 72^\circ$$

(b) 먼저 L 위의 점을 구하는 것이 필요하다. 예를 들면 두 평면의 방정식에서 $z=0$이라 둠으로써 직선이 xy-평면과 만나는 점을 구할 수 있다. 이로부터 방정식 $x+y=1$과 $x-2y=1$이 얻어지고, 그 해는 $x=1$, $y=0$이다. 따라서

점 $(1, 0, 0)$은 L 위에 있다. 이제 L이 두 평면 위에 있으므로 L은 두 평면의 법선벡터에 모두 수직임을 주목하자. 따라서 L에 평행인 벡터 $\mathbf{v}$는 벡터곱

● 교선을 구하는 다른 방법은 평면의 방정식을 한 변수의 매개변수로 생각하여 나머지 두 변수를 매개변수의 합으로 나타내어 푸는 것이다.

$$\mathbf{v} = \mathbf{n}_1 \times \mathbf{n}_2 = \begin{vmatrix} \mathbf{i} & \mathbf{j} & \mathbf{k} \\ 1 & 1 & 1 \\ 1 & -2 & 3 \end{vmatrix} = 5\mathbf{i} - 2\mathbf{j} - 3\mathbf{k}$$

로 주어지므로 L의 대칭방정식은

$$\frac{x-1}{5} = \frac{y}{-2} = \frac{z}{-3}$$

와 같이 쓸 수 있다. ■

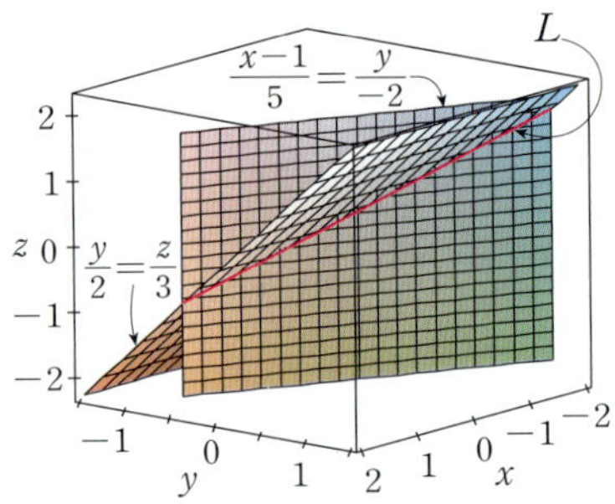

그림 11

● 그림 11은 예제 7의 직선 L을 대칭방정식으로부터 얻어지는 평면들의 교선으로 생각할 수 있음을 보여준다.

참고 x, y, z에 관한 선형방정식은 평면을 나타내고, 평행하지 않은 두 평면은 한 직선에서 만난다는 사실로부터 두 선형방정식은 하나의 직선을 나타낼 수 있다는 것을 알 수 있다.

$$a_1x + b_1y + c_1z + d_1 = 0 \text{과 } a_2x + b_2y + c_2z + d_2 = 0$$

모두를 만족하는 점 (x, y, z)는 이들 두 평면 위에 모두 놓여 있으므로 한쌍의 선형방정식은 평면(평행하지 않은 경우에)의 교선을 나타낸다. 예를 들면 예제 7에서 직선 L은 평면 $x+y+z=1$과 $x-2y+3z=1$의 교선으로 주어졌다.
L에 대하여 구한 대칭방정식을 다시 한 쌍의 선형방정식

$$\frac{x-1}{5} = \frac{y}{-2} \text{와 } \frac{y}{-2} = \frac{z}{-3}$$

으로 쓰일 수 있다. 이것은 L이 평면 $(x-1)/5 = y/(-2)$와 $y/(-2) = z/(-3)$의 교선임을 의미한다(그림 11 참조).
일반적으로 직선의 방정식을 대칭형

$$\frac{x-x_0}{a} = \frac{y-y_0}{b} = \frac{z-z_0}{c}$$

로 나타내면, 그 직선은 두 평면

$$\frac{x-x_0}{a} = \frac{y-y_0}{b} \text{와 } \frac{y-y_0}{b} = \frac{z-z_0}{c}$$

의 교선으로 생각할 수 있다.

예제 8 점 $P_1(x_1, y_1, z_1)$에서 평면 $ax+by+cz+d=0$까지의 거리 D에 관한 공식을 구하여라.

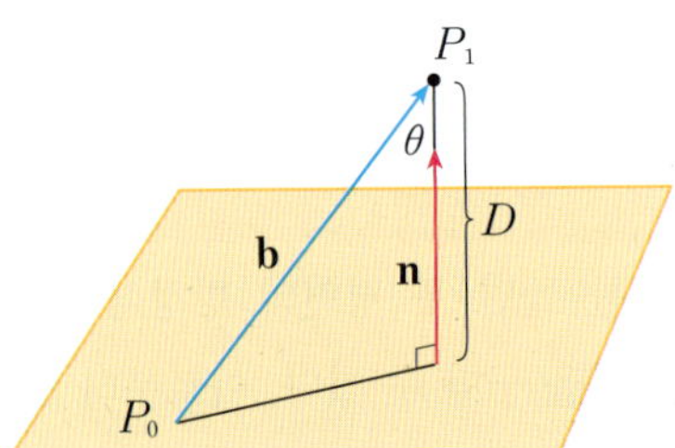

그림 12

풀이 $P_0(x_0, y_0, z_0)$는 주어진 평면 위의 임의의 점이라 하고, $\mathbf{b}$를 $\overrightarrow{P_0P_1}$에 대응하는 벡터라 하면

$$\mathbf{b} = \langle x_1 - x_0, y_1 - y_0, z_1 - z_0 \rangle$$

이다. 그림 12에서 보듯이 점 P_1에서 평면까지의 거리 D는 법선벡터 $\mathbf{n} = \langle a, b,$

$c\rangle$ 위로의 $\mathbf{b}$의 스칼라사영의 절댓값과 같음을 알 수 있다(10.3절 참조). 따라서

$$D = |\mathrm{comp}_{\mathbf{n}}\, \mathbf{b}| = \frac{|\mathbf{n} \cdot \mathbf{b}|}{|\mathbf{n}|}$$

$$= \frac{|a(x_1 - x_0) + b(y_1 - y_0) + c(z_1 - z_0)|}{\sqrt{a^2 + b^2 + c^2}}$$

$$= \frac{|(ax_1 + by_1 + cz_1) - (ax_0 + by_0 + cz_0)|}{\sqrt{a^2 + b^2 + c^2}}$$

가 된다. 점 P_0는 평면 위에 놓여 있으므로 그 좌표들은 평면의 방정식을 만족하고, 따라서 $ax_0 + by_0 + cz_0 + d = 0$을 얻는다. 따라서 D에 관한 공식은

9 $$D = \frac{|ax_1 + by_1 + cz_1 + d|}{\sqrt{a^2 + b^2 + c^2}}$$

와 같이 쓸 수 있다. ■

예제 9 **평면 사이의 거리** 평행한 두 평면 $10x + 2y - 2z = 5$와 $5x + y - z = 1$ 사이의 거리를 구하여라.

풀이 먼저 두 평면은 각각의 법선벡터 $\langle 10, 2, -2\rangle$와 $\langle 5, 1, -1\rangle$이 평행이므로 평행임을 안다. 두 평면 사이의 거리 D를 구하기 위하여 한 평면 위의 임의의 점을 택하여 이 점에서 다른 평면까지의 거리를 구한다. 특별히 첫번째 방정식에서 $y = z = 0$이라 두면 $10x = 5$를 얻고, 따라서 $\left(\frac{1}{2}, 0, 0\right)$은 이 평면 위의 한 점이다. 공식 9에 의하여 점 $\left(\frac{1}{2}, 0, 0\right)$과 평면 $5x + y - z - 1 = 0$ 사이의 거리는

$$D = \frac{\left|5\left(\frac{1}{2}\right) + 1(0) - 1(0) - 1\right|}{\sqrt{5^2 + 1^2 + (-1)^2}} = \frac{\frac{3}{2}}{3\sqrt{3}} = \frac{\sqrt{3}}{6}$$

따라서 평면들 사이의 거리는 $\frac{\sqrt{3}}{6}$이다. ■

예제 10 **직선 사이의 거리** 예제 3에서 직선

$$L_1:\ x = 1 + t \qquad y = -2 + 3t \qquad z = 4 - t$$

$$L_2:\ x = 2s \qquad y = 3 + s \qquad z = -3 + 4s$$

는 서로 꼬인 직선임을 보였다. 이들 사이의 거리를 구하여라.

풀이 두 직선 L_1과 L_2가 서로 꼬인 직선이므로 이들은 나란한 두 평면 P_1과 P_2 위에 놓여 있다고 할 수 있다. L_1과 L_2 사이의 거리는 예제 9에서 계산할 수 있었던 P_1과 P_2 사이의 거리와 같다. 두 평면의 공통법선은 $\mathbf{v}_1 = \langle 1, 3, -1\rangle$ (L_1의 방향)과 $\mathbf{v}_2 = \langle 2, 1, 4\rangle$ (L_2의 방향) 모두와 직교해야만 한다. 따라서 법선벡터는

$$\mathbf{n}=\mathbf{v}_1\times\mathbf{v}_2=\begin{vmatrix}\mathbf{i} & \mathbf{j} & \mathbf{k}\\ 1 & 3 & -1\\ 2 & 1 & 4\end{vmatrix}=13\mathbf{i}-6\mathbf{j}-5\mathbf{k}$$

L_2의 방정식에서 $s=0$으로 놓으면 L_2 위의 점 $(0, 3, -3)$을 얻고 따라서 P_2의 방정식은

$$13(x-0)-6(y-3)-5(z+3)=0 \quad \text{또는} \quad 13x-6y-5z+3=0$$

이다. 이제 L_1의 방정식에서 $t=0$으로 놓으면, P_1 위의 점 $(1, -2, 4)$를 얻는다. 따라서 L_1과 L_2 사이의 거리는 $(1, -2, 4)$에서 $13x-6y+5z+3=0$까지의 거리와 같다. 공식 **9**에 의하여 이 거리는

$$D=\frac{|13(1)-6(-2)-5(4)+3|}{\sqrt{13^2+(-6)^2+(-5)^2}}=\frac{8}{\sqrt{230}}\approx 0.53$$

10.5 연습문제

1. 각 명제가 참 혹은 거짓인지를 결정하여라.
   (a) 한 직선과 평행한 두 직선은 평행하다.
   (b) 한 직선과 수직인 두 직선은 평행하다.
   (c) 한 평면과 평행한 두 평면은 평행하다.
   (d) 한 평면과 수직인 두 평면은 평행하다.
   (e) 한 평면과 평행한 두 직선은 평행하다.
   (f) 한 평면과 수직인 두 직선은 평행하다.
   (g) 한 직선과 평행한 두 평면은 평행하다.
   (h) 한 직선과 수직인 두 평면은 평행하다.
   (i) 두 평면은 교차하거나 평행하다.
   (j) 두 직선은 교차하거나 평행하다.
   (k) 평면과 직선은 교차하거나 평행하다.

(2~5) 직선의 벡터방정식과 매개방정식을 구하여라.

2. 점 $(1, 0, -3)$을 지나고 벡터 $2\mathbf{i}-4\mathbf{j}+5\mathbf{k}$에 평행한 직선
3. 점 $(-2, 4, 10)$을 지나고 벡터 $\langle 3, 1, -8\rangle$에 평행한 직선
4. 점 $(0, 14, -10)$을 지나고 직선 $x=-1+2t$, $y=6-3t$, $z=3+9t$에 평행한 직선
5. 점 $(1, 0, 6)$을 지나고 평면 $x+3y+z=5$와 수직인 직선

(6~10) 직선의 매개방정식과 대칭방정식을 구하여라.

6. 원점과 점 $(1, 2, 3)$을 지나는 직선
7. 점 $(0, \frac{1}{2}, 1)$과 $(2, 1, -3)$을 지나는 직선
8. 점 $(2, 1, 0)$을 지나고 $\mathbf{i}+\mathbf{j}$와 $\mathbf{j}+\mathbf{k}$에 모두 수직인 직선
9. 점 $(1, -1, 1)$을 지나고 직선 $x+z=\frac{1}{2}y=z-3$에 평행한 직선
10. 평면 $x+2y+3z=1$과 $x-y+z=1$이 만나는 직선

11. 점 $(-4, -6, 1)$과 $(-2, 0, -3)$을 지나는 직선은 점 $(10, 18, 4)$와 $(5, 3, 14)$를 지나는 직선과 평행한가?
12. 점 $(4, 1, -1)$과 $(2, 5, 3)$을 지나는 직선은 점 $(-3, 2, 0)$과 $(5, 1, 4)$를 지나는 직선과 직교하는가?
13. (a) 점 $(1, -5, 6)$을 지나고 벡터 $\langle -1, 2, -3\rangle$에 평행인 직선의 대칭방정식을 구하여라.
    (b) (a)에서 구한 직선이 좌표평면과 만나는 점을 구하여라.
14. (a) 평면 $x-y+3z=7$에 수직인 $(2, 4, 6)$을 지나는 매개방정식을 구하여라.
    (b) 어떤 점에서 이 직선은 좌표평면과 만나는가?
15. 점 $(2, -1, 4)$에서 점 $(4, 6, 1)$에 이르는 선분에 대한 벡터방정식을 구하여라.
16. 점 $(10, 3, 1)$에서 점 $(5, 6, -3)$에 이르는 선분에 대한 매개방정식을 구하여라.

(17~20) 직선 L_1과 L_2가 평행인지 꼬여 있는지 또는 만나는지를

판별하여라. 또 만나는 경우에는 그 교점을 구하여라.

17. L_1: $x=-6t,\ y=1+9t,\ z=-3t$

L_2: $x=1+2s,\ y=4-3s,\ z=s$

18. L_1: $x=1+2t,\ y=3t,\ z=2-t$

L_2: $x=-1+s,\ y=4+s,\ z=1+3s$

19. L_1: $\dfrac{x}{1}=\dfrac{y-1}{2}=\dfrac{z-2}{3}$

L_2: $\dfrac{x-3}{-4}=\dfrac{y-3}{-3}=\dfrac{z-1}{2}$

20. L_1: $\dfrac{x-1}{2}=\dfrac{y-3}{2}=\dfrac{z-2}{-1}$

L_2: $\dfrac{x-2}{1}=\dfrac{y-6}{-1}=\dfrac{z+2}{3}$

(21~32) 평면의 방정식을 구하여라.

21. 점 $(6, 3, 2)$를 지나고 벡터 $\langle -2, 1, 5\rangle$에 수직인 평면

22. 점 $(4, 0, -3)$을 지나고 법선벡터 $\mathbf{j}+2\mathbf{k}$를 갖는 평면

23. 평면 $3x-7z=12$에 평행하고 점 $(4, -2, 3)$을 지나는 평면

24. 직선 $x=1+t,\ y=2-t,\ z=4-3t$를 포함하고 평면 $5x+2y+z=1$에 평행한 평면

25. 점 $(0, 1, 1)$, $(1, 0, 1)$, $(1, 1, 0)$을 지나는 평면

26. 원점과 점 $(2, -4, 6)$과 $(5, 1, 3)$을 지나는 평면

27. 점 $(6, 0, -2)$를 지나고 직선 $x=4-2t,\ y=3+5t,\ z=7+4t$를 포함하는 평면

28. 점 $(1, -1, 1)$을 지나고 대칭방정식이 $x=2y=3z$인 직선을 포함하는 평면

29. 점 $(-1, 2, 1)$을 지나고 평면 $x+y-z=2$와 $2x-y+3z=1$의 교선을 포함하는 평면

30. 평면 $2z=5x+4y$에 수직하고 점 $(0, -2, 5)$와 $(-1, 3, 1)$을 지나는 평면

31. 점 $(1, 5, 1)$을 지나고, 평면 $2x+y-2z=2$와 $x+3z=4$에 수직인 평면

32. 평면 $x-z=1$과 $y+2z=3$의 교선을 지나고 평면 $x+y-2z=1$에 수직인 평면

(33~36) 절편을 이용하여 평면을 그려라.

33. $2x+5y+z=10$

34. $3x+y+2z=6$

35. $6x-3y+4z=6$

36. $6x+5y-3z=15$

37. 직선 $x=3-t,\ y=2+t,\ z=5t$와 평면 $x-y+2z=9$와 만나는 점을 구하여라.

38. 점 $(1, 0, 1)$과 $(4, -2, 2)$를 지나는 직선과 평면 $x+y+z=6$과 만나는 점을 구하여라.

(39~42) 주어진 평면들이 평행인지 수직인지 또는 어느 것도 아닌지를 결정하여라. 어느 것도 아닌 경우에 그들 사이의 각을 구하여라.

39. $x+4y-3z=1,\ -3x+6y+7z=0$

40. $x+2y+2z=1,\ 2x-y+2z=1$

41. $x+y+z=1,\ x-y+z=1$

42. $2z=4y-x,\ 3x-12y+6z=1$

(43~44) (a) 평면들의 교선의 매개변수방정식을 구하여라.

(b) 두 평면 사잇각을 구하여라.

43. $x+y+z=1,\ x+2y+2z=1$

44. $3x-2y+z=1,\ 2x+y-3z=3$

45. 평면 $5x-2y-2z=1$과 $4x+y+z=6$의 교선의 대칭방정식을 구하여라.

46. 점 $(2, 5, 5)$과 $(-6, 3, 1)$로부터 같은 거리에 있는 모든 점들로 이루어진 평면의 방정식을 구하여라.

47. x절편이 a, y절편이 b이고 z절편이 c인 평면의 방정식을 구하여라.

48. (a) 주어진 직선이 만나는 점을 구하여라.

$$\mathbf{r}=\langle 1, 1, 0\rangle+t\langle 1, -1, 2\rangle,$$
$$\mathbf{r}=\langle 2, 0, 2\rangle+s\langle -1, 1, 0\rangle$$

(b) 이들 직선을 포함하는 평면의 방정식을 구하여라.

49. 점 $(0, 1, 2)$를 지나고 평면 $x+y+z=2$와 평행이며 직선 $x=1+t,\ y=1-t,\ z=2t$에 수직인 직선의 매개방정식을 구하여라.

50. 점 $(0, 1, 2)$를 지나고 직선 $x=1+t,\ y=1-t,\ z=2t$에 수직이며 이 직선과 만나는 직선의 매개방정식을 구하여라.

51. 다음의 네 평면에서 평행인 것은 어느 것들인가? 어느 것들이 일치하는가?

P_1: $3x+6y-3z=6$ P_2: $4x-12y+8z=5$

P_3: $9y=1+3x+6z$ P_4: $z=x+2y-2$

52. 다음의 네 직선에서 평행인 것은 어느 것들인가? 어느 것들이

일치하는가?

L_1: $x=1+6t,\ y=1-3t,\ z=12t+5$

L_2: $x=1+2t,\ y=t,\ z=1+4t$

L_3: $2x-2=4-4y=z+1$

L_4: $\mathbf{r}=\langle 3,1,5\rangle+t\langle 4,2,8\rangle$

(53~54) 10.4절의 연습문제 33의 공식을 이용하여 점으로부터 주어진 직선까지의 거리를 구하여라.

53. $(4, 1, -2)$; $x=1+t,\ y=3-2t,\ z=4-3t$

54. $(0, 1, 3)$; $x=2t,\ y=6-2t,\ z=3+t$

(55~56) 점으로부터 주어진 평면까지의 거리를 구하여라.

55. $(1, -2, 4)$, $3x+2y+6z=5$

56. $(-6, 3, 5)$, $x-2y-4z=8$

(57~58) 주어진 평행인 평면 사이의 거리를 구하여라.

57. $2x-3y+z=4$, $4x-6y+2z=3$

58. $6z=4y-2x$, $9z=1-3x+6y$

59. 평행한 평면 $ax+by+cz+d_1=0$과 $ax+by+cz+d_2=0$ 사이의 거리가

$$D=\frac{|d_1-d_2|}{\sqrt{a^2+b^2+c^2}}$$

임을 보여라.

60. 평면 $x+2y-2z=1$에 평행하고 거리가 2만큼 떨어진 평면의 방정식을 구하여라.

61. 대칭방정식이 $x=y=z$와 $x+1=y/2=z/3$인 직선이 꼬인 직선임을 보이고, 이들 직선 사이의 거리를 구하여라.

62. 매개방정식이 $x=1+t,\ y=1+6t,\ z=2t$와 $x=1+2s,\ y=5+15s,\ z=-2+6s$인 꼬인 직선들 사이이 거리를 구하여라.

63. a, b와 c가 모두는 0이 아닐 때 방정식 $ax+by+cz+d=0$이 평면을 나타내고 $\langle a, b, c\rangle$는 이 평면에 법선벡터임을 보여라.

(도움말 : $a\neq 0$라고 하면 방정식은

$$a\left(x+\frac{d}{a}\right)+b(y-0)+c(z-0)=0$$

으로 고쳐 쓴다.)

64. 각 평면족에 기하학적인 설명을 주어라.

(a) $x+y+z=c$ (b) $x+y+cz=1$

(c) $y\cos\theta+z\sin\theta=1$

10.6 함수와 곡면

이 절에서 이변수 함수와 3차원 공간에서 곡면인 그래프를 먼저 살펴본다. 그러한 함수들에 관해서는 제12장에서 보다 폭넓게 다룰 것이다.

▷ 이변수 함수

임의로 주어진 시각에 지표면 위의 한 점에서의 온도 T는 2점 경도 x와 위도 y에 의존한다. T는 두 변수 x와 y의 함수 또는 (x, y)의 함수로 생각할 수 있다. 이러한 함수관계를 $T=f(x, y)$로 나타낸다.

원기둥의 부피 V는 반지름 r과 높이 h에 의존한다. 실제로 $V=\pi r^2h$임을 안다. V를 r과 h의 함수라고 하고, $V(r, h)=\pi r^2h$라고 쓴다.

> **정의** **이변수 함수** f는 집합 D 안의 실수로 된 순서쌍 (x, y) 각각에 대해서 $f(x, y)$라 나타내는 유일한 실수값을 지정해 주는 법칙이다. 집합 D는 f의 **정의역**이고, 그 **치역**은 f가 취하는 값의 집합이다. 즉, $\{f(x, y) \mid (x, y) \in D\}$이다.

일반적인 점 (x, y)에서 f에 의하여 취해지는 값을 분명하게 표시하기 위하여 $z = f(x, y)$로 흔히 쓴다. 변수 x와 y는 **독립변수**이고, z는 **종속변수**이다(일변수 함수 $y = f(x)$에 대한 기호와 비교하여 보라). 정의역은 xy-평면인 $\mathbb{R}^2$의 부분집합이다. 우리는 모든 가능한 입력들로된 집합으로서 정의역 그리고 모든 가능한 출력들로 된 집합으로서 치역을 생각할 수 있다. 함수 f가 특별한 정의역의 언급없이 식으로 주어지면, f의 정의역은 주어진 식이 정의되는 모든 순서쌍 (x, y)들의 집합으로 이해해야 한다.

예제 1 **정의역과 치역** $f(x, y) = 4x^2 + y^2$일 때, $f(x, y)$는 모든 가능한 실수의 순서쌍 (x, y)에 대하여 정의되므로 정의역은 xy-평면 전체인 $\mathbb{R}^2$이다. f의 치역은 음 아닌 실수들로 된 집합 $[0, \infty)$이다. ($x^2 \ge 0$이고 $y^2 \ge 0$이므로 모든 x와 y에 대하여 $f(x, y) \ge 0$ 임을 주목하라.) ■

예제 2 주어진 함수에 대하여, $f(3, 2)$를 계산하고, 정의역을 구하여라.

(a) $f(x, y) = \dfrac{\sqrt{x+y+1}}{x-1}$ (b) $f(x, y) = x \ln(y^2 - x)$

풀이 (a) $f(3, 2) = \dfrac{\sqrt{3+2+1}}{3-1} = \dfrac{\sqrt{6}}{2}$

식이 정의되기 위해서는 분모는 0이 아니어야 하고, 제곱근호는 안은 0보다 작으면 안 된다. 그러므로 f의 정의역은

$$D = \{(x, y) \mid x+y+1 \ge 0,\ x \ne 1\}$$

부등식 $x+y+1 \ge 0$ 또는 $y \ge -x-1$은 점들이 직선 $y = -x-1$ 위와 그 윗부분에 있다는 것이고, 반면 $x \ne 1$는 정의역에서 직선 $x = 1$ 위의 점들을 빼야 한다는 것이다(그림 1 참조).

(b)
$$f(3, 2) = 3 \ln(2^2 - 3) = 3 \ln 1 = 0$$

$\ln(y^2 - x)$는 $y^2 - x > 0$일 때, 즉 $x < y^2$ 일 때 정의된다.

그러므로 f의 정의역은 $D = \{(x, y) \mid x < y^2\}$이다. 이것은 포물선 $x = y^2$ 의 왼쪽 점들의 집합이다(그림 2 참조). ■

모든 함수가 분명한 공식에 의하여 표현될 수 있는 것은 아니다. 다음 예에서 주어진 함수는 말과 그 값의 수치적 추정에 의하여 묘사되는 함수이다.

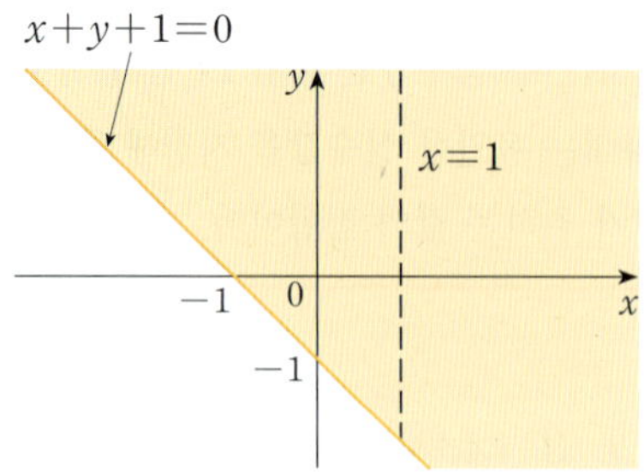

그림 1
$f(x,\ y)=\dfrac{\sqrt{x+y+1}}{x-1}$ 의 정의역

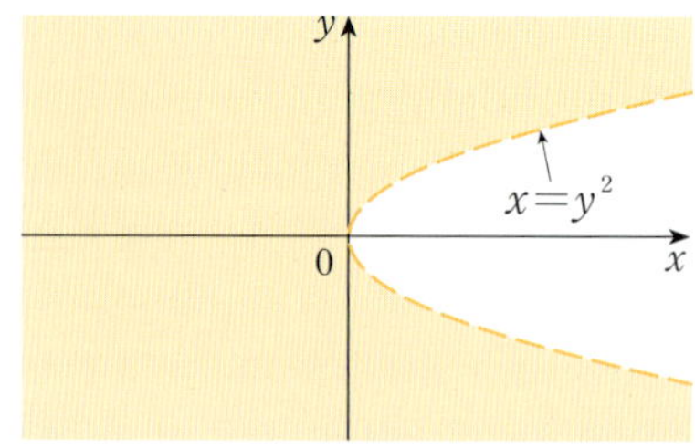

그림 2
$f(x,\ y)=x\ln(y^2-x)$ 의 정의역

예제 3 **풍속과 시간의 함수로서 파도** 공해(open sea)에서 파도 h(m)는 주로 바람의 속도 v(km/h)와 바람이 그 속도로 불 때 시간 t(시)의 길이에 의해 좌우된다. 따라서 h는 v와 t의 함수이고 $h=f(v,\ t)$라고 쓸 수 있다. 기상학자와 해양학자에 의해 관측된 측정치는 표 1과 같이 기록되었다.

표 1
다양한 시간의 길이에 관한 여러 가지 바람속도에 의해 생긴 파도높이(m)

기간(시간)

바람속도 (km/h) \ v \ t	5	10	15	20	30	40	50
20	0.6	0.6	0.6	0.6	0.6	0.6	0.6
30	1.2	1.3	1.5	1.5	1.5	1.6	1.6
40	1.5	2.2	2.4	2.5	2.7	2.8	2.8
60	2.8	4.0	4.9	5.2	5.5	5.8	5.9
80	4.3	6.4	7.7	8.6	9.5	10.1	10.2
100	5.8	8.9	11.0	12.2	13.8	14.7	15.3
120	7.4	11.3	14.4	16.6	19.0	20.5	21.1

예를 들면 표는 바람이 30시간 동안 100km/h로 불 때 파도높이가 13.8m로 측정되었음을 나타내고 있고, 따라서

$$f(100,\ 30)\approx 13.8$$

이 함수 h의 정의역은 $v\geq 0$과 $t\geq 0$으로 주어진다. v와 t의 항으로 h에 대한 정확한 식은 없지만, 미적분의 연산이 이러한 실험적으로 정의된 함수에 대해서 여전히 적용될 수 있음을 알게 될 것이다. ■

▷ 그래프

이변수함수의 움직임을 시각적으로 나타내는 또 하나의 방법은 그것의 그래프를 생각해 보는 것이다.

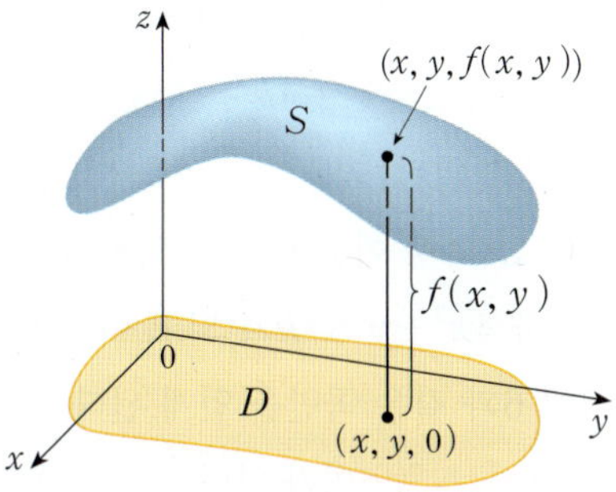

그림 3

정의 f가 정의역 D인 이변수함수이면, f의 **그래프**는 집합

$$S=\{(x, y, z)\in\mathbb{R}^3 \mid z=f(x, y),\ (x, y)\in D\}\text{이다.}$$

일변수함수 f의 그래프가 방정식 $y=f(x)$인 곡선 C인 것과 마찬가지로 이변수함수의 그래프는 방정식 $z=f(x, y)$인 곡면 S이다.

f의 그래프 S가 xy-평면에 있는 정의역의 바로 위 혹은 아래에 놓이게 그릴 수 있다(그림 3 참조).

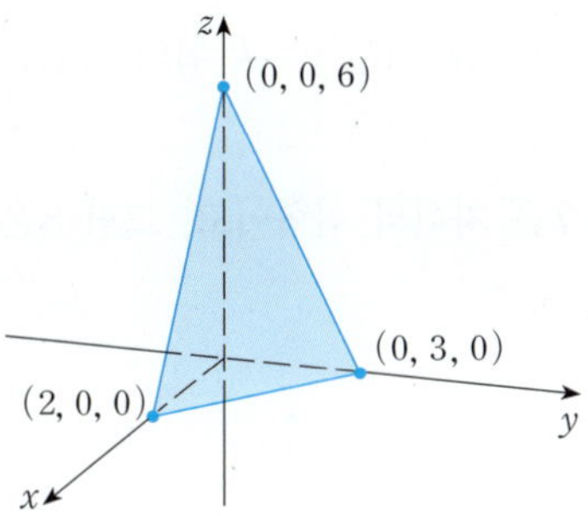

그림 4

예제 4 **선형함수의 그래프** 함수 $f(x, y)=6-3x-2y$의 그래프를 그려라.

풀이 이 평면을 그리기 위해서는 먼저 교점을 찾는다. 방정식에서 $y=z=0$으로 놓으면 x절편으로서 $x=2$를 얻는다. 같은 방법으로 y절편이 3이고 z절편이 6이다. 이것을 바탕으로 그리면 이 그래프의 일부분은 제1팔분공간에 있는 그림 4와 같다. ■

예제 4에서 함수는 **선형함수**라고 불리는

$$f(x, y)=ax+by+c$$

인 함수의 특별한 경우이다. 그러한 함수의 그래프는 $z=ax+by+c$ 혹은 $ax+by-z+c=0$이므로, 따라서 평면이다. 일변수함수에 있어서 선형함수가 중요하듯, 이변수함수에 있어서도 선형함수는 중요한 역할을 한다.

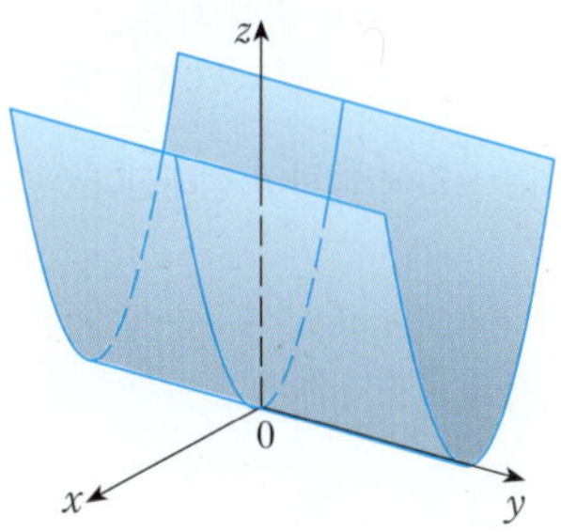

그림 5

$f(x, y)=x^2$의 그래프는 포물주면 $z=x^2$이다.

예제 5 함수 $f(x, y)=x^2$의 그래프를 그려라.

풀이 y에 상관없이 $f(x, y)$의 값은 x^2임을 주목하자. 그래프의 방정식은 $z=x^2$으로 y를 포함하고 있지 않다. 이것은 방정식 $y=k$인 수직인 평면(xz-평면에 평행)이 방정식 $z=x^2$인 곡선으로 된 그래프와 교차함을 의미한다. 그림 5는 포물선 $z=x^2$을 xz-평면에서 택하여 y축 방향으로 이동하므로서 $z=x^2$의 그래프가 어떻게 그려지는가를 보여준다. 따라서 그래프는 같은 포물선을 무수히 많이 복사하여 만들어진 **포물주면**(parabolic cylinder)이라 불리는 곡면이다. ■

이변수 함수의 그래프를 그릴 때, 흔히 그래프의 절단면(단면)의 모양을 결정함으로써 시작한다. 예를 들면, $x=k$(상수)라 놓고 x를 고정시켜 y가 변할 때 결과는 일변수함수 $z=f(k, y)$가 되고, 이 함수의 그래프는 수직평면 $x=k$와 곡면 $z=f(x, y)$가 만날 때 생기는 곡선이다. 같은 방법으로 수직평면 $y=k$인 곡면을 잘라서 곡선 $z=f(x, k)$를 볼 수 있다. 또한 수평평면 $z=k$를 자를 수도 있다. 곡선의 세 형태 모두를 곡면 $z=f(x, y)$의 절단면이라 부른다.

예제 6 함수 $f(x, y)=4x^2+y^2$의 그래프를 그리는데 자취를 이용하여라.

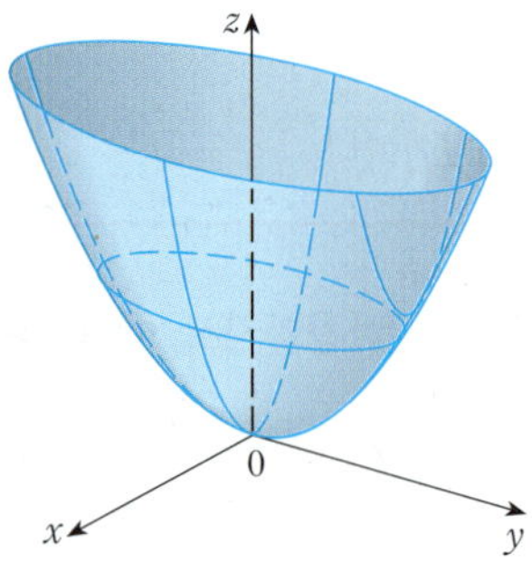

그림 6
$f(x, y)=4x^2+y^2$의 그래프는 타원포물면 $z=4x^2+y^2$이다. 수평자취는 타원이고 수직자취는 포물선이다.

풀이 그래프의 방정식은 $z=4x^2+y^2$ 이다. $x=0$이라 하면 $z=y^2$ 이다. 따라서 yz-평면과 곡면의 교차곡선은 포물선이다. $x=k$(상수)라 하면 $z=y^2+4k^2$을 얻었다. 이것은 yz-평면과 평행한 평면으로 곡면을 자르면 위로 열린 포물선이 됨을 의미한다. 마찬가지로 $y=k$라 하면 자취의 방정식은 $z=4x^2+k^2$이고 이것도 역시 위로 열린 포물선이다. $z=k$라 하면 수평자취의 방정식을 $4x^2+y^2=k$가 되고 이는 타원의 집합이 된다. 자취의 모양을 알기 때문에 그림 6과 같은 곡면을 얻게 된다. 타원 자취와 포물선 자취 때문에 곡면 $z=4x^2+y^2$을 **타원포물면**이라 한다. ■

예제 7 $f(x, y)=y^2-x^2$ 의 그래프를 그려라.

풀이 수직평면 $x=k$ 위의 자취는 위로 열린 포물선 $z=y^2-k^2$ 이고 $y=k$ 위의 자취는 아래로 열린 포물선 $z=-x^2+k^2$ 이다.

수평자취는 쌍곡선 집합 $y^2-x^2=k$이다. 그림 7은 자취의 집합이고, 그림 8은 각 평면 위의 자취를 보여준다.

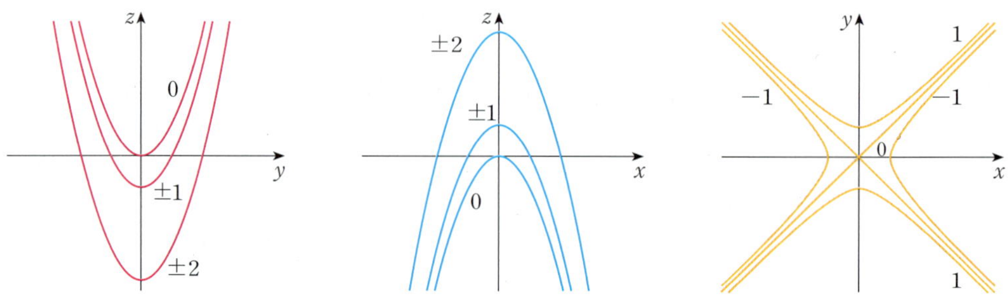

$x=k$ 위의 자취는 $z=y^2-k^2$이다.

$y=k$ 위의 자취는 $z=-x^2+k^2$이다.

$z=k$ 위의 자취는 $y^2-x^2=k$이다.

그림 7 수직자취는 포물선, 수평자취는 쌍곡선이다. 모든 자취는 k값에 대하여 정해진다.

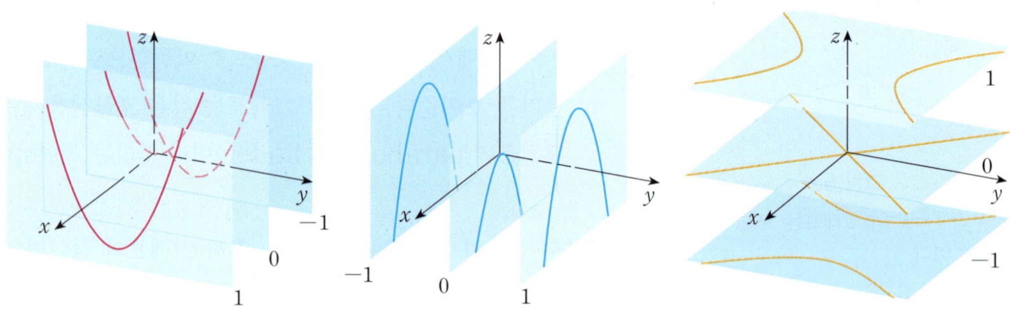

$x=k$ 위의 자취

$y=k$ 위의 자취

$z=k$ 위의 자취

그림 8 각 평면 위의 자취

그림 8의 자취를 모두 이용하면 곡면 $z=y^2-x^2$를 그림 9와 같이 그릴 수 있다. 이때 이 곡면을 **쌍곡포물면**이라 한다. 원점 근처의 곡면이 말안장 같이 생긴 것을 주목하자. 이 곡면은 12.7절에서 안장점을 공부할 때 더욱 자세히 공부할 것이다.

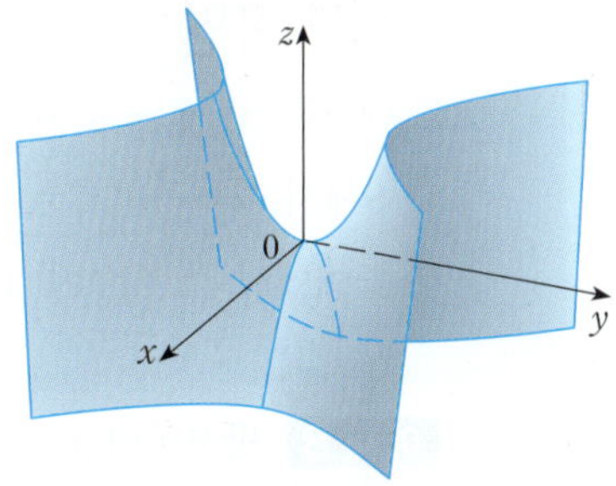

그림 9 $f(x, y)=y^2-x^2$의 그래프는 쌍곡포물면 $z=y^2-x^2$이다.

컴퓨터를 이용한 그래픽 소프트웨어는 3차원 곡면의 자취를 이용하여 그래프를 그린다. 대부분의 소프트웨어는 같은 크기의 상수 k를 변화시켜 생기는 수직평면 $x=k$와 $y=k$ 위의 자취를 이용하여 곡면을 그리며, 그래프로 가려져 보이지 않는 부분은 그리지 않는다. 그림 10은 컴퓨터로 그린 몇 개 함수의 그래프이다. 주의할 점은 그래프를 회전하다가 가장 좋은 그래프의 방향을 얻을 때 멈추는 것이다. (a)와 (b)에서 f의 그래프는 아주 평평하고 원점 근방을 제외하면 xy-평면에 근접해 있다. 이것은 $e^{-x^2-y^2}$이 x 혹은 y가 커질 때, 아주 작아지기 때문이다.

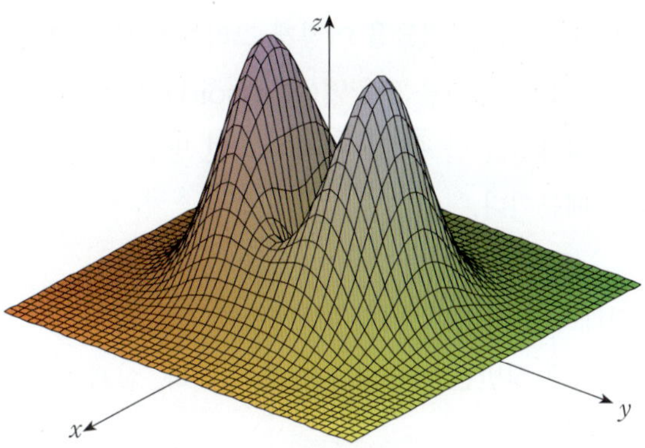

(a) $f(x, y)=(x^2+3y^2)e^{-x^2-y^2}$

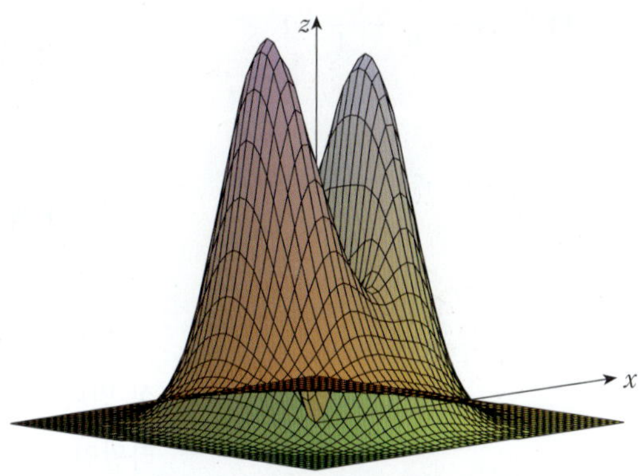

(b) $f(x, y)=(x^2+3y^2)e^{-x^2-y^2}$

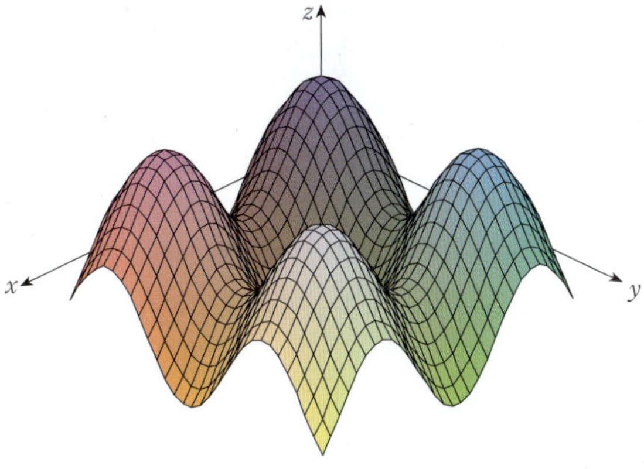

(c) $f(x, y)=\sin x+\sin y$

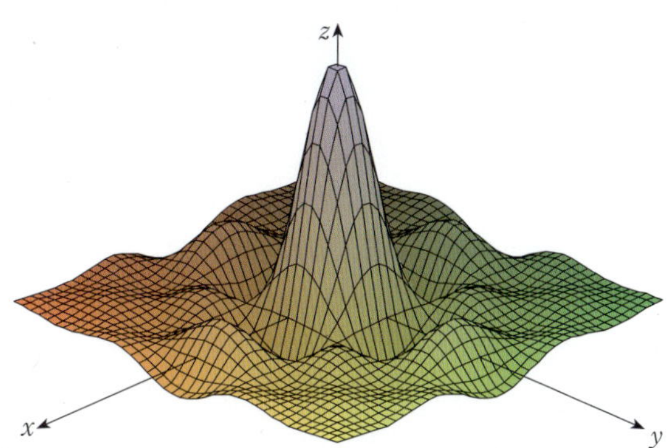

(d) $f(x, y)=\dfrac{\sin x \sin y}{xy}$

그림 10

⊳ 이차곡면

세 변수 x, y, z로 된 2차 방정식의 그래프를 **이차곡면**이라 부른다. 우리는 이미 그림 6과 9에서 이차곡면 $z=4x^2+y$ (타원포물면)과 $^2z=y^2-x^2$(쌍곡포물면)을 그려 보았다. 다음 예에서 **타원면**(ellipsoid)이라 불리는 이차곡면을 살펴본다.

예제 8 방정식이 $x^2+\dfrac{y^2}{9}+\dfrac{z^2}{4}=1$인 이차곡면을 그려라.

풀이 $z=0$이라 하면 xy-평면에서의 자취가 $x^2+\dfrac{y^2}{9}=1$이 되고, 이는 타원의 방정식이다. 일반적으로 평면 $z=k$에서 수평자취는

$$x^2+\frac{y^2}{9}=1-\frac{k^2}{4}, \quad z=k$$

이고 이는 $k^2<4$, 즉 $-2<k<2$ 일 때 타원이 된다.

마찬가지로 수직자취도 타원이 된다.

$$\frac{y^2}{9}+\frac{z^2}{4}=1-k^2, \quad x=k, \quad (-1<k<1)$$

$$x^2+\frac{z^2}{4}=1-\frac{k^2}{9}, \quad y=k, \quad (-3<k<3)$$

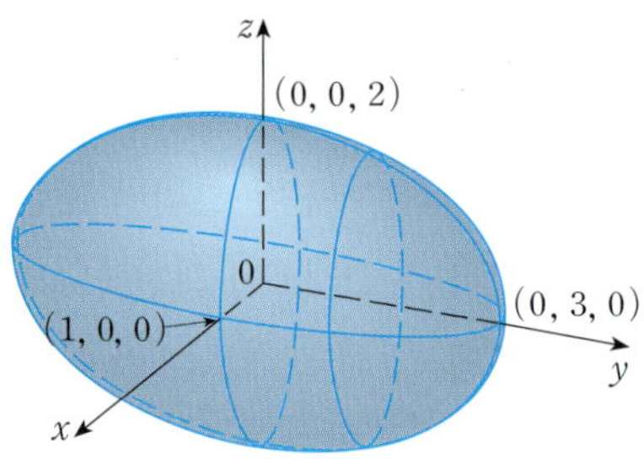

그림 11

타원면 $x^2+\dfrac{y^2}{9}+\dfrac{z^2}{4}=1$

그림 11은 곡면의 모양을 표시하는 자취들을 어떻게 그리는가 보여준다.

모든 자취가 타원이기 때문에 이 곡면을 **타원면**(ellipsoid)이라 부르고 이 곡면은 각각의 좌표측에 관하여 대칭임을 알 수 있다. 왜냐하면 방정식이 x, y, z에 관한 짝수 역만 포함하고 있기 때문이다. ■

예제 8에서 타원면은 함수의 그래프가 아니다. 왜냐하면 z축과 같은 수직선이 한 번 이상 만나기 때문이다. 그러나 위와 아래 절반은 함수의 그래프가 된다. 실제로 z에 관한여 타원면의 방정식을 풀면

$$z^2=4\left(1-x^2-\frac{y^2}{9}\right),$$

$$z=\pm 2\sqrt{1-x^2-\frac{y^2}{9}}$$

을 얻는다. 따라서 함수의 그래프는

$$f(x,\ y)=2\sqrt{1-x^2-\frac{y^2}{9}} \quad \text{과} \quad g(x,\ y)=-2\sqrt{1-x^2-\frac{y^2}{9}}$$

인 타원면의 위와 아래 절반이다(그림 12 참조). f와 g의 정의역은 둘 다

$$1-x^2-\frac{y^2}{9}\geq 0 \iff x^2+\frac{y^2}{9}\leq 1$$

을 만족하는 모든 (x, y)들로 된 집합으로 따라서 정의역은 타원 $x^2+y^2/9=1$의 경계를 포함한 내부에 있는 모든 점들의 집합이다.

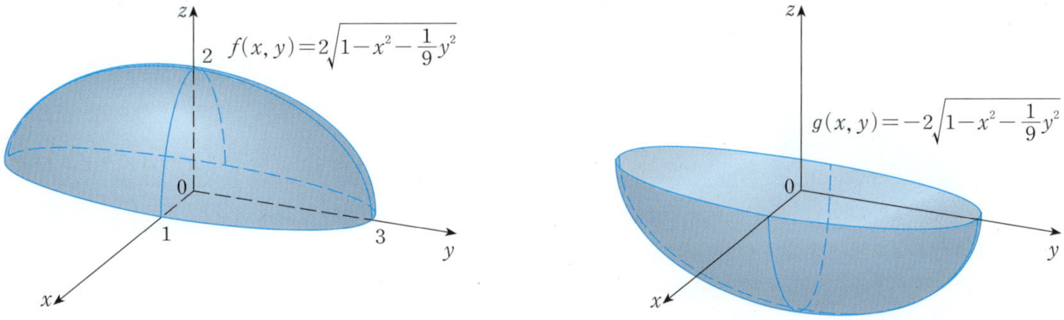

그림 12

표 2는 6가지 곡면의 표준기본형을 컴퓨터를 이용하여 그린 그림이다. 모든 곡면은 축에 대하여 대칭이다. 만일 이차곡면이 z축이 아닌 다른 축에 대하여 대칭이면 방정식은 그것에 맞게 바뀌게 된다.

표 2 이차곡면의 그래프

곡면	방정식	곡면	방정식
타원면 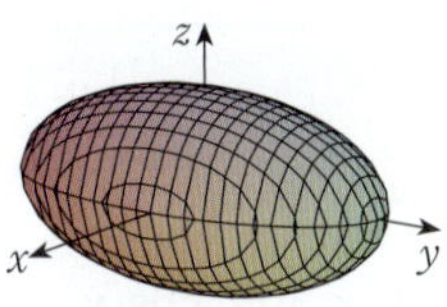	$\frac{x^2}{a^2}+\frac{y^2}{b^2}+\frac{z^2}{c^2}=1$ 모든 자취는 타원이다. $a=b=c$이면 타원면은 구면이다.	원뿔면 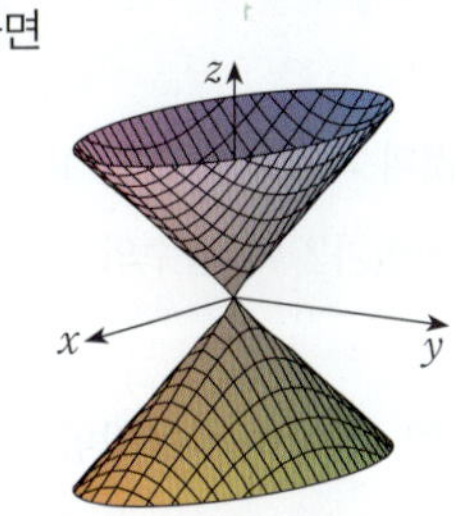	$\frac{z^2}{c^2}=\frac{x^2}{a^2}+\frac{y^2}{b^2}$ 수평자취는 타원이다. $k\neq0$일 때 평면 $x=k$와 $y=k$ 위의 수직자취는 쌍곡선이고, $k=0$이면 수직자취는 2개의 직선쌍이다.
타원포물면 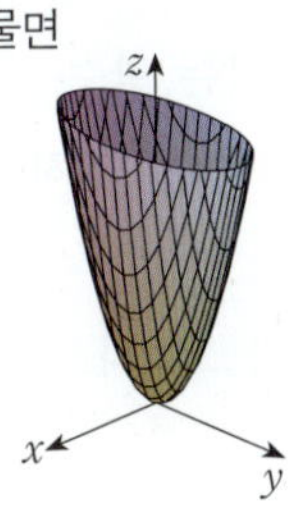	$\frac{z}{c}=\frac{x^2}{a^2}+\frac{y^2}{b^2}$ 수평자취는 타원이고, 수직자취는 포물선이다. 일차 멱으로 된 변수는 타원포물면의 축을 암시한다.	일엽쌍곡면 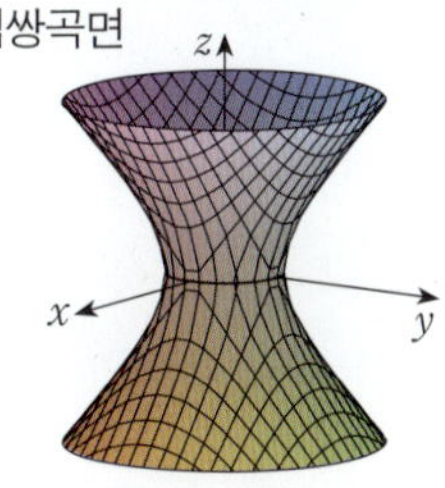	$\frac{x^2}{a^2}+\frac{y^2}{b^2}-\frac{z^2}{c^2}=1$ 수평자취는 타원이고, 수직자취는 쌍곡선이다. 대칭축은 계수가 음인 변수와 대응한다.
쌍곡포물면 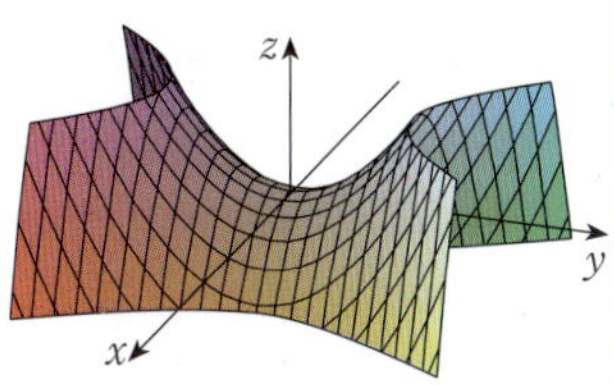	$\frac{z}{c}=\frac{x^2}{a^2}-\frac{y^2}{b^2}$ 수평자취는 쌍곡선이고 수직자취는 포물선이다. 그림은 $c<0$인 경우의 그래프이다.	이엽쌍곡면 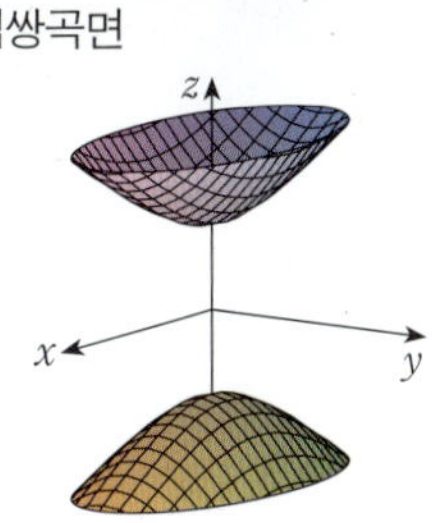	$-\frac{x^2}{a^2}-\frac{y^2}{b^2}+\frac{z^2}{c^2}=1$ $k>c$ 또는 $k<-c$이면 평면 $z=k$ 위의 수평 자취는 타원이고, 수직자취는 쌍곡선이다. 두 개의 음의 부호가 이엽을 나타낸다.

예제 9 이차곡면 $x^2+2z^2-6x-y+10=0$을 분류하여라.

풀이 완전제곱식을 만들어 주어진 방정식을

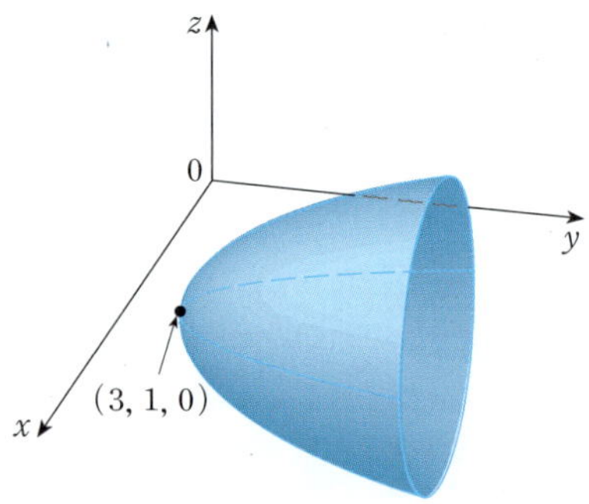

그림 13
$x^2+2z^2-6x-y+10=0$

$$y-1=(x-3)^2+2z^2$$

과 같이 다시 쓴다. 이 방정식을 표 2와 비교하면, 이것은 타원포물면을 나타냄을 알수 있다. 그러나 포물면의 축은 y축과 평행이고, 그 꼭짓점은 점 $(3, 1, 0)$이다. 평면 $y=k(k>1)$위의 자취는 타원 $(x-3)^2+2z^2=k-1$, $y=k$이고, xy-평면 위의 자취는 방정식이 $y=1+(x-3)^2$, $z=0$인 포물선이다. 이 포물선이 그림 13에 그려져 있다. ■

10.6 연습문제

1. 예제 3에서 시간 t에 대한 바람속도 v에 의해서 생생된 파도 높이 h인 함수 $h=f(v, t)$를 생각하였다. 표 1을 이용하여 다음 질문에 답하여라.
   (a) $f(80, 15)$의 값은 무엇인가? 그것의 의미는 무엇인가?
   (b) 함수 $h=f(60, t)$의 의미는 무엇인가? 이 함수의 움직임을 설명하여라.
   (c) $h=f(v, 30)$의 의미는 무엇인가? 이 함수의 움직임을 설명하여라.
2. $f(x, y)=y^4e^{x/y}$라 하자.
   (a) $f(0, 2)$의 값을 구하여라.
   (b) f의 정의역을 구하여라.
   (c) f의 치역을 구하여라.
3. $g(x, y)=\cos(x+2y)$라 하자.
   (a) $g(2, -1)$의 값을 구하여라.
   (b) g의 정의역을 구하여라.
   (c) g의 치역을 구하여라.
4. $f(x, y)=\ln(x+y-1)$이라 하자.
   (a) $f(1, 1)$의 값을 구하여라.
   (b) $f(e, 1)$의 값을 구하여라.
   (c) f의 정의역을 구하고 그려라.
   (d) f의 치역을 구하여라.

(5~8) 함수의 정의역을 구하고 그려라.

5. $f(x, y)=\dfrac{\sqrt{y-x^2}}{1-x^2}$
6. $f(x, y)=\sqrt{xy}$
7. $f(x, y)=\sqrt{1-x^2}-\sqrt{1-y^2}$
8. $f(x, y)=\sqrt{x^2+y^2-1}+\ln(4-x^2-y^2)$

(9~13) 함수의 그래프를 그려라.

9. $f(x, y)=3$
10. $f(x, y)=y$
11. $f(x, y)=6-3x-2y$
12. $f(x, y)=\cos x$
13. $f(x, y)=y^2+1$

14. (a) 평면 $x=k$, $y=k$, $z=k$에 있는 함수 $f(x, y)=x^2+y^2$의 자취를 구하여라. 이 자취를 이용하여 그래프를 그려라.
   (b) $g(x, y)=-x^2-y^2$의 그래프를 그려라. f의 그래프와 어떤 관계가 있는가?
   (c) $h(x, y)=3-x^2-y^2$의 그래프를 그려라. g의 그래프와 어떤 관계가 있는가 ?
15. 아래 함수를 I~VI 중에서 대응하는 그래프와 짝짓고, 그 이유를 설명하여라.
   (a) $f(x, y)=|x|+|y|$
   (b) $f(x, y)=|xy|$
   (c) $f(x, y)=\dfrac{1}{1+x^2+y^2}$
   (d) $f(x, y)=(x^2-y^2)^2$
   (e) $f(x, y)=(x-y)^2$
   (f) $f(x, y)=\sin(|x|+|y|)$

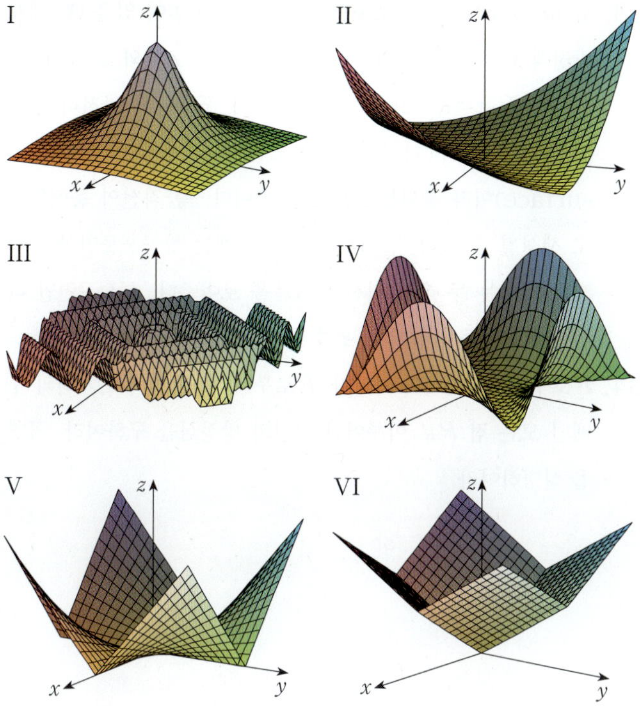

(16~18) 자취를 이용하여 함수의 그래프를 그려라.

16. $f(x, y)=\sqrt{16-x^2-16y^2}$

17. $f(x, y)=\sqrt{4x^2+y^2}$ 18. $f(x, y)=x^2-y^2$

(19~20) 자취를 이용하여 곡면을 그려라.

19. $y=z^2-x^2$ 20. $x=y^2+4z^2$

(21~22) 표 2에 있는 표준형과 비교하여 곡면을 분류하고 그래프의 개형을 그려라.

21. $4x^2+y^2+4z^2-4y-24z+36=0$

22. $4y^2+z^2-x-16y-4z+20=0$

23. (a) 방정식 $x^2+y^2=1$이 $\mathbb{R}^2$에서 나타내는 곡선은 무엇인가?
(b) $\mathbb{R}^3$에서 나타내는 곡면은 무엇인가?
(c) 방정식 $x^2+z^2=1$은 무엇을 나타내는가?

24. (a) 곡면 $z^2=x^2+y^2$의 자취를 설명하여라.
(b) 곡면 $z^2=x^2+y^2$의 그림을 그려라.
(c) 함수 $f(x, y)=\sqrt{x^2+y^2}$과 $g(x, y)=-\sqrt{x^2+y^2}$의 그래프를 그려라.

25. (a) 이차곡면 $x^2+y^2-z^2=1$의 자취를 구하고 설명하며 그래프가 표 2에서 일엽쌍곡면의 그래프와 유사한 이유를 설명하여라.
(b) (a)에서 방정식을 $x^2-y^2+z^2=1$로 바꿀 때, 그래프는 어떤 영향을 받는가?
(c) (a)에서 방정식을 $x^2+y^2+2y-z^2=0$으로 바꾸면 어떻게 되는가?

26. (a) 이차곡면 $-x^2-y^2+z^2=1$의 자취를 구하고 설명하며 그래프가 표 2에서 이엽쌍곡면의 그래프와 유사한 이유를 설명하여라.
(b) (a)에서 방정식을 $x^2-y^2-z^2=1$로 바꾸면, 그래프는 어떤 변화가 생기는가? 대응하는 새 그래프를 그려라.

27. 그림은 함수 $z=f(x, y)$에 대한 수직자취를 나타내고 있다. 그래프 I~IV 중에서 이들 자취를 갖는 것은 어느 것인가? 설명하여라.

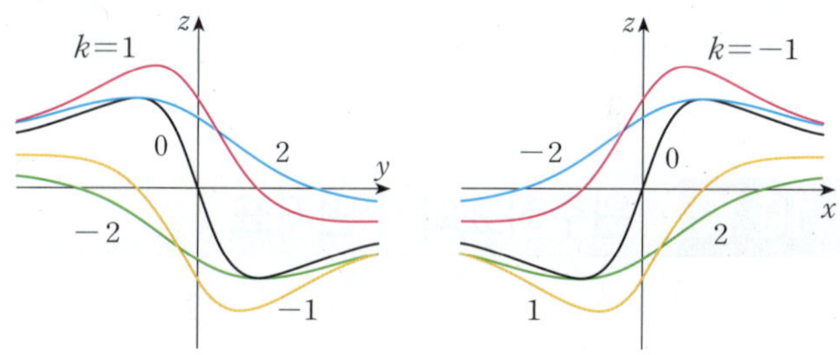

$x=k$에서의 자취 $y=k$에서의 자취

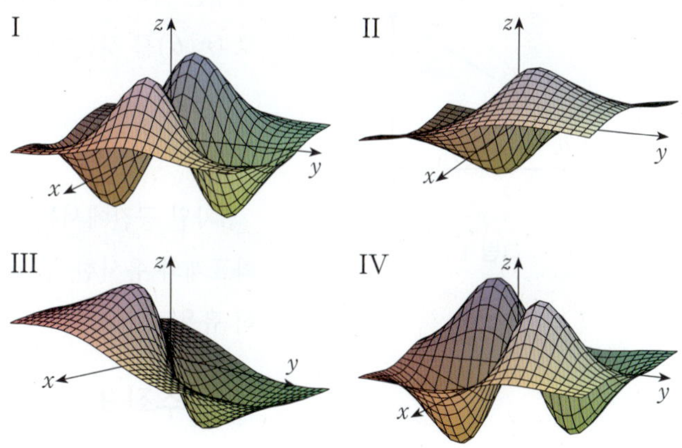

(28~29) 다양한 정의역과 관찰지점을 통해 컴퓨터를 이용하여 함수의 그래프를 그려라. '봉우리와 계곡'이 잘 보이게 하여 출력하여라. 함수가 최댓값을 갖는가? '극대점'이 되게 생각되는 그래프 상의 임의의 점들을 설명할 수 있는가? '극소점'에 관하여서는 어떠한가?

28. $f(x, y)=x^2y^2e^{x-4x^2-4y^3}$

29. $f(x, y)=xye^{x+2y-9x^2-9y^2}$

30. 다양한 정의역과 관찰지점을 통해 컴퓨터를 이용하여 함수의 그래프를 그려라. 함수의 제한적인 동작에 관하여 의견을 말하여라. x와 y가 둘 다 커질 때 무슨 일이 생기는가? (x, y)가 원점에 접근하면 무슨 일이 생기는가?

(a) $f(x, y)=\dfrac{x+y}{x^2+y^2}$ (b) $f(x, y)=\dfrac{xy}{x^2+y^2}$

31. 영역 $|x|\le 1.2$, $|y|\le 1.2$에서 곡면 $z=x^2+y^2$과 $z=1-y^2$의 그래프를 같이 그리고, 이들 곡면의 교선이 만드는 곡선을 조사하여라. 이 곡선의 xy-평면 위로의 사영이 타원이 됨을 보여라.

32. 곡면 $x^2+2y^2-z^2+3x=1$과 $2x^2+4y^2-2z^2-5y=0$의 교선인 곡선이 한 평면에 놓여 있음을 보여라.

33. 점 (a, b, c)가 쌍곡 포물면 $z=y^2-x^2$에 놓여 있을 때, 매개방정식 $x=a+t$, $y=b+t$, $z=c+2(b-a)t$와 $x=a+t$, $y=b-t$, $z=c-2(b+c)t$가 둘 다 포물면에 완전히 놓여 있음을 보여라(이것이 쌍곡포물면이 **선직곡면**(ruled surface)이라 불림을 보여주는 것이다. 즉 직선의 움직임으로 생성될 수 있다. 실제로 이 연습문제는 쌍곡포물면상의 각 점을 지나는 두 생성 직선이 있음을 보여준다. **선직곡면**인 다른 이차곡면들은 원기둥, 원추 그리고 일엽쌍곡면뿐이다).

34. P로부터 x축까지의 거리가 P로부터 yz-평면까지 거리의 두 배인 모든 점 P로 이루어진 곡면의 방정식을 구하여라. 곡면을 설명하여라.

10.7 원주좌표와 구면좌표

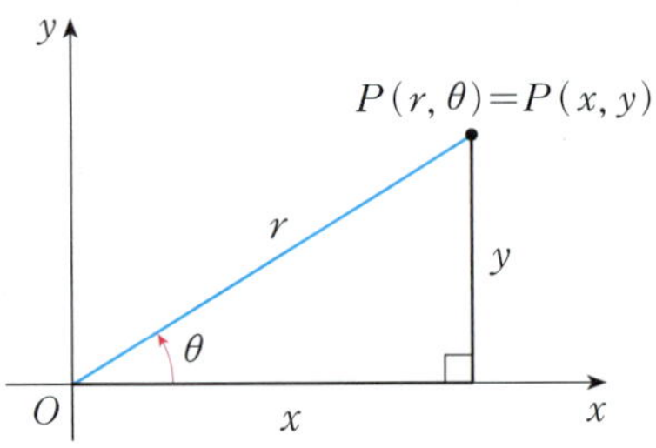

그림 1

평면기하에서 어떤 곡선과 영역을 편리하게 설명하기 위하여 극좌표계를 사용한다. 그림 1은 극좌표와 직교좌표 사이의 관계를 나타낸다. 점 P가 직교좌표로 (x, y)와 극좌표로 (r, θ)를 갖는다면, 그림으로부터 다음을 얻는다.

$$x=r\cos\theta,\quad y=r\sin\theta$$
$$r^2=x^2+y^2,\quad \tan\theta=\frac{y}{x}$$

3차원 공간에서는 일반적으로 나타나는 어떤 곡면과 입체를 편리하게 설명해 주면서 극좌표계와 유사한 두 좌표계가 있다. 이들은 제13장에서 부피와 삼중적분을 계산할 때 특히 유용하다.

▷ 원주좌표

원주좌표계에서는 3차원 공간의 점 P를 순서쌍 (r, θ, z)로 나타낸다. 이때 r과 θ는 xy-평면 위의 P의 사영의 극좌표이고 z는 xy-평면에서 P까지 방향이 주어진 거리이다(그림 2 참조).

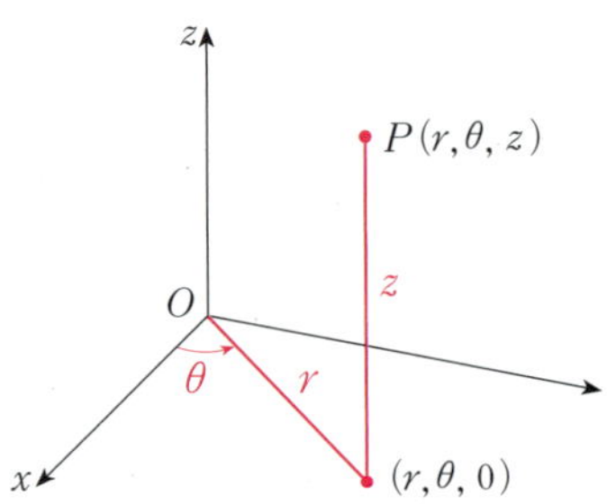

그림 2
한 점의 원주좌표

원주좌표를 직교좌표로 변환시키려면 방정식

1 $$x=r\cos\theta,\quad y=r\sin\theta,\quad z=z$$

를 이용하고, 직교좌표를 원주좌표로 변환시키려면

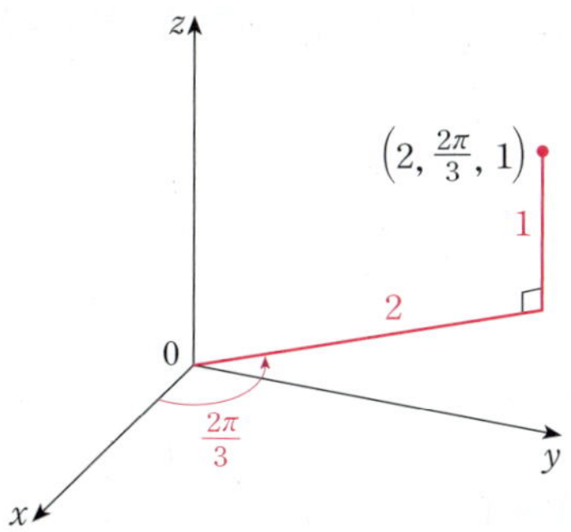

그림 3

2 $$r^2=x^2+y^2, \quad \tan\theta=\frac{y}{x}, \quad z=z$$

를 이용한다.

예제 1 **원주와 직교좌표 사이의 변환** (a) 원주좌표가 $\left(2, \dfrac{2\pi}{3}, 1\right)$인 점을 그리고, 직교좌표를 구하여라.

(b) 직교좌표가 $(3, -3, -7)$인 점의 원주좌표를 구하여라.

풀이 (a) 원주좌표가 $\left(2, \dfrac{2\pi}{3}, 1\right)$인 점이 그림 2에 그려져 있다. 방정식 **1**로부터 그 직교좌표는

$$x=2\cos\frac{2\pi}{3}=2\left(-\frac{1}{2}\right)=-1$$

$$y=2\sin\frac{2\pi}{3}=2\left(\frac{\sqrt{3}}{2}\right)=\sqrt{3}$$

$$z=1$$

이다. 따라서 그 점은 직교좌표로는 $(-1, \sqrt{3}, 1)$이다.

(b) 방정식 **2**로부터

$$r=\sqrt{3^2+(-3)^2}=3\sqrt{2}$$

$$\tan\theta=\frac{-3}{3}=-1 \text{ 이므로 } \theta=\frac{7\pi}{4}+2n\pi$$

$$z=-7$$

이 얻어진다. 따라서 하나의 원주좌표는 $\left(3\sqrt{2}, \dfrac{7\pi}{4}, -7\right)$이고 다른 하나는 $\left(3\sqrt{2}, -\dfrac{\pi}{4}, -7\right)$이다. 극좌표에서와 마찬가지로, 무수히 많은 선택의 여지가 있다. ■

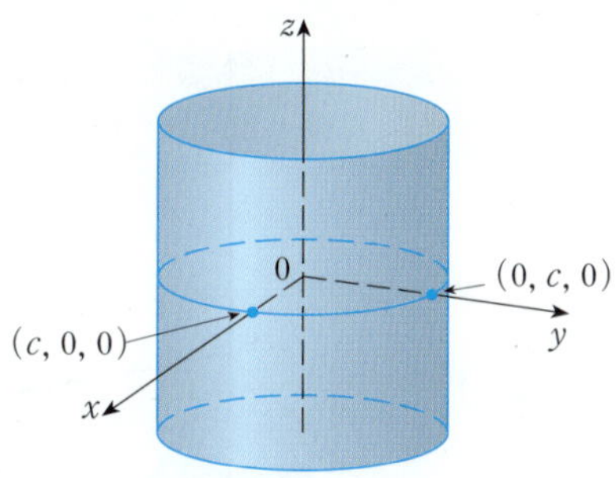

그림 4
$r=c$, 원주

원주좌표는 z축에 관하여 대칭을 포함하고 있는 문제에 유용하다. 예를 들면, 방정식이 $x^2+y^2=c^2$인 원주의 축은 z축이다. 원주좌표에서는 이 원주는 아주 간단한 방정식 로 표시된다(그림 4 참조). 이것이 '원주좌표'라는 이름의 이유이다.

예제 2 원주좌표계에서 방정식이 $z=r$인 곡면을 설명하여라.

풀이 방정식을 살펴보면 곡면의 모든 점의 z값 또는 높이는 그 점에서 z축까지의 거리 r과 같다. θ가 없으므로 θ의 값이 마음대로 변한다. 따라서 평면 $z=k$ $(k>0)$ 위의 임의의 수평자취는 반지름이 k인 원이다. 따라서 이들 자취로부터 곡면이 원추면임을 알 수 있다. 이러한 예상은 직교좌표계에서의 방정식으로 변환시킴으로써 확인할 수 있다. **2**의 첫 번째 방정식으로부터

$$z^2=r^2=x^2+y^2$$

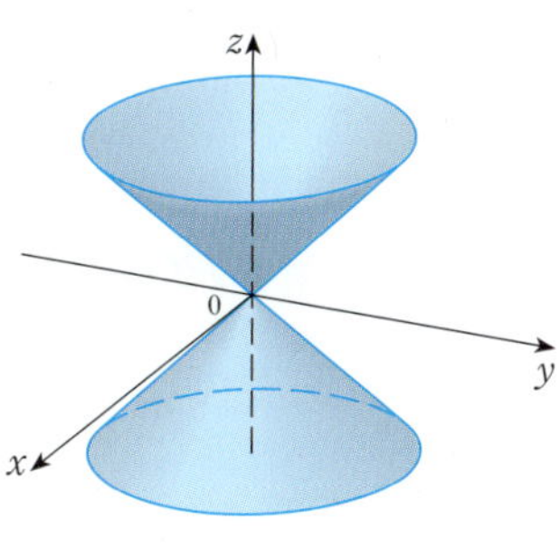

그림 5
$z=r$, 원추면

을 얻는다. 방정식 $z^2=x^2+y^2$ (10.6절 표 2와 비교)은 그 축이 z축인 원추면임을 알 수 있다(그림 5 참조). ■

예제 3 원주좌표계에서 타원면 원주좌표계에서 타원면 $4x^2+4y^2+z^2=1$의 방정식을 구하여라.

풀이 방정식 2로부터 $r^2=x^2+y^2$이므로

$$z^2=1-4(x^2+y^2)=1-4r^2$$

을 얻는다. 따라서 원주좌표계에서 타원면의 방정식은 $z^2=1-4r^2$이다. ■

구면좌표

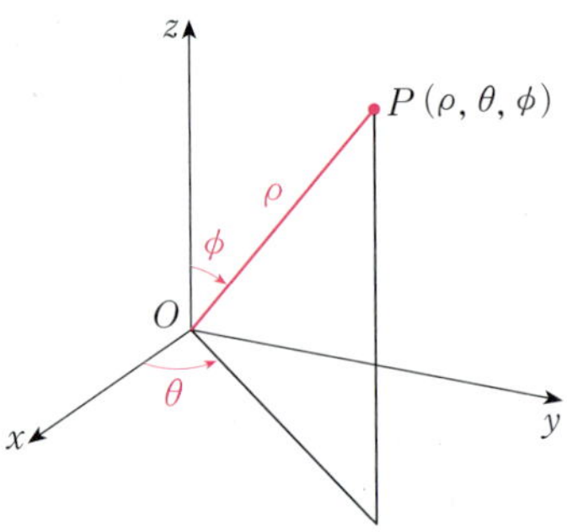

그림 6 한 점의 구면좌표

공간에서 점 P의 구면좌표 (ρ, θ, ϕ)를 그림 6에서 보여 주고 있다. 여기에서 ρ는 원점에서 점 P까지의 거리이고, θ는 원주좌표에서와 같은 각, ϕ는 양의 z축과 선분 OP 사이의 각이다.

$$\rho \geq 0, \quad 0 \leq \phi \leq \pi$$

임을 주목하여라.

구면좌표계는 원점에 관한 대칭이 되는 문제에 특히 유용하다. 예를 들면 중심이 원점이고, 반지름이 c인 구면은 간단한 방정식 $\rho=c$를 가진다(그림 7 참조). 이것이 '구면' 좌표라는 이름의 이유이다. 방정식 $\theta=c$의 그래프는 수직반평면(그림 8 참조)이고, 방정식 $\phi=c$는 z축을 축으로 갖는 반원주면을 나타낸다(그림 9 참조).

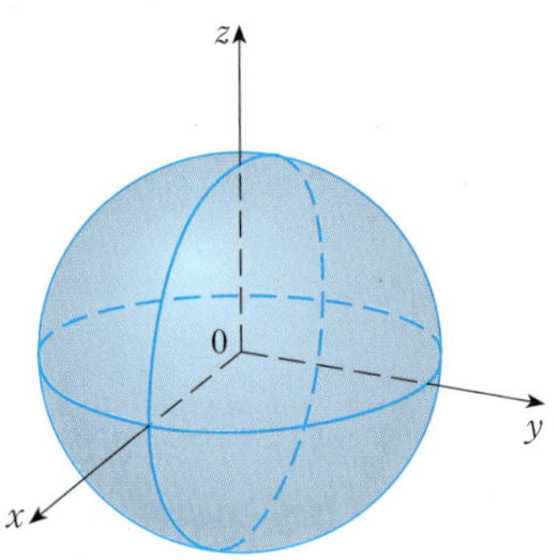

그림 7
구, $\rho=c$

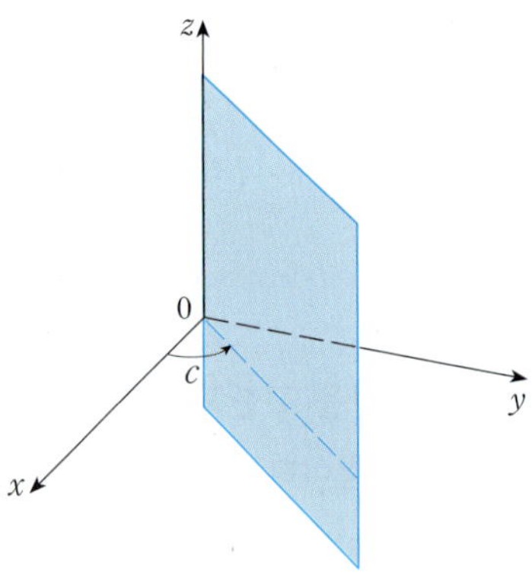

그림 8
반평면, $\theta=c$

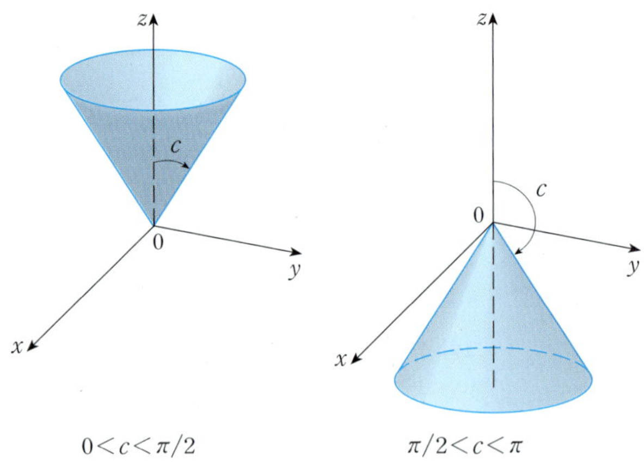

그림 9
반원추면, $\phi=c$

직교좌표와 구면좌표 사이의 관계는 그림 10에서 알 수 있다. 삼각형 OPQ와 OPP'으로부터

$$z=\rho\cos\phi, \quad r=\rho\sin\phi$$

를 얻는다. 그러나 $x=r\cos\theta$, $y=r\sin\theta$이므로

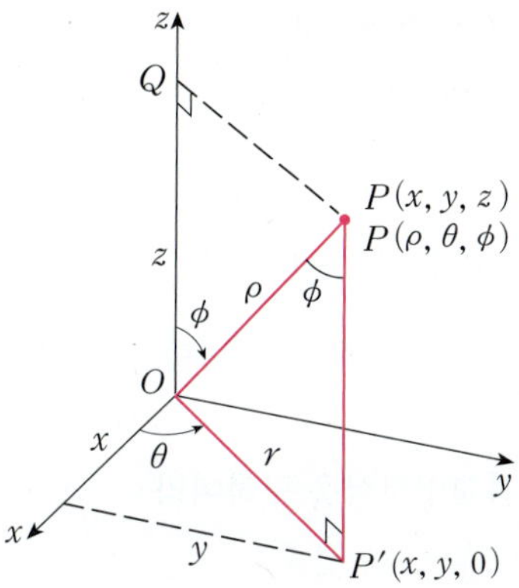

그림 10

3

$$x=\rho \sin\phi \cos\theta,\quad y=\rho \sin\phi \sin\theta,\quad z=\rho \cos\phi$$

이다. 또한 거리공식은

4

$$\rho^2=x^2+y^2+z^2$$

임을 보여준다. 직교좌표를 구면좌표로 변환시키는데 이 방정식을 이용한다.

예제 4 **구면좌표계의 직교좌표계로의 변환** 구면좌표계에서 점 $\left(2, \frac{\pi}{4}, \frac{\pi}{3}\right)$가 주어져 있다. 그 직교좌표를 구하여라.

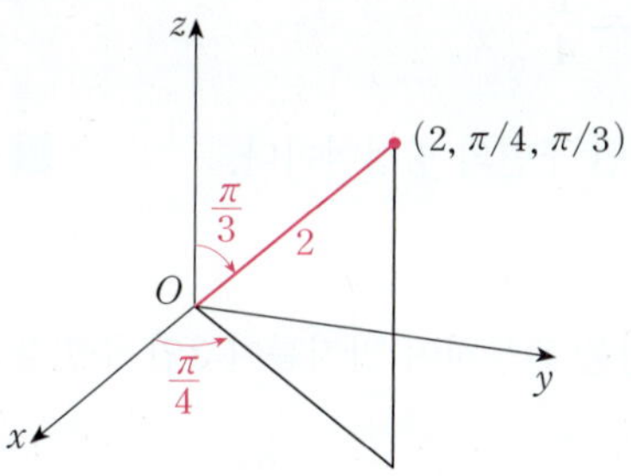

그림 11

풀이 그림 11에 점이 그려져 있다. 방정식 **3**으로부터

$$x=\rho\sin\phi\cos\theta=2\sin\frac{\pi}{3}\cos\frac{\pi}{4}=2\left(\frac{\sqrt{3}}{2}\right)\left(\frac{1}{\sqrt{2}}\right)=\sqrt{\frac{3}{2}}$$

$$y=\rho\sin\phi\sin\theta=2\sin\frac{\pi}{3}\sin\frac{\pi}{4}=2\left(\frac{\sqrt{3}}{2}\right)\left(\frac{1}{\sqrt{2}}\right)=\sqrt{\frac{3}{2}}$$

$$z=\rho\cos\phi=2\cos\frac{\pi}{3}=2\left(\frac{1}{2}\right)=1$$

을 얻는다. 따라서 점 $\left(2, \frac{\pi}{4}, \frac{\pi}{3}\right)$의 직교좌표는 $\left(\sqrt{\frac{3}{2}}, \sqrt{\frac{3}{2}}, 1\right)$이다. ■

예제 5 **직교좌표계의 구면좌표계로의 변환** 직교좌표계에서 점 $(0, 2\sqrt{3}, -2)$가 주어져 있다. 그 구면좌표를 구하여라.

풀이 방정식 **4**로부터

$$\rho=\sqrt{x^2+y^2+z^2}=\sqrt{0+12+4}=4$$

가 얻어지므로, 방정식 **3**에 의하여

$$\cos\phi=\frac{z}{\rho}=\frac{-2}{4}=-\frac{1}{2},\qquad \phi=\frac{2\pi}{3}$$

$$\cos\theta=\frac{x}{\rho\sin\phi}=0,\qquad \theta=\frac{\pi}{2}$$

($y=2\sqrt{3}>0$이므로 $\theta\neq\frac{3\pi}{2}$임을 주목하여라). 따라서 주어진 점의 구면좌표는 $\left(4, \frac{\pi}{2}, \frac{2}{3}\pi\right)$이다. ■

예제 6 **구면좌표계에서 쌍곡면** 구면좌표계에서 방정식 $x^2-y^2-z^2=1$인 이엽쌍곡면의 방정식을 구하려라.

풀이 방정식 **3**의 표현을 주어진 식에 대입하면

$$\rho^2 \sin^2\phi\cos^2\theta - \rho^2\sin^2\phi\sin^2\theta - \rho^2\cos^2\phi = 1$$
$$\rho^2[\sin^2\phi\,(\cos^2\theta - \sin^2\theta) - \cos^2\phi] = 1$$

또는

$$\rho^2(\sin^2\phi\cos 2\theta - \cos^2\phi) = 1$$

을 얻는다. ■

예제 7 구면 방정식이 $\rho = \sin\theta\sin\phi$인 곡면에 대한 직교방정식을 구하여라.

풀이 방정식 4와 3으로부터

$$x^2 + y^2 + z^2 = \rho^2 = \rho\sin\theta\sin\phi = y$$

또는

$$x^2 + \left(y - \frac{1}{2}\right)^2 + z^2 = \frac{1}{4}$$

이다. 이것은 중심이 $\left(0, \frac{1}{2}, 0\right)$이고 반지름이 $\frac{1}{2}$인 구면의 방정식이다. ■

예제 8 컴퓨터를 이용하여 반지름이 4인 구에서 중심을 관통하여 반지름이 3인 주면을 빼낸 후 남은 입체를 그려라.

풀이 방정식을 간단히 하기 위하여 구의 중심이 원점에 있고 구멍을 이루는 주면의 축을 축으로 하는 좌표계를 도입하자. 이 입체를 설명하기 위하여 원주좌표나 구면좌표를 이용할 수 있다. 따라서 주면의 방정식은 $r = 3$이고, 구면의 방정식은

$$x^2 + y^2 + z^2 = 16 \text{ 또는 } r^2 + z^2 = 16$$

이다. 주면 외부에 있고 입체 안에 있는 점들은 다음의 부등식을 만족한다.

$$3 \le r \le \sqrt{16 - z^2}$$

컴퓨터가 곡면의 합당한 부분만 그래프로 나타낸다는 것을 보이기 위하여 방정식 $r = 3$과 $r = \sqrt{16 - z^2}$을 풀어서 이들이 어디서 교차하는가를 알아본다.

$$\sqrt{16 - z^2} = 3 \Rightarrow 16 - z^2 = 9 \Rightarrow z^2 = 7 \Rightarrow z = \pm\sqrt{7}$$

입체는 $z = -\sqrt{7}$과 $z = \sqrt{7}$ 사이에 놓여 있다. 따라서 컴퓨터를 이용하여 다음의 방정식과 정의역에서 곡면을 그린다.

$$r = 3 \qquad 0 \le \theta \le 2\pi \qquad -\sqrt{7} \le z \le \sqrt{7}$$
$$r = \sqrt{16 - z^2} \qquad 0 \le \theta \le 2\pi \qquad -\sqrt{7} \le z \le \sqrt{7}$$

그렇게 만들어진 그림 12가 우리가 원하는 그래프이다. ■

● 대부분의 3차원 그래프 프로그램은 원주좌표와 구면좌표로 주어진 방정식의 곡면을 그릴 수 있다. 예제 8이 보여 주듯이 이것은 때로 입체를 그리는 가장 편리한 방법이다.

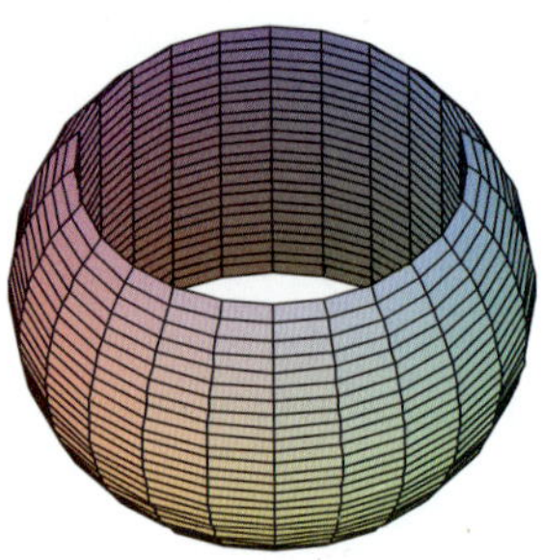

그림 12

10.7 연습문제

1. 원주좌표는 무엇인가? 어떤 종류의 곡면을 원주좌표계를 이용하면 쉽게 설명할 수 있는가?

2. 구면좌표는 무엇인가? 어떤 종류의 곡면을 구면좌표계를 이용하면 쉽게 설명할 수 있는가?

(3~4) 다음의 원주좌표의 점을 찍고 직교좌표로 바꾸어라.

3. (a) $(2, \frac{\pi}{4}, 1)$ (b) $(4, -\frac{\pi}{3}, 5)$

4. (a) $(1, \pi, e)$ (b) $(1, \frac{3\pi}{2}, 2)$

(5~6) 직교좌표를 원주좌표로 바꾸어라.

5. (a) $(1, -1, 4)$ (b) $(-1, -\sqrt{3}, 2)$

6. (a) $(3, 3, -2)$ (b) $(3, 4, 5)$

(7~8) 다음 구면좌표의 점을 찍고, 직교좌표로 바꾸어라.

7. (a) $(1, 0, 0)$ (b) $(2, \frac{\pi}{3}, \frac{\pi}{4})$

8. (a) $(5, \pi, \frac{\pi}{2})$ (b) $(2, \frac{\pi}{4}, \frac{\pi}{3})$

(9~10) 직교좌표를 구면좌표로 바꾸어라.

9. (a) $(1, \sqrt{3}, 2\sqrt{3})$ (b) $(0, -1, -1)$

10. (a) $(0, \sqrt{3}, 1)$ (b) $(-1, 1, \sqrt{6})$

(11~14) 방정식으로 주어진 곡면을 말로 설명하여라.

11. $r=3$ 12. $\rho=3$

13. $\phi=\pi/3$ 14. $\theta=\pi/3$

(15~20) 방정식으로 주어진 곡면이 어떤 곡면인지 밝혀라.

15. $z=r^2$ 16. $\rho \sin \phi=2$

17. $r=2 \cos \theta$ 18. $2r^2+z^2=1$

19. $\rho=\sin \theta \sin \phi$ 20. $\rho^2(\sin^2 \phi \sin^2 \theta+\cos^2 \phi)=9$

(21~24) 방정식을 (a) 원주좌표와 (b) 구면좌표의 방정식으로 나타내어라.

21. $z=x^2+y^2$ 22. $x^2+y^2+z^2=2$

23. $3x+2y+z=6$ 24. $x^2-2x+y^2+z^2=0$

(25~30) 주어진 부등식으로 나타내어지는 입체를 그려라.

25. $0 \le r \le 2,\ -\frac{\pi}{2} \le \theta \le \frac{\pi}{2},\ 0 \le z \le 1$

26. $0 \le \theta \le \frac{\pi}{2},\ r \le z \le 2$

27. $\rho \le 2,\ 0 \le \phi \le \frac{\pi}{2},\ 0 \le \theta \le \frac{\pi}{2}$

28. $2 \le \rho \le 3,\ \frac{\pi}{2} \le \phi \le \pi$

29. $\rho \le 1,\ \frac{3\pi}{4} \le \phi \le \pi$

30. $\rho \le 2,\ \rho \le \csc \phi$

31. 내부 반지름이 6cm이고 외부 반지름이 7cm이며, 길이가 20cm인 원주껍질이 있다. 적절한 좌표계로 껍질(shell)을 부등식으로 나타내어라. 껍질에 관한 좌표계가 어떻게 정하여졌는지 설명하여라.

32. (a) 지름이 30cm이고 두께가 0.5cm인 속이 빈 구를 나타내는 부등식을 구하여라. 좌표계를 어떻게 정하였는지 설명하여라.

(b) 구가 반으로 잘렸다고 하자. 반구를 부등식으로 나타내어라.

33. 한 입체가 추면 $z=\sqrt{x^2+y^2}$의 위와 구면 $x^2+y^2+z^2=z$의 아래로 놓여 있다. 이 입체를 구면좌표를 써서 부등식으로 나타내어라.

34. 포물선 $z=x^2+y^2$과 $z=5-x^2-y^2$으로 둘러싸인 입체를 컴퓨터를 써서 그려라.

35. 반구형의 덮개를 가진 반지름 3, 높이 10인 저장고를 컴퓨터를 이용하여 그려라.

36. 북반구의 한 지점 P의 위도와 경도는 다음과 같이 구면좌표 ρ, θ, ϕ와 관련 있다. 지구의 중심을 원점으로 하고, 북극을 지나는 것을 양의 z축으로 택한다. 양의 x축은 본초자오선(prime meridian: 영국 그리니치를 통과하는 자오선)이 적도와 만나는 지점을 지난다.

그러면 P의 위도는 $\alpha=90°-\phi°$이고, 경도는 $\beta=360°-\theta°$이다. 로스엔젤레스(북위 34.06°, 서경 118.25°)에서 몬트리올(북위 45.50°, 서경 73.60°)까지의 대원(great circle)을 구하여라. 지구의 반지름을 6370km로 하여라(대원은 구의 원점을 지나는 평면과 구가 만나는 원이다.).

11 벡터함수

지금까지 이용한 함수는 실수를 함숫값으로 갖는 함수(실수값 함수라 부른다)였다. 이제 공간에서 곡선이나 곡면을 설명하는 데 필요한 함숫값이 벡터인 함수를 공부한다. 또한 벡터값을 갖는 함수를 이용하여 공간 내의 물체의 운동을 설명할 것이다. 특히, 행성운동에 대한 케플러의 법칙을 유도하기 위하여 벡터값 함수를 이용할 것이다.

11.1 벡터함수와 공간곡선

일반적으로 함수란 "정의역에 속하는 각각의 원소에 대하여 치역의 단 하나의 원소를 대응시키는 규칙"을 말한다. **벡터를 함숫값으로 갖는 함수**(vector valued function) 또는 **벡터함수**(vector function)는(정의역에 속하는) 각각의 실수에 대하여 벡터를 대응시키는 함수를 의미한다. 이 장에서는 3차원 벡터를 함숫값으로 취하는 벡터함수를 주로 다루게 될 것이다. 3차원 벡터함수 $\mathbf{r}$은 정의역에 있는 각각의 실수 t에 대하여 3차원 벡터 공간 V_3의 벡터(이것을 $\mathbf{r}(t)$로 나타낸다)를 유일하게 대응시킨다. 벡터 $\mathbf{r}(t)$의 성분을 각각 $f(t)$, $g(t)$, $h(t)$라 하면 f, g, h는 실함수가 되며 이들을 $\mathbf{r}$의 **성분함수**라 부른다. 성분함수를 이용하면 벡터 $\mathbf{r}(t)$는

$$\mathbf{r}(t) = \langle f(t), g(t), h(t) \rangle = f(t)\mathbf{i} + g(t)\mathbf{j} + h(t)\mathbf{k}$$

로 표현할 수 있다. 벡터함수 $\mathbf{r}$의 독립변수를 t로 표현한 이유는 벡터함수의 응용에서 변수는 시간을 의미하는 경우가 많기 때문이다.

예제 1 **벡터함수의 정의역** $\mathbf{r}(t) = \langle t^3, \ln(3-t), \sqrt{t} \rangle$이면 성분함수는

$$f(t) = t^3, \quad g(t) = \ln(3-t), \quad h(t) = \sqrt{t}$$

이다. 별다른 언급이 없는 경우 $\mathbf{r}$의 정의역은 $\mathbf{r}(t)$에 관한 식이 정의되는 t의 모든 값으로 이루어진 것으로 정의한다. 위 예의 경우 식 t^3, $\ln(3-t)$, $\sqrt{t}$는 모두 $3-t>0$과 $t \geq 0$일 때 정의되므로 $\mathbf{r}$의 정의역은 구간 $[0, 3)$이 된다. ■

벡터함수 $\mathbf{r}$의 **극한**은 다음과 같이 성분함수의 극한을 이용하여 정의한다.

● 벡터의 극한 $\lim_{t \to a} \mathbf{r}(t) = \mathbf{L}$은 t가 a로 접근함에 따라 벡터 $\mathbf{r}(t)$의 길이와 방향이 벡터 $\mathbf{L}$의 길이와 방향으로 접근함을 의미한다고 이해할 수 있다.

1 $\mathbf{r}(t) = \langle f(t), g(t), h(t) \rangle$라 하자. 각 성분함수의 극한이 존재할 때

$$\lim_{t \to a} \mathbf{r}(t) = \langle \lim_{t \to a} f(t), \lim_{t \to a} g(t), \lim_{t \to a} h(t) \rangle$$

로 정의한다.

벡터함수의 극한은 실함수의 극한과 같은 규칙을 따른다(연습문제 45 참조).

예제 2 $\mathbf{r}(t) = (1+t^3)\mathbf{i} + te^{-t}\mathbf{j} + \dfrac{\sin t}{t}\mathbf{k}$일 때, $\lim_{t \to 0} \mathbf{r}(t)$를 구하여라.

풀이 $$\lim_{t \to 0} \mathbf{r}(t) = [\lim_{t \to 0}(1+t^3)]\,\mathbf{i} + [\lim_{t \to 0} te^{-t}]\,\mathbf{j} + \left[\lim_{t \to 0} \frac{\sin t}{t}\right]\mathbf{k}$$

$$= \mathbf{i} + \mathbf{k}$$ (5.3절의 식 **2**에 의하여) ■

벡터함수 $\mathbf{r}$이

$$\lim_{t \to a} \mathbf{r}(t) = \mathbf{r}(a)$$

을 만족할 때, $\mathbf{r}$은 **a에서 연속**이라고 한다. 정의 **1**에 의하면, $\mathbf{r}$이 a에서 연속일 필요충분조건은 성분함수 f, g, h가 각각 $t=a$에서 연속인 것임을 알 수 있다. f, g, h를 구간 I에서 정의된 연속인 실함수라 하자. 이때, 구간 I의 모든 t에 대하여

2 $$x=f(t), \quad y=g(t), \quad z=h(t)$$

로 주어지는 점 (x, y, z) 전체의 집합 C를 **공간곡선**이라 부른다. 식 **2**를 C의 **매개변수방정식**이라 하고 t를 **매개변수**라 부른다. C는 시간 t에서 그 위치가 $(f(t), g(t), h(t))$인 동점이 움직인 자취로 이해할 수 있다. 한편 벡터함수 $\mathbf{r}(t) = <f(t), g(t), h(t)>$를 생각하면, $\mathbf{r}(t)$는 C 위의 점 $P(f(t), g(t), h(t))$의 위치벡터이다. 따라서 임의의 연속벡터함수 $\mathbf{r}$은 그림 1에서와 같이 움직이는 벡터 $\mathbf{r}(t)$의 종점에 의하여 그려지는 공간곡선 C를 정의한다.

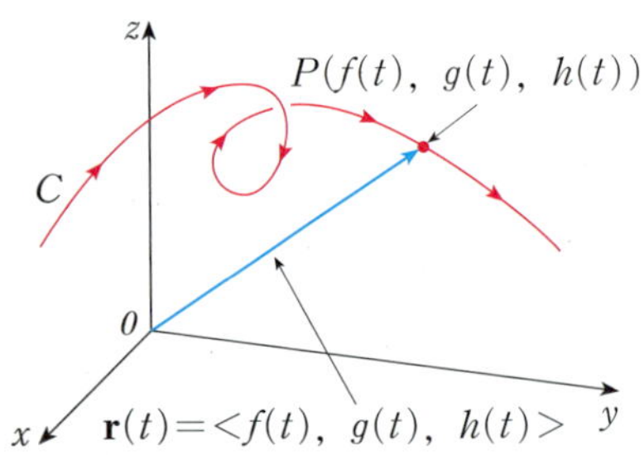

그림 1
C는 변화하는 위치벡터 $\mathbf{r}(t)$의 종점에 의해 그려진다.

예제 3 벡터함수

$$\mathbf{r}(t) = <1+t, 2+5t, -1+6t>$$

에 의하여 정의되는 곡선의 모양은?

풀이 대응되는 매개변수방정식은

$$x=1+t, \quad y=2+5t, \quad z=-1+6t$$

이다. 10.5절의 식 **2**에서 보았듯이 이 식은 점 $(1, 2, -1)$을 지나고 벡터 $<1, 5, 6>$에 평행인 직선의 매개변수방정식이므로 주어진 곡선은 직선임을 알 수 있다. 다른 한편으로 이 함수를 두 벡터 $\mathbf{r}_0 = \langle 1, 2, -1 \rangle$과 $\mathbf{v} = \langle 1, 5, 6 \rangle$에 대하여 $\mathbf{r} = \mathbf{r}_0 + t\mathbf{v}$로 표현됨을 알 수 있다. 이것은 식 10.5절의 식 **1**에서 주어진 형태의 **직선의 벡터방정식**이다. ■

예제 4 나선의 그래프 벡터방정식

$$\mathbf{r}(t) = \cos t\, \mathbf{i} + \sin t\, \mathbf{j} + t\, \mathbf{k}$$

로 주어진 곡선을 그려라.

풀이 이 곡선의 매개변수방정식은

$$x=\cos t, \ y=\sin t, \ z=t$$

이다. $x^2+y^2=\cos^2 t+\sin^2 t=1$이므로, 주어진 곡선은 원기둥 $x^2+y^2=1$ 위에 놓여 있음을 알 수 있다. t가 증가함에 따라 점 $(x, y, 0)$은 xy평면에서 원 $x^2+y^2=1$ 주위를 반시계 방향으로 움직인다("xy-평면 위로의 곡선의 사영은 벡터함수 $\mathbf{r}(t) = <\cos t, \sin t, 0>$이다."). 한편 점 (x, y, z)는 점 $(x, y, 0)$의 바로 위에 있으며, t에 따라 z가 일정하게 증가하므로 이를 종합하면 그림 2와 같은 그림을 얻을 수 있다. 그림 2의 곡선을 **나선**(helix)이라 한다. ■

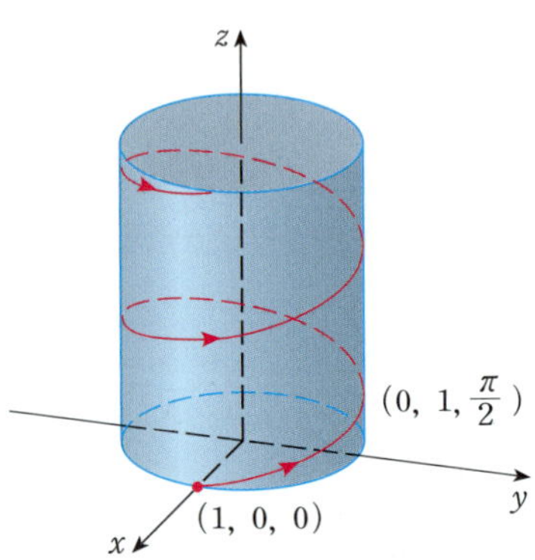

그림 2

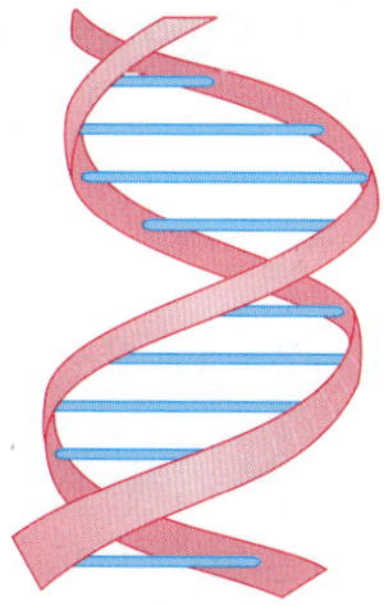

그림 3

예제 4에서 본 나선의 타래송곳(corkscrew) 형태는 스프링이 감겨진 모양이다. 이러한 나선형태의 곡선은 DNA(deoxyribonucleic acid, 살아있는 세포의 유전물질)의 모형에서도 발견할 수 있다. 1953년 왓슨(James Watson)과 크릭(Francis Crick)은 DNA분자 구조가 그림 3에서와 같이 서로 뒤 얽힌 두 개의 연접한, 평행한 나선구조임을 밝혀냈다. 예제 3과 4에서, 곡선의 벡터(방정)식을 주고 개형을 그리거나 기하적 표현을 하라고 하였다. 다음의 두 예에서는 곡선의 기하적 표현을 주고, 그 곡선의 매개변수방정식을 구하라는 문제이다.

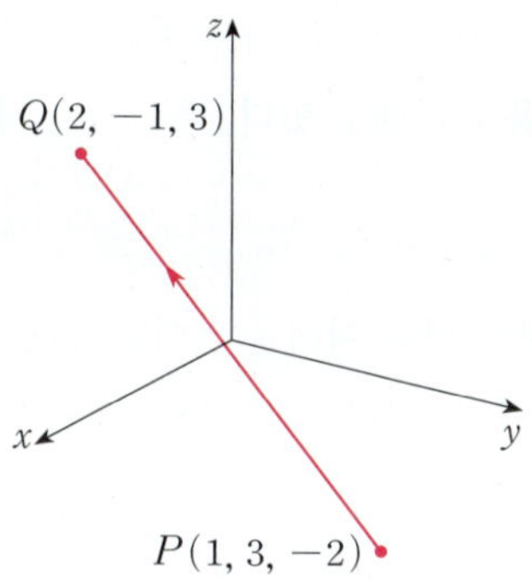

그림 4

그림 4는 예제 5 안의 선분 PQ를 보여준다.

예제 5 점 $P(1,\ 3,\ -2)$와 점 $Q(2,\ -1,\ 3)$을 잇는 선분에 대한 벡터방정식과 매개변수방정식을 찾아라.

풀이 10.5절에서 벡터 $\mathbf{r}_0$의 끝점과 벡터 $\mathbf{r}_1$의 끝점을 잇는 선분에 대한 벡터방정식은 다음과 같음을 보였다.

$$\mathbf{r}(t)=(1-t)\mathbf{r}_0+t\mathbf{r}_1, \qquad 0\le t\le 1$$

(식 10.5절의 식 **4** 참조) 여기서 $\mathbf{r}_0=\langle 1,\ 3,\ -2\rangle$, $\mathbf{r}_1=\langle 2,\ -1,\ 3\rangle$을 대입하면 P에서 Q로의 선분에 대한 아래의 벡터방정식을 얻는다.

$$\mathbf{r}(t)=(1-t)\langle 1,\ 3,\ -2\rangle+t\langle 2,\ -1,\ 3\rangle, \qquad 0\le t\le 1$$

또는 $$\mathbf{r}(t)=\langle 1+t,\ 3-4t,\ -2+5t\rangle, \qquad 0\le t\le 1$$

그러면 대응하는 매개변수방정식은 다음과 같다.

$$x=1+t,\ y=3-4t,\ z=-2+5t, \qquad 0\le t\le 1$$ ■

예제 6 **두 곡면의 교선은 곡선이다** 원기둥 $x^2+y^2=1$과 평면 $y+z=2$의 교선으로 주어지는 곡선을 표현하는 벡터함수를 구하여라.

풀이 그림 5는 원기둥과 평면이 어떻게 만나는지를 보여준다. 그리고 그림 6은 그 교차곡선 C가 타원임을 보여준다.

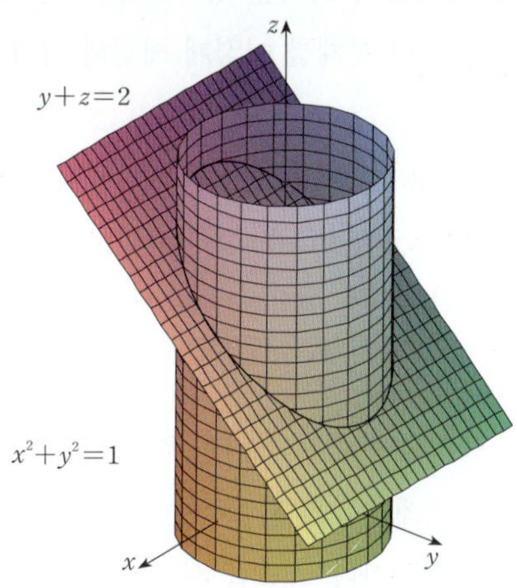

그림 5

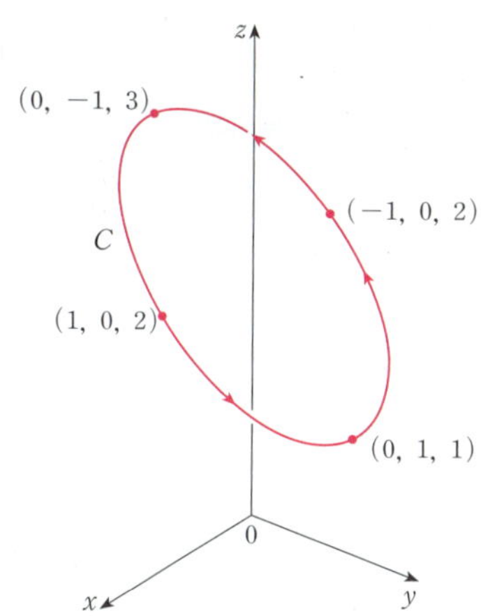

그림 6

C를 xy-평면으로 사영하면 원 $x^2+y^2=1$, $z=0$이 된다. 원은 2.9절의 예제 2에서와 같이 매개변수방정식

$$x=\cos t,\ y=\sin t,\ 0\le t\le 2\pi$$

으로 표현됨을 알고 있다. 한편, 평면의 방정식으로부터 $z=2-y=2-\sin t$이므로 C의 매개변수방정식은

$$x=\cos t,\ \ y=\sin t,\ \ z=2-\sin t,\ \ 0\le t\le 2\pi$$

이며, 대응되는 벡터함수는

$$\mathbf{r}(t)=\cos t\,\mathbf{i}+\sin t\,\mathbf{j}+(2-\sin t)\,\mathbf{k},\ 0\le t\le 2\pi$$

이 식을 곡선 C의 **매개변수화**(parametrization of the curve)라고 한다. 그림 6의 화살표는 t가 증가함에 따라 C가 진행하는 방향을 나타내고 있다. ■

▷ 컴퓨터를 이용하여 공간곡선 그리기

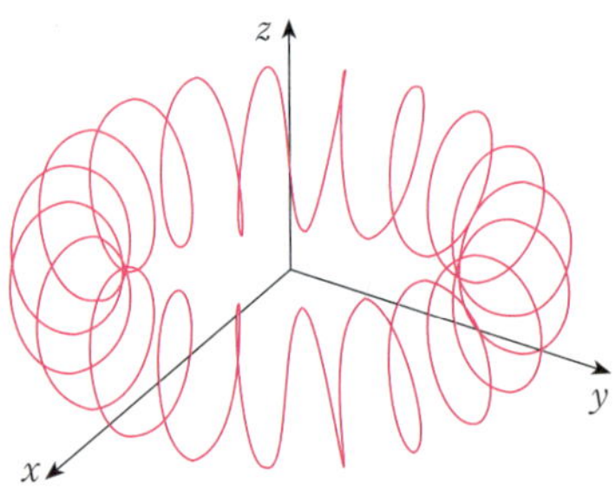

그림 7 원환 소용돌이선

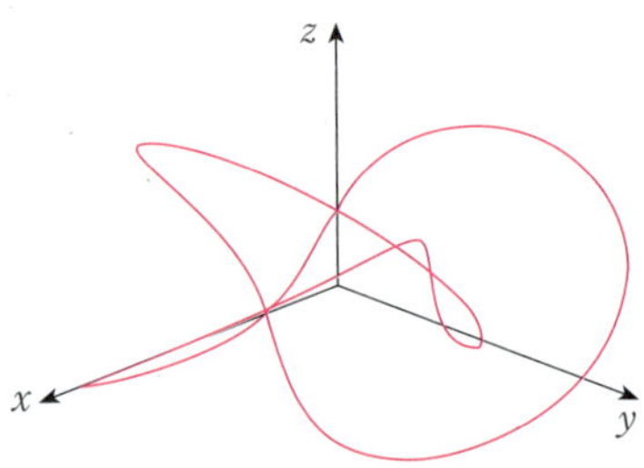

그림 8 3잎무늬매듭

공간곡선을 그리는 것은 평면곡선을 그리는 것에 비하여 상당히 어려운 일이다. 그런데 과학적인 기술을 이용하면 보다 정확한 곡선의 그림을 그릴 수 있다. 예를 들어 그림 7은 매개변수방정식

$$x=(4+\sin 20t)\cos t,\ \ y=(4+\sin 20t)\sin t,\ \ z=\cos 20t$$

으로 표현된 곡선의 그래프를 컴퓨터를 이용하여 그린 것이다. 이 곡선은 원환면 위에 있으므로 **원환 소용돌이선**(toroidal spiral)이라 부른다. 그림 8의 곡선은 **3잎무늬매듭**(trefoil knot)이라 불리는 것으로 방정식

$$x=(2+\cos 1.5t)\cos t,\ \ y=(2+\cos 1.5t)\sin t,\ \ z=\sin 1.5t$$

로 표현할 수 있다. 이러한 곡선들을 컴퓨터를 이용하지 않고 직접 점을 찍어서 그리기란 쉽지 않을 것이다.

컴퓨터를 이용하여 공간곡선을 그리는 경우라 할지라도 착시현상으로 인하여 곡선의 실제 모습을 이해하기 어려운 경우도 있다(그림 8이 그 예에 해당된다[연습문제 46 참조]). 다음 예제는 이런 문제를 어떻게 해결해 나가는지를 보여주고 있다.

예제 7 컴퓨터를 이용하여 벡터방정식 $\mathbf{r}(t)=\langle t,\ t^2,\ t^3\rangle$을 그려라(이 곡선을 **뒤틀린 삼차곡선**(twisted cubic)이라 한다).

풀이 먼저 컴퓨터를 이용하여 매개변수방정식

$$x=t,\ \ y=t^2,\ \ z=t^3,\ \ -2\le t\le 2$$

로 표시되는 곡선의 점을 찍어보자. 이 결과는 그림 9(a)에 있지만 그래프만으로 곡선의 원래모습을 관찰하는 것은 쉽지 않다. 대부분의 3차원 컴퓨터 그래픽 프로그램은 곡선이나 곡면을 좌표평면에서 보여주는 대신 상자로 둘러싸여 있는 모습을 보여준다. 우리가 그림 9(b)에서처럼 같은 곡선을 상자내에서 보면 곡선의 모습이 좀더 선명함을 알 수 있다. 상자의 아래 꼭지점에서 가까이 있는 위쪽 꼭지점으로

올라가는 것을 알 수 있으며, 또한 올라가면서 뒤틀리는 것도 알 수 있다.

곡선을 다른 유리한 위치에서 볼 수 있을 때, 곡선을 더 잘 이해할 수 있다. 그림 9(c)는 다른 시점에서 상자를 회전시켜 본 곡선이다. 그림 9(d), (e), (f)는 상자를 전면에서 바라 본 모습이다. 특히 (d)는 상자 위에서 본 그림으로 여기에 나타난 그림의 포물선 $y=x^2$은 곡선을 xy-평면에 내린 사영이 된다. (e)에서 나타난 삼차곡선 $z=x^3$은 곡선을 xz-평면에 내린 사영이다. 이러한 관찰들을 종합하면 원래의 곡선이 왜 뒤틀린 삼차곡선이라 하는지 알 수 있을 것이다. ■

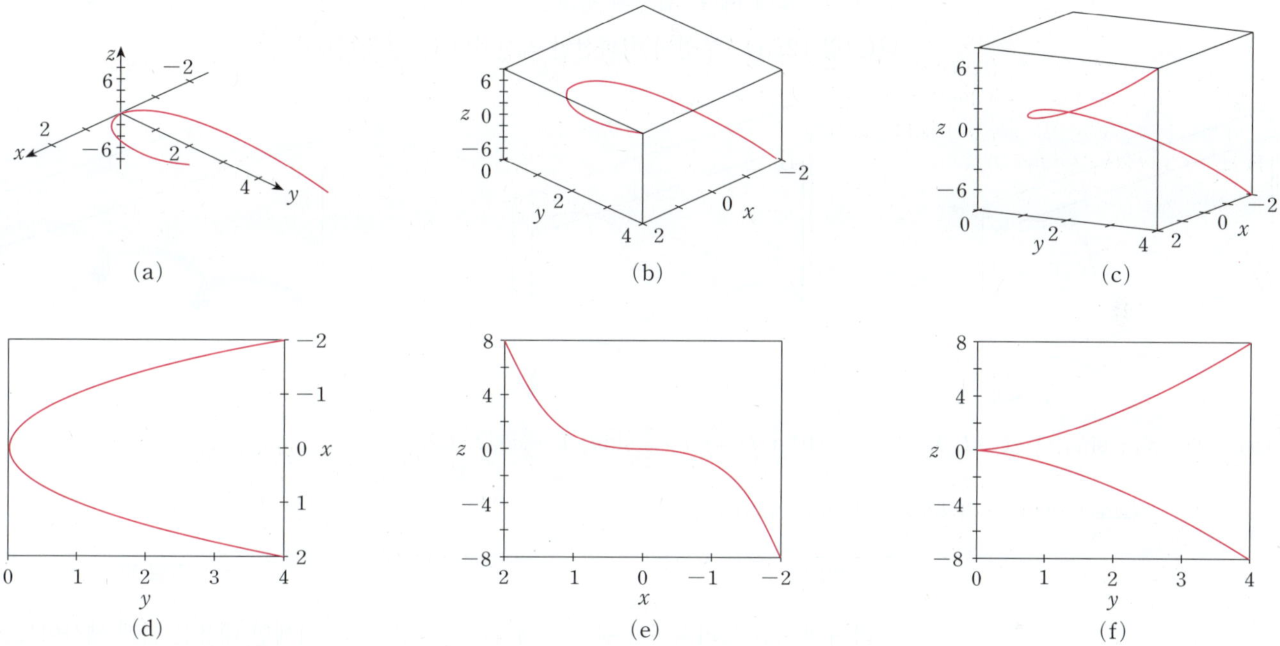

그림 9 뒤틀린 삼차곡선의 그래프

공간곡선을 나타내는 또 다른 방법은 곡선을 우리가 잘 알고 있는 곡면 위에 그리는 것이다. 예를 들어, 예제 7의 뒤틀린 삼차곡선은 포물기둥(parabolic cylinder) 위에 놓여 있음을 알 수 있다(처음의 두 매개방정식 $x=t$와 $y=t^2$으로부터 매개변수를 소거해 본다). 그림 10은 포물기둥과 뒤틀린 삼차곡선을 보여주고 있으며, 곡선이 포물기둥의 표면을 따라서 원점으로부터 위로 올라가고 있음을 알 수 있다. 우리는 예제 4에서 원기둥에 있는 나선을 나타내기 위하여 이 방법을 사용하였다(그림 2 참조).

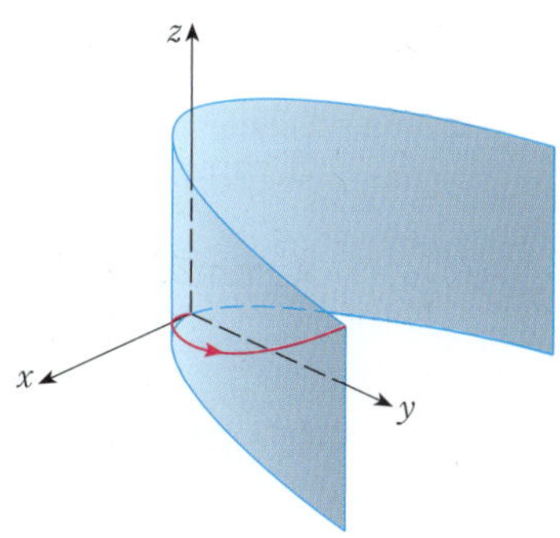

그림 10

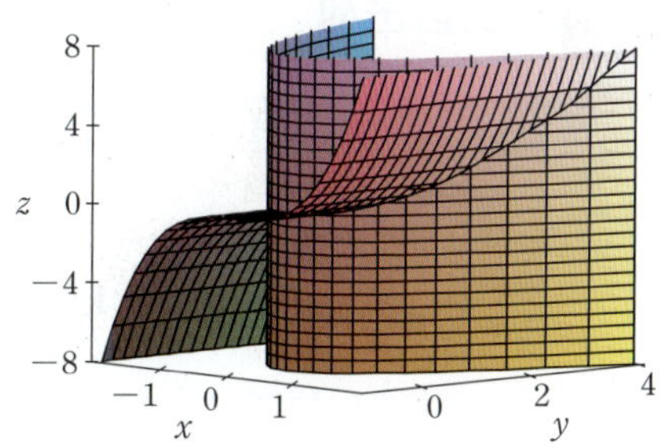

그림 11

뒤틀린 삼차곡선을 잘 이해할 수 있는 세 번째 방법은 곡선이 원기둥 $z=x^3$에 놓여 있음을 깨닫는 것이다. 곡선이 원기둥 위에 있음을 알 수 있다면 이를 이용하여 주어진 곡선이 두 개의 원기둥 $y=x^2$과 $z=x^3$의 교차곡선으로 표현됨을 알 수 있을 것이다(그림 11 참조).

우리는 DNA 모델에서 볼 수 있는 나선(helix)이라는 흥미있는 공간곡선을 보아왔다. 과학에서 볼 수 있는 중요한 공간곡선의 다른 예로 직교로 방향지어진 전기장 E와 자기장 B 안의 양전기로 변환된 입자의 궤적(trajectory)을 들 수 있다. 원점에서 입자에 주어진 초기속도에 따라, 입자의 경로는 어느 하나의 수평면상의 투영이 원형인 공간곡선이거나(그림 12(a)) 투영이 여파선인 곡선이다.(그림 12(b))

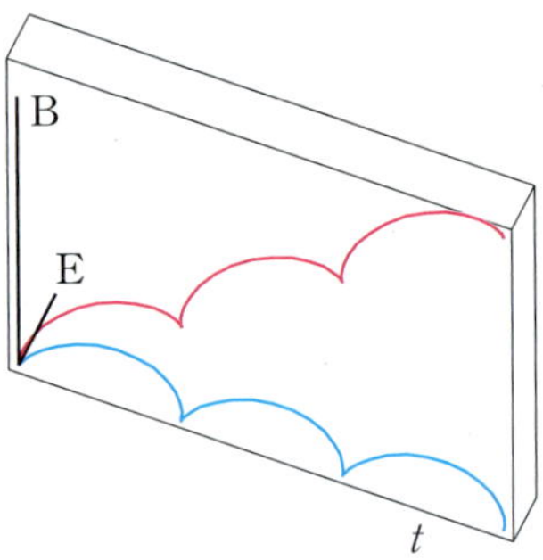

(a) $\mathbf{r}(t)=\langle t-\sin t,\ 1-\cos t,\ t\rangle$

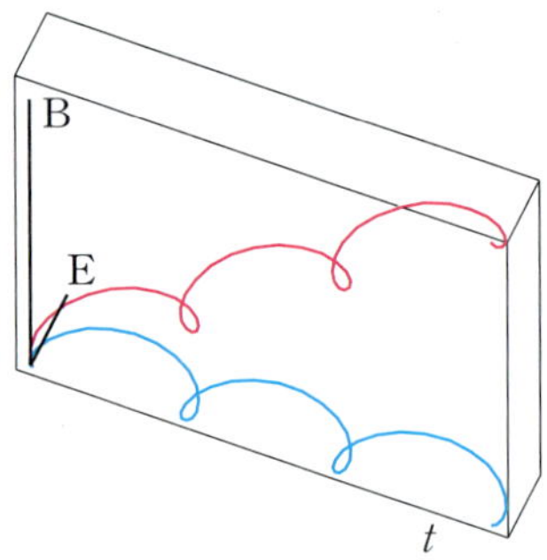

(b) $\mathbf{r}(t)=\langle t-\frac{3}{2}\sin t,\ 1-\frac{3}{2}\cos t,\ t\rangle$

직교로 방향지어진 기장과 자기장 안의 changed particle의 운동

그림 12

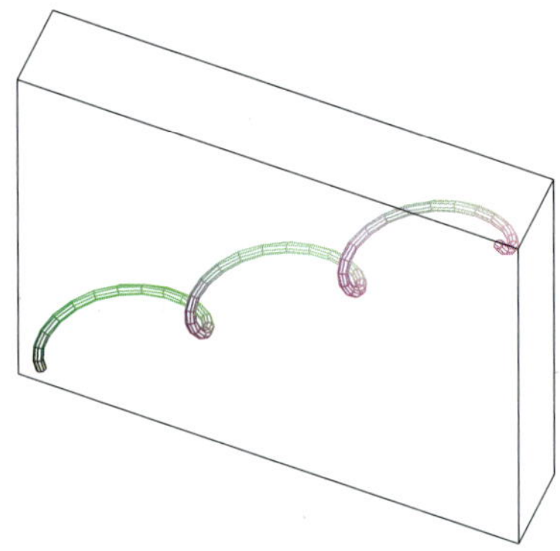

그림 13

더 구체적인 물리지식과 원추의 궤적의 동영상 등 더 자세한 내용은 아래 웹사이트를 보아라.

- lompado.uah.edu/Links/CrossedFields.html
- www.phy.ntnu.edu.tw/java/emField/emField.html
- www.physics.ucla.edu/plasma−exp/Beam/

11.1 연습문제

(1~2) 다음 벡터함수의 정의역을 구하여라.

1. $\mathbf{r}(t)=\langle t^2, \sqrt{t-1}, \sqrt{5-t}\rangle$

2. $\mathbf{r}(t)=\dfrac{t-2}{t+2}\mathbf{i}+\sin t\,\mathbf{j}+\ln(9-t^2)\mathbf{k}$

(3~4) 다음 극한값을 구하여라.

3. $\lim_{t\to\infty}\left\langle \dfrac{1+t^2}{1-t^2}, \tan^{-1}t, \dfrac{1-e^{-2t}}{t}\right\rangle$

4. $\lim_{t\to\infty}\left\langle \arctan t, e^{-2t}, \dfrac{\ln t}{t}\right\rangle$

(5~12) 다음과 같이 벡터방정식으로 주어진 곡선을 그려라. 또, 주어진 곡선 위에 t가 증가하는 방향을 화살표로 나타내어라.

5. $\mathbf{r}(t)=<\sin t, t>$
6. $\mathbf{r}(t)=<t^3, t^2>$
7. $\mathbf{r}(t)=<t, 2-t, 2t>$
8. $\mathbf{r}(t)=<\sin \pi t,\ t,\ \cos \pi t>$
9. $\mathbf{r}(t)=<1,\ \cos t,\ 2\sin t>$
10. $\mathbf{r}(t)=t^2\mathbf{i}+t\mathbf{j}+2\mathbf{k}$
11. $\mathbf{r}(t)=t^2\,\mathbf{i}+t^4\,\mathbf{j}+t^6\,\mathbf{k}$
12. $\mathbf{r}(t)=\cos t\,\mathbf{i}-\cos t\,\mathbf{j}+\sin t\,\mathbf{k}$

(13~14) 세 좌표평면 위에 다음 곡선의 사영들을 그려라. 이 사영들을 이용하여 곡선을 그려라.

13. $\mathbf{r}(t)=<t\sin t,\ 2\cos t>$
14. $\mathbf{r}(t)=<t,\ t,\ t^2>$

(15~18) P와 Q를 잇는 선분에 대한 벡터방정식과 매개변수방정식을 찾아라.

15. $P(0, 0, 0), Q(1, 2, 3)$
16. $P(1, 0, 1), Q(2, 3, 1)$
17. $P(1, -1, 2), Q(4, 1, 7)$
18. $P(-2, 4, 0), Q(6, -1, 2)$

(19~24) 매개변수방정식을 그래프 I~VI과 짝지우고, 그 이유를 설명하여라.

19. $x=t\cos t,\ y=t,\ z=t\sin t,\ t\geq 0$
20. $x=\cos t,\ y=\sin t,\ z=1/(1+t^2)$
21. $x=t,\ y=\dfrac{1}{1+t^2},\ z=t^2$
22. $x=\cos t,\ y=\sin t,\ z=\cos 2t$
23. $x=\cos 8t,\ y=\sin 8t,\ z=e^{0.8t},\ t\geq 0$
24. $x=\cos^2 t,\ y=\sin^2 t,\ z=t$

I
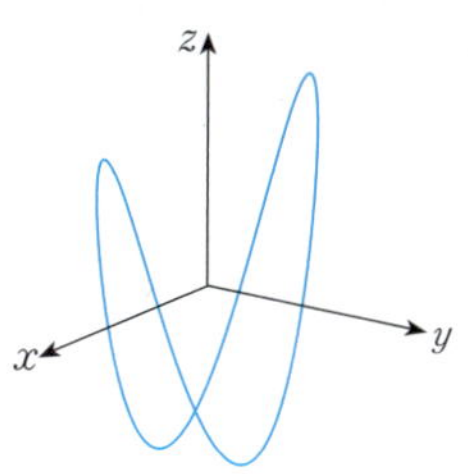

II
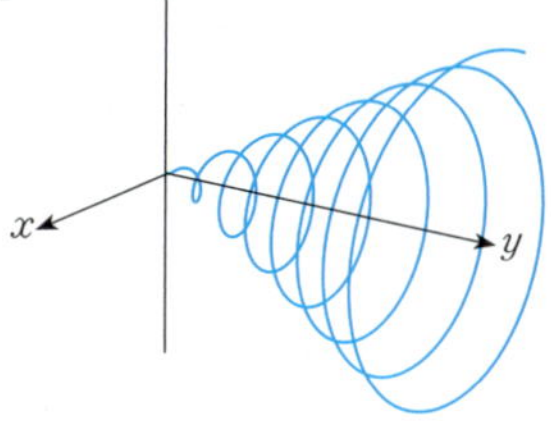

III
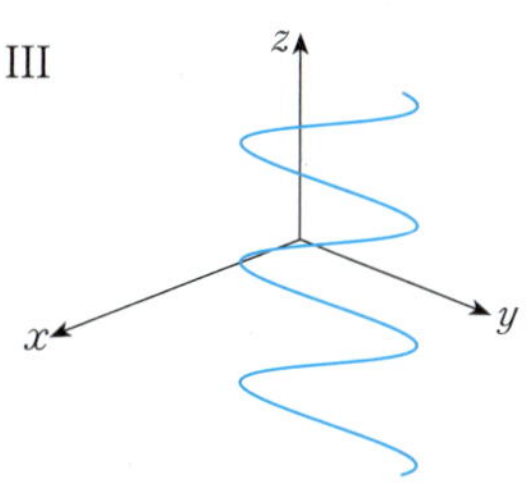

IV
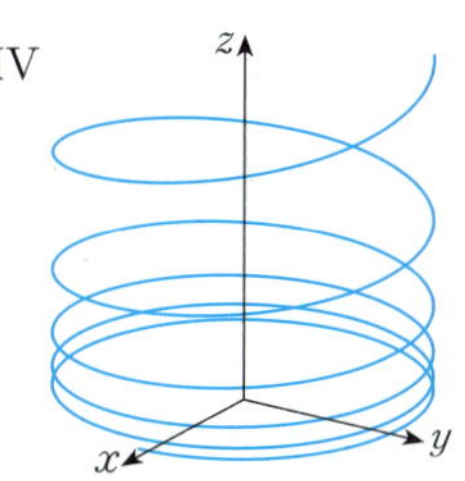

V
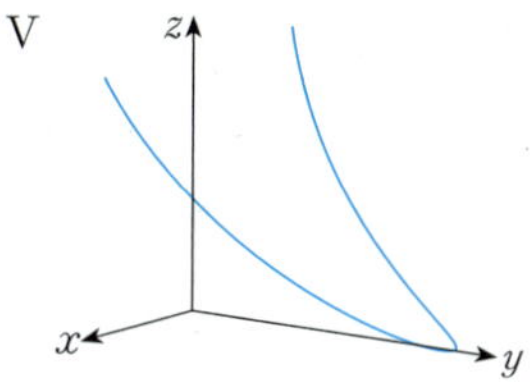

VI
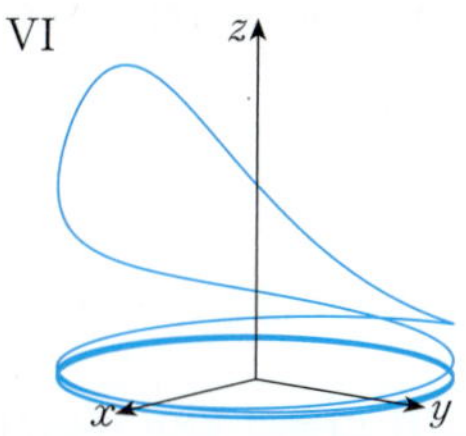

25. 매개변수방정식이 $x=t\cos t,\ y=t\sin t,\ z=t$으로 표현된 곡선이 원뿔 $z^2=x^2+y^2$ 위에 놓여 있음을 보이고, 이 사실을 이용하여 주어진 곡선의 개형을 그려보아라.
26. 매개변수방정식이 $x=\sin t,\ y=\cos t,\ z=\sin^2 t$로 표현된 곡선은 곡면 $z=x^2$과 $x^2+y^2=1$의 교선임을 보이고, 이 사실을 이용하여 곡선의 개형을 그려보아라.
27. 어떤 점에서 곡선 $\mathbf{r}(t)=t\mathbf{i}+(2t-t^2)\mathbf{k}$가 포물면(paraboloid) $z=x^2+y^2$을 만나는가?
28. 어떤 점에서 나선 $\mathbf{r}(t)=<\sin t,\ \cos t,\ t>$가 구 $x^2+y^2+z^2=5$를 만나는가?

(29~31) 다음과 같이 벡터방정식으로 주어진 곡선을 그려라. 곡선의 올바른 성질이 확실히 드러나도록 매개변수의 영역과 관점을 선택하여라.

29. $\mathbf{r}(t)=<\cos t\sin 2t,\ \sin t\sin 2t,\ \cos 2t>$
30. $\mathbf{r}(t)=<t,\ e^t,\ \cos t>$
31. $\mathbf{r}(t)=<\cos 2t,\ \cos 3t,\ \cos 4t>$

32. 매개변수방정식 $x=\sin t,\ y=\sin 2t,\ z=\cos 4t$로 표현된 곡선을 그려라. 세 좌표평면위로 곡선의 사영을 이용하여 곡선의 모양을 설명하여라.
33. 매개변수방정식

$$x=(1+\cos 16t)\cos t$$
$$y=(1+\cos 16t)\sin t$$
$$z=1+\cos 16t$$

로 표현된 곡선의 자취를 그려라. 또한 그래프가 원뿔 위에 놓여 있음을 보임으로써 자취의 모양을 설명하여라.
34. 매개변수방정식

$$x=\sqrt{1-0.25\cos^2 10t}\,\cos t$$
$$y=\sqrt{1-0.25\cos^2 10t}\,\sin t$$
$$z=0.5\cos 10t$$

로 표현된 곡선을 그려라. 또한 곡선이 구면 위에 놓여 있음을 보임으로써 곡선의 모양을 설명하여라.

35. 매개변수방정식 $x=t^2$, $y=1-3t$, $z=1+t^3$로 주어진 곡선은 점 $(1, 4, 0)$과 $(9, -8, 28)$을 지나지만 점 $(4, 7, -6)$을 지나지 않음을 보여라.

(36~40) 다음과 같이 주어진 두 곡면의 교선으로 표현되는 곡선의 벡터함수를 구하여라.

36. 원기둥 $x^2+y^2=4$와 곡면 $z=xy$

37. 원뿔 $z=\sqrt{x^2+y^2}$과 평면 $z=1+y$

38. 포물면 $z=4x^2+y^2$과 포물기둥 $y=x^2$

39. 쌍곡면 $z=x^2-y^2$과 원기둥 $x^2+y^2=1$

40. 반타원면 $x^2+y^2+4z^2=4$, $y\geq 0$과 원기둥 $x^2+z^2=1$

41. 원기둥 $x^2+y^2=4$와 포물주면 $z=x^2$의 교선을 그려라. 이 곡선을 매개변수 t를 사용하여, 매개변수방정식을 구하여라. 또한 이 방정식과 컴퓨터를 이용하여 곡선의 자취를 그려보아라.

42. 포물기둥 $y=x^2$과 타원면 $x^2+4y^2+4z^2=16$의 위 절반 부분의 교선을 직접 그려 보아라. 이 곡선에 대한 매개변수방정식을 구하고 이를 이용하여 컴퓨터로 곡선을 그려라.

43. 두 다른 곡선이 공간을 통해 이동할 때, 그 곡선이 교차할 것이다. 다음 벡터 함수로 주어진 두 입자의 궤도를 추측하여라.

$\mathbf{r}_1(t)=\langle t^2, 7t-12, t^2\rangle$, $\mathbf{r}_2(t)=\langle 4t-3, t^2, 5t-6\rangle$ $(t\geq 0)$. 입자들은 교차할 것인가?

44. 공간 곡선들을 따라 움직이는 두 입자들이 있다.

$\mathbf{r}_1(t)=\langle t, t^2, t^3\rangle$, $\mathbf{r}_2(t)=\langle 1+2t, 1+6t, 1+14t\rangle$

입자들의 경로는 교차하는가?

45. $\mathbf{u}$와 $\mathbf{v}$는 $t\to a$일 때 극한을 갖는 벡터함수이고 c는 상수라 하자. 이때 극한에 대해 다음이 성립함을 증명하여라.

(a) $\lim_{t\to a}[\mathbf{u}(t)+\mathbf{v}(t)]=\lim_{t\to a}\mathbf{u}(t)+\lim_{t\to a}\mathbf{v}(t)$

(b) $\lim_{t\to a}c\mathbf{u}(t)=c\lim_{t\to a}\mathbf{u}(t)$

(c) $\lim_{t\to a}[\mathbf{u}(t)\cdot\mathbf{v}(t)]=\lim_{t\to a}\mathbf{u}(t)\cdot\lim_{t\to a}\mathbf{v}(t)$

(d) $\lim_{t\to a}[\mathbf{u}(t)\times\mathbf{v}(t)]=\lim_{t\to a}\mathbf{u}(t)\times\lim_{t\to a}\mathbf{v}(t)$

46. 그림 8의 3잎무늬매듭의 그림은 비록 정확하게 그려진 것이라 하더라도 그림만 보고 매개변수방정식을 전체적으로 이해할 수 있는 것은 아니다.

$$x=(2+\cos 1.5t)\cos t,$$
$$y=(2+\cos 1.5t)\sin t,$$
$$z=\sin 1.5t$$

를 이용하여 곡선을 위에서 바라본 모양을 집접 그려보아라. 극좌표 $r=2+\cos 1.5t$와 $\theta=t$가 되는 xy평면 위로 위 곡선의 사영을 생각하는 것으로부터 시작하여라. 여기서 r을 1에서 3까지 변화시켜 보아라. 그 사영이 $r=1$과 $r=3$ 사이의 값에서 z가 최댓값과 최솟값을 가짐을 보여라.

그림을 다 그렸다면, 컴퓨터를 이용하여 위에서 바라본 곡선을 그리고 직접 그린 그림과 비교하여라. 컴퓨터를 이용하여 여러 각도에서 바라본 곡선의 모양을 그려라. 만약 곡선 주위로 반지름이 0.2인 튜브를 그렸다면, 곡선의 더 나은 면을 발견할 수 있을 것이다(Maple에서 명령어 tubeplot 또는 Mathematica에서 명령어 tubecurve 또는 Tube를 이용하여라).

11.2 벡터함수의 도함수와 적분

이 장 뒷부분에서 전하는 행성과 다른 물체들의 운동을 설명하기 위하여 벡터함수를 사용할 것이다. 여기에서는 벡터함수의 미적분을 전개하여 위 방법에 대한 준비를 한다.

▷ 도함수

벡터함수 $\mathbf{r}$의 도함수(derivative) $\mathbf{r}'$은 실가함수에서와 같이 정의한다.

1
$$\frac{d\mathbf{r}}{dt} = \mathbf{r}'(t) = \lim_{h \to 0} \frac{\mathbf{r}(t+h) - \mathbf{r}(t)}{h}$$

(단, 극한이 존재하는 경우에 한한다). 그림 1은 이 정의의 기하학적 의미를 보여주고 있다. 두 점 P와 Q의 위치벡터를 각각 $\mathbf{r}(t)$와 $\mathbf{r}(t+h)$라 할 때, 벡터 $\overrightarrow{PQ}$는 두 벡터의 차 $\mathbf{r}(t+h)-\mathbf{r}(t)$를 나타내는 것으로 **할선벡터**(secant vector)라 한다.

$h>0$이면 벡터 $\frac{1}{h}(\mathbf{r}(t+h)-\mathbf{r}(t))$는 $\mathbf{r}(t+h)-\mathbf{r}(t)$와 같은 방향을 가진다.

$h \to 0$일 때 이 벡터는 접선 위에 놓여 있는 벡터에 접근하게 됨이 분명하다. 이 같은 이유로 $\mathbf{r}'(t)$가 존재하고, $\mathbf{r}'(t) \neq 0$인 경우 벡터 $\mathbf{r}'(t)$를 $\mathbf{r}$에 의하여 정의되는 곡선에 대한 점 P에서의 **접선벡터**(tangent vector)라 한다.

점 P에서 곡선 C의 **접선**(tangent line)은 P를 지나고, 접선벡터 $\mathbf{r}'(t)$에 평행인 직선으로 정의한다. 이 때 **단위접선벡터**(unit tangent vector)는

$$\mathbf{T}(t) = \frac{\mathbf{r}'(t)}{|\mathbf{r}'(t)|}$$

로 주어진다.

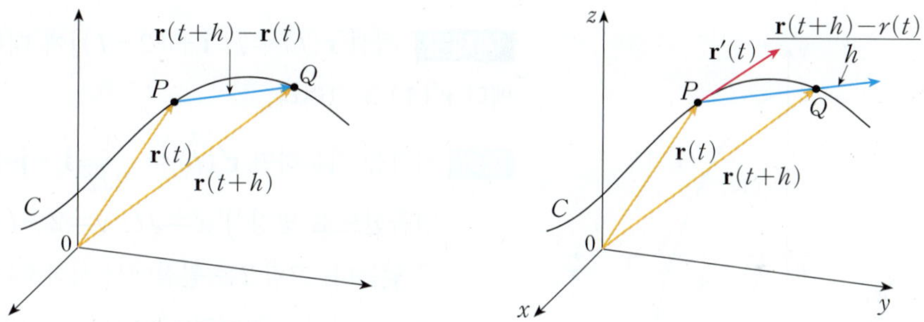

(a) 할선벡터 (b) 접선벡터

그림 1

다음의 정리는 벡터함수 $\mathbf{r}$의 도함수를 구하는 좀더 편리한 방법을 제시한다. $\mathbf{r}$의 도함수를 구하기 위하여 $\mathbf{r}$의 각 성분만을 미분하면 된다.

2 정리 f, g, h가 미분가능함수이고

$$\mathbf{r}(t) = \langle f(t), g(t), h(t) \rangle = f(t)\mathbf{i} + g(t)\mathbf{j} + h(t)\mathbf{k}$$

일 때

$$\mathbf{r}'(t) = \langle f'(t), g'(t), h'(t) \rangle = f'(t)\mathbf{i} + g'(t)\mathbf{j} + h'(t)\mathbf{k}$$

이다.

증명

$$\mathbf{r}'(t) = \lim_{\Delta t \to 0} \frac{1}{\Delta t}[\mathbf{r}(t+\Delta t) - \mathbf{r}(t)]$$

$$= \lim_{\Delta t \to 0} \frac{1}{\Delta t}[\langle f(t+\Delta t), g(t+\Delta t), h(t+\Delta t) \rangle - \langle f(t), g(t), h(t) \rangle]$$

$$=\lim_{\Delta t\to 0}<\frac{f(t+\Delta t)-f(t)}{\Delta t},\ \frac{g(t+\Delta t)-g(t)}{\Delta t},\ \frac{h(t+\Delta t)-h(t)}{\Delta t}>$$

$$=<\lim_{\Delta t\to 0}\frac{f(t+\Delta t)-f(t)}{\Delta t},\ \lim_{\Delta t\to 0}\frac{g(t+\Delta t)-g(t)}{\Delta t},\ \lim_{\Delta t\to 0}\frac{h(t+\Delta t)-h(t)}{\Delta t}>$$

$$=<f'(t),\ g'(t),\ h'(t)>$$

■

예제 1 단위 접선벡터 구하기

(a) $\mathbf{r}(t)=(1+t^3)\ \mathbf{i}+te^{-t}\ \mathbf{j}+\sin 2t\ \mathbf{k}$의 도함수를 구하여라.

(b) $t=0$인 점에서의 단위접선벡터를 구하여라.

풀이 (a) 정리 **2**에 의하여

$$\mathbf{r}'(t)=3t^2\ \mathbf{i}+(1-t)e^{-t}\ \mathbf{j}+2\cos 2t\ \mathbf{k}$$

(b) $\mathbf{r}(0)=\mathbf{i}$이고 $\mathbf{r}'(0)=\mathbf{j}+2\mathbf{k}$이므로, 점 $(1, 0, 0)$에서의 단위접벡터는

$$\mathbf{T}(0)=\frac{\mathbf{r}'(0)}{|\mathbf{r}'(0)|}=\frac{\mathbf{j}+2\mathbf{k}}{\sqrt{1+4}}=\frac{1}{\sqrt{5}}\mathbf{j}+\frac{2}{\sqrt{5}}\mathbf{k}$$

이다. ■

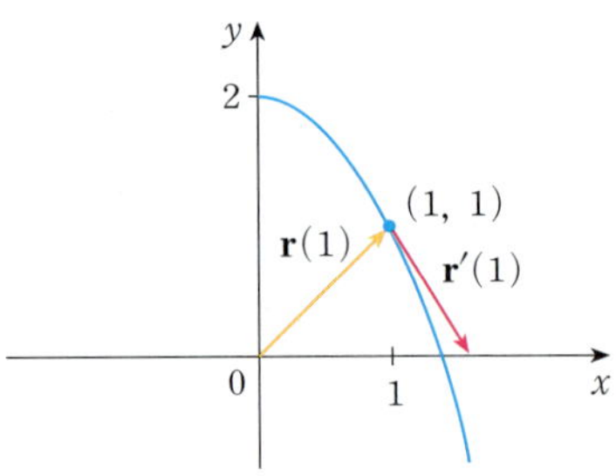

그림 2
접선벡터는 t가 증가하는 방향이다(연습문제 54 참조)

예제 2 곡선 $\mathbf{r}(t)=\sqrt{t}\ \mathbf{i}+(2-t)\mathbf{j}$에 대하여 $\mathbf{r}'(t)$를 구하고, 위치벡터 $\mathbf{r}(1)$과 접선벡터 $\mathbf{r}'(1)$을 그려라.

풀이 각각을 미분하면 $\mathbf{r}'(t)=\frac{1}{2\sqrt{t}}\mathbf{i}-\mathbf{j}$이고, $\mathbf{r}'(1)=\frac{1}{2}\mathbf{i}-\mathbf{j}$이다. 주어진 곡선은 평면곡선으로 방정식 $x=\sqrt{t}$, $y=2-t$에서 매개변수를 소거하면 $y=2-x^2$, $x\geq 0$을 얻는다. 그림 2는 원점에서 시작하는 위치벡터 $\mathbf{r}(1)=\mathbf{i}+\mathbf{j}$와 대응되는 점 $(1, 1)$에서 시작하는 접벡터 $\mathbf{r}'(1)$의 그림이 있다. ■

예제 3 공간곡선에서의 접선 구하기 매개변수방정식

$$x=2\cos t,\quad y=\sin t,\quad z=t$$

를 갖는 나선에 대한 $\left(0, 1, \frac{\pi}{2}\right)$에서의 접선의 매개변수방정식을 구하여라.

● 그림 3은 예제 3의 나선과 접선을 그린 것이다.

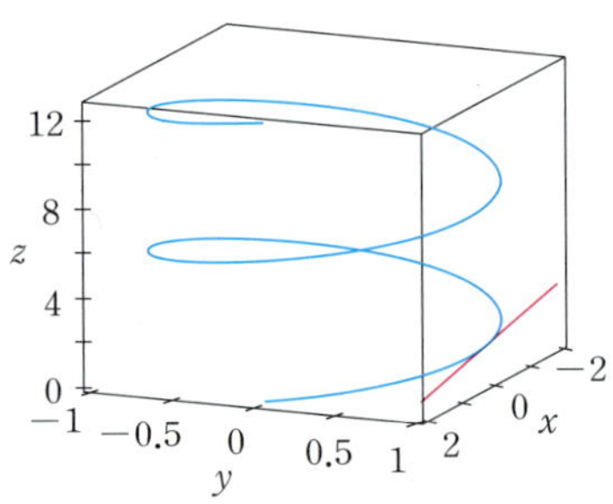

그림 3

풀이 나선의 벡터방정식이 $\mathbf{r}(t)=<2\cos t,\ \sin t,\ t>$이므로

$$\mathbf{r}'(t)=<-2\sin t,\ \cos t,\ 1>$$

이다. 점 $\left(0, 1, \frac{\pi}{2}\right)$에 대응되는 매개변수의 값이 $t=\frac{\pi}{2}$이므로, 그 점에서의 접선벡터는 $\mathbf{r}'\left(\frac{\pi}{2}\right)=<-2, 0, 1>$이다. 접선은 $\left(0, 1, \frac{\pi}{2}\right)$를 지나고 $<-2, 0, 1>$에 평행인 직선이므로 10.5절의 식 **2**에 의하여 그 매개변수방정식은

$$x=-2t,\quad y=1,\quad z=\frac{\pi}{2}+t$$

이다. ■

● 11.4절에서는 $\mathbf{r}'(t)$와 $\mathbf{r}''(t)$가 시간 t에서 위치벡터 $\mathbf{r}(t)$를 갖고 공간에서 이동하는 물체의 속도와 가속도로 해석됨을 보게 될 것이다.

실가함수와 같이 벡터함수 $\mathbf{r}$의 **이차도함수**(second derivative)란 $\mathbf{r}'$의 도함수를 말한다. 즉 $\mathbf{r}''=(\mathbf{r}')'$이다. 예를 들어 예제 3에서 사용한 함수의 이차도함수는

$$\mathbf{r}''(t)=\langle -2\cos t,\ -\sin t,\ 0\rangle$$

이다.

▷ 미분법칙

다음 정리는 실가함수에 관한 미분공식이 벡터도 상응하는 공식을 가지고 있음을 보여준다.

3 정리 $\mathbf{u}$와 $\mathbf{v}$를 미분가능한 벡터함수(c는 스칼라, f는 실가함수)라 하면

1. $\dfrac{d}{dt}[\mathbf{u}(t)+\mathbf{v}(t)]=\mathbf{u}'(t)+\mathbf{v}'(t)$
2. $\dfrac{d}{dt}[c\mathbf{u}(t)]=c\mathbf{u}'(t)$
3. $\dfrac{d}{dt}[f(t)\mathbf{u}(t)]=f'(t)\mathbf{u}(t)+f(t)\mathbf{u}'(t)$
4. $\dfrac{d}{dt}[\mathbf{u}(t)\cdot\mathbf{v}(t)]=\mathbf{u}'(t)\cdot\mathbf{v}(t)+\mathbf{u}(t)\cdot\mathbf{v}'(t)$
5. $\dfrac{d}{dt}[\mathbf{u}(t)\times\mathbf{v}(t)]=\mathbf{u}'(t)\times\mathbf{v}(t)+\mathbf{u}(t)\times\mathbf{v}'(t)$
6. $\dfrac{d}{dt}[\mathbf{u}(f(t))]=f'(t)\mathbf{u}'(f(t))$ (연쇄법칙)

이 정리는 정의 1로부터 직접적으로 또는 정리 2와 실가함수에 관한 대응되는 미분공식을 이용함으로써 증명할 수 있다.

공식 4의 증명 $\mathbf{u}(t)=\langle f_1(t), f_2(t), f_3(t)\rangle$, $\mathbf{v}(t)=\langle g_1(t), g_2(t), g_3(t)\rangle$라고 하면, $\mathbf{u}(t)\cdot\mathbf{v}(t)=f_1(t)\cdot g_1(t)+f_2(t)\cdot g_2(t)+f_3(t)\cdot g_3(t)=\sum_{i=1}^{3}f_i(t)g_i(t)$이므로 곱의 법칙에 의하여

$$\begin{aligned}\frac{d}{dt}[\mathbf{u}(t)\cdot\mathbf{v}(t)]&=\frac{d}{dt}\sum_{i=1}^{3}f_i(t)g_i(t)=\sum_{i=1}^{3}\frac{d}{dt}[f_i(t)g_i(t)]\\&=\sum_{i=1}^{3}[f_i'(t)g_i(t)+f_i(t)g_i'(t)]\\&=\sum_{i=1}^{3}f_i'(t)g_i(t)+\sum_{i=1}^{3}f_i(t)g_i'(t)\\&=\mathbf{u}'(t)\cdot\mathbf{v}(t)+\mathbf{u}(t)\cdot\mathbf{v}'(t)\end{aligned}$$

■

예제 4 $|\mathbf{r}(t)|=c$(상수)이면, $\mathbf{r}'(t)$는 모든 t에 대하여 $\mathbf{r}(t)$와 직교함을 보여라.

풀이 $\mathbf{r}(t)\cdot\mathbf{r}(t)=|\mathbf{r}(t)|^2=c^2$이고 c^2이 상수이므로 정리 3의 공식 4에 의하여

$$0=\frac{d}{dt}[\mathbf{r}(t)\cdot\mathbf{r}(t)]=\mathbf{r}'(t)\cdot\mathbf{r}(t)+\mathbf{r}(t)\cdot\mathbf{r}'(t)=2\mathbf{r}'(t)\cdot\mathbf{r}(t)$$

● $\mathbf{r}(t)$의 길이가 상수이면 위치벡터와 접선벡터는 수직한다.

따라서 $\mathbf{r}'(t)\cdot\mathbf{r}(t)=0$이고, 이것은 $\mathbf{r}'(t)$가 $\mathbf{r}(t)$에 직교임을 의미한다.

기하학적으로 이 결과는 곡선이 구면 위에 있으면 접선벡터 $\mathbf{r}'(t)$는 언제나 위치벡터 $\mathbf{r}(t)$에 수직임을 말해준다. ■

▷ 적분

연속벡터함수 $\mathbf{r}(t)$의 **정적분**은 적분의 결과가 벡터라는 것을 제외하면, 실가함수에 관한 것과 꼭 같은 방법으로 정의할 수 있다. 그러나 이 경우에 $\mathbf{r}$의 적분은 성분함수 f, g와 h의 적분으로 다음과 같이 나타낼 수 있다.

$$\int_b^a \mathbf{r}(t)dt=\lim_{n\to\infty}\sum_{i=1}^{n}\mathbf{r}(t_i^*)\Delta t$$
$$=\lim_{n\to\infty}\left[\left(\sum_{i=1}^{n}f(t_i^*)\Delta t\right)\mathbf{i}+\left(\sum_{i=1}^{n}g(t_i^*)\Delta t\right)\mathbf{j}+\left(\sum_{i=1}^{n}h(t_i^*)\Delta t\right)\mathbf{k}\right]$$

이므로

$$\int_a^b \mathbf{r}(t)dt=\left(\int_a^b f(t)dt\right)\mathbf{i}+\left(\int_a^b g(t)dt\right)\mathbf{j}+\left(\int_a^b h(t)dt\right)\mathbf{k}$$

이다. 이것은 각 성분함수를 적분함으로써 벡터함수의 적분을 구할 수 있음을 의미한다.

미분적분학의 기본정리는 다음과 같이 연속인 벡터함수로까지 그대로 확장할 수 있다. 즉, $\mathbf{R}$이 $\mathbf{r}$의 역도함수(antiderivative), 즉 $\mathbf{R}'(t)=\mathbf{r}(t)$일 때 등식

$$\int_b^a \mathbf{r}(t)dt=\mathbf{R}(t)\Big]_a^b=\mathbf{R}(b)-\mathbf{R}(a)$$

이 성립한다. 부정적분(역도함수)은 $\int\mathbf{r}(t)dt$라 쓴다.

예제 5 **벡터함수의 적분** $\mathbf{r}(t)=2\cos t\,\mathbf{i}+\sin t\,\mathbf{j}+2t\,\mathbf{k}$이면

$$\int\mathbf{r}(t)dt=\left(\int 2\cos t\,dt\right)\mathbf{i}+\left(\int\sin t\,dt\right)\mathbf{j}+\left(\int 2t\,dt\right)\mathbf{k}$$
$$=2\sin t\,\mathbf{i}-\cos t\,\mathbf{j}+t^2\,\mathbf{k}+\mathbf{C}$$

이다(여기서 $\mathbf{C}$는 적분의 벡터상수이다). 또

$$\int_0^{\frac{\pi}{2}}\mathbf{r}(t)dt=[2\sin t\,\mathbf{i}-\cos t\,\mathbf{j}+t^2\,\mathbf{k}]_0^{\frac{\pi}{2}}=2\,\mathbf{i}+\mathbf{j}+\frac{\pi^2}{4}\mathbf{k}$$

이다. ■

11.2 연습문제

1. 다음 그림은 벡터함수 $\mathbf{r}(t)$에 의하여 주어진 곡선 C를 나타낸다.
   (a) 벡터 $\mathbf{r}(4.5)-\mathbf{r}(4)$와 $\mathbf{r}(4.2)-\mathbf{r}(4)$를 그려라.
   (b) 벡터 $\dfrac{\mathbf{r}(4.5)-\mathbf{r}(4)}{0.5}$와 $\dfrac{\mathbf{r}(4.2)-\mathbf{r}(4)}{0.2}$를 그려라.
   (c) $\mathbf{r}'(4)$와 단위접벡터 $\mathbf{T}(4)$를 식으로 나타내어라.

(d) $\mathbf{T}(4)$를 그려라.

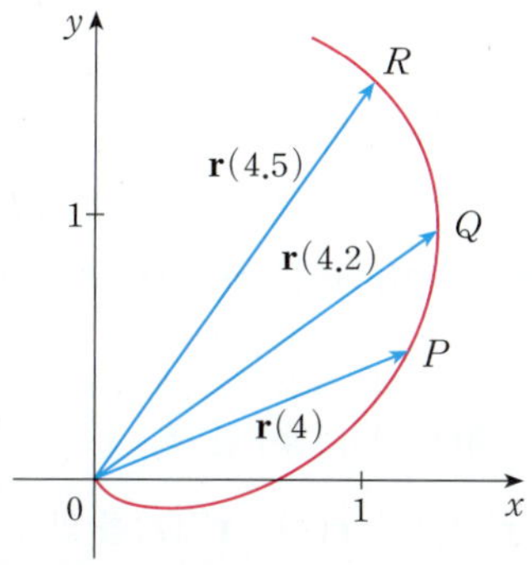

2. (a) 벡터함수 $\mathbf{r}(t)=\langle t^2, t\rangle$, $0\le t\le 2$에 의하여 주어진 곡선을 개략적으로 그려보고 벡터 $\mathbf{r}(1)$, $\mathbf{r}(1.1)$, $\mathbf{r}(1.1)-\mathbf{r}(1)$을 그려보아라.

(b) 점 (1, 1)을 시점으로 벡터 $\mathbf{r}'(1)$을 그리고 이를 벡터

$$\frac{\mathbf{r}(1.1)-\mathbf{r}(1)}{0.1}$$

과 비교하여 보아라. 이 두 벡터의 크기와 방향이 비슷한 이유에 대하여 설명하여 보아라.

(3~8) (a) 문제에 제시된 벡터함수로 주어진 평면곡선을 그려라.

(b) $\mathbf{r}'(t)$를 구하여라.

(c) 주어진 t의 값에 대하여 위치벡터 $\mathbf{r}(t)$와 접선벡터 $\mathbf{r}'(t)$를 그려라.

3. $\mathbf{r}(t)=<t-2, t^2+1>$, $t=-1$
4. $\mathbf{r}(t)=<1+t, \sqrt{t}>$, $t=1$
5. $\mathbf{r}(t)=e^t\,\mathbf{i}+e^{-2t}\,\mathbf{j}$, $t=0$
6. $\mathbf{r}(t)=2\sin t\,\mathbf{i}+3\cos t\,\mathbf{j}$, $t=\dfrac{\pi}{3}$
7. $\mathbf{r}(t)=e^t\,\mathbf{i}+e^{3t}\,\mathbf{j}$, $t=0$
8. $\mathbf{r}(t)=(1+\cos t)\mathbf{i}+(2+\sin t)\mathbf{j}$, $t=\dfrac{\pi}{6}$

(9~14) 다음 벡터함수의 도함수를 구하여라.

9. $\mathbf{r}(t)=<t\sin t,\ t^2,\ t\cos 2t>$
10. $\mathbf{r}(t)=<\tan t,\ \sec t,\ 1/t^2>$
11. $\mathbf{r}(t)=e^{t^2}\,\mathbf{i}-\mathbf{j}+\ln(1+3t)\,\mathbf{k}$
12. $\mathbf{r}(t)=at\cos 3t\,\mathbf{i}+b\sin^3 t\,\mathbf{j}+c\cos^3 t\,\mathbf{k}$
13. $\mathbf{r}(t)=\mathbf{a}+t\,\mathbf{b}+t^2\,\mathbf{c}$
14. $\mathbf{r}(t)=t\,\mathbf{a}\times(\mathbf{b}+t\,\mathbf{c})$

(15~18) 주어진 t의 값을 갖는 점에서의 단위접선벡터 $\mathbf{T}(t)$를 구하여라.

15. $\mathbf{r}(t)=\langle te^{-t}, 2\arctan t, 2e^t\rangle$, $t=0$
16. $\mathbf{r}(t)=4\sqrt{t}\,\mathbf{i}+t^2\,\mathbf{j}+t\,\mathbf{k}$, $t=1$
17. $\mathbf{r}(t)=\cos t\,\mathbf{i}+3t\,\mathbf{j}+2\sin 2t\,\mathbf{k}$, $t=0$
18. $\mathbf{r}(t)=2\sin t\mathbf{i}+2\cos t\mathbf{j}+\tan t\mathbf{k}$, $t=\dfrac{\pi}{4}$

19. $\mathbf{r}(t)=\langle t, t^2, t^3\rangle$일 때, $\mathbf{r}'(t)$, $\mathbf{T}(1)$, $\mathbf{r}''(t)$, $\mathbf{r}'(t)\times\mathbf{r}''(t)$를 구하여라.

20. $\mathbf{r}(t)=\langle e^{2t}, e^{-2t}, te^{2t}\rangle$일 때, $\mathbf{T}(0)$, $\mathbf{r}''(0)$, $\mathbf{r}'(t)\cdot\mathbf{r}''(t)$를 구하여라.

(21~24) 각각의 곡선에 대하여 주어진 점에서의 접선을 구하여라.

21. $x=1+2\sqrt{t},\ y=t^3-t,\ z=t^3+t$; (3, 0, 2)
22. $x=e^t,\ y=te^t,\ z=te^{t^2}$; (1, 0, 0)
23. $x=e^{-t}\cos t, y=e^{-t}\sin t, z=e^{-t}$; (1, 0, 1)
24. $x=\ln t, y=2\sqrt{t}, z=t^2$; (0, 2, 1)

25. 두 원기둥 $x^2+y^2=25$와 $y^2+z^2=20$의 교선 위의 점 (3, 4, 2)에서 접선의 방정식을 구하여라.

26. 접선이 평면 $\sqrt{3}x+y=1$과 평행하게 되는 곡선 $\mathbf{r}(t)=<2\cos t,\ 2\sin t,\ e^t>$ 위의 점을 구하여라.

(27~29) 각각의 곡선에 대하여 주어진 점에서의 접선을 구하여라. 또한 곡선과 접선을 그려보아라.

27. $x=t, y=e^{-t}, z=2t-t^2$; (0, 1, 0)
28. $x=2\cos t, y=2\sin t, z=4\cos 2t$; $(\sqrt{3}, 1, 2)$
29. $x=t\cos t,\ y=t,\ z=t\sin t$; $(-\pi, \pi, 0)$

30. (a) $t=0$, $t=0.5$일 때 곡선 $\mathbf{r}(t)=\langle\sin\pi t, 2\sin\pi t, \cos\pi t\rangle$ 위의 두 점에서의 접선의 교점을 구하여라.

(b) 곡선과 두 접선을 그림으로 나타내고 설명하여라.

31. 곡선 $\mathbf{r}_1(t)=\langle t, t^2, t^3\rangle$과 $\mathbf{r}_2(t)=\langle\sin t, \sin 2t, t\rangle$는 원점에서 만난다. 두 곡선의 교각의 근삿값을 구하여라.

32. 어떤 점에서 곡선 $\mathbf{r}_1(t)=\langle t, 1-t, 3+t^2\rangle$와 $\mathbf{r}_2(s)=\langle 3-s, s-2, s^2\rangle$이 교차하는가? 곡선들의 최대 정확한 교각을 구하여라.

(33~38) 다음의 적분값을 구하여라.

33. $\int_0^1 (16t^3\,\mathbf{i} - 9t^2\,\mathbf{j} + 25t^4\,\mathbf{k})dt$

34. $\int_0^1 \left(\frac{4}{1+t^2}\,\mathbf{j} + \frac{2t}{1+t^2}\,\mathbf{k}\right)dt$

35. $\int_0^{\pi/2} (3\sin^2 t\cos t\,\mathbf{i} + 3\sin t\cos^2 t\,\mathbf{j} + 2\sin t\cos t\,\mathbf{k})dt$

36. $\int_1^2 (t^2\,\mathbf{i} + t\sqrt{t-1}\,\mathbf{j} + t\sin \pi t\mathbf{k})dt$

37. $\int (\sec^2 t\,\mathbf{i} + t(t^2+1)^3\,\mathbf{j} + t^2\ln t\,\mathbf{k})dt$

38. $\int \left(te^{2t}\mathbf{i} + \frac{t}{1-t}\mathbf{j} + \frac{1}{\sqrt{1-t^2}}\mathbf{k}\right)dt$

39. $\mathbf{r}'(t) = 2t\,\mathbf{i} + 3t^2\,\mathbf{j} + \sqrt{t}\,\mathbf{k}$이고 $\mathbf{r}(1) = \mathbf{i} + \mathbf{j}$일 때, $\mathbf{r}(t)$를 구하여라.

40. $\mathbf{r}'(t) = t\,\mathbf{i} + e^t\,\mathbf{j} + te^t\,\mathbf{k}$이고 $\mathbf{r}(0) = \mathbf{i} + \mathbf{j} + \mathbf{k}$일 때, $\mathbf{r}(t)$를 구하여라.

41. 정리 3의 공식 1을 증명하여라.

42. 정리 3의 공식 3을 증명하여라.

43. 정리 3의 공식 5를 증명하여라.

44. 정리 3의 공식 6을 증명하여라.

45. $\mathbf{u}(t) = <\sin t,\ \cos t,\ t>$, $\mathbf{v}(t) = <t\cos t,\ \sin t>$일 때, 정리 3의 공식 4를 이용하여 $\frac{d}{dt}[\mathbf{u}(t)\cdot\mathbf{v}(t)]$를 구하여라.

46. 연습문제 45에서, 정리 3의 공식 5를 이용하여 $\frac{d}{dt}[\mathbf{u}(t)\cdot\mathbf{v}(t)]$를 구하여라.

47. $f(t) = \mathbf{u}(t)\cdot\mathbf{v}(t)\cdot\mathbf{u}(2) = <1,\ 2,\ -1>$, $\mathbf{u}'(2) = <3,\ 0,\ 4>$과 $\mathbf{v}(t) = <t,\ t^2,\ t^3>$를 이용하여 $f'(2)$를 구하여라.

48. 연습문제 47에서 $\mathbf{u}$, $\mathbf{v}$에 대한 벡터함수 $(t) = \mathbf{u}(t)\times\mathbf{v}(t)$라고 하면 $\mathbf{r}'(2)$를 구하여라.

49. $\mathbf{r}$이 $\mathbf{r}''$이 존재하는 벡터함수일 때, $\frac{d}{dt}[\mathbf{r}(t)\times\mathbf{r}'(t)] = \mathbf{r}(t)\times\mathbf{r}''(t)$를 만족함을 보여라.

50. $\frac{d}{dt}[\mathbf{u}(t)\cdot(\mathbf{v}(t)\times\mathbf{w}(t))]$를 전개하여라.

51. $\mathbf{r}(t)\neq\mathbf{0}$일 때, $\frac{d}{dt}|\mathbf{r}(t)| = \frac{1}{|\mathbf{r}(t)|}\mathbf{r}(t)\cdot\mathbf{r}'(t)$임을 보여라.
(도움말 : $|\mathbf{r}(t)|^2 = \mathbf{r}(t)\cdot\mathbf{r}(t)$)

52. 곡선이 위치벡터 $\mathbf{r}(t)$가 접벡터 $\mathbf{r}'(t)$에 대하여 항상 수직하는 성질을 가질 때, 곡선은 원점을 중심으로 갖는 구면 위에 있음을 보여라.

53. $\mathbf{u}(t) = \mathbf{r}(t)\cdot[\mathbf{r}'(t)\times\mathbf{r}''(t)]$일 때,
$$\mathbf{u}'(t) = \mathbf{r}(t)\cdot[\mathbf{r}'(t)\times\mathbf{r}'''(t)]$$
임을 보여라.

54. 벡터함수 $\mathbf{r}(t)$에 의해서 정의된 곡선의 접선벡터는 t가 증가하는 방향이다.

11.3 곡선의 길이와 곡률

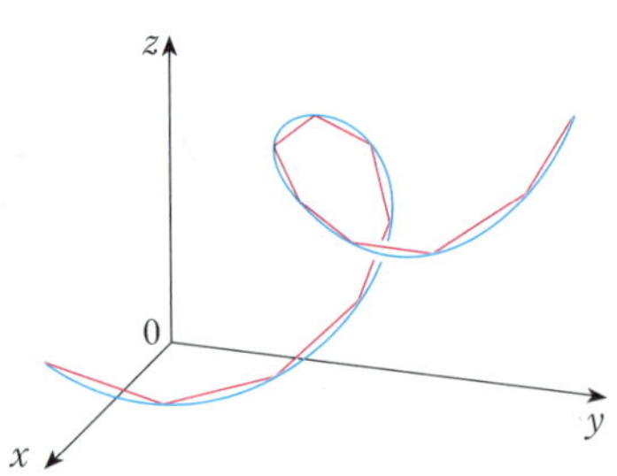

그림 1
공간곡선의 길이는 내접한 다각형의 길이의 극한이다.

8.4절에서 매개변수방정식 $x=f(t)$, $y=g(t)$ $(a\le t\le b)$로 주어진 평면곡선의 길이를 f'과 g'이 연속일 때 내접다각형의 길이의 극한으로 정의하였으며, 다음과 같은 공식을 얻을 수 있었다.

1 $$L = \int_a^b \sqrt{[f'(t)]^2 + [g'(t)]^2}\,dt = \int_a^b \sqrt{\left(\frac{dx}{dt}\right)^2 + \left(\frac{dy}{dt}\right)^2}\,dt$$

공간곡선의 길이도 같은 방법으로 정의할 수 있다(그림 1 참조). 곡선이 벡터방정식 $\mathbf{r}(t) = <f(t),\ g(t),\ h(t)\rangle$, $a\le t\le b$ 또는 이와 같이 매개변수방정식 $x=f(t)$, $y=g(t)$, $z=h(t)$로 표현된다고 가정하고, f', g', h'이 연속이라 하자. t가 a에서 b까지 증가함에 따라 곡선이 각 점을 한 번만 지나가게 된다면, 그 곡선의 길이는

2

$$L=\int_a^b \sqrt{[f'(t)]^2+[g'(t)]^2+[h'(t)]^2}\,dt$$
$$=\int_a^b \sqrt{\left(\frac{dx}{dt}\right)^2+\left(\frac{dy}{dt}\right)^2+\left(\frac{dz}{dt}\right)^2}\,dt$$

임을 보일 수 있다.

평면곡선 $\mathbf{r}(t)=f(t)\mathbf{i}+g(t)\mathbf{j}$에 대하여

$$|\mathbf{r}'(t)|=|f'(t)\mathbf{i}+g'(t)\mathbf{j}|=\sqrt{[f'(t)]^2+[g'(t)]^2}$$

이고, 공간곡선 $\mathbf{r}(t)=f(t)\mathbf{i}+g(t)\mathbf{j}+h(t)\mathbf{k}$에 대하여

$$|\mathbf{r}'(t)|=|f'(t)\mathbf{i}+g'(t)\mathbf{j}+h'(t)\mathbf{k}|$$
$$=\sqrt{[f'(t)]^2+[g'(t)]^2+[h'(t)]^2}$$

이므로, 곡선의 길이공식 **1**과 **2**는 모두 다음과 같이 더욱 간략한 형태로 나타낼 수 있다.

3

$$L=\int_a^b |\mathbf{r}'(t)|\,dt$$

● 그림 2는 예제 1에서 길이를 구한 나선의 곡선을 보여준다.

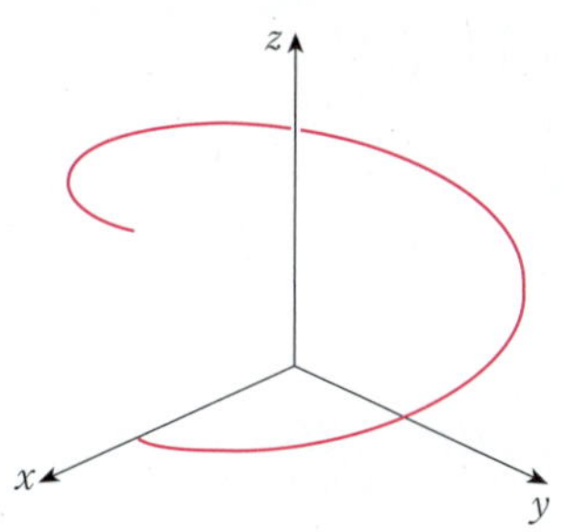

그림 2

예제 1 벡터방정식 $\mathbf{r}(t)=\cos t\,\mathbf{i}+\sin t\,\mathbf{j}+t\,\mathbf{k}$를 갖는 나선 위의 점 $(1, 0, 0)$에서 점 $(1, 0, 2\pi)$까지 곡선의 길이를 구하여라.

풀이 $\mathbf{r}'(t)=-\sin t\,\mathbf{i}+\cos t\,\mathbf{j}+\mathbf{k}$이므로

$$|\mathbf{r}'(t)|=\sqrt{(-\sin t)^2+\cos^2 t+1}=\sqrt{2}$$

를 얻는다. $(1, 0, 0)$에서 $(1, 0, 2\pi)$까지 곡선은 매개변수구간 $0\le t\le 2\pi$에 의하여 표시되므로, 공식 **3**으로부터

$$L=\int_0^{2\pi}|\mathbf{r}'(t)|\,dt=\int_0^{2\pi}\sqrt{2}\,dt=2\sqrt{2}\pi$$

를 얻는다. ■

곡선 C를 벡터함수로 나타내는 방법은 여러 가지가 있다. 예를 들어, 뒤틀린 삼차곡선

4 $$\mathbf{r}_1(t)=\langle t, t^2, t^3\rangle,\quad 1\le t\le 2$$

를 보자. 이 벡터함수에서 $t=e^u$로 치환하면 주어진 곡선은 새로운 매개변수함수

5 $$\mathbf{r}_2(u)=\langle e^u, e^{2u}, e^{3u}\rangle,\quad 0\le u\le \ln 2$$

로도 나타낼 수 있음을 알 수 있다. 식 **4**와 **5**를 곡선 C의 **매개변수표현**이라 한다. 공식 **3**을 이용하여 C의 길이를 계산할 때, 방정식 **4**와 **5**를 사용해도 같은 답을 얻을 수 있다. 일반적으로 임의의 구분적으로 매끄러운 곡선의 길이를 계산하는 데 공식 **3**을 이용하면 곡선의 길이는 이용된 매개변수표현의 영향을 받지 않는다는 것을 증명할 수 있다.

이제 C가 벡터함수 $\mathbf{r}(t)=f(t)\mathbf{i}+g(t)\mathbf{j}+h(t)\mathbf{k}$, $a\le t\le b$로 주어진 구분적으로 매

끄러운 곡선이고, f, g, h 중 적어도 하나가 (a, b) 위에서 일대일이라고 가정하자. 이때 **곡선의 길이함수** s를

● 구분적으로 매끄러운 곡선은 유한개의 매끄러운 조각들로 구성되었음을 상기하자.

6 $$s(t)=\int_a^t |\mathbf{r}'(u)|\,du=\int_a^t\sqrt{\left(\frac{dx}{du}\right)^2+\left(\frac{dy}{du}\right)^2+\left(\frac{dz}{du}\right)^2}\,du$$

로 정의한다. 따라서 $s(t)$는 C의 $\mathbf{r}(a)$와 $\mathbf{r}(t)$ 사이 부분의 길이이다(그림 3 참조). 미분적분학의 기본정리의 앞부분을 이용하여, **6**의 양변을 미분하면

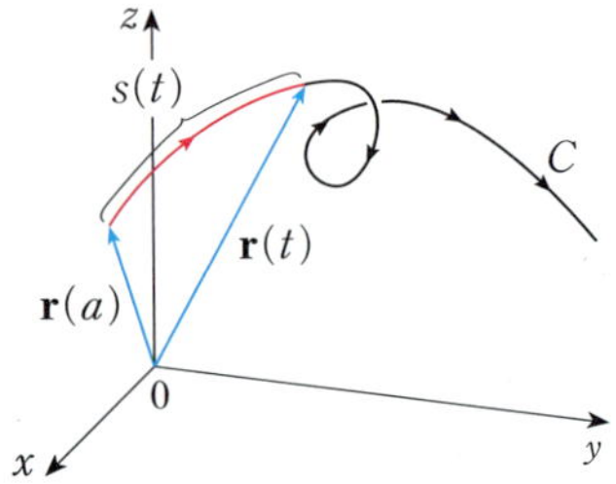

그림 3

7 $$\frac{ds}{dt}=|\mathbf{r}'(t)|$$

를 얻는다. 곡선의 길이는 특정한 좌표계에 좌우되지 않고, 곡선의 모양에 따라 자연스럽게 생기는 것이므로, 곡선을 **곡선의 길이에 관하여 매개변수화**하는 것이 때로 유용하다. 곡선 $\mathbf{r}(t)$가 이미 매개변수 t로 주어져 있고, $s(t)$가 식 **6**에 의하여 주어진 곡선의 길이함수이면 t를 s에 관한 함수 $t=t(s)$로 풀 수도 있다. 이 식을 t에 대입함으로써 곡선은 $\mathbf{r}=\mathbf{r}(t(s))$와 같이 s에 관하여 재매개변수표현(reparametrized)을 할 수 있다. 이 표현에서는 예를 들어, $s=3$인 점 $\mathbf{r}(t(3))$은 출발점에서 곡선을 따라 길이가 3이 되는 점을 말한다.

예제 2 곡선의 길이 매개변수방정식 구하기 나선 $\mathbf{r}(t)=\cos t\,\mathbf{i}+\sin t\,\mathbf{j}+t\,\mathbf{k}$를 시작점 $(1, 0, 0)$으로부터 t가 증가하는 방향으로 곡선의 길이에 관한 재매개변수 표현을 구하여라.

풀이 시작점 $(1, 0, 0)$은 매개변수값 $t=0$에 해당한다. 예제 1로부터

$$\frac{ds}{dt}=|\mathbf{r}'(t)|=\sqrt{2}$$

이므로

$$s=s(t)=\int_0^t|\mathbf{r}'(u)|\,du=\int_0^t\sqrt{2}\,du=\sqrt{2}t$$

를 얻는다. 따라서 $t=\frac{s}{\sqrt{2}}$이고, 구하는 재매개변수표현은 t를 대입하여

$$\mathbf{r}(t(s))=\cos\frac{s}{\sqrt{2}}\,\mathbf{i}+\sin\frac{s}{\sqrt{2}}\,\mathbf{j}+\frac{s}{\sqrt{2}}\,\mathbf{k}$$

로 얻어진다. ■

▷ 곡률

구간 I 위에서 매개변수함수 $\mathbf{r}(t)$가 구간 I에서 $\mathbf{r}'$이 연속이고 $\mathbf{r}'(t)\neq 0$이면 매끄럽다(smooth)고 한다. 곡선이 매끄러운 매개변수함수를 갖을 때 곡선은 매끄럽다고 한다. 매끄러운 곡선은 날카로운 모서리나 꼭지점이 없다(접선벡터가 연속인 것이다).

TEC Visual 10.3A는 그림 4에서 보듯이 다양한 평면곡선과 공간곡선에 대한 단위법선벡터를 동영상으로 보여준다.

C가 벡터함수 $\mathbf{r}$로 정의되는 매끄러운 곡선이면 $\mathbf{r}'(t)\neq\mathbf{0}$이다. 이때, 단위접선벡터는

$$\mathbf{T}(t)=\frac{\mathbf{r}'(t)}{|\mathbf{r}'(t)|}$$

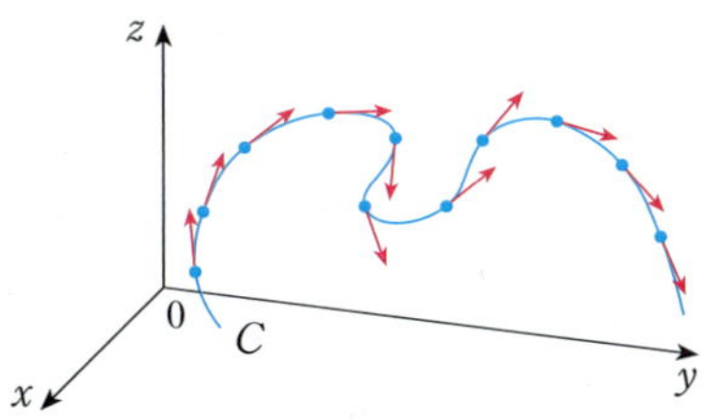

그림 4
곡선 C 위의 일정한 간격으로 떨어져 있는 각 점에서의 단위접벡터

로 주어지고, 곡선의 방향을 나타내준다는 것을 상기하자.

그림 4로부터 $\mathbf{T}(t)$는 C가 거의 직선일 때에는 방향을 아주 천천히 바꾸지만, C가 예리하게 구부러지거나 꼬여 있을 때에는 방향을 보다 빠르게 바꾼다는 것을 알 수 있다.

주어진 점에서의 곡률은 그 점에서 곡선이 얼마나 빠르게 방향을 바꾸는가 하는 것을 측정한 것이다. 정확하게는, 곡률은 곡선의 길이에 대한 단위접선벡터의 변화율의 크기로 정의한다(곡률이 매개변수표현에 영향을 받지 않도록 하기 위하여 곡선의 길이를 이용한다).

8 정의 곡선의 **곡률**은

$$\kappa = \left| \frac{d\mathbf{T}}{ds} \right|$$

로 정의한다(단, 여기서 $\mathbf{T}$는 곡선의 단위접선벡터이다).

곡률은 s보다는 매개변수 t로 표시되면 더 쉽게 계산할 수 있으므로 이를 위한 공식을 유도해보자. 연쇄법칙(11.2절 정리 3의 식 6)을 이용하면 $\dfrac{d\mathbf{T}}{dt} = \dfrac{d\mathbf{T}}{ds}\dfrac{ds}{dt}$이고,

$$\kappa = \left| \frac{d\mathbf{T}}{ds} \right| = \left| \frac{\dfrac{d\mathbf{T}}{dt}}{\dfrac{ds}{dt}} \right|$$

이다. 한편 7로부터 $\dfrac{ds}{dt} = |\mathbf{r}'(t)|$이므로, 곡률은 다음과 같이 표현할 수 있다.

9
$$\kappa(t) = \frac{|\mathbf{T}'(t)|}{|\mathbf{r}'(t)|}$$

예제 3 **원의 곡률은 일정하다** 반지름이 a인 원의 곡률이 $\dfrac{1}{a}$임을 보여라.

풀이 편의상 원의 중심이 원점에 있다고 생각하자. 이때 매개변수표현은

$$\mathbf{r}(t) = a\cos t\,\mathbf{i} + a\sin t\,\mathbf{j}$$

이다. 따라서 $\mathbf{r}'(t) = -a\sin t\,\mathbf{i} + a\cos t\,\mathbf{j}$이고 $|\mathbf{r}'(t)| = a$이므로

$$\mathbf{T}(t) = \frac{\mathbf{r}'(t)}{|\mathbf{r}'(t)|} = -\sin t\,\mathbf{i} + \cos t\,\mathbf{j}$$

이고,

$$\mathbf{T}'(t) = -\cos t\,\mathbf{i} - \sin t\,\mathbf{j}$$

이다. 이것으로부터 $|\mathbf{T}'(t)| = 1$이므로 식 9를 이용하면

$$\kappa = \frac{|\mathbf{T}'(t)|}{|\mathbf{r}'(t)|} = \frac{1}{a}$$

을 얻는다. ■

예제 3의 결과는 작은 원이 큰 곡률을 가지고, 큰 원이 작은 곡률을 가짐을 보여준다. 곡률의 정의로부터 직선의 곡률은, 그 접벡터가 일정하므로 언제나 0이라는 것을 바로 알 수 있다.

곡률을 계산하는 모든 경우에 9를 이용할 수 있으나, 다음의 정리에서 주어지는 공식이 더 편할 때도 있다.

10 정리 벡터함수 $\mathbf{r}$로 주어진 곡선의 곡률은

$$\kappa(t)=\frac{|\mathbf{r}'(t)\times\mathbf{r}''(t)|}{|\mathbf{r}'(t)|^3}$$

이다.

증명 $\mathbf{T}=\dfrac{\mathbf{r}'}{|\mathbf{r}'|}$이고 $|\mathbf{r}'|=\dfrac{ds}{dt}$이므로, $\mathbf{r}'=|\mathbf{r}'|\mathbf{T}=\dfrac{ds}{dt}\mathbf{T}$이다. 따라서 곱의 규칙에 의하여

$$\mathbf{r}''=\frac{d^2s}{dt^2}\mathbf{T}+\frac{ds}{dt}\mathbf{T}'$$

이다. $\mathbf{T}\times\mathbf{T}=\mathbf{0}$이므로

$$\mathbf{r}'\times\mathbf{r}''=\left(\frac{ds}{dt}\right)^2(\mathbf{T}\times\mathbf{T}')$$

이다. 이제 모든 t에 대하여 $|\mathbf{T}(t)|=1$이므로 11.2절의 예제 4에 의하여 $\mathbf{T}$와 $\mathbf{T}'$는 직교한다. 따라서 외적의 정의에 의하여

$$|\mathbf{r}'\times\mathbf{r}''|=\left(\frac{ds}{dt}\right)^2|\mathbf{T}\times\mathbf{T}'|=\left(\frac{ds}{dt}\right)^2|\mathbf{T}||\mathbf{T}'|=\left(\frac{ds}{dt}\right)^2|\mathbf{T}'|$$

이다. 이를 정리하면

$$|\mathbf{T}'|=\frac{|\mathbf{r}'\times\mathbf{r}''|}{\left(\dfrac{ds}{dt}\right)^2}=\frac{|\mathbf{r}'\times\mathbf{r}''|}{|\mathbf{r}'|^2}$$

$$\kappa=\frac{|\mathbf{T}'|}{|\mathbf{r}'|}=\frac{|\mathbf{r}'\times\mathbf{r}''|}{|\mathbf{r}'|^3}$$

이다. □

예제 4 임의의 점과 (0, 0, 0)에서 뒤틀린 삼차곡선 $\mathbf{r}(t)=\langle t,\ t^2,\ t^3\rangle$의 곡률을 구하여라.

풀이 먼저 필요한 성분을 계산한다.

$$\mathbf{r}'(t)=\langle 1,\ 2t,\ 3t^2\rangle,\quad \mathbf{r}''(t)=\langle 0,\ 2,\ 6t\rangle$$

$$|\mathbf{r}'(t)|=\sqrt{1+4t^2+9t^4}$$

$$\mathbf{r}'(t)\times\mathbf{r}''(t)=\begin{vmatrix}\mathbf{i} & \mathbf{j} & \mathbf{k}\\ 1 & 2t & 3t^2\\ 0 & 2 & 6t\end{vmatrix}=6t^2\,\mathbf{i}-6t\,\mathbf{j}+2\,\mathbf{k}$$

$$|\mathbf{r}'(t)\times\mathbf{r}''(t)|=\sqrt{36t^4+36t^2+4}=2\sqrt{9t^4+9t^2+1}$$

이제 정리 10으로부터

$$\kappa(t)=\frac{|\mathbf{r}'(t)\times\mathbf{r}''(t)|}{|\mathbf{r}'(t)|^3}=\frac{2\sqrt{9t^4+9t^2+1}}{(1+4t^2+9t^4)^{3/2}}$$

을 얻을 수 있고, 원점에서의 곡률은 $\kappa(0)=2$이다. ■

방정식이 $y=f(x)$로 표현되는 평면곡선의 특별한 경우를 생각하자. 이때 x를 매개변수로 택하여, $\mathbf{r}(x)=x\mathbf{i}+f(x)\mathbf{j}$로 쓸 수 있다. 따라서 $\mathbf{r}'(x)=\mathbf{i}+f'(x)\mathbf{j}$, $\mathbf{r}''(x)=f''(x)\mathbf{j}$이고 $\mathbf{i}\times\mathbf{j}=\mathbf{k}$, $\mathbf{j}\times\mathbf{j}=\mathbf{0}$이므로 $\mathbf{r}'(x)\times\mathbf{r}''(x)=f''(x)\mathbf{k}$를 얻는다. 또 $|\mathbf{r}'(x)|=\sqrt{1+[f'(x)]^2}$이므로 정리 10에 의하여

11
$$\kappa(x)=\frac{|f''(x)|}{[1+(f'(x))^2]^{3/2}}$$

이다.

예제 5 점 $(0,0)$, $(1,1)$, $(2,4)$에서 포물선 $y=x^2$의 곡률을 구하여라.

풀이 $y'=2x$와 $y''=2$이므로 공식 11에 의하여

$$\kappa(x)=\frac{|y''|}{[1+(y')^2]^{3/2}}=\frac{2}{(1+4x^2)^{3/2}}$$

이다. 점 $(0,0)$에서의 곡률은 $\kappa(0)=2$이다. 점 $(1,1)$에서는 $\kappa(1)=\dfrac{2}{5^{3/2}}\approx 0.18$이고 점 $(2,4)$에서는 $\kappa(2)=\dfrac{2}{17^{3/2}}\approx 0.03$이다. $x\to\pm\infty$에 따라 $\kappa(x)\to 0$임을 주목하여라. 이것은 포물선이 $x\to\pm\infty$일 때 더 평탄하게 되어간다는 사실과 부합한다. ■

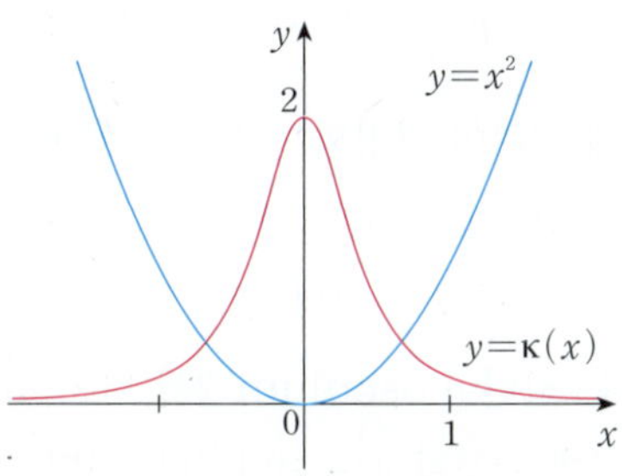

그림 5
포물선 $y=x^2$과 곡률함수

법선벡터와 양법선벡터

● 법선벡터는 각 점에서 곡선이 굽어지는 방향을 가르킨다고 생각할 수 있다.

매끄러운 공간곡선 $\mathbf{r}(t)$ 위의 주어진 점에는 단위접선벡터 $\mathbf{T}(t)$와 직교하는 벡터가 많이 있다. 모든 t에 대하여 $|\mathbf{T}(t)|=1$이므로 11.2절의 예제 4에 의하여

$$\mathbf{T}(t)\cdot\mathbf{T}'(t)=0$$

이고, 따라서 $\mathbf{T}'(t)$는 $\mathbf{T}(t)$와 직교한다는 사실을 관찰함으로 그들 중 하나를 선별할 수 있다. $\mathbf{T}'(t)$ 자신은 단위벡터가 아님을 주목하여라.

그러나 $\kappa\neq 0$인 점에서는 **단위주법선벡터**(principal unit normal vector) (또는 줄여서 **단위법선벡터**) $\mathbf{N}(t)$를

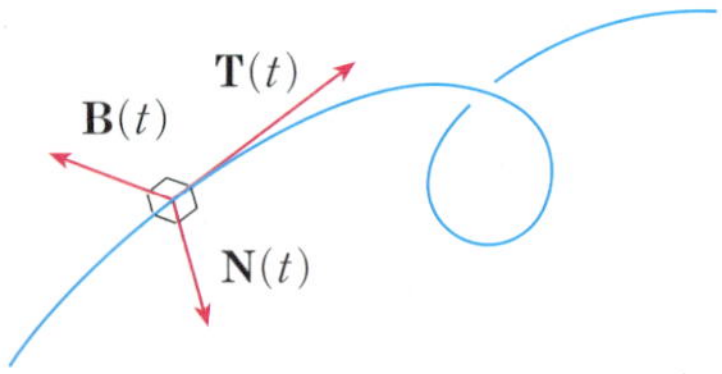

그림 6

$$\mathbf{N}(t)=\frac{\mathbf{T}'(t)}{|\mathbf{T}'(t)|}$$

와 같이 정의한다.

또, 벡터 $\mathbf{B}(t)=\mathbf{T}(t)\times\mathbf{N}(t)$를 **양법선벡터**(binormal vector)라고 한다. 이 벡터는 $\mathbf{T}$와 $\mathbf{N}$, 모두에 수직인 단위벡터이다(그림 6 참조).

● 그림 7은 예제 6의 나선 위의 두 지점에서의 벡터 $\mathbf{T}$, $\mathbf{N}$, $\mathbf{B}$를 보여주고 있다. 일반적으로 곡선 위의 점에서 시작하는 벡터 $\mathbf{T}$, $\mathbf{N}$, $\mathbf{B}$는 직교벡터의 집합을 이룬다. 이것은 t가 변함에 다라 곡선을 따라 움직이는 것으로 **TNB**틀(frame)이라고 한다. 이 **TNB**틀은 수학의 한 분야인 미분기하학 분야와 우주선의 운동에 대한 그 응용 등에서 중요한 역할을 한다.

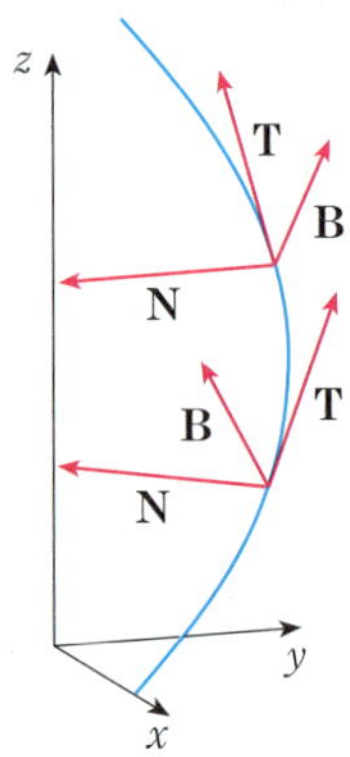

그림 7

예제 6 원형나선 $\mathbf{r}(t)=\cos t\,\mathbf{i}+\sin t\,\mathbf{j}+t\,\mathbf{k}$에 대한 단위법선벡터와 양법선벡터를 구하여라.

풀이 $\mathbf{r}'(t)=-\sin t\,\mathbf{i}+\cos t\,\mathbf{j}+\mathbf{k}$, $|\mathbf{r}'(t)|=\sqrt{2}$

$$\mathbf{T}(t)=\frac{\mathbf{r}'(t)}{|\mathbf{r}'(t)|}=\frac{1}{\sqrt{2}}(-\sin t\,\mathbf{i}+\cos t\,\mathbf{j}+\mathbf{k})$$

$$\mathbf{T}'(t)=\frac{1}{\sqrt{2}}(-\cos t\,\mathbf{i}-\sin t\,\mathbf{j}),\quad |\mathbf{T}'(t)|=\frac{1}{\sqrt{2}}$$

$$\mathbf{N}(t)=\frac{\mathbf{T}'(t)}{|\mathbf{T}'(t)|}=-\cos t\,\mathbf{i}-\sin t\,\mathbf{j}=<-\cos t,-\sin t,0>$$

이것은 나선 위의 한 점에서 법벡터가 수평벡터로서, 축을 가리키고 있음을 보여준다. 양법선벡터는

$$\mathbf{B}(t)=\mathbf{T}(t)\times\mathbf{N}(t)=\frac{1}{\sqrt{2}}\begin{vmatrix}\mathbf{i}&\mathbf{j}&\mathbf{k}\\-\sin t&\cos t&1\\-\cos t&-\sin t&0\end{vmatrix}$$

$$=\frac{1}{\sqrt{2}}<\sin t,-\cos t,1>$$

곡선 C 위의 점 P에서 법선벡터 $\mathbf{N}$과 양법선벡터 $\mathbf{B}$에 의하여 결정되는 평면을 P에서의 C의 **법평면**(normal plane)라 한다. 이 평면은 접선벡터 $\mathbf{T}$와 직교하는 모든 직선들로 이루어져 있다. 벡터 $\mathbf{T}$와 $\mathbf{N}$에 의하여 결정되는 평면을 P에서의 C의 **접촉평면**(osculating plane)이라 한다. 이 이름은 키스를 뜻하는 라틴어 osculum에서 나온 것이다. 이 평면은 P 근방의 곡선부분을 가장 가까운 위치에서 포함하는 평면이다. 평면곡선에 대해서 접촉평면은 단순히 그 곡선을 포함하는 평면이다.

P에서의 C의 접촉평면에 놓여 있는 원으로서 P에서 C와 같은 접선을 가지고, C의 오목한 쪽($\mathbf{N}$이 가리키는 방향)에 있으며 반지름이 $\rho=\frac{1}{\kappa}$(곡률의 역수)인 원을 P에서의 C의 **접촉원**(또는 **곡률원**)이라 한다. 이 원은 P 근방에 함께 접선벡터, 법선벡터를 공유하여 곡률이 같다.

예제 7 점 $P\left(0,1,\frac{\pi}{2}\right)$에서 예제 6의 나선의 법평면과 접촉평면의 방정식을 구하여라.

풀이 P에서의 법평면은 법선벡터 $\mathbf{r}'\left(\frac{\pi}{2}\right)=<-1,0,1>$을 가지므로 방정식은

● 그림 8은 예제 7의 나선과 접촉평면을 보여준다.

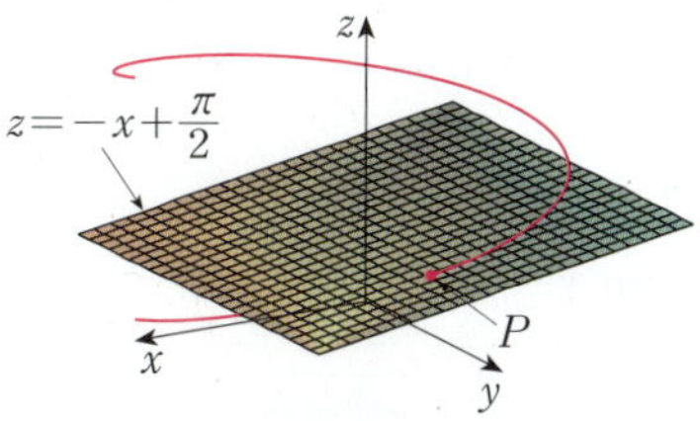

그림 8

$$-1(x-0)+0(y-1)+1\left(z-\frac{\pi}{2}\right)=0 \text{ 또는 } z=x+\frac{\pi}{2}$$

P에서의 접촉평면은 벡터 $\mathbf{T}$와 $\mathbf{N}$을 포함하므로 그 법선벡터는 $\mathbf{T}\times\mathbf{N}=\mathbf{B}$이다. 예제 6으로부터

$$\mathbf{B}(t)=\frac{1}{\sqrt{2}}<\sin t,\ -\cos t,\ 1>,\ \ \mathbf{B}\left(\frac{\pi}{2}\right)=<\frac{1}{\sqrt{2}},\ 0,\ \frac{1}{\sqrt{2}}>$$

이다. 더 간단한 법선벡터가 $<1,\ 0,\ 1>$이므로 이를 이용하면 접촉평면의 방정식은 다음과 같다.

$$1(x-0)+0(y-1)+1(z-\frac{\pi}{2})=0 \text{ 또는 } z=-x+\frac{\pi}{2}$$ ■

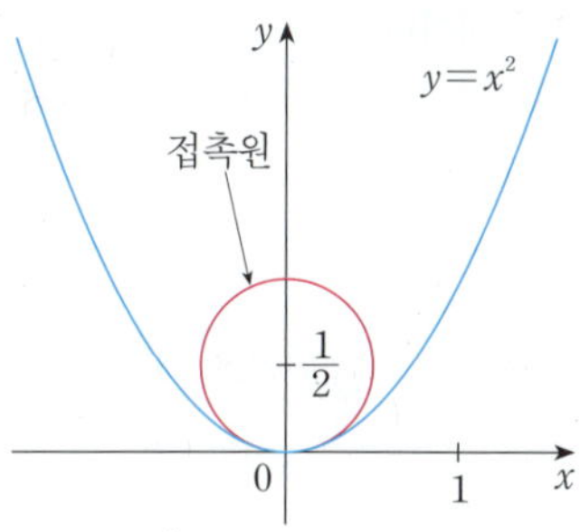

그림 9

예제 8 원점에서 포물선 $y=x^2$의 접촉원을 구하고 그림을 그려보아라.

풀이 예제 5로부터 원점에서 포물선의 곡률은 $\kappa(0)=2$이다. 따라서 원점에서의 접촉원의 반지름은 $\frac{1}{\kappa}=\frac{1}{2}$이고, 그 중심은 $\left(0,\ \frac{1}{2}\right)$이다. 따라서 그 방정식은

$$x^2+\left(y-\frac{1}{2}\right)^2=\frac{1}{4}$$

이다. 그림 9에서와 같이 그림을 그리기 위하여, 이 원의 매개방정식

$$x=\frac{1}{2}\cos t,\quad y=\frac{1}{2}+\frac{1}{2}\sin t$$

를 이용할 수 있다. ■

단위접선벡터, 단위법선벡터, 양법선벡터 및 곡률에 관한 공식을 요약하면 다음과 같다.

$$\mathbf{T}(t)=\frac{\mathbf{r}'(t)}{|\mathbf{r}'(t)|},\quad \mathbf{N}(t)=\frac{\mathbf{T}'(t)}{|\mathbf{T}'(t)|},\quad \mathbf{B}(t)=\mathbf{T}(t)\times\mathbf{N}(t),$$

$$\kappa=\left|\frac{d\mathbf{T}}{ds}\right|=\frac{|\mathbf{T}'(t)|}{|\mathbf{r}'(t)|}=\frac{|\mathbf{r}'(t)\times\mathbf{r}''(t)|}{|\mathbf{r}'(t)|^3}$$

11.3 연습문제

(1~6) 다음 곡선의 길이를 구하여라.

1. $\mathbf{r}(t)=<2\sin t,\ 5t,\ 2\cos t>,\ \ -10\le t\le 10$
2. $\mathbf{r}(t)=<2t,\ t^2,\ \frac{1}{3}t^3>,\ \ 0\le t\le 1$
3. $\mathbf{r}(t)=\sqrt{2}t\ \mathbf{i}+e^t\ \mathbf{j}+e^{-t}\ \mathbf{k},\ \ 0\le t\le 1$
4. $\mathbf{r}(t)=\cos t\ \mathbf{i}+\sin t\ \mathbf{j}+\ln\cos t\ \mathbf{k},\ \ 0\le t\le\frac{\pi}{4}$
5. $\mathbf{r}(t)=\mathbf{i}+t^2\ \mathbf{j}+t^3\ \mathbf{k},\ \ 0\le t\le 1$
6. $\mathbf{r}(t)=t^2\ \mathbf{i}+2t\ \mathbf{j}+\ln t\ \mathbf{k},\ 1\le t\le e$

(7~9) 소수 넷째 자리까지 정확하게 곡선의 길이를 구하여라(적분의 근삿값을 구하기 위하여 계산기를 사용하여라).

7. $\mathbf{r}(t)=<\sqrt{t},\ t,\ t^2>,\ \ 1\le t\le 4$
8. $\mathbf{r}(t)=<t,\ \ln t,\ t\ln t>,\ \ 1\le t\le 2$

9. $\mathbf{r}(t) = <\sin t, \cos t, \tan t>$, $0 \le t \le \frac{\pi}{4}$

10. 컴퓨터를 사용하여 매개변수방정식 $x = \sin t$, $y = \sin 2t$, $z = \sin 3t$로 표현된 곡선을 그려라. 이 곡선의 전체 길이를 소수 넷째 자리까지 정확하게 구하여라.

11. C를 포물기둥 $x^2 = 2y$과 곡면 $3z = xy$의 교선이라고 하자. 원점에서 점$(6, 18, 36)$까지 곡선의 길이를 구하여라.

12. 원기둥 $4x^2 + y^2 = 4$과 평면 $x + y + z = 2$의 교선의 길이를 소수 넷째 자리까지 정확하게 구하여라.

(13~14) 곡선을 $t = 0$인 점에서 t가 증가하는 방향으로 잰 곡선의 길이에 관하여 재매개변수화를 하여라.

13. $\mathbf{r}(t) = 2t\,\mathbf{i} + (1 - 3t)\,\mathbf{j} + (5 + 4t)\,\mathbf{k}$

14. $\mathbf{r}(t) = e^{2t}\cos 2t\,\mathbf{i} + 2\,\mathbf{j} + e^{2t}\sin 2t\,\mathbf{k}$

15. 시작점 $(0, 0, 3)$에서 $x = 3\sin t$, $y = 4t$, $z = 3\cos t$인 곡선을 따라 양의 방향으로 5단위만큼 이동하였다면, 현재위치는?

16. 곡선 $\mathbf{r}(t) = \left(\frac{2}{t^2+1} - 1\right)\mathbf{i} + \frac{2t}{t^2+1}\mathbf{j}$를 점 $(1, 0)$에서 t가 증가하는 방향으로 잰 곡선의 길이에 관하여 재매개변수화를 하여라. 이 곡선의 가장 간단한 형태의 재매개화식을 구하여라. 곡선에 대하여 어떤 결론을 내릴 수 있는가?

(17~20)

(a) 단위접선벡터 $\mathbf{T}(t)$와 단위법선벡터 $\mathbf{N}(t)$를 구하여라.

(b) 공식 9를 이용하여 곡률을 구하여라.

17. $\mathbf{r}(t) = <2\sin t, 5t, 2\cos t>$

18. $\mathbf{r}(t) = <t^2, \sin t - t\cos t, \cos t + t\sin t>$, $t > 0$

19. $\mathbf{r}(t) = <\sqrt{2}\,t, e^t, e^{-t}>$

20. $\mathbf{r}(t) = <t, \frac{1}{2}t^2, t^2>$

(21~23) 정리 10을 이용하여 곡률을 구하여라.

21. $\mathbf{r}(t) = t^2\,\mathbf{i} + t\,\mathbf{k}$

22. $\mathbf{r}(t) = t\,\mathbf{i} + t\,\mathbf{j} + (1 + t^2)\mathbf{k}$

23. $\mathbf{r}(t) = 3t\,\mathbf{i} + 4\sin t\,\mathbf{j} + 4\cos t\,\mathbf{k}$

24. 점 $(1, 0, 0)$에서 $\mathbf{r}(t) = <t^2, \ln t, t\ln t>$의 곡률을 구하여라.

25. 점 $(1, 1, 1)$에서 $\mathbf{r}(t) = <t, t^2, t^3>$의 곡률을 구하여라.

26. 매개변수방정식 $x = \cos t$, $y = \sin t$, $z = \sin 5t$에 관하여 곡선을 그래프로 나타내고 점 $(1, 0, 0)$에서 곡률을 구하여라.

(27~29) 공식 11을 이용하여 곡률을 구하여라.

27. $y = x^4$ 28. $y = \tan x$ 29. $y = xe^x$

(30~31) 곡선이 어떤 점에서 곡률의 최댓값을 갖는가? $x \to \infty$일 때 곡률은 어떻게 되는가?

30. $y = \ln x$ 31. $y = e^x$

32. 원점에서 곡률 4를 갖는 포물선의 방정식을 구하여라.

33. (a) 아래 그림의 곡선에서 점 P와 Q 중 어느 점에서 곡률이 더 큰가? 그에 대한 설명을 하여라.

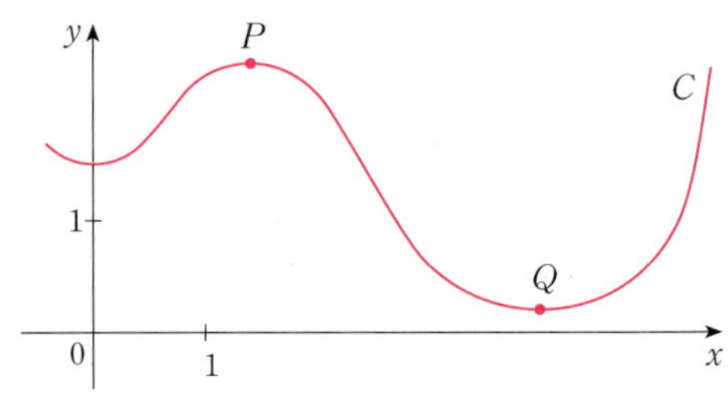

(b) 점 P와 Q에서 접촉원을 그려서 곡률을 조사하여라.

(34~35) 그래픽 계산기나 컴퓨터를 이용하여 곡선과 곡선의 곡률함수 $\kappa(x)$를 같은 좌표평면에 그려라. κ의 그래프로부터 무엇을 추측할 수 있겠는가?

34. $y = x^4 - 2x^2$ 35. $y = x^{-2}$

(36~37) 다음의 두 그래프 a와 b 중 하나는 곡선 $y = f(x)$의 그래프이고, 다른 하나는 그 곡선의 곡률함수 $y = \kappa(x)$의 그래프이다. 어느 것이 곡선의 그래프인지 찾아보고 그 이유에 대하여 설명하여라.

36.

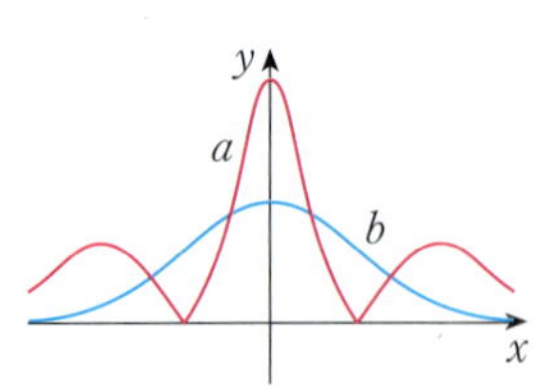

37.

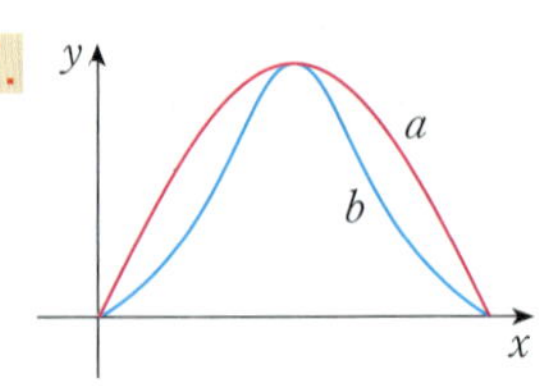

CAS 38. (a) 곡선 $\mathbf{r}(t) = <\sin 3t, \sin 2t, \sin 3t>$를 그려라. 곡선의 몇 개의 점에서 곡률이 극대(local maximum)와 최댓값(absolute maximum)을 갖는가?

(b) CAS를 이용하여 곡률함수를 찾고 개형을 그려라. 이 그래프가 (a)부분에서의 당신의 결론을 확인해 주는가?

CAS **39.** 11.1절의 그림 12(b)에서

$$\mathbf{r}(t)=<t-\frac{3}{2}\sin t,\ 1-\frac{3}{2}\cos t,\ t>$$

의 그래프가 주어졌다. 곡률이 언제 가장 커지는가? CAS를 이용하여 곡률함수를 찾고 개형을 그려라. t의 어떤 값에서 곡률이 최대가 되는가?

40. 정리 10을 이용하여 평면매개변수곡선 $x=f(t)$, $y=g(t)$의 곡률이

$$\kappa=\frac{|\dot{x}\ddot{y}-\dot{y}\ddot{x}|}{[\dot{x}^2+\dot{y}^2]^{3/2}}$$

임을 보여라(여기서 점은 t에 관한 도함수를 나타낸다).

(41~43) 연습문제 40번의 공식을 사용하여 곡률을 구하여라.

41. $x=t^2,\ y=t^3$

42. $x=a\cos\omega t,\ y=b\sin\omega t$

43. $x=e^t\cos t,\ y=e^t\sin t$

44. 함수족 $f(x)=e^{cx}$의 각각에 대하여 $x=0$에서의 곡률을 생각하자. 0에서의 곡률 $\kappa(0)$가 가장 큰 경우는 언제인가?

(45~46) 주어진 점에서 벡터 $\mathbf{T}$, $\mathbf{N}$, $\mathbf{B}$를 구하여라.

45. $\mathbf{r}(t)=<t^2, \frac{2}{3}t^3, t>$, $\left(1, \frac{2}{3}, 1\right)$

46. $\mathbf{r}(t)=<\cos t, \sin t, \ln\cos t>$, $(1, 0, 0)$

(47~48) 주어진 점에서 곡선의 법평면과 접촉평면의 방정식을 구하여라.

47. $x=2\sin 3t,\ y=t,\ z=2\cos 3t$; $(0, \pi, -2)$

48. $x=t,\ y=t^2,\ z=t^3$; $(1, 1, 1)$

49. 타원 $9x^2+4y^2=36$ 위의 점 $(2, 0)$과 $(0, 3)$에서의 접촉원의 방정식을 구하여라. 컴퓨터로 타원과 접촉원을 같은 좌표평면에 나타내어라.

50. 포물선 $y=\frac{1}{2}x^2$의 점 $(0, 0)$과 $\left(1, \frac{1}{2}\right)$에서의 접촉원의 방정식을 구하여라. 두 접촉원과 타원을 그려라.

51. 곡선 $x=t^3,\ y=3t,\ z=t^4$의 어떤 점에서 평면 $6x+6y-8z=1$과 평행한 법평면을 갖는가?

CAS **52.** 연습문제 51번에서 접촉평면이 평면 $x+y+z=1$과 평행한 곡선 위의 점이 있는가?

53. 점 $(1, 1, 1)$에서 두 포물기둥 $x=y^2$과 $z=x^2$의 교선에 대하여 법평면과 접촉평면의 방정식을 구하여라.

54. 곡선 $\mathbf{r}(t)=<t+2, 1-t, \frac{1}{2}t^2>$는 모든 점에서 접촉평면은 같음을 보여라. 곡선에 대하여 어떠한 결론을 내릴 수 있겠는가?

55. 곡률 κ는 방정식

$$\frac{d\mathbf{T}}{ds}=\kappa\mathbf{N}$$

에 의하여 접선벡터 및 법선벡터와 연관되어 있음을 보여라.

56. 평면 곡선의 곡률 $\kappa=|d\phi/ds|$임을 보여라(단, ϕ는 $\mathbf{T}$와 $\mathbf{i}$사이의 각 즉, ϕ는 접선의 기울기의 각이다).

57. (a) $d\mathbf{B}/ds$가 $\mathbf{B}$에 수직임을 보여라.

(b) $d\mathbf{B}/ds$가 $\mathbf{T}$에 수직임을 보여라.

(c) 적당한 수 $\tau(s)$에 대하여 $d\mathbf{B}/ds=-\tau(s)\mathbf{N}$가 곡선의 **비틀림**(torsion)이라는 것을 (a)와 (b)로부터 추론하여라(비틀림은 곡선이 비틀린 정도의 측도이다).

(d) 평면 곡선에 대한 비틀림은 $\tau(s)=0$임을 보여라.

58. **프레네-세레의 공식**이라 불리는 다음 공식은 미분기하학에서 중요하게 다루는 기본적인 공식이다.

1. $d\mathbf{T}/ds=\kappa\mathbf{N}$
2. $d\mathbf{N}/ds=-\kappa\mathbf{T}+\tau\mathbf{B}$
3. $d\mathbf{B}/ds=-\tau\mathbf{N}$

(공식 1은 연습문제 55으로부터 왔고 공식 3은 연습문제 57로부터 왔다.) 이 사실을 이용하여 공식 1과 3으로부터 공식 2를 추론하여라.

59. 프레네-세레의 공식을 이용하여 다음의 각각을 증명하여라. ($'$은 t에 관한 미분을 나타낸다. 정리 10의 증명에서 시작하자.)

(a) $\mathbf{r}''=s''\mathbf{T}+\kappa(s')^2\mathbf{N}$ (b) $\mathbf{r}'\times\mathbf{r}''=\kappa(s')^3\mathbf{B}$

(c) $\mathbf{r}'''=[s'''-\kappa^2(s')^3]\mathbf{T}+[3\kappa s's''+\kappa'(s')^2]\mathbf{N}+\kappa\tau(s')^3\mathbf{B}$

(d) $\tau=\dfrac{(\mathbf{r}'\times\mathbf{r}'')\cdot\mathbf{r}'''}{|\mathbf{r}'\times\mathbf{r}''|^2}$

60. 원나선 $\mathbf{r}(t)=<a\cos t, a\sin t, bt>$(단, a와 b는 양수)가 곡률과 비틀림이 상수임을 보여라(연습문제 59(d)의 결과를 이용하라).

61. DNA분자는 이중나선모양이다(11.1절의 그림 3 참조). 각 나선의 반지름은 약 10Å이다(1Å$=10^{-8}$cm). 각 나선은 약

2.9×10^{8}번 선회하고, 한 번 선회하는 동안 약 34Å 상승한다. 각 나선의 길이를 추정하여라.

62. 철도의 설계문제에 관하여 생각해보자. 일직선으로 난 두 철도를 매끄럽게 연결하려면 어떻게 하여야 할까? 예를 들어, x축 음의 부분에 놓여 있는 선로를 직선 $y=1$, $x\geq 1$ 위에 놓여 있는 선로와 연결하는 문제를 살펴보자.

(a) $P=P(x)$를 5차 다항식이라 하고 다음과 같이 정의된 함수 F를 생각한다.

$$F(x)=\begin{cases} 0 & , x\leq 0 \\ P(x) & , 0<x<1 \\ 1 & , x\geq 1 \end{cases}$$

함수 F가 연속이고 연속인 기울기와 곡률을 가지도록 다항식 P를 구하여라.

(b) 그래픽 계산기나 컴퓨터를 이용하여 F의 그래프를 그려 보아라.

11.4 공간에서의 운동

이 절에서는 접벡터, 법벡터와 곡률의 개념을 공간곡선을 따라 움직이는 물체의 속도와 가속도에 관련된 운동을 연구하기 위하여 물리학에 어떻게 이용할 수 있는가를 본다. 특히 이 방법을 이용하여 케플러의 행성운동법칙을 유도하는 데 뉴턴의 예를 따르기로 한다.

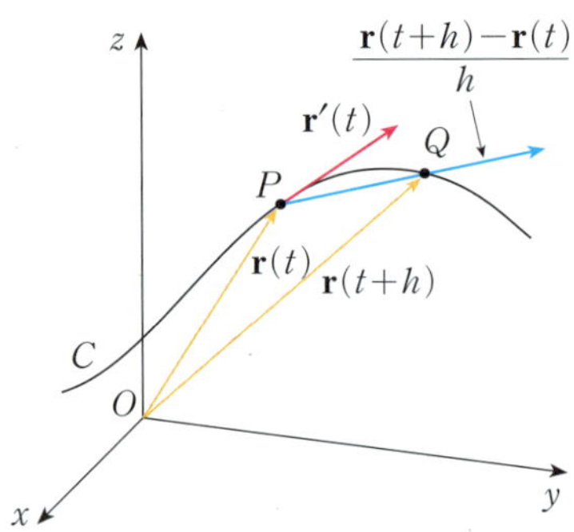

그림 1

그림 1로부터 작은 h에 대하여 벡터

1 $$\frac{\mathbf{r}(t+h)-\mathbf{r}(t)}{h}$$

는 곡선 $\mathbf{r}(t)$를 따라 움직이는 입자의 방향에 접근한다는 것을 유의하자. 그 크기는 단위 시간당 변위벡터의 규모로 측정한다. 벡터 **1**은 길이 h인 시간구간에서의 평균속도이고, 극한은 시각 t에서의 **속도 벡터** $\mathbf{v}(t)$

2 $$\mathbf{v}(t)=\lim_{h\to 0}\frac{\mathbf{r}(t+h)-\mathbf{r}(t)}{h}=\mathbf{r}'(t)$$

를 나타낸다. 따라서 속도 벡터는 접선벡터로 접선의 방향을 가리킨다.

시각에서의 입자의 **속력**(speed)은 속도 벡터의 크기, 즉 $|\mathbf{v}(t)|$이다. 이것은 **2**와 11.3절의 식 **7**로부터

$$|\mathbf{v}(t)|=|\mathbf{r}'(t)|=\frac{ds}{dt}=\text{시간에 관한 거리의 변화율}$$

이 성립하기 때문에 적절하다고 하겠다. 1차원 운동의 경우에서와 같이, 입자의 **가속도**는 속도의 도함수

$$\mathbf{a}(t)=\mathbf{v}'(t)=\mathbf{r}''(t)$$

로 정의된다.

예제 1 **위치벡터의 가속도 벡터 구하기** 평면 위를 운동하는 물체의 위치벡터가 $\mathbf{r}(t)=t^3\,\mathbf{i}+t^2\,\mathbf{j}$, $t\geq 0$로 주어졌다. $t=1$일 때의 속도, 속력 및 가속도를 구하고, 기하학적으로 설명하여라.

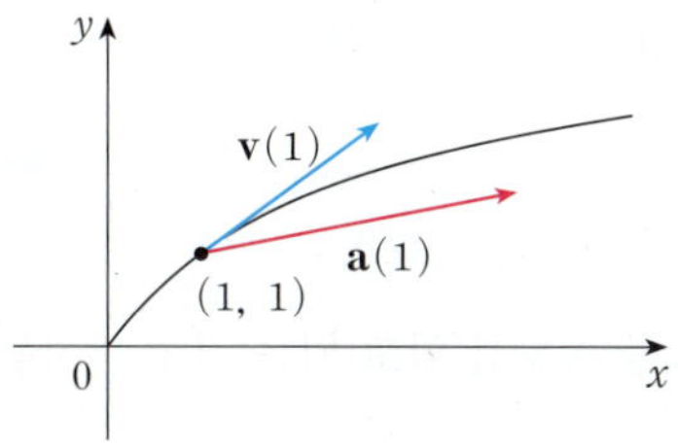

그림 2

풀이 시각 t일 때의 속도와 가속도는

$$\mathbf{v}(t)=\mathbf{r}'(t)=3t^2\,\mathbf{i}+2t\,\mathbf{j}$$
$$\mathbf{a}(t)=\mathbf{r}''(t)=6t\,\mathbf{i}+2\,\mathbf{j}$$

이고, 속력은

$$|\mathbf{v}(t)|=\sqrt{(3t^2)^2+(2t)^2}=\sqrt{9t^4+4t^2}$$

이다. $t=1$일 때

$$\mathbf{v}(1)=3\,\mathbf{i}+2\,\mathbf{j},\quad \mathbf{a}(1)=6\,\mathbf{i}+2\,\mathbf{j},\quad |\mathbf{v}(1)|=\sqrt{13}$$

을 얻는다. 이 속도와 가속도 벡터의 그래프를 그리면 그림 2와 같다. ■

TEC Visual 10.4는 다양한 곡선을 따라 움직이는 물체에 대한 속도와 가속도를 동영상으로 보여준다.

● 그림 3은 예제 2에서 $t=1$일 때 속도벡터와 가속도벡터를 갖는 입자의 경로를 보여 준다.

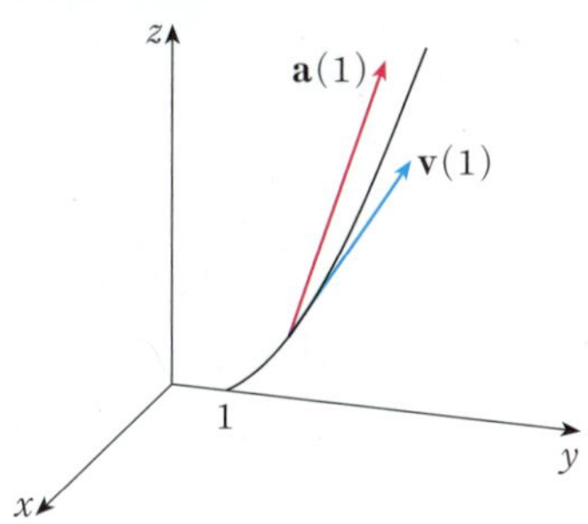

그림 3

예제 2 위치벡터가 $\mathbf{r}(t)=\langle t^2, e^t, te^t\rangle$인 입자의 속도, 가속도 및 속력을 구하여라.

풀이 $\mathbf{v}(t)=\mathbf{r}'(t)=<2t,\, e^t,\, (1+t)e^t>$

$\mathbf{a}(t)=\mathbf{v}'(t)=<2,\, e^t,\, (2+t)e^t>$

$|\mathbf{v}(t)|=\sqrt{4t^2+e^{2t}+(1+t)^2e^{2t}}$ ■

다음 예제에서와 같이, 속도 또는 가속도 벡터를 알고 있을 때 위치벡터를 구하려면 11.2절에서 소개한 벡터적분을 이용할 수 있다.

예제 3 **주어진 가속도에 대하여 위치벡터 구하기** 입자의 처음 위치가 $\mathbf{r}(0)=<1,0,0>$이고, 초기속도는 $\mathbf{v}(0)=\mathbf{i}-\mathbf{j}+\mathbf{k}$라 하자. 가속도가 $\mathbf{a}(t)=4t\,\mathbf{i}+6t\,\mathbf{j}+\mathbf{k}$일 때, 시각 t에서의 입자의 속도와 위치를 구하여라.

풀이 $\mathbf{a}(t)=\mathbf{v}'(t)$이므로

$$\mathbf{v}(t)=\int\mathbf{a}(t)dt=\int(4t\,\mathbf{i}+6t\,\mathbf{j}+\mathbf{k})dt$$
$$=2t^2\,\mathbf{i}+3t^2\,\mathbf{j}+t\,\mathbf{k}+\mathbf{C}$$

를 얻는다. 상수벡터 $\mathbf{C}$의 값을 결정하기 위하여, $\mathbf{v}(0)=\mathbf{i}-\mathbf{j}+\mathbf{k}$를 이용한다. 위의 방정식 $\mathbf{v}(0)=\mathbf{C}$이므로 $\mathbf{C}=\mathbf{i}-\mathbf{j}+\mathbf{k}$이고

$$\mathbf{v}(t)=2t^2\,\mathbf{i}+3t^2\,\mathbf{j}+t\,\mathbf{k}+\mathbf{i}-\mathbf{j}+\mathbf{k}$$
$$=(2t^2+1)\mathbf{i}+(3t^2-1)\mathbf{j}+(t+1)\mathbf{k}$$

이다. $\mathbf{v}(t)=\mathbf{r}'(t)$이므로

$$\mathbf{r}(t)=\int\mathbf{v}(t)dt$$

● 예제 3에서 얻은 $\mathbf{r}(t)$에 대한 식을 이용하여 그림 4에서 $0 \le t \le 3$에 대한 입자의 경로를 그린다.

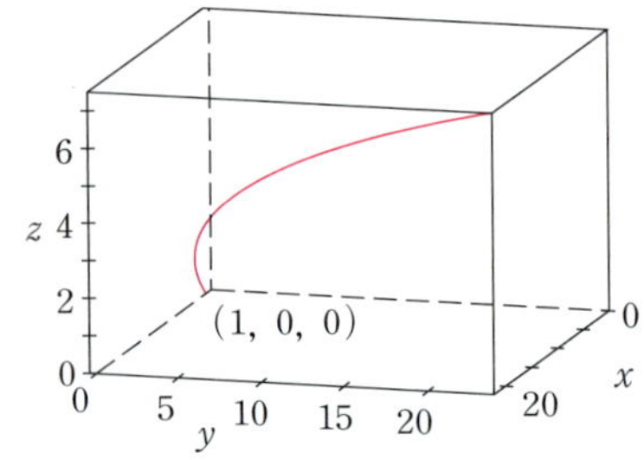

그림 4

$$=\int [(2t^2+1)\mathbf{i}+(3t^2-1)\mathbf{j}+(t+1)\mathbf{k}]dt$$
$$=\left(\frac{2}{3}t^3+t\right)\mathbf{i}+(t^3-t)\mathbf{j}+\left(\frac{1}{2}t^2+t\right)\mathbf{k}+\mathbf{D}$$

를 얻는다. $t=0$이라 놓으면, $\mathbf{D}=\mathbf{r}(0)=\mathbf{i}$이므로

$$\mathbf{r}(t)=\left(\frac{2}{3}t^3+t+1\right)\mathbf{i}+(t^3-t)\mathbf{j}+\left(\frac{1}{2}t^2+t\right)\mathbf{k}$$

이다. ■

일반적으로, 벡터적분은 가속도를 알고 있는 경우 속도를 속도를 알고 있는 경우 위치를 다시 찾을 수 있게 해 준다. 즉,

$$\mathbf{v}(t)=\mathbf{v}(t_0)+\int_{t_0}^{t}\mathbf{a}(u)du, \quad \mathbf{r}(t)=\mathbf{r}(t_0)+\int_{t_0}^{t}\mathbf{v}(u)du$$

과 같이 구할 수 있다.

한 입자에 가해지는 힘을 알 때, 가속도를 **뉴턴의 운동 제2법칙**으로부터 알 수 있다. 이 법칙을 벡터의 관점에서 기술하면 임의의 시각 t에서 질량 m인 물체에 힘 $\mathbf{F}(t)$가 작용하여 가속도 $\mathbf{a}(t)$가 생긴다면

$$\mathbf{F}(t)=m\,\mathbf{a}(t)$$

이다.

● 위치 P로 움직이는 물체의 각속도는 $\omega=\dfrac{d\theta}{dt}$이다. 이때 θ는 그림 5에서 각이다.

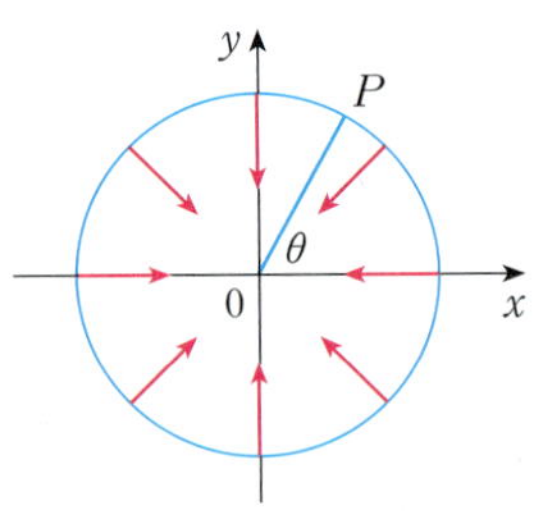

그림 5

예제 4 일정한 원 운동 원의 경로를 따라 등각속도 ω로 움직이는 질량 m인 물체의 위치벡터는 $\mathbf{r}(t)=a\cos\omega t\,\mathbf{i}+a\sin\omega t\,\mathbf{j}$로 표현된다. 물체에 가해진 힘을 구하고, 원점을 향하고 있음을 보여라.

풀이 $\mathbf{v}(t)=\mathbf{r}'(t)=-a\omega\sin\omega t\,\mathbf{i}+a\omega\cos\omega t\,\mathbf{j}$

$\mathbf{a}(t)=\mathbf{v}'(t)=-a\omega^2\cos\omega t\,\mathbf{i}-a\omega^2\sin\omega t\,\mathbf{j}$

따라서 뉴턴의 제2법칙에 의하여 구하는 힘은

$$\mathbf{F}(t)=m\,\mathbf{a}(t)=-mw^2(a\cos\omega t\,\mathbf{i}+a\sin\omega t\,\mathbf{j})$$

이다. 이것은 곧 $\mathbf{F}(t)=-m\omega^2\,\mathbf{r}(t)$를 나타내는 것으로, 동경벡터 $\mathbf{r}(t)$에 대하여 반대 방향으로 작용하여 원점을 가리키고 있음을 보여준다(그림 5 참조). 이 같은 힘을 **구심력**(centripetal force)이라 부른다. ■

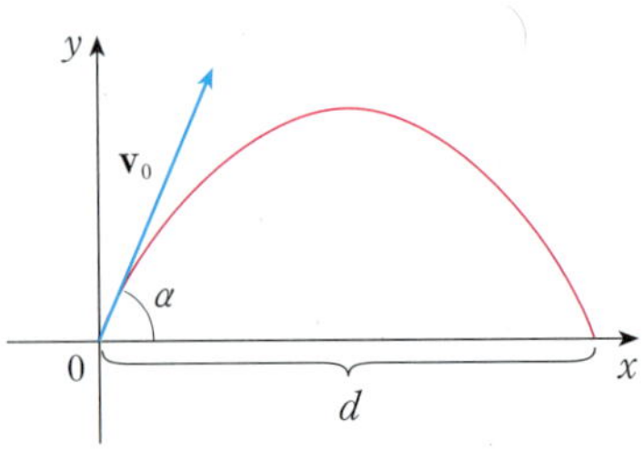

그림 6

예제 5 발사체의 운동 발사체를 각 α, 초기속도 $\mathbf{v}_0$로 발사하였다(그림 6 참조). 공기저항을 무시하고 외부에서 작용하는 힘은 중력뿐이라고 할 때, 발사체의 위치함수 $\mathbf{r}(t)$를 구하여라. α가 얼마일 때, 착탄거리(도달한 수평거리)가 최대가 되는가?

풀이 발사체가 원점에서 출발하도록 좌표축을 정한다. 중력에 의한 힘은 아래로 작용하므로, $g=|\mathbf{a}|\approx 9.8\text{m/s}^2$일 때

$$\mathbf{F}=m\mathbf{a}=-mg\mathbf{j}$$

이다. 따라서 $\mathbf{a}=-g\mathbf{j}$이고 $\mathbf{v}'(t)=\mathbf{a}$이므로

$$\mathbf{v}(t)=-gt\,\mathbf{j}+\mathbf{C}$$

이다. 여기에서 $\mathbf{C}=\mathbf{v}(0)=\mathbf{v}_0$이다. 그러므로 $\mathbf{r}'(t)=\mathbf{v}(t)=-gt\,\mathbf{j}+\mathbf{v}_0$이고, 이 식을 다시 적분하면

$$\mathbf{r}(t)=-\frac{1}{2}gt^2\,\mathbf{j}+t\,\mathbf{v}_0+\mathbf{D}$$

이다. 그런데 $\mathbf{D}=\mathbf{r}(0)=\mathbf{0}$이므로 발사체의 위치벡터는

3 $$\mathbf{r}(t)=-\frac{1}{2}gt^2\,\mathbf{j}+t\,\mathbf{v}_0$$

이다. 이제 $|\mathbf{v}_0|=v_0$ (발사체의 초기속력)라 두면

$$\mathbf{v}_0=v_0\cos\alpha\,\mathbf{i}+v_0\sin\alpha\,\mathbf{j}$$

와 3으로부터 $\mathbf{r}(t)=(v_0\cos\alpha)t\,\mathbf{i}+\left[(v_0\sin\alpha)t-\frac{1}{2}gt^2\right]\mathbf{j}$이다. 그러므로 탄도의 매개변수방정식은

● 식 4에서 t를 소거시키면 y는 x에 대한 2차 함수이다. 그래서 발사체의 경로는 포물선의 일부이다.

4 $$x=(v_0\cos\alpha)t,\quad y=(v_0\sin\alpha)t-\frac{1}{2}gt^2$$

이다. 도달거리 d는 $y=0$일 때의 x의 값이다. $y=0$이라 두면, $t=0$ 또는 $t=\dfrac{2v_0\sin\alpha}{g}$를 얻는다. t의 후자의 값으로부터

$$d=x=(v_0\cos\alpha)\frac{2v_0\sin\alpha}{g}=\frac{v_0^2(2\sin\alpha\cos\alpha)}{g}=\frac{v_0^2\sin 2\alpha}{g}$$

를 얻고, d는 $\sin 2\alpha=1$, 즉 $\alpha=\dfrac{\pi}{4}$일 때 최댓값을 갖는다. ■

예제 6 발사체를 10m고도에서 각 45°, 초기(muzzle) 속도 150m/s로 발사하였다. 발사체가 땅에 떨어지는 위치와 그 순간의 속도는?

풀이 만일 원점을 지상에서 잡으면, 발사체의 초기 위치는 (0, 10)이다. 그리고 방정식 4의 y표현에 10을 더하여 조정해주면 된다.

$v_0=150\text{m/s},\ \alpha=45°,\ g=9.8\text{m/s}^2$이므로

$$x=150\cos(\pi/4)t=75\sqrt{2}t$$

$$y=10+150\sin(\pi/4)t-\frac{1}{2}(9.8)t^2=10+75\sqrt{2}t-4.9t^2$$

$y=0$일 때, 즉 $4.9t^2-75\sqrt{2}t-10=0$일 때 땅에 떨어지므로 이 이차식을 양의 값 t에 대하여 풀면

$$t=\frac{75\sqrt{2}+\sqrt{11250+196}}{9.8}\approx 21.74$$

즉, $x \approx 75\sqrt{2}(21.74) \approx 2306$이 된다. 따라서 발사체는 원점에서 2306m 거리의 위치에 떨어진다. 발사체의 속도는 다음과 같다.

$$\mathbf{v}(t) = \mathbf{r}'(t) = 75\sqrt{2}\,\mathbf{i} + (75\sqrt{2} - 9.8t)\mathbf{j}$$

따라서 착지 순간의 속도는 다음과 같다.

$$|\mathbf{v}(21.74)| = \sqrt{(75\sqrt{2})^2 + (75\sqrt{2} - 9.8 \cdot 21.74)^2} \approx 151\text{m/s}$$ ■

▷ 가속도의 접선 성분과 법선 성분

입자의 운동을 연구할 때에는, 흔히 가속도를 두 개의 성분, 즉 접선방향과 법선방향으로 분해하는 것이 유용하다. 입자의 속력을 $v = |\mathbf{v}|$로 나타내면

$$\mathbf{T}(t) = \frac{\mathbf{r}'(t)}{|\mathbf{r}'(t)|} = \frac{\mathbf{v}(t)}{|\mathbf{v}(t)|} = \frac{\mathbf{v}}{v}$$

이고, 따라서 $\mathbf{v} = v\,\mathbf{T}$이다. 이 방정식의 양변을 t에 관하여 미분하면

5 $$\mathbf{a} = \mathbf{v}' = v'\mathbf{T} + v\mathbf{T}'$$

을 얻는다. 11.3절의 방정식 9에 주어진 곡률에 관한 표현식을 이용하면

6 $$\kappa = \frac{|\mathbf{T}'|}{|\mathbf{r}'|} = \frac{|\mathbf{T}'|}{v}, \quad \text{즉} \quad |\mathbf{T}'| = \kappa v$$

이다. 앞 절에서 단위법선벡터를 $\mathbf{N} = \dfrac{\mathbf{T}'}{|\mathbf{T}'|}$으로 정의하였으므로, 6에 의하여

$$\mathbf{T}' = |\mathbf{T}'|\mathbf{N} = \kappa v\mathbf{N}$$

이고, 방정식 5는

7 $$\mathbf{a} = v'\,\mathbf{T} + \kappa v^2\,\mathbf{N}$$

이 된다. 가속도의 접선 및 법선 성분을 a_T와 a_N으로 나타내면

$$\mathbf{a} = a_T\,\mathbf{T} + a_N\,\mathbf{N}$$

여기에서

8 $$a_T = v' \quad \text{이고} \quad a_N = \kappa v^2$$

이다. 이 같은 분해를 그림 7에서 보여주고 있다.

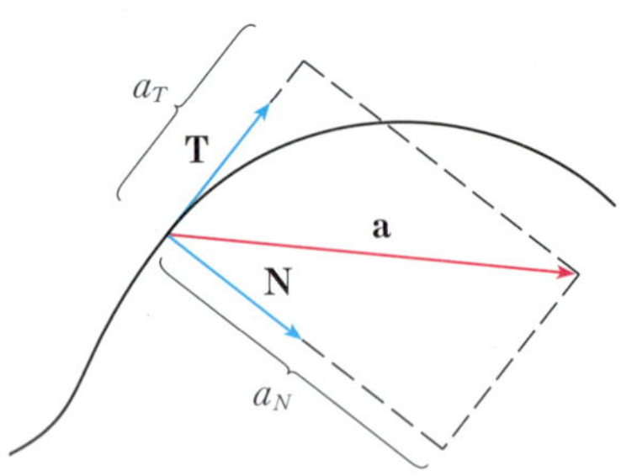

그림 7

공식 7의 의미를 살펴보자. 먼저 주목할 수 있는 것은 양법선벡터 $\mathbf{B}$가 없다는 것이다. 즉, 물체가 공간에서 어떻게 움직이든, 가속도는 항상 $\mathbf{T}$와 $\mathbf{N}$이 만드는 평면(접평면)에 놓여 있다는 것이다($\mathbf{T}$는 운동의 방향을 지시하며, $\mathbf{N}$은 곡선이 구부러지는 방향을 제시한다). 다음으로 가속도 벡터의 접선 성분은 속력의 변화율인 v'이라는 점이다. 그리고 법선 성분은 속력의 제곱과 곡률의 곱인 κv^2이다. 이것은 차안에 타고 있는 승객들을 상상해 보면 이해가 될 것이다. 길이 급격하게 구부러져 있다는 것은 곡률 값이 크다는 것을 의미하므로 운동에 직교하는 가속도 성분(가속도의 법선 성분)도 크며, 따라서 승객은 차의 문

반대쪽으로 밀릴 것이다. 속력을 두 배로 하면 a_N은 네 배 증가하게 된다.

8에서 가속도의 접선 성분과 법선 성분을 나타내는 식을 얻었지만 $\mathbf{r}'$, $\mathbf{r}''$으로 표현한 식을 얻는 것이 바람직하다. 이를 위하여 7에 주어진 $\mathbf{a}$와 $\mathbf{v}=v\mathbf{T}$의 내적을 만들면

$$\begin{aligned}\mathbf{v}\cdot\mathbf{a}&=v\mathbf{T}\cdot(v'\mathbf{T}+\kappa v^2\mathbf{N})\\&=vv'\mathbf{T}\cdot\mathbf{T}+\kappa v^3\mathbf{T}\cdot\mathbf{N}\\&=vv' \qquad (\mathbf{T}\cdot\mathbf{T}=1\text{이고 }\mathbf{T}\cdot\mathbf{N}=0\text{이므로})\end{aligned}$$

따라서

9 $$a_T=v'=\frac{\mathbf{v}\cdot\mathbf{a}}{v}=\frac{\mathbf{r}'(t)\cdot\mathbf{r}''(t)}{|\mathbf{r}'(t)|}$$

이다. 11.3절의 정리 10에 의하여 주어진 곡률공식을 이용하면

10 $$a_N=\kappa v^2=\frac{|\mathbf{r}'(t)\times\mathbf{r}''(t)|}{|\mathbf{r}'(t)|^3}|\mathbf{r}'(t)|^2=\frac{|\mathbf{r}'(t)\times\mathbf{r}''(t)|}{|\mathbf{r}'(t)|}$$

를 얻는다.

예제 7 입자가 위치함수 $\mathbf{r}(t)=\langle t^2, t^2, t^3\rangle$으로 움직인다. 가속도의 접선 및 법선성분을 구하여라.

풀이 $\mathbf{r}(t)=t^2\,\mathbf{i}+t^2\,\mathbf{j}+t^3\,\mathbf{k}$, $\qquad \mathbf{r}'(t)=2t\,\mathbf{i}+2t\,\mathbf{j}+3t^2\,\mathbf{k}$,

$\mathbf{r}''(t)=2\,\mathbf{i}+2\,\mathbf{j}+6t\,\mathbf{k}$, $\qquad |\mathbf{r}'(t)|=\sqrt{8t^2+9t^4}$

따라서 9에 의하여 접선 성분은

$$a_T=\frac{\mathbf{r}'(t)\cdot\mathbf{r}''(t)}{|\mathbf{r}'(t)|}=\frac{8t+18t^3}{\sqrt{8t^2+9t^4}}$$

이다.

$$\mathbf{r}'(t)\times\mathbf{r}''(t)=\begin{vmatrix}\mathbf{i}&\mathbf{j}&\mathbf{k}\\2t&2t&3t^2\\2&2&6t\end{vmatrix}=6t^2\,\mathbf{i}-6t^2\,\mathbf{j}$$

이므로, 10에 의하여 법선 성분은

$$a_N=\frac{|\mathbf{r}'(t)\times\mathbf{r}''(t)|}{|\mathbf{r}'(t)|}=\frac{6\sqrt{2}\,t^2}{\sqrt{8t^2+9t^4}}$$

이다. ■

▷ 케플러의 행성운동법칙

이제 이 장의 내용이 케플러의 행성운동법칙을 증명하는 데 어떻게 이용되는가를 보임으로써 미적분학의 커다란 업적 중 하나를 설명하고자 한다. 덴마크의 천문학자 브라헤(Tycho Brahe)가 천체관측을 연구한 지 20년 만에 독일의 수학자이자 천문학자인 케플러(Johannes Kepler, 1571~1630)는 다음의 세 법칙을 공식화하였다.

케플러의 법칙

1. 행성은 태양을 한 초점으로 하는 타원궤도를 따라 태양 주위를 공전한다.
2. 태양과 행성을 연결하는 선분은 동일한 시간 동안에 동일한 넓이를 갖는 부분을 통과한다.
3. 행성의 공전주기의 제곱은 그 궤도의 장축의 길이의 세제곱에 비례한다.

뉴턴은 1687년의 그의 저서 《수학의 원리(Principia Mathematica)》에서 이 세 법칙은 자신의 두 법칙, 즉 운동의 제2법칙과 만유인력의 법칙으로부터 얻을 수 있음을 보였다.

지금부터 케플러의 첫 번째 법칙을 유도하여보자. 케플러의 나머지 법칙에 대한 유도는 도움말과 함께 연습문제로 남겨둔다.

행성에 대한 태양의 인력은 다른 천체에 의하여 미치는 힘에 비하여 너무 크기 때문에 태양과 그 주위를 공전하는 행성을 제외한 우주의 모든 물체를 무시해도 된다. 태양을 원점으로 하는 좌표계를 이용하고, $\mathbf{r}=\mathbf{r}(t)$를 행성의 위치벡터로 둔다(마찬가지로 $\mathbf{r}$은 지구 주위를 운동하는 달이나 위성 또는 별 주위를 운동하는 혜성의 위치벡터가 될 수도 있다). 속도벡터는 $\mathbf{v}=\mathbf{r}'$이고 가속도벡터는 $\mathbf{a}=\mathbf{r}''$이다.

다음의 뉴턴의 법칙을 사용한다. 여기에서 $\mathbf{F}$는 혹성에 작용하는 태양의 인력(중력), m과 M은 각각 행성과 태양의 질량, G는 지구 중력상수, $r=|\mathbf{r}|$ 그리고 $\mathbf{u}=\dfrac{1}{r}\mathbf{r}$은 $\mathbf{r}$방향의 단위벡터이다.

운동의 제2 법칙: $\mathbf{F}=m\,\mathbf{a}$

중력법칙: $\mathbf{F}=-\dfrac{GMm}{r^3}\mathbf{r}=-\dfrac{GMm}{r^2}\mathbf{u}$

먼저 행성이 한 평면 위를 움직인다는 것을 보인다. 뉴턴의 두 법칙에서 $\mathbf{F}$에 관한 식을 같다고 놓으면

$$\mathbf{a}=-\frac{GM}{r^3}\mathbf{r}$$

이므로 $\mathbf{a}$는 $\mathbf{r}$과 평행임을 알 수 있다. 따라서 $\mathbf{r}\times\mathbf{a}=\mathbf{0}$이다. 11.2절의 정리 3의 공식 5를 이용하면

$$\begin{aligned}\frac{d}{dt}(\mathbf{r}\times\mathbf{v})&=\mathbf{r}'\times\mathbf{v}+\mathbf{r}\times\mathbf{v}'\\&=\mathbf{v}\times\mathbf{v}+\mathbf{r}\times\mathbf{a}=\mathbf{0}+\mathbf{0}=\mathbf{0}\end{aligned}$$

따라서

$$\mathbf{r}\times\mathbf{v}=\mathbf{h}$$

는 상수벡터이다($\mathbf{h}\neq\mathbf{0}$, 즉 $\mathbf{r}$과 $\mathbf{v}$가 평행이 아니라고 가정해도 된다). 이것은 벡터 $\mathbf{r}=\mathbf{r}(t)$가 t의 모든 값에 대하여 $\mathbf{h}$와 수직이므로 행성은 항상 원점을 지나 $\mathbf{h}$에 수직인 평면 위에 있음을 의미한다. 따라서 행성의 궤도는 평면곡선이다.

케플러의 첫 번째 법칙을 증명하기 위하여 벡터 $\mathbf{h}$를 아래와 같이 다시 나타낸다.

$$\begin{aligned}\mathbf{h}&=\mathbf{r}\times\mathbf{v}=\mathbf{r}\times\mathbf{r}'=r\mathbf{u}\times(r\mathbf{u})'\\&=r\mathbf{u}\times(r\mathbf{u}'+r'\mathbf{u})=r^2(\mathbf{u}\times\mathbf{u}')+rr'(\mathbf{u}\times\mathbf{u})\\&=r^2(\mathbf{u}\times\mathbf{u}')\end{aligned}$$

$\mathbf{h}$의 이러한 표현을 이용하면

$$\begin{aligned}\mathbf{a}\times\mathbf{h}&=\frac{-GM}{r^2}\mathbf{u}\times(r^2\mathbf{u}\times\mathbf{u}')=-GM\mathbf{u}\times(\mathbf{u}\times\mathbf{u}')\\&=-GM[(\mathbf{u}\cdot\mathbf{u}')\mathbf{u}-(\mathbf{u}\cdot\mathbf{u})\mathbf{u}']\end{aligned}$$ (9.4절의 공식 **8**에 의하여)

이다. 그런데, $\mathbf{u}\cdot\mathbf{u}=|\mathbf{u}|^2=1$이고 $|\mathbf{u}(t)|=1$이므로 11.2절의 예제 4로부터 $\mathbf{u}\cdot\mathbf{u}'=0$이다. 따라서 $\mathbf{a}\times\mathbf{h}=GM\mathbf{u}'$이고 $(\mathbf{v}\times\mathbf{h})'=\mathbf{v}'\times\mathbf{h}=\mathbf{a}\times\mathbf{h}=GM\mathbf{u}'$이다. 이 방정식의 양변을 적분하면

11 $$\mathbf{v}\times\mathbf{h}=GM\mathbf{u}+\mathbf{c}$$

를 얻는다. 여기에서 $\mathbf{c}$는 상수벡터이다.

여기에서 표준기저벡터 $\mathbf{k}$가 벡터 $\mathbf{h}$의 방향을 가리키도록 좌표축을 선택하는 것이 편리하다. 그러면 행성은 xy평면 위를 운동한다. $\mathbf{v}\times\mathbf{h}$와 $\mathbf{u}$가 모두 $\mathbf{h}$에 수직이므로 방정식 **11**은 $\mathbf{c}$가 xy평면 위에 놓여 있음을 보여준다. 이것은 그림 8에서 보인 것과 같이 벡터 $\mathbf{i}$가 $\mathbf{c}$의 방향으로 놓이도록 x축과 y축을 선택할 수 있음을 의미한다.

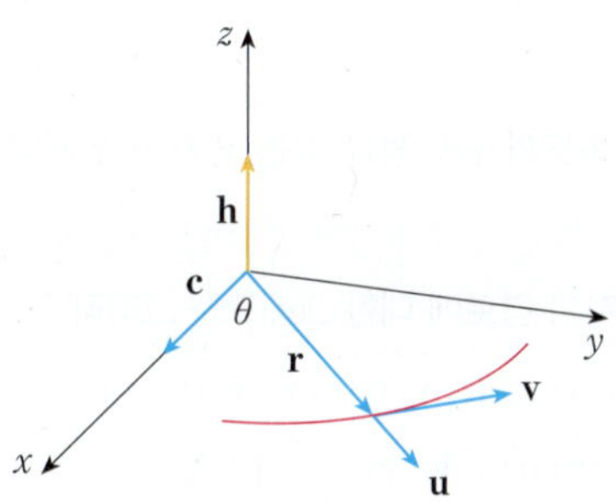

그림 8

θ를 $\mathbf{c}$와 $\mathbf{r}$ 사이의 각이라 하면, (r, θ)는 혹성의 극좌표이다. 방정식 **11**로부터 $c=|\mathbf{c}|$일 때

$$\begin{aligned}\mathbf{r}\cdot(\mathbf{v}\times\mathbf{h})&=\mathbf{r}\cdot(GM\mathbf{u}+\mathbf{c})=GM\mathbf{r}\cdot\mathbf{u}+\mathbf{r}\cdot\mathbf{c}\\&=GMr\mathbf{u}\cdot\mathbf{u}+|\mathbf{r}||\mathbf{c}|\cos\theta=GMr+rc\cos\theta\end{aligned}$$

를 얻는다. 따라서 $e=\dfrac{c}{GM}$일 때

$$r=\frac{\mathbf{r}\cdot(\mathbf{v}\times\mathbf{h})}{GM+c\cos\theta}=\frac{1}{GM}\frac{\mathbf{r}\cdot(\mathbf{v}\times\mathbf{h})}{1+e\cos\theta}$$

이다. 그런데 $h=|\mathbf{h}|$일 때, $\mathbf{r}\cdot(\mathbf{v}\times\mathbf{h})=(\mathbf{r}\times\mathbf{v})\cdot\mathbf{h}=\mathbf{h}\cdot\mathbf{h}=|\mathbf{h}|^2=h^2$이므로

$$r=\frac{\dfrac{h^2}{GM}}{1+e\cos\theta}=\frac{\dfrac{eh^2}{c}}{1+e\cos\theta}$$

또 $d=\dfrac{h^2}{c}$이라 두면 방정식

12 $$r=\frac{ed}{1+e\cos\theta}$$

를 얻는다. 행성의 궤도는 폐곡선이므로 원추곡선은 타원이어야 함을 알게 된다.

이것으로 케플러의 첫 번째 법칙이 유도되었다. 케플러의 세 법칙에 대한 증명은 이 장에서의 방법이 어떤 자연의 법칙을 설명하는 데 강력한 도구가 되고 있음을 보여준다.

11.4 연습문제

1. 아래 표는 입자가 매끄러운 곡선을 따라 공간을 움직일 때 좌표를 나타낸 것이다.

t	x	y	z
0	2.7	9.8	3.7
0.5	3.5	7.2	3.3
1.0	4.5	6.0	3.0
1.5	5.9	6.4	2.8
2.0	7.3	7.8	2.7

(a) t의 구간 $[0, 1]$, $[0.5, 1]$, $[1, 2]$, $[1, 1.5]$에서의 평균속도를 구하여라.

(b) $t=1$에서 입자의 속도와 속력을 구하여라.

2. 그림은 시간 t에서 위치벡터 $\mathbf{r}(t)$를 따라 움직이는 입자의 경로를 보여준다.

(a) 시구간 $2 \leq t \leq 2.4$ 위에서 입자의 평균속도를 나타내는 벡터를 그려라.

(b) 시구간 $1.5 \leq t \leq 2$ 위에서 평균속도를 나타내는 벡터를 그려라.

(c) 속도벡터 $\mathbf{v}(2)$에 관한 식을 기술하라.

(d) 벡터 $\mathbf{v}(2)$의 근사를 그리고 $t=2$에서 입자의 속도를 설명하여라.

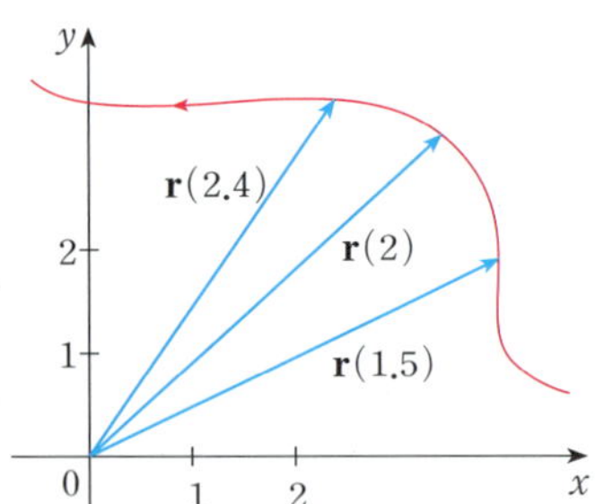

(3~8) 다음의 주어진 위치함수에 대한 입자의 속도, 가속도와 속력을 구하여라. 그리고 입자의 경로를 그리고 주어진 점에서의 속도 벡터와 가속도 벡터를 그려라.

3. $\mathbf{r}(t)=\langle -\frac{1}{2}t^2,\ t \rangle$, $t=2$

4. $\mathbf{r}(t)=\langle 2-t,\ 4\sqrt{t} \rangle$, $t=1$

5. $\mathbf{r}(t)=3\cos t\,\mathbf{i}+2\sin t\,\mathbf{j}$, $t=\frac{\pi}{3}$

6. $\mathbf{r}(t)=e^t\,\mathbf{i}+2^{2t}\,\mathbf{j}$, $t=0$

7. $\mathbf{r}(t)=t\,\mathbf{i}+t^2\,\mathbf{j}+2\,\mathbf{k}$, $t=1$

8. $\mathbf{r}(t)=t\,\mathbf{i}+2\cos t\,\mathbf{j}+\sin t\,\mathbf{k}$, $t=0$

(9~12) 주어진 위치함수에 대한 입자의 속도, 가속도와 속력을 구하여라.

9. $\mathbf{r}(t)=\sqrt{2}\,t\,\mathbf{i}+e^t\,\mathbf{j}+e^{-t}\,\mathbf{k}$

10. $\mathbf{r}(t)=\langle 2\cos t,\ 3t,\ 2\sin t \rangle$

11. $\mathbf{r}(t)=e^t(\cos t\,\mathbf{i}+\sin t\,\mathbf{j}+t\,\mathbf{k})$

12. $\mathbf{r}(t)=t\sin t\,\mathbf{i}+t\cos t\,\mathbf{j}+t^2\,\mathbf{k}$

(13~14) 주어진 가속도, 초기속도와 출발점을 갖는 벡터함수의 입자의 속도와 위치벡터를 구하여라.

13. $\mathbf{a}(t)=\mathbf{i}+2\,\mathbf{j}$, $\mathbf{v}(0)=\mathbf{k}$, $\mathbf{r}(0)=\mathbf{i}$

14. $\mathbf{a}(t)=2\,\mathbf{i}+6t\,\mathbf{j}+12\,t^2\mathbf{k}$, $\mathbf{v}(0)=\mathbf{i}$, $\mathbf{r}(0)=\mathbf{j}-\mathbf{k}$

(15~16)

(a) 주어진 가속도와 초기속도와 출발점을 갖는 입자의 위치벡터를 구하여라.

(b) 컴퓨터를 이용하여 입자의 경로에 대한 그래프를 그려라.

15. $\mathbf{a}(t)=2t\,\mathbf{i}+\sin t\,\mathbf{j}+\cos 2t\,\mathbf{k}$, $\mathbf{v}(0)=\mathbf{i}$, $\mathbf{r}(0)=\mathbf{j}$

16. $\mathbf{a}(t)=t\,\mathbf{i}+e^t\,\mathbf{j}+e^{-t}\mathbf{k}$, $\mathbf{v}(0)=\mathbf{k}$, $\mathbf{r}(0)=\mathbf{j}+\mathbf{k}$

17. 입자의 위치함수가

$$\mathbf{r}(t)=\langle t^2,\ 5t,\ t^2-16t \rangle$$

로 주어졌다. 속력이 최소가 되는 것은 언제인가?

18. 질량 m의 입자가 위치함수 $\mathbf{r}(t)=t^3\,\mathbf{i}+t^2\,\mathbf{j}+t^3\,\mathbf{k}$를 갖기 위해서는 얼마만큼의 힘이 필요한가?

19. 크기가 20N인 힘이 질량 4kg인 물체에 xy평면에서 수직 위로 작용한다. 물체가 초기속도 $\mathbf{v}(0)=\mathbf{i}-\mathbf{j}$로 원점을 출발한다고 할 때, 시간 t에서의 위치함수와 속력을 구하여라.

20. 만일 입자가 일정한 속도로 움직인다면 속도 벡터와 가속도 벡터가 수직임을 보여라.

21. 포탄이 앙각 60°, 초기속도 200m/s로 발사되었다. (a) 포탄의 도달거리, (b) 최고상승고도, (c) 탄착지점에서의 속력을 구하여라.

22. 만일 발사체를 지상보다 높은 100m 지점에서 발사했다면 연습문제 21을 다시 풀어라.

23. 공을 지면에 대하여 45° 각도로 던졌다. 공이 90m 밖에 떨어

졌다면 공의 초기속도는 얼마인가?

24. 총은 평균 앙각 30°로 발사된다. 만일 총알의 최대 높이가 500m라면 총구의 속도는 얼마인가?

25. 총알이 나가는 속도가 150m/s라 하자. 800m 떨어진 목표물을 맞추게 되는 두 앙각을 구하여라.

26. 타자가 홈에서 10피트 높이와 400피트 떨어진 중앙에 있는 담을 향하여 그라운드 위 3피트에서 야구공을 쳤다. 공은 수평선상의 50°에서 속도 115ft/s로 배트를 떠났다. 이것은 홈런인가(다시 말해서, 볼이 펜스에 떨어지는가)?

27. 사각형 모양의 어떤 중세도시가 길이가 500m이고 높이가 15m인 성벽으로 둘러싸여 있다. 당신이 공격부대의 지도자이고 벽에 최대한 가까이 갈수 있는 거리는 100m라 하자. 당신의 계획은 성벽을 넘어 불에 달군 돌들을 투석기로(초기 속도 80m/s) 날려보내 도시 안에 불을 내는 것이다. 이때 병사에게 투석기를 어떤 범위의 각도로 설치하라고 해야 하나? (길거리의 돌은 벽에 수직이라 가정하자.)

28. 질량이 0.8kg인 공이 30m/s의 속도와 땅에서부터 30°의 각도로 공중으로 던져졌다. 서쪽 바람은 꾸준히 4N의 힘으로 동쪽 방향으로 공을 민다. 이 공은 어느 위치에 어떤 속도로 땅에 떨어지게 되는가?

29. 가운데에서 속도가 가장 빠르고 둑에서는 기껏해야 속도가 0인 직선인 강을 따라 강물이 흐른다고 하자. 둑은 평행이며 간격이 40m인 북쪽으로 흐르는 긴 강을 생각하자. 만약 강물의 최대 속도가 3m/s라면, 서쪽 둑으로부터 x만큼 떨어진 강물의 속도에 대한 기본적인 모델로 2차함수 $f(x)=\dfrac{3}{400}x(40-x)$를 생각할 수 있다.

(a) 보트가 둑과 수직을 이루면서 서쪽 둑의 한 지점 A로부터 5m/s의 일정한 속도로 진행한다고 하자. 보트가 맞은편 둑에 도착하기 위해 강으로 얼마나 흘러내려가야 하는가? 보트의 경로를 그림으로 그려라.

(b) A의 바로 맞은편 동쪽 지점 B에 보트를 상륙시키기 위해 보트를 조정하려 한다. 5m/s의 일정한 속도와 일정한 방향을 유지한다면, 보트가 향해야 하는 각도를 구하여라. 보트가 진행하는 실제 경로를 그려라. 그 경로가 실제 경로인 것처럼 보이는가?

30. 연습문제 **29**에서 강물의 속도에 관한 또 다른 적당한 모델은 sine함수이다. 즉 $f(x)=3\sin(\pi x/40)$. 만일 보트 타는 사람이 일정한 방향과 5m/s의 일정한 속도로 A에서 B까지 강을 건너고 싶어 한다면 보트의 방향으로 해야 하는 각을 결정하여라.

31. 한 입자의 위치함수 $\mathbf{r}(t)$이다. $\mathbf{c}$가 상수벡터이고 $\mathbf{r}'(t)=\mathbf{c}\times\mathbf{r}(t)$일 때 입자의 경로를 설명하여라.

32. (a) 한 입자가 직선을 따라 움직일 때, 가속도 벡터는?

(b) 한 입자가 곡선을 EK라 일정한 속도로 움직일 때, 가속도 벡터는?

(33~36) 가속도 벡터의 접선 및 법선 성분을 구하여라.

33. $\mathbf{r}(t)=t^3\,\mathbf{i}+t^2\,\mathbf{j}$

34. $\mathbf{r}(t)=(1+t)\,\mathbf{i}+(t^2-2t)\,\mathbf{j}$

35. $\mathbf{r}(t)=\cos t\,\mathbf{i}+\sin t\,\mathbf{j}+t\,\mathbf{k}$

36. $\mathbf{r}(t)=t\,\mathbf{i}+t^2\,\mathbf{j}+3t\,\mathbf{k}$

---

37. 가속도 벡터 $\mathbf{a}$의 크기가 10cm/s²이다. 그림을 이용하여 $\mathbf{a}$의 접선 성분과 법선 성분을 계산하여라.

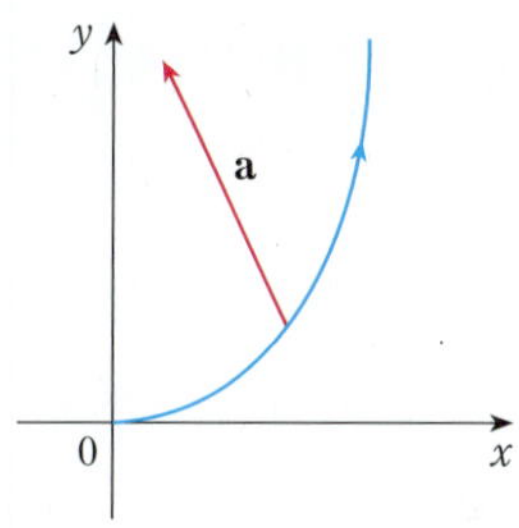

38. 질량 m인 입자가 위치벡터 $\mathbf{r}(t)$을 따라 움직인다면 각운동량(angular momentem)은 $\mathbf{L}(t)=m\mathbf{r}(t)\times\mathbf{v}(t)$로 비틀림은 $\boldsymbol{\tau}(t)=m\mathbf{r}(t)\times\mathbf{a}(t)$로 정의된다. $\mathbf{L}'(t)=\boldsymbol{\tau}(t)$임을 보여라. 만일 임의의 t에 대하여 $\boldsymbol{\tau}(t)=\mathbf{0}$이면 $\mathbf{L}(t)$가 일정한지 추론하여라(이것이 각운동량의 보존법칙이다).

39. 우주선의 위치함수는

$$\mathbf{r}(t)=(3+t)\mathbf{i}+(2+\ln t)\mathbf{j}+\left(7-\frac{4}{t^2+1}\right)\mathbf{k}$$

이고, 우주정거장의 좌표는 (6, 4, 9)이다. 선장은 우주선을 우주정거장으로 항해하게 하려고 한다. 언제 엔진 가동을 중지하면 되겠는가?

40. 우주를 여행하는 동안 탑재된 연료를 태우는 로켓의 속력과 질량이 각각 $\mathbf{v}(t)$, $m(t)$라고 하자. 배출가스가 분출되는 (로켓에 대한) 상대속도를 $\mathbf{v}_e$라 할 때, 뉴턴의 운동 제2 법칙에 의하여 다음과 같은 식을 얻는다.

$$m\frac{d\mathbf{v}}{dt}=\frac{dm}{dt}\mathbf{v}_e$$

(a) 다음 등식이 성립함을 보여라.

$$\mathbf{v}(t)=\mathbf{v}(0)-\ln\frac{m(0)}{m(t)}\mathbf{v}_e$$

(b) 로켓이 원래 배출가스의 두 배 속력만큼(일직선 방향으로) 가속하기 위하여 로켓의 질량 중 얼마만큼을 연료로 태워야 하는가?

응용과제 케플러의 법칙

케플러(Johannes Kepler)는 각각의 시간에 행성의 위치와 질량자료를 이용하여 행성의 운동에 관한 다음 세 법칙을 제시하였다.

> 케플러의 법칙
>
> 1. 행성은 태양을 한 초점으로 하는 타원궤도를 따라 태양 주위를 공전한다.
> 2. 태양과 행성을 연결하는 선분은 동일한 시간동안에 동일한 넓이를 갖는 부분을 통과한다.
> 3. 행성의 공전주기의 제곱은 그 궤도의 장축의 길이의 세제곱에 비례한다.

케플러는 천체관측결과와 잘 일치한다는 사실로부터 이 법칙을 추론하였다. 그는 이 법칙이 실제로 참이라고 증명할 수 없었으며, 어떻게 연관되어 있는가도 알 수 없었다. 그러나 뉴턴은 1687년의 그의 저서 《Principia Mathematica》에서 케플러의 세 법칙은 자신의 두 법칙, 즉 운동의 제2법칙과 만유인력의 법칙으로부터 얻을 수 있음을 보였다. 11.4절에서 벡터함수의 미적분을 이용하여 케플러의 첫 번째 법칙을 유도하였다. 여기서는 케플러의 두 번째와 세 번째 법칙의 증명을 유도하고 몇 가지 응용을 보고자 한다.

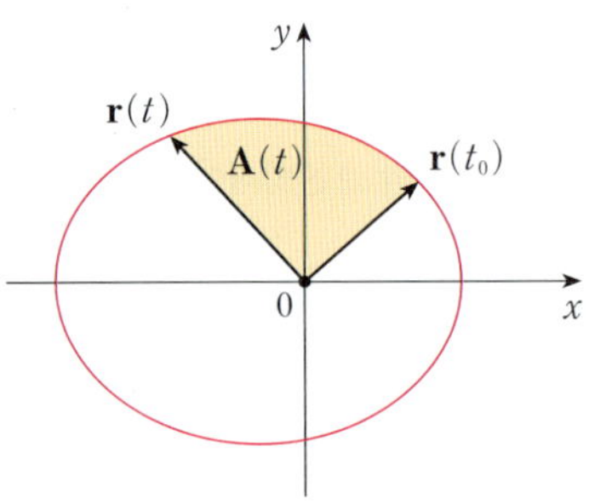

1. 다음의 단계를 따라 케플러의 제2 법칙을 증명하여라. 증명에서의 기호는 11.4절에서 제1법칙을 증명할 때와 같다. 특히, 극좌표 $\mathbf{r}=(r\cos\theta)\mathbf{i}+(r\sin\theta)\mathbf{j}$를 이용하여라.

   (a) 등식 $\mathbf{h}=r^2\dfrac{d\theta}{dt}\mathbf{k}$를 보여라.

   (b) 등식 $r^2\dfrac{d\theta}{dt}=h$를 유도하여라.

   (c) $A=A(t)$를 그림에서와 같이 시간 $[t_0, t]$ 동안 벡터 $\mathbf{r}=\mathbf{r}(t)$가 지나간 영역의 넓이라 할 때,

   $$\frac{dA}{dt}=\frac{1}{2}r^2\frac{d\theta}{dt}$$

   를 보여라.

   (d) 등식

$$\frac{dA}{dt}=\frac{1}{2}h=\text{상수}$$

임을 유도하여라. 이 공식은 A가 지나간 비율이 일정함을 말해주며, 따라서 케플러의 제2 법칙이 증명된다.

2. T를 행성이 태양을 도는 주기라 하자. 즉 T는 행성이 타원궤도를 따라서 태양을 한바퀴 도는 데 걸리는 시간을 말한다. 타원의 장축과 단축의 길이를 각각 $2a$와 $2b$라 하자.

   (a) 문제 1의 (d)를 이용하여 관계식 $T=\frac{2\pi ab}{h}$을 보여라.

   (b) $\frac{h^2}{GM}=ed=\frac{b^2}{a}$를 보여라.

   (c) 위의 (a)와 (b)를 이용하여 $T^2=\frac{4\pi^2}{GM}a^3$을 보여라.

   이상으로 케플러의 제3법칙을 증명하였다[비례상수 $\frac{4\pi^2}{GM}$이 행성과 무관함을 인지하여라].

3. 지구의 주기는 대략 365.25일이다. 이 사실과 케플러의 제3법칙을 이용하여 지구 궤도의 장축 길이를 구하여라(단, 태양의 질량은 $M=1.99\times10^{30}$kg이고 중력상수는 $G=6.67\times10^{-11}\text{N}\cdot\text{m}^2/\text{kg}^2$라 한다).

4. 지구의 주변의 궤도에 위성을 놓고 적도의 한 위치에서 움직이지 않도록 할 수 있다. 이러한 위성에 필요한 고도를 계산해보자. 지구의 질량은 5.98×10^{24}kg이고 반지름은 6.37×10^6m이다(이와 같은 궤도를 클라크(Clarke)의 정지궤도(Geosynchronous Orbit)라 부른다. 클라크는 1948년 처음으로 이러한 아이디어를 제안하였으며 이에 따라 최초의 정지위성 신컴(Syncom) II가 1963년 6월 발사되었다).

11.5 매개변수 곡면

10.6절에서 이변수함수 그래프의 곡면을 알아보았다. 여기에서는 매개변수 곡면(parametric surface)이라 불리는 좀더 일반적인 곡면을 다루기 위하여 벡터함수를 사용한다.

하나의 매개변수 t를 갖는 벡터함수 $\mathbf{r}(t)$에 의하여 공간곡선을 묘사하는 것과 같은 방법으로, 두 개의 매개변수 u, v에 관한 벡터함수 $\mathbf{r}(u, v)$를 이용하여 곡면을 표현할 수 있다. 벡터값을 갖는 함수

1 $$\mathbf{r}(u, v)=x(u, v)\mathbf{i}+y(u, v)\mathbf{j}+z(u, v)\mathbf{k}$$

가 uv평면에 속하는 영역 D 상에서 정의되고, u, v에 관한 x, y, z의 편도함수가 모두 연속이라 가정하자. (u, v)가 D 상을 움직일 때

2 $$x=x(u, v), \quad y=y(u, v), \quad z=z(u, v)$$

를 만족하는 $\mathbb{R}^3$ 안에 속하는 모든 점 (x, y, z)들의 집합을 **매개변수 곡면** S라 하고 방정식 **2**를 S의 **매개변수방정식**(parametric equations)이라 한다. 곡면 S는 (u, v)가 영역 D 위를 움직일 때 위치벡터 $\mathbf{r}(u, v)$의 종점에 의하여 그려진다.

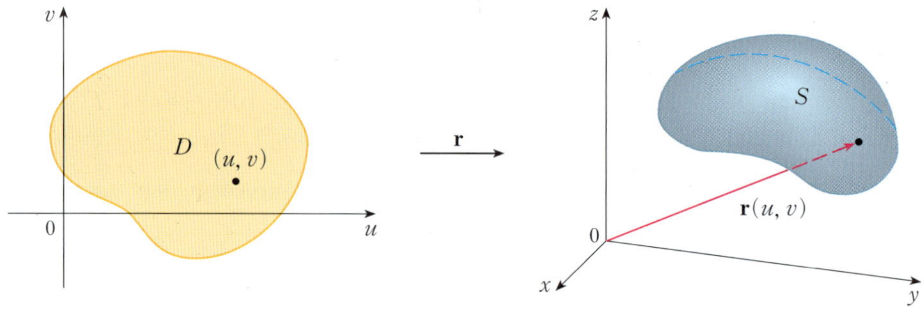

그림 1 매개변수 곡면

예제 1 벡터방정식 $\mathbf{r}(u, v)=2\cos u\,\mathbf{i}+v\,\mathbf{j}+2\sin u\,\mathbf{k}$로 표현되는 곡면을 확인하고 곡면의 그림을 그려보아라.

풀이 이 곡면에 대한 매개변수방정식은

$$x=2\cos u, \quad y=v, \quad z=2\sin u$$

이다. 따라서 곡면 위에 임의의 점 (x, y, z)에 대해

$$x^2+z^2=4\cos^2 u+4\sin^2 u=4$$

를 얻는다. 이는 xz평면(즉, y는 상수)에 평행한 수직 단면이 모두 반지름 2인 원인 것을 의미한다. $y=v$이고 v에 제약조건이 없기 때문에 곡면은 y축을 축으로 하는 반지름 2를 갖는 원주면이다(그림 2 참조). ■

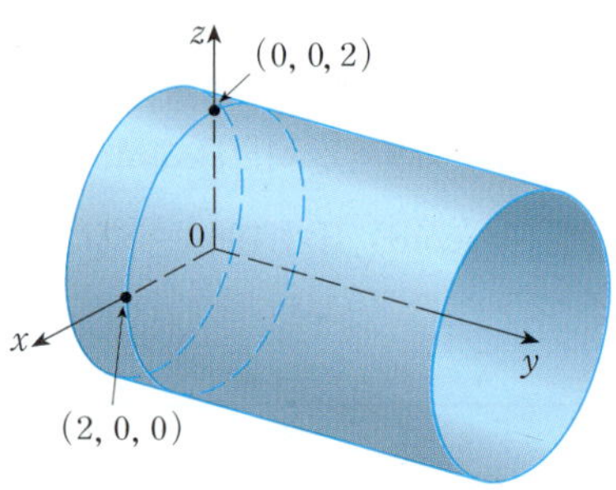

그림 2

예제 1에서 매개변수 u와 v에 대한 제약조건이 없으므로 전체 원기둥을 얻었다. 가령 $0\le u\le \frac{\pi}{2}$, $0\le v\le 3$으로 매개변수 정의역에 의해 u와 v가 제한된다면

$$x\ge 0, \quad z\ge 0, \quad 0\le y\le 3$$

이 되고, 그림 3에서 설명된 길이 3을 가지는 1/4쪽 원주면이 된다.

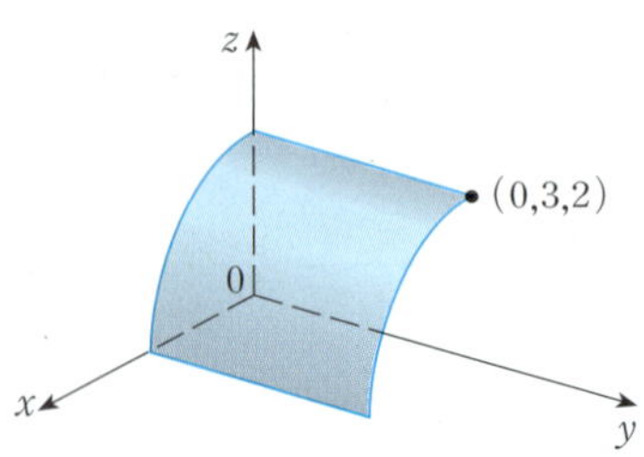

그림 3

매개변수 곡면 S가 벡터함수 $\mathbf{r}(u, v)$에 의해 주어진다면, S 상에는 두 개의 유용한 곡선족이 존재한다. 한 족은 u가 상수이고, 다른 한 족은 v가 상수가 된다. 이들 족은 uv평면에서 수직과 수평선에 대응된다. 만약 u를 $u=u_0$로 놓고 상수로 생각하면 $\mathbf{r}(u_0, v)$는 하나의 매개변수 v의 벡터함수가 되고 S 상에 놓인 곡선 C_1을 정의한다(그림 4 참조).

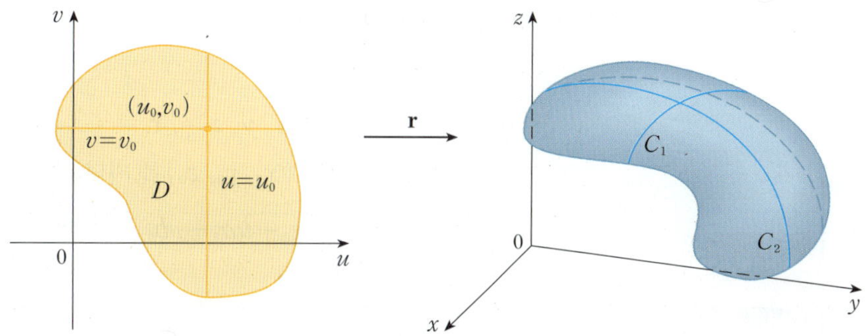

그림 4

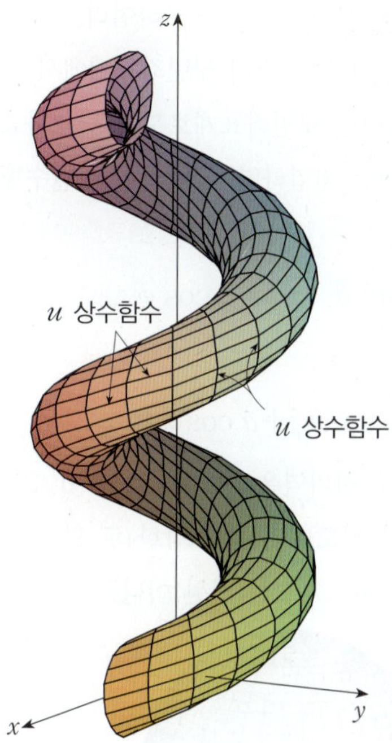

그림 5

마찬가지로 v를 $v=v_0$로 놓고 상수로 생각하면 $\mathbf{r}(u, v_0)$에 의하여 주어진 S 상에 있는 곡선 C_2를 얻는다. 이런 곡선들을 **격자 곡선**(grid curves)이라 부른다(예제 1에서 u가 상수인 격자 곡선은 수평선이고, 반면 v가 상수인 격자 곡선은 원이 된다). 사실 컴퓨터가 매개변수 곡면을 그릴 때, 이런 격자 곡선을 도식화에 의해 곡면을 대략 묘사한다.

예제 2 컴퓨터 대수체계를 사용하여 곡면

$$\mathbf{r}(u, v) = \langle (2+\sin v)\cos u,\ (2+\sin v)\sin u,\ u+\cos v \rangle$$

를 그래프로 그려라. u가 상수인 것은 어느 곡선인가? v가 상수인 것은 어느 곡선인가?

풀이 그림 5는 매개변수 정의역 $0 \le u \le 4\pi$, $0 \le v \le 2\pi$를 갖는 곡면 부분을 그래프로 나타낸다. 그것은 나선튜브 모양이다. 격자 곡선을 확인하기 위해 매개변수방정식으로 나타내면

$$x = (2+\sin v)\cos u,\ y = (2+\sin v)\sin u,\ z = u+\cos v$$

을 얻는다. 만약 v가 상수이면 $\sin v$와 $\cos v$도 상수이다. 따라서 매개변수방정식은 11.1절 예제 4의 나선과 닮았다. 그래서 v가 상수인 격자 곡선은 그림 5에서 나선 곡선이다. 우리는 u가 상수인 격자 곡선이 그림에서 원처럼 보이는 곡선임에 틀림없다는 것을 추론할 수 있다. 더구나 이 주장에 대한 증거는 만약 u가 $u=u_0$인 상수라면 방정식 $z=u_0+\cos v$가 z값이 u_0-1에서 u_0+1까지 변하는 것을 보여주고 있기 때문이다. ■

예제 1과 2에서 벡터방정식이 주어졌고 대응하는 매개변수 곡면의 그래프를 그렸다. 그러나 다음 예제에서는 주어진 곡면을 나타내는 벡터함수를 찾는 더욱 도전해 볼 만한 문제가 주어진다. 이 장의 나머지 부분에서는 그것을 정확하게 할 필요가 종종 있을 것이다.

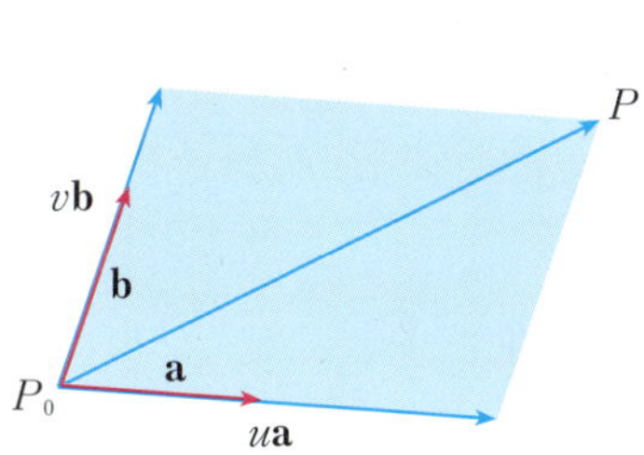

그림 6

예제 3 **평면의 매개변수방정식** 위치벡터 $\mathbf{r}_0$인 점 P_0를 지나고, 두 개의 평행하지 않는 벡터 $\mathbf{a}$와 $\mathbf{b}$를 품는 평면을 나타내는 벡터함수를 구하여라.

풀이 만약 P가 평면에서의 임의의 한 점이라면 $\overrightarrow{P_0P} = u\mathbf{a} + v\mathbf{b}$인 스칼라 u와 v가 존재한다(그림 6 참조). 만약 $\mathbf{r}$이 P의 위치벡터면

$$\mathbf{r} = \overrightarrow{OP_0} + \overrightarrow{P_0P} = \mathbf{r}_0 + u\mathbf{a} + v\mathbf{b}$$

가 된다. 그래서 평면의 벡터방정식은 $\mathbf{r}(u, v)=\mathbf{r}_0+u\mathbf{a}+v\mathbf{b}$라 쓸 수 있다. 단 u, v는 실수다.

만약 $\mathbf{r}=<x, y, z>$, $\mathbf{r}_0=<x_0, y_0, z_0>$, $\mathbf{a}=<a_1, a_2, a_3>$, $\mathbf{b}=<b_1, b_2, b_3>$이면, 점 (x_0, y_0, z_0)를 지나는 평면의 매개변수방정식은

$$x=x_0+ua_1+vb_1, \quad y=y_0+ua_2+vb_2, \quad z=z_0+ua_3+vb_3$$

라고 쓸 수 있다. ■

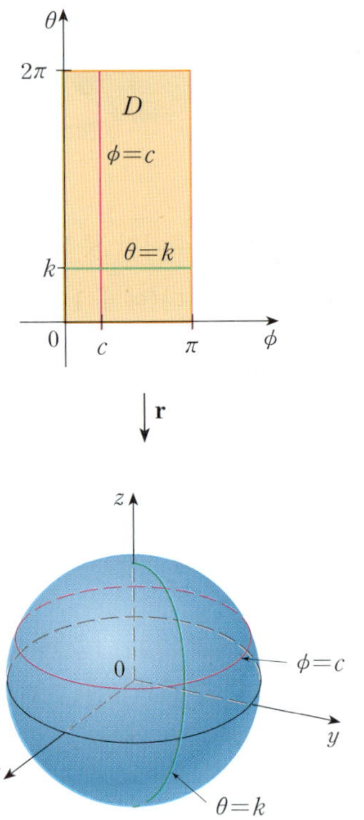

그림 7

● 매개변수곡면은 컴퓨터 그래픽에서도 이용된다. 그림 8은 구 $x^2+y^2+z^2=1$의 그래프를 그릴 때, 이 방정식을 z에 관하여 풀고 위, 아래의 반구를 각각 그리는 과정을 보여준다.

예제 4 **구의 매개변수방정식** 구 $x^2+y^2+z^2=a^2$의 매개변수 표현을 구하여라.

풀이 구는 구면좌표계에서 단순표시 $\rho=a$로 나타낼 수 있다. 따라서 구면좌표계에서 매개변수로서 각 ϕ와 θ를 택하자(10.7절 참조). 그러면 구면좌표계로부터 직교좌표(10.7절의 방정식 3)로 전환하는 방정식에 $\rho=a$를 대입하면, 구면의 매개변수방정식은

$$x=a\sin\phi\cos\theta, \quad y=a\sin\phi\sin\theta, \quad z=a\cos\phi$$

이다. 대응되는 벡터방정식은

$$\mathbf{r}(\phi, \theta)=a\sin\phi\cos\theta\,\mathbf{i}+a\sin\phi\sin\theta\,\mathbf{j}+a\cos\phi\,\mathbf{k}$$

이고 $0\le\phi\le\pi$, $0\le\theta\le2\pi$이다. 따라서 매개변수 정의역은 $D=[0, \pi]\times[0, 2\pi]$인 직사각형이다. ϕ가 상수인 격자 곡선은 일정한 위도(적도를 포함한)로 원을 이룬다. θ가 상수인 격자 곡선은 북극과 남극을 연결하는 자오선(반원)이다. ■

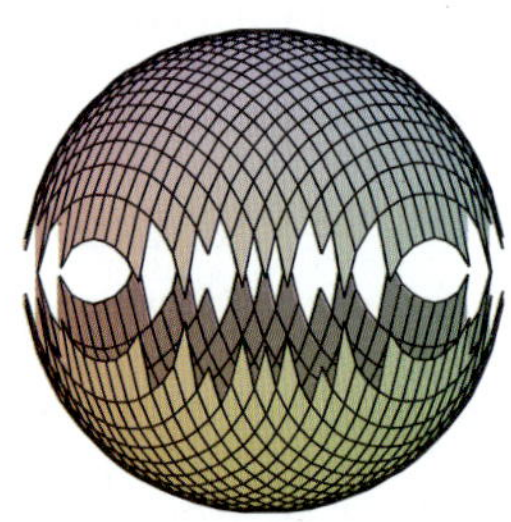
그림 8

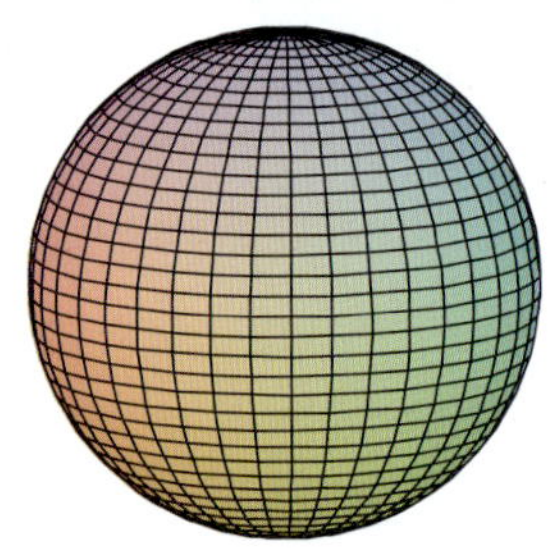
그림 9

예제 5 **원기둥의 매개변수방정식** 원기둥 $x^2+y^2=4$, $0\le z\le1$에 대한 매개변수표현을 구하여라.

풀이 원주면은 원주좌표에서 단순하게 $r=2$로 표시된다. 따라서 원주좌표계에서 매개변수 θ와 z를 택하자. 이때 원기둥의 매개방정식은

$$x=2\cos\theta, \quad y=2\sin\theta, \quad z=z$$

이다. 여기에서 $0\le\theta\le2\pi$, $0\le z\le1$이다. ■

예제 6 타원포물면 $z=x^2+2y^2$에 대한 벡터함수를 구하여라.

풀이 x, y를 매개변수로 생각하면, 매개변수방정식은 간단하게

$$x=x, \quad y=y, \quad z=x^2+2y^2$$

이고, 벡터방정식은

$$\mathbf{r}(x, y)=x\,\mathbf{i}+y\,\mathbf{j}+(x^2+2y^2)\mathbf{k}$$

이다. ■

일반적으로 x, y의 함수의 그래프에 의하여 주어진, 즉 $z=f(x, y)$ 같은 형태의 방정식을 가진 곡면은 항상 x, y를 매개변수로 택하여 매개변수방정식이

$$x=x, \quad y=y, \quad z=f(x, y)$$

인 매개변수 곡면으로 간주할 수 있다.

곡면의 매개변수 표현(매개변수화라 한다)은 유일하지 않다. 다음 예는 원뿔을 매개변수화하는 두 가지 방법을 보여주고 있다.

예제 7 원뿔의 매개변수화의 두 가지 방법 곡면 $z=2\sqrt{x^2+y^2}$, 즉 원뿔의 꼭대기쪽 반에 대한 매개변수 표현을 구하여라(즉, $z^2=4x^2+4y^2$의 위의 절반).

풀이1 한 가지 가능한 매개변수 표현은 x, y를 매개변수로 선택하여 얻을 수 있다.

$$x=x, \quad y=y, \quad z=2\sqrt{x^2+y^2}$$

따라서 벡터방정식은

$$\mathbf{r}(x, y)=x\,\mathbf{i}+y\,\mathbf{j}+2\sqrt{x^2+y^2}\;\mathbf{k}$$

이다.

● 풀이 1과 2에서의 매개변수 표현 둘 다 사용해도 상관없지만 풀이 2를 사용하는 것이 더 편할 때도 있다. 만약 $z=1$인 평면 아래에 놓인 원뿔의 부분만 관심이 있다면, 풀이 2에서 해야 하는 일은 매개변수 정의역을 $0\le r\le\frac{1}{2}$, $0\le\theta\le 2\pi$를 바꾸는 것이다.

풀이2 다른 매개변수 표현은 극좌표 r과 θ를 매개변수로 선택하여 얻을 수 있다. 원뿔 위의 한 점 (x, y, z)는 $x=r\cos\theta$, $y=r\sin\theta$, $2\sqrt{x^2+y^2}=2r$을 만족한다. 따라서 원뿔의 벡터방정식은

$$\mathbf{r}(r, \theta)=r\cos\theta\,\mathbf{i}+r\sin\theta\,\mathbf{j}+2r\,\mathbf{k}$$

이다(단 $r\ge 0$, $0\le\theta\le 2\pi$이다). ■

▷ 회전곡면

회전곡면은 매개변수로 나타낼 수 있고, 컴퓨터를 사용하여 그림으로 나타낼 수도 있다. 가령, $f(x)\ge 0$인 곡선 $y=f(x)$, $a\le x\le b$를 x축을 축으로 하여 회전시켜 얻은 곡면 S를 생각해보자. θ는 그림 10에서의 회전각이다. (x, y, z)를 S 위의 점이라 하면

3 $$x=x, \quad y=f(x)\cos\theta, \quad z=f(x)\sin\theta$$

와 같이 쓸 수 있다. 따라서, x와 θ를 매개변수로 하여 방정식 **3**은 S의 매개변수 방정식이 된다. 이때, 매개변수의 정의역은 $a\le x\le b$와 $0\le\theta\le 2\pi$이다.

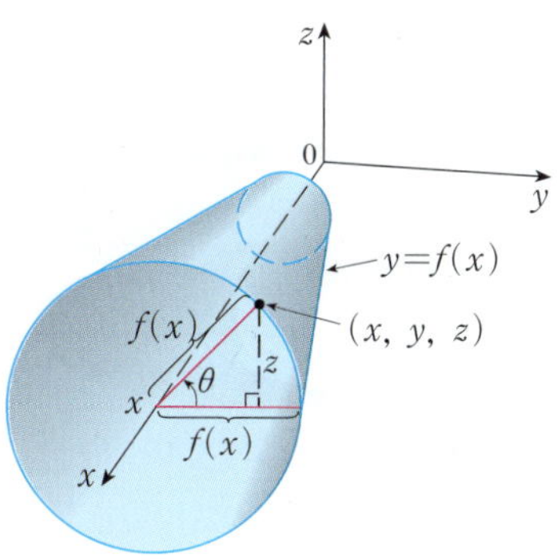

그림 10

예제 8 회전곡면의 그래프 곡선 $y=\sin x$, $0\le x\le 2\pi$를 x축으로 회전시켜 얻는 곡면에 대한 매개변수방정식을 구하여라. 이 방정식을 사용해서 회전곡면의 그래프를 그려라.

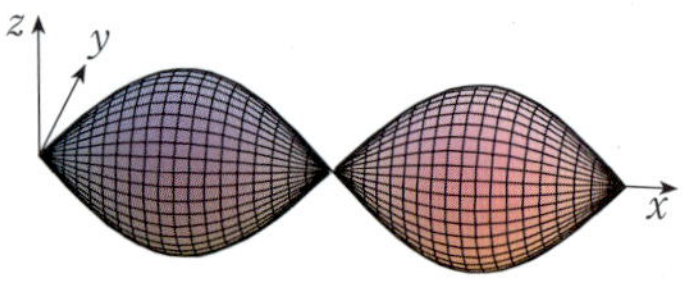

그림 11

풀이 방정식 [3]으로부터 매개변수방정식은

$$x=x, \quad y=\sin x \cos \theta, \quad z=\sin x \sin \theta$$

이고, 매개변수 정의역은 $0 \leq x \leq 2\pi$, $0 \leq \theta \leq 2\pi$이다. 컴퓨터를 사용해서 이 방정식을 도식화하고 상을 회전하면 그림 11의 그래프를 얻는다. ■

방정식 [3]을 수정하여 x축 또는 y축에 대하여 회전시켜 얻어지는 곡면을 나타낼 수 있다(연습문제 30번 참조).

11.5 연습문제

(1~2) 두 점 P와 Q가 주어진 곡면 위에 있는지를 결정하여라.

1. $\mathbf{r}(u, v)=<2u+3v, 1+5u-v, 2+u+v>$
   $P(7, 10, 4)$, $Q(5, 22, 5)$
2. $\mathbf{r}(u, v)=<u+v, u^2-v, u+v^2>$
   $P(3, -1, 5)$, $Q(-1, 3, 4)$

(3~6) 주어진 벡터방정식을 갖는 곡면을 만들어라.

3. $\mathbf{r}(u, v)=(u+v)\mathbf{i}+(3-v)\mathbf{j}+(1+4u+5v)\mathbf{k}$
4. $\mathbf{r}(u, v)=2\sin u\,\mathbf{i}+3\cos u\,\mathbf{j}+v\,\mathbf{k}$, $\quad 0 \leq v \leq 2$
5. $\mathbf{r}(s, t)=<s, t, t^2-s^2>$
6. $\mathbf{r}(s, t)=<s\sin 2t, s^2, s\cos 2t>$

(7~12) 컴퓨터를 사용해서 매개변수 곡면을 그려라. 결과물을 가지고 어느 격자 곡선이 상수함수 u와 v를 갖는지 나타내어라.

7. $\mathbf{r}(u, v)=<u^2+1, v^3+1, u+v>$,
   $-1 \leq u \leq 1$, $-1 \leq v \leq 1$
8. $\mathbf{r}(u, v)=<u+v, u^2, v^2>$, $\quad -1 \leq u \leq 1$, $-1 \leq v \leq 1$
9. $\mathbf{r}(u, v)=<u\cos v, u\sin v, u^5>$,
   $-1 \leq u \leq 1$, $0 \leq v \leq 2\pi$
10. $\mathbf{r}(u, v)$
    $=<\cos u\sin v, \sin u\sin v, \cos v+\ln\tan\left(\frac{v}{2}\right)>$,
    $0 \leq u \leq 2\pi$, $0.1 \leq v \leq 6.2$
11. $x=\sin v$, $y=\cos u\sin 4v$, $z=\sin 2u\sin 4v$,
    $0 \leq u \leq 2\pi$, $-\frac{\pi}{2} \leq v \leq \frac{\pi}{2}$
12. $x=u\sin u\cos v$, $y=u\cos u\cos v$, $z=u\sin v$

(13~18) 그래프 I~VI와 맞는 방정식을 선택하고 그 이유를 밝혀라. 어느 격자곡선군이 u 상수함수와 v 상수함수를 가지는지 알아보아라.

13. $\mathbf{r}(u, v)=u\cos v\,\mathbf{i}+u\sin v\,\mathbf{j}+v\,\mathbf{k}$
14. $\mathbf{r}(u, v)=u\cos v\,\mathbf{i}+u\sin v\,\mathbf{j}+\sin u\,\mathbf{k}$, $-\pi \leq u \leq \pi$
15. $\mathbf{r}(u, v)=\sin v\,\mathbf{i}+\cos u\sin 2v\,\mathbf{j}+\sin u\sin 2v\,\mathbf{k}$
16. $x=(1-u)(3+\cos v)\cos 4\pi u$,
    $y=(1-u)(3+\cos v)\sin 4\pi u$,
    $z=3u+(1-u)\sin v$
17. $x=\cos^3 u\cos^3 v$, $y=\sin^3 u\cos^3 v$, $z=\sin^3 v$
18. $x=(1-|u|)\cos v$, $y=(1-|u|)\sin v$, $z=u$

I

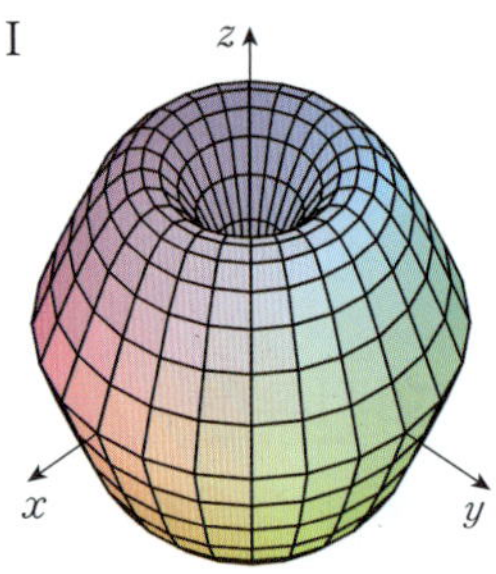

II

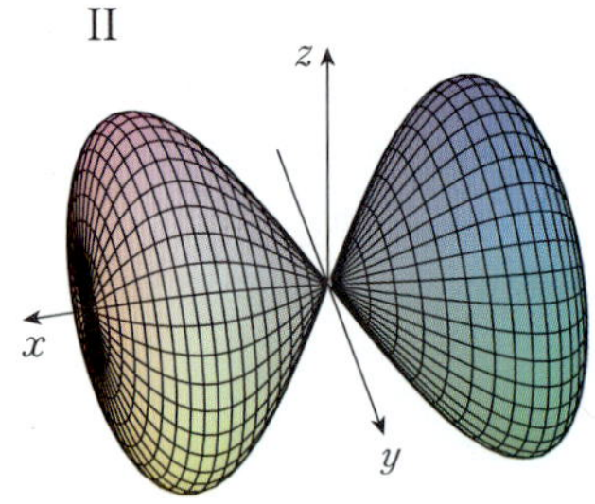

III

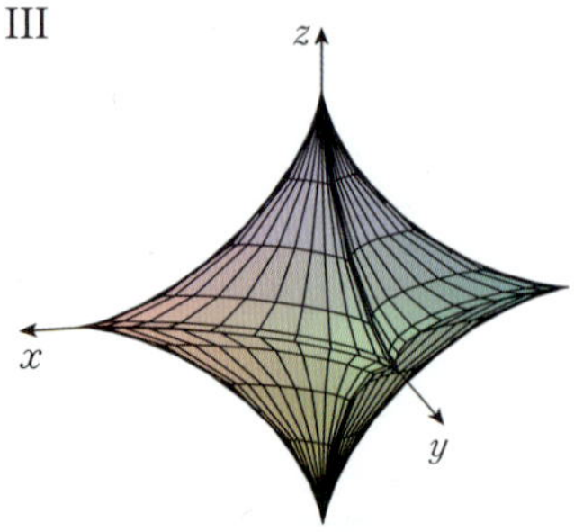

IV

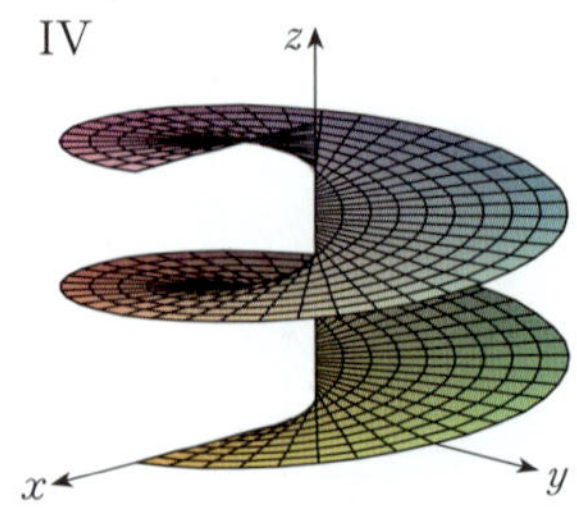

V

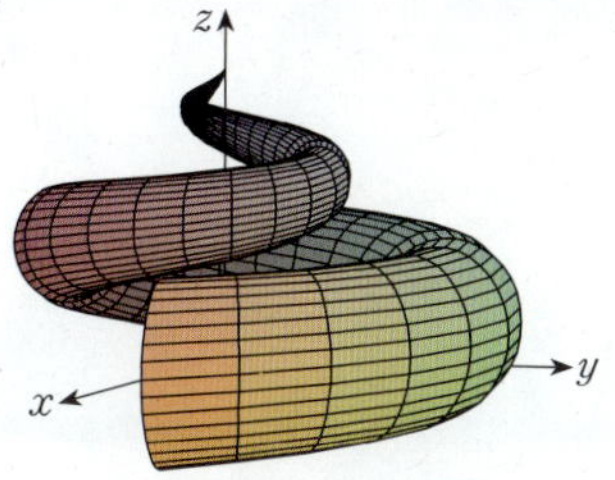

VI

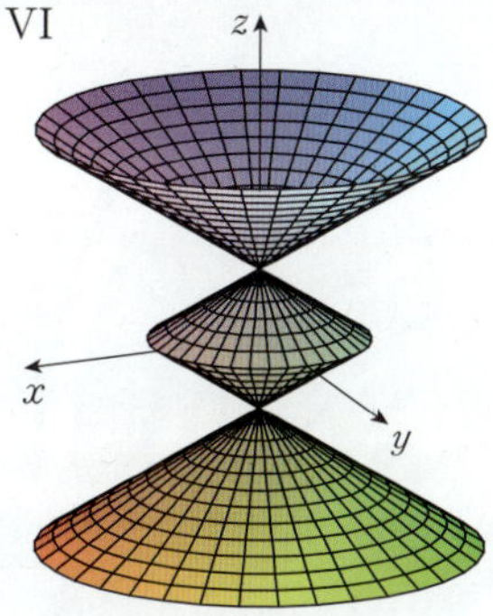

(19~26) 곡면에 대한 매개변수방정식을 구하여라.

19. 점 $(1, 2, -3)$을 지나고 벡터 $\mathbf{i}+\mathbf{j}-\mathbf{k}$와 $\mathbf{i}-\mathbf{j}+\mathbf{k}$를 포함하는 평면

20. 타원면 $2x^2+4y^2+z^2=1$의 아래쪽의 절반

21. xz평면의 오른쪽에 있는 쌍곡면 $x^2+y^2-z^2=1$의 부분

22. 평면 $x=0$의 앞에 있는 타원포물면 $x+y^2+2z^2=4$의 부분

23. 원주면 $z=\sqrt{x^2+y^2}$ 위에 있는 구 $x^2+y^2+z^2=4$의 부분

24. 평면 $z=-2$와 $z=2$ 사이에 있는 구 $x^2+y^2+z^2=16$의 부분

25. 평면 $x=0$과 $x=5$ 사이에 있는 원기둥 $y^2+z^2=16$의 부분

26. 원기둥 $x^2+y^2=1$ 내부에 속하는 평면 $z=x+3$의 부분

CAS **(27~28)** 컴퓨터를 이용한 대수계는 하나로 주어진 것과 같은 그래프를 생성한다.

27.

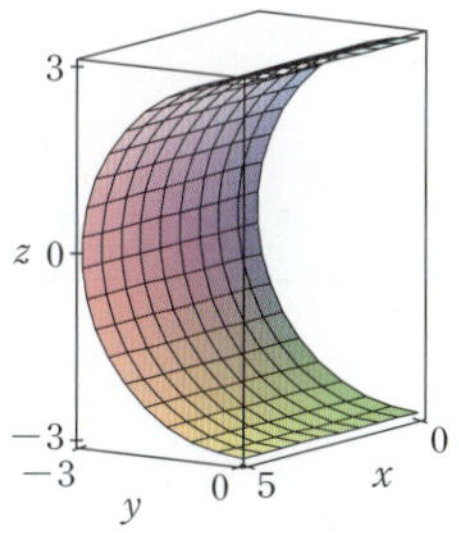

28.

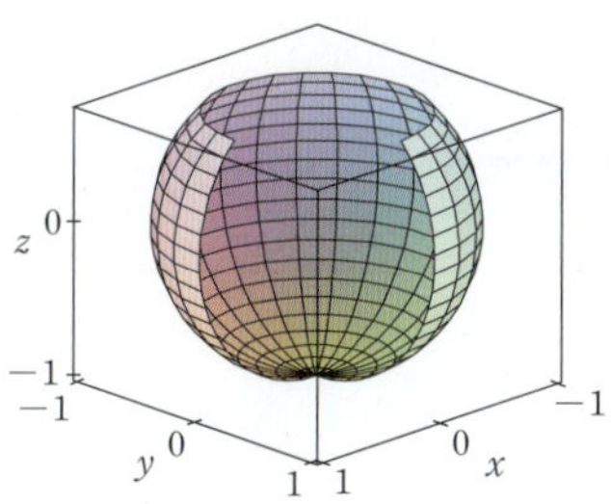

29. 곡선 $y=e^{-x}$, $0\leq x\leq 3$을 x축에 관하여 회전하여 얻은 곡면의 매개변수방정식을 구하고, 이를 이용하여 곡면의 그래프를 그려라.

30. 곡선 $x=4y^2-y^4$, $-2\leq y\leq 2$를 y축에 관하여 회전하여 얻은 곡면의 매개변수방정식을 구하고, 이를 이용하여 곡면의 그래프를 그려라.

31. (a) 매개변수방정식 $x=a\sin u\cos v$, $y=b\sin u\sin v$, $z=c\cos u$, $0\leq u\leq\pi$, $0\leq v\leq 2\pi$로 주어진 곡면이 타원면임을 밝혀라.

(b) (a)의 매개변수방정식을 이용하여 $a=1, b=2, c=3$ 일 때의 타원면의 그래프를 그려라.

32. 매개변수방정식

$$x=2\cos\theta+r\cos(\theta/2)$$
$$y=2\sin\theta+r\cos(\theta/2)$$
$$z=r\sin(\theta/2)$$

으로 표현된 곡면은 **뫼비우스의 띠**(Möbius strip)라 한다(단, $-\frac{1}{2}\leq r\leq\frac{1}{2}$이고 $0\leq\theta\leq 2\pi$). 몇 가지 시점으로 이 곡면을 그려보아라. 이 곡면이 특별한 점은 무엇인가?

33. (a) 예제 2(그림 5 참조)의 나선튜브에서 $\cos u$를 $\sin u$로, $\sin u$를 $\cos u$로 바꾼다면 어떻게 되는가?

(b) $\cos u$를 $\cos 2u$로, $\sin u$를 $\sin 2u$로 바꾼다면 어떤 일이 일어나는가?

34. (a) 중심 $(b, 0, 0)$와 반지름 $a<b$인 xz평면 위의 원을 z축에 대하여 회전하여 얻은 원환면의 매개변수 표현을 구하여라. (도움말 : 그림에서 보여지는 각 θ와 α를 매개변수로 놓아라.)

(b) (a)에서 구해진 매개변수방정식을 이용하여 a와 b의 몇 가지 값에 관하여 원환면을 그려라.

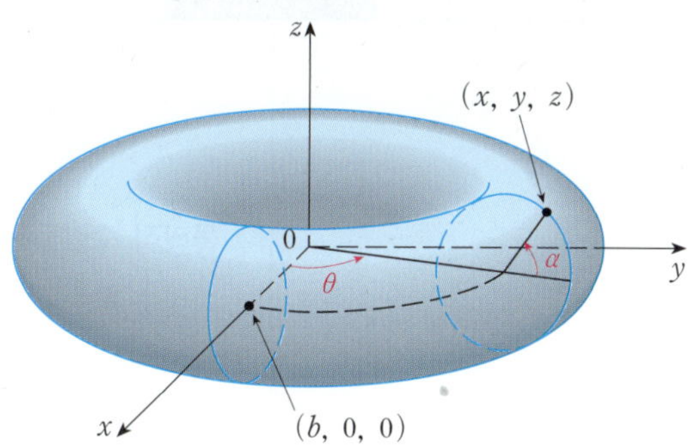

12 편도함수

물리적 수량들은 둘 또는 그 이상의 변수들에 의존한다. 이 장에서는 미분학의 기본 개념들을 다변수 함수들로 확장시키기로 한다.

12.1 다변수 함수

10.6절에서는 이변수 함수와 그래프에 대하여 논의했다. 여기서는 다음 네 가지 관점에서 이변수 또는 그 이상의 변수를 갖는 함수에 대하여 연구하기로 한다.

- 언어로 (말로 설명함으로써)
- 수치적으로 (함수값의 표로써)
- 대수적으로 (구체적인 공식으로써)
- 시각적으로 (그래프 또는 등위곡선으로써)

이변수 함수 f는 정의역에서의 실수의 순서쌍 (x, y)를 $f(x, y)$로 나타내는 유일한 실수에 대응시키는 규칙임을 상기하라.

10.6절의 예제 3에서 바다에서의 파도의 높이 h는 바람의 속력 v와 바람이 그 속력으로 불어 올 때 지속되는 시간 t와의 함수임을 알았다. 함수 $h=f(v, t)$로 나타낸 관찰된 파도의 높이를 수치적으로 표로 나타냈다. 다음 예제에서의 함수 또한 언어적인 것과 수치적인 것으로 서술한 것이다.

예제 1 **체감온도는 온도와 바람의 함수** 혹독한 겨울 날씨를 나타내는 지역에서, 체감온도지수는 확실한 추위의 정도를 나타내는 데 종종 이용되곤 한다. 체감온도지수 W는 실제 온도 T와 바람의 속력 v에 의존하는 심리적인 온도이다. 따라서 W는 T와 v의 함수이고 $W=f(T, v)$로 쓸 수 있다. 다음은 국립해양대기청과 국립기상대에서 수집한 체감온도지수 W 값을 기록한 표이다.

표 1
대기온도와 바람의 속력에 관한 함수로서의 체감온도지수

바람속력 (km/h)

실제온도 (℃) T \ v	5	10	15	20	25	30	40	50	60	70	80
5	4	3	2	1	1	0	−1	−1	−2	−2	−3
0	−2	−3	−4	−5	−6	−6	−7	−8	−9	−9	−10
−5	−7	−9	−11	−12	−12	−13	−14	−15	−16	−16	−17
−10	−13	−15	−17	−18	−19	−20	−21	−22	−23	−23	−24
−15	−19	−21	−23	−24	−25	−26	−27	−29	−30	−30	−31
−20	−24	−27	−29	−30	−32	−33	−34	−35	−36	−37	−38
−25	−30	−33	−35	−37	−38	−39	−41	−42	−43	−44	−45
−30	−36	−39	−41	−43	−44	−46	−48	−49	−50	−51	−52
−35	−41	−45	−48	−49	−51	−52	−54	−56	−57	−58	−60
−40	−47	−51	−54	−56	−57	−59	−61	−63	−64	−65	−67

예를 들어, 표 1은 온도가 −5℃이고 풍속이 50km/h이면, 바람이 없는 경우 −15℃ 정도의 추위를 느낀다는 것을 보여준다.

$$f(-5, 50) = -15$$

예제 2 콥-더글라스 생산함수 1928년 콥(Charles Cobb)과 더글러스(Paul Douglas)는 1899~1922년 사이의 미국의 경제성장을 모델화한 연구를 발표했다. 그들은 경제에 미치는 영향을 단순화해서 제품의 생산량은 종사하는 노동의 양과 투자된 자본의 양에 의하여 결정된다고 생각했다. 경제적 성과에 영향을 미치는 수많은 요소가 있지만, 그들의 모델은 주목할 만한 가치가 있음이 입증되었다. 그들이 이 모델에서 사용한 함수는

$$P(L, K)=bL^{\alpha}K^{1-\alpha} \tag{1}$$

이다. 여기서 P는 총 생산량(1년 동안에 생산한 모든 제품의 경제 가치), L은 노동량 (1년에 일한 노동시간 총량)이고 K는 투자된 자본의 총량(모든 기계, 장비와 건물의 화폐 가치)이다. 12.3절에서 우리는 어떤 경제적 가정하에서 식 1이 어떻게 만들어졌는가를 살펴볼 것이다.

콥과 더글러스는 정부에서 출판한 자료를 이용하여 표 2를 만들었다. 1899년을 기준으로 해서 그 해의 P, L, K의 값을 100으로 잡았다. 다른 해의 값은 1899년의 수치의 백분율로 표기하였다.

표 2

연도	P	L	K
1899	100	100	100
1900	101	105	107
1901	112	110	114
1902	122	117	122
1903	124	122	131
1904	122	121	138
1905	143	125	149
1906	152	134	163
1907	151	140	176
1908	126	123	185
1909	155	143	198
1910	159	147	208
1911	153	148	216
1912	177	155	226
1913	184	156	236
1914	169	152	244
1915	189	156	266
1916	225	183	298
1917	227	198	335
1918	223	201	366
1919	218	196	387
1920	231	194	407
1921	179	146	417
1922	240	161	431

콥과 더글러스는 표 2의 데이터를 함수

$$P(L, K)=1.01L^{0.75}K^{0.25} \tag{2}$$

에 맞추기 위해 최소제곱법을 사용하였다(자세한 내용은 연습문제 47 참조).

1910년과 1920년의 생산량을 계산하기 위해 식 2의 함수를 이용하면

$$P(147,\ 208)=1.01(147)^{0.75}(208)^{0.25}\approx 161.9$$
$$P(194,\ 407)=1.01(194)^{0.75}(407)^{0.25}\approx 235.8$$

로서, 실제 수치 159와 231에 매우 가까운 값이다.

그 이후로 생산함수 1은 거시적인 경제문제의 근삿값을 구하는 데 많이 사용되어 왔다. 그것이 잘 알려진 **콥-더글러스 생산함수**이다. ■

예제 2의 생산함수에서 노동과 자본인 L과 K는 결코 음일 수 없기 때문에 이 함수의 정의역은 $\{(L, K) \mid L\geq 0,\ K\geq 0\}$이다. 모든 순서쌍 (x, y)로 이루어진 정의역을 갖는 대수적인 함수 f에 대하여 $f(x, y)$는 잘 정의된 실수이다.

예제 3 함수 $g(x, y)=\sqrt{9-x^2-y^2}$의 정의역과 치역을 구하여라.

풀이 g의 정의역은

$$D=\{(x, y) \mid 9-x^2-y^2\geq 0\}=\{(x, y) \mid x^2+y^2\leq 9\}$$

이다. 즉, 중심이 $(0, 0)$이고 반지름이 3인 원판이다(그림 1 참조). g의 치역은 $\{z \mid z=\sqrt{9-x^2-y^2},\ (x, y)\in D\}$이다. z는 양의 제곱근이기 때문에 $z\geq 0$이다. 또한

$$9-x^2-y^2\leq 9 \Rightarrow \sqrt{9-x^2-y^2}\leq 3$$

이므로 치역은 $\{z \mid 0\leq z\leq 3\}=[0, 3]$이다. ■

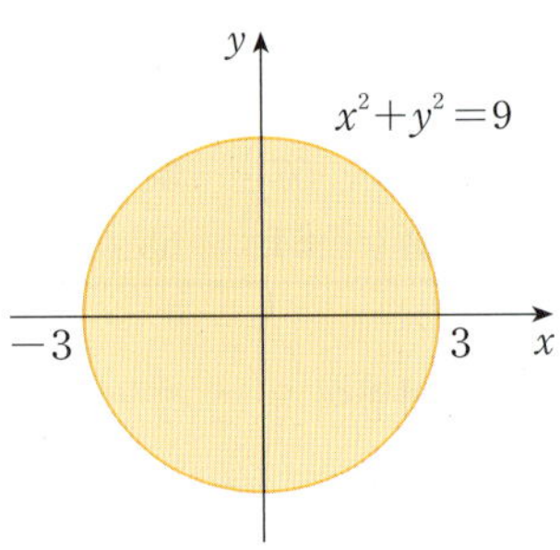

그림 1
$g(x, y)=\sqrt{9-x^2-y^2}$의 정의역

⊳ 시각적 표현

이변수 함수를 시각적으로 나타내는 방법 중 하나는 그래프를 통해 보는 것이다. f의 그래프는 방정식 $z=f(x, y)$인 곡면임을 상기하라(9.6절 참조).

예제 4 함수 $g(x, y)=\sqrt{9-x^2-y^2}$의 그래프의 개형을 그려라.

풀이 그래프의 방정식은 $z=\sqrt{9-x^2-y^2}$이다. 양변을 제곱하면 $z^2=9-x^2-y^2$, 또는 $x^2+y^2+z^2=9$가 되는데 이것은 중심이 원점이고 반지름 3인 구의 방정식임을 알 수 있다. 그러나 $z\geq 0$이므로, g의 그래프는 단지 위쪽 반 구면이다(그림 2 참조). ■

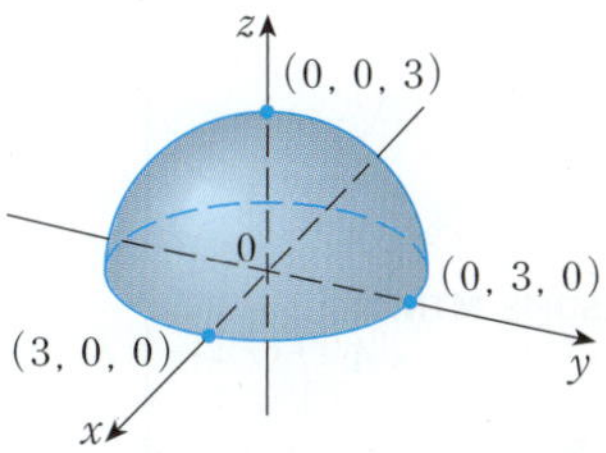

그림 2

$g(x, y)=\sqrt{9-x^2-y^2}$의 그래프

예제 5 콥-더글러스의 생산함수 $P(L, K)=1.01L^{0.75}K^{0.25}$의 그래프를 컴퓨터를 사용하여 그려라.

풀이 그림 3은 0과 300 사이에 있는 노동 L과 자본 K의 값에 대한 P의 그래프를 보여준다. 수직자취의 위치를 결정함으로써 컴퓨터를 이용해 곡면을 그릴 수 있다. 이 결과로부터 예상했던 대로 L 또는 K를 늘리면 생산량 P의 값이 증가하는 것을 알 수 있다. ■

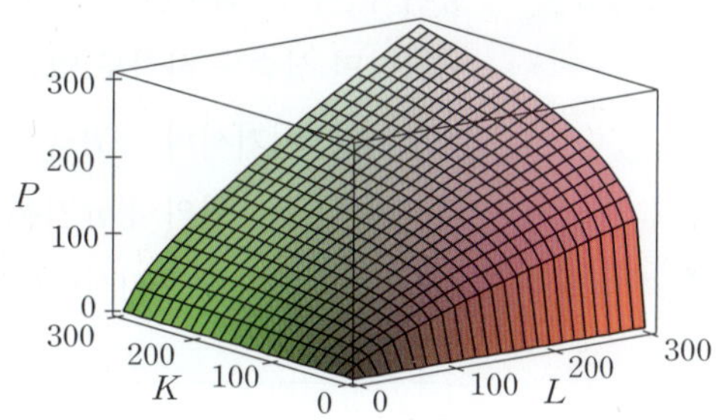

그림 3

함수를 시각적으로 볼 수 있는 다른 방법은, 지도제작자에게 따온 **등고선**(contour line) 또는 **등위곡선**(level curve)으로 이루어진 일정한 고도를 표시한 등고선 지도를 통하는 것이다.

> **1 정의** k가(f의 치역에 있는) 상수일 때, 식 $f(x, y)=k$를 만족하는 곡선을 이변수함수 f의 **등위곡선**(level curve)이라 한다.

등위곡선 $f(x, y)=k$는 f가 주어진 값 k를 취하는 f의 정의역 안에 있는 모든 점들의 집합이다. 다시 말해, f의 그래프에서 높이 k인 부분을 보여준다. 그림 4는 등위곡선과 수평자취 사이의 관계를 보여주는 것이다. 등위곡선 $f(x, y)=k$는 수평면 $z=k$에서 xy-평면으로 사영한 f의 그래프의 자취이다. 그래서 함수의 등위곡선을 그리고 지시된 높이의 곡면까지 들어 올려서 볼 수 있다면, 그 그래프의 그림들을 이어 맞출 수 있을 것이다. 등위곡선들이 서로 인접해 있는 곳에서는 그 곡면의 경사가 가파르다. 등위곡선이 멀리 떨어진 곳에서는 다소 완만하다.

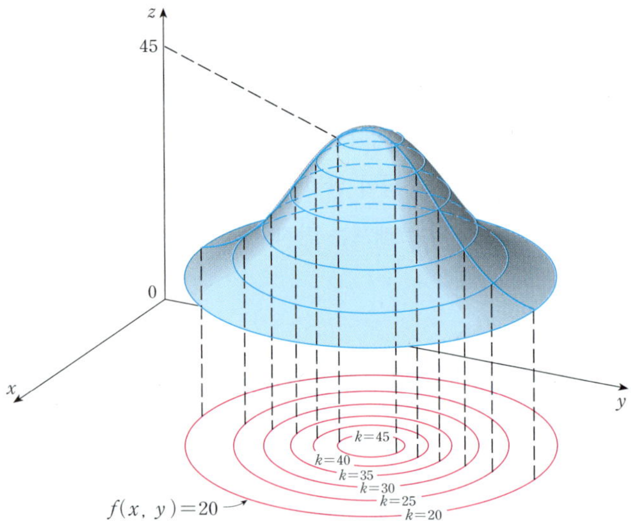

그림 4

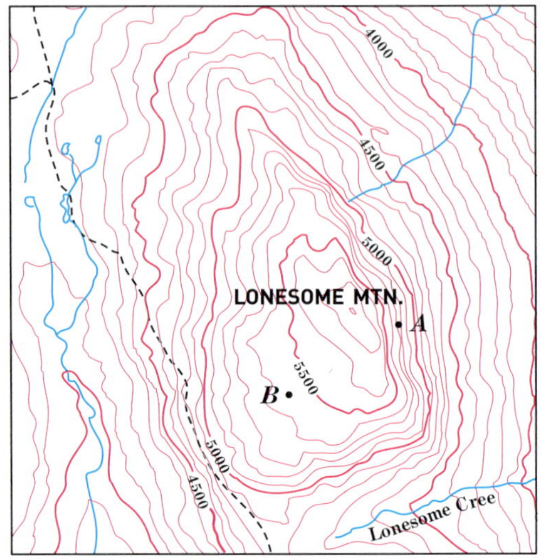

그림 5

등위곡선의 일반적인 예는 그림 5에서의 지도처럼 산악지대의 지형도에서 나타난다. 그 등위곡선들은 해수면 위에서의 일정한 고도의 곡선들이다. 만약 이러한 등고선을 따라 걸어간다면 상승도 하강도 없을 것이다. 또 다른 예는 위도 x, 경도 y인 위치 (x, y)에서의 온도이다. 여기서의 등위곡선을 **등온선**이라 하고 같은 온도를 갖는 지역끼리 연결한 것이다. 그림 6은 1월의 평균기온을 나타내는 세계의 일기도를 보여준다. 등온선은 색깔이 다르게 칠해진 띠를 분리시키는 곡선이다.

저작권미해결

그림 6 1월의 세계 평균 해수면 섭씨온도

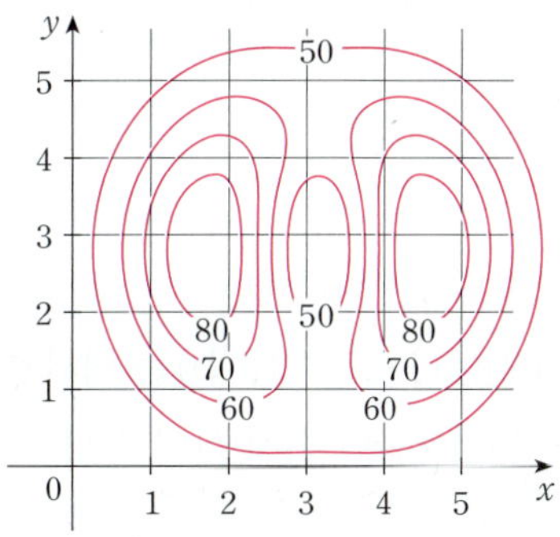

그림 7

예제 6 **등위곡선 이용 함수값 측정** 함수 f에 대한 등고선이 그림 7에 나타나 있다. 이것을 이용하여 $f(1, 3)$과 $f(4, 5)$의 값을 추정하여라.

풀이 점 $(1, 3)$은 z값이 70과 80 사이에 있으므로 $f(1, 3) \approx 73$이고, 마찬가지로 $f(4, 5) \approx 56$으로 추정된다. ■

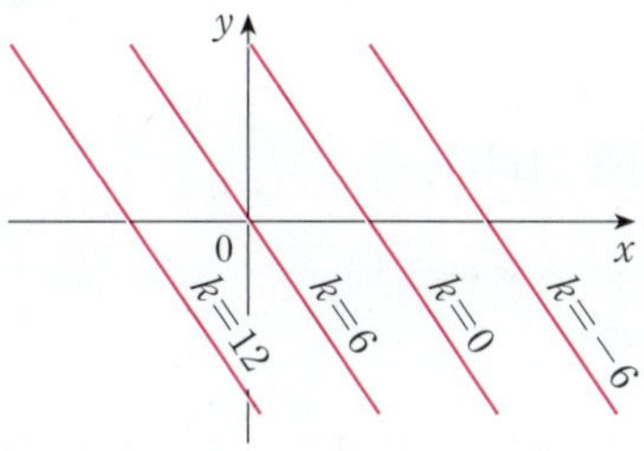

그림 8

$f(x, y)=6-3x-2y$의 등고선

예제 7 **등고선 지도 그리기** $k=-6, 0, 6, 12$일 때 $f(x, y)=6-3x-2y$의 등위곡선을 그려라.

풀이 등위곡선은

$$6-3x-2y=k \quad \text{또는} \quad 3x+2y+(k-6)=0$$

이다. 이것은 기울기가 $-\frac{3}{2}$인 직선들을 나타낸다. $k=-6, 0, 6, 12$일 때 각각 $3x+2y-12=0$, $3x+2y-6=0$, $3x+2y=0$, $3x+2y+6=0$이고, 이는 그림 8과 같다. f의 그래프가 평면이므로 등위곡선들은 같은 공간 내에 있는 평행한 직선들이 된다(10.6절의 그림 4 참조). ■

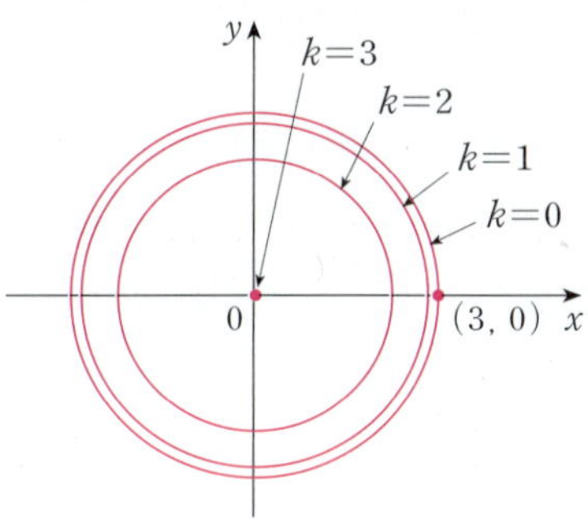

그림 9

$g(x, y)=\sqrt{9-x^2-y^2}$의 등고선

예제 8 함수 $g(x, y)=\sqrt{9-x^2-y^2}$, $k=0, 1, 2, 3$의 등위곡선을 그려라.

풀이 등위곡선은

$$\sqrt{9-x^2-y^2}=k \quad \text{또는} \quad x^2+y^2=9-k^2$$

이다. 이것은 중심이 $(0, 0)$이고 반지름이 $\sqrt{9-k^2}$인 동심원들의 모임이다. $k=0, 1, 2, 3$인 경우의 등위곡선은 그림 9와 같다. 이러한 등위곡선들을 위로 올려서 곡면을 만들어 그림 2의 g의 그래프와 비교하여라. ■

예제 9 함수 $h(x, y)=4x^2+y^2+1$의 등위곡선을 그려라.

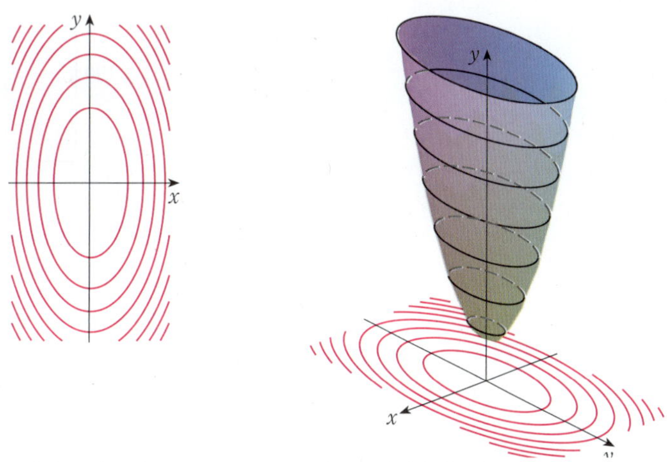

(a) 등위곡선 (b) 수평자취가 되는 곳으로 들어올림

그림 1 0 $h(x, y)=4x^2+y^2+1$의 그래프는 등위곡선을 들어올려서 만든다.

풀이 등위곡선들은

$$4x^2+y^2+1=k \text{ 또는 } \frac{x^2}{\frac{1}{4}(k-1)}+\frac{y^2}{k-1}=1$$

이다. $k>1$일 때 반축이 $\frac{1}{2}\sqrt{k-1}$와 $\sqrt{k-1}$인 타원의 모임을 나타낸다.

그림 10(a)는 등위곡선을 컴퓨터로 그린 h의 등고선이다. 그림 10(b)는 이러한 등위곡선들을 수평자취가 되는 곳에서 h의 그래프(타원포물면)까지 들어 올린 그림이다.

그림 10은 h의 그래프를 등위곡선들로부터 어떻게 맞추었는가를 보여주는 것이다.

예제 10 예제 2의 콥-더글라스의 생산함수의 등위곡선을 그려라.

풀이 콥-더글라스의 생산함수

$$P(L,\ K)=1.01P^{0.75}K^{0.25}$$

의 등위곡선을 컴퓨터를 사용하여 그리면 그림 11과 같다. 각 등위곡선에 생산량 P의 값들을 붙였다.

예를 들어, 140의 등위곡선은 생산량 $P=140$일 때 노동력 L과 자본투자 K의 모든 값들을 보여준다. P가 고정된 값일 때, L이 증가하면 K가 감소하고 K가 증가하면 L이 감소한다는 것을 알 수 있다.

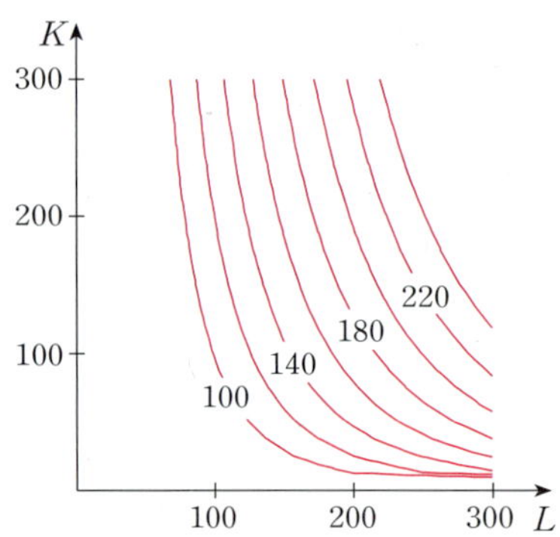

그림 11

어떤 경우에는 등고선 지도가 그래프보다 더 유용하다. 예제 10에서처럼 이는 분명한 사실이다(그림 3과 11을 비교하여라). 또한 예제 6에서처럼 함수값을 추정할 수도 있다.

그림 12는 컴퓨터로 그린 그래프와 그 그래프에 대응되는 등위곡선들이다. 그림(c)의 등위곡선들은 원점 근방에 몰려있다. 그것은 그림(d)에서 그래프가 원점 근방에서 매우 경사가 심하다는 사실과 연관이 있다.

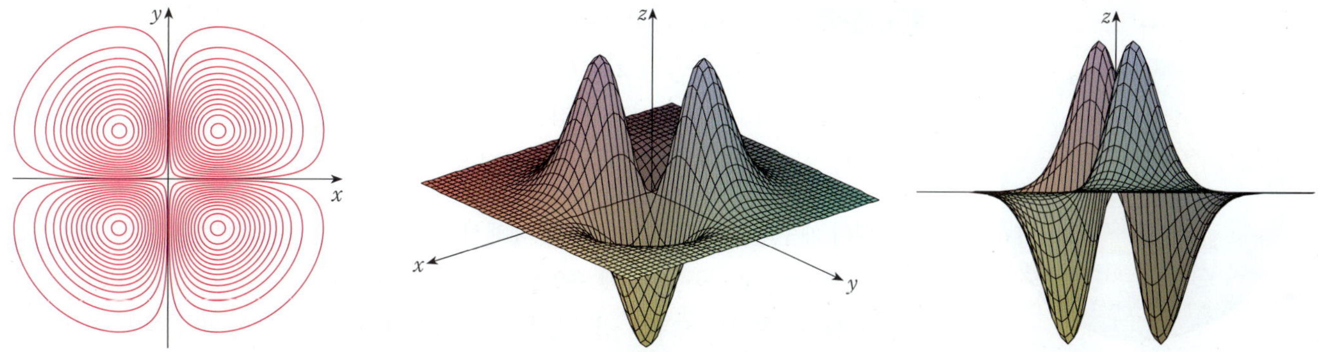

(a) $f(x,\ y)=-xye^{-x^2-y^2}$의 등위곡선

(b) $f(x,\ y)=-xye^{-x^2-y^2}$의 두 가지 관찰

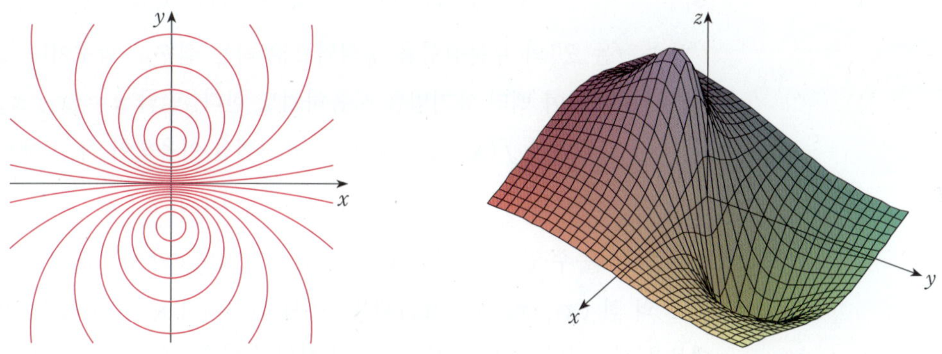

(c) $f(x,\ y)=\dfrac{-3y}{x^2+y^2+1}$의 등위곡선

(d) $f(x,\ y)=\dfrac{-3y}{x^2+y^2+1}$

그림 12

▷ 삼변수 이상의 함수

삼변수 함수 f는 정의역 $D\subset\mathbb{R}^3$의 각 순서쌍 $(x,\ y,\ z)$에 유일한 실수 $f(x,\ y,\ z)$를 대응시키는 규칙이다. 예를 들어, 지구표면 위의 한 점에서의 온도 T는 그 점에서의 경도 x와 위도 y 뿐만 아니라 시간 t에도 의존하므로 $T=f(x,\ y,\ t)$로 쓸 수 있다.

예제 11 $f(x,\ y,\ z)=\ln(z-y)+xy\sin z$일 때 f의 정의역을 구하여라.

풀이 $f(x,\ y,\ z)$는 $z-y>0$에서만 정의되므로 f의 정의역은

$$D=\{(x,\ y,\ z)\in\mathbb{R}^3\,|\,z>y\}$$

이다. 이것은 평면 $z=y$ 위쪽에 있는 모든 점들로 이루어진 **반공간**(half-space)이다. 삼변수함수 f의 그래프는 4차원 공간에 놓여 있으므로 그래프에 의하여 가시화하는 것은 매우 어렵다. 그러나, 상수 k에 대하여 $f(x,\ y,\ z)=k$로 정의되는 곡면, 즉 **등위곡면**(level surface)을 조사함으로써 f를 살펴볼 수 있다. 만약 점 $(x,\ y,\ z)$가 등위곡면을 따라 움직이면 $f(x,\ y,\ z)$는 고정된 일정한 값이 된다. ■

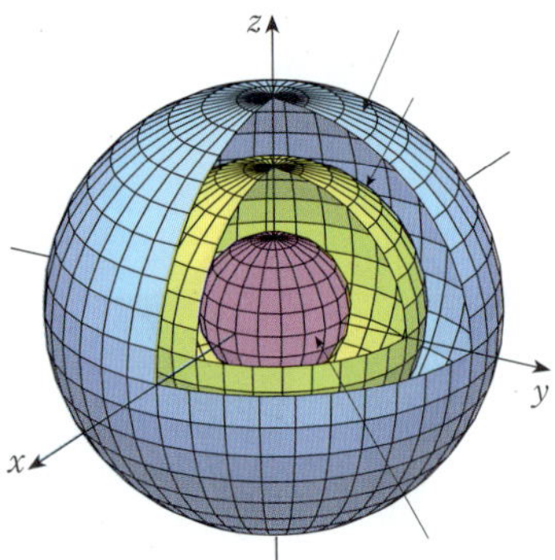

그림 13

예제 12 함수 $f(x, y, z)=x^2+y^2+z^2$의 등위곡면을 구하여라.

풀이 등위곡면은 $x^2+y^2+z^2=k\,(k\geq 0)$이다. 이것은 반지름이 $\sqrt{k}$인 동심구의 모임이다(그림 13 참조). 따라서 점 (x, y, z)가 원점 O를 중심으로 하는 어떤 구를 따라 움직일 때 $f(x, y, z)$은 고정된 일정한 값이 된다. ■

임의의 개수의 변수를 갖는 함수에 대해서도 생각할 수 있다. **n변수 함수**는 n개의 실수의 순서쌍 $(x_1, x_2, \cdots, x_n)$에 유일한 실수 $z=f(x_1, x_2, \cdots, x_n)$로 대응시키는 규칙이다. 그러한 n 순서쌍 모두의 집합을 $\mathbb{R}^n$으로 표시한다. 예를 들어, 만약 어떤 회사가 식품을 만드는 데 n개의 서로 다른 재료를 이용할 때, c_i를 i번째 재료의 단가라 하고 i번째 재료가 x_i 단위라 하면, 총 가격 C는 n변수 $x_1, x_2, \cdots, x_n$의 함수이다.

3 $$C=f(x_1, x_2, \cdots, x_n)=c_1x_1+c_2x_2+\cdots+c_nx_n$$

함수 f는 $\mathbb{R}^n$의 부분집합을 정의역으로 하는 실수값 함수이다. 그러한 함수를 간단히 나타내기 위하여 벡터 표기법을 사용하기도 한다. 만약 $\mathbf{x}=\langle x_1, x_2, \cdots, x_n\rangle$이면 $f(x_1, x_2, \cdots, x_n)$ 대신 $f(\mathbf{x})$로 쓴다. 이런 표기법을 이용하여 식 **3**에서 정의된 함수를

$$f(\mathbf{x})=\mathbf{c}\cdot\mathbf{x} \qquad \mathbf{c}=\langle c_1, c_2, \cdots, c_n\rangle$$

으로 다시 쓸 수 있다. 이때 $\mathbf{c}\cdot\mathbf{x}$는 V_n에서의 벡터 $\mathbf{c}$와 $\mathbf{x}$의 내적을 나타낸다.

$\mathbb{R}^n$의 점 $(x_1, x_2, \cdots, x_n)$과 V_n에서 위치벡터 $\mathbf{x}=\langle x_1, x_2, \cdots, x_n\rangle$ 사이의 일대일 대응을 생각하면 $\mathbb{R}^n$의 부분집합에서 정의된 함수 f는 다음 세 가지 관점

1. n개의 실변수 $x_1, x_2, \cdots, x_n$에 관한 함수로서
2. 한 점 $(x_1, x_2, \cdots, x_n)$의 함수로서
3. 하나의 벡터 $\mathbf{x}=\langle x_1, x_2, \cdots, x_n\rangle$의 함수로서

생각할 수 있다. 이 세 가지 관점 모두가 유용한 것을 알게 될 것이다.

12.1 연습문제

1. 예제 1의 함수 $W=f(T, v)$를 생각하자, 여기서 W는 체감온도지수, T는 실제온도, v는 풍속이다. 수치값은 표 1을 이용한다.

(a) $f(-15, 40)$의 값은 얼마인가? 이것은 무엇을 의미하는가?

(b) $f(-20, v)=-30$일 때 v 값이 얼마인가에 대한 질문이 의미하는 바를 설명하여라. 또한 v의 값은 얼마인가?

(c) $f(T, 20)=-49$일 때 T 값이 얼마인가에 대한 질문이 의미하는 바를 설명하여라. 또한 T의 값은 얼마인가?

(d) 함수 $W=f(-5, v)$가 의미하는 것은 무엇인가? 이 함수의 개형을 그려라.

(e) 함수 $W=f(T, 50)$이 의미하는 것은 무엇인가? 이 함수의 개형을 그려라.

2. 불쾌지수 I는 공기의 온도로 감지한다. 실제 온도를 T, 상관 습도를 h라 하면 $I=f(T, h)$로 쓸 수 있다. 다음 표에서 I의 값은 국립해양대기청이 수집한 자료에서 발췌한 것이다.

표 3 온도와 습도에 관한 함수로서의 불쾌지수

관계습도 (%)

실제온도 (℃)	T \ h	20	30	40	50	60	70
	20	20	20	20	21	22	23
	25	25	25	26	28	30	32
	30	30	31	34	36	38	41
	35	36	39	42	45	48	51
	40	43	47	51	55	59	63

(a) $f(35, 60)$의 값은 얼마인가? 이것은 무엇을 의미하는가?

(b) $f(30, h)=36$일 때 h의 값은 얼마인가?

(c) $f(T, 40)=42$일 때 T의 값은 얼마인가?

(d) 함수 $I=f(20, h)$와 $I=f(40, h)$의 의미는 무엇인가? 이 h의 두 함수들의 개형을 비교하여라.

3. 예제 2에서 주어진 콥-더글러스의 생산함수

$$P(L, K)=1.01L^{0.75}K^{0.25}$$

에서 노동력과 투자자본이 두 배가 되면 생산량도 두 배가 됨을 보여라. 또한 일반적인 생산함수

$$P(L, K)=bL^{\alpha}K^{1-\alpha}$$

에서도 이것이 성립하는가?

4. 예제 1에서의 체감온도 W는 다음 함수로 모형화되었다.

$$W(T, v)=13.12+0.6215T-11.37v^{0.16}+0.3965Tv^{0.16}$$

T와 v의 몇 개의 값에 대해 이 모델이 표 1의 값과 얼마나 가까운지 조사해 보아라.

5. 함수 $f(x, y)=\ln(9-x^2-9y^2)$의 정의역을 구하고 그래프로 나타내라. f의 치역은?

6. 함수 $f(x, y)=\sqrt{1+x-y^2}$의 정의역을 구하고 그래프로 나타내라. f의 치역은 무엇인가?

7. $f(x, y, z)=\sqrt{x}+\sqrt{y}+\sqrt{z}+\ln(4-x^2-y^2-z^2)$일 때

(a) $f(1, 1, 1)$의 값은 얼마인가?

(b) f의 정의역을 구하여라.

8. $g(x, y, z)=x^3y^2z\sqrt{10-x-y-z}$ 일 때

(a) $g(1, 2, 3)$의 값을 구하여라.

(b) g의 정의역을 구하여라.

9. 다음은 함수 f의 등위곡선이다. 이를 이용하여 $f(-3, 3)$과 $f(3, -2)$의 값을 구하여라. 이 그래프의 모양에 대하여 무엇이라 말할 수 있는가?

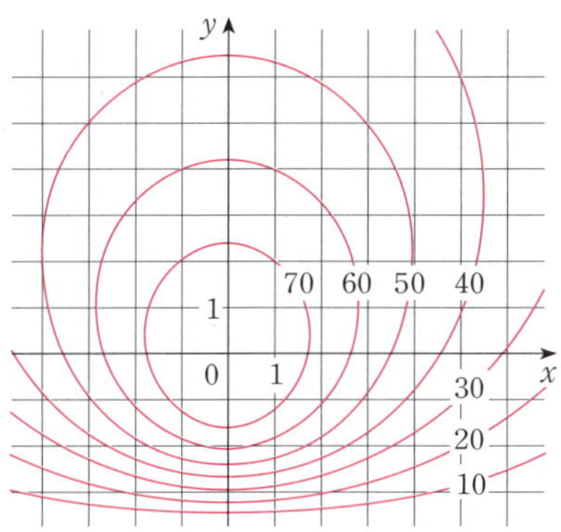

10. 다음 두 개의 등위곡선 중 한 개는 그래프가 원뿔인 함수 f이고, 다른 하나는 그래프가 포물면인 함수 g이다. 어떤 것이 f, g 인지 구별하여라. 그 이유는?

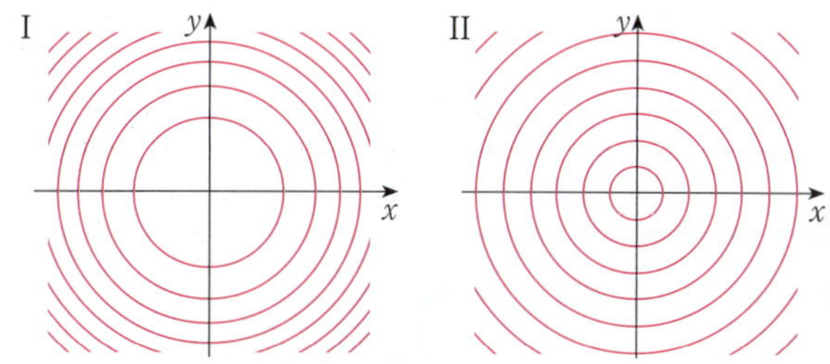

11. 로네섬 산의 지도(그림 5)에서 A와 B 지점을 찾아라. A와 B 근방의 지형에 관하여 어떻게 설명할 수 있는가?

12. 함수 f의 그래프가 다음과 같을 때 등위곡선을 대략 그려라.

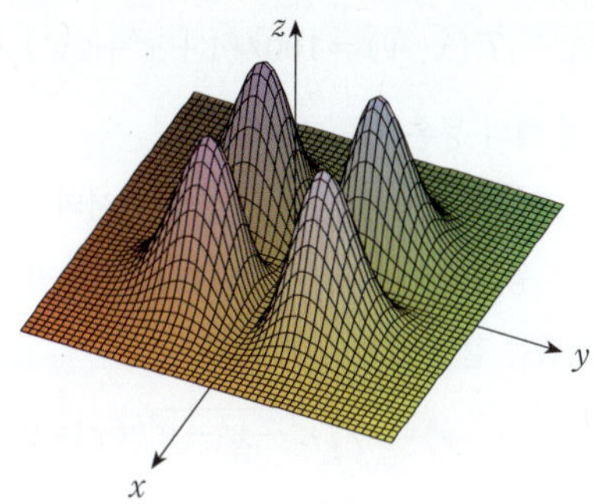

(13~16) 그림과 같이 주어진 등위곡선을 이용하여 f의 그래프를 대략 그려라.

13.

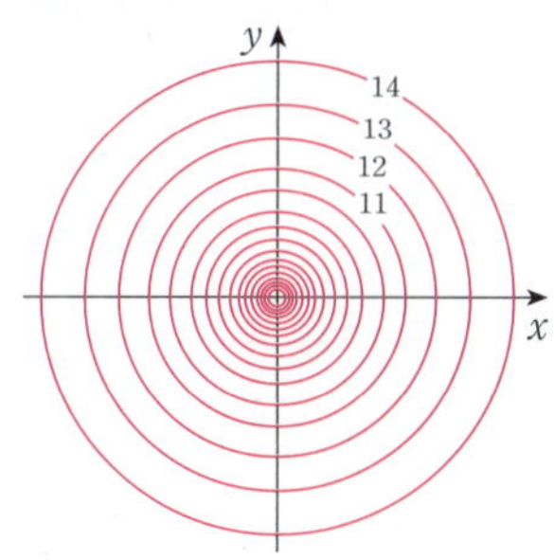

14.

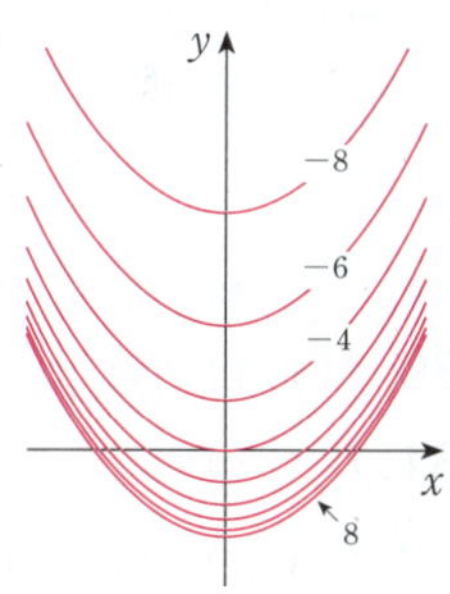

15.

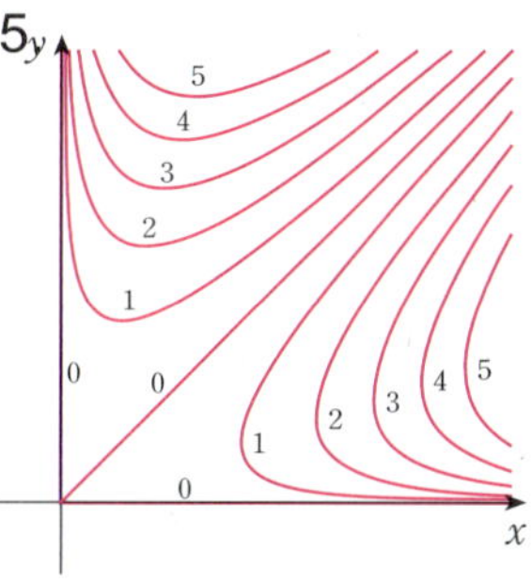

16.

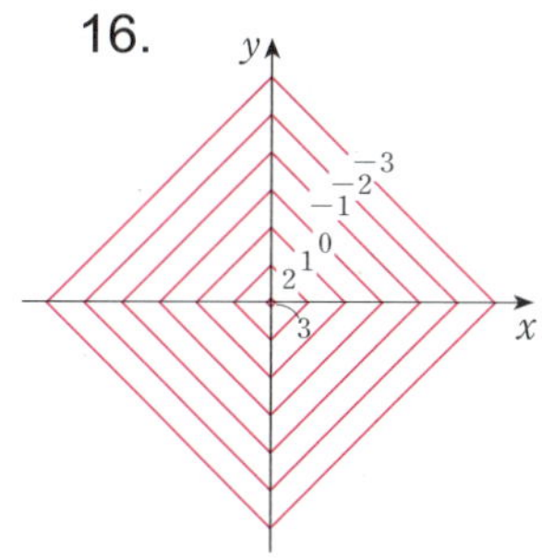

(17~24) 다음 함수의 등위곡선을 그려라.

17. $f(x, y)=(y-2x)^2$
18. $f(x, y)=x^3-y$
19. $f(x, y)=\sqrt{x}+y$
20. $f(x, y)=\ln(x^2+4y^2)$
21. $f(x, y)=ye^x$
22. $f(x, y)=y \sec x$
23. $f(x, y)=\sqrt{y^2-x^2}$
24. $f(x, y)=y/(x^2+y^2)$

(25~26) 다음 함수의 등위곡선과 그래프를 그리고 비교하여라.

25. $f(x, y)=x^2+9y^2$
26. $f(x, y)=\sqrt{36-9x^2-4y^2}$

27. xy-평면에 놓여 있는 얇은 철판의 온도는 점 (x, y)에서 온도 $T(x, y)$이다. 등온선 위의 모든 점에서의 온도는 같기 때문에 T의 등위곡선을 등온선이라 한다. 만일 온도함수가

$$T(x, y)=100/(1+x^2+2y^2)$$

일 때 몇 개의 등온선을 그려라.

28. $V(x, y)$가 xy-평면의 점 (x, y)에서의 전위라면, V의 등고선들은 등위곡선이 된다. 왜냐하면 그런 곡선의 모든 점들에서의 전위는 같기 때문이다.

$$V(x, y)=c/\sqrt{r^2-x^2-y^2} \ (c\text{는 양수})$$

일 때 몇 개의 등위곡선을 그려라.

(29~32) 컴퓨터를 이용하여 여러 정의역과 관점을 가지고 다음 함수의 그래프를 그려라. 한 개를 출력하여 생각을 말하라. 등고선을 만들었으면 같은 함수의 등위곡선을 그려 그래프와 비교하여라.

29. $f(x, y)=xy^2-x^3$
30. $f(x, y)=xy^3-yx^3$
31. $f(x, y)=e^{-(x^2+y^2)/3}(\sin(x^2)+\cos(y^2))$
32. $f(x, y)=\cos x \cos y$

(33~38) 그래프 (a)(p.697의 A~F)와 그의 등위곡선 (b)(I~VI)의 짝을 지어라. 그리고 선택한 이유를 말하라.

33. $z=\sin(xy)$
34. $z=e^x \cos y$
35. $z=\sin(x-y)$
36. $z=\sin x-\sin y$
37. $z=(1-x^2)(1-y^2)$
38. $z=\dfrac{x-y}{1+x^2+y^2}$

(39~42) 다음 함수의 등위곡면을 나타내라.

39. $f(x, y, z)=x+3y+5z$
40. $f(x, y, z)=x^2+3y^2+5z^2$
41. $f(x, y, z)=y^2+z^2$
42. $f(x, y, z)=x^2-y^2-z^2$

(43~44) f로부터 g의 그래프를 얻는 방법을 설명하여라.

43. (a) $g(x, y)=f(x, y)+2$ (b) $g(x, y)=2f(x, y)$
(c) $g(x, y)=-f(x, y)$ (d) $g(x, y)=2-f(x, y)$

44. (a) $g(x, y)=f(x-2, y)$ (b) $g(x, y)=f(x, y+2)$
(c) $g(x, y)=f(x+3, y-4)$

45. 컴퓨터를 사용하여 함수 $f(x, y)=e^{cx^2+y^2}$를 살펴보아라. c값의 변화에 따라 그래프의 모양은 어떻게 변하는가?

46. 다음 함수의 그래프를 그려라.

$f(x, y)=\sqrt{x^2+y^2}$ $f(x, y)=e^{\sqrt{x^2+y^2}}$
$f(x, y)=\ln\sqrt{x^2+y^2}$ $f(x, y)=\sin(\sqrt{x^2+y^2})$
$f(x, y)=\dfrac{1}{\sqrt{x^2+y^2}}$

일반적으로 g가 일변수 함수일 때, g의 그래프로부터 얻어지는 $f(x, y)=g(\sqrt{x^2+y^2})$의 그래프는 어떤 모양인가?

47. (a) 일반 콥-더글러스 함수 $P=bL^{\alpha}K^{1-\alpha}$에 로그를 취하면

$$\ln\frac{P}{K}=\ln b+\alpha \ln\frac{L}{K}$$

임을 보여라.

(b) (a)의 방정식에서 $x=\ln(L/K)$, $y=\ln(P/K)$라 놓으면, $y=\alpha x+\ln b$인 선형방정식이 된다. 표 2(예제 2)의 값들을 이용하여 1892~1922년에 대한 $\ln(L/K)$와 $\ln(P/K)$ 값의 표를 만들어라. 컴퓨터를 이용하여 점 $(\ln(L/K), \ln(P/K))$를 지나는 최소제곱 회귀선을 구하여라.

(c) 콥-더글러스 생산함수가 $P=1.01L^{0.75}K^{0.25}$임을 유도하라.

연습문제 33~38의 그래프와 등위곡선

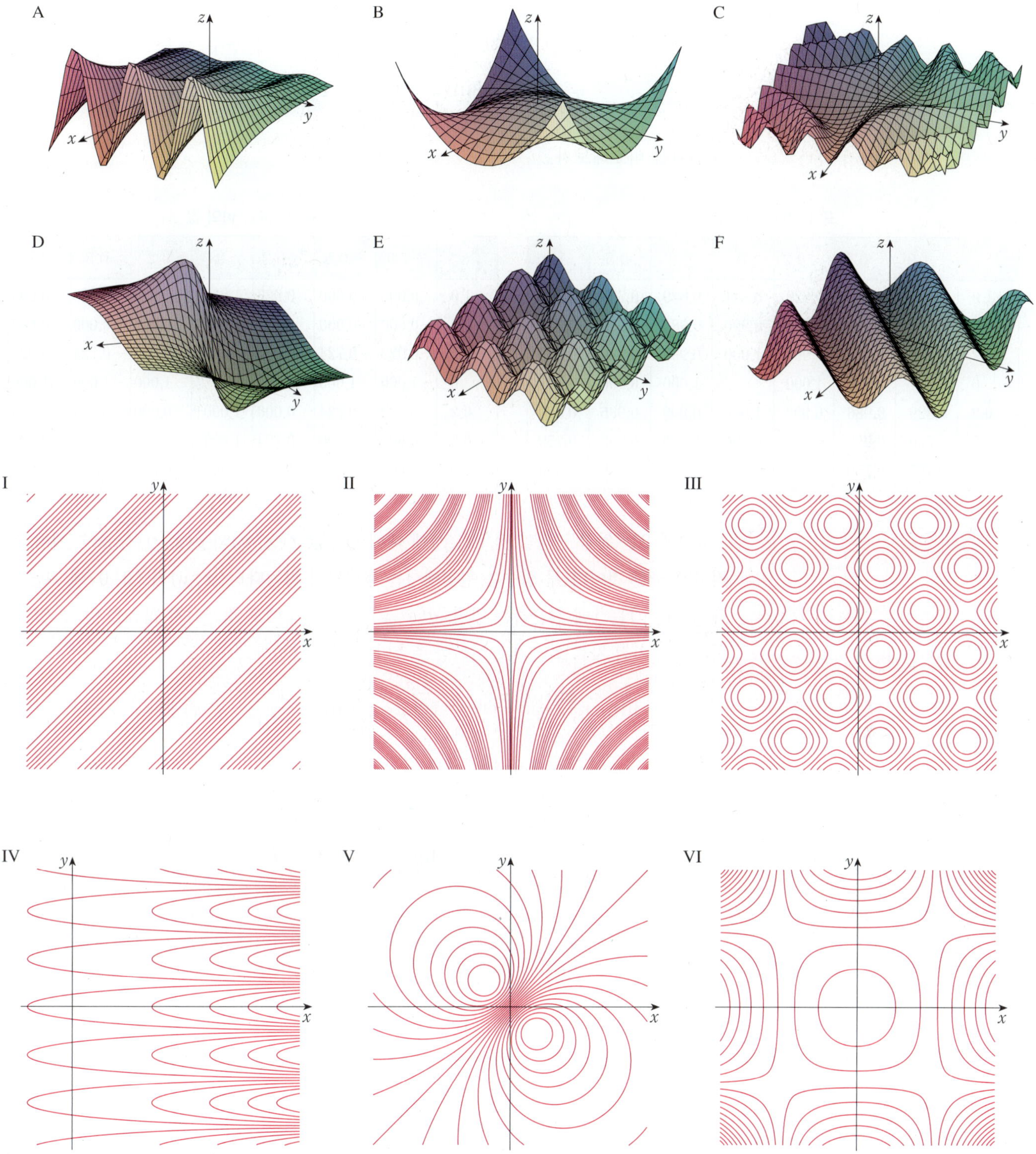

12.2 극한과 연속

x와 y 모두가 0으로 접근(점 (x, y)가 원점에 접근)할 때, 함수

$$f(x, y)=\frac{\sin(x^2+y^2)}{x^2+y^2}, \qquad g(x, y)=\frac{x^2-y^2}{x^2+y^2}$$

의 변화를 비교해보자.

표 1 $f(x, y)$의 값

x \ y	−1.0	−0.5	−0.2	0	0.2	0.5	1.0
−1.0	0.455	0.759	0.829	0.841	0.829	0.759	0.455
−0.5	0.759	0.959	0.986	0.990	0.986	0.959	0.759
−0.2	0.829	0.986	0.999	1.000	0.999	0.986	0.829
0	0.841	0.990	1.000		1.000	0.990	0.841
0.2	0.829	0.986	0.999	1.000	0.999	0.986	0.829
0.5	0.759	0.959	0.986	0.990	0.986	0.959	0.759
1.0	0.455	0.759	0.829	0.841	0.829	0.759	0.455

표 2 $g(x, y)$의 값

x \ y	−1.0	−0.5	−0.2	0	0.2	0.5	1.0
−1.0	0.000	0.600	0.923	1.000	0.923	0.600	0.000
−0.5	−0.600	0.000	0.724	1.000	0.724	0.000	−0.600
−0.2	−0.923	−0.724	0.000	1.000	0.000	−0.724	−0.923
0	−1.000	−1.000	−1.000		−1.000	−1.000	−1.000
0.2	−0.923	−0.724	0.000	1.000	0.000	−0.724	−0.923
0.5	−0.600	0.000	0.724	1.000	0.724	0.000	−0.600
1.0	0.000	0.600	0.923	1.000	0.923	0.600	0.000

표 1과 2는 원점 근방의 점 (x, y)에 대해 함수값 $f(x, y)$와 $g(x, y)$을 소수 셋째 자리까지 구한 것이다(두 함수는 원점에서는 정의되지 않는다). (x, y)가 $(0, 0)$에 접근할 때 $f(x, y)$는 1에 접근하는 반면, $g(x, y)$는 어떤 값에도 접근하지 않음을 알 수 있다. 이러한 수치적 자료를 근거로 이러한 추측이 맞음을 입증하고

$$\lim_{(x,y)\to(0,0)}\frac{\sin(x^2+y^2)}{x^2+y^2}=1\text{이고}\quad \lim_{(x,y)\to(0,0)}\frac{x^2-y^2}{x^2+y^2}\text{은 존재하지 않는다}$$

라고 쓴다. 일반적으로 (x, y)가 f의 정의역 안에 있는 임의의 경로를 따라 (a, b)에 가까이 갈 때, $f(x, y)$가 수 L에 가까이 간다면, 다음과 같이 나타낸다.

$$\lim_{(x, y)\to(a, b)} f(x, y)=L$$

1 정의 점 (x, y)를 점 (a, b)에 충분히 가깝게(그러나 점 (a, b)는 아닌) 갈 때 함수값 $f(x, y)$를 L에 가깝게 할 수 있다면, **(x, y)가 (a, b)에 접근할 때 $f(x, y)$의 극한값**을 L이라 하고 다음과 같이 나타낸다.

$$\lim_{(x, y)\to(a, b)} f(x, y)=L$$

정의 1에서의 극한에 대한 다른 표기법은

$$\lim_{\substack{x\to a\\ y\to b}} f(x, y)=L \text{ 또는 } (x, y)\to(a, b)\text{일 때 } f(x, y)\to L$$

으로 나타내는 것이다.

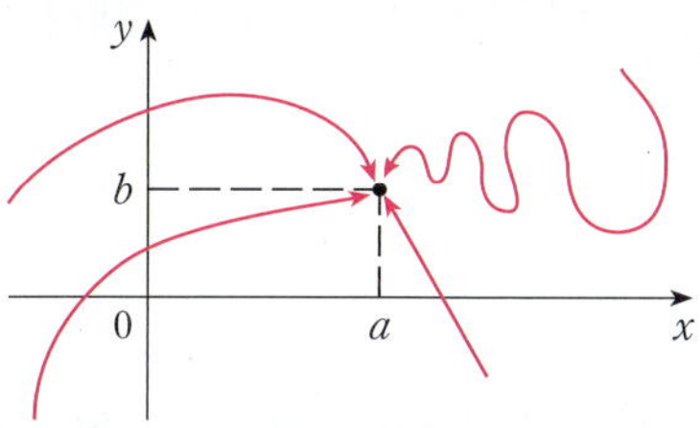

그림 1

일변수함수에서 x가 a에 접근할 때 왼쪽에서 또는 오른쪽에서의 두 가지 접근 방법이 있다. 만약 $\lim_{x \to a^-} f(x) \neq \lim_{x \to a^+} f(x)$이면, $\lim_{x \to a} f(x)$가 존재하지 않는다는 것을 제4장으로부터 알았다.

이변수 함수에서 그 상황은 단순하지만은 않다. 왜냐하면 f의 정의역에 있는 (x, y)가 무수히 많은 방향에서 (a, b)로 접근하는 방법을 생각할 수 있기 때문이다(그림 1 참조).

정의 1은 (x, y)와 (a, b) 사이의 거리를 충분히 작게(0은 아님) 함으로써 $f(x, y)$와 L과의 거리를 임의적으로 작게 만들 수 있다는 것이다. 그 정의는 단지 (x, y)와 (a, b)의 거리를 나타낼 뿐, 접근방법을 말하는 것은 아니다. 그래서 만일 극한값이 존재한다면 (x, y)를 (a, b)에 접근시키는 방법에 상관없이 $f(x, y)$는 같은 극한값을 가져야 한다. 따라서 $f(x, y)$가 다른 극한값을 갖는 두 개의 다른 접근 경로가 있다면 $\lim_{(x, y) \to (a, b)} f(x, y)$는 존재하지 않는다.

> 만약 경로 C_1을 따라 $(x, y) \to (a, b)$일 때 $f(x, y) \to L_1$이고 경로 C_2를 따라 $(x, y) \to (a, b)$일 때 $f(x, y) \to L_2$이고 $L_1 \neq L_2$이면, $\lim_{(x, y) \to (a, b)} f(x, y)$는 존재하지 않는다.

예제 1 극한의 존재 여부 결정 $\lim_{(x, y) \to (0, 0)} \dfrac{x^2 - y^2}{x^2 + y^2}$이 존재 여부를 결정하여라.

풀이 $f(x, y) = (x^2 - y^2)/(x^2 + y^2)$라 하자. 먼저 x축을 따라 $(0, 0)$에 접근하여 보자. 그러면 $y = 0$이므로 $x \neq 0$인 모든 x에 대하여 $f(x, 0) = x^2/x^2 = 1$이다. 따라서

$$x\text{축을 따라 } (x, y) \to (0, 0)\text{이면 } f(x, y) \to 1$$

이다. 다음은 $x = 0$으로 놓고 y축을 따라 접근하여 보자. 그러면 $y \neq 0$인 모든 y에 대하여 $f(0, y) = \dfrac{-y^2}{y^2} = -1$이다. 따라서

$$y\text{축을 따라 } (x, y) \to (0, 0)\text{이면 } f(x, y) \to -1$$

이다(그림 2 참조). f는 두 개의 다른 직선을 따라 다른 극한값을 가지므로 주어진 함수의 극한은 존재하지 않는다(이것은 이 절 앞부분에 수치적 명백함을 근거로 했던 추측을 확증한다). ■

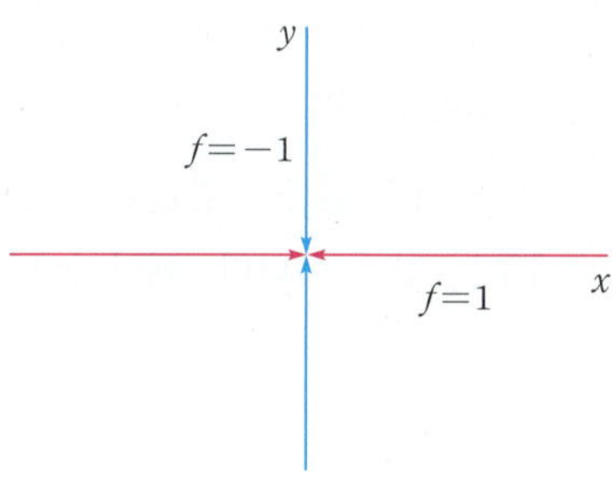

그림 2

예제 2 $f(x, y) = xy/(x^2 + y^2)$일 때, $\lim_{(x,y) \to (0,0)} f(x, y)$는 존재하는가?

풀이 만약 $y = 0$이면 $f(x, 0) = 0/x^2 = 0$이므로

$$x\text{축을 따라 } (x, y) \to (0, 0)\text{이면 } f(x, y) \to 0$$

이고, $x = 0$이면 $f(0, y) = 0/y^2 = 0$이므로

$$y\text{축을 따라 } (x, y) \to (0, 0)\text{이면 } f(x, y) \to 0$$

이다. 비록 좌표축을 따라 동일한 극한값을 얻었지만 주어진 함수의 극한이 0임을

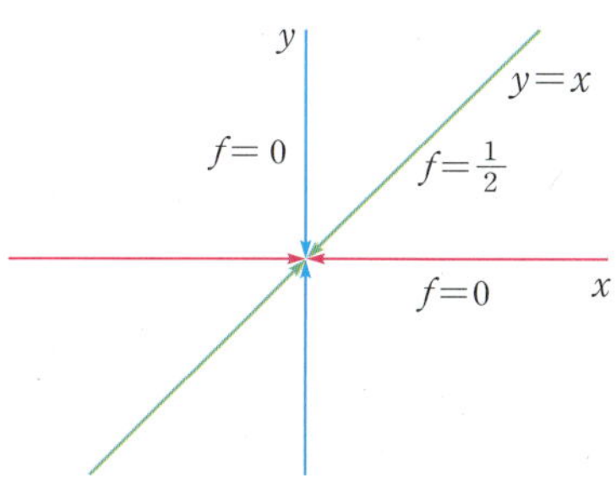

그림 3

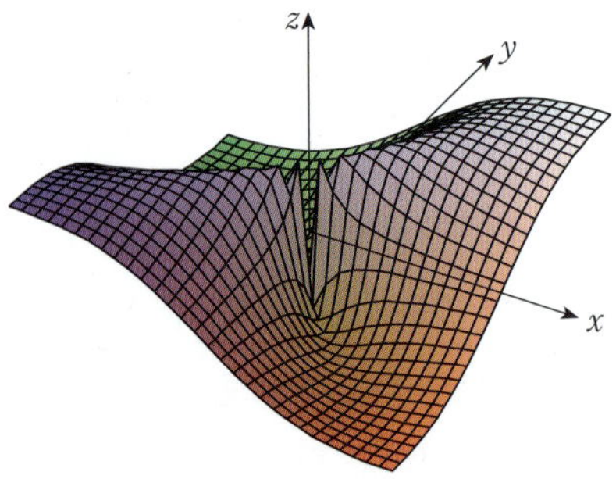

그림 4
$f(x, y)=\frac{xy}{x^2+y^2}$

보인 것은 아니다. 직선 $y=x$를 따라 $(0, 0)$에 접근하여 보자. 모든 $x\neq 0$에 대해

$$f(x, y)=\frac{x^2}{x^2+x^2}=\frac{1}{2}$$

이므로 $y=x$를 따라 $(x, y)\to(0, 0)$이면 $f(x, y)\to\frac{1}{2}$

이다(그림 3 참조). 다른 접근 경로에 따라 다른 극한을 가지므로 주어진 함수의 극한은 존재하지 않는다. ■

그림 4(예제 2의 그래프)에서 직선 $y=x$ 위에 나타나는 능선은 원점을 제외한 그 직선 위의 모든 점 (x, y)에서 $f(x, y)=\frac{1}{2}$이라는 사실과 일치한다.

예제 3 $f(x, y)=\frac{xy^2}{x^2+y^4}$일 때, $\lim_{(x, y)\to(0, 0)} f(x, y)$는 존재하는가?

풀이 예제 2의 풀이를 참조하고, 원점을 지나는 수직이 아닌 임의의 직선을 따라 $(x, y)\to(0, 0)$일 때를 알아봄으로써 시간을 단축하자. 기울기 m인 직선 $y=mx$에 대해

$$f(x, y)=f(x, mx)=\frac{x(mx)^2}{x^2+(mx)^4}=\frac{m^2x^3}{x^2+m^4x^4}=\frac{m^2x}{1+m^4x^2}$$

이므로

$$y=mx\text{를 따라 } (x, y)\to(0, 0)\text{이면 } f(x, y)\to 0$$

이다. 따라서 f는 원점을 지나는 수직이 아닌 모든 직선을 따라 같은 극한값을 갖는다. 그러나 그것이 주어진 함수의 극한이 0임을 보여주는 것은 아니다. 왜냐하면, 포물선 $x=y^2$을 따라 $(x, y)\to(0, 0)$이면

$$f(x, y)=f(y^2, y)=\frac{y^2\cdot y^2}{(y^2)^2+y^4}=\frac{y^4}{2y^4}=\frac{1}{2}$$

이므로 $x=y^2$를 따라 $(x, y)\to(0, 0)$이면 $f(x, y)\to\frac{1}{2}$이다. 다른 경로를 따라 다른 극한값을 가지므로 주어진 함수의 극한은 존재하지 않는다. ■

● 그림 5는 예제 3의 함수의 그래프이다. 포물선 $x=y^2$ 위에 능선을 이루고 있음을 유의하라.

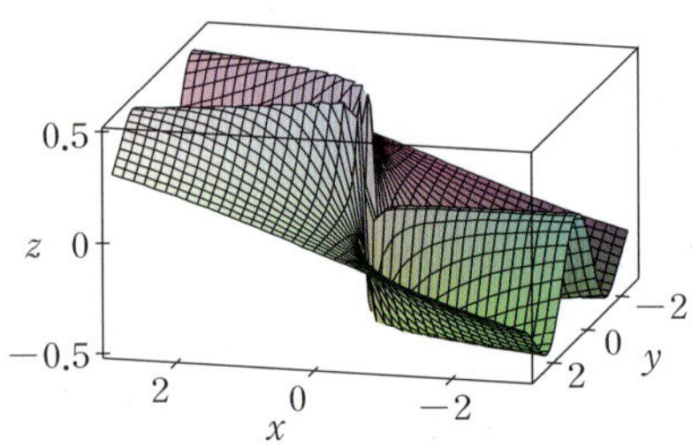

그림 5

이제는 극한이 존재하는 경우에 대하여 살펴보자. 일변수함수와 마찬가지로 이변수함수에 대해서도 극한의 성질을 이용하면 매우 간단하게 극한을 계산할 수 있다. 4.3절의 극한의 공식은 이변수함수에서도 그대로 적용된다. 합의 극한은 극한의 합과 같고 곱의 극한은 극한의 곱과 같고, 다음 식도 성립하고 조임정리도 성립한다.

2 $$\lim_{(x, y)\to(a, b)} x=a \qquad \lim_{(x, y)\to(a, b)} y=b \qquad \lim_{(x, y)\to(a, b)} c=c$$

예제 4 극한의 추측 극한값이 존재한다면 $\lim_{(x, y)\to(0, 0)}\frac{3x^2y}{x^2+y^2}$를 구하여라.

풀이 예제 3처럼, 원점을 지나는 임의의 직선을 따라 극한값은 0임을 보일 수 있다. 이는 주어진 함수의 극한이 0임을 증명하는 것은 아니지만 포물선 $y=x^2$과 $x=y^2$을 따

른 극한값도 0이므로 극한이 존재하고 그 값이 0이라는 것을 추측할 수 있다.

이를 증명하기 위해 $f(x, y)$와 0과의 거리를 살펴보자.

$$\left|\frac{3x^2y}{x^2+y^2}-0\right|=\left|\frac{3x^2y}{x^2+y^2}\right|=\frac{3x^2|y|}{x^2+y^2}$$

$y^2 \geq 0$으로부터 $x^2 \leq x^2+y^2$이므로 $\dfrac{x^2}{x^2+y^2} \leq 1$이다. 따라서

$$0 \leq \frac{3x^2|y|}{x^2+y^2} \leq 3|y|$$

이 된다. 조임정리를 이용하면

$$\lim_{(x,\,y)\to(0,\,0)} 0=0\text{이고} \quad \lim_{(x,\,y)\to(0,\,0)} 3|y|=0 \quad (\boxed{2}\text{에 의해})$$

이므로 다음을 얻을 수 있다.

$$\lim_{(x,\,y)\to(0,\,0)} \frac{3x^2y}{x^2+y^2}=0$$

■

▷ 연 속

일변수 연속함수의 극한 계산은 쉽다는 것을 상기하자. 극한값의 계산은 직접 값을 대입하여 얻을 수 있다. 왜냐하면 연속함수의 결정적인 성질은 $\lim_{x\to a} f(x)= f(a)$이기 때문이다. 이변수의 연속함수 또한 직접 대입성질에 의하여 정의할 수 있다.

> **3 정의** 만일 $\lim_{(x,\,y)\to(a,\,b)} f(x, y)=f(a, b)$이면, 이변수 함수 f는 점 (a, b)에서 **연속**이라 한다. 만약 D의 모든 점 (a, b)에서 연속이면 f는 **D에서 연속**이라고 한다.

연속성의 직관적인 뜻은 만일 점 (x, y)가 작은 양만큼 변하면 $f(x, y)$의 값도 작은 양만큼 변한다는 것이다. 이것은 연속함수의 그래프인 곡면에 구멍이나 갈라진 틈이 없다는 뜻이다. 극한의 성질을 이용하면 연속함수들의 합, 차, 곱, 몫들은 그들의 정의역에서 연속함수임을 알 수 있다. 이런 사실을 연속함수의 예제에 적용시켜 보자.

이변수의 다항식 함수(간단히, 다항식)는 cx^my^n 형태의 항들의 합이다. 이때 c는 상수이고 m과 n은 음이 아닌 정수이다. 유리함수는 다항식들의 분수식이다. 예를 들어

$$f(x, y)=x^4+5x^3y^2+6xy^4-7y+6$$

은 다항식이지만, 반면에

$$g(x, y)=\frac{2xy+1}{x^2+y^2}$$

은 유리함수이다.

식 $\boxed{2}$에서의 극한은 함수 $f(x, y)=x$, $g(x, y)=y$, $h(x, y)=c$가 연속이라는 것을 보여준다. 모든 다항식은 단항함수 f, g, h를 곱하고 더함으로써 얻어지므로 모든 다항식은 $\mathbb{R}^2$ 위에서 연속이다. 마찬가지로, 모든 유리함수도 연속함수들의 몫이므로 그 정의역에서 연속이다.

예제 5 **연속성 이용한 극한계산** $\lim_{(x,\ y)\to(1,\ 2)}(x^2y^3-x^3y^2+3x+2y)$를 구하여라.

풀이 $f(x,\ y)=x^2y^3-x^3y^2+3x+2y$는 다항식이므로 모든 점에서 연속이다. 따라서 극한값은 직접 대입해서 구할 수 있다.

$$\lim_{(x,\ y)\to(1,\ 2)}(x^2y^3-x^3y^2+3x+2y)=1^2\cdot 2^3-1^3\cdot 2^2+3\cdot 1+2\cdot 2=11$$ ■

예제 6 함수 $f(x, y)=\dfrac{x^2-y^2}{x^2+y^2}$은 어디에서 연속인가?

풀이 함수 f는 $(0, 0)$에서 정의되지 않으므로 $(0, 0)$에서 불연속이다. f는 유리함수이므로 정의역 $D=\{(x, y)\mid(x, y)\neq(0, 0)\}$에서 연속이다. ■

예제 7 **원점에서 불연속인 함수** 함수

$$g(x, y)=\begin{cases}\dfrac{x^2-y^2}{x^2+y^2}, & (x, y)\neq(0, 0)\\ 0, & (x, y)=(0, 0)\end{cases}$$

이라 하자. 여기서 g는 $(0, 0)$에서 정의되지만, g는 $(0, 0)$에서 여전히 불연속이다. 왜냐하면 $\lim_{(x,y)\to(0,0)}g(x, y)$는 존재하지 않기 때문이다(예제 1 참조). ■

● 그림 6은 예제 8에 연속함수의 그래프다.

예제 8 **연속함수** 함수

$$f(x, y)=\begin{cases}\dfrac{3x^2y}{x^2+y^2}, & (x, y)\neq(0, 0)\\ 0, & (x, y)=(0, 0)\end{cases}$$

는 $(x, y)\neq(0, 0)$일 때 유리함수이므로 f는 연속임을 알고 있다. 또한 예제 4로부터

$$\lim_{(x,y)\to(0,0)}f(x, y)=\lim_{(x,y)\to(0,0)}\frac{3x^2y}{x^2+y^2}=0=f(0, 0)$$

이다. 그러므로 f는 $(0, 0)$에서 연속이고, 또한 $\mathbb{R}^2$에서 연속이다. ■

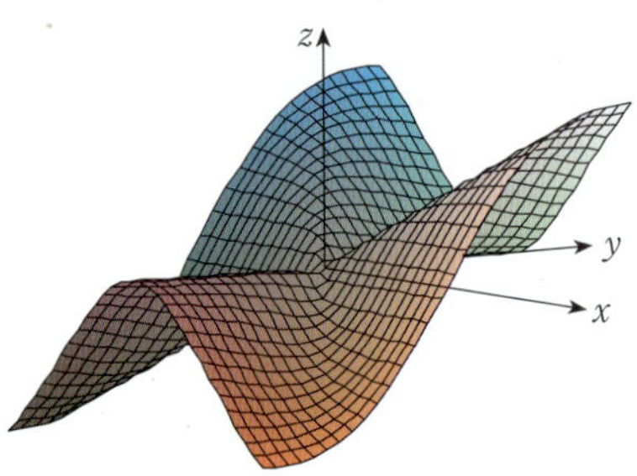

그림 6

일변수함수에서처럼 두 개의 연속함수들을 합성하여 새로운 함수를 만들어보자. 사실 그것은 f가 연속인 이변수함수이고, g가 f의 치역에서 정의된 연속인 일변수함수라 하면, $h(x, y)=g(f(x, y))$으로 정의된 합성함수 $h=g\circ f$ 또한 연속이 된다.

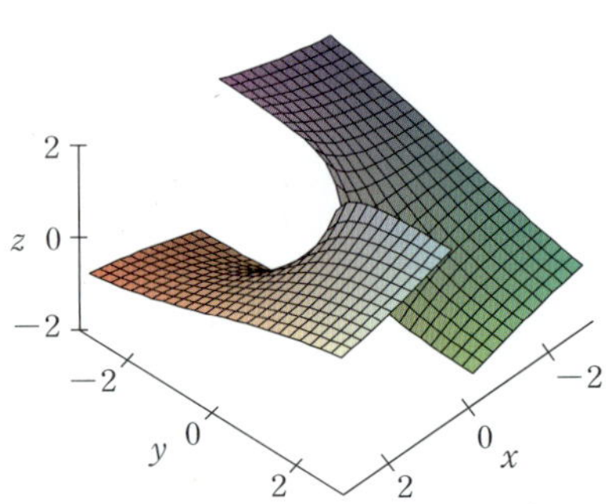

그림 7

함수 $h(x,\ y)=\arctan(y/x)$는 $x=0$에서 불연속이다.

예제 9 함수 $h(x, y)=\arctan(y/x)$는 어디에서 연속인가?

풀이 함수 $f(x, y)=y/x$는 유리함수이므로 직선 $x=0$을 제외한 곳에서는 연속이다. 또한 $g(t)=\arctan t$는 모든 점에서 연속이다. 따라서 합성함수

$$g(f(x, y))=\arctan(y/x)=h(x, y)$$

는 $x=0$을 제외한 곳에서 연속이다. 그림 7의 그래프는 h의 그래프가 y축 위에서 찢어져 있음을 보여준다. ■

이 절에서 다룬 모든 함수를 셋 이상의 변수를 갖는 함수로 확장할 수 있다.

$$\lim_{(x,y,z)\to(a,b,c)} f(x, y, z)=L$$

는 점 (x, y, z)가 f의 정의역 안에 있는 임의의 경로를 따라 점 (a, b, c)로 가까이 갈 때, $f(x, y, z)$의 함수값이 L에 가까이 가는 것을 의미한다. 만약

$$\lim_{(x,y,z)\to(a,b,c)} f(x, y, z)=f(a, b, c)$$

이면, 함수 f는 (a, b, c)에서 연속이다. 예를 들어

$$f(x, y, z)=\frac{1}{x^2+y^2+z^2-1}$$

는 삼변수의 유리함수이므로 $x^2+y^2+z^2=1$인 곳을 제외하고 $\mathbb{R}^3$의 모든 점에서 연속이다. 다시 말해, 중심이 원점이고 반지름이 1인 구면 위에서 불연속이다.

12.2 연습문제

1. $\displaystyle\lim_{(x,y)\to(3,1)} f(x, y)=6$이라 하자. $f(3, 1)$의 값에 대하여 어떻게 말할 수 있는가? f가 연속이면, $f(3, 1)$의 값은?

2. 다음 각 함수가 연속 또는 불연속임을 설명하여라.
   (a) 경도, 위도, 시간의 함수로서 외부 온도
   (b) 경도, 위도, 시간의 함수로서(수평면 위에서의 높이) 고도
   (c) 시간과 거리의 함수로서 택시 승차 비용

(3~4) 원점 근방의 점 (x, y)에 대한 $f(x, y)$의 값들에 대한 표를 이용하여 $(x, y)\to(0, 0)$일 때 $f(x, y)$의 극한값을 추측하라. 추측이 왜 옳다고 생각하는지를 설명하라.

3. $f(x, y)=\dfrac{x^2y^3+x^3y^2-5}{2-xy}$ 4. $f(x, y)=\dfrac{2xy}{x^2+2y^2}$

(5~20) 다음 극한값을 구하라. 만약 극한이 존재하지 않으면, 그 이유를 설명하여라.

5. $\displaystyle\lim_{(x,y)\to(5,-2)} (x^5+4x^3y-5xy^2)$

6. $\displaystyle\lim_{(x,y)\to(6,3)} xy\cos(x-2y)$

7. $\displaystyle\lim_{(x,y)\to(0,0)} \frac{y^4}{x^4+3y^4}$ 8. $\displaystyle\lim_{(x,y)\to(0,0)} \frac{x^2+\sin^2 y}{2x^2+y^2}$

9. $\displaystyle\lim_{(x,y)\to(0,0)} \frac{xy\cos y}{3x^2+y^2}$ 10. $\displaystyle\lim_{(x,y)\to(0,0)} \frac{6x^3y}{2x^4+y^4}$

11. $\displaystyle\lim_{(x,y)\to(0,0)} \frac{xy}{\sqrt{x^2+y^2}}$ 12. $\displaystyle\lim_{(x,y)\to(0,0)} \frac{x^2\sin^2 y}{x^2+2y^2}$

13. $\displaystyle\lim_{(x,y)\to(0,0)} \frac{x^2ye^y}{x^4+4y^2}$ 14. $\displaystyle\lim_{(x,y)\to(0,0)} \frac{xy^4}{x^2+y^8}$

15. $\displaystyle\lim_{(x,y)\to(0,0)} \frac{x^2+y^2}{\sqrt{x^2+y^2+1}-1}$ 16. $\displaystyle\lim_{(x,y)\to(0,0)} \frac{x^4-y^4}{x^2+y^2}$

17. $\displaystyle\lim_{(x,y,z)\to(3,0,1)} e^{-xy}\sin(\pi z/2)$

18. $\displaystyle\lim_{(x,y,z)\to(0,0,0)} \frac{x^2+2y^2+3z^2}{x^2+y^2+z^2}$

19. $\displaystyle\lim_{(x,y,z)\to(0,0,0)} \frac{xy+yz^2+xz^2}{x^2+y^2+z^4}$

20. $\displaystyle\lim_{(x,y,z)\to(0,0,0)} \frac{yz}{x^2+4y^2+9z^2}$

(21~22) 컴퓨터 그래픽을 이용하여 다음 함수의 극한값이 존재하지 않음을 설명하여라.

21. $\displaystyle\lim_{(x,y)\to(0,0)} \frac{2x^2+3xy+4y^2}{3x^2+5y^2}$

22. $\displaystyle\lim_{(x,y)\to(0,0)} \frac{xy^3}{x^2+y^6}$

(23~24) $h(x, y)=g(f(x, y))$를 구하고, h가 연속이 되는 영역을 구하여라.

23. $g(t)=t^2+\sqrt{t},\ f(x, y)=2x+3y-6$

24. $g(t)=t+\ln t,\ f(x, y)=\dfrac{1-xy}{1+x^2y^2}$

(25~26) 함수의 그래프를 이용하여 다음 함수의 불연속인 점을 찾아라. 또한 공식을 이용하여 구한 불연속인 점에 대하여 설명하여라.

25. $f(x, y)=e^{1/(x-y)}$　　26. $f(x, y)=\dfrac{1}{1-x^2-y^2}$

(27~34) 다음 함수의 연속인 최대영역을 구하여라.

27. $F(x, y)=\arctan(x+\sqrt{y})$
28. $F(x, y)=\cos\sqrt{1+x-y}$
29. $G(x, y)=\ln(x^2+y^2-4)$
30. $F(x, y)=e^{x^2y}+\sqrt{x+y^2}$
31. $f(x, y, z)=\dfrac{\sqrt{y}}{x^2-y^2+z^2}$
32. $f(x, y, z)=\sqrt{x+y+z}$
33. $f(x, y)=\begin{cases} \dfrac{x^2y^3}{2x^2+y^2}, & (x, y)\neq(0, 0) \\ 1, & (x, y)=(0, 0) \end{cases}$
34. $f(x, y)=\begin{cases} \dfrac{xy}{x^2+xy+y^2}, & (x, y)\neq(0, 0) \\ 0, & (x, y)=(0, 0) \end{cases}$

(35~36) 극좌표를 이용하여 다음 극한값을 구하여라.
($(r, \theta)(r\geq0)$가 점 (x, y)의 극좌표이면, $(x,y)\to(0,0)$일 때 $r\to0^+$이다.)

35. $\displaystyle\lim_{(x,y)\to(0,0)}\frac{x^3+y^3}{x^2+y^2}$

36. $\displaystyle\lim_{(x,y)\to(0,0)}(x^2+y^2)\ln(x^2+y^2)$

37. 구면좌표를 이용하여 다음 극한값을 구하여라.

$$\lim_{(x,y,z)\to(0,0,0)}\frac{xyz}{x^2+y^2+z^2}$$

38. 이 절을 시작하면서 다루었던 함수

$$f(x, y)=\frac{\sin(x^2+y^2)}{x^2+y^2}$$

은 수치적 자료에 의해 $(x, y)\to(0, 0)$일 때, $f(x, y)\to1$임을 추측하였다. 극좌표를 이용하여 이 함수의 극한값을 확정하고 그래프를 그려라.

39. 다음 함수의 그래프를 그리고 연속성에 대하여 설명하여라.

$$f(x, y)=\begin{cases} \dfrac{\sin xy}{xy}, & xy\neq0 \\ 1, & xy=0 \end{cases}$$

40. 다음 함수에 대하여,

$$f(x, y)=\begin{cases} 0, & y\leq0 \text{ 또는 } y\geq x^4 \\ 1, & 0<y<x^4 \end{cases}$$

(a) $y=mx^a$ (단, $a<4$)를 따라 움직이는 모든 경로에 대하여, $(x, y)\to(0, 0)$이면 $f(x, y)\to(0, 0)$임을 보여라.
(b) (a)임에도 불구하고, 함수 f는 $(0, 0)$에서 불연속임을 보여라.
(c) 두 개의 곡선($y=0$와 $y=x^4$)에서는 불연속임을 보여라.

12.3 편도함수

무더운 날, 습도가 높으면 실제 온도보다 더 높게 느껴지고, 반면에 공기가 매우 건조하면 실제 온도보다 더 낮게 느껴진다. 국립기상청은 온도와 습도의 관계를 효과적으로 설명하기 위하여 불쾌지수, 일명 온도-습도 지수를 만들었다. 불쾌지수 I는 실제온도 T와 상대습도 H에 의해 인식되는 공기 온도를 나타낸다. 따라서 I는 T와 H에 관한 함수가 되고, $I=f(T, H)$로 나타낸다. 다음의 불쾌지수 I에 관한 표는 국립기상청에서 집계한 표에서 발췌한 것이다.

표 1 온도와 습도에 관한 불쾌지수 I

상대습도 (%)

실제 온도 (℃) T \ H	40	45	50	55	60	65	70	75	80
26	28	28	29	31	31	32	33	34	35
28	31	32	33	34	35	36	37	38	39
30	34	35	36	37	38	40	41	42	43
32	37	38	39	41	42	43	45	46	47
34	41	42	43	45	47	48	49	51	52
36	43	45	47	48	50	51	53	54	56

만약 $H=60\%$인 상대습도에 해당하는 세로줄에 주목하면, 불쾌지수 함수 I는 고정값 H에 대한 일변수 T의 함수가 된다. $g(T)=f(T, 60)$이라 하자. 그러면 $g(T)$는 상대습도가 60%일 때, 실제 온도 T가 증가함에 따라 불쾌지수 I가 얼마나 증가하는지를 나타낸다. $T=30$℃일 때, g의 도함수는 $T=30$℃일 때 T에 관한 I의 변화율이다.

$$g'(30)=\lim_{h\to 0}\frac{g(30+h)-g(30)}{h}=\lim_{h\to 0}\frac{f(30+h, 60)-f(30, 60)}{h}$$

여기서, $h=2$, -2를 택하고 표 1을 이용하여 근삿값을 계산할 수 있다.

$$g'(30)\approx\frac{g(32)-g(30)}{2}=\frac{f(32, 60)-f(30, 60)}{2}=\frac{42-38}{2}=2$$

$$g'(30)\approx\frac{g(28)-g(30)}{-2}=\frac{f(28, 60)-f(30, 60)}{-2}=\frac{35-38}{-2}=1.5$$

이 값의 평균을 구해서, $g'(30)$의 근삿값은 1.75라고 할 수 있다. 이것은 실제 온도가 30℃이고, 상대습도가 60%일 때, 실제온도 1℃ 상승할 때마다 불쾌지수는 1.75° 정도 상승함을 의미한다.

이제 표 1에서 $T=30$℃에 해당하는 가로줄을 주목하자. 가로에 있는 수들은 함수 $G(H)=f(30, H)$의 값인데, 이는 실제온도 $T=30$℃일 때 상대습도 H가 증가함에 따른 불쾌지수의 증가를 나타낸다. $T=30$℃일 때, 함수 G의 도함수는 $T=30$℃일 때, H에 관한 불쾌지수 I의 변화율이다.

$$G'(60)=\lim_{h\to 0}\frac{G(60+h)-G(60)}{h}=\lim_{h\to 0}\frac{f(30, 60+h)-f(30, 60)}{h}$$

$h=5$, -5를 택하고 표를 이용하여 $G'(60)$의 근삿값을 구할 수 있다.

$$G'(60)\approx\frac{G(65)-G(60)}{5}=\frac{f(30, 65)-f(30, 60)}{5}=\frac{40-38}{5}=0.4$$

$$G'(60)\approx\frac{G(55)-G(60)}{-5}=\frac{f(30, 55)-f(30, 60)}{-5}=\frac{37-38}{-5}=0.2$$

이 값의 평균을 구해서, $G'(60)\approx 0.3$을 얻는다. 이는 온도가 30℃이고, 상대습도가 60%일 때, 상대습도가 1% 증가할 때마다 불쾌지수는 0.3° 정도 상승함을 의미한다.

일반적으로 f가 두 변수 x와 y의 함수일 때, y를 $y=b$(b는 상수)로 고정시키면, f는 단지 x 만의 함수 즉, $g(x)=f(x, b)$인 x의 일변수함수로 생각할 수 있다. 만일 g가 a에서 도함수를 가지면 그 도함수를 **(a, b)에서 x에 관한 f의 편도함수**라 부르고 $f_x(a, b)$로 표시한다.

1
$$f_x(a, b)=g'(a), \quad g(x)=f(x, b)$$

도함수의 정의에 의하여

$$g'(a)=\lim_{h\to 0}\frac{g(a+h)-g(a)}{h}$$

이므로 식 **1**은

2
$$f_x(a, b)=\lim_{h\to 0}\frac{f(a+h, b)-f(a, b)}{h}$$

이다.

마찬가지로 **(a, b)에서 y에 관한 f의 편도함수** $f_y(a, b)$는 x를 $x=a$로 고정시키고 b에서 함수 $G(y)=f(a, y)$의 도함수를 구하여 얻을 수 있다.

3
$$f_y(a, b)=\lim_{h\to 0}\frac{f(a, b+h)-f(a, b)}{h}$$

이 편도함수에 대한 식을 가지고 $T=30℃$, $H=60\%$일 때, 실제온도 T와 상대습도 H에 관한 불쾌지수함수 I의 변화율을 나타내면 각각 다음과 같다.

$$f_T(30, 60)\approx 1.75$$
$$f_H(30, 60)\approx 0.3$$

만약 식 **2**와 **3**에서 점 (a, b)가 변하면 f_x와 f_y는 이변수함수가 된다.

4 f가 이변수함수이면, 그 **편도함수** f_x와 f_y는 다음과 같이 정의된다.

$$f_x(x, y)=\lim_{h\to 0}\frac{f(x+h, y)-f(x, y)}{h}$$

$$f_y(x, y)=\lim_{h\to 0}\frac{f(x, y+h)-f(x, y)}{h}$$

편도함수에 대한 다른 표기법들이 많이 있다. 예를 들어 f_x 대신 f_1 또는 $D_1 f$(첫 번째 변수에 관하여 미분했음을 나타내기 위하여) 또는 $\partial f/\partial x$로 쓸 수 있다. 그러나 $\partial f/\partial x$는 미분의 비로 해석할 수 없다.

편도함수의 표기법 $z=f(x, y)$이면, 다음과 같이 쓴다.

$$f_x(x, y)=f_x=\frac{\partial f}{\partial x}=\frac{\partial}{\partial x}f(x, y)=\frac{\partial z}{\partial x}=f_1=D_1 f=D_x f$$

$$f_y(x, y)=f_y=\frac{\partial f}{\partial y}=\frac{\partial}{\partial y}f(x, y)=\frac{\partial z}{\partial y}=f_2=D_2 f=D_y f$$

편도함수를 계산하기 위해서 해야 할 것은 x에 관한 편도함수는 y를 일정하게 고정 시켜 얻은 일변수함수 g의 도함수라는 사실을 기억하는 것이다. 따라서, 다음과 같은 규칙을 갖는다.

$z=f(x, y)$의 편도함수를 구하는 규칙

1. f_x를 구하기 위해 y를 상수로 보고 $f(x, y)$를 x에 관하여 미분한다.
2. f_y를 구하기 위해 x를 상수로 보고 $f(x, y)$를 y에 관하여 미분한다.

예제 1 편도함수 계산 $f(x, y)=x^3+x^2y^3-2y^2$일 때, $f_x(2, 1)$과 $f_y(2, 1)$을 구하여라.

풀이 y를 상수로 생각하고 x에 관하여 미분하면 $f_x(x, y)=3x^2+2xy^3$이므로

$$f_x(2, 1)=3\cdot 2^2+2\cdot 2\cdot 1^3=16$$

이다. x를 상수로 생각하고 y에 관하여 미분하면 $f_y(x, y)=3x^2y^2-4y$이므로 다음을 얻는다.

$$f_y(2, 1)=3\cdot 2^2\cdot 1^2-4\cdot 1=8$$

편도함수의 기하학적 해석

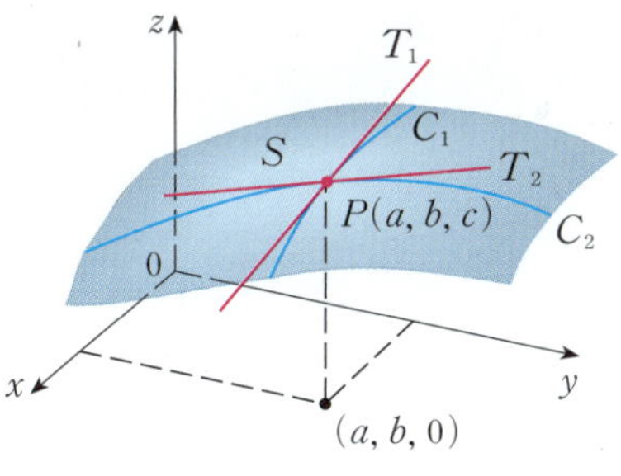

그림 1
(a, b)에서 f의 편도함수는 C_1, C_2에서의 접선 T_1, T_2의 기울기이다.

편도함수의 기하학적 해석을 위해서 곡면 S(f의 그래프)를 나타내는 방정식 $z=f(x, y)$를 생각하자. 만약 $f(a, b)=c$이면, 점 $P(a, b, c)$는 S 위에 놓여 있다. $y=b$를 고정시킴으로써, 수직면 $y=b$가 곡선 C_1에서 S와 만난다고 하자(다시 말해, C_1은 평면 $y=b$에서 S의 자취이다). 마찬가지로 수직면 $x=a$는 곡선 C_2에서 S와 만난다고 하자. 그러면 두 곡선 C_1, C_2는 점 P를 통과한다(그림 1 참조).

곡선 C_1을 함수 $g(x)=f(x, b)$의 그래프임을 주목하면, P에서 접선 T_1의 기울기는 $g'(a)=f_x(a, b)$이다. 곡선 C_2는 함수 $G(y)=f(a, y)$의 그래프이며, P에서 접선 T_2의 기울기는 $G'(b)=f_y(a, b)$이다.

따라서 편도함수 $f_x(a, b)$와 $f_y(a, b)$는 기하학적으로 평면 $y=b$와 $x=a$에서 S의 자취 C_1과 C_2에 대한 $P(a, b, c)$에서의 접선의 기울기로 해석할 수 있다.

불쾌지수함수의 경우에서 보았듯이, 편도함수는 변화율로 해석할 수 있다. $z=f(x, y)$이면, $\partial z/\partial x$는 y를 고정시켰을 때 x에 관한 z의 변화율을 나타낸다. 마찬가지로 $\partial z/\partial y$

는 x를 고정시켰을 때 y에 관한 z의 변화율을 나타낸다.

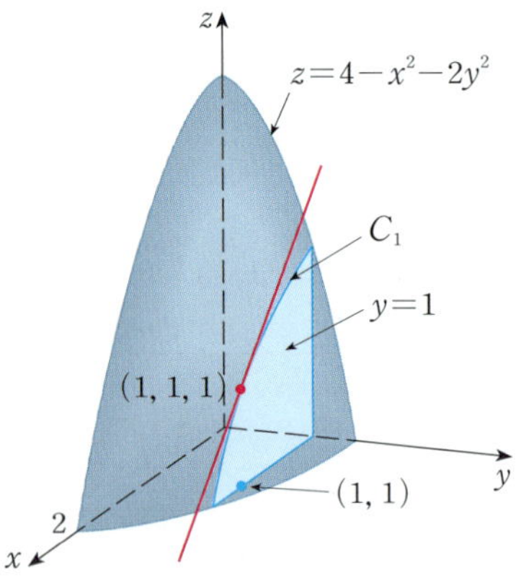

그림 2

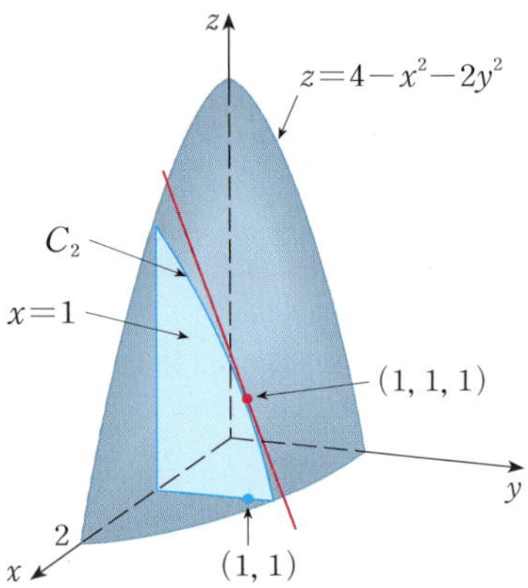

그림 3

예제 2 접선의 기울기로서의 편도함수 $f(x,\ y)=4-x^2-2y^2$일 때, $f_x(1,\ 1)$과 $f_y(1,\ 1)$을 구하고 기울기로써 각각을 해석하여라.

풀이

$$f_x(x,\ y)=-2x, \qquad f_y(x,\ y)=-4y$$

$$f_x(1,\ 1)=-2, \qquad f_y(1,\ 1)=-4$$

이다. f의 그래프는 포물면 $z=4-x^2-2y^2$이고, 수직면 $y=1$과 포물면과의 교선은 포물선 $z=2-x^2$, $y=1$이 된다(앞에서 논의한 바와 같이, 이 곡선을 그림 2에서 C_1으로 표기한다). 점 $(1,\ 1,\ 1)$에서 이 포물면에 대한 접선의 기울기는 $f_x(1,\ 1)=-2$이다. 같은 방법으로, 평면 $x=1$이 포물면과 만나는 곡선 C_2는 포물선 $z=3-2y^2$, $x=1$이다. 점 $(1,\ 1,\ 1)$에서 접선의 기울기는 $f_y(1,\ 1)=-4$이다(그림 3 참조). ■

그림 4는 그림 2에 대응되는 컴퓨터로 그린 그림이다. (a)는 곡면을 평면 $y=1$로 잘랐을 때 생기는 곡선 C_1을, (b)는 C_1과 접선 T_1을 보여주는 것이다(C_1의 벡터방정식 $\mathbf{r}(t)=\langle t,\ 1,\ 2-t^2\rangle$과 T_1의 벡터방정식 $\mathbf{r}(t)=\langle 1+t,\ 1,\ 1-2t\rangle$를 사용했다). 마찬가지로 그림 5는 그림 3에 대응된 것이다.

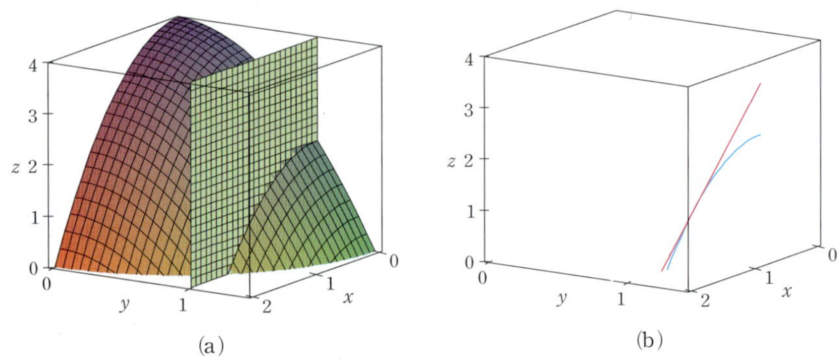

그림 4

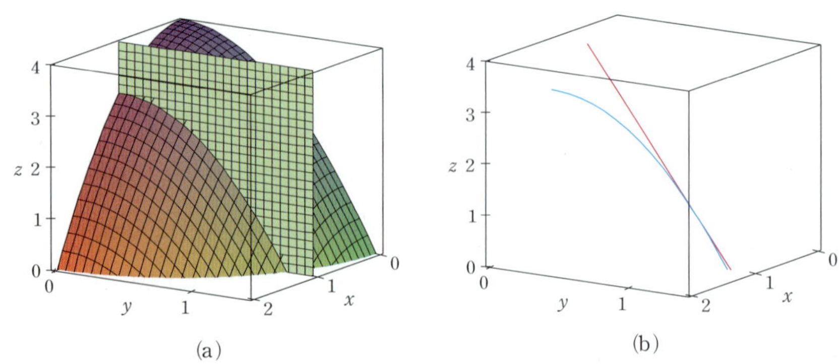

그림 5

예제 3 $f(x,\ y)=\sin\left(\dfrac{x}{1+y}\right)$일 때, $\dfrac{\partial f}{\partial x}$ 와 $\dfrac{\partial f}{\partial y}$ 을 계산하여라.

풀이 일변수함수에 관한 연쇄법칙을 이용하면 다음과 같다.

$$\frac{\partial f}{\partial x}=\cos\left(\frac{x}{1+y}\right)\cdot\frac{\partial}{\partial x}\left(\frac{x}{1+y}\right)=\cos\left(\frac{x}{1+y}\right)\cdot\frac{1}{1+y}$$

$$\frac{\partial f}{\partial y}=\cos\left(\frac{x}{1+y}\right)\cdot\frac{\partial}{\partial y}\left(\frac{x}{1+y}\right)=-\cos\left(\frac{x}{1+y}\right)\cdot\frac{x}{(1+y)^2}$$

■

● CAS는 삼변수의 음함수방정식에 의해 정의된 곡면을 그릴 수 있다. 그림 6은 예제 4의 방정식에 의해 정의된 곡면의 그러한 한 도면을 보여준다.

그림 6

예제 4 음함수 편미분 z가 방정식 $x^3+y^3+z^3+6xyz=1$에 의하여 x와 y에 관한 음함수로 정의될 때, $\partial z/\partial x$와 $\partial z/\partial y$를 구하여라.

풀이 $\partial z/\partial x$를 구하기 위해 y를 상수로 취급하고 x에 관하여 음함수 미분을 하면

$$3x^2+3z^2\frac{\partial z}{\partial x}+6yz+6xy\frac{\partial z}{\partial x}=0$$

이다. $\partial z/\partial x$에 관하여 식을 정리하면

$$\frac{\partial z}{\partial x}=-\frac{x^2+2yz}{z^2+2xy}$$

을 얻는다. 마찬가지 방법으로 y에 관하여 음함수 미분하면 다음 식을 얻을 수 있다.

$$\frac{\partial z}{\partial y}=-\frac{y^2+2xz}{z^2+2xy}$$

■

▷ 삼변수 이상의 함수

편도함수는 셋 또는 그 이상의 변수에 대한 함수에 대해서도 역시 정의된다. 예를 들어 f가 x, y, z의 삼변수 함수일 때, x에 관한 편도함수는

$$f_x(x,\ y,\ z)=\lim_{h\to 0}\frac{f(x+h,\ y,\ z)-f(x,\ y,\ z)}{h}$$

로 정의되고, 이것은 y와 z를 상수로 취급하고 $f(x,\ y,\ z)$를 x에 관하여 미분하여 얻을 수 있다. 만약 $w=f(x,\ y,\ z)$라 하면, $f_x=\partial w/\partial x$는 y와 z를 고정시켰을 때 x에 관한 w의 변화율로 해석할 수 있다. 그러나 f의 그래프는 4차원 공간에 놓여 있기 때문에 기하학적으로는 설명할 수는 없다.

일반적으로 u가 n변수 함수 $u=f(x_1,\ x_2,\ \cdots,\ x_n)$일 때, i번째 변수 x_i에 관한 편도함수는

$$\frac{\partial u}{\partial x_i}=\lim_{h\to 0}\frac{f(x_1,\ \cdots,\ x_{i-1},\ x_i+h,\ x_{i+1},\ \cdots,\ x_n)-f(x_1,\ \cdots,\ x_i,\ \cdots,\ x_n)}{h}$$

이고, 또한 다음과 같이 쓴다.

$$\frac{\partial u}{\partial x_i}=\frac{\partial f}{\partial x_i}=f_{x_i}=f_i=D_i f$$

예제 5 **삼변수 함수의 편도함수** $f(x, y, z)=e^{xy}\ln z$일 때, f_x, f_y, f_z를 구하여라.

풀이 y와 z를 상수로 보고 x에 관하여 미분하면 $f_x=ye^{xy}\ln z$이고, 마찬가지 방법으로

$$f_y=xe^{xy}\ln z, \qquad f_z=\frac{e^{xy}}{z}$$

를 얻는다. ■

▷ 고계편도함수

f가 이변수함수이면 그의 편도함수 f_x와 f_y 또한 이변수함수이다. 그래서 이것들의 편도함수 $(f_x)_x$, $(f_x)_y$, $(f_y)_x$, $(f_y)_y$를 생각할 수 있는데, 이들을 f의 **2계편도함수**라 한다. $z=f(x, y)$일 때, 다음과 같이 쓸 수 있다.

$$(f_x)_x=f_{xx}=f_{11}=\frac{\partial}{\partial x}\left(\frac{\partial f}{\partial x}\right)=\frac{\partial^2 f}{\partial x^2}=\frac{\partial^2 z}{\partial x^2}$$

$$(f_x)_y=f_{xy}=f_{12}=\frac{\partial}{\partial y}\left(\frac{\partial f}{\partial x}\right)=\frac{\partial^2 f}{\partial y\partial x}=\frac{\partial^2 z}{\partial y\partial x}$$

$$(f_y)_x=f_{yx}=f_{21}=\frac{\partial}{\partial x}\left(\frac{\partial f}{\partial y}\right)=\frac{\partial^2 f}{\partial x\partial y}=\frac{\partial^2 z}{\partial x\partial y}$$

$$(f_y)_y=f_{yy}=f_{22}=\frac{\partial}{\partial y}\left(\frac{\partial f}{\partial y}\right)=\frac{\partial^2 f}{\partial y^2}=\frac{\partial^2 z}{\partial y^2}$$

따라서, f_{xy}(또는 $\partial^2 f/\partial y\partial x$)는 먼저 x에 관하여 미분하고 다음 y에 관하여 미분한 것이고, 반면 f_{yx}는 반대의 순서로 미분하는 것이다.

예제 6 $f(x, y)=x^3+x^2y^3-2y^2$의 2계편도함수를 구하여라.

풀이 예제 1에서

$$f_x(x, y)=3x^2+2xy^3,$$
$$f_y(x, y)=3x^2y^2-4y$$

임을 알았다. 따라서

$$f_{xx}=\frac{\partial}{\partial x}(3x^2+2xy^3)=6x+2y^3, \quad f_{xy}=\frac{\partial}{\partial y}(3x^2+2xy^3)=6xy^2$$

$$f_{yx}=\frac{\partial}{\partial x}(3x^2y^2-4y)=6xy^2, \quad f_{yy}=\frac{\partial}{\partial y}(3x^2y^2-4y)=6x^2y-4$$

이다. ■

● 그림 7은 예제 6의 f와 1계, 2계편도함수의 그래프를 $-2\leq x\leq 2$, $-2\leq y\leq 2$에서 보여준다. 이 그래프들은 f의 그래프의 자취에 대한 접선의 기울기로써 f_x와 f_y의 해석과 일치함에 주목하라. 예를 들어, 만약 $(0, -2)$에서 시작하여 약의 x축 방향으로 움직이면 f의 그래프를 감소한다. 이것은 f_x의 값이 음이라는 것을 의미한다. f_y의 그래프를 이용하여 f_{yx}와 f_{yy}의 그래프를 비교하여라.

예제 6에서 $f_{xy}=f_{yx}$를 주목하라. 이것은 항상 일치하는 것은 아니다. 실제로 대부분의 함수에서 편도함수 f_{xy}와 f_{yx}는 같다는 것을 알 수 있다. 프랑스 수학자 클레로(Alexis Clairaut, 1713~1765)가 발견한 다음의 정리는 $f_{xy}=f_{yx}$라고 주장할 수 있는 조건을 제시한다.

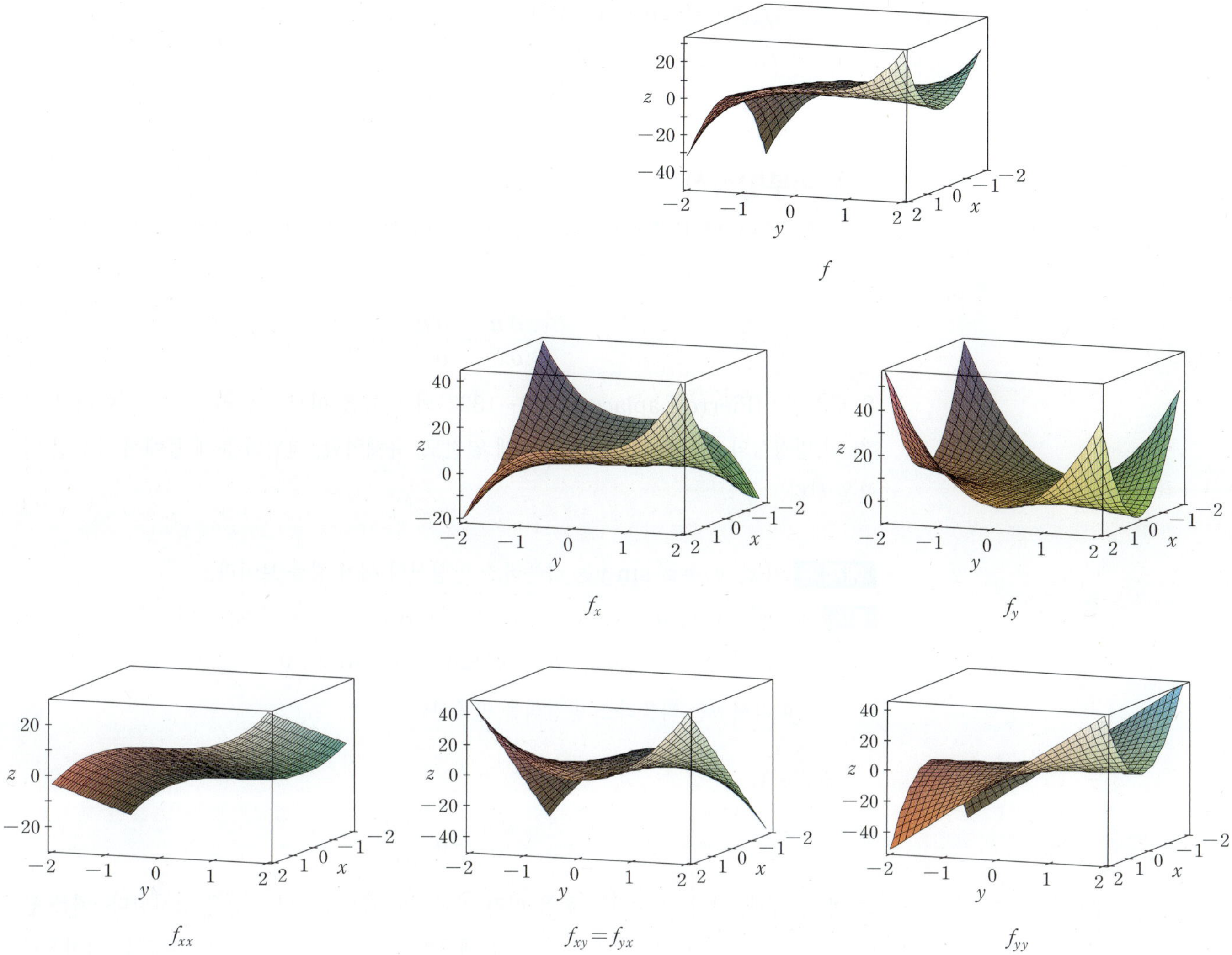

그림 7

> **클레로의 정리** f를 점 (a, b)를 포함하는 원판 D에서 정의된 함수라 하자. 만약 f_{xy}와 f_{yx}가 D에서 연속이면, 다음과 같이 쓸 수 있다.
>
> $$f_{xy}(a, b)=f_{yx}(a, b)$$

3계 이상의 편도함수 또한 정의할 수 있다. 예를 들어

$$f_{xyy}=(f_{xy})_y=\frac{\partial}{\partial y}\left(\frac{\partial^2 f}{\partial y \partial x}\right)=\frac{\partial^3 f}{\partial y^2 \partial x}$$

이고, 클레로의 정리를 이용하여 이러한 함수들이 연속이면 $f_{xyy}=f_{yxy}=f_{yyx}$임을 보일 수 있다.

예제 7 **고계 편도함수** $f(x, y, z)=\sin(3x+yz)$일 때, f_{xxyz}를 구하여라.

풀이 $f_x=3\cos(3x+yz)$

$$f_{xx} = -9\sin(3x + yz)$$
$$f_{xxy} = -9z\cos(3x + yz)$$
$$f_{xxyz} = -9\cos(3x + yz) + 9yz\sin(3x + yz)$$ ■

▷ 편미분방정식

편도함수는 어떤 물리적 법칙을 표현하는 편미분방정식에서 나타난다. 예를 들어, 편미분방정식

$$\frac{\partial^2 u}{\partial x^2} + \frac{\partial^2 u}{\partial y^2} = 0$$

은 라플라스(Pierre Laplace, 1749~1827)의 이름을 따서 **라플라스 방정식**이라 부른다. 이 방정식의 해를 **조화함수**라 하는데 열전도, 유체역학, 전위의 문제 등에서 중요한 역할을 한다.

예제 8 $u(x, y) = e^x \sin y$는 라플라스 방정식의 해가 됨을 보여라.

풀이 $u_x = e^x \sin y$, $u_y = e^x \cos y$, $u_{xx} = e^x \sin y$, $u_{yy} = -e^x \sin y$이므로

$$u_{xx} + u_{yy} = e^x \sin y - e^x \sin y = 0$$

따라서 u는 라플라스 방정식을 만족한다. ■

파동방정식

$$\frac{\partial^2 u}{\partial t^2} = a^2 \frac{\partial^2 u}{\partial x^2}$$

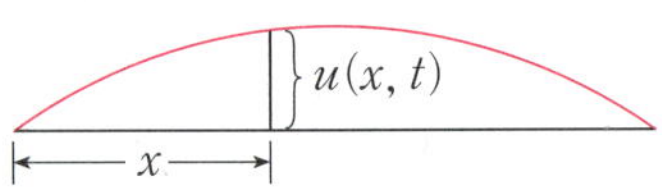

그림 8

는 파도, 음파, 광파, 진동하는 현을 따라 일어나는 파동모양의 운동을 묘사한다. 예를 들어 $u(x, t)$가 시각이 t이고 현의 한쪽 끝에서의 거리가 x인 위치에서 진동하는 바이올린 현의 변위를 나타낸다면(그림 8 참조), $u(x, t)$는 파동방정식을 만족한다. 여기서 상수 a는 현의 밀도와 현의 장력에 따라 정해진다.

예제 9 $u(x, t) = \sin(x - at)$가 파동방정식을 만족함을 보여라.

풀이

$$u_x = \cos(x - at), \qquad u_{xx} = -\sin(x - at)$$
$$u_t = -a\cos(x - at), \qquad u_{tt} = -a^2\sin(x - at) = a^2 u_{xx}$$

따라서 u는 파동방정식을 만족한다. ■

▷ 콥-더글러스 생산함수

12.1절의 예제 2에서 자본투자금 K와 총 노동량 L의 함수로서 경제체제의 총 생산량 P를 모델로 한 콥-더글러스 함수를 다루었다. 여기서 그들이 어떤 가정을 가지고 그런 특별한 모델을 만들었는가에 대해 알아보기 위해 이 함수에 대한 편도함수를 알아보자.

생산함수 $P = P(L, K)$일 때, 편도함수 $\partial P/\partial L$는 총 노동량 L의 변화에 따른 생산량의 변화를 나타낸다. 경제학자들은 이것을 노동에 관계된 한계생산성 또는 **노동의 한계**

생산성이라 한다. 마찬가지로 편도함수 $\partial P/\partial K$는 자본에 관계된 생산성의 변화율을 나타내고, **자본의 한계 생산성**이라 한다. 이러한 내용을 언급하기 위해서는 다음과 같은 가정을 해야 한다.

(i) 만일 노동이나 자본 중 하나라도 0이면 생산성도 0이다.
(ii) 노동의 한계 생산성은 단위 노동량에 대한 총 생산량에 비례한다.
(iii) 자본의 한계 생산성은 단위 자본량에 대한 총 생산량에 비례한다.

단위 노동량에 대한 생산성은 P/L이므로 가정 (ii) 에 의하여

$$\frac{\partial P}{\partial L}=\alpha\frac{P}{L}\quad(\alpha\text{는 상수})$$

만약 $K=K_0$(상수)로 고정하면 이 편미분방정식은

5 $$\frac{dP}{dL}=\alpha\frac{P}{L}$$

인 상미분방정식이 된다. 이 변수분리형 미분방정식을 풀면

6 $$P(L, K_0)=C_1(K_0)L^{\alpha}$$

을 얻는다. K_0의 값에 따라 상수 C_1의 값이 결정되기 때문에 K_0의 함수로서 C_1을 썼음을 주의하라.

마찬가지 방법으로 가정 (iii)에 의하여

$$\frac{\partial P}{\partial K}=\beta\frac{P}{K}$$

이고 미분방정식을 풀어

7 $$P(L_0, K)=C_2(L_0)K^{\beta}$$

을 얻는다. 식 **6**, **7** 로부터

8 $$P(L, K)=bL^{\alpha}K^{\beta}$$

을 얻는다. 여기서 b는 L과 K에 독립인 상수이다. 가정 (i)에 의해 $\alpha>0$, $\beta>0$이다.

식 **8** 에서 만약 노동과 자본이 m배씩 증가하면

$$P(mL, mK)=b(mL)^{\alpha}(mK)^{\beta}=m^{\alpha+\beta}bL^{\alpha}K^{\beta}=m^{\alpha+\beta}P(L, K)$$

이다. 만약 $\alpha+\beta=1$이면, $P(mL, mK)=mP(L, K)$인데 이것은 생산량 또한 m배 증가함을 의미하는 것이다. 그것이 콥과 더글러스가 $\alpha+\beta=1$이라고 가정한 이유이다. 그러므로

$$P(L, K)=bL^{\alpha}K^{1-\alpha}$$

이다. 이것이 12.1절에서 다룬 콥-더글러스의 생산함수이다.

12.3 연습문제

1. 북반구의 어떤 지점에서의 온도 T는 경도 x, 위도 y, 시간 t에 따라 결정되므로 $T=f(x, y, t)$로 쓸 수 있다. 1월부터 계산해 보자.

 (a) 편도함수 $\partial T/\partial x$, $\partial T/\partial y$, $\partial T/\partial t$가 의미하는 것은 무엇인가?

 (b) 호놀룰루는 경도가 서경 158°, 위도가 북위 21°이다. 1월 1일 오전 9시에 온난한 바람이 북동쪽으로 불고 있어 서남쪽의 공기는 온난하고, 북동쪽의 공기는 서늘하다.
 $f_x(158, 21, 9)$, $f_y(158, 21, 9)$, $f_t(158, 21, 9)$의 값은 양수인가 음수인가? 그 이유를 설명하여라.

2. 이 절의 초반부에서 다룬 불쾌지수함수 $I=f(T, H)$ (T : 온도, H : 상대습도)에 대해 표 1을 이용하여 $f_T(34, 75)$와 $f_H(34, 75)$의 값을 구하여라. 이 값들의 실제적 의미는 무엇인가?

3. 체감온도지수 W는 실제온도 T, 풍속 v일 때 느끼는 온도이므로 $W=f(T, v)$라고 쓸 수 있다. 12.1절의 표1로부터 발췌한 것이다.

풍속 (km/h)

활성온도 (°C) T \ v	20	30	40	50	60	70
−10	−18	−20	−21	−22	−23	−23
−15	−24	−26	−27	−29	−30	−30
−20	−30	−33	−34	−35	−36	−37
−25	−37	−39	−41	−42	−43	−44

 (a) $f_T(-15, 30)$과 $f_v(-15, 30)$의 값은? 이들의 실제적 의미는 무엇인가?

 (b) 일반적으로 $\partial W/\partial T$와 $\partial W/\partial v$의 부호는 무엇이라 할 수 있나?

 (c) 극한값 $\lim_{v\to\infty} \dfrac{\partial W}{\partial v}$는 무엇을 나타내는가?

4. 바다에서 파도의 높이 h는 바람의 속력 v와 바람이 지속되는 시간 t에 달려 있다. 함수 $h=f(v, t)$의 값은 다음 표와 같다.

 (a) 편도함수 $\partial h/\partial v$와 $\partial h/\partial t$와 의미는 무엇인가?

 (b) $f_v(80, 15)$와 $f_t(80, 15)$의 값은? 이 값들의 실제적 의미는 무엇인가?

 (c) 극한값 $\lim_{t\to\infty} \dfrac{\partial h}{\partial t}$은 무엇을 나타내는가?

바람의 지속시간 (시간)

풍속 (km/h) v \ t	5	10	15	20	30	40	50
20	0.6	0.6	0.6	0.6	0.6	0.6	0.6
30	1.2	1.3	1.5	1.5	1.5	1.6	1.6
40	1.5	2.2	2.4	2.5	2.7	2.8	2.8
60	2.8	4.0	4.9	5.2	5.5	5.8	5.9
80	4.3	6.4	7.7	8.6	9.5	10.1	10.2
100	5.8	8.9	11.0	12.2	13.8	14.7	15.3
120	7.4	11.3	14.4	16.6	19.0	20.5	21.1

(5~8) 함수 f의 그래프가 다음과 같을 때 편도함수의 부호를 결정하여라.

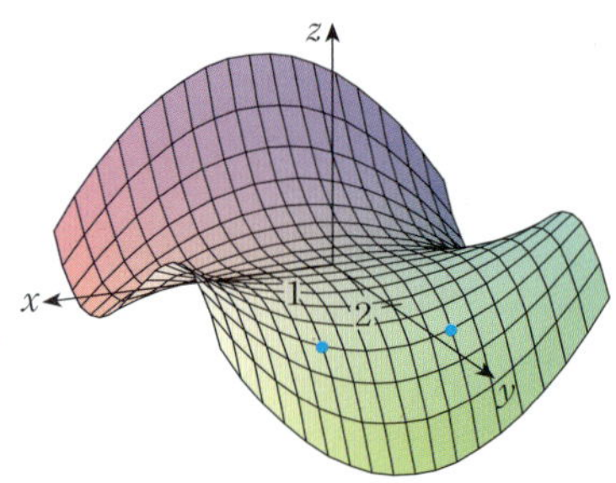

5. (a) $f_x(1, 2)$
 (b) $f_y(1, 2)$

6. (a) $f_x(-1, 2)$
 (b) $f_y(-1, 2)$

7. (a) $f_{xx}(-1, 2)$
 (b) $f_{yy}(-1, 2)$

8. (a) $f_{xy}(1, 2)$
 (b) $f_{xy}(-1, 2)$

9. 다음의 a, b, c로 표기된 곡면들은 함수 f와 이것의 편도함수 f_x와 f_y의 그래프이다. 각 곡면에 일치하는 함수들을 선택하고, 그 이유를 설명하여라.

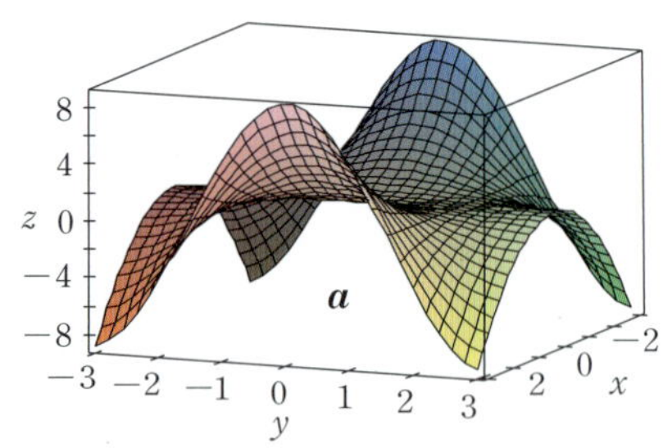

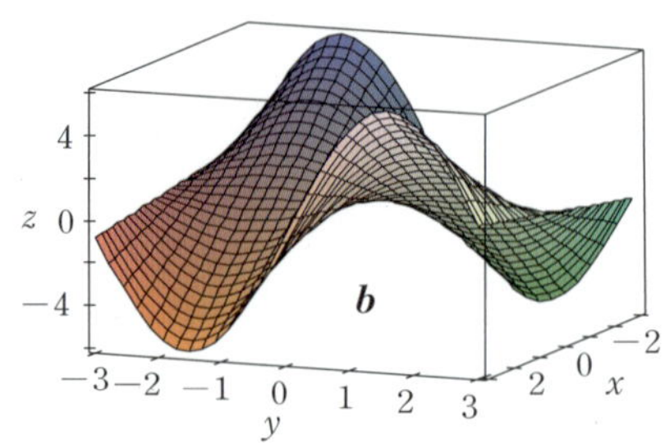

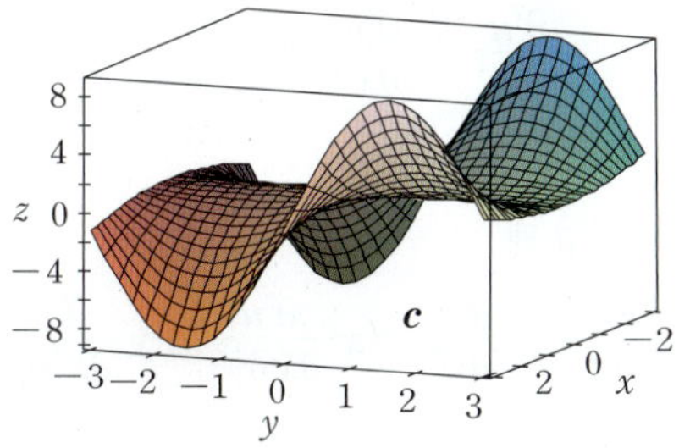

10. 다음은 함수 f의 등고선 지도이다. 이것을 이용하여 $f_x(2, 1)$과 $f_y(2, 1)$의 값을 구하여라.

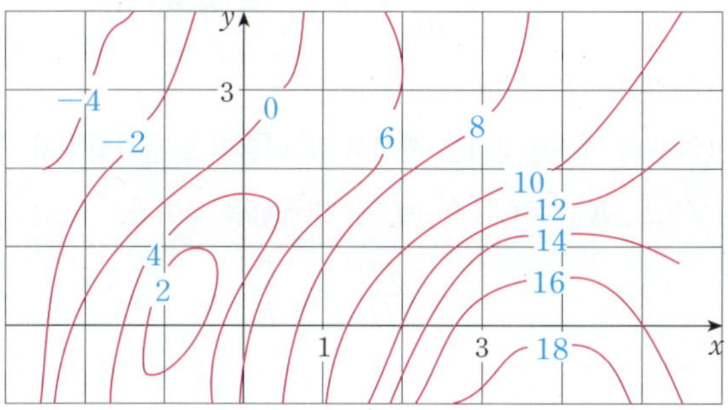

11. $f(x, y)=16-4x^2-y^2$일 때, $f_x(1, 2)$와 $f_y(1, 2)$를 구하고, 그 값을 기울기로서 그림을 그려 설명하여라.

12. $f(x, y)=\sqrt{4-x^2-4y^2}$일 때, $f_x(1, 0)$과 $f_y(1, 0)$을 구하고, 그 값을 기울기로서 그림을 그려 설명하여라.

(13~14) f_x와 f_y를 구하고 f, f_x, f_y의 그래프를 그려라.

13. $f(x, y)=x^2+y^2+x^2y$　14. $f(x, y)=xe^{-x^2-y^2}$

(15~38) 다음 함수의 1계편도함수를 구하여라.

15. $f(x, y)=3x-2y^4$　16. $f(x, y)=x^4y^3+8x^2y$

17. $z=xe^{3y}$　18. $f(x, t)=\sqrt{x}\ln t$

19. $z=(2x+3y)^{10}$　20. $z=\tan xy$

21. $f(x, y)=\dfrac{x-y}{x+y}$　22. $f(x, y)=x^y$

23. $w=\sin\alpha\cos\beta$　24. $w=e^v/(u+v^2)$

25. $f(r, s)=r\ln(r^2+s^2)$　26. $f(x, t)=\arctan(x\sqrt{t})$

27. $u=te^{w/t}$　28. $f(x, y)=\displaystyle\int_y^x \cos(t^2)\,dt$

29. $f(x, y, z)=xz-5x^2y^3z^4$　30. $f(x, y, z)=x\sin(y-z)$

31. $w=\ln(x+2y+3z)$　32. $w=ze^{xyz}$

33. $u=xy\sin^{-1}(yz)$　34. $u=x^{y/z}$

35. $f(x, y, z, t)=xyz^2\tan(yt)$

36. $f(x, y, z, t)=\dfrac{xy^2}{t+2z}$

37. $u=\sqrt{x_1^2+x_2^2+\cdots+x_n^2}$

38. $u=\sin(x_1+2x_2+\cdots+nx_n)$

(39~42) 지시된 편도함수를 구하여라.

39. $f(x, y)=\ln(x+\sqrt{x^2+y^2})$; $f_x(3, 4)$

40. $f(x, y)=\arctan(y/x)$; $f_x(2, 3)$

41. $f(x, y, z)=\dfrac{y}{x+y+z}$; $f_y(2, 1, -1)$

42. $f(x, y, z)=\sqrt{\sin^2x+\sin^2y+\sin^2z}$; $f_z(0, 0, \frac{\pi}{4})$

(43~44) 편도함수의 정의를 이용하여 $f_x(x, y)$, $f_y(x, y)$를 구하여라.

43. $f(x, y)=xy^2-x^3y$　44. $f(x, y)=\dfrac{x}{x+y^2}$

(45~48) 음함수 미분법을 이용하여 $\partial z/\partial x$, $\partial z/\partial y$를 구하여라.

45. $x^2+y^2+z^2=3xyz$　46. $yz=\ln(x+z)$

47. $x-z=\arctan(yz)$　48. $\sin(xyz)=x+2y+3z$

(49~50) $\partial z/\partial x$과 $\partial z/\partial y$를 구하여라.

49. (a) $z=f(x)+g(y)$　(b) $z=f(x+y)$

50. (a) $z=f(x)g(y)$　(b) $z=f(xy)$
(c) $z=f(x/y)$

(51~56) 2계편도함수를 구하여라.

51. $f(x, y)=x^3y^5+2x^4y$　52. $f(x, y)=\sin^2(mx+ny)$

53. $w=\sqrt{u^2+v^2}$　54. $v=\dfrac{xy}{x-y}$

55. $z=\arctan\dfrac{x+y}{1-xy}$　56. $v=e^{xe^y}$

(57~58) 클레로의 정리의 결론, 즉 $u_{xy}=u_{yx}$가 성립함을 보여라.

57. $u=x\sin(x+2y)$　58. $u=xye^y$

(59~64) 지시된 편도함수를 구하여라.

59. $f(x, y)=3xy^4+x^3y^2$; f_{xxy}, f_{yyy}

60. $f(x, t)=x^2e^{-ct}$; f_{ttt}, f_{txx}

61. $f(x, y, z)=\cos(4x+3y+2z)$; f_{xyz}, f_{yzz}

62. $f(r, s, t)=r\ln(rs^2t^3)$; f_{rss}, f_{rst}

63. $u=e^{r\theta}\sin\theta$; $\dfrac{\partial^3u}{\partial r^2\,\partial\theta}$　64. $u=x^ay^bz^c$; $\dfrac{\partial^6u}{\partial x\partial y^2\partial z^3}$

65. 함수 $f(x, y, z)=xy^2z^3+\arcsin(x\sqrt{z})$에 대하여, f_{xyz}를 구하여라. [도움말 : 어떤 미분의 순서가 쉬운가?]

66. 함수 $g(x, y, z)=\sqrt{1+zx}+\sqrt{1-xy}$ 에 대하여, g_{xyz}를 구하여라. [도움말 : 각 변수에 대한 미분의 순서를 달리하는 방법을 사용하여라.]

67. 다음 $f(x, y)$의 값의 표를 이용하여 $f_x(3, 2)$, $f_x(3, 2.2)$, $f_{xy}(3, 2)$를 구하여라.

x \ y	1.8	2.0	2.2
2.5	12.5	10.2	9.3
3.0	18.1	17.5	15.9
3.5	20.0	22.4	26.1

68. 다음은 함수 f의 등위곡선이다. 점 P에서의 편도함수의 부호는 양수인가 음수인가?

(a) f_x (b) f_y (c) f_{xx}

(d) f_{xy} (e) f_{yy}

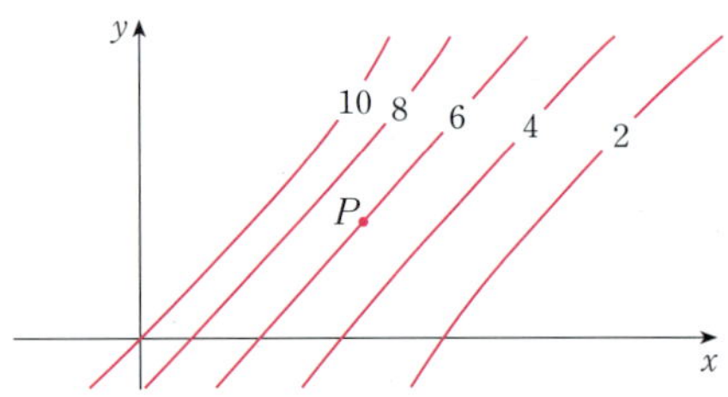

69. 함수 $u=e^{-\alpha^2k^2t}\sin kx$는 열전도 방정식 $u_t=\alpha^2u_{xx}$의 해가 됨을 보여라.

70. 다음 함수 중 라플라스 방정식 $u_{xx}+u_{yy}=0$의 해가 되는 것은?

(a) $u=x^2+y^2$ (b) $u=x^2-y^2$

(c) $u=x^3+3xy^2$ (d) $u=\ln\sqrt{x^2+y^2}$

(e) $u=e^{-x}\cos y-e^{-y}\cos x$

71. 함수 $u=1/\sqrt{x^2+y^2+z^2}$ 는 삼차원 라플라스 방정식 $u_{xx}+u_{yy}+u_{zz}=0$의 해가 됨을 보여라.

72. 다음 함수들이 파동방정식 $u_{tt}=a^2u_{xx}$의 해가 됨을 보여라.

(a) $u=\sin(kx)\sin(akt)$

(b) $u=t/(a^2t^2-x^2)$

(c) $u=(x-at)^6+(x+at)^6$

(d) $u=\sin(x-at)+\ln(x+at)$

73. 만약 f와 g가 두 번 미분가능한 일변수함수일 때,

$$u(x, t)=f(x+at)+g(x-at)$$

가 72번에 주어진 파동방정식의 해가 됨을 보여라.

74. $u=e^{a_1x_1+a_2x_2+\cdots+a_nx_n}$이고, $a_1^{\ 2}+a_2^{\ 2}+\cdots+a_n^{\ 2}=1$일 때

$$\frac{\partial^2u}{\partial x_1^{\ 2}}+\frac{\partial^2u}{\partial x_2^{\ 2}}+\cdots+\frac{\partial^2u}{\partial x_n^{\ 2}}$$

임을 보여라.

75. $u=xe^y+ye^x$일 때

$$\frac{\partial^3u}{\partial x^3}+\frac{\partial^3u}{\partial y^3}=x\frac{\partial^3u}{\partial x\partial y^2}+y\frac{\partial^3u}{\partial x^2\partial y}$$

임을 보여라.

76. 콥-더글러스 생산함수 $P=bL^\alpha K^\beta$가 방정식

$$L\frac{\partial P}{\partial L}+K\frac{\partial P}{\partial K}=(\alpha+\beta)P$$

를 만족함을 보여라.

77. 다음의 미분방정식을 풀어서 콥-더글러스 생산함수가 $P(L, K_0)=C_1(K_0)L^\alpha$을 만족함을 보여라.

$$\frac{dP}{dL}=\alpha\frac{P}{L}$$

78. 평평한 금속판 위의 점 (x, y)에서의 온도가 $T(x, y)=60/(1+x^2+y^2)$과 같다. T와 x, y의 단위는 각각 °C와 미터이다. 점 (2, 1)에서 (a) x축 방향 (b) y축 방향으로의 거리에 관한 온도의 변화율을 구하여라.

79. 저항 R_1, R_2, R_3를 갖는 세 도선이 병렬로 연결된 전기회로에서 생기는 총 저항 R은

$$\frac{1}{R}=\frac{1}{R_1}+\frac{1}{R_2}+\frac{1}{R_3}$$

을 만족한다. $\partial R/\partial R_1$을 구하여라.

80. 다음의 식은 n몰(moles)의 기체에 대한 반데발스의 상태방정식(van der Walls equation)이다.

$$\left(P+\frac{n^2a}{V^2}\right)(V-nb)=nRT$$

여기서, P는 압력, V는 부피, T는 기체의 온도이다. R은 기체 상수, a와 b는 모두 특정한 기체에 대한 상수로서 양수이다. $\partial T/\partial P$와 $\partial P/\partial V$를 계산하여라.

81. (a) 고정 질량 m을 갖고 절대온도 T, 압력 P, 부피 V인 이상기체의 법칙은 $PV=mRT$이다. R은 기체 상수이다.

$$\frac{\partial P}{\partial V}\frac{\partial V}{\partial T}\frac{\partial T}{\partial P}=-1$$

이 성립함을 보여라.

(b) 이상기체에 대해

$$T\frac{\partial P}{\partial T}\frac{\partial V}{\partial T}=mR$$

이 성립함을 보여라.

82. 체감온도지수의 함수가

$$W=13.12+0.6125T-11.37v^{0.16}+0.3965Tv^{0.16}$$

이고 여기서 T는 온도(℃)이며 v는 풍속(km/h)이다. 온도가 영하 15℃이고 풍속이 30km/h일 때, 실제 온도가 1℃ 내려가면 체감온도는 얼마나 변화하는가? 또 풍속이 1km/h 증가하면 어떻게 되는가?

83. 질량 m, 속도 v인 물체의 운동에너지는 $K=\frac{1}{2}mv^2$이다. 이때

$$\frac{\partial K}{\partial m}\frac{\partial^2 K}{\partial v^2}=K$$

가 성립함을 보여라.

84. a, b, c는 삼각형의 세 변 A, B, C는 대응각일 때 코사인 법칙의 음함수 미분법을 이용하여 $\partial A/\partial a$, $\partial A/\partial b$, $\partial A/\partial c$를 구하여라.

85. $f_x(x, y)=x+4y$, $f_y(x, y)=3x-y$를 편도함수로 갖는 함수 f가 존재하는가?

86. 포물면 $z=6-x-x^2-2y^2$과 평면 $x=1$이 만나는 자취는 포물선이다. 점 $(1, 2, -4)$에서 이 포물선에 대한 접선의 매개방정식을 구하여라. 컴퓨터를 이용하여 포물면, 포물선과 접선의 그래프를 한 좌표평면에 그려라.

87. 타원면 $4x^2+2y^2+z^2=16$이 평면 $y=2$과 만나는 자취는 타원이다. 점 $(1, 2, 2)$에서 타원에 대한 접선의 매개방정식을 구하여라.

88. 깊이 x(피트), 시간 t(일)에서의 빙점온도 T는

$$T(x, t)=T_0+T_1e^{-\lambda x}\sin(\omega t-\lambda x)$$

로 주어진다. 여기서 $\omega=2\pi/365$, λ는 양의 상수이다.

(a) $\partial T/\partial x$를 구하라. 물리적 중요성은 무엇인가?

(b) $\partial T/\partial t$를 구하라. 물리적 중요성은 무엇인가?

(c) k가 상수일 때 T는 열 방정식 $T_t=kT_{xx}$를 만족함을 보여라.

(d) $\lambda=0.2$, $T_0=0$, $T_1=10$일 때, 컴퓨터로 $T(x, t)$를 그려라.

(e) $\sin(\omega t-\lambda x)$에서 $-\lambda x$의 물리적 중요성은 무엇인가?

89. $f(x, y)=x(x^2+y^2)^{-3/2}e^{\sin(x^2y)}$일 때, $f_x(1, 0)$을 구하여라. (도움말 : $f_x(x, y)$를 구하는 대신 식 **1** 또는 **2**를 사용하는 것이 더 쉽다.)

90. $f(x, y)=\sqrt[3]{x^3+y^3}$일 때, $f_x(0, 0)$을 구하여라.

91. $$f(x, y)=\begin{cases}\dfrac{x^3y-xy^3}{x^2+y^2}, & (x, y)\neq(0, 0)\\ 0, & (x, y)=(0, 0)\end{cases}$$

(a) 컴퓨터를 이용하여 f를 그려라.

(b) $(x, y)\neq(0, 0)$일 때, $f_x(x, y)$, $f_y(x, y)$를 구하여라.

(c) 식 **2**와 **3**을 이용하여, $f_x(0, 0)$, $f_y(0, 0)$을 구하여라.

(d) $f_{xy}(0, 0)=-1$, $f_{yx}(0, 0)=1$임을 보여라.

CAS (e) (d)의 결과는 클레로의 정리에 모순되는가? f_{xy}와 f_{yx}의 그래프를 이용하여 제시한 답을 설명하여라.

12.4 접평면과 선형근사

일변수함수의 미분적분학에서 가장 중요한 아이디어 중의 하나는 미분가능 함수의 그래프 위에 있는 한 점을 향하여 가까이 가면 그 그래프는 접선과 거의 구별할 수 없다는 것이다. 따라서 그 함수의 근사식으로 일차함수를 사용할 수 있다는 것이다(5.9절 참조). 여기서 이러한 아이디어를 3차원으로 발전시켜 보자. 미분가능한 이변수함수의 그래프가 나타내는 곡면 위의 한 점을 향하여 가까이 가면, 그 곡면은 점점 평면(접평면)처럼 보인다. 따라서 그 함수의 근사식으로 이변수의 일차함수를 사용할 수 있다. 또한 미분의 개념을 이변

수 또는 그 이상의 변수를 갖는 함수까지 확장시킨다.

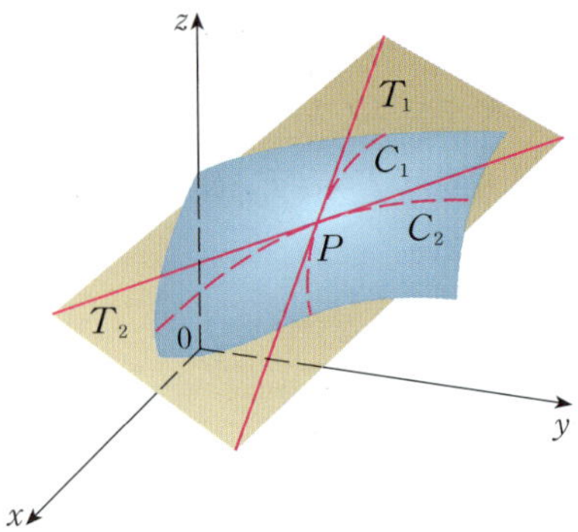

그림 1
접평면은 접선 T_1과 T_2를 포함한다.

▷ 접평면

곡면 S가 방정식 $z=f(x, y)$를 갖는다고 가정하자. 여기서 f는 연속인 1계편도함수를 가지며, $P(x_0, y_0, z_0)$는 S 위의 한 점이라 하자. 앞 절에서처럼 C_1과 C_2를 곡면 S와 수직면 $y=y_0$, $x=x_0$가 각각 교차하면서 얻은 곡선이라 하자. 그러면 점 P는 C_1과 C_2 위에 놓인다. T_1과 T_2를 점 P에서의 C_1과 C_2에 대한 접선이라 하자. 그러면 P에서의 S에 대한 **접평면**은 접선 T_1과 T_2를 포함하는 평면으로 정의된다(그림 1 참조).

12.6절에서 배우겠지만 만약 C가 P를 지나는 곡면 S 위의 또 다른 곡선이면, P에서의 접선 또한 접평면 위에 있게 된다. 따라서 P에서의 S의 접평면은 P를 지나며 S 위에 놓여 있는 곡선들에 대한 P에서의 모든 가능한 접선들로 이루어진 평면이라 생각할 수 있다. P에서의 접평면은 점 P 근방에서 곡면 S에 가장 가까이 근접해 있는 평면이다.

10.5절의 식 7로부터 점 $P(x_0, y_0, z_0)$을 지나는 평면은

$$A(x-x_0)+B(y-y_0)+C(z-z_0)=0$$

임을 알고 있다. 이 식을 C로 나누고, $a=-A/C$, $b=-B/C$라 놓으면

1 $$z-z_0=a(x-x_0)+b(y-y_0)$$

으로 쓸 수 있다. 만약 식 1이 P에서의 접평면을 나타낸다면, 평면 $y=y_0$와의 교선은 접선 T_1이 된다. 식 1에서 $y=y_0$로 놓으면 그 교선의 방정식은 다음과 같다.

$$z-z_0=a(x-x_0), \qquad y=y_0$$

이것은 기울기 a인 직선의 방정식이다. 그러나 12.3절에서 T_1의 기울기는 $f_x(x_0, y_0)$임을 알고 있으므로 $a=f_x(x_0, y_0)$이다.

마찬가지 방법으로 식 1에서 $x=x_0$로 놓으면 $z-z_0=b(y-y_0)$를 얻는데 이것은 접선 T_2를 나타내므로 $b=f_y(x_0, y_0)$이다.

● 접평면의 방정식과 접선의 방정식 사이의 유사성을 주목하라.
$y-y_0=f'(x_0)(x-x_0)$

2 f가 연속인 편도함수를 갖는다고 하자. 곡면 $z=f(x, y)$의 한 점 $P(x_0, y_0, z_0)$에서의 접평면의 방정식은 다음과 같다.

$$z-z_0=f_x(x_0, y_0)(x-x_0)+f_y(x_0, y_0)(y-y_0)$$

예제 1 타원포물면 $z=2x^2+y^2$ 위의 점 (1, 1, 3)에서의 접평면의 방정식을 구하여라.

풀이 $f(x, y)=2x^2+y^2$이라 하면

$$f_x(x, y)=4x, \qquad f_y(x, y)=2y$$
$$f_x(1, 1)=4, \qquad f_y(1, 1)=2$$

이다. 따라서 (1, 1, 3)에서의 접평면의 방정식은

$$z-3=4(x-1)+2(y-1) \text{ 또는 } z=4x+2y-3$$

■

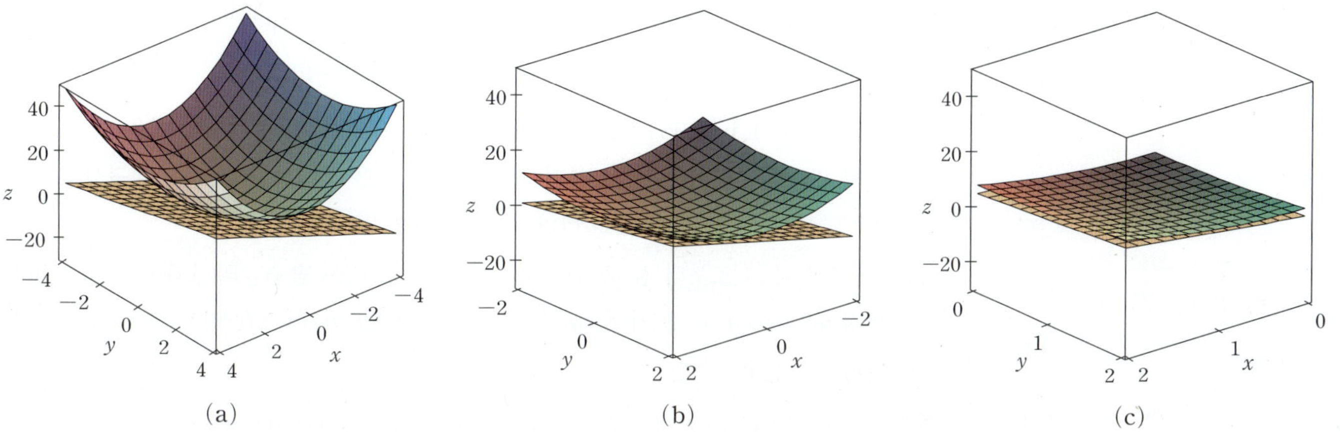

그림 2 타원포물면 $z=2x^2+y^2$ 은 점 (1, 1, 3)을 향하여 가까이 가면 접평면과 일치하는 것처럼 보인다.

그림 2의 (a)는 예제 1에서 다룬 타원포물면과 (1, 1, 3)에서의 그 접평면을 보여준다. (b)와 (c)는 함수 $f(x, y)=2x^2+y^2$의 정의역을 축소함으로써 그래프가 점 (1, 1, 3)에 가까워지는 것을 보여준다. 점점 더 가까이 가면 곡선의 그래프는 더 평평해지면서 접평면과 거의 일치하고 있음에 주목하라.

그림 3에서는 함수 $f(x, y)=2x^2+y^2$의 등위곡선 위의 점 (1, 1)을 향하여 가까이 접근해 감으로써 이러한 인상을 확실하게 해준다. 점 (1, 1)을 향하여 가까이 접근해가면 갈수록 등위곡선들은 일정한 등거리 간격의 평행선들로 보이는데, 이것이 평면의 특성을 나타내는 것이다.

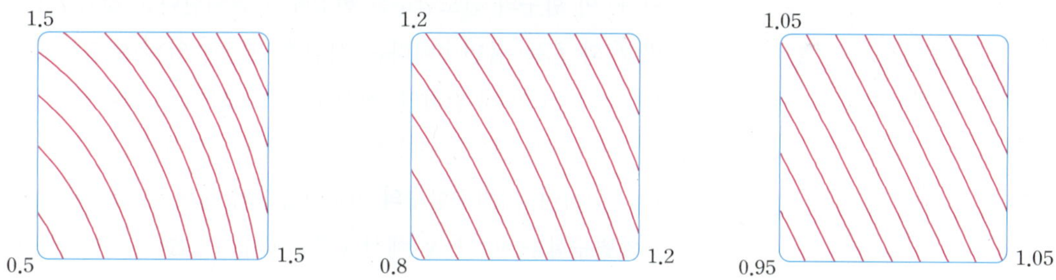

그림 3 $f(x, y)=2x^2+y^2$의 등위곡선 위의 점 (1, 1)로의 접근 확대

⊳ 선형근사

예제 1에서 함수 $f(x, y)=2x^2+y^2$에 대한 그래프 위의 점 (1, 1, 3)에서의 접평면의 방정식은 $z=4x+2y-3$임을 알았다. 따라서 그림 2와 3에서 보는 것처럼 이변수함수의 선형함수 $L(x, y)=4x+2y-3$은 (x, y)가 (1, 1) 근방에 있을 때 $f(x, y)$의 좋은 근사식이다. 이때 함수 L을 (1, 1)에서의 f의 **선형화**라고 하고, 근사식

$$f(x, y) \approx 4x+2y-3$$

을 (1, 1)에서 f의 **선형근사**(**일차근사**: linear approximation) 또는 **접평면 근사**(tangent plane approximation)라 한다.

예를 들어, 점 (1.1, 0.95)에서의 선형근사의 값은

$$f(1.1,\ 0.95) \approx 4(1.1) + 2(0.95) - 3 = 3.3$$

이다. 이 값은 $f(1.1,\ 0.95) = 2(1.1)^2 + (0.95)^2 = 3.3225$인 실제값에 매우 가깝다. 그러나 만약 (2, 3)과 같이 (1, 1)로부터 멀리 떨어진 점을 선택하면 결코 좋은 근삿값을 얻을 수 없다. 사실 $L(2,\ 3) = 11$인 반면, 실제로 $f(2,\ 3) = 17$이다.

일반적으로 식 **2**로부터 점 $(a,\ b,\ f(a,\ b))$에서의 이변수함수 f의 그래프에 대한 접평면의 방정식은 $z = f(a,\ b) + f_x(a,\ b)(x-a) + f_y(a,\ b)(y-b)$임을 알고 있다. 그래프가 접평면인 선형함수는

3 $$L(x,\ y) = f(a,\ b) + f_x(a,\ b)(x-a) + f_y(a,\ b)(y-b)$$

이다. 이 식을 $(a,\ b)$에서 f의 **선형화**(linearization)라 하고, 근사식

4 $$f(x,\ y) \approx f(a,\ b) + f_x(a,\ b)(x-a) + f_y(a,\ b)(y-b)$$

를 $(a,\ b)$에서 f의 **선형근사**(일차근사) 또는 **접평면 근사**라고 한다.

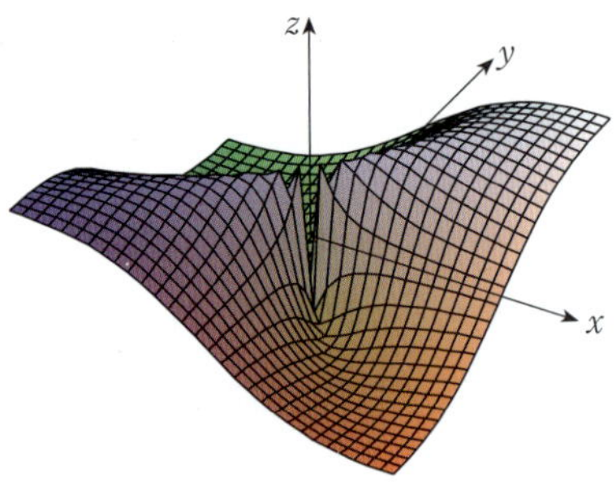

그림 4
$(x,\ y) \neq (0,\ 0)$일 때
$f(x,\ y) = \dfrac{xy}{x^2+y^2}$,
$f(0,\ 0) = 0$

이미 f가 연속인 편도함수를 가질 때, 곡면 $z = f(x,\ y)$에 대한 접평면을 정의했다. 만약 f_x와 f_y가 불연속이면, 무슨 일이 발생할까? 그림 4는 그러한 함수를 나타낸 것인데, 그 방정식은

$$f(x,\ y) = \begin{cases} \dfrac{xy}{x^2+y^2}, & (x,\ y) \neq (0,\ 0) \\ 0, & (x,\ y) = (0,\ 0) \end{cases}$$

이다. 이 함수의 편도함수는 원점에서 존재한다는 것과 $f_x(0,\ 0) = 0$, $f_y(0,\ 0) = 0$이지만 f_x와 f_y는 불연속이라는 사실을 알 수 있다(연습문제 48 참조). 이때 선형근사는 $f(x,\ y) \approx 0$인 것 같지만, 직선 $y = x$ 위의 모든 점에서 $f(x,\ y) = \frac{1}{2}$이 된다. 따라서 이변수함수에서 편도함수가 둘 다 존재한다 할지라도 곤란한 경우가 있다. 이러한 것을 방지하기 위하여, 이변수함수의 미분가능성의 개념을 정의하기로 하자.

일변수함수 $y = f(x)$에서 x가 a에서 $a + \Delta x$로 변하면, y의 증분은

$$\Delta y = f(a + \Delta x) - f(a)$$

으로 정의하였다. 제5장에서 f가 a에서 미분가능하면, 다음이 성립한다.

● 이것은 5.4절의 **8**이다.

5 $$\Delta y = f'(a)\Delta x + \varepsilon \Delta x, \qquad \Delta x \to 0\text{일 때 } \varepsilon \to 0$$

이제 이변수함수 $z = f(x,\ y)$에 대하여 x가 a에서 $a + \Delta x$로, y가 b에서 $b + \Delta y$로 각각 변한다고 하자. 그러면 이에 대응되는 z의 **증분**은

6 $$\Delta z = f(a + \Delta x,\ b + \Delta y) - f(a,\ b)$$

이다. 따라서 증분 Δz는 $(x,\ y)$가 $(a,\ b)$에서 $(a + \Delta x,\ b + \Delta y)$로 변할 때 f의 변화량을 나타낸다. 식 **5**와 유사하게 이변수함수의 미분가능성을 다음과 같이 정의한다.

7 정의 $z=f(x, y)$일 때, 만약 Δz가

$$\Delta z=f_x(a, b)\Delta x+f_y(a, b)\Delta y+\varepsilon_1\Delta x+\varepsilon_2\Delta y$$
$$(\text{여기서, } (\Delta x, \Delta y) \to (0, 0)\text{일 때 } \varepsilon_1, \varepsilon_2 \to 0\text{이다})$$

와 같이 표현되면 f는 (a, b)에서 **미분가능**이라고 한다.

정의 7은 미분가능 함수 f에 대해서 (x, y)가 (a, b) 근방의 점일 때 선형근사 4는 좋은 근사임을 말해준다. 다시 말해, 접점 근방에서 f의 그래프와 접평면은 거의 일치 한다.

때때로 함수의 미분가능성을 검토하기 위하여 직접적으로 정의 7을 사용하는 데에 는 어려움이 있지만, 다음 정리는 미분가능성을 판단하는 데 편리한 충분조건을 제공해 준다.

8 정리 편도함수 f_x와 f_y가 (a, b) 근방에서 존재하고, (a, b)에서 연속이면 f는 (a, b)에서 미분가능이다.

● 그림 5는 예제 2의 함수 f의 그래프와 그 선형화 L을 보여준다.

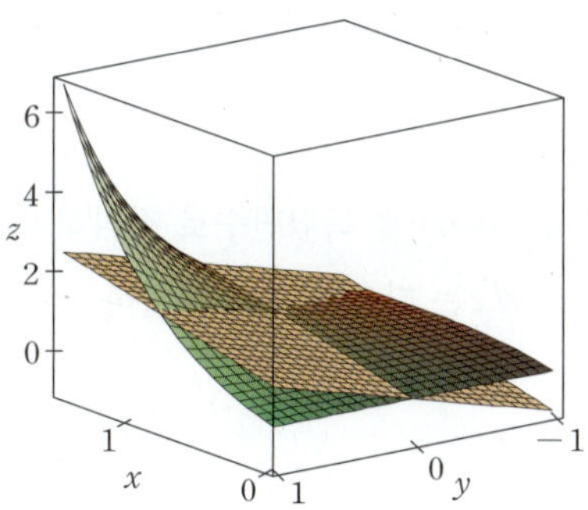

그림 5

예제 2 선형화를 이용한 함수값 추정 $f(x, y)=xe^{xy}$가 $(1, 0)$에서 미분가능임을 보여라. 또한 $(1, 0)$에서의 선형화를 구하고, 이것을 이용하여 $f(1.1, -0.1)$의 근삿값을 구하여라.

풀이 편도함수는

$$f_x(x, y)=e^{xy}+xye^{xy}, \qquad f_y(x, y)=x^2e^{xy}$$
$$f_x(1, 0)=1, \qquad f_y(1, 0)=1$$

이고, f_x와 f_y는 연속이므로 정리 8에 의하여 f는 미분가능이다. 선형화는

$$\begin{aligned} L(x, y)&=f(1, 0)+f_x(1, 0)(x-1)+f_y(1, 0)(y-0)\\ &=1+1(x-1)+1\cdot y=x+y \end{aligned}$$

이므로 대응하는 선형근사는 $xe^{xy}\approx x+y$이고, 따라서

$$f(1.1, -0.1)\approx 1.1-0.1=1$$

이다. 실제값 $f(1.1, -0.1)=1.1e^{-0.11}\approx 0.98542$와 비교하여라. ■

예제 3 표값으로부터의 불쾌지수 추정 다음 표는 국립기상청으로부터 발췌한 불쾌지수함수 I(12.3 절에서 다룬 실제 온도 T와 상대습도 H의 함수)에 관한 표이다.
T가 30℃ 근방, H가 60% 근방일 때, 불쾌지수함수 $I=f(T, H)$의 선형근사를 구하여라. 이 선형근사를 이용하여 T가 31℃, H가 62%일 때 불쾌지수함수의 근삿값을 구하여라.

상대습도 (%)

실제온도 (℃) T \ H	40	45	50	55	60	65	70	75	80
26	28	28	29	31	31	32	33	34	35
28	31	32	33	34	35	36	37	38	39
30	34	35	36	37	38	40	41	42	43
32	37	38	39	41	42	43	45	46	47
34	41	42	43	45	47	48	49	51	52
36	43	45	47	48	50	51	53	54	56

풀이 표에서 $f(30, 60)=38$이다. 12.3절에서 $f_T(30, 60) \approx 1.75$과 $f_H(30, 60) \approx 0.3$임을 알 수 있었다. 따라서 선형근사는

$$f(T, H) \approx f(30, 60)+f_T(30, 60)(T-30)+f_H(30, 60)(H-60)$$
$$\approx 38+1.75(T-30)+0.3(H-60)$$

이다. 특히,

$$f(31, 62) \approx 38+1.75(1)+0.3(2)=40.35$$

이므로 $T=31$℃, $H=62\%$일 때, 불쾌지수함수는 $I \approx 40.4$℃이다. ■

▷ 미 분

일변수함수 $y=f(x)$에 대하여, 미분 dx를 독립변수로 정의한다. 즉, dx는 임의의 실수값으로 주어질 수 있다. 이때 y의 미분은

9 $$dy=f'(x)dx$$

으로 정의한다.(5.9절 참조) 그림 6은 증분 Δy와 미분 dy 사이의 관계를 보여준다. Δy는 x가 $dx=\Delta x$ 만큼 변하였을 때, 곡선 $y=f(x)$의 높이의 변화를 나타내고, dy는 x가 $dx=\Delta x$ 만큼 변하였을 때, 접선의 높이의 변화를 나타낸다.

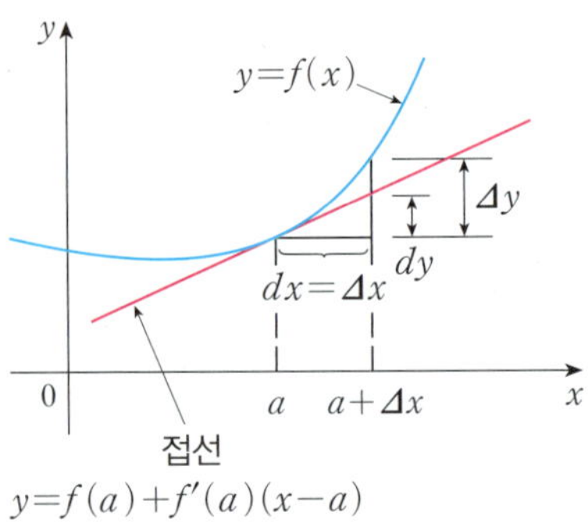

그림 6

미분가능한 이변수함수 $z=f(x, y)$에 대하여, 미분 dx와 dy를 독립변수로 정의하자. 즉, dx와 dy는 임의의 값으로 주어질 수 있다. 이때 **미분** dz는 다음과 같이 정의하고, **전미분**(total differential)이라고도 한다.

10 $$dz=f_x(x, y)dx+f_y(x, y)dy=\frac{\partial z}{\partial x}dx+\frac{\partial z}{\partial y}dy$$

(식 **9**와 비교하여라) dz 대신 df를 사용하기도 한다.

만일 식 **10**에서 $dx=\Delta x=x-a$과 $dy=\Delta y=y-b$로 놓으면, z의 전미분은

$$dz=f_x(a, b)(x-a)+f_y(a, b)(y-b)$$

이다. 따라서 전미분 기호를 사용하면, 선형근사 **4**는 $f(x, y) \approx f(a, b)+dz$로 쓸 수 있다. 그림 7은 그림 6에 상응하는 3차원 모형으로 이것은 전미분 dz와 증분 Δz에 대한 기하학적 해석을 보여주는 것이다. dz는 접평면의 높이의 변화를 나타내고, 반면 Δz는

(x, y)가 (a, b)에서 $(a+\Delta x, b+\Delta y)$까지 변할 때 곡면 $z=f(x, y)$의 높이의 변화를 나타낸다.

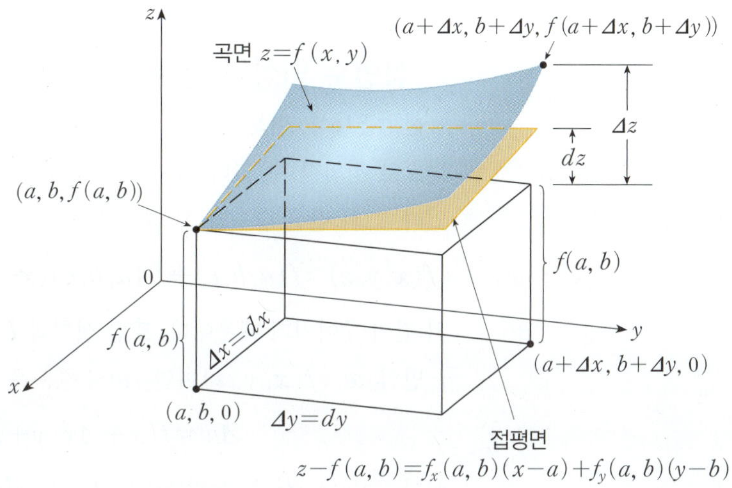

그림 7

예제 4 증분과 미분 (a) $z=f(x, y)=x^2+3xy-y^2$일 때, 미분 dz를 구하여라.
(b) x가 2에서 2.05, y가 3에서 2.96으로 변할 때 Δz와 dz의 값을 비교하여라.

풀이 (a) 정의 **10**에 의하여 다음과 같다.

$$dz=\frac{\partial z}{\partial x}dx+\frac{\partial z}{\partial y}dy=(2x+3y)dx+(3x-2y)dy$$

(b) $x=2$, $dx=\Delta x=0.05$, $y=3$, $dy=\Delta y=-0.04$로 놓으면

$$dz=[2(2)+3(3)]0.05+[3(2)-2(3)](-0.04)=0.65$$

를 얻는다. z의 증분은

$$\begin{aligned}\Delta z&=f(2.05, 2.96)-f(2, 3)\\&=[(2.05)^2+3(2.05)(2.96)-(2.96)^2]-[2^2+3(2)(3)-3^2]\\&=0.6449\end{aligned}$$

이다. $\Delta z\approx dz$임을 유의하라. 그러나 dz의 계산이 더 쉽다. ■

● 예제 4에서 dz는 Δz에 가깝다. (2, 3, 13)의 근방에서 접평면은 곡면 $z=x^2+3xy-y^2$에 좋은 근사식이기 때문이다(그림 8 참조).

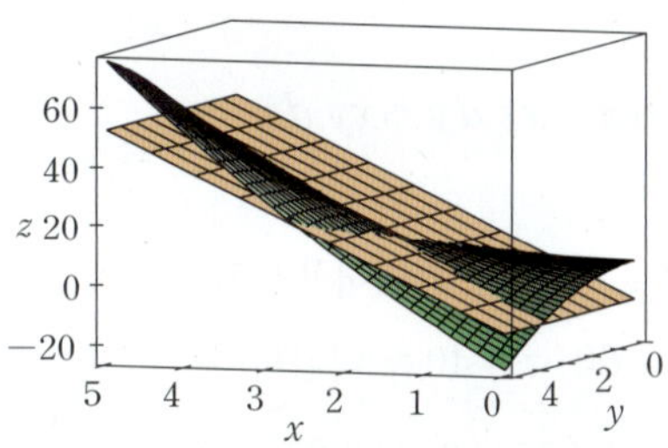

그림 8

예제 5 미분을 이용한 오차추정 반지름과 높이가 각각 10cm, 25cm인 직원뿔이 있다. 각각의 측정오차는 0.1cm이다. 전미분을 이용하여 원뿔 부피의 최대 오차를 구하여라.

풀이 반지름이 r, 높이가 h인 원뿔의 부피 V는 $V=\pi r^2h/3$이다. 따라서 V의 전미분은

$$dV=\frac{\partial V}{\partial r}dr+\frac{\partial V}{\partial h}dh=\frac{2\pi rh}{3}dr+\frac{\pi r^2}{3}dh$$

이다. 각 측정오차는 0.1cm이므로 $|\Delta r|\le 0.1$, $|\Delta h|\le 0.1$이다. 부피의 최대오차를 구하기 위해 r과 h의 값 $r=10$, $h=25$에 대해 최대오차 $dr=0.1$, $dh=0.1$를 택하자. 그러면

$$dV = \frac{500\pi}{3}(0.1) + \frac{100\pi}{3}(0.1) = 20\pi$$

이므로 부피를 계산할 때 최대오차는 약 $20\pi\text{cm}^3 \approx 63\text{cm}^3$이다. ■

▷ 삼변수 이상의 함수

선형근사식, 미분가능성, 전미분은 이변수보다 많은 변수들의 함수에 있어서도 같은 방법으로 정의할 수 있다. 미분가능 함수는 정의 **7**에 있는 식과 유사한 식으로 정의할 수 있다. 그와 같은 함수의 **선형근사**는

$$f(x, y, z) \approx f(a, b, c) + f_x(a, b, c)(x-a) + f_y(a, b, c)(y-b) + f_z(a, b, c)(z-c)$$

와 같이 주어지기 때문이다. 또한 선형화 $L(x, y, z)$는 이 식의 오른쪽이다.

만약 $w = f(x, y, z)$이면, w의 **증분**은

$$\Delta w = f(x + \Delta x, y + \Delta y, z + \Delta z) - f(x, y, z)$$

이다. **전미분** dw는 독립변수들의 미분 dx, dy, dz에 의하여 다음과 같이 정의한다.

$$dw = \frac{\partial w}{\partial x}dx + \frac{\partial w}{\partial y}dy + \frac{\partial w}{\partial z}dz$$

예제 6 각각 0.2cm 이내의 정확도로 직육면체의 각 변을 75cm, 60cm, 40cm로 측정하였다. 상자의 부피를 계산할 때 미분을 이용하여 최대허용오차를 계산하여라.

풀이 상자의 세 모서리를 x, y, z라 하면, 부피는 $V = xyz$이고 이 때

$$dV = \frac{\partial V}{\partial x}dx + \frac{\partial V}{\partial y}dy + \frac{\partial V}{\partial z}dz = yz\,dx + xz\,dy + xy\,dz$$

이다. $|\Delta x| \le 0.2$, $|\Delta y| \le 0.2$, $|\Delta z| \le 0.2$이므로 부피의 최대허용오차를 구하기 위해 $dx = 0.2$, $dy = 0.2$, $dz = 0.2$, $x = 75$, $y = 60$, $z = 40$을 대입하면

$$\Delta V \approx dV = (60)(40)(0.2) + (75)(40)(0.2) + (75)(60)(0.2) = 1980$$

이다. 따라서 부피를 계산할 때 각 치수의 측정에서 0.2cm의 오차는 1980cm^3나 되는 오차를 일으킬 수 있다. 이것은 큰 오차처럼 보이지만, 상자 부피의 1%에 불과하다. ■

▷ 매개변수 곡면에 대한 접평면

매개변수 곡면은 11.5절에서 다루었다. 점 P_0에서 위치벡터 $\mathbf{r}(u_0, v_0)$를 갖는 벡터함수

$$\mathbf{r}(u, v) = x(u, v)\mathbf{i} + y(u, v)\mathbf{j} + z(u, v)\mathbf{k}$$

로 표현되는 매개변수 곡면 S에 대한 접평면을 구해보자. 만약 $u = u_0$(상수)로 놓으면, $\mathbf{r}(u_0, v)$는 하나의 매개변수 v의 벡터함수가 되고, 그것은 S 위에 있는 곡선 C_1을 정의한다(그림 9 참조). 점 P_0에서의 C_1에 대한 접선벡터는 v에 관한 벡터함수 $\mathbf{r}$의 편도함수로부터 구할 수 있다. 즉, 다음과 같다.

$$\mathbf{r}_v = \frac{\partial x}{\partial v}(u_0, v_0)\mathbf{i} + \frac{\partial y}{\partial v}(u_0, v_0)\mathbf{j} + \frac{\partial z}{\partial v}(u_0, v_0)\mathbf{k}$$

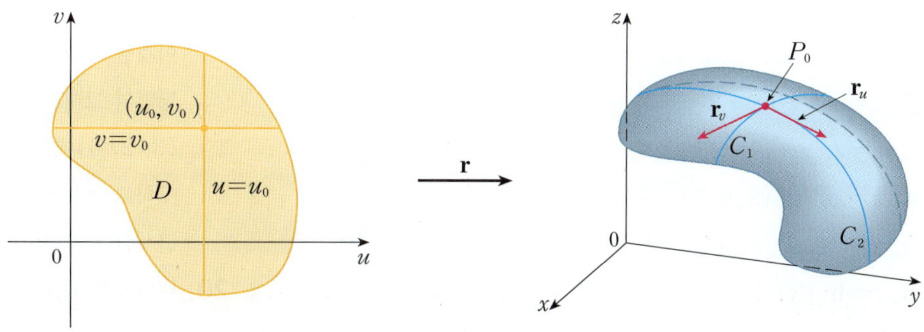

그림 9

마찬가지로 $v=v_0$(상수)로 놓으면, $\mathbf{r}(u, v_0)$에 의해 정의된 S 위의 곡선 C_2를 얻을 수 있고, 또한 P_0에서의 접선벡터는

$$\mathbf{r}_u = \frac{\partial x}{\partial u}(u_0, v_0)\mathbf{i} + \frac{\partial y}{\partial u}(u_0, v_0)\mathbf{j} + \frac{\partial z}{\partial u}(u_0, v_0)\mathbf{k}$$

이다. 만약 $\mathbf{r}_u \times \mathbf{r}_v$이 $\mathbf{0}$이 아니면, 곡면 S를 **매끄러운 곡면**(smooth surface)이라 한다. 매끄러운 곡면에 대해서, **접평면**은 접선벡터 $\mathbf{r}_u$와 $\mathbf{r}_v$를 갖고 있는 평면이고, 그때 $\mathbf{r}_u \times \mathbf{r}_v$은 접평면에 수직되는 벡터(법선벡터, normal vector)이다.

● 그림 10은 예제 7의 자체적으로 꼬여있는 곡면과 $(1, 1, 3)$에서의 접평면을 보여 준다.

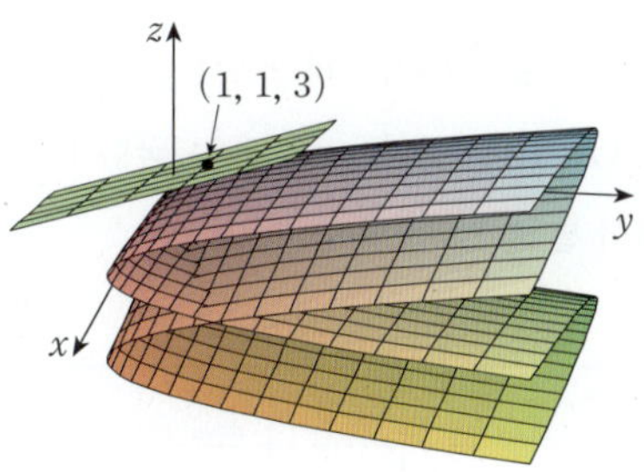

그림 10

예제 7 매개변수방정식 $x=u^2$, $y=v^2$, $z=u+2v$으로 나타낸 곡면의 점 $(1, 1, 3)$에서의 접평면을 구하여라.

풀이 먼저 접선벡터를 계산하면

$$\mathbf{r}_u = \frac{\partial x}{\partial u}\mathbf{i} + \frac{\partial y}{\partial u}\mathbf{j} + \frac{\partial z}{\partial u}\mathbf{k} = 2u\mathbf{i} + \mathbf{k}$$

$$\mathbf{r}_v = \frac{\partial x}{\partial v}\mathbf{i} + \frac{\partial y}{\partial v}\mathbf{j} + \frac{\partial z}{\partial v}\mathbf{k} = 2v\mathbf{j} + 2\mathbf{k}$$

이므로, 접평면에 수직인 벡터는

$$\mathbf{r}_u \times \mathbf{r}_v = \begin{vmatrix} \mathbf{i} & \mathbf{j} & \mathbf{k} \\ 2u & 0 & 1 \\ 0 & 2v & 2 \end{vmatrix} = -2v\,\mathbf{i} - 4u\,\mathbf{j} + 4uv\,\mathbf{k}$$

이다. 이때 점 $(1, 1, 3)$은 $u=1$, $v=1$에 대응하므로, 법선벡터는 $-2\mathbf{i} - 4\mathbf{j} + 4\mathbf{k}$이다. 그러므로 $(1, 1, 3)$에서의 접평면의 방정식은

$$-2(x-1) - 4(y-1) + 4(z-3) = 0 \quad \text{또는} \quad x + 2y - 2z + 3 = 0$$

이다. ■

12.4 연습문제

(1~6) 주어진 점에서 곡면의 접평면의 방정식을 구하여라.

1. $z=3y^2-2x^2+x$, $(2, -1, -3)$
2. $z=3(x-1)^2+2(y+3)^2+7$, $(2, -2, 12)$
3. $z=\sqrt{xy}$, $(1, 1, 1)$
4. $z=xe^{xy}$, $(2, 0, 2)$
5. $z=y\cos(x-y)$, $(2, 2, 2)$
6. $z=\ln(x-2y)$, $(3, 1, 0)$

(7~8) 곡면과 주어진 점에서의 접평면을 그려라(곡면과 접평면이 잘 보이도록 정의역과 시점을 선택하라). 곡면과 접평면이 거의 일치할 때까지 확대하여라.

7. $z=x^2+xy+3y^2$, $(1, 1, 5)$
8. $z=\arctan(xy^2)$, $(1, 1, \pi/4)$

CAS **(9~10)** 함수 f의 그래프와 주어진 점에서의 접평면의 그래프를 그려라(컴퓨터 프로그램을 이용하여 편도함수를 구하고 곡면과 그것의 접평면의 그래프를 그려라). 곡면과 접평면이 거의 일치할 때까지 확대하여라.

9. $f(x, y)=\dfrac{xy\sin(x-y)}{1+x^2+y^2}$, $(1, 1, 0)$
10. $f(x, y)=e^{-xy/10}(\sqrt{x}+\sqrt{y}+\sqrt{xy})$, $(1, 1, 3e^{-0.1})$

(11~14) 다음 함수가 주어진 점에서 미분가능인 이유를 설명하고, 이때 주어진 점에서 그 함수의 선형화 $L(x, y)$를 구하여라.

11. $f(x, y)=x\sqrt{y}$, $(1, 4)$ 12. $f(x, y)=x^3y^4$, $(1, 1)$
13. $f(x, y)=\dfrac{x}{x+y}$, $(2, 1)$
14. $f(x, y)=\sqrt{x+e^{4y}}$, $(3, 0)$

(15~16) 점 $(0, 0)$에서 선형근사식임을 증명하여라.

15. $\dfrac{2x+3}{4y+1}\approx 3+2x-12y$ 16. $\sqrt{y+\cos^2 x}\approx 1+\frac{1}{2}y$

17. 미분가능한 함수 f가 $f(2, 5)=6$, $f_x(2, 5)=1$ 및 $f_y(2, 5)=-1$을 만족할 때, 선형근사식을 이용하여 $f(2.2, 4.9)$의 근삿값을 구하여라.

18. $(7, 2)$에서 $f(x, y)=\ln(x-3y)$의 선형근사식을 구하고, 이것을 이용하여 $f(6.9, 2.06)$의 근삿값을 구하여라. f와 접평면의 그래프를 그려서 설명하여라.

19. $(3, 2, 6)$에서 $f(x, y, z)=\sqrt{x^2+y^2+z^2}$의 선형근사식을 구하고, 이것을 이용하여 $\sqrt{(3.02)^2+(1.97)^2+(5.99)^2}$의 근삿값을 구하여라.

20. 바다에서 파도의 높이 h는 바람의 속력 v와 바람이 지속되는 시간 t에 달려 있다. 함수 $h=f(v, t)$의 값은 다음 표와 같다.

바람의 지속시간 (시간)

풍속 (km/h) v \ t	5	10	15	20	30	40	50
40	1.5	2.2	2.4	2.5	2.7	2.8	2.8
60	2.8	4.0	4.9	5.2	5.5	5.8	5.9
80	4.3	6.4	7.7	8.6	9.5	10.1	10.2
100	5.8	8.9	11.0	12.2	13.8	14.7	15.3
120	7.4	11.3	14.4	16.6	19.0	20.5	21.1

표를 이용하여 v가 약 80km/h가 약 20시간일 때 $h=f(v, t)$의 선형근사식을 구하여라. 풍속 84km/h로 24시간 불 때 파도의 높이를 추정하라.

21. 예제 3의 표를 이용하여 온도가 약 32°C, 상대습도가 약 65%일 때, 불쾌지수함수의 선형근사식을 구하여라. 그때 온도 33°C, 상대습도 63%일 때 불쾌지수를 추정하라.

22. 체감온도지수 W는 실제 온도가 T이고 바람 속도가 v일 때 심리적 온도이고 $W=f(T, v)$로 쓴다. 다음 표는 국립 대기해양청에서 수집한 표에서 발췌한 것이다.

풍속 (km/h)

실제 온도 (°C) T \ v	20	30	40	50	60	−70
−10	−18	−20	−21	−22	−23	−23
−15	−24	−26	−27	−29	−30	−30
−20	−30	−33	−34	−35	−36	−37
−25	−37	−39	−41	−42	−43	−44

표를 이용하여 T가 약 −15°C, v가 약 50km/h일 때 W의 선형근사식을 구하여라. 온도가 −17°C, 풍속이 55km/h일 때, 체감온도지수를 추정하라.

(23~28) 다음 함수의 미분을 구하여라.

23. $z=x^3\ln(y^2)$ 24. $u=e^{-t}\sin(s+2t)$

25. $m=p^5q^3$

26. $T=\dfrac{v}{1+uvw}$

27. $R=\alpha\beta^2\cos\gamma$

28. $w=xy\,e^{xz}$

29. $z=5x^2+y^2$이고 $(x,\ y)$가 $(1,\ 2)$에서 $(1.05,\ 2.1)$까지 변할 때 Δz와 dz의 값을 비교하여라.

30. $z=x^2-xy+3y^2$이고 (x,y)가 $(3,\ -1)$에서 $(2.96,\ -0.95)$까지 변할 때 Δz와 dz의 값을 비교하여라.

31. 가로, 세로가 각각 30cm, 24cm인 직사각형에 대해서 측정오차가 각각 0.1cm 이하이다. 전미분을 이용하여 직사각형 넓이의 최대오차를 구하여라.

32. 치수가 80cm, 60cm, 50cm인 직육면체가 있다. 허용오차가 0.2cm일 때, 전미분을 이용하여 표면적의 최대오차를 구하여라.

33. 지름이 8cm, 높이가 12cm인 주석 깡통의 두께가 0.04cm일 때, 전미분을 이용하여 깡통을 만들 때 필요한 주석의 양을 추정하라.

34. 체감온도지수함수가

$$W=13.12+0.6215T-11.37v^{0.16}+0.3965Tv^{0.16}$$

이고, 여기서 T는 온도(℃)이며 v는 풍속(km/h)이다. 풍속은 26km/h로 측정되었으며, 이때 오차한계는 ±2km/h이고, 온도는 −11℃로 측정되었으며, 이때 오차한계는 ±1℃이다. 전미분을 이용하여 W의 최대오차를 구하여라.

35. 인체 표면적은 $S=72.09w^{0.425}\,h^{0.725}$로 나타낼 수 있으며 여기서 W는 몸무게(kg), h는 키(cm), 그리고 S의 단위는 cm^2로 표시한다. W와 h의 측정오차가 기껏해야 2%라면 표면적 S에 대한 최대오차(%)를 전미분을 사용하여 추정하여라.

36. 이상기체 몰(mole)의 압력, 부피, 온도에 관한 식은 $PV=8.31T$이다. 이때 단위는 P는 킬로파스칼, V는 리터, T는 켈빈이다. 만약 부피가 12L에서 12.3L로 증가하고, 온도는 310K에서 305K로 감소할 때, 전미분을 이용하여 압력변화에 대한 근삿값을 구하여라.

37. 병렬로 연결된 세 저항 R_1, R_2, R_3의 총 저항 R은

$$\frac{1}{R}=\frac{1}{R_1}+\frac{1}{R_2}+\frac{1}{R_3}$$

과 같이 주어진다. 만약 허용오차가 각각 0.5%이고, 저항 $R_1=25\Omega$, $R_2=40\Omega$, $R_3=50\Omega$일 때, R의 최대오차를 구하여라.

38. 각각 50보다 작은 네 개의 양수를 소수 첫째 자리에서 반올림한 후 서로 곱한다. 전미분을 이용하여 계산된 곱의 최대허용오차를 구하여라.

(39~43) 다음 매개곡면의 주어진 점에서의 접평면의 방정식을 구하여라. 또한 컴퓨터를 이용하여 곡면과 접평면을 그려라.

39. $x=u+v,\ y=3u^2,\ z=u-v$; $(2,\ 3,\ 0)$

40. $x=u^2,\ y=v^2,\ z=uv$; $u=1,\ v=1$

41. $\mathbf{r}(u,\ v)=u^2\,\mathbf{i}+2u\sin v\,\mathbf{j}+u\cos v\,\mathbf{k}$; $u=1,\ v=0$

42. $\mathbf{r}(u,\ v)=uv\,\mathbf{i}+u\sin v\,\mathbf{j}+v\cos u\,\mathbf{k}$; $u=0,\ v=\pi$

43. $\mathbf{r}(u,\ v)=u^2\,\mathbf{i}+\ln(uv)\,\mathbf{j}+v\,\mathbf{k}$; $u=1,\ v=1$

44. 점 $P(2,1,3)$에서 곡면 S의 접평면 방정식을 구하고자 한다. 곡면 S의 방정식은 모르고 대신에 S 위의 두 곡선

$$\mathbf{r}_1(t)=\langle 2+3t,\ 1-t^2,\ 3-4t+t^2\rangle$$

$$\mathbf{r}_2(u)=\langle 1+u^2,\ 2u^3-1,\ 2u+1\rangle$$

이 주어졌을 때 점 P에서의 접평면의 방정식을 구하여라.

(45~46) 정의 7을 만족하는, ε_1, ε_2를 구하여 다음 함수가 미분가능임을 보여라.

45. $f(x,y)=x^2+y^2$

46. $f(x,y)=xy-5y^2$

47. f가 $(a,\ b)$에서 미분가능한 이변수함수이면, f는 $(a,\ b)$에서 연속임을 보여라.

(도움말 : $\displaystyle\lim_{(\Delta x,\Delta y)\to(0,0)} f(a+\Delta x,\ b+\Delta y)=f(a,\ b)$)

48. (a) 함수

$$f(x,\ y)=\begin{cases}\dfrac{xy}{x^2+y^2} & (x,\ y)\neq(0,\ 0)\\ 0, & (x,\ y)=(0,\ 0)\end{cases}$$

는 그림 4에 그려져 있다. $f_x(0,\ 0)$과 $f_y(0,\ 0)$은 존재하지만, f는 $(0,\ 0)$에서 미분가능하지 않음을 보여라.

(도움말 : 연습문제 47의 결과를 이용하라.)

(b) f_x와 f_y가 $(0,\ 0)$에서 불연속인 이유를 설명하여라.

12.5 연쇄법칙

일변수함수에 대한 연쇄법칙은 합성함수의 미분에 대한 법칙을 제공한다는 것을 상기하자. 만일 $y=f(x)$이고 $x=g(t)$이며 f와 g가 미분가능한 함수이면 y는 간접적으로 t에 관하여 미분가능한 함수이고 다음과 같이 쓸 수 있다.

1
$$\frac{dy}{dt}=\frac{dy}{dx}\frac{dx}{dt}$$

이변수 이상의 함수에 대한 연쇄법칙은 여러 가지 형태가 있으며, 그 각각의 형태는 합성함수의 미분에 대한 법칙을 제공한다. 첫 번째 형태(정리 **2**)로 $z=f(x,y)$이고 각각의 변수 x와 y는 t의 함수인 경우를 다룬다. 이것은 z가 간접적으로 t의 함수, 즉 $z=f(g(t),h(t))$라는 것을 의미하고, 연쇄법칙은 t의 함수로서의 z의 미분법을 제공한다. z가 미분가능(12.4절의 정의 **7**)이라고 하자. 이것은 f_x와 f_y가 연속인 경우라는 것을 상기하자(12.4절의 정리 **8**).

2 연쇄법칙(경우 1) $z=f(x,y)$가 x와 y에 관하여 미분가능 함수이고, $x=g(t)$, $y=h(t)$가 모두 t의 미분가능 함수라 하자. 그러면 z는 t의 미분가능 함수이고 다음과 같다.

$$\frac{dz}{dt}=\frac{\partial f}{\partial x}\frac{dx}{dt}+\frac{\partial f}{\partial y}\frac{dy}{dt}$$

증명 t에서 Δt의 변화는 x에서 Δx와 y에서 Δy의 변화를 가져온다. 이것들은 차례대로 z에서 Δz의 변화를 가져오고 12.4절의 정의 **7**에 의하여

$$\Delta z=\frac{\partial f}{\partial x}\Delta x+\frac{\partial f}{\partial y}\Delta y+\varepsilon_1\Delta x+\varepsilon_2\Delta y$$

이 된다. 여기서 $(\Delta x, \Delta y)\longrightarrow(0,0)$일 때, $\varepsilon_1\longrightarrow 0$, $\varepsilon_2\longrightarrow 0$이다(만약 함수 ε_1, ε_2가 $(0,0)$에서 정의되지 않으면, $(0,0)$에서 그들의 값을 0이라고 정의할 수 있다). 이 식의 양변을 Δt로 나누면

$$\frac{\Delta z}{\Delta t}=\frac{\partial f}{\partial x}\frac{\Delta x}{\Delta t}+\frac{\partial f}{\partial y}\frac{\Delta y}{\Delta t}+\varepsilon_1\frac{\Delta x}{\Delta t}+\varepsilon_2\frac{\Delta y}{\Delta t}$$

를 얻는다. 만약 $\Delta t\longrightarrow 0$이면, $\Delta x=g(t+\Delta t)-g(t)\longrightarrow 0$이다. 왜냐하면 g는 미분가능하므로 연속이기 때문이다. 마찬가지로 $\Delta y\longrightarrow 0$이다. 이것은 차례로 $\varepsilon_1\longrightarrow 0$이고 $\varepsilon_2\longrightarrow 0$임을 의미한다. 따라서 다음을 얻는다.

$$\begin{aligned}\frac{dz}{dt}&=\lim_{\Delta t\to 0}\frac{\Delta z}{\Delta t}\\&=\frac{\partial f}{\partial x}\lim_{\Delta t\to 0}\frac{\Delta x}{\Delta t}+\frac{\partial f}{\partial y}\lim_{\Delta t\to 0}\frac{\Delta y}{\Delta t}+\lim_{\Delta t\to 0}\varepsilon_1\lim_{\Delta t\to 0}\frac{\Delta x}{\Delta t}+\lim_{\Delta t\to 0}\varepsilon_2\lim_{\Delta t\to 0}\frac{\Delta y}{\Delta t}\\&=\frac{\partial f}{\partial x}\frac{dx}{dt}+\frac{\partial f}{\partial y}\frac{dy}{dt}+0\cdot\frac{dx}{dt}+0\cdot\frac{dy}{dt}\end{aligned}$$

$$= \frac{\partial f}{\partial x}\frac{dx}{dt} + \frac{\partial f}{\partial y}\frac{dy}{dt}$$

종종 $\partial f/\partial x$ 대신 $\partial z/\partial x$를 쓰기도 하므로, 연쇄법칙을 다음과 형태로 쓸 수 있다.

● 전미분의 정의

$$dz = \frac{\partial z}{\partial x}dx + \frac{\partial z}{\partial y}dy$$

와 유사함에 유의하여라.

$$\frac{dz}{dt} = \frac{\partial z}{\partial x}\frac{dx}{dt} + \frac{\partial z}{\partial y}\frac{dy}{dt}$$

예제 1 연쇄법칙 $x = \sin 2t$, $y = \cos t$이고 $z = x^2y + 3xy^4$일 때, $t = 0$에서 dz/dt를 구하여라.

풀이 연쇄법칙에 의하여

$$\begin{aligned}\frac{dz}{dt} &= \frac{\partial z}{\partial x}\frac{dx}{dt} + \frac{\partial z}{\partial y}\frac{dy}{dt} \\ &= (2xy + 3y^4)(2\cos 2t) + (x^2 + 12xy^3)(-\sin t)\end{aligned}$$

이다. 여기서 x와 y 대신에 t로 바꾸어 쓸 필요는 없다. $t = 0$일 때 $x = \sin 0 = 0$, $y = \cos 0 = 1$임을 알 수 있으므로

$$\left.\frac{dz}{dt}\right|_{t=0} = (0+3)(2\cos 0) + (0+0)(-\sin 0) = 6$$이다. ■

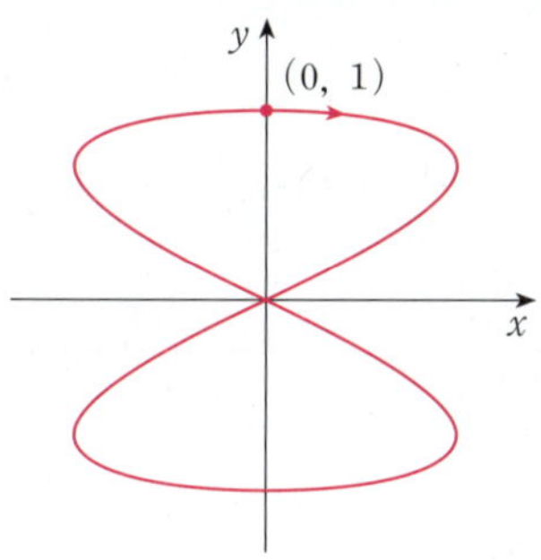

그림 1

곡선 $x = \sin 2t$, $y = \cos t$

예제 1의 도함수는 점 (x, y)가 매개변수 방정식 $x = \sin 2t$, $y = \cos t$에 의해서 그린 곡선 C 위를 따라 움직일 때 t에 관한 z의 변화율이다(그림 1 참조). 특히 $t = 0$일 때, 점 (x, y)는 $(0, 1)$이므로 $dz/dt = 6$은 곡선 C를 따라 그 위의 점 $(0, 1)$을 지날 때, 그 증가율이 6이라는 말이다. 예를 들어, $z = T(x, y) = x^2y + 3xy^4$이 점 (x, y)에서의 온도를 나타낸다면, 합성함수 $z = T(\sin 2t, \cos t)$는 곡선 C 위에 있는 점에서의 온도를 나타내고, dz/dt는 C를 따라 움직일 때 온도의 변화율을 나타낸다.

예제 2 연쇄법칙 응용 이상기체 1몰의 압력이 P(단위는 킬로파스칼), 부피가 V(단위는 리터), 온도가 T(단위는 캘빈)일 때의 관계식이 $PV = 8.31T$로 주어진다. 온도가 300K이고 온도변화율이 0.1K/s, 부피가 100L, 부피변화율이 0.2L/s일 때 P의 변화율을 구하여라.

풀이 만약 t가 초단위로 경과된 시간을 표시하면, 주어진 순간에 $T = 300$, $dT/dt = 0.1$, $V = 100$, $dV/dt = 0.2$이다.

$$P = 8.31\frac{T}{V}$$

이므로, 연쇄법칙에 의하여

$$\frac{dP}{dt}=\frac{\partial P}{\partial T}\frac{dT}{dt}+\frac{\partial P}{\partial V}\frac{dV}{dt}=\frac{8.31}{V}\frac{dT}{dt}-\frac{8.31T}{V^2}\frac{dV}{dt}$$
$$=\frac{8.31}{100}(0.1)-\frac{8.31(300)}{100^2}(0.2)=-0.04155$$

이다. 그러므로 압력은 약 0.042kPa/s 정도의 비율로 감소한다. ■

이제 $z=f(x, y)$이고, x와 y는 각각 s와 t의 이변수함수 $x=g(s, t)$, $y=h(s, t)$인 경우를 생각해보자. 그러면 간접적으로 z는 s와 t의 함수이고, 이때 $\partial z/\partial s$와 $\partial z/\partial t$를 구해보자. $\partial z/\partial t$ 계산에서 s를 고정하고 t에 관하여 z의 도함수를 계산한다. 정리 **2**를 적용함으로써

$$\frac{\partial z}{\partial t}=\frac{\partial z}{\partial x}\frac{\partial x}{\partial t}+\frac{\partial z}{\partial y}\frac{\partial y}{\partial t}$$

를 얻을 수 있다. $\partial z/\partial s$에 대하여 비슷한 추론이 성립하므로 다음과 같은 형태의 연쇄법칙을 증명할 수 있다.

3 연쇄법칙(경우 2) $z=f(x, y)$가 x, y의 미분가능 함수이고 $x=g(s, t)$, $y=h(s, t)$가 모두 s, t의 미분가능 함수라 가정하자. 그러면 다음이 성립한다.

$$\frac{\partial z}{\partial s}=\frac{\partial z}{\partial x}\frac{\partial x}{\partial s}+\frac{\partial z}{\partial y}\frac{\partial y}{\partial s}$$
$$\frac{\partial z}{\partial t}=\frac{\partial z}{\partial x}\frac{\partial x}{\partial t}+\frac{\partial z}{\partial y}\frac{\partial y}{\partial t}$$

예제 3 이변수 함수에서의 연쇄법칙 $z=e^x\sin y$, $x=st^2$, $y=s^2t$일 때, $\partial z/\partial s$와 $\partial z/\partial t$를 구하여라.

풀이 연쇄법칙(경우 2)을 이용하면 다음과 같다.

$$\frac{\partial z}{\partial s}=\frac{\partial z}{\partial x}\frac{\partial x}{\partial s}+\frac{\partial z}{\partial y}\frac{\partial y}{\partial s}=(e^x\sin y)(t^2)+(e^x\cos y)(2st)$$
$$=t^2e^{st^2}\sin(s^2t)+2ste^{st^2}\cos(s^2t)$$

$$\frac{\partial z}{\partial t}=\frac{\partial z}{\partial x}\frac{\partial x}{\partial t}+\frac{\partial z}{\partial y}\frac{\partial y}{\partial t}=(e^x\sin y)(2st)+(e^x\cos y)(s^2)$$
$$=2ste^{st^2}\sin(s^2t)+s^2e^{st^2}\cos(s^2t)$$ ■

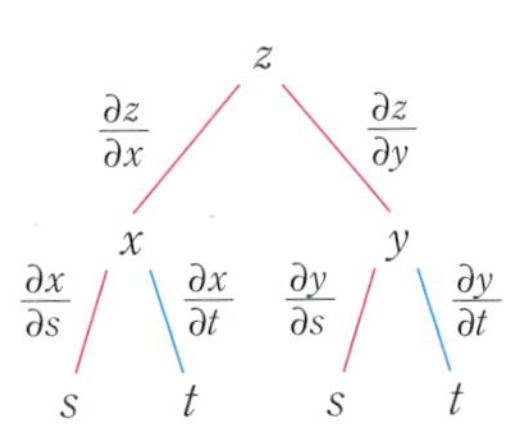

그림 2

연쇄법칙의 경우 2에는 세 가지 유형의 변수가 있다. s와 t는 **독립변수**이고, x와 y는 **중간변수**라고 하고, z는 **종속변수**이다. 정리 **3**의 식에는 각각의 중간변수에 대한 하나의 항이 들어 있으며, 이들 항의 각각은 식 **1**의 일차원 연쇄법칙과 유사하다.

연쇄법칙을 기억하기 위하여 그림 2의 나뭇가지 그림을 그리는 것이 도움이 된다. z가 x, y의 함수임을 알 수 있도록, 종속변수 z로부터 중간변수 x, y까지 가지로 연결한다. 또

x, y로부터 독립변수 s, t까지 가지로 연결한다. 그리고 각각의 가지에 대응하는 편도함수를 쓰자. $\partial z/\partial s$를 구하기 위하여 z부터 s까지 각 경로를 따라 편도함수들을 곱하고, 다시 이들을 합하자.

$$\frac{\partial z}{\partial s}=\frac{\partial z}{\partial x}\frac{\partial x}{\partial s}+\frac{\partial z}{\partial y}\frac{\partial y}{\partial s}$$

마찬가지로 $\partial z\,/\,\partial t$는 z부터 t까지 경로를 이용하여 구할 수 있다.

이제 일반적인 경우를 생각해보자. 종속변수 u는 n개의 중간변수 $x_1, \cdots, x_n$의 함수이고, 각 중간변수는 m개의 독립변수 $t_1, \cdots, t_m$의 함수이다. 각 중간변수에 대하여 하나씩 모두 n개의 항이 있음을 주목하여라. 이 증명은 경우 1의 증명과 비슷하다.

4 연쇄법칙(일반적인 경우) u는 n개의 변수 $x_1, x_2, \cdots, x_n$의 미분가능 함수이고, 각 x_j는 m개의 변수 $t_1, t_2, \cdots, t_m$의 미분가능 함수라 가정하자. 그러면 u는 $t_1, t_2, \cdots, t_m$의 함수이고, 각 $i=1, 2, \cdots, m$에 관하여

$$\frac{\partial u}{\partial t_i}=\frac{\partial u}{\partial x_1}\frac{\partial x_1}{\partial t_i}+\frac{\partial u}{\partial x_2}\frac{\partial x_2}{\partial t_i}+\cdots+\frac{\partial u}{\partial x_n}\frac{\partial x_n}{\partial t_i}$$

이다.

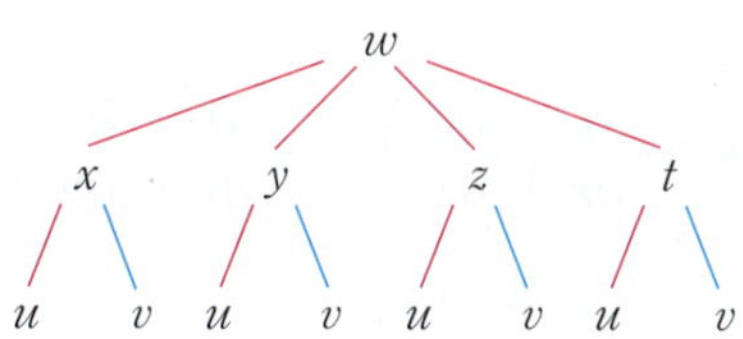

그림 3

예제 4 **연쇄법칙(2개의 독립변수, 4개의 중간변수)** $w=f(x, y, z, t)$, $x=x(u, v)$, $y=y(u, v)$, $z=z(u, v)$, $t=t(u, v)$인 경우에 대한 연쇄법칙을 써라.

풀이 $n=4$, $m=2$인 경우의 정리 4를 적용하자. 그림 3은 나뭇가지그림을 보여주고 있다. 비록 가지 위에 편도함수를 적지 않았더라도 가지가 y에서 u로 가면 그 가지에서의 편도함수는 $\partial y/\partial u$임을 알 수 있다. 나무그림을 이용해서, 필요로 하는 표현을 다음과 같이 쓸 수 있다.

$$\frac{\partial w}{\partial u}=\frac{\partial w}{\partial x}\frac{\partial x}{\partial u}+\frac{\partial w}{\partial y}\frac{\partial y}{\partial u}+\frac{\partial w}{\partial z}\frac{\partial z}{\partial u}+\frac{\partial w}{\partial t}\frac{\partial t}{\partial u}$$

$$\frac{\partial w}{\partial v}=\frac{\partial w}{\partial x}\frac{\partial x}{\partial v}+\frac{\partial w}{\partial y}\frac{\partial y}{\partial v}+\frac{\partial w}{\partial z}\frac{\partial z}{\partial v}+\frac{\partial w}{\partial t}\frac{\partial t}{\partial v}$$

■

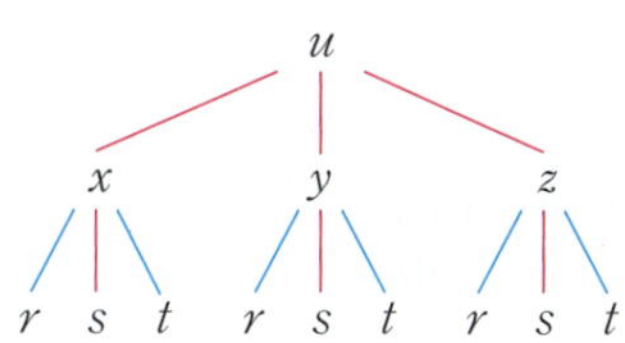

그림 4

예제 5 **연쇄법칙(3개의 독립변수, 3개의 중간변수)** $x=rse^t$, $y=rs^2e^{-t}$, $z=r^2s\sin t$이고 $u=x^4y+y^2z^3$이면, $r=2$, $s=1$, $t=0$에서 $\partial u\,/\,\partial s$의 값을 구하여라.

풀이 그림 4의 나뭇가지그림을 이용하여 다음을 얻는다.

$$\begin{aligned}\frac{\partial u}{\partial s}&=\frac{\partial u}{\partial x}\frac{\partial x}{\partial s}+\frac{\partial u}{\partial y}\frac{\partial y}{\partial s}+\frac{\partial u}{\partial z}\frac{\partial z}{\partial s}\\&=(4x^3y)(re^t)+(x^4+2yz^3)(2rse^{-t})+(3y^2z^2)(r^2\sin t)\end{aligned}$$

$r=2$, $s=1$, $t=0$ 일 때 $x=2$, $y=2$, $z=0$이므로 다음을 얻는다.

$$\frac{\partial u}{\partial s}=(64)(2)+(16)(4)+(0)(0)=192$$

■

예제 6 $g(s, t)=f(s^2-t^2, t^2-s^2)$이고 f는 미분가능일 때, g가 다음 방정식을 만족함을 보여라.

$$t\frac{\partial g}{\partial s}+s\frac{\partial g}{\partial t}=0$$

풀이 $x=s^2-t^2$, $y=t^2-s^2$이라 하자. 그러면 $g(s, t)=f(x, y)$이고, 연쇄법칙에 의하여

$$\frac{\partial g}{\partial s}=\frac{\partial f}{\partial x}\frac{\partial x}{\partial s}+\frac{\partial f}{\partial y}\frac{\partial y}{\partial s}=\frac{\partial f}{\partial x}(2s)+\frac{\partial f}{\partial y}(-2s)$$
$$\frac{\partial g}{\partial t}=\frac{\partial f}{\partial x}\frac{\partial x}{\partial t}+\frac{\partial f}{\partial y}\frac{\partial y}{\partial t}=\frac{\partial f}{\partial x}(-2t)+\frac{\partial f}{\partial y}(2t)$$

이다. 그러므로

$$t\frac{\partial g}{\partial s}+s\frac{\partial g}{\partial t}=\left(2st\frac{\partial f}{\partial x}-2st\frac{\partial f}{\partial y}\right)+\left(-2st\frac{\partial f}{\partial x}+2st\frac{\partial f}{\partial y}\right)=0$$ ■

예제 7 만약 $z=f(x, y)$가 연속인 2계편도함수를 가지며, $x=r^2+s^2$이고 $y=2rs$일 때, (a) $\partial z/\partial r$와 (b) $\partial^2 z/\partial r^2$를 구하여라.

풀이 (a) 연쇄법칙에 의하여 다음과 같다.

$$\frac{\partial z}{\partial r}=\frac{\partial z}{\partial x}\frac{\partial x}{\partial r}+\frac{\partial z}{\partial y}\frac{\partial y}{\partial r}=\frac{\partial z}{\partial x}(2r)+\frac{\partial z}{\partial y}(2s)$$

(b) (a)의 결과에 곱의 법칙을 적용하면

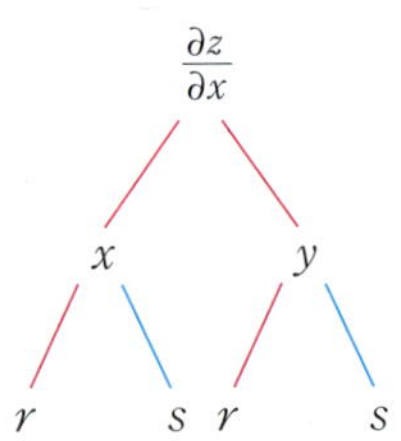

그림 5

5 $$\frac{\partial^2 z}{\partial r^2}=\frac{\partial}{\partial r}\left(2r\frac{\partial z}{\partial x}+2s\frac{\partial z}{\partial y}\right)=2\frac{\partial z}{\partial x}+2r\frac{\partial}{\partial r}\left(\frac{\partial z}{\partial x}\right)+2s\frac{\partial}{\partial r}\left(\frac{\partial z}{\partial y}\right)$$

를 얻는다. 여기서, 연쇄법칙을 다시 이용하면(그림 5 참조)

$$\frac{\partial}{\partial r}\left(\frac{\partial z}{\partial x}\right)=\frac{\partial}{\partial x}\left(\frac{\partial z}{\partial x}\right)\frac{\partial x}{\partial r}+\frac{\partial}{\partial y}\left(\frac{\partial z}{\partial x}\right)\frac{\partial y}{\partial r}$$
$$=\frac{\partial^2 z}{\partial x^2}(2r)+\frac{\partial^2 z}{\partial y\partial x}(2s)$$

$$\frac{\partial}{\partial r}\left(\frac{\partial z}{\partial y}\right)=\frac{\partial}{\partial x}\left(\frac{\partial z}{\partial y}\right)\frac{\partial x}{\partial r}+\frac{\partial}{\partial y}\left(\frac{\partial z}{\partial y}\right)\frac{\partial y}{\partial r}$$
$$=\frac{\partial^2 z}{\partial x\partial y}(2r)+\frac{\partial^2 z}{\partial y^2}(2s)$$

를 얻는다. 이 식을 식 **5**에 대입하면, 다음을 얻는다.

$$\frac{\partial^2 z}{\partial r^2}=2\frac{\partial z}{\partial x}+2r\left(2r\frac{\partial^2 z}{\partial x^2}+2s\frac{\partial^2 z}{\partial y\partial x}\right)+2s\left(2r\frac{\partial^2 z}{\partial x\partial y}+2s\frac{\partial^2 z}{\partial y^2}\right)$$
$$=2\frac{\partial z}{\partial x}+4r^2\frac{\partial^2 z}{\partial x^2}+8rs\frac{\partial^2 z}{\partial x\partial y}+4s^2\frac{\partial^2 z}{\partial y^2}$$

■

⊳ 음함수 미분

연쇄법칙으로 5.5절과 12.3절에서 소개한 바 있는 음함수 미분법 과정을 좀더 완벽하게 설명할 수 있다. 미분가능인 x의 함수로서 y를 $F(x, y)=0$ 형태의 방정식에 의하여 음함수로 정의된다고 가정하자. 즉, f의 정의역에 있는 모든 x에 관하여 $y=f(x)$이면 $F(x, f(x))=0$이다. 만약 F가 미분가능이면, 연쇄법칙의 경우 1을 적용하여 x에 관하여 식 $F(x, y)=0$의 양변을 미분할 수 있다. x와 y가 x의 함수이므로 다음을 얻는다.

$$\frac{\partial F}{\partial x}\frac{dx}{dx}+\frac{\partial F}{\partial y}\frac{dy}{dx}=0$$

그런데 $dx/dx=1$이므로, 만약 $\partial F/\partial y\neq 0$이면 dy/dx에 관하여 풀면 다음을 얻는다.

6
$$\frac{dy}{dx}=-\frac{\dfrac{\partial F}{\partial x}}{\dfrac{\partial F}{\partial y}}=-\frac{F_x}{F_y}$$

이 방정식을 유도하기 위하여 $F(x, y)=0$이 y를 x의 음함수로 정의한다고 가정하였다. 고등미적분학에서 증명되는 **음함수 정리**는 이러한 가정이 타당하도록 하는 조건을 제시한다. 이 정리는 다음과 같이 기술된다. 만약 F가 (a, b)를 포함하는 원판에서 정의되고 이때 $F(a, b)=0$, $F_y(a, b)\neq 0$, F_x와 F_y가 그 원판에서 연속이면 점 (a, b)의 근방에서 $F(x, y)=0$은 y를 x의 함수로서 정의한다. 그리고 이 함수의 도함수는 식 **6**에 의하여 주어진다.

예제 8 음함수 미분 $x^3+y^3=6xy$일 때, y'을 구하여라.

풀이 주어진 식은 $F(x, y)=x^3+y^3-6xy=0$과 같이 쓸 수 있다.

따라서 식 **6**에 의하여 다음을 얻는다.

$$\frac{dy}{dx}=-\frac{F_x}{F_y}=-\frac{3x^2-6y}{3y^2-6x}=-\frac{x^2-2y}{y^2-2x}$$ ■

함수 $z=f(x, y)$가 방정식 $F(x, y, z)=0$에 의하여 x와 y의 음함수로 주어진다라고 가정하자. 이는 f의 정의역의 모든 (x, y)에 대하여 $F(x, y, f(x, y))=0$이라는 뜻이다. F와 f가 미분가능이면, 연쇄법칙을 이용하여 다음과 같이 방정식 $F(x, y, z)=0$을 미분할 수 있다.

$$\frac{\partial F}{\partial x}\frac{\partial x}{\partial x}+\frac{\partial F}{\partial y}\frac{\partial y}{\partial x}+\frac{\partial F}{\partial z}\frac{\partial z}{\partial x}=0$$

그런데 $\dfrac{\partial}{\partial x}(x)=1$이고 $\dfrac{\partial}{\partial x}(y)=0$이므로

$$\frac{\partial F}{\partial x}+\frac{\partial F}{\partial z}\frac{\partial z}{\partial x}=0$$

이다. 만약 $\partial F/\partial z\neq 0$이면 $\partial z/\partial x$에 대하여 풀면 식 **7**에 있는 첫 번째 공식을 얻는다.

$\partial z/\partial y$에 대한 공식도 비슷한 방식에 의하여 얻을 수 있다.

7
$$\frac{\partial z}{\partial x}=-\frac{\dfrac{\partial F}{\partial x}}{\dfrac{\partial F}{\partial z}} \qquad \frac{\partial z}{\partial y}=-\frac{\dfrac{\partial F}{\partial y}}{\dfrac{\partial F}{\partial z}}$$

● 예제 9에 대한 이 풀이를 12.3절의 예제 4에 주어진 것과 비교하여라.

다시 한 번, **음함수 정리**의 한 변형은 우리의 가정이 타당할 조건을 제시한다. 만일 F가 (a, b, c)를 포함하는 구 안에서 정의되고 $F(a, b, c)=0$, $F_z(a, b, c)\neq 0$이고, 구 안의 모든 점에서 F_x, F_y, F_z가 연속이면 (a, b, c)의 근방에서 $F(x, y, z)=0$은 z를 x, y의 함수로서 정의하고 이 함수의 편도함수를 **7**을 이용하여 구할 수 있다.

예제 9 $x^3+y^3+z^3+6xyz=1$일 때, $\dfrac{\partial z}{\partial x}$와 $\dfrac{\partial z}{\partial y}$를 구하여라.

풀이 $F(x, y, z)=x^3+y^3+z^3+6xyz-1$이라 하자. 식 **7**에 의하여 다음과 같다.

$$\frac{\partial z}{\partial x}=-\frac{F_x}{F_z}=-\frac{3x^2+6yz}{3z^2+6xy}=-\frac{x^2+2yz}{z^2+2xy}$$
$$\frac{\partial z}{\partial y}=-\frac{F_y}{F_z}=-\frac{3y^2+6xz}{3z^2+6xy}=-\frac{y^2+2xz}{z^2+2xy}$$ ■

12.5 연습문제

(1~6) 연쇄법칙을 사용하여 dz/dt 또는 dw/dt를 구하여라.

1. $z=x^2+y^2+xy$, $x=\sin t$, $y=e^t$
2. $z=\sqrt{x^2+y^2}$, $x=e^{2t}$, $y=e^{-2t}$
3. $z=\sin x\cos y$, $x=\pi t$, $y=\sqrt{t}$
4. $z=\tan^{-1}(x/y)$, $x=e^t$, $y=1-e^{-t}$
5. $w=xe^{y/z}$, $x=t^2$, $y=1-t$, $z=1+2t$
6. $w=\ln\sqrt{x^2+y^2+z^2}$, $x=\sin t$, $y=\cos t$, $z=\tan t$

(7~12) 연쇄법칙을 사용하여 $\partial z/\partial s$와 $dz/\partial t$를 구하여라.

7. $z=x^2y^3$, $x=s\cos t$, $y=s\sin t$
8. $z=\arcsin(x-y)$, $x=s^2+t^2$, $y=1-2st$
9. $z=\sin\theta\cos\phi$, $\theta=st^2$, $\phi=s^2t$
10. $z=e^{x+2y}$, $x=s/t$, $y=t/s$
11. $z=e^r\cos\theta$, $r=st$, $\theta=\sqrt{s^2+t^2}$
12. $z=\tan(u/v)$, $u=2s+3t$, $v=3s-2t$

13. $z=f(x, y)$, $x=g(t)$, $y=h(t)$, $g(3)=2$, $g'(3)=5$, $h(3)=7$, $h'(3)=-4$, $f_x(2, 7)=6$, $f_y(2, 7)=-8$일 때 $t=3$에서 dz/dt를 구하여라.
14. $W(s, t)=F(u(s, t), v(s, t))$, $u(1, 0)=2$, $u_s(1, 0)=-2$, $u_t(1, 0)=6$, $v(1, 0)=3$, $v_s(1, 0)=5$, $v_t(1, 0)=4$, $F_u(2, 3)=-1$ $F_v(2, 3)=10$일 때 $W_s(1, 0)$와 $W_t(1, 0)$를 구하여라.
15. f가 변수 x와 y의 미분가능함수이고 $g(u, v)=f(e^u+\sin v, e^u+\cos v)$이다. 아래 표를 사용하여 $g_u(0, 0)$와 $g_v(0, 0)$를 구하여라.

	f	g	f_x	f_y
(0, 0)	3	6	4	8
(1, 2)	6	3	2	5

16. f가 변수 x와 y의 미분가능 함수이고 $g(r, s)=f(2r-s, s^2-4r)$이다. 문제 11의 표를 사용하여 $g_r(1, 2)$와 $g_s(1, 2)$

를 구하여라.

(17~20) 나뭇가지 그림을 이용하여, 다음 함수의 연쇄법칙을 구하여라. 모든 함수는 미분가능이라고 가정한다.

17. $u=f(x, y)$, $x=x(r, s, t)$, $y=y(r, s, t)$

18. $R=f(x, y, z, t)$, $x=x(u, v, w)$, $y=y(u, v, w)$, $z=z(u, v, w)$, $t=t(u, v, w)$

19. $w=f(r, s, t)$, $r=r(x, y)$, $s=s(x, y)$, $t=t(x, y)$

20. $t=f(u, v, w)$, $u=u(p, q, r, s)$, $v=v(p, q, r, s)$, $w=w(p, q, r, s)$

(21~25) 연쇄법칙을 이용하여 지시된 편도함수를 구하여라.

21. $z=x^2+xy^3$, $x=uv^2+w^3$, $y=u+ve^w$일 때

$\dfrac{\partial z}{\partial u}, \dfrac{\partial z}{\partial v}, \dfrac{\partial z}{\partial w}$ $(u=2, v=1, w=0)$

22. $u=\sqrt{r^2+s^2}$, $r=y+x\cos t$, $s=x+y\sin t$일 때

$\dfrac{\partial u}{\partial x}, \dfrac{\partial u}{\partial y}, \dfrac{\partial u}{\partial t}$ $(x=1, y=2, t=0)$

23. $R=\ln(u^2+v^2+w^2)$, $u=x+2y$, $v=2x-y$, $w=2xy$일 때

$\dfrac{\partial R}{\partial x}, \dfrac{\partial R}{\partial v}$ $(x=y=1)$

24. $M=xe^{y-z^2}$, $x=2uv$, $y=u-v$, $z=u+v$일 때

$\dfrac{\partial M}{\partial u}, \dfrac{\partial M}{\partial v}$ $(u=3, v=-1)$

25. $u=x^2+yz$, $x=pr\cos\theta$, $y=pr\sin\theta$, $z=p+r$일 때

$\dfrac{\partial u}{\partial p}, \dfrac{\partial u}{\partial r}, \dfrac{\partial u}{\partial \theta}$ $(p=2, r=3, \theta=0)$

(26~28) 식 6을 사용하여 dy/dx를 구하여라.

26. $y^5+x^2y^3=1+ye^{x^2}$

27. $\cos(x-y)=xe^y$

28. $\sin x+\cos y=\sin x\cos y$

(29~32) 식 7을 사용하여 $\partial z/\partial x$, $\partial z/\partial y$을 구하여라.

29. $x^2+y^2+z^2=3xyz$

30. $xyz=\cos(x+y+z)$

31. $x-z=\arctan(yz)$

32. $yz=\ln(x+z)$

33. 점 (x, y)에서 섭씨온도를 $T(x, y)$라고 하자. 어떤 벌레가 기어서 t초 후에 위치가 $x=\sqrt{1+t}$(cm), $y=2+\frac{1}{3}t$(cm)로 주어진다. 그리고 $T_x(2, 3)=4$, $T_y(2, 3)=3$이라고 하자. 3초 후에 벌레가 기어가는 길 위의 온도는 얼마나 빨리 상승하는가?

34. 어느 해에 밀 생산량 W은 평균기온 T와 연 강수량 R에 의존한다. 평균온도가 0.15°C/년의 비율로 오르고 강수량은 0.1cm/년의 비율로 감소한다고 과학자들은 추정한다. 또한 현재 생산수준에서 $\partial W/\partial T=-2$와 $\partial W/\partial R=8$임을 추정한다.

(a) 이 편미분의 부호가 뜻하는 것은 무엇인가?

(b) 밀 생산량의 현재 변화율 $\dfrac{\partial W}{\partial t}$를 구하여라.

35. 염도 35인 바닷물을 통과하는 소리의 속도는 다음 방정식과 같다.

$$C=1449.2+4.6T-0.055T^2+0.00029T^3+0.016D$$

(단, C는 소리의 속도(미터/초), T는 섭씨온도, D는 수면으로부터 물의 깊이(단위: 미터)이다.) 다음 그래프는 스쿠버 다이버가 잠수할 때 시간에 따른 깊이 D와 온도 T를 기록한 그래프이다. 다이버가 20분 동안 잠수했을 때, 소리의 속도 C의 변화율을 구하여라. 이때 단위는 무엇인가?

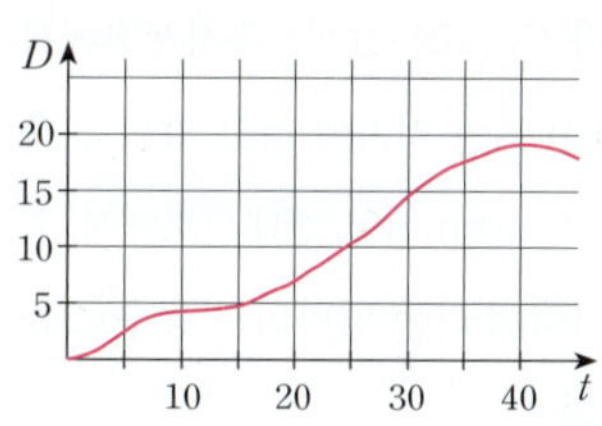

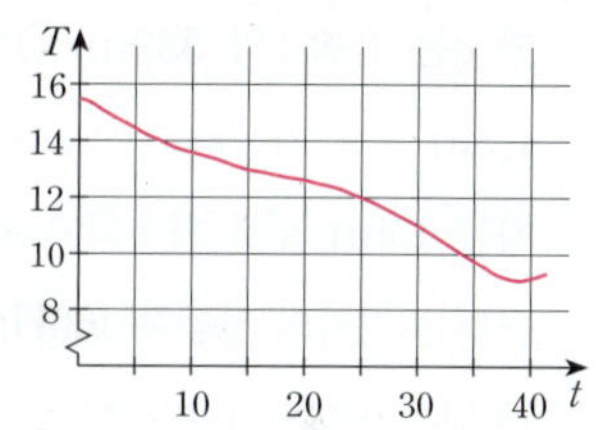

36. 높이가 6.5cm/s로 감소할 때, 반지름이 4.6cm/s로 증가하는 직원추가 있다. 반지름이 300cm이고, 높이가 350cm 일 때 원추의 부피의 변화율을 구하여라.

37. 한 상자의 길이 l, 폭 w, 높이 h가 시간에 따라 변한다. 어떤 순간에 $l=1$(m), $w=h=2$(m)이고, l과 w는 2m/s의 비율로 증가하고, 반면 h는 3m/s의 비율로 감소한다. 이때 다음 각각의 변화율을 구하여라.

(a) 부피 (b) 겉넓이 (c) 대각선의 길이

38. 단순 전기회로에서 배터리가 방전됨에 따라서, 전압 V가 서서히 감소하고, 저항 R는 저항기가 뜨거워짐에 따라서 서서히 증가한다. 옴의 법칙 $V=IR$를 사용해서 $R=400\Omega$, $I=0.08$A, $dV/dt=-0.01$V/s와 $dR/dt=0.03\Omega$/s일 때 전류 I의 변화율을 구하여라.

39. 이상기체 1몰의 압력이 0.05kPa/s의 비율로 증가하고, 온도

가 0.15 K/s의 비율로 증가한다. 예제 2의 식을 사용하여 압력이 20 kPa이고 온도가 320 K일 때 부피의 변화율을 구하여라.

40. 콥-더글라스는 총 생산량 P를 다음과 같이 제안하였다.

$$P(L, K) = 1.47L^{0.65}K^{0.35}$$

여기서, L은 노동량, K는 투자된 자본의 총량이다. $L=30$ 그리고 $K=8$이며, 노동력은 매년 2,000시간 감소하고, 자본은 매년 $500,000씩 증가한다고 하자. 생산량의 변화율을 구하여라.

41. 한 변의 길이가 20cm, 다른 한 변의 길이가 30cm이고 두 변의 사잇각은 $\frac{\pi}{6}$인 삼각형에 대하여, 한 변은 3cm/s로 증가하고, 다른 한 변은 3cm/s로 감소하고 있다. 이때, 넓이는 변화가 없다고 한다면, 이때 두 변의 사잇각의 변화율은 얼마인가?

42. 진동수 f_s의 소리가 속도 v_s로 선을 따라 전해지고 반대 방향 즉 소리진원지를 향해 속도 v_o로 같은 선을 따라 관측자가 접근할 때 관측자가 듣는 소리의 진동수는

$$f_o = \left(\frac{c+v_o}{c-v_s}\right)f_s,$$

단 c는 음속 (약 332m/s)이다.(도플러 효과) 특정시점에서 1.2m/s^{2}로 가속되는 속도가 34m/s인 기차에 타고 있는 관측자는 1.4m/s^{2}로 가속되고 속도가 40m/s인 반대선로에서 접근하는 기차의 진동수 460Hz 기적 소리를 얼마의 진동수로 듣게 되는가? 또 얼마나 빨리 변화하는가?

(43~46) 주어진 모든 함수는 미분가능이라고 가정한다.

43. $z=f(x, y)$이고 $x=r\cos\theta$, $y=r\sin\theta$이다.

(a) $\partial z/\partial r$, $\partial z/\partial\theta$를 구하여라.

(b) $\left(\frac{\partial z}{\partial x}\right)^2+\left(\frac{\partial z}{\partial y}\right)^2=\left(\frac{\partial z}{\partial r}\right)^2+\frac{1}{r^2}\left(\frac{\partial z}{\partial\theta}\right)^2$

임을 보여라.

44. $u=f(x, y)$이고, $x=e^s\cos t$, $y=e^s\sin t$일 때

$$\left(\frac{\partial u}{\partial x}\right)^2+\left(\frac{\partial u}{\partial y}\right)^2=e^{-2s}\left[\left(\frac{\partial u}{\partial s}\right)^2+\left(\frac{\partial u}{\partial t}\right)^2\right]$$

임을 보여라.

45. $z=f(x-y)$일 때 $\frac{\partial z}{\partial x}+\frac{\partial z}{\partial y}=0$임을 보여라.

46. $z=f(x, y)$이고, $x=s+t$, $y=s-t$일 때

$$\left(\frac{\partial z}{\partial x}\right)^2-\left(\frac{\partial z}{\partial y}\right)^2=\frac{\partial z}{\partial s}\frac{\partial z}{\partial t}$$

임을 보여라.

(47~52) 다음에 주어진 모든 함수는 연속인 2계편도함수를 갖는다고 가정하자.

47. $z=f(x+at)+g(x-at)$형태의 모든 함수는 파동방정식 $\frac{\partial^2 z}{\partial t^2}=a^2\frac{\partial^2 z}{\partial x^2}$의 해임을 보여라.

(도움말 : $u=x+at$, $v=x-at$로 둔다.)

48. $u=f(x, y)$이고, $x=e^s\cos t$, $y=e^s\sin t$일 때

$$\frac{\partial^2 u}{\partial x^2}+\frac{\partial^2 u}{\partial y^2}=e^{-2s}\left[\frac{\partial^2 u}{\partial s^2}+\frac{\partial^2 u}{\partial t^2}\right]$$

임을 보여라.

49. $z=f(x, y)$이고 $x=r^2+s^2$, $y=2rs$일 때 $\partial^2 z/\partial r\partial s$를 구하여라(예제 7과 비교하여라).

50. $z=f(x, y)$이고 $x=r\cos\theta$, $y=r\sin\theta$일 때 다음을 각각 구하여라.

(a) $\partial z/\partial r$ (b) $\partial z/\partial\theta$ (c) $\partial^2 z/\partial r\partial\theta$

51. $z=f(x, y)$이고 $x=r\cos\theta$, $y=r\sin\theta$일 때

$$\frac{\partial^2 z}{\partial x^2}+\frac{\partial^2 z}{\partial y^2}=\frac{\partial^2 z}{\partial r^2}+\frac{1}{r^2}\frac{\partial^2 z}{\partial\theta^2}+\frac{1}{r}\frac{\partial z}{\partial r}$$

임을 보여라.

52. $z=f(x, y)$이고 $x=g(s, t)$, $y=h(s, t)$일 때

(a) $$\frac{\partial^2 z}{\partial t^2}=\frac{\partial^2 z}{\partial x^2}\left(\frac{\partial x}{\partial t}\right)^2+2\frac{\partial^2 z}{\partial x\partial y}\frac{\partial x}{\partial t}\frac{\partial y}{\partial t}+\frac{\partial^2 z}{\partial y^2}\left(\frac{\partial y}{\partial t}\right)^2+\frac{\partial z}{\partial x}\frac{\partial^2 x}{\partial t^2}+\frac{\partial z}{\partial y}\frac{\partial^2 y}{\partial t^2}$$

임을 보여라.

(b) $\partial^2 z/\partial s\,\partial t$인 경우에도 위의 (a)와 유사한 공식을 유도하여라.

53. 방정식 $F(x, y, z)=0$은 각 변수 x, y, z를 $z=f(x, y)$, $y=g(x, z)$, $x=h(y, z)$와 같이 음함수로 정의된다고 가정하자. 만일 F가 미분가능이고 F_x, F_y, F_z가 모두 0이 아니면,

$$\frac{\partial z}{\partial x}\frac{\partial x}{\partial y}\frac{\partial y}{\partial z}=-1$$

임을 보여라.

54. 본문의 식 6과 관련하여, F가 연속인 2계도함수를 갖는다면, 다음의 식을 만족함을 보여라.

$$\frac{d^2y}{dx^2}=\frac{F_{xx}F_y^2-2F_{xy}F_xF_y+F_{yy}F_x^2}{F_y^3}$$

12.6 방향도함수와 기울기 벡터

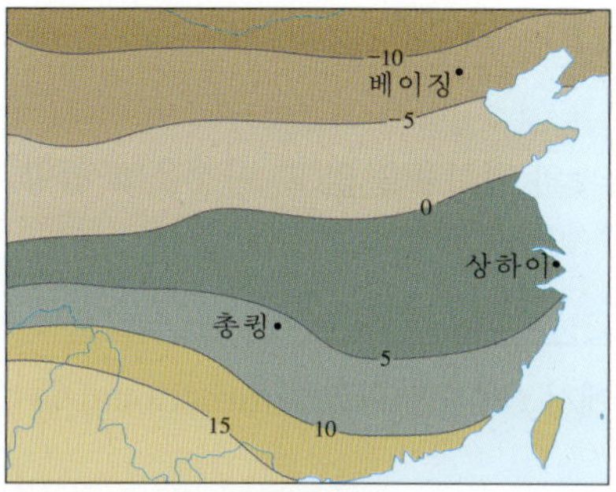

그림 1

그림 1의 기상도는 2004년 12월 28일 오후 3시에 중국의 온도 함수 $T(x, y)$의 등온곡선을 나타낸다. 등위곡선 또는 등온선은 같은 온도를 갖는 지역을 연결한다. 총칭에서의 편도함수 T_x는 총칭에서 동쪽으로 이동할 때 거리에 관한 온도의 변화율을 나타낸다. 그리고 T_y는 북쪽으로 이동할 때, 온도의 변화율을 나타낸다. 그러나 남서쪽이나 다른 방향으로 이동할 때 온도 변화율을 알고 싶다면 어떻게 할 것인가? 이 절에서는 이러한 문제를 해결하기 위한, 이변수 혹은 그 이상의 변수 함수에 대한 어떤 방향으로의 변화율도 찾아낼 수 있는 방법인, **방향도함수**를 소개하고자 한다.

▷ 방향도함수

$z=f(x, y)$이면 편도함수 f_x와 f_y는 다음과 같이 정의된다는 것을 상기하자.

1

$$f_x(x_0, y_0)=\lim_{h\to 0}\frac{f(x_0+h, y_0)-f(x_0, y_0)}{h}$$

$$f_y(x_0, y_0)=\lim_{h\to 0}\frac{f(x_0, y_0+h)-f(x_0, y_0)}{h}$$

이것은 x축과 y축 방향, 즉 단위벡터 $\mathbf{i}$와 $\mathbf{j}$의 방향에 대한 z의 변화율을 나타낸다.

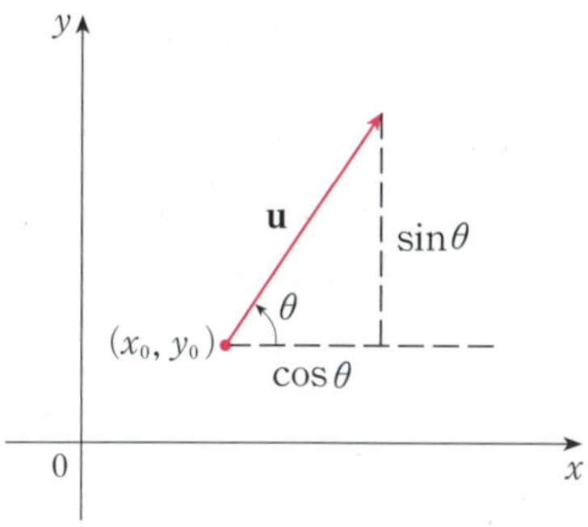

그림 2
단위벡터
$\mathbf{u}=\langle a, b\rangle=\langle\cos\theta, \sin\theta\rangle$

임의의 단위벡터 $\mathbf{u}=\langle a, b\rangle$ 방향에 대한 (x_0, y_0)에서 z의 변화율을 찾아보자(그림 2 참조). 이를 위해서 $z=f(x, y)$의 그래프로 주어지는 곡면 S를 생각하고, $z_0=f(x_0, y_0)$라고 하자. 그러면 점 $P(x_0, y_0, z_0)$는 S 위에 놓인다. 벡터 $\mathbf{u}$와 평행하고 점 P를 지나 xy 평면에 수직인 평면이 곡면 S와 만나서 이루는 곡선을 C라 하자(그림 3 참조). P에서 C에 대한 접선 T의 기울기는 $\mathbf{u}$방향으로의 z의 변화율이다.

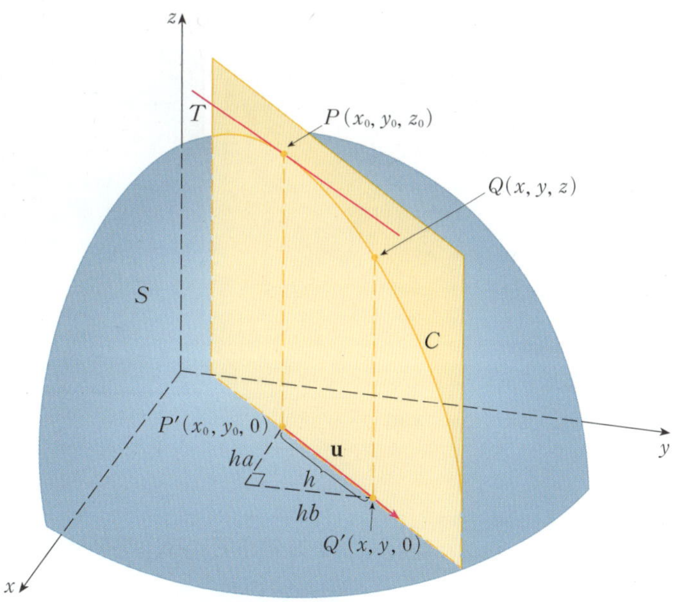

그림 3

$Q(x, y, z)$가 C 위의 또 다른 점이고, P'과 Q'이 xy 평면 위로 P, Q를 정사영한 것이면, 벡터 $\overrightarrow{P'Q'}$은 $\mathbf{u}$에 평행이고 스칼라 h에 대하여 $\overrightarrow{P'Q'}=h\mathbf{u}=\langle ha, hb\rangle$이다. 그러므로 $x-x_0=ha$, $y-y_0=hb$이며, 따라서 $x=x_0+ha$, $y=y_0+hb$이고

$$\frac{\Delta z}{h}=\frac{z-z_0}{h}=\frac{f(x_0+ha, y_0+hb)-f(x_0, y_0)}{h}$$

이다. 만약 $h \to 0$일 때 극한을 취하면, $\mathbf{u}$ 방향에 대한 z의 변화율을 얻고, 이것을 $\mathbf{u}$ 방향에 대한 f의 방향도함수라고 한다.

2 정의 단위벡터 $\mathbf{u}=\langle a, b\rangle$방향에 대한 (x_0, y_0)에서 f의 **방향도함수**(directional derivative)는

$$D_{\mathbf{u}}f(x_0, y_0)=\lim_{h\to 0}\frac{f(x_0+ha, y_0+hb)-f(x_0, y_0)}{h}$$

로 정의한다(단, 극한이 존재할 경우).

정의 2를 1과 비교하여 보면, $\mathbf{u}=\mathbf{i}=\langle 1, 0\rangle$이면 $D_{\mathbf{i}}f=f_x$이고, $\mathbf{u}=\mathbf{j}=\langle 0, 1\rangle$이면 $D_{\mathbf{j}}f=f_y$임을 알 수 있다. 다시 말하면, x와 y에 관한 f의 편도함수는 방향도함수의 특별한 경우이다.

예제 1 방향도함수 추정 그림 1의 기상도를 이용하여 총킹에서 남서쪽으로 이동할 때 온도함수 $T(x, y)$의 방향도함수를 구하여라.

풀이 남서쪽으로의 단위벡터는 $\mathbf{u}=-(\mathbf{i}+\mathbf{j})/\sqrt{2}$이다. 그러나 이 식을 사용할 필요 없이 총킹에서 남서쪽으로 직선을 그어보자(그림 4 참조).

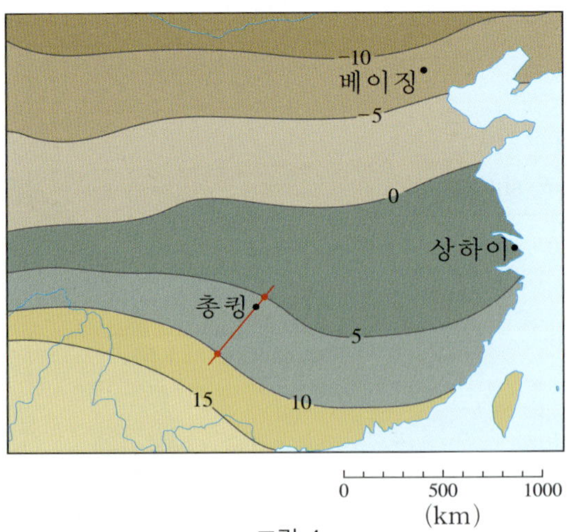

그림 4

이 직선이 $T=5$인 등온선과 $T=10$인 등온선과 만나는 점 사이의 온도의 평균 변화율로 방향도함수 $D_{\mathbf{u}}T$의 근삿값을 구해보자. 이 두 점 사이의 거리는 약 380km인 것으로 보인다. 그러므로

$$D_{\mathbf{u}}T \approx \frac{10-5}{380} = \frac{5}{380} \approx 0.013℃/\text{km}$$ ■

공식에 의하여 정의된 함수의 방향도함수를 구할 때, 일반적으로 다음 정리를 사용한다.

3 정리 f가 x와 y의 미분가능 함수이면, f는 임의의 단위벡터 $\mathbf{u}=\langle a, b\rangle$ 방향에 대한 방향도함수를 가지며 다음과 같다.

$$D_{\mathbf{u}}f(x, y)=f_x(x, y)a+f_y(x, y)b$$

증명 함수 g를 다음과 같이 일변수 h의 함수로 정의하여 보자.

$$g(h)=f(x_0+ha, y_0+hb)$$

그러면 도함수의 정의에 의하여 다음을 얻는다.

4
$$\begin{aligned} g'(0)&=\lim_{h\to 0}\frac{g(h)-g(0)}{h}=\lim_{h\to 0}\frac{f(x_0+ha, y_0+hb)-f(x_0, y_0)}{h} \\ &=D_{\mathbf{u}}f(x_0, y_0) \end{aligned}$$

한편 $x=x_0+ha$, $y=y_0+hb$라 두면, $g(h)=f(x, y)$로 쓸 수 있고, 연쇄법칙(12.5절의 정리 **2**)에 의하여 다음을 얻는다.

$$g'(h)=\frac{\partial f}{\partial x}\frac{dx}{dh}+\frac{\partial f}{\partial y}\frac{dy}{dh}=f_x(x, y)a+f_y(x, y)b$$

이제 $h=0$을 대입하면, $x=x_0$, $y=y_0$이고

5
$$g'(0)=f_x(x_0, y_0)a+f_y(x_0, y_0)b$$

이다. 식 **4**와 **5**를 비교하여 보면 다음을 알 수 있다.

$$D_{\mathbf{u}}f(x_0, y_0)=f_x(x_0, y_0)a+f_y(x_0, y_0)b$$ ■

만약 단위벡터 $\mathbf{u}$가 양의 x축과 각 θ를 이루면, $\mathbf{u}=\langle\cos\theta, \sin\theta\rangle$로 쓸 수 있고, 정리 **3**의 식은 다음과 같다.

6
$$D_{\mathbf{u}}f(x, y)=f_x(x, y)\cos\theta+f_y(x, y)\sin\theta$$

● 예제 2의 방향도함수 $D_{\mathbf{u}}f(1, 2)$는 $\mathbf{u}$ 방향으로의 z의 변화율을 나타낸다. 이것은 그림 5에서 보는 바와 같이 $\mathbf{u}$의 방향으로 평행하며 $(1, 2, 0)$을 통과하는 수직평면과 곡면 $z=x^3-3xy+4y^2$이 만나서 이루는 곡선에 대한 접선의 기울기를 나타낸다.

예제 2 $f(x, y)=x^3-3xy+4y^2$이고 단위벡터 $\mathbf{u}$와 양의 x축과 이루는 각 θ가 $\pi/6$일 때, $D_{\mathbf{u}}f(1, 2)$의 값은 얼마인가?

풀이 식 **6**에 의하여

$$\begin{aligned} D_{\mathbf{u}}f(x, y)&=f_x(x, y)\cos\frac{\pi}{6}+f_y(x, y)\sin\frac{\pi}{6} \\ &=(3x^2-3y)\frac{\sqrt{3}}{2}+(-3x+8y)\frac{1}{2} \\ &=\frac{1}{2}\left[3\sqrt{3}x^2-3x+(8-3\sqrt{3})y\right] \end{aligned}$$

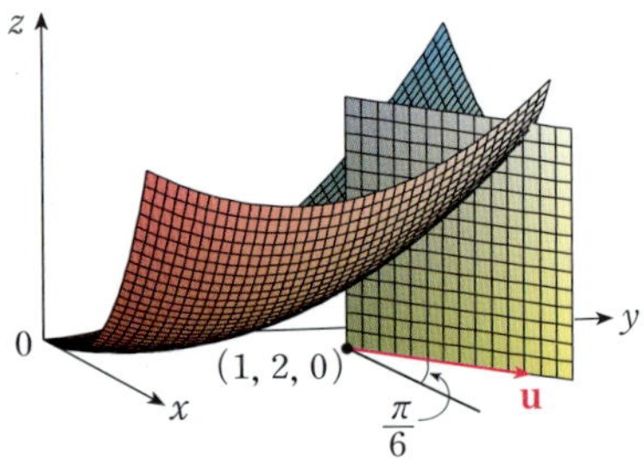

그림 5

이다. 그러므로 다음과 같다.

$$D_{\mathbf{u}} f(1, 2) = \frac{1}{2}[3\sqrt{3}(1)^2 - 3(1) + (8 - 3\sqrt{3})(2)] = \frac{13 - 3\sqrt{3}}{2}$$

■

▷ 기울기 벡터

정리 3으로부터 방향도함수는 두 벡터의 내적으로 쓸 수 있다.

7
$$\begin{aligned} D_{\mathbf{u}} f(x, y) &= f_x(x, y)a + f_y(x, y)b \\ &= \langle f_x(x, y), f_y(x, y)\rangle \cdot \langle a, b\rangle \\ &= \langle f_x(x, y), f_y(x, y)\rangle \cdot \mathbf{u} \end{aligned}$$

이 내적에서 첫 번째 벡터는 방향도함수를 계산할 때뿐만 아니라, 다른 많은 상황에서도 나타난다. 그래서 f의 그래디언트(gradient)라는 특별한 이름을 붙이고 grad f 또는 ∇f로 표기하고 '델(del) f' 라고 읽는다.

> **8 정의** f가 두 변수 x와 y의 함수이면, f의 **그래디언트**는 다음과 같이 정의된 벡터 함수 ∇f이다.
>
> $$\nabla f(x, y) = \langle f_x(x, y), f_y(x, y)\rangle = \frac{\partial f}{\partial x}\mathbf{i} + \frac{\partial f}{\partial y}\mathbf{j}$$

예제 3 그래디언트 계산 $f(x, y) = \sin x + e^{xy}$이면

$$\nabla f(x, y) = \langle f_x, f_y\rangle = \langle \cos x + ye^{xy}, xe^{xy}\rangle$$
$$\nabla f(0, 1) = \langle 2, 0\rangle$$

이다. ■

기울기 벡터에 대한 표기법을 사용하여, 방향도함수에 대한 식 7을 다음과 같이 다시 쓸 수 있다.

9
$$D_{\mathbf{u}} f(x, y) = \nabla f(x, y) \cdot \mathbf{u}$$

이것은 $\mathbf{u}$ 위에 기울기 벡터를 정사영시킨 것으로, $\mathbf{u}$ 방향에 대한 f의 방향도함수를 나타낸다.

● 시점 $(2, -1)$을 갖는 예제 4의 기울기 벡터 $\nabla f(2, -1)$은 그림 6에 나타나 있다. 방향도함수의 방향을 주는 벡터 $\mathbf{v}$도 나타나 있다. 이 두 벡터는 f의 그래프의 등위곡선 도면 위에 덧붙여져 있다.

예제 4 그래디언트 이용하여 방향도함수 구하기 벡터 $\mathbf{v} = 2\mathbf{i} + 5\mathbf{j}$의 방향에 대한, 점 $(2, -1)$에서의 함수 $f(x, y) = x^2y^3 - 4y$의 방향도함수를 구하여라.

풀이 먼저 점 $(2, -1)$에서 기울기 벡터를 계산한다.

$$\nabla f(x, y) = 2xy^3\mathbf{i} + (3x^2y^2 - 4)\mathbf{j}$$
$$\nabla f(2, -1) = -4\mathbf{i} + 8\mathbf{j}$$

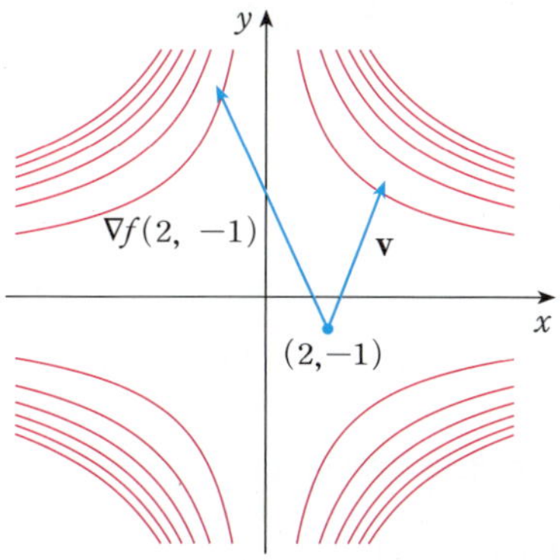

그림 6

$\mathbf{v}$는 단위벡터가 아님을 주목하여라. 그러나 $|\mathbf{v}|=\sqrt{29}$이므로 $\mathbf{v}$방향으로의 단위벡터는

$$\mathbf{u}=\frac{\mathbf{v}}{|\mathbf{v}|}=\frac{2}{\sqrt{29}}\mathbf{i}+\frac{5}{\sqrt{29}}\mathbf{j}$$

이다. 그러므로, 식 **9**에 의하여 다음을 얻는다.

$$D_{\mathbf{u}}f(2,\ -1)=\nabla f(2,\ -1)\cdot\mathbf{u}=(-4\mathbf{i}+8\mathbf{j})\cdot\left(\frac{2}{\sqrt{29}}\mathbf{i}+\frac{5}{\sqrt{29}}\mathbf{j}\right)$$
$$=\frac{-4\cdot 2+8\cdot 5}{\sqrt{29}}=\frac{32}{\sqrt{29}}$$

▷ 삼변수함수

같은 방법으로 삼변수함수에 대해서도 방향도함수를 정의할 수 있다. 즉, $D_{\mathbf{u}}f(x,\ y,\ z)$는 단위벡터 $\mathbf{u}$ 방향에 대한 함수 f의 변화율로 해석될 수 있다.

10 정의 단위벡터 $\mathbf{u}=\langle a,\ b,\ c\rangle$ 방향에 대한 $(x_0,\ y_0,\ z_0)$에서 f의 **방향도함수**는

$$D_{\mathbf{u}}f(x_0,\ y_0,\ z_0)=\lim_{h\to 0}\frac{f(x_0+ha,\ y_0+hb,\ z_0+hc)-f(x_0,\ y_0,\ z_0)}{h}$$

로 정의된다(단, 극한이 존재할 경우).

만약, 벡터 표기법을 사용하면 방향도함수의 두 정의(**2**와 **10**)를

11
$$D_{\mathbf{u}}f(\mathbf{x}_0)=\lim_{h\to 0}\frac{f(\mathbf{x}_0+h\mathbf{u})-f(\mathbf{x}_0)}{h}$$

와 같이 쓸 수 있다. 여기에서 $n=2$이면 $\mathbf{x}_0=\langle x_0,\ y_0\rangle$, $n=3$이면 $\mathbf{x}_0=\langle x_0,\ y_0,\ z_0\rangle$이다. 이것은 타당하다. 왜냐하면 벡터 $\mathbf{u}$ 방향으로 $\mathbf{x}_0$를 통과하는 직선의 벡터방정식은 $\mathbf{x}=\mathbf{x}_0+t\mathbf{u}$로 주어지고(10.5절의 식 **1**), 따라서 $f(\mathbf{x}_0+h\mathbf{u})$는 이 직선 위의 한 점에서 f의 값을 나타내기 때문이다.

만약 $f(x,\ y,\ z)$가 미분가능이고, $\mathbf{u}=\langle a,\ b,\ c\rangle$이면, 정리 **3**의 증명에 썼던 방법을 사용하여 다음 사실을 증명할 수 있다.

12
$$D_{\mathbf{u}}f(x,\ y,\ z)=f_x(x,\ y,\ z)a+f_y(x,\ y,\ z)b+f_z(x,\ y,\ z)c$$

삼변수함수 f에 대한 **기울기 벡터**는

$$\nabla f(x,\ y,\ z)=\langle f_x(x,\ y,\ z),\ f_y(x,\ y,\ z),\ f_z(x,\ y,\ z)\rangle$$

이고, ∇f 또는 grad f로 표기하며, 간단히 다음과 같이 쓴다.

13
$$\nabla f=\langle f_x,\ f_y,\ f_z\rangle=\frac{\partial f}{\partial x}\mathbf{i}+\frac{\partial f}{\partial y}\mathbf{j}+\frac{\partial f}{\partial z}\mathbf{k}$$

그러면 이변수함수처럼, 방향도함수에 대한 식 12는 다음과 같이 쓸 수 있다.

14 $$D_{\mathbf{u}} f(x, y, z) = \nabla f(x, y, z) \cdot \mathbf{u}$$

예제 5 $f(x, y, z) = x \sin yz$일 때

(a) f의 기울기 벡터를 구하여라.

(b) $\mathbf{v} = \mathbf{i} + 2\mathbf{j} - \mathbf{k}$ 방향으로 $(1, 3, 0)$에서 f의 방향도함수를 구하여라.

풀이 (a)
$$\nabla f(x, y, z) = \langle f_x(x, y, z), f_y(x, y, z), f_z(x, y, z) \rangle = \langle \sin yz, xz \cos yz, xy \cos yz \rangle$$

(b) $(1, 3, 0)$에서 $\nabla f(1, 3, 0) = \langle 0, 0, 3 \rangle$이다. $\mathbf{v} = \mathbf{i} + 2\mathbf{j} - \mathbf{k}$ 방향으로 단위벡터는

$$\mathbf{u} = \frac{1}{\sqrt{6}}\mathbf{i} + \frac{2}{\sqrt{6}}\mathbf{j} - \frac{1}{\sqrt{6}}\mathbf{k}$$

이고, 그러므로 식 14에 의하여 다음과 같다.

$$\begin{aligned} D_{\mathbf{u}} f(1, 3, 0) &= \nabla f(1, 3, 0) \cdot \mathbf{u} \\ &= 3\mathbf{k} \cdot \left(\frac{1}{\sqrt{6}}\mathbf{i} + \frac{2}{\sqrt{6}}\mathbf{j} - \frac{1}{\sqrt{6}}\mathbf{k} \right) \\ &= 3 \cdot \left(-\frac{1}{\sqrt{6}} \right) = -\sqrt{\frac{3}{2}} \end{aligned}$$

■

방향도함수의 최대화

이변수 또는 삼변수함수 f가 주어졌다고 가정하고, 주어진 점에서 f의 모든 가능한 방향도함수를 생각해보자. 이것은 모든 가능한 방향에서 f의 변화율을 제공하여 준다. 그러면 다음과 같은 문제를 제기해보자. 어떤 방향에서 f의 함수값 변화가 가장 빠르고 또한 최대 변화율은 무엇인가? 이것의 답은 다음의 정리로 주어진다.

15 정리 f가 이변수 또는 삼변수를 갖는 미분가능 함수라고 가정하자. 방향도함수 $D_{\mathbf{u}} f(\mathbf{x})$의 최댓값은 $|\nabla f(\mathbf{x})|$이고, 이것은 기울기 벡터 $\nabla f(\mathbf{x})$와 벡터 $\mathbf{u}$의 방향이 일치할 때 생긴다.

증명 식 9 또는 14로부터 다음을 얻는다.

$$D_{\mathbf{u}} f = \nabla f \cdot \mathbf{u} = |\nabla f||\mathbf{u}| \cos\theta = |\nabla f| \cos\theta$$

이때 θ는 ∇f와 $\mathbf{u}$ 사이의 각이다. $\cos\theta$의 최댓값은 1이고, $\theta = 0$일 때이다. 그러므로 $D_{\mathbf{u}} f$의 최댓값은 $|\nabla f|$이고, $\theta = 0$일 때이다. 즉, ∇f와 $\mathbf{u}$의 방향이 일치할 때이다. ■

예제 6 **최대 변화율 결정** (a) $f(x, y)=xe^y$, $P(2, 0)$에서 $Q\left(\frac{1}{2}, 2\right)$ 방향으로, 점 $P(2, 0)$에서 f의 변화율을 구하여라.

(b) 어떤 방향으로 f는 최대 변화율을 갖는가? 그 변화율의 최댓값은 얼마인가?

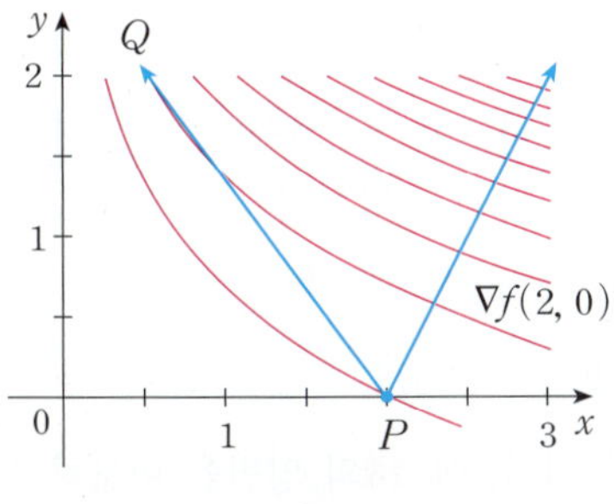

그림 7

● 예제 6에서 주어진 함수가 $(2, 0)$에서 기울기 벡터 $\nabla f(2, 0)=\langle 1, 2\rangle$ 방향으로 가장 빠르게 증가하고 있다. 그림 7에서 이 벡터가 $(2, 0)$을 통과하는 등위곡선에 수직임을 보여준다. 그림 8은 f의 그래프와 기울기 벡터를 보여준다.

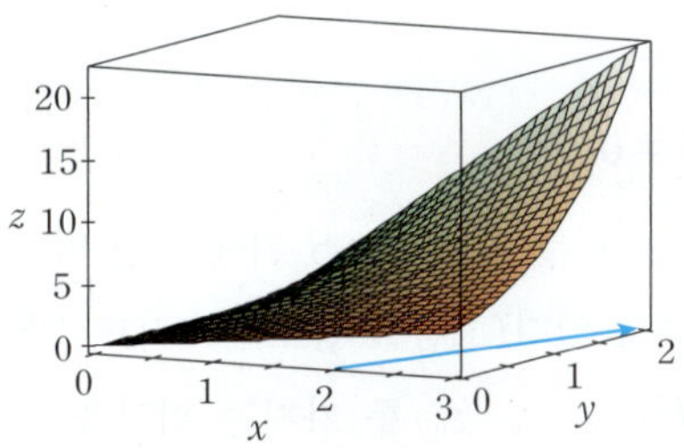

그림 8

풀이 (a) 먼저 기울기 벡터를 계산하면

$$\nabla f(x, y)=\langle f_x, f_y\rangle=\langle e^y, xe^y\rangle$$
$$\nabla f(2, 0)=\langle 1, 2\rangle$$

이다. $\overrightarrow{PQ}=\langle -1.5, 2\rangle$의 방향으로 단위벡터는 $\mathbf{u}=\left\langle -\frac{3}{5}, \frac{4}{5}\right\rangle$이고, P부터 Q방향으로, f의 변화율은 다음과 같다.

$$D_{\mathbf{u}} f(2, 0)=\nabla f(2, 0)\cdot\mathbf{u}=\langle 1, 2\rangle\cdot\left\langle -\frac{3}{5}, \frac{4}{5}\right\rangle$$
$$=1\left(-\frac{3}{5}\right)+2\left(\frac{4}{5}\right)=1$$

(b) 정리 15로부터 기울기 벡터 $\nabla f(2, 0)=\langle 1, 2\rangle$의 방향에서 f가 가장 빨리 증가한다. 최대 변화율은 $|\nabla f(2, 0)|=|\langle 1, 2\rangle|=\sqrt{5}$이다. ■

예제 7 공간 위의 점 (x, y, z)에서의 온도가

$$T(x, y, z)=\frac{80}{1+x^2+2y^2+3z^2}$$

라고 하자. 단 T의 단위는 ℃이고, x, y, z의 단위는 m이다. 점 $(1, 1, -2)$에서 가장 빨리 온도가 증가하는 방향은 무엇인가? 그리고 최대 증가율은 얼마인가?

풀이 T의 기울기 벡터는

$$\nabla T=\frac{\partial T}{\partial x}\mathbf{i}+\frac{\partial T}{\partial y}\mathbf{j}+\frac{\partial T}{\partial z}\mathbf{k}$$
$$=-\frac{160x}{(1+x^2+2y^2+3z^2)^2}\mathbf{i}-\frac{320y}{(1+x^2+2y^2+3z^2)^2}\mathbf{j}$$
$$-\frac{480z}{(1+x^2+2y^2+3z^2)^2}\mathbf{k}$$
$$=\frac{160}{(1+x^2+2y^2+3z^2)^2}(-x\,\mathbf{i}-2y\,\mathbf{j}-3z\,\mathbf{k})$$

이고, 점 $(1, 1, -2)$에서 기울기 벡터는

$$\nabla T(1, 1, -2)=\frac{160}{256}(-\mathbf{i}-2\mathbf{j}+6\mathbf{k})=\frac{5}{8}(-\mathbf{i}-2\mathbf{j}+6\mathbf{k})$$

이다. 정리 15에 의하여 온도는 기울기 벡터 $\nabla T(1, 1, -2)=\frac{5}{8}(-\mathbf{i}-2\mathbf{j}+6\mathbf{k})$즉 $-\mathbf{i}-2\mathbf{j}+6\mathbf{k}$의 방향, 즉 단위벡터 $\frac{(-\mathbf{i}-2\mathbf{j}+6\mathbf{k})}{\sqrt{41}}$의 방향으로 가장 빨리 증가한다. 증가율의 최댓값은 기울기 벡터의 길이이다.

$$|\nabla T(1, 1, -2)|=\frac{5}{8}|-\mathbf{i}-2\mathbf{j}+6\mathbf{k}|=\frac{5\sqrt{41}}{8}$$

그러므로 온도의 최대 증가율은 $\frac{5\sqrt{41}}{8}\approx 4(℃/\mathrm{m})$이다. ■

등위곡면에 대한 접평면

곡면 S가 방정식 $F(x, y, z)=k$에 의하여 주어졌다고 하자. 즉, S는 삼변수함수에 대한 등위곡면이다. 그리고 $P(x_0, y_0, z_0)$는 곡면 S 위의 점이라 하자. C는 S 위에 놓여 있고 점 P를 통과하는 임의의 곡선이라 하자. 11.1절에 의하여 곡선 C를 연속인 벡터함수 $\mathbf{r}(t)=\langle x(t), y(t), z(t)\rangle$로 표현할 수 있다. 또, $\mathbf{r}(t_0)=\langle x_0, y_0, z_0\rangle$라고 두자. C가 S 위에 놓여 있으므로, C 위의 임의의 점 $(x(t), y(t), z(t))$는 S의 방정식을 반드시 만족한다. 즉

16 $$F(x(t), y(t), z(t))=k$$

이다. x, y, z가 t의 미분가능한 함수이고 F도 미분가능이면, 식 **16**의 양변을 미분하기 위하여 연쇄 법칙을 이용하면, 다음과 같다.

17 $$\frac{\partial F}{\partial x}\frac{dx}{dt}+\frac{\partial F}{\partial y}\frac{dy}{dt}+\frac{\partial F}{\partial z}\frac{dz}{dt}=0$$

그러나 $\nabla F=\langle F_x, F_y, F_z\rangle$ 이고, $\mathbf{r}'(t)=\langle x'(t), y'(t), z'(t)\rangle$이므로 식 **17**은 내적을 이용하여 다음과 같이 쓸 수 있다.

$$\nabla F\cdot\mathbf{r}'(t)=0$$

특히, $t=t_0$에서 $\mathbf{r}(t_0)=\langle x_0, y_0, z_0\rangle$이므로

18 $$\nabla F(x_0, y_0, z_0)\cdot\mathbf{r}'(t_0)=0$$

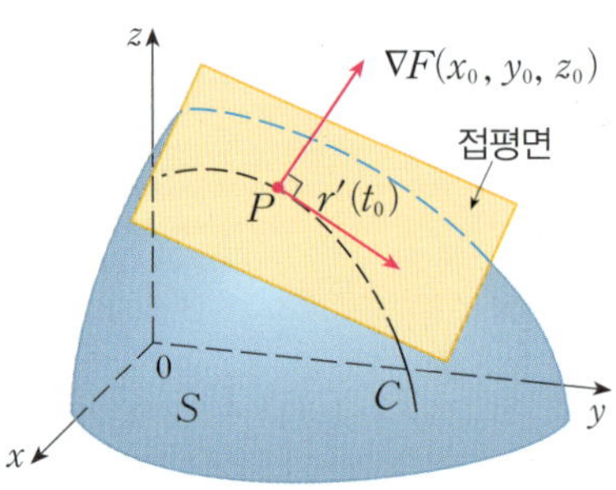

그림 9

이다. 식 **18**은 P에서의 기울기 벡터 $\nabla F(x_0, y_0, z_0)$는 P를 통과하는 S 위에 놓인 임의의 곡선 C에 대한 접선벡터 $\mathbf{r}'(t_0)$에 수직임을 말해주고 있다(그림 9 참조). 그러므로 $\nabla F(x_0, y_0, z_0)\neq\mathbf{0}$이면 P를 통과하고 법선벡터 $\nabla F(x_0, y_0, z_0)$를 가지는 평면을 점 $P(x_0, y_0, z_0)$에서의 **등위곡면** $F(x, y, z)=k$에 대한 **접평면**이라고 정의하는 것은 자연스러운 일이다. 평면의 10.5절의 표준방정식 **6**을 사용하면 다음과 같이 이 접평면의 방정식을 쓸 수 있다.

19 $$F_x(x_0, y_0, z_0)(x-x_0)+F_y(x_0, y_0, z_0)(y-y_0)+F_z(x_0, y_0, z_0)(z-z_0)=0$$

P를 통과하고 접평면에 수직인 직선을 P에서의 곡면 S에 대한 **법선**(normal line)이라 한다. 법선의 방향은 기울기 벡터 $\nabla F(x_0, y_0, z_0)$에 의하여 주어지며, 10.5절의 식 **3**에 의하여 법선의 대칭방정식은 다음과 같다.

20 $$\frac{x-x_0}{F_x(x_0, y_0, z_0)}=\frac{y-y_0}{F_y(x_0, y_0, z_0)}=\frac{z-z_0}{F_z(x_0, y_0, z_0)}$$

곡면 S가 $z=f(x, y)$의 형태로 주어진 특별한 경우, 즉 S가 이변수함수 f의 그래프인 경우에는 $F(x, y, z)=f(x, y)-z=0$라고 쓸 수 있다. 그리고 S를 $k=0$으로 하는 F의 등위곡면으로 간주할 수 있다. 따라서,

$$F_x(x_0, y_0, z_0)=f_x(x_0, y_0)$$

$$F_y(x_0, y_0, z_0)=f_y(x_0, y_0)$$
$$F_z(x_0, y_0, z_0)=-1$$

이다. 그러므로 식 **19**는 다음과 같이 된다.

$$f_x(x_0, y_0)(x-x_0)+f_y(x_0, y_0)(y-y_0)-(z-z_0)=0$$

이것은 12.4절의 **2**와 동치이다. 그러므로 좀더 일반적인 접평면의 정의는 12.4절의 특별한 경우에 대하여 주어졌던 정의와 일치한다.

예제 8 다음의 타원면에 대한 점 $(-2, 1, -3)$에서의 접평면과 법선의 방정식을 구하여라.

$$\frac{x^2}{4}+y^2+\frac{z^2}{9}=3$$

풀이 이 타원면은 $k=3$으로 하는 다음 함수 F의

$$F(x, y, z)=\frac{x^2}{4}+y^2+\frac{z^2}{9}$$

의 등위곡면이다. 따라서

$$F_x(x, y, z)=\frac{x}{2}, \qquad F_y(x, y, z)=2y, \qquad F_z(x, y, z)=\frac{2z}{9}$$
$$F_x(-2, 1, -3)=-1, \quad F_y(-2, 1, -3)=2, \quad F_z(-2, 1, -3)=-\frac{2}{3}$$

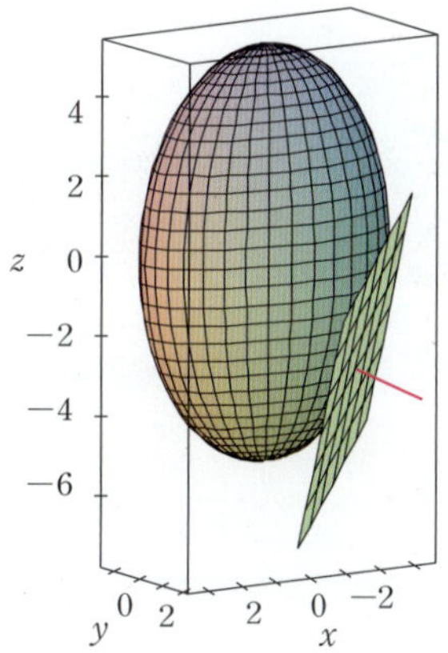

그림 10
그림 10은 예제 8에서의 타원면, 접평면, 법선을 보여준다.

식 **19**에 의하여 점 $(-2, 1, -3)$에서의 접평면의 방정식을 구하면

$$-1(x+2)+2(y-1)-\frac{2}{3}(z+3)=0$$

이고, 즉 $3x-6y+2z+18=0$이다. 그러므로 식 **20**에 의하여 법선의 대칭방정식은 다음과 같다.

$$\frac{x+2}{-1}=\frac{y-1}{2}=\frac{z+3}{-\frac{2}{3}}$$

기울기 벡터의 중요성

이제 기울기 벡터의 중요한 점을 요약하여 보자. 우선 삼변수함수 f와, 그 정의역의 점 $P(x_0, y_0, z_0)$를 생각하자. 한편 정리 **15**로부터 기울기 벡터 $\nabla f(x_0, y_0, z_0)$는 f의 가장 빠른 증가방향을 제공한다. 다른 한편 $\nabla f(x_0, y_0, z_0)$는 P를 통과하는 f의 등위곡면 S에 수직이다(그림 9 참조). 이러한 두 가지 속성은 직관적으로 모순이 아니다. 왜냐하면 등위곡면 S 위에서 점 P를 움직일 때, f의 값은 변화하지 않기 때문이다. 따라서 수직방향으로 움직이면, 최대 증가값을 얻는다는 것이 타당하게 보인다.

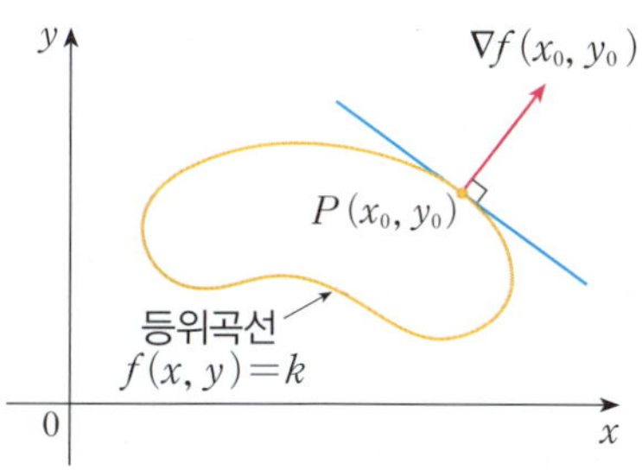

그림 11

마찬가지로 이변수함수 f와 그 정의역에 있는 점 $P(x_0, y_0)$를 생각하자. 이때도 기울기 벡터 $\nabla f(x_0, y_0)$는 f의 가장 빠른 증가방향을 제공한다. 또한 접평면에 관하여 논의한 것과 유사하게 생각해보면, $\nabla f(x_0, y_0)$는 P를 통과하는 등위곡선 $f(x, y)=k$에 수직임

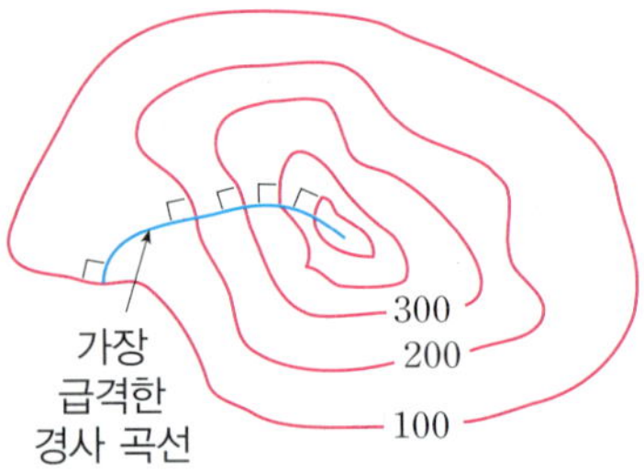

그림 12

을 보여준다. 이것은 직관적으로 그럴 듯하다. 왜냐하면 f의 값은 곡선을 따라 이동하여도 변하지 않기 때문이다(그림 11 참조).

만약 언덕의 지형학적 지도를 생각하며, $f(x, y)$는 좌표 (x, y)를 가지는 한 점에서 해수면에서의 높이를 나타낸다고 하자. 그러면 가장 급격한 경사 곡선이 그림 12처럼 모든 등위곡선에 직교하도록 하여 그릴 수 있다. 이러한 현상은 12.1절의 그림 12에서도 알 수 있다.

다음은 컴퓨터를 이용하여 기울기 벡터를 그린 것이다. 각 기울기 벡터 $\nabla f(a, b)$는 점 (a, b)를 시점으로 하여 그린 것이다. 그림 13은 $f(x, y) = x^2 - y^2$에 대한 그러한 기울기 벡터들이 f의 등위곡선 도표 위에 그린 것을 보여준다. 이것을 **기울기 벡터장**이라고 한다. 이 벡터들은 예상대로 고개 위로 올라가는 모습을 보여주고, 등위곡선에 수직이다.

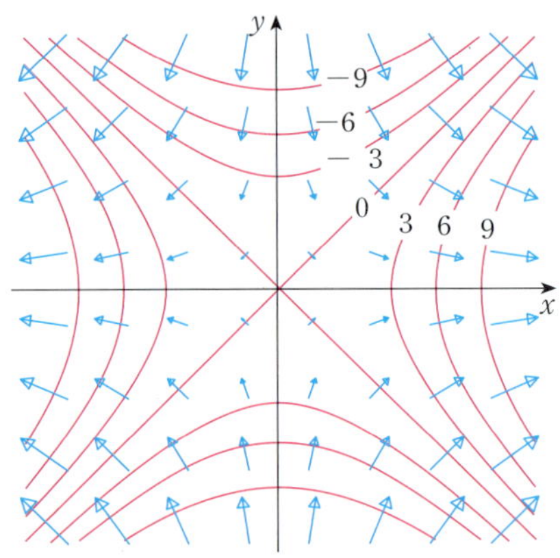

그림 13

12.6 연습문제

1. 다음은 2004년 12월 18일 호주의 기압도(hPa)이다. Alice Springs에서 Adelaide 방향의 방향도함수의 값을 추정하여라.

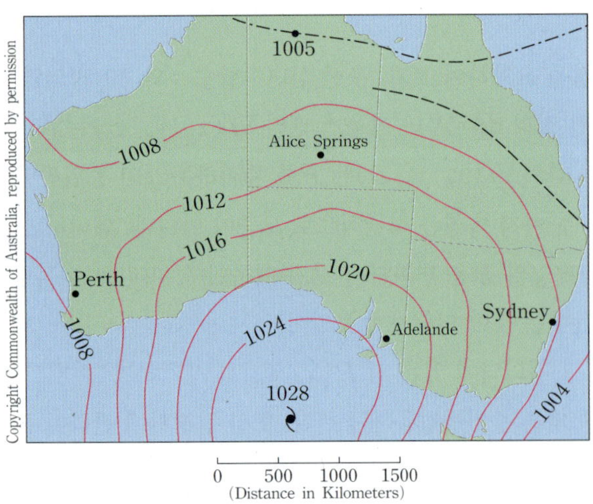

2. 다음은 2004년 11월 평균 최고 온도(℃)를 나타내는(등위 곡선)기상도이다. 뉴 사우스 웨일즈의 Dubbo에서 Sydney 방향의 온도 함수의 방향도함수를 추정하여라.

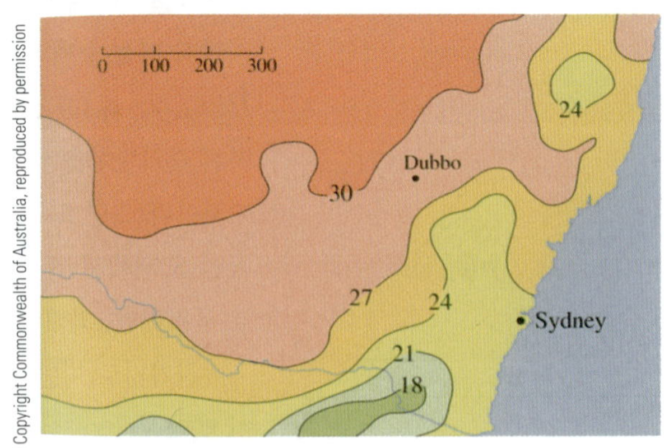

3. 12.3절 연습문제 3에 있는 체감온도지수 $W=f(T, v)$에 대한 표를 이용하여 $\mathbf{u}=(\mathbf{i}+\mathbf{j})/\sqrt{2}$ 일 때 $D_uf(-20, 30)$을 구하여라.

(4~6) 다음 함수의 주어진 점에서 지정된 θ 방향으로의 방향도함수를 구하여라.

4. $f(x, y)=x^2y^3-y^4$, $(2, 1)$, $\theta=\dfrac{\pi}{4}$

5. $f(x, y)=ye^{-x}$, $(0, 4)$, $\theta=\dfrac{2\pi}{3}$

6. $f(x, y)=x\sin(xy)$, $(2, 0)$, $\theta=\dfrac{\pi}{3}$

(7~10)

(a) f의 기울기 벡터를 구하여라. (Grad f)

(b) 주어진 점 P에서 기울기 벡터를 계산하여라.

(c) 주어진 벡터 $\mathbf{u}$ 방향에 대한, P에서 f의 변화율을 구하여라.

7. $f(x, y)=5xy^2-4x^3y$, $P(1, 2)$, $\mathbf{u}=\left\langle \dfrac{5}{13}, \dfrac{12}{13}\right\rangle$

8. $f(x, y)=y\ln x$, $P(1, -3)$, $\mathbf{u}=\left\langle -\dfrac{4}{5}, \dfrac{3}{5}\right\rangle$

9. $f(x, y, z)=xe^{2yz}$, $P(3, 0, 2)$, $\mathbf{u}=\left\langle \dfrac{2}{3}, -\dfrac{2}{3}, \dfrac{1}{3}\right\rangle$

10. $f(x, y, z)=\sqrt{x+yz}$, $P(1, 3, 1)$, $\mathbf{u}=\left\langle \dfrac{2}{7}, \dfrac{3}{7}, \dfrac{6}{7}\right\rangle$

(11~17) 주어진 점에서 주어진 벡터 $\mathbf{v}$ 방향에 대한 다음 함수의 방향도함수를 구하여라.

11. $f(x, y)=1+2x\sqrt{y}$, $(3, 4)$, $\mathbf{v}=\langle 4, -3\rangle$

12. $f(x, y)=\ln(x^2+y^2)$, $(2, 1)$, $\mathbf{v}=\langle -1, 2\rangle$

13. $g(p, q)=p^4-p^2q^3$, $(2, 1)$, $\mathbf{v}=\mathbf{i}+3\mathbf{j}$

14. $g(r, s)=\tan^{-1}(rs)$, $(1, 2)$, $\mathbf{v}=5\mathbf{i}+10\mathbf{j}$

15. $f(x, y, z)=xe^y+ye^z+ze^x$, $(0, 0, 0)$, $\mathbf{v}=\langle 5, 1, -2\rangle$

16. $f(x, y, z)=\sqrt{xyz}$, $(3, 2, 6)$, $\mathbf{v}=\langle -1, -2, 2\rangle$

17. $g(x, y, z)=(x+2y+3z)^{3/2}$, $(1, 1, 2)$, $\mathbf{v}=2\mathbf{j}-\mathbf{k}$

18. 아래 그림을 이용하여 $D_uf(2, 2)$를 구하여라.

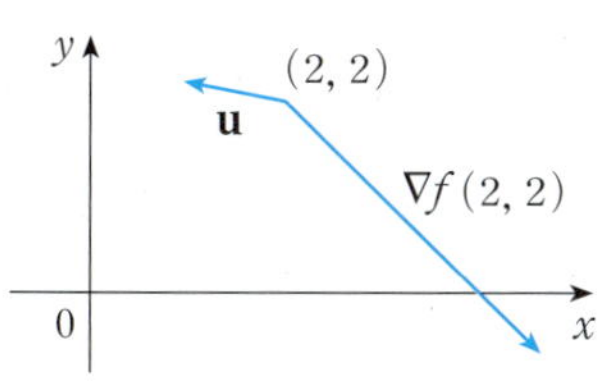

19. 점 $P(2, 8)$에서 $Q(5, 4)$ 방향으로 $f(x, y)=\sqrt{xy}$ 의 방향도함수를 구하여라.

20. 점 $P(1, -1, 3)$에서 $Q(2, 4, 5)$ 방향으로 $f(x, y, z)=xy+yz+zx$의 방향도함수를 구하여라.

(21~24) 주어진 점에서 f의 값의 최대변화가 일어나는 방향벡터와 f의 최대변화율을 구하여라.

21. $f(x, y)=\sin(xy)$, $(1, 0)$

22. $f(p, q)=qe^{-p}+pe^{-q}$, $(0, 0)$

23. $f(x, y, z)=\sqrt{x^2+y^2+z^2}$, $(3, 6, -2)$

24. $f(x, y, z)=(x+y)/z$, $(1, 1, -1)$

25. (a) $\mathbf{x}$에서 기울기 벡터의 반대방향으로, 즉 $-\nabla f(\mathbf{x})$방향으로 미분가능한 함수 f의 값이 가장 급격히 감소함을 보여라.

(b) (a)의 결과를 이용하여, 함수 $f(x, y)=x^4y-x^2y^3$이 점 $(2, -3)$에서 가장 빨리 감소하는 방향을 구하여라.

26. 점 $(0, 2)$에서 $f(x, y)=ye^{-xy}$의 방향도함수의 값이 1인 방향벡터를 구하여라.

27. 함수 $f(x, y)=x^2+y^2-2x-4y$의 가장 빠르게 변하는 방향벡터가 $\mathbf{i}+\mathbf{j}$인 모든 점을 구하여라.

28. 부표 부근에서 좌표 (x, y)를 가지는 점에서 호수의 깊이가 $z=200+0.02x^2-0.001y^3$(x, y, z의 단위는 미터)일 때, 작은 배를 탄 어부가 점 $(80, 60)$에서 시작하여, 부표 $(0, 0)$으로 움직인다. 배가 출발할 때, 배 밑의 물의 깊이는 점점 깊어지는가 혹은 얕아지는가? 설명하여라.

29. 금속공의 온도 T는 공의 중심(이것을 원점으로 택함)에서의 거리에 반비례한다. 그리고 점 $(1, 2, 2)$에서 온도는 $120°$이다.

(a) 점 $(1, 2, 2)$에서 점 $(2, 1, 3)$ 방향으로 온도 T의 변화율을 구하여라.

(b) 공 안의 임의의 점에서 온도가 가장 크게 증가하는 방향은 그 점에서 원점으로 향하는 벡터임을 보여라.

30. 점 (x, y, z)에서 온도 T는 다음과 같이 주어진다.

$$T(x, y, z)=200e^{-x^2-3y^2-9z^2}$$

단, 온도 T의 단위는 ℃이고, x, y, z는 미터이다.

(a) 점 $P(2, -1, 2)$에서 점 $(3, -3, 3)$ 방향으로 온도의 변화율을 구하여라.

(b) 점 P에서 온도가 가장 빨리 증가하는 방향은?

(c) 점 P에서 최대증가율을 구하여라.

31. 공간의 어떤 영역에서, 전위 V가 다음과 같이 주어진다고 하자.

$$V(x,\ y,\ z)=5x^2-3xy+xyz$$

(a) 점 $P(3,\ 4,\ 5)$에서 $\mathbf{v}=\mathbf{i}+\mathbf{j}-\mathbf{k}$ 벡터 방향으로의 전위의 변화율을 구하여라.

(b) 점 P에서 전위 V가 가장 급격히 변하는 방향은?

(c) 점 P에서 최대 변화율은 얼마인가?

32. 방정식 $z=1000-0.005x^2-0.01y^2$의 그래프 모양인 언덕을 오르다가 좌표 $(60,\ 100,\ 966)$인 점에 서 있다고 가정하자(x축의 양의 방향은 동쪽이고 y축의 양의 방향을 북쪽이라 하자).

(a) 정남쪽으로 걸어갈 때 올라가는지 내려가는지 보이고 또 어떤 비율인지 보여라.

(b) 북서쪽으로 걸어갈 때 (a)와 같은 질문에 답하여라.

(C) 가장 경사가 급한 방향은 어디인가? 그 방향에서 오르는 비율은 얼마인가? 그 길의 수평면으로부터의 각도를 표시하여라.

33. f는 연속인 편도함수를 갖는 이변수함수라고 하자. 점 $A(1,\ 3)$, $B(3,\ 3)$, $C(1,\ 7)$, $D(6,\ 15)$를 생각하자. 점 A에서 벡터 $\overrightarrow{AB}$ 방향으로 f의 방향도함수는 3이고, A에서 벡터 $\overrightarrow{AC}$ 방향으로의 방향도함수는 26이다. 이때 점 A에서 벡터 $\overrightarrow{AD}$ 방향으로 f의 방향도함수를 구하여라.

34. 다음은 British Columbia에 있는 Blue River Pine Provincial Park의 지형도 이다. 위치 A로부터(Mud Lake로의 하강)와 B로부터 가장 급격한 경사를 가지는 곡선을 그려라.

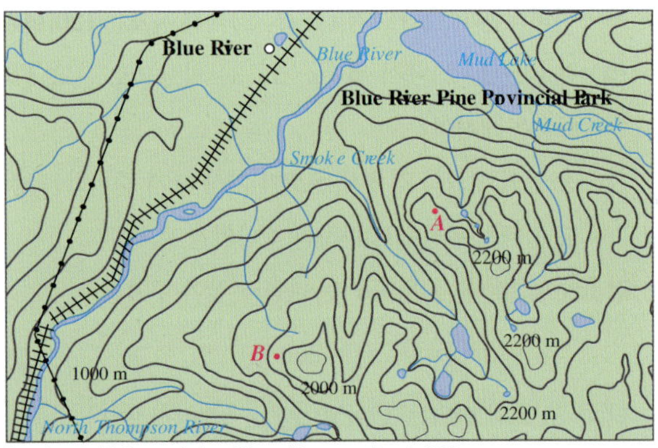

Reproduced with the permission of Natural Resources Canada 2009, courtesy of the Centre of Topographic Information.

35. u, v는 x, y에 관한 미분가능한 함수이고, a, b는 상수일 때 다음이 성립함을 보여라.

(a) $\nabla(au+bv)=a\nabla u+b\nabla v$

(b) $\nabla(uv)=u\nabla v+v\nabla u$

(c) $\nabla\left(\dfrac{u}{v}\right)=\dfrac{v\nabla u-u\nabla v}{v^2}$

(d) $\nabla u^n=nu^{n-1}\nabla u$

36. 주어진 등위곡선의 함수 f에 대한 기울기 벡터 $\nabla f(4,\ 6)$을 그려라. 그리고 이 벡터의 길이와 방향을 어떻게 선택하였는지를 설명하여라.

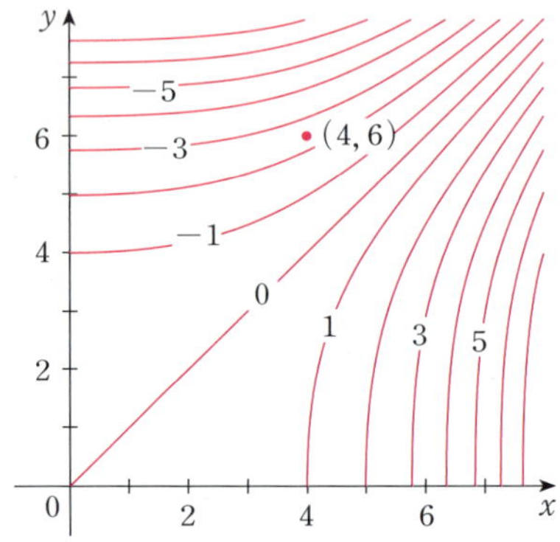

37. $f(x, y)$의 2계 방향도함수는

$$D_{\mathbf{u}}^2f(x,\ y)=D_{\mathbf{u}}[D_{\mathbf{u}}f(x,\ y)]$$

이다. $f(x, y)=x^3+5x^2y+y^3$, $u=\left\langle \dfrac{3}{5},\ \dfrac{4}{5}\right\rangle$에 대하여 $D_{\mathbf{u}}^2f(2, 1)$를 구하여라.

38. (a) $u=\langle a,\ b\rangle$가 단위벡터이고, 함수 f가 연속인 2계도함수를 갖을 때, $D_u^2f=f_{xx}a^2+2f_{xy}ab+f_{yy}b^2$을 보여라.

(b) 벡터 $\mathbf{v}=\langle 4,\ 6\rangle$ 방향으로의 함수 $f(x,\ y)=xe^{2y}$의 2계 방향도함수를 구하여라.

(39~44) 다음 곡면들의 주어진 점에서 다음을 구하여라.

(a) 접평면 (b) 법선

39. $2(x-2)^2+(y-1)^2+(z-3)^2=10$, $(3,\ 3,\ 5)$

40. $y=x^2-z^2$, $(4,\ 7,\ 3)$

41. $x^2-2y^2+z^2+yz=2$, $(2,\ 1,\ -1)$

42. $x-z=4\arctan(yz)$, $(1+\pi,\ 1,\ 1)$

43. $z+1=xe^y\cos z$, $(1,\ 0,\ 0)$

44. $yz=\ln(x+z)$, $(0,\ 0,\ 1)$

(45~46) 다음 방정식이 나타내는 곡면, 주어진 점에서의 접평면, 법선을 컴퓨터를 이용하여 한 좌표평면에 그려라(단, 세 가지 그림이 잘 나타나게 시점과 정의역을 선택하라).

45. $xy+yz+zx=3$, $(1,\ 1,\ 1)$

46. $xyz=6$, $(1,\ 2,\ 3)$

47. $f(x, y) = xy$에 대하여, 그래디언트 벡터 $\nabla f(3, 2)$를 구하고, 이것을 이용하여 점 (3, 2)에서 등위곡선 $f(x, y) = 6$의 접선의 방정식을 구하여라. 등고선, 접선 및 그래디언트 벡터를 그려라.

48. $g(x, y) = x^2 + y^2 - 4x$에 대하여, 그래디언트 벡터 $\nabla g(3, 2)$를 구하고, 이것을 이용하여 점 (3, 2)에서 등위곡선 $g(x, y) = 1$의 접선의 방정식을 구하여라. 등고선, 접선 및 그래디언트 벡터를 그려라.

49. 점 (x_0, y_0, z_0)에서 타원면 $x^2/a^2 + y^2/b^2 + z^2/c^2 = 1$에 대한 접평면의 방정식은

$$\frac{xx_0}{a^2} + \frac{yy_0}{b^2} + \frac{zz_0}{c^2} = 1$$

임을 보여라.

50. 평면 $x + 2y + 3z = 1$와 포물면 $y = x^2 + z^2$ 위의 어떤 점에서의 접평면이 평행한가?

51. 평면 $z = x + y$와 쌍곡면 $x^2 - y^2 - z^2 = 1$ 위의 점에서의 접평면이 평행이 되는 점이 존재하는가?

52. 타원면 $3x^2 + 2y^2 + z^2 = 9$와 구면 $x^2 + y^2 + z^2 - 8x - 6y - 8z + 24 = 0$이 점 (1, 1, 2)에서 서로 접함을 보여라.

53. 원뿔 $x^2 + y^2 = z^2$의 모든 접평면은 원점을 지남을 보여라.

54. 구면 $x^2 + y^2 + z^2 = r^2$에 대한 모든 법선들은 이 구면의 중심을 지나감을 보여라.

55. 곡면 $\sqrt{x} + \sqrt{y} + \sqrt{z} = \sqrt{c}$ 에 대한 모든 접평면의 x, y, z절편의 합이 일정함을 보여라.

56. 제1팔분공간 내 점에서의 곡면 $xyz = 1$의 접평면에 의하여 잘려진 제1팔분공간 내의 각뿔의 부피는 모두 같음을 보여라.

57. 포물면 $z = x^2 + y^2$과 타원면 $4x^2 + y^2 + z^2 = 9$가 만나서 이루는 곡선에 대한 (−1, 1, 2)에서의 접선의 매개변수방정식을 구하여라.

58. (a) 평면 $y + z = 3$과 주면 $x^2 + y^2 = 5$가 교차하여 하나의 타원을 이룬다. 점 (1, 2, 1)에서 이 타원의 접선의 매개변수방정식을 구하여라.

(b) 컴퓨터를 이용하여 주면, 평면, 접선을 한 좌표평면에 그려라.

59. (a) 두 곡면이 만나는 점에서 각각의 법선이 서로 수직이면, 두 곡면이 그 점에서 직교(orthogonal)한다고 한다. 두 곡면 $F(x, y, z) = 0$과 $G(x, y, z) = 0$이 점 P에서 직교할 필요충분조건은 점 P에서

$$F_x G_x + F_y G_y + F_z G_z = 0$$

임을 보여라. 여기서 $\nabla F \neq \mathbf{0}$, $\nabla G \neq \mathbf{0}$이다.

(b) (a)를 사용하여 두 곡면 $z^2 = x^2 + y^2$, $x^2 + y^2 + z^2 = r^2$이 만나는 모든 점에서 직교함을 보여라. 미적분학을 이용하지 않고 이것이 성립하는 이유를 알 수 있는가?

60. (a) 함수 $f(x, y) = \sqrt[3]{xy}$ 는 연속이고, 원점에서 편도함수 f_x, f_y는 존재하나 모든 다른 방향으로의 방향편도함수는 존재하지 않음을 보여라.

(b) 컴퓨터를 사용하여 원점 근방에서 f의 그래프를 그려라. 그리고 그 그래프가 (a)의 사실을 어떻게 확증할 수 있는가를 논하여라.

61. 평행이 아닌 단위벡터 $\mathbf{u}$, $\mathbf{v}$ 방향으로의 주어진 점에서 $f(x, y)$의 방향도함수를 알고 있다고 가정하자. 그러면 주어진 점에서의 ∇f를 구할 수 있겠는가? 만약 구할 수 있다면, 어떻게 할 수 있는가?

62. $z = f(x, y)$가 $\mathbf{x}_0 = \langle x_0, y_0 \rangle$에서 미분가능일 때

$$\lim_{\mathbf{x} \to \mathbf{x}_0} = \frac{f(\mathbf{x}) - f(\mathbf{x}_0) - \nabla f(\mathbf{x}_0) \cdot (\mathbf{x} - \mathbf{x}_0)}{|\mathbf{x} - \mathbf{x}_0|} = 0$$

임을 보여라.(도움말 : 12.4절의 정의 7을 직접 사용하여라.)

12.7 최댓값과 최솟값

제6장에서 본 것과 같이, 도함수를 최댓값과 최솟값을 구할 때 이용할 수 있다. 이 절에서는, 편도함수를 이용하여 이변수함수의 최대 · 최솟값을 어떻게 구하는지 알아보자. 특히, 예제 6에서 일정한 판지를 가지고 뚜껑이 없는 상자를 만들 때, 어떻게 만들면 부피를 최대로 할 수 있는지를 알아보려고 한다.

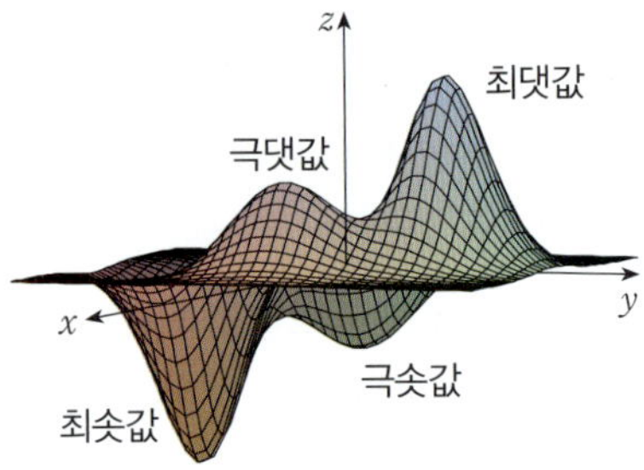

그림 1

1 정의 (a, b)를 중심으로 하는 어떤 원판 안의 모든 점 (x, y)에서 $f(x, y) \leq f(a, b)$이면 이변수함수 f는 (a, b)에서 **극댓값**을 갖는다라고 한다. $f(a, b)$를 **극댓값**이라 부른다. (a, b)에 가까운 (x, y)에 대하여 $f(x, y) \geq f(a, b)$이면, 이변수함수 f는 (a, b)에서 극솟값을 갖는다고 하고, $f(a, b)$를 **극솟값**이라 한다.

f의 정의역의 모든 점 (x, y)에서 정의 1의 부등식이 성립할 때 f는 (a, b)에서 **최댓값**(또는 **최솟값**)을 갖는다고 말한다.

여러 개의 극댓값과 극솟값을 갖는 함수의 그래프의 예는 그림 1과 같다. 극댓값은 산의 봉우리로 극솟값은 계곡의 밑바닥으로 생각할 수 있다.

2 이변수함수의 페르마 정리 만약 f가 (a, b)에서 극값(극댓값 또는 극솟값)을 가지며 f의 편도함수가 (a, b)에서 존재하면, $f_x(a, b)=0$이고 $f_y(a, b)=0$이다.

증명 $g(x)=f(x, b)$라 하자. 만약 f가 (a, b)에서 극값을 가지면 g는 a에서 극값을 가지며, 5.1절의 일변함수의 페르마의 정리 4에 의하여 $g'(a)=0$이 된다. 그러나 12.3절의 식 1에 의하여 $g'(a)=f_x(a, b)$이며, 그래서 $f_x(a, b)=0$이다. 같은 방법으로 페르마의 정리를 함수 $G(y)=f(a, y)$에 적용하면 $f_y(a, b)=0$을 얻는다. ■

정리 2의 결론을 기울기 벡터의 기호로는 $\nabla f(a, b)=\mathbf{0}$로 나타낼 수 있다. 만약 12.4절의 접평면방정식 2에서 $f_x(a, b)=0, f_y(a, b)=0$이라 두면, $z=z_0$를 얻는다. 따라서 정리 2의 기하학적인 해석은 f의 그래프가 극값을 갖는 점에서 접평면을 가지면 그 접평면은 수평이 된다는 것을 의미한다.

$f_x(a, b)=0, f_y(a, b)=0$ 또는 이러한 편도함수 중 하나가 존재하지 않는 점 (a, b)를 f의 **임계점**이라 한다. 정리 2는 f가 (a, b)에서 극값을 가지면, (a, b)는 f의 임계점이라는 것을 의미한다. 일변수 함수에서와 같이 모든 임계점에서 극값을 갖는 것은 아니다. 임계점에서 함수는 극대, 극소 또는 아무것도 가지지 않을 수도 있다.

예제 1 **최솟값을 갖는 함수** $f(x, y)=x^2+y^2-2x-6y+14$이면

$$f_x(x, y)=2x-2, \quad f_y(x, y)=2y-6$$

이다. 이러한 편도함수는 $x=1$, $y=3$에서 0이므로 유일한 임계점은 $(1, 3)$이다. 완전제곱에 의하여 다음과 같다.

$$f(x, y)=4+(x-1)^2+(y-3)^2$$

$(x-1)^2\geq 0$이고 $(y-3)^2\geq 0$이므로 x와 y의 모든 값에 관하여 $f(x, y)\geq 4$를 얻는다. 그러므로 $f(1, 3)=4$는 극솟값이다. 그리고 이것이 f의 최솟값이다. f의 그래프로부터 이러한 사실들을 기하학적으로 확인할 수 있다. 즉, f의 그래프는 그림 2에 보여지는 바와 같이 꼭지점을 $(1, 3, 4)$로 하는 타원포물면이다. ■

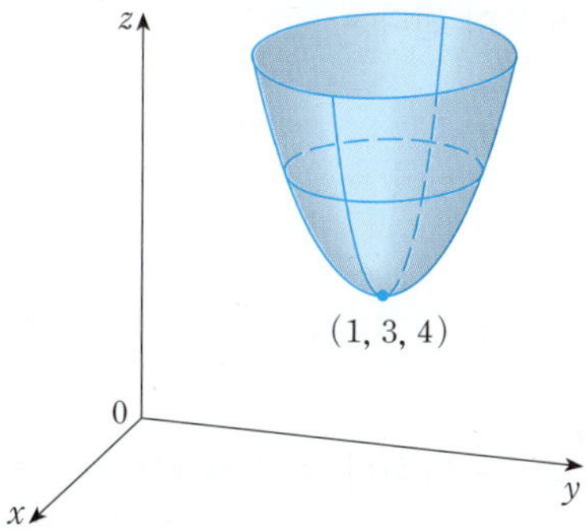

그림 2
$z=x^2+y^2-2x-6y+14$

예제 2 **극값을 갖지 않는 함수** $f(x, y)=y^2-x^2$의 극값을 구하여라.

풀이 $f_x=-2x$, $f_y=2y$이므로 유일한 임계점은 $(0, 0)$이다. x축 위의 모든 점은 $y=0$으로 표현되고, 따라서 $x\neq 0$이면 $f(x, y)=-x^2<0$이다. 한편 y축 위의 모든 점은 $x=0$으로 표현되고, 따라서 $y\neq 0$이면 $f(x, y)=y^2>0$이다. 그러므로 중심 $(0, 0)$을 갖는 각 원판내의 점들에 대해서, 함수 f가 양의 값을 취하기도 하고, 음의 값을 취하기도 한다. 따라서 $f(0, 0)=0$은 f에 대한 극값이 될 수 없으므로, f는 극값을 가지지 않는다. ■

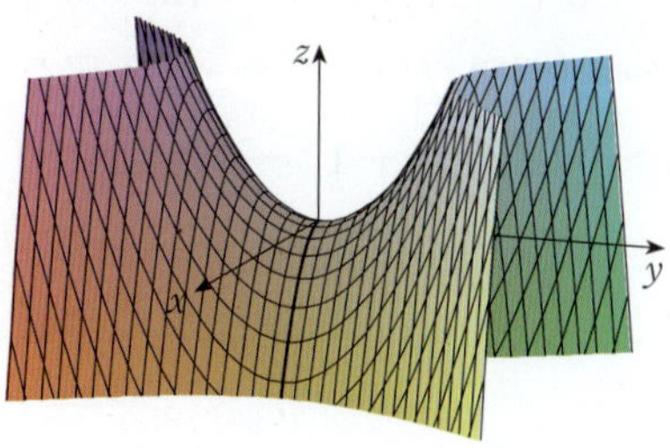

그림 3

예제 2는 임계점에서 함수가 반드시 최대 또는 최솟값을 가질 필요는 없다라는 사실을 설명해 준다. 그림 3은 어떻게 이것이 가능하지 보여준다. f의 그래프는 쌍곡포물면 $z=y^2-x^2$이고, 이것은 원점에서 수평의 접평면을 가진다. $f(0, 0)=0$은 x축 방향에서는 최대이나, y축 방향에서는 최소라는 것을 볼 수 있다. 원점 근방에서 그래프는 안장 모양이며, 따라서 $(0, 0)$은 f의 **안장점**(saddle point)이라 한다.

임계점에서 함수가 극값을 갖는지를 결정하는 방법이 필요하다. 다음의 판정법은 일변수함수에 대한 2계도함수 판정법과 유사하다.

> **3 2계도함수 판정법** 중심을 (a, b)로 하는 원판에서 f의 2계편도함수가 연속이고 $f_x(a, b)=0$, $f_y(a, b)=0$(즉, (a, b)는 f의 임계점)이라 하자.
>
> $$D=D(a, b)=f_{xx}(a, b)f_{yy}(a, b)-[f_{xy}(a, b)]^2$$
>
> (a) $D>0$, $f_{xx}(a, b)>0$이면 $f(a, b)$는 극솟값이다.
> (b) $D>0$, $f_{xx}(a, b)<0$이면 $f(a, b)$는 극댓값이다.
> (c) $D<0$이면 $f(a, b)$는 극값이 아니다.

참고 1 (c) 경우에 (a, b)는 f의 안장점이라 하고, f의 그래프는 (a, b)에서 그 접평면과 교차한다.

참고 2 $D=0$이면, 판정법에서 어떤 정보도 얻지 못한다. f는 (a, b)에서 극대점 혹은 극소점을 가질 수도 있고 또는 (a, b)가 f의 안장점일 수도 있다.

참고 3 D에 관한 공식을 행렬식으로 쓰면 기억하는 데 도움이 된다.

$$D=\begin{vmatrix} f_{xx} & f_{xy} \\ f_{yx} & f_{yy} \end{vmatrix}=f_{xx}f_{yy}-(f_{xy})^2$$

예제 3 **임계점 분류** $f(x, y)=x^4+y^4-4xy+1$의 극대, 극솟값과 안장점을 구하여라.

풀이 먼저 임계점을 찾는다. 즉, $f_x=4x^3-4y$, $f_y=4y^3-4x$이다. 이러한 편도함수를 똑같이 0으로 놓으면 $x^3-y=0$ 그리고 $y^3-x=0$을 얻는다. 이 식을 풀기 위하여 첫 번째 식으로부터 얻은 $y=x^3$을 두 번째 식에 대입한다.

$$0=x^9-x=x(x^8-1)=x(x^4-1)(x^4+1)=x(x^2-1)(x^2+1)(x^4+1)$$

그러면 세 개의 실근 $x=0, 1, -1$을 얻을 수 있다. 세 개의 임계점은 $(0, 0)$, $(1, 1)$, $(-1, -1)$이다.

다음은 2계편도함수와 $D(x, y)$를 계산한다.

$$f_{xx}=12x^2, \qquad f_{xy}=-4, \qquad f_{yy}=12y^2$$
$$D(x, y)=f_{xx}f_{yy}-(f_{xy})^2=144x^2y^2-16$$

$D(0, 0)=-16<0$이므로 2계도함수 판정법의 (c)경우로부터 원점은 안장점임을 알 수 있다. 즉, $(0, 0)$에서 f는 극값을 가지지 않는다. $D(1, 1)=128>0$이고, $f_{xx}(1, 1)=12>0$이므로 판정법의 (a)경우에 의하면 $f(1, 1)=-1$은 극소값이다. 유사한 방법으로 $D(-1, -1)=128>0$이고, $f_{xx}(-1, -1)=12>0$이므로 $f(-1, -1)=-1$은 극솟값이다.

f의 그래프와 등위곡선은 그림 4와 5와 같다. ■

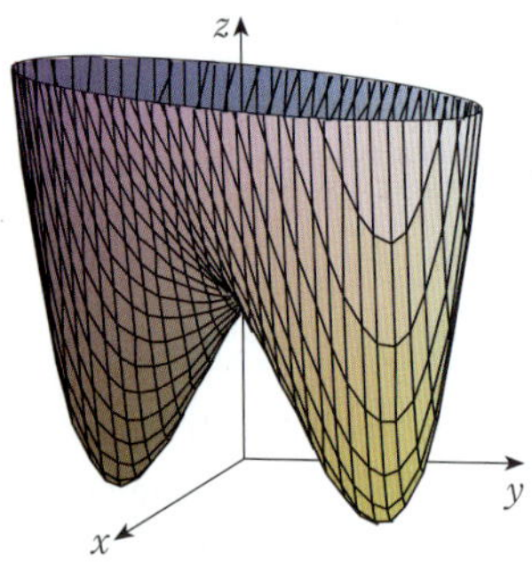

그림 4

$z=x^4+y^4-4xy+1$

● 그림 5는 예제 3의 함수 f의 등고선을 보여준다. $(1, 1)$과 $(-1, -1)$의 근처에서 등위곡선은 달걀 모양을 닮았다. 그것은 원점(f의 값은 1)에서 움직일 때 어떤 방향에서는 f의 값이 감소하나 다른 방향에서는 증가함을 의미한다. 그러므로 등고선은 예제 3에서 찾은 극솟값들과 안장점이 있음을 암시해준다.

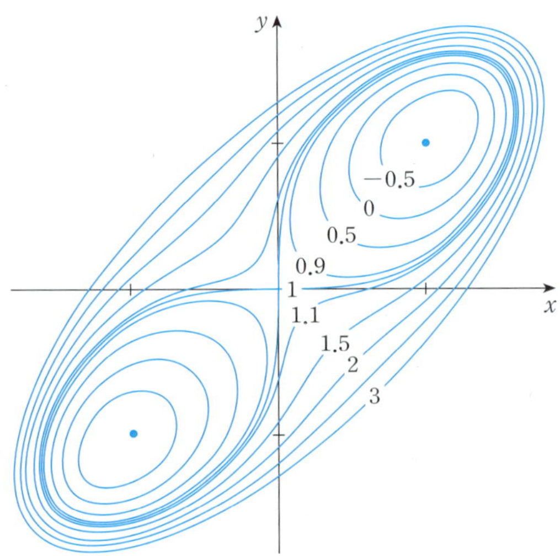

그림 5

예제 4 **임계점의 수리적 추정** 함수 $f(x, y)=10x^2y-5x^2-4y^2-x^4-2y^4$의 임계점을 구하고, 임계점을 분류하여라. 또한 f의 그래프 위에서 가장 높은 점을 구하여라.

풀이 1계편도함수는 $f_x = 20xy - 10x - 4x^3$, $f_y = 10x^2 - 8y - 8y^3$와 같다. 임계점을 구하기 위하여 다음 방정식들을 풀면

4 $$2x(10y - 5 - 2x^2) = 0$$

5 $$5x^2 - 4y - 4y^3 = 0$$

식 **4**에서 $x=0$ 또는 $10y-5-2x^2=0$. $x=0$일 때, 식 **5**는 $-4y(1+y^2)=0$, 그래서 $y=0$, 임계점 $(0,\ 0)$을 얻는다. $10y-5-2x^2=0$일 때,

6 $$x^2 = 5y - 2.5$$

이것을 식 **5**에 대입하면, $25y - 12.5 - 4y - 4y^3 = 0$이다. 그래서 삼차방정식

7 $$4y^3 - 21y + 12.5 = 0$$

을 풀어야 한다. 컴퓨터를 사용하여 $g(y) = 4y^3 - 21y + 12.5$의 그래프를 그리면 그림 6과 같다. 여기서 식 **7**이 세 개의 실근을 가짐을 알 수 있다. 확대시켜 그 근들을 소수점 넷째 자리까지 구할 수 있다. 즉, $y \approx -2.5452$, $y \approx 0.6468$, $y \approx 1.8984$이다. 식 **6**에서 대응하는 x의 값은 $x = \pm\sqrt{5y-2.5}$이고, 만일 $y \approx -2.5452$이면 x는 대응하는 실수값을 갖지 않는다. 만일 $y \approx 0.6468$이면, $x \approx \pm 0.8567$이고, $y \approx 1.8984$이면, $x \approx \pm 2.6442$이다. 그러므로 다음 표와 같은 총 다섯 개의 임계점을 구할 수 있다.

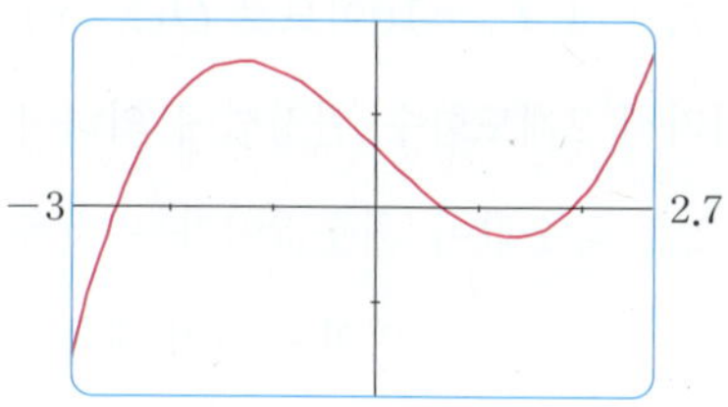

그림 6

임계점	f의 값	f_{xx}	D	결과
$(0,\ 0)$	0.00	−10.00	80.00	극대
$(\pm 2.64,\ 1.90)$	8.50	−55.93	2488.71	극소
$(\pm 0.86,\ 0.65)$	−1.48	−5.87	−187.64	안장점

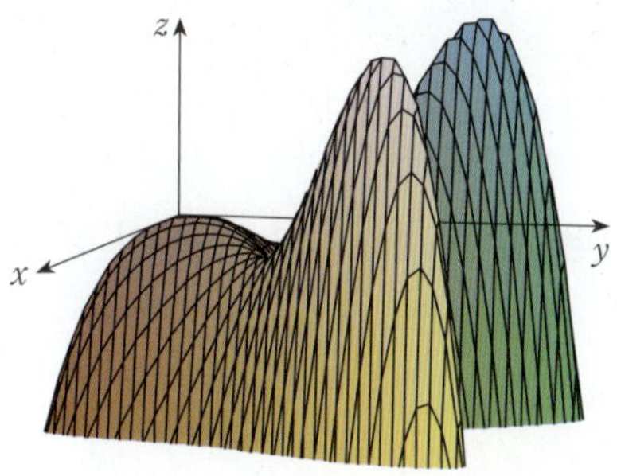

그림 7

그림 7과 그림 8은 f의 그래프의 두 가지의 다른 모양을 보여주고 있다. 그리고 곡면이 아래 방향으로 열려 있음을 알 수 있다(이것은 $f(x,\ y)$의 표현식으로부터 알 수 있다. 우세한 항은 $|x|$와 $|y|$가 클 때 $-x^4-2y^4$이다). f의 극댓점에서 f의 값들을 비교함으로써, f의 최댓값은 $f(\pm 2.64,\ 1.90) \approx 8.50$이다. 다시 말하면, f의 그래프에서 가장 높은 점은 $(\pm 2.64,\ 1.90,\ 8.50)$이다. ■

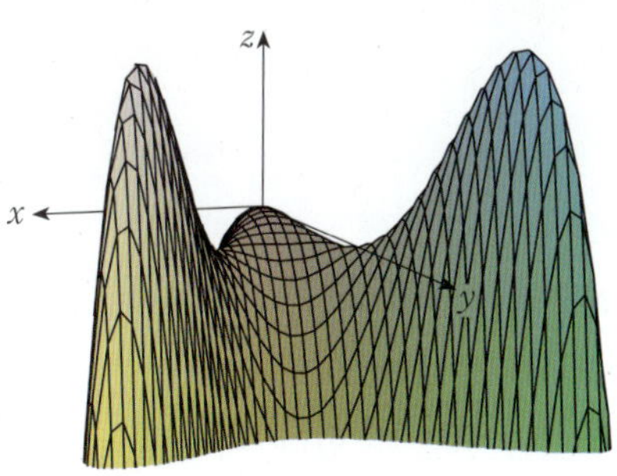

그림 8

● 예제 4에서 f의 다섯 개 임계점들은 그림 9에서 f의 등고선 지도에 빨간점으로 나타냈다.

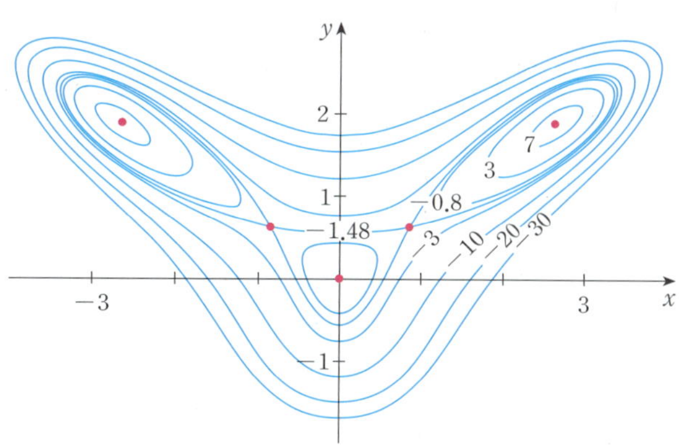

그림 9

예제 5 점 $(1,\ 0,\ -2)$와 평면 $x+2y+z=4$ 사이의 최소거리를 구하여라.

풀이 임의의 점 $(x,\ y,\ z)$에서 점 $(1,\ 0,\ -2)$까지의 거리는

$$d=\sqrt{(x-1)^2+y^2+(z+2)^2}$$

이다. 그러나 점 $(x,\ y,\ z)$가 평면 $x+2y+z=4$ 위에 있다면 $z=4-x-2y$이고, $d=\sqrt{(x-1)^2+y^2+(6-x-2y)^2}$을 얻을 수 있다. d를 최소화하려면 더 간단한 식, $d^2=f(x,\ y)=(x-1)^2+y^2+(6-x-2y)^2$을 최소화하면 된다. 따라서 방정식

$$f_x=2(x-1)-2(6-x-2y)=4x+4y-14=0$$
$$f_y=2y-4(6-x-2y)=4x+10y-24=0$$

을 풀면 유일한 임계점은 $\left(\frac{11}{6},\ \frac{5}{3}\right)$이다. $f_{xx}=4, f_{xy}=4, f_{yy}=10$이므로 $D(x,\ y)=f_{xx}f_{yy}-(f_{xy})^2=24>0$이고, $f_{xx}>0$이다. 따라서 2계도함수 판정법에 의하여 f는 $\left(\frac{11}{6},\ \frac{5}{3}\right)$에서 극솟값을 갖는다. 직관적으로 극솟값이 최솟값이라는 것을 알 수 있다. 왜냐하면 $(1,\ 0,\ -2)$에 가장 가까운 주어진 평면 위의 점이기 때문이다. $x=\frac{11}{6}$ 이고 $y=\frac{5}{3}$이면

$$d=\sqrt{(x-1)^2+y^2+(6-x-2y)^2}=\sqrt{\left(\frac{5}{6}\right)^2+\left(\frac{5}{3}\right)^2+\left(\frac{5}{6}\right)^2}=\frac{5\sqrt{6}}{6}$$

이다. 점 $(1,\ 0,\ -2)$에서 평면 $x+2y+z=4$까지의 최단거리는 $\frac{5\sqrt{6}}{6}$이다. ■

● 예제 5는 역시 벡터를 이용해서 풀 수 있다. 10.5절의 방법과 비교하여라.

예제 6 뚜껑이 없는 직육면체형 상자를 12m^2 넓이의 판지로 만들려고 한다. 이 상자의 부피의 최댓값을 구하여라.

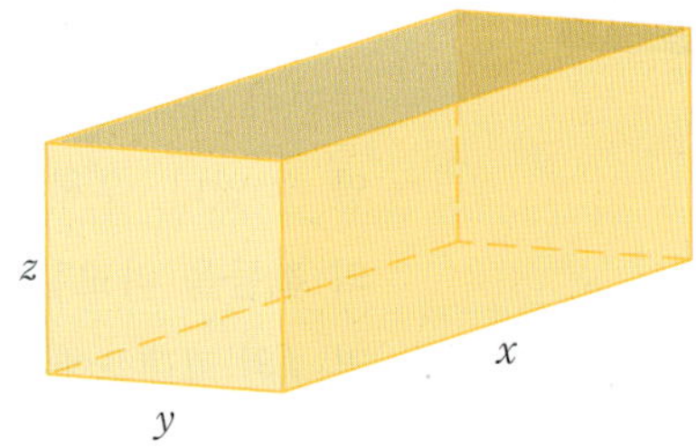

그림 10

풀이 상자의 길이, 폭, 높이(단위는 미터)를 $x,\ y,\ z$라 하자(그림 10 참조). 그러면 상자의 부피는 $V=xyz$이다. 상자의 네 옆면과 바닥면의 넓이가 $2xz+2yz+xy=12$라는 사실을 이용하여 V를 x와 y의 이변수함수로 표현할 수 있다. 이 식을 z에 관하여 풀면 $z=(12-xy)/[2(x+y)]$를 얻을 수 있고, V에 대한 표현은 다음과 같이 된다.

$$V=xy\frac{12-xy}{2(x+y)}=\frac{12xy-x^2y^2}{2(x+y)}$$

편도함수를 계산하면

$$\frac{\partial V}{\partial x}=\frac{y^2(12-2xy-x^2)}{2(x+y)^2}, \quad \frac{\partial V}{\partial y}=\frac{x^2(12-2xy-y^2)}{2(x+y)^2}$$

만약 V가 최대이면, $\partial V/\partial x=\partial V/\partial y=0$이다. 그러나 $x=0$ 또는 $y=0$이면 $V=0$이므로 방정식 $12-2xy-x^2=0$, $12-2xy-y^2=0$을 풀어야 한다. 이것들로부터 $x^2=y^2$이고 따라서 $x=y$이다 (이 문제에서 x와 y는 모두 양수임을 주의하자). 두 식 중 하나에 $x=y$를 대입하면 $12-3x^2=0$을 얻으며, 이것으로부터 $x=2$, $y=2$, $z=(12-2\cdot 2)/[2(2+2)]=1$을 얻는다.

$V=2\cdot 2\cdot 1=4$이므로, 상자의 최대 부피는 4m^3이다. ■

▷ 최댓값과 최솟값

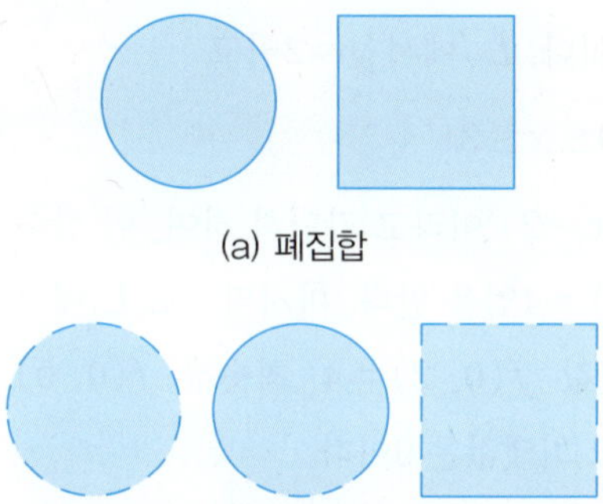

(a) 폐집합

(b) 폐집합이 아닌 집합

그림 11

일변수함수 f에 관한 극값정리는, 폐구간 $[a, b]$에서 f가 연속이면, f는 최댓값과 최솟값을 갖는다는 것을 의미한다. 6.2절의 폐구간 방법에 따라 임계점에서뿐만 아니라, 양끝점 a, b에서 f의 값들을 계산함으로써 이들 극값을 구할 수 있었다.

이변수함수에 대해서도 비슷한 방법이 있다. 폐구간이 그 끝점을 포함하는 것처럼 $\mathbb{R}^2$에서 **폐집합**은 모든 경계점을 포함하는 집합이다 (점 (a, b)를 중심으로한 모든 원판이 D의 점과 D 바깥쪽의 점들도 포함할 때 점 (a, b)를 D의 경계점이라 한다). 예를 들어, 원판 $D=\{(x, y) \mid x^2+y^2 \le 1\}$는 원 $x^2+y^2=1$ 위와 내부의 모든 점으로 구성된 폐집합이다. 왜냐하면 그 경계점 모두를 포함하기 때문이다. 그러나 경계곡선 위의 한 점만이라도 빠지면, 그 집합은 폐집합이 아니다(그림 11 참조).

$\mathbb{R}^2$에서 **유계집합**은 어떤 원판 내부에 포함되는 집합이다. 다시 말하여, 영역의 크기로 볼 때 유한인 집합이다. 그러면 유계인 폐집합에 의하여 이차원에서 다음의 극값정리를 말할 수 있다.

> **8 이변수함수에 대한 극값정리** f가 $\mathbb{R}^2$에 놓인 유계인 폐집합 D에서 연속이면, f는 D 안의 어떤 점 (x_1, y_1), (x_2, y_2)에서 최댓값 $f(x_1, y_1)$과 최솟값 $f(x_2, y_2)$를 갖는다.

정리 **8**에 의하여 보장되는 극값을 구하려면 다음을 주의하여야 한다. 즉 정리 **2**에 의하여, f가 (x_1, y_1)에서 극값을 가지면 (x_1, y_1)은 f의 임계점이거나 또는 D의 경계점이다. 따라서 폐구간 방법의 다음과 같은 확장을 갖는다.

> **9** 유계인 폐집합 D에서 연속함수 f의 최대, 최솟값을 구하려면
>
> 1. D의 내부에 있는 f의 임계점에서 f의 값을 구한다.
> 2. D의 경계에서 f의 극값을 구한다.
> 3. 1과 2로부터 얻은 값 중 가장 큰 값은 최댓값, 가장 작은 값은 최솟값이다.

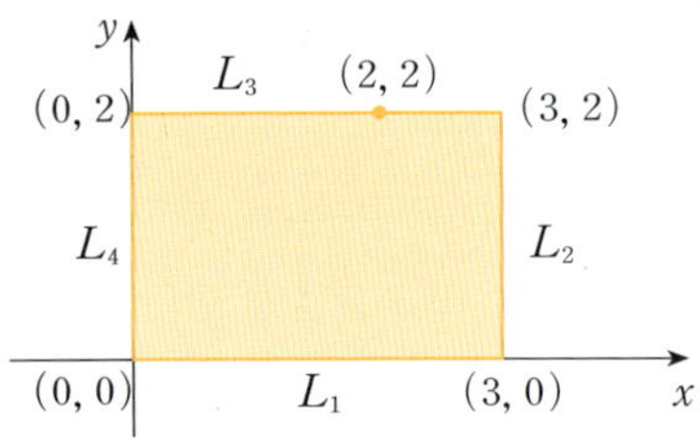

그림 12

예제 7 경계점에서 최댓 · 솟 값의 확인 사각형 $D=\{(x, y) \mid 0 \le x \le 3,\ 0 \le y \le 2\}$에서 함수 $f(x, y)=x^2-2xy+2y$의 최댓값과 최솟값을 구하여라.

풀이 f는 다항식이므로 유계인 폐집합 D에서 연속이다. 따라서 정리 **8**은 최댓값과 최솟값이 존재함을 말해준다. 첫 번째 단계에 의하여 먼저 임계점을 찾는다. 이것은

$$f_x=2x-2y=0, \quad f_y=-2x+2=0$$

일 때 생기며, 유일한 임계점은 $(1, 1)$이다. 그 점에서 f의 값은 $f(1, 1)=1$이다.

두 번째 단계에서 네 개의 선분 L_1, L_2, L_3, L_4로 구성된 D의 경계에서 f의 값을 찾는다(그림 12 참조). L_1에서 $y=0$이고, $f(x, 0)=x^2$, $0 \le x \le 3$이다. 이것은 x의 증가함수이고, 따라서 f의 최솟값은 $f(0, 0)=0$이고 최댓값은 $f(3, 0)=9$. L_2에서 $x=3$이고 $f(3, y)=9-4y$, $0 \le y \le 2$이다. 이것은 y의 감소함수이고, 최댓값은 $f(3, 0)=9$, 최솟값은 $f(3, 2)=1$이다. L_3 에서 $y=2$이고

$$f(x, 2)=x^2-4x+4, \quad 0 \le x \le 3$$

이다. 6장의 방법에 의하여, 또는 $f(x, 2)=(x-2)^2$이라고 간단히 하여, 이 함수의 최솟값은 $f(2, 2)=0$이고 최댓값은 $f(0, 2)=4$임을 안다. 마지막으로 L_4에서 $x=0$이고 $f(0, y)=2y$, $0 \le y \le 2$이다. 최댓값 $f(0, 2)=4$, 최솟값 $f(0, 0)=0$이다. 그래서, 경계에서 f의 최솟값은 0이고 최댓값은 9이다.

세 번째 단계에서 임계점에서의 값 $f(1, 1)=1$과 이러한 값들을 비교하여 본다. 그리고 D에서 f의 최댓값은 $f(3, 0)=9$이고, 최솟값은 $f(0, 0)=f(2, 2)=0$임을 결론짓는다. 그림 13은 f의 그래프를 보여준다. ■

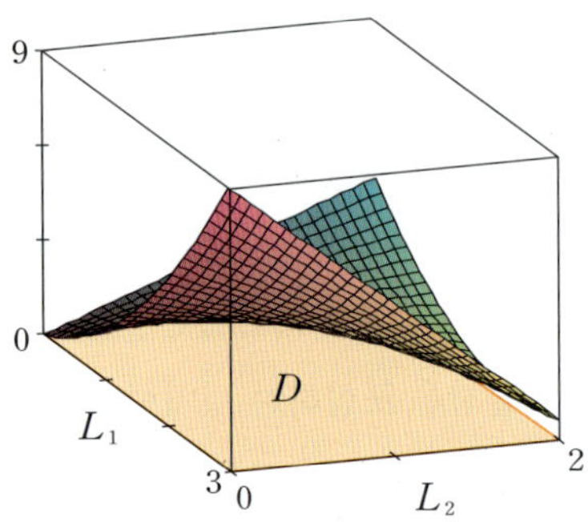

그림 13
$f(x, y)=x^2-2xy+2y$

12.7 연습문제

1. $(1, 1)$이 연속인 2계도함수를 갖는 함수 f의 임계점이라 하자. 각 경우에 f에 대하여 알 수 있는 것은 무엇인가?

(a) $f_{xx}(1, 1)=4$, $f_{xy}(1, 1)=1$, $f_{yy}(1, 1)=2$

(b) $f_{xx}(1, 1)=4$, $f_{xy}(1, 1)=3$, $f_{yy}(1, 1)=2$

2. $(0, 2)$가 연속인 2계도함수를 갖는 함수 g의 임계점이라 하자. 각 경우에 g에 대하여 알 수 있는 것은 무엇인가?

(a) $g_{xx}(0, 2)=-1$, $g_{xy}(0, 2)=6$, $g_{yy}(0, 2)=1$

(b) $g_{xx}(0, 2)=-1$, $g_{xy}(0, 2)=2$, $g_{yy}(0, 2)=-8$

(c) $g_{xx}(0, 2)=4$, $g_{xy}(0, 2)=6$, $g_{yy}(0, 2)=9$

(3~4) 다음 그림의 등위곡선을 이용하여, f의 임계점을 추정하고 그 점에서 f가 안장점을 갖는지 또는 극대 · 극소를 갖는지에 대하여 말하고 그 이유를 설명하여라. 또 2계도함수 판정법을 사용하여 추정을 검증하여라.

3. $f(x, y)=4+x^3+y^3-3xy$

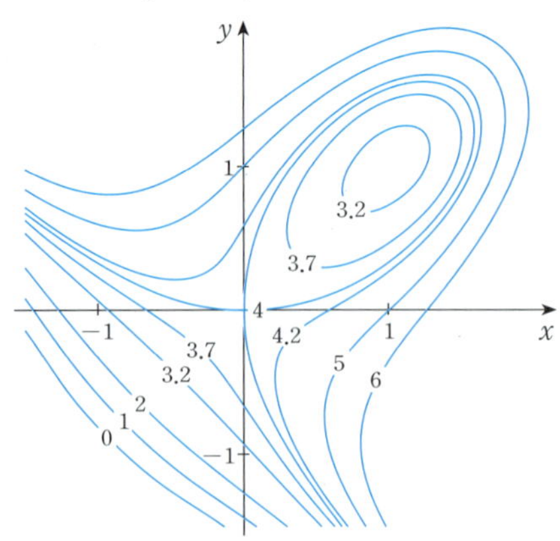

4. $f(x, y)=3x-x^3-2y^2+y^4$

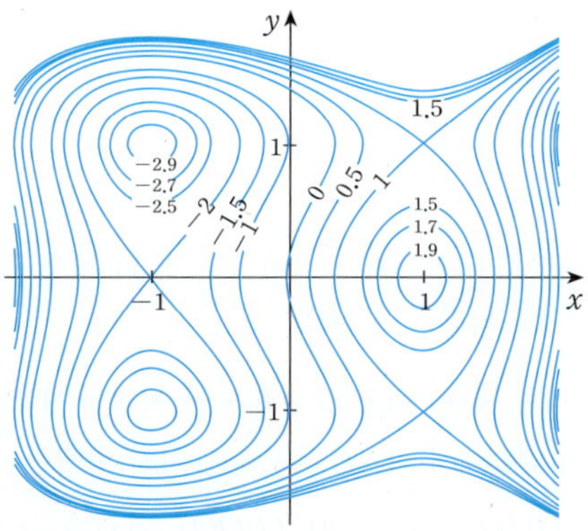

(5~16) 다음 함수들의 안장점과 극대 · 극소값을 구하여라. 컴퓨터를 이용하여 함수의 특성을 가장 잘 나타내는 시점과 정의역을 갖게 그래프를 그려라.

5. $f(x, y)=x^2+xy+y^2+y$
6. $f(x, y)=x^3y+12x^2-8y$
7. $f(x, y)=x^2+y^2+x^2y+4$
8. $f(x, y)=e^{4y-x^2-y^2}$
9. $f(x, y)=x^3-12xy+8y^3$
10. $f(x, y)=xy+\dfrac{1}{x}+\dfrac{1}{y}$
11. $f(x, y)=e^x\cos y$
12. $f(x, y)=y\cos x$
13. $f(x, y)=(x^2+y^2)e^{y^2-x^2}$
14. $f(x, y)=e^y(y^2-x^2)$
15. $f(x, y)=y^2-2y\cos x,\ -1\le x\le 7$
16. $f(x, y)=\sin x\sin y,\ -\pi<x<\pi,\ -\pi<y<\pi$

17. 함수 $f(x, y)=x^2+4y^2-4xy+2$는 무수히 많은 임계점이 있으며, 각 점에서 $D=0$임을 보여라. 또한 각 임계점에서 극댓값(최댓값)을 갖음을 보여라.

18. 함수 $f(x, y)=x^2ye^{-x^2-y^2}$은 $(\pm 1, \dfrac{1}{\sqrt{2}})$에서 극댓값을, $(\pm 1, -\dfrac{1}{\sqrt{2}})$에서 극솟값을 갖음을 보여라. 또한 무수히 많은 임계점이 있으며 각 점에서 $D=0$임을 보여라. 임계점들 중에서 어떤 경우에 극댓값을, 극솟값을 또한 안장점을 갖는가?

(19~22) 함수의 그래프 또는 등위곡선을 사용하여 함수의 안장점과 극대, 극솟값을 추정하여라. 또 계산기를 이용하여 이들의 정확한 값들을 구하여라.

19. $f(x, y)=x^2+y^2+x^{-2}y^{-2}$
20. $f(x, y)=xye^{-x^2-y^2}$
21. $f(x, y)=\sin x+\sin y+\sin(x+y)$,
$0\le x\le 2\pi,\ 0\le y\le 2\pi$
22. $f(x, y)=\sin x+\sin y+\cos(x+y)$,
$0\le x\le \pi/4,\ 0\le y\le \pi/4$

(23~26) 예제 4에서처럼 컴퓨터(뉴턴 방법 또는 CAS)를 사용하여 f의 임계점을 소수점 아래 셋째 자리까지 정확히 구하여라. 그리고 임계점을 분류하고 그래프 위의 최댓점, 최솟점들을 구하여라.

23. $f(x, y)=x^4-5x^2+y^2+3x+2$
24. $f(x, y)=5-10xy-4x^2+3y-y^4$
25. $f(x, y)=2x+4x^2-y^2+2xy^2-x^4-y^4$
26. $f(x, y)=e^x+y^4-x^3+4\cos y$

(27~32) 집합 D 상에서 다음 함수의 최대 · 최솟값을 구하여라.

27. $f(x, y)=1+4x-5y$, D는 꼭지점 $(0, 0)$, $(2, 0)$, $(0, 3)$으로 이루어진 폐삼각형 영역
28. $f(x, y)=3+xy-x-2y$, D는 꼭지점 $(1, 0)$, $(5, 0)$, $(1, 4)$로 이루어진 폐삼각형 영역
29. $f(x, y)=x^2+y^2+x^2y+4$,
$D=\{(x, y)\mid |x|\le 1,\ |y|\le 1\}$
30. $f(x, y)=4x+6y-x^2-y^2$,
$D=\{(x, y)\mid 0\le x\le 4,\ 0\le y\le 5\}$
31. $f(x, y)=2x^3+y^4$, $D=\{(x, y)\mid x^2+y^2\le 1\}$
32. $f(x, y)=x^3-3x-y^3+12y$, D는 꼭지점 $(-2, 3)$, $(2, 3)$, $(2, 2)$, $(-2, -2)$을 갖는 사변형이다.

33. 연속인 일변수함수가 두 개의 극댓값을 갖고, 극솟값을 갖지 않는 것은 불가능하다. 그러나 이변수함수일 때는 이런 성질을 갖는 함수가 존재한다. 함수

$$f(x, y)=-(x^2-1)^2-(x^2y-x-1)^2$$

가 단지 두 개의 임계점을 갖고 그 두 점에서 극댓값을 가짐을 보여라. 그리고 컴퓨터를 사용하여 이러한 현상을 나타내는 그래프를 그려라.

34. 만일 일변수함수가 한 구간에서 연속이고, 단 하나의 임계점을 가지면, 극댓값은 반드시 최댓값이어야만 한다. 그러나 이변수함수일 때 이것은 참이 아니다. 함수

$$f(x, y)=3xe^y-x^3-e^{3y}$$

가 단 하나의 임계점을 갖고, 그점에서 극댓값을 가지지만, 그 값이 최댓값이 아님을 보여라. 컴퓨터를 사용하여 이러한 현상을 보여주는 그래프를 그려라.

35. 점 $(2, 1, -1)$에서 평면 $x+y-z=1$까지의 최단거리를 구하여라.

36. 점 $(1, 2, 3)$에 가장 가까이 있는 평면 $x-y+z=4$ 위의 점을 구하여라.

37. 점 $(4, 2, 0)$에서 가장 가까이 있는 원추면 $z^2=x^2+y^2$ 위의 점을 구하여라.

38. 원점에서 가장 가까운 곡면 $y^2=9+xz$ 위의 점을 구하여라.

39. 합이 100이면서 곱이 최대인 세 개의 양수를 구하여라.

40. 합이 12이면서 제곱의 합이 최소가 되는 세 개의 양수를 구하여라.

41. 반경이 r인 구에 내접하는 직육면체의 부피의 최댓값을 구하여라.

42. 부피가 $1,000\text{cm}^3$인 가장 작은 표면적을 갖는 직육면체를 구하여라.

43. 한 꼭지점이 평면 $x+2y+3z=6$에 있고, 3면이 좌표평면에 있고 제1팔분면 안에 있는 가장 큰 직육면체의 부피를 구하여라.

44. 겉넓이가 64cm^2인 최대 부피를 갖는 직육면체의 각 변의 길이를 구하여라.

45. 12변의 길이의 합이 일정한 상수 c인 최대 부피를 갖는 직육면체의 각 변의 길이를 구하여라.

46. 바닥은 슬레이트, 둘레는 유리로 주어진 부피 V를 갖는 수족관을 만들려고 한다. 만일 슬레이트 가격이 단위 면적당 유리 가격의 5배이면, 최소의 비용으로 부피가 V인 수족관을 만들 수 있는 치수를 구하여라.

47. 부피가 32000cm^3인 뚜껑이 없는 직육면체를 판지를 사용해서 만들려고 한다. 가장 적게 판지를 사용해서 만들 수 있는 치수를 구하여라.

48. 직육면체 형태의 빌딩이 열손실을 최소화하도록 설계한다고 하자. 동쪽과 서쪽벽들이 하루에 m^2당 10단위 비율로 열을 손실하고 남쪽과 북쪽 벽들은 하루에 m^2당 8단위의 비율로 열을 손실하며 바닥은 1단위 비율이고 지붕은 5단위로 열의 손실이 있다. 각 벽들의 폭은 적어도 30m이고 높이는 적어도 4m이어야 하며 부피는 4000m^2이어야 한다.

(a) 변들의 함수로 표시되는 열손실의 정의역을 구하고 그 개형을 그려라.

(b) 열손실을 최소로하는 변들의 길이를 구하여라(모든 임계점과 정의역상의 경계점들을 검토).

(c) 벽의 길이에 대한 제약이 없다면 더 낮은 열손실을 갖는 빌딩을 설계할 수 있는가?

49. 직육면체의 대각선의 길이가 L일 때 최대 부피를 구하여라.

50. 세 가지 대립형질 A, B, O는 네 가지 혈액형 A(AA 또는 AO), B(BB 또는 BO), O(OO), AB를 결정한다. 하디-바인베르크 법칙은 다음과 같다. "두 가지 다른 대립형질을 유도하는 인구에서 개인의 비율은

$$P=2pq+2pr+2rq$$

(p, q, r : A, B, O의 비율)이다." $p+q+r=1$임을 사용하여 P가 많아야 $\frac{2}{3}$임을 보여라.

51. 두 개의 양 x, y가 $y=mx+b$를 만족한다고 가정하자. 그러나 실제로 실험값 (x_1, y_1), (y_2, y_2), $\cdots$, (x_n, y_n)을 모아서 좌표평면에 점을 찍어 보았더니, 정확히 직선을 이루지 않았다. 그래서 실험값들이 가장 근사적으로 $y=mx+b$를 만족하게 하는 상수 m, b를 구하고자 한다.

$d_i=y_i-(mx_i+b)$라 두면, $\Sigma_{i=1}^n d_i^2$을 최소화하도록 m과 b를 구하는 방법을 최소제곱법이라고 한다. 이 방법에 따라서, 가장 적합한 직선의 방정식은 다음 방정식을 만족함을 보여라.

$$m\sum_{i=1}^n x_i+bn=\sum_{i=1}^n y_i$$

$$m\sum_{i=1}^n x_i^2+b\sum_{i=1}^n x_i=\sum_{i=1}^n x_i y_i$$

그러므로 위의 두 방정식에서 미지수 m, b의 값을 구하여 직선의 방정식을 구할 수 있다.

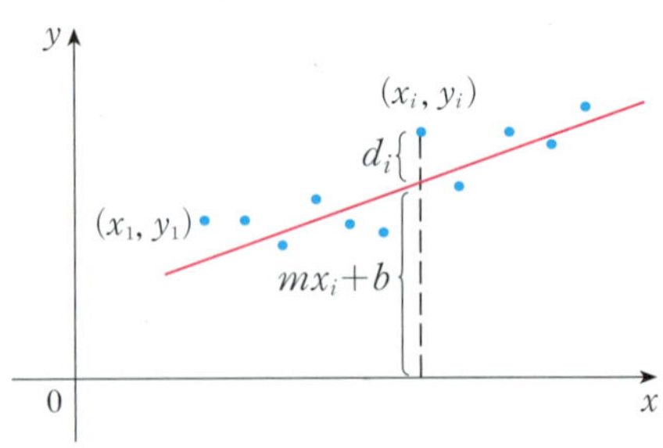

52. 점 $(1, 2, 3)$을 지나고 제1팔분면을 잘라낸 입체의 부피가 최소가 되도록 하는 평면의 방정식을 구하여라.

응용과제

2차 근사와 임계점

우리가 제9장에서 논의했던 일변수함수의 테일러 다항식 근사는 둘 이상의 변수의 함수까지 확장될 수 있다. 여기에서 우리는 이변수 함수의 2차 근사를 조사한다. 그리고 임계점을 분류하기 위한 2계도함수 판정법에 통찰을 주기 위해 그것을 이용하여라.

12.4절에서 한 점 (a, b)에서 이변수 함수 f의 선형화를 논의했다.

$$L(x, y)=f(a, b)+f_x(a, b)(x-a)+f_y(a, b)(y-b)$$

L의 그래프는 $(a, b, f(a, b))$에서 곡면 $z=f(x, y)$의 접평면이고 그에 대응하는 선형 근사식은 $f(x, y)\approx L(x, y)$이다. 이때 선형화 L을 (a, b)에서 f의 일차 테일러 다항식이라 한다.

1. 만일 f가 (a, b)에서 연속인 2계편도함수를 갖는다면, (a, b)에서 f의 이차 테일러 다항식은

$$Q(x, y)=f(a, b)+f_x(a, b)(x-a)+f_y(a, b)(y-b)$$
$$+\frac{1}{2}f_{xx}(a, b)(x-a)^2+f_{xy}(a, b)(x-a)(y-b)+\frac{1}{2}f_{yy}(a, b)(y-b)^2$$

이다. 그리고 $f(x, y)\approx Q(x, y)$는 (a, b)에서 f의 2차 근사라고 한다.

Q가 (a, b)에서 f와 같이 1, 2계편도함수를 가지는지를 확인하여라.

2. (a) $(0, 0)$에서 $f(x, y)=e^{-x^2-y^2}$의 일차, 이차 테일러 다항식 L과 Q를 구하여라.
   (b) f, L과 Q를 그래프로 나타내라. L과 Q가 f에 얼마나 잘 근사하였는지를 설명하여라.
3. (a) $(1, 0)$에서 $f(x, y)=xe^y$대한 일차, 이차 테일러 다항식 L과 Q를 구하여라.
   (b) $(0.9, 0.1)$에서 L, Q와 f의 값을 비교하여라.
   (c) f, L과 Q를 그래프로 나타내라. L과 Q가 f에 얼마나 잘 근사하였는지 설명하여라.
4. 이 문제에서(2계도함수 판정법을 사용하지 않고) 그래프가 포물면인 것을 확인함으로써 다항식 $f(x, y)=ax^2+bxy+cy^2$의 행동을 분석한다.
   (a) 제곱식을 완성함으로써, $a\neq 0$이면

$$f(x, y)=ax^2+bxy+cy^2=a\left[\left(x+\frac{b}{2a}y\right)^2+\left(\frac{4ac-b^2}{4a^2}\right)y^2\right]$$

   임을 보여라.
   (b) $D=4ac-b^2$라 하자. 만일 $D>0$와 $a>0$이면, f가 $(0, 0)$에서 극소임을 보여라.
   (c) 만일 $D>0$, $a<0$라면 f는 $(0, 0)$에서 극대임을 보여라.
   (d) 만일 $D<0$이면 $(0, 0)$이 안장점임을 보여라.
5. (a) 만일 f가 $f(0, 0)=0$을 만족하는 연속인 2계편도함수를 갖는 함수이고 $(0, 0)$이 f의 임계점이라고 할 때, $(0, 0)$에서 f의 이차 테일러 다항식 Q에 대한 식을 적어라.
   (b) 4번에서부터 Q에 대해서 어떤 결론을 내릴 수 있는가?
   (c) 2차 근사 $f(x, y)\approx Q(x, y)$의 관점에서, (b)는 f에 관해 무엇을 제안하는가?

12.8 라그랑주 승수

12.7절 예제 6에서 곡면의 넓이가 12m^2임을 나타내는 조건 $2xz+2yz+xy=12$를 만족하는 부피 함수 $V=xyz$를 최대화하였다. 이 절에서는 $g(x, y, z)=k$와 같은 형태의 조건을 만족하는 일반함수 $f(x, y, z)$의 최대화 또는 최소화에 대한 라그랑주의 방법을 소개한다.

이변수함수에 대한 라그랑주의 방법에 대하여 기하학적인 기초를 설명하는 것이 더 쉽다. 그래서 $g(x, y)=k$와 같은 형태의 조건을 만족하는 $f(x, y)$의 극값을 구하는 것부터 시작한다. 다시 말해, 점 (x, y)가 등위곡선 $g(x, y)=k$ 위에 놓여 있을 때 $f(x, y)$의 극값을 찾아보기로 한다. 그림 1은 f의 여러 개의 등위 곡선들과 함께 곡선 $g(x, y)=k$를 보여준다. 이들은 $c=7, 8, 9, 10, 11$에서 방정식 $f(x, y)=c$를 나타낸다. $g(x, y)=k$ 형태의 조건을 만족하는 $f(x, y)$를 최대화하는 것은 $g(x, y)=k$와 교차하는 등위곡선 $f(x, y)=c$에서 c의 최댓값을 구하는 것이다. 그림 1로부터 이러한 상황은 곡선이 서로 접할 때 일어난다는 것을 알 수 있다. 즉, 그들이 하나의 공통접선을 가질 때이다. 이것은 그들이 서로 접하는 점 (x_0, y_0)에서 같은 법선을 가짐을 의미한다. 그러므로 기울기 벡터들은 서로 평행하다. 즉, 적당한 스칼라 λ에 대하여 $\nabla f(x_0, y_0)=\lambda \nabla g(x_0, y_0)$이다.

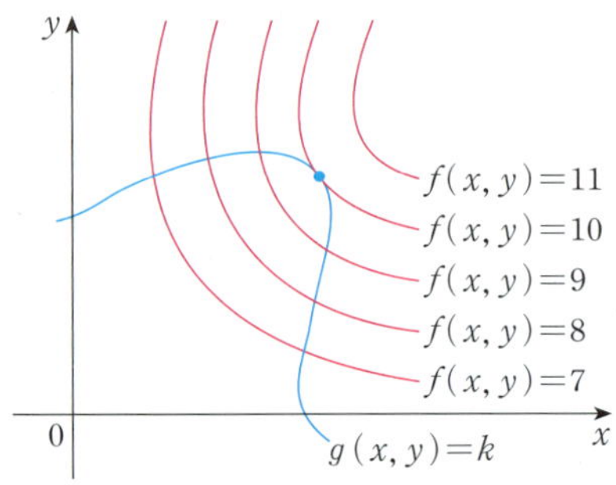

그림 1

이러한 논법은 조건 $g(x, y, z)=k$를 만족하는 $f(x, y, z)$의 극값을 구하는 문제에도 그대로 응용된다. 따라서 점 (x, y, z)는 방정식 $g(x, y, z)=k$를 갖는 등위곡면 S 위에 놓여 있는 것으로 제한된다. 그림 1에서의 등위곡선 대신 등위곡면 $f(x, y, z)=c$를 생각해야 하고, f의 최댓값이 $f(x_0, y_0, z_0)=c$이면 등위곡면 $f(x, y, z)=c$는 등위곡면 $g(x, y, z)=k$에 접하게 되고, 따라서 대응되는 기울기 벡터들은 서로 평행이다.

이런 직관적인 논법은 다음과 같이 정확하게 표현할 수 있다. 함수 f가 곡면 S 위의 점 $P(x_0, y_0, z_0)$에서 극값을 갖고, S 위에 놓여 있으면서 P를 통과하며 벡터방정식 $\mathbf{r}(t)=\langle x(t), y(t), z(t)\rangle$로 나타내지는 곡선을 C라 하자. 만약 t_0가 점 P에 대응하는 매개변수값이면 $\mathbf{r}(t_0)=\langle x_0, y_0, z_0\rangle$이다. 합성함수 $h(t)=f(x(t), y(t), z(t))$는 f가 곡선 C 위에서 취하는 값을 나타낸다. f는 (x_0, y_0, z_0)에서 극값을 가지므로, h는 t_0에서 극값을 갖고, 따라서 $h'(t_0)=0$이다. 그러나 f가 미분가능하면 연쇄법칙을 이용하여 다음의 식을 얻는다.

$$0 = h'(t_0) = f_x(x_0, y_0, z_0)x'(t_0) + f_y(x_0, y_0, z_0)y'(t_0) + f_z(x_0, y_0, z_0)z'(t_0)$$
$$= \nabla f(x_0, y_0, z_0) \cdot \mathbf{r}'(t_0)$$

이것은 기울기 벡터 $\nabla f(x_0, y_0, z_0)$가 모든 곡선 C에 대한 접선벡터 $\mathbf{r}'(t_0)$에 수직임을 보여준다. 그리고 12.6절로부터 g의 기울기 벡터 $\nabla g(x_0, y_0, z_0)$도 또한 $\mathbf{r}'(t_0)$에 수직임을 이미 알고 있다(12.6절의 식 18 참조). 이는 기울기 벡터 $\nabla f(x_0, y_0, z_0)$와 $\nabla g(x_0, y_0, z_0)$가 서로 평행임을 뜻한다. 그러므로 만약 $\nabla g(x_0, y_0, z_0) \neq \mathbf{0}$이면 다음 조건을 만족하는 실수 λ가 존재한다.

1 $$\nabla f(x_0, y_0, z_0) = \lambda \nabla g(x_0, y_0, z_0)$$

식 1에서 수 λ는 **라그랑주 승수**라 한다. 식 1에 기초한 방법은 다음과 같다.

● 라그랑주 승수는 프랑스-이탈리아 수학자 라그랑주(Joseph-Louis Lagrange, 1736~1813)의 이름을 따라 명명하였다.

라그랑주 승수법 조건 $g(x, y, z) = k$를 만족하는 $f(x, y, z)$의 최댓값과 최솟값을 구하기 위하여 (이들 극값이 존재한다고 가정)

(a) 다음을 만족하는 모든 x, y, z와 λ의 값을 구한다.

$$\nabla f(x, y, z) = \lambda \nabla g(x, y, z), \quad g(x, y, z) = k$$

(b) (a)에서 구한 모든 점 (x, y, z)에서 f의 값을 계산한다. 이 값 중 가장 큰 것이 f의 최댓값이고, 가장 작은 것이 f의 최솟값이다.

● 라그랑주의 방법을 유도할 때, $\nabla g \neq \mathbf{0}$을 가정했다. 각 예제에서 $g(x, y, z) = k$를 만족하는 모든 점에서 $\nabla g \neq \mathbf{0}$을 검토할 수 있다. $\nabla g = 0$인 경우에 대해서는 연습문제 21번 참조.

만약, 벡터방정식 $\nabla f = \lambda \nabla g$를 성분별로 나타내면, (a)에서의 식은 다음과 같다.

$$f_x = \lambda g_x, \quad f_y = \lambda g_y, \quad f_z = \lambda g_z, \quad g(x, y, z) = k$$

이것은 미지수 x, y, z, λ에 대한 네 개의 방정식으로 이루어진 연립방정식이다. 그러나 정확한 λ값을 반드시 구할 필요는 없다.

이변수함수에 대한 라그랑주 승수법은 지금 설명한 방법과 비슷하다. 조건 $g(x, y) = k$를 만족하는 $f(x, y)$의 극값을 구하려면

$$\nabla f(x, y) = \lambda \nabla g(x, y), \quad g(x, y) = k$$

를 만족하는 x, y, λ의 값을 구해야 한다. 이것은 다음과 같은 세 미지수에 관한 세 방정식을 연립으로 푸는 일에 해당된다.

$$f_x = \lambda g_x, \quad f_y = \lambda g_y, \quad g(x, y) = k$$

라그랑주 방법의 첫 번째 설명은 12.7절 예제 6에서 주어진 문제를 다시 다루어 보려는 것이다.

예제 1 **라그랑주 승수를 이용한 최대부피** 뚜껑이 없는 직육면체의 상자를 12m^2 넓이의 판지로 만들었다. 이 상자의 부피의 최댓값을 구하여라.

풀이 12.7절 예제 6에서처럼 x, y, z를 각각 길이, 폭, 높이라 하자.

$$g(x, y, z) = 2xz + 2yz + xy = 12$$

를 만족하는 $V = xyz$를 최대화하려 한다. 라그랑주 승수법을 이용하여 $\nabla V = \lambda \nabla g$, $g(x, y, z) = 12$를 만족하는 x, y, z, λ의 값을 구하여 보자. 이것으로부터 다음의 식을 얻는다. 즉

$$V_x = \lambda g_x, \quad V_y = \lambda g_y, \quad V_z = \lambda g_z, \quad 2xz + 2yz + xy = 12$$

그리고 이들은 다음과 같이 된다.

2 $$yz = \lambda(2z + y)$$

3 $$xz = \lambda(2z + x)$$

4 $$xy = \lambda(2x + 2y)$$

5 $$2xz + 2yz + xy = 12$$

이 연립방정식을 풀기 위한 일반적인 규칙은 없지만, 기교가 필요하다. 이 예제에서 만약 2에 x를, 3에 y를, 4에 z를 곱하면 이 방정식들의 좌변이 일치함을 알 것이다. 이와 같이 하면 다음을 얻는다.

● 연립방정식 2–5를 푸는 다른 방법은 2, 3, 4를 λ에 관하여 정리한 다음 식들을 푸는 것이다.

6 $$xyz = \lambda(2xz + xy)$$

7 $$xyz = \lambda(2yz + xy)$$

8 $$xyz = \lambda(2xz + 2yz)$$

$\lambda \neq 0$임을 알게 된다. 왜냐하면 $\lambda = 0$이면 2, 3, 4로부터 $yz = xz = xy = 0$임을 얻고, 이것은 5에 모순이다. 그러므로 6과 7로부터 $2xz + xy = 2yz + xy$를 얻고 따라서 $xz = yz$이다. 그러나 $z \neq 0$($z = 0$이면 $V = 0$)이므로 $x = y$이다. 7과 8로부터 $2yz + xy = 2xz + 2yz$이므로 $2xz = xy$이고 따라서 $x \neq 0$이므로 $y = 2z$이다. 이제 5에 $x = y = 2z$를 대입하면 $4z^2 + 4z^2 + 4z^2 = 12$이 된다. x, y, z 모두 양수이므로 $z = 1$, $x = 2$, $y = 2$를 얻는다. ■

● 기하학적으로, 예제 2는 원 $x^2 + y^2 = 1$ 바로 위쪽에 있는 포물면 $z = x^2 + 2y^2$ 위의 곡선 C(그림 2)에서 최고점, 최저점을 찾는 문제이다.

예제 2 원 $x^2 + y^2 = 1$ 위에서 정의된 함수 $f(x, y) = x^2 + 2y^2$의 극값을 구하여라.

풀이 조건 $g(x, y) = x^2 + y^2 = 1$를 만족하는 f의 극값에 대한 문제이다. 라그랑주 승수법을 이용하여 방정식 $\nabla f = \lambda \nabla g$, $g(x, y) = 1$을 푼다. 이 방정식은 다음과 같이 쓸 수 있다.

$$f_x = \lambda g_x, \quad f_y = \lambda g_y, \quad g(x, y) = 1$$

또는

9 $$2x = 2x\lambda$$

10 $$4y = 2y\lambda$$

11 $$x^2+y^2=1$$

9로부터 $x=0$ 또는 $\lambda=1$을 얻는다. 만약 $x=0$이면 **11**에서 $y=\pm1$이다. $\lambda=1$이면 **10**에서 $y=0$이므로 **11**로부터 $x=\pm1$이 된다. 그러므로 f는 점 $(0, 1)$, $(0, -1)$, $(1, 0)$, $(-1, 0)$에서 극값을 가질 수 있다. 이러한 네 점에서 f의 값을 구하면 다음과 같다.

$$f(0, 1)=2,\ f(0, -1)=2,\ f(1, 0)=1,\ f(-1, 0)=1$$

그러므로 원 $x^2+y^2=1$ 위에서 f의 최댓값은 $f(0, \pm1)=2$이고, 최솟값은 $f(\pm1, 0)=1$이다. 그림 2를 대조해보면 이 값들이 합당하게 보임을 알 수 있다. ■

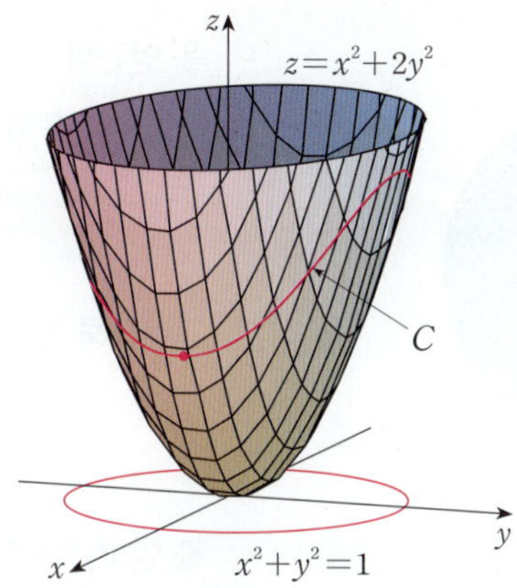

그림 2

● 예제 2에서 라그랑주 승수법을 이용하는 배경을 설명하는 기하학적 도식이 그림 3에 나타나 있다.
$f(x, y)=x^2+2y^2$의 극값은 원 $x^2+y^2=1$과 접하는 등위곡선에 대응한다.

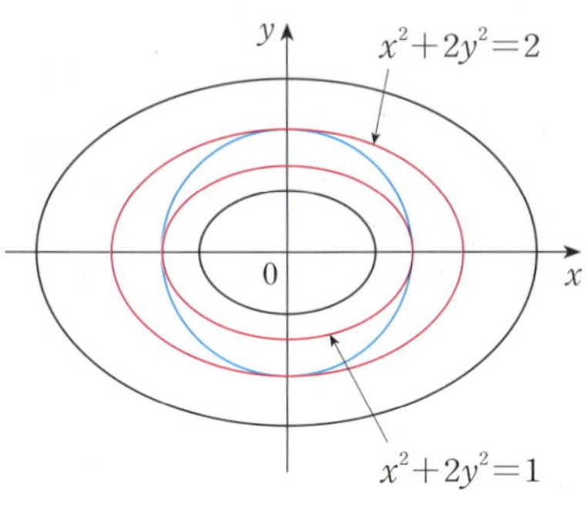

그림 3

예제 3 원판 $x^2+y^2\le1$ 위에서 함수 $f(x, y)=x^2+2y^2$의 극값을 구하여라.

풀이 12.7절의 **9**에서의 과정을 따라서, 경계점에서의 f의 값과 임계점에서의 f의 값을 비교하여 보자. $f_x=2x$, $f_y=4y$이기 때문에, 유일한 임계점은 $(0, 0)$이다. 예제 2에서 구한 경계상에서의 극값과 비교하여 보자.

$$f(0, 0)=0,\ f(\pm1, 0)=1,\ f(0, \pm1)=2$$

따라서 원판 $x^2+y^2\le1$ 위에서 f의 최댓값은 $f(0, \pm1)=2$이고, 최솟값은 $f(0, 0)=0$이다. ■

예제 4 점 $(3, 1, -1)$으로부터 구면 $x^2+y^2+z^2=4$ 위에 있는 가장 가까운 점과 가장 먼 점을 구하여라.

풀이 한 점 (x, y, z)으로부터 $(3, 1, -1)$까지 거리는

$$d=\sqrt{(x-3)^2+(y-1)^2+(z+1)^2}$$

이다. 그러나 거리의 제곱을 최대, 최소화하면 계산은 더 쉬워진다.

$$d^2=f(x, y, z)=(x-3)^2+(y-1)^2+(z+1)^2$$

제약조건은 점 (x, y, z)가 구면 위에 있다는 것, 즉

$$g(x, y, z)=x^2+y^2+z^2=4$$

인 것이다. 라그랑주 승수법에 의하여 연립방정식 $\nabla f=\lambda\nabla g$, $g=4$를 푼다. 즉

12 $$2(x-3)=2x\lambda$$

13 $$2(y-1)=2y\lambda$$

14 $$2(z+1)=2z\lambda$$

15 $$x^2+y^2+z^2=4$$

● 그림4는 예제 4의 구면과 가장 가까운 점 P를 보여주고 있다. 미적분학을 이용하지 않고 P의 좌표를 찾는 방법을 알 수 있겠는가?

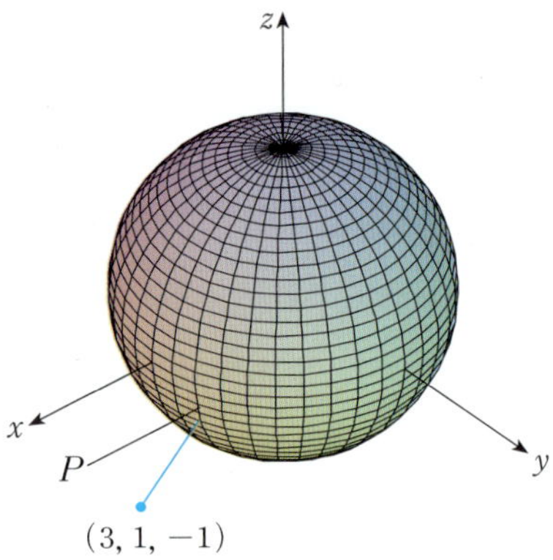

그림 4

이 방정식을 푸는 가장 간단한 방법은 12, 13, 14 로부터 x, y, z를 λ로 나타내고, 이러한 값을 15 에 대입하는 것이다. 12 로부터

$$x-3=x\lambda \text{ 또는 } x(1-\lambda)=3 \text{ 또는 } x=\frac{3}{1-\lambda}$$

을 얻는다. ($1-\lambda\neq0$임을 주목하여라. 왜냐하면 $\lambda=1$은 12 로부터 불가능하기 때문이다). 유사한 방법으로, 13 과 14 에서 다음을 얻는다.

$$y=\frac{1}{1-\lambda},\quad z=-\frac{1}{1-\lambda}$$

그러므로 15 로부터

$$\frac{3^2}{(1-\lambda)^2}+\frac{1^2}{(1-\lambda)^2}+\frac{(-1)^2}{(1-\lambda)^2}=4$$

를 얻고, 따라서 $(1-\lambda)^2=\dfrac{11}{4}$, $1-\lambda=\pm\dfrac{\sqrt{11}}{2}$이다. 그러므로

$$\lambda=1\pm\frac{\sqrt{11}}{2}$$

이다. 이러한 λ의 값에 대응되는 점 (x, y, z)는 다음과 같다.

$$\left(\frac{6}{\sqrt{11}}, \frac{2}{\sqrt{11}}, -\frac{2}{\sqrt{11}}\right) \text{ 그리고 } \left(-\frac{6}{\sqrt{11}}, -\frac{2}{\sqrt{11}}, \frac{2}{\sqrt{11}}\right)$$

f는 이 점 중 첫 번째 점에서 더 적은 값을 가짐을 쉽게 알 수 있으므로 가장 가까운 점은 $(6/\sqrt{11}, 2/\sqrt{11}, -2/\sqrt{11})$이고, 가장 먼 점은 $(-6/\sqrt{11}, -2/\sqrt{11}, 2/\sqrt{11})$이다. ■

▷ 두 제약조건

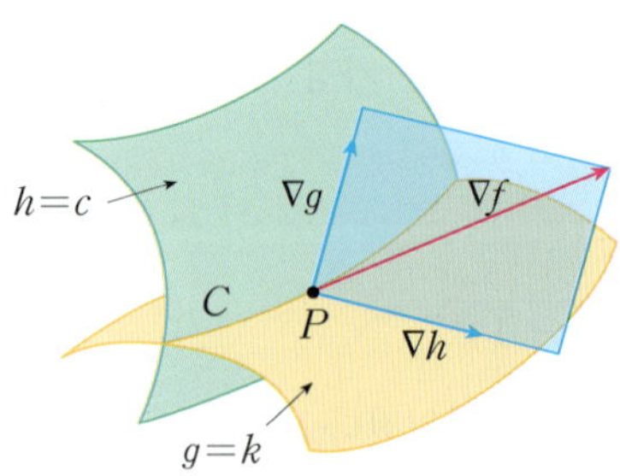

그림 5

이제 두 제약조건 $g(x, y, z)=k$와 $h(x, y, z)=c$를 만족하는 $f(x, y, z)$의 최댓값과 최솟값을 구한다고 가정하자. 기하학적으로, 이것은 등위곡면 $g(x, y, z)=k$와 $h(x, y, z)=c$의 교차곡선 C 위에 존재하는 점 (x, y, z)에서 f의 극값을 찾는다는 뜻이다(그림 5 참조).

만약 극값이 $P(x_0, y_0, z_0)$에서 일어나면, 기울기 벡터 $\nabla f(x_0, y_0, z_0)$는 $\nabla g(x_0, y_0, z_0)$와 $\nabla h(x_0, y_0, z_0)$에 의하여 결정되는 평면 위에 놓여 있다(이들 벡터들은 $\mathbf{0}$도 아니고 평행하지도 않다고 가정한다). 따라서, 다음의 연립 방정식을 만족하는 λ와 μ(라그랑주 승수)가 존재한다. 즉

● 그림 6에서 보는 바와 같이 원주면 $x^2+y^2=1$과 평면 $x-y+z=1$이 만나서 타원을 이룬다. 예제 5는 (x, y, z)를 이 타원 위의 점으로 제한했을 때 f의 최댓값을 찾는 문제이다.

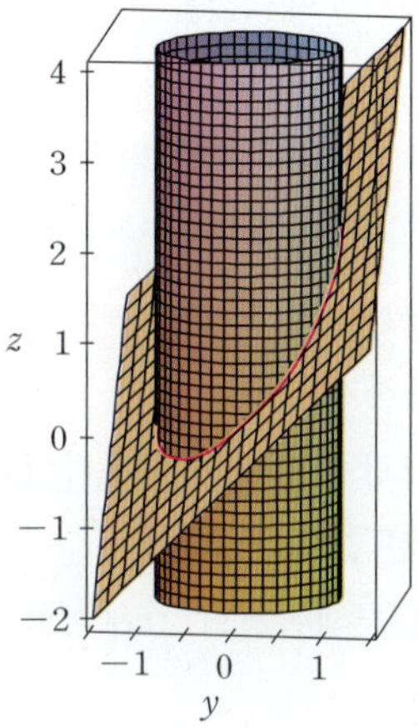

그림 6

16
$$\nabla f(x_0, y_0, z_0)=\lambda\nabla g(x_0, y_0, z_0)+\mu\nabla h(x_0, y_0, z_0)$$

이 경우 라그랑주의 방법은 다섯 개의 미지수 x, y, z, λ, μ에 관한 다섯 개의 방정식을 풀어서 극값을 찾는 것이다. 이러한 방정식들은 방정식 16을 성분별로 쓰고 제약 방정식을 이용하여 얻을 수 있다. 즉

$$f_x=\lambda g_x+\mu h_x, f_y=\lambda g_y+\mu h_y, f_z=\lambda g_z+\mu h_z$$
$$g(x, y, z)=k, h(x, y, z)=c$$

예제 5 두 제약조건을 만족하는 최댓값 평면 $x-y+z=1$과 원주면 $x^2+y^2=1$이 만나는 교차 곡선 위에서 $f(x, y, z)=x+2y+3z$의 최댓값을 구하여라.

풀이 두 제약조건 $g(x, y, z)=x-y+z=1$과 $h(x, y, z)=x^2+y^2=1$을 만족하는 함수 $f(x, y, z)=x+2y+3z$를 최대화하는 문제이다. 라그랑주 조건은 $\nabla f=\lambda\nabla g+\mu\nabla h$이므로, 따라서 연립방정식

17 $$1=\lambda+2x\mu$$

18 $$2=-\lambda+2y\mu$$

19 $$3=\lambda$$

20 $$x-y+z=1$$

21 $$x^2+y^2=1$$

을 풀면 된다. 19에서의 $\lambda=3$을 17에 대입하면 $2x\mu=-2$를 얻고, 따라서 $x=-1/\mu$이다. 같은 방법으로 18에서 $y=5/(2\mu)$를 얻는다. 이를 21에 대입하면

$$\frac{1}{\mu^2}+\frac{25}{4\mu^2}=1$$

을 얻고 따라서 $\mu^2=29/4$, $\mu=\pm\sqrt{29}/2$이다. 그러므로 $x=\mp 2/\sqrt{29}$, $y=\pm 5/\sqrt{29}$이고, 20으로부터 $z=1-x+y=1\pm 7/\sqrt{29}$이다. 이들에 대응되는 f의 값은

$$\mp\frac{2}{\sqrt{29}}+2\left(\pm\frac{5}{\sqrt{29}}\right)+3\left(1\pm\frac{7}{\sqrt{29}}\right)=3\pm\sqrt{29}$$

이다. 그러므로 주어진 곡선 위에서 f의 최댓값은 $3+\sqrt{29}$이다. ■

12.8 연습문제

1. 다음 그림은 $g(x, y)=8$을 만족하는 곡선과 f의 등위곡선이다. 제약조건 $g(x, y)=8$을 만족하는 f의 최댓값, 최솟값을 구하여라. 그리고 그 이유를 설명하여라.

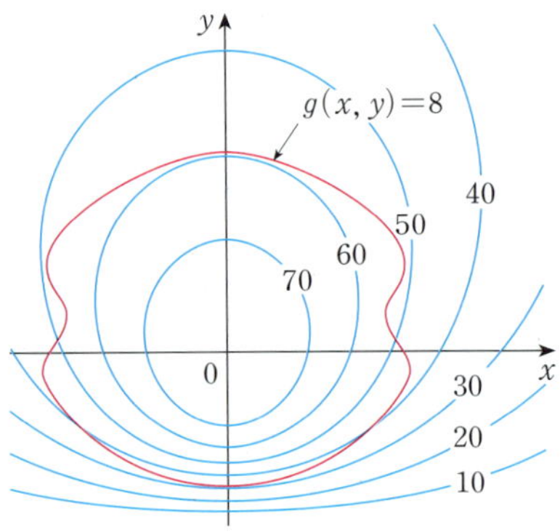

2. (a) 원 $x^2+y^2=1$을 그리기 위해 계산기나 컴퓨터를 이용하여라. 같은 화면상에서 원에 접하는 두 점을 찾을 때까지 $x^2+y=c$ 형태의 곡선을 몇 개 그려라. 이들 두 곡선에 대한 c 값의 중요성은 무엇인가?

(b) 라그랑주 승수를 사용하여, 제약조건 $x^2+y^2=1$일 때 $f(x, y)=x^2+y$의 극값을 구하여라. 이를 (a)의 답과 비교하여라.

(3~17) 라그랑주 승수를 이용하여, 주어진 제약조건을 만족하는 다음 주어진 함수의 최댓값과 최솟값을 구하여라.

3. $f(x, y)=x^2+y^2$, $xy=1$
4. $f(x, y)=4x+6y$, $x^2+y^2=13$
5. $f(x, y)=x^2y$, $x^2+2y^2=6$
6. $f(x, y)=e^{xy}$, $x^3+y^3=16$
7. $f(x, y, z)=2x+6y+10z$, $x^2+y^2+z^2=35$
8. $f(x, y, z)=8x-4z$, $x^2+10y^2+z^2=5$
9. $f(x, y, z)=xyz$, $x^2+2y^2+3z^2=6$
10. $f(x, y, z)=x^2y^2z^2$, $x^2+y^2+z^2=1$
11. $f(x, y, z)=x^2+y^2+z^2$, $x^4+y^4+z^4=1$
12. $f(x, y, z)=x^4+y^4+z^4$, $x^2+y^2+z^2=1$
13. $f(x, y, z, t)=x+y+z+t$, $x^2+y^2+z^2+t^2=1$
14. $f(x_1, x_2, \cdots, x_n)=x_1+x_2+\cdots+x_n$, $x_1^2+x_2^2+\cdots+x_n^2=1$
15. $f(x, y, z)=x+2y$, $x+y+z=1$, $y^2+z^2=4$
16. $f(x, y, z)=3x-y-3z$, $x+y-z=0$, $x^2+2z^2=1$
17. $f(x, y, z)=yz+xy$, $xy=1$, $y^2+z^2=1$

(18~19) 부등식으로 주어진 영역에서 f의 극값을 구하여라.

18. $f(x, y)=2x^2+3y^2-4x-5$, $x^2+y^2\le 16$
19. $f(x, y)=e^{-xy}$, $x^2+4y^2\le 1$

20. 조건 $\sqrt{x}+\sqrt{y}=5$을 만족하는 함수 $f(x, y)=2x+3y$의 최댓값을 구하는 문제를 생각하자.

(a) 문제 해결을 위하여 라그랑주 승수를 이용하여라.

(b) $f(25, 0)$은 (a)에서 구한 값보다 큰가?

(c) 제약식과 함수 f의 여러 등위곡선의 그래프를 이용하여 풀어라.

(d) 라그랑주 승수방법이 실패한 이유를 설명하여라.

(e) $f(9, 4)$은 무엇인가?

21. 곡선 $y^2+x^4-x^3=0$에서 함수 $f(x, y)=x$의 최솟값을 찾는 문제를 생각하자.

(a) 문제해결을 위하여 라그랑주 승수를 이용하여라.

(b) 최솟값은 $f(0, 0)=0$임을 보이고, 어떤 λ에 대해서도, 라그랑주 조건 $\nabla f(0, 0)=\lambda\nabla g(0, 0)$이 만족하지 못함을 보여라.

(c) 이 경우 라그랑주 승수가 최솟값을 찾는데 실패한 이유를 설명하여라.

CAS 22. (a) 컴퓨터를 사용하여 제약조건 $(x-3)^2+(y-3)^2=9$를 만족하는 $f(x, y)=x^3+y^3+3xy$의 그래프를 그리고, 이것을 이용하여 최댓값, 최솟값을 구하여라.

(b) 라그랑주 승수법을 이용하여 (a)를 풀어라. CAS를 이용하여 수치적으로 이 방정식을 풀어라. 그리고 이를 (a)의 답과 비교하여라.

23. 노동 총량 L과 자본투자금의 총량 K에 의하여 결정되는 어떤 생산의 전체생산량을 P라고 하자. 12.1, 12.3절에서 콥-더글러스 모델 $P=bL^{\alpha}K^{1-\alpha}$에 대하여 알아보았다. 여기서 b, α는 양의 상수, $\alpha<1$이다. 만일 단위 노동당 비용이 m이고, 단위 자본금당 비용이 n일 때, 회사가 사용할 수 있는 총 예산이 p달러이면 생산량 P를 최대화하는 것은 제약조건 $mL+nK=p$에 종속된다. 최대생산은

$$L=\frac{\alpha p}{m},\ K=\frac{(1-\alpha)p}{n}$$

일 때 일어남을 보여라.

24. 연습문제 23을 참조하여 $bL^{\alpha}K^{1-\alpha}=Q$로 생산량 Q가 일정할 때 비용함수 $C(L, K)=mL+nK$를 최소화할 수 있는 L, K의 값을 구하여라.

25. 라그랑주 승수를 이용하여, 둘레가 p인 사각형의 넓이가 최대일 때는 정사각형임을 보여라.

26. 라그랑주 승수를 사용하여, 주어진 둘레가 p이면서 넓이가 최대인 삼각형은 이등변삼각형임을 보여라. (도움말 : 헤론의 공식에 의하여 넓이 $A=\sqrt{s(s-x)(s-y)(s-z)}$임을 사용하여라. 단, $s=p/2$, x, y, z는 변의 길이이다).

(27~28) 12.7절에 주어진 다음 연습문제들을 라그랑주 승수를 사용하여 풀어라.

27. 연습문제 35
28. 연습문제 36
29. 연습문제 37
30. 연습문제 38
31. 연습문제 39
32. 연습문제 40
33. 연습문제 41
34. 연습문제 42
35. 연습문제 43
36. 연습문제 44
37. 연습문제 45
38. 연습문제 46
39. 연습문제 49

40. 겉넓이가 1500cm^2이고, 변의 길이의 총합이 200cm인 직육면체의 부피의 최솟값과 최댓값을 구하여라.

41. 평면 $x+y+2z=2$와 포물면 $z=x^2+y^2$이 만나서 타원을 이룬다. 원점에서 가장 가까이 있는 타원 위의 점과 원점에서 가장 멀리 있는 타원 위의 점을 구하여라.

42. 평면 $4x-3y+8z=5$과 원뿔 $z^2=x^2+y^2$이 만나서 타원을 이룬다.

(a) 원뿔, 평면, 타원을 그려라.

(b) 라그랑주 승수를 사용하여 타원 위에 있는 최댓점과 최솟점을 구하여라.

CAS (43~44) 주어진 제약조건하에서 f의 극댓값과 극소값을 구하여라. CAS를 사용하여 연립방정식을 풀어라.

43. $f(x, y, z)=ye^{x-z}$, $9x^2+4y^2+36z^2=36$, $xy+yz=1$

44. $f(x, y, z)=x+y+z$, $x^2-y^2=z$, $x^2+z^2=4$

45. (a) $f(x_1, x_2, \cdots, x_n)=\sqrt[n]{x_1x_2\cdots x_n}$의 최댓값을 구하여라. $x_1, x_2, \cdots, x_n$은 양수이고, $x_1+x_2+\cdots+x_n=c$를 만족한다(c는 상수).

(b) (a)를 이용하여 $x_1, x_2, \cdots, x_n$이 양수일 때

$$\sqrt[n]{x_1x_2\cdots x_n}\le\frac{x_1+x_2+\cdots+x_n}{n}$$

임을 보여라. 이 부등식은 n개의 양수의 기하평균이 산술평균보다 크지 않음을 말해준다. 어떤 조건에서 이 두 평균은 서로 같은가?

46. (a) 제약조건 $\sum^{n} x_i^2=1$, $\sum^{n} y_i^2=1$일 때 $\sum^{n} x_iy_i$를 최대화하라.

(b) $x_i=\dfrac{a_i}{\sqrt{\Sigma a_j^2}}$, $y_i=\dfrac{b_i}{\sqrt{\Sigma b_j^2}}$라 하면

$$\Sigma a_i b_i\le\sqrt{\Sigma a_j^2}\ \sqrt{\Sigma b_j^2}$$

임을 보여라(단, $a_1, \cdots, a_n$, $b_1, \cdots, b_n$은 임의의 수이다. 이 부등식은 코시-슈바르츠 부등식으로 알려져 있다).

13 다중적분

이 장에서는 정적분에 대한 개념을 이변수 또는 삼변수함수의 이중적분과 삼중적분으로 확장한다. 그 후에 이런 개념을 부피, 표면적, 질량 그리고 제8장에서 논의했던 것보다 더 일반적인 영역들의 무게중심을 계산하는 데 사용할 것이다. 또한 두 개의 확률변수가 포함되어 있을 때의 확률을 구하는 데 이중적분을 사용할 것이다.

13.1 직사각형 영역에서의 이중적분

넓이 문제를 해결하기 위한 시도가 정적분의 정의로 이끌었듯이, 이제 거의 같은 방법으로 입체의 부피를 구하고자 할 것이며 이런 과정에서 자연스럽게 이중적분의 정의에 이르게 된다.

정적분의 복습

우선 일변수함수의 정적분에 대한 기본적인 사실을 상기하자. 함수 $f(x)$가 폐구간 $a \le x \le b$에서 정의되어 있다면 구간 $[a, b]$를 폭 $\Delta x = (b-a)/n$을 갖는 n개의 소구간 $[x_{i-1}, x_i]$로 분할하고 이 소구간들에서 표본점 x_i^*를 택한다. 그 다음에 리만 합

1
$$\sum_{i=1}^{n} f(x_i^*)\,\Delta x$$

을 만든 후, a에서 b까지 함수 f의 정적분을 구하기 위해 $n \to \infty$일 때 리만 합에 대해 극한을 취한다.

2
$$\int_a^b f(x)\,dx = \lim_{n\to\infty} \sum_{i=1}^{n} f(x_i^*)\,\Delta x$$

$f(x) \ge 0$인 특별한 경우에 리만 합을 그림 1에 있는 근사직사각형의 넓이의 합으로 설명할 수 있으며 $\int_a^b f(x)\,dx$는 a에서 b까지 곡선 $y=f(x)$ 아래에 있는 넓이를 나타낸다.

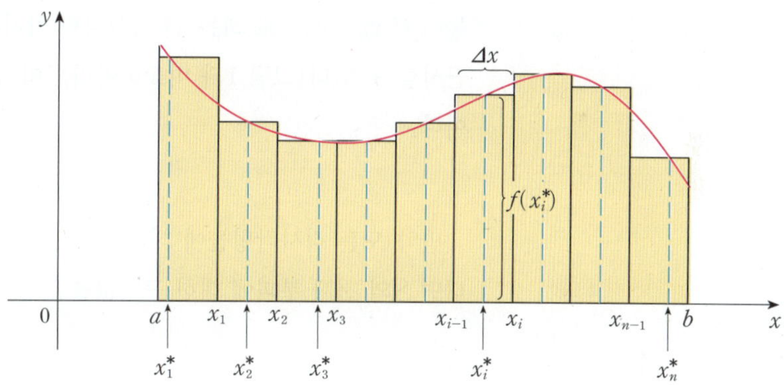

그림 1

부피와 이중적분

비슷한 방법으로 폐직사각형 영역

$$R = [a, b] \times [c, d] = \{(x, y) \in \mathbb{R}^2 \mid a \le x \le b,\ c \le y \le d\}$$

에서 정의된 이변수함수 f를 생각하고 $f(x, y) \ge 0$을 가정하자. f의 그래프는 방정식 $z=f(x, y)$를 갖는 한 곡면이다. 이제 S를 R 위와 f의 그래프 아래에 있는 입체, 즉

$$S = \{(x, y, z) \in \mathbb{R}^3 \mid 0 \le z \le f(x, y),\ (x, y) \in R\}$$

라고 하자(그림 2 참조). 우리의 목표는 S의 부피를 구하는 것이다.

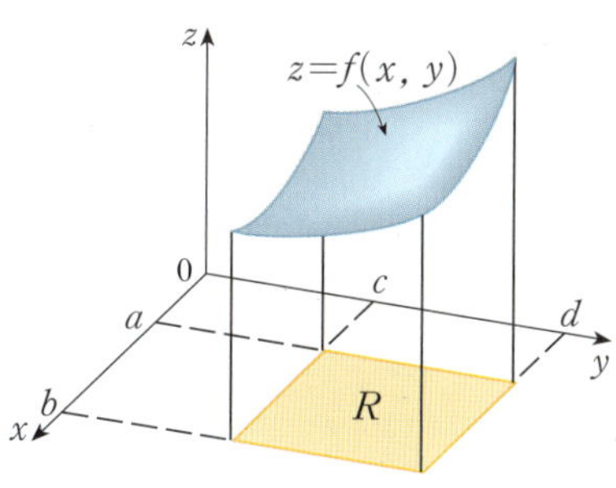

그림 2

부피를 구하기 위한 첫 단계는 직사각형 R을 작은 직사각형들로 나누는 것이다. 구간

$[a, b]$를 폭 $\Delta x=(b-a)/m$를 갖는 m개의 소구간 $[x_{i-1}, x_i]$으로, $[c, d]$를 폭 $\Delta y=(d-c)/n$를 갖는 n개의 소구간 $[y_{j-1}, y_j]$으로 각각 등분하고 그림 3에서처럼 이 소구간들의 끝점을 지나면서 좌표축에 평행인 선분을 그린다. 그러면 각각의 넓이가 $\Delta A=\Delta x\Delta y$인 작은 직사각형

$$R_{ij}=[x_{i-1}, x_i]\times[y_{j-1}, y_j]=\{(x, y) \mid x_{i-1}\le x\le x_i,\ y_{j-1}\le y\le y_j\}$$

이 만들어진다.

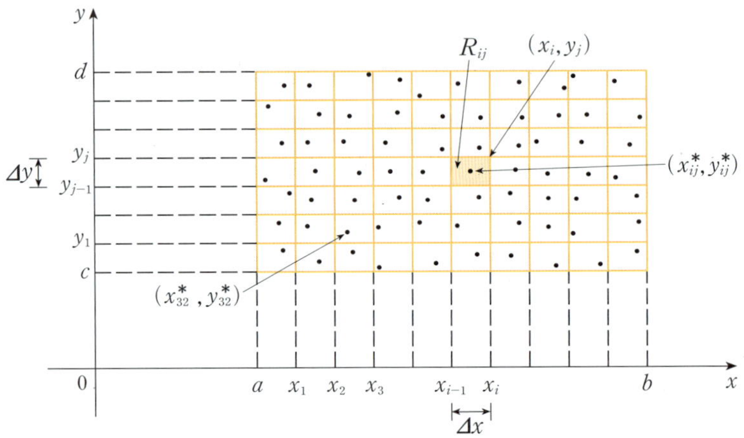

그림 3 R을 작은 직사각형들로 나눈다.

각 R_{ij} 내에서 표본점 $(x_{ij}{}^*, y_{ij}{}^*)$을 택하면, 그림 4에서 볼 수 있는 것처럼 밑면 R_{ij}와 높이 $f(x_{ij}{}^*, y_{ij}{}^*)$로 하는 긴 직사각형 상자(또는 기둥)에 의해 R_{ij} 위에 있는 S의 부분을 근사할 수 있다(그림 1과 비교하여라). 이 상자의 부피는 상자의 밑면의 넓이와 높이의 곱이다.

$$f(x_{ij}{}^*, y_{ij}{}^*)\Delta A$$

만약 모든 직사각형들에 대해서 이런 방식을 적용하고 대응하는 상자들의 부피를 합한다면 S의 전체 부피에 대한 근삿값을 얻을 수 있다(그림 5를 참조).

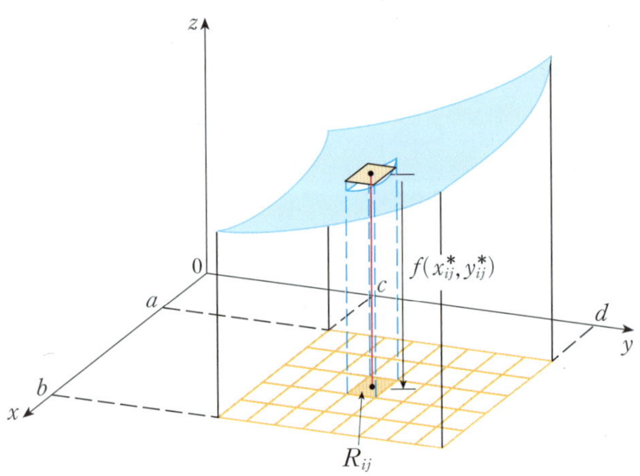

그림 4

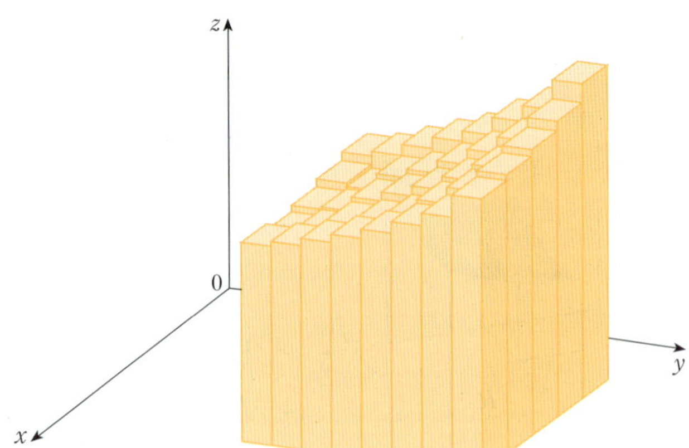

그림 5

3 $$V \approx \sum_{i=1}^{m}\sum_{j=1}^{n} f(x_{ij}^*, y_{ij}^*)\,\Delta A$$

위의 이중합은 각각의 작은 직사각형에 대해 선택된 점에서 f값을 구하고 작은 직사각형의 넓이를 곱한 후에 그 결과들을 더한다는 것을 의미한다.

m과 n이 더 커짐에 따라, 즉 작은 직사각형들을 더욱 잘게 쪼갬으로써, **3**에서의 근삿값은 참값에 더욱 근접하게 됨을 직관적으로 알 수 있으므로 S의 부피 V는

● 방정식 **4**에 있는 이중극한의 의미는 m과 n을 충분히 크게 취하므로써 ((x_{ij}^*, y_{ij}^*)의 임의의 선택에 대해) 우리가 원하는 만큼 수 V에 가까이에 있는 이중합을 만들 수 있다는 것이다.

4 $$V = \lim_{m,n\to\infty} \sum_{i=1}^{m}\sum_{j=1}^{n} f(x_{ij}^*, y_{ij}^*)\,\Delta A$$

가 될 것이라고 예상할 수 있다.

따라서 직사각형 R의 윗부분과 f의 그래프의 아랫부분에 있는 입체 S의 **부피**를 정의하기 위하여 식 **4**의 표현을 사용한다(이 정의는 8.2절에 있는 공식과 일치한다는 것을 보일 수가 있다). 식 **4**에 나타나는 형태의 극한은 부피를 구하는데 있어서뿐만 아니라 다른 상황에서도—13.5절에서 볼—f가 양함수가 아닐 때까지도, 빈번하게 등장하므로 다음과 같이 이중적분을 정의한다.

● 정의 **5**와 방정식 **2**에 있는 단일적분 정의 사이의 유사성을 주목하라.

> **5 정의** 만약 극한 $\lim_{m,n\to\infty} \sum_{i=1}^{m}\sum_{j=1}^{n} f(x_{ij}^*, y_{ij}^*)\,\Delta A$이 존재한다면 이 극한값을 R에서 f의 **이중적분**이라 부르고 $\iint_R f(x, y)\, dA$로 나타낸다.

정의 **5**의 극한이 존재할 때 함수 f는 적분가능하다고 한다. 모든 연속함수는 적분가능함을 고급미분적분학에서 증명할 수 있다. 사실, 함수 f의 이중적분은 함수 f가 너무 많은 점에서만 불연속하지 않다면 존재한다. 특히, f가 유계(즉, 영역 R 안의 모든 (x, y)에 대하여, 상수 M이 존재하여 $|f(x, y)| \le M$을 만족)이고, f가 부드러운 곡선의 유한개의 점을 제외한 모든 점에서 연속이면, f는 R 위에서 적분가능하다. 표본점 (x_{ij}^*, y_{ij}^*)은 작은 직사각형 R_{ij} 내의 임의의 점으로 선택할 수 있으나, 그 점을 R_{ij}의 오른쪽 위 모서리에서 선택한다면(즉 (x_i, y_j), 그림 3을 보라) 이중적분의 표현은 더욱 간단하게 보인다.

6 $$\iint_R f(x, y)\, dA = \lim_{m,n\to\infty} \sum_{i=1}^{m}\sum_{j=1}^{n} f(x_i, y_j)\,\Delta A$$

정의 **4**와 **5**를 비교함으로써 부피는 한 이중적분으로 나타낼 수 있음을 알 수 있다.

> 만약 $f(x, y) \ge 0$이면 직사각형 R과 곡면 $z=f(x, y)$ 아래에 있는 입체의 부피 V는
>
> $$V = \iint_R f(x, y)\, dA$$
>
> 가 된다.

정의 [5]에서의 합 $\sum_{i=1}^{m}\sum_{j=1}^{n} f(x_{ij}^*, y_{ij}^*)\Delta A$을 **이중리만 합**(double Riemann sum)이라고 하며 이것은 이중적분값에 대한 근삿값으로 사용된다([1]에 있는 일변수함수에 대한 리만 합과 얼마나 유사한가 주목해보라). f가 양함수인 경우에는 이중리만 합은 그림 5에서처럼 기둥의 부피들의 합을 나타내며 f의 그래프 아래와 직사각형 R 위에 있는 부피에 대한 근삿값이다.

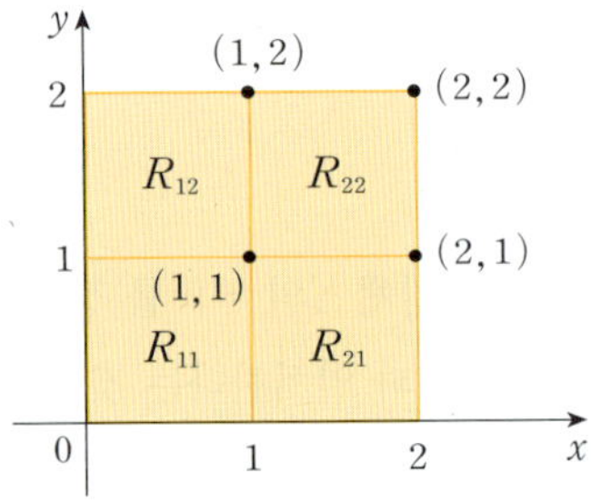

그림 6

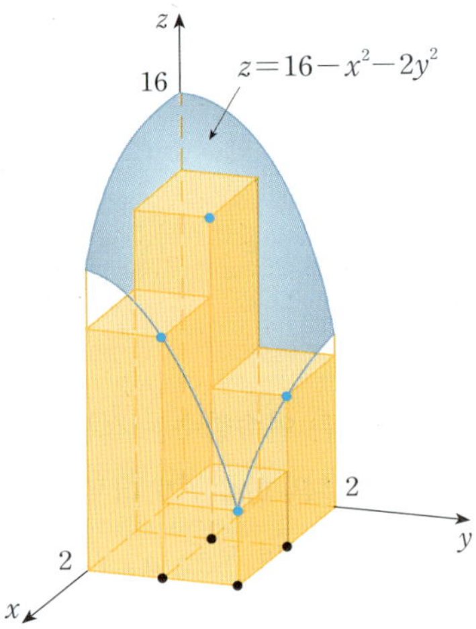

그림 7

예제 1 이중리만 합을 이용한 부피 계산 정사각형 $R=[0, 2]\times[0, 2]$ 위와 타원포물면 $z=16-x^2-2y^2$ 아래에 있는 입체의 부피를 측정하여라. R을 네 개의 같은 정사각형으로 분할하고 각 정사각형 R_{ij}의 오른쪽 위 모서리를 표본점으로 택한다. 입체와 근사하는 직육면체를 그려라.

풀이 그림 6은 분할된 작은 정사각형들을 보여주고 있다. 포물면은 $f(x, y)=16-x^2-2y^2$의 그래프이고, 분할된 각 정사각형의 면적은 1이다. 입체의 부피를 $m=n=2$인 경우의 리만 합으로 근사시키면

$$
\begin{aligned}
V &\approx \sum_{i=1}^{2}\sum_{j=1}^{2} f(x_i, y_j)\Delta A \\
&= f(1, 1)\Delta A + f(1, 2)\Delta A + f(2, 1)\Delta A + f(2, 2)\Delta A \\
&= 13(1)+7(1)+10(1)+4(1)=34
\end{aligned}
$$

이것은 그림 7에 있는 근사 직육면체의 부피이다. ■

만약 예제 1에서 정사각형들의 수를 증가시키면 부피에 대한 좀더 개선된 근삿값을 얻을 수 있다. 그림 8은 16, 64, 256개의 분할된 정사각형을 사용할 때 기둥들이 얼마나 실제 입체처럼 보이기 시작하고 대응하는 근삿값은 얼마나 더 실제값에 가까운가를 보여준다. 다음 절에서 정확한 부피는 48임을 보일 수 있을 것이다.

(a) $m=n=4$, $V\approx 41.5$ (b) $m=n=8$, $V\approx 44.875$ (c) $m=n=16$, $V\approx 46.46875$

그림 8 $z=16-x^2-2y^2$ 아래에 있는 부피에 대한 리만 합의 근삿값은 m과 n이 증가함에 따라 조금 더 정확해진다.

예제 2 **기하학적 해석에 대한 이중적분 계산**

$R=\{(x, y) \mid -1 \le x \le 1,\ -2 \le y \le 2\}$일 때, 다음 적분값을 구하여라.

$$\iint_R \sqrt{1-x^2}\, dA$$

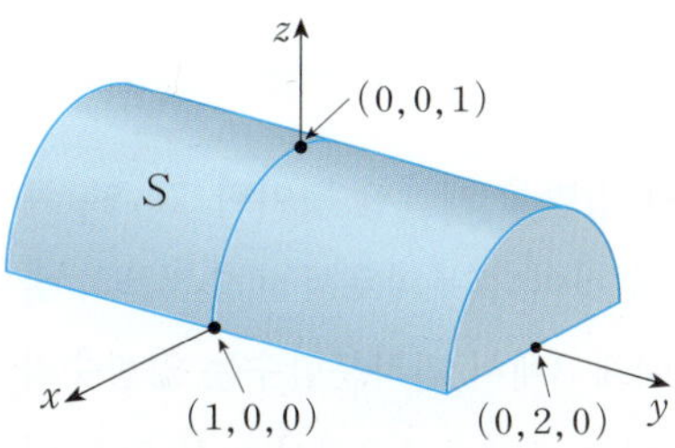

그림 9

풀이 정의 5를 이용하여 직접적으로 이 적분값을 구하려 한다면 매우 어려울 것이지만, $\sqrt{1-x^2} \ge 0$이므로 그것을 부피로 설명하므로써 적분을 계산할 수가 있다.

$z=\sqrt{1-x^2}$라 놓으면 $x^2+z^2=1$과 $z \ge 0$이 되므로 주어진 이중적분은 직사각형 R 위와 원주면 $x^2+z^2=1$ 아래에 있는 입체 S의 부피를 나타낸다(그림 9 참조). S의 부피는 반지름이 1인 반원의 넓이와 원주면의 길이를 곱한 것이다. 이와 같이

$$\iint_R \sqrt{1-x^2}\, dA = \frac{1}{2}\pi(1)^2 \times 4 = 2\pi$$

■

▷ 중점공식

적분값을 근사하기 위해 사용했던 방법들(중점공식, 사다리꼴 공식, 심프슨 공식) 모두는 이중적분에 대해서도 대응부분을 갖는다. 여기서는 이중적분에 대한 중점공식만을 생각하기로 한다. 이것은 이중적분을 근사하기 위하여 이중리만 합을 사용한다는 것을 의미하고 있으며, R_{ij}에서의 표본점 (x_{ij}^*, y_{ij}^*)은 R_{ij}의 중심 $(\bar{x}_i, \bar{y}_j)$으로 선택된다. 여기서 $\bar{x}_i$는 $[x_{i-1}, x_i]$의 중점이고 $\bar{y}_j$는 $[y_{j-1}, y_j]$의 중점이다.

이중적분에 대한 중점공식

$$\iint_R f(x, y)\, dA \approx \sum_{i=1}^{m}\sum_{j=1}^{n} f(\bar{x}_i, \bar{y}_j)\, \Delta A$$

단, $\bar{x}_i$는 $[x_{i-1}, x_i]$의 중점이고 $\bar{y}_j$는 $[y_{j-1}, y_j]$의 중점이다.

예제 3 적분 $\iint_R (x-3y^2)\, dA$의 값을 측정하기 위해 $m=n=2$인 경우에 중점공식을 사용하여라(단, $R=\{(x, y) \mid 0 \le x \le 2,\ 1 \le y \le 2\}$).

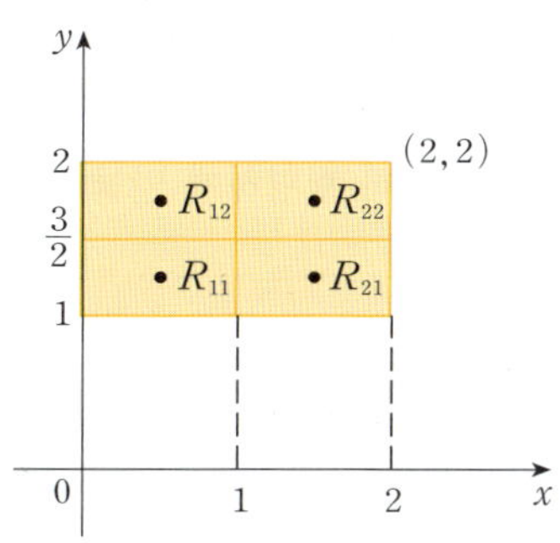

그림 10

풀이 $m=n=2$로 하여 중점공식을 사용하는 데 있어서 그림 10에서 볼 수 있는 것처럼 네 개의 작은 직사각형들의 중심에서 $f(x, y)=x-3y^2$의 값을 구한다. 그러면 $\bar{x}_1=\frac{1}{2}$, $\bar{x}_2=\frac{3}{2}$, $\bar{y}_1=\frac{5}{4}$, $\bar{y}_2=\frac{7}{4}$이 되고 각 작은 직사각형의 넓이 ΔA는 $\frac{1}{2}$이 된다.

$$\begin{aligned}\iint_R (x-3y^2)\, dA &\approx \sum_{i=1}^{2}\sum_{j=1}^{2} f(\bar{x}_i, \bar{y}_j)\, \Delta A \\ &= f(\bar{x}_1, \bar{y}_1)\Delta A + f(\bar{x}_1, \bar{y}_2)\Delta A + f(\bar{x}_2, \bar{y}_1)\Delta A + f(\bar{x}_2, \bar{y}_2)\Delta A \\ &= f\left(\frac{1}{2}, \frac{5}{4}\right)\Delta A + f\left(\frac{1}{2}, \frac{7}{4}\right)\Delta A + f\left(\frac{3}{2}, \frac{5}{4}\right)\Delta A + f\left(\frac{3}{2}, \frac{7}{4}\right)\Delta A\end{aligned}$$

$$=\left(-\frac{67}{16}\right)\frac{1}{2}+\left(-\frac{139}{16}\right)\frac{1}{2}+\left(-\frac{51}{16}\right)\frac{1}{2}+\left(-\frac{123}{16}\right)\frac{1}{2}$$

$$=-\frac{95}{8}=-11.875$$

그러므로 $\iint_R (x-3y^2)\,dA \approx -11.875$ ■

작은 직사각형의 수	중점공식 근삿값
1	−11.5000
4	−11.8750
16	−11.9687
64	−11.9922
256	−11.9980
1024	−11.9995

참고 다음 절에서 이중적분값을 계산하기 위한 효과적인 방법을 개발할 것이며 그 후, 예제 3에서 이중적분의 정확한 값이 −12임을 보게 될 것이다(부피로서 이중적분의 설명은 피적분함수 f가 양함수인 경우만 타당하다. 예제 3에서 피적분함수는 양함수가 아니므로 그것의 적분은 부피가 아니다. 13.2절에 있는 예제 2와 3에서 항상 양은 아닌 함수의 적분을 부피와 관련하여 어떻게 설명할 것인가를 논의할 것이다). 만약에 그림 10에 있는 각 작은 직사각형을 크기가 더 작은 유사한 형태의 네 개 직사각형들로 분할하는 것을 계속하면 왼쪽 표에 전개된 중점공식의 근삿값을 얻게 된다. 이 근삿값들이 어떤 방식으로 이중적분의 정확한 값 −12에 접근하는가를 주목하라.

▷ 평균값

폐구간 $[a, b]$ 상에서 정의된 일변수함수 f의 평균값은 다음과 같음을 8.5절에서 공부한 바 있다.

$$f_{\text{ave}}=\frac{1}{b-a}\int_a^b f(x)\,dx$$

비슷한 형태로, 직사각형 R 상에서 정의된 이변수함수의 **평균값**을

$$f_{\text{ave}}=\frac{1}{A(R)}\iint_R f(x, y)\,dA$$

로 정의한다. 단, $A(R)$은 R의 넓이이다.

만약 $f(x, y)\geq 0$이라면, 방정식

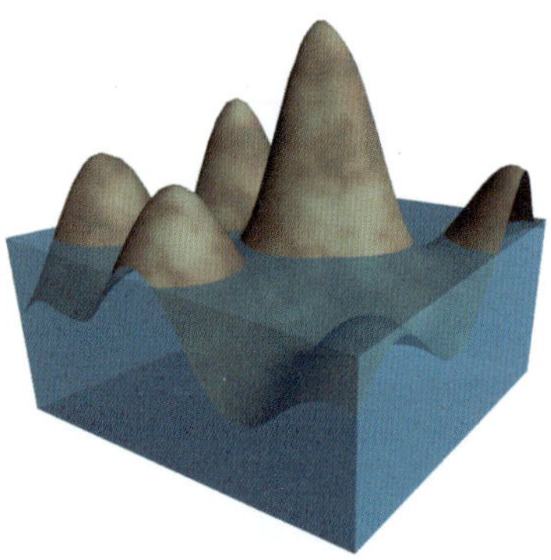

그림 11

$$A(R)\times f_{\text{ave}}=\iint_R f(x, y)\,dA$$

는 밑면 R과 높이 f_{ave}를 갖는 상자는 f의 그래프 아래에 있는 입체와 같은 부피를 갖고 있음을 말해주고 있다(만약 $z=f(x, y)$가 산악지역을 나타내고 f_{ave}의 높이에서 산의 정상들을 잘라낸다면, 이를 이용하여 골짜기를 채워 그 지역을 완전히 평평하게 만들 수 있다. 그림 11 참조).

예제 4 그림 12에 있는 등고선 지도는 2006년 12월 20, 21일 콜로라도주에 내렸던 강설량을 인치단위로 나타낸 것이다(콜로라도주는 서쪽에서 동쪽까지 388마일이고 남쪽에서 북쪽까지 276마일인 직사각형 모형 속에 있다). 등고선지도를 사용하여 콜로라도주 전체에 대한 평균강설량을 측정하여라.

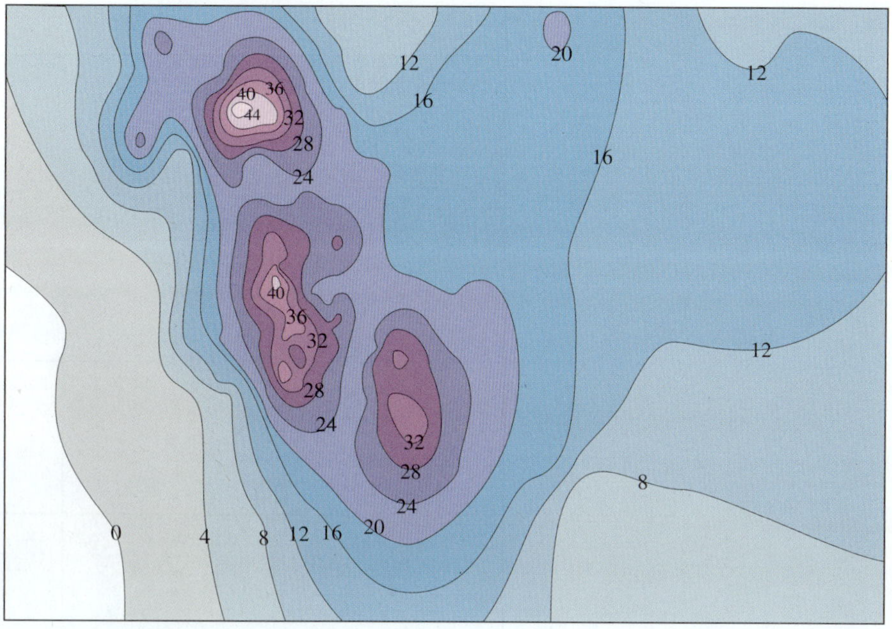

그림 12

풀이 콜로라도주의 서남쪽 모서리에 원점을 잡자. 이때, $0 \le x \le 388$, $0 \le y \le 276$이며 $f(x, y)$는 원점으로부터 동쪽으로 x마일, 북쪽으로 y마일의 위치에서의 인치단위 강설량이 된다. 만약에 R이 콜로라도를 나타내는 직사각형이라면, 이때 12월 20, 21일에 콜로라도주에 대한 평균강설량은

$$f_{\text{ave}} = \frac{1}{A(R)} \iint_R f(x, y)\,dA$$

이다. 단, $A(R) = 388 \cdot 276$. 이 이중적분값을 측정하기 위하여 $m = n = 4$인 경우에 대하여 중점공식을 사용하자. 다시 말하면, 그림 13에서처럼 R을 16개의 같은 크기의 작은 직사각형으로 나눈다. 이때 각 작은 직사각형의 넓이는

$$\Delta A = \frac{1}{16}(388)(276) = 6693(\text{mi}^2)$$

가 된다.

각 작은 직사각형의 중심에서 f의 값을 측정하기 위하여 등고선지도를 사용하면 다음을 얻을 수 있다.

$$\begin{aligned}
\iint_R f(x, y)\,dA &\approx \sum_{i=1}^{4}\sum_{j=1}^{4} f(\bar{x}_i, \bar{y}_j)\,\Delta A \\
&\approx \Delta A[0 + 15 + 8 + 7 + 2 + 25 + 18.5 + 11 \\
&\qquad + 4.5 + 28 + 17 + 13.5 + 12 + 15 + 17.5 + 13] \\
&= (6693)(207)
\end{aligned}$$

그러므로 $f_{\text{ave}} \approx \dfrac{(6693)(207)}{(388)(276)} \approx 12.9$

즉, 12월 20, 21일에 콜로라도주에는 대략적으로 평균 13인치의 눈이 내렸다. ■

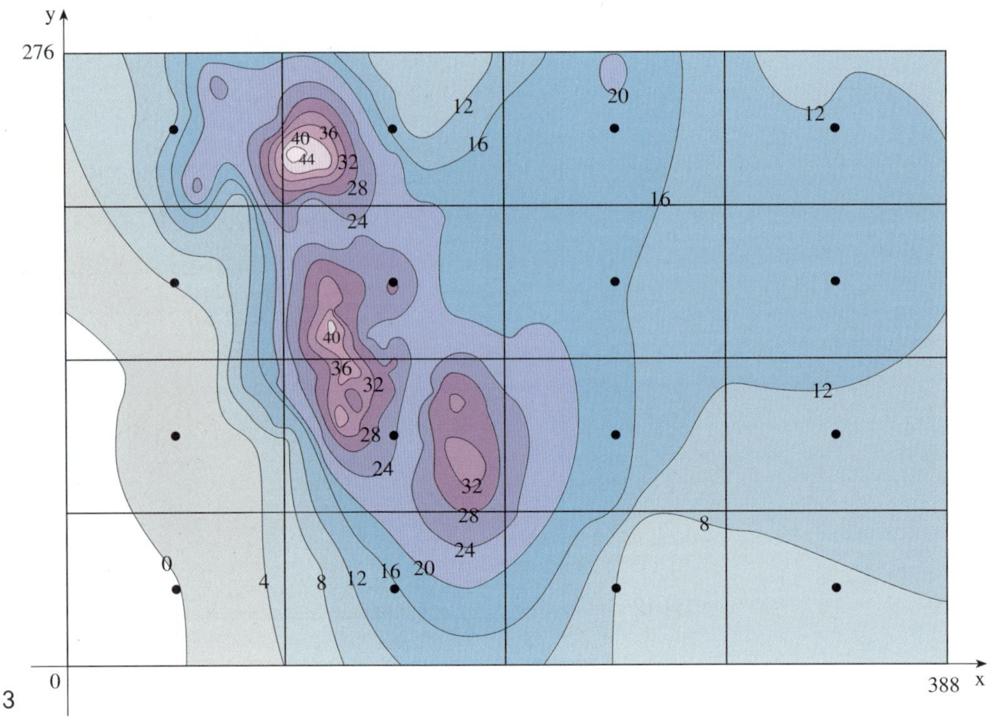

그림 13

▷ 이중적분의 성질

이중적분에 대한 세 가지 성질을 7.2절에서와 같은 방법으로 증명할 수 있다. 모든 적분값이 존재한다고 가정하고 성질 7과 8은 적분의 선형성(linearity)으로 알려져 있다.

● 이중적분을 정의하는 이중합이 갖는 이런 성질을 이중적분은 그대로 이어 받는다.

7 $$\iint_R [f(x,y)+g(x,y)]\,dA=\iint_R f(x,y)\,dA+\iint_R g(x,y)\,dA$$

8 $$\iint_R cf(x,y)\,dA=c\iint_R f(x,y)\,dA \qquad (\text{단, } c\text{는 상수})$$

만약에 R의 모든 점에 대하여 $f(x,y)\geq g(x,y)$이면 다음과 같다.

9 $$\iint_R f(x,y)\,dA\geq\iint_R g(x,y)\,dA$$

13.1 연습문제

1. (a) 직사각형 $R=\{(x,\ y)\,|\,0\leq x\leq 6,\ 0\leq y\leq 4\}$ 위와 곡면 $z=xy$ 아래에 놓인 입체의 부피를 구하여라. $m=3$, $n=2$인 경우에 대해 리만 합을 사용하고 표본점을 작은 직사각형의 오른쪽 위 모서리로 선택하여라.

(b) (a)에 있는 입체의 부피를 중점공식을 이용하여 구하여라.

2. 영역 $R=[0,\ 4]\times[-1,\ 2]$에서, $m=2$, $n=3$인 경우에 대해 리만 합을 이용하여 $\iint_R (1-xy^2)\,dA$의 값을 구하여라. 표본점을 각각 직사각형의 (a) 오른쪽 위 모서리, (b) 왼쪽 아래 모서리로 선택하여라.

3. (a) $m=n=2$인 경우 리만 합을 사용하여 $\iint_R \sin(x+y)\,dA$의 근삿값을 계산하여라. 단, $R=[0,\ \pi]\times[0,\ \pi]$이다. 표본점을 아래쪽 왼쪽 모서리로 선택하여라.

(b) 중점공식을 사용하여 (a)에서의 적분의 근삿값을 구하여라.

4. (a) 곡면 $z=x+2y^2$의 아래쪽과 직사각형 $R=[0,\ 2]\times[0,\ 4]$의 위쪽에 있는 입체의 부피의 근삿값을 구하여라. $m=n=2$인 리만 합을 사용하고 표본점을 오른쪽 아래 모서리로 선택하여라.

(b) 중점공식을 사용하여 (a)의 부피의 근삿값을 구하여라.

5. $R=[0,\ 4]\times[2,\ 4]$에서 정의된 함수 $f(x,\ y)$에 대하여 함숫값의 표가 다음과 같이 주어졌다 .

(a) $m=n=2$인 경우에 대해 중점공식을 사용하여 $\iint_R f(x,\ y)\,dA$의 값을 구하여라.

(b) $m=n=4$인 경우에 대해 표본점을 원점에서 가장 멀리 떨어져 있는 점을 선택하여 이중적분값을 측정하여라.

x \ y	2.0	2.5	3.0	3.5	4.0
0	−3	−5	−6	−4	−1
1	−1	−2	−3	−1	1
2	1	0	−1	1	4
3	2	2	1	3	7
4	3	4	2	5	9

6. 8m × 12m 크기의 수영장에 물이 가득 채워져 있다. 수영장의 한 모서리를 출발점으로 깊이를 2m 간격으로 측정하여 그 값들을 표에 기록하였다. 수영장 안에 있는 물의 부피를 구하여라.

	0	2	4	6	8	10	12
0	1	1.5	2	2.4	2.8	3	3
2	1	1.5	2	2.8	3	3.6	3
4	1	1.8	2.7	3	3.6	4	3.2
6	1	1.5	2	2.3	2.7	3	2.5
8	1	1	1	1	1.5	2	2

7. V를 직사각형 $R=\{(x,\ y)\,|\,2\le x\le 4,\ 2\le y\le 6\}$ 위와 $f(x,\ y)=\sqrt{52-x^2-y^2}$ 의 그래프 아래에 있는 입체의 부피라고 하자. R을 작은 직사각형으로 분할하기 위하여 직선 $x=3$과 $y=4$를 사용한다. L과 U를 각각 왼쪽 아래 모서리와 오른쪽 위 모서리를 사용하여 계산한 리만 합이라고 하자. $V,\ L,\ U$를 계산하지 말고 대소관계를 작은 것부터 크기순서로 배열하고 이유를 설명하여라.

8. 다음 그림은 정사각형 $R=[0,\ 2]\times[0,\ 2]$에서 함수 f의 등위곡선을 나타낸다. $m=n=2$인 경우 중점공식을 사용하여 $\iint_R f(x,\ y)\,dA$의 근삿값을 구하여라. 어떻게 하면 더 나은 근삿값을 구할 수 있겠는가?

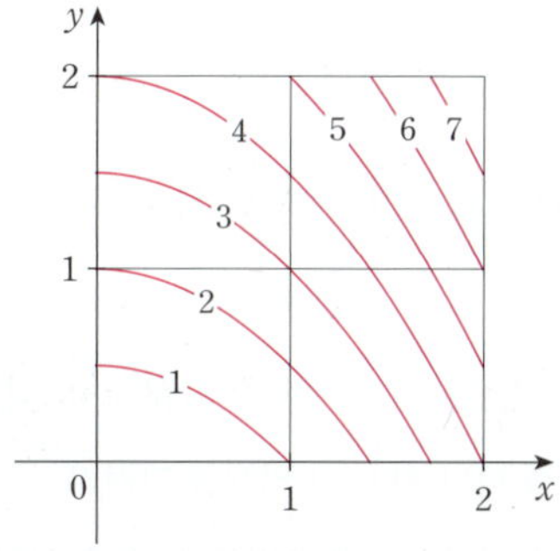

9. 다음은 정사각형 $R=[0,\ 4]\times[0,\ 4]$에서 함수 f의 등고선 지도이다.

(a) $m=n=2$인 경우에 대해 중점공식을 사용하여 $\iint_R f(x,\ y)\,dA$의 값을 구하여라.

(b) f의 평균값을 구하라.

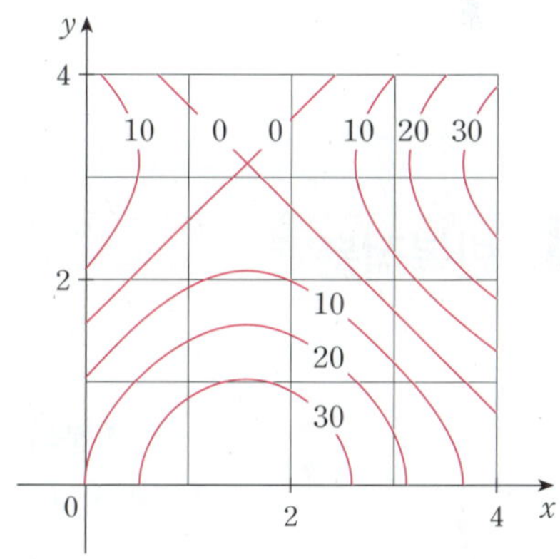

10. 다음 등고선 지도는 콜로라도주에서 2007년 2월 26일 오후 4시의 화씨온도를 보여주고 있다(콜로라도주는 동쪽에서 서쪽까지 388마일이고 북쪽에서 남쪽까지 276마일이다). $m=n=4$와 중점공식을 사용하여 그 시간에 콜로라도주의 평균온도를 구하여라.

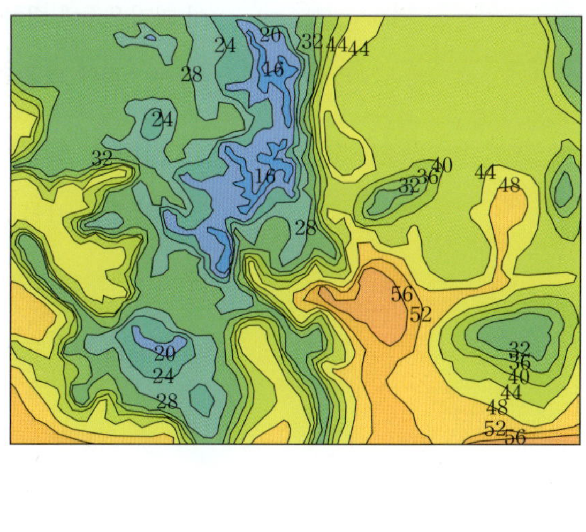

(11~13) 입체의 부피로 생각하여 다음 이중적분값을 구하여라.

11. $\iint_R 3\,dA$, $R=\{(x, y) \mid -2\le x\le 2,\ 1\le y\le 6\}$

12. $\iint_R (5-x)dA$, $R=\{(x, y) \mid 0\le x\le 5,\ 0\le y\le 3\}$

13. $\iint_R (4-2y)dA$, $R=[0, 1]\times[0, 1]$

14. 적분 $\iint_R \sqrt{9-y^2}\,dA$는 직사각형 영역 $R=[0, 4]\times[0, 2]$에 대해 입체의 부피를 나타낸다. 그 입체를 그려라.

15. 프로그램이 가능한 계산기나 컴퓨터(또는 CAS상의 합명령)를 사용하여, 정사각형 영역 $R=[0, 1]\times[0, 1]$에 대해

$$\iint_R \sqrt{1+xe^{-y}}\,dA$$

의 값을 구하여라. 같은 크기의 정사각형의 개수 1, 4, 16, 64, 256, 1024에 대해 중점공식을 사용하여라.

16. 이중적분 $\iint_R \sin(x+\sqrt{y})\,dA$에 대해 문제 15번을 반복하여라.

17. f가 상수함수 즉 $f(x, y)=k$이고 $R=[a, b]\times[c, d]$이면 $\iint_R k\,dA=k(b-a)(d-c)$ 임을 보여라.

18. 연습문제 17을 이용하여, 정사각형 영역 $R=\left[0, \frac{1}{4}\right]\times\left[\frac{1}{4}, \frac{1}{2}\right]$에 대해 $0\le\iint_R \sin\pi x\cos\pi y\ dA\le\frac{1}{32}$임을 보여라.

13.2 반복적분

적분의 정의로부터 직접적으로 단일적분값을 구하는 것은 쉬운 일은 아니지만, 미적분학 기본정리는 매우 쉬운 방법을 제공하고 있음을 상기하라. 첫 번째 원칙을 이용하여 이중적분값을 구하는 것이 더 어렵지만, 이 절에서 어떤 방법으로 이중적분을 반복적분으로 나타내는가를 보게 될 것이다. 그런 다음에는 이중적분을 두 번의 단일적분을 계산하여 구할 수 있게 된다.

f를 직사각형 $R=[a, b]\times[c, d]$에서 연속인 이변수함수라고 하자. $\int_c^d f(x, y)dy$는 x가 고정되어 있고 $f(x, y)$를 $y=c$에서 $y=d$까지 y에 대해서 적분하는 것을 의미한다. 이 과정을 y에 대한 편적분이라고 한다(편미분에 대한 유사성을 주목하라). 이제 $\int_c^d f(x, y)dy$는 x값에 의존하는 하나의 수이므로 그것은 x의 함수를 정의하게 된다.

$$A(x)=\int_c^d f(x, y)dy$$

만약 함수 A를 $x=a$에서 $x=b$까지 x에 대해서 적분한다면

1 $$\int_a^b A(x)dx=\int_a^b\left[\int_c^d f(x, y)dy\right]dx$$

를 얻는다. 식 **1**의 오른쪽에 있는 적분을 **반복적분**이라고 하며 보통 괄호는 생략한다.

2 $$\int_a^b\int_c^d f(x, y)\,dy\,dx=\int_a^b\left[\int_c^d f(x, y)dy\right]dx$$

는 우선 y에 대해 c에서 d까지 적분한 다음에 x에 대해 a에서 b까지 적분하는 것을 의미한다.

비슷하게, 반복적분

3 $$\int_c^d \int_a^b f(x, y)\,dx\,dy = \int_c^d \left[\int_a^b f(x, y)\,dx \right] dy$$

는, x에 대해(y를 고정시킨 상태에서) $x=a$에서 $x=b$까지 적분한 다음에 얻은 y만의 함수를 y에 대해 $y=c$에서 $y=d$까지 적분하는 것을 의미한다. 식 **2**와 **3** 모두에서 안쪽으로부터 바깥쪽으로 작업하는 것을 유의하라.

예제 1 **순서에 따른 적분** 반복적분값을 구하여라.

(a) $\displaystyle\int_0^3 \int_1^2 x^2 y\,dy\,dx$ (b) $\displaystyle\int_1^2 \int_0^3 x^2 y\,dx\,dy$

풀이 (a) x를 상수로 여기면 다음을 얻을 수 있다.

$$\int_1^2 x^2 y\,dy = \left[x^2 \frac{y^2}{2} \right]_{y=1}^{y=2} = x^2\left(\frac{2^2}{2}\right) - x^2\left(\frac{1^2}{2}\right) = \frac{3}{2}x^2$$

이와 같이, 이 예제에서는 앞의 논의에서의 함수 A는 $A(x)=\frac{3}{2}x^2$임을 알 수 있다. 이제 x의 함수 $A(x)$를 0에서 3까지 적분한다 .

$$\int_0^3 \int_1^2 x^2 y\,dy\,dx = \int_0^3 \left[\int_1^2 x^2 y\,dy \right] dx = \int_0^3 \frac{3}{2}x^2\,dx = \frac{x^3}{2}\bigg]_0^3 = \frac{27}{2}$$

(b) 여기서는 x에 대해서 먼저 적분한 후 같은 방법을 적용한다.

$$\int_1^2 \int_0^3 x^2 y\,dx\,dy = \int_1^2 \left[\int_0^3 x^2 y\,dx \right] dy = \int_1^2 \left[\frac{x^3}{3} y \right]_{x=0}^{x=3} dy$$

$$= \int_1^2 9y\,dy = 9\frac{y^2}{2}\bigg]_1^2 = \frac{27}{2}$$

예제 1에서 x에 대해 먼저 적분해도, 또는 y에 대해 먼저 적분해도 같은 결과가 나온다는 것을 보았다. 일반적으로, 식 **2**와 **3**에 있는 두 개의 반복적분은 언제나 일치한다는 것이 밝혀진다(정리 **4** 참조). 즉, 적분의 순서는 중요하지 않다(이것은 혼합 편도함수의 등식에 대한 클레로 정리와 유사하다).

다음의 정리는 반복적분으로 나타내어(어느 순서로든지) 이중적분을 구하는 실제적인 방법을 제시한다.

● 정리 4는 이탈리아 수학자 푸비니(Guido Fubini, 1879~1943)의 이름을 따서 붙였는데, 그는 1907년에 이 정리의 매우 일반적인 형태를 증명하였다. 그러나 연속함수에 대한 이 정리의 형태는 1세기 전에 이미 프랑스 수학자 코시에 의해 알려졌다.

4 푸비니 정리 f가 직사각형 영역 $R=\{(x, y)\,|\,a \le x \le b,\ c \le y \le d\}$에서 연속이면, 이때 다음의 등식이 성립한다.

$$\iint_R f(x, y)\,dA = \int_a^b \int_c^d f(x, y)\,dy\,dx = \int_c^d \int_a^b f(x, y)\,dx\,dy$$

더 일반적으로, 만약 f가 영역 R에서 유계, 유한개의 매끈한 곡선에서만 불연속 그리고 반복적분이 존재한다면 이 등식은 성립한다.

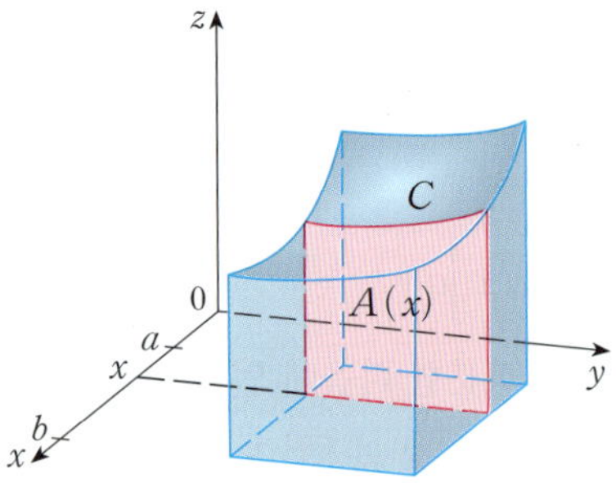

그림 1

푸비니 정리의 증명은 어렵기 때문에 이 책에서는 다루지 않지만, 적어도 $f(x, y) \geq 0$인 경우에는 왜 성립하는가에 대한 이유의 직관적인 방향 정도는 제시한다. 만약 f가 양이라면 이중적분 $\iint_R f(x, y)\,dA$를 영역 R의 윗부분과 곡면 $z=f(x, y)$ 아랫부분으로 이루어진 입체의 부피 V로서 설명할 수 있다. 그러나 제8장에서 부피에 대해 사용했던 다른 공식, 즉

$$V=\int_a^b A(x)\,dx$$

을 이미 가지고 있다. 단, $A(x)$는 x를 지나면서 x축에 수직 평면이 입체 S를 절단했을 때 생기는 절단면의 넓이이다. 그림 1에서 x가 고정된 상태이고 y가 $c \leq y \leq d$의 범위를 움직일 때 $z=f(x, y)$는 하나의 곡선이 되며 이 곡선을 C라고 하면 $A(x)$는 그 곡선 아래에 있는 넓이가 됨을 알 수 있다. 그러므로

$$A(x)=\int_c^d f(x, y)\,dy$$

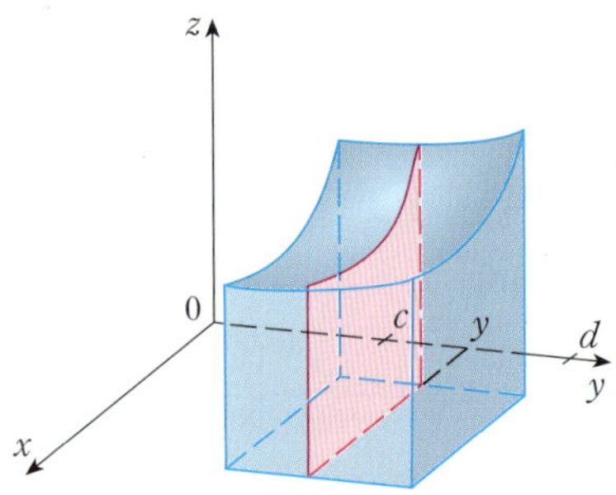

그림 2

이며, 다음을 얻을 수 있다.

$$\iint_R f(x, y)\,dA=V=\int_a^b A(x)\,dx=\int_a^b\int_c^d f(x, y)\,dy\,dx$$

그림 2에서처럼 y축에 수직인 단면을 사용하는 유사한 논의는 다음을 보여준다.

$$\iint_R f(x, y)\,dA=\int_c^d\int_a^b f(x, y)\,dx\,dy$$

● 예제 2에서 음의 값임을 주목하라. 거기에서 잘못된 부분은 전혀없다. 단지 그 예에서 함수 f가 양함수가 아닐 뿐이며, 따라서 그것의 적분은 부피를 나타내지 않는다. 그림 3에서 함수 f는 R에서 언제나 음이다. 따라서 적분값은 f의 그래프의 윗부분과 R의 아랫부분 사이에 있는 입체에 대한 부피의 음의 값이 된다.

예제 2 **푸비니 정리를 이용한 이중적분 계산**

영역 $R=\{(x, y)\,|\,0 \leq x \leq 2,\ 1 \leq y \leq 2\}$에 대해서 이중적분 $\iint_R (x-3y^2)\,dA$의 값을 구하여라(13.1절에 있는 예제 3과 비교하여라).

풀이1 푸비니 정리를 이용하여 다음의 결과를 얻을 수 있다.

$$\begin{aligned}\iint_R (x-3y^2)\,dA&=\int_0^2\int_1^2 (x-3y^2)\,dy\,dx\\&=\int_0^2 \Big[\,xy-y^3\,\Big]_{y=1}^{y=2}\,dx\\&=\int_0^2 (x-7)\,dx=\frac{x^2}{2}-7x\,\Big]_0^2=-12\end{aligned}$$

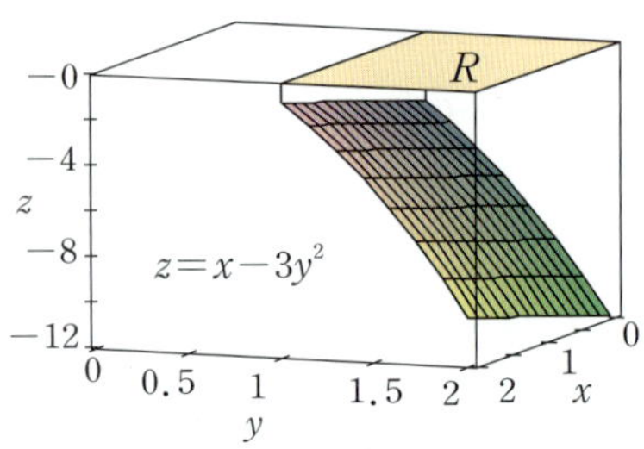

그림 3

풀이2 다시 푸비니 정리를 이용하면, 그러나 이번에는 x에 대해서 먼저 적분을 하여 다음을 얻을 수 있는데 역시 값이 같다.

$$\begin{aligned}\iint_R (x-3y^2)\,dA&=\int_1^2\int_0^2 (x-3y^2)\,dx\,dy\\&=\int_1^2 \Big[\,\frac{x^2}{2}-3xy^2\,\Big]_{x=0}^{x=2}\,dy\\&=\int_1^2 (2-6y^2)\,dy=2y-2y^3\,\Big]_1^2=-12\end{aligned}$$

■

예제 3 **적분 순서의 중요성** 영역 $R=[1, 2]\times[0, \pi]$에 대해서 다음 값을 구하여라.

$$\iint_R y\sin(xy)\,dA$$

풀이1 먼저 x에 대해서 적분을 하면 다음의 결과를 얻는다.

$$\begin{aligned}\iint_R y\sin(xy)\,dA &= \int_0^{\pi}\int_1^2 y\sin(xy)\,dx\,dy \\ &= \int_0^{\pi}\Big[-\cos(xy)\Big]_{x=1}^{x=2}dy \\ &= \int_0^{\pi}(-\cos 2y+\cos y)\,dy \\ &= -\frac{1}{2}\sin 2y+\sin y\Big]_0^{\pi}=0\end{aligned}$$

풀이2 만약 적분의 순서를 바꾸면

$$\iint_R y\sin(xy)\,dA=\int_1^2\int_0^{\pi} y\sin(xy)\,dy\,dx$$

가 되는데 안쪽의 적분을 하기 위하여 부분적분법을 사용한다. 즉, 치환

$$u=y, \qquad dv=\sin(xy)\,dy$$

$$du=dy, \qquad v=-\frac{\cos(xy)}{x}$$

을 사용하면

$$\begin{aligned}\int_0^{\pi} y\sin(xy)\,dy &= -\frac{y\cos(xy)}{x}\Big]_{y=0}^{y=\pi}+\frac{1}{x}\int_0^{\pi}\cos(xy)\,dy \\ &= -\frac{\pi\cos\pi x}{x}+\frac{1}{x^2}\Big[\sin(xy)\Big]_{y=0}^{y=\pi} \\ &= -\frac{\pi\cos\pi x}{x}+\frac{\sin\pi x}{x^2}\end{aligned}$$

이다. 만약 치환 $u=-1/x$, $dv=\pi\cos\pi x\,dx$, 그리고 $du=dx/x^2$, $v=\sin\pi x$를 사용하여 첫항에 대해 부분적분법을 사용하면

$$\int\left(-\frac{\pi\cos\pi x}{x}\right)dx=-\frac{\sin\pi x}{x}-\int\frac{\sin\pi x}{x^2}dx$$

가 되므로

$$\int\left(-\frac{\pi\cos\pi x}{x}+\frac{\sin\pi x}{x^2}\right)dx=-\frac{\sin\pi x}{x}$$

이고 따라서

$$\int_1^2\int_0^{\pi} y\sin(xy)\,dy\,dx=\Big[-\frac{\sin\pi x}{x}\Big]_1^2=-\frac{\sin 2\pi}{2}+\sin\pi=0$$ ■

● 양과 음의 값 모두를 취하는 함수 f에 대해서 $\iint_R f(x, y)\,dA$는 부피의 차 V_1-V_2이다. 단, V_1은 함수 f의 그래프의 아래와 영역 R 위 사이의 부피이고, V_2는 그래프의 위와 R 아래에 놓인 입체의 부피이다. 예제 3에서 적분값이 0이라는 사실은 이 두 부피 V_1과 V_2가 같다는 것이다(그림 4 참조).

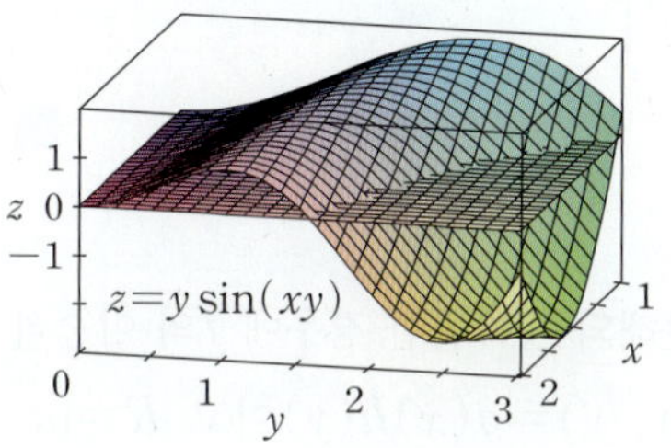

그림 4

● 예제 2에서 풀이 1과 2는 모두 아주 쉽게 해결되지만, 예제 3에서 풀이 1은 풀이 2보다 훨씬 쉽다. 그러므로 이중적분을 계산할 때 더 간단한 적분의 순서를 택하는 것이 현명하다.

예제 4 **이중적분을 이용한 부피 계산** 타원포물면 $x^2+2y^2+z=16$, 평면 $x=2$와 $y=2$, 그리고 세 개의 좌표평면으로 둘러싸인 입체 S의 부피를 구하여라.

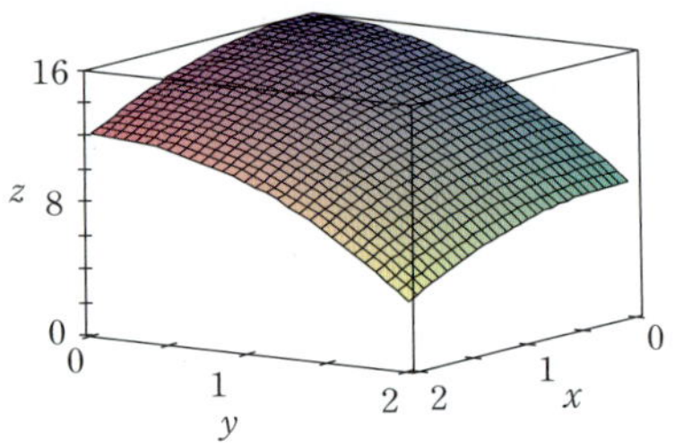

그림 5

풀이 먼저 S는 곡면 $z=16-x^2-2y^2$ 아래와 정사각형 영역 $R=[0, 2]\times[0, 2]$ 위에 있는 입체라는 것을 관찰한다(그림 5 참조). 이 입체는 이미 13.1절 예제 1에서 언급한 적이 있는데 이제는 푸비니 정리를 사용하여 이중적분값을 구해보자.

$$V=\iint_R (16-x^2-2y^2)\,dA=\int_0^2\int_0^2(16-x^2-2y^2)\,dx\,dy$$
$$=\int_0^2\left[16x-\frac{1}{3}x^3-2y^2x\right]_{x=0}^{x=2}dy$$
$$=\int_0^2\left(\frac{88}{3}-4y^2\right)dy=\left[\frac{88}{3}y-\frac{4}{3}y^3\right]_0^2$$
$$=48$$

$f(x, y)$가 x만의 함수와 y만의 함수의 곱으로 인수분해되는 특별한 경우에 f의 이중적분은 아주 간단한 형태로 나타낼 수 있다. 특히, $f(x, y)=g(x)h(y)$이고 $R=[a, b]\times[c, d]$라고 가정하면, 이때 푸비니 정리에 의해 다음을 얻는다.

$$\iint_R f(x, y)\,dA=\int_c^d\int_a^b g(x)h(y)\,dx\,dy=\int_c^d\left[\int_a^b g(x)h(y)\,dx\right]dy$$

안쪽의 적분에서 y는 상수이므로 $h(y)$는 상수, 그리고 $\int_a^b g(x)\,dx$도 상수이므로 다음과 같이 쓸 수 있다.

$$\int_c^d\left[\int_a^b g(x)h(y)\,dx\right]dy=\int_c^d\left[h(y)\left(\int_a^b g(x)\,dx\right)\right]dy$$
$$=\int_a^b g(x)\,dx\int_c^d h(y)\,dy$$

그러므로 이 경우에는 f의 이중적분은 두 단일 적분의 곱으로 나타낼 수 있다.

● 예제 5의 $f(x, y)=\sin x\cos y$ 함수는 R에서 양이므로 그 적분은 그림 6에서 볼 수 있듯이 R위와 f의 그래프 아래에 있는 입체의 부피를 나타낸다.

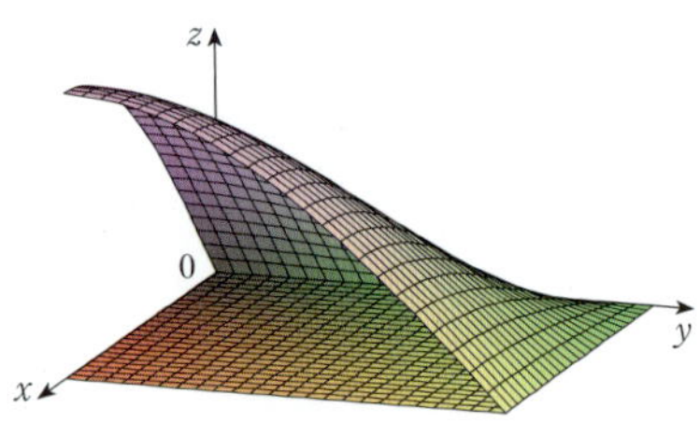

그림 6

5 $$\iint_R g(x)h(y)\,dA=\int_a^b g(x)\,dx\int_c^d h(y)\,dy \qquad \text{단, } R=[a, b]\times[c, d]$$

예제 5 각 변수만의 함수의 곱으로 표현된 함수적분 만약 $R=[0, \pi/2]\times[0, \pi/2]$이면,

$$\iint_R \sin x\cos y\,dA=\int_0^{\pi/2}\sin x\,dx\int_0^{\pi/2}\cos y\,dy$$
$$=\left[-\cos x\right]_0^{\pi/2}\left[\sin y\right]_0^{\pi/2}$$
$$=1\cdot1=1$$

13.2 연습문제

(1~2) $\int_0^5 f(x, y)\,dx$와 $\int_0^1 f(x, y)\,dy$를 구하여라.

1. $f(x, y)=12x^2y^3$

2. $f(x, y)=y+xe^y$

(3~14) 반복적분을 계산하여라.

3. $\int_1^3\int_0^1(1+4xy)\,dx\,dy$

4. $\int_0^1\int_1^2(4x^3-9x^2y^2)\,dy\,dx$

5. $\int_0^{\pi/2}\int_0^{\pi/2}\sin x\cos y\,dy\,dx$

6. $\int_{\frac{\pi}{6}}^{\frac{\pi}{2}}\int_{-1}^5\cos y\,dx\,dy$

7. $\int_0^2\int_0^1(2x+y)^8\,dx\,dy$

8. $\int_0^1\int_1^2\frac{xe^x}{y}\,dy\,dx$

9. $\int_1^4\int_1^2\left(\frac{x}{y}+\frac{y}{x}\right)dy\,dx$

10. $\int_0^1\int_0^3 e^{x+3y}\,dy\,dx$

11. $\int_0^1\int_0^1(u-v)^5\,du\,dv$

12. $\int_0^1\int_0^1 xy\sqrt{x^2+y^2}\,dy\,dx$

13. $\int_0^2\int_0^\pi r\sin^2\theta\,d\theta\,dr$

14. $\int_0^1\int_0^1\sqrt{s+t}\,ds\,dt$

(15~22) 이중적분을 계산하여라.

15. $\iint_R(6x^2y^3-5y^4)\,dA,\ R=\{(x, y)\,|\,0\le x\le 3,\ 0\le y\le 1\}$

16. $\iint_R\cos(x+2y)\,dA,\ R=\{(x, y)\,|\,0\le x\le\pi,\ 0\le y\le\frac{\pi}{2}\}$

17. $\iint_R\frac{xy^2}{x^2+1}\,dA,\ R=\{(x, y)\,|\,0\le x\le 1,\ -3\le y\le 3\}$

18. $\iint_R\frac{1+x^2}{1+y^2}\,dA,\ R=\{(x, y)\,|\,0\le x\le 1,\ 0\le y\le 1\}$

19. $\iint_R x\sin(x+y)\,dA,\ R=[0, \frac{\pi}{6}]\times[0, \frac{\pi}{3}]$

20. $\iint_R\frac{x}{1+xy}\,dA,\ R=[0, 1]\times[0, 1]$

21. $\iint_R xye^{x^2y}\,dA,\ R=[0, 1]\times[0, 2]$

20. $\iint_R\frac{x}{x^2+y^2}\,dA,\ R=[1, 2]\times[0, 1]$

(23~24) 부피가 아래의 반복적분으로 표현되는 입체를 그려라.

23. $\int_0^1\int_0^1(4-x-2y)\,dx\,dy$

24. $\int_0^1\int_0^1(2-x^2-y^2)\,dy\,dx$

25. 평면 $3x+2y+z=12$의 아래에 있고 직사각형 $R=\{(x, y)\,|\,0\le x\le 1,\ -2\le y\le 3\}$ 위에 있는 입체의 부피를 구하여라.

26. 쌍곡 포물체 $z=4+x^2-y^2$의 아래쪽에 있고 정사각형 $R=[-1, 1]\times[0, 2]$의 위에 있는 입체의 부피를 구하여라.

27. 정사각형 $R=[-1, 1]\times[-2, 2]$ 위와 타원포물면 $x^2/4+y^2/9+z=1$ 아래에 있는 입체의 부피를 구하여라.

28. 곡면 $z=1+e^x\sin y$와 평면 $x=\pm1,\ y=0,\ y=\pi,\ z=0$으로 둘러싸인 입체의 부피를 구하여라.

29. 곡면 $z=x\sec^2 y$과 평면들 $z=0,\ x=0,\ x=2,\ y=0$ 및 $y=\frac{\pi}{4}$로 둘러싸인 입체의 부피를 구하여라.

30. 원기둥 $z=16-x^2$과 평면 $y=5$에 의하여 둘러싸인 제1팔분공간 내 입체의 부피를 구하여라.

31. 포물면 $z=2+x^2+(y-2)^2$과 평면들 $z=1,\ x=1,\ x=-1,\ y=0$ 및 $y=4$에 둘러싸인 입체의 부피를 구하여라.

32. 곡면 $z=\frac{2xy}{(x^2+1)}$과 평면 $z=x+2y$ 사이에 있고, 평면들 $x=0,\ x=2,\ y=0$ 및 $y=4$에 의하여 유계된 입체를 그려라. 이 입체의 부피를 구하여라.

CAS 33. $R=[0, 1]\times[0, 1]$에 대해 이중적분 $\iint_R x^5y^3e^{xy}\,dA$의 정확한 값을 컴퓨터 대수체계(computer algebra system)를 사용하여 구하여라. 부피가 그 적분으로 주어진 입체를 CAS를 사용하여 그려라.

CAS 34. 곡면 $z=e^{-x^2}\cos(x^2+y^2)$과 $z=2-x^2-y^2$ $(|x|\le 1,\ |y|\le 1)$ 사이에 있는 입체를 그려라. 컴퓨터 대수체계를 사용하여 이 입체의 부피의 근삿값을 소수점 넷째 자리까지 정확하게 구하여라.

(35~36) 주어진 직사각형에 대해서 f의 평균값을 구하여라.

35. $f(x, y)=x^2y$, R은 꼭지점 $(-1, 0),\ (-1, 5),\ (1, 5),\ (1, 0)$을 갖는다.

36. $f(x, y)=e^y\sqrt{x+e^y}$, $R=[0, 4]\times[0, 1]$

(37~38) 대칭성을 이용하여 이중적분을 구하여라.

37. $\iint_R\frac{xy}{1+x^4}\,dA,\ R=\{(x, y)\,|\,-1\le x\le 1,\ 0\le y\le 1\}$

38. $\iint_R (1+x^2\sin y+y^2\sin x)\,dA,\ R=[-\pi,\ \pi]\times[-\pi,\ \pi]$

CAS 39. CAS를 사용하여 반복적분을 계산하여라.

$$\int_0^1\int_0^1 \frac{x-y}{(x+y)^3}dy\,dx,\quad \int_0^1\int_0^1 \frac{x-y}{(x+y)^3}dx\,dy$$

결과는 푸비니 정리에 어긋나는가? 무슨 일이 일어나는가를 설명하여라.

40. (a) 푸비니 정리와 클레로 정리는 어떤 면에서 유사한가?

(b) 만약 $f(x,\ y)$가 $[a,\ b]\times[c,\ d]$에서 연속이고 $g(x,\ y)=\int_a^x\int_c^y f(s,\ t)dt\,ds$ $(a<x<b,\ c<y<d)$이면 $g_{xy}=g_{yx}=f(x,\ y)$임을 보여라.

13.3 일반 영역에서의 이중적분

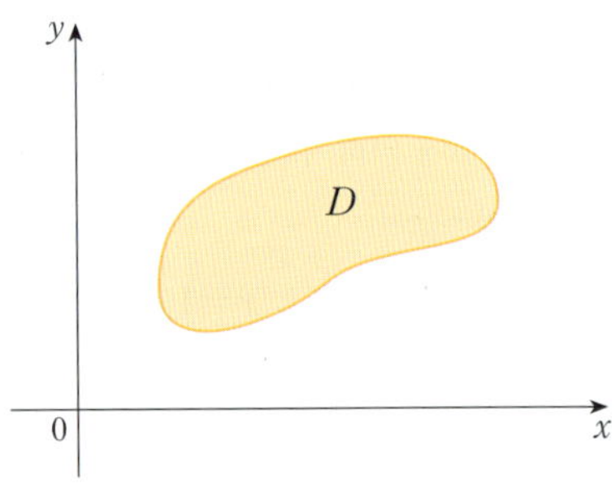

그림 1

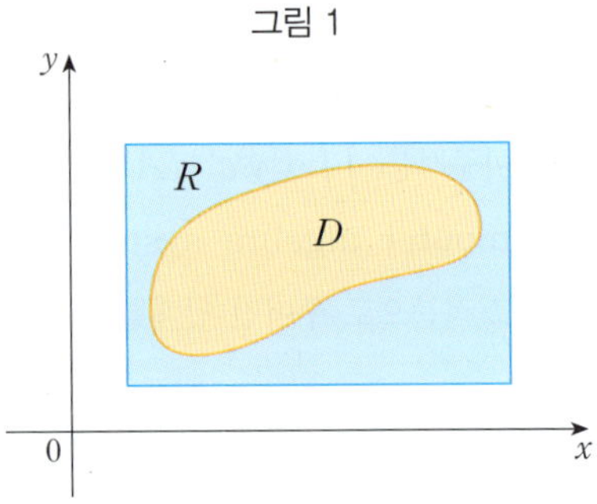

그림 2

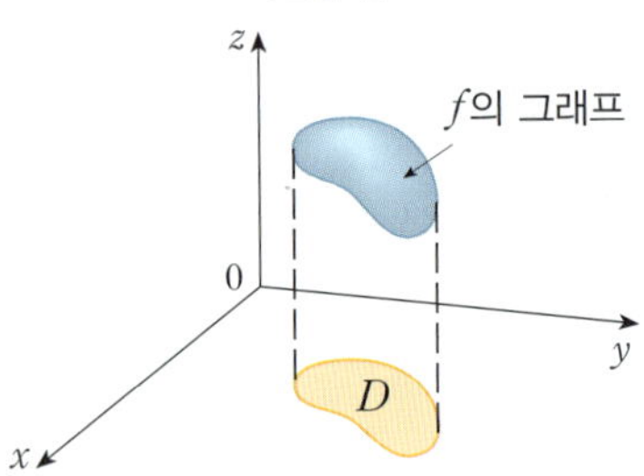

그림 3

단일적분에 대해서는 적분하는 영역은 언제나 구간이다. 그러나 이중적분에 대해서는 직사각형에 대해서 뿐만 아니라 그림 1에 예시한 영역처럼 좀더 일반적인 형태의 영역 D에 대해서도 함수 f를 적분할 수 있도록 하고자 한다. D는 유계라고 가정하자. 즉, 그림 2에서처럼 D는 직사각형 영역 R로 둘러싸일 수 있음을 의미한다. 그때 정의역 R을 갖는 새로운 함수 F를 다음과 같이 정의한다.

1 $$F(x,y)=\begin{cases} f(x,y), & (x,y)\in D\text{인 경우} \\ 0, & (x,y)\in R\text{이고 } (x,y)\notin D\text{인 경우}\end{cases}$$

만약 영역 R에 대해서 F의 이중적분이 존재한다면 우리는 **D 상에서 f의 이중적분**을 다음과 같이 정의한다.

2 $$\iint_D f(x,y)dA=\iint_R F(x,y)dA$$ (단, F는 **1**로 정의된다.)

R은 직사각형이고 $\iint_R F(x,\ y)dA$는 13.1절에서 이미 정의했으므로 정의 **2**는 의미가 있다. $(x,\ y)$가 D의 밖에 있을 때 $F(x,\ y)$의 값은 0이어서 적분값에 어떤 영향도 미치지 못하므로 우리가 사용해온 진행방법은 전혀 무리가 없다. 이는, R이 D를 포함하기만 하면 그것이 어떤 직사각형인가 하는 것은 중요하지 않다는 것을 의미한다.

$f(x,y)\geq 0$인 경우에, $\iint_D f(x,\ y)dA$를 영역 D 위와 곡면 $z=f(x,\ y)$ (f의 그래프) 아래에 있는 입체의 부피로 설명할 수 있다. 그림 3과 4에 있는 f와 F의 그래프를 비교하여, $\iint_R F(x,\ y)dA$가 F의 그래프 아래에 있는 부피라는 것을 기억하므로써 이것은 적절하다는 것을 볼 수 있을 것이다.

그림 4는 또한 F가 D의 경계점에서 불연속성을 가질 수도 있음을 보여주고 있다. 그럼에도 불구하고, 만약 f가 D에서 연속이고 D의 경계곡선이 "아주 점잖은(well

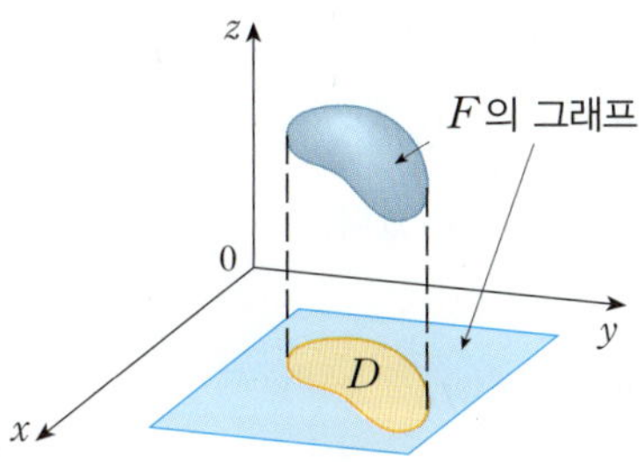

그림 4

behaved)"(이 의미는 이 책의 영역을 벗어난다) 모양이라면, $\iint_R F(x, y)\,dA$가 존재하고 따라서 $\iint_D f(x, y)\,dA$도 존재한다는 것을 보일 수 있다. 특히, 이것은 다음과 같은 영역의 형태에 대한 경우이다.

평면영역 D가 x를 변수로 갖는 두 연속함수의 그래프 사이에 있다면 즉, 폐구간 $[a, b]$에서 연속인 두 함수 g_1과 g_2에 대해서

$$D=\{(x, y)\mid a\le x\le b,\ g_1(x)\le y\le g_2(x)\}$$

이라면 D를 **타입(type) 1**이라고 말한다. 타입 1에 대한 예를 그림 5에 제시하였다.

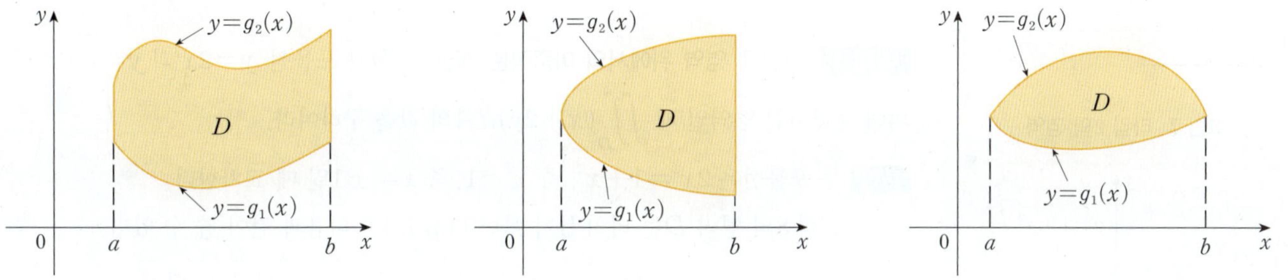

그림 5 타입 1의 영역

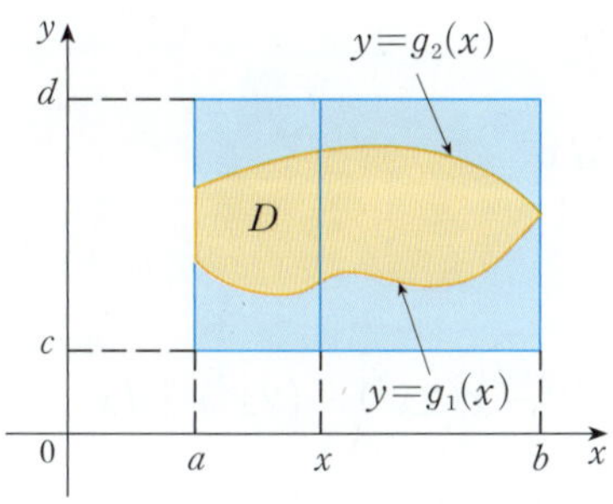

그림 6

영역 D가 타입 1일 때 $\iint_D f(x, y)\,dA$를 구하기 위하여 그림 6에서처럼, D를 포함하는 직사각형 $R=[a, b]\times[c, d]$를 선택하고 **1**에서 정의된 함수를 F로 잡는다. 즉, F는 D에서는 f와 같고 D 밖에서는 0이다. 그러면 푸비니 정리에 의하여

$$\iint_D f(x, y)\,dA=\iint_R F(x, y)\,dA=\int_a^b\int_c^d F(x, y)\,dy\,dx$$

이다. $y<g_1(x)$ 또는 $y>g_2(x)$인 경우에는 (x, y)는 영역 D의 밖에 있는 점이 되므로 $F(x, y)=0$임을 주목하라. 그러므로 $g_1(x)\le y\le g_2(x)$인 경우에는 $F(x, y)=f(x, y)$이기 때문에

$$\int_c^d F(x, y)\,dy=\int_{g_1(x)}^{g_2(x)} F(x, y)\,dy=\int_{g_1(x)}^{g_2(x)} f(x, y)\,dy$$

가 된다. 이와 같이, 이중적분을 반복적분으로 구할 수 있는 다음과 같은 공식을 얻게 된다.

> **3** 만약 함수 f가 타입 1 영역 $D=\{(x, y)\mid a\le x\le b,\ g_1(x)\le y\le g_2(x)\}$에서 연속이면 다음이 성립한다.
>
> $$\iint_D f(x, y)\,dA=\int_a^b\int_{g_1(x)}^{g_2(x)} f(x, y)\,dy\,dx$$

3의 오른쪽에 있는 적분은, 안쪽의 적분에서는 $f(x, y)$에서 뿐만 아니라 적분구간의 경계 $g_1(x)$과 $g_2(x)$에 있어서도 x를 상수로 여기는 것을 제외하고는 앞 절에서 이미 생각하였던 것과 비슷한 반복적분이다.

또한 **타입 2**의 평면영역을 생각할 수 있는데, 다음과 같이 나타낼 수 있다.

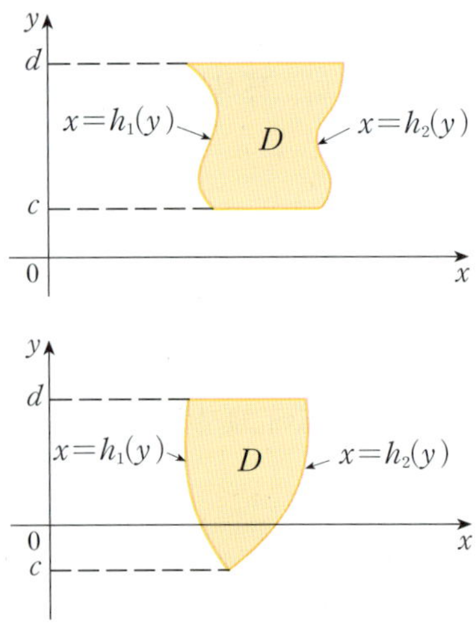

그림 7 타입 2의 영역

4 $$D=\{(x, y)\,|\,c\le y\le d,\, h_1(y)\le x\le h_2(y)\}$$

단, h_1과 h_2는 연속함수이다. 두 개의 그러한 영역이 그림 7에 예시되어 있다.

3 을 이끌어낼 때 사용했던 방법을 사용하여 다음 **5** 를 보일 수 있다.

> **5** $$\iint_D f(x, y)\,dA=\int_c^d\int_{h_1(y)}^{h_2(y)} f(x, y)\,dx\,dy$$
>
> 단, D는 **4** 로 주어진 타입 2의 영역이다.

예제 1 **타입 1 영역 위에서의 이중적분 계산** D가 포물선 $y=2x^2$과 $y=1+x^2$에 의해 둘러싸인 영역일 때 $\iint_D (x+2y)\,dA$의 값을 구하여라.

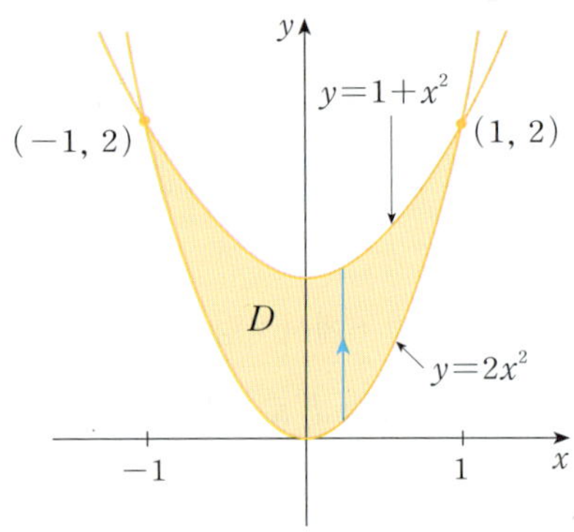

그림 8

풀이 두 포물선은 $2x^2=1+x^2$, 즉 $x^2=1$, 즉 $x=\pm1$일 때 교차한다.

그림 8의 영역 D는 타입 II가 아닌 타입 I이며 다음과 같이 쓸 수 있다.

$$D=\{(x, y)\,|\,-1\le x\le 1,\ 2x^2\le y\le 1+x^2\}$$

아래쪽 경계는 $y=2x^2$이고 위쪽 경계는 $y=1+x^2$이므로 식 **3** 에 의해 다음을 얻을 수 있다.

$$\begin{aligned}\iint_D (x+2y)\,dA&=\int_{-1}^{1}\int_{2x^2}^{1+x^2}(x+2y)\,dy\,dx\\&=\int_{-1}^{1}\Big[xy+y^2\Big]_{y=2x^2}^{y=1+x^2}dx\\&=\int_{-1}^{1}[x(1+x^2)+(1+x^2)^2-x(2x^2)-(2x^2)^2]\,dx\\&=\int_{-1}^{1}(-3x^4-x^3+2x^2+x+1)\,dx\\&=-3\frac{x^5}{5}-\frac{x^4}{4}+2\frac{x^3}{3}+\frac{x^2}{2}+x\Big]_{-1}^{1}=\frac{32}{15}\end{aligned}$$ ■

참고 예제 1에서처럼 이중적분을 시작할 때는 그림을 그려보는 것이 필수적이다. 그림 8에서처럼 수직화살표를 그려보면 도움이 된다. 그러면 안쪽 적분에 대한 적분구간을 다음과 같이 식별할 수 있도록 해준다. 화살표는 아래쪽 경계 $y=g_1(x)$에서 시작하여 위쪽 경계 $y=g_2(x)$에서 끝나는데, 아래쪽 경계는 적분구간의 아래쪽 한계를, 위쪽 경계는 적분구간의 윗쪽 한계를 제공해 준다. 타입 2 영역에 대해서는 화살표를 왼쪽 경계로부터 오른쪽 경계까지 수평적으로 그리면 된다.

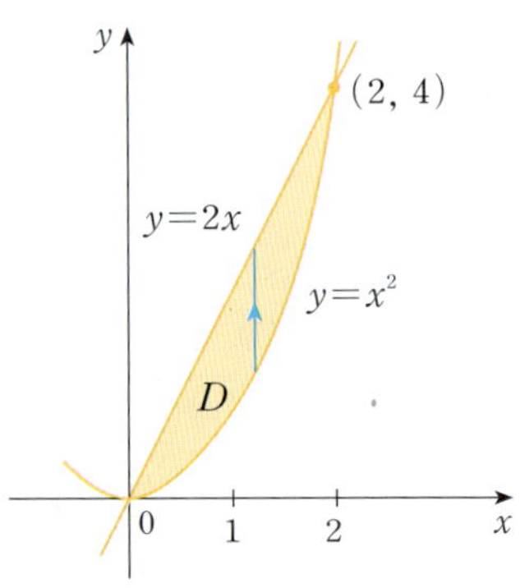

그림 9 타입 1 영역으로서의 D

예제 2 **타입 1과 2 영역에 따른 적분 계산** 직선 $y=2x$와 포물선 $y=x^2$으로 둘러싸인 xy-평면 내의 영역 D 위와 포물면 $z=x^2+y^2$아래에 있는 입체의 부피를 구하여라.

풀이1 그림 9로부터 D는 타입 I영역이며 $D=\{(x, y)\,|\,0\le x\le 2,\ x^2\le y\le 2x\}$임을 알 수 있다. 그러므로 영역 D 위와 $z=x^2+y^2$ 아래에 있는 부피는 다음과 같다.

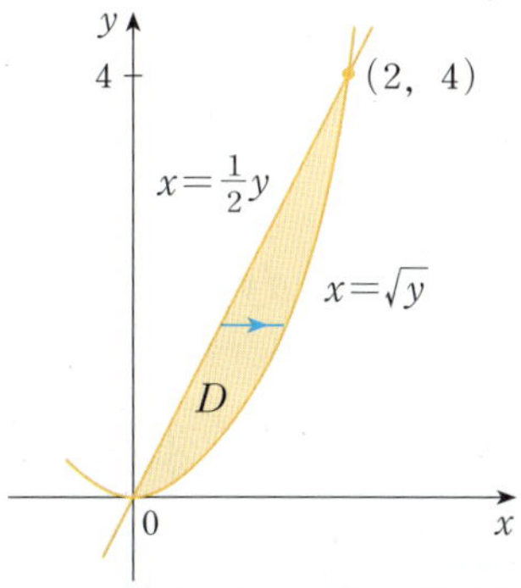

그림 10 타입 2 영역으로서의 D

● 그림 11은 예제 2에서 계산한 부피를 갖는 입체를 보여준다. 그것은 xy평면 위와 포물면 $z=x^2+y^2$ 아래, 그리고 평면 $y=2x$와 포물기둥 $y=x^2$ 사이에 있다.

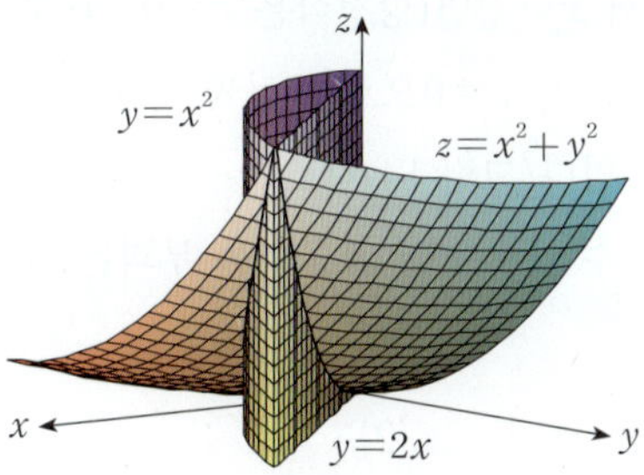

그림 11

$$V=\iint_D (x^2+y^2)\,dA=\int_0^2\int_{x^2}^{2x}(x^2+y^2)\,dy\,dx$$

$$=\int_0^2\left[x^2y+\frac{y^3}{3}\right]_{y=x^2}^{y=2x}dx=\int_0^2\left[x^2(2x)+\frac{(2x)^3}{3}-x^2x^2-\frac{(x^2)^3}{3}\right]dx$$

$$=\int_0^2\left(-\frac{x^6}{3}-x^4+\frac{14x^3}{3}\right)dx=-\frac{x^7}{21}-\frac{x^5}{5}+\frac{7x^4}{6}\Big]_0^2=\frac{216}{35}$$

풀이2 그림 10으로부터 D는 타입 2 영역으로서 다음과 같이 쓸 수 있다.

$$D=\left\{(x,y)\mid 0\le y\le 4,\quad \frac{1}{2}y\le x\le\sqrt{y}\right\}$$

그러므로 부피 V에 대한 다른 표현은 다음과 같다.

$$V=\iint_D (x^2+y^2)\,dA=\int_0^4\int_{\frac{1}{2}y}^{\sqrt{y}}(x^2+y^2)\,dx\,dy$$

$$=\int_0^4\left[\frac{x^3}{3}+y^2x\right]_{x=\frac{1}{2}y}^{x=\sqrt{y}}dy=\int_0^4\left(\frac{y^{3/2}}{3}+y^{5/2}-\frac{y^3}{24}-\frac{y^3}{2}\right)dy$$

$$=\frac{2}{15}y^{5/2}+\frac{2}{7}y^{7/2}-\frac{13}{96}y^4\Big]_0^4=\frac{216}{35}$$ ■

예제 3 **더 좋은 영역의 표현 선택** 직선 $y=x-1$과 포물선 $y^2=2x+6$으로 둘러싸인 영역 D에 대해서 $\iint_D xy\,dA$의 값을 구하여라.

풀이 그림 12는 영역 D를 보여준다. 영역 D는 타입 1도 되고 타입 2도 되지만, 아래쪽 경계가 두 부분으로 나누어져 있으므로 D를 타입 1 영역으로 묘사하면 더 복잡해진다. 그러므로 D를 타입 2 영역으로 표현하는 것이 바람직하다.

$$D=\{(x,y)\mid -2\le y\le 4,\ \frac{1}{2}y^2-3\le x\le y+1\}$$

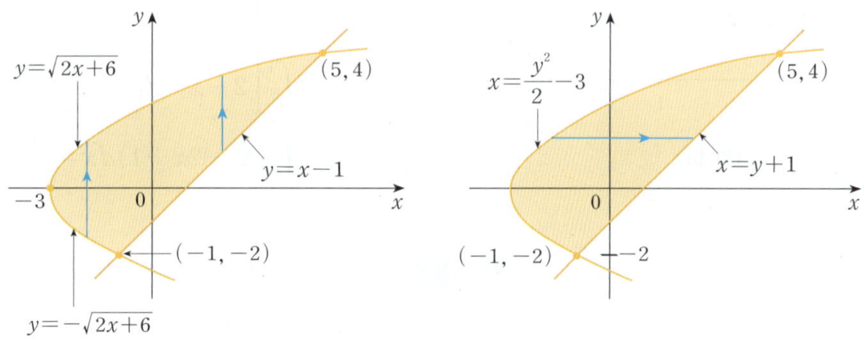

그림 12 (a) 타입 1 영역으로서의 D (b) 타입 2 영역으로서의 D

이때 5에 의해서

$$\iint_D xy\,dA=\int_{-2}^4\int_{\frac{1}{2}y^2-3}^{y+1}xy\,dx\,dy=\int_{-2}^4\left[\frac{x^2}{2}y\right]_{x=\frac{1}{2}y^2-3}^{x=y+1}dy$$

$$=\frac{1}{2}\int_{-2}^4 y\left[(y+1)^2-\left(\frac{1}{2}y^2-3\right)^2\right]dy$$

$$=\frac{1}{2}\int_{-2}^4\left(-\frac{y^5}{4}+4y^3+2y^2-8y\right)dy$$

$$=\frac{1}{2}\left[-\frac{y^6}{24}+y^4+2\frac{y^3}{3}-4y^2\right]_{-2}^{4}=36$$

만약에 D를 그림 12(a)를 사용하여 타입 1로 표현했다면

$$\iint_D xy\,dA=\int_{-3}^{-1}\int_{-\sqrt{2x+6}}^{\sqrt{2x+6}} xy\,dy\,dx+\int_{-1}^{5}\int_{x-1}^{\sqrt{2x+6}} xy\,dy\,dx$$

를 얻었을 것이며, 이것은 위의 방법보다 풀이과정이 훨씬 더 복잡했을 것이다. ■

예제 4 평면 $x+2y+z=2$, $x=2y$, $x=0$, $z=0$에 의해 둘러싸인 사면체의 부피를 구하여라.

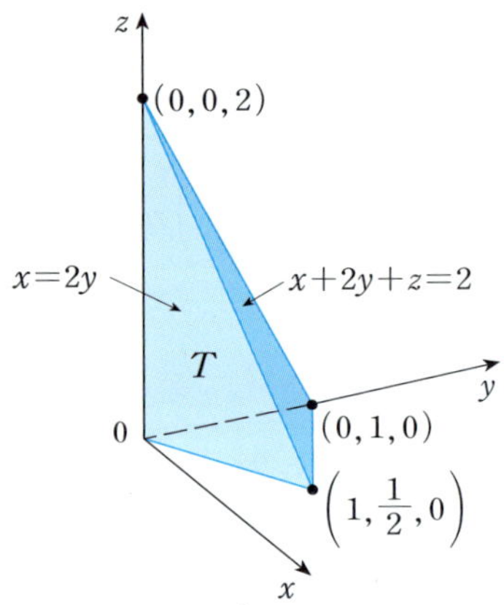

그림 13

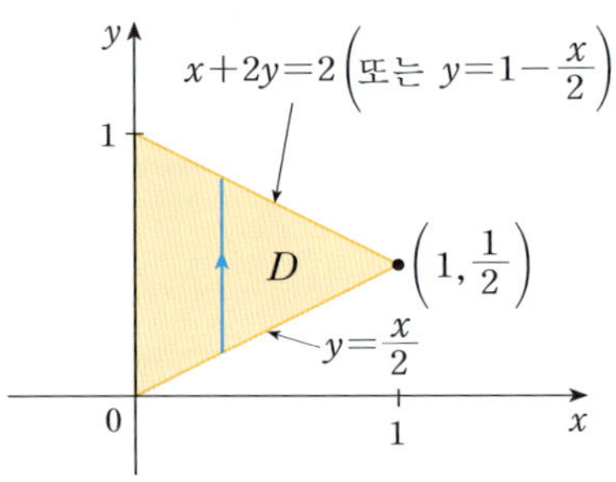

그림 14

풀이 이런 형태의 문제에서는 두 개의 그림, 즉 하나는 3차원 입체, 다른 하나는 그것이 놓여있는 평면 영역 D를 그리는 것이 현명하다. 그림 13은 좌표평면 $x=0$, $z=0$, 수직평면 $x=2y$, 그리고 평면 $x+2y+z=2$에 의해 둘러싸인 사면체 T를 보여준다. 평면 $x+2y+z=2$는 직선 $x+2y=2$에서 xy-평면(방정식은 $z=0$)과 교차하기 때문에 사면체 T는 직선 $x=2y$, $x+2y=2$, $x=0$으로 둘러싸인, xy-평면에 있는 삼각형 영역 D 위에 놓여 있음을 볼 수 있다(그림 14 참조).

평면 $x+2y+z=2$를 $z=2-x-2y$로 다시 쓸 수 있으므로, 요구되는 부피는 함수 $z=2-x-2y$의 그래프 아래와 영역

$$D=\{(x, y)\mid 0\le x\le 1,\ x/2\le y\le 1-x/2\}$$

위에 놓여있다. 그러므로 반복적분을 계산하면 다음과 같다.

$$\begin{aligned}V&=\iint_D (2-x-2y)\,dA=\int_0^1\int_{x/2}^{1-x/2}(2-x-2y)\,dy\,dx\\&=\int_0^1\Big[2y-xy-y^2\Big]_{y=x/2}^{y=1-x/2}dx\\&=\int_0^1\left[2-x-x\left(1-\frac{x}{2}\right)-\left(1-\frac{x}{2}\right)^2-x+\frac{x^2}{2}+\frac{x^2}{4}\right]dx\\&=\int_0^1(x^2-2x+1)\,dx=\frac{x^3}{3}-x^2+x\Big]_0^1=\frac{1}{3}\end{aligned}$$

■

예제 5 **적분 순서의 변경** 반복적분 $\int_0^1\int_x^1 \sin(y^2)\,dy\,dx$의 값을 구하여라.

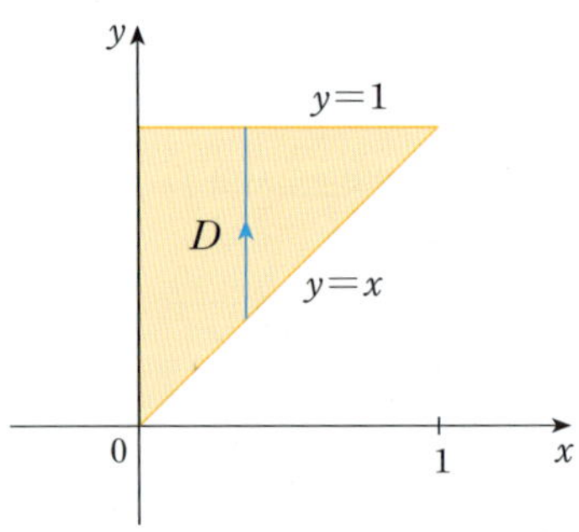

그림 15 타입 1 영역으로서의 D

풀이 적분을 있는 그대로 구하고자 한다면 먼저 $\int \sin(y^2)\,dy$를 계산해야한다. 그러나 $\int \sin(y^2)\,dy$은 초등함수가 아니기 때문에 유한개의 항으로 계산 하는 것은 불가능하다(7.8절의 끝부분을 보라). 그래서 적분의 순서를 바꾸어야한다. 이를 위하여 먼저 주어진 반복적분을 이중적분으로 나타낸다. 3을 사용하면 역방향의 형태인 다음을 얻게 된다.

$$\int_0^1\int_x^1 \sin(y^2)\,dy\,dx=\iint_D \sin(y^2)\,dA$$

단, $D=\{(x, y)\mid 0\le x\le 1,\ x\le y\le 1\}$이다. 그림 15는 이 영역를 보여주고 그림

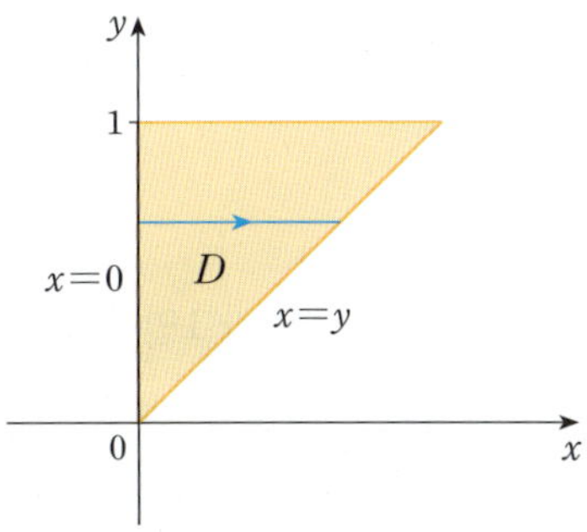

그림 16 타입 2 영역으로서의 D

16은 영역의 또 다른 표현이다. 즉,

$$D=\{(x, y) \mid 0 \le y \le 1,\ 0 \le x \le y\}$$

이것으로 그 이중적분을 반대순서의 반복적분으로 나타내어 5를 사용하도록 해준다.

$$\begin{aligned}\int_0^1\int_x^1 \sin(y^2)\,dy\,dx &= \iint_D \sin(y^2)\,dA \\ &= \int_0^1\int_0^y \sin(y^2)\,dx\,dy = \int_0^1 \Big[\, x\sin(y^2) \Big]_{x=0}^{x=y}\, dy \\ &= \int_0^1 y\sin(y^2)\,dy = -\frac{1}{2}\cos(y^2)\Big]_0^1 \\ &= \frac{1}{2}(1-\cos 1)\end{aligned}$$

▷ 이중적분의 성질

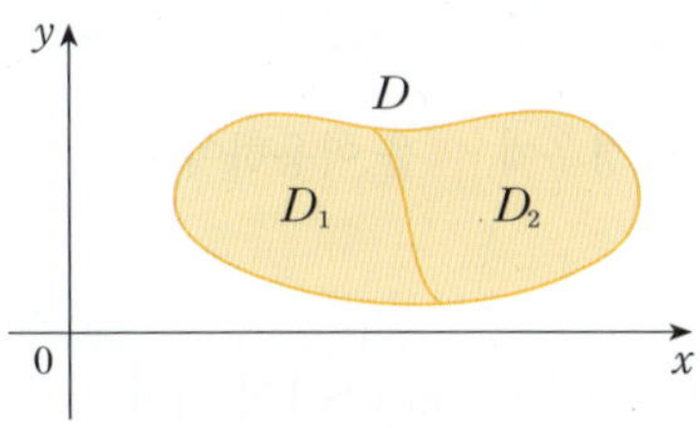

그림 17

먼저 다음의 모든 적분이 존재한다고 가정한다. 영역상에서 이중적분에 대한 처음 세 가지 성질은 정의 2와 13.1절에 있는 7, 8, 9로부터 곧바로 나온다.

6 $$\iint_D [f(x, y)+g(x, y)]\,dA = \iint_D f(x, y)\,dA + \iint_D g(x, y)\,dA$$

7 $$\iint_D cf(x, y)\,dA = c\iint_D f(x, y)\,dA$$

만약 D의 모든 점 (x, y)에 대해서 $f(x, y) \ge g(x, y)$이면, 이때

8 $$\iint_D f(x, y)\,dA \ge \iint_D g(x, y)\,dA$$

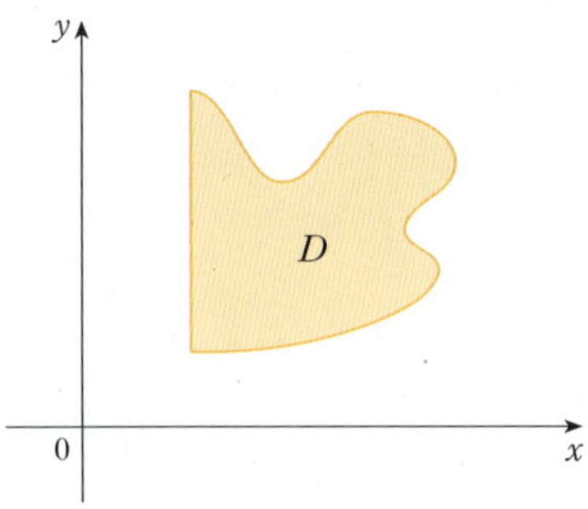

(a) D는 타입 1도 아니고 타입 2도 아니다

이중적분의 다음 성질은 단일적분의 성질 $\int_a^b f(x)\,dx = \int_a^c f(x)\,dx + \int_c^b f(x)\,dx$과 비슷하다.

그들의 경계를 제외하고는 서로 겹치지 않는 D_1과 D_2에 대해서 만약 $D = D_1 \cup D_2$라면(그림 17 참조),

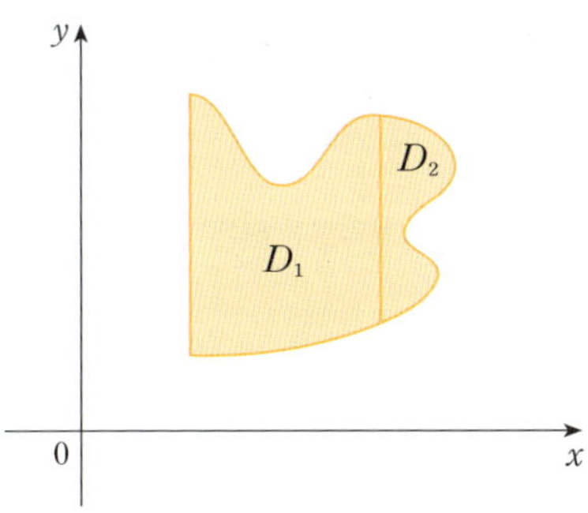

(b) $D = D_1 \cup D_2$, D_1은 타입 1, D_2은 타입 2

그림 18

9 $$\iint_D f(x, y)\,dA = \iint_{D_1} f(x, y)\,dA + \iint_{D_2} f(x, y)\,dA$$

가 성립한다.

타입 1도 아니고 타입 2도 아니지만 타입 1이나 타입 2 영역의 합집합으로 표현할 수 있는 영역 D에 대한 이중적분을 구할 때 식 9를 사용한다. 그림 18은 이런 과정을 잘 나타내주고 있다(연습문제 53과 54 참조).

적분의 다음 성질은 만약 영역 D에 대해 상수함수 $f(x, y)=1$을 적분한다면, D의 면적을 얻게 된다는 것이다.

10
$$\iint_D 1\, dA = A(D)$$

그림 19는 방정식 **10**이 참인 이유를 설명하고 있다. 밑면이 D이고 높이가 1인 주면은 부피 $A(D)\cdot 1 = A(D)$를 갖지만, 그 입체의 부피를 $\iint_D 1\, dA$로도 표현할 수 있음을 알고 있다.

마지막으로 **7**, **8**, **10**을 결합하여 다음의 성질을 증명할 수 있다(연습문제 59 참조).

11 D의 모든 점 (x, y)에 대해서 $m \leq f(x, y) \leq M$이면

$$mA(D) \leq \iint_D f(x, y)\, dA \leq MA(D)$$

가 성립한다.

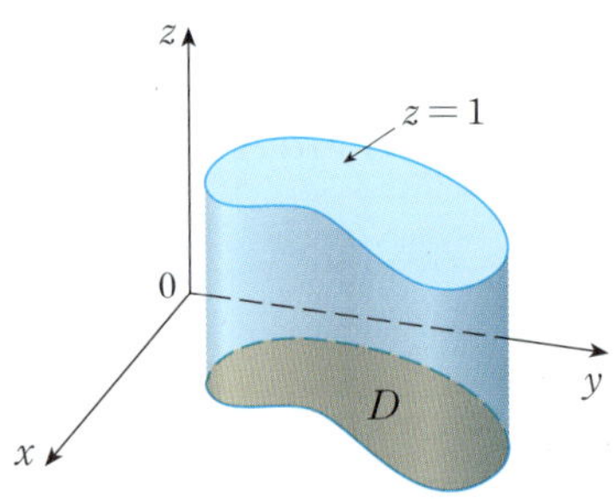

그림 19 밑면이 D이고 높이가 1인 주면

예제 6 D가 원점을 중심으로 갖고 반지름이 2인 원반인 경우에 **11**을 이용하여 $\iint_D e^{\sin x \cos y}\, dA$의 값을 근사하여라.

풀이 $-1 \leq \sin x \leq 1$이고 $-1 \leq \cos y \leq 1$이므로 $-1 \leq \sin x \cos y \leq 1$이 되어 다음이 성립한다.

$$e^{-1} \leq e^{\sin x \cos y} \leq e^1 = e$$

이와 같이, 성질 **11**에서 $m = e^{-1} = 1/e$, $M = e$와 $A(D) = \pi(2)^2$로 취하면 다음을 얻을 수 있다.

$$\frac{4\pi}{e} \leq \iint_D e^{\sin x \cos y}\, dA \leq 4\pi e$$

■

13.3 연습문제

(1~6) 반복적분값을 구하여라.

1. $\int_0^4 \int_0^{\sqrt{y}} xy^2\, dx\, dy$
2. $\int_0^1 \int_{2x}^2 (x-y)\, dy dx$
3. $\int_0^1 \int_{x^2}^x (1+2y)\, dy\, dx$
4. $\int_0^2 \int_y^{2y} xy\, dx dy$
5. $\int_0^{\pi/2} \int_0^{\cos\theta} e^{\sin\theta} dr\, d\theta$
6. $\int_0^1 \int_0^v \sqrt{1-v^2}\, du\, dv$

(7~10) 이중적분값을 구하여라.

7. $\iint_D x^3y^2\, dA$, $D = \{(x, y) \mid 0 \leq x \leq 2,\ -x \leq y \leq x\}$
8. $\iint_D \frac{4y}{x^3+2}\, dA$, $D = \{(x, y) \mid 1 \leq x \leq 2,\ 0 \leq y \leq 2x\}$
9. $\iint_D x\, dA$, $D = \{(x, y) \mid 0 \leq x \leq \pi,\ 0 \leq y \leq \sin x\}$
10. $\iint_D x^3\, dA$, $D = \{(x, y) \mid 1 \leq x \leq e,\ 0 \leq y \leq \ln x\}$

11. 다음 영역의 예를 그려라.

(a) 타입 1이지만 타입 2는 아닌 영역

(b) 타입 2이지만 타입 1은 아닌 영역

12. 다음 영역의 예를 그려라.

(a) 타입 1와 타입 2인 영역

(b) 타입 1도 타입 2도 아닌 영역

(13~14) 영역 D를 타입 1과 타입 2의 영역으로 표현하여라. 두 가지 방법으로 다음 이중적분을 계산하여라.

13. $\iint_D x\,dA$, D는 직선 $y=x$, $y=0$, $x=1$에 둘러싸인 영역

14. $\iint_D xy\,dA$, D는 곡선 $y=x^2$과 $y=3x$에 의해 둘러싸인 영역

(15~16) 두 가지 적분 순서에 따른 반복적분을 설정하자. 쉬운 순서를 이용하여 이중적분을 계산하고, 그 이유를 설명하여라.

15. $\iint_D y\,dA$, D는 $y=x-2$, $x=y^2$로 둘러싸인 영역

16. $\iint_D y^2 e^{xy}\,dA$, D는 $y=x$, $y=4$, $x=0$로 둘러싸인 영역

(17~22) 이중적분값을 구하여라.

17. $\iint_D x\cos y\,dA$, D는 $y=0$, $y=x^2$, $x=1$로 둘러싸인 영역

18. $\iint_D x\sqrt{y^2-x^2}\,dA$, D는 $x=0$, $y=1$, $y=x$로 둘러싸인 영역

19. $\iint_D y^3\,dA$, D는 $(0, 2)$, $(1, 1)$, $(3, 2)$를 꼭지점으로 갖는 삼각형 영역

20. $\iint_D xy^2\,dA$, D는 $x=0$, $x=\sqrt{1-y^2}$로 둘러싸인 영역

21. $\iint_D (2x-y)\,dA$, D는 원점을 중심으로 갖고 반지름이 2인 원으로 둘러싸인 영역

22. $\iint_D 2xy\,dA$, D는 $(0, 0)$, $(1, 2)$, $(0, 3)$을 꼭지점으로 갖는 삼각형의 영역

(23~32) 주어진 입체의 부피를 구하여라.

23. $y=x^2$과 $x=y^2$로 둘러싸인 영역 위와 포물면 $z=x^2+y^2$ 아래에 있는 입체

24. $y=x$과 $x=y^2-y$로 둘러싸인 영역 위와 포물면 $z=3x^2+y^2$ 아래에 있는 입체

25. $(1, 1)$, $(4, 1)$, $(1, 2)$를 꼭지점으로 갖는 삼각형 위와 곡면 $z=xy$ 아래에 있는 입체

26. 포물면 $z=x^2+3y^2$과 평면 $x=0$, $y=1$, $y=x$, $z=0$으로 둘러싸인 입체

27. 평면 $3x+2y+z=6$과 좌표축으로 둘러싸인 입체

28. 평면 $z=x$, $y=x$, $x+y=2$와 $z=0$으로 둘러싸인 입체

29. 원주면 $z=x^2$, $y=x^2$과 평면 $z=0$, $y=4$로 둘러싸인 입체

30. 제1팔분공간에서 평면 $x=2y$, $x=0$, $z=0$과 원주면 $y^2+z^2=4$로 둘러싸인 입체

31. 제1팔분공간에서 평면 $y=z$, $x=0$, $z=0$과 원주면 $x^2+y^2=1$로 둘러싸인 입체

32. 원주면 $x^2+y^2=r^2$과 $y^2+z^2=r^2$으로 둘러싸인 입체

33. 그래프용 계산기나 컴퓨터를 사용하여 곡선 $y=x^4$과 $y=3x-x^2$의 교점의 x좌표를 구하여라. 만약에 D가 이 두 곡선으로 둘러싸인 영역이라면 $\iint_D x\,dA$를 구하여라.

34. 제1팔분공간에서 평면 $y=x$, $z=0$, $z=x$와 주면 $y=\cos x$로 둘러싸인 입체의 근사 부피를 구하여라(교점을 구하기 위하여 그래프를 그릴 수 있는 도구를 사용하라).

(35~36) 두 입체의 부피를 뺌으로써 입체의 부피를 구하여라.

35. 포물형 원주면 $y=1-x^2$, $y=x^2-1$과 평면 $x+y+z=2$, $2x+2y-z+10=0$으로 둘러싸인 입체

36. 포물형 원주면 $y=x^2$과 평면 $z=3y$, $z=2+y$로 둘러싸인 입체

(37~38) 다음 반복적분에 의해 만들어지는 부피를 갖는 입체를 그려라.

37. $\int_0^1\int_0^{1-x}(1-x-y)\,dy\,dx$ 38. $\int_0^1\int_0^{1-x^2}(1-x)\,dy\,dx$

(39~40) 컴퓨터를 사용하여 다음 입체의 정확한 부피를 구하여라.

CAS 39. $x\geq 0$일때, 곡선 $y=x^3-x$와 $y=x^2+x$로 둘러싸인 평면영역 위와 곡면 $z=x^3y^4+xy^2$의 아래로 둘러싸인 입체

40. 두 포물형 원주면 $z=2x^2+y^2$과 $z=8-x^2-2y^2$ 사이와 원주면 x^2+y^2의 내부로 이루어진 입체

(41~46) 적분영역을 그리고, 적분의 순서를 바꾸어라.

41. $\int_0^4\int_0^{\sqrt{x}} f(x, y)\,dy\,dx$

42. $\int_0^1\int_{4x}^4 f(x, y)\,dy\,dx$

43. $\int_0^3\int_{-\sqrt{9-y^2}}^{\sqrt{9-y^2}} f(x, y)\,dx\,dy$

44. $\int_0^3\int_0^{\sqrt{9-y}} f(x, y)\,dx\,dy$

45. $\int_1^2\int_0^{\ln x} f(x, y)\,dy\,dx$

46. $\int_0^1\int_{\arctan x}^{\pi/4} f(x, y)\,dy\,dx$

(47~52) 적분의 순서를 바꾸어 적분값을 구하여라.

47. $\int_0^1\int_{3y}^3 e^{x^2}\,dx\,dy$

48. $\int_0^{\sqrt{\pi}}\int_y^{\sqrt{\pi}} \cos(x^2)\,dx\,dy$

49. $\int_0^4\int_{\sqrt{x}}^2 \frac{1}{y^3+1}\,dy\,dx$

50. $\int_0^1\int_x^1 e^{x/y}\,dy\,dx$

51. $\int_0^1\int_{\arcsin y}^{\pi/2} \cos x\sqrt{1+\cos^2 x}\,dx\,dy$

52. $\int_0^8\int_{\sqrt[3]{y}}^2 e^{x^4}\,dx\,dy$

(53~54) D를 타입 I 또는 타입 II 영역의 합집합으로 나타내고 적분값을 구하여라.

53. $\iint_D x^2\,dA$

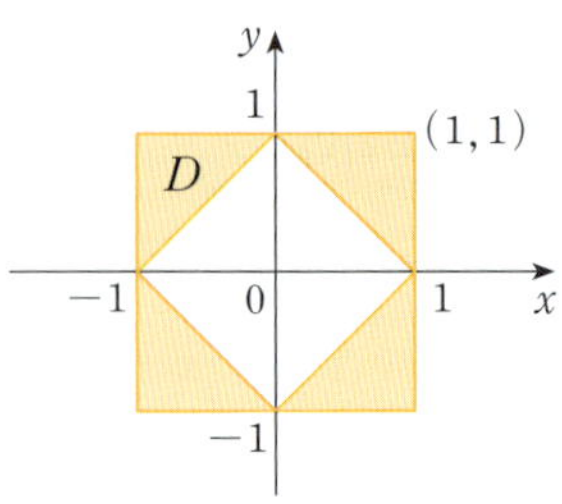

54. $\iint_D y\,dA$

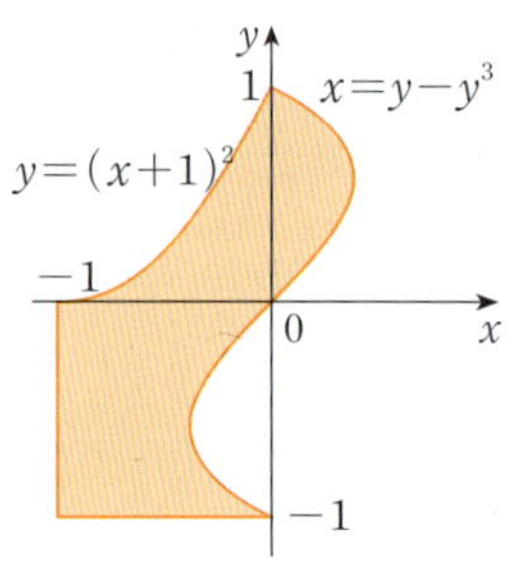

(55~56) 11을 이용하여 적분값을 구하여라.

55. $\iint_Q e^{-(x^2+y^2)^2}\,dA$, Q는 중심이 원점이고, 반지름이 $\frac{1}{2}$인 제1사분면이다.

56. $\iint_T \sin^4(x+y)\,dA$, T는 $y=0$, $y=2x$ 및 $x=1$에 의해 둘러싸인 삼각형이다.

(57~58) 영역 D에서 함수 f의 평균을 구하여라.

57. $f(x, y)=xy$, D는 꼭지점 $(0, 0)$, $(1, 0)$ 및 $(1, 3)$을 갖는 삼각형

58. $f(x, y)=x\sin y$, D는 곡선 $y=0$, $y=x^2$ 및 $x=1$으로 둘러싸인 영역

59. 11을 증명하여라.

60. 영역 D에 대한 이중적분을 구할 때 반복적분의 합을 다음과 같이 구할 수 있었다.

$$\iint_D f(x, y)\,dA=\int_0^1\int_0^{2y} f(x, y)\,dx\,dy+\int_1^3\int_0^{3-y} f(x, y)\,dx\,dy$$

영역 D를 그려보고 이중적분을 적분순서가 바뀐 반복적분으로 표현하여라.

(61~65) 기하학 또는 대칭성을 이용하여 이중적분을 계산하여라.

61. $\iint_D (x+2)\,dA$, $D=\{(x, y)\,|\,0\le y\le\sqrt{9-x^2}\}$

62. $\iint_D \sqrt{R^2-x^2-y^2}\,dA$, D는 중심이 원점이고, 반지름이 R인 원판

63. $\iint_D (2x+3y)\,dA$, D는 $0\le x\le a$, $0\le y\le b$인 직사각형

64. $\iint_D (2+x^2y^3-y^2\sin x)\,dA$,
$D=\{(x, y)\,|\,|x|+|y|\le 1\}$

65. $\iint_D (ax^3+by^3+\sqrt{a^2-x^2}\,)\,dA$, $D=[-a, a]\times[-b, b]$

CAS 66. 평면 $x+y+z=1$과 포물면 $z=4-x^2-y^2$으로 둘러싸인 입체를 그리고 입체의 정확한 부피를 구하여라(그래프 그리고, 적분영역의 경계곡선의 방정식을 구하고 이중적분을 구하기 위하여 CAS를 사용하여라).

13.4 극좌표에서의 이중적분

이제 영역 R이 그림 1에 있는 영역 중의 하나일 때 이중적분 $\iint_R f(x, y)\,dA$값을 구하고자 한다고 가정하자. 어느 경우든지, 직교좌표로 R을 묘사하면 오히려 복잡하게 되지만, 극좌표로는 R을 쉽게 나타낼 수 있음을 알 수 있다.

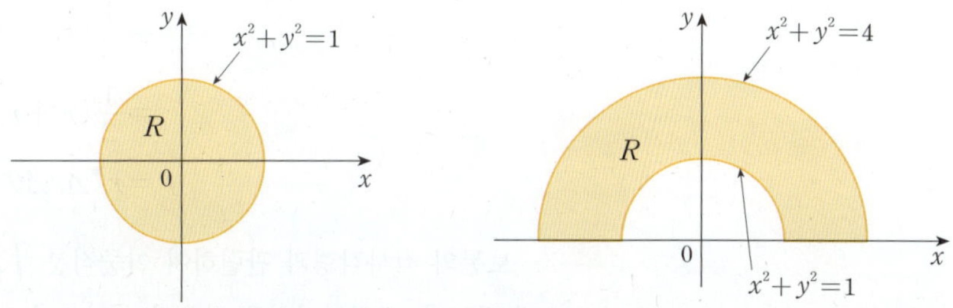

그림 1

(a) $R=\{(r, \theta)\,|\,0\le r\le 1,\ 0\le\theta\le 2\pi\}$ (b) $R=\{(r, \theta)\,|\,1\le r\le 2,\ 0\le\theta\le \pi\}$

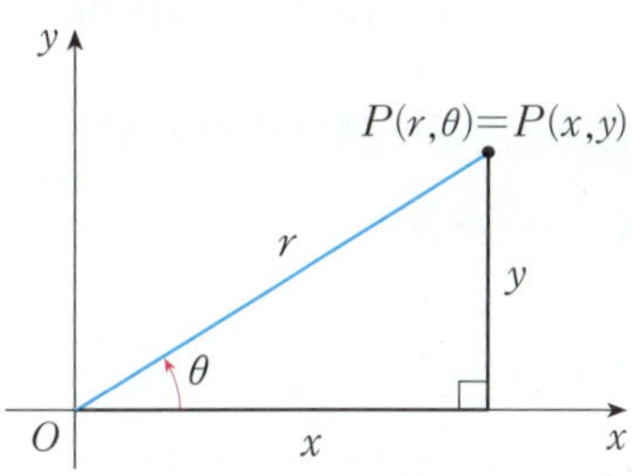

그림 2

그림 2로부터 한 점의 극좌표 (r, θ)와 직교좌표 (x, y)는 아래의 방정식에 의해 서로 관계가 있음을 상기하라.

$$r^2=x^2+y^2 \qquad x=r\cos\theta \qquad y=r\sin\theta$$

그림 1에 있는 영역은 그림 3의 **극직사각형**(polar rectangle)

$$R=\{(r, \theta)\,|\,a\le r\le b,\ \alpha\le\theta\le\beta\}$$

의 특별한 경우이다. 극직사각형 R에 대해서 이중적분 $\iint_R f(x, y)\,dA$를 계산하기 위하여 구간 $[a, b]$를 같은 폭 $\Delta r=(b-a)/m$인 m개의 소구간 $[r_{i-1}, r_i]$로 나누고 구간 $[\alpha, \beta]$를 $\Delta\theta=(\beta-\alpha)/n$인 n개의 소구간 $[\theta_{j-1}, \theta_j]$로 나눈다. 이때 그림 4처럼 원 $r=r_i$와 반직선 $\theta=\theta_j$는 극직사각형 R을 작은 극직사각형들로 나눈다.

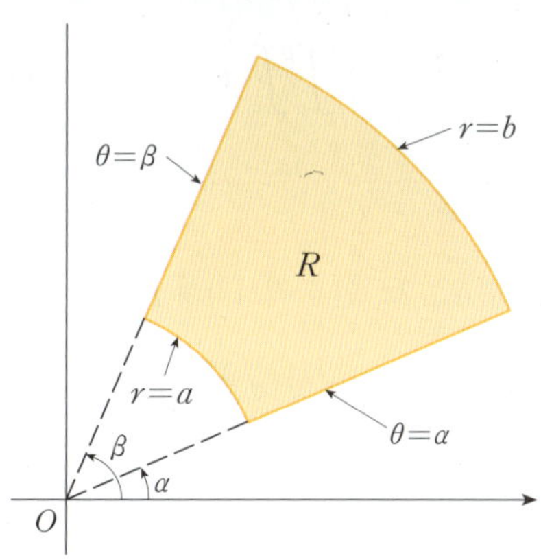

그림 3 극직사각형

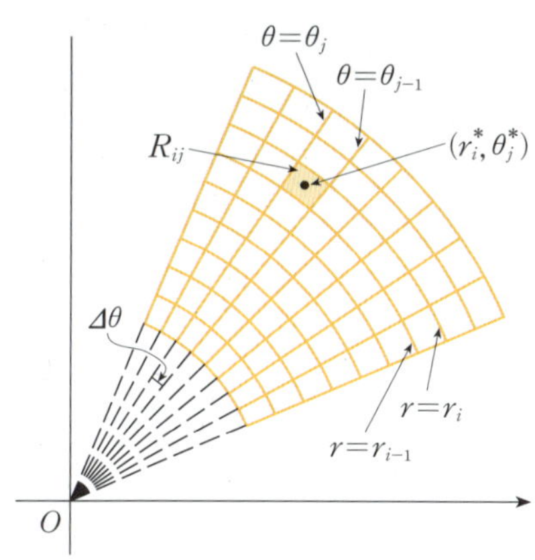

그림 4 R을 작은 극직사각형으로 분할

작은 극직사각형의 중심 $R_{ij}=\{(r, \theta)\,|\,r_{i-1}\le r\le r_i,\ \theta_{j-1}\le\theta\le\theta_j\}$은 극좌표

$$r_i^* = \frac{1}{2}(r_{i-1} + r_i), \qquad \theta_j^* = \frac{1}{2}(\theta_{j-1} + \theta_j)$$

를 갖는다. 반지름 r과 중심각 θ를 갖는 원에 대한 부채꼴의 넓이는 $\frac{1}{2}r^2\theta$라는 사실을 이용하여 R_{ij}의 넓이를 구할 수 있다. 각각의 중심각이 $\Delta\theta = \theta_j - \theta_{j-1}$인 두 개의 그러한 부채꼴의 넓이에 대한 차를 구하면, R_{ij}의 넓이는

$$\begin{aligned}\Delta A_i &= \frac{1}{2}r_i^2\Delta\theta - \frac{1}{2}r_{i-1}^2\,\Delta\theta \\ &= \frac{1}{2}(r_i^2 - r_{i-1}^2)\Delta\theta \\ &= \frac{1}{2}(r_i + r_{i-1})(r_i - r_{i-1})\Delta\theta \\ &= r_i^*\Delta r\Delta\theta\end{aligned}$$

보통의 직사각형과 관련하여 이중적분 $\iint_R f(x, y)\,dA$를 정의하였더라도, 연속함수 f에 대하여, 극직사각형을 사용하여 언제나 같은 결과를 얻을 수 있다는 것을 보일 수 있다. R_{ij}의 중심에 대한 직교좌표는 $(r_i^*\cos\theta_j^*,\ r_i^*\sin\theta_j^*)$이므로 전형적인 리만 합은

1 $$\sum_{i=1}^{m}\sum_{j=1}^{n} f(r_i^*\cos\theta_j^*, r_i^*\sin\theta_j^*)\Delta A_i = \sum_{i=1}^{m}\sum_{j=1}^{n} f(r_i^*\cos\theta_j^*, r_i^*\sin\theta_j^*)r_i^*\Delta r\Delta\theta$$

가 된다. 만약, $g(r, \theta) = rf(r\cos\theta, r\sin\theta)$를 사용한다면, 식 **1** 에서의 리만 합은

$$\sum_{i=1}^{m}\sum_{j=1}^{n} g(r_i^*, \theta_j^*)\Delta r\Delta\theta$$

가 되는데, 이것은 이중적분

$$\int_\alpha^\beta\int_a^b g(r, \theta)\,dr\,d\theta$$

에 대한 리만 합이다. 그러므로 다음 관계식을 갖게 된다.

$$\begin{aligned}\iint_R f(x, y)\,dA &= \lim_{m,n\to\infty}\sum_{i=1}^{m}\sum_{j=1}^{n} f(r_i^*\cos\theta_j^*, r_i^*\sin\theta_j^*)\Delta A_i \\ &= \lim_{m,n\to\infty}\sum_{i=1}^{m}\sum_{j=1}^{n} g(r_i^*, \theta_j^*)\Delta r\Delta\theta = \int_\alpha^\beta\int_a^b g(r, \theta)\,dr\,d\theta \\ &= \int_\alpha^\beta\int_a^b f(r\cos\theta, r\sin\theta)\,r\,dr\,d\theta\end{aligned}$$

2 이중적분에서 극좌표로의 변환 만약 f가 $0 \le a \le r \le b$, $\alpha \le \theta \le \beta$ (단, $0 \le \beta - \alpha \le 2\pi$)인 극직사각형 R에서 연속이면

$$\iint_R f(x, y)\,dA = \int_\alpha^\beta\int_a^b f(r\cos\theta, r\sin\theta)\,r\,dr\,d\theta$$

2에 있는 공식은 이중적분에서 $x = r\cos\theta$, $y = r\sin\theta$로 기술함으로써, r과 θ에 대해 적분의 적절한 극한을 취하고 dA를 $r\,dr\,d\theta$로 대체시키면 직교좌표를 극좌표로 바꿀 수 있다는 것을 의미한다. 공식 **2**의 오른쪽에 있는 부가적인 요소 r을 잊지 않도록 주

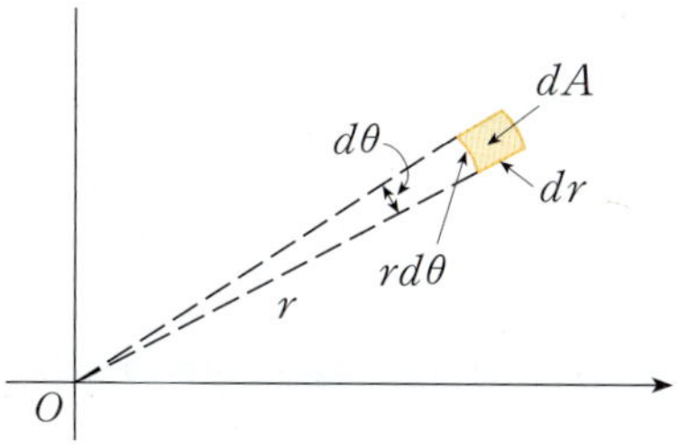

그림 5

의하라. 이것을 기억하는 고전적인 방법이 그림 5에 있는데, 거기에서 "무한소" 극직사각형은 각 변이 $r\,d\theta$와 dr인 보통의 직사각형으로 취급될 수 있으므로 넓이 $dA=r\,dr\,d\theta$을 갖는다.

예제 1 **극좌표로 표현된 영역에서의 적분** R이 두 개의 원 $x^2+y^2=1$과 $x^2+y^2=4$로 둘러싸인 위쪽 반평면의 영역인 경우에 $\iint_R (3x+4y^2)\,dA$의 값을 구하여라.

풀이 영역 R을 $R=\{(x, y)\,|\,y\geq 0,\ 1\leq x^2+y^2\leq 4\}$로 나타낼 수 있다. 그림 1(b)는 이것을 보여주고 있으며, 이것은 극좌표 $1\leq r\leq 2$, $0\leq\theta\leq\pi$로 나타낼 수 있다. 그러므로 공식 **2**에 의하여

● 여기서 7.7절에서 논의한 바 있는 삼각등식

$$\sin^2\theta=\frac{1}{2}(1-\cos 2\theta)$$

를 사용한다. 이 식 대신

$$\int\sin^2 u\,du=\frac{1}{2}u-\frac{1}{4}\sin 2u+C$$

을 사용해도 된다.

$$\begin{aligned}\iint_R (3x+4y^2)\,dA &= \int_0^\pi\int_1^2 (3r\cos\theta+4r^2\sin^2\theta)\,r\,dr\,d\theta\\ &= \int_0^\pi\int_1^2 (3r^2\cos\theta+4r^3\sin^2\theta)\,dr\,d\theta\\ &= \int_0^\pi\Big[r^3\cos\theta+r^4\sin^2\theta\Big]_{r=1}^{r=2}d\theta\\ &= \int_0^\pi(7\cos\theta+15\sin^2\theta)\,d\theta\\ &= \int_0^\pi\Big[7\cos\theta+\frac{15}{2}(1-\cos 2\theta)\Big]d\theta\\ &= 7\sin\theta+\frac{15\theta}{2}-\frac{15}{4}\sin 2\theta\Big]_0^\pi=\frac{15\pi}{2}\end{aligned}$$

■

예제 2 **극좌표를 이용한 부피 계산** 평면 $z=0$과 포물면 $z=1-x^2-y^2$으로 둘러싸인 입체의 부피를 구하여라.

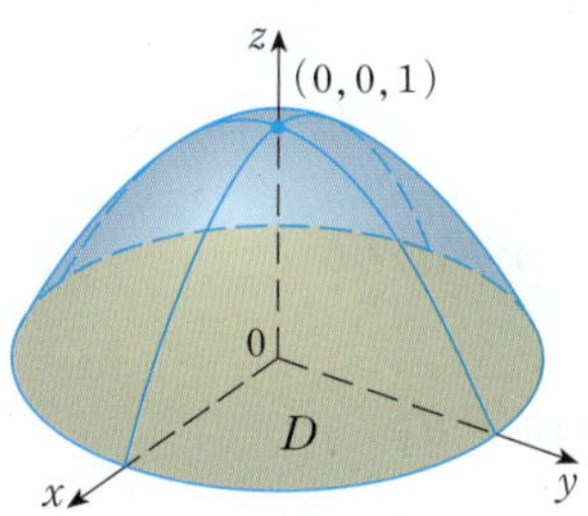

그림 6

풀이 만약 포물면의 방정식에서 $z=0$을 적용하면 $x^2+y^2=1$이 된다. 이는 그 평면은 원 $x^2+y^2=1$에서 포물면체와 교차한다는 것을 의미하므로 그 입체는 포물면체 아래와 $x^2+y^2\leq 1$로 주어진 원반 D 위에 놓이게 된다(그림 6과 1(a) 참조). 원반 D를 극좌표로 나타내면 $0\leq r\leq 1$, $0\leq\theta\leq 2\pi$가 된다. 그런데 $1-x^2-y^2=1-r^2$이므로 부피는 다음과 같다.

$$\begin{aligned}V&=\iint_D(1-x^2-y^2)\,dA=\int_0^{2\pi}\int_0^1(1-r^2)\,r\,dr\,d\theta\\ &=\int_0^{2\pi}d\theta\int_0^1(r-r^3)\,dr=2\pi\Big[\frac{r^2}{2}-\frac{r^4}{4}\Big]_0^1=\frac{\pi}{2}\end{aligned}$$

만약 극좌표 대신에 직교좌표를 사용하면

$$V=\iint_D(1-x^2-y^2)\,dA=\int_{-1}^1\int_{-\sqrt{1-x^2}}^{\sqrt{1-x^2}}(1-x^2-y^2)\,dy\,dx$$

를 얻을 수 있고 이것은 $\int(1-x^2)^{3/2}dx$와 같은 적분을 포함하고 있기 때문에 계산하기가 쉽지 않다. ■

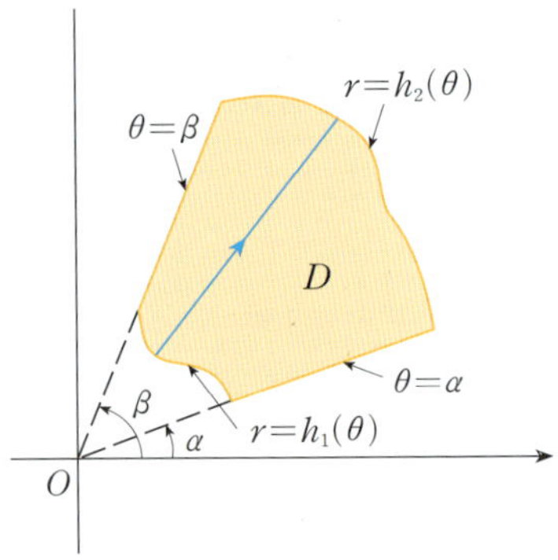

그림 7
$D=\{(r,\theta)\mid \alpha\le\theta\le\beta,\ h_1(\theta)\le r\le h_2(\theta)\}$

지금까지 했던 것을 그림 7과 같은 좀더 복잡한 형태의 영역으로 확장할 수가 있다. 그것은 13.3절에서 생각하였던 타입 2의 직사각형 영역과 유사하다. 사실상, 이 절에 있는 공식 **2**를 13.3절의 **5**와 결합시키면 다음 공식을 얻을 수 있다.

> **3** 만약 f가 $D=\{(r,\theta)\mid \alpha\le\theta\le\beta,\ h_1(\theta)\le r\le h_2(\theta)\}$ 형태의 극좌표 영역에서 연속이면, 다음이 성립한다.
>
> $$\iint_D f(x,y)\,dA=\int_\alpha^\beta\int_{h_1(\theta)}^{h_2(\theta)} f(r\cos\theta,\ r\sin\theta)\,r\,dr\,d\theta$$

특히, 이 공식에서 $f(x,\ y)=1$, $h_1(\theta)=0$, 그리고 $h_2(\theta)=h(\theta)$를 각각 취하면, $\theta=\alpha$, $\theta=\beta$, $r=h(\theta)$로 둘러싸인 영역 D의 넓이는 다음과 같다.

$$\begin{aligned}A(D)&=\iint_D 1\,dA=\int_\alpha^\beta\int_0^{h(\theta)} r\,dr\,d\theta\\&=\int_\alpha^\beta\left[\frac{r^2}{2}\right]_0^{h(\theta)}d\theta=\int_\alpha^\beta\frac{1}{2}[h(\theta)]^2d\theta\end{aligned}$$

예제 3 xy-평면 위와 포물면 $z=x^2+y^2$ 아래, 그리고 원주면 $x^2+y^2=2x$ 내부에 있는 입체의 부피를 구하여라.

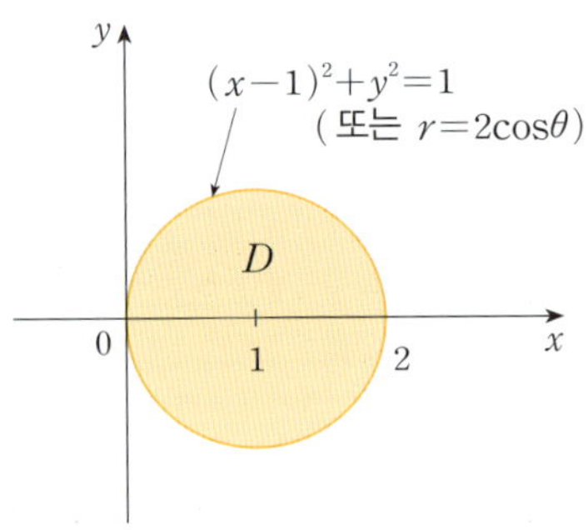

그림 8

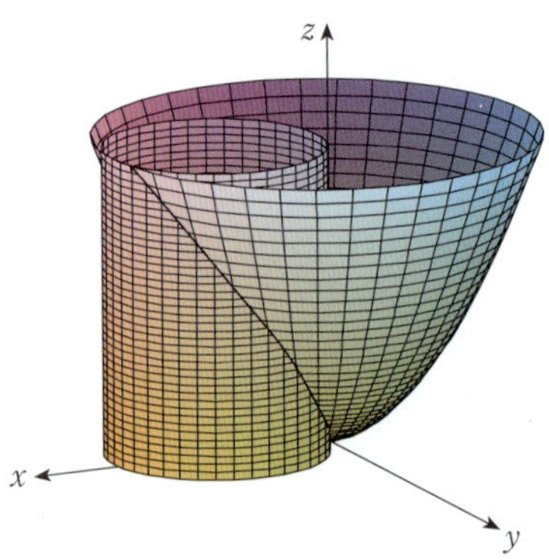

그림 9

풀이 이 입체는 경계원 방정식이 $x^2+y^2=2x$ 또는 $(x-1)^2+y^2=1$인 원반 D의 위에 놓인다(그림 8과 9 참조). 극좌표에서 $x^2+y^2=r^2$과 $x=r\cos\theta$를 가지므로 D의 경계원은 $r^2=2r\cos\theta$ 또는 $r=2\cos\theta$가 된다. 이와 같이, 원반 D는

$$D=\{(r,\theta)\mid -\pi/2\le\theta\le\pi/2,\ 0\le r\le 2\cos\theta\}$$

가 되며, 공식 **3**에 의하여

$$\begin{aligned}V&=\iint_D(x^2+y^2)\,dA=\int_{-\pi/2}^{\pi/2}\int_0^{2\cos\theta} r^2 r\,dr\,d\theta\\&=\int_{-\pi/2}^{\pi/2}\left[\frac{r^4}{4}\right]_0^{2\cos\theta}d\theta=4\int_{-\pi/2}^{\pi/2}\cos^4\theta\,d\theta\\&=8\int_0^{\pi/2}\cos^4\theta\,d\theta\end{aligned}$$

를 얻는다. 부록의 적분표에서 $n=4$일 때 공식 74를 사용하면 다음을 얻을 수 있다.

$$\begin{aligned}V&=8\int_0^{\pi/2}\cos^4\theta\,d\theta=8\left(\frac{1}{4}\cos^3\theta\sin\theta\Big]_0^{\pi/2}+\frac{3}{4}\int_0^{\pi/2}\cos^2\theta\,d\theta\right)\\&=6\int_0^{\pi/2}\cos^2\theta\,d\theta\end{aligned}$$

끝으로 부록의 적분표에 있는 공식 64를 사용하여 다음을 얻는다.

$$\begin{aligned}V&=6\int_0^{\pi/2}\cos^2\theta\,d\theta=6\left[\frac{1}{2}\theta+\frac{1}{4}\sin 2\theta\right]_0^{\pi/2}\\&=6\cdot\frac{1}{2}\cdot\frac{\pi}{2}=\frac{3\pi}{2}\end{aligned}$$

■

● 표를 사용하지 않고, 등식

$$\cos^2\theta=\frac{1}{2}(1+\cos 2\theta)$$

를 두 번 사용해도 된다.

13.4 연습문제

(1~4) 영역 R이 아래에 주어졌다. 극좌표와 직교좌표 중 어느 것을 사용할 것인지를 결정하고 $\iint_R f(x, y)\,dA$를 반복적분으로 나타내어라. 단, f는 R에서 임의의 연속함수이다.

1.

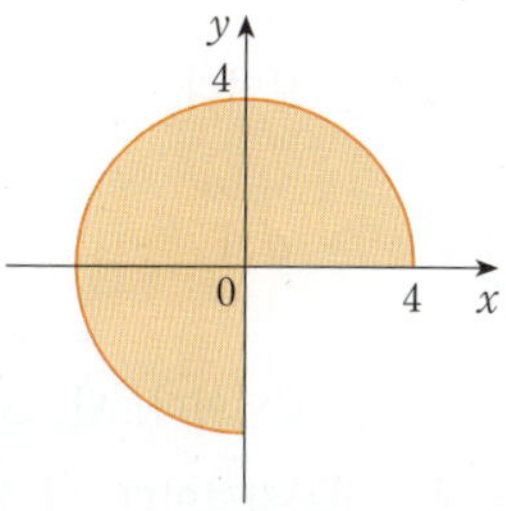

2.

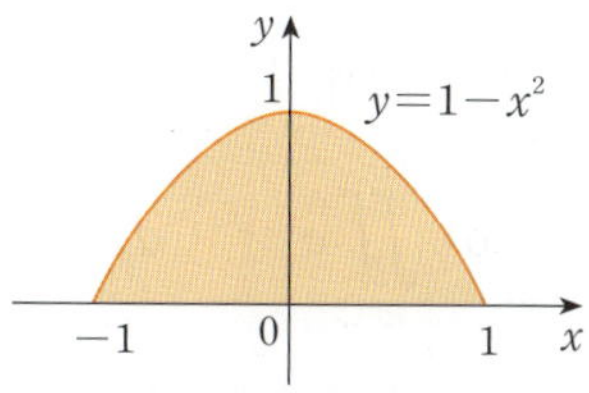

3.

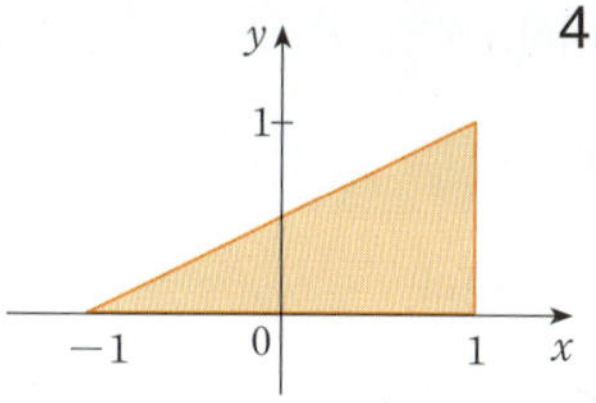

4.

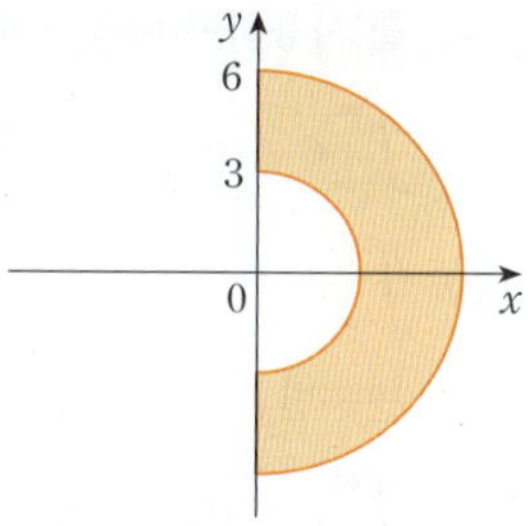

(5~6) 아래의 적분으로 주어진 적분 영역을 그리고 적분값을 구하여라.

5. $\int_{\pi}^{2\pi}\int_{4}^{7} r\,dr\,d\theta$

6. $\int_{0}^{\pi/2}\int_{0}^{4\cos\theta} r\,dr\,d\theta$

(7~14) 주어진 적분을 극좌표에 관한 적분으로 바꿔 계산하여라.

7. $\iint_D xy\ dA$ 단, D는 원점을 중심으로 하고 반지름이 3인 원반

8. $\iint_R (x+y)\,dA$, R은 y축의 왼쪽에 위치하며 두 원 $x^2+y^2=1$과 $x^2+y^2=4$ 사이에 있는 영역

9. $\iint_R \cos(x^2+y^2)\,dA$, R은 x축 위에 있으며 원 $x^2+y^2=9$의 내부에 있는 영역

10. $\iint_R \sqrt{4-x^2-y^2}\,dA$, $R=\{(x, y)\mid x^2+y^2\le 4,\ x\ge 0\}$

11. $\iint_D e^{-x^2-y^2}\,dA$, D는 반원 $x=\sqrt{4-y^2}$과 y축에 의하여 유계된 영역

12. $\iint_R ye^x\,dA$

단, R은 원 $x^2+y^2=25$로 둘러싸인 제1사분면에 있는 영역

13. $\iint_R \arctan(y/x)\,dA$

단, $R=\{(x, y)\mid 1\le x^2+y^2\le 4,\ 0\le y\le x\}$

14. $\iint_D x\,dA$, D는 두 원 $x^2+y^2=4$과 $x^2+y^2=2x$ 사이에 있는 제1사분면의 영역

(15~23) 주어진 입체의 부피를 극좌표를 사용하여 구하여라.

15. 포물면 $z=\sqrt{x^2+y^2}$ 아래와 원반 $x^2+y^2\le 4$의 위

16. 포물면 $z=18-2x^2-2y^2$의 아래쪽과 xy-평면의 위쪽

17. 쌍곡면 $-x^2-y^2+z^2=1$과 평면 $z=2$에 의해 둘러싸인 영역

18. 구 $x^2+y^2+z^2=16$의 내부와 원주면 $x^2+y^2=4$의 외부

19. 반지름이 a인 구

20. 포물면 $z=1+2x^2+2y^2$과 평면 $z=7$의 제1사분면으로 둘러싸인 입체

21. 원뿔 $z=\sqrt{x^2+y^2}$ 위와 구 $x^2+y^2+z^2=1$ 아래

22. 포물면 $z=3x^2+3y^2$과 $z=4-x^2-y^2$에 의해 유계된 영역

23. 원주면 $x^2+y^2=4$와 타원체 $4x^2+4y^2+z^2=64$의 두 입체의 내부

24. (a) 반지름이 r_1인 원형 송곳을 사용하여 반지름이 r_2인 구의 중심을 통과하는 구멍을 뚫었다. 남아있는 반지고리 모양의 부피를 구하여라.

(b) 위의 부피를 반지고리의 높이 h의 관계식으로 나타내어라. 부피는 r_1 또는 r_2에 의존하지 않고 높이 h에 의존함을 주목하여라.

(25~26) 이중적분을 사용하여 영역의 넓이를 구하여라.

25. 장미 $r=\cos 3\theta$의 한 잎

26. 심장형 곡선 $r=1+\cos\theta$ 내부와 원 $r=3\cos\theta$의 외부 영역

(27~30) 반복적분을 극좌표에 관한 적분으로 바꿔 계산하여라.

27. $\int_{-3}^{3}\int_{0}^{\sqrt{9-x^2}} \sin(x^2+y^2)\,dy\,dx$

28. $\int_{0}^{a}\int_{-\sqrt{a^2-y^2}}^{0} x^2y\,dx\,dy$

29. $\int_{0}^{1}\int_{y}^{\sqrt{2-y^2}} (x+y)\,dx\,dy$

30. $\int_{0}^{2}\int_{0}^{\sqrt{2x-x^2}} \sqrt{x^2+y^2}\,dy\,dx$

31. 지름이 10m인 원형 모양의 수영장이 있다. 깊이는 동서방향으로는 일정하고 남북방향으로는 남쪽 끝이 1m이고 북쪽 끝이 2m로 일정하게 증가한다. 수영장 안에 있는 물의 부피를 구하여라.

32. 농업용 스프링쿨러는 반지름 50m인 원형 모양의 형태로 물을 뿌린다. 스프링쿨러로부터 r미터의 떨어진 지점에 시간당 e^{-r} 미터 깊이의 물을 공급한다.
(a) 스프링쿨러를 중심으로 하고 반지름이 R인 원의 내부 영역에 시간당 공급되는 전체 물의 양은 얼마인가 $(0<R\le 50)$?
(b) 반지름이 R인 원의 내부 영역에 공급된 1제곱미터의 시간당 물의 평균량에 대한 식을 구하여라.

33. $0<a<b$, 환 영역 $a^2\le x^2+y^2\le b^2$에 대하여 함수 $f(x, y)=\dfrac{1}{\sqrt{x^2+y^2}}$의 평균을 구하여라.

34. 중심이 원점이고 반지름이 a인 원판 D에 대하여, 영역 D 내의 점으로부터 원점까지의 거리의 평균은 얼마인가?

35. 극좌표를 사용하여 아래의 적분을 한 개의 이중적분으로 결합한 후에, 그 이중적분값을 구하여라.

$$\int_{1/\sqrt{2}}^{1}\int_{\sqrt{1-x^2}}^{x} xy\,dy\,dx+\int_{1}^{\sqrt{2}}\int_{0}^{x} xy\,dy\,dx+\int_{\sqrt{2}}^{2}\int_{0}^{\sqrt{4-x^2}} xy\,dy\,dx$$

36. (a) 이상적분(전체평면 $\mathbb{R}^2$에서)을 다음과 같이 정의한다.

$$I=\iint_{\mathbb{R}^2} e^{-(x^2+y^2)}dA=\int_{-\infty}^{\infty}\int_{-\infty}^{\infty} e^{-(x^2+y^2)}dy\,dx=\lim_{a\to\infty}\iint_{D_a} e^{-(x^2+y^2)}dA$$

단, D_a는 원점이 중심이고 반지름이 a인 원반이다. 이때, $\int_{-\infty}^{\infty}\int_{-\infty}^{\infty} e^{-(x^2+y^2)}dA=\pi$임을 보여라.

(b) $\iint_{\mathbb{R}^2} e^{-(x^2+y^2)}dA=\lim_{a\to\infty}\iint_{S_a} e^{-(x^2+y^2)}dA$ 는 (a)에 있는 이상적분과 동등한 정의이다. 단, S_a는 $(\pm a,\ \pm a)$를 꼭지점으로 하는 정사각형이다. 이 정의를 사용하여 다음을 보여라.

$$\int_{-\infty}^{\infty} e^{-x^2}dx\int_{-\infty}^{\infty} e^{-y^2}dy=\pi$$

(c) $\int_{-\infty}^{\infty} e^{-x^2}dx=\sqrt{\pi}$를 유도하여라.

(d) 변수변환 $t=\sqrt{2}x$를 통하여 다음을 보여라.

$$\int_{-\infty}^{\infty} e^{-\frac{x^2}{2}}dx=\sqrt{2\pi}$$

(이것은 확률과 통계에 대한 기본 결과이다)

37. 연습문제 36(c)의 결과를 이용하여 다음 적분값을 구하여라.
(a) $\int_0^{\infty} x^2e^{-x^2}dx$ (b) $\int_0^{\infty}\sqrt{x}e^{-x}dx$

13.5 이중적분의 응용

이미 이중적분의 응용인 부피의 계산을 다루었다. 또 다른 기하학적 응용은 곡면적을 구하는 것인데 이것은 다음 절에서 다룰 것이다. 이 절에서 질량, 전하, 질량중심, 그리고 관성모멘트 계산과 같은 물리학적 응용을 다룬다. 이런 것들이 두 개의 확률변수에 대한 확률밀도함수에 적용할 때 이런 물리학적 개념들은 매우 중요하다는 것을 보게 될 것이다.

▷ 밀도와 질량

제8장에서 일정한 밀도를 갖는 얇은 판과 얇은 접시의 질량중심과 모멘트를 계산하기 위하여 단일적분을 사용할 수 있었다. 그러나 이제는, 이중적분을 공부하였으므로 변수 밀

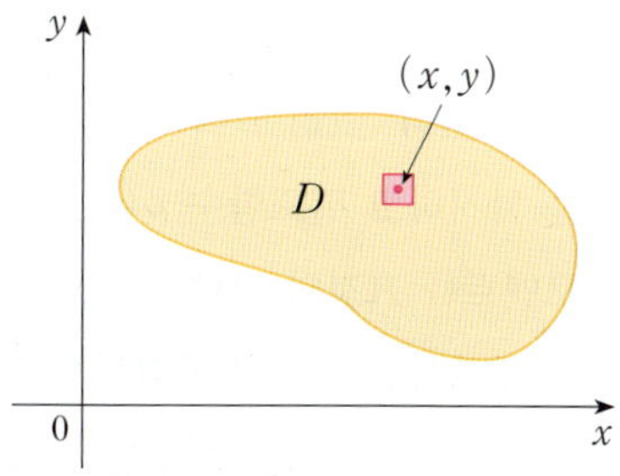

그림 1

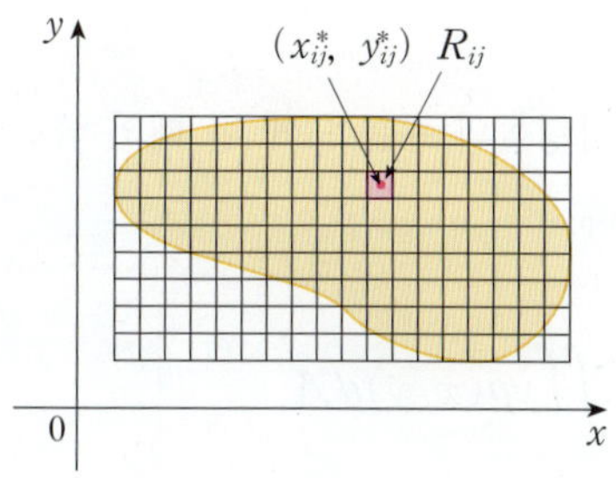

그림 2

도를 갖는 얇은 판을 생각할 수 있다. 얇은 판이 xy-평면의 한 영역 D를 차지하고 D 내의 한 점 (x, y)에서 그것의 **밀도**(단위면적당 질량의 단위로)가 $\rho(x, y)$로 주어졌다고 가정하자. 단, ρ는 D에서 연속함수이다. 이것은

$$\rho(x, y)=\lim \frac{\Delta m}{\Delta A}$$

을 의미한다. 단, Δm과 ΔA는 점 (x, y)를 포함하는 작은 직사각형의 질량과 넓이의극한은 그 직사각형의 크기가 0으로 접근하면서 얻을 수 있다(그림 1 참조). 얇은판의 전체 질량 구하기 위하여 D를 포함하는 직사각형 R을 같은 크기(그림 2에서처럼)의 작은 직사각형 R_{ij}로 나누고 D의 밖에서는 $\rho(x, y)$를 0으로 생각한다. 만약 R_{ij} 내의 한 점 $(x_{ij}{}^*, y_{ij}{}^*)$을 택한다면, R_{ij}를 차지하고 있는 얇은 판의 일부분의 질량은 대략적으로 $\rho(x_{ij}{}^*, y_{ij}{}^*)\Delta A$가 된다. 단, ΔA는 R_{ij}의 넓이이다. 만약 그러한 모든 질량을 더한다면 다음과 같은 전체질량에 대한 근삿값을 얻게 된다.

$$m \approx \sum_{i=1}^{k}\sum_{j=1}^{l} \rho(x_{ij}{}^*, y_{ij}{}^*)\Delta A$$

만약 이제 작은 직사각형들의 수를 증가시키면, 얇은 판의 전체질량을 근삿값들의 극한값으로서 얻는다.

1
$$m=\lim_{k,l\to\infty}\sum_{i=1}^{k}\sum_{j=1}^{l} \rho(x_{ij}{}^*, y_{ij}{}^*)\Delta A=\iint_D \rho(x, y)\,dA$$

물리학자들은 또한, 같은 방법으로 다룰 수 있는 다른 형태의 밀도를 생각한다. 예를 들면, 한 개의 전하가 영역 D 위로 할당되고 전하밀도(단위면적당 전하의 단위로)가 D 내의 한 점(x, y)에서 $\sigma(x, y)$로 주어진다면, 이때 전체 전하량 Q는 다음과 같다.

2
$$Q=\iint_D \sigma(x, y)\,dA$$

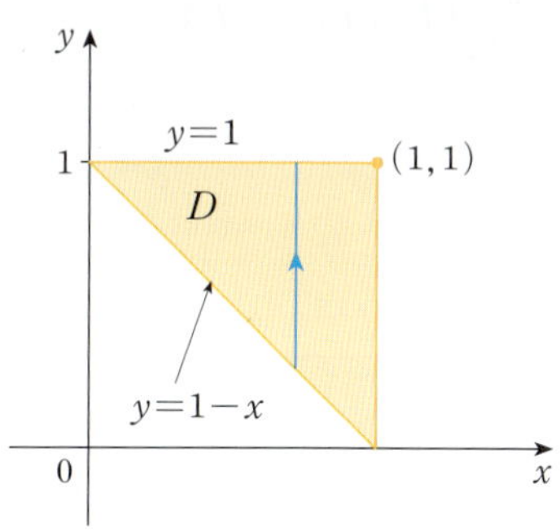

그림 3

예제 1 **전하밀도 적분에 의한 전하량 계산** 전하는 그림 3에 있는 삼각형 영역 D 위에서, 제곱미터당 쿨롱(C/m^2)으로 측정된 (x, y)에서의 전하밀도가 $\sigma(x, y)=xy$이 되도록 분포된다. 전체 전하량을 구하여라.

풀이 식 **2** 와 그림 3으로부터

$$\begin{aligned}Q&=\iint_D \sigma(x, y)\,dA=\int_0^1\int_{1-x}^1 xy\,dy\,dx\\&=\int_0^1\left[x\frac{y^2}{2}\right]_{y=1-x}^{y=1}dx=\int_0^1\frac{x}{2}[1^2-(1-x)^2]\,dx\\&=\frac{1}{2}\int_0^1(2x^2-x^3)\,dx=\frac{1}{2}\left[\frac{2x^3}{3}-\frac{x^4}{4}\right]_0^1=\frac{5}{24}\end{aligned}$$

이와 같이, 전체 전하량은 $\frac{5}{24}$C가 된다. ■

▷ 모멘트와 질량중심

8.5절에서 일정한 밀도를 갖는 얇은 판의 질량중심을 구한 바 있다. 그리고 여기서 이제 변수 밀도를 갖는 얇은 판을 생각한다. 얇은 판이 영역 D를 차지하고 밀도함수 $\rho(x, y)$를 갖는다고 가정한다. 제8장에서 한 축에 대한 한 입자의 모멘트를 그것의 질량과 축으로부터 떨어진 직선거리의 곱으로 정의한 바 있다. D를 그림 2에서처럼 작은 직사각형으로 나눈다. 그러면 R_{ij}의 질량은 대략적으로 $\rho(x_{ij}^*, y_{ij}^*)\Delta A$가 되어, x축에 대한 R_{ij}의 모멘트를

$$[\rho(x_{ij}^*, y_{ij}^*)\Delta A]\; y_{ij}^*$$

로 근사시킬 수 있다. 이제 이 양을 더한 후에 작은 직사각형들의 수를 크게 할 때의 극한을 취하면, x축에 대한 얇은 판 전체의 모멘트를 얻게 된다.

3
$$M_x = \lim_{m,n\to\infty}\sum_{i=1}^{m}\sum_{j=1}^{n} y_{ij}^*\rho(x_{ij}^*, y_{ij}^*)\Delta A = \iint_D y\rho(x, y)\,dA$$

비슷하게, y축에 대한 모멘트는

4
$$M_y = \lim_{m,n\to\infty}\sum_{i=1}^{m}\sum_{j=1}^{n} x_{ij}^*\rho(x_{ij}^*, y_{ij}^*)\Delta A = \iint_D x\rho(x, y)\,dA$$

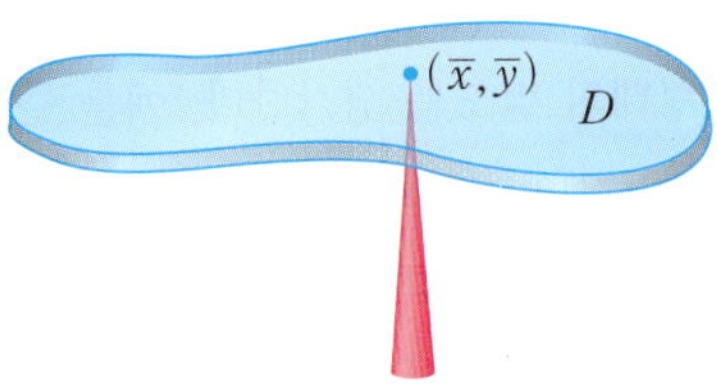

그림 4

이전처럼, 등식 $m\bar{x} = M_y$와 $m\bar{y} = M_x$를 만족하는 질량중심 $(\bar{x}, \bar{y})$를 정의한다. 물리학적 중요성은 얇은 판이 마치 전체질량이 질량중심에 집중되는 것처럼 움직인다는 것이다. 이와 같이, 얇은 판의 질량중심을 지지할 때에 그것은 수평적으로 균형을 유지하게 된다(그림 4 참조).

5 영역 D가 차지하고 밀도함수 $\rho(x, y)$를 갖는 얇은판의 질량중심의 좌표 $(\bar{x}, \bar{y})$는

$$\bar{x} = \frac{M_y}{m} = \frac{1}{m}\iint_D x\rho(x, y)\,dA, \quad \bar{y} = \frac{M_x}{m} = \frac{1}{m}\iint_D y\rho(x, y)\,dA$$

단, 질량 m은 다음과 같이 주어진다.

$$m = \iint_D \rho(x, y)\,dA$$

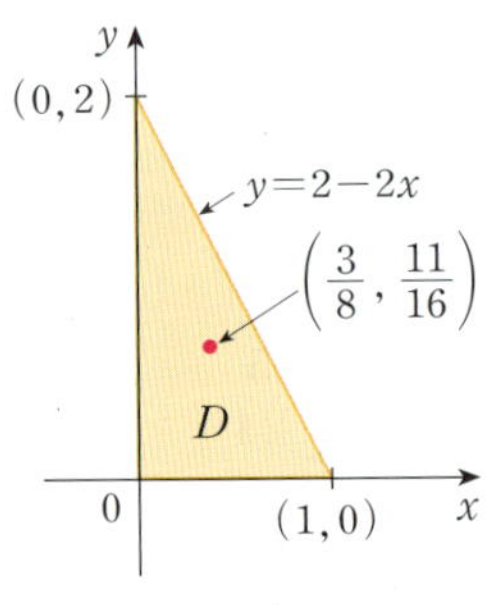

그림 5

예제 2 비균질 삼각형의 질량중심 $(0, 0)$, $(1, 0)$, $(0, 2)$를 꼭지점으로 갖는 얇은 삼각형판에 대하여, 만약 밀도함수가 $\rho(x, y) = 1 + 3x + y$이면 그것의 질량과 질량중심을 구하여라.

풀이 그림 5는 그 삼각형판을 보여준다(위쪽 경계의 방정식은 $y = 2 - 2x$이다). 얇은판의 질량은

$$m=\iint_D \rho(x,y)\,dA=\int_0^1\int_0^{2-2x}(1+3x+y)\,dy\,dx$$
$$=\int_0^1\left[y+3xy+\frac{y^2}{2}\right]_{y=0}^{y=2-2x}dx$$
$$=4\int_0^1(1-x^2)\,dx=4\left[x-\frac{x^3}{3}\right]_0^1=\frac{8}{3}$$

이때, 공식 **5**에 의하여

$$\bar{x}=\frac{1}{m}\iint_D x\rho(x,y)\,dA=\frac{3}{8}\int_0^1\int_0^{2-2x}(x+3x^2+xy)\,dydx$$
$$=\frac{3}{8}\int_0^1\left[xy+3x^2y+x\frac{y^2}{2}\right]_{y=0}^{y=2-2x}dx$$
$$=\frac{3}{2}\int_0^1(x-x^3)\,dx=\frac{3}{2}\left[\frac{x^2}{2}-\frac{x^4}{4}\right]_0^1=\frac{3}{8}$$
$$\bar{y}=\frac{1}{m}\iint_D y\rho(x,y)\,dA=\frac{3}{8}\int_0^1\int_0^{2-2x}(y+3xy+y^2)\,dy\,dx$$
$$=\frac{3}{8}\int_0^1\left[\frac{y^2}{2}+3x\frac{y^2}{2}+\frac{y^3}{3}\right]_{y=0}^{y=2-2x}dx=\frac{1}{4}\int_0^1(7-9x-3x^2+5x^3)\,dx$$
$$=\frac{1}{4}\left[7x-9\frac{x^2}{2}-x^3+5\frac{x^4}{4}\right]_0^1=\frac{11}{16}$$

따라서 질량중심은 점 $\left(\frac{3}{8},\ \frac{11}{16}\right)$에 있다. ■

예제 3 반원 얇은 판 위의 임의의 점에서 밀도는 원의 중심으로부터의 거리에 비례한다. 얇은 판의 질량중심을 구하여라.

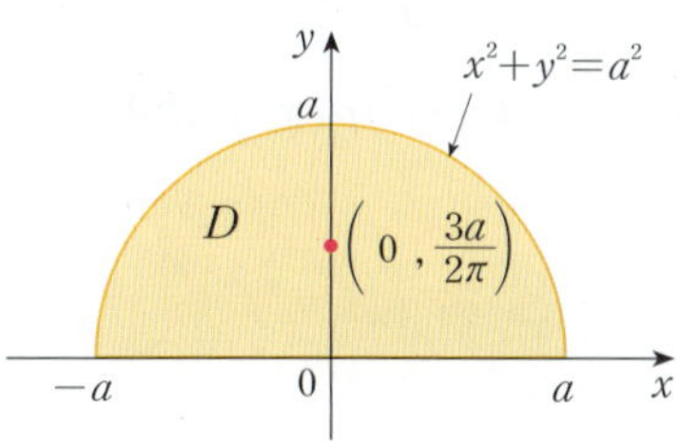

그림 6

풀이 얇은 판을 원 $x^2+y^2=a^2$의 위쪽 절반으로 놓자(그림 6 참조). 한 점 (x, y)로부터 원의 중심(원점)까지의 거리는 $\sqrt{x^2+y^2}$이다. 그러므로, 밀도함수는

$$\rho(x,y)=K\sqrt{x^2+y^2}$$

가 된다. 단, K는 적당한 상수이다. 밀도함수와 얇은 판의 모양은 극좌표로 바꾸어야 한다는 것을 암시하고 있다. 그러면 $\sqrt{x^2+y^2}=r$이고 영역 D는 $0\le r\le a$, $0\le\theta\le\pi$가 된다. 이와 같이, 얇은 판의 질량은

$$m=\iint_D \rho(x,y)\,dA=\iint_D K\sqrt{x^2+y^2}\,dA$$
$$=\int_0^\pi\int_0^a(Kr)r\,drd\theta=K\int_0^\pi d\theta\int_0^a r^2\,dr$$
$$=K\pi\frac{r^3}{3}\bigg]_0^a=\frac{K\pi a^3}{3}$$

얇은 판과 밀도함수 모두는 y축에 대해서 대칭이므로 질량중심은 y축상에 있어야 하며 즉, $\bar{x}=0$이다. 따라서 y좌표는 다음과 같다.

● 예제 3의 질량중심의 위치를(모양은 같으나 일정한 밀도를 갖는 얇은 판의 질량중심은 $(0,\ 4a/(3\pi))$에 위치하고 있다는) 8.5절에 있는 예제 7과 비교하여라.

$$\bar{y}=\frac{1}{m}\iint_D y\rho(x,y)\,dA=\frac{3}{K\pi a^3}\int_0^\pi\int_0^a r\sin\theta(Kr)r\,drd\theta$$

$$= \frac{3}{\pi a^3}\int_0^{\pi}\sin\theta\, d\theta \int_0^a r^3\, dr = \frac{3}{\pi a^3}\Big[-\cos\theta\Big]_0^{\pi}\Big[\frac{r^4}{4}\Big]_0^a$$

$$= \frac{3}{\pi a^3}\frac{2a^4}{4} = \frac{3a}{2\pi}$$

그러므로 질량중심은 점 $(0, 3a/2\pi)$에 위치한다. ■

▷ 관성모멘트

한 축에 대한 질량 m인 입자의 **관성모멘트**를 mr^2으로 정의한다. 단, r은 입자로부터 축까지의 거리이다. 이 개념을 보통의 모멘트에 대해 했던 것처럼 시행함으로써, 밀도함수가 $\rho(x, y)$이고 영역 D를 차지하고 있는 얇은 판으로 확장한다. D를 작은 직사각형으로 나누고, x축에 대한 각 작은 직사각형의 관성모멘트를 측정하며, 작은 직사각형의 수를 증가시킴에 따라 합의 극한을 취한다. 그 결과가 x축에 대한 얇은 판의 관성모멘트이다.

6
$$I_x = \lim_{m,\, n\to\infty}\sum_{i=1}^{m}\sum_{j=1}^{n}(y_{ij}^*)^2\rho(x_{ij}^*, y_{ij}^*)\Delta A = \iint_D y^2\rho(x, y)\,dA$$

비슷하게, y축에 대한 관성모멘트는 다음과 같다.

7
$$I_y = \lim_{m,\, n\to\infty}\sum_{i=1}^{m}\sum_{j=1}^{n}(x_{ij}^*)^2\rho(x_{ij}^*, y_{ij}^*)\Delta A = \iint_D x^2\rho(x, y)\,dA$$

원점에 대한 관성모멘트, **극관성모멘트**를 생각하는 것은 또한 흥미롭다.

8
$$I_0 = \lim_{m,\, n\to\infty}\sum_{i=1}^{m}\sum_{j=1}^{n}\left[(x_{ij}^*)^2 + (y_{ij}^*)^2\right]\rho(x_{ij}^*, y_{ij}^*)\Delta A = \iint_D (x^2+y^2)\rho(x, y)\,dA$$

이때, $I_0 = I_x + I_y$임을 주목하여라.

예제 4 균질원판의 관성모멘트 밀도 $\rho(x, y) = \rho$, 중심이 원점이고 반지름이 a인 균질원판의 관성모멘트 I_x, I_y, I_0를 구하여라.

풀이 D의 경계는 $x^2+y^2=a^2$인 원이고 D를 극좌표로 나타내면 $0\le\theta\le 2\pi$, $0\le r\le a$가 된다. 우선 I_0를 계산하자.

$$I_0 = \iint_D (x^2+y^2)\rho\, dA = \rho\int_0^{2\pi}\int_0^a r^2 r\, dr d\theta$$

$$= \rho\int_0^{2\pi}d\theta\int_0^a r^3 dr = 2\pi\rho\Big[\frac{r^4}{4}\Big]_0^a = \frac{\pi\rho a^4}{2}$$

I_x와 I_y를 바로 계산하는 대신에, $I_x + I_y = I_0$와 $I_x = I_y$(문제의 대칭성으로부터)가 성립한다는 사실을 사용한다. 이와 같이

$$I_x = I_y = \frac{I_0}{2} = \frac{\pi\rho a^4}{4}$$ ■

예제 4에서 원반의 질량은 m=밀도×면적=$\rho(\pi a^2)$임을 주목하여라. 그러므로 원점에 대한 원반의 관성모멘트는 (축에 대한 바퀴처럼)

$$I_0 = \frac{\pi\rho a^4}{2} = \frac{1}{2}(\rho\pi a^2)a^2 = \frac{1}{2}ma^2$$

로 쓸 수 있다. 이와 같이, 원반의 질량이나 반경이 커지면 관성모멘트도 증가한다. 일반적으로, 관성모멘트는 질량이 직선운동에서 하는 것과 똑같은 역할을 회전운동에서 한다. 자동차의 질량이 그 자동차의 출발이나 정지를 어렵게 만드는 것처럼, 바퀴의 관성모멘트는 그 바퀴의 출발이나 정지를 어렵게 만든다.

▷ 확률

8.8절에서 우리는 연속확률변수 X를 갖는 확률밀도함수 f를 생각하였다. 이것은 모든 x에 대하여 $f(x) \geq 0$, $\int_{-\infty}^{\infty} f(x)\,dx = 1$ 그리고 X가 a와 b 사이에 있을 확률은 a에서 b까지 f를 적분함으로써 구할 수 있음을 의미한다.

$$P(a \leq X \leq b) = \int_a^b f(x)\,dx$$

이제 우리는 어떤 기계의 두 부품의 수명이나, 임의로 선택한 한 여성의 키와 몸무게와 같은 연속확률변수 X와 Y의 쌍을 생각한다. X와 Y의 결합 밀도함수(joint density function)는 (X, Y)가 영역 D에 있을 확률이

$$P((X, Y) \in D) = \iint_D f(x, y)\,dA$$

가 되는 이변수 함수 f이다.

특히, 만약 영역이 한 직사각형이라면 X가 a와 b 사이에 Y가 c와 d 사이에 있을 확률은 다음과 같다(그림 7 참조).

$$P(a \leq X \leq b, c \leq Y \leq d) = \int_a^b \int_c^d f(x, y)\,dy\,dx$$

확률은 음이 아니고 0부터 1 사이의 눈금으로 측정되기 때문에 결합 밀도함수는 다음과 같은 성질을 갖는다.

$$f(x, y) \geq 0 \qquad \iint_{\mathbb{R}^2} f(x, y)\,dA = 1$$

13.4절의 연습문제 36에서처럼 $\mathbb{R}^2$에 대한 이중적분은 확장하는 원이나 정사각형들에 대한 이중적분들의 극한으로 정의된 이상적분이며 이것을 다음과 같이 쓸 수 있다.

$$\iint_{\mathbb{R}^2} f(x, y)\,dA = \int_{-\infty}^{\infty} \int_{-\infty}^{\infty} f(x, y)\,dx\,dy = 1$$

● X가 a와 b 사이에, Y가 c와 d 사이에 있을 확률은 직사각형 $D=[a, b]\times[c, d]$ 위와 결합 밀도함수의 그래프의 아래에 있는 입체의 부피가 된다.

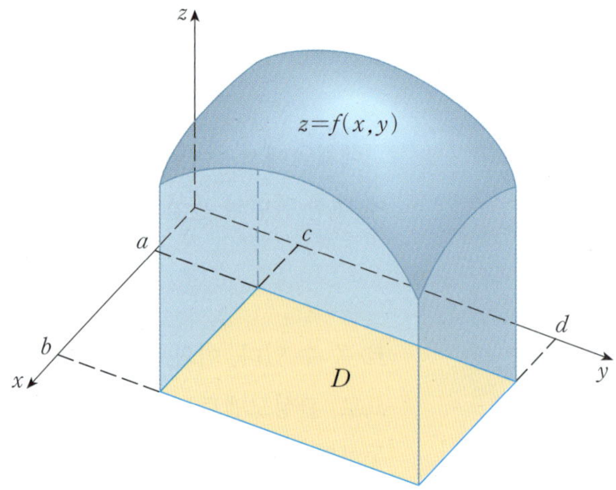

그림 7

예제 5 X와 Y에 대한 결합 밀도함수가

$$f(x, y)=\begin{cases} C(x+2y), & (0\le x\le 10,\ 0\le y\le 10) \\ 0, & (\text{그렇지 않은 경우}) \end{cases}$$

로 주어진다면 상수 C의 값과 $P(X\le 7, Y\ge 2)$를 구하여라.

풀이 f의 이중적분은 1이라는 것을 이용하여 C의 값을 찾는다.

직사각형 $[0, 10]\times[0, 10]$ 밖에서는 $f(x, y)=0$이므로

$$\int_{-\infty}^{\infty}\int_{-\infty}^{\infty} f(x, y)\,dy\,dx=\int_0^{10}\int_0^{10} C(x+2y)\,dy\,dx=C\int_0^{10}\Big[xy+y^2\Big]_{y=0}^{y=10}dx$$
$$=C\int_0^{10}(10x+100)\,dx=1500C$$

그러므로, $1500C=1$이고 $C=\dfrac{1}{1500}$이 된다.

이제 우리는 X는 기껏해야 7이고 Y는 적어도 2인 확률을 계산할 수 있다.

$$P(X\le 7, Y\ge 2)=\int_{-\infty}^{7}\int_2^{\infty} f(x, y)\,dy\,dx=\int_0^7\int_2^{10}\frac{1}{1500}(x+2y)\,dy\,dx$$
$$=\frac{1}{1500}\int_0^7\Big[xy+y^2\Big]_{y=2}^{y=10}dx=\frac{1}{1500}\int_0^7(8x+96)\,dx$$
$$=\frac{868}{1500}\approx 0.5787$$

■

X는 확률밀도함수 $f_1(x)$를 갖는 확률변수이고 Y는 밀도함수 $f_2(y)$를 갖는 확률변수로 가정한다. 이때, 만약 그들의 결합 밀도함수가 개별 밀도함수들의 곱이라면 X와 Y를 **독립확률변수**라고 한다.

$$f(x, y)=f_1(x)f_2(y)$$

8.8절에서 우리는 지수밀도함수를 사용하여 대기하는 시간에 대한 모형을 만들었다.

$$f(t)=\begin{cases} 0, & t<0 \\ \mu^{-1}e^{-t/\mu}, & t\ge 0 \end{cases}$$

단, μ는 평균 대기시간이다. 다음 예제에서 우리는 두 개의 독립적인 대기시간을 갖는 상황을 생각한다.

예제 6 극장에서의 대기시간 극장의 매니저는 관객이 금주의 영화 입장권을 사기 위해 줄을 서서 기다리는 평균시간은 10분이고 팝콘을 사기 위해 기다리는 시간은 5분으로 결정했다. 대기시간은 독립적이라 가정하면 한 관객이 자신의 자리를 잡기 전에 대기시간이 20분 이하일 확률을 구하여라.

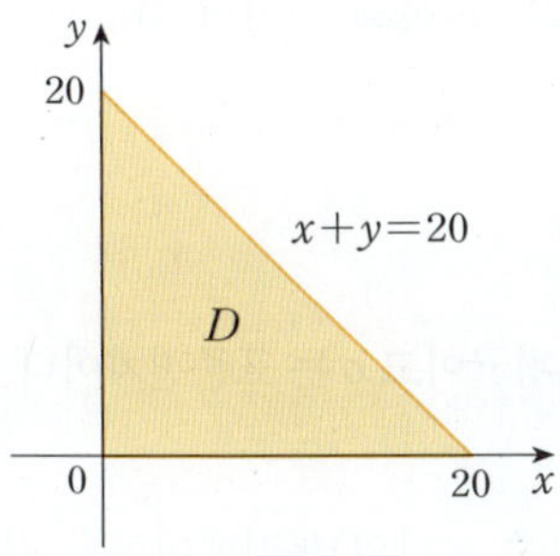

그림 8

풀이 입장권 구입을 위한 대기시간 X와 팝콘을 위한 대기시간 Y 모두는 지수 확률밀도함수로 모형화된다고 가정하면, 우리는 개별 밀도함수를 다음과 같이 기술할 수 있다.

$$f_1(x)=\begin{cases} 0 & (x<0) \\ \dfrac{1}{10}e^{-x/10} & (x\geq 0) \end{cases}, \quad f_2(y)=\begin{cases} 0 & (y<0) \\ \dfrac{1}{5}e^{-y/5} & (y\geq 0) \end{cases}$$

X와 Y는 독립적이므로 결합 밀도함수는 곱, 즉

$$f(x,y)=f_1(x)f_2(y)=\begin{cases} \dfrac{1}{50}e^{-x/10}e^{-y/5} & (x\geq 0,\ y\geq 0) \\ 0 & (\text{그렇지 않은 경우}) \end{cases}$$

이 된다. 우리는 $X+Y<20$인 확률, 즉

$$P(X+Y<20)=P((X,Y)\in D)$$

를 구해야 한다. 단, D는 그림 8에 있는 삼각형 영역이다. 이와 같이

$$\begin{aligned} P(X+Y<20) &= \iint_D f(x,y)\,dA=\int_0^{20}\int_0^{20-x}\frac{1}{50}e^{-x/10}e^{-y/5}\,dy\,dx \\ &= \frac{1}{50}\int_0^{20}\left[e^{-x/10}(-5)e^{-y/5}\right]_{y=2}^{y=20-x}dx \\ &= \frac{1}{10}\int_0^{20}e^{-x/10}\left(1-e^{(x-20)/5}\right)dx \\ &= \frac{1}{10}\int_0^{20}\left(e^{-x/10}-e^{-4}e^{x/10}\right)dx=1+e^{-4}-2e^{-2}\approx 0.7476 \end{aligned}$$

이것은 관객의 약 75%는 착석하기 전에 20분 미만의 대기시간을 갖는다는 것을 의미한다. ■

▷ 기댓값

만약 X가 확률밀도함수 f를 갖는 확률변수라면 그것의 평균은

$$\mu=\int_{-\infty}^{\infty}xf(x)\,dx$$

임을 8.8절로 부터 상기하라. 이제, 만약 X와 Y가 결합 밀도함수 f를 갖는 확률변수이면 우리는 X와 Y의 **기댓값**이라고도 하는 **X-평균** 그리고 **Y-평균**을 각각

9 $$\mu_1=\iint_{\mathbb{R}^2}xf(x,y)\,dA,\qquad \mu_2=\iint_{\mathbb{R}^2}yf(x,y)\,dA$$

로 정의한다.

9에 있는 μ_1과 μ_2에 대한 표현은 식 **3**과 **4**에 있는 밀도함수를 갖는 얇은판의 모멘트 M_x, M_y와 얼마나 밀접하게 닮았는가를 주목하라. 사실상, 우리는 연속적으로 분포된 질량과 같은 것으로서 확률을 생각할 수 있다. 질량을 계산했던 방법인, 밀도함수를 적분하므로써 우리는 확률을 계산한다. 그리고 전체 "확률질량"은 1이므로 **5**에서 $\bar{x}$와 $\bar{y}$에 대한 표현은 X와 Y의 기댓값인 μ_1과 μ_2를 확률분포의 "질량중심"의 좌표로 생각할 수 있다는 것을 보여준다.

다음 예제에서 우리는 정규분포를 다룬다. 8.7절에서처럼, 만약에 그것의 확률밀도함수가

$$f(x)=\frac{1}{\sigma\sqrt{2\pi}}e^{-(x-\mu)^2/(2\sigma^2)}$$

의 형태라면, 단일확률변수는 정규적으로 분포된다. 단, μ는 평균이고 σ는 표준편차이다.

예제 7 공장은 지름이 4.0cm이고 길이가 6.0cm인 (원주 모양의)롤러베어링을 생산한다. 사실상, 지름 X는 평균 4.0cm와 표준편차 0.01cm로 정규분포되는 반면에 길이 Y는 평균 6.0cm와 표준편차 0.01cm로 정규분포된다.
X와 Y가 독립적이라 가정한 후, 결합 밀도함수를 기술하고 그래프를 그려라. 생산라인에서 임의로 선택한 한 베어링이 0.02cm 이상으로 평균에서 벗어난 길이 또는 지름을 가질 확률을 구하여라.

풀이 X와 Y는 $\mu_1=4.0$, $\mu_2=6.0$ 그리고 $\sigma_1=\sigma_2=0.01$로 정규분포된 상태이므로 X와 Y에 대한 개별 밀도함수는

$$f_1(x)=\frac{1}{0.01\sqrt{2\pi}}e^{-(x-4)^2/0.0002},\qquad f_2(y)=\frac{1}{0.01\sqrt{2\pi}}e^{-(y-6)^2/0.0002}$$

가 된다. X와 Y가 독립적이므로 결합 밀도함수는 곱, 즉

$$f(x, y)=f_1(x)f_2(y)=\frac{1}{0.0002\pi}e^{-(x-4)^2/0.0002}e^{-(y-6)^2/0.0002}$$
$$=\frac{5000}{\pi}e^{-5000[(x-4)^2+(y-6)^2]}$$

이 된다. 그림 9는 이 함수의 그래프를 보여준다.

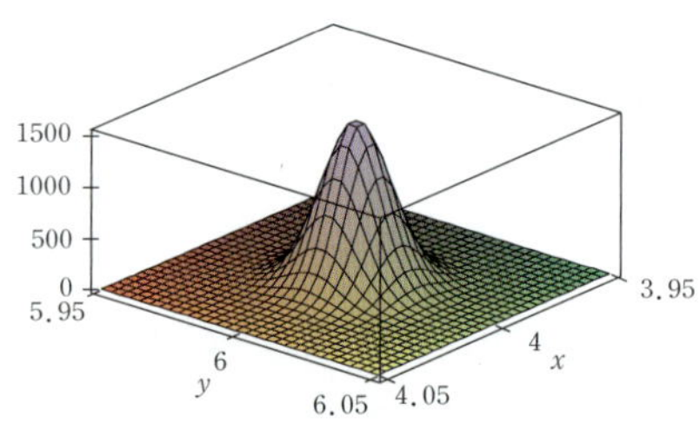

그림 9 예제 7에 있는 이변량 정규 결합 밀도 함수의 그래프

우선 X와 Y 모두가 0.02cm 미만으로 그들의 평균과 다를 확률을 계산하자. 그 적분을 구하기 위하여 계산기나 컴퓨터를 사용하면 다음과 같다.

$$P(3.98<X<4.02,\ 5.98<Y<6.02)=\int_{3.98}^{4.02}\int_{5.98}^{6.02}f(x, y)\,dy\,dx$$
$$=\frac{5000}{\pi}\int_{3.98}^{4.02}\int_{5.98}^{6.02}e^{-5000[(x-4)^2+(y-6)^2]}\,dy\,dx$$
$$\approx 0.91$$

이때 X 또는 Y가 0.02cm 이상으로 평균과 다를 확률은 대략적으로 다음과 같다.

$$1-0.91=0.09$$

■

13.5 연습문제

1. 전기전하는 점 (x, y)에서 전하밀도가 $\sigma(x, y)=2xy+y^2$ (제곱미터당 쿨롱으로 측정된)으로 직사각형 $1\le x\le 3$, $0\le y\le 2$ 위에 분포된다. 직사각형상의 전체 전하를 구하여라.

2. 전기전하는 점 (x, y)에서 전하밀도가 $\sigma(x, y)=x+y+x^2+y^2$(제곱미터당 쿨롱으로 측정된)으로 원반 $x^2+y^2\le 4$ 위에 분포된다. 원반상의 전체 전하를 구하여라.

(3~10) 영역 D를 차지하고 제시된 밀도함수 ρ를 갖는 얇은 판의 질량과 질량중심을 구하여라.

3. $D=\{(x, y)\mid 0\le x\le 2,\ -1\le y\le 1\}$; $\rho(x, y)=xy^2$

4. $D=\{(x, y)\mid 0\le x\le a,\ 0\le y\le b\}$; $\rho(x, y)=cxy$

5. D는 $(0, 0)$, $(2, 1)$, $(0, 3)$을 꼭짓점으로 갖는 삼각형 영역; $\rho(x, y)=x+y$

6. D는 $x=0$, $y=x$ 및 $2x+y=6$으로 둘러싸인 삼각형; $\rho(x, y)=x^2$

7. D는 포물선 $x=e^2$, $y=0$, $x=0$, $x=1$로 둘러싸인 영역; $\rho(x, y)=x$

8. D는 $y=\sqrt{x}$, $y=0$과 $x=1$로 둘러싸인 영역; $\rho(x, y)=x$

9. $D=\{(x, y)\mid 0\le y\le \sin(\pi x/L),\ 0\le x\le L\}$, $\rho(x, y)=y$

10. D는 포물선 $y=x^2$와 $x=y^2$에 의해 둘러싸인 영역; $\rho(x, y)=\sqrt{x}$

---

11. 한 얇은판이 제1사분면에 있는 원반 $x^2+y^2\le 1$의 일부분을 차지하고 있다. 만약 임의의 점에서의 밀도가 x축으로부터 떨어진 거리에 비례한다면 그것의 질량중심을 구하여라.

12. 만약에 임의의 점에서의 밀도가 원점으로부터 떨어진 그것의 거리의 제곱에 비례한다면 연습문제 11에 있는 얇은판의 질량중심을 구하여라.

13. 얇은 판자의 경계가 x축과 반원 $y=\sqrt{1-x^2}$과 $y=\sqrt{4-x^2}$로 이루어 졌다. 얇은 판자의 밀도가 원점으로부터의 거리에 비례한다고 할 때 질량의 중심을 구하여라.

14. 연습문제 13에서, 밀도가 원점으로부터의 거리에 반비례한다고 하면, 질량의 중심을 구하여라.

15. 만약 임의의 점에서의 밀도가 빗변의 맞은편 꼭지점으로부터 떨어진 거리의 제곱에 비례한다면 두 변의 길이가 a인 직각 이등변삼각형 모양인 얇은판의 질량중심을 구하여라.

16. 한 얇은판이 원 $x^2+y^2=2y$의 내부, 그러나 원 $x^2+y^2=1$의 외부영역을 차지하고 있다. 만약 임의의 점에서의 밀도가 원점으로부터 떨어진 그것의 거리에 반비례한다면 그 질량중심을 구하여라.

17. 연습문제 7의 얇은판에 대하여 관성모멘트 I_x, I_y, I_0를 구하여라.

18. 연습문제 12의 얇은판에 대하여 관성모멘트 I_x, I_y, I_0를 구하여라.

19. 연습문제 15의 얇은판에 대하여 관성모멘트 I_x, I_y, I_0를 구하여라.

20. 왼쪽아래 모서리를 원점에 위치하고 길이가 2인 변을 가진 정방형 송풍기날개를 생각하라. 만약 날개의 밀도가 $\rho(x, y)=1+0.1x$라면, x축 또는 y축 중 어느쪽에 대해서 날개를 회전하는 것이 더 어려운가?

CAS **(21~22)** 영역 D를 차지하고 주어진 밀도함수 ρ를 갖는 얇은 판의 질량과 질량중심 그리고 관성모멘트를 컴퓨터 대수체계를 사용하여 구하여라.

21. $D=\{(x, y)\mid 0\le y\le \sin x,\ 0\le x\le \pi\}$; $\rho(x, y)=xy$

22. D는 심장형 $r=1+\cos\theta$로 둘러싸인 영역; $\rho(x, y)=\sqrt{x^2+y^2}$

---

23. 확률변수 X와 Y의 쌍에 대한 결합 밀도함수는

$$f(x, y)=\begin{cases} Cx(1+y), & (0\le x\le 1,\ 0\le y\le 2) \\ 0, & (\text{그렇지 않은 경우}) \end{cases}$$

이다.

(a) 상수 C의 값을 구하여라.

(b) $P(X\le 1, Y\le 1)$를 구하여라.

(c) $P(X+Y\le 1)$를 구하여라.

24. (a) $f(x, y)=\begin{cases} 4xy, & (0\le x\le 1,\ 0\le y\le 1) \\ 0, & (\text{그렇지 않은 경우}) \end{cases}$

는 결합 밀도함수임을 증명하여라.

(b) 만약에 X와 Y가 결합 밀도함수가 (a)에 있는 함수 f인 확률변수라면 다음의 확률을 구하여라.

(i) $P\left(X\ge \frac{1}{2}\right)$ (ii) $P\left(X\ge \frac{1}{2}, Y\le \frac{1}{2}\right)$

(c) X와 Y의 기댓값을 각각 구하여라.

25. X와 Y가 결합 밀도함수

$$f(x, y)=\begin{cases} 0.1e^{-(0.5x+0.2y)}, & (x\geq 0,\ y\geq 0) \\ 0, & (\text{그렇지 않으면}) \end{cases}$$

를 갖는 확률변수라고 가정하자.

(a) f는 실제로 결합 밀도함수임을 증명하여라.

(b) 다음의 확률을 구하여라.

(i) $P(Y\geq 1)$ (ii) $P(X\leq 2, Y\leq 4)$

(c) X와 Y의 기댓값을 각각 구하여라.

26. (a) 한 램프는 평균수명이 1000시간인 같은 종류의 두 개 전구를 가지고 있다. 평균 $\mu=1000$인 지수 밀도함수에 의해서 이 전구들의 실패확률(평균시간 이내에 수명이 다할 확률)의 모형을 만든다고 가정할 때, 램프의 두 개 전구 모두 1000시간 이내로 수명이 다할 확률을 구하여라.

(b) 또 다른 램프는 (a)에서와 같은 종류의 전구를 하나만 가지고 있다. 만약에 한 개 전구가 타버리고 같은 종류의 전구로 교체한다면 두 개의 전구가 전체 1000시간 이내에 수명이 다할 확률을 구하여라.

CAS **27.** X와 Y가 독립 확률변수라고 가정하자. 단, X는 평균 45와 표준편차 0.5로 정규분포되고 Y는 평균 20과 표준편차 0.1로 정규분포 된다.

(a) $P(40\leq X\leq 50,\ 20\leq Y\leq 25)$를 구하여라.

(b) $P(4(X-45)^2+100(Y-20)^2\leq 2)$를 구하여라.

28. Xavier와 Yolanda 모두는 정오에 끝나는 수업이 있으며 수업이 끝난 후에 그들은 날마다 만나기로 했다. 그들은 커피숍에 각자 도착한다. Xavier의 도착시간은 X이고 Yolanda의 도착시간은 Y이다. 단, X와 Y는 정오 이후의 분 단위로 측정된 시간이다. 개별 밀도함수는 각각 아래와 같다.

$$f_1(x)=\begin{cases} e^{-x}, & (x\geq 0) \\ 0, & (x<0) \end{cases},\quad f_2(y)=\begin{cases} \frac{1}{50}y, & (0\leq y\leq 10) \\ 0, & (\text{그렇지 않은 경우}) \end{cases}$$

(Xavier는 정오가 약간 지나서 도착하는데 늦는다는 느낌보다는 빠르게 도착한다. Yolanda는 언제나 오후 12시 10분까지는 도착하는 데 빠르다는 느낌보다는 더 늦게 도착한다). Yolanda가 도착한 후에 그녀는 Xavier를 최고 30분까지는 기다릴 것이지만, 그는 그녀를 기다리지 않을 것이다. 그들이 만날 확률을 구하여라.

29. 어떤 전염병의 확산에 대해 연구할 때, 감염자가 그 질병을 비감염자에게 전념시킬 확률은 그들 사이의 거리함수라고 가정한다. 인구가 골고루 분포 되어있는 반경 10마일의 원형도시를 생각하자. 고정된 점 $A(x_0, y_0)$에 있는 비감염자에 대해서, 확률함수는

$$f(P)=\frac{1}{20}[20-d(P, A)]$$

이다(단, $d(P, A)$는 P와 A 사이의 거리를 나타낸다).

(a) 질병에 대한 개인의 노출은 인구의 모든 수로부터 질병에 걸릴 확률의 합이라고 가정하자. 감염된 사람이 1평방 마일당 k명의 감염자로, 그 도시 전체에 걸쳐 골고루 분포되어 있다고 가정하자. 지점 A에 살고 있는 사람의 노출을 나타내는 이중적분을 찾아보아라.

(b) A지점이 그 도시의 중심인 경우와 지점 A가 그 도시의 가장자리에 위치한 경우에 대해서 적분값을 구하여라. 여러분은 어디에 살고 싶은가?

13.6 곡면적

이 절에서 이중적분을 한 곡면의 면적을 계산하는 문제에 적용한다. 매개곡면의 면적에 대한 공식을 구함으로써 시작하고 그런 후에 특별한 경우로서 이변수 함수의 그래프의 곡면적에 대한 공식을 이끌어 낼 것이다.

11.5절로부터 매개곡면 S는 두 매개변수의 벡터값 함수

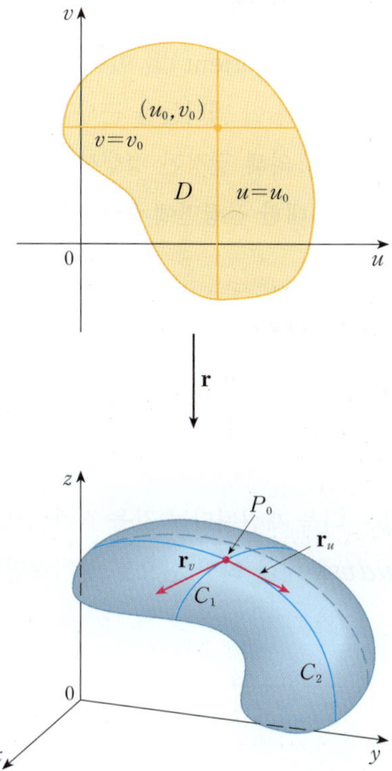

그림 1

$$\boxed{1} \qquad \mathbf{r}(u, v)=x(u, v)\mathbf{i}+y(u, v)\mathbf{j}+z(u, v)\mathbf{k}$$

또는 매개변수방정식

$$x=x(u, v) \qquad y=y(u, v) \qquad z=z(u, v)$$

로 정의되었음을 상기하라(단, (u, v)는 uv-평면에 있는 영역 D 전체에 걸쳐서 변한다).

우리는 S를 조그마한 조각으로 나누고 접평면조각의 면적을 이용하여 각 조각의 면적을 근사시킴으로써 S의 면적을 구할 것이다. 그래서 우선 12.4절로부터 매개곡면에 대한 접평면을 어떻게 구했는가를 상기하자.

P_0를 위치벡터 $\mathbf{r}(u_0, v_0)$를 갖는 S 상의 한 점이라고 하자. 만약 우리가 $u=u_0$로 놓으므로써 u를 상수취급을 하면 그때 $\mathbf{r}(u_0, v)$는 매개변수 v의 벡터함수가 되고 S 상에 있는 한 격자곡선 C_1을 정의하게 된다(그림 1 참조). P_0에서 C_1에 대한 접선벡터는 v에 대한 $\mathbf{r}$의 편도함수를 구하므로써 얻을 수가 있다.

$$\boxed{2} \qquad \mathbf{r}_v=\frac{\partial x}{\partial v}(u_0, v_0)\mathbf{i}+\frac{\partial y}{\partial v}(u_0, v_0)\mathbf{j}+\frac{\partial z}{\partial v}(u_0, v_0)\mathbf{k}$$

비슷하게, 만약에 우리가 $v=v_0$로 놓으므로써 v를 상수취급을 하면 S 상에 놓여있는 $\mathbf{r}(u, v_0)$에 의해 주어진 격자곡선 C_2를 얻게되며, P_0에서 그것의 접선벡터는

$$\boxed{3} \qquad \mathbf{r}_u=\frac{\partial x}{\partial u}(u_0, v_0)\mathbf{i}+\frac{\partial y}{\partial u}(u_0, v_0)\mathbf{j}+\frac{\partial z}{\partial u}(u_0, v_0)\mathbf{k}$$

가 된다.

만약 **법선벡터** $\mathbf{r}_u\times\mathbf{r}_v$가 $\mathbf{0}$이 아니면 그 때 곡면 S는 **매끄럽다**(smooth)라고 한다(그것은 "모서리"를 갖지 않는다). 이 경우에, P_0에서 S에 대한 접평면은 존재하고 법선벡터를 사용하여 구할 수 있다.

이제 우리는 식 $\boxed{1}$에 주어진 매개곡면의 곡면적을 정의한다. 간단하게, 매개영역 D가 직사각형인 곡면을 가지고 시작하여 그것을 작은 직사각형 R_{ij}들로 나눈다. (u_i^*, v_j^*)를 R_{ij}의 왼쪽 아래 모서리가 되도록 선택하자(그림 2 참조). R_{ij}에 대응하는 곡면 S의 부분 S_{ij}를 조각이라 하며 S_{ij}는 위치벡터 $\mathbf{r}(u_i^*, v_j^*)$인 점 P_{ij}를 그것의 모서리 중의 하나로 갖는다.

$$\mathbf{r}_u^*=\mathbf{r}_u(u_i^*, v_j^*)\text{와} \qquad \mathbf{r}_v^*=\mathbf{r}_v(u_i^*, v_j^*)$$

를 방정식 $\boxed{3}$과 $\boxed{2}$에서 주어진 것처럼 P_{ij}에서의 접선벡터라고 하자.

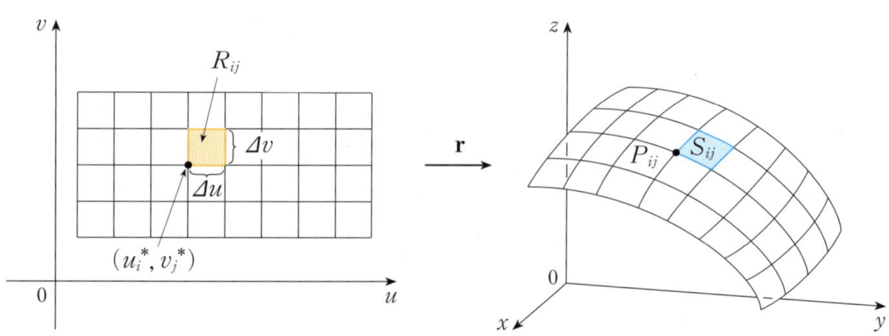

그림 2
작은 직사각형 R_{ij}의 상은 조각 S_{ij}이다.

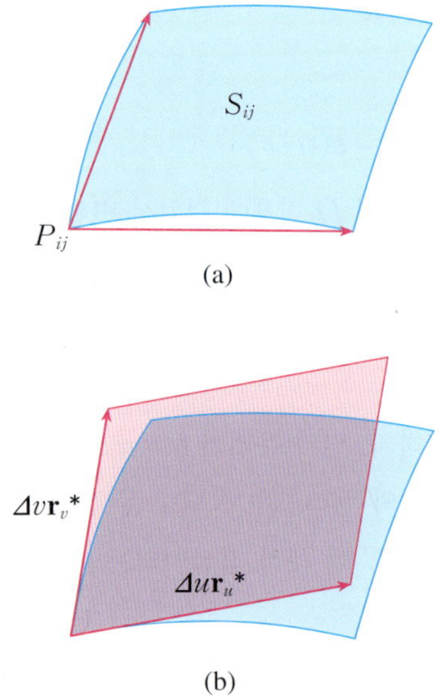

그림 3
평행사변형을 이용한 조각의 근사

그림 3(a)는 벡터들을 이용하여 P_{ij}에서 만나는 조각의 두 가장자리를 어떻게 근사할 수 있는가를 보여준다. 교대로 편도함수는 차분몫(difference quotient)을 이용하여 근사적으로 구할 수 있기 때문에 벡터 $\Delta u \mathbf{r}_u^*$와 $\Delta v \mathbf{r}_v^*$를 이용하여 이 벡터들을 근사적으로 구할 수가 있게 된다. 그래서 우리는 벡터 $\Delta u \mathbf{r}_u^*$와 $\Delta v \mathbf{r}_v^*$에 의해 결정된 평행사변형을 이용하여 S_{ij}를 근사할 수가 있다. 그림 3(b)는 P_{ij}에서 S에 대한 접평면에 놓여 있는 이 평행사변형을 보여주고 있다. 이 평행사변형의 면적은

$$|(\Delta u \mathbf{r}_u^*) \times (\Delta v \mathbf{r}_v^*)| = |\mathbf{r}_u^* \times \mathbf{r}_v^*| \Delta u \Delta v$$

가 되므로 S의 면적에 대한 근삿값은

$$\sum_{i=1}^{m} \sum_{j=1}^{n} |\mathbf{r}_u^* \times \mathbf{r}_v^*| \Delta u \Delta v$$

가 된다. 작은직사각형의 수를 늘려감에 따라 이 근삿값은 더욱 개선된다는 것을 직관적으로 알 수 있으며, 이중합을 이중적분 $\iint_D |\mathbf{r}_u \times \mathbf{r}_v| \, du dv$에 대한 리만 합으로 생각하면 된다. 이것은 다음의 정의를 유도한다.

4 정의 만약 매끄러운 매개곡면 S의 방정식이

$$\mathbf{r}(u, v) = x(u, v)\mathbf{i} + y(u, v)\mathbf{j} + z(u, v)\mathbf{k} \quad (u, v) \in D$$

이고 (u, v)가 매개영역 D 전체에 걸쳐 변함에 따라 S를 꼭 한 번 덮을 수 있다면, 그때 다음을 S의 **곡면적**이라고 한다.

$$A(S) = \iint_D |\mathbf{r}_u \times \mathbf{r}_v| \, dA$$

단, $\mathbf{r}_u = \dfrac{\partial x}{\partial u}\mathbf{i} + \dfrac{\partial y}{\partial u}\mathbf{j} + \dfrac{\partial z}{\partial u}\mathbf{k}, \quad \mathbf{r}_v = \dfrac{\partial x}{\partial v}\mathbf{i} + \dfrac{\partial y}{\partial v}\mathbf{j} + \dfrac{\partial z}{\partial v}\mathbf{k}$이다.

예제 1 **매매곡면의 면적** 반경 a인 구면의 곡면적을 구하여라.

풀이 11.5절의 예제 4에서 매개표현식

$$x = a \sin\phi \cos\theta, \qquad y = a \sin\phi \sin\theta, \qquad z = a \cos\phi$$

를 구한 바 있다. 단, 매개영역은

$$D = \{(\phi, \theta) \mid 0 \le \phi \le \pi, \ 0 \le \theta \le 2\pi\}$$

이다. 우선 접선벡터의 외적을 계산한다.

$$\mathbf{r}_\phi \times \mathbf{r}_\theta = \begin{vmatrix} \mathbf{i} & \mathbf{j} & \mathbf{k} \\ \dfrac{\partial x}{\partial \phi} & \dfrac{\partial y}{\partial \phi} & \dfrac{\partial z}{\partial \phi} \\ \dfrac{\partial x}{\partial \theta} & \dfrac{\partial y}{\partial \theta} & \dfrac{\partial z}{\partial \theta} \end{vmatrix} = \begin{vmatrix} \mathbf{i} & \mathbf{j} & \mathbf{k} \\ a\cos\phi\cos\theta & a\cos\phi\sin\theta & -a\sin\phi \\ -a\sin\phi\sin\theta & a\sin\phi\cos\theta & 0 \end{vmatrix}$$

$$= a^2 \sin^2\phi \cos\theta \mathbf{i} + a^2 \sin^2\phi \sin\theta \mathbf{j} + a^2 \sin\phi \cos\phi \mathbf{k}$$

이와 같이, $0 \le \phi \le \pi$에 대해 $\sin\phi \ge 0$이므로

$$
\begin{aligned}
|\mathbf{r}_\phi \times \mathbf{r}_\theta| &= \sqrt{a^4 \sin^4\phi \cos^2\theta + a^4 \sin^4\phi \sin^2\theta + a^4 \sin^2\phi \cos^2\phi} \\
&= \sqrt{a^4 \sin^4\phi + a^4 \sin^2\phi \cos^2\phi} = a^2\sqrt{\sin^2\phi} = a^2 \sin\phi
\end{aligned}
$$

그러므로 정의 4에 의하여 구의 면적은

$$
\begin{aligned}
A &= \iint_D |\mathbf{r}_\phi \times \mathbf{r}_\theta| \, dA = \int_0^{2\pi}\int_0^{\pi} a^2 \sin\phi \, d\phi d\theta \\
&= a^2 \int_0^{2\pi} d\theta \int_0^{\pi} \sin\phi \, d\phi = a^2(2\pi)2 = 4\pi a^2
\end{aligned}
$$

가 된다. ■

▷ 그래프의 곡면적

방정식 $z=f(x, y)$인 곡면 S의 특별한 경우에 대해서, x와 y를 매개변수로 택한다. 단, $(x, y)\in D$이고 f는 연속인 편도함수를 갖는다. 매개방정식은

$$x=x, \qquad y=y, \qquad z=f(x, y)$$

이므로

$$\mathbf{r}_x = \mathbf{i} + \left(\frac{\partial f}{\partial x}\right)\mathbf{k}, \qquad \mathbf{r}_y = \mathbf{j} + \left(\frac{\partial f}{\partial y}\right)\mathbf{k}$$

이고

5 $$\mathbf{r}_x \times \mathbf{r}_y = \begin{vmatrix} \mathbf{i} & \mathbf{j} & \mathbf{k} \\ 1 & 0 & \dfrac{\partial f}{\partial x} \\ 0 & 1 & \dfrac{\partial f}{\partial y} \end{vmatrix} = -\frac{\partial f}{\partial x}\mathbf{i} - \frac{\partial f}{\partial y}\mathbf{j} + \mathbf{k}$$

가 된다. 이와 같이 정의 4에 있는 곡면적 공식은

● 방정식 6에 있는 곡면적 공식과 8.4절에 있는 호의 길이 공식

$$L = \int_a^b \sqrt{1+\left(\frac{dy}{dx}\right)^2}\, dx$$

은 유사하다.

6 $$A(S) = \iint_D \sqrt{1+\left(\frac{\partial z}{\partial x}\right)^2 + \left(\frac{\partial z}{\partial y}\right)^2}\, dA$$

가 된다.

예제 2 **곡면의 면적** 평면 $z=9$의 아래에 있는 포물면 $z=x^2+y^2$의 부분 면적을 구하여라.

풀이 평면은 원 $x^2+y^2=9$에서 포물면과 교차한다. 그러므로, 주어진 곡면은 원점을 중심으로 하고 반경이 3인 원반 D 위에 놓이게 된다(그림 4 참조). 공식 6을 사용하면

$$
\begin{aligned}
A &= \iint_D \sqrt{1+\left(\frac{\partial z}{\partial x}\right)^2 + \left(\frac{\partial z}{\partial y}\right)^2}\, dA = \iint_D \sqrt{1+(2x)^2+(2y)^2}\, dA \\
&= \iint_D \sqrt{1+4(x^2+y^2)}\, dA
\end{aligned}
$$

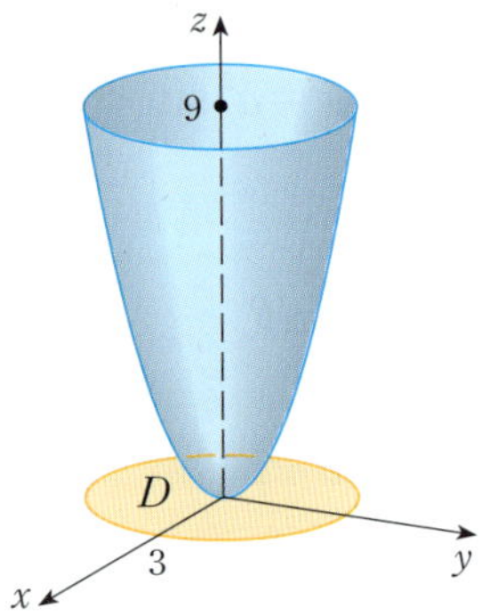

그림 4

를 얻는다. 극좌표로 바꾸어 계산하면

$$A=\int_0^{2\pi}\int_0^3 \sqrt{1+4r^2}\, r\, drd\theta=\int_0^{2\pi}d\theta\int_0^3 r\sqrt{1+4r^2}\, dr$$
$$=2\pi\left(\frac{1}{8}\right)\frac{2}{3}(1+4r^2)^{3/2}\Big]_0^3=\frac{\pi}{6}(37\sqrt{37}-1)$$

을 얻는다.

곡면의 공통적인 모양은 곡선 $y=f(x)$, $a\le x\le b$를 x축에 대해서 회전하여 얻어진 **회전곡면** S이다. 단, $f(x)\ge 0$이고 f'는 연속이다. 연습문제 23에서 S의 매개변수표현과 정의 4를 사용하여 회전곡면의 면적에 대한 다음 공식을 증명해야 할 것이다.

7 $$A=2\pi\int_a^b f(x)\sqrt{1+[f'(x)]^2}\, dx$$

13.6 연습문제

(1~12) 곡면적을 구하여라.

1. 원기둥 $x^2+y^2=3$ 안에 있는 평면 $x+2y+3z=1$의 부분
2. 꼭지점이 $(0, 0)$, $(0, 6)$과 $(4, 0)$인 삼각형 위의 평면 $2x-5y+z=10$의 부분
3. 제1팔분공간에 있는 평면 $3x+2y+z=6$의 부분
4. $0\le u\le 2$, $-1\le v\le 1$로 제시된 벡터방정식 $\mathbf{r}(u, v)=(u+v,\ 2-3u,\ 1+u-v)$인 평면의 부분
5. 평면 $y=x$과 포물기둥 $y=x^2$ 사이에 있는 원뿔 $z=\sqrt{x^2+y^2}$의 부분
6. $(0, 0)$, $(1, 1)$, $(0, 1)$을 꼭지점으로 갖는 삼각형 위에 있는 곡면 $z=x+y^2$의 부분
7. 매개방정식이 $x=u^2$, $y=uv$, $z=\frac{1}{2}v^2$, $0\le u\le 1$, $0\le v\le 2$인 곡면
8. 벡터방정식 $\mathbf{r}(u, v)=u\cos v\,\mathbf{i}+u\sin v\,\mathbf{j}+v\,\mathbf{k}$, $0\le u\le 1$, $0\le v\le\pi$인 나선면(helicoid)(또는 나선형 램프)
9. 평면들 $x=0$, $x=1$, $z=0$, $z=1$ 사이에 있는 곡면 $y=4x+z^2$의 부분
10. 원주면 $y^2+z^2=9$ 내부에 있는 포물면 $x=y^2+z^2$의 부분
11. $0<a<b$, 원기둥 $x^2+y^2=a^2$의 내부에 있는 구 $x^2+y^2+z^2=b^2$의 부분
12. 곡면 $z=\frac{2}{3}(x^{3/2}+y^{3/2})$, $0\le x\le 1$, $0\le y\le 1$

(13~14) 면적을 일변수에 관한 적분으로 표현하고 적분을 계산할 수 있는 계산기를 사용하여 소수 넷째 자리까지 정확하게 곡면적을 구하여라.

13. 원판 $x^2+y^2\le 4$ 위에 있는 곡면 $z=e^{-x^2-y^2}$의 부분
14. 원주면 $x^2+y^2=1$의 내부에 있는 곡면 $z=\cos(x^2+y^2)$의 부분

15. (a) 직사각형 $0\le x\le 6$, $0\le y\le 4$ 위에 있는 곡면 $z=\dfrac{1}{1+x^2+y^2}$의 곡면적의 근삿값을 구하기 위해 6개의 정사각형으로 이중적분에 대한 중점공식(13.1절)을 이용하여라.
    CAS (b) 컴퓨터를 사용하여 (a)에서의 곡면적을 소수 넷째 자리까지 구하여라. 그 값을 (a)의 답과 비교하라.
16. (a) 곡면 $z=xy+x^2+y^2$, $0\le x\le 2$, $0\le y\le 2$의 면적을 구하기 위하여 $m=n=2$으로 이중적분에 대한 중점공식을 사용하여라.
    CAS (b) 컴퓨터 대수체계를 사용하여 (a)에서의 곡면적을 소수 넷째 자리까지 구하여라. 그 값을 (a)와 비교하여라.
17. CAS 컴퓨터 대수체계를 사용하여 벡터방정식 $\mathbf{r}(u, v)=(\cos^3 u\cos^3 v,\ \sin^3 u\cos^3 v,\ \sin^3 v)$, $0\le u\le\pi$, $0\le v\le 2\pi$인 곡면의 면적을 구하여라. 소수 넷째 자리까지 정확하게 구하여라.
18. CAS 컴퓨터 대수체계를 사용하여 사각형 $|x|+|y|\le 1$ 위에 있

는 곡면 $z=(1+x^2)/(1+y^2)$부분의 면적을 소수 넷째 자리까지 구하여라. 곡면의 이 부분을 그려라.

CAS **19.** 컴퓨터 대수체계를 사용하여 곡면 $z=1+2x+3y+4y^2$, $1\le x\le 4$, $0\le y\le 1$의 정확한 면적을 구하여라.

20. (a) 매개방정식 $x=au\cos v$, $y=bu\sin v$, $z=u^2$, $0\le u\le 2$, $0\le v\le 2\pi$인 곡면의 면적에 대한 이중적분을 계산하지는 말고, 만들어라.

(b) 매개변수를 소거하여 곡면이 타원포물면임을 보이고 곡면적에 대한 또 다른 이중적분을 만들어라.

(c) (a)에 있는 매개방정식에서 $a=2$와 $b=3$인 경우에 곡면의 그래프를 그려라.

CAS (d) $a=2$, $b=3$인 경우에 대해서 컴퓨터 대수체계를 사용하여 곡면의 면적을 소수 넷째 자리까지 정확히 구하여라.

21. (a) 매개변수방정식 $x=a\sin u\cos v$, $y=b\sin u\sin v$, $z=c\cos u$, $0\le u\le\pi$, $0\le v\le 2\pi$는 타원면을 나타냄을 보여라.

(b) (a)에 있는 매개방정식을 사용하여 $a=1$, $b=2$, $c=3$인 경우에 대해 쌍곡면의 그래프를 그려라.

(c) (b)에 있는 타원체면의 곡면적에 대한 이중적분을 계산하지는 말고, 만들어라.

22. 그림은 중점 $(b, 0, 0)$을 중심으로 하고 반경 $a<b$인 xz평면에 있는 원을 z축에 대해 회전하였을 때 생기는 도넛 모양의 원환체(torus)를 보여준다. 원환체에 대한 매개방정식은

$$x=b\cos\theta+a\cos\alpha\cos\theta$$
$$y=b\sin\theta+a\cos\alpha\sin\theta$$
$$z=a\sin\alpha$$

이고, θ와 α는 그림에서 보여주고 있는 각들이다. 이때 원환체의 곡면적을 구하여라.

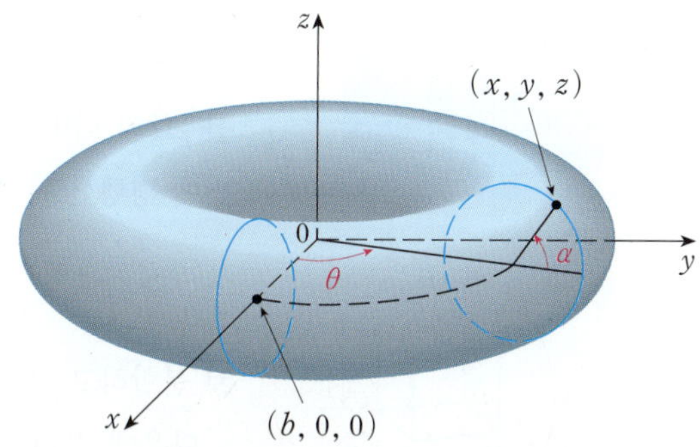

23. 정의 **4**와 회전곡면에 대한 매개방정식(11.5절 **3** 참조)을 사용하여 공식 **7**을 유도하여라.

(24~25) 공식 **7**을 사용하여 주어진 곡선을 x축에 대해 회전하였을 때 생기는 곡면의 면적을 구하여라.

24. $y=x^3$, $0\le x\le 2$ **25.** $y=\sqrt{1+4x}$, $1\le x\le 5$

---

26. 그림은 한 원주면 $y^2+z^2=1$이 다른 원주면 $x^2+z^2=1$과 교차할 때 생기는 곡면을 보여준다. 이 곡면의 면적을 구하여라.

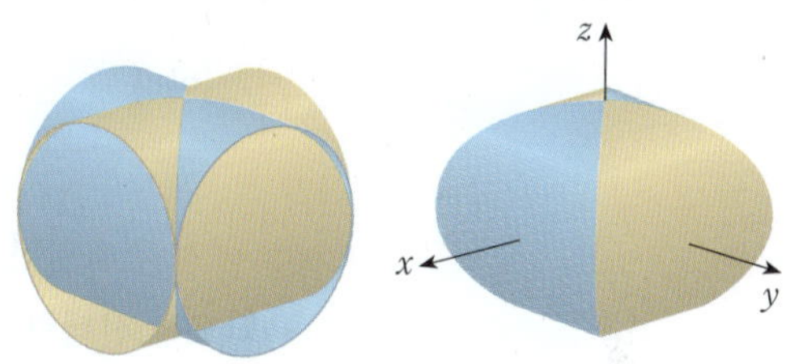

27. 포물면 $z=x^2+y^2$ 내부에 있는 구 $x^2+y^2+z^2=4z$의 부분면적을 구하여라.

13.7 삼중적분

우리가 일변수함수에 대한 적분을 정의하고, 이변수함수에 대한 이중적분을 정의했던 것처럼 삼변수함수에 대한 삼중적분을 정의할 수 있다. f가 직육면체상자에서 정의된 가장 간단한 경우를 맨 먼저 다루자.

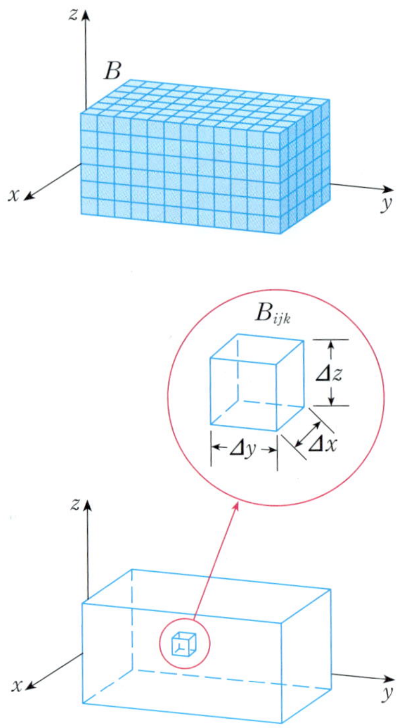

그림 1

1 $$B=\{(x, y, z) \mid a \le x \le b,\ c \le y \le d,\ r \le z \le s\}$$

첫 단계는 B를 작은직육면체로 분할하는 것이다. 구간 $[a, b]$를 Δx의 너비를 갖는 l개의 소구간 $[x_{i-1}, x_i]$으로 $[c, d]$를 Δy의 너비를 갖는 m개의 소구간 $[y_{j-1}, y_j]$으로 $[r, s]$를 Δz의 너비를 갖는 n개의 소구간 $[z_{k-1}, z_k]$으로 분할함으로써 이것을 시행한다. 좌표평면에 평행한 이 소구간들의 끝점을 통과하는 평면들은 상자 B를 lmn개의 작은 상자들

$$B_{ijk}=[x_{i-1}, x_i]\times[y_{j-1}, y_j]\times[z_{k-1}, z_k]$$

로 분할하고 그림 1은 이것들을 보여준다. 각 작은 상자는 부피 $\Delta V=\Delta x\Delta y\Delta z$를 갖는다.

다음에 우리는 B_{ijk} 내에서 표본점 $(x_{ijk}^*, y_{ijk}^*, z_{ijk}^*)$을 택하여 **삼중리만 합**(triple Riemann sum)

2 $$\sum_{i=1}^{l}\sum_{j=1}^{m}\sum_{k=1}^{n} f(x_{ijk}^*, y_{ijk}^*, z_{ijk}^*)\Delta V$$

을 만든다. 이중적분의 정의(13.1절의 **5**)와의 유사성에 의하여 우리는 삼중적분을 **2**의 삼중리만 합에 대한 극한으로서 정의한다.

> **3 정의** 만약 극한이 존재한다면, 상자 B에 대한 f의 **삼중적분**은
>
> $$\iiint_B f(x, y, z)\,dV=\lim_{l, m, n\to\infty}\sum_{i=1}^{l}\sum_{j=1}^{m}\sum_{k=1}^{n} f(x_{ijk}^*, y_{ijk}^*, z_{ijk}^*)\Delta V$$
>
> 이다.

f가 연속이면 삼중적분은 항상 존재한다. 우리는 표본점을 작은 상자 안의 임의의 점이 되도록 선택할 수 있지만, 그 점을 (x_i, y_j, z_k)로 택한다면 더욱 간단하게 보이는 삼중적분의 표현을 얻을 수 있다.

$$\iiint_B f(x, y, z)\,dV=\lim_{l, m, n\to\infty}\sum_{i=1}^{l}\sum_{j=1}^{m}\sum_{k=1}^{n} f(x_i, y_j, z_k)\Delta V$$

이중적분에서와 마찬가지로 삼중적분을 구하는 실제적인 방법은 그들을 다음과 같이 반복적분으로 나타내는 것이다.

> **4 삼중적분에 대한 푸비니 정리**
>
> 만약 f가 직육면체 상자 $B=[a, b]\times[c, d]\times[r, s]$에서 연속이면
>
> $$\iiint_B f(x, y, z)\,dV=\int_r^s\int_c^d\int_a^b f(x, y, z)\,dx\,dy\,dz$$
>
> 이다.

푸비니 정리의 오른쪽에 있는 반복적분은 처음에 x에 대해(y와 z를 고정시킨 채로) 적

분한 후에 y에 대해(z를 고정시킨 채로) 적분하고, 최종적으로 z에 대해 적분한다는 것을 의미한다. 적분할 수 있는 또 다른 다섯 가지의 가능한 순서가 있지만 모두 같은 값을 준다. 예를 들면, 만약에 y에 대해 적분한 후에 z에 대해 그리고 x에 대해 적분한다면

$$\iiint_B f(x, y, z)dV = \int_a^b \int_r^s \int_c^d f(x, y, z)dydzdx$$

를 갖게 된다.

예제 1 **상자에 대한 삼중적분** 삼중적분 $\iiint_B xyz^2 dV$의 값을 구하여라.

(단, $B = \{(x, y, z) \mid 0 \le x \le 1, -1 \le y \le 2, 0 \le z \le 3\}$)

풀이 적분의 여섯 개의 가능한 순서 중 어느 것이든지 사용할 수 있다. 만약 우리가 x에 대해 적분한 후에 y에 대해 그리고 z에 대해 적분하기로 한다면

$$\iiint_B xyz^2 dV = \int_0^3 \int_{-1}^2 \int_0^1 xyz^2\, dxdydz = \int_0^3 \int_{-1}^2 \left[\frac{x^2yz^2}{2} \right]_{x=0}^{x=1} dydz$$

$$= \int_0^3 \int_{-1}^2 \frac{yz^2}{2} dydz = \int_0^3 \left[\frac{y^2z^2}{4} \right]_{y=-1}^{y=2} dz$$

$$= \int_0^3 \frac{3z^2}{4} dz = \frac{z^3}{4} \Big]_0^3 = \frac{27}{4}$$

■

이제 이중적분(13.3절의 [2])에 대해서 사용했던 같은 방법으로 삼차원공간(입체)에 있는 **일반적인 유계영역 E에 대한 삼중적분**을 정의한다. 식 [1]로 주어진 형태의 상자 B 안에 E를 넣는다. 그 다음에, E에서는 f와 일치하고 E의 밖에 있는 B의 점에 대해서는 0이 되는 한 함수 F를 정의한다.

정의에 의하여

$$\iiint_E f(x, y, z)dV = \iiint_B F(x, y, z)dV$$

가 되며, f가 연속이고 E의 경계가 "적절하게 매끄러우면(reasonably smooth)" 이 적분은 존재한다. 삼중적분은 이중적분이 갖는 것과 같은 성질을 갖는다 (13.3절에 있는 성질 6~9).

연속함수 f와 영역의 어떤 단순한 형태에 우리의 주의를 제한한다. 한 입체 영역 E가 x와 y의 두 연속함수의 그래프 사이에 있다면, 그 입체를 **타입 1**이라고 한다. 즉,

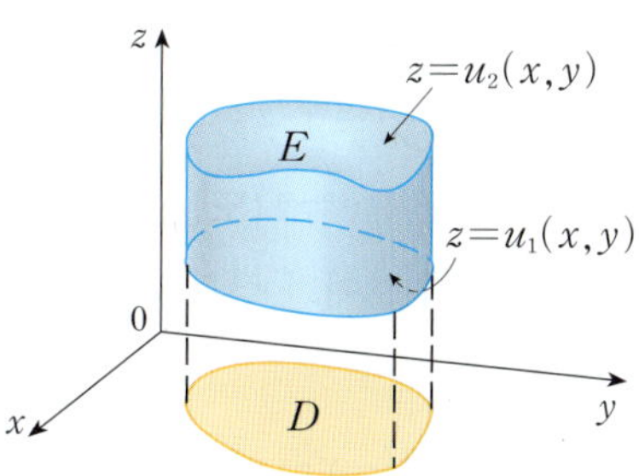

그림 2
타입 1의 입체영역

[5] $$E = \{(x, y, z) \mid (x, y) \in D,\ u_1(x, y) \le z \le u_2(x, y)\}$$

단, D는 그림 2가 보여주는 것처럼 xy평면 위로 E의 정사영이다. 입체 E의 아래쪽 경계는 방정식 $z = u_1(x, y)$인 곡면인 반면에 위쪽 경계는 방정식 $z = u_2(x, y)$인 곡면임을 주의하라.

만약에 E가 식 [5]로 주어진 타입 1의 영역이라면 (13.3절의 [3])을 유도하였던 같은 방법을 통하여

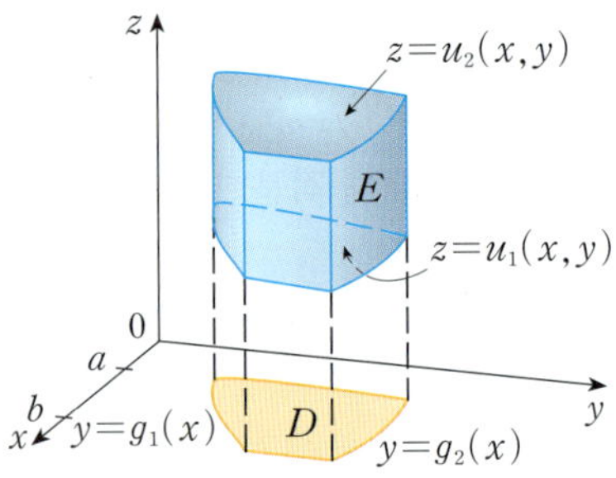

그림 3
타입 1의 입체영역

6
$$\iiint_E f(x, y, z)dV=\iint_D \left[\int_{u_1(x, y)}^{u_2(x, y)} f(x, y, z)dz\right]dA$$

를 보여줄 수 있다.

식 **6**의 오른쪽에 있는 안쪽 적분의 의미는 x와 y는 고정되어 있다는 것을 의미하며, 따라서 $f(x, y, z)$는 z에 대하여 적분되는 반면에 $u_1(x, y)$와 $u_2(x, y)$는 상수 취급을 받는다. 특히, xy평면 위로 E의 정사영 D가 타입 1인 평면영역이라면(그림 3에서처럼) 그때

$$E=\{(x, y, z)\,|\,a\le x\le b,\ g_1(x)\le y\le g_2(x),\ u_1(x, y)\le z\le u_2(x, y)\}$$

이고 식 **6**은

7
$$\iiint_E f(x, y, z)dV=\int_a^b\int_{g_1(x)}^{g_2(x)}\int_{u_1(x, y)}^{u_2(x, y)} f(x, y, z)dzdydx$$

가 된다.

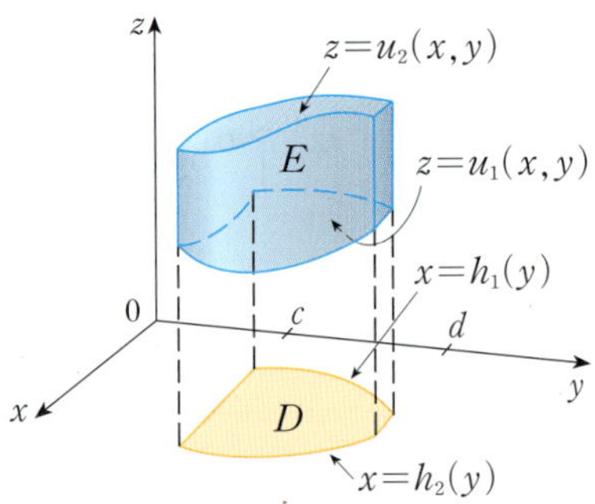

그림 4
다른 타입 2의 입체영역

반면에, 만약 정사영 D가 타입 2인 평면영역이라면(그림 4에서처럼) 그때

$$E=\{(x, y, z)\,|\,c\le y\le d,\ h_1(y)\le x\le h_2(y),\ u_1(x, y)\le z\le u_2(x, y)\}$$

이고 식 **6**은

8
$$\iiint_E f(x, y, z)dV=\int_c^d\int_{h_1(y)}^{h_2(y)}\int_{u_1(x, y)}^{u_2(x, y)} f(x, y, z)dzdxdy$$

가 된다.

예제 2 **사면체 영역에서의 삼중적분** $\iiint_E z\,dV$의 값을 구하여라. 단, E는 4개의 평면 $x=0$, $y=0$, $z=0$, $x+y+z=1$로 둘러싸인 사면체 영역이다.

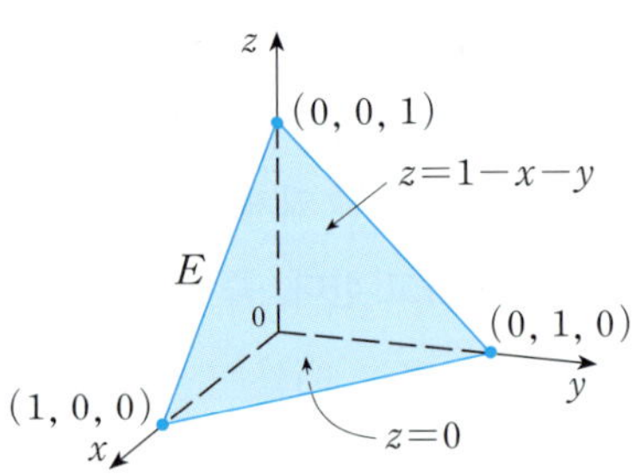

그림 5

풀이 삼중적분을 만들어나갈 때, 두 개의 그림, 즉 하나는 입체영역 E(그림 5 참조), 다른 하나는 xy평면 위로 E의 정사영 D(그림 6 참조)을 그려 보는 것이 바람직하다. 사면체의 아래쪽 경계는 평면 $z=0$이고 위쪽 경계는 평면 $x+y+z=1$(또는, $z=1-x-y$)이므로 공식 **7**에서 $u_1(x, y)=0$과 $u_2(x, y)=1-x-y$를 사용한다. 평면 $x+y+z=1$과 $z=0$은 xy평면에 있는 직선 $x+y=1$(또는 $y=1-x$)에서 만남을 주목하여라. 그래서 E의 정사영은 그림 6에 보여진 삼각형 영역이 되며

9 $\quad E=\{(x, y, z)\,|\,0\le x\le 1,\ 0\le y\le 1-x,\ 0\le z\le 1-x-y\}$

을 얻는다. E를 타입 1 영역으로 묘사하는 것은 적분을 다음과 같이 계산할 수 있도록 해준다.

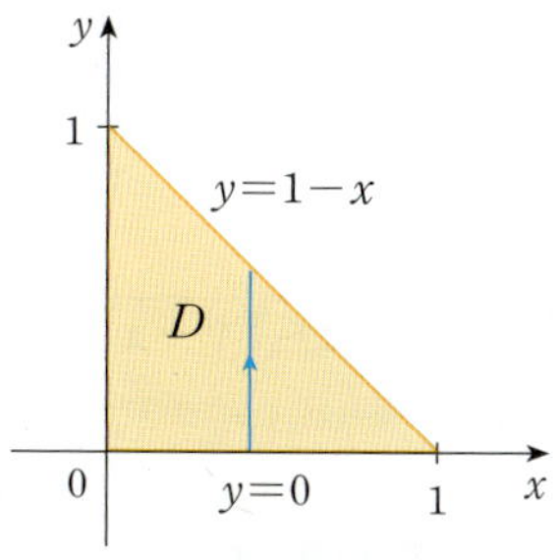

그림 6

$$\iiint_E z\,dV=\int_0^1\int_0^{1-x}\int_0^{1-x-y} z\,dz\,dy\,dx=\int_0^1\int_0^{1-x}\left[\frac{z^2}{2}\right]_{z=0}^{z=1-x-y}dy\,dx$$
$$=\frac{1}{2}\int_0^1\int_0^{1-x}(1-x-y)^2dy\,dx$$
$$=\frac{1}{2}\int_0^1\left[-\frac{(1-x-y)^3}{3}\right]_{y=0}^{y=1-x}dx$$
$$=\frac{1}{6}\int_0^1(1-x)^3dx=\frac{1}{6}\left[-\frac{(1-x)^4}{4}\right]_0^1=\frac{1}{24}$$

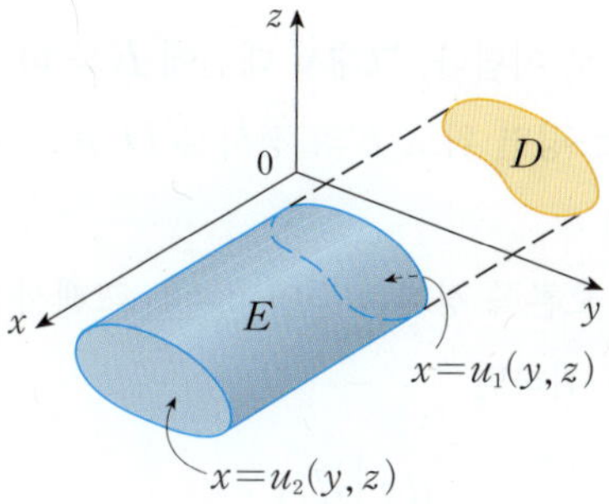

그림 7
타입 2 영역

한 입체영역 E는 그것이 만약

$$E=\{(x,y,z)\,|\,(y,z)\in D,\ u_1(y,z)\le x\le u_2(y,z)\}$$

형태이면 **타입 2**라고 한다. 단, 이번에 D는 yz평면 위로 E의 정사영이다(그림 7 참조). 뒷 곡면은, $x=u_1(y,z)$, 앞 곡면은 $x=u_2(y,z)$, 그리고

10 $$\iiint_E f(x,y,z)\,dV=\iint_D\left[\int_{u_1(y,z)}^{u_2(y,z)}f(x,y,z)\,dx\right]dA$$

를 얻는다. 마지막으로, **타입 3** 영역은

$$E=\{(x,y,z)\,|\,(x,z)\in D,\ u_1(x,z)\le y\le u_2(x,z)\}$$

형태이며, 단, D는 xz평면 위로 E의 정사영, $y=u_1(x,z)$는 왼쪽 곡면, 그리고 $y=u_2(x,z)$는 오른쪽 곡면이다(그림 8 참조). 이런 형태의 영역에 대해서

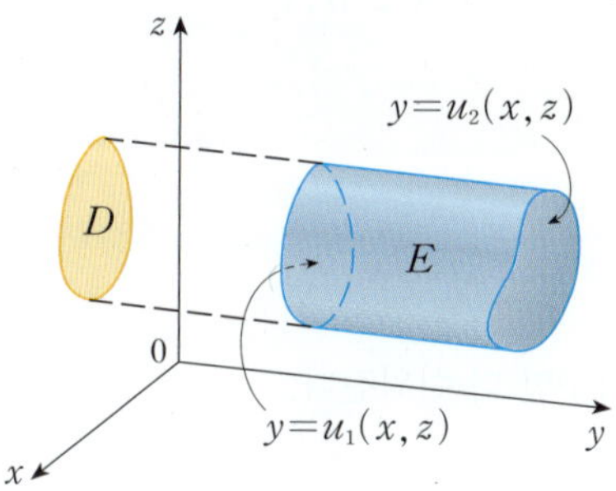

그림 8
타입 3 영역

11 $$\iiint_E f(x,y,z)\,dV=\iint_D\left[\int_{u_1(x,z)}^{u_2(x,z)}f(x,y,z)\,dy\right]dA$$

를 갖는다. 식 **10**과 **11**의 각각에서 D가 타입 1 또는 타입 2의 평면영역인가에 따라서 적분에 대한 두 가지 가능한 (그리고 식 **7**과 **8**에 대응하는) 표현이 있다.

예제 3 **적분의 가장 좋은 순서 선택** $\iiint_E \sqrt{x^2+z^2}\,dV$의 값을 구하여라.
(단, E는 포물면 $y=x^2+z^2$과 평면 $y=4$로 둘러싸인 영역이다.)

풀이 그림 9는 입체 E를 보여준다. 만약 입체 E를 타입 1 영역으로 여긴다면 xy평면 위로 그것의 정사영 D_1을 생각할 필요가 있으며, 그것은 그림 10에 있는 포물선 모양의 영역이다(평면 $z=0$에 있는 $y=x^2+z^2$의 그림자 곡선경계는 포물선 $y=x^2$이다).

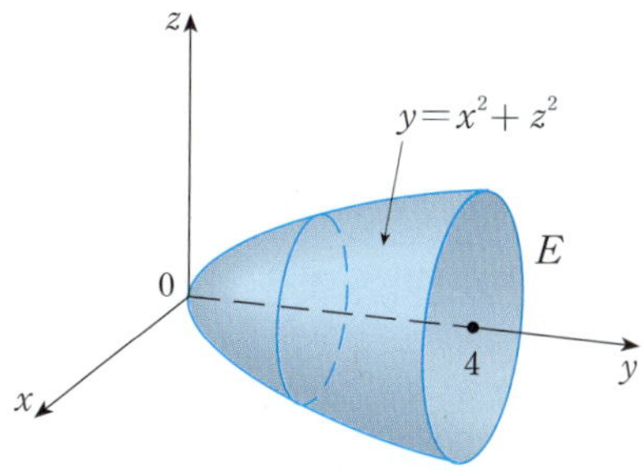

그림 9 적분영역

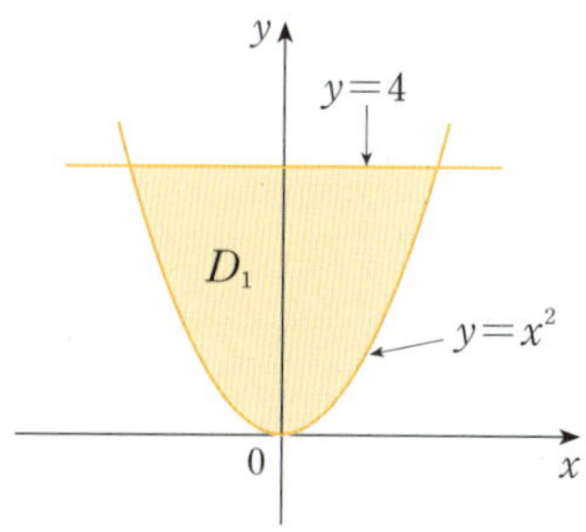

그림 10 xy-평면 상의 정사영

$y=x^2+z^2$ 으로부터 $z=\pm\sqrt{y-x^2}$ 을 얻을 수 있으므로 E의 아래쪽 경계 곡면은 $z=-\sqrt{y-x^2}$, 위쪽 경계곡면은 $z=\sqrt{y-x^2}$ 이 된다. 그러므로 타입 1 영역으로서의 E는

$$E=\{(x,\,y,\,z)\,|\,-2\le x\le 2,\ x^2\le y\le 4,\ -\sqrt{y-x^2}\le z\le\sqrt{y-x^2}\}$$

가 되고, 따라서 다음을 얻게 된다.

$$\iiint_E \sqrt{x^2+z^2}\,dV=\int_{-2}^{2}\int_{x^2}^{4}\int_{-\sqrt{y-x^2}}^{\sqrt{y-x^2}}\sqrt{x^2+z^2}\,dz\,dy\,dx$$

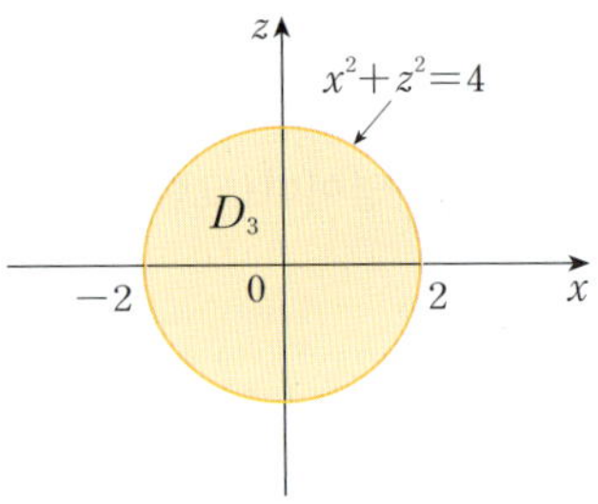

그림 11
xz-평면 상의 정사영

이 표현이 올바르다 할지라도 계산하기는 극도로 어렵다. 그래서 대신에 E를 타입 3 영역으로 생각해 보자. 그렇게 함으로써, xz-평면 위로 E의 정사영 D_3는 그림 11에 있는 원반 $x^2+z^2\le 4$ 가 된다.

그러면 E의 왼쪽 경계는 포물면 $y=x^2+z^2$이고 오른쪽 경계는 평면 $y=4$, 그래서 식 **11**에서 $u_1(x,\,z)=x^2+z^2$과 $u_2(x,\,z)=4$로 취하면

$$\iiint_E \sqrt{x^2+z^2}\,dV=\iint_{D_3}\left[\int_{x^2+z^2}^{4}\sqrt{x^2+z^2}\,dy\right]dA$$

$$=\iint_{D_3}(4-x^2-z^2)\sqrt{x^2+z^2}\,dA$$

를 얻는다. 이 적분을

$$\int_{-2}^{2}\int_{-\sqrt{4-x^2}}^{\sqrt{4-x^2}}(4-x^2-z^2)\sqrt{x^2+z^2}\,dz\,dx$$

로 쓸 수 있다 할지라도 xz-평면에서 극좌표로 바꾸면 더 쉬워진다.

$$x=r\cos\theta,\ z=r\sin\theta$$

이런 과정을 통하여 우리는 다음의 결과를 얻는다.

$$\iiint_E \sqrt{x^2+z^2}\,dV=\iint_{D_3}(4-x^2-z^2)\sqrt{x^2+z^2}\,dA$$

$$=\int_0^{2\pi}\int_0^2(4-r^2)rr\,dr\,d\theta=\int_0^{2\pi}d\theta\int_0^2(4r^2-r^4)\,dr$$

$$=2\pi\left[\frac{4r^3}{3}-\frac{r^5}{5}\right]_0^2=\frac{128\pi}{15}$$

⊘ 삼중적분을 구하는 데 있어서 가장 어려운 단계는 적분영역에 대한 표현을 구성하는 것이다(예제 2의 식 **9**와 같은). 안쪽 적분에서 적분의 한계는 많아야 두 개의 변수를, 중간적분에서 적분의 한계는 많아야 한 개의 변수를, 그리고 바깥쪽 적분에서 적분의 한계는 틀림없이 상수라는 것을 기억하라.

▷ 삼중적분의 응용

만약 $f(x)\ge 0$이면, 적분 $\int_a^b f(x)\,dx$는 a에서 b까지 곡선 $y=f(x)$ 아래에 있는 면적을 나타내고, $f(x,\,y)\ge 0$이면 이중적분 $\iint_D f(x,\,y)\,dA$는 곡면 $z=f(x,\,y)$ 아래와 D 위의 부피를 나타낸다는 것을 상기하라. 삼중적분 $\iiint_E f(x,\,y,\,z)\,dV$에 대한 대응되는 설명은 단, $f(x,\,y,\,z)\ge 0$일 때, 그것은 사차원 물체의 "hypervolume"일 것이므로 유용하지 않음은 물론, 눈에 보이게 하는 것 조차도 매우 어렵다 (E는 바로 함수 f의 정의역이며, f의 그래프는 4차원 공간에 있음을 기억하라). 그럼에도 불구하고, 우리는 삼중적분

$\iiint_E f(x, y, z)dV$를 x, y, z와 $f(x, y, z)$의 물리학적 설명에 의존하는 다른 물리학적 상황에서는 다른 방법으로 설명할 수 있다.

E의 모든 점에서 $f(x, y, z)=1$인 특별한 경우로 시작하자. 이때, 삼중적분은 E의 부피를 나타낸다.

12 $$V(E)=\iiint_E dV$$

예를 들면, 식 **6**에서 $f(x, y, z)=1$로 놓으므로써 타입 1 영역의 특별한 경우에 이것을 볼 수 있다.

$$\iiint_E 1\ dV=\iint_D\left[\int_{u_1(x,y)}^{u_2(x,y)} dz\right]dA=\iint_D[u_2(x,y)-u_1(x,y)]\,dA$$

그리고 13.3절로부터 이것은 곡면 $z=u_1(x, y)$와 $z=u_2(x, y)$ 사이에 있는 부피를 나타낸다는 것을 알고 있다.

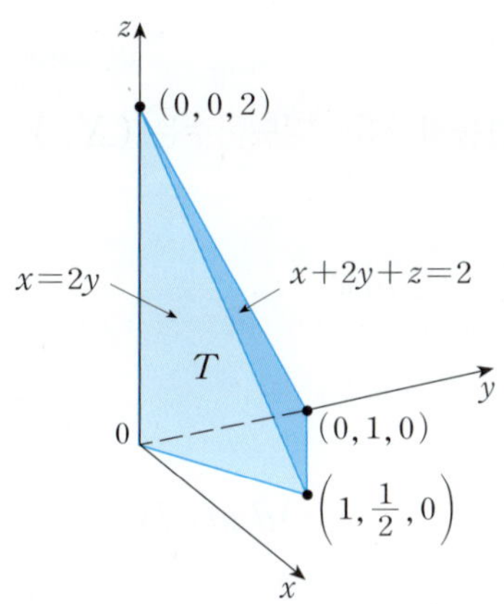

그림 12

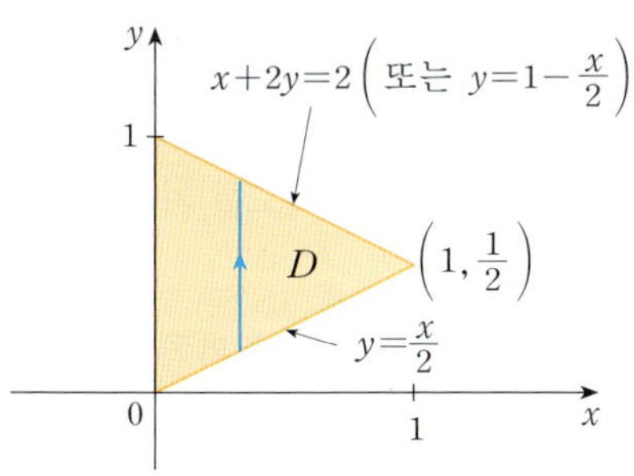

그림 13

예제 4 삼중적분을 이용하여 평면 $x+2y+z=2$, $x=2y$, $x=0$, $z=0$으로 둘러싸인 사면체 T의 부피를 구하여라.

풀이 그림 12와 13은 사면체 T와 xy평면상으로 그것의 정사영 D을 보여준다. T의 아래쪽 경계는 평면 $z=0$이고 위쪽 경계는 평면 $x+2y+z=2$, 즉 $z=2-x-2y$이다. 그러므로 13.3절의 예제 4에서와 같은 계산에 의해

$$\begin{aligned}V(T)&=\iiint_T dV=\int_0^1\int_{x/2}^{1-x/2}\int_0^{2-x-2y} dz\,dy\,dx\\&=\int_0^1\int_{x/2}^{1-x/2}(2-x-2y)\,dy\,dx=\frac{1}{3}\end{aligned}$$

을 얻는다(부피를 구하기 위하여 삼중적분을 사용하는 것이 꼭 필요한 것은 아니라는 것을 주의하라. 그것은 계산을 용이하게 하기 위한 대체방법을 단순히 제공할 뿐이다). ■

13.5절에 있는 이중적분에 대한 모든 응용을 곧 바로 삼중적분으로 확장시킬 수 있다. 예를 들면, 만약 영역 E를 차지하고 있는 입체의 밀도함수가 임의의 점 (x, y, z)에서 단위 부피당 질량단위로 $\rho(x, y, z)$라면, 그것의 **질량**은

13 $$m=\iiint_E \rho(x, y, z)\,dV$$

이고 세 개의 좌표평면에 대한 그것의 **모멘트**는 다음과 같다.

14 $$M_{yz}=\iiint_E x\rho(x, y, z)\,dV \qquad M_{xz}=\iiint_E y\rho(x, y, z)\,dV,$$

$$M_{xy}=\iiint_E z\rho(x, y, z)dV$$

질량중심은 점 $(\bar{x}, \bar{y}, \bar{z})$에 위치한다. 단,

15
$$\bar{x}=\frac{M_{yz}}{m} \qquad \bar{y}=\frac{M_{xz}}{m} \qquad \bar{z}=\frac{M_{xy}}{m}$$

만약 밀도가 상수라면, 입체의 질량중심을 E의 **무게중심**(centroid)이라고 한다. 세 개의 좌표축에 대한 **관성모멘트**는 다음과 같다.

16
$$I_x=\iiint_E (y^2+x^2)\rho(x, y, z)dV, \qquad I_y=\iiint_E (x^2+z^2)\rho(x, y, z)dV,$$

$$I_z=\iiint_E (x^2+y^2)\rho(x, y, z)dV$$

13.5절에서처럼 영역 E를 차지하고 전하밀도가 $\sigma(x, y, z)$인 입체상에서 전체 **전기전하**는

$$Q=\iiint_E \sigma(x, y, z)dV$$

이다.

만약 세 개의 연속 확률변수 X, Y, Z를 갖는다면 그들의 **결합 밀도함수**는 (X, Y, Z)가 E 안에 있을 확률이

$$P((X, Y, Z)\in E)=\iiint_E f(x, y, z)dV$$

인 삼변수함수이다. 특히

$$P(a\le X\le b, c\le Y\le d, r\le Z\le s)=\int_a^b\int_c^d\int_r^s f(x, y, z)\,dzdydx$$

가 되고, 결합 밀도함수는

$$f(x, y, z)\ge 0 \qquad \int_{-\infty}^{\infty}\int_{-\infty}^{\infty}\int_{-\infty}^{\infty} f(x, y, z)\,dzdydx=1$$

를 만족한다.

예제 5 포물기둥 $x=y^2$과 평면 $x=z$, $z=0$, $x=1$로 둘러싸인 일정한 밀도를 가진 입체의 질량중심을 구하여라.

풀이 그림 14는 입체 E와 xy평면 위로의 정사영을 보여준다. E의 아래쪽과 위쪽 곡면은 평면 $z=0$와 $z=x$이므로 E를 타입 1 영역으로 나타낸다.

$$E=\{(x, y, z)\mid -1\le y\le 1, y^2\le x\le 1, 0\le z\le x\}$$

이때 만약 밀도가 $\rho(x, y, z)=\rho$이면 질량은 다음과 같이 된다.

$$m=\iiint_E \rho\, dV=\int_{-1}^{1}\int_{y^2}^{1}\int_0^x \rho\, dzdxdy$$

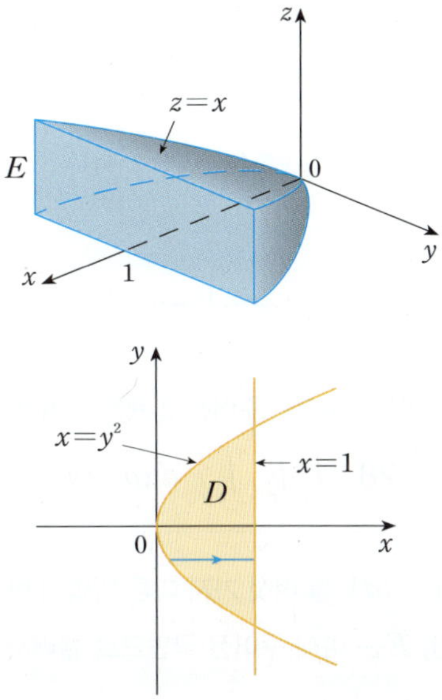

그림 14

$$=\rho\int_{-1}^{1}\int_{y^2}^{1}x\,dxdy=\rho\int_{-1}^{1}\left[\frac{x^2}{2}\right]_{x=y^2}^{x=1}dy$$
$$=\frac{\rho}{2}\int_{-1}^{1}(1-y^4)dy=\rho\int_{0}^{1}(1-y^4)dy$$
$$=\rho\left[y-\frac{y^5}{5}\right]_0^1=\frac{4\rho}{5}$$

xz평면에 대해 E와 ρ의 대칭성 때문에 곧바로 $M_{xz}=0$을 얻을 수 있게 되어 $\overline{y}=0$이 된다. 다른 모멘트도 다음과 같이 얻을 수가 있다.

$$M_{yz}=\iiint_E x\rho\,dV=\int_{-1}^{1}\int_{y^2}^{1}\int_{0}^{x}x\rho\,dzdxdy$$
$$=\rho\int_{-1}^{1}\int_{y^2}^{1}x^2\,dxdy=\rho\int_{-1}^{1}\left[\frac{x^3}{3}\right]_{x=y^2}^{x=1}dy$$
$$=\frac{2\rho}{3}\int_{0}^{1}(1-y^6)dy=\frac{2\rho}{3}\left[y-\frac{y^7}{7}\right]_0^1=\frac{4\rho}{7}$$
$$M_{xy}=\iiint_E z\rho\,dV=\int_{-1}^{1}\int_{y^2}^{1}\int_{0}^{x}z\rho\,dzdxdy$$
$$=\rho\int_{-1}^{1}\int_{y^2}^{1}\left[\frac{z^2}{2}\right]_{z=0}^{z=x}dxdy=\frac{\rho}{2}\int_{-1}^{1}\int_{y^2}^{1}x^2\,dxdy$$
$$=\frac{\rho}{3}\int_{0}^{1}(1-y^6)dy=\frac{2\rho}{7}$$

그러므로 질량중심은 다음과 같다.

$$(\overline{x},\overline{y},\overline{z})=\left(\frac{M_{yz}}{m},\frac{M_{xz}}{m},\frac{M_{xy}}{m}\right)=\left(\frac{5}{7},0,\frac{5}{14}\right)$$ ■

13.7 연습문제

1. 예제 1에서 적분 순서를 z, x, y로 하여 적분값을 구하여라.

2. $E=\{(x,\ y,\ z)\mid -1\le x\le 1,\ 0\le y\le 2,\ 0\le z\le 1\}$일 때, 적분의 세 가지 다른 순서를 사용하여 $\iiint_E(xz-y^3)dV$를 구하여라.

(3~8) 반복적분을 계산하여라.

3. $\int_0^1\int_0^z\int_0^{x+z}6xz\,dydxdz$

4. $\int_0^1\int_x^{2x}\int_0^y 2xyz\,dzdydx$

5. $\int_0^3\int_0^1\int_0^{\sqrt{1-z^2}}ze^y dxdzdy$

6. $\int_0^1\int_0^z\int_0^y ze^{-y^2}dxdydz$

7. $\int_0^{\pi/2}\int_0^y\int_0^x\cos(x+y+z)dz\,dx\,dy$

8. $\int_0^{\sqrt{\pi}}\int_0^x\int_0^{xz}x^2\sin y\,dy\,dz\,dx$

(9~18) 삼중적분값을 계산하여라.

9. $\iiint_E 2x\,dV$
(단, $E=\{(x,y,z)\mid 0\le y\le 2,\ 0\le x\le\sqrt{4-y^2},\ 0\le z\le y\}$)

10. $\iiint_E yz\cos(x^5)\,dV$
(단, $E=\{(x,y,z)\mid 0\le x\le 1,\ 0\le y\le x,\ x\le z\le 2x\}$)

11. $\iiint_E 6xy\,dV$ (단, E는 평면 $z=1+x+y$ 아래와 곡선 $y=\sqrt{x}$, $y=0$, $x=1$로 둘러싸인 xy평면에 있는 영역 위에 있는 부분)

12. $\iiint_E y\,dV$ (단, E는 평면 $x=0$, $y=0$, $z=0$, $2x+2y+z=4$로 둘러싸인 입체)

13. $\iiint_E xy\,dV$ (단, E는 $(0, 0, 0)$, $(1, 0, 0)$, $(0, 2, 0)$, $(0, 0, 3)$을 꼭지점으로 갖는 사면체)

14. $\iiint_E xy\,dV$ (단, E는 포물기둥 $y=x^2$과 $x=y^2$ 그리고 평면 $z=0$과 $z=x+y$로 둘러싸인 영역)

15. $\iiint_T x^2 dV$ (단, T는 꼭지점 $(0, 0, 0)$, $(1, 0, 0)$, $(0, 1, 0)$과 $(0, 0, 1)$인 사면체)

16. $\iiint_T xyz\,dV$ (단, T는 꼭지점 $(0, 0, 0)$, $(1, 0, 0)$, $(1, 1, 0)$과 $(1, 0, 1)$인 사면체)

17. $\iiint_E x\,dV$ (단, E는 포물면 $x=4y^2+4z^2$과 평면 $x=4$로 둘러싸인 영역)

18. $\iiint_E z\,dV$ (단, E는 제1팔분공간에서 원주면 $y^2+z^2=9$와 평면 $x=0$, $y=3x$, $z=0$로 둘러싸인 영역)

(19~22) 삼중적분을 이용하여 주어진 입체의 부피를 구하여라.

19. 평면 $2x+y+z=4$와 좌표평면으로 둘러싸인 사면체

20. 타원기둥면 $4x^2+z^2=4$와 평면 $y=0$, $y=z+2$로 둘러싸인 영역

21. 주면 $x=y^2$과 평면 $z=0$, $x+z=1$로 둘러싸인 입체

22. 포물면 $x=y^2+z^2$과 평면 $x=16$로 둘러싸인 입체

23. (a) 원주면 $y^2+z^2=1$을 평면 $y=x$와 $x=1$로 잘라서 생긴 제1팔분공간에 있는 쐐기의 부피를 삼중적분으로 나타내어라.

CAS (b) 적분표(교재 뒷부분에 있는)나 컴퓨터 대수체계를 이용하여 (a)에 있는 삼중적분의 정확한 값을 구하여라.

24. (a) 삼중적분에 대한 중점공식에서 상자 B에 대한 삼중적분을 근사하기 위하여 우리는 삼중리만 합을 사용한다. 단, 상자 B_{ijk}의 중점 $(\bar{x}_i, \bar{y}_j, \bar{z}_k)$에서 $f(x, y, z)$의 값을 생각한다. 중점공식를 이용하여 $\iiint_B \sqrt{x^2+y^2+z^2}\,dV$를 계산하여라(단, B는 $0\le x\le 4$, $0\le y\le 4$, $0\le z\le 4$로 정의된 정육면체이다). B를 8개의 같은 크기의 정육면체로 나누어라.

CAS (b) 컴퓨터 대수체계를 사용하여 (a)에 있는 적분값을 소수 둘째 자리까지 정확하게 구하여라. (a)의 값과 비교하여라.

(25~26) 삼중적분에 대한 중점공식(연습문제 24)을 이용하여 적분값을 계산하여라. B를 같은 크기의 8개의 작은 상자로 나누어라.

25. $\iiint_B \dfrac{1}{\ln(1+x+y+z)}dV$
(단, $B=\{(x, y, z)\,|\,0\le x\le 4,\ 0\le y\le 8,\ 0\le z\le 4\}$)

26. $\iiint_B \sin(xy^2z^3)dV$
(단, $B=\{(x, y, z)\,|\,0\le x\le 4,\ 0\le y\le 2,\ 0\le z\le 1\}$)

(27~28) 부피가 아래와 같은 반복적분으로 주어진 입체를 그려라.

27. $\int_0^1\int_0^{1-x}\int_0^{2-2z} dydzdx$　　28. $\int_0^2\int_0^{2-y}\int_0^{4-y^2} dxdzdy$

(29~32) 적분 $\iiint_E f(x, y, z)dV$를 여섯 가지 다른 방법의 반복적분으로 표현하여라. 단, E는 아래 주어진 곡면으로 둘러싸인 입체이다.

27. $y=4-x^2-4z^2$, $y=0$

28. $y^2+z^2=9$, $x=-2$, $x=2$

29. $y=x^2$, $z=0$, $y+2z=4$

30. $x=2$, $y=2$, $z=0$, $x+y-2z=2$

33. 아래 그림은 적분

$$\int_0^1\int_{\sqrt{x}}^1\int_0^{1-y} f(x, y, z)dz\,dy\,dx$$

에 대한 적분영역을 보여준다. 이 적분을 같은 값을 갖는 다섯 가지 다른 순서의 반복적분으로 다시 기술하여라.

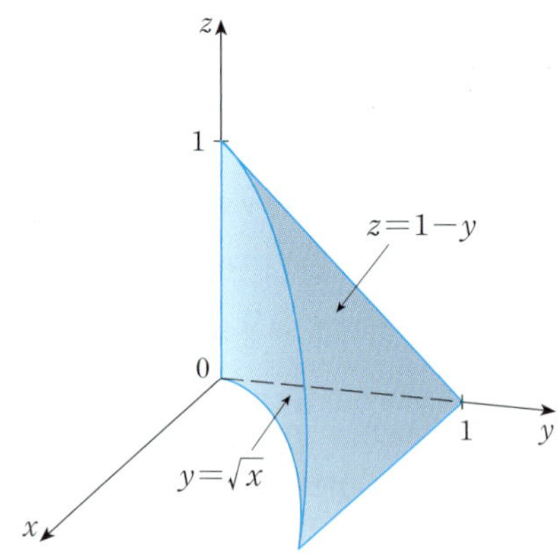

34. 아래 그림은 적분

$$\int_0^1\int_0^{1-x^2}\int_0^{1-x} f(x, y, z)dy\,dz\,dx$$

에 대한 적분영역을 보여준다. 이 적분을 같은 값을 갖는 다섯 가지 다른 순서의 반복적분으로 다시 기술하여라.

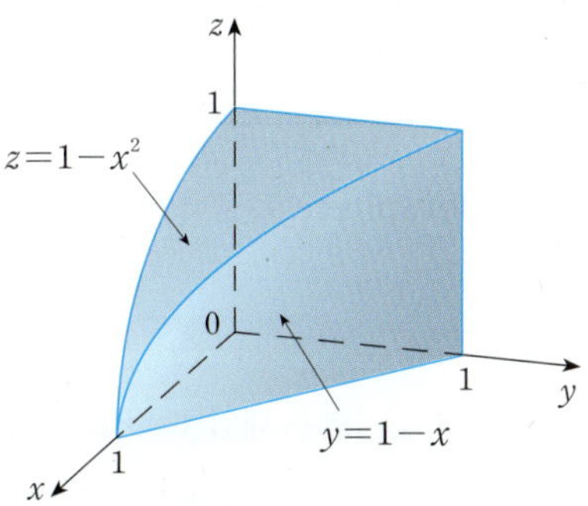

(35~36) 주어진 반복적분과 같은 값을 갖는 다섯 가지의 반복적분을 기술하여라.

35. $\int_0^1\int_y^1\int_0^y f(x, y, z)dzdxdy$

36. $\int_0^1\int_0^{x^2}\int_0^y f(x, y, z)dzdydx$

(37~40) 제시된 밀도함수 ρ를 갖는 주어진 입체의 질량과 질량중심을 구하여라.

37. E는 연습문제 11의 입체; $\rho(x, y, z)=2$

38. E는 포물기둥 $z=1-y^2$과 평면 $x+z=1$, $x=0$, $z=0$으로 둘러싸인 입체; $\rho(x, y, z)=4$

39. E는 $0\le x\le a$, $0\le y\le a$, $0\le z\le a$로 둘러싸인 정육면체; $\rho(x, y, z)=x^2+y^2+z^2$

40. E는 평면 $x=0$, $y=0$, $z=0$, $x+y+z=1$로 둘러싸인 사면체; $\rho(x, y, z)=y$

(41~44) 다음의 입체는 상수밀도 k를 갖는다고 하자.

41. 한 꼭지점이 원점에 있고 세 변이 각 축에 위치하는 한 변의 길이가 L인 정육면체의 관성모멘트를 구하여라.

42. 한 꼭지점이 원점에 있고 각 변들이 각 축에 평행하며 각 변의 길이가 a, b 및 c인 직육면체의 관성모멘트를 구하여라.

43. 원기둥 $x^2+y^2\le a^2$, $0\le z\le h$의 z축에 대한 관성모멘트를 구하여라.

44. 원뿔 $\sqrt{x^2+y^2}\le z\le h$의 z축에 대한 관성모멘트를 구하여라.

(45~46) (a) 질량, (b) 질량중심, 그리고 (c) z축에 대한 관성모멘트에 대한 적분표현을 계산하지는 말고, 세워보아라.

45. 연습문제 21의 입체; $\rho(x, y, z)=\sqrt{x^2+y^2}$

46. 반구 $x^2+y^2+z^2\le 1$, $z\ge 0$; $\rho(x, y, z)=\sqrt{x^2+y^2+z^2}$

CAS **47.** E를 원주면 $x^2+y^2=1$과 평면 $y=z$, $x=0$, $z=0$으로 둘러싸인 밀도함수가 $\rho(x, y, z)=1+x+y+z$인 제1팔분공간에 있는 입체라고 하자. 컴퓨터 대수체계를 사용하여 E에 대한 아래의 양의 정확한 값을 구하여라.

(a) 질량 (b) 질량중심

(c) z축에 대한 관성모멘트

CAS **48.** 만약 E가 밀도함수 $\rho(x, y, z)=x^2+y^2$인 연습문제 18의 입체라면, 다음의 양을 소수 셋째 자리까지 정확하게 구하여라.

(a) 질량 (b) 질량중심

(c) z축에 대한 관성모멘트

49. 확률변수 X, Y, Z에 대한 결합 밀도함수는 만약 $0\le x\le 2$, $0\le y\le 2$, $0\le z\le 2$이면 $f(x, y, z)=Cxyz$이고, 그렇지 않은 경우에 $f(x, y, z)=0$이다.

(a) 상수 C의 값을 구하여라.

(b) $P(X\le 1, Y\le 1, Z\le 1)$를 구하여라.

(c) $P(X+Y+Z\le 1)$를 구하여라.

50. X, Y, Z는 만약 $x\ge 0$, $y\ge 0$, $z\ge 0$이면 $f(x, y, z)=Ce^{-(0.5x+0.2y+0.1z)}$이고, 그렇지 않은 경우에 $f(x, y, z)=0$인 결합 밀도함수를 갖는 확률변수라고 가정하자.

(a) 상수 C의 값을 구하여라.

(b) $P(X\le 1, Y\le 1)$를 구하여라.

(c) $P(X\le 1, Y\le 1, Z\le 1)$를 구하여라.

(51~52) 입체영역 E에 대해서 한 함수 $f(x, y, z)$의 **평균값**은

$$f_{ave}=\frac{1}{V(E)}\iiint_E f(x, y, z)dV$$

로 정의된다. 단, $V(E)$는 E의 부피이다. 예를 들면, 만약 ρ가 밀도함수라면 그때 ρ_{ave}는 E의 평균밀도이다.

51. 원점에 한 꼭지점을 갖고 좌표축에 평행인 모서리를 가지며 제1팔분공간에 있는 변의 길이가 L인 정육면체에 대한 함수 $f(x, y, z)=xyz$의 평균값을 구하여라.

52. 포물면 $z=1-x^2-y^2$과 평면 $z=0$으로 둘러싸인 영역 위에 함수 $f(x, y, z)=x^2z+y^2z$의 평균값을 구하여라.

53. (a) 삼중적분 $\iiint_E (1-x^2-2y^2-3z^2)dV$가 최대가 되는 영역 E를 구하여라.

CAS (b) 컴퓨터 대수체계를 이용하여 (a)의 삼중적분의 정확한 최댓값을 계산하여라.

응용과제 Hypersphere의 부피

이 과제에서 우리는 n-차원 공간에 있는 hypersphere로 둘러싸인 부피에 대한 공식을 구한다.

1. 적분표에 있는 공식 64와 함께 이중적분과 삼각함수 대입 $y=r\sin\theta$을 사용하여 반경 r인 원의 면적을 구하여라.
2. 삼중적분과 삼각함수 대입을 사용하여 반경 r인 구의 부피를 구하여라.
3. 사중적분을 이용하여 $\mathbb{R}^4$에서 hypersphere $x^2+y^2+z^2+w^2=r^2$로 둘러싸인 hypervolume을 구하여라.
   ($\int \sin^n x\,dx$ 또는 $\int \cos^n x\,dx$에 대한 삼각함수 대입과 환산공식만을 사용하여라.)
4. n-중적분을 이용하여 n-차원 공간 $\mathbb{R}^n$에서 반경 r의 hypersphere로 둘러싸인 부피를 구하여라. (도움말: 공식은 n이 짝수, 홀수에 따라 다르다)

13.8 원주좌표와 구면좌표에서의 삼중적분

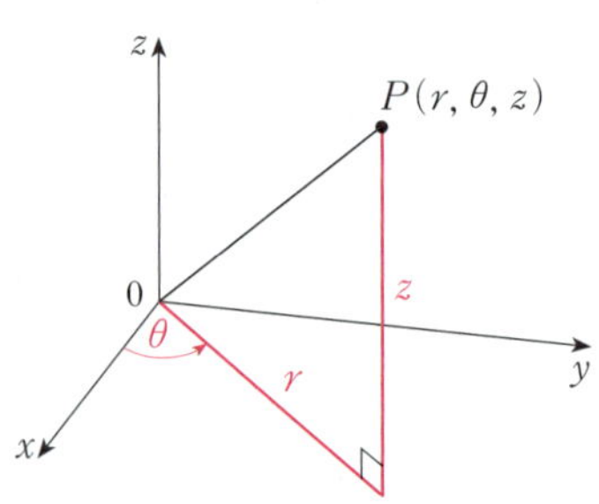

그림 1

13.4절에서 어떤 이중적분은 극좌표를 사용하면 계산하기가 더 수월하다는 것을 경험하였다. 이 절에서 우리는 어떤 삼중적분은 원주좌표 또는 구면좌표를 사용하면 계산하기가 더 수월하다는 것을 보게 될 것이다.

▷ 원주좌표

10.7절로 부터 한 점 P의 원주좌표는 (r,θ,z)라는 것을 상기하라. 단, r, θ, z는 그림 1에 나타나 있다. E는 xy평면상으로의 정사영이 극좌표로 표현된 타입 1 영역이라 가정한다(그림 2 참조). 특히 f는 연속이고

$$E=\{(x,y,z)\mid(x,y)\in D,\ u_1(x,y)\le z\le u_2(x,y)\}$$

를 가정한다. 단, D는 극좌표계

$$D=\{(r,\theta)\mid\alpha\le\theta\le\beta,\ h_1(\theta)\le r\le h_2(\theta)\}$$

로 주어졌다.

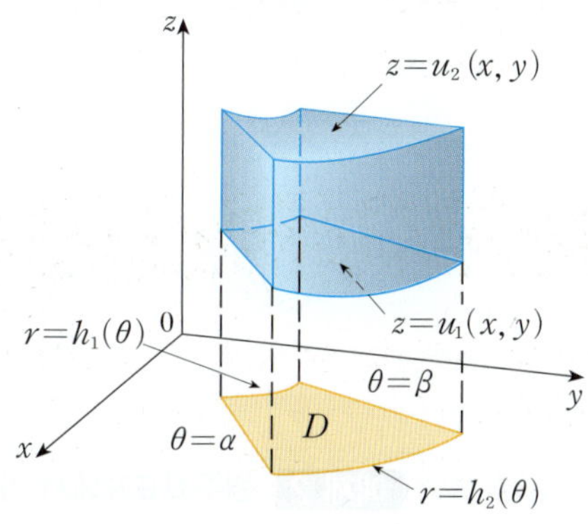

그림 2

13.7절의 식 6에서 다음을 얻은 바 있다.

$$\boxed{1} \quad \iiint_E f(x, y, z)\,dV = \iint_D \left[\int_{u_1(x, y)}^{u_2(x, y)} f(x, y, z)\,dz\right] dA$$

그러나 우리는 또한 극좌표계에서 이중적분을 계산하는 법을 알고 있다. 사실상 식 1을 방정식 13.4절의 식 3과 결합하면 다음을 얻는다.

$$\boxed{2} \quad \iiint_E f(x, y, z)\,dV = \int_\alpha^\beta \int_{h_1(\theta)}^{h_2(\theta)} \int_{u_1(r\cos\theta,\, r\sin\theta)}^{u_2(r\cos\theta,\, r\sin\theta)} f(r\cos\theta, r\sin\theta, z)\,r\,dz\,dr\,d\theta$$

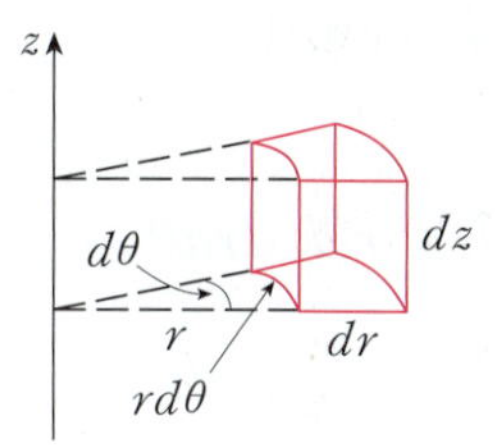

그림 3 원주좌표에서 부피요소: $dV = r\,dz\,dr\,d\theta$

공식 2는 **원주좌표에서 삼중적분에 대한 공식**이다. 이것은 z는 그대로 두고, $x=r\cos\theta$, $y=r\sin\theta$로 치환함으로써 z, r, θ에 대한 적분의 적당한 한계를 사용함으로써, 그리고 dV를 $r\,dz\,dr\,d\theta$로 대체시킴으로써 삼중적분을 직교좌표에서 원주좌표로 바꾼다는 것을 말하고 있다(그림 3은 이것을 기억하는 방법을 보여준다). E가 주면좌표로 쉽게 묘사된 입체일 때 그리고 특히 함수 $f(x, y, z)$가 식 x^2+y^2을 포함할 때 이 공식을 사용하면 편리하다.

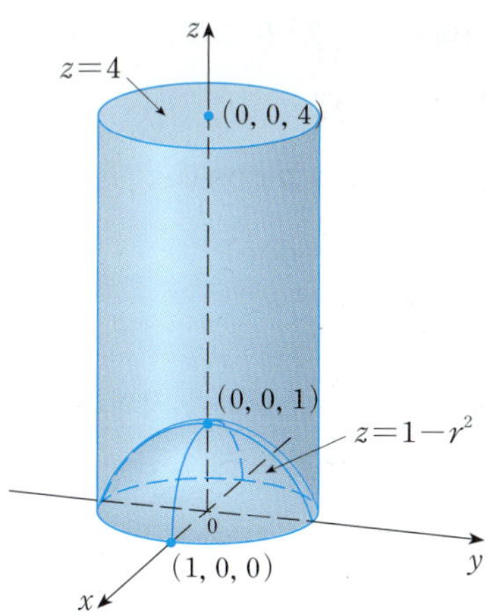

그림 4

예제 1 원주좌표계에서 질량 구하기 입체 E가 원주면 $x^2+y^2=1$ 안에서 평면 $z=4$ 아래와 포물면 $z=1-x^2-y^2$ 위에 놓여있다(그림 4 참조). 임의의 점에서의 밀도는 주면의 축으로부터의 거리에 비례한다. E의 질량을 구하여라.

풀이 원주좌표에서 주면은 $r=1$이고 포물면은 $z=1-r^2$이다. 그러므로 E를

$$E=\{(r, \theta, z) \mid 0\le\theta\le 2\pi,\ 0\le r\le 1,\ 1-r^2\le z\le 4\}$$

로 쓸 수 있다. (x, y, z)에서 밀도는 z축으로부터의 거리에 비례하기 때문에 밀도 함수는

$$f(x, y, z)=K\sqrt{x^2+y^2}=Kr$$

이 된다. 단, K는 비례상수이다. 그러므로 식 13.7절의 공식 13으로부터 E의 질

량은 다음과 같다.

$$m=\iiint_E K\sqrt{x^2+y^2}\,dV=\int_0^{2\pi}\int_0^1\int_{1-r^2}^4 (Kr)r\,dzdrd\theta$$

$$=\int_0^{2\pi}\int_0^1 Kr^2[4-(1-r^2)]\,drd\theta=K\int_0^{2\pi}d\theta\int_0^1(3r^2+r^4)dr$$

$$=2\pi K\left[r^3+\frac{r^5}{5}\right]_0^1=\frac{12\pi K}{5}$$

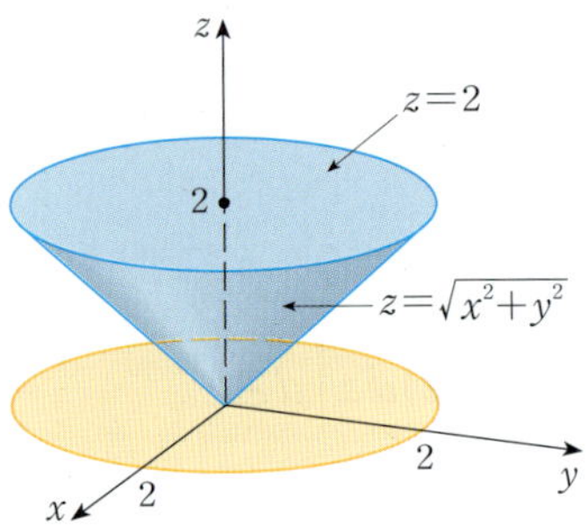

그림 5

예제 2 **원주좌표계에서 가장 잘 묘사된 입체에 대한 적분**

$\int_{-2}^2\int_{-\sqrt{4-x^2}}^{\sqrt{4-x^2}}\int_{\sqrt{x^2+y^2}}^2(x^2+y^2)dzdydx$를 계산하여라.

풀이 이 반복적분은 입체영역

$$E=\{(x,y,z)\,|\,-2\le x\le 2,\ -\sqrt{4-x^2}\le y\le\sqrt{4-x^2},\ \sqrt{x^2+y^2}\le z\le 2\}$$

에 대한 삼중적분이며, xy-평면 위로 E의 정사영은 원반 $x^2+y^2\le 4$이다. E의 아래쪽 곡면은 원뿔 $z=\sqrt{x^2+y^2}$이고 위쪽 곡면은 평면 $z=2$이다(그림 5 참조). 이 영역은 주면좌표에서 훨씬 더 간단한 표현을 갖는다.

$$E=\{(r,\theta,z)\,|\,0\le\theta\le 2\pi,\ 0\le r\le 2,\ r\le z\le 2\}$$

그러므로 다음을 얻을 수 있다.

$$\int_{-2}^2\int_{-\sqrt{4-x^2}}^{\sqrt{4-x^2}}\int_{\sqrt{x^2+y^2}}^2(x^2+y^2)dzdydx=\iiint_E(x^2+y^2)dV$$

$$=\int_0^{2\pi}\int_0^2\int_r^2 r^2\,r\,dzdrd\theta$$

$$=\int_0^{2\pi}d\theta\int_0^2 r^3(2-r)dr$$

$$=2\pi\left[\frac{1}{2}r^4-\frac{1}{5}r^5\right]_0^2=\frac{16\pi}{5}$$

▷ 구면좌표

10.7절에서 우리는 한 점의 구면좌표 (ρ,θ,ϕ)를 정의하였고(그림 6 참조), 직교좌표와 구면좌표 사이의 다음과 같은 관계를 설명한 바 있다.

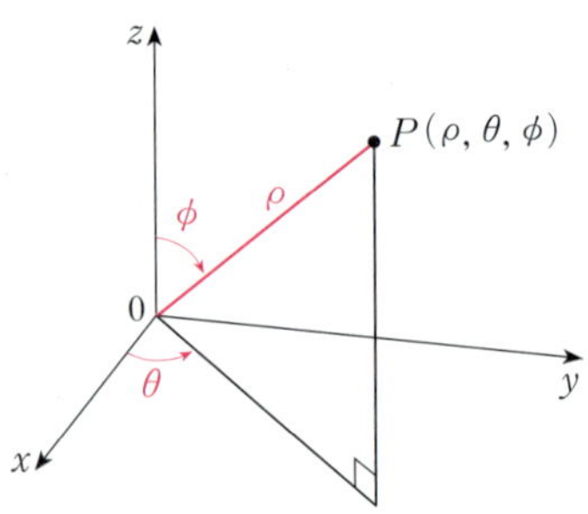

그림 6 P의 구면좌표

3 $\quad x=\rho\sin\phi\cos\theta \qquad y=\rho\sin\phi\sin\theta \qquad z=\rho\cos\phi$

이 좌표계에서 직육면체 상자의 대응부는 **구면 쐐기**(spherical wedge)

$$E=\{(\rho,\theta,\phi)\,|\,a\le\rho\le b,\ \alpha\le\theta\le\beta,\ c\le\phi\le d\}$$

(단, $a\ge 0$, $\beta-\alpha\le 2\pi$이다.) 삼중적분을 비록 입체를 작은 상자로 분할하여 정의하였다 할지라도 입체를 작은 구면 쐐기로 분할하는 것 또한 같은 결과를 준다는 것을 보일 수 있다. 그래서 E를 같은 공간 크기의 구 $\rho=\rho_i$, 반평면 $\theta=\theta_j$, 반원뿔 $\phi=\phi_k$에 의하여 더 작은 구면 쐐기 E_{ijk}로 분할한다. 그림 7은 E_{ijk}는 대략적으로 각 치수가 $\Delta\rho$, $\rho_i\,\Delta\phi$(반경 ρ_i인 원의 호, 각 $\Delta\phi$), $\rho_i\sin\phi_k\ \Delta\theta$(반경 $\rho_i\sin\phi_k$인 원의 호, 각 $\Delta\theta$)인 직사각형 상자

이다. 그래서 E_{ijk}의 부피에 대한 근삿값은

$$(\Delta\rho)\times(\rho_i\,\Delta\phi)\times(\rho_i\sin\phi_k\,\Delta\theta)=\rho_i^2\sin\phi_k\,\Delta\rho\Delta\theta\Delta\phi$$

가 된다.

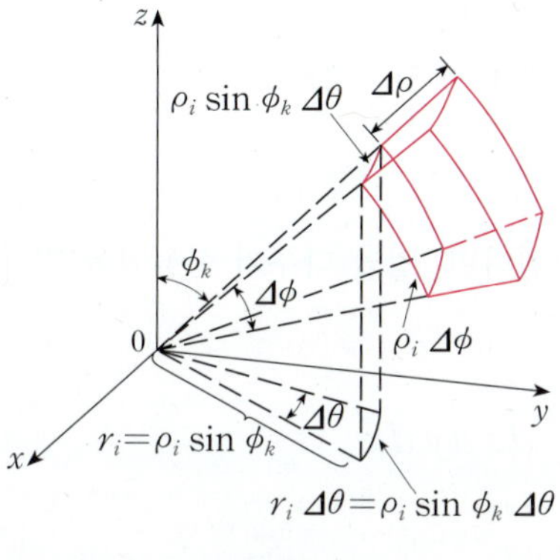

그림 7

이와 같이, 전형적인 삼중리만 합에 대한 근삿값은

$$\sum_{i=1}^{l}\sum_{j=1}^{m}\sum_{k=1}^{n} f(\rho_i\sin\phi_k\cos\theta_j,\ \rho_i\sin\phi_k\sin\theta_j,\ \rho_i\cos\phi_k)\rho_i^2\sin\phi_k\,\Delta\rho\Delta\theta\Delta\phi$$

이다. 그러나 이 합은 함수

$$F(\rho,\ \theta,\ \phi)=f(\rho\sin\phi\cos\theta,\ \rho\sin\phi\sin\theta,\ \rho\cos\phi)\rho^2\sin\phi$$

에 대한 리만 합인 것이다. 결과적으로 **구면좌표에서 삼중적분에 대한 공식**은 다음과 같다.

> **4** $\displaystyle\iiint_E f(x,\ y,\ z)dV$
>
> $$=\int_c^d\int_\alpha^\beta\int_a^b f(\rho\sin\phi\cos\theta,\ \rho\sin\phi\sin\theta,\ \rho\cos\phi)\rho^2\sin\phi\,d\rho\,d\theta\,d\phi$$
>
> 단, E는 구면 쐐기 $E=\{(\rho,\ \theta,\ \phi)\,|\,a\le\rho\le b,\ \alpha\le\theta\le\beta,\ c\le\phi\le d\}$이다.

공식 **4**는

$$x=\rho\sin\phi\cos\theta,\qquad y=\rho\sin\phi\sin\theta,\qquad z=\rho\cos\phi$$

로 치환하고 적분의 적당한 한계를 사용하며 dV를 $\rho^2\sin\phi\,d\rho\,d\theta\,d\phi$로 대체시킴으로써 삼중적분을 직교좌표에서 구면좌표로 바꾼다는 것을 말하고 있다. 그림 8은 이것을 보여 준다.

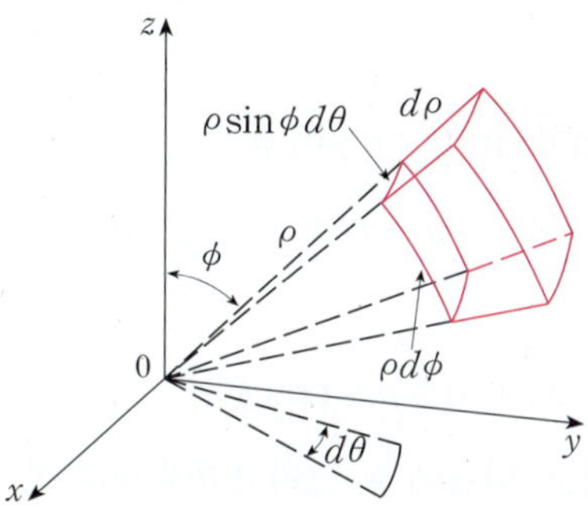

그림 8
구면좌표에서 부피요소 :
$dV=\rho^2\sin\phi\,d\rho\,d\theta\,d\phi$

이 공식은

$$E=\{(\rho,\ \theta,\ \phi)\ \,|\,\alpha\le\theta\le\beta,\ c\le\phi\le d,\ g_1(\theta,\ \phi)\le\rho\le g_2(\theta,\ \phi)\}$$

와 같은 좀더 일반적인 구면영역으로 확장될 수 있다. 이 경우에 그 공식은 ρ에 대한 적분의 한계가 $g_1(\theta,\ \phi)$와 $g_2(\theta,\ \phi)$라는 것을 제외하면 **4**와 같다.

구면좌표는 보통, 원뿔과 구와 같은 곡면이 적분 영역의 경계를 형성할 때 삼중적분에서 사용된다.

예제 3 $\displaystyle\iiint_B e^{(x^2+y^2+z^2)^{3/2}}dV$를 구하여라(단, B는 단위공이다).

$$B=\{(x,\ y,\ z)\,|\,x^2+y^2+z^2\le 1\}$$

풀이 B의 경계가 구이므로, 우리는 구면좌표를 사용한다.

$$B=\{(\rho,\ \theta,\ \phi)\,|\,0\le\rho\le 1,\ 0\le\theta\le 2\pi,\ 0\le\phi\le\pi\}$$

더욱이

$$x^2+y^2+z^2=\rho^2$$

이므로 구면좌표는 적절하다. 이와 같이 4에 의하면 다음과 같이 된다.

$$\iiint_B e^{(x^2+y^2+z^2)^{3/2}} dV = \int_0^{\pi}\int_0^{2\pi}\int_0^1 e^{(\rho^2)^{3/2}} \rho^2 \sin\phi \, d\rho \, d\theta d\phi$$
$$= \int_0^{\pi} \sin\phi \, d\phi \int_0^{2\pi} d\theta \int_0^1 \rho^2 e^{\rho^3} d\rho$$
$$= [-\cos\phi]_0^{\pi}(2\pi)\left[\frac{1}{3}e^{\rho^3}\right]_0^1 = \frac{4\pi}{3}(e-1)$$

참고 예제 3에서 구면좌표를 사용하지 않고 적분을 계산했다면, 정말 다루기 힘들었을 것이다. 직교좌표에서 반복적분은

$$\int_{-1}^{1}\int_{-\sqrt{1-x^2}}^{\sqrt{1-x^2}}\int_{-\sqrt{1-x^2-y^2}}^{\sqrt{1-x^2-y^2}} e^{(x^2+y^2+z^2)^{3/2}} dz\, dy\, dx$$

형태가 되어 복잡하다.

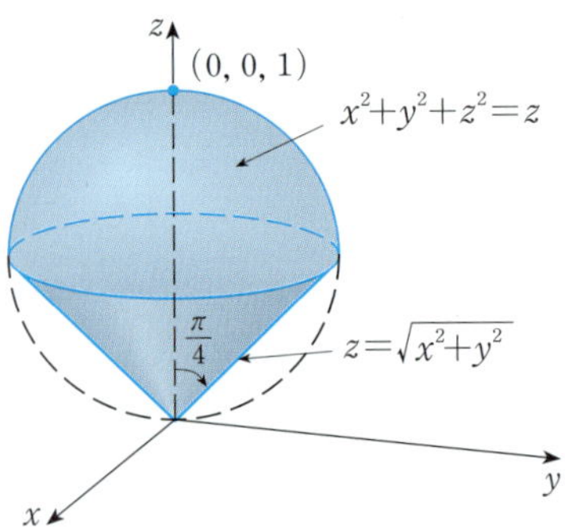

그림 9

● 그림 10은 예제 4에 있는 입체의 다른 모습(이번에는 Maple을 이용하여 그림)을 준다.

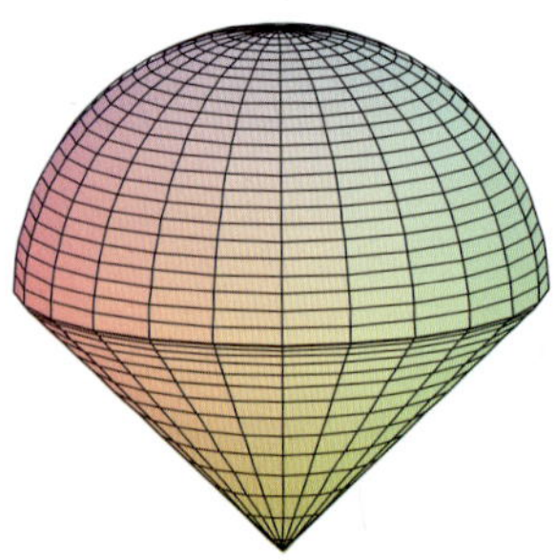
그림 10

예제 4 **구면좌표에서 간단한 적분** 구면좌표를 사용하여 원뿔 $z=\sqrt{x^2+y^2}$ 위와 구 $x^2+y^2+z^2=z$ 아래에 있는 입체의 부피를 구하여라(그림 9 참조).

풀이 구는 $\left(0, 0, \frac{1}{2}\right)$을 중심으로 갖고 원점을 지난다. 구의 방정식을 구면좌표로 나타내면

$$\rho^2 = \rho\cos\phi \quad \text{또는} \quad \rho = \cos\phi$$

가 되며, 원뿔방정식은

$$\rho\cos\phi = \sqrt{\rho^2\sin^2\phi\cos^2\theta + \rho^2\sin^2\phi\sin^2\theta} = \rho\sin\phi$$

로 나타낼 수 있다. 이것으로 부터 $\sin\phi = \cos\phi$ 또는 $\phi = \pi/4$ 를 얻을 수 있으며, 따라서 입체 E의 구면좌표 표현식은

$$E = \{(\rho, \theta, \phi) \mid 0 \le \theta \le 2\pi, 0 \le \phi \le \pi/4, 0 \le \rho \le \cos\phi\}$$

가 된다. 그림 11은 만약 처음에 ρ에 대해 적분하고, 다음에 ϕ, 그리고 θ에 대해 적분하면 E를 어떻게 쓸고 지나가는가를 보여준다. E의 부피는 다음과 같이 된다.

$$V(E) = \iiint_E dV = \int_0^{2\pi}\int_0^{\pi/4}\int_0^{\cos\phi} \rho^2 \sin\phi \, d\rho d\phi d\theta$$
$$= \int_0^{2\pi} d\theta \int_0^{\pi/4} \sin\phi \left[\frac{\rho^3}{3}\right]_{\rho=0}^{\rho=\cos\phi} d\phi$$
$$= \frac{2\pi}{3}\int_0^{\pi/4} \sin\phi\cos^3\phi \, d\phi$$
$$= \frac{2\pi}{3}\left[-\frac{\cos^4\phi}{4}\right]_0^{\pi/4}$$
$$= \frac{\pi}{8}$$

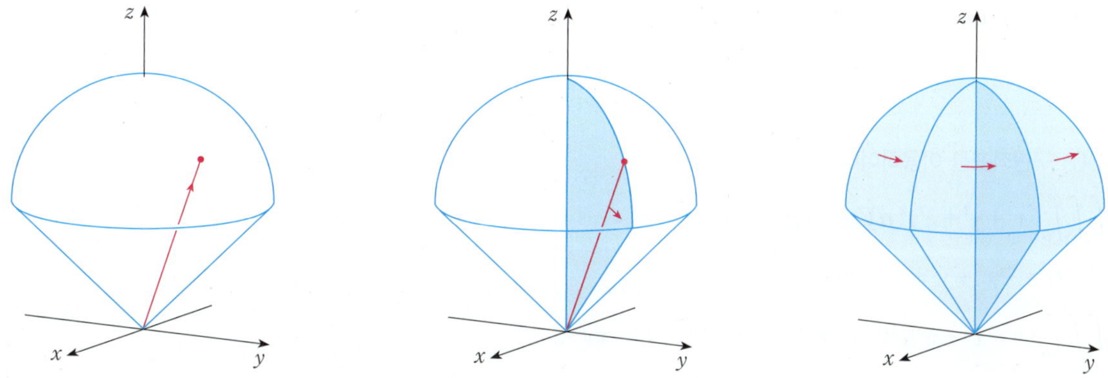

그림 11 ϕ와 θ가 상수인 반면에 ρ는 0에서 $\cos\phi$까지 변한다. θ가 상수인 반면에 ϕ는 0에서 $\pi/4$까지 변한다. θ는 0에서 2π까지 변한다.

13.8 연습문제

(1~4) 부피가 아래의 적분에 의해 주어진 입체를 그리고 적분을 계산하여라.

1. $\int_0^4\int_0^{2\pi}\int_r^4 r\,dz\,d\theta\,dr$

2. $\int_0^{\pi/2}\int_0^2\int_0^{9-r^2} r\,dz\,dr\,d\theta$

3. $\int_0^{\pi/6}\int_0^{\pi/2}\int_0^3 \rho^2\sin\phi\,d\rho\,d\theta\,d\phi$

4. $\int_0^{2\pi}\int_{\pi/2}^{\pi}\int_1^2 \rho^2\sin\phi\,d\rho\,d\phi\,d\theta$

(5~6) 아래 주어진 입체에 대하여 주면 또는 구면좌표로 임의의 연속함수 $f(x, y, z)$의 삼중적분을 세워라.

5.

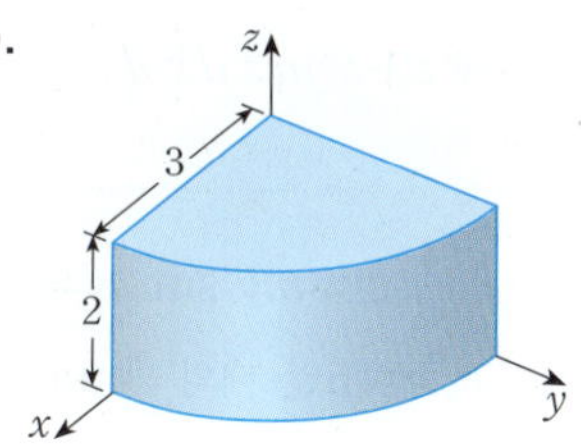

6.

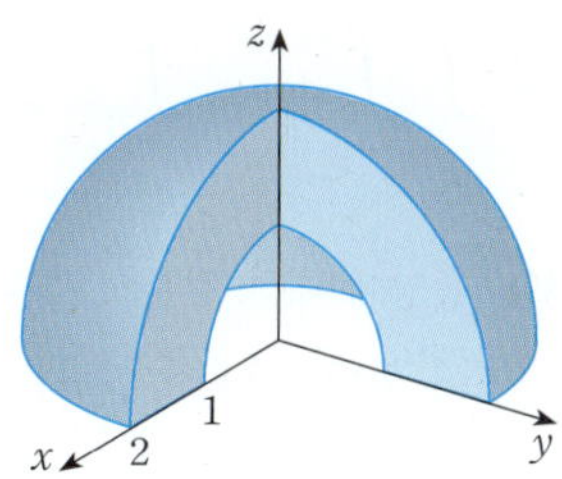

(7~16) 원주좌표를 이용하여라.

7. $\iiint_E \sqrt{x^2+y^2}\,dV$를 계산하여라.
(단, E는 원주면 $x^2+y^2=16$ 내부와 평면 $z=-5$, $z=4$ 사이에 있는 영역이다.)

8. $\iiint_E (x^3+xy^2)\,dV$를 계산하여라.
(단, E는 포물면 $z=1-x^2-y^2$ 아래에 있는 제1팔분공간의 입체이다.)

9. $\iiint_E e^z\,dV$를 계산하여라.
(단, E는 포물면 $z=1+x^2+y^2$과 원주 $x^2+y^2=5$와 xy-평면에 둘러싸여 있다.)

10. $\iiint_E x\,dV$를 계산하여라.
(단, E는 평면 $z=0$, $z=x+y+5$와 원주 $x^2+y^2=4$, $x^2+y^2=9$로 둘러싸여 있다.)

11. $\iiint_E x^2\,dV$를 계산하여라. (단, E는 원주면 $x^2+y^2=1$ 내부, 평면 $z=0$ 위, 그리고 원뿔 $z^2=4x^2+4y^2$ 아래에 있는 입체이다.)

12. 원기둥 $x^2+y^2=1$과 구면 $x^2+y^2+z^2=4$의 내부로 이루어진 입체의 부피를 구하여라.

13. (a) 포물면 $z=x^2+y^2$과 $z=36-3x^2-3y^2$으로 둘러싸인 영역 E의 부피를 구하여라.
(b) (a)에 있는 영역 E의 무게중심을 구하여라.(밀도가 상수일 때)

14. (a) 원주면 $r=a\cos\theta$가 원점에 중심을 갖고 반경 a의 구를 잘라내어 생기는 입체의 부피를 구하여라.
(b) 같은 스크린에 구와 원주면의 그래프를 그려서 (a)의 입체를 그려라.

15. 만약 입체 S가 일정한 밀도 K를 갖는다면, 포물면 $z=4x^2+4y^2$과 평면 $z=a$ $(a>0)$로 둘러싸인 S의 질량과 질량중심을 구하여라.

16. 임의의 점에서의 밀도가 그 점과 z축과의 거리에 비례하는 경우 식 $x^2+y^2+z^2\le a^2$으로 주어진 공 B의 질량을 구하여라.

(17~30) 구면좌표를 이용하여라.

17. $\iiint_B (x^2+y^2+z^2)^2\, dV$를 계산하여라.
(단, B는 구$x^2+y^2+z^2\le 25$이다.)

18. $\iiint_H (9-x^2-y^2)dV$를 계산하여라. (단, H는 xy-평면 위와 구 $x^2+y^2+z^2=9$ 아래에 있는 반구 영역이다.)

19. $\iiint_E z\, dV$를 계산하여라. (단, E는 구 $x^2+y^2+z^2=1$과 $x^2+y^2+z^2=4$ 사이에 있는 제1팔분공간의 영역이다.)

20. $\iiint_E e^{\sqrt{x^2+y^2+z^2}} dV$를 계산하여라. (단, E는 구 $x^2+y^2+z^2=9$로 둘러싸인 제 1 팔분공간의 영역이다.)

21. $\iiint_E x^2\, dV$를 계산하여라. (단, E는 xz평면과 반구면 $y=\sqrt{9-x^2-z^2}$과 $y=\sqrt{16-x^2-z^2}$으로 둘러싸인 영역이다.)

22. $\iiint_E xyz\, dV$를 계산하여라. (단, E는 구 $\rho=2$와 $\rho=4$ 사이에 있고, 원뿔 $\phi=\pi/3$ 위에 있는 영역이다.)

23. $\phi=\pi/6$과 $\phi=\pi/3$의 원뿔 사이에 있는 $\rho\le a$인 구 부분의 부피를 구하여라.

24. 반경이 a인 구의 점에서 중심까지의 평균 거리를 구하여라.

25. (a) 원뿔 $\phi=\pi/3$ 위와 구 $\rho=4\cos\phi$ 아래에 있는 입체의 부피를 구하여라.
(b) (a)에 있는 입체의 무게중심을 구하여라.

26. 구 $x^2+y^2+z^2=4$ 내부와 xy평면 위, 그리고 원뿔 $z=\sqrt{x^2+y^2}$ 아래에 있는 입체의 부피를 구하여라.

27. 연습문제 21에서, 입체의 중심을 구하여라.

28. H를 임의의 점에서의 밀도가 밑면 중심으로부터의 거리에 비례하는 반경 a인 반구라고 하자.
(a) H의 질량을 구하여라.
(b) H의 질량중심을 구하여라.
(c) 축에 대한 H의 관성모멘트를 구하여라.

29. (a) 반경 a인 균질의 반구체의 무게중심을 구하여라.
(b) 밑면의 지름에 대해서 (a)에 있는 입체의 관성모멘트를 구하여라.

30. 만약 임의의 점에서의 밀도가 밑면으로부터의 거리에 비례한다면 반경 a인 반구체의 질량과 질량중심을 구하여라.

(31~34) 원주좌표 또는 구면좌표 중 더 적절하다고 생각되는 것을 이용하여라.

31. 원뿔 $z=\sqrt{x^2+y^2}$ 위와 구 $x^2+y^2+z^2=1$ 아래에 있는 입체 E의 부피와 무게중심을 구하여라.

32. 각 $\pi/6$에서 지름을 따라 교차하는 두 평면에 의해서 반경 a인 구로부터 잘린 더 작은 쐐기의 부피를 구하여라.

CAS 33. $\iiint_E z\, dV$를 계산하여라. (단, E는 포물면 $z=x^2+y^2$ 위와 평면 $z=2y$ 아래에 있는 영역이다. 적분표(교재 뒷부분에 있는)나 컴퓨터 대수체계를 이용하여 적분을 계산하여라.)

34. (a) 원환체 $\rho=\sin\phi$로 둘러싸인 부피를 구하여라.
(b) 컴퓨터를 이용하여 원환체를 그려라.

(35~36) 원주좌표로 변환하여 다음 적분을 계산하여라.

35. $\displaystyle\int_{-2}^{2}\int_{-\sqrt{4-y^2}}^{\sqrt{4-y^2}}\int_{\sqrt{x^2+y^2}}^{2} xz\, dz\, dx\, dy$

36. $\displaystyle\int_{-3}^{3}\int_{0}^{\sqrt{9-x^2}}\int_{0}^{9-x^2-y^2} \sqrt{x^2+y^2}\, dz\, dy\, dx$

(37~38) 구면좌표로 변환하여 다음 적분을 계산하여라.

37. $\displaystyle\int_{0}^{1}\int_{0}^{\sqrt{1-x^2}}\int_{\sqrt{x^2+y^2}}^{\sqrt{2-x^2-y^2}} xy\, dz\, dy\, dx$

38. $\displaystyle\int_{-a}^{a}\int_{-\sqrt{a^2-y^2}}^{\sqrt{a^2-y^2}}\int_{-\sqrt{a^2-x^2-y^2}}^{\sqrt{a^2-x^2-y^2}} (x^2z+y^2z+z^3)dz\, dx\, dy$

CAS 39. 종양에 대한 견본으로 곡면 $\rho=1+\frac{1}{5}\sin m\theta \sin n\phi$의 족이 있다. 다음의 그림은 $m=6$이고 $n=5$일 때의 "bumpy sphere"이다. 컴퓨터 대수체계를 사용하여 그것의 부피를 구하여라.

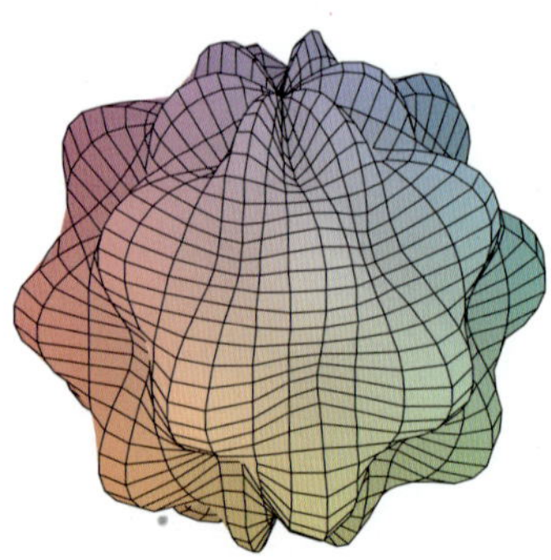

40. $\int_{-\infty}^{\infty}\int_{-\infty}^{\infty}\int_{-\infty}^{\infty}\sqrt{x^2+y^2+z^2}\,e^{-(x^2+y^2+z^2)}\,dx\,dy\,dz=2\pi$임을 보여라(구의 반경이 무한히 증가함에 따라 구에 대한 삼중적분의 극한으로 이상삼중적분을 정의하였다).

41. 산맥의 형성을 연구할 때, 지리학자들은 해면으로부터 산을 들어올리기 위하여 요구되는 일의 양을 측정한다. 직원뿔 모양인 산을 생각하라. 한 점 P의 부근에 있는 물질의 무게밀도는 $g(P)$이고 높이는 $h(P)$임을 가정하자.

(a) 산을 형성하는 데 필요한 전체 일의 양을 나타내는 정적분을 찾아라.

(b) 일본에 있는 후지산은 반경 19000m, 높이가 3800m 그리고 일정한 밀도 3200kg/m^{3}인 직원뿔 모양임을 가정하자. 육지가 초기에 해면에 있었다면 후지산을 형성하는 데 얼마나 많은 일이 행해졌는가?

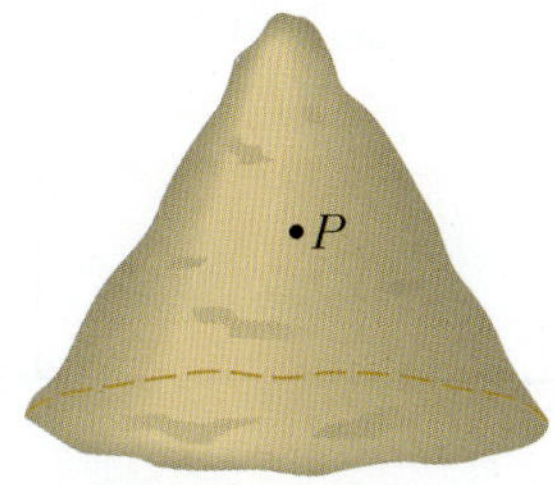

응용과제 롤러더비

단단한 공(구슬), 속이 빈 공(스쿼시 공), 주면체(강철 봉), 그리고 속이 빈 주면(납파이프)이 경사를 굴러 내린다고 가정한다. 이 물체들 중에서 어느 것이 가장 먼저 바닥에 도달하겠는가? (풀이를 진행하기 전에 먼저 추측해 보아라).

이 물음에 대답하기 위하여 우리는 질량 m, 반경 r, 그리고 (회전축에 대한) 관성모멘트가 I인 공이나 원주면을 생각한다. 만약 경사의 수직 높이가 h라면, 꼭대기에서의 위치에너지는 mgh가 된다. 물체가 속도 v와 각속도 w로 바닥에 도달한다고 가정하면 $v=wr$이다. 바닥에서의 관성에너지는 두 부분으로 구성된다. 이동(경사를 타고 아래로 움직이는)으로부터 $\frac{1}{2}mv^2$과 회전으로부터 $\frac{1}{2}Iw^2$. 만약 회전마찰시에 생기는 에너지손실은 무시할 정도라고 가정하면 이때 에너지보존의 법칙에 의해

$$mgh=\frac{1}{2}mv^2+\frac{1}{2}Iw^2$$

가 된다.

1. $v^2=\dfrac{2gh}{1+I^*}$임을 보여라. (단, $I^*=\dfrac{I}{mr^2}$)
2. 만약 $y(t)$가 시간 t에 움직인 수직거리라면 이때 문제 1에서 사용된 똑같은 이유로 인해 임의의 시간 t에 $v^2=2gy/(1+I^*)$가 됨을 알 수 있다. 이 결과를 이용하여 y는 미분방정식

$$\frac{dy}{dt}=\sqrt{\frac{2g}{1+I^*}}(\sin\alpha)\sqrt{y}$$

을 만족함을 보여라. (단 α는 평면의 경사각이다.)

3. 문제 2에 있는 미분방정식의 해를 구함으로써, 전체 이동시간은

$$T=\sqrt{\frac{2h(1+I^*)}{g\sin^2\alpha}}$$

임을 보여라. 이것은 가장 작은 I^*값을 갖는 물체가 그 경주를 이긴다는 것을 보여준다.

4. 주면체에 대해서 $I^*=\frac{1}{2}$이고 속이 빈 공에 대해서는 $I^*=1$임을 보여라.
5. 내부반경이 a이고 외부반경이 r인 부분적으로 속이빈 공에 대해서 I^*를 계산하여라. 답을 $b=a/r$에 관한 식으로 나타내어라. $a \to 0$일 때와 $a \to r$일 때는 각각 무슨 일이 일어나는가?
6. 구슬과 같은 공에 대해 $I^*=\frac{2}{5}$이고 스쿼시 공과 같은 속이 빈 공에 대해서는 $I^*=\frac{2}{3}$가 됨을 보여라. 이와 같이, 그 물체들은 다음과 같은 순서로 바닥에 도달한다: 단단한 공, 주면체, 속이 빈 공, 속이 빈 주면.

발견 탐구 세 개 원주면의 교차

그림은 같은 지름을 갖고 직각으로 만나는 세 개의 원주면으로 둘러싸인 입체를 보여준다. 이 탐구에서 우리는 그것의 부피를 계산하고 만약 원주면들이 서로 다른 지름을 갖는다면 그것의 모양이 어떻게 변할 것인가를 결정한다.

1. 세 개의 원주면 $x^2+y^2=1$, $x^2+z^2=1$, $y^2+z^2=1$로 둘러싸인 입체를 그려라. 좌표축의 위치를 나타내고 대응하는 원주면의 방정식으로 각 면에 표시를 하여라.
2. 문제 1에 있는 입체의 부피를 구하여라.
3. CAS 컴퓨터 대수체계를 이용하여 입체의 가장자리를 그려라.
4. 첫 원주면의 반경이 1이 아니라면 문제 1에 있는 그 입체에 어떤 현상이 일어날까? 손으로 그리거나 또는 컴퓨터 그래픽을 사용하여 그려라.
5. 만약 첫 원주면이 $x^2+y^2=a^2$이라면, (단, $a<1$) 그 입체의 부피에 대한 이중적분을 계산하지는 말고 세워 보아라. 만약 $a>1$이라면, 무슨 일이 일어나는가?

13.9 다중적분에서의 변수변환

초등 미적분학에서 적분을 단순하게 하기 위하여 종종 변수변환(치환)을 이용한다. x와 u의 역할을 바꿈으로써 치환법칙(7.5절의 5)을

1 $$\int_a^b f(x)dx = \int_c^d f(g(u))g'(u)du$$

로 쓸 수 있다. 단, $x=g(u)$이고 $a=g(c)$, $b=g(d)$이다. 공식 1을 서술하는 다른 방법은 다음과 같다.

2 $$\int_a^b f(x)dx = \int_c^d f(x(u))\frac{dx}{du}du$$

변수변환은 또한 이중적분에서 매우 유용할 수 있다. 우리는 이미 이것에 대한 한 예(극좌표로의 전환)를 보았다. 새로운 변수 r과 θ는 방정식

$$x = r\cos\theta \qquad y = r\sin\theta$$

에 의해 처음 변수 x와 y에 대한 관계가 맺어지며 그리고 변수 변환공식(13.4절의 2)는

$$\iint_R f(x, y)dA = \iint_S f(r\cos\theta, r\sin\theta)r\,drd\theta$$

로 서술될 수 있다. 단, S는 xy평면에 있는 영역 R에 대응하는 $r\theta$평면의 영역이다.

더 일반적으로, uv-평면에서 xy-평면으로의 사상

$$T(u, v) = (x, y)$$

로 주어진 변수 **변환** T를 생각한다. 단, x와 y는 방정식

3 $$x = g(u, v) \qquad y = h(u, v)$$

또는

$$x = x(u, v) \qquad y = y(u, v)$$

로 변수 u와 v에 관계를 맺는다. 보통 T는 **C^1변환**이라고 가정하는데, 그것은 g와 h는 연속인 1계 편도함수를 갖는다는 것을 의미한다.

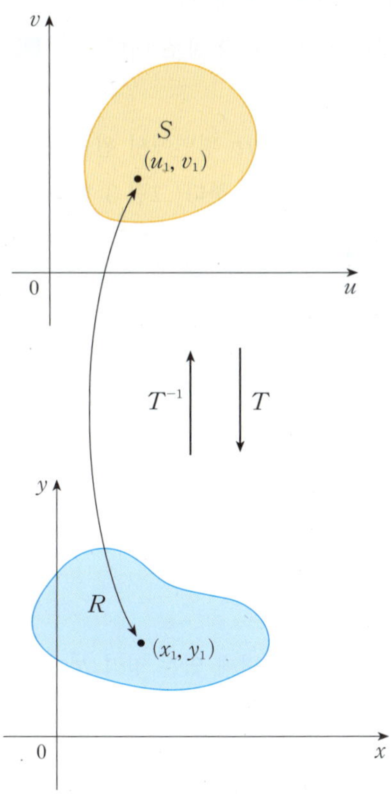

그림 1

변환 T는 실제로 그것의 정의역과 치역이 모두 $\mathbb{R}^2$의 부분집합인 함수와 같다. 만약 $T(u_1, v_1) = (x_1, y_1)$라면, 이때 점(x_1, y_1)을 점(u_1, v_1)의 상(image)이라고 한다. 만약, 어떤 두 점도 같은 상을 갖지 않는다면, T를 **단사**(one-to-one)라고 한다. 그림 1은 uv-평면에 있는 영역 S에 대한 변환 T의 결과를 보여준다. T는 S를, S의 모든 점의 상들로 구성된, **S의 상**이라 불리는 xy-평면의 영역 R로 변환한다.

만약 T가 단사변환이라면, 이때 그것은 xy-평면에서 uv-평면으로의 역변환 T^{-1}를 가지며 방정식 3의 해를 구하여 u와 v를 x와 y의 관계식으로 나타내는 것이 가능하다.

$$u = G(x, y) \qquad v = H(x, y)$$

예제 1 **변환에 의한 영역의 상 결정** 한 변환이 방정식

$$x = u^2 - v^2 \qquad y = 2uv$$

로 정의되었다. 정사각형 $S = \{(u, v) \mid 0 \le u \le 1, 0 \le v \le 1\}$의 상을 구하여라.

풀이 그 변환은 S의 경계를 상의 경계로 보낸다. 그래서 우리는 먼저 S의 변들의 상을 찾는다. 첫째 변 S_1은 $v = 0 (0 \le u \le 1)$이다(그림 2 참조). 이것을 주어진 방정식에 대입하면 $x = u^2$, $y = 0$이 되므로 $0 \le x \le 1$을 얻는다. 이와 같이, S_1은 $(0, 0)$에서 $(1, 0)$까지 xy-평면에 있는 선분으로 사상된다. 두 번째 변 S_2는 $u = 1 (0 \le v \le 1)$이고 주어진 방정식에서 $u = 1$로 놓으면

$$x = 1 - v^2 \qquad y = 2v$$

를 얻는다. v를 소거하여

4 $$x = 1 - \frac{y^2}{4} \qquad 0 \le x \le 1$$

을 얻게 되는데 이것은 포물선의 일부이다. 비슷하게 S_3는 $v = 1$ $(0 \le u \le 1)$이며 이것의 상은 포물호(parabolic arc)

5 $$x = \frac{y^2}{4} - 1 \qquad -1 \le x \le 0$$

이다. 최종적으로 S_4는 그 상이 $x = -v^2$, $y = 0$, 즉 $-1 \le x \le 0$이 되는 $u = 0$ $(0 \le v \le 1)$이다(시계 반대방향으로 정사각형의 둘레를 움직임에 따라 우리는 또한 시계 반대방향으로 포물영역 둘레를 움직인다는 것을 주목하라). S의 상은 x축과 방정식 4 와 5 로 주어진 포물선들로 둘러싸인 영역(그림 2 참조)이다. ■

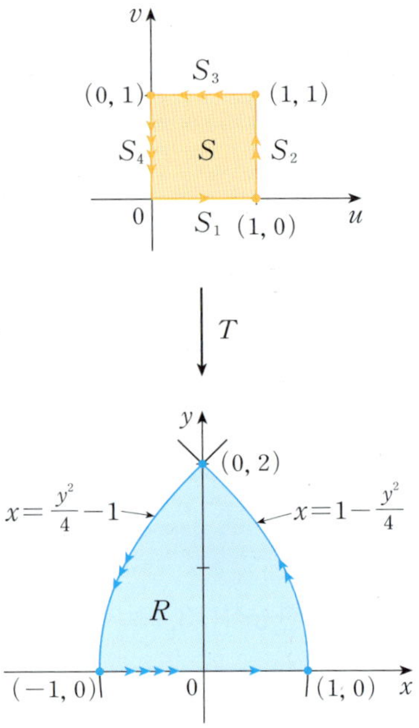

그림 2

이제, 변수변환이 이중적분에 어떻게 영향을 미치는가를 보자. uv-평면에서 왼쪽 아래 모서리가 점 (u_0, v_0)이고 크기가 Δu, Δv인 작은직사각형 S로 시작한다(그림 3 참조).

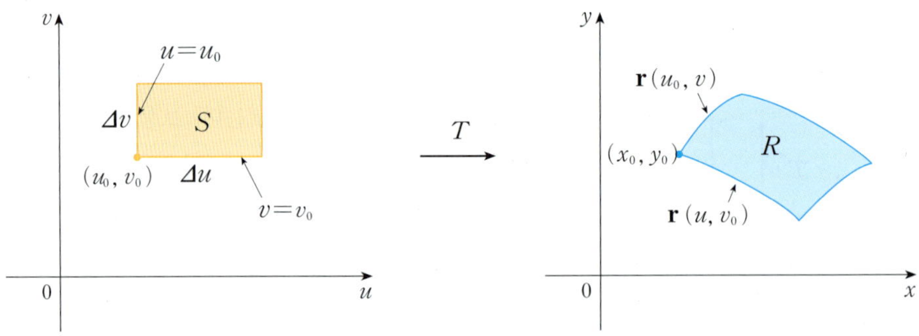

그림 3

S의 상은, 경계점들 중 하나가 $(x_0, y_0) = T(u_0, v_0)$인 xy-평면에 있는 영역 R이다. 벡터

$$\mathbf{r}(u, v) = g(u, v)\mathbf{i} + h(u, v)\mathbf{j}$$

는 점 (u, v)의 상에 대한 위치벡터이다. S의 아래쪽 변의 방정식은 그것의 상 곡선이 벡

터방정식 $\mathbf{r}(u, v_0)$가 되는 $v=v_0$이다. 이 상 곡선에 대한 (x_0, y_0)에서 접선벡터는

$$\mathbf{r}_u=g_u(u_0, v_0)\mathbf{i}+h_u(u_0, v_0)\mathbf{j}=\frac{\partial x}{\partial u}\mathbf{i}+\frac{\partial y}{\partial u}\mathbf{j}$$

가 된다. 비슷하게, S의 왼쪽변 (즉, $u=u_0$)의 상곡선에 대한 (x_0, y_0)에서 접선벡터는

$$\mathbf{r}_v=g_v(u_0, v_0)\mathbf{i}+h_v(u_0, v_0)\mathbf{j}=\frac{\partial x}{\partial v}\mathbf{i}+\frac{\partial y}{\partial v}\mathbf{j}$$

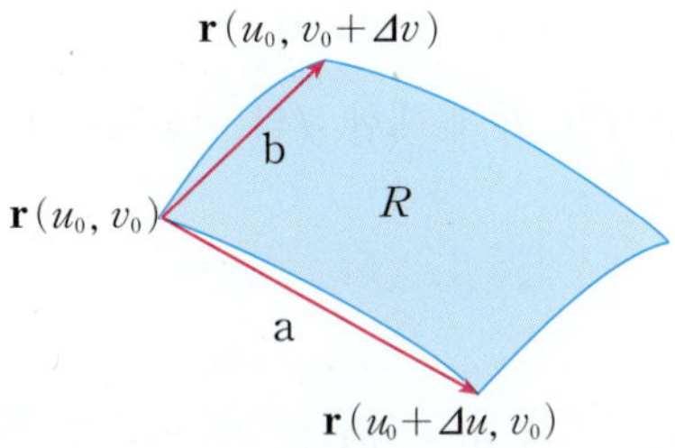

그림 4

이다. 그림 4에 보여진 벡터

$$\mathbf{a}=\mathbf{r}(u_0+\Delta u, v_0)-\mathbf{r}(u_0, v_0) \qquad \mathbf{b}=\mathbf{r}(u_0, v_0+\Delta v)-\mathbf{r}(u_0, v_0)$$

로 결정된 평행사변형을 이용하여 상 영역 $R=T(S)$를 측정할 수가 있다.

$$\mathbf{r}_u=\lim_{\Delta u\to 0}\frac{\mathbf{r}(u_0+\Delta u, v_0)-\mathbf{r}(u_0, v_0)}{\Delta u}$$

이 성립하므로

$$\mathbf{r}(u_0+\Delta u, v_0)-\mathbf{r}(u_0, v_0)\approx\Delta u\,\mathbf{r}_u$$

를 얻을 수 있고, 비슷하게

$$\mathbf{r}(u_0, v_0+\Delta v)-\mathbf{r}(u_0, v_0)\approx\Delta v\,\mathbf{r}_v$$

도 얻을 수가 있다.

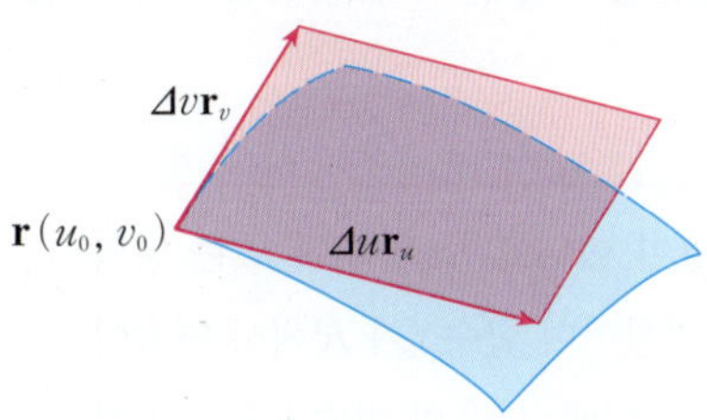

그림 5

이것은 벡터 $\Delta u\mathbf{r}_u$와 $\Delta v\mathbf{r}_v$에 의해 결정된 평행사변형으로 R을 측정할 수 있다는 것을 의미한다 (그림 5 참조). 그러므로, 10.4절로부터

6 $$|(\Delta u\,\mathbf{r}_u)\times(\Delta v\,\mathbf{r}_v)|=|\mathbf{r}_u\times\mathbf{r}_v|\,\Delta u\,\Delta v$$

인 이 평행사변형의 면적을 이용하여 R의 면적의 근삿값을 구할 수 있다.

외적을 계산하면,

$$\mathbf{r}_u\times\mathbf{r}_v=\begin{vmatrix}\mathbf{i} & \mathbf{j} & \mathbf{k}\\ \frac{\partial x}{\partial u} & \frac{\partial y}{\partial u} & 0\\ \frac{\partial x}{\partial v} & \frac{\partial y}{\partial v} & 0\end{vmatrix}=\begin{vmatrix}\frac{\partial x}{\partial u} & \frac{\partial y}{\partial u}\\ \frac{\partial x}{\partial v} & \frac{\partial y}{\partial v}\end{vmatrix}\mathbf{k}=\begin{vmatrix}\frac{\partial x}{\partial u} & \frac{\partial x}{\partial v}\\ \frac{\partial y}{\partial u} & \frac{\partial y}{\partial v}\end{vmatrix}\mathbf{k}$$

를 얻고 이 계산에서 나오는 행렬식값은 그 변환의 야코비안이라 하고 특별한 기호를 부여한다.

● 야코비안(Jacobian)은 독일의 수학자 야코비(Carl Gustav Jacob Jacobi, 1804~1851)의 이름을 따라서 붙여졌다. 프랑스 수학자 코시가 처음으로 편도함수를 포함하는 이 특별한 행렬식을 사용하기는 했지만 야코비가 그것을 다중적분을 계산하는 방법으로 개발하였다.

7 정의 $x=g(u, v)$와 $y=h(u, v)$로 주어진 변환 T의 **야코비안**은

$$\frac{\partial(x, y)}{\partial(u, v)}=\begin{vmatrix}\frac{\partial x}{\partial u} & \frac{\partial x}{\partial v}\\ \frac{\partial y}{\partial u} & \frac{\partial y}{\partial v}\end{vmatrix}=\frac{\partial x}{\partial u}\frac{\partial y}{\partial v}-\frac{\partial x}{\partial v}\frac{\partial y}{\partial u}$$

이 기호와 함께 식 6 을 사용하여 R의 면적 ΔA에 대한 근삿값을 다음과 같이 준다.

8 $$\Delta A \approx \left| \frac{\partial(x, y)}{\partial(u, v)} \right| \Delta u \, \Delta v$$

(단, 야코비안은 (u_0, v_0)에서 계산되었다.)

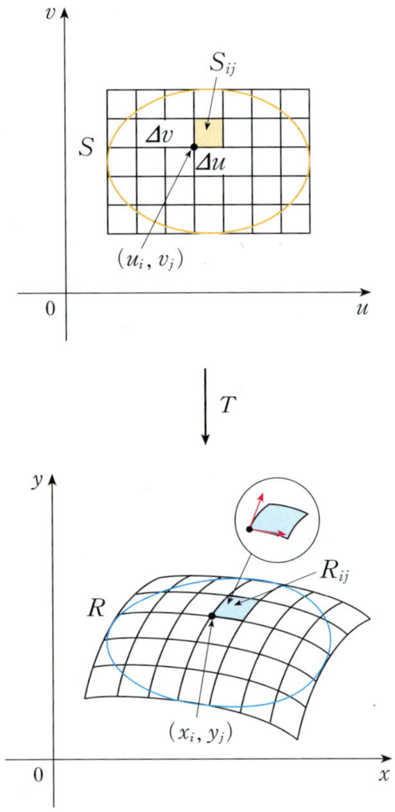

그림 6

다음에 uv-평면에 있는 영역 S를 직사각형 S_{ij}로 분할하고 xy-평면에서 그들의 상을 R_{ij}라고 한다(그림 6 참조). 근사식 8 을 각 R_{ij}에 적용하면, R에 대한 f의 이중적분의 근삿값을 다음과 같이 구할 수 있다.

$$\iint_R f(x, y) \Delta dA \approx \sum_{i=1}^{m} \sum_{j=1}^{n} f(x_i, y_j) \Delta A$$
$$\approx \sum_{i=1}^{m} \sum_{j=1}^{n} f(g(u_i, v_j), h(u_i, v_j)) \left| \frac{\partial(x, y)}{\partial(u, v)} \right| \Delta u \, \Delta v$$

(단, 야코비안은 (u_i, v_j)에서 계산되었다.) 이 이중합은 다음 적분

$$\iint_S f(g(u, v), h(u, v)) \left| \frac{\partial(x, y)}{\partial(u, v)} \right| dudv$$

에 대한 리만 합이라는 것을 유의하여라.

앞에서의 언급은 다음의 정리가 참임을 암시한다(완전한 증명은 고급미적분학에 대한 책에 주어진다).

> **9 이중적분에서의 변수변환** T는 야코비안이 영이 아니고 uv평면에 있는 영역 S를 xy평면에 있는 영역 R 위로 사상하는 단사인 C^1 변환이며 함수 f가 R에서 연속이고 R과 S가 타입 1 또는 타입 2 평면영역이라 가정하자. 이때, 다음의 변수변환식이 성립한다.
>
> $$\iint_R f(x, y) dA = \iint_S f(x(u, v), y(u, v)) \left| \frac{\partial(x, y)}{\partial(u, v)} \right| dudv$$

정리 9 는 x와 y를 u와 v에 관한 식으로 나타내고

$$dA = \left| \frac{\partial(x, y)}{\partial(u, v)} \right| dudv$$

로 서술함으로써 x와 y에 대한 적분으로 부터 u와 v에 대한 적분으로 바꿀 수 있다는 것을 말한다. 정리 9 와 방정식 2 에 있는 1차원 공식 사이의 유사성을 유의하라. 공식 2 에서의 도함수 dx/du 대신에 야코비안의 절댓값, 즉 $|\partial(x, y)/\partial(u, v)|$를 갖는다.

정리 9 의 첫 설명으로서 극좌표에 있어서의 적분에 대한 공식은 특별한 경우라는 것을 보여준다. 여기서 $r\theta$-평면에서 xy-평면으로의 변환 T는

$$x = g(r, \theta) = r \cos \theta \qquad y = h(r, \theta) = r \sin \theta$$

로 주어지고 그림 7은 이 변환의 기하를 보여준다. T는 $r\theta$-평면에 있는 보통 직사각형을

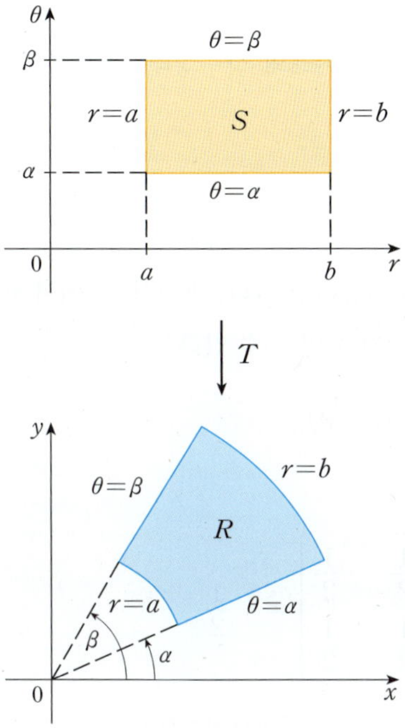

그림 7
극좌표 변환

xy평면에 있는 극직사각형으로 보낸다. T의 야코비안은

$$\frac{\partial(x,y)}{\partial(r,\theta)}=\begin{vmatrix}\dfrac{\partial x}{\partial r} & \dfrac{\partial x}{\partial \theta}\\ \dfrac{\partial y}{\partial r} & \dfrac{\partial y}{\partial \theta}\end{vmatrix}=\begin{vmatrix}\cos\theta & -r\sin\theta\\ \sin\theta & r\cos\theta\end{vmatrix}=r\cos^2\theta+r\sin^2\theta=r>0$$

가 된다. 이와 같이, 정리 **9**는

$$\iint_R f(x,y)\,dxdy=\iint_S f(r\cos\theta, r\sin\theta)\left|\frac{\partial(x,y)}{\partial(r,\theta)}\right|drd\theta$$
$$=\int_\alpha^\beta\int_a^b f(r\cos\theta, r\sin\theta)r\,drd\theta$$

를 주며 이것은 13.4절의 공식 **2**와 같다.

예제 2 변수변환에 의한 이중적분 계산 변수변환 $x=u^2-v^2$, $y=2uv$를 사용하여 적분 $\iint_R y\,dA$의 값을 구하여라(단, R은 x축과 포물선 $y^2=4-4x$와 $y^2=4+4x$, $y\geq 0$에 의해 둘러싸인 영역이다).

풀이 영역 R는 그림 2에 그려져 있다. 예제 1에서 우리는 $T(S)=R$을 찾았다. 단, S는 정사각형 $[0,1]\times[0,1]$이다. 실제로, 이 적분을 계산하기 위하여 변수변환을 하는 이유는 S가 R보다 훨씬 더 단순한 영역이라는 것이다. 처음에 야코비안을 계산할 필요가 있다.

$$\frac{\partial(x,y)}{\partial(u,v)}=\begin{vmatrix}\dfrac{\partial x}{\partial u} & \dfrac{\partial x}{\partial v}\\ \dfrac{\partial y}{\partial u} & \dfrac{\partial y}{\partial v}\end{vmatrix}=\begin{vmatrix}2u & -2v\\ 2v & 2u\end{vmatrix}=4u^2+4v^2>0$$

그러므로 정리 **9**에 의하여

$$\iint_R y\,dA=\iint_S 2uv\left|\frac{\partial(x,y)}{\partial(u,v)}\right|dA=\int_0^1\int_0^1(2uv)4(u^2+v^2)\,dudv$$
$$=8\int_0^1\int_0^1(u^3v+uv^3)\,du\,dv=8\int_0^1\left[\frac{1}{4}u^4v+\frac{1}{2}u^2v^3\right]_{u=0}^{u=1}dv$$
$$=\int_0^1(2v+4v^3)\,dv=[v^2+v^4]_0^1=2$$

■

참고 예제 2는 적당한 변수변환이 주어졌기 때문에 풀기에 어려운 문제는 아니었다. 만약 변환이 주어지지 않는다면 문제를 풀기 위한 첫 단계는 적절한 변수변환을 생각하는 것이다. 만약 $f(x,y)$가 적분하기에 어렵다면 $f(x,y)$의 형태는 적절한 변환을 암시할 수도 있다. 만약 적분영역 R이 다루기 힘든 형태라면, uv-평면에서의 대응하는 영역 S는 다루기 편리한 표현을 갖도록 변환을 선택해야 한다.

예제 3 적분 $\iint_R e^{(x+y)/(x-y)}\,dA$의 값을 구하여라(단, R은 $(1,0)$, $(2,0)$, $(0,-2)$,

$(0, -1)$을 꼭짓점으로 갖는 사다리꼴 영역이다).

풀이 $e^{(x+y)/(x-y)}$를 적분하는 것은 쉽지 않기 때문에 우리는 아래의 함수형태로 변수변환을 한다.

10 $$u=x+y \qquad v=x-y$$

이 방정식은 xy-평면으로부터 uv-평면으로의 변환 T^{-1}를 정의한다. 정리 **9**는 uv-평면으로부터 xy-평면으로의 변환 T에 대해 언급하고 있다. 방정식 **10**에서 x와 y를 각각 u와 v에 관한 식으로 나타냄으로써 그것을 얻을 수 있다.

11 $$x=\frac{1}{2}(u+v) \qquad y=\frac{1}{2}(u-v)$$

T의 야코비안은

$$\frac{\partial(x,y)}{\partial(u,v)}=\begin{vmatrix}\dfrac{\partial x}{\partial u} & \dfrac{\partial x}{\partial v}\\ \dfrac{\partial y}{\partial u} & \dfrac{\partial y}{\partial v}\end{vmatrix}=\begin{vmatrix}\frac{1}{2} & \frac{1}{2}\\ \frac{1}{2} & -\frac{1}{2}\end{vmatrix}=-\frac{1}{2}$$

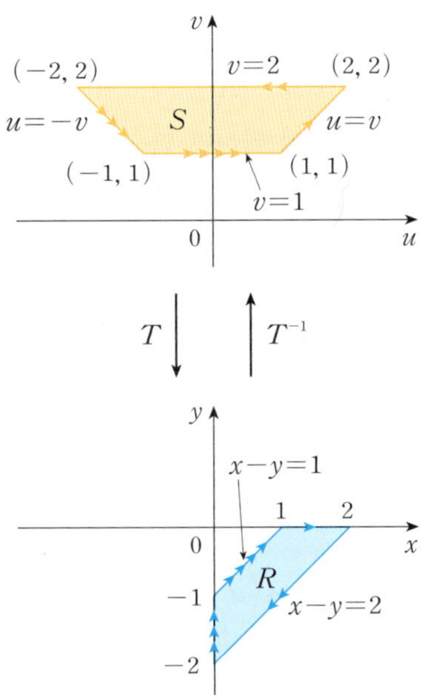

그림 8

R에 대응하는 uv-평면의 영역 S를 찾기 위하여 다음을 살펴보자. R의 변들이 직선들

$$y=0 \qquad x-y=2 \qquad x=0 \qquad x-y=1$$

위에 있으며, 방정식 **10**이나 방정식 **11**에 의해 uv-평면에 있는 상들은

$$u=v \qquad v=2 \qquad u=-v \qquad v=1$$

이 된다. 이와 같이, 영역 S는 그림 8에서처럼 $(1, 1)$, $(2, 2)$, $(-2, 2)$, $(-1, 1)$을 꼭짓점으로 갖는 사다리꼴 영역이다.

$$S=\{(u,v)\,|\,1\le v\le 2,\ -v\le u\le v\}$$

이므로 정리 **9**에 의하면

$$\iint_R e^{(x+y)/(x-y)}\,dA=\iint_S e^{u/v}\left|\frac{\partial(x,y)}{\partial(u,v)}\right|dudv$$
$$=\int_1^2\int_{-v}^{v} e^{u/v}\left(\frac{1}{2}\right)dudv=\frac{1}{2}\int_1^2\left[ve^{u/v}\right]_{u=-v}^{u=v}dv$$
$$=\frac{1}{2}\int_1^2(e-e^{-1})v\,dv=\frac{3}{4}(e-e^{-1})$$ ■

▷ 삼중적분

삼중적분에 대한 비슷한 변수 변환공식이 있다. T를 방정식

$$x=g(u,v,w) \qquad y=h(u,v,w) \qquad z=k(u,v,w)$$

에 의하여 uvw-공간에 있는 영역 S를 xyz공간에 있는 영역 R 위로 보내는 변환이라고 하자. T의 **야코비안**은 다음과 같은 3×3행렬식이다.

12 $$\frac{\partial(x, y, z)}{\partial(u, v, w)} = \begin{vmatrix} \dfrac{\partial x}{\partial u} & \dfrac{\partial x}{\partial v} & \dfrac{\partial x}{\partial w} \\ \dfrac{\partial y}{\partial u} & \dfrac{\partial y}{\partial v} & \dfrac{\partial y}{\partial w} \\ \dfrac{\partial z}{\partial u} & \dfrac{\partial z}{\partial v} & \dfrac{\partial z}{\partial w} \end{vmatrix}$$

정리 9 에 있는 것들과 비슷한 가정하에서 삼중적분에 대한 다음과 같은 공식을 갖는다.

13 $$\iiint_R f(x, y, z)\,dV$$
$$= \iiint_S f(x(u, v, w), y(u, v, w), z(u, v, w)) \left| \frac{\partial(x, y, z)}{\partial(u, v, w)} \right| du\,dv\,dw$$

예제 4 구면좌표 변환 공식 13 을 사용하여 구면좌표에서의 삼중적분에 대한 공식을 유도하여라.

풀이 여기에서 변수변환은

$$x = \rho \sin\phi \cos\theta, \qquad y = \rho \sin\phi \sin\theta, \qquad z = \rho \cos\phi$$

로 주어지며 야코비안을 다음과 같이 계산할 수 있다.

$$\frac{\partial(x, y, z)}{\partial(\rho, \theta, \phi)} = \begin{vmatrix} \sin\phi\cos\theta & -\rho\sin\phi\sin\theta & \rho\cos\phi\cos\theta \\ \sin\phi\sin\theta & \rho\sin\phi\cos\theta & \rho\cos\phi\sin\theta \\ \cos\phi & 0 & -\rho\sin\phi \end{vmatrix}$$
$$= \cos\phi \begin{vmatrix} -\rho\sin\phi\sin\theta & \rho\cos\phi\cos\theta \\ \rho\sin\phi\cos\theta & \rho\cos\phi\sin\theta \end{vmatrix}$$
$$-\rho\sin\phi \begin{vmatrix} \sin\phi\cos\theta & -\rho\sin\phi\sin\theta \\ \sin\phi\sin\theta & \rho\sin\phi\cos\theta \end{vmatrix}$$
$$= \cos\phi(-\rho^2\sin\phi\cos\phi\sin^2\theta - \rho^2\sin\phi\cos\phi\cos^2\theta)$$
$$-\rho\sin\phi(\rho\sin^2\phi\cos^2\theta + \rho\sin^2\phi\sin^2\theta)$$
$$= -\rho^2\sin\phi\cos^2\phi - \rho^2\sin\phi\sin^2\phi = -\rho^2\sin\phi$$

$0 \le \phi \le \pi$이므로 $\sin\phi \ge 0$이다. 따라서

$$\left| \frac{\partial(x, y, z)}{\partial(\rho, \theta, \phi)} \right| = |-\rho^2\sin\phi| = \rho^2\sin\phi$$

이고 공식 13 은

$$\iint_R f(x, y, z)\,dV$$
$$= \iiint_S f(\rho\sin\phi\cos\theta, \rho\sin\phi\sin\theta, \rho\cos\phi)\rho^2\sin\phi\, d\rho d\theta d\phi$$

를 주는데, 이것은 공식 13.8절의 공식 4와 동등한 것이다. ■

13.9 연습문제

(1~6) 변환의 야코비안을 구하여라.

1. $x=5u-v,\quad y=u+3v$
2. $x=uv,\quad y=u/v$
3. $x=e^{-r}\sin\theta,\quad y=e^{r}\cos\theta$
4. $x=e^{s+t},\quad y=e^{s-t}$
5. $x=u/v,\ y=v/w,\quad z=w/u$
6. $x=v+w^2,\quad y=w+u^2,\quad z=u+v^2$

(7~10) 주어진 변환 하에서 집합 S의 상을 구하여라.

7. $S=\{(u,v)\mid 0\le u\le 3,\ 0\le v\le 2\}$; $x=2u+3v,\quad y=u-v$
8. S는 직선들 $u=0$, $u=1$, $v=0$, $v=1$로 둘러싸인 정사각형; $x=v,\quad y=u(1+v^2)$
9. S는 $(0,0)$, $(1,1)$, $(0,1)$을 꼭짓점으로 갖는 삼각형 영역; $x=u^2,\quad y=v$
10. S는 $u^2+v^2\le 1$로 주어진 원반; $x=au,\ y=bv$

(11~14) 영역 R이 xy-평면 안에 있다. 변들이 u축과 v축에 평행하게 되는 직사각형 영역 S에 영역 R로의 변환 방정식을 구하여라.

11. R은 $y=2x-1$, $y=2x+1$, $y=1-x$, $y=3-x$로 둘러싸인 영역
12. R은 꼭짓점 $(0,0)$, $(4,3)$, $(2,4)$, $(-2,1)$을 갖는 평행사변형
13. R은 제1사분면 내의 원 $x^2+y^2=1$과 $x^2+y^2=2$ 사이의 영역
14. R은 제1사분면 내의 쌍곡선 $y=1/x$, $y=4/x$와 직선 $y=x$, $y=4x$ 사이에 있는 영역

(15~20) 주어진 변환을 사용하여 적분값을 구하여라.

15. $\iint_R (x-3y)\,dA$ (단, R은 $(0,0)$, $(2,1)$, $(1,2)$를 꼭짓점으로 갖는 삼각형 영역); $x=2u+v,\ y=u+2v$
16. $\iint_R (4x+8y)\,dA$ (단, R은 $(-1,3)(1,-3)(3,-1)(1,5)$를 꼭짓점으로 갖는 정사각형); $x=\frac{1}{4}(u+v),\ y=\frac{1}{4}(v-3u)$
17. $\iint_R x^2\,dA$ (단, R은 타원 $9x^2+4y^2=36$으로 둘러싸인 영역); $x=2u,\ y=3v$
18. $\iint_R (x^2-xy+y^2)\,dA$ (단, R은 타원 $x^2-xy+y^2=2$로 둘러싸인 영역); $x=\sqrt{2}u-\sqrt{2/3}v,\ y=\sqrt{2}u+\sqrt{2/3}v$
19. $\iint_R xy\,dA$ (단, R은 직선 $y=x$와 $y=3x$, 그리고 쌍곡선 $xy=1$, $xy=3$으로 둘러싸인 제1상한에 있는 영역); $x=u/v,\ y=v$
20. $\iint_R y^2\,dA$ (단, R은 곡선 $xy=1$, $xy=2$, $xy^2=1$, $xy^2=2$로 둘러싸인 영역); $u=xy,\ v=xy^2$ 그래프용 계산기나 컴퓨터를 사용하여 R을 그려 설명하여라.

21. (a) $\iiint_E dV$를 계산하여라. 단, E는 타원면 $x^2/a^2+y^2/b^2+z^2/c^2=1$로 둘러싸인 입체이다. 변환 $x=au,\ y=bv,\quad z=cw$를 이용하여라.
    (b) 지구는 완전한 구가 아니다; 회전운동은 극지방을 평평하게 한다. 그러므로 형태는 $a=b=6378$km와 $c=6356$km인 타원면으로 측정된다. (a)를 사용하여 지구의 부피를 측정하여라.
22. 연습문제 22(a)의 입체의 밀도가 상수 k일 때, z축에 대한 관성모멘트를 구하여라.

(23~27) 적절한 변수변환을 사용하여 적분을 계산하여라.

23. $\iint_R \frac{x-2y}{3x-y}\,dA$ (단, R은 직선 $x-2y=0$, $x-2y=4$, $3x-y=1$, $3x-y=8$로 둘러싸인 평행사변형)
24. $\iint_R (x+y)e^{x^2-y^2}\,dA$ (단, R은 직선 $x-y=0$,

$x-y=2$, $x+y=0$, $x+y=3$으로 둘러싸인 직사각형)

25. $\iint_R \cos\left(\frac{y-x}{y+x}\right) dA$ (단, R은 $(1, 0)$, $(2, 0)$, $(0, 2)$, $(0, 1)$을 꼭짓점으로 갖는 사다리꼴 영역)

26. $\iint_R \sin(9x^2+4y^2)\,dA$ (단, R은 타원 $9x^2+4y^2=1$로 둘러싸인 제1상한에 있는 영역)

27. $\iint_R e^{x+y}\,dA$ (단, R은 부등식 $|x|+|y|\le 1$로 주어진 영역)

28. f는 $[0, 1]$에서 연속이고 R은 $(0, 0)$, $(1, 0)$, $(0, 1)$을 꼭짓점으로 하는 삼각형 영역이라고 하자. 이때,

$$\iint_R f(x+y)\,dA = \int_0^1 uf(u)\,du$$

임을 보여라.

14 벡터 미적분학

이 장에서는 벡터장의 미분, 적분을 공부한다(벡터장은 벡터를 공간상의 점에 대응시키는 함수이다). 먼저 선적분(곡선을 따라 물체를 움직일 때 힘장이 물체에 한 일을 구할 때 이용할 수 있다)을 정의한다. 그리고 곡면적분(곡면을 통과한 유체흐름의 변화량을 구할 때 이용할 수 있다)을 정의한다. 이러한 새로운 형태의 적분들과 이미 배웠던 단일적분, 중적분 그리고 삼중적분들과의 관계들은 미적분학의 기본 정리의 고차원 버전, 즉 그린의 정리, 스토크스 정리 그리고 발산 정리에 의해 주어진다.

14.1 벡터장

그림 1에 있는 벡터들은 샌프란시스코만 지역의 표면 위 10m지점에서의 풍속과 방향을 나타내는 바람의 속도 벡터이다(다음 날 완전히 다른 바람의 패턴을 보여준다). 바람의 각 지점에 대응하는 풍속벡터를 생각할 수 있다. 이것이 속도 벡터장의 예이다.

속도 벡터장의 다른 예들이 그림 2에 나타나 있다.

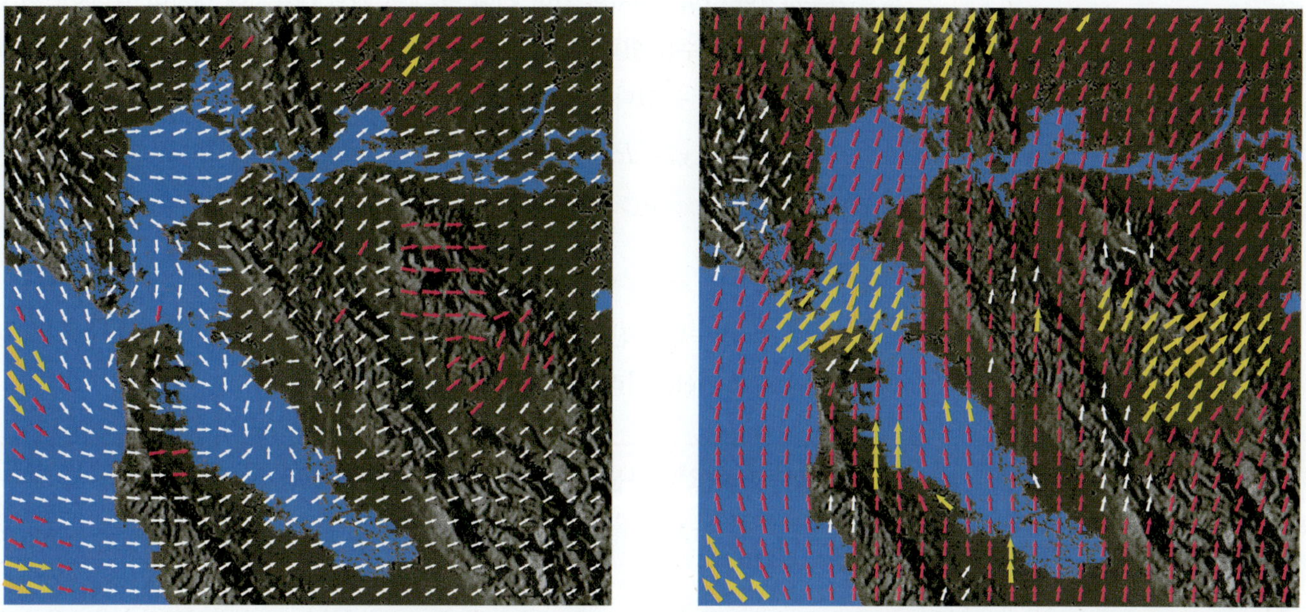

(a) 2007년 2월 20일 오전 12시

(b) 2007년 2월 21일 오후 2시

그림 1 샌프란시스코만에서의 바람 패턴을 보여주는 속도 벡터장

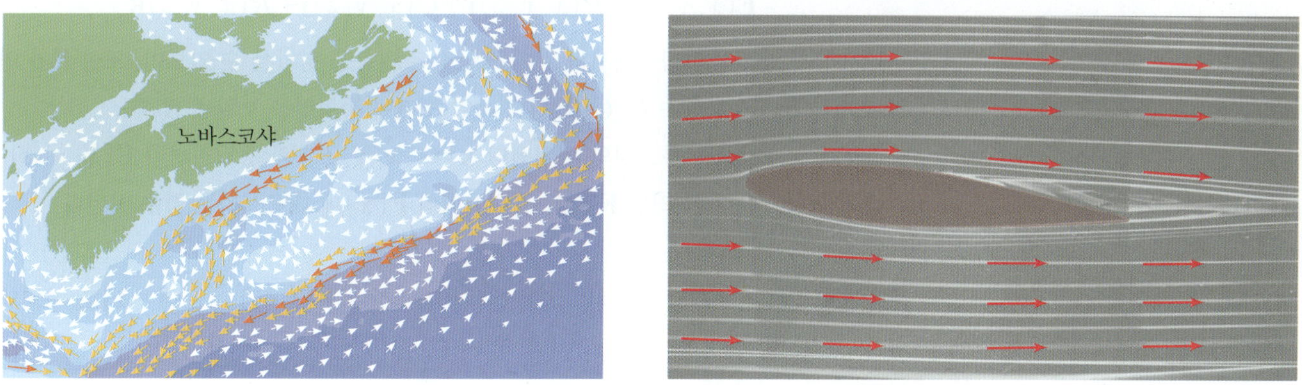

(a) 노바스코샤 연안의 해류

(b) 경사진 날개를 지나는 기류

그림 2 속도 벡터장

힘장(force field)이라고 하는 다른 형태의 벡터장은 힘 벡터를 영역 내의 각 점과 관련시킨다. 그 한 예가 예제 4에서 살펴볼 중력장이다.

일반적으로 벡터장은 $\mathbb{R}^2$(또는 $\mathbb{R}^3$) 상의 점들의 집합을 정의역으로 하고 V_2(또는 V_3)상의 벡터들의 집합을 치역으로 하는 함수이다.

1 정의 D를 $\mathbb{R}^2$(평면)에서의 집합이라 하자. $\mathbb{R}^2$ 상에서의 **벡터장**(vector field)은 D 내의 각 점(x, y)에 2차원 벡터 $\mathbf{F}(x, y)$를 대응시키는 함수 $\mathbf{F}$이다.

벡터장을 그리기 위한 가장 좋은 방법은 각 점 (x, y)에서 그 점에서 시작하는 벡터 $\mathbf{F}(x, y)$를 화살표로 그리는 것이다. 물론, 모든 점 (x, y)에 대응하는 벡터를 그리는 것은 불가능하지만 그림 3에서와 같이 D에 있는 몇 개의 대표점에 대하여 그림으로써 $\mathbf{F}$를 합리적으로 표현할 수는 있다. $\mathbf{F}(x, y)$가 2차원 벡터이므로 다음과 같이 그것의 성분함수 P와 Q로 표현할 수 있다.

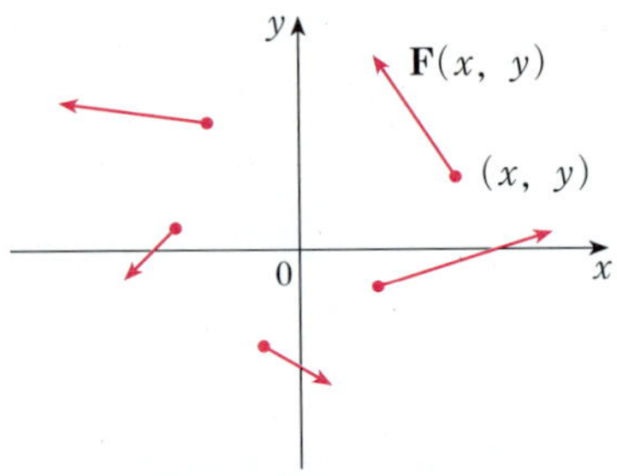

그림 3 $\mathbb{R}^2$ 상에서의 벡터장

$$\mathbf{F}(x, y)=P(x, y)\mathbf{i}+Q(x, y)\mathbf{j}=\langle P(x, y),\ Q(x, y)\rangle$$

혹은 간략히

$$\mathbf{F}=P\mathbf{i}+Q\mathbf{j}$$

P와 Q는 두 변수를 가진 스칼라 함수들이고 벡터장과 구분하기 위해 P와 Q를 종종 **스칼라장**(scalar field)이라고 한다.

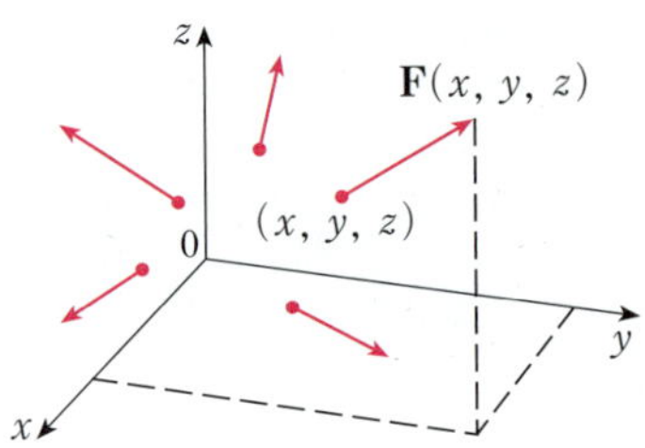

그림 4 $\mathbb{R}^3$ 상에서의 벡터장

2 정의 E를 $\mathbb{R}^3$의 부분집합이라 하자. $\mathbb{R}^3$에서 **벡터장**은 E 내의 각 점 (x, y, z)에 3차원 벡터 $\mathbf{F}(x, y, z)$를 대응시키는 함수 $\mathbf{F}$이다.

$\mathbb{R}^3$에서 벡터장 $\mathbf{F}$가 그림 4에 그려져 있다. 그 벡터장을 그것의 성분함수 P, Q와 R을 사용하여 다음과 같이 표현할 수 있다.

$$\mathbf{F}(x, y, z)=P(x, y, z)\mathbf{i}+Q(x, y, z)\mathbf{j}+R(x, y, z)\mathbf{k}$$

11.1절에 있는 벡터함수에서와 같이 벡터장의 연속을 정의할 수 있으며, 또한 $\mathbf{F}$가 연속일 조건과 $\mathbf{F}$의 성분함수 P, Q, R이 연속일 조건이 동치임을 보일 수 있다.

점 (x, y, z)를 종종 그것의 위치벡터 $\mathbf{x}=\langle x, y, z\rangle$와 동일시하여 $\mathbf{F}(x, y, z)$ 대신에 $\mathbf{F}(\mathbf{x})$로 쓴다. 그러면 $\mathbf{F}$는 벡터 $\mathbf{x}$를 벡터 $\mathbf{F}(\mathbf{x})$에 대응시키는 함수가 된다.

예제 1 **2차원 벡터장 그리기** $\mathbb{R}^2$에서의 벡터장이 $\mathbf{F}(x, y)=-y\mathbf{i}+x\mathbf{j}$로 정의되어 있다. 그림 3과 같이 벡터 $\mathbf{F}(x, y)$를 몇 개 그려서 $\mathbf{F}$를 기술하여라.

풀이 $\mathbf{F}(1, 0)=\mathbf{j}$이므로, 그림 5에 있는 한 점 $(1, 0)$을 시작점으로 하는 벡터 $\mathbf{j}=\langle 0, 1\rangle$을 그린다.

또한 $\mathbf{F}(0, 1)=-\mathbf{i}$이므로, 점 $(0, 1)$을 시작점으로 하는 벡터 $\langle -1, 0\rangle$을 그린다. 이와 같은 방법으로 그림 5의 벡터장을 표현하는 몇 개의 대표적인 벡터를 그린다.

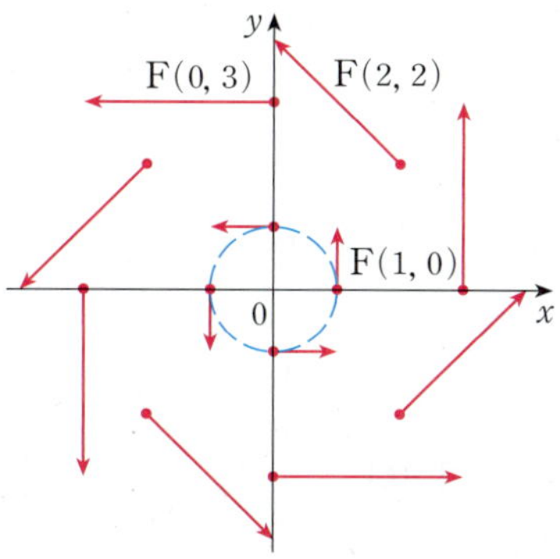

그림 5 $\mathbf{F}(x, y) = -y\,\mathbf{i} + x\,\mathbf{j}$

(x, y)	$\mathbf{F}(x, y)$	(x, y)	$\mathbf{F}(x, y)$
$(1, 0)$	$<0, 1>$	$(-1, 0)$	$<0, -1>$
$(2, 2)$	$<-2, 2>$	$(-2, -2)$	$<2, -2>$
$(3, 0)$	$<0, 3>$	$(-3, 0)$	$<0, -3>$
$(0, 1)$	$<-1, 0>$	$(0, -1)$	$<1, 0>$
$(-2, 2)$	$<-2, -2>$	$(2, -2)$	$<2, 2>$
$(0, 3)$	$<-3, 0>$	$(0, -3)$	$<3, 0>$

각각의 화살표가 원점을 중심으로 하는 원의 접선이 된다는 것을 볼 수 있다. 이를 확인하기 위해 위치벡터 $\mathbf{x} = x\mathbf{i} + y\mathbf{j}$와 벡터 $\mathbf{F}(\mathbf{x}) = \mathbf{F}(x, y)$의 내적을 계산하면

$$\mathbf{x} \cdot \mathbf{F}(\mathbf{x}) = (x\,\mathbf{i} + y\,\mathbf{j}) \cdot (-y\,\mathbf{i} + x\,\mathbf{j}) = -xy + yx = 0$$

이다. 이것은 $\mathbf{F}(x, y)$가 위치벡터 $<x, y>$에 수직이며, 원점이 중심이고 반지름이 $|\mathbf{x}| = \sqrt{x^2 + y^2}$인 원의 접선임을 보여준다. 또한

$$|\mathbf{F}(x, y)| = \sqrt{(-y)^2 + x^2} = \sqrt{x^2 + y^2} = |\mathbf{x}|$$

이므로 벡터 $\mathbf{F}(x, y)$의 크기는 접하는 원의 반지름과 같다. ■

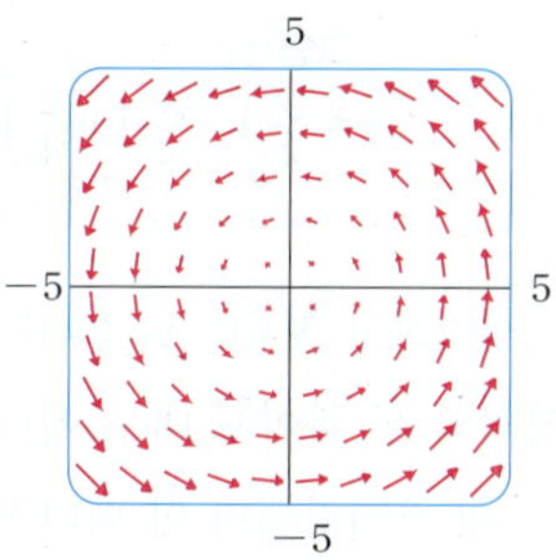

그림 6
$\mathbf{F}(x, y) = <-y, x>$

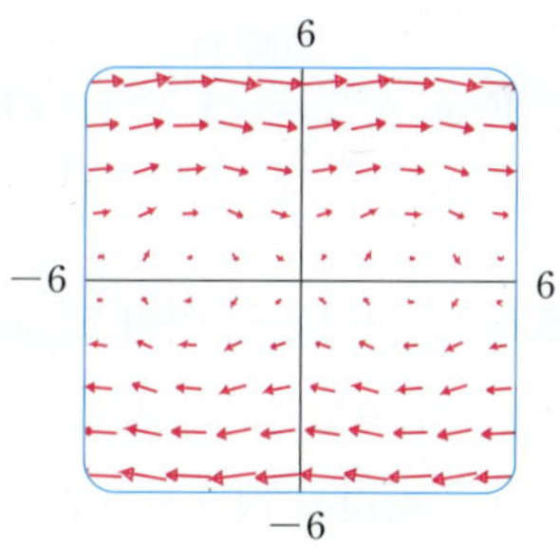

그림 7
$\mathbf{F}(x, y) = \langle y, \sin x \rangle$

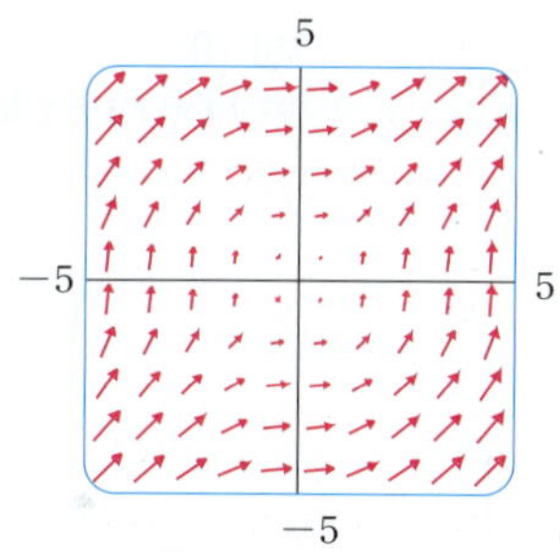

그림 8
$\mathbf{F}(x, y) = \langle \ln(1 + y^2), \ln(1 + x^2) \rangle$

일부 컴퓨터 응용 소프트웨어를 사용하여 2차원 또는 3차원에서의 벡터장을 표현할 수 있다. 컴퓨터를 사용하면 많은 수의 벡터들을 쉽게 나타낼 수 있기 때문에 손으로 그리는 것보다 좀더 명확한 벡터장을 표현할 수 있다.

그림 6은 예제 1의 벡터장을 컴퓨터를 사용하여 얻은 결과이다. 그림 7과 8은 다른 두 개의 벡터장을 보여준다. 컴퓨터를 사용하면 벡터들의 크기를 실제 크기에 비례하도록 축소, 확대시킬 수 있으므로 그 크기가 너무 길지 않도록 조절하여 나타낼 수 있다.

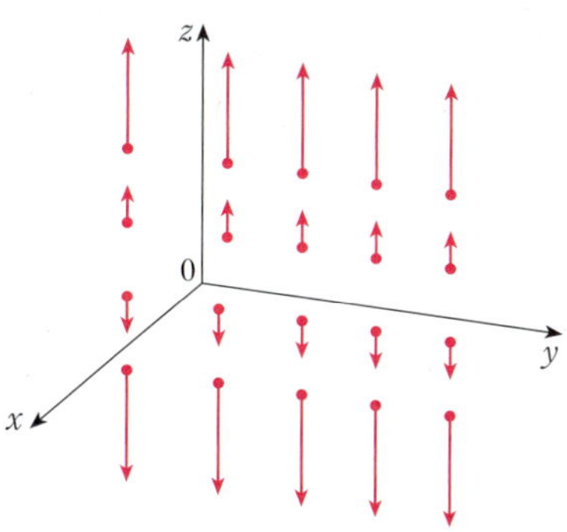

그림 9
$\mathbf{F}(x, y, z) = z\,\mathbf{k}$

예제 2 **3차원 벡터장 그리기** $\mathbf{F}(x, y, z) = z\,\mathbf{k}$로 주어진 $\mathbb{R}^3$에서의 벡터장을 그려라.

풀이 그림 9의 모든 벡터들이 z축과 평행하며, 또한 xy-평면의 위쪽 혹은 아래쪽을 향하고 있다. 벡터의 크기는 xy-평면과 그 벡터의 시작점과의 거리와 같다.

■

벡터장이 특별히 단순한 식으로 주어지면 예제 2에서와 같이 손으로 벡터장을 그릴 수 있었다. 하지만 대부분의 3차원 벡터장들은 손으로 그리기가 쉽지 않다. 따라서 컴퓨터 응용소프트웨어를 이용할 필요가 있다. 몇 개의 예제가 그림 10, 11, 12로 주어졌다.

그림 10과 11의 벡터장은 비슷한 식에 의해 주어졌지만, 그림 11에 있는 모든 벡터들은 y성분이 모두 -2이므로 음의 y축 방향을 향하고 있다.

만일 그림 12의 벡터장이 속도장을 나타낸다면 그림에서 보는 것과 같이 입자는 z축을 중심으로 시계 방향으로 나선모양으로 돌면서 위 방향으로 움직인다.

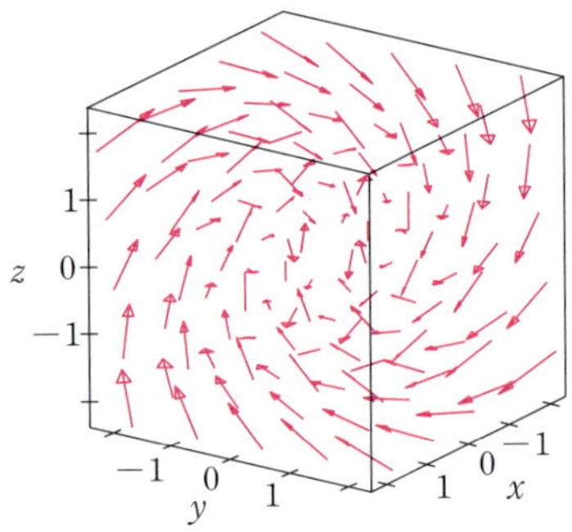

그림 10
$\mathbf{F}(x,\ y,\ z)=y\,\mathbf{i}+z\,\mathbf{j}+x\,\mathbf{k}$

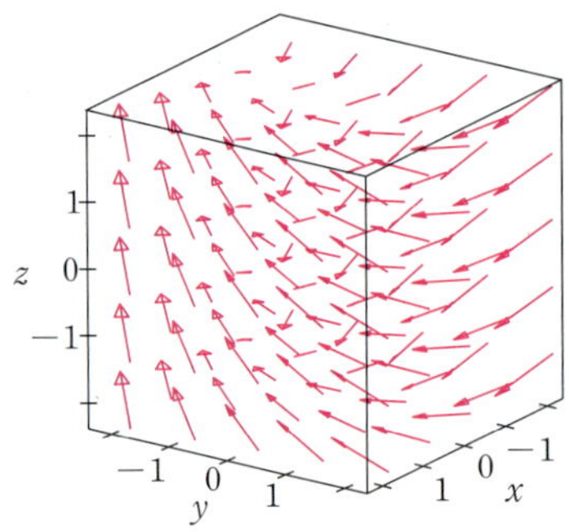

그림 11
$\mathbf{F}(x,\ y,\ z)=y\,\mathbf{i}-2\,\mathbf{j}+x\,\mathbf{k}$

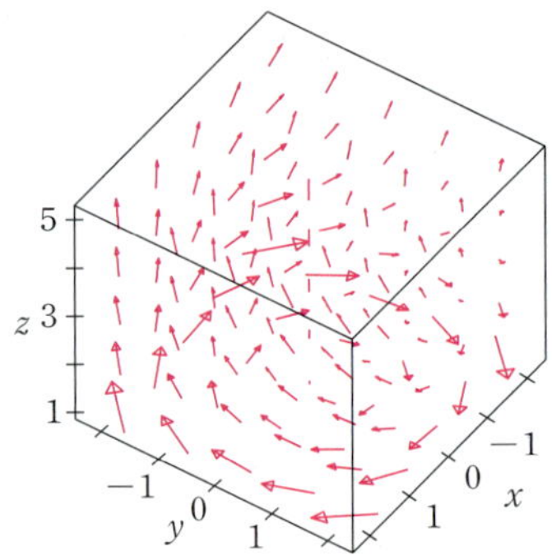

그림 12
$\mathbf{F}(x,\ y,\ z)=\frac{y}{z}\,\mathbf{i}-\frac{x}{z}\,\mathbf{j}+\frac{z}{4}\,\mathbf{k}$

예제 3 **속도장** 파이프를 따라 일정하게 흐르는 유체를 생각하고 $\mathbf{V}(x,\ y,\ z)$를 한 점 $(x,\ y,\ z)$에서의 속도벡터라고 하자. 그러면 $\mathbf{V}$는 어떤 정의역 E(파이프 내부)에서의 각 점 $(x,\ y,\ z)$에 벡터를 대응시키고, 따라서 $\mathbf{V}$는 $\mathbb{R}^3$ 위에서의 벡터장이며 이 벡터장을 **속도장**(velocity field)이라 한다. 그림 13에 가능한 속도장이 그려져 있다. 주어진 각 점에서의 속력은 화살표의 길이로 주어진다.

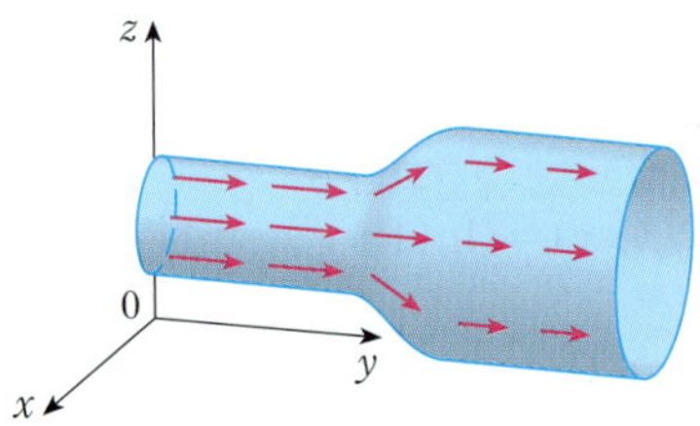

그림 13
유체 흐름에서의 속도장

속도장은 또한 물리학의 다른 분야에서도 나타난다. 예를 들어, 예제 1에 있는 벡터장은 바퀴의 시계 반대 방향의 회전을 기술하는 속도장으로도 쓰일 수 있다. 이미 그림 1과 2에서도 다른 속도장의 예를 보았다. ■

예제 4 **중력장** 뉴턴의 중력법칙은 질량 m과 M을 가진 두 물체 사이의 중력의 크기는 다음과 같다.

$$|\mathbf{F}|=\frac{mMG}{r^2}$$

여기서 r은 두 물체 사이의 거리이고, G는 중력 상수이다. 질량 M을 가진 물체가 $\mathbb{R}^3$ 내의 원점에 위치하고 있다고 가정해보자(예를 들면 M은 지구의 질량이고, 지구의 중심이 원점이라고 하자). 질량 m인 물체의 위치벡터를 $\mathbf{x}=\langle x,\ y,\ z\rangle$라 하면 $r=|\mathbf{x}|$이고, 따라서 $r^2=|\mathbf{x}|^2$이다. 두 번째 물체를 잡아당기는 중력의 방향은 원점을 향하고, 이 방향의 단위벡터는 $-\dfrac{\mathbf{x}}{|\mathbf{x}|}$이다. 그러므로 $\mathbf{x}=\langle x,\ y,\ z\rangle$에서 물체에 작용하는 중력은

$$\boxed{3} \qquad \mathbf{F}(\mathbf{x}) = -\frac{mMG}{|\mathbf{x}|^3}\mathbf{x}$$

이다. (물리학자들은 위치벡터를 $\mathbf{x}$ 대신 기호 $\mathbf{r}$를 종종 사용하며, 이때 식 3은 $\mathbf{F} = -(mMG/r^3)\mathbf{r}$로 볼 수 있다.) 식 3에서 주어진 함수는 벡터장의 한 예가 되며, 공간상의 각 점 $\mathbf{x}$에 벡터(힘 $\mathbf{F}(\mathbf{x})$)를 대응시키고 있기 때문에 이 벡터장을 **중력장**(gravitational field)이라고 한다.

중력장을 기술하는 간단한 방법 중의 하나가 식 3이다. 또한 $\mathbf{x} = x\,\mathbf{i} + y\,\mathbf{j} + z\,\mathbf{k}$와 $|\mathbf{x}| = \sqrt{x^2+y^2+z^2}$를 이용하여 식 3의 우변을 성분함수를 사용하여 다음과 같이 쓸 수 있다.

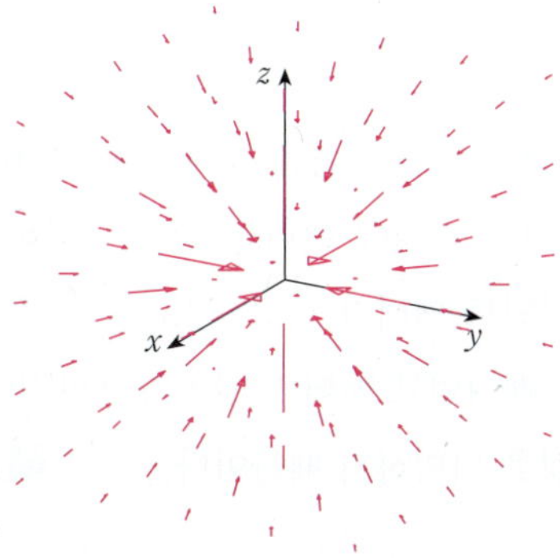

그림 1 4 중력장

$$\mathbf{F}(x, y, z) = \frac{-mMGx}{(x^2+y^2+z^2)^{3/2}}\mathbf{i} + \frac{-mMGy}{(x^2+y^2+z^2)^{3/2}}\mathbf{j} + \frac{-mMGz}{(x^2+y^2+z^2)^{3/2}}\mathbf{k}$$

중력장 $\mathbf{F}$는 그림 14에 그려져 있다. ■

예제 5 **전기장** 전하 Q가 원점에 위치해 있다고 하자. 쿨롱 법칙에 의하면, 위치벡터가 $\mathbf{x} = \langle x, y, z \rangle$인 점 (x, y, z)에 위치한 점 전하 q에 미친 전력 $\mathbf{F}(\mathbf{x})$는

$$\boxed{4} \qquad \mathbf{F}(\mathbf{x}) = \frac{\varepsilon qQ}{|\mathbf{x}|^3}\mathbf{x}$$

이다(여기서 ε은 사용된 단위에 따른 상수이다). 같은 성질의 전하에 대해서는 $qQ > 0$이며 힘은 반발한다. 다른 성질의 전하에 대해서는 $qQ < 0$이며 당기는 힘이 작용한다. 식 3과 식 4가 비슷하다는 점에 주의하라. 두 벡터장은 힘장의 예이다.

전력 $\mathbf{F}$를 고려하는 대신, 물리학자들은 종종 단위전하에 대한 힘을

$$\mathbf{E}(\mathbf{x}) = \frac{1}{q}\mathbf{F}(\mathbf{x}) = \frac{\varepsilon Q}{|\mathbf{x}|^3}\mathbf{x}$$

로 생각한다. 그러면 $\mathbf{E}$는 $\mathbb{R}^3$에서의 벡터장이고, Q의 **전기장**(electric field)이라 한다. ■

▷ 그래디언트 장

f가 두 변수를 가진 스칼라 함수라 하면, 그래디언트 ∇f(또는 grad f)는

$$\nabla f(x, y) = f_x(x, y)\,\mathbf{i} + f_y(x, y)\,\mathbf{j}$$

로 정의된다(12.6절을 참조). 그러므로 ∇f는 실제로 $\mathbb{R}^2$에서의 벡터장이며, 그 벡터장을 **그래디언트 벡터장**(gradient vector field)이라 한다. 마찬가지로, 만일 f가 세 개의 변수를 가진 스칼라 함수라면 그것의 그래디언트는

$$\nabla f(x, y, z) = f_x(x, y, z)\,\mathbf{i} + f_y(x, y, z)\,\mathbf{j} + f_z(x, y, z)\,\mathbf{k}$$

로 주어지는 $\mathbb{R}^3$에서의 벡터장이다.

예제 6 $f(x, y) = x^2y - y^3$의 그래디언트 벡터장을 구하여라. f의 등고선과 그래디언

트 벡터장을 그려라. 그들은 어떻게 연관되어 있는가?

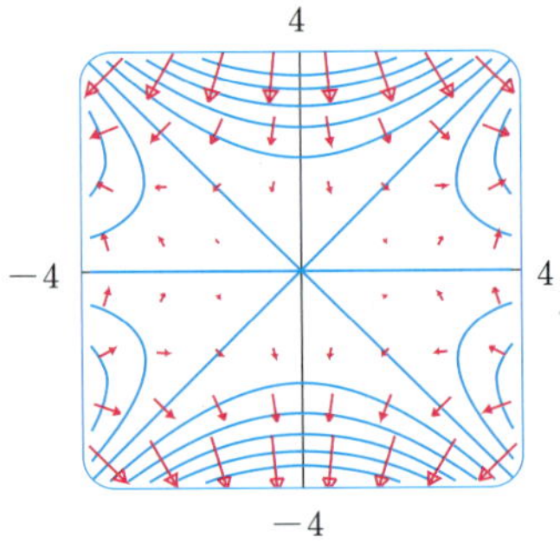

그림 15

풀이 그래디언트 벡터장은

$$\nabla f(x, y)=\frac{\partial f}{\partial x}\mathbf{i}+\frac{\partial f}{\partial y}\mathbf{j}=2xy\,\mathbf{i}+(x^2-3y^2)\mathbf{j}$$

으로 주어진다. 그림 15는 그래디언트 벡터장과 함께 f의 등고선을 보여준다. 12.6절에서 예상한 바와 같이 그래디언트 벡터가 등고선에 수직이 된다는 것에 주의하자. 또한 등고선이 서로 가까이 있는 곳에서 그래디언트 벡터가 길고, 서로 멀리 떨어져 있는 곳에서는 짧다는 것에 주의하라. 이는 그래디언트 벡터의 길이가 f의 방향도함수의 값이며, 가까운 등고선은 가파르다는 것을 의미하기 때문이다. ■

벡터장 $\mathbf{F}$가 어떤 스칼라 함수의 그래디언트가 될 때, 즉 $\mathbf{F}=\nabla f$와 같은 함수 f가 존재할 때, 우리는 $\mathbf{F}$를 **보존(적) 벡터장**(conservative vector field)이라고 한다. 이때 f를 $\mathbf{F}$에 대한 **잠재(적) 함수**(potential function)라 한다.

모든 벡터장이 보존적인 것은 아니지만 보존적 벡터장들은 물리학에선 자주 발생한다. 예를 들면 예제 4에서

$$f(x, y, z)=\frac{mMG}{\sqrt{x^2+y^2+z^2}}$$

라고 정의하면 중력장 $\mathbf{F}$는 보존적이다. 그러면

$$\begin{aligned}\nabla f(x, y, z)&=\frac{\partial f}{\partial x}\mathbf{i}+\frac{\partial f}{\partial y}\mathbf{j}+\frac{\partial f}{\partial z}\mathbf{k}\\&=\frac{-mMGx}{(x^2+y^2+z^2)^{3/2}}\mathbf{i}+\frac{-mMGy}{(x^2+y^2+z^2)^{3/2}}\mathbf{j}+\frac{-mMGz}{(x^2+y^2+z^2)^{3/2}}\mathbf{k}\\&=\mathbf{F}(x, y, z)\end{aligned}$$

주어진 벡터장이 보존적인지 아닌지를 판단하는 방법을 14.3절과 14.5절에서 배우게 될 것이다.

14.1 연습문제

(1~10) 그림 5 혹은 그림 9와 같은 방법으로 다음의 벡터장 $\mathbf{F}$를 그려라.

1. $\mathbf{F}(x, y)=0.3\mathbf{i}-0.4\,\mathbf{j}$
2. $\mathbf{F}(x, y)=\frac{1}{2}x\,\mathbf{i}+y\mathbf{j}$
3. $\mathbf{F}(x, y)=y\,\mathbf{i}+\frac{1}{2}\mathbf{j}$
4. $\mathbf{F}(x, y)=(x-y)\mathbf{i}+x\,\mathbf{j}$
5. $\mathbf{F}(x, y)=\dfrac{y\,\mathbf{i}+x\,\mathbf{j}}{\sqrt{x^2+y^2}}$
6. $\mathbf{F}(x, y)=\dfrac{y\,\mathbf{i}+x\,\mathbf{j}}{\sqrt{x^2+y^2}}$
7. $\mathbf{F}(x, y, z)=\mathbf{k}$
8. $\mathbf{F}(x, y, z)=-y\,\mathbf{k}$
9. $\mathbf{F}(x, y, z)=x\,\mathbf{k}$
10. $\mathbf{F}(x, y, z)=\mathbf{j}-\mathbf{i}$

(11~14) 다음의 I에서 IV의 그림에 해당하는 벡터장 $\mathbf{F}$를 짝짓고, 그 이유를 설명하여라.

11. $\mathbf{F}(x, y)=\langle y, x\rangle$
12. $\mathbf{F}(x, y)=\langle 1, \sin y\rangle$
13. $\mathbf{F}(x, y)=\langle x-2, x+1\rangle$
14. $\mathbf{F}(x, y)=\langle y, 1/x\rangle$

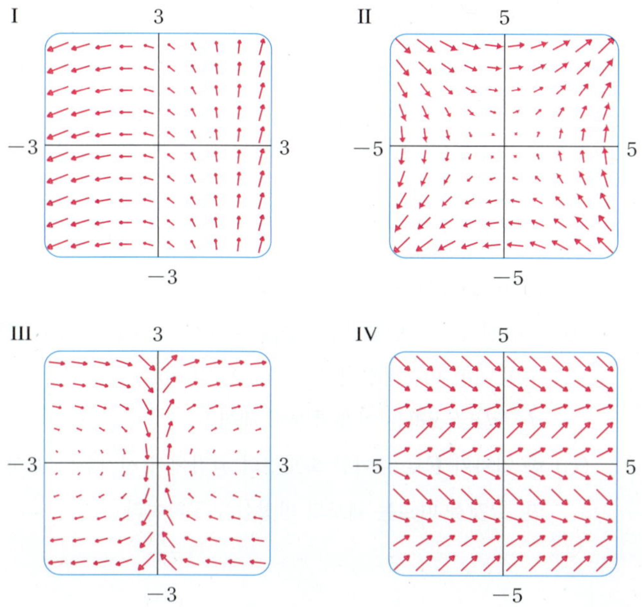

(15~18) 다음의 그림 I~IV에 해당하는 벡터장 $\mathbf{F}$를 짝짓고, 그 이유를 설명하여라.

15. $\mathbf{F}(x, y, z)=\mathbf{i}+2\,\mathbf{j}+3\,\mathbf{k}$

16. $\mathbf{F}(x, y, z)=\mathbf{i}+2\,\mathbf{j}+z\,\mathbf{k}$

17. $\mathbf{F}(x, y, z)=x\,\mathbf{i}+y\,\mathbf{j}+3\,\mathbf{k}$

18. $\mathbf{F}(x, y, z)=x\,\mathbf{i}+y\,\mathbf{j}+z\,\mathbf{k}$

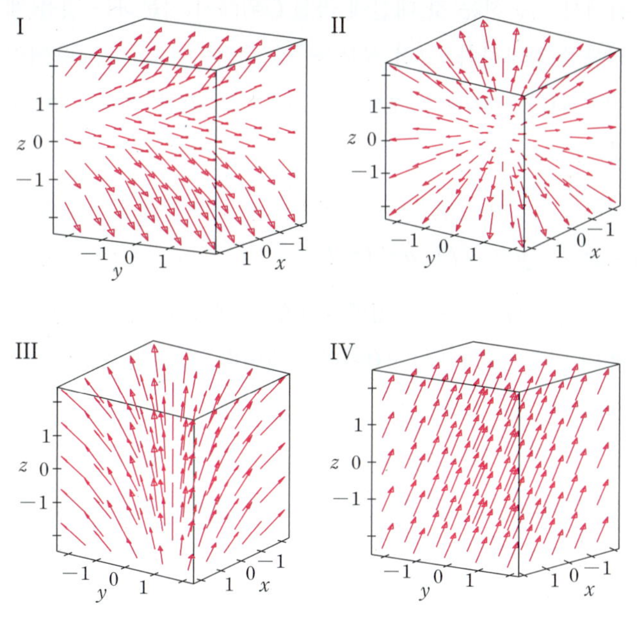

CAS **19.** 만약 벡터장을 그릴 수 있는 CAS를 사용할 수 있다면(Maple 명령어는 fieldplot, Mathematica 명령어는 PlotVectorField), 다음을 그려라.

$$\mathbf{F}(x, y)=(y^2-2xy)\,\mathbf{i}+(3xy-6x^2)\,\mathbf{j}$$

$\mathbf{F}(x, y)=\mathbf{0}$을 만족하는 점 (x, y)들의 집합을 이용하여 위 식의 개략적인 모양을 설명하여라.

CAS **20.** $\mathbf{x}=\langle x, y\rangle$이고 $r=|\mathbf{x}|$일 때 $\mathbf{F}(\mathbf{x})=(r^2-2r)\mathbf{x}$라 하자. CAS를 이용하여 뭔가 설명할 수 있는 것을 볼 때까지 다양한 영역에서 각각의 벡터장을 그려 보아라. 그 그림의 모양을 묘사하고, $\mathbf{F}(\mathbf{x})=\mathbf{0}$을 만족하는 점들을 찾아서 그 모양을 설명하여라.

(21~24) f의 그래디언트 벡터장을 구하여라.

21. $f(x, y)=xe^{xy}$

22. $f(x, y)=\tan\,(3x-4y)$

23. $f(x, y, z)=\sqrt{x^2+y^2+z^2}$

24. $f(x, y, z)=x\ln\,(y-2z)$

(25~26) f의 그래디언트 벡터장 ∇f를 구하고, 개략적으로 그려라.

25. $f(x, y)=x^2-y$

26. $f(x, y)=\sqrt{x^2+y^2}$

CAS **(27~28)** f의 등고선과 f의 그래디언트 벡터장을 함께 그리고 서로 어떻게 연관이 있는지 설명하여라.

27. $f(x, y)=\sin x+\sin y$

28. $f(x, y)=\sin(x+y)$

(29~32) 다음의 각 함수 f와 그것의 그래디언트 벡터장(그림 I~IV)을 연결하고, 그 이유를 설명하여라.

29. $f(x, y)=x^2+y^2$

30. $f(x, y)=x(x+y)$

31. $f(x, y)=(x+y)^2$

32. $f(x, y)=\sin\sqrt{x^2+y^2}$

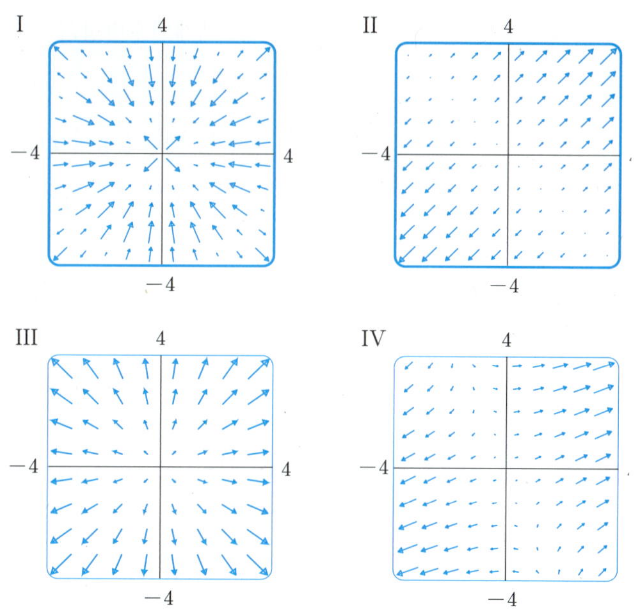

33. 어떤 움직이는 입자의 속도장은 $\mathbf{V}(x, y) = \langle x^2, x+y^2 \rangle$이다. 만약 입자의 위치가 $t=3$일 때 $(2, 1)$이라면, $t=3.01$일 때의 대략적인 위치를 구하여라.

34. 어떤 입자가 시간 $t=1$일 때 평면좌표 $(1, 3)$에 위치해 있다. 그 입자의 속도 벡터장은 $\mathbf{F}(x, y) = \langle xy-2, y^2-10 \rangle$이다. $t=1.05$일 때 입자의 대략적인 위치(평면좌표)를 구하여라.

35. 벡터장의 **흐름선(스트림 라인)**은 주어진 벡터장이 어떤 입자의 속도장이 되는 그 입자를 따라가는 궤도이다. 그러므로 벡터장에서의 벡터들은 그 흐름선과 접한다.

(a) 몇 개의 흐름선을 그리기 위해 벡터장 $\mathbf{F}(x, y) = x\,\mathbf{i} - y\,\mathbf{j}$의 그림을 이용하라. 그 그림으로부터 흐름선의 방정식을 추측할 수 있는가?

(b) 흐름선의 매개변수방정식을 $x=x(t)$ $y=y(t)$라 할 때, 이 함수들이 미분방정식 $dx/dt = x$, $dy/dt = -y$을 만족하는 이유를 설명하여라. 그리고 점 $(1, 1)$을 통과하여 지나가는 흐름선의 방정식을 찾기 위하여 미분방정식을 풀어라.

36. (a) 벡터장 $\mathbf{F}(x, y) = \mathbf{i} + x\,\mathbf{j}$를 그리고 흐름선 몇 개를 그려라. 이 흐름선은 어떤 모양이 되는가?

(b) 흐름선의 매개변수방정식을 $x=x(t)$, $y=y(t)$라고 한다면 어떤 미분방정식이 이 함수를 만족하는가? $dy/dx = x$라는 것을 추론해 내어라.

(c) 한 입자가 $\mathbf{F}$로 주어진 속도장의 원점에서 시작한다고 하면, 그것을 따르는 궤도의 방정식을 구하여라.

14.2 선적분

이 절에서는 폐구간 $[a, b]$ 위에서 적분하는 것 대신에 곡선 C위에서 적분하는 것을 제외하고는 단일 적분과 유사한 적분을 정의한다. 그런 적분을 "곡선적분"이 더 나은 용어임에도 불구하고 **선적분**이라 부른다. 이것은 19세기 초에 유체흐름, 힘, 전류, 자력 등이 포함된 문제를 풀기 위해 고안되었다.

매개변수방정식

$$x = x(t), \; y = y(t) \quad a \le t \le b \tag{1}$$

또는 벡터방정식 $\mathbf{r}(t) = x(t)\mathbf{i} + y(t)\mathbf{j}$로 주어진 평면곡선 C를 생각하자. C는 매끄러운 곡선이라 가정한다(이것은 $\mathbf{r}'$이 연속이고 $\mathbf{r}'(t) \ne \mathbf{0}$이라는 뜻이다. 11.3절 참조).

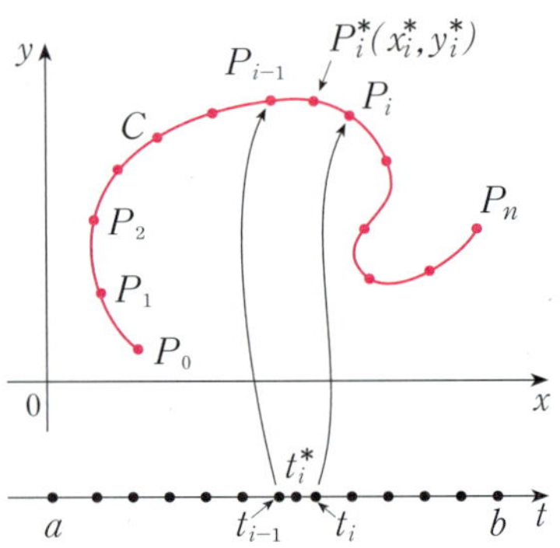

그림 1

매개변수 폐구간 $[a, b]$를 소폐구간 $[t_{i-1}, t_i]$로 n등분하고 $x_i = x(t_i)$, $y_i = y(t_i)$라 하면, 대응점 $P_i(x_i, y_i)$들은 C를 각각의 길이 $\Delta s_1, \Delta s_2, \cdots, \Delta s_n$(그림 1 참조)을 가진 n개의 소원호로 나눈다. i번째 소원호 위의 한 점 $P_i^*(x_i^*, y_i^*)$를 택한다(이것은 폐구간 $[t_{i-1}, t_i]$ 내의 한 점 t_i^*에 대응한다). 이제 f가 곡선 C를 포함하는 영역을 정의역으로 하는 두 개의 변수를 가진 어떤 함수라 하면, 그 점 (x_i^*, y_i^*)에서의 f의 함숫값에 소원호의 길이 Δs_i를 곱해서 합을 구하면 다음과 같이 리만 합과 비슷한 형태를 얻는다.

$$\sum_{i=1}^{n} f(x_i^*, y_i^*)\,\Delta s_i$$

그러므로 이 합의 극한을 택하면 단일 적분과 유사한 다음의 정의를 얻을 수 있다.

2 정의 f는 식 **1**에 의해 주어진 매끄러운 곡선 C 위에서 정의된 함수라 하자. 그러면 **C에서의 f의 선적분**은 그 극한이 존재할 때 다음과 같이 나타낸다.

$$\int_C f(x, y)\,ds = \lim_{n\to\infty}\sum_{i=1}^{n} f(x_i^*, y_i^*)\,\Delta s_i$$

8.4절에서 곡선 C의 길이가

$$L = \int_a^b \sqrt{\left(\frac{dx}{dt}\right)^2 + \left(\frac{dy}{dt}\right)^2}\,dt$$

임을 알 수 있었다. 앞에서 보았던 것처럼 만약 f가 연속이면 정의 **2**에서의 극한은 항상 존재한다는 것을 보일 수 있고 또한 선적분을 계산하기 위해 다음 공식을 사용할 수 있다.

$$\boxed{3}\quad \int_C f(x, y)\,ds = \int_a^b f(x(t), y(t))\sqrt{\left(\frac{dx}{dt}\right)^2 + \left(\frac{dy}{dt}\right)^2}\,dt$$

만약 t가 a에서 b까지 증가하는 동안 곡선이 정확히 한 번 지나갔다면 선적분 값은 곡선의 매개변수에 영향을 받지 않는다.

● 호의 길이 함수 s에 대한 논의는 11.3절을 참고하여라.

만약 $s(t)$가 $\mathbf{r}(a)$와 $\mathbf{r}(b)$ 사이의 C의 길이라고 하면

$$\frac{ds}{dt} = \sqrt{\left(\frac{dx}{dt}\right)^2 + \left(\frac{dy}{dt}\right)^2}$$

이다. 그러므로 식 **3**은 모든 것을 매개변수 t로 표현하는 것이다. x와 y를 매개변수 t로 표현하기 위해 매개변수방정식을 사용하고 ds를

$$ds = \sqrt{\left(\frac{dx}{dt}\right)^2 + \left(\frac{dy}{dt}\right)^2}\,dt$$

로 쓰자.

C가 $(a, 0)$에서 $(b, 0)$을 연결하는 선분인 특별한 경우에는 매개변수를 x로 써서 C의 매개변수방정식을 다음과 같이 쓸 수 있다. 따라서 식 **3**은 $x=x,\ y=0,\ a\le x\le b$와

$$\int_C f(x, y)\,ds = \int_a^b f(x, 0)\,dx$$

가 되고, 이 경우 선적분은 보통의 단일 적분이 된다.

단일적분에서와 같이 양의 함수의 선적분 값을 넓이라고 생각할 수 있다. 사실 $f(x, y)\ge 0$이면 $\int_C f(x, y)\,ds$는 그림 2에 있는 울타리나 커튼 모양의 한 면의 넓이를 나타내며, 밑변은 C이고 높이는 $f(x, y)$가 된다.

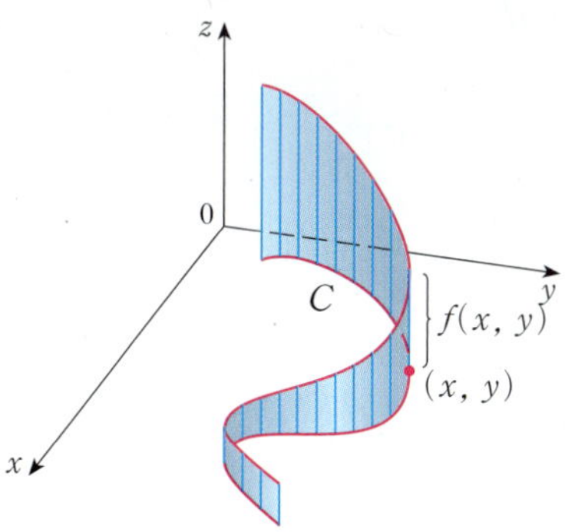

그림 2

예제 1 반원에서의 선적분 C가 그림 3과 같이 단위 원 $x^2+y^2=1$의 상반원일 때 $\int_C (2+x^2y)\,ds$를 계산하여라.

풀이 식 **3**을 이용하기 위해서, 우선 C를 나타내는 매개변수 함수가 필요하다. 먼저 단

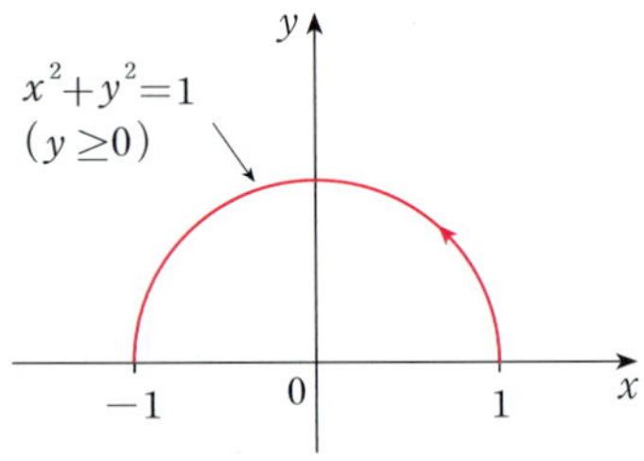

그림 3

위 원은 매개변수방정식 $x=\cos t$, $y=\sin t$로 표현될 수 있다는 것을 상기하고 단위원의 상반은 매개변수 구간 $0\leq t\leq \pi$(그림 3)에 의해 표현된다. 그러므로 식 **3**을 이용하면 다음과 같다.

$$\begin{aligned}\int_C (2+x^2y)\,ds &= \int_0^{\pi}(2+\cos^2 t\sin t)\sqrt{\left(\frac{dx}{dt}\right)^2+\left(\frac{dy}{dt}\right)^2}\,dt\\ &= \int_0^{\pi}(2+\cos^2 t\sin t)\sqrt{\sin^2 t+\cos^2 t}\,dt\\ &= \int_0^{\pi}(2+\cos^2 t\sin t)\,dt=\left[2t-\frac{\cos^3 t}{3}\right]_0^{\pi}\\ &= 2\pi+\frac{2}{3}\end{aligned}$$

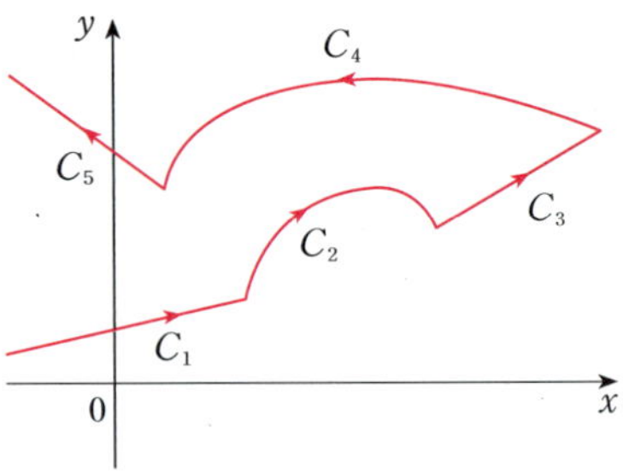

그림 4
구분적으로 매끄러운 곡선

이제 C를 **구분적으로 매끄러운 곡선**, 즉 C가 그림 4에서 보는 바와 같이 C_{i+1}의 시작점이 C_i의 종점이 되는 유한개의 매끄러운 곡선 $C_1, C_2, \cdots, C_n$의 합으로 주어졌다고 하자. 그러면 유한개의 매끄러운 부분을 따라 f를 각각 적분한 값들의 합으로 C에 대한 f의 적분을 정의할 수 있다.

$$\int_C f(x,y)\,ds=\int_{C_1} f(x,y)\,ds+\int_{C_2} f(x,y)\,ds+\cdots+\int_{C_n} f(x,y)\,ds$$

예제 2 구분적으로 매끄러운 곡선에서의 선적분 C가 포물선 $y=x^2$ 위의 두 점 (0, 0), (1, 1) 사이의 호 C_1과 두 점 (1, 1), (1, 2)를 잇는 수직선분 C_2로 주어졌을 때 $\int_C 2x\,ds$를 계산하여라.

풀이 곡선 C는 그림 5와 같다. C_1은 독립변수가 x인 함수의 그래프이다. 따라서 매개변수를 x로 하면 C_1에 대한 매개변수방정식은 $x=x$, $y=x^2$, $0\leq x\leq 1$ 이다. 그러므로 다음과 같다.

$$\begin{aligned}\int_{C_1} 2x\,ds &= \int_0^1 2x\sqrt{\left(\frac{dx}{dx}\right)^2+\left(\frac{dy}{dx}\right)^2}\,dx\\ &= \int_0^1 2x\sqrt{1+4x^2}\,dx=\frac{1}{4}\cdot\frac{2}{3}(1+4x^2)^{3/2}\Big]_0^1=\frac{5\sqrt{5}-1}{6}\end{aligned}$$

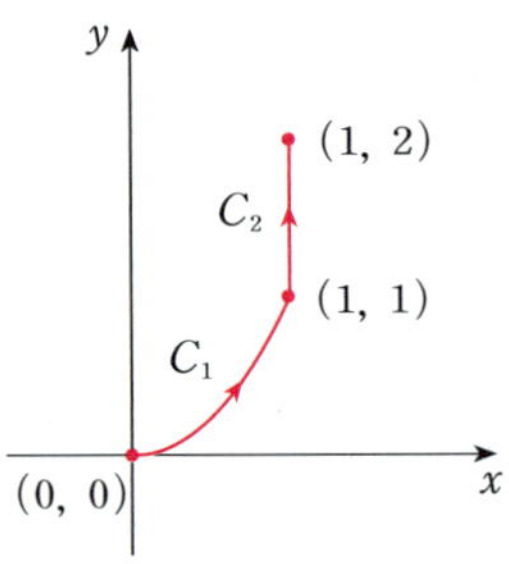

그림 5
$C=C_1\cup C_2$

C_2에 대해서는 매개변수를 y로 하면 C_2에 대한 매개변수방정식은 $x=1$, $y=y$, $1\leq y\leq 2$이고

$$\int_{C_2} 2x\,ds=\int_1^2 2(1)\sqrt{\left(\frac{dx}{dy}\right)^2+\left(\frac{dy}{dy}\right)^2}\,dy=\int_1^2 2\,dy=2$$

이다. 그러므로

$$\int_C 2x\,ds=\int_{C_1} 2x\,ds+\int_{C_2} 2x\,ds=\frac{5\sqrt{5}-1}{6}+2$$

선적분 $\int_C f(x,y)\,ds$에 대한 물리적인 해석은 함수 f의 물리적인 해석에 따라 달라진

다. 만약 $\rho(x, y)$가 곡선 C와 같은 모양을 가진 가는 철사의 한 점에서의 선형 밀도함수라고 가정해보자. 그러면 그림 1에 있는 두 점 p_{i-1}부터 p_i 사이의 철사 부분의 질량은 대략 $\rho(x_i^*, y_i^*)\Delta s_i$이고 따라서 철사의 모든 질량은 근사적으로 $\sum\rho(x_i^*, y_i^*)\Delta s_i$이다. 곡선 위에 점점 더 많은 점을 택하면 위 근삿값의 극한값으로 철사의 질량 m을 얻을 수 있다. (예를 들어, $f(x, y)=2+x^2y$가 반원 철사의 밀도 함수라고 하면 예제 1에서의 적분은 철사의 질량을 나타낸다). 밀도함수 ρ를 가진 철사의 **질량중심**은 다음과 같이 $(\bar{x}, \bar{y})$에 위치하게 된다.

$$m=\lim_{n\to\infty}\sum_{i=1}^{n}\rho(x_i^*, y_i^*)\Delta s_i=\int_C\rho(x, y)ds$$

4 $$\bar{x}=\frac{1}{m}\int_C x\rho(x, y)ds \qquad \bar{y}=\frac{1}{m}\int_C y\rho(x, y)ds$$

선적분의 다른 물리학적 해석은 이 장에서 다시 논의할 것이다.

예제 3 철사의 질량중심 철사가 윗부분보다 아랫부분이 더 두꺼운 상반원 $x^2+y^2=1$, $y\geq 0$의 모양을 하고 있다. 만일 선형 밀도함수가 철사 위의 각 점에서 직선 $y=1$과의 거리에 비례한다고 할 때 철사의 질량중심을 구하라.

풀이 예제 1에서와 같이 매개변수 $x=\cos t$, $y=\sin t$, $0\leq t\leq\pi$를 사용하면 $ds=dt$이다. 선형 밀도함수는 $\rho(x, y)=k(1-y)$이다. 여기서 k는 상수이고 따라서 철사의 질량은

$$m=\int_C k(1-y)ds=\int_0^\pi k(1-\sin t)dt=k\Big[t+\cos t\Big]_0^\pi=k(\pi-2)\text{이다.}$$

이다. 질량중심 식 4로부터

$$\begin{aligned}\bar{y}&=\frac{1}{m}\int_C y\rho(x, y)ds=\frac{1}{k(\pi-2)}\int_C yk(1-y)ds\\&=\frac{1}{\pi-2}\int_0^\pi(\sin t-\sin^2 t)dt=\frac{1}{\pi-2}\Big[-\cos t-\frac{1}{2}t+\frac{1}{4}\sin 2t\Big]_0^\pi\\&=\frac{4-\pi}{2(\pi-2)}\end{aligned}$$

이다. 주어진 문제가 y축에 대칭이므로 $\bar{x}=0$임을 알 수 있고 따라서 질량 중심은 다음과 같다(그림 6 참조).

$$\left(0, \frac{4-\pi}{2(\pi-2)}\right)\approx(0, 0.38)$$

■

정의 2에서 Δs_i를 $\Delta x_i=x_i-x_{i-1}$ 또는 $\Delta y_i=y_i-y_{i-1}$로 대체하면 두 개의 다른 선적분을 얻는다. 다음의 식들을 x, y에 대한 C 상에서의 f의 **선적분**이라 한다.

5 $$\int_C f(x, y)dx=\lim_{n\to\infty}\sum_{i=1}^{n}f(x_i^*, y_i^*)\Delta x_i$$

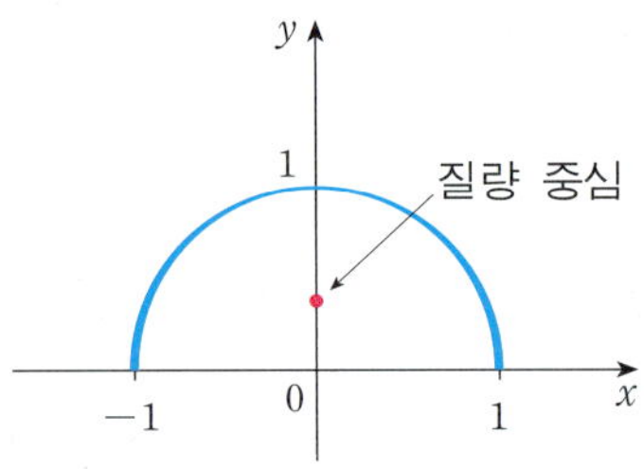

그림 6

6
$$\int_C f(x, y)dy = \lim_{n\to\infty} \sum_{i=1}^{n} f(x_i^*, y_i^*)\Delta y_i$$

원래의 선적분 $\int_C f(x, y)ds$를 식 **5**와 식 **6**에 있는 선적분과 구별하기 위해 **호길이에 대한 선적분**이라고 한다.

다음 공식에서 보는 바와 같이 x와 y에 대한 선적분은 $x=x(t)$, $y=y(t)$, $dx=x'(t)dt$, $dy=y'(t)dt$를 이용하여 모두 매개변수 t에 관한 식으로 표현할 수 있다.

7
$$\int_C f(x, y)dx = \int_a^b f(x(t), y(t))x'(t)dt$$
$$\int_C f(x, y)dy = \int_a^b f(x(t), y(t))y'(t)dt$$

x와 y에 대한 선적분을 함께 쓰는 경우가 종종 있다. 이때, 습관적으로 다음과 같이 간략히 쓰기도 한다.

$$\int_C P(x, y)dx + \int_C Q(x, y)dy = \int_C P(x, y)dx + Q(x, y)dy$$

선적분을 계산할 때 주어진 곡선에 대한 매개변수표현을 어떻게 할 것인가가 종종 가장 어렵다. 특히, 매개변수로 표현된 선분이 자주 필요하다. 그래서 $\mathbf{r}_0$에서 시작해서 $\mathbf{r}_1$으로 끝나는 선분의 벡터표현이 다음과 같이 식 **8**로 주어진다는 것을 기억해두면 좋을 것이다.($\mathbf{v}=\mathbf{r}_1-\mathbf{r}_0$를 갖는 10.5절의 식 **4**을 참조하라).

8
$$\mathbf{r}(t) = (1-t)\mathbf{r}_0 + t\mathbf{r}_1 \qquad 0 \le t \le 1$$

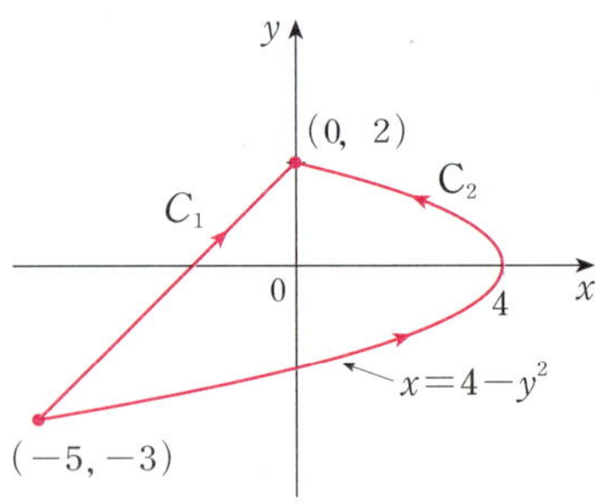

그림 7

예제 4 **같은 끝점을 갖는 두 곡선 위에서의 적분** (a) $C=C_1$이 $(-5, -3)$에서 $(0, 2)$ 사이의 선분이고, (b) $C=C_2$가 $(-5, -3)$에서 $(0, 2)$ 사이의 포물선 $x=4-y^2$의 호일 때(그림 7 참조) $\int_C y^2 dx + x\, dy$를 계산하여라.

풀이 (a) 주어진 선분에 대한 매개변수 표현은 $x=5t-5$, $y=5t-3$, $0 \le t \le 1$이다. ($\mathbf{r}_0=\langle -5, -3\rangle$과 $\mathbf{r}_1=\langle 0, 2\rangle$를 이용하여 식 **8**을 사용하라). 그러면 $dx=5dt$, $dy=5dt$이고, 따라서 식 **7**을 이용하면 다음과 같다.

$$\int_{C_1} y^2\, dx + x\, dy = \int_0^1 (5t-3)^2(5\, dt) + (5t-5)(5\, dt)$$
$$= 5\int_0^1 (25t^2 - 25t + 4)dt$$
$$= 5\left[\frac{25t^3}{3} - \frac{25t^2}{2} + 4t\right]_0^1 = -\frac{5}{6}$$

(b) y에 대한 함수로서 포물선이 주어졌기 때문에, y를 매개변수로 해서 $x=4-y^2$, $y=y$, $-3 \le y \le 2$라 하면 $dx=-2y\, dy$가 되고 식 **7**로부터 다음을 얻는다.

$$\int_{C_2} y^2\,dx + x\,dy = \int_{-3}^{2} y^2(-2y)dy + (4-y^2)dy$$
$$= \int_{-3}^{2} (-2y^3 - y^2 + 4)dy$$
$$= \left[-\frac{y^4}{2} - \frac{y^3}{3} + 4y \right]_{-3}^{2} = 40\frac{5}{6}$$

예제 4에서 두 곡선이 같은 끝점을 가졌음에도 불구하고 (a)와 (b)의 값이 달라진 것에 주목하자. 즉, 일반적으로 선적분의 값은 곡선의 끝점 뿐만 아니라 곡선의 경로에도 영향을 받는다(적분값이 곡선의 경로에 영향을 받지 않을 조건에 대해선 14.3절을 보라).

또한 예제 4의 결과는 곡선 경로의 방향에 따라 달라질 수 있다는 점에 주목하라. 곡선 $-C_1$이 $(0, 2)$에서 $(-5, -3)$까지의 선분을 표시한다면, $x=-5t$, $y=2-5t$, $0 \le t \le 1$로 매개변수화하여 다음과 같음을 알 수 있다.

$$\int_{-C_1} y^2\,dx + x\,dy = \frac{5}{6}$$

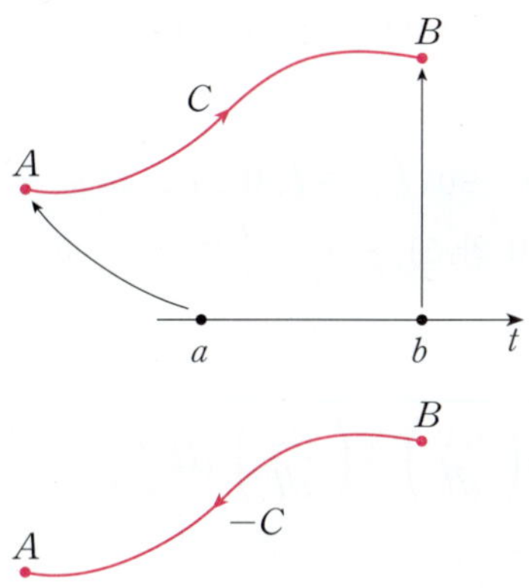

그림 8

일반적으로 주어진 매개변수표시 $x=x(t)$, $y=y(t)$, $a \le t \le b$에서 매개변수 t의 증가에 따른 대응하는 곡선 C의 방향을 양의 방향으로 한다(그림 8을 보면, 시작점 A는 매개변수값 a에 대응하고 끝점 B는 $t=b$에 대응한다).

만약 $-C$가 C의 같은 점들로 주어지고 방향이 반대인 곡선(그림 8에서 시작점 B에서 끝점 A까지)이라 한다면, 다음과 같은 식을 얻을 수 있다.

$$\int_{-C} f(x, y)dx = -\int_C f(x, y)dx, \quad \int_{-C} f(x, y)dy = -\int_C f(x, y)dy$$

그러나 호의 길이에 대한 적분을 할 때 선적분 값은 곡선의 방향을 반대로 해도 변하지 않는다.

$$\int_{-C} f(x, y)ds = \int_C f(x, y)ds$$

이는 C의 방향을 반대로 할 때 Δx_i와 Δy_i는 부호가 변하지만, Δs_i는 항상 양의 값이 되기 때문이다.

공간에서의 선적분

이제 C가 매개변수방정식 $x=x(t)$, $y=y(t)$, $z=z(t)$, $a \le t \le b$ 또는 벡터방정식 $\mathbf{r}(t) = x(t)\mathbf{i} + y(t)\mathbf{j} + z(t)\mathbf{k}$에 의해 주어진 매끄러운 공간 곡선이라고 생각해보자. 만일 f가 C를 포함한 어떤 영역 내에서 연속인 세 개의 변수를 갖는 함수라고 하면 평면에서의 곡선과 비슷한 방법으로 **C(호 길이에 대한)에 대한 f의 선적분**을 다음과 같이 정의할 수 있다.

$$\int_C f(x, y, z)ds = \lim_{n\to\infty} \sum_{i=1}^{n} f(x_i^*, y_i^*, z_i^*)\,\Delta s_i$$

식 **3**에서와 같이 비슷한 방법으로 계산하면

9 $$\int_C f(x, y, z)ds = \int_a^b f(x(t), y(t), z(t))\sqrt{\left(\frac{dx}{dt}\right)^2 + \left(\frac{dy}{dt}\right)^2 + \left(\frac{dz}{dt}\right)^2}\,dt$$

이다. 식 **3**과 식 **9**의 적분을 간략하게 벡터 기호로 줄여서 쓸 수 있음에 유의하라.

$$\int_a^b f(\mathbf{r}(t))\,|\mathbf{r}'(t)|\,dt$$

$f(x, y, z)=1$인 특수한 경우에 대하여, L이 곡선 C의 길이일 때 11.3절의 (식 **3** 참조)

$$\int_C ds=\int_a^b |\mathbf{r}'(t)|\,dt=L$$

이다. 또한 C에 대한 선적분을 x, y, z에 관해서도 정의할 수 있다. 예를 들면,

$$\int_C f(x, y, z)\,dz=\lim_{n\to\infty}\sum_{i=1}^{n} f(x_i^*, y_i^*, z_i^*)\,\Delta z_i$$
$$=\int_a^b f(x(t), y(t), z(t))\,z'(t)\,dt$$

그러므로 평면에서의 선적분과 같이 방정식

10 $$\int_C P(x, y, z)\,dx+Q(x, y, z)\,dy+R(x, y, z)\,dz$$

의 적분을 매개변수 t로 모든 (x, y, z, dx, dy, dz)를 표현하여 계산할 수 있다.

예제 5 공간에서의 선적분 C가 방정식 $x=\cos t$, $y=\sin t$, $z=t$, $0\le t\le 2\pi$로 주어진 원의 나선일 때, $\int_C y\sin z\,ds$를 계산하여라(그림 9 참조).

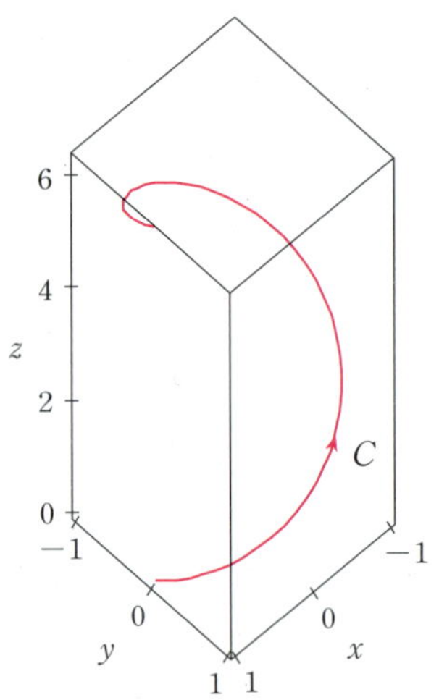

그림 9

풀이 식 **9**를 이용하면

$$\int_C y\sin z\,ds=\int_0^{2\pi}(\sin t)\sin t\sqrt{\left(\frac{dx}{dt}\right)^2+\left(\frac{dy}{dt}\right)^2+\left(\frac{dz}{dt}\right)^2}\,dt$$
$$=\int_0^{2\pi}(\sin^2 t)\sqrt{\sin^2 t+\cos^2 t+1}\;dt$$
$$=\sqrt{2}\int_0^{2\pi}\frac{1}{2}(1-\cos 2t)\,dt=\frac{\sqrt{2}}{2}\left[t-\frac{1}{2}\sin 2t\right]_0^{2\pi}=\sqrt{2}\pi$$ ■

예제 6 C가 점 $(2, 0, 0)$과 점 $(3, 4, 5)$를 잇는 선분 C_1과 점 $(3, 4, 5)$와 점 $(3, 4, 0)$을 잇는 수직 선분 C_2으로 구성되어 있을 때, $\int_C y\,dx+z\,dy+x\,dz$를 계산하여라.

풀이 곡선 C는 그림 10에 있다. 식 **8**을 이용하여 C_1을

$$\mathbf{r}(t)=(1-t)\langle 2, 0, 0\rangle+t\langle 3, 4, 5\rangle=\langle 2+t, 4t, 5t\rangle$$

로 쓰거나 매개변수 형식으로 $x=2+t$, $y=4t$, $z=5t$, $0\le t\le 1$로 쓴다. 그러면

$$\int_{C_1} y\,dx+z\,dy+x\,dz=\int_0^1(4t)\,dt+(5t)4\,dt+(2+t)5\,dt$$
$$=\int_0^1(10+29t)\,dt=10t+29\frac{t^2}{2}\Big]_0^1=24.5$$

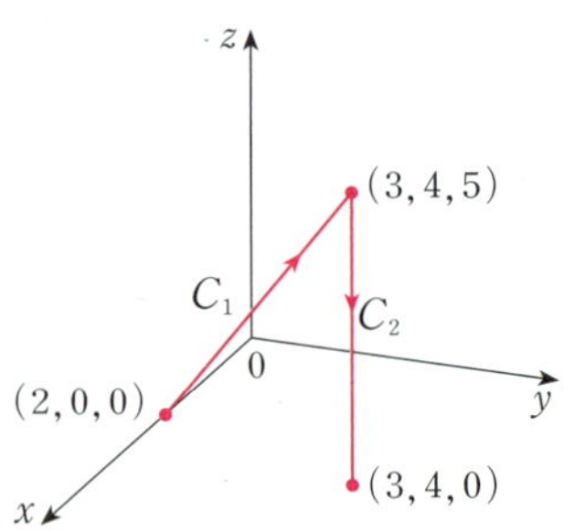

그림 10

마찬가지로, C_2는

$$\mathbf{r}(t)=(1-t)\langle 3, 4, 5\rangle+t\langle 3, 4, 0\rangle=\langle 3, 4, 5-5t\rangle$$

또는 $x=3, y=4, z=5-5t, 0\le t\le 1$이다. 그러면 $dx=0=dy$이며, 따라서

$$\int_{C_2} y\,dx+z\,dy+x\,dz=\int_0^1 3(-5)dt=-15$$

이다. 이 적분들의 합을 더하면

$$\int_C y\,dx+z\,dy+x\,dz=24.5-15=9.5$$

를 얻는다. ■

백터장에서의 선적분

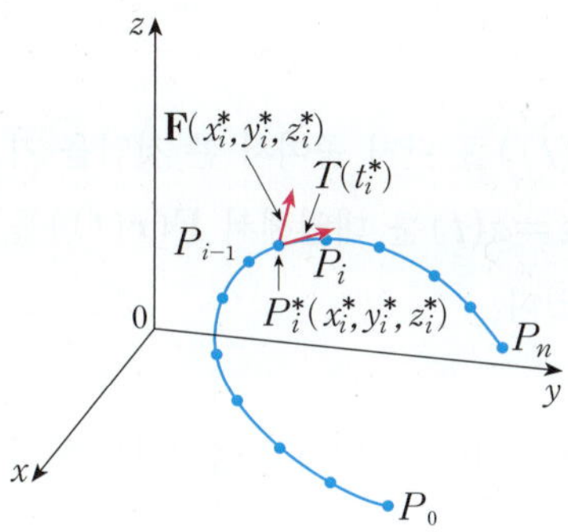

그림 11

8.6절에서 x축을 따라 a에서 b까지 한 입자를 움직이게 한 힘 $f(x)$가 한 일은 $W=\int_a^b f(x)dx$라는 것을 보았다. 그리고 10.3절에서는 공간내의 한 점 P에서 다른 점 Q까지 한 물체를 움직이게 한 일정한 힘 $\mathbf{F}$에 의해 행해진 일은 $W=\mathbf{F}\cdot\mathbf{D}$ 라는 것을 알았다. 여기서 $\mathbf{D}=\overrightarrow{PQ}$는 위치벡터이다. 이제 $\mathbf{F}=P\mathbf{i}+Q\mathbf{j}+R\mathbf{k}$가 14.1절에 있는 예제 4의 중력장과 같은 $\mathbb{R}^3$에서의 연속인 힘장이거나 혹은 14.1절의 예제 5의 전기장이라고 가정해보자($\mathbb{R}^2$ 위에서의 힘장은 $R=0$이고 P와 Q가 x와 y에만 종속되는 특별한 경우로 간주할 수 있다). 매끄러운 곡선 C를 따라 입자를 움직이게 한 힘이 한 일을 계산해보자.

매개변수 구간 $[a, b]$를 등간격인 소구간으로 나누어서 이에 대한 길이가 Δs_i인 부분호로 $P_{i-1}P_i$로 C를 나눌 수 있다(2차원인 경우는 그림 1, 3차원 경우는 그림 11을 참조). 매개변수 값 t_i^*에 대응하는 i번째 부분호 위의 한 점 $P_i^*(x_i^*, y_i^*, z_i^*)$를 선택한다. 만약 Δs_i가 작고, 입자가 곡선을 따라 P_{i-1}부터 P_i까지 움직이면, 입자는 P_i^*에서의 단위 접선 벡터인 $\mathbf{T}(t_i^*)$방향으로 근사적으로 움직인다고 볼 수 있다. 그러므로 P_{i-1}부터 P_i까지 입자를 움직이게 하는 힘 $\mathbf{F}$가 한 일은 근사적으로 다음과 같다.

$$\mathbf{F}(x_i^*, y_i^*, z_i^*)\cdot[\Delta s_i\mathbf{T}(t_i^*)]=[\mathbf{F}(x_i^*, y_i^*, z_i^*)\cdot\mathbf{T}(t_i^*)]\Delta s_i$$

그리고 C를 따라 입자를 움직이게 하는 힘이 한 전체 일은 근사적으로 다음과 같다.

11 $$\sum_{i=1}^{n}[\mathbf{F}(x_i^*, y_i^*, z_i^*)\cdot\mathbf{T}(x_i^*, y_i^*, z_i^*)]\Delta s_i$$

여기서 $\mathbf{T}(x, y, z)$는 C상의 한 점 (x, y, z)에서의 단위접선벡터이다. 직관적으로 이 근삿값들은 n이 커짐에 따라 참값에 더 가까워진다는 것을 알 수 있다. 그러므로 힘장 $\mathbf{F}$에 의해 행해진 **일** W는 식 **11**의 리만 합의 극한으로 정의한다. 즉,

12 $$W=\int_C \mathbf{F}(x, y, z)\cdot\mathbf{T}(x, y, z)ds=\int_C \mathbf{F}\cdot\mathbf{T}\,ds$$

식 **12**에서 보는 바와 같이 행해진 일은 힘의 접선 성분의 호의 길이에 관한 선적분 값임을 알 수 있다.

곡선 C가 벡터방정식 $\mathbf{r}(t)=x(t)\mathbf{i}+y(t)\mathbf{j}+z(t)\mathbf{k}$로 주어진다면 $\mathbf{T}(t)=\mathbf{r}'(t)/|\mathbf{r}'(t)|$이고, 따라서 식 **9**를 이용하여 식 **12**를 다음과 같은 형태로 다시 쓸 수 있다.

$$W=\int_a^b\left[\mathbf{F}(\mathbf{r}(t))\cdot\frac{\mathbf{r}'(t)}{|\mathbf{r}'(t)|}\right]|\mathbf{r}'(t)|dt=\int_a^b\mathbf{F}(\mathbf{r}(t))\cdot\mathbf{r}'(t)dt$$

이 적분을 종종 $\int_C \mathbf{F}\cdot d\mathbf{r}$이라고도 쓰고, 위 적분은 물리학의 다른 분야에서도 이용한다. 그러므로 연속적인 벡터장에 대한 선적분을 다음과 같이 정의한다.

> **13 정의** $\mathbf{F}$를 벡터함수 $\mathbf{r}(t)$, $a\le t\le b$로 주어진 매끄러운 곡선 C 위에서 정의된 연속인 벡터장이라 하자. 그러면 **C에 대한 $\mathbf{F}$의 선적분**은 다음과 같다.
>
> $$\int_C\mathbf{F}\cdot d\mathbf{r}=\int_a^b\mathbf{F}(\mathbf{r}(t))\cdot\mathbf{r}'(t)dt=\int_C\mathbf{F}\cdot\mathbf{T}\,ds$$

정의 13을 이용할 때 $\mathbf{F}(\mathbf{r}(t))$는 $\mathbf{F}(x(t), y(t), z(t))$를 단지 줄여서 쓴 것임을 기억하자. 그러므로 $\mathbf{F}(x,y,z)$에 $x=x(t)$, $y=y(t)$, $z=z(t)$를 대입해서 $\mathbf{F}(\mathbf{r}(t))$를 계산한다. 또한 형식적으로 $d\mathbf{r}=\mathbf{r}'(t)dt$로 표시할 수 있다.

● 그림 12는 예제 7에 있는 힘장과 곡선을 보여준다. 힘장이 곡선을 따라 움직이는 것을 방해하기 때문에 한 일은 음수이다.

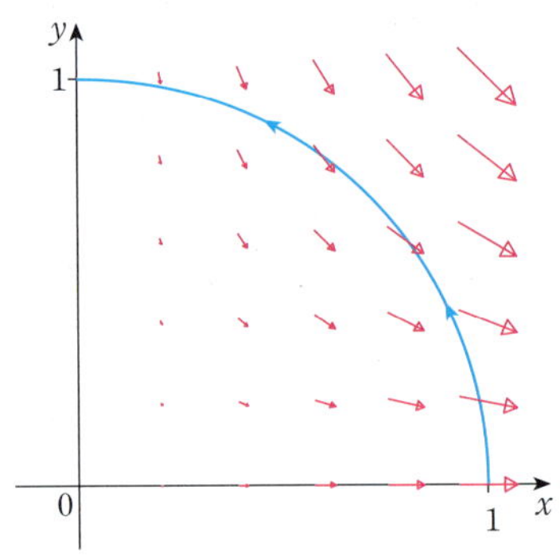

그림 12

예제 7 사분원 $\mathbf{r}(t)=\cos t\,\mathbf{i}+\sin t\,\mathbf{j}$, $0\le t\le\pi/2$를 따라 한 입자를 움직이는 힘장 $\mathbf{F}(x, y)=x^2\,\mathbf{i}-xy\,\mathbf{j}$가 한 일을 구하여라.

풀이 $x=\cos t$이고 $y=\sin t$이므로 $\mathbf{F}(\mathbf{r}(t))=\cos^2 t\,\mathbf{i}-\cos t\ \sin t\,\mathbf{j}$ 이고

$$\mathbf{r}'(t)=-\sin t\,\mathbf{i}+\cos t\,\mathbf{j}$$

이다. 그러므로 한 일은 다음과 같다.

$$\int_C\mathbf{F}\cdot d\mathbf{r}=\int_0^{\pi/2}\mathbf{F}(\mathbf{r}(t))\cdot\mathbf{r}'(t)dt=\int_0^{\pi/2}(-2\cos^2 t\sin t)dt$$

$$=2\left[\frac{\cos^3 t}{3}\right]_0^{\pi/2}=-\frac{2}{3}$$ ■

참고 비록 $\int_C\mathbf{F}\cdot d\mathbf{r}=\int_C\mathbf{F}\cdot\mathbf{T}\,ds$이고, 적분 방향이 반대일 때 호 길이에 대한 적분이 변하지 않더라도 $\int_{-C}\mathbf{F}\cdot d\mathbf{r}=-\int_C\mathbf{F}\cdot d\mathbf{r}$이다. 왜냐하면 C가 $-C$로 바뀌면 단위 접선벡터 $\mathbf{T}$도 $-\mathbf{T}$로 바뀌기 때문이다.

● 그림 13은 예제 8에 있는 꼬인 3차 곡선 C와 C상의 세 점에 작용하는 구체적인 힘 벡터들을 보여준다.

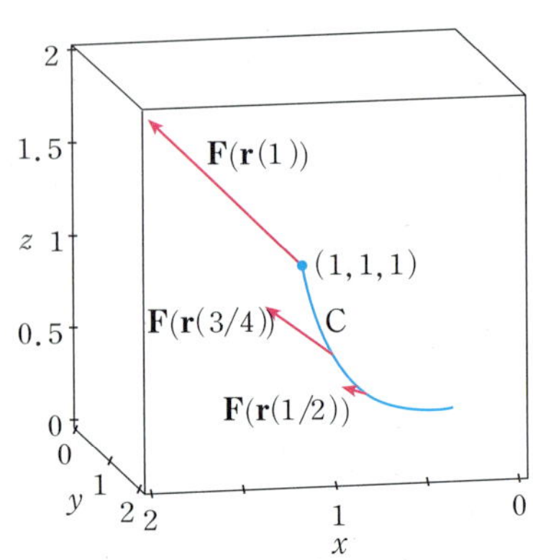

그림 13

예제 8 벡터장의 선적분 $\mathbf{F}(x, y, z)=xy\,\mathbf{i}+yz\,\mathbf{j}+zx\,\mathbf{k}$ 이고 C가 $x=t$, $y=t^2$, $z=t^3$, $0\le t\le 1$로 주어진 꼬인 3차 곡선일 때 $\int_C\mathbf{F}\cdot d\mathbf{r}$을 계산하여라.

풀이

$$\mathbf{r}(t)=t\,\mathbf{i}+t^2\,\mathbf{j}+t^3\,\mathbf{k},\quad \mathbf{r}'(t)=\mathbf{i}+2t\ \mathbf{j}+3t^2\,\mathbf{k}$$

$$\mathbf{F}(\mathbf{r}(t))=t^3\,\mathbf{i}+t^5\,\mathbf{j}+t^4\,\mathbf{k}$$

이므로 이를 이용해서 풀면 다음과 같다.

$$\int_C\mathbf{F}\cdot d\mathbf{r}=\int_0^1\mathbf{F}(\mathbf{r}(t))\cdot\mathbf{r}'(t)dt$$

$$=\int_0^1(t^3+5t^6)dt=\left[\frac{t^4}{4}+\frac{5t^7}{7}\right]_0^1=\frac{27}{28}$$ ■

마지막으로 벡터장의 선적분과 스칼라장에 대한 선적분 사이의 관계에 주목하자. $\mathbb{R}^3$상에서의 벡터장이 방정식 $\mathbf{F}=P\,\mathbf{i}+Q\,\mathbf{j}+R\,\mathbf{k}$와 같이 성분형식으로 주어졌다고 가정하자. 그것의 C를 따른 선적분을 계산하기 위해 정의 13을 사용하면 다음과 같다.

$$\begin{aligned}\int_C \mathbf{F}\cdot d\mathbf{r} &= \int_a^b \mathbf{F}(\mathbf{r}(t))\cdot\mathbf{r}'(t)dt \\ &= \int_a^b (P\,\mathbf{i}+Q\,\mathbf{j}+R\,\mathbf{k})\cdot(x'(t)\mathbf{i}+y'(t)\mathbf{j}+z'(t)\mathbf{k})dt \\ &= \int_a^b [P(x(t),\ y(t),\ z(t))x'(t)+Q(x(t),\ y(t),\ z(t))y'(t) \\ &\quad +R((x(t),\ y(t),\ z(t))z'(t)]dt\end{aligned}$$

그러나 위 식의 마지막 적분은 바로 10에 있는 선적분이다. 그러므로

$$\int_C \mathbf{F}\cdot d\mathbf{r}=\int_C P\,dx+Q\,dy+R\,dz,\ \text{단 } \mathbf{F}=P\,\mathbf{i}+Q\,\mathbf{j}+R\,\mathbf{k}$$

예를 들어, 예제 6에 있는 적분 $\int_C y\,dx+z\,dy+x\,dz$는 $\int_C \mathbf{F}\cdot d\mathbf{r}$로 표현할 수 있다. 단 $\mathbf{F}(x, y, z)=y\,\mathbf{i}+z\,\mathbf{j}+x\,\mathbf{k}$이다.

14.2 연습문제

(1~16) 주어진 곡선 C에 대한 선적분을 계산하여라.

1. $\int_C y\,ds$, C: $x=t^2$, $y=t$, $0\le t\le 2$
2. $\int_C xy\,ds$, C: $x=t^2$, $y=2t$, $0\le t\le 1$
3. $\int_C xy^4 ds$, C는 곡선 $x^2+y^2=16$의 오른쪽 반원이다.
4. $\int_C x\sin y\,ds$, C는 곡선 $(0, 3)$으로부터 $(4, 6)$까지의 선분이다.
5. $\int_C (x^2y^3-\sqrt{x})\,dy$, C는 곡선 $y=\sqrt{x}$의 점 $(1, 1)$로부터 $(4, 2)$까지의 호이다.
6. $\int_C \sin x\,dx$, C는 곡선 $x=y^4$의 $(1, -1)$부터 $(1, 1)$까지의 호이다.
7. $\int_C xy\,dx+(x-y)dy$, C는 $(0, 0)$부터 $(2, 0)$까지의 선분과 $(2, 0)$부터 $(3, 2)$까지의 선분으로 이루어져 있다.
8. $\int_C \sin x\,dx+\cos y\,dy$, C는 상반원 $x^2+y^2=1$의 점 $(1, 0)$으로부터 $(-1, 0)$까지의 호와 점 $(-1, 0)$으로부터 $(-2, 3)$까지의 선분으로 이루어져 있다.
9. $\int_C xy^3 ds$,
 C: $x=4\sin t$, $y=4\cos t$, $z=3t$, $0\le t\le \pi/2$
10. $\int_C xyz^2\,ds$, C는 $(-1, 5, 0)$으로부터 점 $(1, 6, 4)$까지의 선분이다.
11. $\int_C xe^{yz} ds$, C는 $(0, 0, 0)$부터 $(1, 2, 3)$까지의 선분
12. $\int_C (2x+9z)ds$, C: $x=t$, $y=t^2$, $z=t^3$, $0\le t\le 1$
13. $\int_C x^2y\sqrt{z}\,dz$, C: $x=t^3$, $y=t$, $z=t^2$, $0\le t\le 1$
14. $\int_C z\,dx+x\,dy+y\,dz$, C: $x=t^2$, $y=t^3$, $z=t^2$, $0\le t\le 1$
15. $\int_C (x+yz)dx+2x\,dy+xyz\,dz$,
 C는 $(1, 0, 1)$부터 $(2, 3, 1)$ 그리고 $(2, 3, 1)$부터 $(2, 5, 2)$까지의 선분으로 이루어져 있다.
16. $\int_C x^2\,dx+y^2\,dy+z^2\,dz$,
 C는 $(0, 0, 0)$부터 $(1, 2, -1)$까지 그리고 $(1, 2, -1)$부터 $(3, 2, 0)$까지의 선분으로 이루어져 있다.

17. $\mathbf{F}$를 그림과 같은 벡터장이라고 하자.

(a) C_1이 $(-3,\ -3)$부터 $(-3,\ 3)$까지의 수직 선분일 때, $\int_{C_1} \mathbf{F}\cdot d\mathbf{r}$이 양수, 음수 또는 0인지를 결정하여라.

(b) C_2가 중심이 원점이고 반지름이 3인 반시계 방향의 원일 때 $\int_{C_2} \mathbf{F}\cdot d\mathbf{r}$이 양수, 음수 또는 0인지를 결정하여라.

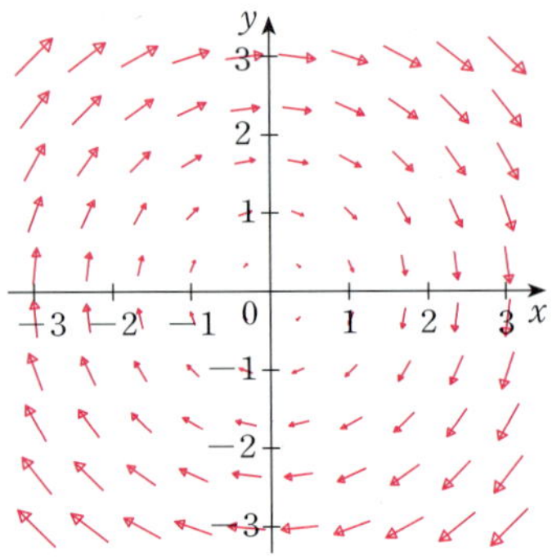

18. 그림은 벡터장 $\mathbf{F}$와 두 곡선 C_1과 C_2를 보여준다. C_1과 C_2 상의 $\mathbf{F}$의 선적분이 각각 양수, 음수 또는 0인지를 결정하고 그 이유를 설명하여라.

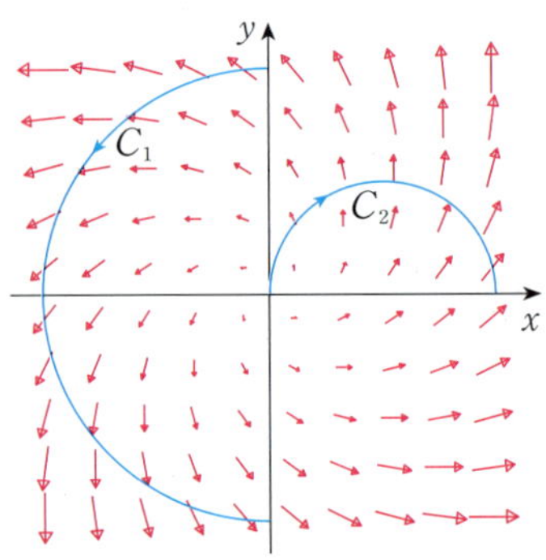

(19~22) C가 벡터함수 $\mathbf{r}(t)$로 주어졌을 때, 선적분 $\int_C \mathbf{F}\cdot d\mathbf{r}$을 계산하여라.

19. $\mathbf{F}(x, y) = xy\ \mathbf{i} + 3y^2\ \mathbf{j}$
$\mathbf{r}(t) = 11t^4\ \mathbf{i} + t^3\ \mathbf{j},\ 0 \le t \le 1$

20. $\mathbf{F}(x, y, z) = (x+y)\ \mathbf{i} + (y-z)\ \mathbf{j} + z^2\ \mathbf{k}$,
$\mathbf{r}(t) = t^2\ \mathbf{i} + t^3\ \mathbf{j} + t^2\ \mathbf{k},\ 0 \le t \le 1$

21. $\mathbf{F}(x, y, z) = \sin x\ \mathbf{i} + \cos y\ \mathbf{j} + xz\ \mathbf{k}$,
$\mathbf{r}(t) = t^3\ \mathbf{i} - t^2\ \mathbf{j} + t\ \mathbf{k},\ 0 \le t \le 1$

22. $\mathbf{F}(x, y, z) = z\ \mathbf{i} + y\ \mathbf{j} - x\ \mathbf{k}$,
$\mathbf{r}(t) = t\ \mathbf{i} + \sin t\ \mathbf{j} + \cos t\ \mathbf{k},\ 0 \le t \le \pi$

(23~26) 계산기나 CAS를 이용하여 다음의 선적분의 값을 소수점 넷째 자리까지 정확하게 구하여라.

23. $\int_C \mathbf{F}\cdot d\mathbf{r}$, $\mathbf{F}(x, y) = xy\ \mathbf{i} + \sin y\ \mathbf{j}$,
$\mathbf{r}(t) = e^t\ \mathbf{i} + e^{-t^2}\ \mathbf{j},\ 1 \le t \le 2$

24. $\int_C \mathbf{F}\cdot d\mathbf{r}$, $\mathbf{F}(x,\ y,\ z) = y \sin z\ \mathbf{i} + z \sin x\ \mathbf{j} + x \sin y\ \mathbf{k}$, $\mathbf{r}(t) = \cos t\ \mathbf{i} + \sin t\ \mathbf{j} + \sin 5t\ \mathbf{k},\ 0 \le t \le \pi$

25. $\int_C x \sin(y+z)\, ds$, C는 매개변수방정식 $x=t^2$, $y=t^3$, $z=t^4$, $0 \le t \le 5$이다.

26. $\int_C ze^{-xy}\, ds$, C는 매개변수방정식 $x=t$, $y=t^2$, $z=e^{-t}$, $0 \le t \le 1$이다.

CAS **(27~28)** C 위에서 $\mathbf{F}$의 선적분이 양수인지, 음수인지, 또는 0인지를 알기 위해 벡터장 $\mathbf{F}$와 곡선 C의 그래프를 이용하여라. 그리고 선적분을 계산하여라.

27. $\mathbf{F}(x,\ y) = (x-y)\mathbf{i} + xy\ \mathbf{j}$, C는 원 $x^2+y^2=4$ 상의 점 $(2, 0)$부터 점 $(0, -2)$까지의 반시계 방향의 호이다.

28. $\mathbf{F}(x,\ y) = \dfrac{x}{\sqrt{x^2+y^2}}\ \mathbf{i} + \dfrac{y}{\sqrt{x^2+y^2}}\ \mathbf{j}$,
C는 포물선 $y=1+x^2$ 상의 점 $(-1, 2)$부터 점 $(1, 2)$까지의 호이다.

29. (a) $\mathbf{F}(x,\ y) = e^{x-1}\ \mathbf{i} + xy\ \mathbf{j}$이고 C가 $\mathbf{r}(t) = t^2\ \mathbf{i} + t^3\ \mathbf{j}$, $0 \le t \le 1$로 주어졌을 때, 선적분 $\int_C \mathbf{F}\cdot d\mathbf{r}$를 계산하여라.

(b) (a)에서 주어진 그래픽용 계산기 또는 컴퓨터를 사용하여 곡선 C를 그리고 또한 $t=0,\ 1/\sqrt{2},\ 1$에 대한 벡터를 그림 13과 같이 나타내어라.

30. (a) $\mathbf{F}(x, y, z) = x\ \mathbf{i} - z\ \mathbf{j} + y\ \mathbf{k}$ 이고 C가 $\mathbf{r}(t) = 2t\ \mathbf{i} + 3t\ \mathbf{j} - t^2\ \mathbf{k}$, $-1 \le t \le 1$로 주어졌을 때, 선적분 $\int_C \mathbf{F}\cdot d\mathbf{r}$을 계산하여라.

(b) (a)에서 주어진 그래픽용 계산기 또는 컴퓨터를 사용하여 곡선 C를 그리고 또한 $t=\pm 1$과 $\pm\dfrac{1}{2}$에 대한 벡터를 그림 13과 같이 나타내어라.

CAS 31. $\int_C x^3y^2z\, ds$의 정확한 값을 구하여라. C는 매개변수방정식 $x=e^{-t}\cos 4t$, $y=e^{-t}\sin 4t$, $z=e^{-t}$, $0 \le t \le 2\pi$를 갖는 곡선이다.

32. (a) 원 $x^2+y^2=4$ 위를 반시계 방향으로 한번 도는 한 입자에 대한 힘장 $\mathbf{F}(x, y) = x^2\ \mathbf{i} + xy\ \mathbf{j}$가 한 일을 구하여라.

CAS (b) 한 좌표평면에 컴퓨터를 사용하여 (a)에서 주어진 힘장과 원을 그려라. 또한 그래프를 보고 (a)에서 얻은 결과를 설명하여라.

33. 가는 철사가 반원 $x^2+y^2=4$, $x\geq0$의 모양으로 구부러져 있다. 만약 선형밀도함수가 상수 k라면, 그 철사의 질량과 질량의 중심을 구하여라.

34. 밀도함수가 $\rho(x, y)=kxy$일 때 사분원 $x^2+y^2=r^2$, $x\geq0$, $y\geq0$ 모양의 가는 철사의 질량과 그 질량의 중심을 구하여라.

35. (a) 식 4와 비슷하게 곡선 C에서 밀도함수 $\rho(x, y, z)$를 가진 가는 철사의 질량 중심 $(\bar{x}, \bar{y}, \bar{z})$에 대한 식을 구하여라.

(b) 밀도함수가 상수 k일 때, $x=2\sin t$, $y=2\cos t$, $z=3t$ $0\leq t\leq 2\pi$로 주어진 나선 모양의 철사의 질량의 중심을 구하여라.

36. 한 점에서의 밀도가 원점으로부터 점까지의 거리의 제곱으로 주어졌을 때, $x=t$, $y=\cos t$, $z=\sin t$, $0\leq t\leq 2\pi$로 주어진 나선 모양의 철사의 질량과 질량의 중심을 구하여라.

37. 선형밀도함수가 $\rho(x, y)$인 한 철사가 곡선 C를 따라 놓여져 있을 때, 그것의 x와 y축에 대한 **관성모멘트**(moments of inertia)는 다음과 같이 정의된다.

$$I_x=\int_C y^2\rho(x, y)ds \qquad I_y=\int_C x^2\rho(x, y)ds$$

예제 35에 있는 철사의 관성모멘트를 구하여라.

38. 선형밀도함수 $\rho(x, y, z)$를 가진 철사를, 곡선 C를 따라 놓았을 때, 그것의 x, y, z축에 관한 **관성모멘트**는 다음과 같이 정의된다.

$$I_x=\int_C (y^2+z^2)\rho(x, y, z)ds$$
$$I_y=\int_C (x^2+z^2)\rho(x, y, z)ds$$
$$I_z=\int_C (x^2+y^2)\rho(x, y, z)ds$$

연습문제 35번의 철사에 대한 관성모멘트를 구하여라.

39. 사이클로이드 $\mathbf{r}(t)=(t-\sin t)\mathbf{i}+(1-\cos t)\mathbf{j}$, $0\leq t\leq 2\pi$의 호를 따라 한 물체를 움직이는 힘장 $\mathbf{F}(x, y)=x\,\mathbf{i}+(y+2)\mathbf{j}$이 한 일을 구하여라.

40. 포물선 $x=y^2+1$ 위의 점 $(1, 0)$부터 점 $(2, 1)$까지 한 입자를 움직이게 하는 힘장 $\mathbf{F}(x, y)=x^2\,\mathbf{i}+ye^x\,\mathbf{j}$가 한 일을 구하여라.

41. 직선 위의 점 $(1, 0, 0)$부터 점 $(3, 4, 2)$까지 한 입자를 움직이게 하는 힘장 $\mathbf{F}(x, y, z)=\langle y+z, x+z, x+y\rangle$가 한 행해진 일을 구하여라.

42. K가 상수일 때, 한 점 (x, y, z)에서 위치벡터 $\mathbf{r}=\langle x, y, z\rangle$를 갖는 입자가 원점의 전하에 미친 힘은 $\mathbf{F}(\mathbf{r})=K\mathbf{r}/|\mathbf{r}^3|$이다 (14.1절의 예제 5 참조). 입자가 점 $(2, 0, 0)$부터 점 $(2, 1, 5)$까지 직선을 따라 움직일 때 한 일을 구하여라.

43. 160파운드의 남자가 반경 20피트인 저장고를 둘러싸고 있는 나선형 계단을 따라 25파운드의 물감통을 나른다. 이 저장고의 높이는 90피트이고, 이 남자가 정확히 세 번을 회전하여 올라갔다면, 이 남자가 꼭대기까지 올라갈 때 중력에 대해 앞으로 행한 일은 얼마인가?

44. 위 문제 43에서 페인트 통에 구멍이 있어 남자가 저장고를 올라간 동안 캔 밖으로 일정하게 9피트의 페인트가 새고 있었다고 가정한다면 얼마의 일이 행해졌는가?

45. (a) 하나의 입자가 반경이 1인 원 $x^2+y^2=1$을 따라 일정한 속도로 움직이게 하는 상수로 주어지는 힘장이 한 일은 0임을 보여라.

(b) 위의 (a)에서 힘장이 $\mathbf{F}(\mathbf{x})=k\mathbf{x}$라 하자. 여기서 k는 상수이고 $\mathbf{x}=\langle x, y\rangle$이다. 이때 힘장이 한 일은 역시 0이 되겠는가?

46. 원형인 담의 밑은 반경이 10m인데 평면좌표상 $x=10\cos t$, $y=10\sin t$로 주어진다. 주어진 (x, y) 좌표에 해당하는 담의 높이는 $h(x, y)=4+0.01(x^2-y^2)$으로 주어진다. 그래서 높이는 3m에서 5m 사이이다. 100m^{2}을 칠하는 데 드는 페인트는 1L라고 가정하자. 담을 대략적으로 그리고 담의 양쪽 면을 페인트로 칠할 때 드는 페인트의 양을 구하라.

47. 아래 그림에 보여진 곡선 C를 따라 한 물체가 $(1, 2)$부터 $(9, 8)$까지 움직인다. 힘장 $\mathbf{F}$에서 벡터의 길이가 그림과 같을 때, $\mathbf{F}$에 의해 물체에 행해진 일을 계산하여라.

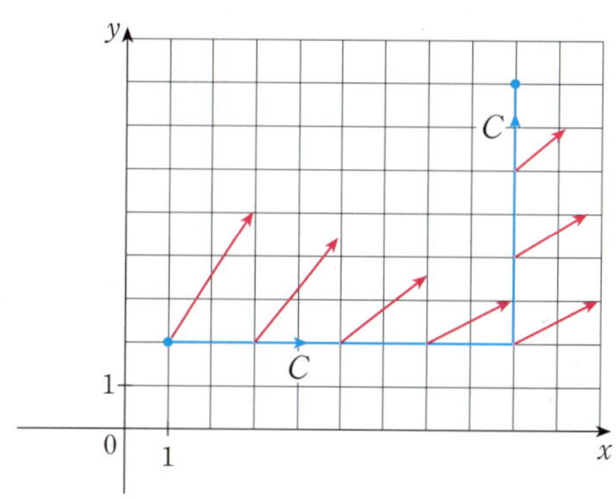

48. 여러 실험에서 긴 철사 위의 일정한 전류 I는 철사에 수직인

평면에 놓여져 있고, 중심이(그림에서와 같이) 철사의 축이 되는 어떤 원에 접하는 자기장 $\mathbf{B}$를 만들어낸다는 것을 알았다. 암페어의 법칙에 따르면 자기장과 전류의 관계는 $\int_C \mathbf{B}\cdot d\mathbf{r}=\mu_0 I$이다. 여기서 I는 폐곡선 C로 둘러싸인 곡면을 통과하는 순전류이고 μ_0는 자유공간의 투과라 불리는 상수이다. C를 반지름 r인 원이라 하면, 철사의 중심으로부터 거리가 r인 자기장의 크기 $B=|\mathbf{B}|$는 $B=\dfrac{\mu_0 I}{2\pi r}$임을 보여라.

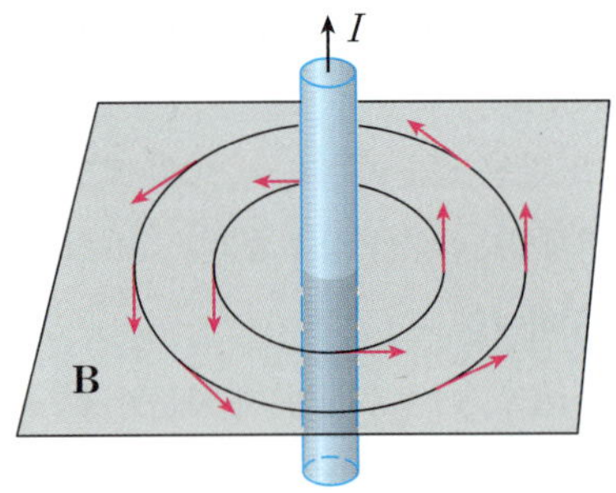

14.3 선적분에 대한 기본정리

7.4절에서 다룬 미분적분학의 기본정리가 다음과 같음을 상기하자.

1 $$\int_a^b F'(x)dx=F(b)-F(a)$$

여기서 F'는 폐구간 $[a, b]$ 위에서 연속이다. 또한 식 **1**을 순변화 정리라고 불렀다. 변화율에 대한 적분은 전체의 변화량이다.

두 개 혹은 세 개의 변수를 가진 함수 f의 그래디언트 벡터 ∇f를 f의 미분의 한 종류로 생각해보면 다음 정리는 선적분에 대한 기본정리의 한 경우로 간주할 수 있다.

2 정리 C를 벡터함수 $\mathbf{r}(t)$, $a\le t\le b$로 주어진 매끄러운 곡선이라 하자. f는 두 개 또는 세 개의 변수를 가진 미분가능한 함수이고 그것의 그래디언트 벡터 ∇f는 C 상에서 연속이라고 하자. 그러면 다음이 성립한다.

$$\int_C \nabla f\cdot d\mathbf{r}=f(\mathbf{r}(b))-f(\mathbf{r}(a))$$

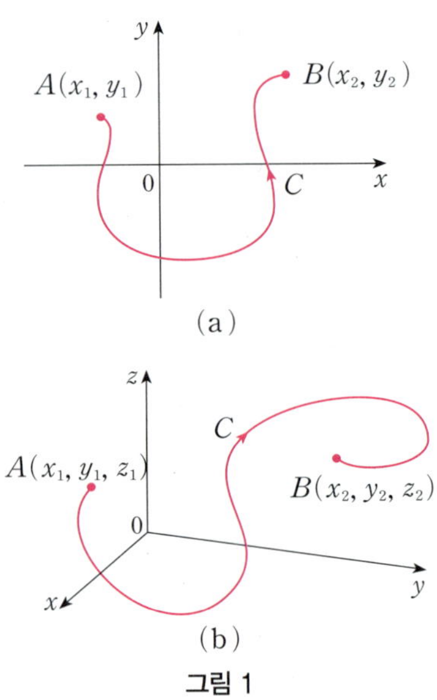

그림 1

참고 정리 **2**는 C의 끝점에서 f의 값을 아는 것만으로 보존적 벡터장(잠재 함수 f의 그래디언트 벡터장)의 선적분을 계산할 수 있다는 것을 말한다. 사실, 정리 **2**는 ∇f의 선적분이 f의 총 변화량이라는 것을 말한다. 만일 f가 두 개의 변수를 가진 함수이고 C가 그림 1(a)에서처럼 시작점 $A(x_1, y_1)$과 끝점 $B(x_2, y_2)$를 가진 곡선이라고 한다면, 정리 **2**는 다음과 같이 된다.

$$\int_C \nabla f\cdot d\mathbf{r}=f(x_2, y_2)-f(x_1, y_1)$$

만약 f가 그림 1(b)처럼 세 개의 변수를 가진 함수이고 C가 점 $A(x_1, y_1, z_1)$와

$B(x_2, y_2, z_2)$를 연결하는 곡선이라고 하면,

$$\int_C \nabla f \cdot d\mathbf{r} = f(x_2, y_2, z_2) - f(x_1, y_1, z_1)$$

이 성립한다. 이 경우에 대해 정리 2를 증명해보자.

정리 2의 증명 14.2절의 정의 13을 사용하면, 다음과 같은 식을 얻는다.

$$\begin{aligned}\int_C \nabla f \cdot d\mathbf{r} &= \int_a^b \nabla f(\mathbf{r}(t)) \cdot \mathbf{r}'(t)\,dt \\ &= \int_a^b \left(\frac{\partial f}{\partial x}\frac{dx}{dt} + \frac{\partial f}{\partial y}\frac{dy}{dt} + \frac{\partial f}{\partial z}\frac{dz}{dt}\right)dt \\ &= \int_a^b \frac{d}{dt} f(\mathbf{r}(t))\,dt \qquad \text{(연쇄법칙에 의해)} \\ &= f(\mathbf{r}(b)) - f(\mathbf{r}(a))\end{aligned}$$

마지막 등식은 미분적분학의 기본정리(식 1)에 의해 얻어진다. ■

정리 2가 매끄러운 곡선에 대해 증명된 것이긴 해도, 정리 2는 또한 구분적으로 매끄러운 곡선에 대해서도 사실이다. 이것은 C를 유한개의 매끄러운 곡선으로 나누어서 그 각각의 적분의 값을 더해보면 알 수 있다.

예제 1 기본정리를 적용한 일의 계산 구분적으로 매끄러운 곡선 C(14.2절의 예제 4 참조)를 따라 점 (3, 4, 12)부터 점 (2, 2, 0)까지 질량 m인 한 입자를 움직이는 중력장 $\mathbf{F}(\mathbf{x}) = -\dfrac{mMG}{|\mathbf{x}|^3}\mathbf{x}$에 의해 행해진 일을 구하여라.

풀이 14.1절에서 $\mathbf{F}$가 보존적 벡터장이고

$$f(x, y, z) = \frac{mMG}{\sqrt{x^2+y^2+z^2}}$$

일 때 $\mathbf{F} = \nabla f$라는 것을 알았다. 그러므로 정리 2에 의해, 행해진 일은 다음과 같다.

$$\begin{aligned}W &= \int_C \mathbf{F} \cdot d\mathbf{r} = \int_C \nabla f \cdot d\mathbf{r} = f(2, 2, 0) - f(3, 4, 12) \\ &= \frac{mMG}{\sqrt{2^2+2^2}} - \frac{mMG}{\sqrt{3^2+4^2+12^2}} = mMG\left(\frac{1}{2\sqrt{2}} - \frac{1}{13}\right)\end{aligned}$$ ■

▷ 경로의 독립

C_1과 C_2가 같은 시작점 A와 끝점 B를 가진 두 개의 구분적으로 매끄러운 곡선(경로라 불리는)이라고 하자. 14.2절의 예제 4에서 일반적으로 $\int_{C_1} \mathbf{F} \cdot d\mathbf{r} \neq \int_{C_2} \mathbf{F} \cdot d\mathbf{r}$이라는 것을 알았다. 그러나 정리 2의 한 가지 함축적 의미는 ∇f가 연속이면

$$\int_{C_1} \nabla f \cdot d\mathbf{r} = \int_{C_2} \nabla f \cdot d\mathbf{r}$$

이라는 것이다. 다시 말해, 보존적 벡터장의 선적분은 오로지 곡선의 시작점과 끝점에만

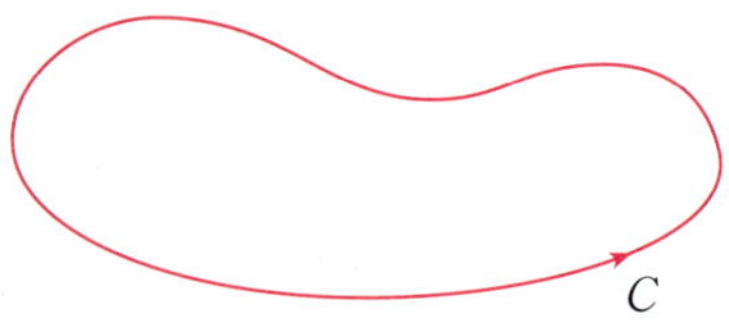

그림 2
닫힌 곡선

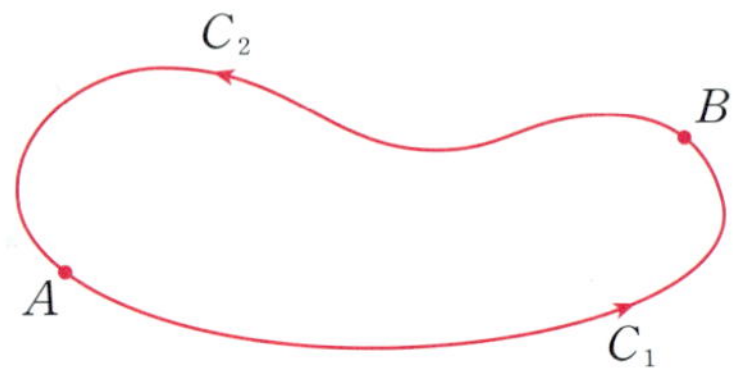

그림 3

영향을 받는다.

일반적으로, $\mathbf{F}$가 영역 D를 가진 연속인 벡터장이고, D에서 같은 시작점과 같은 끝점을 가진 임의의 두 경로 C_1과 C_2에 대해

$$\int_{C_1} \mathbf{F} \cdot d\mathbf{r} = \int_{C_2} \mathbf{F} \cdot d\mathbf{r}$$

이면 선적분 $\int_C \mathbf{F} \cdot d\mathbf{r}$가 **경로의 독립**(independent of path)이라고 한다. 따라서 보존적 벡터장의 선적분도 경로에 독립이라고 할 수 있다.

끝점과 시작점이 같으면 즉, $\mathbf{r}(b) = \mathbf{r}(a)$이면 그 곡선은 닫혀있다고 말한다(그림 2 참조). $\int_C \mathbf{F} \cdot d\mathbf{r}$이 D에서 경로의 독립이고 C가 D 내의 임의의 닫힌 경로라 한다면, C 위의 두 점 A, B를 택해 C를 A에서부터 B까지의 경로 C_1과 그 뒤를 따라 B에서부터 A까지의 C_2로 구성된 것이라고 할 수 있다(그림 3 참조). 그러면, C_1과 $-C_2$의 시작점과 끝점이 같으므로

$$\int_C \mathbf{F} \cdot d\mathbf{r} = \int_{C_1} \mathbf{F} \cdot d\mathbf{r} + \int_{C_2} \mathbf{F} \cdot d\mathbf{r} = \int_{C_1} \mathbf{F} \cdot d\mathbf{r} - \int_{-C_2} \mathbf{F} \cdot d\mathbf{r} = 0$$

반대로, 임의의 C가 D 안에서 닫힌 경로일 때마다 $\int_C \mathbf{F} \cdot d\mathbf{r} = 0$이 참이라면 다음과 같이 경로의 독립을 설명한다. A, B를 시작점과 끝점으로 하는 D 내의 두 경로 C_1과 C_2를 택해 C_1과 $-C_2$로 이루어진 C를 정의한다. 그러면

$$0 = \int_C \mathbf{F} \cdot d\mathbf{r} = \int_{C_1} \mathbf{F} \cdot d\mathbf{r} + \int_{-C_2} \mathbf{F} \cdot d\mathbf{r} = \int_{C_1} \mathbf{F} \cdot d\mathbf{r} - \int_{C_2} \mathbf{F} \cdot d\mathbf{r}$$

이고 따라서 $\int_{C_1} \mathbf{F} \cdot d\mathbf{r} = \int_{C_2} \mathbf{F} \cdot d\mathbf{r}$. 그러므로 다음 정리가 증명된다.

3 정리 $\int_C \mathbf{F} \cdot d\mathbf{r}$은 D 내의 경로의 독립 $\Leftrightarrow$ D 내의 임의의 닫힌 경로 C에 대해

$$\int_C \mathbf{F} \cdot d\mathbf{r} = 0.$$

임의의 보존적 벡터장 $\mathbf{F}$의 선적분이 경로에 독립이라는 것을 알고 있으므로, 임의의 닫힌 경로에 대하여 $\int_C \mathbf{F} \cdot d\mathbf{r} = 0$이 된다. 물리적으로 해석하면 물체가 닫힌 경로를 따라 한 바퀴 움직였다면(14.1절의 중력장이나 전기장과 같은) 보존적 벡터장에 의해 행해진 일이 0이라는 것이다.

다음 정리는 경로에 독립인 벡터장이 보존적이라는 것을 말한다. 평면에서의 곡선에 대해 설명하고 증명하였지만 공간에서의 곡선에 대해서도 비슷한 결과를 얻을 수 있다. D가 **열려있다**(open)고 가정하자. 이것은 D 내의 임의의 점 P에 대해서 D 안에 완전히 포함되는 중심 P를 가진 원판이 있다는 것을 뜻한다(따라서 D는 그것의 어떤 경계점들도 포함하지 않는다). 덧붙여서, D가 **연결되었다**(connected)고 하자. 이것은 D 안의 임의의 두 점이 D 내의 경로에 의해 연결될 수 있다는 뜻이다.

4 정리 $\mathbf{F}$가 열려 있고 연결된 영역 D에서 연속인 벡터장이라 하자. $\int_C \mathbf{F}\cdot d\mathbf{r}$이 D에서 경로의 독립이라면, 이때 $\mathbf{F}$는 D에서 보존적 벡터장이다. 즉, $\nabla f=\mathbf{F}$가 되는 함수 f가 존재한다.

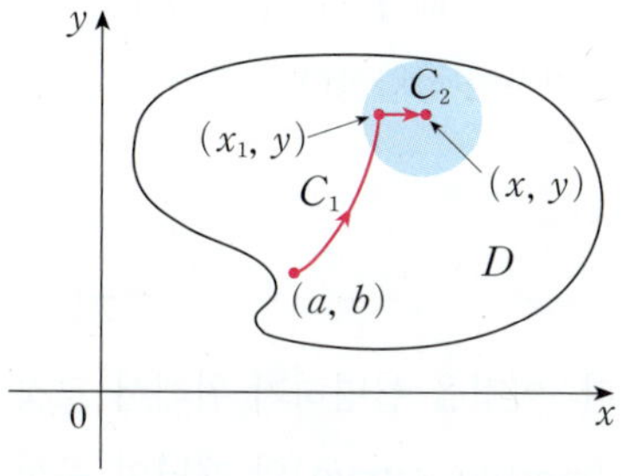

그림 4

증명 $A(a, b)$가 D 안의 고정된 점이라 하자. 우리는 원하는 잠재 함수 f를 D 안의 임의의 점 (x, y)에 대해, 다음과 같이 정의해서 만들 수 있다.

$$f(x, y)=\int_{(a, b)}^{(x, y)} \mathbf{F}\cdot d\mathbf{r}$$

$\int_C \mathbf{F}\cdot d\mathbf{r}$이 경로의 독립이므로 $f(x, y)$를 계산하기 위해 (a, b)에서 (x, y)까지의 경로 C를 임의로 택할 수 있다. D가 열려 있으므로, D에 중심이 (x, y)인 원판이 존재한다. 원판 안의 임의의 점 (x_1, y)를 $x_1<x$ 되게 택하고 C를 (a, b)부터 (x_1, y)까지의 임의의 경로 C_1과 (x_1, y)부터 (x, y)까지의 수평선분 C_2라 하자(그림 4 참조). 그러면

$$f(x, y)=\int_{C_1} \mathbf{F}\cdot d\mathbf{r}+\int_{C_2} \mathbf{F}\cdot d\mathbf{r}=\int_{(a, b)}^{(x_1, y)} \mathbf{F}\cdot d\mathbf{r}+\int_{C_2} \mathbf{F}\cdot d\mathbf{r}$$

이다. 위 식의 첫째 항은 x에 독립적이다. 따라서

$$\frac{\partial}{\partial x} f(x, y)=0+\frac{\partial}{\partial x}\int_{C_2} \mathbf{F}\cdot d\mathbf{r}$$

$\mathbf{F}=P\,\mathbf{i}+Q\,\mathbf{j}$라고 하면

$$\int_{C_2} \mathbf{F}\cdot d\mathbf{r}=\int_{C_2} P\,dx+Q\,dy$$

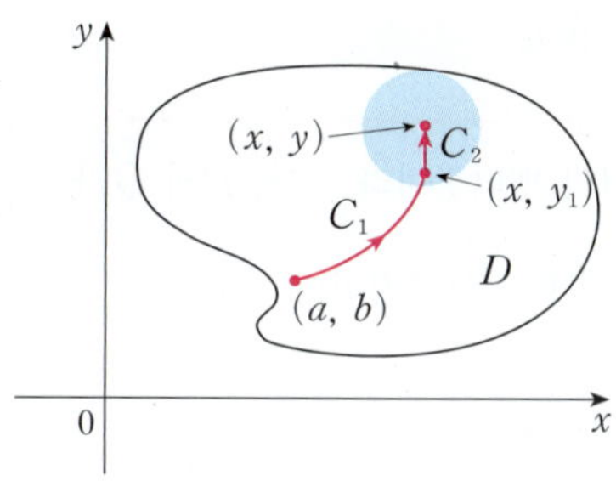

그림 5

C_2 상에서 y는 상수이므로 $dy=0$이다. 매개변수로 t를 써서, $x_1\le t\le x$일 때 미분적분학의 기본정리(7.4절 Part 1 참조)에 의해, 다음을 얻을 수 있다.

$$\frac{\partial}{\partial x} f(x, y)=\frac{\partial}{\partial x}\int_{C_2} P\,dx+Q\,dy=\frac{\partial}{\partial x}\int_{x_1}^{x} P(t, y)dt=P(x, y)$$

비슷한 논리로 수직선분(그림 5 참조)을 이용하면, 다음을 얻는다.

$$\frac{\partial}{\partial y} f(x, y)=\frac{\partial}{\partial y}\int_{C_2} P\,dx+Q\,dy=\frac{\partial}{\partial y}\int_{y_1}^{y} Q(x, t)\,dt=Q(x, y)$$

그러므로

$$\mathbf{F}=P\,\mathbf{i}+Q\,\mathbf{j}=\frac{\partial f}{\partial x}\mathbf{i}+\frac{\partial f}{\partial y}\mathbf{j}=\nabla f$$

이다. 이것은 $\mathbf{F}$가 보존적이라는 것을 말한다. ■

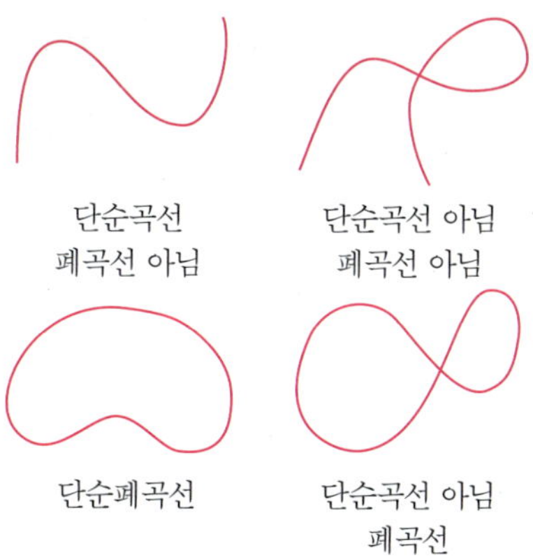

그림 6
곡선의 형태

벡터장 $\mathbf{F}$가 보존적인지 아닌지를 결정하는 것이 어떻게 가능한가 하는 질문이 남는다. P와 Q가 연속인 1계편도함수를 가질 때 $\mathbf{F}=P\,\mathbf{i}+Q\,\mathbf{j}$가 보존적이라고 하자. 그러면 $\mathbf{F}=\nabla f$인 함수 f가 존재하고, 즉

$$P=\frac{\partial f}{\partial x} \quad \text{그리고} \quad Q=\frac{\partial f}{\partial y}$$

이다. 그러므로 클레로의 정리에 의해 다음이 성립한다.

$$\frac{\partial P}{\partial y}=\frac{\partial^2 f}{\partial y\,\partial x}=\frac{\partial^2 f}{\partial x\,\partial y}=\frac{\partial Q}{\partial x}$$

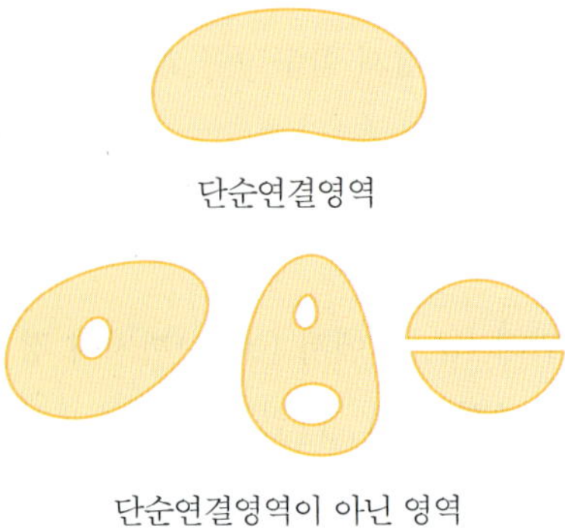

그림 7

> **5 정리** P와 Q가 영역 D에서 연속인 1계편도함수를 가질 때 $\mathbf{F}(x, y)=P(x, y)\mathbf{i}+Q(x, y)\mathbf{j}$가 보존적 벡터장이라 하면, 이때 D에서 다음이 성립한다.
>
> $$\frac{\partial P}{\partial y}=\frac{\partial Q}{\partial x}$$

정리 5의 역은 특별한 형태의 영역에 대해서만 참이다. 이것을 설명하기 위해서 그것의 양 끝점 사이 어느 곳에서도 교차하지 않는 **단순곡선**(simple curve)의 개념이 우선 필요하다(그림 6에서 단순폐곡선에 대해서 $\mathbf{r}(a)=\mathbf{r}(b)$이지만 $a<t_1<t_2<b$일 때는 $\mathbf{r}(t_1)\neq\mathbf{r}(t_2)$이다).

정리 4에서는 열린 연결영역이 필요했다. 다음 정리에서는 더 강한 조건이 필요하다. D 내의 임의의 단순폐곡선에 의해 둘러싸인 모든 점이 D에 포함될 때 연결영역 D를 **단순연결영역**(simple−connected region)이라고 한다. 그림 7에서 직관적으로 말하면 단순연결영역은 구멍을 포함하지 않으며 두 개의 분리된 부분으로 나누어지지 않는다.

단순연결영역의 용어로 이제 $\mathbb{R}^2$에서 벡터장이 보존적이라는 것을 판별하는데 있어 편리한 방법을 제시해주는 정리 5의 부분적인 역을 기술할 수 있다. 그린(Green)의 정리를 이용한 간략한 증명이 다음 절에 주어질 것이다.

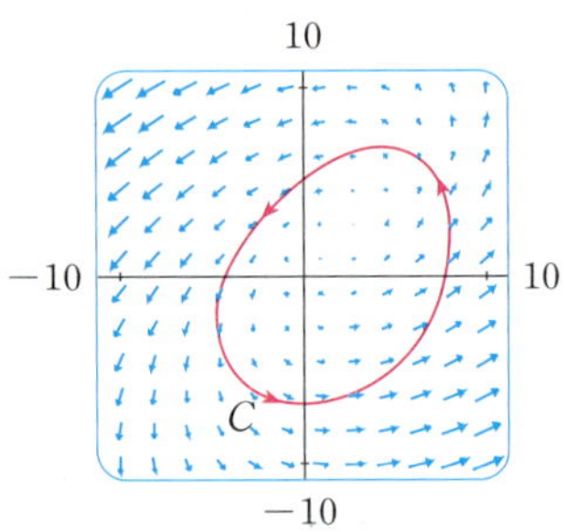

그림 8

> **6 정리** $\mathbf{F}=P\,\mathbf{i}+Q\,\mathbf{j}$가 열린 단순연결영역 D에서의 벡터장이라 하자. P와 Q가 D에서 연속인 1계도함수를 갖고 $\dfrac{\partial P}{\partial y}=\dfrac{\partial Q}{\partial x}$를 만족하면 $\mathbf{F}$는 보존적이다.

● 그림 8과 9는 예제 2, 3에서의 벡터장을 각각 나타낸다. 그림 8에서 폐곡선 C를 출발점으로 하는 벡터들의 방향은 거의 C의 방향과 같은 방향을 가리키고 있다. 따라서 $\int_C \mathbf{F}\cdot d\mathbf{r}>0$처럼 보인다. 그러므로 $\mathbf{F}$는 보존적이 아니다. 예제 2의 계산을 통해 더 확신을 갖는다. 그림 9에서 곡선 C_1과 C_2 근방의 일부 벡터들의 방향은 근사적으로 곡선의 방향과 같고, 일부 벡터들의 방향은 곡선의 반대방향을 가르킨다. 그러므로 임의의 폐곡선에 대한 선적분이 0일 것도 같다. $\mathbf{F}$가 보존적임을 예제 3에서 보았다.

예제 2 벡터장 $\mathbf{F}(x, y)=(x-y)\mathbf{i}+(x-2)\mathbf{j}$가 보존적인지 아닌지를 결정하라.

풀이 $P(x, y)=x-y$, $Q(x, y)=x-2$라 하자. 그러면

$$\frac{\partial P}{\partial y}=-1, \qquad \frac{\partial Q}{\partial x}=1$$

즉, $\dfrac{\partial P}{\partial y}\neq\dfrac{\partial Q}{\partial x}$이므로 정리 5에 의해서 $\mathbf{F}$는 보존적이 아니다. ■

예제 3 벡터장 $\mathbf{F}(x, y)=(3+2xy)\,\mathbf{i}+(x^2-3y^2)\,\mathbf{j}$가 보존적인지 아닌지를 결정하라.

풀이 $P(x, y)=3+2xy$, $Q(x, y)=x^2-3y^2$이라 하면

$$\frac{\partial P}{\partial y}=2x=\frac{\partial Q}{\partial x}$$

이다. 또한 $\mathbf{F}$의 영역이 전체평면 $(D=\mathbb{R}^2)$으로 열려 있고 단순 연결이다. 그러므로

정리 [6]을 적용할 수 있고, 따라서 **F**가 보존적이라는 결론을 얻을 수 있다. ■

예제 3에서, 정리 [6]은 **F**가 보존적이라는 것을 말해주고 있지만 $\mathbf{F}=\nabla f$가 되는(포텐셜) 함수 f를 찾는 방법을 말하지 않았다. 정리 [4]의 증명은 f를 찾는 방법에 대한 단서를 제공해준다. 다음 예제에서와 같이 "부분적분"을 사용한다.

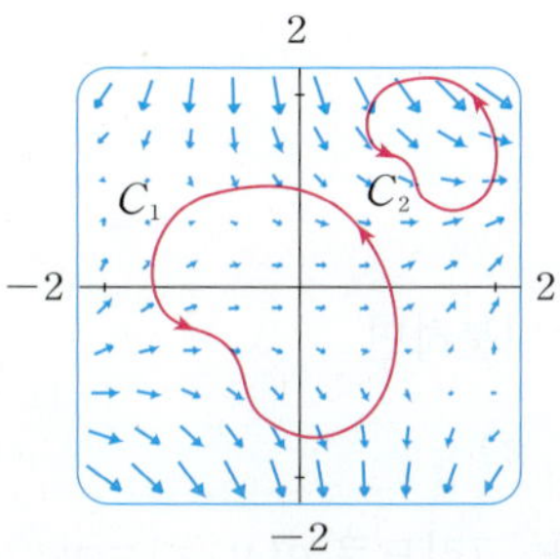

그림 9

예제 4 보존적 벡터장에서의 선적분

(a) $\mathbf{F}(x, y)=(3+2xy)\,\mathbf{i}+(x^2-3y^2)\,\mathbf{j}$일 때, $\mathbf{F}=\nabla f$가 되는 함수 f를 찾아라.

(b) C가 $\mathbf{r}(t)=e^t\sin t\,\mathbf{i}+e^t\cos t\,\mathbf{j}$, $0\le t\le\pi$로 주어진 곡선일 때 선적분 $\int_C \mathbf{F}\cdot d\mathbf{r}$을 구하라.

풀이 (a) 예제 3으로부터 **F**가 보존적이고 $\mathbf{F}=\nabla f$인 함수 f가 존재한다는 것을 알고 있다. 즉,

[7] $$f_x(x, y)=3+2xy$$

[8] $$f_y(x, y)=x^2-3y^2$$

[7]을 x에 대해서 적분하면, 다음을 얻는다.

[9] $$f(x, y)=3x+x^2y+g(y)$$

적분상수가 x에 대한 상수, 즉 y함수라는 것을 주목하라. 이것을 $g(y)$라고 놓았다. 다음 [9]의 양변을 y에 관해 미분하면

[10] $$f_y(x, y)=x^2+g'(y)$$

[8]과 [13]을 비교하면 $g'(y)=-3y^2$임을 알 수 있다. y에 관해 적분하면 $g(y)=-y^3+K$이다. 여기서 K는 상수이다. 이것을 [9]에 대입하면 원했던 잠재 함수를 다음과 같이 얻는다.

$$f(x, y)=3x+x^2y-y^3+K$$

(b) 정리 [2]를 이용하기 위해 꼭 알아야 할 것은 C의 시작과 끝점이다. 즉, $\mathbf{r}(0)=(0, 1)$, $\mathbf{r}(\pi)=(0, -e^{\pi})$. (a)에서 $f(x, y)$를 표현할 때, 상수 K는 어떤 값이 와도 좋으므로 $K=0$이라 하면

$$\int_C \mathbf{F}\cdot d\mathbf{r}=\int_C \nabla f\cdot d\mathbf{r}=f(0, -e^{\pi})-f(0, 1)$$
$$=e^{3\pi}-(-1)=e^{3\pi}+1$$

이다. 이 방법은 우리가 14.2절에서 배웠던 선적분을 계산하는 직접적인 방법보다 훨씬더 간단하다. ■

$\mathbb{R}^3$ 상에서 벡터장 **F**가 보존적인지 아닌지를 결정하는 기준은 14.5절에 나와 있다. 반면에 다음의 예제는 잠재 함수를 찾아내는 기법이 $\mathbb{R}^2$ 상에서의 벡터장들에 대한 것과 매우 유사하다.

예제 5 **3차원 벡터장에서의 잠재 함수 찾기** $\mathbf{F}(x, y, z)=y^2\,\mathbf{i}+(2xy+e^{3z})\,\mathbf{j}+3ye^{3z}\,\mathbf{k}$일 때, $\nabla f=\mathbf{F}$가 되는 함수 f를 찾아라.

풀이 만약 그런 함수 f가 있다고 하면

11 $$f_x(x, y, z)=y^2$$

12 $$f_y(x, y, z)=2xy+e^{3z}$$

13 $$f_z(x, y, z)=3ye^{3z}$$

11을 x에 관해 적분하면, 다음과 같은 식을 얻는다.

14 $$f(x, y, z)=xy^2+g(y, z)$$

여기서 $g(y, z)$는 x에 관한 상수이다. 14를 y에 관해 미분하면

$$f_y(x, y, z)=2xy+g_y(y, z)$$

를 얻고, 그것을 12와 비교하면 $g_y(y, z)=e^{3z}$가 된다. 그러므로 $g(y, z)=ye^{3z}+h(z)$이고 14를 다음과 같이 쓸 수 있다.

$$f(x, y, z)=xy^2+ye^{3z}+h(z)$$

마지막으로 z에 관해 미분해서 13과 비교하면 $h'(z)=0$이고, $h(z)=K$이다(K는 상수). 그러므로 $f(x, y, z)=xy^2+ye^{3z}+K$이다. 쉽게 $\nabla f=\mathbf{F}$라는 것을 확인할 수 있다. ■

▷ 에너지 보존

이 장의 생각들을 $\mathbf{r}(t)$, $a\le t\le b$로 주어진 경로 C를 따라 한 물체를 움직이는 연속인 힘장 $\mathbf{F}$에 적용시켜보자. 여기서 $\mathbf{r}(a)=A$, $\mathbf{r}(b)=B$가 각각 C의 시작점과 끝점이다. 뉴턴의 운동의 제2법칙(11.4절 참조)에 따르면 C 위의 한 점에서의 힘 $\mathbf{F}(\mathbf{r}(t))$는 방정식 $\mathbf{F}(\mathbf{r}(t))=m\mathbf{r}''(t)$에 의해 가속도 $\mathbf{a}(t)=\mathbf{r}''(t)$와 관계가 있다. 따라서 그 물체에 가한 힘이 한 일은 다음과 같다.

$$\begin{aligned} W&=\int_C \mathbf{F}\cdot d\mathbf{r}=\int_a^b \mathbf{F}(\mathbf{r}(t))\cdot\mathbf{r}'(t)\,dt=\int_a^b m\mathbf{r}''(t)\cdot\mathbf{r}'(t)\,dt \\ &=\frac{m}{2}\int_a^b \frac{d}{dt}[\mathbf{r}'(t)\cdot\mathbf{r}'(t)]\,dt && \text{(11.2절의 3, 식 4)} \\ &=\frac{m}{2}\int_a^b \frac{d}{dt}|\mathbf{r}'(t)|^2\,dt=\frac{m}{2}[|\mathbf{r}'(t)|^2]_a^b && \text{(미분적분학의 기본정리)} \\ &=\frac{m}{2}(|\mathbf{r}'(b)|^2-|\mathbf{r}'(a)|^2) \end{aligned}$$

그러므로

15 $$W=\frac{1}{2}m|\mathbf{v}(b)|^2-\frac{1}{2}m|\mathbf{v}(a)|^2$$

여기서 $\mathbf{v}=\mathbf{r}'$은 속도이다.

$\frac{1}{2}m|\mathbf{v}(t)|^2$, 즉 질량의 반과 속도의 제곱의 곱은 물체의 운동에너지(kinetic energy)이다. 그러므로 식 **15**를 다음과 같이 다시 쓸 수 있다.

16 $$W=K(B)-K(A)$$

이것은 C를 따라 힘장이 한 일이 C의 끝점에서 운동에너지의 변화량과 같다는 것을 말한다.

이제 $\mathbf{F}$가 보존적 힘장이라고 가정하자. 즉, $\mathbf{F}=\nabla f$라 쓸 수 있다. 물리학에서 점 (x, y, z)에서 한 물체의 위치 에너지는 $P(x, y, z)=-f(x, y, z)$로 정의되고, 따라서 $\mathbf{F}=-\nabla P$이다. 그러면 정리 **2**에 의해 다음과 같다.

$$W=\int_C \mathbf{F}\cdot d\mathbf{r}=-\int_C \nabla P\cdot d\mathbf{r}=-[P(\mathbf{r}(b))-P(\mathbf{r}(a))]=P(A)-P(B)$$

이것을 식 **16**과 비교하면 $P(A)+K(A)=P(B)+K(B)$가 된다. 이것은 만약 한 물체가 보존적 힘장의 영향 하에서 한 점 A로부터 다른 점 B까지 움직인다면, 그것의 위치에너지와 운동에너지의 합은 일정함을 뜻한다. 이것을 **에너지 보존법칙**이라 하고, 그런 이유로 벡터장이 보존적이다라고 한다.

14.3 연습문제

1. 다음 그림은 곡선 C와 그것의 그래디언트가 연속인 한 함수 f의 등고선 지도를 나타낸다. $\int_C \nabla f\cdot d\mathbf{r}$을 구하여라.

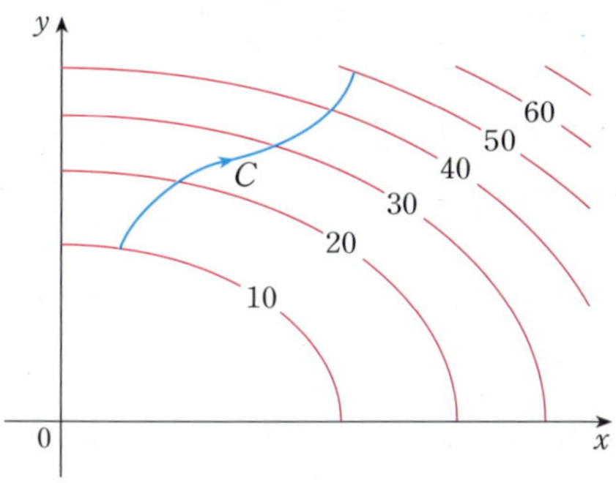

2. 연속인 그래디언트를 가진 함수 f의 값들이 표로 주어져 있다. C가 매개변수방정식 $x=t^2+1$, $y=t^3+t$, $0\le t\le 1$로 주어질 때, $\int_C \nabla f\cdot d\mathbf{r}$을 구하여라.

x \ y	0	1	2
0	1	6	4
1	3	5	7
2	8	2	9

(3~10) $\mathbf{F}$가 보존적 벡터장인지 아닌지를 결정하시오. 만약 그렇다면, $\mathbf{F}=\nabla f$인 함수 f를 구하여라.

3. $\mathbf{F}(x, y)=(2x-3)\mathbf{i}+(-3x+4y-8)\mathbf{j}$
4. $\mathbf{F}(x, y)=e^x\sin y\,\mathbf{i}+e^x\cos y\,\mathbf{j}$
5. $\mathbf{F}(x, y)=e^x\cos y\,\mathbf{i}+e^x\sin y\,\mathbf{j}$
6. $\mathbf{F}(x, y)=(3x^2-2y^2)\mathbf{i}+(4xy+3)\mathbf{j}$
7. $\mathbf{F}(x, y)=(ye^x+\sin y)\mathbf{i}+(e^x+x\cos y)\mathbf{j}$
8. $\mathbf{F}(x, y)=(3x^2-2y^2)\mathbf{i}+(4xy+3)\mathbf{j}$
9. $\mathbf{F}(x, y)=(\ln y+2xy^3)\mathbf{i}+(3x^2y^2+x/y)\mathbf{j}$
10. $\mathbf{F}(x, y)=(xy\cos xy+\sin xy)\mathbf{i}+(x^2\cos xy)\mathbf{j}$

11. 다음 그림은 벡터장 $\mathbf{F}(x, y)=\langle 2xy, x^2\rangle$과 $(1, 2)$를 시작점으로 하고 $(3, 2)$를 종점으로 하는 세 개의 곡선을 나타내고 있다.

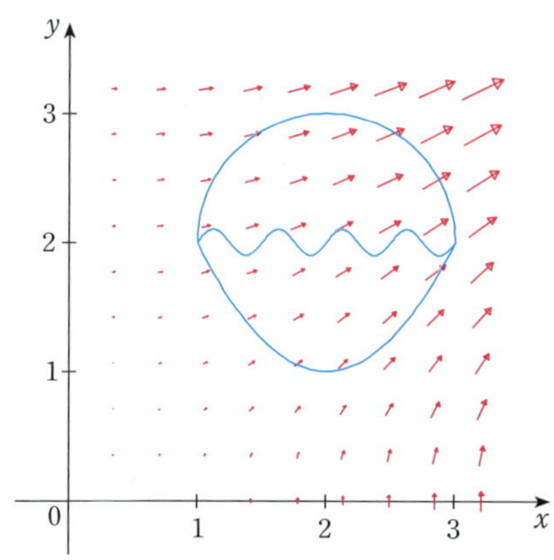

(a) 왜 $\int_C \mathbf{F}\cdot d\mathbf{r}$이 세 개의 곡선 모두에 대해서 같은 값을 갖는

지 설명하여라.

(b) 이 공통의 값은 얼마인가?

(12~18) (a) $\mathbf{F}=\nabla f$가 되는 함수 f를 구하라.

(b) (a)를 이용하여 주어진 곡선 C를 따라 $\int_C \mathbf{F}\cdot d\mathbf{r}$을 계산하여라.

12. $\mathbf{F}(x, y)=x^2\,\mathbf{i}+y^2\,\mathbf{j}$, C는 점 $(-1, 2)$에서 시작해서 점 $(2, 8)$에서 끝나는 포물선 $y=2x^2$이다.

13. $\mathbf{F}(x, y)=xy^2\ \mathbf{i}+x^2y\ \mathbf{j}$,

C: $\mathbf{r}(t)=<t+\sin\frac{1}{2}\pi t, t+\cos\frac{1}{2}\pi t>$, $0\le t\le 1$

14. $\mathbf{F}(x, y)=\dfrac{y^2}{1+x^2}\,\mathbf{i}+2y\arctan x\,\mathbf{j}$,

C: $\mathbf{r}(t)=t^2\,\mathbf{i}+2t\,\mathbf{j}$, $0\le t\le 1$

15. $\mathbf{F}(x, y, z)=yz\,\mathbf{i}+xz\,\mathbf{j}+(xy+2z)\,\mathbf{k}$,

C는 점 $(1, 0, -2)$에서 점 $(4, 6, 3)$까지의 선분이다.

16. $\mathbf{F}(x, y, z)=(2xz+y^2)\mathbf{i}+2xy\,\mathbf{j}+(x^2+3z^2)\mathbf{k}$,

C: $x=t^2$, $y=t+1$, $z=2t-1$, $0\le t\le 1$

17. $\mathbf{F}(x, y, z)=y^2\cos z\,\mathbf{i}+2xy\cos z\,\mathbf{j}-xy^2\sin z\,\mathbf{k}$,

C: $\mathbf{r}(t)=t^2\ \mathbf{i}+\sin t\,\mathbf{j}+t\,\mathbf{k}$, $0\le t\le\pi$

18. $\mathbf{F}(x, y, z)=e^y\,\mathbf{i}+xe^y\,\mathbf{j}+(z+1)e^z\,\mathbf{k}$,

C: $\mathbf{r}(t)=t\ \mathbf{i}+t^2\ \mathbf{j}+t^3\ \mathbf{k}$, $0\le t\le 1$

(19~20) 선적분이 경로의 독립이라는 것을 보이고, 적분값을 계산하여라.

19. $\int_C \tan y\,dx+x\sec^2 y\,dy$, C는 점 $(1, 0)$에서 점 $(2, \pi/4)$까지의 임의의 경로이다.

20. $\int_C (1-ye^{-x})dx+e^{-x}dy$, C는 점 $(0, 1)$부터 점 $(1, 2)$까지의 임의의 경로이다.

21. 여러분은 어떤 한 입자를 한 지점에서 다른 지점으로 움직이는 힘장 $\mathbf{F}$에 대하여 최소의 일을 필요로 하는 곡선을 결정해야 한다고 가정하자. 또한 $\mathbf{F}$가 보존적이라고 가정하자. 위 질문에 어떻게 답변할 것인가?

22. 어떤 한 입자를 점 $(1, 2)$에서 점 $(5, -3)$으로 움직일 때, 곡선 경로 C_1을 따라서는 힘장 $\mathbf{F}$에 대한 필요한 일의 양은 1.2J이고, 곡선 경로 C_2를 따를 때 필요한 일의 양은 1.4J이다. $\mathbf{F}$에 대하여 어떠한 결론을 내릴 수 있는가? 그 이유는?

(23~24) P부터 Q까지 물체를 움직이는 힘장 $\mathbf{F}$가 한 일을 구하여라.

23. $\mathbf{F}(x, y)=2y^{3/2}\,\mathbf{i}+3x\sqrt{y}\,\mathbf{j}$; $P(1, 1)$, $Q(2, 4)$

24. $\mathbf{F}(x, y)=e^{-y}\,\mathbf{i}-xe^{-y}\,\mathbf{j}$; $P(0, 1)$, $Q(2, 0)$

(25~26) 다음 그림의 벡터장은 보존적인가? 설명하여라.

25. 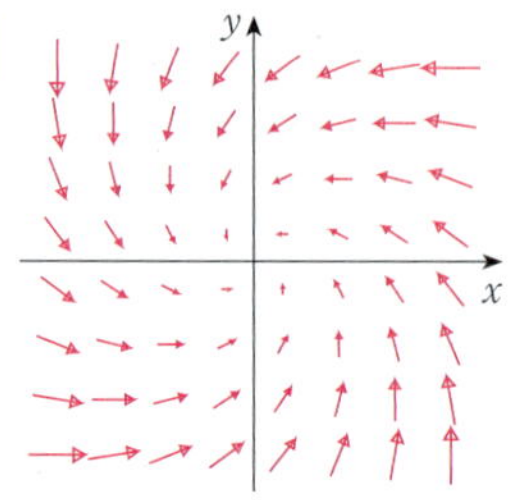

26. 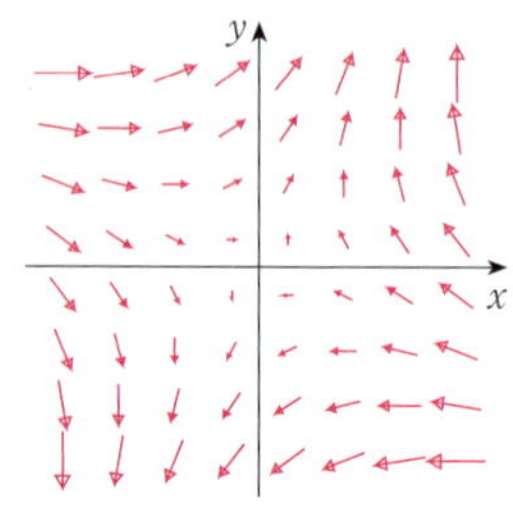

CAS 27. 벡터장 $\mathbf{F}(x, y)=\sin y\,\mathbf{i}+(1+x\cos y)\mathbf{j}$가 주어졌다. $\mathbf{F}$를 그려서 보존적인지 추측해보고 그 추측이 옳은가를 결정하여라.

28. $\mathbf{F}=\nabla f$라 하자. 여기서 $f(x, y)=\sin(x-2y)$이다. 닫혀 있지 않고, 다음 방정식을 만족하는 곡선 C_1과 C_2를 찾아라.

(a) $\int_{C_1}\mathbf{F}\cdot d\mathbf{r}=0$ (b) $\int_{C_2}\mathbf{F}\cdot d\mathbf{r}=1$

29. 벡터장 $\mathbf{F}=P\,\mathbf{i}+Q\,\mathbf{j}+R\,\mathbf{k}$가 보존적이고 P, Q, R이 연속인 1계편도함수를 가질 때, 다음이 성립함을 보여라.

$$\frac{\partial P}{\partial y}=\frac{\partial Q}{\partial x},\quad \frac{\partial P}{\partial z}=\frac{\partial R}{\partial x},\quad \frac{\partial Q}{\partial z}=\frac{\partial R}{\partial y}$$

30. 위 29번을 이용하여 선적분 $\int_C y\,dx+x\,dy+xyz\,dz$는 경로의 독립이 않음을 보여라.

(31~34) 주어진 집합이 (a) 열려 있는지 (b) 연결되어 있는지 (c) 단순연결인지를 결정하여라.

31. $\{(x, y)\,|\,0<y<3\}$

32. $\{(x, y)\,|\,1<|x|<2\}$

33. $\{(x, y)\,|\,1\le x^2+y^2\le 4,\ y\ge 0\}$

34. $\{(x, y)\,|\,(x, y)\ne(2, 3)\}$

35. $\mathbf{F}(x, y)=\dfrac{-y\,\mathbf{i}+x\,\mathbf{j}}{x^2+y^2}$라 할 때

(a) $\dfrac{\partial P}{\partial y}=\dfrac{\partial Q}{\partial x}$임을 보여라.

(b) $\int_C \mathbf{F}\cdot d\mathbf{r}$이 경로에 독립적이지 않다는 것을 보여라. 이것은 정리 6에 모순이 되는가?

(도움말 : C_1은 원 $x^2+y^2=1$의 $(1, 0)$부터 $(-1, 0)$까지의 위 반원이고 C_2는 그 아래 반원일 때 $\int_{C_1}\mathbf{F}\cdot d\mathbf{r}$과 $\int_{C_2}\mathbf{F}\cdot d\mathbf{r}$을 계산해 볼 것)

36. (a) $\mathbf{F}$가 $\mathbf{r}=x\,\mathbf{i}+y\,\mathbf{j}+z\,\mathbf{k}$일 때 상수 c에 대해 $\mathbf{F}(\mathbf{r})=\dfrac{c\,\mathbf{r}}{|\mathbf{r}|^3}$인 벡터장이라고 하자. 이때 점 P_1과 P_2로부터 원점까지의 거리 d_1과 d_2에 의해 만들어지는 경로를 따라 점 P_1부터 P_2까지 물체를 움직이는 데 $\mathbf{F}$가 한 일을 구하여라.

(b) 14.1절의 예제 4에서 논의했던 중력장 $\mathbf{F}=\dfrac{-(mMG)\mathbf{r}}{|\mathbf{r}|^3}$을 생각하자. (a)를 이용하여 지구가 원일점(태양으로부터 최장거리 1.52×10^8km)부터 근일점(태양으로부터 최단거리 1.47×10^8km)까지를 움직일 때 중력장이 한 일을 구하여라. ($m=5.97\times10^{24}$kg, $M=1.99\times10^{30}$kg, $G=6.67\times10^{-11}\mathrm{N\cdot m^2/kg^2}$를 이용하여라).

(c) 14.1절의 예제 5에서 논의되었던 전기장 $\mathbf{F}=\dfrac{\varepsilon qQ\mathbf{r}}{|\mathbf{r}|^3}$을 생각하자. -1.6×10^{-19}C의 전하를 가진 전자가 원점에 위치한다고 가정해보자. 양의 단위전하가 전자로부터 10^{-12}m 떨어진 곳에 위치하여 그 전자로부터 거리가 반이 되는 위치까지 움직인다. 위의 (a)를 이용하여 전기장이 한 일을 구하여라($\varepsilon=8.985\times10^9$를 이용하여라).

14.4 그린의 정리

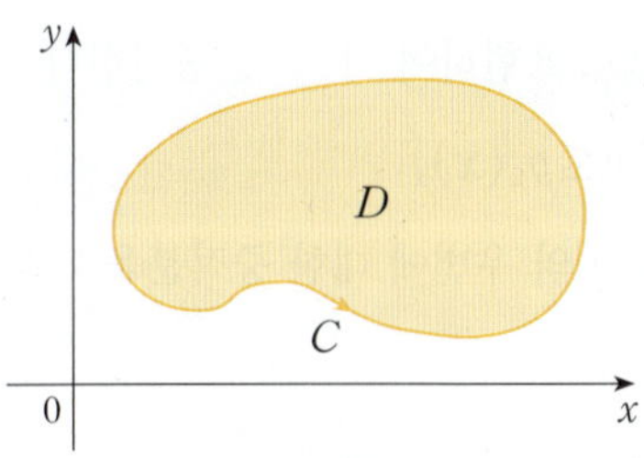

그림 1

그린(Green)의 정리는 단순폐곡선 C에 대한 선적분과 C로 둘러싸인 평면영역 D 상에서의 중적분과의 관계를 말해준다(그림 1 참조, D는 C 위의 모든 점뿐만 아니라 C 내부의 모든 점으로 이루어져 있다고 가정한다). 그린의 정리를 기술하는 데 있어, 단순폐곡선 C의 **양의 방향**(positive orientation)이라 함은 C를 따라 시계반대방향으로 한번 움직인 것을 의미한다. 그러므로, C가 벡터함수 $\mathbf{r}(t)$, $a\le t\le b$로 주어지면 영역 D는 항상 C를 따라 움직이는 점 $\mathbf{r}(t)$의 왼쪽에 있다(그림 2 참조).

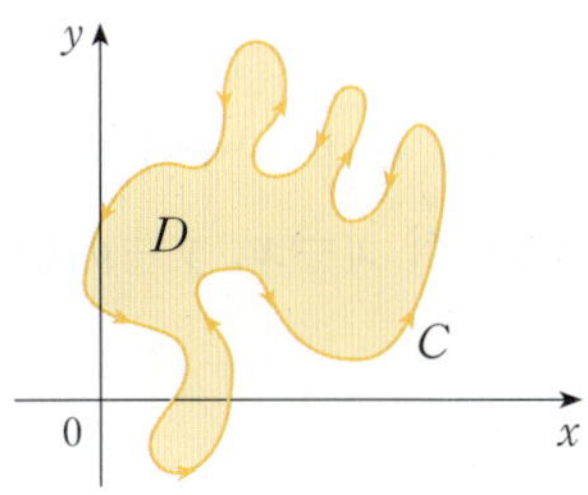

(a) 양의 방향

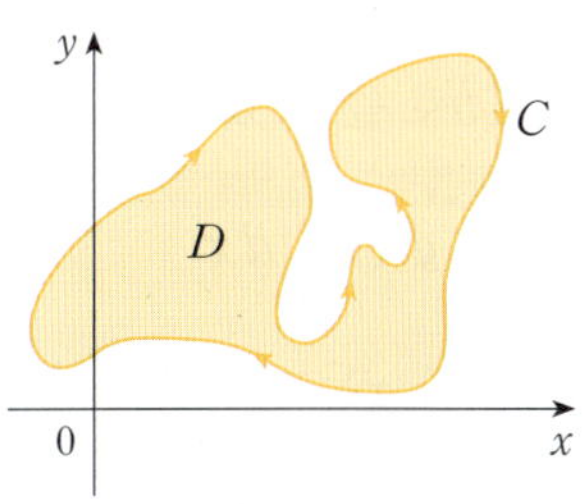

(b) 음의 방향

그림 2

그린의 정리 양의 방향을 갖는 C는 평면에서 부분적으로 매끄러운 단순폐곡선이며, D는 C로 둘러쌓인 영역이라 하자. P와 Q가 D를 포함하는 열린 영역에서 연속인 편도함수를 갖는다고 하면, 이때 다음이 성립한다.

$$\int_C P\,dx+Q\,dy=\iint_D\left(\frac{\partial Q}{\partial x}-\frac{\partial P}{\partial y}\right)dA$$

참고 다음의 표기법 $\oint_C P\,dx+Q\,dy$ 또는 $\oint_C P\,dx+Q\,dy$는 선적분이 폐곡선 C의 양의 방향으로 계산되었음을 의미할 때 자주 사용된다. D의 양의 방향의 경계곡선에 대한 또 다른 표기법은 ∂D이다. 따라서 그린의 정리에 있는 방정식은 다음과 같이 다시 쓸 수 있다.

1 $$\iint_D\left(\frac{\partial Q}{\partial x}-\frac{\partial P}{\partial y}\right)dA=\int_{\partial D}P\,dx+Q\,dy$$

그린의 정리는 중적분에 대한 미분적분학의 기본정리의 반대부분으로 간주해야 한다. 다음의 식인 미분적분학의 기본정리(Part 2)를 식 **1**과 비교해보자.

$$\int_a^b F'(x)dx = F(b) - F(a)$$

두 경우 모두 방정식의 좌변에 도함수 $\left(F', \frac{\partial Q}{\partial x}, \frac{\partial P}{\partial y}\right)$을 포함하는 적분이 있다. 그리고 두 경우 모두 우변은 단지 영역의 경계에서의 원래 함수 (F, Q, P)들의 값만을 포함한다(일차원의 경우는 영역이 폐구간 $[a, b]$이고 그것의 경계는 단지 두 점 a, b로 이루어진다).

그린의 정리는 기술된 보편성으로 증명하기가 쉽지 않지만, 영역이 두 개의 유형 I과 유형 II(13.3절 참조)인 특별한 경우에 대해서는 증명을 할 수 있다. 그런 영역들을 **단순영역**(simple regions)이라 하기로 한다.

● George Green
그린의 정리는 독학으로 공부한 영국의 과학자 그린(George Green, 1793~1841)의 이름에서 유래한다. 그는 9살부터 아버지의 제과점에서 하루종일 일하면서 도서관의 책을 가지고 독학으로 수학을 공부했다. 1828년에 《전기와 자기의 이론들에 대한 수학적 해석의 적용에 관한 에세이》를 출간했다. 그러나 단지 100부만을 인쇄하여 그 대부분을 친구들에게 주었다. 이 소 책자는 그린의 정리로서 우리가 알고 있는 것과 동일한 정리를 포함하고 있으나, 그 시대에는 널리 알려지지는 않았다. 40세의 나이에 그린은 학부생으로 케임브리지 대학에 입학했으나 졸업 후 4년 후에 사망했다. 1846년에 톰슨(William Thomson, Lord Kelvin로 알려짐)이 그린의 에세이를 발견하곤 그 중요성을 깨달아 재발행했다. 그린은 전기와 자기에 대한 수학적 이론의 공식화를 시도한 최초의 인물이었다. 그의 업적은 후에 톰슨, 스토크스, 레일리 맥스웰의 전자기 이론에 기초가 되었다.

D가 단순영역인 경우에 대한 그린의 정리 증명 그린의 정리는

2 $$\int_C P\,dx = -\iint_D \frac{\partial P}{\partial y}dA$$

그리고

3 $$\int_C Q\,dy = \iint_D \frac{\partial Q}{\partial x}dA$$

임을 보이면 그린의 정리는 증명된다. D를 유형 I 영역으로 표현하여 식 **2**를 증명한다.

$$D = \{(x, y) \mid a \le x \le b,\ g_1(x) \le y \le g_2(x)\}$$

여기서 $g_1(x)$과 $g_2(x)$는 연속인 함수이다. 이것으로 식 **2**의 우변에 대한 중적분을 다음과 같이 계산할 수 있다.

4 $$\iint_D \frac{\partial P}{\partial y}dA = \int_a^b \int_{g_1(x)}^{g_2(x)} \frac{\partial P}{\partial y}(x, y)dy\,dx = \int_a^b [P(x, g_2(x)) - P(x, g_1(x))]dx$$

여기서 마지막 등식은 미분적분학의 기본정리를 이용했다.

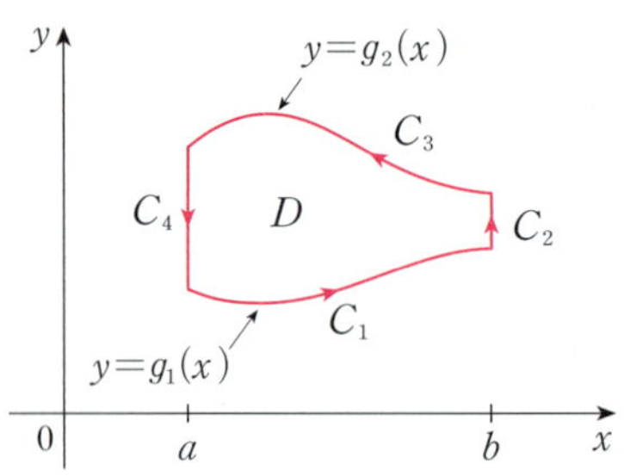

그림 3

이제 그림 3에서 보는 바와 같이 C를 네 개의 곡선 C_1, C_2, C_3, C_4로 나누어 식 **2**의 좌변을 계산한다. C_1에서 매개변수 x를 택해 매개변수방정식 $x = x$, $y = g_1(x)$, $a \le x \le b$를 사용한다. 그러므로

$$\int_{C_1} P(x, y)dx = \int_a^b P(x, g_1(x))dx$$

이다. C_3가 오른쪽에서 왼쪽으로 가고 $-C_3$는 왼쪽에서 오른쪽으로 간다는 것에 유의하자. 그러면 $-C_3$의 매개변수방정식은 $x = x$, $y = g_2(x)$, $a \le x \le b$로 쓸 수 있다. 그러므로

$$\int_{C_3} P(x, y)dx = -\int_{-C_3} P(x, y)dx = -\int_a^b P(x, g_2(x))dx$$

이다. C_2 또는 C_4에서(둘 중 하나는 한 점으로 간주할 수도 있다) x는 상수이며 따라서 $dx = 0$이고

$$\int_{C_2} P(x, y)dx = 0 = \int_{C_4} P(x, y)dx$$

이다. 그러므로 다음과 같다.

$$\int_C P(x,y)dx = \int_{C_1} P(x,y)dx + \int_{C_2} P(x,y)dx + \int_{C_3} P(x,y)dx + \int_{C_4} P(x,y)dx$$
$$= \int_a^b P(x, g_1(x))dx - \int_a^b P(x, g_2(x))dx$$

이 식과 식 4를 사용하면, 다음을 얻는다.

$$\int_C P(x,y)dx = -\iint_D \frac{\partial P}{\partial y} dA$$

식 3은 D를 유형 Ⅱ의 영역(연습문제 30 참조)으로 표시하면 위와 거의 같은 방법으로 증명된다. 그러므로 식 2와 식 3을 더하여 그린의 정리를 얻는다. ■

예제 1 **그린의 정리를 이용한 선적분** $\int_C x^4 dx + xy\,dy$를 계산하여라. 여기서 C는 $(0, 0)$에서 $(1, 0)$, $(1, 0)$에서 $(0, 1)$ 그리고 $(0, 1)$에서 $(0, 0)$까지의 세 선분으로 이루어진 삼각형의 곡선이다.

풀이 주어진 선적분을 14.2절에서 배운 방법으로 계산한다면 삼각형의 세 변을 따라 적분한 세 개의 다른 적분을 계산해야 된다. 그러므로 여기서는 대신 그린의 정리를 이용해보자. C로 둘러쌓인 영역 D는 단순영역이며 C가 양의 방향을 가지고 있음에 유의하라(그림 4 참조). $P(x, y) = x^4$이고 $Q(x, y) = xy$라 두면, 다음을 얻는다.

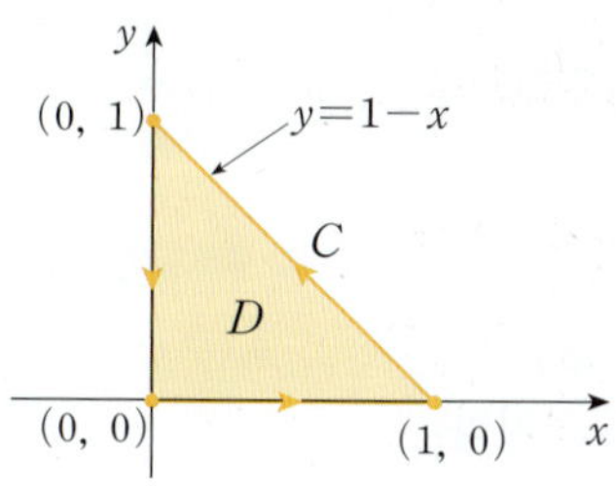

그림 4

$$\int_C x^4\,dx + xy\,dy = \iint_D \left(\frac{\partial Q}{\partial x} - \frac{\partial P}{\partial y}\right) dA = \int_0^1 \int_0^{1-x} (y-0)\,dy\,dx$$
$$= \int_0^1 \left[\frac{1}{2}y^2\right]_{y=0}^{y=1-x} dx = \frac{1}{2}\int_0^1 (1-x)^2 dx$$
$$= -\frac{1}{6}(1-x)^3\Big]_0^1 = \frac{1}{6}$$
■

예제 2 **그린의 정리 없이 계산 불가능한 선적분**

$\int_C (3y - e^{\sin x})dx + (7x + \sqrt{y^4+1})dy$를 계산하여라. 여기서 C는 원 $x^2+y^2=9$이고 방향이 반시계방향이다.

풀이 경계가 C인 영역 D는 $x^2+y^2 \le 9$인 원판이다. 그러므로 그린의 정리를 적용한 후 극좌표로 바꾸어 계산하면 다음과 같다.

$$\oint_C (3y - e^{\sin x})dx + (7x + \sqrt{y^4+1})dy$$
$$= \iint_D \left[\frac{\partial}{\partial x}(7x + \sqrt{y^4+1}) - \frac{\partial}{\partial y}(3y - e^{\sin x})\right] dA$$
$$= \int_0^{2\pi}\int_0^3 (7-3)r\,dr\,d\theta = 4\int_0^{2\pi} d\theta \int_0^3 r\,dr = 36\pi$$
■

● 극좌표를 이용하는 대신 D가 지름이 3인 원판이라는 사실을 이용할 수 있고 그러면 $\iint_D 4\,dA = 4\pi(3)^2 = 36\pi$로 쓸 수 있다.

예제 1과 예제 2에서 중적분이 선적분보다 계산하기 쉽다는 것을 알았다(예제 2에서 선적분을 해보면 금방 확신할 수 있을 것이다). 그러나 선적분의 계산이 더 쉬울 때도 있고, 그린의 정리가 반대의 경우로 쓰이기도 한다.

예를 들어, 곡선 C 상에서 $P(x, y)=Q(x, y)=0$이면 P와 Q값이 영역 D에서 어떤 값을 갖더라도 그린의 정리는 다음과 같다.

$$\iint_D \left(\frac{\partial Q}{\partial x}-\frac{\partial P}{\partial y}\right)dA=\int_C P\,dx+Q\,dy=0$$

그린의 정리의 역방향의 다른 적용은 넓이를 계산하는 데 쓰인다. D의 넓이는 $\iint_D 1\,dA$이므로, 다음을 만족하는 P와 Q를 선택하길 원한다.

$$\frac{\partial Q}{\partial x}-\frac{\partial P}{\partial y}=1$$

여기 몇 가지 가능성이 있다.

$$P(x, y)=0, \qquad P(x, y)=-y, \qquad P(x, y)=-\frac{1}{2}y$$

$$Q(x, y)=x, \qquad Q(x, y)=0, \qquad Q(x, y)=\frac{1}{2}x$$

이때, 그린의 정리에서 D의 넓이에 대한 다음 공식을 구할 수 있다.

5 $$A=\oint_C x\,dy=-\oint_C y\,dx=\frac{1}{2}\oint_C x\,dy-y\,dx$$

예제 3 타원 $\dfrac{x^2}{a^2}+\dfrac{y^2}{b^2}=1$로 둘러싸인 영역의 넓이를 구하여라.

풀이 타원은 매개변수방정식 $x=a\cos t$, $y=b\sin t$, $0\le t\le 2\pi$이다. 식 **5**의 세 번째 식을 이용하면 다음과 같다.

$$\begin{aligned}A&=\frac{1}{2}\int_C x\,dy-y\,dx\\&=\frac{1}{2}\int_0^{2\pi}(a\cos t)(b\cos t)dt-(b\sin t)(-a\sin t)dt\\&=\frac{ab}{2}\int_0^{2\pi}dt\\&=\pi ab\end{aligned}$$

■

식 **5**는 구적계(planimeter)가 어떻게 작동하는지를 설명하는데 사용된다. 구적계는 영역의 경계선을 따라 움직임으로서 그 영역의 면적을 측정할 수 있는 기계적 장치이다. 이 도구는 모든 과학 분야에서 유용하게 사용되고 있다: 생물학에서는 잎이나 날개의 면적 측정에, 의학에서는 기관들이나 종양들의 단면의 크기 측정에, 임업에서는 사진으로부터 산림지역의 크기를 추정하는 데 사용된다.

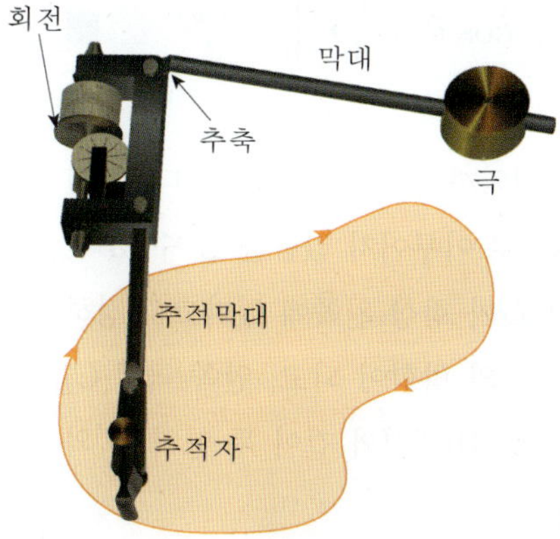

그림 5

그림 5는 극 구적계(polar planimeter)의 작동을 보여준다. 한 극(pole)을 고정시키고, 추적자(tracer)를 영역의 경계선을 따라 움직인다. 이때, 회전체는 추적막대(tracer arm)과 수직으로서 부분적으로 미끄러지고 구르도록 되어 있다. 구적계는 회전체가 움직인 거리를 측정하게 되고 둘러싸인 영역의 면적에 비례하게 되어 있다. 식 5의 결과로서의 설명은 다음의 문서를 참조하기 바란다.

- R. W. Gatterman, "The planimeter as an example of Green's Theorem", *Amer. Math. Monthly*, vol. 88(1981), pp. 701~4.
- Tanya Leise, "As the planimeter wheel turns", *College Math. Journal*, Vol. 38 (2007), pp. 24~31.

▷ 그린의 정리 확장

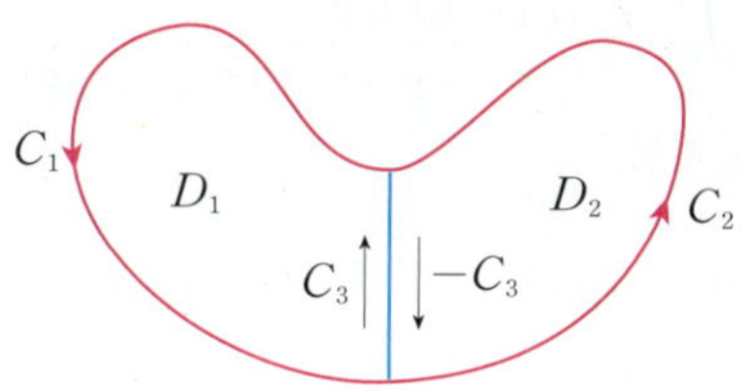

그림 6

비록 D가 단순영역인 경우에만 그린의 정리를 증명했지만, 유한개의 단순영역의 합인 D의 경우까지 확대시킬 수 있다. 예를 들어, D가 그림 6에서 주어진 영역이라 할 때, D_1, D_2 둘 다 단순영역이면 $D=D_1\cup D_2$라고 쓸 수 있다. D_1의 경계는 $C_1\cup C_3$이고 D_2의 경계는 $C_2\cup(-C_3)$이므로 그린의 정리를 D_1과 D_2에 각각 적용하면 각각의 식

$$\int_{C_1\cup C_3} P\,dx+Q\,dy=\iint_{D_1}\left(\frac{\partial Q}{\partial x}-\frac{\partial P}{\partial y}\right)dA$$

$$\int_{C_2\cup(-C_3)} P\,dx+Q\,dy=\iint_{D_2}\left(\frac{\partial Q}{\partial x}-\frac{\partial P}{\partial y}\right)dA$$

을 얻는다. 위의 두 식을 더하면, C_3에 $-C_3$ 따른 선적분이 상쇄되어

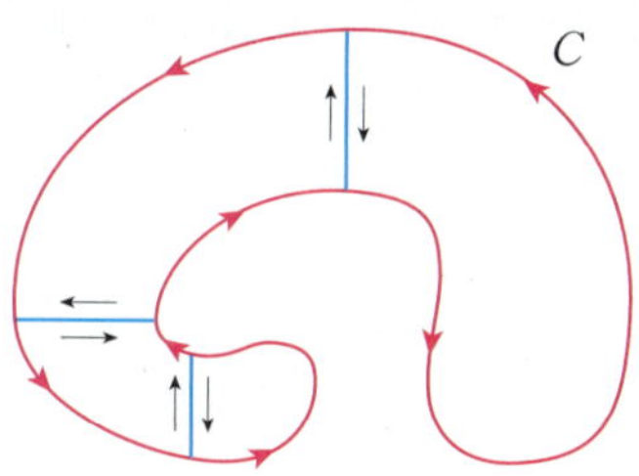

그림 7

$$\int_{C_1\cup C_2} P\,dx+Q\,dy=\iint_{D}\left(\frac{\partial Q}{\partial x}-\frac{\partial P}{\partial y}\right)dA$$

가 된다. 위 식은 D의 경계가 $C=C_1\cup C_2$이므로 $D=D_1\cup D_2$에 대한 그린의 정리이다. 같은 맥락으로 임의의 단순영역들의 유한개의 합에 대한 그린의 정리를 만들 수 있다(그림 7 참조).

예제 4 $\int_C y^2dx+3xy\,dy$를 계산하여라. C는 두 원 $x^2+y^2=1$과 $x^2+y^2=4$ 사이의 위 반평면에 있는 반원 영역 D의 경계이다.

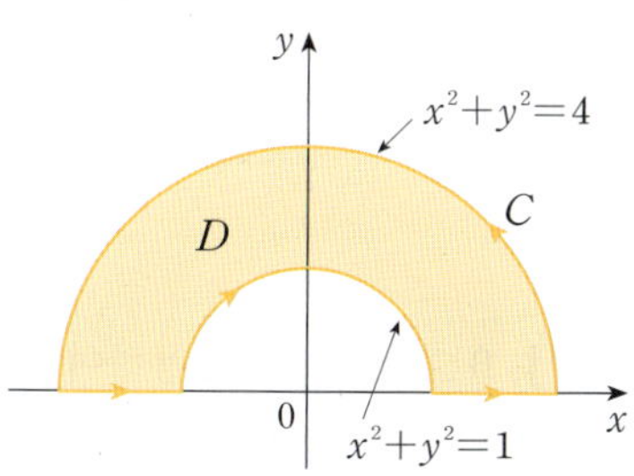

그림 8

풀이 비록 D가 단순영역이 아닐지라도 y축이 D를 두 개의 단순 영역으로 나눔을 유의하자(그림 8 참조). 극좌표를 써서 $D=\{(r,\theta)\mid 1\le r\le 2,\ 0\le\theta\le\pi\}$라고 쓸 수 있다. 그러므로 그린의 정리에 의하여 다음을 얻는다.

$$\oint_C y^2\,dx+3xy\,dy=\iint_D\left[\frac{\partial}{\partial x}(3xy)-\frac{\partial}{\partial y}(y^2)\right]dA$$

$$=\iint_D y\,dA=\int_0^{\pi}\int_1^{2}(r\sin\theta)r\,drd\theta$$

$$=\int_0^{\pi}\sin\theta\, d\theta\int_1^2 r^2\, dr=[-\cos\theta]_0^{\pi}\left[\frac{1}{3}r^3\right]_1^2=\frac{14}{3}$$ ■

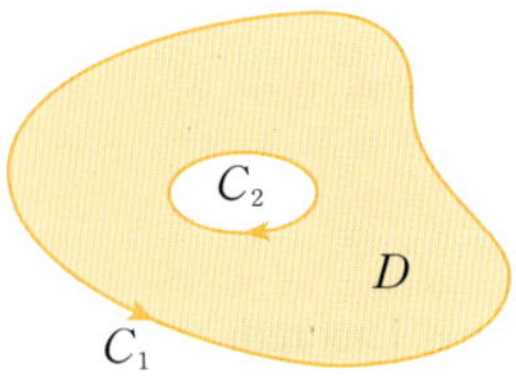

그림 9

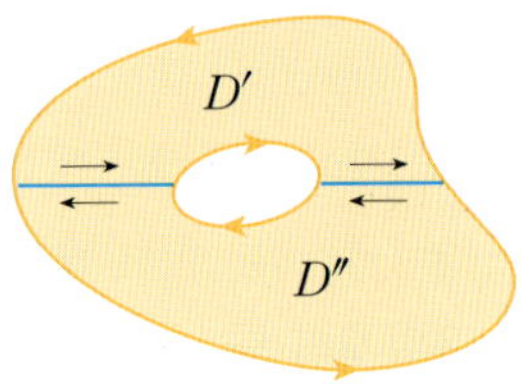

그림 10

그린의 정리는 구멍을 가진, 즉 단순연결영역이 아닌 영역까지 적용시킬 수 있다. 그림 9에서 영역 D의 경계 C는 두 개의 단순 폐곡선 C_1과 C_2로 이루어져 있음을 볼 수 있다. 이 경계곡선은 방향이 있어서 C를 따라 움직일 때 영역 D가 항상 왼쪽에 있다고 가정하자. 그러므로 바깥쪽 곡선 C_1에 대해서는 반시계방향이 양의 방향이 되고, 안쪽 곡선 C_2에 대해서는 시계방향이 양의 방향이 된다. 만일 D를 그림 10에서와 같이 두 영역 D'와 D''로 나누고 그린의 정리를 D'와 D''에 각각 적용하면

$$\iint_D\left(\frac{\partial Q}{\partial x}-\frac{\partial P}{\partial y}\right)dA=\iint_{D'}\left(\frac{\partial Q}{\partial x}-\frac{\partial P}{\partial y}\right)dA+\iint_{D''}\left(\frac{\partial Q}{\partial x}-\frac{\partial P}{\partial y}\right)dA$$

$$=\int_{\partial D'}P\,dx+Q\,dy+\int_{\partial D''}P\,dx+Q\,dy$$

공통의 경계에 대한 선적분은 방향이 반대가 되어서 상쇄됨으로

$$\iint_D\left(\frac{\partial Q}{\partial x}-\frac{\partial P}{\partial y}\right)dA=\int_{C_1}P\,dx+Q\,dy+\int_{C_2}P\,dx+Q\,dy=\int_C P\,dx+Q\,dy$$

가 되고, 이것이 영역 D에 대한 그린의 정리이다.

예제 5 일반적인 그린의 정리 $\mathbf{F}(x,y)=(-y\,\mathbf{i}+x\,\mathbf{j})/(x^2+y^2)$일 때, 원점을 둘러싸고 있는 모든 양의 방향인 단순폐경로에 대하여 $\int_C \mathbf{F}\cdot d\mathbf{r}=2\pi$임을 보여라.

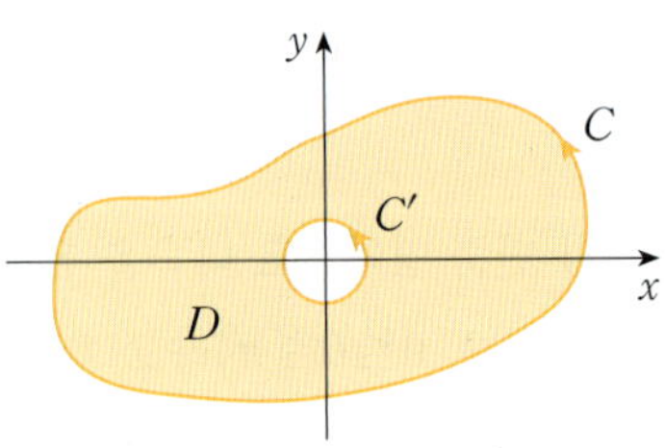

그림 11

풀이 C가 원점을 둘러싸고 있는 임의의 폐경로이므로, 주어진 적분을 직접 계산하기는 어렵다. 그러므로 중심이 원점이고 반지름이 a인 반시계 방향의 원 C'을 생각해 보자. 여기서 a는 C'가 C 내부에 들어갈 수 있을 만큼 충분히 작은 값으로 잡는다(그림 11 참조). D는 C와 C'으로 경계된 영역이면 양의 방향 경계는 $C\cup(-C')$이고 그린의 정리에 의하면

$$\int_C P\,dx+Q\,dy+\int_{-C'}P\,dx+Q\,dy$$

$$=\iint_D\left(\frac{\partial Q}{\partial x}-\frac{\partial P}{\partial y}\right)dA=\iint_D\left[\frac{y^2-x^2}{(x^2+y^2)^2}-\frac{y^2-x^2}{(x^2+y^2)^2}\right]dA=0$$

그러므로 $$\int_C P\,dx+Q\,dy=\int_{C'}P\,dx+Q\,dy$$

즉, $$\int_C \mathbf{F}\cdot d\mathbf{r}=\int_{C'}\mathbf{F}\cdot d\mathbf{r}$$

이제 위 적분을 매개변수 $\mathbf{r}(t)=a\cos t\,\mathbf{i}+a\sin t\,\mathbf{j}$, $0\le t\le 2\pi$를 이용하여 계산하면 다음과 같다.

$$\int_C \mathbf{F}\cdot d\mathbf{r}=\int_{C'}\mathbf{F}\cdot d\mathbf{r}=\int_0^{2\pi}\mathbf{F}(\mathbf{r}(t))\cdot\mathbf{r}'(t)dt$$

$$=\int_0^{2\pi}\frac{(-a\sin t)(-a\sin t)+(a\cos t)(a\cos t)}{a^2\cos^2 t+a^2\sin^2 t}dt=\int_0^{2\pi}dt=2\pi$$ ■

앞 절에서 기술한 결과를 그린의 정리를 이용하여 논하면서 이 절을 끝내고자 한다.

정리 13.3.6의 개략적인 증명 $\mathbf{F}=P\,\mathbf{i}+Q\,\mathbf{j}$는 열린 단순연결영역 D에서의 벡터장이고, P와 Q는 연속인 1계편도함수를 갖고 있으며, 영역 D에서 $\dfrac{\partial P}{\partial y}=\dfrac{\partial Q}{\partial x}$라는 것을 가정한다. 만일 C가 D 내의 임의의 단순 폐경로이고, R이 C가 둘러싸고 있는 영역이면 그린의 정리에 의해

$$\oint_C \mathbf{F}\cdot d\mathbf{r}=\oint_C P\,dx+Q\,dy=\iint_R\left(\frac{\partial Q}{\partial x}-\frac{\partial P}{\partial y}\right)dA=\iint_R 0\,dA=0$$

이다. 한 점 혹은 여러 점에서 교차하는 곡선을 몇 개의 단순곡선으로 쪼갤 수 있다. 임의의 폐곡선 C에 대하여 단순곡선들에 대한 $\mathbf{F}$의 선적분은 모두 0이고, 각 적분들을 더하면 $\int_C \mathbf{F}\cdot d\mathbf{r}=0$임을 알 수 있다. 그러므로 $\int_C \mathbf{F}\cdot d\mathbf{r}$은 정리 14.3절의 [3]에 의해 D 내에 있는 경로의 독립이다. 따라서 $\mathbf{F}$가 보존적 벡터장이다. ■

14.4 연습문제

(1~4) 다음 두 가지 방법으로 선적분을 계산하여라.

(a) 직접 계산 (b) 그린의 정리를 이용

1. $\oint_C (x-y)dx+(x+y)dy$, C는 중심이 원점이고 반지름이 2인 원이다.
2. $\oint_C xy\,dx+x^2\,dy$, C는 꼭짓점이 $(0,0)$, $(3,0)$, $(3,1)$, $(0,1)$인 직사각형이다.
3. $\oint_C xy\,dx+x^2y^3dy$, C는 꼭짓점이 $(0,0)$, $(1,0)$, $(1,2)$인 삼각형이다.
4. $\oint_C x\,dx+y\,dx$, C는 $(0,1)$에서 $(0,0)$까지 그리고 $(0,0)$에서 $(1,0)$까지의 선분 그리고 $(1,0)$에서 $(0,1)$까지의 포물선 $y=1-x^2$ 위의 호로 이루어져 있다.

(5~10) 그린의 정리를 이용하여 양의 방향으로 주어진 다음 곡선에 대한 선적분을 구하여라.

5. $\int_C e^y\,dx+2xe^y\,dy$, C는 변이 $x=0$, $x=1$, $y=0$, $y=1$인 정사각형이다.
6. $\int_C x^2y^2\,dx+4xy^3\,dy$, C는 꼭짓점이 $(0,0)$, $(1,3)$, $(0,3)$인 삼각형이다.
7. $\int_C (y+e^{\sqrt{x}})dx+(2x+\cos y^2)dy$, C는 포물선 $y=x^2$과 $x=y^2$로 둘러싸인 영역의 경계이다.
8. $\int_C xe^{-2x}\,dx+(x^4+2x^2y^2)dy$, C는 $x^2+y^2=1$ 그리고 $x^2+y^2=4$인 두 원의 사이 영역의 경계이다.
9. $\int_C y^3dx-x^3dy$, C는 원 $x^2+y^2=4$이다.
10. $\int_C \sin y\,dx+x\cos y\,dy$, C는 타원 $x^2+xy+y^2=1$이다.

(11~14) 그린의 정리를 이용하여 $\int_C \mathbf{F}\,d\mathbf{r}$을 계산하라(공식을 이용하기 전에 곡선의 방향성을 조사하라).

11. $\mathbf{F}(x,y)=\langle\sqrt{x}+y^3,\ x^2+\sqrt{y}\rangle$, C는 곡선에서 $y=\sin x$의 $(0,0)$에서 $(\pi,0)$까지의 호와 그리고 $(\pi,0)$에서 $(0,0)$까지의 선분으로 이루어져 있다.
12. $\mathbf{F}(x,y)=\langle y^2\cos x,\ x^2+2y\sin x\rangle$, C는 $(0,0)$에서 시작

하여 $(2, 6)$을 거쳐서 $(2, 0)$을 지나 다시 $(0, 0)$으로 돌아오는 세 개의 선분으로 구성되어 있다.

13. $\mathbf{F}(x, y)=\langle e^x+x^2y, e^x-xy^2\rangle$, C는 시계도는 방향과 같은 방향성을 갖는 원 $x^2+y^2=25$이다.

14. $\mathbf{F}(x, y)=\langle y-\ln(x^2+y^2), 2\tan^{-1}(y/x)\rangle$, C는 시계도는 방향과 반대인 방향성을 갖는 원 $(x-2)^2+(y-3)^2=1$이다.

CAS **(15~16)** 선적분과 중적분을 계산하기 위해 컴퓨터를 이용하여 그린의 정리를 검증하여라.

15. $P(x, y)=y^2e^x$, $Q(x, y)=x^2e^y$, C는 포물선 $y=2-x^2$ 위의 $(1, 1)$에서 $(-1, 1)$까지의 호와 $(-1, 1)$부터 $(1, 1)$까지의 선분으로 이루어져 있다.

16. $P(x, y)=2x-x^3y^5$, $Q(x, y)=x^3y^8$, C는 $4x^2+y^2=4$인 타원이다.

---

17. 그린의 정리를 이용하여 한 입자를 x축을 따라 원점에서부터 $(1, 0)$까지, 그 후 선분을 따라 $(0, 1)$까지, 그리고 다시 y축을 따라 원점까지 움직이는 데 드는 힘 $\mathbf{F}(x, y)=x(x+y)\,\mathbf{i}+xy^2\,\mathbf{j}$가 한 일을 구하여라.

18. 한 입자가 한 점 $(-2, 0)$에서 시작하여 x축을 따라 $(2, 0)$까지 갔다가 반원 $y=\sqrt{4-x^2}$을 따라 시작점까지 움직인다. 그린의 정리를 이용하여 힘장 $\mathbf{F}(x, y)=\langle x, x^3+3xy^2\rangle$이 입자에 한 일을 구하여라.

19. 식 **5**에 있는 공식 중의 하나를 이용하여 사이클로이드 $x=t-\sin t$, $y=1-\cos t$의 한 호 아래 영역의 면적을 구하라.

20. 반경이 1인 원 C가 원 $x^2+y^2=16$의 바깥을 따라 굴러갈 때, C 위의 한 고정점 P가 그리는 자취를 에피사이클로이드라 부른다. 이를 매개변수로 표현하면 $x=5\cos t-\cos 5t$, $y=5\sin t-\sin 5t$이다. 에피사이클로이드(epicycloid)의 그래프를 그리고 식 **5**를 이용하여 둘러싸인 영역의 넓이를 구하라.

21. (a) C가 두 점 (x_1, y_1), (x_2, y_2)를 잇는 선분이라고 할 때 $\int_C x\,dy-y\,dx=x_1y_2-x_2y_1$임을 보여라.

(b) 한 다각형의 꼭짓점이 반 시계방향의 순서로 (x_1, y_1), (x_2, y_2), $\cdots$, (x_n, y_n)가 주어졌을 때, 그 다각형의 넓이가

$$A=\frac{1}{2}\Big[(x_1y_2-x_2y_1)+(x_2y_3-x_3y_2)+\cdots+(x_{n-1}y_n-x_ny_{n-1})+(x_ny_1-x_1y_n)\Big]$$

임을 보여라.

(c) 꼭짓점이 $(0, 0)$, $(2, 1)$, $(1, 3)$, $(0, 2)$, $(-1, 1)$인 오각형의 넓이를 구하여라.

22. D를 단순 폐경로 C에 의해 둘러싸인 xy-평면상의 영역이라 하자. 그린의 정리를 이용하여 D의 중심 $(\bar{x}, \bar{y})$의 좌표가

$$\bar{x}=\frac{1}{2A}\oint_C x^2\,dy \qquad \bar{y}=-\frac{1}{2A}\oint_C y^2\,dx$$

가 됨을 보여라. 여기서 A는 D의 넓이이다.

23. 위 22번 문제를 이용하여 반지름이 a인 사분원 영역의 중심을 찾아라.

24. 위 22번 문제를 이용하여 꼭짓점이 $(0, 0)$, $(a, 0)$, (a, b)인 삼각형의 중심을 찾아라.

25. 상수 밀도함수 $\rho(x, y)=\rho$를 가진 평면박층이 xy-평면에서 단순폐경로 C로 둘러싸인 영역을 차지할 때, 축들에 관한 그것의 관성모멘트가 다음과 같음을 보여라.

$$I_x=-\frac{\rho}{3}\oint_C y^3\,dx, \qquad I_y=\frac{\rho}{3}\oint_C x^3\,dy$$

26. 문제 25를 이용하여 지름에서의 밀도가 상수 ρ를 갖는, 반지름이 a인 원판의 관성모멘트를 구하라.

27. 예제 5의 방법을 이용하여 $\int_C \mathbf{F}\cdot d\mathbf{r}$를 계산하여라. 여기서, $\mathbf{F}(x, y)=\dfrac{2xy\,\mathbf{i}+(y^2-x^2)\mathbf{j}}{(x^2+y^2)^2}$이고, C는 원점을 포함하는 임의의 양의 방향인 단순 폐경로이다.

28. $\int_C \mathbf{F}\cdot d\mathbf{r}$을 계산하여라. 여기서, $\mathbf{F}(x, y)=<x^2+y, 3x-y^2>$이고, C는 넓이 6을 갖는 영역 D의 양방향 경계곡선이다.

29. 만일 $\mathbf{F}$가 예제 5의 벡터장이면 원점을 통과하지 않거나, 혹은 원점을 포함하는 모든 단순 폐경로에 대하여 $\int_C \mathbf{F}\cdot d\mathbf{r}=0$임을 보여라.

30. 식 **3**을 증명하는 것으로 그린의 정리의 특수한 경우의 증명을 완성하여라.

31. $f(x, y)=1$인 경우, 중적분(13.9절의 **9**)에 대한 다음의 변수변환의 식을 그린의 정리를 이용하여 증명하여라.

$$\iint_R dxdy=\iint_R \left|\frac{\partial(x, y)}{\partial(u, v)}\right| dudv$$

여기서 R은 uv평면 위의 S를 $x=g(u, v)$, $y=h(u, v)$에 의한 xy평면상의 대응되는 영역이다.

(도움말 : 좌변이 $A(R)$이라는 점에 주목하여 식 5의 첫 부분을 적용시킬 것. ∂R 위에서의 선 적분을 ∂S 위에서의 선적분으로 바꾸고, uv평면에서 그린의 정리를 적용시킬 것.)

14.5 회전과 발산

이 절에서는 벡터장에서 실행되며 또한 유체흐름과 전자기학에 대한 벡터미적분학의 응용에 중요한 역할을 수행하는 두 가지 연산을 정의한다. 각 연산은 미분을 닮았지만, 하나는 스칼라장을 만들어내고, 다른 하나는 벡터장을 만들어낸다.

▷ 회 전

$\mathbf{F}=P\,\mathbf{i}+Q\,\mathbf{j}+R\,\mathbf{k}$가 $\mathbb{R}^3$ 상의 벡터장이고 P, Q, R의 편도함수가 모두 존재한다고 하면 $\mathbf{F}$의 **회전**(curl)은 $\mathbb{R}^3$ 상의 벡터장이고 다음과 같이 정의된다.

1 $$\text{curl}\,\mathbf{F}=\left(\frac{\partial R}{\partial y}-\frac{\partial Q}{\partial z}\right)\mathbf{i}+\left(\frac{\partial P}{\partial z}-\frac{\partial R}{\partial x}\right)\mathbf{j}+\left(\frac{\partial Q}{\partial x}-\frac{\partial P}{\partial y}\right)\mathbf{k}$$

기억을 돕기 위해 연산자표기를 사용하여 식 1을 다시 쓰기로 한다. 벡터미분연산자 ∇("del")을 다음과 같이 소개한다.

$$\nabla=\mathbf{i}\frac{\partial}{\partial x}+\mathbf{j}\frac{\partial}{\partial y}+\mathbf{k}\frac{\partial}{\partial z}$$

이 연산자는 f의 그래디언트를 얻기 위해 스칼라 함수에 작용할 때 의미를 갖는다.

$$\nabla f=\mathbf{i}\frac{\partial f}{\partial x}+\mathbf{j}\frac{\partial f}{\partial y}+\mathbf{k}\frac{\partial f}{\partial z}=\frac{\partial f}{\partial x}\mathbf{i}+\frac{\partial f}{\partial y}\mathbf{j}+\frac{\partial f}{\partial z}\mathbf{k}$$

구성요소 $\frac{\partial}{\partial x}$, $\frac{\partial}{\partial y}$, $\frac{\partial}{\partial z}$를 가진 벡터로서 ∇를 생각하면 벡터장 $\mathbf{F}$와 ∇의 형식적인 외적을 다음과 같이 생각할 수 있다.

● 대부분의 컴퓨터 대수체계는 벡터장의 회전과 발산을 계산하는 명령어를 갖고 있다. CAS를 사용한다면 이러한 명령어들을 이용하여 이 절에 있는 예제와 연습문제들에 대한 답을 확인할 수 있을 것이다.

$$\begin{aligned}\nabla\times\mathbf{F}&=\begin{vmatrix}\mathbf{i}&\mathbf{j}&\mathbf{k}\\ \dfrac{\partial}{\partial x}&\dfrac{\partial}{\partial y}&\dfrac{\partial}{\partial z}\\ P&Q&R\end{vmatrix}\\&=\left(\frac{\partial R}{\partial y}-\frac{\partial Q}{\partial z}\right)\mathbf{i}+\left(\frac{\partial P}{\partial z}-\frac{\partial R}{\partial x}\right)\mathbf{j}+\left(\frac{\partial Q}{\partial x}-\frac{\partial P}{\partial y}\right)\mathbf{k}=\text{curl}\,\mathbf{F}\end{aligned}$$

그러므로 정의 1을 기억하는 가장 쉬운 방법은 다음과 같이 기호로 표현하는 것이다.

2 $$\text{curl}\,\mathbf{F}=\nabla\times\mathbf{F}$$

예제 1 **회전계산** $\mathbf{F}(x, y, z)=xz\,\mathbf{i}+xyz\,\mathbf{j}-y^2\,\mathbf{k}$일 때, curl $\mathbf{F}$를 구하여라.

풀이 식 [2]를 이용하여

$$\begin{aligned}\operatorname{curl}\mathbf{F}=\nabla\times\mathbf{F}&=\begin{vmatrix}\mathbf{i} & \mathbf{j} & \mathbf{k}\\ \dfrac{\partial}{\partial x} & \dfrac{\partial}{\partial y} & \dfrac{\partial}{\partial z}\\ xz & xyz & -y^2\end{vmatrix}\\ &=\left[\frac{\partial}{\partial y}(-y^2)-\frac{\partial}{\partial z}(xyz)\right]\mathbf{i}-\left[\frac{\partial}{\partial x}(-y^2)\right.\\ &\qquad\left.-\frac{\partial}{\partial z}(xz)\right]\mathbf{j}+\left[\frac{\partial}{\partial x}(xyz)-\frac{\partial}{\partial y}(xz)\right]\mathbf{k}\\ &=(-2y-xy)\mathbf{i}-(0-x)\mathbf{j}+(yz-0)\mathbf{k}\\ &=-y(2+x)\mathbf{i}+x\,\mathbf{j}+yz\,\mathbf{k}\end{aligned}$$

세 개의 변수를 가진 함수 f의 그래디언트는 $\mathbb{R}^3$ 상의 벡터장이라는 것을 상기하면 그것의 회전을 계산할 수 있다. 다음 정리는 그래디언트 벡터장의 회전이 0이라는 것을 말해준다.

[3] 정리 f가 연속인 2계편도함수를 갖는 3변수의 함수일 때 $\operatorname{curl}(\nabla f)=\mathbf{0}$이다.

● 10.4절에서 공부한 내용, 즉 모든 3차원 벡터 $\mathbf{a}$에 대하여 $\mathbf{a}\times\mathbf{a}=\mathbf{0}$이라는 것과 유사성에 주목하여라.

증명 클레로의 정리에 의해 다음과 같다.

$$\begin{aligned}\operatorname{curl}(\nabla f)=\nabla\times(\nabla f)&=\begin{vmatrix}\mathbf{i} & \mathbf{j} & \mathbf{k}\\ \dfrac{\partial}{\partial x} & \dfrac{\partial}{\partial y} & \dfrac{\partial}{\partial z}\\ \dfrac{\partial f}{\partial x} & \dfrac{\partial f}{\partial y} & \dfrac{\partial f}{\partial z}\end{vmatrix}\\ &=\left(\frac{\partial^2 f}{\partial y\,\partial z}-\frac{\partial^2 f}{\partial z\,\partial y}\right)\mathbf{i}+\left(\frac{\partial^2 f}{\partial z\,\partial x}-\frac{\partial^2 f}{\partial x\,\partial z}\right)\mathbf{j}+\left(\frac{\partial^2 f}{\partial x\,\partial y}-\frac{\partial^2 f}{\partial y\,\partial x}\right)\mathbf{k}\\ &=0\,\mathbf{i}+0\,\mathbf{j}+0\,\mathbf{k}=\mathbf{0}\end{aligned}$$

보존적 벡터장은 $\mathbf{F}=\nabla f$를 만족하는 f가 존재하므로, 정리 [3]은 다음과 같이 쓸 수 있다.

만일 $\mathbf{F}$가 보존적이라면, $\operatorname{curl}\mathbf{F}=\mathbf{0}$이다.

● 14.3절에 있는 연습문제 29번과 이것을 비교하여라.

이것은 우리가 벡터장이 보존적이 아니라는 것을 증명하는 한 방법으로 쓸 수 있다.

예제 2 **Curl F를 이용 F가 보존적이 아님을 확인**

벡터장 $\mathbf{F}(x, y, z)=xz\,\mathbf{i}+xyz\,\mathbf{j}-y^2\,\mathbf{k}$가 보존적이 아님을 보여라.

풀이 예제 1에서 $\operatorname{curl}\mathbf{F}=-y(2+x)\,\mathbf{i}+x\,\mathbf{j}+yz\,\mathbf{k}$임을 보였으므로 $\operatorname{curl}\mathbf{F}\neq\mathbf{0}$이고, 따라서 정리 [3]에 의해 $\mathbf{F}$는 보존적이 아니다.

정리 [3]의 역은 일반적으로 성립하지 않는다. 그러나 다음 정리에서 볼 수 있듯이 $\mathbf{F}$가 전 영역에서 정의되어 있다면, 그 역이 성립된다는 것을 알 수 있다(일반적으로, 정의역이 단순연결영역 즉, 구멍이 없는 영역이면 역이 성립한다). 정리 4는 14.3절의 정리 6의 3차원 경우이다. 그것의 증명을 위해 스토크스의 정리가 이용되며 14.7절의 끝에서 간략한 증명이 주어진다.

> **4 정리** 만일 $\mathbb{R}^3$에서 정의된 벡터장 $\mathbf{F}$가 성분함수가 연속인 편도함수를 갖고 $\text{curl } \mathbf{F} = \mathbf{0}$이면, 이때 $\mathbf{F}$는 보존적 벡터장이다.

예제 3 **보존적 벡터장에서 잠재함수 구하기**

(a) $\mathbf{F}(x, y, z) = y^2z^3\,\mathbf{i} + 2xyz^3\,\mathbf{j} + 3xy^2z^2\,\mathbf{k}$가 보존적 벡터장임을 보여라.

(b) $\mathbf{F} = \nabla f$인 함수 f를 구하여라.

풀이 (a) $\mathbf{F}$의 회전을 계산하면

$$\text{curl } \mathbf{F} = \nabla \times \mathbf{F} = \begin{vmatrix} \mathbf{i} & \mathbf{j} & \mathbf{k} \\ \dfrac{\partial}{\partial x} & \dfrac{\partial}{\partial y} & \dfrac{\partial}{\partial z} \\ y^2z^3 & 2xyz^3 & 3xy^2z^2 \end{vmatrix}$$

$$= (6xyz^2 - 6xyz^2)\mathbf{i} - (3y^2z^2 - 3y^2z^2)\mathbf{j} + (2yz^3 - 2yz^3)\mathbf{k} = \mathbf{0}$$

$\text{curl } \mathbf{F} = \mathbf{0}$이고 $\mathbf{F}$의 정의역이 $\mathbb{R}^3$이므로, 정리 4에 의해 $\mathbf{F}$는 보존적 벡터장이다.

(b) f를 찾아내는 방법들은 14.3절에 주어져 있다.

5 $$f_x(x, y, z) = y^2z^3$$

6 $$f_y(x, y, z) = 2xyz^3$$

7 $$f_z(x, y, z) = 3xy^2z^2$$

5를 x에 대해 적분하면, 다음을 얻는다.

8 $$f(x, y, z) = xy^2z^3 + g(y, z)$$

8을 y에 관해 미분하면, $f_y(x, y, z) = 2xyz^3 + g_y(y, z)$가 되므로 6과 비교하면 $g_y(y, z) = 0$ 따라서 $g(y, z) = h(z)$이고 $f_z(x, y, z) = 3xy^2z^2 + h'(z)$ 그러면 7에서 $h'(z) = 0$이 되고, 따라서 $f(x, y, z) = xy^2z^3 + K$이다. ■

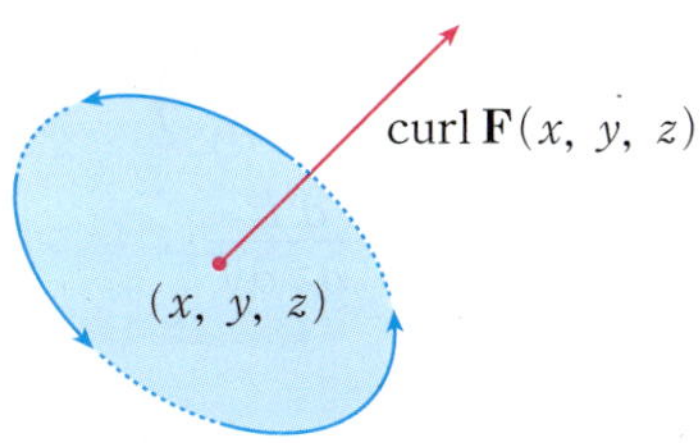

그림 1

회전이란 이름이 붙은 까닭은 회전 벡터가 회전과 관계가 있기 때문이다. 그 연관성 중 하나는 연습문제 37번에서 설명할 것이다. 다른 하나는 $\mathbf{F}$가 유체흐름에서의 속도장을 의미할 때 발생한다(14.1절의 예제 3 참조). 유체에서 (x, y, z) 근처에 있는 입자들이 축에 관해 회전하는 방향이 $\text{curl } \mathbf{F}(x, y, z)$의 방향을 가리키며 또한 회전벡터의 길이는 얼마나 빠르게 입자들이 축 주위를 도는 정도를 나타낸다(그림 1 참조).

한 점 P에서 $\text{curl } \mathbf{F} = \mathbf{0}$이면, 유체는 P에서 회전과는 무관하며 이때 $\mathbf{F}$는 P에서 **비회전**(irrotational)이라고 한다. 다시 말해 P에서 소용돌이나 회오리가 없다는 뜻이다. 만약 $\text{curl } \mathbf{F} = \mathbf{0}$이면 아주 작은 외륜(노가 달린 바퀴)이 유체와 함께 움직이지만, 축을

중심으로 회전하지는 않는다. 만일 curl $\mathbf{F}\neq\mathbf{0}$이면, 외륜은 그 축을 중심으로 회전한다. 14.7절에서 스토크스의 정리의 결과로서 더 자세히 다루기로 한다.

▷ 발 산

$\mathbf{F}=P\,\mathbf{i}+Q\,\mathbf{j}+R\,\mathbf{k}$가 $\mathbb{R}^3$에서 벡터장이고 $\dfrac{\partial P}{\partial x}$, $\dfrac{\partial Q}{\partial y}$와 $\dfrac{\partial R}{\partial z}$가 존재한다고 하면, $\mathbf{F}$의 **발산**(divergence)은 3변수함수이고 다음과 같이 정의된다.

9
$$\text{div }\mathbf{F}=\frac{\partial P}{\partial x}+\frac{\partial Q}{\partial y}+\frac{\partial R}{\partial z}$$

curl $\mathbf{F}$는 벡터장인데 반해 div $\mathbf{F}$는 스칼라장이다. 그래디언트 연산자 $\nabla=\left(\dfrac{\partial}{\partial x}\right)\mathbf{i}+\left(\dfrac{\partial}{\partial y}\right)\mathbf{j}+\left(\dfrac{\partial}{\partial z}\right)\mathbf{k}$에 의해 $\mathbf{F}$의 발산은 ∇와 $\mathbf{F}$의 내적으로 기호화하여 쓸 수 있다.

10
$$\text{div }\mathbf{F}=\nabla\cdot\mathbf{F}$$

예제 4 **발산 계산** $\mathbf{F}(x, y, z)=xz\,\mathbf{i}+xyz\,\mathbf{j}-y^2\,\mathbf{k}$라 할 때, div $\mathbf{F}$를 구하여라.

풀이 발산의 정의(식 9 또는 10)에 의해 다음과 같다.

$$\text{div }\mathbf{F}=\nabla\cdot\mathbf{F}=\frac{\partial}{\partial x}(xz)+\frac{\partial}{\partial y}(xyz)+\frac{\partial}{\partial z}(-y^2)=z+xz$$ ■

만일 $\mathbf{F}$가 $\mathbb{R}^3$에서 벡터장이면 curl $\mathbf{F}$ 또한 $\mathbb{R}^3$에서 벡터장이다. 그러므로 curl $\mathbf{F}$의 발산을 계산할 수 있다. 다음 정리는 그 결과가 0 임을 보여준다.

11 정리 만약 $\mathbf{F}=P\,\mathbf{i}+Q\,\mathbf{j}+R\,\mathbf{k}$가 $\mathbb{R}^3$에서 벡터장이고 P, Q와 R이 연속인 2계 편도함수를 가지면, 그때 다음이 성립한다.

$$\text{div curl }\mathbf{F}=0$$

● 스칼라 삼중적 $\mathbf{a}\cdot(\mathbf{a}\times\mathbf{b})=0$과의 유사성에 주목하라.

증명 발산과 회전의 정의를 이용하여

$$\begin{aligned}\text{div curl }\mathbf{F}&=\nabla\cdot(\nabla\times\mathbf{F})\\&=\frac{\partial}{\partial x}\left(\frac{\partial R}{\partial y}-\frac{\partial Q}{\partial z}\right)+\frac{\partial}{\partial y}\left(\frac{\partial P}{\partial z}-\frac{\partial R}{\partial x}\right)+\frac{\partial}{\partial z}\left(\frac{\partial Q}{\partial x}-\frac{\partial P}{\partial y}\right)\\&=\frac{\partial^2 R}{\partial x\,\partial y}-\frac{\partial^2 Q}{\partial x\,\partial z}+\frac{\partial^2 P}{\partial y\,\partial z}-\frac{\partial^2 R}{\partial y\,\partial x}+\frac{\partial^2 Q}{\partial z\,\partial x}-\frac{\partial^2 P}{\partial z\,\partial y}\\&=0\end{aligned}$$

클레로의 정리에 의해 항들이 둘씩 소거되었다. ■

예제 5 벡터장 $\mathbf{F}(x, y, z)=xz\,\mathbf{i}+xyz\,\mathbf{j}-y^2\,\mathbf{k}$가 다른 벡터장의 회전으로 표현될

수 없음을 보여라. 즉, $\mathbf{F} \neq \text{curl}\ \mathbf{G}$이다.

풀이 예제 4에서 $\text{div}\ \mathbf{F} = z + xz$임을 보였으므로 $\text{div}\ \mathbf{F} \neq 0$이다. 만일 $\mathbf{F} = \text{cur}\ \mathbf{G}$이라면, 정리 11에 의해 $\text{div}\ \mathbf{F} = \text{div curl}\ \mathbf{G} = 0$이고, 이는 $\text{div}\ \mathbf{F} \neq 0$이라는 것에 모순이다. 그러므로 $\mathbf{F}$는 다른 벡터장의 회전이 아니다. ■

● div $\mathbf{F}$의 이러한 해석에 대한 이유는 14.8절에서 발산 정리의 결과로 설명할 수 있다.

다시, 발산이라는 이름이 붙은 이유는 유체흐름과 관련하여 이해할 수 있다. 만일 $\mathbf{F}(x, y, z)$가 유체(혹은 기체)의 속도라면 $\text{div}\ \mathbf{F}(x, y, z)$는 점 (x, y, z)로부터 흐르는 유체(또는 기체) 질량의 단위 체적당 시간에 대한 순 변화량을 나타낸다. 다시 말하면, $\text{div}\ \mathbf{F}(x, y, z)$는 점$(x, y, z)$로부터 발산하는 유체의 경향을 측정한다. 만일 $\text{div}\ \mathbf{F} = 0$이면 $\mathbf{F}$는 **압축불가능**(incompressible)이라고 한다. 그래디언트 벡터장 ∇f의 발산을 계산할 때는 다른 미분연산자가 나타난다. f가 세 변수를 가진 함수라면

$$\text{div}\ (\nabla f) = \nabla \cdot (\nabla f) = \frac{\partial^2 f}{\partial x^2} + \frac{\partial^2 f}{\partial y^2} + \frac{\partial^2 f}{\partial z^2}$$

이 되고 이 식은 자주 쓰이므로 축약해서 $\nabla^2 f$로 쓴다. 연산자 $\nabla^2 = \nabla \cdot \nabla$는 라플라스 방정식

$$\nabla^2 f = \frac{\partial^2 f}{\partial x^2} + \frac{\partial^2 f}{\partial y^2} + \frac{\partial^2 f}{\partial z^2} = 0$$

과 연관이 있으므로 **라플라스 연산자**(Laplace operator)라고 부른다. 또한 라플라스연산자 ∇^2을 벡터장 $\mathbf{F} = P\ \mathbf{i} + Q\ \mathbf{j} + R\ \mathbf{k}$에 적용시켜 그의 구성요소들로 $\nabla^2 \mathbf{F} = \nabla^2 P\ \mathbf{i} + \nabla^2 Q\ \mathbf{j} + \nabla^2 R\ \mathbf{k}$로 표시할 수 있다.

그린의 정리에 대한 벡터 형식

회전과 발산 연산자들을 이용하여 나중에 유용한 형태로 그린의 정리를 다시 쓸 수 있다.

평면 영역 D를 생각하자. 그것의 경계가 곡선 C이고 함수 P와 Q가 그린의 정리의 가정을 만족한다고 하고 벡터장 $\mathbf{F} = P\ \mathbf{i} + Q\ \mathbf{j}$을 생각해보자. 그러면 그의 선적분은 $\oint_C \mathbf{F} \cdot d\mathbf{r} = \oint_C P\,dx + Q\,dy$이고 세 번째 성분이 0인 $\mathbb{R}^3$에서 벡터장으로 $\mathbf{F}$를 간주하면 다음과 같다.

$$\text{curl}\ \mathbf{F} = \begin{vmatrix} \mathbf{i} & \mathbf{j} & \mathbf{k} \\ \dfrac{\partial}{\partial x} & \dfrac{\partial}{\partial y} & \dfrac{\partial}{\partial z} \\ P(x, y) & Q(x, y) & 0 \end{vmatrix} = \left(\frac{\partial Q}{\partial x} - \frac{\partial P}{\partial y}\right)\mathbf{k}$$

그러므로 $$(\text{curl}\ \mathbf{F}) \cdot \mathbf{k} = \left(\frac{\partial Q}{\partial x} - \frac{\partial P}{\partial y}\right)\mathbf{k} \cdot \mathbf{k} = \frac{\partial Q}{\partial x} - \frac{\partial P}{\partial y}$$

이 되어, 그린의 정리에 있는 식을 벡터 형식으로 쓸 수 있다.

12 $$\oint_C \mathbf{F} \cdot d\mathbf{r} = \iint_D (\text{curl}\ \mathbf{F}) \cdot \mathbf{k}\,dA$$

식 12는 C에 대한 $\mathbf{F}$의 접선성분의 선적분을 C에 의하여 둘러싸인 영역 D에서

curl $\mathbf{F}$의 수직성분에 대한 중적분으로 표현한 것이다. 이제 $\mathbf{F}$의 법선성분을 포함하는 비슷한 식을 유도한다.

만약 C가 벡터방정식 $\mathbf{r}(t)=x(t)\mathbf{i}+y(t)\mathbf{j}$, $a\le t\le b$로 주어진다면, 단위접선벡터(11.2절 참조)는 다음과 같다.

$$\mathbf{T}(t)=\frac{x'(t)}{|\mathbf{r}'(t)|}\mathbf{i}+\frac{y'(t)}{|\mathbf{r}'(t)|}\mathbf{j}$$

그러면 C에 대한 외부방향의 단위법선벡터가

$$\mathbf{n}(t)=\frac{y'(t)}{|\mathbf{r}'(t)|}\mathbf{i}-\frac{x'(t)}{|\mathbf{r}'(t)|}\mathbf{j}$$

임을 증명할 수 있을 것이다(그림 2 참조). 그러면 14.2절 식 3과 그린의 정리에 의해 다음을 얻을 수 있다.

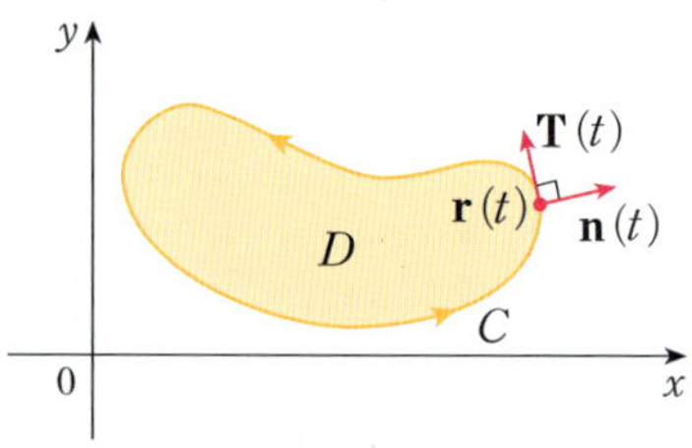

그림 2

$$\begin{aligned}\oint_C \mathbf{F}\cdot\mathbf{n}\,ds&=\int_a^b(\mathbf{F}\cdot\mathbf{n})(t)\,|\mathbf{r}'(t)|\,dt\\&=\int_a^b\left[\frac{P(x(t),y(t))y'(t)}{|\mathbf{r}'(t)|}-\frac{Q(x(t),y(t))x'(t)}{|\mathbf{r}'(t)|}\right]|\mathbf{r}'(t)|\,dt\\&=\int_a^b P(x(t),y(t))y'(t)dt-Q(x(t),y(t))x'(t)dt\\&=\int_C P\,dy-Q\,dx=\iint_D\left(\frac{\partial P}{\partial x}+\frac{\partial Q}{\partial y}\right)dA\end{aligned}$$

그러나 이 중적분의 피적분함수는 바로 $\mathbf{F}$의 발산이다. 그러므로 그린의 정리의 두 번째 벡터형식을 얻는다.

13 $$\oint_C \mathbf{F}\cdot\mathbf{n}\,ds=\iint_D \operatorname{div}\mathbf{F}(x,y)\,dA$$

이것은 C를 따라 $\mathbf{F}$의 법선성분을 선적분하는 것이 C로 둘러싸인 영역 D에서 $\mathbf{F}$의 발산을 중적분하는 것과 같다는 것을 뜻한다.

14.5 연습문제

(1~8) 다음 벡터장의 (a)회전 그리고 (b)발산을 구하여라.

1. $\mathbf{F}(x,y,z)=xyz\,\mathbf{i}-x^2y\,\mathbf{k}$
2. $\mathbf{F}(x,y,z)=x^2yz\,\mathbf{i}+xy^2z\,\mathbf{j}+xyz^2\,\mathbf{k}$
3. $\mathbf{F}(x,y,z)=e^x\sin y\,\mathbf{i}+e^x\cos y\,\mathbf{j}+z\,\mathbf{k}$
4. $\mathbf{F}(x,y,z)=xe^y\,\mathbf{j}+ye^z\,\mathbf{k}$
5. $\mathbf{F}(x,y,z)=\dfrac{1}{\sqrt{x^2+y^2+z^2}}(x\,\mathbf{i}+y\,\mathbf{j}+z\,\mathbf{k})$
6. $\mathbf{F}(x,y,z)=e^{xy}\sin z\,\mathbf{j}+y\tan^{-1}(x/z)\,\mathbf{k}$
7. $\mathbf{F}(x,y,z)=\langle \ln x, \ln(xy), \ln(xyz)\rangle$
8. $\mathbf{F}(x,y,z)=\langle e^x, e^{xy}, e^{xyz}\rangle$

(9~11) xy평면에 벡터장 $\mathbf{F}$가 그려져 있다(다시 말해 $\mathbf{F}$는 z에 독립적이고 그것의 z성분이 0이라는 뜻이다).

(a) div $\mathbf{F}$가 양인지, 음인지, 0인지 설명하여라.

(b) curl $\mathbf{F}=\mathbf{0}$인지 결정하고, 만일 그렇지 않다면 curl $\mathbf{F}$는 어느 방향을 가르키고 있는가?

9.

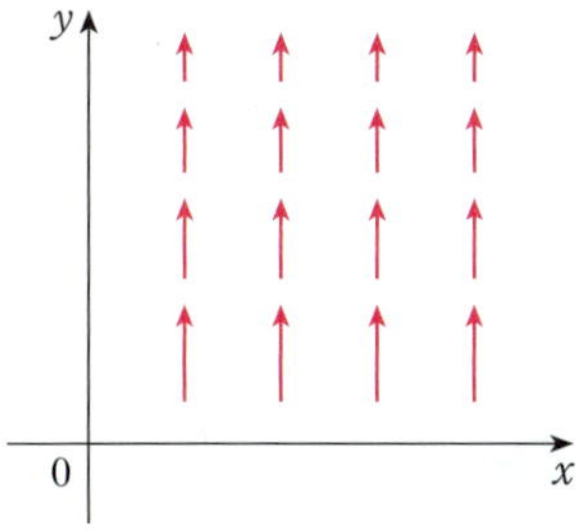

10.

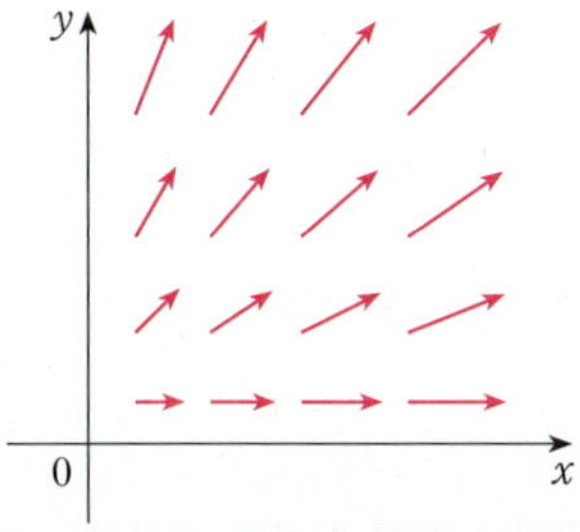

11.

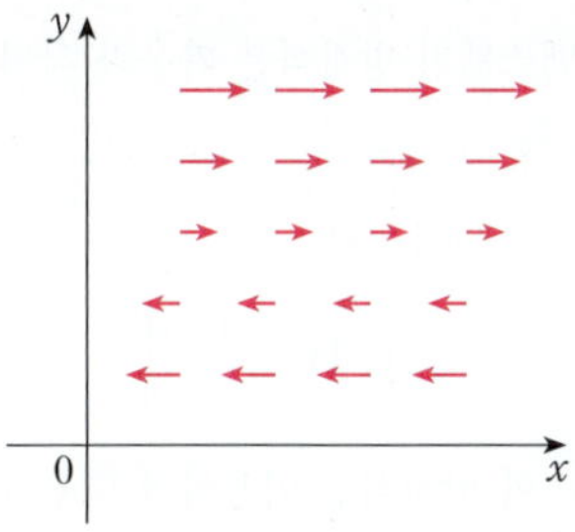

12. f는 스칼라장이고 $\mathbf{F}$는 벡터장이라 하자. 다음 각각의 표현이 의미를 갖는지 설명하고, 의미가 없으면 이유를 설명하고, 의미가 있으면 결과가 스칼라장인지 벡터장인지를 결정하여라.

(a) curl f (b) grad f

(c) div $\mathbf{F}$ (d) curl(grad f)

(e) grad $\mathbf{F}$ (f) grad(div $\mathbf{F}$)

(g) div(grad f) (h) grad(div f)

(i) curl(curl $\mathbf{F}$) (j) div(div $\mathbf{F}$)

(k)(grad f)$\times$(div $\mathbf{F}$) (l) div(curl(grad f))

(13~18) 다음 벡터장이 보존적인지 아닌지를 결정하여라. 만일 보존적이라면 $\mathbf{F}=\nabla f$가 되는 함수 f를 찾아라.

13. $\mathbf{F}(x, y, z)=y^2z^3\,\mathbf{i}+2xyz^3\,\mathbf{j}+3xy^2z^2\,\mathbf{k}$

14. $\mathbf{F}(x, y, z)=xyz^2\,\mathbf{i}+x^2yz^2\,\mathbf{j}+x^2y^2z\;\mathbf{k}$

15. $\mathbf{F}(x, y, z)=2xy\,\mathbf{i}+(x^2+2yz)\mathbf{j}+y^2\,\mathbf{k}$

16. $\mathbf{F}(x, y, z)=e^z\,\mathbf{i}+\mathbf{j}+xe^z\,\mathbf{k}$

17. $\mathbf{F}(x, y, z)=ye^{-x}\,\mathbf{i}+e^{-x}\,\mathbf{j}+2z\,\mathbf{k}$

18. $\mathbf{F}(x, y, z)=y\cos xy\,\mathbf{i}+x\cos xy\,\mathbf{j}-\sin z\,\mathbf{k}$

19. curl $\mathbf{G}=<x\sin y,\ \cos y,\ z-xy>$가 되는 $\mathbb{R}^3$에서의 벡터장 $\mathbf{G}$가 존재하는가? 이유를 설명하여라.

20. curl $\mathbf{G}=<xyz,\ -y^2z,\ yz^2>$가 되는 $\mathbb{R}^3$에서의 벡터장 $\mathbf{G}$가 존재하는가? 이유를 설명하여라.

21. 다음 형식의 벡터장이 비회전임을 보여라.

$\mathbf{F}(x, y, z)=f(x)\,\mathbf{i}+g(y)\,\mathbf{j}+h(z)\,\mathbf{k}$,

여기서 f, g, h는 미분가능한 함수이다.

22. 다음 형식의 벡터장이 비압축임을 보여라..

$$\mathbf{F}(x, y, z)=f(y, z)\,\mathbf{i}+g(x, z)\,\mathbf{j}+h(x, y)\,\mathbf{k}$$

(23~29) 연속인 편도함수가 존재한다고 가정할 때 다음의 항등식을 증명하여라. 만일 f가 스칼라장이고 $\mathbf{F}$와 $\mathbf{G}$가 벡터장이면 $f\mathbf{F}$, $\mathbf{F}\cdot\mathbf{G}$, $\mathbf{F}\times\mathbf{G}$는 다음과 같이 정의된다.

$$(f\mathbf{F})(x, y, z)=f(x, y, z)\,\mathbf{F}(x, y, z)$$
$$(\mathbf{F}\cdot\mathbf{G})(x, y, z)=\mathbf{F}(x, y, z)\cdot\mathbf{G}(x, y, z)$$
$$(\mathbf{F}\times\mathbf{G})(x, y, z)=\mathbf{F}(x, y, z)\times\mathbf{G}(x, y, z)$$

23. $\text{div}(\mathbf{F}+\mathbf{G})=\text{div}\,\mathbf{F}+\text{div}\,\mathbf{G}$

24. $\text{curl}(\mathbf{F}+\mathbf{G})=\text{curl}\,\mathbf{F}+\text{curl}\,\mathbf{G}$

25. $\text{div}(f\mathbf{F})=f\,\text{div}\,\mathbf{F}+\mathbf{F}\cdot\nabla f$

26. $\text{curl}(f\mathbf{F})=f\,\text{curl}\,\mathbf{F}+(\nabla f)\times\mathbf{F}$

27. $\text{div}(\mathbf{F}\times\mathbf{G})=\mathbf{G}\cdot\text{curl}\,\mathbf{F}-\mathbf{F}\cdot\text{curl}\,\mathbf{G}$

28. $\text{div}(\nabla f\times\nabla g)=0$

29. $\text{curl}\,(\text{curl}\,\mathbf{F})=\text{grad}\,(\text{div}\,\mathbf{F})-\nabla^2\mathbf{F}$

(30~32) $\mathbf{r}=x\,\mathbf{i}+y\,\mathbf{i}+z\,\mathbf{k}$이고 $r=|\mathbf{r}|$이라 하자.

30. 다음의 항등식을 증명하여라.

(a) $\nabla\cdot\mathbf{r}=3$ (b) $\nabla\cdot(r\mathbf{r})=4r$

(c) $\nabla^2r^3=12r$

31. 다음의 항등식을 증명하여라.

(a) $\nabla r=\mathbf{r}/r$ (b) $\nabla\times\mathbf{r}=\mathbf{0}$

(c) $\nabla(1/r)=-\mathbf{r}/r^3$ (d) $\nabla\ln r=\mathbf{r}/r^2$

32. $\mathbf{F}=\dfrac{\mathbf{r}}{r^p}$일 때, div $\mathbf{F}$를 구하여라. div $\mathbf{F}=0$가 되는 p가 존재하는가?

33. 식 13의 그린의 정리를 이용하여 그린의 첫 번째 항등식을 증명하여라.

$$\iint_D f\nabla^2 g\, dA = \oint_C f(\nabla g)\cdot \mathbf{n}\, ds - \iint_D \nabla f\cdot\nabla g\, dA$$

여기서 D와 C는 그린의 정리의 가정을 만족하며 f와 g의 편도함수가 존재하고 연속이다(선적분에서 $\nabla g\cdot\mathbf{n}=D_{\mathbf{n}}g$가 나타난다. 이것은 법선벡터 $\mathbf{n}$방향으로의 방향도함수이며, 따라서 그것을 g의 **법선 도함수**(normal derivative)라 한다).

34. 그린의 첫 번째 항등식(연습문제 33)을 이용하여 그린의 두 번째 항등식을 증명하여라.

$$\iint_D (f\nabla^2 g - g\nabla^2 f)\, dA = \oint_C (f\nabla g - g\nabla f)\cdot\mathbf{n}\, ds$$

여기서 D와 C는 그린의 정리의 가정을 만족하며 f와 g의 편도함수가 존재하고 연속이다.

35. 12.3에서 우리는 만약 함수 g가 영역 D에서 라플라스 방정식을 만족하면 조화함수라고 부르기로 했다. 그린의 첫 번째 항등식을 이용하여(문제 33 참조) 함수 g가 영역 D에서 조화함수이면,

$$\oint_C D_n g\, ds = 0$$

임을 보여라. 여기서 $D_n g$는 문제 31에서 정의된 함수 g의 법선도함수이다.

36. 그린의 첫 번째 항등식을 이용하여 f가 영역 D에서 조화함수이고 그리고 영역 D의 경계인 곡선 C 위에서 $f(xy)=0$이면,

$$\iint_D |\nabla f|^2\, dA = 0$$

임을 보여라(문제 31에서의 조건들을 가정한다).

37. 이번 연습문제에서는 회전벡터와 회전 사이의 관계를 설명한다. B가 z축 둘레를 회전하는 강체라 하자. 그 회전을 벡터 $\mathbf{w}=\omega\,\mathbf{k}$로 표현할 수 있고, 여기서 ω는 B 의 각속도이다. 즉 회전축으로부터의 거리 d에 의해 나누어지는 B 상의 점 P의 접선방향으로의 속도이다. $\mathbf{r}=\langle x, y, z\rangle$를 P의 위치벡터라 하자.

(a) 그림에 있는 각 θ를 고려하여 B의 속도장이 $\mathbf{v}=\mathbf{w}\times\mathbf{r}$이 됨을 보여라.

(b) $\mathbf{v}=-\omega y\,\mathbf{i}+\omega x\,\mathbf{j}$임을 보여라.

(c) curl $\mathbf{v}=2\mathbf{w}$임을 보여라.

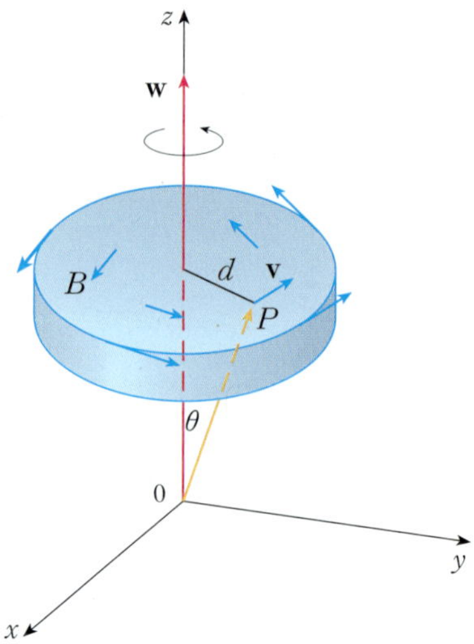

38. 전하와 전류가 없는 영역내에서 시간에 따라 변화하는 전기장 $\mathbf{E}$와 자기장 $\mathbf{H}$와 관련된 맥스웰의 방정식은 다음과 같이 기술된다.

$$\text{div } \mathbf{E}=0 \qquad \text{div } \mathbf{H}=0$$

$$\text{curl } \mathbf{E}=-\frac{1}{c}\frac{\partial \mathbf{H}}{\partial t} \qquad \text{curl } \mathbf{H}=\frac{1}{c}\frac{\partial \mathbf{E}}{\partial t}$$

여기서 c는 빛의 속도이다. 이 방정식을 이용하여 다음을 증명하여라.

(a) $\nabla\times(\nabla\times\mathbf{E})=-\dfrac{1}{c^2}\dfrac{\partial^2\mathbf{E}}{\partial t^2}$

(b) $\nabla\times(\nabla\times\mathbf{H})=-\dfrac{1}{c^2}\dfrac{\partial^2\mathbf{H}}{\partial t^2}$

(c) $\nabla^2\mathbf{E}=\dfrac{1}{c^2}\dfrac{\partial^2\mathbf{E}}{\partial t^2}$ (도움말 : 연습문제 29번 이용)

(d) $\nabla^2\mathbf{H}=\dfrac{1}{c^2}\dfrac{\partial^2\mathbf{H}}{\partial t^2}$

39. $\mathbf{F}=\nabla g$인 형태의 벡터장 $\mathbf{F}$는 $\mathbf{F}=0$을 만족한다. 그리고 $\mathbf{F}=$curl $\mathbf{G}$인 형태의 벡터장 $\mathbf{F}$는 div $\mathbf{F}=0$을 만족한다(여기서 적절한 편도함수의 연속성을 가정한다). 여기서 다음 질문을 생각해 보자. $f=$div $\mathbf{G}$인 형태의 함수 f가 만족하는 어떤 방정식이 있는가? 위의 질문에 대한 답은 부정인데 이는 모든 연속함수는(삼차원 공간에서) 어떤 벡터장의 발산임을 보임으로써 증명할 수 있다.
(도움말 : $g(x, y, z)=\int_0^x f(t, y, z)dt$라 하고 $\mathbf{G}(x, y, z)=\langle g(x, y, z), 0, 0\rangle$으로 택한다.)

14.6 면적분

면적분과 표면적 사이의 관계는 선적분과 호길이 사이의 관계와 매우 비슷하다. f가 세 변수를 갖고 정의역이 곡면 S를 포함한다고 가정하자. $f(x, y, z)=1$인 경우에 있어, 면적분의 값이 S의 표면적과 같게 되도록 S에서 f의 면적분을 정의할 것이다. 매개변수 표현의 곡면들로 시작해서 S가 두 변수를 가진 함수의 그래프가 되는 특별한 경우까지 다루고자 한다.

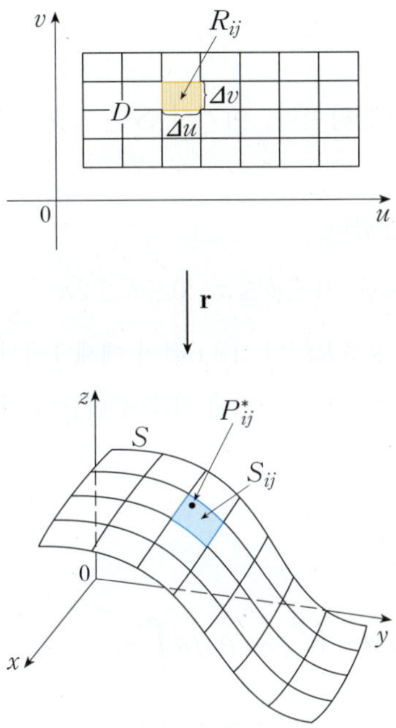

그림 1

▷ 매개변수 곡면

11.5절에서 매개변수 곡면 S는 u, v의 벡터함수 $\mathbf{r}(u, v)$로 다음과 같이

$$\mathbf{r}(u, v)=x(u, v)\mathbf{i}+y(u, v)\mathbf{j}+z(u, v)\mathbf{k} \qquad (u, v)\in D$$

로 주어졌음을 기억하자. 먼저 매개변수 정의역 D가 직사각형이고 그것을 길이가 Δu와 Δv인 소직사각형 R_{ij}로 나눈다고 가정하자. 그러면 그림 1과 같이 곡면 S는 대응되는 소곡면 S_{ij}로 나뉘어진다. 각각의 소곡면에 있는 한 점 P^*_{ij}에서 f를 계산하고, 소곡면의 넓이 ΔS_{ij}를 곱해서 리만 합, $\sum_{i=1}^{m}\sum_{j=1}^{n} f(P^*_{ij})\Delta S_{ij}$을 만든다. 그러면 분할을 증가시켜 그 극한을 택해서 **곡면 S에서의 f의 면적분**을 다음과 같이 정의한다.

1
$$\iint_S f(x, y, z)\,dS=\lim_{m,\, n\to\infty}\sum_{i=1}^{m}\sum_{j=1}^{n} f(P^*_{ij})\Delta S_{ij}$$

이것은 선적분(14.2절 식 **2**)의 정의와 중적분(13.1절 식 **5**)의 정의가 유사하다는 것에 주목하자.

식 **1**의 면적분을 계산하기 위해 소곡면 ΔS_{ij}의 근삿값으로 접선 평면에 있는 평행사변형모양의 넓이를 택한다. 13.6절에 있는 곡면 넓이를 계산할 때 다음의 근삿값을 계산했다.

$$\Delta S_{ij}\approx|\mathbf{r}_u\times\mathbf{r}_v|\Delta u\Delta v$$

여기서 $\mathbf{r}_u=\dfrac{\partial x}{\partial u}\mathbf{i}+\dfrac{\partial y}{\partial u}\mathbf{j}+\dfrac{\partial z}{\partial u}\mathbf{k}$, $\mathbf{r}_v=\dfrac{\partial x}{\partial v}\mathbf{i}+\dfrac{\partial y}{\partial v}\mathbf{j}+\dfrac{\partial z}{\partial v}\mathbf{k}$는 S_{ij}의 한 모서리에서의 접선 벡터들이다. 그 성분들이 연속이고 $\mathbf{r}_u$와 $\mathbf{r}_v$가 0이 아니고 D 안에서 평행이 아니라고 가정하면, 정의 **1**로부터 D가 직사각형이 아닌 경우에도 다음이 성립한다.

● (u, v)가 D에서 움직일 때 대응되는 점이 곡면을 오직 한 번만 덮는다고 가정하자. 면적분 값은 사용된 매개변수에 따라 달라지지 않는다.

2
$$\iint_S f(x, y, z)\,dS=\iint_D f(\mathbf{r}(u, v))\,|\mathbf{r}_u\times\mathbf{r}_v|\,dA$$

이것을 선적분에 대한 식과 비교하여보자.

$$\int_C f(x, y, z)\,ds=\int_a^b f(\mathbf{r}(t))\,|\mathbf{r}'(t)|\,dt$$

또한 다음의 식을 유의하자.

$$\iint_S 1\, dS = \iint_D |\mathbf{r}_u \times \mathbf{r}_v|\, dA = A(S)$$

식 **2**에 의해 면적분을 매개변수 영역 D에서의 중적분으로 바꾸어 계산할 수 있다. 이 식을 이용할 때, $f(\mathbf{r}(u, v))$ 는 $f(x, y, z)$에 대한 식에 $x=x(u, v)$, $y=y(u, v)$, $z=z(u, v)$를 대입하여 계산하여라.

예제 1 **구 위에서의 적분** 면적분 $\iint_S x^2\, dS$를 계산하여라. 여기서 S는 단위 구 $x^2+y^2+z^2=1$이다.

풀이 11.5절의 예제 4에서와 같이 매개변수 표시를 이용한다.

$$x=\sin\phi\cos\theta,\ \ y=\sin\phi\sin\theta,\ \ z=\cos\phi,\ \ 0\le\phi\le\pi,\ \ 0\le\theta\le2\pi$$

즉, $\mathbf{r}(\phi, \theta)=\sin\phi\cos\theta\,\mathbf{i}+\sin\phi\sin\theta\,\mathbf{j}+\cos\phi\,\mathbf{k}$이다. 13.6절의 예제 1에서와 같이, $|\mathbf{r}_\phi\times\mathbf{r}_\theta|=\sin\phi$임를 계산할 수 있다. 그러므로 식 **2**에 의해서 다음이 성립한다.

● 여기서 항등식
$\cos^2\theta=\frac{1}{2}(1+\cos2\theta)$,
$\sin^2\phi=1-\cos^2\phi$
를 이용한다.

$$\begin{aligned}\iint_S x^2\, dS &= \iint_D (\sin\phi\cos\theta)^2|\mathbf{r}_\phi\times\mathbf{r}_\theta|\, dA\\ &=\int_0^{2\pi}\int_0^{\pi}\sin^2\phi\cos^2\theta\sin\phi\, d\phi d\theta=\int_0^{2\pi}\cos^2\theta\, d\theta\int_0^{\pi}\sin^3\phi\, d\phi\\ &=\int_0^{2\pi}\frac{1}{2}(1+\cos2\theta)d\theta\int_0^{\pi}(\sin\phi-\sin\phi\cos^2\phi)d\phi\\ &=\frac{1}{2}\left[\theta+\frac{1}{2}\sin2\theta\right]_0^{2\pi}\left[-\cos\phi+\frac{1}{3}\cos^3\phi\right]_0^{\pi}=\frac{4\pi}{3}\end{aligned}$$

■

앞에서 다루었던 적분의 응용과 비슷한 면적분의 응용을 생각할 수 있다. 예를 들어, 얇은 종이(알루미늄 호일 같은)가 곡면 S의 모양을 하고 점(x, y, z)에서 밀도(단위 넓이당 질량)가 $\rho(x, y, z)$라면, 그 종이의 총**질량**은 $m=\iint_S \rho(x, y, z)dS$이고 **질량의 중심**은 $(\bar{x}, \bar{y}, \bar{z})$이다. 여기서

$$\bar{x}=\frac{1}{m}\iint_S x\rho(x, y, z)dS,\ \bar{y}=\frac{1}{m}\iint_S y\rho(x, y, z)dS,\ \bar{z}=\frac{1}{m}\iint_S z\rho(x, y, z)dS$$

이다. 관성모멘트 앞에서 했던 것처럼 정의될 수 있다(연습문제 39 참조).

▷ 그래프

방정식 $z=g(x, y)$를 가진 임의의 곡면 S는 매개변수 방정식 $x=x$, $y=y$, $z=g(x, y)$에 의해 매개변수 곡면으로 간주하여, 다음 식을 얻는다.

$$\mathbf{r}_x=\mathbf{i}+\left(\frac{\partial g}{\partial x}\right)\mathbf{k},\quad \mathbf{r}_y=\mathbf{j}+\left(\frac{\partial g}{\partial y}\right)\mathbf{k}$$

그러므로

3 $$\mathbf{r}_x \times \mathbf{r}_y = -\frac{\partial g}{\partial x}\mathbf{i} - \frac{\partial g}{\partial y}\mathbf{j} + \mathbf{k}$$

이고, 따라서

$$|\mathbf{r}_x \times \mathbf{r}_y| = \sqrt{\left(\frac{\partial z}{\partial x}\right)^2 + \left(\frac{\partial z}{\partial y}\right)^2 + 1}$$

이다. 그러므로 이 경우, 식 **2**는 다음과 같이 쓸 수 있다.

4 $$\iint_S f(x, y, z)\, dS = \iint_D f(x, y, g(x, y))\sqrt{\left(\frac{\partial z}{\partial x}\right)^2 + \left(\frac{\partial z}{\partial y}\right)^2 + 1}\; dA$$

yz-평면이나 xz-평면 위에 S를 사영시키는 경우에도 유사한 식을 얻을 수 있다. 예를 들어, S는 방정식 $y = h(x, z)$를 가진 곡면이고 D는 그것을 xz-평면 위에 사영한 것이라고 하면, 다음의 식을 얻는다.

$$\iint_S f(x, y, z)\, dS = \iint_D f(x, h(x, z), z)\sqrt{\left(\frac{\partial y}{\partial x}\right)^2 + \left(\frac{\partial y}{\partial z}\right)^2 + 1}\; dA$$

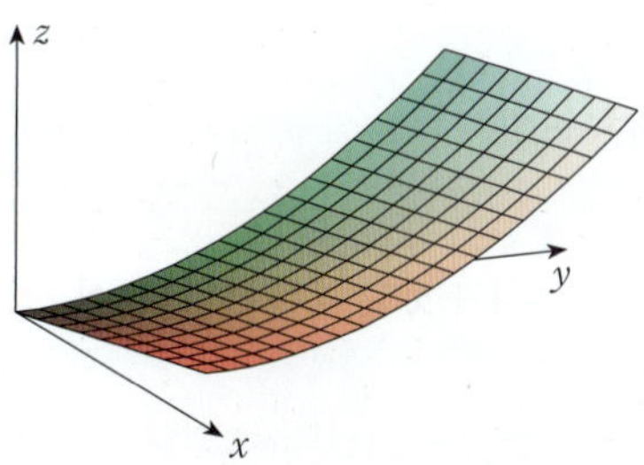

그림 2

예제 2 **함수의 그래프 위에서 적분** $\iint_S y\, dS$를 계산하여라. 여기서 S는 곡면 $z = x + y^2$, $0 \le x \le 1$, $0 \le y \le 2$이다(그림 2 참조).

풀이 $\frac{\partial z}{\partial x} = 1$, $\frac{\partial z}{\partial y} = 2y$이므로 식 **4**에 의해 다음과 같다.

$$\begin{aligned}\iint_S y\, dS &= \iint_D y\sqrt{1 + \left(\frac{\partial z}{\partial x}\right)^2 + \left(\frac{\partial z}{\partial y}\right)^2}\; dA \\ &= \int_0^1\int_0^2 y\sqrt{1 + 1 + 4y^2}\; dy\,dx \\ &= \int_0^1 dx\sqrt{2}\int_0^2 y\sqrt{1 + 2y^2}\; dy \\ &= \sqrt{2}\left(\frac{1}{4}\right)\frac{2}{3}(1 + 2y^2)^{3/2}\Big]_0^2 = \frac{13\sqrt{2}}{3}\end{aligned}$$

■

만일 S가 부분적으로 매끄러운 곡면, 즉 경계에서만 서로 교차하는 매끄러운 곡면들 $S_1, S_2, \cdots, S_n$의 유한합이라면 S에서의 f의 면적분은 다음과 같이 정의된다.

$$\iint_S f(x, y, z)\, dS = \iint_{S_1} f(x, y, z)\, dS + \cdots + \iint_{S_n} f(x, y, z)\, dS$$

예제 3 **부분적으로 매끄러운 곡면 위에서의 적분** $\iint_S z\, dS$를 계산하여라. 여기서 곡면 S는 다음과 같이 주어졌다. S의 옆면 S_1은 원통 $x^2 + y^2 = 1$이고, S의 바닥은 S_2는 평면 $z = 0$ 상에 있는 원판 $x^2 + y^2 \le 1$이고, S의 윗면 S_3은 S_2 위에 놓여 있는 평면 $z = 1 + x$의 부분이다.

풀이 곡면 S는 그림 3에 표시되어 있다(S를 잘 표현하기 위해서 축의 일반적인 위치를

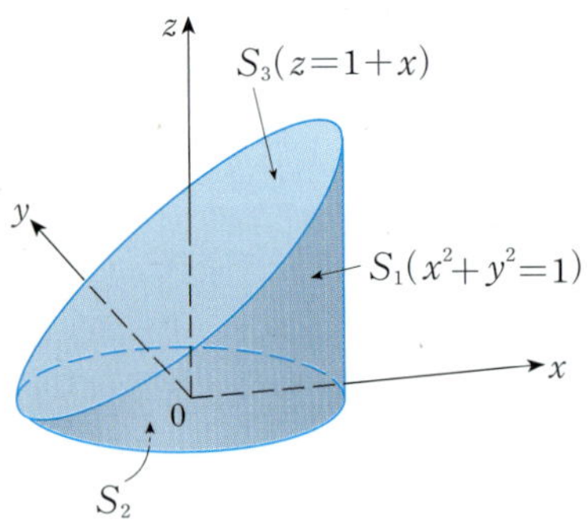

그림 3

바꾸어 주었다). S_1에 대해서 θ와 z를 매개변수로 사용하여(11.5절의 예제 5 참조) 그것의 매개변수방정식을 $x=\cos\theta$, $y=\sin\theta$, $z=z$로 하였다. 여기서 $0\le\theta\le 2\pi$, $0\le z\le 1+x=1+\cos\theta$이다. 그러므로

$$\mathbf{r}_\theta\times\mathbf{r}_z=\begin{vmatrix}\mathbf{i}&\mathbf{j}&\mathbf{k}\\-\sin\theta&\cos\theta&0\\0&0&1\end{vmatrix}=\cos\theta\,\mathbf{i}+\sin\theta\,\mathbf{j}$$

$$|\mathbf{r}_\theta\times\mathbf{r}_z|=\sqrt{\cos^2\theta+\sin^2\theta}=1$$

이다. 그러므로 S_1에서의 면적분은 다음과 같다.

$$\begin{aligned}\iint_{S_1} z\,dS&=\iint_D z|\mathbf{r}_\theta\times\mathbf{r}_z|\,dA\\&=\int_0^{2\pi}\int_0^{1+\cos\theta} z\,dz\,d\theta=\int_0^{2\pi}\frac{1}{2}(1+\cos\theta)^2d\theta\\&=\frac{1}{2}\int_0^{2\pi}\left[1+2\cos\theta+\frac{1}{2}(1+\cos 2\theta)\right]d\theta\\&=\frac{1}{2}\left[\frac{3}{2}\theta+2\sin\theta+\frac{1}{4}\sin 2\theta\right]_0^{2\pi}=\frac{3\pi}{2}\end{aligned}$$

S_2가 평면 $z=0$ 위에 놓여 있으므로

$$\iint_{S_2} z\,dS=\iint_{S_2} 0\,dS=0$$

이다. 윗면 S_3는 단일 원판 D 위에 놓여 있고 평면 $z=1+x$의 부분이므로, 식 **4** 에서 $g(x, y)=1+x$를 택하고 극좌표로 바꾸면

$$\begin{aligned}\iint_{S_3} z\,dS&=\iint_D (1+x)\sqrt{1+\left(\frac{\partial z}{\partial x}\right)^2+\left(\frac{\partial z}{\partial y}\right)^2}\,dA\\&=\int_0^{2\pi}\int_0^1(1+r\cos\theta)\sqrt{1+1+0}\,r\,dr\,d\theta\\&=\sqrt{2}\int_0^{2\pi}\int_0^1(r+r^2\cos\theta)\,dr\,d\theta\\&=\sqrt{2}\int_0^{2\pi}\left(\frac{1}{2}+\frac{1}{3}\cos\theta\right)d\theta=\sqrt{2}\left[\frac{\theta}{2}+\frac{\sin\theta}{3}\right]_0^{2\pi}=\sqrt{2}\pi\end{aligned}$$

이다. 그러므로 다음이 성립한다.

$$\begin{aligned}\iint_S z\,dS&=\iint_{S_1} z\,dS+\iint_{S_2} z\,dS+\iint_{S_3} z\,dS\\&=\frac{3\pi}{2}+0+\sqrt{2}\pi=\left(\frac{3}{2}+\sqrt{2}\right)\pi\end{aligned}$$

■

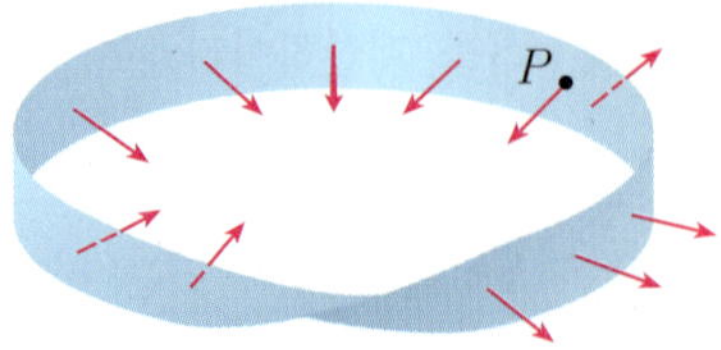

그림 4
뫼비우스 띠

▷ 유향곡면

벡터장의 면적분을 정의하기 위해서 그림 4에 있는 뫼비우스 띠와 같은 방향이 없는 곡면을 제외할 필요가 있다(독일의 기하학자 뫼비우스(1790~1868)의 이름을 따서 붙여졌다). 그림 5에서와 같이 긴 직사각형 띠의 종이를 가지고 반을 꼬아서 끝부분을 서로 붙여

만들어보라. 만약 개미가 점 P에서 시작하여 뫼비우스의 띠를 따라 기어간다면 다른 면 즉 반대방향을 가리키는 윗면에서 끝나게 될 것이다. 계속 개미가 같은 방향으로 기어가면, 결코 모서리를 통과하지 않으면서 같은 점 P에 도달할 수 있을 것이다(뫼비우스의 띠를 만들어서 가운데를 연필로 선을 그려 보라). 그러므로 뫼비우스의 띠는 오직 한 면만을 갖는다. 11.5절의 연습문제 32에서 매개변수방정식을 사용하여 뫼비우스 띠를 그릴 수 있다.

그림 5
뫼비우스 띠 만들기

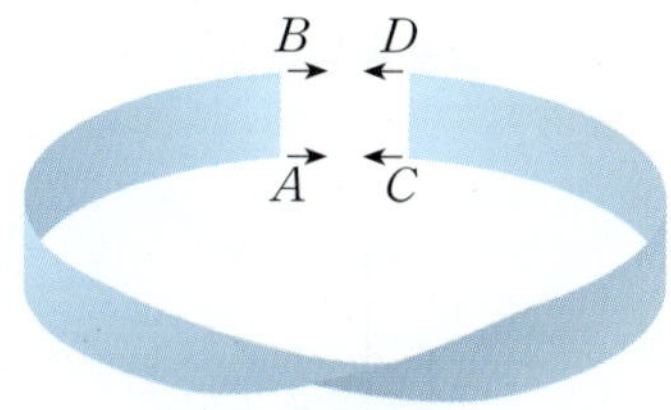

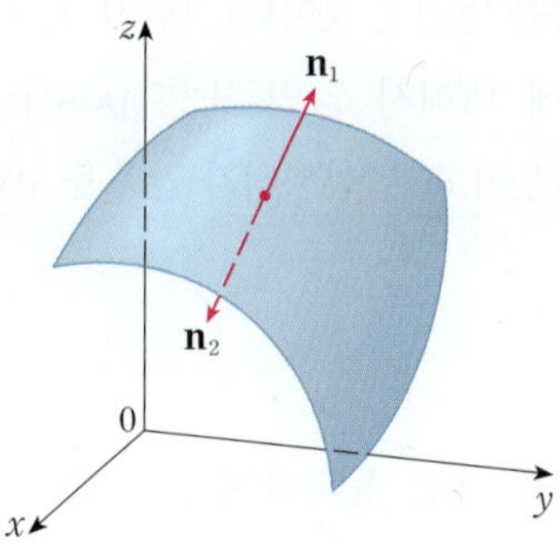

그림 6

이제부터는 방향(두 면)을 가진 곡면만을 생각하자. S 위의 임의의 점 (x, y, z)에서 접평면을 갖는 곡면 S를 가지고 생각한다(경계에 있는 점들은 제외한다). (x, y, z)에서 두 개의 단위법선벡터 $\mathbf{n}_1$과 $\mathbf{n}_2=-\mathbf{n}_1$가 존재한다(그림 6 참조).

만약 임의의 점 (x, y, z)에서 단위 법선벡터 $\mathbf{n}$을 택하여 $\mathbf{n}$을 S에서 연속적으로 변화시키는 것이 가능하다면, S를 **유향곡면**(oriented surface)이라 하고 $\mathbf{n}$의 주어진 방향을 가진 곡면 S를 생성한다. 임의의 유향곡면은 두 개의 가능한 방향을 갖는다(그림 7 참조).

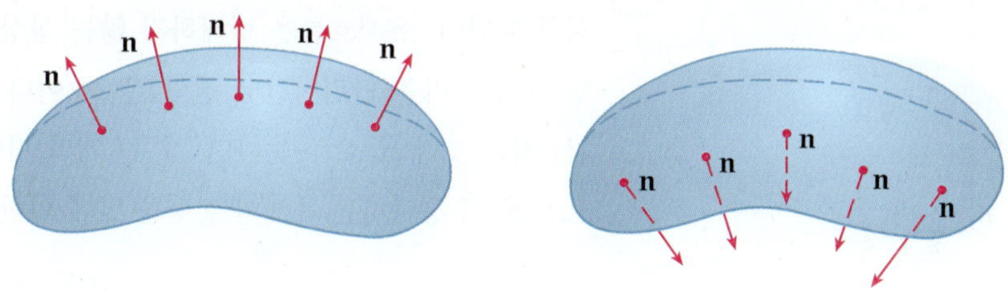

그림 7
방향을 갖는 곡면의 두 방향

g의 그래프로서 주어진 곡면 $z=g(x, y)$에 대하여, 곡면과 다음의 단위법선벡터에 의해 주어진 방향을 관련짓기 위해 식 **3**을 이용하자.

5
$$\mathbf{n}=\frac{-\dfrac{\partial g}{\partial x}\mathbf{i}-\dfrac{\partial g}{\partial y}\mathbf{j}+\mathbf{k}}{\sqrt{1+\left(\dfrac{\partial g}{\partial x}\right)^2+\left(\dfrac{\partial g}{\partial y}\right)^2}}$$

$\mathbf{k}$성분이 양수이므로, 이것은 곡면의 위쪽방향을 가리킨다.

만약 S가 벡터 함수 $\mathbf{r}(u, v)$에 의해 매개변수 형식으로 주어진 매끄러운 유향곡면이라면, 그것은 자동적으로 다음의 단위법선벡터 방향을 충족시키며, 반대방향은 $-\mathbf{n}$으로 주어진다.

6
$$\mathbf{n}=\frac{\mathbf{r}_u\times\mathbf{r}_v}{|\mathbf{r}_u\times\mathbf{r}_v|}$$

예를 들어, 11.5절의 예제 4에서 구 $x^2+y^2+z^2=a^2$에 대한 매개변수 표시

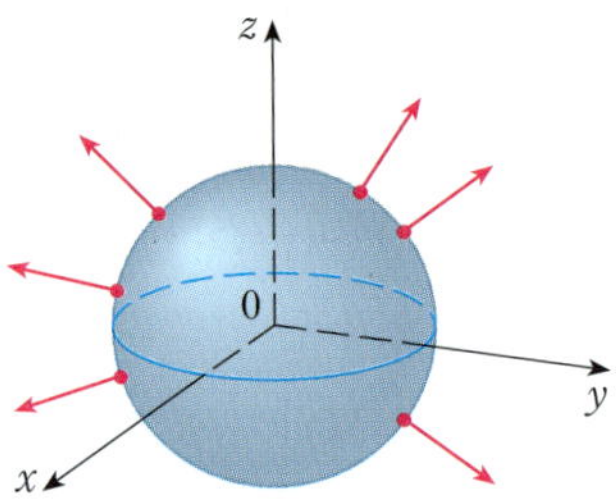

그림 8 양의 방향

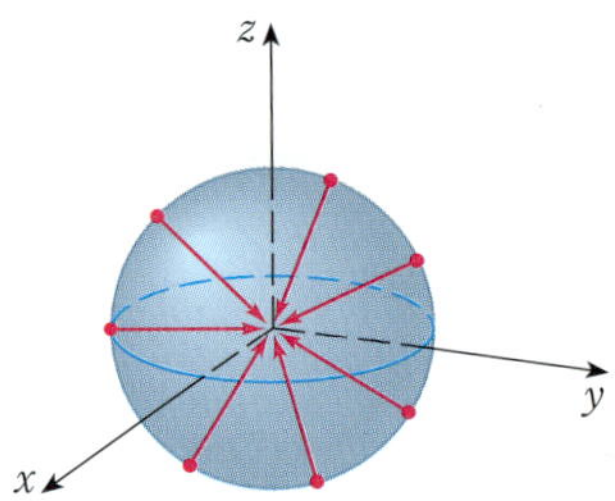

그림 9 음의 방향

$$\mathbf{r}(\phi, \theta) = a \sin\phi \cos\theta \, \mathbf{i} + a \sin\phi \, \sin\theta \, \mathbf{j} + a \cos\phi \, \mathbf{k}$$

를 구했고, 13.6절 예제 1에서 다음을 구하였다.

$$\mathbf{r}_\phi \times \mathbf{r}_\theta = a^2 \sin^2\phi \cos\theta \, \mathbf{i} + a^2 \sin^2\phi \, \sin\theta \, \mathbf{j} + a^2 \sin\phi \, \cos\phi \, \mathbf{k}$$

$$|\mathbf{r}_\phi \times \mathbf{r}_\theta| = a^2 \sin\phi$$

그러므로 $\mathbf{r}(\phi, \theta)$에 의해 주어진 방향은 다음의 단위 법선벡터에 의해 정의된다.

$$\mathbf{n} = \frac{\mathbf{r}_\phi \times \mathbf{r}_\theta}{|\mathbf{r}_\phi \times \mathbf{r}_\theta|} = \sin\phi \, \cos\theta \, \mathbf{i} + \sin\phi \, \sin\theta \, \mathbf{j} + \cos\phi \, \mathbf{k} = \frac{1}{a} \mathbf{r}\,(\phi, \theta)$$

$\mathbf{n}$이 위치벡터와 같은 방향, 즉 구의 바깥방향을 향하고 있음에 주목하자(그림 8 참조).

$$\mathbf{r}_\theta \times \mathbf{r}_\phi = -\mathbf{r}_\phi \times \mathbf{r}_\theta$$

이므로 매개변수의 순서를 반대로 한다면, 반대(안쪽)방향을 얻었을 것이다(그림 9 참조).

폐곡면에 대해서, 즉 입체 영역 E의 경계인 곡면에 대해서 **양의 방향**(postive orientation)은 법선벡터가 E로부터 바깥쪽을 향하는 경우이고, 법선벡터가 안쪽을 향하면 음의 방향이라 한다(그림 8, 9 참조).

▷ 벡터장의 면적분

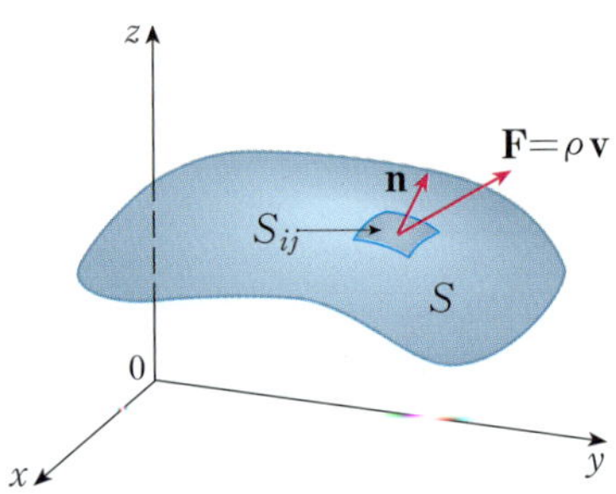

그림 10

S를 단위법선벡터 $\mathbf{n}$을 가진 유향곡면이라고 가정하고, S를 통과하여 흐르는 밀도 $\rho(x, y, z)$와 속도장 $\mathbf{v}(x, y, z)$를 가진 유체를 상상해보자(S를 기류를 가로지르는 낚시망과 같이, 유체흐름을 방해하지 않는 상상의 곡면으로 생각해보자). 그러면 단위 면적당 흐름의 비율(단위시간당 질량)은 $\rho\mathbf{v}$이다. S를 그림 10에서와 같이(그림 1과 비교할 것) 작은 조각 S_{ij}로 나눈다면, S_{ij}는 거의 평면이 되고 따라서 단위시간당 법선 $\mathbf{n}$의 방향으로 S_{ij}를 통과하는 유체의 질량을 양에 의한 근삿값으로 구할 수 있다.

$$(\rho\mathbf{v} \cdot \mathbf{n}) A(S_{ij})$$

여기서 ρ, $\mathbf{v}$와 $\mathbf{n}$은 S_{ij} 위의 어떤 점에서 계산된다(단위벡터 $\mathbf{n}$의 방향에 있어 벡터 $\rho\mathbf{v}$의 성분은 $\rho\mathbf{v} \cdot \mathbf{n}$임을 상기하자). 이러한 양들을 합하고, 극한을 취함으로써, 정의 [1]에 따라 S 상에서의 함수 $\rho\mathbf{v} \cdot \mathbf{n}$의 면적분은 다음과 같다.

[7] $$\iint_S \rho\mathbf{v} \cdot \mathbf{n} \, dS = \iint_S \rho(x, y, z) \mathbf{v}(x, y, z) \cdot \mathbf{n}(x, y, z) dS$$

그리고 이는 물리학적으로 S를 통과하는 흐름의 비율로 해석할 수 있다. $\mathbf{F} = \rho\mathbf{v}$라고 쓴다면, $\mathbf{F}$는 또한 $\mathbb{R}^3$ 위에서의 벡터장이며 식 [7]에 있는 적분은

$$\iint_S \mathbf{F} \cdot \mathbf{n} \, dS$$

가 된다. 이 형태의 면적분은 $\mathbf{F}$가 $\rho\mathbf{v}$가 아닐 때에도 물리학에서는 자주 발생하며 S 위에서의 $\mathbf{F}$의 면적분(또는 유동적분)이라 부른다.

> **8 정의** 만일 $\mathbf{F}$가 단위법선벡터 $\mathbf{n}$을 가진 유향곡면 S 위에서 정의된 연속적인 벡터장이라면, **'S 위에서의 $\mathbf{F}$의 면적분**(surface integral of)' 은
>
> $$\iint_S \mathbf{F}\cdot d\mathbf{S}=\iint_S \mathbf{F}\cdot\mathbf{n}\,dS$$
>
> 이다. 이적분 또한 S를 가로지르는 **$\mathbf{F}$의 유량**(flux of $\mathbf{F}$)이라 불린다.

다시 말하면, 정의 8은 S 위에서 벡터장을 면적분하는 것은 S 위에서 그것의 법선 성분을 면적분하는 것과 같다는 것을 의미한다.

만일 S가 벡터함수 $\mathbf{r}(u, v)$로 주어진다면, $\mathbf{n}$은 식 6으로 주어지고, 정의 8과 식 2로부터 D가 매개변수영역일 때

$$\iint_S \mathbf{F}\cdot d\mathbf{S}=\iint_S \mathbf{F}\cdot\frac{\mathbf{r}_u\times\mathbf{r}_v}{|\mathbf{r}_u\times\mathbf{r}_v|}dS=\iint_D\left[\mathbf{F}(\mathbf{r}(u, v))\cdot\frac{\mathbf{r}_u\times\mathbf{r}_v}{|\mathbf{r}_u\times\mathbf{r}_v|}\right]|\mathbf{r}_u\times\mathbf{r}_v|dA$$

를 갖는다. 그러므로 다음과 같다.

● 식 9를 14.2절의 정의 13 $\int_C \mathbf{F}\cdot d\mathbf{r}=\int_a^b \mathbf{F}(\mathbf{r}(t))\cdot\mathbf{r}'(t)dt$ 에서 벡터장의 선적분을 계산할 때 썼던 비슷한 표현들과 비교하라.

9
$$\iint_S \mathbf{F}\cdot d\mathbf{S}=\iint_D \mathbf{F}\cdot(\mathbf{r}_u\times\mathbf{r}_v)dA$$

예제 4 **구를 관통하는 유량** 단위 구 $x^2+y^2+z^2=1$을 통과하는 벡터장 $\mathbf{F}(x, y, z)=z\,\mathbf{i}+y\,\mathbf{j}+x\,\mathbf{k}$의 유량을 구하여라.

● 그림 11은 단위구위의 점들에서 예제 4에 있는 벡터장 $\mathbf{F}$를 보여준다.

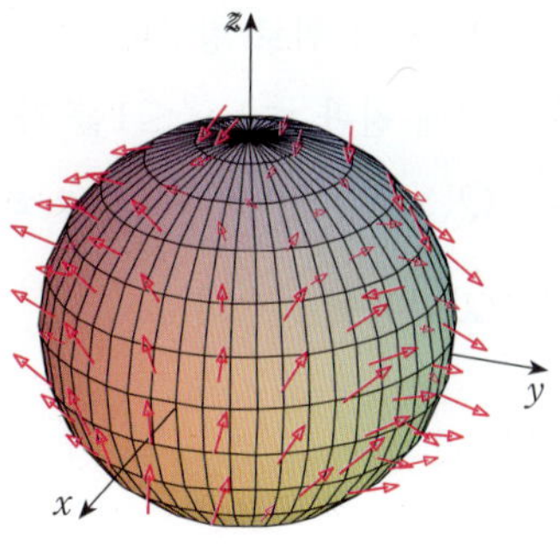

그림 11

풀이 예제 1과 같이 매개변수 표현

$$\mathbf{r}(\phi, \theta)=\sin\phi\ \cos\theta\,\mathbf{i}+\sin\phi\ \sin\theta\,\mathbf{j}+\cos\phi\,\mathbf{k},\quad 0\le\phi\le\pi,\quad 0\le\theta\le 2\pi$$

를 이용하면, 다음 식을 얻는다.

$$\mathbf{F}(\mathbf{r}(\phi, \theta))=\cos\phi\,\mathbf{i}+\sin\phi\ \sin\theta\,\mathbf{j}+\sin\phi\ \cos\theta\,\mathbf{k}$$

13.6절의 예제 1로부터, 다음의 식을 얻는다.

$$\mathbf{r}_\phi\times\mathbf{r}_\theta=\sin^2\phi\ \cos\theta\,\mathbf{i}+\sin^2\phi\ \sin\theta\,\mathbf{j}+\sin\phi\ \cos\phi\,\mathbf{k}$$

그러므로

$$\mathbf{F}(\mathbf{r}(\phi, \theta))\cdot(\mathbf{r}_\phi\times\mathbf{r}_\theta)=\cos\phi\ \sin^2\phi\ \cos\theta+\sin^3\phi\ \sin^2\theta+\sin^2\phi\ \cos\phi\ \cos\theta$$

그리고 식 9에 의하여, 유량은 다음과 같다.

$$\begin{aligned}\iint_S \mathbf{F}\cdot d\mathbf{S}&=\iint_D \mathbf{F}\cdot(\mathbf{r}_\phi\times\mathbf{r}_\theta)dA\\&=\int_0^{2\pi}\int_0^{\pi}(2\sin^2\phi\cos\phi\cos\theta+\sin^3\phi\ \sin^2\theta)d\phi d\theta\\&=2\int_0^{\pi}\sin^2\phi\cos\phi\,d\phi\int_0^{2\pi}\cos\theta\,d\theta+\int_0^{\pi}\sin^3\phi\,d\phi\int_0^{2\pi}\sin^2\theta\,d\theta\end{aligned}$$

$$=0+\int_0^{\pi}\sin^3\phi\, d\phi\int_0^{2\pi}\sin^2\theta\, d\theta \qquad \left(\int_0^{2\pi}\cos\theta\, d\theta=0 \text{ 이므로}\right)$$

$$=\frac{4\pi}{3}$$

예를 들어, 만일 예제 4에 있는 벡터장이 밀도 1을 가진 유체의 흐름을 묘사하는 벡터장이라면, 이때 답 $\frac{4\pi}{3}$는 단위시간당 질량의 단위들에 있어 단위 구를 통과하는 흐름의 비율을 나타낸다. 곡면 S가 그래프 $z=g(x, y)$로 주어진 경우에, 매개변수로 x와 y를 생각할 수 있고 식 3을 이용하여

$$\mathbf{F}\cdot(\mathbf{r}_x\times\mathbf{r}_y)=(P\,\mathbf{i}+Q\,\mathbf{j}+R\,\mathbf{k})\cdot\left(-\frac{\partial g}{\partial x}\mathbf{i}-\frac{\partial g}{\partial y}\mathbf{j}+\mathbf{k}\right)$$

로 쓸 수 있다. 그러므로 식 9는

10
$$\iint_S \mathbf{F}\cdot d\mathbf{S}=\iint_D\left(-P\frac{\partial g}{\partial x}-Q\frac{\partial g}{\partial y}+R\right)dA$$

가 된다. 이 식은 S의 위쪽 방향을 가정한다. 아래쪽 방향은 -1을 곱하면 된다. 만일 S가 $y=h(x, z)$ 또는 $x=k(y, z)$로 주어지면 비슷한 식들을 만들 수 있다(연습문제 35와 36 참조).

예제 5 **벡터장에서의 면적분** $\iint_S \mathbf{F}\cdot d\mathbf{S}$를 계산하여라.

여기서 $\mathbf{F}(x, y, z)=y\,\mathbf{i}+x\,\mathbf{j}+z\,\mathbf{k}$이고 S는 포물면(체) $z=1-x^2-y^2$과 평면 $z=0$으로 둘러싸인 입체영역 E의 경계이다.

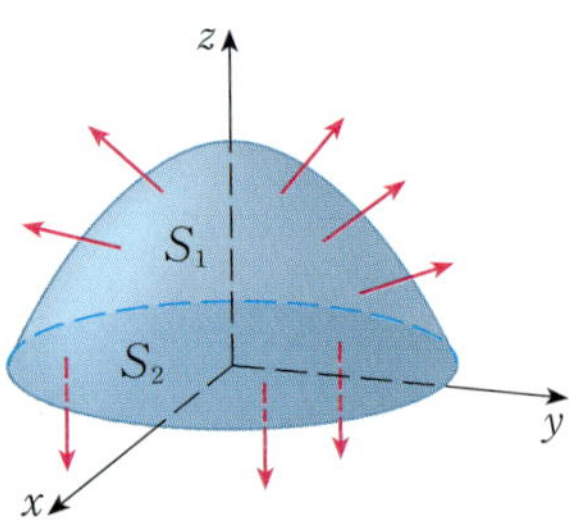

그림 12

풀이 S는 포물형의 맨위 곡면 S_1과 바닥면이 원인 S_2로 이루어져있다(그림 12 참조). S가 폐곡면이므로 양(바깥쪽)의 방향을 사용한다. 이것은 S_1이 위로 향한다는 것을 의미하며, xy-평면 위에서 S_1의 투영이 되는 D, 다시 말해 원판 $x^2+y^2\le 1$를 가지고 식 10을 이용할 수 있다. S_1 위에서 $P(x, y, z)=y$, $Q(x, y, z)=x$, $R(x, y, z)=z=1-x^2-y^2$이고 $\frac{\partial g}{\partial x}=-2x$, $\frac{\partial g}{\partial y}=-2y$이므로 다음을 얻는다.

$$\iint_{S_1}\mathbf{F}\cdot d\mathbf{S}=\iint_D\left(-P\frac{\partial g}{\partial x}-Q\frac{\partial g}{\partial y}+R\right)dA$$

$$=\iint_D[-y(-2x)-x(-2y)+1-x^2-y^2]\,dA$$

$$=\iint_D(1+4xy-x^2-y^2)\,dA$$

$$=\int_0^{2\pi}\int_0^1(1+4r^2\cos\theta\sin\theta-r^2)r\,dr\,d\theta$$

$$=\int_0^{2\pi}\int_0^1(r-r^3+4r^3\cos\theta\sin\theta)\,dr\,d\theta$$

$$=\int_0^{2\pi}\left(\frac{1}{4}+\cos\theta\sin\theta\right)d\theta=\frac{1}{4}(2\pi)+0=\frac{\pi}{2}$$

원판 S_2는 아래쪽 방향이므로, 그것의 단위법선벡터는 $\mathbf{n}=-\mathbf{k}$이고 S_2 상에서 $z=0$이므로, 다음을 얻는다.

$$\iint_{S_2}\mathbf{F}\cdot d\mathbf{S}=\iint_{S_2}\mathbf{F}\cdot(-\mathbf{k})\,dS=\iint_D(-z)\,dA=\iint_D 0\,dA=0$$

마지막으로, 정의에 의해 조각 S_1과 S_2 위에서 $\mathbf{F}$의 면적분들의 합으로서 $\iint_S \mathbf{F}\cdot d\mathbf{S}$를 계산하면

$$\iint_S\mathbf{F}\cdot d\mathbf{S}=\iint_{S_1}\mathbf{F}\cdot d\mathbf{S}+\iint_{S_2}\mathbf{F}\cdot d\mathbf{S}=\frac{\pi}{2}+0=\frac{\pi}{2}$$

이다. ■

우리가 유체흐름의 예를 이용하여 벡터장의 면적분을 동기부여 했음에도, 이 개념은 다른 물리적 상황에서도 발생한다. 예를들어, $\mathbf{E}$가 전기장(14.1절의 예제 5 참조)이라면, 그 면적분 $\iint_S \mathbf{E}\cdot d\mathbf{S}$는 곡면 S를 관통하는 $\mathbf{E}$의 **"전기 유량(electrix flux)"**이라고 한다. 정전기학의 중요한 법칙중 하나는 가우스 법칙이다. 그것은 폐곡면 S에 포함된 순전하가 다음과 같다는 것이다.

11 $$Q=\varepsilon_0\iint_S\mathbf{E}\cdot d\mathbf{S}$$

여기서 ε_0은 사용된 단위에 독립적인 상수(자유공간의 유전율로 불리는)이다. (SI 시스템에서 $\varepsilon_0\approx 8.8542\times10^{-12}\mathrm{C}^2/\mathrm{N}\cdot\mathrm{m}^2$.) 그러므로, 예제 4의 벡터장 $\mathbf{F}$가 전기장을 나타내는 것이라면, S에 의하여 포함하는 전하는 $Q=\frac{4\pi\varepsilon_0}{3}$이라고 결론 지을 수 있다.

면적분의 또 다른 응용은 열 흐름의 분야에서도 나타난다. 어떤 물체의 한 점 (x, y, z)에서의 온도가 $u(x, y, z)$라고 가정해보자. 그러면 열 흐름은 벡터장 $\mathbf{F}=-K\nabla u$로 정의되고 이때 K는 실험적으로 결정된 상수로서 물체의 "전도성"이라 한다. 그 물체상의 곡면 S를 통과하는 열 흐름의 비율은 면적분

$$\iint_S\mathbf{F}\cdot d\mathbf{S}=-K\iint_S\nabla u\cdot d\mathbf{S}$$

에 의하여 주어진다.

예제 6 금속구의 온도 u는 그 구의 중심으로부터의 거리의 제곱에 비례한다. 구의 중심에 중심을 갖고, 반지름이 a인 한 구 S를 통과하는 열 흐름의 비율을 구하여라.

풀이 구의 중심을 원점이 되도록 잡으며 C가 비례상수일 때

$u(x,y,z)=C(x^2+y^2+z^2)$을 얻는다. 이때 열 흐름은 다음과 같다.

$$\mathbf{F}(x,y,z)=-K\nabla u=-KC(2x\,\mathbf{i}+2y\,\mathbf{j}+2z\,\mathbf{k})$$

여기서 K는 금속의 전도성이다. 예제 4에서처럼 구의 일반적인 매개변수방정식을 쓰는 대신 점 (x, y, z)에서 구에 대한 바깥방향의 단위법선은 다음과 같다.

$$\mathbf{n}=\frac{1}{a}(x\,\mathbf{i}+y\,\mathbf{j}+z\,\mathbf{k})$$

따라서
$$\mathbf{F}\cdot\mathbf{n}=-\frac{2KC}{a}(x^2+y^2+z^2)$$

이라는 것을 알아두자. 그러나 S 위에서 $x^2+y^2+z^2=a^2$이므로, $\mathbf{F}\cdot\mathbf{n}=-2aKC$이다. 그러므로 S를 통과하는 열 흐름의 비율은 다음과 같다.

$$\iint_S \mathbf{F}\cdot d\mathbf{S}=\iint_S \mathbf{F}\cdot\mathbf{n}\,dS=-2aKC\iint_S dS$$
$$=-2aKCA(S)=-2aKC(4\pi a^2)=-8KC\pi a^3$$

14.6 연습문제

1. S를 평면 $x=0$, $x=2$, $y=0$, $y=4$, $z=0$ 및 $z=6$에 의해 둘러싸인 상자의 경계면이라고 하자.
정의 1에서와 같이 조각 S_{ij}를 입방체의 변이 되도록 잡고, 점 P_{ij}^*를 그 정사각형의 중심이 되도록 잡아서 리만 합을 이용하여 $\iint_S e^{-0.1(x+y+z)}dS$의 근삿값을 구하여라.

2. 곡면 S가 곡면의 위와 아래는 원판으로 된, 원기둥 $x^2+y^2=1$, $-1\le z\le 1$로 이루어져 있다. f가 $f(\pm1, 0, 0)=2$, $f(0, \pm1, 0)=3$, $f(0, 0, \pm1)=4$인 연속인 함수라 가정하자. 조각 S_{ij}가 $\frac{1}{4}$ 원기둥과 위 아래 원판이 되도록 잡아서 리만 합을 이용하여 $\iint_S f(x, y, z)dS$의 값을 계산하여라.

3. H를 반구 $x^2+y^2+z^2=50$, $z\ge 0$라 하고, f가 $f(3, 4, 5)=7$, $f(3, -4, 5)=8$, $f(-3, 4, 5)=9$, $f(-3, -4, 5)=12$인 연속함수라 가정하자. H를 네 조각으로 나누어서 $\iint_H f(x, y, z)dS$의 값을 계산하여라.

4. $f(x, y, z)=g(\sqrt{x^2+y^2+z^2})$이라 가정하자. 여기서 g는 $g(2)=-5$가 되는 변수 한 개로 이루어진 함수이다.
$\iint_S f(x, y, z)dS$를 구하여라.
여기서 S는 구 $x^2+y^2+z^2=4$이다.

(5~20) 다음 면적분을 계산하여라.

5. $\iint_S (x+y+z)dS$,
S는 매개변수방정식 $x=u+v$, $y=u-v$, $z=1+2u+v$, $0\le u\le 2$, $0\le v\le 1$의 평행사변형이다.

6. $\iint_S xyz\,dS$,
S는 매개변수방정식 $x=u\cos v$, $y=u\sin v$, $z=u$, $0\le u\le 1$, $0\le v\le \pi/2$의 원뿔이다.

7. $\iint_S y\,dS$,
S는 벡터방정식 $\mathbf{r}(u, v)=\langle u\cos v, u\sin v, v\rangle$, $0\le u\le 1$, $0\le v\le \pi$를 가진 나선체이다.

8. $\iint_S (x^2+y^2)dS$,
S는 벡터방정식 $\mathbf{r}(u, v)=\langle 2uv, u^2-v^2, u^2+v^2\rangle$, $u^2+v^2\le 1$를 가진 곡면이다.

9. $\iint_S x^2yz\,dS$,
S는 직사각형 $[0, 3]\times[0, 2]$ 위에 놓여 있는 평면 $z=1+2x+3y$의 부분이다.

10. $\iint_S xy\,dS$,
S는 꼭짓점 $(1, 0, 0)$, $(0, 2, 0)$, $(0, 0, 2)$를 가진 삼각형 영역이다.

11. $\iint_S yz\,dS$,
S는 제1팔분원에 있는 평면 $x+y+z=1$의 부분이다.

12. $\iint_S y\,dS$

S는 곡면 $z=\frac{2}{3}(x^{\frac{3}{2}}+y^{\frac{3}{2}})$, $0\le x\le 1$, $0\le y\le 1$이다.

13. $\iint_S x^2z^2\,dS$,

S는 원뿔 $z^2=x^2+y^2$의 일부분으로써 평면 $z=1$과 평면 $z=3$ 사이에 놓인 곡면이다.

14. $\iint_S z\,dS$,

S는 곡면 $x=y+2z^2$, $0\le y\le 1$, $0\le z\le 1$이다.

15. $\iint_S y\,dS$,

S는 원기둥 $x^2+y^2=4$ 내부에 놓여 있는 평면 $y=x^2+z^2$의 부분이다.

16. $\iint_S y^2\,dS$,

S는 xy-평면 위로서 원기둥 $x^2+y^2=1$ 내부에 놓여 있는 구 $x^2+y^2+z^2=4$의 부분이다.

17. $\iint_S (x^2z+y^2z)dS$, S는 반구 $x^2+y^2+z^2=4$, $z\ge 0$이다.

18. $\iint_S xz\,dS$

S는 원기둥 $y^2+z^2=9$와 평면 $x=0$과 $x+y=5$로 둘러싸인 영역의 경계이다.

19. $\iint_S (z+x^2y)dS$,

S는 제1팔분공간 내의 평면 $x=0$과 $x=3$ 사이에 있는 원기둥 $y^2+z^2=1$의 부분이다.

20. $\iint_S (x^2+y^2+z^2)dS$,

S는 위와 아래가 원판으로 된 평면 $z=0$과 $z=2$ 사이에 있는 원기둥 $x^2+y^2=9$의 부분이다.

(21~31) 벡터장 $\mathbf{F}$와 유향곡면 S가 다음과 같이 주어질 때, 면적분 $\iint_S \mathbf{F}\cdot d\mathbf{S}$를 계산하여라. 다시 말해 S를 통과하는 $\mathbf{F}$의 유량을 구하여라. 폐곡면에 대해서 양(바깥쪽)의 방향을 이용하여라.

21. $\mathbf{F}(x, y, z)=xy\,\mathbf{i}+yz\,\mathbf{j}+zx\,\mathbf{k}$,

S는 정사각형 $0\le x\le 1$, $0\le y\le 1$ 위에 놓여있는 포물체 $z=4-x^2-y^2$의 부분이며 위로 방향을 가지고 있다.

22. $\mathbf{F}(x, y, z)=z\,\mathbf{i}+y\,\mathbf{j}+x\,\mathbf{k}$,

S는 연습문제 7번에 있는 나선체이며 위로 방향을 가지고 있다.

23. $\mathbf{F}(x, y, z)=xze^y\,\mathbf{i}-xze^y\,\mathbf{j}+z\,\mathbf{k}$,

S는 제1팔분원에 있는 평면 $x+y+z=1$의 부분이며 아래로의 방향을 가지고 있다.

24. $\mathbf{F}(x, y, z)=x\,\mathbf{i}+y\,\mathbf{j}+z^4\,\mathbf{k}$,

S는 평면 $z=1$ 밑에서 아래를 향하고 있는 원뿔 $z=\sqrt{x^2+y^2}$의 부분이다.

25. $\mathbf{F}(x, y, z)=x\,\mathbf{i}-z\,\mathbf{j}+y\,\mathbf{k}$,

S는 원점을 향하는 방향을 가진 구 $x^2+y^2+z^2=4$의 첫 번째 팔분원에 있는 부분이다.

26. $\mathbf{F}(x, y, z)=xz\,\mathbf{i}+x\,\mathbf{j}+y\,\mathbf{k}$,

S는 양의 y축 방향성을 갖는 반구 $x^2+y^2+z^2=25$, $y\ge 0$이다.

27. $\mathbf{F}(x, y, z)=y\,\mathbf{j}-z\,\mathbf{k}$,

S는 포물면체 $y=x^2+z^2$, $0\le y\le 1$과 원판 $x^2+z^2\le 1$, $y=1$로 이루어진다.

28. $\mathbf{F}(x, y, z)=x\,\mathbf{i}+y\,\mathbf{j}+5\,\mathbf{k}$,

S는 원기둥 $x^2+z^2=1$과 평면 $y=0$과 $x+y=2$로 둘러싸인 경계면이다.

29. $\mathbf{F}(x, y, z)=x\,\mathbf{i}+2y\,\mathbf{j}+3z\,\mathbf{k}$,

S는 꼭짓점 $(\pm1, \pm1, \pm1)$를 갖는 정육면체이다.

30. $\mathbf{F}(x, y, z)=y\,\mathbf{i}+(z-y)\,\mathbf{j}+x\,\mathbf{k}$,

S는 꼭짓점 $(0, 0, 0)$, $(1, 0, 0)$, $(0, 1, 0)$, $(0, 0, 1)$를 갖는 사면체이다.

31. $\mathbf{F}(x, y, z)=x^2\,\mathbf{i}+y^2\,\mathbf{j}+z^2\,\mathbf{k}$,

S는 반원기둥 $0\le z\le\sqrt{1-y^2}$, $0\le x\le 2$의 경계면이다.

CAS 32. S를 곡면 $z=xy$, $0\le x\le 1$, $0\le y\le 1$이라 하자.

(a) $\iint_S xyz\,dS$를 소수 넷째 자리까지 정확하게 계산하여라.

(b) $\iint_S x^2yz\,dS$의 정확한 값을 구하여라.

CAS 33. $\iint_S x^2y^2z^2\,dS$의 값을 소수 넷째 자리까지 정확하게 구하여라. 여기서 S는 xy-평면 위에 놓여 있는 포물면 $z=3-2x^2-y^2$의 부분이다.

CAS 34. 위로의 방향을 갖는 두 평면 $x=-2$와 $x=2$ 사이의 xy 평면 위에 놓여 있는 원기둥 $4y^2+z^2=4$의 부분을 통과하는 $\mathbf{F}(x, y, z)=\sin(xyz)\mathbf{i}+x^2y\,\mathbf{j}+z^2e^{x/5}\mathbf{k}$의 유량을 구하여라. 컴퓨터 대수체계를 이용하여 같은 좌표평면에 원기둥과 벡터장을 묘사하여 설명하여라.

35. S가 $y=h(x, z)$와 $\mathbf{n}$이 왼쪽 방향을 가르키고 있는 단위법선

벡터로 주어져 있을 때, 식 10과 비슷한 식을 $\iint_S \mathbf{F}\cdot d\mathbf{S}$에 대해서 구하여라.

36. S가 $x=k(y, z)$로 $\mathbf{n}$이 앞을 가르키고 있는(즉, 축 등을 일반적인 방법으로 그릴 때 보는 사람 쪽으로) 단위법선벡터로 주어진 경우, 식 10과 비슷한 식을 $\iint_S \mathbf{F}\cdot d\mathbf{S}$에 대해서 구하여라.

37. 반구 $x^2+y^2+z^2=a^2$, $z\geq 0$ 의 질량의 중심을 구하여라. 단, 밀도는 일정하다.

38. 원뿔 $z=\sqrt{x^2+y^2}$, $1\leq z\leq 4$ 모양의 얇은 깔때기의 질량을 구하여라. 단, 밀도 함수는 $\rho(x, y, z)=10-z$이다.

39. (a) 밀도 함수가 ρ일 때, 곡면 S 모양의 얇은 종이의 z축에 관한 관성모멘트 I_z에 대하여 적분형식으로 나타내어라.

(b) 연습문제 38번에 있는 깔때기에 대해 z축에 관한 관성모멘트를 구하여라.

40. S가 평면 $z=4$ 위에 놓여 있는 구 $x^2+y^2+z^2=25$의 부분으로서 일정한 밀도 k를 갖고 있다. 이때 다음을 구하여라.

(a) 질량의 중심 (b) z축에 관한 관성모멘트

41. 밀도가 870kg/m^{3}인 유체가 속도 $\mathbf{v}=z\,\mathbf{i}+y^2\,\mathbf{j}+x^2\,\mathbf{k}$로 흐른다(여기서 x, y, z는 미터로 그리고 $\mathbf{v}$의 각 성분은 초당 미터로 측정된다). 원기둥 $x^2+y^2=4$, $0\leq z\leq 1$의 바깥으로 흐르는 흐름의 비율을 구하여라.

42. 밀도가 1025kg/m^{3}인 해수가 속도 $\mathbf{v}=y\,\mathbf{i}+x\,\mathbf{j}$로 흐른다(여기서 x, y, z은 미터로 $\mathbf{v}$의 각 성분은 초당 미터로 측정된다). 반구 $x^2+y^2+z^2=9$, $z\geq 0$의 바깥으로 흐르는 흐름의 비율을 구하여라.

43. 가우스 법칙을 이용하여 입체 반구 $x^2+y^2+z^2\leq a^2$, $z\geq 0$ 내에 포함된 전하를 구하여라.
단, 전기장은 $\mathbf{E}(x, y, z)=x\,\mathbf{i}+y\,\mathbf{j}+2z\,\mathbf{k}$이다.

44. 전기장이 $\mathbf{E}(x, y, z)=x\,\mathbf{i}+y\,\mathbf{j}+z\,\mathbf{k}$일 때, 꼭짓점 $(\pm 1, \pm 1, \pm 1)$인 정육면체에 포함된 전하를 가우스 법칙을 이용하여 구하여라.

45. 전도율 $K=6.5$인 한 물체 내의 점 (x, y, z)에서의 온도가 $u(x, y, z)=2y^2+2z^2$이다. 원기둥 곡면 $y^2+z^2=6$, $0\leq x\leq 4$를 가로질러 안쪽 방향으로 흐르는 열 흐름의 비율을 구하여라.

46. 전도율이 K인 공의 한 점에서의 온도가 공의 중심으로부터의 거리에 반비례한다. 공의 중심에 중심을 갖는 반지름이 a인 구 S를 가로지르는 열 흐름의 비율을 구하여라.

47. 역제곱장(inverse square field) $\mathbf{F}$는 $\mathbf{F}(\mathbf{r})=\dfrac{c\mathbf{r}}{|\mathbf{r}|^3}$로 주어진다. 여기서 c는 상수이고 $r=x\,\mathbf{i}+y\,\mathbf{i}+z\,\mathbf{k}$이다. 원점을 중심으로 하는 구의 표면을 가로지르는 $\mathbf{F}$의 유량은 구의 반경에 무관함을 보여라.

14.7 스토크스의 정리

스토크스(Stokes)의 정리는 그린의 정리의 고차원 버전이라 할 수 있다. 그린의 정리가 평면영역 D 위에서의 중적분을 그것의 평면 경계곡선 주위를 선적분하는 것과 관련 있는 반면, 스토크스의 정리는 곡면 S 위에서의 면적분을 S(공간곡선)의 경계곡선 주위를 선적분하는 것과 관련 있다.

그림 1은 단위법선벡터 $\mathbf{n}$을 갖는 방향이 있는 곡면을 보여준다. S의 방향은 그림에서 **경계곡선 C의 양의 방향**을 유도한다. 이는 만일 $\mathbf{n}$의 방향으로 머리를 향하고 C 주위를 양의 방향으로 걷는다고 한다면, 곡면은 항상 왼쪽에 놓이게 된다는 것을 의미한다.

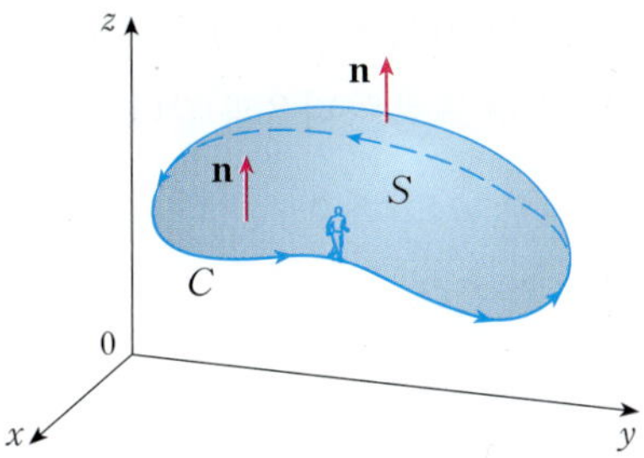

그림 1

스토크스의 정리 S를 양의 방향을 가진 구분적으로 매끈한 단순 폐곡선 C로 둘러싸인 유향의 구분적으로 매끈한 곡면이라고 하자. $\mathbf{F}$를 그것의 성분들이 S를 포함한 $\mathbb{R}^3$ 내에서의 개영역 위에서 연속인 편도함수를 갖는 벡터장이라 하자. 그러면, 다음이 성립한다.

$$\int_C \mathbf{F}\cdot d\mathbf{r}=\iint_S \text{curl}\,\mathbf{F}\cdot d\mathbf{S}$$

$$\int_C \mathbf{F}\cdot d\mathbf{r}=\int_C \mathbf{F}\cdot\mathbf{T}\,ds,\quad \iint_S \text{curl}\,\mathbf{F}\cdot d\mathbf{S}=\iint_S \text{curl}\,\mathbf{F}\cdot\mathbf{n}\,dS$$

이므로 스토크스의 정리는 $\mathbf{F}$의 접선 성분의 S의 경계곡선 주위를 선적분하는 것이 curl $\mathbf{F}$의 법선 성분의 면적분과 같다는 것을 말해준다.

유향곡면 S의 양의 방향 경계곡선은 ∂S로 자주 쓰여지므로, 따라서 스토크의 정리는 다음과 같이 표현될 수 있다.

1 $$\iint_S \text{curl}\,\mathbf{F}\cdot d\mathbf{S}=\int_{\partial S}\mathbf{F}\cdot d\mathbf{r}$$

스토크스의 정리, 그린의 정리와 미분적분학의 기본정리 사이에는 유사성이 있다. 앞에서와 같이, 식 **1** (curl $\mathbf{F}$가 $\mathbf{F}$의 도함수의 일종이라는 것을 상기하자)의 좌변에는 도함수를 포함하는 적분이 있고, 우변은 S의 경계상에서 $\mathbf{F}$의 값을 포함한다.

사실, 곡면 S가 납작하고 위 방향을 가진 xy-평면 위에 있으며 단위법선이 $\mathbf{k}$인 특별한 경우에는 면적분은 중적분이 되고 따라서 스토크스의 정리는 다음과 같다.

$$\int_C \mathbf{F}\cdot d\mathbf{r}=\iint_S \text{curl}\,\mathbf{F}\cdot d\mathbf{S}=\iint_S (\text{curl}\,\mathbf{F})\cdot\mathbf{k}\,dA$$

이것은 정확하게 14.5절의 식 **12**의 그린의 정리의 벡터 형태이다. 그러므로 그린의 정리는 스토크스의 정리의 특별한 경우이다. 스토크스의 정리를 완벽하게 일반화하여 증명하기는 너무 어렵지만, S가 그래프이고 $\mathbf{F}$, S, C가 특별한 경우는 증명할 수 있다.

● George Stokes
스토크스의 정리는 아일랜드의 수리물리학자인 스토크스(George Stokes, 1819~1903)의 이름을 따서 명명한 것이다. 스토크스는 케임브리지 대학에 교수였고, 유체역학과 빛에 관한 연구로 특히 유명하였다. 스토크스의 정리는 사실상 스코틀랜드의 물리학자 톰슨(william Thomson, 1824~1907)이 발견한 것이다.
스토크스는 1850년에 톰슨으로부터의 한통의 편지에서 이 정리를 배웠고, 1854년에 케임브리지 대학에서 학생들에게 그것을 증명하라고 시험문제로 출제하였다. 그때 학생들 중 누가 증명할 수 있었는지에 대하여는 알려진 바가 없다.

스토크스의 정리의 특별한 경우에 대한 증명 S의 방정식이 $z=g(x, y)$, $(x, y)\in D$라고 가정하자. 여기서 g는 연속인 2계편도함수를 갖고 D는 그것의 경계 곡선 C_1이 C에 대응하는 단순 평면영역이다. S의 방향이 위쪽이라면, C의 양의 방향은 C_1의 양의 방향에 대응한다(그림 2 참조). $\mathbf{F}=P\,\mathbf{i}+Q\,\mathbf{j}+R\,\mathbf{k}$가 주어졌다. 여기서 P, Q, R의 편도함수는 연속이다. S가 함수의 그래프이므로, 14.6절의 **10**에서 $\mathbf{F}$를 curl $\mathbf{F}$로 바꾸어 적용할 수 있다. 그 결과는 다음과 같다.

2 $$\iint_S \text{curl}\;\mathbf{F}\cdot d\mathbf{S}$$

$$=\iint_D\left[-\left(\frac{\partial R}{\partial y}-\frac{\partial Q}{\partial z}\right)\frac{\partial z}{\partial x}-\left(\frac{\partial P}{\partial z}-\frac{\partial R}{\partial x}\right)\frac{\partial z}{\partial y}+\left(\frac{\partial Q}{\partial z}-\frac{\partial P}{\partial x}\right)\right]dA$$

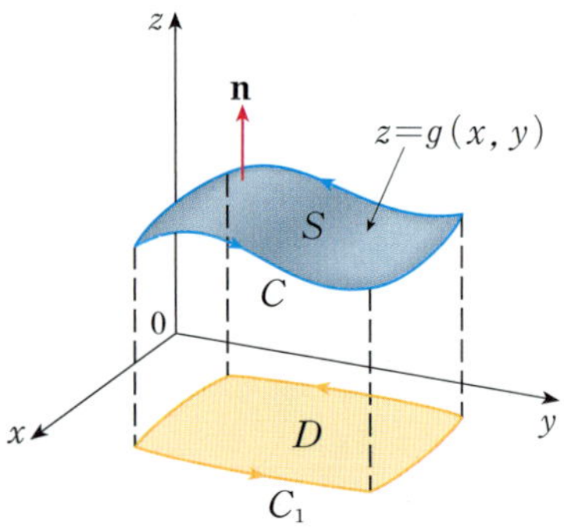

그림 2

여기서 P, Q, R의 편도함수는 $(x, y, g(x, y))$에서 계산되었다. $x=x(t)$, $y=y(t)$, $a\le t\le b$가 C_1의 매개변수 표현이라고 한다면, C의 매개변수 표현은 다음과 같다.

$$x=x(t),\quad y=y(t),\quad z=g(x(t), y(t)),\quad a\le t\le b$$

이것은 연쇄법칙에 의하여 다음과 같은 선적분으로 계산할 수 있다.

$$\begin{aligned}\int_C \mathbf{F}\cdot d\mathbf{r} &= \int_a^b \left(P\frac{dx}{dt}+Q\frac{dy}{dt}+R\frac{dz}{dt}\right)dt\\ &= \int_a^b \left[P\frac{dx}{dt}+Q\frac{dy}{dt}+R\left(\frac{\partial z}{\partial x}\frac{dx}{dt}+\frac{\partial z}{\partial y}\frac{dy}{dt}\right)\right]dt\\ &= \int_a^b \left[\left(P+R\frac{\partial z}{\partial x}\right)\frac{dx}{dt}+\left(Q+R\frac{\partial z}{\partial y}\right)\frac{dy}{dt}\right]dt\\ &= \int_{C_1}\left(P+R\frac{\partial z}{\partial x}\right)dx+\left(Q+R\frac{\partial z}{\partial y}\right)dy\\ &= \iint_D \left[\frac{\partial}{\partial x}\left(Q+R\frac{\partial z}{\partial y}\right)-\frac{\partial}{\partial y}\left(P+R\frac{\partial z}{\partial x}\right)\right]dA\end{aligned}$$

여기서 마지막 단계에서는 그린의 정리가 사용되었다. 이때, 연쇄법칙을 다시 이용하고 P, Q, R이 x, y, z의 함수라는 것과 z는 자신이 x와 y의 함수라는 것을 기억함으로써, 다음을 얻는다.

$$\begin{aligned}\int_C \mathbf{F}\cdot d\mathbf{r} = \iint_D \Bigg[&\left(\frac{\partial Q}{\partial x}+\frac{\partial Q}{\partial z}\frac{\partial z}{\partial x}+\frac{\partial R}{\partial x}\frac{\partial z}{\partial y}+\frac{\partial R}{\partial z}\frac{\partial z}{\partial x}\frac{\partial z}{\partial y}+R\frac{\partial^2 z}{\partial x\partial y}\right)\\ &-\left(\frac{\partial P}{\partial y}+\frac{\partial P}{\partial z}\frac{\partial z}{\partial y}+\frac{\partial R}{\partial y}\frac{\partial z}{\partial x}+\frac{\partial R}{\partial z}\frac{\partial z}{\partial y}\frac{\partial z}{\partial x}+R\frac{\partial^2 z}{\partial y\partial x}\right)\Bigg]dA\end{aligned}$$

이 중적분에 있는 항 네 개가 소거되고, 남는 여섯 개 항은 식 **2**의 우변과 일치하도록 정리할 수 있다. 그러므로 다음을 얻는다.

$$\int_C \mathbf{F}\cdot d\mathbf{r} = \iint_D \operatorname{curl}\mathbf{F}\cdot d\mathbf{S}$$

■

예제 1 스토크스의 정리 이용한 선적분 $\int_C \mathbf{F}\cdot d\mathbf{r}$을 계산하여라. 여기서 $\mathbf{F}(x, y, z)=-y^2\,\mathbf{i}+x\,\mathbf{j}+z^2\,\mathbf{k}$이고 C는 원기둥 $x^2+y^2=1$과 평면 $y+z=2$가 교차되는 곡선이다(C의 방향은 위에서 보았을 때 시계반대 방향이다).

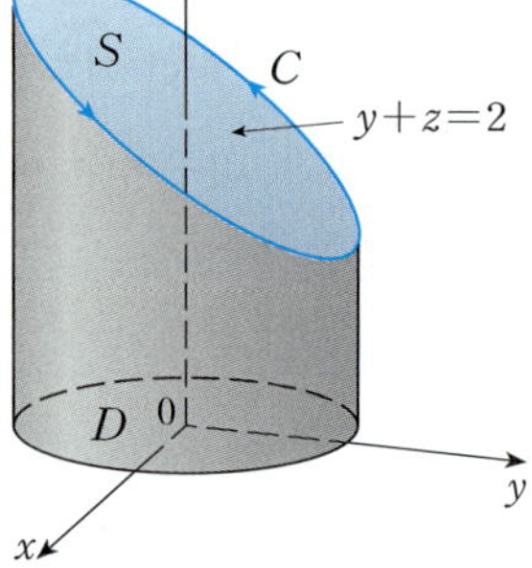

그림 3

풀이 곡선 C(타원)가 그림 3에 있다. $\int_C \mathbf{F}\cdot d\mathbf{r}$을 바로 계산할 수 있어도 스토크스의 정리를 이용하는 것이 더 쉽다. 우선 다음을 계산하자.

$$\operatorname{curl}\mathbf{F}=\begin{vmatrix}\mathbf{i} & \mathbf{j} & \mathbf{k}\\ \dfrac{\partial}{\partial x} & \dfrac{\partial}{\partial y} & \dfrac{\partial}{\partial z}\\ -y^2 & x & z^2\end{vmatrix}=(1+2y)\mathbf{k}$$

이 곡선들이 경계를 C로 갖더라도, 가장 편리한 방법은 C로 둘러싸인 평면 $y+z=2$ 안에 있는 타원 영역 S이다. 만일 S를 위로 향하게 방향을 잡는다면, C

는 양의 방향을 가지게 된다. xy-평면 위에 S를 투영한 D는 원판 $x^2+y^2\leq 1$이고, 따라서 $z=g(x, y)=2-y$를 가지고 14.6절의 식 **10**을 이용하면 다음을 얻는다.

$$\begin{aligned}\int_C \mathbf{F}\cdot d\mathbf{r} &= \iint_S \text{curl}\,\mathbf{F}\cdot d\mathbf{S} = \iint_D (1+2y)\,dA \\ &= \int_0^{2\pi}\int_0^1 (1+2r\sin\theta)r\,dr\,d\theta \\ &= \int_0^{2\pi}\left[\frac{r^2}{2}+2\frac{r^3}{3}\sin\theta\right]_0^1 d\theta \\ &= \int_0^{2\pi}\left(\frac{1}{2}+\frac{2}{3}\sin\theta\right)d\theta \\ &= \frac{1}{2}(2\pi)+0=\pi\end{aligned}$$

■

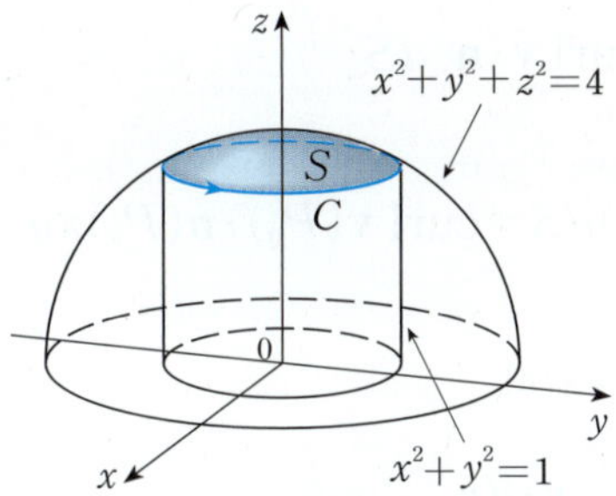

그림 4

예제 2 **스토크스의 정리 이용한 면적분** 스토크스 정리를 이용하여 적분 $\iint_S \text{curl}\,\mathbf{F}\cdot d\mathbf{S}$를 계산하여라. 여기서 $\mathbf{F}(x, y, z)=yz\,\mathbf{i}+xz\,\mathbf{j}+xy\,\mathbf{k}$이고 S는 xy-평면 위와 원기둥 $x^2+y^2=1$의 내부에 놓여 있는 구 $x^2+y^2+z^2=4$의 부분이다(그림 4 참조).

풀이 경계곡선 C를 찾기 위해 방정식 $x^2+y^2+z^2=4$와 $x^2+y^2=1$을 푼다. 차를 구하면 $z^2=3$이되고 따라서 $z=\sqrt{3}$ ($z>0$이므로)이다. 그러므로 C는 방정식 $x^2+y^2=1$과 $z=\sqrt{3}$로 주어진 원이다. C의 벡터 방정식은 다음과 같다.

$$\mathbf{r}(t)=\cos t\,\mathbf{i}+\sin t\,\mathbf{j}+\sqrt{3}\,\mathbf{k},\quad 0\leq t\leq 2\pi$$

따라서

$$\mathbf{r}'(t)=-\sin t\,\mathbf{i}+\cos t\,\mathbf{j}$$

또한, $\mathbf{F}(\mathbf{r}(t))=\sqrt{3}\cos t\,\mathbf{i}+\sqrt{3}\sin t\,\mathbf{j}+\cos t\sin t\,\mathbf{k}$이므로 스토크스의 정리에 의하여, 다음을 얻는다.

$$\begin{aligned}\iint_S \text{curl}\,\mathbf{F}\cdot d\mathbf{S} &= \int_C \mathbf{F}\cdot d\mathbf{r} = \int_0^{2\pi}\mathbf{F}(\mathbf{r}(t))\cdot\mathbf{r}'(t)\,dt \\ &= \int_0^{2\pi}(-\sqrt{3}\cos t\sin t+\sqrt{3}\sin t\cos t)\,dt \\ &= \sqrt{3}\int_0^{2\pi}0\,dt=0\end{aligned}$$

■

예제 2에서 경계곡선 C 위에서 $\mathbf{F}$값을 알고 있기 때문에 면적분을 간단히 구할 수 있었다는 것을 알아두자. 이것은 다른 유향곡면이 같은 경계곡선 C를 갖는다면, 곡면 적분에 대해 정확히 같은 값을 갖는다는 것을 의미한다.

일반적으로 S_1과 S_2가 같은 유향 경계 곡선 C를 가진 유향 곡면이고, 스토크스의 정리의 가정을 모두 만족한다면, 다음이 성립한다.

3
$$\iint_{S_1}\text{curl}\,\mathbf{F}\cdot d\mathbf{S}=\int_C \mathbf{F}\cdot d\mathbf{r}=\iint_{S_2}\text{curl}\,\mathbf{F}\cdot d\mathbf{S}$$

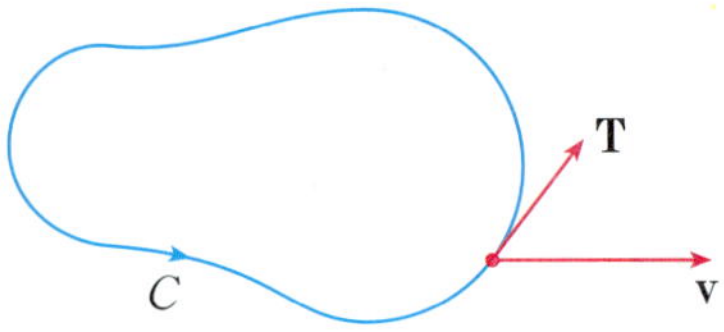

(a) $\int_C \mathbf{v}\cdot d\mathbf{r}>0$, 양의 순환

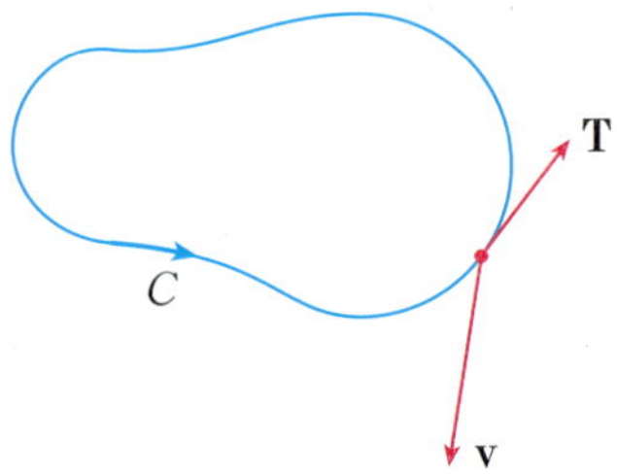

(b) $\int_C \mathbf{v}\cdot d\mathbf{r}<0$, 음의 순환

그림 5

이 사실은 어떤 한 곡면 위에서 적분하는 것은 어렵지만, 다른 곡면 위에서 적분하는 것이 쉬울 때 유용하다.

C가 유향 폐곡선이고 $\mathbf{v}$가 유체흐름의 속도장을 나타낸다고 가정해보자. 선적분 $\int_C \mathbf{v}\cdot d\mathbf{r}=\int_C \mathbf{v}\cdot\mathbf{T}\,ds$를 생각하고, $\mathbf{v}\cdot\mathbf{T}$가 단위접선벡터 $\mathbf{T}$방향의 $\mathbf{v}$의 성분이라는 것을 상기하자. 이것은 $\mathbf{v}$의 방향이 $\mathbf{T}$의 방향에 가까우면 가까울수록 $\mathbf{v}\cdot\mathbf{T}$의 값이 커진다는 것을 의미한다. 그러므로, $\int_C \mathbf{v}\cdot d\mathbf{r}$은 C둘레를 움직이는 유체의 접촉값이며 C둘레의 $\mathbf{v}$의 **순환**(circulation)이라 한다(그림 5 참조).

이제 $P_0(x_0, y_0, z_0)$를 유체에 있는 점이라 하고, S_a는 중심이 P_0이고 반지름이 a인 작은 원판이라고 하자. 그러면 curl $\mathbf{F}$가 연속이므로, S_a 위의 모든 점 P에 대하여 $(\text{curl }\mathbf{F})(P)\approx(\text{curl }\mathbf{F})(P_0)$이다. 그러므로, 스토크스의 정리에 의해 경계원 C_a둘레의 순환으로 다음 근삿값을 구할 수 있다.

$$\int_{C_a}\mathbf{v}\cdot d\mathbf{r}=\iint_{S_a}\text{curl }\mathbf{v}\cdot d\mathbf{S}=\iint_{S_a}\text{curl }\mathbf{v}\cdot\mathbf{n}\ dS$$

$$\approx\iint_{S_a}\text{curl }\mathbf{v}(P_0)\cdot\mathbf{n}(P_0)dS=\text{curl }\mathbf{v}(P_0)\cdot\mathbf{n}(P_0)\pi a^2$$

이 근삿값은 $a\to 0$일 때 더 근사하여 다음의 식을 얻을 수 있다.

4
$$\text{curl }\mathbf{v}(P_0)\cdot\mathbf{n}(P_0)=\lim_{a\to 0}\frac{1}{\pi a^2}\int_{C_a}\mathbf{v}\cdot d\mathbf{r}$$

식 **4**는 curl과 순환 사이의 관계를 말해준다. curl $\mathbf{v}\cdot\mathbf{n}$이 $\mathbf{n}$축에 관한 유체의 회전효과의 측도라는 것을 보여준다. 컬링 효과는 축이 curl $\mathbf{v}$에 평행일 때 극대가 된다.

● 그림 6에서처럼, 점 P에 유체 속에 놓여있는 작은 페달 바퀴를 상상하여보자. 바퀴축이 curl $\mathbf{v}$에 평행할 때 페달 바퀴는 가장 빠르게 회전한다.

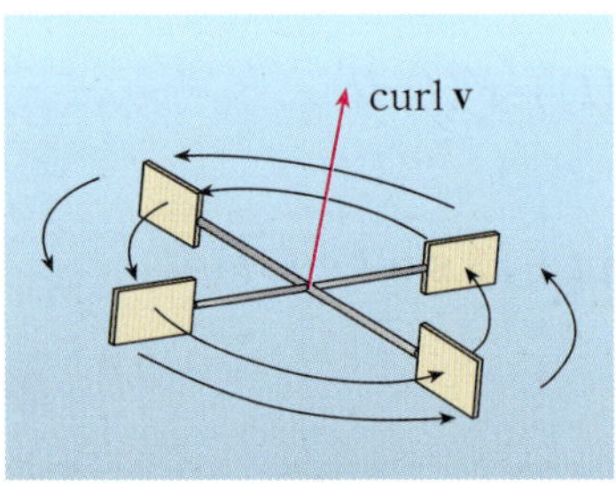

그림 6

마지막으로 스토크스의 정리가 14.5절 정리 **4**(모든 $\mathbb{R}^3$ 위에서 curl $\mathbf{F}=\mathbf{0}$이라면, $\mathbf{F}$가 보존적이라는 것을 기술한)를 증명하는 데 이용할 수 있다는 것을 언급하고자 한다. 이전에 공부한 것(14.3절 정리 **3**과 **4**)으로부터 모든 폐경로 C에 대해 $\int_C \mathbf{F}\cdot d\mathbf{r}=0$이라면, $\mathbf{F}$가 보존적이라는 것을 알고 있다. 주어진 C에 대해, 경계가 C인 유향곡면 S를 찾을 수 있다고 가정해보자(이것은 할 수는 있지만, 증명하는 것은 고도의 기술이 필요하다). 이때 스토크스의 정리를 이용하면 다음을 얻을 수 있다.

$$\int_C \mathbf{F}\cdot d\mathbf{r}=\iint_S \text{curl }\mathbf{F}\cdot d\mathbf{S}=\iint_S \mathbf{0}\cdot d\mathbf{S}=0$$

단순곡선이 아닌 곡선은 몇 개의 단순곡선으로 쪼갤 수 있다. 그리고 이러한 단순 곡선 각각들을 적분한 것은 모두 0이다. 이 적분을 더하면 임의의 폐곡선 C에 대하여 $\int_C \mathbf{F}\cdot d\mathbf{r}=0$을 얻는다.

14.7 연습문제

1. 반구 H와 한 포물면체의 부분 P가 그림에 있다. $\mathbf{F}$가 $\mathbb{R}^3$ 위에서 그것의 성분들이 연속인 편도함수를 갖는 벡터장이라고 하자. $\iint_H \text{curl}\,\mathbf{F}\cdot d\mathbf{S}=\iint_P \text{curl}\,\mathbf{F}\cdot d\mathbf{S}$가 되는 이유를 설명하여라.

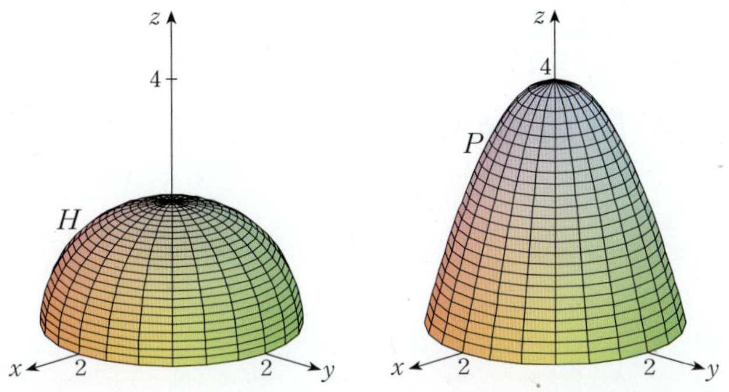

(2~6) 스토크스 정리를 이용하여 $\iint_S \text{curl}\,\mathbf{F}\cdot d\mathbf{S}$를 계산하여라.

2. $\mathbf{F}(x,\ y,\ z)=2y\cos z\,\mathbf{i}+e^x\sin z\,\mathbf{j}+xe^y\,\mathbf{k}$, S가 반구 $x^2+y^2+z^2=9$, $z\geq 0$이고, 위 방향이다.

3. $\mathbf{F}(x,\ y,\ z)=x^2z^2\,\mathbf{i}+y^2z^2\,\mathbf{j}+xyz\,\mathbf{k}$, S는 원기둥 $x^2+y^2=4$ 안에 있는 포물면 $z=x^2+y^2$이고, 위 방향이다.

4. $\mathbf{F}(x,\ y,\ z)=x^2y^3z\,\mathbf{i}+\sin(xyz)\,\mathbf{j}+xyz\,\mathbf{k}$, S는 평면 $y=0$과 $y=3$ 사이에 놓인 원뿔 $y^2=x^2+z^2$의 부분이며, y축의 양의 방향으로 향하고 있다.

5. $\mathbf{F}(x,\ y,\ z)=xyz\,\mathbf{i}+xy\,\mathbf{j}+x^2yz\,\mathbf{k}$이고, S는 꼭짓점 $(\pm 1,\ \pm 1,\ \pm 1)$인 정육면체의 네 개의 옆면과 윗면(바닥은 제외)으로 이루어져있고, 방향은 바깥쪽이다.
(도움말 : 식 **3**을 이용하여라.)

6. $\mathbf{F}(x,\ y,\ z)=e^{xy}\cos z\,\mathbf{i}+x^2z\,\mathbf{j}+xy\,\mathbf{k}$, S는 반구 $x=\sqrt{1-y^2-z^2}$의 부분이며 x축의 양의 방향으로 향하고 있다.

(7~10) 스토크스의 정리를 이용하여 $\int_C \mathbf{F}\cdot d\mathbf{r}$을 구하여라. 각각의 경우 C의 방향은 위에서 보았을 때 반시계 방향이다.

7. $\mathbf{F}(x,\ y,\ z)=(x+y^2)\mathbf{i}+(y+z^2)\mathbf{j}+(z+x^2)\mathbf{k}$이고, C는 꼭짓점이 $(1,0,0)$, $(0,1,0)$, $(0,0,1)$인 삼각형이다.

8. $\mathbf{F}(x,\ y,\ z)=e^{-x}\,\mathbf{i}+e^x\,\mathbf{j}+e^z\,\mathbf{k}$이고, C는 첫 번째 팔분원에 있는 평면 $2x+y+2z=2$ 부분의 경계이다.

9. $\mathbf{F}(x,\ y,\ z)=yz\,\mathbf{i}+2xz\,\mathbf{j}+e^{xy}\,\mathbf{k}$, C는 $x^2+y^2=16$, $z=5$인 원이다.

10. $\mathbf{F}(x,\ y,\ z)=xy\,\mathbf{i}+2z\,\mathbf{j}+3y\,\mathbf{k}$, C는 평면 $x+z=5$와 원기둥 $x^2+y^2=9$가 만나는 곡선이다.

11. (a) 스토크스의 정리를 이용하여 $\int_C \mathbf{F}\cdot d\mathbf{r}$를 계산하여라. 여기서 $\mathbf{F}(x,\ y,\ z)=x^2z\,\mathbf{i}+xy^2\,\mathbf{j}+z^2\,\mathbf{k}$이고, C는 평면 $x+y+z=1$과 원기둥 $x^2+y^2=9$와 만나는 위에서 보았을 때 반시계방향으로 방향지워진 곡선이다.
(b) 선택된 평면과 원기둥을 둘 다 그려라. 그러면 위 (a)에서 사용한 곡선 C와 곡면을 볼 수 있다.
(c) C에 대한 매개변수방정식을 구하고 이를 이용하여 그래프 C를 그려라.

12. (a) 스토크스의 정리를 이용하여 $\int_C \mathbf{F}\cdot d\mathbf{r}$를 계산하여라. 여기서 $\mathbf{F}(x,y,z)=x^2y\,\mathbf{i}+\frac{1}{3}x^3\,\mathbf{j}+xy\,\mathbf{k}$이고, C는 쌍곡면적인 포물면체 $z=y^2-x^2$과 원기둥 $x^2+y^2=1$과 만나는 위에서 본 것과 같이 반시계 방향인 곡선이다.
(b) 선택된 정의역을 가진 쌍곡면적인 포물면체와 원기둥 둘 다 그려라. 그러면 곡선 C와 위 (a)에서 사용한 곡면을 볼 수 있다.
(c) C에 대한 매개변수방정식을 찾고 그것을 이용하여 그래프 C를 그려라.

(13~15) 주어진 벡터장 $\mathbf{F}$와 곡면 S에 대해서 스토크스 정리가 참이라는 것을 증명하여라.

13. $\mathbf{F}(x,y,z)=-y\,\mathbf{i}+x\,\mathbf{j}-2\,\mathbf{k}$,
S는 원뿔 $z^2=x^2+y^2$, $0\leq z\leq 4$이고, 아래 방향이다.

14. $\mathbf{F}(x,y,z)=-2yz\,\mathbf{i}+y\,\mathbf{j}+3x\,\mathbf{k}$,
S는 $z=1$ 평면 위에 있는 포물면 $z=5-x^2-y^2$의 부분이다.

15. $\mathbf{F}(x,y,z)=y\,\mathbf{i}+z\,\mathbf{j}+x\,\mathbf{k}$이고,
S반구 $x^2+y^2+z^2=1$, $y\geq 0$이며, y축의 양의 방향이다.

16. C는 평면 $x+y+z=1$이 놓여 있는 매끄러운 단순폐곡선이다. 다음의 적분 $\int_C z\,dx-2x\,dy+3y\,dz$은 곡선 C에 의해 둘러싸인 영역의 면적에 의존하지만, 평면에 있는 위치나 곡선의 모양에 영향을 받지 않음을 보여라.

17. 하나의 입자가 힘장

$$\mathbf{F}(x,\ y,\ z)=z^2\,\mathbf{i}+2xy\,\mathbf{j}+4y^2\,\mathbf{k}$$

의 영향하에서 원점에서 출발하여 점 (1, 0, 0), (1, 2, 1), (0, 2, 1) 그리고 다시 원점을 연결하는 직선들을 따라 움직인다. 이때 한 일을 계산하여라.

18. $\int_C (y+\sin x)dx+(z^2+\cos y)dy+x^3\,dz$,
여기서 C는 다음과 같은 곡선이다.

$$\mathbf{r}(t)=\langle \sin t, \cos t, \sin 2t\rangle, 0\le t\le 2\pi$$

(도움말 : C가 곡면 $z=2xy$ 상에 놓여 있음을 주목하자.)

19. S가 구이고 $\mathbf{F}$가 스토크스의 정리의 가정을 만족한다고 할 때,

$$\iint_S \text{curl } \mathbf{F}\cdot d\mathbf{S}=0$$

임을 보여라.

20. S와 C가 스토크스의 정리의 가정을 만족하고 f, g가 연속인 2계도함수를 가진다고 가정하자. 14.5절 연습문제 24번과 26번을 이용하여 다음을 보여라.

(a) $\int_C (f\nabla g)\cdot d\mathbf{r}=\iint_S (\nabla f\times\nabla g)\cdot d\mathbf{S}$

(b) $\int_C (f\nabla f)\cdot d\mathbf{r}=0$

(c) $\int_C (f\nabla g+g\nabla f)\cdot d\mathbf{r}=0$

14.8 발산정리

14.5절에서 C가 평면영역 D의 양의 방향 경계곡선일 때 그린의 정리를 벡터의 경우로 다음과 같이 썼다.

$$\int_C \mathbf{F}\cdot\mathbf{n}\,ds=\iint_D \text{div }\mathbf{F}(x, y)dA$$

이 정리를 $\mathbb{R}^3$ 상의 벡터장까지 확장하려면, S가 입체영역 E의 경계곡면이라고 할 때 다음과 같은 추측을 할 수 있다.

1
$$\iint_S \mathbf{F}\cdot\mathbf{n}\,dS=\iiint_E \text{div }\mathbf{F}(x, y, z)dV$$

적당한 가설 하에 결국 식 **1**이 참이라는 것이 보여지는데, 그것은 발산 정리라고 한다. 한 영역 위에서 한 함수의 도함수의 적분이(이 경우엔 발산 $\mathbf{F}$) 영역의 경계 위에서 원래함수 $\mathbf{F}$의 적분과 관계가 있다는 점에서 그린의 정리와 스토크스의 정리가 유사하다.

이번 단계에서는 13.7절에서 삼중적분을 계산할 수 있었던 것들 위에서 여러 종류의 영역에서 복습하고, 동시에 유형 1, 2, 3인 영역 E에 대한 발산 정리를 기술하고 증명한다. 그리고 그런 영역을 **단순입체영역**(simple solid regions)이라 한다. 예를 들어, 타원체에 의해 둘러싸인 영역이나 직육면체가 단순입체 영역인 경우이다. E의 경계는 닫힌 곡면이고 그리고 14.6절에서 배운 양의 방향이란 바깥쪽이며, 다시 말해 단위법선벡터 $\mathbf{n}$이 E의 바깥쪽을 향하고 있다는 조건을 이용한다.

● 발산정리는 독일의 위대한 수학자 가우스(Karl Friedrich Gauss, 1777~1855)의 이름에서 유래하여, 가우스의 정리라고도 한다. 가우스는 전기 통계 연구 중 발산정리를 발견하였다. 동유럽에서는, 발산정리는 1826년에 출판한, 러시아 수학자 오스트로그라드스키(Mikhail Ostrogradsky, 1801~1862)의 이름을 따서 오스트로그라드스키의 정리라 한다.

발산정리 E를 단순입체영역이라 하고 S는 양의(바깥쪽)방향인 E의 경계곡면이라 하자. $\mathbf{F}$가 그것의 성분함수들이 E를 포함하는 개영역 위에서 연속인 편도함수를 갖는 벡터장이라 하자. 이때, 다음이 성립한다.

$$\iint_S \mathbf{F}\cdot d\mathbf{S} = \iiint_E \operatorname{div}\mathbf{F}\ dV$$

그러므로 발산정리는 주어진 조건하에서는 $\mathbf{E}$의 경계곡면을 통과하는 $\mathbf{F}$의 유량이 E 위에서 div $\mathbf{F}$를 삼중적분하는 것과 같다는 것을 말한다.

증명 $\mathbf{F}=P\,\mathbf{i}+Q\,\mathbf{j}+R\,\mathbf{k}$라 하자. 그러면

$$\operatorname{div}\mathbf{F} = \frac{\partial P}{\partial x}+\frac{\partial Q}{\partial y}+\frac{\partial R}{\partial z}$$

이고, 따라서

$$\iiint_E \operatorname{div}\mathbf{F}\,dV = \iiint_E \frac{\partial P}{\partial x}\,dV + \iiint_E \frac{\partial Q}{\partial y}\,dV + \iiint_E \frac{\partial R}{\partial z}\,dV$$

이다. $\mathbf{n}$이 S의 바깥쪽으로 향한 단위법선이라 하면, 발산정리의 좌변에 있는 면적분은 다음과 같다.

$$\iint_S \mathbf{F}\cdot d\mathbf{S} = \iint_S \mathbf{F}\cdot\mathbf{n}\,dS = \iint_S (P\,\mathbf{i}+Q\,\mathbf{j}+R\,\mathbf{k})\cdot\mathbf{n}\,dS$$

$$= \iint_S P\,\mathbf{i}\cdot\mathbf{n}\,dS + \iint_S Q\,\mathbf{j}\cdot\mathbf{n}\,dS + \iint_S R\,\mathbf{k}\cdot\mathbf{n}\,dS$$

그러므로 발산정리를 증명하는 것은 다음의 세 식을 증명하는 것으로 충분하다.

2 $$\iint_S P\,\mathbf{i}\cdot\mathbf{n}\,dS = \iiint_E \frac{\partial P}{\partial x}\,dV$$

3 $$\iint_S Q\,\mathbf{j}\cdot\mathbf{n}\,dS = \iiint_E \frac{\partial Q}{\partial y}\,dV$$

4 $$\iint_S R\,\mathbf{k}\cdot\mathbf{n}\,dS = \iiint_E \frac{\partial R}{\partial z}\,dV$$

식 4를 증명하기 위해 E가 유형 1의 영역이라는 사실을 이용한다.

$$E=\{(x,y,z)\mid(x,y)\in D,\ u_1(x,y)\le z\le u_2(x,y)\}$$

여기서 D는 E를 xy-평면에 투영한 것이다. 식 13.7절의 6에 의해, 다음을 얻는다.

$$\iiint_E \frac{\partial R}{\partial z}\,dV = \iint_D \left[\int_{u_1(x,y)}^{u_2(x,y)} \frac{\partial R}{\partial z}(x,y,z)\,dz\right]dA$$

그러므로 미분적분학의 기본정리에 의해 다음을 얻는다.

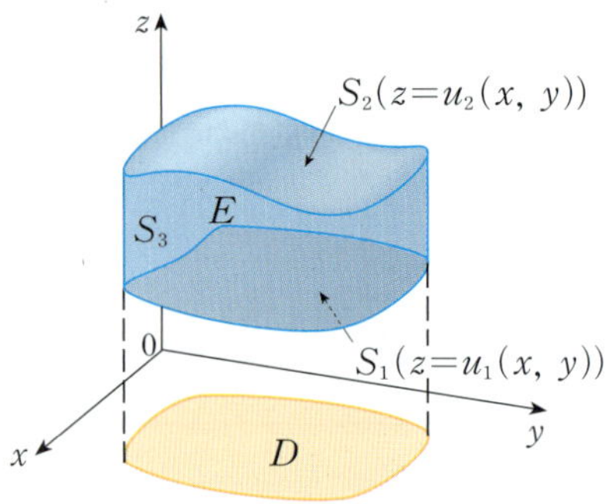

그림 1

5 $$\iiint_E \frac{\partial R}{\partial z}\,dV=\iint_D [R(x, y, u_2(x, y))-R(x, y, u_1(x, y))]\,dA$$

경계곡면 S가 세 부분, 즉 바닥곡면 S_1, 윗곡면 S_2, D의 경계곡선 위에 놓여 있는 수직인 곡면 S_3로 이루어져 있다(그림 1 참조. 구의 경우에서와 같이, S_3가 나타나지 않을 수도 있다). S_3 위에서는 $\mathbf{k}$가 수직이고 $\mathbf{n}$이 수평이기 때문에 $\mathbf{k}\cdot\mathbf{n}=0$이며 따라서

$$\iint_{S_3} R\,\mathbf{k}\cdot\mathbf{n}\,dS=\iint_{S_3} 0\ \ dS=0$$

이다. 그러므로 수직인 곡면이 있는 것에 개의치 않고 다음과 같이 쓸 수 있다.

6 $$\iint_S R\,\mathbf{k}\cdot\mathbf{n}\,dS=\iint_{S_1} R\,\mathbf{k}\cdot\mathbf{n}\,dS+\iint_{S_2} R\,\mathbf{k}\cdot\mathbf{n}\,dS$$

S_2의 방정식은 $z=u_2(x, y)$, $(x, y)\in D$이고, 바깥쪽의 법선 $\mathbf{n}$은 위쪽을 향하며 따라서 14.6절의 식 **10**으로부터($\mathbf{F}$를 $R\,\mathbf{k}$로 대신 써서)

$$\iint_{S_2} R\,\mathbf{k}\cdot\mathbf{n}\,dS=\iint_D R\,(x, y, u_2(x, y))\,dA$$

를 얻는다. S_1 위에서 $z=u_1(x, y)$이지만, 바깥쪽의 법선 $\mathbf{n}$이 아래쪽을 향하고 있으므로, -1을 곱하면

$$\iint_{S_1} R\,\mathbf{k}\cdot\mathbf{n}\,dS=-\iint_D R(x, y, u_1(x, y))\,dA$$

이 된다. 그러므로 식 **6**은 다음과 같다.

$$\iint_S R\,\mathbf{k}\cdot\mathbf{n}\,dS=\iint_D [R(x, y, u_2(x, y))-R(x, y, u_1(x, y))]\,dA$$

식 **5**와 비교하여 보면, 다음을 얻을 수 있다.

$$\iint_S R\,\mathbf{k}\cdot\mathbf{n}\,dS=\iiint_E \frac{\partial R}{\partial z}\,dV$$

● 발산정리의 증명 방법은 그린의 정리의 증명 방법과 매우 비슷하다는 것을 주목하자.

식 **2**와 **3**은 각각, 유형 2와 유형 3 영역으로써 E에 대한 표현을 사용하는 비슷한 방법으로 증명할 수 있다. ■

● 예제 1의 풀이를 14.6절의 예제 4의 풀이와 비교하여라.

예제 1 **발산정리를 이용한 유량 계산** 단위 구 $x^2+y^2+z^2=1$ 위에서의 벡터장 $\mathbf{F}(x, y, z)=z\,\mathbf{i}+y\,\mathbf{j}+x\,\mathbf{k}$의 유량을 구하여라.

풀이 먼저 $\mathbf{F}$의 발산을 계산하면

$$\text{div}\,\mathbf{F}=\frac{\partial}{\partial x}(z)+\frac{\partial}{\partial y}(y)+\frac{\partial}{\partial z}(x)=1$$

이다. 단위 구 S는 $x^2+y^2+z^2\le 1$로 주어진 단위 공 B의 경계이다. 그러므로 발산정리에 의해 유량은 다음과 같다.

$$\iint_S \mathbf{F}\cdot d\mathbf{S}=\iiint_B \text{div}\,\mathbf{F}\,dV=\iiint_B 1\,dV=V(B)=\frac{4}{3}\pi(1)^3=\frac{4\pi}{3}$$ ■

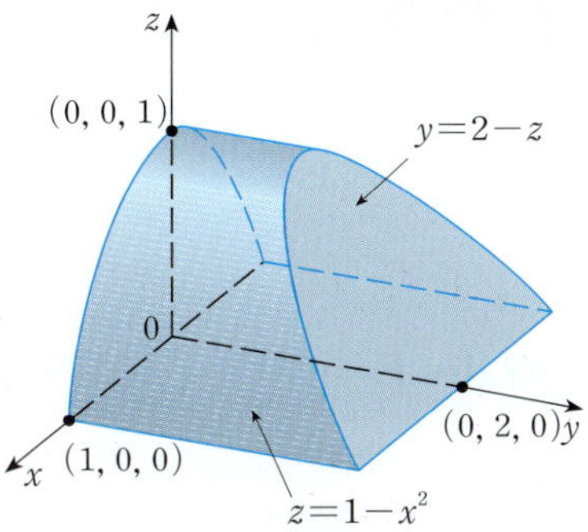

그림 2

예제 2 발산정리를 이용한 간단한 면적분 $\iint_S \mathbf{F}\cdot d\mathbf{S}$를 계산하여라. 여기서

$$\mathbf{F}(x, y, z)=xy\,\mathbf{i}+(y^2+e^{xz^2})\mathbf{j}+\sin(xy)\mathbf{k}$$

이고, S는 포물형 원기둥 $z=1-x^2$과 평면 $z=0$, $y=0$, $y+z=2$로 둘러싸인 영역 E의 곡면이다(그림 2 참조).

풀이 주어진 면적분을 바로 계산하기는 대단히 어려울 것이다(S의 네 부분에 해당하는 네 개의 면적분을 계산해야 할 것이다). 더욱이 $\mathbf{F}$의 발산은 $\mathbf{F}$ 자신보다 훨씬 덜 복잡할 것이다.

$$\text{div}\,\mathbf{F}=\frac{\partial}{\partial x}(xy)+\frac{\partial}{\partial y}(y^2+e^{xz^2})+\frac{\partial}{\partial z}(\sin xy)=y+2y=3y$$

그러므로 주어진 면적분을 삼중적분으로 변형하기 위해 발산정리를 이용한다. 삼중적분을 계산하는 가장 쉬운 방법은 E를 유형 3의 영역으로 표현하는 것이다.

$$E=\{(x, y, z)\,|\,-1\le x\le 1,\ 0\le z\le 1-x^2,\ 0\le y\le 2-z\}$$

이때, 다음을 얻는다.

$$\begin{aligned}\iint_S \mathbf{F}\cdot d\mathbf{S}&=\iiint_E \text{div}\,\mathbf{F}\,dV=\iiint_E 3y\,dV\\&=3\int_{-1}^{1}\int_0^{1-x^2}\int_0^{2-z} y\,dy\,dz\,dx\\&=3\int_{-1}^{1}\int_0^{1-x^2}\frac{(2-z)^2}{2}\,dz\,dx\\&=\frac{3}{2}\int_{-1}^{1}\left[-\frac{(2-z)^3}{3}\right]_0^{1-x^2}dx\\&=-\frac{1}{2}\int_{-1}^{1}[(x^2+1)^3-8]\,dx\\&=-\int_0^1(x^6+3x^4+3x^2-7)\,dx=\frac{184}{35}\end{aligned}$$ ■

단순입체영역에서만 발산정리를 증명했음에도 불구하고, 단순입체영역들의 유한 합집합인 영역에서도 증명할 수 있다(증명 방법은 그린의 정리의 확장을 위해서 14.4절에서 이용했던 것과 비슷하다).

예를 들어, 폐곡면 S_1과 S_2 사이에 놓여 있는 영역 E를 생각해보자. 여기서 S_1은 S_2 내부에 놓여 있다. $\mathbf{n}_1$과 $\mathbf{n}_2$를 S_1과 S_2의 바깥방향 법선이라 하자. 그러면 E의 경계곡면은 $S=S_1\cup S_2$이고 그것의 법선 $\mathbf{n}$은 S_1 위에서는 $\mathbf{n}=-\mathbf{n}_1$으로 그리고 S_2 위에서는 $\mathbf{n}=\mathbf{n}_2$로 주어진다(그림 3 참조). S에 발산정리를 적용하면, 다음을 얻는다.

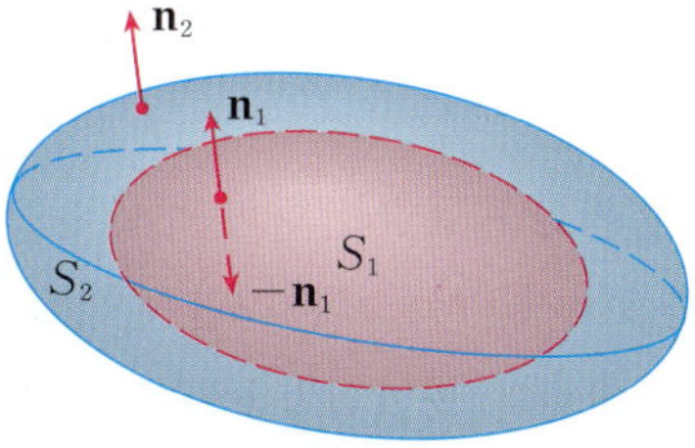

그림 3

7
$$\begin{aligned}\iiint_E \text{div}\,\mathbf{F}\,dV&=\iint_S \mathbf{F}\cdot d\mathbf{S}=\iint_S \mathbf{F}\cdot\mathbf{n}\,dS\\&=\iint_{S_1}\mathbf{F}\cdot(-\mathbf{n}_1)\,dS+\iint_{S_2}\mathbf{F}\cdot\mathbf{n}_2\,dS\end{aligned}$$

$$= -\iint_{S_1} \mathbf{F}\cdot d\mathbf{S} + \iint_{S_2} \mathbf{F}\cdot d\mathbf{S}$$

이를 전기장에 적용시키면(14.1절의 예제 5 참조)

$$\mathbf{E}(\mathbf{x}) = \frac{\varepsilon Q}{|\mathbf{x}|^3}\mathbf{x}$$

이고, S_1은 원점이 중심이고 반지름이 a인 작은 구이다. 이때 div $\mathbf{E}=0$이라는 것을 증명할 수 있다(연습문제 23번 참조). 따라서 식 **7**은 다음과 같다.

$$\iint_{S_2} \mathbf{E}\cdot d\mathbf{S} = \iint_{S_1} \mathbf{E}\cdot d\mathbf{S} + \iiint_E \operatorname{div} \mathbf{E}\, dV$$

$$= \iint_{S_1} \mathbf{E}\cdot d\mathbf{S} = \iint_{S_1} \mathbf{E}\cdot\mathbf{n}\, dS$$

이러한 계산으로 알 수 있는 것은 S_1이 구이기 때문에 S_1 위에서 면적분을 할 수 있다는 것이다. $\mathbf{x}$에서의 법선벡터는 $\mathbf{x}/|\mathbf{x}|$이다. 그러므로 S_1의 방정식이 $|\mathbf{x}|=a$이므로

$$\mathbf{E}\cdot\mathbf{n} = \frac{\varepsilon Q}{|\mathbf{x}|^3}\mathbf{x}\cdot\left(\frac{\mathbf{x}}{|\mathbf{x}|}\right) = \frac{\varepsilon Q}{|\mathbf{x}|^4}\mathbf{x}\cdot\mathbf{x} = \frac{\varepsilon Q}{|\mathbf{x}|^2} = \frac{\varepsilon Q}{a^2}$$

이다. 따라서 다음을 얻는다.

$$\iint_{S_2} \mathbf{E}\cdot d\mathbf{S} = \iint_{S_1} \mathbf{E}\cdot\mathbf{n}\, dS = \frac{\varepsilon Q}{a^2}\iint_{S_1} dS$$

$$= \frac{\varepsilon Q}{a^2}A(S_1) = \frac{\varepsilon Q}{a^2}4\pi a^2 = 4\pi\varepsilon Q$$

이것은 $\mathbf{E}$의 전기유량이 원점을 포함하는 임의의 폐곡면 S_2를 통과하는 양이 $4\pi\varepsilon Q$임을 보이는 것이다(이것은 단일전하에 대한 가우스 법칙(14.6절의 식 **11**)의 특별한 경우이다. ε과 ε_0 사이의 관계는 $\varepsilon = 1/(4\pi\varepsilon_0)$이다).

발산정리의 다른 적용은 유체흐름에서 나타난다. $\mathbf{v}(x, y, z)$를 상수밀도 ρ를 가진 유체의 속도장이라 하자. 이때 $\mathbf{F}=\rho\mathbf{v}$가 단위넓이당 흐름의 비율이다. 만일 $P_0(x_0, y_0, z_0)$가 유체 내의 한 점이고 그리고 B_a는 중심이 P_0이고 아주 작은 반지름 a인 공이라고 한다면, div $\mathbf{F}$가 연속이므로, B_a에 있는 모든 점에 대하여 div $\mathbf{F}(P) \approx$ div $\mathbf{F}(P_0)$이다. 경계구 S_a 위에서 유량의 근삿값을 다음과 같이 구할 수 있다.

$$\iint_{S_a} \mathbf{F}\cdot d\mathbf{S} = \iiint_{B_a} \operatorname{div} \mathbf{F}\, dV \approx \iiint_{B_a} \operatorname{div} \mathbf{F}(P_0)dV = \operatorname{div} \mathbf{F}(P_0)V(B_a)$$

근삿값은 $a \to 0$일 때 더 정확해지며

8 $$\operatorname{div} \mathbf{F}(P_0) = \lim_{a\to 0}\frac{1}{V(B_a)} = \iint_{S_a} \mathbf{F}\cdot d\mathbf{S}$$

임을 말한다. 식 **8**은 div $\mathbf{F}(P_0)$가 P_0에서 단위 용적에 대한 바깥쪽을 향한 유량의 순 비율을 말한다(이 때문에 발산이란 이름이 붙여진 것이다). div $\mathbf{F}(P)>0$이라면, 순 흐름은 P 근처에서 바깥을 향하며 그리고 P는 **시점**(source)이라 한다. 만일 div $\mathbf{F}(P)<0$이라면, 순흐름은 P 근처에서 안쪽을 향하며 P는 **흡입점**(sink)이라고 한다.

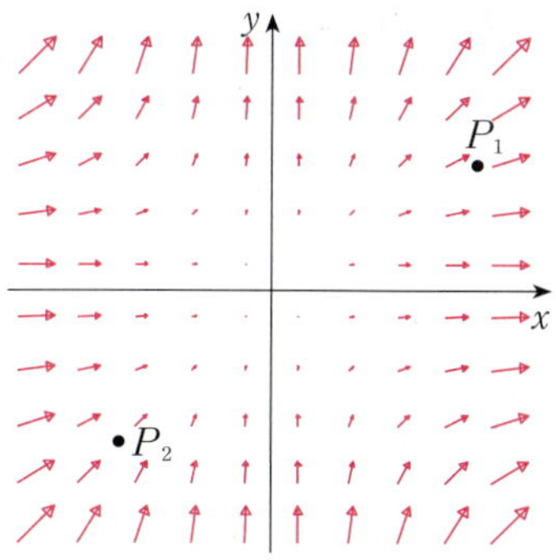

그림 4
벡터장 $\mathbf{F}=x^2\,\mathbf{i}+y^2\,\mathbf{j}$

그림 4에 있는 벡터장에서 볼 때, P_1 근처에서 끝나는 벡터가 P_1 근처에서 시작하는 벡터보다 더 짧게 나타난다. 그러므로, 순수한 흐름은 P_1 근처에서 바깥쪽을 향하고 따라서 $\operatorname{div}\mathbf{F}(P_1)>0$ 이고 P_1이 시점이다. 반대로, P_2 근처에서 안으로 들어오는 화살표가 밖으로 나가는 화살표보다 더 길다. 여기 순수한 흐름이 안쪽을 향하고 따라서 $\operatorname{div}\mathbf{F}(P_2)<0$이며 P_2는 흡입점이다. 이런 상황을 더 확실하게 하기 위해서 $\mathbf{F}$에 대한 식을 사용할 수 있다. $\mathbf{F}=x^2\,\mathbf{i}+y^2\,\mathbf{j}$이므로, $\operatorname{div}\mathbf{F}=2x+2y$이다. 이것은 $y>-x$일 때 양이다. 따라서 직선 $y=-x$ 위의 점들이 시점이며 아래의 것들은 흡입점이다.

14.8 연습문제

(1~4) 발산정리가 영역 E 위의 벡터장 $\mathbf{F}$에 대하여 참이라는 것을 증명하여라.

1. $\mathbf{F}(x, y, z)=3x\,\mathbf{i}+xy\,\mathbf{j}+2xz\,\mathbf{k}$,
E는 평면 $x=0$, $x=1$, $y=0$, $y=1$, $z=0$, $z=1$로 둘러싸인 정육면체이다.

2. $\mathbf{F}(x, y, z)=x^2\,\mathbf{i}+xy\,\mathbf{j}+z\,\mathbf{k}$,
E는 포물면체 $z=4-x^2-y^2$과 평면 xy-평면으로 둘러싸인 입체이다.

3. $\mathbf{F}(x, y, z)=\langle z, y, x\rangle$,
E는 구 $x^2+y^2+z^2\le 16$이다.

4 $\mathbf{F}(x, y, z)=\langle x^2-y, z\rangle$,
E는 입체 원기둥 $y^2+z^2\le 9$, $0\le x\le 2$이다.

(5~15) 발산정리를 이용하여 면적분 $\iint_S \mathbf{F}\cdot d\mathbf{S}$를 계산하여라. 즉, S를 통과하는 $\mathbf{F}$의 유량을 계산하여라.

5. $\mathbf{F}(x, y, z)=xye^z\,\mathbf{i}+xy^2z^3\,\mathbf{j}-ye^z\,\mathbf{k}$,
S는 각 좌표평면들과 평면 $x=3$, $y=2$, $z=1$로 둘러싸인 입체의 곡면이다.

6. $\mathbf{F}(x, y, z)=x^2yz\,\mathbf{i}+xy^2z\,\mathbf{j}+xyz^2\,\mathbf{k}$,
S는 평면 $x=0$, $x=a$, $y=0$, $y=b$, $z=0$, $z=c$로 둘러싸인 단면의 곡면이다(a, b, c 양수).

7. $\mathbf{F}(x, y, z)=3xy^2\,\mathbf{i}+xe^z\,\mathbf{j}+z^3\,\mathbf{k}$,
S는 원기둥 $y^2+z^2=1$과 평면 $x=-1$, $x=2$로 둘러싸인 입체의 곡면이다.

8. $\mathbf{F}(x, y, z)=(x^3+y^3)\mathbf{i}+(y^3+z^3)\mathbf{j}+(z^3+x^3)\mathbf{k}$,
S는 원점이 중심이고 반지름이 2인 구이다.

9. $\mathbf{F}(x, y, z)=x^2\sin y\,\mathbf{i}+x\cos y\,\mathbf{j}-xz\sin y\,\mathbf{k}$,
S는 비대한 구(fat sphere) $x^8+y^8+z^8=8$이다.

10. $\mathbf{F}(x, y, z)=x^2y\,\mathbf{i}+xy^2\,\mathbf{j}+2xyz\,\mathbf{k}$,
S는 평면들 $x=0$, $y=0$, $z=0$, $x+2y+z=2$로 둘러싸인 사면체의 표면이다.

11. $\mathbf{F}(x, y, z)=(\cos z+xy^2)\mathbf{i}+xe^{-z}\,\mathbf{j}+(\sin y+x^2z)\mathbf{k}$,
S는 포물면 $z=x^2+y^2$과 평면 $z=4$로 둘러싸인 입체의 곡면이다.

12. $\mathbf{F}(x, y, z)=x^4\,\mathbf{i}-x^3z^2\,\mathbf{j}+4xy^2z\,\mathbf{k}$,
S는 원통 $x^2+y^2=1$과 평면들 $z=x+2$와 $z=0$ 으로 둘러싸인 입체의 곡면이다.

13. $\mathbf{F}(x, y, z)=4x^3z\,\mathbf{i}+4y^3z\,\mathbf{j}+3z^4\,\mathbf{k}$,
S는 원점에 중심을 둔 반경 R인 구면이다.

14. $\mathbf{F}=\mathbf{r}/|\mathbf{r}|$, 여기서 $\mathbf{r}=x\,\mathbf{i}+y\,\mathbf{j}+z\,\mathbf{k}$,
S는 반구 $z=\sqrt{1-x^2-y^2}$와 xy-평면에 있는 원판 $x^2+y^2\le 1$로 둘러싸인 영역이다.

CAS 15. $\mathbf{F}(x, y, z)=e^y\tan z\,\mathbf{i}+y\sqrt{3-x^2}\,\mathbf{j}+x\sin y\,\mathbf{k}$,
S는 xy평면의 위와 곡면 $z=2-x^4-y^4$, $-1\le x\le 1$, $-1\le y\le 1$ 아래에 놓여 있는 입체의 곡면이다.

CAS 16. 첫 번째 팔분원으로부터 평면 $x=\frac{\pi}{2}$, $y=\frac{\pi}{2}$, $z=\frac{\pi}{2}$에 의

해 절단된 입방체에 벡터장

$\mathbf{F}(x, y, z) = \sin x \cos^2 y\ \mathbf{i} + \sin^3 y \cos^4 z\ \mathbf{j} + \sin^5 z \cos^6 x\ \mathbf{k}$

를 그리기 위해 컴퓨터 대수체계를 이용하여라. 그리고 그 입방체의 곡면을 가로지르는 유량을 계산하여라.

17. 발산정리를 이용하여 $\iint_S \mathbf{F} \cdot d\mathbf{S}$를 계산하여라. 여기서

$$\mathbf{F}(x, y, z) = z^2 x\,\mathbf{i} + \left(\frac{1}{3}y^3 + \tan z\right)\mathbf{j} + (x^2 z + y^2)\mathbf{k}$$

이고, S는 구 $x^2+y^2+z=1$의 윗부분 반이다.
(도움말 : S가 폐곡면이 아니라는 것을 생각하여라. 우선 S_1과 S_2 위에의 적분을 계산하여라. 여기서 S_1은 아래쪽으로 방향이 주어진 원판 $x^2+y^2 \le 1$이고, $S_2 = S \cup S_1$이다.)

18. $\mathbf{F}(x, y, z) = z \tan^{-1}(y^2)\mathbf{i} + z^3 \ln(x^2+1)\mathbf{j} + z\ \mathbf{k}$라 하자. 평면 $z=1$ 위에 놓여 있으며 위로 방향이 주어진 포물면체 $x^2+y^2+z=2$의 부분을 가로지르는 $\mathbf{F}$의 유량을 구하여라.

19. 벡터장 $\mathbf{F}$가 아래 그림에 있다. 이 절에서 유도된 발산의 해석을 이용하여 div $\mathbf{F}$가 P_1과 P_2에서 양인지 음인지를 결정하여라.

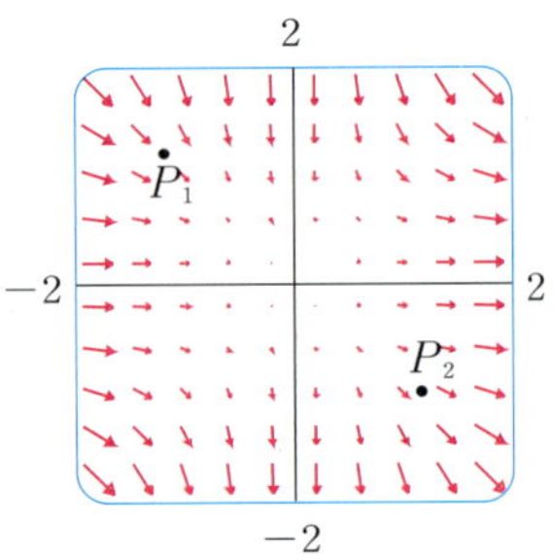

20. (a) 점 P_1과 P_2가 다음 그림에서의 벡터장 $\mathbf{F}$에 대하여 시점인가 빨아들임인가? 그림에 근거하여 설명하여라.
(b) 벡터장 $\mathbf{F}(x, y) = \langle x, y^2 \rangle$이 주어져 있다. 발산의 정의를 이용하여 (a)에 대한 답을 증명하여라.

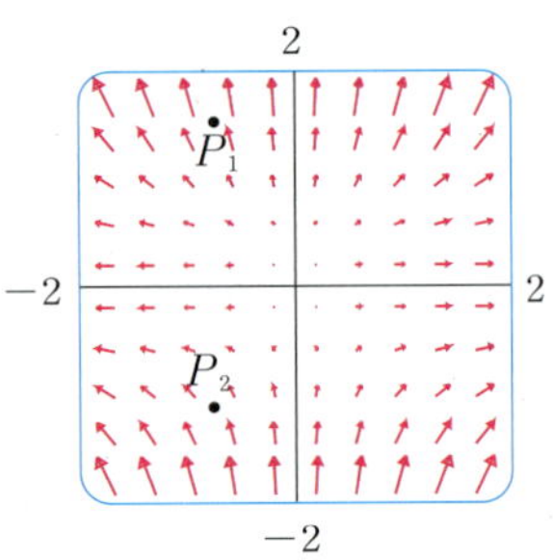

CAS (21~22) 벡터장을 그림으로 그리고 어느 부분에서 div $\mathbf{F}$가 양인지 음인지 추측하여라. 그리고 나서 div $\mathbf{F}$를 계산하여 추측이 맞는지 확인하여라.

21. $\mathbf{F}(x, y) = \langle xy, x+y^2 \rangle$ 22. $\mathbf{F}(x, y) = \langle x^2, y^2 \rangle$

23. 다음의 전기장 $\mathbf{E}$에 대하여 div $\mathbf{E}=0$임을 증명하여라.

$$\mathbf{E}(\mathbf{x}) = \frac{\varepsilon Q}{|\mathbf{x}|^3}\mathbf{x}$$

24. 발산정리를 이용하여 다음을 계산하여라.

$$\iint_S (2x+2y+z^2)\,dS$$

여기서 S는 구 $x^2+y^2+z^2=1$이다.

(25~30) S와 E가 발산정리의 조건을 만족하고 벡터장의 스칼라 함수 성분들이 연속인 2계편도함수를 가진다고 가정하고 다음 각각을 증명하여라.

25. $\iint_S \mathbf{a} \cdot \mathbf{n}\, dS = 0$, 여기서 $\mathbf{a}$는 상수벡터이다.

26. $V(E) = \frac{1}{3}\iint_S \mathbf{F} \cdot d\mathbf{S}$, 여기서 $\mathbf{F}(x, y, z) = x\,\mathbf{i} + y\,\mathbf{j} + z\,\mathbf{k}$이다.

27. $\iint_S \text{curl}\,\mathbf{F} \cdot d\mathbf{S} = 0$

28. $\iint_S D_{\mathbf{n}} f\, dS = \iiint_E \nabla^2 f\, dV$

29. $\iint_S (f\nabla g) \cdot \mathbf{n}\, dS = \iiint_E (f\nabla^2 g + \nabla f \cdot \nabla g)\,dV$

30. $\iint_S (f\nabla g - g\nabla f) \cdot \mathbf{n}\, dS = \iiint_E (f\nabla^2 g - g\nabla^2 f)\,dV$

31. S와 E가 발산정리의 조건을 만족한다고 가정하고 f가 연속인 편도함수를 가지는 스칼라 함수일 때 다음을 증명하여라.

$$\iint_S f\,\mathbf{n}\, dS = \iiint_E \nabla f\ dV$$

이 곡면들과 벡터함수의 삼중적분들은 각각의 성분함수들을 적분하는 것으로 정의된 벡터들이다.(도움말 : $\mathbf{F} = f\mathbf{c}$에 발산정리를 우선 적용하여라. 여기서 $\mathbf{c}$는 임의의 상수벡터이다.)

32. 한 입체가 곡면 S를 가진 한 영역 E가 있다. 상수밀도 ρ를 가진 한 액체 안에 잠겨있다. 좌표계를 만들어서 xy-평면이 그 액체의 곡면에 일치하도록 하고 z의 양의 값이 그 액체 속의 아래 방향으로 측정된다. 그러면 깊이 z에서의 압력은 $p = \rho g z$이다. 여기서 g는 중력 때문에 생기는 가속도이다(8.6절 참조). 압력분포로 인해 생기는 입체 위의 총 부력은 면적분

$$\mathbf{F} = -\iint_S p\,\mathbf{n}\,dS$$

로 주어진다. 여기서 $\mathbf{n}$은 바깥방향의 단위 법선이다. 연습문제 27번의 결과를 이용하여 $\mathbf{F} = -W\mathbf{k}$임을 보여라. 여기서 W는 입체로 치환된 액체의 무게이다(z가 정 아래방향이기 때문에 $\mathbf{F}$가 위 방향이라는 것을 알자). 이 결과가 아르키메데스의 법칙(Archimedes' principle)으로 한 물체 위의 부력은 대체된 액체의 무게와 같다.

14.9 총정리

이 장의 주 결과들은 미분적분학의 기본정리를 높은 차원으로 해석한 것이다. 기억하는데 도움을 주기 위해서 모두 정리하였고(가정은 제외), 근본적으로 유사한 점을 좀더 쉽게 볼 수 있도록 하였다. 각각의 경우에서 좌변에는 한 영역 위에서의 "도함수"의 적분을, 우변에서는 오로지 그 영역의 경계 위에서만 원래 함수의 값들을 가진다는 것을 주목하자.

미분적분학의 기본정리

$$\int_a^b F'(x)\,dx = F(b) - F(a)$$

선적분에 대한 기본정리

$$\int_C \nabla f \cdot d\mathbf{r} = f(\mathbf{r}(b)) - f(\mathbf{r}(a))$$

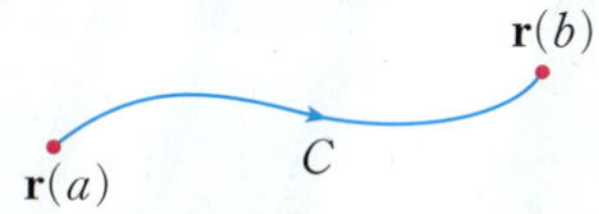

그린의 정리

$$\iint_D \left(\frac{\partial Q}{\partial x} - \frac{\partial P}{\partial y}\right) dA = \int_C P\,dx + Q\,dy$$

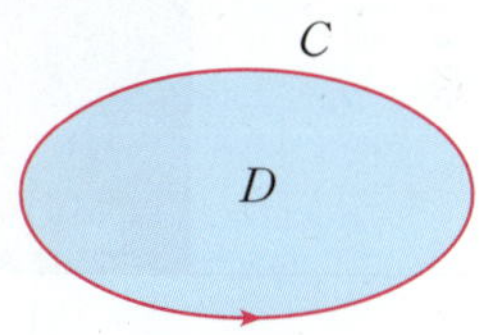

스토크스의 정리

$$\iint_S \operatorname{curl} \mathbf{F} \cdot d\mathbf{S} = \int_C \mathbf{F} \cdot d\mathbf{r}$$

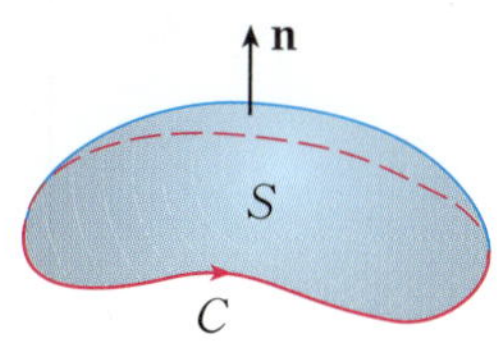

발산정리

$$\iiint_E \operatorname{div} \mathbf{F}\,dV = \iint_S \mathbf{F} \cdot d\mathbf{S}$$

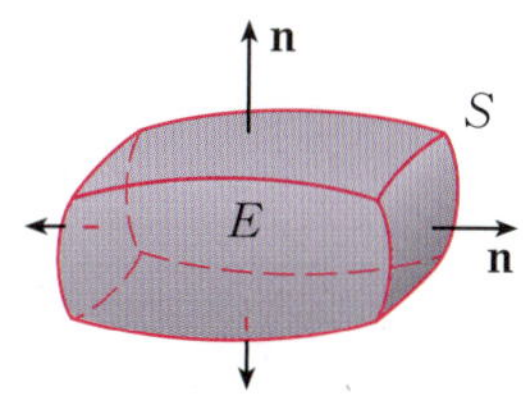

부 록

A 홀수번 연습문제 정답

B 미분표

C 적분표

A 홀수번 연습문제 정답

제1장

1.1 연습문제

1. $B \subseteq A \subseteq C$
3. A={1, 2}, B={1, 2, 3, 4}
5. B={2, 3, 4, 5, 6}
7. $\{a, b\}, \{a, b, c\}, \{a, b, d\}, \{a, b, c, d\}$

1.2 연습문제

1. (a) $x>0$ (b) $y<0$
   (c) $x<2$ (d) $x \geq 2$
3. 25
5. 9
7. $64x^6$
9. $\frac{y^3}{x^3}$

1.3 연습문제

1. $5x-4$
3. $x^2-2x-24$
5. $4x^2+4x+1$
7. $(x-2)(x-5)$
9. 몫: $3x^2+11x+32$, 나머지: 99

1.4 연습문제

1. $\frac{x}{3}$
3. $-\frac{x}{x+2}$
5. 3
7. $-\frac{x+1}{x(x-1)}$
9. x^3y^2
11. xy^2
13. $-9+4\sqrt{5}$

1.5 연습문제

1. $x=2$
3. $x=\pm 5$
5. $x=1\pm\sqrt{3}$
7. $x=3$
9. $x=2$
11. $1<x<4$

1.6 연습문제

1. (a) 3 (b) -3
3. (a) 3 (b) -2
5. ln 1215
7. $\ln \frac{\sqrt{x}(1+x^2)}{1-x}$

제2장

2.1 연습문제

1. $1<a<3$
3. $\left\{x \mid -\frac{2}{3}<x<\frac{2}{3}\text{인 실수}\right\}$
5. $(g \cdot f)^{-1}(x)=-\frac{1}{6}x-\frac{2}{3}$
7. $ab=(-2)\times 5=-10$
9. $a-b+c=3-(-1)+(-1)=3+1-1=3$
11. $f(2)=3$ & $f^{-1}(2)=1$, $f(2)=1$ & $f^{-1}(2)=3$

2.2 연습문제

1. $\frac{-1-4}{2-1}=\frac{-5}{1}=-5$
3. $y=\frac{1}{3}x+\frac{7}{3}$
5. $y=1$
7. $y=\frac{4}{3}x+\frac{1}{3}$
9. $y=5x-6$
11. $m=a,\ n=b$
13. $1,\ \frac{1}{4}$
15. $m+n=9$
17. x절편 $-\frac{7}{5}$
19. (e) 5
21. $x=1$에서 최댓값 1, $x=-2$에서 최솟값 -8
23. $\sqrt{2}$
25. $b=-6,\ c=4$
27. (a) $y=0-3,\ y=-3,\ (0,\ -3)$
    (b) $y=3\cdot 0^2+2\cdot 0,\ y=0,\ (0,\ 0)$
    (c) $y=-2\cdot 0^2+5\cdot 0-1,\ y=-1,\ (0, -1)$
29. $y=-x^2+\frac{4}{3}x$ (단, $x \geq =0$)

2.3 연습문제

1. $a+b=-1+0=-1$
3. $0<a<2$
5. $abc=-48$
7. $a \geq -1$

2.4 연습문제

1. $\begin{cases} f^{-1}(x)=-\frac{1}{2}(x-3)^2+3 \\ \text{정의역}=\{x \mid x \geq 3\} \\ \text{치역}=\{y \mid y \leq 3\} \end{cases}$
3. $a=-2$
5. $a=-1$
7. $a=1,\ -1$

9. 정의역 $\{x \mid x \geq -1\}$, 치역$\{ y \mid y \geq -1\}$

11. $a=2$

2.5 연습문제

1. $x=1$, $y=-1$에서 최솟값 0

3. $a=-2$, $b=8$, $n=12$

5. $x=3$에서 최댓값 5, $x=2$에서 최솟값 0

7. $a \leq 2$ 일 때, $x=2$에서 최솟값 1, $a>2$ 일 때, $x=a$에서 최솟값 a^2-4a+5

2.6 연습문제

1. 1

3. $2\cos\theta$

5. $\cos\theta=\frac{4}{5}$, $\tan\theta\frac{-3}{4}$

7. (a) $\pm\frac{\sqrt{6}}{2}$ (b) $\pm\frac{\sqrt{2}}{2}$ (c) 4

9. $\frac{1}{4}$

11. (a) $-\frac{1}{2}$ (b) $-\frac{1}{\sqrt{2}}$ (c) $-\sqrt{3}$ (d) $\frac{1}{2}$ (e) 5

13. (a) 최댓값 1, 최솟값 -1, 주기 $\frac{360^\circ}{2}=180^\circ$

 (b) 최댓값 3, 최솟값 -3, $\frac{360^\circ}{2}=180^\circ$

 (c) 최댓값, 최솟값은 없다. 주기 $\frac{180^\circ}{3}=60^\circ$

15. (a) $x=120^\circ$, 240°

 (b) $x=90^\circ$, 270°

 (c) $x=120^\circ$, 135°, 300°, 315°

17. (a) $\sin A+\sin B>\sin C$

 (b) $2\sin B=\sin A+\sin C$

 (c) $a:b:c=\sin 45^\circ : \sin 60^\circ : \sin 75^\circ=\frac{1}{\sqrt{2}}:\frac{\sqrt{3}}{2}:\frac{\sqrt{6}+\sqrt{2}}{4}$

19. (a) ΔABC는$=90^\circ$인 직각삼각형

 (b) ΔABC는 $a=b$인 이등변 삼각형

21. (a) $a=2\sqrt{2}$, $B=30^\circ$, $c=105^\circ$

 (b) $A=60^\circ$, $B=45^\circ$, $C=75^\circ$

23. 120°

25. 2

2.7 연습문제

1. (a) $f(x)=a^x$, $a>0$ (b) $\mathbb{R}$ (c) $(0, \infty)$

 (d) 각각 그림 4(c), 4(b), 4(a)에 해당된다.

3. 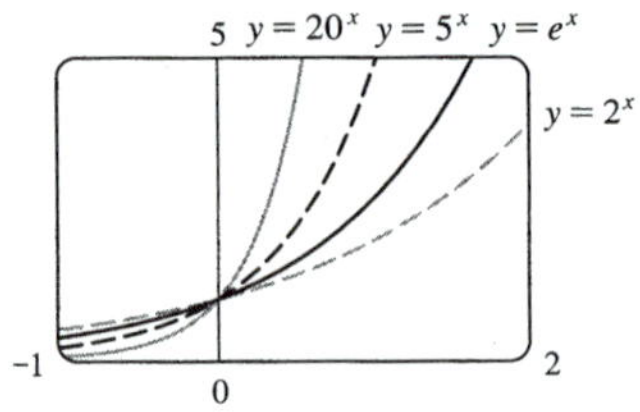

$x \to -\infty$일 때 모두 0으로 접근하고, 모두 (0, 1)을 지나며 증가한다. 밑수가 증가할수록 증가율이 더 빨라진다.

5. 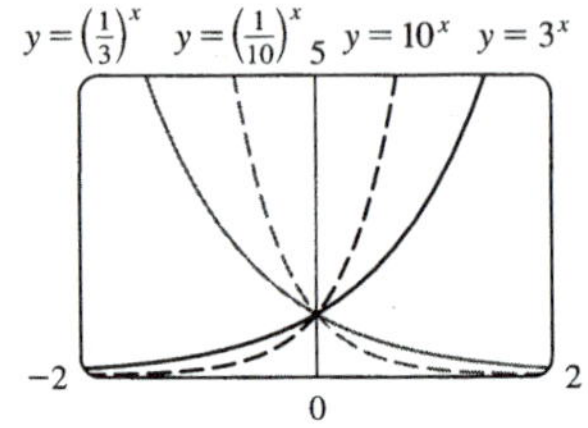

밑수가 1보다 큰 함수는 증가하고 1보다 작은 함수는 감소한다. 후자는 전자의 y축에 관해 대칭이다.

7. 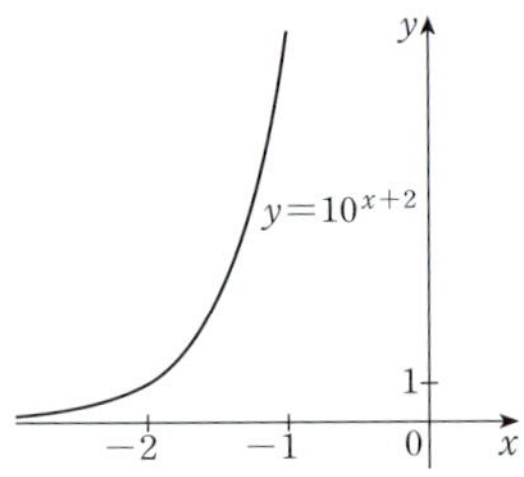

9. 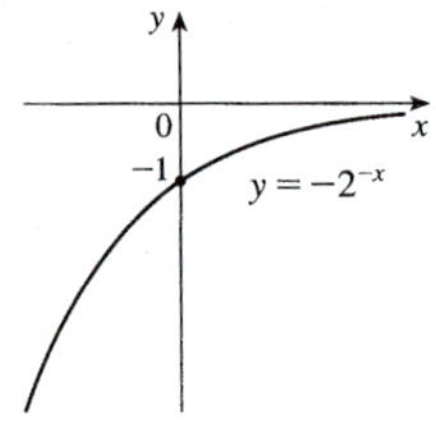

11. 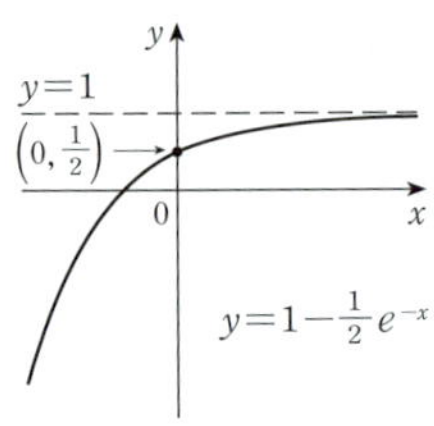

13. (a) $y=e^x-2$ (b) $y=e^{x-2}$ (c) $y=-e^x$

 (d) $y=e^{-x}$ (e) $y=-e^{-x}$

15. (a) $(-\infty, -1)\cup(-1, 1)\cup(1, \infty)$ (b) $(-\infty, \infty)$

17. $f(x)=3\cdot 2^x$

2.8 연습문제

1. (a) 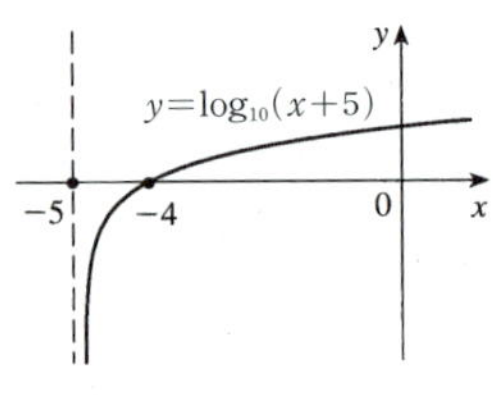

 (b) 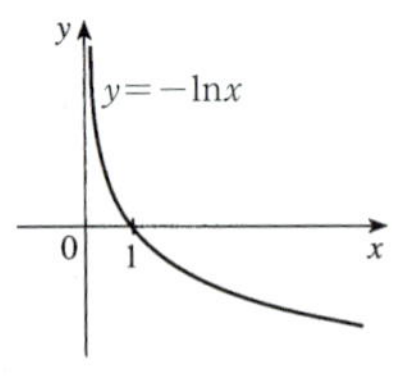

3. (a) $\frac{1}{4}(7-\ln 6)$ (b) $\frac{1}{3}(e^2+10)$

5. (a) $5+\log_2 3$ 또는 $5+(\ln 3)/\ln 2$

 (b) $\frac{1}{2}(1+\sqrt{1+4e})$

7. (a) $x<\ln 10$ (b) $x>1/e$

2.9 연습문제

1. 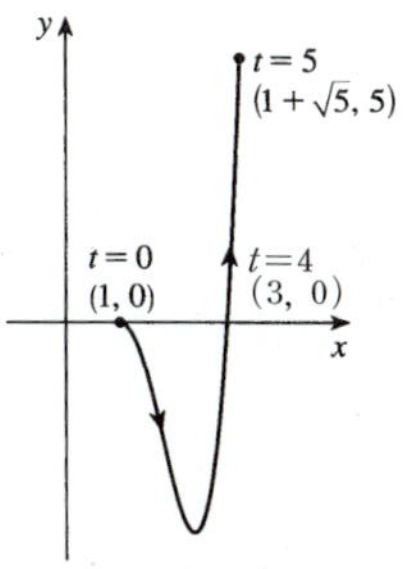

3. 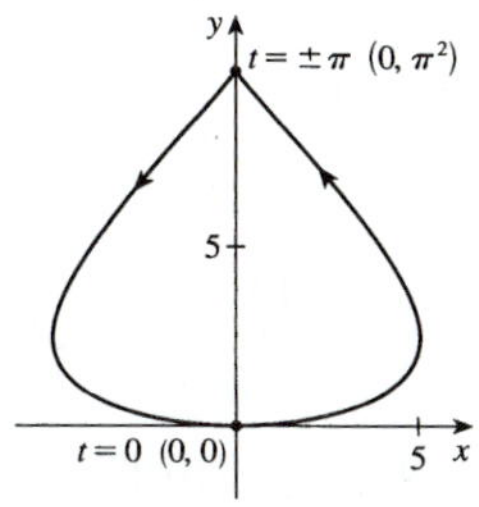

5. (a) 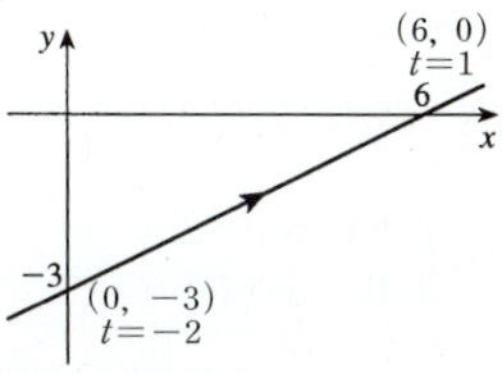

(b) $y=\frac{1}{2}x-3$

7. (a) 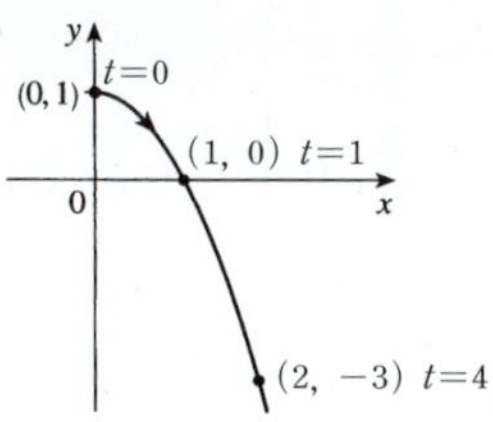

(b) $y=1-x^2,\ x\geq 0$

9. (a) $x^2+y^2=1,\ y\geq 0$
(b) 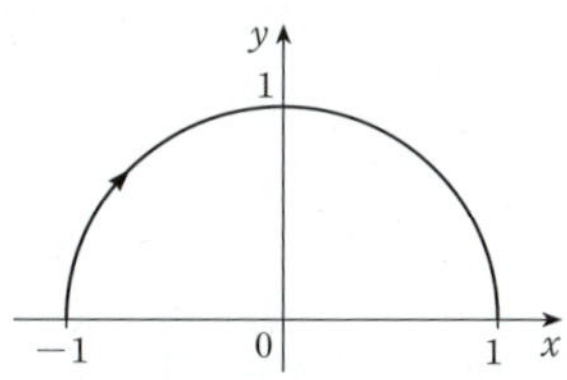

11. (a) $y=1/x,\ y>1$
(b) 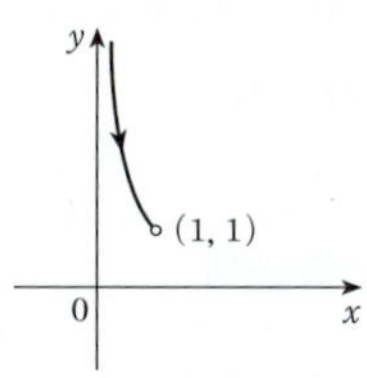

13. (a) $y=\frac{1}{2}\ln x+1$ (b) 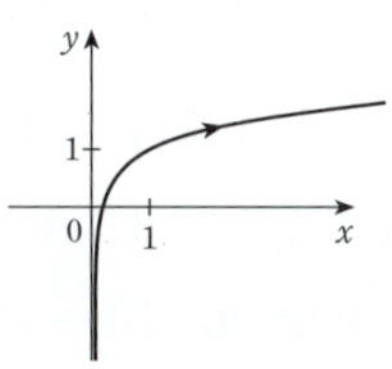

15. (a) $y=1-2x^2,\ -1\leq x\leq 1$ (b) 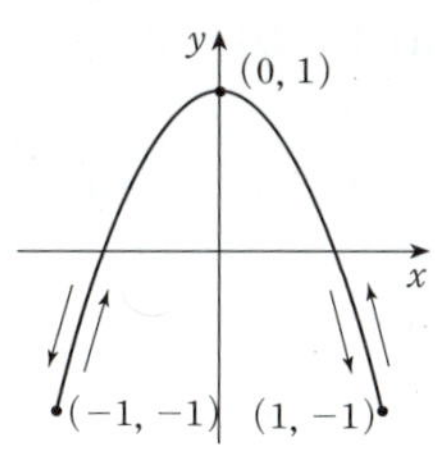

17. $(-1,\ 0)$에서 $(1,\ 0)$까지 원 $x^2+y^2=1$을 따라 반시계 방향으로 움직인다.

19. 타원 $(x^2/25)+(y^2/4)=1$의 주위를 $(0,\ -2)$에서 시작하여 $(0,\ -2)$으로 끝나도록 시계방향으로 세바퀴 움직인다.

21. $1\leq x\leq 4$와 $2\leq y\leq 3$으로 둘러싸인 직사각형의 내부영역(경계포함)이다.

23. 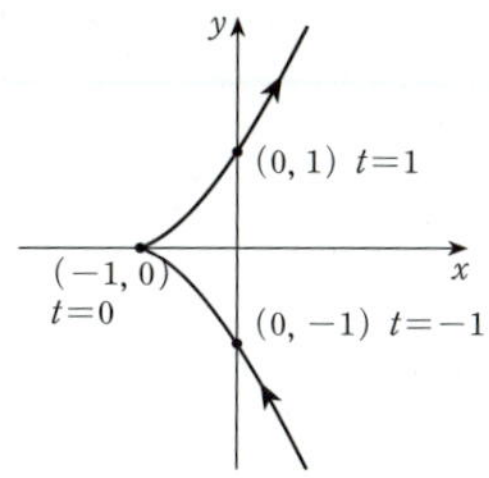

25. 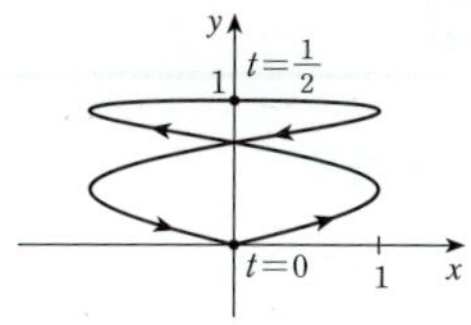

27. 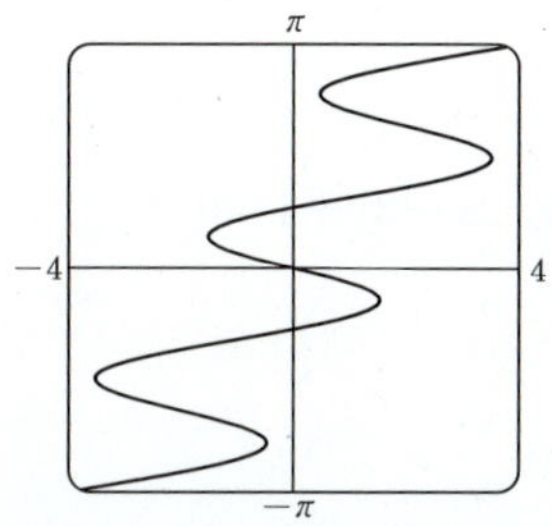

29. (b) $x=-2+5t,\ y=7-8t,\ 0\leq t\leq 1$

31. (a) $x=2\cos t,\ y=1-2\sin t,\ 0\leq t\leq 2\pi$
(b) $x=2\cos t,\ y=1+2\sin t,\ 0\leq t\leq 6\pi$
(c) $x=2\cos t,\ y=1+2\sin t,\ \pi/2\leq t\leq 3\pi/2$

35. (a) $y=x^{2/3}$
(b) $x\geq 0$에서만 의미가 있다.
(c) $x>0$에서만 의미가 있다.

39. $x=a\cos\theta,\ y=b\sin\theta;\ (x^2/a^2)+(y^2/b^2)=1$, 타원

41. (a) 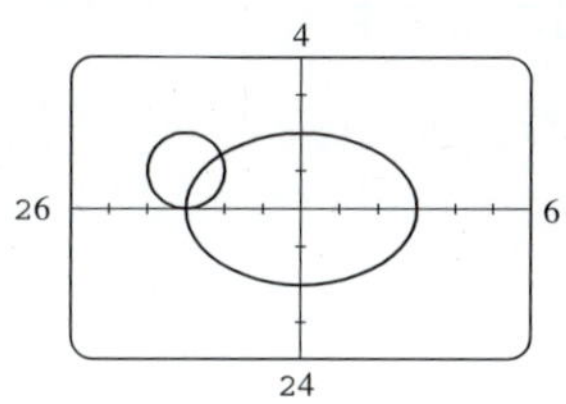
(b) $t=\frac{3}{2}\pi$일 때 $(-3,\ 0)$
(c) 교점은 두 개이나 충돌점은 없다.

43. $c=0$이면, 꼭지점이 존재하고 $c>0$이면, c가 증가함에 따라 크기가 커지는 루프가 생긴다.

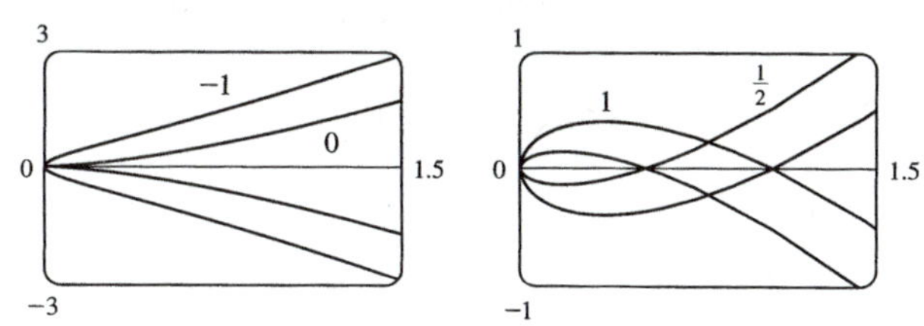

45. n이 증가함에 따라 진동수는 증가한다. a와 b는 폭과 높이를 결정한다.

제3장

3.1 연습문제

1. (a) $2\sqrt{13}$ (b) $2\sqrt{6}$
3. 6
5. -2
7. $(0, 1, \frac{14}{3})$, $(7, 1, -\frac{14}{3})$
9. $(-\frac{4}{3}, 3)$

3.2 연습문제

1. (a) 평행, (b) 일치
3. $2x-3y+1=0$
5. $8x+6y+3=0$
7. 5
9. $9x-y-12=0$

3.3 연습문제

1. $(x+2)^2+(y-5)^2=9$
3. $x^2+(y-5)^2=10$
5. $\left(x+\frac{1}{2}\right)^2+\left(y-\frac{3}{2}\right)^2=\frac{41}{2}$
7. $(x+3)^2+y^2=53$
9. $16x^2+7y^2=112$,

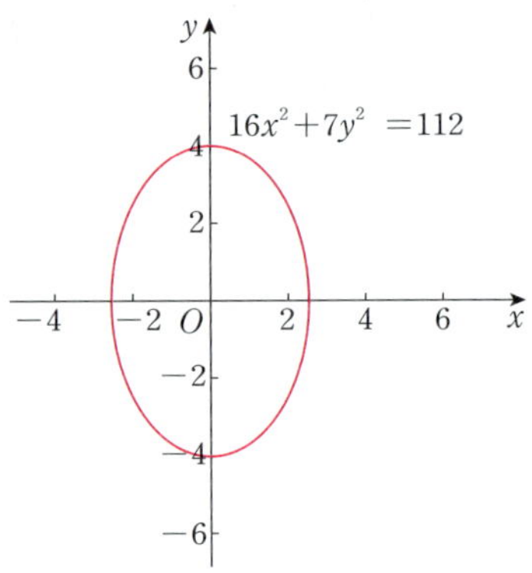

3.4 연습문제

1. $(4, 1)$
3. $(2, 7)$
5. x축 방향으로 1만큼, y축 방향으로 4만큼 평행이동, $4x+y-9=0$
7. $4(x-3)^2+9(y-2)^2=36$

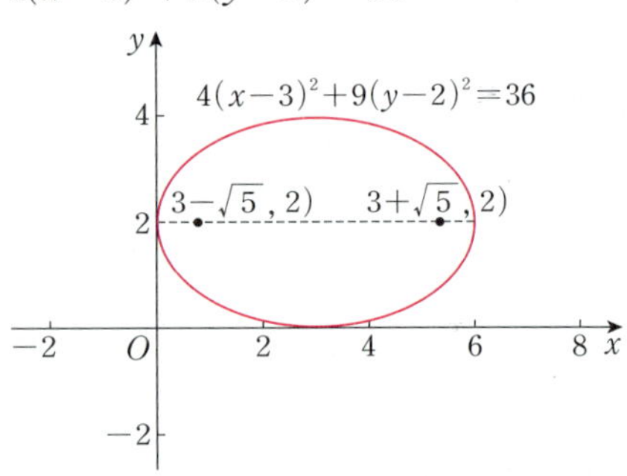

9. $4x+3y+4=0$

3.5 연습문제

1. (a) 0, 2, 6, 12, 20, (b) $-1, \frac{1}{2}, -\frac{1}{3}, \frac{1}{4}, -\frac{1}{5}$
3. (a) $-3n+14$, (b) $4n-3$
5. 816
7. 공비: 2, 일반항: $5\cdot 2^{n-3}$
9. (a) 2870 (b) 41075

3.6 연습문제

1. (a) $\begin{pmatrix} -3 \\ -3 \end{pmatrix}$ (b) $\begin{pmatrix} -1 & 5 & -2 \\ 6 & 5 & 5 \end{pmatrix}$
3. $3A=\begin{pmatrix} 15 & -3 \\ 9 & 0 \end{pmatrix}$, $-\frac{1}{2}A=\begin{bmatrix} -\frac{5}{2} & \frac{1}{2} \\ -\frac{3}{2} & 0 \end{bmatrix}$
5. (a) (7) (b) $\begin{bmatrix} 2 & 4 & 6 \\ 6 & 12 & 18 \\ 8 & 16 & 24 \end{bmatrix}$
7. $\begin{pmatrix} -1 & 0 \\ 0 & -1 \end{pmatrix}$
9. $AB=BA$

3.7 연습문제

1. (a) $x=2, y=1$ (b) $x=2, y=-1$
   (c) $x=3, y=3$ (d) $x=a, y=0$
3. $A_{11}=-3$, $A_{12}=17$, $A_{13}=13$, $A_{21}=6$, $A_{22}=6$, $A_{23}=6$, $A_{31}=3$, $A_{32}=-1$, $A_{33}=-5$
5. (a) x^2+3x-6, (b) $-x^2+3x+1$, (c) $-x^3+2x^2+18x-3$
7. (a) 4 (b) -222
9. (a) 2 (b) $\begin{vmatrix} 1 & 1 & -1 \\ -10 & 4 & 2 \\ 7 & -3 & -1 \end{vmatrix}$

   (c) $A\cdot(adjA)=|A|E=2E$ (d) $\begin{vmatrix} 1 & 1 & -1 \\ -10 & 4 & 2 \\ 7 & -3 & -1 \end{vmatrix}\cdot\frac{1}{2}$

제4장

4.1 연습문제

1. (a) -44.4, -38.8, -27.8, -22.2, $-16.\overline{6}$
(b) -33.3 (c) $-33\frac{1}{3}$

3. (a) (i) 0.333333 (ii) 0.263158 (iii) 0.251256
(iv) 0.250125 (v) 0.2 (vi) 0.238095 (vii) 0.248756
(viii) 0.249875 (b) $\frac{1}{4}$ (c) $y=\frac{1}{4}x+\frac{1}{4}$

5. (a) (i) -7.15m/s (ii) -5.19m/s (iii) -4.945m/s
(iv) -4.749m/s (b) -4.7m/s

7. (a) (i) 4.65m/s (ii) 5.6m/s (iii) 7.55m/s
(iv) 7m/s (b) 6.3m/s

9. (a) 0, 1.7321, -1.0847, -2.7433, 4.3301, -2.8173, 0, -2.1651, -2.6061, -5, 3.4202; 아니오 (c) -31.4

4.2 연습문제

1. 참

3. (a) 2 (b) 3 (c) 존재하지 않는다. (d) 4
(e) 존재하지 않는다.

5. (a) -1 (b) -2 (c) 존재하지 않는다. (d) 2
(e) 0 (f) 존재하지 않는다. (g) 1 (h) 3

7. $a\neq-1$일 때 $\lim_{x\to a}f(x)$는 존재한다.

9. (a) 1 (b) 0 (c) 존재하지 않는다.

11. (a) -2 (b) 2 (c) 존재하지 않는다.

13. 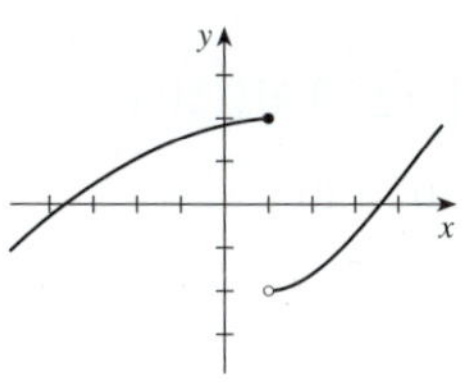

15. 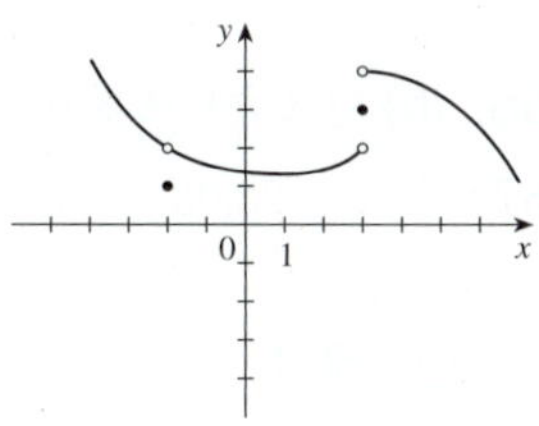

17. $\frac{2}{3}$ 19. 5 21. $\frac{1}{4}$ 23. $\frac{3}{5}$

25. (a) -1.5

27. (a) 2.71828
(b) 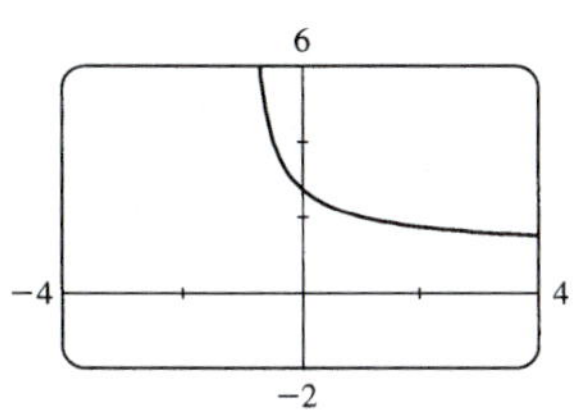

29. (a) 0.998000, 0.638259, 0.358484, 0.158680, 0.038851, 0.008928, 0.001465; 0
(b) 0.000572, -0.000614, -0.000907, -0.000978, -0.000993, -0.001000; -0.001

31. 0.182이내 ; 0.095이내

4.3 연습문제

1. (a) -6 (b) -8 (c) 2 (d) -6
(e) 존재하지 않는다. (f) 0

3. 75 5. 390

7. $\frac{3}{2}$ 9. 5

11. 존재하지 않는다. 13. $\frac{6}{5}$

15. 8 17. $\frac{1}{12}$ 19. $-\frac{1}{16}$

21. $\frac{1}{128}$ 23. $-\frac{1}{2}$ 25. (a), (b) $\frac{2}{3}$

29. 7 33. 6

35. 존재하지 않는다.

37. (a) (i) 1 (ii) 1 (iii) 3 (iv) -2 (v) -1
(vi) 존재하지 않는다. (b) 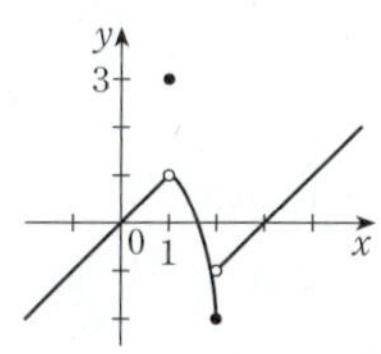

39. (a) (i) -2 (ii) 존재하지 않는다. (iii) -3
(b) (i) $n-1$ (ii) n (c) a가 정수가 아닌 경우

45. 8 49. 15 ; -1

4.4 연습문제

1. $\lim_{x\to 4}f(x)=f(4)$

3. (a) $f(-4)$는 정의되지 않고, $a=-2$, 2, 4일때 $\lim_{x\to a}f(x)$는 존재하지 않는다.
(b) -4, 어느 쪽도 아니다; -2, 왼쪽; 2, 오른쪽; 4, 오른쪽

5. 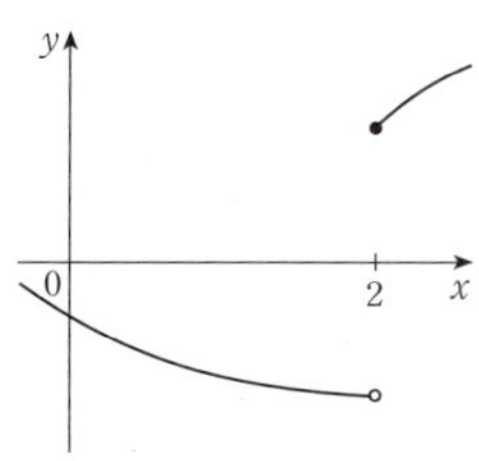

7. 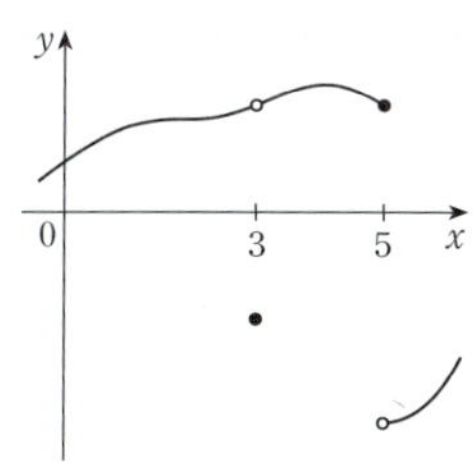

9. (a)

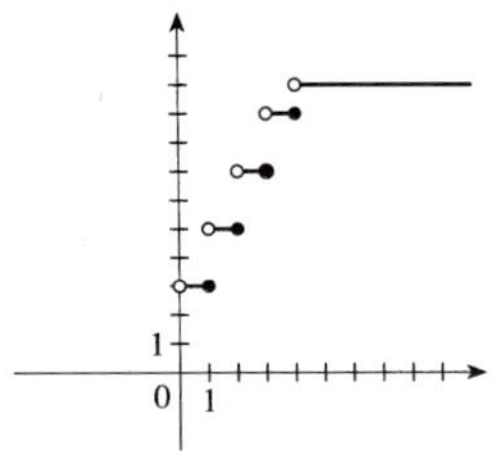

(b) $t=1, 2, 3, 4$에서 불연속

11. 6

15. $\lim_{x\to 0} f(x)$는 존재하지 않는다. 17. $\lim_{x\to 0} f(x) \neq f(0)$

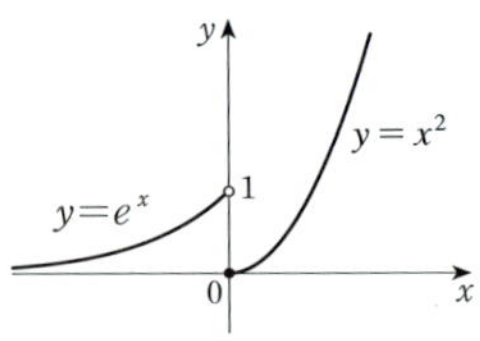

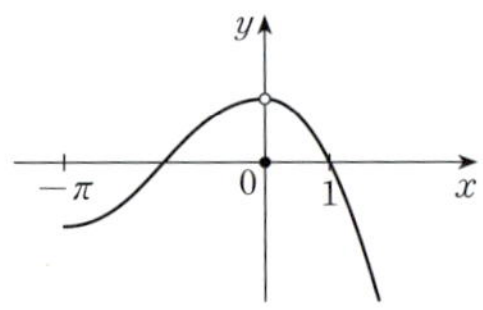

19. $\left\{x \mid x \neq -\frac{1}{2}, -\frac{1}{3}\right\}$ 21. $\mathbb{R}$

23. $(-\infty, -1) \cup (1, \infty)$

25. $x=0$

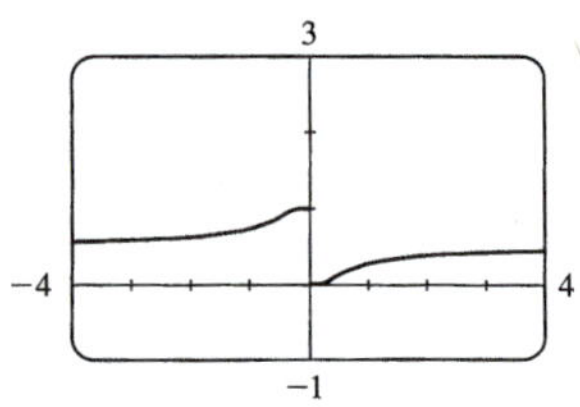

27. $\frac{7}{3}$ 29. 1

33. 0, 오른쪽; 1, 왼쪽

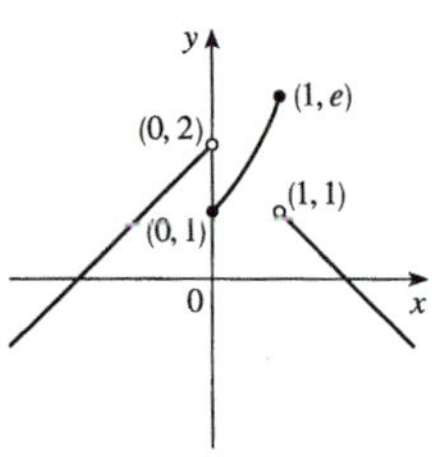

35. $\frac{2}{3}$

37. (a) $g(x)=x^3+x^2+x+1$ (b) $g(x)=x^2+x$

45. (b) $(0.86, 0.87)$

47. (b) 70.347 51. 존재한다.

4.5 연습문제

1. (a) x가 2에 접근할수록 $f(x)$는 한없이 커진다.
   (b) x가 1의 오른쪽에서 1로 접근할 때 $f(x)$는 음수로 한없이 커진다.
   (c) x가 한없이 커지면 $f(x)$는 5에 접근한다.
   (d) x가 음수로 한없이 커지면 $f(x)$는 3에 접근한다.

3. (a) ∞ (b) ∞ (c) $-\infty$ (d) 1 (e) 2
   (f) $x=-1, x=2, y=1, y=2$

5.

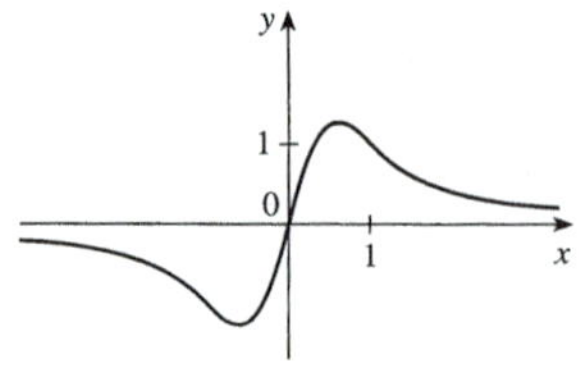

7.

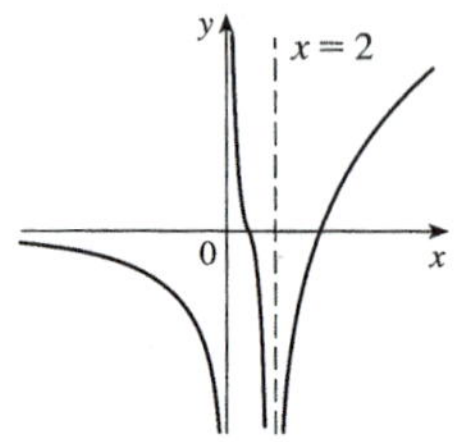

9.

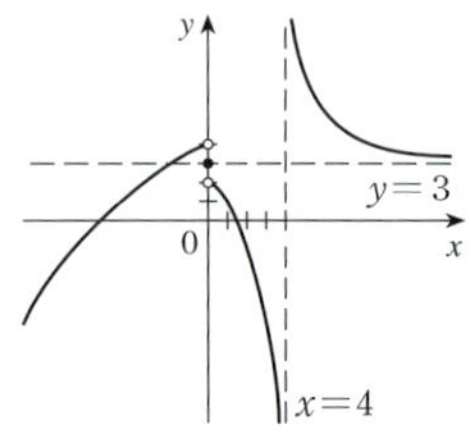

11. 0

13. $x \approx -1.62, x \approx 0.62, x=1; y=1$

15. ∞ 17. 0

19. $-\infty$ 21. $-\infty$

23. $\frac{1}{2}$ 25. 2

27. $\frac{1}{6}$ 29. 0

31. 존재하지 않는다. 33. 0

35. $-\infty$ 37. ∞

39. $y=2; x=-2, x=1$ 41. $x=5$

43. (a), (b) $-\frac{1}{2}$ 45. $y=3$

47. $f(x)=\frac{2-x}{x^2(x-3)}$ 49. (a) $\frac{5}{4}$ (b) 5

51. (a) 0 (b) $\pm\infty$ 53. 5

55. (b) 탱크 속으로 넣고 있는 소금의 농도에 접근한다.

57. (b) $x>23.03$ (c) 있다. $x>10 \ln 10$

4.6 연습문제

1. (a) $\frac{f(x)-f(3)}{x-3}$ (b) $\lim_{x\to 3} \frac{f(x)-f(3)}{x-3}$

3. (a) 2 (b) $y=2x+1$
   (c)

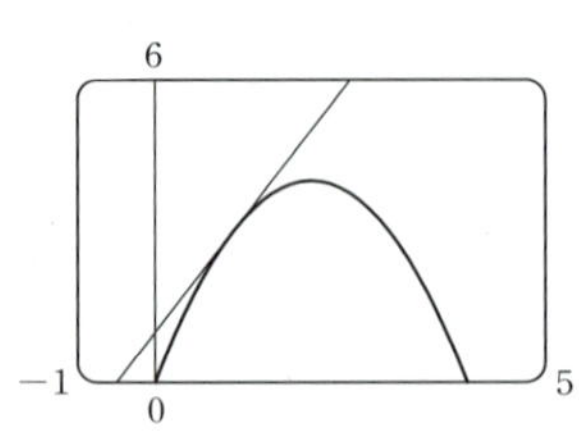

5. $y=-8x+12$

7. $y=\frac{1}{2}x+\frac{1}{2}$

9. (a) $8a-6a^2$ (b) $y=2x+3$, $y=-8x+19$

(c)

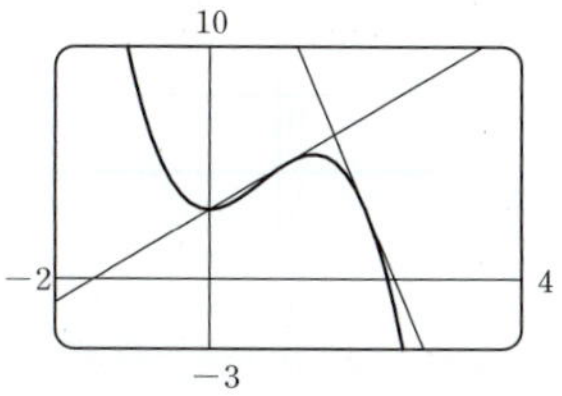

11. (a) 오른쪽 : $0<t<1$, $4<t<6$;
왼쪽 : $2<t<3$;
서 있음 : $1<t<2$, $3<t<4$

(b)

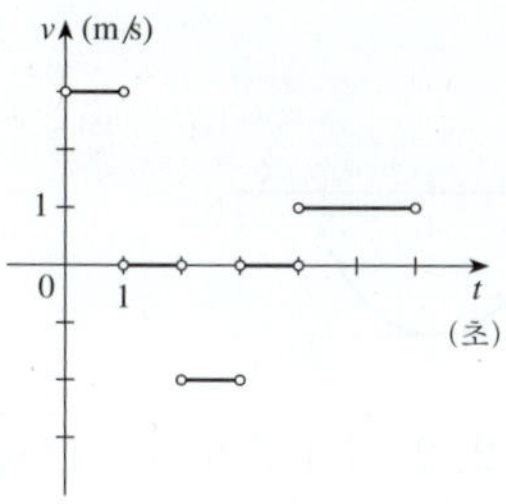

13. $-9.6\ \mathrm{m/s}$

15. $-2/a^3\ \mathrm{m/s}$; $-2\ \mathrm{m/s}$; $-\frac{1}{4}\mathrm{m/s}$; $-\frac{2}{27}\mathrm{m/s}$

17. $g'(0)$, 0, $g'(4)$, $g'(2)$, $g'(-2)$

19. $f(2)=3$; $f'(2)=4$

21.

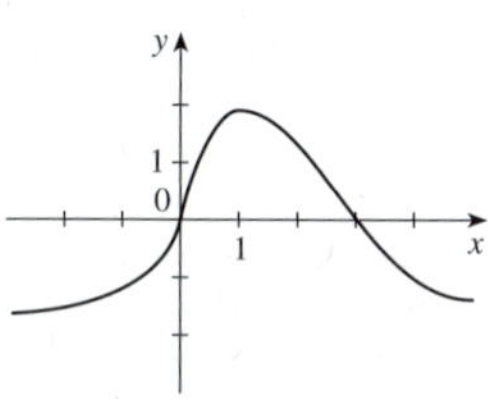

23. $y=3x-1$

25. (a) $-\frac{3}{5}$; $y=-\frac{3}{5}x+\frac{16}{5}$

(b)

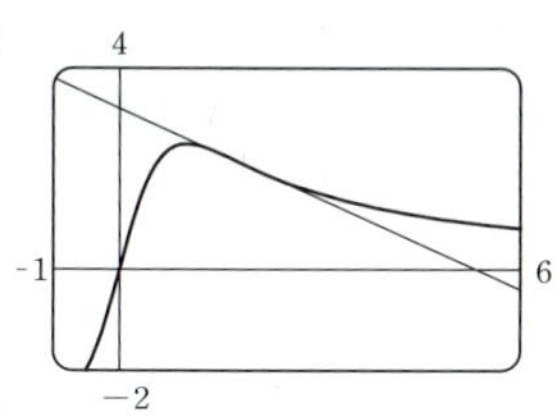

27. $6a-4$

29. $5/(a+3)^2$

31. $-\dfrac{1}{\sqrt{1-2a}}$

33. $f(x)=x^{10}$, $a=1$ 또는 $f(x)=(1+x)^{10}$, $a=0$

35. $f(x)=2^x$, $a=5$

37. $f(x)=\cos x$, $a=\pi$ 또는 $f(x)=\cos(\pi+x)$, $a=0$

39. $1\ \mathrm{m/s}$; $1\ \mathrm{m/s}$

41.

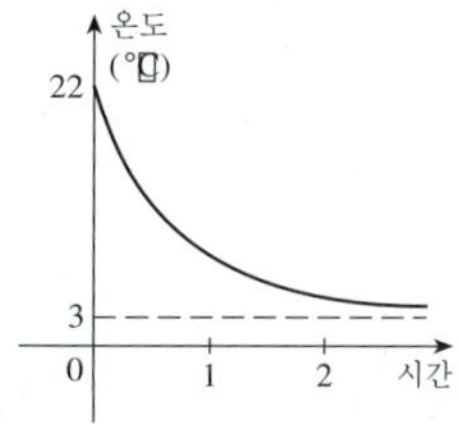

더 크다.

43. (a) (i) 11퍼센트/년 (ii) 13퍼센트/년 (iii) 16퍼센트/년
(b) 14.5퍼센트/년 (c) 15퍼센트/년

45. (a) (i) 20.25달러/단위 (ii) 20.05달러/단위
(b) 20달러/단위

47. (a) 생산되는 금의 킬로그램당 생산비용의 변화율; 킬로그램당 달러
(b) 금이 50kg 생산되었을 때 생산비용이 kg당 36달러이다.

49. 오후 6시에서의 온도의 변화율; $-3.05℃/\mathrm{h}$

4.7 연습문제

1. (a) -0.2 (b) 0
(c) 1 (d) 2 (e) 1
(f) 0 (g) -0.2

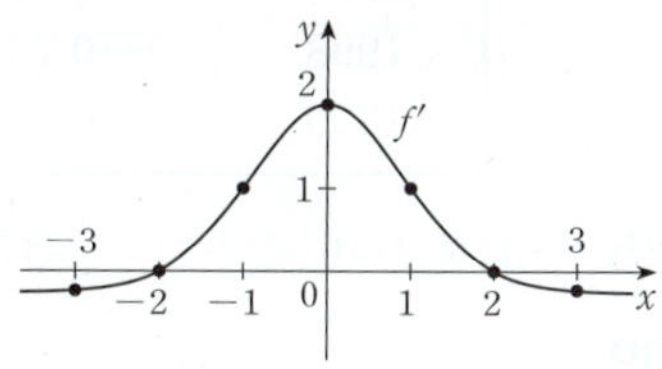

3. (a) II (b) IV (c) I (d) III

5.

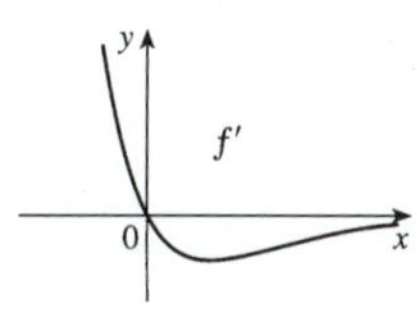

7.

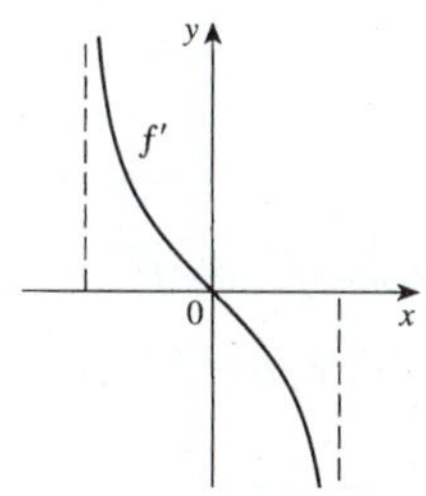

9.

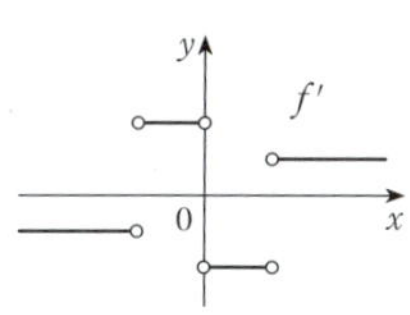

11.

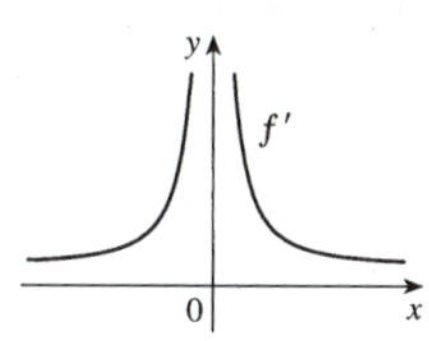

13.

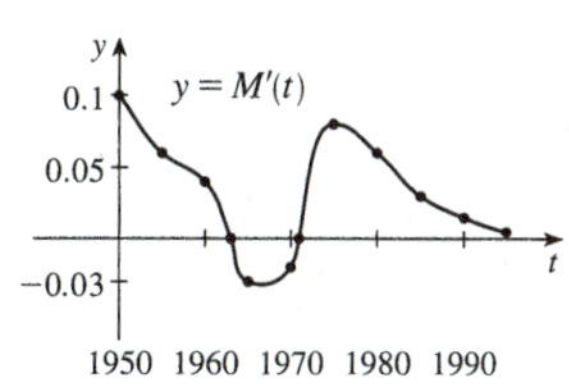

1963년~1971년

15. 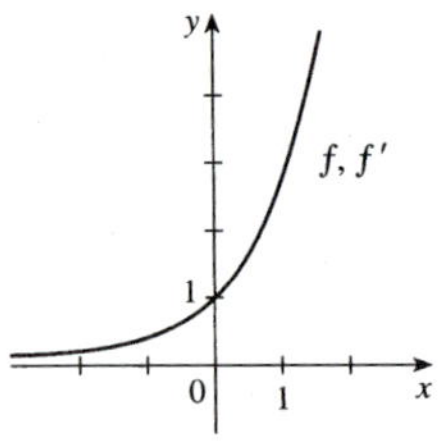

$f'(x)=e^x$

17. (a) 0, 1, 2, 4 (b) −1, −2, −4 (c) $f'(x)=2x$

19. $f'(x)=\frac{1}{2}$, ℝ, ℝ 21. $f'(t)=5-18t$, ℝ, ℝ

23. $f'(x)=3x^2-3$, ℝ, ℝ

25. $g'(x)=1/\sqrt{1+2x}$, $\left[-\frac{1}{2}, \infty\right)$, $\left(-\frac{1}{2}, \infty\right)$

27. $G'(t)=4/(t+1)^2$, $(-\infty, -1)\cup(-1, \infty)$, $(-\infty, -1)\cup(-1, \infty)$

29. $f'(x)=4x^3$, ℝ, ℝ 31. (a) $f'(x)=4x^3+2$

33. (a) 실직률의 변화율, 연간 실직되는 퍼센트

(b)

t	$U'(t)$	t	$U'(t)$
1995	−0.10	2000	0.10
1996	0.05	2001	0.15
1997	−0.05	2002	−0.35
1998	−0.75	2003	−0.45
1999	−0.85	2004	−0.60

35. −4(첨점); 0(불연속) 37. −1(수직 접선); 4(첨점)

39. 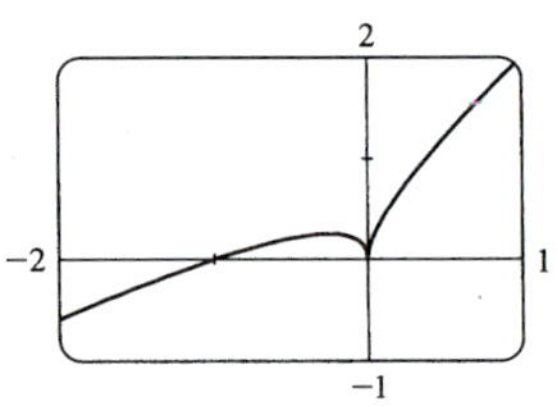

−1에서 미분 가능; 0에서 미분 불가능

41. $a=f$, $b=f'$, $c=f''$

43. $a=$가속도, $b=$속도, $c=$위치

45. 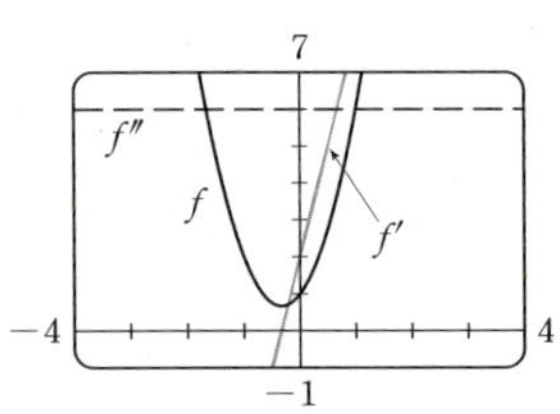

$6x+2$; 6

47. 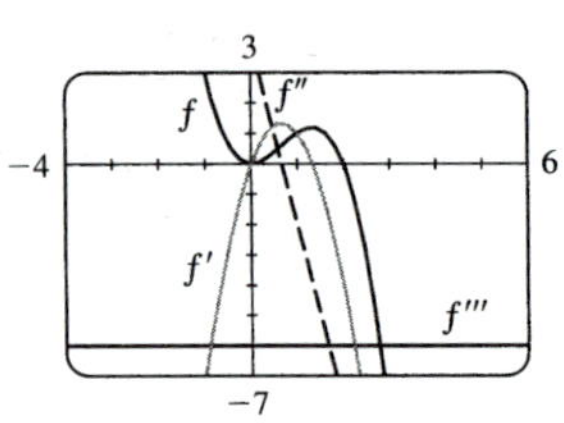

$f'(x)=4x-3x^2$, $f''(x)=4-6x$, $f'''(x)=-6$, $f^{(4)}(x)=0$

49. (a) $\frac{1}{3}a^{-2/3}$

51. $f'(x)=\begin{cases}-1, & x<6\text{일 때}\\ 1, & x>6\text{일 때}\end{cases}$

또는 $f'(x)=\dfrac{x-6}{|x-6|}$

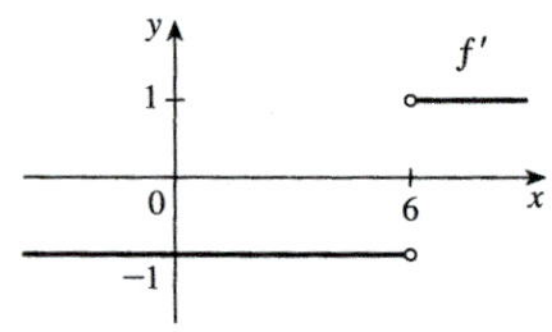

55. 63°

4.8 연습문제

1. (a) (0, 1)과 (4, 5)에서 증가, (1, 4)에서 감소

(b) $x=1$에서 극대, $x=4$에서 극소

(c) 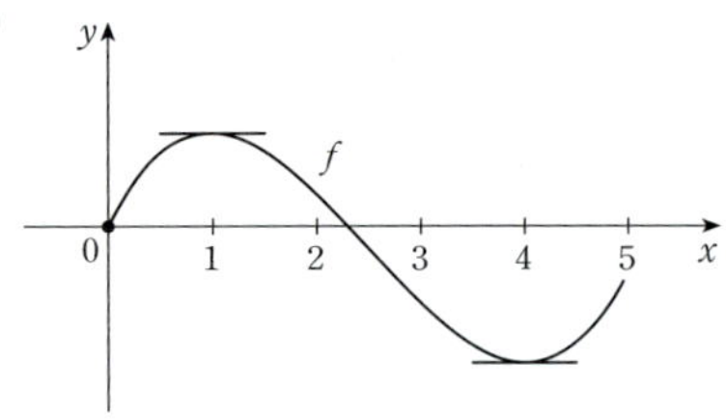

3. (a) (−2, −1), (0, 1), (2, 3)에서 증가; (−1, 0), (1, 2)에서 감소

(b) $x=-1$, 1에서 극대, $x=0$, 2에서 극소

(c) 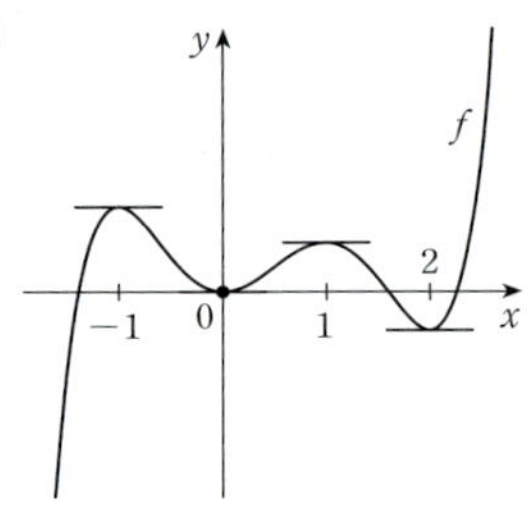

5. (2, 5)에서 증가; (−∞, 2)와 (5, ∞)에서 감소

7. $f''(1)$

9. $D(t)$를 시간의 함수로써 적자폭이라면, 발표 당시에 $D'(t)>0$이지만 $D''(t)<0$

11. (a) 조밀도는 낮게 시작하여, 급격히 증가하다가 변화가 없다가 줄어든다.

(b) (1932, 2.5)와 (1937, 4.3)

13. $K(3)-K(2)$; 아래로 오목

15. (a) (0, 2), (4, 6), (8, ∞)에서 증가; (2, 4), (6, 8)에서 감소

(b) $x=2$, 6에서 부분적 최대; $x=4$, 8에서 부분적 최소

(c) (3, 6), (6, ∞)에서 위로 오목; (0, 3)에서 아래로 오목

(d) 3

(e)

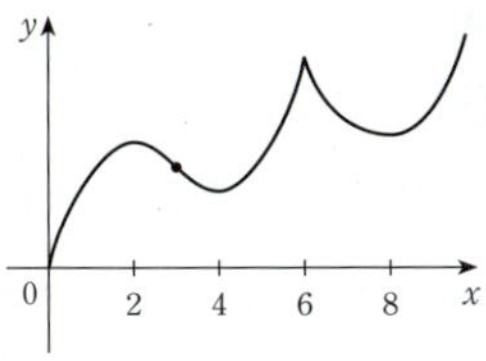

17.

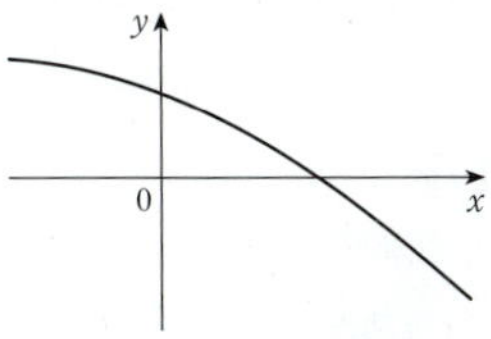

19.

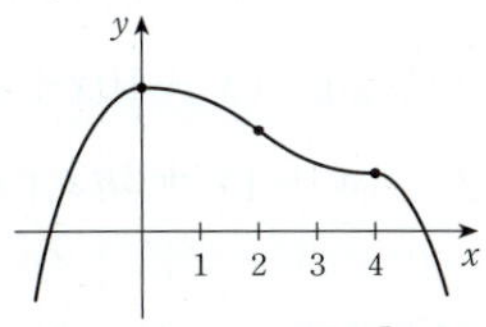

21.

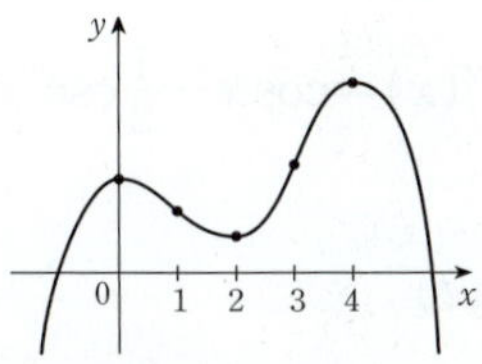

23.

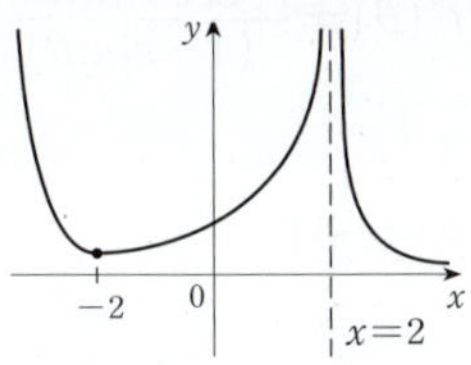

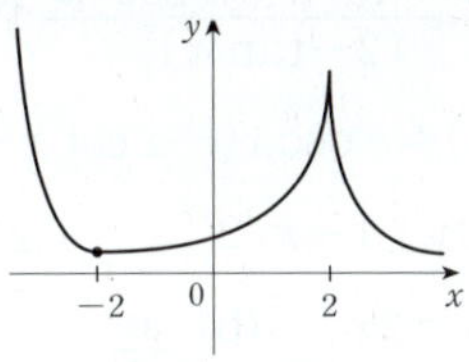

25. (a) $(0, \infty)$에서 증가; $(-\infty, 0)$에서 감소

(b) $x=0$에서 최소

27. (a) $\left(-\infty, -\sqrt{\frac{1}{3}}\right), \left(\sqrt{\frac{1}{3}}, \infty\right)$에서 증가;

$\left(-\sqrt{\frac{1}{3}}, \sqrt{\frac{1}{3}}\right)$에서 감소

(b) $(0, \infty)$에서 위로 오목; $(-\infty, 0)$에서 아래로 오목

(c) $(0, 0)$에서 변곡점

29. b

31.

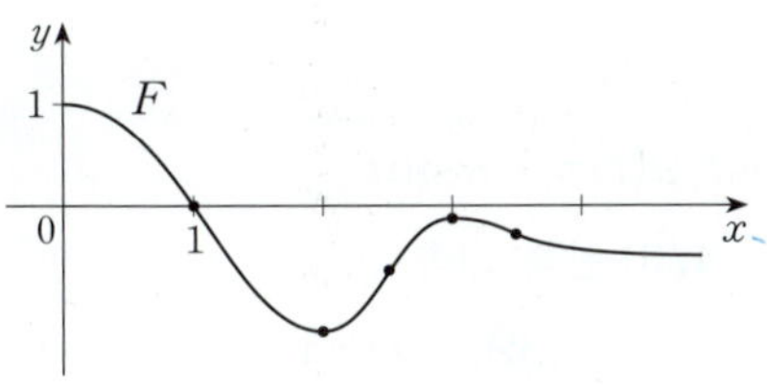

33.

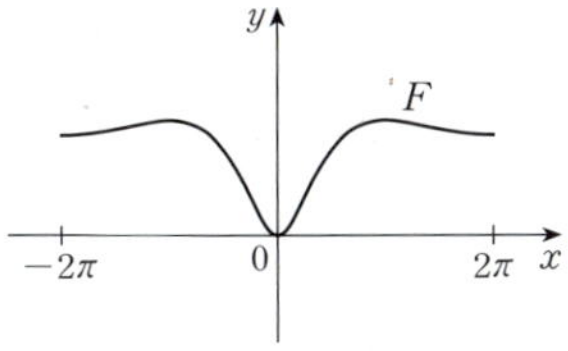

제5장

5.1 연습문제

1. (a) e의 정의를 보아라. (b) 0.99, 1.03; $2.7<e<2.8$

3. $f'(x)=0$

5. $f'(x)=5$

7. $f'(x)=3x^2-4$

9. $f'(t)=t^3$

11. $A'(s)=\dfrac{60}{s^6}$

13. $y'=-\dfrac{2}{5}x^{-7/5}$

15. $y'=3e^x-\dfrac{4}{3}x^{-\frac{4}{3}}$

17. $F'(x)=\dfrac{5}{32}x^4$

19. $y'=\dfrac{3}{2}\sqrt{x}+(2/\sqrt{x})-3/(2x\sqrt{x})$

21. $y'=0$

23. $u'=\dfrac{1}{5}t^{-\frac{4}{5}}+10t^{\frac{3}{2}}$

25. $z'=-10A/y^{11}+Be^y$

27. $y=\dfrac{1}{4}x+\dfrac{3}{4}$

29. 접선: $y=2x+2$ 법선: $y=-\dfrac{1}{2}x+2$

31. $y=3x-1$

33. e^x-5

35. $45x^{14}-15x^2$

37. 3

39. (a) (c) $4x^3-9x^2-12x+7$

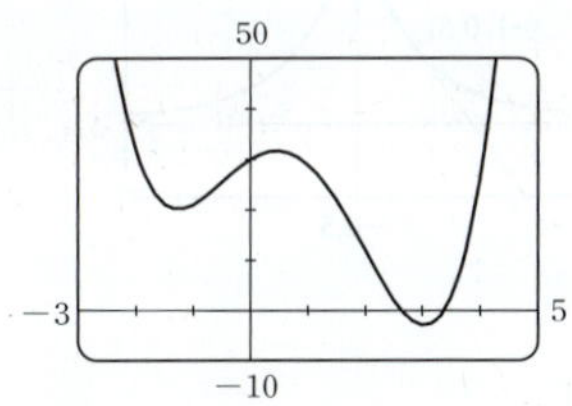

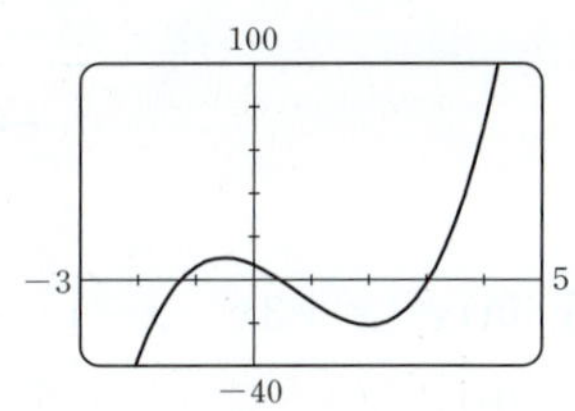

41. $f'(x)=100x^9+25x^4-1$, $f''(x)=900x^8+100x^3$

43. $f'(x)=2-\dfrac{15}{4}x^{-1/4}$, $f''(x)=\dfrac{15}{16}x^{-5/4}$

45. (a) $v(t)=3t^2-3$, $a(t)=6t$ (b) 12m/s^2

(c) $a(1)=6\text{m/s}^2$

47. $(-\infty, \ln 5)$

49. $(2, -19)$, $(-1, 8)$

53. $y=12x-15$, $y=12x+17$

55. $y=\dfrac{1}{3}x-\dfrac{1}{3}$

57. $(\pm2, 4)$

61. $P(x)=x^2-x+3$

63. (a) $F(x)=\dfrac{1}{3}x^3+C$, C는 임의의 실수; 무한히 많다.

(b) $F(x)=\dfrac{1}{4}x^4+C$, $\dfrac{1}{5}x^5+C$, C는 임의의 실수

(c) $F(x)=x^{n+1}/(n+1)+C$, C는 임의의 실수

65. $y=2x^2-x$

69. $a=-\dfrac{1}{2}$, $b=2$

67. $y=\dfrac{3}{16}x^3-\dfrac{9}{4}x+3$

71. 1000 73. 3;1

5.2 연습문제

1. $1-2x+6x^2-8x^3$
3. $f'(x)=e^x(x^3+3x^2+2x+2)$
5. $y'=(x-2)e^x/x^3$
7. $h'(x)=-3/(x-1)^2$
9. $F'(y)=5+\dfrac{14}{y^2}+\dfrac{9}{y^4}$
11. $y'=\dfrac{x^2(3-x^2)}{(1-x^2)^2}$
13. $y'=2t(1-t)/(3t^2-2t+1)^2$
15. $y'=(r^2-2)e^r$
17. $y'=2v-1/\sqrt{v}$
19. $f'(t)=\dfrac{4+t^{\frac{1}{2}}}{(2+\sqrt{t})^2}$
21. $f'(x)=\dfrac{-ACe^x}{(B+Ce^x)^2}$
23. $f'(x)=\dfrac{2cx}{(x^2+c)^2}$
25. $(x^4+4x^3)e^x$; $(x^4+8x^3+12x^2)e^x$
27. $\dfrac{2x^2+2x}{(1+2x)^2}$; $\dfrac{2}{(1+2x)^3}$
29. $y=\frac{1}{2}x+\frac{1}{2}$
31. $y=2x$; $y=-\frac{1}{2}x$
33. (a) $y=\frac{1}{2}x+1$ (b)

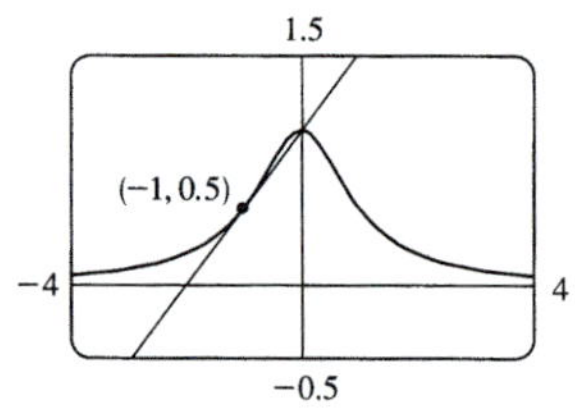

35. (a) $e^x(x^3+3x^2-x-1)$

(b)

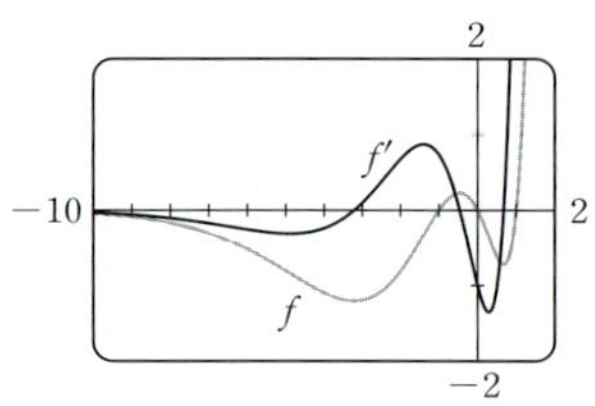

37. (a) $f'(x)=\dfrac{4x}{(x^2+1)^2}$; $f''(x)=\dfrac{4(1-3x^2)}{(x^2+1)^3}$

(b)

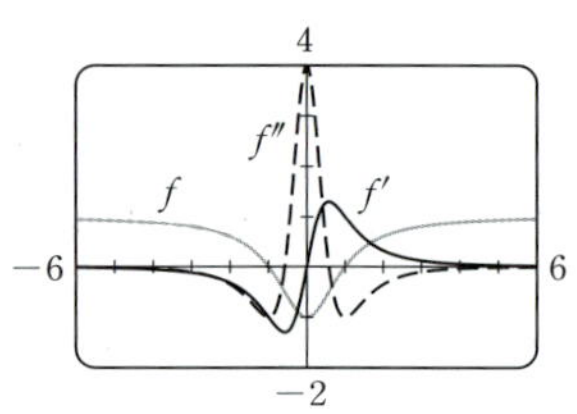

39. $\frac{1}{4}$
41. (a) -16 (b) $-\frac{20}{9}$ (c) 20
43. 7
45. (a) 0 (b) $-\frac{2}{3}$
47. (a) $y'=xg'(x)+g(x)$

(b) $y'=[g(x)-xg'(x)]/[g(x)]^2$

(c) $y'=[xg'(x)-g(x)]/x^2$

49. 1627달러 백만/년
51. $(-3, \infty)$
53. 두 개, $(-2\pm\sqrt{3}, (1\mp\sqrt{3})/2)$
57. (c) $3e^{3x}$
59. $f'(x)=(x^2+2x)e^x$, $f''(x)=(x^2+4x+2)e^x$, $f'''(x)=(x^2+6x+6)e^x$, $f^{(4)}(x)=(x^2+8x+12)e^x$, $f^{(5)}(x)=(x^2+10x+20)e^x$; $f^{(n)}(x)=[x^2+2nx+n(n-1)]e^x$

5.3 연습문제

1. $f'(x)=1-3\cos x$
3. $f'(x)=\cos x-\frac{1}{2}\csc^2 x$
5. $y'=\sec\theta(\sec^2\theta+\tan^2\theta)$
7. $y'=-c\sin t+t(t\cos t+2\sin t)$
9. $y'=\dfrac{2-\tan x+x\sec^2 x}{(2-\tan x)^2}$
11. $f'(\theta)=\dfrac{\sec\theta\tan\theta}{(1+\sec\theta)^2}$
13. $f'(x)=e^x\csc x(-x\cot x+x+1)$
19. $y=2x+1-\pi/2$
21. $y=x+1$
23. (a) $y=2x$ (b)

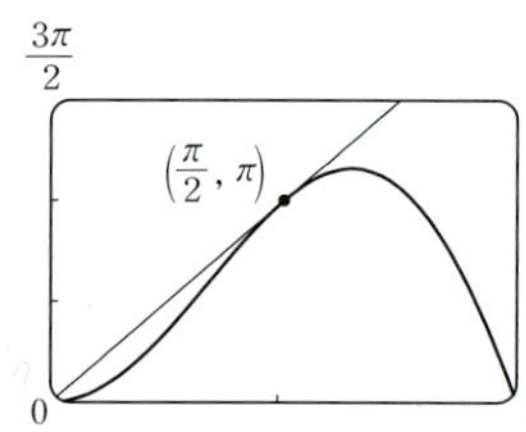

25. (a) $\sec x\ \tan x-1$
27. $\theta\cos\theta+\sin\theta$; $2\cos\theta-\theta\sin\theta$
29. (a) $f'(x)=\dfrac{1+\tan x}{\sec x}$ (b) $f'(x)=\cos x+\sin x$
31. $(2n+1)\pi\pm\pi/3$, n은 정수
33. $(\pi/3, 5\pi/3)$
35. (a) $v(t)=8\cos t$, $a(t)=-8\sin t$

(b) $4\sqrt{3}$, -4, $-4\sqrt{3}$; 왼쪽; 가속

37. 3m/rad
39. $-\cos x$
41. $A=-\frac{3}{10}$, $B=-\frac{1}{10}$
43. 3
45. $\frac{1}{2}$
47. (a) $\sec^2 x=\dfrac{1}{\cos^2 x}$

(b) $\sec x\tan x=\dfrac{\sin x}{\cos^2 x}$

(c) $\cos x-\sin x=\dfrac{\cot x-1}{\csc x}$

49. 1

5.4 연습문제

1. $4\cos 4x$ 3. $-20x(1-x^2)^9$

5. $e^{\sqrt{x}}/(2\sqrt{x})$

7. $F'(x)=10x(x^4+3x^2-2)^4(2x^2+3)$

9. $F'(x)=-\dfrac{1}{\sqrt{1-2x}}$ 11. $f'(z)=-\dfrac{2z}{(z^2+1)^2}$

13. $y'=-3x^2\sin(a^3+x^3)$ 15. $h'(t)=3t^2-3^t\ln 3$

17. $y'=e^{-kx}(-kx+1)$

19. $y'=8(2x-5)^3(8x^2-5)^{-4}(-4x^2+30x-5)$

21. $y'=(\cos x-x\sin x)e^{x\cos x}$ 23. $y'=\dfrac{-12x(x^2+1)^2}{(x^2-1)^4}$

25. $y'=4\sec^2 x\tan x$ 27. $y'=(r^2+1)^{-3/2}$

29. $y'=2\cos(\tan 2x)\sec^2(2x)$

31. $y'=2^{\sin \pi x}(\pi\ln 2)\cos\pi x$

33. $y'=-2\cos\theta\cot(\sin\theta)\csc^2(\sin\theta)$

35. $y'=\dfrac{-\pi\cos(\tan\pi x)\sec^2(\pi x)\sin\sqrt{\sin(\tan\pi x)}}{2\sqrt{\sin(\tan\pi x)}}$

37. $y'=-2x\sin(x^2)$; $y''=-4x^2\cos(x^2)-2\sin(x^2)$

39. $e^{\alpha x}(\beta\cos\beta x+\alpha\sin\beta x)$;
$e^{\alpha x}[(\alpha^2-\beta^2)\sin\beta x+2\alpha\beta\cos\beta x]$

41. $y=-\dfrac{3}{16}x+\dfrac{11}{4}$ 43. $y=-x+\pi$

45. (a) $y=\dfrac{1}{2}x+1$ (b)

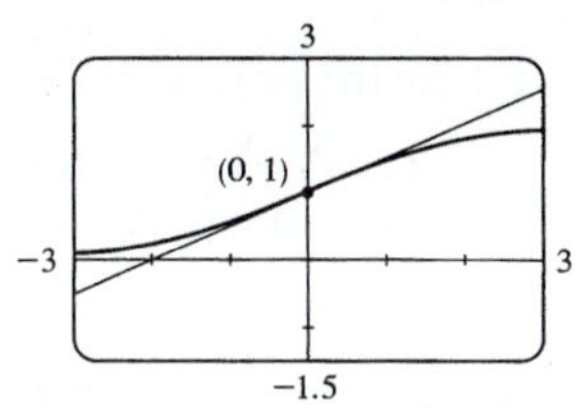

47. (a) $f'(x)=\dfrac{(2-2x^2)}{\sqrt{2-x^2}}$

49. $((\pi/2)+2n\pi, 3)$, $((3\pi/2)+2n\pi, -1)$, n은 정수

51. 24 53. (a) 30 (b) 36

55. (a) $\dfrac{3}{4}$ (b) 존재하지 않는다. (c) -2

57. -17.4

59. (a) $F'(x)=e^x f'(e^x)$ (b) $G'(x)=e^{f(x)}f'(x)$

61. 120 63. 96 67. $-2^{50}\cos 2x$

69. $v(t)=(5\pi/2)\cos(10\pi t)$ cm/s

71. (a) $dB/dt=(7\pi/54)\cos(2\pi t/5.4)$ (b) 0.16

73. $v(t)=2e^{-1.5t}(2\pi\cos 2\pi t-1.5\sin 2\pi t)$

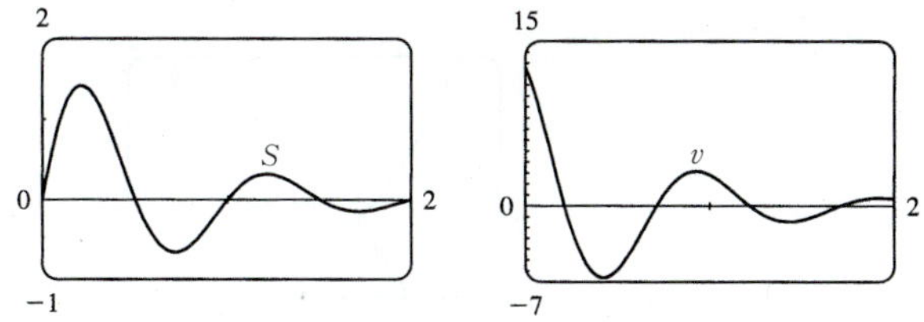

75. dv/dt는 시간에 대한 속도의 변화율이다.; dv/ds는 움직인 거리에 대한 속도의 변화율이다.

77. (a) $Q=ab^t$, $a\approx 100.012437$, $b\approx 0.0000451459$
(b) -670.63μA

79. $y=-x$ 81. $y=-(2/e)x+3$

83. $(6, \pm 16)$에서 수평, $(10, 0)$에서 수직

85. (a) $y=\sqrt{3}x-3\sqrt{3}$, $y=-\sqrt{3}x+3\sqrt{3}$
(b) $(1, \pm 2)$에서 수평 접선; $(0, 0)$에서 수직 접선
(c)

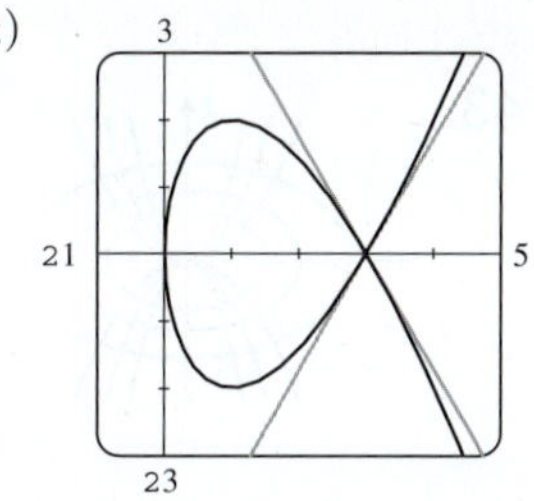

87. (b) 인수분해된 형태 89. (b) $-n\cos^{n-1}x\sin[(n+1)x]$

5.5 연습문제

1. (a) $y'=-(y+2+6x)/x$
(b) $y=(4/x)-2-3x$, $y'=-(4/x^2)-3$

3. $y'=-\dfrac{x^2}{y^2}$ 5. $y'=-x(3x+2y)/(x^2+8y)$

7. $y'=\dfrac{3y^2-5x^4-4x^3y}{x^4+3y^2-6xy}$ 9. $y'=\dfrac{-2xy^2-\sin y}{2x^2y+x\cos y}$

11. $y'=\tan x\tan y$ 13. $y'=\dfrac{y(y-e^{x/y})}{y^2-xe^{x/y}}$

15. $y'=\dfrac{e^y\sin x+y\cos(xy)}{e^y\cos x-x\cos(xy)}$ 17. $-\dfrac{16}{13}$

19. $x'=\dfrac{-2x^4y+x^3-6xy^2}{4x^3y^2-3x^2y+2y^3}$ 21. $y=\dfrac{1}{2}x$

23. $y=-x+2$

25. $y=x+\dfrac{1}{2}$

27. $y=-\dfrac{9}{13}x+\dfrac{40}{13}$

29. (a) $y=\frac{9}{2}x-\frac{5}{2}$ (b)

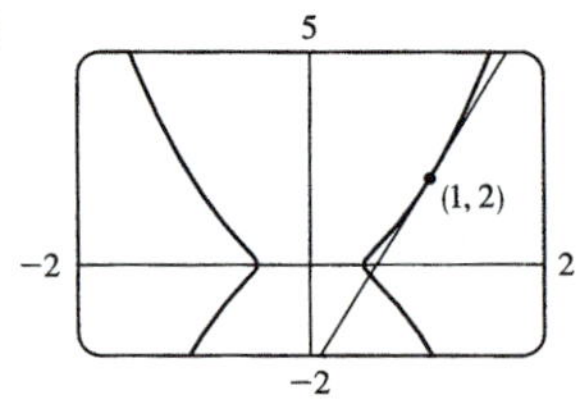

31. $-81/y^3$ 33. $-2x/y^5$ 35. $1/e^2$

37. (a)

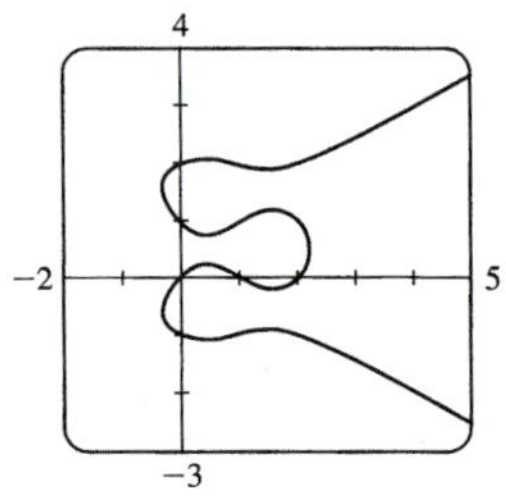

8개: $x\approx 0.42,\ 1.58$

(b) $y=-x+1$, $y=\frac{1}{3}x+2$

(c) $1\mp\sqrt{3}/3$

39. $\left(\pm\frac{5}{4}\sqrt{3},\ \pm\frac{5}{4}\right)$

41.

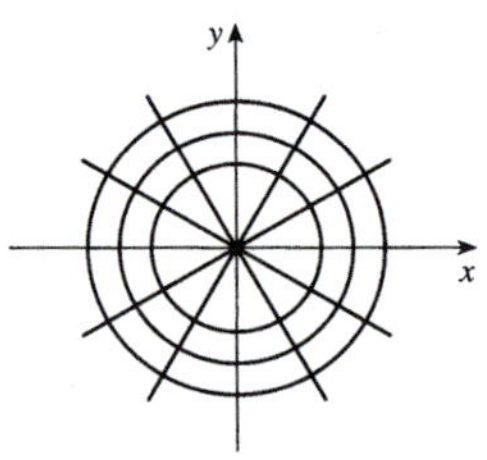

43.

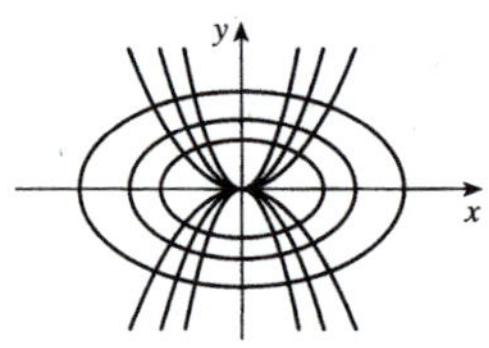

47. (a) $f'(x)=\frac{2-2x^2}{\sqrt{2-x^2}}$ (b) -4.04 L/atm

51. $(\pm\sqrt{3},\ 0)$ 53. $(-1,\ -1),\ (1,\ 1)$

55. (a) 0 (b) $-\frac{1}{2}$

5.6 연습문제

1. (a) $\pi/6$ (b) $-\pi/4$ 3. (a) $\pi/4$ (b) $\pi/4$

5. $2/\sqrt{5}$ 7. $\frac{2}{3}\sqrt{2}$

11. $x/\sqrt{1+x^2}$

13.

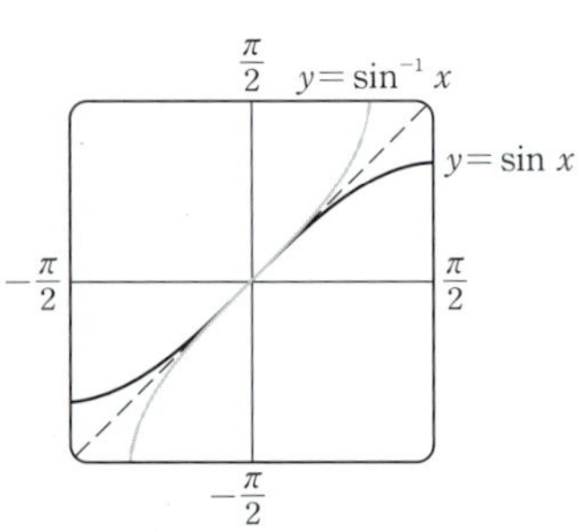

두 번째 그래프는 첫 번째 그래프를 $y=x$에 대칭이동시킨 것

17. $y'=1/[2\sqrt{x}(1+x)]$ 19. $y'=\frac{1}{\sqrt{-x^2-x}}$

21. $G'(x)=-1-\frac{x\arccos x}{\sqrt{1-x^2}}$

23. $y'=-\frac{2e^{2x}}{\sqrt{1-e^{4x}}}$ 25. $y'=-\frac{\sin\theta}{1+\cos^2\theta}$

27. $y'=\sin^{-1}x$ 29. $y'=\frac{\sqrt{a^2-b^2}}{a+b\cos x}$

31. $g'(x)=\frac{2}{\sqrt{1-(3-2x)^2}}$; $[1,\ 2]$, $(1,\ 2)$

33. $\pi/6$ 35. $1-\frac{x\arcsin x}{\sqrt{1-x^2}}$

37. $-\pi/2$ 39. $\pi/2$

41. (b) $\frac{3}{2}$

5.7 연습문제

1. 미분 공식이 간단하다. 3. $f'(\theta)=-\tan\theta$

5. $f'(x)=\frac{-3}{(1-3x)\ln 2}$ 7. $f'(x)=\frac{1}{5x\sqrt[5]{(\ln x)^4}}$

9. $f'(x)=\frac{\sin}{x}+\cos x\ln(5x)$

11. $F'(t)=\frac{6}{2t+1}-\frac{12}{3t-1}$ 13. $g'(t)=\frac{2x^2-1}{x(x^2-1)}$

15. $y'=\frac{10x+1}{5x^2+x-2}$ 17. $y'=\frac{-x}{1+x}$

19. $y'=\frac{1}{\ln 10}+\log_{10}x$

21. $y'=x+2x\ln(2x)$; $y''=3+2\ln(2x)$

23. $f'(x)=\frac{2x-1-(x-1)\ln(x-1)}{(x-1)[1-\ln(x-1)]^2}$; $(1,\ 1+e)\cup(1+e,\ \infty)$

25. $y=3x-9$ 27. $y=3x-2$

29. (a) $(0,\ 1/e)$ (b) $(0,\ \infty)$ 31. 7

33. $y'=(2x+1)^5(x^4-3)^6\left(\frac{10}{2x+1}+\frac{24x^3}{x^4-3}\right)$

35. $y'=\frac{\sin^2x\tan^4x}{(x^2+1)^2}\left(2\cot x+\frac{4\sec^2x}{\tan x}-\frac{4x}{x^2+1}\right)$

37. $y'=x^x(1+\ln x)$

39. $y'=(\cos x)^x(-x\tan x+\ln\cos x)$

41. $y'=(\tan x)^{\frac{1}{x}}\left(\frac{\sec^2x}{x\tan x}-\frac{\ln\tan x}{x^2}\right)$

43. $y'=\frac{2x}{x^2+y^2-2y}$ 45. $f^{(n)}(x)=\frac{(-1)^{n-1}(n-1)!}{(x-1)^n}$

5.8 연습문제

1. (a) $3t^2-24t+36$ (b) -9m/s (c) $t=2, 6$

(d) $0\le t<2, t>6$ (e) 96m

(f) 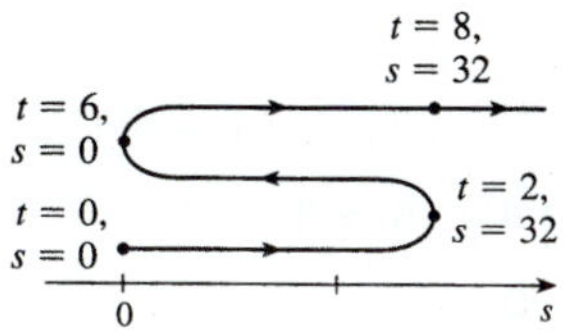

(g) $6t-24$; -6m/s^2

(h) 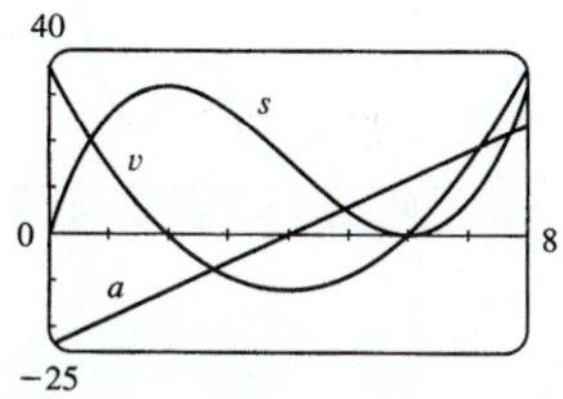

(i) $2<t<4$ 또는 $t>6$일 때 가속; $0\le t<2$ 또는 $4<t<6$일 때 감속

3. (a) $-\frac{\pi}{4}\sin\left(\frac{\pi t}{4}\right)$ (b) $-\frac{1}{8}\pi\sqrt{2}\text{m/s}$ (c) $t=0, 4, 8$

(d) $4<t<8$ (e) 4m

(f) 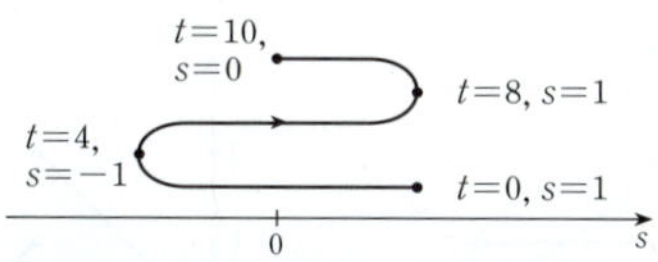

(g) $-\frac{1}{16}\pi^2\cos(\pi t/4)$; $\frac{1}{32}\pi^2\sqrt{2}$

(h) 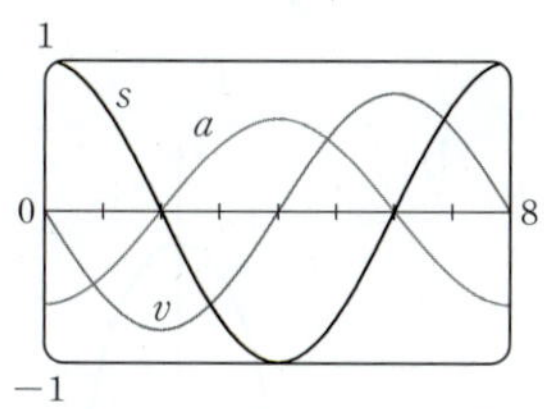

(i) $0<t<2$, $4<t<6$, $8<t<10$일 때 가속 $2<t<4$, $6<t<8$일 때 가속

5. (a) $0<t<1$ 또는 $2<t<3$에서 속도 증가; $1<t<2$에서 속도 감소

(b) $1<t<2$ 또는 $3<t<4$에서 속도 증가

$0<t<1$ 또는 $2<t<3$에서 속도 감소

7. (a) $t=4s$ (b) $t=1.5s$

9. (a) 5.02m/s (b) $\sqrt{17}\text{m/s}$

11. (a) $30\text{mm}^2/\text{mm}$; 변의 길이 x가 15mm가 되었을 때 변의 길이에 대한 면적의 변화율

(b) $\Delta A\approx 2\pi\Delta x$

13. (a) (i) 5π (ii) 4.5π (iii) 4.1π

(b) 4π (c) $\Delta A\approx 2\pi r\Delta r$

15. (a) $160\pi\text{cm}^2/\text{cm}$ (b) $320\pi\text{cm}^2/\text{cm}$

(c) $480\pi\text{cm}^2/\text{cm}$

반지름이 증가함에 따라 변화율이 증가한다.

17. (a) 6kg/m (b) 12kg/m (c) 18kg/m

오른쪽 끝; 왼쪽 끝

19. (a) 4.75A (b) 5A; $t=\frac{2}{3}s$

21. (a) $dV/dP=-C/P^2$ (b) 시작할 때

23. $400(t^3)\ln 3$; $\approx$6850박테리아/년

25. (a) 16백만/년; 78.5백만/년

(b) $P(t)=at^3+bt^2+ct+d$, $a\approx 0.00129371$, $b\approx -7.061422$, $c\approx 12822.979$, $d\approx -7743771$

(c) $P'(t)=3at^2+2bt+c$

(d) 14.48백만/년; 75.29백만/년 (e) 81.62백만/년

27. (a) 0.926cm/s; 0.694cm/s; 0

(b) 0; −92.6(cm/s)/cm; −185.2(cm/s)/cm

(c) 중심; 경계부분(테두리)

29. (a) $C'(x)=12+0.2x+0.0015x^2$

(b) 32달러/미터, 201번째 생산 비용

(c) 32.20달러

31. (a) $[xp'(x)-p(x)]/x^2$; 사원을 고용하였을 때 평균생산성이 증가한다.

33. −0.2436K/min

35. (a) 0과 0 (b) $C=0$

(c) (0, 0), (500, 50); 두 종들은 공존할 수 있다.

5.9 연습문제

1. 66℃; 실제보다 낮다

3. 22.6%, 24.2%; 너무 높다. 접선은 곡선 위에 위치한다.

5. $L(x)=-10x-6$ 7. $L(x)=-x+\frac{\pi}{2}$

9. $\sqrt{1-x}\approx 1-\frac{1}{2}x$;

$\sqrt{0.9}\approx 0.95$,

$\sqrt{0.99}\approx 0.995$

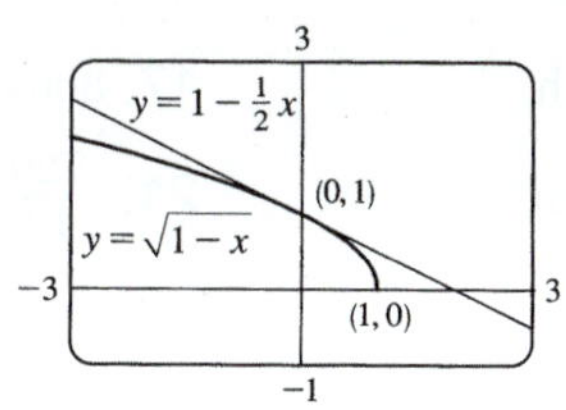

11. $-1.204<x<0.706$ 13. $-0.045<x<0.055$

15. 32.08 17. 4.02

23. (a) $dy=-\frac{2}{(u-1)^2}du$ (b) $dy=-\frac{6r^2}{(1+r^3)^3}dr$

25. (a) $dy=\frac{1}{10}e^{x/10}dx$ (b) 0.01; 0.0101

27. (a) 270cm^3, 0.01, 1% (b) 36cm^2, $0.00\overline{6}$, $0.\overline{6}\%$

29. (a) $84/\pi \approx 27\text{cm}^2$; $\frac{1}{84} \approx 0.012 = 1.2\%$

(b) $1764/\pi^2 \approx 179\text{cm}^3$; $\frac{1}{56} \approx 0.018 = 1.8\%$

31. (a) $2\pi rh\Delta r$ (b) $\pi(\Delta r)^2 h$

33. 반지름이 5% 증가하면 혈액은 20% 더 많이 흐른다.

35. (a) 4.8, 5.2 (b) 너무 크다

제6장

6.1 연습문제

1. $dV/dt = 3x^2\, dx/dt$ 3. $48\text{cm}^2/\text{s}$

5. $3/(25\pi)\text{m/min}$

7. (a) 1 (b) 25 9. $\pm\frac{46}{13}$

11. (a) 표면적의 감소율이 1cm^2/분이다.

(b) 지름이 10cm일 때 지름의 감소율

(c)

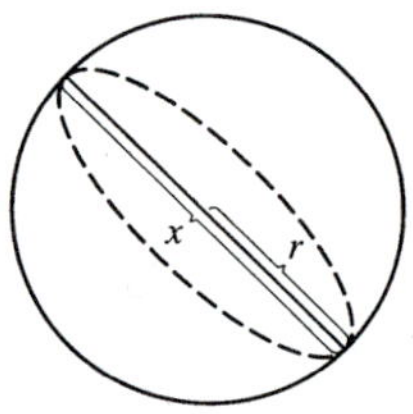

(d) $S = \pi x^2$

(e) $1/(20\pi)$cm/분

13. (a) 비행기의 고도는 2km이고 속도는 800km/h이다.

(b) 비행기와 기지와의 거리의 증가율은 비행기가 기지로부터 3 km 거리에 있을 때 증가한다.

(c)

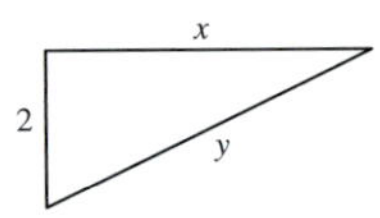

(d) $y^2 = x^2 + 4$ (e) $\frac{800\sqrt{5}}{3}$km/h

15. 78km/h 17. $8064/\sqrt{8334400} \approx 2.79\text{m/s}$

19. −1.6cm/분 21. $\frac{720}{13} \approx 55.4\text{km/h}$

23. 5m 27. $\frac{1}{3}$m/분

29. $4/(3\pi) \approx 0.42$m/분 31. $0.3\text{m}^2/\text{s}$

33. 80cm^3/분 35. $\frac{107}{810} \approx 0.132\Omega/\text{s}$

37. (a) 120m/s (b) ≈0.107rad/s

39. $\frac{10}{9}\pi$km/mm 41. $1650/\sqrt{31} \approx 296\text{km/h}$

43. $7\sqrt{15}/4 \approx 6.78\text{m/s}$

6.2 연습문제

1. 최솟값 : 함수의 정의역 전체에서 가장 작은 함수값; c에서 극소값; x가 c 근처에 있을 때 가장 작은 함수값

3. s에서 최댓값, r에서 최솟값, c에서 극대값 b와 r에서 극소값

5. 최댓값 $f(4)=5$; 최솟값 없다; 극대값 $f(4)=5$와 $f(6)=4$; 극소값 $f(2)=2$와 $f(5)=3$

7.

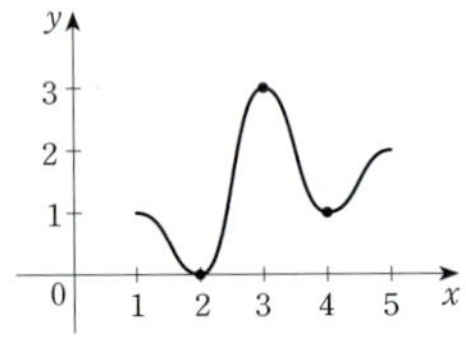

9.

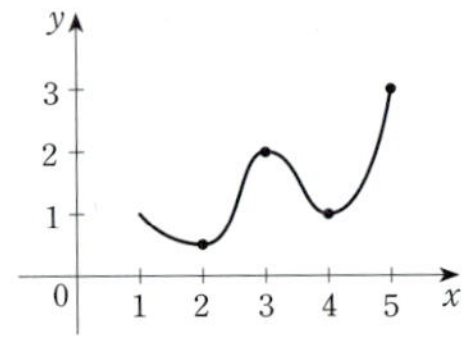

11. (a)

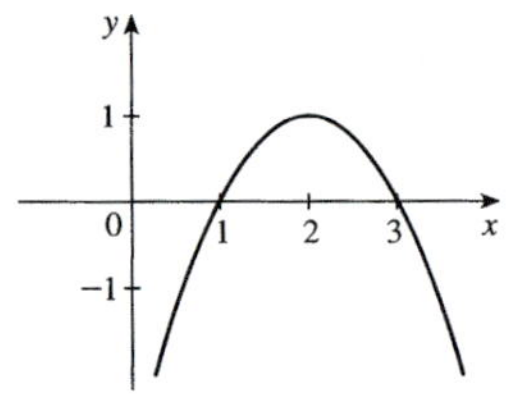

(b)

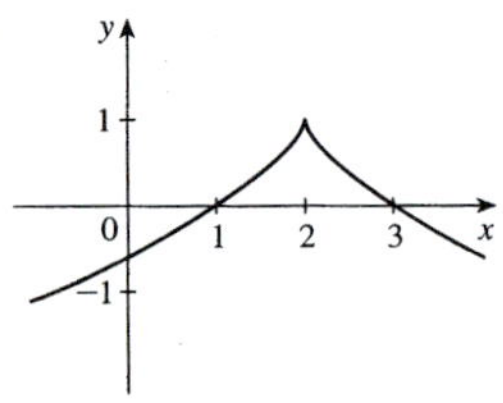

(c)

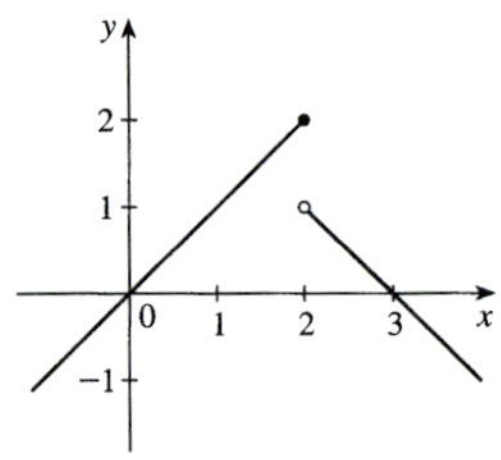

13. (a)

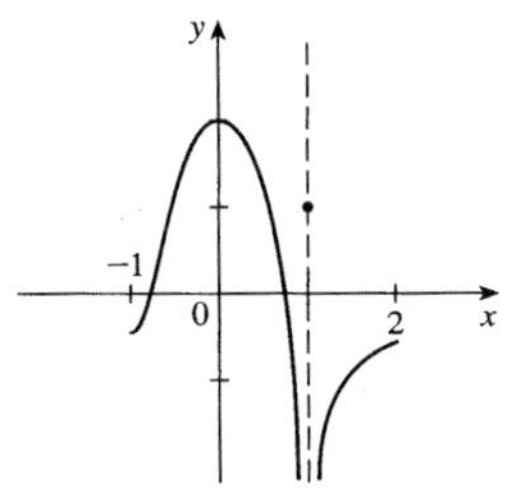

(b)

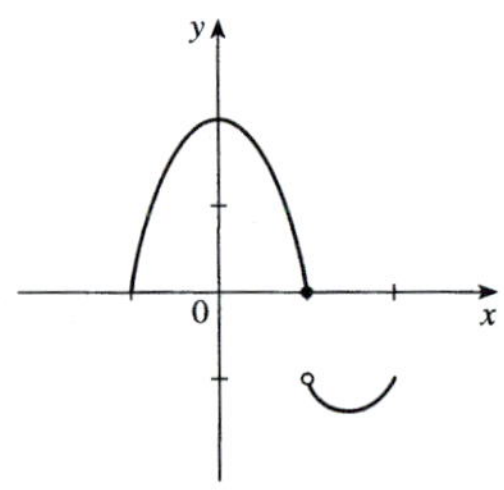

15. 최댓값 $f(3)=4$ 17. 없음

19. 최댓값 $f(2)=\ln 2$ 21. 최댓값 $f(0)=1$

23. $-\frac{2}{5}$ 25. −4, 2

27. 0, $(-1\pm\sqrt{5})/2$ 29. 0, 2

31. 0, $\frac{4}{9}$ 33. 0, $\frac{8}{7}$, 4

35. $n\pi$(n은 정수) 37. 0, $\frac{2}{3}$

39. 10 41. $f(0)=5$, $f(2)=-7$

43. $f(-1)=8$, $f(2)=-19$ 45. $f(3)=66$, $f(\pm1)=2$

47. $f(\sqrt{2})=2$, $f(-1)=-\sqrt{3}$

49. $f(2)=2\sqrt{e}$, $f(-1)=-1/\sqrt[8]{e}$

51. $f(1)=\ln 3$, $f\left(-\frac{1}{2}\right)=\ln\frac{3}{4}$

53. $f(\pi/6)=\frac{3}{2}\sqrt{3}$, $f(\pi/2)=0$

55. $f\left(\frac{a}{a+b}\right)=\frac{a^a b^b}{(a+b)^{a+b}}$

57. (a) 2.19, 1.81 (b) $\frac{6}{25}\sqrt{\frac{3}{5}}+2$, $-\frac{6}{25}\sqrt{\frac{3}{5}}+2$

59. (a) 0.32, 0 (b) $3\sqrt{3}/16$, 0

61. ≈ 3.9665℃

63. 제일 싼 시기, $t=\approx 0.855$(1994년 6월); 제일 비싼 시기, $t\approx 4.618$(1998년 3월)

65. (a) $r=\frac{2}{3}r_0$ (c)
(b) $v=\frac{4}{27}kr_0^3$

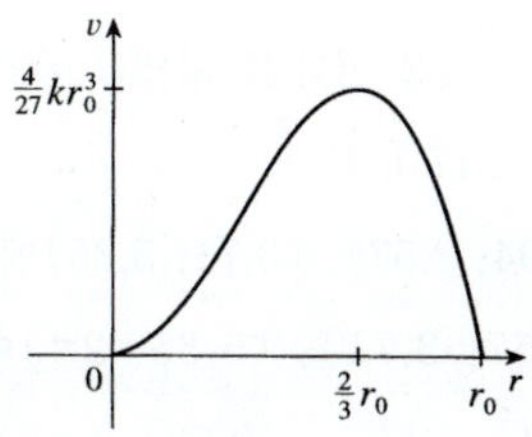

6.3 연습문제

1. 0.8, 3.2, 4.4, 6.1

3. (a) I/D 판정법 (b) 오목성 판정법
(c) 오목성이 바뀌는 점을 찾는다.

5. (a) 3, 5 (b) 2, 4, 6 (c) 1, 7

7. (a) $(-\infty, -3)$, $(2, \infty)$에서 증가; $(-3, 2)$에서 감소
(b) $f(-3)=81$, 극대값; $f(2)=-44$, 극소값
(c) $(-\frac{1}{2}, \infty)$에서 위로 오목; $(-\infty, -\frac{1}{2})$에서 아래로 오목; $(-\frac{1}{2}, \frac{37}{2})$은 변곡점

9. (a) $(-1, 0)$, $(1, \infty)$에서 증가; $(-\infty, -1)$, $(0, 1)$에서 감소
(b) $f(0)=3$, 극대값; $f(\pm 1)=2$, 극소값
(c) $(-\infty, -\sqrt{3}/3)$, $(\sqrt{3}/3, \infty)$에서 위로 오목; $(-\sqrt{3}/3, \sqrt{3}/3)$에서 아래로 오목; $(\pm\sqrt{3}/3, \frac{22}{9})$에서 변곡점

11. (a) $(0, \pi/4)$, $(5\pi/4, 2\pi)$에서 증가; $(\pi/4, 5\pi/4)$에서 감소
(b) $f(\pi/4)=\sqrt{2}$, 극대값; $f(5\pi/4)=-\sqrt{2}$ 극소값
(c) $(3\pi/4, 7\pi/4)$에서 위로 오목; $(0, 3\pi/4)$, $(7\pi/4, 2\pi)$에서 아래로 오목; $(3\pi/4, 0)$, $(7\pi/4, 2\pi)$에서 아래로 오목; $(3\pi/4, 0)$, $(7\pi/4, 2\pi)$에서 변곡점

13. (a) $(1, \infty)$에서 증가; $(0, 1)$에서 감소
(b) $f(1)=0$ 극소값
(c) $(0, \infty)$에서 위로 오목; 변곡점 없음

15. (a) $(0, e^2)$에서 증가; (e^2, ∞)에서 감소
(b) $f(e^2)=2/e$, 극대값
(c) $(e^{8/3}, \infty)$에서 위로 오목; $(0, e^{8/3})$에서 아래로 오목; $(e^{8/3}, \frac{8}{3}e^{-4/3})$은 변곡점

17. $f\left(\frac{3}{4}\right)=\frac{5}{4}$, 극대값

19. (a) f는 2에서 극대값을 갖는다.
(b) f는 6에서 수평접선을 갖는다.

21. (a) $(-\infty, -1)$, $(2, \infty)$에서 증가; $(-1, 2)$에서 감소
(b) $f(-1)=7$, 극소값; $f(2)=-20$, 극소값
(c) $\left(\frac{1}{2}, \infty\right)$에서 위로 오목; $\left(-\infty, \frac{1}{2}\right)$에서 아래로 오목; $\left(\frac{1}{2}, -\frac{13}{2}\right)$에서 변곡점
(d) 오른쪽 그래프를 보아라.

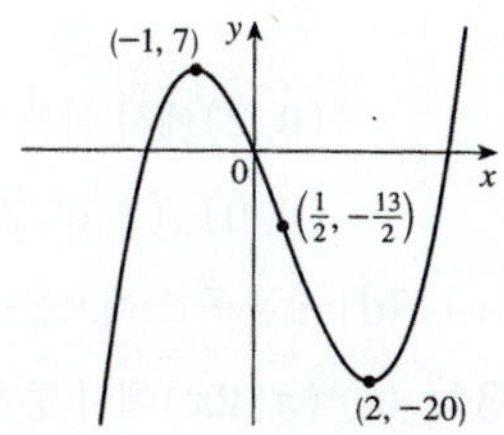

23. (a) $(-\infty, -1)$, $(0, 1)$에서 증가; $(-1, 0)$, $(1, \infty)$에서 감소
(b) $f(-1)=3$, $f(1)=3$ 극대값; $f(0)=2$ 극소값
(c) $(-1/\sqrt{3}, 1/\sqrt{3})$에서 위로 오목; $(-\infty, -1/\sqrt{3})$, $(1/\sqrt{3}, \infty)$에서 아래로 오목; $(\pm 1/\sqrt{3}, \frac{23}{9})$에서 변곡점
(d) 오른쪽 그래프

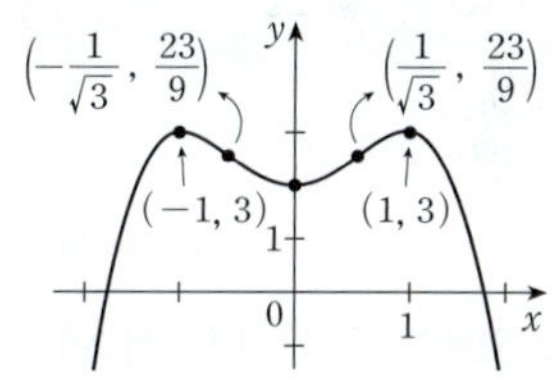

25. (a) $(-\infty, -1)$, $(1, \infty)$에서 증가; $(-1, 1)$에서 감소
(b) $h(-1)=5$, 극대값; $h(1)=1$, 극소값
(c) $(-\infty, -1/\sqrt{2})$, $(0, 1/\sqrt{2})$에서 아래로 오목; $(-1/\sqrt{2}, 0)$, $(1/\sqrt{2}, \infty)$에서 위로 오목; $(0, 3)$, $(\pm 1/\sqrt{2}, 3\mp\frac{7}{8}\sqrt{2})$는 변곡점
(d) 오른쪽 그래프를 보아라.

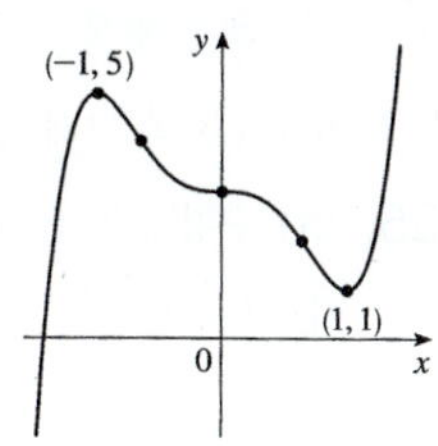

27. (a) $(-2, \infty)$에서 증가; $(-3, -2)$에서 감소
(b) $A(-2)=-2$에서 극소값
(c) $(-3, \infty)$에서 위로 오목
(d) 오른쪽 그래프를 보아라.

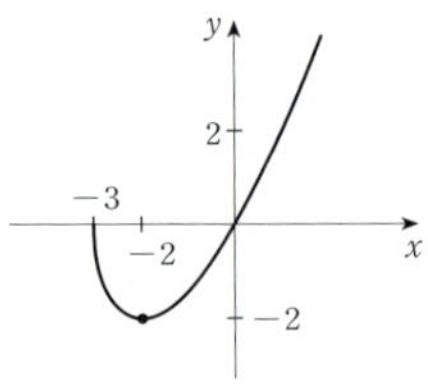

29. (a) $(-1, \infty)$에서 증가; $(-\infty, -1)$에서 감소
(b) $C(-1)=-3$에서 극소값
(c) $(-\infty, 0)$, $(2, \infty)$에서 위로 오목
$(0, 2)$에서 아래로 오목
$(0, 0)$, $(2, 6\sqrt[3]{2})$: 변곡점
(d) 오른쪽 그래프를 보아라.

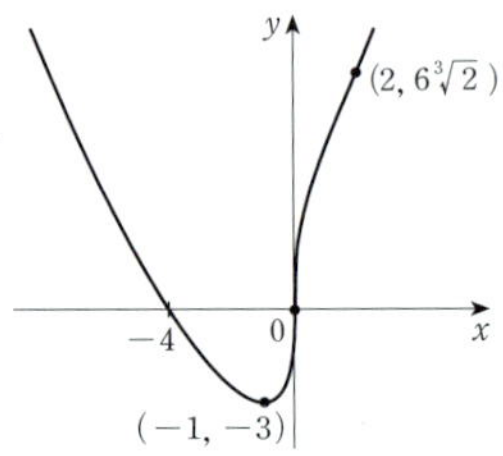

31. (a) $(\pi, 2\pi)$에서 증가;
$(0, \pi)$에서 감소
(b) $f(\pi)=-1$, 극소값
(c) $(\pi/3, 5\pi/3)$에서 위로 오목; $(0, \pi/3)$, $(5\pi/3, 2\pi)$에서 아래로 오목; $\left(\pi/3, \frac{5}{4}\right)$, $\left(5\pi/3, \frac{5}{4}\right)$은 변곡점
(d) 오른쪽 그래프를 보아라.

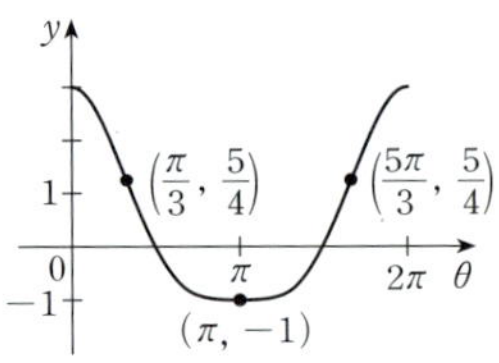

33. (a) 수직점근선 : $y=1$; 수평점근선 : $x=-1$, $x=1$
(b) $(-\infty, -1)$, $(-1, 0)$에서 증가; $(0, 1)$, $(1, \infty)$에서 감소
(c) $f(0)=0$, 극소값
(d) $(-\infty, -1)$, $(1, \infty)$에서 위로 오목; $(-1, 1)$에서 아래로 오목
(e) 오른쪽 그래프를 보아라.

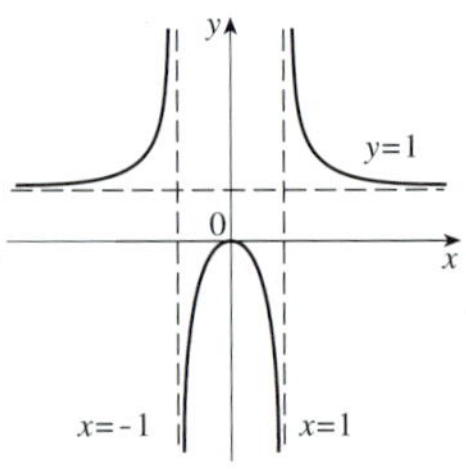

35. (a) 수평점근선 : $y=0$
(b) $(-\infty, \infty)$에서 감소 (c) 없다
(d) $(-\infty, \infty)$에서 위로 오목
(e) 오른쪽 그래프를 보아라.

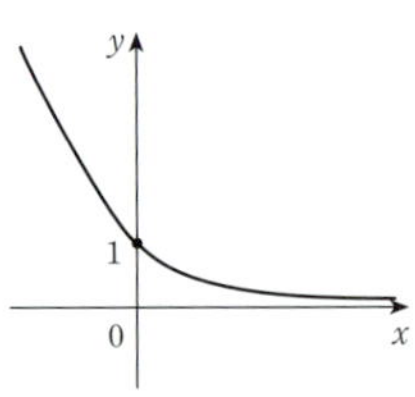

37. (a) 수직점근선 : $x=0$, $x=e$
(b) $(0, e)$에서 감소 (c) 없다
(d) $(0, 1)$에서 위로 오목; $(1, e)$에서 아래로 오목; $(1, 0)$은 변곡점
(e) 오른쪽 그래프를 보아라.

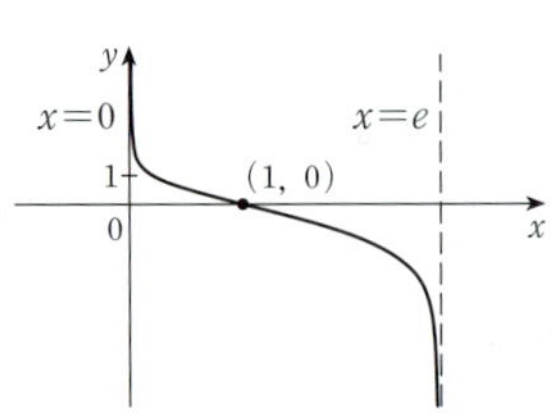

39. (a) 수평점근선 : $y=1$,
수직점근선 : $x=-1$
(b) $(-\infty, -1)$, $(-1, \infty)$에서 증가 (c) 없음

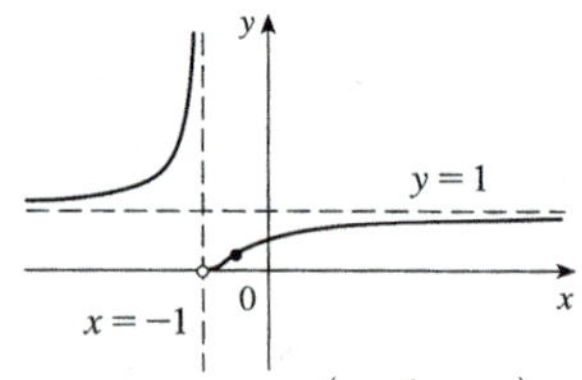

(d) $(-\infty, -1)$, $\left(-1, -\frac{1}{2}\right)$에서 위로 오목; $\left(-\frac{1}{2}, \infty\right)$에서 아래로 오목; $\left(-\frac{1}{2}, 1/e^2\right)$은 변곡점
(e) 그래프를 보아라.

41. $(3, \infty)$

43. (a) $f(1)=\sqrt{2}$, 극대값. 최댓값, 극소값 또는 최솟값은 없다.
(b) $(3-\sqrt{17})/4$

45. (b) $(0.94, 2.57)$, $(3.71, 5.35)$에서 위로 오목; $(0, 0.94)$, $(2.57, 3.71)$, $(5.35, 2\pi)$에서 아래로 오목; $(0.94, 0.44)$, $(2.57, -0.63)$, $(3.71, 0.63)$, $(5.35, 0.44)$는 변곡점

47. $(-\infty, 0.1)$에서 아래로 오목; $(0.1, \infty)$에서 위로 오목

49. (a) 매우 불행 (b) 불행 (c) 행복 (d) 매우 행복

51. $\dfrac{2t}{3t^2-12}$, $\dfrac{-2(t^2+4)}{9(t^2-4)^3}$, $-2<t<2$

53.

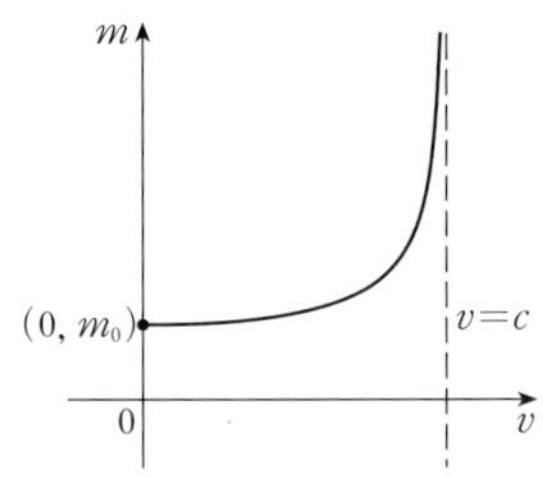

55.

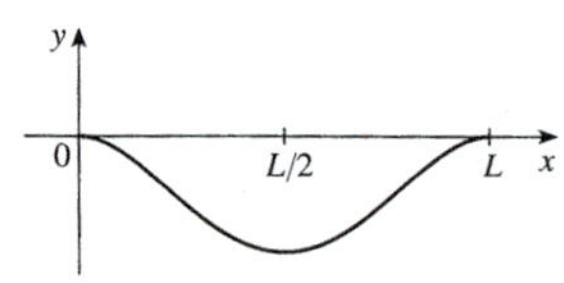

57. 최솟값 28.57, 최솟값 85.71

59. $f(x)=\frac{1}{9}(2x^3+3x^2-12x+7)$ 63. 17

71. (a) $a=0$, $b=1$ (b) $(0, 0)$에서 $y=-x$

6.4 연습문제

1. $(-1.1, 0.3)$, $(0.7, \infty)$에서 증가; $(-\infty, -1.1)$, $(0.3, 0.7)$에서 감소; $f(0.3)\approx 6.6$, 극대값, $f(-1.1)\approx -1.1$, $f(0.7)\approx 6.3$, 극소값; $(-\infty, -0.5)$, $(0.5, \infty)$에서 위로 오목; $(-0.5, 0.5)$에서 아래로 오목; $(-0.5, 2.1)$, $(0.5, 6.5)$는 변곡점

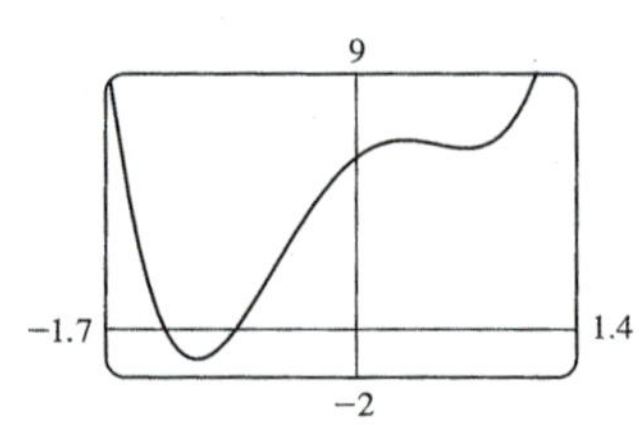

3. $(-15,\ 4.40)$, $(18.93,\ \infty)$에서 증가; $(-\infty,\ -15)$, $(4.40,\ 18.93)$에서 감소; $f(4.40)\approx 53{,}800$, 극대값; $f(-15)\approx -9{,}700{,}000$, $f(18.93)\approx -12{,}700{,}000$ 극소값; $(-\infty,\ -11.34)$, $(0,\ 2.92)$, $(15.08,\ \infty)$; $(-11.34,\ 0)$, $(2.92,\ 15.08)$에서 아래로 오목; $(0,\ 0)$, $(-11.34,\ -6{,}250{,}000)$, $(2.92,\ 31{,}800)$, $(15.08,\ -8{,}150{,}000)$에서 변곡점

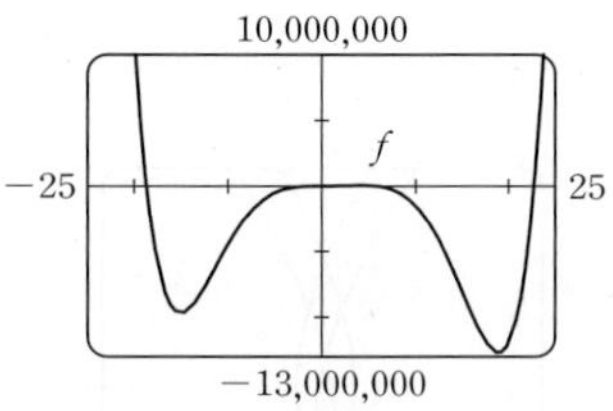

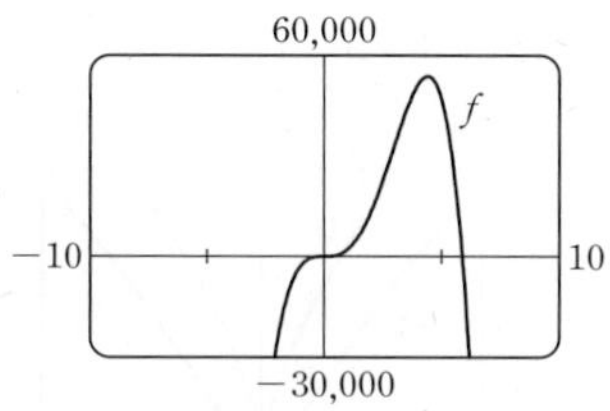

5. $(-\infty,\ -1.7)$, $(-1.7,\ 0.24)$, $(0.24,\ 1)$에서 증가; $(1,\ 2.46)$, $(2.46,\ \infty)$에서 감소; $f(1)=-\dfrac{1}{3}$, 극소값; $(-\infty,\ -1.7)$, $(-0.506,\ 0.24)$, $(2.46,\ \infty)$에서 위로 오목; $(-1.7,\ -0.506)$, $(0.24,\ 2.46)$에서 아래로 오목; $(-0.506,\ -0.192)$는 변곡점

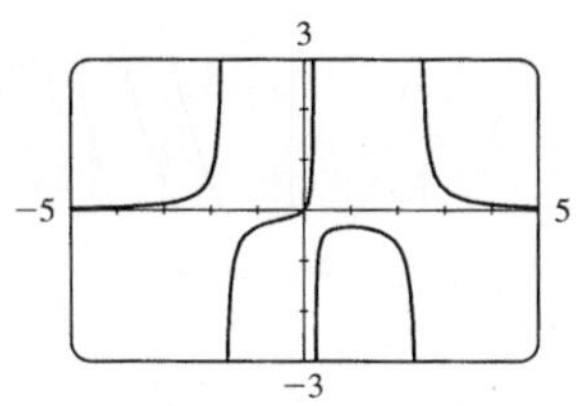

7. $(-1.49,\ -1.07)$, $(2.89,\ 4)$에서 증가; $(-4,\ -1.49)$, $(-1.07,\ 2.89)$에서 감소; $f(-1.07)\approx 8.79$ 극대값; $f(-1.49)\approx 8.75$, $f(2.89)\approx -9.99$ 극소값; $(-4,\ -1.28)$, $(1.28,\ 4)$에서 위로 오목; $(-1.28,\ 1.28)$에서 아래로 오목; $(-1.28,\ 8.77)$, $(1.28,\ -1.48)$은 변곡점

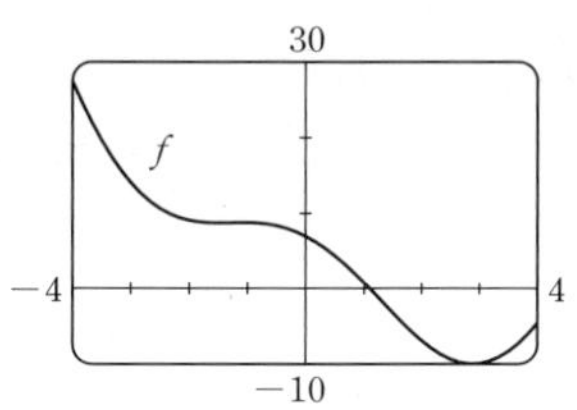

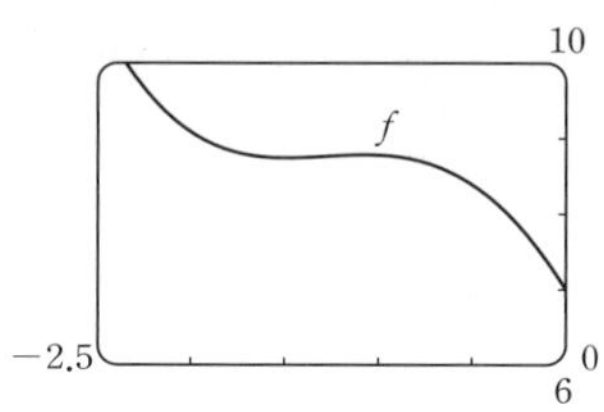

9. $(-8-\sqrt{61},\ -8+\sqrt{61})$에서 증가; $(-\infty,\ -8-\sqrt{61})$, $(-8+\sqrt{61},\ 0)$, $(0,\ \infty)$에서 감소; $(-12-\sqrt{138},\ -12+\sqrt{138})$, $(0,\ \infty)$에서 위로 오목; $(-\infty,\ -12-\sqrt{138})$, $(-12+\sqrt{138},\ 0)$에서 아래로 오목;

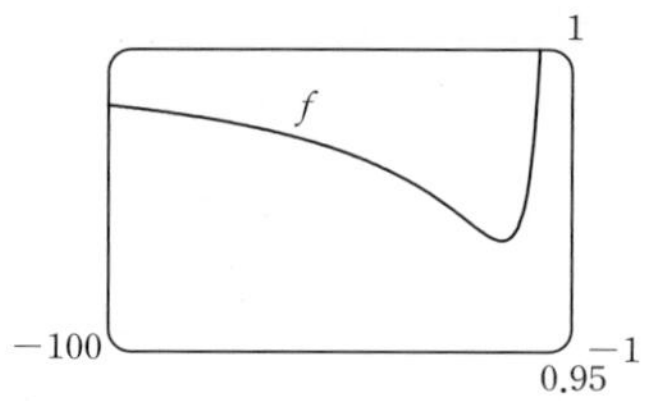

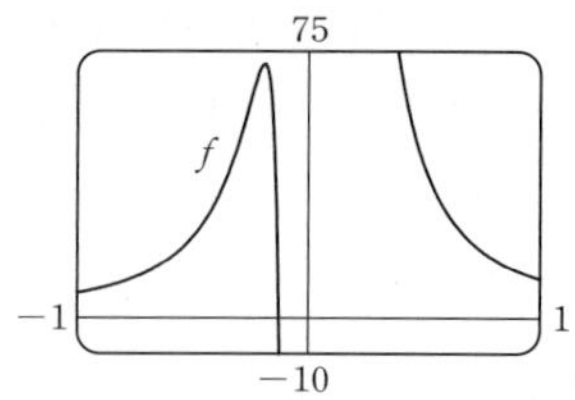

11. $f(-5.6)\approx 0.018$, $f(0.82)\approx -218.5$, $f(5.2)\approx 0.0145$, 극대값; $f(3)=0$, 극소값

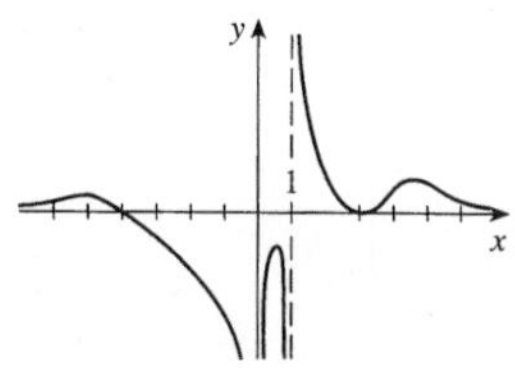

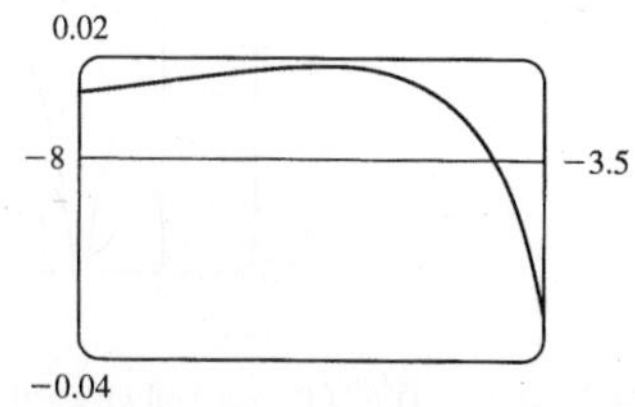

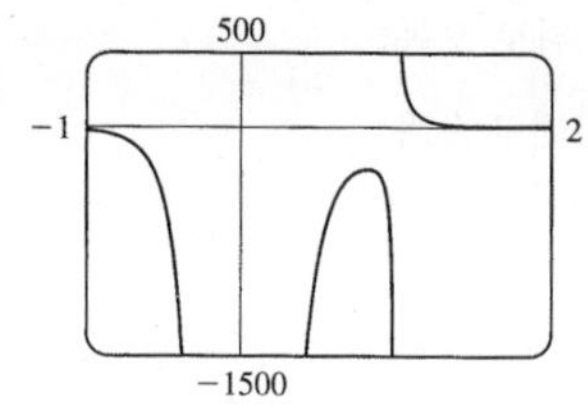

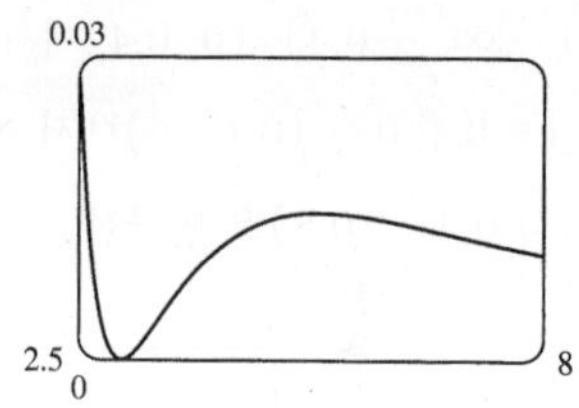

13. $f'(x)=-\dfrac{x(x+1)^2(x^3+18x^2-44x-16)}{(x-2)^3(x-4)^5}$

$f''(x)=$

$2\dfrac{(x+1)(x^6+36x^5+6x^4-628x^3+684x^2+672x+64)}{(x-2)^4(x-4)^6}$

$(-35.3,\ -5.0)$, $(-1,\ -0.5)$, $(-0.1,\ 2)$, $(2,\ 4)$, $(4,\ \infty)$에서 위로 오목; $(-\infty,\ -35.3)$, $(-5.0,\ -1)$, $(-0.5,\ -0.1)$ 에서 아래로 오목; $(-35.3,\ -0.015)$, $(-5.0,\ -0.005)$, $(-1,\ 0)$, $(-0.5,\ 0.00001)$, $(-0.1,\ 0.0000066)$은 변곡점

15. $(0,\ 0.43)$에서 감소, $(0.43,\ \pi)$에서 감소; $f(0.43)\approx 0.41$극대값; $(0.94,\ \infty)$에서 위로 오목, $(0,\ 0.94)$에서 아래로 오목; $(0.94,\ 0.34$에서 변곡점

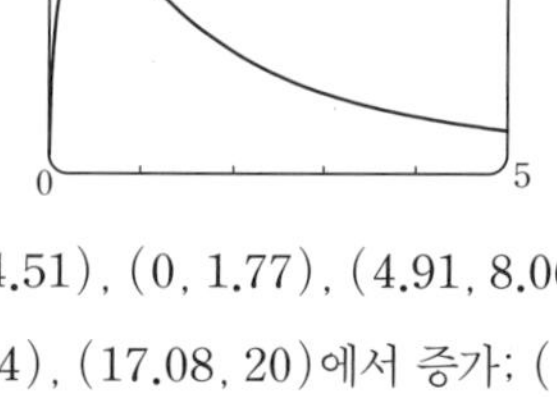

17. $(-4.91,\ -4.51)$, $(0,\ 1.77)$, $(4.91,\ 8.06)$, $(10.79,\ 14.34)$, $(17.08,\ 20)$에서 증가; $(-4.51,\ -4.10)$, $(1.77,\ 4.10)$, $(8.06,\ 10.791)$, $(14.34,\ 17.08)$에서 감소; $f(-4.51)\approx 0.62$, $f(1.77)\approx 2.58$, $f(8.06)\approx 3.60$,

$f(14.34)\approx 4.391$ 극대값; $f(10.791)\approx 2.43$, $f(17.08)\approx 3.49$ 극소값; $(9.60,\ 12.25)$, $f(15.81,\ 18.65)$에서 위로 오목; $(-4.91,\ -4.10)$, $(4.91,\ 9.60)$, $(12.25,\ 15.81)$, $(18.65,\ 20)$에서 아래로 오목; $(9.60,\ 2.95)$, $(12.25,\ 3.27)$, $(15.81,\ 3.91)$, $(18.65,\ 4.30)$에서 변곡점

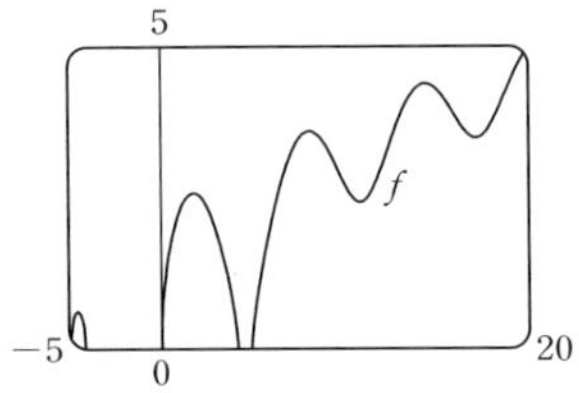

19. $(-\infty,\ 0)$, $(0,\ \infty)$에서 증가; $(-\infty,\ -0.4)$, $(0,\ 0.4)$에서 위로 오목; $(-0.4,\ 0)$, $(0.4,\ \infty)$에서 아래로 오목; $(\mp 0.4,\ \pm 0.8)$은 변곡점

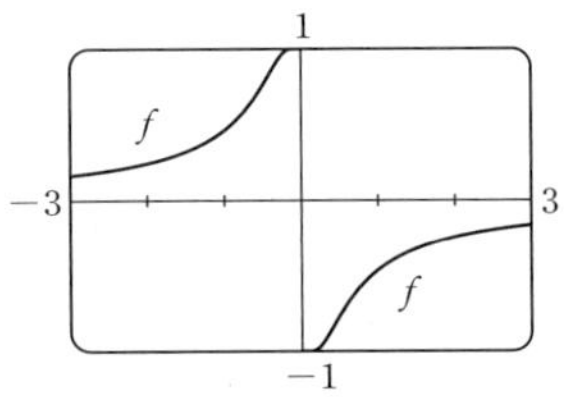

21. $f(0.59)\approx 1$, $f(0.68)\approx 1$, $f(1.96)\approx 1$, 극대값; $f(0.64)\approx 0.99996$, $f(1.46)\approx 0.49$, $f(2.73)\approx -0.51$, 극소값; $(0.61,\ 0.99998)$, $(0.66,\ 0.99998)$, $(1.17,\ 0.72)$, $(1.75,\ 0.77)$, $(2.28,\ 0.34)$는 변곡점

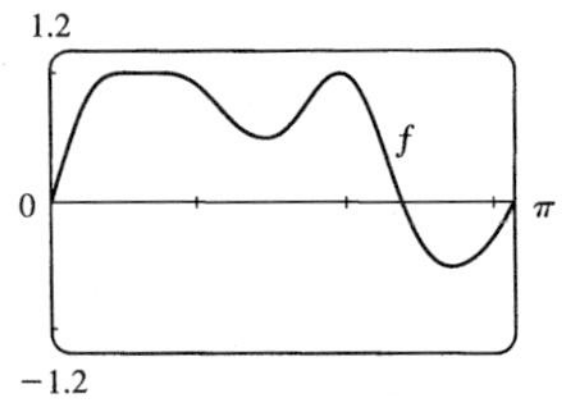

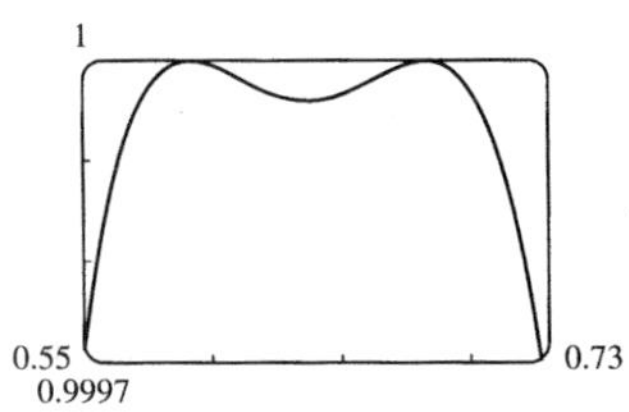

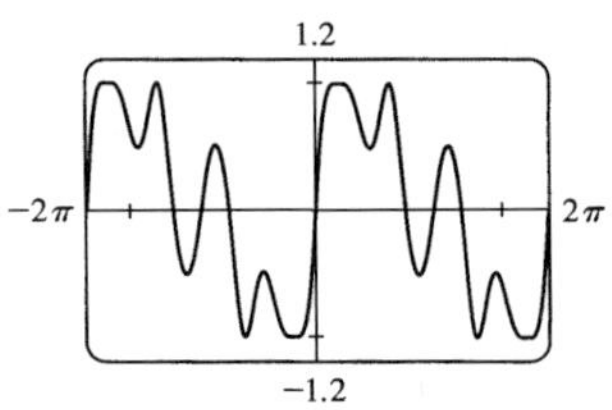

23.

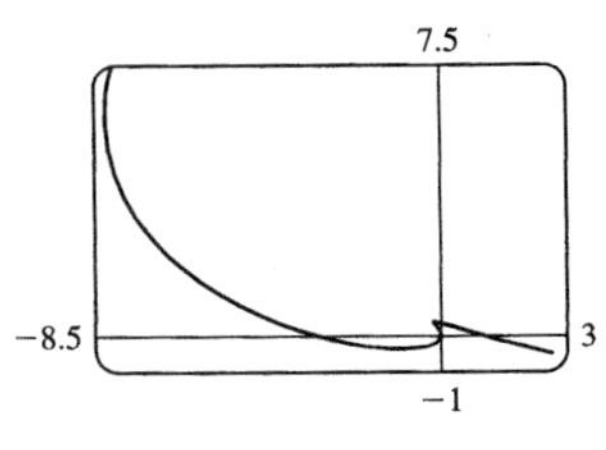

$(0,\ 0)$, $\left(-\frac{3}{16},\ \frac{3}{8}\right)$, $(-8,\ 6)$에서 수직접선; $(-(2\sqrt{3}+5)/9,\ -2\sqrt{3}/9)$, $((2\sqrt{3}-5)/9,\ 2\sqrt{3}/9)$에서 수평접선

25. $c=0$이면, 첨점이 존재하고 $c>0$이면, c가 증가함에 따라 크기가 커지고 곡선이 $(0,\ c)$에서 만나는 되돌림(loop)이 존재한다; 가장 왼쪽점은 $(-2c\sqrt{3c}/9,\ c/3)$이고, 가장 오른쪽점은 $(2c\sqrt{3c}/9,\ c/3)$이다.

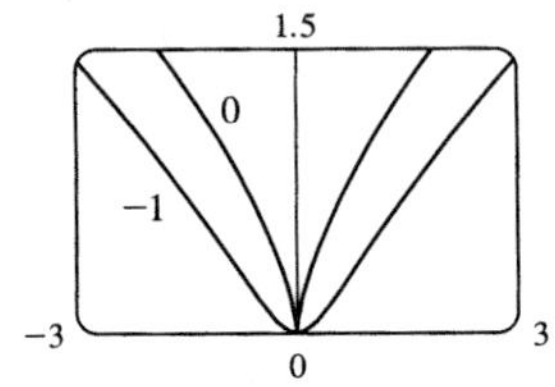

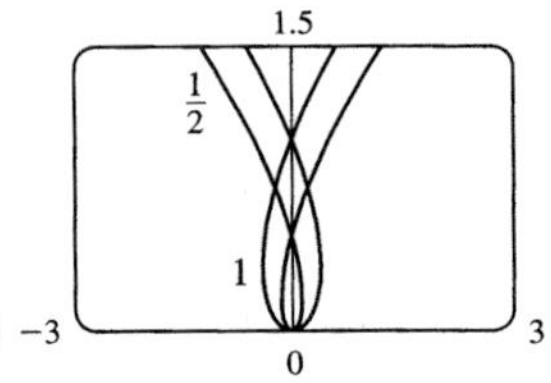

27. $c\geq 0$이면, 변곡점은 존재하지 않으며 원점에서 단 하나의 극점만 존재한다. $c<0$이면, 원점에서 극대점이 존재하고 $c\to-\infty$일 때 원점에서 아래쪽으로 멀어지는 두 개의 극소점과 두 개의 변곡점이 존재한다.

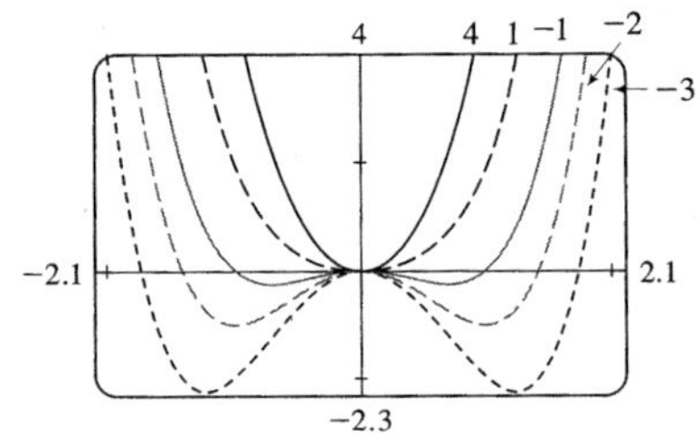

29. $c<0$일때 극값은 없고 변곡점은 하나, $c>0$일 때 변곡점은 없고 최솟값 하나

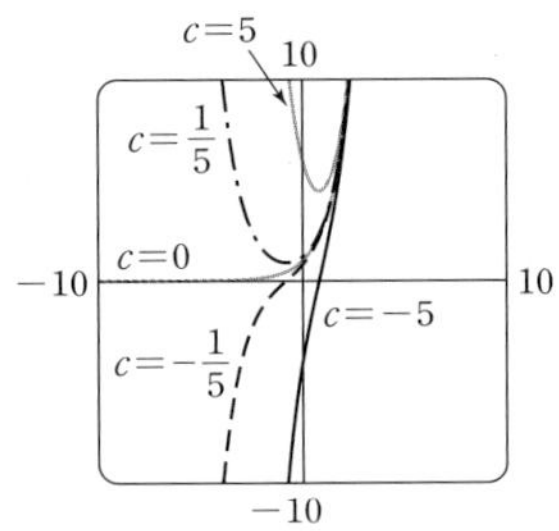

31. $c>0$이면, 최댓값과 최솟값은 항상 $\pm\frac{1}{2}$이고, 극점과 변곡점은 c가 증가함에 따라 y축으로 접근한다. $c=0$이 곡선의 기본적인 모양이 바뀌는 값이다; c를 $-c$로 대치시키면 곡선은 x축에 대칭이다.

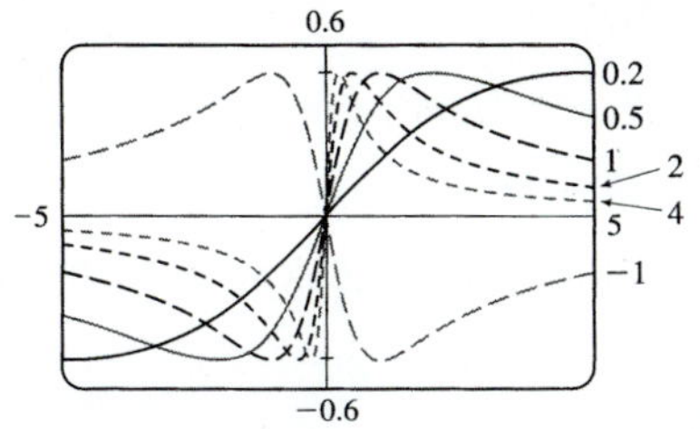

33. $|c|<1$일 때 극대값과 극소값을 갖고 $|c|\geq 1$일때는 갖지 않는다. $|c|\geq 1$일때 증가하고 $|c|\geq -1$일때 감소한다.
c가 변함에 따라 변곡점은 수직으로 움직인다.

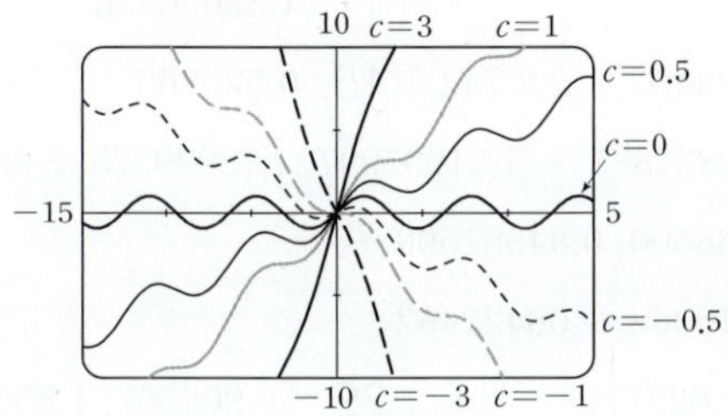

35. (a) 양수 (b)

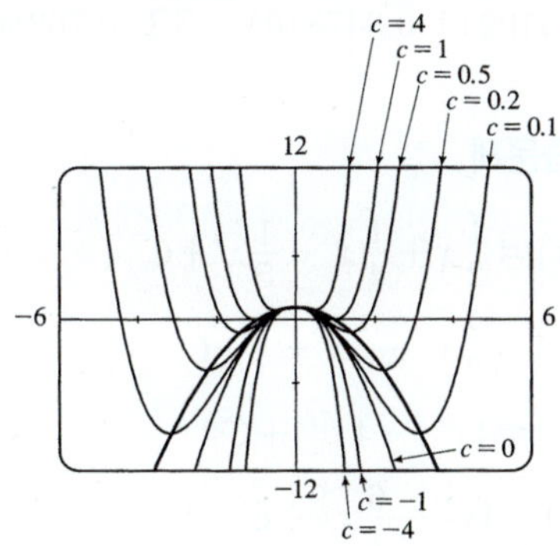

6.5 연습문제

1. (a) 부정형 (b) 0 (c) 0
(d) ∞, $-\infty$, 또는 존재하지 않는다. (e) 부정형

3. (a) $-\infty$ (b) 부정형 (c) ∞

5. -2 **7.** $-\infty$

9. ∞ **11.** 0 **13.** $-\infty$ **15.** 3 **17.** $\ln\frac{5}{3}$

19. $\frac{1}{2}$ **21.** $-1/\pi^2$ **23.** $\frac{1}{2}a(a-1)$ **25.** $\frac{1}{24}$

27. π **29.** 0 **31.** 0 **33.** $\frac{1}{2}$ **35.** $\frac{1}{2}$ **37.** ∞

39. 1 **41.** e^{-2} **43.** 1 **45.** e^4 **47.** e^2 **49.** $\frac{1}{4}$

51. 수평점근선 $y=0$ **53.** 수평점근선 $y=0$, 수직점근선 $x=0$

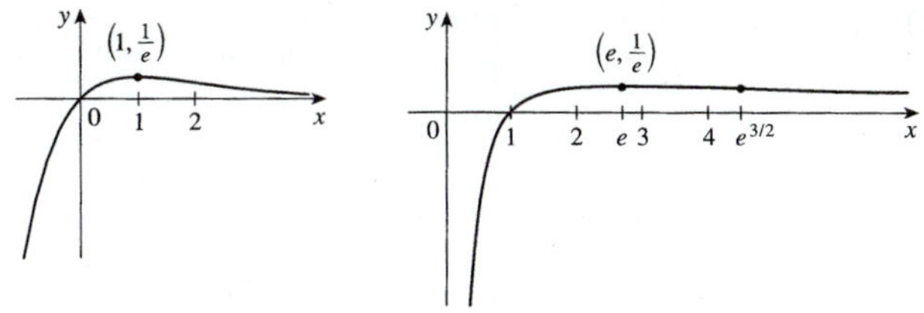

55. (a)

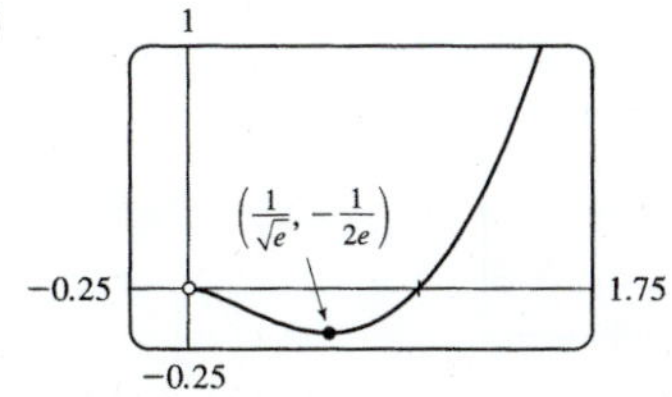

(b) $\lim_{x\to 0^+} f(x)=0$
(c) $f(1/\sqrt{e})=-1/(2e)$, 극소값; $(0,\ e^{-3/2})$에서 아래로 오목; $(e^{-3/2},\ \infty)$에서 위로 오목

57. (a)

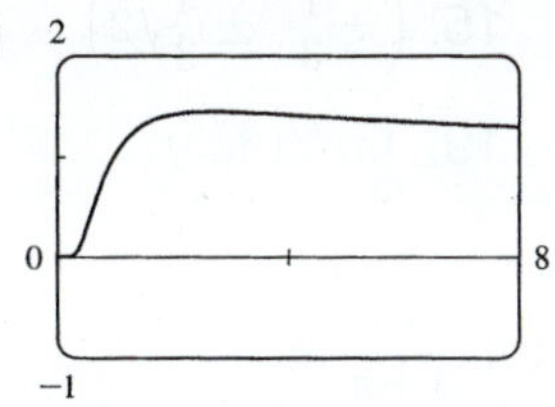

(b) $\lim_{x\to 0^+} x^{1/x}=0$, $\lim_{x\to\infty} x^{1/x}=1$
(c) 극대값, $f(e)=e^{1/e}$ (d) $x\approx 0.58$, 4.37에서 변곡점

59.

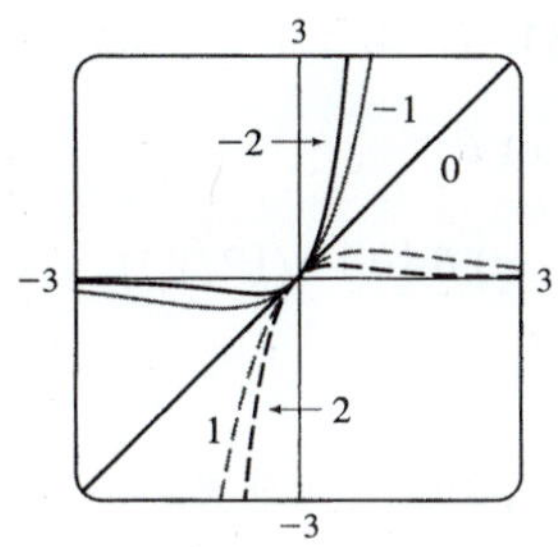

$c>0$이면, $\lim_{x\to\infty} f(x)=0$이고 $\lim_{x\to-\infty} f(x)=-\infty$이다.
$c<0$이면, $\lim_{x\to\infty} f(x)=\infty$이고 $\lim_{x\to-\infty} f(x)=0$이다.
$|c|$가 증가함에 따라 극대점과 극소점 그리고 변곡점들이 원점에 점점 더 가까워진다.

61. 1 **69.** $\frac{16}{9}a$ **71.** $\frac{1}{2}$ **73.** 56

6.6 연습문제

1. (a) 11, 12 (b) 11.5, 11.5 **3.** 10, 10

5. 가로 25m, 세로 25m **7.** $N=1$

9. (a)

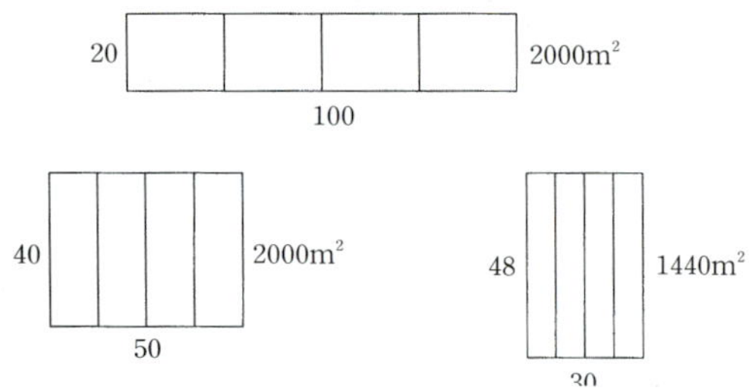

(b)

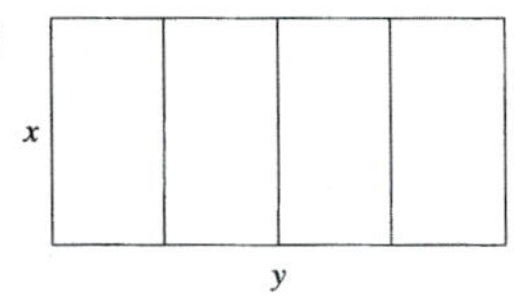

(c) $A=xy$ (d) $5x+2y=300$

(e) $A(x)=150x-\frac{5}{2}x^2$ (f) 2250 m^2

11. 4000 cm^3 15. $\left(-\frac{1}{3}, \pm\frac{4}{3}\sqrt{2}\right)$

17. $L/2, \sqrt{3}L/4$ 19. $4\pi r^3/(3\sqrt{3})$

21. 밑면 $\sqrt{3}r$, 높이 $3r/2$

23. 폭 $\frac{20}{4+\pi}$m; 직사각형 높이 $\frac{10}{4+\pi}$m

25. (a) 정사각형에 모든 전선을 사용한다.

(b) 정사각형에 $40\sqrt{3}/(9+4\sqrt{3})$m를 사용한다.

27. $V=2\pi R^3/(9\sqrt{3})$ 31. $E^2/4r$

33. (a) $\frac{3}{2}s^2\csc\theta(\csc\theta-\sqrt{3}\cot\theta)$

(b) $\cos^{-1}(1/\sqrt{3})\approx 55°$ (c) $6s[h+s/(2\sqrt{2})]$

35. ≈4.85km 동쪽

37. 강한 광원으로부터 $4\sqrt[3]{3}/(1+\sqrt[3]{3})$m 떨어진 곳

39. $y=-\frac{5}{3}x+10$ 41. $2\sqrt{6}$

43. (b) (i) \$342,491; \$342/unit; \$390/unit (ii) 400

(iii) \$320/unit

45. (a) $p(x)=19-\frac{1}{3000}x$ (b) \$950

47. (a) $p(x)=550-\frac{1}{10}x$ (b) \$175 (c) \$100

49. $(a^{\frac{2}{3}}+b^{\frac{2}{3}})^{\frac{3}{2}}$ 53. $x=15$ cm

55. $(L+W)^2/2$ 57. A로부터 $5-2\sqrt{5}$ 떨어진 곳

59. (a) B로부터 약 5.1km 지점

(b) C가 B에 가깝다; C가 D에 가깝다; $x=|BC|$일 때 $W/L=\sqrt{25+x^2}/x$

(c) ≈1.07; 그러한 값은 없다. (d) $\sqrt{41}/4\approx 1.6$

61. (a) $T_1=D/c_1$,

$T_2=(2h\sec\theta)/c_1+(D-2h\tan\theta)/c_2$,

$T_3=\sqrt{4h^2+D^2}/c_1$

(c) $c_1\approx 3.85$km/s, $c_2\approx 7.66$km/s, $h\approx 0.42$km

6.7 연습문제

1. (a) $x_2\approx 2.3$, $x_3\approx 3$ (b) 아니다. 3. $\frac{4}{5}$

5. 1.1797 7. 1.1785

9. −1.25 11. 1.82056420

13. −0.724492, 1.220744 15. 0.520269

17. −1.93822883, −1.21997997, 1.13929375, 2.98984102

19. 0.15438500, 0.84561500

21. 0.21916368, 1.08422462

23. (b) 31.622777 29. (0.904557, 1.855277)

31. (0.410245, 0.347810) 33. 0.76286%

6.8 연습문제

1. $F(x)=\frac{1}{2}x+\frac{1}{4}x^3-\frac{1}{5}x^4+C$

3. $F(x)=\frac{2}{3}x^3+\frac{1}{2}x^2-x+C$

5. $F(x)=4x^{5/4}-4x^{7/4}+C$

7. $F(x)=4x^{\frac{2}{3}}-\frac{6}{7}x^{\frac{7}{6}}+C$

9. $F(x)=\begin{cases}-5/(4x^8)+C_1, & x>0\\ -5/(4x^8)+C_2, & x<0\end{cases}$

11. $F(u)=\frac{1}{3}u^3-6u^{-\frac{1}{2}}+C$

13. $G(\theta)=\sin\theta+5\cos\theta+C$

15. $F(x)=\frac{1}{2}x^2-\ln|x|-1/x^2+C$

17. $F(x)=x^5-\frac{1}{3}x^6+4$ 19. x^3+x^4+Cx+D

21. $\frac{3}{20}x^{\frac{8}{3}}+Cx+D$ 23. $x-3x^2+8$

25. $4x^{\frac{3}{2}}+2x^{\frac{5}{2}}+4$

27. $2\sin t+\tan t+4-2\sqrt{3}$

29. $-x^2+2x^3-x^4+12x+4$

31. $-\sin\theta-\cos\theta+5\theta+4$ 33. x^2-2x^3+9x+9

35. $x^2-\cos x-\frac{1}{2}\pi x$ 37. 10

39.

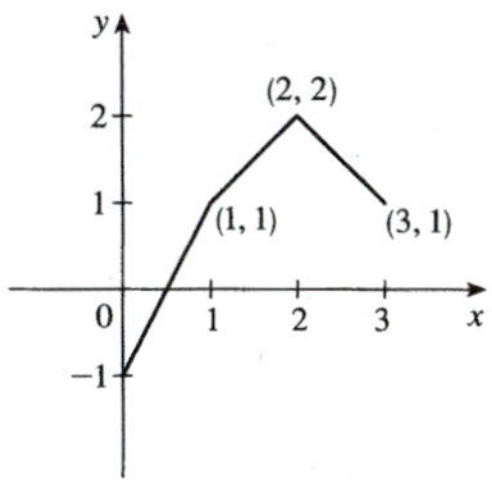

41. $s(t)=1-\cos t-\sin t$

43. (a) $s(t)=450-4.9t^2$ (b) $\sqrt{450/4.9}\approx 9.58s$

(c) $-9.8\sqrt{450/4.9}\approx -93.9$ m/s (d) 약 $9.09s$

47. 742.08달러 49. ≈ 81.6 m 51. $\frac{5}{3}$ m/s^2

53. $62500\text{km/h}^2\approx 4.82\text{m/}s^2$

57. (a) 36.926km (b) 34.898km

(c) 30분 21초 (d) 89.278km

제7장

7.1 연습문제

1. (a) $L_4=33$, $R_4=41$

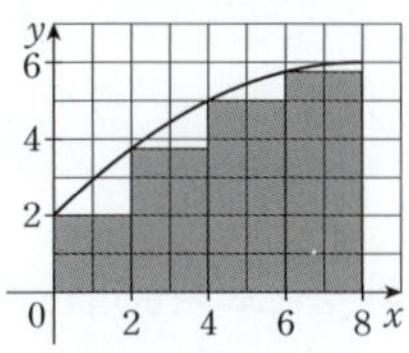

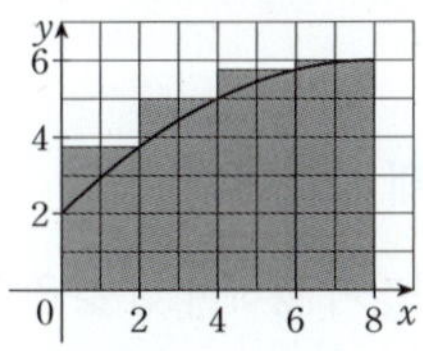

(b) $L_8\approx 35.1$, $R_8\approx 39.1$

3. (a) 0.7908, 과소추정값 (b) 1.1835, 과대추정값

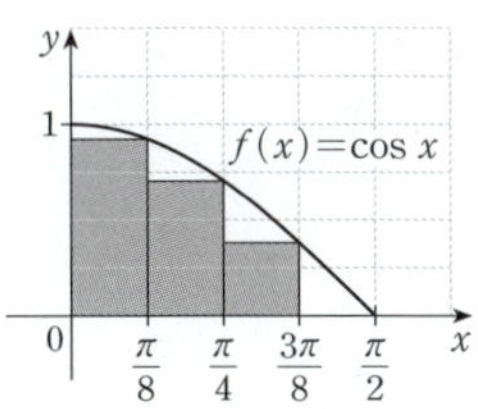

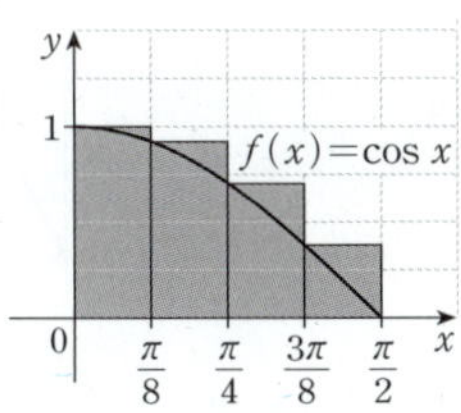

5. (a) 8, 6.875 (b) 5, 5.375

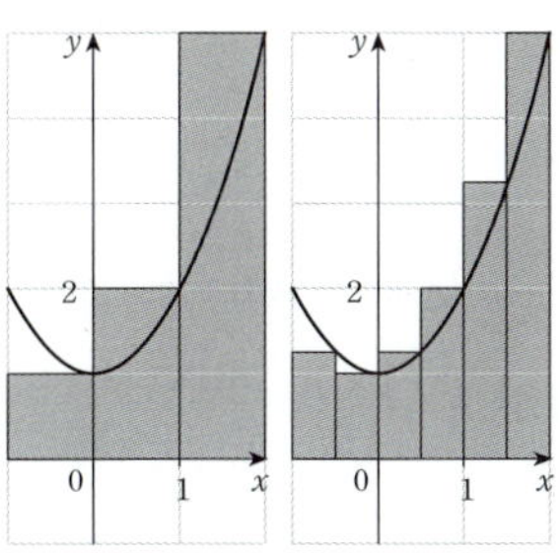

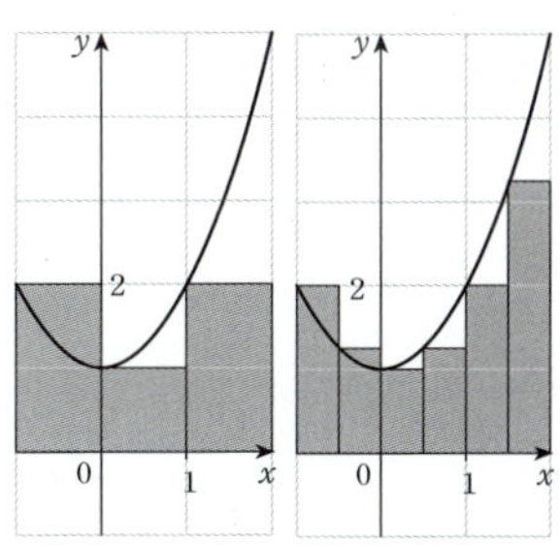

(c) 5.75, 5.9375

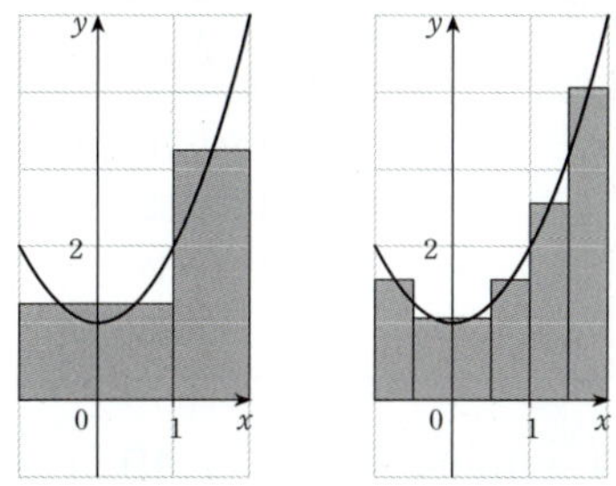

(d) M_6

7. 0.2533, 0.2170, 0.2101, 0.2050; 0.2

9. (a) 왼쪽 합 : 0.8100, 0.7937, 0.7904; 오른쪽 합 : 0.7600, 0.7770, 0.7804

11. 10.55 m, 13.65 m 13. 63.2 L, 70L

15. 39 m 17. $\lim_{n\to\infty}\sum_{i=1}^{n}\frac{2(1+2i/n)}{(1+2i/n)^2+1}\cdot\frac{2}{n}$

19. $\lim_{n\to\infty}\sum_{i=1}^{n}\left(\frac{i\pi}{2n}\cos\cdot\frac{i\pi}{2n}\right)\frac{\pi}{2n}$

21. 0에서 $\pi/4$ 사이의 $y=\tan x$ 아래 부분의 영역

23. (a) $L_n<A<R_n$

25. (a) $\lim_{n\to\infty}\frac{64}{n^6}\sum_{i=1}^{n}i^5$

(b) $\frac{n^2(n+1)^2(2n^2+2n-1)}{12}$ (c) $\frac{32}{3}$

27. $\sin b$, 1

7.2 연습문제

1. 0.25

리만 합은 x축 위에 있는 x 두 개의 직사각형 넓이의 합에서 x축 아래에 있는 두 개의 직사각형 넓이의 합을 뺀 값을 의미한다.

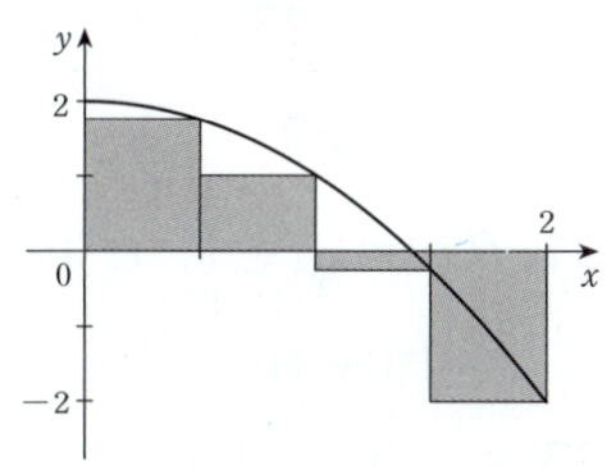

3. -0.856759

리만 합은 x축 위의 두 개의 직사각형 넓이의 합에서 x축 아래에 있는 세 개의 직사각형 넓이의 합을 뺀 값을 의미한다.

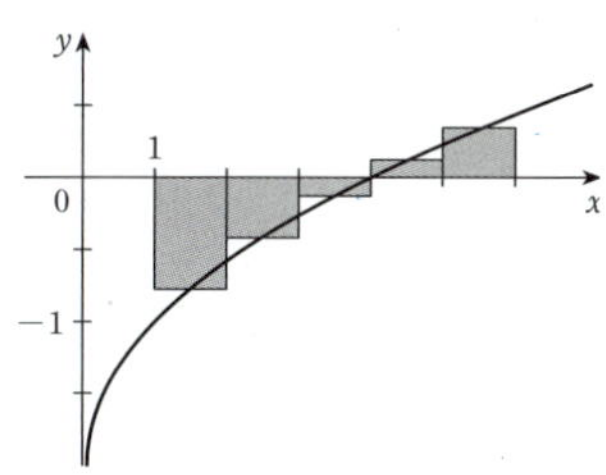

5. (a) 4 (b) 6 (c) 10

7. $L_5=-64$, $R_5=16$ 9. 124.1644 11. 0.3084

13. 0.30843908, 0.30981629, 0.31015563

15.

n	R_n
5	1.933766
10	1.983524
50	1.999342
100	1.999836

2

17. $\int_2^6 x\ln(1+x^2)\,dx$ 19. $\int_1^8 \sqrt{2x+x^2}\,dx$

21. 42 23. $\frac{4}{3}$

25. 3.75 27. $\lim_{n\to\infty}\sum_{i=1}^{n}\frac{2+4i/n}{1+(2+4i/n)^5}\cdot\frac{4}{n}$

29. $\lim_{n\to\infty}\sum_{i=1}^{n}\left(\sin\frac{5\pi i}{n}\right)\frac{\pi}{n}=\frac{2}{5}$

31. (a) 4 (b) 10 (c) -3 (d) 2

33. $-\frac{3}{4}$ 35. $3+\frac{9}{4}\pi$

37. 2.5 39. 0

41. $\int_{-1}^{5} f(x)\,dx$ 43. 122

43. e^5-e^3 47. B<E<A<D<C

49. 15 53. $\int_0^1 x^4\,dx$

7.3 연습문제

1. $\frac{364}{3}$ 3. 18 5. $\frac{5}{9}$ 7. $-2+\frac{1}{e}$ 9. $\frac{49}{3}$

11. $\frac{40}{3}$ 13. $\frac{55}{63}$ 15. 1 17. $\ln 3$ 19. π

21. e^2-1 23. $\ln 2+7$ 25. $1+\frac{\pi}{4}$

27. $\pi/6$ 29. -3.5

31. $f(x)=\frac{1}{x^2}$은 $[-1,\ 3]$에서 연속이 아니므로 계산정리를 적용시킬 수 없다.

33. 2 35. ≈ 1.36

37. 3.75

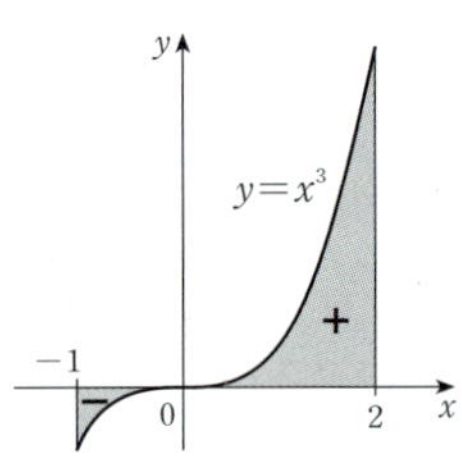

41. $\sin x+\frac{1}{4}x^2+C$

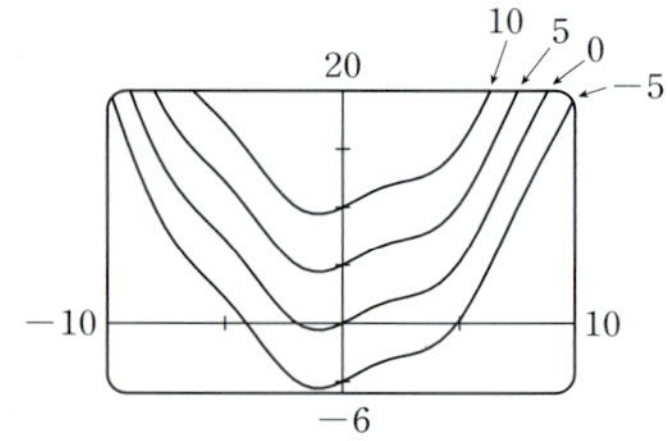

43. $2t-t^2+\frac{1}{3}t^3-\frac{1}{4}t^4+C$ 45. $\tan\alpha+C$

47. $\sec x+C$ 49. $\frac{4}{3}$

51. 5세에서 10세 사이의 아이들의 체중의 증가

53. 처음 2시간 동안 누출되는 기름의 양(단위: 리터)

55. 생산량을 1000에서 5000으로 늘렸을 때 소득의 증가

57. 뉴턴-미터(또는 줄)

59. (a) $-\frac{3}{2}$ m (b) $\frac{41}{6}$ m

61. (a) $v(t)=\frac{1}{2}t^2+4t+5$ m/s (b) $416\frac{2}{3}$ m

63. $46\frac{2}{3}$ kg 65. 2.2 km

67. 58000달러 72. 3

74. $\frac{1}{4}$

7.4 연습문제

1. 하나의 과정이 행하여 진 것을 원래의 상태로 되돌리는 과정이다. 미분적분학의 기본 정리를 보아라.

3. (a) 0, 2, 5, 7, 3 (b) (0, 3) (c) $x=3$ (d)

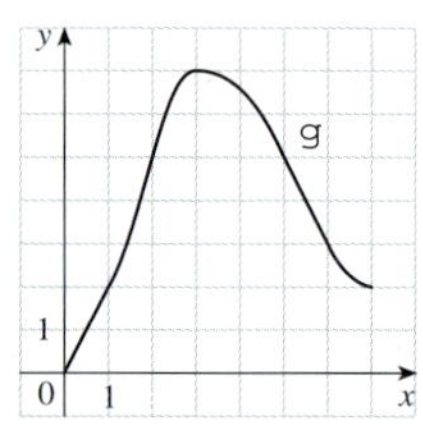

5.

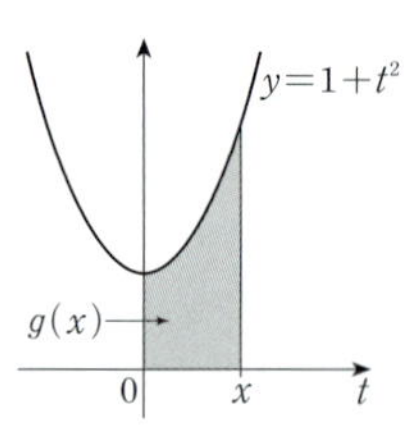

$g'(x)=1+x^2$

7. $g'(x)=\sqrt{1+2x}$ 9. $g'(y)=y^2\sin y$

11. $F'(x)=-\sqrt{1+\sec x}$ 13. $h'(x)=-\frac{\arctan(1/x)}{x^2}$

15. $y'(x)=\sqrt{\tan x+\sqrt{\tan x}}\,\sec^2 x$

17. $g'(x)=\dfrac{-2(4x^2-1)}{4x^2+1}+\dfrac{3(9x^2-1)}{9x^2+1}$

19. (a) 1과 5에서 극대값;
 3과 7에서 극소값
 (b) 9
 (c) $\left(\frac{1}{2}, 2\right)$, $(4, 6)$, $(8, 9)$
 (d) 오른쪽 그래프를 보아라.

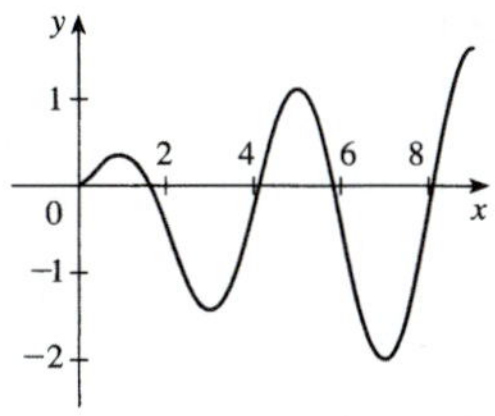

21. $(-1, 1)$ 23. $(-4, 0)$ 25. 29

27. (a) $-2\sqrt{n}$, $\sqrt{4n-2}$, $n>0$ 정수
 (b) $(0, 1)$, $(-\sqrt{4n-1}, -\sqrt{4n-3})$,
 그리고 $(\sqrt{4n-1}, \sqrt{4n+1})$, $n>0$ 정수
 (c) 0.74

29. $f(x)=\int_1^x (2^t/t)\,dt$ 31. $f(x)=x^{3/2}$, $a=9$

33. (b) $[0, t]$에서의 평균 손실; 평균 손실을 최소화하기 위해

41. $2/\pi$ 43. $\frac{45}{28}$ 45. $\frac{182}{9}$ 47. $2(e^2-e)$

49. 0 51. $\frac{16}{15}$ 53. $\ln(e+1)$ 55. 2

57. $\frac{1}{9}$ 59. 6π 61. 세 넓이 모두 같다.

63. ≈ 4512L 65. $\frac{5}{4\pi}\left(1-\cos\frac{2\pi t}{5}\right)$L 67. 5

7.5 연습문제

1. $\frac{1}{3}\sin 3x+C$ 3. $\frac{2}{9}(x^3+1)^{3/2}+C$

5. $-1/(1+2x)^2+C$ 7. $-\frac{1}{2}\cos(x^2)+C$

9. $\frac{1}{63}(3x-2)^{21}+C$ 11. $-(1/\pi)\cos \pi t+C$

13. $\frac{1}{3}(\ln x)^3+C$ 15. $-\frac{1}{3}\ln|5-3x|+C$

17. $\frac{2}{3}\sqrt{3ax+bx^3}+C$ 19. $\frac{2}{3}(1+e^x)^{3/2}+C$

21. $-1/(\sin x)+C$ 23. $\frac{1}{15}(x^3+3x)^5+C$

25. $-\frac{2}{3}(\cot x)^{3/2}+C$ 27. $\ln|\sin^{-1}x|+C$

29. $\frac{1}{3}\sec^3 x+C$

31. $\frac{1}{40}(2x+5)^{10}-\frac{5}{36}(2x+5)^9+C$

33. $-\ln(1+\cos^2 x)+C$

35. $\tan^{-1}x+\frac{1}{2}\ln(1+x^2)+C$

37. $\frac{1}{8}(x^2-1)^4+C$ 39. $-e^{\cos x}+C$

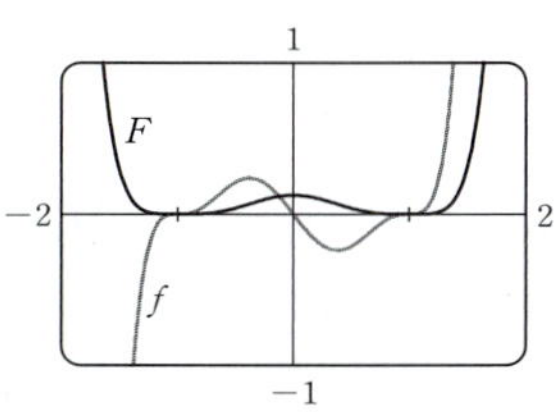

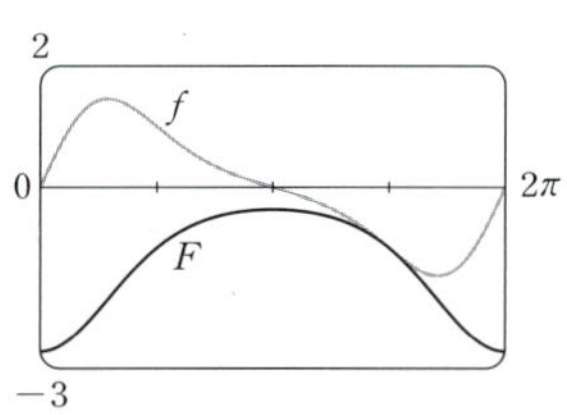

7.6 연습문제

1. $\frac{1}{2}x^2\ln x-\frac{1}{4}x^2+C$

3. $\frac{1}{5}x\sin 5x+\frac{1}{25}\cos 5x+C$

5. $2(r-2)e^{\frac{r}{2}}+C$

7. $-\frac{1}{\pi}x^2\cos \pi x+\frac{2}{\pi^2}x\sin \pi x+\frac{2}{\pi^3}\cos \pi x+C$

9. $\frac{1}{2}(2x+1)\ln(2x+1)-x+C$

11. $t\tan^{-1}4t-\frac{1}{8}\ln(1+16t^2)+C$

13. $\frac{1}{13}e^{2\theta}(2\sin 3\theta-3\cos 3\theta)+C$

15. $\frac{\pi}{3}$ 17. $\frac{1}{2}-\frac{1}{2}\ln 2$ 19. $\frac{1}{4}-\frac{3}{4}e^{-2}$

21. $\frac{1}{6}(\pi+6-3\sqrt{3})$ 23. $2(\ln 2)^2-4\ln 2+2$

25. $2\sqrt{x}\sin\sqrt{x}+2\cos\sqrt{x}+C$ 27. $-\frac{1}{2}-\frac{\pi}{4}$

29. $\frac{1}{2}(x^2-1)\ln(1+x)-\frac{1}{4}x^2+\frac{1}{2}x+\frac{3}{4}+C$

31. $-\frac{1}{2}xe^{-2x}-\frac{1}{4}e^{-2x}+C$

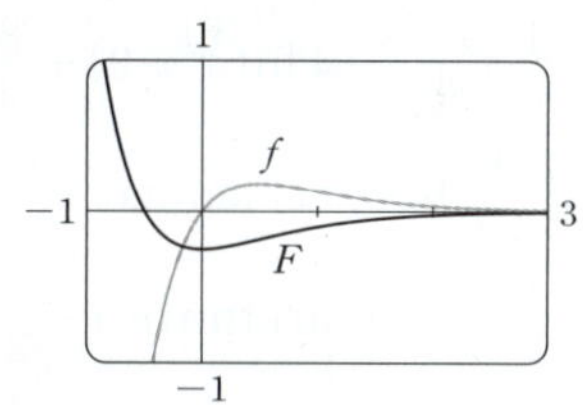

33. $\frac{1}{3}x^2(1+x^2)^{3/2}-\frac{2}{15}(1+x^2)^{5/2}+C$

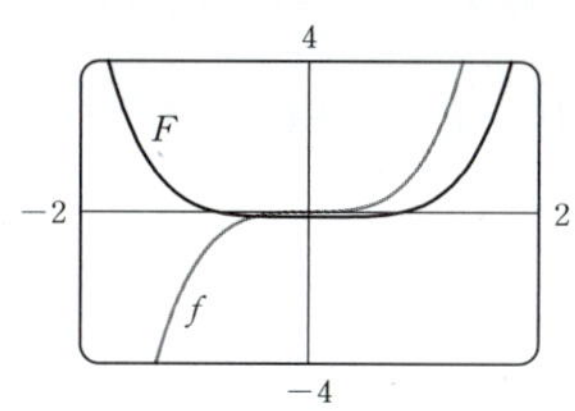

35. (b) $-\frac{1}{4}\cos x\sin^3 x+\frac{3}{8}x-\frac{3}{16}\sin 2x+C$

37. (b) $\frac{2}{3}$, $\frac{8}{15}$

41. $x[(\ln x)^3-3(\ln x)^2+6\ln x-6]+C$

43. $2-e^{-t}(t^2+2t+2)$m 45. 2

7.7 연습문제

1. $\frac{1}{5}\cos^5 x - \frac{1}{3}\cos^3 x + C$　3. $-\frac{11}{384}$

5. π　7. $\frac{1}{3}\sec^3 x - \sec x + C$

9. $\frac{8}{15}$　11. $-\frac{\sqrt{9-x^2}}{x} - \sin^{-1}\left(\frac{x}{3}\right) + C$

13. $-\frac{\sqrt{x^2+4}}{4x} + C$　15. $\frac{\pi}{24} + \frac{\sqrt{3}}{8} - \frac{1}{4}$

17. $-\frac{\sqrt{4-x^2}}{4x} + C$

19. (a) $\frac{A}{x+3} + \frac{B}{3x+1}$　(b) $\frac{A}{x} + \frac{B}{x+1} + \frac{C}{(x+1)^2}$

21. $2\ln|x+5| - \ln|x-2| + C$

23. $\frac{1}{2}\ln\frac{3}{2}$

25. $\ln|x-1| - \frac{1}{2}\ln(x^2+9) - \frac{1}{3}\tan^{-1}(x/3) + C$

27. $\frac{1}{2}\ln(x^2+1) + (1/\sqrt{2})\tan^{-1}(x/\sqrt{2}) + C$

29. $x + 6\ln|x-6| + C$

31. $\frac{1}{2}x^2 - 2\ln(x^2+4) + 2\tan^{-1}(x/2) + C$

33. $2 + \ln\frac{25}{9}$

35. $\frac{2}{\sqrt{3}}\tan^{-1}\left(\frac{2x+1}{\sqrt{3}}\right) + C$

7.8 연습문제

1. $\frac{1}{2}x^2 - x - 4\ln(x^2+9) + \frac{8}{3}\tan^{-1}(x/3) + C$

3. $\left(\frac{1}{2\pi}\right)\sec(\pi x)\tan(\pi x) + \left(\frac{1}{2\pi}\right)\ln|\sec(\pi x) + \tan(\pi x)| + C$

5. $\frac{1}{2}(e^{2x}+1)\arctan(e^x) - \frac{1}{2}e^x + C$

7. $\pi^3 - 6\pi$　9. $-\frac{1}{2}\tan^2\left(\frac{1}{z}\right) - \ln\left|\cos\left(\frac{1}{z}\right)\right| + C$

11. $((2y-1)/8)\sqrt{6+4y-4y^2} + \frac{7}{8}\sin^{-1}((2y-1)/\sqrt{7})$
$-\frac{1}{12}(6+4y-4y^2)^{3/2} + C$

13. $\frac{1}{9}\sin^3 x[3\ln(\sin x) - 1] + C$

15. $\frac{1}{2\sqrt{3}}\ln\left|\frac{e^x+\sqrt{3}}{e^x-\sqrt{3}}\right| + C$　17. $\frac{1}{5}\ln|x^5 + \sqrt{x^{10}-2}| + C$

19. $\frac{1}{2}(\ln x)\sqrt{4+(\ln x)^2} + 2\ln[\ln x + \sqrt{4+(\ln x)^2}] + C$

21. $\sqrt{e^{2x}-1} - \cos^{-1}(e^{-x}) + C$

25. $\frac{1}{3}\tan x\sec^2 x + \frac{2}{3}\tan x + C$

27. $\frac{1}{4}x(x^2+2)\sqrt{x^2+4} - 2\ln(\sqrt{x^2+4} + x) + C$

29. $\frac{1}{10}(1+2x)^{5/2} - \frac{1}{6}(1+2x)^{3/2} + C$

31. $-\ln|\cos x| - \frac{1}{2}\tan^2 x + \frac{1}{4}\tan^4 x + C$

33. (a) $-\ln\left|\frac{1+\sqrt{1-x^2}}{x}\right| + C$; 두 함수 모두 정의역은
$(-1, 0)\cup(0, 1)$

7.9 연습문제

1. (a) $L_2=6$, $R_2=12$, $M_2\approx 9.6$
(b) L_2는 과소근사이고 R_2와 M_2는 과대근사이다.
(c) $T_2=9<I$　(d) $L_n<T_n<I<M_n<R_n$

3. (a) $T_4\approx 0.895759$(과소근사)
(b) $M_4\approx 0.908907$(과대근사) $T_4<I<M_4$

5. (a) $M_{10}\approx 0.806598$, $E_M\approx -0.001879$
(b) $S_{10}\approx 0.804779$, $E_S\approx -0.000060$

7. (a) 2.413790　(b) 2.411453　(c) 2.412232

9. (a) 0.146879　(b) 0.147391　(c) 0.147219

11. (a) 0.451948　(b) 0.451991　(c) 0.451976

13. (a) 4.513618　(b) 4.748256　(c) 4.675111

15. (a) 1.064275　(b) 1.067416　(c) 1.074915

17. (a) $T_8\approx 0.902333$, $M_8\approx 0.905620$
(b) $|E_T|\le 0.0078$, $|E_M|\le 0.0039$
(c) T_n에 대하여 $n=71$, M_n에 대해서 $n=50$

19. (a) $T_{10}\approx 1.983524$, $E_T\approx 0.016476$
$S_{10}\approx 2.000110$, $E_S\approx -0.000110$
$M_{10}\approx 2.008248$, $E_M\approx -0.008248$
(b) $|E_T|\le 0.025839$, $|E_M|\le 0.012919$, $|E_S|\le 0.000170$
(c) T_n에 대하여 $n=509$, M_n에 대해서 $n=360$, S_n에 대해서 $n=22$

21. (a) 2.8　(b) 7.954926518　(c) 0.2894
(d) 7.954926521　(e) 실제 오차가 훨씬 더 작다.
(f) 10.9　(g) 7.953789422　(h) 0.0593
(i) 실제 오차가 더 작다　(j) $n\ge 50$

23.

n	L_n	R_n	T_n	M_n
5	0.742943	1.286599	1.014771	0.992621
10	0.867782	1.139610	1.003696	0.998152
20	0.932967	1.068881	1.000924	0.999538

n	E_L	E_R	E_T	E_M
5	0.257057	−0.286599	−0.014771	0.007379
10	0.132218	−0.139610	−0.003696	0.001848
20	0.067033	−0.068881	−0.000924	0.000462

25.

n	T_n	M_n	S_n
6	6.695473	6.252572	6.403292
12	6.474023	6.363008	6.400206

n	E_T	E_M	E_S
6	−0.295473	0.147428	−0.003292
12	−0.074023	0.036992	−0.000206

27. (a) 19.8 (b) 20.6 (c) $20.5\overline{3}$

29. 18.8m/s **31.** 1.0337×10^5 메가왓트-시간

33. (a) 23.44 (b) $0.341\overline{3}$ **35.** 59.4

37.

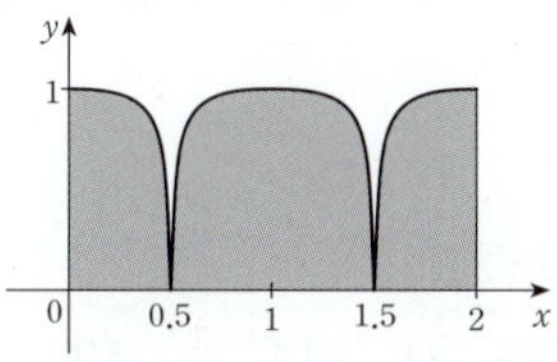

7.10 연습문제

1. (a) 무한구간 (b) 무한불연속
(c) 무한불연속 (d) 무한구간

3. $\frac{1}{2}-1/(2t^2)$; 0.495, 0.49995, 0.4999995; 0.5

5. $\frac{1}{12}$ **7.** 발산 **9.** $2e^{-2}$ **11.** 발산

13. 0 **15.** 발산 **17.** $\frac{1}{25}$

19. 발산 **21.** $\frac{\pi}{9}$ **23.** $\frac{1}{2}$ **25.** 발산 **27.** $\frac{32}{3}$

29. $\frac{75}{4}$ **31.** 발산 **33.** $\frac{8}{3}\ln 2-\frac{8}{9}$

35. e **37.** $\frac{2\pi}{3}$

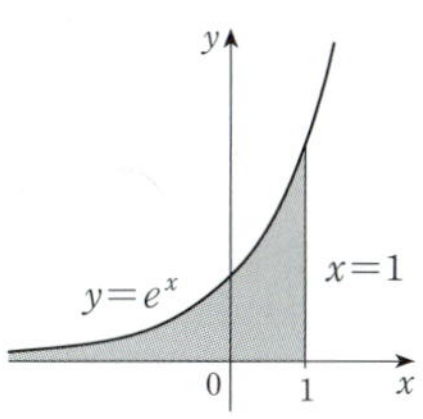

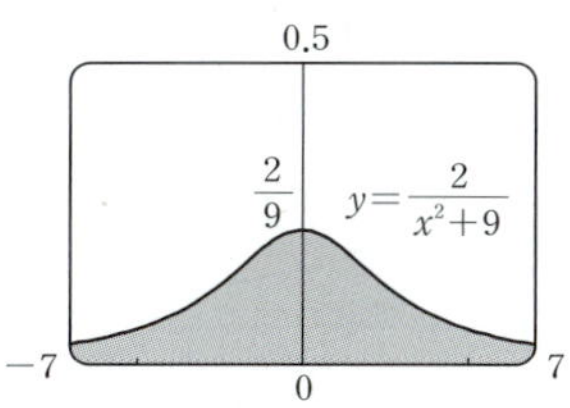

39. 무한 넓이

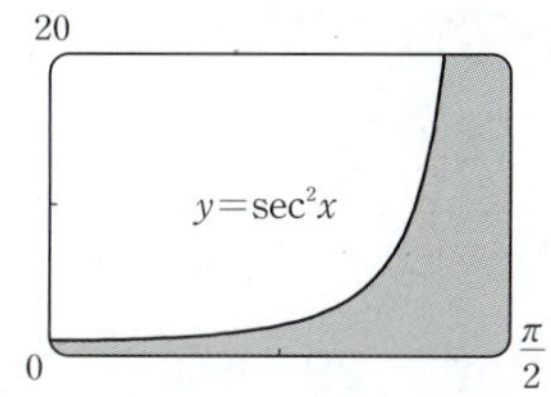

41. (a)

t	$\int_1^t [(\sin^2 x)/x^2]dx$
2	0.447453
5	0.577101
10	0.621306
100	0.668479
1000	0.672957
10000	0.673407

적분이 수렴하는 것처럼 보인다.

(c)

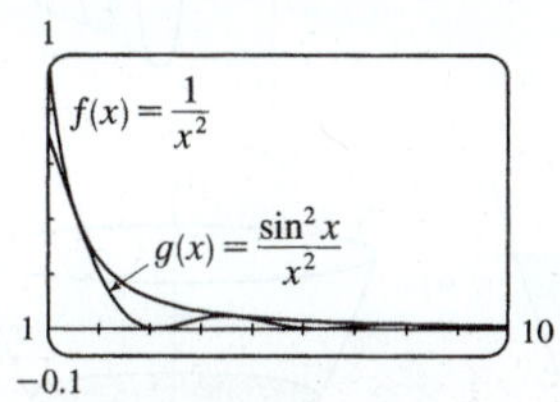

43. 수렴 **45.** 발산 **47.** 발산 **49.** π

51. $1/(1-p)$, $p<1$

55. (a)

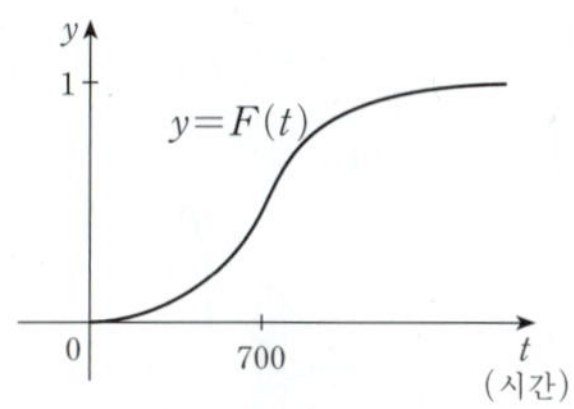

(b) t가 증가함에 따라 함수 $F(t)$가 증가하는 비율

(c) 1; 결국 모든 전구가 소모된다.

57. 1000 **59.** $C=1$; $\ln 2$ **63.** 아니오

제8장

8.1 연습문제

1. $\frac{32}{3}$ **3.** $e-(1/e)+\frac{10}{3}$ **5.** 19.5 **7.** $\frac{1}{3}$

9. $\frac{8}{3}$ **11.** $\frac{32}{3}$ **13.** 72 **15.** $e-2$

17. $\ln 2$ **19.** 0, 0.90; 0.04 **21.** 1, 1.38; 0.05

23. $\frac{1}{2}$

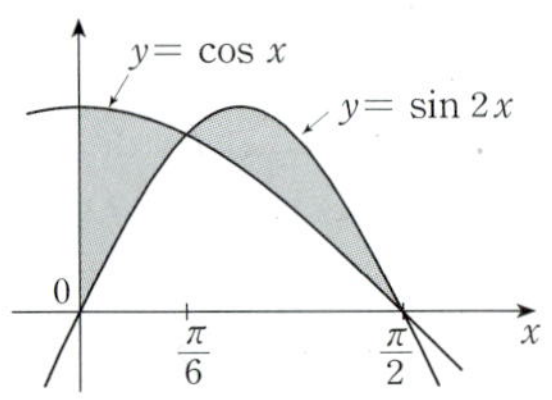

25. 36m 27. 84m^2 29. 8868

31. $r\sqrt{R^2-r^2}+\pi r^2/2-R^2\arcsin(r/R)$ 33. πab

35. $3-e$ 37. $24\sqrt{3}/5$ 39. ± 6

41. $4^{2/3}$ 43. $f(t)=3t^2$ 45 $0<m<1$; $m-\ln m-1$

8.2 연습문제

1. $\pi/2$

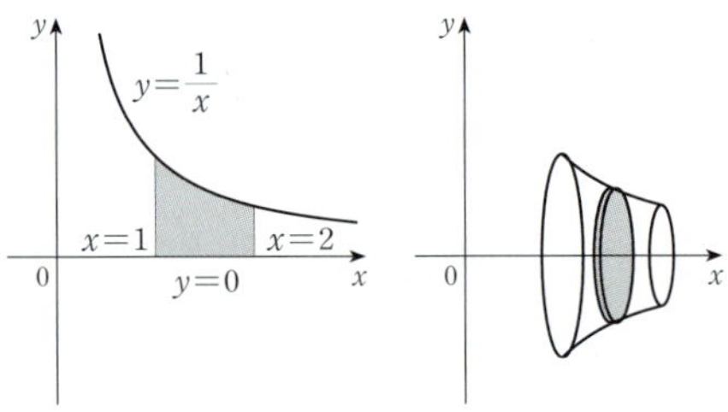

3. 162π

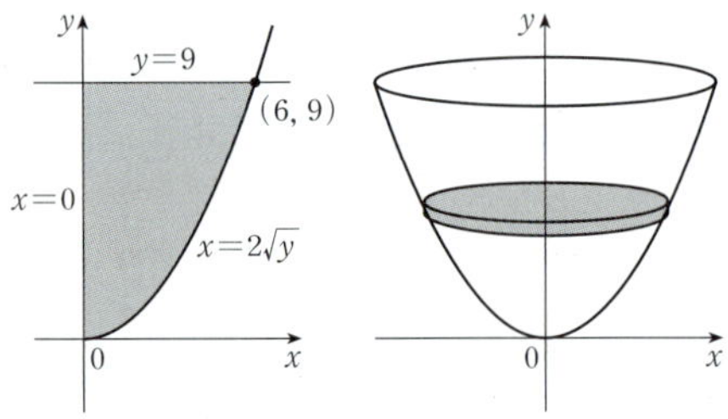

5. $\frac{4\pi}{21}$

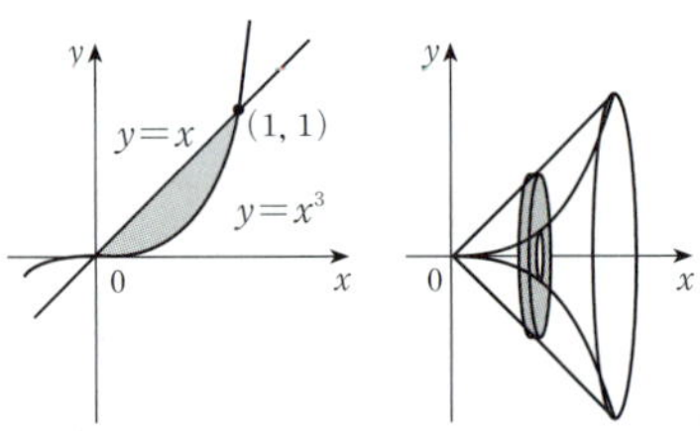

7. $64\pi/15$

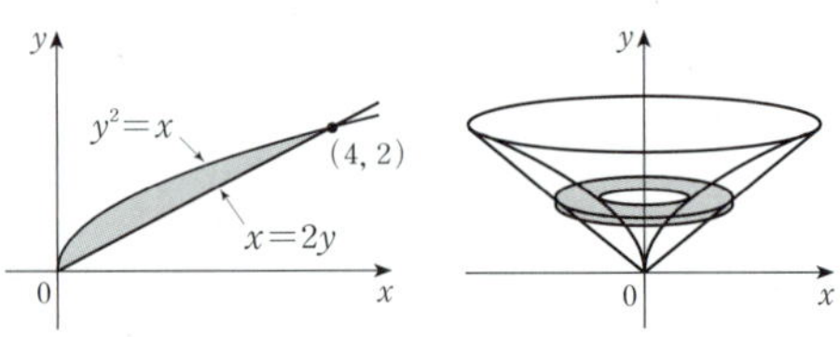

9. $\pi/6$

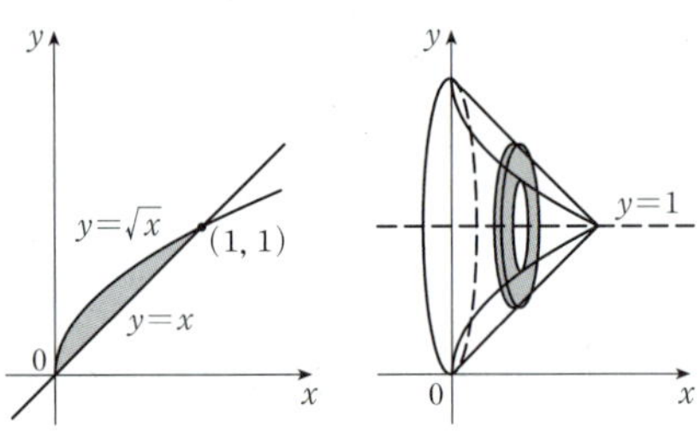

11. $2\pi\left(\frac{4}{3}\pi-\sqrt{3}\right)$

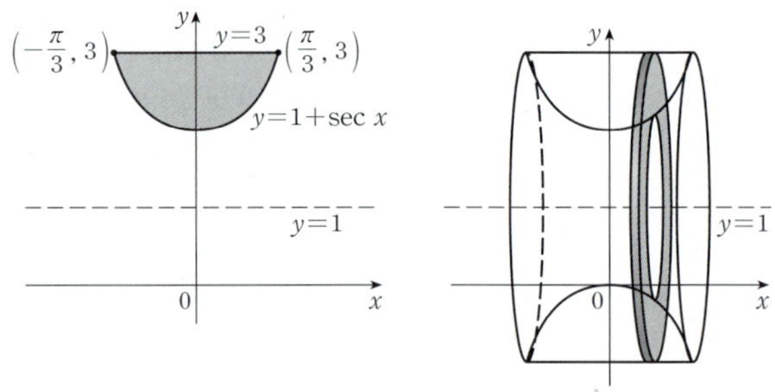

13. $\frac{26\pi}{3}$ 15. $\frac{108\pi}{5}$

17. $\frac{13\pi}{30}$ 19. $\pi\int_0^{\frac{\pi}{4}}(1-\tan^3 x)^2 dx$

21. -1.288, 0.884; 23.780 23. $\frac{11}{8}\pi^2$

25. (a) $0\le x\le \pi/2$에 있는 $0\le y\le \cos x$ 영역을 x축 둘레로 회전시켜 생기는 입체

(b) $0\le y\le 1$에 있는 $y^4\le x\le y^2$ 영역을 y축 둘레로 회전시켜 생기는 입체

27. 1110cm^3 29. (a) 190 (b) 823

31. $\pi r^2 h/3$ 33. $\pi h^2[r-(h/3)]$

35. $2b^2h/3$ 37. 10cm^2 39. 24 41. $\frac{1}{3}$ 43. $\frac{8}{15}$

45. (a) $8\pi R\int_0^r \sqrt{r^2-y^2}\,dy$ (b) $2\pi^2 r^2 R$

47. (b) $\pi r^2 h$ 49. $\frac{5}{12}\pi r^3$

51. $8\int_0^r \sqrt{R^2-y^2}\sqrt{r^2-y^2}\,dy$

8.3 연습문제

1. 원 둘레$=2\pi x$, 높이$=x(x-1)^2$; $\pi/15$

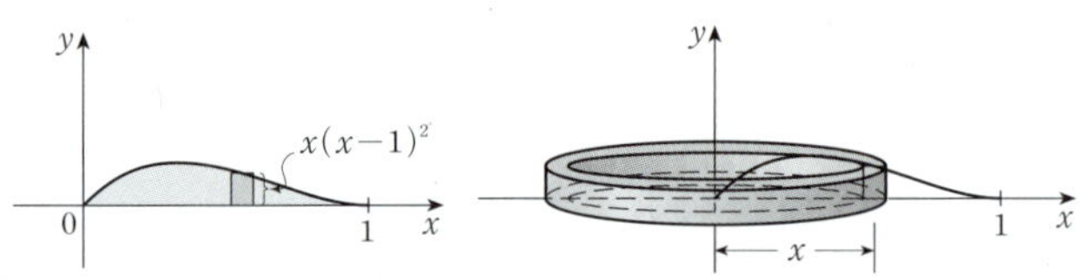

3. 2π

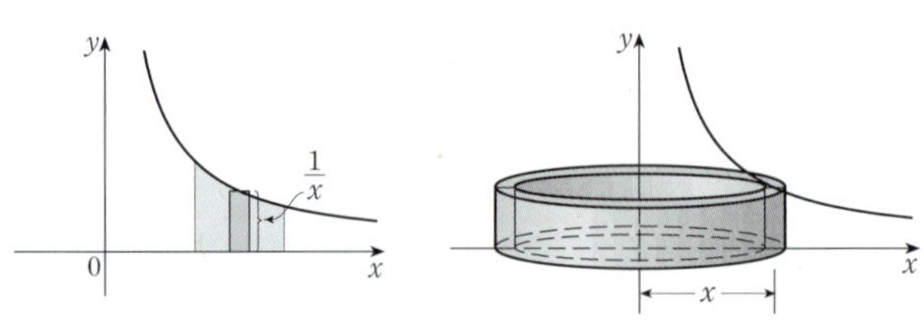

5. $\pi(1-1/e)$

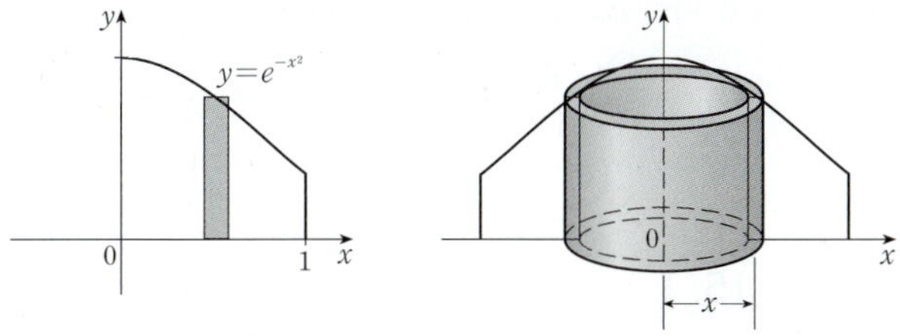

7. $\frac{64}{15}\pi$

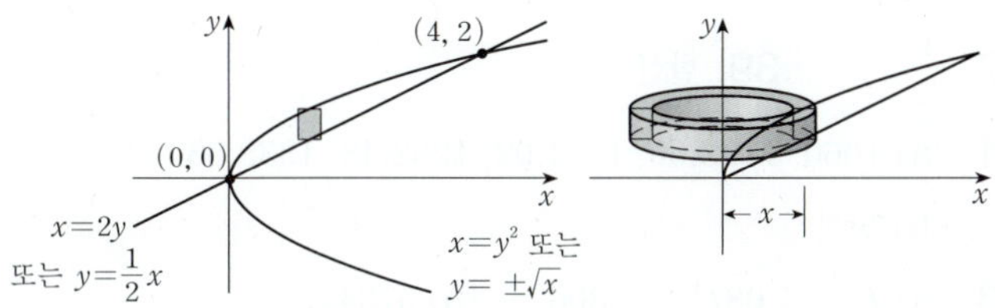

9. $21\pi/2$ 11. $16\pi/3$ 13. $17\pi/6$ 15. $8\pi/3$

17. $5\pi/14$ 19. $\int_0^{\pi} 2\pi(4-y)\sqrt{\sin y}\, dy$ 21. 3.70

23. (a) 영역 $0\leq y\leq x^4$, $0\leq x\leq 3$을 y축 둘레로 회전

(b) 영역 (i) $x=1-y^2$, $x=0$, $y=0$ 또는 (ii) $x=y^2$, $x=1$, $y=0$을 직선 $y=3$의 둘레로 회전

25. 0.13 27. $\frac{1}{32}\pi^3$ 29. 8π 31. $\frac{4}{3}\pi^3$

33. $2\pi(12-4\ln 4)$ 35. $\frac{4}{3}\pi r^3$ 37. $\frac{1}{3}\pi r^2 h$

8.4 연습문제

1. $4\sqrt{5}$ 3. 3.8202

5. $\int_0^{2\pi}\sqrt{3-2\sin t-2\cos t}\, dt\approx 10.0367$

7. $4\sqrt{2}-2$

9. $(13\sqrt{13}-8)/27$ 11. $\frac{3}{4}+\frac{1}{2}\ln 2$

13. e^3+11-e^{-8}

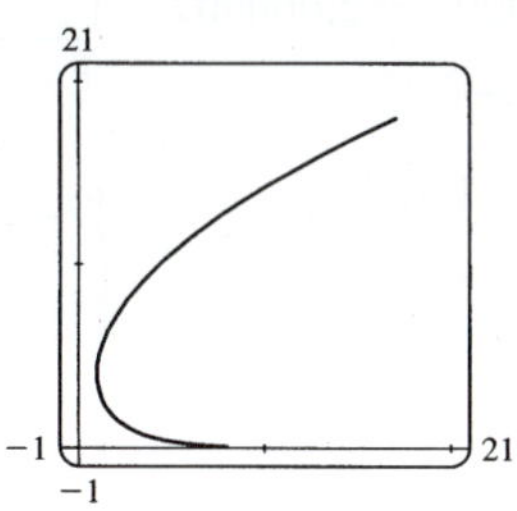

15. $\sqrt{2}(e^{\pi}-1)$

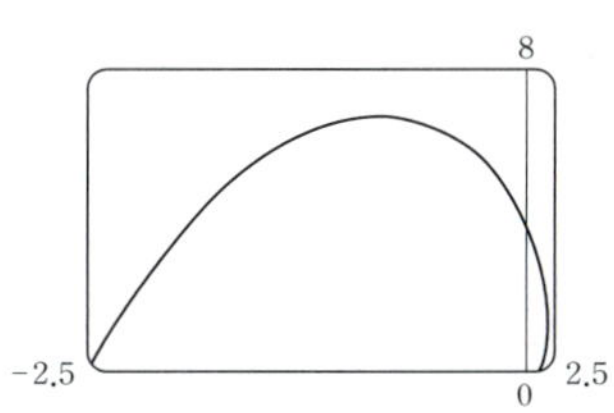

17. 5.115840 19. 0.731371

21. (a), (b)

$L_1=4$,

$L_2\approx 6.43$,

$L_4\approx 7.50$

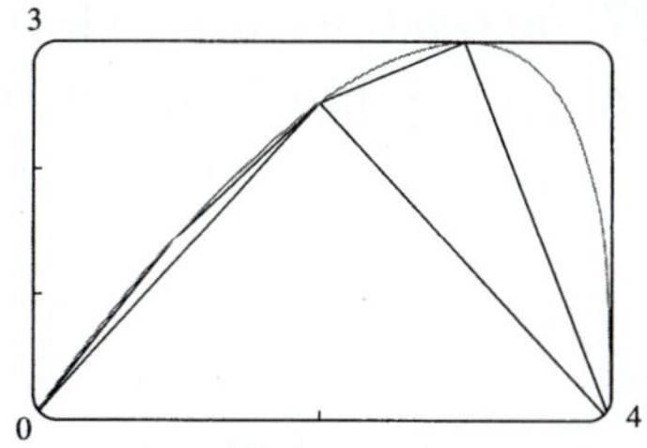

(c) $\int_0^4\sqrt{1+[4(3-x)/(3(4-x)^{2/3})]^2}\,dx$ (d) 7.7988

23. $\frac{205}{128}-\frac{81}{512}\ln 3$ 25. $\ln(\sqrt{2}+1)$ 27. 209.1m

29. 62.55cm

33. (a) $t\in[0, 4\pi]$

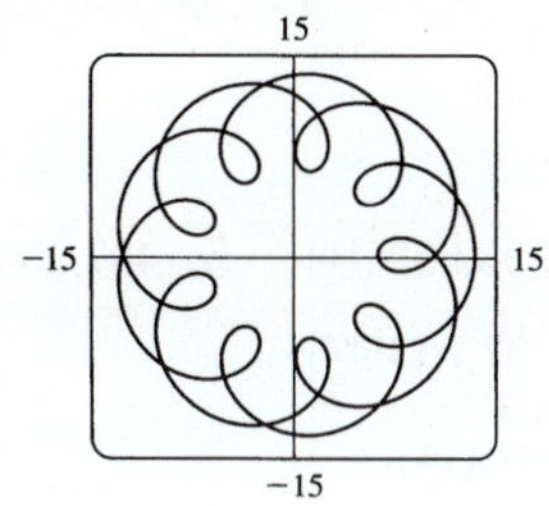

(b) 294

8.5 연습문제

1. $2/\pi$ 3. $(1-e^{-25})/10$ 5. $\frac{2}{5\pi}$

7. (a) 1 (b) 2, 4 9. (a) $4/\pi$ (b) ≈ 1.24, 2.81

(c)

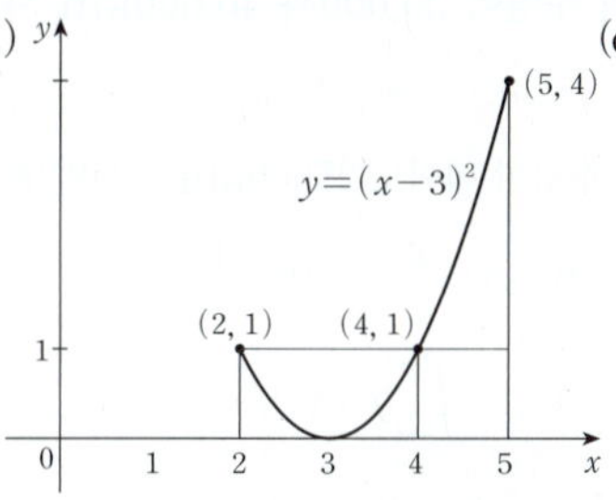

(c)

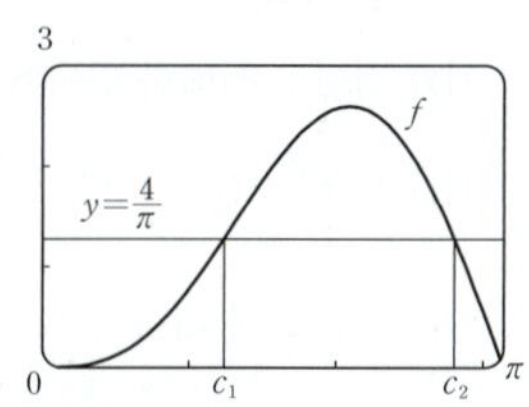

13. 38.6 15. $(20+12/\pi)$℃≈ 24℃

17. 6kg/m 19. $5/(4\pi)\approx 0.4$L

8.6 연습문제

1. 9J 3. 180J 5. $\frac{15}{4}$ ft-lb

7. (a) $\frac{25}{24}\approx 1.04$J (b) 10.8cm 9. $W_2=3W_1$

11. (a) 625 ft-lb (b) $\frac{1875}{4}$ ft-lb

13. 650000 ft-lb 15. 3857J 17. 2450J

19. $\approx 1.06\times 10^6$J

21. $\approx 1.04\times 10^5$ ft−lb 23. 2.0m

27. (a) $Gm_1Gm_2[(1/a)-(1/b)]$ (b) $\approx 8.50\times 10^9$ J
29. (a) 187.5 lb/ft^2 (b) 1875 lb (c) 562.5 lb
31. 6.7×10^4 N
33. 9.8×10^3 lb
35. 1.2×10^4 lb
37. 5.27×10^5 N
39. (a) $\approx 4.9\times 10^6$ N (b) $\approx 4.4\times 10^5$ N
(c) $\approx 4.2\times 10^5$ N (d) $\approx 3.9\times 10^6$ N
41. 2.5×10^5 N
43. $10;1;\left(\frac{1}{21}, \frac{10}{21}\right)$
45. (0, 1.6)
47. $(1/(e-1), (e+1)/4)$
49. 60, 160, $\left(\frac{8}{3}, 1\right)$
51. (b) $\left(\frac{1}{2}, \frac{2}{5}\right)$

8.7 연습문제

1. 38,000달러
3. 43,866,933.33달러
5. 407.25달러
7. 12,000달러
9. 3727; 37,753달러
11. $\frac{2}{3}(16\sqrt{2}-8)\approx 9.75$달러(백만)
13. $\dfrac{(1-k)(b^{2-k}-a^{2-k})}{(2-k)(b^{1-k}-a^{1-k})}$
15. 1.19×10^{-4}cm^3/s
17. 6.60 L/mm
19. 5.77 L/mm

8.8 연습문제

1. (a) 임의의 선택한 타이어의 수명이 30,000과 40,000km 사이일 확률
(b) 임의로 선택한 타이어의 수명이 적어도 25000km 이상일 확률
3. (b) $1-\frac{3}{8}\sqrt{3}\approx 0.35$
5. (a) $\frac{1}{\pi}$ (b) $\frac{1}{2}$
7. (a) 모든 x에 대하여 $f(x)\geq 0$이고 $\int_{-\infty}^{\infty} f(x)dx=1$ (b) 5
11. (a) $e^{-\frac{4}{2.5}}\approx 0.20$ (b) $1-e^{-\frac{2}{2.5}}\approx 0.55$
(c) 10분 안에 햄버거를 받지 못하면 공짜
13. $\approx 36\%$
15. (a) 0.0668 (b) $\approx 5.21\%$
17. ≈ 0.9545

제9장

9.1 연습문제

1. (a) 수열은 일정한 순서로 써 놓은 수들의 나열이다. 또 양의 정수 전체의 집합을 정의역으로 가지는 함수로 정의할 수도 있다.
(b) n이 커짐에 따라 a_n은 8에 접근한다.
(c) n이 커짐에 따라 a_n 역시 한없이 커진다.
3. $\frac{1}{3}, \frac{2}{5}, \frac{3}{7}, \frac{4}{9}, \frac{5}{11}, \frac{6}{13}$; 가진다; $\frac{1}{2}$
5. $a_n=\dfrac{1}{2n-1}$
7. $a_n=5n-3$
9. $a_n=\left(-\frac{2}{3}\right)^{n-1}$
11. 5
13. 0
15. 1
17. 1
19. 0
21. 0
23. 0
25. 0
27. e^2
29. 0
31. 발산
33. ln 2
35. 1
37. $\frac{1}{2}$
39. 발산
41. (a) 1060, 1123.60, 1191.02, 1262.48, 1338.23
(b) 발산
43. (a) $P_n=1.08P_{n-1}-300$ (b) 5734
45. (a) 발산 (b) 수렴
47. (b) $(1+\sqrt{5})/2$
49. 감소한다; 유계이다.
51. 단조수열이 아니다; 유계이다.
53. 단조수열정리에 의해 수렴한다.; $5\leq L<8$
55. $(3+\sqrt{5})/2$
57. 62

9.2 연습문제

1. (a) 수열은 일정한 순서로 써놓은 수들의 나열이고 급수는 그 수열의 합이다.
(b) 수열의 부분합이 수렴하는 수열이면 급수는 수렴하고 그렇지 않으면 발산한다.
3. $-2.40000, -1.92000, -2.01600, -1.99680, -2.00064, -1.99987, -2.00003, -1.99999, -2.00000, -2.00000$; 수렴, 합$=-2$

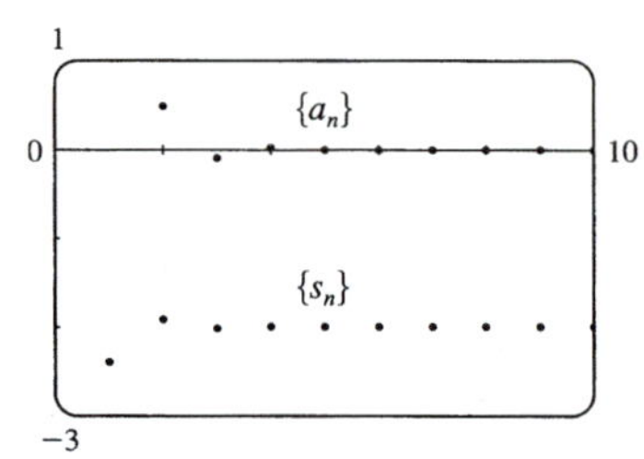

5. 0.44721, 1.15432, 1.98637, 2.88080, 3.80927, 4.75796, 5.71948, 6.68962, 7.66581, 8.64639; 발산

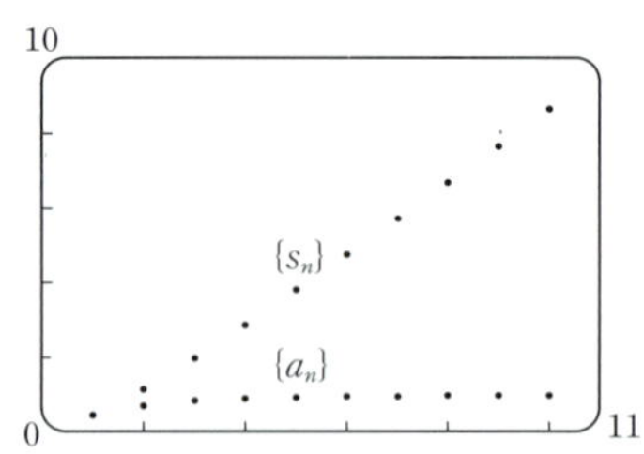

7. 0.29289, 0.42265, 0.50000, 0.55279, 0.59175, 0.62204, 0.64645, 0.66667, 0.68377, 0.69849; 수렴, 합=1

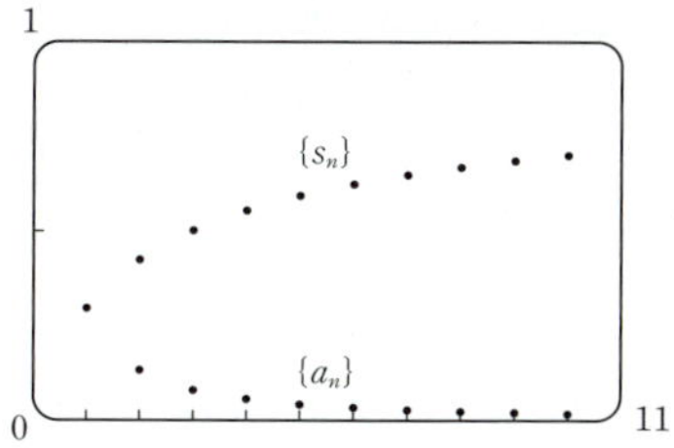

9. (a) 수렴 (b) 발산 11. 발산

13. $\frac{25}{3}$ 15. 15 17. 발산 19. 발산

21. 발산 23. $\frac{5}{2}$ 23. 발산 27. 발산

29. $\frac{e}{e-1}$ 31. $\frac{3}{2}$ 33. $\frac{11}{6}$

35. (b) 1 (c) 2 (d) 0 이외의 모든 유리수

37. $\frac{2}{9}$ 39. $\frac{5063}{3300}$ 41. $-3<x<3$; $x/(3-x)$

43. 모든 x; $\frac{2}{2-\cos x}$ 45. $\frac{1}{4}$

47. $n>1$에 대하여 $a_1=0$, $a_n=2/[n(n+1)]$, 합=1

49. (a) 105.25 mg (b) $\frac{100(1-0.05^n)}{1-0.05}$ mg

(c) $\frac{100}{0.95}$ mg$\approx$105.26 mg에 접근한다.

51. (a) $S_n=D(1-c^n)/(1-c)$ (b) 5

53. $(\sqrt{3}-1)/2$ 57. $1/[n(n+1)]$

59. 이 급수는 발산한다.

63. $\{s_n\}$은 유계이고 증가한다.

65. (a) $0, \frac{1}{9}, \frac{2}{9}, \frac{1}{3}, \frac{2}{3}, \frac{7}{9}, \frac{8}{9}, 1$

67. (a) $\frac{1}{2}, \frac{5}{6}, \frac{23}{24}, \frac{119}{120}$; $[(n+1)!-1]/(\mathrm{n}+1)!$

(c) 1

9.3 연습문제

1. 수렴

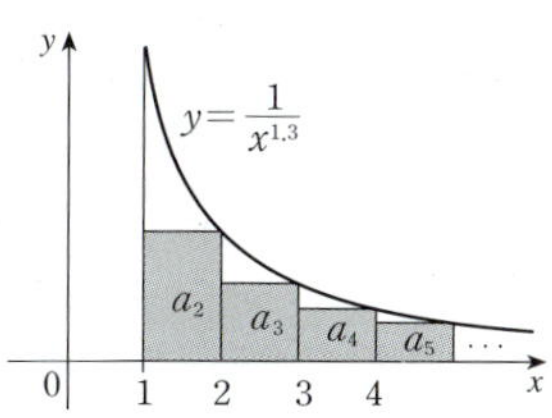

3. (a) 아무것도 알 수 없다. (b) 수렴

5. p급수; 기하급수; $b<-1$; $-1<b<1$

7. 수렴 9. 수렴 11. 발산 13. 수렴 15. 수렴

17. 발산 19. 수렴 21. 수렴 23. 발산

25. 발산 27. 수렴 29. 발산 31. $p>1$

33. (a) 1.54977, 오차$\le$0.1 (b) 1.64522, 오차$\le$0.005

(c) $n>1000$

35. 0.00145 37. 1.249, 오차$\le$0.1 43. 예

9.4 연습문제

1. (a) 양수와 음수가 번갈아 나오는 급수

(b) $b_n=|a_n|$일 때 $0<b_{n+1}\le b_n$이고 $\lim_{n\to\infty} b_n=0$인 경우

(c) $|R_n|\le b_{n+1}$

3. 수렴 5. 수렴 7. 발산

9. 수렴 11. 작다 13. $p>0$

15. 5 17. -0.5507 19. 0.0676

21. 아니다. 23. 그렇다.

25. 그렇다. 27. 아니다.

29. 그렇다. 31. 그렇다.

33. 그렇다. 35. 발산

37. (a)와 (d) 39. 절대 수렴

9.5 연습문제

1. x가 변수이고 a와 c_n이 상수일 때 $\sum_{n=0}^{\infty} c_n(x-a)^n$ 형태의 급수

3. 1, $[-1, 1)$ 5. 1, $[-1, 1]$ 7. ∞, $(-\infty, \infty)$

9. 2, $(-2, 2)$ 11. $\frac{1}{2}$, $\left(-\frac{1}{2}, \frac{1}{2}\right]$

13. 1, $[1, 3]$ 15. $\frac{1}{3}$, $\left[-\frac{13}{3}, -\frac{11}{3}\right)$

17. $\frac{1}{4}$, $\left[-\frac{1}{2}, 0\right]$ 19. 0, $\left\{\frac{1}{2}\right\}$

21. b, $(a-b, a+b)$ 23. ∞, $(-\infty, \infty)$

25. (a) 수렴한다. (b) 발산한다.

27. k^k

29. (a) $(-\infty, \infty)$

(b), (c)

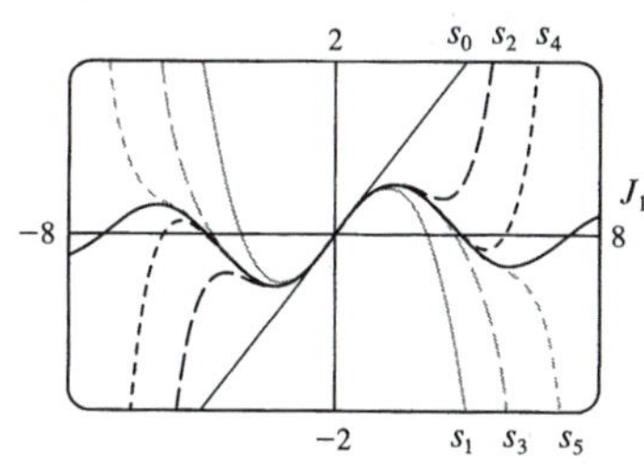

31. $(-1, 1)$, $f(x)=(1+2x)/(1-x^2)$

33. 2

35. 아니오

9.6 연습문제

1. 10

3. $\sum_{n=0}^{\infty}(-1)^n x^n$, $(-1, 1)$

5. $\sum_{n=0}^{\infty} x^{3n}$, $(-1, 1)$

7. $\sum_{n=0}^{\infty}(-1)^{n+2}\frac{1}{9^{n+1}}x^{2n+1}$, $(-3, 3)$

9. $1+2\sum_{n=1}^{\infty} x^n$, $(-1, 1)$

11. (a) $\sum_{n=0}^{\infty}(-1)^n(n+1)x^n,\ R=1$

(b) $\frac{1}{2}\sum_{n=0}^{\infty}(-1)^n(n+2)(n+1)x^n,\ R=1$

(c) $\frac{1}{2}\sum_{n=2}^{\infty}(-1)^n n(n-1)x^n,\ R=1$

13. $\ln 5-\sum_{n=1}^{\infty}\frac{x^n}{n5^n},\ R=5$

15. $(-1)^n\ 4n(n+1)x^{n+1}$, $R=\frac{1}{4}$

19. $\sum_{n=1}^{\infty}(-1)^n\frac{1}{16^{n+1}}x^{2n+1}$, $R=4$

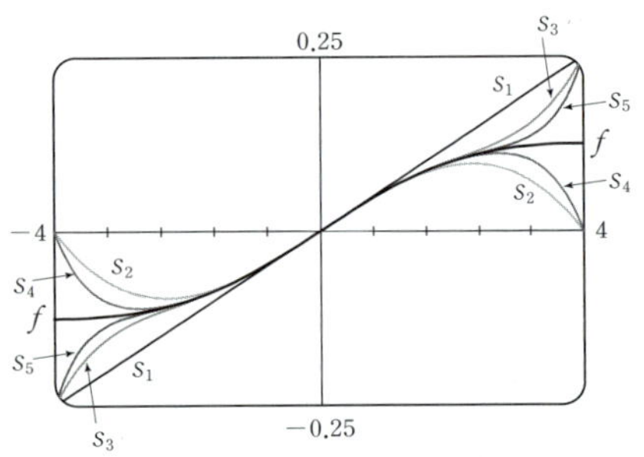

21. $\sum_{n=0}^{\infty}\frac{2x^{2n+1}}{2n+1},\ R=1$

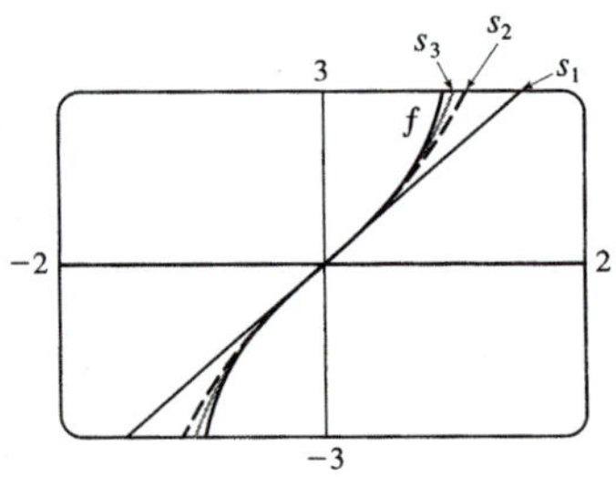

23. $C+\sum_{n=0}^{\infty}\frac{t^{8n+2}}{8n+2},\ R=1$

25. $C+\sum_{n=1}^{\infty}(-1)^{n+1}\frac{x^{2n-1}}{4n^2-1},\ R=1$

27. 0.199989 29. 0.000983 31. 0.19740

33. (b) 0.920 37. $[-1, 1], [-1, 1), (-1, 1)$

9.7 연습문제

1. $b_8=f^{(8)}(5)/8!$

3. $\sum_{n=0}^{\infty}(n+1)x^n,\ R=1$

5. $\sum_{n=0}^{\infty}(n+1)x^n,\ R=1$

7. $\sum_{n=0}^{\infty}(-1)^n\frac{\pi^{2n+1}}{(2n+1)!}x^{2n+1},\ R=\infty$

9. $\sum_{n=0}^{\infty}\frac{5^n}{n!}x^n,\ R=\infty$

11. $7+5(x-2)+(x-2)^2,\ R=\infty$

13. $\sum_{n=0}^{\infty}\frac{e^3}{n!}(x-3)^n,\ R=\infty$

15. $\sum_{n=0}^{\infty}(-1)^{n+1}\frac{1}{(2n)!}(x-\pi)^{2n},\ R=\infty$

17. $\frac{1}{3}+\sum_{n=0}^{\infty}(-1)^n\frac{1\cdot3\cdot5\cdot\cdots\cdot(2n-1)}{2^n\cdot3^{2n+1}\cdot n!}(x-9)^n,\ R=9$

21. $1+\frac{x}{2}+\sum_{n=2}^{\infty}(-1)^{n-1}\frac{1\cdot3\cdot5\cdot\cdots\cdot(2n-3)}{2^n n!}x^n,\ R=1$

23. $\sum_{n=0}^{\infty}(-1)^n\frac{(n+1)(n+2)}{2^{n+4}}x^n,\ R=2$

25. $\sum_{n=0}^{\infty}(-1)^n\frac{\pi^{2n+1}}{(2n+1)!}x^{n+1},\ R=\infty$

27. $\sum_{n=0}^{\infty}\frac{2^n+1}{n!}x^n,\ R=\infty$

29. $\sum_{n=0}^{\infty}(-1)^n\frac{1}{2^{2n}(2n)!}x^{4n+1},\ R=\infty$

31. $\frac{1}{2}x+\sum_{n=1}^{\infty}(-1)^n\frac{1\cdot3\cdot5\cdot\cdots\cdot(2n-1)}{n!2^{3n+1}}x^{2n+1},\ R=2$

33. $\sum_{n=1}^{\infty}(-1)^{n+1}\frac{2^{2n-1}}{(2n)!}x^{2n},\ R=\infty$

35. $\sum_{n=0}^{\infty}(-1)^n\frac{1}{(2n)!}x^{4n},\ R=\infty$

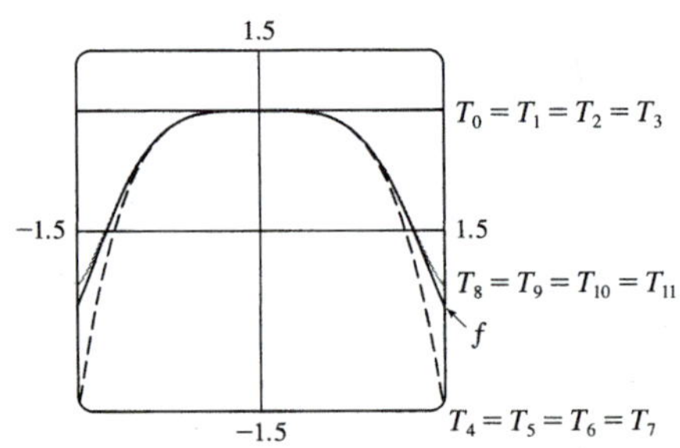

37. $\sum_{n=1}^{\infty}\frac{(-1)^{n-1}}{(n-1)!}x^n,\ R=\infty$

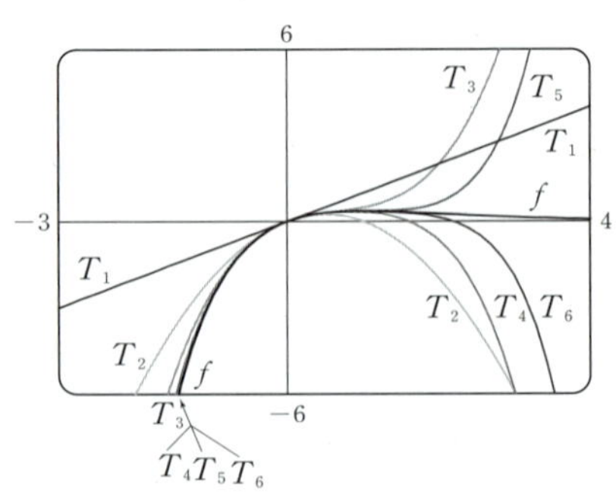

39. 0.81873

41. (a) $1+\sum_{n=1}^{\infty}\frac{1\cdot3\cdot5\cdot\cdots\cdot(2n-1)}{2^n n!}x^{2n}$

(b) $x+\sum_{n=1}^{\infty}\frac{1\cdot3\cdot5\cdot\cdots\cdot(2n-1)}{(2n+1)2^n n!}x^{2n+1}$

43. $C+\sum_{n=0}^{\infty}(-1)^n\frac{x^{6n+2}}{(6n+2)(2n)!},\ R=\infty$

45. $C+\sum_{n=1}^{\infty}(-1)^n\frac{1}{2n(2n)!}x^{2n},\ R=\infty$

47. 0.440

49. 0.09998750

51. $\frac{1}{3}$

53. $\frac{1}{120}$

55. $1-\frac{3}{2}x^2+\frac{25}{24}x^4$

57. $1+\frac{1}{6}x^2+\frac{7}{360}x^4$

59. e^{-x^4}

61. $\ln\frac{8}{5}$

63. $1/\sqrt{2}$

65. e^3-1

9.8 연습문제

1. (a) $T_0(x)=1=T_1(x)$,

$T_2(x)=1-\frac{1}{2}x^2=T_3(x)$,

$T_4(x)=1-\frac{1}{2}x^2+\frac{1}{24}x^4=T_5(x)$,

$T_6(x)=1-\frac{1}{2}x^2+\frac{1}{24}x^4-\frac{1}{720}x^6$

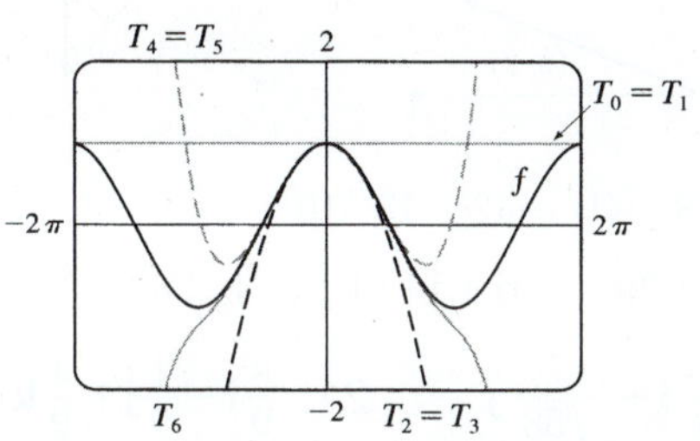

(b)

x	f	$T_0=T_1$	$T_2=T_3$	$T_4=T_5$	T_6
$\frac{\pi}{4}$	0.7071	1	0.6916	0.7074	0.7071
$\frac{\pi}{2}$	0	1	−0.2337	0.0200	−0.0009
π	−1	1	−3.9348	0.1239	−1.2114

(c) n이 증가함에 따라 $T_n(x)$는 점점 더 커지는 구간에서 $f(x)$의 좋은 근사이다.

3. $\frac{1}{2}-\frac{1}{4}(x-2)+\frac{1}{8}(x-2)^2-\frac{1}{16}(x-2)^3$

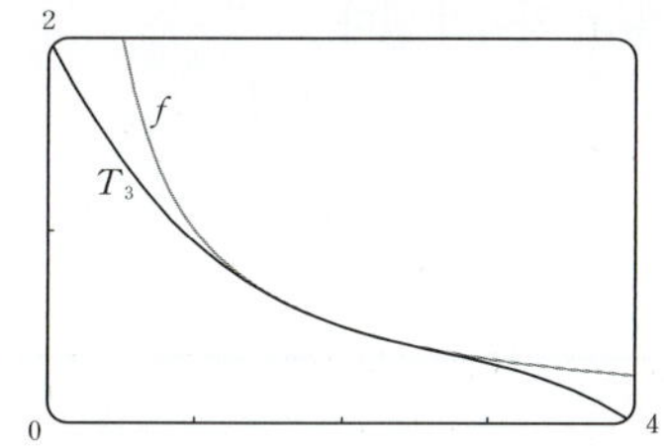

5. $-\left(x-\frac{\pi}{2}\right)+\frac{1}{6}\left(x-\frac{\pi}{2}\right)^3$

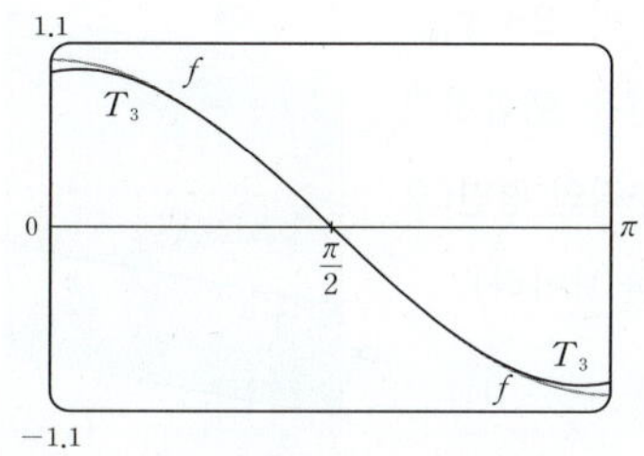

7. $x-2x^2+2x^3$

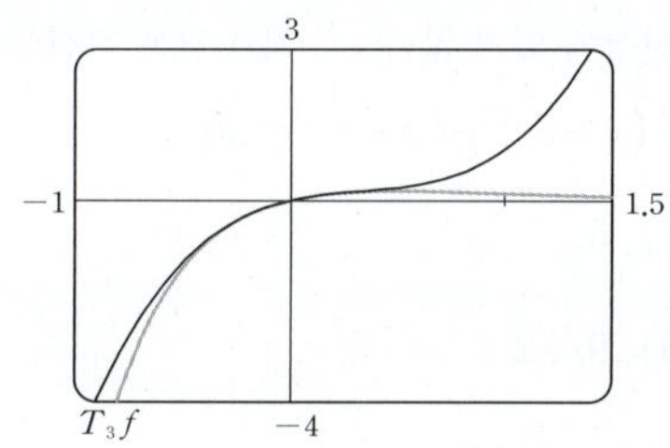

9. $T_5(x)=1-2\left(x-\frac{\pi}{4}\right)+2\left(x-\frac{\pi}{4}\right)^2-\frac{8}{3}\left(x-\frac{\pi}{4}\right)^3+\frac{10}{3}\left(x-\frac{\pi}{4}\right)^4-\frac{64}{15}\left(x-\frac{\pi}{4}\right)^5$

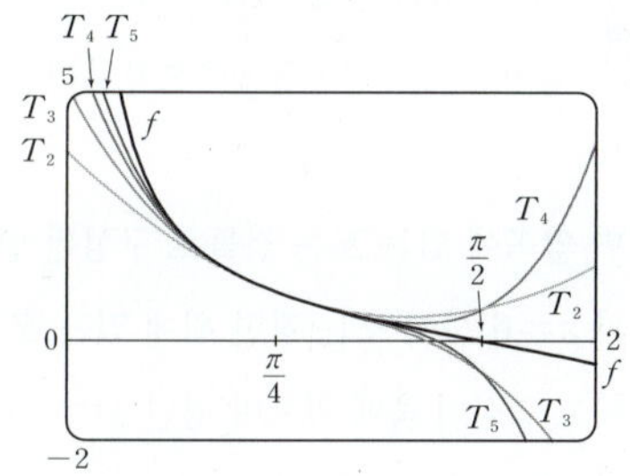

11. (a) $2+\frac{1}{4}(x-4)-\frac{1}{64}(x-4)^2$ (b) 1.5625×10^{-5}

13. (a) $1+\frac{2}{3}(x-1)-\frac{1}{9}(x-1)^2+\frac{4}{81}(x-1)^3$

(b) 0.000097

15. (a) $1+x^2$ (b) 0.00006

17. (a) $x^2-\frac{1}{6}x^4$ (b) 0.042

19. 0.17365

21. 4개

23. $-1.037<x<1.037$

25. $-0.86<x<0.86$

27. 21m, 타당하지 않다.

31. (c) 8×10^{-9}km 차이가 있다.

제10장

10.1 연습문제

1. $(4, 0, -3)$ 3. Q: R

5. xy-평면에서 $y=2-x$, $z=0$인 직선을 포함하고 xy-평면에 수직인 평면(오른쪽 그래프를 보아라)

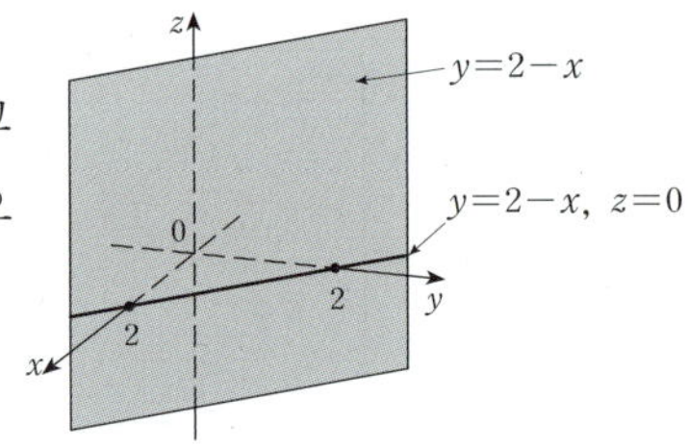

7. (a) $|PQ|=6$, $|QR|=2\sqrt{10}$, $|RP|=6$; 이등변삼각형
(b) $|PQ|=3$, $|QR|=3\sqrt{5}$, $|RP|=6$; 직각삼각형

9. (a) 같은 직선상에 있지 않다. (b) 같은 직선상에 있다.

11. $(x-3)^2+(y-8)^2+(z-1)^2=30$

13. $(3, -2, 1)$, 5

15. $(2, 0, -6)$, $9/\sqrt{2}$

17. (b) $\frac{5}{2}$, $\frac{1}{2}\sqrt{94}$, $\frac{1}{2}\sqrt{85}$

19. (a) $(x-2)^2+(y+3)^2+(z-6)^2=36$
(b) $(x-2)^2+(y+3)^2+(z-6)^2=4$
(c) $(x-2)^2+(y+3)^2+(z-6)^2=9$

21. xz-평면에 평행이고 xz-평면을 y축으로 4만큼 왼쪽으로 평행이동시킨 평면.

23. $x=3$인 평면 앞쪽에 있는 모든 점들로 구성된 빈 공간.

25. 평면 $z=0$과 $z=6$ 사이 또는 평면 위에 있는 모든 점들.

27. 반지름이 2이고 중심이 축에 있으며 평면 $z=-1$에 포함되는 원

29. $\sqrt{1250}\approx35.4$ km/h, 북서쪽으로 8°

31. 반지름이 3이고 중심축이 y축인 원기둥과 그 내부의 점

33. $0<x<5$ 35. $r^2<x^2+y^2+z^2<R^2$

37. (a) $(2, 1, 4)$ (b)

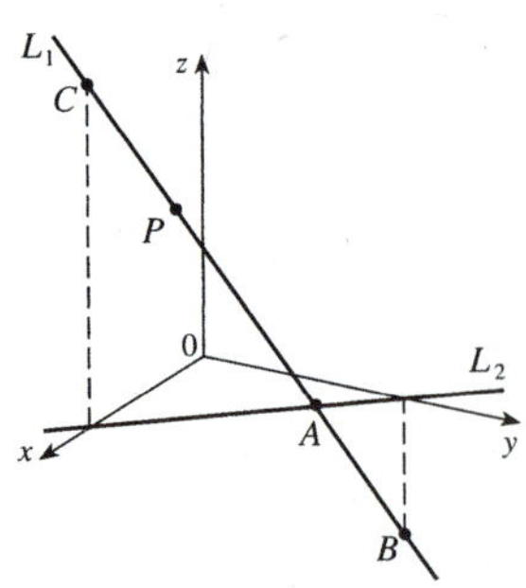

39. $14x-6y-10z=9$, 선분 AB에 수직인 평면

41. $2\sqrt{3}-3$

10.2 연습문제

1. (a) 스칼라 (b) 벡터 (c) 벡터 (d) 스칼라

3. $\overrightarrow{AB}=\overrightarrow{DC}$, $\overrightarrow{DA}=\overrightarrow{CB}$, $\overrightarrow{DE}=\overrightarrow{EB}$, $\overrightarrow{EA}=\overrightarrow{CE}$

5. (a)

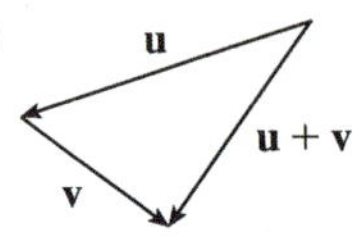

(b)

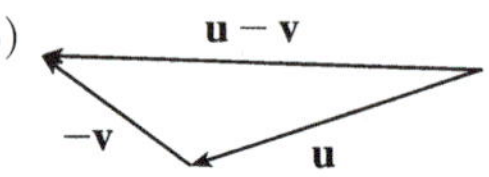

(c)

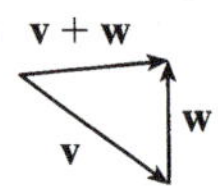

(d)

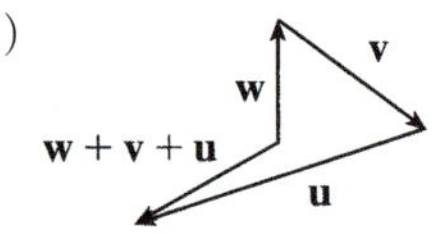

7. $\mathbf{a}=\langle 3, -1\rangle$

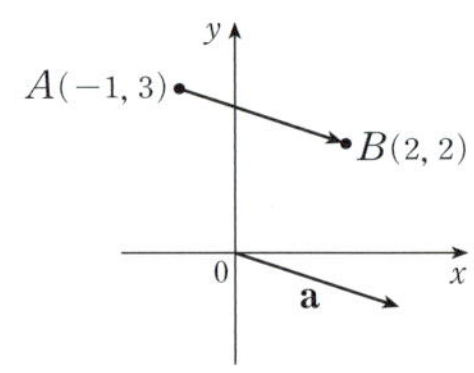

9. $\mathbf{a}=\langle 2, 0, -2\rangle$

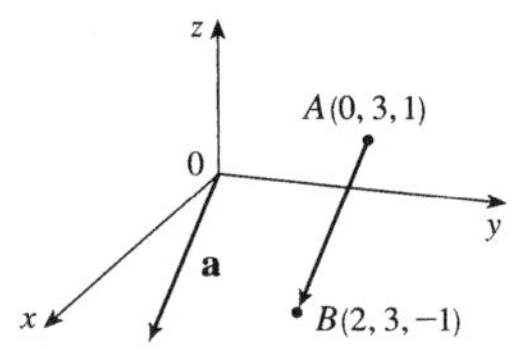

11. $\langle 5, 2\rangle$

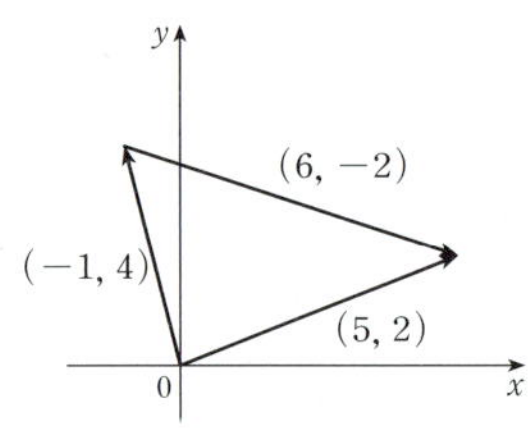

13. $\langle 0, 1, -1\rangle$

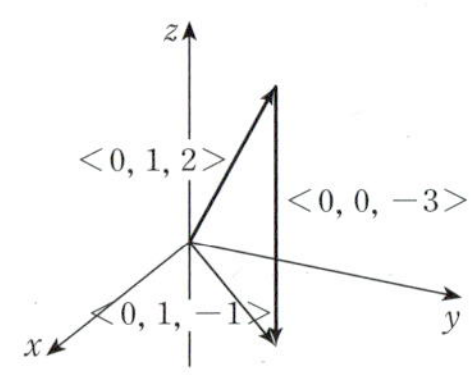

15. $\langle 2, -18\rangle$, $\langle 1, -42\rangle$, 13, 10

17. $-\mathbf{i}+\mathbf{j}+2\mathbf{k}$, $-4\mathbf{i}+\mathbf{j}+9\mathbf{k}$, $\sqrt{14}$, $\sqrt{82}$

19. $-\frac{3}{\sqrt{58}}\mathbf{i}+\frac{7}{\sqrt{58}}\mathbf{j}$ 21. $\frac{8}{9}\mathbf{i}-\frac{1}{9}\mathbf{j}+\frac{4}{9}\mathbf{k}$

23. $\langle 2, 2\sqrt{3}\rangle$ 25. ≈45.96 ft/s, ≈38.57 ft/s

27. $100\sqrt{7}\approx264.6$ N, $\approx135.1°$

29. $\sqrt{1250}\approx35.4$ km/h, 북서쪽으로 8°

31. $\mathbf{T}_1\approx-196\mathbf{i}+3.92\mathbf{j}$, $\mathbf{T}_2\approx196\mathbf{i}+3.92\mathbf{j}$

33. $\pm(\mathbf{i}+4\mathbf{j})/\sqrt{17}$

35. (a), (b)

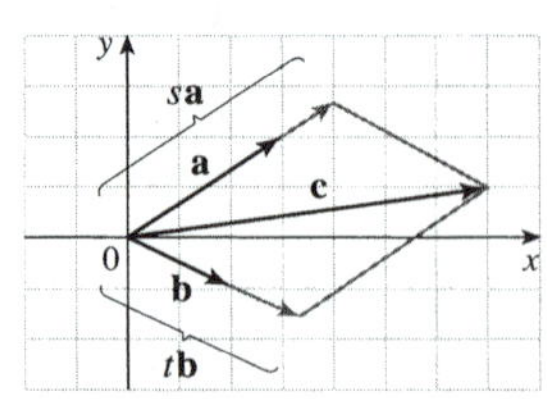

(d) $s=\frac{9}{7}$, $t=\frac{11}{7}$

37. $\mathbf{a}\approx\langle 0.50, 0.31, 0.81\rangle$

39. 중심이 (x_0, y_0, z_0)이고 반지름이 1인 구

10.3 연습문제

1. (b), (c), (d)는 의미 있다.　3. -15　5. 14

5. 19　9. 32　11. $\mathbf{u}\cdot\mathbf{v}=\frac{1}{2}$, $\mathbf{u}\cdot\mathbf{w}=-\frac{1}{2}$

15. $\cos^{-1}\left(\frac{9-4\sqrt{7}}{20}\right)\approx 95°$

17. $\cos^{-1}(-1/(2\sqrt{7}))\approx 101°$　19. 45°, 45°, 90°

21. (a) 둘다 아니다　(b) 직교　(c) 직교　(d) 평행

23. 그렇다.　25. $(\mathbf{i}-\mathbf{j}-\mathbf{k})/\sqrt{3}$ [또는 $(-\mathbf{i}+\mathbf{j}+\mathbf{k})/\sqrt{3}$]

27. 45°　29. 3, $\left\langle \frac{9}{5}, -\frac{12}{5} \right\rangle$

31. $1/\sqrt{21}$, $\frac{2}{21}\mathbf{i}-\frac{1}{21}\mathbf{j}+\frac{4}{21}\mathbf{k}$

35. $\langle 0, 0, -2\sqrt{10}\rangle$ 또는 이 형태를 갖는 모든 벡터.
$\langle s, t, 3s-2\sqrt{10}\rangle$, $s, t\in\mathbb{R}$

37. 144J　39. $560\cos 20°\approx 526$J　41. $\frac{13}{5}$

43. $\cos^{-1}(1/\sqrt{3})\approx 55°$

10.4 연습문제

1. (a) 스칼라　(b) 의미 없음　(c) 벡터
(d) 의미 없음　(e) 의미 없음　(f) 스칼라

3. $96\sqrt{3}$; 페이지의 안쪽　5. $10.8\sin 80°\approx 10.6$N·m

7. $-\mathbf{i}-\mathbf{j}+5\mathbf{k}$　9. $15\mathbf{i}-3\mathbf{j}+3\mathbf{k}$

11. $\frac{1}{2}\mathbf{i}-\mathbf{j}+\frac{3}{2}\mathbf{k}$　13. $t^4\mathbf{i}-2t^3\mathbf{j}+t^2\mathbf{k}$

15. $\mathbf{0}$　17. $\mathbf{i}+\mathbf{j}+\mathbf{k}$

19. $\langle -2/\sqrt{6}, -1/\sqrt{6}, 1, 1/\sqrt{6}\rangle$, $\langle 2/\sqrt{6}, 1/\sqrt{6}, 1, -1/\sqrt{6}\rangle$

21. 16　23. (a) $\langle 13, -14, 5\rangle$　(b) $\frac{1}{2}\sqrt{390}$

25. ≈ 417N　27. 82　29. 3　33. (b) $\sqrt{97/3}$

39. (a) 성립하지 않는다. (b) 성립하지 않는다. (c) 성립한다.

10.5 연습문제

1. (a) 참　(b) 거짓　(c) 참　(d) 거짓　(e) 거짓
(f) 참　(g) 거짓　(h) 참　(i) 참　(j) 거짓　(k) 참

3. $\mathbf{r}=(-2\mathbf{i}+4\mathbf{j}+10\mathbf{k})+t(3\mathbf{i}+\mathbf{j}-8\mathbf{k})$;
$x=-2+3t$, $y=4+t$, $z=10-8t$

5. $\mathbf{r}=(\mathbf{i}+6\mathbf{k})+t(\mathbf{i}+3\mathbf{j}+\mathbf{k})$; $x=1+t$, $y=3t$, $z=6+t$

7. $x=2+2t$, $y=1+\frac{1}{2}t$, $z=-3-4t$;
$(x-2)/2=2y-2=(z+3)/(-4)$

9. $x=1+t$, $y=-1+2t$, $z=1+t$;
$x-1=\frac{(y+1)}{2}=z-1$

11. 그렇다.

13. (a) $\frac{x-1}{-1}=\frac{y+5}{2}=\frac{z-6}{-3}$
(b) $(-1, -1, 0)$, $\left(-\frac{3}{2}, 0, -\frac{3}{2}\right)$, $(0, -3, 3)$

15. $\mathbf{r}(t)=(2\mathbf{i}-\mathbf{j}+4\mathbf{k})+t(2\mathbf{i}+7\mathbf{j}-3\mathbf{k})$, $0\le t\le 1$

17. 평행　19. 꼬여 있다.　21. $-2x+y+5z=1$

23. $3x-7z=-9$　25. $x+y+z=2$

27. $33x+10y+4z=190$　29. $x-2y+4z=-1$

31. $3x-8y-z=-38$

33.

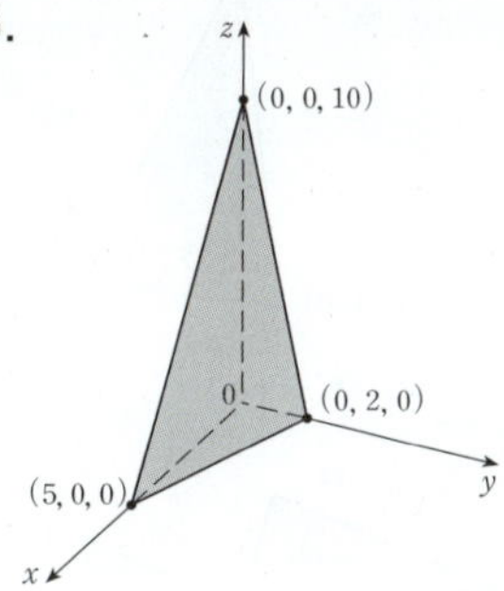

35.

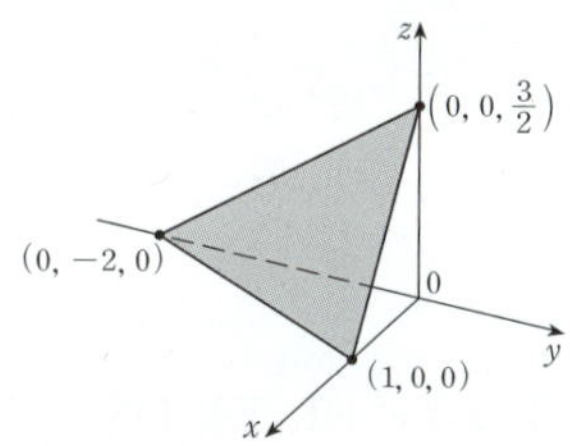

37. $(2, 3, 5)$　39. 수직

41. 어느 것도 아니다, $\cos^{-1}\left(\frac{1}{3}\right)\approx 70.5°$

43. (a) $x=1$, $y=-t$, $z=t$　(b) $\cos^{-1}\left(\frac{5}{3\sqrt{3}}\right)\approx 15.8°$

45. $x=1$, $y-2=-z$

47. $(x/a)+(y/b)+(z/c)=1$

49. $x=3t$, $y=1-t$, $z=2-2t$

51. P_1과 P_3은 평행이고 P_2와 P_4는 동일하다.

53. $\sqrt{61/14}$　55. $\frac{18}{7}$　57. $5/(2\sqrt{14})$　61. $1\sqrt{6}$

10.6 연습문제

1. (a) 바람이 80km/h의 세기로 15시간 동안 불 때 파도의 높이가 약 7.7m이다.
(b) $f(60, t)$는 바람이 60km/h의 세기로 t시간 동안 불 때 파도의 높이를 나타내는 t에 관한 함수이다.
(c) $f(v, 30)$은 바람의 세기가 v로 30시간 동안 불 때 파도의 높이를 나타내는 v에 관한 함수이다.

3. (a) 1　(b) $\mathbb{R}^2$　(c) $[-1, 1]$

5. $\{(x, y) \mid y \geq x^2,\ x \neq \pm 1\}$

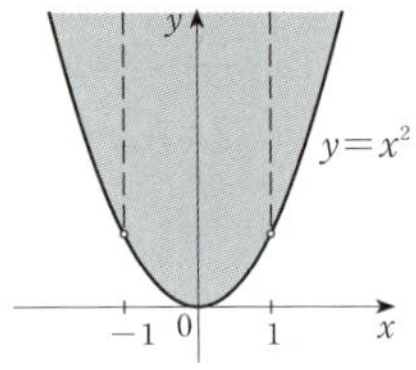

7. $\{(x, y) \mid -1 \leq x \leq 1,\ -1 \leq y \leq 1\}$

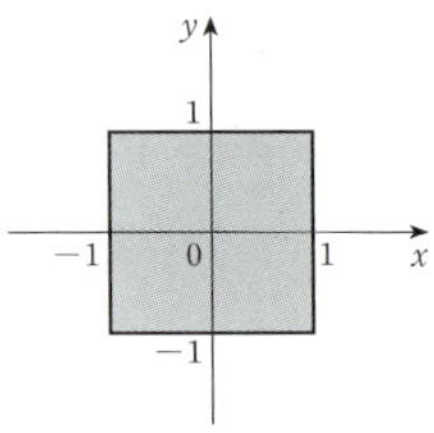

9. $z=3$

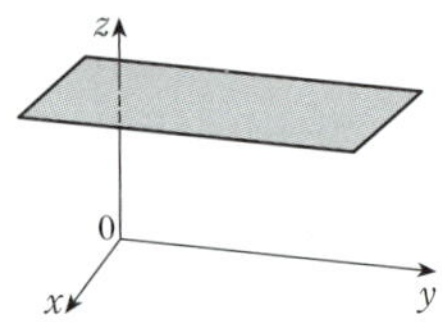

11. $3x+2y+z=6$, 평면

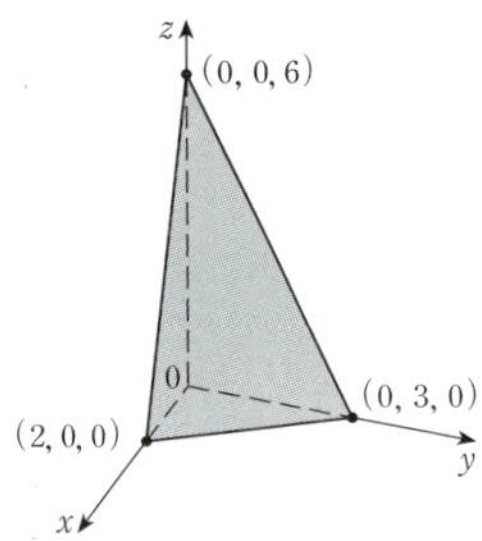

13. $z=y^2+1$, 포물주면

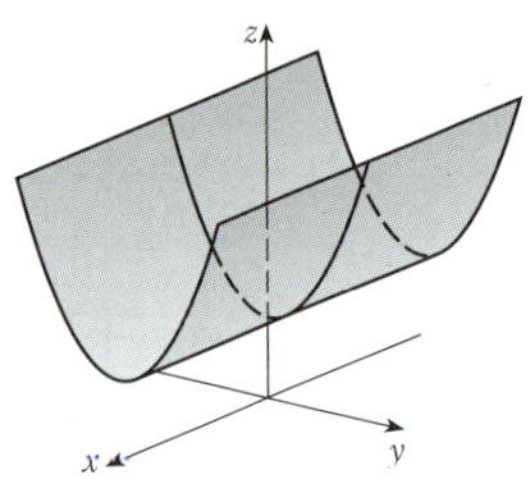

15. (a) VI (b) V (c) I (d) IV (e) II (f) III

17. $z=\sqrt{4x^2+y^2}$

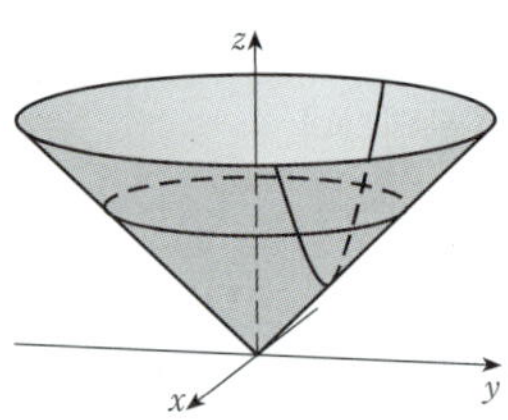

19. $y=z^2-x^2$

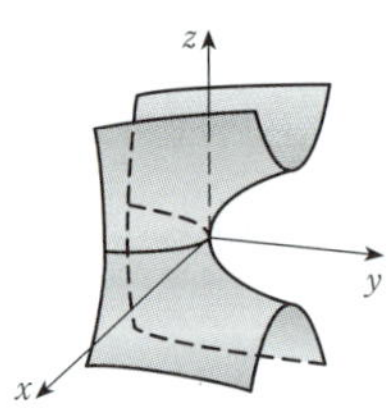

21. $x^2+\dfrac{(y-2)^2}{4}+(z-3)^2=1$

중심이 $(0, 2, 3)$인 타원면

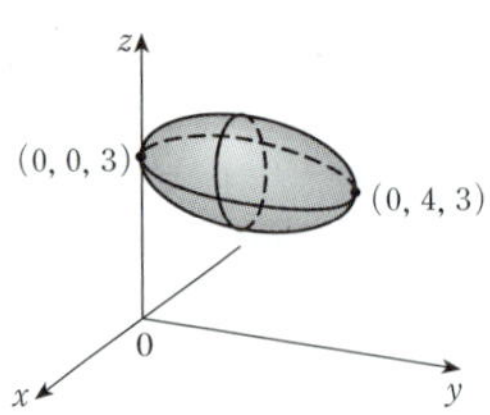

23. (a) 중심이 원점이고 반지름이 1인 원

(b) 축이 z축이고 반지름이 1인 원기둥

(c) 축이 y축이고 반지름이 1인 원기둥

25. (a) $x=k$, $y^2-z^2=1-k^2$, 쌍곡선$(k \neq \pm 1)$;

$y=k$, $x^2-z^2=1-k^2$, 쌍곡선$(k \neq \pm 1)$;

$z=k$, $x^2+z^2=1+k^2$, 원

(b) 축이 y축이 되도록 쌍곡면이 회전된다.

(c) 쌍곡면이 음의 y축 방향으로 1만큼 평행이동된다.

27. III

29.

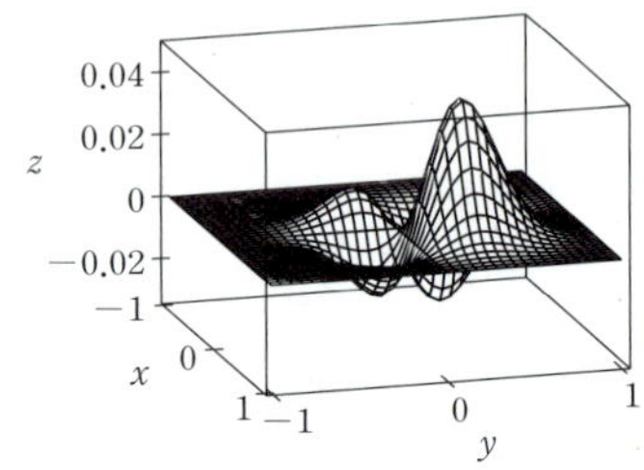

f는 약 0.044의 최댓값을 갖는다. 두 개의 극대점과 두개의 극소점을 갖는다.

31.

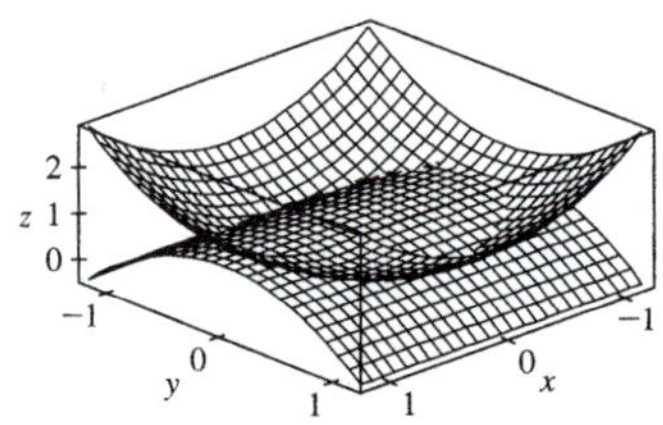

10.7 연습문제

3. (a)

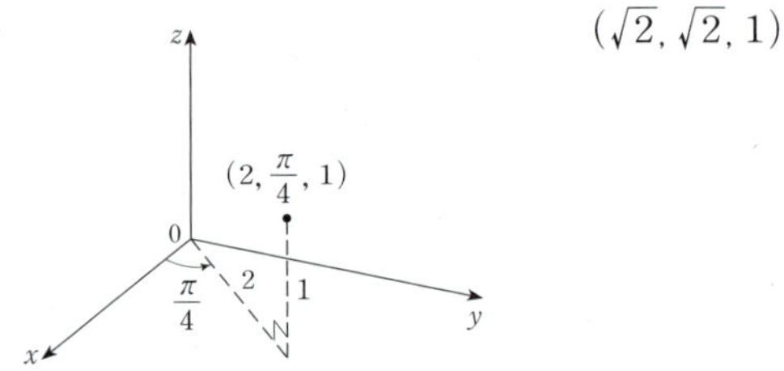

(b)

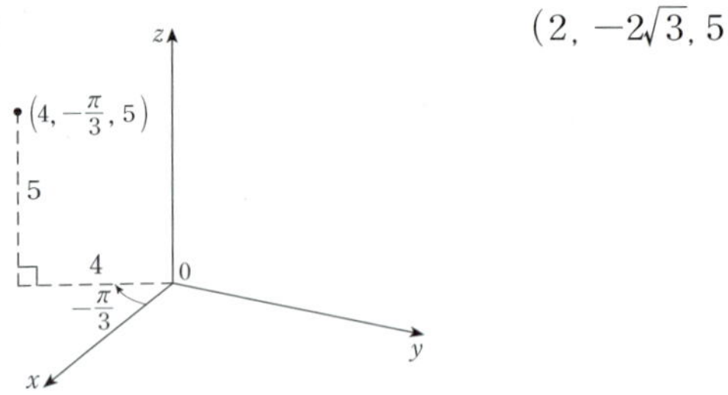

5. (a) $(\sqrt{2}, 7\pi/4, 4)$ (b) $(2, 4\pi/3, 2)$

7. (a)

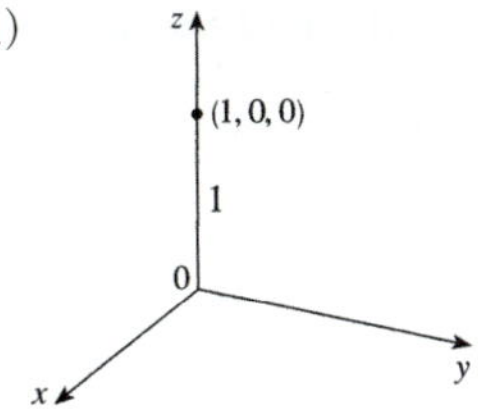

$(0,\ 0,\ 1)$

(b)

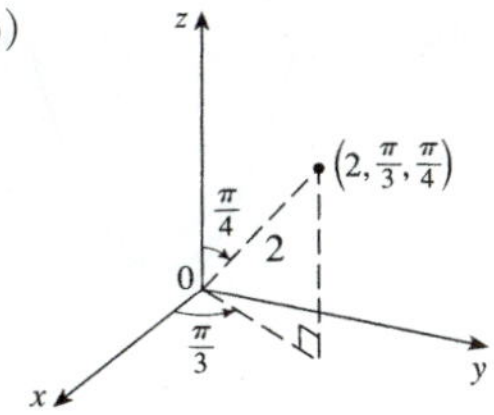

$(\sqrt{2}/2,\ \sqrt{6}/2,\ \sqrt{2})$

9. (a) $\left(4,\ \frac{\pi}{3},\ \frac{\pi}{6}\right)$ (b) $(\sqrt{2},\ 3\pi/2,\ 3\pi/4)$

11. 원기둥, 반지름 3, 축은 z축

13. 반원추면

15. 원형 포물면

17. 원기둥, 반지름 1, 축은 z축과 평행

19. 구, 반지름 $\frac{1}{2}$, 중심은 $(0,\ \frac{1}{2},\ 0)$

21. (a) $z=r^2$ (b) $\rho \sin \phi=2 \sin \theta$

23. (a) $z=6-r(3 \cos \theta+2 \sin \theta)$

(b) $\rho(3 \sin \phi \cos \theta+2 \sin \phi \sin \theta+\cos \phi)=6$

25.

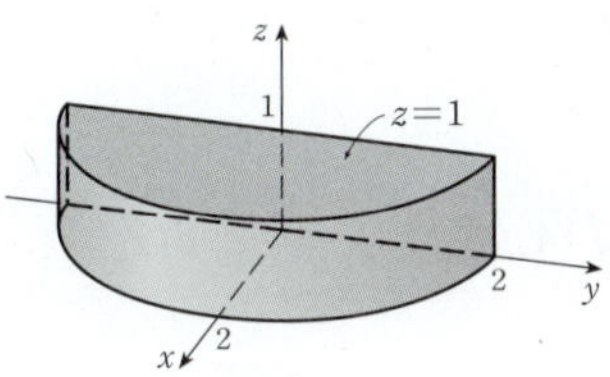

27.

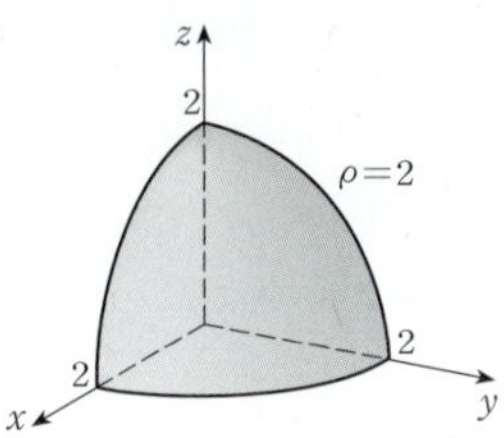

29.

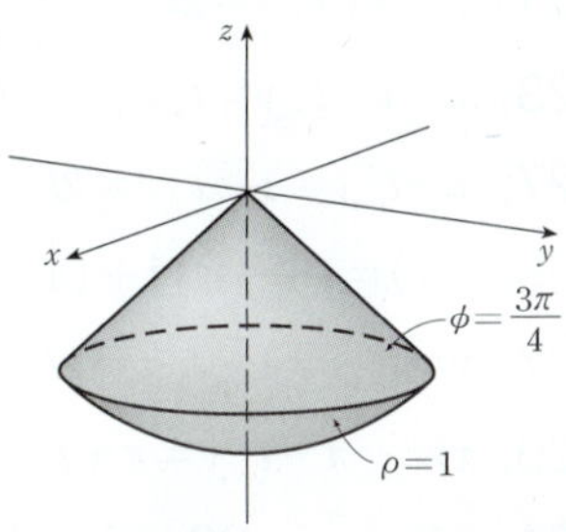

31. 원주좌표: $6 \le r \le 7,\ 0 \le \theta \le 2\pi,\ 0 \le z \le 20$

33. $0 \le \phi \le \pi/4,\ 0 \le \rho \le \cos \phi$

35.

제11장

11.1 연습문제

1. $[1,\ 5]$ 3. $\langle -1,\ \frac{\pi}{2},\ 0 \rangle$

5.

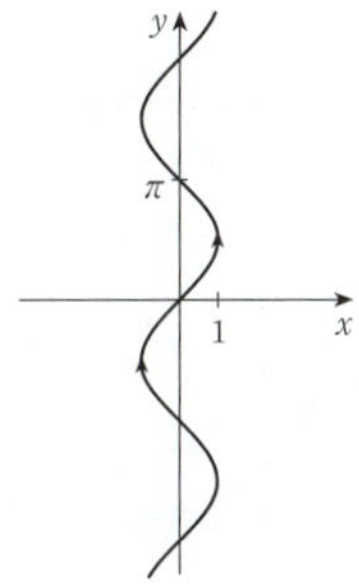

7.

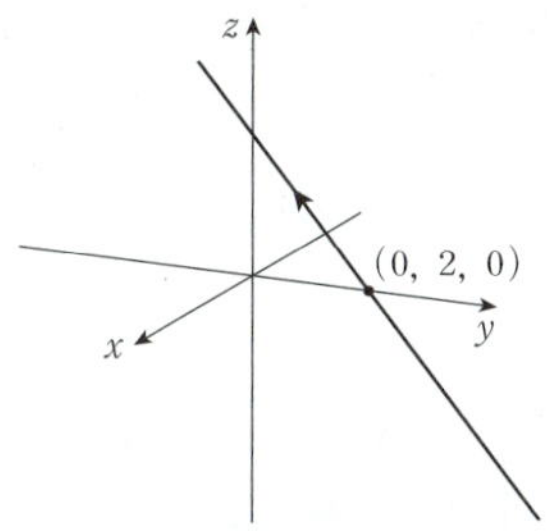

9.

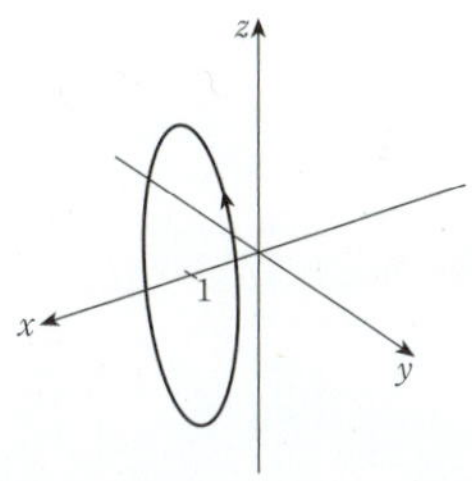

11.

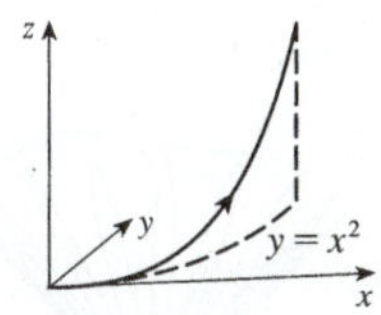

13.

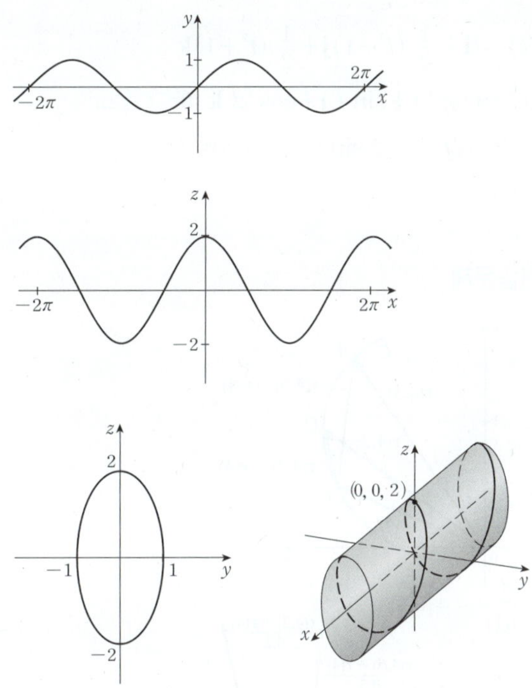

15. $\mathbf{r}(t)=\langle t,\ 2t,\ 3t \rangle,\ 0 \le t \le 1$;

$x=t,\ y=2t,\ z=3t,\ 0 \le t \le 1$

17. $\mathbf{r}(t)=\langle 3t+1,\ 2t-1,\ 5t+2 \rangle,\ 0 \le t \le 1$;

$x=3t+1,\ y=2t-1,\ z=5t+2,\ 0 \le t \le 1$

19. II 21. V 23. IV

25.

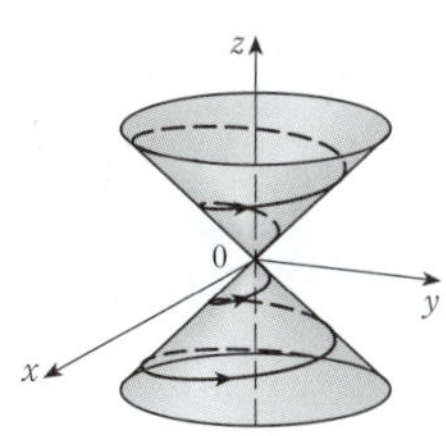

27. $(0,\ 0,\ 0),\ (1,\ 0,\ 1)$

29.

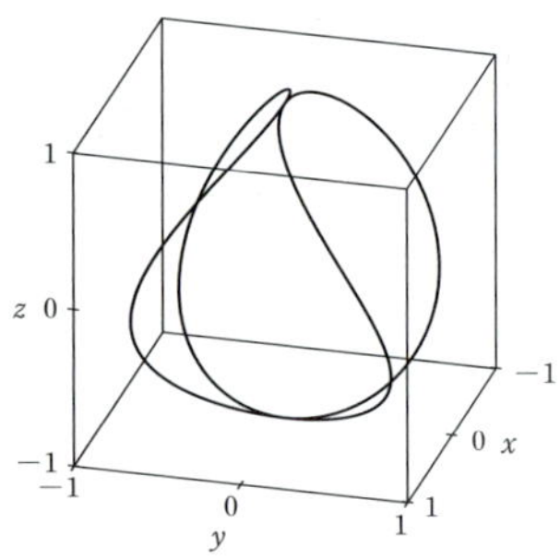

31.

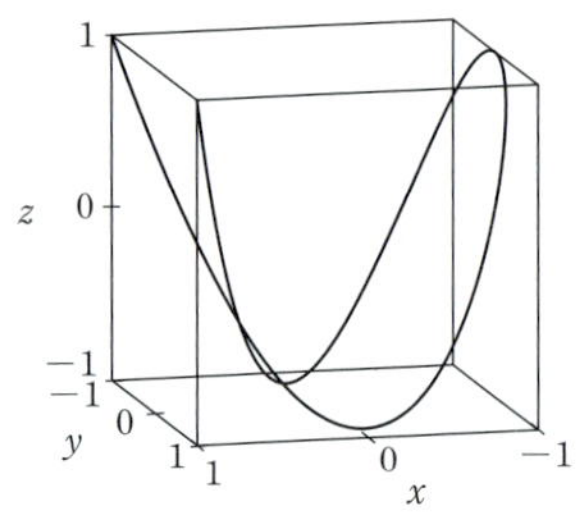

33.

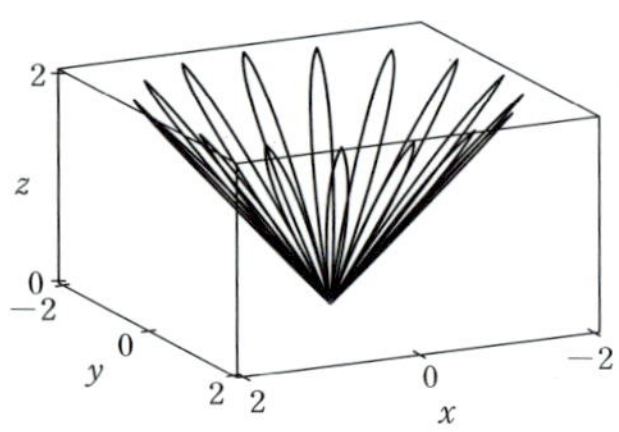

37. $\mathbf{r}(t)=t\mathbf{i}+\frac{1}{2}(t^2-1)\mathbf{j}+\frac{1}{2}(t^2+1)\mathbf{k}$

39. $\mathbf{r}(t)=\cos t\,\mathbf{i}+\sin t\,\mathbf{j}+\cos 2t\,\mathbf{k}$, $0\le t\le 2\pi$

41. $x=2\cos t$, $y=2\sin t$, $z=4\cos^2 t$

43. 그렇다.

11.2 연습문제

1. (a)

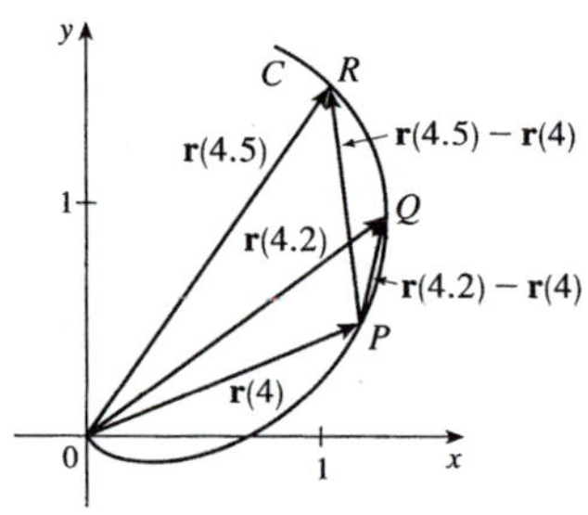

(b), (d)

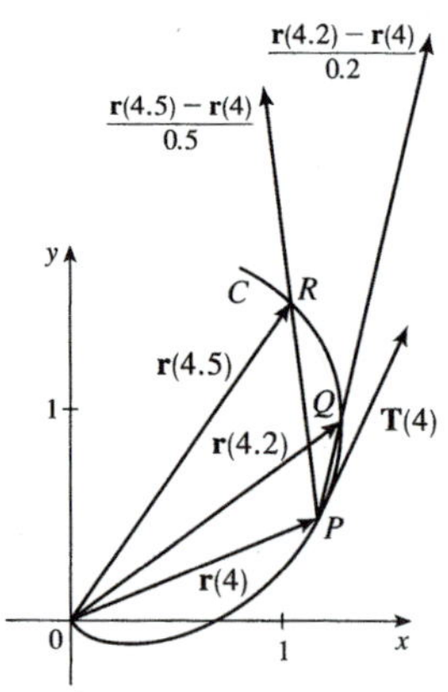

(c) $\mathbf{r}'(4)=\lim_{h\to\infty}\frac{\mathbf{r}(4+h)-\mathbf{r}(4)}{h}$; $\mathbf{T}(4)=\frac{\mathbf{r}'(4)}{|\mathbf{r}'(4)|}$

3. (a), (c)

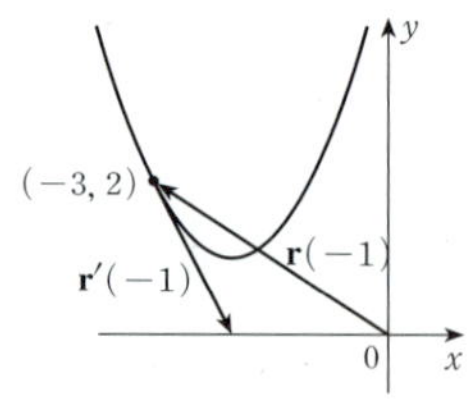

(b) $\mathbf{r}'(t)=\langle 1, 2t\rangle$

5. (a), (c)

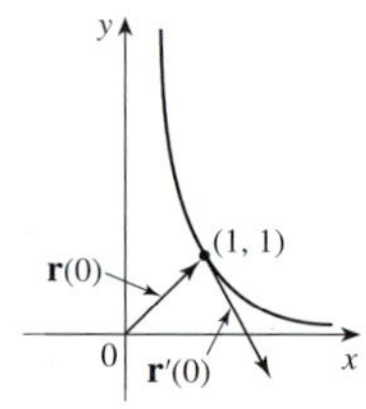

(b) $\mathbf{r}'(t)=e^t\mathbf{i}-2e^{-2t}\mathbf{j}$

7. (a), (c)

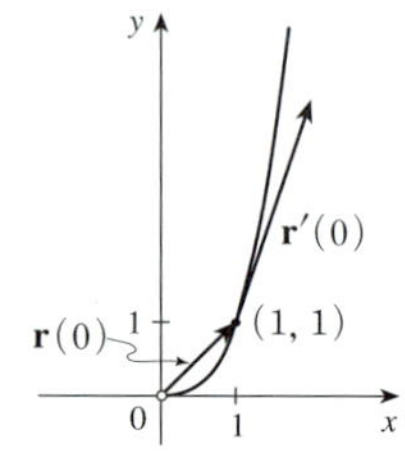

(b) $\mathbf{r}'(t)=e^t\mathbf{i}+3e^{3t}\mathbf{j}$

9. $\mathbf{r}'(t)=\langle t\cos t+\sin t,\ 2t,\ \cos 2t-2t\sin 2t\rangle$

11. $\mathbf{r}'(t)=2te^{t^2}\mathbf{i}+[3/(1+3t)]\mathbf{k}$

13. $\mathbf{r}'(t)=\mathbf{b}+2t\mathbf{c}$

15. $\left\langle \frac{1}{3}, \frac{2}{3}, \frac{2}{3}\right\rangle$

17. $\frac{3}{5}\mathbf{j}+\frac{4}{5}\mathbf{k}$

19. $\langle 1, 2t, 3t^2\rangle$, $\langle 1/\sqrt{14}, 2/\sqrt{14}, 3/\sqrt{14}\rangle$, $\langle 0, 2, 6t\rangle$, $\langle 6t^2, -6t, 2\rangle$

21. $x=3+t$, $y=2t$, $z=2+4t$

23. $x=1-t$, $y=t$, $z=1-t$

27. $x=t$, $y=1-t$, $z=2t$

25. $\mathbf{r}(t)=(3-4t)\mathbf{i}+(4+3t)\mathbf{j}+(2-6t)\mathbf{k}$

27. $x=t$, $y=1-t$, $z=2t$

29. $x=-\pi-t$, $y=\pi+t$, $z=-\pi t$

31. $66°$ 33. $4\mathbf{i}-3\mathbf{j}+5\mathbf{k}$ 35. $\mathbf{i}+\mathbf{j}+\mathbf{k}$

37. $\tan t\,\mathbf{i}+\frac{1}{8}(t^2+1)^4\mathbf{j}+\left(\frac{1}{3}t^3\ln t-\frac{1}{9}t^3\right)\mathbf{k}+\mathbf{C}$

39. $t^2\mathbf{i}+t^3\mathbf{j}+\left(\frac{2}{3}t^{3/2}-\frac{2}{3}\right)\mathbf{k}$

45. $2t\cos t+2\sin t-2\cos t\sin t$ 47. 35

11.3 연습문제

1. $20\sqrt{29}$ 3. $e-e^{-1}$ 5. $\frac{1}{27}(13^{\frac{3}{2}}-8)$

7. 15.3841 9. 1.2780 11. 42

13. $\mathbf{r}(t(s))=\frac{2}{\sqrt{29}}s\,\mathbf{i}+\left(1-\frac{3}{\sqrt{29}}s\right)\mathbf{j}+\left(5+\frac{4}{\sqrt{29}}s\right)\mathbf{k}$

15. $(3\sin 1, 4, 3\cos 1)$

17. (a) $\langle(2/\sqrt{29})\cos t, 5/\sqrt{29}, (-2/\sqrt{29})\sin t\rangle$, $\langle -\sin t, 0, -\cos t\rangle$ (b) $\frac{2}{29}$

19. (a) $\frac{1}{e^{2t}+1}\langle\sqrt{2}e^t, e^{2t}, -1\rangle$, $\frac{1}{e^{2t}+1}\langle 1-e^{2t}, \sqrt{2}e^t, \sqrt{2}e^t\rangle$ (b) $\sqrt{2}e^{2t}/(e, e^{2t}+1)^2$

21. $2/(4t^2+1)^{3/2}$ 23. $\frac{4}{25}$

25. $\frac{1}{7}\sqrt{\frac{19}{14}}$ 27. $12x^2/(1+16x^6)^{3/2}$

29. $e^x|x+2|/[1+(x+1)^2e^{2x}]^{\frac{3}{2}}$

31. $\left(-\frac{1}{2}\ln 2,\ 1/\sqrt{2}\right)$; 0에 접근한다.

33. (a) P (b) 1.3, 0.7

35.

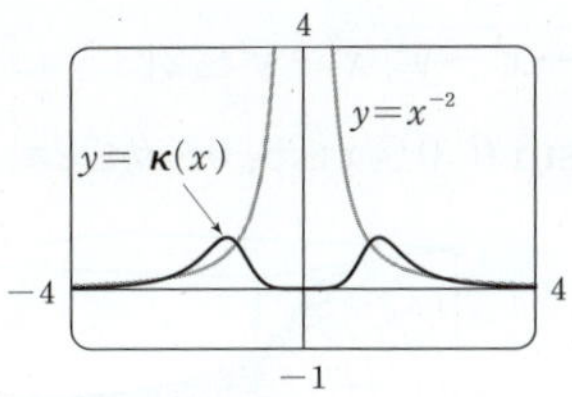

37. a는 $y=f(x)$, b는 $y=\kappa(x)$

39. $\kappa(t)=\dfrac{6\sqrt{4\cos^2 t-12\cos t+13}}{(17-12\cos t)^{3/2}}$

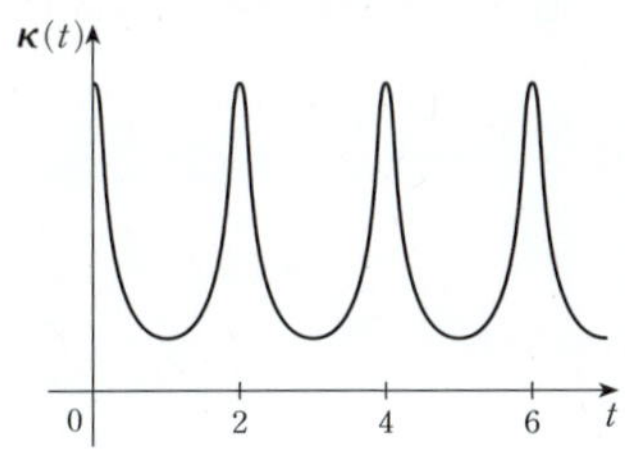

41. $6t^2/(4t^2+9t^4)^{3/2}$ 43. $1/(\sqrt{2}e^t)$

45. $\left\langle\frac{2}{3}, \frac{2}{3}, \frac{1}{3}\right\rangle$, $\left\langle -\frac{1}{3}, \frac{2}{3}, -\frac{2}{3}\right\rangle$, $\left\langle -\frac{2}{3}, \frac{1}{3}, \frac{2}{3}\right\rangle$

47. $y=6x+\pi$, $x+6y=6\pi$

49. $\left(x+\frac{5}{2}\right)^2+y^2=\frac{81}{4}$, $x^2+\left(y-\frac{5}{3}\right)^2=\frac{16}{9}$

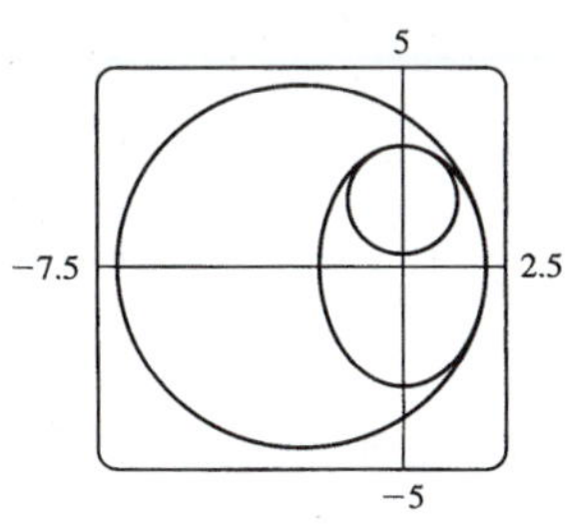

51. $(-1, -3, 1)$

53. $2x+y+4z=7$, $6x-8y-z=-3$

61. 2.07×10^{10}Å$\approx$2m

11.4 연습문제

1. (a) $1.8\mathbf{i}-3.8\mathbf{j}-0.7\mathbf{k}$, $2.0\mathbf{i}-2.4\mathbf{j}-0.6\mathbf{k}$, $2.8\mathbf{i}+1.8\mathbf{j}-0.3\mathbf{k}$, $2.8\mathbf{i}+0.8\mathbf{j}-0.4\mathbf{k}$
(b) $2.4\mathbf{i}-0.8\mathbf{j}-0.5\mathbf{k}$, 2.58

3. $\mathbf{v}(t)=\langle -t, 1\rangle$
$\mathbf{a}(t)=\langle -1, 0\rangle$
$|\mathbf{v}(t)|=\sqrt{t^2+1}$

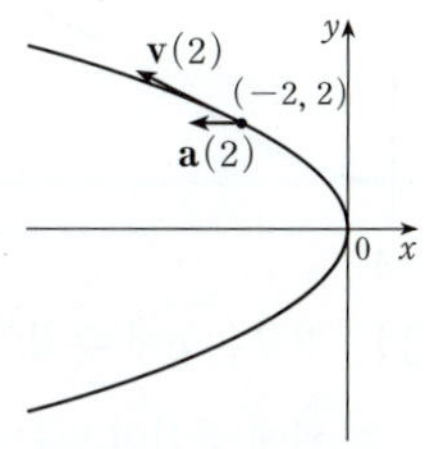

5. $\mathbf{v}(t)=-3\sin t\,\mathbf{i}+2\cos t\,\mathbf{j}$
$\mathbf{a}(t)=-3\cos t\,\mathbf{i}-2\sin t\,\mathbf{j}$
$|\mathbf{v}(t)|=\sqrt{5\sin^2 t+4}$

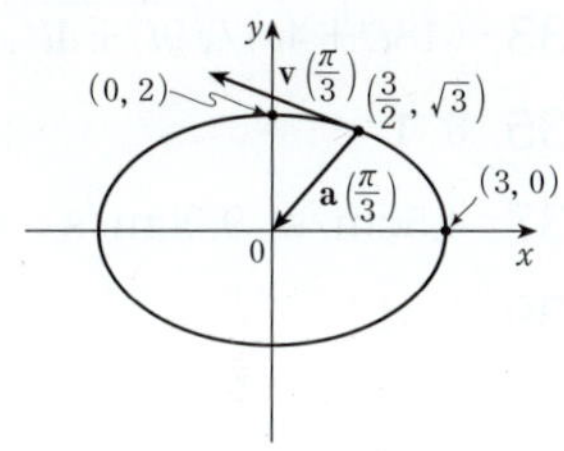

7. $\mathbf{v}(t)=\mathbf{i}-2t\mathbf{j}$
$\mathbf{a}(t)=2\mathbf{j}$
$|\mathbf{v}(t)|=\sqrt{1+4t^2}$

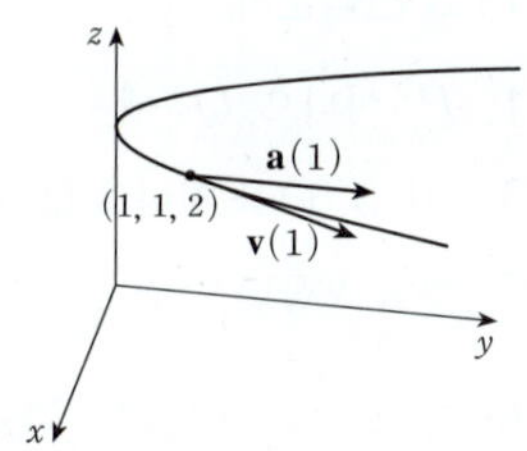

9. $\sqrt{2}\mathbf{i}+e^t\mathbf{j}-e^{-t}\mathbf{k}$, $e^t\mathbf{j}+e^{-t}\mathbf{k}$, e^t+e^{-t}

11. $e^t[(\cos t-\sin t)\,\mathbf{i}+(\sin t+\cos t)\mathbf{j}+(t+1)\mathbf{k}]$, $e^t[-2\sin t\,\mathbf{i}+2\cos t\mathbf{j}+(t+2)\mathbf{k}]$, $e^t\sqrt{t^2+2t+3}$

13. $\mathbf{v}(t)=t\,\mathbf{i}+2t\,\mathbf{j}+\mathbf{k}$, $\mathbf{r}(t)=\left(\frac{1}{2}t^2+1\right)\mathbf{i}+t^2\mathbf{j}+t\,\mathbf{k}$

15. (a) $\mathbf{r}(t)=\left(\frac{1}{3}t^3+t\right)\mathbf{i}+(t-\sin t+1)\,\mathbf{j}+\left(\frac{1}{4}-\frac{1}{4}\cos 2t\right)\mathbf{k}$

(b)

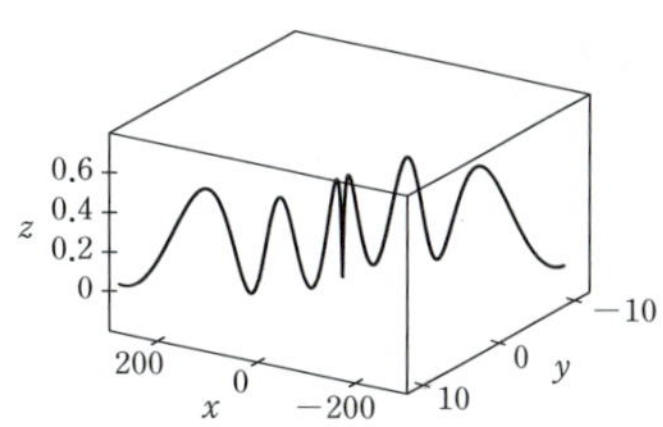

17. $t=4$

19. $\mathbf{r}(t)=t\,\mathbf{i}-t\,\mathbf{j}+\frac{5}{2}t^2\mathbf{k}$, $|\mathbf{v}(t)|=\sqrt{25t^2+2}$

21. (a) ≈ 3535 m (b) ≈ 1531 m (c) 200 m/s

23. 30m/s

25. $\approx 10.2°$, $\approx 79.8°$

27. $13.0° < \theta < 36.0°$, $55.4° < \theta < 85.5°$

29. (a) 16m (b) $\approx 23.6°$ 상류로

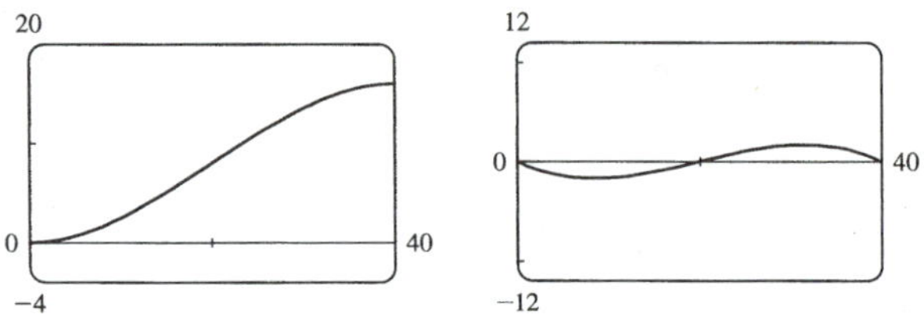

31. 경로는 $\mathbf{c}$에 수직인 평면에 있고 원점을 지나고 방향이 $\mathbf{c}$인 직선 위에 중심이 있는 원에 포함되어 있다.

33. $(18t^3+4t)/\sqrt{9t^4+4t^2}$, $6t^2/\sqrt{9t^4+4t^2}$

35. 0, 1

37. 4.5cm/s^2, 9.0cm/s^2

39. $t=1$

11.5 연습문제

1. P: 아니오, Q: 예

3. $(0, 3, 1)$을 지나고 $\langle 1, 0, 4\rangle$와 $\langle 1, -1, 5\rangle$를 포함하는 평면

5. 쌍곡 포물면

7.

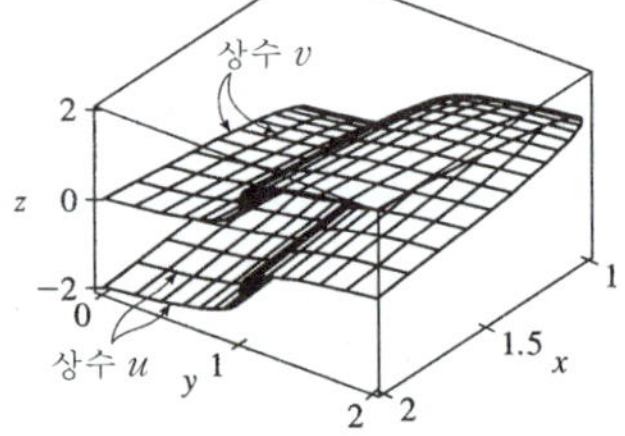

9.

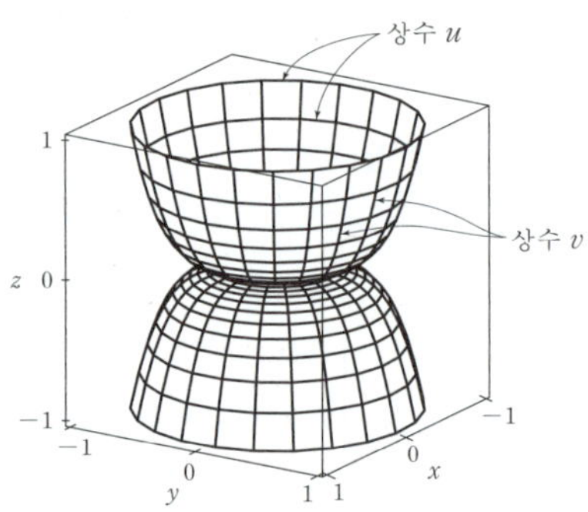

11.

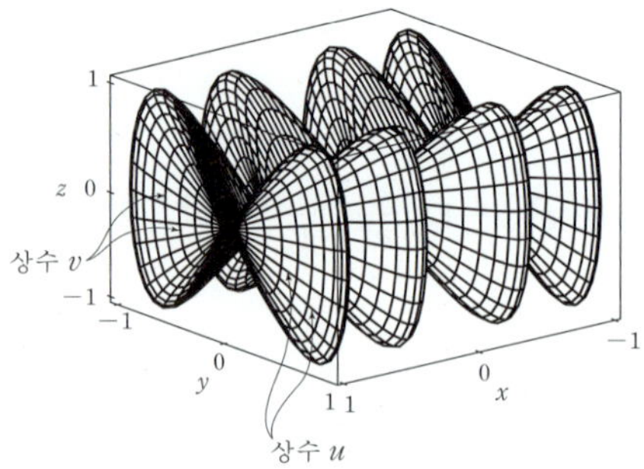

13. IV 15. II 17. III

19. $x=1+u+v$, $y=2+u-v$, $z=-3-u+v$

21. $x=x$, $z=z$, $y=\sqrt{1-x^2+z^2}$

23. $x=2\sin\phi\cos\theta$, $y=2\sin\phi\sin\theta$
$z=2\cos\phi$, $0\le\phi\le\pi/4$, $0\le\theta\le 2\pi$
[또는 $x=x$, $y=y$, $z=\sqrt{4-x^2-y^2}$, $x^2+y^2\le 2$]

25. $x=x$, $y=4\cos\theta$, $z=4\sin\theta$, $0\le x\le 5$, $0\le\theta\le 2\pi$

29. $x=x$, $y=e^{-x}\cos\theta$
$z=e^{-x}\sin\theta$, $0\le x\le 3$,
$0\le\theta\le 2\pi$

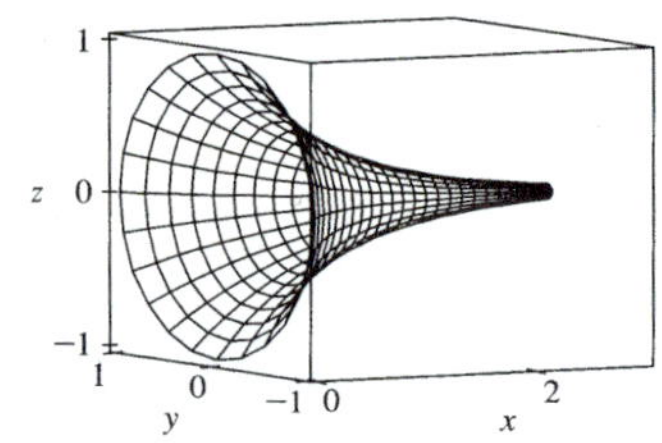

31. (b)

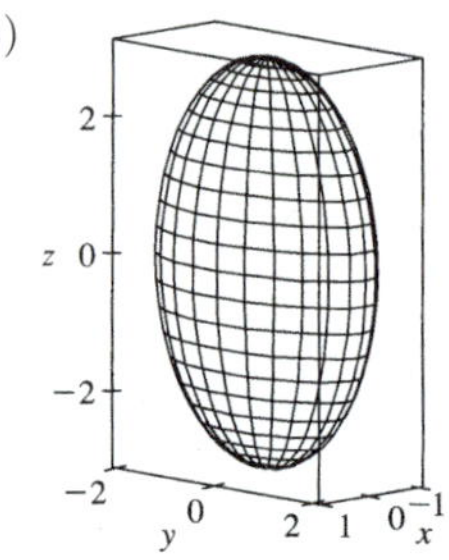

33. (a) 방향이 반대로 바뀐다. (b) 고리의 수가 배가 된다.

제12장

12.1 연습문제

1. (a) −27; 온도가 −15℃이고 바람이 40km/h로 불면, 바람이 없는 상태에서 약 −27℃로 추위를 느낀다.
(b) 온도가 −20℃일 때, 체감온도가 −30℃가 되려면 바람의 속도는 얼마인가? 20km/h
(c) 바람의 속도가 20km/h일 때 체감온도가 −49℃가 되려면 온도는 얼마인가? −35℃

(d) 온도가 -5℃일 때 체감온도는 바람의 세기에 관한 함수이다.

(e) 바람의 세기가 50km/h일 때 체감온도는 온도에 관한 함수이다.

3. 성립한다.

5. $\left\{(x, y)\middle|\frac{1}{9}x^2+y^2<1\right\}$

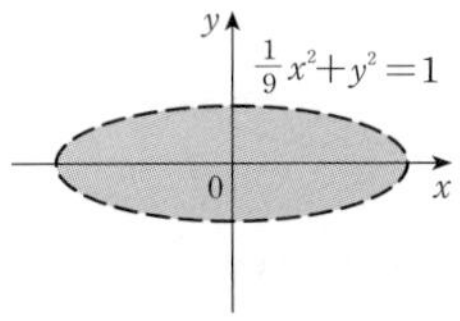

7. (a) 3 (b) $\{(x, y, z) \mid x^2+y^2+z^2<4,\ x\geq 0,\ y\geq 0,\ z\geq 0\}$, 반지름이 2이고 중심이 원점인 구의 내부 제1팔분공간

9. ≈ 56, ≈ 35

11. 11℃, 19.5℃

13. 경사가 급하다; 근방에서는 평탄하다.

15.

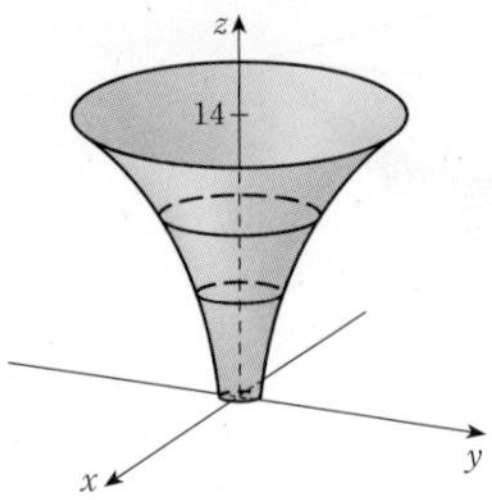

17.

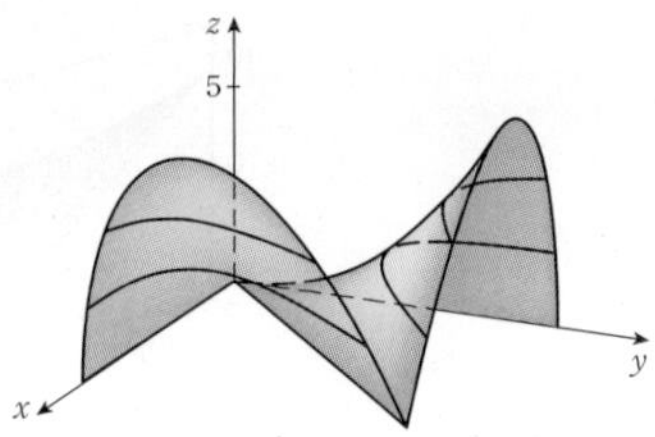

19. $(y-2x)^2=k$

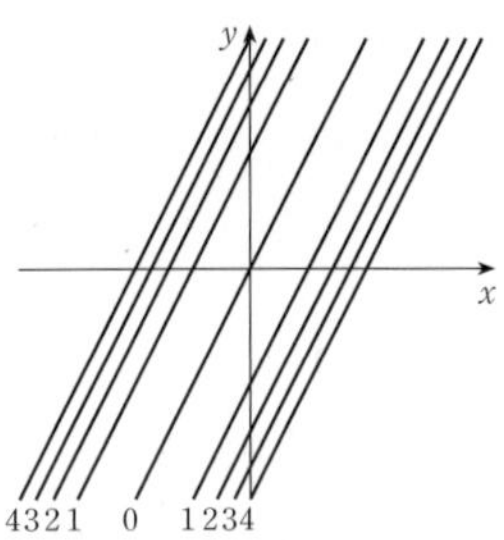

21. $y=-\sqrt{x}+k$

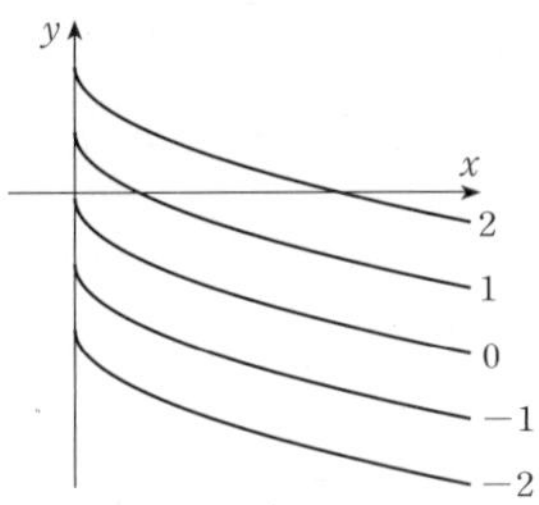

23. $y=ke^{-x}$

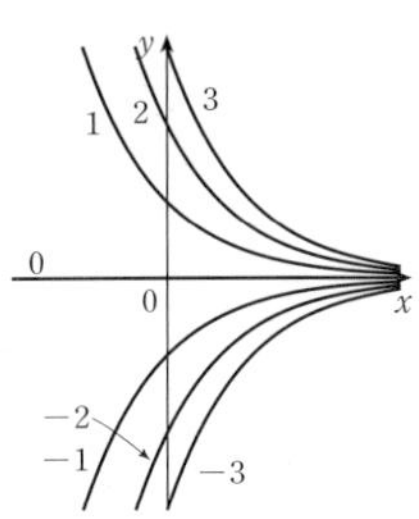

25. $y^2-x^2=k^2$

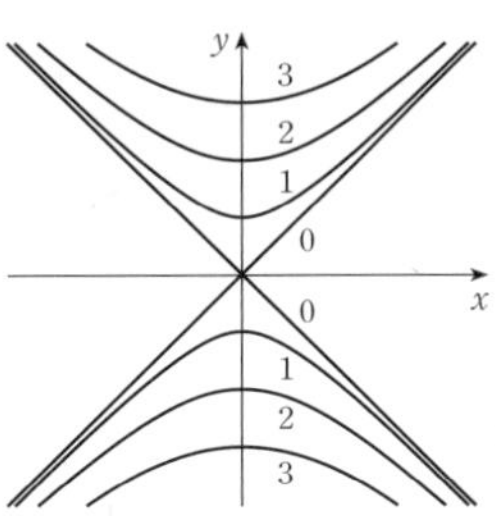

27. $x^2+9y^2=k$

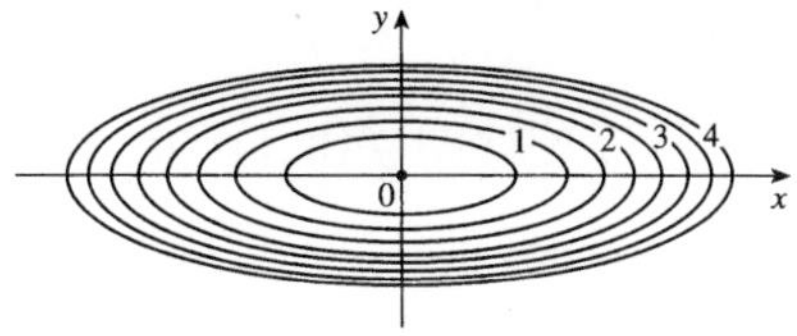

29.

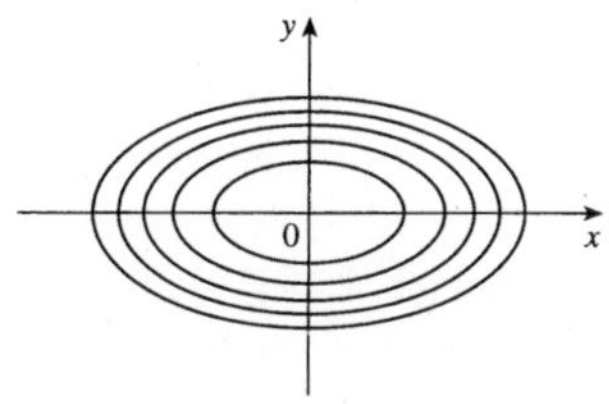

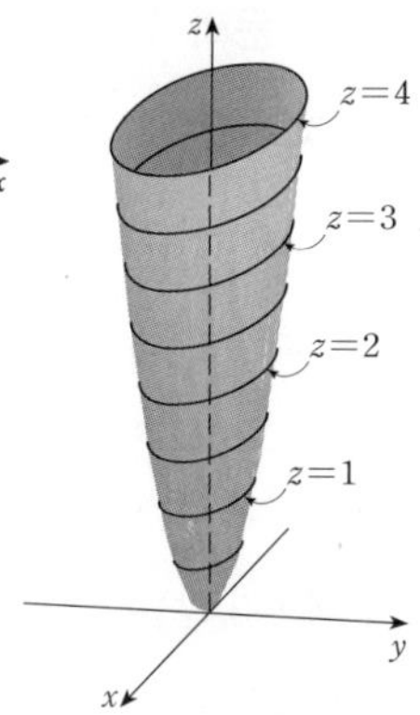

31.

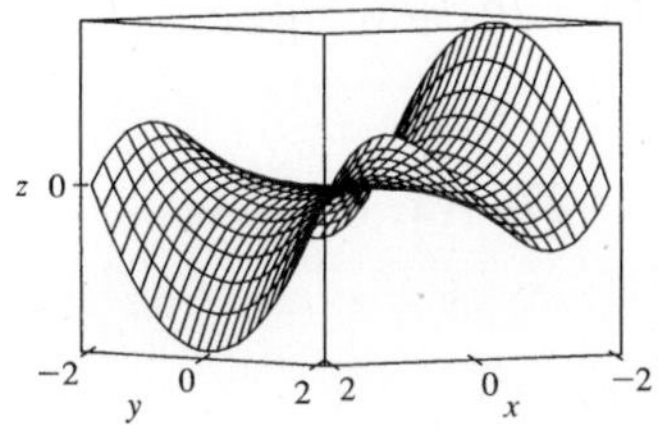

33.

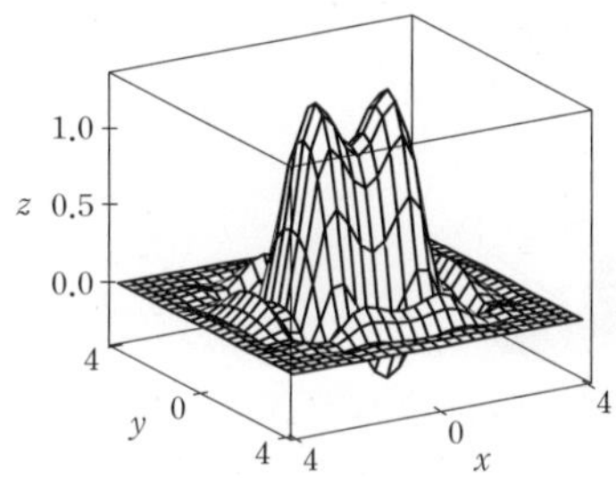

35. (a) C (b) II

37. (a) F (b) I

39. (a) B (b) VI

41. 평행한 평면들의 모임

43. 축이 x축인 원기둥들의 모임.

45. (a) f의 그래프를 위쪽으로 2만큼 평행이동시킨다.

(b) f의 그래프를 수직으로 2배만큼 늘인다.

(c) f의 그래프를 xy-평면에 대하여 대칭이동시킨다.

(d) f의 그래프를 xy-평면에 대하여 대칭이동 시킨 후 위쪽으로 2만큼 평행이동 시킨다.

47. $c=0$이면, 그래프는 원주면이다. $c>0$이면, 등위곡선은 타원이다. 원점에서 멀어질수록 그래프는 위로 향하는 곡선이고 c가 증가함에 따라 가파른 정도가 증가한다. $c<0$이면, 등위곡선은 쌍곡선이다. y축 방향으로는 위로 향하는 곡선이고 x축 방향으로 아래쪽, 즉 xy-평면에 접근할 때 (0, 0, 1) 근방에서 말안장 모양이 나타난다.

49. (b) $y=0.75x+0.01$

12.2 연습문제

1. 아무것도 말할 수 없다.; 만약 f가 연속이면 $f(3, 1)=6$

3. $-\dfrac{5}{2}$ 5. 2025

7. 존재하지 않는다. 9. 존재하지 않는다.

11. 0 13. 존재하지 않는다.

15. 2 17. 1

19. 존재하지 않는다.

21. 그래프는 함수가 다른 직선을 따라 갈 때 다른 수로 접근한다는 것을 보여준다.

23. $h(x, y)=(2x+3y-6)^2+\sqrt{2x+3y-6}$; $\{(x, y)\mid 2x+3y\geq 6\}$

25. $y=x$인 직선 27. $\{(x, y)\mid y\geq 0\}$

29. $\{(x, y)\mid x^2+y^2>4\}$

31. $\{(x, y, z)\mid y\geq 0,\ y\neq\sqrt{x^2+z^2}\}$

33. $\{(x, y)\mid (x, y)\neq(0, 0)\}$

35. 0 37. 0

39.

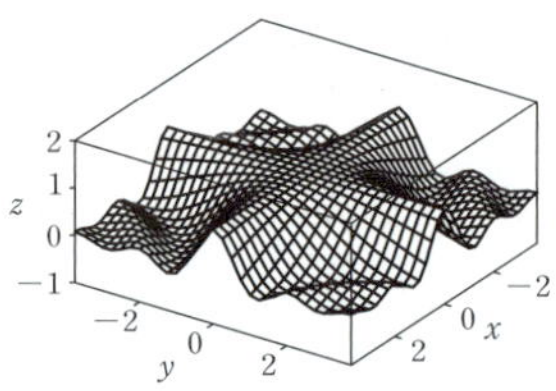

12.3 연습문제

1. (a) 위도와 시간이 고정되었을 때 경도의 변화에 대한 온도의 변화율; 단지 위도만 변할 때 온도의 변화율; 단지 시간만 변할 때 온도의 변화율.

 (b) 양수, 음수, 양수

3. (a) $f_T(-15,\ 30)\approx 1.3$; 온도 -15℃와 바람의 세기 30km/h에 대하여, 온도가 1℃ 증가함에 따라 체감온도지수가 1.3℃ 증가한다.

 $f_v(-15, 30)\approx -0.15$; 온도가 -15℃이고 바람의 세기가 30km/h에 대하여, 바람의 세기가 1km/h 증가함에 따라 체감온도지수가 0.15℃ 감소한다.

 (b) 양, 음 (c) 0

5. (a) 양 (b) 음 7. (a) 양 (b) 음

9. $c=f,\ b=f_x,\ a=f_y$

11. $f_x(1, 2)=-8=C_1$의 기울기, $f_y(1, 2)=-4=C_2$의 기울기

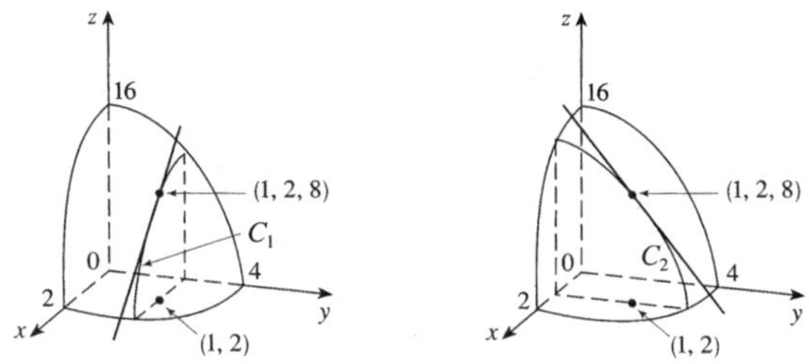

13. $f_x=2x+2xy,\ f_y=2y+x^2$

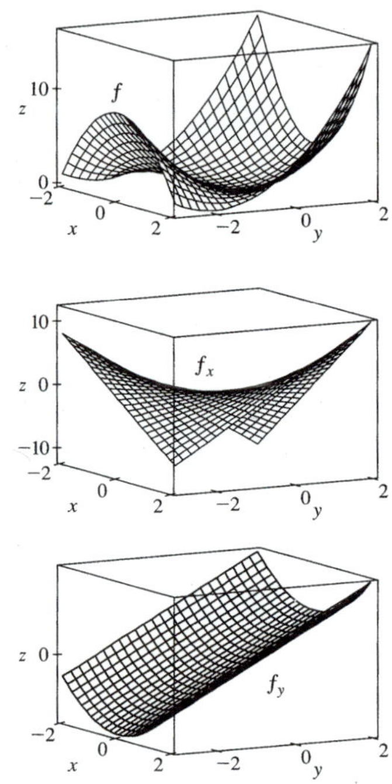

15. $f_x(x, y)-3,\ f_y(x, y)=-8y^3$

17. $\partial z/\partial x=e^{3y},\ \partial z/\partial y=3xe^{3y}$

19. $\partial z/\partial x=20(2x+3y)^9,\ \partial z/\partial y=30(2x+3y)^9$

21. $f_x(x, y)=2y/(x+y)^2,\ f_y(x, y)=-2x/(x+y)^2$

23. $\partial w/\partial\alpha=\cos\alpha\cos\beta,\ \partial w/\partial\beta=-\sin\alpha\sin\beta$

25. $f_r(r, s)=\dfrac{2r^2}{r^2+s^2}+\ln(r^2+s^2),\ f_s(r, s)=\dfrac{2rs}{r^2+s^2}$

27. $\partial u/\partial t=e^{w/t}(1-w/t),\ \partial u/\partial w=e^{w/t}$

29. $f_x=z-10xy^3z^4,\ f_y=-15x^2y^2z^4,\ f_z=x-20x^2y^3z^3$

31. $\partial w/\partial x=1/(x+2y+3z),\ \partial w/\partial y=2/(x+2y+3z),$ $\partial w/\partial z=3/(x+2y+3z)$

33. $\partial u/\partial x=y\sin^{-1}(yz),\ \partial u/\partial x=x\sin^{-1}+xyz/\sqrt{1-y^2z^2},$ $\partial u/\partial z=xy^2/\sqrt{1-y^2z^2}$

35. $f_x=yz^2\tan(yt),\ f_y=xyz^2t\sec^2(yt)+xz^2\tan(yt),$ $f_z=2xyz\ \tan(yt),\ f_t=xy^2z^2\sec^2(yt)$

37. $\partial u/\partial x_i = x_i/\sqrt{x_1^2+x_2^2+\cdots+x_n^2}$

39. $\frac{1}{5}$ 41. $\frac{1}{4}$

43. $f_x(x, y)=y^2-3x^2y,\ f_y(x, y)=2xy-x^3$

45. $\dfrac{\partial z}{\partial x}=\dfrac{3yz-2x}{2z-3xy},\ \dfrac{\partial z}{\partial y}=\dfrac{3xz-2y}{2z-3xy}$

47. $\dfrac{\partial z}{\partial x}=\dfrac{1+y^2z^2}{1+y+y^2z^2},\ \dfrac{\partial z}{\partial y}=\dfrac{-z}{1+y+y^2z^2}$

49. (a) $f'(x), g'(y)$ (b) $f'(x+y), f'(x+y)$

51. $f_{xx}=6xy^5+24x^2y,\ f_{xy}=15x^2y^4+8x^3=f_{yx},\ f_{yy}=20x^3y^3$

53. $w_{uu}=v^2/(u^2+v^2)^{3/2},\ w_{uv}=-uv/(u^2+v^2)^{3/2}=w_{vu},$
$w_{vu}=u^2/(u^2+v^2)^{3/2}$

55. $z_{xx}=-2x/(1+x^2)^2,\ z_{xy}=0=z_{yx},\ z_{yy}=-2y/(1+y^2)^2$

59. $12xy,\ 72xy$

61. $24\sin(4x+3y+2z),\ 12\sin(4x+3y+2z)$

63. $\theta e^{r\theta}(2\sin\theta+\theta\cos\theta+r\theta\sin\theta)$

65. $6yz^2$

67. $\approx 12.2,\ \approx 16.8,\ \approx 23.25$

79. R^2/R_1^2

85. 존재하지 않는다.

87. $x=1+t,\ y=2,\ z=2-2t$

89. -2

91. (a)

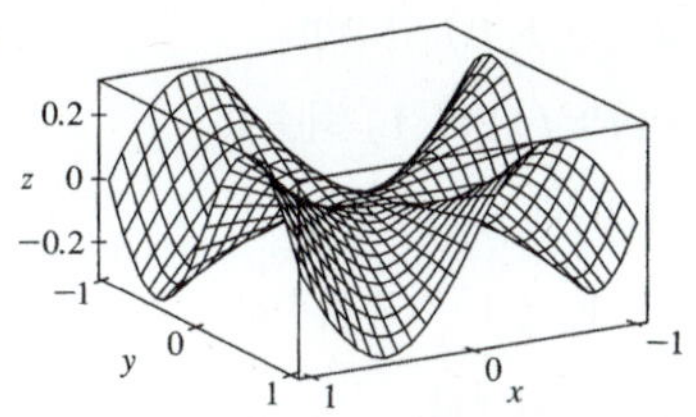

(b) $f_x(x, y)=\dfrac{x^4y+4x^2y^3-y^5}{(x^2+y^2)^2}$,

$f_y(x, y)=\dfrac{x^5-4x^3y^2-xy^4}{(x^2+y^2)^2}$

(c) 0, 0

(e) f_{xy}와 f_{yx}가 연속이 아니기 때문에 모순이 되지 않는다.

12.4 연습문제

1. $z=-7x-6y+5$ 3. $x+y-2z=0$

5. $z=y$

7.

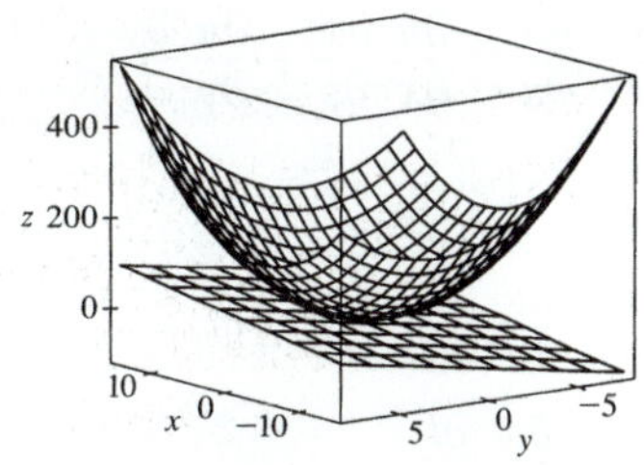

9.

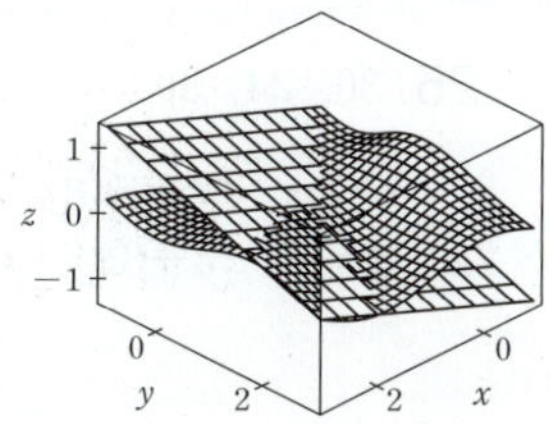

11. $2x+\frac{1}{4}y-1$ 13. $\frac{1}{9}x-\frac{2}{9}y+\frac{2}{3}$ 17. 6.3

19. $\frac{3}{7}x+\frac{2}{7}y+\frac{6}{7}z$; 6.9914

21. $2T+0.3H-40.5$; 44.4℃

23. $dz=3x^2\ln(y^2)dx+(2x^3/y)dy$

25. $dm=5p^4q^3\,dp+3p^5q^2\,dq$

27. $dR=\beta^2\cos\gamma\, d\alpha+2\alpha\beta\cos\gamma\, d\beta-\alpha\beta^2\sin\gamma\, d\gamma$

29. $\Delta z=0.9225,\ dz=0.9$ 31. 5.4 cm^2 33. 16 cm^3

35. 2.3% 37. $\frac{1}{17}\approx 0.059\Omega$ 39. $3x-y+3z=3$

41. $-x+2z=1$ 43. $x-y+z=2$

45. $\varepsilon_1=\Delta x,\ \varepsilon_2=\Delta y$

12.5 연습문제

1. $(2x+y)\cos t+(2y+x)e^t$

3. $\pi\cos x\cos y-(\sin x\sin y)/(2\sqrt{t})$

5. $e^{y/z}[2t-(x/z)-(2xy/z^2)]$

7. $\partial z/\partial s=2xy^3\cos t+3x^2y^2\sin t,$
$\partial z/\partial t=-2sxy^3\sin t+3sx^2y^2\cos t$

9. $\partial z/\partial s=t^2\cos\theta\cos\phi-2st\sin\theta\sin\phi$
$\partial z/\partial s=2st\cos\theta\cos\phi-s^2\sin\theta\sin\phi$

11. $\dfrac{\partial z}{\partial s}=e^r\left(t\cos\theta-\dfrac{s}{\sqrt{s^2+t^2}}\sin\theta\right),$
$\dfrac{\partial z}{\partial t}=e^r\left(s\cos\theta-\dfrac{t}{\sqrt{s^2+t^2}}\sin\theta\right)$

13. 62 15. 7, 2

17. $\dfrac{\partial u}{\partial r}=\dfrac{\partial u}{\partial x}\dfrac{\partial x}{\partial r}+\dfrac{\partial u}{\partial y}\dfrac{\partial y}{\partial r}$, $\dfrac{\partial u}{\partial s}=\dfrac{\partial u}{\partial x}\dfrac{\partial x}{\partial s}+\dfrac{\partial u}{\partial y}\dfrac{\partial y}{\partial s}$,

$\dfrac{\partial u}{\partial t}=\dfrac{\partial u}{\partial x}\dfrac{\partial x}{\partial t}+\dfrac{\partial u}{\partial y}\dfrac{\partial y}{\partial t}$

19. $\dfrac{\partial v}{\partial x}=\dfrac{\partial w}{\partial r}\dfrac{\partial r}{\partial x}+\dfrac{\partial w}{\partial s}\dfrac{\partial s}{\partial x}+\dfrac{\partial w}{\partial t}\dfrac{\partial t}{\partial x}$,

$\dfrac{\partial w}{\partial y}=\dfrac{\partial w}{\partial r}\dfrac{\partial r}{\partial x}+\dfrac{\partial w}{\partial s}\dfrac{\partial s}{\partial y}+\dfrac{\partial w}{\partial t}\dfrac{\partial t}{\partial x}$,

21. 85, 178, 54 23. $\dfrac{9}{7}$, $\dfrac{9}{7}$ 25. 36, 24, 30

27. $\dfrac{\sin(x-y)+e^y}{\sin(x-y)-xe^y}$ 29. $\dfrac{3yz-2x}{2z-3xy}$, $\dfrac{3xz-2y}{2z-3xy}$

31. $\dfrac{1+y^2z^2}{1+y+y^2z^2}$, $-\dfrac{z}{1+y+y^2z^2}$

33. 2°C/s 35. ≈ -0.33m/s

37. (a) 6m³/s (b) 10m²/s (c) 0m/s

39. -0.27L/s 41. $-1/(12\sqrt{3})$rad/s

43. (a) $\partial z/\partial r=(\partial z/\partial x)\cos\theta+(\partial z/\partial y)\sin\theta$,

$\partial z/\partial\theta=-(\partial z/\partial x)r\sin\theta+(\partial z/\partial y)r\cos\theta$

49. $4rs\,\partial^2 z/\partial x^2+(4r^2+4s^2)\partial^2 z/\partial x\,\partial y+4rs\,\partial^2 z/\partial y^2$

$+2\,\partial z/\partial y$

12.6 연습문제

1. ≈ -0.008hPa/km 3. ≈ 0.788 5. $2+\sqrt{3}/2$

7. (a) $\nabla f(x,y)=\langle 5y^2-12x^2y,\ 10xy-4x^3\rangle$

(b) $\langle -4, 16\rangle$ (c) 172/13

9. (a) $\langle e^{2yz}, 2xze^{2yz}, 2xye^{2yz}\rangle$ (b) $\langle 1, 12, 0\rangle$ (c) $-\dfrac{22}{3}$

11. 23/10 13. $-8/\sqrt{10}$ 15. $4/\sqrt{30}$

17. $\dfrac{9}{2\sqrt{5}}$ 19. 2/5 21. 1, $\langle 0, 1\rangle$

23. 1, $\langle 3, 6, -2\rangle$ 25. (b) $\langle -12, 92\rangle$

27. 직선 $y=x+1$ 위에 있는 모든 점들

29. (a) $-40/(3\sqrt{3})$

31. (a) $32/\sqrt{3}$ (b) $\langle 38, 6, 12\rangle$ (c) $2\sqrt{406}$

33. $\dfrac{327}{13}$ 37. $\dfrac{774}{25}$

39. (a) $x+y+z=11$ (b) $x-3=y-3=z-5$

41. (a) $4x-5y-z=4$ (b) $\dfrac{x-2}{4}=\dfrac{y-1}{-5}=\dfrac{z+1}{-1}$

43. (a) $x+y-z=1$ (b) $x-1=y=-z$

45.

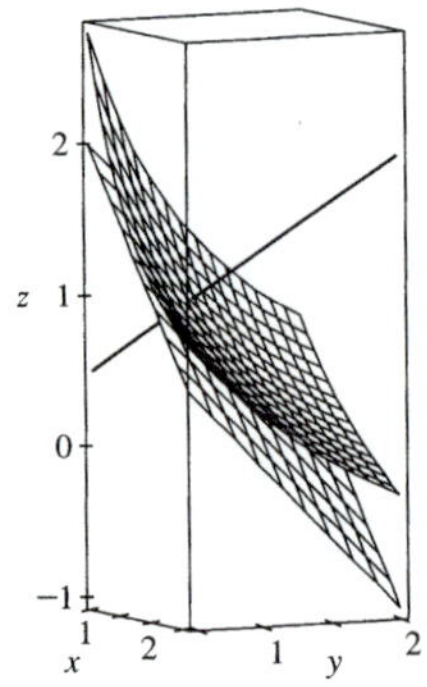

47. $\langle 2, 3\rangle$, $2x+3y=12$

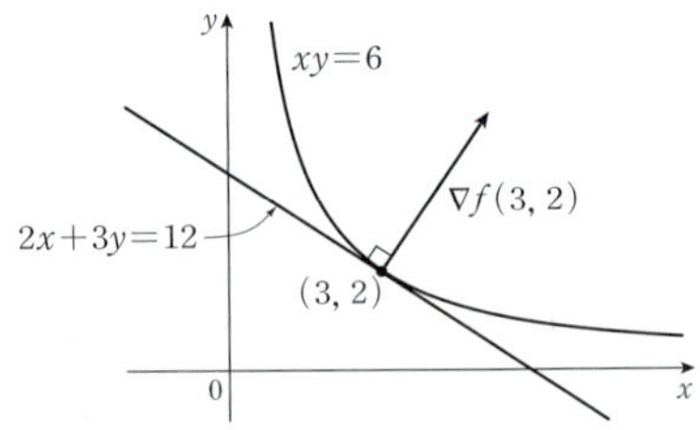

51. 아니오 57. $x=-1-10t$, $y=1-16t$, $z=2-12t$

61. 만약 $\mathbf{u}=\langle a, b\rangle$이고 $\mathbf{v}=\langle c, d\rangle$이면 af_x+bf_y와 cf_x+df_y를 알고 있으므로 우리는 f_x와 f_y에 관한 일차(선형) 방정식을 풀 수 있다.

12.7 연습문제

1. (a) f는 (1, 1)에서 극소값을 갖는다.

(b) f는 (1, 1)에서 안장점을 갖는다.

3. (1, 1)에서 극소값, (0, 0)에서 안장점

5. $f\left(\dfrac{1}{3}, -\dfrac{2}{3}\right)=-\dfrac{1}{3}$ 최솟값

7. $f(0, 0)=4$ 최솟값, $(\pm\sqrt{2}, -1)$에서 안장점

9. $f(2, 1)=-8$ 최솟값, (0, 0)에서 안장점

11. 아무것도 없다.

13. $f(0, 0)=0$ 최솟값, $(\pm 1, 0)$ 안장점

15. $f(0, 1)=f(\pi, -1)=f(2\pi, 1)$ 최솟값

$(\pi/2, 0)=(3\pi/2, 0)$에서 안장점

19. $f(1, \pm 1)=3$, $f(-1, \pm 1)=3$ 최솟값

21. $f(\pi/3, \pi/3)=3\sqrt{3}/2$ 최댓값,

$f(5\pi/3, 5\pi/3)=-3\sqrt{3}/2$ 최솟값, (π, π)에서 안장점

23. $f(-1.714, 0)\approx -9.200$, $f(1.402, 0)\approx 0.242$ 극대값, (0.312, 0) 안장점, (−1.714, 0, −9.200) 최저점

25. $f(-1.267, 0)\approx 1.310$, $f(1.629, \pm 1.063)\approx 8.105$ 극대값, (−0.259, 0), (1.526, 0) 안장점, (1.629, ±1.063, 8.105) 최고점

27. $f(2, 0)=9$ 최댓값, $f(0, 3)=-14$ 최솟값

29. $f(\pm 1, 1)=7$ 최댓값, $f(0, 0)=4$ 최솟값

31. $f(1, 0)=2$ 최댓값, $f(-1, 0)=-2$ 최솟값

33.

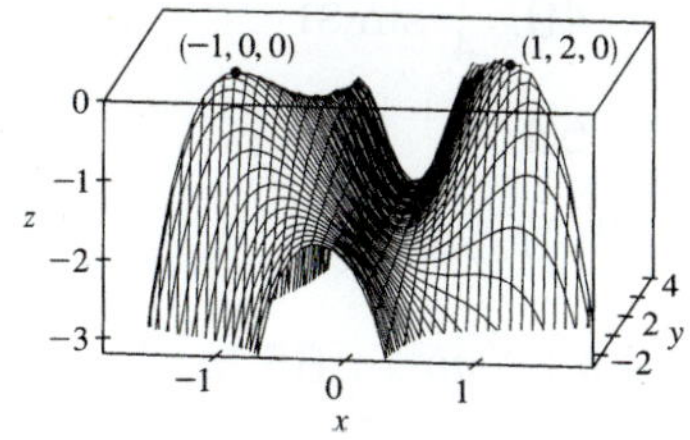

35. $\sqrt{3}$

37. $(2, 1, \sqrt{5}), (2, 1, -\sqrt{5})$

39. $\frac{100}{3}, \frac{100}{3}, \frac{100}{3}$

41. $8r^3/(3\sqrt{3})$

43. $\frac{4}{3}$

45. 정육면체, 변의 길이는 $c/12$

47. 밑면의 한 변의 길이가 40cm인 정사각형이고 높이가 20cm

49. $L^3/(3\sqrt{3})$

12.8 연습문제

1. $\approx 59, 30$

3. 최댓값 없음, 최솟값 $f(1, 1)=f(-1, -1)=2$

5. 최댓값 $f(\pm 2, 1)=4$, 최솟값 $f(\pm 2, -1)=-4$

7. 최댓값 $f(1, 3, 5)=70$, 최솟값 $f(-1, -3, -5)=-70$

9. 최댓값 $2/\sqrt{3}$, 최솟값 $-2/\sqrt{3}$

11. 최댓값 $\sqrt{3}$, 최솟값 1

13. 최댓값 $f\left(\frac{1}{2}, \frac{1}{2}, \frac{1}{2}, \frac{1}{2}\right)=2$,
최솟값 $f\left(-\frac{1}{2}, -\frac{1}{2}, -\frac{1}{2}, -\frac{1}{2}\right)=-2$

15. 최댓값 $f(1, \sqrt{2}, -\sqrt{2})=1+2\sqrt{2}$,
최솟값 $f(1, -\sqrt{2}, \sqrt{2})=1-2\sqrt{2}$

17. 최댓값 $\frac{3}{2}$, 최솟값 $\frac{1}{2}$

19. 최댓값 $f(\pm 1/\sqrt{2}, \mp 1/(2\sqrt{2}))=e^{1/4}$,
최솟값 $f(\pm 1/\sqrt{2}, \pm 1/(2/\sqrt{2}))=e^{-1/4}$

25~37. 11.7절 연습문제 35~45을 보아라.

39. $L^3/(3\sqrt{3})$

41. 가장 가까운 점 $\left(\frac{1}{2}, \frac{1}{2}, \frac{1}{2}\right)$, 가장 멀리 있는 점 $(-1, -1, 2)$

43. 극대값 ≈ 9.7938, 극소값 ≈ -5.3506

45. (a) c/n (b) $x_1=x_2=\cdots=x_n$ 일 때

제13장

13.1 연습문제

1. (a) 288 (b) 144

3. (a) $\frac{\pi^2}{2}\approx 4.935$ (b) 0

5. (a) 4 (b) -8

7. $U<V<L$

9. (a) ≈ 248 (b) 15.5

11. 60

13. 3

15. 1.141606, 1.143191, 1.143535, 1.143617, 1.143637, 1.143642

13.2 연습문제

1. $500y^3$, $3x^2$

3. 10

5. 1

7. $\frac{261632}{45}$

9. $\frac{21}{2}\ln 2$

11. 0

13. π

15. $\frac{21}{2}$

17. $9\ln 2$

19. $[(\sqrt{3}-1)/2]-(\pi/12)$

21. $\frac{1}{2}(e^2-3)$

23.

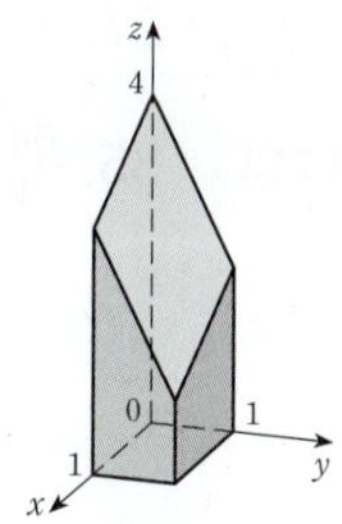

25. $\frac{95}{2}$

27. $\frac{166}{27}$

29. 2

31. $\frac{64}{3}$

33. $21e-57$

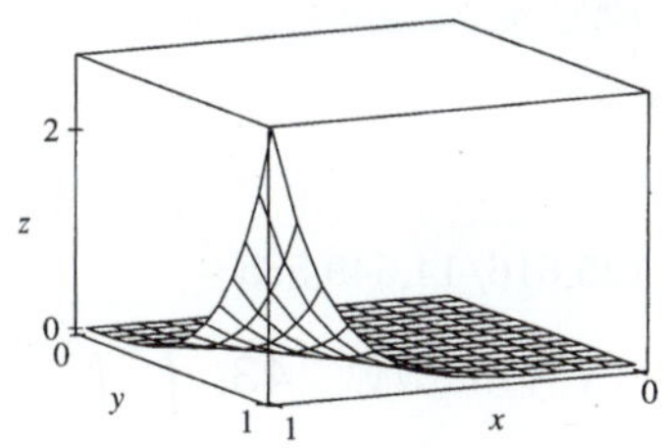

35. $\frac{5}{6}$

37. 0

39. 푸비니 정리는 적용되지 않는다. 피적분함수는 원점에서 무한 불연속점을 갖는다.

13.3 연습문제

1. 32

3. $\frac{3}{10}$

5. $e-1$

7. $\frac{256}{21}$

9. π

11. (a)

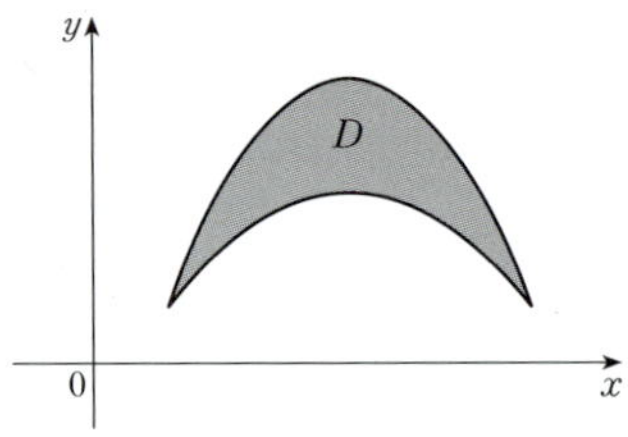

(b)

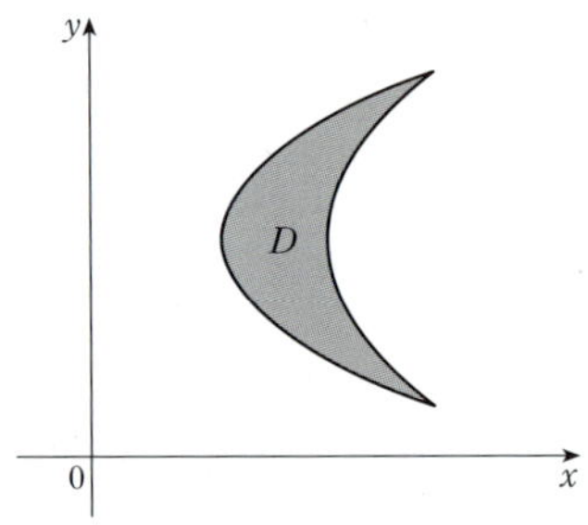

13. $D=\{(x,\ y)\,|\,0\le x\le 1,\ 0\le y\le x\}$,

$D=\{(x,\ y)\,|\,0\le y\le 1,\ y\le x\le 1\}$; $\frac{1}{3}$

15. $\int_0^1\int_{-\sqrt{x}}^{\sqrt{x}} y\,dy\,dx+\int_1^4\int_{x-2}^{\sqrt{x}} y\,dy\,dx=\int_{-1}^2\int_{y^2}^{y+2} y\,dx\,dy=\frac{9}{4}$

17. $(1-\cos 1)/2$

19. $\frac{147}{20}$ 21. 0 23. $\frac{6}{35}$ 25. $\frac{31}{8}$ 27. 6

29. $\frac{128}{15}$ 31. $\frac{1}{3}$ 33. 0, 1.213, 0.713 35. $\frac{64}{3}$

37.

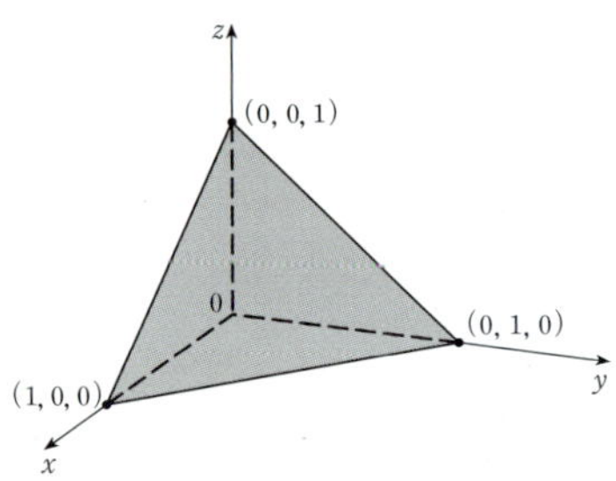

39. 13,984,735,616/14,549,535

41. $\int_0^2\int_{y^2}^4 f(x,y)\,dx\,dy$ 43. $\int_{-3}^3\int_0^{\sqrt{9-x^2}} f(x,y)\,dy\,dx$

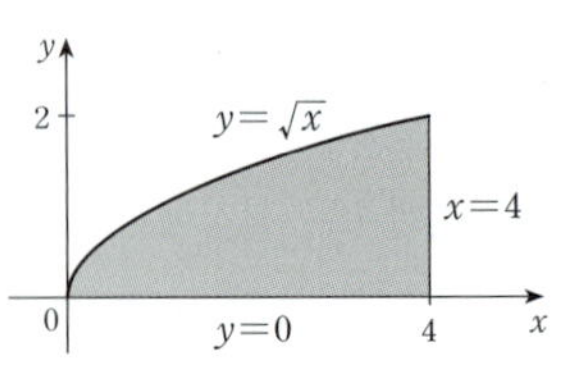

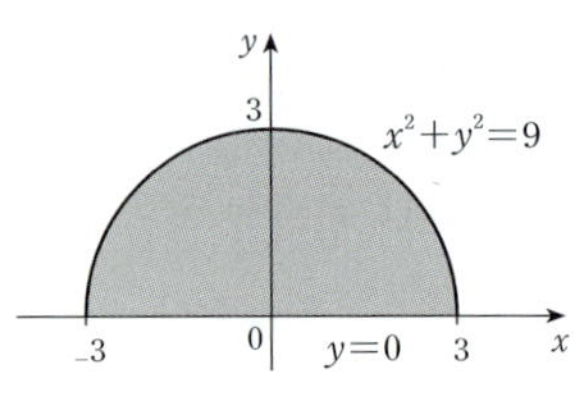

45. $\int_0^{\ln 2}\int_{e^y}^2 f(x,y)\,dx\,dy$

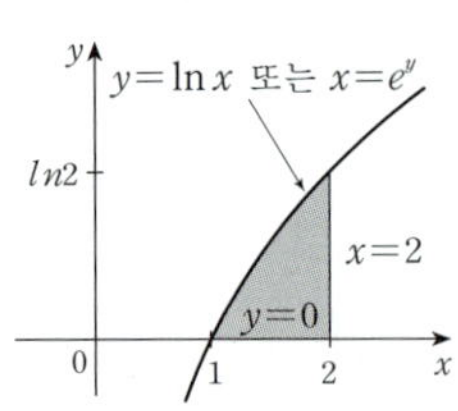

47. $(e^9-1)/6$ 49. $\frac{1}{4}\sin 81$

51. $(2\sqrt{2}-1)/3$ 53. 1

55. $(\pi/16)e^{-1/16}\le\iint_Q e^{-(x^2+y^2)^2}dA\le\pi/16$

57. $\frac{3}{4}$ 61. 9π 63. $a^2b+\frac{3}{2}ab^2$ 65. πa^2b

13.4 연습문제

1. $\int_0^{3\pi/2}\int_0^4 f(r\cos\theta,\ r\sin\theta)\,r\,dr\,d\theta$

3. $\int_{-1}^1\int_0^{(x+1)/2} f(x,y)\,dy\,dx$

5.

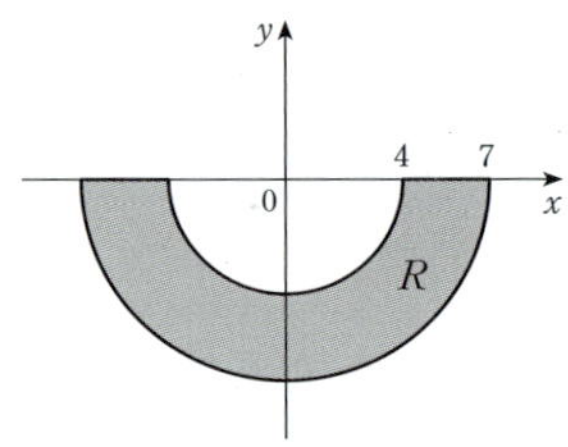

$33\pi/2$

7. 0 9. $\frac{1}{2}\pi\sin 9$ 11. $(\pi/2)(1-e^{-4})$

13. $\frac{3}{64}\pi^2$ 15. $\frac{16}{3}\pi$ 17. $\frac{4}{3}\pi$

19. $\frac{4}{3}\pi a^3$ 21. $(2\pi/3)[1-(1/\sqrt{2})]$

23. $(8\pi/3)(64-24\sqrt{3})$ 25. $\pi/12$

27. $\frac{1}{2}\pi(1-\cos 9)$ 29. $2\sqrt{2}/3$

31. $37.5\pi\text{m}^3$ 33. $2/(a+b)$

35. $\frac{15}{16}$ 37. (a) $\sqrt{\pi}/4$ (b) $\sqrt{\pi}/2$

13.5 연습문제

1. $\frac{64}{3}$C 3. $\frac{4}{3}, \left(\frac{4}{3}, 0\right)$ 5. $6, \left(\frac{3}{4}, \frac{3}{2}\right)$

7. $\frac{1}{4}(e^2-1), \left(\frac{e^2+1}{2(e^2-1)}, \frac{4(e^3-1)}{9(e^2-1)}\right)$

9. $L/4,\ (L/2,\ 16/(9\pi))$ 11. $\left(\frac{3}{8}, 3\pi/16\right)$

13. $(0,\ 45/(14\pi))$

15. 만약 꼭지점이 (0, 0)이고 한 변이 양의 x축에 있다면 질량중심은 $(2a/5,\ 2a/5)$이다.

17. $\frac{1}{16}(e^4-1),\ \frac{1}{8}(e^2-1),\ \frac{1}{16}(e^4+2e^2-3)$

19. $7ka^6/180,\ 7ka^6/180,\ 7ka^6/90$

21. $m=\pi^2/8$, $(\bar{x}, \bar{y})=\left(\dfrac{2\pi}{3}-\dfrac{1}{\pi}, \dfrac{16}{9\pi}\right)$, $I_x=3\pi^2/64$
$I_y=(\pi^4-3\pi^2)/16$, $I_0=\pi^4/16-9\pi^2/64$

23. (a) $\dfrac{1}{2}$ (b) 0.375 (c) $\dfrac{5}{48}\approx 0.1042$

25. (b) (i) $e^{-0.2}\approx 0.8187$
(ii) $1+e^{-1.8}-e^{-0.8}-e^{-1}\approx 0.3481$ (c) 2, 5

27. (a) ≈ 0.500 (b) ≈ 0.632

29. (a) $\iint_D (k/20)[20-\sqrt{(x-x_0)^2+(y-y_0)^2}]\,dA$,
D는 중심이 도시의 중심이고 반지름이 10km인 원판
(b) $200\pi k/3\approx 209k$, $200\left(\pi/2-\dfrac{8}{9}\right)k\approx 136k$,
테두리(가장자리)

13.6 연습문제

1. 14π 3. $3\sqrt{14}$ 5. $\sqrt{2}/6$

7. 4 9. $(2\pi/3)(2\sqrt{2}-1)$

11. $4\pi b(b-\sqrt{b^2-a^2})$ 13. 13.9783

15. (a) 24.2055 (b) 24.2476 (c) 4.4506

17. 4.4506

19. $\dfrac{45}{8}\sqrt{14}+\dfrac{15}{16}\ln[(11\sqrt{5}+3\sqrt{70})/(3\sqrt{5}+\sqrt{70})]$

21. (b)

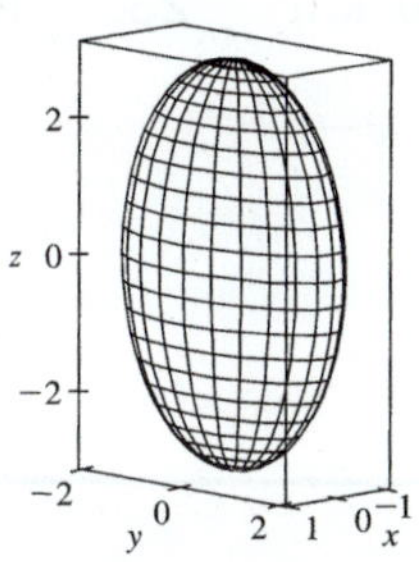

(c) $\displaystyle\int_0^{2\pi}\int_0^{\pi}\sqrt{36\sin^4u\cos^2v+9\sin^4u\sin^2v+4\cos^2u\sin^2u}\,du\,dv$

25. $\dfrac{98}{3}\pi$ 27. 4π

13.7 연습문제

1. $\dfrac{27}{4}$ 3. 1 5. $\dfrac{1}{3}(e^3-1)$ 7. $-\dfrac{1}{3}$

9. 4 11. $\dfrac{65}{28}$ 13. $8/(3e)$ 15. $\dfrac{1}{60}$

17. $\dfrac{16\pi}{3}$ 19. $\dfrac{16}{3}$ 21. $\dfrac{8}{15}$

23. (a) $\displaystyle\int_0^1\int_0^x\int_0^{\sqrt{1-y^2}}dz\,dy\,dx$ (b) $\dfrac{1}{4}\pi-\dfrac{1}{3}$

25. 60.533

27.

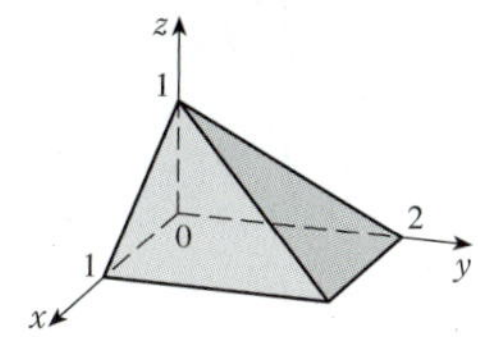

29. $\displaystyle\int_{-2}^{2}\int_0^{4-x^2}\int_{-\sqrt{4-x^2-y}/2}^{\sqrt{4-x^2-y}/2}f(x, y, z)\,dz\,dy\,dx$

$\displaystyle=\int_0^4\int_{-\sqrt{4-y}}^{\sqrt{4-y}}\int_{-\sqrt{4-x^2-y}/2}^{\sqrt{4-x^2-y}/2}f(x, y, z)\,dz\,dx\,dy$

$\displaystyle=\int_{-1}^{1}\int_0^{4-4z^2}\int_{-\sqrt{4-y-4z^2}}^{\sqrt{4-y-4z^2}}f(x, y, z)\,dx\,dy\,dz$

$\displaystyle=\int_0^4\int_{-\sqrt{4-y}/2}^{\sqrt{4-y}/2}\int_{-\sqrt{4-y-4z^2}}^{\sqrt{4-y-4z^2}}f(x, y, z)\,dx\,dz\,dy$

$\displaystyle=\int_{-2}^{2}\int_{-\sqrt{4-x^2}/2}^{\sqrt{4-x^2}/2}\int_0^{4-x^2-4z^2}f(x, y, z)\,dy\,dz\,dx$

$\displaystyle=\int_{-1}^{1}\int_{-\sqrt{4-4z^2}}^{\sqrt{4-4z^2}}\int_0^{4-x^2-4z^2}f(x, y, z)\,dy\,dx\,dz$

31. $\displaystyle\int_{-2}^{2}\int_{x^2}^{4}\int_0^{2-y/2}f(x, y, z)\,dz\,dy\,dx$

$\displaystyle=\int_0^4\int_{-\sqrt{y}}^{\sqrt{y}}\int_0^{2-y/2}f(x, y, z)\,dz\,dx\,dy$

$\displaystyle=\int_0^2\int_0^{4-2z}\int_{-\sqrt{y}}^{\sqrt{y}}f(x, y, z)\,dx\,dy\,dz$

$\displaystyle=\int_0^4\int_0^{2-y/2}\int_{-\sqrt{y}}^{\sqrt{y}}f(x, y, z)\,dx\,dz\,dy$

$\displaystyle=\int_{-2}^{2}\int_0^{2-x^2/2}\int_{x^2}^{4-2z}f(x, y, z)\,dy\,dz\,dx$

$\displaystyle=\int_0^2\int_{-\sqrt{4-2z}}^{\sqrt{4-2z}}\int_{x^2}^{4-2z}f(x, y, z)\,dy\,dx\,dz$

33. $\displaystyle\int_0^1\int_{\sqrt{x}}^{1}\int_0^{1-y}f(x, y, z)\,dz\,dy\,dx$

$\displaystyle=\int_0^1\int_0^{y^2}\int_0^{1-y}f(x, y, z)\,dz\,dx\,dy$

$\displaystyle=\int_0^1\int_0^{1-z}\int_0^{y^2}f(x, y, z)\,dx\,dy\,dz$

$\displaystyle=\int_0^1\int_0^{1-y}\int_0^{y^2}f(x, y, z)\,dx\,dz\,dy$

$\displaystyle=\int_0^1\int_0^{1-\sqrt{x}}\int_{\sqrt{x}}^{1-z}f(x, y, z)\,dy\,dz\,dx$

$\displaystyle=\int_0^1\int_0^{(1-z)^2}\int_{\sqrt{x}}^{1-z}f(x, y, z)\,dy\,dx\,dz$

35. $\displaystyle\int_0^1\int_y^1\int_0^y f(x, y, z)\,dz\,dx\,dy$

$\displaystyle=\int_0^1\int_0^x\int_0^y f(x, y, z)\,dz\,dy\,dx$

$\displaystyle=\int_0^1\int_z^1\int_y^1 f(x, y, z)\,dx\,dy\,dz$

$$=\int_0^1\int_0^y\int_y^1 f(x, y, z)\,dx\,dz\,dy$$

$$=\int_0^1\int_0^x\int_z^x f(x, y, z)\,dy\,dz\,dx$$

$$=\int_0^1\int_z^1\int_z^x f(x, y, z)\,dy\,dx\,dz$$

37. $\frac{79}{30}, \left(\frac{358}{553}, \frac{33}{79}, \frac{571}{553}\right)$

39. $a^5, (7a/12, 7a/12, 7a/12)$

41. $I_x=I_y=I_z=\frac{2}{3}kL^5$ 43. $\frac{1}{2}\pi kha^4$

45. (a) $m=\int_{-3}^{3}\int_{-\sqrt{9-x^2}}^{\sqrt{9-x^2}}\int_1^{5-y}\sqrt{x^2+y^2}\,dz\,dy\,dx$

(b) $(\bar{x}, \bar{y}, \bar{z})$

$$x=(1/m)\int_{-3}^{3}\int_{-\sqrt{9-x^2}}^{\sqrt{9-x^2}}\int_1^{5-y}x\sqrt{x^2+y^2}\,dz\,dy\,dx$$

$$\bar{y}=(1/m)\int_{-3}^{3}\int_{-\sqrt{9-x^2}}^{\sqrt{9-x^2}}\int_1^{5-y}y\sqrt{x^2+y^2}\,dz\,dy\,dx$$

$$\bar{z}=(1/m)\int_{-3}^{3}\int_{-\sqrt{9-x^2}}^{\sqrt{9-x^2}}\int_1^{5-y}z\sqrt{x^2+y^2}\,dz\,dy\,dx$$

(c) $\int_{-3}^{3}\int_{-\sqrt{9-x^2}}^{\sqrt{9-x^2}}\int_1^{5-y}(x^2+y^2)^{3/2}\,dz\,dy\,dx$

47. (a) $\frac{3}{32}\pi+\frac{11}{24}$ (b) $\bar{x}=28/(9\pi+44)$,

$\bar{y}=2(15\pi+64)/[5(9\pi+44)]$,

$\bar{z}=(45\pi+208)/[15(9\pi+44)]$

(c) $(68+15\pi)/240$

49. (a) $\frac{1}{8}$ (b) $\frac{1}{64}$ (c) $\frac{1}{5760}$ 51. $L^3/8$

53. (a) 타원면 $x^2+2y^2+3z^2=1$에 둘러싸인 영역

(b) $4\sqrt{6}\pi/45$

13.8 연습문제

1. $64\pi/3$ 3. $(9\pi/4)(2-\sqrt{3})$

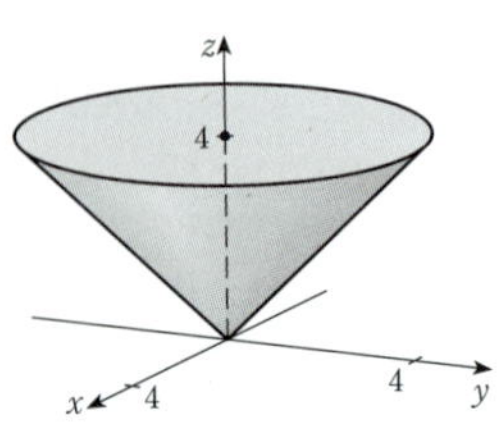

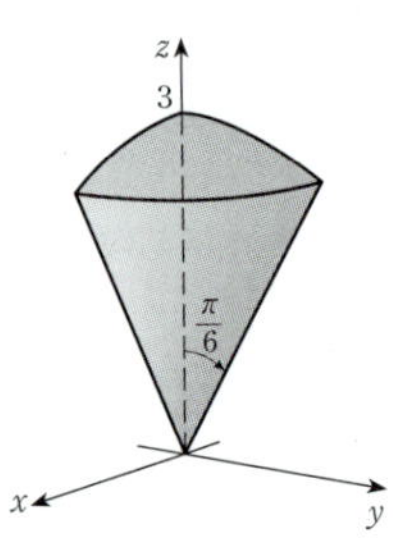

5. $\int_0^{\pi/2}\int_0^3\int_0^2 f(r\cos\theta, r\sin\theta, z)\,r\,dz\,dr\,d\theta$

7. 384π 9. $\pi(e^6-e-5)$ 11. $2\pi/5$

13. (a) 162π, (b) $(0, 0, 15)$

15. $\pi Ka^2/8$, $(0, 0, 2a/3)$ 17. $312, 500\pi/7$

19. $15\pi/16$ 21. $1562\pi/15$

23. $(\sqrt{3}-1)\pi a^3/3$ 25. (a) 10π (b) $(0, 0, 2.1)$

27. $\left(0, \frac{525}{296}, 0\right)$ 29. (a) $\left(0, 0, \frac{3}{8}a\right)$ (b) $4K\pi a^5/15$

31. $\frac{1}{3}\pi(2-\sqrt{2})$, $(0, 0, 3/[8(2-\sqrt{2})]$

33. $5\pi/6$ 35. 0 37. $\frac{4\sqrt{2}-5}{15}$ 39. $136\pi/99$

41. (a) $\iiint_C h(P)g(P)\,dV$, C는 원뿔

(b) $\approx 4.4\times10^{18}$ J

13.9 연습문제

1. 16 3. $\sin^2\theta-\cos^2\theta$ 5. 0

7. 꼭지점이 (0, 0), (6, 3), (12, 1), (6, −2)인 평행사변형

9. 직선 $y=1$, y축 그리고 $y=\sqrt{x}$에 둘러싸인 영역

11. $x=\frac{1}{3}(v-u)$, $y=\frac{1}{3}(u+2v)$,

$S=\{(u-v)\}|-1\le u\le 1, 1\le v\le 3$

13. $x=u\cos v$, $y=u\sin v$, $S=\{(u, v)\,|\,1\le u\le\sqrt{2}\}$,

$0\le u\le\pi/2$

15. −3 17. 6π 19. $2\ln 3$

21. (a) $\frac{4}{3}\pi abc$ (b) $1{,}083\times10^{12}\text{km}^3$ 23. $\frac{8}{5}\ln 8$

25. $\frac{3}{2}\sin 1$ 27. $e-e^{-1}$

제14장

14.1 연습문제

1.

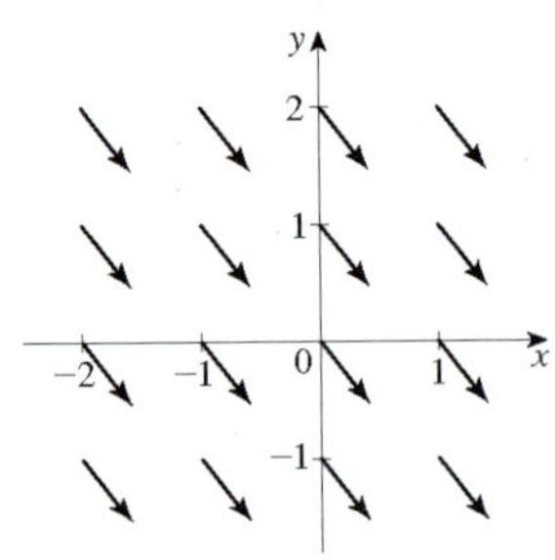

3. 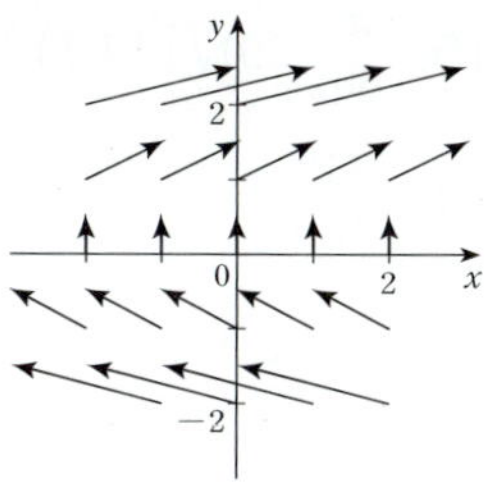

5. 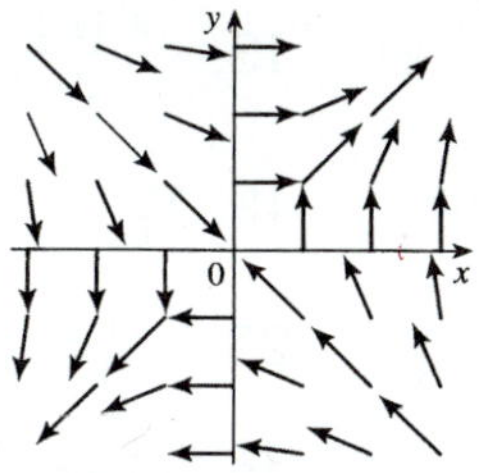

7. 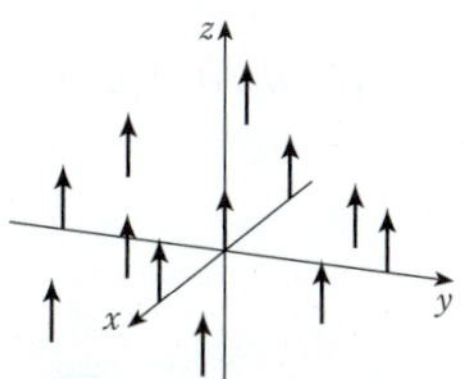

9. 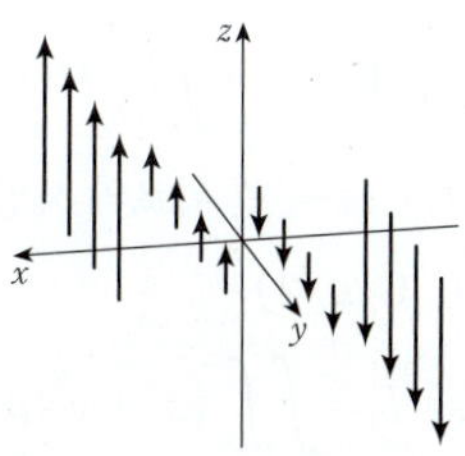

11. II 13. I 15. IV 17. III

19. 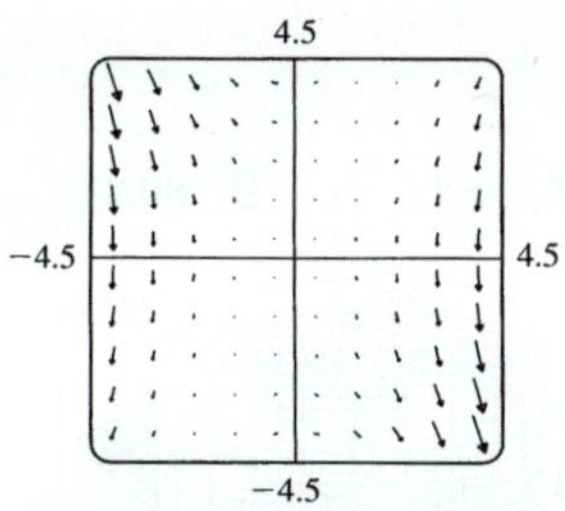

직선 $y=2x$

21. $\nabla f(x, y)=(xy+1)e^{xy}\mathbf{i}+x^2e^{xy}\mathbf{j}$

23. $\nabla f(x, y, z)=\dfrac{x}{\sqrt{x^2+y^2+z^2}}\mathbf{i}+\dfrac{y}{\sqrt{x^2+y^2+z^2}}\mathbf{j}+\dfrac{z}{\sqrt{x^2+y^2+z^2}}\mathbf{k}$

25. $\nabla f(x, y)=2x\mathbf{i}-\mathbf{j}$

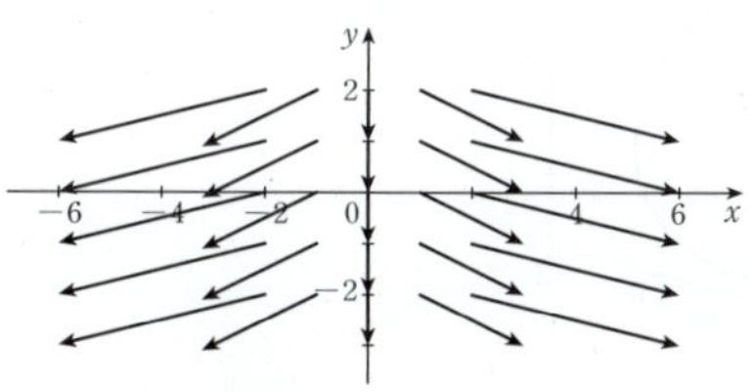

27. 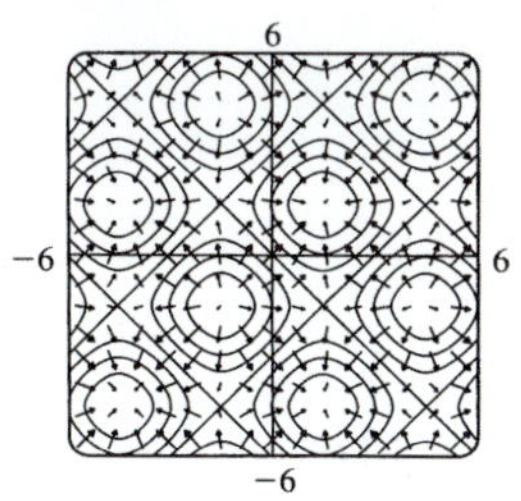

29. III

31. II

33. (2.04, 1.03)

35. (a) 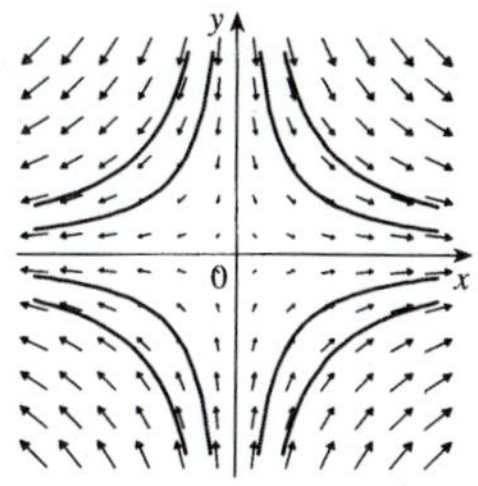

$y=C/x$

(b) $y=1/x,\ x>0$

14.2 연습문제

1. $\frac{1}{12}(17\sqrt{17}-1)$ 3. 1638.4

5. $\frac{243}{8}$ 7. $\frac{17}{3}$ 9. 320

11. $\sqrt{14}\,(e^6-1)/12$ 13. $\frac{1}{5}$ 15. $\frac{97}{3}$

17. (a) 양수 (b) 음수 19. 45

21. $\frac{6}{5}-\cos 1-\sin 1$ 23. 1.9633 25. 15.0074

27. $3\pi+\frac{2}{3}$

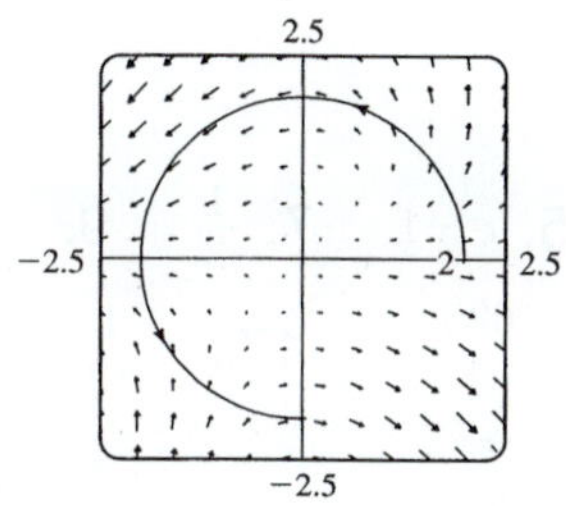

29. (a) $\frac{11}{8}-\frac{1}{e}$ (b)

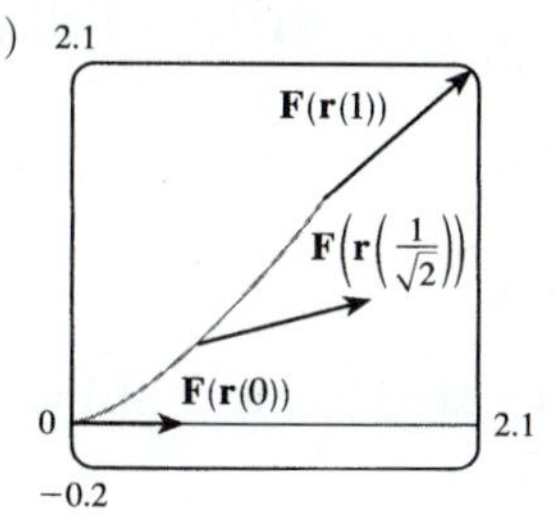

31. $\frac{172,704}{5,632,705}\sqrt{2}(1-e^{-14\pi})$ 33. $2\pi k,\ (4/\pi,\ 0)$

35. (a) $\bar{x}=(1/m)\int_C x\rho(x, y, z)ds$,

$\bar{y}=(1/m)\int_C y\rho(x, y, z)ds$

$\bar{z}=(1/m)\int_C z\rho(x, y, z)ds,\ m=\int_C \rho(x, y, z)ds$

(b) $(0, 0, 3\pi)$

37. $I_x=k\left((\pi/2)-\frac{4}{3}\right),\ I_y=k\left((\pi/2)-\frac{2}{3}\right)$

39. $2\pi^2$ 41. 26 43. $\approx 1.67\times 10^4$

45. (b) 그렇다. 47. ≈ 22J

14.3 연습문제

1. 40 3. $f(x, y)=3x^2+5xy+2y^2+K$
5. 보존적 벡터장이 아니다.
7. $f(x, y)=ye^x+x \sin y+K$
9. $f(x, y)=x \ln y+x^2y^3+K$
11. (b) 16 13. (a) $f(x, y)=\frac{1}{2}x^2y^2$ (b) 2
15. (a) $f(x, y, z)=xyz+z^2$ (b) 77
17. (a) $f(x, y, z)=xy^2 \cos z$ (b) 0
19. 2 21. 어느 곡선을 선택하든 관계 없다.
23. 30 25. 아니다.
27. 보존적이다.
31. (a) 그렇다. (b) 그렇다. (c) 그렇다.
33. (a) 아니다. (b) 그렇다. (c) 그렇다.

14.4 연습문제

1. 8π 3. $\frac{2}{3}$ 5. $e-1$ 7. $\frac{1}{3}$ 9. -24π
11. $\frac{4}{3}-2\pi$ 13. $\frac{625}{2}\pi$ 17. $-\frac{1}{12}$
19. 3π 21. (c) $\frac{9}{2}$
23. 원판 $x^2+y^2=a^2$의 제1사분면의 영역이면 $(4a/3\pi, 4a/3\pi)$
27. 0

14.5 연습문제

1. (a) $-x^2\,\mathbf{i}+3xy\,\mathbf{j}-xz\,\mathbf{k}$ (b) yz
3. (a) $\mathbf{0}$ (b) 1
5. (a) $\mathbf{0}$ (b) $2/\sqrt{x^2+y^2+z^2}$
7. (a) $\langle 1/y, -1/x, 1/x \rangle$ (b) $1/x+1/y+1/z$
9. (a) 음 (b) curl $\mathbf{F}=\mathbf{0}$
11. (a) 0 (b) curl $\mathbf{F}$는 음의 z방향을 가르킨다.
13. $f(x, y, z)=xy^2z^3+K$ 15. $f(x, y, z)=x^2y+y^2z+K$
17. 보존적이 아니다. 19. 존재하지 않는다.

14.6 연습문제

1. 49.09 3. 900π 5. $11\sqrt{14}$
7. $\frac{2}{3}(2\sqrt{2}-1)$ 9. $171\sqrt{14}$
11. $\sqrt{3}/24$ 13. $\frac{364\sqrt{2}\pi}{3}$ 15. $\frac{\pi}{60}(391\sqrt{17}+1)$
17. 16π 19. 12 21. $\frac{713}{180}$
23. $-\frac{1}{6}$ 25. $-\frac{4}{3}\pi$ 27. 0 29. 48
31. $2\pi+\frac{8}{3}$ 33. 3.4895
35. $\iint_S \mathbf{F}\cdot d\mathbf{S}=\iint_D [P(\partial h/\partial x)-Q+R(\partial h/\partial z)]dA$, D는 xz-평면 위로의 사영.
37. $(0, 0, a/2)$
39. (a) $I_z=\iint_S (x^2+y^2)\rho(x, y, z)dS$ (b) $4329\sqrt{2}\pi/5$
41. 0kg/s 43. $3\pi a^3\varepsilon_0$ 45. 1248π

14.7 연습문제

3. 0 5. 0 7. -1 9. 80π
11. (a) $81\pi/2$ (b)

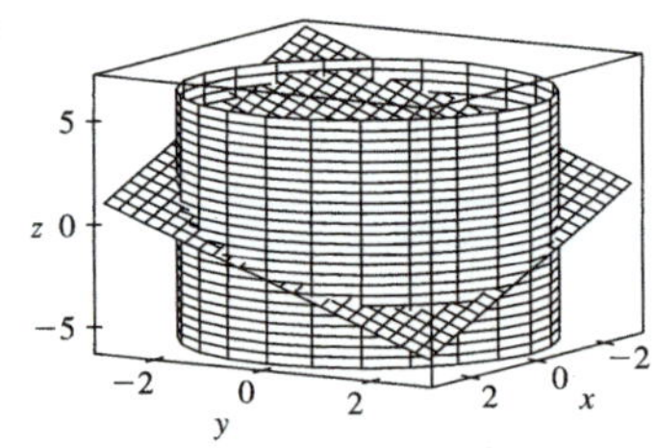

(c) $x=3\cos t, y=3\sin t, z=1-3(\cos t+\sin t)$, $0\le t\le 2\pi$

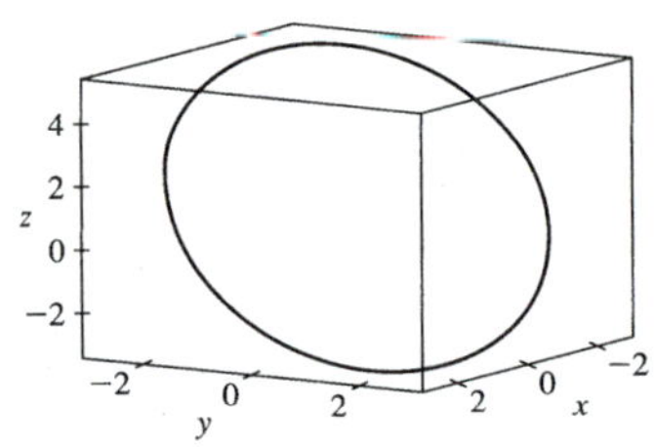

17. 3

14.8 연습문제

5. $\frac{9}{2}$ 7. $\frac{9\pi}{2}$
9. 0 11. $\frac{32\pi}{3}$ 13. 0
15. $\frac{341\sqrt{2}}{60}+\frac{81}{20}\sin^{-1}\left(\frac{\sqrt{3}}{3}\right)$ 17. $\frac{13\pi}{20}$
19. P_1에서 음, P_2에서 양
21. 1, 2사분면에서는 div $\mathbf{F}>0$, 3, 4사분면에서는 div $\mathbf{F}<0$

B 미분표

일반 공식

1. $\frac{d}{dx}(c)=0$
2. $\frac{d}{dx}[cf(x)]=cf'(x)$
3. $\frac{d}{dx}[f(x)+g(x)]=f'(x)+g'(x)$
4. $\frac{d}{dx}[f(x)-g(x)]=f'(x)-g'(x)$
5. $\frac{d}{dx}[f(x)g(x)]=f(x)g'(x)+g(x)f'(x)$ [곱의 법칙]
6. $\frac{d}{dx}\left[\frac{f(x)}{g(x)}\right]=\frac{g(x)f'(x)-f(x)g'(x)}{[g(x)]^2}$ [몫의 법칙]
7. $\frac{d}{dx}f(g(x))=f'(g(x))g'(x)$ [연쇄법칙]
8. $\frac{d}{dx}(x^n)=nx^{n-1}$ [멱의 법칙]

지수함수와 로그함수

9. $\frac{d}{dx}(e^x)=e^x$
10. $\frac{d}{dx}(a^x)=a^x\ln a$
11. $\frac{d}{dx}\ln|x|=\frac{1}{x}$
12. $\frac{d}{dx}(\log_a x)=\frac{1}{x\ln a}$

삼각함수

13. $\frac{d}{dx}(\sin x)=\cos x$
14. $\frac{d}{dx}(\cos x)=-\sin x$
15. $\frac{d}{dx}(\tan x)=\sec^2 x$
16. $\frac{d}{dx}(\csc x)=-\csc x\cot x$
17. $\frac{d}{dx}(\sec x)=\sec x\tan x$
18. $\frac{d}{dx}(\cot x)=-\csc^2 x$

역삼각함수

19. $\frac{d}{dx}(\sin^{-1}x)=\frac{1}{\sqrt{1-x^2}}$
20. $\frac{d}{dx}(\cos^{-1}x)=-\frac{1}{\sqrt{1-x^2}}$
21. $\frac{d}{dx}(\tan^{-1}x)=\frac{1}{1+x^2}$
22. $\frac{d}{dx}(\csc^{-1}x)=-\frac{1}{x\sqrt{x^2-1}}$
23. $\frac{d}{dx}(\sec^{-1}x)=\frac{1}{x\sqrt{x^2-1}}$
24. $\frac{d}{dx}(\cot^{-1}x)=-\frac{1}{1+x^2}$

쌍곡선함수

25. $\frac{d}{dx}(\sinh x)=\cosh x$
26. $\frac{d}{dx}(\cosh x)=\sinh x$
27. $\frac{d}{dx}(\tanh x)=\text{sech}^2 x$
28. $\frac{d}{dx}(\cosh x)=-\cosh x\coth x$
29. $\frac{d}{dx}(\text{sech}\, x)=-\text{sech}\, x\tanh x$
30. $\frac{d}{dx}(\coth x)=-\text{csch}^2 x$

역쌍곡선함수

31. $\frac{d}{dx}(\sinh^{-1}x)=\frac{1}{\sqrt{1+x^2}}$
32. $\frac{d}{dx}(\cosh^{-1}x)=\frac{1}{\sqrt{x^2-1}}$
33. $\frac{d}{dx}(\tanh^{-1}x)=\frac{1}{1-x^2}$
34. $\frac{d}{dx}(\text{csch}^{-1}x)=-\frac{1}{|x|\sqrt{x^2+1}}$
35. $\frac{d}{dx}(\text{sech}^{-1}x)=-\frac{1}{x\sqrt{x^2-1}}$
36. $\frac{d}{dx}(\coth^{-1}x)=\frac{1}{1-x^2}$

C 적분표

기본형태

1. $\int u\, uv = uv - \int v\, du$
2. $\int u^n\, du = \frac{u^{n+1}}{n+1} + C,\ n \neq -1$
3. $\int \frac{du}{u} = \ln|u| + C$
4. $\int e^u\, du = e^u + C$
5. $\int a^u\, du = \frac{a^u}{\ln a} + C$
6. $\int \sin u\, du = -\cos u + C$
7. $\int \cos u\, du = \sin u + C$
8. $\int \sec^2 u\, du = \tan u + C$
9. $\int \csc^2 u\, du = -\cot u + C$
10. $\int \sec u \tan u\, du = \sec u + C$
11. $\int \csc u \cot u\, du = -\csc u + C$
12. $\int \tan u\, du = \ln|\sec u| + C$
13. $\int \cot u\, du = \ln|\sin u| + C$
14. $\int \sec u\, du = \ln|\sec u + \tan u| + C$
15. $\int \csc u\, du = \ln|\csc u - \cot u| + C$
16. $\int \frac{du}{\sqrt{a^2-u^2}} = \sin^{-1}\frac{u}{a} + C$
17. $\int \frac{du}{a^2+u^2} = \frac{1}{a}\tan^{-1}\frac{u}{a} + C$
18. $\int \frac{du}{u\sqrt{u^2-a^2}} = \frac{1}{a}\sec^{-1}\frac{u}{a} + C$
19. $\int \frac{du}{a^2-u^2} = \frac{1}{2a}\ln\left|\frac{u+a}{u-a}\right| + C$
20. $\int \frac{du}{u^2-a^2} = \frac{1}{2a}\ln\left|\frac{u-a}{u+a}\right| + C$

$\sqrt{a^2+u^2}$, $a>0$을 포함하는 형태

21. $\int \sqrt{a^2+u^2}\, du = \frac{u}{2}\sqrt{a^2+u^2} + \frac{a^2}{2}\ln(u+\sqrt{a^2+u^2}) + C$
22. $\int u^2\sqrt{a^2+u^2}\, du = \frac{u}{8}(a^2+2u^2)\sqrt{a^2+u^2} - \frac{a^4}{8}\ln(u+\sqrt{a^2+u^2}) + C$
23. $\int \frac{\sqrt{a^2+u^2}}{u}\, du = \sqrt{a^2+u^2} - a\ln\left|\frac{a+\sqrt{a^2+u^2}}{u}\right| + C$
24. $\int \frac{\sqrt{a^2+u^2}}{u^2}\, du = -\frac{\sqrt{a^2+u^2}}{u} + \ln(u+\sqrt{a^2+u^2}) + C$
25. $\int \frac{du}{\sqrt{a^2+u^2}} = \ln(u+\sqrt{a^2+u^2}) + C$
26. $\int \frac{u^2\, du}{\sqrt{a^2+u^2}} = \frac{u}{2}\sqrt{a^2+u^2} - \frac{a^2}{2}\ln(u+\sqrt{a^2+u^2}) + C$
27. $\int \frac{du}{u\sqrt{a^2+u^2}} = -\frac{1}{a}\ln\left|\frac{\sqrt{a^2+u^2}+a}{u}\right| + C$
28. $\int \frac{du}{u^2\sqrt{a^2+u^2}} = -\frac{\sqrt{a^2+u^2}}{a^2 u} + C$
29. $\int \frac{du}{(a^2+u^2)^{3/2}} = \frac{u}{a^2\sqrt{a^2+u^2}} + C$

$\sqrt{a^2-u^2}$, $a>0$을 포함하는 형태

30. $\int \sqrt{a^2-u^2}\, du = \frac{u}{2}\sqrt{a^2-u^2} + \frac{a^2}{2}\sin^{-1}\frac{u}{a} + C$
31. $\int u^2\sqrt{a^2-u^2}\, du = \frac{u}{8}(2u^2-a^2)\sqrt{a^2-u^2} + \frac{a^4}{8}\sin^{-1}\frac{u}{a} + C$
32. $\int \frac{\sqrt{a^2-u^2}}{u}\, du = \sqrt{a^2-u^2} - a\ln\left|\frac{a+\sqrt{a^2-u^2}}{u}\right| + C$
33. $\int \frac{\sqrt{a^2-u^2}}{u^2}\, du = -\frac{1}{u}\sqrt{a^2-u^2} - \sin^{-1}\frac{u}{a} + C$
34. $\int \frac{u^2\, du}{\sqrt{a^2-u^2}} = -\frac{u}{2}\sqrt{a^2-u^2} + \frac{a^2}{2}\sin^{-1}\frac{u}{a} + C$
35. $\int \frac{du}{u\sqrt{a^2-u^2}} = -\frac{1}{a}\ln\left|\frac{a+\sqrt{a^2-u^2}}{u}\right| + C$
36. $\int \frac{du}{u^2\sqrt{a^2-u^2}} = -\frac{1}{a^2 u}\sqrt{a^2-u^2} + C$
37. $\int (a^2-u^2)^{3/2}\, du = -\frac{u}{8}(2u^2-5a^2)\sqrt{a^2-u^2} + \frac{3a^4}{8}\sin^{-1}\frac{u}{a} + C$
38. $\int \frac{du}{(a^2-u^2)^{3/2}} = \frac{u}{a^2\sqrt{a^2-u^2}} + C$

$\sqrt{u^2-a^2}$, $a>0$을 포함하는 형태

39. $\int \sqrt{u^2-a^2}\, du = \frac{u}{2}\sqrt{u^2-a^2} - \frac{a^2}{2}\ln|u+\sqrt{u^2-a^2}| + C$
40. $\int u^2\sqrt{u^2-a^2}\, du = \frac{u}{8}(2u^2-a^2)\sqrt{u^2-a^2} + \frac{a^4}{8}\ln|u+\sqrt{u^2-a^2}| + C$

41. $\int \frac{\sqrt{u^2-a^2}}{u}\,du=\sqrt{u^2-a^2}-a\cos^{-1}\frac{a}{|u|}+C$

42. $\int \frac{\sqrt{u^2-a^2}}{u^2}\,du=-\frac{\sqrt{u^2-a^2}}{u}+\ln|u+\sqrt{u^2-a^2}|+C$

43. $\int \frac{du}{\sqrt{u^2-a^2}}=\ln|u+\sqrt{u^2-a^2}|+C$

44. $\int \frac{u^2\,du}{\sqrt{u^2-a^2}}=\frac{u}{2}\sqrt{u^2-a^2}+\frac{a^2}{2}\ln|u+\sqrt{u^2-a^2}|+C$

45. $\int \frac{du}{u^2\sqrt{u^2-a^2}}=\frac{\sqrt{u^2-a^2}}{a^2u}+C$

46. $\int \frac{du}{(u^2-a^2)^{3/2}}=-\frac{u}{a^2\sqrt{u^2-a^2}}+C$

$a+bu$를 포함하는 형태

47. $\int \frac{u\,du}{a+bu}=\frac{1}{b^2}(a+bu-a\ln|a+bu|)+C$

48. $\int \frac{u^2\,du}{a+bu}=\frac{1}{2b^3}[(a+bu)^2-4a(a+bu)+2a^2\ln|a+bu|]+C$

49. $\int \frac{du}{u(a+bu)}=\frac{1}{a}\ln\left|\frac{u}{a+bu}\right|+C$

50. $\int \frac{du}{u^2(a+bu)}=-\frac{1}{au}+\frac{b}{a^2}\ln\left|\frac{a+bu}{u}\right|+C$

51. $\int \frac{u\,du}{(a+bu)^2}=\frac{a}{b^2(a+bu)}+\frac{1}{b^2}\ln|a+bu|+C$

52. $\int \frac{du}{u(a+bu)^2}=\frac{1}{a(a+bu)}-\frac{1}{a^2}\ln\left|\frac{a+bu}{u}\right|+C$

53. $\int \frac{u^2\,du}{(a+bu)^2}=\frac{1}{b^3}\left(a+bu-\frac{a^2}{a+bu}-2a\ln|a+bu|\right)+C$

54. $\int u\sqrt{a+bu}\,du=\frac{2}{15b^2}(3bu-2a)(a+bu)^{3/2}+C$

55. $\int \frac{u\,du}{\sqrt{a+bu}}=\frac{2}{3b^2}(bu-2a)\sqrt{a+bu}+C$

56. $\int \frac{u^2\,du}{\sqrt{a+bu}}=\frac{2}{15b^3}(8a^2+3b^2u^2-4abu)\sqrt{a+bu}+C$

57. $\int \frac{du}{u\sqrt{a+bu}}=\frac{1}{\sqrt{a}}\ln\left|\frac{\sqrt{a+bu}-\sqrt{a}}{\sqrt{a+bu}+\sqrt{a}}\right|+C,\ \text{if } a>0$

$\qquad =\frac{2}{\sqrt{-a}}\tan^{-1}\sqrt{\frac{a+bu}{-a}}+C,\quad \text{if } a<0$

58. $\int \frac{\sqrt{a+bu}}{u}\,du=2\sqrt{a+bu}+a\int\frac{du}{u\sqrt{a+bu}}$

59. $\int \frac{\sqrt{a+bu}}{u^2}\,du=-\frac{\sqrt{a+bu}}{u}+\frac{b}{2}\int\frac{du}{u\sqrt{a+bu}}$

60. $\int u^n\sqrt{a+bu}\,du=\frac{2}{b(2n+3)}\left[u^n(a+bu)^{3/2}-na\int u^{n-1}\sqrt{a+bu}\,du\right]$

61. $\int \frac{u^n\,du}{\sqrt{a+bu}}=\frac{2u^n\sqrt{a+bu}}{b(2n+1)}-\frac{2na}{b(2n+1)}\int\frac{u^{n-1}\,du}{\sqrt{a+bu}}$

62. $\int \frac{du}{u^n\sqrt{a+bu}}=-\frac{\sqrt{a+bu}}{a(n-1)u^{n-1}}-\frac{b(2n-3)}{2a(n-1)}\int\frac{du}{u^{n-1}\sqrt{a+bu}}$

삼각함수 형태

63. $\int \sin^2u\,du=\frac{1}{2}u-\frac{1}{4}\sin 2u+C$

64. $\int \cos^2u\,du=\frac{1}{2}u+\frac{1}{4}\sin 2u+C$

65. $\int \tan^2u\,du=\tan u-u+C$

66. $\int \cot^2u\,du=-\cot u-u+C$

67. $\int \sin^3u\,du=-\frac{1}{3}(2+\sin^2u)\cos u+C$

68. $\int \cos^3u\,du=\frac{1}{3}(2+\cos^2u)\sin u+C$

69. $\int \tan^3u\,du=\frac{1}{2}\tan^2u+\ln|\cos u|+C$

70. $\int \cot^3u\,du=-\frac{1}{2}\cot^2u-\ln|\sin u|+C$

71. $\int \sec^3u\,du=\frac{1}{2}\sec u\tan u+\frac{1}{2}\ln|\sec u+\tan u|+C$

72. $\int \csc^3u\,du=-\frac{1}{2}\csc u\cot u+\frac{1}{2}\ln|\csc u-\cot u|+C$

73. $\int \sin^nu\,du=-\frac{1}{n}\sin^{n-1}u\cos u+\frac{n-1}{n}\int\sin^{n-2}u\,du$

74. $\int \cos^nu\,du=\frac{1}{n}\cos^{n-1}u\sin u+\frac{n-1}{n}\int\cos^{n-2}u\,du$

75. $\int \tan^nu\,du=\frac{1}{n-1}\tan^{n-1}u-\int\tan^{n-2}u\,du$

76. $\int \cot^nu\,du=\frac{-1}{n-1}\cot^{n-1}u-\int\cot^{n-2}u\,du$

77. $\int \sec^nu\,du=\frac{1}{n-1}\tan u\sec^{n-2}u+\frac{n-2}{n-1}\int\sec^{n-2}u\,du$

78. $\int \csc^nu\,du=\frac{-1}{n-1}\cot u\csc^{n-2}u+\frac{n-2}{n-1}\int\csc^{n-2}u\,du$

79. $\int \sin au\sin bu\,du=\frac{\sin(a-b)u}{2(a-b)}-\frac{\sin(a+b)u}{2(a+b)}+C$

80. $\int \cos au\cos bu\,du=\frac{\sin(a-b)u}{2(a-b)}+\frac{\sin(a+b)u}{2(a+b)}+C$

81. $\int \sin au\cos bu\,du=-\frac{\cos(a-b)u}{2(a-b)}-\frac{\cos(a+b)u}{2(a+b)}+C$

82. $\int u\sin u\,du=\sin u-u\cos u+C$

83. $\int u\cos u\,du=\cos u+u\sin u+C$

84. $\int u^n\sin u\,du=-u^n\cos u+n\int u^{n-1}\cos u\,du$

85. $\int u^n\cos u\,du=u^n\sin u-n\int u^{n-1}\sin u\,du$

86. $\int \sin^nu\cos^mu\,du$

$\qquad =-\frac{\sin^{n-1}u\cos^{m+1}u}{n+m}+\frac{n-1}{n+m}\int\sin^{n-2}u\cos^mu\,du$

$\qquad =-\frac{\sin^{n+1}u\cos^{m-1}u}{n+m}+\frac{m-1}{n+m}\int\sin^nu\cos^{m-2}u\,du$

역삼각함수 형태

87. $\int \sin^{-1} u\,du = u\sin^{-1}u + \sqrt{1-u^2} + C$

88. $\int \cos^{-1} u\,du = u\cos^{-1}u - \sqrt{1-u^2} + C$

89. $\int \tan^{-1} u\,du = u\tan^{-1}u - \frac{1}{2}\ln(1+u^2) + C$

90. $\int u\sin^{-1} u\,du = \frac{2u^2-1}{4}\sin^{-1}u + \frac{u\sqrt{1-u^2}}{4} + C$

91. $\int u\cos^{-1} u\,du = \frac{2u^2-1}{4}\cos^{-1}u - \frac{u\sqrt{1-u^2}}{4} + C$

92. $\int u\tan^{-1} u\,du = \frac{u^2+1}{2}\tan^{-1}u - \frac{u}{2} + C$

93. $\int u^n \sin^{-1} u\,du = \frac{1}{n+1}\left[u^{n+1}\sin^{-1}u - \int \frac{u^{n+1}\,du}{\sqrt{1-u^2}}\right],\ n \neq -1$

94. $\int u^n \cos^{-1} u\,du = \frac{1}{n+1}\left[u^{n+1}\cos^{-1}u + \int \frac{u^{n+1}\,du}{\sqrt{1-u^2}}\right],\ n \neq -1$

95. $\int u^n \tan^{-1} u\,du = \frac{1}{n+1}\left[u^{n+1}\tan^{-1}u - \int \frac{u^{n+1}\,du}{1+u^2}\right],\ n \neq -1$

지수함수와 로그함수 형태

96. $\int ue^{au}\,du = \frac{1}{a^2}(au-1)e^{au} + C$

97. $\int u^n e^{au}\,du = \frac{1}{a}u^n e^{au} - \frac{n}{a}\int u^{n-1}e^{au}\,du$

98. $\int e^{au}\sin bu\,du = \frac{e^{au}}{a^2+b^2}(a\sin bu - b\cos bu) + C$

99. $\int e^{au}\cos bu\,du = \frac{e^{au}}{a^2+b^2}(a\cos bu + b\sin bu) + C$

100. $\int \ln u\,du = u\ln u - u + C$

101. $\int u^n \ln u\,du = \frac{u^{n+1}}{(n+1)^2}[(n+1)\ln u - 1] + C$

102. $\int \frac{1}{u\ln u}\,du = \ln|\ln u| + C$

쌍곡선함수 형태

103. $\int \sinh u\,du = \cosh u + C$

104. $\int \cosh u\,du = \sinh u + C$

105. $\int \tanh u\,du = \ln\cosh u + C$

106. $\int \coth u\,du = \ln|\sinh u| + C$

107. $\int \operatorname{sech} u\,du = \tan^{-1}|\sinh u| + C$

108. $\int \operatorname{csch} u\,du = \ln\left|\tanh\frac{1}{2}u\right| + C$

109. $\int \operatorname{sech}^2 u\,du = \tanh u + C$

110. $\int \operatorname{csch}^2 u\,du = -\cosh u + C$

111. $\int \operatorname{sech} u\tanh u\,du = -\operatorname{sech} u + C$

112. $\int \operatorname{csch} u\coth u\,du = -\operatorname{csch} u + C$

$\sqrt{2au-u^2}$, $a>0$을 포함하는 형태

113. $\int \sqrt{2au-u^2}\,du = \frac{u-a}{2}\sqrt{2au-u^2} + \frac{a^2}{2}\cos^{-1}\left(\frac{a-u}{a}\right) + C$

114. $\int u\sqrt{2au-u^2}\,du = \frac{2u^2-au-3a^2}{6}\sqrt{2au-u^2} + \frac{a^3}{2}\cos^{-1}\left(\frac{a-u}{a}\right) + C$

115. $\int \frac{\sqrt{2au-u^2}}{u}\,du = \sqrt{2au-u^2} + a\cos^{-1}\left(\frac{a-u}{a}\right) + C$

116. $\int \frac{\sqrt{2au-u^2}}{u^2}\,du = -\frac{2\sqrt{2au-u^2}}{u} - \cos^{-1}\left(\frac{a-u}{a}\right) + C$

117. $\int \frac{du}{\sqrt{2au-u^2}} = \cos^{-1}\left(\frac{a-u}{a}\right) + C$

118. $\int \frac{u\,du}{\sqrt{2au-u^2}} = -\sqrt{2au-u^2} + a\cos^{-1}\left(\frac{a-u}{a}\right) + C$

119. $\int \frac{u^2\,du}{\sqrt{2au-u^2}} = -\frac{(u+3a)}{2}\sqrt{2au-u^2} + \frac{3a^2}{2}\cos^{-1}\left(\frac{a-u}{a}\right) + C$

120. $\int \frac{du}{u\sqrt{2au-u^2}} = -\frac{\sqrt{2au-u^2}}{au} + C$

찾아보기

대학미분적분학

Calculus: Concepts & Contexts, 4th

지은이 James Stewart
옮긴이 응용수학부편찬위원회
펴낸이 조경희
펴낸곳 경문사
펴낸날 2019년 3월 5일 4판 1쇄
2025년 3월 3일 4판 4쇄
등 록 1979년 11월 9일 제313-1979-23호
주 소 04057 서울특별시 마포구 와우산로 174
전 화 (02)332-2004 팩스 (02)336-5193
이메일 kyungmoon@kyungmoon.com

값 39,000원

ISBN 979-11-6073-210-8